원소 주기율표

4 — 원자 번호
Be — 원자 기호
9.012 — 원자량(amu)

범례	
금속(주족)	
금속(전이 금속)	
금속(내부 전이 금속)	
준금속	
비금속	

주족 원소 / 전이 원소 / 주족 원소

주기	1A (1)	2A (2)	3B (3)	4B (4)	5B (5)	6B (6)	7B (7)	8B (8)	8B (9)	8B (10)	1B (11)	2B (12)	3A (13)	4A (14)	5A (15)	6A (16)	7A (17)	8A (18)
1	1 **H** 1.008																	2 **He** 4.003
2	3 **Li** 6.941	4 **Be** 9.012											5 **B** 10.81	6 **C** 12.01	7 **N** 14.01	8 **O** 16.00	9 **F** 19.00	10 **Ne** 20.18
3	11 **Na** 22.99	12 **Mg** 24.31											13 **Al** 26.98	14 **Si** 28.09	15 **P** 30.97	16 **S** 32.06	17 **Cl** 35.45	18 **Ar** 39.95
4	19 **K** 39.10	20 **Ca** 40.08	21 **Sc** 44.96	22 **Ti** 47.87	23 **V** 50.94	24 **Cr** 52.00	25 **Mn** 54.94	26 **Fe** 55.85	27 **Co** 58.93	28 **Ni** 58.69	29 **Cu** 63.55	30 **Zn** 65.38	31 **Ga** 69.72	32 **Ge** 72.63	33 **As** 74.92	34 **Se** 78.96	35 **Br** 79.90	36 **Kr** 83.80
5	37 **Rb** 85.47	38 **Sr** 87.62	39 **Y** 88.91	40 **Zr** 91.22	41 **Nb** 92.91	42 **Mo** 95.96	43 **Tc** (98)	44 **Ru** 101.1	45 **Rh** 102.9	46 **Pd** 106.4	47 **Ag** 107.9	48 **Cd** 112.4	49 **In** 114.8	50 **Sn** 118.7	51 **Sb** 121.8	52 **Te** 127.6	53 **I** 126.9	54 **Xe** 131.3
6	55 **Cs** 132.9	56 **Ba** 137.3	57 **La** 138.9	72 **Hf** 178.5	73 **Ta** 180.9	74 **W** 183.8	75 **Re** 186.2	76 **Os** 190.2	77 **Ir** 192.2	78 **Pt** 195.1	79 **Au** 197.0	80 **Hg** 200.6	81 **Tl** 204.4	82 **Pb** 207.2	83 **Bi** 209.0	84 **Po** (209)	85 **At** (210)	86 **Rn** (222)
7	87 **Fr** (223)	88 **Ra** (226)	89 **Ac** (227)	104 **Rf** (265)	105 **Db** (268)	106 **Sg** (271)	107 **Bh** (270)	108 **Hs** (277)	109 **Mt** (276)	110 **Ds** (281)	111 **Rg** (280)	112 **Cn** (285)	113 **Nh** (284)	114 **Fl** (289)	115 **Mc** (288)	116 **Lv** (293)	117 **Ts** (294)	118 **Og** (294)

내부 전이 원소

주기																
6	란타넘족	58 **Ce** 140.1	59 **Pr** 140.9	60 **Nd** 144.2	61 **Pm** (145)	62 **Sm** 150.4	63 **Eu** 152.0	64 **Gd** 157.3	65 **Tb** 158.9	66 **Dy** 162.5	67 **Ho** 164.9	68 **Er** 167.3	69 **Tm** 168.9	70 **Yb** 173.1	71 **Lu** 175.0
7	악티늄족	90 **Th** 232.0	91 **Pa** (231)	92 **U** 238.0	93 **Np** (237)	94 **Pu** (244)	95 **Am** (243)	96 **Cm** (247)	97 **Bk** (247)	98 **Cf** (251)	99 **Es** (252)	100 **Fm** (257)	101 **Md** (258)	102 **No** (259)	103 **Lr** (262)

원소

이름	원자 기호	원자 번호	원자량*
가돌리늄(Gadolinium)	Gd	64	157.3
갈륨(Gallium)	Ga	31	69.72
구리(Copper)	Cu	29	63.55
규소(Silicon)	Si	14	28.09
금(Gold)	Au	79	197.0
나이오븀(Niobium)	Nb	41	92.91
납(Lead)	Pb	82	207.2
네오디뮴(Neodymium)	Nd	60	144.2
네온(Neon)	Ne	10	20.18
넵투늄(Neptunium)	Np	93	(244)
노벨륨(Nobelium)	No	102	(253)
니켈(Nickel)	Ni	28	58.70
니호늄(Nihonium)	Nh	113	(284)
다름슈타튬(Darmstadtium)	Ds	110	(281)
더브늄(Dubnium)	Db	105	(262)
디스프로슘(Dysprosium)	Dy	66	162.5
라돈(Radon)	Rn	86	(222)
라듐(Radium)	Ra	88	(226)
란타넘(Lanthanum)	La	57	138.9
러더포듐(Rutherfordium)	Rf	104	(263)
레늄(Rhenium)	Re	75	186.2
로듐(Rhodium)	Rh	45	102.9
로렌슘(Lawrencium)	Lr	103	(257)
뢴트게늄(Roentgenium)	Rg	111	(272)
루비듐(Rubidium)	Rb	37	85.47
루테늄(Ruthenium)	Ru	44	101.1
루테튬(Lutetium)	Lu	71	175.0
리버모륨(Livermorium)	Lv	116	(293)
리튬(Lithium)	Li	3	6.941
마그네슘(Magnesium)	Mg	12	24.31
마이트너륨(Meitnerium)	Mt	109	(268)
망가니즈(Manganese)	Mn	25	54.94
멘델레븀(Mendelevium)	Md	101	(256)
모스코븀(Moscovium)	Mc	115	(288)
몰리브데넘(Molybdenum)	Mo	42	95.94
바나듐(Vanadium)	V	23	50.94
바륨(Barium)	Ba	56	137.3
백금(Platinum)	Pt	78	195.1
버클륨(Berkelium)	Bk	97	(247)
베릴륨(Beryllium)	Be	4	9.012
보륨(Bohrium)	Bh	107	(267)
붕소(Boron)	B	5	10.81
브로민(Bromine)	Br	35	79.90
비소(Arsenic)	As	33	74.92
비스무트(Bismuth)	Bi	83	209.0
사마륨(Samarium)	Sm	62	150.4
산소(Oxygen)	O	8	16.00
세륨(Cerium)	Ce	58	140.1
세슘(Cesium)	Cs	55	132.9
셀레늄(Selenium)	Se	34	78.97
소듐(Sodium)	Na	11	22.99
수소(Hydrogen)	H	1	1.008
수은(Mercury)	Hg	80	200.6
스칸듐(Scandium)	Sc	21	44.96
스트론튬(Strontium)	Sr	38	87.62
시보귬(Seaborgium)	Sg	106	(266)
아르곤(Argon)	Ar	18	39.95
아메리슘(Americium)	Am	95	(243)
아스타틴(Astatine)	At	85	(210)

이름	원자 기호	원자 번호	원자량*
아연(Zinc)	Zn	30	65.41
아이오딘(Iodine)	I	53	126.9
아인슈타이늄(Einsteinium)	Es	99	(254)
악티늄(Actinium)	Ac	89	(227)
안티모니(Antimony)	Sb	51	121.8
알루미늄(Aluminum)	Al	13	26.98
어븀(Erbium)	Er	68	167.3
염소(Chlorine)	Cl	17	35.45
오가네손(Oganesson)	Og	118	(294)
오스뮴(Osmium)	Os	76	190.2
우라늄(Uranium)	U	92	238.0
유로퓸(Europium)	Eu	63	152.0
은(Silver)	Ag	47	107.9
이리듐(Iridium)	Ir	77	192.2
이터븀(Ytterbium)	Yb	70	173.0
이트륨(Yttrium)	Y	39	88.91
인(Phosphorus)	P	15	30.97
인듐(Indium)	In	49	114.8
저마늄(Germanium)	Ge	32	72.61
제논(Xenon)	Xe	54	131.3
주석(Tin)	Sn	50	118.7
지르코늄(Zirconium)	Zr	40	91.22
질소(Nitrogen)	N	7	14.01
철(Iron)	Fe	26	55.85
카드뮴(Cadmium)	Cd	48	112.4
칼슘(Calcium)	Ca	20	40.08
캘리포늄(Californium)	Cf	98	(249)
코발트(Cobalt)	Co	27	58.93
코페르니슘(Copernicium)	Cn	112	(285)
퀴륨(Curium)	Cm	96	(247)
크롬(Chromium)	Cr	24	52.00
크립톤(Krypton)	Kr	36	83.80
타이타늄(Titanium)	Ti	22	47.88
탄소(Carbon)	C	6	12.01
탄탈럼(Tantalum)	Ta	73	180.9
탈륨(Thallium)	Tl	81	204.4
터븀(Terbium)	Tb	65	158.9
텅스텐(Tungsten)	W	74	183.9
테네신(Tennessine)	Ts	117	(294)
테크네튬(Technetium)	Tc	43	(98)
텔루륨(Tellurium)	Te	52	127.6
토륨(Thorium)	Th	90	232.0
툴륨(Thulium)	Tm	69	168.9
팔라듐(Palladium)	Pd	46	106.4
페르뮴(Fermium)	Fm	100	(253)
포타슘(Potassium)	K	19	39.10
폴로늄(Polonium)	Po	84	(209)
프라세오디뮴(Praseodymium)	Pr	59	140.9
프랑슘(Francium)	Fr	87	(223)
프로메튬(Promethium)	Pm	61	(145)
프로트악티늄(Protactinium)	Pa	91	(231)
플레로븀(Flevorium)	Fl	114	(289)
플루오린(Fluorine)	F	9	19.00
플루토늄(Plutonium)	Pu	94	(242)
하슘(Hassium)	Hs	108	(277)
하프늄(Hafnium)	Hf	72	178.5
헬륨(Helium)	He	2	4.003
홀뮴(Holmium)	Ho	67	164.9
황(Sulfur)	S	16	32.06

*원자량의 유효숫자는 4자리이다. 괄호 안의 값은 가장 안정한 동위원소의 질량수이다.

CHEMISTRY

The Molecular Nature of Matter and Change

Martin Silberberg • Patricia Amateis

Ninth Edition

제9판

실버버그의

일반화학

| 화학교재연구회 옮김 |

Chemistry: The Molecular Nature of Matter and Change, 9th Edition

4 5 6 7 8 9 10 SP 20 26

Original: Chemistry: The Molecular Nature of Matter and Change, 9th Edition. © 2021
By Martin Silberberg, Patricia Amateis
ISBN 978-1-26-024021-4

This authorized Korean translation edition is published by Sciplus Publishing Co., Ltd. in arrangement with McGraw-Hill Education Korea, Ltd. This edition is authorized for sale in the Republic of Korea.

This book is exclusively distributed by Sciplus Publishing Co., Ltd.

When ordering this title, please use 979-11-88731-36-7

Printed in Korea

옮긴이 머리말 _Preface

일반화학은 화학에 입문하는 대학생들에게 화학 전반에 걸쳐 가장 기초적이면서 필수적인 지식 및 원리를 가르치는 과목이다. 일반화학에서 다루는 내용의 범위가 상당히 넓기 때문에 이 과목을 공부하는 화학 관련 전공 학생들은 고학년 때 배울 다양한 고급 전공과목의 기초를 다질 수 있으며, 화학 비전공 학생들은 이 과목을 통해 기초과학의 방법론 및 문제해결 기법 등을 배움으로써 기본적인 과학적 소양을 기를 수 있을 것이다.

본 역자가 학창 시절에 일반화학 강의를 수강하던 시절부터 최근 10여 년 동안 대학생들을 상대로 일반화학을 가르쳐 온 시기까지 많은 일반화학 교재들을 접해 보았다. 교재별로 구성이 다르고 난이도도 다르지만 막상 맘에 쏙 드는 교재는 많이 만나기 어려웠다. 어떤 교재는 내용이 너무 어려워서 평균 수준의 대학생이 이해하기 힘들어 하고, 어떤 교재는 설명이 조악하여 내용을 이해하기 어렵고, 어떤 교재는 잡다한 내용이 너무 많아 핵심 내용을 파악하기 어렵다.

이처럼 다양한 면들을 종합적으로 고려할 때, 이번에 번역한 McGraw-Hill 출판사 Martin S. Silberberg와 Patricia G. Amateis의 공저 *Chemistry: The Molecular Nature of Matter and Change* 제9판은 다른 교수님들께 자신 있게 추천할 수 있는 교재이다. 본 교재는 난이도, 내용 설명, 구성 면에서 균형이 아주 잘 이루어져 있고, 일반화학의 핵심 주제들을 빠짐없이 다루고 있으며, 각 주제 및 세부 주제에 대한 설명이 상당히 명료하여 이해하기 쉽다. 또한 각 장의 내용 전개 및 편집 순서가 논리적이어서 강의를 진행하기에 참으로 편안한 교재라고 판단된다.

이 책의 번역에는 많은 번역진이 참여하여 오랜 기간 동안 열심히 노력하였고, 그 중 일부 번역진이 다시 한 번 꼼꼼하게 내용을 감수 및 교정하였다. 특히 지은이의 논리적 설명과 저술 의도가 번역판에 그대로 옮겨지도록 단어 그대로의 의미에 얽매이지 않고 문맥을 파악하여 우리 글로 의역하려고 노력하였다. 그러나 시간적 제약과 역량의 부족으로 불완전한 번역이나 어색한 표현이 여전히 남아 있을 수는 있다. 이 책에 사용되는 화학 용어들의 번역은 기본적으로 대한화학회 화학술어집을 따랐지만, 술어집에 없거나 술어집에 실린 용어보다 개념 이해에 보다 도움이 된다고 생각되는 경우에는 관용적으로 사용하는 용어를 사용하거나 두 용어를 병기한 경우도 있다. 아울러 주요 용어들에 대해서는 괄호 안에 영어 표기를 넣어 화학 관련 전공 학생들이 고급 과목 수강에 필요한 영어 술어를 미리 익히도록 배려하였다. 부족한 부분에 대해 많은 지적과 조언을 부탁드리며, 그에 따라 매년 수정할 것을 약속드린다.

마지막으로 이 교재를 출판하는 데 많은 도움을 주신 사이플러스 박종성 대표와 편집부의 노고에 깊은 감사를 드린다.

2023년 1월 15일

옮긴이 대표 적음

지은이 머리말 _Preface

화학은 의학과 생명과학, 환경과학, 여러 공학 분야와 산업 공정 등을 이해하는 데 있어 결정적인 역할을 하기 때문에 화학을 필수과목으로 하는 전공의 수가 계속 증가하고 있다. 뿐만 아니라 화학의 원리는 우리가 21세기에 직면하고 있는 몇 가지 핵심 문제(기후 변화 해결, 새로운 대체 에너지 탐구, 인구가 점점 더 증가하고 있는 지구에서 영양 공급 및 질병 치료) 등의 중심에 놓여 있다.

▶ 화학 교재의 표준 설정

*실버버그의 일반화학 9판*은 교수와 학생들의 요구를 충족하도록 더욱 진화되어 일반화학 교재의 표준을 제시하는 위치를 고수하고 있다. 본문에는 가장 정확한 분자 그림, 일관성 있는 단계별 문제 풀이, 광범위한 각 장 연습 문제 등이 들어 있다. 이 판 전반에 걸친 수정으로 본문은 더 읽기 쉽고 간결해졌으며, 도안들은 개념을 더 잘 전달하도록 개선하여, 더 쉽게 집중하고 이끌리도록 디자인하였다. 이 교재를 교재 시장의 선두 주자가 되게 했던 세 가지 특징적 장점들을 각 쪽에서 전보다 더욱 명확하게 드러나게 하였다.

화학적 모형의 가시화 – 거시 세계에서 분자 세계로

화학은 비가시적인 원자 수준의 사건들에 의해 일어나는 가시적 변화를 다루기 때문에 상상할 수 없는 정도의 크기 차이를 이해하는 것이 필요하다. 이 교재의 목표 중 하나는 많은 강사들의 목표와 일치하는데, 그것은 학생들이 분자 수준의 화학적 사건들을 가시화할 수 있도록 돕는 것이다. 따라서 우선 거시적 수준에서 개념을 설명한 후 분자적 관점에서 설명하는데, 논의 바로 옆에 관련 그림들을 배치하여 오늘날의 시각 지향적인 학생들이 요점을 파악할 수 있게 하였다.

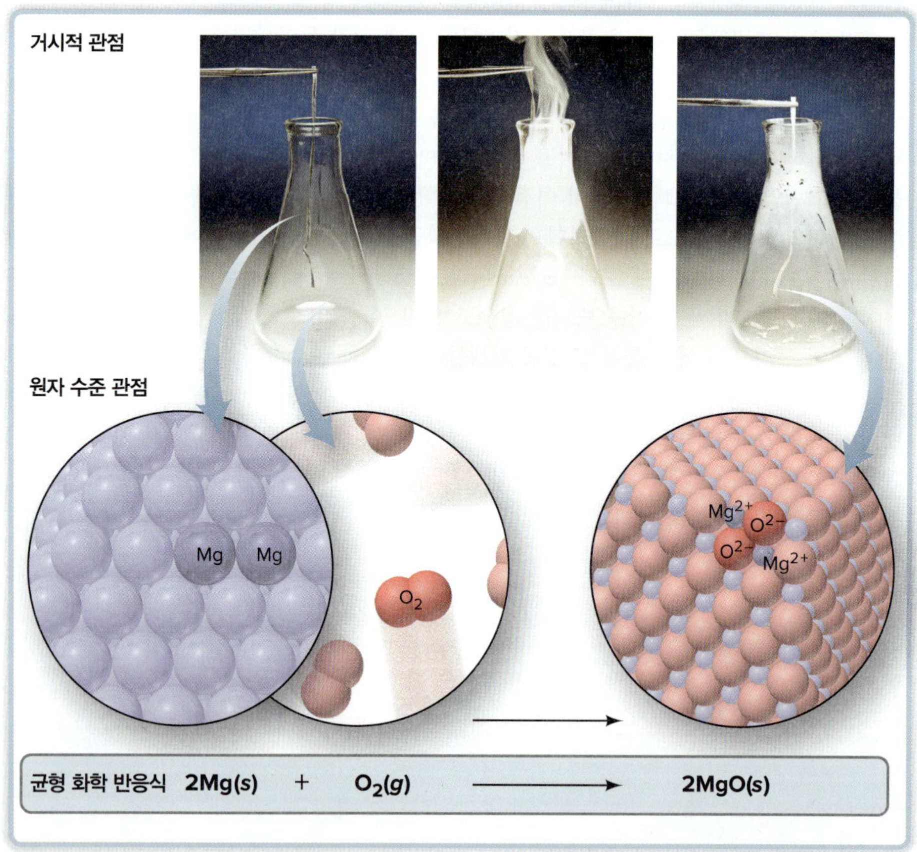

Charles D. Winters/McGraw-Hill Education

문제를 해결하는 논리적 사고

화학교육 전문가들이 폭넓게 받아들이고 있는 네 단계 방법에 근거한 문제 풀이 방법을 1장에서 소개하고, 교재 전반에 걸쳐 *일관성 있게* 적용하였다. 이 방법은 학생들이 먼저 문제에 대한 논리적 접근 방법을 수립한 후 문제를 풀기 시작하도록 이끈다. 각 예제에는 검산 항목이 있어서, 답의 화학적 및 정량적 합리성을 "따져 보는" 습관을 기르도록 한다. 마지막으로 각 연습 문제에 이어 유사한 보충 문제를 2개씩 배치하여 연습과 보강이 되도록 하였다. 또한 이 교재는 문제 풀이와 가시화 모형을 결합시킨 분자 모식도 문제를 실었는데, 이러한 문제가 숙제에만 들어가는 다른 교재들과 달리 숙제뿐만 아니라 본문 중에도 단계적으로 풀어 놓았다.

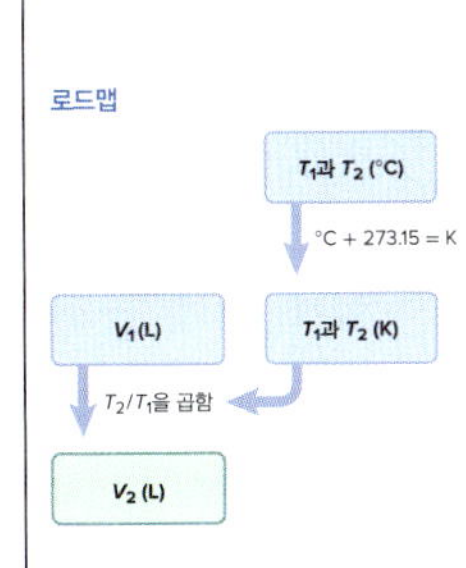

예제 5.3 | 부피-온도 관계와 압력-온도 관계의 적용

문제 풍선을 25°C에서 1.95 L의 공기로 채우고 햇빛이 비추는 차 안에 놓는다. 차 안의 온도가 90°C가 되면 풍선의 부피는 얼마인가?

계획 기체의 초기 부피(V_1), 초기 온도(T_1), 최종 온도(T_2)를 알고 있고, 최종 부피(V_2)를 구해야 한다. 풍선의 압력은 대기압에 의해 결정되므로 기체의 압력은 일정하고, 풍선에서 공기의 출입이 없으므로 n은 일정하다. 두 T 값의 단위를 켈빈으로 변환하고, 이상 기체 법칙을 변형하여 V_2를 구한다(로드맵 참조).

풀이 기체 변수들 정리:

$V_1 = 1.95$ L $V_2 =$ 미지
$T_1 = 25$°C(K로 변환) $T_2 = 90$°C(K로 변환)
P와 n은 일정

T를 °C에서 K로 환산:

$$T_1\ (\text{K}) = 25°\text{C} + 273.15 = 298\ \text{K} \qquad T_2\ (\text{K}) = 90°\text{C} + 273.15 = 363\ \text{K}$$

이상 기체 법칙을 변형해서 V_2 구하기: n과 P가 일정할 때, 다음 식을 얻는다.

$$\frac{P_1V_1}{n_1T_1} = \frac{P_2V_2}{n_2T_2} \implies \frac{V_1}{T_1} = \frac{V_2}{T_2}$$

$$V_2 = V_1 \times \frac{T_2}{T_1} = 1.95\ \text{L} \times \frac{363\ \text{K}}{298\ \text{K}} = 2.38\ \text{L}$$

검산 변화를 예측하여 수식을 검산해 보자. $T_2 > T_1$이므로 $V_2 > V_1$이라 예상된다. 따라서 온도비가 1보다 커야 한다(즉, T_2가 분자에 위치). T의 비율이 약 1.2(363/298)이므로, V의 비율 또한 약 1.2(2.4/2.0 ≈ 1.2)여야 한다.

▶ **보충 문제**

5.3A 연료 운반에 사용되는 철제 탱크에 내부 압력이 1.00×10^3 torr가 넘으면 열리는 안전밸브가 설치되어 있다. 23°C, 0.991 atm에서 탱크를 메테인으로 채우고 100°C에서 끓고 있는 물에 넣는다. 가열된 탱크의 압력은 얼마인가? 안전밸브는 열리겠는가?

5.3B 40°C에서 질소 시료가 32.5 L의 부피를 차지하고 있다. 압력이 일정하다면 어떤 온도에서 시료의 부피가 28.6 L로 감소하겠는가?

유사 문제 5.26~5.29

예제 5.4 | 부피-양 관계와 압력-양 관계의 적용

문제 한 모형 비행선에 헬륨을 채워 부피가 55.0 dm^3가 되면 떠오른다. He 1.10 mol을 비행선에 넣으면, 부피가 26.2 dm^3이다. 비행선을 뜨게 하려면 He 몇 g을 더 가해야 하는가? T와 P는 일정하다고 가정하라.

계획 헬륨의 초기 양(n_1), 비행선의 초기 부피(V_1), 비행선을 뜨게 하는 데 필요한 부피(V_2)가 주어져 있고, 비행선을 뜨게 하기 위해 추가해야 할 헬륨의 질량을 구하는 문제이다. 먼저 n_2를 구한다. 이상 기체 법칙을 적절한 형태로 변형하여 n_2를 구하고, 추가적인 양($n_{추가}$)을 구하기 위해 n_1을 빼준 다음, 몰수를 그램으로 환산한다(로드맵 참조).

예제 2.3 | 질량 법칙의 가시화

문제 아래 모식도는 화학 반응을 원자 수준으로 나타낸 것이다.

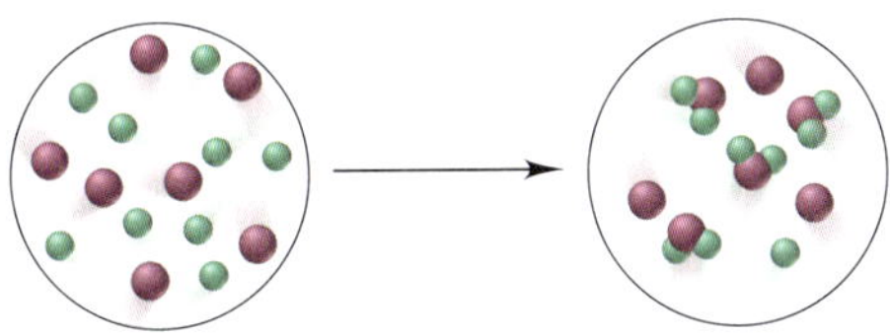

이 그림은 질량 보존, 일정 성분비, 배수 비례의 질량 법칙 중 어느 것을 나타내는가?

계획 그림에서 원자(공)의 개수, 색, 조합을 보면 어느 질량 법칙을 나타내는지 알 수 있다. 변화의 전과 후에서 각 원자수가 동일하면, 전체 질량은 변하지 않았다(질량 보존). 만약 항상 같은 원자 비율을 갖는 화합물이 생성되면, 구성 원소들은 일정한 질량비로 존재한다는 것을 알 수 있다(일정 성분비). 같은 원소들이 다른 화합물을 만들 때 한 원소의 원자 한 개와 결합하는 다른 원소의 원자들의 비율이 작은 정수비라면 이 원소들의 질량비도 마찬가지로 작은 정수비가 된다(배수 비례).

풀이 각 원 안에는 보라색 원자 7개와 녹색 원자 9개가 들어 있어서 질량이 보존됨을 알 수 있다. 생성된 화합물은 보라색 원자 한 개와 녹색 원자 두 개로 구성되어 있어 일정 성분비로 이루어져 있음을 볼 수 있다. 화합물이 한 종류뿐이기 때문에 배수 비례의 법칙은 나타나지 않는다.

▶ **보충 문제**

2.3A 아래 모식도는 어떤 화학적 변화를 나타내고 있다. 이 그림은 어느 질량 법칙을 나타내는가?

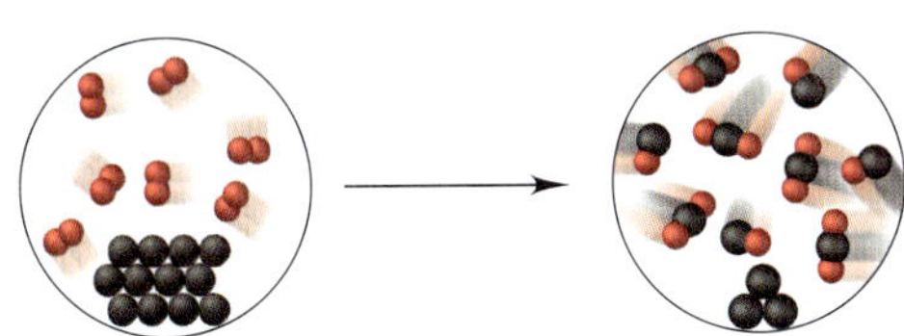

2.3B 브로민(*주황색*)과 플루오린(*노란색*)으로 이루어진 다음 화합물 시료 중 어느 것이 배수 비례의 법칙을 가장 잘 나타내는가? 설명하라.

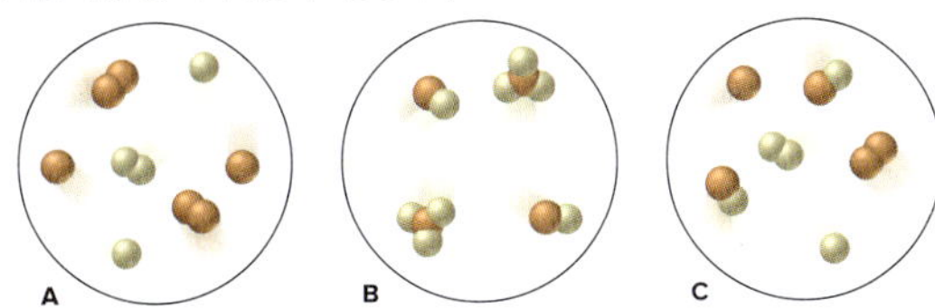

유사 문제 2.14, 2.15

개념을 실제 세계에 적용

가장 실용적인 학문으로서 화학 분야에는 셀 수 없이 많은 응용 예들을 강조하는 교재가 있어야 한다. 더구나 오늘날의 학생들은 생체재료 과학이나 행성 지질화학과 같은 새로운 화학 관련 융합 분야에서 일할 수도 있으므로, 사용하는 교재는 화학 개념과 그러한 관련 과학과의 연관성을 주목해야 한다. 별도의 단락으로 넣은 이야기(추가 관련 내용에 대한 문제 포함)인 화학과 관련 분야와 실험 기법, 더 많은 여백 주석, 각 장에 포함된 많은 응용 예들은 최신의 내용들이며, 본문과 직접적으로 연관되어 있어 학생들이 쉽게 이해할 수 있게 구성되어 있다.

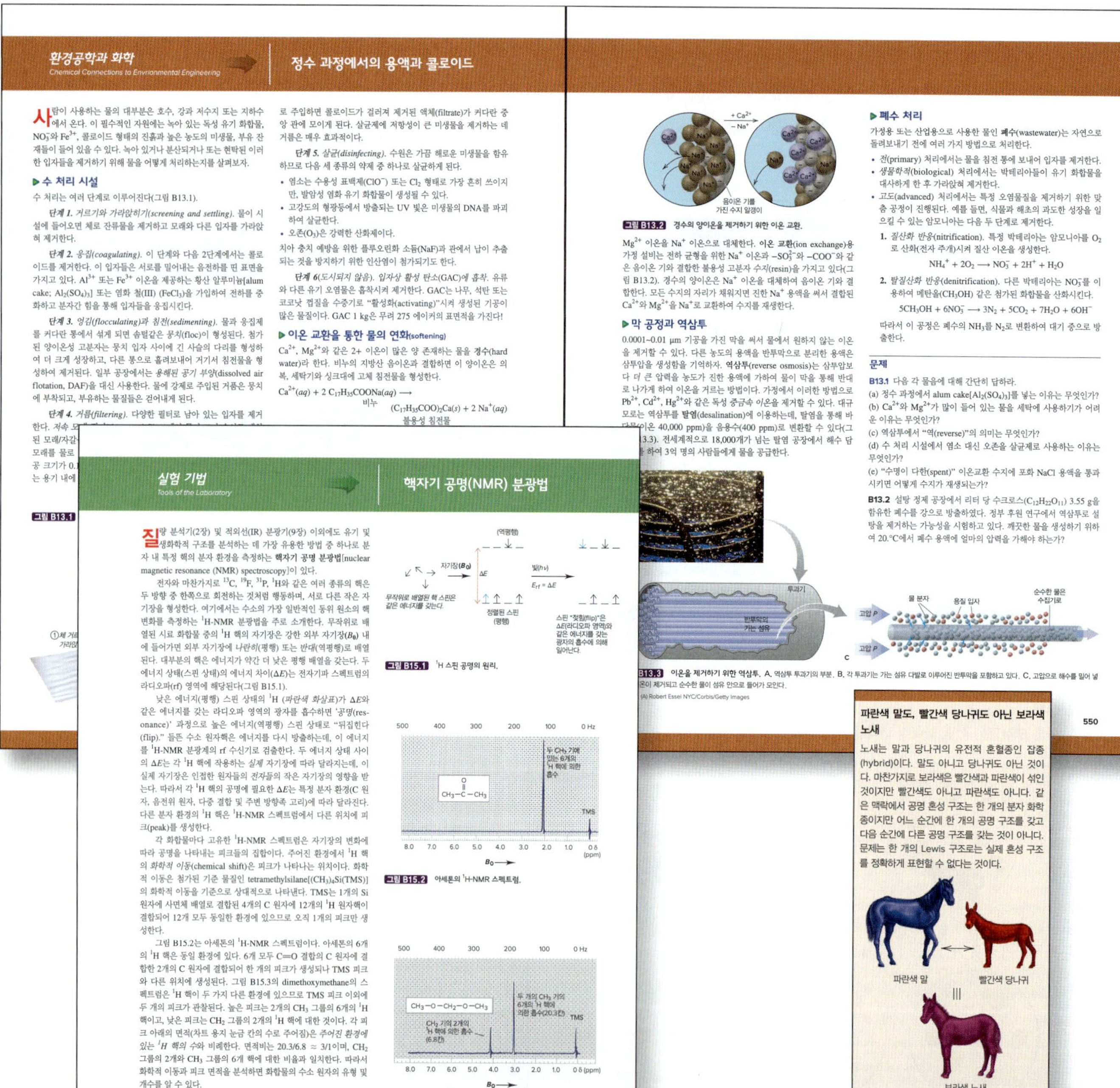

환경공학과 화학
Chemical Connections to Envrionmental Engineering

정수 과정에서의 용액과 콜로이드

사람이 사용하는 물의 대부분은 호수, 강과 저수지 또는 지하수에서 온다. 이 필수적인 자원에는 녹아 있는 독성 유기 화합물, NO_3^-와 Fe^{3+}, 콜로이드 형태의 진흙과 높은 농도의 미생물, 부유 잔재들이 들어 있을 수 있다. 녹아 있거나 분산되거나 또는 현탁된 이러한 입자들을 제거하기 위해 물을 어떻게 처리하는지를 살펴보자.

▶ 수 처리 시설

수 처리는 여러 단계로 이루어진다(그림 B13.1).

단계 1. 거르기와 가라앉히기(screening and settling). 물이 시설에 들어오면 체로 잔류물을 제거하고 모래와 다른 입자를 가라앉혀 제거한다.

단계 2. 응집(coagulating). 이 단계와 다음 2단계에서는 콜로이드를 제거한다. 이 입자들은 서로를 밀어내는 음전하를 띤 표면을 가지고 있다. Al^{3+} 또는 Fe^{3+} 이온을 제공하는 황산 알루미늄[alum cake; $Al_2(SO_4)_3$] 또는 염화 철(III) ($FeCl_3$)을 가입하여 전하를 중화하고 분자간 힘을 통해 입자들을 응집시킨다.

단계 3. 엉김(flocculating)과 침전(sedimenting). 물과 응집제를 커다란 통에서 섞게 되면 솜털같은 *뭉치*(floc)이 형성된다. 첨가된 양이온성 고분자는 뭉치 입자 사이에 긴 사슬의 다리를 형성하여 더 크게 성장하고, 다른 통으로 흘려보내어 거기서 침전물을 형성하여 제거된다. 일부 공장에서는 *용해된 공기 부양*(dissolved air flotation, DAF)을 대신 사용한다. 물에 강제로 주입된 거품은 뭉치에 부착되고, 부유하는 물질들은 걷어내게 된다.

단계 4. 거름(filtering). 다양한 필터로 남아 있는 입자를 제거한다. *저속 모*… 된 모래/자갈… 모래를 물로… 공 크기가 0.… 는 용기 내에…

로 주입하면 콜로이드가 걸러져 제거된 액체(filtrate)가 커다란 중앙 관에 모이게 된다. 살균제에 저항성이 큰 미생물을 제거하는 데 거름은 매우 효과적이다.

단계 5. 살균(disinfecting). 수원은 가끔 해로운 미생물을 함유하므로 다음 세 종류의 약제 중 하나로 살균하게 된다.

- 염소는 수용성 표백제(ClO^-) 또는 Cl_2 형태로 가장 흔히 쓰이지만, 발암성 염화 유기 화합물이 생성될 수 있다.
- 고강도의 형광등에서 방출되는 UV 빛은 미생물의 DNA를 파괴하여 살균한다.
- 오존(O_3)은 강력한 산화제이다.

치아 충치 예방을 위한 플루오린화 소듐(NaF)과 관에서 납이 추출되는 것을 방지하기 위한 인산염이 첨가되기도 한다.

단계 6(도시되지 않음). *입자상 활성 탄소(GAC)에 흡착.* 유류와 다른 유기 오염물은 흡착시켜 제거한다. GAC는 나무, 석탄 또는 코코넛 껍질을 수증기로 "활성화(activating)"시켜 생성된 기공이 많은 물질이다. GAC 1 kg은 무려 275 에이커의 표면적을 가진다!

▶ 이온 교환을 통한 물의 연화(softening)

Ca^{2+}, Mg^{2+}와 같은 2+ 이온이 많은 양 존재하는 물을 **경수**(hard water)라 한다. 비누의 지방산 음이온과 결합하면 이 양이온은 의복, 세탁기와 싱크대에 고체 침전물을 형성한다.

$$Ca^{2+}(aq) + 2\,C_{17}H_{35}COONa(aq) \longrightarrow (C_{17}H_{35}COO)_2Ca(s) + 2\,Na^+(aq)$$

비누 / 불용성 침전물

그림 B13.2 경수의 양이온을 제거하기 위한 이온 교환.

Mg^{2+} 이온을 Na^+ 이온으로 대체한다. **이온 교환**(ion exchange)용 가정 설비는 전하 균형을 위한 Na^+ 이온과 $-SO_3^{2-}$와 $-COO^-$와 같은 음이온 기와 결합한 불용성 고분자 *수지*(resin)을 가지고 있다(그림 B13.2). 경수의 양이온은 Na^+ 이온을 대체하여 음이온 기와 결합한다. 모든 수지의 자리가 채워지면 진한 Na^+ 용액을 써서 결합된 Ca^{2+}와 Mg^{2+}을 Na^+로 교환하여 수지를 재생한다.

▶ 막 공정과 역삼투

0.0001~0.01 μm 기공을 가진 막을 써서 물에서 원하지 않는 이온을 제거할 수 있다. 다른 농도의 용액을 반투막으로 분리한 용액은 삼투압을 생성함을 기억하자. **역삼투**(reverse osmosis)는 삼투압보다 *더* 큰 압력을 농도가 진한 용액에 가하여 물이 막을 통해 반대로 나가게 하여 이온을 거르는 방법이다. 가정에서 이러한 방법으로 Pb^{2+}, Cd^{2+}, Hg^{2+}와 같은 독성 *중금속 이온*을 제거할 수 있다. 대규모로는 역삼투를 **탈염**(desalination)에 이용하는데, 탈염을 통해 바다물(이온 40,000 ppm)을 음용수(400 ppm)로 변환할 수 있다(그림 B13.3). 전세계적으로 18,000개가 넘는 탈염 공장에서 해수 담…를 하여 3억 명의 사람들에게 물을 공급한다.

▶ 폐수 처리

가정용 또는 산업용으로 사용한 물인 **폐수**(wastewater)는 자연으로 돌려보내기 전에 여러 가지 방법으로 처리한다.

- *전*(primary) 처리에서는 물을 침전 통에 보내어 입자를 제거한다.
- *생물학적*(biological) 처리에서는 박테리아들이 유기 화합물을 대사하게 한 후 가라앉혀 제거한다.
- 고도(advanced) 처리에서는 특정 오염물질을 제거하기 위한 맞춤 공정이 진행된다. 예를 들면, 식물과 해초의 과도한 성장을 일으킬 수 있는 암모니아는 다음 두 단계로 제거한다.

1. *질산화 반응*(nitrification). 특정 박테리아는 암모니아를 O_2로 산화(전자 주개)시켜 질산 이온을 생성한다.

$$NH_4^+ + 2O_2 \longrightarrow NO_3^- + 2H^+ + H_2O$$

2. *탈질산화 반응*(denitrification). 다른 박테리아는 NO_3^-를 이용하여 메탄올(CH_3OH) 같은 첨가된 화합물을 산화시킨다.

$$5CH_3OH + 6NO_3^- \longrightarrow 3N_2 + 5CO_2 + 7H_2O + 6OH^-$$

따라서 이 공정은 폐수의 NH_3를 N_2로 변환하여 대기 중으로 방출한다.

문제

B13.1 다음 각 물음에 대해 간단히 답하라.
(a) 정수 과정에서 alum cake[$Al_2(SO_4)_3$]를 넣는 이유는 무엇인가?
(b) Ca^{2+}와 Mg^{2+}가 많이 들어 있는 물을 세탁에 사용하기가 어려운 이유는 무엇인가?
(c) 역삼투에서 "역(reverse)"의 의미는 무엇인가?
(d) 수 처리 시설에서 염소 대신 오존을 살균제로 사용하는 이유는 무엇인가?
(e) "수명이 다한(spent)" 이온교환 수지에 포화 NaCl 용액을 통과시키면 어떻게 수지가 재생되는가?

B13.2 설탕 정제 공장에서 리터 당 수크로스($C_{12}H_{22}O_{11}$) 3.55 g을 함유한 폐수를 강으로 방출하였다. 정부 후원 연구에서 역삼투로 설탕을 제거하는 가능성을 시험하고 있다. 깨끗한 물을 생성하기 위하여 20.°C에서 폐수 용액에 얼마의 압력을 가해야 하는가?

그림 B13.3 이온을 제거하기 위한 역삼투. A. 역삼투 투과기의 부분. B. 각 투과기는 가는 섬유 다발로 이루어진 반투막을 포함하고 있다. C. 고압으로 해수를 밀어 넣…온이 제거되고 순수한 물이 섬유 안으로 들어가 모인다.

(A) Robert Essel NYC/Corbis/Getty Images

550

실험 기법
Tools of the Laboratory

핵자기 공명(NMR) 분광법

질량 분석기(2장) 및 적외선(IR) 분광기(9장) 이외에도 유기 및 생화학적 구조를 분석하는 데 가장 유용한 방법 중 하나로 분자 내 특정 핵의 분자 환경을 측정하는 **핵자기 공명 분광법**[nuclear magnetic resonance (NMR) spectroscopy]이 있다.

전자와 마찬가지로 ^{13}C, ^{19}F, ^{31}P, ^1H와 같은 여러 종류의 핵은 두 방향 중 한쪽으로 회전하는 것처럼 행동하며, 서로 다른 작은 자기장을 형성한다. 여기에서는 수소의 가장 일반적인 동위 원소의 핵 변화를 측정하는 ^1H-NMR 분광법을 주로 소개한다. 무작위로 배열된 시료 화합물 중의 ^1H 핵의 자기장은 강한 외부 자기장(B_0) 내에 들어가면 외부 자기장에 *나란히*(평행) 또는 *반대*(역평행)로 배열된다. 대부분의 핵은 에너지가 약간 더 낮은 평행 배열을 갖는다. 두 에너지 상태(스핀 상태)의 에너지 차이(ΔE)는 전자기파 스펙트럼의 라디오파(rf) 영역에 해당된다(그림 B15.1).

낮은 에너지(평행) 스핀 상태의 ^1H (*파란색 화살표*)가 ΔE와 같은 에너지를 갖는 라디오파 영역의 광자를 흡수하면 '*공명*(resonance)' 과정으로 높은 에너지(역평행) 스핀 상태로 "뒤집힌다(flip)." 들뜬 수소 원자핵은 에너지를 다시 방출하는데, 이 에너지를 ^1H-NMR 분광계의 rf 수신기로 검출한다. 두 에너지 상태 사이의 ΔE는 각 ^1H 핵에 작용하는 *실제* 자기장에 따라 달라지는데, 이 실제 자기장은 인접한 원자들의 *전자*들의 작은 자기장의 영향을 받는다. 따라서 각 ^1H 핵의 공명에 필요한 ΔE는 특정 분자 환경(C 원자, 음전위 원자, 다중 결합 및 주변 방향족 고리)에 따라 달라진다. 다른 분자 환경의 ^1H 핵은 ^1H-NMR 스펙트럼에서 다른 위치에 피크(peak)를 생성한다.

각 화합물마다 고유한 ^1H-NMR 스펙트럼은 자기장의 변화에 따라 공명을 나타내는 피크들의 집합이다. 주어진 환경에서 ^1H 핵의 *화학적 이동*(chemical shift)은 피크가 나타나는 위치이다. 화학적 이동은 첨가된 기준 물질인 tetramethylsilane[$(CH_3)_4Si$(TMS)]의 화학적 이동을 기준으로 상대적으로 나타낸다. TMS는 1개의 Si 원자에 사면체 배열로 결합된 4개의 C 원자에 12개의 ^1H 원자핵이 결합되어 12개 모두 동일한 환경에 있으므로 오직 1개의 피크만 생성한다.

그림 B15.2는 아세톤의 ^1H-NMR 스펙트럼이다. 아세톤의 6개의 ^1H 핵은 동일 환경에 있다. 6개 모두 C=O 결합의 C 원자에 결합한 2개의 C 원자에 결합되어 한 개의 피크가 생성되나 TMS 피크와 다른 위치에 생성된다. 그림 B15.3의 dimethoxymethane의 스펙트럼은 ^1H 핵이 두 가지 다른 환경에 있으므로 TMS 피크 이외에 두 개의 피크가 관찰된다. 높은 피크는 2개의 CH_3 그룹의 6개의 ^1H 핵이고, 낮은 피크는 CH_2 그룹의 2개의 ^1H 핵에 대한 것이다. 각 피크 아래의 면적(차트 용지 눈금 칸의 수로 주어짐)은 *주어진 환경에 있는 ^1H 핵의 수*와 비례한다. 면적비는 20.3/6.8 ≈ 3/1이며, CH_2 그룹의 2개와 CH_3 그룹의 6개 핵에 대한 비율과 일치한다. 따라서 화학적 이동과 피크 면적을 분석하면 화합물의 수소 원자의 유형 및 개수를 알 수 있다.

그림 B15.1 ^1H 스핀 공명의 원리.

그림 B15.2 아세톤의 ^1H-NMR 스펙트럼.

그림 B15.3 Dimethoxymethane의 ^1H-NMR 스펙트럼.

621

파란색 말도, 빨간색 당나귀도 아닌 보라색 노새

노새는 말과 당나귀의 유전적 혼혈종인 잡종(hybrid)이다. 말도 아니고 당나귀도 아닌 것이다. 마찬가지로 보라색은 빨간색과 파란색이 섞인 것이지만 빨간색도 아니고 파란색도 아니다. 같은 맥락에서 공명 혼성 구조는 한 개의 분자 화학종이지만 어느 순간에 한 개의 공명 구조를 갖고 다음 순간에 다른 공명 구조를 갖는 것이 아니다. 문제는 한 개의 Lewis 구조로는 실제 혼성 구조를 정확하게 표현할 수 없다는 것이다.

복습과 연습을 통한 추가 학습

절 요약은 각 절의 주요 개념들을 절의 말미에 함축적으로 또 즉각적으로(복습을 장의 끝으로 밀어 놓지 않고) 다시 언급하고 있다.

각 장의 끝에 있는 다양한 학습 목록은 학생들이 내용을 복습하도록 돕는다.

- **학습 목표**: 이해해야 할 개념과 습득해야 할 스킬들에 초점을 맞춘다. (관련된 절 또는 예제 번호를 제시하였다.)
- **주요 용어**: 각 장 내에 굵은 글씨로 표시한 정의를 소개하고 있다.
- **주요 방정식과 관계식**: 각 장 내에서 강조하고 번호를 매겨 놓은 것을 정리하였다.

> **9.1절 요약**
> - 자연적으로 형성된 물질 거의 대부분은 원자나 이온들이 서로 결합하여 이루어진다. 화학 결합은 원자들이 더 낮은 에너지를 갖도록 만든다.
> - 이온 결합은 전자가 금속 원자로부터 비금속 원자로 이동하여 형성되는 이온들이 서로를 끌어당겨 일어나며, 그 결과 이온성 고체가 형성된다.
> - 공유 결합은 비금속 원자들 사이에서 가장 흔한 결합이며 그 결과 개별 분자를 형성한다. 결합한 원자들은 한 개, 혹은 그 이상의 전자쌍을 공유하고, 전자들은 원자들 사이에 편재화된다.
> - 금속 결합은 수많은 금속 원자들의 원자가 전자들이 비편재화된 전자 "바다"를 형성하여 모든 원자들을 잡아줄 때 형성된다.
> - 주족 원소들의 Lewis 전자-점 기호에서는 원소 기호를 둘러싼 점으로 원자가 전자를 나타낸다.
> - 팔전자 규칙은 결합 시 원자들이 전자를 잃거나 얻거나 혹은 공유하여 최외각 준위에 8개(혹은 2개)의 전자들로 채우는 것을 의미한다.

최종적으로 각 장의 끝에는 예외적으로 많은 정성적, 정량적 혹은 분자 모식도 문제들을 배치하였다. 다음과 같은 세 가지 유형의 문제들을 각 절 별로 제시하였다.

- **개념 복습 문제**는 핵심 개념에 대한 정성적 이해도를 검증한다.
- **스킬 숙달 문제**는 유사한 문제들을 쌍으로 묶어 놓았는데, 그 중 한 문제에 대한 해답을 교재의 뒷부분에 실어 놓았다. 유사한 문제들은 풀이 단계가 명확한 것부터 시작하여 난이도를 높여 점진적으로 학생들이 다단계 풀이를 피할 수 있도록 하였다.
- **실전 문제**에서는 스킬 숙달 문제에서 익힌 스킬들을 산업, 의학 및 환경 등 실제적인 예들을 포함한 흥미 있는 상황에 적용한다.

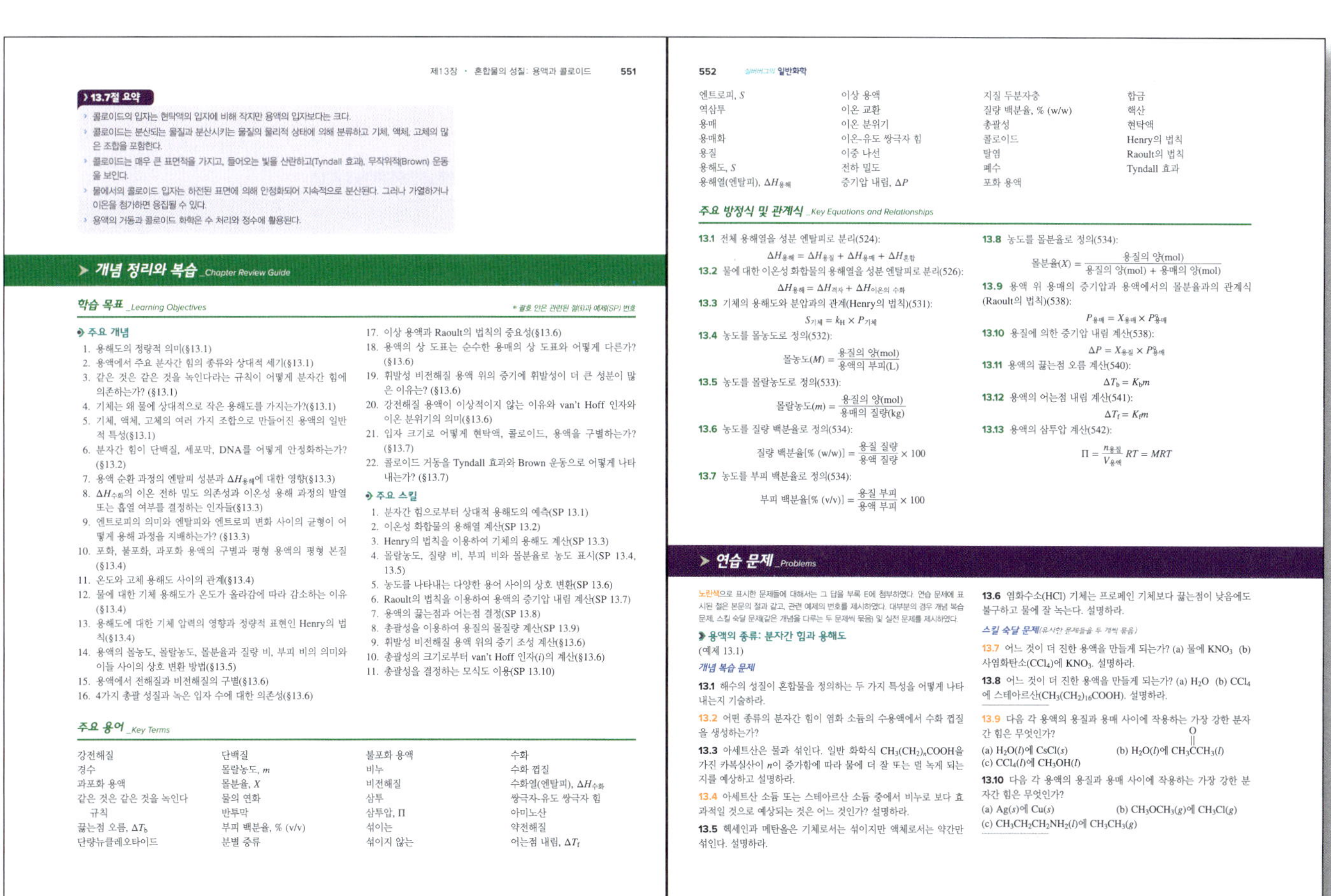
제13장 · 혼합물의 성질: 용액과 콜로이드 551

13.7절 요약
- 콜로이드의 입자는 현탁액의 입자에 비해 작지만 용액의 입자보다는 크다.
- 콜로이드는 분산되는 물질과 분산시키는 물질의 물리적 상태에 의해 분류하고 기체, 액체, 고체의 많은 조합을 포함한다.
- 콜로이드는 매우 큰 표면적을 가지고, 들어오는 빛을 산란하고(Tyndall 효과), 무작위적(Brown) 운동을 보인다.
- 물에서의 콜로이드 입자는 하전된 표면에 의해 안정화되어 지속적으로 분산된다. 그러나 가열하거나 이온을 첨가하면 응집될 수 있다.
- 용액의 거동과 콜로이드 화학은 수 처리와 정수에 활용된다.

개념 정리와 복습 _Chapter Review Guide

학습 목표 _Learning Objectives
* 괄호 안은 관련된 절(§)과 예제(SP) 번호

주요 개념
1. 용해도의 정량적 의미(§13.1)
2. 용액에서 주요 분자간 힘의 종류와 상대적 세기(§13.1)
3. 같은 것은 같은 것을 녹인다라는 규칙이 어떻게 분자간 힘에 의존하는가? (§13.1)
4. 기체는 왜 물에 상대적으로 작은 용해도를 가지는가?(§13.1)
5. 기체, 액체, 고체의 여러 가지 조합으로 만들어진 용액의 일반적 특성(§13.1)
6. 분자간 힘이 단백질, 세포막, DNA를 어떻게 안정화하는가? (§13.2)
7. 용액 순환 과정의 엔탈피 성분과 $\Delta H_{용해}$에 대한 영향(§13.3)
8. $\Delta H_{수화}$의 이온 전하 밀도 의존성과 이온성 용해 과정의 발열 또는 흡열 여부를 결정하는 인자들(§13.3)
9. 엔트로피의 의미와 엔탈피와 엔트로피 변화 사이의 균형이 어떻게 용해 과정을 지배하는가? (§13.3)
10. 포화, 불포화, 과포화 용액의 구별과 평형 용액의 평형 본질(§13.4)
11. 온도와 고체 용해도 사이의 관계(§13.4)
12. 물에 대한 기체 용해도가 온도가 올라감에 따라 감소하는 이유(§13.4)
13. 용해도에 대한 기체 압력의 영향과 정량적 표현인 Henry의 법칙(§13.4)
14. 용액의 몰농도, 몰랄농도, 몰분율과 질량 비, 부피 비의 의미와 이들 사이의 상호 변환 방법(§13.5)
15. 용액에서 전해질과 비전해질의 구별(§13.6)
16. 4가지 총괄 성질과 녹은 입자 수에 대한 의존성(§13.6)
17. 이상 용액과 Raoult의 법칙의 중요성(§13.6)
18. 용액의 상 도표는 순수한 용매의 상 도표와 어떻게 다른가? (§13.6)
19. 휘발성 비전해질 용액 위의 증기에 휘발성이 더 큰 성분이 많은 이유는? (§13.6)
20. 강전해질 용액이 이상적이지 않는 이유와 van't Hoff 인자와 이온 분위기의 의미(§13.6)
21. 입자 크기로 어떻게 현탁액, 콜로이드, 용액을 구별하는가? (§13.7)
22. 콜로이드 거동을 Tyndall 효과와 Brown 운동으로 어떻게 나타내는가? (§13.7)

주요 스킬
1. 분자간 힘으로부터 상대적 용해도의 예측(SP 13.1)
2. 이온성 화합물의 용해열 계산(SP 13.2)
3. Henry의 법칙을 이용하여 기체의 용해도 계산(SP 13.3)
4. 몰랄농도, 질량 비, 부피 비와 몰분율로 농도 표시(SP 13.4, 13.5)
5. 농도를 나타내는 다양한 용어 사이의 상호 변환(SP 13.6)
6. Raoult의 법칙을 이용하여 용액의 증기압 내림 계산(SP 13.7)
7. 용액의 끓는점과 어는점 결정(SP 13.8)
8. 총괄성을 이용하여 용질의 몰질량 계산(SP 13.9)
9. 휘발성 비전해질 용액 위의 증기 조성 계산(§13.6)
10. 총괄성의 크기로부터 van't Hoff 인자(i)의 계산(§13.6)
11. 총괄성을 결정하는 모식도 이용(SP 13.10)

주요 용어 _Key Terms

강전해질, 경수, 과포화 용액, 같은 것은 같은 것을 녹인다 규칙, 끓는점 오름, ΔT_b, 단량뉴클레오타이드, 단백질, 몰랄농도, m, 몰분율, X, 물의 연화, 반투막, 부피 백분율, % (v/v), 분별 증류, 불포화 용액, 비누, 비전해질, 삼투, 삼투압, Π, 섞이는, 섞이지 않는, 수화, 수화 껍질, 수화열(엔탈피), $\Delta H_{수화}$, 쌍극자-유도 쌍극자 힘, 아미노산, 약전해질, 어는점 내림, ΔT_f

552 실버버그의 일반화학

엔트로피, S, 역삼투, 용매, 용매화, 용질, 용해도, S, 용해열(엔탈피), $\Delta H_{용해}$, 이상 용액, 이온 교환, 이온 분위기, 이온-유도 쌍극자 힘, 이중 나선, 전하 밀도, 증기압 내림, ΔP, 지질 두분자층, 질량 백분율, % (w/w), 총괄성, 콜로이드, 탈염, 폐수, 포화 용액, 합금, 핵산, 현탁액, Henry의 법칙, Raoult의 법칙, Tyndall 효과

주요 방정식 및 관계식 _Key Equations and Relationships

13.1 전체 용해열을 성분 엔탈피로 분리(524):
$$\Delta H_{용해} = \Delta H_{용질} + \Delta H_{용매} + \Delta H_{혼합}$$
13.2 물에 대한 이온성 화합물의 용해열을 성분 엔탈피로 분리(526):
$$\Delta H_{용해} = \Delta H_{격자} + \Delta H_{이온의\ 수화}$$
13.3 기체의 용해도와 분압과의 관계(Henry의 법칙)(531):
$$S_{기체} = k_H \times P_{기체}$$
13.4 농도를 몰농도로 정의(532):
$$몰농도(M) = \frac{용질의\ 양(mol)}{용액의\ 부피(L)}$$
13.5 농도를 몰랄농도로 정의(533):
$$몰랄농도(m) = \frac{용질의\ 양(mol)}{용매의\ 질량(kg)}$$
13.6 농도를 질량 백분율로 정의(534):
$$질량\ 백분율[\%\ (w/w)] = \frac{용질\ 질량}{용액\ 질량} \times 100$$
13.7 농도를 부피 백분율로 정의(534):
$$부피\ 백분율[\%\ (v/v)] = \frac{용질\ 부피}{용액\ 부피} \times 100$$
13.8 농도를 몰분율로 정의(534):
$$몰분율(X) = \frac{용질의\ 양(mol)}{용질의\ 양(mol) + 용매의\ 양(mol)}$$
13.9 용액 위 용매의 증기압과 용액에서의 몰분율과의 관계식(Raoult의 법칙)(538):
$$P_{용매} = X_{용매} \times P^{\circ}_{용매}$$
13.10 용질에 의한 증기압 내림 계산(538):
$$\Delta P = X_{용질} \times P^{\circ}_{용매}$$
13.11 용액의 끓는점 오름 계산(540):
$$\Delta T_b = K_b m$$
13.12 용액의 어는점 내림 계산(541):
$$\Delta T_f = K_f m$$
13.13 용액의 삼투압 계산(542):
$$\Pi = \frac{n_{용질}}{V_{용액}} RT = MRT$$

연습 문제 _Problems

노란색으로 표시한 문제들에 대해서는 그 답을 부록 E에 첨부하였다. 연습 문제에 표시된 절은 본문의 절과 같고, 관련 예제의 번호를 제시하였다. 대부분의 경우 개념 복습 문제, 스킬 숙달 문제(같은 개념을 다루는 두 문제씩 묶음) 및 실전 문제를 제시하였다.

용액의 종류: 분자간 힘과 용해도
(예제 13.1)

개념 복습 문제

13.1 해수의 성질이 혼합물을 정의하는 두 가지 특성을 어떻게 나타내는지 기술하라.

13.2 어떤 종류의 분자간 힘이 염화 소듐의 수용액에서 수화 껍질을 생성하는가?

13.3 아세트산은 물과 섞인다. 일반 화학식 $CH_3(CH_2)_nCOOH$을 가진 카복실산이 n이 증가함에 따라 물에 더 잘 또는 덜 녹게 되는지를 예상하고 설명하라.

13.4 아세트산 소듐 또는 스테아르산 소듐 중에서 비누로 보다 효과적일 것으로 예상되는 것은 어느 것인가? 설명하라.

13.5 헥세인과 메탄올은 기체로서는 섞이지만 액체로서는 약간만 섞인다. 설명하라.

13.6 염화수소(HCl) 기체는 프로페인 기체보다 끓는점이 낮음에도 불구하고 물에 잘 녹는다. 설명하라.

스킬 숙달 문제(유사한 문제들을 두 개씩 묶음)

13.7 어느 것이 더 진한 용액을 만들게 되는가? (a) 물에 KNO_3 (b) 사염화탄소(CCl_4)에 KNO_3. 설명하라.

13.8 어느 것이 더 진한 용액을 만들게 되는가? (a) H_2O (b) CCl_4에 스테아르산($CH_3(CH_2)_{16}COOH$). 설명하라.

13.9 다음 각 용액의 용질과 용매 사이에 작용하는 가장 강한 분자간 힘은 무엇인가?
(a) $H_2O(l)$에 $CsCl(s)$ (b) $H_2O(l)$에 $CH_3C(=O)CH_3(l)$
(c) $CCl_4(l)$에 $CH_3OH(l)$

13.10 다음 각 용액의 용질과 용매 사이에 작용하는 가장 강한 분자간 힘은 무엇인가?
(a) $Ag(s)$에 $Cu(s)$ (b) $CH_3OCH_3(g)$에 $CH_3Cl(g)$
(c) $CH_3CH_2CH_2NH_2(l)$에 $CH_3CH_3(g)$

▶ *교재의 최적화*

오늘날 학생들의 학습 경험은 급격히 변화하고 있다. 학생들이 맞닥뜨리는 변화에 대처하기 위해 현대의 교재들은 강력한 디지털 도구들과 짝을 이루어 지속적으로 진화해야 한다. 각 판을 낼 때마다 학생들과 강사들이 함께 참여하여 이 교재를 다듬어 왔다. 일대일 인터뷰, 집중 토론 그룹, 심포지엄 등과 더불어 장 내용에 대한 대규모 검토와 강의실 시험 등을 통해, 모든 사람들이 첨단 분자 그림, 단계별 문제풀이법, 정성적, 정량적 및 응용 등 다양한 연습 문제들 및 주제에 대한 상세하면서도 학생 친화적인 설명 등에 대해 많은 칭찬을 하였다.

각 장에 대한 전반적 수정

9판에 대한 수정은 교재의 지속적인 최적화에 초점을 맞추었다. 이 과정에서 강의 내용에 대한 학생들의 지식을 평가하는 학습 시스템인 SmartBook에 들어 있는 질문들에 대한 학생 수천 명의 응답 자료를 활용하였다. 각 문항에 답하는 데 걸리는 평균 시간, 첫 시도에서 정답을 찾는 학생들의 백분율과 같은 자료로부터 학생들이 특히 어려워하는 학습 목표를 알아낼 수 있었다. 우리는 *실버버그의 일반화학 9판*에서 다양한 방법을 사용하여 학생들이 특히 어려워하는 개념들을 더 명확하게, 더 쉽게 이해하도록 제시하였다.

디지털 학습 자료를 이용하여 개념을 더 명확하게 만들기. 학생들은 이 교재의 SmartBook을 통하여 디지털 학습 자료에 접속할 수 있다. 이 학습 자료들은 개념 요약, 예제 풀이뿐만 아니라 화학 강사의 문제 풀이 및 개념 모형화 비디오를 제공하여 학생들이 반복하여 볼 수 있도록 하였다. 따라서 학생들은 아무 때나 "교수 면담 시간"을 가질 수 있게 되었다.

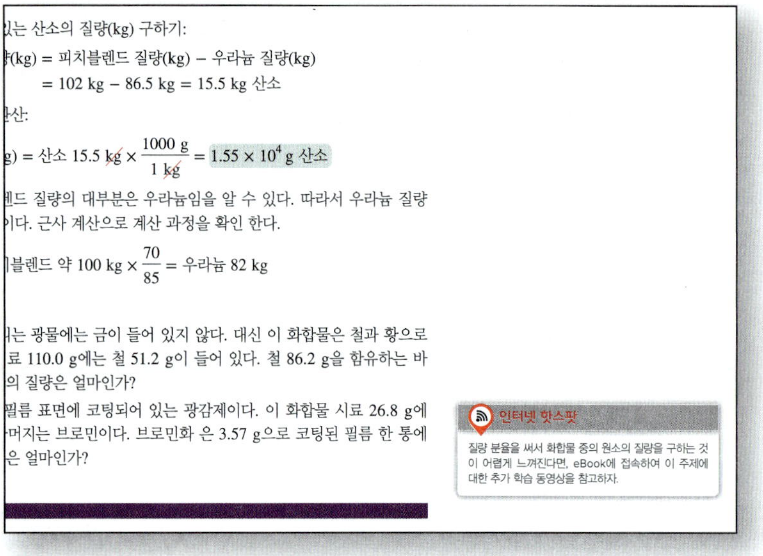

인터넷 핫스팟

우리는 수천 명의 SmartBook 사용자들로부터 얻은 실제 학생 자료들을 활용하여 이 교재를 수정한 것을 만족스럽게 생각한다. SmartBook Heat Maps는 교재 사용 부분과 내용을 학습하면서 학생들이 느끼는 상대적 난이도에 대한 빠른 시각적 스냅샷을 제공하였다. 이 자료를 이용하여 수정이 필요한 교재 내용을 다듬을 수 있었고, 특히 어려운 개념에 대해 학습 자료를 이용하여 학생들에게 이 개념들을 설명하고 더 깊이 이해하도록 지도할 수 있었다. 교재 전반에서 이 표시(인터넷 핫스팟)들을 발견하게 될 것이다. 학생들은 Connect에 접속하여 SmartBook을 통해 자료를 복습해야 한다. (*주: SmartBook®은 유료 영문 사이트이며, 국문 사이트는 운영 되고 있지 않습니다.)

모든 장의 개량된 문제에 개념 적용하기. 자료 기반 및 분자 모식도 예제에서 칭찬받는 네 단계 문제 풀이 양식(계획, 풀이, 검산, 보충 문제)을 9판에서도 그대로 유지하였다. 각 예제에는 보충 문제 2개와 각 장의 연습 문제 중 유사한 문제 목록을 함께 넣었다. 9판에는 250개가 넘는 예제와 500개 이상의 보충 문제를 실었다. 여러 장에서 몇몇 예제와 보충 문제들을 두 가지 목표를 염두에 두고 수정하였다. 즉, 학생들에게 개념들을 명확하게 설명하고 문제 풀이 기법을 보여주는 다양한 문제들을 제공하는 동시에 더 어려운 문제를 통해 능숙하게 문제를 해결하는 기회를 제공하고자 하였다. 또한 예제와 보충 문제의 풀이에 중간 단계들을 포함시켜 학생들이 더 쉽게 풀이를 따라갈 수 있도록 하였다.

설명이 있는 그림으로 개념 복습. 화학 교재에서 분자의 가시화를 돕는 혁신적인 세 단계 그림들과 삽화들은 여전히 포함되어 있다. 몇몇 기존 그림들을 수정하고 몇 개를 새로 추가하여 더 나은 교육 수단이 되도록 하였다. 그림에 설명 내용을 그림 내 주석에 포함시켜 그림 설명을 줄였다.

많은 연습 문제로 내용 마스터하기. 새로운 문제들을 여러 장의 연습 문제에 추가하여 학생들과 강사들에게 다양한 난이도와 실생활 상황을 선택하도록 하였다. 연습 문제는 대부분의 다른 교재들보다 더 광범위하다.

각 장의 내용 변화

교재 전체의 개념 설명과 문제풀이에 대한 전반적인 개선과 함께 많은 장에서 다음과 같이 개선하였다.

- **1장**에서는 유효 숫자에 관한 설명을 개정하여 이 중요한 주제를 더 명확히 설명하였고, 유효 숫자 및 반올림에 관한 예제 2개를 개정하였으며, 밀도를 사용하는 계산에 관한 보충 문제 1개를 추가하였다.
- **2장**에서는 질량 분석법, 동위원소 조성, 원자량에 관한 설명을 개선하였고, 화합물의 명명법에 관한 이해를 돕는 그림 5개(명명법을 요약한 순서도 포함)를 추가하였다. 또한 장의 끝부분에 화합물의 명명에 관한 연습 문제 2개를 추가하였다.
- **3장**에서는 질량/양(mol)/분자의 개체 수 사이의 환산과 분자식 결정에 관한 문제 풀이용 인터넷 핫스팟 자료 2개를 새로 추가하였고, 화학량론에 관한 예제 4개를 개정하였다.
- **4장**에서는 전체적 내용의 순서를 재구성하여 내용의 흐름과 명확성을 향상시켰다. 전해질의 유형에 관한 표를 추가하였고, 용액 속 이온의 화학량론에 관한 예제 1개와 산-염기 반응식 쓰기에 관한 예제 1개를 개정하였다.
- **5장**에서는 기체 법칙에 관한 예제 3개와 그림 2개를 개정하였다.
- **6장**에서는 열, 온도 변화, 비열용량에 관한 예제들을 대폭 개정하였고, Hess의 법칙과 생성열 값을 이용한 계산에 관한 내용을 개정하였다. 또한 에너지에 관한 대기 과학과 화학 이야기를 최신 내용으로 갱신하였다.
- **7장**에서는 학생들이 선 스펙트럼을 이해하는 데 도움이 되는 비디오 1개를 새로 추가하였고, 그림 3개와 양자수에 관한 예제 1개를 개정하였다.
- **8장**에서는 $4s$와 $3d$ 오비탈의 침투와 가림을 나타내는 그림 1개를 추가하였고, 전자 스핀, 오비탈 채움, 원소 반응성, 산화물의 산-염기 성질에 관한 그림 4개를 개정하였다. 또한 주기율표를 이용하여 전자 배치를 쓰는 방법에 관한 설명을 대폭 개정하였고, 전자에 양자수를 배정하는 개념에 관한 내용을 추가하였다.
- **9장**에서는 Born-Haber 순환 과정에 관한 내용을 개정하였고, 세 종류의 화학 결합에 관해 더 명확하게 설명하였다.
- **10장**에서는 동영상 2개를 새로 추가하였는데, 하나는 Lewis 구조를 그리는 과정을 보여주는 영상이고 다른 하나는 분자 구조를 결정하는 과정을 설명하는 영상이다. 또한 Lewis 구조 그리기, 형식 전하의 배정 및 사용, 분자 극성 결정에 관한 설명을 개선하였다.
- **11장**에서는 오비탈의 유형에 관한 예제 1개를 개정하고 보충 문제 1개를 추가하였다. 또한 혼성 오비탈에 관한 보충 문제를 개정하였고, 분자에서의 혼성화와 결합각에 관한 설명을 개선하였다.
- **12장**에서는 상 변화에 관한 절을 수정하였고, 분자간 힘과 끓는점에 관한 설명을 추가하였다. 시료 내의 분자간 힘의 유형을 결정하는 데 도움이 되는 그림을 개정하였고, LED, 플라스틱 재활용, 3D 프린터, 나노 의학에 사용되는 신소재에 관한 절의 설명을 새로운 내용으로 갱신하였다.
- **13장**에서는 어는점 내림 계산에 관한 동영상을 추가하였고, 몇 가지 기체에 대해 Henry의 법칙을 나타내며 기체 용해도를 몰질량 및 분산력의 세기와 연관시키는 그림을 새로 추가하였다. 또한 용액 내 분자간 힘의 유형에 관한 그림을 개정하였고, 전하 밀도 예측에 관한 예제와 보충 문제를 개정하였다.
- **14장**에서는 그림 2개를 개정하였는데, 하나는 실리콘 산화물을 나타낸 그림이고, 다른 하나는 비활성 기체 화합물의 결정을 나타낸 그림이다. 또한 탄소 동소체에 관한 설명을 새 그림들과 함께 갱신하였다.
- **15장**에서는 유기 화합물의 명명에 도움이 되는 예와 그림을 새로 추가하였고, 알케인 명명, 광학 이성질체의 이해, 작용기 인지에 관한 동영상을 새로 추가하였다.
- **16장**에서는 일차, 이차, 영차 반응의 속도 법칙과 반감기에 관한 절을 새로 구성하였다. 속도 상수와 농도 데이터로부터 반응 속도를 계산하는 예제를 추가하였고, 일차 적분 속도 법칙 계산에 관한 보충 문제를 새로 추가하였으며, 장의 끝부분에 몇 문제를 추가 또는 개정하였다. 충돌 이론, 활성화 에너지, 전이 상태 이론에 관한 절을 그 흐름과 명확성을 향상시키기 위해 대폭 개정하였다. 또한 일차 적분 속도 법칙 문제 풀이에 관한 인터넷 핫스팟 자료를 추가하였다.
- **17장**에서는 몇 개의 예제와 보충 문제를 개정 또는 추가하였는데, 그 중 추가한 예제로는 온도 변화에 따른 평형 상수의 변화를 계산하는 데 van't Hoff 식을 사용하는 예제가 있다. 장의 끝 부분에 몇 문제를 추가하였고, 평형과 Le Châtelier의 원리를 설명하는 인터넷 핫스팟 자료를 3개 추가하였다. 또한, 평형 위치에 관한 그림 2개를 개정하였다.
- **18장**에서는 K_a를 도입하기 전에 짝산-짝염기 쌍과 pH 척도를 소개하는 등 주제들의 순서를 대폭 재편성하였다. 그림 2개를 추가하였는데, 하나는 $[H^+]$와 $[OH^-]$ 사이의 관계를 나타내는 그림이고, 다른 하나는 K_a와 K_b 계산을 요약하는 그림이다. 예제와 보충 문제 3개를 개정하였고, 산성 금속 양이온과 양쪽성 음이온을 갖는 염의 pH를 예측하는 방법을 이해하는 데 도움이 되는 동영상을 2개 추가하였다.
- **19장**에서는 표를 3개 추가하였는데, 하나는 완충 용액의 농도 비에 대해 완충 용액의 pH를 요약한 표이고, 다른 2개는 약산과 약염기의 적정에 대한 pH 계산을 요약한 표이다. 완충 용액 pH 계산, 특정 pH를 갖는 완충 용액 제조, 산-염기

적정 중 pH 계산에 관한 인터넷 핫스팟 자료를 새로 추가하였다.

- **20장**에서는 몇 가지 선별된 물질에 대한 엔트로피 값과 Gibbs 자유 에너지를 나타내는 표를 추가하였고, 표준 반응 엔트로피의 계산에 관한 예제를 개정하였으며, 자발성과 온도에 관한 동영상을 추가하였다.
- **21장**에서는 산성 용액에서 산화-환원 반응의 균형 맞추기의 보다 유용한 예를 추가하였고 균형 맞추기 방법을 보여주는 인터넷 핫스팟 자료를 새로 추가하였다. 또한 염다리의 기능을 설명하는 그림을 추가하였고, 전지 전위와 평형 상수의 관계에 관한 보충 문제를 추가하였으며, 전지에 관한 설명을 최신 내용으로 갱신하였다.
- **22장**에서는 배위 화합물의 명명법에 관한 절을 개정하면서 예제 1개도 개정하였다. 착화합물의 색에 관한 그림을 추가하였고, 배위 수, 광학 이성질체, 고스핀과 저스핀 착이온에 관한 동영상도 추가하였다.

혁신적인 주제와 장 배치

대부분의 주요 교재에서 주제의 배열이 같지만, 이 교재 자체의 유연성으로 서로 다른 강의 구성이 가능하도록 하였다.

고유한 주제 배열 순서를 따르는 강의에서는, 많은 절들과 소절들 및 주요 항목으로 제공하여 일반적인 강의에서 연속성을 잃지 않고 주제들을 재배열하거나 삭제할 수 있도록 하였다.

몇 개의 장 또는 장 내의 주제들의 순서를 바꾸어 가르치는 강의에서는:

- 반쪽-반응법으로 산화-환원 반응의 균형 맞추기를 21장 전기화학에서 다루고 있지만, 4장에서 쉽게 강의해도 된다.
- 기체(5장)를 물리적 거동의 수학적 모형을 차례로 탐구하도록 강의할 수 있고, 혹은 액체와 고체(12장) 직전에 강의하여 연속성을 잃지 않으면서 물질의 세 가지 상태에 대한 분자간 힘의 영향을 보여줄 수도 있다.

일부 물질에 대해 원자 우선 접근법을 사용하는 강의에서는, 7장부터 13장까지 양자 이론(7장), 전자 배치(8장), 결합 모형(9장), 분자 모양(10장), VB 및 MO 결합 이론(11장), 액체와 고체에서 분자간 힘(12장), 용액(13장) 순으로 진행하면 내용이 매끄럽게 이어진다. 이 개념들의 중간 수준 활용들이 주족-원소 화학(14장)과 유기 화학 개론(15장)의 논의에 등장한다. 일부 강사들은 전이 금속과 배위 화합물(22장)을 결합 개념의 추가적인 응용으로 생각하여 앞으로 가져와서 강의해도 된다. (물론 14, 15, 22장을 강의의 전통적인 위치에 그대로 두어도 좋다.)

생명과학/의학적 응용을 강조하는 강의에서는, 많은 장들에서 이러한 주제 즉, 생체 분자들의 구조에서 분자간 힘의 역할(12장), 다당류, 단백질 및 핵산 화학(단백질 합성, DNA 복제, DNA 시퀀싱 등 포함(15장), 효소 촉매 작용 소개(16장), 생화학 경로(17장), 단백질 작용에 기여하는 미량 원소(22장) 등을 강조하고 있다.

물리화학적 주제의 공학적 응용을 강조하는 강의에서는, 16장에서 21장에 걸쳐 반응 속도론(16장), 기체의 평형(17장), 산과 염기(18장), 수용액 이온 계(19장), 엔트로피와 자유 에너지(20장)를 강의하고, 그 내용들을 전기화학적 계(21장)에서 활용한다.

감사의 글

아마도 McGraw-Hill Education에서 우리 팀(관리 팀장 Kathleen McMahon, 포트폴리오 매니저 Michelle Hentz, 상품 개발자 Marisa Dobbeleare, 프로그램 매니저 Jolynn Kilburg, 콘텐츠 프로젝트 매니저 Laura Bies, 디자이너 Jessica Cuevas, 마케팅 매니저 Tami Hodge, 디지털 콘텐츠 팀장 Shirley Hino, Ph.D.)보다 더 전문적이고, 뛰어난 재능을 가진, 협조적인 동료들로 이루어진 출판팀을 구성하는 것은 거의 불가능할 것이다. 그들과 함께 일해서 정말 만족스러웠다. 그들의 지도력, 지식과 격려가 이 최신판이 완성되는 데 많은 도움이 되었다.

John Murdzek은 학생과 강사용 문제 풀이집의 저술 작업의 일부로 모든 새로운 예제들, 보충 문제 및 연습 문제들을 꼼꼼하게 점검해 주었다.

Barbara Pappas와 David Jones는 LearnSmart for General Chemistry용 학습 목표 지향 콘텐츠들을 쓰고 검토하는 걸 도와주었다.

또한 여러 자유 기고가들이 도움을 주었다. Deb DeBord는 교재의 원고를 편집하는 뛰어난 일을 하였고, Lauren Timmer와 Louis Poncz, Ph.D.는 꼼꼼하게 교정을 해주었다.

지은이 소개_About The Authors

Courtesy of Ruth Melnick

Martin S. Silberberg는 City University of New York에서 화학 전공으로 학사 학위를 취득한 후 University of Oklahoma에서 화학 전공 박사 학위를 받았다. 이어 New York에 있는 Albert Einstein College of Medicine에서 생분석화학 연구원으로 일하면서 파킨슨병 등 신경 질환의 신경전달 물질 대사를 연구하는 방법을 개발하였다. 6년간 신경화학을 연구한 후 뛰어난 학생들을 소규모 반으로 나누어 지도하기로 유명한 문리대학인 Bard College at Simon's Rock의 교수가 되었다. 자연과학 전공의 학과장과 기초의학 주임 교수로 일반화학, 유기화학, 생화학 및 교양화학을 강의하였다. 그는 작은 규모의 클래스와 학생들과의 긴밀한 접촉을 통해 학생들이 어떻게 화학을 배우고, 어디서 어려움을 느끼며, 어떤 전략이 학생들에게 도움이 되는지에 대한 통찰력을 얻게 되었다. Silberberg 박사는 이 통찰력을 더 폭넓은 상황에 적용하기로 결심하고, 교재를 쓰고, 편집하고, 자문하는 회사를 설립하였다. 본인의 교재를 집필하기 전에 여러 주요 대학 교재 출판사에서 화학, 생화학 및 물리학 교재의 자문 및 개발 편집장으로 일하였다. 그는 Massachusetts주 Amherst 인근 Pioneer Valley에 아내 Ruth와 함께 살면서 그 지역의 풍성한 문화적, 학문적 삶을 즐기고 있으며, 아울러 여행, 정원 가꾸기 및 노래 부르기 등으로 여가를 보내고 있다.

Courtesy of Ralph L. Amateis

Patricia G. Amateis는 West Virginia에 있는 Concord University에서 화학교육 전공으로 학사 학위를 취득한 후 Virginia Tech에서 분석화학으로 박사 학위를 받았다. 그녀는 Virginia Tech 화학과에서 34년간 교수로 재직하면서 일반화학과 분석화학을 가르쳤고, 일반화학 주임 교수와 학부 프로그램 주임 교수로 활동하였다. 재직하는 동안 수천 명의 학생들을 가르쳤고 뛰어난 강의로 University Sporn Award for Introductory Teaching, Alumni Teaching Award, Jimmy W. Viers Teaching Award, William E. Wine Award 등을 수상하였다. 여가 시간에 자전거 타기, 하이킹, 철인 3종 경기 등을 즐기며, Blackburg의 강철 드럼 밴드인 Panjammers에서 double second을 연주하고 있다.

차례_Contents

Photodisc/Getty Images

Alessandro Bonora/Shutterstock

제3장 화학량론: 화학식과 화학 반응식
Stoichiometry of Formulas and Equations ▸106

제4장 세 종류의 주요 화학 반응
Three Major Classes of Chemical Reactions ▸148

제5장 기체와 분자 운동론
Gases and the Kinetic-Molecular Theory ▸202

Philip Coblentz/Brand X Pictures/age fotostock

제 6 장 열화학: 화학적 변화와 에너지 흐름
Thermochemistry: Energy Flow and Chemical Change ▸ 248

제 7 장 양자 이론과 원자 구조
Quantum Theory and Atomic Structure ▸ 284

제 8 장 전자 배치와 화학적 주기성
Electron Configuration and Chemical Periodicity ▸ 318

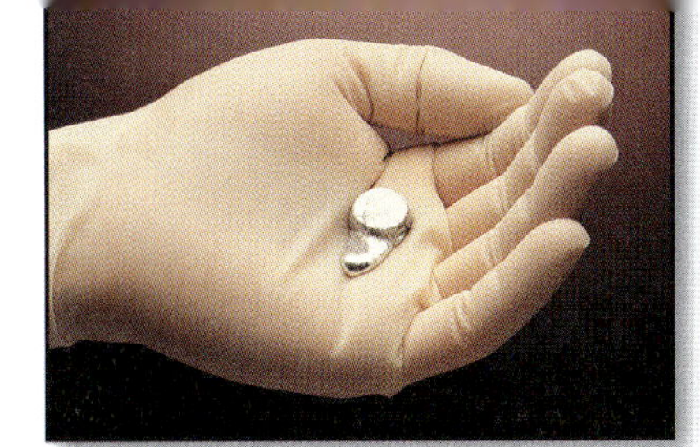
Stephen Frisch/McGraw-Hill Education

제 9 장 화학 결합 모형 Models of Chemical Bonding ▸354

제 10 장 분자의 모양 The Shapes of Molecules ▸388

Jer Barber/iStockphoto/Getty Images

제 11 장 공유 결합 이론
Theories of Covalent Bonding ▸ 422

제 12 장 분자간 힘: 액체, 고체 및 상 변화
Intermolecular Forces: Liquids, Solids, and Phase Changes ▸ 448

Cathy Yeulet/Amenic181/123RF

제 13 장 혼합물의 성질: 용액과 콜로이드

The Properties of Mixtures: Solutions and Colloids ▸ 510

제 14 장 주족 원소들에서의 주기성

Periodic Patterns in the Main-Group Elements ▸ 558

lynx/iconotec.com/Glow Images

제 15 장 유기 화합물과 탄소 원자의 성질

Organic Compounds and the Atomic Properties of Carbon ▸604

제 16 장 반응 속도론: 화학 반응의 속도와 메커니즘

Kinetics: Rates and Mechanisms of Chemical Reactions ▸660

Andriy Bezuglov/123RF

제 17 장 평형: 화학 반응의 정도
Equilibrium: The Extent of Chemical Reactions ▸ 712

제 18 장 산-염기 평형
Acid-Base Equilibria ▸ 756

Robert Hoetink/Alamy Stock Photo

제19장 수용액 계의 이온 평형
Ionic Equilibria in Aqueous Systems ▸804

제20장 열역학: 엔트로피, 자유 에너지 및 화학 반응의 방향
Thermodynamics: Entropy, Free Energy, and Reaction Direction ▸852

Scharfsinn/Shutterstock

제 21 장 전기 화학: 화학적 변화와 전기적 일
Electrochemistry: Chemical Change and Electrical Work ▸ 894

제 22 장 전이 원소와 배위 화합물
Transition Elements and Their Coordination Compounds ▸ 948

▸ 부록 _Appendix

제 1 장 화학 공부의 열쇠: 정의, 단위 및 문제 풀이

Keys to Studying Chemistry: Definitions, Units, and Problem Solving

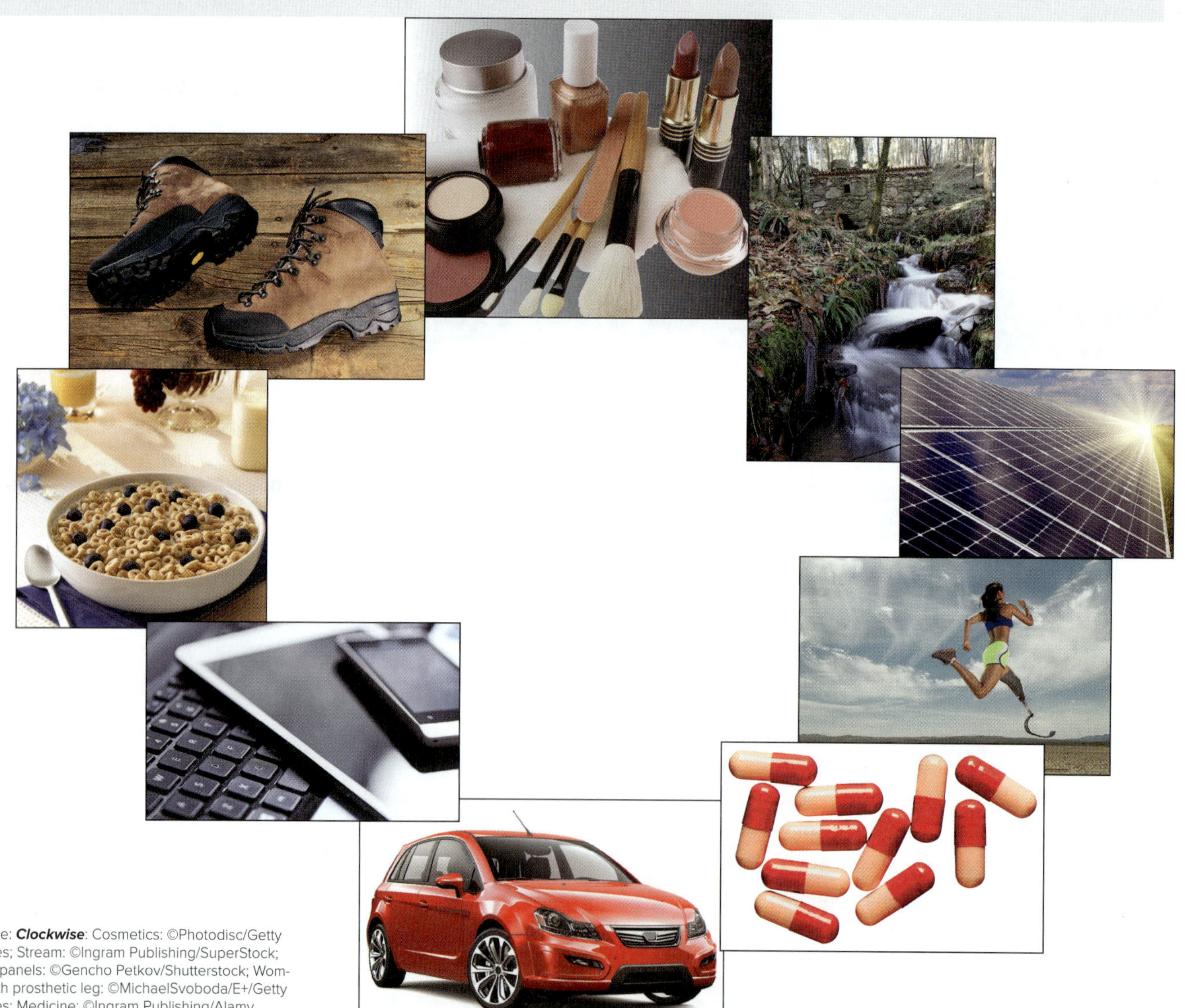

Source: ***Clockwise***: Cosmetics: ©Photodisc/Getty Images; Stream: ©Ingram Publishing/SuperStock; Solar panels: ©Gencho Petkov/Shutterstock; Woman with prosthetic leg: ©MichaelSvoboda/E+/Getty Images; Medicine: ©Ingram Publishing/Alamy Stock Photo; Red car: ©Vladimiroquai/iStock/Getty Images; Computer/cell phone: ©Y Photo Studio/Shutterstock; Cereal: ©Robert Santos/BlueMoon Stock/Getty Images; Boots: ©Ingram Publishing

» 지수(과학적) 표기(부록 A)

우리는 이제부터 다른 자연과학 분야 이해를 위한 기초이며, 우리 사회의 모든 분야와 일상생활에 큰 영향을 주는 매력적인 과학 분야 중 하나인 화학을 학습할 것이다. 우리는 하루를 시작하는 아침에 일상적으로 샴푸, 비누, 치약, 화장품 등을 사용한다. 형형색색의 합성 섬유로 만든 옷을 입고, 방수 부츠를 신기도 하고, 비료를 이용하여 재배한 곡물로 만든 풍부한 영양소를 함유한 시리얼을 먹기도 한다. 반도체와 배터리가 내장된 휴대폰과 노트북을 가지고 금속, 플라스틱, 세라믹 소재 재질의 탄화수소 연료가 가득 찬 자동차에 올라타 스마트 버튼을 눌러 일련의 제어된 연료의 연소와 폭발을 일으켜 차에 시동을 걸어 강의실을 향해 출발한다.

화학을 통해 과학자들은 이와 같이 일상생활에 필요한 상품을 제조할 뿐만 아니라 생명을 구하는 신약을 만들기도 하고, 신소재를 이용하여 유동성이 향상된 합성 고관절이나 인공 손과 발을 제작하기도 하며, 혁신적인 에너지 생산 방법을 개발하기도 하고, 기후 변화와 환경 관련 연구를 수행하기 위해 새로운 화학적 모형을 만들기도 한다. 우리 삶에 변화를 가져오는 발견이 화학을 통해 매일같이 이루어지고 있다.

식품화학, 농화학, 법의화학, 환경화학, 공학, 의학, 나노기술 등의 분야에서 연구하고자 하는 누구에게나 화학의 기본적인 개념을 이해하는 것은 중요하다. 위에 언급한 분야들은 화학과 공유하는 부분이 있는 많은 분야 중 몇 가지만을 예로 든 것이다. 어마어마한 속도로 움직이면서 서로 상호작용하여 모든 물질의 거동을 결정짓는 미세한 입자들이 가득 차 있는 숨겨진 실체를 알아가기 시작하면서, 화학 수업에서 여러 놀라운 사실들을 배우게 될 것이다. 이 장에 새로운 세상의 입구를 열 수 있는 열쇠가 있다. 다 함께 시작해 보자!

이 장에서는... *물질과 에너지, 과학의 과정, 측정 단위 및 과학자들이 데이터를 처리하는 방식에 관한 몇 가지 핵심 아이디어에 대해 논의한다.*

- 물질과 에너지 및 이들의 변화에 대한 기본 개념으로 시작한다.
- 과학자들이 자연을 연구하기 위해 모형을 개발하는 과정을 살펴본다.
- 질량, 길이, 부피, 밀도, 온도의 최신 단위를 검토하고 단위 변환에 체계적인 화학 문제 풀이 방법을 적용한다.
- 데이터 수집에 항상 불확실성이 포함된다는 것을 인식하고 정밀도와 정확도의 차이점을 살펴본다.

1.1 몇 가지 기초적 정의

화학 탐구를 시작하는 출발점은 화학과 몇 가지 중심적인 개념을 정의하는 것이다. **화학**은 *물질과 그 성질, 그리고 물질의 변화와 그 변화에 수반되는 에너지를 과학적으로 연구하는 학문*이다. **물질**은 우주 안의 사물들, 즉, 공기, 유리, 행성, 학생 등과 같이 질량과 부피를 갖는 모든 것을 지칭한다(1.4절에서 질량과 부피의 의미를 그것들을 측정하는 방법의 관점에서 논의할 것이다). 화학자는 물질의 **조성**, 즉 *그 물질을 구성하는 더 단순한 물질의 유형과 양*을 알고 싶어 한다. 단순한 물질은 명확하고 고정된 조성을 갖는 물질의 형태이다.

물질의 상태

물질은 **상태**(state)라 불리는 *세 가지 물리적 형태*, 즉 고체, 액체, 기체로 존재한다. 거시적 수준에서 물질의 각 상태는 시료가 용기를 채우는 방법으로 정의된다(그림 1.1, *위쪽 플라스크*).

- **고체**(solid)는 용기의 모양에 따라 변하지 않는 고정된 형태를 갖는다. 고체는 강성(rigidity)이나 굳기(hardness)로 정의되는 것이 *아니다*. 고체 철은 강하고 단단하다. 그러나 고체 납은 유연하고 고체 왁스는 무르다.
- **액체**(liquid)는 용기의 모양에 따라 형태가 변한다. 액체의 부피만큼 용기를 채우며 *상위 표면*이 생긴다.
- **기체**(gas)는 용기의 모양에 따라 형태가 변한다. 그러나 기체는 용기 전체를 채우며 표면을 갖지 *않는다*.

원자 수준에서 각 상태는 구성 입자의 상대적 위치로 정의된다(그림 1.1, *아래쪽 원*).

- *고체*에서, 입자는 서로 가까이 있으며 규칙적인 삼차원 패턴이나 배열을 이룬다.
- *액체*에서, 입자는 서로 가까이 있지만 서로 무질서하게 움직인다.
- *기체*에서, 입자는 서로 멀리 떨어져 있으며 용기 전체에서 무질서하게 움직인다.

물질의 성질과 변화

우리는 물질의 **성질**, 즉 *각 물질에 고유한 정체성을 부여하는 특징*을 관찰함으로써 물질을 이해한다. 사람의 신원을 확인하기 위해 우리는 키, 몸무게, 머리카락과 눈동자의 색, 지문은 물론 심지어 DNA 패턴을 관찰한다. 물질을 식별하기 위해 우리는 두 종류의 성질, 즉 물리적 성질과 화학적 성질을 관찰하는데, 이들은 물질이 보여주는 두 가지 유형의 변화와 밀접하게 연관되어 있다.

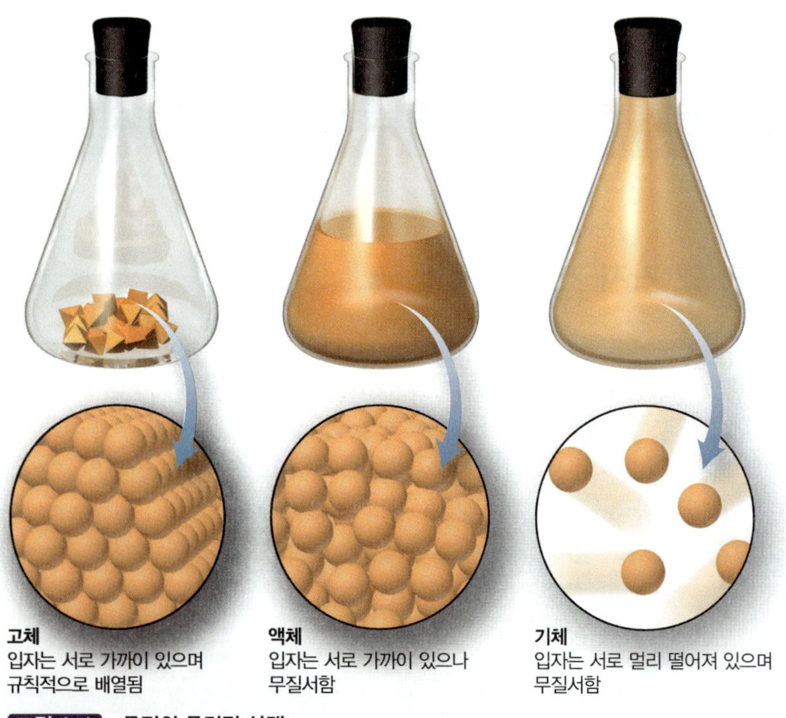

그림 1.1 물질의 물리적 상태.

물리적 변화: 조성의 변화 없음 **물리적 성질**(physical property)은 *다른 물질로의 변화 또는 다른 물질과 상호작용 없이 물질 그 자체*에 의해 드러나는 특성이다. 색깔, 녹는점, 전기 전도도, 밀도 등이 이에 해당한다. **물리적 변화**는 *물질의 조성은 그대로이면서 물리적 성질이 바뀔* 때 일어난다. 예를 들어, 얼음이 녹을 때, 굳기, 밀도, 유동성 등 몇 가지 물리적 성질이 변한다. 그러나 시료의 조성은 변화하지 않으며 물 그대로이다. 그림 1.2A는 일상에서 볼 수 있는 물리적 변화를 보여준다. 시료를 구성하는 입자들을 큰 원 안에 확대하여 묘사하였다. 고드름의 경우 입자들이 고체 특유의 반복적 패턴으로 정렬되어 있는 데 반해, 액체 물방울에서는 무질서하게 뒤섞여 있다. 그러나 두 가지 물의 상태에서 *입자들은 동일하다.*

물리적 변화(변화 전후 같은 물질):

$$\text{물(고체상)} \longrightarrow \text{물(액체상)}$$

물질의 상태 변화는 물리적 변화이다.

화학적 변화: 조성의 변화 **화학적 성질**(chemical property)은 *다른 물질로 변화하거나 다른 물질과 상호작용하면서 물질이 드러내는 특성*이다. 가연성, 부식성 및 산과의 반응성 등이 이에 해당한다. **화학적 변화**는 **화학 반응**(chemical reaction)으로도 불리는데, *하나 이상의 물질이 조성과 성질이 다른 하나 이상의 물질로 변환될* 때 일어난다. 그림 1.2B는 물에 전류가 흐를 때 일어나는 화학적 변화(반응)을 보여준다. 물은 서로 다른 두 개의 물질, 즉 산소와 수소로 분해되어 시험관에 기포를 형성한다. 조성이 바뀌었으며 최종 시료는 더 이상 물이 아니다.

화학적 변화(변화 전후 다른 물질):

$$\text{물} \xrightarrow{\text{전류}} \text{수소} + \text{산소}$$

원자 수준 모식도를 도시한 다음 예제를 통해 물리적 변화와 화학적 변화의 차이를 구분하는 연습을 해보자.

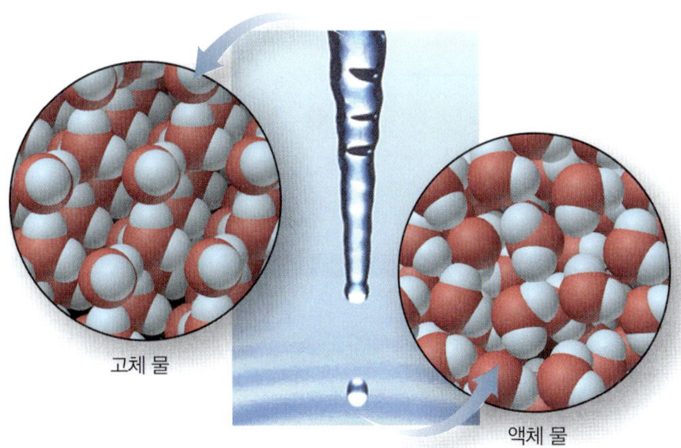

A. 물리적 변화:
고체 상태의 물이 액체 상태로 된다. 변화 전후에 입자가 그대로이다. 즉, 조성이 바뀌지 않았다.

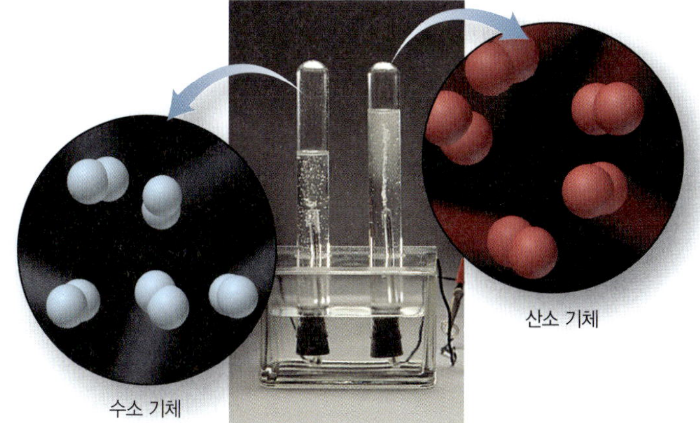

B. 화학적 변화:
전류는 물을 두 가지 다른 물질(수소와 산소)로 분해한다. 변화 전후에 입자가 다르다. 즉, 조성이 바뀌었다.

그림 1.2 물리적 변화와 화학적 변화의 차이.

Source: (A) ©Paul Morrell/The Image Bank/Getty Images; (B) ©McGraw-Hill Education/Stephen Frisch, photographer

예제 1.1 | 원자 수준의 변화 시각화

문제 아래 모식도는 물질 시료 A가 서로 다른 변화를 통해 왼쪽 B 또는 오른쪽 C가 되는 장면을 원자 수준에서 묘사한 것이다.

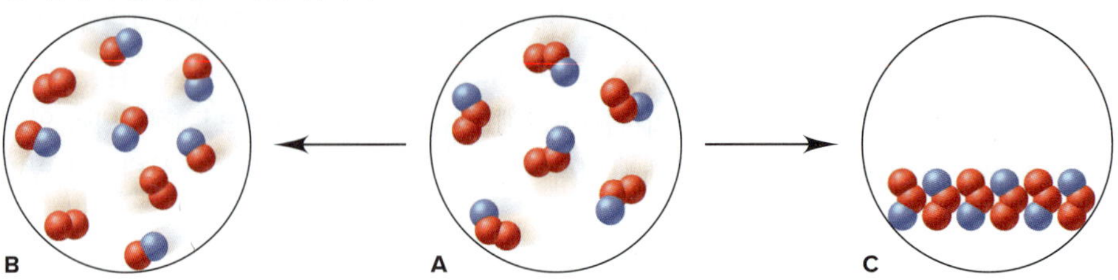

각 과정이 물리적 변화인지 또는 화학적 변화인지 판단하라.

계획 두 변화의 묘사에 대해, 각각이 물리적 변화인지 또는 화학적 변화인지 판단해야 한다. 입자를 구성하는 작은 구의 개수와 색깔로부터 입자의 "조성"을 알 수 있다. 입자의 조성이 동일하면서 배열만 달라지는 것은 *물리적* 변화를 나타내며, 조성이 *다른* 입자로 되는 것은 *화학적* 변화를 나타낸다.

풀이 A에서 각 입자는 파란색 공 한 개와 빨간색 공 두 개로 되어 있다. A의 입자는 B에서 두 종류 입자로 변했는데, 즉 파란색 공 한 개와 빨간색 공 한 개로 된 입자와 빨간색 공 두 개로 된 입자로 변하였다. 따라서 서로 다른 입자를 형성하는 화학적 변화이다. C의 입자들은 A의 입자들과 동일하다. 그러나 C에서 입자들은 서로 인접하고 규칙적으로 정렬되어 있다. 따라서 물리적 변화이다.

▶ **보충 문제**

1.1A 다음 변화는 화학적 변화인가 또는 물리적 변화인가?

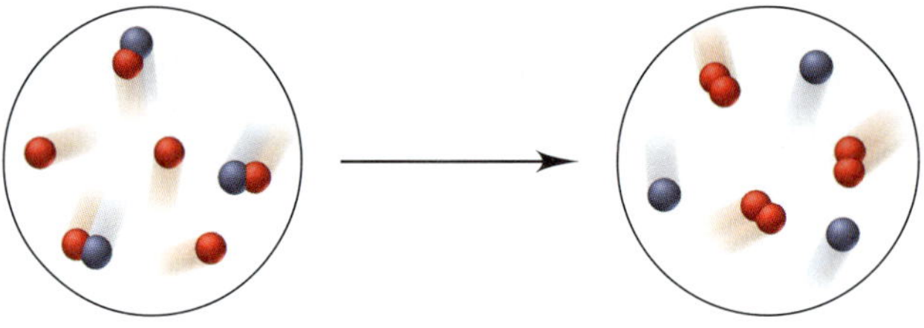

1.1B 다음 변화는 화학적 변화인가 또는 물리적 변화인가?

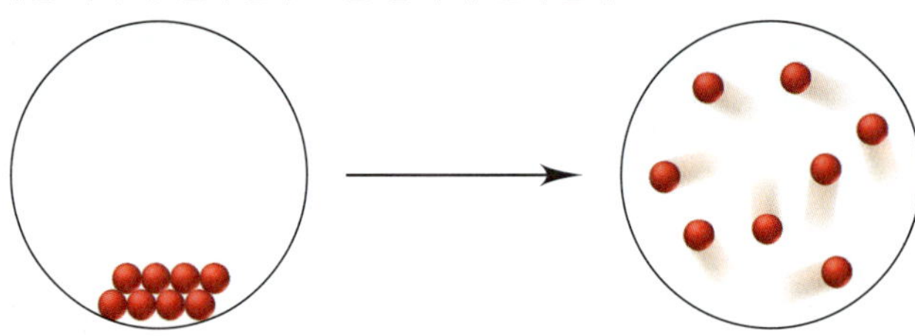

유사 문제 1.1

쉽게 접할 수 있는 물질인 구리의 독특한 물리적 성질과 화학적 성질들을 표 1.1에 나타내었다.

온도에 따른 물질의 변화 대다수의 물질은 주위의 온도와 압력에 따라 세 가지 물리적 상태의 하나로 존재하거나 다른 상태로 변화될 수 있다. 예를 들어, 온도가 올라가면 고체 물은 녹아서 액체 물이 되며, 더 가열하면 액체 물은 끓어 기체 물(*수증기*)이 된다. 온도가 내려가면 수증기는 응축되어 액체 물이 되고, 온도가 더 낮아지면 액체는 동결되어 얼음이 된다.

$$\text{얼음} \underset{\text{냉각}}{\overset{\text{가열}}{\rightleftharpoons}} \text{액체 물} \underset{\text{냉각}}{\overset{\text{가열}}{\rightleftharpoons}} \text{수증기}$$

표 1.1 | 구리의 몇 가지 특성

물리적 성질		화학적 성질	
두들기면 쉽게 얇은 판이 되고(전성) 가는 선이 됨(연성)		습한 공기에서 천천히 청녹색의 탄산염을 형성함	
용융될 수 있고 아연과 섞여 황동이 됨		질산이나 황산과 반응함	
밀도 = 8.95 g/cm^3 녹는점 = 1083°C 끓는점 = 2570°C		암모니아 수용액에서 느리게 짙은 푸른색 용액을 형성함	

Source: (copper) ©Dgstudiodg/iStock/Getty Images, ©McGraw-Hill Education/Stephen Frisch, photographer; (candlestick) ©Willard/iStock/Getty Images; (copper carbonate, copper reacting with acid, copper and ammonia) ©McGraw-Hill Education/Stephen Frisch, photographer

제철 공장에서 고체 철을 녹이면 액체(용융) 철로 되고 냉각시키면 다시 고체 철로 된다. 또한 실험실과 제철 공장의 영역 저 너머 목성의 위성 이오(*사진 참조*)에는 용융 황의 호수(황은 상온의 지구에서 고체)와 그 둘레에 황화 수소 얼음 제방(황화 수소는 지구에서 기체)이 있다.

중요한 점은 *일반적으로 가열로 인해 생긴 물리적 변화는 냉각을 통해 되돌릴 수 있다*는 것이다. 이러한 되돌림은 화학적 변화에서는 일반적으로 가능하지 *않다*. 예를 들어, 습한 공기에서 철을 가열하면 녹이라고 알려진 푸석푸석한 갈색 물질을 생성하는 화학 반응이 일어난다. 이 변화는 냉각으로 되돌려지지 않는다. 되돌리려면 반드시 다른 화학적 변화가 필요하다.

다음 예제를 통해 일상의 친숙한 몇 가지 물리적 및 화학적 변화를 구별하는 연습을 해보자.

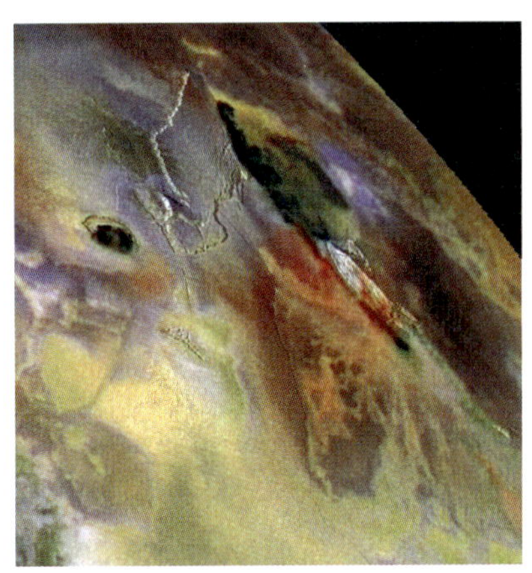

지구상에서 흔한 많은 물질들이 다른 세계에서는 전혀 다른 상태로 존재한다.

Source: NASA-JPL

예제 1.2 | 물리적 변화와 화학적 변화의 구별

문제 다음 각 과정이 기본적으로 물리적 변화인지 아니면 화학적 변화인지 결정하고, 간단히 설명하라.

(a) 습한 겨울밤에 온도가 낮아지면서 서리가 생긴다.
(b) 옥수수 씨앗이 수분과 영양분을 흡수하여 옥수숫대로 자라난다.
(c) 성냥이 타서 재와 기체 혼합물이 생긴다.
(d) 조깅 후 쉬는 동안 땀이 증발한다.
(e) 은수저가 공기 중에서 천천히 변색된다.

계획 변화의 화학적 또는 물리적 변화 여부를 결정하기 위해 물어야 하는 기초적인 질문은 "물질의 조성이 변화했는가 아니면 형태만 변화했는가?"이다.

풀이 **(a)** 서리가 생기는 것은 물리적 변화이다. 온도가 낮아지면 습한 공기의 수증기(기체 물)가 얼음 결정(고체 물)으로 바뀐다.

(b) 씨앗이 자라는 과정에는 화학적 변화가 수반된다. 씨앗은 물은 물론 공기, 비료, 토양의 성분 및 태양 에너지를 이용해서 조성에 복잡한 변화를 만들어낸다.
(c) 성냥이 타는 것은 화학적 변화이다. 성냥의 가연성 물질이 다른 물질로 변화된다.
(d) 땀이 증발하는 것은 물리적 변화이다. 땀의 수분은 액체에서 기체로 그 상태가 바뀌지만 수분의 조성은 바뀌지 않는다.
(e) 변색은 화학적 변화이다. 은은 공기 중의 황을 함유하는 물질과 반응하여 황화 은으로 변한다.

▶ 보충 문제

1.2A 다음 각 과정이 기본적으로 물리적 변화인지 또는 화학적 변화인지 판단하고, 간단히 설명하라.
(a) 고체 아이오딘에 열을 가하면 보라색 아이오딘 증기가 생긴다.
(b) 자동차 엔진 실린더의 스파크에 의해 가솔린 증기가 점화된다.
(c) 상처 위에 딱지가 앉는다.

1.2B 다음 각 과정이 기본적으로 물리적 변화인지 또는 화학적 변화인지 판단하고, 간단히 설명하라.
(a) 하늘에 구름이 낀다.
(b) 우유가 오래되면 시큼해진다.
(c) 팝콘을 만들려고 버터를 녹인다.

유사 문제 1.6, 1.7

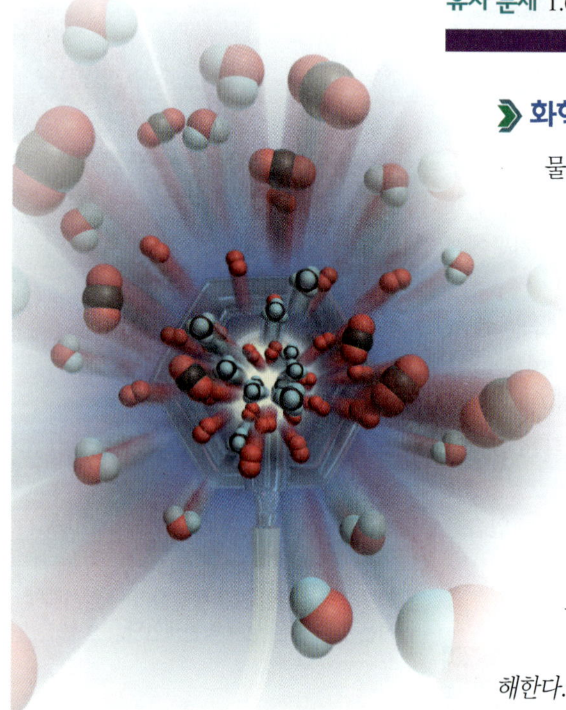

실험실 버너의 불꽃 속에서 메테인과 산소가 이산화 탄소와 물을 생성한다. (탄소는 검은색, 산소는 빨간색, 수소는 파란색이다.)

화학의 중심 주제

물질의 성질과 변화를 이해함으로써 화학의 중심 주제에 도달할 수 있다. 눈에 보이는 *거시적 수준*(macroscopic-scale)의 성질과 거동은 눈에 보이지 않는 *원자 수준*(atomic-scale)의 성질과 거동의 결과이다. 화학적 변화와 물리적 변화를 구분하는 기준은 조성인데, 이는 거시적 연구 대상이다. 그러나 조성은 궁극적으로 원자 수준의 물질 구성에 의해 정해진다. 마찬가지로 어떤 상태에 있는 물질의 거시적 성질 역시 그 물질을 구성하는 입자의 원자 수준 거동에서 비롯된다. 화학적 사건의 분자 수준 시각화를 통해 실험실 버너의 불꽃처럼 일상적인 현상에서 어떤 일이 일어나는지 명확하게 이해할 수 있다. 물이 끓거나 구리가 녹을 때 어떤 일이 일어나는가? 씨앗이 자랄 때, 네온등이 빛날 때, 못이 녹슬 때, 보이지 않는 미세한 입자들의 세계에서 무슨 일이 일어나는 것인가? 이 책을 통해 다음과 같은 중심 개념을 익힐 수 있다.

우리는 ***관찰 가능한*** *물질의 변화를 탐구함으로써* ***관찰 불가능한*** *원인을 이해한다.*

물질 연구에서 에너지의 중요성

물리적 및 화학적 변화는 에너지 변화를 수반한다. **에너지**(energy)는 흔히 *일을 할 수 있는 능력*으로 정의된다. 기본적으로 모든 일은 어떠한 것을 움직이게 한다. 팔이 책을 들어 올릴 때, 자동차 엔진이 바퀴를 돌릴 때, 또는 낙하하는 바위가 부딪히며 바닥을 흔들 때 일이 행해진다. 일을 하는 물체(팔, 자동차, 바위)는 보유하고 있는 에너지를 일이 가해진 대상(책, 바퀴, 바닥)에 전달한다.

물체가 가진 전체 에너지는 물체의 퍼텐셜 에너지와 운동 에너지의 합이다.

- **퍼텐셜 에너지**(potential energy)는 *다른 물체와의 상대적* ***위치****(position)에 의한 에너지*이다.
- **운동 에너지**(kinetic energy)는 *물체의* ***운동****(motion)에 의한 에너지*이다.

에너지의 두 형태 사이의 상관관계를 설명하기 위해 네 종류의 계, 즉 바닥에서 끌어올려진 추, 용수철로 연결된 두 개의 공, 두 하전 입자 및 연료와 그 폐기물을 살펴보자. 이 모든 경우의 중심에 있는 두 가지 개념은 다음과 같다.

1. *에너지는 한 형태에서 다른 형태로 전환될 때 소멸되지 않고 보존된다.*
2. *낮은 에너지 상태가 더 안정하며, 덜 안정한 높은 에너지 상태보다 더 선호된다.*

네 가지 경우는 다음과 같다.

- *바닥에서 끌어올려진 추*(그림 1.3A). 지구의 중력을 거스르며 추를 끌어 올리는 데 사용한 에너지는 추의 퍼텐셜 에너지(위치에 의한 에너지)를 증가시킨다. 추가 떨어질 때 여분의 퍼텐셜 에너지는 운동 에너지(운동에 의한 에너지)로 전환된다. 끌어올려져서 더 높아진 퍼텐셜 에너지 상태는 *덜 안정하며,* 따라서 놓자마자 추는 아래로 떨어지면서 퍼텐셜 에너지가 낮은 *더 안정한* 상태로 돌아간다.
- *용수철로 연결된 두 개의 공*(그림 1.3B). 공을 잡아당겨 멀리 떼어 놓았을 때, 용수철을 늘이도록 가해진 에너지는 계의 퍼텐셜 에너지를 증가시킨다. 공을 놓았을 때 퍼텐셜 에너지의 변화는 운동 에너지로 전환된다. 공과 용수철의 계는 용수철을 잡아당겼을 때(즉, 더 높은 퍼텐셜 에너지)가 놓아 주었을 때보다 불안정하다.
- *두 하전 입자*(그림 1.3C). *정전기력*(electrostatic force)이라 알려진 상호작용 때문에 *반대 전하는 서로 끌어당기고 같은 전하는 서로 밀어낸다.* 에너지를 가해 양전하 입자를 음전하 입자에서 멀어지게 했을 때 계의 퍼텐셜 에너지는 증가하고, 그만큼 증가된 에너지는 두 입자가 정전기 인력으로 서로 당겨질 때 운동 에너지로 전환된다. 마찬가지로, 에너지를 사용해 두 양전하 입자(또는 두 음전하 입자)를 가깝게 하면 입자들의 퍼텐셜 에너지는 증가했다가 정전기 반발 때문에 두 입자가 서로 밀어낼 때 운동 에너

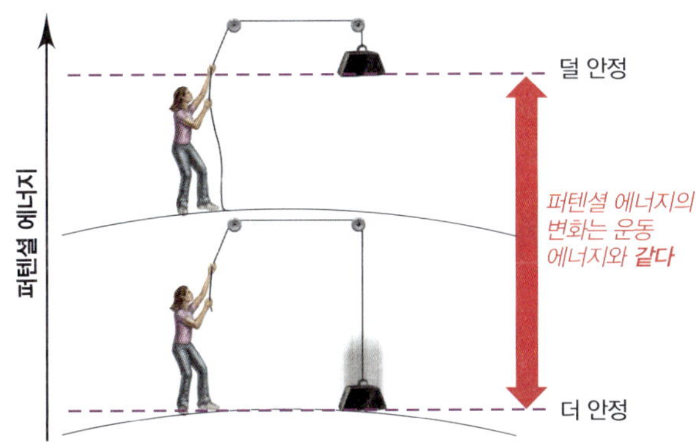

A. 중력 계. 추가 끌어올려질 때 퍼텐셜 에너지는 증가한다. 추가 떨어질 때 퍼텐셜 에너지는 운동 에너지로 전환된다.

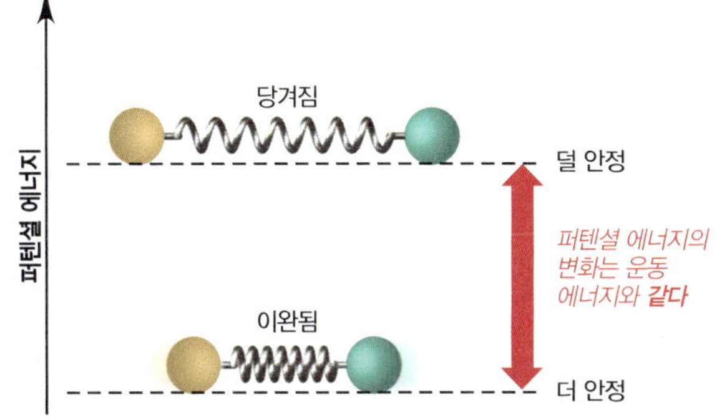

B. 스프링으로 연결된 두 공의 계. 스프링이 늘어날 때 퍼텐셜 에너지는 증가한다. 스프링이 이완되면서 퍼텐셜 에너지는 운동하는 공의 운동 에너지로 전환된다.

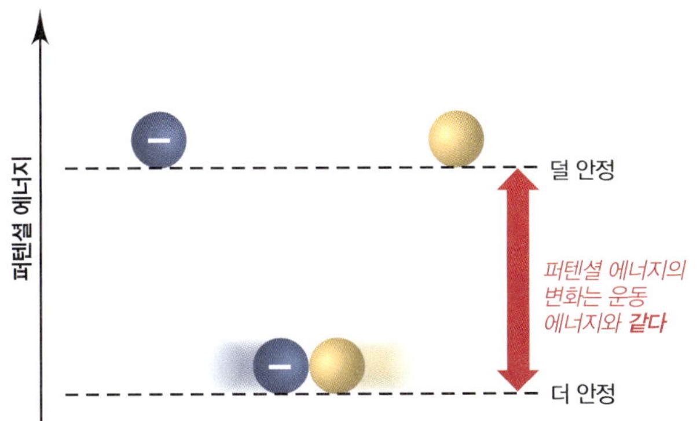

C. 반대 하전 입자의 계. 전하가 분리될 때 퍼텐셜 에너지는 증가한다. 인력으로 인해 전하가 서로 끌어당기면서 퍼텐셜 에너지는 운동 에너지로 전환된다.

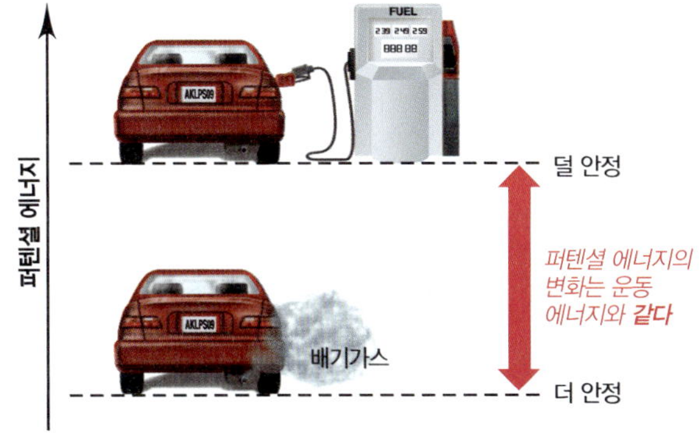

D. 연료와 배기가스의 계. 연료의 퍼텐셜 에너지는 배기가스보다 높다. 연료가 타면서 연료의 퍼텐셜 에너지 일부가 운동하는 차의 운동 에너지로 전환된다.

그림 1.3 퍼텐셜 에너지가 운동 에너지로 전환된다. 수평 점선은 변화 전후 각 계의 퍼텐셜 에너지를 나타낸다.

지로 전환된다. 하전 입자는 당연히 더 안정한 상태(낮은 에너지)로 이동한다.

- *연료와 그 폐기물*(그림 1.3D). 물질은 양의 하전 입자와 음의 하전 입자로 구성되어 있다. *물질의 화학 퍼텐셜*(*chemical potential*) *에너지는 구성 입자의 상대적인 위치와 그들 사이의 인력과 반발력에 기인한다*. 어떤 물질은 다른 물질에 비해 화학 퍼텐셜 에너지가 더 높다. 예를 들어 가솔린과 산소는 그들이 생성하는 배기가스보다 화학 퍼텐셜 에너지가 더 높다. 화학 퍼텐셜 에너지의 차이가 운동 에너지로 전환되어 자동차를 움직이고, 차 안을 난방하고, 전조등을 밝히는 데 사용된다. 마찬가지로 우리가 섭취한 물질(음식과 공기)과 배설한 물질 사이의 퍼텐셜 에너지 차이를 이용해 우리는 운동, 성장, 체온 유지, 화학 공부 등을 할 수 있다.

› 1.1절 요약

- 화학자는 물질의 조성과 성질 그리고 물질의 변화 과정을 탐구한다.
- 물질은 고체, 액체, 기체의 세 가지 물리적 상태로 존재한다. 각 상태의 거동은 입자의 배열에 기인한다.
- 물질은 고유한 물리적 성질(물질 스스로에 기인하는 것)과 화학적 성질(다른 물질과의 상호작용 또는 다른 물질로의 변화에 기인하는 것)을 가진다. 물질의 변화는 물리적(같은 물질의 다른 형태)이거나 화학적(다른 물질)이다.
- 가열로 인한 물리적 변화는 냉각으로 되돌릴 수 있다. 그러나 가열로 인한 화학적 변화는 오로지 다른 화학적 변화를 통해서만 되돌릴 수 있다.
- 거시적 변화는 미시적 변화에 기인한다.
- 물질의 변화는 에너지 변화를 수반한다.
- 물체의 퍼텐셜 에너지는 위치에 기인하고, 물체의 운동 에너지는 운동에 기인한다. 추를 들어올리고, 용수철을 늘이고, 반대 전하를 분리하는 데 사용된 에너지는 계의 퍼텐셜 에너지를 증가시키고, 그 퍼텐셜 에너지는 계가 원래의 상태로 되돌아가면서 운동 에너지로 전환된다. 에너지는 형태가 바뀌어도 항상 보존된다.
- 화학 퍼텐셜 에너지는 물질 입자의 위치와 상호작용에 기인한다. 높은 에너지(덜 안정한)물질이 더 안정한(낮은 에너지)물질로 바뀔 때, 퍼텐셜 에너지 일부가 운동 에너지로 전환된다.

1.2 과학적 방법: 모형의 개발

선사시대 선조들은 *시행착오*를 거치며 살아갔다. 어떤 종류의 돌이 다른 돌을 깎을 수 있을 만큼 충분히 단단한지, 어떤 식물은 먹을 수 있으며 어떤 것은 독이 있는지 등을 점차 배워갔다. 이들과는 달리 우리는 화학에 *정량적 이론*을 도입하여 물질을 이해하고 더 효율적으로 활용함으로써 새로운 물질을 만들어낸다.

자연을 이해하기 위해 과학자들은 **과학적 방법**(scientific method)이란 접근 방식을 사용한다. 그것은 단계별 점검표가 아니라 객관적이고 증명할 수 있는 발견을 지향하는 창의적인 제안과 검증으로 이루어진 절차이다. 발견의 길이 오직 하나만 있는 것은 아니며, 때로는 행운이 결정적인 역할을 하기도 한다. 일반적으로 과학적 방법은 다음의 요소를 포함한다(그림 1.4).

- ***관찰***(observation). 이것은 우리의 생각으로 설명해야만 하는 사실들이다. 정량적인 관찰이 가장 유용한데, 이를 분석함으로써 어떤 *추세*를 알 수 있기 때문이다. 정량적 정보의 단편들이 **데이터**(data)이다. 다양한 상황에서 많은 관찰자들에 의해 특별한 예외 없이 동일한 관찰이 이루어진 경우, 그 결과는 수학적 용어로 기술된 하나의 **자연 법칙**(natural law)으로 정리된다. 예를 들어, 화학적 변화가 일어나는 동안 질량은 항상 일정하게 유지된다는 관찰은 질량 보존의 법칙(the law of mass conservation)으로 알려져 있다(2장).

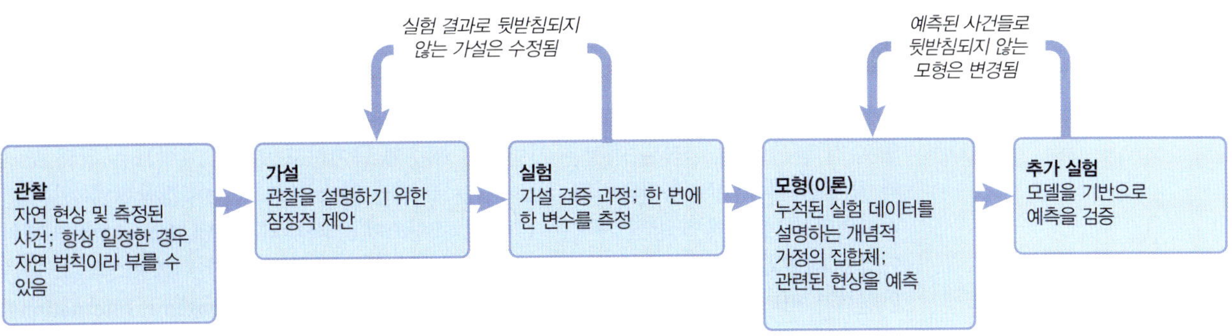

그림 1.4 **자연 현상을 이해하기 위한 과학적 방법.** 가설과 모형은 관찰 및 실험 결과와 일치되도록 수정된 지적 영상물이다.

- *가설*(hypothesis). 관찰에 의해서건 아니면 "번뜩이는 직관"의 의해서 유도되었건 간에 가설은 관찰을 설명하기 위해 설정된 제안이다. 온전한 가설은 옳을 필요는 없으나 반드시 *실험으로 검증될 수 있어야* 한다. 사실 가설은 실험을 해야 하는 이유가 되기도 한다. 만일 결과가 가설을 뒷받침하지 않으면 가설을 수정하거나 버려야 한다. *가설은 바뀔 수 있으나 실험 결과는 바뀔 수 없다.*
- *실험*(experiment). 실험은 가설 검증을 위한 일련의 절차적 단계이며, 실험을 통해 흔히 가설이 수정되고, 수정된 가설을 다시 검증하기 위한 실험을 수행한다. 실험은 일반적으로 최소 두 개의 **변수**(variables)를 포함하는데, 각 변수는 한 개 이상의 값을 가질 수 있다. 잘 설계된 실험에서는 다른 모든 변수를 고정시켜 놓고 한 변수가 다른 변수에 미치는 영향을 측정하도록 **통제된다**. 실험 결과는 반드시 다른 이들에 의해 *재현*될 수 있어야 한다. 기술적 재능과 창의성 모두 실험의 설계에 영향을 미친다.
- *모형*(model). 관찰로부터 얻은 가설을 검증하는 실험에 근거하여 개념적 모형 또는 **이론**(theory)을 공식화하는 것이 과학적 사고이며, 이는 추정과 다르다. 실험 결과에 의해 가설들이 수정되면서 현상이 어떻게 발생하는가를 설명하는 모형이 만들어진다. 모형은 자연의 일부 측면을 정확하게가 아니라 *간략하게* 표현한 것이며, 관련된 현상을 *예측*하는 데 이용된다. 실험을 계속하여 새로운 사실을 설명할 수 있도록 모형을 다듬는다.

프랑스의 화학자 Antoine Lavoisier(1743–1794)가 물질이 공기 중에서 타는 과정인 **연소**(combustion)를 설명한 과정은 과학적 사고 방식을 보여주는 좋은 사례이다. 17세기 후반까지 불이 타는 것을 관찰한 후 많은 과학자들이 세운 *가설*은 연소가 일어나는 동안 *플로지스톤*(phlogiston)이라는 검출할 수 없는 물질의 손실이 발생한다는 것이었다. 연소 시 공기가 필요하고 연소 중에 금속의 질량이 증가한다는 것을 보여주는 *실험*을 통해 Lavoisier는 새로운 *가설*을 제시하였으며, 이를 반복된 정량적 *실험*으로 검증하였다. 실험을 통해 축적된 증거들은 연소가 공기의 한 성분(산소)과 결합하는 것과 관련 있다는 그의 *모형(이론)*을 입증하였다. 이 이론에 근거한 수많은 *예측*들이 이 이론의 타당성을 입증해 주었으며, Lavoisier는 이 이론을 확장하여 동물의 호흡과 신진대사를 설명하였다.

› 1.2절 요약

- › 과학적 방법은 현상을 설명하고 예측하기 위해 설계된 절차이다.
- › 관찰은 현상이 어떻게 일어나는가에 대한 가설을 이끌어낸다. 예외 없이 반복될 경우 관찰은 자연 법칙으로 표현될 수 있다.
- › 가설은 통제 실험(controlled experiment)으로 검증되며, 필요하면 수정된다.
- › 재현성 있는 데이터가 가설을 뒷받침할 경우 관찰된 현상을 설명하기 위한 모델(이론)을 개발할 수 있다. 훌륭한 모형은 관련 현상을 예측하지만, 모순되는 데이터가 관찰될 때마다 반드시 수정되어야 한다.

1.3 측정과 화학 문제 풀기

측정의 오랜 역사는 *정확하고 변하지 않는 표준*을 찾는 과정이었다. 무역, 건축, 측량을 위해 수천 년 전부터 시작된 측정은 가변적인 표준에 근거하고 있었다. 1야드는 왕의 코부터 쭉 뻗은 팔 끝까지의 거리였고, 1에이커는 두 마리 황소로 한 사람이 경작할 수 있는 면적이었다. 오늘날의 도량형 체계는 1790년 프랑스에서 시작되었는데, Lavoisier가 회원이었던 위원회가 *미터법*(metric system)을 개발하였다. 이후 1960년에 프랑스의 또 다른 위원회가 미터법을 개정하였고 전 세계에 수용된 **SI 단위**(불어로 **S**ystème **I**nternational d'Unités)를 수립했다.

SI 단위의 일반적인 특징

SI 체계는 물리량으로 구별되는 일곱 가지 **기본 단위**(fundamental unit 또는 base unit)에 기초를 두고 있다(표 1.2 참조). 일곱 가지 기본 단위의 조합으로 만들어지는 단위를 **유도 단위**(derived unit)라고 한다. 예를 들어, 속도에 대한 유도 단위인 초당 미터(m/s)는 길이의 기본 단위(m)를 시간의 기본 단위(s)로 나눈 것이다.

기본 단위보다 훨씬 작거나 큰 양의 경우 십진법 접두사 또는 지수(과학) 표기법을 사용한다(표 1.3). 예를 들어, 접두사 킬로(k로 간략 표기)는 기본 단위보다 1000배 더 큰 것을 의미하고, 접두사 밀리(m)는 기본 단위의 1000분의 1 크기를 의미한다.

표 1.2 | SI 기본 단위

물리 양(차원)	단위 이름	단위 약어
질량	킬로그램	kg
길이	미터	m
시간	초	s
온도	캘빈	K
물질의 양	몰	mol
전류	암페어	A
빛의 세기	칸델라	cd

표 1.3 | SI 단위와 함께 자주 사용되는 십진법 접두사

접두사*	기호	일상 표기	지수 표기	예[그램(g)† 또는 미터(m)††]
테라	(T)	1,000,000,000,000	1×10^{12}	1 테라그램(Tg) = 1×10^{12} g
기가	(G)	1,000,000,000	1×10^{9}	1 기가그램(Gg) = 1×10^{9} g
메가	(M)	1,000,000	1×10^{6}	1 메가그램(Mg) = 1×10^{6} g
킬로	(k)	1000	1×10^{3}	1 킬로그램(kg) = 1×10^{3} g
헥토	(h)	100	1×10^{2}	1 헥토그램(hg) = 1×10^{2} g
데카	(da)	10	1×10^{1}	1 데카그램(dag) = 1×10^{1} g
—	—	1	1×10^{0}	—
데시	(d)	0.1	1×10^{-1}	1 데시미터(dm) = 1×10^{-1} m
센티	(c)	0.01	1×10^{-2}	1 센티미터(cm) = 1×10^{-2} m
밀리	(m)	0.001	1×10^{-3}	1 밀리미터(mm) = 1×10^{-3} m
마이크로	(μ)	0.000001	1×10^{-6}	1 마이크로미터(μm) = 1×10^{-6} m
나노	(n)	0.000000001	1×10^{-9}	1 나노미터(nm) = 1×10^{-9} m
피코	(p)	0.000000000001	1×10^{-12}	1 피코미터(pm) = 1×10^{-12} m
펨토	(f)	0.000000000000001	1×10^{-15}	1 펨토미터(fm) = 1×10^{-15} m

* 화학자들이 가장 많이 사용하는 접두사는 굵은 글씨체로 표시하였다.

† 그램은 질량의 단위이다.

†† 미터는 길이의 단위이다.

$$1 \text{ 킬로초}(1 \text{ ks}) = 1000 \text{ 초} = 1\times10^3 \text{ 초}$$
$$1 \text{ 밀리초}(1 \text{ ms}) = 0.001 \text{ 초} = 1\times10^{-3} \text{ 초}$$

다음 관계는 수학적으로 동등한 표현이다.

$$1000 \text{ 밀리초}(\text{ms}) = 1 \text{ 초}$$

접두사는 10의 거듭제곱을 기반으로 하기 때문에, SI 단위가 영미식 단위보다 계산에 사용하기 쉽다(지수 표기법의 복습이 필요하면 부록 A를 참조하라).

화학에서 중요한 SI 단위

이 장에서는 길이, 부피, 질량, 밀도, 온도 및 시간에 대한 단위를 논의한 후 다른 단위들을 다룰 것이다. 표 1.4는 길이, 부피, 질량에 대한 SI 단위를 동일한 영미식 단위와 함께 나타낸 것이다.

길이 길이(length)의 SI 기본 단위는 **미터(m)**이다. 미터법에서 미터는 처음에 적도에서 북극까지 거리의 1/10,000,000로 정의되었다가 나중에 내식성 금속 막대에 새겨 놓은 두 눈금 사이의 거리로 바뀌었다. 이후 처음으로 정확하고 변함없는 표준으로서 전자적으로 들뜬 크립톤 원자에서 방출되는 주황색 빛 파장의 1,650,763.73배의 길이가 채택되었다. 현재 표준으로 1 미터는 빛이 진공에서 1/299,792,458초 동안에 진행하는 길이이며, 이는 정확하고 불변하는 것이다.

미터는 야드보다 약간 길다(1 m = 1.094 yd). 센티미터(10^{-2} m)는 인치의 약 2.5분의 1이다(1 cm = 0.3937 in, 1 in = 2.54 cm). 생물 세포는 대개 마이크로미터(1 μm = 10^{-6} m)로 측정된다. 원자 크기의 경우, 나노미터(10^{-9} m)와 피코미터(10^{-12} m)가 사용된다. 많은 단백질이 약 2 nm 정도의 지름을 갖는다. 원자 지름은 약 200 pm(0.2 nm)이다. 오래되었지만 아직도 사용되는 단위로 옹스트롬(Å)이 있다(1Å = 10^{-10} m = 0.1 nm = 100 pm).

부피 화학에서 길이의 중요성은 물질 시료를 삼차원으로 측정할 때 부각되는데, **부피**(volume, V)는 시료가 차지하는 공간의 분량이다. 부피의 SI 유도 단위는 **세제곱미터**(m^3)이다. 어떤 물체의 부피는 길이 × 폭 × 높이 식으로 계산될 수 있기 때문에, 길이 단위의 세제곱(미터 × 미터 × 미터 = m^3)이 부피의 단위가 된다. 화학에서는 SI 단위가 아닌 **리터**(L)와 **밀리리터**(mL)를 흔히 사용한다(대문자 L을 쓰는 것에 주의). 의사를 비롯한 의료 종사자들은 체액을 세제곱데시미터(dm^3) 단위로 측정하는데, 이는 리터와 동등한 것이다.

$$1 \text{ L} = 1 \text{ dm}^3 = 10^{-3} \text{ m}^3$$

1 mL 또는 $\frac{1}{1000}$ 리터는 1세제곱센티미터(cm^3)와 같다.

$$1 \text{ mL} = 1 \text{ cm}^3 = 10^{-3} \text{ dm}^3 = 10^{-3} \text{ L} = 10^{-6} \text{ m}^3$$

표 1.4 | 자주 사용하는 SI - 영미 단위 등가 양

양	SI	SI 등가	영미 등가	영미-SI 등가
길이	1 킬로미터(km)	1000(10^3) 미터	0.6214 마일(mi)	1 마일 = 1.609 km
	1 미터(m)	100(10^2) 센티미터	1.094 야드(yd)	1 야드 = 0.9144 m
	1 미터(m)	1000 밀리미터(mm)	39.37 인치(in)	1 피트(ft) = 0.3048 m
	1 센티미터(cm)	0.01(10^{-2}) 미터	0.3937 인치	1 인치 = 2.54 cm(정확히)
부피	1 세제곱미터(m^3)	1,000,000(10^6) 세제곱센티미터	35.31 세제곱피트(ft^3)	1 세제곱피트 = 0.02832 m^3
	1 세제곱데시미터(dm^3)	1000 세제곱센티미터	0.2642 갤런(gal)	1 갤런 = 3.785 dm^3
	1 세제곱데시미터(dm^3)	1000 세제곱센티미터	1.057 쿼트(qt)	1 쿼트 = 0.9464 dm^3
				1 쿼트 = 946.4 cm^3
	1 세제곱센티미터(cm^3)	0.001 dm^3	0.03381 액량 온스	1 액량 온스 = 29.57 cm^3
질량	1 킬로그램(kg)	1000 그램(g)	2.205 파운드(lb)	1 파운드 = 0.4536 kg

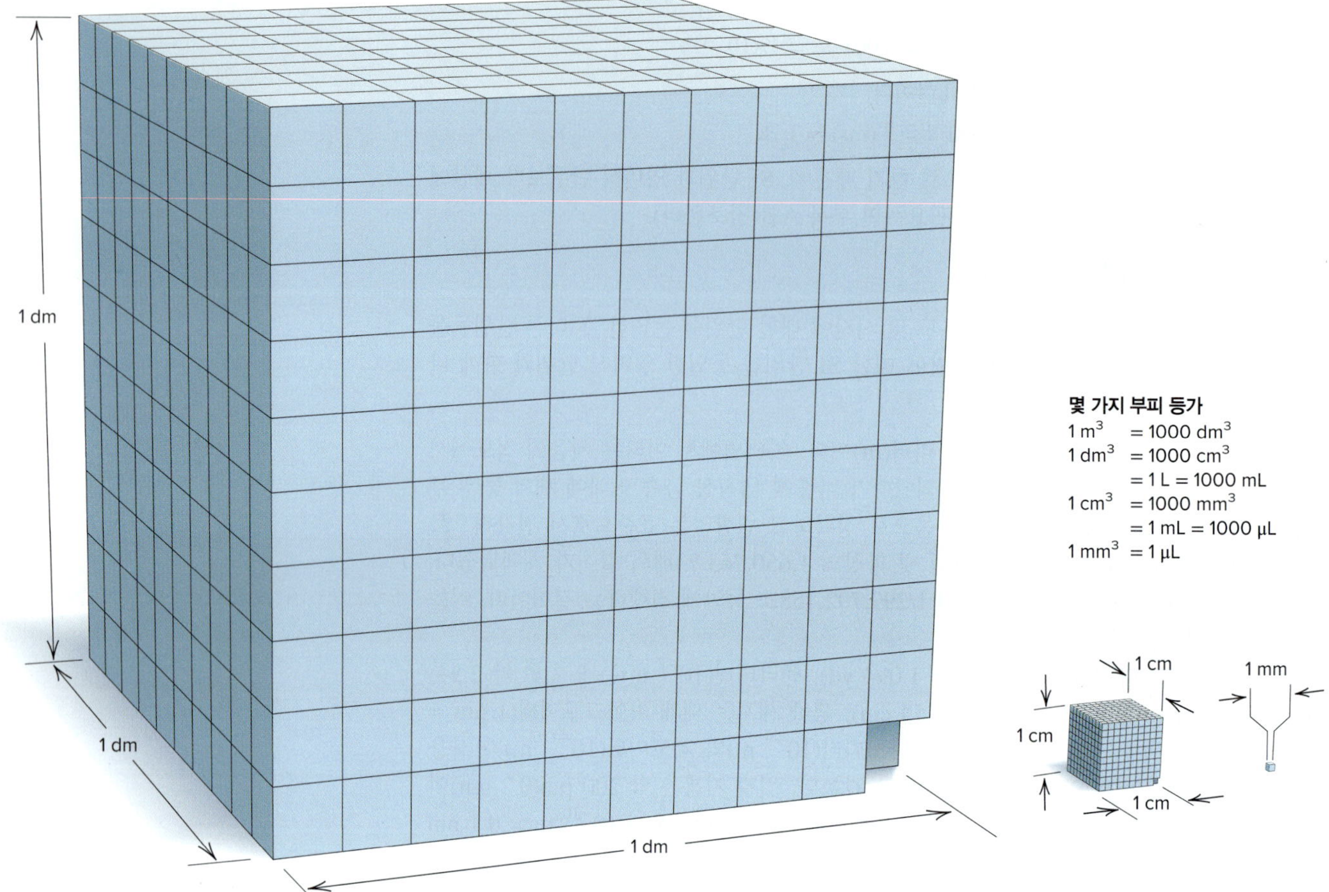

그림 1.5 **몇 가지 SI 부피 단위의 관계:** 세제곱데시미터(dm^3)에서 세제곱센티미터(cm^3)로, 이어서 세제곱밀리미터(mm^3)로.

리터는 쿼트(qt)보다 약간 더 크다(1 L = 1.057 qt, 1 qt = 946.4 mL). 1 액량 온스($\frac{1}{32}$ 쿼트)는 29.57 mL(29.57 cm^3)와 같다.

그림 1.5는 1 dm^3을 1 cm^3에 이어 다시 1 mm^3로 1000배씩 두 번 부피가 감소한 것을 묘사한 것이다. 1 m^3 정육면체의 모서리는 1야드보다 약간 길 것이다.

그림 1.6A는 부피를 다룰 때 사용하는 몇 가지 실험용 초자 기구를 보여주고 있다. 삼각 플라스크와 비커는 액체를 담는 데 사용된다. 눈금 실린더, 피펫 및 뷰렛은 액체를 측정하거나 옮기는 데 사용된다. 부피 플라스크와 피펫은 목에 눈금으로 표시된 고정된 부피를 갖는다. 부피 플라스크를 이용해 용액을 정량적으로 만들 수 있고, 눈금 실린더, 피펫 또는 뷰렛을 써서 일정 양을 다음 실험을 위해 다른 플라스크와 비커로 옮겨 넣을 수 있다. 그림 1.6B는 자동 피펫을 이용해 정확하고 빠르게 액체를 옮겨 넣는 모습이다.

질량 물체가 내포하고 있는 물질의 양을 **질량**(mass)이라 한다. 질량의 SI 단위는 **킬로그램**(kg)으로 유일하게 그 이름에 접두사가 포함되는 기본 단위이다.*

용어 *질량*(mass)과 *무게*(weight)는 서로 다른 의미를 갖는다.

- 물체의 물질 양이 일정하기 때문에 *질량은 일정*하다.
- 물체에 작용하고 있는 중력장에 따라 무게가 달라지기 때문에 **무게**는 *가변적*이다.

중력장의 세기는 고도에 따라 변하기 때문에 높은 산 위의 물체는 해수면 위의 물체보다 무게가 약간 가볍다.

이것이 마이애미(해수면)와 덴버(해발 약 1.7 km)에서 실험 저울로 시료의 무게를 쟀

*다른 기본 단위들의 이름을 어근으로 쓰지만 질량 단위에서만 "마이크로그램"과 "킬로그램"처럼 "그램"에 접두사를 붙인다. 따라서 "마이크로킬로그램"이라 하지 않고 "밀리그램"이라 부른다.

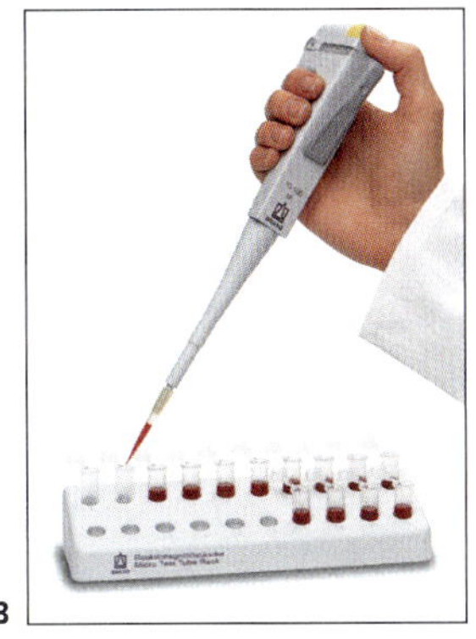

그림 1.6 **일반적인 실험용 초자 기구.** A. 왼쪽에서 오른쪽으로, 두 개의 눈금 실린더, 비커를 채우고 있는 피펫, 삼각 플라스크로 액체를 옮기고 있는 뷰렛, 두 개의 부피 플라스크. 확대 사진: 액체가 초자의 목 부분에 접촉할 때 오목한 계면(곡면)을 형성한다. B. 일정한 부피의 액체를 각 시험관에 넣어주는 자동 피펫.

Source: (A) © McGraw-Hill Education/Stephen Frisch, photographer; (B) ©18percentgrey/123RF

을 때 상이한 결과를 얻게 된다는 것을 의미할까? 그렇지 않다. 이 저울은 무게가 아닌 질량을 측정하기 때문이다. (우리가 물체를 저울로 재는 것은 "질량재기"이지만 우리는 이 용어를 사용하지 않는다.) 기계식 저울의 경우 대상체의 질량과 저울에 내장된 질량의 차이를 측정하는 것으로 국부적인 중력장의 효과는 두 물체에 똑같이 작용된다. 전자식(분석) 저울의 경우 국부적인 중력장에 반대로 작용하는 전기장을 생성하여 저울판을 영점 위치로 복원하는 데 필요한 전류를 질량으로 환산하여 표시한다.

그림 1.7은 흔히 관찰되는 길이, 부피, 질량의 범위를 보여준다.

시간 시간(time)의 SI 기본 단위는 **초**(second, s)이며, 지금은 원자 표준에 근거한다. 제일 좋은 진자 시계는 1년에 3초 이내로 정확하며, 가장 좋은 석영 시계는 이보다 1000배 더 정확하다. 최신형 원자 시계는 이보다 6000배 이상 더 정확한데, 2천만 년에 1초 정도의 오차를 보인다. 원자 시계는 진자의 진동이 아니라 약 10^{-6} K로 냉각된 기체 세슘 원자가 흡수하는 마이크로파의 진동을 측정한다. 1초는 9,192,631,770번의 진동으로 정의된다. 화학자들은 레이저를 사용하여 피코초(10^{-12} s) 또는 펨토초(10^{-15} s) 동안에 일어나는 매우 빠른 반응의 속도를 측정한다.

계산에서의 단위와 환산 인자

모든 측정값은 숫자와 단위로 표시된다. 사람의 키는 "5피트 10인치"이지, "5, 10"이 아니다. 측정값의 비율은 마일/시간과 같은 단위의 비를 갖는다. 오류를 최소화하기 위해 *모든 계산에서 단위를 넣는* 습관을 갖도록 하자.

측정값에 적용되는 산술 연산은 숫자의 산술 연산과 동일하다. 즉, *단위는 곱해지거나 나눠지거나 또는 소거될 수 있다.*

- 두 변의 길이가 3피트(ft)와 4피트인 양탄자의 넓이

$$\text{넓이} = 3\ \text{ft} \times 4\ \text{ft} = (3 \times 4)(\text{ft} \times \text{ft}) = 12\ \text{ft}^2$$

- 7시간(h) 동안 350 마일(mi)을 주행한 자동차의 속력

$$\text{속력} = \frac{350\ \text{mi}}{7\ \text{h}} = \frac{50\ \text{mi}}{1\ \text{h}}\ (\text{흔히 } 50\ \text{mi}\cdot\text{h}^{-1}\text{로 표기함})$$

- 이 차가 3시간 동안 이동한 거리는

$$\text{거리} = 3\ \cancel{\text{h}} \times \frac{50\ \text{mi}}{1\ \cancel{\text{h}}} = 150\ \text{mi}$$

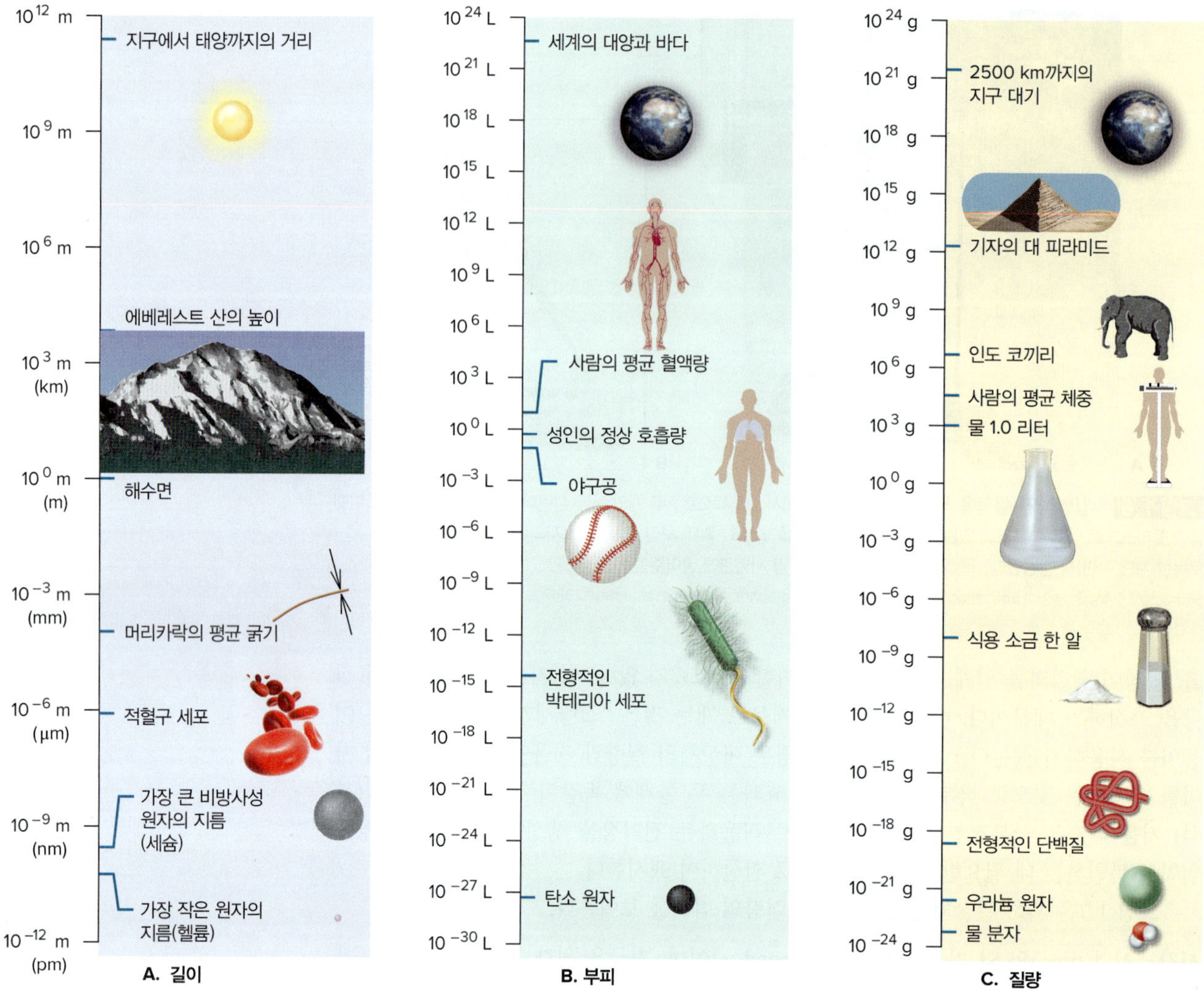

그림 1.7 **몇 가지 흥미로운 길이(A), 부피(B), 질량(C).** 세로 눈금은 지수 척도이다.

환산 인자 만들기 **환산 인자**(conversion factor)는 측정값을 *다른 단위로 나타낼 때 사용하는 비율*이다. 차가 이동한 거리 150 마일(mi)을 피트(ft)로 알고 싶다고 가정하자. 마일을 피트로 환산하려면 *등가량*(equivalent quantity)을 사용한다.

$$1 \text{ mi} = 5280 \text{ ft}$$

이 등가량으로부터 두 가지 환산 인자를 만들 수 있다. 양변을 5280 ft로 나누어 한 환산 인자(파란색 표기)를 얻는다.

$$\frac{1 \text{ mi}}{5280 \text{ ft}} = \frac{5280 \cancel{\text{ft}}}{5280 \cancel{\text{ft}}} = 1$$

또 양변을 1 mi로 나누면 또 다른 환산 인자(역수)를 얻는다.

$$\frac{1 \cancel{\text{mi}}}{1 \cancel{\text{mi}}} = \frac{5280 \text{ ft}}{1 \text{ mi}} = 1$$

환산 인자의 분모와 분자는 같은 것이기 때문에, 측정값에 환산 인자를 곱하는 것은 1을 곱하는 것과 같다. 따라서 *숫자와 단위가 변하더라도 측정값의 크기는 변하지 않는다.*

거리를 마일에서 피트로 바꾸려면 마일이 분모에 있는 환산 인자를 선택하면 된다. 이 인자를 곱하면 마일이 소거되고 피트 단위로 표기된 답을 얻는다.

$$\text{거리 (ft)} = 150 \cancel{\text{mi}} \times \frac{5280 \text{ ft}}{1 \cancel{\text{mi}}} = 792{,}000 \text{ ft}$$

mi ⇒ ft

올바른 환산 인자 선택하기 새로운 단위의 답을 더 큰 수로 표기할지 아니면 더 작은 수로 표기할지 먼저 정하는 것이 올바른 환산 인자를 선택하는 쉬운 방법이다. 앞의 예에서 1 ft는 1 mi보다 *작다*. 따라서 피트로 표기된 거리의 숫자(792,000)가 마일로 표기된 거리의 숫자(150)보다 *커야* 한다. 환산 인자의 분자가 더 크며(5280), 따라서 더 큰 수의 답을 얻었다.

가장 중요한 것은 *선택한 환산 인자가 답에 쓸 단위를 제외한 모든 단위를 소거시켜야 한다*는 것이다. 따라서 환산될 단위(초기 단위)를 환산 인자 내의 위치(분자나 분모)와 *반대 위치*에 놓고 곱한다. 그러면 처음 단위는 소거되고 환산된 단위(최종 단위)만 남는다.

$$\cancel{\text{초기 단위}} \times \frac{\text{최종 단위}}{\cancel{\text{초기 단위}}} = \text{최종 단위} \qquad \text{예를 들어} \qquad \cancel{\text{mi}} \times \frac{\text{ft}}{\cancel{\text{mi}}} = \text{ft}$$

또는, 거듭 제곱의 단위를 가진 경우:

$$(\cancel{\text{초기 단위}} \times \cancel{\text{초기 단위}}) \times \frac{\text{최종 단위}^2}{\cancel{\text{초기 단위}^2}} = \text{최종 단위}^2 \qquad \text{예를 들어} \qquad (\cancel{\text{ft}} \times \cancel{\text{ft}}) \times \frac{\text{mi}^2}{\cancel{\text{ft}^2}} = \text{mi}^2$$

또는, 단위의 비를 포함한 경우:

$$\frac{\cancel{\text{초기 단위}}}{\text{최종 단위}_1} \times \frac{\text{최종 단위}_2}{\cancel{\text{초기 단위}}} = \frac{\text{최종 단위}_2}{\text{초기 단위}_1} \qquad \text{예를 들어} \qquad \frac{\cancel{\text{mi}}}{\text{h}} \times \frac{\text{ft}}{\cancel{\text{mi}}} = \frac{\text{ft}}{\text{h}}$$

단위 체계 간의 환산 서로 다른 두 단위 체계의 환산, 예로, 영미식 단위 체계와 국제 체계 사이의 환산의 경우에도 같은 절차를 적용할 수 있다. 세계에서 가장 높은 베네수엘라 Angel 폭포의 높이가 3212 ft라고 알고 있다면, 이 높이를 다음과 같이 마일로 구할 수 있다.

$$\text{높이(mi)} = 3212\ \cancel{\text{ft}} \times \frac{1\ \text{mi}}{5280\ \cancel{\text{ft}}} = 0.6083\ \text{mi}$$
$$\text{ft} \Rightarrow \text{mi}$$

이제 높이를 킬로미터(km)로 환산하고 싶다. 등가량(표 1.4 참고)은

$$1.609\ \text{km} = 1\ \text{mi}$$

이다. 마일을 킬로미터로 환산하는 것이기에, 마일을 소거하기 위해 마일이 분모에 있는 환산 인자를 사용하면 된다.

$$\text{높이(km)} = 0.6083\ \cancel{\text{mi}} \times \frac{1.609\ \text{km}}{1\ \cancel{\text{mi}}} = 0.9788\ \text{km}$$
$$\text{mi} \Rightarrow \text{km}$$

킬로미터는 마일보다 *작기* 때문에 환산 인자는 더 *큰* 수의 답을 만든다는 것에 유의하라(0.9788이 0.6083보다 크다).

Angel 폭포의 높이를 미터(m)로 원한다면, 1 km = 1000 m의 등가량을 이용해 환산 인자를 만든다.

$$\text{높이(m)} = 0.9788\ \cancel{\text{km}} \times \frac{1000\ \text{m}}{1\ \cancel{\text{km}}} = 978.8\ \text{m}$$
$$\text{km} \Rightarrow \text{m}$$

긴 계산을 할 때, 흔히 여러 환산 단계를 함께 묶는다.

$$\text{높이(m)} = 3212\ \cancel{\text{ft}} \times \frac{1\ \cancel{\text{mi}}}{5280\ \cancel{\text{ft}}} \times \frac{1.609\ \cancel{\text{km}}}{1\ \cancel{\text{mi}}} \times \frac{1000\ \text{m}}{1\ \cancel{\text{km}}} = 978.8\ \text{m}$$
$$\text{ft} \Rightarrow \text{mi} \Rightarrow \text{km} \Rightarrow \text{m}$$

계산에 환산 인자를 사용하는 것을 인자 표시법(factor-label method) 또는 **차원 해석**(dimensional analysis, 단위가 물리적 차원을 나타내기 때문)이라고 한다. 이 책에서는 이 방법을 사용할 것이다.

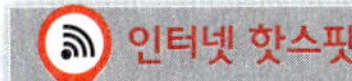

인터넷 핫스팟

환산 인자 사용이 어렵게 느껴진다면, eBook에 접속하여 이 주제에 대한 추가 학습 동영상을 참고하자.

화학 문제를 푸는 체계적 방법

이 책에서 문제를 푸는 데 사용하는 방법은 암기가 아닌 추론을 강조하며 간단한 아이디어에 기초를 두고 있다. 문제를 풀기 *전에* 어떻게 풀 것인지 계획하고, 답을 검토하고, 유사한 보충 문제를 풀어 본다. 일반적으로 예제는 다음과 같이 구성되어 있다.

1. **문제.** 문제를 푸는 데 필요한 모든 정보를 제공하며, 흥미로운 내용으로 구성되어 있다.
2. **계획.** 이 부분은 숫자를 다루고 계산기 버튼을 누르기 *전에* 풀이 과정 전반을 *생각*하는 데 도움을 준다. 문제를 푸는 데는 여러 방법이 있으며 주어진 풀이는 그 중 한 가지 가능한 것일 뿐이다. 계획은
   - 아는 것과 모르는 것을 분명히 한다. 어떤 정보를 갖고 있으며, 무엇을 알아내고자 하는가?
   - 알고 있는 것에서 모르는 것으로 가는 단계를 제시한다. 필요한 아이디어, 환산 및 방정식은 무엇인가?
   - 계획의 흐름도인 "로드맵"을 제시한다(특히 처음 몇 장에서). 로드맵은 중간 결과를 기록한 상자와 다음 상자에 도달하기 위해 사용되는 단계(환산 인자 또는 연산)를 보여주는 화살표로 구성되어 있다.
3. **풀이.** 이 부분은 계획(및 로드맵)에 제시된 것과 같은 순서로 계산 단계들을 보여준다.
4. **검산.** 이 부분은 최종 답이 합당한지 점검하는 데 도움이 된다. 단위는 정확한가? 예상한 방향으로 변화가 일어났는가? 화학적으로 이치에 맞는가? 큰 수학적 오류를 피하기 위해 종종 대략적인 계산을 하여 실제 결과에 가까운 해를 얻고 있는지를 살펴본다. 다음은 일상생활에서 전형적인 근사 계산의 예이다. 장당 $14.97인 셔츠 세 벌을 사러 옷가게에 갔다. 부가세 5%를 더하여 총 $47.16의 청구서를 받게 된다. 이 경우 우리는 암산으로 약 $15의 세 배의 값에 세금을 더하며 $45보다 약간 더 많은 돈을 지불해야 함을 알 수 있다. 이처럼 빠른 암산 결과는 실제 비용과 크게 다르지 않다.
5. **해설.** 이 부분은 응용, 다른 풀이법, 피해야 할 흔한 실수 및 개요 등을 제공하기 위해 가끔 나타난다.
6. **보충 문제.** 이 부분에는 예제를 푸는 데 사용한 개념과 방법을 응용할 수 있도록 유사한 문제가 수록되어 있다.
7. **유사 문제.** 이 부분에는 연습을 위해 (각 장의 끝에 있는) 몇 문제가 추가로 제시되어 있다.

수영을 배우려면 연습이 필요하듯 책을 읽는 것만으로 화학 문제 풀이 방법을 배울 수 없다. 여기 몇 가지 조언을 제시한다.

- 연필, 종이, 계산기를 가지고 예제를 풀어 보자.
- 예제를 끝내고 곧바로 보충 문제를 풀어 보자.
- 문제가 풀리지 않으면 예제와 본문을 다시 읽어 보자.
- 각 단원의 개념과 문제 풀이 기법을 복습하고 확장하기 위해 각 장 말미에 수록된 연습 문제를 가능한 많이 풀어 보자.

이제 이러한 체계적 방법을 단위 변환 문제에 적용해 보자. 문제 풀이를 위하여 표 1.3과 1.4를 참고한다.

예제 1.3 | 길이 단위 변환

문제 스테레오 장비를 연결하기 위해 가격이 $0.15/ft인 스피커선 325 센티미터(cm)가 필요하다. 필요한 비용은 얼마인가?

계획 센티미터로 표기된 선의 길이(325 cm)와 피트당 달러로 표기된 가격($0.15/ft)을 알고 있다. 길이를 센티미터에서 인치(in)로, 다시 인치에서 피트로 변환시켜 미지의 비용을 알아낼 수 있다. 가격을 통해 얻은 등가량(1 ft = $0.15)으로 선의 피트 수를 달러로 환산할 수 있다. 로드맵은 알려진 양인 325 cm에서 시작하여 계산 단계들을 통해 미지의 값을 향해 간다.

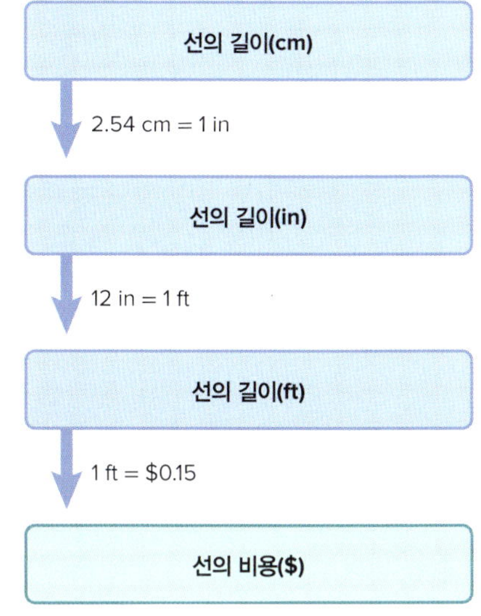

풀이 알고 있는 길이를 센티미터에서 인치로 환산한다. 로드맵 화살표 옆의 등가량을 써서 환산 인자를 만든다. 인치 단위로 답을 얻기 위해서 2.54 cm/1 in 대신 역수인 1 in/2.54 cm를 환산 인자로 선택한다.

$$\text{길이(in)} = \text{길이(cm)} \times \text{환산 인자}$$
$$= 325\ \cancel{\text{cm}} \times \frac{1\ \text{in}}{2.54\ \cancel{\text{cm}}} = 128\ \text{in}$$

길이를 인치에서 피트로 환산하기:

$$\text{길이(ft)} = \text{길이(in)} \times \text{환산 인자}$$
$$= 128\ \cancel{\text{in}} \times \frac{1\ \text{ft}}{12\ \cancel{\text{in}}} = 10.7\ \text{ft}$$

피트로 주어진 길이를 달러 가격으로 환산하기:

$$\text{가격(\$)} = \text{길이(ft)} \times \text{환산 인자}$$
$$= 10.7\ \cancel{\text{ft}} \times \frac{\$0.15}{1\ \cancel{\text{ft}}} = \$1.60$$

검산 각 단계에서 단위는 정확하다. 상대적 단위 크기의 관점에서 환산 인자는 합당하다. 즉, 인치의 수는 센티미터의 수 보다 *작다*(1인치는 1센티미터보다 *크다*). 피트의 수는 인치의 수보다 *작다*. 총 비용은 합리적인 듯하다. $0.15/ft이므로 10 ft가 조금 넘는 선은 $1.50보다 조금 더 비싸야 한다.

해설 **1.** 세 단계를 묶을 수도 있다.

$$\text{가격(\$)} = 325\ \cancel{\text{cm}} \times \frac{1\ \cancel{\text{in}}}{2.54\ \cancel{\text{cm}}} \times \frac{1\ \cancel{\text{ft}}}{12\ \cancel{\text{in}}} \times \frac{\$0.15}{1\ \cancel{\text{ft}}} = \$1.60$$

2. 단위 변환 문제를 풀 때 순서를 바꾸어도 된다. 예를 들어 먼저 선의 가격을 $/ft에서 $/cm로 바꾸고 선의 길이를 cm로 그대로 사용해도 같은 답을 얻을 것이다. 직접 풀어 보자.

▶ 보충 문제

1.3A 어떤 화학 교수는 15분에 1마일을 걸어갈 수 있다. 이 교수가 10,500미터(m)를 걸어가려면 몇 분이 소요되는가? 어떻게 풀이를 계획했는지 볼 수 있도록 로드맵을 그려라.

1.3B 흔한 감기의 원인 중 하나인 리노바이러스(rhinovirus)는 약 30 nm의 지름을 갖는다. 이들 바이러스 입자 몇 개를 일직선으로 세우면 1.0 in 길이가 되는가? 어떻게 풀이를 계획했는지 볼 수 있도록 로드맵을 그려라.

유사 문제 1.22~1.25

예제 1.4 | 부피 단위 변환

문제 모양이 불규칙한 고체의 부피는 고체가 밀어낸 물의 부피로 측정할 수 있다. 물 19.9 mL가 담긴 눈금 실린더가 있다. 작은 방연광(galena, 납광석 중의 하나) 조각 한 개를 실린더에 넣자 조각이 가라앉으면서 부피가 24.5 mL까지 증가하였다. 방연광 조각의 부피는 cm^3로 얼마이며 L로는 얼마인가?

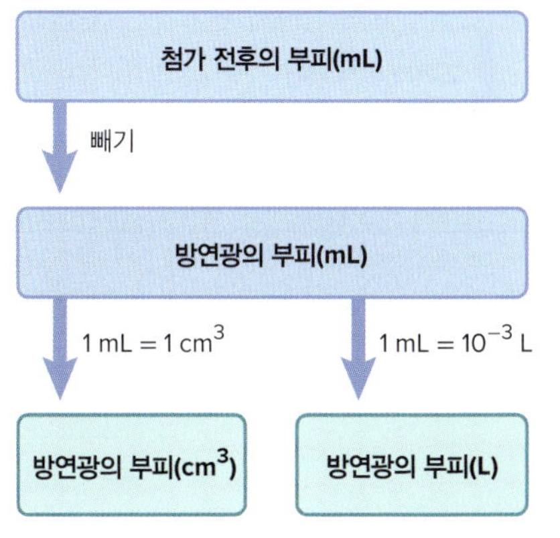

계획 실린더 내용물의 부피 변화를 통해 방연광의 부피를 알아내야 한다. 방연광의 부피는 그것을 넣기 전(19.9 mL)과 후(24.5 mL)의 차이이다. mL와 cm^3 단위는 동일한 부피를 내기 때문에 mL 단위의 방연광 부피는 cm^3 단위의 부피와 같다. 그런 다음 등가량(1 mL = 10^{-3} L)를 사용하여 mL를 L로 변환한다. 로드맵은 이러한 단계들을 보여준다.

풀이 방연광 부피 알아내기:

$$\text{부피(mL)} = \text{최종 부피} - \text{초기 부피} = 24.5\ \text{mL} - 19.9\ \text{mL} = 4.6\ \text{mL}$$

부피를 mL에서 cm^3으로 환산하기:

$$\text{부피}(cm^3) = \text{부피}(mL) \times \text{환산 인자} = 4.6\ \cancel{mL} \times \frac{1\ cm^3}{1\ \cancel{mL}} = 4.6\ cm^3$$

부피를 mL에서 L로 환산하기:

$$\text{부피}(L) = \text{부피}(mL) \times \text{환산 인자} = 4.6\ \cancel{mL} \times \frac{10^{-3}\ L}{1\ \cancel{mL}} = 4.6 \times 10^{-3}\ L$$

검산 답의 단위와 크기는 맞는 듯하다. mL로 표시된 부피가 L로 표시된 부피보다 1000배 더 큰 숫자를 갖는 것은 타당하다.

▶ 보충 문제

1.4A 단백질은 리보솜으로 불리는 세포내의 입자에서 합성된다. 리보솜이 구형이라 가정할 때, 평균 지름이 21.4 nm인 리보솜의 부피는 dm^3과 μL로 각각 얼마인가? (구의 부피 $= \frac{4}{3}\pi r^3$) 어떻게 풀이를 계획했는지 볼 수 있도록 로드맵을 그려라.

1.4B 옐로스톤 국립공원에서 유명한 간헐 온천인 Old Faithful이 분출할 때, 약 8400 갤런(gal)의 물이 뿜어져 나온다. 이 부피는 리터(L)로 얼마인가? 어떻게 풀이를 계획했는지 볼 수 있도록 로드맵을 그려라.

유사 문제 1.32, 1.33

예제 1.5 | 질량 단위 변환

문제 많은 국제 컴퓨터 통신이 해저에 깔린 케이블 속의 광섬유를 통해 이뤄진다. 만약 광섬유 한 가닥의 무게가 1.19×10^{-3} lb/m라면, 광섬유 여섯 가닥으로 만들어진 케이블로 뉴욕과 파리(8.84×10^3 km)를 연결하는 데 필요한 케이블의 질량은 몇 kg인가?

계획 케이블의 길이(8.84×10^3 km)로부터 질량을 kg 단위로 구해야 한다. 섬유의 질량과 길이에 대해 주어진 등가량(1.19×10^{-3} lb = 1 m)과 광섬유와 케이블에 대해 주어진 등가량(6 섬유 = 1 케이블)을 이용하여 환산 인자를 만들 수 있다. 로드맵에서 볼 수 있듯이 광섬유 한 가닥의 길이를 km에서 m로 바꾼 뒤 m를 lb로 환산하여 광섬유 한 가닥의 질량을 구한다. 그런 다음 광섬유 질량에 6을 곱하여 케이블 질량을 얻고 마지막으로 lb를 kg으로 환산한다.

로드맵

광섬유의 길이(km)
↓ $1\ km = 10^3\ m$
광섬유의 길이(m)
↓ $1\ m = 1.19 \times 10^{-3}\ lb$
광섬유의 질량(lb)
↓ 6 광섬유 = 1 케이블
케이블의 질량(lb)
↓ $2.205\ lb = 1\ kg$
케이블의 질량(kg)

풀이 광섬유의 길이를 km에서 m로 환산하기:

$$\text{광섬유의 길이}(m) = 8.84 \times 10^3\ \cancel{km} \times \frac{10^3\ m}{1\ \cancel{km}} = 8.84 \times 10^6\ m$$

광섬유 한 가닥의 길이를 질량(lb)으로 환산하기:

$$\text{광섬유의 질량}(lb) = 8.84 \times 10^6\ \cancel{m} \times \frac{1.19 \times 10^{-3}\ lb}{1\ \cancel{m}} = 1.05 \times 10^4\ lb$$

케이블의 질량(lb) 구하기:

$$\text{케이블의 질량}(lb) = \frac{1.05 \times 10^4\ lb}{1\ \cancel{\text{광섬유}}} \times \frac{6\ \cancel{\text{광섬유}}}{1\ \text{케이블}} = 6.30 \times 10^4\ lb/\text{케이블}$$

케이블의 질량을 lb에서 kg으로 환산하기:

$$\text{케이블의 질량}(kg) = \frac{6.30 \times 10^4\ \cancel{lb}}{1\ \text{케이블}} \times \frac{1\ kg}{2.205\ \cancel{lb}} = 2.86 \times 10^4\ kg/\text{케이블}$$

검산 단위는 정확하다. 결과가 타당한지 여부를 가리기 위해 답의 상대적인 크기를 생각해보자. 미터로 표시된 숫자는 km로 표시된 숫자보다 10^3배 커야 한다. 만약 1 m 섬유 한 가닥의 무게가 10^{-3} lb이라면, 10^7 m의 무게는 약 10^4 lb가 될 것이다. 케이블의 질량은 섬유 한 가닥보다 6배 커야 하므로 약 6×10^4 lb이다. 1 lb는 약 $\frac{1}{2}$ kg이므로 kg 수는 lb 수의 약 절반이 되어야 한다.

▶ 보충 문제

1.5A 정맥주사 영양제 용액은 환자에게 초당 1.5방울의 속도로 주입된다. 만약 한 방울의 질량이 평균 65 mg이라면, 8.0시간 동안 몇 kg의 용액이 주입되는가? 어떻게 풀이를 계획했는지

볼 수 있도록 로드맵을 그려라.

1.5B 영양표에는 표준 사과(파운드당 약 3개의 사과)에 포함된 포타슘의 함량이 159 mg으로 표기되어 있다. 3.25 kg의 사과에 들어 있는 포타슘은 몇 그램인가? 풀이를 어떻게 계획했는지 볼 수 있도록 로드맵을 그려라.

유사 문제 1.28, 1.29

예제 1.6 | 거듭제곱 단위 변환

문제 어떤 가구 공장에서 의자 한 개의 커버를 씌우는 데 31.5 ft^2의 천이 필요하다. 네덜란드 공급 업체는 한 필당 정확히 200 m^2씩 들어 있는 천을 공급한다. 천 3필로 커버를 씌울 수 있는 의자의 최대 개수는 얼마인가?

계획 주어진 등가량(1필 = 천 200 m^2)을 이용하여 천 3필이 몇 m^2인지 환산할 수 있다. 천의 총량을 m^2에서 ft^2으로 환산하고 등가량(천 31.5 ft^2= 의자 1개)을 이용하여 의자의 개수를 구할 수 있다(로드맵 참고).

풀이 필의 개수를 m^2 단위의 천의 양으로 환산하기:

$$\text{천의 양}(m^2) = 3\cancel{\text{필}} \times \frac{200\ m^2}{1\cancel{\text{필}}} = 600\ m^2$$

천의 양을 m^2에서 ft^2으로 환산하기: 0.3048 m = 1 ft이므로 $(0.3048)^2\ m^2 = (1)^2\ ft^2$이므로

$$\text{천의 양}(ft^2) = 600\ \cancel{m^2} \times \frac{1\ ft^2}{(0.3048)^2\ \cancel{m^2}} = 6460\ ft^2$$

의자의 수 구하기:

$$\text{의자의 수} = 6460\ \cancel{ft^2} \times \frac{1\ \text{의자}}{31.5\ \cancel{ft^2}} = 205\ \text{의자}$$

검산 1 ft = 0.3048 m이므로 1 ft는 $\frac{1}{3}$ m 보다 약간 작다. 3.3 ft는 대략 1 m에 해당한다. 길이 단위의 거듭제곱을 이용하면 $(3.3\ ft)^2$ 또는 11 ft^2은 대략 1 m^2 정도이다. m^2 단위로 표시된 천의 양에 11을 곱하면 6600 ft^2이 된다. 의자 한 개당 천 약 30 ft^2가 필요하기 때문에 천 6600 ft^2로 의자 220개의 커버를 씌울 수 있으며, 이 숫자는 정답에 가깝다.

해설 거듭제곱된 환산 인자를 사용할 때 숫자와 단위 모두 같은 차수로 거듭제곱해야 한다. 이 문제의 경우,

올바른 계산: 0.3048 m = 1 ft

따라서 $(0.3048)^2\ m^2 = (1)^2\ ft^2$ 또는 $0.09290\ m^2 = 1\ ft^2$

잘못된 계산: $0.3048\ m^2 = 1\ ft^2$ (숫자는 그대로 두고 단위만 거듭제곱)

로드맵

천(필의 개수)

1 필 = 200 m^2

천(m^2)

$(0.3048)^2\ m^2 = 1\ ft^2$

천(ft^2)

의자의 개수

▶ 보충 문제

1.6A 토지 소유자가 면적 2520 m^2의 땅에 제초제를 뿌리려고 한다. 제초제는 16 액량 온스(fl oz) 용량의 병에 담겨 공급되며, 제초제 1.5 fl oz를 물 1갤런(gal)에 섞어 300 ft^2의 땅을 처리한다. 토지 소유자는 제초제 몇 병이 필요한가? 어떻게 풀이를 계획했는지 볼 수 있도록 로드맵을 그려라.

1.6B 1946년에서 1970년까지 수은 75,000 kg이 뉴욕의 한 호수로 배출되었다. 호수의 표면적은 4.5 mi^2이고, 평균 수심은 35 ft이다. 1970년 이 호수의 물 1 mL에 함유된 수은의 질량은 몇 그램(g)인가? 어떻게 풀이를 계획했는지 볼 수 있도록 로드맵을 그려라.

유사 문제 1.26, 1.27, 1.30

인터넷 핫스팟

거듭제곱의 단위 변환이 어렵게 느껴진다면, eBook에 접속하여 이 주제에 대한 추가 학습 동영상을 참고하자.

밀도: 환산 인자로서 단위의 조합 둘 이상의 단위를 조합하여 유도된 단위 역시 환산 인자 역할을 할 수 있다(속력은 거리/시간임을 앞에서 언급함). 화학에서 매우 중요한 예로 **밀도**(density, ***d***)가 있는데, 이는 어떤 물질 시료의 질량을 부피로 나눈 값이다(질량/부피 비).

$$\text{밀도} = \frac{\text{질량}}{\text{부피}} \quad \textbf{(1.1)}$$

표 1.5 | 몇 가지 물질의 밀도*

물질	물리적 상태	밀도(g/cm^3)
수소	기체	0.0000899
산소	기체	0.00133
에틸 알코올	액체	0.789
물	액체	0.998
소금	고체	2.16
알루미늄	고체	2.70
납	고체	11.3
금	고체	19.3

*실온(20°C)과 정상 대기압(1 atm)에서

위의 각 변수는 밀도를 환산 인자로 사용하여 나타낼 수 있다.

$$\text{질량} = \text{부피} \times \text{밀도} = \cancel{\text{부피}} \times \frac{\text{질량}}{\cancel{\text{부피}}}$$

혹은

$$\text{부피} = \text{질량} \times \frac{1}{\text{밀도}} = \cancel{\text{질량}} \times \frac{\text{부피}}{\cancel{\text{질량}}}$$

부피는 온도에 따라 변할 수 있기 때문에 당연히 밀도 역시 변할 수 있다. 그러나 주어진 온도와 압력에서, *밀도는 물질 고유의 물리적 성질이며 따라서 특정한 값을 갖는다.*

밀도의 SI 단위는 입방미터당 킬로그램(kg/m^3)이지만, 화학에서 쓰는 단위는 g/L(g/dm^3) 또는 g/mL(g/cm^3)이다(표 1.5 참조). 기체의 밀도는 액체나 고체에 비해 훨씬 작다(그림 1.1 참조).

예제 1.7 | 질량과 부피로부터 밀도 계산

문제 (**a**) 리튬은 금속 중에서 가장 밀도가 낮은 부드러운 회색 고체로서 노트북 컴퓨터 등에 사용되는 고급 배터리의 핵심 성분이다. 리튬 한 조각의 질량이 1.49×10^3 mg이고, 세 변의 길이가 각각 20.9 mm, 11.1 mm, 11.9 mm이다. 이 리튬의 밀도를 g/cm^3로 구하라. (**b**) 질량이 895 mg인 리튬 조각의 부피는 몇 mL인가?

계획 (**a**) 밀도를 g/cm^3로 구하기 위해서는 g 단위의 리튬 질량과 cm^3 단위의 부피가 필요하다. 질량이 1.49×10^3 mg이므로 mg을 g으로 환산한다. 세 변의 길이를 mm에서 cm로 환산한 다음 모두 곱하여 cm^3로 부피를 구한다. 질량을 부피로 나누어 밀도를 얻는다(로드맵 참조). (**b**) 리튬의 질량(895 mg)을 알고 있다. mg을 g으로 환산한 다음 (a)에서 구한 밀도를 리튬의 질량(g)과 부피(cm^3) 사이의 환산 인자로 이용한다. 마지막으로 cm^3을 mL로 환산한다(로드맵 참조).

로드맵

(a)
변의 길이(mm) → [10 mm = 1 cm] → 변의 길이(cm) → [길이를 곱함] → 부피(cm^3)
Li의 질량(mg) → [$1 \text{ mg} = 10^{-3}$ g] → Li의 질량(g)
→ [질량을 부피로 나눔] → Li의 밀도(g/cm^3)

(b)
Li의 질량(mg) → [$1 \text{ mg} = 10^{-3}$ g] → Li의 질량(g) → [$0.540 \text{ g Li} = 1 \text{ cm}^3$] → 부피($cm^3$) → [$1 \text{ cm}^3 = 1$ mL] → Li의 부피(mL)

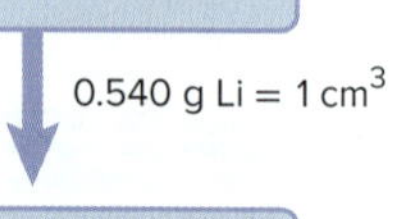

풀이 (**a**) 질량을 mg에서 g으로 환산:

$$\text{리튬의 질량(g)} = 1.49 \times 10^3 \cancel{\text{mg}} \left(\frac{10^{-3}\text{ g}}{1 \cancel{\text{mg}}}\right) = 1.49 \text{ g}$$

변의 길이를 mm에서 cm로 환산:

$$\text{한 변의 길이(cm)} = 20.9 \cancel{\text{mm}} \times \frac{1 \text{ cm}}{10 \cancel{\text{mm}}} = 2.09 \text{ cm}$$

같은 방법으로, 다른 두 변의 길이는 각각 1.11 cm와 1.19 cm이다.

세 변의 길이를 곱하여 부피 구하기:

$$\text{부피(cm}^3) = 2.09 \text{ cm} \times 1.11 \text{ cm} \times 1.19 \text{ cm} = 2.76 \text{ cm}^3$$

밀도 계산:

$$\text{리튬의 밀도} = \frac{\text{질량}}{\text{부피}} = \frac{1.49\ \text{g}}{2.76\ \text{cm}^3} = 0.540\ \text{g/cm}^3$$

(b) 질량을 mg에서 g으로 환산:

$$\text{리튬의 질량(g)} = 895\ \text{mg} \times \frac{10^{-3}\ \text{g}}{1\ \text{mg}} = 0.895\ \text{g}$$

리튬의 질량을 부피(mL)로 환산:

$$\text{부피(mL)} = 0.895\ \text{g} \times \frac{1\ \text{cm}^3}{0.540\ \text{g}} \times \frac{1\ \text{mL}}{1\text{cm}^3} = 1.66\ \text{mL}$$

검산 (**a**) 1 cm = 10 mm이므로 각 길이의 cm 수는 mm로 표시한 수의 $\frac{1}{10}$이어야 한다. 밀도의 단위는 정확하며, g 수(1.49)가 cm^3 수(2.76)의 절반 정도이므로 답의 크기(~0.5 g/cm^3)도 대체로 정확하다. 문제에서 리튬의 밀도가 매우 낮다고 했으므로 이 답은 합리적이다. (**b**) 리튬의 밀도가 0.540 g/cm^3 또는 0.540 g/mL이기 때문에, 약 0.5 g의 리튬은 1 mL 정도의 부피를 갖는다. 리튬 시료의 부피는 대략 질량의 두 배이기 때문에 질량 약 0.9 g은 약 1.8 mL의 부피를 가질 것이다.

▶ **보충 문제**

1.7A 금성의 밀도는 지구의 밀도와 비슷하다. 금성의 질량은 4.9×10^{24} kg이고, 지름은 12,100 km이다. 금성의 밀도를 g/cm^3로 구하라. 구의 부피는 $\frac{4}{3}\pi r^3$이다. 어떻게 풀이를 계획했는지 볼 수 있도록 로드맵을 그려라.

1.7B 음료수 캔 한 개를 만들기 위해 필요한 알루미늄의 부피는 5.52 cm^3이다. 알루미늄의 밀도는 2.70 g/cm^3이다. 질량이 16.2 lb인 알루미늄 덩어리로 만들 수 있는 음료수 캔은 몇 개인가? 어떻게 풀이를 계획했는지 볼 수 있도록 로드맵을 그려라.

유사 문제 1.34~1.37

온도 척도

온도는 화학에서 자주 측정하는 양이며, 온도(temperature)와 열(heat)은 확연히 다르다.

- **온도(T)**는 한 물체가 다른 물체에 대해 상대적으로 뜨거운(또는 차가운) 정도의 *척도*이다.
- **열**은 온도가 높은 물체에서 낮은 물체로 흐르는 *에너지*이다. 얼음 조각을 쥐고 있으면 "냉기"가 손으로 흘러 들어오는 것처럼 느낀다. 그러나 실제로는 열이 손에서 얼음으로 흘러나가는 것이다.

우리는 실험실에서 온도를 측정할 때 열을 받으면 팽창하는 유체를 눈금 관에 넣어 만든 **온도계**(thermometer)를 사용한다. 뜨거운 물질에 온도계를 넣으면, 물질의 열은 유리를 통해 유체로 흐르고 유체는 팽창하여 온도계 관에서 상승한다. 물질이 온도계보다 더 차가운 경우, 열은 유체에서 물질로 흐르고 유체는 수축하여 관에서 하강한다.

섭씨(Celsius, °C, 이전에는 centigrade라 불림), 켈빈(Kelvin, K), 화씨(Fahrenheit, °F)의 세 가지 온도 척도를 살펴보자. 온도의 SI 기본 단위는 **켈빈(K,** 이 단위에는 ° 표기가 없는 것에 유의)이다. 그림 1.8에 몇 가지 흥미로운 온도를 과학에서 자주 사용하는 켈빈 온도로 나타내었다(섭씨 온도 역시 과학에 자주 사용함). 미국에서는 일기예보, 체온 측정 등에 화씨 온도를 사용한다.

세 가지 척도는 각기 서로 다른 단위, 크기 및 영점 온도를 갖는다. 그림 1.9에 물의 어는점과 끓는점을 세 개의 척도로 도시하였다.

- **섭씨 온도**(Celsius scale)에서는 물의 어는점은 0°C에 그리고 (표준 대기압에서) 끓는점은 100°C에 맞춰져 있다. 따라서 섭씨 1도의 크기는 어는점과 끓는점 차이의 $\frac{1}{100}$이다.

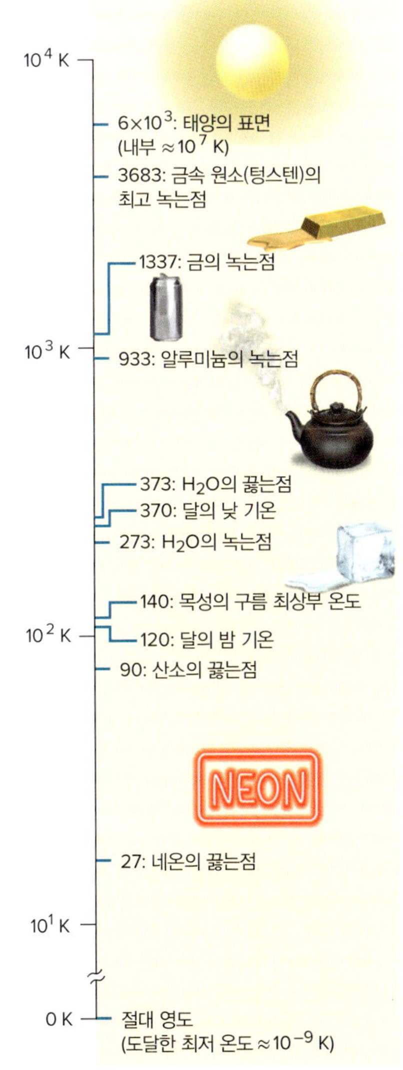

그림 1.8 몇 가지 흥미로운 온도.

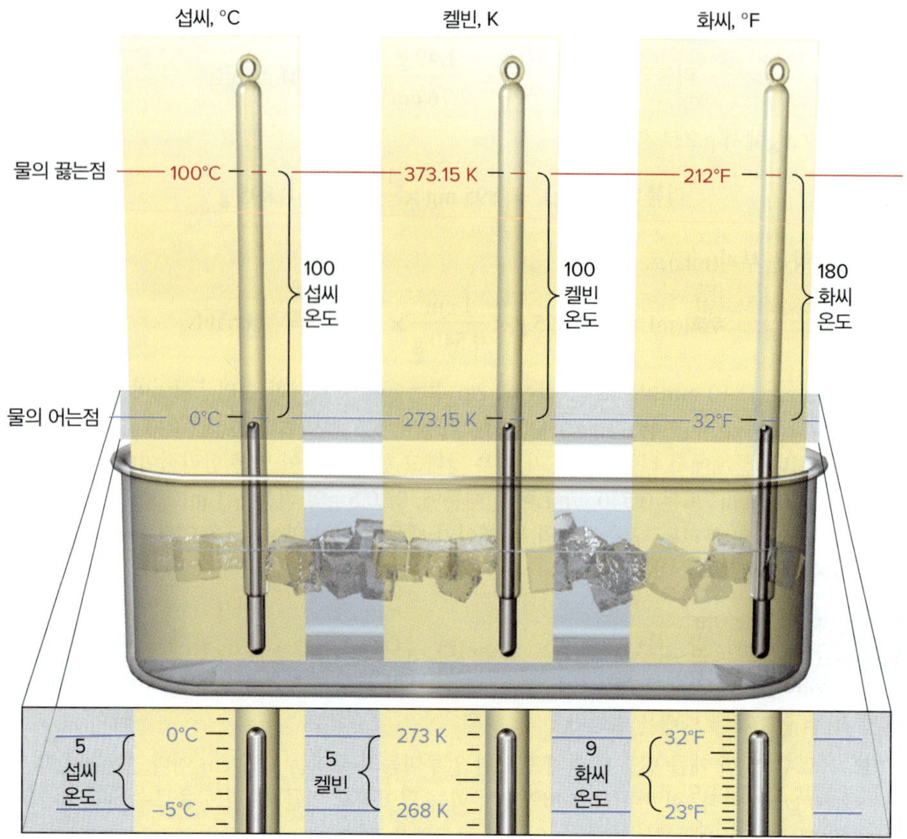

그림 1.9 **섭씨 온도, 켈빈 온도, 화씨 온도로 표시된 물의 어는점과 끓는점.** 그림 아래에 세 척도의 온도계를 확대하여 1도의 크기를 비교하였다.

- **켈빈 (절대) 온도**[Kelvin (absolute) scale]는 섭씨 온도와 *1도의 크기가 같다.* 어는점(+273.15 K)과 끓는점(+373.15 K) 사이의 차이 역시 100도이지만, 켈빈 온도는 *다른 영점*을 갖고 있기 때문에, 켈빈 온도에서 이 두 온도는 273.15도만큼 더 높다. 절대 0도(0 K)는 −273.15°C와 같다. 따라서 켈빈 온도에서 *모든 온도는 양수이다.*

섭씨 온도와 켈빈 온도는 영점의 차이를 이용해 서로 환산할 수 있다. 0°C = 273.15 K이므로

$$T\,(\text{K}) = T\,(°\text{C}) + 273.15 \tag{1.2}$$

따라서

$$T\,(°\text{C}) = T\,(\text{K}) - 273.15 \tag{1.3}$$

- 화씨 온도의 영점과 1도의 크기 모두 다른 온도 척도와 다르다. 물은 32°F에서 얼고, 212°F에서 끓는다. 화씨로 180도의 차이(212°F − 32°F)는 섭씨로 100도(또는 100켈빈)와 같다. 섭씨 100도가 화씨 180도와 같기 때문에

$$\text{섭씨 1도} = \frac{180}{100}\ \text{화씨 1도} = \frac{9}{5}\ \text{화씨 1도}$$

이다. 온도를 °C에서 °F로 환산하려면, 9/5를 곱하여 1도의 크기를 바꾼 후 32를 더해 영점을 맞춘다(0°C = 32°F).

$$T\,(°\text{F}) = \frac{9}{5}T\,(°\text{C}) + 32 \tag{1.4}$$

온도를 °F에서 °C로 환산하려면, 위 두 단계 작업을 역순으로 한다. 먼저 32를 빼서 영점을 맞추고 5/9를 곱하여 1도의 크기를 바꾼다. 달리 말하면 식 (1.4)를 풀어 T(°C)를 구하는 것이다.

$$T\,(°\text{C}) = [T\,(°\text{F}) - 32]\,\frac{5}{9} \qquad \textbf{(1.5)}$$

표 1.6에 세 가지의 온도 척도를 비교하였다.

표 1.6 | 세 가지 온도 척도

척도	단위	1도의 크기 (K와 비교하여)	H_2O의 어는점	H_2O의 끓는점	절대 영도에서 T	환산
켈빈(절대)	켈빈(K)	—	273.15 K	373.15 K	0 K	°C로 [식 (1.2)]
섭씨	섭씨 도(°C)	1	0°C	100°C	−273.15°C	K로 [식 (1.3)] °F로 [식 (1.4)]
화씨	화씨 도(°F)	$\frac{5}{9}$	32°F	212°F	−459.67°F	°C로 [식 (1.5)]

예제 1.8 | 온도의 단위 변환

문제 어떤 어린이의 체온이 38.7°C이다. 정상 체온은 98.6°F이다. 이 어린이는 열이 있는가? 어린이의 체온은 켈빈 온도로 몇 도인가?

계획 어린이가 열이 있는지 알아보기 위해 °C를 °F로 환산하고[식 (1.4)], 그 결과를 98.6°F와 비교한다. 어린이의 온도 °C를 K로 바꾸기 위해 식 (1.2)를 이용한다.

풀이 온도를 °C에서 °F로 환산:

$$T\,(°\text{F}) = \tfrac{9}{5}T\,(°\text{C}) + 32 = \tfrac{9}{5}(38.7\,°\text{C}) + 32 = 101.7°\text{F}$$ 어린이는 열이 있다.

온도를 °C에서 K로 환산:

$$T\,(\text{K}) = T\,(°\text{C}) + 273.15 = 38.7°\text{C} + 273.15 = 311.8\ \text{K}$$

검산 일상의 경험에서 101.7°F는 열이 있는 사람의 체온임을 알고 있다. 두 번째 단계에서는 큰 실수가 있는지 다음과 같이 점검할 수 있다. 38.7°C는 약 40°C이며, 40 + 273 = 313인데 이는 구한 답과 거의 같다.

▶ **보충 문제**

1.8A 수은은 234 K에서 녹는데, 이는 다른 어떤 순수한 금속보다 낮은 온도이다. 수은의 녹는점은 °C와 °F로 얼마인가?

1.8B 철의 생산에 사용되는 용광로의 온도는 2325°F이다. 이 온도는 °C와 °F로 얼마인가?

유사 문제 1.38, 1.39

크기 성질과 세기 성질

물질을 연구하기 위해 측정하는 변수들을 두 가지 광범위한 성질 영역으로 나눌 수 있다.

- **크기 성질**(extensive property)은 존재하는 물질의 양에 *의존한다*. 예로 질량과 부피는 크기 성질이다.
- **세기 성질**(intensive property)은 물질의 양에 *무관하다*. 예로 밀도는 세기 성질이다.

따라서 1갤런의 물은 1쿼트의 물보다 질량이 4배이며 부피 역시 4배이다. 그러나 밀도는 부피 대 질량의 *비율*이므로 두 시료의 밀도는 같다. 이 개념을 그림 1.10에

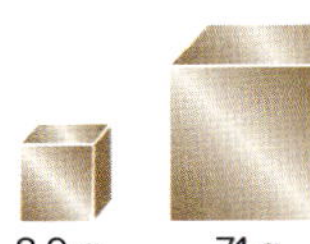

구리로 된 세 정육면체의 질량과 부피는 서로 다르다. 질량과 부피는 크기 성질이다.
이 세 구리 정육면체에 대해,

$$\text{밀도} = \frac{8.9\ \text{g}}{1.0\ \text{cm}^3} = \frac{71\ \text{g}}{8.0\ \text{cm}^3} = \frac{240\ \text{g}}{27.0\ \text{cm}^3} \approx 8.9\ \text{g/cm}^3$$

밀도는 시료의 크기와 상관없이 동일하다.
밀도는 세기 성질이다.

그림 1.10 물질의 크기 성질과 세기 성질.

구리를 예로 들어 나타내었다. 또 다른 중요한 예로, 열은 크기 성질인 반면 온도는 세기 성질이다. 끓는 물 한 통은 끓는 물 한 컵보다 더 많은 열, 즉 에너지를 갖고 있다. 그러나 두 시료의 온도는 동일하다.

색, 녹는점, 밀도 등 몇 가지 세기 성질은 물질의 고유한 특성이며 따라서 물질을 확인하는 데 사용된다.

› 1.3절 요약

- SI 단위계는 일곱 개의 기본 단위와 다수의 유도 단위로 구성되어 있다.
- 지수 표기와 10의 거듭제곱에 기초한 접두사를 이용하여 매우 작거나 매우 큰 숫자를 표시한다.
- 길이의 SI 기본 단위는 미터(m)이다. 원자 크기의 경우 길이 단위로 나노미터(nm)와 피코미터(pm)를 일반적으로 사용한다.
- 부피(V) 단위는 길이 단위에서 유도되는데, 가장 중요한 부피 단위는 세제곱미터(m^3)와 리터(L)이다.
- 물체의 질량(물체가 보유한 물질의 양)은 변하지 않는다. 질량의 SI 단위는 킬로그램(kg)이다. 물체의 무게는 중력장의 크기에 따라 달라진다.
- 측정값은 숫자와 단위로 구성된다.
- 환산 인자는 등가량의 비율이고, 서로 다른 단위의 양을 표현하는 데 사용된다.
- 이 책에서 문제 풀이 과정은 네 부분으로 구성되어 있다. (1) 풀이 단계를 계획하기, 가급적 단계의 흐름도(로드맵)를 포함, (2) 계획에 의거하여 계산을 수행하기, (3) 답이 합당한지를 점검하기, (4) 유사 문제, 보충 문제로 연습하기
- 밀도(d)는 부피 대 질량의 비율이며, 물질의 고유한 물리적 성질이다.
- 온도(T)는 물체의 상대적 뜨거움에 대한 척도이다. 열은 높은 T의 물체에서 낮은 T의 물체로 흐르는 에너지이다.
- 온도 척도는 각각 서로 다른 온도 단위 크기와 영점을 갖는다. 과학에서는 켈빈(K)과 섭씨(°C)로 온도를 측정한다.
- 질량, 부피, 에너지와 같은 크기 성질은 물질의 양에 의존하고, 밀도와 온도와 같은 세기 성질은 물질의 양과 무관하다.

1.4 측정의 불확실성: 유효 숫자

저울, 피펫, 온도계 등의 측정 기구들은 제한된 사양으로 제조되며, 그런 기구를 사용하는 우리의 감각과 기능 역시 불완전하다. 따라서 우리는 결코 어떤 양을 정확히 측정할 수 *없다*. 측정 기구가 정확하지 못하여 값을 읽을 때 추정이 요구되기 때문에 모든 측정에는 어느 정도의 **불확실성**(uncertainty)이 수반된다. 어느 정도의 불확실성을 수용할 것인가에 따라 측정 장치의 선택이 달라질 것이다. 감자를 살 때, 슈퍼마켓 저울은 눈금이 0.1 kg 크기로 매겨진 것이면 충분하다.

측정된 질량: 2.0 ± 0.1 kg ⟶ 실제 질량: 1.9 kg과 2.1 kg 사이

"± 0.1 kg"은 질량의 불확실성을 의미한다. 물질의 질량을 더 정확하게 측정하기 위해 어떤 화학자는 0.001 kg 눈금으로 측정하는 저울을 사용한다.

측정된 질량: 2.036 ± 0.001 kg ⟶ 실제 질량: 2.035 kg과 2.037 kg 사이

어떤 물질의 질량을 감자보다 더 많은 자리수로 측정했다는 것은 우리가 어떤 물질의 질량을 감자보다 *더 확실하게* 안다는 것을 의미한다.

측정값의 *맨 끝자리 수는 어림잡아 추정*한 것이다. 불확실성을 ± 부호로 표시할 수 있지만 일반적으로 그 부호를 빼고 *맨 끝자리 수의 한 단위만큼 불확실하다*고 가정한다. 우리가 기록한 숫자(확실한 것과 불확실한 것을 다 포함하여)를 **유효 숫자**(significant

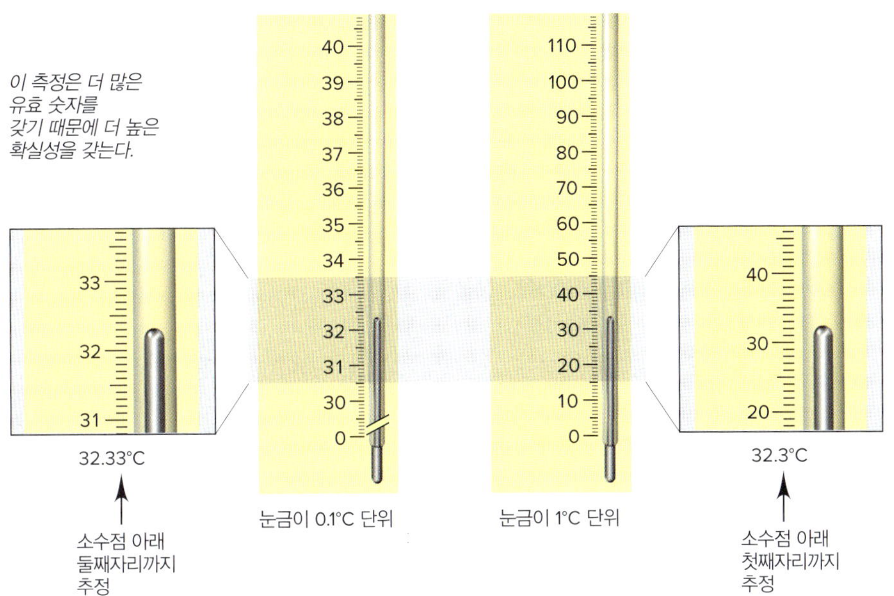

그림 1.11 측정에서 유효숫자의 개수.

figure)라 부른다. 2.036 kg에는 네 개의 유효 숫자가 있고, 2.0 kg에는 두 개가 있다. *유효 숫자의 개수가 많을수록 측정의 확실성이 커진다.* 그림 1.11은 두 온도계에 대해 이 차이를 보여준다.

유효 숫자의 결정

측정을 하거나 측정 값들을 계산에 사용할 때, 반드시 유효 숫자가 몇 개인지 알아야 한다. 유효 숫자의 개수를 정하기 위해서는 다음 지침을 사용한다(유효 숫자는 붉은색으로 표시하였다).

- 측정한 수에서 0이 아닌 숫자는 모두 유효 숫자이다. 512의 유효 숫자는 세 개이다.
- 0이 아닌 숫자 사이에 있는 0은 모두 유효 숫자이다. 502의 유효 숫자는 세 개이다.
- 0이 아닌 첫 번째 숫자 앞에 오는 0, 즉 자리를 나타내기 위한 0은 유효 숫자가 아니다. 0.0055의 유효 숫자는 두 개이다.
- 측정값에 소수점이 있는 경우, 뒤에 오는 0은 유효 숫자이다. 1.1300의 유효 숫자는 다섯 개이고, 0.00350의 유효 숫자는 세 개다. 6500.의 유효 숫자는 네 개다.
- 소수점이 없는 경우, 뒤에 오는 0은 유효 숫자가 *아니다*. 따라서 지수 표기법으로 나타내어 유효 숫자를 분명하게 해야 한다. 5300의 유효 숫자는 두 개로 추정되지만, 지수 표기법으로 나타낸 5.300×10^3의 유효 숫자는 네 개, 5.30×10^3의 유효 숫자는 세 개, 5.3×10^3의 유효 숫자는 두 개이다.
- 끝자리가 0인 정수의 끝부분에 소수점을 찍어 0이 유효 숫자임을 나타내는 방법도 있다. 5300의 유효 숫자는 두 개이지만 5300.의 유효 숫자는 네 개다.

예제 1.9 | 유효 숫자의 개수 결정

문제 다음 각 양에 대해 유효 숫자(sf)인 0에 밑줄을 긋고 전체 유효 숫자의 개수를 결정하라. (e)~(g)에 대해서는 먼저 각 양을 지수 표기법으로 나타내어라.

(a) 0.0030 L　　**(b)** 0.1044 g　　**(c)** 53,069 mL
(d) 3040 kg　　**(e)** 0.00004715 m　　**(f)** 57,600. s
(g) 0.0000007160 cm^3

계획 앞에서 설명한 바와 같이 소수점에 대한 0의 위치에 특별히 주의하면서 자리수를 세어 유효 숫자의 개수를 정하고 유효한 0에 밑줄을 친다.

풀이 **(a)** 0.0030 L는 2 sf를 갖는다.

(b) 0.1044 g는 4 sf를 갖는다.

(c) 53,069 mL는 5 sf를 갖는다.

(d) 3040 kg은 3 sf를 갖는다.

(e) 0.00004715 m 또는 4.715×10^{-5} m은 4 sf를 갖는다.

(f) 57,600. s 또는 5.7600×10^4 s은 5 sf를 갖는다.

(g) 0.0000007160 cm^3 또는 7.160×10^{-7} cm^3은 4 sf를 갖는다.

검산 소수점이 있는 경우, 자리를 나타내기 위한 0이나, 소수점이 없는 물리량의 경우 뒤에 오는 0을 유효 숫자에 포함했는지 확인하자. (e)와 (g)에서 지수 표기법으로 나타낼 때 소수점 자리를 나타내기 위한 0이 사라진 것을 보고 유효 숫자가 아닌 것 또한 확인해야 한다.

▶ 보충 문제

1.9A 다음 각각의 양에 대해 유효 숫자(sf)인 0에 밑줄을 긋고 유효 숫자의 개수를 결정하라.

(a) 31.070 mg **(b)** 0.06060 g **(c)** 850.°C

1.9B 다음 각각의 양에 대해, 유효 숫자(sf)인 0에 밑줄을 긋고 유효 숫자의 개수를 결정하라. 각 양을 지수 표기로 먼저 표현하라.

(a) 200.0 mL **(b)** 0.0000039 m **(c)** 0.000401 L

유사 문제 1.48, 1.49

유효 숫자: 계산과 반올림

어떠한 양을 측정하다보면 유효 숫자의 개수가 서로 다른 자료를 얻는 경우가 많다. 계산할 때 각 양의 유효 숫자 개수를 살펴, 답에서 원래의 자료보다 유효 숫자가 더 많아지지(더 확실해지지) 않도록 해야 한다. 너무 많은 유효 숫자를 얻은 경우, 반드시 답을 **반올림**(round off)해야 한다.

일반적인 반올림 규칙은 다음과 같다.

- *가장 불확실한 측정을 기준으로 전체 계산의 확실성을 제한하여 유효 숫자 개수를 결정한다.*

새로운 세라믹의 밀도를 알고 싶다고 가정해 보자. 정확한 실험 저울로 한 조각의 질량을 측정하여 3.8056 g을 얻었다. 눈금 실린더에서 물을 밀어내는 방법으로 측정한 조각의 부피는 2.5 mL이다. 질량은 5개의 유효 숫자를 갖고 부피는 단지 2개의 유효 숫자를 갖는다. 밀도를 3.8056 g/2.5 mL = 1.5222 g/mL로 보고할 것인가? 아니면 1.5 g/mL로 보고할 것인가? 5개의 유효 숫자를 가진 답은 2개를 가진 답보다 더 확실하다. 그러나 부피를 5개의 유효 숫자로 측정하지 않았으므로 밀도를 그만큼의 확실성으로 알 수는 없다. 따라서 2개의 유효 숫자를 가진 답인 1.5 g/mL로 보고해야 한다.

산술 연산 규칙 산술 연산에서 사용하는 두 가지 규칙은 다음과 같다.

1. *곱셈과 나눗셈의 경우.* 답은 *유효 숫자 개수가 가장 적게* 측정된 수와 같은 유효 숫자의 개수를 갖는다. 새로운 흑연 복합재료 시트 한 장의 부피를 알고 싶다고 하자. 길이(9.2 cm)와 너비(6.8 cm)는 자로 측정된 것이고, 두께(0.3744 cm)는 정밀한 캘리퍼스로 측정된 것이다. 부피 계산은

$$\text{부피}(cm^3) = \underset{2}{9.2\ cm} \times \underset{2}{6.8\ cm} \times \underset{4}{0.3744\ cm} = 23.4225\ cm^3 = \underset{2}{23\ cm^3}$$

(유효 숫자 개수)

비록 계산기에 23.4225 cm^3라고 표시되더라도 가장 작은 유효 숫자로 측정된 값과 같은

유효 숫자 개수가 되도록, 즉 유효 숫자가 두 개인 23 cm^3로 답을 보고한다. 두 자리 유효 숫자로 측정된 길이와 너비를 갖고 그 수준보다 더 정확하게 부피를 알 수는 없는 것이다.

2. *덧셈과 뺄셈의 경우*. 답은 *소수점 이하 자릿수가 가장 적게* 측정된 것과 같은 *자릿수*를 갖는다. 단백질 용액에 물을 가한 후 전체 부피를 알고자 하는 경우를 가정하자. 눈금 실린더에 83.5 mL의 용액이 있고 뷰렛으로 23.28 mL의 물을 첨가한다. 여기서 계산은 106.78 mL를 나타내지만, 최소의 소수점 이하 자리(83.5 mL)로 측정된 값이 소수점 이하 첫째 자리이므로 106.8 mL를 부피로 보고한다.

83.5 mL
+ 23.28 mL
106.78 mL
답: 부피 = 106.8 mL

답 106.8 mL는 네 개의 유효 숫자를 갖는 반면 단백질 용액의 부피 83.5 mL는 세 개의 유효 숫자를 갖는 것에 유의하라. 덧셈과 뺄셈에서 유효 숫자의 개수는 측정값의 *유효 숫자의 총 개수가 아니라 소숫점 이하 자릿수*에 의해 결정된다.

반올림 규칙 적절한 유효 숫자의 개수나 소수점 아래 자릿수를 맞추기 위해 최종 답에서 흔히 반올림을 할 필요가 있다. 흑연 복합재료의 부피를 계산할 때는 여분의 자릿수를 없앴지만 단백질 용액의 부피를 계산할 때는 여분의 숫자를 버리면서 끝의 숫자를 1만큼 증가시켰음에 주목하라. 반올림하는 일반 규칙은 *가장 불확실한 측정값이 최종 답의 확실성의 한계를 결정한다*는 것이다. 반올림의 상세한 규칙은 다음과 같다.

1. 제거할 숫자가 5보다 큰 경우, 그 앞의 숫자를 1만큼 증가시킨다. 5.379 → 5.38(유효 숫자 세 개); 5.379 → 5.4(유효 숫자 두 개)
2. 제거할 숫자가 5보다 작은 경우, 그 앞의 숫자는 변하지 않는다. 0.2413 → 0.241(유효 숫자 세 개); 0.2413 → 0.24(유효 숫자 두 개)
3. 제거할 숫자가 5인 경우, 그 앞의 숫자가 홀수이면 1을 더하여 짝수로 만들고, 짝수이면 그대로 둔다. 17.75 → 17.8; 17.65 → 17.6
   만약 5 뒤에 0이 있으면 규칙 3을 따르고, 5 뒤에 0이 아닌 숫자가 있으면 규칙 1을 따른다. 17.7500 → 17.8; 17.6500 → 17.6; 17.6513 → 17.7
4. *다단계 계산에서는 한 두 개의 유효 숫자를 더 가지고 있다가* ***마지막 답을 구할 때에만*** *반올림한다*. 만약 예제나 보충 문제를 검산하기 위해 한꺼번에 계산을 했는데 그 결과가 이 책에 나온 값과 소숫점 끝자리에서 다르다고 해서 걱정할 필요는 없다. 교과서의 계산은 유효 숫자를 정확하게 나타내기 위해 *중간 단계마다 반올림을 한 것*으로 이렇게 하면 최종 답의 끝자리 수가 달라질 수 있다.

계산기는 특별한 설정이 없는 한 보통 너무 많은 자리수의 답을 제시하므로 표시된 결과를 반드시 반올림해야 한다는 것을 명심하자.

실험실에서의 유효 숫자 선택한 측정 기구에 의해 유효 숫자의 개수가 정해진다. 고체를 액체에 녹여 용액을 만드는 실험을 한다고 가정해 보자. 분석 저울로 고체의 무게를 재어 다섯 자리 유효 숫자로 질량을 측정하였다. 부피를 잴 때 더 많은 유효 숫자 개수를 얻으려면 눈금 실린더보다 뷰렛이나 피펫을 이용하여 액체를 측정하는 것이 합당하다. 만약 눈금 실린더를 선택하면 더 높은 자릿수에서 반올림해야 하기 때문에 질량 측정값이 갖고 있는 확실성이 쓸모없게 되고 말 것이다(그림 1.12). 경험에 의거하여 최종 답에 필요한 유효 숫자의 개수를 얻기에 충분한 측정 기구를 선택해야 한다.

정확수 **정확수**(exact number)는 불확실성이 전혀 없는 수이다. 단위 변환의 일부가 여기에 속한다. 정의에 의해, 1시간은 정확히 60분이고, 1밀리그램은 정확히 1000마이크로그램이며, 1인치는 정확히 2.54센티미터이다. 또 다른 정확수는 물건을 헤아릴 때 생긴다. 손 안에 정확히 3개의 동전이 있다거나 영어 알파벳에는 26개 글자가 있다고 할 때 그러하다. 따라서 측정된 양과는 달리 *정확수는 계산 과정에서 유효 숫자의 개수의 결정에 아무런 영향을 미치지 않는다*.

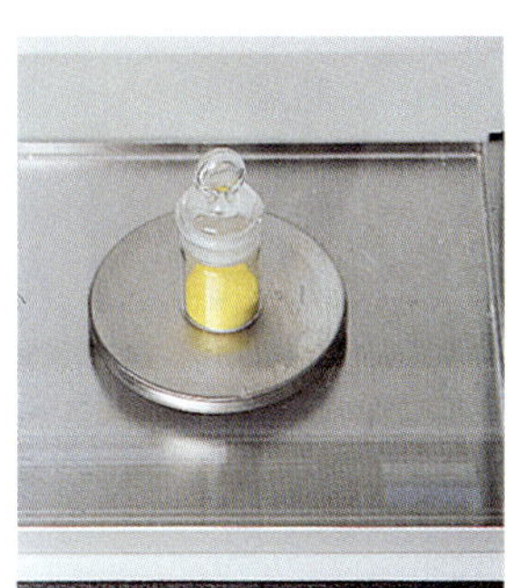

그림 1.12 **측정 기구와 유효 숫자.** 질량 측정값(6.8605 mg)이 부피 측정값(68.2 mL)보다 더 많은 유효 숫자를 갖는다.

Source: (both) © McGraw-Hill Education/Stephen Frisch, photographer

예제 1.10 | 유효 숫자와 반올림

문제 다음 계산을 하고 그 답을 정확한 개수의 유효 숫자로 반올림하라.

(a) $\dfrac{16.205\ \text{cm}^2 - 1.5\ \text{cm}^2}{7.081\ \text{cm}}$ **(b)** $\dfrac{(4.80\times10^4\ \text{mg})\left(\dfrac{1\ \text{g}}{1000\ \text{mg}}\right)}{11.55\ \text{cm}^3}$

계획 본문에서 설명한 규칙을 사용한다. **(a)** 나눗셈보다 뺄셈을 먼저 한다. **(b)** 단위 변환(1 g = 1000 mg)에 정확수가 포함된 것에 유의하자.

풀이 **(a)** $\dfrac{16.205\ \text{cm}^2 - 1.5\ \text{cm}^2}{7.081\ \text{cm}} = \dfrac{14.7\ \text{cm}^{\not 2}}{7.081\ \not{\text{cm}}} = \boxed{2.08\ \text{cm}}$

1.5가 소수점 아래 한 자리 수이므로 분자에서 뺄셈의 답은 14.705를 반올림하여 소수점 아래 한 자리 수인 14.7이다. 14.7의 유효 숫자가 세 개이므로 답의 유효 숫자도 세 개이다.

(b) $\dfrac{(4.80\times10^4\ \not{\text{mg}})\left(\dfrac{1\ \text{g}}{1000\ \not{\text{mg}}}\right)}{11.55\ \text{cm}^3} = \dfrac{48.0\ \text{g}}{11.55\ \text{cm}^3} = \boxed{4.16\ \text{g/cm}^3}$

4.80의 유효 숫자가 세 개이므로 답의 유효 숫자도 세 개이다.

검산 가장 가까운 정수로 반올림하여 검산하는 것은 항상 좋은 방법이다.

(a) $(16 - 1)/7 \approx 2$, **(b)** $(5\times10^4/1\times10^3)/12 \approx 4$.

▶ **보충 문제**

1.10A 다음 계산을 하고 그 답을 정확한 유효 숫자의 개수로 반올림하라.

$$\frac{25.65\ \text{mL} + 37.4\ \text{mL}}{73.55\ \text{s}\left(\dfrac{1\ \text{min}}{60\ \text{s}}\right)}$$

1.10B 다음 계산을 하고 그 답을 정확한 유효 숫자의 개수로 반올림하라.

$$\frac{154.64\ \text{g} - 35.26\ \text{g}}{4.20\ \text{cm} \times 5.12\ \text{cm} \times 6.752\ \text{cm}}$$

유사 문제 1.52~1.55, 1.62, 1.63

정밀도, 정확도 및 기기 보정

일상의 대화에서는 *정밀도*와 *정확도* 두 단어를 혼용할 수 있을지 모르지만, 과학 측정의 경우 이 둘은 분명히 다른 의미를 갖고 있다. **정밀도**(precision) 또는 *재현성*(reproducibility)은 일련의 측정값이 서로 얼마나 가까운가를 의미하며, **정확도**(accuracy)는 측정값이 참값에 얼마나 가까운가를 의미한다. 이 두 용어는 두 가지 유형의 오차와 관련되어 있다.

1. **계통 오차**(systematic error)는 참값보다 *모두 크거나 모두 작은* 측정값을 초래하는 요인이다. 이 유형의 오차는 실험 시스템의 일부로서 잘못된 측정 도구를 사용하거나 측정값을 잘못 읽는 실수를 반복해서 범할 때 발생한다.
2. **우연 오차**(random error)는 계통 오차가 없는 조건에서 참값보다 *크거나 작은* 측정값이 생기는 요인이다. 우연 오차는 *언제나* 발생하지만 오차의 정도는 측정자의 숙련도와 기기의 정밀도에 따라 달라진다.

정밀한 측정은 우연 오차가 작다. 즉, 평균으로부터 편차가 작다. *정확한 측정은 계통 오차가 작을 뿐만 아니라 우연 오차 역시 일반적으로 작다.* 어떤 경우, 우연 오차가 큰 데이터가 다수 측정되었어도 이들의 평균값은 정확할 수도 있다.

네 명의 학생 각각이 무게를 알고 있는 눈금 실린더에 25.0 mL의 물을 넣고 물과 실린더를 *합친* 무게를 저울로 잰다고 가정하자. 실험 온도에서 물의 밀도가 1.00 g/mL이라

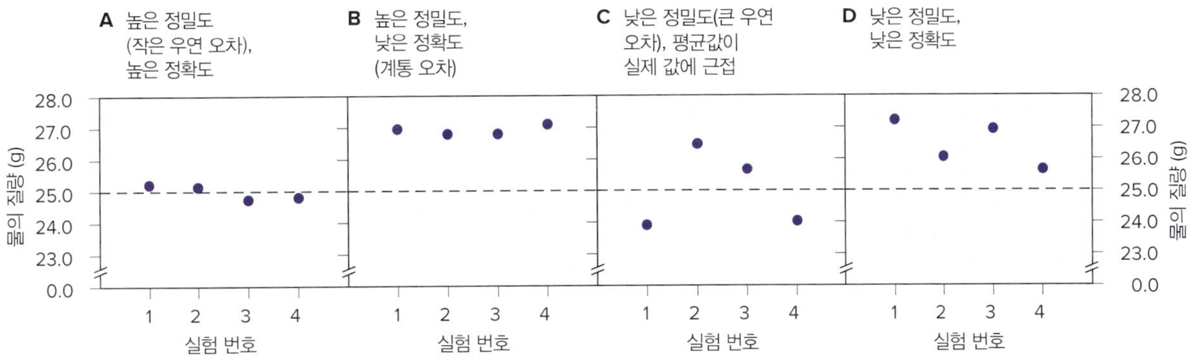

그림 1.13 정확도와 정밀도.

면, 25.0 mL 물의 질량은 25.0 g이다. 각 학생이 이 과정을 네 번 반복하여 빈 실린더의 무게를 빼고 그림 1.13의 그래프 중 한 개씩을 얻었다.

- 그래프 A에서, 우연 오차는 작다. 즉 정밀도가 높다(재현성 있게 측정됨). 정확도 역시 높아 모든 값이 25.0 g에 근접한다.
- 그래프 B에서, 우연 오차는 작고 정밀도는 높다. 그러나 정확도가 낮다. 계통 오차가 있으며 모든 값은 25.0 g보다 높게 측정되었다.
- 그래프 C에서, 우연 오차는 크고 정밀도는 낮다. 그러나 산재된 측정값의 평균값은 참값에 근접한다. 계통 오차가 작다.
- 그래프 D 역시 큰 우연 오차를 보여준다. 그러나 이 경우 계통 오차 역시 상당해서 낮은 정확도를 초래하고 있음에 유념하라(모든 값이 참값보다 높음).

알고 있는 표준 값과 비교하여 **보정**(calibration)함으로써 계통 오차를 산정할 수 있다. 예로, 그래프 B의 계통 오차는 실제로 27 mL인 물을 "25.0"으로 읽는 잘못 제조된 실린더에 의해 초래된 것일 수 있다. 만약 그 실린더를 보정했다면, 학생들은 그 실린더로 측정한 모든 부피를 조정할 수 있었을 것이다. 저울 역시 표준 추를 이용해 반드시 보정해야 한다.

› 1.4절 요약

- 측정값의 마지막 자릿수는 항상 추정된 것이다. 따라서 모든 측정값은 약간의 불확실성을 가지며, 이는 유효 숫자의 개수로 표현된다.
- 계산 결과의 확실성은 자료의 확실성에 의존한다. 따라서 최종 답은 가장 불확실한 측정값과 같은 수의 유효 숫자를 갖는다.
- 최종 답에서는 규칙에 따라 여분의 자릿수를 반올림한다.
- 필요한 확실성에 근거하여 실험 기구를 선택한다.
- 정확수는 계산에 필요한 충분한 개수의 유효 숫자를 갖고 있다.
- 정밀도는 측정값들이 얼마나 가까이 산재해 있는지를 의미하고, 정확도는 측정값이 참값에 얼마나 가까운가를 의미한다.
- 계통 오차는 참값보다 모두 크거나 모두 작은 측정값을 초래한다. 우연 오차는 참값보다 어떤 측정값은 크게, 어떤 측정값은 작게 만든다.
- 정밀한 측정은 낮은 우연 오차를 가지며, 정확한 측정은 낮은 계통 오차와 우연 오차를 가진다.
- 계통 오차는 종종 부실한 기구 때문에 발생하나 보정을 통해 보완될 수 있다.

› 개념 정리와 복습 _Chapter Review Guide

학습 목표 _Learning Objectives

*괄호 안은 관련된 절(§)과 예제(SP) 번호

주요 개념

1. 물질 상태를 정의하는 특성(§1.1)
2. 물리적 성질과 화학적 성질 및 변화의 구별(§1.1; SPs 1.1, 1.2)
3. 퍼텐셜 에너지와 운동 에너지의 성질 및 상호 변환(§1.1)
4. 현상을 과학적으로 접근하는 절차 그리고 관찰, 가설, 실험 및 모형의 차이점(§1.2)

5. 길이, 부피, 질량, 온도에 대한 관습적 단위와 수에 관한 접두사 (§1.3)
6. 질량과 무게, 열과 온도, 크기 성질과 세기 성질의 구별(§1.3)
7. 측정에서 불확실성의 의미 그리고 유효 숫자와 반올림의 사용 (§1.4)
8. 정확도와 정밀도, 계통 오차와 우연 오차의 구별(§1.4)

주요 스킬

1. 계산에 환산 인자 사용하기와 계획, 풀이, 검산 및 보충 문제 풀이의 체계적 방법(§1.3; SPs 1.3~1.6)
2. 질량과 부피로부터 밀도 구하기(SP 1.7)
3. 켈빈, 섭씨, 화씨 온도 사이의 환산(SP 1.8)
4. 유효 숫자 개수의 결정(SP 1.9)과 정확한 자릿수를 얻기 위한 반올림(SP 1.10)

주요 용어 _Key Terms

가설
계통 오차
고체
과학적 방법
관찰
기본 단위
기체
리터, L
모형 또는 이론
무게
물리적 변화
물리적 성질
물질
물질의 상태
미터, m
밀도, *d*
밀리리터, mL
반올림
변수
부피, *V*
불확실성
섭씨 온도
성질
세기 성질
세제곱미터, m^3
실험
액체
에너지
연소
열
온도, *T*
온도계
우연 오차
운동 에너지
유도 단위
유효 숫자
자료
자연 법칙
정밀도
정확도
정확수
조성
질량
차원 해석
초, *s*
켈빈 온도 또는 절대 온도
크기 성질
킬로그램, kg
통제 실험
퍼텐셜 에너지
화학
화학적 변화 또는 화학 반응
화학적 성질
환산 인자
SI 단위

주요 방정식 및 관계식 _Key Equations and Relationships

1.1 질량과 부피로부터 밀도 계산:

$$\text{밀도} = \frac{\text{질량}}{\text{부피}}$$

1.2 °C에서 K로 온도 환산:

$$T(\text{K}) = T(^\circ\text{C}) + 273.15$$

1.3 K에서 °C로 온도 환산:

$$T(^\circ\text{C}) = T(\text{K}) - 273.15$$

1.4 °C에서 °F로 온도 환산:

$$T(^\circ\text{F}) = \tfrac{9}{5}T(^\circ\text{C}) + 32$$

1.5 °F에서 °C로 온도 환산:

$$T(^\circ\text{C}) = [T(^\circ\text{F}) - 32]\tfrac{5}{9}$$

연습 문제 _Problems

노란색으로 표시한 문제들에 대해서는 그 답을 부록 E에 첨부하였다. 연습 문제에 표시된 절은 본문의 절과 같고, 관련 예제의 번호를 제시하였다. 대부분의 경우 개념 복습 문제, 스킬 숙달 문제(같은 개념을 다루는 두 문제씩 묶음) 및 실전 문제를 제시하였다.

몇 가지 기초적 정의

(예제 1.1, 1.2)

개념 복습 문제

1.1 모식도 A~D는 서로 다른 물질 시료를 원자 수준에서 묘사한 것이다.

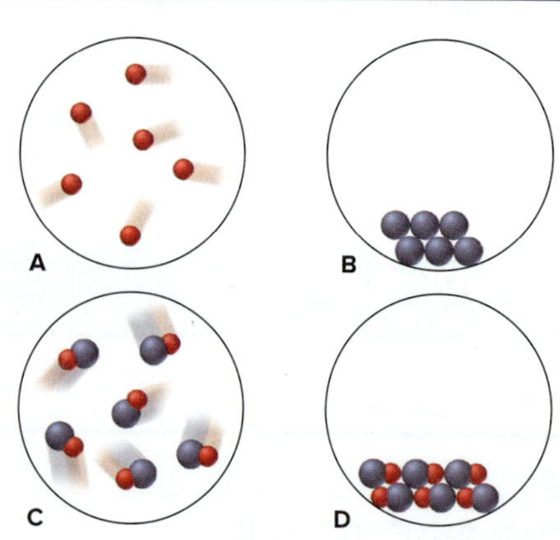

(a) 어떤 조건에서 A와 B를 섞었더니 C로 변화되었다. 이 변화는 화학적인가 아니면 물리적인가?
(b) 다른 조건에서 A와 B를 섞었더니 D로 변화되었다. 이 변화는 화학적인가 아니면 물리적인가?
(c) 또 다른 조건에서 C가 D로 변화되었다. 이 변화는 화학적인가 아니면 물리적인가?
(d) (c)의 변화가 일어난 후에 시료의 화학적 성질이 달라졌을까? 물리적 성질은 어떠한가?

스킬 숙달 문제(유사한 문제들을 두 개씩 묶음)

1.2 용기를 채우는 방식에 따라 고체, 액체, 기체를 설명하라. 이 설명을 활용하여 다음의 물리적 상태(상온에서)를 구분하라. (a) 풍선 속의 헬륨 (b) 온도계 안의 수은 (c) 그릇에 담긴 수프.

1.3 문제 1.2에서 대답한 설명을 활용하여 다음의 물리적 상태(상온에서)를 구분하라. (a) 방안의 공기 (b) 비타민 병의 알약 (c) 봉지에 든 설탕.

1.4 *물리적 성질*과 *화학적 성질*을 정의하라. 다음은 어떤 종류의 성질인지 구분하라.
(a) 연두색 염소 기체가 은색 소듐 금속과 반응하여 염화 소듐의 흰색 결정(소금)을 생성한다.
(b) 자석으로 흰 모래와 검은 철가루의 혼합물을 분리한다.

1.5 *물리적 변화*와 *화학적 변화*를 정의하라. 다음 문장에서 어떤 종류의 변화가 일어났는지 말하라.
(a) 용융 염화 마그네슘에 전기를 흘리면 용융 마그네슘과 기체 염소가 생성된다.
(b) 폐차의 쇠에 푸석푸석한 적갈색 녹이 생긴다.

1.6 다음 중 어느 것이 화학적 변화인가? 이유를 설명하라. (a) 통조림 스프 가열하기 (b) 빵 조각 굽기 (c) 장작 패기 (d) 장작 태우기.

1.7 다음 변화 중 온도를 바꾸어 되돌릴 수 있는 것은 어느 것인가? (a) 풀잎에 이슬이 응축됨 (b) 끓는 물속 달걀이 익으면서 굳어짐 (c) 아이스크림이 녹음 (d) 뜨거운 철판에서 반죽이 요리됨.

1.8 다음 각 쌍에서 더 높은 퍼텐셜 에너지를 갖는 것은 어느 것인가?
(a) 차의 연료와 연료의 배기가스
(b) 불타는 나무와 나무가 타서 남은 재

1.9 다음 각 쌍에서 더 높은 운동 에너지를 갖는 것은 어느 것인가?
(a) 언덕 꼭대기에 놓인 썰매와 언덕을 따라 미끄러지는 썰매
(b) 댐에 갇힌 물과 댐에서 흘러내리는 물

과학적 방법: 모형의 개발

개념 복습 문제

1.10 다음 시나리오에서 과학적 사고의 핵심 요소들이 어떻게 활용되었는가? 토스트를 구웠는데 토스터기로부터 빵이 튀어 나오지 않았다. 스프링 장치의 이상을 의심하는 중에 빵이 전혀 구어지지 않았다는 것을 인지하였다. 토스터의 전원이 빠진 것인지 의심하였으나 전원은 잘 연결되어 있었다. 토스터를 식당으로 옮겨 다른 콘센트에 연결시켰더니 잘 작동하였다. 다시 부엌으로 돌아와 천정 조명의 스위치를 켰으나 불이 들어오지 않았다.

1.11 정량적 관찰이 그렇지 않은 관찰에 비해 훨씬 더 유용한 이유는 무엇인가? 다음 중 어느 것이 정량적인가? (a) 동쪽에서 해가 뜬다. (b) 어떤 사람의 달에서의 무게는 지구에서 무게의 1/6이다. (c) 얼음은 물 위에 뜬다. (d) 수동 펌프로 34 ft 깊이의 우물물을 끌어올릴 수 없다.

1.12 잘 설계된 실험의 본질적인 특징을 설명하라.

1.13 과학적 모형의 본질적인 특징을 설명하라.

측정과 화학 문제 풀기

(예제 1.3~1.8)

개념 복습 문제

1.14 질량과 무게의 차이를 설명하라. 달에서의 무게가 지구에서의 무게의 1/6이 되는 이유는 무엇인가?

1.15 피트를 인치로 환산할 때, 환산 인자의 어떤 부분이 분모가 되고, 어떤 부분이 분자가 되어야 하는지 어떻게 정하는가?

1.16 다음 각각의 경우에 대해 물체의 밀도가 증가할지, 감소할지, 아니면 변함없이 그대로일지 판단하라.
(a) 염소 가스를 압축한다.
(b) 높은 산 위로 납 추를 옮긴다.
(c) 물이 언다.
(d) 철 막대가 냉각된다.
(e) 다이아몬드가 물에 가라앉는다.

1.17 열과 온도의 차이를 설명하라. 65°F의 물 1 L는 65°C의 물 1 L보다 에너지가 많은가? 적은가? 아니면 같은가?

1.18 온도를 섭씨에서 켈빈으로 바꾸는 데 한 단계 환산이면 충분하지만 화씨로 바꿀 때는 그렇지 않다. 이유를 설명하라.

1.19 세기 성질과 크기 성질의 차이를 기술하라. 다음 중 세기 성질인 것은 어느 것인가? (a) 질량 (b) 밀도 (c) 부피 (d) 녹는점.

스킬 숙달 문제(유사한 문제들을 두 개씩 묶음)

1.20 다음에 대한 환산 인자를 써라.
(a) in^2를 m^2로 (b) km^2를 cm^2로
(c) mi/h를 m/s로 (d) lb/ft^3를 g/cm^3로

1.21 다음에 대한 환산 인자를 써라.
(a) cm/min를 in/s로 (b) m^3를 in^3로
(c) mi/s^2를 km/h^2로 (d) gal/h를 L/min로

1.22 눈물에 있는 효소인 라이소자임(lysozyme) 분자의 평균 반지름은 1430 pm이다. 반지름은 나노미터(nm)로 얼마인가?

1.23 바륨 원자의 반지름은 2.22×10^{-10} m이다. 이것은 옹스트롬(Å)으로 얼마인가?

1.24 100. m 축구장의 길이는 in로 얼마인가?

1.25 학교 농구팀 센터의 신장은 6 ft 10 in이다. 이 선수의 신장은 밀리미터로 얼마인가?

1.26 우주선 날개에 난 작은 구멍을 땜질하기 위해 20.7 cm^2 크기의 쇳조각이 필요하다. (a) 쇳조각의 크기는 제곱킬로미터(km^2)로 얼마인가? (b) 만일 NASA에 청구되는 땜질용 재료의 가격이 $\$3.25/in^2$라면 쇳조각의 가격은 얼마인가?

1.27 망원렌즈의 면적이 7903 mm^2이다. (a) 제곱피트(ft^2)로 얼마인가? (b) 135 mm^2을 연마하는 데 45 s가 소요된다면 렌즈 전체를 연마하는 데 얼마의 시간이 소요되는가?

1.28 특정 모델의 휴대폰의 질량은 6.14 oz(16 oz = 1 lb)이다. 질량은 몇 g인가?

1.29 대기에는 2.60×10^{15} 쇼트톤(short ton)의 산소가 있다. 대기의 산소는 미터톤(metric ton)으로 얼마인가(1쇼트톤 = 2000 lb, 1 미터톤 = 1000 kg)?

1.30 지구의 평균 밀도는 5.52 g/cm^3이다. 이 밀도는 (a) kg/m^3으로 얼마인가? (b) lb/ft^3으로는 얼마인가?

1.31 진공 상태에서 빛의 속도는 2.998×10^8 m/s이다. (a) 빛의 속도는 km/h로 얼마인가? (b) mi/min으로 얼마인가?

1.32 어떤 박테리아 세포의 부피는 2.56 μm^3이다. (a) 이 부피는 세제곱밀리미터(mm^3)로 얼마인가? (b) 이 세포 10^5개의 부피는 리터(L)로 얼마인가?

1.33 (a) 우유 1 qt(946.4 mL)는 몇 세제곱미터인가? (b) 우유 835 gal(1 gal = 4 qt)은 몇 리터인가?

1.34 질량이 55.32 g인 빈 약병이 있다. (a) 액체 수은(d = 13.53 g/cm^3)을 채워 이 약병의 질량이 185.56 g으로 되었다면 약병에 들어 있는 수은의 부피는 얼마인가? (b) 수은 대신 같은 부피의 물(25°C에서 d = 0.997 g/cm^3)로 채워진 약병의 질량은 얼마인가?

1.35 질량이 241.3 g인 빈 삼각플라스크가 있다. 물(d = 1.00 g/cm^3)을 채워 이 플라스크의 질량이 489.1 g로 되었다. (a) 이 플라스크에 담긴 물의 부피는 얼마인가? (b) 물 대신 같은 부피의 클로로폼(d = 1.48 g/cm^3)으로 채워진 플라스크의 질량은 얼마인가?

1.36 한 변의 길이가 15.6 mm이고 질량은 10.25 g인 정육면체 알루미늄 조각이 있다. 이 알루미늄의 밀도는 g/cm^3로 얼마인가?

1.37 원주가 32.5 mm이고 질량이 4.20 g인 쇠구슬이 있다. 이 쇠구슬의 밀도는 얼마인가(구의 부피 = $\frac{4}{3}\pi r^3$, 원주 = $2\pi r$)?

1.38 다음 환산을 하라.
(a) 68°F(상쾌한 봄 날씨)를 °C와 K로
(b) −164°C(천연가스의 주성분인 메테인의 끓는점)을 K과 °F로
(c) 0 K(절대 영도, 이론적으로 가장 차가운 온도)를 °C와 °F로

1.39 다음 환산을 하라.
(a) 106°F(새의 체온)를 K와 °C로
(b) 3410°C(텅스텐의 녹는점, 금속 원소 중에 가장 높음)을 K과 °F로
(c) 6.1×10^3 K(태양의 표면 온도)를 °F와 °C로

실전 문제

1.40 질량이 25.0 g인 미지의 금속 시료 세 개를 25.0 mL의 물이 담긴 세 개의 눈금 실린더 A, B, C에 각각 넣고, 최종 부피를 아래 그림에 도시하였다. 주어진 금속의 밀도를 이용해 각 실린더에 들어 있는 금속을 구별하라. 아연(7.14 g/mL), 철(7.87 g/mL), 니켈(8.91 g/mL).

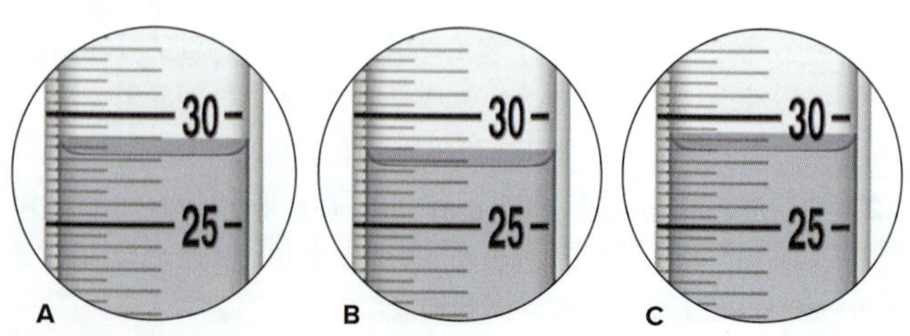

1.41 파동에서 인접한 산 사이의 거리를 *파장*이라고 한다.
(a) 어떤 자외선의 파장은 247 나노미터(nm)이다. 파장은 미터로 얼마인가?
(b) 어떤 적외선의 파장이 6760 pm이다. 파장은 옹스트롬(Å)으로 얼마인가?

1.42 아래 그림의 각 비커에 서로 섞이지 않는 두 용매가 담겨 있다. 세 가지 액체는 각각 A, B, C로 표시하였고 물은 W로 표시하였다.

(a) 밀도가 물보다 더 큰 액체와 더 작은 액체를 각각 표시하라.
(b) W, C, A의 밀도가 각각 1.0 g/mL, 0.88 g/mL, 1.4 g/mL이라면, B의 밀도로 가능한 것은 0.79 g/mL, 0.86 g/mL, 0.94 g/mL, 1.2 g/mL 중에서 어느 것인가?

1.43 높이가 9.5 cm이고 지름 0.85 cm인 혈액 채취용 원통형 시험관 있다. 이 시험관에 담을 수 있는 혈액의 최대 부피는 세제곱데시미터(dm^3)로 얼마인가(원통의 부피 = $\pi r^2 h$)?

1.44 구리는 가는 전선으로 쉽게 늘어난다. 5.01 lb의 코벨라이트(질량의 66%가 구리인 광석)에 들어 있는 구리로 34-게이지 전선(지름 = 6.304×10^{-3}인치) 몇 미터(m)를 만들 수 있는가? [*힌트*: 전선을 원통으로 취급하라. 원통의 부피 = $\pi r^2 h$, 구리의 밀도 = 8.95 g/cm^3]

측정의 불확실성: 유효 숫자

(예제 1.9, 1.10)

개념 복습 문제

1.45 정확수란 무엇인가? 계산 시 정확수는 다른 수와 어떻게 달리 다루어지는가?

1.46 다음 중 어느 과정을 통해 측정값의 우연 오차를 줄일 수 있는가? 이유를 설명하라. (1) 더 많은 측정값의 평균을 취함 (2) 측정 기구를 보정함 (3) 소수의 측정값을 취함.

1.47 Slippery Rock 팀의 미식축구 홈 경기에 16,532명의 관중이 운집했다고 한 신문이 보도하였다. (a) 이 숫자에 포함된 유효 숫자의 개수는 몇 개인가? (b) 관중 수는 실제로 세어졌는가? (c) Slippery Rock의 그 다음 홈경기의 관중은 15,000이었다고 보도되었다. 이 수가 두 개의 유효 숫자를 갖고 있다면 실제로 게임에 참석한 관중의 수는 몇 명인가?

스킬 숙달 문제(유사한 문제들을 두 개씩 묶음)

1.48 다음 수에서 유효 숫자인 0에 밑줄을 쳐라.
(a) 0.41 (b) 0.041 (c) 0.0410 (d) 4.0100×10^4.

1.49 다음 수에서 유효 숫자인 0에 밑줄을 쳐라.
(a) 5.08 (b) 508 (c) 5.080×10^3 (d) 0.05080.

1.50 다음 수를 표시한 개수의 유효 숫자(sf)가 되도록 반올림하라.
(a) 0.0003554 (2 sf) (b) 35.8348 (4 sf) (c) 22.4555 (3 sf).

1.51 다음 수를 표시한 개수의 유효 숫자(sf)의 수가 되도록 반올림하라.
(a) 231.554 (4 sf) (b) 0.00845 (2 sf) (c) 144,000 (2 sf).

1.52 다음 계산에서 각 숫자를 한 자리 적은 유효 숫자가 되도록 반올림한 다음 답을 구하라.

$$\frac{19 \times 155 \times 8.3}{3.2 \times 2.9 \times 4.7}$$

1.53 다음 계산에서 각 숫자를 한 자리 적은 유효 숫자가 되도록 반올림한 다음 답을 구하라.

$$\frac{10.8 \times 6.18 \times 2.381}{24.3 \times 1.8 \times 19.5}$$

1.54 다음 계산을 하라. 답의 유효 숫자의 개수가 정확한지 확인하라.
(a) $\frac{2.795 \text{ m} \times 3.10 \text{ m}}{6.48 \text{ m}}$
(b) $r = 17.282$ mm일 때, $V = \frac{4}{3}\pi r^3$
(c) 1.110 cm + 17.3 cm + 108.2 cm + 316 cm

1.55 다음 계산을 하라. 답의 유효 숫자의 개수가 정확한지 확인하라.
(a) $\frac{2.420 \text{ g} + 15.6 \text{ g}}{4.8 \text{ g}}$ (b) $\frac{7.87 \text{ mL}}{16.1 \text{ mL} - 8.44 \text{ mL}}$
(c) $r = 6.23$ cm이고, $h = 4.630$ cm일 때, $V = \pi r^2 h$

1.56 다음 숫자를 과학 표기법으로 써라.
(a) 131,000.0 (b) 0.00047 (c) 210,006 (d) 2160.5.

1.57 다음 숫자를 과학 표기법으로 써라.
(a) 282.0 (b) 0.0380 (c) 4270.8 (d) 58,200.9.

1.58 다음 숫자를 표준 표기법으로 써라. 필요하다면 숫자 끝에 소수점을 찍어라.
(a) 5.55×10^3 (b) 1.0070×10^4 (c) 8.85×10^{-7} (d) 3.004×10^{-3}.

1.59 다음 숫자를 표준 표기법으로 써라. 필요하다면 숫자 끝에 소수점을 찍어라.
(a) 6.500×10^3 (b) 3.46×10^{-5} (c) 7.5×10^2 (d) 1.8856×10^2.

1.60 다음 수를 정확한 과학 표기법으로 바꿔 써라.
(a) 802.5×10^2 (b) 1009.8×10^{-6} (c) 0.077×10^{-9}.

1.61 다음 수를 정확한 과학 표기법으로 바꿔 써라.
(a) 14.3×10^1 (b) 851×10^{-2} (c) 7500×10^{-3}.

1.62 유효 숫자의 개수, 반올림, 단위에 특별히 주의해서 다음을 계산하라. (J = 줄, 에너지의 SI 단위; mol = 몰, 물질 양의 SI 단위.)
(a) $\frac{(6.626\times10^{-34} \text{ J}\cdot\text{s})(2.9979\times10^8 \text{ m/s})}{489\times10^{-9} \text{ m}}$
(b) $\frac{(6.022\times10^{23} \text{ 분자/mol})(1.23\times10^2 \text{ g})}{46.07 \text{ g/mol}}$
(c) $(6.022\times10^{-3} \text{ 원자/mol})(2.18\times10^{-18} \text{ J/원자})\left(\frac{1}{2^2}-\frac{1}{3^2}\right)$, 여기서 마지막 항의 2와 3은 정확수이다.

1.63 유효 숫자의 개수, 반올림, 단위에 특별히 주의해서 다음을 계산하라.
(a) $\frac{4.32\times10^7 \text{ g}}{\frac{4}{3}(3.1416)(1.95\times10^2 \text{ cm})^3}$ (항 $\frac{4}{3}$는 정확수이다)
(b) $\frac{(1.84\times10^2 \text{ g})(44.7 \text{ m/s})^2}{2}$ (항 2는 정확수이다)
(c) $\frac{(1.07\times10^{-4} \text{ mol/L})^2(3.8\times10^{-3} \text{ mol/L})}{(8.35\times10^{-5} \text{ mol/L})(1.48\times10^{-2} \text{ mol/L})^3}$

1.64 정확수를 포함하고 있는 서술은 어느 것인가?
(a) Angel 폭포는 높이가 3212 ft이다.
(b) 태양계에 8개의 행성이 알려져 있다.
(c) 1 lb는 453.59 g이다.
(d) 1 m는 1000 mm이다.

1.65 다음 중 정확수를 포함하고 있는 서술은 어느 것인가?
(a) 진공에서 빛의 속도는 물리 상수이다. 여섯 개의 유효 숫자로 표시하면 2.99792×10^8 m/s이다.
(b) 수은의 밀도는 25°C에서 13.53 g/mL이다.
(c) 1 h는 3600 s이다.
(d) 2018년 미국의 주는 50개이다.

실전 문제

1.66 다음 금속 조각의 길이는 얼마인가? 유효 숫자의 개수를 맞추어 대답하라.

1.67 다음 유기 용매는 콤팩트디스크(CD)를 닦는 데 쓰인다.

용매	20°C에서 밀도(g/mL)
클로로폼	1.492
다이에틸에터	0.714
에탄올	0.789
아이소프로판올	0.785
톨루엔	0.867

(a) 20°C에서 CD 세정액 15.00 mL의 질량이 11.775 g이라면 세정액은 어떤 용매로 만들어진 것인가?

(b) 세정액을 분석하는 화학자는 자신의 기구를 보정하여 피펫은 ±0.02 mL의 정확도를, 저울은 ±0.003 g의 정확도를 갖는 것을 확인하였다. 이 기구는 에탄올과 아이소프로판올을 구별하기에 충분할 만큼 정밀한가?

1.68 실험 조교가 아미노산 분말을 네 명의 학생(I, II, III, IV)에게 나누어 주고, 시료의 질량을 측정하게 하였다. 참값은 8.72 g이다. 세 번씩 측정한 결과는 아래와 같다.
I: 8.72 g, 8.74 g, 8.70 g II: 8.56 g, 8.77 g, 8.83 g
III: 8.50 g, 8.48 g, 8.51 g IV: 8.41 g, 8.72 g, 8.55 g
(a) 각 데이터 세트의 평균 질량을 계산하고, 어느 세트가 가장 정확한지 말하라.
(b) 정밀도는 평균값으로부터 각 데이터의 편차를 평균하여 얻은 척도이다. 어느 데이터 세트가 가장 정밀한가? 이 세트는 정확한가?
(c) 어느 데이터 세트가 가장 정확하면서 가장 정밀한가?
(d) 어느 데이터 세트가 가장 정확하지 않고 가장 정밀하지 않은가?

1.69 다음 표적 그림은 측정에서 흔히 발견되는 오차의 유형을 설명하고 있다. 과녁의 중심점은 참값을, 화살의 위치는 데이터를 표시한다.

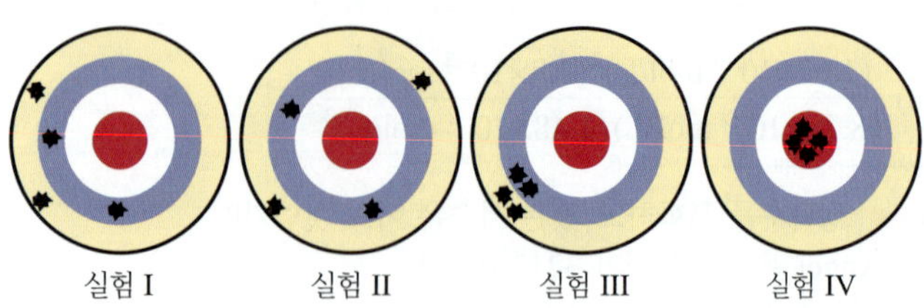

(a) 같은 평균값을 갖는 실험은 어느 것인가?
(b) 가장 정밀한 실험은 어느 것인가?
(c) 가장 정확한 실험은 어느 것인가?
(d) 계통 오차를 보이는 실험은 어느 것인가?

실버버그의
제9판
일반화학 CHEMISTRY
The Molecular Nature of Matter and Change

제 2 장 물질의 구성 성분

The Components of Matter

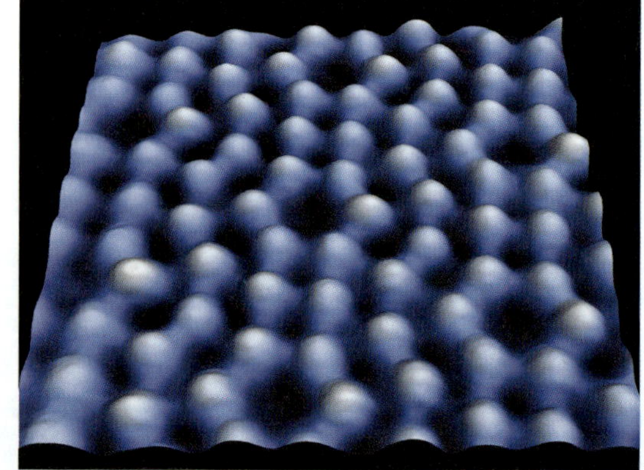

Source: (left): ©REDPIXEL.PL/Shutterstock; (center): ©Janka Dharmasena/iStock/Getty Images; (right): ©Andrew Dunn/Alamy Stock Photo

관련 개념과 스킬 _Concepts and Skills to Review Before You Study This Chapter

- 물리적 및 화학적 변화(1.1절)
- 물질의 상태(1.1절)
- 전하를 띤 입자 사이의 인력과 반발력(1.1절)
- 과학적 모형의 의미(1.2절)
- SI 단위와 환산 인자(1.3절)
- 계산에 필요한 유효 숫자(1.4절)

바위, 나무 조각, 나비의 날개와 같은 어떤 물질의 시료를 가까이 들여다보면 더 작은 조각들로 구성되어 있음을 알 수 있다. 예를 들어 휴대 전화에는 발광 다이오드 디스플레이, 배터리, 카메라, 저장 및 계산 기능을 담당하는 실리콘 칩 등의 수많은 구성 요소가 있다. 그리고 원자 수준으로 표면을 관측할 수 있는 특수 현미경으로 휴대 전화를 들여다보면 심지어 더 작은 구성 요소들(예: 칩을 구성하는 실리콘 원자들)로 이루어져 있음을 볼 수 있다! 원자는 모든 물질을 구성하는 궁극적인 입자이다.

물질이 무엇으로 이루어져 있는지 궁금해 한 게 근대 과학자들이 처음은 아니다. 고대 그리스의 철학자들도 알고 싶어 했고, 모든 물질은 한 개 또는 기껏해야 몇 개의 기본 물질(원소)로 구성되어 있을 것이라 믿었다. 이 기본 물질들의 뜨거움, 습함, 단단함, 그 이외의 다른 성질들이 모든 다른 물질의 성질을 나타내게 하는 것이라 믿었다. 원자론의 아버지라 불리는 Democritus(기원전 약 460~370)는 다르게 접근하였고, 다음과 같이 추론하였다. 예를 들어 알루미늄박을 점점 더 작게 자르면 최종적으로 더 이상 작게 자를 수 없는 한 개의 입자에 이를 것이다. 그러므로 물질은 궁극적으로 더 이상 나눌 수 없는 입자로 구성되어 있고 입자 사이는 빈 공간이다. 그는 이 입자를 *원자*(atoms, 그리스어로 *atomos* '더 자를 수 없는'이라는 의미)라 불렀고, "관습에 의하면 단맛과 쓴맛 또 뜨거운 것과 차가운 것, . . . 등 질서가 있다. 그러나 실제로는 원자와 진공만이 존재한다."고 주장했다. 그러나 서양 문명에서 가장 위대하고 가장 영향력이 있는 철학자인 아리스토텔레스(Aristotle)는 "무(nothing, 無), 즉 진공이 존재할 수는 없다"고 말했다. 그리고 원자의 개념은 2,000년 동안 묻혀 버렸다.

마침내 17세기에 이르러 영국 과학자인 Robert Boyle은 다음과 같이 주장하였다. 그가 정의하기를 원소는 "한 가지 단순체(simple body)들로 구성되어 있다. 혼합체들은 이러한 단순체들이 섞이고 화합하여 만들어지고 궁극적으로는 단순체로 분리될 수 있다."고 주장했다. 이 주장은 "단순체"를 원자라고 생각하면 우리가 알고 있는 원소의 개념과 놀랄 만큼 유사하다. 그 후 2세기 동안 화학은 급속도로 발전하여 원자를 "당구공"에 비유하게 되었으며, 이어서 20세기 초의 많은 창의적 연구들에 의해 복잡한 내부 구조를 가진 오늘날의 원자 모형으로 발전되었다.

이 장에서는... *물질의 성질과 구성 성분을 거시적 및 원자 수준에서 살펴본다.*

- 관찰 가능한 물질의 세 가지 유형인 원소, 화합물 및 혼합물과 이들을 구성하고 있는 원자, 이온 및 분자와의 관계를 살펴본다.
- 물질의 종류를 정의하는 성질과 서로 반응하는 물질의 질량에 관하여 18세기에 발견한 법칙과의 관계를 살펴본다.
- 이들 법칙을 설명하기 위해 제안된 19세기 원자 모형을 살펴본다.
- 원자 구조와 원자량에 대한 오늘날의 이해에 도달하게 한 20세기 및 21세기의 실험들을 기술한다.
- 주기율표라는 원소들의 일반적인 체계화에 초점을 맞추며, 원소들이 결합하는 두 가지 방법을 소개한다.
- 화합물들의 이름과 화학식을 만들고, 원자 수준에서 그 질량을 구한다.
- 화학자들이 분자를 그리는 몇 가지 방법들을 살펴본다.
- 혼합물을 분류하고, 실험실에서 혼합물을 어떻게 분리하는지 알아본다.
- 물질의 구성 성분에 최종적인 개요를 제시한다.

2.1 원소, 화합물 및 혼합물: 원자 관점

물질은 조성에 따라 세 형태, 즉 원소, 화합물 및 혼합물로 분류할 수 있다. 원소와 화합물은 **순물질**(substance)이라 불리는데, 이는 조성이 *일정한* 물질을 가리킨다. 혼합물은 조성이 가변적이므로 순물질이 아니다.

1. *원소.* **원소**(element)는 *가장 간단한 물질의 형태로 고유한 물리적 및 화학적 성질을 가진다.*

다음은 원소의 몇 가지 특징이다.

- 원소는 한 종류의 **원자**로만 구성되어 있는데, 원자는 원소의 화학적 성질을 갖는 최소 단위이다. 따라서 어떤 물리적/화학적 방법으로도 원소를 더 단순한 형태의 물질로 쪼갤 수 없다.
- 원소를 구성하는 원자의 성질이 독특하기 때문에 각 원소는 독특하다. 각 원소는 실리콘, 산소 또는 구리처럼 이름을 갖는다. 실리콘 시료는 실리콘 원자로만 이루어져 있고, 구리 시료는 구리 원자로만 이루어져 있다. 색, 밀도, 연소성 같은 실리콘의 *거시적* 성질은 구리의 성질과는 다른데, 이는 실리콘 원자와 구리 원자의 *초미시적* 성질이 서로 다르기 때문이다.
- 자연에 있는 대부분의 원소는 물리적 상태에 따라 서로 떨어져 있거나 뭉쳐 있는 원자의 집합체로 존재한다. 그림 2.1A에 기체 상태로 존재하는 원소의 원자들을 나타내었다.
- 몇몇 원소는 분자 형태로 존재하기도 한다. **분자**(molecule)는 두 개 또는 그 이상의 원자들이 서로 결합된 독립적인 개체이다(그림 2.1B). 예를 들면 산소는 공기 중에서 *이원자*(diatomic, 두 개의 원자) 분자인 O_2로 존재한다.

2. *화합물.* **화합물**(compound)은 *두 가지 또는 그 이상의 다른 원소들이 화학적으로 결합하여 이루어진다*(그림 2.1C). 즉, 화합물에 들어 있는 원소는 서로 섞여 있는 것이 아니라 그들의 원자들이 화학 반응으로 서로 결합한 것이다. 암모니아, 물 및 이산화 탄소 등 많은 화합물들은 분자로 구성되어 있다. 염화 소듐(뒤에서 살펴볼 것임)과 이산화 실리콘처럼 그렇지 않은 많은 화합물들도 있다.

모든 화합물은 다음과 같은 세 가지 특징으로 정의할 수 있다.

- *원소들이 질량으로 일정한 비율(일정한 질량비)로 들어 있다. 그 이유는 화합물 한 단위에 각 원소의 원자가 일정 개수 들어가 있기 때문이다.* 암모니아를 예로 들어 보자. 각 암모니아 분자는 질소 원자 한 개와 수소 원자 세 개로 구성되어 있고, 질소 원자 한 개의 질량은 수소 원자 한 개의 14배이기 때문에, 암모니아는 질량으로 질소 14 대 수소 3의 비율로 구성되어 있다. 따라서

  암모니아 기체는 질량으로 질소(N) 14 대 수소(H) 3의 비율이다.
  N 원자 한 개는 H 원자 한 개의 질량의 14배이다.
  각 암모니아 분자는 N 원자 1개와 H 원자 3개로 이루어져 있다.

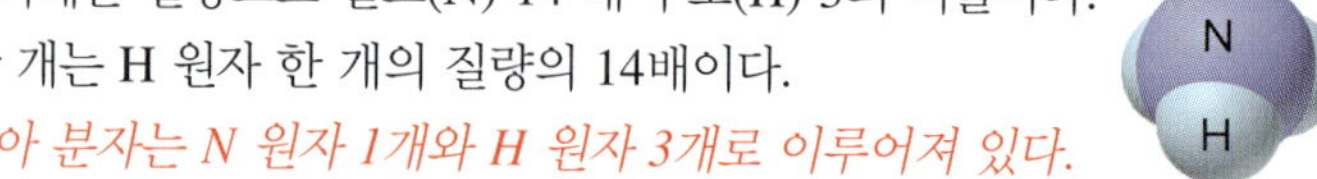

- *화합물의 성질들은 구성 원소의 성질들과는 다르다.* 표 2.1은 놀라운 예를 보여준다. 즉, 부드럽고 은빛이 나는 소듐과 독성을 가진 연두색의 염소 기체와 그들이 형성하는 화합물인 흰색 결정의 염화 소듐(소금)은 매우 다른 성질을 갖는다.
- *원소와는 달리 화합물은 화학적 변화를 통해 더 간단한 순물질, 즉 구성 원소로 분해될 수 있다.* 예를 들면 용융 염화 소듐에 전류를 흘리면 금속 소듐과 염소 기체로 분해된다.

3. *혼합물.* **혼합물**(mixture)은 *화학적 결합이* ***아니라*** *물리적으로 둘 또는 그 이상의 순물질(원소 또는 화합물)이 섞여 있는 것이다.* 혼합물은 다음과 같은 점에서 화합물과는 다르다.

A. 원소인 원자

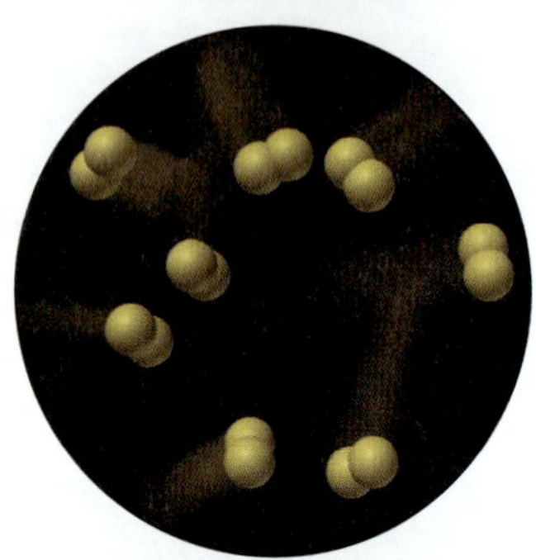

B. 원소인 분자

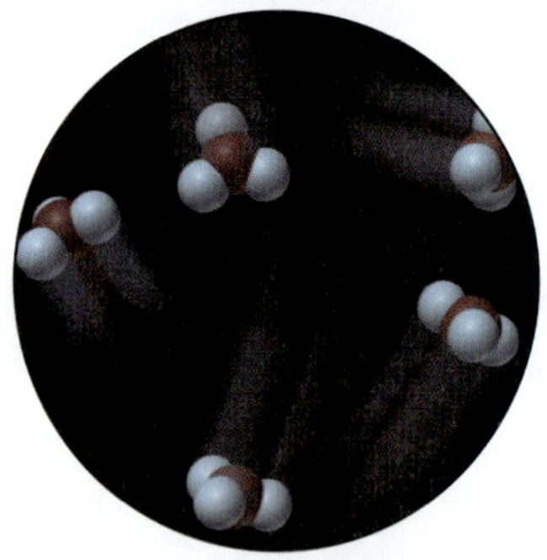

C. 화합물인 분자

D. 두 원소와 화합물의 혼합물

그림 2.1 **원자 수준에서 본 원소, 화합물, 혼합물.** 여기에 나타낸 시료는 기체이지만, 물질은 액체나 고체로도 존재한다.

표 2.1 | 소듐, 염소, 염화 소듐의 몇 가지 성질

성질	소듐	+	염소	→	염화 소듐
녹는점	97.8°C		−101°C		801°C
끓는점	881.4°C		−34°C		1413°C
색	은색		연두색		무색(흰색)
밀도	0.97 g/cm^3		0.0032 g/cm^3		2.16 g/cm^3
물속에서의 성질	반응		약간 녹는다		잘 녹는다

Source: (Sodium, Chlorine, Sodium chloride) Stephen Frisch/McGraw-Hill Education

- *혼합물의 구성 성분들은 그 질량비가 다양하게 변할 수 있다.* 예를 들어 화합물인 염화 소듐과 물의 혼합물은 질량으로 소금과 물 사이의 다양한 비율을 가질 수 있다.
- *혼합물은 구성 성분들의 많은 성질을 그대로 유지한다.* 그래서 소금물은 물처럼 무색이며 또 염화 소듐처럼 짠맛을 갖고 있다. 원자 수준에서 보면 혼합물은 구성 원소 또는 화합물의 각 단위로 구성되어 있기 때문에 각 성분의 성질이 유지된다(그림 2.1D).
- *화합물과 달리 혼합물은 화학적 변화를 일으킬 필요 없이 물리적 변화를 통해 그들의 구성 성분으로 분리할 수 있다.* 예를 들면 소금물을 끓이면 물은 날아가고 소금이 남는데, 이는 물리적 과정이다.

다음 예제가 물질의 유형을 구별하는 데 도움이 될 것이다.

예제 2.1 | 원자 수준에서 원소, 화합물 및 혼합물 구별

문제 아래 모식도는 세 가지 물질 시료를 원자 수준에서 나타낸 것이다.

(a)

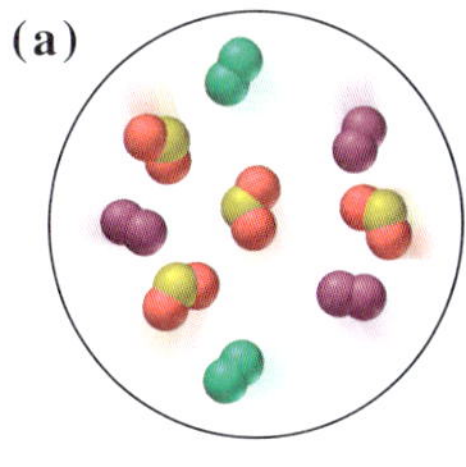

(b)

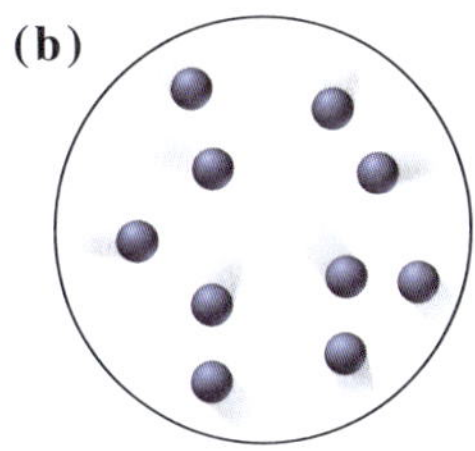

(c)

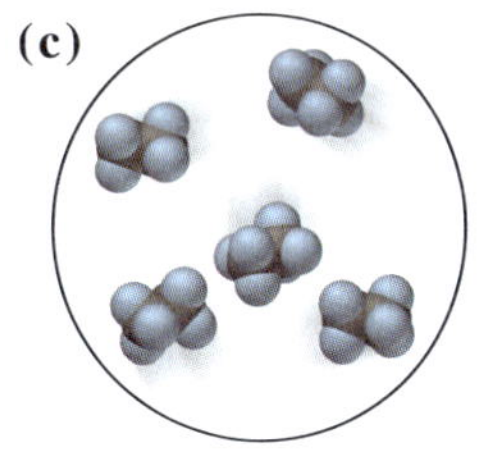

각 시료를 원소, 화합물 및 혼합물로 구분하라.

계획 구성 입자를 살펴보아 물질의 종류를 결정해야 한다. 시료가 한 가지 형태의 입자를 가지고 있으면 그것은 원소 또는 화합물이다. 만약 시료가 하나 이상의 형태를 가지고 있으면, 그것은 혼합물이다. 원소의 입자는 단 한 종류의 원자(모식도에서 한 가지 색 구)로 이루어져 있고 화합물 입자는 둘 이상의 원자로 이루어져 있다.

풀이 (a) 혼합물: 세 가지 다른 종류의 입자들이 있다. 두 종류는 한 가지의 원자(녹색이거나 자주색)로 이루어져 있어서 이들은 이원자 분자로 이루어진 원소이다. 세 번째 유형은 노란색 입자 한 개에 빨간색 입자 두 개가 결합되어 있으므로, 이것은 혼합물이다.

(b) 원소: 이 시료는 파란색 원자만으로 구성되어 있다.

(c) 화합물: 이 시료는 검은색 원자 2개에 파란색 원자 6개가 결합된 분자로 구성되어 있다.

▶ **보충 문제**

2.1A 다음 각 그림은 원소, 화합물, 혼합물 중 어느 것을 나타내는가?

(a)

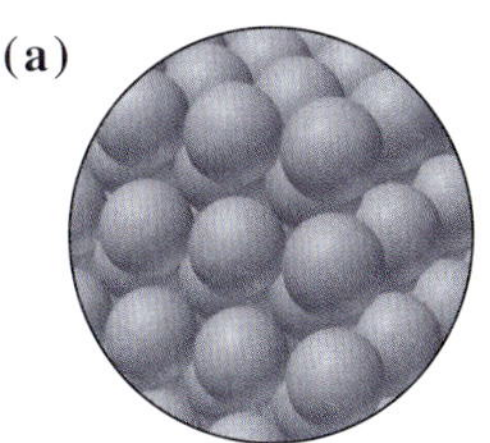

(b)

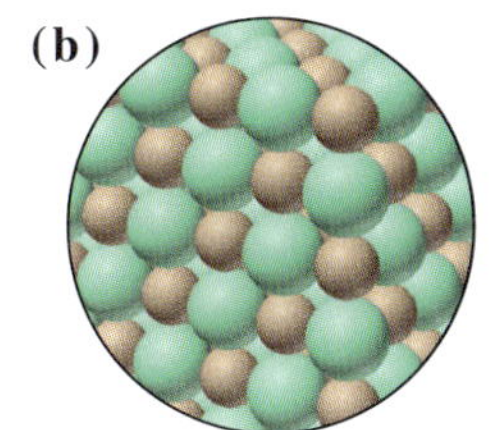

(c)

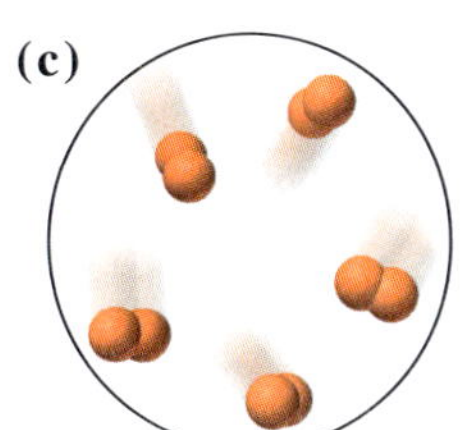

2.1B 다음 반응 모식도를 원소, 화합물, 혼합물로 설명하라.

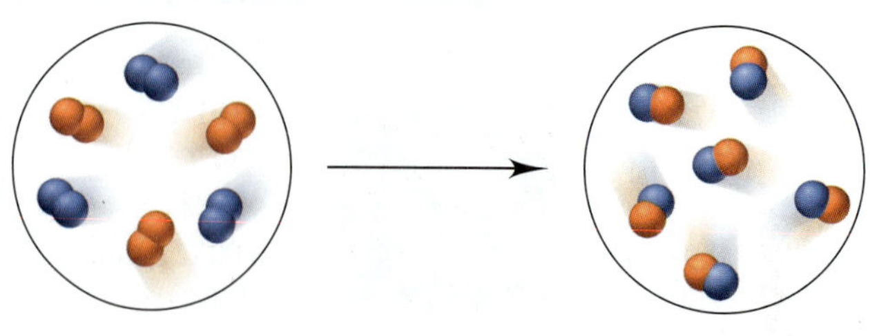

유사 문제 2.3, 2.4, 2.9

› 2.1절 요약

- 모든 물질은 원소, 화합물 및 혼합물로 존재한다.
- 원소와 화합물은 조성이 일정한 순물질이다.
- 원소는 한 종류의 원자로만 이루어져 있으며 개별 원자들의 집합체나 분자로 존재한다. 분자는 2개 이상의 원자들이 화학적으로 결합하여 이루어진다.
- 화합물은 화학적으로 결합한 둘 이상의 원소로 구성되어 있으며 구성 성분 원소와는 다른 성질을 보인다. 화합물의 각 단위는 일정한 숫자의 성분 원소의 원자로 구성되어 있기 때문에 성분 원소의 질량비는 항상 일정하다. 화학적 변화를 통해서만 화합물을 구성 성분으로 분해할 수 있다.
- 혼합물은 화학적으로 결합하지 *않은* 둘 이상의 순물질이 섞여 있는 것이다. 각 구성 성분은 고유한 성질을 유지하고 어떤 비율로도 섞일 수 있으며, 물리적 변화를 통해 분리할 수 있다.

2.2 물질을 원자 관점으로 이끈 관찰

물질의 조성에 대한 모형은 세 가지 소위 질량 법칙, 즉 *질량 보존의 법칙*, *일정 성분비의 법칙* 및 배수 비례의 법칙을 설명할 수 있어야만 했다.

질량 보존

Lavoisier가 연소 실험을 기반으로 주장한 첫 번째 질량 법칙은 18세기 가장 기본적인 화학적 관찰이 되었다.

- **질량 보존의 법칙**: *화학 반응 중에 물질의 총 질량은 변하지 않는다.*

순물질의 *개수*는 변할 수 있고 정의에 따라 그 성질도 변하지만 그 물질의 *총량*은 일정하다. 그림 2.2는 질량 보존을 보여준다. 즉, 질산 납과 크로뮴산 소듐 용액(*왼쪽*)의 질량이 이들의 반응에서 생성된 질산 소듐 용액과 용액 속의 고체 크로뮴산 납(오른쪽)의 질량과 같다.

설탕 글루코스의 신진 대사와 같은, 많은 반응이 관여하는 복잡한 생화학 반응에서 조차 질량은 보존된다. 글루코스 180 g과 산소의 반응을 예로 들어 보자.

글루코스 180 g + 산소 기체 192 g ⟶ 이산화 탄소 264 g + 물 108 g
반응 전 물질 372 g ⟶ 반응 후 물질 372 g

질량 보존은 모든 화학적 경험에 비추어 볼 때 *물질은 창조될 수도 소멸될 수도 없다*는 것을 의미한다.

그림 2.2 질량 보존의 법칙.

Source: Stephen Frisch/McGraw-Hill Education

그러나 정확히 말하면 Albert Einstein(1879~1955)의 연구를 바탕으로 반응 전후의 질량이 *정확히* 같지는 않다는 것을 우리는 알고 있다. 약간의 질량은 에너지로 변하거나 그 반대도 일어난다. 그러나 그 차이는 너무나 적어서 가장 좋은 저울로도 측정할 수가 없다. 예를 들면 탄소 100 g이 연소하면 반응한 탄소와 산소보다 질량이 0.000000036 g (3.6×10^{-8} g)만큼 줄어든다. *화학 반응*의 에너지 변화가 너무 작아서 실용적 용도에서는 질량이 보존된다. 이 책의 뒷부분을 보면 *핵반응*에서의 에너지 변화는 매우 커서 질량 변화를 쉽게 측정할 수 있다는 것을 알게 될 것이다.

일정 성분

식용 소금은 파키스탄의 소금 광산, 아르헨티나의 염전 또는 다른 어느 곳에서 공급되었든 간에 모두 같은 순물질이다. 이 사실을 다음과 같이 두 번째 질량 법칙으로 표현한다.

- **일정 성분비의 법칙**: *같은 화합물은 그 출처가 어디든 상관없이 동일한 질량 분율의 동일한 원소들로 이루어져 있다.*

질량 분율(mass fraction)은 화합물의 질량 중에서 각 원소가 차지하는 분율이고, 화합물 내의 각 원소의 질량을 화합물의 질량으로 나누어 얻는다. **질량 백분율**(mass percent, mass %)은 질량 분율을 백분율(×100)로 나타낸 것이다.

$$\text{질량 분율} = \frac{\text{화합물 중의 원소의 질량}}{\text{화합물의 질량}}$$

$$\text{질량 백분율} = \text{질량 분율} \times 100$$

일상적인 예로 세 가지 종류의 대리석 구슬이 들어 있는 상자를 생각해 보자. 노란색 구슬은 한 개가 1.0 g, 자주색 구슬은 한 개가 2.0 g, 빨간색 구슬은 한 개가 3.0 g이다. 각 종류의 구슬은 구슬 전체 질량 16.0 g의 일부분을 차지할 것이다. 노란색 구슬의 *질량 분율*은 구슬 한 개의 질량을 노란색 구슬 수로 곱하고 구슬 전체 질량으로 나눈 값이다.

$$\text{노란색 구슬의 질량 분율} = \frac{\text{노란색 구슬의 수} \times \text{구슬의 질량}}{\text{전체 구슬의 질량}}$$

$$= \frac{\cancel{\text{구슬}}\ 3\text{개} \times 1.0\ \text{g}/\cancel{\text{구슬}}}{16.0\ \text{g}} = 0.19$$

노란색 구슬의 *질량 백분율*은 0.19 × 100 = 19%이다. 같은 방법으로 자주색 구슬의 질량 분율은 0.25이고 질량 백분율은 25%이며, 빨간색 구슬은 질량 분율이 0.56이며 질량 백분율은 56%이다.

그림 2.3 **일정 성분비의 법칙.** 탄산 칼슘은 여러 형태로 나타난다(*위쪽* 대리석, *아래쪽* 산호).

Source: (top): ©Matthia Cortesi/123RF; (bottom): ©Alexander Cher/Shutterstock

마찬가지로 화합물에서도 각 원소는 *일정한* 질량 분율(질량 백분율)을 가진다. 예를 들면, 바다 조개, 대리석 및 진주의 주성분인 탄산 칼슘은 세 가지 원소, 즉 칼슘, 탄소 및 산소로 구성되어 있다. 탄산 칼슘 20.0 g을 질량 분석한 결과는 다음과 같다.

질량 분석 (g/20.0 g)	질량 분율 (부분/전체 1.00)	질량 백분율 (부분/전체 100)
칼슘 8.0 g	칼슘 0.40	칼슘 40%
탄소 2.4 g	탄소 0.12	탄소 12%
산소 9.6 g	산소 0.48	산소 48%
20.0 g	질량 분율 1.00	전체 질량 100%

각 원소의 질량은 시료의 질량에 따라 달라진다. 즉 20.0 g의 화합물보다 더 많은 시료에는 8.0 g보다 더 많은 칼슘이 들어 있을 것이다. 그러나 *질량 분율은 시료의 크기와 상관없이* 일정하다. 질량 분율(질량 백분율)의 합은 1.00(100%)이 된다. 일정 성분비의 법칙은, 시료의 출처와는 관계없이 순수한 탄산 칼슘 시료가 항상 질량으로 칼슘 40%와 탄소 12% 및 산소 48%를 가지고 있다는 것을 말해 준다(그림 2.3).

특정 화합물에서 특정 원소는 항상 같은 질량 분율을 나타내기 때문에, 질량 분율을 써서 화합물 시료 속에 있는 원소의 실제 질량을 구할 수 있다.

$$\text{원소의 질량} = \text{화합물의 질량} \times \text{질량 분율}$$

또는 더 간단하게 질량 분율을 먼저 계산하지 않고, 질량 분석 결과를 바로 이용할 수 있다.

$$\text{시료 중 원소의 질량} = \text{시료 화합물의 질량} \times \frac{\text{화합물 중의 원소의 질량}}{\text{화합물의 질량}} \qquad \textbf{(2.1)}$$

예를 들어 탄산 칼슘 20.0 g 속에 칼슘 8.0 g이 들어 있다면 탄산 칼슘 75.0 g 속에 포함된 칼슘의 양은 다음과 같다.

$$\text{칼슘 질량(g)} = 75.0\ \cancel{\text{g 탄산 칼슘}} \times \frac{80\ \text{g 칼슘}}{20.0\ \cancel{\text{g 탄산 칼슘}}} = 30.0\ \text{g 칼슘}$$

로드맵

- 피치블렌드의 질량(kg)
  - ↓ 분석에서 얻은 우라늄 대 피치블렌드의 질량비를 곱한다
- 우라늄의 질량(kg)
  - ↓ 1 kg = 1000 g
- 우라늄의 질량(g)

- 피치블렌드의 질량(kg)
  - ↓ 우라늄의 질량(kg)을 뺀다
- 산소의 질량(kg)
  - ↓ 1 kg = 1000 g
- 산소의 질량(g)

예제 2.2 | 화합물 속의 원소 질량 계산

문제 피치블렌드(pitchblende)는 가장 중요한 우라늄 화합물이다. 피치블렌드 시료 84.2 g을 질량 분석한 결과 우라늄 71.4 g이 들어 있고 나머지는 모두 산소였다. 피치블렌드 102 kg 속에는 몇 g의 우라늄과 산소가 들어 있는가?

계획 특정 질량의 피치블렌드(84.2 g) 내에 들어 있는 우라늄의 질량(71.4 g)이 주어져 있고, 산소가 유일한 다른 원소이다. 이 자료를 이용해 알고 있는 질량(102 kg)의 피치블렌드 내에 들어 있는 우라늄의 질량을 계산해야 한다. 우라늄 대 피치블렌드의 질량 *비*는 g으로 나타낸 것과 kg으로 나타낸 것이 같다. 따라서 식 (2.1)을 사용하여, 피치블렌드 시료의 질량(kg)에 질량 분석에서 얻은 우라늄 대 피치블렌드의 질량 비를 곱한다. 그러면 우라늄의 질량(kg)을 얻을 수 있고 이것을 g으로 환산하면 된다. 피치블렌드 중의 유일한 다른 원소인 산소의 질량을 구하려면 주어진 피치블렌드의 질량(102 kg)에서 우라늄의 질량(kg)을 뺀 후 kg을 g으로 환산한다.

풀이 피치블렌드 102 kg에 들어 있는 우라늄의 질량(kg) 구하기:

$$\text{우라늄의 질량(kg)} = \text{피치블렌드의 질량(kg)} \times \frac{\text{피치블렌드 속의 우라늄 질량(kg)}}{\text{피치블렌드 질량(kg)}}$$

$$= 102\ \cancel{\text{kg 피치블렌드}} \times \frac{71.4\ \text{kg 우라늄}}{84.2\ \cancel{\text{kg 피치블렌드}}} = 86.5\ \text{kg 우라늄}$$

우라늄의 질량을 kg에서 g으로 환산:

$$\text{우라늄의 질량(g)} = \text{우라늄 } 86.5\ \cancel{\text{kg}} \times \frac{1000\ \text{g}}{1\ \cancel{\text{kg}}} = 8.65 \times 10^4\ \text{g 우라늄}$$

피치블렌드 102 kg에 들어 있는 산소의 질량(kg) 구하기:

$$\text{산소의 질량(kg)} = \text{피치블렌드 질량(kg)} - \text{우라늄 질량(kg)}$$
$$= 102\ \text{kg} - 86.5\ \text{kg} = 15.5\ \text{kg 산소}$$

산소 질량을 kg에서 g으로 환산:

$$\text{산소의 질량(g)} = \text{산소 } 15.5\ \cancel{\text{kg}} \times \frac{1000\ \text{g}}{1\ \cancel{\text{kg}}} = 1.55 \times 10^4\ \text{g 산소}$$

검산 질량 분석으로 피치블렌드 질량의 대부분은 우라늄임을 알 수 있다. 따라서 우라늄 질량이 상당히 많은 것은 합리적이다. 근사 계산으로 계산 과정을 확인 한다.

$$\text{피치블렌드 약 } 100\ \text{kg} \times \frac{70}{85} = \text{우라늄 } 82\ \text{kg}$$

▶ **보충 문제**

2.2A "바보의 금"이라 불리는 광물에는 금이 들어 있지 않다. 대신 이 화합물은 철과 황으로 구성되어 있다. 바보의 금 시료 110.0 g에는 철 51.2 g이 들어 있다. 철 86.2 g을 함유하는 바보의 금 시료에 들어 있는 황의 질량은 얼마인가?

2.2B 브로민화 은은 흑백 필름 표면에 코팅되어 있는 광감제이다. 이 화합물 시료 26.8 g에는 은 15.4 g이 들어 있고 나머지는 브로민이다. 브로민화 은 3.57 g으로 코팅된 필름 한 통에 들어 있는 각 원소의 질량(g)은 얼마인가?

유사 문제 2.22~2.25

인터넷 핫스팟

질량 분율을 써서 화합물 중의 원소의 질량을 구하는 것이 어렵게 느껴진다면, eBook에 접속하여 이 주제에 대한 추가 학습 동영상을 참고하자.

배수 비례

두 원소가 한 개 이상의 화합물을 만드는 것은 흔하다. 황과 플루오린이 그렇고 인과 염소도 마찬가지이며 다른 많은 원소들도 마찬가지이다. 세 번째 질량 법칙이 이러한 사례들에 적용된다.

- **배수 비례의 법칙**(law of multiple proportion): *두 원소 A와 B가 결합하여 생성된 두 종류의 화합물에서 일정 질량의 A와 결합하는 B의 질량들을 간단한 정수비로 나타낼 수 있다.*

탄소와 산소로 이루어진 두 화합물을 생각해 보자. 이 두 화합물을 화합물 I과 화합물 II라고 부르자. 두 화합물은 서로 성질이 다르다. 즉, 산화 탄소 I의 밀도는 1.25 g/L인 반면, II의 밀도는 1.98 g/L이다. I은 유독하고 가연성이지만 II는 그렇지 않다. 질량 분석 결과는 다음과 같다.

산화 탄소 I은 산소와 탄소의 질량 백분율이 각각 57.1%와 42.9%이다.
산화 탄소 II는 산소와 탄소의 질량 백분율이 각각 72.7%와 27.3%이다.

배수 비례의 현상을 보기 위해 산소와 탄소의 질량 백분율을 이용해 각 화합물 100 g에 들어 있는 산소와 탄소의 질량을 구한다. 그리고 나서 각 화합물 내의 산소의 질량을 탄소의 질량으로 나누면 일정 질량의 탄소와 결합한 산소의 질량을 얻을 수 있다.

	산화 탄소 I	**산화 탄소 II**
산소 질량(g)/화합물 100 g	57.1	72.7
탄소 질량(g)/화합물 100 g	42.9	27.3
산소 질량(g)/탄소 질량(g)	$\frac{57.1}{42.9} = 1.33$	$\frac{72.7}{27.3} = 2.66$

화합물 II에 들어 있는 탄소 1 g당 산소의 질량(g)을 I에서 얻은 같은 값으로 나누면 간단한 정수비를 얻는다.

$$\frac{\text{화합물 II에서 } 2.66\ \text{g 산소/g 탄소}}{\text{화합물 I에서 } 1.33\ \text{g 산소/g 탄소}} = \frac{2}{1}$$

배수 비례의 법칙은 같은 종류의 원소들로 이루어진 두 화합물에서 한 원소의 다른 원소에 대한 상대적 질량 분율의 비를 작은 정수들의 비로 나타낼 수 있음을 말해 준다. 이 경우 비가 2/1인데, 이는 일정한 질량의 탄소에 대해 화합물 II의 산소 질량은 화합물 I의 산소 질량의 1.583배나 1.716배 또는 다른 어떤 중간 값이 아니라 딱 *2배*라는 것이다. 다음 절에서 원자 수준에서 질량의 법칙을 설명하는 모형을 논의하고, 두 산화 탄소의 본질에 대해 배울 것이다.

› 2.2절 요약

- 질량 보존의 법칙은 화학 반응이 일어나는 동안 전체 질량은 일정하게 유지된다는 것을 말한다.
- 일정 성분비의 법칙은 특정 화합물의 어떤 시료라도 같은 원소가 같은 질량비로 존재한다는 것을 말한다.
- 배수 비례의 법칙은 같은 원소로 이루어진 다른 화합물의 경우, 일정 질량의 한 원소와 결합하는 다른 원소의 질량을 작은 정수비로 나타낼 수 있다는 것을 말한다.

2.3 Dalton의 원자론

200년이나 지난 오늘날에는 물질이 특정한 질량과 성질을 가진, 더 이상 깰 수 없는 단위로 존재한다는 개념으로 질량 법칙을 설명할 수 있다는 것을 이해하는 것은 쉬울 것이다. 그러나 1808년 John Dalton(1766~1844)이 물질에 대한 그의 원자론을 제시했을 때 그것은 획기적인 진전이었다.

원자론의 가설

Dalton은 그의 이론을 일련의 가설로 표현하였는데, 현대 용어를 써서 나타내면 다음과 같다.

1. 모든 물질은, 창조될 수도 소멸될 수도 없으며 더 작게 나눌 수 없는, 원소의 최소 단위인 **원자**(atom)로 구성되어 있다. (이것은 2000년 전 Democritus가 제안한 "영원하고 더 이상 깨어지지 않는 원자"에서 온 것이며, Lavoisier가 말한 질량 보존을 반영한 것이다.)
2. 한 원소의 원자는 다른 원소의 원자로 바뀔 수 *없다*. 화학 반응에서 원래 물질의 원자들은 재결합하여 다른 물질을 만든다. (이 가설은 납 같은 원소를 금 같은 "더 값진" 원소로 변환할 수 있다는 고대 사람들의 믿음을 부정하는 것이다.)
3. 한 원소의 원자는 동일한 질량과 성질을 가지며 다른 원소의 원자와는 질량과 성질이 다르다. (이것은 Dalton의 주된 새로운 개념, 즉 한 원소의 원자들의 *고유한 질량과 성질*을 내포하고 있다.)
4. 다른 원소의 원자들이 특정 비율로 결합하여 화합물이 생성된다. (이것은 일정 성분비의 법칙에서 바로 나온다.)

원자론으로 질량 법칙을 어떻게 설명하는가

Dalton의 가설로 어떻게 질량 법칙을 설명하는지 살펴보자.

- *질량 보존*. 원자는 창조되거나 소멸될 수 없으며(가설 1), 다른 원자로 바뀌지도 않는다(가설 2). 따라서 화학 반응 중에는 원자들이 결합하는 방식만 달라지므로 질량이 변하지 않는다.
- *일정 성분*. 화합물은 서로 다른 원자들이 *특정한* 비율로 결합한 것이며(가설 4), 각 원자는 일정한 질량을 갖고 있다(가설 3). 따라서 화합물 내의 각 원소는 전체 질량에 대한 일정한 분율을 가지게 된다.
- *배수 비례*. 같은 원소의 원자들은 같은 질량을 갖고 있고(가설 3) 더 이상 나눌 수 없다(가설 1). 원소 A의 일정 질량과 결합하는 원소 B의 질량들의 비는 작은 정수비이다. 왜냐하면 화합물이 다르면 A 원자 한 개와 결합하는 B 원자의 수가 다르기 때문이다.

앞의 예에서 살펴본 산화 탄소 I과 II의 질량에 대한 자료와 일치하는 *가장 간단한* 배열은 산화 탄소 I에서는 탄소 원자 한 개와 산소 원자 한 개가 결합하는 것(일산화 탄소)이고 산화 탄소 II에서는 산소 원자 두 개가 탄소 원자 한 개와 결합하는 것(이산화 탄소)이다.

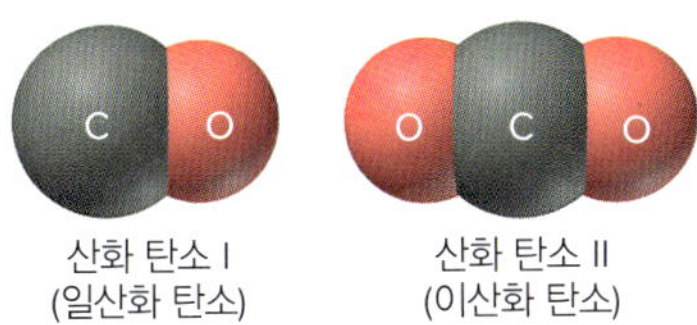

다음 예제로 질량 법칙을 복습해 보자.

예제 2.3 | 질량 법칙의 가시화

문제 아래 모식도는 화학 반응을 원자 수준으로 나타낸 것이다.

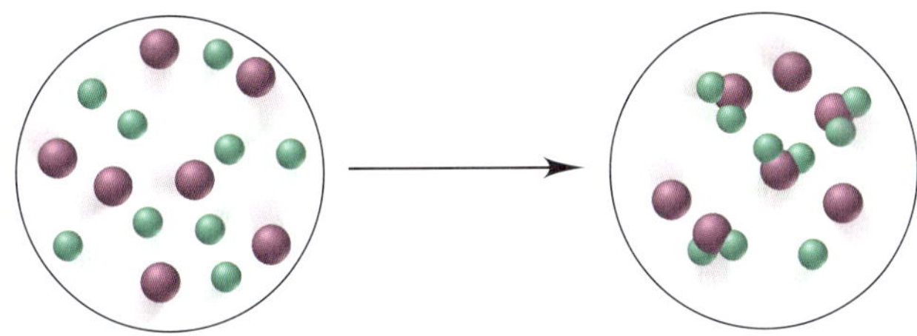

이 그림은 질량 보존, 일정 성분비, 배수 비례의 질량 법칙 중 어느 것을 나타내는가?

계획 그림에서 원자(공)의 개수, 색, 조합을 보면 어느 질량 법칙을 나타내는지 알 수 있다. 변화의 전과 후에서 각 원자수가 동일하면, 전체 질량은 변하지 않았다(질량 보존). 만약 항상 같은 원자 비율을 갖는 화합물이 생성되면, 구성 원소들은 일정한 질량비로 존재한다는 것을 알 수 있다(일정 성분비). 같은 원소들이 다른 화합물을 만들 때 한 원소의 원자 한 개와 결합하는 다른 원소의 원자들의 비율이 작은 정수비라면 이 원소들의 질량비도 마찬가지로 작은 정수비가 된다(배수 비례).

풀이 각 원 안에는 보라색 원자 7개와 녹색 원자 9개가 들어 있어서 질량이 보존됨을 알 수 있다. 생성된 화합물은 보라색 원자 한 개와 녹색 원자 두 개로 구성되어 있어 일정 성분비로 이루어져 있음을 볼 수 있다. 화합물이 한 종류뿐이기 때문에 배수 비례의 법칙은 나타나지 않는다.

▶ 보충 문제

2.3A 아래 모식도는 어떤 화학적 변화를 나타내고 있다. 이 그림은 어느 질량 법칙을 나타내는가?

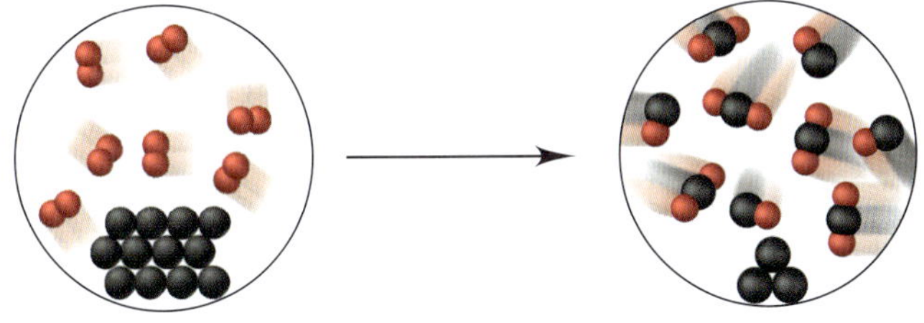

2.3B 브로민(*주황색*)과 플루오린(*노란색*)으로 이루어진 다음 화합물 시료 중 어느 것이 배수 비례의 법칙을 가장 잘 나타내는가? 설명하라.

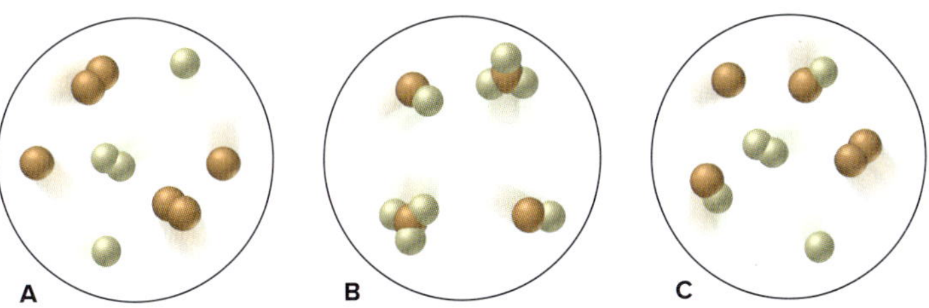

유사 문제 2.14, 2.15

› 2.3절 요약

- Dalton의 원자론은 모든 물질이 분할할 수 없고, 변하지 않으며, 일정하고 고유한 질량을 가진 원자로 구성되어 있다고 제안함으로써 질량 법칙을 설명한다.
- 반응 중에는 원자들이 본성은 그대로 유지하면서 결합만 다른 방식으로 할 뿐이기 때문에 질량은 보존된다.
- 한 화합물에는 각 원소의 원자가 일정한 수만큼 들어 있기 때문에 각 원소들은 일정한 질량 분율을 갖는다.
- 같은 종류의 원소들로 구성된 서로 다른 화합물은 배수 비례의 법칙을 나타내는데, 이는 각각 화합물이 정수 개의 원자들로 구성되어 있기 때문이다.

2.4 핵원자 모형으로 이끈 관찰

Dalton의 모형으로는 반응하는 원소들을 원자의 관점에서 설명할 수 있으나 원자들이 왜 결합하는지 설명하지 못한다. 예를 들면 물에서는 왜 수소 원자 3개가 아니고 2개가 산소 원자 한 개와 결합하는가?

더구나 Dalton의 "당구공" 모형으로는 전하를 가진 아원자 입자의 존재를 예측하지 못하였는데, 이 입자들은 20세기가 시작될 무렵의 실험에서 관찰되어 *전자*와 *원자핵*의 발견으로 이어졌다. Dalton의 모형에 대한 의문을 해결하고 현대적 원자 구조 모형으로 이끈 몇 가지 실험들을 살펴보자.

전하의 효과.

Source: Bob Coyle/McGraw-Hill Education

› 전자의 발견과 전자의 성질

오랫동안 과학자들은 물질과 전하가 서로 관련이 있다는 것을 알았다. 호박을 털에 문지르거나 유리를 비단에 문지르면 양전하와 음전하가 만들어지고, 이와 같은 전하들은 건조한 날에 머리카락이 짜작짜작 소리를 내며 빗에 들러붙게 한다(*사진 참조*). 과학자들은 전류가 어떤 화합물을 구성 원소로 분해시킬 수 있다는 것도 알았으나 전류가 무엇으로 이루어져 있는지는 몰랐다.

음극선 전류의 본질을 알아내기 위해 몇몇 연구자들은 금속 전극을 장착한 진공관에 전류를 흘리는 시도를 했다. 전원을 켰을 때, 한 줄의 "선"이 진공관 끝부분에 바른 형광 물질을 쳐서 반짝이는 점을 만드는 것을 알았다. 그들은 이 "선"을 음극(cathode)에서 발생하여 양극(anode)으로 이동했기 때문에 **음극선**(cathode ray)이라 불렀다.

그림 2.4는 이 관찰에서 유추한 음극선의 몇 가지 성질을 보여준다. 주된 결론은 *음극선은 모든 물질에서 발견되는 음전하를 가진 하전된 입자로 구성되어 있다*는 것이다. 이 선은 이들 입자들이 진공관에 남아 있는 소량의 기체 분자와 충돌하기 때문에 눈에 보인

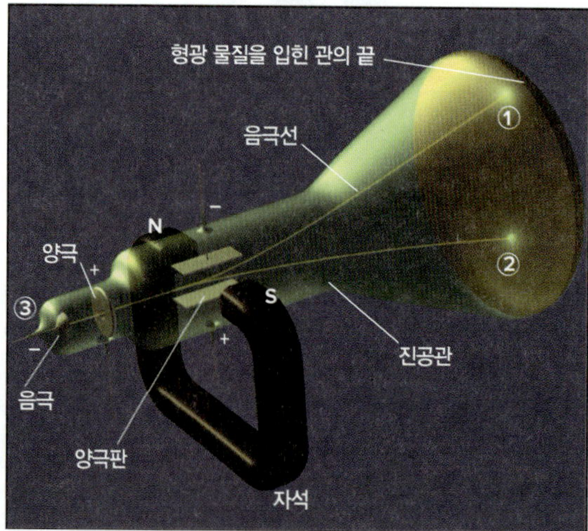

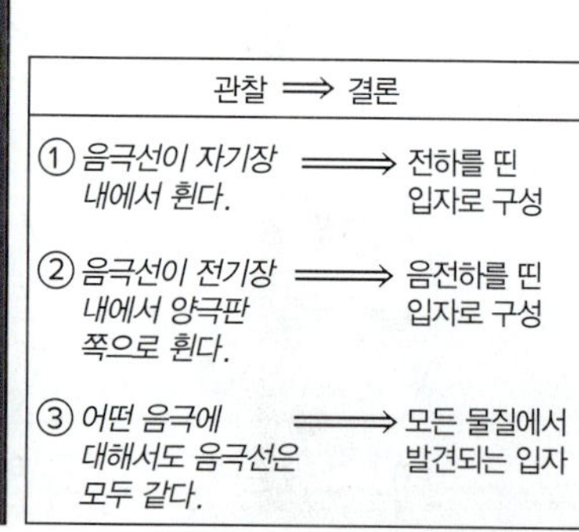

그림 2.4 음극선의 성질을 확립한 관찰.

다. 나중에 음극선 입자에 *전자*(electron)라는 이름을 붙였다. 하전 입자가 기체 입자와 충돌하거나 형광 물질을 바른 스크린을 때릴 때 발생하는 현상과 유사한 예는 많다.

- 네온사인에서는 전자가 관 속의 기체 입자와 충돌하여 기체 입자들이 빛을 방출하게 한다.
- 오로라 혹은 북극광(*사진 참조*)은 태양에서 오는 전하를 띤 입자들의 흐름이 지구 자기장 때문에 휘어 대기의 기체 입자와 충돌하여 빛을 발하는 것이다.
- 옛날 TV와 컴퓨터 모니터에서는 형광 물질이 코팅된 화면 위에서 음극선이 왔다 갔다 하면서 우리가 보는 영상을 만들어낸다.

오로라(북극광).

Source: ©Roman Krochuk/Shutterstock

전자의 질량과 전하 역사적인 두 실험의 결과로 전자의 질량과 전하가 밝혀졌다.

1. *질량/전하의 비율*. 1897년 영국의 물리학자 J. J. Thomson(1856~1940)은 음극선 입자의 질량 대 전하의 비를 측정했다. Thomson은 이 값과 용액 내에 있는 전하를 띤 가장 작은 입자의 질량/전하 값을 비교하여 음극선 입자의 질량이 가장 가벼운 원자인 수소 원자의 질량의 $\frac{1}{1000}$도 되지 않는다고 추산하였다. 이 결과는 Dalton의 원자론에 반해 *원자가 더 작은 입자를 가지고 있다*는 것을 의미하기 때문에 그는 깜짝 놀랐다. 동료 과학자들은 Thomson의 결론을 믿지 않았고, 일부는 그가 농담을 하는 것이라고 생각했다.

2. *전하*. 1909년 미국의 물리학자인 Robert Millikan(1868~1953)은 전자의 *전하*를 측정하였다. 그는 전기적으로 하전된 판과 X-선 광원(그림 2.5)을 가진 장치 내에서 작은 기름방울의 움직임을 관찰하여 이 값을 측정했다. X-선이 공기 중의 기체 분자에서 전자를 떼어 내고, 그 전자가 (+)로 대전된 판의 구멍을 통해 떨어지는 기름방울에 붙는다. Millikan은 전기장을 *끄고* 기름방울의 떨어지는 속도를 측정한 후, 기름방울이 공중에 떠 있도록 전기장을 조절하여 총 전하를 측정하였다.

여러 번의 실험을 통해 Millikan은 여러 기름방울의 총 전하가 항상 *최소 전하의 정수배*임을 알아냈다. 그는 만약 기름방울마다 서로 다른 수의 전자가 달라붙었다면, 이 최소 전하가 전자 자체의 전하일 것이라고 추론하였다. 놀랍게도 1세기 전에 그가 구한 값이 오늘날의 전자 전하 -1.602×10^{-19} C(C는 전하의 SI 단위인 *Coulomb*의 약자)과 1% 내로 일치한다.

3. *결론: 전자 질량 계산*. Thomson과 다른 과학자들의 연구에서 얻은 전자의 질량/전하의 비와 전자의 전하를 곱하면 전자의 질량이 얻어지는데, *극히* 작은 수이다.

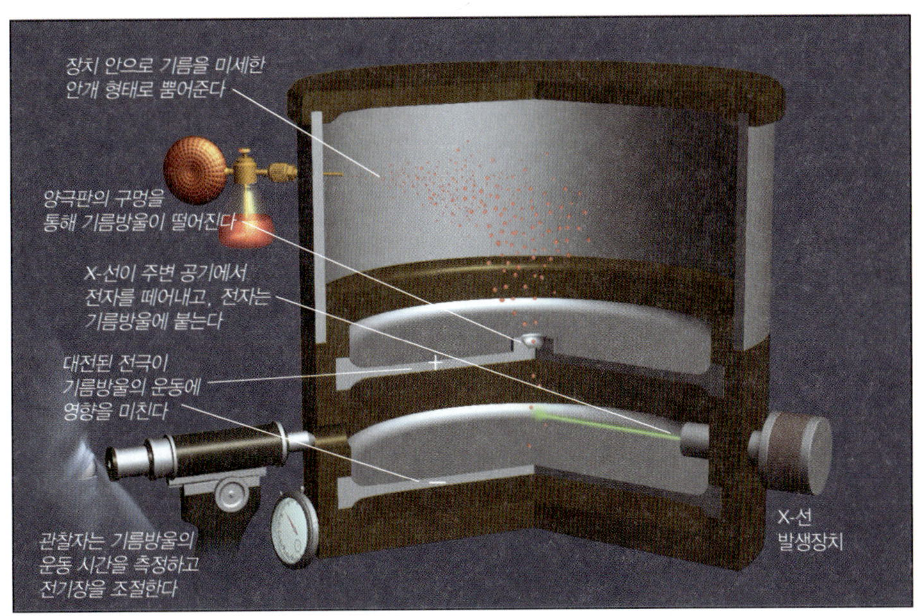

그림 2.5 **전자의 전하를 측정한 Millikan의 기름방울 실험.** 기름방울의 총 전하는 전자 전하의 정수배이다.

$$전자의\ 질량 = \frac{질량}{\cancel{전하}} \times \cancel{전하} = \left(-5.686\times10^{-12}\ \frac{kg}{\cancel{C}}\right)(-1.602\times10^{-19}\ \cancel{C})$$

$$= 9.109\times10^{-31}\ kg = 9.109\times10^{-28}\ g$$

원자핵 발견

모든 물질 내에 전자가 존재한다는 사실은 원자의 구조에 대한 두 가지 중요한 의문을 제시했다. 물질은 전기적으로 중성이므로 원자도 중성이어야 한다. 그러나 만약 원자가 음전하를 가진 전자를 갖고 있다면 이와 균형을 이룰 양전하는 무엇인가? 또한 전자의 질량이 그렇게 작다면 훨씬 큰 원자의 질량은 무엇으로 설명할 것인가? 이 문제를 해결하기 위해 Thomson은 "자두 푸딩(plum-pudding)" 모형, 즉 "푸딩 속의 건포도"처럼 전자가 양전하를 띤 물질 속에 박혀 있는 구형의 원자를 제안하였다.

1910년 뉴질랜드 출신의 Ernest Rutherford(1871~1937)는 이 모형을 검증하다가 예상하지 못한 결과를 얻었다(그림 2.6).

1. *실험 설계*. 그림 2.6A는 실험 장치인데, 라듐이 방출한 작고 묵직한 양전하를 띤 α 입자가 금박을 향하게 했다. 금박에서 튀어나온 α 입자가 원형의 황화 아연 스크린을 때리면 반짝이는 빛이 방출되어 α 입자의 굴절(산란각)을 확인할 수 있다.
2. *가설과 예상한 결과*. Thomson의 모형(그림 2.6B)을 염두에 두고, Rutherford는 α 입자가 마치 총알처럼 금박 내의 금 원자들을 바로 관통할 것이기 때문에 굴절된다고 해도 아주 조금만 휘어질 것이라 예상했다. 그는 탁구공이 야구공을 굴절시킬 수 없듯이 전자도 α 입자를 굴절시킬 수 없을 것이라고 추론하였다.
3. *실제 결과*. 초기 결과는 이 가설과 일치하였지만 곧 예상하지 못한 결과(그림 2.6C)가 나타났다. Rutherford는 그때의 일을 다음과 같이 회상하였다. "제가 기억하기로는 2, 3일 후에 Geiger(공동 연구자 중 한 명)가 흥분하여 나한테 와서 '몇 개의 α 입자가 반사되어 되돌아오는 것을 볼 수 있었습니다.'라고 말했습니다. 제 인생에서 일어난 가장 놀라운 사건이었습니다. 이것은 마치 15인치 포탄을 화장지를 향해 쐈을 때 포탄이 되돌

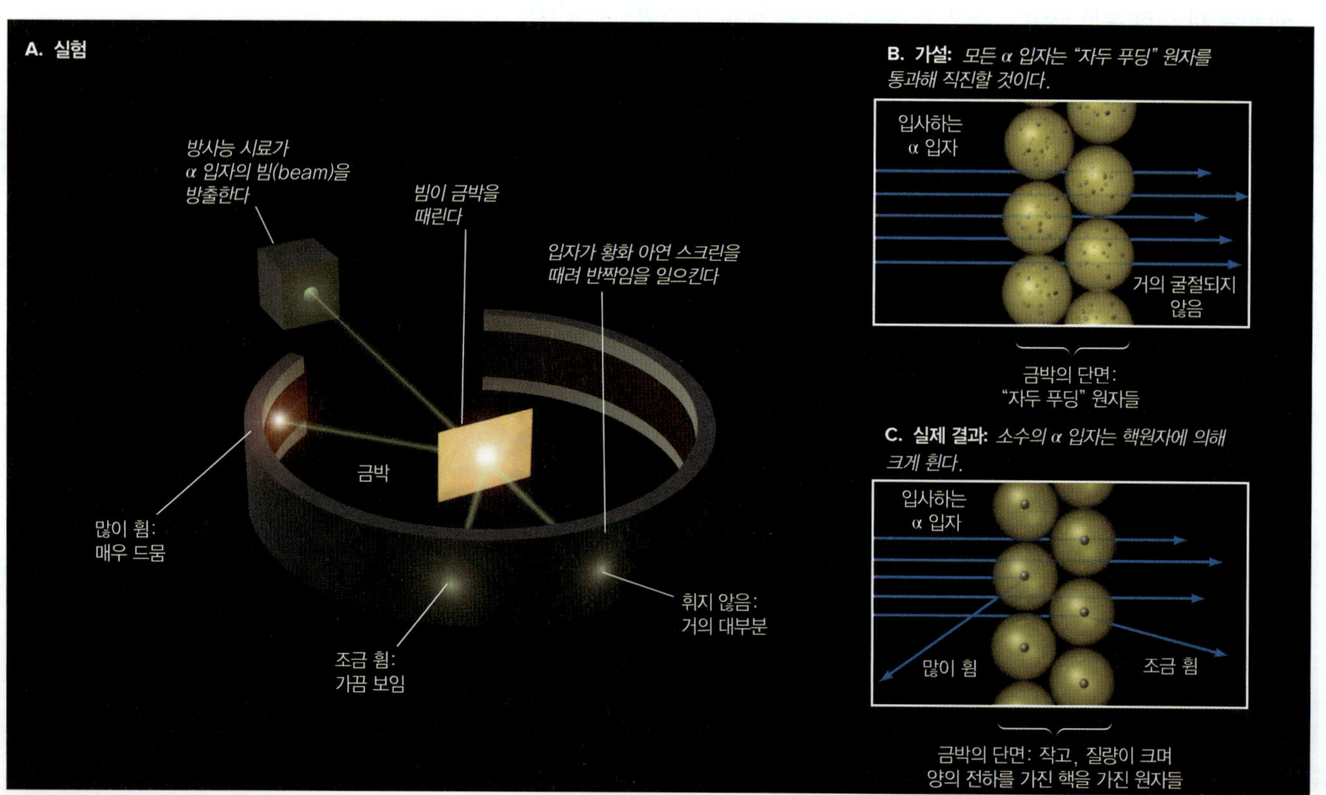

그림 2.6 Rutherford의 α 입자 실험과 원자핵의 발견.

아와 나를 치는 것과 같이 믿을 수 없는 사건이었습니다." 자료에 의하면 극소수의 α 입자가 굴절되었고, 20,000개당 고작 1개가 90° 이상 굴절되었다(즉, "뒤로 되돌아왔다").

4. *Rutherford의 결론*. Rutherford는 굴절된 극소수의 α 입자는 금 원자 내의 작고 묵직하고 양전하를 띤 무엇인가에 의해 튕겨져 나온 것이라고 결론지었다. α 입자의 질량, 전하, 속도, 그리고 큰 각도로 굴절된 입자들의 분율을 바탕으로 계산을 한 결과 다음과 같은 결론이 도출되었다.

    - 원자 내 대부분의 공간을 전자들이 차지한다.
    - 원자 한 가운데에 Rutherford가 **핵**(nucleus)이라고 부른 작은 영역이 있는데, 이 영역에 원자의 모든 양전하와 거의 모든 질량이 들어 있다.

    그는 핵 내부에 양전하를 띤 입자가 존재한다고 제안하였고, 이 입자를 *양성자*(proton)라 명명하였다.

Rutherford 모형으로 물질의 전하 관련 성질은 설명할 수 있었지만 원자의 전체 질량을 설명할 수는 없었다. 20년 이상 지난 후 1932년에 James Chadwick(1891~1974)은 핵 내에 전하를 띠지 않는 묵직한 입자인 *중성자*(neutron)가 들어 있음을 발견했다.

› 2.4절 요약

- 20세기가 시작될 무렵의 몇 가지 주요 발견들은 Dalton의 원자설에 대한 의문점을 해결했고 현대 원자 구조의 모형이 정립되었다.
- 음극선은 모든 물질 내에 존재하는 음전하 입자(전자)로 이루어져 있다. J. J. Thomson은 전자의 질량/전하의 비를 측정하여 전자는 원자보다 훨씬 작고 가볍다는 결론을 내렸다.
- Robert Millikan은 전자의 전하를 구하였고, 다른 자료의 도움으로 전자의 질량을 계산하였다.
- Ernest Rutherford는 원자는 작고 무겁고 양전하를 띤 핵과 핵을 둘러싼 전자들로 이루어져 있다고 제안했다.

2.5 현재의 원자론

Dalton의 더 이상 분할할 수 없는 입자 모형은 아원자 입자들의 정교한 내부 구조로 이루어진 현재의 원자 모형으로 대체되었다.

원자 구조

*원자*는 전기적으로 중성이며 구형인 존재로, 양전하를 띠고 있는 중앙의 핵 주위를 한 개 이상의 음전하를 띤 전자가 둘러싸고 있다(그림 2.7).

몇 가지 특성을 살펴보자.

- 핵의 인력에 의해 붙들린 전자는 허용된 부피 안에서 빠르게 움직이고 있다. (전자의 움직임을 설명하기 위해 가운데 점으로 표시한 원자핵 주위로 점점 멀어질수록 색깔이 옅어지는 구름으로 표현한다.)
- 원자핵은 양성자와 중성자로 이루어져 있다(유일한 예외는 가장 간단한 수소 원자의 핵으로서 양성자 하나뿐이다).
- **양성자(p^+)**는 양의 전하를 띠고, **중성자(n^0)**는 전하가 없다. 따라서 원자핵의 양전하는 양성자 때문이다.
- 양성자와 **전자(e^-)**의 전하는 서로 크기는 같지만 부호가 반대이다. *핵에 들어 있는 양성자 수가 핵 주위를 둘러싼 전자의 수와 같기 때문에 원자는 중성이다.*
- 양성자나 중성자의 질량은 전자의 질량보다 거의 2000배 더 크다.
- 원자의 지름(~1×10^{-10})은 핵의 지름(~5×10^{-15} m)의 약 20,000배 정도이다
- 원자핵은 원자량의 99.97%를 차지하면서도 부피는 10조분의 1만큼만 차지하므로 믿을 수 없을 만큼 밀도가 높다(약 10^{14} g/mL)! ›

이들 세 아원자 입자의 몇 가지 성질을 표 2.2에 나타내었다.

작지만 무거운 핵

몇 가지 비유가 원자핵의 믿을 수 없는 성질에 대한 이해를 돕는다. 문장의 끝에 찍는 마침표 크기의 핵의 중량은 자동차 50대의 중량과 맞먹는 100톤 정도이다. 원자의 크기가 Houston Astrodome의 크기라면 핵은 완두콩과 비슷한 크기인데, 스타디움 전체 질량을 가진다. 만일 원자핵의 직경이 1 cm라면 원자의 크기는 미식축구 구장 두 배 이상의 길이인 200 m 정도가 된다.

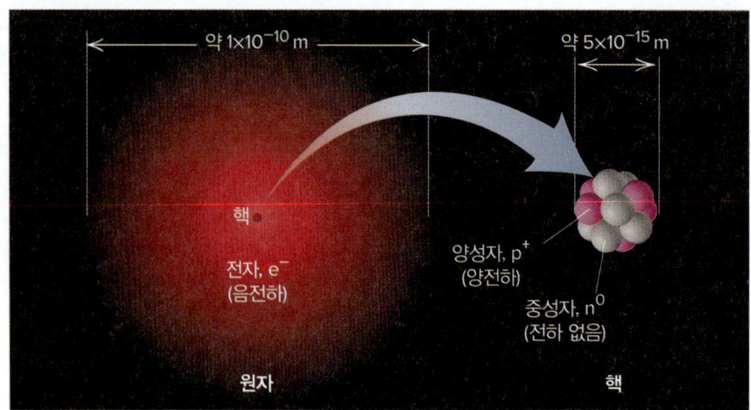

그림 2.7 원자의 일반적인 모양.

원자 번호, 질량수 및 원자 기호

원소의 **원자 번호**(atomic number, $\boldsymbol{Z}$)는 원자의 핵 내에 있는 양성자의 수이다. *한 원소의 모든 원자는 원자 번호가 같고, 각 원소의 원자 번호는 다른 원소의 원자 번호와는 다르다.* 모든 탄소 원자($Z = 6$)는 6개의 양성자를 갖고 있고 모든 산소 원자($Z = 8$)는 양성자 8개, 모든 우라늄($Z = 92$) 원자는 양성자 92개를 가지고 있다. 현재 118개의 원소가 알려져 있으며, 이 중 90개는 자연에 존재하나 28개 원자는 핵과학자들이 합성한 것들이다.

질량수(mass number, $\boldsymbol{A}$)는 원자의 핵 내에 있는 양성자와 중성자 수를 합한 수이다. 각 양성자와 중성자는 질량수에 1단위씩 기여한다. 따라서 양성자 6개와 중성자 6개를 가지고 있는 탄소의 질량수는 12이고, 핵에 양성자 92개와 중성자 146개를 가지고 있는 우라늄은 질량수가 238이다.

원자 기호(atomic symbol)(또는 *원소 기호*)는 영어, 라틴어 또는 그리스어 이름에 바탕을 두고 있다. 예를 들어 원소 기호가 탄소(carbon)는 C, 염소(chlorine)는 Cl, 소듐(라틴어로 *나트륨*)은 Na이다. 종종 원자 기호에 원자 번호(Z)를 왼쪽 아래첨자로, 질량수(A)를 왼쪽 *위첨자*로 함께 쓰기도 한다. 그래서 원소 X는 ${}^{A}_{Z}\mathrm{X}$(그림 2.8A)가 된다. 질량수는 양성자와 중성자의 합이기 때문에 중성자(N)의 수는 질량수에서 원자 번호를 뺀 수와 같다.

$$\text{중성자 수} = \text{질량수} - \text{원자 번호} \quad \text{또는} \quad N = A - Z \tag{2.2}$$

따라서 염소 원자는 ${}^{35}_{17}\mathrm{Cl}$로 쓰고, $A = 35$, $Z = 17$, $N = 35 - 17 = 18$이다. 각 원소는 고유의 원자 번호를 가지므로 그 원소 기호가 주어지면 원자 번호를 알 수 있다. 예를 들어 질량수 12인 탄소를 ${}^{12}_{6}\mathrm{C}$로 쓰는 대신에, $Z = 6$을 알고 있기 때문에 ${}^{12}\mathrm{C}$라 쓸 수 있다("탄소 12"라 말함). 이 원자의 다른 이름은 C-12이다.

표 2.2 | 세 가지 아원자 입자의 성질

	전하		질량		
이름(기호)	상대값	절대값(C)*	상대값(amu)†	절대값(g)	원자 내 위치
양성자(p^+)	1+	$+1.60218\times10^{-19}$	1.00727	1.67262×10^{-24}	핵
중성자(n^0)	0	0	1.00866	1.67493×10^{-24}	핵
전자(e^-)	1−	-1.60218×10^{-19}	0.00054858	9.10939×10^{-28}	핵 주위

*Coulomb(C)은 전하의 SI 단위이다.

†원자량 단위(amu)는 이 절의 뒷부분에서 설명된 것처럼 1.66054×10^{-24} g이다.

동위원소

한 원소의 모든 원자들은 같은 원자 번호를 가지지만 같은 질량수를 갖는 것은 아니다. 한 원소의 **동위원소**(isotopes)는 *중성자 수가 다른 원자*이며, 따라서 질량수가 다르다. 대부분의 원소들은 특정 *동위원소 조성*으로 자연에서 산출되는데, 이 조성은 각 동위원소의 상대적 양을 나타낸다. 예를 들어 모든 탄소 원자(Z = 6)는 양성자 6개와 전자 6개를 가지고 있지만 자연계에서 발견되는 탄소 원자 중 98.89%만이 중성자 6개(A = 12)를 가지고 있다. 작은 분율(1.11%)의 탄소는 7개의 중성자(A = 13), 더 적은 비율(0.01%보다 적은)의 탄소는 8개의 중성자(A = 14)를 가지고 있다. 이들이 바로 자연에서 산출되는 탄소 동위원소, 즉 ^{12}C, ^{13}C, ^{14}C이다. *자연에서 채취한 탄소 시료는 이들 세 개의 동위원소를 이 비율로 갖고 있다.* 5개의 다른 탄소 동위원소들(^{9}C, ^{10}C, ^{11}C, ^{15}C, ^{16}C)은 실험실에서 만든 것들이다. 그림 2.8B에 네 원자의 원자 번호, 질량수, 기호를 예시하였는데, 그 중 두 개는 우라늄 원소의 동위원소이다.

원소의 화학적 성질은 주로 전자의 수에 의해 결정된다. 따라서 *한 원소의 모든 동위원소들은 비록 질량은 다르지만 거의 동일한 화학적 성질을 가지고 있다.*

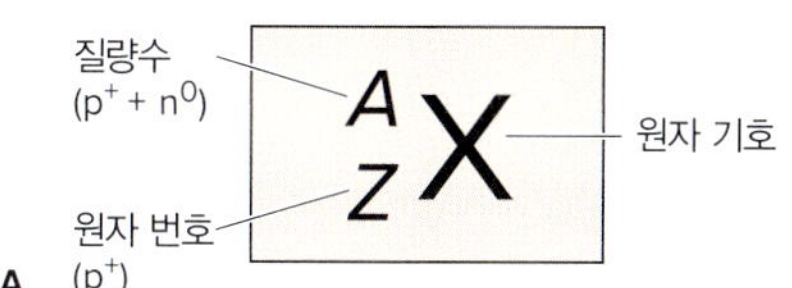

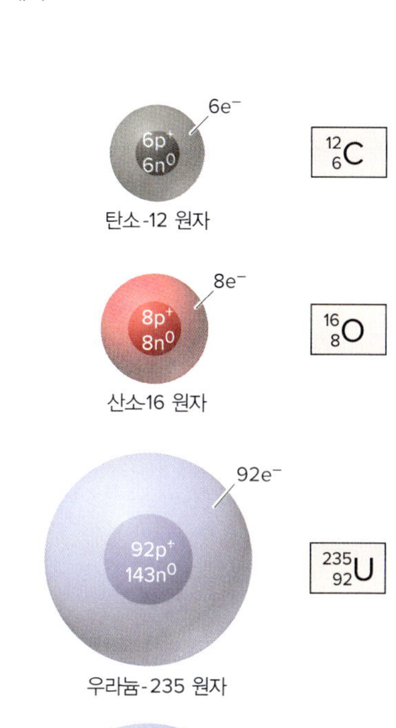

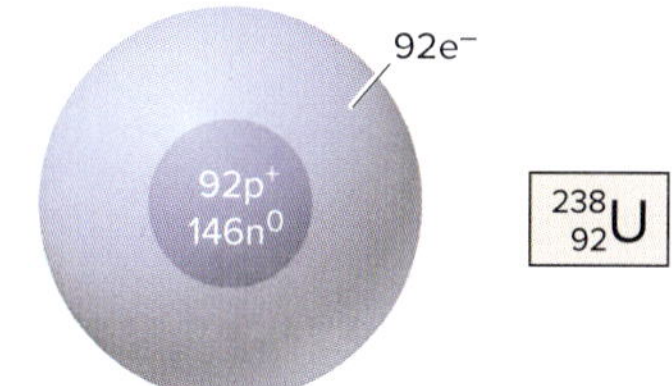

그림 2.8 **원자 표기.** A. $^{A}_{Z}X$ 표기의 의미, B. 네 가지 원자의 표기와 구형 그림.(핵은 크기대로 그리지 않았음.)

예제 2.4 | 동위원소에 있는 아원자 입자수 결정

문제 실리콘(Si)은 반도체 칩의 주요 구성 요소이다. 세 가지 동위원소가 자연에 존재하는데, ^{28}Si, ^{29}Si, ^{30}Si이다. 각 실리콘 동위원소의 양성자 수, 중성자 수, 전자 수를 구하라.

계획 세 동위원소의 질량수(A, 왼쪽 위첨자)가 주어졌다. 질량수는 양성자와 중성자의 개수의 합이다. 이 책의 앞표지 안쪽에 있는 원소 목록에서 전자수와 동일한 원자 번호(Z, 양성자수)를 찾는다. A에서 Z를 빼서 중성자수를 구한다[식 (2.2)].

풀이 원소 목록에서 실리콘의 원자 번호는 14이다. 따라서

^{28}Si는 $14p^+$, $14e^-$, $14n^0$(28 − 14)
^{29}Si는 $14p^+$, $14e^-$, $15n^0$(29 − 14)
^{30}Si는 $14p^+$, $14e^-$, $16n^0$(30 − 14)

▶ **보충 문제**

2.4A 아홉 번째로 흔한 원소인 타이타늄은 전기 터빈, 비행기 몸체, 자전거 몸체와 같은 많은 물체의 구조체로 사용된다. 이 원소는 자연계에서 다섯 가지 동위원소 ^{46}Ti, ^{47}Ti, ^{48}Ti, ^{49}Ti, ^{50}Ti를 가진다. 각 동위원소에 들어 있는 양성자 수, 전자 수, 중성자 수를 구하라.

2.4B 한 원자의 질량수가 88이고, 50개의 중성자를 갖는다. **(a)** 이 원소는 무엇인가? **(b)** 이 원소의 또 다른 동위원소는 질량수가 86이다. 이 동위원소의 한 원자는 각각 몇 개의 양성자, 전자, 중성자를 갖는가?

유사 문제 2.40~2.43

원소의 원자량

원자의 질량은 표준 원자의 질량에 대한 *상대적인* 값으로 정한다. 현재 표준 원자는 탄소-12로 그 질량을 *정확히* 12 원자량 단위(amu)로 정의한다. 따라서 **원자량 단위**(atomic mass unit, **amu**)는 탄소-12 원자량의 $\frac{1}{12}$이다. 이 표준에 기초하여, ^{1}H은 1.008 amu의 질량을 가진다. 다시 말하면, ^{12}C 원자는 ^{1}H 원자량의 12배이다. 단위 이름이 **dalton(Da)**으로 바뀌었지만 이 책에서는 계속해서 *원자량 단위*(amu)를 사용할 것이다. 따라서 ^{12}C 원자 한 개는 12 dalton(12 Da 또는 12 amu)의 질량을 갖는다. 원자량 단위는 상대적인 질량 단위인데, 절대 질량으로는 1.66054×10^{-24} g이다.

동위원소 조성으로부터 원자량 구하기 한 원소의 동위원소 조성은 **질량 분석법**(mass spectrometry)으로 측정하는데, 이 방법으로 원자 수준 입자들의 상대적인 질량과 양을 매우 정밀하게 측정할 수 있다.

이 강력한 분석 기법에서는 고에너지를 가진 전자가 입자, 예를 들어 네온-20 원자와 충돌하면 원자 속의 전자가 떨어져 나가면서 +1가의 양전하를 가진 입자인 Ne^+가 생성된다(그림 2.9A). 따라서 이 입자는 질량을 1^+로 나눈 질량/전하 비율(m/e) 값을 갖는다. 네온의 세 가지 자연 산출 동위원소 시료에 대한 질량 분석법 측정 과정이 그림 2.9B에 나와 있다. 양전하를 띤 입자들은 음으로 하전된, 슬릿이 뚫려 있는 여러 개의 판을 향해 끌려간다. 이 입자들 중 일부는 슬릿을 통과하여 자기장이 작용하는 진공관으로 들어간다. 입자가 이 영역을 지나가면서 m/e 값에 따라 입자의 경로가 휜다. 가장 가벼운 입자(최소 m/e 값)는 가장 많이 휘고, 가장 무거운 입자(최대 m/e 값)는 가장 적게 휜다. 자기장 영역의 끝 부분에서 입자들은 검출기에 도달하고, 검출기에서 입자들의 상대적 위치와 산출도(abundance)가 기록된다(그림 2.9C). 상대적 산출도는 원소 시료에서 각 동위원소의 백분율(또는 분율)로 나타낸다. 예를 들면, ^{20}Ne의 상대적 산출도는 90.48%(또는 0.9048)인데, 이는 자연에서 산출되는 네온 시료 중 90.48%는 질량수가 20이라는 의미이다. 네온 시료의 나머지는 0.27%의 ^{21}Ne과 9.25%의 ^{22}Ne이다.

또한, 질량 분석기는 표준 원자인 ^{12}C 대비 한 동위 원소의 질량비도 측정할 수 있는데, 예를 들면 ^{20}Ne과 ^{12}C의 질량비는 다음과 같다.

$$\frac{^{20}\text{Ne의 질량}}{\text{표준 }^{12}\text{C의 질량}} = 1.666037$$

이 질량비로부터 ^{20}Ne 원자의 **동위원소 질량**(isotopic mass), 즉 ^{12}C의 질량과 비교하여 ^{20}Ne 동위원소의 질량을 알 수 있다.

$$^{20}\text{Ne의 동위원소 질량} = \text{측정한 질량비} \times {}^{12}\text{C의 질량}$$
$$= 1.666037 \times 12 \text{ amu} = 19.99244 \text{ amu}$$

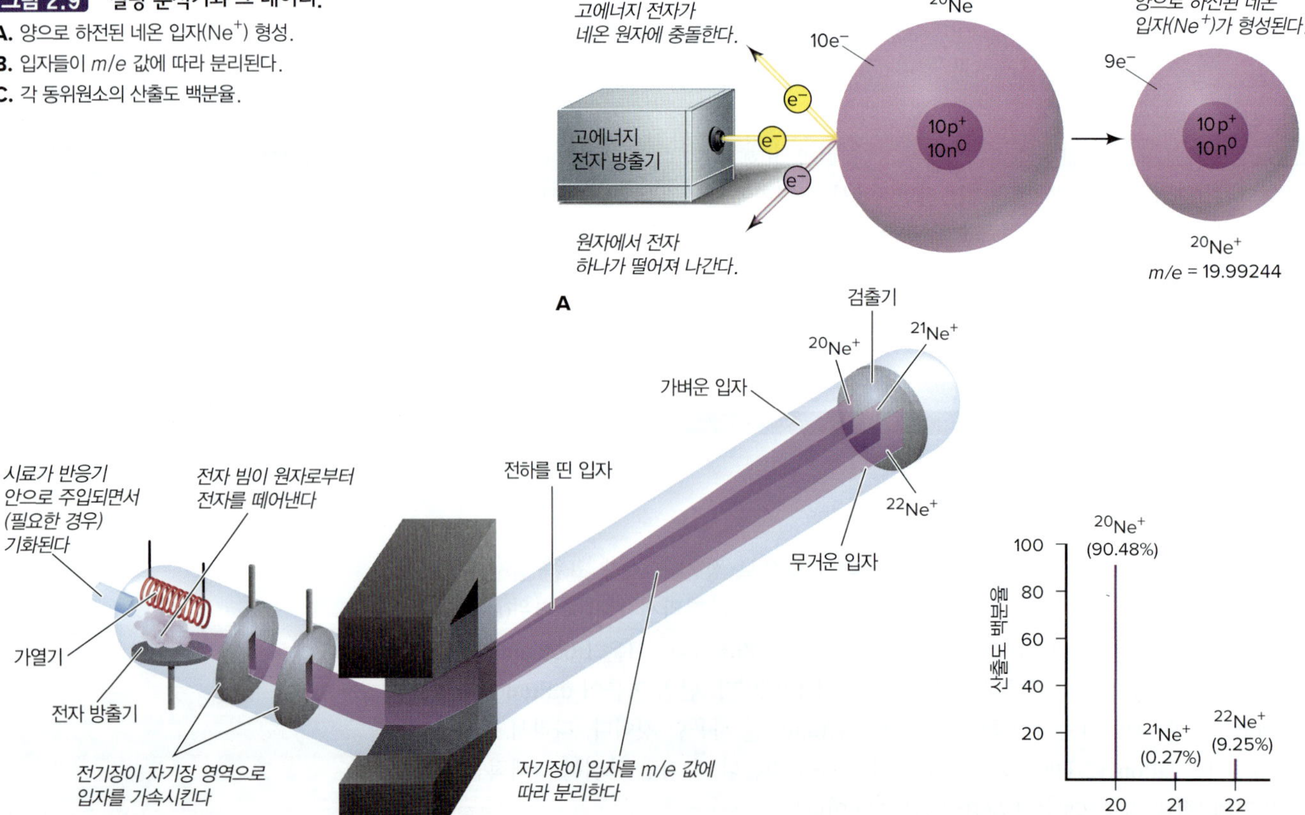

그림 2.9 질량 분석기와 그 데이터.
A. 양으로 하전된 네온 입자(Ne^+) 형성.
B. 입자들이 m/e 값에 따라 분리된다.
C. 각 동위원소의 산출도 백분율.

동위원소 질량과 상대적 산출도에 관한 데이터를 이용하면 원소의 **원자량**(atomic mass 또는 *atomic weight*)을 구할 수 있다. 원자량은 자연에서 산출되는 동위원소들의 *산출도에 따른 가중 평균 질량*이다. 각 동위원소는 일정 비율만큼 원자량에 기여한다. 그 비율은 각 동위원소의 질량에 산출도 분율을 곱하여 계산한다. 각 동위원소의 기여 비율을 모두 더하면 원소의 평균 원자 질량을 구할 수 있다.

$$\text{원자량} = \Sigma(\text{동위원소의 질량}) \times (\text{동위원소의 산출도 분율}) \qquad \textbf{(2.3)}$$

여기서 각 동위원소의 산출도 분율은 백분율 산출도를 100으로 나눈 값이고, Σ 기호는 합을 나타낸다. 예를 들어 네온의 질량 분석 데이터(그림 2.9C)를 사용하여 네온의 평균 원자 질량을 계산한다.

동위원소	동위원소 질량 (amu)	백분율 산출도	산출도 분율	동위원소 질량 × 산출도 분율
^{20}Ne	19.99244	90.48	0.9048	19.99244 amu × 0.9048 = 18.0892 amu
^{21}Ne	20.99385	0.27	0.0027	20.99385 amu × 0.0027 = 0.05668 amu
^{22}Ne	21.99139	9.25	0.0925	21.99139 amu × 0.0925 = 2.0342 amu
				평균 원자 질량 = 합 = 20.18008 amu
				= 20.18 amu

원자량은 평균값이다. 즉, 질량이 20.18 amu인 네온 원자는 없지만 네온 시료가 이만큼의 평균 질량을 갖는 원자들로 이루어져 있다고 볼 수 있다. ^{20}Ne 동위원소는 다른 두 동위원소보다 훨씬 많기(90.48%) 때문에 네온의 원자량은 다른 (더 무거운) 두 동위원소의 질량보다 이 동위원소의 질량에 훨씬 더 가깝다.

예제 2.5 | 원소의 원자량 계산

문제 은(Ag, $Z = 47$)의 경우 46개의 동위원소가 알려져 있으나, 그 중 2개(^{107}Ag과 ^{109}Ag)만이 자연에서 산출된다. 다음 자료로 Ag의 원자량을 계산하라.

동위원소	질량(amu)	산출도(%)
^{107}Ag	106.90509	51.84
^{109}Ag	108.90476	48.16

계획 두 Ag 동위원소의 질량과 산출도로부터 Ag의 원자량(동위원소 질량들의 가중 평균)을 알아내야 한다. 각 동위원소의 백분율 산출도를 100으로 나누어 산출도 분율을 얻고, 이 값에 각 동위원소 질량을 곱하여 각 동위원소가 원자량에 기여하는 비율을 구한다. 각 동위원소의 기여 비율을 합하여 원자량을 구한다[식 (2.3)].

풀이 산출도 분율 구하기:

^{107}Ag의 산출도 분율 = 51.84/100 = 0.5184. 마찬가지로 ^{109}Ag = 0.4816

각 동위원소의 원자량 기여 비율 구하기:

^{107}Ag의 기여 비율 = 동위원소 질량 × 산출도 분율
= 106.90509 amu × 0.5184 = 55.42 amu

^{109}Ag의 기여 비율 = 108.90476 amu × 0.4816 = 52.45 amu

은의 원자량 구하기:

Ag의 원자량 = 55.42 amu + 52.45 amu = 107.87 amu

로드맵

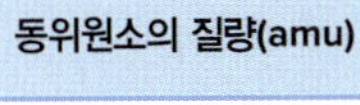

또는 식 (2.3)을 이용하여 한 번에 구할 수도 있다.

$$\begin{aligned}\text{Ag의 원자량} &= (^{107}\text{Ag의 원자량})(^{107}\text{Ag의 산출도 분율}) \\ &\quad + (^{109}\text{Ag의 원자량})(^{109}\text{Ag의 산출도 분율}) \\ &= (106.90959\ \text{amu})(0.5184) + (108.90476\ \text{amu})(0.4816) \\ &= 107.87\ \text{amu}\end{aligned}$$

검산 각 기여 비율은 옳은 것 같다. ~100 amu × 0.50 = 50 amu. 두 기여 비율은 두 동위원소의 산출도가 거의 비슷하기 때문에 서로 거의 같아야 한다. 산출도의 유효 숫자가 네 개이므로 반올림하여 기여분의 유효 숫자를 네 개로 만든다. 이것은 (소수점 이하 둘째 자릿수까지) 정확한 원자량이다. 원소 목록(앞표지 안쪽)에서도 107.9 amu로 반올림되어 있다.

▶ 보충 문제

2.5A 중요한 반도체인 실리콘에는 ^{28}Si, ^{29}Si, ^{30}Si의 세 가지 자연 발생 동위 원소가 있다. 다음 정보를 사용하여 실리콘의 원자량을 구하라. ^{28}Si의 질량은 27.97693 amu이고 산출도는 92.23%이고, ^{29}Si는 질량이 28.976495 amu이고 산출도는 4.67%이며, ^{30}Si의 질량은 29.973770 amu이고 산출도는 3.10%의 존재비이다.

2.5B 붕소(B, Z = 5)는 자연에 두 가지 동위원소로 존재한다. 주어진 자료로부터 ^{10}B과 ^{11}B의 산출도 백분율을 계산하라. B의 원자량은 10.81 amu이고, ^{10}B 동위원소 질량은 10.0129 amu이며, ^{11}B 동위원소 질량은 11.0093 amu이다. (*힌트*: 산출도 분율의 합은 1이다. x가 ^{10}B의 산출도라면, ^{11}B의 산출도는 $1 - x$이다.)

유사 문제 2.48~2.51

원자량 구간 Dalton이 원자론을 주장했던 때부터 20세기 대부분에 이르기까지 원자량은 광속처럼 자연의 상수로 여겨졌다. 그러나 최첨단 질량 분석기로 측정한 결과들에 의해 동위원소의 조성이 출처에 따라 약간씩 변화하는 사실이 알려지자 1969년 국제 순수 · 응용화학 연합(IUPAC)에서 원자량이 일정하게 유지된다는 개념을 거부하였다.

2009년 IUPAC에서는 동위원소 조성이 예외적으로 많이 변화하여 *원자량 구간*을 적용해야 하는 10개의 원소를 제시하였다. 수소(H), 리튬(Li), 붕소(B), 탄소(C), 질소(N), 산소(O), 실리콘(Si), 황(S), 염소(Cl), 탈륨(Tl)이 그것들이다. 예를 들어 수소는 대양, 강, 호수, 다양한 광물들 및 유기 침전물에서 얻은 시료들에서 동위원소의 조성이 매우 크게 변화하므로 이제는 수소의 원자량을 구간[1.00784; 1.00811]으로 제시한다. 즉, 수소의 원자량은 1.00784 이상, 1.00811 이하라는 뜻이다. *어떤 원소의 특정 동위원소의 질량은 일정하지만, 이들의 출처에 따라 동위원소의* ***비율****이 다르다*는 것을 이해하는 것이 중요하다.

원자량 구간은 매우 정밀한 연구에서는 중요하지만 이 책에서는 원자량 계산에 유효 숫자 4자리, 예를 들어 H의 원자량을 1.008로 쓰므로, 이 변화는 이 책의 논의에는 아무런 영향을 미치지 않는다(앞표지 안쪽의 원소 목록 참조). 또한 그렇게 작은 조성 차이는 일정 성분비의 법칙의 기본 개념을 무너뜨리지 않는다. 즉, 화합물이 어디에서 왔든 화합물 중의 각 원소의 질량 비는 일정하다(2.2절).

› 2.5절 요약

- 원자는 중앙에 양전하를 띤 양성자와 전하가 없는 중성자로 구성된 핵이 있고, 이 핵을 음전하를 가진 전자가 둘러싸고 있다.
- 원자는 $^{A}_{Z}$X 기호로 표기하는데, 여기서 Z는 원자 번호(양성자 수), A는 질량수(양성자와 중성자 수의 합), 그리고 X는 원자 기호이다.
- 원소는 양성자 수는 같으나 중성자 수가 다른 원소인 동위원소의 혼합물로 자연에 존재한다. 각 동위원소는 ^{12}C 질량 표준에 대한 상대적 질량을 갖는다.
- 원소의 원자량은 천연 산출도에 따른 동위원소 질량의 평균이며, 질량 분석기를 써서 측정한다.

2.6 원소: 주기율표와의 첫 만남

18세기 말경 Lavoisier는 그 당시에 알려진 23개 원소의 목록을 만들었다. 1870년까지는 65개가 알려졌고, 1925년까지는 88개, 오늘날에는 118개가 알려졌다. 19세기 중엽까지 원소들의 반응, 성질, 원자량에 관한 엄청난 정보가 축적되었다. 몇몇 연구자들은 성질들의 반복적으로 나타나는 *주기적* 패턴을 발견하고, 원소들을 몇 가지 기본적인 성질에 따라 조직화하는 체계를 제안했다.

1871년에 러시아 화학자 Dmitri Mendeleev(1836~1907)는 원소들을 조직화하는 체계 중 가장 성공적인 표를 출판하였는데, 이 표는 원소들을 원자량이 증가하는 순서로 나열하고 같은 열에는 비슷한 화학적 성질을 가진 원소들을 정리하였다. Mendeleev의 생각에 바탕을 둔(그러나 질량이 아니고 *원자 번호*에 따라 나열) 현대 **주기율표**(periodic table of the elements)는 과학에서 가장 위대한 분류 체계이며 화학자들과 화학을 공부하는 학생들에게는 없어서는 안 될 도구이다.

주기율표의 구성 가장 흔히 사용하는 형태의 현대 주기율표를 그림 2.10과 앞표지 안쪽 면에 나타내었다. 주기율표는 다음과 같이 구성되어 있다.

1. 각 원소의 원자 번호, 원자 기호, 원자량을 상자에 넣는다. (괄호 안 질량은 그 원소의 가장 안정한 동위원소의 질량수이다.) 상자는 왼쪽에서부터 오른쪽으로 *원자 번호(핵의 양성자 수)가 증가*하는 순서로 나열한다.

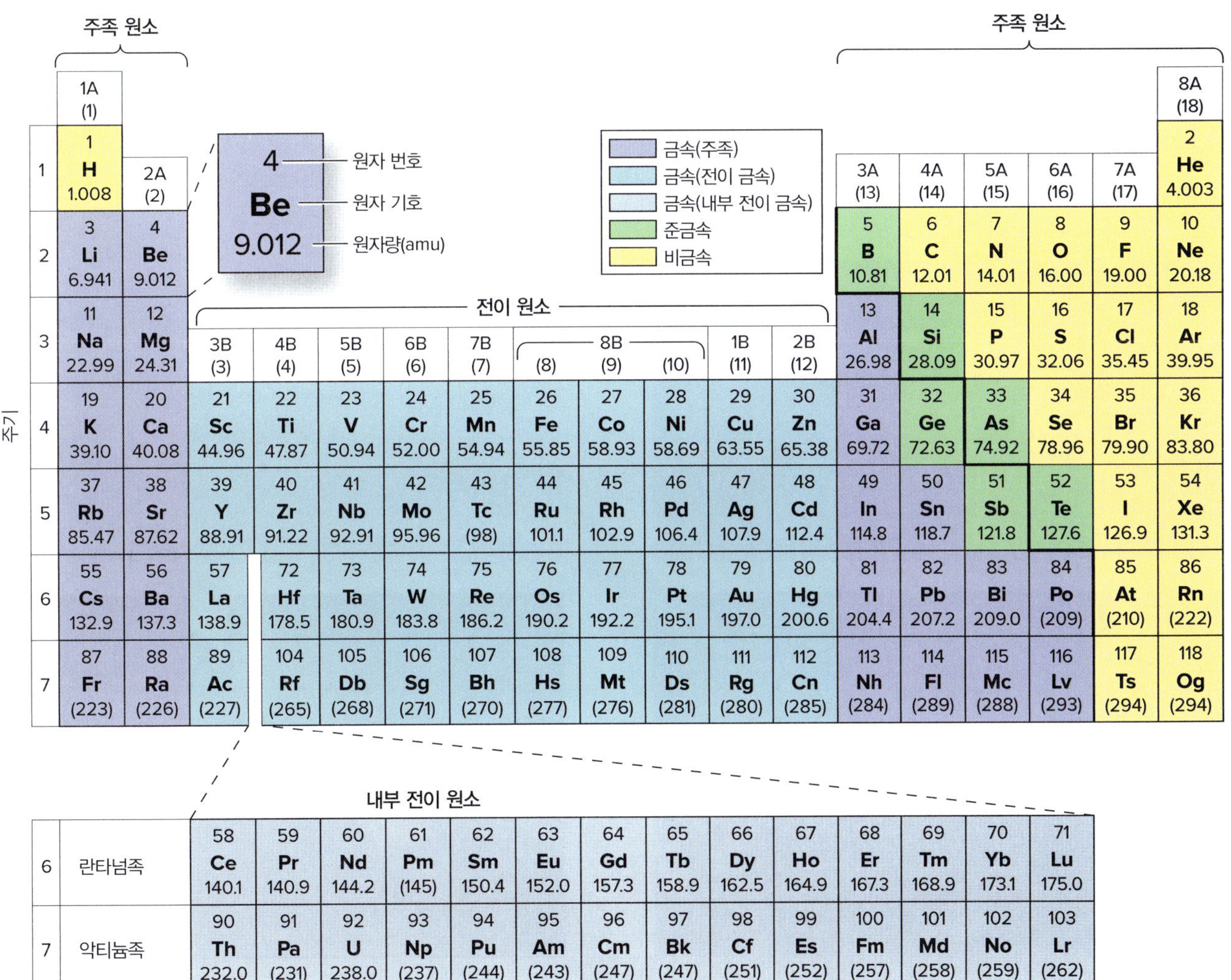

그림 2.10 현대의 주기율표.

2. 상자를 수평 행인 **주기**(period)와 수직 열인 **족**(group)으로 배열한다. 각 주기는 1에서 7까지 있고, 족은 1에서 8까지의 수에 A 또는 B를 붙인다. 새로운 체계는 족을 A 또는 B의 문자 없이 1에서 18까지로 하고 숫자-문자 명칭 표기 아래 괄호 안에 표시한다. (이 책에서는 숫자-문자 체계를 사용하며 새로운 체계는 괄호 안에 표시한다.)
3. 8개의 A족(왼쪽에 두 개, 오른쪽에 6개)은 *주족 원소*(main-group element)들이다. 2A(2)족과 3A(13)족 사이에 있는 10개의 B족은 *전이 원소*(transition element)이다. 란타넘 계열과 악티늄 계열인 두 수평 계열 *내부 전이 원소*(inner transition element)는 3B(3)족 원소와 4B(4)족 원소 *사이*에 들어가는 원소들이며 주기율표의 아래에 둔다.

원소 분류 원소를 분류하는 가장 명확한 방법은 금속, 비금속, 준금속으로 분류하는 것이다. 3A(13)족 꼭대기에서 6A(16)족 바닥까지 연결하는 "계단" 선이 구분하는 선이다.

- **금속**(metal, 그림 2.10의 *세 가지 파란색 계통*)은 표의 왼쪽-아래 넓은 부분에 있다. 모든 원소의 4분의 3 정도가 금속이며, 많은 주족 원소와 모든 전이 및 내부 전이 원소가 금속에 속한다. 금속은 실온에서 일반적으로 광택이 나는 고체이며, 열과 전기를 잘 통한다. 쉽게 판(전성)과 선(연성)으로 만들 수 있다.
- **비금속**(nonmetal, *노란색*)은 표의 위-오른쪽의 작은 부분(위-왼쪽 구석에 있는 비금속인 수소는 예외)에 있다. 일반적으로 실온에서 기체이거나 잘 부서지는 고체(브로민만 액체)이고 열과 전기를 잘 전달하지 않는다.
- **준금속**(metalloid, *녹색*)은 **반금속**(semimetal)이라고도 하며, 계단 선을 따라 놓여 있고 금속과 비금속의 중간 성질을 가지고 있다.

그림 2.11은 세 부류의 원소의 예를 보여주고 있다.

기억해야 할 두 가지 요점은 다음과 같다.

1. 일반적으로 같은 족에 속한 원소들은 화학적 성질이 *유사하고*, 같은 주기에 속한 원소는 화학적 성질이 *다르다*.

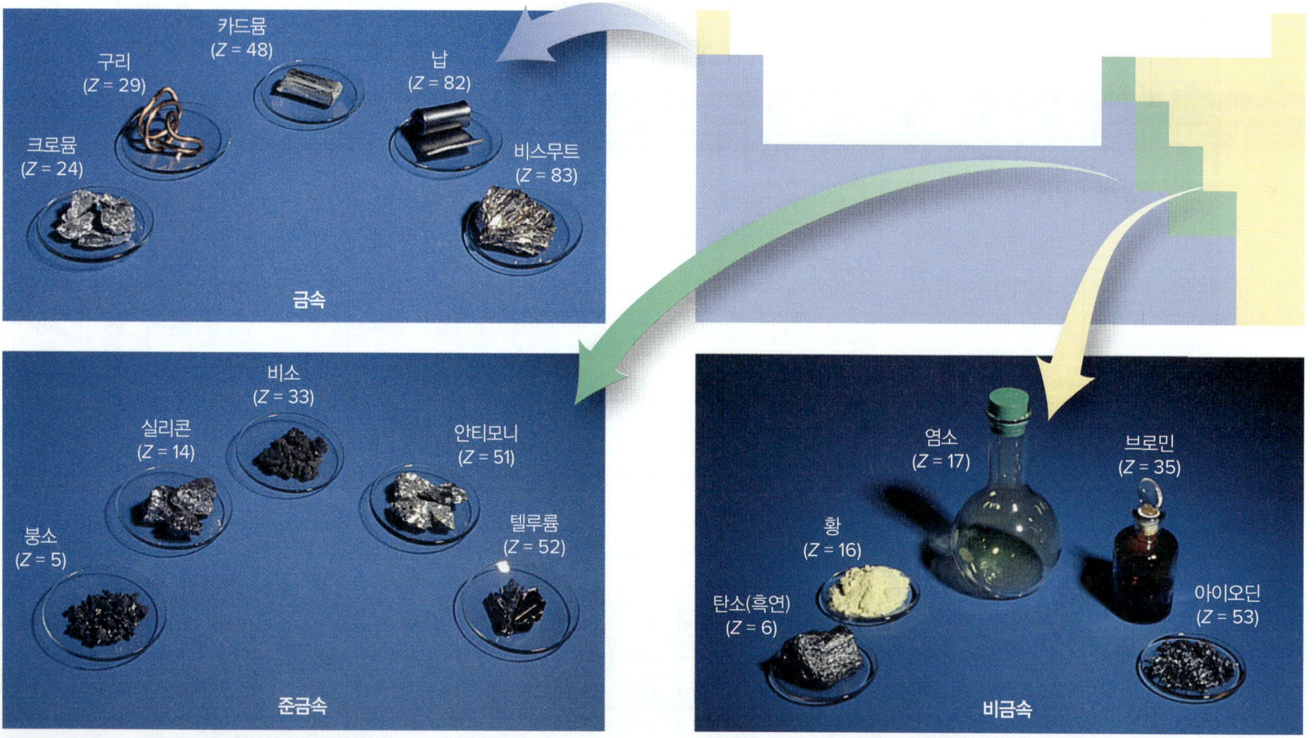

그림 2.11 몇 가지 금속, 준금속, 비금속.

2. 원소를 세 가지 유형으로 분류했지만 성질은 왼쪽에서 오른쪽으로, 위에서 아래로 가면서 서서히 변한다.

일부 족의 이름을 알아둘 필요가 있다.

- 1A(1)족(수소를 제외하고)—*알칼리 금속*(alkali metal, 반응성이 큰 금속)
- 2A(2)족—*알칼리 토금속*(alkaline earth metal, 반응성이 큰 금속)
- 7A(17)족—*할로젠*(halogen, 반응성이 큰 비금속)
- 8A(18)족—*비활성 기체*(비교적 반응성이 낮은 비금속)

다른 주족[3A(13)족에서 6A(16)족까지]은 흔히 족의 첫 원소 이름으로 부른다. 예를 들면, 6A(16)족은 *산소 족*이다.

화학의 두 가지 주요 분야는 전통적으로 연구의 대상으로 삼는 원소에 따라 정의한다. *유기 화학*(organic chemistry)은 탄소 화합물, 특히 수소를 함유한 탄소 화합물과 종종 산소, 질소 그리고 몇몇 다른 원소를 함유한 탄소 화합물을 연구하는 분야이다. 유기 화학은 연료, 약품, 염료 등에 관심을 갖는다. 이와는 달리 *무기 화학*(inorganic chemistry)은 촉매, 전자 재료, 금속 합금, 광물 등에 관심을 두고 연구하는 분야이다. 폭발적으로 발전하는 생의학과 재료 과학은 이들 두 분야 사이의 경계를 없애고 있다.

예제 2.6 | *Z* 값으로부터 원소 찾기

문제 주어진 Z 값으로부터 이 원소의 이름, 표기, 족, 주기를 쓰고, 이 원소가 주족 원소, 전이 금속, 내부 전이 금속, 비금속, 준금속 중 어느 집단에 속하는가를 써라.
(a) $Z = 38$ **(b)** $Z = 17$ **(c)** $Z = 27$.

계획 Z 값은 원소의 원자 번호이다. 이 책의 표지 안쪽에 원소들이 나열되어 있으므로 Z 값에 해당되는 원소들의 이름과 표기를 알 수 있다. 다음은 주기율표로부터 원소가 속한 족(세로 줄)과 주기(가로 줄)를 파악한다. 마지막으로 주기율표의 색깔에 따른 분류에 의해 이 원소가 어느 집단에 속하는지 파악한다.

풀이

(a) 스트론튬, Sr, 2A족, 5주기, 주족 원소.

(b) 염소, Cl, 7A족, 3주기, 비금속.

(c) 코발트, Co, 8B족, 4주기, 전이 금속.

검산 주기율표에서 위로부터 족을 검사하고 아래로 가며 주기를 검산하여 답이 정확한 것을 파악한다.

해설 스트론튬은 알칼리 토금속이며 염소는 할로젠 원소이다.

▶ 보충 문제

2.6A 주어진 Z 값으로부터 이 원소의 이름, 표기, 족, 주기를 쓰고, 이 원소가 주족 원소, 전이 금속, 내부 전이 금속, 비금속, 준금속 중 어느 집단에 속하는가를 써라.
(a) $Z = 14$ **(b)** $Z = 55$ **(c)** $Z = 54$.

2.6B 주어진 Z 값으로부터 이 원소의 이름, 표기, 족, 주기를 쓰고, 이 원소가 주족 원소, 전이 금속, 내부 전이 금속, 비금속, 준금속 중 어느 집단에 속하는가를 써라.
(a) $Z = 12$ **(b)** $Z = 7$ **(c)** $Z = 30$.

유사 문제 2.57, 2.58

› 2.6절 요약

› 주기율표에서는 원소를 원자 번호에 따라 수평의 주기와 수직의 족으로 나열한다.

› 비금속은 주기율표의 위-오른쪽에 있고, 준금속은 계단 선을 따라 놓여 있으며, 금속은 주기율표의 나머지 부분을 차지하고 있다.

› 같은 족에 속한 원소들은 서로 비슷한 성질을 가지고 있으나 같은 주기에 속한 원소들은 성질이 서로 다르다.

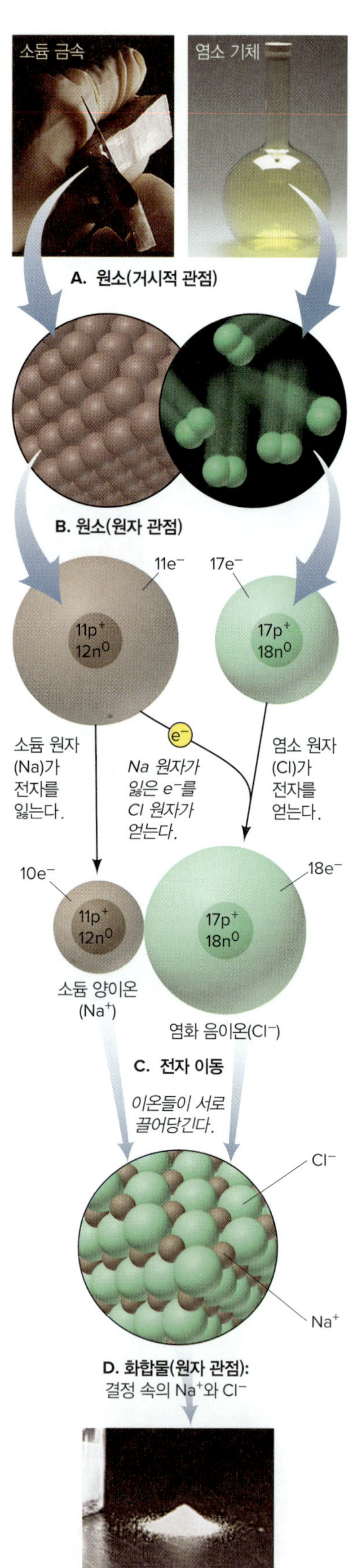

2.7 화합물: 화학 결합 개론

소수의 원소들을 제외하고는 *자연에서 산출되는 대부분의 원소들은 다른 원소와 결합한 화합물로 존재한다.*

극히 일부의 원소들만 자연에서 유리된 형태로 존재한다.

- 비활성 기체인 헬륨(He), 네온(Ne), 아르곤(Ar), 크립톤(Kr), 제논(Xe), 라돈(Rn)은 분리된 원자로 공기 중에 존재한다.
- 산소(O), 질소(N), 황(S)은 O_2, N_2, S_8인 분자가 가장 흔한 원소 형태이다
- 탄소(C)는 대부분 거의 순수한 석탄으로 존재한다.
- 구리(Cu), 은(Ag), 금(Au), 백금(Pt)과 같은 몇 가지 금속은 가끔 결합하지 않은 상태로 발견된다.

원소는 일반적으로 두 가지 방식으로 결합하며, 두 가지 방식 모두 *상호작용하는 원소 원자의 전자가 참여한다.*

1. 한 원소의 원자에서 다른 원소의 원자로 *전자가 이동하면* **이온 결합 화합물**(ionic compound)이 생성된다.
2. 서로 다른 원소의 원자들이 *전자를 공유하면* **공유 결합 화합물**(covalent compound)이 생성된다.

이들 과정으로 화합물에서 원자들을 붙들고 있는 힘인 **화학 결합**(chemical bond)이 생긴다. 이 절에서는 화합물 형성을 소개하는데, 나중에 더 상세하게 살펴볼 것이다.

이온 결합 화합물 생성

이온 결합 화합물은 원자(또는 작은 원자단)가 한 개 혹은 그 이상의 전자를 얻거나 잃을 때 생기는 전하를 띤 입자인 **이온**(ion)으로 이루어진다. 가장 간단한 형태의 이온 결합 화합물은 두 원소로 이루어진 **이성분 이온 결합 화합물**(binary ionic compound)이다. 전형적으로 *금속이 비금속과 반응할 때* 생긴다.

- 각 금속 원자는 한 개 혹은 그 이상의 전자를 *잃고* 양으로 하전된 이온인 **양이온**(cation)이 된다.
- 각 비금속 원자는 금속 원자가 잃은 한 개 혹은 그 이상의 전자를 *받아서* 음으로 하전된 이온인 **음이온**(anion)이 된다.

실제로 금속 원자는 비금속 원자에게 *전자를 전달한다.* 결과적으로 생긴 많은 수의 양이온과 음이온은 *정전기적 인력*으로 서로 끌어당겨 이온 결합 화합물을 만든다. 원자 한 개로 만들어진 양이온이나 음이온을 **단원자 이온**(monatomic ion)이라 부른다. 원자들의 집단에서 만들어지는 *다원자 이온*(polyatomic ion)은 나중에 논의한다.

염화 소듐의 예 *모든 이성분 이온 결합 화합물은 서로 반대 전하를 띤 이온들의 단단한 배열이다.* 이성분 이온 결합 화합물인 염화 소듐(식용 소금)이 원소로부터 생성되는 과정을 그림 2.12에 나타내었다. 전자 전달을 통해 소듐 원자는 한 개의 전자를 잃고 소듐 양이온(Na^+)을 형성한다. (이온의 전하는 *오른쪽 위첨자*로 표시한다. 전하가 1+나 1−면 1은 생략하고, 더 큰 전하에 대해서는 2+처럼 부호를 숫자 *다음에* 쓴다.) 염소 원자는 그 전자를 *얻어* 염화 음이온(Cl^-)이 된다. (비금속이 음이온으로 될 때 이름이 바뀌는 것은 2.8절에서 논의할 것이다.) 반대 전하를 가진 이온들(Na^+와 Cl^-)은 서로 끌어당기고 같은 전하를 가진 이온들(Na^+와 Na^+, Cl^-와 Cl^-)은 서로 밀어낸다. 그 결과로 생긴 고체 덩어리는 Na^+와 Cl^-가 규칙적으로 교차 배열되면서 3차원으로 뻗어나간 것이다. 보일 듯 말 듯 하

그림 2.12 **이온 결합 화합물의 생성.** **A.** 실험실에 있는 두 원소. **B.** 원자 수준에서 본 두 원소. **C.** 전자가 Na로부터 Cl로 전달되면서 Na^+와 Cl^-를 형성하는 모식도. **D.** 수없이 많은 Na^+와 Cl^- 이온들이 서로 끌어당겨 규칙적인 3차원 구조를 형성. **E.** 암염 형태로 자연계에서 산출되는 NaCl 결정.

Source: A(1–2), E: ©Stephen Frisch/McGraw-Hill Education

는 식용 소금 알갱이 속에도 헤아릴 수 없을 만큼 많은 소듐과 염화 이온이 들어 있다.

Coulomb 법칙 이온 결합의 세기는 인력과 반발력의 알짜 세기에 대부분 의존하며 *Coulomb 법칙*(Coulomb's law)으로 설명된다.

- Coulomb 법칙: 두 입자 사이의 인력(또는 반발력)에 의한 에너지는 전하의 곱에 비례하고 거리에 반비례한다.

$$\text{에너지} \propto \frac{\text{전하 1} \times \text{전하 2}}{\text{거리}}$$

그림 2.13에 나타낸 것처럼 다음과 같이 요약할 수 있다.

- 큰 전하를 가진 이온은 작은 전하를 가진 이온보다 더 강하게 끌어당긴다(또는 밀어냄).
- 크기가 작은 이온은 큰 이온보다 더 강하게 끌어당긴다(또는 밀어냄). 이유는 전하가 더 가깝기 때문이다.

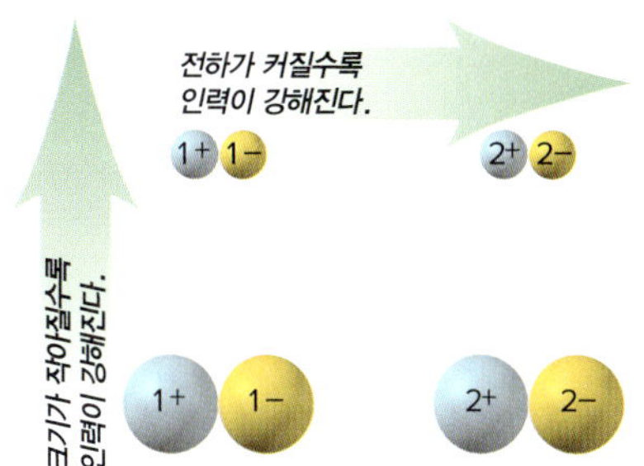

그림 2.13 이온 결합의 세기에 영향을 미치는 인자들.

잃거나 얻는 전자수 예측 *이온 결합 화합물*은 양전하와 음전하의 수가 같기 때문에 *중성이다*. 따라서 염화 소듐은 Na^+와 Cl^- 이온이 둘 다 단위 전하를 가졌기 때문에 동일한 수의 Na^+와 Cl^-를 가진다. 그러나 산화 소듐에서는 산화 이온(O^{2-}) 한 개에 Na^+ 이온 두 개가 결합되어 있는데, 1+ 이온 두 개와 2− 이온 한 개가 균형을 이루기 때문이다.

주어진 원자가 이온을 형성할 때 그 원자가 잃는 전자와 얻는 전자의 수를 예측할 수 있을까? A족 원소에서는 금속 원자는 전자를 잃고 비금속 원자는 전자를 얻어서 *가장 가까운 비활성 기체 원자[8A(18)족]가 가지고 있는 전자수와 같은 전자를 갖는 이온*을 형성한다. 비활성 기체의 안정성은 그들의 전자수(그리고 배열)와 관계가 있다. 따라서 소듐 원자($11e^-$)는 전자 한 개를 잃고 가장 가까운 비활성 기체인 네온 원자($10e^-$)의 안정성을 얻을 수 있다. 마찬가지로 염소 원자($17e^-$)는 전자 한 개를 얻어서 가장 가까운 비활성 기체인 아르곤 원자($18e^-$)의 안정성을 얻을 수 있다. 일반적으로 비활성 기체 근처에 있는 원소가 단원자 이온을 형성할 때

- *금속은 전자를 잃는다.* 1A(1)족 원소는 한 개의 전자를, 2A(2)족 원소는 두 개를, 3A(13)족의 알루미늄은 세 개의 전자를 잃는다.
- *비금속은 전자를 얻는다.* 7A(17)족 원소는 한 개의 전자를, 6A(16)족 원소인 산소와 황은 2개를, 5A(15)족 원소인 질소는 세 개의 전자를 얻는다.

그림 2.10의 주기율표에서 7A(17)족의 원소들이 1A(1)족 원소들보다 비활성 기체에 "더 가까운" 것처럼 보이지만, 실제로는 두 족의 원소들은 가장 가까운 비활성 기체의 전자수와는 전자 한 개 밖에 차이가 나지 않는다. 그림 2.14는 주기율표를 잘라서 원통 모양으로 다시 붙인 단원자 이온의 주기율표를 보여준다. 플루오린(F, $Z = 9$)은 비활성 기체 네온(Ne, $Z = 10$)보다 전자 한 개가 *적고*, 소듐(Na, $Z = 11$)은 전자 한 개가 *많다*. 따라서 F^-와 Na^+를 형성한다. 마찬가지로 산소(O, $Z = 8$)는 전자 두 개를 얻고, 마그네슘(Mg, $Z = 12$)은 전자 두 개를 잃어 O^{2-}와 Mg^{2+} 이온을 형성하여 Ne과 같은 전자수를 갖는다. 그림 2.14는 같은 주기에 있는 이온들은 같은 수의 전자를 가지고 있다는 것을 보여준다.

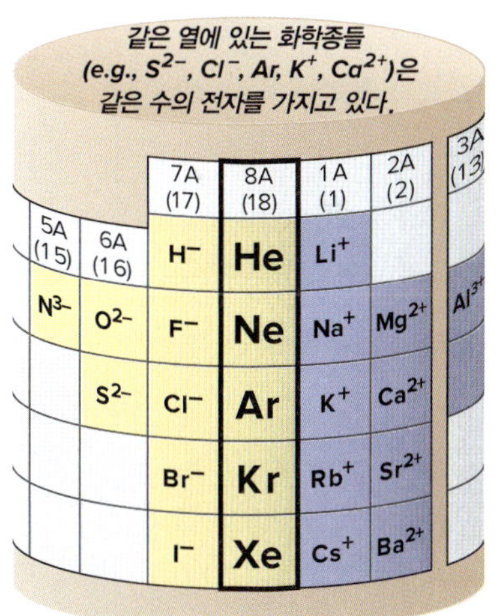

그림 2.14 원소가 형성하는 이온과 가장 가까운 비활성 기체 사이의 관계.

예제 2.7 | 원소가 형성하는 이온 예측

문제 다음 원소는 어떤 단원자 이온을 형성하겠는가?

(a) 아이오딘($Z = 53$) **(b)** 칼슘($Z = 20$) **(c)** 알루미늄($Z = 13$)

계획 주어진 Z 값을 이용하여 주기율표에서 원소를 찾고 그 원소가 속한 족에 가까운 비활성 기체를 찾는다. 1A, 2A, 3A족에 속한 원소는 가장 가까운 비활성 기체와 같은 수의 전자를 가지기 위해 전자를 *잃고* 양이온이 된다. 5A, 6A, 7A족에 속한 원소는 전자를 *얻어* 음이온이 된다.

풀이 (a) I^- 아이오딘($_{53}I$)은 7A(17)족 할로젠 원소이다. 이 족에 있는 다른 원소처럼 전자 한 개를 얻어 가장 가까운 8A(18)족 원소와 같은 수의 전자를 갖는다. 이 경우 가장 가까운 비활성 기체는 $_{54}Xe$이다.

멀리 떨어진 두 원자: *상호작용 없음.*

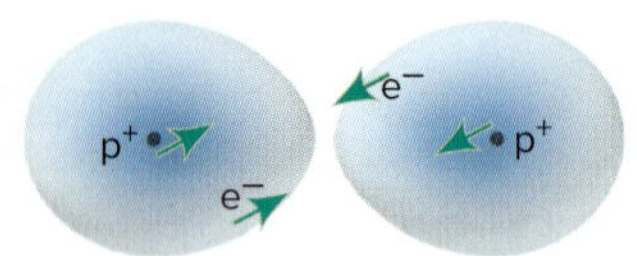

원자들이 가까워짐: *한 원자의 핵과 다른 원자의 전자 사이에 인력(녹색 화살표)이 증가한다. 두 원자의 핵과 핵, 전자와 전자의 반발력은 매우 약하다.*

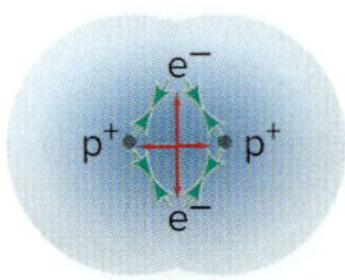

최적 거리: *인력(녹색 화살표)과 반발력(빨간색 화살표) 사이의 균형으로 H_2 분자가 형성된다.*

그림 2.15 두 H 원자 사이의 공유 결합 형성.

(b) Ca^{2+} 칼슘($_{20}Ca$)은 2A(2)족인 알칼리 토금속이다. 2A족의 다른 원소와 마찬가지로 전자 두 개를 잃어 가장 가까운 비활성 기체인 $_{18}Ar$과 같은 수의 전자를 갖는다.

(c) Al^{3+} 알루미늄($_{13}Al$)은 붕소족[3A(13)족]에 속한 금속이다. 따라서 전자 세 개를 잃고 가장 가까운 비활성 기체인 $_{10}Ne$과 같은 수의 전자를 갖는다.

▶ 보충 문제

2.7A 다음 원소는 어떤 단원자 이온을 만드는가? **(a)** $_{16}S$ **(b)** $_{37}Rb$ **(c)** $_{56}Ba$.

2.7B 다음 원소는 어떤 단원자 이온을 만드는가? **(a)** $_{38}Sr$ **(b)** $_{8}O$ **(c)** $_{55}Cs$.

유사 문제 2.71, 2.72

공유 결합 화합물 생성

공유 결합 화합물은 원소의 원자들이 전자를 공유할 때 형성되며 주로 비금속 사이에서 생성된다.

원소에서의 공유 결합과 간단한 몇 가지 화합물 전자를 공유하는 가장 간단한 예는 화합물에서가 아니고 수소 원소, 즉 두 개의 수소 원자(H, Z = 1) 사이에서 일어난다. 분리된 두 개의 H 원자가 서로 접근한다고 상상해 보자(그림 2.15). 두 원자가 점점 더 가까워지면 각 원자의 핵은 다른 원자의 전자를 점점 더 강하게 끌어당긴다. 분리된 원자가 서로 중첩되기 시작하면 핵과 핵 사이 그리고 전자와 전자 사이의 반발력이 증가하기 시작한다. 두 핵 사이의 최적의 거리에서 두 원자는 **공유 결합**(covalent bond)을 형성하는데, 이는 한 쌍의 전자가 두 핵 모두에 의해 끌리는 상태이다. 공유 결합에 의해 수소 분자가 생성되는데, 각 전자는 더 이상 어느 특정 수소 원자에 "속하지" 않고 두 전자를 두 핵이 공유하게 된다. 수소 기체 시료는 이와 같은 이원자 분자(H_2)로 구성되어 있다. H_2에서는 한 쌍의 H 원자가 서로 분리되어 있지 *않고* 화학적으로 결합하여 각 원자가 하나의 단위체 역할을 한다. 그림 2.16에는 실온에서 분자로 존재하는 다른 비금속 원소들이 나와 있다.

서로 다른 원소의 원자들도 전자를 공유하여 공유 결합 화합물인 분자를 생성한다. 예를 들면 플루오린화 수소는 한 개의 H 원자와 한 개의 F 원자가 공유 결합을 형성하여 만든 분자로 이루어져 있고, 물은 O 원자 한 개가 H 원자 두 개와 공유 결합을 하여 분자를 이룬다(*보조단 참조*).

플루오린화 수소, HF

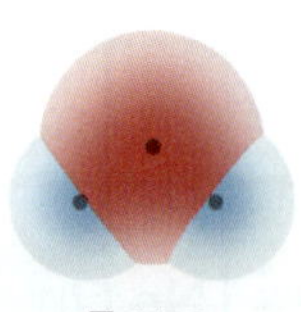

물, H_2O

공유 결합 물질과 이온 결합 물질의 구별 공유 결합 물질과 이온 결합 물질의 화학적 본질에는 중요한 두 가지 차이점이 있다.

1. *대부분의 공유 결합 물질은 분자로 이루어져 있다.* 예를 들면, 물 한 컵은 서로 가까이에 놓여 있는 개개의 물 분자로 이루어져 있다. 이와는 반대로 보통 조건에서 *이온 결합 화합물에는 분자가 없다.* 예를 들어 염화 소듐 한 조각은 개개의 염화 소듐 "분자"의 집합체가 *아니라* 서로 반대 전하를 띠고 있는 소듐 이온과 염화 이온이 3차원 공간에서 연속적으로 정렬해 있는 것이다.

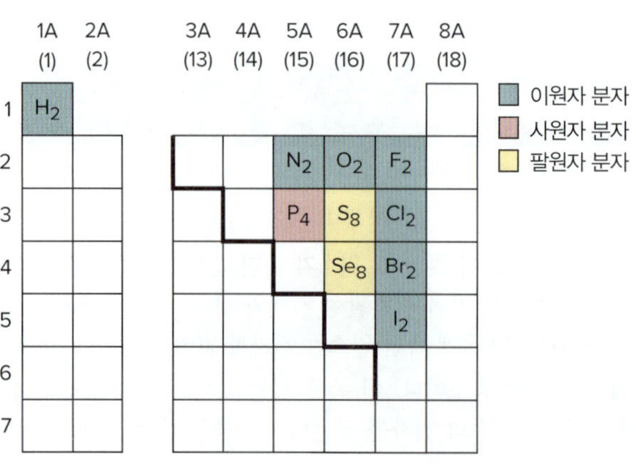

그림 2.16 분자로 존재하는 원소들.

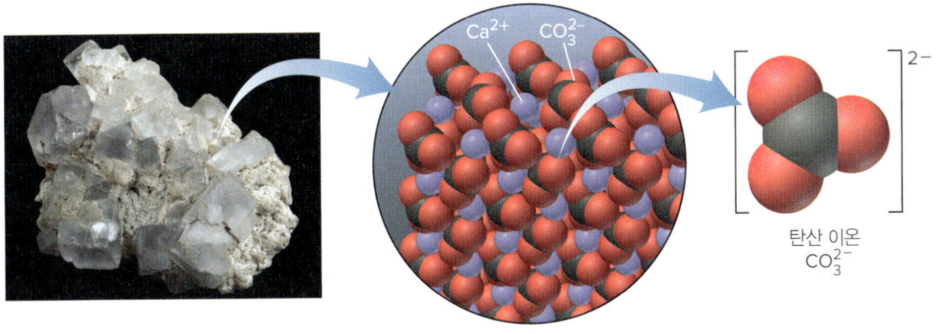

그림 2.17 탄산 칼슘에 들어 있는 탄산 이온.

Source: (calcium carbonate crystals) © papa1266/Shutterstock.com

2. *공유 결합 물질과 이온 결합 물질에서 서로 끌어당기고 있는 입자의 성질이 근본적으로 다르다.* 공유 결합은 두 개의(양전하를 띤) 핵과 두 핵 사이에 놓여 있는 두 개의(음전하를 띤) 전자 사이의 상호 인력이다. 이온 결합은 양이온과 음이온 사이의 상호 인력이다.

다원자 이온: 이온 내의 공유 결합 많은 이온 결합 화합물들은 **다원자 이온**(polyatomic ion)을 포함하고 있는데, 다원자 이온은 둘 이상의 원자들이 *공유* 결합으로 연결되어 있으면서 알짜 양전하나 음전하를 띠고 있는 것이다. 예를 들면, 그림 2.17에서 탄산 칼슘 결정(*왼쪽*)의 다원자 탄산 음이온과 단원자 칼슘 양이온의 배열(*가운데*)을 원자 수준에서 보여준다. 탄산 이온(*오른쪽*)은 산소 원자 세 개와 *공유* 결합한 탄소 원자 한 개로 구성되어 있고, 추가된 전자 두 개는 탄산 이온이 2− 전하를 띠게 한다. 많은 반응에서 다원자 이온은 한 단위로 유지된다.

› 2.7절 요약

- 자연에서 일부의 원소는 결합하지 않은 상태로 존재하지만 대부분의 원소는 화합물로 존재한다.
- 금속이 비금속으로 전자를 전달하고 그 결과로 생긴 양이온과 음이온이 서로 끌어당겨 3차원 배열을 이룰 때 이온 결합 화합물이 생성된다. 많은 경우, 금속은 전자를 잃고 비금속은 전자를 얻어서 가장 가까운 비활성 기체 원자와 같은 수의 전자를 가진다.
- 공유 결합 화합물은 일반적으로 비금속 원소들이 전자를 서로 공유할 때 생성된다. 각 공유 결합은 두 핵이 전자쌍을 서로 끌어당기는 것이다.
- 단원자 이온은 단일 원자에서 만들어진다. 다원자 이온은 둘 또는 그 이상의 서로 공유 결합한 원자들로 구성되며 전자의 부족 또는 과잉으로 인해 알짜 양전하 또는 음전하를 띠게 된다.

2.8 화합물: 화학식, 명명법 및 질량

화학식(chemical formula)에 있는 원소 기호와 숫자로 된 아래첨자는 그 물질의 최소 단위에 들어 있는 원자의 종류와 수를 나타낸다. 이 절에서는 이온 결합 화합물과 간단한 공유 결합 화합물의 이름과 화학식을 적는 방법, 화학식으로부터 화합물의 질량을 계산하는 방법, 3차원 모형으로 분자를 나타내는 방법을 배운다. 화합물의 이름과 화학식을 좀 더 쉽게 배우기 위해 몇 가지 규칙을 제시한다. 이들 규칙을 외우고 연습을 많이 해 보자.

이성분 이온 결합 화합물

일반적인 두 개의 규칙으로 시작해 보자.

- 모든 이온 결합 화합물의 *이름과 화학식은 양이온(cation)을 먼저 쓰고 음이온(anion)을 뒤에 쓴다.* (우리말로는 반대로 음이온을 먼저 쓰고 양이온을 뒤에 쓴다.)
- 모든 *이성분* 이온 결합 화합물에서 *양이온 이름은 금속 이름과 같고 음이온 이름은 비금속 원소 이름의 어근에 접미사 -ide를 붙인다.* (우리말로는 비금속 이름의 어근에 접미사 "-화"를 붙인다.)

예를 들면, 브로민(brom*ine*)에서 만들어진 음이온 이름은 브로민*화*(brom+*ide*)이다. 따라서 칼슘 금속과 브로민 비금속에서 생긴 화합물 이름은 *브로민화 칼슘*(calcium bromide)이다.

일반적으로 이성분 이온 결합 화합물의 금속이 주족 원소(A족)이면 한 종류의 이온을 형성하지만 전이 원소(B족)는 두 종류 이상의 이온을 형성한다. 이러한 경우들을 차례로 살펴보자.

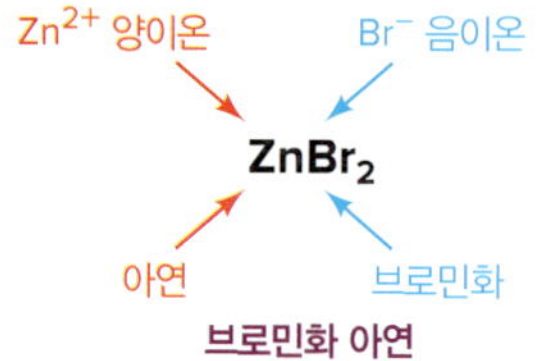

그림 2.18 금속이 한 가지 이온을 형성하는 이성분 이온 결합 화합물의 명명법.

한 가지 이온을 형성하는 원소의 화합물 대부분의 주족 원소와 몇 가지 전이 금속은 한 종류의 전하를 가진 이온을 형성한다. 이들의 이온성 화합물은 위에서 설명한 대로(그림 2.18 참조) 명명한다. 주기율표는 이들 단원자 이온에 대한 몇 가지 핵심 경향을 보여준다(그림 2.19).

- 같은 족에 속하는 주족 원소의 단원자 이온은 모두 같은 이온 전하를 가진다. Li, Na, K, Rb, Cs, Fr 등의 알칼리 금속은 1+ 전하를 가진 이온을 형성한다. F, Cl, Br, I과 같은 할로젠 원소는 1− 전하를 가진 이온을 형성한다.
- 양이온의 경우, 이온 전하는 A족의 번호와 동일하다. Na는 1A족이므로 Na^+를 형성하고, Ba는 2A족이므로 Ba^{2+}를 형성한다. (그림 2.19에서 Sn^{2+}과 Pb^{2+}은 예외이다.)
- 음이온의 경우, 이온 전하는 A족의 번호에서 8을 뺀 값이다. 예를 들면, S는 6A족(6 − 8 = −2)이므로 S^{2-}를 형성한다.

표 2.3에 있는 A족 단원자 이온을 그림 2.19에서의 각 원소의 위치에 따라(Ag^+, Zn^{2+}, Cd^{2+} 제외) 암기하도록 노력하자. 이 이온들은 모두 *가장 가까운 비활성 기체 원자와 같은 수의 전자를 가지고 있다.*

이온 결합 화합물은 개별적 분자가 아닌 이온들의 배열로 이루어졌기 때문에 그 화학식은 화합물 내에 들어 있는 양이온과 음이온의 *상대적인* 개수를 의미하는 **화학식 단위**(formula unit)를 나타낸다. 화합물의 알짜 전하는 0이므로 양이온의 양전하는 음이온의 음전하와 균형을 이룬다. 예를 들면 브로민화 칼슘은 Ca^{2+} 이온과 Br^- 이온으로 구성되어 있어서 두 개의 Br^-가 한 개의 Ca^{2+}와 균형을 이룬다. 화학식은 Ca_2Br이 아니라 $CaBr_2$이다. 모든 화학식에서는

- 아래첨자는 바로 *앞의* 원소 기호에 속한다.
- 원소 기호만 홀로 있으면 *아래첨자 "1"이 생략되어 있다*고 간주한다(Ca_1Br_2라고 쓰지 않음).

그림 2.19 몇 가지 흔한 원소들의 단원자 이온. 대부분의 주족 원소들은 한 종류의 단원자 이온을 형성한다. 대부분의 전이 원소들은 두 종류의 단원자 이온을 형성한다. (Hg_2^{2+}는 이원자 이온이지만 Hg^{2+}와 비교하기 위해 포함시켰다.)

주기	1A (1)	2A (2)	3B (3)	4B (4)	5B (5)	6B (6)	7B (7)	8B (8)	8B (9)	8B (10)	1B (11)	2B (12)	3A (13)	4A (14)	5A (15)	6A (16)	7A (17)	8A (18)
1	H^+																H^-	
2	Li^+														N^{3-}	O^{2-}	F^-	
3	Na^+	Mg^{2+}											Al^{3+}			S^{2-}	Cl^-	
4	K^+	Ca^{2+}				Cr^{2+} Cr^{3+}	Mn^{2+}	Fe^{2+} Fe^{3+}	Co^{2+} Co^{3+}		Cu^+ Cu^{2+}	Zn^{2+}					Br^-	
5	Rb^+	Sr^{2+}									Ag^+	Cd^{2+}		Sn^{2+} Sn^{4+}			I^-	
6	Cs^+	Ba^{2+}										Hg_2^{2+} Hg^{2+}		Pb^{2+} Pb^{4+}				
7																		

- 한 이온의 전하(부호는 빼고)는 다른 이온의 아래첨자가 된다.

Ca^{2+} Br^{1-}이 Ca_1Br_2, 즉 $CaBr_2$가 된다.

- 아래첨자는 이온의 비율을 나타내는 최소의 정수로 만든다. 예를 들면, 산화 칼슘에는 Ca^{2+}와 O^{2-}가 들어 있지만 Ca_2O_2가 아니고 CaO로 나타낸다.*

다음 두 예제에서 이 규칙들을 활용해 본다. 예제 2.8에서는 원소 이름으로 화합물을 명명하고, 예제 2.9에서는 화학식을 구해 본다.

예제 2.8 | 이성분 이온 결합 화합물의 명명

문제 다음 원소 쌍이 만드는 이온 결합 화합물을 명명하라.

(a) 마그네슘과 질소 **(b)** 아이오딘과 카드뮴

(c) 스트론튬과 플루오린 **(d)** 황과 세슘

계획 이성분 이온 결합 화합물 명명법의 핵심은 어느 원소가 금속이고, 어느 원소가 비금속인지 판단하는 것이다. 의심스러울 때에는 주기율표로 확인하자. 음이온을 먼저 놓고, 그 어근에 -화를 붙이며, 양이온을 뒤에 놓는다(영어명은 양이온을 앞에 놓고, 비금속 원소의 어근에 *-ide*를 붙인 음이온을 뒤에 놓는다).

풀이 **(a)** 마그네슘이 금속이고 질소가 비금속이다. 질소- 어근에 *-화*를 붙여 질소화 마그네슘.

(b) 카드뮴은 금속이고 아이오딘이 비금속이다. 아이오딘- 어근에 *-화*를 붙여 아이오딘화 카드뮴.

(c) 스트론튬이 금속이고 플루오린이 비금속이다. 플루오린- 어근에 *-화*를 붙여 플루오린화 스트론튬.

(d) 세슘이 금속이고 황이 비금속이다. 황- 어근에 *-화*를 붙여 황화 세슘.

▶ 보충 문제

2.8A 주어진 원소 쌍들이 형성하는 이온 결합 화합물의 이름을 써라.

(a) 아연과 산소

(b) 브로민과 은

(c) 리튬과 염소

(d) 황과 알루미늄

2.8B 주어진 원소 쌍들이 형성하는 이온 결합 화합물의 이름을 써라.

(a) 포타슘과 황

(b) 아이오딘과 바륨

(c) 질소와 세슘

(d) 소듐과 수소

유사 문제 2.85~2.88

예제 2.9 | 이성분 이온 결합 화합물의 화학식 쓰기

문제 예제 2.8에서 명명한 화합물들의 화학식을 써라.

계획 그림 2.19나 표 2.3의 주기율표를 사용하여 각 단원자 이온의 전하를 구한다. 중성 화합물을 만드는 데 필요한 각 이온의 최소 개수를 찾아 화학식을 쓴다. 이 숫자는 원소 기호의 오른쪽 *아래첨자*로 나타낸다.

풀이 **(a)** Mg^{2+}와 N^{3-}: Mg^{2+} 이온 3개(6+)가 N^{3-} 이온 2개(6−)와 균형을 이룬다. Mg_3N_2

(b) Cd^{2+}와 I^-: Cd^{2+} 이온 1개(2+)가 I^- 이온 2개(2−)와 균형을 이룬다. CdI_2

(c) Sr^{2+}와 F^-: Sr^{2+} 이온 1개(2+)가 F^- 이온 2개(2−)와 균형을 이룬다. SrF_2

(d) Cs^+와 S^{2-}: Cs^+ 이온 2개(2+)가 S^{2-} 이온 1개(2−)와 균형을 이룬다. Cs_2S

표 2.3 | 흔한 단원자 이온*

전하	식	이름
양이온		
1+	H^+	수소(hydrogen)
	Li^+	**리튬(lithium)**
	Na^+	**소듐(sodium)**
	K^+	**포타슘(potassium)**
	Cs^+	세슘(cesium)
	Ag^+	**은(silver)**
2+	**Mg^{2+}**	**마그네슘(magnesium)**
	Ca^{2+}	**칼슘(calcium)**
	Sr^{2+}	스트론튬(strontium)
	Ba^{2+}	**바륨(barium)**
	Zn^{2+}	**아연(zinc)**
	Cd^{2+}	카드뮴(cadmium)
3+	Al^{3+}	알루미늄(aluminum)
음이온		
1−	H^-	수소화(hydride)
	F^-	**플루오린화(fluoride)**
	Cl^-	**염화(chloride)**
	Br^-	**브로민화(bromide)**
	I^-	**아이오딘화(iodide)**
2−	**O^{2-}**	**산화(oxide)**
	S^{2-}	**황화(sulfide)**
3−	N^{3-}	질소화(nitride)

*굵은 글씨체로 쓴 것이 가장 흔한 것임.

*Hg_2Cl_2과 같은 수은(I) 이온의 화합물과 Na_2O_2과 같은 알칼리 금속의 과산화물은 이 단계의 유일한 두 가지 예외이다. 이온의 전하로부터 화합물의 아래첨자를 구하려고 아래첨자들을 약분하면 잘못된 화학식 HgCl과 NaO를 얻게 된다.

해설 **1.** 아래첨자에 “1”은 쓰지 않고 생략한다. 따라서 **(b)**에서 Cd_1I_2라고 쓰지 *않는다*.
2. 이온 전하는 화학식에 나타내지 *않는다*. 따라서 (c)에서 $Sr^{2+}F_2^{-}$라고 쓰지 *않는다*.

▶ **보충 문제**

2.9A 보충 문제 2.8A에서 명명한 화합물의 화학식을 써라.

2.9B 보충 문제 2.8B에서 명명한 화합물의 화학식을 써라.

유사 문제 2.85~2.88

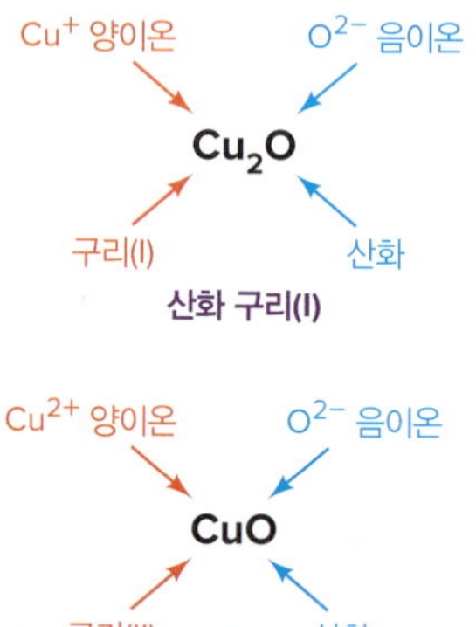

그림 2.20 금속이 두 가지 이상의 이온을 형성하는 이성분 이온 결합 화합물의 명명법.

두 가지 이상의 이온을 형성하는 금속 화합물 앞에서 언급한 것처럼 많은 금속, 특히 전이 원소(B족)는 두 종류 이상의 이온을 형성할 수 있다. 몇 가지 예가 표 2.4에 나와 있으니 이 원소들의 위치를 그림 2.19의 주기율표에서 확인해 본다. 이들 원소를 포함한 이온 결합 화합물을 명명하려면 한 종류의 단원자 이온만 형성하는 원소를 포함한 화합물의 일반적 명명법을 따르되 다음 사항을 추가적으로 고려해야 한다.

- 이온 전하를 나타내기 위해 금속 이온의 이름 바로 다음에 괄호 안에 *로마 숫자*를 적는다.

예를 들면 철은 Fe^{2+}와 Fe^{3+} 이온을 형성할 수 있다. 철이 염소와 만들 수 있는 두 가지 화합물은 Fe^{2+}를 포함한 $FeCl_2$[염화 철(II), 영어로는 “iron two chloride”라고 읽음]과 Fe^{3+}를 포함한 $FeCl_3$[염화 철(III), 영어로는 “iron three chloride”라고 읽음]이다. 여기에서 로마 숫자는 철 이온의 전하를 나타낸다(그림 2.20).

여기서는 계통명에 초점을 맞추었으나 몇몇 관용명도 여전히 사용하고 있다. 몇 가지 금속 이온의 관용명에는 금속의 라틴어 이름 어근에 두 가지 접미사를 붙여 사용한다(표 2.4 참조).

- 접미사 *-ous*는 더 낮은 전하를 가진 이온에 사용한다.
- 접미사 *-ic*은 더 높은 전하를 가진 이온에 사용한다.

따라서 염화 철(II)은 영어로 ferr*ous* chloride라 부르고, 염화 철(III)은 영어로 ferr*ic* chloride라 부른다. (이름을 쉽게 외우는 방법은 *-ous*의 o는 *lower*의 *o*로, *-ic*의 i는 *higher*의 *i*로 연상하는 것이다.)†

표 2.4 | 둘 이상의 단원자 이온을 만드는 금속*

원소	이온	계통명	관용명
크로뮴(Chromium)	Cr^{2+}	크로뮴(II)	chromous
	Cr^{3+}	**크로뮴(III)**	chromic
코발트(Cobalt)	Co^{2+}	코발트(II)	
	Co^{3+}	코발트(III)	
구리(Copper)	**Cu^{+}**	**구리(I)**	cuprous
	Cu^{2+}	**구리(II)**	cupric
철(Iron)	**Fe^{2+}**	**철(II)**	ferrous
	Fe^{3+}	**철(III)**	ferric
납(Lead)	**Pb^{2+}**	**납(II)**	
	Pb^{4+}	납(IV)	
수은(Mercury)	Hg_2^{2+}	수은(I)	mercurous
	Hg^{2+}	**수은(II)**	mercuric
주석(Tin)	**Sn^{2+}**	**주석(II)**	stannous
	Sn^{4+}	주석(IV)	stannic

*금속 영어 이름의 알파벳 순으로 나열. 굵은 글씨체로 쓴 것은 매우 흔한 것임.

† 역주: 우리말로는 낮은 전하를 가진 이온에는 “제1”, 높은 전하를 가진 이온에는 “제2”라는 접두사를 붙인다. 따라서 Fe^{2+}는 제1철 이온, Fe^{3+}는 제2철 이온이며 $FeCl_2$는 “염화 제1철” $FeCl_3$는 “염화 제2철”이라 부른다.

예제 2.10 | 두 가지 이상의 이온을 만들 수 있는 금속의 이온 결합 화합물의 이름과 화학식 쓰기

문제 다음 화학식의 계통명 또는 이름에 해당하는 화학식을 써라.
(a) 플루오린화 주석(II) **(b)** CrI_3 **(c)** Ferric oxide **(d)** CoS

풀이 **(a)** 주석(II)은 Sn^{2+}, 플루오린화는 F^-. 두 F^- 이온이 Sn^{2+} 이온 한 개와 균형을 맞춘다. 플루오린화 주석(II)는 SnF_2이다(관용명은 stannous fluoride).

(b) 음이온은 I^-이므로 아이오딘화(iodide)이고, 화학식은 세 개의 I^-를 보여준다. 따라서 양이온은 Cr^{3+}, 크로뮴(III)[chromium(III)]이어야 한다. CrI_3는 아이오딘화 크로뮴(III)이다. (관용명은 chromic iodine)

(c) *Ferric*은 철(III), Fe^{3+}에 대한 관용명이다. Oxide(산화)는 O^{2-}이다. 이온의 전하를 균형 맞추려면 화학식은 Fe_2O_3이다. 명명법에 따른 이름은 산화 철(III)[iron(III) oxide]이다.

(d) 음이온은 황화(sulfide), S^{2-}이다. 따라서 양이온은 Co^{2+}가 되어야 한다. 이름은 황화 코발트(II)[cobalt(II) sulfide]이다.

▶ **보충 문제**

2.10A 다음 화합물의 계통명 또는 이름에 해당하는 화학식을 써라.
(a) 산화 납(IV)[lead(IV) oxide, 자동차 배터리 성분] **(b)** Cu_2S **(c)** $FeBr_2$ **(d)** mercuric chloride

2.10B 다음 화합물의 계통명 또는 이름에 해당하는 화학식을 써라.
(a) 질소화 구리(II) **(b)** PbI_2 **(c)** chromic sulfide **(d)** FeO

유사 문제 2.89, 2.90

다원자 이온을 포함한 화합물

많은 이온 결합 화합물은 다원자 이온을 가지고 있다. 표 2.5에 몇 가지 흔한 다원자 이온을 수록하였다. *다원자 이온은 전하를 띤 단위체로 유지된다*는 것을 기억하라. 다원자 이온을 포함하는 이온 결합 화합물은 이성분 이온 결합 화합물과 마찬가지 방법으로 명명한다. 하지만 수산화 이온(hydroxide)처럼 다원자 이온의 이름에 이미 접미사 *-화(-ide)*가 들어 있는 경우가 아니라면, 다원자 이온의 이름에는 접미사 *-화(-ide)*를 붙이지 않는다(그림 2.21). 예를 들어, KNO_3는 질산 포타슘(potassium nitrate)이라 불리고 한 개의 K^+가 한 개의 NO_3^-와 전하 균형을 이룬다. $Cr_2(CO_3)_3$는 탄산 크롬(III)[chromium(III) carbonate]이라 불리고, 두 개의 Cr^{3+} 이온이 세 개의 CO_3^{2-} 이온과 전하 균형을 이룬다. *단위 화학식 안에 같은 다원자 이온이 2개 이상 들어 있으면 그 이온을 괄호 안에 쓰고 괄호 밖에 그 숫자를 아래첨자로 쓴다.* 예를 들면, 질산 칼슘은 Ca^{2+} 한 개와 NO_3^- 두 개를 갖고 있으므로 화학식은 $Ca(NO_3)_2$이다. 괄호와 아래첨자는 다원자 이온이 *둘 이상 들어 있을 때만* 사용한다. 따라서 질산 소듐은 $Na(NO_3)$가 *아니고* $NaNO_3$이다.

산소산 음이온들 표 2.5에서 볼 수 있는 것처럼, 많은 다원자 이온은 **산소산 음이온**(oxoanion 또는 oxyanion)들이다. 산소산 음이온은 일반적으로 한 개의 비금속 원자가 한 개 또는 그 이상의 산소 원자와 결합하고 있는 이온을 말한다. 산소 원자의 수가 다른 두 개 또는 네 개의 산소산 음이온 족이 몇 개 있다. 다음은 이들 이온에 적용하는 간단한 명명 규칙이다.

두 개의 산소산 음이온 족:

- *더 많은* 산소 원자를 가진 이온에는 비금속 어근에 접미사 *-산*(영어로는 *-ate*)을 붙인다.
- *적은 수의* 산소 원자를 가진 이온에는 비금속 어근에 접두사 *아-*와 접미사 *-산*(영어로는 *-ite*)을 붙인다.

예를 들면 SO_4^{2-}는 황산 이온(sulf*ate*)이고 SO_3^{2-}는 아황산 이온(sulf*ite*)이다. NO_3^-는 질산 이온(영어로는 nitr*ate*)이고 NO_2^-는 아질산 이온(영어로는 nitr*ite*)이다.

표 2.5 | 흔한 다원자 이온*

식	이름
양이온	
NH_4^+	암모늄(ammonium)
H_3O^+	하이드로늄(hydronium)
음이온	
CH_3COO^- (또는 $C_2H_3O_2^-$)	**아세트산(acetate)**
CN^-	사이안화(cyanide)
OH^-	**수산화(hydroxide)**
ClO^-	하이포아염소산(hypochlorite)[†]
ClO_2^-	아염소산(chlorite)[†]
ClO_3^-	**염소산(chlorate)**[†]
ClO_4^-	**과염소산(perchlorate)**[†]
NO_2^-	아질산(nitrite)
NO_3^-	**질산(nitrate)**
MnO_4^-	**과망가니즈산(permanganate)**
CO_3^{2-}	**탄산(carbonate)**
HCO_3^-	**탄산수소(hydrogen carbonate)[또는 중탄산(bicarbonate)]**
CrO_4^{2-}	크로뮴산(chromate)
$Cr_2O_7^{2-}$	**중크로뮴산(dichromate)**
O_2^{2-}	과산화(peroxide)
PO_4^{3-}	**인산(phosphate)**
HPO_4^{2-}	인산수소(hydrogen phosphate)
$H_2PO_4^-$	인산이수소(dihydrogen phosphate)
SO_3^{2-}	아황산(sulfite)
SO_4^{2-}	**황산(sulfate)**
HSO_4^-	황산 수소(hydrogen sulfate)[또는 중황산(bisulfate)]

*굵은 글씨체로 쓴 것이 가장 흔한 것임.
†Cl을 다른 할로젠[7A(17)족] 원자로 교체하면 더 많은 산소산 음이온을 명명할 수 있다. 예: BrO^- = 하이포아브롬산.

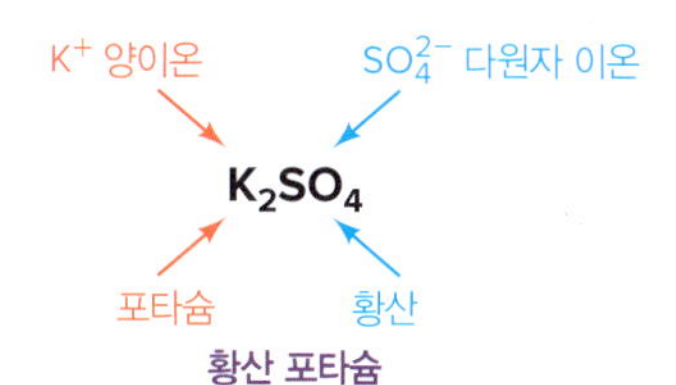

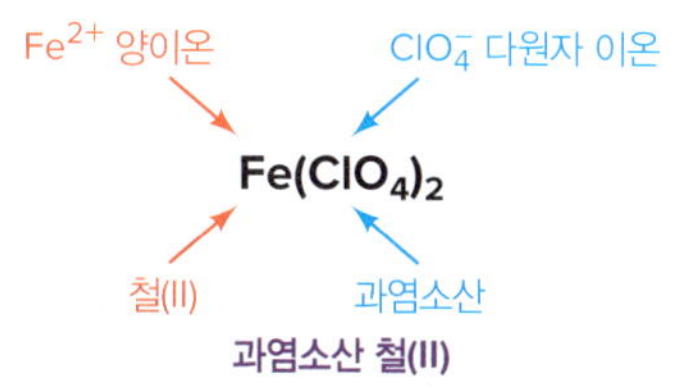

그림 2.21 다원자 이온을 포함하는 이온 결합 화합물의 명명법.

	접두사	어근	접미사
O 원자의 수 ↑	과	어근	산
		어근	산
		어근	산
	하이포	어근	산

그림 2.22 **산소산의 명명법.** 접두사와 접미사는 음이온에 포함된 산소의 수를 나타낸다.

표 2.6 수화물 수와 이성분 공유 결합 화합물에 쓰이는 접두사*

수	접두사
1	일-(mono-)
2	이-(di-)
3	삼-(tri-)
4	사-(tetra-)
5	오-(penta-)
6	육-(hexa-)
7	칠-(hepta-)
8	팔-(octa-)
9	구-(nona-)
10	십-(deca-)

*이성분 공유 결합성 산화물의 접두사에서 마지막 "a"는 생략하는 것이 일반적이다(예제 2.14 해설 참조).

황산 구리(II)·오수화물

황산 구리(II)

Source: Charles D. Winters/McGraw-Hill Education

네 개의 산소산 음이온 족(할로젠이 산소와 결합)(그림 2.22):

- *가장 많은* O 원자를 가진 이온은 비금속 어근에 접두사 *과*-와 접미사 -산을 붙인다. (영어로는 접두사 *per*-과 접미사 -*ate*를 붙인다.)
- *한 개 적은* O 원자를 가진 이온은 어근에 -산을 붙인다. (영어로는 어근에 접미사 -*ate*를 붙인다.)
- *두 개* 적은 O 원자를 가진 이온은 어근에 접두사 *아*-와 접미사 -산을 붙인다. (영어로는 접미사 -*ite*를 붙인다.)
- *가장 적은*(*세 개 적은*) O 원자를 가진 이온은 어근에 접두사 하이포아-와 접미사 -산을 붙인다. (영어로는 접두사 *hypo*-와 접미사 -*ite*를 붙인다.)

예를 들면, 네 개의 염소 산소산 이온 이름:

ClO_4^-는 과염소산(*per*chlor*ate*), ClO_3^-는 염소산(chlor*ate*),
ClO_2^-는 아염소산(chlor*ite*), ClO^-는 하이포아염소산(*hypo*chlor*ite*)이다.

수화된 이온 결합 화합물 **수화물**(hydrates)이라 불리는 이온 결합 화합물은 각 화학식 단위 안에 특정한 수의 물 분자를 포함하고 있다. 화학식에 점을 찍고 점 바로 뒤에 물 분자의 수를 표시한다. 명명은 *수화물*(hydrate)이라는 이름 앞에 그리스 숫자 접두사를 붙여 표현한다. 표 2.6에 그리스 숫자 접두사를 수록하였다. 두 가지 예를 들면

엡솜염(Epsom salt): $MgSO_4 \cdot 7H_2O$ 황산 마그네슘 칠수화물 (magnesium sulfate *hepta*hydrate)

소다(Washing soda): $Na_2CO_3 \cdot 10H_2O$ 탄산 소듐 십수화물 (sodium carbonate *deca*hydrate)

"수화수"라 불리는 물 분자는 수화물 구조의 일부분이다. 가열하여 일부 또는 전부의 물을 제거할 수 있고 물이 제거되면 다른 물질로 변한다. 예를 들면, 청색의 황산 구리(II)·오수화물($CuSO_4 \cdot 5H_2O$)을 강하게 가열하면 흰색의 황산 구리(II)($CuSO_4$)로 변한다.

예제 2.11 | 다원자 이온을 포함한 이온 결합 화합물의 이름과 화학식 결정(수화물 포함)

문제 다음 화합물의 계통명 또는 이름에 대한 화학식을 써라.

(a) $Fe(ClO_4)_2$ **(b)** 아황산 소듐(sodium sulfite) **(c)** $Ba(OH)_2 \cdot 8H_2O$

풀이 **(a)** ClO_4^-는 과염소산(perchlorate)으로 1−의 전하를 가지므로 양이온은 Fe^{2+}이어야 한다. 이름은 과염소산 철(II), iron(II) perchlorate이다. (영어 관용명은 ferrous perchlorate이다.)

(b) 소듐은 Na^+이고 아황산은 SO_3^{2-}이다. 따라서 Na^+ 이온 두 개가 SO_3^{2-} 이온 한 개와 균형을 이룬다. 식은 Na_2SO_3이다.

(c) Ba^{2+}는 바륨(barium)이고, OH^-는 수산화(hydroxide)이다. 각 화학식 단위에 물 분자 8개가 있다. 따라서 이름은 수산화 바륨 팔수화물(barium hydroxide octahydrate)이다.

▶ 보충 문제

2.11A 다음 화합물의 계통명 또는 이름에 대한 화학식을 써라.

(a) 질산 구리(II) 삼수화물(cupric nitrate trihydrate) **(b)** 수산화 아연(zinc hydroxide)

(c) LiCN

2.11B 다음 화합물의 계통명 또는 이름에 대한 화학식을 써라.

(a) 황산 암모늄(ammonium sulfate) **(b)** $Ni(NO_3)_2 \cdot 6H_2O$ **(c)** 이탄산 포타슘(potassium bicarbonate)

유사 문제 2.91, 2.92

예제 2.12 | 이온 결합 화합물의 이름과 화학식에서 오류 찾기

문제 각 문장의 끝 부분에 있는 계통명과 화학식에서 무엇이 잘못되었는지 설명하고 수정하라.
(a) $Ba(C_2H_3O_2)_2$는 이아세트산 바륨(barium diacetate)이라고 한다.
(b) 황화 소듐(sodium sulfide)의 식은 $(Na)_2SO_3$이다.
(c) 황산 철(II) [iron(II) sulfate]의 식은 $Fe_2(SO_4)_3$이다.
(d) 탄산 세슘(cesium carbonate)의 식은 $Cs_2(CO_3)$이다.

풀이 **(a)** Ba^{2+}의 전하는 $C_2H_3O_2^-$ 이온 *두 개*와 균형을 이루어야 한다. 따라서 접두사 *이*(di-)는 불필요하다. 이온 결합 화합물에서 이온의 개수를 숫자 접두사로 나타내지 않는다. 옳은 이름은 아세트산 바륨(barium acetate)이다.
(b) 두 군데가 틀렸다. 소듐 이온은 단원자이므로 괄호가 필요하지 *않다*. 황화 이온은 SO_3^{2-}(아황산)가 *아니라* S^{2-}이다. 옳은 답은 Na_2S이다.
(c) 로마 숫자는 식에 있는 이온의 수가 *아니라* 이온의 전하를 말한다. Fe^{2+}가 양이온이므로 전하의 균형을 위해서 SO_4^{2-} 한 개가 필요하다. 옳은 식은 $FeSO_4$이다. [황산 철(III)의 화학식은 $Fe_2(SO_4)_3$이다.]
(d) 한 종류의 다원자 이온이 한 개만 존재할 때 괄호는 *필요없다*. 옳은 식은 Cs_2CO_3이다.

▶ **보충 문제**

2.12A 각 문장의 끝 부분에 있는 화학식이나 이름이 왜 잘못되었는지 말하고 수정하라.
(a) 인산 암모늄(ammonium phosphate)은 $(NH_3)_4PO_4$이다.
(b) 수산화 알루미늄(aluminum hydroxide)은 $AlOH_3$이다.
(c) $Mg(HCO_3)_2$는 탄산 망가니즈(II) [manganese(II) carbonate]이다.

2.12B 각 문장의 끝 부분에 있는 화학식이나 이름이 왜 잘못되었는지 말하고 수정하라.
(a) $Cr(NO_3)_3$는 질소화 크로뮴(III)(chromic(III) nitride)이다.
(b) $Ca(NO_2)_2$는 질산 카드뮴(cadmium nitrate)이다.
(c) 염소산 포타슘(potassium chlorate)은 $P(ClO_4)$이다.

유사 문제 2.93, 2.94

인터넷 핫스팟

다원자 이온을 포함한 이온 결합 화합물의 화학식을 쓰는 것이 어렵게 느껴진다면, eBook에 접속하여 이 주제에 대한 추가 학습 동영상을 참고하자.

음이온 이름에서 온 산의 이름

산은 수소를 포함한 중요한 화합물로서 수 세기 동안 화학 반응에 사용되어 왔다. 실험실에서 산은 주로 수용액으로 사용한다. 산을 명명하고 그 화학식을 쓸 때, 산은 화합물의 전하를 중성으로 맞추는 데 필요한 개수의 수소 이온(H^+)과 결합한 음이온으로 간주한다. 산의 두 가지 일반적인 형태는 이성분 산(binary acid)과 산소산(oxoacid)이다.

1. *이성분 산*(binary acid) 용액은 특정 기체 화합물이 물에 녹아서 생성된다. 예를 들면, 기체 염화 수소(HCl)를 물에 녹이면, 염화수소 산(hydrochloric acid)이 형성된다. 이름은 다음과 같다.

영어: 접두사 *hydro-* + 비금속 어근 + 접미사 *-ic* + 분리된 단어 *acid*
hydro + chlor + ic + acid

우리말: 비금속 어근 + 접미사 *-화* + 수소산
염 + 화 + 수소산

따라서 *염화수소 산*(hydrochloric acid)이다. 이런 명명법은 수소가 *-ide* 접미사를 가진 음이온과 결합한 화합물에 적용된다.

2. *산소산*(oxoacid)의 이름은 산소산 음이온의 이름 중 두 개의 접미사 변화를 제외하고 (우리말에서는 변화 없음) 산소산 이름과 비슷하다.

- 음이온에 있는 *-ate*는 산에서는 *-ic*로 되고
- 음이온에 있는 *-ite*는 산에서는 *-ous*가 된다.

따라서 이런 방법에 따라

산소산 어근 + 접미사 *-ic* 또는 *-ous* + 분리된 단어 *acid*

IO_2^-는 iod*ite*, HIO_2는 iod*ous* acid.

NO_3^-는 nitr*ate*, HNO_3는 nitr*ic* acid.

산소산 음이온의 *hypo-*와 *per-*는 그대로 유지된다.

BrO_4^-는 *과*브로민*산*(*per*brom*ate*) 이온, $HBrO_4$는 *과*브로민*산*(*per*brom*ic* acid).

산소산을 명명할 때 *hydro-*는 사용하지 *않는다*.

예제 2.13 | 음이온과 유도된 산의 이름과 화학식 쓰기

문제 다음 음이온을 명명하고 거기서 유도된 산의 이름과 화학식을 써라.
(a) Br^-, **(b)** IO_3^-, **(c)** CN^-, **(d)** HSO_4^-.

풀이 **(a)** 음이온은 브로민화 이온(bromide)이다. 산은 브로민화수소 산(hydrobromic acid, HBr)이다.

(b) 음이온은 아이오딘산 이온(iodate)이다. 산은 아이오딘산(iodic acid, HIO_3)이다.

(c) 음이온은 사이안화 이온(cyanide)이다. 산은 사이안화수소 산(hydrocyanic acid, HCN)이다.

(d) 음이온은 황산수소 이온(hydrogen sulfate)이다. 산은 황산(sulfuric acid, H_2SO_4)이다. (이 경우 영어 접미사를 어근 *sulf-*가 아니라 원소명 *sulfur*에 붙인다.)

▶ **보충 문제**

2.13A 다음 각 산의 음이온의 이름과 화학식을 써라. **(a)** 염소산(chloric acid), **(b)** hydrofluoric acid, **(c)** 아세트산(acetic acid), **(d)** 아질산(nitrous acid).

2.13A 다음 각 산의 이름을 쓰고 그 음이온의 이름과 화학식을 써라.
(a) H_2SO_3(두 음이온) **(b)** HBrO **(c)** $HClO_2$ **(d)** HI.

유사 문제 2.95, 2.96

이성분 공유 결합 화합물

이성분 공유 결합 화합물(binary covalent compound)은 주로 두 비금속 원소의 결합으로 형성된다. 암모니아(NH_3), 메테인(CH_4), 물(H_2O)과 같이 관용명을 사용하는 친숙한 것들이 많이 있지만 대부분은 다음과 같은 체계적인 방법으로 명명한다(그림 2.23).

- 주기율표에서 더 낮은 족 번호를 가진 원소 이름을 먼저 쓰고, 더 높은 족 번호를 가진 원소를 그 다음에 쓴다. (우리말에서는 이와 순서가 반대이다.) 더 높은 족 번호의 원소의 어근에는 접미사 *-ide*를(우리말에서는 *-화*를) 붙인다. 예를 들면 질소[5A(15)족]와 플루오린[7A(17)족]은 질소 한 개에 플루오린 원자 세 개를 가진 화합물을 형성하는데, 그 이름과 화학식은 삼플루오린화 질소(nitrogen trifluoride) NF_3이다. (*예외*: 화합물이 산소와 할로젠 원소인 염소, 브로민 또는 아이오딘을 갖고 있으면 할로젠을 먼저 쓴다.)
- 두 원소가 같은 족이면, 주기 번호가 높은 것을 먼저 쓴다. (우리말에서는 주기 번호가 낮은 것을 먼저 쓴다.) 따라서 6A(16)족인 황(3주기)과 산소(2주기)가 이산화 황(SO_2, sulfur dioxide)를 형성한다.
- 공유 결합 화합물은 그리스 숫자를 접두사로 사용하여 각 원소의 원자 개수를 나타낸다(표 2.6 참조). 이름에서 첫 번째 원소에는 원자가 두 개 이상일 때만 접두사를 사용한다. 두 번째 원소에는 *보통* 원자의 개수와 상관없이 접두사를 쓴다. (우리말에서는 이와 반대이다. 즉 첫 번째로 오는 원소에는 보통 원자의 개수와 상관없이 접두사를 사용하고 두 번째 원소에는 원자가 두 개 이상일 때만 접두사를 쓴다.)

그림 2.23 이성분 공유 결합 화합물의 명명법.

예제 2.14 | 이성분 공유 결합 화합물의 이름과 화학식 쓰기

문제 **(a)** 이황화 탄소(carbon disulfide)의 화학식은? **(b)** PCl_5의 이름은? **(c)** N 원자 두 개와 O 원자 네 개로 이루어진 분자로 된 화합물의 이름과 화학식을 써라.

풀이 **(a)** 접두사 *di*-는 "둘"을 의미한다. 화학식은 CS_2이다.
(b) P는 인의 원소 기호이다. 염소 원자 5개가 있으므로 접두사 *penta*-를 쓴다. 이름은 오염화 인(phosphorous pentachloride)이다.
(c) 족 번호가 낮으므로 질소(N)가 영어 이름과 식에서는 먼저, 우리말에서는 뒤에 나온다. 화합물은 사산화 이질소(N_2O_4)이다.
해설 (a)와 (b) 화합물의 하나의 원소인 탄소와 인에는 *mono*- 접두사를 사용하지 않는다. (c)에서 tetra의 *a*는 뒤에 -*oxide*가 붙을 때 생략한다. 마찬가지로 "hexa-oxide"는 *hexoxide*로 "decaoxide"는 *decoxide*로 명명한다.

▶ **보충 문제**

2.14A 다음에 대해 이름이나 화학식을 써라. **(a)** SO_3 **(b)** SiO_2 **(c)** 일산화 이질소(dinitrogen monoxide) **(d)** 육플루오린화 셀레늄(selenium hexafluoride).

2.14B 다음에 대해 이름이나 식을 써라. **(a)** SCl_2 **(b)** N_2O_5 **(c)** 삼플루오린화 붕소 **(d)** 삼브로민화 아이오딘.

유사 문제 2.99, 2.100

예제 2.15 | 이성분 공유 결합 화합물의 이름과 화학식에서 오류 찾기

문제 다음 각 문장의 뒷부분이 왜 잘못되었는지 설명하고 바르게 고쳐라.
(a) SF_4는 monosulfur pentafluoride(오플루오린화 일황)이다.
(b) Dichlorine heptaoxide(칠산화 이염소)는 Cl_2O_6이다.
(c) N_2O_3는 dinitrogentrioxide이다.
풀이 **(a)** 두 군데가 틀렸다. 두 번째 원소(영어명에서는 첫 번째 원소)가 한 개뿐이므로 접두사 '*일*-(mono-)'이 필요하지 않다. 또 4를 뜻하는 접두사는 '오-(penta-)'가 아니고 '*사*-(tetra-)'이다. 따라서 옳은 이름은 sulfur tetrafluoride이다.
(b) 접두사 '*칠*-(hepta-)'는 6이 아니라 7을 나타낸다. 옳은 식은 Cl_2O_7이다.
(c) 첫 번째 원소인 전체 이름이 필요하며 두 원소 사이를 띄어 쓴다. 옳은 이름은 dinitrogen trioxide이다.

▶ **보충 문제**

2.15A 다음 각 문장의 뒷부분이 왜 잘못되었는지 설명하고 바르게 고쳐라.
(a) S_2Cl_2는 disulfurous dichloride이다.
(b) 일산화 질소(nitrogen monoxide)는 N_2O이다.
(c) $BrCl_3$는 브로민화 삼염소(trichlorine bromide)이다.

2.15B 다음 각 진술의 뒷부분이 왜 잘못되었는지 설명하고 바르게 고쳐라.
(a) P_4O_6는 tetraphosphorous hexaoxide이다.
(b) SF_6는 hexafluorosulfide이다.
(c) Nitrogen tribromide는 $NiBr_3$이다.

유사 문제 2.101, 2.102

그림 2.24를 이용하여 우리가 지금까지 논의한 대부분의 화합물 유형의 명명법을 되짚어 보자. 규칙을 익히는 가장 좋은 방법은 연습이다!

가장 간단한 유기 화합물: 곧은 사슬 알케인

유기 화합물은 일반적으로 수소와 결합한 탄소 원자들이 사슬, 가지 또는 고리 모양으로 구성된 복잡한 구조를 가진다. 때로는 탄소가 산소, 질소 그 밖의 몇 가지 다른 원소들과 결합하기도 한다. 여기서는 가장 간단한 유기 화합물에 초점을 맞추어 그 명명법을 살펴본다. 더 복잡한 명명법 규칙은 15장에서 자세하게 다룰 것이다.

가장 간단한 형태의 유기 화합물인 *탄화수소*(hydrocarbon)는 탄소와 수소만으로 이루어져 있다. *알케인*(alkane)은 가장 간단한 형태의 탄화수소인데, 메테인, 프로페인, 뷰테

표 2.7 가장 간단한 10개의 곧은 사슬 알케인

이름(식)	모형
메테인(CH_4)	
에테인(C_2H_6)	
프로페인(C_3H_8)	
뷰테인(C_4H_{10})	
펜테인(C_5H_{12})	
헥세인(C_6H_{14})	
헵테인(C_7H_{16})	
옥테인(C_8H_{18})	
노네인(C_9H_{20})	
데케인($C_{10}H_{22}$)	

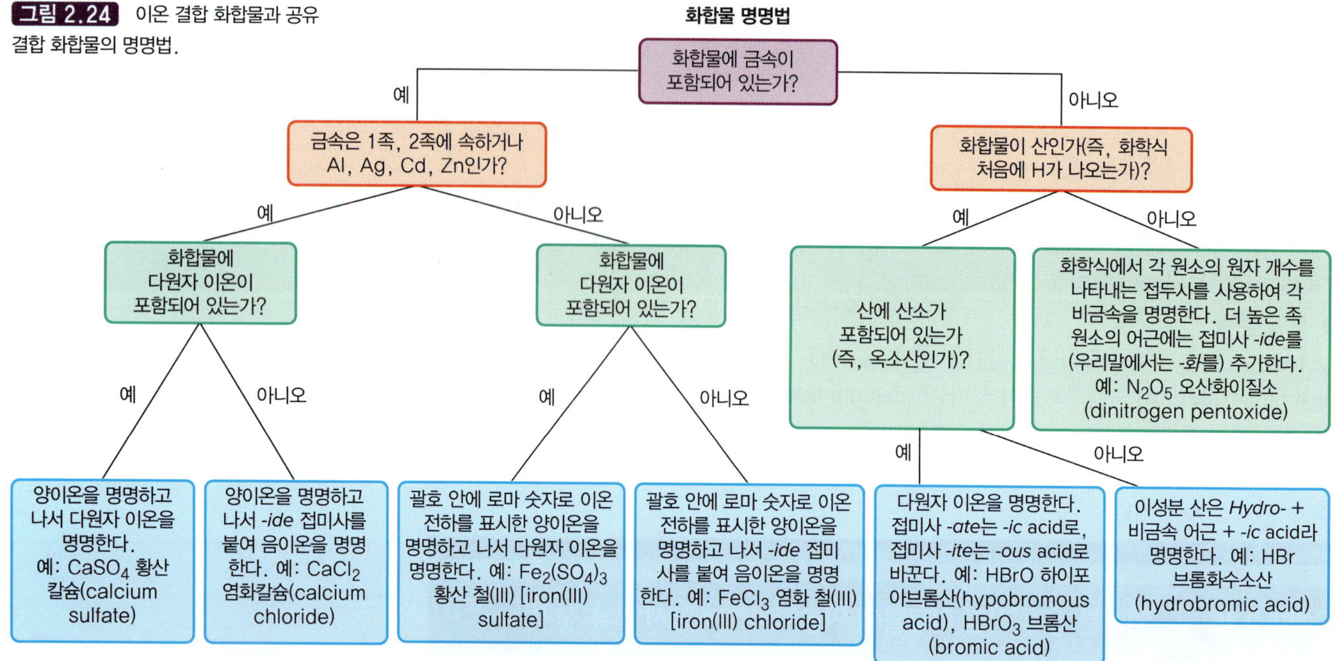

그림 2.24 이온 결합 화합물과 공유 결합 화합물의 명명법.

인 및 혼합물로 된 휘발유처럼 중요한 연료로 쓰인다. 탄소 사슬이 곁가지를 갖고 있지 않기 때문에 가장 간단한 알케인을 *곧은 사슬 알케인*(straight-chain alkane)이라 부른다. 알케인은 사슬에 들어 있는 탄소 원자수에 따라 "*어근*(root)"에 "*-에인*(-ane)"을 붙여 명명한다.

표 2.7에 가장 간단한 10개의 곧은 사슬 알케인의 이름, 분자식, 공간 채움 모형을 나타내었다. 가장 작은 네 개의 알케인의 어근은 새로 소개되는 것이지만, 더 큰 알케인의 어근은 표 2.6에 수록한 그리스 첨자(접두어에서 *-a*를 빼고 사용)와 같다.

화학식으로부터 분자량 구하기

2.5절에서 원소의 원자량을 구하였다. 주기율표와 화합물의 화학식을 이용하여 원자량의 합으로 분자나 화학식 단위의 **분자량**(molecular mass 또는 molecular weight)을 계산할 수 있다.

$$\text{분자량} = \text{원자량의 합} \tag{2.4}$$

물 분자의 분자량(주기율표에서 네 자리 유효 숫자의 원자량을 이용)은 다음과 같다.

$$\begin{aligned} H_2O\text{의 분자량} &= (2 \times H\text{의 원자량}) + (1 \times O\text{의 원자량}) \\ &= (2 \times 1.008\text{ amu}) + 16.00\text{ amu} = 18.02\text{ amu} \end{aligned}$$

이온 결합 화합물은 분자로 이루어져 있지 않다. 따라서 화학식 단위의 질량을 *분자량*(molecular mass) 대신에 **화학식량**(formula mass)이라 부른다. 예를 들면, 염화 칼슘의 경우

$$\begin{aligned} CaCl_2\text{의 화학식량} &= (1 \times Ca\text{의 원자량}) + (2 \times Cl\text{의 원자량}) \\ &= 40.08\text{ amu} + (2 \times 35.45\text{ amu}) = 110.98\text{ amu} \end{aligned}$$

이온 질량 대신에 원자량을 사용할 수 있는데, 이는 잃은 전자와 얻은 전자의 개수가 서로 같으므로 전자 질량은 균형을 이루기 때문이다.

다원자 이온을 가진 화합물의 화학식량을 계산하기 위해서는 *괄호 안의 각 원소의 원자 개수에 괄호 밖의 아래첨자로 표시된 수를 곱해야 한다*. 질산 바륨 $Ba(NO_3)_2$을 예로 들면,

$$\begin{aligned} &Ba(NO_3)_2\text{의 화학식량} \\ &= (1 \times Ba\text{의 원자량}) + (2 \times N\text{의 원자량}) + (6 \times O\text{의 원자량}) \\ &= 137.3\text{ amu} + (2 \times 14.01\text{ amu}) + (6 \times 16.00\text{ amu}) = 261.3\text{ amu} \end{aligned}$$

다음 두 예제에서 화합물의 이름과 분자 그림을 이용하여 분자량 또는 화학식량을 구해 본다.

예제 2.16 | 화합물의 분자량 계산

문제 주기율표의 자료를 이용하여 다음의 분자량(또는 화학식량)을 구하라.

(a) 삼황화 사인(tetraphophorus trisulfide)

(b) 질산 암모늄(ammonium nitrate)

계획 화학식을 먼저 쓰고 각 원소의 원자(또는 이온)의 수에 그 원자량을 곱한 다음 더한다.

풀이 **(a)** 화학식은 P_4S_3이다.

$$\begin{aligned}\text{분자량} &= (4 \times \text{P의 원자량}) + (3 \times \text{S의 원자량}) \\ &= (4 \times 30.97\text{amu}) + (3 \times 32.07\text{amu}) \\ &= 220.06\text{ amu}\end{aligned}$$

(b) 화학식은 NH_4NO_3이다. 다른 이온에 속해 있어도 N 원자의 전체 개수를 계산한다.

$$\begin{aligned}\text{화학식량} &= (2 \times \text{N의 원자량}) + (4 \times \text{H의 원자량}) + (3 \times \text{O의 원자량}) \\ &= (2 \times 14.01\text{ amu}) + (4 \times 1.008\text{ amu}) + (3 \times 16.00\text{ amu}) \\ &= 80.05\text{ amu}\end{aligned}$$

검산 원자량을 반올림하여 더하면 오차가 커질 수 있다.

(a) $(4 \times 30) + (3 \times 30) = 210 \approx 220.09$. 원자량이 소수점 이하 두 자릿수 이므로 합도 소수점 이하 두 자릿수이다.

(b) $(2 \times 15) + 4 + (3 \times 15) = 79 \approx 80.05$.

▶ **보충 문제**

2.16A 다음 각 화합물의 분자(또는 화학식)량은 얼마인가?

(a) 과산화 수소(hydrogen peroxide)

(b) 염화 세슘(cesium chloride)

2.16B 다음 각 화합물의 분자(또는 화학식)량은 얼마인가?

(c) 황산(sulfuric acid)

(d) 황산 포타슘(potassium sulfate)

유사 문제 2.103~2.106

예제 2.17 | 분자 모식도로부터 화학식, 이름, 질량 구하기

문제 다음 각 모식도는 이성분 화합물을 나타낸 것이다. 화학식, 이름, 분자(또는 화학식)량을 구하라.

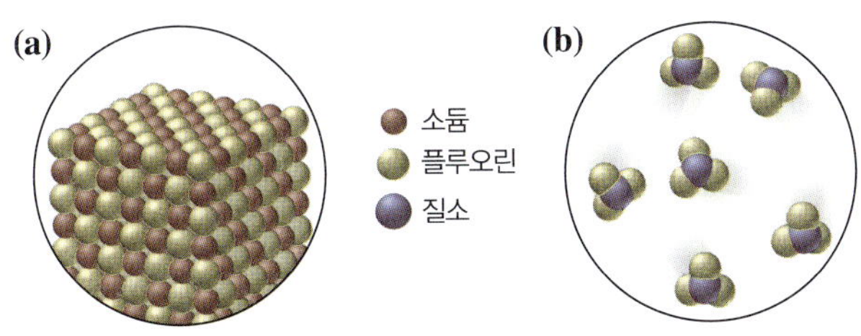

계획 각 화합물은 두 원소만을 포함하므로 식을 구하기 위해 한 원자의 다른 원자에 대한 가장 간단한 정수비를 구한다. 그리고 화학식으로부터 이름과 분자(또는 화학식)량을 구한다.

풀이 **(a)** 녹색 공(플루오린) 한 개당 갈색 공(소듐)이 한 개 있으므로 화학식은 NaF이다. 금속과 비금속은 이온 결합 화합물을 형성하므로 규칙에 따라 이름은 플루오린화 소듐(sodium fluoride)이다.

$$\text{화학식량} = (1 \times \text{Na의 원자량}) + (1 \times \text{F의 원자량})$$
$$= 22.99\ \text{amu} + 19.00\ \text{amu} = 41.99\ \text{amu}$$

(b) 파란색 공(질소) 한 개당 녹색 공(플루오린) 3개가 있으므로 식은 NF_3이다. 두 비금속은 공유 결합 화합물을 형성한다. 질소가 더 낮은 족 번호를 가지므로 규칙에 따라 명명하면 삼플루오린화 질소(nitrogen trifluoride)이다.

$$\text{분자량} = (1 \times \text{N의 원자량}) + (3 \times \text{F의 원자량})$$
$$= 14.01\ \text{amu} + (3 \times 19.00\ \text{amu}) = 71.01\ \text{amu}$$

검산 **(a)** 이성분 이온 결합 화합물의 경우, 주기율표로부터 이온 전하를 예측할 수 있다(그림 2.13 참조). Na는 1+ 이온을 형성하고, F는 1− 이온을 형성하므로 F^- 한 개당 Na^+가 한 개이므로 전하의 균형을 이룬다. 또한 이온 결합 화합물은 고체이므로 그림과 일치한다. **(b)** 공유 결합 화합물은 주로 그림과 같은 개별 분자로 존재한다. 반올림하면 (a) 25 + 20 = 45이고, (b)는 15 + (3 × 20) = 75이므로 큰 오차가 없다.

▶ 보충 문제

2.17A 아래 모식도의 화합물의 이름과 화학식, 분자(화학식)량을 써라.

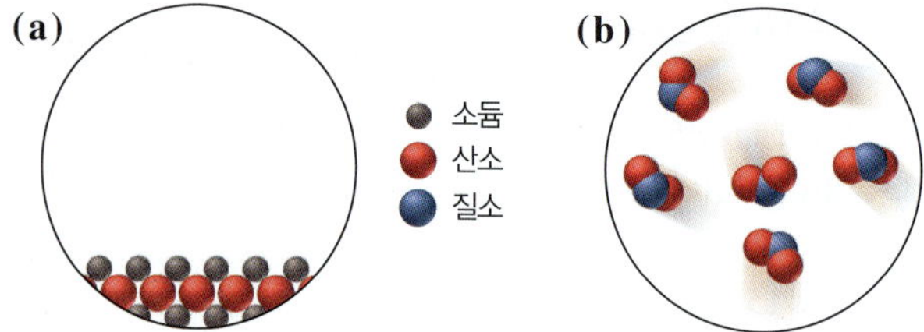

2.17B 아래 모식도의 화합물의 이름과 화학식, 분자(화학식)량을 써라.

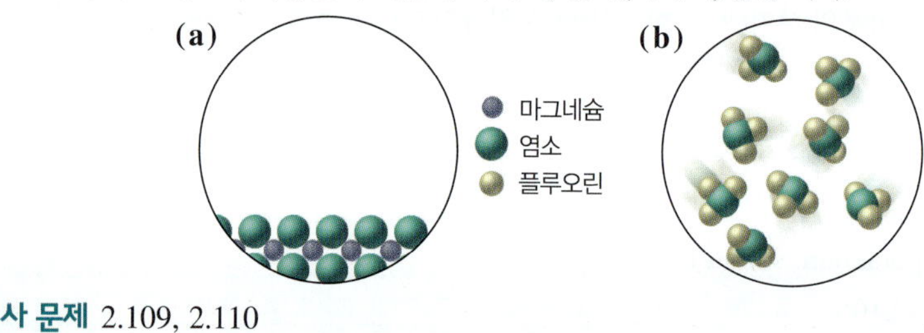

유사 문제 2.109, 2.110

분자를 화학식과 모형으로 나타내기

너무 작아서 눈으로 볼 수 없는 분자를 나타내기 위해 화학자들은 여러 가지 식과 모형을 고안했다. 아래의 물에 대한 식과 모형이 보여 주는 것처럼, 각각은 서로 다른 정보를 전달한다.

- *분자식*(molecular formula)은 원소 기호와 화합물의 분자에 들어 있는 각 원소의 *실제* 원자수를 나타내는 숫자 아래첨자를 사용한다. (이온 결합 화합물에서 *화학식 단위*가 각 이온의 *상대적인* 수를 나타낸다는 것을 기억하라.) 물의 분자식은 H_2O이며, 각 분자 내에는 H 두 개와 O 원자 한 개가 들어 있다.

$$H_2O$$

- *구조식*(structural formula)은 분자 내 원자들의 상대적 위치와 연결을 보여준다. 원자는 원소 기호를 사용하여 나타내고, 원자 사이의 결합은 한 쌍의 점(전자-점 식) 또는 선(결합-선 식)으로 나타낸다. 물에서 각 H 원자는 O 원자와 결합하고 있고 H 원자끼리는 결합되어 있지 않다.

H:O:H　　H—O—H

이 책 전체에서 원자를 채색된 공으로 표현한다.

- *공-막대 모형*(ball-and-stick model)은 원자를 공으로, 결합을 막대로 표현하고 정확한 결합 사이의 각을 보여준다. 물은 굽은 분자(결합각 104.5°)임에 주목하라. 이 모형은 결합하고 있는 원자들이 서로 중첩되어 있는 것(그림 2.15 참조)과 상대적인 크기를 보여주지 못하기 때문에 원자간의 거리를 과장하게 된다.

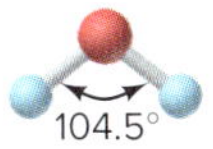

- *공간 채움 모형*(space-filling model)은 분자를 정확하게 확대한 영상이다. 따라서 원자의 상대적 크기, 핵(구의 중심) 사이의 상대적 거리 및 결합각을 잘 보여준다. 그러나 결합이 보이지 않으며 복잡한 분자에서 각 원자를 보기는 어렵다.

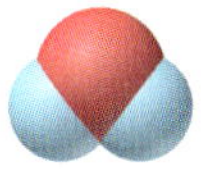

각 분자는 매우 작지만, 분자의 크기 및 질량의 범위는 엄청나게 크다. 표 2.8은 몇 개의 이원자 분자, 작은 다원자 분자 그리고 두 개의 *거대 분자*(macromolecule)라 부르는 극단적으로 큰 분자인 데옥시리보핵산(DNA)과 나일론을 보여준다.

표 2.8 | 분자를 나타내는 방법

이름	분자식 (분자량, amu)	결합-선 식	공-막대 모형	공간 채움 모형
일산화 탄소	CO (28.01)	C≡O		
이산화 질소	NO_2 (46.01)	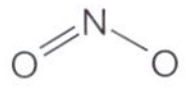 O=N–O		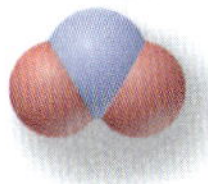
아스피린 (아세틸살리실산)	$C_9H_8O_4$ (180.15)	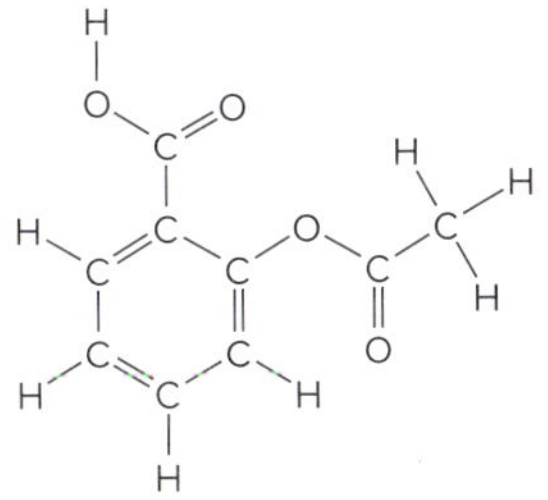	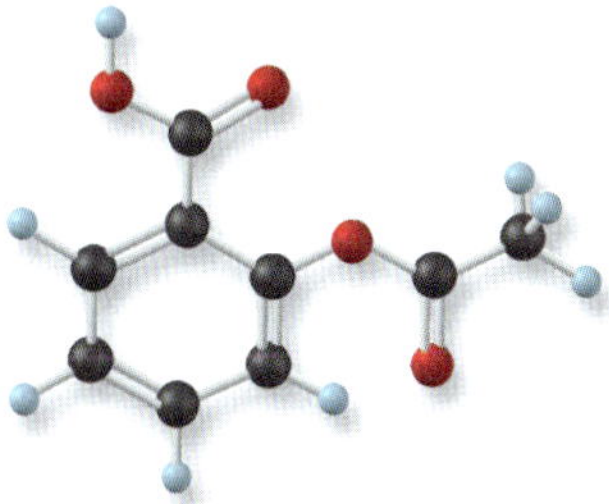	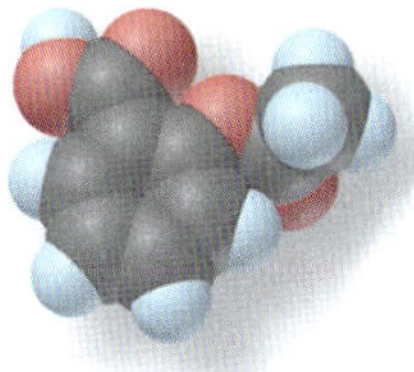

디옥시리보핵산(DNA) (~10,000,000 amu)

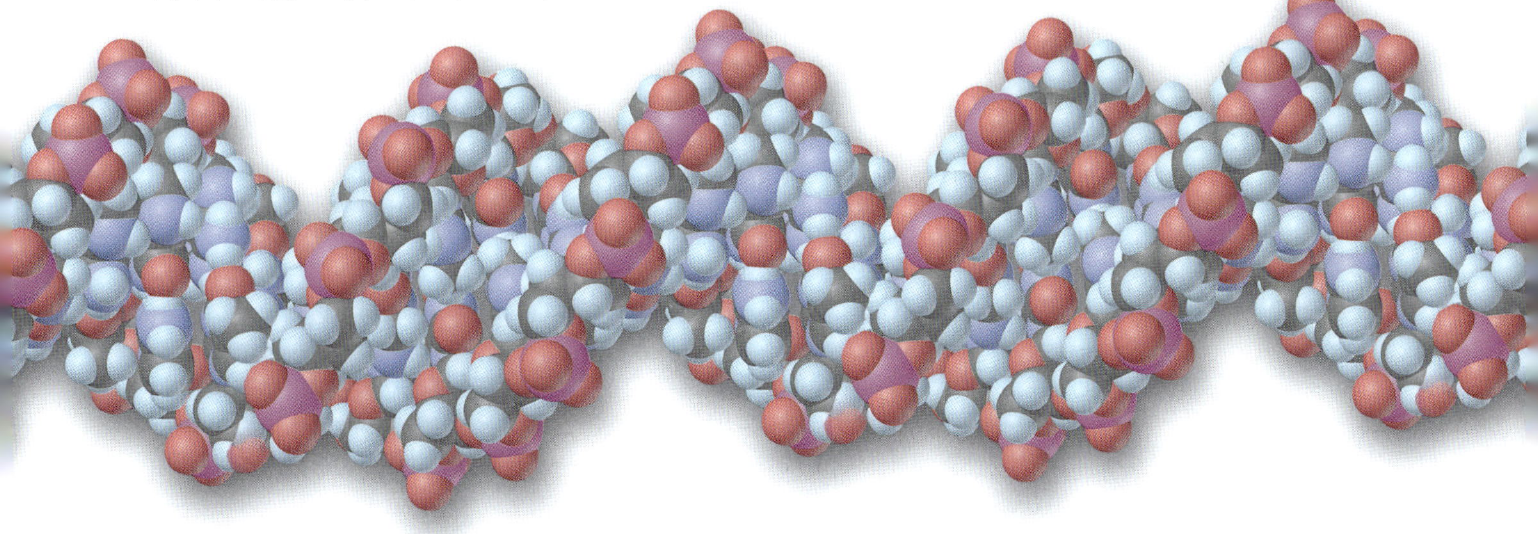

› 2.8절 요약

- 이온 결합 화합물 이름은 양이온을 먼저, 음이온은 뒤에 쓴다. 금속 이름 + 비금속 어근 + *-ide*. 둘 이상의 이온을 형성하는 금속은 전하를 로마 숫자로 표시한다. 금속 이름(전하) + 비금속 어근 + *-ide*.
- 산소산 음이온은 산소 원자의 수를 나타내기 위해 원소 이름의 어근에 접미사, 때로는 접두사를 붙인다.
- 수화물의 이름에 숫자 접두사를 붙여 결합하고 있는 물 분자의 수를 나타낸다.
- 산의 이름은 음이온의 이름에 따라 명명한다.
- 이성분 공유 결합 화합물에 대해서는 주기율표에서 왼쪽, 또는 아래쪽에 있는 원소 이름을 먼저 쓰고, 각 원자의 수를 접두사로 나타낸다.
- 화합물의 분자(또는 화학식)량은 원자량의 합이다.
- 화학식은 화합물 한 단위에 들어 있는 원자의 수(분자식), 또는 원자의 배열(구조식)을 보여준다.
- 분자 모형은 결합각(공-막대 모형), 상대적인 원자 크기와 원자 사이의 거리(공간 채움 모형)에 대한 정보를 제공한다.

2.9 혼합물: 분류와 분리

자연계에서 *일반적으로 물질은 혼합물로 존재한다*. 예를 들면 깨끗한 공기 시료에는 O_2, N_2, CO_2, 비활성 기체들[8A(18)족] 그리고 수증기(H_2O)를 포함한 많은 원소와 화합물들이 물리적으로 함께 섞여 있다. 대양은 Na^+, Mg^{2+}, Cl^-, SO_4^{2-}, O_2, CO_2, H_2O를 포함한 많은 이온과 공유 결합 화합물들이 물에 들어 있는 복잡한 혼합물이다. 바위와 흙은 탄산 칼슘($CaCO_3$), 이산화 실리콘(SiO_2), 산화 알루미늄(Al_2O_3), 산화 철(III)(Fe_2O_3) 등 수없이 많은 화합물이 섞여 있는 혼합물이다. 생명체들도 탄화수소, 지방질, 단백질, 핵산 그리고 많은 이온 결합 및 공유 결합 화합물 등 수천 가지 물질을 포함하고 있다.

혼합물에는 크게 두 부류가 있다.

- **불균일 혼합물**(heterogeneous mixture)은 성분들 사이에 한 개 이상의 눈에 보이는 경계를 가지고 있다. 따라서 조성이 균일하지 *않고* 부위에 따라 달라진다. 많은 바위는 서로 다른 광물들이 개별적인 조각으로 모여 있어서 불균일하다. 우유와 피처럼 현미경을 통해서만 그 경계선을 볼 수 있는 혼합물도 여럿 있다.
- **균일 혼합물**[homogeneous mixture 또는 **용액**(solution)]에는 성분이 개별 원자, 이온 또는 분자이기 때문에 가시적인 경계선이 없다. 따라서 조성이 균일하다. 예를 들면, 물에 녹아 있는 설탕물은 설탕 분자와 물 분자가 분자 수준에서 서로 균일하게 섞여 있기 때문에 균일 혼합물이다. 육안으로는 물질 시료가 순물질(원소 또는 화합물)인지 또는 균일 혼합물인지는 구별할 수 없다.

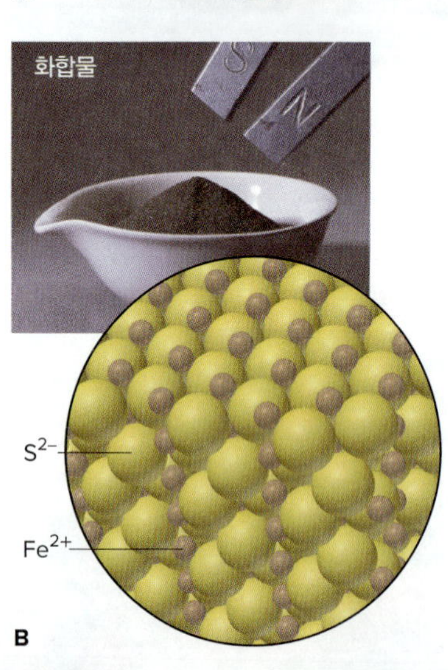

그림 2.25 혼합물과 화합물의 구별. A. 철과 황의 혼합물은 두 원소로 이루어져 있다. B. 황화 철(II) 화합물은 Fe^{2+} 이온과 S^{2-} 이온의 규칙적 배열로 이루어져 있다.

Source: Stephen Frisch/McGraw-Hill Education

흔히 용액은 액체라 생각하지만, 용액은 세 가지 물리적 상태 어느 것으로도 존재할 수 있다. 예를 들면, 공기는 산소와 질소 분자가 대부분인 기체 용액이고 왁스는 몇 가지 지방질 순물질의 고체 용액이다. 물에 섞인 용액을 **수용액**(aqueous solution)이라 하는데, 화학에서 특히 중요하며, 환경과 유기체의 대부분을 차지하고 있다.

혼합물은 세 가지 중요한 점에서 화합물과 다르다.

1. 혼합물의 성분의 비가 달라질 수 있다.
2. 혼합물에서 각 성분의 성질을 관찰할 수 있다.
3. 혼합물의 성분들은 물리적 방법으로 분리할 수 있다.

혼합물과 화합물의 차이점을 철과 황을 예로 들어 잘 볼 수 있다(그림 2.25). 철가루와 황가루는 어떤 비율로도 혼합물을 만들 수 있다. 철 금속은 자성이 있기 때문에 자석으로 성분을 분리할 수 있다. 그러나 혼합물이 들어 있는 통을 강하게 가열하면, 황화 철(II)(FeS)이 생성된다. Fe^{2+} 이온과 S^{2-} 이온이 화학적으로 결합하고 있기 때문에 더 이상 자석으로 철을 분리할 수 없다.

화학자들은 혼합물에서 구성 성분을 분리해 낼 수 있는 많은 방법을 고안했다. 혼합물의 분리 방법에서는 혼합물을 구성하는 물질들의 *물리적 성질*의 차이를 이용하며, 화학적 변화는 일어나지 않는다.

- **여과**(filteration)는 *입자의 크기 차이*를 이용하는데, 흔히 액체에서 고체를 분리하는 데 사용한다. 즉, 여과지의 아주 작은 구멍을 통과하여 용액은 흘러 나가고 고체 입자는 남는다. 진공 여과에서는 여과지 아래의 압력을 낮추어 액체의 투과 속도를 높인다.
- **결정화**(crystalization)는 *용해도의 차이*를 이용한다. 물질의 *용해도*란 주어진 온도에서 일정 부피의 용매에 용해되는 양을 말한다. 흔히 온도가 높아지면 용해도가 증가하므로 높은 온도에서 불순한 물질을 녹인 후 온도를 내리면 순수한 물질은 고형화(결정화)된다.
- **증류**(distillation)는 **휘발성**(volatility), 즉 물질이 기체가 되려는 성질의 *차이*를 이용하여 성분들을 분리한다. *단순* 증류법은 휘발성 차이가 *큰* 성분들을 분리하는 데 이용된다. 예를 들어 이온 결합 화합물의 수용액에서 물을 분리하는 경우이다. 혼합물이 끓으면 휘발성이 더 큰 성분(위의 경우에서는 물)이 더 많이 함유된 증기가 생성된다. 이렇게 끓어나온 물을 응축시켜 분리하면 고체 화합물만 남는다. *분별 증류법*(fractional distillation, 13장에서 다룸)에서는 많은 단계의 기화-응축 과정을 통해 원유의 분류에서처럼 휘발성 차이가 작은 성분들을 분리한다.
- **크로마토그래피**(chromatography)도 *용해도 차이*를 이용한다. 혼합물을 기체나 액체에 녹인 후, *이동 상*(mobile phase)이라 불리는 이 용액이 *고정상*(stationary phase)이라 불리는 고체(또는 액체)를 통과하여 흐르면서 분리된다. 고정상에 대한 용해도가 낮은 성분이 용해도가 큰 성분보다 더 빠르게 이동한다. *기체-액체 크로마토그래피*(GLC)라 불리는 관련 기법에서는 헬륨 같은 비활성 기체를 이동 상으로 사용하여 기체 혼합물을 고정상으로 충진된 긴 관을 따라 이동시킨다(그림 2.26A). 각 성분은 분리되어 순서대로 검출기에 도달한다. 크로마토그램에 나타난 많은 피크들은 각각 특정 성분의 양을 나타낸다(그림 2.26B). *고성능(고압력) 액체 크로마토그래피*(HPLC)는 GLC와 비슷하지만 이동 상이 액체이기 때문에 혼합물을 기화시킬 필요가 없어 열에 민감한 시료들을 분리할 수 있다.

He 기체 He 기체 시간 He 기체 He 기체

A. *기체 혼합물(빨간색과 파란색)이 이동 상과 함께 관을 통과* *고정상에 용해도가 큰 성분의 속도가 느리다.*

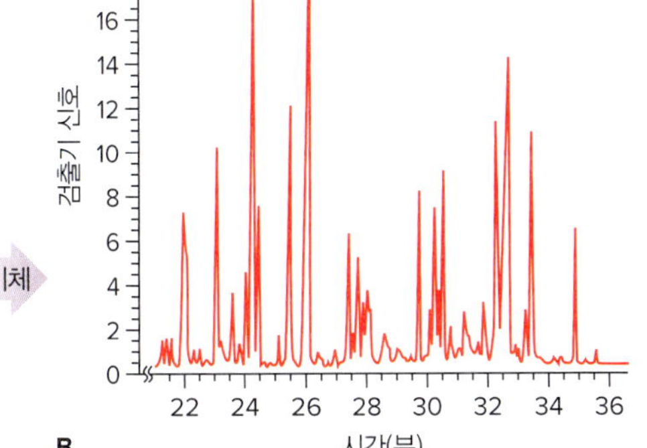

그림 2.26 기체-액체 크로마토그래피(GLC)의 원리. 고정상은 점성 액체(*회색 원*)로서 비활성 기체로 채워진 고체 방울(*노란색 원*)을 둘러싸고 있다.

물질 구성 성분에 대한 개요

거시적 수준과 원자 수준 모두에서 물질을 이해하는 것이 화학의 진수이다. 그림 2.27은 이 장에 나와 있는 많은 핵심 용어와 개념의 개요를 나타낸 것이다.

2.9절 요약

- 불균일 혼합물은 성분들 사이에 가시적 경계를 가지고 있다.
- 균일 혼합물(용액)은 혼합이 분자 수준에서 일어나기 때문에 경계를 가지고 있지 않으며, 세 가지 물리적 상태 중 어느 상태로도 존재할 수 있다.

> 혼합물의 성분들은(화합물과 달리) 어떤 비율로도 섞일 수 있으며, 물리적으로 분리할 수 있고, 각각의 성질을 유지한다.
> 분리 방법은 물리적 성질의 차이를 이용하는 것이며, 여과(입자 크기), 결정화(용해도), 증류(휘발성) 및 크로마토그래피(용해도) 등이 있다.

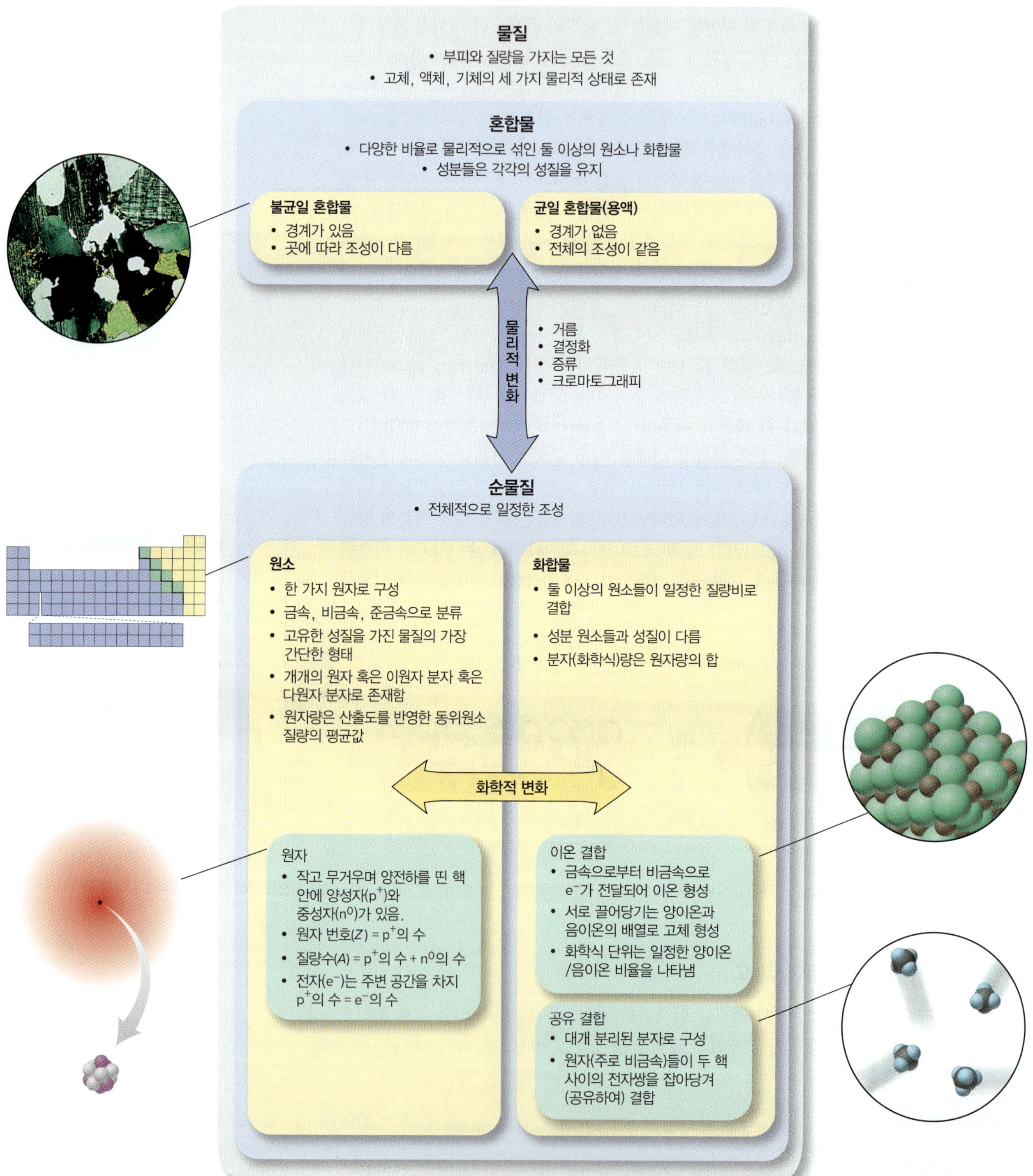

그림 2.27 물질의 분류: 화학적 관점.

개념 정리와 복습 _Chapter Review Guide

학습 목표 _Learning Objectives

※ 괄호 안은 관련된 절(§)과 예제(SP) 번호

주요 개념

1. 물질의 세 가지 형태인 원소, 화합물, 혼합물의 거시적 수준과 원자 수준에서의 특성과 그 물질 속의 입자인 원자, 분자, 이온들의 특성(§2.1)
2. 세 가지 질량 법칙인 질량 보존의 법칙, 일정 성분비의 법칙, 배수 비례의 법칙의 중요성(§2.2)
3. Dalton의 원자론의 가설과 질량 법칙을 설명하는 방법(§2.3)
4. 원자 구조의 이해에 대한 Thomson, Millikan, Rutherford의 실험의 기여(§2.4)
5. 원자의 구조, 아원자 입자들의 주된 특성, 원자량 결정에서 동위원소의 중요성(§2.5)
6. 주기율표의 체제와 금속, 비금속, 준금속의 일반적인 위치와 특성(§2.6)
7. 이온 결합 화합물과 공유 결합 화합물의 본질적 특성과 차이점(§2.7)
8. 혼합물의 종류와 그들의 성질(§2.9)

주요 스킬

1. 원자 수준에서 원소, 화합물, 혼합물 구별하기(SP 2.1)
2. 화합물의 원소의 질량비를 이용하여 화합물에 있는 특정 원소의 질량 구하기(SP 2.2)
3. 질량 법칙을 시각화하기(SP 2.3)
4. 원소의 동위원소에 있는 아원자 입자의 수 구하기(SP 2.4)
5. 동위원소 조성으로부터 원자량 계산하기(SP 2.5)
6. Z 값으로부터 원소 알아맞히기(SP 2.6)
7. 원소가 형성하는 이온 예측하기(SP 2.7)
8. 표 2.3~2.5에 있는 이온들로부터 형성되는 이온 결합 화합물 이름과 화학식 쓰기(SP 2.8~2.12, 2.17)
9. 산과 그 음이온의 이름과 화학식 쓰기(SP 2.13)
10. 이성분 공유 결합 화합물의 이름과 화학식 쓰기(SP 2.14, 2.15, 2.17)
11. 화합물의 분자량 또는 화학식량 계산하기(SP 2.16, 2.17)

주요 용어 _Key Terms

결정화	비금속	원자량	증류
공유 결합	산소산 음이온	원자량 단위, amu	질량 백분율, 질량%
공유 결합 화합물	수용액	음극선	질량 보존의 법칙
균일 혼합물	수화물	음이온	질량분석법
금속	실험식	이성분 공유 결합 화합물	질량분율
다원자 이온	실험식 질량	이성분 이온 결합 화합물	질량수, A
단원자 이온	양성자, p^+	이온	크로마토그래피
동위원소	양이온	이온 결합 화합물	핵
동위원소 질량	여과	일정 성분비의 법칙	혼합물
물질	원소	전자, e^-	화학 결합
배수 비례의 법칙	원소의 주기율표	족	화학식
분자	원자	주기	화합물
분자량	원자 기호	준금속	휘발성
불균일 혼합물	원자 번호, Z	중성자, n^0	Dalton (Da)

주요 방정식 및 관계식 _Key Equations and Relationships

2.1 주어진 질량의 화합물에 들어 있는 원소의 질량 계산하기:

$$\text{시료 중 원소의 질량} = \text{시료 화합물의 질량} \times \frac{\text{화합물 중의 원소의 질량}}{\text{화합물의 질량}}$$

2.2 원자에 들어 있는 중성자의 수 계산하기:

$$\text{중성자수} = \text{질량수} - \text{원자 번호}$$

$$\text{즉, } N = A - Z$$

2.3 원소의 동위원소의 평균 원자량 계산하기:

$$\text{원자량} = \Sigma(\text{동위원소의 질량}) \times (\text{동위원소의 산출도 분율})$$

2.4 화합물의 화학식 단위의 분자량 계산하기:

$$\text{분자량} = \text{원자량의 합}$$

연습 문제 _Problems

노란색으로 표시한 문제들에 대해서는 그 답을 부록 E에 첨부하였다. 연습 문제에 표시된 절은 본문의 절과 같고, 관련 예제의 번호를 제시하였다. 대부분의 경우 개념 복습 문제, 스킬 숙달 문제(같은 개념을 다루는 두 문제씩 묶음) 및 실전 문제를 제시하였다.

원소, 화합물 및 혼합물: 원자 관점

(예제 2.1)

개념 복습 문제

2.1 원소와 화합물의 가장 중요한 차이점은 무엇인가?

2.2 화합물과 혼합물의 두 가지 차이점을 써라.

2.3 다음 중 순물질은 어느 것인가? 설명하라.
(a) 도로의 얼음을 녹이는 데 쓰는 염화 칼슘은 두 원소, 염소와 칼슘이 일정 질량비로 이루어진다.
(b) 황은 팔원자 분자 구조로 결합된 황 원자들로 이루어진다.
(c) 발효제 베이킹파우더는 질량으로 26~30%의 탄산수소 소듐과 30~35%의 인산이수소 칼슘을 함유하고 있다.
(d) DNA의 성분인 사이토신은 H, C, N, O가 특정 배열로 결합되어 이루어진다.

2.4 문제 2.3의 각 물질들을 원소, 화합물, 또는 혼합물로 분류하고 설명하라.

2.5 다음 문장을 설명하라. 원소의 독특함을 나타내는 가장 작은 입자는 원자 또는 분자이다.

2.6 다음 문장을 설명하라. 화합물의 독특함을 나타내는 가장 작은 입자는 원자가 될 수 없다.

2.7 혼합물에서 한 화합물의 상대적인 양이 변화할 수 있는가? 화합물에서 성분의 상대적인 양이 변화할 수 있는가? 설명하라.

실전 문제

2.8 미국 여러 지역의 수돗물을 증발시키면 하얀 침전물이 남는다. 이 수돗물은 화합물인가 아니면 혼합물인가? 설명하라.

2.9 아래의 각 모식도는 혼합물을 나타낸다. 각 모식도를 원소 및 화합물의 개수로 기술하라.

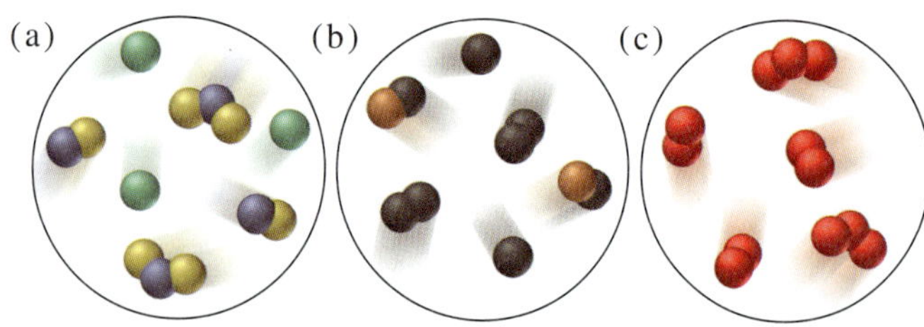

2.10 길거리에서 파는 불법 마약에는 흔히 비활성 물질인 아스코브산(비타민 C)이 포함되어 있다. 각 코카인 시료로부터 화학자들이 마약 시료 1 g당 함유된 아스코브산을 분석하여 마약 판매망을 추적하는 데 사용한다. 예를 들면, 뉴욕, 로스엔젤레스, 파리에서 압수된 코카인 1 g에 똑같이 비타민 C 0.6384 g이 들어 있다면 이 코카인들은 한 곳에서 공급된 것이다. 이 거리 마약 시료는 화합물, 원소, 또는 혼합물로 이루어져 있는가? 설명하라.

물질을 원자 관점으로 이끈 관찰

(예제 2.2)

개념 복습 문제

2.11 일정 성분비의 법칙과 배수 비례의 법칙이 만들어지기 위해 왜 분리 기술과 화학 분석법의 발전이 선행되어야 했을까?

2.12 다음 법칙들은 물질의 세 가지 종류, 원소, 화합물, 혼합물 중 어디에 적용될까? (a) 질량 보존의 법칙 (b) 일정 성분비의 법칙 (c) 배수 비례의 법칙.

2.13 현대의 물질과 에너지 관점에서 아직도 화학 반응에서 질량 보존의 법칙이 성립하는가? 설명하라.

2.14 다음 관찰들이 보여주는 질량 법칙을 구별하고 그 이유를 설명하라.
(a) 칠레의 염화 포타슘 시료는 폴란드의 염화 포타슘과 동일한 질량비로 포타슘을 포함한다.
(b) 섬광 전구는 사용 전에는 마그네슘과 산소가 들어 있고 사용 후에는 산화 마그네슘이 들어 있지만 전체 질량은 변하지 않는다.
(c) 비소와 산소는 비소의 질량 백분율이 65.2%인 한 화합물과 비소의 질량 백분율이 75.8%인 다른 화합물을 형성한다.

2.15 다음 모식도 중 어느 것이 염소(*녹색*)와 산소(*빨간색*)로 이루어진 화합물의 배수 비례의 법칙을 나타내는가? 화합물의 이름은 무엇인가?

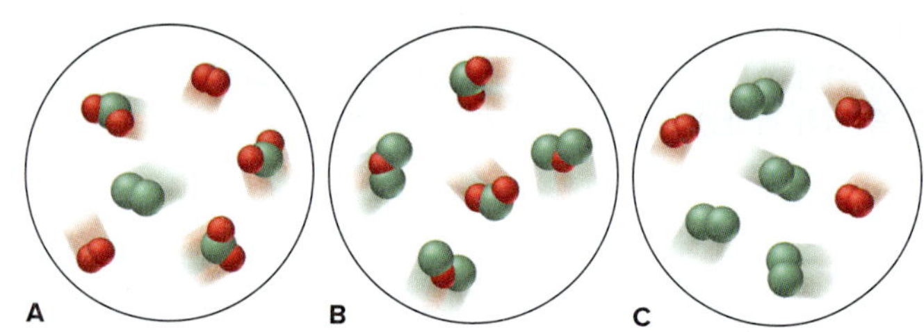

2.16 (a) 화합물의 각 원소의 질량 백분율은 화합물의 양에 따라 달라지는가? 설명하라. (b) 화합물을 이루는 각 원소의 질량은 화합물의 양에 따라 달라지는가? 설명하라.

2.17 화합물의 각 원소의 질량 백분율은 이 화합물을 만드는 데 사용되는 원소들의 양에 따라 달라지는가? 설명하라.

스킬 숙달 문제(*유사한 문제들을 두 개씩 묶음*)

2.18 다음 실험 결과가 보여주는 질량 법칙을 말하고 답을 설명하라.
실험 1: 한 학생이 푸른색 화합물 1.00 g을 가열하여 흰색 화합물 0.64 g과 무색 기체 0.36 g을 얻었다.
실험 2: 두 번째 학생은 같은 푸른색 화합물 3.25 g을 가열하여 흰색 화합물 2.08 g과 무색 기체 1.17 g을 얻었다.

2.19 다음 실험 결과가 보여주는 질량 법칙을 말하고 답을 설명하라.
실험 1: 한 학생이 구리 1.27 g과 아이오딘 3.50 g을 가열하여 흰색 화합물 3.81 g을 얻었다. 아이오딘 0.96 g이 남았다.
실험 2: 두 번째 학생은 구리 2.55 g과 아이오딘 3.50 g을 가열하여 흰색 화합물 2.08 g을 얻었다. 구리 0.80 g이 남았다.

2.20 칼슘의 광물인 형석은 칼슘과 플루오린의 화합물이다. 분석 결과 형석 시료 2.76 g에는 칼슘 1.42 g이 함유되어 있다고 한다. 다음을 계산하라. (a) 시료에 존재하는 플루오린의 양 (b) 형석에 있는 칼슘과 플루오린의 질량 분율 (c) 형석에 있는 칼슘과 플루오린의 질량 백분율.

2.21 납의 광물인 방연광은 납과 황의 화합물이다. 분석 결과 방연광 시료 2.34 g에는 납 2.03 g이 함유되어 있다고 한다. 다음을 계산하라. (a) 시료에 존재하는 황의 양 (b) 방연광에 있는 납과 황의 질량 분율 (c) 방연광에 있는 납과 황의 질량 백분율.

2.22 산화 마그네슘(MgO)은 마그네슘을 공기 중에서 태울 때 생성된다.
(a) 만약 MgO 1.25 g가 Mg 0.754 g을 함유하고 있다면 마그네슘 대 산화 마그네슘의 질량비는 얼마인가?
(b) MgO 534 g에 들어 있는 Mg의 질량(g)은 얼마인가?

2.23 황화 아연(ZnS)은 섬아연광 결정 구조를 가진다.
(a) 만약 ZnS 2.54 g이 Zn 1.70 g을 함유하고 있다면 아연 대 황화 아연의 질량비는 얼마인가?
(b) ZnS 3.82 kg에 들어 있는 Zn의 질량(g)은 얼마인가?

2.24 구리와 황의 화합물은 구리 88.39 g과 황 44.61 g을 포함한다. 화합물 5264 kg에 들어 있는 구리의 질량(g)은 얼마인가? 황의 질량(g)은 얼마인가?

2.25 세슘과 아이오딘의 화합물은 세슘 63.94 g과 아이오딘 61.06 g을 포함한다. 화합물 38.77 g에 들어 있는 세슘의 질량(g)은 얼마인가? 아이오딘의 질량(g)은 얼마인가?

2.26 다음 자료들이 어떻게 배수 비례의 법칙을 설명하는지 계산을 통해 보여라.

화합물 1: 질량으로 황 47.5%와 염소 52.5%

화합물 2: 질량으로 황 31.1%와 염소 68.9%

2.27 다음 자료들이 어떻게 배수 비례의 법칙을 설명하는지 계산을 통해 보여라.

화합물 1: 질량으로 제논 77.6%와 플루오린 22.4%

화합물 2: 질량으로 제논 63.3%와 플루오린 36.7%

실전 문제

2.28 돌로마이트(dolomite)는 마그네슘과 칼슘의 탄산염이다. 분석했더니 돌로마이트 7.81 g에 칼슘 1.70 g이 함유되어 있다. Ca의 질량 백분율을 구하라. 다른 모든 요인을 무시하고 Ca의 질량 백분율만으로 판단할 때 Ca를 더 많이 얻을 수 있는 것은 돌로마이트인가 또는 형석(fluorite)인가(문제 2.20 참조)?

2.29 석탄 시료에 포함된 황의 질량 백분율은 석탄을 태울 때 황이 산소와 결합하고 그 산화물이 산성비가 될 수 있기 때문에 석탄이 환경에 영향을 미치는 주요 요인이다. 다음 중 어느 석탄이 환경에 가장 적은 영향을 미치겠는가?

	시료의 질량(g)	시료 중 황의 질량(g)
석탄 A	378	11.3
석탄 B	495	19.0
석탄 C	675	20.6

Dalton의 원자론

(예제 2.3)

개념 복습 문제

2.30 원자에 대한 Dalton의 가설 중 나중에 관찰된 사실과 일치하지 않는 것은 무엇인가? 이 불일치로 Dalton이 틀렸다고 할 수 있는가? Dalton의 모형은 아직도 유용한가? 설명하라.

2.31 Dalton의 이론을 이용하여 인도와 이탈리아의 질산 포타슘이 같은 K, N, O의 질량 백분율을 가지는 이유를 설명하라.

핵원자 모형으로 이끈 관찰

개념 복습 문제

2.32 Thomson은 전자의 질량 대 전하 비를 결정할 수 있었지만 질량은 구하지 못했다. Millikan의 실험이 어떻게 전자의 질량을 결정하는 것을 가능케 하였는가?

2.33 Millikan의 실험과 유사한 실험을 통해서 각각의 기름방울의 전하량을 구하였다. -3.204×10^{-19} C, -4.806×10^{-19} C, -8.010×10^{-19} C, -1.442×10^{-18} C. 전자의 전하량을 구하고(단위는 C, Coulomb), 답을 설명하라.

2.34 Thomson의 원자 모형을 설명하라. 이것이 어떻게 음극선의 생성을 설명하는가?

2.35 Rutherford와 동료들이 α 입자를 금박에 충돌시켰을 때 Thomson의 원자 모형을 뒤집는 결과를 얻었다. 이를 설명하라.

오늘날의 원자론

(예제 2.4, 2.5)

개념 복습 문제

2.36 *원자 번호*와 *질량수*를 정의하라. 어느 것이 원소를 바꾸지 않으면서 변할 수 있는가?

2.37 맞는 답을 선택하라. 동위원소의 원자 번호와 질량수의 차이는 (a) 원소의 종류와 관계가 있다, (b) 전자수이다, (c) 중성자 수이다, (d) 동위원소 수이다.

2.38 몇몇 원소들은 자연계에 한 종류의 동위원소만 가지고, 또 모든 원자들의 양성자와 중성자의 개수가 정수이지만 원자량이 정수인 것은 없다. 표 2.2의 자료를 이용하여 이 사실을 설명하라.

2.39 염소는 두 종류의 동위원소인 ^{35}Cl(76% 산출도)와 ^{37}Cl(24% 산출도)로 자연에서 산출되고 이원자(즉, 2개의 원자로 이루어진) 분자 형태로 존재한다. 염소의 질량 스펙트럼에서는 분자와 분리된 원자에 대응되는 피크들이 각각 나타난다.
(a) 염소의 질량 스펙트럼에는 피크가 몇 개 나타나는가?
(b) 가장 무거운 입자와 가장 가벼운 입자의 *m*/*e* 값을 구하라.

스킬 숙달 문제(유사한 문제들을 두 개씩 묶음)

2.40 자연에 존재하는 아르곤은 ^{36}Ar, ^{38}Ar, ^{40}Ar의 세 가지 동위원소를 갖는다. 각 동위원소의 질량수는 얼마인가? 각 동위원소에 들어 있는 양성자, 중성자, 전자는 각각 몇 개인가?

2.41 자연에 존재하는 염소는 ^{35}Cl과 ^{37}Cl의 두 가지 동위원소를 갖는다. 각 동위원소의 질량수는 얼마인가? 각 동위원소에 들어 있는 양성자, 중성자, 전자는 각각 몇 개인가?

2.42 다음 각 쌍은 양성자 수가 같은가? 중성자 수는? 전자수는?

(a) $^{16}_{8}O$와 $^{17}_{8}O$ (b) $^{40}_{18}Ar$과 $^{41}_{19}K$ (c) $^{60}_{27}Co$와 $^{60}_{28}Ni$
어느 쌍이 Z 값이 같은 원자로 되어 있는가? N 값이 같은 것은? A 값이 같은 것은?

2.43 다음 각 쌍은 양성자 수가 같은가? 중성자 수는? 전자수는?
(a) $^{3}_{1}H$와 $^{3}_{2}He$ (b) $^{14}_{6}C$와 $^{15}_{7}N$ (c) $^{19}_{9}F$와 $^{18}_{9}F$
어느 쌍이 Z 값이 같은 원자로 되어 있는가? N 값이 같은 것은? A 값이 같은 것은?

2.44 각 원자 그림을 $^{A}_{Z}X$로 표기하라.

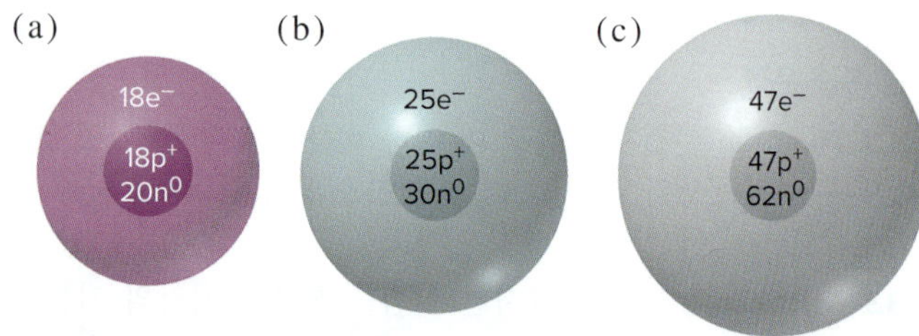

2.45 각 원자 그림을 $^{A}_{Z}X$로 표기하라.

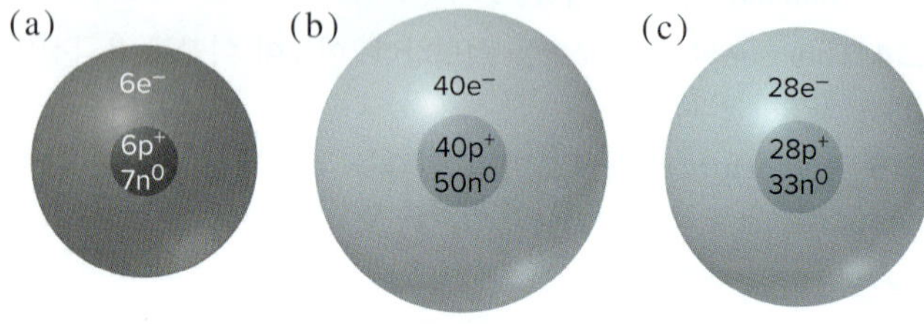

2.46 다음에 대해 문제 2.44와 같은 원자 그림을 그려라.
(a) $^{48}_{22}Ti$ (b) $^{79}_{34}Se$ (c) $^{11}_{5}B$.

2.47 다음에 대해 문제 2.44와 같은 원자 그림을 그려라.
(a) $^{207}_{82}Pb$ (b) $^{9}_{4}Be$ (c) $^{75}_{33}As$.

2.48 자연에 존재하는 갈륨은 두 가지 동위원소 ^{69}Ga(동위원소 질량 = 68.9256 amu, 산출도 = 60.11%)와 ^{71}Ga(동위원소 질량 = 70.9247 amu, 산출도 = 39.89%)을 가지고 있다. 갈륨의 원자량을 계산하라.

2.49 자연에 존재하는 마그네슘은 세 가지 동위원소 ^{24}Mg(동위원소 질량 = 23.9850 amu, 산출도 = 78.99%), ^{25}Mg(동위원소 질량 = 24.9858 amu, 산출도 = 10.00%), ^{26}Mg(동위원소 질량 = 25.9826 amu, 산출도 = 11.01%)를 갖는다. 마그네슘의 원자량을 계산하라.

2.50 자연의 염소는 ^{35}Cl(동위원소 질량 = 34.9689 amu)와 ^{37}Cl(동위원소 질량 = 36.9659 amu)의 두 가지 동위원소가 있다. 염소 원자량이 35.4527 amu라면 각 동위원소의 산출도는 얼마인가?

2.51 자연의 구리는 ^{63}Cu(동위원소 질량 = 62.9296 amu)와 ^{65}Cu(동위원소 질량 = 64.9278 amu)의 두 가지 동위원소가 있다. 구리 원자량이 63.546 amu라면 각 동위원소의 산출도는 얼마인가?

원소: 주기율표와의 첫 만남

(예제 2.6)

개념 복습 문제

2.52 아이오딘(Z = 53)의 원자 번호는 텔루륨(Z = 52)보다 크지만 원자량은 작다. 그 이유는 무엇인가?

2.53 다음 각 문장을 바르게 고쳐라.
(a) 현대 주기율표에서 원소는 원자량이 증가하는 순서로 배열되어 있다.
(b) 같은 주기의 원소는 화학적 성질이 비슷하다.
(c) 원소는 준금속과 비금속으로 분류된다.

2.54 주기율표에서 계단 선에 걸려 있는 원소들은 금속이나 비금속과 비교하여 어떤 성질을 가지는가?

2.55 주기율표의 왼쪽으로부터 오른쪽으로 계단식으로 내려갈 때 계단의 왼쪽에 있는 원소들의 특성은 무엇인가? 오른쪽은?

2.56 1A(1)족과 7A(17)족에 속한 원소는 반응성이 크다. 이들 사이의 주된 차이점은 무엇인가?

스킬 숙달 문제(유사한 문제들을 두 개씩 묶음)

2.57 다음 Z 값을 가지는 원소의 이름과 원자 기호, 족 번호를 쓰고 금속, 비금속, 준금속 중 어느 것인지 분류하라.
(a) $Z = 32$ (b) $Z = 15$ (c) $Z = 2$ (d) $Z = 3$ (e) $Z = 42$

2.58 다음 Z 값을 가지는 원소의 이름과 원자 기호, 족 번호를 쓰고 금속, 비금속, 준금속 중 어느 것인지 분류하라.
(a) $Z = 33$ (b) $Z = 20$ (c) $Z = 35$ (d) $Z = 19$ (e) $Z = 13$

2.59 다음 빈 칸을 채워라.
(a) 가장 무거운 알칼리 토금속의 원소 기호는 _______ 이고, 원자 번호는 _______ 이다.
(b) 4A(14)족에 있는 가장 가벼운 금속의 원소 기호는 _______ 이고, 원자 번호는 _______ 이다.
(c) 1B(11)족은 *주화 금속*(coinage metal)으로 구성되어 있다. 가장 적은 전자를 가지는 주화 금속의 원소 기호는 _______ 이고, 원자량은 _______ 이다.
(d) 4주기에 있는 할로젠의 원소 기호는 _______ 이고, 원자량은 _______ 이다.

2.60 다음 빈 칸을 채워라.
(a) 가장 무거운 비방사성 비활성 기체의 원소 기호는 _______ 이고, 원자 번호는 _______ 이다.
(b) 5주기에서 가장 적은 수의 양성자를 가지는 전이 금속의 원소 기호는 _______ 이고, 원자 번호는 _______ 이다.
(c) 6A(16)족은 칼코겐 족으로 불린다. 첫 번째 금속성 칼코겐 원소의 원소 기호는 _______ 이고, 원자량은 _______ 이다.
(d) 4주기에 있는 알칼리 금속의 원소 기호는 _______ 이고, 원자량은 _______ 이다.

화합물: 화학 결합 개론

(예제 2.7)

개념 복습 문제

2.61 반응성이 큰 금속과 비금속 사이에 일어나는 결합의 형태와 성질을 써라.

2.62 두 비금속 사이에 흔히 생기는 결합의 형태와 성질을 써라.

2.63 양이온과 음이온으로 구성되는 이온 결합 화합물이 어떻게 중성이 되는가?

2.64 LiF와 MgO에 있는 이온들이 크기가 비슷할 때 어느 화합물이 더 강한 이온 결합을 형성하겠는가? Coulomb의 법칙을 사용하

여 설명하라.

2.65 BaF_2 시료에는 분자가 존재하는가? 설명하라.

2.66 P_4O_6 시료에는 이온이 존재하는가? 설명하라.

2.67 1A(1)족과 7A(17)족의 단원자 이온은 모두 단일 전하를 가지고 있다. 주된 차이점은 무엇인가? 이유는?

2.68 많은 수의 마그네슘과 염소 원자들부터 고체 염화 마그네슘($MgCl_2$)이 생성되는 과정을 설명하라.

2.69 많은 수의 포타슘과 황 원자들부터 고체 황화 포타슘(K_2S)이 형성되는 과정을 설명하라.

2.70 질산 포타슘(KNO_3)은 이온 결합을 형성하는가 또는 공유 결합을 형성하는가? 아니면 둘 다인가?

스킬 숙달 문제(유사한 문제들을 두 개씩 묶음)

2.71 포타슘(Z = 19)과 브로민(Z = 35)은 어떤 단원자 이온을 형성하는가?

2.72 라듐(Z = 88)과 셀레늄(Z = 34)은 어떤 단원자 이온을 형성하는가?

2.73 다음 이온의 그림으로부터 모 원자의 이름, 질량수, 속한 족, 주기를 써라.

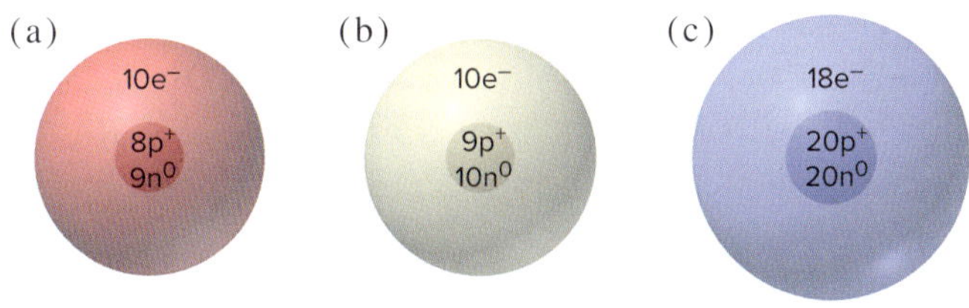

2.74 다음 이온의 그림으로부터 모 원자의 이름, 질량수, 속한 족, 주기를 써라.

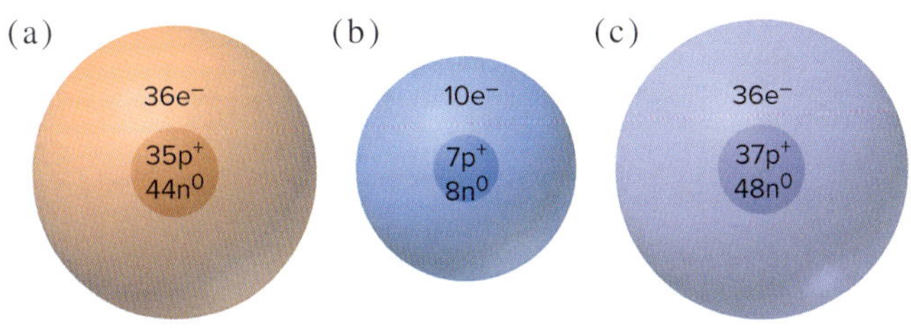

2.75 리튬(Z = 3)과 산소(Z = 8)가 반응하면 이온 결합 화합물이 생성된다. 이 화합물 시료에 리튬 이온 8.4×10^{21}개가 들어 있다면 산화 이온은 몇 개 들어 있는가?

2.76 칼슘(Z = 20)과 아이오딘(Z = 53)이 반응하면 이온 결합 화합물이 생성된다. 이 화합물 시료에 칼슘 이온 7.4×10^{21}개가 들어 있다면 아이오딘 이온은 몇 개 들어 있는가?

2.77 소듐과 포타슘 이온의 반지름은 각각 102 pm와 138 pm이다. 염화 소듐과 염화 포타슘 중 어느 화합물의 이온간 인력이 더 강한가?

2.78 리튬과 마그네슘 이온의 반지름은 각각 76 pm와 72 pm이다. 산화 리튬과 산화 마그네슘 중 어느 화합물의 이온간 인력이 더 강한가?

화합물의 화학식 명명법 및 질량

(예제 2.8~2.17)

개념 복습 문제

2.79 화학식 MgF_2에 이온의 상대적인 숫자와 원소의 질량 백분율에 관한 어떤 정보가 들어 있는가?

2.80 구조식과 분자식이 어떤 점이 비슷한가? 또 어떻게 다른가?

2.81 O_2 분자 100억 개와 H_2 분자 100억 개가 섞인 혼합물을 생각해보자. 어떤 면에서 이 혼합물이 과산화 수소(H_2O_2) 분자 100억 개를 포함한 시료와 비슷한가? 어떤 면에서 서로 다른가?

2.82 어떤 종류의 화합물의 이름에 로마 숫자를 사용하는가?

2.83 어떤 종류의 화합물의 이름에 그리스 숫자 접두사를 사용하는가?

2.84 어떤 종류의 화합물의 분자식을 쓰기가 불가능한가?

스킬 숙달 문제(유사한 문제들을 두 개씩 묶음)

2.85 다음 원소로부터 생성되는 화합물의 이름과 화학식을 각각 써라. (a) 소듐과 질소 (b) 산소와 스트론튬 (c) 알루미늄과 염소.

2.86 다음 원소로부터 생성되는 화합물의 이름과 화학식을 각각 써라. (a) 세슘과 브로민 (b) 황과 바륨 (c) 칼슘과 플루오린.

2.87 다음 원소로부터 생성되는 화합물의 이름과 화학식을 각각 써라.
(a) ${}_{12}L$과 ${}_{9}M$ (b) ${}_{30}L$과 ${}_{16}M$ (c) ${}_{17}L$과 ${}_{18}M$

2.88 다음 원소로부터 생성되는 화합물의 이름과 화학식을 각각 써라.
(a) ${}_{37}Q$와 ${}_{35}R$ (b) ${}_{8}Q$와 ${}_{13}R$ (c) ${}_{20}Q$와 ${}_{53}R$

2.89 다음 이름에는 화학식을, 화학식에는 계통명을 써라.
(a) 염화 주석(IV) (b) $FeBr_3$ (c) 브로민화 제1구리
(d) Mn_2O_3.

2.90 다음 이름에는 화학식을, 화학식에는 계통명을 써라.
(a) CoO (b) 염화 수은(I) (c) 산화 제2크로뮴
(d) $CuBr_2$.

2.91 다음 이름에는 화학식을, 화학식에는 계통명을 써라.
(a) Na_2HPO_4 (b) 과염소산 암모늄
(c) $Pb(C_2H_3O_2)_2 \cdot 3H_2O$ (d) 아질산 소듐

2.92 다음 이름에는 화학식을, 화학식에는 계통명을 써라.
(a) $Sn(SO_3)_2$ (b) 중크로뮴산 포타슘
(c) $FeCO_3$ (d) 탄산 포타슘·이수화물

2.93 다음 각 식을 바르게 고쳐라.
(a) 산화 바륨은 BaO_2이다.
(b) 질산 철(II)는 $Fe(NO_3)_3$이다.
(c) 황화 마그네슘은 $MnSO_3$이다.
(d) 아이오딘화 포타슘은 P_2I_3이다.

2.94 다음 각 이름을 바르게 고쳐라.
(a) CuI는 아이오딘화 코발트(II)이다.
(b) $Fe(HSO_4)_3$는 황산 철(II)이다.
(c) $MgCr_2O_7$은 magnesium dichromium heptaoxide이다.
(d) $CaCl_2$는 이염화 칼슘(II)이다.

2.95 다음 각 음이온으로부터 생성되는 산의 이름과 식을 써라.
(a) 탄산수소산(hydrogen carbonate) (b) IO_4^-
(c) 사이아나이드(cyanide) (d) HS^-.

2.96 다음 각 음이온으로부터 생성되는 산의 이름과 식을 써라.
(a) 과염소산(perchlorate) (b) NO_3^-
(c) 브로민산(bromite) (d) $H_2PO_4^-$

2.97 많은 화합물 이름은 언뜻 봐서는 비슷하다. 다음 각 화학종의 화학식을 써라.
(a) 암모늄 이온, 암모니아
(b) 황화 마그네슘, 아황산 마그네슘, 황산 마그네슘
(c) 염화 수소산, 염소산, 아염소산
(d) 브로민화 구리(I), 브로민화 구리(II)

2.98 다음 각 화합물의 화학식을 써라.
(a) 산화 납(II), 산화 납(IV)
(b) 질화 리튬, 아질산 리튬, 질산 리튬
(c) 수소화 스트론튬, 수산화 스트론튬
(d) 산화 마그네슘, 산화 망가니즈(II)

2.99 황 원자 2개와 플루오린 원자 4개로 이루어진 분자로 된 화합물의 이름과 화학식을 써라.

2.100 염소 원자 2개와 산소 원자 1개로 이루어진 분자로 된 화합물의 이름과 화학식을 써라.

2.101 다음 각 화학식을 바르게 수정하라.
(a) Tetraphosphorus decoxide (십산화 사인)는 P_4O_6이다.
(b) Diboron trioxide (삼산화 이붕소)는 B_3O_2이다.
(c) Phosphorus trifluoride (삼불화 인)은 F_3P이다.

2.102 다음 각 화합물의 이름을 바르게 수정하라.
(a) CBr_4는 carbon bromide(브롬민화 탄소)이다.
(b) IF_7는 iodine pentafluoride(오플루오린화 아이오딘)이다.
(c) NO는 nitrogen(I) oxide[산화 질소(I)]이다.

2.103 각 화합물의 화학식을 쓰고 이들의 분자(화학식)량을 구하라. (a) 황산 암모늄 (b) 인산이수소 소듐 (c) 중탄산 소듐

2.104 각 화합물의 화학식을 쓰고 이들의 분자(화학식)량을 구하라. (a) 중크로뮴산 소듐 (b) 과염소산 암모늄
(c) 아질산 마그네슘·삼수화물

2.105 각 화합물의 분자(화학식)량을 구하라. (a) 오산화 이질소 (b) 질산 납(II) (c) 과산화 포타슘.

2.106 각 화합물의 분자(화학식)량을 구하라. (a) 아세트산 철(II) 사 수화물 (b) 사염화 황 (c) 과망가니즈산 포타슘.

2.107 다음 각 화합물의 화학식 단위에서 지정된 원소의 원자수를 쓰고 분자(화학식)량을 써라.
(a) 황산 알루미늄, $Al_2(SO_4)_3$에 있는 산소
(b) 인산 수소 암모늄, $(NH_4)_2HPO_4$에 있는 수소
(c) 광물 남동광, $Cu_3(OH)_2(CO_3)_2$에 있는 산소

2.108 다음 각 화합물의 화학식 단위에서 지정된 원소의 원자수를 쓰고 분자(화학식)량을 써라.
(a) 벤조산 암모늄, $C_6H_5COONH_4$에 있는 수소
(b) 황산 하이드라진, $N_2H_6SO_4$에 있는 질소
(c) 납 필라이트, $Pb_4SO_4(CO_3)_2(OH)_2$에 있는 산소

2.109 다음 분자들의 화학식, 이름, 분자량을 써라

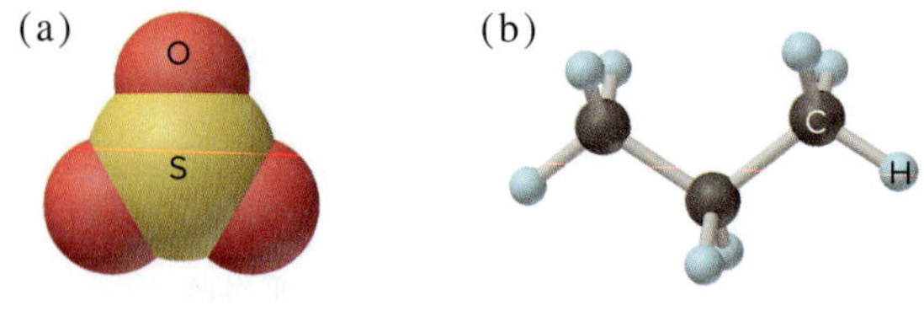

2.110 다음 분자들의 화학식, 이름, 분자량을 써라.

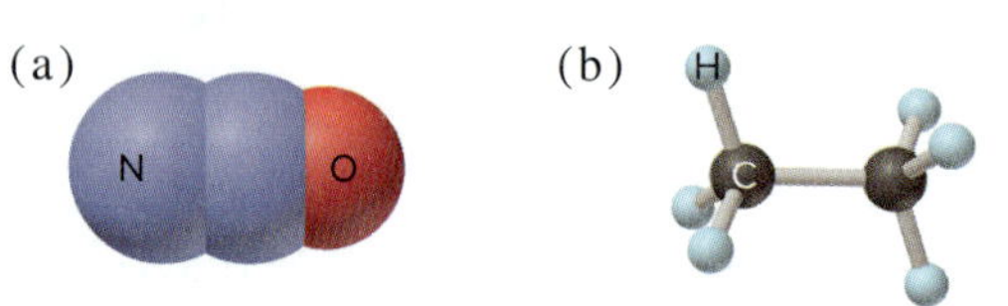

실전 문제

2.111 체계적인 이름을 사용하기 전부터 많은 화합물들은 관용명을 가지고 있었다. 다음 각각의 계통명을 써라.
(a) 푸른 황산염 $CuSO_4 \cdot 5H_2O$ (b) 소석회 $Ca(OH)_2$
(c) 황산의 기름 H_2SO_4 (d) 세척 소다 Na_2CO_3
(e) 염화 수소 산 HCl (f) 앱섬 솔트 $MgSO_4 \cdot 7H_2O$
(g) 분필 $CaCO_3$ (h) 드라이아이스 CO_2
(i) 베이킹 소다 $NaHCO_3$ (j) 양잿물 NaOH

2.112 다음 원 안에 이성분 화합물을 나타냈다. 각 분자의 화학식, 이름, 분자량을 구하라.

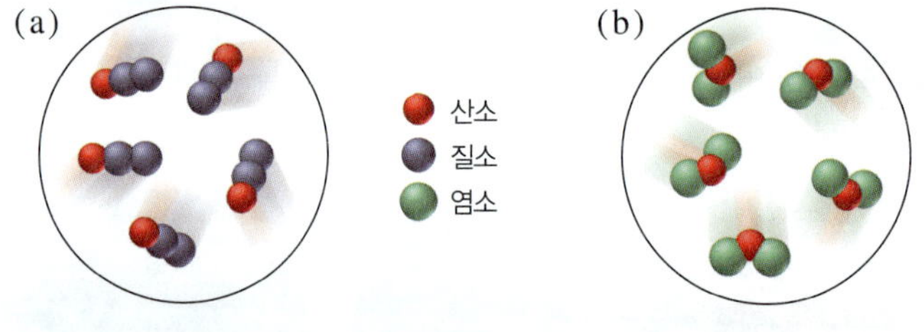

혼합물: 분류와 분리

개념 복습 문제

2.113 화합물의 성분을 분리하는 것과 혼합물의 성분을 분리하는 방법이 어떻게 다른가?

2.114 균일 혼합물과 불균일 혼합물의 다른 점은 무엇인가?

2.115 용액은 균일 혼합물인가 또는 불균일 혼합물인가? 수용액의 예를 들어라.

스킬 숙달 문제(유사한 문제들을 두 개씩 묶음)

2.116 다음을 화합물, 균일 혼합물, 불균일 혼합물로 분류하라.
(a) 증류수 (b) 휘발유 (c) 바다 모래 (d) 포도주 (e) 공기

2.117 다음을 화합물, 균일 혼합물, 불균일 혼합물로 분류하라.
(a) 오렌지 주스 (b) 야채 수프 (c) 시멘트 (d) 황산 칼슘 (e) 차

실전 문제

2.118 다음 혼합물을 순수한 성분으로 분리하기 위해 사용되는 기법을 쓰고, 그 절차를 간략히 설명하라. (a) 소금과 후추, (b) 매연으로 오염된 식수, (c) 부서진 얼음과 부서진 유리, (d) 에탄올에 녹은

설탕, (e) 시금치 잎에서 추출한 두 가지 색소(엽록소 *a*와 엽록소 *b*)

2.119 다음 과정에서 무슨 분리 방법이 적용되었는가?

(a) 조리한 파스타와 끓는 물을 체에 붓는다.

(b) 설탕 원료에서 색깔 있는 불순물을 제거하여 정제된 설탕을 만든다.

2.120 실험실에서 기체-액체 크로마토그래피를 사용하여 생성물 혼합물을 분석하고 있다. 혼합물 분리는 적절하게 진행되지만 시간이 너무 오래 걸린다. 고정상을 변화시키지 않고 분석 시간을 줄일 수 있는 두 가지 방법을 제시하라.

제 3 장 화학량론: 화학식과 화학 반응식

Stoichiometry of Formulas and Equations

Source: ©Alessandro Bonora/Shutterstock

➤ 관련 개념과 스킬 _Concepts and Skills to Review Before You Study This Chapter

- » 원자 질량(2.5절)
- » 화합물의 이름과 화학식(2.8절)
- » 분자량(또는 화학식량)(2.8절)
- » 분자식과 구조식 및 공-막대 모형과 공간 채움 모형(2.8절)

화학은 무엇보다도 실용적인 과학이다. 여러분이 우림의 식물(*사진 참조*)에서 약효가 있는 물질을 추출하는 생화학자라면, '이 물질의 화학식은 무엇일까? 어느 정도 양의 대사 산물이 안전한 수준일까?'라는 의문들을 갖게 될 것이다. 또한 여러분이 로켓 연료 추진력을 연구하는 화학 공학자라면, '연료의 연소로 배출되는 추진 기체의 양은 얼마나 될까?'라는 의문을 갖게 될 것이다. 여러분이 석탄 시료를 검사하는 환경 화학자 팀의 팀원이라면, '이 시료가 연소할 때 발생되는 대기 오염 물질의 양은 얼마나 될까?'라는 의문을 갖게 될 것이다. 또한 여러분이 독특한 성질을 갖는 플라스틱을 합성하는 고분자 화학자라면, '이 중합 반응으로 만들어지는 신물질의 양은 얼마나 될까?'라는 의문을 갖게 될 것이다. 화학식과 화학 반응을 정량적으로 연구하는 학문인 **화학량론**(stoichiometry, "원소" 또는 "부분"이란 뜻의 그리스어 *stoicheion*과 "측정"이란 뜻의 *metron*에서 유래)은 이와 같은 수많은 의문에 대한 답을 줄 것이다.

이 장에서는... *물질의 질량과 그 물질을 이루고 있는 화학적 개체(원자, 이온, 분자, 화학식 단위) 수의 관계를 정립하고 그 관계를 화학식과 화학 반응식에 적용한다.*

- › 화학자들이 물질의 양을 다룰 때 사용하는 단위인 몰(mol)에 대해 논의한다. 몰은 물질의 질량과 개체 수의 환산에도 사용된다.
- › 몰 개념을 써서 질량 분석의 결과로부터 화학식을 유도한다.
- › 세 가지 유형의 화학식을 살펴본다.
- › 화학 반응식을 쓰는 방법과 화학 반응식에서 반응하는 물질의 양과 생성되는 물질의 양의 관점에서 화학 반응식의 균형을 맞추는 방법을 배운다.
- › 화학 반응에서 반응물과 생성물의 양을 계산하고, 반응물 중 하나가 반응에서 생성되는 생성물 양을 한정하는 이유와 반응 수득률을 살펴본다.

3.1 몰(mole)

일상생활에서 어떤 사물의 양이나 수를 측정할 때 보통 무게를 달거나 개수를 센다. 원두나 바나나는 무게를 달지만 달걀과 연필은 개수를 센다. 그 양을 나타내기 위해 질량 단위(원두는 kg 단위)나 셈 단위(연필은 다스 단위)를 사용한다. 마찬가지로 실험실에서는 일상적으로 물질의 양을 측정한다. 서로 반응하는 화학적 개체(원자, 이온, 분자 또는 화학식 단위)의 개수를 알기 위해 어떻게 하면 그 작은 물체들의 개수를 세고 질량을 측정할 수 있을까? 곧 알게 되겠지만 화학자들은 몰이라는 단위를 고안하여 *매우 많은 화학적 개체의 질량을 측정함으로써 매우 많은 입자의 개수를 셀 수 있게 되었다.*

➤ 몰의 정의

몰(mole, 약자로 **mol**)은 *물질의 양*을 측정하는 SI 단위이다. 몰은 *탄소-12 원자 12 g에 들어 있는 원자수와 같은 수의 개체로 이루어진 물질의 양*으로 정의된다. 이 수를 **Avogadro 수**(Avogadro's number, 19세기 이탈리아 물리학자 Amedeo Avogadro를 기념하여

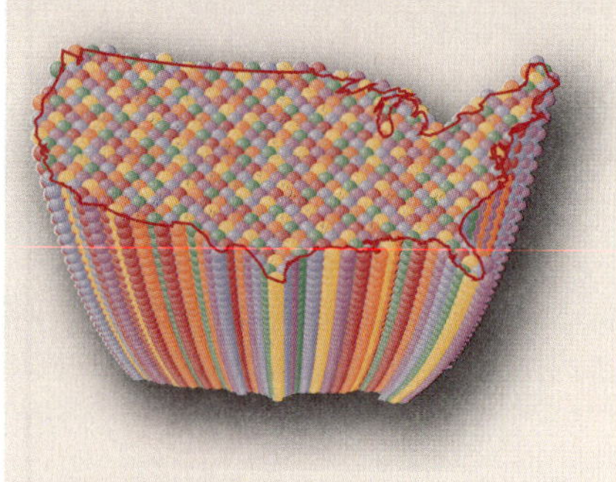

1 mol을 상상해 보면 ...

일상생활에서 접하는 보통의 물체 1 mol은 엄청난 양이다. 마침표(.) 1 mol을 한 줄로 늘어 놓으면 그 길이가 우리 은하의 반지름 정도 된다. 작은 구슬을 촘촘하고 조밀하게 쌓아 올리면 미국 대륙에 110 km 높이로 쌓일 것이다. 하지만 원자와 분자는 일상적인 보통의 물체가 아니다. 물 분자 1 mol(약 18 mL)은 한 모금 밖에 안 된다!

붙임)라고 하며 매우 큰 수이다. ‹

1 mol에 포함된 개체 수는 6.022×10^{23}(유효 숫자 네 자리)개이다. **(3.1)**

다스(dozen)처럼 셈 단위로는 물체의 개수를 알 수 있지만 그 물체의 질량은 알 수 없다. *kg*과 같은 질량 단위로는 물체의 질량을 알 수 있지만 그 물체의 개수는 알 수 없다. mol 단위로는 주어진 물질의 *질량*과 포함된 개체의 수를 모두 알 수 있다.

1 mol의 탄소-12에 포함된 탄소-12 원자수는 6.022×10^{23}개이고, 질량은 12 g이다.

mol 단위를 사용하면 시료의 질량으로부터 그 시료에 들어 있는 개체 수를 알 수 있다는 것은 무슨 뜻일까? 탄소-12 시료에 들어 있는 원자수를 알고자 할 때, 측정한 시료의 질량이 6 g이면, 탄소-12 0.5 mol에 해당되므로 들어 있는 원자수는 $0.5(6.022\times10^{23})$개 = 3.011×10^{23}개라는 것을 알 수 있다.

탄소-12 6 g은 탄소-12 0.5 mol에 해당되고 포함된 원자수는 3.011×10^{23}개이다.

서로 다른 물질들을 반응시키기 위해 혼합할 때 각 물질의 양(mol 단위), 질량(g 단위) 및 개체 수를 파악하는 것은 매우 중요한 일이다. 원자 수준의 질량과 거시 수준의 질량 사이의 상관관계가 원소들과 화합물들에서도 똑같이 성립한다.

- *원소*(element). *원자 질량 단위*(atomic mass unit, amu)로 주어진 어떤 원소의 원자 1개의 질량은 *g 단위*로 주어진 그 원소의 원자 1 mol의 질량과 *같은 값*을 갖는다. 2장에서 배운 것과 같이 주어진 원소의 각 원자는 주기율표에 나타낸 *원자 질량*을 갖는다고 간주한다. 따라서 다음과 같은 관계를 알 수 있다.

16
S
32.06

S 원자 1개의 질량은 32.06 amu이고, S 원자 1 mol(원자 6.022×10^{23}개)의 질량은 32.06 g이다.
Fe 원자 1개의 질량은 55.85 amu이고, Fe 원자 1 mol(원자 6.022×10^{23}개)의 질량은 55.85 g이다.

원자 질량은 상대적이기 때문에 Fe 원자 1개의 질량은 S 원자 1개의 질량의 55.85/32.06배이고, Fe 원자 1 mol의 질량은 S 원자 1 mol의 질량의 55.85/32.06배라는 사실도 알아야 한다.

- *화합물*(compounds). *원자 질량 단위*(amu)로 주어진 어떤 화합물의 분자(또는 화학식 단위) 1개의 질량은 *g 단위*로 주어진 그 화합물 1 mol의 질량과 *같은 값*을 갖는다. 예를 들어 다음과 같은 관계를 알 수 있다.

H_2O 분자 1개의 질량은 18.02 amu이고, H_2O 분자 1 mol(분자 6.022×10^{23}개)의 질량은 18.02 g이다.
NaCl 화학식 단위 1개의 질량은 58.44 amu이고, NaCl 화학식 단위 1 mol(화학식 단위 6.022×10^{23}개)의 질량은 58.44 g이다.

여기서도 역시 질량은 상대적이기 때문에 H_2O 분자 1개의 질량은 NaCl 화학식 단위 1개의 질량의 18.02/58.44배이고, H_2O 분자 1 mol의 질량은 NaCl 화학식 단위 1 mol의 질량의 18.02/58.44배이다.

mol 단위의 중요성에 대해 기억해야 할 두 가지 요점은 다음과 같다.

- *mol*을 사용하여 시료에 있는 개체 수와 시료의 *질량* 사이의 관계를 알 수 있다.
- mol을 사용함으로써 원자 수준의 질량(amu 단위)과 거시 수준의 질량(g 단위)은 *같은 값*을 갖는다.

일상생활에서 식료품 가게 점원은 달걀의 질량을 측정하여 달걀이 몇 개인지 알 수 *없고*, 원두 몇 개가 1 kg인지 알 수 없다. 왜냐하면 달걀과 원두 1개의 질량이 일정하지 않기 때문이다. 하지만 모든 구리 원자는 63.55 amu의 질량을 갖기 때문에 화학자들은 구리 63.55 g(1 mol)에 구리 원자 6.022×10^{23}개가 들어 있다는 것을 *알고 있다*. 몇 가지 친숙한 원소와 화합물 1 mol을 그림 3.1에 나타내었다.

그림 3.1 **몇 가지 친숙한 물질 1 mol (6.022×10^{23}개).** *왼쪽에서 오른쪽으로:* 구리(63.55 g), 액체 H_2O(18.02 g), 염화 소듐(식염, 58.44 g), 설탕(각설탕, 342.3 g), 알루미늄(26.98 g).

Source: Charles D. Winters/McGraw-Hill Education

몰질량 구하기

물질의 **몰질량** (molar mass, $\mathscr{M}$)은 그 물질을 이루는 개체(원자, 분자, 또는 화학식 단위) 1 mol의 질량으로 g/mol 단위를 사용한다. 몰질량을 계산할 때는 반드시 주기율표를 이용해야 한다.

1. *원소*. 몰질량을 계산하기 위해 주기율표에서 원자 질량을 찾아 보고, 그 원소가 단원자 원소인지, 분자 원소인지를 확인해야 한다.

- *단원자 원소*. 단원자 원소의 몰질량은 주기율표에 나타낸 값에 g/mol을 붙이면 된다.* 예를 들어 네온의 몰질량은 20.18 g/mol이고, 금의 몰질량은 197.0 g/mol이다.
- *분자 원소*. 분자 원소의 몰질량을 구하기 위해서는 분자식을 알아야 한다(그림 2.15 참조). 예를 들어 공기 중의 산소는 보통 이원자 분자(O_2)로 존재하기 때문에 O_2의 몰질량은 O 원자의 몰질량의 2배이다.

$$O_2\text{의 몰질량}(\mathcal{M}) = 2 \times \text{O의 몰질량}(\mathcal{M}) = 2 \times 16.00 \text{ g/mol} = 32.00 \text{ g/mol}$$

황의 가장 일반적인 형태는 8원자 분자(S_8)이다.

$$S_8\text{의 } \mathcal{M} = 8 \times \text{S의 } \mathcal{M} = 8 \times 32.06 \text{ g/mol} = 256.5 \text{ g/mol}$$

2. *화합물. 화합물의 몰질량은 화학식에 들어 있는 모든 원자의 몰질량을 합친 것이다.* 이산화 황의 분자식은 SO_2이므로 1 mol의 SO_2 분자에는 S 원자 1 mol과 O 원자 2 mol이 들어 있다.

$$SO_2\text{의 } \mathcal{M} = \text{S의 } \mathcal{M} + (2 \times \text{O의 } \mathcal{M}) = 32.06 \text{ g/mol} + (2 \times 16.00 \text{ g/mol}) = 64.06 \text{ g/mol}$$

마찬가지로 황화 포타슘(K_2S)과 같은 이온 결합 화합물의 몰질량도 다음과 같이 계산할 수 있다.

$$K_2S\text{의 } \mathcal{M} = (2 \times \text{K의 } \mathcal{M}) + \text{S의 } \mathcal{M} = (2 \times 39.10 \text{ g/mol}) + 32.06 \text{ g/mol} = 110.27 \text{ g/mol}$$

따라서 *화학식에 있는 아래첨자는 각 원자(또는 이온)의 개수뿐만 아니라 각 원자(또는 이온)의 몰수를 의미한다*. 모든 에너지 신진대사에 필수적인 당인 포도당($C_6H_{12}O_6$)의 화학식이 포함하고 있는 정보를 표 3.1에 요약하였다.

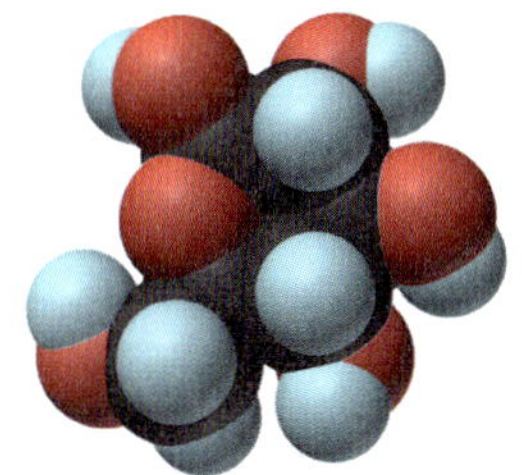
포도당(glucose)

표 3.1 | 포도당($C_6H_{12}O_6$, $\mathcal{M}$ = 180.16 g/mol)의 화학식에 들어 있는 정보

	탄소(C)	수소(H)	산소(O)
화합물 한 분자당 원자수	6 원자	12 원자	6 원자
화합물 1 mol당 원자의 몰수	6 mol	12 mol	6 mol
화합물 1 mol에 있는 원자수	$6(6.022 \times 10^{23})$ 원자	$12(6.022 \times 10^{23})$ 원자	$6(6.022 \times 10^{23})$ 원자
화합물 한 분자당 질량	6(12.01 amu) = 72.06 amu	12(1.008 amu) = 12.10 amu	6(16.00 amu) = 96.00 amu
화합물 1 mol당 질량	72.06 g	12.10 g	96.00 g

화학적 개체의 양, 질량, 개체 수 환산

실험실에서 실험할 때나 또는 시험을 볼 때 가장 많이 사용하는 것이 물질의 양(mol), 질량(g) 및 개체 수의 값을 환산하는 것이다.

1. *물질의 양과 질량 환산*. 물질의 양(mol)을 알면 쉽게 질량으로 바꿀 수 있다. 그 반대도 마찬가지다. 물질 1 mol과 g 단위의 질량이 같은 양임을 나타내는 몰질량($\mathcal{M}$)을 물질의 양과 질량 사이의 환산 인자로 사용할 수 있다.

$$\frac{\text{몰질량(g)}}{1 \text{ mol}} \quad \text{또는} \quad \frac{1 \text{ mol}}{\text{몰질량(g)}}$$

- *물질의 양*(mol)에 몰질량을 곱하여 *물질의 질량*(g)을 얻는다. mol 단위가 제거된다.

$$\text{질량(g)} = \text{물질의 양}(\cancel{\text{mol}}) \times \frac{\text{몰질량(g)}}{1 \cancel{\text{mol}}} \tag{3.2}$$

*주기율표에 나타낸 질량 값은 amu 단위로 나타낸 원자 질량을 1 amu(amu 단위로 나타낸 ^{12}C 원자 질량의 $\frac{1}{12}$)로 나눈 *상대적* 원자 질량이므로 단위가 없다.

$$\text{상대적 원자 질량} = \frac{\text{원자 질량}(\cancel{\text{amu}})}{^{12}\text{C 원자 질량의 } \frac{1}{12}(\cancel{\text{amu}})}$$

그러므로 원자 질량과 몰질량은 단위는 다르지만 값은 같다.

- *물질의 질량*(g)을 몰질량으로 나누어(또는 $1/\mathcal{M}$을 곱하여) *물질의 양*(mol)을 얻는다. g 단위가 제거된다.

$$\text{물질의 양(mol)} = \text{질량}(\cancel{g}) \times \frac{1\ \text{mol}}{\cancel{\text{몰질량(g)}}} \quad (3.3)$$

2. *물질의 양과 개체 수 환산*. 마찬가지로 물질의 양(mol)을 알면 개체 수를 구할 수 있다. 그 반대도 마찬가지다. 물질 1 mol과 그 안에 들어 있는 개체 수가 같은 양임을 나타내는 Avogadro 수를 물질의 양과 개체 수 사이의 환산 인자로 사용할 수 있다.

$$\frac{6.022\times10^{23}\text{개}}{1\ \text{mol}} \quad \text{또는} \quad \frac{1\ \text{mol}}{6.022\times10^{23}\text{개}}$$

- *물질의 양*(mol)에 Avogadro 수를 곱하여 *개체 수*를 얻는다. mol 단위가 제거된다.

$$\text{개체 수(개)} = \text{물질의 양}(\cancel{\text{mol}}) \times \frac{6.022\times10^{23}\text{개}}{1\ \cancel{\text{mol}}} \quad (3.4)$$

- *개체 수*(개)를 Avogadro 수로 나누어 *물질의 양*(mol)을 얻는다. 개 단위가 제거된다.

$$\text{물질의 양(mol)} = \cancel{\text{개체 수(개)}} \times \frac{1\ \text{mol}}{6.022\times10^{23}\cancel{\text{개}}} \quad (3.5)$$

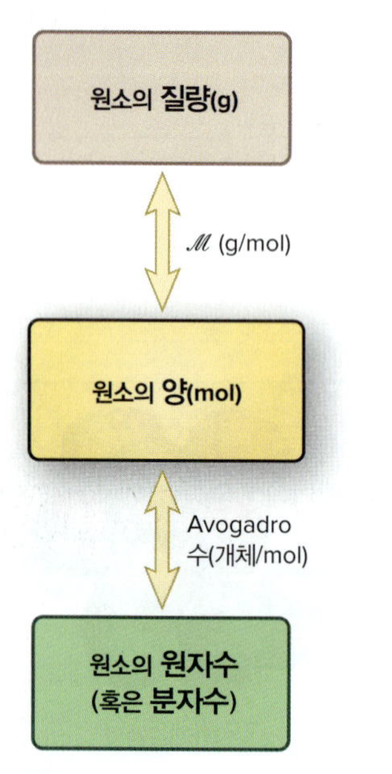

그림 3.2 원소의 양-질량-개체 수 관계.

원소의 양-질량-개체 수 환산 원소 물질의 양-질량-개체 수 사이의 관계식에서부터 시작한다. 그림 3.2에 나타낸 바와 같이 먼저 화학적 개체(원자나 분자)의 질량이나 개체 수를 물질의 양(mol)으로 바꾼다. O_2와 같은 분자 형태의 원소의 경우 1 mol에 들어 있는 분자의 수는 Avogadro 수를 이용하여 알 수 있다.

다음 예제들을 통해 몇 가지 원소의 양-질량-개체 수 환산 과정을 살펴보자.

예제 3.1 | 원소의 양을 질량으로 환산

문제 은(Ag)은 보석류나 주방 용품에 사용되며, 더 이상 동전 제조에는 사용하지 않는다. 은 0.0342 mol은 몇 g인가?

계획 주어진 은의 양(0.0342 mol)으로부터 은의 질량(g)을 구하는 문제이다. *mol 단위*로 나타낸 은의 양을 *g 단위*의 질량으로 환산하기 위해서 주기율표(로드맵 참조)에 나타낸 은의 *몰질량*을 곱한다.

로드맵

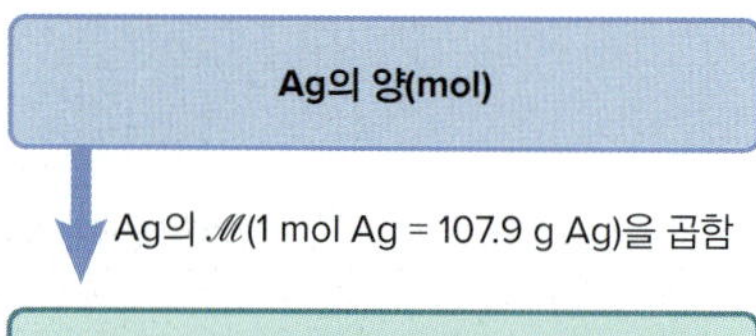

풀이 은의 양(mol)을 질량(g)으로 바꾸기:

$$\text{Ag의 질량(g)} = 0.0342\ \cancel{\text{mol Ag}} \times \frac{107.9\ \text{g Ag}}{1\ \cancel{\text{mol Ag}}} = \boxed{3.69\ \text{g Ag}}$$

검산 은의 양(mol)이 유효 숫자 세 자리이므로 질량도 유효 숫자 세 자리가 되도록 반올림한다. 단위는 g으로 맞다. 대략 0.03 mol × 100 g/mol은 3 g이다. 0.0342 mol은 1 mol에 비해 작은 값이므로 질량이 작게 얻어진 것이다.

▶ 보충 문제

3.1A 결정성 탄소의 한 형태인 흑연은 연필심에 사용된다. 흑연 315 mg에 들어 있는 탄소 원자는 몇 mol인가? 로드맵을 포함하여 풀이 과정을 써라.

3.1B 알루미늄(Al)은 지각에 가장 많이 존재하는 원소 중 하나이다. 음료수 캔 1개에 포함된 알루미늄은 약 14 g이다. Al 52 mol로 만들 수 있는 음료수 캔은 몇 개인가? 로드맵을 포함하여 풀이 과정을 써라.

유사 문제 3.12(a), 3.13(a)

예제 3.2 | 원소의 양을 개체 수로 환산

문제 갈륨(Ga)은 태양 전지판, 계산기 및 빛에 감응하는 전자 소자에 사용되는 핵심 원소이다. Ga 2.85×10^{-3} mol에 들어 있는 원자는 몇 개인가?

계획 주어진 Ga의 양(2.85×10^{-3} mol)으로부터 Ga의 원자수를 구하는 문제이다. 주어진 양(mol)에 Avogadro 수를 곱하여 원자수를 구한다(로드맵 참조).

풀이 Ga의 양(mol)을 원자수로 환산:

$$\text{Ga의 원자수} = 2.85\times10^{-3}\ \text{mol Ga} \times \frac{6.022\times10^{23}\text{개 Ga}}{1\ \text{mol Ga}}$$
$$= 1.72\times10^{21}\text{개 Ga 원자}$$

로드맵

Ga의 양(mol)
↓ Avogadro 수 (1 mol Ga = 6.022×10^{23}개 Ga)를 곱함
Ga의 원자수

검산 Ga의 양(mol)이 유효 숫자 세 자리이므로 원자수도 유효 숫자 세 자리를 갖는다. Ga의 양(mol)과 Avogadro 수를 어림잡아 계산하면 $\sim(3\times10^{-3}\ \text{mol})(6\times10^{23}\text{개/mol}) = 18\times10^{20}$개 또는 1.8×10^{21}개이다. 따라서 답은 타당하다.

▶ **보충 문제**

3.2A 편안한 상태의 사람이 공기 중에서 숨을 쉴 때, 한 번에 평균적으로 질소 분자 9.72×10^{21}개를 흡입한다. 흡입되는 질소 *원자*는 몇 mol인가? (*힌트*: 공기 중에서 질소는 이원자 분자로 존재한다). 로드맵을 포함하여 풀이 과정을 써라.

3.2B 용기에 압축 헬륨(He) 기체 325 mol이 들어 있다. 용기에 들어 있는 He 원자는 몇 개인가? 로드맵을 포함하여 풀이 과정을 써라.

유사 문제 3.12(b), 3.13(b)

물질의 질량과 개체 수는 각각 직접 양(mol)으로 환산할 수 있지만, 질량과 개체 수를 서로 직접 환산하는 것은 불가능함을 알고 있어야 다음 문제를 풀 수 있다. 따라서, *물질의 질량과 개체 수를 서로 환산하기 위해서는 먼저 양(mol)으로 환산해야 한다.*

예제 3.3 | 원소의 질량을 개체 수로 환산

문제 철(Fe)은 강철의 주성분이다. 따라서 철은 산업 사회에서 가장 중요한 금속이다. 철은 인체에서 필수 성분이기도 하다. Fe 95.8 g에 들어 있는 Fe 원자는 몇 개인가?

계획 주어진 Fe의 질량(95.8 g)으로부터 Fe의 원자수를 구하는 문제이다. 질량을 곧바로 원자수로 바꿀 수는 없기 때문에 먼저 주어진 질량을 Fe의 몰질량으로 나누어 철의 양(mol)을 구한다. 그런 다음 철의 양(mol)에 Avogadro 수를 곱하여 Fe 원자수를 구한다(로드맵 참조).

로드맵

Fe의 질량(g)
↓ Fe의 $\mathscr{M}$(55.85 g Fe = 1 mol Fe)으로 나눔
Fe의 양(mol)
↓ Avogadro 수 (1 mol Fe = 6.022×10^{23}개 Fe)를 곱함
Fe의 원자수

풀이 Fe의 질량(g)을 양(mol)으로 바꾸기:

$$\text{Fe의 양(mol)} = 95.8\ \cancel{\text{g Fe}} \times \frac{1\ \text{mol Fe}}{55.85\ \cancel{\text{g Fe}}} = 1.72\ \text{mol Fe}$$

Fe의 양(mol)을 Fe 원자수로 바꾸기:

$$\text{Fe의 원자수} = 1.72\ \cancel{\text{mol Fe}} \times \frac{6.022\times10^{23}\text{개 Fe}}{1\ \cancel{\text{mol Fe}}}$$
$$= 1.04\times10^{24}\text{개 Fe}$$

검산 철의 질량과 몰질량을 어림잡아 계산하면 ~100 g/~60 g/mol = 1.7 mol이 얻어진다. 따라서 원자수는 대략 Avogadro 수의 2배보다 조금 작다. $< 2(6\times10^{23}) = 1.2\times10^{24}$이므로 답은 옳다.

해설 두 단계를 묶어서 한 단계로 할 수도 있다.

$$\text{Fe의 양(mol)} = 95.8\ \cancel{\text{g Fe}} \times \frac{1\ \cancel{\text{mol Fe}}}{55.85\ \cancel{\text{g Fe}}} \times \frac{6.022\times10^{23}\text{개 Fe}}{1\ \cancel{\text{mol Fe}}} = 1.04\times10^{24}\text{개 Fe}$$

▶ **보충 문제**

3.3A 망가니즈(Mn)는 뼈 성장에 필수적인 전이 금속이다. 뼈 1 kg에 Mn 원자 3.22×10^{20}개가 들어 있다. Mn의 질량은 몇 g인가? 로드맵을 포함하여 풀이 과정을 써라.

3.3B 1982년 이후에 발행된 동전은 아연판에 구리(Cu)를 얇게 도금하여 만든다. 각 동전마다 구리막에 있는 구리의 질량은 0.0625 g이다. 각 동전에 들어 있는 구리 원자는 몇 개인가? 로드맵을 포함하여 풀이 과정을 써라.

유사 문제 3.12(c), 3.13(c)

화합물의 양-질량-개체 수 환산 화합물의 양-질량-개체 수 사이의 환산에는 새로운 단계 하나만 추가하면 된다. 몰질량과 화합물에 들어 있는 각 원소의 양을 구하기 위해 화학식이 필요하다. 이들의 관계를 그림 3.3에 나타내었고, 예제 3.4에서 이를 적용해 본다.

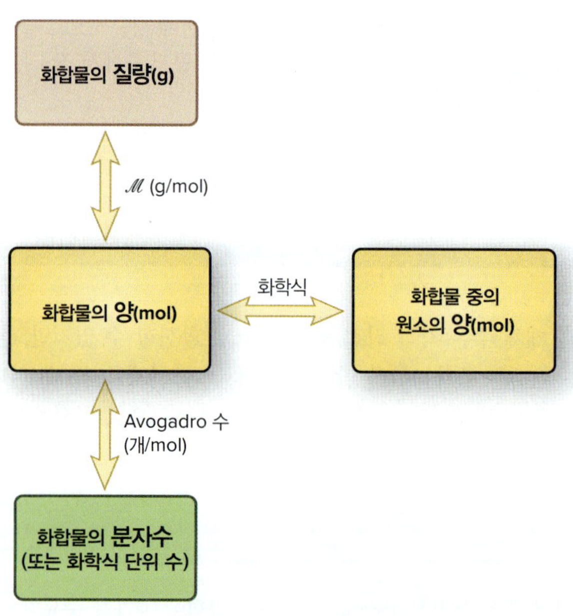

그림 3.3 화합물의 양-질량-개체 수 관계. 화학식을 이용하여 화합물에 들어 있는 각 원소의 양(mol)을 구함.

로드맵

$(NH_4)_2CO_3$의 질량(g)

↓ $\mathcal{M}$ (g/mol)로 나눔 [96.09 g $(NH_4)_2CO_3$ = 1 mol $(NH_4)_2CO_3$]

$(NH_4)_2CO_3$의 양(mol)

↓ Avogadro 수를 곱함 [1 mol $(NH_4)_2CO_3$ = $(NH_4)_2CO_3$의 화학식 단위 6.022×10^{23}개]

$(NH_4)_2CO_3$의 화학식 단위 수

↓ 화학식 단위 1개에 있는 O 원자수와 H 원자수를 곱함 [$(NH_4)_2CO_3$의 화학식 단위 1개 = O 원자 3개, $(NH_4)_2CO_3$의 화학식 단위 1개 = H 원자 8개]

O 원자수와 H 원자수

예제 3.4 화합물의 질량을 개체 수로 환산

문제 흰색 고체인 탄산 암모늄을 가열하면 분해된다. 탄산 암모늄의 이런 성질을 이용한 예로는 베이킹 파우더, 소화제 및 후각 자극제 등이 있다.

(a) 탄산 암모늄 41.6 g에 들어 있는 화학식 단위는 몇 개인가?

(b) 이 시료에 들어 있는 O 원자는 몇 개인가?

(c) 이 시료에 들어 있는 H 원자는 몇 개인가?

계획 **(a)** 주어진 화합물의 질량(41.6 g)으로부터 화학식 단위 수를 구하는 문제이다. 예제 3.3에서 살펴본 바와 같이 물질의 질량을 개체 수로 환산하려면 먼저 물질의 양(mol)을 구해야 한다. 분자식으로부터 몰질량($\mathcal{M}$)을 계산하고(예제 2.16 참조), 주어진 질량을 몰질량으로 나누어 물질의 양(mol)을 구한다. 그리고 나서 물질의 양(mol)에 Avogadro 수를 곱하면 화학식 단위의 개수를 구할 수 있다(로드맵 참조). **(b)** 화학식 단위 1개에 들어 있는 O 원자수를 화학식 단위의 개수에 곱하여 O 원자수를 구한다(로드맵 참조). **(c)** 화학식 단위 1개에 들어 있는 H 원자수를 화학식 단위의 개수에 곱하여 H 원자수를 구한다(로드맵 참조).

풀이 (a) 화학식은 $(NH_4)_2CO_3$이다(표 2.5 참조). 몰질량 계산:

$$\mathcal{M} = (2 \times \text{N의 } \mathcal{M}) + (8 \times \text{H의 } \mathcal{M}) + (1 \times \text{C의 } \mathcal{M}) + (3 \times \text{O의 } \mathcal{M})$$
$$= (2 \times 14.01 \text{ g/mol N}) + (8 \times 1.008 \text{ g/mol H}) + 12.01 \text{ g/mol C} + (3 \times 16.00 \text{ g/mol O})$$
$$= 96.09 \text{ g/mol } (NH_4)_2CO_3$$

질량(g)을 양(mol)으로 바꾸기:

$$(NH_4)_2CO_3\text{의 양(mol)} = 41.6 \text{ g } \cancel{(NH_4)_2CO_3} \times \frac{1 \text{ mol } (NH_4)_2CO_3}{96.09 \text{ g } \cancel{(NH_4)_2CO_3}}$$
$$= 0.433 \text{ mol } (NH_4)_2CO_3$$

양(mol)을 화학식 단위 수로 바꾸기:

$$(NH_4)_2CO_3\text{의 화학식 단위 수(개)} = 0.433 \text{ mol } \cancel{(NH_4)_2CO_3} \times \frac{6.022\times10^{23}\text{개 } (NH_4)_2CO_3}{1 \text{ mol } \cancel{(NH_4)_2CO_3}}$$
$$= 2.61\times10^{23}\text{개 } (NH_4)_2CO_3$$

(b) O 원자수 구하기:

$$\text{O의 원자수(개)} = 2.61\times10^{23} \text{ } \cancel{\text{화학식 단위 } (NH_4)_2CO_3} \times \frac{\text{O 원자 3개}}{\cancel{\text{화학식 단위 } (NH_4)_2CO_3}}$$
$$= 7.83\times10^{23}\text{개 O 원자}$$

(c) H 원자수 구하기:

$$\text{H의 원자수(개)} = 2.61\times10^{23} \text{ } \cancel{\text{화학식 단위 } (NH_4)_2CO_3} \times \frac{\text{H 원자 8개}}{\cancel{\text{화학식 단위 } (NH_4)_2CO_3}}$$
$$= 2.09\times10^{24}\text{개 H 원자}$$

검산 (a)에서 단위가 맞다. 질량이 몰질량의 반보다 작으므로($\sim42/96 < 0.5$), 화학식 단위 수는 Avogadro 수의 반보다 작아야 한다($\sim2.6\times10^{23}/6.0\times10^{23} < 0.5$).

해설 $(NH_4)_2CO_3$에서 괄호 밖에 있는 아래첨자 2를 빠뜨리는 오류를 범할 때가 많다. 이를 빠뜨리면 훨씬 작은 몰질량을 구하게 되고, 따라서 시료 내의 H 원자의 수를 구할 때 틀린 값을 얻게 된다.

▶ 보충 문제

3.4A 십산화 사인(P_4O_{10})은 물과 반응하여 공업적으로 중요한 인산을 만든다. 실험실에서 십산화 사인을 건조제로 사용한다.

(a) 십산화 사인 분자 4.65×10^{22}개의 질량은 몇 g인가?

(b) 이 시료에 들어 있는 P 원자는 몇 개인가?

3.4B 인산 칼슘은 칼슘 함량을 늘리기 위해 요거트 같은 식품에 첨가된다. 또한 경화 방지제에도 사용된다.

(a) 인산 칼슘 75.5 g에 들어 있는 화학식 단위는 몇 개인가?

(b) 이 시료에 들어 있는 인산 이온은 몇 개인가?

유사 문제 3.14~3.19

인터넷 핫스팟

질량, 양(mol) 및 개체 수의 환산이 어렵게 느껴진다면, eBook에 접속하여 이 주제에 대한 추가 학습 동영상을 참고하자.

질량 백분율의 중요성

여러 면에서 주어진 양의 화합물에 들어 있는 원소의 양(질량)을 아는 것은 중요하다. 생화학자는 무기질 영양소의 이온 성분 함량을 규명하고 싶을 것이고, 대기 화학자는 연료의 탄소 함량을 연구하고 싶을 것이며, 재료 과학자들은 반도체의 준금속 성분 함량을 규명하고 싶을 것이다. 이 절에서는 화합물 성분의 질량 백분율을 구하고 이를 이용하여 화합물에 있는 각 원소의 질량을 구해본다.

화학식으로부터 질량 백분율 구하기 화합물을 이루는 각 원소는 화합물의 질량에 일정 분율만큼 기여한다. 그 분율에 100을 곱한 것이 화합물에서 그 원소의 질량 백분율(mass percent)이다. 분자 수준이나 몰 수준에서 질량 백분율을 구하는 방법은 같다.

- 분자 질량(또는 화학식량)과 화학식을 이용하여 *화합물 한 분자(또는 화학식 단위)*에 있는 원소 X의 질량 백분율을 구한다.

$$\text{원소 X의 질량 백분율(\%)} = \frac{\text{화학식에 있는 X의 원자수} \times \text{X의 원자 질량(amu)}}{\text{화합물의 분자 질량(또는 화학식량)(amu)}} \times 100$$

- 몰질량과 화학식을 이용하여 몰 수준에서 *화합물 1 mol*에 있는 각 원소의 질량 백분율을 구한다.

$$\text{원소 X의 질량 백분율(\%)} = \frac{\text{화학식에 있는 X의 몰수} \times \text{X의 몰질량(g/mol)}}{\text{화합물 1 mol의 질량(g)}} \times 100 \qquad \textbf{(3.6)}$$

각 원소의 질량 백분율을 합하면 (반올림해서) 언제나 100%가 된다. 예제 3.5에서 화합물에 들어 있는 각 원소의 질량 백분율을 구해 보자.

예제 3.5 | 화학식을 이용하여 화합물에 있는 각 원소의 질량 백분율 구하기

문제 비료의 효능은 질소 함량에 따라 달라진다. 질산 암모늄은 흔히 사용하는 비료이다. 질산 암모늄에 있는 각 원소의 질량 백분율을 구하라.

계획 화학식으로부터 각 원소의 상대적인 양(mol)을 알고 그것을 이용하여 각 원소의 질량 백분율을 구하는 문제이다. 각 원소의 양(mol)에 각 원소의 몰질량을 곱하여 질량을 구하고, 각 원소의 질량을 질산 암모늄 1 mol의 질량으로 나누어 질량 분율을 구한다. 각 질량 분율에 100을 곱하여 질량 백분율을 얻는다. 원소(X)에 대한 계산 과정을 로드맵에 나타내었다.

로드맵

질산 암모늄 1 mol에 있는 X의 양(mol)
↓ X의 $\mathscr{M}$ (g/mol)을 곱함
질산 암모늄 1 mol에 있는 X의 질량(g)
↓ 화합물 1 mol의 질량으로 나눔
질산 암모늄에서 X의 질량 분율
↓ 100을 곱함
질산 암모늄에서 X의 질량 백분율

풀이 질산 암모늄의 화학식은 NH_4NO_3(표 2.5 참조)이다. NH_4NO_3 1 mol에는 N 2 mol, H 4 mol, O 3 mol이 들어 있다.

NH_4NO_3 1 mol의 질량 구하기:

$$\begin{aligned}\mathscr{M} &= (2 \times \text{N의 } \mathscr{M}) + (4 \times \text{H의 } \mathscr{M}) + (3 \times \text{O의 } \mathscr{M})\\ &= (2 \times 14.01\text{ g/mol N}) + (4 \times 1.008\text{ g/mol H}) + (3 \times 16.00\text{ g/mol O})\\ &= 80.05\text{ g/mol NH}_4\text{NO}_3\end{aligned}$$

N의 양(mol)을 질량(g)으로 바꾸기: NH_4NO_3 1 mol에 N 2 mol이 있다.

$$\text{N의 질량(g)} = 2\ \cancel{\text{mol N}} \times \frac{14.01\text{ g N}}{1\ \cancel{\text{mol N}}} = 28.02\text{ g N}$$

NH_4NO_3에서 N의 질량 분율 구하기:

$$\text{N의 질량 분율} = \frac{\text{전체 N의 질량}}{1\text{ mol NH}_4\text{NO}_3\text{의 질량}} = \frac{28.02\text{ g N}}{80.05\text{ g NH}_4\text{NO}_3} = 0.3500$$

질량 분율을 질량 백분율로 바꾸기:

$$\begin{aligned}\text{N의 질량 백분율(\%)} &= \text{N의 질량 분율} \times 100 = 0.3500 \times 100\\ &= \text{N } 35.00\%\end{aligned}$$

NH_4NO_3에 들어 있는 다른 원소에 대해 모든 단계를 거치면 다음과 같이 질량 백분율을 얻을 수 있다.

$$\begin{aligned}\text{H의 질량 백분율(\%)} &= \frac{\text{H의 양(mol)} \times \text{H의 } \mathscr{M}}{1\text{ mol NH}_4\text{NO}_3\text{의 질량}} \times 100 = \frac{4\ \cancel{\text{mol H}} \times \dfrac{1.008\text{ g H}}{1\ \cancel{\text{mol H}}}}{80.05\text{ g NH}_4\text{NO}_3} \times 100\\ &= \text{H } 5.037\%\end{aligned}$$

$$\begin{aligned}\text{O의 질량 백분율(\%)} &= \frac{\text{O의 양(mol)} \times \text{O의 } \mathscr{M}}{1\text{ mol NH}_4\text{NO}_3\text{의 질량}} \times 100 = \frac{3\ \cancel{\text{mol O}} \times \dfrac{16.00\text{ g O}}{1\ \cancel{\text{mol O}}}}{80.05\text{ g NH}_4\text{NO}_3} \times 100\\ &= \text{O } 59.96\%\end{aligned}$$

검산 답은 합리적이다. 화합물에 들어 있는 산소의 양(mol)이 질소의 양(mol)보다 많고, 몰질량도 산소가 질소보다 크기 때문에 산소의 질량 백분율이 질소의 질량 백분율보다 크다. H의 몰질량이 작기 때문에 H의 질량 백분율도 작다. 각 원소의 질량 백분율의 합은 100.00%이다.

해설 이제부터는 화합물의 몰질량을 스스로 구할 수 있어야 한다. 더 이상 몰질량 계산 과정을 보여주지 않을 것이다.

▶ **보충 문제**

3.5A 포유동물에서 젖당의 대사 산물인 포도당($C_6H_{12}O_6$)은 화학 퍼텐셜 에너지를 생성하는 중요 영양소이다. 포도당에서 C의 질량 백분율을 구하라.

3.5B *염화플루오린화탄소*(CFC) 화합물의 염소 원자가 성층권의 오존 분자를 파괴한다는 사실을 알아내기 전까지 수십 년 동안 CFC를 냉매로 사용하였다. 화합물 CCl_3F는 염소 함량이 높은 CFC이다. CCl_3F에서 Cl의 질량 백분율을 구하라.

유사 문제 3.20~3.23

질량 분율로부터 원소의 질량 구하기 *주어진 화합물에서 한 원소의 질량 분율은 항상 일정하다*는 것을 예제 3.5에서 살펴보았다[식 (3.6) 참조]. 이 분율을 이용하여 그 화합물에 들어 있는 원소의 질량을 구할 수 있다.

$$\text{원소의 질량} = \text{화합물의 질량} \times \frac{\text{화합물 1 mol에 있는 원소의 질량}}{\text{화합물 1 mol의 질량}} \quad (3.7)$$

예를 들어 이산화 질소 15.5 g에 들어 있는 산소의 질량은 다음과 같이 계산한다.

$$\text{O의 질량(g)} = 15.5\ \text{g NO}_2 \times \frac{2\ \text{mol} \times \text{O의 } \mathcal{M}\text{(g/mol)}}{1\ \text{mol NO}_2\text{의 질량(g)}}$$
$$= 15.5\ \text{g NO}_2 \times \frac{32.00\ \text{g O}}{46.01\ \text{g NO}_2} = 10.8\ \text{g O}$$

예제 3.6 | 화합물에 있는 원소의 질량 구하기

문제 예제 3.5의 정보를 사용하여 질산 암모늄 650. g에 들어 있는 질소의 질량(g)을 구하라.

계획 질산 암모늄 시료의 질량에 N 2 mol의 질량을 곱하고 질산 암모늄 1 mol의 질량으로 나누어 시료에 있는 N의 질량을 구한다.

풀이 주어진 질산 암모늄의 질량에 대한 N의 질량 구하기

$$\text{N의 질량(g)} = \text{NH}_4\text{NO}_3\text{의 질량(g)} \times \frac{2\ \text{mol} \times \text{N의 } \mathcal{M}\text{(g/mol)}}{1\ \text{mol NH}_4\text{NO}_3\text{의 질량(g)}}$$
$$= 650.\ \text{g NH}_4\text{NO}_3 \times \frac{28.02\ \text{g N}}{80.05\ \text{g NH}_4\text{NO}_3} = 228\ \text{g N}$$

검산 어림잡아 계산하면 답이 적절하다는 것을 알 수 있다. N은 NH_4NO_3의 질량의 $\frac{1}{3}$ 정도를 차지하며, 700 g의 $\frac{1}{3}$은 233 g이다.

▶ **보충 문제**

3.6A 보충 문제 3.5A에 있는 정보를 사용하여 16.55 g의 포도당에 있는 C의 질량(g)을 구하라.

3.6B 보충 문제 3.5B에 있는 정보를 사용하여 2.35 kg의 CCl_3F에 있는 Cl의 질량(g)을 구하라.

유사 문제 3.27, 3.28

› 3.1절 요약

- 물질 1 mol은 Avogadro 수(6.022×10^{23})만큼의 화학적 개체(원자, 분자 또는 화학식 단위)를 포함하는 양이다.
- 주어진 개체(원자, 분자 또는 화학식 단위) 1 mol의 질량(g)과 개체 1개의 질량(amu)은 같은 값을 갖는다. 다만 단위만 다를 뿐이다. 따라서 몰 개념을 사용하여 개체의 질량으로부터 개체 수를 구할 수 있다.
- 원소(또는 화합물)의 몰질량($\mathscr{M}$, g/mol)과 환산 인자로 Avogadro 수를 사용하여 물질의 양(mol), 질량(g) 및 개체 수를 서로 환산할 수 있다.
- 화합물에 있는 원소 X의 질량 분율을 사용하여 주어진 양의 화합물에 들어 있는 원소 X의 질량을 구할 수 있다.

3.2 미지 화합물의 화학식 구하기

예제 3.5와 3.6에서 화합물의 화학식을 사용하여 각 원소의 질량 백분율(또는 질량 분율)을 구하였고, 주어진 질량의 시료에 포함된 각 원소의 질량을 구하였다. 이 절에서는 그와 반대로 화합물에 들어 있는 원소의 질량을 사용하여 화학식을 구한다. 그런 다음 분자식과 분자 구조 사이의 관계를 간단히 살펴볼 것이다.

과산화 수소를 예로 들어 흔히 쓰는 세 가지 형태의 화학식(실험식, 분자식, 구조식)을 살펴보자.

- **실험식**(empirical formula)은 질량 분석을 통해 얻을 수 있다. 실험식은 화합물에 들어 있는 각 원소의 몰수의 가장 간단한 정수비로 *상대적인* 원자수를 나타낸다. 예를 들어 과산화 수소에 있는 산소의 질량 16에 대한 수소의 질량은 항상 1이다. 수소의 원자 질량이 1.008 amu이고 산소의 원자 질량이 16.00 amu이므로 모든 산소 원자 1개당 수소 원자 1개가 존재하는 셈이다(H/O 원자수의 비가 1/1). 따라서 실험식은 HO이다.

2.8절에서 배운 바에 의하면

- **분자식**(molecular formula)은 분자에 있는 각 원소의 *실제* 원자수를 나타낸다. 따라서 과산화 수소의 분자식은 H_2O_2로써 실험식의 2배이다. 분자식에서도 실험식과 마찬가지로 H/O 원자 비가 1/1임을 보여준다.
- **구조식**(structural formula)은 분자에 있는 *원자*의 상대적인 *위치*와 *결합*을 나타낸다. 과산화 수소의 구조식은 H—O—O—H이다.

이제 실험식과 분자식을 구하는 방법에 대해 알아보자.

실험식

미지의 화합물을 연구하는 화학자는 세 단계 과정을 거쳐 실험식을 구한다.

1. 각 성분 원소의 질량(g)을 구한다.
2. 각 질량(g)을 양(mol)으로 환산하여 임시 화학식을 쓴다.
3. 양(mol)을 수학적으로 처리하여 아래첨자가 가장 간단한 정수가 되도록 한다. 수학적으로 아래첨자를 정수로 바꾸기 위해서
   - 각 아래첨자를 가장 작은 값을 갖는 아래첨자로 나눈다.
   - 필요하면 *가장 작은* 정수를 곱하여 모든 아래첨자가 정수가 되도록 한다.

예제 3.7에서 실험식을 구하는 단계를 살펴본다.

예제 3.7 | 원소의 질량으로부터 실험식 구하기

문제 미지의 화합물 시료에 아연 5.08 g, 인 1.60 g, 산소 3.32 g이 들어 있다. 실험식은 무엇인가?

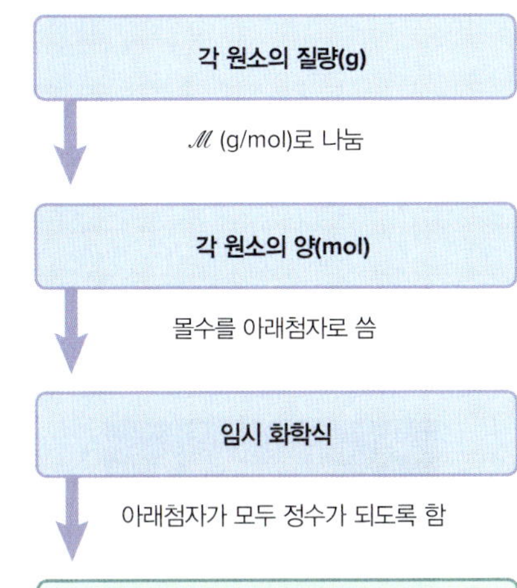

계획 주어진 화합물 $Zn_xP_yO_z$의 실험식을 구해야 한다. 여기서 아래첨자 *x*, *y*, *z*는 화합물 1 mol에 들어 있는 각 원소의 몰수를 의미한다. 화합물 시료에 들어 있는 각 원소의 질량이 주어져 있다. 먼저 각 원소의 질량을 몰질량으로 나누어 각 원소의 양(mol)을 구한다. 구한 양(mol)을 아래첨자로 적어 임시 화학식을 만들고, 각 아래첨자를 정수로 변환한다.

풀이 각 원소의 양(mol) 구하기:

$$\text{Zn의 양(mol)} = 5.08\ \text{g Zn} \times \frac{1\ \text{mol Zn}}{65.38\ \text{g Zn}} = 0.0777\ \text{mol Zn}$$

$$\text{P의 양(mol)} = 1.60\ \text{g P} \times \frac{1\ \text{mol P}}{30.97\ \text{g P}} = 0.0517\ \text{mol P}$$

$$\text{O의 양(mol)} = 3.32\ \text{g O} \times \frac{1\ \text{mol O}}{16.00\ \text{g O}} = 0.208\ \text{mol O}$$

구한 양(mol)을 사용하여 임시 화학식 만들기: $Zn_{0.0777}Cl_{0.0517}O_{0.208}$

각 아래첨자를 가장 작은 아래첨자로 나누어 아래첨자를 정수로 만들기:

$$Zn_{\frac{0.0777}{0.0517}}P_{\frac{0.0517}{0.0517}}O_{\frac{0.208}{0.0517}} \longrightarrow Zn_{1.5}P_{1.0}O_{4.0}$$

아직 아래첨자가 정수가 아니므로 모든 아래첨자를 정수로 바꿀 수 있는 *최소값의 정수*를 아래첨자에 곱해 준다. 이 경우에는 2를 곱하여 Zn의 아래첨자인 1.5를 정수로 바꾸어 준다.

$$Zn_{(1.5\times2)}P_{(1.0\times2)}O_{(4.0\times2)} \rightarrow Zn_{3.0}P_{2.0}O_{8.0} \text{ 또는 } Zn_3P_2O_8$$

검산 아래첨자의 비율인 3/2/8은 몰비인 0.0777/0.0517/0.208과 같다.

해설 Zn의 아래첨자인 "1.5"를 반올림하여 정수인 "2.0"으로 만들 수 *없음*을 주목한다. 이 화학식을 보다 일반적인 방식으로 쓰면 $Zn_3(PO_4)_2$이다. 이 화합물은 인산 아연으로 예전에는 치과용 시멘트로 널리 사용되었다.

▶ **보충 문제**

3.7A 미지 화합물의 시료가 H 1.23 g, P 12.64 g, O 26.12 g을 포함하고 있다. 실험식을 구하고 화합물의 이름을 써라.

3.7B 미지의 금속 M이 황과 반응하여 화학식이 M_2S_3인 화합물을 생성하였다. M 3.12 g이 S 2.88 g과 반응한다면 M의 이름과 M_2S_3의 이름을 각각 써라. [*힌트*: S의 양(mol)을 구한 후, 화학식을 이용하여 M의 양(mol)을 구한다.]

유사 문제 3.42(b), 3.43(b), 3.46, 3.47

분자식

화합물의 몰질량을 알면 실험식을 이용하여 분자식을 구할 수 있다. 분자식은 화합물 1 mol 안에 들어 있는 각 원소의 *실제* 몰수를 아래첨자로 나타낸 것이다. 예를 들어 물(H_2O), 암모니아(NH_3) 메테인(CH_4)과 같은 몇몇 화합물은 실험식과 분자식이 같지만, 다른 많은 화합물의 분자식은 실험식의 *정수배*가 된다. 앞에서 살펴본 것과 같이 과산화 수소의 실험식은 HO이다. 과산화 수소의 몰질량(34.02 g/mol)을 HO의 실험식량(17.01 g/mol)으로 나누면 다음과 같이 정수배가 얻어진다.

$$\text{정수배} = \frac{\text{몰질량(g/mol)}}{\text{실험식량(g/mol)}} = \frac{34.02\ \text{g/mol}}{17.01\ \text{g/mol}} = 2.000 = 2$$

과산화 수소의 몰질량이 실험식량의 2배이므로 분자식에 있는 원자수는 실험식에 있는 원자수의 2배이다. 실험식의 모든 아래첨자에 2를 곱하여 분자식을 얻는다.

$$H_{(1\times2)}O_{(1\times2)} = H_2O_2$$

원소 분석 실험실에서 측정하는 화합물의 조성 자료는 각 원소의 질량이 아니라 각 원소의 질량 백분율로 이루어져 있다. 이 자료를 이용하여 다음과 같이 실험식과 분자식을 얻는다.

1. 화합물을 100.0 g으로 가정하여 주어진 원소의 질량 백분율이 바로 질량(g)이 되게 한다.
2. 각 질량(g)을 양(mol)으로 환산한다.
3. 실험식을 만든다.
4. 화합물의 몰질량을 실험식량으로 나누어 구한 정수배를 실험식에 곱하여 분자식을 얻는다.

예제 3.8 | 원소 분석과 몰질량으로부터 분자식 구하기

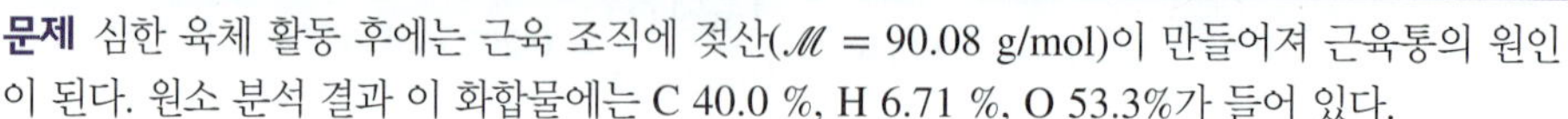

문제 심한 육체 활동 후에는 근육 조직에 젖산($\mathcal{M}$ = 90.08 g/mol)이 만들어져 근육통의 원인이 된다. 원소 분석 결과 이 화합물에는 C 40.0 %, H 6.71 %, O 53.3%가 들어 있다.

(a) 젖산의 실험식을 구하라.

(b) 젖산의 분자식을 구하라.

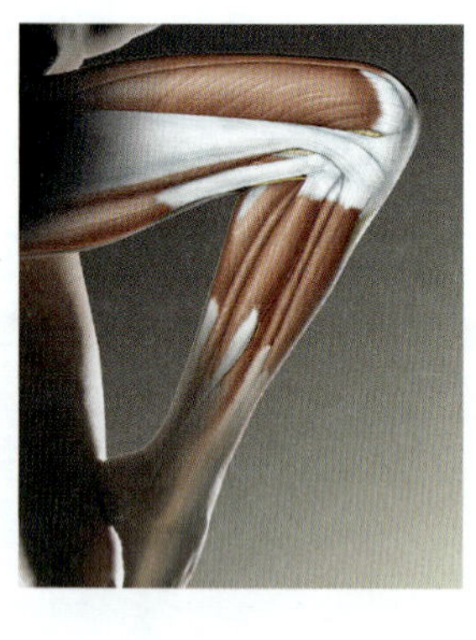

(a) 실험식 구하기

계획 주어진 각 원소의 질량 백분율로 화학식의 아래첨자를 만든 후 아래첨자가 정수가 되도록 해야 한다. 젖산 시료의 질량은 주어지지 않았지만, 화합물에서 각 원소의 질량 백분율은 화합물의 양과 상관없이 일정하다. 젖산의 질량을 100.0 g으로 가정하면 각 질량 백분율은 원소의 질량(g)과 같다. 이제 예제 3.7과 같이 질량을 몰수로 바꿔 실험식을 만든다.

풀이 젖산의 질량을 100.0 g으로 가정하고 질량 백분율을 질량(g)으로 나타내기:

$$\text{C의 질량(g)} = \frac{\text{C의 질량 40.0}}{\text{전체 질량 100}} \times 100.0\ \text{g} = 40.0\ \text{g C}$$

같은 방법으로 H 6.71 g과 O 53.3 g을 얻는다.

각 원소의 질량(g)을 양(mol)으로 바꾸기:

$$\text{C의 양(mol)} = \text{C의 질량} \times \frac{1}{\text{C의 } \mathcal{M}} = 40.0\ \cancel{\text{g C}} \times \frac{1\ \text{mol C}}{12.01\ \cancel{\text{g C}}} = 3.33\ \text{mol C}$$

같은 방법으로 H 6.66 mol과 O 3.33 mol을 얻는다.

임시 화학식을 만들기: $C_{3.33}H_{6.66}O_{3.33}$

가장 작은 아래첨자로 각 아래첨자를 나누어 아래첨자가 정수가 되게 한다.

$$C_{\frac{3.33}{3.33}}H_{\frac{6.66}{6.66}}O_{\frac{3.33}{3.33}} \longrightarrow C_{1.00}H_{2.00}O_{1.00} = C_1H_2O_1\text{, 실험식은 } \boxed{CH_2O}$$

이다.

검산 몰수가 맞는 것 같다. C와 O의 질량은 각각의 몰질량의 3배가 넘고[즉, C의 경우, 40 g/(12 g/mol) > 3 mol], H의 질량은 몰질량의 6배가 넘는다.

(b) 분자식 구하기

계획 분자식의 아래첨자는 실험식의 아래첨자의 정수배이다. 주어진 몰질량(90.08 g/mol)을 실험식량으로 나누어 이 정수배를 구한다. 각 원소들의 몰질량을 합하여 실험식량을 얻는다. 그런 다음 실험식의 아래첨자에 정수배를 곱한다.

풀이 실험식량은 30.03 g/mol이다. 곱해야 할 정수 구하기:

$$\text{정수배} = \frac{\text{젖산의 몰질량(g/mol)}}{\text{실험식량(g/mol)}} = \frac{90.08\ \cancel{\text{g/mol}}}{30.03\ \cancel{\text{g/mol}}} = 3.000 = 3$$

분자식 구하기

$$C_{(1\times3)}H_{(2\times3)}O_{(1\times3)} = \boxed{C_3H_6O_3}$$

검산 계산으로 구한 분자식에서 각 원소의 비율은 (3/6/3)으로 실험식에서 각 원소의 비율 (1/2/1)과 같고, 분자식은 주어진 몰질량과 잘 일치한다.

$$\begin{aligned}\text{젖산의 } \mathcal{M} &= (3 \times \text{C의 } \mathcal{M}) + (6 \times \text{H의 } \mathcal{M}) + (3 \times \text{O의 } \mathcal{M}) \\ &= (3 \times 12.01\ \text{g/mol}) + (6 \times 1.008\ \text{g/mol}) + (3 \times 16.00\ \text{g/mol}) \\ &= 90.08\ \text{g/mol}\end{aligned}$$

▶ **보충 문제**

3.8A 주변에 가장 널리 퍼져 있는 환경 발암 물질(암의 원인이 되는 물질) 중 하나가 benzo[*a*]pyrene($\mathscr{M}$ = 252.30 g/mol)이다. 석탄 분진, 담배 연기는 물론 숯불구이 고기에서도 발견된다. 이 탄화수소의 분석 결과 benzo[*a*]pyrene에는 C 95.21%, H 4.79%가 들어 있다. benzo[*a*]pyrene의 분자식을 구하라.

3.8B 카페인($\mathscr{M}$ = 194.2 g/mol)은 커피, 홍차, 다양한 음료수, 초콜릿에 들어 있는 각성제이다. 카페인의 원소 분석 결과 C 49.47%, H 5.19%, N 28.86%, O 16.48%로 얻어졌다. 카페인의 분자식을 구하라.

유사 문제 3.44, 3.45, 3.51

원소 분석으로부터 분자식 구하는 것이 어렵게 느껴진다면, eBook에 접속하여 이 주제에 대한 추가 학습 동영상을 참고하자.

유기 화합물의 연소 분석 화합물에 대한 또 다른 형태의 조성 자료는 아직도 **연소 분석**(combustion analysis)을 통해 얻는다. 연소 분석은 가연성 유기 화합물에 있는 탄소와 수소의 양을 측정하기 위해 사용하는 보편적인 방법이다. 순수한 O_2가 과량으로 존재하는 조건에서 미지의 화합물을 연소시킨다. 연소가 일어나는 동안 화합물에 들어 있는 탄소와 수소는 산소와 반응하여 각각 CO_2와 H_2O로 전환되며, 생성된 CO_2와 H_2O는 서로 다른 흡수제에 흡수된다(그림 3.4). 연소 전과 후에 흡수제의 질량을 측정하여 생성된 CO_2와 H_2O의 질량을 구한다. CO_2와 H_2O의 질량을 이용하여 화합물에 들어 있는 C와 H의 질량을 구한다. 이 결과를 이용하여 실험식을 구한다. 많은 유기 화합물에는 C와 H 이외에도 산소, 질소, 할로젠 등이 들어 있는 경우도 있다. C와 H 이외의 세 번째 원소가 H_2O와 CO_2의 흡수를 방해하지 않는 한 초기 화합물의 질량에서 C와 H의 질량을 빼면 그 원소의 질량을 얻을 수 있다.

그림 3.4 **유기 화합물의 화학식을 얻기 위한 연소 장치.** 유기 화합물 시료는 과량의 O_2가 존재하는 조건에서 연소된다. 반응으로 생성된 H_2O은 $Mg(ClO_4)_2$에 흡수되고, CO_2는 석면에 입혀진 NaOH에 흡수된다.

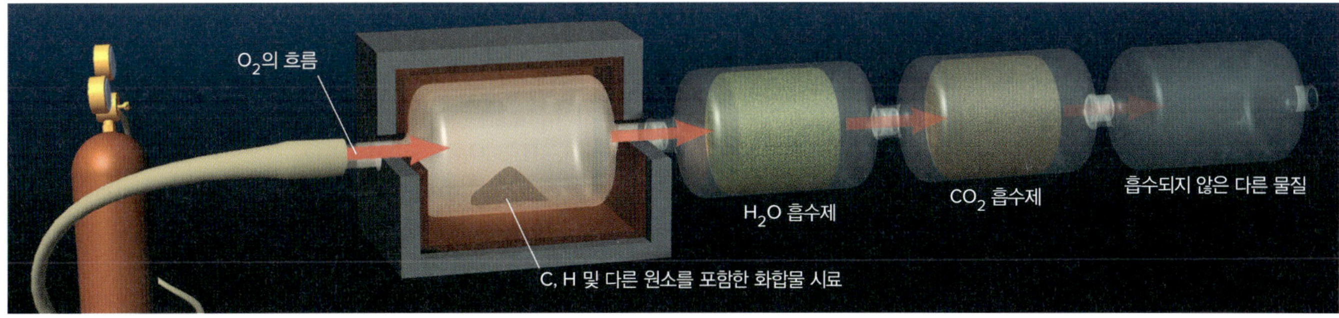

예제 3.9 | 연소 분석 결과로부터 분자식 구하기

문제 C, H, O로만 이루어진 비타민 C($\mathscr{M}$ = 176.12 g/mol)는 많은 천연물, 특히 귤과 같은 과일에 많이 존재한다. 비타민 C 시료 1.000 g을 연소 장치 안에서 연소시켜 다음과 같은 자료를 얻었다.

연소 후 CO_2 흡수제의 질량 = 85.35 g
연소 전 CO_2 흡수제의 질량 = 83.85 g
연소 후 H_2O 흡수제의 질량 = 37.96 g
연소 전 H_2O 흡수제의 질량 = 37.55 g

비타민 C의 분자식을 구하라.

계획 연소 후의 흡수제 질량에서 연소 전의 흡수제 질량을 빼면 CO_2와 H_2O의 질량을 구할 수 있다. 식 (3.7)을 이용하여 CO_2 질량으로부터 C의 질량을 계산할 수 있다. 같은 방법으로 H_2O 질량으로부터 H의 질량을 계산할 수 있다. 비타민 C의 질량(1.000 g)에서 C와 H의 질량을 빼면 존재하는 세 번째 원소인 O의 질량이 얻어진다. 그 다음은 예제 3.10의 방법을 따른다. 각 원소의 몰질량을 이용하여 각 원소의 양(mol)을 구하고, 실험식을 만들고, 주어진 비타민 C의 몰질량을 실험식량으로 나누어 실험식에 곱해야 할 정수배를 구하여 분자식을 만든다.

풀이 연소 반응 생성물의 질량 구하기:

$$CO_2\text{의 질량(g)} = \text{연소 후 } CO_2 \text{ 흡수제의 질량} - \text{연소 전 질량}$$
$$= 85.35\text{ g} - 83.85\text{ g} = 1.50\text{ g } CO_2$$
$$H_2O\text{의 질량(g)} = \text{연소 후 } H_2O \text{ 흡수제의 질량} - \text{연소 전 질량}$$
$$= 37.96\text{ g} - 37.55\text{ g} = 0.41\text{ g } H_2O$$

식 (3.7)을 이용하여 C와 H의 질량(g) 구하기:

$$\text{원소의 질량} = \text{화합물의 질량} \times \frac{\text{화합물 1 mol에 들어 있는 원소의 질량}}{\text{화합물 1 mol의 질량}}$$

$$\text{C의 질량(g)} = CO_2\text{의 질량} \times \frac{1\text{ mol C} \times \text{C의 } \mathcal{M}}{CO_2\text{ 1 mol의 질량}} = 1.50\text{ } \cancel{\text{g } CO_2} \times \frac{12.01\text{ g C}}{44.01\text{ } \cancel{\text{g } CO_2}}$$
$$= 0.409\text{ g C}$$

$$\text{H의 질량(g)} = H_2O\text{의 질량} \times \frac{2\text{ mol H} \times \text{H의 } \mathcal{M}}{H_2O\text{ 1 mol의 질량}} = 0.41\text{ } \cancel{\text{g } H_2O} \times \frac{2.016\text{ g H}}{18.02\text{ } \cancel{\text{g } H_2O}}$$
$$= 0.046\text{ g H}$$

O의 질량(g) 계산하기:

$$\text{O의 질량(g)} = \text{비타민 C 시료의 질량} - (\text{C의 질량} + \text{H의 질량})$$
$$= 1.000\text{ g} - (0.409\text{ g} + 0.046\text{ g}) = 0.545\text{ g O}$$

원자의 양(mol) 구하기: 각 원소의 질량(g)을 몰질량으로 나누면 C 0.0341 mol, H 0.046 mol, O 0.0341mol이다.

임시 화학식 만들기: $C_{0.0341}H_{0.046}O_{0.0341}$

실험식 구하기: 가장 작은 아래첨자로 나눈다.

$$C_{\frac{0.0341}{0.0341}}H_{\frac{0.046}{0.0341}}O_{\frac{0.0341}{0.0341}} = C_{1.00}H_{1.3}O_{1.00}$$

모든 아래첨자를 정수로 만들 수 있는 가장 작은 정수는 3이다.

$$C_{(1.00\times3)}H_{(1.3\times3)}O_{(1.00\times3)} = C_{3.00}H_{3.9}O_{3.00} \approx C_3H_4O_3$$

분자식 구하기:

$$\text{정수배} = \frac{\text{비타민 C의 몰질량(g/mol)}}{\text{실험식량(g/mol)}} = \frac{176.12\text{ } \cancel{\text{g/mol}}}{88.06\text{ } \cancel{\text{g/mol}}} = 2.000 = 2$$
$$C_{(3\times2)}H_{(4\times2)}O_{(3\times2)} = \boxed{C_6H_8O_6}$$

검산 원소의 질량은 맞는 것 같다. 탄소의 질량은 CO_2의 질량의 0.25보다 약간 크다(12 g/44 g > 0.25). 문제의 실제 질량을 대입해도 같다(0.409 g/1.50 g > 0.25). 수소의 질량은 H_2O의 질량의 0.10보다 약간 크다(2 g/18 g > 0.10). 문제의 실제 질량을 대입해도 같다(0.046 g/0.41 g > 0.10). 분자식의 아래첨자의 비율(6/8/6)은 실험식의 아래첨자의 비율(3/4/3)과 임시 화학식에서 아래첨자의 비율(0.0341/0.046/0.0341)과 같다. 분자식에 있는 원자들의 질량의 합은 제시된 몰질량과 같다.

$$(6 \times \text{C의 } \mathcal{M}) + (8 \times \text{H의 } \mathcal{M}) + (6 \times \text{O의 } \mathcal{M}) = \text{비타민 C의 } \mathcal{M}$$
$$(6 \times 12.01\text{ g/mol}) + (8 \times 1.008\text{ g/mol}) + (6 \times 16.00\text{ g/mol}) = 176.12\text{ g/mol}$$

해설 H의 아래첨자를 계산하면 3.9인데 4로 반올림하였다. 하지만 아래처럼 모든 단계를 한꺼번에 수행하면 4.0을 얻는다.

$$\text{H의 아래첨자} = 0.41\text{ } \cancel{\text{g } H_2O} \times \frac{2.016\text{ } \cancel{\text{g H}}}{18.02\text{ } \cancel{\text{g } H_2O}} \times \frac{1\text{ } \cancel{\text{mol H}}}{1.008\text{ } \cancel{\text{g H}}} \times \frac{1}{0.0341\text{ } \cancel{\text{mol H}}} \times 3 = 4.0$$

▶ 보충 문제

3.9A 발암 물질로 의심되는 어떤 드라이클리닝 용매($\mathcal{M}$ = 146.99 g/mol)에는 C, H, Cl이 들어 있다. 시료 0.250 g을 연소 분석하였더니 CO_2 0.451 g, H_2O 0.0617 g이 생성되었다. 분자식을 구하라.

3.9B 근육 강화용 스테로이드는 때로는 근육의 강도를 높이기 위해 운동선수가 불법적으로 사용하는 물질이다. 법의학 분야에서 일하는 화학자가 흔히 사용하는 스테로이드로 의심되는 정제의 일부를 분석하였다. 그 결과 정제에 들어 있는 물질은 C, H, O로만 이루어져 있고, 몰질량은 300.42 g/mol이라는 것을 밝혔다. 시료 1.200 g을 연소 분석하여 CO_2 3.516 g과 H_2O 1.007 g을 얻었다. 정제에 들어 있는 물질의 분자식을 구하라.

유사 문제 3.48, 3.49

표 3.2 | 실험식이 CH_2O(조성: C 40.0%, H 6.71%, O 53.3%)인 몇 가지 화합물

이름	분자식	실험식에 곱한 정수	$\mathcal{M}$(g/mol)	용도 또는 기능
폼알데하이드	CH_2O	1	30.03	살균제, 방부제
아세트산	$C_2H_4O_2$	2	60.05	아세테이트 중합체, 식초(5% 용액)
젖산	$C_3H_6O_3$	3	90.08	우유를 시큼하게 한다. 운동 중 근육에 생성된다.
에리트로스	$C_4H_8O_4$	4	120.10	당의 대사 과정에서 생성된다.
라이보스	$C_5H_{10}O_5$	5	150.13	많은 핵산과 비타민 B_2의 성분
포도당	$C_6H_{12}O_6$	6	180.16	세포 에너지의 주요 영양소

CH_2O $C_2H_4O_2$ $C_3H_6O_3$ $C_4H_8O_4$ $C_5H_{10}O_5$ $C_6H_{12}O_6$

화학식과 분자 구조: 이성질체

화학식은 3차원적 실물을 나타내는 것이다. 구조식은 이러한 점을 명확히 나타내는데, 실험식과 분자식도 구조에 대한 정보를 가지고 있을까?

1. *실험식이 같지만 서로 다른 화합물.* 실험식은 순전히 질량 분석에 기초한 것이기 때문에 분자 구조에 대해서는 아무런 정보를 제공하지 못한다. 사실상 서로 다른 화합물도 *같은* 실험식을 가질 수 있다. NO_2와 N_2O_4는 무기 화합물의 그러한 예이고, 유기 화합물에는 무수히 많은 예가 있다. 예를 들어 실험식이 CH_2(일반적인 화학식은 C_nH_{2n}으로 n은 2 이상의 정수)인 유기 화합물은 무수히 많다. 흔히 사용하는 플라스틱의 원료인 에틸렌(C_2H_4)과 프로필렌(C_3H_6)의 실험식도 CH_2이다. 실험식이 같은 몇 가지 생체 화합물을 표 3.2에 나타내었다.

2. *이성질체: 분자식이 같지만 서로 다른 화합물.* 분자식 역시 구조에 대해서는 아무런 정보를 제공하지 못한다. 서로 다른 화합물도 *같은* 분자식을 가질 수 있다. 원자들이 다른 배열로 결합하여 한 개 이상의 *구조식*(structural formula)을 가질 수 있기 때문이다. **이성질체**(isomer)는 분자식이 같은 화합물들이다. 따라서 몰질량은 같으나 성질은 다르다. *구조 이성질체*(constitutional 또는 structural isomer)는 원자가 다른 배열로 결합할 때 생성된다. 두 쌍의 예를 표 3.3에 나타내었다. 왼쪽 쌍에 나타낸 뷰테인과 2-methylpropane의

표 3.3 | 두 구조 이성질체 쌍

	C_4H_{10}		C_2H_6O	
성질	Butane	2-Methylpropane	Ethanol	Dimethyl Ether
$\mathcal{M}$ (g/mol)	58.12	58.12	46.07	46.07
끓는점	−0.5°C	−11.6°C	78.5°C	−25°C
밀도(20°C)	0.00244 g/mL (기체)	0.00247 g/mL (기체)	0.789 g/mL (액체)	0.00195 g/mL (기체)
구조식	H–C–C–C–C–H (각 C에 H 2개)	H–C–C–C–H (가운데 C에 H–C–H)	H–C–C–O–H	H–C–O–C–H
공간 채움 모형				

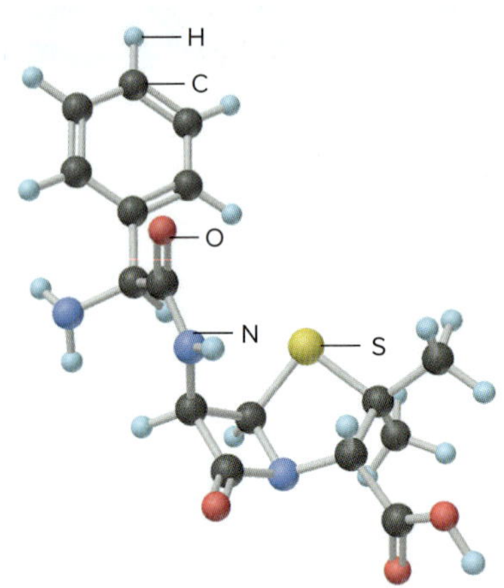

그림 3.5 항생제 엠피실린(ampicillin).

분자식은 C_4H_{10}이다. 하나는 탄소 4개짜리 사슬을 가지고 있고, 다른 하나는 탄소 3개짜리 사슬에 가지 탄소 1개를 가지고 있다. 둘 다 분자량이 작은 알케인이기 때문에 성질은 서로 비슷하나 같지는 않다. 분자식 C_2H_6O를 갖는 두 화합물은 성질이 크게 다르다. 실제로 두 화합물은 서로 다른 종류의 유기 화합물이다. 하나는 알코올이고 다른 하나는 에터이다.

다른 종류의 원자수가 증가함에 따라 구조 이성질체의 수, 즉 주어진 분자식으로 쓸 수 있는 구조식의 수도 늘어난다. C_2H_6O는 2개의 구조 이성질체(표 3.3)를 가지지만 C_3H_8O는 3개, $C_4H_{10}O$는 7개의 구조 이성질체를 가진다. $C_{16}H_{19}N_3O_4S$의 분자식으로 나타낼 수 있는 화합물의 이성질체 수는 얼마나 될까? 이 분자식을 갖는 수많은 이성질체 중 하나가 항생제인 엠피실린이다(그림 3.5). 이 책의 뒷부분에서 다른 형태의 이성질 현상에 대해 상세히 논의할 것이다.

› 3.2절 요약

- 화합물에 있는 원소의 질량으로부터 상대적인 몰수를 구할 수 있고, 상대적 몰수로부터 실험식을 구할 수 있다.
- 분자식은 실험식의 정수배이기 때문에 화합물의 몰질량을 알면 화합물 속에 들어 있는 각 원소의 실제 몰수로 표현되는 분자식을 알 수 있다.
- 연소 분석으로 유기 화합물에 들어 있는 C와 H의 질량을 얻을 수 있고, 이 자료를 이용하여 화학식을 구할 수 있다.
- 원자들은 다른 배열로 결합할 수 있다(구조식). 분자식이 같은 2개 이상의 서로 다른 화합물은 서로 구조 이성질체이다.

3.3 화학 반응식 쓰기와 균형 맞추기

질량이 아니라 양(mol)의 관점에서 보면 화학 반응은 물질의 질량과 관련된 상호작용이 아니라 많은 입자들 사이의 상호작용이라는 것을 알 수 있다. 예를 들어 H_2와 F_2가 반응하여 HF를 만드는 반응을 살펴보자. 물질의 질량의 관점에서 살펴보면 다음과 같은 사실을 알게 된다.

거시 수준(질량): H_2 2.016 g과 F_2 38.00 g이 반응하여 HF 40.02 g을 생성한다. 이 정보는 질량이 보존된다는 것 이외에는 아무것도 제시하지 못한다. 그러나 질량(g)을 양(mol)으로 바꾸면 다음과 같은 사실을 알게 된다.

거시 수준(mol): H_2 1 mol과 F_2 1 mol이 반응하여 HF 2 mol을 생성한다. 이 정보는 많은 수의 H_2 분자가 똑같은 수의 F_2 분자와 반응하여 2배의 HF 분자를 생성한다는 사실을 알려준다. Avogadro 수로 나누면 각 개별 분자 사이의 반응이 된다.

분자 수준: H_2 분자 1개와 F_2 분자 1개가 반응하여 HF 분자 2개를 생성한다. 따라서 *거시적 변화(몰 수준의 변화)는 초미시적 변화(분자 수준의 변화)와 일치한다*(그림 3.6). 이 정보가 바로 **화학 반응식**(chemical equation)이 제공하는 알짜 정보이다. 화학 반응식은

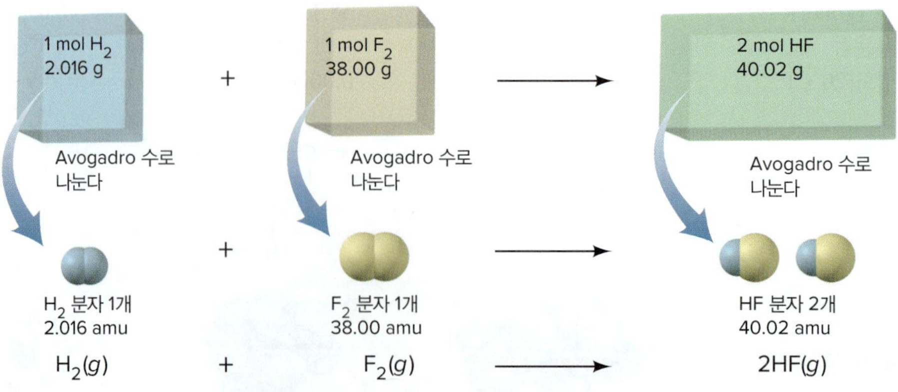

그림 3.6 거시 수준과 분자 수준에서 HF의 생성 반응과 그것을 나타내는 균형 화학 반응식.

화학식을 사용하여 화학적 변화 또는 물리적 변화에 연관된 물질의 종류와 양을 나타낸 것이다.

반응식 균형 맞추기 화학적 변화를 정량적으로 나타내기 위해 반응식의 *균형을 맞추어야 한다. 각 원자에 대해서 반응식 양쪽에 같은 수의 원자가 있어야 한다.* 예를 들어 불꽃놀이나 일상의 강의에서 시연용으로 많이 사용하는 화학적 변화를 서술해 보자. 마그네슘 조각을 산소 기체 속에서 태우면 산화 마그네슘 가루가 생성된다. (동시에 빛과 열도 발생하지만 여기에서는 물질의 변화에만 초점을 맞춘다.) 이 서술을 균형 화학 반응식으로 바꾸는 과정은 다음과 같이 몇 단계로 이루어진다.

1. *서술을 번역하기.* 화학적 서술을 "골격" 반응식으로 전환한다. 변화 *전*에 존재하는 물질인 **반응물**(reactant)을 왼쪽에 쓰고, 변화하는 *동안* 생성되는 물질인 **생성물**(product)을 오른쪽에 쓴 후 반응물에서 생성물 쪽으로 화살표를 그린다.

반응물	반응	생성물
__Mg + __O_2	$\longrightarrow$	__MgO
마그네슘과 산소	반응	산화 마그네슘

균형을 맞추는 과정의 초기에 각 화학식 *앞에* 빈칸을 넣어, 나중에 그 빈칸에 계수를 넣어 원자수를 맞추어야 한다는 사실을 기억하자.

2. *원자수 균형 맞추기.* 반응식의 좌우를 살펴보면서 *화살표 좌우에 있는 각 원자들의 수가 서로 일치하도록 맞춘다.* 화학식에 있는 *모든 원자*들이 화살표 좌우에서 개수가 같도록 화학식 앞의 빈칸에 숫자를 적어야 하는데, 이를 **균형 계수**(balancing coefficient) 또는 **(화학)양론 계수**(stoichiometric coefficient)라고 한다. 일반적으로 다음과 같이 하면 균형 맞추기가 아주 쉽다.

- 가장 복잡한 물질, 즉 가장 많은 종류의 원자를 가진 물질부터 시작한다.
- 원소로 된 물질처럼 가장 간단한 물질을 맨 뒤에 맞춘다.

이 경우, MgO가 가장 복잡한 물질이다. 그래서 빈칸에 1을 적는다.

$$\_\_\text{Mg} + \_\_\text{O}_2 \longrightarrow \underline{1}\text{MgO}$$

MgO에 있는 Mg와 균형을 맞추기 위해 왼쪽 Mg 앞 빈칸에 1을 적는다.

$$\underline{1}\,\text{Mg} + \_\_\text{O}_2 \longrightarrow \underline{1}\,\text{MgO}$$

MgO에 있는 O 원자는 1개이므로 왼쪽에도 O 원자 1개가 있어야 한다. O_2 분자에 $\frac{1}{2}$을 쓰면 O 원자 1개가 된다.

$$\underline{1}\,\text{Mg} + \underline{\tfrac{1}{2}}\,\text{O}_2 \longrightarrow \underline{1}\,\text{MgO}$$

각 원자의 수를 살펴보면 이제 반응식의 균형이 맞춰진 것을 알 수 있다.

3. *계수 조정하기.* 최종적인 계수 결정을 위한 몇 가지 관례가 있다.

- 대부분의 경우, *가장 작은 정수를 제일 선호한다.* 이 경우, O_2 분자의 계수 $\frac{1}{2}$은 가능하지 않다. 따라서 반응식에 2를 곱하여 다음과 같이 나타낸다.

$$2\text{Mg} + 1\text{O}_2 \longrightarrow 2\text{MgO}$$

- 각 물질의 균형을 맞춘다는 것을 강조하기 위해 계수 1을 사용하였다. 그러나 계수 1은 그 화학식에 이미 포함되었다고 간주하여 적지 않는다.

$$2\text{Mg} + \text{O}_2 \longrightarrow 2\text{MgO}$$

(이 관례는 화학식에서 아래첨자 1을 적지 않는 것과 같다).

4. *검산하기*. 계수를 조정하여 균형을 맞춘 후, 반응식이 제대로 균형이 맞았는지 항상 검산해야 한다.

$$\text{반응물 (2 Mg, 2 O)} \longrightarrow \text{생성물 (2 Mg, 2 O)}$$

5. *물질의 상태 표시하기*. 최종 반응식에는 각 물질의 물리적 상태, 또는 수용액인지를 나타내기도 한다. 이때 사용하는 약어를 왼쪽 여백에 나타내었다. 원래 문장에서 Mg 조각은 고체, O_2는 기체, MgO "가루"는 고체이다. 따라서 균형 화학 반응식은 다음과 같다.

g	기체
l	액체
s	고체
aq	수용액

$$2Mg(s) + O_2(g) \longrightarrow 2MgO(s)$$

그림 3.6에서 살펴본 바와 같이, *균형 계수는 개별 화합물의 개체 수를 뜻하기도 하고 개체의 몰수를 뜻하기도 한다*. 따라서

Mg 원자 2개와 O_2 분자 1개가 MgO 화학식 단위 2개를 생성한다.
Mg 2 mol과 O_2 1 mol이 MgO 2 mol을 생성한다.

그림 3.7은 이 반응을 세 가지 관점에서 그림으로 나타낸 것이다.

- *거시 수준(사진)*: 실험실에서 보여지는 모습
- *원자 수준(확대 원)*: 화학자들이 상상하는 모습
  (진한 색으로 나타낸 원자는 화학량론을 나타낸다.)
- *기호로 표기*: 균형 화학 반응식

화학 반응식의 균형을 맞추는 과정에서 몇 가지 중요한 사항은 다음과 같다.

- 계수는 화학식에 들어 있는 모든 원자에 적용된다.

2MgO는 2 × (MgO), 또는 Mg 원자 2개 + O 원자 2개를 *의미한다*.
$2Ca(NO_3)_2$는 2 × $[Ca(NO_3)_2]$, 또는 Ca 원자 2개 + N 원자 4개 + O 원자 12개를 *의미한다*.

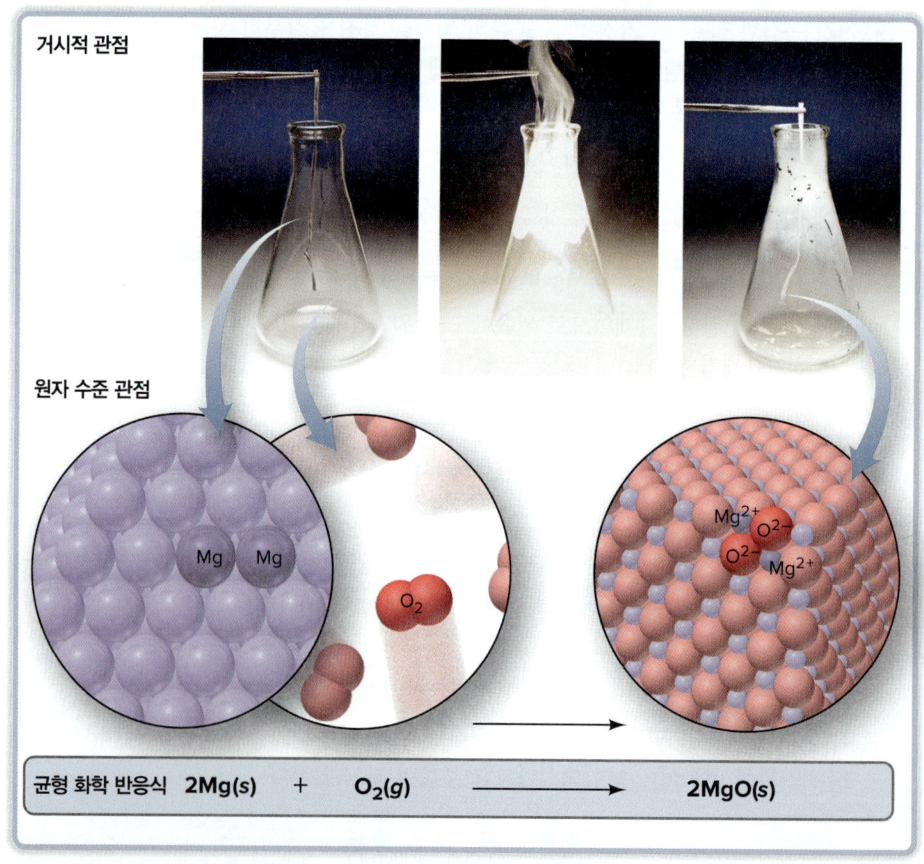

그림 3.7 세 가지 관점에서 본 마그네슘과 산소의 화학 반응.

Source: (all): Charles D. Winters/McGraw-Hill Education

- 화학식을 임의로 바꾸면 *안 된다*. MgO와 MgO_2는 완전히 다른 화합물이기 때문에 위의 예에 나타낸 두 번째 단계에서 MgO를 MgO_2로 바꾸어서 O의 균형을 맞추어서는 *안 된다*.
- 다른 반응물이나 생성물을 추가하면 *안 된다*. 따라서 반응물에서 O_2 분자를 O 원자로 바꾸거나 생성물에 O를 추가하여 O의 균형을 맞추면 *안 된다*. 서술에서 언급한 산소 기체는 낱개로 분리된 O 원자가 *아니라* O_2 분자로 이루어진 물질이다.
- 모든 계수에 같은 수를 곱하더라도, 균형 화학 반응식의 균형은 그대로 유지된다. 예를 들어

$$4Mg(s) + 2O_2(g) \longrightarrow 4MgO(s)$$

  처음 균형 반응식의 모든 계수에 2를 곱하여 얻은 반응식 역시 균형 화학 반응식이다. 하지만 *관례상* 균형 화학 반응식의 계수는 *가장 작은* 정수를 사용한다.
- 화학 반응식에서 화살표 좌우에 있는 원자의 전체 개수는 항상 같아야 하지만 반응식 양쪽에 같은 몰수의 분자가 있는 것은 *아니다*. 마그네슘과 산소의 반응에서 반응물(Mg과 O_2) 3 mol이 생성물(MgO) 2 mol만을 생성한다.

예제 3.10 | 화학 반응식 균형 맞추기

문제 자동차 엔진의 실린더에서 가솔린의 주성분 중 하나인 탄화수소 옥테인(C_8H_{18})이 공기 중의 산소와 섞여 연소하면서 이산화 탄소와 수증기를 만든다. 이 반응에 대한 균형 화학 반응식을 써라.

풀이 **1.** *서술을 골격 반응식(계수는 빈 칸)으로 번역하기*. 옥테인과 산소는 반응물이다. "공기 중의 산소"라는 말은 산소 분자 O_2를 의미한다. 이산화 탄소와 수증기는 생성물이다.

$$\_C_8H_{18} + \_O_2 \longrightarrow \_CO_2 + \_H_2O$$

2. *원자수 균형 맞추기*. 가장 복잡한 물질인 C_8H_{18}부터 시작하여, 맨 마지막에 O_2를 맞춘다.

$$\underline{1}\ C_8H_{18} + \_O_2 \longrightarrow \_CO_2 + \_H_2O$$

C_8H_{18}에 있던 C 원자는 CO_2로 바뀐다. 각 CO_2에는 C가 1개씩 들어 있다. 각 C_8H_{18}마다 C 원자 8개가 들어 있고 이를 균형 맞추기 위해 CO_2 분자 8개가 필요하다.

$$\underline{1}\ C_8H_{18} + \_O_2 \longrightarrow \underline{8}\ CO_2 + \_H_2O$$

C_8H_{18}에 있던 H 원자는 H_2O로 변한다. C_8H_{18}에 H 원자가 18개 있으므로 H_2O 앞에 계수는 9가 되어야 한다.

$$\underline{1}\ C_8H_{18} + \_O_2 \longrightarrow \underline{8}\ CO_2 + \underline{9}\ H_2O$$

오른쪽에 O 원자가 25개 있다(CO_2 8개에서 16개 + H_2O 9개에서 9개). 그러므로 O_2 앞에는 계수 $\frac{25}{2}$를 써야 한다.

$$\underline{1}\ C_8H_{18} + \underline{\tfrac{25}{2}}\ O_2 \longrightarrow \underline{8}\ CO_2 + \underline{9}\ H_2O$$

3. *계수 조정하기*. 모든 계수가 가장 작은 정수가 되도록 2를 곱한다.

$$2C_8H_{18} + 25O_2 \longrightarrow 16CO_2 + 18H_2O$$

4. *검산하기*. 반응식의 균형 여부를 검산한다.

반응물(C 16개, H 36개, O 50개) ⟶ 생성물(C 16개, H 36개, O 50개)

5. *물질의 상태 표시하기*. C_8H_{18}은 액체이며, O_2, CO_2, H_2O 수증기는 기체이다.

$$2C_8H_{18}(l) + 25O_2(g) \longrightarrow 16CO_2(g) + 18H_2O(g)$$

해설 이 반응은 연소 반응의 한 예이다. C와 H를 포함하는 *모든* 화합물은 과량의 공기 중에서 연소하면 CO_2와 H_2O를 생성한다.

▶ 보충 문제

3.10A 다음 각 문장을 읽고 해당되는 균형 화학 반응식을 써라.

(a) 1A(1)족 원소들의 특징적인 반응: 소듐 조각은 물과 격렬하게 반응하여 수소 기체와 수산화 소듐 용액을 만든다.

(b) 산성비에 의한 대리석 조각상의 손상: 질산 수용액은 탄산 칼슘과 반응하여 이산화 탄소, 물, 질산 칼슘 수용액을 만든다.

(c) 할로젠 화합물의 치환 반응: 삼플루오린화 인은 삼염화 인과 플루오린화 수소의 반응으로 만들어진다. 다른 생성물은 염화 수소이다. 이 반응의 모든 물질은 기체 상태이다.

3.10B 다음 각 문장을 읽고 해당되는 균형 화학 반응식을 써라.

(a) 다이너마이트의 폭발적인 분해 반응: 액체 상태 나이트로글리세린($C_3H_5N_3O_9$)은 폭발하여 이산화 탄소, 수증기, 질소, 산소와 같은 기체 상태 혼합물을 만든다.

(b) 자가 호흡 기구에서 일어나는 반응: 고체 과산화 포타슘(KO_2)은 이산화 탄소 기체와 반응하여 산소 기체와 고체 탄산 포타슘을 생성한다.

(c) 용광로에서 철광석으로부터 철의 생산: 고체 산화 철(III)은 일산화 탄소와 반응하여 고체 철 금속과 이산화 탄소 기체를 생성한다.

유사 문제 3.58~3.63

분자 모식도로 화학 반응 나타내기 분자를 그림으로 그려 표현하면 반응물이 생성물로 전환되면서 원자들이 재배열되는 것에 초점을 맞추어 화학 반응식을 설명할 수 있다. 예제 3.10에서 균형을 맞춘 옥테인의 연소 반응에 대한 화학 반응을 표현하는 모식도를 아래에 나타내었다.

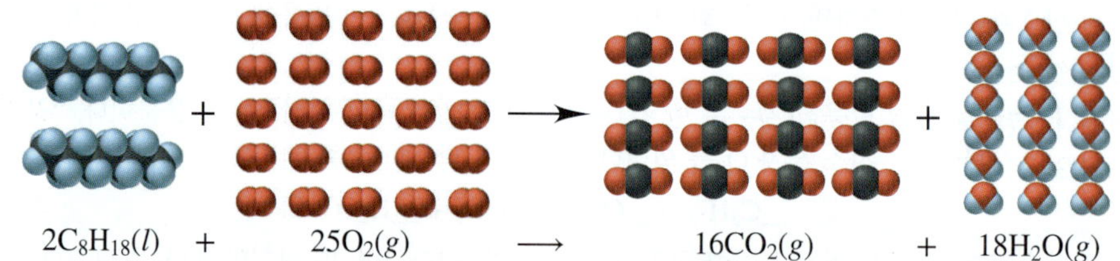

이제 예제를 통해 분자 모식도로 표현된 화학 반응을 균형 화학 반응식으로 바꿔보자.

예제 3.11 | 분자 모식도로부터 균형 반응식 쓰기

문제 다음 분자 모식도는 질소 화학에서 중요한 화학 반응을 나타내고 있다(*파란색:* 질소, *빨간색:* 산소):

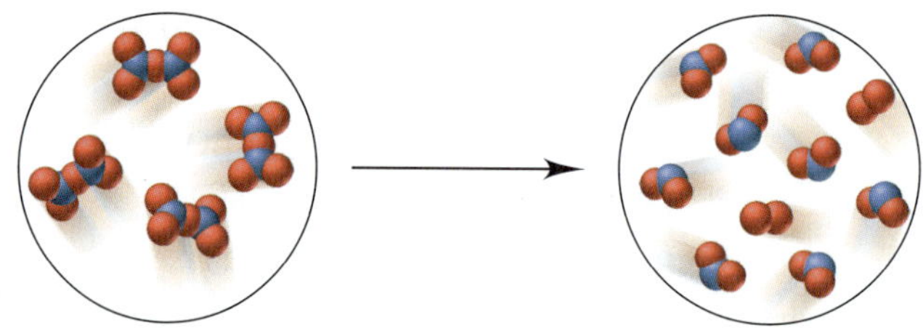

반응에 대한 균형 화학 반응식을 써라.

계획 분자 모식도로부터 균형 화학 반응식을 유도하기 위해서는 먼저 분자식을 정하고, 각 분자에 있는 원자수를 센 후 계수를 정해야 한다. 그 다음 계수를 가장 작은 정수가 되도록 하고, 물질의 상태까지 나타낸 화학 반응식의 형태로 쓰면 된다.

풀이 그림에서 반응물에는 한 종류의 분자만 있다. 분자가 N 2개와 O 5개로 이루어져 있으므로 화학식은 N_2O_5이고 분자수는 4개이다. 생성물에는 두 종류의 분자가 있다. 하나는 N 1개와 O 2개로 이루어져 있고, 다른 하나는 O 2개로 이루어져 있다. 모두 NO_2 8개와 O_2 2개가 있다. 따라서 반응식은 다음과 같다.

$$4N_2O_5 \longrightarrow 8NO_2 + 2O_2$$

반응에 관여하는 모든 물질이 기체이고, 계수가 가장 작은 정수가 되도록 조정하면 균형 화학 반응식은 다음과 같다.

$$2N_2O_5(g) \longrightarrow 4NO_2(g) + O_2(g)$$

검산 반응물(N 4개, O 10개) ⟶ 생성물(N 4개, O 10개(8 + 2))

▶ **보충 문제**

3.11A 다음 분자 모식도는 대기 화학에서 중요한 화학 반응을 나타내고 있다(*검은색*: 탄소, *빨간색*: 산소). 반응에 대한 균형 화학 반응식을 써라.

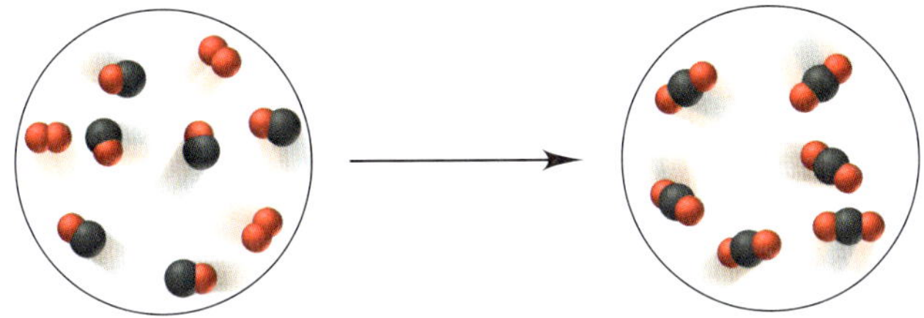

3.11B 다음 분자 모식도는 공업적으로 중요한 화학 반응을 나타내고 있다(*진한 파란색*: 질소, *옅은 파란색*: 수소). 반응에 대한 균형 화학 반응식을 써라.

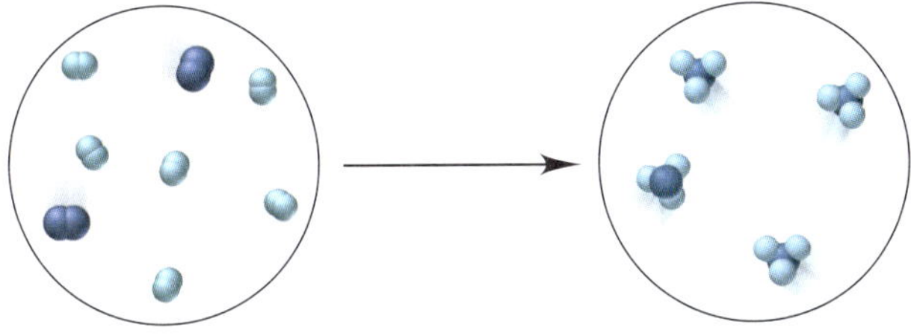

유사 문제 3.56, 3.57

› 3.3절 요약

- 화학 반응식에서 반응물의 화학식은 화살표의 왼쪽에 쓰고 생성물의 화학식은 오른쪽에 쓴다.
- 균형 화학 반응식에서 화살표 좌우에 있는 각 원자의 원자수는 같다.
- 균형 화학 반응식의 계수는 화학식에 있는 *모든* 원자에 적용해야 하며, 계수는 각 개체의 수를 나타내기도 하고 각 개체의 몰수를 나타내기도 한다.

3.4 반응물과 생성물의 양 계산

화학적 변화를 다루는 모든 계산 과정에서 균형 화학 반응식은 필수적이다. *한 물질의 몰수를 알고 있는 경우, 균형 화학 반응식을 이용하여 다른 물질의 몰수를 계산할 수 있다.*

균형 화학 반응식으로부터 화학량론적 당량 몰비

균형 화학 반응식에서 *물질의 양*(mol)*은 서로 다른 물질에 대해서 화학량론적으로 당량 관계를 이룬다.* 즉 일정한 양의 어떤 물질이 일정한 양의 다른 물질로부터 생성되든지, 일정한 양의 다른 물질을 생성하든지, 또는 일정한 양의 다른 물질과 반응하는 것을 의미한다. 물질들 사이의 정량적 관계는 *화학량론적 당량 몰비*로 표현되며, 이들의 양을 계산할 때 몰비를 환산 인자로 사용하게 된다. 요리를 하거나 물을 끓일 때 많이 사용하는 탄화수소 연료인 프로페인의 연소 반응을 예로 살펴보자.

$$C_3H_8(g) + 5O_2(g) \longrightarrow 3CO_2(g) + 4H_2O(g)$$

C_3H_8 1 mol을 기준으로 반응을 정량적으로 살펴보면 다음과 같은 양적 관계를 알 수 있다.

C_3H_8 1 mol은 O_2 5 mol과 반응한다.
C_3H_8 1 mol은 CO_2 3 mol을 생성한다.
C_3H_8 1 mol은 H_2O 4 mol을 생성한다.

그러므로 이 반응에서 다음이 성립한다.

C_3H_8 1 mol은 O_2 5 mol과 화학량론적으로 당량 관계이다.
C_3H_8 1 mol은 CO_2 3 mol과 화학량론적으로 당량 관계이다.
C_3H_8 1 mol은 H_2O 4 mol과 화학량론적으로 당량 관계이다.

C_3H_8만 살펴보았지만, 어느 것이든지 두 물질 사이에는 서로 화학량론적으로 당량 관계이다.

CO_2 3 mol은 H_2O 4 mol과 화학량론적으로 당량 관계이다.
O_2 5 mol은 CO_2 3 mol과 화학량론적으로 당량 관계이다.

균형 화학 반응식에는 개별적인 화학적 개체, 물질의 양(mol) 및 물질의 질량 등의 관계에 관한 풍부한 정량적인 정보가 들어 있다. 프로페인의 연소 반응식에 포함된 정량적인 정보를 표 3.4에 나타내었다.

다음 예는 화학량론적 당량 관계를 환산 인자로 사용하는 것에 대한 전형적인 문제이다. 프로페인의 연소 반응에서 H_2O 10.0 mol을 만들기 위해 필요한 O_2는 몇 mol인가? O_2와 H_2O 사이의 몰비를 알아야 이 문제를 풀 수 있다. 균형 화학 반응식으로부터 O_2 5 mol이 소모될 때마다 H_2O 4 mol이 생성된다.

O_2 5 mol은 H_2O 4 mol과 화학량론적 당량 관계이다.

계산하고 싶은 양에 따라 두 가지 환산 인자를 만들 수 있다.

$$\frac{5 \text{ mol } O_2}{4 \text{ mol } H_2O} \quad \text{또는} \quad \frac{4 \text{ mol } H_2O}{5 \text{ mol } O_2}$$

주어진 H_2O의 양(mol)에 대해 필요한 O_2의 양(mol)을 계산하고자 하기 때문에, "5 mol O_2/4 mol H_2O"를 선택하여 "mol H_2O"를 제거한다.

표 3.4 | 균형 화학 반응식에 포함된 정보

관점	반응물		→	생성물	
	$C_3H_8(g)$	+ $5O_2(g)$	→	$3CO_2(g)$	+ $4H_2O(g)$
분자	C_3H_8 1 분자	+ O_2 5 분자	→	CO_2 3 분자	+ H_2O 4 분자
양(mol)	1 mol C_3H_8	+ 5 mol O_2	→	3 mol CO_2	+ 4 mol H_2O
질량(amu)	44.09 amu C_3H_8	+ 160.00 amu O_2	→	132.03 amu CO_2	+ 72.06 amu H_2O
질량(g)	44.09 g C_3H_8	+ 160.00 g O_2	→	132.03 g CO_2	+ 72.06 g H_2O
전체 질량(g)	204.09 g		→	204.09 g	

$$\text{소모된 } O_2\text{의 몰수} = 10.0 \cancel{\text{mol } H_2O} \times \frac{5 \text{ mol } O_2}{4 \cancel{\text{mol } H_2O}} = 12.5 \text{ mol } O_2$$

mol H_2O ⟹ (몰비가 환산 인자) mol O_2

O_2와 H_2O의 비율 5/4는 *몰비*이지 *질량비*가 아님을 알아야 한다.

$$5 \text{ mol } O_2 = 4 \text{ mol } H_2O \quad \text{그러나} \quad 5 \text{ g } O_2 \neq 4 \text{ g } H_2O$$

균형 화학 반응식 없이는 이와 같은 유형의 문제를 풀 수 ***없다***. 화학 반응과 관련된 화학량론 문제를 푸는 일반적 방법은 다음과 같다.

1. 반응에 대한 균형 화학 반응식을 쓴다.
2. 필요할 경우, 한 물질의 주어진 질량(또는 개체 수)을 몰질량(또는 Avogadro 수)을 사용하여 양(mol)으로 바꾼다.
3. 균형 화학 반응식에서 반응에 참여한 물질들 사이의 몰비를 이용하여 다른 물질의 미지의 양(mol)을 구한다.
4. 필요할 경우, 다른 물질의 양을 몰질량(또는 Avogadro 수)을 사용하여 질량(또는 개체 수)으로 바꾼다.

반응에서 물질의 양 사이에서 이루어질 수 있는 상관관계를 그림 3.8에 요약하였고, 예제 3.12~3.13에서 구리 광석을 구리 금속으로 전환하는 과정 중 첫 번째 화학적 단계에 대한 환산 과정을 살펴본다.

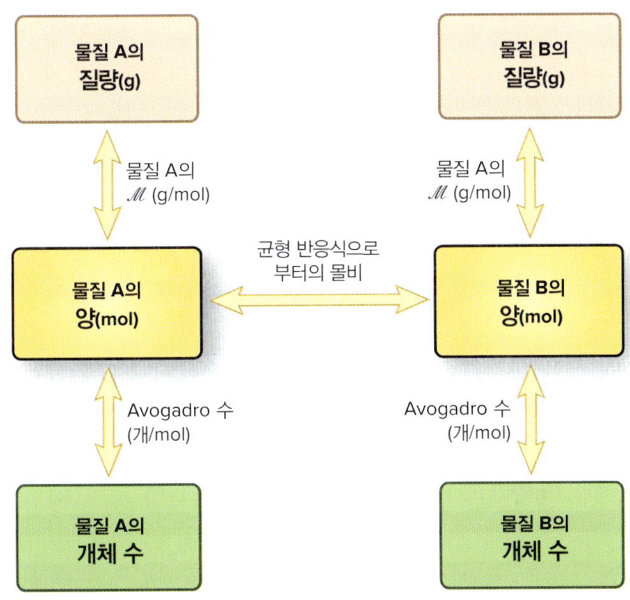

그림 3.8 화학 반응에서 양-질량-수 상관관계 요약. (값을 알고 있는) 임의의 상자에서 출발하여 화살표 방향으로 이동하면서 화살표에 나타낸 환산 인자를 사용하여 환산하면 (값을 모르고 있는) 다른 상자의 값을 알 수 있다. 항상 물질의 양(mol)으로 먼저 환산한다.

예제 3.12 | 반응물과 생성물의 양 구하기: 양(mol)으로 양(mol)과 질량(g) 계산

문제 미국인이 보통 동전, 배관, 구리선 등으로 평생 사용하는 구리의 양은 0.5 t(>500 kg) 정도이다. 구리는 휘동광[chalcocite, 황화 구리(I)]과 같은 황화물 광석으로부터 여러 단계의 제련 과정을 거쳐 얻는다. 초기 분쇄 과정 후, 첫 번째 단계는 광석을 산소 기체와 함께 강하게 가열하는 "배소(roast)" 과정이다. 이를 통해 분말 상태 산화 구리(I)와 기체 상태 이산화 황을 만든다.

(a) 황화 구리(I) 10.0 mol을 배소 처리하는 데 필요한 산소는 몇 mol인가?

(b) 황화 구리(I) 10.0 mol을 반응시킬 때 생성되는 이산화 황은 몇 g인가?

Source: Stephen Frisch/McGraw-Hill Education

계획 *항상* 먼저 균형 화학 반응식을 쓴다. 반응물의 화학식은 Cu_2S와 O_2이고, 생성물의 화학식은 Cu_2O와 SO_2이다.

$$2Cu_2S(s) + 3O_2(g) \longrightarrow 2Cu_2O(s) + 2SO_2(g)$$

로드맵

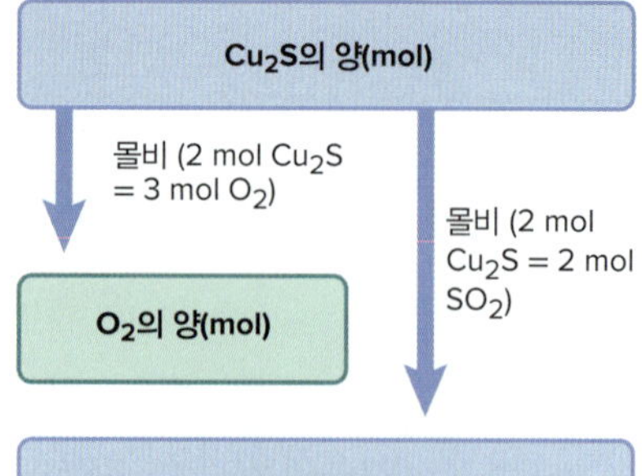

SO_2의 양(mol)

$\mathcal{M}$ (g/mol)을 곱한다 (1 mol SO_2 = 64.07 g SO_2)

SO_2의 질량(g)

(a) Cu_2S의 양(10.0 mol)이 주어졌기 때문에 Cu_2S를 배소 처리하는 데 필요한 O_2의 양(mol)을 구할 수 있다. 균형 화학 반응식으로부터 Cu_2S 2 mol이 소모될 때마다 O_2 3 mol이 필요한 것을 알 수 있다. 그러므로 환산 인자는 "3 mol O_2/2 mol Cu_2S"이다(로드맵 참조).

(b) 주어진 양의 반응물(Cu_2S 10.0 mol)을 반응시킬 때 생성되는 생성물(SO_2)의 질량(g)을 구해야 한다. 반응물과 생성물의 몰비(2 mol SO_2/2 mol Cu_2S)를 이용하여 SO_2의 양(mol)을 구하고, 구한 양(mol)에 몰질량을 곱하여 SO_2의 질량(g)을 구한다(로드맵 참조).

풀이 **(a)** O_2의 양(mol) 계산하기:

$$O_2\text{의 양(mol)} = 10.0\ \cancel{\text{mol } Cu_2S} \times \frac{3\text{ mol } O_2}{2\ \cancel{\text{mol } Cu_2S}} = 15.0\text{ mol } O_2$$

(b) 두 환산 단계를 합쳐서 한 번에 계산하면 다음과 같다.

$$SO_2\text{의 질량(g)} = 10.0\ \cancel{\text{mol } Cu_2S} \times \frac{2\ \cancel{\text{mol } SO_2}}{2\ \cancel{\text{mol } Cu_2S}} \times \frac{64.07\text{ g } SO_2}{1\ \cancel{\text{mol } SO_2}} = 641\text{ g } SO_2$$

검산 **(a)** 단위는 맞고 O_2/Cu_2S 몰비(15/10)는 균형 화학 반응식에서의 몰비(3/2)와 같기 때문에 답도 합리적이다.

(b) 균형 반응식의 몰비로부터 SO_2 10.0 mol이 생성됨을 알 수 있고, SO_2의 몰질량이 약 64 g이므로 답이 합리적이다. 답의 유효 숫자가 3자리가 되도록 반올림하였다.

해설 *흔히 하는 실수*는 환산 인자의 분자와 분모를 바꾸어 사용하는 것이다. 문제 (a)에서 이런 실수 때문에 잘못 계산하면 다음과 같다.

$$O_2\text{의 양(mol)} = 10.0\text{ mol } Cu_2S \times \frac{2\text{ mol } Cu_2S}{3\text{ mol } O_2} = \frac{6.67\text{ mol}^2\ Cu_2S}{1\text{ mol } O_2}$$

이상한 단위가 나온 것은 환산 인자를 만들 때 오류가 있었다는 경고 메시지이다. 또한 답으로 얻어진 6.67이 10.0보다 *작은* 수라는 점에 주목해야 한다. 이에 반해 균형 화학 반응식에서는 O_2의 몰수(3 mol)가 Cu_2S의 몰수(2 mol)보다 *더 크다*는 것을 보여준다. 환산 인자를 만들고 단위를 상쇄할 때 계산 과정 전반에 걸쳐 이런 점을 확실하게 고려해야 한다.

▶ 보충 문제

3.12A 테르밋(thermite)은 산화 철(II)과 알루미늄 분말의 혼합물로 예전에 철로를 용접하는 데 쓰였다. 격렬한 반응이 일어나면서 고체 산화 알루미늄과 용융된 철이 생성된다. 철 3.60×10^3 mol을 생성하는 데 필요한 산화 철(III)은 몇 mol인가? 풀이 과정을 나타내는 로드맵을 함께 그려라.

3.12B 은으로 만들어진 제품에 형성되는 녹은 고체 황화 은이다. 녹슨 은 제품을 알루미늄 금속과 반응시키면 금속의 은과 고체 황화 알루미늄이 생성되면서 녹이 제거된다. 황화 은 32.6 g을 반응시키면 생성되는 은은 몇 mol인가? 풀이 과정을 나타내는 로드맵을 함께 그려라.

유사 문제 3.69, 3.70, 3.71(a), 3.72(a)

로드맵

Cu_2O의 질량(kg)

1 kg = 10^3 g

Cu_2O의 질량(g)

$\mathcal{M}$ (g/mol)으로 나눈다 (143.10 g Cu_2O = 1 mol Cu_2O)

Cu_2O의 양(mol)

몰비 (2 mol Cu_2O = 3 mol O_2)

O_2의 양(mol)

$\mathcal{M}$ (g/mol)을 곱한다 (1 mol O_2 = 32.00 g O_2)

O_2의 질량(g)

10^3 g = 1 kg

O_2의 질량(kg)

예제 3.13 | 반응물과 생성물 양 구하기: 질량으로 질량 계산

문제 휘동광의 배소 과정(예제 3.12 참조)에서 2.86 kg의 산화 구리(I)를 얻기 위해 필요한 O_2는 몇 kg인가?

계획 이 문제에서는 생성물인 Cu_2O의 질량(2.86 kg)이 주어졌다. 주어진 질량만큼의 Cu_2O를 생성하기 위해 반응해야 하는 O_2의 질량을 구해야 한다. 따라서 생성물의 질량으로부터 생성물의 양(mol)을 구하고, 이로부터 반응물의 양(mol)을 구한 후 반응물의 질량을 구해야 한다. kg으로 나타낸 Cu_2O의 질량을 g으로 바꾼 후 양(mol)으로 바꾼다. 그 다음 몰비(3 mol O_2/2 mol Cu_2O)를 이용해서 필요한 O_2의 양(mol)을 계산한다. 마지막으로 O_2의 양(mol)을 질량(g과 kg)으로 바꾼다(로드맵 참조).

풀이 Cu_2O의 질량(kg)을 Cu_2O의 몰수로 바꾸기: 질량 단위 환산과 질량 대 양의 환산을 결합하여 다음과 같이 몰수를 얻는다.

$$Cu_2O\text{의 양(mol)} = 2.86\ \cancel{\text{kg } Cu_2O} \times \frac{10^3\ \cancel{\text{g}}}{1\ \cancel{\text{kg}}} \times \frac{1\text{ mol } Cu_2O}{143.10\ \cancel{\text{g } Cu_2O}} = 20.0\text{ mol } Cu_2O$$

Cu_2O의 몰수로부터 O_2의 몰수 구하기:

$$O_2\text{의 양(mol)} = 20.0\ \cancel{\text{mol }Cu_2O} \times \frac{3\ \text{mol } O_2}{2\ \cancel{\text{mol }Cu_2O}} = 30.0\ \text{mol } O_2$$

O_2의 몰수를 O_2의 질량(kg)으로 바꾸기: 양 대 질량의 환산을 질량 단위 변환과 결합하여 다음과 같이 질량(kg)을 얻는다.

$$O_2\text{의 질량(kg)} = 30.0\ \cancel{\text{mol } O_2} \times \frac{32.00\ \text{g } O_2}{1\ \cancel{\text{mol } O_2}} \times \frac{1\ \text{kg}}{10^3\ \text{g}} = 0.960\ \text{kg } O_2$$

검산 단위는 맞는다. 어림해서 숫자를 검산해 보자. 예를 들어, 마지막 단계는 ~30 mol × 30 g/mol × 1 kg/10^3 g = 0.90 kg. 답은 합리적이다. O_2의 양(mol)이 Cu_2O의 양(mol)보다 크지만, O_2의 질량은 Cu_2O의 질량보다 작다. 이는 O_2의 몰질량이 Cu_2O의 몰질량보다 작기 때문이다.

해설 예제 3.12와 3.13을 통해 화학량론과 관련된 문제를 풀 때 필요한 핵심 요소들을 살펴보았다. *주어진 정보를 양*(mol)*으로 바꾼다.* 그 다음 적절한 몰비와 다른 환산 인자를 이용하여 풀이를 끝낸다.

▶ 보충 문제

3.13A 테르밋 반응(보충 문제 3.12A 참조)에서 산화 알루미늄 1.00 g이 생성될 때 반응하는 알루미늄 원자는 몇 개인가? 로드맵을 포함하여 풀이 과정을 써라.

3.13B 은의 녹을 제거하는 반응(보충 문제 3.12B 참조)에서 황화 알루미늄 12.1 g이 생성될 때 반응하는 알루미늄은 몇 g인가? 로드맵을 포함하여 풀이 과정을 써라.

유사 문제 3.71(b), 3.72(b), 3.73~3.76

연속으로 일어나는 반응

많은 경우 연속 반응에서는 한 반응의 생성물이 다음 반응의 반응물이 된다. 화학량론적 목적에서는 같은 물질이 한 반응에서 생성된 후 그 다음 반응에서 반응을 할 때(그 물질은 두 반응에 공통으로 나타남) **전체 (알짜) 화학 반응식**[overall (net) equation]에는 그 물질이 나타나지 않는다. 전체 반응식은 다음과 같은 단계를 거쳐 작성한다.

1. 연속 반응의 균형 반응식을 쓴다.
2. 공통 물질을 제거할 수 있도록 수학적으로 반응식을 조정한다.
3. 조정한 반응식들을 서로 더하여 전체 균형 반응식을 얻는다.

예제 3.14에서는 예제 3.12에서부터 다룬 구리 회수 과정의 2단계 연속 반응식으로부터 전체 반응식을 얻는 과정을 다룬다.

예제 3.14 | 연속 반응의 전체 반응식 쓰기

문제 배소 과정은 휘동광에서 구리를 추출하는 첫 번째 단계다. 다음 단계는 산화 구리(I)가 탄소 가루와 반응하여 구리 금속과 일산화 탄소를 생성하는 것이다. 두 단계 과정에 대한 전체 균형 반응식을 써라.

계획 전체 반응식을 얻기 위해서는 연속 반응의 각 반응식을 적고, 공통 물질을 제거할 수 있도록 계수를 조정한 후, 반응식들을 더한다. 이 경우 Cu_2O가 한 반응식에서는 생성물이 되고, 다음 반응식에서는 반응물이 된다. 따라서 Cu_2O가 공통 물질이다.

풀이 각 단계의 균형 반응식은 다음과 같다.

$$2Cu_2S(s) + 3O_2(g) \longrightarrow 2Cu_2O(s) + 2SO_2(g) \quad \text{[반응식 1; 예제 3.12 참조]}$$
$$Cu_2O(s) + C(s) \longrightarrow 2Cu(s) + CO(g) \quad \text{[반응식 2]}$$

계수 조정하기: 반응식 1에서는 Cu_2O 2 mol이 생성되지만 반응식 2에서는 Cu_2O 1 mol만 반응하므로 반응식 2의 모든 계수에 2를 곱하여 두 반응식에서 Cu_2O의 계수가 같아지도록 한다.

$$2Cu_2S(s) + 3O_2(g) \longrightarrow 2Cu_2O(s) + 2SO_2(g) \quad \text{[반응식 1]}$$
$$2Cu_2O(s) + 2C(s) \longrightarrow 4Cu(s) + 2CO(g) \quad \text{[반응식 2, ×2]}$$

두 반응식을 더하여 공통 물질을 제거한다. 두 반응식의 반응물은 왼쪽에 쓰고 두 반응식의 생성물은 오른쪽에 쓴다.

$$2Cu_2S(s) + 3O_2(g) + \cancel{2Cu_2O(s)} + 2C(s) \longrightarrow \cancel{2Cu_2O(s)} + 2SO_2(g) + 4Cu(s) + 2CO(g)$$

$$2Cu_2S(s) + 3O_2(g) + 2C(s) \longrightarrow 2SO_2(g) + 4Cu(s) + 2CO(g)$$

검산 반응물(4 Cu, 2 S, 6 O, 2 C) ⟶ 생성물(4 Cu, 2 S, 6 O, 2 C)

해설 1. Cu_2O가 화학 변화에 참여하더라도 전체 반응의 화학량론에는 관련되지 않는다. 전체 반응식에는 실제로 반응하는 물질이 나타나지 *않는* 경우도 있다. 예를 들어 C(*s*)와 $Cu_2S(s)$는 둘 다 반응물에 나타나지만 이 연속 반응에서는 서로 직접 반응하지는 않는다.

2. 구리 회수 과정에서 생성된 SO_2는 산성비를 형성한다. 그래서 화학자들은 미생물이나 전기화학적인 방법을 고안하여 황화물 광석의 배소 과정을 거치지 않고 구리 금속을 추출한다. 이와 같은 과정이 *녹색 화학*(green chemistry)의 일례이며, 녹색 화학에 관해서는 이 절의 마지막 부분에서 좀 더 다룰 것이다.

3. 위에 주어진 반응식들을 이용하여 전체 반응식을 얻는 방법을 살펴보았지만, 실제로 구리를 추출하는 과정은 더 복잡하다.

▶ **보충 문제**

3.14A 구리 회수 과정에서 생성되는 SO_2는 공기 중에서 산소와 반응하여 삼산화 황을 만든다. 최종적으로 삼산화 황 기체와 물이 반응하여 생성된 황산 용액이 비에 섞여 내린다. 이 과정에 대한 전체 균형 반응식을 써라.

3.14B 번개가 칠 때 질소 기체와 산소 기체가 반응하여 일산화 질소가 생성된다. 생성된 일산화 질소 기체는 기체 상태 오존(O_3)과 반응하여 이산화 질소 기체와 산소 기체를 생성한다. 생성되는 이산화 질소는 스모그에 들어 있는 공기 오염 물질이다. 이 과정에 대한 전체 균형 반응식을 써라.

유사 문제 3.77, 3.78

그림 3.9 각 단계의 합은 전체 반응식이다.

생명체 내의 연속 반응 *신진대사*(metabolic pathway)라 부르는 다단계 연속 반응은 모든 생체계에서 일어나고 있다. (17장에서 다시 논의한다.) 예를 들어 거의 모든 세포 내에서는 약 30개 정도의 개별적인 화학 반응이 연속적으로 진행되면서 포도당의 화학 에너지가 방출된다. 각 반응 단계의 생성물은 다음 반응 단계의 반응물이 된다. 각 단계의 모든 공통 물질을 제거하면 전체 반응식은 다음과 같다.

$$C_6H_{12}O_6(aq) + 6O_2(g) \longrightarrow 6CO_2(g) + 6H_2O(l)$$

우리는 포도당이 들어 있는 음식을 먹고, O_2를 호흡하고, CO_2와 H_2O를 배출한다. 우리의 세포 내에서 전체 반응식에 나타난 반응물과 생성물은 서로 여러 단계 멀리 떨어져 있다. 따라서 O_2는 포도당과 결코 *직접* 반응하지 않는다. CO_2와 H_2O도 서로 멀리 떨어져 있는 다양한 반응 단계에서 생성된다. 그럼에도 불구하고 전체 반응식에서 각 물질의 몰비는 산소로 가득 찬 연소실에서 포도당을 직접 태워 CO_2와 H_2O를 생성할 때와 같다(그림 3.9).

한계 반응물이 있는 반응

지금까지 다루었던 문제에서는 한 반응물의 양(mol)이 주어지고 다른 반응물의 양(mol)은 충분해서 주어진 양(mol)의 반응물이 완전히 반응한다고 가정하였다. 예를 들어, 구리 광석의 배소 과정(예제 3.12 참조)에 대한 화학 반응을 사용하여 Cu_2S 5.2 mol이 O_2와 반응할 때 생성되는 SO_2의 양(mol)을 구한다고 가정해 보자.

$$2Cu_2S(s) + 3O_2(g) \longrightarrow 2Cu_2O(s) + 2SO_2(g)$$

Cu_2S 5.2 mol은 필요한 양만큼의 O_2와 반응한다고 가정한다. 모든 Cu_2S가 반응하기 때문에 생성되는 SO_2의 양(mol)은 존재하는 산소의 양(mol)에 상관없이 초기에 주어진 Cu_2S 5.2 mol에 의해 결정된다(*한정된다*). 이 경우 Cu_2S를 **한계 반응물**[limiting reactant, 또는 *한계 시약*(limiting reagent)]이라 한다.

하지만 Cu_2S와 O_2의 양(mol)이 각각 주어졌을 때, 생성되는 SO_2의 양(mol)을 구한다고 가정해 보자. 먼저 Cu_2S와 O_2 중 어느 것이 한계 반응물인지 결정해야 한다. 즉, 어느 반응물이 완전히 소모되는지를 결정해야 한다. 왜냐하면 그 반응물이 SO_2의 양(mol)을 결정하기 때문이다. 한계 반응물이 *아닌* 반응물은 반응하지 않고 남는 양이 있게 되는데, 이는 이 반응물이 *과량*으로 존재하기 때문이다.

일상생활에서의 한계 "반응물"

실생활에서도 한계 "반응물" 상황은 항상 일어나고 있다. 자동차 조립 공장에 차체가 1500개 있고, 타이어가 4000개 밖에 없다면 공장 관리자는 타이어를 더 주문해야 한다. 셔츠 공장에서 170개의 셔츠를 만들어야 하는데 소매가 320개 밖에 없을 경우 소매를 더 만들어야 한다. 우리들은 일상생활에서 이와 같은 상황에 직면하곤 한다. 머핀 조리법에는 밀가루 2컵과 설탕 1컵을 사용하라고 되어 있는데, 가지고 있는 재료는 밀가루 3컵과 설탕 3/4컵 밖에 없다. 이와 같은 양으로 머핀을 만들 때, 분명히 밀가루는 남고, 설탕이 머핀 개수를 한정한다. 또는 소풍가려고 치즈버거를 만든다고 가정해 보자. 빵 10개, 버거용 고기 12개, 치즈 15장이 있다면, 여기서는 빵의 개수가 만들 수 있는 치즈버거의 개수를 한정한다. 또는 세포 생물학 실험실에 학생 26명과 현미경 23개가 있을 때도 마찬가지다. 한계 "반응물" 상황은 셀 수 없을 만큼 많다.

한계 반응물을 결정하려면 균형 반응식에 있는 몰비를 이용하여 *적은* ***생성물****을 만드는 반응물*이 어느 것인지 찾는 일련의 계산을 해야 한다.

한계 반응물 결정하기 군침이 도는 예를 들어 한계 반응물에 대한 개념을 분명하게 정립해 보자. 선디(sundae) 아이스크림을 만드는 일을 한다고 가정하자. 선디 한 개를 만들려면 아이스크림 2스쿱(12 oz), 체리 1개, 시럽 50 mL가 필요하다.

$$2\text{스쿱}(12\text{ oz}) + \text{체리 1개} + \text{시럽 50 mL} \longrightarrow \text{선디 1개}$$

25명의 학생들이 단체로 들어와서 모든 학생이 바닐라 아이스크림과 초콜릿 시럽이 든 선디 한 개씩을 주문하였다. 바닐라 아이스크림 300온스(oz, 6온스/스쿱), 체리 30개, 시럽 1 L가 있다면 모든 학생들에게 선디를 한 개씩 줄 수 있겠는가? 균형 반응식을 근거로 일련의 계산을 하면 각 재료에 따라 만들 수 있는 선디 수를 알 수 있다.

$$\text{아이스크림: 선디 수} = 300\text{ oz 아이스크림} \times \frac{1\text{ 스쿱}}{6\text{ oz 아이스크림}} \times \frac{1\text{ 선디}}{2\text{ 스쿱}} = 25\text{ 선디}$$

$$\text{체리: 선디 수} = 30\text{개 체리} \times \frac{1\text{ 선디}}{1\text{ 체리}} = 30\text{ 선디}$$

$$\text{시럽: 선디 수} = 1000\text{ mL 시럽} \times \frac{1\text{ 선디}}{50\text{ mL 시럽}} = 20\text{ 선디}$$

반응물(아이스크림, 체리, 시럽) 중 시럽으로 만들 수 있는 선디(생성물) 수가 *제일 적다*. 따라서 시럽이 한계 "반응물"이다. 시럽을 모두 사용하고 나면 아이스크림과 체리가 과량이므로 약간의 아이스크림과 체리가 "반응하지 않고" 남는다.

$$300\text{ 온스}(50\text{ 스쿱}) + \text{체리 30개} + \text{시럽 1 L} \longrightarrow \textbf{선디 20개} + 60\text{ 온스}(10\text{ 스쿱}) + \text{체리 10개}$$

비슷한 예를 그림 3.10에 나타내었다. 초기에 제시된 양만 다르다.

반응 표를 이용한 한계 반응물 문제 풀이 한계 반응물 문제를 풀 때 양을 추적하는 좋은 방법 중 하나는 *반응 표*를 이용하는 것이다. 균형 반응식을 표의 맨 위에 적는다. 표에는 아래의 양을 나타낸다.

- 반응 *전* 반응물과 생성물의 *초기* 양
- 반응이 진행되는 *동안* 반응물과 생성물의 *변화된* 양
- 반응 *후 남아 있는* 반응물과 생성물의 *최종* 양

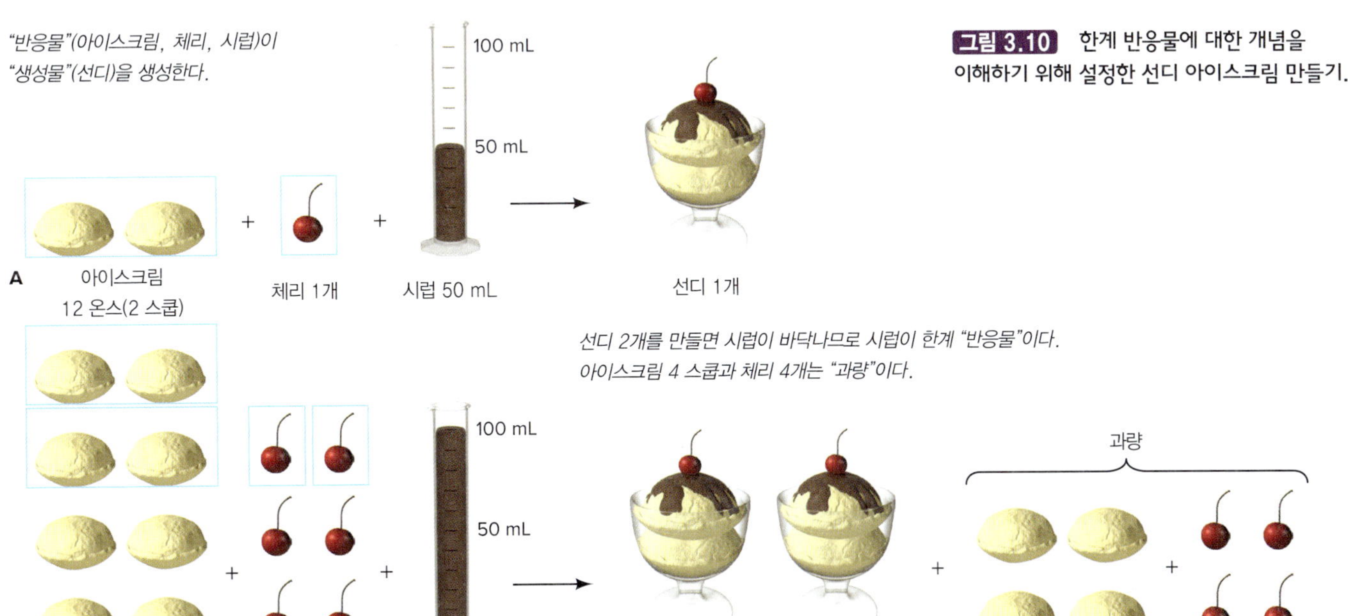

그림 3.10 한계 반응물에 대한 개념을 이해하기 위해 설정한 선디 아이스크림 만들기.

선디 아이스크림 "반응"을 예로 들어 반응 표를 만들면 다음과 같다.

양	12 온스 (2 스쿱)	+	1 체리	+	50 mL 시럽	⟶	1 선디
초기	300 온스 (50 스쿱)		30 체리		1000 mL 시럽		0 선디
변화	−240 온스 (40 스쿱)		−20 체리		−1000 mL 시럽		+20 선디
최종	60 온스 (10 스쿱)		10 체리		0 mL 시럽		20 선디

반응 표에는 다음과 같은 중요한 사항들이 들어 있다.

- **초기**를 나타내는 행에는 "생성물"이 아직 생성되지 않아서 "0 선디"이다.
- **변화**를 나타내는 행에는 반응이 진행되는 동안 반응물(아이스크림, 체리, 시럽)이 소비되어 그 양이 줄어들기 때문에 양의 변화에 "−" 부호를 붙였다. 동시에 생성물(선디)은 그 양이 증가하기 때문에 양의 변화에 "+" 부호를 붙였다. 변화를 나타내는 행에 있는 수에는 반응의 몰비가 반영되어 있다. 예를 들어 2 스쿱/1 선디의 "몰"비가 있으므로 선디 20개를 만들면 아이스크림 40 스쿱이 사용된다.
- **최종**을 나타내는 행에는 변화를 나타내는 행과 초기를 나타내는 행에 있는 값을 *합한* 것이다. 어떤 반응물(아이스크림과 체리)은 과량으로 들어 있고 한계 반응물(시럽)은 모두 다 소비된 것에 주목하라.

한계 반응물 문제 풀기 한계 반응물 문제에서는 *2개 이상의 반응물의 양이 주어지기 때문에 우선 어느 것이 한계 반응물인지를 결정해야 한다*. 선디 아이스크림으로 앞서 해 본 것처럼 균형 반응식을 이용하여 주어진 각 반응물의 양에 따라 생성되는 생성물의 양을 계산한다. 생성물을 *가장 적게* 생성하는 반응물이 한계 반응물이다.

다음 예제들을 풀면서 다양한 방면으로 한계 반응물에 대한 개념을 살펴보자. 예제 3.15에서는 분자 모식도를 통해 문제를 풀고, 예제 3.16에서는 두 반응물의 양(mol)에서부터 시작하며, 예제 3.17에서는 두 반응물의 질량에서부터 시작한다.

예제 3.15 | 분자 모식도를 이용한 한계 반응물 문제 풀이

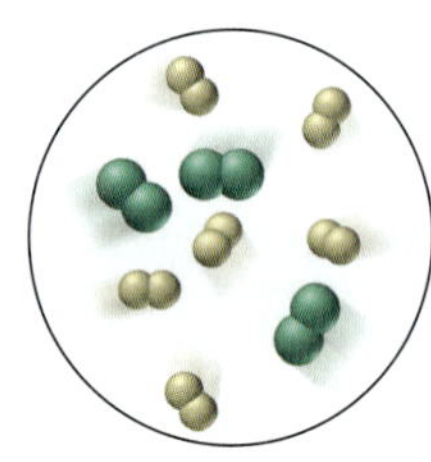

문제 핵공학자들은 삼플루오린화 염소를 사용하여 핵발전소 연료인 우라늄을 제조한다. 이 화합물은 원소 상태 염소와 원소 상태 플루오린의 반응으로 생성되는 기체 생성물이다. 오른쪽 원 안에 반응이 시작되기 전 반응 혼합물의 원소들과 그 상대적인 수를 그림으로 나타내었다(*녹색*: 염소, *노란색*: 플루오린).

(a) 한계 반응물은 어느 것인가?

(b) 이 과정에 대한 반응 표를 만들어라.

(c) 반응이 완전히 끝난 후 혼합물을 그림으로 나타내어라. (*힌트*: ClF_3 분자는 플루오린 원자 3개가 염소 원자 1개에 결합한 것이다.)

계획 **(a)** 한계 반응물을 찾아야 한다. 첫 번째 단계로 균형 반응식을 쓰기 위해 화학식과 물질의 상태가 필요하다. 삼플루오린화 염소라는 이름에서 생성물은 플루오린 원자 3개가 염소 원자 1개에 결합된 것을 알 수 있으므로 화학식은 ClF_3이다. 염소 원소와 플루오린 원소는 이원자 분자인 Cl_2와 F_2이며, 두 물질 모두 기체 상태이다. 한계 반응물을 찾기 위해서는 각 반응물의 분자수로부터 생성되는 생성물의 분자수를 계산한다. 생성물을 가장 적게 생성하는 반응물이 한계 반응물이다. **(b)** 구한 분자수를 이용하여 반응 표를 만든다. **(c)** 표의 최종을 나타내는 행에 있는 수를 이용하여 그림으로 나타낸다.

풀이 **(a)** 균형 반응식은 다음과 같다.

$$Cl_2(g) + 3F_2(g) \longrightarrow 2ClF_3(g)$$

$$Cl_2\text{: } ClF_3 \text{ 분자수} = 3 \cancel{\text{분자 } Cl_2} \times \frac{2 \text{ 분자 } ClF_3}{1 \cancel{\text{분자 } Cl_2}} = 6 \text{ 분자 } ClF_3$$

$$F_2\text{: } ClF_3 \text{ 분자수} = 6 \cancel{\text{분자 } F_2} \times \frac{2 \text{ 분자 } ClF_3}{3 \cancel{\text{분자 } Cl_2}} = 4 \text{ 분자 } ClF_3$$

F_2가 적은 수의 ClF_3를 생성하므로 한계 반응물이다.

(b) F_2가 한계 반응물이기 때문에 반응 표의 변화를 나타내는 행에서 F_2 분자(6 분자)가 모두 소비된다. 변화를 나타내는 행에서 Cl_2의 값을 구하려면 6개의 F_2 분자와 반응하는 Cl_2 분자수를 계산해야 한다.

$$\text{반응하는 } Cl_2 \text{ 분자수} = 6 \text{ 분자 } F_2 \times \frac{1 \text{ 분자 } Cl_2}{3 \text{ 분자 } Cl_2} = 2 \text{ 분자 } Cl_2$$

반응표에 이 값들을 넣으면 다음과 같다.

분자	$Cl_2(g)$	+	$3F_2(g)$	$\longrightarrow$	$2ClF_3(g)$
초기	3		6		0
변화	−2		−6		+4
최종	1		0		4

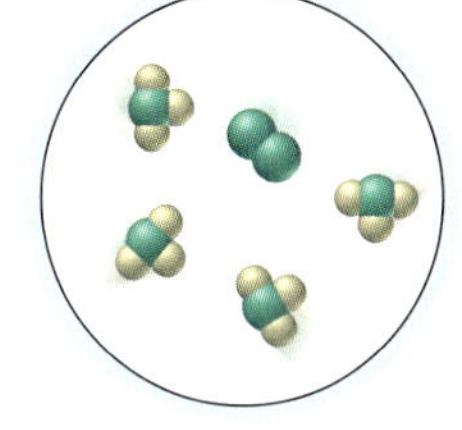

(c) 최종 반응 혼합물을 나타내는 그림에는 (과량 반응물인) Cl_2 분자 1개와 생성물인 ClF_3 분자 4개가 들어 있다.

검산 반응식의 균형은 맞다. 반응물(2 Cl, 6 F) → 생성물(2 Cl, 6 F). 그림에 나타낸 바와 같이 반응 전후의 각 원소 수는 같다. 선택한 한계 반응물에 대해 생각해보자. 반응식으로부터 ClF_3 2개를 만들기 위해 Cl_2 1개와 F_2 3개가 필요하다. 따라서 원 안에 들어 있는 Cl_2 3개는 F_2 (3 × 3)개를 필요로 한다. 하지만 F_2는 6개 밖에 없다. 따라서 모든 Cl_2와 반응할 F_2는 충분하지 않다. 다르게 표현하면 주어진 F_2와 반응할 Cl_2는 너무 많다. 어떤 관점으로 보더라도 F_2가 한계 반응물이다.

해설 초기에 Cl_2 분자가 F_2 분자보다 적은 양으로 존재하는 것을 알 수 있다. 한계 반응물은 적은 양으로 존재하는 반응물이 *아니라 적은 양*의 생성물을 생성하는 반응물이다.

▶ 보충 문제

3.15A 아래와 같이 B_2는 AB와 반응한다(*빨간색*: B).

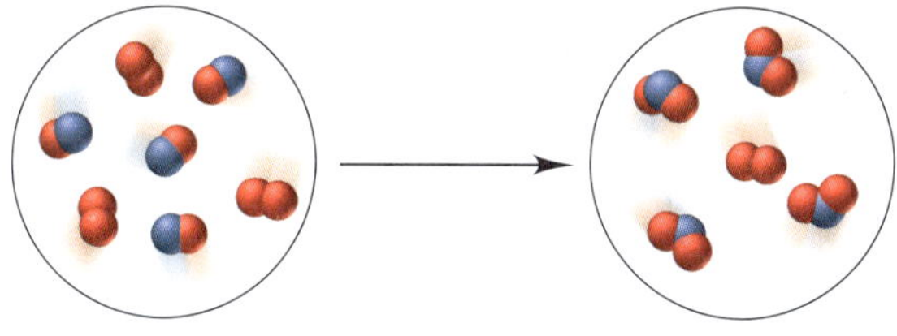

이 반응에 대한 균형 반응식을 쓰고 한계 반응물을 결정하라.

3.15B 아래와 같이 이산화 황은 산소 기체와 반응하여 삼산화 황을 만든다(*노란색*: 황, *빨간색*: 산소).

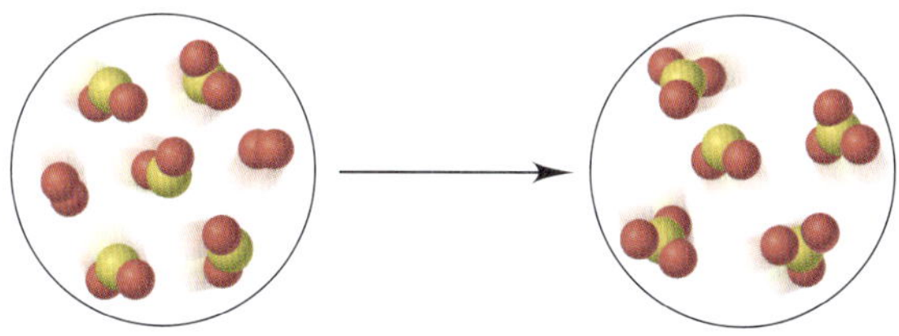

이 반응에 대한 균형 반응식을 쓰고 한계 반응물을 결정하라.

유사 문제 3.79, 3.80

예제 3.16 | 한계 반응물 문제 풀이: 양(mol)으로 양(mol) 구하기

문제 또 다른 ClF_3 합성 과정에서(예제 3.15 참조), Cl_2 0.750 mol이 F_2 3.00 mol과 반응한다 **(a)** 한계 반응물을 결정하라. **(b)** 반응 표를 만들어라.

계획 **(a)** 각 반응물의 양(mol)으로부터 생성되는 ClF_3의 양(mol)을 계산하여 한계 반응물을 결정한다. 더 적은 ClF_3를 생성하는 반응물이 한계 반응물이다.

(b) 이 값들을 이용하여 반응 표를 만든다.

풀이 **(a)** 한계 반응물 결정하기:

Cl_2의 양(mol)에서 ClF_3의 양(mol) 구하기:

$$ClF_3\text{의 양(mol)} = 0.750\ \text{mol}\ Cl_2 \times \frac{2\ \text{mol}\ ClF_3}{1\ \text{mol}\ Cl_2} = 1.50\ \text{mol}\ ClF_3$$

F_2의 양(mol)에서 ClF_3의 양(mol) 구하기:

$$ClF_3\text{의 양(mol)} = 3.00\ \text{mol}\ F_2 \times \frac{2\ \text{mol}\ ClF_3}{3\ \text{mol}\ F_2} = 2.00\ \text{mol}\ ClF_3$$

이 경우, Cl_2가 더 적은 양의 ClF_3를 생성하기 때문에 Cl_2가 한계 반응물이다.

(b) Cl_2를 한계 반응물로 놓고 반응 표 만들기: 변화를 나타내는 행에서 F_2의 값을 구하려면 0.750 mol의 Cl_2 분자와 반응하는 F_2 분자의 양을 계산해야 한다.

$$\text{반응하는}\ F_2\text{의 양(mol)} = 0.750\ \text{mol}\ Cl_2 \times \frac{3\ \text{mol}\ F_2}{1\ \text{분자}\ Cl_2} = 2.25\ \text{mol}\ F_2$$

반응표에 이 값들을 넣으면 다음과 같다.

양(mol)	$Cl_2(g)$	+	$3F_2(g)$	⟶	$2ClF_3(g)$
초기	0.750		3.00		0
변화	−0.750		−2.25		+1.50
최종	0		0.75		1.50

검산 이 시점에서 F_2가 한계 반응물이라고 가정하고 계산하면 모순이 생긴다는 것을 보여줌으로써 Cl_2가 한계 반응물이라는 것을 확인해보자. F_2가 한계 반응물이라면 F_2 3.00 mol이 모두 반응하여 ClF_3 2.00 mol이 만들어질 것이다. 그러나 균형 반응식에 의하면, ClF_3 2.00 mol을 얻으려면 Cl_2 1.00 mol이 필요한데 Cl_2 0.750 mol 밖에 없다. 따라서 Cl_2가 한계 반응물임에 틀림없다.

해설 예제 3.15와 3.16에서는 반응물의 상대적인 양만으로는 한계 반응물을 *정할 수 없고*, 오히려 *균형 반응식의 몰비*에 근거하여 만들어지는 생성물의 양으로 한계 반응물이 정해진다는 것을 주목해야 한다. 두 예에서 반응 전 F_2가 Cl_2보다 상대적으로 많은 양으로 존재한다.

- 예제 3.15에서 F_2/Cl_2 비는 6/3, 즉 2/1인데, 이는 요구되는 몰비 3/1보다 작다. 따라서 F_2가 한계 반응물이고, Cl_2가 과량이다.
- 예제 3.16에서 F_2/Cl_2 비가 3.00/0.750이며, 이는 요구되는 몰비 3/1보다 크다. 따라서 Cl_2가 한계 반응물이고, F_2는 과량이다.

▶ 보충 문제

3.16A 보충 문제 3.15A의 반응에서 각 반응물이 1.5 mol씩 있다면 생성물은 몇 mol인가?

3.16B 보충 문제 3.15B의 반응에서 SO_2 4.2 mol이 O_2 3.6 mol과 반응하면 생성되는 SO_3은 몇 mol인가?

유사 문제 3.81, 3.82

예제 3.17 | 한계 반응물 문제 풀이: 질량으로 질량 구하기

문제 초기 로켓에 사용된 연료 혼합물은 두 액체 하이드라진(N_2H_4)과 사산화 이질소(N_2O_4)로 구성되어 있었다. 이 두 액체는 서로 접촉하는 순간 발화되면서 질소 기체와 수증기를 발생시킨다.

(a) N_2H_4 100 g과 N_2O_4 125 g을 섞으면 발생되는 질소 기체는 몇 g인가?

(b) 반응이 완결되었을 때 반응하지 않고 남아 있는 과량 반응물은 몇 g인가?

(c) 이 과정에 대한 반응 표를 만들어라.

계획 두 반응물의 질량이 주어졌으므로 한계 반응물 문제이다. **(a)** 생성되는 생성물의 질량을 구하기 위해서 주어진 반응물의 질량으로 예상되는 생성물의 질량을 계산하여 질소 기체를 *적게* 생성하는 한계 반응물을 찾아야 한다. 늘 하던 것처럼 균형 반응식을 쓴다. 각 반응물의 질량(g)을 반응물의 몰질량으로 나누어 몰수로 바꾸고, 균형 반응식에 있는 몰비를 이용하여 각 반응물이 생성하는 N_2의 몰수를 구한다. 그런 다음 적은 양(mol)의 N_2를 질량(g)으로 환산한다(로드맵 참조). **(b)** 몰비를 이용하여 주어진 양의 한계 반응물과 반응에 필요한 과량 반응물의 질량을 계산하여 반응하지 않고 남아 있는 과량 반응물의 질량을 구한다. 처음의 양에서 반응한 양을 빼면 반응하지 않고 남아 있는 양을 알 수 있다. **(c)** 한계 반응물의 값을 이용하여 반응표를 만든다.

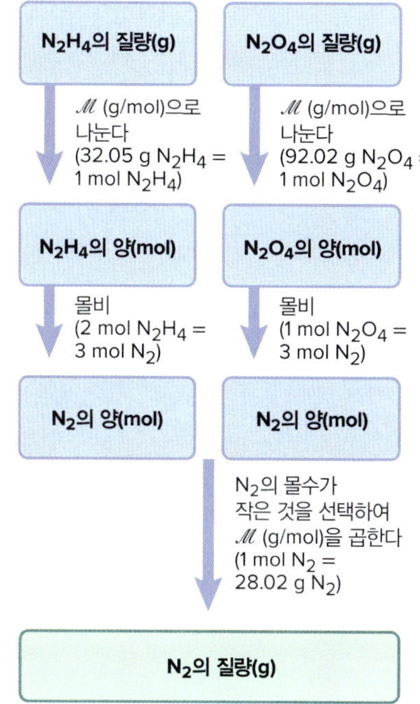

풀이 (a) 균형 반응식 쓰기:

$$2N_2H_4(l) + N_2O_4(l) \longrightarrow 3N_2(g) + 4H_2O(g)$$

각 반응물의 양(mol)으로부터 N_2의 양(mol) 구하기:

$$N_2H_4\text{: }N_2H_4\text{의 양(mol)} = 100.\ \text{g } N_2H_4 \times \frac{1 \text{ mol } N_2H_4}{32.05 \text{ g } N_2H_4} = 3.12 \text{ mol } N_2H_4$$

$$N_2\text{의 양(mol)} = 3.12 \text{ mol } N_2H_4 \times \frac{3 \text{ mol } N_2}{2 \text{ mol } N_2H_4} = 4.68 \text{ mol } N_2$$

$$N_2O_4\text{: }N_2O_4\text{의 양(mol)} = 125 \text{ g } N_2O_4 \times \frac{1 \text{ mol } N_2O_4}{92.02 \text{ g } N_2O_4} = 1.36 \text{ mol } N_2O_4$$

$$N_2\text{의 양(mol)} = 1.36 \text{ mol } N_2O_4 \times \frac{3 \text{ mol } N_2}{1 \text{ mol } N_2O_4} = 4.08 \text{ mol } N_2$$

따라서 N_2O_4가 더 적은 양의 N_2를 생성하므로 N_2O_4가 한계 반응물이다.

N_2의 양(mol)을 질량(g)으로 환산하기:

$$N_2\text{의 질량(g)} = 4.08 \text{ mol } N_2 \times \frac{28.02 \text{ g } N_2}{1 \text{ mol } N_2} = 114 \text{ g } N_2$$

(b) 125 g N_2O_4와 반응하는 N_2H_4의 질량(g) 구하기:

$$N_2H_4\text{의 질량(g)} = 125 \text{ g } N_2O_4 \times \frac{1 \text{ mol } N_2O_4}{92.02 \text{ g } N_2O_4} \times \frac{2 \text{ mol } N_2H_4}{1 \text{ mol } N_2O_4} \times \frac{32.05 \text{ g } N_2H_4}{1 \text{ mol } N_2H_4}$$
$$= 87.1 \text{ g } N_2H_4$$

$$\text{남아 있는 } N_2H_4\text{의 질량(g)} = \text{초기 } N_2H_4\text{의 질량} - \text{반응한 } N_2H_4\text{의 질량}$$
$$= 100 \text{ g } N_2H_4 - 87.1 \text{ g } N_2H_4 = 13 \text{ g } N_2H_4$$

(c) N_2O_4를 한계 반응물로 놓고 만든 반응 표

양(mol)	$2N_2H_4(l)$	+	$N_2O_4(l)$	$\longrightarrow$	$3N_2(g)$	+	$4H_2O(g)$
초기	3.12		1.36		0		0
변화	−2.72		−1.36		+4.08		+5.43
최종	0.40		0		4.08		5.43

검산 N_2O_4의 질량(g)은 N_2H_4의 질량(g)보다 더 크다. 그러나 N_2O_4의 $\mathcal{M}$이 훨씬 크기 때문에 N_2O_4의 양(mol)은 더 적다. 어림잡아 계산하면 N_2O_4: 120 g N_2O_4 × 1 mol/90 g ≈ 1.3 mol, ~1.3 mol × 3 ≈ 4 mol N_2, ~4 mol × 30 g/mol ≈ 120 g N_2이 된다.

해설 1. 한계 반응물 문제를 풀 때 범하는 *일반적인 오류*를 상기해보자. 한계 반응물은 더 적은 양(또는 질량)으로 존재하는 *반응물*이 아니라, *생성물*의 양(또는 질량)을 적게 만드는 반응물이다.

2. 한계 반응물을 찾는 *또 다른 접근법*은 "필요한 양"을 "주어진 양"과 비교하는 것이다. 즉, 균형 반응식에 근거해서 다음과 같은 절차를 밟는다.

- 다른 반응물과 반응하는 데 필요한 각 반응물의 양(mol)을 구한다.
- 문제에서 *주어진* 양과 *필요한* 양을 비교한다. 아마 한 반응물은 남고(과량 반응물) 다른 반응물은 부족(한계 반응물)할 것이다.

예를 들어 이 문제의 균형 반응식은 N_2H_4 2 mol이 N_2O_4 1 mol과 반응한다는 것을 보여 주고

있다. 주어진 N_2H_4 3.12 mol과 반응하는 데 필요한 N_2O_4의 양(mol):

$$\text{필요한 } N_2O_4\text{의 양(mol)} = 3.12 \text{ mol } \cancel{N_2H_4} \times \frac{1 \text{ mol } N_2O_4}{2 \text{ mol } \cancel{N_2H_4}} = 1.56 \text{ mol } N_2O_4$$

주어진 N_2O_4 1.36 mol과 반응하는 데 필요한 N_2H_4의 양(mol):

$$\text{필요한 } N_2H_4\text{의 양(mol)} = 1.36 \text{ mol } \cancel{N_2O_4} \times \frac{2 \text{ mol } N_2H_4}{1 \text{ mol } \cancel{N_2O_4}} = 2.72 \text{ mol } N_2H_4$$

주어진 N_2O_4 1.36 mol은 필요한 N_2O_4의 양인 1.56 mol보다 *적다*. 주어진 N_2H_4 3.12 mol은 필요한 N_2H_4의 양인 2.72 mol보다 *많다*. 따라서 N_2O_4가 한계 반응물이고 N_2H_4는 과량으로 존재한다.

▶ **보충 문제**

3.17A 알루미늄 10.0 g과 황 15.0 g을 반응시킬 때 생성되는 고체 황화 알루미늄은 몇 g인가? 남아 있는 과량 반응물은 몇 g인가?

3.17B 뷰테인(C_4H_{10}) 기체는 일회용 라이터의 연료로 사용된다. 뷰테인이 산소 존재 하에서 연소되면 이산화 탄소와 수증기가 생성된다. 뷰테인 4.65 g을 산소 10.0 g과 함께 태울 때 생성되는 이산화 탄소는 몇 g인가? 반응이 끝났을 때 반응하지 않고 남아 있는 과량 반응물은 몇 g인가?

유사 문제 3.83~3.90

인터넷 핫스팟

한계 반응물 계산이 어렵게 느껴진다면, eBook에 접속하여 이 주제에 대한 추가 학습 동영상을 참고하자.

이 장에서 논의한 모든 화학량론 관계에 대한 개요를 그림 3.11에 나타내었다.

반응의 이론 수득량, 실제 수득량 및 퍼센트 수득률

이제까지는 한계 반응물을 100% 생성물로 바꾸고, 그 생성물을 분리하는 이상적인 방법이 있어, 완벽한 실험 기술로 모든 생성물을 모을 수 있다고 가정해 왔다. 이는 이론적으로는 가능하지만 실제로는 불가능하다. 따라서 화학자들은 세 가지 방식으로 얻어지는 생성물의 양(또는 비율)을 나타낸다.

1. *이론 수득량*. 균형 반응식에 있는 몰비로 계산한 생성물의 양이 **이론 수득량**(theoretical yield)이다. 그러나 실제적으로 생성물을 이론 수득량만큼 얻을 수 없는 몇 가지 이유가 있다.

그림 3.11 양-질량-수 사이의 화학량론 관계에 대한 요약도.

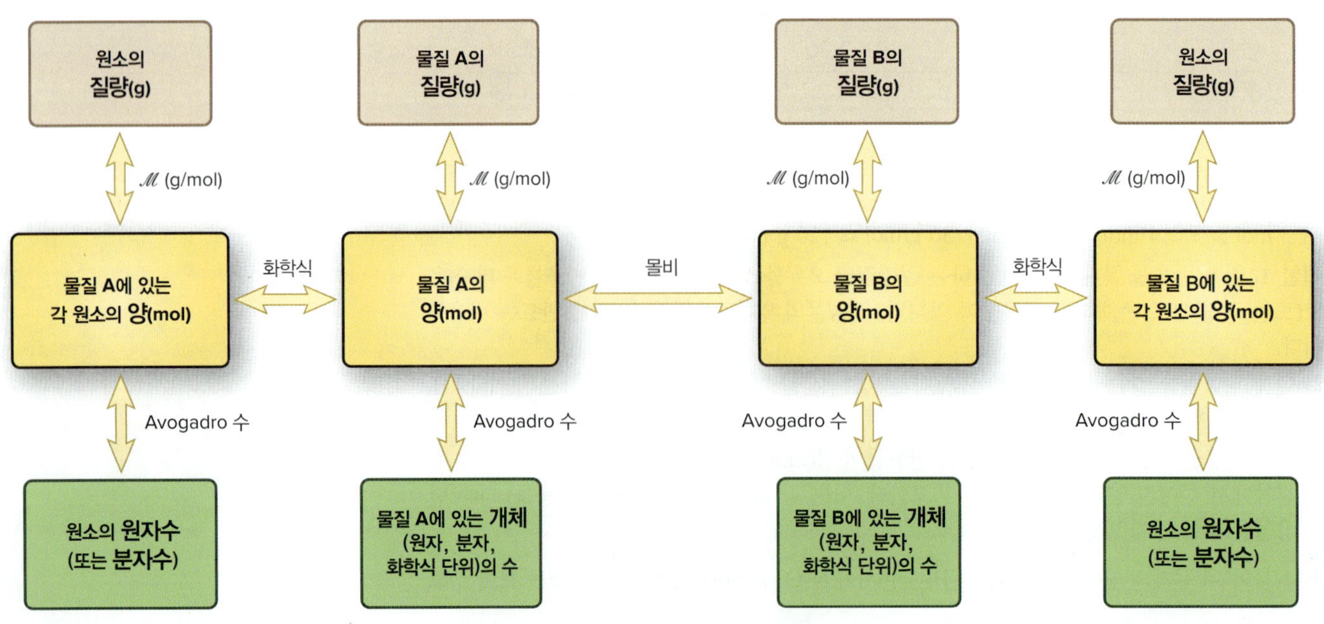

- 반응 혼합물은 반응 도중에 흔히 **부반응**(side reaction)을 일으켜 다른 생성물을 만든다(그림 3.12). 예제 3.17의 로켓 연료 반응에서 다음과 같은 부반응에 의해 약간의 NO가 만들어지기도 한다.

$$N_2H_4(l) + 2N_2O_4(l) \longrightarrow 6NO(g) + 2H_2O(g)$$

  이 반응 때문에 N_2를 생성할 수 있는 반응물의 양이 줄어든다.
- 훨씬 더 중요한 것은 많은 반응이 완결되기 전에 멈춘다(평형을 이룬다)는 것이다. 그로 인해 한계 반응물이 완전히 소비되지 않는다(4장에서 논의함).
- 분리 단계에서 물리적 손실이 발생한다. 고체 일부는 거름종이에 달라붙기도 하고, 기체 생성물 중 일부는 반응 용기에서 빠져나가는 등의 손실이 발생한다. 분리 과정에서 주의하여 이런 손실을 최소화할 수는 있으나 완전히 없앨 수는 없다.

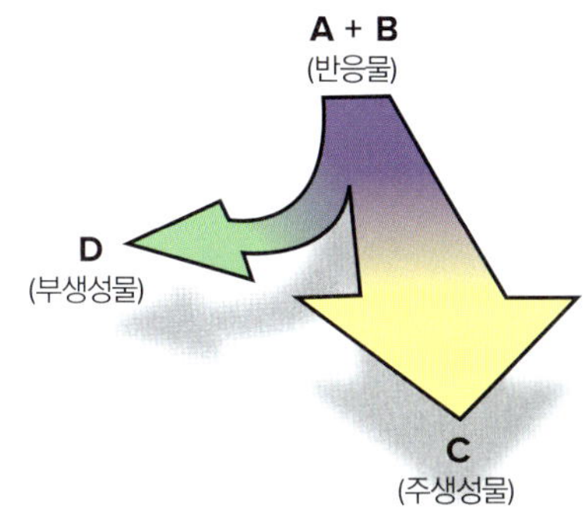

그림 3.12 주생성물의 수득량에 대한 부반응의 영향.

2. *실제 수득량*. 위에서 언급한 이유들 때문에 생성물이 이론 수득량보다 적게 얻어지는데, *실제로* 얻어지는 생성물의 양이 **실제 수득량**(actual yield)이다. 실제 수득량은 반응이 종료된 후에 실제로 얻어진 생성물의 질량을 측정해야만 구할 수 있다. 이론 수득량과 실제 수득량은 양(mol) 또는 질량(g) 단위로 나타낸다.

3. *퍼센트 수득률*. **퍼센트 수득률**(percent yield, **% yield**)은 이론 수득량에 대한 실제 수득량의 비율을 백분율로 나타낸 것이다.

$$\text{퍼센트 수득률} = \frac{\text{실제 수득량}}{\text{이론 수득량}} \times 100 \qquad \textbf{(3.8)}$$

   정의에 의해, 실제 수득량은 이론 수득량보다 적기 때문에 퍼센트 수득률은 *항상* 100%보다 작다.

예제 3.18 | 퍼센트 수득률 구하기

문제 탄화 실리콘(SiC)은 고온에서 모래(이산화 실리콘, SiO_2)와 탄소 가루가 반응하여 만들어지는 매우 중요한 세라믹 물질이다. 일산화 탄소도 함께 생성된다. 모래 100.0 kg을 처리하였더니 SiC 51.4 kg이 얻어졌다. 이 과정에서 SiC의 퍼센트 수득률은 몇 %인가?

계획 SiC의 실제 수득량(51.4 kg)이 주어졌기 때문에 퍼센트 수득률을 계산하기 위해 이론 수득량을 계산해야 한다. 균형 화학 반응식을 적은 후 주어진 SiO_2의 질량(100.0 kg)을 양(mol)으로 바꾼다. 몰비를 이용하여 생성된 SiC의 양(mol)을 구하고 이를 질량(kg)으로 바꾸어 이론 수득량을 계산한다. 그 다음 식 (3.8)을 이용하여 퍼센트 수득률을 구한다(로드맵 참조).

로드맵

SiO_2의 질량(kg)
↓ 1. kg을 g으로 바꿈 2. $\mathcal{M}$ (g/mol)으로 나눈다 (60.09 g SiO_2 = 1 mol SiO_2)
SiO_2의 양(mol)
↓ 몰비 (1 mol SiO_2 = 1 mol SiC)
SiC의 양(mol)
↓ 1. $\mathcal{M}$ (g/mol)을 곱한다 (1 mol SiC = 40.10 g SiC) 2. g을 kg으로 바꿈
SiC의 질량(kg)
↓ 식 (3.8)
SiC의 퍼센트 수득률

풀이 균형 반응식 쓰기:

$$SiO_2(s) + 3C(s) \longrightarrow SiC(s) + 2CO(g)$$

SiO_2의 질량(kg)을 양(mol)으로 바꾸기:

$$SiO_2\text{의 양(mol)} = 100.0\ \text{kg}\ SiO_2 \times \frac{1000\ \text{g}}{1\ \text{kg}} \times \frac{1\ \text{mol}\ SiO_2}{60.09\ \text{g}\ SiO_2} = 1664\ \text{mol}\ SiO_2$$

SiO_2의 양(mol)으로부터 SiC의 양(mol) 구하기: 몰비는 1 mol SiC/1 mol SiO_2이다.

$$SiO_2\text{의 양(mol)} = \text{SiC의 양(mol)} = 1664\ \text{mol SiC}$$

SiC의 양(mol)을 질량(kg)으로 바꾸기:

$$\text{SiC의 질량(kg)} = 1664\ \text{mol SiC} \times \frac{40.10\ \text{g SiC}}{1\ \text{mol SiC}} \times \frac{1\ \text{kg}}{1000\ \text{g}} = 66.73\ \text{kg SiC}$$

퍼센트 수득률 계산하기:

$$\text{SiC의 퍼센트 수득률} = \frac{\text{실제 수득량}}{\text{이론 수득량}} \times 100 = \frac{51.4\ \text{kg SiC}}{66.73\ \text{kg SiC}} \times 100 = 77.0\%$$

검산 어림잡아 계산해보면 SiC의 질량이 대략 맞는 것 같다. ~1500 mol × 40 g/mol × 1 kg/1000 g = 60 kg. 몰비 SiC/SiO_2는 1/1이고, SiC의 $\mathcal{M}$은 SiO_2의 $\mathcal{M}$의 $\frac{2}{3}$ 정도($\sim\frac{40}{60}$)이다. 따라서 SiO_2 100 kg으로 약 66 kg의 SiC가 만들어진다.

▶ **보충 문제**

3.18A 대리석(탄산 칼슘)은 염산 용액과 반응하여 염화 칼슘 용액, 물, 이산화 탄소를 생성한다. 대리석 10.0 g이 반응하여 이산화 탄소 기체 3.65 g이 포집되었다면 이산화 탄소의 퍼센트 수득률은 얼마인가?

3.18B 아이오딘화 납(II)은 밝은 노란색의 고체 화합물로서 태양 전지 제조와 사진술에 사용된다. 아이오딘화 납(II)은 아이오딘화 포타슘 수용액과 질산 납(II) 수용액을 반응시켜 얻어지고, 질산 포타슘 수용액이 부산물로서 얻어진다. 이 반응의 수득률이 90.0%라고 가정하고, 아이오딘화 포타슘 112 g이 과량의 질산 납(II)과 반응할 때 생성되는 질산 납(II)의 질량(g)을 구하라.

유사 문제 3.93~3.96

다단계 합성에서의 수득률 다단계 합성 과정을 거쳐 복잡한 화합물을 합성할 때는 각 단계의 수득률이 높다고 해도 전체 수득률은 놀랄 만큼 낮다. 예를 들어 여섯 단계를 거치는 합성 과정에서 각 단계의 수득률이 90.0%라고 가정하자. 전체 퍼센트 수득률을 얻기 위해서는 *각 단계의 수득률을 소수로 표시하고 이들을 모두 곱한 후 다시 백분율로 바꾼다.* 이 경우 전체 수득률은 50%를 조금 넘을 뿐이다.

$$\text{전체 퍼센트 수득률(\%)} = (0.900 \times 0.900 \times 0.900 \times 0.900 \times 0.900 \times 0.900) \times 100 = 53.1\%$$

실험실에서 의약품, 염료, 농약 등 많은 유기 화합물을 합성할 때, 이와 같은 다단계 합성이 일반적이다. 예를 들어 항우울제인 세르트랄린(Sertraline)의 합성 과정은 간단한 출발 물질에서 시작하여 여섯 단계를 거친다. 각 단계의 수득률은 각각 80%, 80%, 50%, 100%, 48%, 30%이다. 전체 수득률은 4.6%이다(그림 3.13). 일반적으로 이런 합성은 간단하고 값싼 대량의 반응물로 시작하여 복잡하고 값비싼 소량의 생성물로 끝나기 때문에 전체 수득률이 생성물의 상업적 가치에 미치는 영향은 크다.

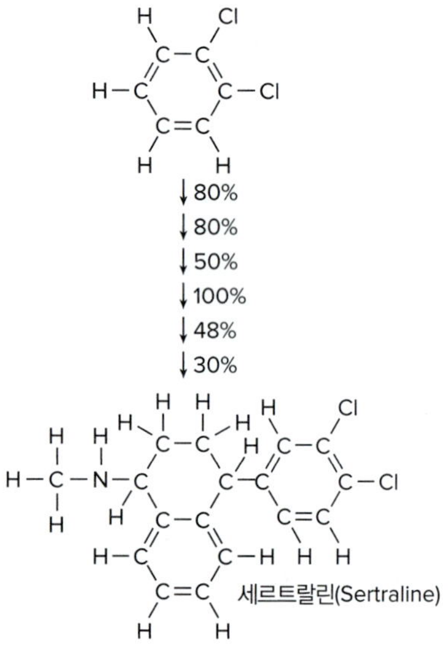

그림 3.13 다단계 합성에서의 전체 수득률은 낮다.

원자 경제: 수득률에 관한 녹색 화학의 전망 녹색 화학(green chemistry)의 비교적 새로운 분야에서는 학계, 산업계 및 정부 화학자들이 해로운 물질의 배출과 에너지 자원의 낭비를 줄이거나 막기 위한 새로운 방법을 개발하고 있다.

녹색 화학자들이 합성 경로를 평가하는 한 방법은 반응물의 원자들이 원하는 생성물에 귀속되는 비율을 뜻하는 *원자 경제*(atom economy)에 초점을 맞추고 있다. 합성의 효율을 *원자 경제 백분율*(percent atom economy)이라는 항을 사용하여 정량화한 것이다.

$$\text{원자 경제 백분율(\%)} = \frac{\text{원하는 생성물의 몰수} \times \text{몰질량}}{\text{모든 생성물에 대하여 (몰수} \times \text{몰질량)의 합}} \times 100$$

두 가지 합성 경로를 생각해보자. 중합체, 염료, 의약품, 농약 및 여러 다른 생성물 합성에 쓰이는 중요한 물질인 무수 말레산($C_4H_2O_3$)을 합성하기 위해 한 경로에서는 벤젠(C_6H_6)에서 시작하고, 다른 경로에서는 뷰테인(C_4H_{10})에서 시작한다.

경로 1. $2C_6H_6(l) + 9O_2(g) \longrightarrow \cdots \longrightarrow 2C_4H_2O_3(l) + 4H_2O(l) + 4CO_2(g)$

경로 2. $2C_4H_{10}(g) + 7O_2(g) \longrightarrow \cdots \longrightarrow 2C_4H_2O_3(l) + 8H_2O(l)$

이 두 경로의 효율을 원자 경제 백분율 항으로 비교해 보자.

경로 1.

$$\begin{aligned}\text{원자 경제 백분율} &= \frac{2 \times C_4H_2O_3\text{의 } \mathcal{M}}{(2 \times C_4H_2O_3\text{의 } \mathcal{M}) + (4 \times H_2O\text{의 } \mathcal{M}) + (4 \times CO_2\text{의 } \mathcal{M})} \times 100 \\ &= \frac{2 \times 98.06\ \text{g}}{(2 \times 98.06\ \text{g}) + (4 \times 18.02\ \text{g}) + (4 \times 44.01\ \text{g})} \times 100 \\ &= 44.15\%\end{aligned}$$

경로 2.

$$\begin{aligned}\text{원자 경제 백분율} &= \frac{2 \times C_4H_2O_3\text{의 } \mathcal{M}}{(2 \times C_4H_2O_3\text{의 } \mathcal{M}) + (8 \times H_2O\text{의 } \mathcal{M})} \times 100 \\ &= \frac{2 \times 98.06\ \text{g}}{(2 \times 98.06\ \text{g}) + (8 \times 18.02\ \text{g})} \times 100 \\ &= 57.63\%\end{aligned}$$

원자 경제 시각으로 볼 때, 경로 2에서 반응물 원자가 원하는 생성물에 귀속되는 분율이 더 크기 때문에 경로 2가 더 선호되는 경로이다. 벤젠과 같은 유독한 반응물도 사용하지 않고, 지구 온난화에 기여하는 CO_2도 발생하지 않기 때문에 경로 2가 경로 1보다 더 "친환경적인" 경로이기도 하다.

› 3.4절 요약

- › 균형 반응식에 있는 물질들은 화학량론적 당량 몰비로 서로 연관되어 있다. 당량 몰비는 주어진 한 물질의 양(mol)에서 다른 물질의 양(mol)을 구할 때 환산 인자로 사용된다.
- › 한계 반응물 문제에서 2개 이상의 반응물의 양이 주어질 때, 그 중 생성물을 적게 생성하는 반응물이 한계 반응물이다. 반응 표에는 반응 중 변화하는 양뿐만 아니라 초기와 최종 양을 모두 나타낸다.
- › 실제로 부반응, 완결되지 않는 반응, 물리적 손실 등으로 인해 생성물의 실제 수득량은 이론 수득량보다 적다(이론 수득량은 균형 화학식의 몰비에 근거한 수득량임). 따라서 퍼센트 수득률은 항상 100% 보다 작다. 다단계 반응에서는 각 단계의 수득률을 모두 곱해서 전체 수득률을 얻는다.
- › 원자 경제 또는 생성물에서 발견되는 반응물 원자의 분율은 "더 친환경적인" 반응 경로를 선택할 때 사용하는 한 가지 기준이 된다.

› 개념 정리와 복습 _Chapter Review Guide

학습 목표 _Learning Objectives

＊괄호 안은 관련된 절(§)과 예제(SP) 번호

› 주요 개념

1. 몰 단위의 정의(§3.1)
2. 화학 물질의 질량(amu)과 해당 물질 1 mol의 질량(g) 사이의 관계(§3.1)
3. 물질의 양(mol), 질량(g), 화학 물질의 개체 수 사이의 관계(§3.1)
4. 화학식에서 얻을 수 있는 몰-질량-수에 관한 정보(§3.1)
5. 화합물의 실험식과 분자식의 차이(§3.2)
6. 2개 이상의 물질이 같은 실험식 또는 같은 분자식(이성질체)을 갖는 이유(§3.2)
7. 화학 반응의 정량적 연구를 위한 반응식 균형 맞추기의 중요성(§3.3)
8. 균형 반응식에서 얻을 수 있는 몰-질량-수에 관한 정보(§3.4)
9. 반응물의 양(mol)과 생성물의 양(mol) 사이의 관계(§3.4)
10. 한 반응물이 생성물의 양을 한정하는 이유(§3.4)
11. 수득률이 예상보다 적게 얻어지는 이유와 이론 수득량과 실제 수득량의 차이(§3.4)

› 주요 스킬

1. 주어진 물질의 몰질량 계산(§3.1; SP 3.4, 3.5)
2. 물질의 양(mol), 질량(g), 화학 물질의 개체 수 사이의 환산(SP 3.1~3.4)
3. 질량 백분율을 사용하여 주어진 화합물의 질량에서 원소의 질량 계산(SP 3.5, 3.6).
4. 원소의 질량 백분율과 몰질량으로부터 화합물의 실험식과 분자식 결정(SP 3.7, 3.8)
5. 연소 분석으로 분자식 결정(SP 3.9)
6. 화학적 서술이나 분자 모식도를 균형 반응식으로 전환(SP 3.10, 3.11)
7. 화학량론적 당량 몰비를 사용하여 반응에서 반응물의 양(mol)과 생성물의 양(mol)의 환산(SP 3.12, 3.13)
8. 연속 반응에 대한 전체 반응식 작성(SP 3.14)
9. 반응의 한계 반응물 관련 문제 풀이(SP 3.15~3.17)
10. 퍼센트 수득률 계산(SP 3.18)

주요 용어 _Key Terms

구조식
균형 계수
녹색 화학
몰, mol
몰질량, $\mathcal{M}$
반응물
부반응
분자식
생성물
실제 수득량
실험식
연소 분석
이론 수득량
이성질체
전체 반응식(알짜 반응식)
퍼센트 수득률, % yield
한계 반응물
화학 반응식
화학량론
Avogadro 수

주요 방정식 및 관계식 _Key Equations and Relationships

3.1 1 mol에 들어 있는 개체 수:

1 mol에는 6.022×10^{23}개의 개체가 들어 있다.

3.2 몰질량($\mathscr{M}$)을 사용하여 양(mol)을 질량으로 환산:

질량(g) = 물질의 양(mol) × 몰질량(g/mol)

3.3 $1/\mathscr{M}$을 사용하여 질량(g)을 양(mol)으로 환산:

물질의 양(mol) = 질량(g) × 1/몰질량(g/mol)

3.4 양(mol)을 개체 수로 환산:

$$\text{개체 수(개)} = \text{물질의 양(mol)} \times \frac{6.022\times10^{23}\text{개}}{1\text{ mol}}$$

3.5 개체 수를 양(mol)으로 환산:

$$\text{물질의 양(mol)} = \text{개체 수(개)} \times \frac{1\text{ mol}}{6.022\times10^{23}\text{개}}$$

3.6 질량 % 계산하기:

$$\text{원소 X의 질량 백분율(\%)} = \frac{\text{화학식에 있는 X의 몰수} \times \text{X의 몰질량(g/mol)}}{\text{화합물 1 mol의 질량(g)}} \times 100$$

3.7 주어진 화합물 질량에서 특정 원소의 질량 구하기:

$$\text{원소의 질량} = \text{화합물의 질량} \times \frac{\text{화합물 1 mol에 있는 원소의 질량}}{\text{화합물 1 mol의 질량}}$$

3.8 퍼센트 수득률 계산:

$$\text{퍼센트 수득률} = \frac{\text{실제 수득량}}{\text{이론 수득량}} \times 100$$

연습 문제 _Problems

노란색으로 표시한 문제들에 대해서는 그 답을 부록 E에 첨부하였다. 연습 문제에 표시된 절은 본문의 절과 같고, 관련 예제의 번호를 제시하였다. 대부분의 경우 개념 복습 문제, 스킬 숙달 문제(같은 개념을 다루는 두 문제씩 묶음) 및 실전 문제를 제시하였다.

몰

(예제 3.1~3.6)

개념 복습 문제

3.1 Cl의 원자 질량은 35.45 amu이고, Al의 원자 질량은 26.98 amu이다. Al 원자 3 mol과 Cl 원자 2 mol의 질량은 각각 몇 g인가?

3.2 (a) 설탕($C_{12}H_{22}O_{11}$) 1 mol에 들어 있는 C 원자는 몇 mol인가?
(b) 설탕 2 mol에 들어 있는 C 원자는 몇 개인가?

3.3 "염소 1 mol"이라는 표현은 혼돈을 가져올 수 있다. 그 이유는 무엇인가? 무엇을 바꾸면 불확실성이 제거될까? 다른 원소에 대해서도 이와 비슷한 혼돈이 있을 수 있는가? 왜 그런가?

3.4 화합물의 분자량과 몰질량은 같은가, 아니면 다른가? 그 이유를 설명하라.

3.5 화학에서 물질의 양을 다룰 때 질량 단위보다 셈 단위(mol)를 사용하면 편리한 점은 무엇인가?

3.6 $Ca_3(PO_4)_2$ 2.5 g으로부터 생성할 수 있는 P_4 분자수를 계산하여야 한다. 계산을 하지 않고 이것을 풀기 위한 로드맵을 그리고 계획을 써라.

3.7 다음에 나타낸 각 저울 그림은 두 원소의 원자가 주어진 개수만큼 있을 때 무게를 가늠해 본 것이다.

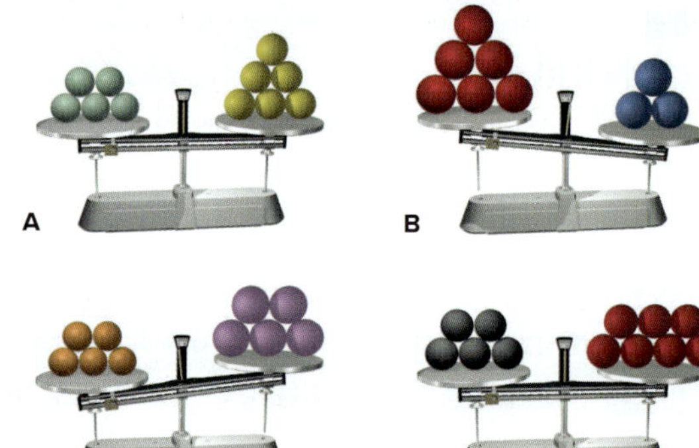

각 저울에 대한 다음 질문에 답하라. 왼쪽, 오른쪽, 둘 다 아님으로 답하라.
(a) 몰질량이 더 큰 것은?
(b) 1 g당 원자가 더 많은 것은?
(c) 1 g당 원자가 더 적은 것은?
(d) 1 mol당 원자가 더 많은 것은?

스킬 숙달 문제(유사한 문제들을 두 개씩 묶음)

3.8 다음 화합물의 몰질량을 구하라.
(a) $Sr(OH)_2$ (b) N_2O_3 (c) $NaClO_3$ (d) Cr_2O_3

3.9 다음 화합물의 몰질량을 구하라.
(a) $(NH_4)_3PO_4$ (b) CH_2Cl_2 (c) $CuSO_4\cdot5H_2O$ (d) BrF_3

3.10 다음 화합물의 몰질량을 구하라.
(a) SnO (b) BaF_2 (c) $Al_2(SO_4)_3$ (d) $MnCl_2$

3.11 다음 화합물의 몰질량을 구하라.
(a) N_2O_4 (b) C_4H_9OH (c) $MgSO_4 \cdot 7H_2O$ (d) $Ca(C_2H_3O_2)_2$

3.12 다음 양을 구하라.
(a) Zn 0.346 mol의 질량(g)
(b) F_2 2.62 mol에 있는 F 원자수
(c) Ca 28.5 g에 있는 Ca 원자수

3.13 다음 양을 구하라.
(a) Mn 62.0 mg에 있는 Mn 원자의 양(mol)
(b) 1.36×10^{22}개 Cu 원자의 양(mol)
(c) 8.05×10^{24}개 Li 원자의 질량(g)

3.14 다음 양을 구하라.
(a) $KMnO_4$ 0.68 mol의 질량(g)
(b) $Ba(NO_3)_2$ 8.18 g에 있는 O 원자의 양(mol)
(c) $CaSO_4 \cdot 2H_2O$ 7.3×10^{-3} g에 있는 O 원자수

3.15 다음 양을 구하라.
(a) NO_2 4.6×10^{21}개 분자의 질량(kg)
(b) $C_2H_4Cl_2$ 0.0615 g에 있는 Cl 원자의 양(mol)
(c) SrH_2 5.82 g에 있는 H^- 이온의 원자수

3.16 다음 양을 구하라.
(a) $MnSO_4$ 6.44×10^{-2} mol의 질량(g)
(b) $Fe(ClO_4)_3$ 15.8 kg의 화합물의 양(mol)
(c) NH_4NO_2 92.6 mg에 있는 N 원자수

3.17 다음 양을 구하라.
(a) SrF_2 38.1 g에 있는 전체 이온의 수
(b) $CuCl_2 \cdot 2H_2O$ 3.58 mol의 질량(kg)
(c) $Bi(NO_3)_3 \cdot 5H_2O$ 2.88×10^{22}개의 화학식 단위의 질량(mg)

3.18 다음 양을 구하라.
(a) 탄산 구리(I) 8.35 mol의 질량(g)
(b) 오산화 이질소 4.04×10^{20}개 분자의 질량(g)
(c) 78.9 g 과염소산 소듐의 양(mol)과 화학식 단위의 개수
(d) (c)의 화합물의 질량에서 소듐 이온 수, 과염소산 이온 수, 염소 원자수, 산소 원자수

3.19 다음 양을 구하라.
(a) 황산 크로뮴(III) 십수화물 8.42 mol의 질량(g)
(b) 칠산화 이염소 1.83×10^{24}개 분자의 질량(g)
(c) 황산 리튬 6.2 g의 화학식 단위의 양(mol)과 수
(d) (c)의 화합물의 질량에서 리튬 이온 수, 황산 이온 수, 황 원자수, 산소 원자수

3.20 다음을 구하라.
(a) 탄산수소 암모늄에서 H의 질량 백분율
(b) 인산이수소 소듐 칠수화물에서 O의 질량 백분율

3.21 다음을 구하라.
(a) 과아이오딘산 스트론튬에서 I의 질량 백분율
(b) 과망가니즈산 포타슘에서 Mn의 질량 백분율

3.22 다음을 구하라.
(a) 아세트산 세슘에서 C의 질량 분율
(b) 황산 우라닐 삼수화물에서 O의 질량 분율(우라닐 이온: UO_2^{2+})

3.23 다음을 구하라.
(a) 염소산 칼슘에서 Cl의 질량 분율
(b) 삼산화 이질소에서 N의 질량 분율

실전 문제

3.24 음식물의 신진대사 과정에서 산소가 필요하다. 사람이 휴식 상태에 있을 때 약 15분 동안 폐를 통해 흡입한 양인 38.0 g의 산소 기체에 있는 원자수를 구하라.

3.25 시스플라티넘(cisplatin, *오른쪽 그림*) 또는 플라티놀(platinol)은 특정 암의 치료에 사용된다. (a) 시스플라티넘 285.3 g에 있는 화합물의 양(mol)을 구하라. (b) 시스플라티넘 0.98 mol에 있는 수소 원자수를 구하라.

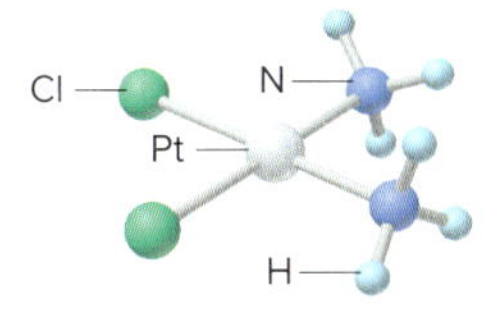

3.26 알릴 설파이드(*아래 그림*)는 특징적인 마늘 냄새를 갖는다. (a) 알릴 설파이드 2.63 mol의 질량(g) (b) 알릴 설파이드 35.7 g에 있는 탄소 원자수를 구하라.

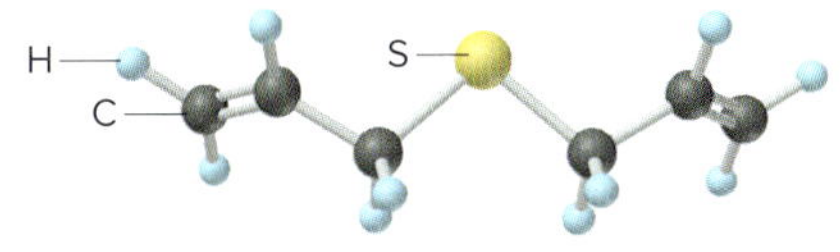

3.27 철은 산소 및 물과 느리게 반응하여 보통 우리가 녹이라고 부르는 $Fe_2O_3 \cdot 4H_2O$를 만든다. 녹 45.2 kg에 대하여 (a) 화합물의 몰수 (b) Fe_2O_3의 몰수 (c) Fe의 질량(g)을 구하라.

3.28 프로페인은 널리 사용되는 액체 형태의 연료로 바비큐 그릴이나 휴대용 버너 등에 쓰인다. 프로페인 85.5 g에 대하여 (a) 화합물의 몰수 (b) 들어 있는 탄소의 질량(g)을 구하라.

3.29 질소 비료의 효율성은 주로 N의 질량 백분율로 정한다. 질산 포타슘, 질산 암모늄, 황산 암모늄, 요소$[CO(NH_2)_2]$를 비료 효율성 순서로 배열하라. 효율성이 좋은 것을 앞에 써라.

3.30 방연광(galena)은 황화 납(II)으로 이루어진 광석으로 평균 밀도는 7.46 g/cm^3이다. (a) 방연광 1.00 ft^3에 있는 황화 납(II)은 몇 mol인가? (b) 방연광 1.00 dm^3에 있는 납 원자는 몇 개인가?

3.31 적혈구 속 단백질인 헤모글로빈은 폐에서 몸의 각 세포로 O_2를 운반한다. 철(Fe^{2+} 이온 형태)은 헤모글로빈 질량의 0.33%를 차지한다. 헤모글로빈의 몰질량이 6.8×10^4 g/mol이라면 분자 1개에 들어 있는 Fe^{2+} 이온은 몇 개인가?

미지 화합물의 화학식 구하기

(예제 3.7~3.9)

3.32 실험식과 분자식의 차이점은 무엇인가? 두 식은 항상 같을 수 있는가?

3.33 실험식을 구하는 문제에서 화합물의 화학적 조성을 제시해 주는 자료를 제공할 수 있는 세 가지 방법을 나열하라.

3.34 다음 정보 중에서 공유 결합 화합물의 분자식을 구할 수 있는 정보는 어느 것인가? 분자식을 구하는 것이 가능한 경우, 풀이 방법을 제시하라(로드맵을 포함하여 풀이 과정을 써라).
(a) 주어진 화합물에서 각 원자의 몰수
(b) 화합물의 분자에 들어 있는 각 원소의 질량 백분율과 원자들의 총 개수

(c) 화합물의 분자에 들어 있는 각 원소의 질량 백분율과 한 원소의 원자수
(d) 실험식량 및 각 원소의 질량 백분율
(e) 구조식

3.35 $MgCl_2$는 염화 마그네슘의 실험식인가, 분자식인가? 설명하라.

스킬 숙달 문제(유사한 문제들을 두 개씩 묶음)

3.36 다음 화합물에서 실험식과 실험식량을 구하라.
(a) C_2H_4 (b) $C_2H_6O_2$ (c) N_2O_5 (d) $Ba_3(PO_4)_2$ (e) Te_4I_{16}

3.37 다음 화합물에서 실험식과 실험식량을 구하라.
(a) C_4H_8 (b) $C_3H_6O_3$ (c) P_4O_{10} (d) $Ga_2(SO_4)_3$ (e) Al_2Br_6

3.38 그림 P3.38에 나타낸 화합물의 이름을 쓰고, 실험식, 몰질량을 구하라.

3.39 그림 P3.39에 나타낸 화합물의 이름을 쓰고, 실험식, 몰질량을 구하라.

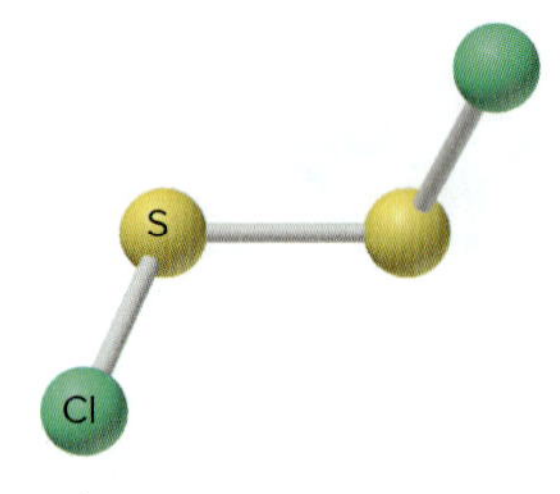

그림 P3.38

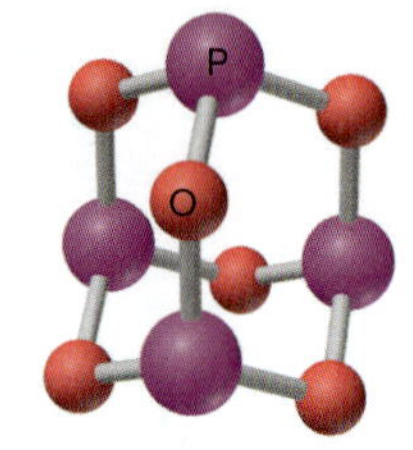

그림 P3.39

3.40 다음 화합물의 분자식을 구하라.
(a) 실험식 CH_2($\mathscr{M}$ = 42.08 g/mol)
(b) 실험식 NH_2($\mathscr{M}$ = 32.05 g/mol)
(c) 실험식 NO_2($\mathscr{M}$ = 92.02 g/mol)
(d) 실험식 CHN($\mathscr{M}$ = 135.14 g/mol)

3.41 다음 화합물의 분자식을 구하라.
(a) 실험식 CH($\mathscr{M}$ = 78.11 g/mol)
(b) 실험식 $C_3H_6O_2$($\mathscr{M}$ = 74.08 g/mol)
(c) 실험식 HgCl($\mathscr{M}$ = 472.1 g/mol)
(d) 실험식 $C_7H_4O_2$($\mathscr{M}$ = 240.20 g/mol)

3.42 다음 화합물의 실험식을 구하라.
(a) 산소 원자 0.22 mol과 결합된 염소 원자 0.063 mol (b) 염소 12.4 g과 결합된 실리콘 2.45 g (c) 탄소 질량 백분율 27.3%와 산소 질량 백분율 72.7%

3.43 다음 화합물의 실험식을 구하라.
(a) 산소 원자 0.052 mol과 결합된 철 원자 0.039 mol (b) 브로민 6.99 g과 결합된 인 0.903 g (c) 탄소 질량 백분율 79.9%를 갖는 탄화수소

3.44 어떤 질소 산화물에서 N의 질량 백분율은 30.45%이다. (a) 산화물의 실험식은 무엇인가? (b) 몰질량이 90 ± 5 g/mol이면 분자식은 무엇인가?

3.45 어떤 실리콘의 염화물에서 Cl의 질량 백분율은 79.1%이다. (a) 염화물의 실험식은 무엇인가? (b) 몰질량이 269 g/mol이면 분자식은 무엇인가?

3.46 금속 M 시료 0.600 mol이 과량의 플루오린과 반응을 완결하여 MF_2 46.8 g을 생성하였다.
(a) 생성된 MF_2 시료에 있는 F 원자는 몇 mol인가?
(b) 생성된 MF_2 시료에 있는 M은 몇 g인가?
(c) 기호 M으로 나타낸 원소는 무엇인가?

3.47 금속 산화물(M_2O_3) 시료 0.370 mol의 질량이 55.4 g이다.
(a) 시료에 있는 O는 몇 mol인가?
(b) 시료에 있는 M은 몇 g인가?
(c) 기호 M으로 나타낸 원소는 무엇인가?

3.48 멘톨(menthol, $\mathscr{M}$ = 156.3 g/mol)은 감기약에 사용되는 향이 강한 물질로, 탄소, 수소, 산소로 이루어져 있다. 멘톨 0.1595 g을 연소 장치에서 분석하였더니 CO_2 0.449 g과 H_2O 0.184 g이 생성되었다. 멘톨의 분자식을 구하라.

3.49 방충제에 사용되는 화합물 dimethyl phthalate는 탄소, 수소, 산소로 이루어져 있고, 194.2 g/mol의 몰질량을 갖는다. 화합물 시료 0.2572 g을 연소 장치에서 연소시켜 CO_2 0.583 g과 H_2O 0.119 g을 포집하였다. Dimethyl phthalate의 분자식을 구하라.

실전 문제

3.50 니코틴(nicotine)은 담배에서 발견되는 독성과 중독성이 있는 화합물이다. 어떤 니코틴 시료에 C 6.16 mmol, H 8.56 mmol, N 1.23 mmol이 들어 있다(1 mmol = 10^{-3} mol). 니코틴의 실험식을 구하라.

3.51 중요한 스테로이드 호르몬 중 하나인 코르티솔(cortisol, $\mathscr{M}$ = 362.47 g/mol)은 단백질 합성에서 중요한 역할을 한다. 염증을 감소시키는 탁월한 효과 때문에 의료계에서는 류머티스 관절염 치료에 사용한다. 코르티솔에서 각 원소의 질량 백분율은 C 69.6%, H 8.34%, O 22.1%이다. 분자식을 구하라.

3.52 아세트아미노펜(acetaminophen, *아래 그림*)은 많이 복용하는 비아스피린계 진통제이다. 아세트아미노펜에서 각 원소의 질량 백분율을 구하라.

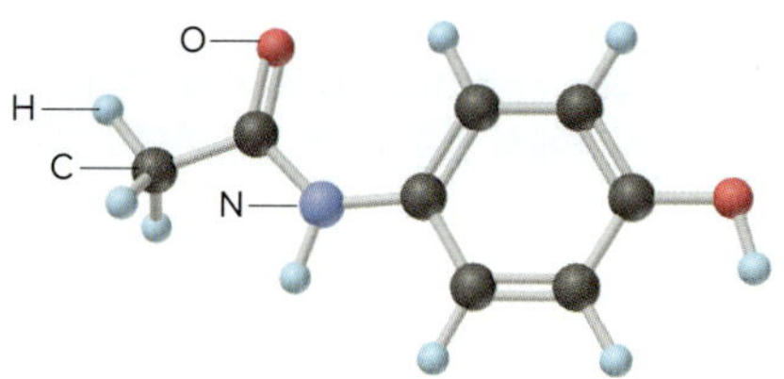

≫ 화학 반응식 쓰기와 균형 맞추기

(예제 3.10~3.11)

개념 복습 문제

3.53 균형 화학 반응식이 제공하는 세 가지 형태의 정보는 무엇인가? 설명하라.

3.54 균형 화학 반응식으로 질량 보존 법칙을 설명하라.

3.55 다음 반응식의 균형 맞추는 과정에서 각 학생은 다음과 같이 썼다.

$$Al + Cl_2 \longrightarrow AlCl_3$$

학생 I: $Al + Cl_2 \longrightarrow AlCl_2$
학생 II: $Al + Cl_2 + Cl \longrightarrow AlCl_3$
학생 III: $2Al + 3Cl_2 \longrightarrow 2AlCl_3$
학생 I의 접근 방식이 타당한가? 학생 II는? 학생 III은? 설명하라.

스킬 숙달 문제(유사한 문제들을 두 개씩 묶음)

3.56 아래 그림은 원소 A(*빨간색*)와 B(*초록색*) 사이의 반응을 나타낸 것이다.

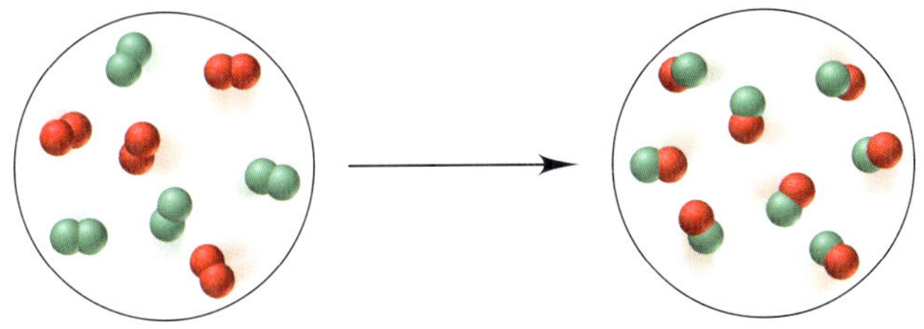

다음 중 이 반응에 대한 균형 화학 반응식을 가장 잘 표현한 것은?
(a) $2A + 2B \longrightarrow A_2 + B_2$
(b) $A_2 + B_2 \longrightarrow 2AB$
(c) $B_2 + 2AB \longrightarrow 2B_2 + A_2$
(d) $4A_2 + 4B_2 \longrightarrow 8AB$

3.57 다음 기체상 반응에 대한 균형 반응식을 써라(*검은색*: 탄소, *옅은 파란색*: 수소, *초록색*: 플루오린).

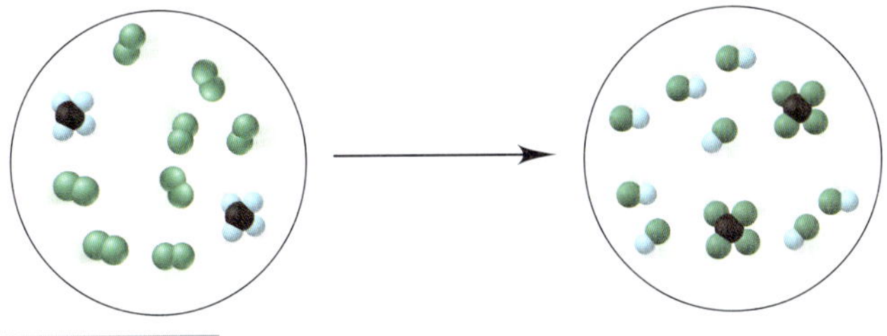

3.58 빈 칸에 올바른 계수를 써서 다음 각 반응의 균형 반응식을 완성하라.
(a) $\_\_Cu(s) + \_\_S_8(s) \longrightarrow \_\_Cu_2S(s)$
(b) $\_\_P_4O_{10}(s) + \_\_H_2O(l) \longrightarrow \_\_H_3PO_4(l)$
(c) $\_\_B_2O_3(s) + \_\_NaOH(aq) \longrightarrow \_\_Na_3BO_3(aq) + \_\_H_2O(l)$
(d) $\_\_CH_3NH_2(g) + \_\_O_2(g) \longrightarrow \_\_CO_2(g) + \_\_H_2O(g) + \_\_N_2(g)$

3.59 빈 칸에 올바른 계수를 써서 다음 각 반응의 균형 반응식을 완성하라.
(a) $\_\_Cu(NO_3)_2(aq) + \_\_KOH(aq) \longrightarrow \_\_Cu(OH)_2(s) + \_\_KNO_3(aq)$
(b) $\_\_BC1_3(g) + \_\_H_2O(l) \longrightarrow \_\_H_3BO_3(s) + \_\_HC1(g)$
(c) $\_\_CaSiO_3(s) + \_\_HF(g) \longrightarrow \_\_SiF_4(g) + \_\_CaF_2(s) + \_\_H_2O(l)$
(d) $\_\_(CN)_2(g) + \_\_H_2O(l) \longrightarrow \_\_H_2C_2O_4(aq) + \_\_NH_3(g)$

3.60 빈 칸에 올바른 계수를 써서 다음 각 반응의 균형 반응식을 완성하라.
(a) $\_\_SO_2(g) + \_\_O_2(g) \longrightarrow \_\_SO_3(g)$
(b) $\_\_Sc_2O_3(s) + \_\_H_2O(l) \longrightarrow \_\_Sc(OH)_3(s)$
(c) $\_\_H_3PO_4(aq) + \_\_NaOH(aq) \longrightarrow \_\_Na_2HPO_4(aq) + \_\_H_2O(l)$
(d) $\_\_C_6H_{10}O_5(s) + \_\_O_2(g) \longrightarrow \_\_CO_2(g) + \_\_H_2O(g)$

3.61 빈 칸에 올바른 계수를 써서 다음 각 반응의 균형 반응식을 완성하라.
(a) $\_\_As_4S_6(s) + \_\_O_2(g) \longrightarrow \_\_As_4O_6(s) + \_\_SO_2(g)$
(b) $\_\_Ca_3(PO_4)_2(s) + \_\_SiO_2(s) + \_\_C(s) \longrightarrow \_\_P_4(g) + \_\_CaSiO_3(l) + \_\_CO(g)$
(c) $\_\_Fe(s) + \_\_H_2O(g) \longrightarrow \_\_Fe_3O_4(s) + \_\_H_2(g)$
(d) $\_\_S_2Cl_2(l) + \_\_NH_3(g) \longrightarrow \_\_S_4N_4(s) + \_\_S_8(s) + \_\_NH_4Cl(s)$

3.62 다음을 균형 반응식으로 바꾸어라.
(a) 갈륨 금속을 산소 기체 중에서 가열하면 용융하여 고체 산화 갈륨(III)을 생성한다.
(b) 액체 헥세인은 산소 기체 중에서 연소하여 이산화 탄소 기체와 수증기를 생성한다.
(c) 염화 칼슘 용액과 인산 소듐 용액을 혼합하면 고체 인산 칼슘이 생성되고 염화 소듐은 용액에 남아 있다.

3.63 다음을 균형 반응식으로 바꾸어라.
(a) 아이오딘화 포타슘 용액에 질산 납(II) 용액을 가하면 고체 아이오딘화 납(II)이 생성되고 질산 포타슘은 용액에 남아 있다.
(b) 액체 육염화 이실리콘은 물과 반응하여 고체 이산화 실리콘, 염화 수소 기체, 수소 기체를 생성한다.
(c) 이산화 질소를 물 속으로 흘려주면 질산 용액이 생성되고 일산화 질소 기체가 방출된다.

실전 문제

3.64 대기 중 오존의 손실로 인해 남극 대륙에 오존 구멍이 생겼다. 다음의 연속적인 세 단계 반응을 통해 오존 손실이 부분적으로 발생한다.
(1) 염소 원자는 오존(O_3)과 반응하여 일산화 염소와 산소 분자를 생성한다.
(2) 일산화 염소는 ClOOCl을 생성한다.
(3) ClOOCl은 햇빛을 흡수하여 염소 원자와 산소 분자로 분해된다.
(a) 각 단계에 대한 균형 반응식을 써라.
(b) 연속적인 반응에 대해 전체 균형 반응식을 써라.

반응물과 생성물의 양 계산

(예제 3.12~3.18)

개념 복습 문제

3.65 *화학량론적 당량 몰비*라는 용어의 의미는 무엇이며, 문제 풀이에 어떻게 적용되는가?

3.66 퍼센트 수득률은 일반적으로 질량으로 계산한다. 질량 대신 양(mol) 사용해도 그 결과는 같은가? 이유를 설명하라.

스킬 숙달 문제(유사한 문제들을 두 개씩 묶음)

3.67 반응물 A와 B는 생성물 C를 생성한다. A 25 g이 과량의 B와 반응할 때, C의 질량(g)을 구하기 위한 로드맵을 그리고 계획을 써라.

3.68 반응물 D와 E는 생성물 F를 생성한다. D 27 g이 E 31 g과 반응할 때, F의 질량(g)을 구하기 위한 로드맵을 그리고 계획을 써라.

3.69 실험실에서 염산과 산화 망가니즈(IV)의 반응으로 염소 기체를 만든다.

$$4HCl(aq) + MnO_2(s) \longrightarrow MnCl_2(aq) + 2H_2O(g) + Cl_2(g)$$

HCl 1.82 mol이 과량의 MnO_2와 반응할 때 (a) 생성되는 Cl_2는 몇 mol인가? (b) 생성되는 Cl_2는 몇 g인가?

3.70 산화 비스무트는 탄소와 반응하여 비스무트 금속을 만든다.

$$Bi_2O_3(s) + 3C(s) \longrightarrow 2Bi(s) + 3CO(g)$$

Bi_2O_3 0.607 mol이 과량의 탄소와 반응할 때 (a) 생성되는 Bi는 몇

mol인가? (b) 생성되는 CO는 몇 g인가?

3.71 열을 가하면 질산 포타슘은 분해되어 산화 포타슘, 질소 기체, 산소 기체를 만든다.

$$4KNO_3(s) \longrightarrow 2K_2O(s) + 2N_2(g) + 5O_2(g)$$

산소 56.6 kg을 만들기 위해 (a) 가열해야 하는 KNO_3은 몇 mol인가? (b) 가열해야 하는 KNO_3은 몇 g인가?

3.72 산화 크로뮴(III)은 황화 수소(H_2S) 기체와 반응하여 황화 크로뮴(III)과 물을 생성한다.

$$Cr_2O_3(s) + 3H_2S(g) \longrightarrow Cr_2S_3(s) + 3H_2O(l)$$

Cr_2S_3 421 g을 만들기 위해 (a) 필요한 Cr_2O_3은 몇 mol인가? (b) 필요한 Cr_2O_3은 몇 g인가?

3.73 다이보레인(B_2H_6) 43.82 g이 과량의 물과 반응할 때 생성되는 각 생성물의 질량을 구하라.

$$B_2H_6(g) + H_2O(l) \longrightarrow H_3BO_3(s) + H_2(g) \quad \text{[비균형 반응식]}$$

3.74 황화 은 174 g이 과량의 염산과 반응할 때 생성되는 각 생성물의 질량을 구하라.

$$Ag_2S(s) + HCl(aq) \longrightarrow AgCl(s) + H_2S(g) \quad \text{[비균형 반응식]}$$

3.75 인 원소는 4원자 분자인 P_4로 되어 있다. 인 455 g이 염소 기체와 전부 반응하여 오염화 인을 만들 때 필요한 염소 기체는 몇 g인가?

3.76 황 원소는 8원자 분자인 S_8로 되어 있다. 황 17.8 g이 플루오린 기체와 전부 반응하여 육플루오린화 황을 만들 때 필요한 플루오린 기체는 몇 g인가?

3.77 고체 삼염화 아이오딘은 두 단계를 거쳐 만든다. 첫 번째 단계는 고체 아이오딘과 기체 염소가 반응하여 일염화 아이오딘을 만드는 단계이고, 두 번째 단계는 일염화 아이오딘을 추가적인 염소 기체로 처리하는 단계이다.
(a) 각 단계에 대한 균형 화학 반응식을 써라.
(b) 전체 반응에 대한 균형 화학 반응식을 써라.
(c) 최종 생성물 2.45 kg을 만드는 데 필요한 아이오딘은 몇 g인가?

3.78 납은 방연광[galena, 황화 납(II)]으로부터 만들어진다. 방연광을 산소 속에서 배소 처리하면 산화 납(II)과 이산화 황이 생성된다. 납 산화물을 추가적인 방연광과 가열하면 용융 금속과 추가적인 이산화 황이 얻어진다.
(a) 각 단계에 대한 균형 화학 반응식을 써라.
(b) 이 과정에 대한 전체 균형 화학 반응식을 써라.
(c) 납 1 t을 얻을 때마다 생성되는 이산화 황은 몇 t인가?

3.79 아래 그림은 A_2(*파란색*)와 B_2(*초록색*)의 혼합물이 반응하여 AB_3를 생성하기 전의 모습을 나타낸 것이다.

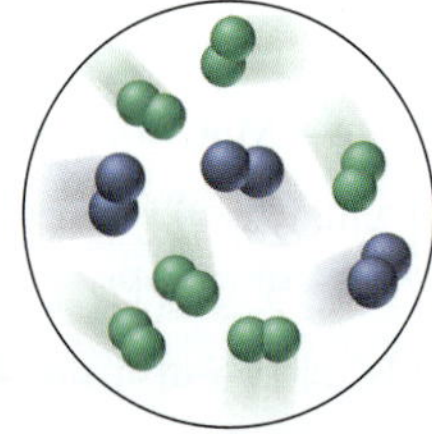

(a) 한계 반응물은 무엇인가?
(b) 생성된 생성물은 몇 개인가?

3.80 아래 그림은 질소(*진한 파란색*)와 수소(*엷은 파란색*)의 혼합물이 반응하여 암모니아(NH_3)를 생성하기 전의 모습을 나타낸 것이다. 한계 반응물은 무엇인가? 반응 후 존재하는 반응물 분자와 생성물 분자수를 나타내는 그림을 그려라.

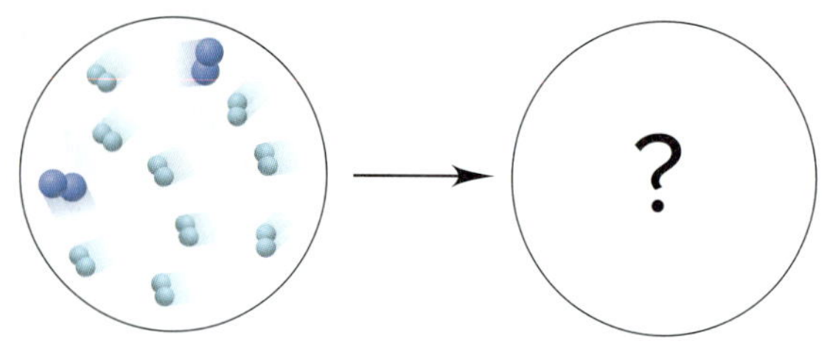

3.81 메탄올(CH_3OH)은 일산화 탄소와 수소의 반응으로 생성된다.

$$CO(g) + 2H_2(g) \longrightarrow CH_3OH(l)$$

CO 4.5 mol과 H_2 7.2 mol이 반응하여 생성되는 메탄올은 몇 mol인가?

3.82 다음 반응식을 따라 NH_3 2.35 mol은 O_2 2.75 mol과 반응한다. 생성되는 물은 몇 mol인가?

$$4NH_3(g) + 5O_2(g) \longrightarrow 4NO(g) + 6H_2O(l)$$

3.83 많은 금속들이 산소 기체와 반응하여 금속 산화물을 만든다. 예를 들어 칼슘은 다음과 같이 반응한다.

$$2Ca(s) + O_2(g) \longrightarrow 2CaO(s)$$

Ca 4.20 g과 O_2 2.80 g의 반응으로 만들어지는 산화 칼슘의 질량(g)을 계산하고자 한다.
(a) 주어진 질량의 Ca으로 만들어지는 CaO는 몇 mol인가?
(b) 주어진 질량의 O_2로 만들어지는 CaO는 몇 mol인가?
(c) 한계 반응물은 어느 것인가?
(d) 생성되는 CaO은 몇 g인가?

3.84 금속 수소화물은 물과 반응하여 수소 기체와 금속 수산화물을 만든다. 예를 들어 다음과 같이 반응한다.

$$SrH_2(s) + 2H_2O(l) \longrightarrow Sr(OH)_2(s) + 2H_2(g)$$

SrH_2 5.70 g과 H_2O 4.75 g의 반응으로 만들어지는 수소 기체의 질량(g)을 계산하고자 한다.
(a) 주어진 질량의 SrH_2로 만들어지는 H_2는 몇 mol인가?
(b) 주어진 질량의 H_2O로 만들어지는 H_2는 몇 mol인가?
(c) 한계 반응물은 어느 것인가?
(d) 생성되는 H_2는 몇 g인가?

3.85 삼염화 아이오딘 635 g이 물 118.5 g과 반응하여 아이오딘산(HIO_3)을 만들 때, 최대로 만들 수 있는 HIO_3의 양(mol)과 질량(g)을 구하라.

$$ICl_3 + H_2O \longrightarrow ICl + HIO_3 + HCl \quad \text{[비균형 반응식]}$$

남아 있는 과량 반응물은 몇 g인가?

3.86 황화 알루미늄 158 g이 물 131 g과 반응하여 H_2S를 만들 때, 최대로 만들 수 있는 H_2S의 양(mol)과 질량(g)을 구하라.

$$Al_2S_3 + H_2O \longrightarrow Al(OH)_3 + H_2S \quad \text{[비균형 반응식]}$$

남아 있는 과량 반응물은 몇 g인가?

3.87 산소 8.00 g을 넣은 밀폐된 용기에서 탄소 0.100 mol을 연소시키면 생성되는 이산화 탄소는 몇 g인가? 과량 반응물은 어느 것이며, 반응 후에 남아 있는 과량 반응물은 몇 g인가?

3.88 밀폐된 용기에서 수소 0.0375 g과 산소 0.0185 mol의 혼합물을 점화시켜 반응을 개시한다. 생성되는 물은 몇 g인가? 과량 반응물은 어느 것이며, 반응 후에 남아 있는 과량 반응물은 몇 g인가?

3.89 아질산 알루미늄과 염화 암모늄은 반응하여 염화 알루미늄, 질소, 물을 생성한다. 아질산 알루미늄 72.5 g과 염화 암모늄 58.6 g이 완전히 반응한 후에 각 물질의 질량(g)은 얼마인가?

3.90 질산 칼슘과 플루오린화 암모늄은 반응하여 플루오린화 칼슘, 일산화 이질소, 수증기를 생성한다. 질산 칼슘 16.8 g과 플루오린화 암모늄 17.50 g이 완전히 반응한 후에 각 물질의 질량(g)은 얼마인가?

3.91 두 개의 연속 반응인 A ⟶ B와 B ⟶ C의 수득률은 각각 73%와 68%이다. A에서 C로 전환되는 반응에 대한 전체 수득률은 얼마인가?

3.92 두 개의 연속 반응 D ⟶ E와 E ⟶ F의 수득률은 각각 48%와 73%이다. D에서 F로 전환되는 반응에 대한 전체 수득률은 얼마인가?

3.93 산화 텅스텐(VI)(WO_3) 45.5 g이 과량의 수소 기체와 반응하여 금속 텅스텐과 물(d = 1.00 g/mL) 9.60 mL를 생성하는 반응의 퍼센트 수득률은 얼마인가?

3.94 삼염화 인 200. g이 과량의 물과 반응하여 HCl 128 g과 수용성 아인산(H_3PO_3)을 생성하는 반응의 퍼센트 수득률은 얼마인가?

3.95 메테인 20.5 g과 염소 기체 45.0 g이 반응하여 75.0%의 수득률로 얻어지는 클로로메테인(CH_3Cl)은 몇 g인가? 염화 수소도 생성된다.

3.96 칼슘 56.6 g과 질소 기체 30.5 g이 93.0%의 수득률로 반응할 때 얻어지는 질화 칼슘은 몇 g인가?

실전 문제

3.97 토성의 가장 큰 위성인 타이탄의 대기와 별들 사이 구름의 기체에서 사이아노젠[cyanogen $(CN)_2$]이 관찰되었다. 이 물질은 지구에서 용접 기체와 소독용 훈증제로 사용된다. 이 물질을 플루오린 기체와 반응시키면 사플루오린화 탄소와 삼플루오린화 질소 기체가 생성된다. 각 반응물을 60.0 g씩 사용하면 생성되는 사플루오린화 탄소는 몇 g인가?

3.98 일산화 이염소 기체는 쉽게 염소(*초록색*)와 산소(*빨간색*)로 분해한다.

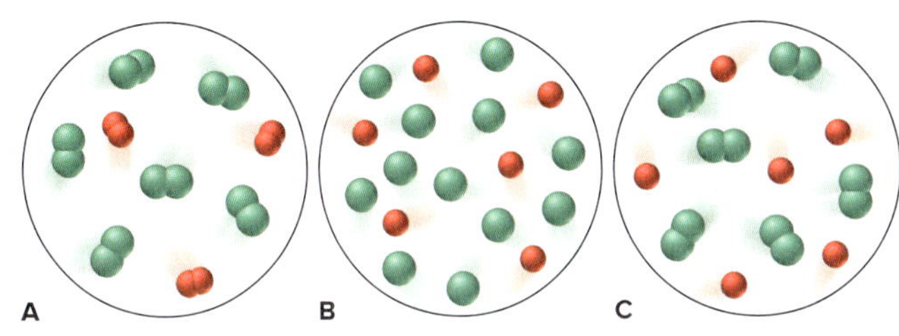

(a) 위 그림 중에서 분해 반응 후 생성된 생성물 혼합물을 가장 잘 묘사하는 것은 어느 것인가?

(b) 분해 반응에 대한 균형 화학 반응식을 써라.

(c) 산소 원자 1개당 0.050 mol에 해당된다면, 분해가 일어나기 전의 일산화 이염소의 분자는 몇 개인가?

3.99 질산 생산의 중간 단계 중 하나는 암모니아와 산소 기체를 반응시켜 일산화 질소와 물이 생성되는 단계이다. 암모니아 485 g과 산소 792 g의 반응으로 생성되는 일산화 질소는 몇 g인가?

3.100 압축 뷰테인 가스는 흡연용 일회용 라이터나 가벼운 캠핑용 난로의 액체 연료로 사용된다. 라이터에 뷰테인(d = 0.579 g/mL) 5.50 mL가 들어 있다고 하자.

(a) 뷰테인을 전부 연소시키기 위해 필요한 산소는 몇 g인가?

(b) 뷰테인이 전부 연소하면, 생성되는 H_2O는 몇 mol인가?

(c) 뷰테인이 전부 연소하면, 생성되는 전체 기체 분자는 몇 개인가?

3.101 수소화붕소 소듐($NaBH_4$)은 산업계에서 유기 합성에 많이 사용된다. 만드는 방법 중 하나는 수소화 소듐을 기체 다이보레인(B_2H_6)과 반응시키는 것이다. 수득률이 88.5%라고 가정하고, 수소화 소듐 7.98 g과 다이보레인 8.16 g이 반응하여 생성되는 $NaBH_4$은 몇 g인가?

제 4 장 세 종류의 주요 화학 반응

Three Major Classes of Chemical Reactions

Source: ©A_Lesik/Shutterstock

관련 개념과 스킬 _Concepts and Skills to Review Before You Study This Chapter

- 화합물의 명명법과 화학식(2.8절)
- 이온 결합과 공유 결합의 특성(2.7절)
- 물질의 양-질량-수 환산(3.1절)
- 화학 반응식 균형 맞추기(3.3절)
- 반응물과 생성물의 양 계산(3.4절)

최근 몇 년 동안 미국 미시간 주에 위치한 플린트 등의 도시들에 공급되는 물에서 납과 철 함량이 증가하여 많은 우려를 불러일으키고 있다. 위험한 신경독인 납은 성장하는 아이들의 신경계를 손상시키고, 철분은 악취와 불쾌한 맛이 나는 녹물의 원인이다. 수원에서 각 가정으로 물을 수송하는 파이프가 납과 철로 제작되어 있는 경우에 발생하는 부식 반응이 오염된 물의 원인이 되기도 하고, 어떤 화학 반응들은 파이프 표면에 물이 직접적으로 접촉하지 않도록 미네랄로 이루어진 보호막을 형성하여 파이프 부식을 방지하기도 한다. 이 반응들은 수용액에서 일어나는 수많은 중요한 반응들 중 하나이다. 자연에서는 바다라고 불리는 초대형 용기 안에서 다양한 수용액 반응이 끊임없이 일어나고 있으며, 여러분의 몸을 구성하는 세포 내에서도 수천 개의 반응이 지금도 일어나 여러분이 움직일 수 있도록 도와주고 있다. 여러분 몸 안에서, 그리고 주변에서 일어나는 수백만 가지의 반응을 모두 일일이 열거하는 것은 불가능하다. 다행히도 그럴 필요는 없다. 극히 일부 반응들, 특히 수용액 반응만 조사해 봐도 몇 가지 주된 유형으로 구분할 수 있기 때문이다.

이 장에서는... *세 가지 주요 반응의 특성과 수용액 내에서 물이 나타내는 다양하고 복잡한 역할에 대해 살펴본다.*

- 물의 분자 구조로부터 용매로서 물이 이온 결합 및 공유 결합 화합물과 어떻게 상호작용을 하는가를 배우고 전해질의 본질에 대해 학습한다.
- 이온 결합 및 공유 결합 화합물의 농도를 표기하는 방법인 몰농도에 대해 배운다.
- 용액 중의 화학종과 이온 결합 화합물들이 물에 용해되거나 반응할 때 일어나는 실제 변화를 나타내는 이온 반응식을 쓴다.
- 침전 반응에 대해 알아보고, 침전 반응이 어떤 상황에서 일어날지 예측해본다.
- 산과 염기가 전해질로서 어떻게 거동하는지, 또 서로 어떻게 중화하는지 알아본다. 산-염기 반응을 양성자 전달 과정으로 살펴볼 것이며, 적정을 통해 이들 반응을 정량화하는 법에 대해 배운다.
- 이온 결합 물질과 공유 결합 물질이 형성될 때 일어나는 산화-환원 반응에 대해 알아본다. 산화수를 결정하는 법과 이를 이용하여 산화-환원 반응식의 균형을 맞추는 법, 적정을 통해 이 반응들을 정량적으로 계산하는 법을 배운다. 금속의 상대적 반응성을 예측하는 데 이용되는 몇 가지 중요한 산화-환원 반응의 유형에 대해 배운다.
- 모든 화학 반응에서 나타나는 가역성과 평형의 특성에 대해 예습한다.

4.1 용매로서의 물의 역할과 용액의 농도

2장에서 우리는 용액을 일정한 비율로 혼합된 균일 혼합물로 정의하였다. 용액은 양이 적은 물질인 **용질**(solute)과 양이 많은 물질인 **용매**(solvent)로 이루어져 있으며, 수용액에서는 물이 용매이다. 용액에서의 모든 반응에서 용매의 화학적 성질이 중요한 역할을 한다. 어떤 용매는 물질을 개별 분자로 소극적으로 분산시키기만 하는 반면, 물은 물질과 적극적으로 상호작용하며, 어떤 경우는 반응을 하기도 한다. 물이 어떻게 이온 결합 및 공유 결합 용질과 상호작용하는지 살펴보자.

물의 극성

원자 수준에서 살펴보면, 용매로서의 물의 놀라운 능력은 *전자 전하의 불균등 분포*와 *굽은 분자 모양*에서 찾을 수 있는데, 이러한 특성이 물을 *극성 분자*로 만든다.

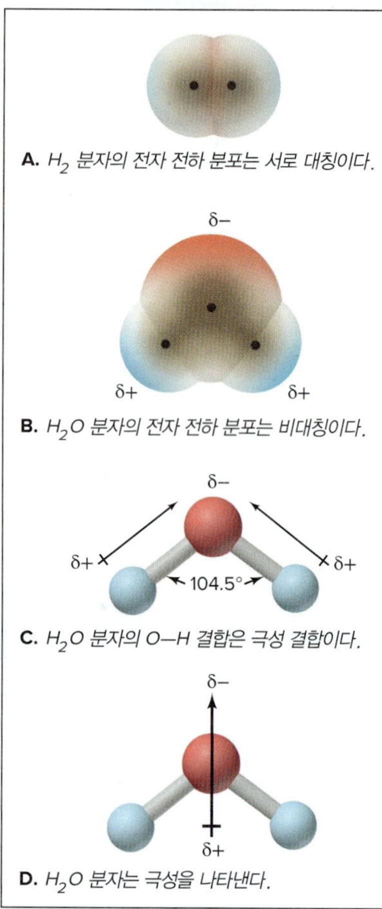

그림 4.1 H_2와 H_2O 분자의 전자 분포.

1. *불균등 전하 분포*. 2.7절에서 공유 결합은 전자를 두 원자가 공유한다고 배웠다. H_2, Cl_2, O_2처럼 같은 동일 원자 사이의 결합은 전자를 두 핵이 똑같이 공유하고, 전자의 전하가 균등하게 분포된다(그림 4.1A의 공간 채움 모형에서 대칭적인 채색으로 표현함). 서로 다른 원자간의 공유 결합에서는 한 원자가 다른 원자보다 전자를 더 강하게 끌어당기기 때문에 전자를 불균등하게 공유한다.

예를 들어 물의 O—H 결합을 보면, O 원자가 H 원자보다 공유된 전자를 더 강하게 끌기 때문에 공유된 전자들이 O 원자 쪽에 더 가깝게 분포한다. (그 이유에 대해 9장에서 논의할 것이다.) 이와 같은 불균등 전자 분포가 *극성 결합*(polar bond)을 형성하여 한쪽 끝이 부분 전하를 가지는 "극(pole)"이 된다. 그림 4.1B의 비대칭적 채색이 이러한 분포를 보여주며 δ 표시가 부분 전하를 나타낸다. 빨간색과 δ−로 표시된 산소 원자 끝단이 부분 음전하를, 파란색과 δ+로 표시된 수소 원자 끝단이 부분 양전하를 띠게 된다. 그림 4.1C의 공-막대 모형에서는 *극성 화살표*(polar arrow)가 음의 극을 가리키며 + 기호 모양을 한 화살표 뒷부분이 양을 극이 가리킨다. 각 물 분자에는 두 개의 극성 O—H 결합이 존재한다.

2. *굽은 분자 모양*. 물 분자의 H—O—H 배열은 직선이 아니다. 물 분자는 결합각이 104.5°로 굽어 있다(그림 4.1C).

3. *분자 극성*(molecular polarity). 극성 결합과 굽은 분자 모양, 이 두 가지 요인이 복합적으로 작용하여 물 분자를 **극성 분자**(polar molecule)로 만든다. O 원자에 가까운 영역이 부분 음전하(상대적으로 높은 전자 밀도를 나타냄)를 띠고, 두 H 원자의 사이 영역이 부분 양전하(상대적으로 낮은 전자 밀도를 나타냄)를 띤다(그림 4.1D). 전자 분포가 비대칭형이기는 하지만, H_2O 분자 전체로는 전기적으로 중성이다.

물속의 이온 결합 화합물

이 절에서는 이온 결합 화합물 수용액의 밀접하게 연관된 두 가지 측면, 즉 수용액이 어떻게 만들어지며 또 어떻게 거동하는지를 살펴본다. 또한 화합물의 화학식을 이용하여 용액 내 각 이온의 양(mol)을 구한다.

어떻게 이온 결합 화합물이 용해되는가: 전하간 인력을 대체 이온성 고체에서는 반대 로 하전된 이온들이 정전기적 인력으로 결합하고 있다(그림 1.3C와 2.7절 참조). 물은 *이 인력들을 각 이온과 여러 물 분자 사이의 더 강한 인력으로 대체하여* 이온 결합 화합물의 이온들을 분리한다. 다음 두 가지 상황 중 하나가 발생한다.

- 수용성 이온 화합물의 경우, *각 이온과 여러 물 분자 사이의 인력이 이온들 사이의 인력보다 크다.*
- 불용성 이온 화합물의 경우, *양이온과 음이온 사이의 인력이 이온과 물 사이의 인력보다 크다.*

그림 4.2는 수용액 상 *가용성* 이온 결합 화합물의 작은 덩어리가 용해되는 상황을 시각화하고 있다. 여러 물 분자들에서 음으로 하전된 부분이 양이온에 끌리고 양으로 하전된 부분은 음이온에 끌린다. 점진적으로 모든 이온들은 분리(해리)되어 용매 분자들에 의해 **용매화되고**(둘러싸이고), 용액 내에서 무질서하게 움직인다. 용매 분자는 양이온과 음이온이 재결합하는 것을 막는다.

실제로 *불용성* 물질로 불리는 물질들도 일반적인 가용성 물질에 비해 10의 몇 승 분의 1 정도이지만 *매우 적은 양이 용해된다*. 예를 들어 NaCl(가용성 화합물)은 AgCl(불용성 화합물)보다 $4×10^4$배 이상 더 잘 용해된다.

20°C 물에서 NaCl의 용해도 = 365 g/L
20°C 물에서 AgCl의 용해도 = 0.009 g/L

13장에서 용해는 이온 사이의 인력과 이온과 물 분자 사이의 인력의 상대적 크기뿐만 아니라 다른 요인들이 작용한다는 것을 학습할 것이다. 고체로부터 이온이 떨어져나와 용액

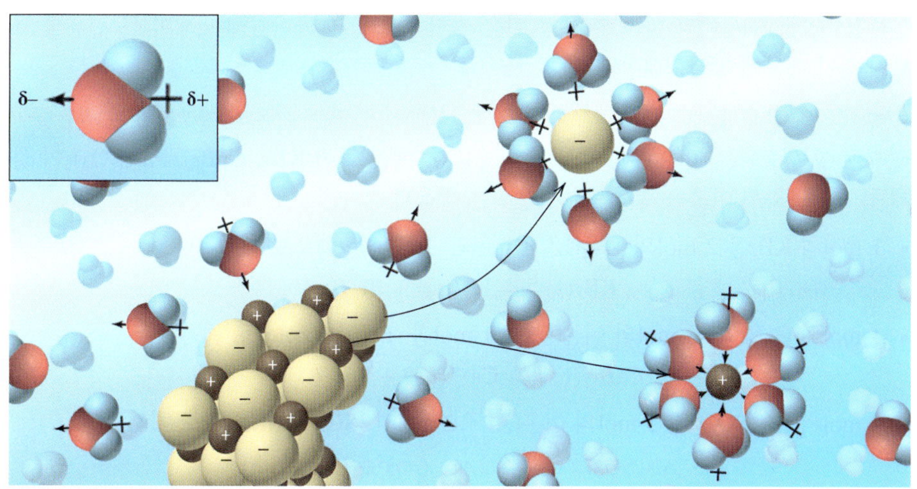

그림 4.2 **물에 용해된 이온 결합 화합물.** 확대 그림은 물 분자의 극성 화살표와 부분 전하(그림의 나머지 부분에는 표시하지 않음)를 보여주고 있다.

내에서 무질서하게 확산될 때 가지게 되는 더 자유로운 움직임 또한 용해의 원인이기도 하다.

이온 용액의 성질: 전해질과 전기 전도도 이온 결합 화합물이 용해되면, 그 용액의 *전기 전도도*(electrical conductivity), 즉 전류의 흐름은 크게 증가한다. 전극을 증류수에 넣거나(그림 4.3A) 이온성 고체에 접촉시킬 때(그림 4.3B)에는 전구에 불이 켜지지 않는 것으로 알 수 있듯이 전류가 흐르지 않는다. 그러나 이온 결합 화합물의 수용액에서는 전구의 빛이 켜지는 것으로 알 수 있듯이 큰 전류가 흐른다(그림 4.3C). 전류 흐름은 *전하를 띤 입자가 움직이는 것*을 뜻한다. 이온 결합 화합물이 용해되면, 분리된 용매화된 이온이 반대 전하를 가진 전극 쪽으로 움직인다. 물에 용해되었을 때 전류를 흐르게 하는 물질을

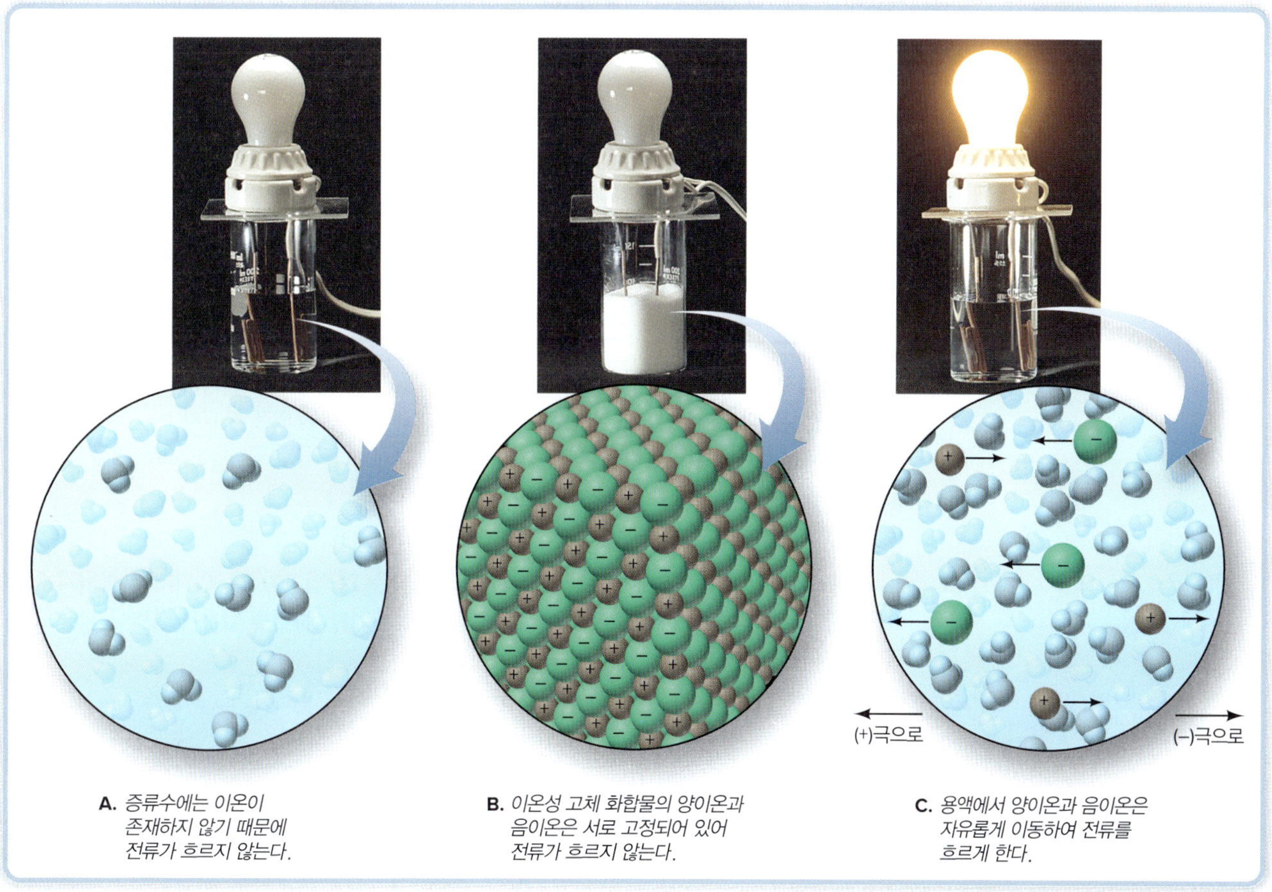

(+)극으로 (−)극으로

A. *증류수에는 이온이 존재하지 않기 때문에 전류가 흐르지 않는다.*

B. *이온성 고체 화합물의 양이온과 음이온은 서로 고정되어 있어 전류가 흐르지 않는다.*

C. *용액에서 양이온과 음이온은 자유롭게 이동하여 전류를 흐르게 한다.*

그림 4.3 **이온 용액의 전기 전도도.**

Source: Stephen Frisch/McGraw-Hill Education

전해질(electrolyte)이라 한다. 가용성 이온 결합 화합물은 완전히 분리되어 큰 전류를 흐르게 하기 때문에 *강전해질*이다.

용액 내의 이온의 몰수 계산 *이온 화합물의 화학식에 있는 이온의 아래첨자는 화합물이 해리될 때 생성되는 각 이온의 몰수를 나타낸다.* 예를 들어 KBr, $CaBr_2$, $Al_2(SO_4)_3$이 물에 녹아 용매화된 이온을 형성하는 반응식은 다음과 같다.

- 1 mol의 KBr은 2 mol의 이온(K^+ 1 mol과 Br^- 1 mol)으로 해리된다.

$$KBr(s) \xrightarrow{H_2O} K^+(aq) + Br^-(aq)$$

- 1 mol의 $CaBr_2$의 3 mol의 이온(Ca^{2+} 1 mol과 Br^- 2 mol)으로 해리된다.

$$CaBr_2(s) \xrightarrow{H_2O} Ca^{2+}(aq) + 2Br^-(aq)$$

- 1 mol의 $Al_2(SO_4)_3$는 5 mol의 이온(Al^{3+} 2 mol과 SO_4^{2-} 3 mol)으로 해리된다.

$$Al_2(SO_4)_3(s) \xrightarrow{H_2O} 2Al^{3+}(aq) + 3SO_4^{2-}(aq)$$

(화살표 위의 "H_2O" 표시는 물이 반응물이 아니라 용매라는 의미이다.) 다음 사항들을 주의하자.

- $CaBr_2$으로부터 Br_2^- 이온 1 mol이 생성되는 것이 *아니라* Br^- 이온 2 mol이 생성된다.
- $Al_2(SO_4)_3$으로부터 형성되는 원자들이 공유 결합하여 이루어진 다원자 이온인 SO_4^{2-}는 화학 구조의 변화 없이 전하를 띤 하나의 단위체로서 유지된다.

이 개념을 예제 4.1과 4.2에 적용시켜 보자. 먼저 분자 모식도로, 이어서 계산으로 적용한다.

예제 4.1 | 분자 모식도를 이용하여 수용액 내 이온 결합 화합물 나타내기

문제 아래 비커들에는 강전해질인 황산 포타슘 수용액이 들어 있다. **(a)** 어느 비커가 용액 내 화합물을 가장 잘 나타내는가(물 분자는 표시하지 않음)? **(b)** 각 입자가 0.1 mol을 나타낸다면 용액 내 전체 입자 수는 얼마인가?

계획 **(a)** 황산 포타슘의 화학식을 구하고 화합물 1 mol이 이온으로 해리하는 반응식을 쓴다. 황산 포타슘은 강전해질이므로 완전히 해리한다. *그러나 일반적으로 다원자 이온은 용액 내에서 그대로 남아 있다.* **(b)** 분리된 입자 수를 헤아려 0.1 mol을 곱한 후 Avogadro 수를 곱한다.

풀이 **(a)** 화학식은 K_2SO_4이다. 따라서 반응식은 다음과 같다.

$$K_2SO_4(s) \xrightarrow{H_2O} 2K^+(aq) + SO_4^{2-}(aq)$$

2− 입자 1개당 1+ 입자 2개가 존재한다. A와 B 비커는 1+ 입자와 2+ 입자가 분리되지 않은 상태이다. D 비커는 1+ 입자 1개당 2− 입자 2개가 존재한다. 분리된 입자가 올바른 비율로 존재하는 비커는 C이다.

(b) 입자가 총 9개 있으므로, 전체 입자 수는 0.9 mol이다.

$$\text{입자의 수} = 9 \text{ 입자} \times \frac{0.1 \text{ mol}}{1 \text{ 입자}} \times \frac{6.022\times10^{23} \text{ 입자}}{1 \text{ mol}} = 5.420\times10^{23} \text{ 입자}$$

검산 수식을 검산하기 위해 반올림해 보면 **(b)**의 경우 9 × 0.1 × 6 = 5.4이므로 답은 타당한 것으로 보인다. 입자 수는 실제로 헤아린 수이므로 완전수이다. 따라서 답은 Avogadro 수만큼의 유효 숫자를 가질 수 있다.

▶ **보충 문제**

4.1A **(a)** 오른쪽에 있는 비커에는 다음 중 어느 강전해질이 물(물 분자는 나타내지 않았음)에 용해되어 있는가? LiBr, Cs_2CO_3, $BaCl_2$. **(b)** 각 입자가 0.05 mol을 나타낸다면, 용해되어 있는 화합물의 질량은 몇 g인가?

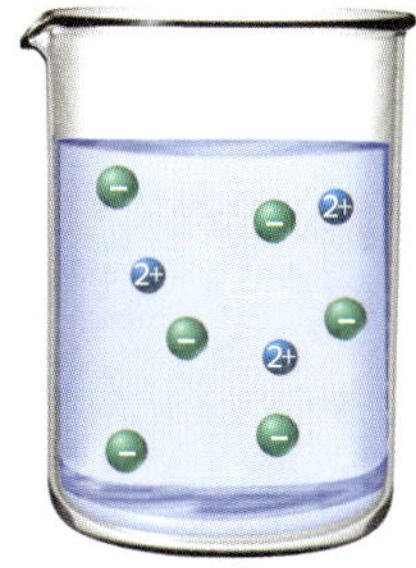

4.1B **(a)** 강전해질인 인산 소듐의 화학식 단위 두 개가 물에 녹아 있는 모습을 보충 문제 4.1A의 예처럼 도시하라(물 분자는 표시하지 않음.) **(b)** 인산 소듐 0.40 mol이 물에 녹으면 이온이 몇 mol 생성되는가?

유사 문제 4.5, 4.6

예제 4.2 | 퍼센트 수득률 구하기

문제 다음 각 용액에는 이온이 몇 mol 들어 있는가?

(a) 물에 용해된 황산 암모늄 5.0 mol

(b) 물에 용해된 염화 바나듐(III) 85.4 g

(c) 물에 용해된 질산 구리(II) 7.42×10^{22} 화학식 단위

계획 먼저 화합물 1 mol이 이온으로 해리하는 반응식을 쓴다. **(a)**에서는 이온의 몰수에 5.0을 곱한다. **(b)**에서는 먼저 g을 mol로 바꾼다. **(c)**에서는 먼저 화학식 단위를 mol로 바꾼다.

풀이 **(a)** $(NH_4)_2SO_4(s) \xrightarrow{H_2O} 2NH_4^+(aq) + SO_4^{2-}(aq)$

NH_4^+ 이온의 양(mol) 계산:

$$NH_4^+\text{의 양(mol)} = 5.0 \text{ mol } (NH_4)_2SO_4 \times \frac{2 \text{ mol } NH_4^+}{1 \text{ mol } (NH_4)_2SO_4} = 10. \text{ mol } NH_4^+$$

화학식에 의하면 $(NH_4)_2SO_4$ 1 mol당 SO_4^{2-} 1 mol이 들어 있으므로 SO_4^{2-} 5.0 mol이 존재한다.

(b) $VCl_3(s) \xrightarrow{H_2O} V^{3+}(aq) + 3Cl^-(aq)$

질량(g)을 양(mol)으로 환산:

$$VCl_3\text{의 양(mol)} = 85.4 \text{ g } VCl_3 \times \frac{1 \text{ mol } VCl_3}{157.29 \text{ g } VCl_3} = 0.543 \text{ mol } VCl_3$$

$$Cl^-\text{의 양(mol)} = 0.543 \text{ mol } VCl_3 \times \frac{3 \text{ mol } Cl^-}{1 \text{ mol } VCl_3} = 1.63 \text{ mol } Cl^-$$

VCl_3 1 mol당 V^{3+} 1 mol이 형성되므로 0.543 mol의 V^{3+}가 존재한다.

(c) $Cu(NO_3)_2(s) \xrightarrow{H_2O} Cu^{2+}(aq) + 2NO_3^-(aq)$

화학식 단위를 양(mol)으로 환산:

$$\begin{aligned} Cu(NO_3)_2\text{의 양(mol)} &= 7.42\times10^{22} \text{ 화학식 단위 } Cu(NO_3)_2 \\ &\quad \times \frac{1 \text{ mol } Cu(NO_3)_2}{6.022\times10^{23} \text{ 화학식 단위 } Cu(NO_3)_2} \\ &= 0.123 \text{ mol } Cu(NO_3)_2 \end{aligned}$$

$$NO_3^-\text{의 양(mol)} = 0.123 \text{ mol } Cu(NO_3)_2 \times \frac{2 \text{ mol } NO_3^-}{1 \text{ mol } Cu(NO_3)_2} = 0.246 \text{ mol } NO_3^-$$

Cu^{2+} 0.123 mol이 존재한다.

검산 계산이 맞았는지 알아보기 위해 근사 계산을 하여 상대적인 이온의 mol 수가 화학식과 일치하는지 확인한다. 예를 들어 (a)에서 10. mol NH_4^+/5.0 mol SO_4^{2-} = 2 NH_4^+/1 SO_4^{2-} 또는 $(NH_4)_2SO_4$이다.

▶ **보충 문제**

4.2A 다음 용액에 들어 있는 각 이온의 양(mol)은 얼마인가?

(a) 물에 용해된 과염소산 포타슘 2 mol

(b) 물에 용해된 아세트산 마그네슘 354 g

(c) 물에 용해된 크로뮴산 암모늄 1.88×10^{24} 화학식 단위

4.2B 다음 용액에 들어 있는 각 이온의 양(mol)은 얼마인가?
(a) 물에 용해된 탄산 리튬 4 mol
(b) 물에 용해된 황산철(III) 112 g
(c) 물에 용해된 질산 알루미늄 8.09×10^{22} 화학식 단위
유사 문제 4.18~4.21

물속의 공유 결합 화합물

물은 많은 종류의 공유 결합 화합물들도 용해한다. 설탕(수크로스, $C_{12}H_{22}O_{11}$), 음료 속의 알코올(에탄올, CH_3CH_2OH), 자동차 부동액(에틸렌 글라이콜, $HOCH_2CH_2OH$) 등이 친숙한 예들이다. 모두가 물과 상호작용하는 극성 결합을 가지고 있다. 다만 대부분의 가용성 공유 결합 물질은 이온으로 분리되지 않고 분자로 남아 있다는 사실이 다르다. 예를 들어

$$HOCH_2CH_2OH(l) \xrightarrow{H_2O} HOCH_2CH_2OH(aq)$$

따라서 공유 결합 화합물의 수용액에는 전류가 흐르지 않으며, 그래서 이들은 **비전해질**(nonelectrolyte)이다. (곧 배우게 되겠지만, 수용액에서 산으로 작용하는 H를 포함하는 몇 가지 분자는 이온으로 해리된다.) 벤젠(C_6H_6)과 옥테인(C_8H_{18})과 같은 많은 다른 종류의 공유 결합 물질들은 극성 결합이 없어 물에 거의 녹지 않는다.

몰농도로 농도 나타내기

용액을 정량적으로 취급하기 위해서는 **농도**(concentration), 즉 *일정 양의 용액(또는 용매)에 녹아 있는 용질의 양*을 알아야 한다.

농도는 밀도나 온도(1.3절 참고)와 같은 *세기* 성질이기 때문에 용액의 부피와 무관하다. 즉, 50 L 탱크의 용액과 50 mL 비커의 용액은 *같은* 농도(용질의 양/용액의 양)를 갖는다. **몰농도**(molarity, ***M***)는 가장 많이 사용하는 농도 단위이다(다른 농도 단위들은 13장에서 알아볼 것이다). 몰농도는 *용액의 단위 부피(리터)당 들어 있는 용질의 몰수*이다.

$$\text{몰농도} = \frac{\text{용질의 몰수}}{\text{용액의 리터수}} \quad \text{또는} \quad M = \frac{\text{용질의 몰수(mol)}}{\text{용액의 부피(L)}} \tag{4.1}$$

2 *M* 농도의 용액은 용액의 부피(리터)보다 두 배 많은 몰수의 용질을 갖는다. 즉, 1 L 용액에는 용질 2 mol이, 2 L 용액에는 용질 4 mol이, 0.25 L 용액에는 용질 0.50 mol이 녹아 있다.

로드맵

글라이신의 양(g)
↓ $\mathcal{M}$ (g/mol)으로 나눈다
글라이신의 양(mol)
↓ 부피(mL)로 나눈다
글라이신의 농도(mol/mL)
↓ 10^3 mL = 1 L
글라이신의 몰농도(mol/L)

예제 4.3 | 용액의 몰농도 계산

문제 글라이신($C_2H_5NO_2$)은 인체를 구성하는 단백질을 구성하는 20가지 아미노산 중 가장 간단한 구조를 가지고 있다. 용액 495 mL에 글라이신 53.7 g이 녹아 있는 용액의 몰농도를 계산하라.

계획 몰농도는 용액의 단위 부피(리터)당 들어 있는 용질의 몰수이다. 우선 글라이신의 질량(53.7 g)을 몰질량으로 나누어 양(mol)으로 바꾼다. 그런 다음 몰수를 L 단위로 바꾼 부피(495 mL)로 나누어 몰농도를 구한다(로드맵 참조).

풀이 글라이신의 양(mol) 구하기:

$$\text{글라이신의 양(mol)} = 53.7\ \cancel{\text{g 글라이신}} \times \frac{1\ \text{mol 글라이신}}{75.07\ \cancel{\text{g 글라이신}}} = 0.715\ \text{mol 글라이신}$$

부피로 나누고 부피를 L 단위로 바꾸어 몰농도 구하기:

$$\text{몰농도} = \frac{0.715\ \text{mol 글라이신}}{495\ \cancel{\text{mL 용액}}} \times \frac{1000\ \cancel{\text{mL}}}{1\ \text{L}} = 1.44\ M\ \text{글라이신}$$

검산 대략적인 계산을 해보면, 글라이신 0.7 mol이 부피 0.5 L의 용액에 있으므로 농도는 1.4 mol/L 또는 1.4 *M* 정도이다.

▶ **보충 문제**

4.3A KI 6.97 g을 물에 녹여 최종 부피를 100 mL로 만든 용액의 몰농도를 구하라.

4.3B 질산 소듐 175 mg을 포함하고 총 부피가 15.0 mL인 용액의 몰농도를 구하라.

유사 문제 4.22(b), 4.23(c), 4.24(b), 4.25(a)

용액 내 물질의 양, 질량, 수 환산

다른 세기 성질들과 마찬가지로 몰농도를 용액의 부피(L)와 용질의 양(mol) 사이의 *환산 인자*(conversion factor)로 사용할 수 있다.

$$\frac{\text{용액의 몰수(mol)}}{\text{용질의 부피(L)}} \quad \text{또는} \quad \frac{\text{용질의 부피(L)}}{\text{용액의 몰수(mol)}}$$

예제 4.4와 4.5에서처럼 용질의 몰수로부터 용질의 질량 또는 개수를 계산할 수 있다(그림 4.4).

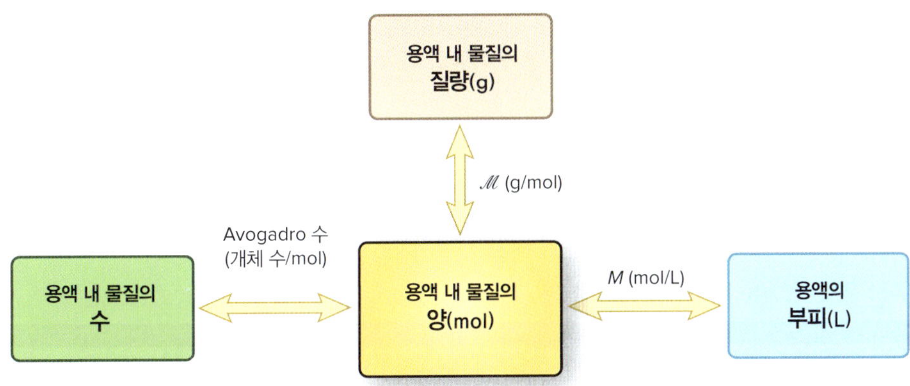

그림 4.4 용액 내 양-질량-수의 관계. 용액 내 물질의 양(mol)과 부피(L)는 몰농도(*M*; mol/L)로 정리할 수 있다. 항상 그렇듯이 주어진 양을 몰(mol)로 환산하는 것이 첫 단계이다.

예제 4.4 | 일정 부피의 용액에 들어 있는 용질의 질량 구하기

문제 생화학자는 세포 내에서 흔히 발견되는 물질인 인산 이온을 포함한 용액의 반응을 연구한다. 0.460 *M* 인산수소 소듐 용액 1.75 L에는 용질이 몇 g 들어 있는가?

계획 주어진 농도(0.460 *M*)와 부피(1.75 L)를 곱해서 용질의 양(mol)을 구한 후, 최종적으로 몰질량을 이용해 질량(g)을 구한다(로드맵 참조).

풀이 용액 내 용질의 양(mol) 계산:

$$Na_2HPO_4\text{의 양(mol)} = 1.75\ \text{L 용액} \times \frac{0.460\ \text{mol}\ Na_2HPO_4}{1\ \text{L 용액}} = 0.805\ \text{mol}\ Na_2HPO_4$$

용질의 양(mol)을 질량(g)으로 환산:

$$Na_2HPO_4\text{의 질량(g)} = 0.805\ \text{mol}\ Na_2HPO_4 \times \frac{141.96\ \text{g}\ Na_2HPO_4}{1\ \text{mol}\ Na_2HPO_4} = 114\ \text{g}\ Na_2HPO_4$$

로드맵

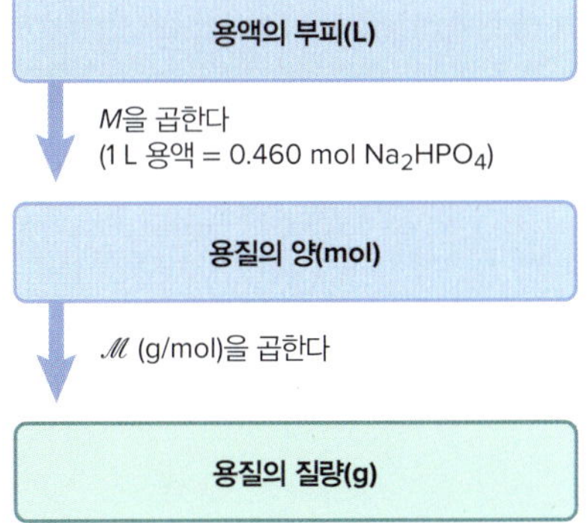

검산 답은 타당해 보인다. 0.5 mol/L 용액 ~1.8 L에는 용질 0.9 mol이 들어 있고, 150 g/mol × 0.9 mol = 135 g이므로 용질의 양 114 g에 근접한다.

▶ **보충 문제**

4.4A 생화학 실험실에서는 세포의 물질들을 분리하기 위해 고속 원심분리기를 사용할 때 수크로스(설탕, $C_{12}H_{22}O_{11}$) 용액을 사용한다. 135 g의 용질을 포함하고 있는 3.30 *M*의 용액의 부피는 얼마인가? 문제 풀이 과정에 필요한 로드맵을 포함하여 설명하라.

4.4B 화학자가 반응 용액에 0.128 *M* 황산 용액 40.5 mL를 첨가하였다. 몇 mol의 황산이 첨가되었는가? 풀이 과정을 보여주는 로드맵을 이용하여 설명하라.

유사 문제 4.22(a), 4.22(c), 4.23(a), 4.24(a), 4.25(b), 4.25(c)

예제 4.5 | 용액 내 이온의 양(mol) 구하기

문제 0.84 *M* 염화 아연 용액 35 mL에 들어 있는 각 이온의 양(mol)은 얼마인가?

계획 화합물 1 mol이 이온화되는 화학식을 쓴다. 몰농도와 부피를 염화 아연의 몰수로 환산하고, 이온화 반응식을 써서 화합물의 몰수로부터 각 이온의 몰수를 구한다.

풀이 $ZnCl_2(aq) \longrightarrow Zn^{2+}(aq) + 2Cl^-(aq)$

몰농도와 부피를 화합물의 양(mol)으로 환산:

$$ZnCl_2\text{의 양(mol)} = 35\ \text{mL} \times \frac{1\ \text{L}}{1000\ \text{mL}} \times \frac{0.84\ \text{mol}\ ZnCl_2}{1\ \text{L}} = 2.9\times10^{-2}\ \text{mol}\ ZnCl_2$$

$$Cl^-\text{의 양(mol)} = 2.9\times10^{-2}\ \text{mol}\ ZnCl_2 \times \frac{2\ \text{mol}\ Cl^-}{1\ \text{mol}\ ZnCl_2} = 5.8\times10^{-2}\ \text{mol}\ Cl^-$$

$ZnCl_2$ 1 mol당 Zn^{2+} 1 mol이 있으므로 Zn^{2+} 2.9×10^{-2} mol도 존재한다.

검산 각 이온들의 상대적인 몰수 비가 염화 아연의 화학식과 일치한다. 0.029 mol Zn^{2+}/0.058 mol Cl^- = 1 Zn^{2+}/2 Cl^-, 즉 $ZnCl_2$.

▶ 보충 문제

4.5A 0.55 *M* 인산 소듐 용액 1.32 L에 들어 있는 각 이온의 양(mol)은 얼마인가?

4.5B 황산 알루미늄 1.25 mol이 녹아 있는 875 mL 용액 내의 알루미늄 이온의 몰농도를 구하라.

유사 문제 4.23(b), 4.24(c), 4.26, 4.27

용액의 제조와 묽힘

식 (4.1)의 몰농도 식에서 분모 항의 부피는 *용매*가 **아닌** *용액*의 부피라는 사실에 유의하라. 이 말은 1 *M* 용액을 만들 때 용매 1 L에 용질 1 mol을 *녹여서는 안된다*는 뜻이다. 용질의 부피와 용매의 부피가 더해지기 때문에 총 부피(용질 + 용매)는 1 L를 *초과*하게 되고, 따라서 용액의 농도는 1 *M*보다 *작아지게* 된다.

용액의 제조 고체 용질의 용액을 정확하게 만들려면 4단계를 거쳐야 한다. 0.350 *M* 질산 니켈(II) 육수화물[$Ni(NO_3)_2\cdot6H_2O$] 용액 0.500 L를 만들어 보자.

1. *고체의 질량 재기.* 부피(L)를 몰(mol) 수로, 다시 질량(g)으로 환산하여 필요한 물질의 질량을 계산한다.

$$\text{용질의 질량(g)} = 0.500\ \text{L 용액} \times \frac{0.350\ \text{mol}\ Ni(NO_3)_2\cdot6H_2O}{1\ \text{L 용액}}$$
$$\times \frac{290.82\ \text{g}\ Ni(NO_3)_2\cdot6H_2O}{1\ \text{mol}\ Ni(NO_3)_2\cdot6H_2O}$$
$$= 50.9\ \text{g}\ Ni(NO_3)_2\cdot6H_2O$$

2. *고체 넣기.* 용액 0.500 L를 만들려고 하므로, 500 mL 부피 플라스크[일정 부피를 표시하는 선(표선)이 플라스크의 주둥이 부위에 표시되어 있는 플라스크]를 선택한다. 고체 용질을 충분히 녹일 수 있는 부피(일반적으로 목표 부피의 절반, 이 경우 250 mL)의 증류수를 넣은 후 용질을 넣어 준다. 주둥이 부분에 붙어 있는 고체를 약간의 용매를 이용하여 녹인다.

3. *고체 용해.* 모든 용질이 녹을 때까지 플라스크를 부드럽게 흔들어 준다. 필요할 경우 용액이 상온이 될 때까지 기다린다. (13장에서 논의하겠지만, 용해 과정에서 가열 또는 냉각될 수도 있다.)
4. *용매를 추가해 최종 부피 맞추기.* 플라스크 주둥이의 표선까지 증류수를 넣어 준다. 부피 플라스크를 막은 뒤 완전하게 섞어 준다.

그림 4.5는 2~4단계를 보여준다.

그림 4.5 실험실에서 용액 만들기.

Source: Stephen Frisch/McGraw-Hill Education

용액의 묽힘 진한 농도의(높은 몰농도의) 용액은 용매를 더해 줌으로써 묽은(낮은 몰농도의) 용액으로 만들 수 있다. 즉 용질의 양은 변화시키지 않으면서 용액의 부피를 증가시킨다. 결과적으로 묽은 용액은 *단위 부피당 더 적은 수의 용질 입자*를 가지게 되고, 진한 용액에 비해 낮은 농도를 가지게 된다(그림 4.6). 화학자들은 흔히 진한 *저장 용액*(stock solution)을 만들어 놓고 필요할 때마다 묽혀서 사용한다.

묽힘 관련 문제 풀기 묽힘 관련 문제를 풀기 위해서는 묽힘 과정 중 용질의 양(mol)은 변하지 않는다는 사실을 이용해야 한다. 따라서 특정 부피의 묽은 용액에 필요한 용질의 양을 구하면, 같은 양의 용질을 포함하고 있는 진한 용액의 부피를 계산할 수 있다. 이 두 단계 계산을 다음 식을 이용하여 한 단계로 줄일 수 있다.

$$M_{\text{묽은}} \times V_{\text{묽은}} = \text{용질의 양(mol)} = M_{\text{진한}} \times V_{\text{진한}} \qquad (4.2)$$

여기서 M과 V는 각각 *묽은* 용액과 *진한* 용액의 몰농도와 부피이다. 예제 4.6에서 처음에는 두 단계 계산법을, 다음에는 한 단계 계산법을 이용할 것이다.

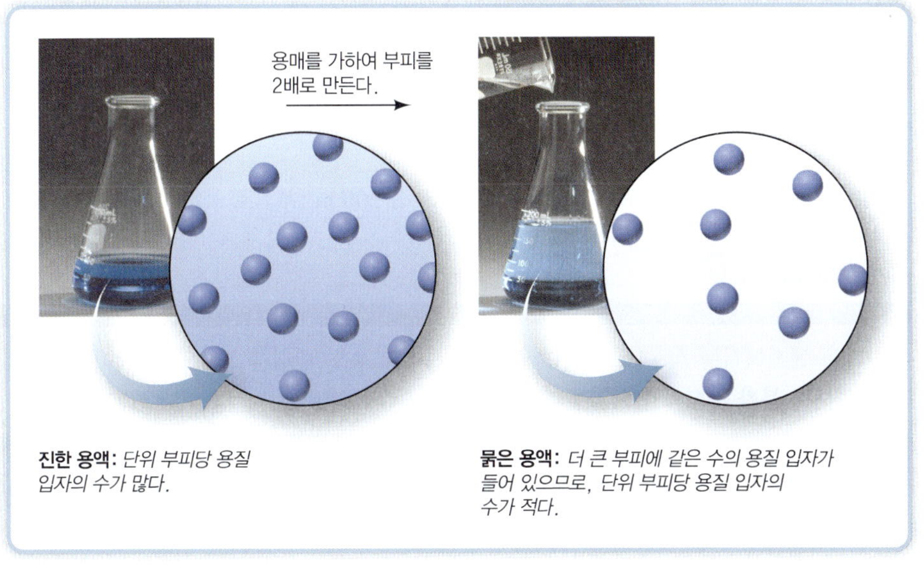

그림 4.6 진한 용액을 묽은 용액으로 묽히기.

Source: Stephen Frisch/McGraw-Hill Education

예제 4.6 | 진한 용액으로 묽은 용액 만들기

문제 등장 염수(isotonic saline)는 0.15 M NaCl 수용액이다. 이 용액은 체세포 내 이온들의 총 농도와 비슷하게 제조되었으며, 콘택트렌즈의 세척에서부터 적혈구의 세척까지 다양한 용도에 사용된다. 6.0 M의 저장 용액으로 등장 염수 0.80 L를 어떻게 만드는지 설명하라.

로드맵

묽은 용액의 부피(L)

↓ 묽은 용액의 M을 곱한다 (1 L 용액 = 0.15 mol NaCl)

묽은 용액 중의 NaCl의 양(mol) = 진한 용액 중의 NaCl의 양(mol)

↓ 진한 용액의 M으로 나눈다 (6 mol NaCl = 1 L 용액)

진한 용액의 부피(L)

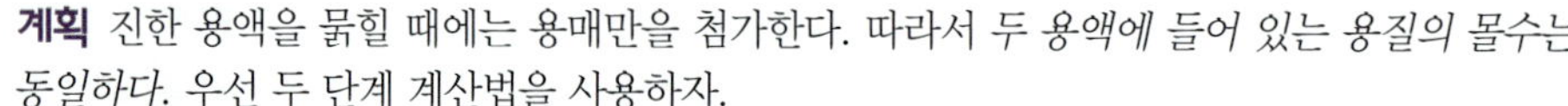

계획 진한 용액을 묽힐 때에는 용매만을 첨가한다. 따라서 *두 용액에 들어 있는 용질의 몰수는 동일하다*. 우선 두 단계 계산법을 사용하자.

1. 필요한 NaCl 용액의 부피(0.80 L)와 몰농도(0.15 M)를 이미 알고 있으므로 이를 써서 용액 내의 NaCl의 양(mol)을 계산한다.

2. 같은 양(mol)의 용질을 포함하는 진한(6.0 M) NaCl 용액의 부피를 계산한다(로드맵 참조). 이후 식 (4.2)를 사용하여 이 결과 값을 확인한다. 최종 부피를 구하면 최종 부피*까지* 용매를 첨가하여 완성한다.

풀이 두 단계 계산법. 묽은 용액 내의 용질의 양(mol) 계산:

$$\text{묽은 용액 내의 NaCl의 양(mol)} = 0.80\ \text{L 용액} \times \frac{0.15\ \text{mol NaCl}}{1\ \text{L 용액}} = 0.12\ \text{mol NaCl}$$

진한 용액 내의 용질의 양(mol) 구하기: 용액을 묽힐 때 용매만을 첨가하므로

$$\text{묽은 용액에 들어 있는 NaCl의 양(mol)} = \text{진한 용액에 들어 있는 NaCl의 양(mol)} = 0.12\ \text{mol NaCl}$$

0.12 mol NaCl을 포함하는 진한 용액의 부피(L) 계산:

$$\text{진한 NaCl 용액의 부피} = 0.12\ \text{mol NaCl} \times \frac{1\ \text{L 용액}}{6.0\ \text{mol NaCl}} = 0.020\ \text{L 용액}$$

결과 값을 확인하기 위해 식 (4.2)의 $M_{\text{묽은}} \times V_{\text{묽은}} = M_{\text{진한}} \times V_{\text{진한}}$에 $M_{\text{묽은}} = 0.15\ M$, $V_{\text{묽은}} = 0.80\ \text{L}$, $M_{\text{진한}} = 6.0\ M$ 및 $V_{\text{진한}}$ = 미지 값을 각각 넣어 계산한다.

$$V_{\text{진한}} = \frac{M_{\text{묽은}} \times V_{\text{묽은}}}{M_{\text{진한}}} = \frac{0.15\ M \times 0.80\ \text{L}}{6.0\ M} = 0.020\ \text{L 용액}$$

묽은 용액 0.80 L를 만들려면 6.0 M NaCl 용액 0.020 L를 1.0 L 계량 실린더(graduated cylinder)에 넣고 증류수 약 780 mL를 0.80 L 눈금까지 넣은 뒤 완전하게 섞어 준다.

검산 작은 부피의 진한 용액이 큰 부피의 묽은 용액을 만드는 데 사용되었으므로 답은 타당한 것으로 생각된다. 또한 부피 비(0.020 L/0.80 L)가 농도 비(0.15 M/6.0 M)와 같다.

▶ 보충 문제

4.6A 한 화학자가 4.50 M의 과망간산 포타슘 용액 60.0 mL를 묽혀서 1.25 M 용액을 만들었다. 묽은 용액의 최종 부피는 얼마인가?

4.6B 한 화학공학자가 7.50 M 황산 용액 25.0 m^3을 500 m^3 부피로 묽히기 위해 충분한 물을 넣었다. 묽은 용액 내 황산의 농도는 몇 g/mL인가?

유사 문제 4.28, 4.29

다음 예제에서는 식 (4.2)를 변형하여 사용하고, 농도 변화를 보여주기 위해 입자 수를 보여주는 분자 모식도를 사용한다.

예제 4.7 | 분자 모식도로 농도 변화 나타내기

문제 왼쪽 그림의 원은 용액의 단위 부피를 나타낸다. 다음의 변화가 있은 후 용액의 단위 부피를 나타내는 원을 그려라.

(a) 용액 1 mL에 용매 1 mL 첨가

(b) 용매의 1/3 증발

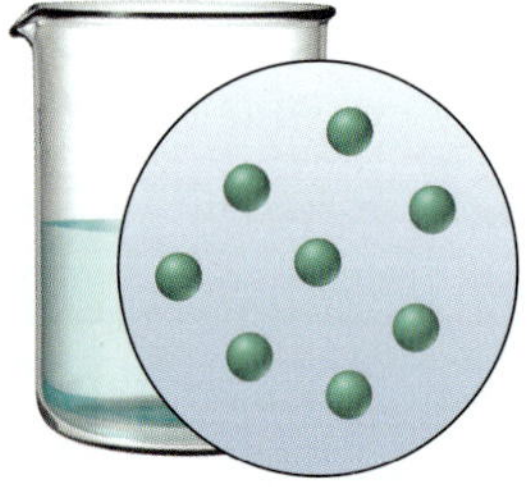

계획 주어진 초기 용액으로부터 각 변화 이후 단위 부피당 용질 입자의 개수를 구해야 한다. 단위 부피당 존재하는 입자의 수, N은 단위 부피당 존재하는 몰수, M과 직접적으로 연관되어 있다. 따라서 식 (4.2)와 유사한 식을 써서 입자 수를 구할 수 있다.

(a) 부피가 증가하였으므로, 최종 용액은 더 묽은 용액이며, 단위 부피당 더 적은 수의 입자를 가진다. **(b)** 용매의 1/3이 사라졌기 때문에, 최종 용액은 더 진한 용액이고, 단위 부피당 더 많은 수의 입자를 가진다.

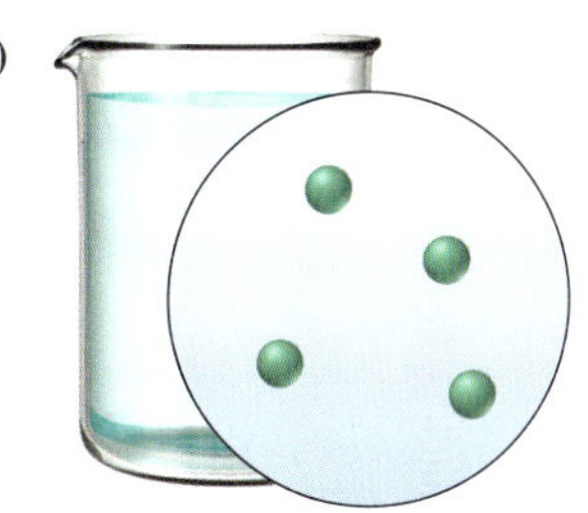

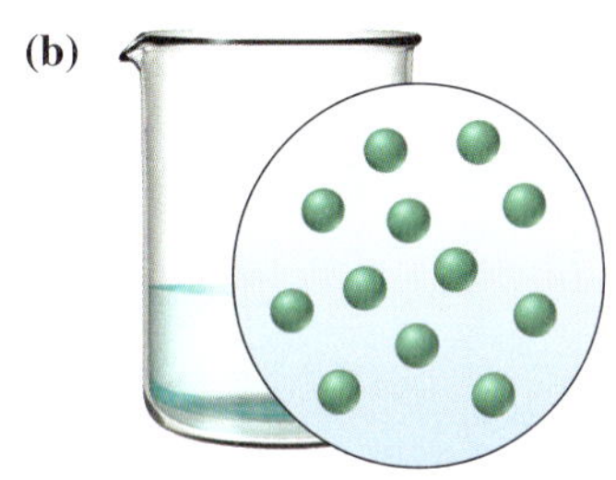

풀이 **(a)** 묽은 용액 내의 입자 수 $N_{묽은}$ 계산:

$$N_{묽은} \times V_{묽은} = N_{진한} \times V_{진한}$$

여기서 $N_{진한} = 8$개, $V_{진한} = 1$ mL, $V_{묽은} = 2$ mL이므로

$$N_{묽은} = N_{진한} \times \frac{V_{진한}}{V_{묽은}} = \text{입자 8개} \times \frac{1\text{ mL}}{2\text{ mL}} = \text{입자 4개}$$

(b) 진한 용액 내의 입자 수 $N_{진한}$ 계산:

$$N_{묽은} \times V_{묽은} = N_{진한} \times V_{진한}$$

$N_{묽은} = 8$개, $V_{묽은} = 1$ mL, $V_{진한} = \frac{2}{3}$ mL이므로

$$N_{진한} = N_{묽은} \times \frac{V_{묽은}}{V_{진한}} = \text{입자 8개} \times \frac{1\text{ mL}}{\frac{2}{3}\text{ mL}} = \text{입자 12개}$$

검산 (a)에서 부피가 2배(1 mL에서 2 mL)로 되었으므로, 입자 수는 절반으로 줄어야 한다. 8의 $\frac{1}{2}$은 4이다. (b)에서 부피가 원래 부피의 $\frac{2}{3}$가 되었으므로 입자 수는 원래 입자 수의 $\frac{3}{2}$이 되어야 한다. 8의 $\frac{3}{2}$은 12이다.

해설 (b)에서 오직 용매만이 증발되었다고 가정하였다. 용질이 이온성 화합물과 같은 비휘발성 물질인 경우는 적용할 수 있으나, 13장에서 다루겠지만, 용매와 용질이 모두 휘발성인 경우도 있다.

▶ 보충 문제

4.7A 그림 A에 표시된 원은 용액의 단위 부피를 나타낸다. B, C의 단위 부피당 입자를 가지기 위해서는 A에 어떠한 변화가 일어나야 하는지 설명하라.

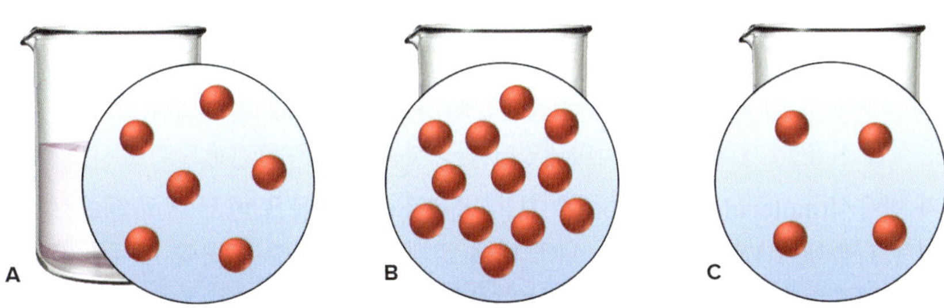

4.7B A의 원은 100.0 mL 용액의 단위 부피를 보여준다. B, C, D 중 어느 그림이 용매 300. mL가 첨가된 후 단위 부피당 상태를 가장 잘 표현하고 있는가?

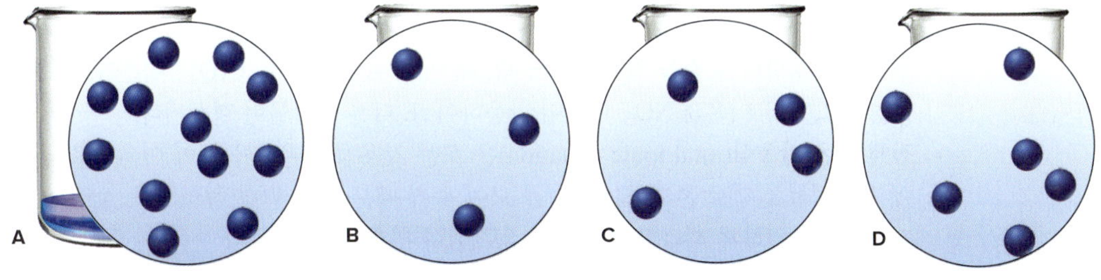

유사 문제 4.10, 4.12

› 4.1절 요약

- 극성 결합과 굽은 모양 때문에 물 분자는 극성이며, 물은 많은 이온 결합 화합물과 공유 결합 화합물을 용해시킨다.
- 이온 결합 화합물이 용해될 때 각 이온과 물 분자들 사이의 인력이 이온들 사이의 인력을 대체한다. 가용성 이온 결합 화합물은 그 수용액에서 이온이 자유롭게 움직일 수 있고 전기가 잘 흐르기 때문에 전해질이다.
- 가용성 이온 결합 화합물의 화학식으로 용해되어 있는 화합물 1 mol당 용액에 들어 있는 이온의 몰수를 알 수 있다.
- 물은 극성 결합을 가진 많은 공유 결합 화합물을 용해시킨다. 이들 화합물은 용액 내에 분자가 그대로 남아 있고 용액이 전기를 흐르게 하지 못하기 때문에 비전해질이다.

> 용액 중 용질의 농도는 1 L 용액에 녹아 있는 용질의 몰수로 표기하는 몰농도로 나타낼 수 있다. 진한 용액(높은 몰농도)에 용매를 첨가하여 묽은 용액(낮은 몰농도)로 바꿀 수 있다.
> 몰농도는 용액의 부피와 용질의 양(mol) 사이의 환산 인자로 사용할 수 있으며, 이를 이용하여 용질의 질량을 구할 수 있다.

4.2 침전 반응

침전 반응은 4장에서 논의할 3가지의 중요 반응 중 하나로 자연에서나 산업에서 흔히 일어나는 반응이다. 산호초, 보석과 광물은 부분적으로 이 과정을 통해 형성된다. 화학 공업에서도 침전 방법을 이용하여 여러 중요한 무기 화합물을 제조하고 있다.

핵심 변화: 용해된 이온으로부터 고체 형성

침전 반응(precipitation reaction)에서는 두 가용성 이온 결합 화합물이 반응하여 불용성 생성물인 **침전**(precipitate)이 형성된다. 용해된 이온들 사이의 정전기적 인력이 이온들이 용매화되어 용액 내에서 이동하는 성질을 능가하는 경우 해당 이온 결합 화합물은 용해되지 않고 침전을 형성하게 된다. 두 용액을 섞으면 이온들이 충돌하여 함께 달라붙으면서 고체 생성물이 "용액에서 나온다." 따라서 침전 반응에서 핵심 변화는 *용액에서 알짜 이온을 제거하면서 불용성 생성물을 형성*하는 것이다.

질산 은 용액과 크로뮴산 소듐 용액 사이에서 일어나는 침전 반응을 살펴보자. 화학자들은 세 가지 형태의 반응식을 사용하여 침전 반응과 같은 수용액상 이온 반응을 표현한다. 그림 4.7에 이 반응을 거시적 수준(*사진*), 원자 수준(*확대한 원*), 그리고 세 가지 유형의 반응식을 사용한 기호 표기로 나타내었다(반응하는 이온은 빨간색으로 표시).

- **분자 반응식**(molecular equation)은 모든 반응물과 생성물을 *마치 전혀 해리하지 않는 것처럼 나타내기 때문에* 사실상 용액 내에 존재하는 화학종을 거의 보여주지 못한다. 단지 고체라는 표시 "(*s*)"만이 변화가 일어났다는 것을 말해 준다.

$$2AgNO_3(aq) + Na_2CrO_4(aq) \longrightarrow Ag_2CrO_4(s) + 2NaNO_3(aq)$$

  분자식을 통해 반응물의 이온들이 결합 상대를 바꾸어 두 개의 새로운 양이온-음이온 조합을 형성한다는 것을 알 수 있다. 즉, 두 개의 Ag^+ 이온은 CrO_4^{2-} 이온과 화합물을 형성하고, Na^+ 이온과 NO_3^- 이온이 반응하여 또 다른 화합물이 형성된다.

- **전체 이온 반응식**(total ionic equation)은 *모든 가용성 이온 화합물이 이온으로 해리되어 용액에서 실제로 존재하는 상태를 보여 주기 때문에 훨씬 더 정확하다.* $Ag_2CrO_4(s)$ 침전물이 유일하게 해리되지 않은 물질로 남아 있다.

$$2Ag^+(aq) + \underbrace{2NO_3^-(aq)}_{\text{구경꾼 이온}} + 2Na^+(aq) + CrO_4^{2-}(aq) \longrightarrow Ag_2CrO_4(s) + \underbrace{2Na^+(aq) + 2NO_3^-(aq)}_{\text{구경꾼 이온}}$$

  반응물 용액의 $AgNO_3$와 Na_2CrO_4는 각 이온과 물 분자들 사이의 인력이 이온들 사이에서 작용하는 인력보다 크기 때문에 해리되어 용해된 것으로 표현한다.

$$AgNO_3(s) \xrightarrow{H_2O} Ag^+(aq) + NO_3^-(aq)$$
$$Na_2CrO_4(s) \xrightarrow{H_2O} 2Na^+(aq) + CrO_4^{2-}(aq)$$

  네 가지의 이온들(Ag^+, NO_3^-, Na^+, CrO_4^{2-})이 혼합될 때, Na^+와 NO_3^-는 서로에 대한 인력보다 물 분자에 대해 더 큰 인력을 가지기 때문에 용액 상태로 남아 있는 반면, Ag^+와 CrO_4^{2-} 사이의 인력은 이 이온들과 물 분자 사이의 인력보다 크기 때문에 고체 Ag_2CrO_4가 형성된다. 결과적으로 Ag_2CrO_4는 물에 용해되지 않는다.

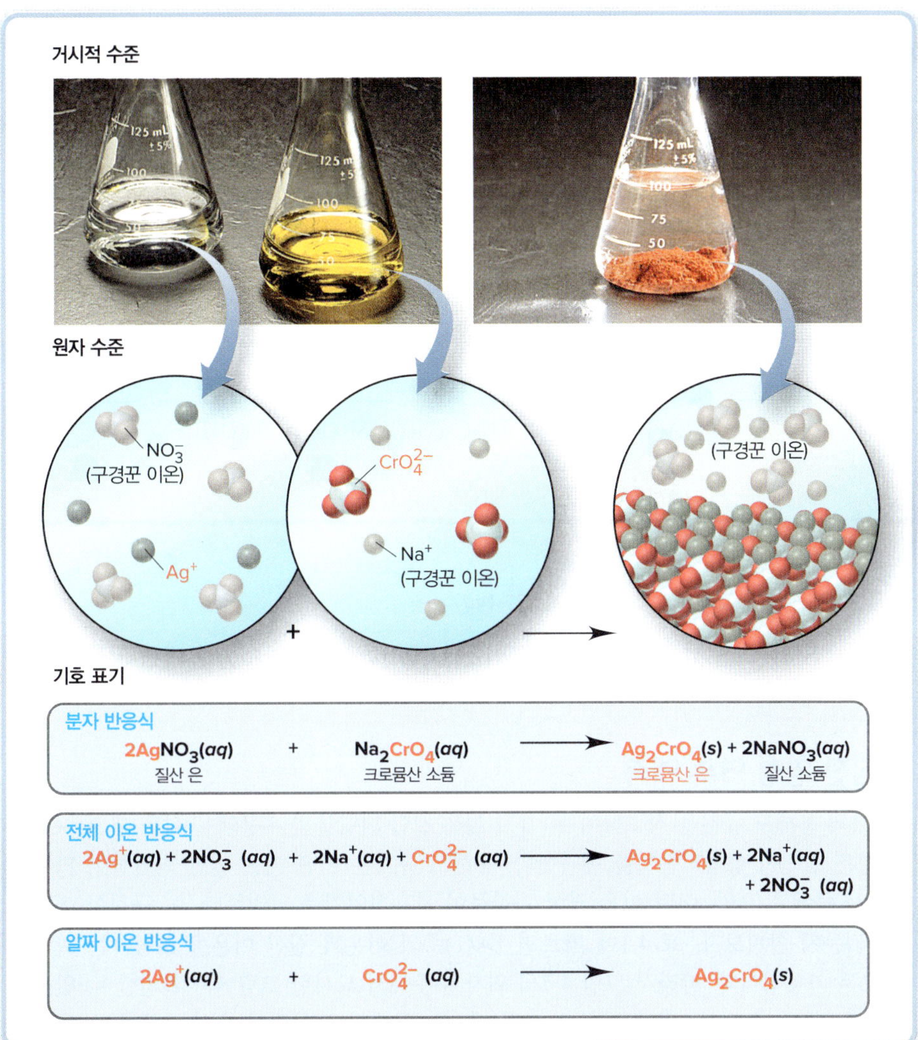

그림 4.7 수용액상 이온 반응과 세 가지 형태의 반응식.

Source: Stephen Frisch/McGraw-Hill Education

전체 이온 반응식에서 $2AgNO_3$의 계수 2는 양이온과 음이온에 똑같이 분배되어 $2Ag^+$와 $2NO_3^-$ 이온으로 나누어진다. 원자들뿐만 아니라 전하 역시 균형을 이루고 있다. 즉 왼쪽에 양전하 4개와 음전하 4개로 알짜 전하가 0이 되고 오른쪽에도 양전하 2개와 음전하 2개로 알짜 전하가 0이다.

$Na^+(aq)$와 $NO_3^-(aq)$가 변화하지 않고 반응식 양쪽 모두에서 나타난다는 것을 주목하자. 이를 **구경꾼 이온**(spectator ion)이라 부른다. 이들은 실제 화학 변화에는 참여하지 않지만 반응물의 일부로 남아 있다. 즉, 음이온인 NO_3^- 이온을 첨가하지 않고는 Ag^+ 이온을 첨가할 수 있는 방법이 없다.

- **알짜 이온 반응식**(net ionic equation)은 *구경꾼 이온을 제거하고 실제로 일어나는 화학적 변화만 보여주기 때문에* 대단히 유용하다.

$$2Ag^+(aq) + CrO_4^{2-}(aq) \longrightarrow Ag_2CrO_4(s)$$

은 이온과 크로뮴산 이온으로부터 고체 크로뮴산 은이 생성되는 것이 유일한 변화이다. 이 점을 좀 더 명확히 하기 위해 크로뮴산 소듐과 질산 은 대신에 크로뮴산 포타슘[$K_2CrO_4(aq)$]과 아세트산 은[$AgC_2H_3O_2(aq)$] 혼합을 고려해 보자. 이 반응에 대한 세 가지 반응식은 다음과 같다.

분자 반응식: $2AgC_2H_3O_2(aq) + K_2CrO_4(aq) \longrightarrow Ag_2CrO_4(s) + 2KC_2H_3O_2(aq)$

전체 이온 반응식: $2Ag^+(aq) + 2C_2H_3O_2^-(aq) + 2K^+(aq) + CrO_4^{2-}(aq) \longrightarrow Ag_2CrO_4(s) + 2K^+(aq) + 2C_2H_3O_2^-(aq)$

표 4.1 | 물에 대한 이온 결합 화합물의 용해도 규칙

가용성 이온 결합 화합물	가용성 예외
모든 1A(1)족 이온들(Li^+, Na^+, K^+ 등)의 화합물들	없음
모든 암모늄 이온(NH_4^+)의 화합물들.	없음
모든 질산(NO_3^-), 아세트산(CH_3COO^- 또는 $C_2H_3O_2^-$), 과염소산(ClO_4^-)의 화합물들	없음
모든 염화(Cl^-), 브로민화(Br^-), 아이오딘화(I^-) 화합물들	Ag^+, Pb^{2+}, Cu^+, Hg_2^{2+}의 염화, 브로민화, 아이오딘화 화합물들
모든 플루오린화(F^-) 화합물들	PbF_2와 2A(2)족의 플루오린화 화합물들
모든 황산(SO_4^{2-}) 화합물들	$CaSO_4$, $SrSO_4$, $BaSO_4$, Ag_2SO_4, $PbSO_4$
불용성 이온 결합 화합물	**불용성 예외**
1. 모든 금속 수산화물들	1A(1)족의 수산화물과 $Ca(OH)_2$, $Sr(OH)_2$, $Ba(OH)_2$
2. 모든 탄산(CO_3^{2-}), 크롬산(CrO_4^{2-})과 인산(PO_4^{3-}) 화합물들	1A(1)족과 NH_4^+의 탄산, 크롬산, 인산 화합물들
3. 모든 황화물들	1A(1)족, 2A(2)족, NH_4^+의 황화물들

알짜 이온 반응식: $2Ag^+(aq) + CrO_4^{2-}(aq) \longrightarrow Ag_2CrO_4(s)$

같은 변화가 일어났고, 오직 구경꾼 이온만 $Na^+(aq)$와 $NO_3^-(aq)$가 아니라 $K^+(aq)$와 $C_2H_3O_2^-(aq)$라는 점이 다르다.

침전 형성 여부 예측

표 4.1의 용해도 규칙을 참고하여 두 가지 이온 결합 화합물의 수용액을 섞을 때 Ag_2CrO_4와 같은 침전이 형성되는지를 예측한다. 용해도 규칙은 어떤 이온 결합 화합물이 가용성이어서 물에 녹으며, 어떤 이온 결합 화합물이 불용성인지를 알려준다. 이 규칙이 어떻게 적용되는지 살펴보자. 표 4.1에 따르면 1A(1)족의 이온과 질산 이온을 포함하는 화합물은 모두 가용성이다. 따라서 그림 4.7의 원자 수준에서 묘사한 그림에서 확인할 수 있듯이 $AgNO_3$와 Na_2CrO_4는 각각 물에 용해될 때 용매화되어 분산된 이온의 용액을 형성한다. 이 두 용액을 혼합할 때 침전 형성 여부를 다음 세 단계를 통해 예측할 수 있다.

1. *반응물에 들어 있는 이온들을 확인한다.* 반응물 이온은 다음과 같다.

$$Ag^+(aq) + NO_3^-(aq) + 2Na^+(aq) + CrO_4^{2-}(aq) \longrightarrow ?$$

2. *모든 가능한 양이온-음이온 조합을 고려한다.* 수용성으로 이미 알고 있는 $AgNO_3$와 Na_2CrO_4 외에 다른 가능한 조합은 Ag_2CrO_4와 $NaNO_3$이다.
3. *이들 중 어느 조합이 불용성인지 판단한다.* 표 4.1에 따르면 모든 1A(1)족 이온과 모든 질산 화합물은 가용성이다. 따라서 $NaNO_3$는 가용성이다. 표 4.1에 따르면 대부분의 CrO_4^{2-} 이온의 화합물은 불용성이다. 따라서 Ag_2CrO_4는 용해되지 않고 침전물을 형성한다.

$AgNO_3$ 용액 대신 KNO_3 용액을 혼합하면 어떻게 될까? 반응물 이온은 K^+, NO_3^-, Na^+, CrO_4^{2-}이다. 두 가지의 가용성 반응물인 KNO_3와 Na_2CrO_4 이외의 가능한 두 가지 조합은 K_2CrO_3와 $NaNO_3$이다. 표 4.1에 따르면 모든 1A(1)족 이온의 화합물은 가용성이다. 따라서 모든 가능한 양이온-음이온 조합, 즉 KNO_3, Na_2CrO_4, $NaNO_3$, K_2CrO_4는 용해되며, 반응은 일어나지 않는다.

$$2K^+(aq) + 2NO_3^-(aq) + 2Na^+(aq) + CrO_4^{2-}(aq) \longrightarrow 2Na^+(aq) + 2NO_3^-(aq) + 2K^+(aq) + CrO_4^{2-}(aq)$$

모든 이온이 구경꾼 이온이기 때문에, 이들을 제거하면 알짜 이온 반응식은 존재하지 않는다.

상호 교환 반응의 종류 그림 4.8에 다른 종류의 침전 반응을 나타내었다. 이 반응에서는 $Pb(NO_3)_2$과 NaI이 용액 상에서 반응하면 밝은 노란색의 PbI_2 침전이 생성된다.

$$2NaI(aq) + Pb(NO_3)_2(aq) \longrightarrow PbI_2(s) + 2NaNO_3(aq)$$

이런 형태의 반응물 이온들이 결합 상대를 바꾸는 반응을 *이중 교환 반응*(double-displacement reaction) 또는 **상호 교환 반응**(metathesis reaction)이라 부른다. 산업에서 중요한 여러 가지 침전 반응이 있으며, 그 예시로는 흑백 사진 필름 제조에 사용하는 브로민화 은 합성 반응이 있다.

$$AgNO_3(aq) + KBr(aq) \longrightarrow AgBr(s) + KNO_3(aq)$$

Ag_2CrO_4(그림 4.7)을 형성하는 반응도 상호 교환 반응의 좋은 예시이며, 산-염기 반응(4.3절)도 상호 교환 반응의 한 예다. 예제 4.8와 4.9를 통해 침전 형성 여부 예측을 연습해 보자.

$2NaI(aq) + Pb(NO_3)_2(aq) \longrightarrow PbI_2(s) + 2NaNO_3(aq)$

그림 4.8 PbI_2 침전 형성: 상호 교환 반응.

Source: Stephen Frisch/McGraw-Hill Education

인터넷 핫스팟

전체 이온 및 알짜 이온 반응식을 쓰는 것이 어렵게 느껴진다면, eBook에 접속하여 이 주제에 대한 추가 학습 동영상을 참고하자.

예제 4.8 | 침전 형성 예측과 이온 반응식 쓰기

문제 다음 용액 쌍을 혼합할 때 반응이 일어날지 예측하라. 반응이 일어난다면 균형 맞춘 분자, 전체 이온, 알짜 이온 반응식을 쓰고, 구경꾼 이온을 찾아라.

(a) 플루오린화 포타슘(aq) + 질산 스트론튬(aq) ⟶

(b) 과염소산 암모늄(aq) + 브로민화 소듐(aq) ⟶

계획 반응물 이온들을 찾아 양이온-음이온 조합을 쓰고, 표 4.1을 참조하여 어느 것이 불용성인지 판단한다. 생성물을 예측하고 온전한 형태로 분자 반응식을 쓴다. *가용성* 화합물들을 분리된 이온들로 나타내어 전체 이온 반응식을 쓴다. 알짜 이온 반응식을 구성하기 위해 구경꾼 이온들을 제거한다.

풀이 (a) 반응물 이외에 가능한 두 가지 조합은 플루오린화 스트론튬과 질산 소듐이다. 표 4.1에서 플루오린화 스트론튬이 불용성임을 알 수 있으므로 침전 반응이 일어난다. 분자 반응식:

$$2KF(aq) + Sr(NO_3)_2(aq) \longrightarrow SrF_2(s) + 2KNO_3(aq)$$

전체 이온 반응식:

$$2K^+(aq) + 2F^-(aq) + Sr^{2+}(aq) + 2NO_3^-(aq) \longrightarrow SrF_2(s) + 2K^+(aq) + 2NO_3^-(aq)$$

알짜 이온 반응식:

$$Sr^{2+}(aq) + 2F^-(aq) \longrightarrow SrF_2(s)$$

구경꾼 이온은 K^+와 NO_3^-이다.

(b) 다른 이온 조합은 브로민화 암모늄과 과염소산 소듐이다. 표 4.1로부터 모든 암모늄과 소듐, 대부분의 과염소산 화합물은 가용성이며, 모든 브로민화물은 Ag^+, Pb^{2+}, Cu^+, Hg_2^{2+}의 화합물을 제외하고는 가용성이라는 것을 알 수 있다. 따라서 침전 반응은 일어나지 **않으며**, 화합물들은 용매화된 이온으로 용액에 해리된 채 남아 있다.

$$NH_4^+(aq) + ClO_4^-(aq) + Na^+(aq) + Br^-(aq) \longrightarrow NH_4^+(aq) + Br^-(aq) + Na^+(aq) + ClO_4^-(aq)$$

▶ 보충 문제

4.8A 반응 여부를 예측하고, 균형 맞춘 전체 이온 반응식과 알짜 이온 반응식을 써라.

(a) 염화 철(III)(aq) + 인산 세슘(aq) ⟶

(b) 수산화 소듐(aq) + 질산 카드뮴(aq) ⟶

(c) 브로민화 마그네슘(aq) + 아세트산 포타슘(aq) ⟶

4.8B 반응 여부를 예측하고, 균형 맞춘 전체 이온 반응식과 알짜 이온 반응식을 써라.

(a) 질산 은(aq) + 염화 바륨(aq) ⟶

(b) 탄산 암모늄(aq) + 황화 포타슘(aq) ⟶

(c) 황산 니켈(II)(aq) + 질산 납(II)(aq) ⟶

유사 문제 4.41~4.46

예제 4.9 | 분자 모식도로 침전 반응 이해하기

문제 아래 분자 모식도는 침전 반응의 반응물 용액을 나타낸 것이다(이온을 채색된 구로 표시하였으며, 편의상 물 분자는 생략함).

(a) 비커 A에 용해되어 있는 화합물은 다음 중 어느 것인가? KCl, Na_2SO_4, $MgBr_2$, Ag_2SO_4.
(b) 비커 B에 용해되어 있는 화합물은 다음 중 어느 것인가? NH_4NO_3, $MgSO_4$, $Ba(NO_3)_2$, CaF_2.
(c) A와 B를 혼합할 때 생성되는 침전과 구경꾼 이온들은 무엇인가? 균형 맞춘 분자, 전체 이온 및 알짜 이온 반응식을 작성하라.
(d) 입자 한 개가 이온 0.010 mol을 나타낸다고 할 때, 얻을 수 있는 침전의 최대 질량을 계산하라(반응이 완결된다고 가정함).

계획 **(a)**와 **(b)** 그림을 보고 각 이온의 전하와 수를 살피고, 표 4.1을 사용하여 가용성 이온 조합을 판단한다. **(c)** 이온 조합을 알면, 표 4.1로부터 어느 두 이온이 고체를 형성할지 알 수 있다. 나머지 두 이온은 구경꾼 이온이다. **(d)** 두 화학종의 양이 주어져 있기 때문에 이것은 한계 반응물 문제이다. 고체를 형성하는 각 이온의 수를 센다. 이 수에 0.010 mol을 곱하여 각 이온으로부터 형성되는 생성물의 양(mol)을 계산한다. 생성물을 적게 형성하는 이온이 한계 반응물이며 침전물의 몰질량을 이용하여 질량(g)을 구한다.

풀이 **(a)** 용액 A에는 각 2− 입자에 대해 두 개의 1+ 입자가 있다. 따라서 KCl과 $MgBr_2$는 용해된 화합물이 될 수 없다. 나머지 두 개 중 Ag_2SO_4는 불용성이므로, Na_2SO_4가 답이다.
(b) 용액 B에는 각 2+ 입자에 대해 두 개의 1− 입자가 있다. 따라서 NH_4NO_3과 $MgSO_4$는 용해된 화합물이 될 수 없다. 나머지 두 개 중 CaF_2는 불용성이므로, $Ba(NO_3)_2$가 답이다.
(c) 두 개의 가능한 조합, 즉 $BaSO_4$와 $NaNO_3$ 중 $BaSO_4$가 불용성이다. 따라서 Na^+와 NO_3^-가 구경꾼 이온이다.

분자 반응식: $Ba(NO_3)_2(aq) + Na_2SO_4(aq) \longrightarrow BaSO_4(s) + 2NaNO_3(aq)$
전체 이온 반응식: $Ba^{2+}(aq) + 2NO_3^-(aq) + 2Na^+(aq) + SO_4^{2-}(aq) \longrightarrow BaSO_4(s) + 2NO_3^-(aq) + 2Na^+(aq)$
알짜 이온 반응식: $Ba^{2+}(aq) + SO_4^{2-}(aq) \longrightarrow BaSO_4(s)$

(d) 한계 반응물인 이온 찾기:
Ba^{2+}에 대해:

$$BaSO_4\text{의 양(mol)} = 4\ Ba^{2+}\ \text{입자} \times \frac{0.010\ \text{mol}\ Ba^{2+}\ \text{이온}}{1\ Ba^{2+}\ \text{입자}} \times \frac{1\ \text{mol}\ BaSO_4}{1\ \text{mol}\ Ba^{2+}\ \text{이온}} = 0.040\ \text{mol}\ BaSO_4$$

SO_4^{2-}에 대해:

$$BaSO_4\text{의 양(mol)} = 5\ SO_4^{2-}\ \text{입자} \times \frac{0.010\ \text{mol}\ SO_4^{2-}\ \text{입자}}{1\ SO_4^{2+}\ \text{입자}} \times \frac{1\ \text{mol}\ BaSO_4}{1\ \text{mol}\ SO_4^{2+}\ \text{입자}} = 0.050\ \text{mol}\ BaSO_4$$

따라서 Ba^{2+} 이온이 한계 반응물이다.
생성물($BaSO_4$의 $\mathscr{M}$ = 233.4 g/mol)의 질량(g) 계산:

$$BaSO_4\text{의 질량(g)} = 0.040\ \text{mol}\ BaSO_4 \times \frac{233.4\ \text{g}\ BaSO_4}{1\ \text{mol}\ BaSO_4} = 9.3\ \text{g}\ BaSO_4$$

검산 Ba^{2+} 이온의 수를 세면 더 직접적인 계산으로 검산이 가능하다. 네 개의 Ba^{2+} 입자는 형성할 수 있는 $BaSO_4$의 최대 질량이 다음과 같음을 의미한다.

$$BaSO_4\text{의 질량(g)} = 4\ \cancel{Ba^{2+}\text{ 입자}} \times \frac{0.010\ \cancel{mol\ Ba^{2+}\text{ 이온}}}{1\ \cancel{Ba^{2+}\text{ 입자}}} \times \frac{1\ \cancel{mol\ BaSO_4}}{1\ \cancel{mol\ Ba^{2+}\text{ 이온}}} \times \frac{233.4\ g\ BaSO_4}{1\ \cancel{mol}}$$

$$= 9.3\ g\ BaSO_4$$

▶ 보충 문제

4.9A 다음은 침전 반응의 반응물 용액을 나타내는 분자 모식도이다(이온을 구로 표시하였으며, 용매 분자는 생략함).

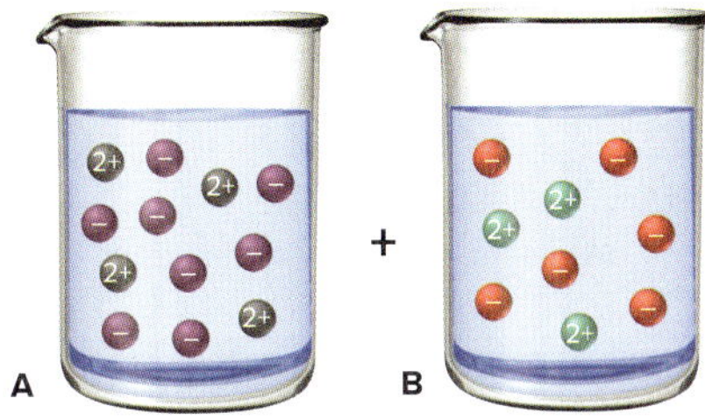

(a) 비커 A에 다음 중 어느 화합물이 용해되어 있는가? $Zn(NO_3)_2$, KCl, Na_2SO_4, $PbCl_2$.
(b) 비커 B에 다음 중 어느 화합물이 용해되어 있는가? $(NH_4)_2SO_4$, $Cd(OH)_2$, $Ba(OH)_2$, KNO_3.
(c) 용액 A와 B를 혼합할 때 생성되는 침전과 구경꾼 이온들은 무엇인가? 균형 맞춘 분자, 전체 이온 및 알짜 이온 반응식을 작성하라.
(d) 입자 한 개가 0.050 mol의 이온을 나타낸다고 할 때, 얻을 수 있는 침전의 최대 질량(g)을 계산하라(반응이 완결된다고 가정함).

4.9B 다음은 침전 반응의 반응물 용액을 나타내는 분자 모식도이다(이온을 구로 표시하였으며, 용매 분자는 생략함).

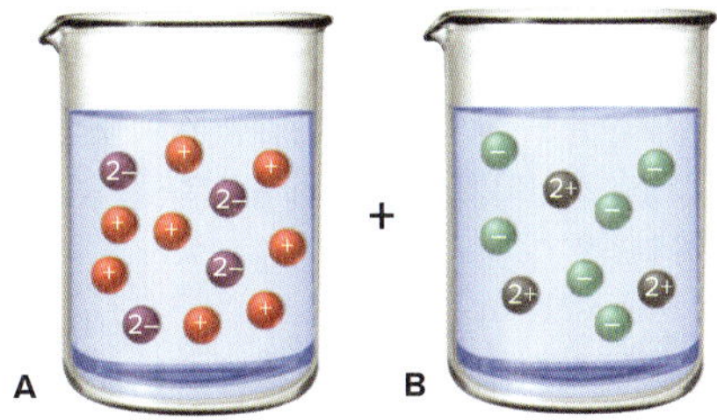

(a) 비커 A에 다음 중 어느 화합물이 용해되어 있는가? Li_2CO_3, NH_4Cl, Ag_2SO_4, FeS.
(b) 비커 B에 다음 중 어느 화합물이 용해되어 있는가? $Ni(OH)_2$, $AgNO_3$, $CaCl_2$, $BaSO_4$.
(c) 용액 A와 B를 혼합할 때 생성되는 침전과 구경꾼 이온들은 무엇인가? 균형 맞춘 분자, 전체 이온 및 알짜 이온 반응식을 작성하라.
(d) 입자 한 개가 0.20 mol의 이온을 나타낸다고 할 때, 얻을 수 있는 침전의 최대 질량(g)을 계산하라(반응이 완결된다고 가정함).

유사 문제 4.51, 4.52

침전 반응의 화학량론

3장에서 우리는 반응에서 반응물과 생성물의 양(mol)은 화학량론적으로 서로 동등하며, 각 물질 사이의 몰비를 환산 인자로 사용하여 특정 양의 물질과 반응하거나 반응으로 생성되는 물질의 양을 구할 수 있다는 것을 배웠다. 침전 반응과 같이 용액에서 일어나는 반응의 화학량론 문제를 풀기 위해서는 용액의 몰농도(mol/L)를 이용하여 반응물 또는 생성물의 부피를 양(mol)로 바꾸는 추가적인 단계를 거쳐야 한다.

1. 균형 반응식을 쓴다.
2. 부피와 (용액 내의 물질의) 몰농도 또는 (순수한 물질의 경우) 몰질량을 이용하여 물질의 양(mol)을 계산한다.
3. 몰비를 이용하여 그 양과 화학량론적으로 동등한 다른 물질의 양을 구한다.
4. 원하는 단위로 환산한다.

그림 4.9 용액 내 화학 반응에서의 양-질량-수 사이의 관계 요약.

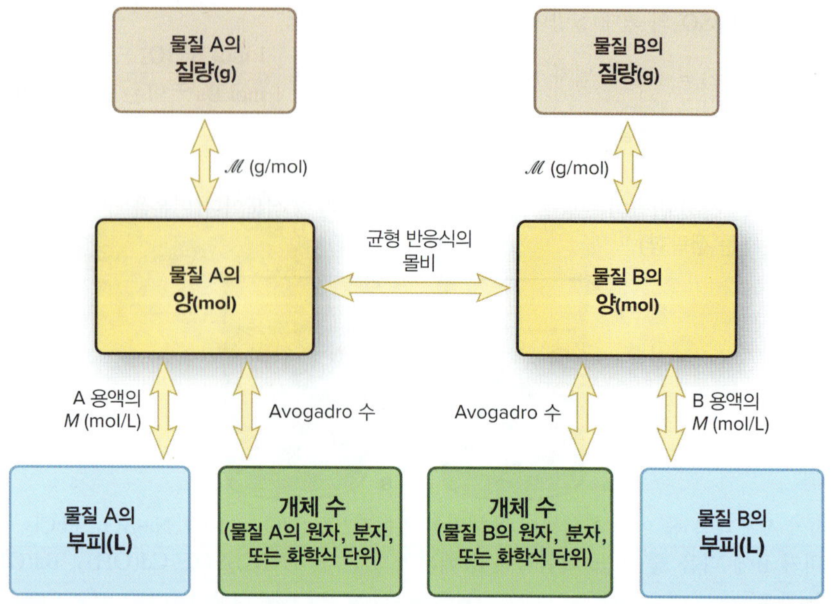

그림 4.9은 용액 내에서 일어나는 반응에서 물질들의 양의 관계를 요약한 것이다. 예제 4.10과 4.11은 이러한 관계를 침전 반응에 적용한 것이며, 이 관계를 다른 종류의 반응에도 활용할 것이다.

예제 4.10 | 침전 반응에서 반응물과 생성물의 양 계산하기

문제 마그네슘은 바닷물에서 소듐에 이어 두 번째로 많은 금속이다. 산업용으로 추출하기 위한 첫 번째 과정은 마그네슘 이온을 수산화 칼슘과 반응시켜 수산화 마그네슘으로 침전시키는 것이다. 0.0155 *M* 염화 마그네슘 0.180 L를 과량의 수산화 칼슘과 반응시켰을 때 생성되는 수산화 마그네슘의 질량은 얼마인가?

계획 과량의 수산화 칼슘과 반응하는 염화 마그네슘의 몰농도(0.0155 *M*)와 부피(0.180 L)를 이용하여 침전물의 질량을 계산해야 한다. 균형 반응식을 쓴 후, 몰농도와 부피를 이용하여 염화 마그네슘의 양을 계산한 다음, 몰비를 이용하여 생성될 수산화 마그네슘의 양(mol)을 구한다. 마지막으로 몰질량을 써서 양(mol)을 질량(g)으로 환산한다(로드맵 참조).

로드맵

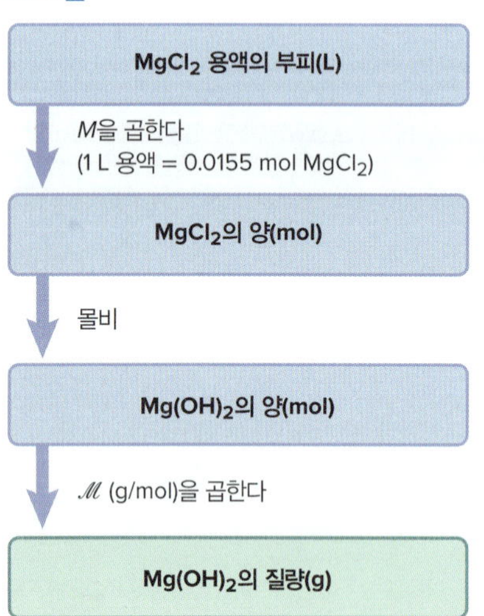

풀이 균형 반응식 쓰기:

$$MgCl_2(aq) + Ca(OH)_2(aq) \longrightarrow Mg(OH)_2(s) + CaCl_2(aq)$$

$MgCl_2$의 양(mol) 계산:

$$MgCl_2\text{의 양(mol)} = 0.180\ \cancel{\text{L } MgCl_2} \times \frac{0.0155\ \text{mol } MgCl_2}{1\ \cancel{\text{L } MgCl_2}} = 0.00279\ \text{mol } MgCl_2$$

몰비를 이용하여 $MgCl_2$의 양(mol)으로부터 $Mg(OH)_2$의 양(mol) 구하기:

$$Mg(OH)_2\text{의 양(mol)} = 0.00279\ \cancel{\text{mol } MgCl_2} \times \frac{1\ \text{mol } Mg(OH)_2}{1\ \cancel{\text{mol } MgCl_2}} = 0.00279\ \text{mol } Mg(OH)_2$$

$Mg(OH)_2$의 양(mol)을 질량(g)으로 환산:

$$Mg(OH)_2\text{의 질량(g)} = 0.00279\ \cancel{\text{mol } Mg(OH)_2} \times \frac{58.33\ Mg(OH)_2}{1\ \cancel{\text{mol } Mg(OH)_2}} = 0.163\ \text{g } Mg(OH)_2$$

검산 답은 타당해 보인다. 근사 계산을 해보면, (0.2 L) × (0.02 *M*) = 0.004 mol $MgCl_2$이고, 몰비가 1/1이므로 $Mg(OH)_2$ 0.004 mol이 생성된다.

▶ **보충 문제**

4.10A 보일러의 열효율을 낮추는 *관석*(boiler scale)으로 알려진 침전물의 형성을 방지하기 위해서는 센물(hard water)로부터 칼슘 이온을 제거하는 것이 바람직하다. 칼슘 이온은 인산

소듐과 반응하여 관석에 비해 제거가 용이한 고체 인산 칼슘을 형성한다. 0.175 *M* 염화 칼슘 0.300 L을 완전히 제거하기 위해 필요한 0.260 *M* 인산 소듐의 부피를 구하라.

4.10B 범죄 현장에서 지문을 채취하기 위해서 질산 은을 표면에 뿌려 땀에 남아 있는 염화 소듐과 반응시킨다. 과량의 염화 소듐과 반응하여 침전물 0.148 g을 형성하기 위해 필요한 45.0 mL 질산 은 용액의 몰농도는 얼마인가?

유사 문제 4.47, 4.48, 4.53, 4.54

용액 내의 양(mol)을 계산하는 추가 단계를 제외하고는 침전 반응에서의 한계 반응물 문제도 다른 문제들과 같은 방법으로 푼다.

예제 4.11 | 침전 반응에서 한계 반응물 문제 풀기

문제 토양과 물로부터 비소와 중금속을 흡착하여 제거하는 데 사용하는 수산화 철(III)은 염화 철(III)과 수산화 소듐을 반응시켜 만든다.

(a) 0.250 *M* 염화 철(III) 0.155 L를 0.300 *M* 수산화 소듐 0.215 L와 반응시켰을 때 생성되는 수산화 철(III)의 질량은 얼마인가?

(b) 이 반응의 반응 표를 작성하라.

계획 *두 반응물의 양이 모두 주어져 있으므로* 이 문제는 한계 반응물 문제이다. 반응식의 균형을 맞춘 뒤, 한계 반응물이 어느 것인지 판단한다. 각 용액의 몰농도와 부피로부터 각 반응물의 양(mol)을 계산한다. 그런 다음 각 반응물로부터 생성될 수 있는 $Fe(OH)_3$의 양을 몰비를 이용해 계산한다. 더 적은 몰수의 $Fe(OH)_3$를 생성하는 것이 한계 반응물이다. $Fe(OH)_3$의 몰질량을 이용해 질량(g)으로 환산한다(로드맵 참조). 반응 표의 한계 반응물로부터 생성된 $Fe(OH)_3$의 양을 사용한다(3.4절 참조).

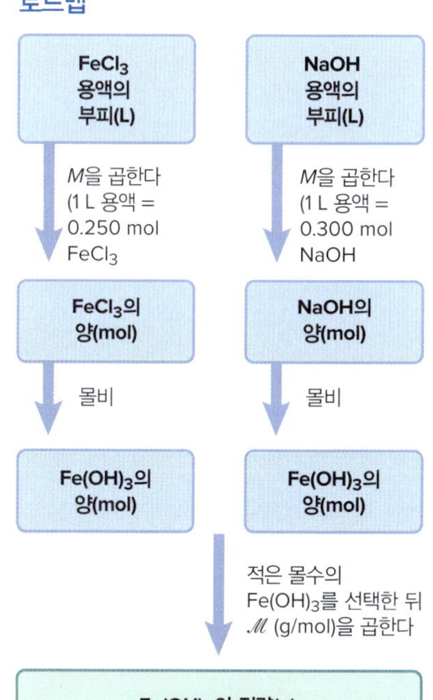

풀이 (a) 균형 반응식 쓰기:

$$FeCl_3(aq) + 3NaOH(aq) \longrightarrow Fe(OH)_3(s) + 3NaCl(aq)$$

$FeCl_3$로부터 생성된 $Fe(OH)_3$의 양(mol) 계산: 단계를 합쳐서 계산하면

$$Fe(OH)_3\text{의 양(mol)} = 0.155\ \text{L 용액} \times \frac{0.250\ \text{mol } FeCl_3}{1\ \text{L 용액}} \times \frac{1\ \text{mol } Fe(OH)_3}{1\ \text{mol } FeCl_3}$$
$$= \mathbf{0.0388\ mol\ Fe(OH)_3}$$

NaOH로부터 생성된 $Fe(OH)_3$의 양(mol) 계산: 단계를 합쳐서 계산하면

$$Fe(OH)_3\text{의 양(mol)} = 0.215\ \text{L 용액} \times \frac{0.300\ \text{mol NaOH}}{1\ \text{L 용액}} \times \frac{1\ \text{mol } Fe(OH)_3}{3\ \text{mol NaOH}}$$
$$= \mathbf{0.0215\ mol\ Fe(OH)_3}$$

NaOH가 더 적은 몰수의 $Fe(OH)_3$를 생성하므로 한계 반응물이다.

NaOH로부터 생성된 $Fe(OH)_3$의 양(mol)을 질량(g)으로 환산:

$$Fe(OH)_3\text{의 질량(g)} = 0.0215\ \text{mol } Fe(OH)_3 \times \frac{106.87\ \text{g } Fe(OH)_3}{1\ \text{mol } Fe(OH)_3} = 2.30\ \text{g } Fe(OH)_3$$

(b) NaOH가 한계 반응물이므로, 반응 표는 다음과 같다.

양(mol)	$FeCl_3(aq)$	+	$3NaOH(aq)$	$\longrightarrow$	$Fe(OH)_3(s)$	+	$3NaCl(aq)$
초기	0.0388		0.0645		0		0
변화량	−0.0215		−0.0645		+0.0215		+0.0645
최종	0.0173		0		0.0215		0.0645

과량의 $FeCl_3$이 반응 후에 남아 있다. 균형 반응식이 보여주듯이 생성된 NaCl의 양이 소모된 $FeCl_3$의 3배이다.

검산 한계 반응물이 올바르게 선택되었는지 확인하기 위해 예제 3.17의 해설에 설명된 방법을 사용한다.

주어진 반응물의 양(mol) 계산:

$$\text{Fe(OH)}_3\text{의 양(mol)} = 0.155\ \text{L 용액} \times \frac{0.250\ \text{mol FeCl}_3}{1\ \text{L 용액}} = 0.0388\ \text{mol FeCl}_3$$

$$\text{NaOH의 양(mol)} = 0.215\ \text{L 용액} \times \frac{0.300\ \text{mol NaOH}}{1\ \text{L 용액}} = 0.0645\ \text{mol NaOH}$$

반응물의 몰비는 1 $FeCl_3$/3 NaOH이다. 모든 $FeCl_3$와 반응하기 위해 필요한 양 $3 \times 0.0388 = 0.116$ mol보다 NaOH의 양이 적기 때문에 NaOH가 한계 반응물이다.

▶ 보충 문제

4.11A 납은 독성이 있음에도 불구하여 여전히 많은 납 화합물이 염료를 만드는 데 사용되고 있다. **(a)** 1.50 *M* 아세트산 납(II) 268 mL가 3.40 *M* 염화 소듐 130 mL와 반응할 경우 몇 g의 염화 납(II)가 생성되겠는가? **(b)** 아세트산 이온의 약자로 "Ac"를 사용하여 이 반응의 반응 표를 작성하라.

4.11B 수은과 그 화합물은 치아 충전재(은, 구리, 주석과의 혼합물로)에서 염소 생산까지 다양하게 사용된다. 하지만 수은의 독성으로 인해 질산 수은(II)와 같은 가용성 수은 화합물은 산업 폐수로부터 제거되어야 한다. 폐수로부터 수은을 제거하는 한 방법으로 폐수를 황화 소듐 용액과 반응시켜 고체 황화 수은(II)과 질산 소듐 용액을 만드는 방법이 있다. 실험실에서 0.010 *M* 질산 수은(II) 0.050 L를 0.10 *M*의 황화 소듐 0.020 L와 반응시켰다. **(a)** 황화 수은(II) 몇 g이 생성되는가? **(b)** 이 과정의 반응 표를 작성하라.

유사 문제 4.49, 4.50, 4.56

› 4.2절 요약

- 침전 반응에서는 두 종류의 가용성 이온 결합 화합물 용액을 혼합하면 불용성 이온 결합 화합물이 형성된다. 침전은 용매화된 이온 쌍 사이의 정전기적 인력이 물과 이온 사이의 인력을 능가할 만큼 클 때 형성된다.
- 용해도 규칙에 근거하여 가능한 양이온-음이온의 모든 조합 중 어느 것이 불용성인지를 조사함으로써 침전 형성을 예측할 수 있다.
- 분자 반응식은 모든 물질을 이온으로 해리되지 않은 형태로 나타낸다.
- 전체 이온 반응식은 모든 가용성 이온 결합 화합물을 용매화되어 분리된 이온으로 나타낸다. 구경꾼 이온은 반응식 양쪽에 변하지 않고 그대로 남아 있다.
- 알짜 이온 반응식은 구경꾼 이온을 제거하여 실제 화학적 변화만을 보여준다.
- 용액 내에서 침전 반응과 같은 화학적 변화가 있을 때 반응물과 생성물의 양은 농도와 부피에 의해 결정된다.
- 몰농도를 환산 인자로 사용하여 용액 내의 침전 반응에 대해 화학량론을 적용할 수 있다.

4.3 산-염기 반응

이 장에서 다룰 두 번째 유형의 화학 반응인 수용액상 산-염기 반응은 단백질과 탄수화물의 신진대사, 비료의 공업적 생산, 산성비로 인해 손상된 호수의 재생 등의 다양한 과정에서 일어난다.

이들 반응에서 물은 보편적인 용매로서의 역할뿐만 아니라 *반응물 또는 생성물로 참여*한다. 물론 산과 염기가 반응할 때 **산-염기 반응**(acid-base reaction, 또는 **중화 반응**(neutralization reaction)이라 부르기도 함)이 일어나지만, 이들 용어의 정의와 이 반응의 범위는 오랜 시간 동안 변해 왔다. 이 장에서는 실험실에서 흔히 사용하는 물질에 적용되는 정의를 따를 것이다.

- **산(acid)**은 *물에 용해될 때 H^+ 이온을 생성하는 물질이다.* 산은 화학 구조 내에 한 개 또는 그 이상의 H 원자를 가지고 있고, H 원자는 물에서 양성자로 방출된다.

$$HX \xrightarrow{H_2O} H^+(aq) + X^-(aq)$$

산은 H 원자를 방출하는 정도에 따라 두 종류로 분류된다.

1. HNO_3과 H_2SO_4 같은 *강산*(strong acid)은 용액에서 완전히 이온화된다. 용액 속의 모든 강산 분자들은 이온들로 해리한다.
2. HF과 H_3PO_4 같은 *약산*(weak acid)은 극히 일부만이 해리한다. 약산 용액의 대부분은 해리하지 않은 온전한 분자들로 이루어져 있고, 극히 일부의 산 분자들만 이온화되어 H^+를 생성한다.

- **염기(base)**는 *물에 용해될 때 OH^- 이온을 생성하는 물질이다.* 염기는 수산화 이온을 생성하는 정도에 따라 강염기와 약염기로 분류된다.

1. *강염기*(strong base)는 화학 구조 내에 OH^-(예: NaOH) 또는 O^{2-}(예: K_2O)를 가지며 이온들로 완전히 해리한다.

$$MOH \xrightarrow{H_2O} M^+(aq) + OH^-(aq)$$

O^{2-} 이온은 물에서 안정하지 않아서 반응하여 OH^- 이온을 형성한다.

$$O^{2-}(s) + H_2O(l) \longrightarrow 2OH^-(aq) \quad \text{또는} \quad K_2O(s) + H_2O(l) \longrightarrow 2K^+(aq) + 2OH^-(aq)$$

2. 암모니아(NH_3) 같은 *약염기*(weak base)는 OH^- 이온을 가지고 있지 않지만, 이 화합물들은 모두 질소 원자에 한 쌍의 전자를 갖는다. 이 질소 원자는 물 분자 내의 H 원자들 중 한 개를 끌어당긴다. H_2O 분자가 H^+ 이온을 잃으면 OH^- 이온이 생성된다.

$$NH_3(g) + H_2O(l) \rightleftharpoons NH_4^+(aq) + OH^-(aq)$$

약염기는 극히 일부만이 이온들로 해리한다. 위 반응식의 양쪽 화살표로 알 수 있듯이 이온화 반응은 양쪽 방향으로 모두 일어난다. 4.6절에서 이 중요한 개념에 관하여 더 자세히 논의할 것이다.

표 4.2는 강산과 강염기, 그리고 약산과 약염기의 몇 가지 예를 보여준다. (산과 염기의 다른 정의들이 이 절의 뒷부분과 18장에 소개된다.)

표 4.2 | 강산, 강염기 및 약산, 약염기

산
강산
염산, HCl
브로민화 수소산, HBr
아이오딘화 수소산, HI
질산, HNO_3
황산, H_2SO_4
과염소산, $HClO_4$
약산(많은 예 중에서 3개)
플루오린화 수소산, HF
인산, H_3PO_4
아세트산, CH_3COOH(또는 $HC_2H_3O_2$)
염기
강염기
1A(1)족 수산화물:
수산화 소듐, NaOH
수산화 포타슘, KOH
수산화 루비듐, RbOH
수산화 세슘, CsOH
2A(2)족 수산화물:
수산화 칼슘, $Ca(OH)_2$
수산화 스트론튬, $Sr(OH)_2$
수산화 바륨, $Ba(OH)_2$
약염기(많은 예 중에서 하나)
암모니아, NH_3

산과 용매화된 양성자 모든 산 분자는 H 원자와의 *극성 결합*(polar bond)을 가지고 있는데, 이 결합에서는 결합 내 다른 원자가 H 원자보다 전자쌍을 훨씬 더 강하게 끌어당긴다. HBr이 좋은 예이다. H—Br 결합의 Br쪽 끝은 부분 음전하를 띠고, H쪽 끝은 부분 양전하를 띤다. 브로민화 수소 기체를 물에 용해시키면 물 분자의 두 극이 각각 반대 부호의 전하를 띤 HBr 분자의 두 극으로 끌려간다. 결합이 깨지면 H는 용매화된 $H^+(aq)$ 양이온으로, Br은 용매화된 $Br^-(aq)$ 음이온이 된다.

$$HBr(g) \xrightarrow{H_2O} H^+(aq) + Br^-(aq)$$

용매화된 H^+ 이온은 매우 특이한 화학종이다. H 원자는 한 개의 전자로 둘러싸인 양성자이므로, H^+는 바로 양성자 그 자체이다. 한 개의 완전한 양전하가 그 작은 부피 안에 농축되어 있으므로 H^+는 물 분자의 음극을 매우 강하게 끌어당겨 물 분자 중 한 개와 공유 결합을 형성한다. 용매화된 H^+ 이온을 H_3O^+ 이온(**하이드로늄 이온**, 이 이온도 마찬가지로 용매화됨)으로 쓰면 이런 상호작용을 표현할 수 있다.

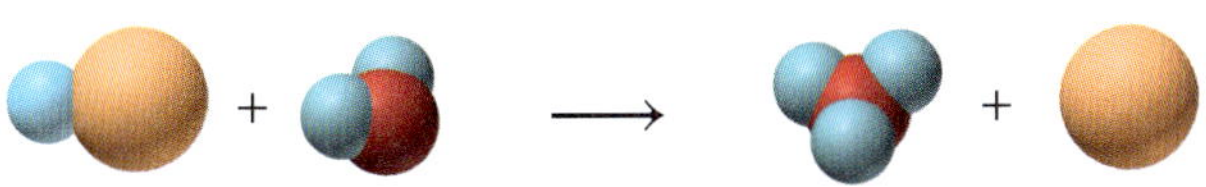

$$HBr(g) + H_2O(l) \longrightarrow H_3O^+(aq) + Br^-(aq)$$

H_3O^+[또는 $(H_2O)H^+$]로 쓰는 하이드로늄 이온은 다른 물 분자들과 추가로 수소 결합하여 $H_5O_2^+$[또는 $(H_2O)_2H^+$], $H_7O_3^+$[또는 $(H_2O)_3H^+$], $H_9O_4^+$[또는 $(H_2O)_4H^+$] 등과 같은 화학종을 형성한다. 그림 4.10은 $H_7O_3^+$를 나타내는데, 이는 H_3O^+ 이온이 두 개의 H_2O

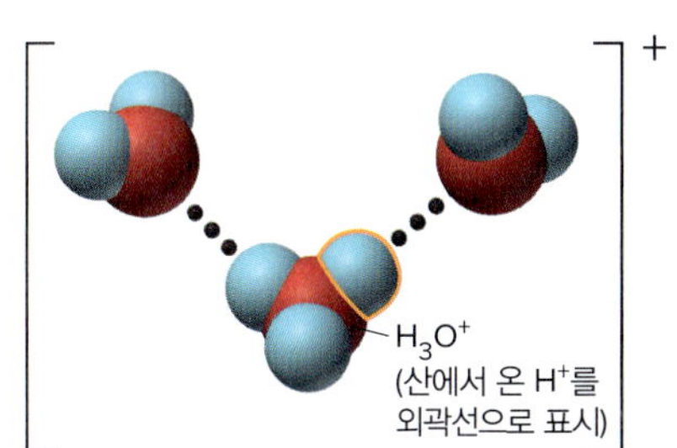

그림 4.10 용매화된 하이드로늄 이온으로 존재하는 H^+ 이온.

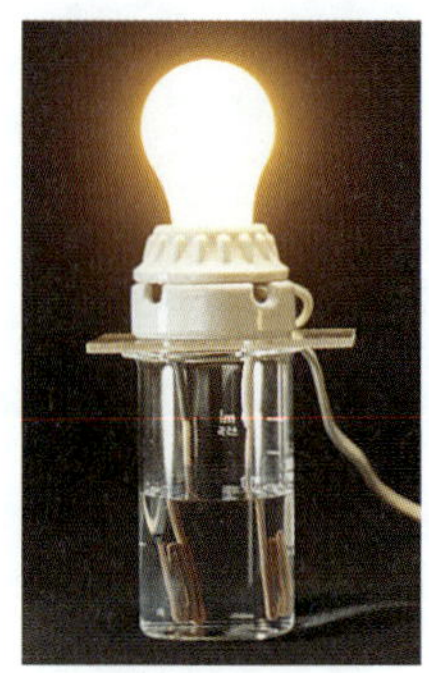

A. 강산(또는 강염기) = 강전해질

B. 약산(또는 약염기) = 약전해질

그림 4.11 전해질로서의 산과 염기.
Source: Stephen Frisch/McGraw-Hill Education

분자와 수소 결합(*점선으로 표시*)한 형태이다. 이 다양한 화학종들을 대표하는 일반적 표현으로 $H^+(aq)$를 사용하지만, 이 장의 뒷부분과 이 책의 많은 부분에서는 $H_3O^+(aq)$를 사용할 것이다

전해질로서의 산과 염기 이 장의 앞부분에서 물에 녹으면 전류를 전도시키는 물질을 전해질이라 부른다고 배웠다. 가용성 이온 결합 화합물은 강전해질인데, 이는 이 화합물이 물에서 완전히 해리하여 높은 전류를 전도시키기 때문이다. 반면, 대부분의 공유 결합 화합물은 용액 상에서 이온을 생성하지 않기 때문에 비전해질로 분류된다. 산과 염기도 다음과 같이 전해질의 종류에 따라 분류할 수 있다.

- *강산과 강염기는 강전해질이다.* 이 화합물들은 가용성 이온 결합 화합물과 마찬가지로 이온으로 완전히 해리하기 때문에 그림 4.11A의 밝게 빛나는 전구에서 볼 수 있듯이 높은 전류를 전도시킨다.
- *약산과 약염기는 약전해질이다.* 이 화합물들은 극히 일부만 이온으로 해리하기 때문에 작은 전류를 전도시킨다(그림 4.11B).

표 4.3에는 가용성 화합물을 전해질의 종류에 따라 분류하여 요약하였다.

표 4.3 | 전해질의 종류에 따른 가용성 화합물의 분류

강전해질	약전해질	비전해질
이온 결합 화합물	약산	공유 결합(분자성) 화합물
강산	약염기	
강염기		

강산(또는 강염기)는 완전히 해리하기 때문에 용액 내에 존재하는 H^+(또는 OH^-)의 몰농도와 양(mol) 및 각 이온의 개수를 구할 수 있다. (약산에 대해 이러한 양을 구하는 방법은 18장에서 배운다.)

예제 4.12 | 용액에서 H^+(또는 OH^-) 이온의 개수 구하기

문제 질산은 비료와 화약 산업의 중요한 화학 물질이다. 1.4 *M* 질산 25.3 mL에 들어 있는 $H^+(aq)$ 이온의 개수는 얼마인가?

계획 질산의 부피(25.3 mL)와 몰농도(1.4 *M*)를 알고 $H^+(aq)$의 개수를 구하려 한다. mL을 L로 바꾸고 몰농도를 곱하여 산의 양(mol)을 구한다. 표 4.2에서 질산이 강산임을 알 수 있고, 따라서 완전히 해리한다. 화학식을 이용하여 해리 반응식을 쓰면 산 1 mol당 H^+ 이온 1 mol이 생성됨을 알 수 있다. 여기에 Avogadro 수를 곱하여 $H^+(aq)$ 이온의 개수를 구한다(로드맵 참조).

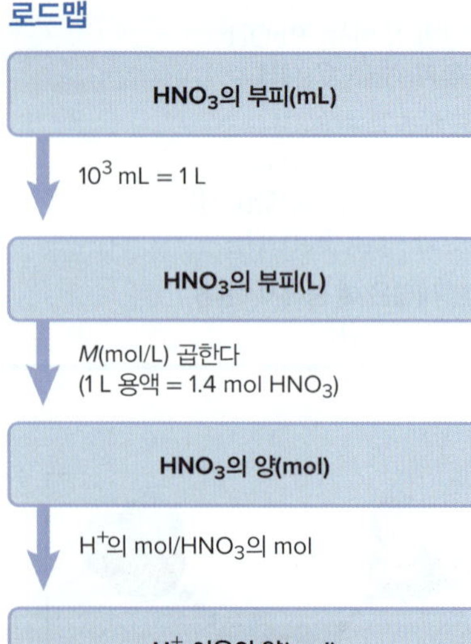

풀이 질산의 양(mol) 계산:

$$HNO_3\text{의 양(mol)} = 25.3\ \cancel{mL} \times \frac{1\ \cancel{L}}{1000\ \cancel{mL}} \times \frac{1.4\ mol}{1\ \cancel{L}} = 0.035\ mol$$

질산은 HNO_3이므로 다음과 같이 해리한다.

$$HNO_3(l) \xrightarrow{H_2O} H^+(aq) + NO_3^-(aq)$$

H^+ 이온의 개수 구하기:

$$H^+\text{ 이온의 수} = 0.035\ \cancel{mol\ HNO_3} \times \frac{1\ \cancel{mol\ H^+}}{1\ \cancel{mol\ HNO_3}} \times \frac{6.022{\times}10^{23}\ H^+\text{ 이온}}{1\ \cancel{mol\ H^+}}$$

$$= 2.1{\times}10^{22}\ H^+\text{ 이온}$$

검산 몰수는 맞는 것 같다. 0.025 L × 1.4 mol/L = 0.035 mol, 여기에 $6{\times}10^{23}$ 이온/mol을 곱하면 $2{\times}10^{22}$개의 이온을 얻을 수 있다.

▶ 보충 문제

4.12A 0.0120 *M* 수산화 칼슘 용액 451 mL 속에는 몇 mol의 $OH^-(aq)$ 이온이 들어 있는가?

4.12B 0.722 *M* 염산 용액 65.5 mL 속에는 몇 mol의 $H^+(aq)$ 이온이 들어 있는가?

유사 문제 4.63, 4.64

핵심 변화: H^+와 OH^-로부터 H_2O 생성

산-염기 반응에서 일어나는 핵심 변화를 살펴보기 위해 강산 HCl과 강염기 NaOH 사이의 반응을 살펴보자. 세 가지 유형의 수용액상 이온 반응식(색깔로 표시)은 다음과 같다.

- 분자 반응식은 다음과 같다.

$$HCl(aq) + NaOH(aq) \longrightarrow NaCl(aq) + H_2O(l)$$

- HCl과 NaOH 강전해질이기 때문에 완전히 해리하므로 전체 이온 반응식은 다음과 같다.

$$H^+(aq) + Cl^-(aq) + Na^+(aq) + OH^-(aq) \longrightarrow Na^+(aq) + Cl^-(aq) + H_2O(l)$$

- 알짜 이온 반응식에서는 구경꾼 이온, $Na^+(aq)$과 $Cl^-(aq)$를 제거한다.

$$H^+(aq) + OH^-(aq) \longrightarrow H_2O(l)$$

따라서 강산과 강염기의 수용액상 반응에서 일어나는 핵심 변화는 산에서 나온 H^+ 이온과 염기에서 나온 OH^- 이온이 물 분자를 생성하는 것이다. 서로 다른 강산-강염기 반응에서는 단지 구경꾼 이온만이 다를 뿐이다.

침전 반응과 마찬가지로 산-염기 반응도 *이온 사이의 정전기적 인력으로 형성된 생성물이 용액으로부터 제거되는 과정을 통해 일어난다.* 산-염기 반응의 경우에는 생성물이 불용성인 이온성 고체가 아니라 거의 해리하지 않는 분자인 H_2O이다. 실제로는 물 분자가 *아주 조금* 해리하기는 하지만(18장에서 알아보겠지만 이 점은 대단히 중요함), 산-염기 반응에서는 물이 생성되어 엄청난 양의 H^+와 OH^- 이온이 제거되는 효과가 있다.

위의 분자 반응식 및 전체 이온 반응식에서 만약 물을 증발시키면 구경꾼 이온이 남는다는 것을 볼 수 있다. 산-염기 반응의 결과로 형성되는 이 이온 결합 화합물을 **염**(salt)이라 부른다. 이 경우에는 염화 소듐이다. 따라서 *수용액상 중화 반응에서 산과 염기는 염 용액과 물을 생성한다.*

$$\underset{\text{산}}{HX(aq)} + \underset{\text{염기}}{MOH(aq)} \longrightarrow \underset{\text{염}}{MX(aq)} + \underset{\text{물}}{H_2O(l)}$$

*염의 양이온은 염기에서 나오고 염의 음이온은 산에서 나온다*는 점을 유의하자.

산-염기 반응도 침전 반응처럼 상호 교환(이중 교환) 반응이다. 제산제의 활성 성분인 수산화 알루미늄과 위산의 주성분인 HCl 사이의 반응도 산-염기 반응의 한 예이다.

$$3HCl(aq) + Al(OH)_3(s) \longrightarrow AlCl_3(aq) + 3H_2O(l)$$

산-염기 반응에서의 양성자 전달

강산과 강염기 사이의 반응을 자세히 살펴보면(색깔로 표시), 여러 개의 관련 반응들과 마찬가지로 일관된 경향성이 나타난다. 이 경향을 알아보기 위해 세 가지 유형의 반응을 살펴보자.

강산과 강염기의 반응 HCl과 NaOH 사이의 반응을 한 번 더 살펴보자. HCl 기체를 물에 용해시키면 H^+ 이온이 물 분자와 결합하게 된다. 따라서 실질적으로 염산은 용매화된 H_3O^+ 이온과 Cl^- 이온으로 이루어져 있다.

$$HCl(g) + H_2O(l) \longrightarrow H_3O^+(aq) + Cl^-(aq)$$

만약 NaOH 용액을 가하면 H_3O^+가 *양성자를 OH^-로 전달*(H_2O라 표기한 물 분자를 남겨두고 HOH라 표기한 물 분자를 생성)한다는 것을 전체 이온 반응식에서 볼 수 있다.

H^+ 전달

$$[H_3O^+(aq) + Cl^-(aq)] + [Na^+(aq) + OH^-(aq)] \longrightarrow$$
$$H_2O(l) + Cl^-(aq) + Na^+(aq) + HOH(l)$$

알짜 이온 반응식에서는 구경꾼 이온이 없기 때문에 *양성자*가 H_3O^+에서 OH^-로 *전달*되

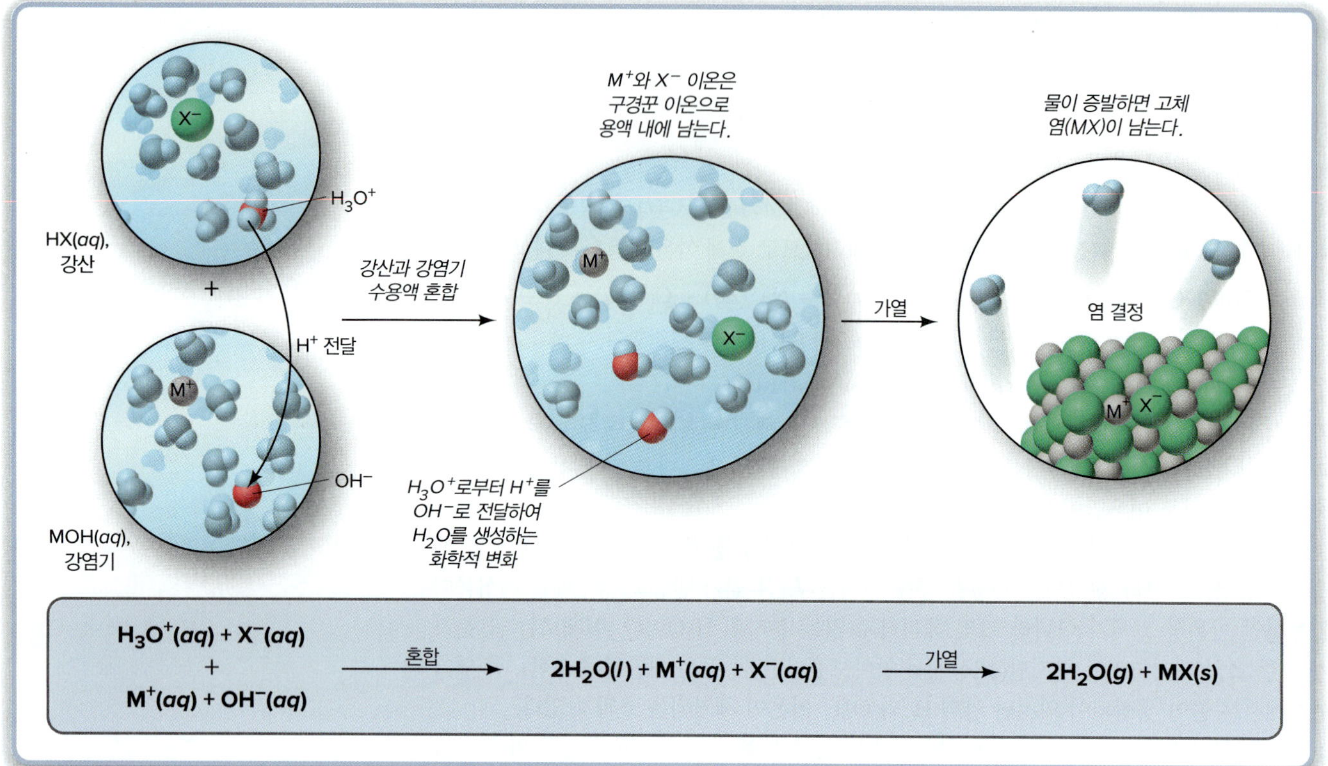

그림 4.12 수용액에서의 강산-강염기 반응: 양성자 전달 과정.

는 것을 더 명확히 볼 수 있다.

$$H_3O^+(aq) + OH^-(aq) \longrightarrow H_2O(l) + HOH(l) \quad [\text{또는 } 2H_2O(l)]$$

(H⁺ 전달)

이 반응식은 이 절의 앞부분에서 본 HCl과 NaOH의 반응의 알짜 이온 반응식과 동일하다.

$$H^+(aq) + OH^-(aq) \longrightarrow H_2O(l)$$

다만 H_3O^+를 사용한 알짜 이온 반응식에서는 H_3O^+로부터 남겨진 H_2O 분자가 추가로 존재한다는 점이 다르다. 그림 4.12는 이 과정을 원자 수준에서 보여준다. 물을 증발시키면 구경꾼 이온인 Cl^-와 Na^+가 결정을 이루어 NaCl 염을 생성한다는 것도 볼 수 있다.

따라서 *산-염기 반응은 양성자 전달 과정이다.* 20세기 초에 화학자인 Johannes Brønsted와 Thomas Lowry는 다음과 같이 설명했다.

- *산은 양성자를 내어 주는 분자(또는 이온)이다.*
- *염기는 양성자를 받는 분자(또는 이온)이다.*

따라서 강산과 강염기 사이의 수용액 반응에서 *H_3O^+ 이온은 산으로 작용하여 양성자를 OH^- 이온에게 내어준다. OH^-는 염기로 작용하여 양성자를 받는다.* (18장에서 Brønsted-Lowry 개념을 심도 있게 논할 것이다.)

약산과 강염기의 반응 강산과 강염기의 반응에서처럼 약산과 강염기의 반응에서도 양성자 전달이 일어나지만 전체 이온 반응식이 달라진다.

예를 들어 강염기인 수산화 소듐 용액과 약산인 아세트산(CH_3COOH, 표 4.2) 용액을 섞을 때 분자 반응식은 다음과 같다.

$$CH_3COOH(aq) + NaOH(aq) \longrightarrow CH_3COONa(aq) + H_2O(l)$$

아세트산은 약산이라서 거의 해리하지 않기 때문에 이온의 형태가 아닌 *해리하지 않은 온전한 분자 형태*로 전체 이온 반응식의 왼쪽에 써 준다.

$$CH_3COOH(aq) + Na^+(aq) + OH^-(aq) \longrightarrow CH_3COO^-(aq) + Na^+(aq) + H_2O(l)$$

표 4.4 | 강염기와 강산 및 약산과의 반응

	강산과 강염기	약산과 강염기
분자 반응식	$HCl(aq) + NaOH(aq) \longrightarrow NaCl(aq) + H_2O(l)$	$CH_3COOH(aq) + NaOH(aq) \longrightarrow CH_3COONa(aq) + H_2O(l)$
전체 이온 반응식	$H_3O^+(aq) + Cl^-(aq) + Na^+(aq) + OH^-(aq) \longrightarrow H_2O(l) + Na^+(aq) + Cl^-(aq) + H_2O(l)$	$CH_3COOH(aq) + Na^+(aq) + OH^-(aq) \longrightarrow CH_3COO^-(aq) + Na^+(aq) + H_2O(l)$
알짜 이온 반응식	$H^+(aq) + OH^-(aq) \longrightarrow H_2O(l)$	$CH_3COOH(aq) + OH^-(aq) \longrightarrow CH_3COO^-(aq) + H_2O(l)$

알짜 이온 반응식을 보면 양성자가 H_3O^+로부터 전달(강산의 경우)되는 것이 아니라 약산으로부터 직접 전달된다는 것을 알 수 있다.

$$CH_3COOH(aq) + OH^-(aq) \longrightarrow CH_3COO^-(aq) + H_2O(l) \quad (H^+ \text{ 전달})$$

구경꾼 이온은 강염기의 양이온인 $Na^+(aq)$뿐이다. 모든 *약산과 강염기의 반응*은 다음과 같은 형태의 알짜 이온 반응식을 갖는다.

$$HX(aq) + OH^-(aq) \longrightarrow X^-(aq) + H_2O(l)$$

서로 다른 약산-강염기 반응에서는 강염기로부터 나온 구경꾼 이온만이 다를 뿐이다. 표 4.4는 강산-강염기 반응과 약산-강염기 반응의 반응식들을 비교하여 보여준다.

> **인터넷 핫스팟**
> 약산과 강염기의 반응이 어렵게 느껴진다면, eBook에 접속하여 이 주제에 대한 추가 학습 동영상을 참고하자.

기체 생성 반응: 산과 탄산염(또는 아황산염)과의 반응 K_2CO_3와 같은 이온 결합 탄산염을 HCl과 강산으로 처리할 때 생기는 생성물 중의 하나는 이산화 탄소이다. 이 반응의 분자 반응식은 다음과 같다.

$$2HCl(aq) + K_2CO_3(aq) \longrightarrow 2KCl(aq) + [H_2CO_3(aq)]$$
$$[H_2CO_3(aq)] \longrightarrow H_2O(l) + CO_2(g)$$

화학종을 대괄호 속에 표시한 것(이 경우 H_2CO_3)은 이 화학종이 매우 불안정하다는 것을 나타낸다. H_2CO_3는 즉시 물과 이산화 탄소로 분해된다. 이 두 반응식을 더하면(예제 3.14 참조) $[H_2CO_3]$는 상쇄되어 사라지고 다음과 같은 전체 반응식을 얻는다.

$$2HCl(aq) + K_2CO_3(aq) \longrightarrow 2KCl(aq) + H_2O(l) + CO_2(g)$$

HCl로부터 나온 H_3O^+ 이온을 사용하여 전체 이온 반응식을 써 보면, 실질적으로 용액 내에 존재하는 화학종들을 볼 수 있고, 기체 생성 반응의 핵심 변화가 용액에서 *기체와 물이 생성되면서 이온이 제거되는 것*임을 알 수 있다.

$$2H_3O^+(aq) + 2Cl^-(aq) + 2K^+(aq) + CO_3^{2-}(aq) \longrightarrow 2Cl^-(aq) + 2K^+(aq) + CO_2(g) + H_2O(l) + 2H_2O(l) \quad [\text{또는 } 3H_2O(l)]$$

중간체인 H_2CO_3 생성을 포함하여 알짜 이온 반응식을 써 보면, 구경꾼 이온인 C^-와 K^+가 제거되어 두 개의 H_3O^+ 이온 각각으로부터 양성자가 한 개씩 탄산 이온으로 전달되어 *양성자 전달*이 일어난다는 것을 쉽게 볼 수 있다.

$$2H_3O^+(aq) + CO_3^{2-}(aq) \longrightarrow [H_2CO_3(aq)] + 2H_2O(l) \longrightarrow CO_2(g) + H_2O(l) + 2H_2O(l) \quad [\text{또는 } 3H_2O(l)] \quad (2H^+ \text{ 전달})$$

본질적으로 이 반응은 탄산 이온이 양성자를 받는(즉, 염기로 작용하는) 산-염기 반응이다.

아황산 이온도 비슷하게 반응하여 물과 SO_2 기체를 생성한다. SO_3^{2-}가 염기로 작용하여 불안정한 H_2SO_3를 생성하는 알짜 이온 반응식은 다음과 같다.

$$2H_3O^+(aq) + SO_3^{2-}(aq) \longrightarrow [H_2SO_3(aq)] + 2H_2O(l) \longrightarrow SO_2(g) + H_2O(l) + 2H_2O(l) \quad [\text{또는 } 3H_2O(l)] \quad (2H^+ \text{ 전달})$$

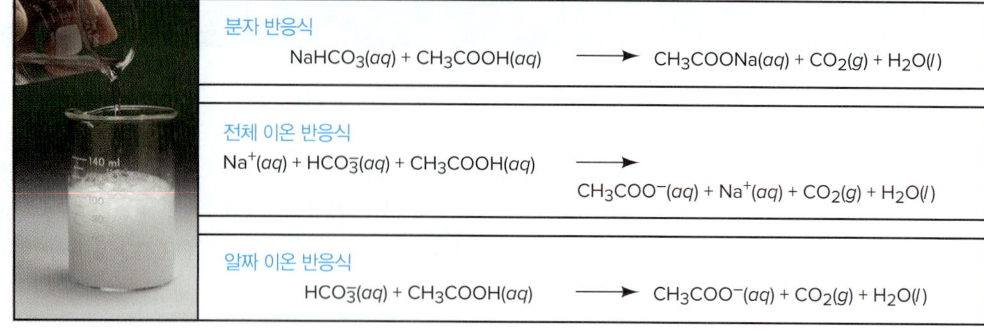

그림 4.13 **약산의 기체 생성 반응.** 아세트산이 거의 이온화하지 않으므로 두 이온 반응식에 아세트산이 들어 있는 점에 유의하라.

Source: Charles D. Winters/McGraw-Hill Education

약산은 탄산 이온과도 반응하여 CO_2를 생성하지만, 앞에서 보았듯이 약산은 용액 중에서 매우 적은 양만이 해리하므로 이온으로 표시하지 않고 온전한 분자로 표시한다. 그림 4.13은 식초(5% 아세트산 수용액)와 베이킹 소다(탄산수소 소듐) 용액의 반응을 보여준다. 실제로 위액(주로 HCl)이 과량 분비되면 십이지장에서 호르몬 세크레틴이 분비되어 췌장을 자극하여 HCO_3^- 이온이 분비되는데, 이 이온은 아세트산과 반응할 때와 유사한 방식으로 과량의 산과 반응한다.

예제 4.13 | 산-염기 반반응에 대한 전체 이온 반응식과 양성자 전달 반응식 쓰기

문제 다음 각 산-염기 반응에 대해 균형 맞춘 분자 반응식, 전체 이온 반응식, 알짜 이온 반응식을 작성하라. **(a)**와 **(b)**에 대해 수소 이온을 H^+로 표현하여 전체 이온 반응식과 알짜 이온 반응식을 작성하라. 또한 **(a)**, **(b)**, **(c)**에 대해 수소 이온을 H_3O^+로 표현하여 전체 이온 반응식과 알짜 이온 반응식을 작성하고, 곡선 화살표를 사용하여 양성자 전달이 어떻게 일어나는지도 표시하라. 또한 구경꾼 이온이 어느 것인지도 결정하라. **(a)**와 **(b)**에서는 물이 증발하면 생성되는 염의 이름을 쓴다. **(c)**에서 프로판산(propanoic acid, CH_3CH_2COOH)은 약산이라는 점을 유의하라.

(a) 아이오딘화 수소산(aq) + 수산화 칼슘(aq) ⟶

(b) 수산화 바륨(aq) + 황산(aq) ⟶

(c) 수산화 포타슘(aq) + 프로판산(aq) ⟶

계획 **(a)**와 **(b)** 반응물이 강산과 강염기(표 4.2 참조)이므로 염기에서 나온 OH^-로 양성자를 전달하는 H_3O^+이 산성 화학종이다. **(a)**에서 생성물은 물과 구경꾼 이온 용액이다. 물을 증발시키면 구경꾼 이온들은 고체 염이 된다. **(b)**에서 염($BaSO_4$)은 불용성이므로(표 4.1 참조) 구경꾼 이온은 없다. **(c)** 산이 약산이기 때문에 용액에 분자로 남아서 염기에서 온 OH^-에 양성자를 준다. 염기에서 온 양이온만이 구경꾼 이온이다.

풀이 **(a)** 분자 반응식 쓰기:

$$2HI(aq) + Ca(OH)_2(aq) \longrightarrow CaI_2(aq) + 2H_2O(l)$$

H^+를 사용하여 전체 이온 반응식 쓰기:

$$2H^+(aq) + 2I^-(aq) + Ca^{2+}(aq) + 2OH^-(aq) \longrightarrow 2I^-(aq) + Ca^{2+}(aq) + 2H_2O(l)$$

알짜 이온 반응식 쓰기:

$$2H^+(aq) + 2OH^-(aq) \longrightarrow 2H_2O(l) \text{ 또는 } H^+(aq) + OH^-(aq) \longrightarrow H_2O(l)$$

H_3O^+를 사용하여 전체 이온 반응식 쓰기:

$$2H_3O^+(aq) + 2I^-(aq) + Ca^{2+}(aq) + 2OH^-(aq) \longrightarrow 2I^-(aq) + Ca^{2+}(aq) + 4H_2O(l)$$

알짜 이온 반응식 쓰기:

$$2H_3O^+(aq) + 2OH^-(aq) \longrightarrow 4H_2O(l) \text{ 또는 } H_3O^+(aq) + OH^-(aq) \longrightarrow 2H_2O(l)$$

$I^-(aq)$와 $Ca^{2+}(aq)$가 구경꾼 이온이므로 염은 아이오딘화 칼슘 CaI_2이다.

(b) 분자 반응식 쓰기:

$$Ba(OH)_2(aq) + H_2SO_4(aq) \longrightarrow BaSO_4(s) + 2H_2O(l)$$

H^+를 사용하여 전체 이온 반응식 쓰기:

$$Ba^{2+}(aq) + 2OH^-(aq) + 2H^+(aq) + SO_4^{2-}(aq) \longrightarrow BaSO_4(s) + 2H_2O(l)$$

H_3O^+를 사용하여 전체 이온 반응식 쓰기:

$$Ba^{2+}(aq) + 2OH^-(aq) + 2H_3O^+(aq) + SO_4^{2-}(aq) \longrightarrow BaSO_4(s) + 4H_2O(l)$$

이 반응은 산-염기 반응인 동시에 침전 반응이므로 알짜 이온 반응식이 전체 이온 반응식과 같다. 이 반응에서 구경꾼 이온은 없고, 염은 황산 바륨이다.

(c) 분자 반응식 쓰기:

$$KOH(aq) + CH_3CH_2COOH\ (aq) \longrightarrow CH_3CH_2COOK(aq) + H_2O(l)$$

전체 이온 반응식 쓰기:

$$K^+(aq) + OH^-(aq) + CH_3CH_2COOH(aq) \longrightarrow K^+(aq) + H_2O(l) + CH_3CH_2COO^-(aq)$$

알짜 이온 반응식 쓰기:

$$OH^-(aq) + CH_3CH_2COOH(aq) \longrightarrow H_2O(l) + CH_3CH_2COO^-(aq)$$

$K^+(aq)$가 유일한 구경꾼 이온이다.

▶ 보충 문제

4.13A 아질산(약산)과 수산화 스트론튬 수용액의 반응에 대해 균형 전체 및 알짜 이온 반응식을 작성하라. 굽은 화살표를 사용하여 알짜 이온 반응식에 양성자 전달을 나타내어라. 물을 증발시킬 때 남아 있는 염의 화학식과 이름을 말하고, 구경꾼 이온을 찾아라.

4.13B 탄산수소 칼슘과 브로민화 수소산 수용액의 반응에 대해 균형 전체 및 알짜 이온 반응식을 작성하라. 굽은 화살표를 사용하여 알짜 이온 반응식에 양성자 전달을 나타내어라. 물을 증발시킬 때 남아 있는 염의 화학식과 이름을 말하고, 구경꾼 이온을 찾아라.

유사 문제 4.65~4.68

산-염기 반응의 화학량론: 산-염기 적정

침전 반응에서와 마찬가지로 산-염기 반응에서도 몰비를 농도와 부피 자료와 함께 이용하여 반응에 참여하는 반응물과 생성물의 양을 알아낼 수 있다. 예제 4.14는 이런 유형의 계산의 예이다.

예제 4.14 | 산-염기 반응에서 반응물과 생성물의 양 계산하기

문제 위(stomach)의 분화된 세포(specialized cell)에서 HCl이 분비되어 소화를 돕는다. 위산이 과다하게 분비되는 경우 제산제 형태의 염기로 과량의 위산을 중화시킬 수 있다. 수산화 마그네슘은 제산제에 흔히 사용되는 유효 성분이다. 상용 제산제를 검사하는 정부 소속 화학자가 위 속의 산 농도를 모사하기 위해 0.10 *M* HCl을 사용한다. 수산화 마그네슘 0.10 g이 들어 있는 알약과 반응하는 이 "위산"의 부피는 몇 L인가?

계획 산과 반응하는 수산화 마그네슘 $Mg(OH)_2$의 질량(0.10 g)을 알고 있다. 또한 산의 농도(0.10 *M*)를 알고 있고 산의 부피를 구해야 한다. 균형 반응식을 적은 다음 $Mg(OH)_2$의 질량(g)을 양(mol)으로 환산하고, 몰비를 이용하여 $Mg(OH)_2$와 반응하는 HCl의 양(mol)을 계산한다. 그런 다음 HCl의 몰농도를 이용하여 계산한 양만큼의 HCl이 들어 있는 용액의 부피(L)를 구한다(로드맵 참조).

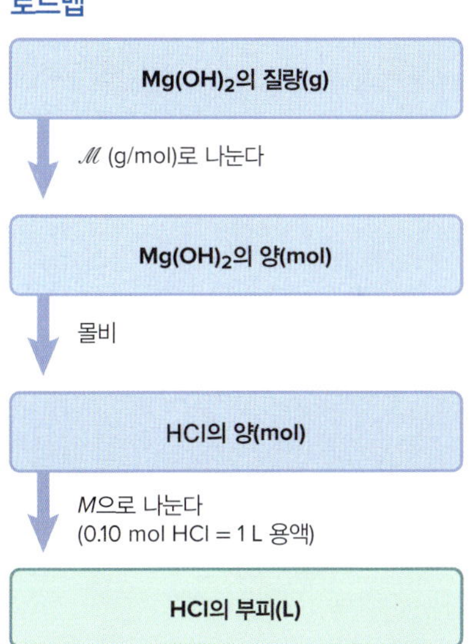

풀이 균형 반응식 쓰기:

$$Mg(OH)_2(s) + 2HCl(aq) \longrightarrow MgCl_2(aq) + 2H_2O(l)$$

$Mg(OH)_2$의 질량(g)을 양(mol)으로 환산:

$$Mg(OH)_2\text{의 양(mol)} = 0.10 \text{ g } Mg(OH)_2 \times \frac{1 \text{ mol } Mg(OH)_2}{58.33 \text{ g } Mg(OH)_2}$$
$$= 1.7{\times}10^{-3} \text{ mol } Mg(OH)_2$$

$Mg(OH)_2$의 양(mol)을 HCl의 양(mol)으로 환산:

$$HCl\text{의 양(mol)} = 1.7{\times}10^{-3} \text{ mol } Mg(OH)_2 \times \frac{2 \text{ mol HCl}}{1 \text{ mol } Mg(OH)_2}$$
$$= 3.4{\times}10^{-3} \text{ mol HCl}$$

HCl의 양(mol)을 HCl의 부피(L)로 환산:

$$HCl\text{의 부피(L)} = 3.4{\times}10^{-3} \text{ mol HCl} \times \frac{1 \text{ L}}{0.10 \text{ mol HCl}}$$
$$= 3.4{\times}10^{-2} \text{ L}$$

검산 답으로 얻은 부피의 크기는 적절한 것으로 보인다. 작은 부피의 묽은 산(0.10 *M*, 0.034 L)이 적은 양(0.0017 mol)의 제산제와 반응한다.

▶ 보충 문제

4.14A 제산제의 또 다른 유효 성분으로 수산화 알루미늄이 있다. 예제 4.14에서 계산한 부피의 0.10 *M* HCl 용액과 완전히 반응하는 데 필요한 수산화 알루미늄의 질량(g)은 얼마인가?

4.14B 아스피린 알약의 유효 성분은 아세틸살리실산 $HC_9H_7O_4$인데, 알약의 모양을 만들기 위해 추가되는 비활성 성분과 섞여 있다. 아스피린 알약을 물에 녹여 아세틸살리실산을 완전하게 반응시키기 위해서는 0.128 *M* NaOH 14.10 mL가 필요하다. 알약 속에 안에 들어 있는 아세틸살리실산의 질량(g)은 얼마인가? (*힌트:* 아세틸살리실산의 양성자 한 개만 염기와 반응한다.)

유사 문제 4.69, 4.70, 4.76, 4.77

적정을 이용한 산-염기 반응의 정량 산-염기 반응을 정량적으로 연구하기 위해 *적정*이라 불리는 실험 방법을 사용한다. **적정**(titration)에서는 *농도를 알고 있는 용액을 사용하여 농도를 모르는 용액의 농도를 결정*한다. 전형적인 산-염기 적정에서는 농도를 알고 있는 표준 염기 용액을 농도를 *모르는* 산 용액에 첨가(또는 그 반대로 첨가)한다.

그림 4.14A는 산-염기 적정 실험 장치인데, 부피를 알고 있는 산과 몇 방울의 지시약이 플라스크에 들어 있다. *산-염기 지시약*(acid-base indicator)은 산성 용액과 염기성 용액에서 서로 다른 색을 내는 물질이다. 그림에서 사용한 지시약은 페놀프탈레인(phenolphthalein)인데 염기성 용액에서는 분홍색, 산성 용액에서는 무색을 나타낸다. (18장과 19

그림 4.14 산-염기 적정.

Source: Stephen Frisch/McGraw-Hill Education

장에서 지시약을 살펴볼 것이다.) 뷰렛으로 염기를 첨가하면 OH^- 이온은 H^+ 이온과 반응한다. 적정이 끝나 가면(그림 4.14B), 첨가되는 염기 방울이 일시적으로 과량의 OH^- 이온을 생성하여 일부 지시약 분자들이 염기성 색으로 변한다. 플라스크를 잘 저어 주면 지시약은 곧 산성 색으로 돌아간다. 적정에는 중요한 두 가지 단계가 있다.

- **당량점**(equivalence point)은 *초기 산성 용액 내에 있던 H^+ 이온의 양(mol)이 뷰렛으로부터 첨가된 OH^- 이온의 양(mol)과 같아질 때*이다.

  H^+ 이온의 양(mol) (초기 플라스크) = OH^- 이온의 양(mol) (뷰렛으로부터 첨가)

- **종말점**(end point)은 약간 과량의 OH^- 이온이 지시약을 염기성 색으로 완전히 바꿀 때이다(그림 4.14C).

예제 4.15에서와 같이 적정을 이용한 정량 계산에서는 약간 과량의 OH^- 이온은 무시할 정도로 작아서 *종말점에 도달하는 데 필요한 염기의 몰수가 당량점에 도달하는 데 필요한 염기의 몰수와 같다*고 가정한다.

예제 4.15 | 적정을 통해 산 농도 구하기

문제 H_2SO_4 용액의 농도를 알아내기 위해 몇 방울의 지시약 용액을 첨가한 H_2SO_4 50.00 mL를 플라스크에, 0.1524 *M* NaOH를 뷰렛에 넣었다. 뷰렛의 초기 눈금이 0.55 mL이고, 종말점에서 뷰렛 눈금은 33.87 mL이다. H_2SO_4 용액의 몰농도를 구하라.

계획 산의 부피(50.00 mL), 염기의 초기 눈금(0.55 mL)과 최종 눈금(33.87 mL), 염기의 몰농도(0.1524 *M*)로부터 산의 몰농도를 구해야 한다. 먼저 반응식의 균형을 맞춘다. 뷰렛 눈금 차이로부터 첨가한 염기의 부피를 구한다. 염기의 몰농도를 이용하여 염기의 양(mol)을 구한다. 다음에 균형 반응식의 몰비를 플라스크에 이용하여 원래 들어 있던 산의 양(mol)을 구하고 이를 원래의 산의 부피로 나누어서 몰농도를 구한다(로드맵 참조).

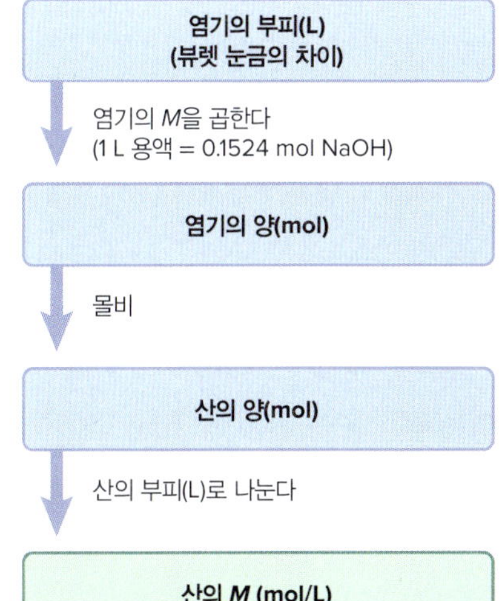

풀이 균형 반응식 쓰기:

$$2NaOH(aq) + H_2SO_4(aq) \longrightarrow Na_2SO_4(aq) + 2H_2O(l)$$

첨가한 NaOH 용액의 부피(L) 구하기:

$$\text{용액의 부피(L)} = (33.87\ \cancel{\text{mL}}\ \text{용액} - 0.55\ \cancel{\text{mL}}\ \text{용액}) \times \frac{1\ \text{L}}{1000\ \cancel{\text{mL}}} = 0.03332\ \text{L 용액}$$

첨가한 NaOH의 양(mol) 구하기:

$$\text{NaOH의 양(mol)} = 0.03332\ \cancel{\text{L 용액}} \times \frac{0.1524\ \text{mol NaOH}}{1\ \cancel{\text{L 용액}}} = 5.078\times10^{-3}\ \text{mol NaOH}$$

원래 존재하던 H_2SO_4의 양(mol) 구하기: 몰비가 2 mol NaOH/1 mol H_2SO_4이므로

$$H_2SO_4\text{의 양(mol)} = 5.078\times10^{-3}\ \cancel{\text{mol NaOH}} \times \frac{1\ \text{mol}\ H_2SO_4}{2\ \cancel{\text{mol NaOH}}} = 2.539\times10^{-3}\ \text{mol}\ H_2SO_4$$

H_2SO_4의 몰농도 계산:

$$H_2SO_4\ \text{몰농도} = \frac{2.539\times10^{-3}\ \text{mol}\ H_2SO_4}{50.00\ \cancel{\text{mL}}} \times \frac{1000\ \cancel{\text{mL}}}{1\ \text{L}} = 0.05078\ M\ H_2SO_4$$

검산 답이 맞는 것 같다. 더 큰 부피의 묽은 산이 더 작은 부피의 진한 염기로 중화되었다. 근사 계산을 해보면 H^+와 OH^-의 몰수는 대략 같다. 50 mL × 2(0.05 *M*) H^+ = 0.005 mol = 33 mL × 0.15 *M* OH^-.

▶ 보충 문제

4.15A 0.1000 *M* HCl 50.00 mL를 중화하는 데 필요한 0.1292 *M* $Ba(OH)_2$ 용액의 부피는 얼마인가?

4.15B 0.2452 *M* HNO_3 20.00 mL를 적정하는 데 KOH가 18.15 mL가 사용되었다면 이 용액의 몰농도는 얼마인가?

유사 문제 4.71, 4.72

› 4.3절 요약

- 산(H^+를 내어 놓는 물질)과 염기(OH^-를 내어 놓는 물질) 사이의 산-염기(중화) 반응에서는 H^+와 OH^- 이온이 H_2O를 생성한다.
- 강산과 강염기는 물에서 완전히 해리한다(강전해질). 약산과 약염기는 조금 해리한다(약전해질).
- 산-염기 반응에서는 산(H^+를 주는 화학종)에서 염기(H^+를 받는 화학종)로 양성자가 전달된다.
- 약산은 아주 조금 해리하기 때문에 이온 반응식에서 분자 형태 그대로 쓰며, 약산 분자가 양성자를 직접 염기로 전달한다.
- 기체를 생성하는 산-염기 반응은 산이 양성자를 탄산 이온(또는 아황산 이온)으로 전달할 때 일어난다. 이때 물과 기체가 형성되며 기체는 반응 혼합물에서 빠져나온다.
- 몰농도는 산-염기 반응의 화학량론 계산의 환산 인자로 사용한다.
- 적정에서는 농도를 알고 있는 용액을 이용하여 다른 용액의 농도를 구한다.

4.4 산화-환원 반응

이 장에서 살펴볼 마지막 유형의 화학 반응은 산화-환원 반응이다. 산화-환원 반응에는 원소로부터 화합물 생성(및 그 역반응), 모든 연소 반응, 전지에서의 전기 생산, 세포 내의 에너지 생산, 그리고 많은 다른 반응들이 포함된다. 사실 산화-환원 반응은 너무나 광범위해서 수용액 내에서 일어나지 않는 반응도 많다. 이 절에서는 산화-환원 과정에서 일어나는 핵심 변화를 살펴보고, 중요한 용어를 논의하며, 산화-환원 반응 여부를 판단하는 방법을 알아보고, 산화-환원 반응을 정량적으로 다루는 방법을 배운다. (3장에서 배운 방법을 이용해서 이 절에서 나오는 산화-환원 반응의 반응식의 균형을 맞춘다. 21장에서 전기 화학에 대해 배우면서 좀 더 복잡한 산화-환원 반응식의 균형 맞추기를 학습할 것이다.)

핵심 변화: 반응물 사이의 전자 이동

산화-환원 반응[oxidation-reduction (redox) reaction]에서 일어나는 화학적 핵심 변화는 *한 반응물에서 다른 반응물로 전자들의 알짜 이동*이다. 전자는 전자에 대한 인력이 *작은* 반응물(또는 반응물 내의 원자)로부터 인력이 *큰* 반응물(또는 원자)로 이동한다.

이 과정은 이온 결합 화합물과 공유 결합 화합물이 생성될 때 모두 일어난다.

- *이온 결합 화합물: 전자 전달*(transfer of electron). 원소로부터 MgO가 형성되는 반응(그림 3.7 참조)의 균형 반응식은 다음과 같다.

  $$2Mg(s) + O_2(g) \longrightarrow 2MgO(s)$$

  그림 4.15A는 각 Mg 원자가 2개의 전자를 잃고 각 O 원자는 그 전자들을 얻는 것을 보여준다. 이렇게 전자를 잃고 얻는 것이 Mg 원자로부터 각 O 원자로의 *전자* ***전달***(transfer)이다. 그 결과로 생성된 Mg^{2+}와 O^{2-} 이온들이 모여 이온성 고체를 형성한다.

- *공유 결합 화합물: 전자 이동*(shift of electron). 원소로부터 공유 결합 화합물이 형성되는 과정에서는 전자의 완전한 전달보다는 *전자* ***이동***(shifting)이 일어난다. 따라서 *이온이 형성되지는 않는다*. HCl 기체 생성을 생각해 보자.

  $$H_2(g) + Cl_2(g) \longrightarrow 2HCl(g)$$

  전자의 움직임을 살펴보기 위해 반응물과 생성물 내의 전자 분포를 비교해 보자. 그림 4.15B에서 볼 수 있는 것처럼, H_2와 Cl_2에서는 전자가 두 원자 사이에서 균등하게 공유된다(*대칭적 색조*). HCl에서는 Cl 원자가 H 원자보다 전자를 더 강하게 끌어당기기 때문에, 전자가 두 원자 사이에서 불균등하게 공유된다(*비대칭 색조*). 전자는 H로부터 멀어지며 Cl을 향해 이동하므로 Cl 원자는 Cl_2에서보다 HCl에서 더 많은 음전하를 갖고(*빨간색*, δ−), H 원자는 H_2에서보다 HCl에서 더 적은 음전하(*파란색*, δ+)를 갖는다. 따라서 H_2는 일부 전자 전하를 잃고, Cl_2는 일부 전자 전하를 얻는다.

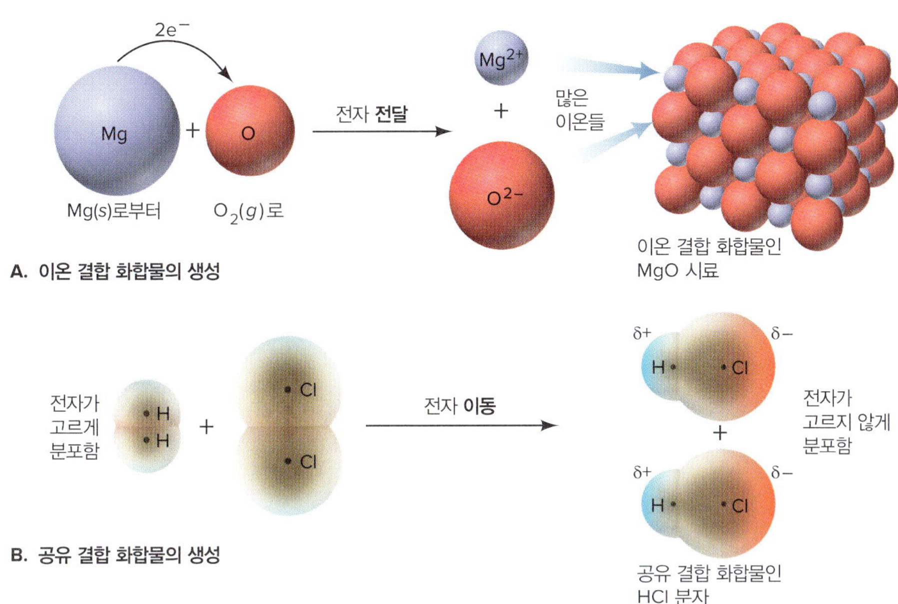

그림 4.15 원소로부터 이온 결합 화합물(A)과 공유 결합 화합물(B)을 생성하는 산화-환원 반응.

몇 가지 필수적인 산화-환원 용어

몇 가지 핵심 용어들로 반응 과정을 기술하고 반응 유형의 이름을 설명한다.

- **산화**(oxidation)는 전자를 *잃는 것*이다.
- **환원**(reduction)은 전자를 *얻는 것*이다.

MgO를 형성하는 동안, Mg는 산화(전자를 잃음)되었고, O_2는 환원(전자를 얻음)되었다. 전자를 잃고 얻는 과정은 동시에 일어나지만 따로 일어난다고 상상해 보자.

산화(Mg가 전자를 잃음): $Mg \longrightarrow Mg^{2+} + 2e^-$

환원(O_2가 전자를 얻음): $\frac{1}{2}O_2 + 2e^- \longrightarrow O^{2-}$

(이 장의 산화-환원 내용에서 파란색은 산화, 빨간색은 환원을 나타낸다.)

- **산화제**(oxidizing agent)는 산화를 시키는 (전자를 잃게 하는) 화학종이다.
- **환원제**(reducing agent)는 환원을 시키는 (전자를 얻게 하는) 화학종이다.

한 반응물이 전자의 주고 받음으로써 다른 반응물에 작용한다. MgO를 생성하는 반응에서

- Mg는 전자를 잃는다. → Mg는 *산화된다*. → Mg가 O_2에게 전자를 제공한다. → Mg는 O_2를 *환원시킨다*. → Mg는 *환원제*이다.
- O_2는 전자를 얻는다. → O_2는 *환원된다*. → O_2는 Mg가 내어준 전자를 받는다. → O_2는 Mg를 *산화시킨다*. → O_2는 *산화제*이다.

다시 말해

- *산화제는 환원된다*. 산화제는 전자를 받는다(따라서 전자를 얻음).
- *환원제는 산화된다*. 환원제는 전자를 준다(따라서 전자를 잃음).

HCl을 생성하는 반응에서

- H는 전자 전하의 일부를 잃는다. → H_2는 산화된다. → H가 Cl에게 전자 전하를 제공한다. → H_2는 Cl_2를 *환원시킨다*. → H_2는 *환원제*이다.
- Cl은 전자 전하의 일부를 얻는다. → Cl_2는 환원된다. → Cl은 H로부터 전자 전하를 얻는다. → Cl_2는 H_2를 *산화시킨다*. → Cl_2는 *산화제*이다.

산화수를 이용하여 전자 전하 추적하기

화학자들은 어느 원자가 전자 전하를 잃고 어느 원자가 얻는지를 추적하는 "부기(book-keeping)" 체계를 고안했다. 분자(또는 화학식 단위) 내의 각 원자에 **산화수**(oxidation number, **O.N.**) 또는 *산화 상태*(oxidation state)를 부여하는데, 산화수는 *만약* 전자가

원자들 사이에서 완전히 전달된다면(공유되는 것이 아님) 전자 전달에 참여하는 각 원자가 가지게 될 전하이다.

- 이성분 *이온 결합* 화합물을 이루는 각 원소는 *완전한 전하*를 가지는데, 이는 해당 원소의 원자가 완전한 전자 전달에 참여했기 때문이다. 그러므로 각 원자의 산화수는 이온 전하와 같다. 따라서 MgO에서 Mg^{2+} 이온의 산화수는 +2이고, O^{2-} 이온의 산화수는 −2이다.
- *공유 결합* 화합물(또는 다원자 이온)의 각 원소는 *부분 전하*를 가지는데, 이는 전자가 한 원자에서 멀어지며 다른 원자로를 향해 이동하기 때문이다. 이런 경우, 산화수는 표 4.5에 나와 있는 규칙들(8장과 9장에서 이 규칙들의 원자 수준에서의 근거를 배움)에 따라 정해진다.
- 이온의 전하는 부호를 숫자 *뒤*에 쓰지만(예, 2+) 산화수(O.N.)는 부호를 숫자 *앞*에 쓴다(예, +2). 또한 Na^+ 또는 Cl^-에서처럼 1가의 이온 전하를 표시할 때 숫자를 생략하고 쓰는 것과는 달리 +1이나 −1의 산화수를 표시할 때에는 숫자를 함께 써 준다. 예를 들면, 소듐 이온을 Na^{1+}로 쓰지 않지만, Na^+ 이온의 산화수는 +가 아니고 +1이라 쓴다.

표 4.5 | 산화수(O.N.)를 정하는 규칙

일반 규칙

1. 원소 형태의 원자 (Na, C, O_2, Cl_2, P_4 등): 산화수 = 0
2. 단원자 이온: 산화수 = 이온 전하(부호가 숫자 앞에 위치함)
3. 분자나 화합물의 화학식 단위에서 구성 원자들의 산화수 값의 합은 0이다. 다원자 이온의 구성 원자들의 산화수 값의 합은 이온의 전하와 같다.

특정 원자 또는 주기율표 족에 대한 규칙

1. 1A(1)족:	모든 화합물에서 산화수 = +1
2. 2A(2)족:	모든 화합물에서 산화수 = +2
3. 수소:	비금속과의 결합에서 산화수 = +1 금속, 붕소와의 결합에서 산화수 = −1 (예, NaH)
4. 플루오린:	모든 화합물에서 산화수 = −1
5. 산소:	과산화물에서 산화수 = −1 (예, H_2O_2) 다른 모든 화합물(F와 결합은 예외)에서 산화수 = −2
6. 7A(17)족:	금속, 비금속(산소는 예외), 족의 더 아래쪽에 있는 다른 할로젠과의 결합에서 산화수 = −1

예제 4.16 | 화합물(또는 이온)에 들어 있는 각 원소의 산화수 결정

문제 다음 화학종에 들어 있는 각 원소의 산화수를 정하라.

(a) 염화 아연 **(b)** 삼산화 황 **(c)** 질산 **(d)** 다이크로뮴산 이온

계획 화학식을 쓰고 표 4.5를 참조한다. 화합물의 산화수 합은 0이 되고 다원자 이온의 산화수 합은 이온의 전하와 같다는 일반 규칙에 유의한다.

풀이 **(a)** $ZnCl_2$. 각 염화 이온의 O.N.은 −1(표 4.5 규칙 6)이므로, 다 더하면 −2이다. 따라서 화합물의 O.N.의 합이 0이 되어야 하므로 Zn의 O.N.은 +2이어야 한다.

$$\overset{+2}{Zn}\overset{-1}{Cl_2}$$

$$+2 + 2(-1) = 0$$

(b) SO_3. 각 산소의 O.N.은 −2(표 4.5 규칙 5), 다 더하면 −6이다. 화합물의 O.N.의 합이 0이어야 하므로 S의 O.N.은 +6이다.

$$\overset{+6}{S}\overset{-2}{O_3}$$

$$+6 + 3(-2) = 0$$

(c) HNO_3. H의 O.N.은 +1(표 4.5 규칙 3)이고, 각 O의 O.N.은 −2(표 4.5 규칙 5)이므로 다 더하면 −6이다. 따라서 N의 O.N.은 +5이다.

$$\overset{+1}{H}\overset{+5}{N}\overset{-2}{O_3}$$

$$+1 + (+5) + 3(-2) = 0$$

(d) $Cr_2O_7^{2-}$. 다원자 이온의 각 원자의 O.N. 값의 합은 이온의 전하와 같다. 각 O의 O.N.은 −2(표 4.5 규칙 5)이므로 O 원자 7개에 대한 합은 −14이다. 따라서 각 Cr 원자의 O.N.이 +6이 되어야 O.N.의 합이 이온의 전하와 같아진다.

$$\overset{+6}{Cr_2}\overset{-2}{O_7^{2-}}$$

$$2(+6) + 7(-2) = -2$$

▶ **보충 문제**

4.16A 다음에서 각 원소의 O.N.을 결정하라.

(a) 산화 스칸듐(Sc_2O_3) **(b)** 염화 갈륨($GaCl_3$)
(c) 인산수소 이온 **(d)** 삼플루오린화 아이오딘

4.16B 다음에서 각 원소의 O.N.을 결정하라.

(a) 탄산 포타슘 **(b)** 암모늄 이온
(c) 인화 칼슘(Ca_3P_2) **(d)** 사염화 황

유사 문제 4.84~4.91

산화수(O.N.)를 이용하여 산화-환원 반응 여부 및 산화제와 환원제 판단하기 산화-환원 반응은 화학종의 산화수가 변하는 반응으로 정의된다. 각 원자에 산화수를 부여함으로써 어느 화학종이 산화되었고, 환원되었는지를 알 수 있으며, 따라서 어느 물질이 산화제이고 환원제인지를 알 수 있다.

- 만약 한 원자가 반응물에서보다 생성물에서 더 높은(더 큰 양의 수 또는 절대값이 더 작은 음의 수) O.N.을 가지면 그 원자를 가진 반응물은 산화된(전자를 잃음) 것이고, 따라서 해당 반응물은 환원제이다. 즉, *산화는 산화수의 증가로 나타난다.*
- 만약 한 원자가 반응물에서보다 생성물에서 더 낮은(절대값이 더 큰 음의 수 또는 더 작은 양의 수) O.N.을 가지면 그 원자를 가진 반응물은 환원된(전자를 얻음) 것이고, 따라서 해당 반응물은 산화제이다. 즉, *환원은 산화수의 감소로 나타난다.*

예제 4.17은 산화수 변화를 추적하는 유용한 방법인 *연결선*(tie-line) 방법을 소개한다.

인터넷 핫스팟

산화-환원 반응에서 환원제와 산화제를 찾는 것이 어렵게 느껴진다면, eBook에 접속하여 이 주제에 대한 추가 학습 동영상을 참고하자.

예제 4.17 | 산화-환원 반응 여부 및 산화제와 환원제 판단하기

문제 산화수를 이용하여 다음 중 어느 반응이 산화-환원 반응인지를 찾아라. 각 산화-환원 반응에 대해 산화제와 환원제를 찾아라.

(a) $2Al(s) + 3H_2SO_4(aq) \longrightarrow Al_2(SO_4)_3(aq) + 3H_2(g)$
(b) $H_2SO_4(aq) + 2NaOH(aq) \longrightarrow Na_2SO_4(aq) + 2H_2O(l)$
(c) $PbO(s) + CO(g) \longrightarrow Pb(s) + CO_2(g)$

계획 어떤 반응이 산화-환원 반응인지 판단하기 위해서 표 4.5를 이용하여 각 원자(또는 이온)에 O.N.을 부여하고, 반응물이 생성물로 바뀌면서 산화수가 변하는지 살펴본다. 만약 반응이 일어나면서 한 원자의 O.N.이 변한다면, 반응식 왼쪽의 해당 원자로부터 반응식 오른쪽의 같은 원자로 연결선을 그리고 산화수 변화를 표시한다. 산화-환원 반응인 경우 산화된 원자(O.N.이 반응식의 왼쪽에서 오른쪽으로 가면서 *증가*)를 가진 반응물은 환원제이다. 환원된 원자를 가진 반응물은 산화제이다(O.N. *감소*). 생성물은 절대로 산화제나 환원제가 될 수 없다.

풀이 **(a)** 산화수를 부여하고 변화를 표시하기:

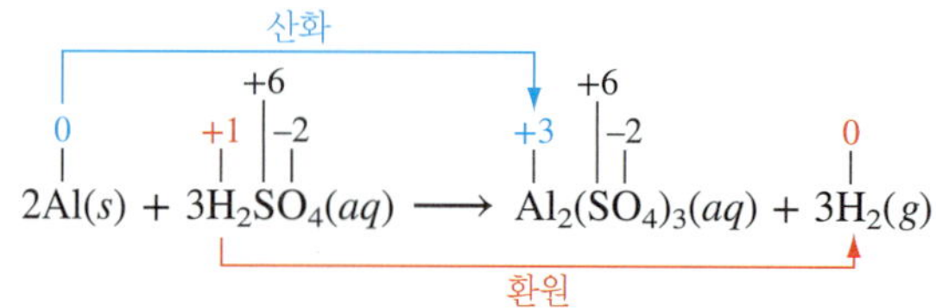

이 경우, Al과 H의 O.N.이 변하므로 이 반응은 산화-환원 반응이다. Al의 O.N.이 0에서 +3으로 증가(Al이 전자를 잃음)하므로 Al은 산화되고, Al이 환원제이다. H의 O.N.이 +1에서 0으로 감소(H가 전자를 얻음)하므로 H^+는 환원되고, H_2SO_4는 산화제이다.

(b) 산화수를 부여하기:

$$\overset{+1\ +6\ -2}{H_2SO_4(aq)} + \overset{+1\ -2\ +1}{2NaOH(aq)} \longrightarrow \overset{+1\ +6\ -2}{Na_2SO_4(aq)} + \overset{+1\ -2}{2H_2O(l)}$$

각 원자의 산화수가 생성물과 반응물에서 같기 때문에 이 반응은 산화-환원 반응이 *아니다*.

(c) 산화수를 부여하고 변화를 표시하기:

$$\overset{+2\ -2}{PbO(s)} + \overset{+2\ -2}{CO(g)} \longrightarrow \overset{0}{Pb(s)} + \overset{+4\ -2}{CO_2(g)}$$

(산화: CO의 C +2 → CO_2의 C +4; 환원: PbO의 Pb +2 → Pb 0)

이 경우 Pb와 C의 O.N.이 변하므로 이 반응은 산화-환원 반응이다. Pb의 O.N.이 +2에서 0으로 감소하므로 Pb는 환원되고, PbO는 산화제이다. C의 O.N.이 +2에서 +4로 증가하므로 CO는 산화되고, CO는 환원제이다.

일반적으로 어떤 물질(CO 같은)이 O 원자를 더 많이 가진 물질(CO_2처럼)로 변하면 그 물질은 산화된 것이다. 어떤 물질(PbO와 같은)이 O 원자를 더 적게 가진 물질(Pb처럼)로 변하면 그 물질은 환원된 것이다.

해설 (b)의 반응은 H_2SO_4가 두 개의 H^+ 이온을 두 개의 OH^- 이온으로 전달하여 물을 생성하는 산-염기 반응이다. 알짜 이온 반응식은 다음과 같다.

$$\overset{+1}{H^+(aq)} + \overset{-2\ +1}{OH^-(aq)} \longrightarrow \overset{+1\ -2}{H_2O(l)}$$

반응식 양쪽의 O.N.이 똑같다는 것을 알 수 있다. 따라서 *산-염기 반응은 산화-환원 반응이 아니다*.

▶ 보충 문제

4.17A 산화수를 이용하여 다음 중 어느 반응이 산화-환원 반응인지를 결정하고, 산화-환원 반응인 경우 산화제와 환원제를 찾아라.

(a) $NCl_3(l) + 3H_2O(l) \longrightarrow NH_3(aq) + 3HOCl(aq)$
(b) $AgNO_3(aq) + NH_4I(aq) \longrightarrow AgI(s) + NH_4NO_3(aq)$
(c) $2H_2S(g) + 3O_2(g) \longrightarrow 2SO_2(g) + 2H_2O(g)$

4.17B 산화수를 이용하여 다음 중 어느 반응이 산화-환원 반응인지를 결정하고, 산화-환원 반응인 경우 산화제와 환원제를 찾아라.

(a) $SiO_2(s) + 4HF(g) \longrightarrow SiF_4(g) + 2H_2O(l)$
(b) $2C_2H_6(g) + 7O_2(g) \longrightarrow 4CO_2(g) + 6H_2O(g)$
(c) $5CO(g) + I_2O_5(s) \longrightarrow 5CO_2(g) + I_2(s)$

유사 문제 4.92~4.95

환원제가 전자를 잃고 산화제가 전자를 얻는 것이 ***동시에*** *일어나기 때문에 전달된 전자는 절대 자유롭지 않다는 것*을 기억하라. 다시 말하면, "산화 반응" 또는 "환원 반응"은 자체로는 완전한 반응이 *될 수 없다*. 항상 산화-환원 반응이어야 한다. 그림 4.16에 산화-환원 용어를 요약하였다.

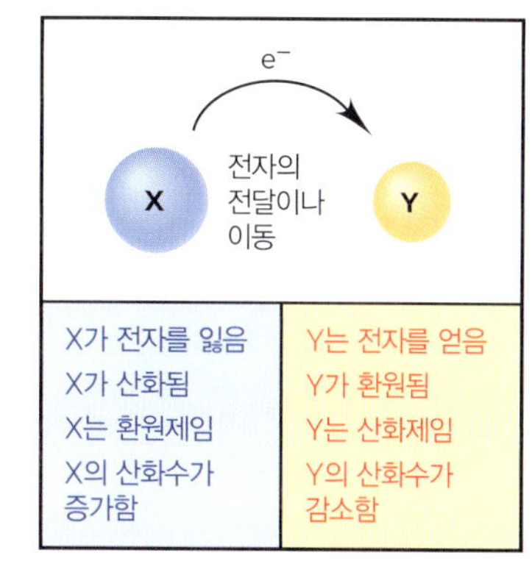

그림 4.16 산화-환원 반응 용어 요약.

산화-환원 반응의 화학량론: 산환-환원 적정

침전 반응과 산-염기 반응에서처럼 산화-환원 반응에서도 화학량론은 중요하다. 이 절에서는 특별한 화학량론의 응용법인 산화-환원 적정을 집중적으로 살펴본다. 산-염기 적정에서는 농도를 아는 염기를 사용해서 농도를 모르는 산의 농도를 구한다(혹은 그 반대). 이와 마찬가지로 산화-환원 적정에서도 농도를 아는 산화제를 사용해서 농도를 모르는 환원제의 농도를 구한다(혹은 그 반대). 이런 유형의 적정은 음용수에 들어 있는 철분의 함량을 측정하거나 과일과 채소의 비타민 C를 정량하는 등 매우 다양한 분야에 응용된다.

과망간산 이온(MnO_4^-)은 진한 보라색을 띠기 때문에 흔히 사용하는 산화제인데, 지시약으로도 사용한다. 그림 4.17에서는 MnO_4^- 이온을 사용하여 옥살산 이온($C_2O_4^{2-}$)의 농도를 결정한다. $C_2O_4^{2-}$가 존재하는 한 첨가한 MnO_4^-를 연한 분홍색(거의 무색)의 Mn^{2+}로 환원시킨다(그림 4.17, *왼쪽*). $C_2O_4^{2-}$가 모두 산화되면 MnO_4^-를 한 방울만 더 추가해도 용액이 연한 보라색으로 변한다(그림 4.17, *오른쪽*). 이런 색의 변화가 *종말점*을 나타내고, 종말점이 *당량점*과 같다고 가정한다. 당량점은 산화된 화학종($C_2O_4^{2-}$)이 잃은 전자의 수가 환원된 화학종(MnO_4^-)이 얻은 전자의 수와 같은 지점이다. NaC_2O_4 용액의 부피와 $KMnO_4$ 용액의 농도와 부피를 알기 때문에 이 값들로부터 $C_2O_4^{2-}$의 농도를 계산할 수 있다.

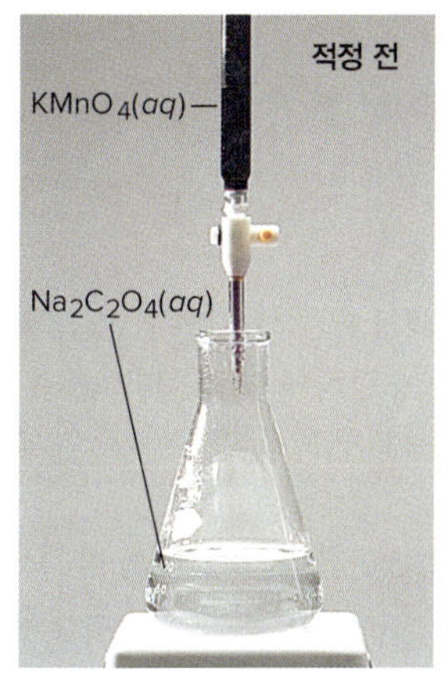

알짜 이온 반응식:

$$\overset{+7}{2MnO_4^-(aq)} + \overset{+3}{5C_2O_4^{2-}(aq)} + 16H^+(aq) \longrightarrow \overset{+2}{2Mn^{2+}(aq)} + \overset{+4}{10CO_2(g)} + 8H_2O(l)$$

그림 4.17 $C_2O_4^{2-}$를 MnO_4^-로 산화-환원 적정.
Source: Stephen Frisch/McGraw-Hill Education

예제 4.18 | 적정으로 환원제의 양 구하기

문제 칼슘 이온(Ca^{2+})은 피를 응고시키는 것 이외에도 많은 생리 과정에 관여한다. 사람의 혈액 1.00 mL에 들어 있는 Ca^{2+}의 농도를 측정하기 위해 $Na_2C_2O_4$ 용액을 첨가하여 Ca^{2+}를 CaC_2O_4로 침전시킨다. 이 고체를 묽은 H_2SO_4에 용해시켜 $C_2O_4^{2-}$ 이온을 방출시킨 후 4.88×10^{-4} *M* $KMnO_4$ 용액 2.05 mL를 가하면 종말점에 도달한다. 균형 반응식은 다음과 같다.

$$2KMnO_4(aq) + 5CaC_2O_4(s) + 8H_2SO_4(aq) \longrightarrow 2MnSO_4(aq) + K_2SO_4(aq) + 5CaSO_4(s) + 10CO_2(g) + 8H_2O(l)$$

혈액 1.00 mL에 들어 있는 Ca^{2+}의 양(mol)을 계산하라.

로드맵

$KMnO_4$ 용액의 부피(mL)

↓ 10^3 mL = 1 L

$KMnO_4$ 용액의 부피(L)

↓ M을 곱한다 (용액 1 L = 4.88×10^{-4} mol $KMnO_4$)

$KMnO_4$의 양(mol)

↓ 몰비

CaC_2O_4의 양(mol)

↓ 화학식 중의 원소의 비

Ca^{2+}의 양(mol)

계획 혈액 1.00 mL에서 침전된 CaC_2O_4를 산화시키는 데 사용된 $KMnO_4$ 용액의 부피(2.05 mL)와 농도(4.88×10^{-4} M)로부터 Ca^{2+}의 양(mol)을 구해야 한다. 종말점 도달에 필요한 $KMnO_4$의 양(mol)을 구하고, 몰비를 이용하여 CaC_2O_4의 양(mol)을 구한다. 그리고 나서 화학식을 사용하면 CaC_2O_4 1 mol당 Ca^{2+} 1 mol이 생성됨을 볼 수 있다(로드맵 참조).

풀이 부피(mL)와 농도(M)로부터 $KMnO_4$의 양(mol) 계산:

$$KMnO_4\text{의 양(mol)} = 2.05\ \text{mL 용액} \times \frac{1\ \text{L}}{1000\ \text{mL}} \times \frac{4.88\times10^{-4}\ \text{mol}\ KMnO_4}{1\ \text{L 용액}} = 1.00\times10^{-6}\ \text{mol}\ KMnO_4$$

몰비를 이용하여 $KMnO_4$의 양(mol)을 CaC_2O_4의 양(mol)으로 환산:

$$CaC_2O_4\text{의 양(mol)} = 1.00\times10^{-6}\ \text{mol}\ KMnO_4 \times \frac{5\ \text{mol}\ CaC_2O_4}{2\ \text{mol}\ KMnO_4} = 2.50\times10^{-6}\ \text{mol}\ CaC_2O_4$$

Ca^{2+}의 양(mol) 구하기:

$$Ca^{2+}\text{의 양(mol)} = 2.50\times10^{-6}\ \text{mol}\ CaC_2O_4 \times \frac{1\ \text{mol}\ Ca^{2+}}{1\ \text{mol}\ CaC_2O_4} = 2.50\times10^{-6}\ \text{mol}\ Ca^{2+}$$

검산 매우 적은 부피의 묽은 $KMnO_4$가 필요하므로 $KMnO_4$ 10^{-6} mol은 타당해 보인다. $CaC_2O_4/KMnO_4$의 몰비는 5/2이므로 CaC_2O_4은 2.5×10^{-6} mol이고, Ca^{2+}도 2.5×10^{-6} mol이다.

해설 **1.** 헌혈을 할 때 혈액 주머니 안에는 $Na_2C_2O_4$ 용액이 들어 있어서 Ca^{2+} 이온을 침전시켜 피의 응고를 막는다.

2. 성인 혈액 속의 정상적인 Ca^{2+} 농도는 9.0~11.5 mg Ca^{2+}/100 mL이다. 혈액 1 mL에 들어 있는 Ca^{2+}의 양에 100을 곱하고 Ca의 몰질량(40.08 g/mol)을 곱하면 혈액 100 mL에 Ca^{2+} 1.0×10^{-2} g 또는 10.0 mg이 들어 있음을 알 수 있다..

$$Ca^{2+}\text{의 질량(mg)} = \frac{2.50\times10^{-6}\ \text{mol}\ Ca^{2+}}{1\ \text{mL}} \times 100\ \text{mL} \times \frac{40.08\ \text{g}\ Ca^{2+}}{1\ \text{mol}\ Ca^{2+}} \times \frac{1000\ \text{mg}}{1\ \text{g}} = 10.0\ \text{mg}\ Ca^{2+}$$

▶ 보충 문제

4.18A 저지방 우유 2.50 mL을 옥살산 소듐으로 처리하고 그 침전을 H_2SO_4 용액에 용해시킨 후 4.56×10^{-3} M $KMnO_4$ 용액 6.53 mL를 가하면 종말점에 도달한다. **(a)** 우유 시료에 들어 있는 Ca^{2+}의 몰농도를 계산하라. **(b)** Ca^{2+} 농도를 g/L 단위로 환산하라. 이 값은 일반적인 우유 속 Ca^{2+}의 농도 값인 1.2 g Ca^{2+}/L와 일치하는가?

4.18B 철광석에 들어 있는 철의 양은 Fe를 $FeSO_4$로 변환한 뒤 $K_2Cr_2O_7$ 용액으로 적정하여 구한다. 균형 반응식은 다음과 같다.

$$6FeSO_4(aq) + K_2Cr_2O_7(aq) + 7H_2SO_4(aq) \longrightarrow 3Fe_2(SO_4)_3(aq) + Cr_2(SO_4)_3(aq) + 7H_2O(l) + K_2SO_4(aq)$$

(a) $FeSO_4$ 수용액 30.0 mL를 적정하는 데 0.250 M $K_2Cr_2O_7$ 용액 21.85 mL가 필요하다면, Fe^{2+}의 몰농도는 얼마인가? **(b)** 만약 철광석의 원래 시료 질량이 2.58 g이라면 철광석 내의 철의 질량 백분율은 얼마인가?

유사 문제 4.96, 4.97

› 4.4절 요약

- 한 반응물이 다른 반응물보다 전자를 더 강하게 끌어당기면, 알짜 전자 이동이 일어나고 산화-환원 반응이 일어난다. 전자를 얻는 것(환원)과 전자를 잃는 것(산화)은 동시에 일어난다.
- 반응에 참여하는 모든 원자에 산화수를 부여하는 것이 산화-환원 반응 여부를 판단하는 방법이다. 산화된 화학종(산화수가 증가한 원자)은 환원제이고, 환원된 화학종(산화수가 감소한 원자)은 산화제이다.
- 산화-환원 적정을 통해 농도를 아는 환원제로 산화제의 농도를 구할 수 있다(그 반대도 가능).

4.5 산화-환원 반응의 종류

예제 4.17의 (a)와 (c)에서 본 것과 같이 많은 산화-환원 반응에서, *원자는 반응식의 한쪽에서는 원소로 다른 쪽에서는 화합물의 일부로 존재한다.** 이러한 반응들을 분류하는 한 가지 방법은 반응물과 생성물의 수를 비교해 보는 것이다. 이런 방법으로 산화-환원 반응을 세 가지 형태인 *결합 반응*, *분해 반응*, *치환 반응*으로 분류한다. 원소가 참여하는 다른 한 가지 형태는 연소 반응이다. 이 절에서는 각 반응 유형과 몇 가지 예를 살펴본다.

결합 산화-환원 반응

결합 산화-환원 반응에서는 적어도 하나는 원소인 둘 또는 그 이상의 반응물이 화합물을 생성한다.

$$X + Y \longrightarrow Z$$

두 원소의 결합 두 원소가 반응하여 이성분 이온 결합 화합물 또는 공유 결합 화합물을 생성할 수 있다. 다음은 몇 가지 중요한 예시이다.

1. *금속과 비금속은 이온 결합 화합물을 생성한다.* 그림 4.18은 전형적인 예로 알칼리 금속이 포타슘과 할로젠 원소인 염소 사이의 반응을 거시적 수준, 원자 수준, 기호 표기로 나타낸 것이다. 균형 반응식에서 산화수의 변화에 주목하라. K는 산화되므로 환원제이다.

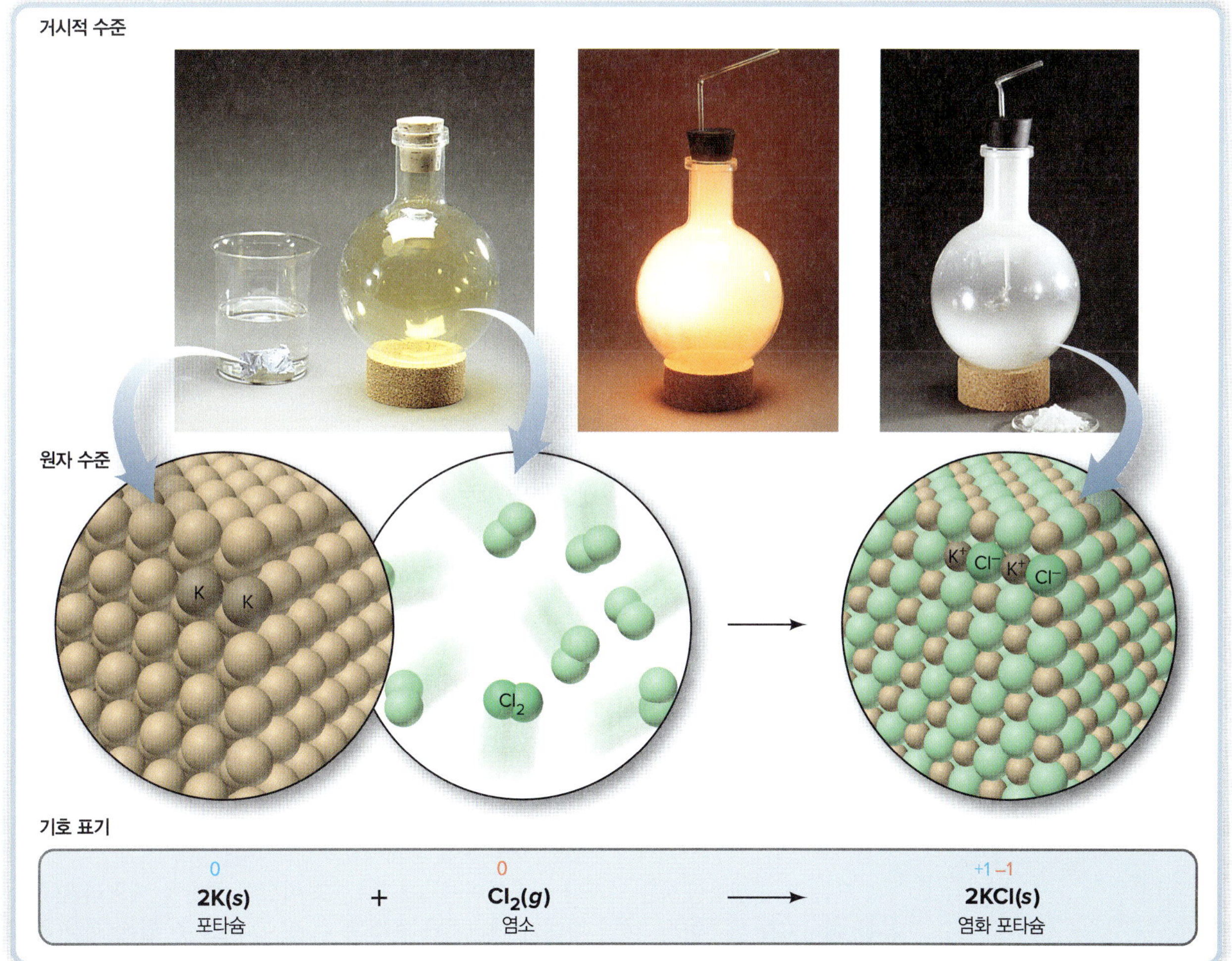

그림 4.18 원소들이 결합하여 이온 결합 화합물 생성: 금속 포타슘과 염소 기체가 반응하여 고체 염화 포타슘을 생성한다. 원자 수준 그림에서 더 진하게 나타낸 원자들은 양론 관계를 나타낸다.

Source: Stephen Frisch/McGraw-Hill Education

*그러나 많은 산화-환원 반응에서는 원소들이 참여하지 않는다(예제 4.18 참조).

Cl_2는 환원되므로 산화제이다. 실제로 이원자 원소로부터 이온 결합 화합물이 생성되는 모든 반응에서 *언제나 금속은 환원제이고 비금속은 산화제이다.*

금속이 비금속과 반응하는 다른 예를 살펴보자. 대부분의 금속처럼 알루미늄은 산소와 반응하여 이온 결합 산화물을 형성한다.

$$\overset{0}{4Al(s)} + 3\overset{0}{O_2}(g) \longrightarrow 2\overset{+3}{Al_2}\overset{-2}{O_3}(s)$$

알루미늄 냄비 표면에 있는 Al_2O_3 층은 그 아래층의 알루미늄 원자가 산소와 반응하는 것을 막아서 금속이 더 이상 산화되지 않도록 보호한다.

2. *두 비금속이 공유 결합 화합물을 생성한다.* 수천 가지 예들 중 하나는 산업에서 이용하는 대규모 반응으로, 질소와 수소로부터 암모니아를 생성하는 것이다. N_2는 환원되므로 산화제이고, H_2는 산화되므로 환원제이다.

$$\overset{0}{N_2}(g) + 3\overset{0}{H_2}(g) \longrightarrow 2\overset{-3}{N}\overset{+1}{H_3}(g)$$

할로젠 원소들은 농약을 비롯한 많은 유기 화합물 생산의 반응물인 삼염화 인을 생성하는 반응과 유사하게 다른 비금속들과 반응한다.

$$\overset{0}{P_4}(s) + 6\overset{0}{Cl_2}(g) \longrightarrow 4\overset{+3}{P}\overset{-1}{Cl_3}(l)$$

질소와 산소가 번개나 자동차 엔진 내부에서와 같은 고온의 공기 중에서 반응하여 일산화 질소를 생성하는 것과 비슷하게 거의 모든 비금속은 산소와 반응하여 공유 결합 산화물을 형성한다.

$$\overset{0}{N_2}(g) + \overset{0}{O_2}(g) \longrightarrow 2\overset{+2}{N}\overset{-2}{O}(g)$$

화합물과 원소의 결합 많은 이성분 공유 결합 화합물은 비금속 원소와 반응하여 더 큰 화합물을 생성한다. 많은 비금속 산화물은 O_2와 추가로 반응하여 "더 큰" 산화물(분자 내에 더 많은 산소를 가진 분자)을 생성한다. 예를 들면

$$2\overset{+2}{N}\overset{-2}{O}(g) + \overset{0}{O_2}(g) \longrightarrow 2\overset{+4}{N}\overset{-2}{O_2}(g)$$

마찬가지로, 많은 비금속 할로젠화물도 할로젠과 추가로 반응하여 "더 큰" 할로젠화물을 생성한다.

$$\overset{+3}{P}\overset{-1}{Cl_3}(l) + \overset{0}{Cl_2}(g) \longrightarrow \overset{+5}{P}\overset{-1}{Cl_5}(s)$$

분해 산화-환원 반응

*분해 산화-환원 반응*에서는 한 화합물로부터 둘 또는 그 이상의 생성물이 형성되며, 적어도 그 중 하나는 원소이다.

$$Z \longrightarrow X + Y$$

모든 분해 반응에서는 언제나 반응물이 한 개 또는 그 이상의 결합을 깨뜨리기에 충분한 에너지를 흡수한다. 여러 형태의 에너지가 흡수될 수 있으나 그 중 열에 의한 분해(열분해)와 전기에 의한 분해(전기 분해)가 가장 중요하다. 생성물은 원소들이거나 아니면 원소와 생성물보다 작은 화합물이다.

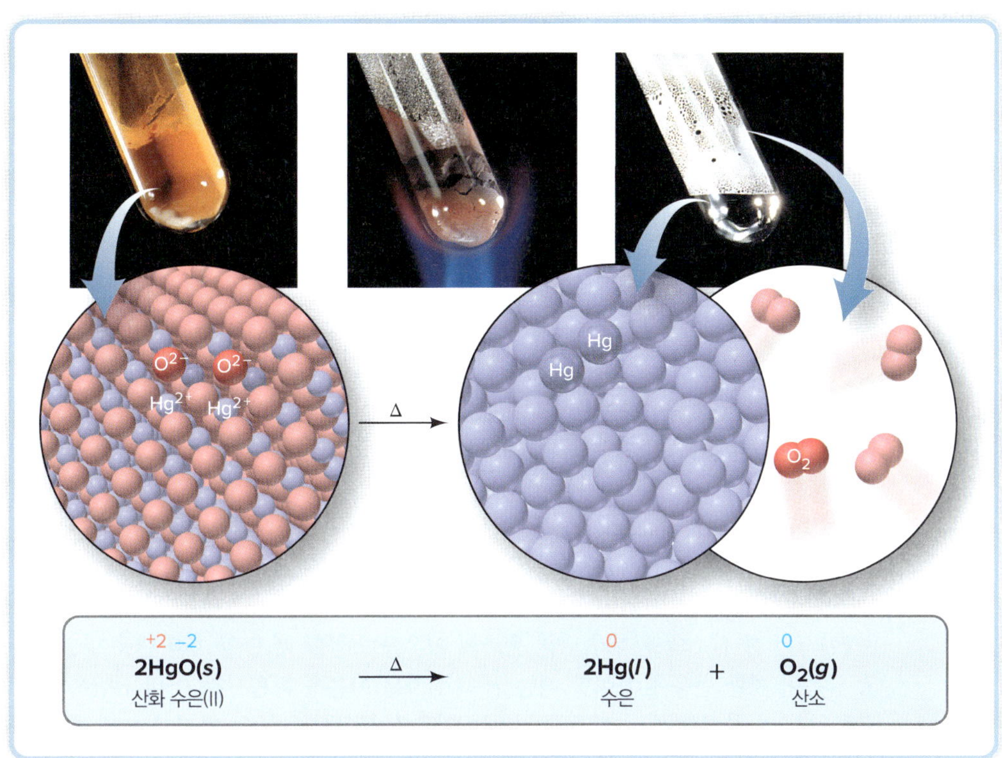

그림 4.19 화합물인 산화 수은(II)의 원소로의 분해 반응.

Source: Stephen Frisch/McGraw-Hill Education

열분해 흡수되는 에너지가 열일 경우 *열분해 반응*(thermal decomposition)라 한다. [화살표 위의 그리스 문자 Δ(delta)는 반응이 일어나기 위해서 강한 열이 필요하다는 것을 의미한다.] 많은 금속 산화물과 염소산 및 과염소산 화합물은 가열하면 산소를 방출한다. 염소산 포타슘을 가열하는 것이 실험실에서 소량의 산소를 발생시키는 한 방법이다. 같은 반응이 폭약이나 불꽃놀이용 화약에서도 일어난다. 이 반응에서 염소산 포타슘의 Cl은 환원되며, 반응물의 산소는 원소 상태의 O_2로 산화된다.

$$\overset{+1\;+5\;-2}{2KClO_3(s)} \xrightarrow{\Delta} \overset{+1\;-1}{2KCl(s)} + \overset{0}{3O_2(g)}$$

산화 수은(II) 분해 반응을 그림 4.19에 나타내었다. 이러한 형태의 분해 반응에서는 한 가지 반응물이 산화제와 환원제 역할을 함께 한다는 것을 주목하라. 예를 들면, 반응물 HgO에서 O^{2-} 이온이 Hg^{2+} 이온을 환원시키고 동시에 Hg^{2+}가 O^{2-}를 산화시킨다.

전기 분해 전기 분해 과정에서는 화합물이 전기 에너지를 흡수하여 원소로 분해된다. 19세기 초 물의 전기 분해 실험은 원자 질량을 확립하는 데 결정적 기여를 하였다.

$$\overset{+1\;-2}{2H_2O(l)} \xrightarrow{\text{전기}} \overset{0}{2H_2(g)} + \overset{0}{O_2(g)}$$

소듐, 마그네슘, 칼슘과 같은 많은 활성 금속들은 이들의 할로젠화물을 용융 상태에서 전기 분해하여 공업적으로 얻는다.

$$\overset{+2\;-1}{MgCl_2(l)} \xrightarrow{\text{전기}} \overset{0}{Mg(l)} + \overset{0}{Cl_2(g)}$$

(전기 분해에 대해서는 21장에서 상세하게 논의한다.)

치환 산화-환원 반응과 활성도 계열

치환 반응(displacement reaction)에서는 반응 전과 후에 물질의 수가 같게 유지된다. 그러나 원자(또는 이온)의 위치는 바뀐다. 두 가지 유형의 치환 반응이 있다.

1. *이중* 치환(double-displacement, 상호 교환) 반응은 침전과 산-염기 반응(4.2절과 4.3절)처럼 두 *화합물*의 원자(또는 이온)가 서로 위치를 바꾼다. 이 반응들은 산화-환원 반응이 *아니다.*

$$AB + CD \longrightarrow AD + CB$$

침전 반응: $$\overset{+1}{Na_2}\overset{+4}{C}\overset{-2}{O_3}(aq) + \overset{+2}{Ca}\overset{-1}{Cl_2}(aq) \longrightarrow \overset{+2}{Ca}\overset{+4}{C}\overset{-2}{O_3}(s) + 2\overset{+1}{Na}\overset{-1}{Cl}(aq)$$

산-염기 반응: $$\overset{+1}{H}\overset{-1}{Cl}(aq) + \overset{+1}{K}\overset{-2}{O}\overset{+1}{H}(aq) \longrightarrow \overset{+1}{H_2}\overset{-2}{O}(l) + \overset{+1}{K}\overset{-1}{Cl}(aq)$$

2. *단일* 치환(single-displacement) 반응은 물질 중 하나가 *원소*이다. 따라서 *모든 단일 치환 반응은 산화-환원 과정*이다.

$$X + YZ \longrightarrow XZ + Y$$

용액에서는 한 원소의 원자가 다른 원소의 이온을 치환할 때 단일 치환 반응이 일어난다. 금속이 치환 반응에 참여할 때는 금속 원자는 이온을 *환원시킨다.* 비금속(특히 할로젠 원소)이 참여할 때는 비금속 원자는 이온을 *산화시킨다.* 두 가지 활성도 계열(하나는 금속 그리고 다른 하나는 할로젠)에서는 원소가 수소(금속의 경우)와 다른 원소를 치환하는 능력 순으로 서열을 정한다.

금속의 활성도 계열 금속은 여러 물질들로부터 H_2를, 그리고 용액에서는 다른 금속을 치환할 수 있는 능력에 따라 서열을 정한다. H_2를 치환하는 모든 치환 반응에서 금속은 환원제(O.N. 증가)이며, 물과 산은 산화제(수소의 O.N. 감소)이다. 금속의 활성도 계열은 아래 내용에 기반하여 결정한다.

- *가장 반응성이 큰 금속은 물로부터 H_2를 치환한다.* 1A(1)족 금속과 2A(2)족 금속 중 Ca, Sr과 Ba은 물로부터 H_2를 치환한다(그림 4.20).

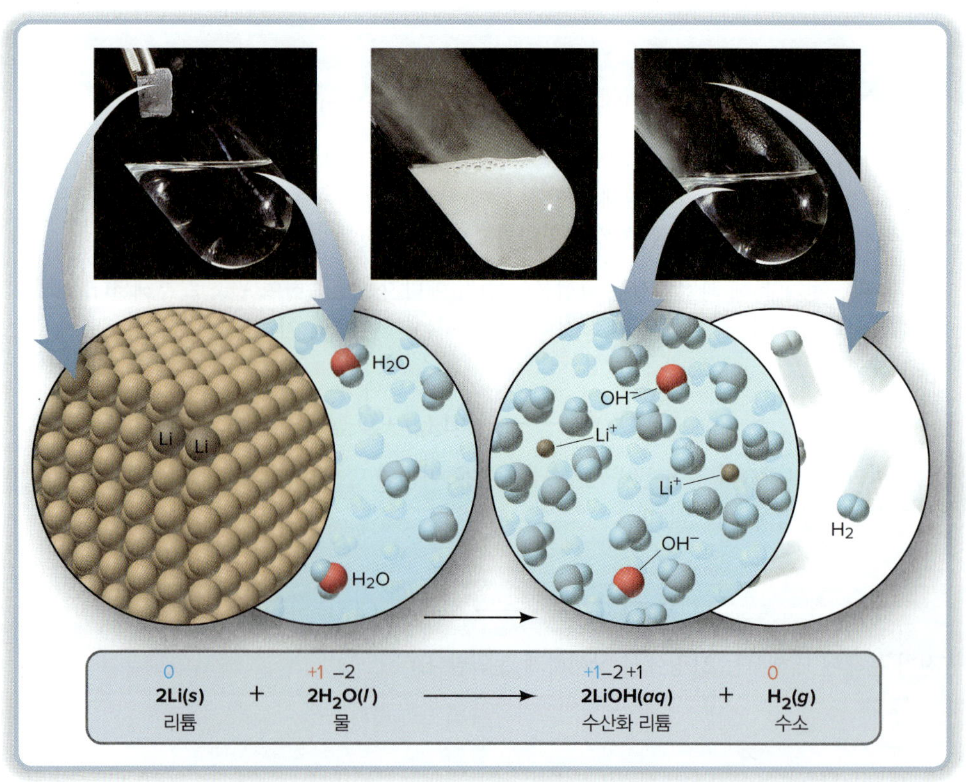

그림 4.20 **활성 금속인 리튬은 물로부터 수소를 치환한다.** 반응에 참여하는 물 분자들만 빨간색과 파란색으로 표시하였다.

Source: Stephen Frisch/McGraw-Hill Education

- *약간 반응성이 작은 금속은 수증기에서 H_2를 치환한다.* Al과 Zn와 같은 약간 활성이 작은 금속은 수증기의 열에서 필요한 에너지를 공급받아 H_2를 치환한다.

$$\overset{0}{2Al}(s) + 6\overset{+1}{H_2}\overset{-2}{O}(g) \xrightarrow{\Delta} 2\overset{+3}{Al}(\overset{-2}{O}\overset{+1}{H})_3(s) + 3\overset{0}{H_2}(g)$$

- *더 반응성이 낮은 금속은 산으로부터 H_2를 치환한다.* Ni과 Sn 같은 더 반응성이 낮은 금속이 H_2를 치환하기 위해서는 산 용액에 들어 있는 높은 농도의 H^+ 이온이 필요하다 (그림 4.21). Ni에 대한 알짜 이온 반응식은 다음과 같다.

$$\overset{0}{Ni}(s) + 2\overset{+1}{H^+}(aq) \longrightarrow \overset{+2}{Ni^{2+}}(aq) + \overset{0}{H_2}(g)$$

- *가장 반응성이 낮은 금속은 어떤 물질에서도 H_2를 치환할 수 없다.* 귀금속인 은, 금, 백금은 물이나 산과 반응하지 않는다.
- *한 금속 원자가 다른 금속 이온을 치환한다.* 금속 반응성을 비교해 보면 Zn 금속이 $CuSO_4$ 수용액에서 Cu^{2+} 이온을 치환할 수 있음을 알 수 있다.

$$\overset{+2}{Cu^{2+}}(aq) + \overset{+6}{S}\overset{-2}{O_4^{2-}}(aq) + \overset{0}{Zn}(s) \longrightarrow \overset{0}{Cu}(s) + \overset{+2}{Zn^{2+}}(aq) + \overset{+6}{S}\overset{-2}{O_4^{2-}}(aq)$$

그림 4.22은 Cu 금속이 용액에서 은 이온(Ag^+)을 치환하는 것을 보여준다. 따라서 Zn은 Ag보다 반응성이 큰 Cu보다 반응성이 크다.

이와 같은 많은 반응들이 **금속의 활성도 계열**(activity series of the metal)의 기반이 된다. 그림 4.23에서 아래의 두 가지 점에 주목하자.

- 활성도 계열에서 더 위에 있는 원소는 아래 있는 원소보다 더 강한 환원제이다. 다시 말하면 모든 금속은 그보다 아래에 있는 금속의 이온을 치환하거나 환원시킬 수 있다. 예를 들어 Mn이 Ni보다 계열에서 위에 있으므로, Mn(*s*)는 Ni^{2+} 이온을 환원시키고, 용액으로부터 치환한다.

$$Mn(s) + NiCl_2(aq) \longrightarrow MnCl_2(aq) + Ni(s)$$

그림 4.21 산에서 H_2를 치환하는 니켈.

Source: Stephen Frisch/McGraw-Hill Education

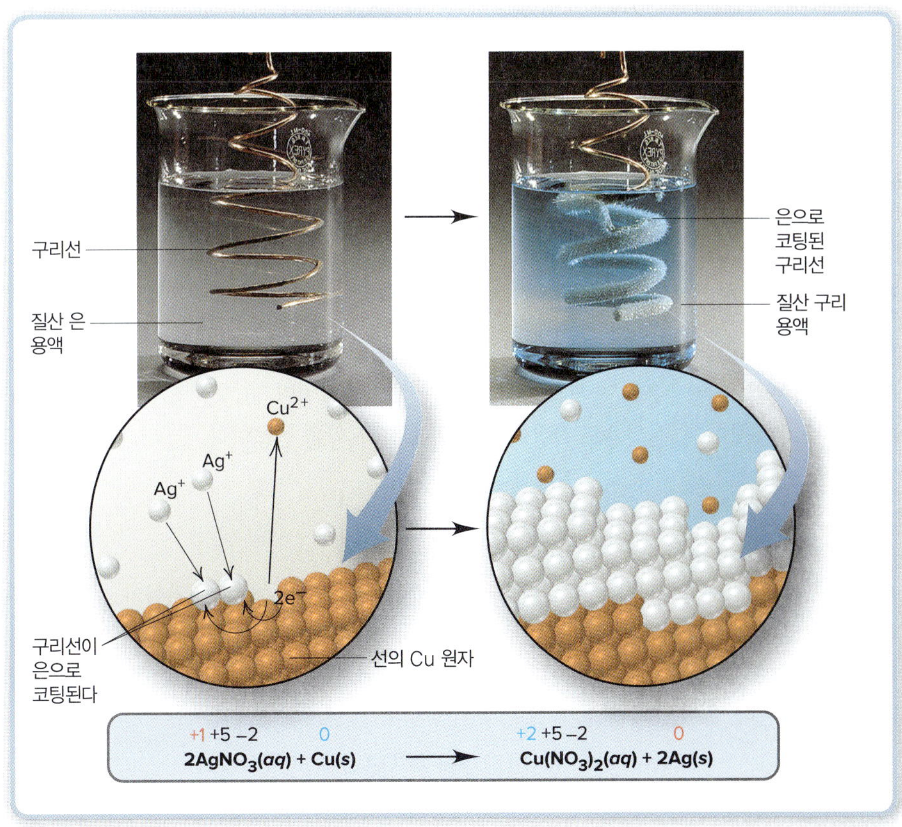

그림 4.22 수용액에서 반응성이 더 큰 금속(Cu)이 반응성이 낮은 금속 이온(Ag^+)을 치환한다.

Source: Stephen Frisch/McGraw-Hill Education

그림 4.23 금속의 활성도 계열.

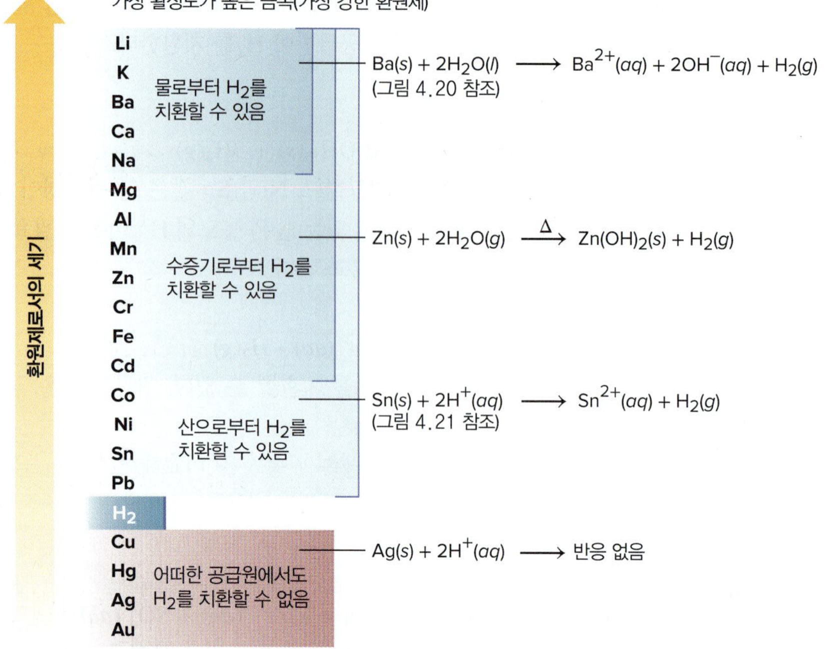

그러나 Ni(*s*)은 Mn^{2+} 이온을 환원시킬 수 없다.

$$Ni(s) + MnCl_2(aq) \longrightarrow \text{반응하지 않음}$$

- 활성도 계열에서 위쪽에 위치한 금속들은 물로부터, 그 아래 부분에 위치한 금속들은 수증기에서, 그 아래 부분에 위치한 금속들은 산에서 H_2(H^+를 환원)를 치환할 수 있지만 가장 아래 부분에 위치한 금속들은 H_2를 치환할 수 없다.

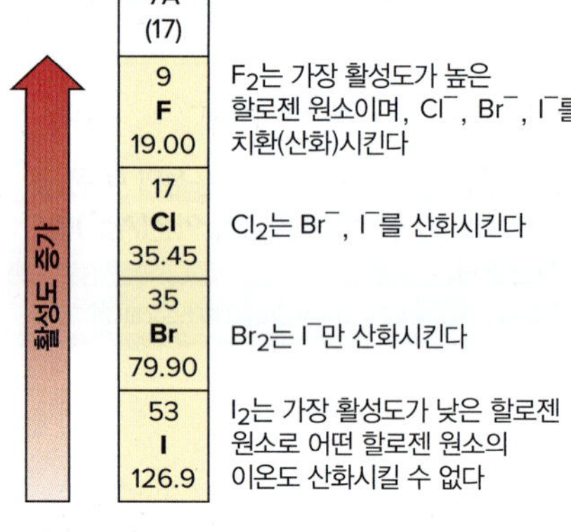

그림 4.24 할로젠 족의 활성도.

할로젠 원소들의 활성도 계열 할로젠 원소의 반응성은 7A(17)족에서 위로 갈수록 증가한다. 따라서 서열은 다음과 같다.

$$F_2 > Cl_2 > Br_2 > I_2$$

족의 위쪽에 위치한 할로젠은 아래쪽에 위치한 원소보다 더 강한 산화제이다(그림 4.24). 따라서 원소 상태 염소는 브로민화 이온(*아래*) 또는 아이오딘화 이온을 용액에서 산화시킬 수 있고 원소 상태 브로민은 아이오딘화 이온을 산화시킬 수 있다.

$$\underset{-1}{2Br^-(aq)} + \underset{0}{Cl_2(aq)} \longrightarrow \underset{0}{Br_2(aq)} + \underset{-1}{2Cl^-(aq)}$$

연소 반응

연소(combustion)는 산소와 결합하는 과정으로 일반적으로 열과 불꽃 형태로 빛을 방출한다. 연소 반응은 반응물과 생성물의 수로 분류하지는 않지만 *모든 연소 반응은 원소 상태 산소가 반응물이고, 산화제로 작용하기 때문에 산화-환원 반응*이다.

$$2CO(g) + O_2(g) \longrightarrow 2CO_2(g) \quad (C: +2,\ O: -2;\ O_2: 0;\ C: +4,\ O: -2)$$

에너지 생산을 위해 흔히 이용하는 연소 반응에는 석탄, 석유, 가솔린, 천연가스, 목재 등이 반응물로서 사용된다. 이들 혼합물은 많은 C—C와 C—H 결합을 가진 물질들로 구성되어 있어서 반응 중에 이 결합들이 끊어지고 각 C와 H 원자가 산소와 결합하여 CO_2와 H_2O를 생성한다. 뷰테인의 연소가 전형적인 예이다.

$$2C_4H_{10}(g) + 13O_2(g) \longrightarrow 8CO_2(g) + 10H_2O(g)$$

생명체의 호흡은 세포 내에서 글루코스와 같은 음식물을 "태워" 에너지를 얻을 때 일어나는 다단계 연소 과정이다.

$$C_6H_{12}O_6(s) + 6O_2(g) \longrightarrow 6CO_2(g) + 6H_2O(g) + \text{에너지}$$

예제 4.19 | 산화-환원 반응의 종류 구분

문제 다음 산화-환원 반응을 결합, 분해, 치환 반응으로 분류하고, 각각에 대해 균형 맞춘 분자 반응식을 쓰고, 산화제와 환원제를 찾아라. (c)에 대해서는 전체 이온 반응식과 알짜 이온 반응식도 써라.

(a) 마그네슘(s) + 질소(g) ⟶ 질화 마그네슘(s)

(b) 과산화 수소(l) ⟶ 물 + 산소 기체

(c) 알루미늄(s) + 질산 납(II)(aq) ⟶ 질산 알루미늄(aq) + 납(s)

계획 결합 반응은 반응물보다 더 작은 수의 생성물을 생성하고, 분해 반응은 더 많은 수의 생성물을 생성하며, 치환 반응은 반응물과 생성물의 수가 같음을 염두에 두고 반응의 종류를 결정한다. 산화수(O.N.)는 환원제인 경우에는 더 양으로, 산화제인 경우에는 더 음으로 변한다.

풀이 (a) 결합 반응: 두 물질이 한 물질을 생성한다. 이 반응은 마그네슘이 N_2가 대부분인 공기 중에서 탈 때 일어나는데, 산화 마그네슘 생성이 함께 일어난다.

$$\overset{0}{3Mg}(s) + \overset{0}{N_2}(g) \longrightarrow \overset{+2}{Mg_3}\overset{-3}{N_2}(s)$$

Mg는 환원제, N_2는 산화제이다.

(b) 분해 반응: 한 물질이 두 물질을 생성한다. 과산화 수소는 매우 불안정하여 열이나 빛을 받거나 흔들기만 해도 분해하기 때문에 이 반응은 과산화 수소가 들어 있는 모든 가정용 소독약 병에서 일어난다.

$$2\overset{+1}{H_2}\overset{-1,\,-1}{O_2}(l) \longrightarrow 2\overset{+1}{H_2}\overset{-2}{O}(l) + \overset{0}{O_2}(g)$$

H_2O_2는 산화제인 *동시에* 환원제이다. 과산화물에 있는 O의 O.N.은 −1인데, O_2에서는 0으로 증가하고, H_2O에서는 −2로 감소하기 때문에 파란색과 빨간색으로 표시하였다.

(c) 치환 반응: 두 물질이 다른 두 물질을 생성한다. 그림 4.23에서 알 수 있듯이 Al은 Pb보다 활성도가 크며 따라서 수용액에서 Pb를 치환한다.

$$2\overset{0}{Al}(s) + 3\overset{+2}{Pb}(\overset{+5}{N}\overset{-2}{O_3})_2(aq) \longrightarrow 2\overset{+3}{Al}(\overset{+5}{N}\overset{-2}{O_3})_3(aq) + 3\overset{0}{Pb}(s)$$

Al은 환원제이고, $Pb(NO_3)_2$는 산화제이다.

전체 이온 반응식은 다음과 같다.

$$2Al(s) + 3Pb^{2+}(aq) + 6NO_3^-(aq) \longrightarrow 2Al^{3+}(aq) + 6NO_3^-(aq) + 3Pb(s)$$

알짜 이온 반응식은 다음과 같다.

$$2Al(s) + 3Pb^{2+}(aq) \longrightarrow 2Al^{3+}(aq) + 3Pb(s)$$

▶ 보충 문제

4.19A 다음 산화-환원 반응을 각각 결합 반응, 분해 반응, 치환 반응으로 분류하고, 각각에 대해 균형 맞춘 분자 반응식을 쓰고, 산화제와 환원제를 찾아라. (b)와 (c)에 대해서는 전체 이온 반응식과 알짜 이온 반응식도 써라.

(a) $S_8(s) + F_2(g) \longrightarrow SF_4(g)$

(b) $CsI(aq) + Cl_2(aq) \longrightarrow CsCl(aq) + I_2(aq)$

(c) $Ni(NO_3)_2(aq) + Cr(s) \longrightarrow Ni(s) + Cr(NO_3)_3(aq)$

4.19B 다음 산화-환원 반응을 각각 결합 반응, 분해 반응, 치환 반응으로 분류하고, 각각에 대해 균형 맞춘 분자 반응식을 쓰고, 산화제와 환원제를 찾아라. (a)에 대해서는 전체 이온 반응식과 알짜 이온 반응식도 작성하라.

(a) $Co(s) + HCl(aq) \longrightarrow CoCl_2(aq) + H_2(g)$
(b) $CO(g) + O_2(g) \longrightarrow CO_2(g)$
(c) $N_2O_5(s) \longrightarrow NO_2(g) + O_2(g)$

유사 문제 4.103~4.106

› 4.5절 요약

- 반응물과 생성물에 원소가 들어 있는 반응은 산화-환원 반응이다.
- 결합 산화-환원 반응에서는 원소들이 결합하여 화합물을 생성하거나 아니면 화합물과 다른 원소가 함께 결합한다.
- 분해 산화-환원 반응에서는 화합물이 열이나 빛을 흡수하여 분해되면서 원소 또는 화합물과 원소를 함께 형성한다.
- 치환 산화-환원 반응에서는 한 원소가 용액 중의 다른 원소의 이온을 치환한다.
- 활성도 계열은 원소가 다른 원소를 치환하는 능력에 따라 서열을 정한다. 반응성이 큰 금속은 수소 이온 또는 반응성이 낮은 금속 이온을 용액에서 치환할 수 있다. 반응성이 큰 할로젠은 반응성이 낮은 할로젠을 용액에서 치환(산화)할 수 있다.
- 연소는 물질과 산소의 산화-환원 반응을 통해 열을 방출한다.

4.6 반응의 가역성과 평형 상태

지금까지 우리는 반응물이 생성물로 완전히 변환될 때까지, 즉 한계 반응물이 모두 소모될 때까지 반응이 진행된다고 생각해 왔다. 그러나 많은 반응은 서로 반대 방향의 두 반응이 동시에 일어나기 때문에 그렇게 되기 전에 멈춘다. 정반응(왼쪽에서 오른쪽으로)이 계속 진행되지만 그 역반응(오른쪽에서 왼쪽으로)도 같은 빠르기로(같은 속도로) 동시에 일어난다. 이 시점에서는 *반응물과 생성물의 양이 더 이상 변하지 않고*, 반응 혼합물은 **동적 평형**(dynamic equilibrium)에 도달한다. 거시적 수준에서 반응은 *정지*되었지만 분자 수준에서는 *동적*인 상태이다.

탄산 칼슘 분해 반응의 가역성 기본적으로 *모든 반응은 가역적이며, 반응물과 생성물이 모두 존재하면 동적 평형에 도달한다.* 탄산 칼슘의 분해와 생성이 가역적이라고 생각해보자. 가열하면 탄산 칼슘은 산화 칼슘과 이산화 탄소로 분해된다.

$$CaCO_3(s) \xrightarrow{\Delta} CaO(s) + CO_2(g) \text{ [분해]}$$

산화 칼슘과 이산화 탄소가 반응하면 탄산 칼슘이 생성된다.

$$CaO(s) + CO_2(g) \longrightarrow CaCO_3(s) \text{ [생성]}$$

두 실험을 통해 이 과정을 살펴보자.

1. 탄산 칼슘을 *열린* 용기에 넣고 약 900°C로 가열한다(그림 4.25A). $CaCO_3$는 CaO와 CO_2로 분해되기 시작하고 CO_2는 열린 용기를 빠져 나간다. CO_2가 없이는 역반응($CaCO_3$ 생성)이 불가능하기 때문에 반응은 완결된다.
2. 같은 실험을 생성된 CO_2가 빠져나갈 수 없는 *닫힌* 용기에서 수행한다(그림 4.25B). 분해(정반응)가 마찬가지로 시작된다. 그러나 곧 CaO와 CO_2가 서로 반응하기 시작한다(생성). 시간이 지남에 따라 점점 CaO와 CO_2의 양이 증가하고 $CaCO_3$ 생성도 빨라진다. 마침내 역반응(생성)이 정반응(분해)만큼 빨라져서 $CaCO_3$, CaO, CO_2의 양이 더 이상 변하지 않는다. 계가 평형 상태에 도달한 것이다. 이 조건을 서로 반대 방향을 가리키는 한 쌍의 화살표로 나타낸다.

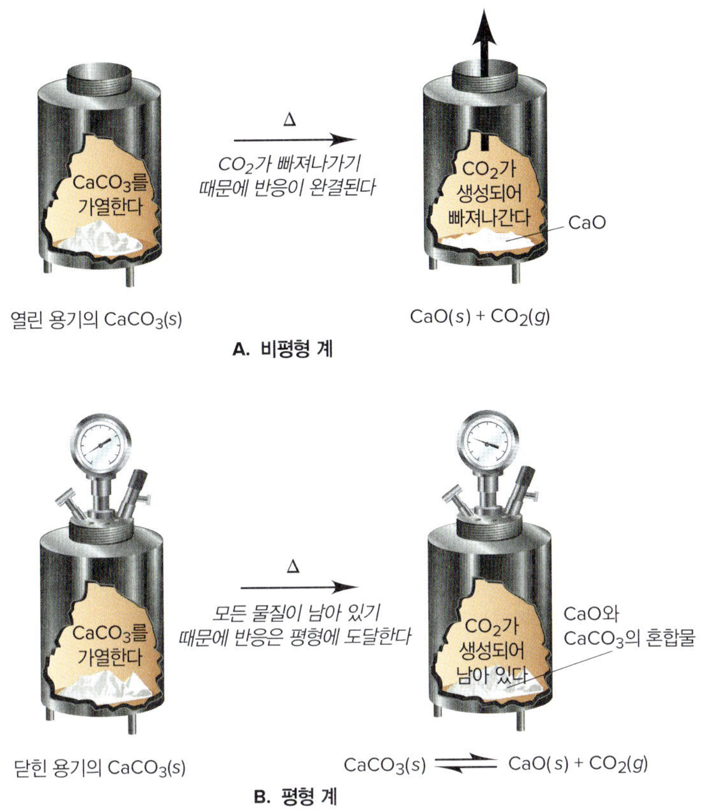

그림 4.25 **평형 상태.**

$$CaCO_3(s) \rightleftharpoons CaO(s) + CO_2(g)$$

열린 용기에서의 반응과는 달리, *모든 물질이 용기 내에 남아 서로 접촉하기 때문에 평형에 도달한다.*

가역 반응의 다른 예 반응의 가역성은 다른 계에도 적용된다.

1. *물에서의 약산.* H_3O^+가 음이온과 재결합하여 약산과 물을 다시 생성하면서 해리와 재결합이 균형을 이루기 때문에 약산은 물속에서 아주 조금 해리한다. 예를 들면, 아세트산이 용해될 때 약간의 CH_3COOH 분자가 양성자를 H_2O에 전달하여 H_3O^+와 CH_3COO^- 이온을 생성한다. 이온이 많아지면서 다시 서로 반응하여 아세트산과 물을 생성한다.

$$CH_3COOH(aq) + H_2O(l) \rightleftharpoons H_3O^+(aq) + CH_3COO^-(aq)$$

실제로 25°C에서 0.1 *M* CH_3COOH는 약 1.3%만이 해리한다. 서로 다른 약산들은 해리의 정도가 각각 다르다. 예를 들면, 같은 조건에서 프로피온산(CH_3CH_2COOH)은 1.1% 해리하고 플루오린화 수소산(HF)은 8.6% 해리한다.

2. *물에서의 약염기.* 마찬가지로 약염기인 암모니아는 물과 반응하여 NH_4^+와 OH^- 이온을 생성한다. 더 많은 이온이 생성됨에 따라 이온들이 서로 반응하여 물과 암모니아가 다시 생성된다. 곧 정반응 속도가 역반응 속도와 균형을 이룬다.

$$NH_3(aq) + H_2O(l) \rightleftharpoons NH_4^+(aq) + OH^-(aq)$$

약염기인 메틸아민(CH_3NH_2)은 평형에 도달하기 전에 암모니아보다 더 많은 양이 물과 반응한다. 약염기인 아닐린($C_6H_5NH_2$)은 훨씬 적게 반응한다.

3. *기체 생성 반응.* 산은 탄산 이온과 반응한다(4.3절의 기체 생성 반응 참조).

$$2HCl(aq) + K_2CO_3(aq) \longrightarrow 2KCl(aq) + H_2O(l) + CO_2(g)$$

열린 용기에서는 CO_2가 밖으로 빠져 나가기 때문에 반응은 완결된다. 그러나 닫힌 용기에서는 CO_2가 용기 내에 있기 때문에 역반응이 일어나서 혼합물들이 평형에 도달한다.

4. *다른 산-염기 반응과 침전 반응.* 이온들이 물(산-염기)에, 또는 불용성 고체(침전)로 생성물에 꽉 붙잡혀 반응물을 다시 생성할 수 없기 때문에 이 과정들은 "완결"되는 것처럼 보인다. 그러나 실제로는 물과 이온 결합 침전물은 매우 적은 양이지만 해리된다. 그래서 이들 반응도 역시 평형에 도달한다. 그러나 최종 반응 혼합물은 *거의* 모두가 생성물이다.

어떤 반응은 아주 조금 진행된 뒤 평형에 도달하고, 어떤 반응은 반응물들이 거의 고갈되어 거의 완결되며, 어떤 반응물은 반응물과 생성물 모두 상당한 양이 남아 있을 때 평형에 도달하기도 한다. 20장에서 반응이 진행되는 정도를 결정하는 인자에 대해 살펴볼 것이다.

동적 평형은 자연계에서도 많이 일어난다. 환경에서 일어나는 물의 순환에서부터 별에서 일어나는 핵반응까지 모두가 동적 평형을 이룬다. 12장, 13장, 17~21장까지 화학적 및 물리적 계에서 일어나는 평형에 대해 살펴볼 것이다.

4.6절 요약

- 반응에 참여하는 모든 물질이 존재하면 모든 반응은 가역적이다.
- 생성물의 양이 증가함에 따라 반응물이 다시 생성되기 시작한다. 역반응이 정반응과 같은 속도로 진행되면 물질의 양이 더 이상 변하지 않고 반응 혼합물은 동적 평형에 도달한다.
- 약산과 염기는 물에서 아주 적은 분율의 분자만이 해리하여 평형에 도달한다.
- 수용액상 이온 반응은 생성물(기체)이 제거되거나, 역반응이 거의 진행되지 않는 생성물(물 또는 침전)을 생성하기 때문에 거의 "완결"된다.

개념 정리와 복습 _Chapter Review Guide

학습 목표 _Learning Objectives

* 괄호 안은 관련된 절(§)과 예제(SP) 번호

주요 개념

1. 왜 물이 극성 분자인가? 물이 어떻게 이온 결합 화합물을 이온으로 해리시키는가? (§4.1)
2. 이온 결합 화합물과 공유 결합 화합물이 물에 용해될 때 용액에 존재하는 화학종의 성질 차이(§4.1)
3. 강전해질, 약전해질과 비전해질의 구별(§4.1, §4.3)
4. *농도와 몰농도*의 의미(§4.1)
5. 묽힘이 용질의 농도에 미치는 영향(§4.1)
6. 수용액상 이온 반응에서 화학종과 화학 변화를 기술하는 세 가지 형태의 반응식(§4.2)
7. 수용액상 이온 반응의 세 가지 유형에서 일어나는 핵심 변화(§4.2~4.4)
8. 침전 반응 여부를 예측하는 방법(§4.2)
9. 강산과 강염기, 약산과 약염기의 차이점(§4.3)
10. 산-염기 반응이 양성자를 전달하는 방식과 탄산(과 아황산) 이온이 기체 생성 반응에서 염기로 작용하는 방식(§4.3)
11. 이온 결합 화합물과 공유 결합 화합물이 형성될 때 전자 전달과 이동의 차이점(§4.4)
12. 산화수의 변화와 이를 이용한 산화제 및 환원제 확인 방법(§4.4)
13. 결합, 분해 및 치환 산화-환원 반응에 존재하는 원소: 활성도 계열의 의미(§4.5)
14. 동적 평형을 이루는 정반응과 역반응 사이의 균형. 왜 어떤 산과 염기는 약한가? (§4.6)

주요 스킬

1. 분자 모식도를 이용하여 수용액 상 이온성 화합물 묘사하기(SP 4.1)
2. 화합물의 화학식을 이용하여 용액 내에 있는 이온의 몰수 구하기(SP 4.2)
3. 용액의 몰농도 또는 용질의 질량 계산하기(SP 4.3~4.5)
4. 진한 용액으로부터 묽은 용액 만들기(SP 4.6)
5. 분자 모식도를 이용한 농도의 변화 가시화(SP 4.7)
6. 침전 반응 여부 예측하기(SP 4.8)
7. 분자 모식도를 이용하여 침전 반응 이해하기(SP 4.9)
8. 용액 반응에서 몰비를 이용하여 반응물과 생성물의 양 구하기(SP 4.10, 4.11, 4.14)
9. 산(또는 염기) 수용액 내의 H^+(또는 OH^-) 이온 수 구하기(SP 4.12)
10. 침전 반응과 산-염기 반응을 기술하는 이온 반응식 쓰기(SP 4.8, 4.9, 4.13)
11. 양성자 전달로 산-염기 반응식 쓰기(SP 4.13)
12. 산-염기 또는 산화-환원 적정으로부터 미지 농도 계산(SP 4.15, 4.18)
13. 화합물 또는 이온을 구성하는 원소의 산화수 구하기(SP 4.16)
14. O.N.의 변화로부터 산화-환원 반응을 확인하고 산화제와 환원제 확인하기(SP 4.17)
15. 결합, 분해 및 치환 산화-환원 반응 구별하기(SP 4.19)

주요 용어 _Key Terms

구경꾼 이온
극성 분자
금속의 활성도 계열
농도
당량점
동적 평형
몰농도, M
분자 반응식
비전해질
산
산-염기 반응
산화
산화수
산화제
산화-환원 반응
상호 교환 반응
알짜 이온 반응식
염
염기
용매
용매화
용질
적정
전체 이온 반응식
전해질
종말점
침전 반응
침전
하이드로늄 이온
환원
환원제

주요 방정식 및 관계식 _Key Equations and Relationships

4.1 몰농도 정의하기:

$$\text{몰농도} = \frac{\text{용질의 몰수}}{\text{용액의 리터수}} \quad \text{또는} \quad M = \frac{\text{용질의 몰수(mol)}}{\text{용액의 부피(L)}}$$

4.2 진한 용액 묽히기:

$$M_{\text{묽은}} \times V_{\text{묽은}} = \text{용질의 양(mol)} = M_{\text{진한}} \times V_{\text{진한}}$$

연습 문제 _Problems

노란색으로 표시한 문제들에 대해서는 그 답을 부록 E에 첨부하였다. 연습 문제에 표시된 절은 본문의 절과 같고, 관련 예제의 번호를 제시하였다. 대부분의 경우 개념 복습 문제, 스킬 숙달 문제(같은 개념을 다루는 두 문제씩 묶음) 및 실전 문제를 제시하였다.

용매로서의 물의 역할과 용액의 농도

(예제 4.1~4.7)

개념 복습 문제

4.1 물이 극성이 되는 두 가지 요인은 무엇인가?

4.2 어떤 유형의 물질이 물에 잘 녹는가?

4.3 수용액이 전기를 전도하려면 그 안에 무엇이 있어야 하는가? 일반적으로 어떤 종류의 화합물이 전도성 용액을 형성하는가?

4.4 이온 결합 화합물이 물에 녹을 때 분자 수준에서 어떤 현상이 일어나는가?

4.5 아래 모식도 중 다음 각 수용액에서 만들어지는 이온들을 가장 잘 나타낸 것은 어느 것인가? (a) $CaCl_2$ (b) Li_2SO_4 (c) NH_4Br

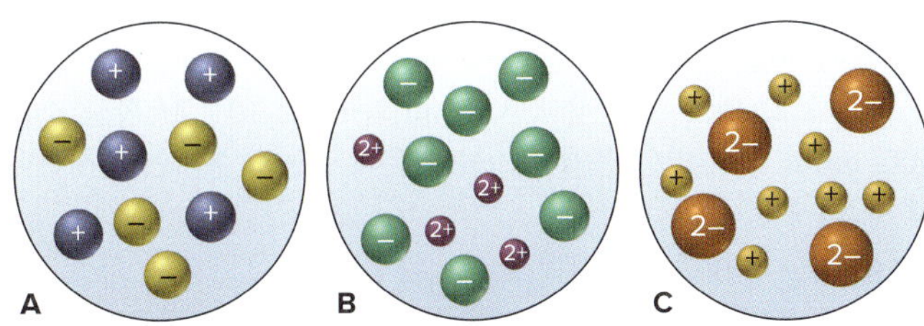

4.6 다음 모식도 중 질산 마그네슘 용액을 가장 잘 나타내는 것은 어느 것인가?

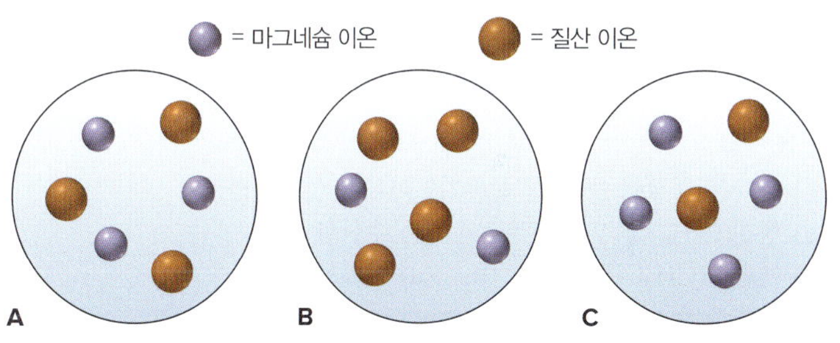

4.7 몇몇 이온 결합 화합물은 물에 녹지만 어떤 다른 화합물들은 녹지 않는다. 이유를 설명하라.

4.8 몇몇 공유 결합 화합물은 물에 녹지만 어떤 다른 화합물들은 녹지 않는다. 이유를 설명하라.

4.9 몇몇 공유 결합 화합물은 물속에서 이온으로 해리한다. 이러한 화합물은 어떤 원자를 갖는가? 그 화합물이 형성하는 용액의 형태는 무엇인가? 그러한 용액의 예 세 가지의 이름을 써라.

4.10 상자 A는 A 용액의 단위 부피를 나타낸다. 상자 B, C, D 중 충분한 양의 용매를 넣어 (a) 부피를 3배로 만들 때, (b) 부피를 2배로 만들 때, (c) 부피를 4배로 만들 때의 단위 부피의 모습을 나타낸 것은 어느 것인가?

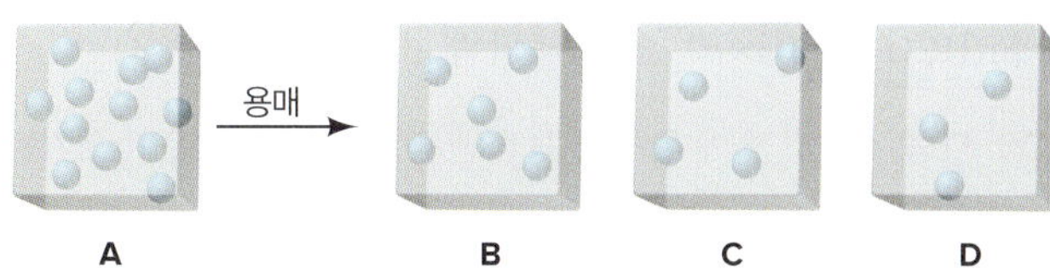

4.11 $M_{묽은} \times V_{묽은} = M_{진한} \times V_{진한}$ 식은 용액의 묽힘 계산에서 유용하다. (a) 각 기호의 의미는 무엇이며, 이 식이 성립하는 이유는 무엇인가? (b) $CaCl_2$ 용액의 부피와 몰농도를 알 때 어떻게 용질의 양(mol)과 질량(g)을 구하는가?

4.12 비커에 들어 있는 여섯 종류의 수용액(용매 분자는 생략)을 각각의 부피와 함께 나타내었다.

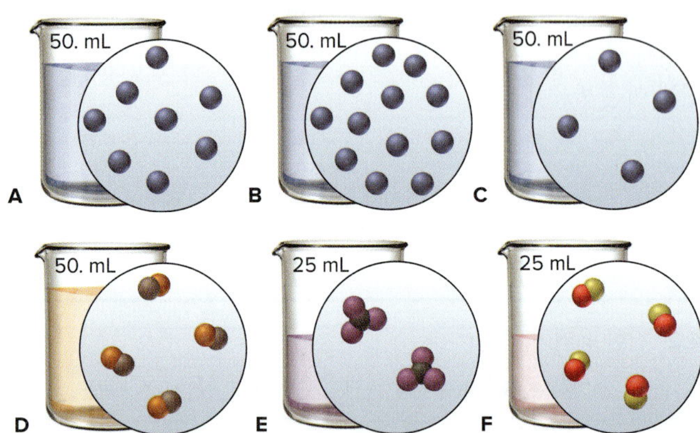

(a) 몰농도가 가장 높은 용액은 어느 것인가? (b) 몰농도가 같은 용액은 어느 것인가? (c) A와 C 용액을 섞은 용액이 B 용액에 비해 몰농도가 더 높다, 낮다, 같다 중 어디에 해당할까? (d) 용액 D에 물 50. mL를 넣은 것과 용액 F에 75 mL를 넣은 것과 비교할 때 몰농도가 더 높다, 낮다, 같다 중 어디에 해당할까? (e) 용액 A와 같은 몰농도를 가지기 위해서는 용액 E의 용매를 얼마나 증발시켜야 하는가?

4.13 10.0 *M* 용액을 1.00 *M* 용액으로 묽히기 위한 다음의 지시는 올바른가? "10.0 *M* 용액 100.0 mL 용액에 물 900.0 mL를 첨가하라." 이유를 설명하라.

스킬 숙달 문제(유사한 문제들을 두 개씩 묶음)

4.14 다음 물질이 물에 잘 녹는가? 이유를 설명하라.
(a) 벤젠(C_6H_6) (b) 수산화 소듐
(c) 에탄올(CH_3CH_2OH) (d) 아세트산 포타슘

4.15 다음 물질이 물에 잘 녹는가? 이유를 설명하라.
(a) 질산 리튬 (b) 글라이신(H_2NCH_2COOH)
(c) 펜테인 (d) 에틸렌 글라이콜($HOCH_2CH_2OH$)

4.16 다음 각 물질의 수용액이 전기를 통할까? 이유를 설명하라.
(a) 브로민화 세슘 (b) 아이오딘화 수소

4.17 다음 각 물질의 수용액이 전기를 통할까? 이유를 설명하라.
(a) 황산 포타슘 (b) 설탕(sucrose, $C_{12}H_{22}O_{11}$)

4.18 다음 시료를 물에 용해시키면 총 몇 mol의 이온이 생기는가?
(a) NH_4Cl 0.32 mol (b) $Ba(OH)_2 \cdot 8H_2O$ 25.4 g
(c) LiCl 3.55×10^{19} 화학식 단위

4.19 다음 시료를 물에 용해시키면 총 몇 mol의 이온이 생기는가?
(a) Rb_2SO_4 0.805 mol (b) $Ca(NO_3)_2$ 3.85×10^{-3} g
(c) $Sr(HCO_3)_2$ 4.03×10^{19} 화학식 단위

4.20 다음 시료가 물에 완전히 녹으면 총 몇 mol의 이온이 생기는가?
(a) K_3PO_4 0.75 mol (b) $NiBr_2 \cdot 3H_2O$ 6.88×10^{-3} g
(c) $FeCl_3$ 2.23×10^{22} 화학식 단위

4.21 다음 시료가 물에 완전히 녹으면 총 몇 mol의 이온이 생기는가?
(a) Na_2HPO_4 0.734 mol (b) $CuSO_4 \cdot 5H_2O$ 3.86 g
(c) $NiCl_2$ 8.66×10^{20} 화학식 단위

4.22 다음 각 양을 구하라.
(a) 0.267 *M* 아세트산 칼슘 185.8 mL에 들어 있는 용질의 질량(g)
(b) 아이오딘화 포타슘 21.1 g을 포함하는 용액 500. mL의 몰농도
(c) 0.850 *M* 시안화 소듐 145.6 L에 들어 있는 용질의 양(mol)

4.23 다음 각 양을 구하라.
(a) 용질 8.42 g을 포함하는 2.26 *M* 수산화 포타슘 용액의 부피
(b) 2.3 *M* 염화 구리(II) 52 L에 들어 있는 Cu^{2+} 이온의 수
(c) 135 mmol 포도당(glucose)를 포함하고 있는 275 mL 용액의 몰농도

4.24 다음 각 양을 구하라.
(a) 5.62×10^{-2} *M* 황산 포타슘 용액 475 mL를 만들기 위해 필요한 용질의 질량(g)
(b) 1 mL당 7.25 mg의 염화 칼슘을 가진 용액의 몰농도
(c) 0.184 *M* 브로민화 마그네슘 용액 1 mL에 들어 있는 Mg^{2+} 이온의 수

4.25 다음 각 양을 구하라.
(a) 46.0 g의 질산 은을 녹여 최종 부피가 335 mL가 되도록 만든 용액의 몰농도
(b) 63.0 g의 용질을 녹여 만든 0.385 *M* 황산 망가니즈(II) 용액의 부피(L)
(c) 1.68 mmol의 ATP(adenosine triphosphate)를 포함하는 6.44×10^{-2} *M* ATP 용액의 부피(mL)

4.26 다음 각 수용액에 들어 있는 이온의 몰수와 개수를 구하라.
(a) 0.45 *M* 염화 알루미늄 130. mL
(b) 황산 리튬 2.59 g/L를 포함하는 용액 9.80 mL
(c) 리터당 브로민화 포타슘 3.68×10^{22} 화학식 단위를 포함하는 용액 245 mL

4.27 다음 각 수용액에 들어 있는 이온의 몰수와 개수를 구하라.
(a) 1.75 *M* 염화 마그네슘 88 mL
(b) 황산 알루미늄 0.22 g/L를 포함하는 용액 321 mL
(c) 리터당 질산 세슘 8.83×10^{21} 화학식 단위를 포함하는 용액 1.65 L

4.28 다음 각 양을 계산하라.
(a) 0.250 *M* 염화 포타슘 용액 37.00 mL를 150.0 mL로 묽힌 용액의 몰농도
(b) 0.0706 *M* 황산 암모늄 용액 25.71 mL를 500.00 mL로 묽힌 용액의 몰농도
(c) 0.348 *M* 염화 소듐 용액 3.58 mL와 6.81×10^{-2} *M* 황산 소듐 500. mL를 섞어 만든 용액의 소듐 이온의 몰농도(부피는 더해진다고 가정)

4.29 다음 각 양을 계산하라.
(a) 2.050 *M* 질산 구리(II) 용액을 묽혀 0.8543 *M* 용액 750.0 mL를 만들기 위해 필요한 진한 용액의 부피(L)
(b) 용액 내 염화 이온의 농도가 2.86×10^{-2} *M*인 용액 350. mL를 만들기 위해 필요한 진한 1.63 *M* 염화 칼슘 용액의 부피(L)

(c) 0.155 *M* 탄산 리튬 용액 18.0 mL를 묽혀 최종 농도 0.0700 *M* 용액을 만들 때 최종 부피(L)

4.30 진한 질산의 밀도는 1.41 g/mL이며, HNO_3의 질량 백분율은 70.0%이다.
(a) 용액 1 L당 존재하는 HNO_3의 질량(g)은?
(b) 이 용액의 몰농도는 얼마인가?

4.31 진한 황산(18.3 *M*)의 밀도는 1.84 g/mL이다.
(a) 용액 1 mL당 몇 mol의 H_2SO_4가 들어 있는가?
(b) 용액 내 H_2SO_4의 질량 백분율은 얼마인가?

실전 문제

4.32 가정에서 흔히 사용되는 표백제는 아염소산 소듐 수용액이다. 용액 375 mL에 아염소산 소듐 20.5 g이 들어 있는 표백제 용액의 몰농도는 얼마인가?

4.33 산업용 등급 진한 HCl인 무리아틱산(muriatic acid)은 석조 재료 및 시멘트의 청소에 사용된다. 농도는 11.7 *M*이다. (a) 일상적인 목적에 사용되는 3.5 *M* 염산 3.0 갤런을 만들기 위해 진한 염산을 묽히는 과정을 설명하라. (1 갤런 = 4 쿼트, 1 쿼트 = 0.946 L) (b) HCl 9.66 g을 포함한 진한 염산 용액은 몇 mL인가?

4.34 해양 생물을 연구하는 생물학자가 해수의 이온 농도를 모사하기 위해 시료 1.00 kg을 제조하였다. 그녀는 NaCl 26.5 g과 $MgCl_2$ 2.40 g, $MgSO_4$ 3.35 g, $CaCl_2$ 1.20 g, KCl 1.05 g, $NaHCO_3$ 0.315 g, NaBr 0.098 g을 증류수에 혼합하였다. (a) 용액의 밀도가 1.025 g/cm^3이라면, 각 이온의 몰농도는 얼마인가? (b) 알칼리 금속 이온의 총 몰농도는 얼마인가? (c) 알칼리 토금속 이온의 총 몰농도는 얼마인가? (d) 음이온의 총 몰농도는 얼마인가?

4.35 "연수제"는 용액 내 전체 양전하 수와 같은 양의 Na^+ 이온으로 Ca^{2+}와 Fe^{3+} 등 금속 이온을 교환하여 제거한다. 센물 1.0×10^3 L에 0.015 *M* Ca^{2+}과 0.0010 *M* Fe^{3+}이 들어 있다면, 이 이온들을 교환하는 데 필요한 Na^+ 이온의 몰수는 얼마인가?

침전 반응

(예제 4.8~4.11)

개념 복습 문제

4.36 알짜 이온 반응식에 나타나지 않는 이온은 어떤 것인가? 그 이유는 무엇인가?

4.37 다음 반응식과 같은 알짜 이온 반응식을 갖지만 반응물이 다른 반응식(분자 및 전체 이온 반응식 모두)두 가지를 써라.

$$Ba(NO_3)_2(aq) + Na_2CO_3(aq) \longrightarrow BaCO_3(s) + 2NaNO_3(aq)$$

4.38 어떤 이온쌍들은 침전을 형성하며 다른 것들은 침전을 형성하지 않는다. 그 이유는 무엇인가?

4.39 표 4.1을 이용하여 어느 조합이 침전을 형성하는지 판단하라. 반응의 구경꾼 이온은 어떻게 알아낼 수 있는가?

(a) 질산 칼슘(*aq*) + 염화 소듐(*aq*) ⟶

(b) 염화 포타슘(*aq*) + 질산 납(II)(*aq*) ⟶

4.40 비커는 $AgNO_3$와 NaCl 수용액을 나타낸다. 은 이온은 회색이다. NO_3^-, Na^+, Cl^- 이온을 나타내는 색은 무엇인가? 반응에 대한 분자 반응식, 전체 이온 반응식, 알짜 이온 반응식을 써라.

스킬 숙달 문제(유사한 문제들을 두 개씩 묶음)

4.41 다음 침전 반응에 대한 균형 맞춘 분자 반응식, 전체 이온 반응식, 알짜 이온 반응식을 완성하라.
(a) $Hg_2(NO_3)_2(aq) + KI(aq) \longrightarrow$
(b) $FeSO_4(aq) + Sr(OH)_2(aq) \longrightarrow$

4.42 다음 침전 반응에 대한 균형 맞춘 분자 반응식, 전체 이온 반응식, 알짜 이온 반응식을 완성하라.
(a) $CaCl_2(aq) + Cs_3PO_4(aq) \longrightarrow$
(b) $Na_2S(aq) + ZnSO_4(aq) \longrightarrow$

4.43 다음 각 쌍의 수용액을 섞으면 침전 반응이 일어나는가? 반응이 일어난다면 균형 맞춘 분자 반응식, 전체 이온 반응식, 알짜 이온 반응식을 써라.
(a) 질산 소듐 + 황산 구리(II)
(b) 브로민화 암모늄 + 질산 은

4.44 다음 각 쌍의 수용액을 섞으면 침전 반응이 일어나는가? 반응이 일어난다면 균형 맞춘 분자 반응식, 전체 이온 반응식, 알짜 이온 반응식을 써라.
(a) 탄산 포타슘 + 수산화 바륨
(b) 질산 알루미늄 + 인산 소듐

4.45 다음 각 쌍의 수용액을 섞으면 침전 반응이 일어나는가? 반응이 일어난다면 균형 맞춘 분자 반응식, 전체 이온 반응식, 알짜 이온 반응식을 써라.
(a) 염화 포타슘 + 질산 철(III)
(b) 황산 암모늄 + 염화 바륨

4.46 다음 각 쌍의 수용액을 섞으면 침전 반응이 일어나는가? 반응이 일어난다면 균형 맞춘 분자 반응식, 전체 이온 반응식, 알짜 이온 반응식을 써라.
(a) 황화 소듐 + 황산 니켈(II)
(b) 질산 납(II) + 브롬화 포타슘

4.47 질산 납(II) 용액 38.5 mL가 과량의 아이오딘화 소듐 용액과 완전히 반응하여 0.628 g의 침전이 생겼다. 원래 용액에 있던 납(II) 이온의 몰농도를 구하라.

4.48 질산 은 용액 25.0 mL가 과량의 염화 포타슘과 반응하여 0.842 g의 침전이 생겼다. 원래 용액에 있던 은 이온의 몰농도를 구하라.

4.49 0.160 *M* 염화 바륨 35.0 mL와 0.065 *M* 황산 소듐 58.0 mL를 반응시키면 몇 g의 황산 바륨이 생성되는가?

4.50 0.135 *M* 염화 철(III) 62.0 mL와 0.285 *M* 황화 칼슘 45.0 mL를 반응시키면 몇 g의 황화 철(III)이 생성되는가?

4.51 이온을 구로 나타낸 다음 그림은 K^+, Mg^{2+}, Ag^+ 또는 Pb^{2+} 중 하나(*파란색*)가 들어 있는 용액에, ClO_4^-, NO_3^- 또는 SO_4^{2-}(*노란색*) 중에 하나가 들어 있는 용액을 혼합하여 생성된 고체이다. 그림에서 용매는 생략하였다. (a) 생성된 고체는 무엇인가? (b) 반응에 대한 균형 맞춘 알짜 이온 반응식을 써라. (c) 구 한 개가 5.0×10^{-4} mol의 이온을 나타낸다면, 생성물의 질량은 얼마인가?

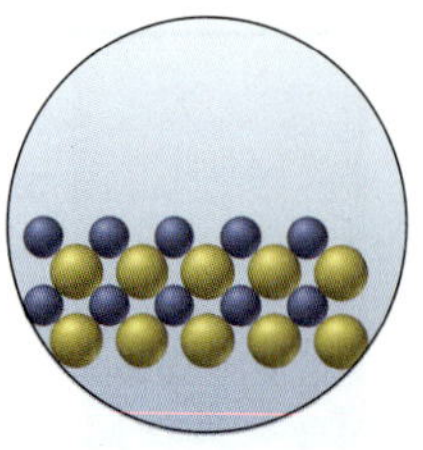

4.52 양이온(*보라색*)을 포함한 용액 25.0 mL와 음이온(*초록색*)을 포함한 용액 35.0 mL 사이의 침전 반응을 아래에 나타내었다(이온은 구로 나타내었고, 용매 분자는 생략함).

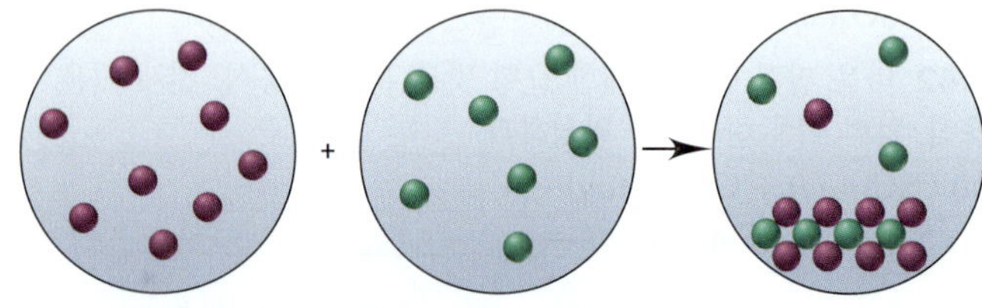

(a) 전체 이온 반응식과 알짜 이온 반응식을 쓰고, 그림의 반응을 가장 잘 나타낸 것을 골라라.
(1) $KNO_3(aq) + CuCl_2(aq) \longrightarrow$
(2) $NaClO_4(aq) + CaCl_2(aq) \longrightarrow$
(3) $Li_2SO_4(aq) + AgNO_3(aq) \longrightarrow$
(4) $NH_4Br(aq) + Pb(CH_3COO)_2(aq) \longrightarrow$
(b) 각 구가 이온 2.5×10^{-3} mol을 나타낸다면, 전체 이온 수는 얼마인가?
(c) 생성된 고체의 질량은 얼마인가?

4.53 미지의 알칼리 금속 탄산염 1.50 g을 물에 용해시켰다. 모든 탄산 이온을 $CaCO_3$로 침전시키는 데 0.350 *M* $CaCl_2$ 용액 31.10 mL를 사용하였다. 미지 화합물의 이름과 화학식을 써라.

4.54 염화 철(II), 염화 니켈(II), 또는 염화 아연(II) 중 하나인 화합물 시료 0.750 g을 물에 용해시켰다. 염화 이온을 모두 AgCl로 완전히 침전시키는 데 0.515 *M* $AgNO_3$ 용액 22.40 mL를 사용하였다. 이 화합물의 이름과 화학식을 써라.

실전 문제

4.55 바닷물 시료에 들어 있는 Cl^-의 질량 백분율은 바닷물 시료 25.00 mL를 $AgNO_3$ 용액을 사용하여 침전 반응으로 적정하여 구한다. 모든 Cl이 반응한 후 용액에 남은 자유 Ag^+ 이온의 존재를 알려주는 지시약을 사용하여 종말점을 찾을 수 있다. 종말점에 도달하는 데 0.2970 *M* $AgNO_3$ 53.63 mL가 쓰였다면, 바닷물에 녹아 있는 Cl의 질량 백분율은 얼마인가(바닷물의 밀도 = 1.024 g/mL)?

4.56 *케이크 명반*으로 알려진 황산 알루미늄은 가죽과 천의 염색에서 하수 정화까지 여러 분야에 사용되며, 수용액 상에서 염기와 반응하여 흰색 침전을 형성한다.

(a) NaOH 수용액과 반응시킬 때 전체 균형 반응식과 전체 이온 반응식을 써라. (b) 황산 알루미늄 15.8 g/L가 녹아 있는 용액 627 mL에 0.533 *M* NaOH 185.5 mL를 넣었을 때 생성되는 침전의 질량은 얼마인가?

산-염기 반응

(예제 4.12~4.15)

개념 복습 문제

4.57 $Sr(OH)_2(aq)$와 $H_2SO_4(aq)$가 반응할 때 전체 이온 반응식과 알짜 이온 반응식이 같은가? 설명하라.

4.58 중화 반응의 일반적인 반응식을 써라.

4.59 (a) 세 가지 흔한 강산의 이름을 써라. (b) 세 가지 흔한 강염기의 이름을 써라. (c) 강산 또는 강염기의 특징은 무엇인가?

4.60 (a) 세 가지 흔한 약산의 이름을 써라. (b) 세 가지 흔한 약염기의 이름을 써라. (c) 강산과 약산의 주요 차이점 또는 강염기와 약염기의 주요 차이점은 무엇인가? 어떤 실험을 통해 이것을 확인할 수 있는가?

4.61 다음 반응 중 어느 것이 완결되는가? 어느 인자가 그렇게 만드는지 설명하라.
(a) $MgSO_3(s) + 2HCl(aq) \longrightarrow MgCl_2(aq) + SO_2(g) + H_2O(l)$
(b) $3Ba(OH)_2(aq) + 2H_3PO_4(aq) \longrightarrow Ba_3(PO_4)_2(s) + 6H_2O(l)$

4.62 (a) 아세트산과 수산화 소듐 수용액을 중화시킬 때 전체 이온 반응식은 염산과 수산화 소듐과의 반응과 다르다. 균형 잡힌 알짜 이온 반응식을 쓰고 설명하라. (b) 물에 아세트산을 혼합한 수용액의 주요 화학종을 농도가 감소하는 순서로 나열하라.

스킬 숙달 문제(유사한 문제들을 두 개씩 묶음)

4.63 다음 각 수용액에는 H^+ 이온이 몇 mol 존재하는가?
(a) 0.25 *M* 과염소산 1.40 L
(b) 0.92 *M* 질산 6.8 mL
(c) 0.085 *M* 염산 2.6 L

4.64 다음 각 수용액에는 H^+ 이온이 몇 mol 존재하는가?
(a) 0.75 *M* 브로민산 1.4 mL
(b) 1.98 *M* 아이오딘산 2.47 mL
(c) 0.270 *M* 질산 395 mL

4.65 다음 산-염기 반응에 대한 균형 잡힌 분자 반응식, 전체 이온 반응식, 알짜 이온 반응식을 완성하라.
(a) 수산화 포타슘(*aq*) + 브로민산(*aq*) ⟶
(b) 암모니아(*aq*) + 염산(*aq*) ⟶

4.66 다음 산-염기 반응에 대한 균형 잡힌 분자 반응식, 전체 이온 반응식, 알짜 이온 반응식을 완성하라.
(a) 수산화 세슘(*aq*) + 질산(*aq*) ⟶
(b) 수산화 칼슘(*aq*) + 아세트산(*aq*) ⟶

4.67 석회석(탄산 칼슘)은 물에 녹지 않지만 염산 수용액에는 용해된다. 염산이 실제로 물에 존재하고, 그 반응이 양성자 전달 과정이라는 것을 보여 주는 균형 잡힌 전체 이온 반응식과 알짜 이온 반응식을 써라.

4.68 수산화 아연은 물에 녹지 않지만 질산 수용액에는 용해된다. 이유를 설명하라. 질산이 실제로 물에 존재하고, 그 반응이 양성자 전달 과정이라는 것을 보여주는 균형 잡힌 전체 이온 반응식과 알짜 이온 반응식을 써라.

4.69 탄산 칼슘 16.2 g과 완전히 반응하기 위해 필요한 0.383 *M* HCl의 부피는 몇 mL인가?

$$2HCl(aq) + CaCO_3(s) \longrightarrow CaCl_2(aq) + CO_2(g) + H_2O(l)$$

4.70 0.285 M NaOH 43.74 mL와 완전히 반응하기 위해 필요한 NaH_2PO_4의 질량은 몇 g인가?

$$NaH_2PO_4(s) + 2NaOH(aq) \longrightarrow Na_3PO_4(aq) + 2H_2O(l)$$

4.71 0.1180 M KOH 표준 용액 25.98 mL가 CH_3COOH 용액 52.50 mL와 반응한다면 산 용액의 몰농도는 얼마인가?

4.72 0.1850 M NaOH 표준 용액 26.25 mL가 H_2SO_4 25.00 mL와 반응한다면 산 용액의 몰농도는 얼마인가?

실전 문제

4.73 자동차 수리공의 실수로 2.6 M H_2SO_4 용액 88 mL가 자동차 배터리로부터 누출되었다. 황산을 완전히 제거하기 위해 필요한 1.6 M $NaHCO_3$ 용액의 부피는 몇 mL인가?

4.74 수산화 소듐은 저렴한 강염기이기 때문에 산-염기 적정에 널리 사용된다. 수산화 소듐 용액을 0.1528 M 염산 25.00 mL로 적정하였다. 뷰렛의 초기 수산화 소듐 눈금이 2.24 mL였고, 최종 눈금이 39.21 mL였다면, 염기 용액의 몰농도는 얼마인가?

4.75 미지의 산 용액을 과량의 염기 용액을 첨가한 뒤 다시 산으로 적정하는 방법을 역적정이라 한다. 두 개의 이온화 가능한 양성자를 가지고 있는 옥살산과 한 개의 양성자를 가진 벤조산의 혼합물 0.3471 g을 0.1000 M NaOH 100.0 mL로 적정하였다. 과량의 NaOH 표준 용액은 0.2000 M HCl 20.00 mL로 적정되었다면 혼합물 내의 벤조산의 질량 백분율은 얼마인가?

4.76 원자력 발전소에 사용하는 핵연료 제조를 위한 우라늄 농축의 첫 번째 단계는 UO_2와 HF 수용액의 치환 반응이다.

$$UO_2(s) + HF(aq) \longrightarrow UF_4(s) + H_2O(l)$$ [균형이 맞지 않음]

UO_2 2.15 kg과 반응하는 데 필요한 2.40 M HF의 양(L)은 얼마인가?

4.77 염기 혼합물은 제산제의 유효 성분으로 흔히 사용된다. $Al(OH)_3$와 $Mg(OH)_2$ 혼합물 0.4826 g을 중화하는 데 1.000 M HNO_3 17.30 mL이 사용되었다면, 이 혼합물에서 $Al(OH)_3$의 질량 백분율은 얼마인가?

산화-환원 반응

(예제 4.16~4.18)

개념 복습 문제

4.78 아래 화학종에서 S의 산화수를 써라.
(a) H_2S (b) SO_3^{2-}

4.79 다음 반응은 산화-환원 반응인가? 설명하라.

$$NH_3(aq) + HCl(aq) \longrightarrow NH_4Cl(aq)$$

4.80 산화제가 환원되는 이유를 설명하라.

4.81 모든 산화-환원 반응이 산화제와 환원제를 포함하는 이유를 설명하라.

4.82 다음 반응식 중에서 황산이 산화제로 작용하는 것은 어느 것인가? 황산이 산으로 작용하는 것은 어느 것인가? 설명하라.
(a) $4H^+(aq) + SO_4^{2-}(aq) + 2NaI(s) \longrightarrow 2Na^+(aq) + I_2(s) + SO_2(g) + 2H_2O(l)$
(b) $BaF_2(s) + 2H^+(aq) + SO_4^{2-}(aq) \longrightarrow 2HF(aq) + BaSO_4(s)$

4.83 다음 반응에서 산화제와 환원제를 찾고 그 이유를 설명하라.

$$8NH_3(g) + 6NO_2(g) \longrightarrow 7N_2(g) + 12H_2O(l)$$

스킬 숙달 문제(유사한 문제들을 두 개씩 묶음)

4.84 아래 화학종에서 탄소의 산화수를 써라.
(a) CF_2Cl_2 (b) $Na_2C_2O_4$ (c) HCO_3^- (d) C_2H_6

4.85 다음 화학종에서 브로민의 산화수를 써라.
(a) KBr (b) BrF_3 (c) $HBrO_3$ (d) CBr_4

4.86 다음 화학종에서 질소의 산화수를 써라.
(a) NH_2OH (b) N_2F_4 (c) NH_4^+ (d) HNO_2

4.87 다음 화학종에서 황의 산화수를 써라.
(a) $SOCl_2$ (b) H_2S_2 (c) H_2SO_3 (d) Na_2S

4.88 다음 화학종에서 비소의 산화수를 써라.
(a) AsH_3 (b) $H_2AsO_4^-$ (c) $AsCl_3$

4.89 다음 화학종에서 인의 산화수를 써라.
(a) $H_2P_2O_7^{2-}$ (b) PH_4^+ (c) PCl_5

4.90 다음 화학종에서 망가니즈의 산화수를 써라.
(a) MnO_4^{2-} (b) Mn_2O_3 (c) $KMnO_4$

4.91 다음 화학종에서 크로뮴의 산화수를 써라.
(a) CrO_3 (b) $Cr_2O_7^{2-}$ (c) $Cr_2(SO_4)_3$

4.92 다음 반응에서 산화제와 환원제를 찾아라.
(a) $5H_2C_2O_4(aq) + 2MnO_4^-(aq) + 6H^+(aq) \longrightarrow 2Mn^{2+}(aq) + 10CO_2(g) + 8H_2O(l)$
(b) $3Cu(s) + 8H^+(aq) + 2NO_3^-(aq) \longrightarrow 3Cu^{2+}(aq) + 2NO(g) + 4H_2O(l)$

4.93 다음 반응에서 산화제와 환원제를 찾아라.
(a) $Sn(s) + 2H^+(aq) \longrightarrow Sn^{2+}(aq) + H_2(g)$
(b) $2H^+(aq) + H_2O_2(aq) + 2Fe^{2+}(aq) \longrightarrow 2Fe^{3+}(aq) + 2H_2O(l)$

4.94 다음 반응에서 산화제와 환원제를 찾아라.
(a) $8H^+(aq) + 6Cl^-(aq) + Sn(s) + 4NO_3^-(aq) \longrightarrow SnCl_6^{2-}(aq) + 4NO_2(g) + 4H_2O(l)$
(b) $2MnO_4^-(aq) + 10Cl^-(aq) + 16H^+(aq) \longrightarrow 5Cl_2(g) + 2Mn^{2+}(aq) + 8H_2O(l)$

4.95 다음 반응에서 산화제와 환원제를 찾아라.
(a) $8H^+(aq) + Cr_2O_7^{2-}(aq) + 3SO_3^{2-}(aq) \longrightarrow 2Cr^{3+}(aq) + 3SO_4^{2-}(aq) + 4H_2O(l)$
(b) $NO_3^-(aq) + 4Zn(s) + 7OH^-(aq) + 6H_2O(l) \longrightarrow 4Zn(OH)_4^{2-}(aq) + NH_3(aq)$

실전 문제

4.96 모발 탈색제의 유효 성분은 일반적으로 과산화 수소이다. 모발 탈색제 14.8 g에 들어 있는 H_2O_2의 양을 과망간산 포타슘 표준 용액으로 적정하여 결정하였다.

$$2MnO_4^-(aq) + 5H_2O_2(aq) + 6H^+(aq) \longrightarrow 5O_2(g) + 2Mn^{2+}(aq) + 8H_2O(l)$$

(a) 종말점에 도달하는 데 0.105 M $KMnO_4$ 표준 용액 43.2 mL가 소비되었다면 적정에 몇 mol의 MnO_4^- 이온이 소비되었는가?

(b) 모발 탈색제 시료 14.8 g에는 H_2O_2 몇 mol이 들어 있는가?
(c) 시료에는 H_2O_2 몇 g이 들어 있는가?
(d) 시료에 들어 있는 H_2O_2의 질량 백분율은 얼마인가?
(e) 이 산화-환원 반응에서 환원제는 어느 것인가?

4.97 사람의 혈중 알코올(C_2H_5OH) 농도는 다이크로뮴산 포타슘과 혈장 샘플을 적정하여 결정한다. 균형 화학 반응식은 다음과 같다.

$$16H^+(aq) + 2Cr_2O_7^{2-}(aq) + C_2H_5OH(aq) \longrightarrow 4Cr^{3+}(aq) + 2CO_2(g) + 11H_2O(l)$$

혈장 28.00 g을 적정하는 데 0.05961 M $Cr_2O_7^{2-}$ 35.46 mL이 필요하다면 혈액 속의 알코올의 질량 백분율은 얼마인가?

산화-환원 반응의 종류

(예제 4.19)

개념 복습 문제

4.98 어느 유형의 산화-환원 반응이 다음의 특성을 나타내는가?
(a) 물질 수 증가
(b) 물질 수 감소
(c) 물질 수 불변

4.99 일반적으로 분해 산화-환원 반응은 화합물을 반응물로 가지는 반면, 결합 산화-환원 반응과 치환 산화-환원 반응은 한 개 이상의 원소를 반응물로 가지는 이유를 설명하라.

4.100 4.5절에서 논의한 반응의 형태 중 일반적으로 한 가지 이상의 화합물을 생성하는 것은 어느 것인가?

4.101 모든 연소 반응은 산화-환원 반응인가? 설명하라.

4.102 산화-환원 반응에 해당되는 결합 반응의 예 한 개와 산화-환원 반응이 아닌 결합 반응의 예 한 개를 제시하라.

스킬 숙달 문제(유사한 문제들을 두 개씩 묶음)

4.103 다음 각 산화-환원 반응의 균형을 맞추고 결합 반응, 분해 반응, 치환 반응으로 분류하라.
(a) $Ca(s) + H_2O(l) \longrightarrow Ca(OH)_2(aq) + H_2(g)$
(b) $NaNO_3(s) \longrightarrow NaNO_2(s) + O_2(g)$
(c) $C_2H_2(g) + H_2(g) \longrightarrow C_2H_6(g)$

4.104 다음 각 산화-환원 반응의 균형을 맞추고 결합 반응, 분해 반응, 치환 반응으로 분류하라.
(a) $HI(g) \longrightarrow H_2(g) + I_2(g)$
(b) $Zn(s) + AgNO_3(aq) \longrightarrow Zn(NO_3)_2(aq) + Ag(s)$
(c) $NO(g) + O_2(g) \longrightarrow N_2O_4(l)$

4.105 다음 각 산화-환원 반응의 균형을 맞추고, 결합 반응, 분해 반응, 치환 반응으로 분류하라.
(a) $Sb(s) + Cl_2(g) \longrightarrow SbCl_3(s)$ (b) $AsH_3(g) \longrightarrow As(s) + H_2(g)$
(c) $Zn(s) + Fe(NO_3)_2(aq) \longrightarrow Zn(NO_3)_2(aq) + Fe(s)$

4.106 다음 각 산화-환원 반응의 균형을 맞추고 결합 반응, 분해 반응, 치환 반응으로 분류하라.
(a) $Mg(s) + H_2O(g) \longrightarrow Mg(OH)_2(s) + H_2(g)$
(b) $Cr(NO_3)_3(aq) + Al(s) \longrightarrow Al(NO_3)_3(aq) + Cr(s)$
(c) $PF_3(g) + F_2(g) \longrightarrow PF_5(g)$

4.107 다음 각 산화-환원 반응에 대해 생성물을 예측하고 균형 반응식을 써라.
(a) $Sr(s) + Br_2(l) \longrightarrow$ (b) $Ag_2O(s) \xrightarrow{\Delta}$
(c) $Mn(s) + Cu(NO_3)_2(aq) \longrightarrow$

4.108 다음 각 산화-환원 반응에 대해 생성물을 예측하고 균형 반응식을 써라.
(a) $Mg(s) + HCl(aq) \longrightarrow$ (b) $LiCl(l) \xrightarrow{\text{전기}}$
(c) $SnCl_2(aq) + Co(s) \longrightarrow$

4.109 다음 각 산화-환원 반응에 대해 생성물을 예측하고 균형 반응식을 써라.
(a) $N_2(g) + H_2(g) \longrightarrow$ (b) $NaClO_3(s) \xrightarrow{\Delta}$
(c) $Ba(s) + H_2O(l) \longrightarrow$

4.110 다음 각 산화-환원 반응에 대해 생성물을 예측하고 균형 반응식을 써라.
(a) $Fe(s) + HClO_4(aq) \longrightarrow$ (b) $S_8(s) + O_2(g) \longrightarrow$
(c) $BaCl_2(l) \xrightarrow{\text{전기}}$

4.111 다음 각 산화-환원 반응에 대해 생성물을 예측하고 균형 반응식을 써라.
(a) 세슘 + 아이오딘 ⟶
(b) 알루미늄 + 황산 망가니즈(II) 수용액 ⟶
(c) 이산화 황 + 산소 ⟶
(d) 뷰테인 + 산소 ⟶
(e) (b)에 대한 균형 잡힌 알짜 이온 반응식을 써라.

4.112 다음 각 산화-환원 반응에 대해 생성물을 예측하고 균형 반응식을 써라.
(a) 펜테인(C_5H_{12}) + 산소 ⟶
(b) 삼염화 인 + 염소 ⟶
(c) 아연 + 브로민산 ⟶
(d) 아이오딘화 포타슘 수용액 + 브로민 ⟶
(e) (d)의 알짜 이온 반응식을 써라.

4.113 HgO 4.27 kg을 열분해하면 O_2 몇 g을 얻을 수 있는가? 다른 생성물의 이름을 쓰고 그 질량(kg)을 구하라.

4.114 염화 칼슘 874 g을 전기 분해하면 염소 기체 몇 g을 얻을 수 있는가? 다른 생성물의 이름을 쓰고 그 질량(g)을 구하라.

4.115 결합 반응에서 리튬 1.62 g을 산소 6.50 g과 섞었다.
(a) 과량으로 존재하는 반응물은 어느 것인가?
(b) 생성물 몇 mol이 만들어지는가?
(c) 반응 후 반응물과 생성물은 각각 몇 그램이 존재하는가?

4.116 결합 반응에서 마그네슘 2.22 g을 질소 3.75 g과 함께 가열하였다.
(a) 과량으로 존재 하는 반응물은 어느 것인가?
(b) 생성물 몇 mol이 만들어지는가?
(c) 반응 후 반응물과 생성물은 각각 몇 g이 존재하는가?

4.117 O_2를 생산하기 위해 질량 0.950 g인 $KClO_3$와 KCl 혼합물을 가열하였다. 가열 후 잔류물의 질량은 0.700 g이었다. 모든 $KClO_3$가 KCl과 O_2로 분해되었다고 가정하고 원래 혼합물 내의 $KClO_3$ 질량 백분율을 계산하라.

4.118 기체를 생성하기 위해 질량 0.693 g인 $CaCO_3$와 CaO 혼합물을 가열하였다. 가열 후 잔류물의 질량은 0.508 g이었다. $CaCO_3$

가 모두 CaO와 CO_2로 분해되었다고 가정하고, 원래 혼합물 내의 $CaCO_3$ 질량 백분율을 계산하라.

실전 문제

4.119 전기 용접이 개발되기 전에는 용융된 철을 만드는 데 알루미늄과 산화 철(III)의 치환 반응이 흔히 사용되었다. 테르밋 반응이라고 부르는 이 반응으로 철도 레일의 이음새를 연결하였다. 알루미늄 1.50 kg과 산화 철(III) 25.0 mol이 반응할 때 생성되는 용융된 철의 질량을 계산하라.

4.120 철은 염소 기체와 급격히 반응하여 적갈색의 이온 결합 화합물(A)를 형성하는데, 이 화합물 중의 철은 일반적인 두 가지 산화 상태 중 더 높은 산화 상태를 갖는다. 강하게 가열하면 화합물 A는 다른 이온 결합 화합물인 화합물 B로 분해된다. 화합물 B에서 철은 일반적인 철의 두 가지 산화 상태 중 더 낮은 상태를 갖는다. 철 50.6 g과 Cl_2 83.8 g로부터 생성된 화합물 A를 가열하면 화합물 B는 얼마나 생성되는가?

4.121 불순물을 포함하고 있는 마그네슘 시료를 과량의 HCl 수용액과 반응시켜 분석하였다. 불순물을 포함한 금속 1.32 g을 0.750 *M* HCl 수용액 0.100 L와 반응시켰더니 HCl 0.0125 mol이 남았다. 불순물은 반응하지 않는다고 가정하면 시료 중의 Mg의 질량 백분율은 얼마인가?

반응의 가역성과 평형 상태

개념 복습 문제

4.122 평형 상태를 "동적"이라고 부르는 이유는 무엇인가?

4.123 기체 생성물을 생성하는 분해 반응이 평형에 도달하게 하려면 어떻게 해야 하는가?

4.124 아세트산이 물에 용해될 때 분자 수준에서 어떤 현상이 일어나는가?

4.125 반응 용기에 NO와 Br_2의 혼합물이나 순수한 브로민화 나이트로실(NOBr) 중 어느 것을 넣어도 생성 혼합물에는 NO, Br_2, NOBr들이 항상 들어 있다. 이유를 설명하라.

실전 문제

4.126 암모니아는 비료로 사용하기 위해 매년 수백만 톤이 생산되는데, Haber 공정으로 N_2와 H_2로부터 만든다. 반응이 완전히 생성물로 가기 전에 평형에 도달하기 때문에 통상 화학량론적으로 계산된 양이 생성되지 않는다. 특정 온도와 압력에서 H_2 10.0 g과 N_2 20.0 g이 반응하여 암모니아가 생성되었다. 평형에 도달했을 때 생성된 NH_3는 15.0 g이었다. (a) 퍼센트 수득률을 계산하라. (b) 평형 상태에서 남아 있는 N_2와 H_2의 양(mol)은 얼마인가?

제 5 장 기체와 분자 운동론

Gases and the Kinetic-Molecular Theory

Source: ©Pawel_Grabowski/Shutterstock

➤ 관련 개념과 스킬 _Concepts and Skills to Review Before You Study This Chapter

- » 물질의 물리적 상태(1.1절)
- » SI 단위 변환(1.3절)
- » 양-질량-수 환산(3.1절)

갓 튀긴 팝콘통을 옆에 놓고 시험 준비를 위한 화학 공부를 시작할 때, 여러분은 기체 상태 물질의 성질이 작용하는 것을 이미 목격한 것이다. 180°C에서 팝콘 알갱이 속의 약간의 수분이 기화되고, 생성된 기체는 열에 의해 팽창하여 압력은 대기압의 9배 이상이 된다. 껍질은 파열되고 옥수수의 녹말과 단백질은 팽창하여 거품 형태의 덩어리를 형성한다. 기체의 압력, 부피, 온도 사이의 관계는 스쿠버 다이버, 열기구 조종사, 제빵사에게 중요할 뿐만 아니라 자동차 에어백이 팽창할 때나 자동차 엔진이 작동할 때와 같이 수많은 실생활의 예에도 적용된다. 사람들은 오래 전부터 기체의 성질과 물질의 다른 상태들을 연구해 왔다. 사실상 고대 그리스인들이 주장한 네 가지 "원소" 중 세 가지는 공기(기체), 물(액체), 흙(고체)이었다. 수천 년 동안의 관찰에도 불구하고 아직도 많은 의문은 남아 있다. 이 장과 12장에서 물리적 상태들과 그들 사이의 관계를 살펴볼 것이다. 특히 이 장에서는 가장 잘 알고 있는 기체 상태를 집중적으로 살펴본다.

기체는 어디에나 존재한다. 우리의 대기는 무색, 무취의 18가지 기체의 혼합물이다. 그 중 O_2, N_2, H_2O 증기, CO_2 같은 일부 기체는 주위 환경 전반의 생명을 유지하는 산화-환원 반응의 순환 과정에 참여한다. 염소와 암모니아 같은 몇 가지 기체는 산업계에 필수적인 역할을 하는 기체들이다. 그러나 이 장에서는 특정 기체의 고유한 *화학적*(chemical) 성질은 제쳐놓고 *모든 기체의 공통된* ***물리적***(physical) *성질*에 초점을 맞춘다.

이 장에서는... *기체의 물리적 성질을 탐구하고 그것을 설명하는 이론에 대해 살펴본다. 그 과정에서 우리는 과학자들이 자연을 설명하는 데 수학을 어떻게 사용하는지 보게 될 것이다.*

- 기체, 액체, 고체의 성질을 비교해 본다.
- 기체 압력을 측정하는 실험 방법을 논의한다.
- 기체의 부피가 (1) 압력, (2) 온도, (3) 양에 따라 어떻게 변하는가를 설명하는 법칙을 살펴본다. 이 세 가지 기체 법칙을 포용할 수 있는 이상 기체 법칙에 초점을 맞추고 이상 기체 법칙을 기체 법칙 문제 풀이에 적용한다.
- 이상 기체 법칙을 변형하여 미지 기체의 밀도, 몰질량을 구하고, 혼합물에 들어 있는 기체의 부분 압력을 구하며, 화학 변화에 참여하는 기체 반응물과 생성물의 양을 구한다.
- 분자 운동론이 기체 법칙을 어떻게 설명하는지 또 기체 입자들의 다른 주요 거동을 어떻게 설명하는지 알아본다.
- 기체 성질에 대한 핵심 아이디어를 지구 대기권에 적용한다.
- 이상 기체가 아닌 실제 기체, 특히 극한 조건에서 실제 기체의 성질이 이상 기체 법칙과 분자 운동론의 수정을 필요로 한다는 것을 이해한다.

5.1 물질의 물리적 상태에 대한 개관

대부분의 물질은 적당한 압력과 온도 조건에서 *고체*, *액체* 또는 *기체*로 존재할 수 있다. 1장에서 물질 입자의 상대적 위치와 운동을 이용하여 각 상태가 용기를 채우는 방식을 구별하였다(그림 1.1 참조).

- 기체는 입자들이 멀리 떨어져 있고 무작위로 움직이기 때문에 용기의 모양대로 용기를 가득 채운다.
- 액체는 입자들이 가까이 붙어 있으나 서로 간에 자유롭게 움직일 수 있기 때문에 액체의 부피 범위 내에서 용기의 모양을 따른다.
- 고체는 입자들이 가깝고 한 위치에 단단하게 고정되어 있기 때문에 용기의 모양과 상관없이 일정한 모양을 갖는다.

그림 5.1 **물질의 세 가지 상태.** 브로민 Br_2 같은 순물질은 적절한 온도와 압력 조건에서 기체, 액체, 고체로 존재할 수 있다.

Source: A–C: Stephen Frisch/McGraw-Hill Education

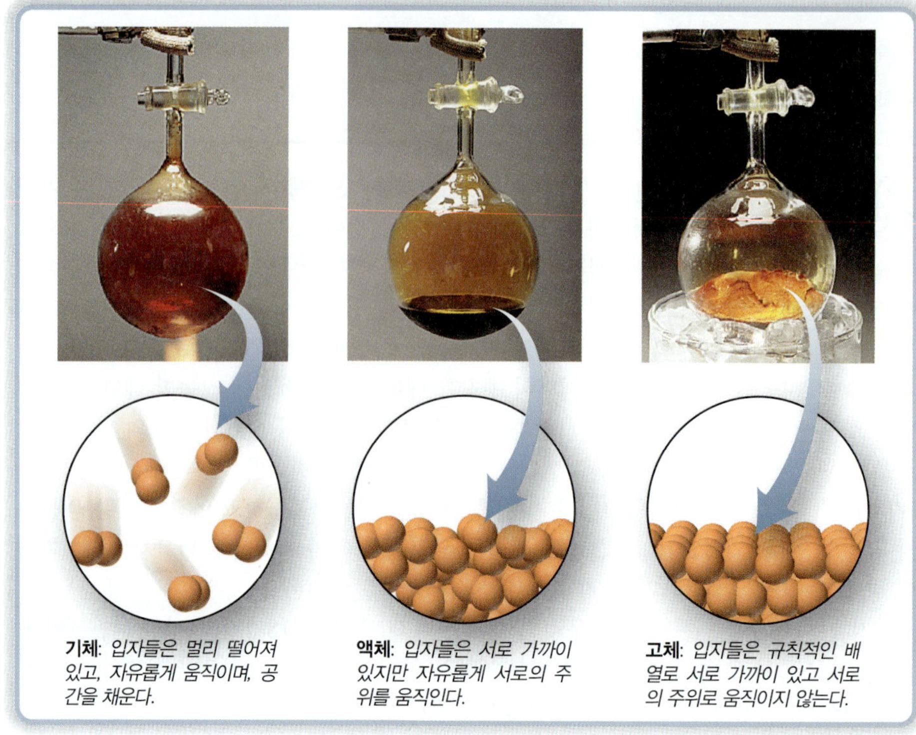

그림 5.1은 브로민의 세 가지 상태를 나타낸 것이다.

기체는 액체나 고체와 구별되는 몇 가지 다른 성질들을 갖는다.

1. *기체의 부피는 압력에 따라 크게 변한다.* 기체 시료를 피스톤이 달린 실린더 같이 부피를 변화시킬 수 있는 용기에 넣고, 피스톤에 힘을 *가하면* 부피가 *줄어든다*. 그래서 기체는 쉽게 압축된다. 즉, 기체 입자들에 힘을 가하면 서로 가까워지면서 부피가 줄어든다. 외부 힘을 제거하면 부피는 다시 늘어난다. 압축된 기체는 많은 일을 할 수 있다. 착암기의 압축 공기를 급히 팽창시켜 바위와 콘크리트를 부순다. 타이어에 들어 있는 압축 공기는 차의 무게를 떠받친다. 이와는 대조적으로 액체와 고체는 압축성이 거의 없다. 즉, 액체와 고체의 부피는 압력에 따라 크게 변하지 않는다.
2. *기체의 부피는 온도에 따라 크게 변한다.* 기체 시료를 가열하면 팽창하며, 냉각하면 수축한다. 기체는 액체나 고체보다 온도에 따른 부피 변화가 50~100배 이상 크다. 기체를 급히 가열할 때 일어나는 팽창의 효과는 로켓을 우주로 올려 보내는 것과 같은 극적인 것부터 팝콘을 튀기는 것 같은 일상적인 것까지 다양하게 나타난다.
3. *기체는 매우 자유롭게 흐른다.* 기체는 액체나 고체보다 훨씬 자유롭게 흐른다. 이러한 성질 때문에 관을 통해 기체를 더 쉽게 운송할 수 있지만, 작은 구멍이나 깨진 틈으로 기체가 더 빨리 새어 나간다는 의미이기도 하다.
4. *기체는 밀도가 비교적 낮다.* 기체 밀도는 보통 리터당 그램(g/L) 단위로 측정한다. 반면 액체나 고체는 밀리리터당 그램(g/mL) 단위로 나타내는데, 이는 기체 밀도보다 약 1,000배나 더 크다(표 1.5 참조). 예로 옆의 표에서 20°C, 정상 대기압에서 기체, 액체, 고체의 밀도를 비교하였다. 기체를 냉각하면 부피가 *줄어들기* 때문에 밀도는 *높아진다*. O_2 기체를 20°C에서 0°C로 냉각하면, 밀도가 1.3에서 1.4 g/L로 증가한다.
5. *기체는 어떠한 비율의 용액도 만들 수 있다.* 공기는 18가지 기체의 용액이다. 그러나 두 액체는 용액을 만들 수도 있고 만들지 못할 수도 있다. 물과 에탄올은 용액을 만들 수 있으나 물과 휘발유는 용액을 만들지 않는다. 두 고체는 구리와 주석에서 청동 합금을 만드는 것처럼 일반적으로 용융시키고, 용융 상태로 있는 동안에 섞고, 식혀 다시 고체로 만들지 않는 한 용액으로 만들 수 없다.

	밀도*
$O_2(g)$	1.3 g/**L** 혹은 0.0013 g/**mL**
$H_2O(l)$	1.0 g/**mL**
$NaCl(s)$	2.2 g/**mL**

*20°C, 정상 대기압에서의 밀도

용기를 완전히 채우는 현상과 마찬가지로 압력과 온도에 따라 기체의 부피가 변하고, 잘 흐르며, 밀도가 낮고, 용액을 만드는 능력 같은 기체의 거시적 성질들은 일상적인 압력에서의 액체나 고체와 달리 기체 내 입자들이 서로 멀리 떨어져 있기 때문에 나타난다.

› 5.1절 요약

- 기체의 부피는 가해진 외부 힘이나 온도의 변화에 따라 크게 달라진다. 같은 조건에서 액체와 고체의 변화는 훨씬 작다.
- 기체는 액체나 고체보다 자유롭게 흐르고 훨씬 낮은 밀도를 가진다.
- 기체는 어떠한 비율로도 섞여 용액을 형성한다. 반면 액체나 고체는 일반적으로 그렇지 않다.
- 물리적 상태들 사이의 차이점들은 입자들 사이의 평균 거리가 액체나 고체에서 보다 기체에서 더 크기 때문에 생긴다.

5.2 기체 압력과 측정

기체 입자는 용기 안에서 상대적으로 빠른 속도로 불규칙하게 움직이면서 용기의 벽과 자주 충돌한다. 벽과 충돌할 때 가하는, 기체의 *압력*이라고 부르는 힘이 풍선을 불고 타이어를 부풀릴 수 있는 근원이다. **압력**(pressure, ***P***)는 단위 면적당 가하는 힘으로 정의한다.

$$\text{압력} = \frac{\text{힘}}{\text{면적}}$$

대기 중의 기체들은 지구의 표면 *전체*에 균등한 힘(또는 *무게*)을 가한다. 이 압력을 *대기압*(atmospheric pressure)이라고 하고, 보통 제곱인치당 14.7 파운드(lb/in^2, psi)이다. 따라서 14.7 lb/in^{2}의 압력이 우리들의 방(또는 우리 몸) 밖에 존재하고, 이 압력은 내부의 압력과 같다.

만약 내부와 외부의 압력이 같지 *않으면* 무슨 일이 있어날까? 그림 5.2에 나타낸 진공 펌프에 연결된 빈 통을 생각해보자. 펌프가 꺼져 있으면(*왼쪽*) 방 안의 기체 입자가 통의 외부에 충돌하여 생기는 압력이 통 내부의 기체 입자가 내부 벽에 충돌하여 생기는 압력과 같기 때문에 모양을 유지한다. 그러나 펌프를 켜면(*오른쪽*) 통 내부의 공기가 대부분 제거된다. 통 안의 더 적은 기체 입자들은 내부 벽과 더 적게 충돌한다. 그러면 외부 대기 압력이 쉽게 통을 찌그러트린다. 화학 실험실에서 사용하는 진공 거름 플라스크와 연결관은 비교적 큰 외부 압력을 견딜 만큼 두꺼운 벽을 가지고 있다.

기체 압력 측정: 기압계와 압력계

기압계(barometer)는 대기압을 측정하는 데 사용된다. 이 기구는 1643년에 이탈리아 물리학자 Evangelista Torricelli가 발명한 것과 지금도 본질적으로 같으며, 다음과 같이 작동한다.

그림 5.2 친숙한 사물에 작용하는 대기압의 효과.

Source: A–B: Charles D. Winters/McGraw-Hill Education

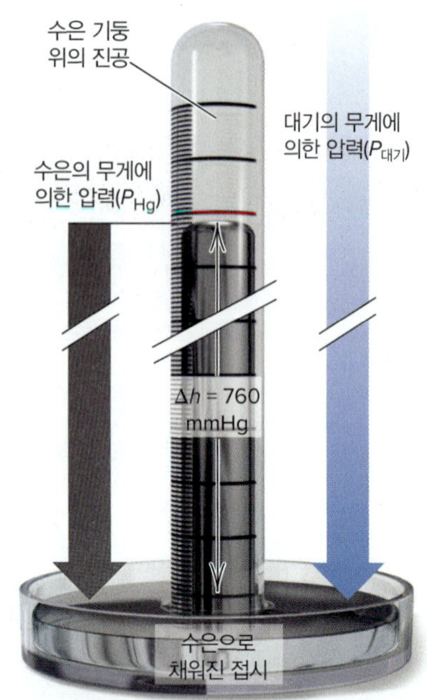

그림 5.3 **수은 기압계.** 대기압 $P_{대기}$는 수은 기둥의 압력 P_{Hg}와 균형을 이룬다.

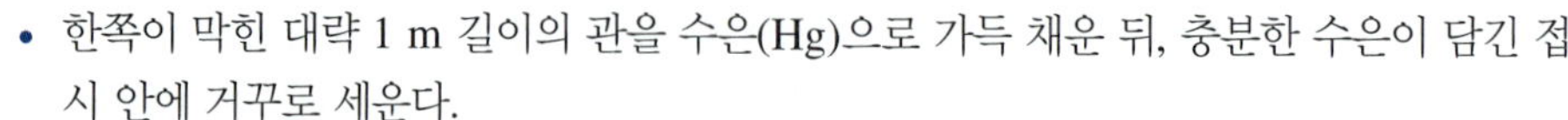

- 한쪽이 막힌 대략 1 m 길이의 관을 수은(Hg)으로 가득 채운 뒤, 충분한 수은이 담긴 접시 안에 거꾸로 세운다.
- 관을 거꾸로 세우면 수은 일부가 접시 안으로 흘러나오고 관에 남아 있는 수은의 윗부분은 진공이 된다(그림 5.3). *관 속의 수은 기둥이 접시에 있는 수은 표면에 대기압과 같은 크기의 압력(무게/면적)을 가할 때* 수은이 더 이상 흘러나오지 않는다. 즉, $P_{Hg} = P_{대기}$이다. 정상적인 대기 조건하의 해수면 높이에서 수은의 흐름은 관 내의 수은 면이 접시에 있는 수은 면보다 약 760 mm 높을 때 멈춘다. 마찬가지로, 내부를 진공으로 만든 닫힌 관을 수은이 담긴 접시에 거꾸로 세우면 대기압은 수은을 약 760 mm 높이로 밀어 올린다.
- 관의 지름은 수은 기둥의 높이에 영향을 미치지 않는다. 지름 1 cm 관의 수은이 760 mm 높이까지 밀려 올라가고 지름 2 cm 관의 수은도 같은 높이로 밀려 올라간다. 더 넓은 관 내의 수은의 *무게*가 더 크겠지만, 면적도 더 넓다. 따라서 *압력*, 즉 *무게* 대 *면적* 비율은 같다.

수은 기둥의 압력은 높이에 정비례하기 때문에 일반적으로 사용하는 압력 단위는 밀리미터 수은(mmHg)이다. 다른 압력 단위들은 잠시 후 살펴볼 것이다. *0°C 해수면에서 정상 대기압은 760 mmHg이다.* 에베레스트 산 정상(29,028 ft = 8,848 m)에서의 대기압은 약 270 mmHg이다. *압력은 고도에 따라 줄어든다.* 해수면 위 공기 기둥이 더 길어 에베레스트 산 위의 공기 기둥보다 더 무겁다.

수은의 높은 밀도(13.6 g/mL) 때문에 사용하기 편리하게 작은 크기의 압력계를 제작할 수 있으며, 실험실 기압계에도 수은을 사용한다. 만약에 물(1.0 g/mL)을 사용하면 압력계의 높이는 34 ft(10 m)나 될 것이다. 대기압이 물기둥 13.6 × 760 mm = 10,300 mm 높이(거의 34 ft)의 압력과 같기 때문이다. 주어진 압력에서 액체 기둥의 높이는 액체의 밀도에 반비례한다.

$$\frac{h_{H_2O}}{h_{Hg}} = \frac{d_{Hg}}{d_{H_2O}}$$

흥미롭게도 몇 세기 전 사람들은 진공이 "빨아들이는" 신비로운 힘을 가졌다고 생각했다. 그때 사람들은 감압 펌프가 34 ft(10 m) 깊이까지의 우물물만 끌어올릴 수 있는 이유를 알지 못했다. 17세기 위대한 과학자인 Galileo가 설명했듯이, 진공이 수은 기압계의 수은을 빨아올리는 것도 아니고, 감압 펌프가 우물에서 물을 빨아올리는 것도 아니며, 빨대에 생성된 진공이 음료수를 입 속으로 빨아올리는 것도 아니고, 그림 5.2의 진공 펌프가 찌그러진 깡통의 벽을 빨아들이는 것도 아니다. 실제로는 대기의 기체가 힘을 가해서 수은을 관으로 밀어올리고, 우물에서 물을 퍼 올리고, 음료수를 빨대 속으로 밀어올리고, 깡통을 찌그러뜨린다.

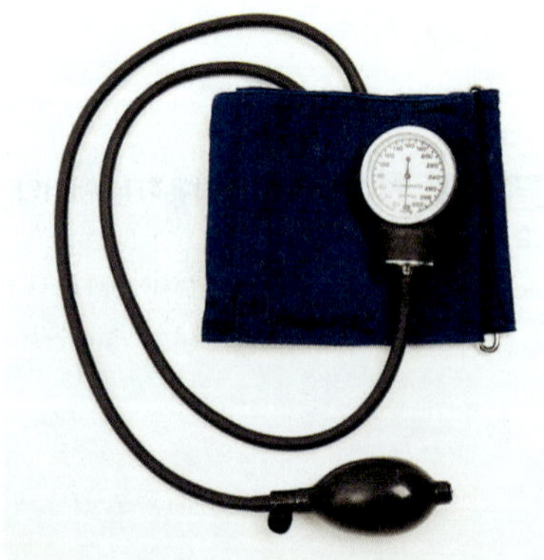

혈압을 측정하는 장치는 기본적으로 압력계이다.

Source: © Fotosearch Premium/Getty Images

압력계(manometer)는 실험에서 기체의 압력을 측정하는 기구이다. 그림 5.4에 두 가지 형태의 압력계를 나타내었다. *끝이 막힌 압력계*(closed-end manometer, *왼쪽*)는 수은을 채운 굽은 관의 한 쪽이 *막혀 있고* 다른 한 쪽은 플라스크에 연결되어 있다. 플라스크가 진공일 때는 굽은 관의 양쪽에 있는 수은 높이는 양쪽 모두 공기가 없기 때문에 양쪽이 같다. 플라스크에 기체가 있으면 가까운 쪽 관 안의 수은을 밀어내어 멀리 있는 관의 수은 높이를 올라가게 한다. 수은주 높이의 *차이*(Δh)가 기체 압력과 같다.

끝이 열린 압력계(open-end manometer, 그림 5.4의 *오른쪽*)도 굽은 관에 수은을 넣은 것이지만, 한쪽 끝이 대기에 열려 있고 다른 쪽 끝은 기체 시료에 연결되어 있다. 대기가 수은의 한쪽 표면을 밀고 있고 기체 시료가 다른 쪽을 밀고 있다. 여기서도 Δh가 두 압력의 차이이다. 그러나 이 형태의 압력계를 사용할 때는 먼저 기압계로 대기 압력을 측정한 후 그 값으로부터 Δh를 더하거나 빼야 한다.

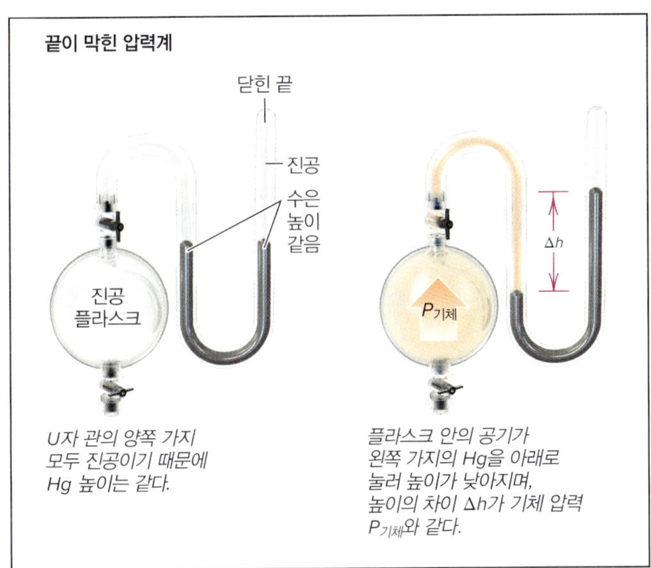

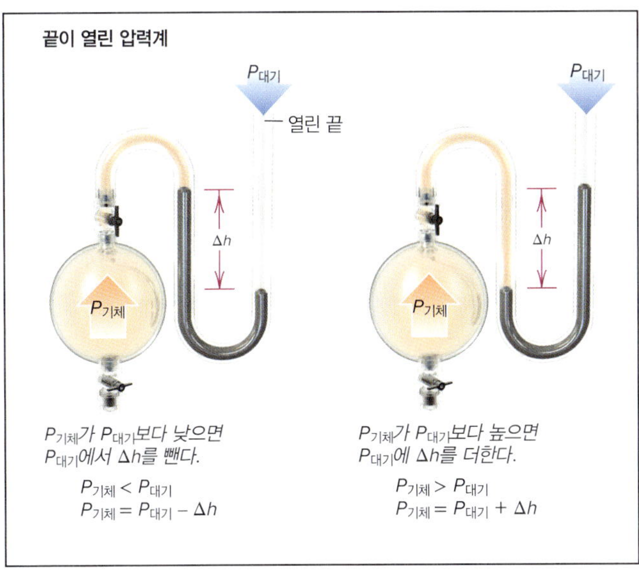

그림 5.4 두 종류의 압력계.

압력의 단위

압력은 단위 면적당 가해진 힘이다. 힘의 SI 단위는 뉴턴(N)이다. 1 N = 1 kg·m/s^2 (사과 한 개의 무게 정도). 압력의 SI 단위는 **파스칼**(pascal, **Pa**)인데, 1 m^{2}의 면적에 1 N의 힘이 가해지는 것과 같다.

$$1 \text{ Pa} = 1 \text{ N/m}^2$$

이보다 훨씬 큰 압력의 단위는 **기압**(standard atmosphere, **atm**)으로 0°C, 해수면 높이에서 측정한 평균 대기압인데, 파스칼 단위로 정의한다.

$$1 \text{ atm(기압)} = 101.325 \text{ 킬로파스칼(kPa)} = 1.01325\times10^5 \text{ Pa}$$

다른 일반적인 단위로 앞에서 언급한 **밀리미터 수은**(millimeter of mercury, **mmHg**)가 있는데, Torricelli를 기념하여 **torr**라 명명하였다.

$$1 \text{ torr} = 1 \text{ mmHg} = \frac{1}{760} \text{ atm} = \frac{101.325}{760} \text{ kPa} = 133.322 \text{ Pa}$$

화학에서는 *bar*를 점점 더 많이 사용하는 추세이다.

$$1 \text{ bar} = 1\times10^2 \text{ kPa} = 1\times10^5 \text{ Pa}$$

SI 단위의 사용이 점차 늘고 있지만 많은 화학자들은 torr와 기압(atm)을 여전히 즐겨 사용한다. 그래서 이 책에서도 이 단위들을 사용하며, 참고로 Pa와 bar 값을 표시한다. 표 5.1에 몇 가지 중요한 압력 단위를 정상 대기압의 값과 함께 제시하였다.

표 5.1 | 일반적인 압력 단위

단위	해수면과 0°C에서 정상 대기압
파스칼(Pa), 킬로파스칼(kPa)	1.01325×10^5 Pa; 101.325 kPa
기압(atm)	1 atm*
밀리미터 수은(mmHg)	760 mmHg*
torr	760 torr*
lb/in^2 또는 psi	14.7 lb/in^2
bar	1.01325 bar

*이 값들은 완전수이므로 계산에서 필요한 만큼의 유효 숫자를 사용하면 된다.

예제 5.1 | 압력 단위의 변환

문제 한 지질 화학자가 석회석($CaCO_3$)을 가열하여 생성된 CO_2를 끝이 막힌 압력계와 연결된 진공 플라스크에 포집한다. 실온에 도달한 후 Δh = 291.4 mmHg이다. CO_2의 압력을 torr, atm, kPa 단위로 계산하라.

계획 끝이 막힌 압력계에서는 $P_{기체} = \Delta h$이므로, P_{CO_2} = 291.4 mmHg이다. 표 5.1로부터 환산 인자를 만들어 다른 단위의 압력을 구한다.

풀이 mmHg를 torr로 변환:

$$P_{CO_2}\,(\text{torr}) = 291.4\ \text{mmHg} \times \frac{1\ \text{torr}}{1\ \text{mmHg}} = 291.4\ \text{torr}$$

torr를 atm으로 변환:

$$P_{CO_2}\,(\text{atm}) = 291.4\ \text{torr} \times \frac{1\ \text{atm}}{760\ \text{torr}} = 0.3834\ \text{atm}$$

atm을 kPa로 변환:

$$P_{CO_2}\,(\text{kPa}) = 0.3834\ \text{atm} \times \frac{101.325\ \text{kPa}}{1\ \text{atm}} = 38.85\ \text{kPa}$$

검산 1 atm은 760 torr이므로 ~300 torr은 <0.5 atm이어야 한다. 1 atm은 ~100 kPa이므로 <0.5 atm은 <50 kPa이어야 한다.

해설 **1.** torr를 atm으로 바꿀 때 유효 숫자 4개를 사용하였는데, 이는 단위 환산 인자가 완전수(exact number)이기 때문이다. 즉, 760 torr는 계산에 필요한 만큼의 유효 숫자를 갖는다(표 5.1의 각주 참조). **2.** 이제부터 특별히 복잡한 경우 이외에는 계산에서 *단위의 상쇄는 나타내지 않는다.*

▶ 보충 문제

5.1A 다른 석회석 시료로부터 방출된 CO_2를 끝이 열린 압력계에 연결된 진공 플라스크에 포집한다. 기압계 눈금이 753.6 mmHg이고 $P_{기체}$가 $P_{대기}$보다 작고 Δh = 174.0 mmHg일 때, P_{CO_2}를 torr, Pa, lb/in^2 단위로 계산하라.

5.1B 또 다른 석회석 시료를 가열하여 방출된 CO_2를 끝이 열린 압력계에 연결된 진공 플라스크에 포집한다. 대기압이 0.9475 atm이고 $P_{기체}$가 $P_{대기}$보다 크고 Δh = 25.8 torr일 때, P_{CO_2}를 mmHg, Pa, lb/in^{2}로 계산하라.

유사 문제 5.10~5.13

› 5.2절 요약

- 기체는 접촉하는 모든 표면에 압력(힘/면적)을 가한다.
- 기압계는 대기가 지탱할 수 있는 수은 기둥의 높이로 대기압을 측정한다(0°C 해수면에서 760 mmHg).
- 끝이 막힌 압력계와 끝이 열린 압력계는 기체 시료의 압력을 측정하는 데 사용된다.
- 압력 단위에는 기압(atm), torr(mmHg와 동일), 파스칼(Pa, SI 단위) 등이 있다.

5.3 기체 법칙과 실험적 근거

기체 시료의 물리적 거동은 네 가지 변수인 압력(P), 부피(V), 온도(T), 양(몰수 n)을 사용하여 완전히 기술할 수 있다. 이 변수들은 상호 의존적이어서 이들 중 *세 가지 변수를 측정하면 나머지 한 변수는 알아낼 수 있다.* 네 가지 기체 변수들 사이에는 세 가지 중요한 관계인 Boyle, Charles, Avogadro의 법칙이 존재한다. 이들 각 기체 법칙은 두 *변수가 일*

정할 때, 한 변수가 다른 한 변수에 미치는 영향을 나타낸다. 기체의 부피는 측정이 매우 용이하므로 기체 법칙들은 각각 기체의 압력, 온도, 양의 변화가 기체의 부피에 미치는 영향을 나타낸다.

이 세 가지 법칙은, **이상 기체**(ideal gas)의 거동을 정량적으로 기술하는 *이상 기체 법칙*(ideal gas law)이라 부르는 통합 관계식의 특별한 경우에 해당하는데, 부피, 압력, 온도, 양 사이의 단순한 비례 관계를 나타낸다. *이상 기체가 실제로는 존재하지 않지만*, 대부분의 간단한 기체들, 즉 N_2, O_2, H_2와 비활성 기체(noble gas)들은 일상적인 온도와 압력에서 거의 이상적인 거동을 보인다. 세 가지 법칙들을 먼저 살펴본 후 이상 기체 법칙을 논하기로 한다.

압력과 부피의 관계: Boyle의 법칙

Torricelli의 기압계 발명에 이어 17세기 위대한 영국 화학자 Robert Boyle은 기체 시료의 부피에 미치는 압력의 영향을 연구하였다.

1. *실험.* 그림 5.5에 Boyle이 실험에 이용했을 것 같은 실험 장치(A와 B)와 이 장치로 얻을 수 있는 실험 자료(C)와 자료의 그래프(D와 E)를 나타내었다. Boyle은 J자 모양 유리관의 짧은 쪽 끝을 밀봉하고 수은을 열려 있는 긴 쪽으로 부어 약간의 공기(실험에 사용할 기체)가 짧은 쪽 관 안에 갇히도록 하였다. 기체의 부피($V_{기체}$)를 갇힌 공기의 높이와 관의 지름을 이용하여 계산하였다. 갇힌 기체의 전체 압력 $P_{전체}$은 대기 압력 $P_{대기}$(760 mm, 기압계로 측정)에 J자 관의 수은 기둥의 높이 차이(Δh)인 20 mm(그림 5.5A)를 더한 것이다. 따라서 $P_{전체}$는 780 torr이다. Boyle이 수은을 첨가하여 $P_{전체}$을 증가시켰더니 기체의 부피가 줄어들었다. 그림 5.5B에서 초기의 20 mm Δh에 수은을 계속 첨가하여 $P_{전체}$가 1560 torr로 두 배가 되게 하였다. $V_{기체}$가 20 mL에서 10 mL로 반으로 줄어든 것을 주목하자. 이렇게 Boyle은 기체의 온도와 양을 고정시키고 기체 부피에 미치는 압력의 영향을 측정하였다.

그림 5.5에서 다음 결과들을 알 수 있다.

- P와 V의 곱은 일정하다(C의 오른쪽 가장 끝 세로줄).
- V는 P에 *반비례*한다. 압력이 증가하면 기체의 부피는 줄어든다(D).
- V는 $1/P$에 *정비례*한다(E). V와 $1/P$의 그래프는 직선이다. *두 기체 변수 사이의 정비례 관계*는 이상 기체 거동의 특징이다.

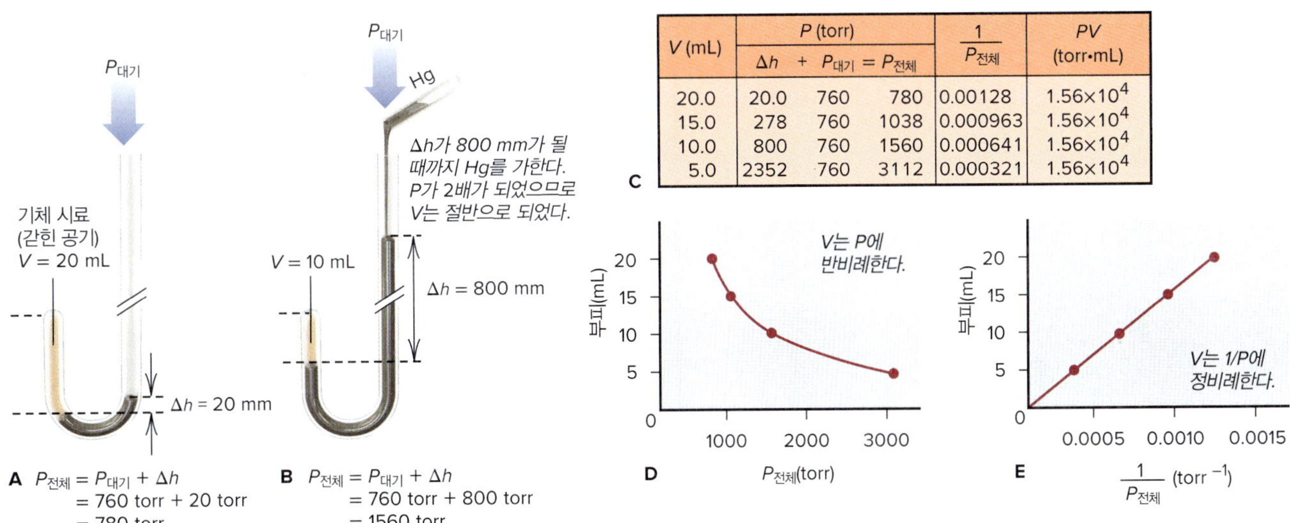

V (mL)	P (torr) Δh	+ $P_{대기}$	= $P_{전체}$	$\frac{1}{P_{전체}}$	PV (torr•mL)
20.0	20.0	760	780	0.00128	1.56×10^4
15.0	278	760	1038	0.000963	1.56×10^4
10.0	800	760	1560	0.000641	1.56×10^4
5.0	2352	760	3112	0.000321	1.56×10^4

그림 5.5 **Boyle의 법칙.** 기체의 압력과 부피 사이의 관계.

2. *결론과 법칙의 표현*. Boyle의 관찰을 다음과 같이 일반화한다.

- **Boyle의 법칙**(Boyle's law): *일정한 온도에서 일정 양의 기체의 부피는 가한(외부) 압력에* ***반비례****한다.*

$$V \propto \frac{1}{P} \qquad [T\text{와 } n \text{ 일정}] \tag{5.1}$$

이 관계를 다음과 같이 표현할 수도 있다.

$$V = \frac{\text{상수}}{P} \qquad \text{또는} \qquad PV = \text{상수} \qquad [T\text{와 } n \text{ 일정}]$$

즉, 일정한 T와 n에서 $P\uparrow$이면 $V\downarrow$이고 $P\downarrow$이면 $V\uparrow$이다.

정상 조건 하에서는 P와 V의 곱으로 얻은 상수 값은 대부분의 단순 기체에 대해 동일하다. 따라서 외부 압력을 세 배로 늘리면 기체의 부피는 초기 값의 1/3로 줄어들고, 압력을 반으로 줄이면 부피는 두 배로 늘어난다.

Boyle의 법칙은 *외부* 압력에 초점을 맞춘다. 수은을 첨가하면 갇힌 기체의 압력이 수은의 높이 증가가 멈출 때까지 올라간다. 이 점에서 기체에 가해지는 압력이 기체가 밀어내는 압력($P_{\text{기체}}$)과 같아진다. 따라서 일반적으로 $V_{\text{기체}}$가 증가하면 $P_{\text{기체}}$는 줄어들고 그 반대도 성립한다.

온도와 부피의 관계: Charles의 법칙

Boyle의 법칙이 나타내는 압력과 부피의 관계는 온도가 일정할 때만 성립하는데, 왜 그래야만 할까? 프랑스 과학자 J. A. C. Charles과 J. L. Gay-Lussac이 기체의 부피와 온도 사이의 관계를 이해할 때까지 1세기 이상이 소요되었다.

1. *실험*. 일정한 압력에서 정해진 몰수의 기체 부피를 여러 온도에서 측정하여 온도와 부피 사이의 관계를 조사해 보자. 한쪽 끝을 밀봉한 곧은 관 안에 일정 몰수의 기체(공기)를 수은 마개로 막아 가둔다. 가열기로 데우거나 얼음으로 냉각시킬 수 있는 수조에 관을 담근다. 각각의 온도 변화 후 공기 기둥의 길이와 관의 직경을 이용하여 공기의 부피를 계산한다. 수은 마개와 대기압은 변하지 않기 때문에 기체에 가해진 전체 압력은 일정하다(그림 5.6A, B).

그림 5.6 Charles의 법칙. 기체의 온도와 부피 사이의 관계.

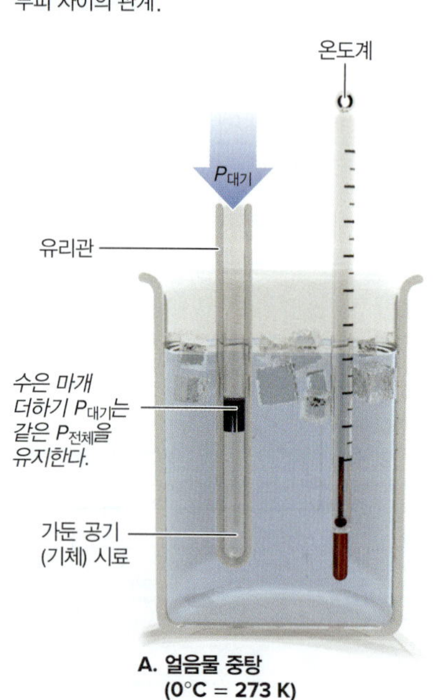

A. 얼음물 중탕 (0°C = 273 K)

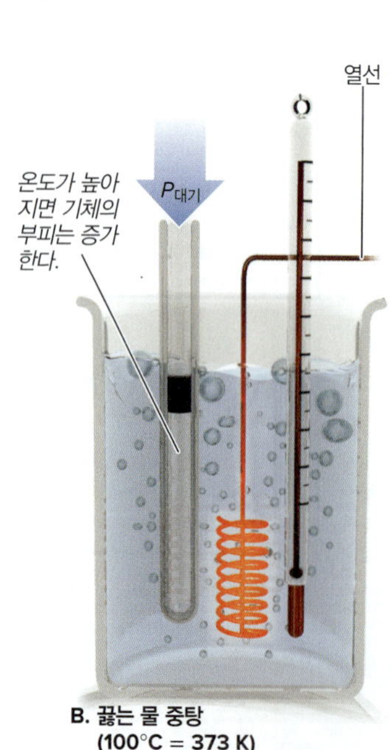

B. 끓는 물 중탕 (100°C = 373 K)

V (L)	T (°C)	T (K)	$\frac{V}{T}$ (L/K)
0.8965	0	273	3.28×10^{-3}
0.9786	25	298	3.28×10^{-3}
1.061	50	323	3.28×10^{-3}
1.143	75	348	3.28×10^{-3}
1.225	100	373	3.28×10^{-3}

C

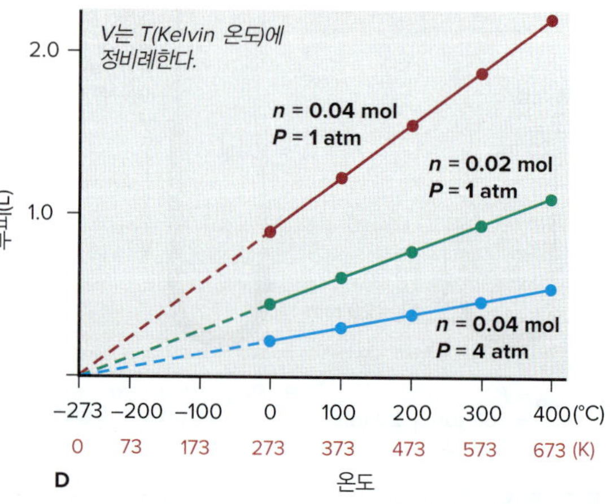

D

그림 5.6에서 다음 결과들을 알 수 있다.

- 전형적인 자료(1 atm에서 0.04 mol 기체 시료)에 따르면 기체의 부피를 Kelvin 온도로 나누면 상수가 된다(C, 가장 오른쪽 줄).
- V는 Kelvin 온도에 *정비례*한다(D에서 *빨간색 선*).
- V와 T는 *정비례 관계*이다.
- D의 그래프의 붉은 선을 더 낮은 온도로 외삽(점선)하면, 이론적으로 −273.15°C(온도 축 위의 절편)에서 기체의 부피가 0이 된다는 것을 알 수 있다.
- 다른 양의 기체(D의 *녹색 선*)나 다른 기체 압력(*파란색 선*)에 대한 그래프는 기울기는 다르지만 모두 −273.15°C로 수렴한다.

2. *결론과 법칙의 표현*. 무엇보다도 부피와 온도 사이의 관계가 정비례라는 것을 주목하자. 그러나 부피와 압력 사이의 반비례 관계와는 달리 부피와 온도 사이 관계는 *정비례*한다. 이 거동을 다음과 같이 부피와 온도 사이 관계의 현대적 표현으로 나타낸다.

- **Charles의 법칙**(Charles's law): *일정한 압력 하에서 일정한 양의 기체가 차지하는 부피는 절대(Kelvin) 온도에* ***정비례****한다.*

$$V \propto T \qquad [P\text{와 } n \text{ 일정}] \tag{5.2}$$

이 관계식을 아래와 같이 쓸 수도 있다.

$$V = \text{상수} \times T \qquad \text{또는} \qquad \frac{V}{T} = \text{상수} \qquad [P\text{와 } n \text{ 일정}]$$

즉, 일정한 P와 n에서는 $T\uparrow$, $V\uparrow$이고, $T\downarrow$, $V\downarrow$이다.

만약 T가 증가하면 V는 증가하며, 그 반대도 성립한다. Boyle의 법칙에서와 마찬가지로 정상 조건 하에서 어떠한 P와 n 값이 주어지더라도 V와 T의 비로 얻은 상수 값은 대부분의 단순 기체에 대해 동일하다.

William Thomson(작위: Kelvin경)은 기체 부피와 온도 사이의 비례 관계를 이용하여 절대 온도 척도를 고안하였다(1.3절). 절대 0도(0 K 또는 −273.15°C)는 이상 기체의 부피가 0이 되는 온도이다. (실험적으로 절대 0도에 도달한 적은 없지만 물리학자들은 10^{-9} K까지 도달했다.) 실제로는 어떠한 물질도 0의 부피를 가질 수는 없다. 그리고 모든 실제 기체는 0 K보다 높은 온도에서 액체로 응축된다. 그럼에도 불구하고 절대 온도에 대한 부피의 정비례 관계는 대부분의 기체에 대해서 넓은 온도 범위에 걸쳐 성립한다. 또한 *절대* 온도에 대한 기체 부피의 의존도는 화학자(그리고 화학을 공부하는 학생)가 알아야 할 실용적인 필수 요건을 알려준다. 즉, *기체 법칙 계산에서는 반드시 켈빈 온도를 사용해야 한다*. 예를 들면, 온도가 200 K에서 400 K로 변하면 절대 온도가 두 배가 되기 때문에 기체 부피는 두 배가 된다. 그러나 온도가 200°C에서 400°C로 변하면 부피는 두 배가 아니라 1.42배만 증가한다. 즉,

$$\left(\frac{400°\text{C} + 273.15}{200°\text{C} + 273.15}\right) = \frac{673}{473} = 1.42$$

Boyle의 법칙과 Charles의 법칙에 근거한 다른 관계식 Boyle의 법칙과 Charles의 법칙에서 다른 중요한 관계식 두 개를 유도할 수 있다.

1. *압력-온도 관계식*. Charles의 법칙은 일정한 압력에서 온도 변화가 기체 *부피*에 미치는 영향을 나타낸다. 그러나 부피와 압력은 상호 의존적으로, 유사한 관계를 압력에 대한 온도의 영향(Amontons의 법칙이라고도 함)으로 표현할 수 있다.

- *일정 부피에서 일정한 양의 기체가 나타내는 압력은 절대 온도에 정비례한다.*

$$P \propto T \qquad [V\text{와 } n \text{ 일정}] \tag{5.3}$$

또는

$$P = 상수 \times T \qquad 또는 \qquad \frac{P}{T} = 상수 \qquad [V와\ n\ 일정]$$

즉, 일정한 V와 n에서 $T\uparrow$이면 $P\uparrow$이고, $T\downarrow$이면 $P\downarrow$이다.

T가 올라가면 V는 증가하고 그 반대도 성립한다.

이 관계를 확인해 보라. 장거리 주행 전과 후 자동차나 자전거 타이어의 압력을 측정해 보면, 타이어 압력이 증가했다는 것을 알 수 있다. 타이어와 도로 사이의 마찰에 의한 가열 때문에 타이어 내부의 공기 온도가 올라간다. 타이어의 부피는 많이 증가할 수 없어서 올라간 온도는 증가된 압력으로 나타난다.

2. *결합 기체 법칙.* Boyle의 법칙과 Charles의 법칙을 하나로 합치면 결합 기체 법칙(combined gas law)을 얻게 된다. 이는 세 가지 변수들(V, P, T) 중 두 가지를 변화시켜 나머지 변수에 대한 영향을 구하는 경우에 적용된다.

$$\text{Boyle의 법칙: } V \propto \frac{1}{P}; \quad \text{Charles의 법칙: } V \propto T$$

$$\text{결합 기체 법칙: } V \propto \frac{T}{P} \qquad 또는 \qquad V = 상수 \times \frac{T}{P} \qquad 또는 \qquad \frac{PV}{T} = 상수$$

양과 부피의 관계: Avogadro의 법칙

Boyle의 법칙과 Charles의 법칙은 왜 일정 양의 기체를 규정해야 하는지 그 이유를 살펴보자.

1. *실험.* 그림 5.7은 작은 시험관을 그보다 훨씬 큰 피스톤-실린더 장치에 연결한 두 장치를 보여준다. 드라이아이스(고체 CO_2) 0.10 mol(4.4 g)을 첫 번째 시험관(A)에 넣고 0.20 mol(8.8 g)을 두 번째 시험관(B)에 넣는다. 고체 CO_2가 실온으로 따뜻해지면 기체 CO_2로 변하고 부피는 $P_{기체} = P_{대기}$이 될 때까지 증가한다. 일정한 온도에서 모든 고체가 기체로 변할 때 실린더 B는 실린더 A 부피의 두 배가 된다.

2. *결론과 법칙의 표현.* 이 거동은 기체의 부피와 양 사이의 관계를 보여준다.

- **Avogadro의 법칙**: *일정한 온도와 압력에서 기체의 부피는 기체의 양(mol)에 정비례한다.*

$$V \propto n \qquad [P와\ T\ 일정] \tag{5.4}$$

즉, n이 증가하면 V는 증가하고 그 반대도 성립한다. 이 관계를 다음과 같이 나타낼 수 있다.

$$V = 상수 \times n \qquad 또는 \qquad \frac{V}{n} = 상수 \qquad [P와\ T\ 일정]$$

즉, 일정한 P와 T에서 $n\uparrow$이면 $V\uparrow$이고, $n\downarrow$이면 $V\downarrow$이다.

정상 온도와 압력에서는 V와 n의 비로 얻은 상수 값은 모든 단순 기체에 대해 동일하다. Avogadro의 법칙에 따르면 *일정한 온도와 압력에서 같은 부피의 모든 이상 기체에는 같은 수(또는 mol)의 입자가 들어 있다.*

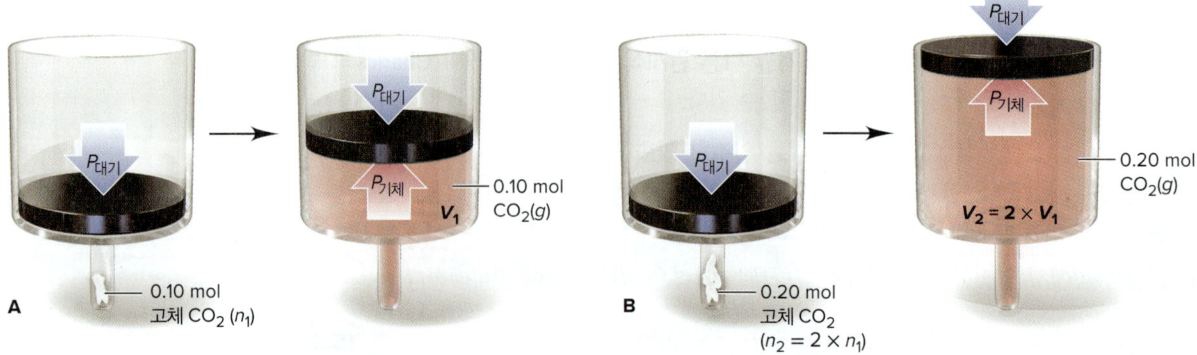

그림 5.7 **Avogadro의 법칙.** 기체의 양과 부피 사이의 관계.

기체 법칙의 적용 기체 법칙을 우리 주변의 수많은 친숙한 현상에 적용할 수 있다.

- 자동차 엔진에서는 적은 몰수의 휘발유와 O_2가 더 많은 몰수의 CO_2와 H_2O 증기를 생성하는 반응이 일어나고 열이 방출된다. n(Avogadro의 법칙)과 T(Charles의 법칙)가 증가하면 V가 증가하고 피스톤을 밀어낸다.
- 다이너마이트는 반응할 때 매우 빠른 속도로 뜨거운 기체와 더 많은 몰수의 기체를 생성하는 고체이다(Avogadro의 법칙). 생성된 뜨거운 기체는 팽창하여(Charles의 법칙) 압력을 가한다.
- 밀가루 반죽은 효모가 설탕을 소화하여 CO_2 기포를 만들기 때문에 부풀어 오른다(Avogadro의 법칙). 반죽은 뜨거운 오븐에서 빵이 구워짐에 따라 점점 더 크게 부풀어 오른다(Charles의 법칙).
- 호흡 과정은 기체 법칙 적용의 친숙한 예이다(그림 5.8). 숨을 들이쉴 때 근육은 횡격막을 아래로 내리고 갈비뼈를 밖으로 확장시킨다(*파란색*). 이 복합 운동이 폐의 부피를 증가시켜 내부의 공기 압력을 감소시킨다(Boyle의 법칙). 내부 압력이 대기압보다 1~3 torr 작아져서 공기가 빨려 들어간다. 많은 양의 공기는 폐의 탄성 조직을 이완시켜 폐의 부피를 더욱 크게 한다(Avogadro의 법칙). 공기는 체외 온도에서 체내 온도로 더워짐에 따라 팽창을 한다(Charles의 법칙). 숨을 내쉴 때 횡격막은 올라가고 갈비뼈는 안으로 움직여 폐의 부피가 줄어든다(*빨간색*). 내부 압력은 외부 대기압보다 1~3 torr *더* 높아지고(Boyle의 법칙) 따라서 공기는 밖으로 배출된다.

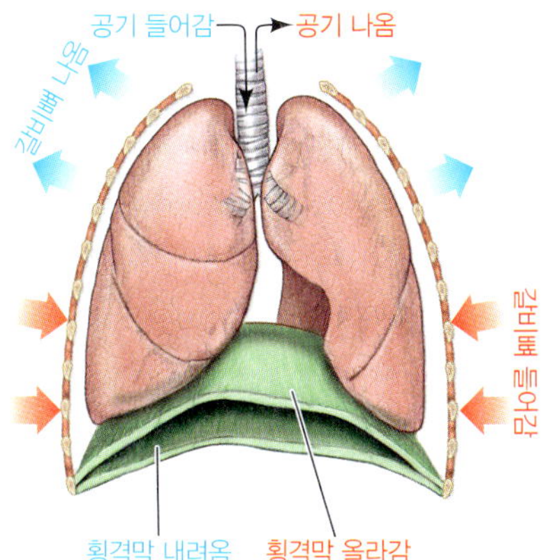

그림 5.8 호흡 과정에 기체 법칙이 적용된다.

표준 조건에서 기체의 거동

기체의 거동에 영향을 미치는 인자들을 더 잘 이해하기 위해 화학자들은 **표준 온도와 압력**(standard temperature and pressure, **STP**)이라는 *표준 조건*을 제안했다.

$$\text{STP:}\quad 0°\text{C (273.15 K), 1 atm (760 torr)} \tag{5.5}$$

이들 조건에서 이상 기체 1 mol의 부피를 **표준 몰부피**(standard molar volume)라 부른다.

$$\text{표준 몰 부피} = 22.4141\ \text{L} \quad \text{혹은} \quad 22.4\ \text{L [유효 숫자 3자리]} \tag{5.6}$$

표준 상태(STP)에서 헬륨(He), 질소(N_2) 산소(O_2) 및 다른 간단한 기체들은 거의 이상적으로 거동한다(그림 5.9). 질량과 이에 따른 밀도(d)는 기체에 따라 달라지지만 모든 기체

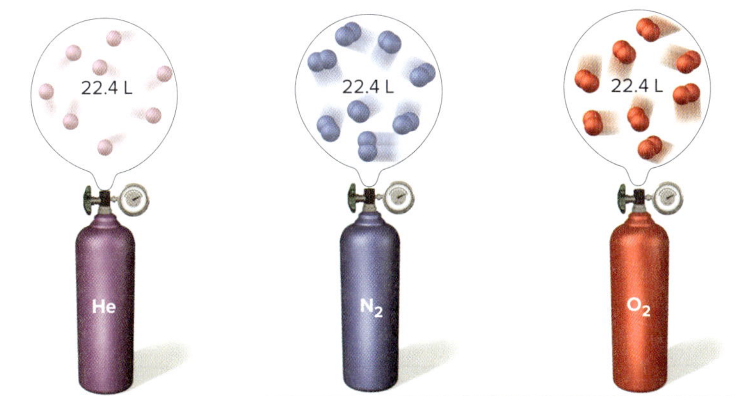

He	N_2	O_2
n = 1 mol	n = 1 mol	n = 1 mol
P = 1 atm (760 torr)	P = 1 atm (760 torr)	P = 1 atm (760 torr)
T = 0°C (273 K)	T = 0°C (273 K)	T = 0°C (273 K)
V = 22.4 L	V = 22.4 L	V = 22.4 L
기체 입자의 수 = 6.022×10^{23}	기체 입자의 수 = 6.022×10^{23}	기체 입자의 수 = 6.022×10^{23}
질량 = 4.003 g	질량 = 28.02 g	질량 = 32.00 g
d = 0.179 g/L	d = 1.25 g/L	d = 1.43 g/L

그림 5.9 표준 몰부피. STP(0°C와 1 atm)에서 이상 기체 1 mol은 22.4 L를 차지한다.

그림 5.10 이상 기체 1 mol의 부피(22.4 L)와 몇 가지 친숙한 물체 1 mol의 부피: 우유 1 갤런(3.79 L), 농구공(7.50 L), 탄산음료 2.00 L.

Source: Charles D. Winters/McGraw-Hill Education

1 mol은 STP에서 22.4 L를 차지한다.

그림 5.10에 몇 가지 친숙한 물체의 부피를 이상 기체의 표준 몰부피와 비교하였다.

이상 기체 법칙

세 가지 기체 법칙은 부피 이외의 세 기체 변수 중 하나가 부피에 미치는 영향을 나타낸다.

- Boyle의 법칙은 압력에 초점을 맞춘다($V \propto 1/P$).
- Charles의 법칙은 온도에 초점을 맞춘다($V \propto T$).
- Avogadro의 법칙은 기체의 양(mol)에 초점을 맞춘다($V \propto n$).

이 각각의 영향을 합하면 **이상 기체 법칙**[ideal gas law, 또는 *이상 기체 방정식*(ideal gas equation)]을 얻는다.

$$V \propto \frac{nT}{P} \qquad \text{또는} \qquad PV \propto nT \qquad \text{또는} \qquad PV = \text{상수} \times nT \qquad \text{또는} \qquad \frac{PV}{nT} = R$$

여기서 R은 **기체 상수**(universal gas constant)로 알려진 비례 상수이다. 이항하면 가장 일반적인 형태의 이상 기체 법칙을 얻는다.

$$PV = nRT \tag{5.7}$$

주어진 양의 기체의 부피, 온도 그리고 압력을 측정하여 R의 값을 얻고 그 값을 이상 기체 법칙에 대입한다. 예를 들어 표준 조건에 있는 기체 변수들과 기체 1 mol을 사용하면

$$R = \frac{PV}{nT} = \frac{1\ \text{atm} \times 22.4141\ \text{L}}{1\ \text{mol} \times 273.15\ \text{K}} = 0.082058\ \frac{\text{atm}\cdot\text{L}}{\text{mol}\cdot\text{K}} = 0.0821\ \frac{\text{atm}\cdot\text{L}}{\text{mol}\cdot\text{K}}\ [\text{유효 숫자 3개}] \tag{5.8}$$

이 R의 값은 P, V, T를 *해당 단위로 나타내었을 때의 값이고, 단위를 바꾸면 다른 값을 얻게 된다.* 예를 들면, 5.5절의 제곱평균근(root-mean-square) 속력에서 R은 8.314 J/mol·K(J는 에너지의 SI 단위인 joule의 약자)이다.

그림 5.11에 이상 기체 법칙의 핵심을 나타내었다. 이상 기체 법칙에서 네 개의 변수 중 두 개를 일정하게 유지하면 각 기체 법칙이 나온다. 초기 조건(아래첨자 1)을 최종 조건(아래첨자 2)으로 바꾸면 다음 식을 얻는다.

$$P_1V_1 = n_1RT_1 \qquad \& \qquad P_2V_2 = n_2RT_2$$

따라서

$$\frac{P_1V_1}{n_1T_1} = R \quad \& \quad \frac{P_2V_2}{n_2T_2} = R \quad \text{따라서} \quad \frac{P_1V_1}{n_1T_1} = \frac{P_2V_2}{n_2T_2}$$

예를 들어 두 개의 변수 P와 T를 일정하게 유지하면, $P_1 = P_2$와 $T_1 = T_2$가 되고, 다음과 같은 Avogadro의 법칙을 얻는다.

$$\frac{\cancel{P_1}V_1}{n_1\cancel{T_1}} = \frac{\cancel{P_2}V_2}{n_2\cancel{T_2}} \qquad \Longrightarrow \qquad \frac{V_1}{n_1} = \frac{V_2}{n_2}$$

다음에 보겠지만 같은 방법을 기체 법칙 문제 풀이에 이용할 수 있다. 따라서 기체 변수의 초기 값과 최종 값을 조사하면 세 개의 기체 법칙을 암기할 필요가 없다.

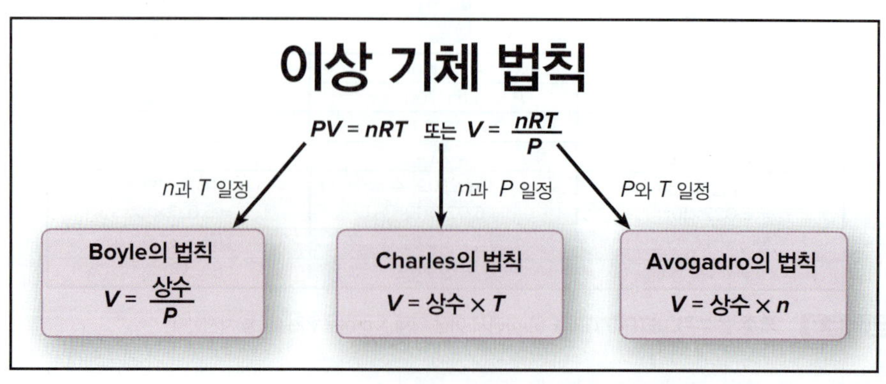

그림 5.11 각 기체 법칙은 이상 기체 법칙의 특별한 경우에 해당.

기체 법칙 문제 풀이

기체 법칙 문제는 여러 가지 유형이 있지만 대략 두 가지 유형으로 나눌 수 있다.

1. *네 가지 변수 중 한 변수의 변화가 다른 변수의 변화를 일으키고, 나머지 두 변수는 일정하게 유지되는 유형*. 이 유형에서 고정된 변수를 생략하면 이상 기체 법칙은 각 기체 법칙 중 하나로 단순화된다. 이어서 영향을 받은 변수의 새로운 값을 구한다. 단위들은 일정하게 유지되어야 하고 T는 언제나 켈빈(K)이어야 하지만 R은 들어가지 않는다. 예제 5.2~5.4가 이 유형에 해당한다. 예제 5.5는 이 유형의 변형으로, 두 가지 변수가 동시에 변화하여 제3의 변수가 변화할 때에 결합 기체 법칙을 적용하는 경우이다.

2. *한 변수를 모르고, 나머지 세 변수와 R 값을 알고 있으며, 아무런 변화도 일어나지 않는 유형*. 예제 5.6에서 예시된 이 유형에서 이상 기체 법칙은 미지의 값을 찾는 데 적용되며, 단위들은 R에 포함된 단위와 일치해야 한다.

이들 문제를 푸는 데는 체계적인 접근법이 필요하다.

- 변하는 기체 변수들(값을 아는 것과 모르는 것)과 일정하게 유지되는 변수들을 정리한다.
- 필요하다면 단위를 변환한다
- 이상 기체 법칙을 이항하여 변수에 대한 관계식을 얻고, 이 식을 풀어 미지의 변수를 구한다.

예제 5.2 | 부피-압력 관계의 적용

문제 네온 기체 시료 3.50 L의 압력은 924 torr이다. 일정한 온도에서 이 기체를 1350 cm^3 부피의 용기 속으로 압축하는 데 필요한 압력(atm)은 얼마인가?

계획 초기 부피(V_1), 초기 압력(P_1) 그리고 최종 부피(V_2)로부터 최종 압력(P_2)을 atm 단위로 구해야 한다. 기체의 온도와 양은 고정되어 있다. 일관성 있게 부피의 단위를 사용해야 하므로, V_2의 단위를 cm^{3}에서 mL, 이어서 L로 바꾼다. 이어서 P_1의 단위를 torr에서 atm으로 바꾸고, 이상 기체 법칙을 적당한 형태로 변형한 후 P_2를 구한다. (로드맵은 단위 변환과 기체 법칙 계산, 두 부분으로 이루어져 있음을 주목하라.)

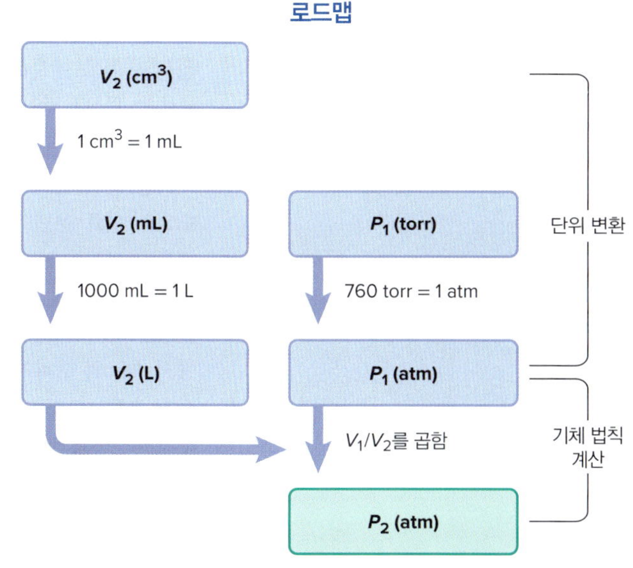

풀이 기체 변수들 정리:

$P_1 = 924$ torr (atm으로 환산) $\quad P_2 =$ 미지

$V_1 = 3.50$ L $\quad V_2 = 1350$ cm^3 (L로 변환)

T와 n은 일정

P_1을 torr에서 atm으로 환산:

$$P_1\text{ (atm)} = 924\text{ torr} \times \frac{1\text{ atm}}{760\text{ torr}} = 1.22\text{ atm}$$

V_2를 cm^{3}에서 L로 환산:

$$V_2\text{ (L)} = 1350\text{ cm}^3 \times \frac{1\text{ mL}}{1\text{ cm}^3} \times \frac{1\text{ L}}{1000\text{ mL}} = 1.35\text{ L}$$

이상 기체 법칙을 변형하여 P_2 구하기: T와 n이 일정할 때, 다음 식을 얻는다.

$$\frac{P_1V_1}{n_1T_1} = \frac{P_2V_2}{n_2T_2} \quad \Longrightarrow \quad P_1V_1 = P_2V_2$$

$$P_2 = P_1 \times \frac{V_1}{V_2} = 1.22\text{ atm} \times \frac{3.50\text{ L}}{1.35\text{ L}} = 3.16\text{ atm}$$

검산 P와 V의 상대적인 값은 계산을 검산하는 데 도움이 된다. V_2가 $\frac{1}{2}V_1$보다 작으므로 P_2는 $2P_1$보다 커야 한다(3.16/1.22 > 2).

해설 1. 변화의 방향을 예측하는 것도 문제의 상황을 검산하는 좋은 방법 중 하나이다. V가 감소하기 때문에 P는 증가할 것이다. 따라서 P_2는 P_1보다 커야 한다. $P_2 > P_1$이 되게 하려면, P_1에 1*보다 큰* 수를 곱해야 한다. 따라서 부피의 비가 *1보다 커야* 하므로 더 큰 부피(V_1)가 분자에 있는 부피 비 V_1/V_2를 P_1에 곱해야 한다. **2.** 이 문제를 풀 때 R은 필요하지 않으므로 V_1과

V_2에 같은 단위를 사용하기만 한다면 부피의 아무 단위라도 사용할 수 있다. 풀이에서는 L를 사용했지만 그 대신 cm^3를 사용해도 된다. 그러나 L와 cm^3를 섞어서 사용할 수는 없다.

▶ **보충 문제**

5.2A 탱크에 122 atm 압력의 압축 산소 기체 651 L가 들어 있다. 온도가 일정하다고 가정하면 745 mmHg 압력에서 이 산소 기체의 부피(L 단위로)는 얼마인가?

5.2B 아르곤 기체 시료가 0.871 atm 압력에서 105 mL의 부피를 갖는다. 만일 일정한 온도에서 기체의 부피가 352 mL로 증가하면 기체의 최종 압력(kPa 단위로)은 얼마인가?

유사 문제 5.24, 5.25

예제 5.3 | 부피-온도 관계와 압력-온도 관계의 적용

문제 풍선을 25°C에서 1.95 L의 공기로 채우고 햇빛이 비추는 차 안에 놓는다. 차 안의 온도가 90°C가 되면 풍선의 부피는 얼마인가?

계획 기체의 초기 부피(V_1), 초기 온도(T_1), 최종 온도(T_2)를 알고 있고, 최종 부피(V_2)를 구해야 한다. 풍선의 압력은 대기압에 의해 결정되므로 기체의 압력은 일정하고, 풍선에서 공기의 출입이 없으므로 n은 일정하다. 두 T 값의 단위를 켈빈으로 변환하고, 이상 기체 법칙을 변형하여 V_2를 구한다(로드맵 참조).

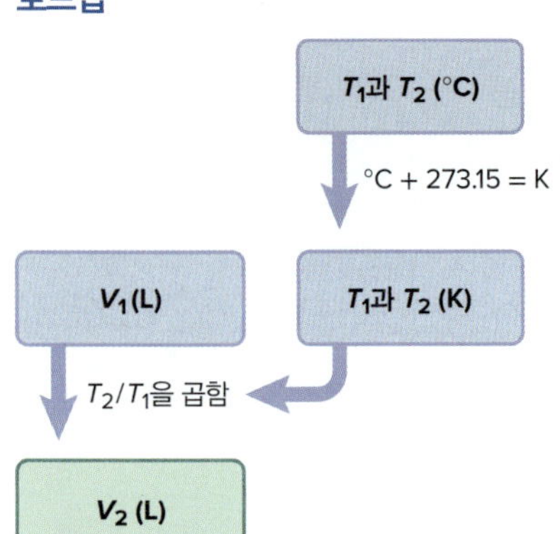

풀이 기체 변수들 정리:

$V_1 = 1.95$ L	V_2 = 미지
T_1 = 25°C(K로 변환)	T_2 = 90°C(K로 변환)
P와 n은 일정	

T를 °C에서 K로 환산:

$$T_1\ (\text{K}) = 25°\text{C} + 273.15 = 298\ \text{K} \qquad T_2\ (\text{K}) = 90°\text{C} + 273.15 = 363\ \text{K}$$

이상 기체 법칙을 변형해서 V_2 구하기: n과 P가 일정할 때, 다음 식을 얻는다.

$$\frac{P_1V_1}{n_1T_1} = \frac{P_2V_2}{n_2T_2} \implies \frac{V_1}{T_1} = \frac{V_2}{T_2}$$

$$V_2 = V_1 \times \frac{T_2}{T_1} = 1.95\ \text{L} \times \frac{363\ \text{K}}{298\ \text{K}} = 2.38\ \text{L}$$

검산 변화를 예측하여 수식을 검산해 보자. $T_2 > T_1$이므로 $V_2 > V_1$이라 예상된다. 따라서 온도비가 1보다 커야 한다(즉, T_2가 분자에 위치). T의 비율이 약 1.2(363/298)이므로, V의 비율 또한 약 1.2(2.4/2.0 ≈ 1.2)여야 한다.

▶ **보충 문제**

5.3A 연료 운반에 사용되는 철제 탱크에 내부 압력이 1.00×10^3 torr가 넘으면 열리는 안전밸브가 설치되어 있다. 23°C, 0.991 atm에서 탱크를 메테인으로 채우고 100°C에서 끓고 있는 물에 넣는다. 가열된 탱크의 압력은 얼마인가? 안전밸브는 열리겠는가?

5.3B 40°C에서 질소 시료가 32.5 L의 부피를 차지하고 있다. 압력이 일정하다면 어떤 온도에서 시료의 부피가 28.6 L로 감소하겠는가?

유사 문제 5.26~5.29

예제 5.4 | 부피-양 관계와 압력-양 관계의 적용

문제 한 모형 비행선에 헬륨을 채워 부피가 55.0 dm^3가 되면 떠오른다. He 1.10 mol을 비행선에 넣으면, 부피가 26.2 dm^3이다. 비행선을 뜨게 하려면 He 몇 g을 더 가해야 하는가? T와 P는 일정하다고 가정하라.

계획 헬륨의 초기 양(n_1), 비행선의 초기 부피(V_1), 비행선을 뜨게 하는 데 필요한 부피(V_2)가 주어져 있고, 비행선을 뜨게 하기 위해 추가해야 할 헬륨의 질량을 구하는 문제이다. 먼저 n_2를 구한다. 이상 기체 법칙을 적절한 형태로 변형하여 n_2를 구하고, 추가적인 양($n_{추가}$)을 구하기 위해 n_1을 빼준 다음, 몰수를 그램으로 환산한다(로드맵 참조).

풀이 기체 변수들 정리:

$n_1 = 1.10$ mol　　$n_2 =$ 미지 (구한 후 n_1을 빼준다)
$V_1 = 26.2\ dm^3$　　$V_2 = 55.0\ dm^3$
P와 T는 일정

이상 기체 법칙을 변형하여 n_2 구하기: P와 T가 일정할 때, 다음 식을 얻는다.

$$\frac{P_1V_1}{n_1T_1} = \frac{P_2V_2}{n_2T_2} \implies \frac{V_1}{n_1} = \frac{V_2}{n_2}$$

$$n_2 = n_1 \times \frac{V_2}{V_1} = 1.10 \text{ mol He} \times \frac{55.0 \text{ dm}^3}{26.2 \text{ dm}^3} = 2.31 \text{ mol He}$$

추가할 He의 양 구하기:

$$n_{추가} = n_2 - n_1 = 2.31 \text{ mol He} - 1.10 \text{ mol He} = 1.21 \text{ mol He}$$

He의 양(mol)을 질량(g)으로 환산:

$$\text{He의 질량(g)} = 1.21 \text{ mol He} \times \frac{4.003 \text{ g He}}{1 \text{ mol He}} = 4.84 \text{ g He}$$

로드맵

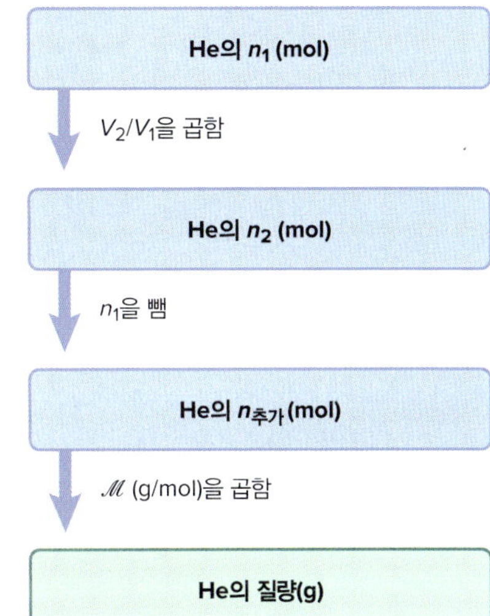

검산 $V_2 > V_1$이므로 $n_2 > n_1$이라 예상할 수 있다. V_2가 V_1의 거의 두 배($55/26 \approx 2$)이므로, n_2는 n_1의 거의 두 배($2.3/1.1 \approx 2$)이어야 한다. $n_2 > n_1$이므로, n_1에 1보다 큰 수(즉, V_2/V_1)를 곱하는 것이 맞다. 대략 1.2 mol × 4 g/mol ≈ 4.8 g.

해설 **1.** R을 사용하지 않았으므로, V_1과 V_2를 같은 단위로만 표시하면 부피의 아무 단위(이 경우에는 dm^3)나 사용 가능하다.

2. 다른 순서로 단계를 밟아가도 같은 답을 얻게 된다. 먼저 추가된 부피 ($V_{추가} = V_2 - V_1$)를 구한 다음 $n_{추가}$를 직접 구한다. 직접 풀어 보라.

3. Charles의 법칙(P와 n이 일정할 때, $V \propto T$)이 V와 n이 일정할 때 P와 T 사이의 유사한 관계식이 된다. 보충 문제 5.4A에서는 Avogadro의 법칙(P와 T가 일정할 때 $V \propto n$)이 일정한 V와 T에서 유사한 관계식이 되는 것을 볼 수 있다.

▶ 보충 문제

5.4A 단단한 플라스틱 용기 내에 793 torr의 압력에서 에틸렌 기체(C_2H_4) 35.0 g이 보관되어 있다. 일정 온도에서 에틸렌 5.0 g이 제거되면 압력은 얼마가 되겠는가?

5.4B 질소 1.26 g이 채워진 풍선의 부피가 1.12 L이다. T와 P가 일정할 때 헬륨 1.26 g을 추가한 후의 풍선의 부피를 계산하라.

유사 문제 5.30, 5.31

예제 5.5 | 부피-압력-온도 관계의 적용

문제 0.980 atm과 22°C에서 헬륨으로 채운 풍선의 부피가 15.8 L이다. 대기압이 532 mmHg이고 온도가 0°C인 오리건 주의 가장 높은 산인 Hood 산 정상에서 이 풍선의 부피는 얼마인가?

계획 기체의 초기 부피(V_1), 압력(P_1), 온도(T_1)를 알고 있다. 또한 최종 압력(P_2)과 최종 온도(T_2)도 알고 있으며, 최종 부피(V_2)를 구해야 한다. 풍선 속의 헬륨의 양은 변하지 않으므로 n은 상수이다. 두 T 값의 단위를 켈빈으로, 최종 압력의 단위를 atm으로 바꾸고, 이상 기체 법칙을 변형하여 V_2를 구한다. 이 문제는 결합 기체 법칙 문제이다.

풀이 기체 변수들 정리:

$V_1 = 15.8$ L　　$V_2 =$ 미지
$T_1 = 22°C$ (K로 변환)　　$T_2 = 0°C$ (K로 변환)
$P_1 = 0.980$ atm　　$P_2 = 532$ mmHg (atm으로 변환)
n은 일정

T를 °C에서 K로 환산:

$$T_1 \text{ (K)} = 22°\text{C} + 273.15 = 295 \text{ K} \qquad T_2 \text{ (K)} = 0°\text{C} + 273.15 = 273 \text{ K}$$

P_2를 atm으로 환산:

$$P_2\ (\text{atm}) = 532\ \text{mmHg} \times \frac{1\ \text{atm}}{760\ \text{mmHg}} = 0.700\ \text{atm}$$

이상 기체 법칙을 변형하여 V_2 구하기: n이 일정할 때, 다음 식을 얻는다.

$$\frac{P_1V_1}{\cancel{n_1}T_1} = \frac{P_2V_2}{\cancel{n_2}T_2} \quad \Longrightarrow \quad \frac{P_1V_1}{T_1} = \frac{P_2V_2}{T_2}$$

$$V_2 = V_1 \times \frac{P_1T_2}{P_2T_1} = 15.8\ \text{L} \times \frac{(0.980\ \text{atm})(273\ \text{K})}{(0.700\ \text{atm})(295\ \text{K})} = 20.5\ \text{L}$$

검산 변화를 예측하여 계산을 검산해 보자. $T_2 < T_1$이므로, $V_2 < V_1$이 예상되지만, $P_2 < P_1$이어서 $V_2 > V_1$이 예상된다. 온도 비(T_2가 분자에 위치)는 약 0.93(273/295)이고, 압력 비(P_1이 분자에 위치)는 약 1.4(0.980/0.700)이므로, V의 비는 0.93×1.4, 또는 1.3(20.5/15.8 ≈ 1.3)이어야 한다. 압력이 온도가 증가하는 것보다 더 크게 감소하므로, 부피는 전체적으로 증가한다.

▶ **보충 문제**

5.5A 755 mmHg 압력과 23°C 온도에서 질소 기체 시료의 부피가 2.55 L이다. 부피가 4.10 L로 증가하고, 온도가 18°C로 내려가면, 최종 압력은 얼마인가?

5.5B 28°C의 대기 온도와 0.980 atm의 압력에서 잠수부는 폐 속에 2.2 L의 공기를 가지고 있다. 온도가 21°C이고 압력이 1.40 atm인 10 m 깊이로 숨을 참고 잠수하면 폐 속의 공기의 부피는 얼마인가?

유사 문제 5.32, 5.33

예제 5.6 | 일정한 조건에서 미지의 기체 변수 구하기

문제 438 L 부피의 철제 탱크에 O_2 0.885 kg이 채워져 있다. 21°C에서 O_2의 압력을 계산하라.

계획 주어진 V, T와 O_2의 질량으로부터 P를 구해야 한다. 조건들은 변하지 않으므로, 이상 기체 법칙을 변형하지 않고 그대로 사용한다. 리터 단위로 주어진 V를 사용하고, T의 단위를 켈빈으로, O_2의 질량(kg)을 양(mol)으로 환산하고, P를 구한다.

풀이 기체 변수들 정리:

$V = 438$ L $T = 21$°C (K로 변환)

$n = 0.885$ kg O_2 (mol로 변환) P = 미지

T를 °C로부터 K로 환산:

$$T(\text{K}) = 21°\text{C} + 273.15 = 294\ \text{K}$$

O_2의 질량(g)을 양(mol)으로 환산:

$$n = O_2\text{의 양(mol)} = 0.885\ \text{kg}\ O_2 \times \frac{1000\ \text{g}}{1\ \text{kg}} \times \frac{1\ \text{mol}\ O_2}{32.00\ \text{g}\ O_2} = 27.7\ \text{mol}\ O_2$$

P 구하기(단위 상쇄에 유의):

$$P = \frac{nRT}{V} = \frac{27.7\ \cancel{\text{mol}} \times 0.0821\ \frac{\text{atm}\cdot\cancel{\text{L}}}{\cancel{\text{mol}}\cdot\cancel{\text{K}}} \times 294\ \cancel{\text{K}}}{438\ \cancel{\text{L}}}$$
$$= 1.53\ \text{atm}$$

검산 O_2의 양은 적절해 보인다. ~900 g/(30 g/mol) = 30 mol. 최종 계산 값의 근사적인 크기를 검산하기 위해, R을 포함한 대강의 값들을 대입해 본다.

$$P = \frac{30\ \text{mol}\ O_2 \times 0.1\ \frac{\text{atm}\cdot\text{L}}{\text{mol}\cdot\text{K}} \times 300\ \text{K}}{450\ \text{L}} = 2\ \text{atm}$$

이 값은 1.53 atm에 가까우므로 풀이는 타당하다.

▶ **보충 문제**

5.6A 예제 5.6의 탱크에서 기체가 서서히 새는 틈이 생긴 것을 발견하여 이를 밀봉하면 압력이 1.37 atm이다. 몇 그램의 O_2가 남아 있는가?

5.6B 비행선이 731 mmHg와 20°C에서 헬륨 3950 kg으로 채워져 있다. 이 조건에서 비행선의 부피는 얼마인가?

유사 문제 5.34~5.37

마지막으로 그림 문제에서 기체 반응의 균형 반응식을 얻는 데 기체 법칙을 이용한다.

예제 5.7 | 기체 법칙을 사용하여 균형 반응식 구하기

문제 아래의 피스톤-실린더 그림은 일정 압력에서 실린더 속에서 일어나는 기체상 반응의 전과 후를 나타낸 것이다. 반응 전의 온도는 150 K이고, 반응이 완결된 후의 온도는 300 K이다. (실린더는 단열되어 있다고 가정한다.)

다음 중 이 반응을 나타내는 균형 반응식은 어느 것인가?

(1) $A_2(g) + B_2(g) \longrightarrow 2AB(g)$ **(2)** $2AB(g) + B_2(g) \longrightarrow 2AB_2(g)$

(3) $A(g) + B_2(g) \longrightarrow AB_2(g)$ **(4)** $2AB_2(g) \longrightarrow A_2(g) + 2B_2(g)$

계획 그림에서는 반응 전후의 기체 혼합물의 부피와 온도가 잘 나타나 있고, 이로부터 균형 반응식을 유추해야 한다. 문제에서 *P*는 일정함을 알 수 있고, 그림은 *T*를 2배로 했을 때 *V*가 동일하게 유지됨을 보여준다. 만약 *n*이 또한 일정하다면 Charles의 법칙에 의해 *T*가 2배가 되면 *V*도 2배가 되어야 한다. 그러나 *V*가 변하지 않기 때문에 *n*이 일정할 수 없다. Avogadro의 법칙에 의하면, *P*가 일정하고 *T*가 2배로 될 경우 *V*를 일정하게 유지할 수 있는 유일한 방법은 *n*이 반으로 감소하는 것이다. 따라서 네 개의 균형 반응식을 조사하여 양쪽의 몰수를 세어 보고 *n*이 반으로 감소한 반응을 고른다.

풀이 식 (1)에서 *n*은 변하지 않으므로 *T*가 2배로 되면 *V*도 2배로 증가한다.

식 (2)에서 *n*은 3 mol에서 2 mol로 감소하므로 *T*가 2배로 되면 *V*는 1/3만큼 증가한다.

식 (3)에서 *n*은 2 mol에서 1 mol로 감소한다. *T*가 2배로 되면 *n*이 반으로 감소하는 것과 정확히 상쇄되어 *V*는 동일하게 유지된다.

식 (4)에서 *n*이 증가하므로 *T*가 2배로 되면 *V*는 2배 이상으로 증가한다.

그러므로 식 (3)이 올바른 반응식이다.

$$A(g) + B_2(g) \longrightarrow AB_2(g)$$

▶ **보충 문제**

5.7A 아래의 피스톤-실린더 그림은 일정한 압력과 초기 온도 −73°C에서 일어나는 반응 전과 후의 기체 반응 혼합물의 부피를 나타낸 것이다.

균형 맞추지 않은 반응식이 $CD(g) \longrightarrow C_2(g) + D_2(g)$이라면 최종 온도(°C)는 얼마인가?

5.7B 아래의 피스톤-실린더 그림은 일정한 압력에서 일어나는 반응 전후의 기체 반응 혼합물을 나타낸 것이다.

다음 중 이 반응을 나타내는 균형 반응식은 어느 것인가?

(1) $2X_2(g) + Y_2(g) \longrightarrow 2X_2Y(g)$ **(2)** $2XY_3(g) \longrightarrow X_2(g) + 3Y_2(g)$
(3) $X_2Y_2(g) \longrightarrow 2X(g) + Y_2(g)$ **(4)** $2XY(g) \longrightarrow X_2(g) + Y_2(g)$

유사 문제 5.19, 5.67

› 5.3절 요약

- 네 가지 상호 의존적인 변수들이 이상 기체의 물리적 거동을 결정한다. 그 변수들은 부피(V), 압력(P), 온도(T), 양(몰수, n)이다.
- 대부분의 간단한 기체들은 일상적인 온도와 압력에서는 거의 이상적인 거동을 보인다.
- Boyle의 법칙, Charles의 법칙, Avogadro의 법칙은 각각 기체의 부피와 압력, 온도, 양 사이에 직선 관계식을 갖는 것을 보여준다.
- STP(0°C와 1 atm)에서 이상 기체 1 mol의 부피는 22.4 L이다.
- 이상 기체 법칙은 각 기체 법칙을 하나로 통합한 것이다. $PV = nRT$, 여기서 R은 기체 상수이다.

5.4 이상 기체 법칙의 변형

이상 기체 법칙을 수학적으로 변형하여 기체 밀도, 몰질량, 혼합물 내 각 기체의 부분 압력과, 반응에서 기체 반응물 또는 생성물의 양을 구할 수 있다.

기체의 밀도

이상 기체처럼 거동하는 어떠한 기체도 특정 온도와 압력에서 1 mol당 같은 부피를 갖는다. 따라서 기체의 밀도($d = m/V$)는 몰질량에 따라 달라진다(그림 5.9). 예를 들어, STP에서 O_2 1 mol(32.00 g)은 N_2 1 mol(28.02 g)과 같이 22.4 L의 부피를 차지하므로,

$$O_2\text{의 } d = \frac{32.00\text{ g}}{22.4\text{ L}} = 1.43\text{ g/L} \qquad \& \qquad N_2\text{의 } d = \frac{28.02\text{ g}}{22.4\text{ L}} = 1.25\text{ g/L}$$

O_2 분자가 N_2 분자보다 더 큰 질량(32.00 amu)을 가지므로 O_2의 밀도가 더 높다. 즉,

$$O_2\text{의 } d = \frac{32.00}{28.02} \times N_2\text{의 } d = \frac{32.00}{28.02} \times 1.25\text{ g/L} = 1.43\text{ g/L}$$

이상 기체 법칙을 변형하여 몰질량으로부터 기체의 밀도를 계산할 수 있다. 몰수(n)는 질량(m)을 몰질량($\mathscr{M}$)으로 나눈 것임($n = m/\mathscr{M}$)을 기억하라. 이 관계식을 이상 기체 법칙에 n 대신 대입하면,

$$PV = \frac{m}{\mathscr{M}}RT$$

가 되고, 이 식을 변형하면 다음과 같이 m/V에 대한 식을 얻는다.

$$\frac{m}{V} = d = \frac{P \times \mathscr{M}}{RT} \qquad \textbf{(5.9)}$$

식 (5.9)는 세 가지 중요한 개념을 보여준다.

- *기체의 밀도는 몰질량에 정비례한다.* 같은 온도와 압력 조건에서, 일정 양의 무거운 기체가 차지하는 부피는 같은 양의 가벼운 기체가 차지하는 부피와 동일하다(Avogadro의 법칙). 따라서 무거운 기체의 밀도는 더 높다(앞서 O_2와 N_2에 대해 본 것처럼).
- *기체의 밀도는 온도에 반비례한다.* 온도가 증가함에 따라 기체의 부피가 증가하므로(Charles의 법칙), 같은 질량이 더 큰 공간을 차지하고 따라서 기체의 밀도는 더 낮다 .
- *기체의 밀도는 압력에 정비례한다.* 압력이 증가함에 따라 기체의 부피가 감소하므로(Boyle의 법칙), 같은 질량이 더 작은 공간을 차지하고 따라서 기체의 밀도는 더 높다.

식 (5.9)를 이용하여 표준 조건에 가까운 어떠한 온도와 압력에서도 기체의 밀도를 구할 수 있다.

예제 5.8 | 기체의 밀도 계산

문제 녹색 화학적 방법을 적용하기 위해, 한 화학공학자가 폴리스타이렌 생산 공정에서 염화플루오린화 탄소(CFC) 대신 생산 과정에서 나오는 CO_2 폐기물을 "발포제"로 사용한다. **(a)** STP(0°C, 1 atm)와 **(b)** 실내 조건(20.°C, 1.00 atm)에서의 CO_2의 밀도(g/L)와 리터당 분자수를 구하라.

계획 주어진 두 세트의 *P*와 *T*의 자료로부터 CO_2의 밀도(*d*)와 분자수를 구해야 한다. $\mathcal{M}$을 구하고, *T*를 켈빈으로 바꾼 후 식 (5.9)를 사용하여 *d*를 계산한다. 그리고 Avogadro 수를 사용하여 리터당 질량을 리터당 분자수로 환산한다.

풀이 **(a)** STP에서의 CO_2의 밀도와 리터당 분자수 구하기. 기체 성질 정리:

$$T = 0°\text{C} + 273.15 = 273\ \text{K} \qquad P = 1\ \text{atm} \qquad CO_2\text{의 } \mathcal{M} = 44.01\ \text{g/mol}$$

밀도 계산(단위 상쇄에 유의):

$$d = \frac{P \times \mathcal{M}}{RT} = \frac{1.00\ \text{atm} \times 44.01\ \text{g/mol}}{0.0821\ \dfrac{\text{atm·L}}{\text{mol·K}} \times 273\ \text{K}} = 1.96\ \text{g/L}$$

질량/L를 분자수/L로 환산:

$$CO_2\ \text{분자수/L} = \frac{1.96\ \text{g}\ CO_2}{1\ \text{L}} \times \frac{1\ \text{mol}\ CO_2}{44.01\ \text{g}\ CO_2} \times \frac{6.022\times10^{23}\ \text{분자}\ CO_2}{1\ \text{mol}\ CO_2}$$

$$= 2.68\times10^{22}\ CO_2\ \text{분자/L}$$

(b) 실내 조건에서 CO_2의 리터당 분자수와 밀도 구하기. 기체 성질의 정리:

$$T = 20.°\text{C} + 273.15 = 293\ \text{K} \qquad P = 1.00\ \text{atm} \qquad CO_2\text{의 } \mathcal{M} = 44.01\ \text{g/mol}$$

밀도 계산:

$$d = \frac{P \times \mathcal{M}}{RT} = \frac{1.00\ \text{atm} \times 44.01\ \text{g/mol}}{0.0821\ \dfrac{\text{atm·L}}{\text{mol·K}} \times 293\ \text{K}} = 1.83\ \text{g/L}$$

질량/L를 분자수/L로 환산:

$$CO_2\ \text{분자수/L} = \frac{1.83\ \text{g}\ CO_2}{1\ \text{L}} \times \frac{1\ \text{mol}\ CO_2}{44.01\ \text{g}\ CO_2} \times \frac{6.022\times10^{23}\ \text{분자}\ CO_2}{1\ \text{mol}\ CO_2}$$

$$= 2.50\times10^{22}\ CO_2\ \text{분자/L}$$

검산 근사계산으로 밀도 값을 검산한다. 예를 들어 (a)에서 STP일 때:

$$\frac{1\ \text{atm} \times 50\ \text{g/mol}}{0.1\ \dfrac{\text{atm·L}}{\text{mol·K}} \times 250\ \text{K}} = 2\ \text{g/L} \approx 1.96\ \text{g/L}$$

더 높은 온도인 (b)에서 리터당 분자의 수가 감소하여 밀도는 감소하게 될 것이므로, 답은 타당하다.

해설 1. 대부분의 단순 기체들의 밀도를 구하는, 그러나 *STP에서만* 적용할 수 있는 *다른 방법*은 몰질량을 표준 몰부피 22.4 L로 나누는 것이다.

$$d = \frac{\mathscr{M}}{V} = \frac{44.01 \text{ g/mol}}{22.4 \text{ L/mol}} = 1.96 \text{ g/L}$$

한 온도(0°C)에서의 밀도를 알면 다음의 식으로부터 다른 온도에서의 밀도를 구할 수 있다. $d_1/d_2 = T_2/T_1$(압력은 일정).

2. 압력에 대한 유효 숫자의 개수가 다른 것에 유의하라. (a)에서 "1 atm"은 STP의 정의의 한 부분이므로 이것은 완전수이다. (b)에서는 "1.00 atm"을 명시하였기 때문에 답변에 3개의 유효 숫자를 허용한다.

▶ 보충 문제

5.8A 0°C, 380. torr에서의 CO_2의 밀도를 STP에서의 밀도와 비교하라.

5.8B 산화 질소(NO_2)는 스모그의 성분인 적갈색 기체이다. 0.950 atm과 24°C에서 이 기체의 밀도를 계산하라. NO_2의 밀도를 건조한 공기(같은 조건에서 d = 1.13 g/L)와 비교하라.

유사 문제 5.45~5.48

기체 밀도와 인간의 생활 조건 몇 가지 예를 통해 기체 밀도가 광범위하게 활용됨을 알 수 있다.

- *공학.* 건축 설계사와 난방 기술자들은 난방용 관을 마루 가까이에 설치한다. 그래서 관을 통해 들어온 따뜻하고 밀도가 낮은 공기가 위로 올라가면서 서늘한 방 안의 공기와 섞이게 한다.
- *안전과 대기 오염.* 섞이지 않은 상태에서 밀도가 낮은 기체는 밀도가 높은 기체 위에 위치하게 된다. CO_2를 내뿜는 소화기는 CO_2가 공기보다 무겁기 때문에 효과가 있다. CO_2가 불 위를 덮어서 O_2가 더 이상 연료에 닿지 못하게 한다. Mexico City, Los Angeles, Beijing과 같은 도시들의 중심을 덮고 있는 스모그를 이루는 밀도가 높은 기체들은 호흡기 질환을 유발한다(보충 문제 5.8B 참조).
- *독가스 살포.* 포스젠($COCl_2$)은 공기보다 무거워서 참호 속으로 가라앉기 때문에 제1차 세계대전 때 유독한 포스젠 가스를 지상군을 대상으로 사용하였다. 1984년에는 인도에 있는 유니온 카바이드(Union Carbide) 공장에서 사고로 누출된 유독한 메틸아이소사이아네이트(methylisocyanate) 가스가 인근 마을을 뒤덮어 수천 명의 사람들이 죽었다. 1986년에는 카메룬의 니오스(Nyos) 호수에서 자연적으로 방출된 CO_2가 계곡을 따라 마을로 흘러들어서 수천 명이 질식사하기도 하였다. 몇몇 고생물학자는 화산 호수들로부터 방출된 CO_2로 인해 공룡이 광범위하게 사라졌다고 제안하기도 한다.
- *열기구.* 열기구 안의 공기를 가열하면 부피가 증가하여 기구가 부풀어 오른다. 더 가열하면 일부 공기가 빠져나간다. 따라서 기체 밀도가 감소하고 기구가 떠오른다. 1783년 Jacques Charles(Charles의 법칙 규명)은 처음으로 기구를 타고 비행했고, 20년 후 Joseph Gay-Lussac(압력-온도 관계를 연구)이 단독 고도 비행 기록을 수립하였으며 이 기록은 50년 동안 깨어지지 않았다.

Source: © Charles F McCarthy/Shutterstock

기체의 몰질량

이상 기체 법칙을 변형하여 미지 기체 또는 휘발성 액체(쉽게 증발하는 액체)의 몰질량을 구할 수 있다.

$$n = \frac{m}{\mathscr{M}} = \frac{PV}{RT} \quad \text{따라서} \quad \mathscr{M} = \frac{mRT}{PV} \tag{5.10}$$

이 식은 식 (5.9)를 변형한 것에 불과하다.

예제 5.9 | 휘발성 액체의 몰질량 구하기

문제 한 유기 화학자가 원유 시료로부터 무색 액체를 분리한다. 미리 질량을 측정한 플라스크에 액체를 넣고, 이를 끓는 물에 넣으면 액체가 증발하여 플라스크가 기체로 채워진다. 그리고 나서 플라스크를 막고, 질량을 다시 측정하여 다음 자료를 얻는다.

플라스크의 부피(V) = 213 mL　　$T = 100.0°C$　　$P = 754$ torr

플라스크의 질량 + 기체 = 78.416 g　　빈 플라스크의 질량 = 77.834 g

이 액체의 몰질량을 계산하라.

계획 주어진 V, T, P와 질량 자료로부터 액체의 몰질량($\mathcal{M}$)을 구해야 한다. V를 리터로, T를 켈빈으로, P를 atm으로 환산하고, 기체를 포함한 플라스크의 질량에서 빈 플라스크의 질량을 빼서 기체의 질량을 구하고, 식 (5.10)을 사용하여 $\mathcal{M}$을 구한다.

풀이 기체 변수들 정리와 단위 변환:

$$V\ (\text{L}) = 213\ \text{mL} \times \frac{1\ \text{L}}{1000\ \text{mL}} = 0.213\ \text{L} \qquad T\ (\text{K}) = 100.0°\text{C} + 273.15 = 373.2\ \text{K}$$

$$P\ (\text{atm}) = 754\ \text{torr} \times \frac{1\ \text{atm}}{760\ \text{torr}} = 0.992\ \text{atm} \qquad m = 78.416\ \text{g} - 77.834\ \text{g} = 0.582\ \text{g}$$

$\mathcal{M}$ 계산:

$$\mathcal{M} = \frac{mRT}{PV} = \frac{0.582\ \text{g} \times 0.0821\ \frac{\text{atm·L}}{\text{mol·K}} \times 373.2\ \text{K}}{0.992\ \text{atm} \times 0.213\ \text{L}} = 84.4\ \text{g/mol}$$

검산 근사 계산으로 계산이 맞았는지 확인한다.

$$\frac{0.6\ \text{g} \times 0.08\ \frac{\text{atm·L}}{\text{mol·K}} \times 375\ \text{K}}{1\ \text{atm} \times 0.2\ \text{L}} = 90\ \text{g/mol} \qquad \text{(이 값은 84.4 g/mol에 가깝다.)}$$

▶ **보충 문제**

5.9A 무게가 68.322 g인 빈 149 mL 플라스크에 휘발성 액체 시료를 넣는다. 액체를 넣은 플라스크를 뜨거운(95.0°C) 물중탕에 넣는다. 대기압은 740. torr이다. 액체가 증발하여 기체가 플라스크를 가득 채운다. 냉각시킨 후 플라스크와 응축된 액체를 합한 무게는 68.697 g이다. 이 액체의 몰질량은 얼마인가?

5.9B 빈 유리 용기는 부피가 350. mL이고, 질량이 82.561 g이다. 733 mmHg, 22°C에서 미지의 기체로 채울 때 용기의 질량은 82.786 g이다. 이 기체는 아르곤(Ar), 메테인(CH_4), 일산화 질소(NO) 중 어느 것인가?

유사 문제 5.49, 5.50

기체 혼합물 내의 각 기체의 부분 압력

이상 기체 법칙은 일상 조건 하의 거의 모든 기체(순물질이든 공기와 같은 기체 혼합물이든 상관없음)에 대해 성립하는데, 이는 기체의 다음 두 가지 특성 때문이다.

- 기체는 어떠한 비율로든지 균일하게 섞인다(용액을 형성).
- 혼합물 내의 각 기체는 마치 그 기체만 홀로 존재하는 것처럼 거동한다(화학적 상호작용은 없다고 가정).

Dalton의 부분 압력 법칙 위의 두 번째 특성은 John Dalton의 일생에 걸친 습도에 대한 연구로부터 발견된 것이다. 그는 수증기를 건조한 공기에 더하면, 전체 기압이 수증기의 압력만큼 증가함을 발견하였다.

$$P_{\text{습한 공기}} = P_{\text{건조한 공기}} + P_{\text{가한 수증기}}$$

그는 혼합물 내의 각 기체는 그 기체가 홀로 존재할 때 가하는 압력과 같은 **부분 압력**(partial pressure)을 가진다고 결론 내렸다. 그의 발견을 다음과 같이 기술한다.

- **Dalton의 부분 압력 법칙**(Dalton's law of partial pressure): *서로 반응하지 않는 기체 혼합물에서, 전체 압력은 개별 기체의 부분 압력의 합*이다.

$$P_{전체} = P_1 + P_2 + P_3 + \cdots \quad \textbf{(5.11)}$$

예를 들어, 특정 압력의 질소 기체가 들어 있는 고정된 부피의 탱크에 수소 기체를 주입한다고 가정하자. 각 기체는 독립적으로 거동하므로, 각 기체에 대해 이상 기체 법칙의 식을 각각 쓸 수 있다.

$$P_{N_2} = \frac{n_{N_2}RT}{V} \qquad \& \qquad P_{H_2} = \frac{n_{H_2}RT}{V}$$

각 기체는 동일한 전체 부피를 차지하며 같은 온도에 있으므로, 각 기체의 압력은 단지 그 양 (n)에만 의존한다. 따라서 전체 압력은 다음과 같다.

$$P_{전체} = P_{N_2} + P_{H_2} = \frac{n_{N_2}RT}{V} + \frac{n_{H_2}RT}{V} = \frac{(n_{N_2} + n_{H_2})RT}{V} = \frac{n_{전체}RT}{V}$$

여기서 $n_{전체} = n_{N_2} + n_{H_2}$이다.

혼합물 내의 각 성분은 혼합물 내 기체의 전체 몰수에 대한 분율만큼 기여하며, 이 분율을 해당 **몰분율**(mole fraction, ***X***)이라 한다. X에 100을 곱하면 몰 백분율이 된다. 혼합물 내의 모든 성분들의 몰분율의 합은 1이며, 몰 백분율의 합은 100%가 된다. 위의 혼합물 내의 N_2의 몰분율은

$$X_{N_2} = \frac{N_2\text{의 양(mol)}}{\text{전체 양(mol)}} = \frac{n_{N_2}}{n_{N_2} + n_{H_2}}$$

만약 혼합물의 전체 압력이 혼합 기체의 전체 몰수에 의한 압력이라면, 기체 A의 부분 압력은 전체 압력에 A의 몰분율 X_A를 곱한 값이다.

$$P_A = X_A \times P_{전체} \quad \textbf{(5.12)}$$

예를 들어, 기체 혼합물의 $\frac{1}{4}$(0.25)이 기체 A라면, 기체 A는 전체 압력에 $\frac{1}{4}$만큼 기여한다.

식 (5.12)는 매우 유용하다. N_2와 H_2의 혼합물에 대해 이 식이 성립하는지 살펴보자. $X_{N_2} + X_{H_2} = 1$이므로 다음 식을 얻는다.

$$P_{전체} = P_{N_2} + P_{H_2} = (X_{N_2} \times P_{전체}) + (X_{H_2} \times P_{전체}) = (X_{N_2} + X_{H_2})\,P_{전체} = 1 \times P_{전체}$$

예제 5.10 | Dalton의 부분 압력 법칙의 적용

문제 높은 고도에서 근육이 흡수하는 O_2에 대한 연구를 위해 한 생리학자는 79 mol %의 N_2, 17 mol %의 $^{16}O_2$, 4.0 mol %의 $^{18}O_2$로 이루어진 대기를 만들었다. (동위원소 ^{18}O를 측정하여 O_2 흡수량을 결정한다.) 높은 고도의 조건을 모사하기 위해 전체 압력은 0.75 atm으로 설정하였다. 혼합물 내의 $^{18}O_2$의 몰분율과 부분 압력을 계산하라.

계획 $P_{전체}$(0.75 atm)과 $^{18}O_2$의 mol %(4.0)로부터 $X_{^{18}O_2}$와 $P_{^{18}O_2}$를 구해야 한다. mol %를 100으로 나누면 몰분율 $X_{^{18}O_2}$가 되며, 식 (5.12)를 사용하여 $X_{^{18}O_2}$에 $P_{전체}$를 곱하여 $P_{^{18}O_2}$를 구한다(로드맵 참조).

로드맵

$^{18}O_2$의 mol %

↓ 100으로 나눔

몰분율, $X_{^{18}O_2}$

↓ $P_{전체}$를 곱함

부분 압력, $P_{^{18}O_2}$

풀이 $^{18}O_2$의 몰분율 계산:

$$X_{^{18}O_2} = \frac{4.0 \text{ mol \% } ^{18}O_2}{100} = 0.040$$

$^{18}O_2$의 부분 압력 구하기:

$$P_{^{18}O_2} = X_{^{18}O_2} \times P_{전체} = 0.040 \times 0.75 \text{ atm} = 0.030 \text{ atm}$$

검산 mol %가 작아서 $X_{^{18}O_2}$는 작고, 따라서 $P_{^{18}O_2}$도 작아야 한다.

해설 높은 고도에서는 혈액 내의 O_2와 CO_2의 함량에 민감한 특정 뇌세포가 사람이 적응할 때까지 며칠 동안 호흡의 속도와 깊이를 증가시킨다.

▶ **보충 문제**

5.10A 반응성이 큰 화합물에 공기 접촉을 막기 위해 비활성 차단 가스로서 비활성 기체를 주입한다. 한 화학공학자가 STP에서 피스톤-실린더 장치 내에 He 5.50 g, Ne 15.0 g, Kr 35.0 g으로 이루어진 비활성 기체 혼합물을 넣는다. 각 기체의 부분 압력을 계산하라.

5.10B Trimix는 심해 스쿠버 다이버가 사용하는 He, O_2, N_2의 호흡용 기체 혼합물이다. He은 N_2에 의해 혼수상태에 빠지는 것을 막고 O_2의 독성을 줄여준다. Trimix가 들어 있는 통의 전체 압력은 204 atm이고 He의 부분 압력은 143 atm이다. 혼합물 중 He의 몰분율은 얼마인가?

유사 문제 5.51, 5.52

기체의 수상 포집 기체가 물과 접촉할 때마다 약간의 물이 기체로 증발한다. 기체와 섞인 수증기는 *증기압*(vapor pressure)이라 불리는 압력만큼 전체 압력에 기여하는데, 증기압은 물의 온도에 따라 달라진다(표 5.2). 부분 압력 법칙은 반응에서 생성된 불용성 기체의 양을 결정하는 데 흔히 사용된다. 기체 생성물은 물 속에서 기포를 형성하고, 약간의 물이 기포 속으로 증발한다. 기체 생성물과 수증기의 혼합물을 거꾸로 세운 용기에 포집할 수 있는데, 이를 수상 포집이라 한다(그림 5.12).

생성된 기체의 양을 구하기 위해 실험 온도에서의 물의 증기압(P_{H_2O})을 표 5.2에서 찾고, 그 값을 전체 기체 압력($P_{전체}$, 대기압과 같도록 조정된 값)에서 빼서 기체 생성물의 부분 압력($P_{기체}$)을 구한다. T와 V를 알고 있으므로 부분 압력으로부터 생성물의 양을 계산할 수 있다.

표 5.2 | 여러 온도에서의 물의 증기압(P_{H_2O})

T(°C)	P_{H_2O}(torr)	T(°C)	P_{H_2O}(torr)	T(°C)	P_{H_2O}(torr)	T(°C)	P_{H_2O}(torr)
0	4.6	20	17.5	40	55.3	75	289.1
5	6.5	22	19.8	45	71.9	80	355.1
10	9.2	24	22.4	50	92.5	85	433.6
12	10.5	26	25.2	55	118.0	90	525.8
14	12.0	28	28.3	60	149.4	95	633.9
16	13.6	30	31.8	65	187.5	100	760.0
18	15.5	35	42.2	70	233.7		

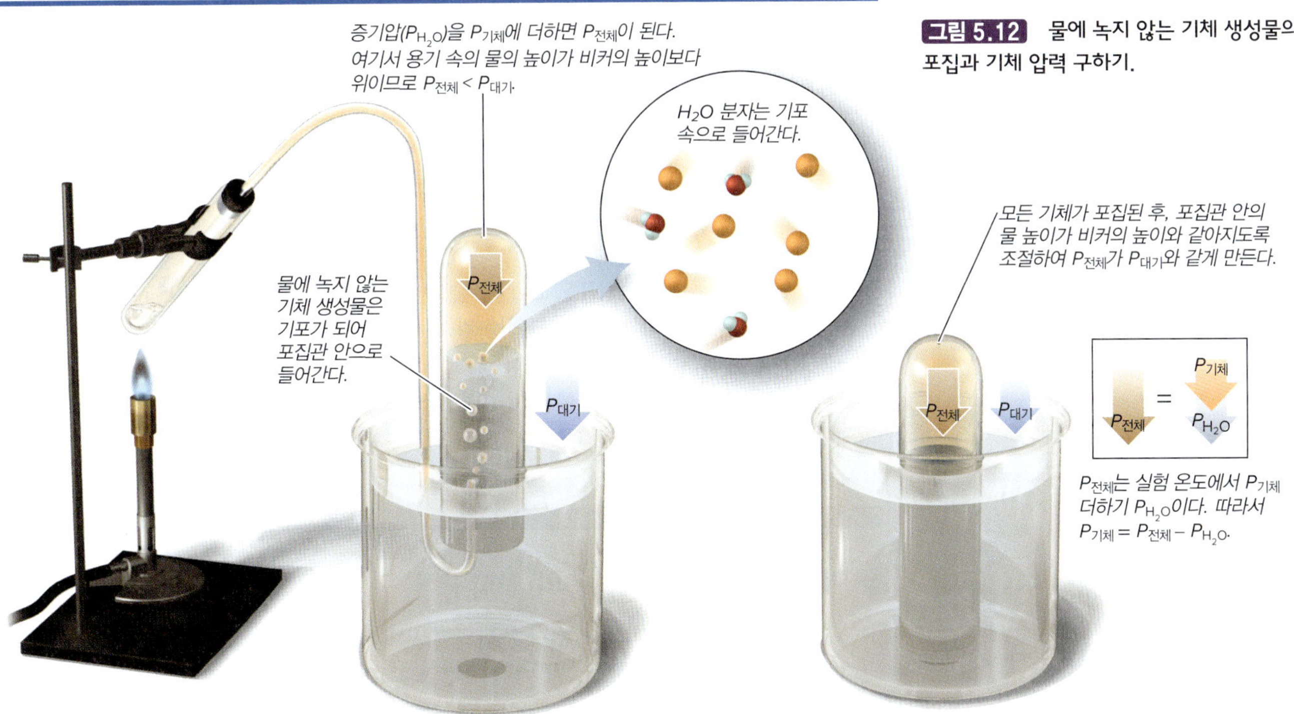

그림 5.12 물에 녹지 않는 기체 생성물의 포집과 기체 압력 구하기.

예제 5.11 | 수상 포집된 기체의 양 계산

문제 아세틸렌(C_2H_2)은 용접에 사용되는 중요한 연료로, 실험실에서 탄화 칼슘(CaC_2)과 물의 반응을 통해 생성된다.

$$CaC_2(s) + 2H_2O(l) \longrightarrow C_2H_2(g) + Ca(OH)_2(aq)$$

수상 포집된 아세틸렌 시료의 전체 기체 압력(대기압과 같도록 조정된 값)은 738 torr이고, 부피는 523 mL이다. 기체의 온도(23°C)에서 물의 증기압은 21 torr이다. 포집된 아세틸렌의 질량은 몇 g인가?

로드맵

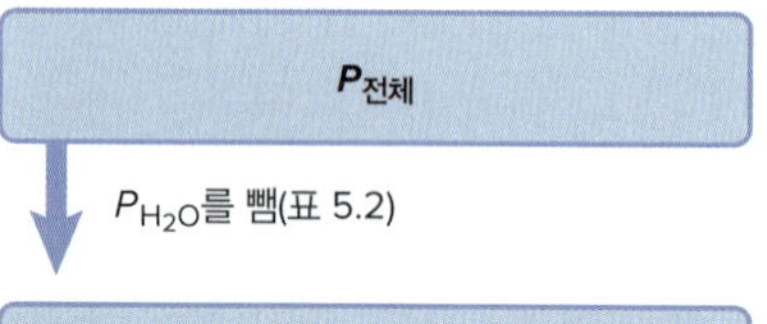

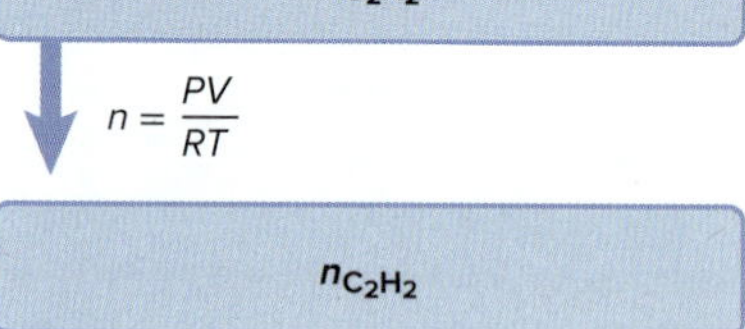

$n_{C_2H_2}$

$\mathscr{M}$ (g/mol)을 곱함

C_2H_2의 질량(g)

계획 C_2H_2의 질량을 구하기 위해 먼저 C_2H_2의 몰수($n_{C_2H_2}$)가 필요하며, 이는 이상 기체 법칙을 써서 $P_{C_2H_2}$로부터 구할 수 있다. 기압계로부터 읽을 수 있는 $P_{전체}$는 $P_{C_2H_2}$와 P_{H_2O}의 합이고, P_{H_2O}는 주어져 있으므로, $P_{전체}$로부터 P_{H_2O}를 빼면 $P_{C_2H_2}$가 된다. V와 T도 주어져 있으므로, 단위를 맞추고, 이상 기체 법칙으로부터 $n_{C_2H_2}$를 구한다. 그리고 아세틸렌의 분자식으로부터 몰 질량을 구하여 몰수를 질량(g)으로 환산한다(로드맵 참조).

풀이 기체 변수들 정리와 단위 변환:

$$P_{C_2H_2}\,(\text{torr}) = P_{전체} - P_{H_2O} = 738\text{ torr} - 21\text{ torr} = 717\text{ torr}$$

$$P_{C_2H_2}\,(\text{atm}) = 717\text{ torr} \times \frac{1\text{ atm}}{760\text{ torr}} = 0.943\text{ atm}$$

$$V\,(\text{L}) = 523\text{ mL} \times \frac{1\text{ L}}{1000\text{ mL}} = 0.523\text{ L}$$

$$T\,(\text{K}) = 23°\text{C} + 273.15 = 296\text{ K}$$

$$n_{C_2H_2} = 미지$$

$n_{C_2H_2}$ 구하기:

$$n_{C_2H_2} = \frac{PV}{RT} = \frac{0.943\text{ atm} \times 0.523\text{ L}}{0.0821\dfrac{\text{atm}\cdot\text{L}}{\text{mol}\cdot\text{K}} \times 296\text{ K}} = 0.0203\text{ mol}$$

$n_{C_2H_2}$를 질량(g)으로 환산:

$$C_2H_2의\ 질량(g) = 0.0203\text{ mol }C_2H_2 \times \frac{26.04\text{ g }C_2H_2}{1\text{ mol }C_2H_2}$$

$$= 0.529\text{ g }C_2H_2$$

검산 유효 숫자 한 자리까지 반올림하여 n 계산을 대략적으로 검산하면,

$$n \approx \frac{1\text{ atm} \times 0.5\text{ L}}{0.08\dfrac{\text{atm}\cdot\text{L}}{\text{mol}\cdot\text{K}} \times 300\text{ K}} = 0.02\text{ mol} \approx 0.0203\text{ mol}$$

해설 C_2^{2-} 이온[*탄화 이온*(carbide) 또는 *아세틸 이온*(acetilide)]은 흥미로운 음이온이다. 이 이온의 화학식은 $^-C{\equiv}C^-$로 물 속에서 염기처럼 거동하여 물 분자 두 개로부터 H^+ 이온을 하나씩 떼어내어 아세틸렌(acetylene), $H{-}C{\equiv}C{-}H$를 생성한다.

▶ 보충 문제

5.11A 16°C에서 작은 아연 조각과 묽은 HCl의 반응을 통해 생성된 H_2를 큰 플라스크에 포집하였다. 전체 압력은 대기압(752 torr)과 같도록 조정하였고, 부피는 1495 mL이다. 표 5.2를 사용하여 H_2의 부분 압력과 질량을 계산하라.

5.11B $KClO_3$ 시료를 가열하여 발생한 O_2를 20°C에서 수상 포집하였다. 기압계에 맞춘 전체 압력은 748 torr이고, 기체의 부피는 307 mL이다. 표 5.2를 사용하여 O_2의 부분 압력과 질량을 계산하라.

유사 문제 5.57, 5.58

인터넷 핫스팟

화학량론과 이상 기체 법칙을 결합하는 것이 어렵게 느껴진다면, eBook에 접속하여 이 주제에 대한 추가 학습 동영상을 참고하자.

이상 기체 법칙과 반응의 화학량론

3장과 4장, 그리고 앞의 기체의 수상 포집의 경우에서 본 것처럼 많은 반응의 반응물과 생성물은 기체이다. 이런 반응에서 균형 반응식으로부터 반응물과 생성물의 양(mol)을 계산할

수 있고 이 양을 질량과 분자수로 환산할 수 있다. 그림 5.13에서는 이상 기체 법칙을 사용하여 기체 변수(P, T, V)와 기체 반응물 및 생성물의 양(mol)을 서로 환산하는 방법을 보여준다. 실질적으로는 예제 5.12와 5.13에서 볼 수 있듯이 기체 법칙 문제와 화학량론 문제를 결합한다.

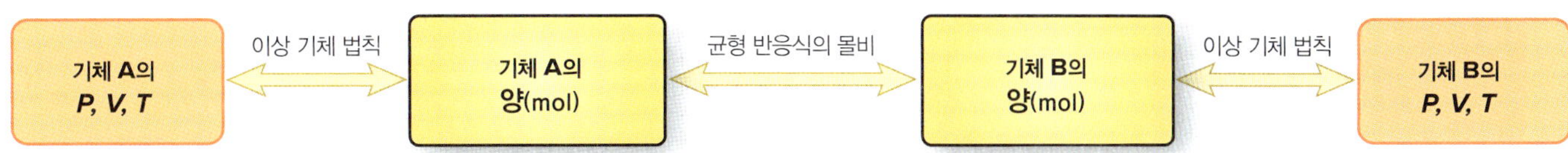

그림 5.13 기체 반응물(또는 생성물)의 양(mol, n)과 기체 압력(P), 부피(V), 온도(T) 사이의 관계.

예제 5.12 | 기체 변수들을 사용하여 반응물 또는 생성물의 양 구하기 I

문제 고체 수산화 리튬은 우주선과 잠수함의 공기에서 CO_2를 제거하는 데 이용되는데, CO_2와 반응하여 탄산 리튬과 물이 된다. 23°C, 716 torr에서 수산화 리튬 395 g과의 반응으로 제거할 수 있는 CO_2의 부피는 얼마인가?

계획 이 문제는 화학량론과 기체 법칙의 문제이다. V_{CO_2}를 구하려면 n_{CO_2}가 필요하다. 균형 반응식을 쓴다. 이어서 주어진 수산화 리튬(LiOH)의 질량(395 g)을 양(mol)으로 환산하고, 몰비를 이용하여 반응하는 CO_2의 양(mol)을 구한다(화학량론 부분). 그리고 나서 이상 기체 법칙을 사용하여 CO_2의 몰수를 리터로 환산한다(기체 법칙 부분). 로드맵에서 보듯이 모든 단계들이 이미 익숙할 것이다.

로드맵

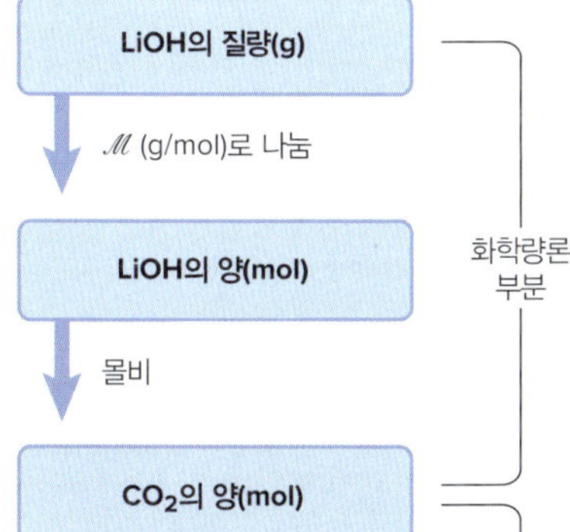

풀이 균형 반응식 쓰기:

$$2\text{LiOH}(s) + \text{CO}_2(g) \longrightarrow \text{Li}_2\text{CO}_3(s) + \text{H}_2\text{O}(l)$$

n_{CO_2} 계산:

$$n_{\text{CO}_2} = 395\text{ g LiOH} \times \frac{1\text{ mol LiOH}}{23.95\text{ g LiOH}} \times \frac{1\text{ mol CO}_2}{2\text{ mol LiOH}} = 8.25\text{ mol CO}_2$$

다른 기체 변수들 정리와 단위 변환:

$$V = \text{미지} \qquad P\text{ (atm)} = 716\text{ torr} \times \frac{1\text{ atm}}{760\text{ torr}} = 0.942\text{ atm}$$

$$T\text{ (K)} = 23°\text{C} + 273.15 = 296\text{ K}$$

V_{CO_2} 구하기:

$$V = \frac{nRT}{P} = \frac{8.25\text{ mol} \times 0.0821\dfrac{\text{atm·L}}{\text{mol·K}} \times 296\text{ K}}{0.942\text{ atm}} = 213\text{ L}$$

검산 답을 확인하는 한 방법은 구한 답을 STP(273.15 K, 1 atm에서 22.4 L)에서의 이상 기체의 몰부피와 비교하는 것이다. STP에서 1 mol의 CO_2는 대략 22 L를 차지하므로, 약 8 mol은 8 × 22 = 176 L를 차지한다. T는 273 K보다 약간 높고 P는 1 atm보다 약간 낮으므로, V는 176 L보다 약간 커야 한다.

해설 여기서 주안점은 화학량론이 하나의 기체 변수(n)를 제공하고, 두 가지 변수(P와 T)는 주어지며, 이상 기체 법칙을 이용하여 네 번째 변수(V)를 구하는 것이다.

▶ 보충 문제

5.12A 고체 이산화 실리콘(silicon dioxide)은 탄소와 반응하여 환원되어 실리콘과 일산화 탄소를 생성한다. 과량의 탄소와 반응하여 0.975 atm과 25°C에서 CO(g) 44.8 L를 생성하기 위해 필요한 이산화 실리콘의 질량은 얼마인가?

5.12B 공학자들은 폴리에틸렌을 만드는 데 사용되는 에틸렌에 들어 있는 산소 불순물을 흡수제에 들어 있는 구리와 반응시켜 제거한다. 가열된 H_2로 산화 구리(II)를 환원시켜 순수한 금속과 H_2O를 생성하면서 구리와 흡수제는 재생된다. 765 torr, 225°C에서 산화 구리(II) 35.5 g을 환원시키는 데 필요한 H_2의 부피는 얼마인가?

유사 문제 5.53, 5.54

포타슘과 반응하는 염소 기체.

Source: Stephen Frisch, photographer/McGraw-Hill Education

예제 5.13 | 기체 변수들을 사용하여 반응물 또는 생성물의 양 구하기 II

문제 알칼리 금속[1A(1)족]은 할로젠[7A(17)족]과 반응하여 이온 결합 할로젠화 금속을 형성한다. 0.950 atm, 293 K의 염소 기체 5.25 L가 포타슘 17.0 g과 반응할 때 생성되는 염화 포타슘의 질량을 구하라(*사진 참조*).

계획 두 반응물의 양이 주어졌으므로 이것은 한계 반응물 문제이다. 이 문제와 앞의 한계 반응물 문제(예제 3.17 참조)의 차이점은, 이상 기체 법칙을 써서 알고 있는 V, P, T로부터 기체 반응물의 몰수(n)를 구한다는 것이다. 먼저 균형 반응식을 쓰고 그것을 이용하여 한계 반응물을 구하고 생성물의 양과 질량을 구한다.

풀이 균형 반응식 쓰기:

$$2K(s) + Cl_2(g) \longrightarrow 2KCl(s)$$

기체 변수들 정리:

$$P = 0.950 \text{ atm} \qquad V = 5.25 \text{ L}$$
$$T = 293 \text{ K} \qquad n = \text{미지}$$

n_{Cl_2} 구하기:

$$n_{Cl_2} = \frac{PV}{RT} = \frac{0.950 \text{ atm} \times 5.25 \text{ L}}{0.0821 \dfrac{\text{atm·L}}{\text{mol·K}} \times 293 \text{ K}} = 0.207 \text{ mol}$$

포타슘(K)의 질량(g)을 양(mol)으로 환산:

$$\text{K의 양(mol)} = 17.0 \text{ g K} \times \frac{1 \text{ mol K}}{39.10 \text{ g K}} = 0.435 \text{ mol K}$$

한계 반응물 결정: 만약 Cl_2가 한계 반응물이면,

$$\text{KCl의 양(mol)} = 0.207 \text{ mol } Cl_2 \times \frac{2 \text{ mol KCl}}{1 \text{ mol } Cl_2} = 0.414 \text{ mol KCl}$$

만약 K가 한계 반응물이면,

$$\text{KCl의 양(mol)} = 0.435 \text{ mol K} \times \frac{2 \text{ mol KCl}}{2 \text{ mol K}} = 0.435 \text{ mol KCl}$$

KCl을 적게 생성하는 Cl_2가 한계 반응물이다. KCl의 양(mol)을 질량(g)으로 환산:

$$\text{KCl의 질량(g)} = 0.414 \text{ mol KCl} \times \frac{74.55 \text{ g KCl}}{1 \text{ mol KCl}} = 30.9 \text{ g KCl}$$

검산 기체 법칙의 계산은 정확해 보인다. STP에서 Cl_2 기체 22 L는 대략 1 mol에 해당한다. 따라서 5 L 부피의 Cl_2 기체는 0.25 mol보다 조금 적은 양의 Cl_2에 해당할 것이다. 더구나, (분자에 위치한) P가 STP보다 약간 낮고, (분모에 위치한) T가 STP보다 약간 높기 때문에 계산된 n 값은 이상적인 값보다 더욱 작아야 한다. KCl의 질량은 정확해 보인다. 즉, 0.5 mol보다 적은 KCl은 0.5 mol × $\mathscr{M}$(~75 g/mol)보다 작은 질량에 해당하고, 위의 계산에서 구한 질량 30.9 g은 0.5 mol × 75 g/mol보다 작다.

▶ 보충 문제

5.13A 암모니아와 염화 수소 기체는 반응하여 고체 염화 암모늄을 생성한다. 0.452 atm, 22°C의 암모니아가 들어 있는 10.0 L의 반응 용기에 7.50 atm, 271 K의 염화 수소 155 mL가 주입되었다. 반응이 일어나고, 온도는 다시 22°C가 되었다. 플라스크 내의 압력은 얼마인가? (고체 생성물의 부피는 무시하라.)

5.13B 18°C, 0.974 atm에서 고체 아이오딘 4.16 g과 기체 플루오린 2.48 L의 반응으로 생성되는 기체 오플루오린화 아이오딘의 부피는 105°C, 0.935 atm에서 얼마인가?

유사 문제 5.55, 5.56

› 5.4절 요약

› 기체 밀도는 온도에 반비례하고 압력에 정비례한다. 더 높은 온도와 더 낮은 압력에서 d는 더 낮아지고, 그 반대도 성립한다. 같은 P와 T에서는 더 큰 $\mathcal{M}$ 값을 가진 기체가 더 큰 d 값을 가진다.

› 기체 혼합물에서 각 성분은 부분 압력만큼 전체 압력에 기여한다(Dalton의 부분 압력 법칙). 각 성분의 몰분율은 전체 압력에 대한 부분 압력의 비와 같다.

› 반응의 기체 생성물을 물을 통해 기포로 포집할 때 전체 압력은 기체 압력과 실험 온도에서의 물의 증기압의 합이다.

› 기체 반응물(또는 생성물)에 대한 변수 P, V, T를 양(n, mol)으로 환산하여 기체 반응에 대한 화학량론 문제를 풀 수 있다.

5.5 분자 운동론: 기체의 거동을 설명하는 모형

분자 운동론(kinetic-molecular theory)은 개별 입자(원자 또는 분자) 수준에서 기체의 거시적 성질을 설명하는 모형이다. 19세기의 몇몇 위대한 과학자, 특히 James Clerk Maxwell과 Ludwig Boltzmann에 의해 개발된 이 이론으로 18세기의 몇몇 위대한 과학자들이 실험적으로 도출한 기체 법칙을 설명할 수 있었다. 이 이론을 이용하면 몇 가지 가설(가정)을 바탕으로 정량적 결론을 도출할 수 있으나 여기서는 이 이론을 주로 정성적으로 논의한다.

분자 운동론으로 기체 법칙을 어떻게 설명하는가

분자 운동론의 가설을 설명하고, 기체 법칙 및 이와 관련된 현상들을 설명하는 결론을 도출해 보자.

분자 운동론의 가설 분자 운동론은 세 가지 가설에 바탕을 두고 있다.

가설 1. *입자 부피*. 기체는 각 입자들 사이가 빈 공간인 입자들의 거대한 집합체로 구성되어 있다. 각 입자의 부피는 시료가 차지한 전체 부피에 비해 너무나 작아서 0이라고 가정한다. 각 입자는 본질적으로 점 질량이다.

가설 2. *입자 운동*. 입자는 용기 벽 또는 입자들끼리 충돌할 경우를 제외하고는 무질서하게 지속적으로 직선 운동을 한다.

가설 3. *입자 충돌*. 모든 충돌은 *탄성*(elastic) *충돌*이다. 즉, 마찰이 없는 당구대 위의 작은 당구공처럼, 충돌하는 분자들은 에너지를 교환하지만 마찰에 의해 에너지를 잃지는 않는다. 따라서 *전체 운동 에너지*(E_k)*는 일정*하다. 충돌과 충돌 사이에 분자들은 인력 또는 반발력으로 서로에게 영향을 미치지 않는다.

용기 안에 들어 있는 기체 시료가 어떻게 보이는지 상상해보자. 수많은 작은 입자들이 사방으로 움직이면서 용기 벽에 부딪히고 서로 충돌한다. 어떤 입자는 속력이 자주 변한다. 정면 충돌로 잠시 멈추어 섰다가 다음 순간 측면 충돌로 멀리 달아난다.

전체적으로 시료 내의 *각 입자는 분자 속력(u)을 갖는다. 대부분의 입자는 최빈 속력(the most probable speed)과 비슷한 속력으로 움직이나 일부는 이보다 훨씬 빠르고 일부는 이보다 훨씬 느리다.* 그림 5.14에 N_2 기체의 분자 속력의 분포를 세 가지 온도에서 나타내었다. 그래프에서 두 가지를 관찰할 수 있다.

- 온도가 높아지면 곡선이 완만해지고 넓게 퍼진다.
- *온도가 높아짐에 따라 최빈 속력(각 곡선의 정점)이 증가한다.*

최빈 속력이 증가하는 이유는 분자의 평균 운동 에너지가 절대 온도에 비례하고 평균 운동 에너지가 최빈 속력과 관계있기 때문이다.

$$\overline{E_k} \propto T \qquad \text{혹은} \qquad \overline{E_k} = c \times T$$

그림 5.14 세 가지 온도에서 N_2의 분자 속력 분포.

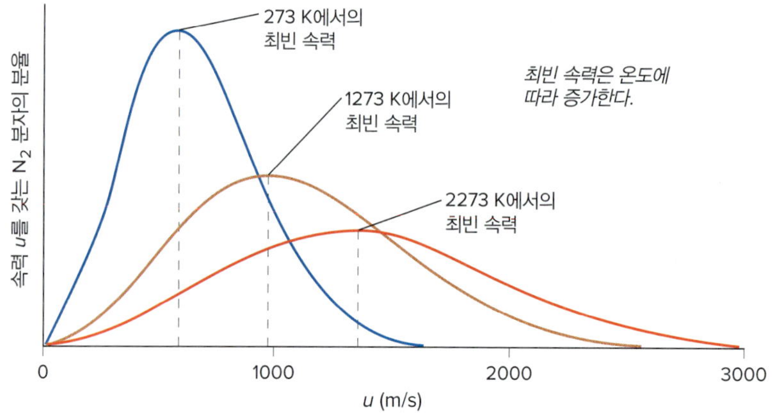

여기서 $\overline{E_k}$는 분자의 평균 운동 에너지(위 막대는 양의 평균값을 의미)이고 c는 어떠한 기체에 대해서나 동일한 상수이다(이 식에 대해 잠시 후 다시 논의할 것이다). 따라서 분자의 속력 분포를 바탕으로 도출할 수 있는 중요한 결론은 *일정한 온도에서 모든 기체는 동일한 평균 운동 에너지를 갖는다*는 것이고, 이는 가설 3에 기인한다.

기체 법칙의 분자적 관점 이 이론이 어떻게 기체의 거시적 거동을 설명하고 몇 가지 의문점에 해답을 제시하는지를 알아보기 위해 용기에 들어 있는 기체 입자들을 머릿속에 그려보자.

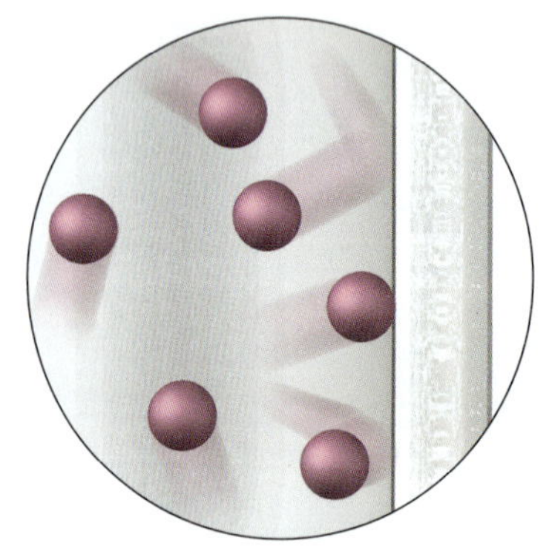

그림 5.15 압력은 기체 입자와 벽 사이의 수많은 충돌로 인해 생긴다.

1. *압력의 근원.* 압력은 기체가 표면에 가하는 힘의 척도이다. 어떻게 개별 기체 입자들이 이런 힘을 발생시킬까? 가설 1과 2로부터 알 수 있듯이 용기 벽(그리고 피스톤의 바닥)과 충돌하는 각 기체 입자(점 질량)는 힘을 가한다(그림 5.15). 용기의 내부 표면과의 수많은 충돌 때문에 압력이 발생한다. 입자가 더 많을수록 입자가 용기와 더 자주 충돌하고 그래서 압력이 더 크다.

2. *Boyle의 법칙*($V \propto 1/P$). 기체의 압력을 한 방향으로 변화시키면 기체의 부피는 그 반대 방향으로 변한다. 외부 압력이 기체를 압축하여 부피가 줄어들 때 입자들에 무슨 일이 일어날까? 그리고 왜 액체와 고체는 압축할 수 없을까? 기체 입자들은 빈 공간으로 분리된 점 질량들이다(가설 1). 그림 5.16에서 볼 수 있듯이, 압력을 변화시키기 전에는 기체가 가하는 압력($P_{기체}$)은 기체가 받는 압력($P_{외부}$)과 같고, 입자와 용기 벽 사이에는 어떤 평균 거리(d_1)가 유지된다. 일정한 온도에서 $P_{외부}$를 증가시키면 입자와 벽 사이의 평균 거리(d_2)는 감소하고(즉, $d_2 < d_1$), 따라서 시료의 부피는 감소한다. 평균 거리가 짧아지면서 입자와 벽의 충돌은 더 자주 일어나고, $P_{기체}$는 다시 $P_{외부}$와 같아질 때까지 증가한다. 액체와 고체가 압축될 수 없다는 사실은 입자들 사이의 자유 공간이 매우 작다는 것을 의미한다.

모든 T에서, 입자가 평균 거리 d_1에서 벽을 때리므로 $P_{기체} = P_{외부}$이다.

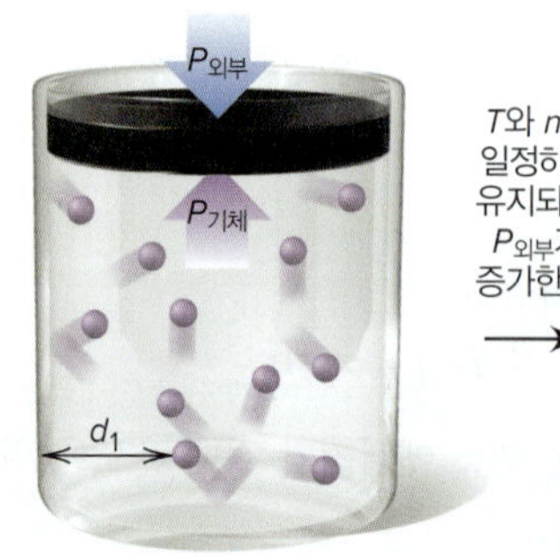

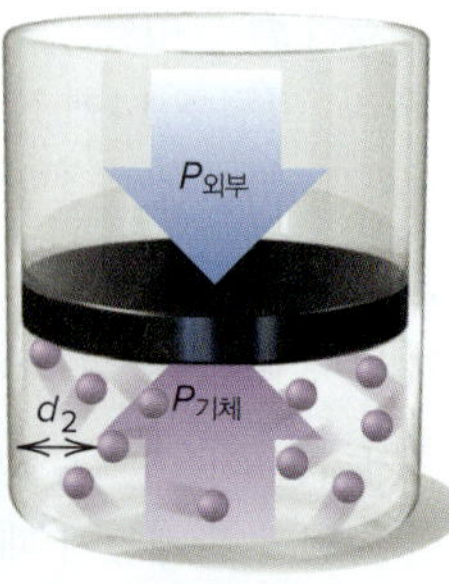

더 높은 $P_{외부}$는 더 작은 V를 만들고, 그 결과 입자가 더 짧은 평균 거리($d_2 < d_1$)에서 벽을 때리기 때문에 더 많은 충돌이 일어난다. 그 결과 다시 $P_{기체} = P_{외부}$가 된다.

그림 5.16 Boyle의 법칙의 분자적 관점.

3. *Dalton의 부분 압력 법칙*($P_{전체} = P_1 + P_2 + P_3 + ...$). 기체 혼합물의 압력은 개별 기체들의 압력의 합이다. 왜 각 기체는 입자 수에 비례해서 전체 압력에 기여할까? 그림 5.17에서 볼 수 있듯이 주어진 양(mol)의 한 기체(기체 A)를 주어진 양의 또 다른 기체(기체 B)에 가하면 가해진 A의 입자 수에 비례하여 전체 입자 수가 증가한다. 이러한 전체 입자 수의 증가는 벽과의 초당 전체 충돌 횟수를 증가시키며(가설 2), 그 결과 기체 혼합물의 전체 압력($P_{전체}$)도 증가한다. $P_{전체}$에 대한 각 기체의 압력의 분율은 전체 입자 수에 대한 해당 기체의 분율(또는 전체 몰수에 대한 해당 기체의 분율, 즉 몰분율)에 비례한다.

그림 5.17 Dalton의 법칙의 분자적 관점.

4. *Charles의 법칙*($V \propto T$). 온도 변화는 부피 변화를 일으킨다. 기체 부피를 증가시키는 높은 온도는 기체 입자들에 어떤 영향을 미칠까? 그림 5.18에서 볼 수 있듯이, 초기 온도 T_1에서 외부(대기) 압력($P_{대기}$)은 기체의 압력($P_{기체}$)과 같다. 기체를 가열하여 온도가 T_2로 증가하면, 최빈 분자 속력과 평균 운동 에너지는 증가한다(가설 3). 따라서 입자들이 벽과 더 자주 *그리고* 더 강하게 충돌한다. 이 변화는 일시적으로 $P_{기체}$를 증가시킨다. 그 결과 피스톤이 위로 밀려 올라가고, 부피가 증가하여 $P_{대기}$와 $P_{기체}$가 다시 같아질 때까지 충돌 횟수는 줄어든다.

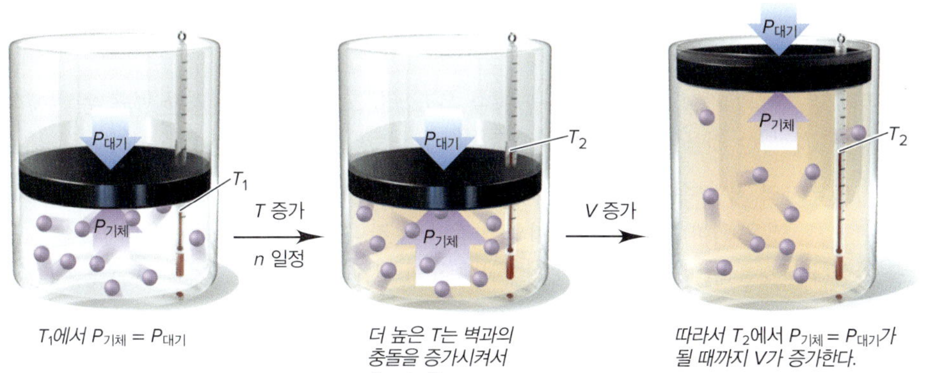

그림 5.18 Charles의 법칙의 분자적 관점.

5. *Avogadro의 법칙*($V \propto n$). 기체의 몰수가 증가하면 기체의 부피는 증가한다. 기체의 초기 양이 n_1일 때 $P_{대기}$는 $P_{기체}$와 같다(그림 5.19). 연결된 탱크로부터 더 많은 기체를 가하면 양이 n_2로 증가한다. 따라서 더 많은 입자들이 벽과 더 자주 충돌하여 일시적으로

$P_{기체}$가 증가한다. 그 결과 피스톤이 위로 올라가고, 부피가 증가하여 $P_{대기}$와 $P_{기체}$가 다시 같아질 때까지 충돌 횟수는 줄어든다.

그림 5.19 Avogadro의 법칙의 분자적 관점.

운동 에너지의 중요성 1장에서 한 물체의 운동 에너지는 그 물체의 운동과 연관되어 있다는 것을 공부하였다. 운동 에너지는 Avogadro의 법칙의 내재적 의미, 더 나아가 온도의 의미를 설명하기 위한 핵심 개념이다

1. *Avogadro의 법칙의 내재적 의미.* 일정한 T와 P에서 기체의 부피는 시료의 몰수(즉, 입자의 수)에만 의존한다는 것이 Avogadro의 법칙이다. 이 법칙에서는 기체의 화학적 성질에 관해 아무런 언급을 하지 않는다. 따라서 두 기체, 예를 들어 O_2와 H_2의 입자 수가 같으면 두 기체의 부피는 같아야 한다. 왜 무거운 O_2 분자가 가벼운 H_2 분자보다 용기 벽에 더 큰 힘으로 충돌하는데도 불구하고 O_2가 더 큰 압력을 가하여 더 큰 부피를 차지하지 않는가? 이 질문에 답하기 위해 세 가지 중요한 관계를 사용할 것인데, 세 번째 관계는 이미 앞에서 설명하였다.

- *분자 속력.* 그림 5.20에서는 특정 온도에 있는 몇 가지 기체에서 분자량(괄호 안의 숫자)이 작을수록 최빈 속력(곡선의 정점)이 증가하는 것을 볼 수 있다. 즉, *가벼운 분자는 무거운 분자보다 평균적으로 더 빠르게 움직인다.*
- *운동 에너지.* 운동 에너지를 수학적으로 표현하는 한 가지 방법은

$$E_k = \frac{1}{2} \text{질량} \times \text{속력}^2$$

  이다. 이 식은 E_k가 일정하면 물체의 질량과 속력은 서로 반비례 관계임을 의미한다. 즉, *느리게 움직이는 무거운 물체가 빠르게 움직이는 가벼운 물체와 같은 운동 에너지를 가질 수 있다.*
- *분자 운동론의 가설 3.* 이 가설은 *일정한 온도에서 모든 기체는 동일한 평균 운동 에너지를 갖는다*는 것을 의미한다.

H_2 분자의 최빈 속력이 더 높다는 것은 H_2 분자가 O_2 분자보다 용기의 벽과 *더 자주* 충돌한다는 것을 의미하지만, H_2 분자의 질량이 더 작다는 것은 각각의 충돌이 *더 작은 힘*을 가한다는 것을 의미한다. 따라서 어떠한 종류의 기체이더라도 분자가 같은 운동 에너지

그림 5.20 몰질량과 분자 속력 사이의 관계.

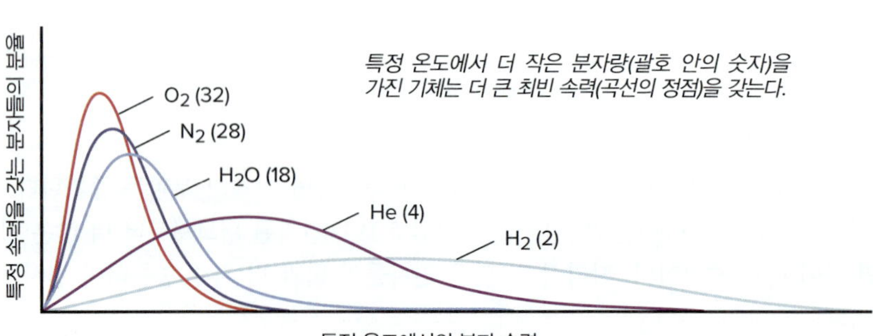

로 벽을 때리기 때문에, *일정한 온도에서 어떠한 기체 시료이더라도 분자 수만 같다면 같은 압력(단위 면적당 힘)을 가하고, 따라서 같은 부피를 차지한다.*

2. *온도의 의미.* 운동 에너지와 온도 사이의 주요 관계가 이 개념과 밀접한 관련이 있다. 앞에서 입자의 평균 운동 에너지($\overline{E_k}$)는 절대 온도에 상수를 곱한 값과 같다는 것을 배웠다. 즉, $\overline{E_k} = c \times T$이다. 속력, 운동량, 힘, 압력의 정의를 적용하면 이 관계를 다음 식으로 나타낼 수 있다(여기에서 식 유도는 하지 않음).

$$\overline{E_k} = \tfrac{3}{2}\left(\frac{R}{N_A}\right)T$$

여기서 R은 기체 상수이고, N_A는 Avogadro 수를 나타내는 기호이다. 이 식은 *온도가 입자의 평균 운동 에너지의* **척도**라는 중요한 점을 나타낸다. T가 올라가면 $\overline{E_k}$는 증가하고, T가 내려가면 $\overline{E_k}$는 감소한다. 온도는 세기 성질이므로(1.3절), 온도는 입자들의 운동의 *전체* 에너지(시료의 크기에 의존)와는 상관없고 *평균* 에너지에만 의존한다.

따라서 예를 들면, 거시적 세계에서는 불꽃 위에서 비커의 물을 가열하면 비커에 꽂은 온도계의 수은이 올라간다. 분자 세계에서는 운동 에너지가 차례로 불꽃 내에 있는 높은 에너지의 기체 입자에서 비커에 있는 낮은 에너지의 유리 입자로, 또 물 분자로, 온도계의 유리 입자로, 수은 원자로 차례로 전달되기 때문에 이 현상이 나타나는 것이다.

제곱평균근 속력 마지막으로 시료 내 평균 운동 에너지를 가진 기체 입자의 속력에 대한 식을 유도해보자. 물체의 운동 에너지에 대한 일반적인 식

$$E_k = \tfrac{1}{2}\ \text{질량} \times \text{속력}^2$$

으로부터 큰 집단 내 각 입자의 평균 운동 에너지는 다음과 같다.

$$\overline{E_k} = \tfrac{1}{2}m\overline{u^2}$$

여기서 m은 입자의 질량(원자 또는 분자)이고, $\overline{u^2}$는 분자 속력의 제곱의 평균값이다. 앞에서 본 평균 운동 에너지 식과 같다고 하면 다음 식을 얻는다.

$$\tfrac{1}{2}m\overline{u^2} = \tfrac{3}{2}\left(\frac{R}{N_A}\right)T$$

Avogadro 수(N_A)를 양쪽에 곱하면 기체 1 mol의 평균 운동 에너지가 주어진다.

$$\tfrac{1}{2}N_A\, m\overline{u^2} = \tfrac{3}{2}RT$$

Avogadro 수(N_A)에 분자 질량을 곱한 값, $N_A \times m$은 몰질량 $\mathcal{M}$이다. $\overline{u^2}$에 대해 풀면 다음 식을 얻는다.

$$\overline{u^2} = \frac{3RT}{\mathcal{M}}$$

$\overline{u^2}$의 제곱근은 제곱평균근(root-mean-square) 속력, 또는 **rms 속력**(rms speed, $\boldsymbol{u_{rms}}$)으로, *이 속력으로 움직이는 입자는 평균 운동 에너지를 갖는다.** 즉 앞의 식 양변에 제곱근을 취하면 다음과 같다.

$$u_{rms} = \sqrt{\frac{3RT}{\mathcal{M}}} \tag{5.13}$$

여기서 R은 기체 상수, T는 절대 온도, $\mathcal{M}$은 몰질량이다. (u의 단위로 m/s를 원하고 R이 $kg{\cdot}m^2/s^2$ 단위에 해당하는 joule을 포함하고 있으므로, R의 값은 8.314 J/mol·K를 사용하고 $\mathcal{M}$은 kg/mol을 사용한다.) 앞에서 설명했듯이 온도가 증가하면 기체 입자의 속력이 증가하고, 몰질량이 증가하면 기체 입자의 속력이 감소한다는 것을 이 식이 확인시켜 준다.

*rms 속력 u_{rms}는 최빈 속력에 비례하지만 약간 더 크다. 이상 기체에서는 u_{rms} = 1.09 × 평균 속력이다.

따라서 예를 들면, 지금 숨 쉬고 있는 공기 중의 O_2 분자($\mathscr{M}$ = 3.200×10^{-2} kg/mol)의 제곱평균근 속력은 실온(20°C 또는 293 K)에서 다음과 같다.

$$u_{rms} = \sqrt{\frac{3RT}{\mathscr{M}}} = \sqrt{\frac{3(8.314\ \text{J/mol·K})(293\ \text{K})}{3.200\times10^{-2}\ \text{kg/mol}}}$$
$$= \sqrt{\frac{3(8.314\ \text{kg·m}^2/\text{s}^2/\text{mol·K})(293\ \text{K})}{3.200\times10^{-2}\ \text{kg/mol}}}$$
$$= 478\ \text{m/s}\ (\text{약 } 1070\ \text{mi/hr})$$

분출과 확산

기체가 진공 속으로 이동하는 운동과 기체가 다른 기체 사이를 뚫고 이동하는 운동은 응용 분야가 많은 중요한 현상이다.

분출의 과정 분자 운동론의 초기 업적 중의 하나는 기체가 용기의 미세한 구멍을 통하여 진공 속으로 빠져 나가는 과정인 **분출**(effusion)을 설명할 수 있었던 것이다. 1846년 Thomas Graham은 기체의 분출 속도, 즉 단위 시간당 빠져나가는 분자의 수를 연구하여 분출 속도는 그 기체 밀도의 제곱근에 반비례한다는 것을 밝혀냈다. 그러나 밀도는 몰질량에 정비례하므로 이 관계를 다음과 같이 기술할 수 있다.

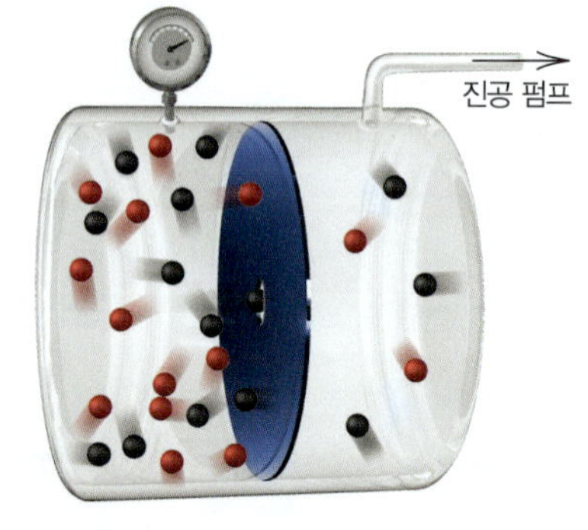

- **Graham의 분출 법칙**(Graham's law of effusion): *기체의 분출 속도는 해당 기체의 몰질량의 제곱근에 반비례*한다. 즉,

$$\text{분출 속도} \propto \frac{1}{\sqrt{\mathscr{M}}}$$

진공 펌프

그림 5.21 **분출.** 가벼운 입자(*검은색*)는 무거운 입자(*빨간색*)보다 더 빨리 분출된다.

식 (5.13)에 따르면, 일정한 온도와 압력에서, 더 작은 분자량을 갖는 기체가 더 큰 분자량을 갖는 기체보다 rms 속력이 더 높다. *가벼운 기체 원자의 rms 속력이 더 높기 때문에 단위 시간당 더 많은 원자들이 구멍에 도달하여 빠져나간다*(그림 5.21). 일정한 온도에서 두 기체 A와 B의 분출 속도 비는 다음과 같다.

$$\frac{\text{속도}_A}{\text{속도}_B} = \frac{\text{A의 } u_{rms}}{\text{B의 } u_{rms}} = \frac{\sqrt{3RT/\mathscr{M}_A}}{\sqrt{3RT/\mathscr{M}_B}} = \frac{\sqrt{\mathscr{M}_B}}{\sqrt{\mathscr{M}_A}} = \sqrt{\frac{\mathscr{M}_B}{\mathscr{M}_A}} \quad \textbf{(5.14)}$$

예를 들면, 앞에서 293 K에서의 O_2의 제곱평균근 속력이 478 m/s라고 계산하였다. 같은 온도에서 H_2 분자의 제곱평균근 속력은 1900 m/s라서 네 배 빠르다.

$$\frac{\text{속도}_{H_2}}{\text{속도}_{O_2}} = \frac{H_2\text{의 } u_{rms}}{O_2\text{의 } u_{rms}} = \frac{1900\ \text{m/s}}{478\ \text{m/s}} = \frac{\sqrt{\mathscr{M}_{O_2}}}{\sqrt{\mathscr{M}_{H_2}}} = \frac{\sqrt{32.00\ \text{g/mol}}}{\sqrt{2.016\ \text{g/mol}}} = 4$$

Graham의 법칙을 사용하여 미지 기체의 분자량을 알아낼 수 있다. 기체 X의 분출 속도를 He과 같이 이미 그 분출 속도를 알고 있는 기체와 비교하면, X의 분자량을 구할 수 있다.

$$\frac{\text{속도}_X}{\text{속도}_{He}} = \sqrt{\frac{\mathscr{M}_{He}}{\mathscr{M}_X}}$$

양변을 제곱하고 X의 분자량을 구하면

$$\mathscr{M}_X = \mathscr{M}_{He} \times \left(\frac{\text{속도}_{He}}{\text{속도}_X}\right)^2$$

예제 5.14 | Graham의 분출 법칙의 적용

문제 헬륨(He)과 메테인(CH_4)의 혼합물을 분출 장치 안에 넣는다. **(a)** 두 기체의 분출 속도의 비를 계산하라. **(b)** 일정 부피의 CH_4이 장치에서 분출되는 데 7.55분이 걸린다면, 같은 부피의

He이 분출되는 데는 얼마나 걸릴까? **(c)** 또 다른 실험에서, He과 또 다른 비활성 기체를 분출 장치 안에 넣는다. He 5.25 mL가 분출되는 데 2.05분이 걸리고, 미지의 비활성 기체가 같은 부피만큼 분출되는 데 6.48분이 걸린다. 이 비활성 기체는 무엇인가?

계획 **(a)** 분출 속도는 $\sqrt{\mathscr{M}}$에 반비례하므로, 화학식으로부터 각 물질의 몰질량을 구하여 그 제곱근을 취한다. 제곱근 값의 비율의 역수가 분출 속도 비이다. **(b)** 분출 속도 비를 알면 시간 비를 구할 수 있다. **(c)** 분출된 기체의 부피를 시간으로 나누어 두 기체의 분출 속도를 mL/min 단위로 구한다. 이어서 Graham의 법칙을 변형하여 미지의 기체의 몰질량을 구하면 그 기체가 무엇인지 알아낼 수 있다.

풀이 **(a)** CH_4의 $\mathscr{M}$ = 16.04 g/mol, He의 $\mathscr{M}$ = 4.003 g/mol이므로

분출 속도 비 계산:

$$\frac{\text{속도}_{He}}{\text{속도}_{CH_4}} = \sqrt{\frac{\mathscr{M}_{CH_4}}{\mathscr{M}_{He}}} = \sqrt{\frac{16.04\ \text{g/mol}}{4.003\ \text{g/mol}}} = \sqrt{4.007} = 2.002$$

2.002라는 비는 같은 조건에서 He 원자가 CH_4 분자보다 두 배보다 조금 더 빨리 분출된다는 것을 나타낸다.

(b) He 원자가 CH_4 분자보다 두 배 더 빨리 분출되므로, 특정 부피의 He이 분출되는 데 걸리는 시간은 같은 부피의 CH_4이 분출되는 데 걸리는 시간의 절반일 것이다.

$$\frac{7.55\text{분}}{2.002} = 3.77\text{분}$$

(c) $$\mathscr{M}_X = \mathscr{M}_{He} \times \left(\frac{\text{속도}_{He}}{\text{속도}_X}\right)^2 = 4.003\ \text{g/mol} \times \left(\frac{5.25\ \text{mL}/2.05\text{분}}{5.25\ \text{mL}/6.48\text{분}}\right)^2 = 40.0\ \text{g/mol}$$

계산한 몰질량은 아르곤(Ar)의 몰질량과 매우 비슷하다.

검산 가벼운 He이 더 무거운 CH_4보다 빠르게 분출되기 때문에 속도 비가 1보다 큰 것이 이치에 맞다. CH_4의 몰질량이 He의 몰질량의 약 네 배이므로 He은 CH_4보다 두 배($\sqrt{4}$) 정도 더 빨리 분출될 것이고, 따라서 특정 부피가 장치에서 분출되는 데 절반의 시간이 걸릴 것이다. 미지의 비활성 기체가 분출되는 데 He보다 약 3배(6.48분/2.05분 = 3.2) 더 오래 걸리므로, 이 비활성 기체의 몰질량은 He의 몰질량의 약 3^2 = 9배이어야 한다. 즉, 9 × 4 g/mol = 36 g/mol이며, 이 값은 Ar의 몰질량과 비슷하다.

▶ **보충 문제**

5.14A He 0.010 mol이 분출되는 데 1.25분이 걸린다면, 같은 양의 에테인(C_2H_6)이 분출되는 데 얼마나 걸리겠는가?

5.14B 같은 조건에서 미지의 기체 7.23 mL가 아르곤 13.8 mL와 같은 시간 동안 분출된다면, 미지의 기체의 분자량은 얼마인가?

유사 문제 5.75, 5.76, 5.79, 5.80

확산의 과정 분출과 밀접한 관련이 있는 기체의 **확산**(diffusion) 과정은 한 기체(또는 유체)가 다른 기체 사이를 뚫고 이동하는 운동이다(예를 들어, 공기를 통한 기체 향수 분자의 이동). 확산 속도도 일반적으로 Graham의 법칙으로 설명한다.

$$\text{확산 속도} \propto \frac{1}{\sqrt{\mathscr{M}}}$$

같은 압력에서 NH_3와 HCl와 같은 두 기체가 다른 기체 또는 공기 같은 기체 혼합물 사이를 이동할 때 다음과 같은 관계식을 얻는다.

$$\frac{\text{속도}_{NH_3}}{\text{속도}_{HCl}} = \sqrt{\frac{\mathscr{M}_{HCl}}{\mathscr{M}_{NH_3}}}$$

이런 확산 속도와 몰질량의 관계가 성립하는 이유는 분출 속도에서와 동일하다. 즉, *가벼운 분자는 무거운 분자보다 평균 속력이 더 높아서 일정 시간에 더 멀리 움직인다.*

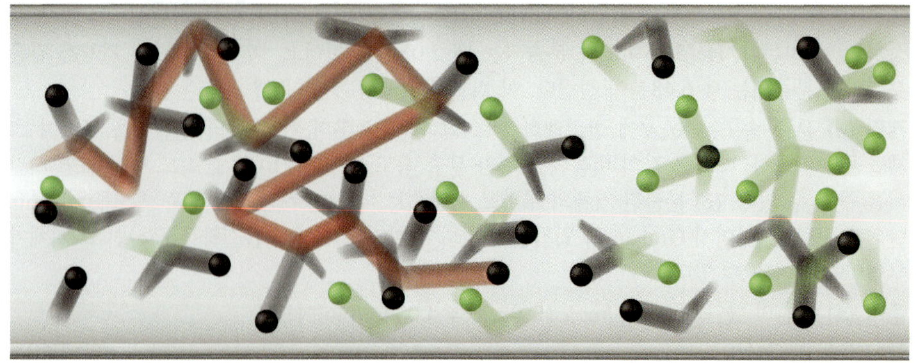

그림 5.22 **기체의 확산.** 서로 다른 기체들(*검은색*: 왼쪽으로부터 출발, *녹색*: 오른쪽으로부터 출발)이 관 속에서 각 상대 기체의 사이를 뚫고 이동하며 섞인다. 단순화를 위해, 검은색 입자 한 개의 복잡한 경로(*붉은색 선*)만 표시하였다. 실제로는 모든 입자들이 이와 유사한 경로로 움직인다.

기체 분자가 초당 수백 미터의 속도(그림 5.14 참조)로 움직인다면 향수병을 연 후 향기를 맡는 데 1~2초가 걸리는 이유는 무엇일까? 이 과정에는 비록 대류가 큰 역할을 하지만, 시간이 걸리는 또 다른 이유는 기체 입자가 다른 기체 입자와의 충돌 때문에 한 번에 아주 멀리 이동하지는 못 하기 때문이다(그림 5.22). 따라서 향수 분자가 공기 중의 수많은 분자와 충돌하기 때문에 천천히 이동한다. 수많은 다른 입자가 존재한다는 것은 *확산 속도가 분출 속도보다 훨씬 느리다*는 것을 의미한다. 움직이는 다른 사람들로 가득 찬 방을 걷는 것보다 텅 빈 방을 걸을 때 얼마나 더 빨리 통과할 수 있을지를 상상해 보라.

확산은 기체가 액체 속으로(심지어 아주 조금이지만 고체 속으로도) 들어갈 때에도 일어난다. 그러나 분자 사이의 평균 거리가 액체 내에서는 너무 짧아서 충돌이 훨씬 더 자주 일어난다. 따라서 액체 내에서의 기체의 확산은 기체 속에서보다 훨씬 더 느리다. 그럼에도 불구하고 이런 유형의 확산은 생물계에서는 아주 중요한 과정인데, O_2가 폐에서 혈액 속으로 이동하는 과정을 예로 들 수 있다.

기체의 무질서한 세계: 평균 자유 행로와 충돌 빈도

기본적인 분자 운동론을 다시 상세히 살펴보면 기체의 무질서한 분자 세계를 이해하는 데 도움이 된다. 방 안에 있는 "보통" N_2 분자를 마음속에 그려보자. N_2 분자는 다른 분자와 충돌하면서 계속해서 속력이 변한다. 한 순간 4000 km/h로 움직이다가 다음 순간 정지한다. 그러나 이런 극단적인 속력은 최빈 속력이나 그와 비슷한 속력보다는 *훨씬* 드물게 나타난다(그림 5.14 참조). 20°C, 1 atm에서 N_2 분자는 평균 속력 470 m/s(rms 속력 = 510 m/s), 즉 거의 1700 km/h로 질주한다!

평균 자유 행로 입자의 직경으로부터 **평균 자유 행로**(mean free path), 즉 주어진 온도와 압력에서 충돌과 충돌 사이에 움직이는 평균 거리를 구할 수 있다. N_2 분자(지름 3.7×10^{-10} m)는 평균 자유 행로가 6.6×10^{-8} m인데, 이는 다른 질소 분자와 충돌하기 전에 평균 분자 지름 180배에 해당하는 길이를 움직인다는 의미이다. (N_2 분자가 당구공 크기라면 다른 당구공과 충돌하기 전에 평균 9 m를 이동하는 셈이다.) 그러므로 기체 입자가 비록 점 질량이 *아니라* 해도 기체 시료는 거의 빈 공간이라고 가정해도 좋다. 평균 자유 행로는 기체의 확산 속도와 기체를 통한 열 전달 속도에 영향을 미치는 중요한 인자이다.

충돌 빈도 최빈 속력(m/s)을 평균 자유 행로(미터/충돌)로 나누면 **충돌 빈도**(collision frequency), 즉 각 입자가 초당 충돌하는 평균 횟수를 얻을 수 있다. N_2 분자는 평균적으로 매 초 엄청난 횟수의 충돌을 한다. ‹

$$\text{충돌 빈도} = \frac{4.7\times10^{2}\ \text{m/s}}{6.6\times10^{-8}\ \text{m/충돌}} = 7.0\times10^{9}\ \text{충돌/s}$$

16장에서 보겠지만 속력(과 운동 에너지) 분포와 충돌 빈도는 반응 속도를 이해하는 데 있어서 필수적인 개념이다. **대기 과학과 화학**에서 볼 수 있듯이 지금까지 논의한 많은 개념들은 그대로 지구 대기에 적용된다.

위험한 분자 놀이 공원

분자 세계에서 일어나는 놀라운 현상을 실감하기 위해, 2차원상의 비유를 통해 1 atm 압력의 공기 중에서 움직이는 N_2 분자를 엄청나게 넓은 놀이공원에서 타는 범퍼카와 비교해 보자. N_2 분자의 충돌 빈도와 같아지려면, 범퍼카가 45억 km/s의 속력(빛보다 훨씬 빠르게!)으로 달리며 640 m마다 다른 범퍼카와 충돌해야 한다.

대기 과학과 화학
Chemical Connections to Atmospheric Science

기체 법칙이 지구 대기에 어떻게 적용될까?

대기(atmosphere)란 행성의 표면으로부터 바깥쪽으로 연속되어 펼쳐지고, 외부 우주와 같아질 때까지 서서히 엷어지는 기체의 막이다. 지구의 해수면 높이의 깨끗하고 건조한 공기는 18가지 기체 성분들로 이루어진다(표 B5.1). 표준 상태에서 이 기체들은 거의 이상적으로 거동해서, 부피 백분율이 몰 백분율과 같고(Avogadro의 법칙), 한 성분의 몰분율은 해당 성분의 부분 압력과 직접 관련된다(Dalton의 법칙). 기체 법칙과 분자 운동론이 대기에 어떻게 적용되는지, 먼저 압력과 온도의 변화에 대해서, 그리고 몇 가지 매우 친숙한 현상에 대한 설명을 통해 살펴보자.

고도에 따른 점진적 압력 변화

기체는 압축될 수 있으므로(Boyle의 법칙), 대기의 압력은 지구 표면으로 접근할수록 점진적으로 *증가*하고, 더 낮은 고도에서 더 빨리 증가한다(그림 B5.1 *왼쪽*). 대기의 시작과 외부 우주의 끝 사이에 경계는 없지만, 약 10,000 km 고도부터는 밀도와 조성의 변화가 없다. 하지만 대기 질량의 약 99%는 표면으로부터 30 km 이내에 존재하고, 75%는 가장 낮은 11 km 이내에 존재한다.

고도에 따른 지그재그 온도 변화

압력과 달리 온도는 지구 표면으로부터의 높이에 따라 점진적으로 변하지는 *않는다*. 대기는 온도 변화의 방향을 기준으로 여러 영역들로 구분되는데, 표면에서부터 설명을 시작해 보자(그림 B5.1, *오른쪽*)

1. *대류권*(troposphere). 대류권은 북극과 남극에서는 표면으로부터 7 km 고도까지, 적도에서는 17 km 고도까지 펼쳐지는데, 대류권에서는 온도가 표면으로부터 킬로미터당 7°C씩 *내려가서* 최저 −55°C(218 K)까지 내려간다. 이 영역에는 전체 대기 질량의 약 80%가 존재하고, 특히 질량의 50%가 아래쪽 5.6 km에 존재한다. 모든 기상 현상은 이 영역에서 일어나고, 초음속기를 제외한 거의 모든 비행기가 이 영역 내에서 비행한다.

표 B5.1 해수면 높이의 깨끗하고 건조한 공기의 조성

성분	몰분율
질소(N_2)	0.78084
산소(O_2)	0.20946
아르곤(Ar)	0.00934
이산화 탄소(CO_2)	0.00040
네온(Ne)	1.818×10^{-5}
헬륨(He)	5.24×10^{-6}
메테인(CH_4)	2×10^{-6}
크립톤(Kr)	1.14×10^{-6}
수소(H_2)	5×10^{-7}
일산화 이질소(N_2O)	5×10^{-7}
일산화 탄소(CO)	1×10^{-7}
제논(Xe)	8×10^{-8}
오존(O_3)	2×10^{-8}
암모니아(NH_3)	6×10^{-9}
이산화 질소(NO_2)	6×10^{-9}
일산화 질소(NO)	6×10^{-10}
이산화 황(SO_2)	2×10^{-10}
황화 수소(H_2S)	2×10^{-10}

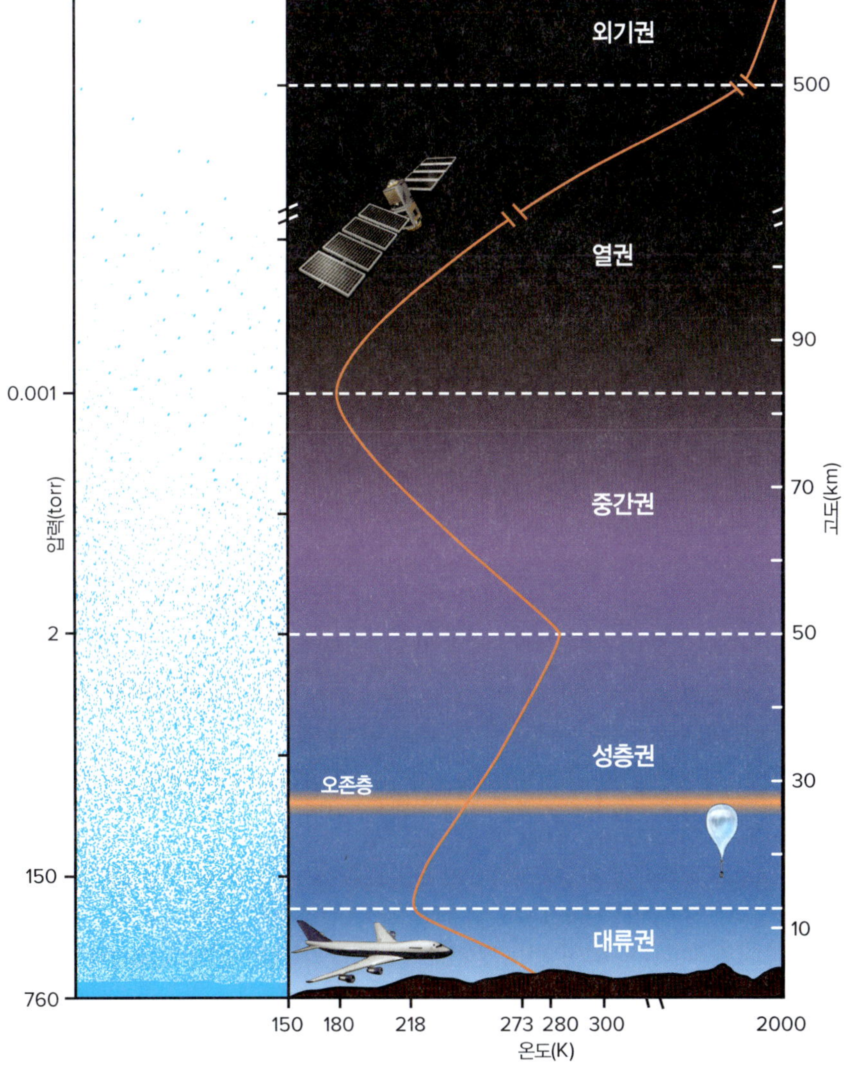

그림 B5.1 고도에 따른 지구 대기의 압력과 온도의 변화.

2. *성층권과 오존층*. 성층권에서는 온도가 최저 −55°C로부터 50 km 고도에서 7°C(280 K)까지 *상승*한다. 이런 온도 상승은 태양광의 흡수로 시작되는 여러 복잡한 반응 때문인데, 대부분 산소의 다른 분자 형태인 오존(O_3)이 참여하는 반응이다. 대부분의 고에너지 복사는 대기의 상층부에서 흡수되지만, 일부는 성층권까지 도달해서 O_2를 O 원자로 분해한다. 에너지가 높은 O 원자는 다른 O_2와 충돌하여 O_3를 형성한다.

$$O_2(g) \xrightarrow{\text{고에너지 빛}} 2O(g)$$
$$M + O(g) + O_2(g) \longrightarrow O_3(g) + M + \text{열}$$

여기서 M은 과잉의 에너지를 가져갈 수 있는 입자이다. 이 반응은 열을 방출하는데, 이것이 고도가 높아질수록 성층권의 온도가 올라가는 이유이다. 90% 이상의 대기권 오존은 성층권 내의 얇은 층에 존재하는데, 그 층의 두께는 위치에 따라(남극과 북극에서 가장 큼) 그리고 계절에 따라(북반구에서는 봄에, 남반구에서는 가을에 가장 큼) 변한다. 성층권의 오존은 유해한 자외선(ultraviolet, UV) 태양광의 95% 이상을 흡수하여 자외선이 지표면에 도달하는 것을 막아주기 때문에 지구상의 생명체에게 필수적이다. 16장에서 특정한 산업적 화학물질의 오존층에 대한 파괴 효과를 논의할 것이다.

3. *중간권*(mesosphere). 중간권에서 온도는 약 80 km 고도에서 −93°C(180 K)까지 다시 *내려간다*.

4. *외부 대기*(outer atmosphere). 약 500 km 고도까지 펼쳐지는 열권(thermosphere) 내에서 온도는 다시 *상승*하지만, 태양 복사의 강도와 태양 흑점의 활동에 따라 온도가 700 K와 2000 K 사이에서 변한다. 가장 바깥쪽 영역인 *외기권*(exosphere)은 이 온도를 유지하면서 외부 우주와 합쳐진다.

지구 표면 위 500 km 상공의 온도가 2000 K라는 것은 실제로 무엇을 의미하는가? 철(녹는점 1808 K) 조각을 대류권에서 2000 K로 가열할 때처럼 수 분 내에 빨갛고 뜨겁게 빛나면서 녹을 것인가? 이 질문에 답하려면 운동 에너지를 전달하는 데 걸리는 시간과 온도의 관계를 고려해야 한다. "뜨겁다"와 "차갑다"라는 단어를 사용할 때에는 지구 표면 근처에서 측정한 온도를 기준으로 한다. 지구 표면에서는 기체 입자와 온도계의 충돌 빈도가 엄청나게 높기 때문에 기체 입자의 운동 에너지의 전달이 매우 빠르다. 그러나 기체 입자의 밀도가 수백만 배 *낮은* 500 km 고도에서는 충돌 빈도가 엄청나게 낮아서 온도계나 다른 물체로의 *운동 에너지의 전달이 매우 느리다*. 따라서 물체는 일정 시간 안에 일상적인 의미로 "뜨겁게" 되지는 않는다. 하지만 높은 절대 온도로 알 수 있듯이 이 영역에 있는 몇 안 되는 입자들로 높은 에너지의 태양광이 전달되어 그 평균 운동 에너지는 엄청나게 높아진다.

대기 하층에서의 대류

왜 높은 산꼭대기에서는 해수면 높이에서보다 숨을 더 자주 쉬어야 할까? 이는 더 높은 고도에서 각 호흡당 더 적은 *양*의 O_2가 들어 있기 때문이다. 그러나 대기 하층 전체에 걸쳐 O_2의 *비율*(몰 백분율)은 약 21%로 유지된다. 이 균일한 조성은 *수직적(대류성) 혼합* 때문에 만들어지고, 기체 법칙으로 이 현상이 어떻게 일어나는가를 설명할 수 있다.

지표면이 태양광으로 가열되어 따뜻해질 때 공기 덩어리의 움직임을 지표면 높이에서부터 따라가 보자. 따뜻해진 공기 덩어리는 팽창하여(Charles의 법칙) 밀도가 낮아져서 위로 올라간다. 공기 덩어리가 올라가면서 외부 압력이 감소하여 공기 덩어리는 더욱 팽창한다(Boyle의 법칙). 주위의 공기를 밀어내려면 에너지가 필요하므로 공기 덩어리의 온도가 내려가고 따라서 공기 덩어리는 약간 수축한다(Charles의 법칙). 그러나 온도가 내려가면서 수증기가 응축(또는 응고)하고, 이 상 변화로부터 열이 방출된다. 그러므로 공기 덩어리는 더 따뜻해지고 더 높이 올라간다. 한편 그 위에 있던 더 차갑고 밀도가 높은 공기는 가라앉아서 지표면과의 접촉으로 따뜻해지고, 처음의 공기 덩어리와 같은 과정을 겪는다. 이런 수직 혼합의 결과, 대기 하층의 조성은 균일하게 유지된다.

지표로부터 올라간 따뜻한 공기는 *온난 기류*(thermal)라 불리는데, 날아가는 새와 글라이더 조종사가 높이 떠 있는 데 이용된다. 대류는 도시 지역의 공기 청정에 도움이 되는데, 이는 오염 물질들이 상승 기류에 의해 위로 올라가서 바람에 의해 흩어지기 때문이다. 하지만 어떤 조건에서는 따뜻한 공기 덩어리가 차가운 공기 위에 머물러 있다. 그 결과로 생긴 온도 *역전*(temperature inversion)은 정상적인 대류를 막고, 유해한 오염 물질들이 쌓이게 해서 심각한 건강 문제를 일으킨다.

문제

B5.1 초음속 비행기가 최고 고도에 도달할 때까지 최고 속도보다 훨씬 느린 속도를 유지하는 이유를 제시하라.

B5.2 기체는 지구의 조건에서 거의 이상적으로 거동한다. 하지만 태양계의 다른 곳에서는 상황이 매우 다르다. 토성(4×10^6 atm, 130 K)과 금성(90 atm, 730 K) 중 어느 행성에서 대기의 기체가 이상적 거동으로부터 가장 크게 벗어나겠는가? 그 이유를 설명하라.

B5.3 해수면 높이에서 건조한 공기 시료에 들어 있는 아르곤의 부피 백분율과 부분 압력(torr로)은 얼마인가?

B5.4 지구 대기의 질량은 5.14×10^{15} t (1 t = 1000 kg)으로 추정된다.

(a) 공기의 평균 몰질량이 28.8 g/mol이라면, 대기 중에는 몇 mol의 기체가 있는가?

(b) 25°C, 1 atm에서 대기의 부피는 몇 리터인가?

› 5.5절 요약

- 분자 운동론은 기체 입자는 부피가 없고, 탄성 충돌(에너지 보존) 사이에 무작위의 직선 경로로 이동하며, 기체의 절대 온도에 비례하는 평균 운동 에너지를 갖는다고 가정한다.
- 이 이론은 기체 법칙들을 입자와 용기 벽 사이 거리의 변화, 분자 속력의 변화, 충돌 에너지로 설명한다.
- 온도는 입자들의 평균 운동 에너지의 척도이다.
- 분출 속도와 확산 속도는 분자 속력에 *정비례*하기 때문에 몰질량의 제곱근에 *반비례*한다(Graham의 법칙).
- 분자의 운동은 온도에 따라 변하는 최빈 속력(속력 분포 내에서)으로 결정되는데, 최빈 속력은 평균 자유 행로와 충돌 빈도에 영향을 준다.
- 대기는 고도에 따라 압력과 온도가 변하는 복잡한 기체 혼합물이다. 대기권 상층의 높은 온도는 높은 에너지의 태양광을 흡수한 결과이다. 대기의 하층 부분은 대류 혼합의 결과로 균일한 조성을 가진다.

5.6 실제 기체: 이상적 거동으로부터 벗어남

과학의 기본 원리에 따르면, 자료를 설명할 수만 있다면 단순한 모형이 복잡한 모형보다 더 유용하다. 분자 운동론을 이용하면 몇 가지 가설만으로 일상적인 온도와 압력 조건 하에 있는 대부분의 기체의 거동을 설명할 수 있다. 그러나 이 중 두 개의 가설은 유용한 근사이지만 실제 상황을 반영하지는 못 한다.

1. *기체 입자는 부피가 0인 점 질량이* **아니고,** 부피를 갖는다. 이 부피는 구성 원자의 크기, 결합의 길이와 방향에 의해 결정된다.
2. *기체 입자 사이에 인력과 반발력이 존재한다.* 이는 원자가 하전된 아원자 입자들로 이루어져 있고 많은 물질이 극성을 띠기 때문이다. (12장에서 이 힘들이 물리적 상태 변화를 일으킨다는 것을 알게 될 것이다.)

이 두 가지 특성 때문에 *낮은 온도와 높은 압력의 극한 조건*에서 실제 기체는 이상 기체처럼 거동하지 않는다. 따라서 실제 기체의 거동을 예측하기 위해서는 간단한 모형과 이상 기체 법칙을 수정해야 한다.

기체 거동에 미치는 극한 조건의 효과

일상적인 조건(비교적 높은 온도와 낮은 압력)에서 대부분의 실제 기체는 거의 이상적으로 거동한다. 그러나 STP(0°C, 1 atm)에서도 기체들은 이상적 거동으로부터 *약간* 벗어난다. 표 5.3은 몇 가지 기체의 표준 몰부피를 다섯 자리 유효 숫자로 측정했을 때 이상적인 값(22.414 L/mol)과 다르다는 것을 보여 준다. 끓는점이 높은 기체일수록 이상적 거동으로부터 더 크게 벗어난다는 것을 주목하자.

표준 조건하에서 실제 기체가 이상적 거동으로부터 약간 벗어나도록 만드는 현상은 온도가 내려가고 압력이 커지면 더 큰 영향을 미친다. 그림 5.23은 몇 가지 실제 기체와 이상 기체 1 mol에 대해 외부 압력($P_{외부}$)에 따른 PV/RT의 변화를 그래프로 나타낸 것이다. PV/RT는 정상값($P_{외부}$ = 1 atm, PV/RT = 1)부터 매우 높은 값($P_{외부} \approx$ 1000 atm, $PV/RT \approx$ 1.6~2.3)까지 변한다. *이상* 기체에 대해서는 어떠한 $P_{외부}$에서도 PV/RT = 1이다.

메테인(CH_4)의 PV/RT 곡선은 대부분의 기체에 대해 전형적으로 볼 수 있는 모양이다. 다소 높은 $P_{외부}$에서는 이상적인 값보다 작아지고, $P_{외부}$가 매우 높은 값으로 증가하면 이상적인 값보다 커진다. PV/RT 곡선의 이런 모양은 함께 작용하는 두 가지 효과 때문이다.

- 적당히 높은 $P_{외부}$에서는 *입자간 인력* 때문에 PV/RT 값이 이상적인 값보다 작다(1보다 작음).
- 매우 높은 $P_{외부}$에서는 *입자 부피* 때문에 PV/RT 값이 이상적인 값보다 크다(1보다 큼).

표 5.3 STP(0°C, 1 atm)에서의 몇 가지 흔한 기체들의 몰부피

기체	몰부피 (L/mol)	끓는점(°C)
He	22.435	−268.9
H_2	22.432	−252.8
Ne	22.422	−246.1
이상 기체	**22.414**	—
Ar	22.397	−185.9
N_2	22.396	−195.8
O_2	22.390	−183.0
CO	22.388	−191.5
Cl_2	22.184	−34.0
NH_3	22.079	−33.4

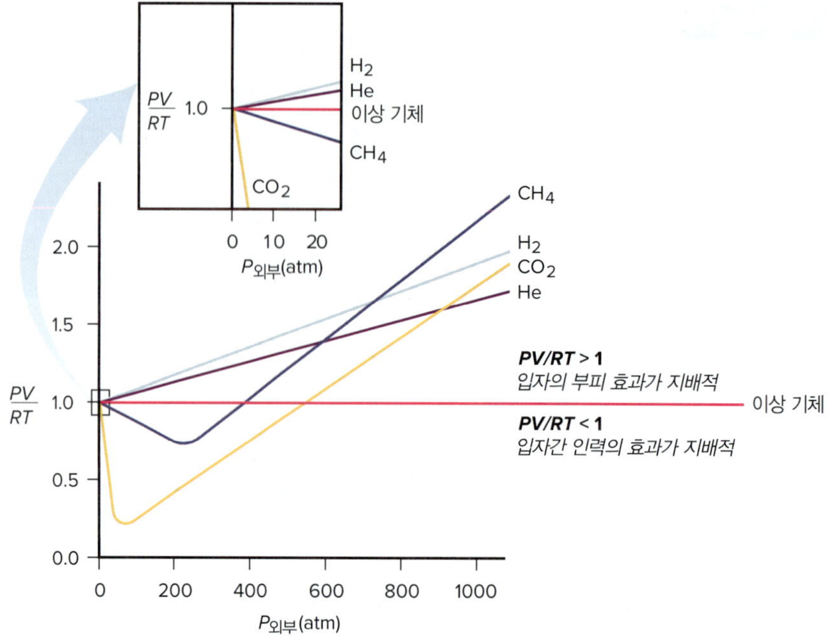

그림 5.23 외부 압력의 증가에 따른 이상적 거동으로부터 벗어남. 수평선은 이상 기체 1 mol에 대해 모든 $P_{외부}$에서 $PV/RT = 1$임을 나타낸다. 매우 높은 $P_{외부}$에서 실제 기체는 이상적 거동으로부터 크게 벗어나지만, 일상적인 압력에서도 약간 벗어나기는 한다*(확대된 부분)*.

이 두 가지 효과를 분자 수준에서 살펴보자.

1. *입자간 인력의 효과.* 입자간 인력은 분리된 원자나 분자 사이에서 작용하고 전자 분포의 불균형에 의해 발생한다. 이 힘은 *매우* 짧은 거리에서만 중요하고, 분자를 이루는 공유 결합의 힘보다 *훨씬 약하다.* 보통의 $P_{외부}$에서는 입자 사이 공간이 너무 커서 기체 입자 사이의 인력은 무시할 정도로 작고 기체는 거의 이상적으로 거동한다. 하지만 압력과 온도 조건이 더 극단적이 될수록 입자간 인력이 더 중요해진다.

- *높은 압력.* $P_{외부}$가 증가하면 시료의 부피가 감소하고 입자들은 서로 가까워지므로 입자간 인력은 더 큰 효과를 나타낸다. 이런 높은 압력에서 한 입자가 용기 벽에 접근하면 가까이 있는 입자들이 그 입자를 끌어당겨 충격의 힘을 감소시킨다(그림 5.24). *이 효과가 시료 전체에 걸쳐 반복되면 기체 압력이 감소하고 PV/RT* 식의 분자 값이 작아진다.
- *낮은 온도.* 온도가 낮아지면 입자들이 느려져서 더 긴 시간 동안 입자들이 서로 끌어당긴다. (12장에서 보겠지만, 충분히 낮은 온도에서는 입자간 인력 때문에 기체 입자가 충분한 운동 에너지를 잃고 응축되어 액체가 된다.)

그림 5.24 측정한 기체 압력에 대한 입자간 인력의 효과.

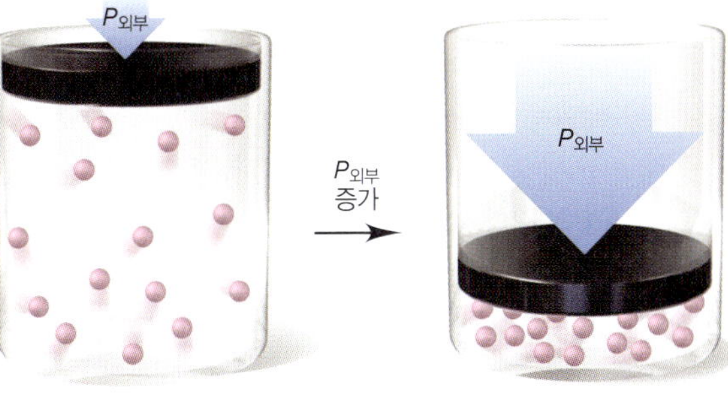

그림 5.25 측정한 기체 부피에 대한 입자 부피의 효과.

2. *입자 부피의 효과.* 정상적인 $P_{외부}$에서는, 입자 사이 공간(자유 부피)이 입자 자체의 부피(입자 부피)에 비해 엄청나게 크다. 따라서 자유 부피는 PV/RT 식의 용기 부피인 V와 본질적으로 동일하다. 적당히 높은 $P_{외부}$에서 자유 부피가 감소하면 용기 부피 중에서 입자 부피가 차지하는 비율이 증가한다(그림 5.25). *극히* 높은 압력에서는 입자 자체가 차지하는 공간 때문에 자유 부피가 용기 부피보다 훨씬 *작아진다.* 그럼에도 불구하고 용기 부피를 PV/RT 식의 V로 계속 사용하는데, 그 결과 PV/RT 식의 분자 값이 커지고 PV/RT 값도 인위적으로 커진다. $P_{외부}$가 증가할수록 이런 입자 부피의 효과가 더 커지고 결국에는 입자간 인력의 효과보다 더 커져서 PV/RT 값이 이상적인 값보다 더 커진다.

그림 5.23에서 H_2와 He의 PV/RT 곡선에는 적당히 높은 압력에서 전형적으로 나타나는 움푹 들어가는 부분이 없다는 것을 주목하자. 이는 이들 기체가 입자간 인력이 약한 입자들로 이루어져 있어서 입자 부피의 효과가 입자간 인력의 효과보다 모든 압력에서 우세하기 때문이다.

van der Waals 식: 이상 기체 법칙의 조정

실제 기체의 거동을 좀 더 정확히 묘사하기 위해, 다음 두 가지 방법으로 이상 기체 방정식을 조정할 필요가 있다.

1. 입자간 인력을 고려한 인자를 더하여 압력을 *상향* 조정한다.
2. 입자 부피를 고려한 인자를 빼주어 V를 *하향* 조정한다.

1873년 Johannes van der Waals(*역자 주*: 네덜란드어로 van은 from이다. 여기서 성 van der Waals는 Waals에서 온 사람이라는 뜻임)는 이상 기체 방정식을 개정하여 실제 기체의 거동을 설명하였다. 실제 기체 n mol에 대한 **van der Waals 식**(van der Waals equation)은 다음과 같다.

$$\left(P + \frac{n^2a}{V^2}\right)(V - nb) = nRT \qquad (5.15)$$

P를 상향 조정 　 V를 하향 조정

여기서 P는 측정한 압력, V는 알고 있는 용기 부피, n과 T는 일반적인 의미 그대로이며 a와 b는 **van der Waals 상수**(van der Waals constant)로서 실험으로 정해지고 기체에 따라 다르다(표 5.4). 상수 a는 전자의 수와 분포에 의존하며, 입자의 복잡성과 입자간 인력의 크기와 연관되어 있다. 상수 b는 입자 부피와 연관되어 있다. 예를 들면 CO_2는 H_2보다 더 복잡하고 더 크므로 해당 상수 값들이 이를 반영한다.

다음은 van der Waals 식을 적용하는 전형적인 예이다. 1.98 L 용기에 215 g(4.89 mol)의 드라이아이스가 들어 있다. 26°C(299 K)에서 놓아 두면, $CO_2(s)$는 $CO_2(g)$로 변한다. 압력을 측정($P_{실제}$)하고, 이어서 이상 기체 법칙으로 압력(P_{IGL})을 계산하고, 또 적절

표 5.4 몇 가지 흔한 기체의 van der Waals 상수 값

기체	$a\left(\frac{atm\cdot L^2}{mol^2}\right)$	$b\left(\frac{L}{mol}\right)$
He	0.034	0.0237
Ne	0.211	0.0171
Ar	1.35	0.0322
Kr	2.32	0.0398
Xe	4.19	0.0511
H_2	0.244	0.0266
N_2	1.39	0.0391
O_2	1.36	0.0318
Cl_2	6.49	0.0562
CH_4	2.25	0.0428
CO	1.45	0.0395
CO_2	3.59	0.0427
NH_3	4.17	0.0371
H_2O	5.46	0.0305

한 a와 b 값을 이용하여 van der Waals 식으로 압력(P_{VDW})을 계산한다. 그 결과는 다음과 같다.

$$P_{실제} = 44.8\text{ atm} \qquad P_{IGL} = 60.6\text{ atm} \qquad P_{VDW} = 45.9\text{ atm}$$

실제 값을 각 계산 값과 비교해 보면 P_{IGL}은 $P_{실제}$보다 35.3% 더 높지만 P_{VDW}는 $P_{실제}$보다 겨우 2.5% 더 높다. 이들 조건에서 CO_2는 이상적 거동에서 너무 크게 벗어나서 이상 기체 법칙은 별로 유용하지 않다.

이해해야 할 요점: 분자 운동론에 의하면 기체 입자는 서로 끌어당기지도 않고 부피도 없기 때문에 이상 기체에 대한 상수 a와 b는 0이다. 일상적인 압력에서는 실제 기체라도 입자들이 서로 아주 멀리 떨어져 있다. 이처럼 입자간 평균 거리가 크면 두 가지 결과가 발생한다.

- 인력이 아주 작다. 따라서 $P + \frac{n^2a}{V^2} \approx P$이다.
- 입자 부피는 용기 부피의 극히 일부를 차지한다. 따라서 $V - nb \approx V$이다.

그러므로 *일상적인 조건에서 van der Waals 식은 이상 기체 방정식과 같아진다.*

인터넷 핫스팟

van den Waals 식이 어렵게 느껴진다면, eBook에 접속하여 이 주제에 대한 추가 학습 동영상을 참고하자.

› 5.6절 요약

- 아주 높은 P 또는 아주 낮은 T에서 모든 기체는 이상적 거동으로부터 크게 벗어난다.
- 외부 압력이 증가할수록 대부분의 실제 기체에서는 PV/RT 값이 처음에는 작아지다가 나중에는 커진다. 이상 기체 1 mol에서는 이 비의 값이 1로 일정하게 유지된다.
- 다음 이유 때문에 실제 기체는 이상적 거동으로부터 벗어난다. (1) 입자간 인력이 압력을 낮춘다(따라서 PV/RT 값 감소). (2) 입자 자체의 부피가 점차 용기 부피의 더 큰 부분을 차지한다(따라서 PV/RT 값 증가).
- van der Waals 식에는 이상적 거동으로부터의 벗어나는 현상을 보정하기 위해 기체에 따라 다른 상수들이 들어 있다. 일상적인 P와 T에서는 van der Waals 식은 이상 기체 식과 같아진다.

› 개념 정리와 복습 _Chapter Review Guide

학습 목표 _Learning Objectives

괄호 안은 관련된 절(§)과 예제(SP) 번호

» 주요 개념

1. 기체의 거시적 성질은 액체나 고체의 거시적 성질과 어떻게 다른가? (§5.1)
2. *압력*의 의미와 기압계와 압력계의 작동법(§5.2)
3. Boyle, Charles, Avogadro의 법칙에 사용된 기체 변수 사이의 관계(§5.3)
4. 각 기체 법칙이 어떻게 이상 기체 법칙으로 합쳐지는가? (§5.3)
5. 이상 기체 법칙을 사용하여 기체의 밀도, 몰질량, 그리고 반응에 참여한 기체의 양을 구하는 법(§5.4)
6. 기체의 밀도와 온도와 압력 사이의 관계(§5.4)
7. Dalton의 법칙의 의미와 기체의 부분 압력과 몰분율 사이의 관계: 기체의 수상 포집에 Dalton의 법칙을 이용하는 법(§5.4)
8. 분자 운동론의 가설을 적용하여 압력과 기체 법칙의 근거를 어떻게 설명하는가? (§5.5)
9. 분자 속력, 평균 운동 에너지, 온도 사이의 관계(§5.5)
10. *분출*과 *확산*의 의미 그리고 그들의 속력와 몰질량과의 관계(§5.5)
11. 평균 자유 행로, 분자 속력, 충돌 빈도 사이의 관계(§5.5)
12. 분자간 인력과 분자 부피 때문에 기체가 낮은 온도와 높은 압력에서 이상적 거동으로부터 벗어나는 이유는 무엇인가? (§5.6)
13. 극한 조건에서 van der Waals 식이 어떻게 이상 기체 식을 수정하는가? (§5.6)

» 주요 스킬

1. 압력 단위 사이의 변환(atm, mmHg, torr, kPa) (SP 5.1)
2. 이상 기체 법칙을 각 기체 법칙으로 변환(SP 5.2~5.6)
3. 기체 법칙을 적용하여 올바른 균형 화학 반응식 고르기(SP 5.7)
4. 기체 밀도(SP 5.8)와 휘발성 액체의 몰질량(SP 5.9)을 구하기 위해 이상 기체 방정식 변형하기
5. 혼합물에서 기체의 몰분율과 부분 압력 계산(SP 5.10)
6. 물의 증기압을 사용하여 수상 포집한 기체 양 수정(SP 5.11)
7. 화학량론과 기체 법칙을 적용하여 반응물과 생성물의 양 계산(SP 5.12, 5.13)
8. Graham의 법칙을 사용하여 기체 분출 문제 풀기(SP 5.14)

주요 용어 _Key Terms

기압계	분출	평균 자유 행로	Charles의 법칙
기체 상수, R	압력, P	표준 기압, atm	Dalton의 부분 압력 법칙
대기	압력계	표준 몰부피	Graham의 분출 법칙
몰분율, X	이상 기체	표준 온도와 압력, STP	rms 속력, u_{rms}
밀리미터 수은, mmHg	이상 기체 법칙	확산	torr
부분 압력	충돌 빈도	Avogadro의 법칙	van der Waals 상수
분자 운동론	파스칼, Pa	Boyle의 법칙	van der Waals 식

주요 방정식 및 관계식 _Key Equations and Relationships

5.1 부피-압력 관계식(Boyle의 법칙):

$$V \propto \frac{1}{P} \quad \text{또는} \quad PV = \text{상수} \quad [T\text{와 } n \text{ 일정}]$$

5.2 부피-온도 관계식(Charles의 법칙):

$$V \propto T \quad \text{또는} \quad V/T = \text{상수} \quad [P\text{와 } n \text{ 일정}]$$

5.3 압력-온도 관계식(Amontons의 법칙):

$$P \propto T \quad \text{또는} \quad P/T = \text{상수} \quad [V\text{와 } n \text{ 일정}]$$

5.4 부피-양 관계식(Avogadro의 법칙):

$$V \propto n \quad \text{또는} \quad V/n = \text{상수} \quad [P\text{와 } T \text{ 일정}]$$

5.5 표준 온도와 압력의 정의:

STP: 0°C (273.15 K) & 1 atm (760 torr)

5.6 STP에서의 이상 기체 1 mol의 부피 정의:

표준 몰 부피 = 22.4141 L 또는 22.4 L [유효 숫자 3개]

5.7 부피와 압력, 온도 및 양의 관계(이상 기체 법칙):

$$PV = nRT \quad \& \quad \frac{P_1V_1}{n_1T_1} = \frac{P_2V_2}{n_2T_2}$$

5.8 R 값 계산:

$$R = \frac{PV}{nT} = \frac{1 \text{ atm} \times 22.4141 \text{ L}}{1 \text{ mol} \times 273.15 \text{ K}}$$

$$= 0.082058 \frac{\text{atm·L}}{\text{mol·K}} = 0.0821 \frac{\text{atm·L}}{\text{mol·K}} \text{ [유효 숫자 3개]}$$

5.9 기체 밀도를 구하기 위한 이상 기체 법칙 변형:

$$PV = \frac{m}{\mathcal{M}}RT \quad \text{따라서} \quad \frac{m}{V} = d = \frac{P \times \mathcal{M}}{RT}$$

5.10 몰질량을 구하기 위한 이상 기체 법칙 변형:

$$n = \frac{m}{\mathcal{M}} = \frac{PV}{RT} \quad \text{따라서} \quad \mathcal{M} = \frac{mRT}{PV}$$

5.11 구성 성분의 부분 압력에 대한 기체 혼합물의 전체 압력(Dalton의 부분 압력 법칙):

$$P_{\text{전체}} = P_1 + P_2 + P_3 + \cdots$$

5.12 몰분율에 대한 부분 압력 관계식:

$$P_A = X_A \times P_{\text{전체}}$$

5.13 rms 속력을 몰질량과 온도의 함수로 정의하기:

$$u_{rms} = \sqrt{\frac{3RT}{\mathcal{M}}}$$

5.14 Graham의 분출 법칙 적용:

$$\frac{\text{속도}_A}{\text{속도}_B} = \frac{\sqrt{\mathcal{M}_B}}{\sqrt{\mathcal{M}_A}} = \sqrt{\frac{\mathcal{M}_B}{\mathcal{M}_A}}$$

5.15 van der Waals 식을 적용하여 극한 조건에서 기체의 압력과 부피 구하기:

$$\left(P + \frac{n^2a}{V^2}\right)(V - nb) = nRT$$

연습 문제 _Problems

노란색으로 표시한 문제들에 대해서는 그 답을 부록 E에 첨부하였다. 연습 문제에 표시된 절은 본문의 절과 같고, 관련 예제의 번호를 제시하였다. 대부분의 경우 개념 복습 문제, 스킬 숙달 문제(같은 개념을 다루는 두 문제씩 묶음) 및 실전 문제를 제시하였다.

물질의 물리적 상태에 대한 개관

개념 복습 문제

5.1 다음 각 상황에서 기체 시료는 액체 시료와 어떻게 다르게 거동하는가?
(a) 시료가 작은 용기에서 더 큰 용기로 옮겨진다.
(b) 팽창 가능한 용기 내에서 상 변화 없이 시료가 가열된다.
(c) 피스톤이 설치된 실린더에 넣은 시료에 외부의 힘이 가해진다.

5.2 기체에서 입자는 액체에서의 입자들보다 더 멀리 떨어져 있는가? 아니면 더 가까운가? 여러분의 답을 다음의 일반적인 관찰을 설명하는 데 사용하라.
(a) 기체는 액체보다 더 많이 압축할 수 있다.
(b) 기체는 액체보다 더 낮은 점성을 갖는다.
(c) 완전히 섞은 후 모든 기체 혼합물은 용액이다.
(d) 기체상 물질의 밀도는 액체상에서보다 낮다.

기체 압력과 측정

(예제 5.1)

개념 복습 문제

5.3 기압계는 어떻게 작동하는가? 기압계의 수은 기둥의 높이는 산꼭대기에서 더 짧은가? 아니면 해수면에서 더 짧은가? 그 이유를 설명하라.

5.4 밀리미터 수은(mmHg) 같은 길이의 단위가 어떻게 압력의 단위로 사용될 수 있는가? 참고로 압력의 단위는 단위 면적당 힘의

차원이다.

5.5 끝이 막힌 압력계에서 플라스크에 연결된 관의 수은 기둥의 높이는 다른 쪽 관의 수은 기둥의 높이보다 절대 높을 수 없지만, 끝이 열린 압력계에서는 더 높을 수 있다. 그 이유를 설명하라.

스킬 숙달 문제(유사한 문제들을 두 개씩 묶음)

5.6 서늘하고 비오는 어떤 날, 기압계의 압력이 730 mmHg이다. 이 기압계 압력을 센티미터 물(cmH_2O) 압력 단위로 환산하라(Hg의 d = 13.5 g/mL, H_2O의 d = 1.00g/mL).

5.7 한쪽이 막혀 있는 긴 유리관의 내부 직경이 10.0 mm이다. 관을 물로 채워서 물이 들어 있는 원통 안에 거꾸로 세운다. 대기압이 755 mmHg라면, 관의 물기둥은 얼마나 높을까(mmH_2O로)? (Hg의 d = 13.5 g/mL, H_2O의 d = 1.00 g/mL)

5.8 다음 단위를 변환하라.
(a) 0.745 atm을 mmHg로 (b) 992 torr를 bar로
(c) 365 kPa을 atm으로 (d) 804 mmHg를 kPa로

5.9 다음 단위를 변환하라.
(a) 76.8 cmHg를 atm으로 (b) 27.5 atm을 kPa로
(c) 6.50 atm을 bar로 (d) 0.937 kPa를 torr로

5.10 그림 P5.10에서 기압계로 측정한 압력이 738.5 torr라면 플라스크 내 기체의 압력(atm으로)은 얼마인가?

5.11 그림 P5.11에서 기압계로 측정한 압력이 765.2 mmHg라면 플라스크 내 기체의 압력(kPa로)은 얼마인가?

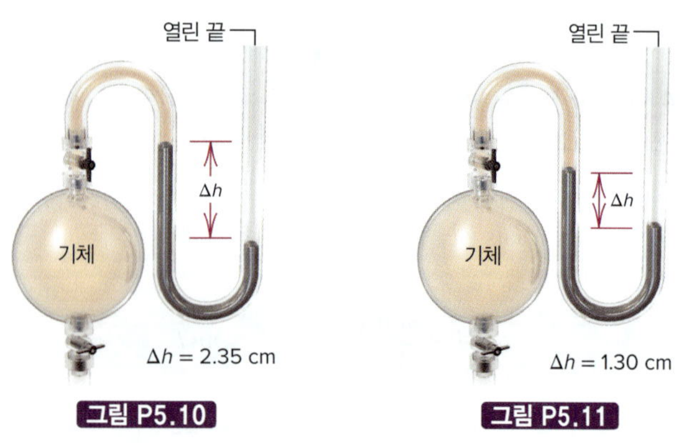

그림 P5.10 그림 P5.11

5.12 그림 P5.12에서 시료 플라스크가 공기에 열려 있다면, 대기압(atm으로)은 얼마인가?

5.13 그림 P5.13에서 플라스크의 기체의 압력(Pa로)은 얼마인가?

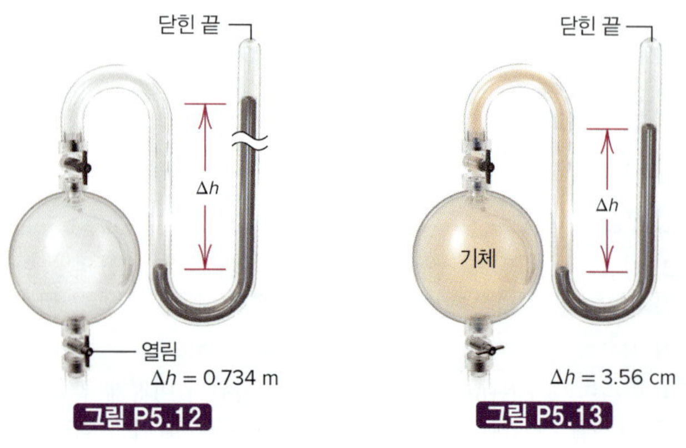

그림 P5.12 그림 P5.13

실전 문제

5.14 아래에 기술된 각 압력을 atm으로 환산하라.
(a) 에베레스트 산 정상에서 대기압은 겨우 2.75×10^2 mmHg이다.
(b) 자전거 선수가 바퀴의 압력을 86 psi로 채운다.
(c) 금성의 표면에서 대기압은 9.15×10^6 Pa이다.
(d) 해수면 아래 100 ft에서 스쿠버 다이버는 2.54×10^4 torr의 압력을 받는다.

5.15 물체가 받는 중력은 $F = mg$이며, 여기서 F는 Newton으로 표시된 힘, m은 킬로그램으로 표시된 질량, g는 중력에 의한 가속도 (9.81 m/s^2)이다.
(a) Pascal의 정의를 이용하여 바다 1 m^2 면적 위에 놓여진 대기의 무게(kg으로)를 계산하라.
(b) 오스뮴(osmium, Z = 76)은 8B(8)족 전이 금속이고 모든 원소들 중 밀도(22.6 g/mL)가 가장 높다. 오스뮴 기둥의 면적이 1 m^{2}이라면 대기압과 같은 압력이 되려면 얼마나 높아야 하는가? [(a)의 결과를 계산에 이용하라.]

기체 법칙과 실험적 근거

(예제 5.2~5.7)

개념 복습 문제

5.16 학생이 Boyle의 법칙에 관해 다음과 같이 말한다. "기체의 부피는 압력에 반비례한다." 이 문장이 불완전한 이유는 무엇인가? Boyle의 법칙에 대한 올바른 문장을 써라.

5.17 다음의 관계에서 어느 양이 변수이고, 어느 양이 상수인가?
(a) Charles의 법칙 (b) Avogadro의 법칙 (c) Amontons의 법칙

5.18 Boyle의 법칙은 기체의 부피와 압력의 관계이다. Avogadro의 법칙은 기체의 부피와 양(mol)의 관계이다. 기체의 압력과 양(mol)의 관계를 기술하라.

5.19 다음의 각 과정은 기체의 부피를 두 배로 만든다. 각 과정에 대해 나머지 변수가 어떻게 변하는지 설명하거나 그 변수 값이 일정하게 유지된다고 말하라.
(a) 고정된 P에서 T가 두 배가 된다.
(b) T와 n이 고정되어 있다.
(c) 고정된 T에서 반응은 $CD_2(g) \longrightarrow C(g) + D_2(g)$.
(d) 고정된 P에서 반응은 $A_2(g) + B_2(g) \longrightarrow 2AB(g)$.

스킬 숙달 문제(유사한 문제들을 두 개씩 묶음)

5.20 다음 변화들은 이상 기체 1 mol의 부피에 어떤 영향을 미치는가?
(a) 압력을 3배로 높인다(일정한 T에서).
(b) 절대 온도를 3.0배로 증가시킨다(일정한 P에서).
(c) 기체 3 mol을 첨가한다(일정한 P와 T에서).

5.21 다음 변화들은 이상 기체 1 mol의 부피에 어떤 영향을 미치는가?

(a) 압력이 760 torr에서 202 kPa로 변하고, 온도가 37°C에서 155 K로 변한다.
(b) 온도가 305 K에서 32°C로 변하고, 압력이 2 atm에서 101 kPa로 변한다.
(c) 압력이 1/4로 감소한다(온도는 일정).

5.22 다음 변화들은 이상 기체 1 mol의 부피에 어떤 영향을 미치는가?
(a) 온도가 800 K에 400 K로 감소한다(일정한 P에서).
(b) 온도가 250°C에서 500°C로 증가한다(일정한 P에서).
(c) 압력이 2 atm에서 6 atm으로 증가한다(일정한 T에서).

5.23 다음 변화들은 이상 기체 1 mol의 부피에 어떤 영향을 미치는가?
(a) 초기 압력은 722 torr이고, 최종 압력은 0.950 atm이다. 초기 온도는 32°F이고, 최종 온도는 273 K이다.
(b) 기체의 반이 새어 나간다(P와 T 상수에서).
(c) 압력과 온도 모두 초기 값의 4분의 1로 감소한다.

5.24 기상 풍선을 헬륨으로 채워 734 torr에서 부피가 1.61 L이다. 풍선을 띄워서 압력이 0.844 atm으로 감소하면 풍선의 부피는 얼마인가? 온도는 일정하게 유지된다고 가정하라.

5.25 메테인 시료를 25°C에서 10.0 L 용기에 725 atm 압력으로 넣는다. 그리고 나서 기체 시료를 25°C에서 7.50 L의 용기로 옮긴다. 두 번째 용기의 기체 압력은 얼마인가?

5.26 198°C에서 육플루오린화 황(SF_6) 시료가 9.10 L의 부피를 차지한다. 압력이 일정하게 유지된다고 가정하고, 부피를 2.50 L로 감소시키기 위해서는 온도(°C로)가 얼마가 되어야 하는가?

5.27 압력을 2.85 atm으로 유지하면서 건조한 공기 93 L 시료를 145°C에서 −22°C로 냉각시킨다. 최종 부피는 얼마인가?

5.28 177 atm의 압력과 25°C에서 기체 실린더를 아르곤으로 채운다. 불에 노출시켜 실린더와 내용물의 온도가 195°C가 되도록 가열하면 기체의 압력은 얼마인가?

5.29 30.0°C에서 자전거 타이어에 110 psi 압력으로 공기를 채운다. 어떤 온도에서 기체 압력이 105 psi로 감소할까? 타이어의 부피는 일정하게 유지된다고 가정한다.

5.30 헬륨 1.92 g을 채운 풍선의 부피가 12.5 L이다. 헬륨 0.850 g이 작은 구멍으로 새어나가면 풍선의 부피는 얼마인가? (압력과 온도는 일정하다고 가정한다.)

5.31 사람은 평균적으로 정상적인 호흡당 500 mL의 공기를 폐 속으로 흡입하는데, 이 양은 대략 1×10^{22} 분자에 해당한다. 호흡기 문제로 호흡당 350 mL의 공기만 흡입하는 사람이 들이마시는 공기 분자의 수를 계산하라. 압력과 온도는 상수라고 가정한다.

5.32 298 K, 153.3 kPa에서 프레온-12(CF_2Cl_2) 시료의 부피가 25.5L이다. STP에서 이 기체의 부피를 구하라.

5.33 일산화 탄소 시료가 298 K, 745 torr에서 3.65 L의 부피를 차지한다. −14°C, 367 torr에서 이 시료의 부피를 구하라.

5.34 328 torr, 37°C에서 5.0 L 용기에 들어 있는 염소 기체의 몰수는 얼마인가?

5.35 26°C에서 아르곤 1.47×10^{-3} mol이 75.0 mL 용기에 들어 있다면, 압력(torr로)은 얼마인가?

5.36 699 mmHg, 45°C에서 삼플루오린화 염소(ClF_3) 기체 357 mL가 있다. 시료의 질량(g으로)은 얼마인가?

5.37 일산화 이질소(N_2O) 시료 75.0 g을 3.1 L 용기에 담았다. 115°C에서 압력(atm으로)은 얼마인가?

실전 문제

5.38 시범 실험을 준비하면서, 교수는 이산화 황(SO_2) 1.5 L를 수업 전에 미리 교실로 가져와서 기체 온도가 실온에 도달하도록 한다. 압력계가 85 psi를 가리키고 교실의 온도가 23°C라면, 병 속에 이산화 황이 몇 mol 들어 있는가? (*힌트*: 병 속의 기체 압력이 14.7 psi일 때 압력계는 0을 가리킨다.)

5.39 부피가 65.0 L인 기체로 채운 기상 풍선을 해수면 높이의 조건인 745 torr, 25°C에서 띄운다. 풍선은 최대로 835 L 부피까지 부풀 수 있다. 온도가 −5°C이고 압력이 0.066 atm인 고도로 상승하면 최대 부피까지 팽창하겠는가?

이상 기체 법칙의 변형

(예제 5.8~5.13)

개념 복습 문제

5.40 왜 습한 공기가 건조한 공기보다 밀도가 낮은가?

5.41 비커에 들어 있는 공기를 대체하여 H_2 기체를 비커에 포집하려면, 비커를 똑바로 들어야 하는가 아니면 거꾸로 들어야 하는가? 이유는 무엇인가? CO_2 기체를 포집할 경우에는 비커를 어떻게 들어야 하는가?

5.42 공기와 같은 기체 혼합물을 일상적인 조건에서 이상 기체의 일반적인 성질을 연구하는 데 사용할 수 있는 이유는 무엇인가?

5.43 혼합물에서 기체 A의 부분 압력은 해당 기체의 몰분율과 어떻게 연관되는가? 설명하라.

5.44 오른쪽 모식도는 A(*보라색*), B(*검은색*), C(*초록색*), D_2(*주황색*), 네 기체의 혼합물의 일부를 나타낸 것이다. (a) 어느 기체가 가장 높은 부분 압력을 갖는가? (b) 어느 기체가 가장 낮은 부분 압력을 갖는가? (c) 만약 전체 압력이 0.75 atm이라면, D_2의 부분 압력은 얼마인가?

스킬 숙달 문제(유사한 문제들을 두 개씩 묶음)

5.45 STP에서 Xe 기체의 밀도는 얼마인가?

5.46 120°C, 1.5 atm에서 프레온-11($CFCl_3$)의 밀도를 구하라.

5.47 STP에서 0.0400 L를 차지하는 수소화 비소(AsH_3) 기체의 몰수는 얼마인가? 수소화 비소 기체의 밀도는 얼마인가?

5.48 어떤 비활성 기체의 밀도가 3.00 atm, 0°C에서 2.71 g/L이다. 이 기체의 종류를 밝혀라.

5.49 388 torr, 45°C에서 어떤 기체 206 ng이 0.206 μL를 차지할 때, 이 기체의 몰질량을 구하라.

5.50 63.8 mL 부피의 빈 유리 구를 22°C, 747 mmHg에서 어떤 기체로 채우면 구의 질량이 0.103 g만큼 증가한다. 이 기체는 N_2,

Ne, Ar 중 어느 것인가?

5.51 1.20 atm, 227°C의 Ar 0.600 L와 501 torr, 127°C의 O_2 0.200 L를 27°C의 400 mL 플라스크에서 혼합하면, 플라스크 내의 압력은 얼마인가?

5.52 35°C에서 355 mL 용기에 Ne 0.146 g과 미지 양의 Ar이 들어 있고, 혼합 기체의 전체 압력은 626 mmHg이다. 들어 있는 Ar의 몰수를 계산하라.

5.53 STP에서 O_2 35.5 L를 모두 반응시켜 십산화 사인(P_4O_{10})을 생성하려면 몇 g의 인(P_4)이 필요한가?

$$P_4(s) + 5O_2(g) \longrightarrow P_4O_{10}(s)$$

5.54 128°C, 725 torr에서 염화 포타슘과 O_2 638 mL가 생성되려면 몇 g의 염소산 포타슘이 분해되어야 하는가?

$$2KClO_3(s) \longrightarrow 2KCl(s) + 3O_2(g)$$

5.55 STP에서 인 37.5 g과 수소 기체 83.0 L가 반응하면 몇 g의 포스핀(PH_3)이 생성되는가?

$$P_4(s) + H_2(g) \longrightarrow PH_3(g) \qquad \text{[불균형 반응식]}$$

5.56 STP에서 암모니아 35.6 L와 산소 기체 40.5 L가 타면 일산화 질소와 물이 생성된다. 생성물이 STP 상태로 돌아오면, 몇 그램의 일산화 질소가 존재하는가?

$$NH_3(g) + O_2(g) \longrightarrow NO(g) + H_2O(l) \qquad \text{[불균형 반응식]}$$

5.57 알루미늄이 과량의 염산과 반응하여 염화 알루미늄 수용액과 27°C, 751 mmHg에서 수상 포집한 H_2 35.8 mL를 생성한다. 알루미늄 몇 g이 반응하는가?

5.58 리튬 0.84 g이 물과 반응하면, 18°C, 725 mmHg에서 몇 리터의 수소가 수상 포집될까? 이 반응을 통해 수산화 리튬 수용액도 생성된다.

실전 문제

5.59 744 torr에서 열기구의 공기가 17°C에서 50°C로 가열된다. 기체의 양(mol)과 압력이 일정하게 유지된다고 가정하면, 각 온도에서 공기의 밀도는 얼마인가? (공기의 평균 몰질량은 28.8 g/mol이다.)

5.60 Utah 주에서 어떤 겨울 날의 평균 대기압이 650 torr이다. 온도가 −25°C라면, 공기의 몰 밀도(mol/L로)는 얼마인가?

5.61 탄소 원자 5개를 가진 분자로 이루어진 액체 탄화수소 시료가 든 0.204 L의 플라스크를 101°C의 수조에 담그자 시료가 그 안에서 기화된다. 대기압은 767 torr이고, 생성된 기체의 질량은 0.482 g이다. 이 탄화수소의 분자식은 무엇인가?

5.62 어떤 공기 시료는 부피 기준으로 질소 78.08%, 산소 20.94%, 이산화 탄소 0.05%, 아르곤 0.93%를 포함한다. 25°C, 1.00 atm에서 시료 1.00 L에는 각 기체가 몇 분자씩 들어 있는가?

5.63 석탄을 태우는 공장으로부터 배출되는 공업용 배기 가스를 추출하여 검사하는 한 환경 화학자가 CO_2-SO_2-H_2O 혼합물을 45°C에서 압력이 850. torr가 될 때까지 21 L의 강철통에 포집한다.
(a) 포집된 기체의 몰수는 얼마인가?
(b) 만일 혼합물 내의 SO_2 농도가 7.95×10^3 ppmv(part per million by volume, 부피 기준으로 백만분의 1)이라면 SO_2의 부분 압력은 얼마인가? [*힌트*: ppmv = (성분의 부피/혼합물의 부피)$\times10^6$]

5.64 "어디에 그어도 켜지는(strike anywhere)" 성냥은 삼황화 사인(P_4S_3) 화합물을 포함하고 있다. 이 화합물을 태우면 십산화 사인(P_4O_{10})과 이산화 황(SO_2) 기체가 생성된다. 삼황화 사인(P_4S_3) 0.800 g을 태우면 생성되는 이산화 황의 부피는 725 torr, 32°C에서 몇 mL인가?

5.65 프레온-12(CF_2Cl_2)는 냉매와 분무기 분사체로 널리 쓰이는 위험한 대기 오염 물질이다. 프레온-12는 대류권에서 CO_2보다 25배 더 높은 효율로 열을 가두고, 성층권에서는 오존의 파괴에 관여한다. 프레온-12는 공업적으로 기체 사염화 탄소와 플루오린화 수소의 반응으로 생산되고, 이 반응을 통해 염화 수소 기체도 생성된다. 27°C, 1.20 atm에서 프레온-12 16.0 dm^3를 생산하려면 사염화 탄소가 몇 g이 필요한가?

5.66 육플루오린화 제논(XeF_6)은 처음으로 합성된 비활성 기체 화합물 중 하나이다. 이 고체는 유리 또는 석영 용기 내에서 이산화 실리콘(SiO_2)과 빠르게 반응하여 액체상의 $XeOF_4$와 기체상의 사플루오린화 실리콘(SiF_4)을 생성한다. 25°C의 1.00 L 용기에서 육플루오린화 제논 2.00 g이 반응한 후 용기 내의 압력은 얼마인가? (사플루오린화 실리콘이 용기 내에 존재하는 유일한 기체이고 용기의 전체 부피를 차지한다고 가정하라.)

5.67 아래에 있는 네 개의 피스톤-실린더 장치에서, 왼쪽 실린더의 반응물이 일정한 T와 P에서 반응한다.

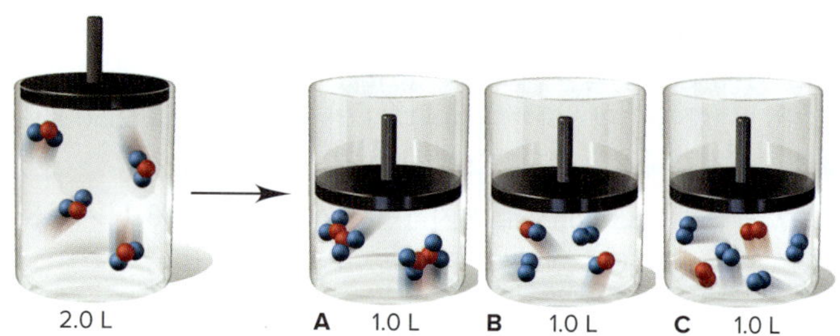

다른 세 가지 그림 중 어느 것이 반응의 생성물을 가장 잘 표현하는가?

5.68 방연석[황화 납(II)]을 가열하는 것은 납을 분리하는 공업적 과정의 한 단계이다. 방연석 3.75 kg을 220°C, 2.0 atm에서 산소 228 L와 반응시키면 생성되는 이산화 황의 부피는 STP에서 측정하면 몇 리터인가? 이 반응을 통해 산화 납(II)도 생성된다.

5.69 Lavoisier는 연소의 본질에 대한 가장 중요한 연구에서 산화 수은(II)을 가열하여 원소 수은과 산소 기체를 분리하였다. 산화 수은(II) 40.0 g을 502 mL 용기에서 가열하여 20.0%(질량 기준)가 분해된다면, 25.0°C에서 생성되는 산소의 압력(atm으로)은 얼마인가? (기체는 전체 부피를 차지한다고 가정하라.)

분자 운동론: 기체의 거동을 설명하는 모형

(예제 5.14)

개념 복습 문제

5.70 분자 운동론을 이용하여 기체 시료를 가열하면 일어나는 기체 압력의 변화를 설명하라.

5.71 STP에서 크립톤 1 mol과 헬륨 1 mol의 부피가 같은 이유를 분자 운동론으로 어떻게 설명하는가?

5.72 한 기체의 분출 속도가 확산 속도보다 빠른가, 느린가, 같은

가? 그 이유를 설명하라. 대략 같은 크기의 분자로 이루어진 두 가지 기체의 분출 속도의 비가 확산 속도의 비보다 큰가, 작은가, 같은가? 그 이유를 설명하라.

5.73 두 개의 1 L 기체 시료가 있다. 하나는 H_2이고 다른 하나는 O_2이다. 둘 다 1 atm, 25°C 조건에 있다. 다음 각 물리적 양을 기준으로 두 시료를 비교하라. (a) 질량 (b) 밀도 (c) 평균 자유 행로 (d) 평균 분자 운동 에너지 (e) 평균 분자 속력 (f) 일정 양의 분자가 분출하는 데 걸리는 시간.

5.74 압력계와 작은 밸브가 달려 있는 세 개의 5 L 플라스크에 각각 273 K의 기체 4 g이 들어 있다. 플라스크 A에는 H_2, 플라스크 B에는 He, 플라스크 C에는 CH_4가 들어 있다. 다음 각 물리적 양을 기준으로 세 플라스크의 내용물을 비교하여 순서대로 나열하라. (a) 압력 (b) 평균 분자 운동 에너지 (c) 밸브를 열었을 때의 확산 속도 (d) 분자의 총 운동 에너지 (e) 밀도 (f) 충돌 빈도.

스킬 숙달 문제(유사한 문제들을 두 개씩 묶음)

5.75 가장 가벼운 기체인 H_2와 가장 무거운 기체로 알려진 UF_6의 분출 속도 비는 얼마인가?

5.76 O_2와 Kr의 분출 속도 비는 얼마인가?

5.77 아래 그래프는 같은 온도에서 아르곤과 헬륨의 분자 속력 분포를 보여준다.

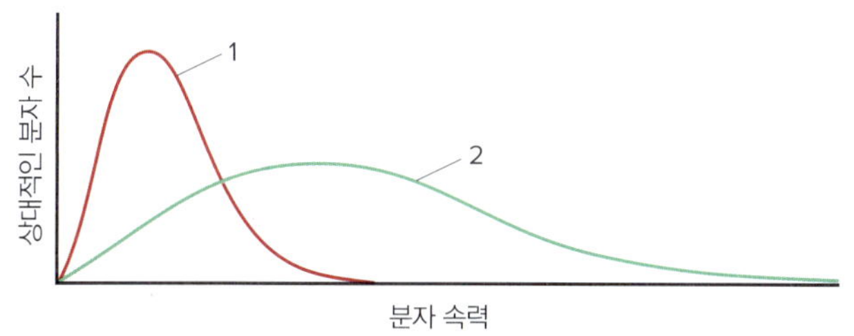

(a) 곡선 1과 곡선 2 중 아르곤의 거동을 더 잘 나타내는 것은?
(b) 어느 곡선이 더 느리게 분출하는 기체를 나타내는가?
(c) 어느 곡선이 플루오린 기체의 거동을 더 비슷하게 나타내는가? 그 이유를 설명하라.

5.78 아래 그래프는 서로 다른 두 온도에서 한 기체의 분자 속력 분포를 보여준다.

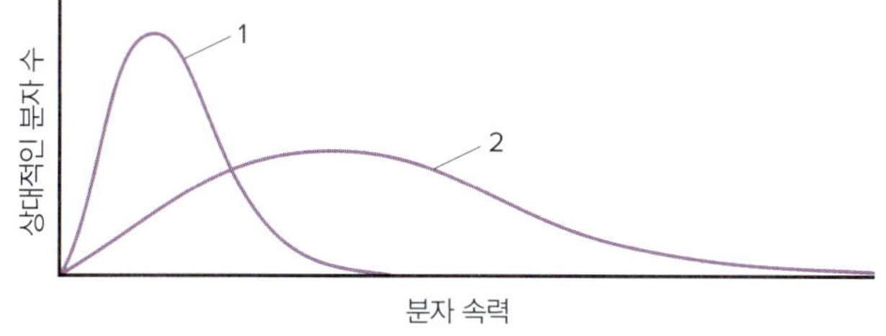

(a) 곡선 1과 곡선 2 중 낮은 온도에서의 기체의 거동을 더 잘 나타내는 것은?
(b) 어느 곡선이 더 큰 $\overline{E}_k$를 갖는 기체를 나타내는가?
(c) 어느 곡선이 더 높은 확산 속도에 해당하는가?

5.79 일정한 압력과 온도에서 He 시료 1.5 L가 막을 통해 분출되는 데 4.85분 걸린다. 같은 조건에서 F_2 1.5 L가 분출되는 데 걸리는 시간은 얼마인가?

5.80 미지의 기체 시료가 11.1분 만에 분출된다. 같은 조건 하의 같은 장치에서 같은 부피의 H_2는 2.42분 만에 분출된다. 미지의 기체의 분자량은 얼마인가?

실전 문제

5.81 백린(white phosphorus)은 높은 온도에서 녹은 후 증발한다. 같은 조건 하의 같은 장치에서 백린 기체는 네온의 분출 속도의 0.404배의 속도로 분출된다. 기체상 백린의 분자 한 개는 몇 개의 원자로 이루어져 있는가?

5.82 헬륨(He)은 공기 중 가장 가벼운 비활성 기체 성분이고, 제논(Xe)은 가장 무거운 비활성 기체 성분이다. [이 문제에서 $R = 8.314$ J/(mol·K)를 사용하고 $\mathscr{M}$을 kg/mol 단위로 나타내라.]
(a) 겨울(0°C)과 여름(30°C)의 He의 rms 속력을 구하라.
(b) 30°C에서 He과 Xe의 rms 속력을 비교하라.
(c) 30°C에서 He과 Xe의 mol당 평균 운동 에너지를 구하라.
(d) 30°C에서 He의 분자당 평균 운동 에너지를 구하라.

5.83 기체상 이플루오린화 이황, 사플루오린화 이질소, 사플루오린화 황의 혼합물을 분출 장치에 넣는다
(a) 분출 속도가 증가하는 순으로 기체 성분들을 나열하라.
(b) 이플루오린화 이황과 사플루오린화 이질소의 분출 속도의 비를 구하라.
(c) 기체 X를 첨가하면 그 기체가 사플루오린화 황의 분출 속도의 0.935배의 속도로 분출한다면, X의 몰질량을 구하라.

5.84 자연 산출되는 우라늄 광석은 질량 기준으로 핵분열성 ^{235}U 0.7%와 비분열성 ^{238}U 99.3%로 이루어져 있다. 우라늄을 원자로의 연료로 사용하려면 ^{235}U의 양이 ^{238}U의 양 대비 증가해야 한다. 우라늄 광석을 플루오린으로 처리하면 $^{235}UF_6$와 $^{238}UF_6$의 기체 혼합물이 생성되고, 이 혼합 기체를 다공성 장벽들로 분리된 일련의 용기들로 주입한다. 가벼운 $^{235}UF_6$ 분자($\mathscr{M}$ = 349.03 g/mol)는 무거운 $^{238}UF_6$ 분자($\mathscr{M}$ = 352.04 g/mol)보다 더 빠르게 차단제 장벽들을 통과하여 분출되고, 이렇게 얻어진 최종 기체 혼합물에는 $^{235}UF_6$이 질량 기준으로 3~5% 들어 있다. 2008년에 전 세계 농축 우라늄의 33%가 이 공정으로 생산되었지만, 지금은 비용이 덜 드는 원심분리 공정으로 대체되었다. $^{235}UF_6$와 $^{238}UF_6$의 분출 속도의 비를 계산하라.

실제 기체: 이상적 거동으로부터 벗어남

스킬 숙달 문제(유사한 문제들을 두 개씩 묶음)

5.85 분자간 인력 때문에 실제 기체의 PV/RT 비가 이상 기체의 PV/RT 비보다 작아지는가 아니면 커지는가? 표 5.3의 자료를 사용하여 Kr, CO_2, N_2를 이상적 거동으로부터 벗어나는 정도가 증가하는 순으로 나열하라.

5.86 입자 부피 때문에 실제 기체의 PV/RT 비가 이상 기체의 PV/RT 비보다 작아지는가 아니면 커지는가? 표 5.3의 자료를 사용하여 Cl_2, H_2, O_2를 이상적 거동으로부터 벗어나는 정도가 증가하는 순으로 나열하라.

5.87 N_2는 1 atm과 500 atm 중 어느 압력에서 더 이상적으로 거동하는가? 그 이유를 설명하라.

5.88 SF_6(1 atm에서의 끓는점 = 16°C)는 150°C와 20°C 중 어느 온도에서 더 이상적으로 거동하는가? 그 이유를 설명하라.

제6장 열화학: 화학적 변화와 에너지 흐름

Thermochemistry: Energy Flow and Chemical Change

Source: ©Philip Coblentz/Brand X Pictures/age fotostock

관련 개념과 스킬 _Concepts and Skills to Review Before You Study This Chapter

» 에너지와 상호 전환(1.1절)
» 열과 온도의 차이(1.3절)
» 화학 결합의 성질(2.7절)
» 반응의 화학량론적 계산(3.4절)
» 기체 상태의 성질(5.1절)
» 운동 에너지와 온도 사이의 관계(5.5절)

미국에는 아직도 증기 기관차를 타 볼 수 있는 곳이 있다. 연기를 뒤로 내뿜으며 기차를 철길 위로 달리게 만드는 과정에는 화학적 변화와 물리적 변화가 모두 관여한다. 화학적 변화를 통해 고에너지의 석탄과 산소 기체가 반응하여 저에너지의 생성물을 만들면서 에너지는 열로 *방출*된다. 기차 보일러에 들어 있는 물은 화학적 변화 때문에 방출된 열에너지를 *흡수*하여 고에너지의 수증기로 증발한다. 이 수증기가 엔진의 피스톤을 밀면 그 힘으로 바퀴가 돌아가면서 기차가 출발한다! 즉, 초기 물질이 함유한 에너지가 열과 일로 전환된 것이다.

이런 물질과 에너지의 상호 작용은 대단히 중요하고 우리 사회에 지대한 영향을 준다. 일상생활에서 많은 친숙한 물질들이 에너지를 방출하고 흡수하고 또 흐름을 바꾼다. 천연가스와 기름 같은 연료는 에너지를 방출하여 집을 따뜻하게 하고 자동차를 움직이게 한다. 비료는 곡물을 도와서 태양 에너지를 음식물로 바뀌게 한다. 금속선은 전기 에너지의 흐름을 증가시키고 겨울 옷의 고분자 섬유는 우리 몸에서 열 에너지가 밖으로 빠져 나가는 속도를 느리게 한다.

열역학(thermodynamics)은 에너지와 그 전환에 대한 연구이다. 이 책의 세 개 장에서 이 중심 주제를 논의한다. 여기서는 화학적 및 물리적 변화에 수반되는 열을 취급하는 열역학의 한 부분인 **열화학**(thermochemistry)에 초점을 맞춘다. 20장에서는 반응이 *왜* 일어나는지를 알아보고, 21장에서는 그러한 지식을 전기 에너지에 적용할 것이다.

이 장에서는... *물질이 변할 때 열 또는 열 에너지가 어떻게 흘러가는지, 주어진 변화에서 열의 양을 어떻게 측정하는지, 그리고 반응에 수반된 열 흐름의 방향과 크기를 어떻게 결정하는지를 알아볼 것이다.*

- 에너지는 계와 주위 사이를 항상 열 또는 일의 형태로 흐르며, 전체 에너지가 보존된다는 것을 이해한다.
- 에너지 단위에 대해 논의할 것이고 전체 에너지 변화는 반응이 어떻게 일어나는지와는 무관하다는 사실을 보여준다.
- 열린 용기 내에서 일어나는 반응열을 엔탈피의 변화로써 확인한다. 엔탈피 변화는 음(발열 반응)이거나 아니면 양(흡열 반응)이다.
- 열량계로 어떻게 열을 측정하고, 반응에서 열의 양이 어떻게 물질의 양에 비례하는가를 기술한다.
- 표준 조건을 정의하여 여러 반응의 엔탈피를 비교해 보고, 반응에 대한 엔탈피 변화를 구하는 방법을 알아본다.
- 현재와 미래의 에너지 자원에 대해 논의하고, 에너지 수요와 기후 변화 사이의 중요한 관계를 설명한다.

6.1 에너지의 형태와 상호 전환

1장에서 모든 에너지는 퍼텐셜 에너지이거나 운동 에너지이며 이들 형태는 상호 전환이 가능하다는 것을 배웠다. 물체는 그들의 위치에 따라 퍼텐셜 에너지를 갖고 또 움직임에 따라 운동 에너지를 가진다. 땅 위로 끌어올린 추를 생각하면서 이들 개념을 재조명 해 보자. 우리의 근육 또는 모터가 추를 끌어올리면 퍼텐셜 에너지는 증가한다. 추가 떨어질 때 이 에너지는 운동 에너지로 변한다(그림 1.3 참조). 추가 땅에 떨어질 때 운동 에너지의 일부는 *일*을 하여 흙과 자갈을 조금 움직이게 하고 일부는 *열*로 변하여 이를 약간 따뜻하게 한다. 따라서 이 경우, *퍼텐셜 에너지는 운동 에너지로 변하면서 일과 열로 나타난다.*

태양, 전기, 핵 및 화학 에너지 같은 여러 형태의 에너지는 원자 수준의 퍼텐셜 에너지와 운동 에너지의 예들이다. 어떤 형태, 어떤 경우이던 *에너지가 한 물체에서 다른 물체로 전달될 때는 일 또는 열로 나타난다.* 이 절에서는 화학적 또는 물리적 변화가 일어나는 동안 에너지가 방출되고 흡수되는 관점에서 이 개념을 살펴볼 것이다.

그림 6.1 화학적 계와 그 주위.
Source: Stephen Frisch/McGraw-Hill Education

계와 주위의 정의

에너지 변화의 측정을 포함한 모든 열역학 연구의 첫 단계는 **계**(system)를 정의하는 것이다. 계는 우리가 초점을 맞추는 우주의 일부이다. 계가 정의되는 순간 계 이외의 모든 것은 **주위**(surroundings)가 된다.

그림 6.1은 전형적인 화학적 계, 즉 물리적 또는 화학적 변화가 일어나는 플라스크의 내용물을 보여준다. 플라스크 그 자체, 플라스크 주변 공기, 다른 장비 등 실험실의 나머지 모든 것이 주위이다. 이론적으로는 나머지 우주가 주위이지만 현실적으로는 계와 관련이 있는 부분만을 주위로 간주한다. 중앙아시아의 폭풍이나 해왕성의 메테인 폭풍이 플라스크 내의 내용물에 영향을 주지는 못하지만, 실험실의 온도와 압력은 영향을 줄 것이다. 따라서 실험자는 계와 적절한 주위를 정의한다. 천문학자는 은하를 계로 정의하고 그 은하 주변을 주위로 정의한다. 미생물학자는 주어진 세포를 계로, 이웃 세포와 세포 밖 액체를 주위로 정의한다.

에너지 변화(ΔE): 계로의 또는 계로부터의 에너지 이동

계에 있는 각 입자는 퍼텐셜 에너지와 운동 에너지를 가지고 있는데, 모든 입자에 대한 이들 에너지의 합이 계의 **내부 에너지**[internal energy, E(어떤 책에는 U라 쓰기도 함)]이다. 화학계에 있는 반응물이 생성물로 변할 때 계의 내부 에너지도 변한다. 이 변화, ΔE는 변화 *후* 내부 에너지($E_{최종}$)와 변화 *전* 내부 에너지($E_{초기}$)의 차이이다. 여기서 Δ(그리스 문자 *델타*)는 "변화(차이)"를 의미하고 *최종 상태에서 초기 상태를* ***뺀*** *것*을 의미한다. 따라서 ΔE는 계의 최종 에너지에서 초기 에너지를 **뺀** 것이다.

$$\Delta E = E_{최종} - E_{초기} = E_{생성물} - E_{반응물} \quad (6.1)$$

우주는 계와 주위로 이루어져 있으므로 *계의 에너지 변화는* ***같은 크기****이면서* ***반대 방향****인 주위의 에너지 변화를 수반한다.* *에너지 도표*에서 최종 상태와 초기 상태는 수직 에너지 축에 대해 수평선으로 나타내고, ΔE는 수평선 사이의 높이 차이이다. 계의 내부 에너지는 두 가지 중 한 가지 방법으로 변한다.

- 에너지를 방출하여 *주위로* 전달(그림 6.2A):

$$E_{최종} < E_{초기} \quad 따라서 \quad \Delta E = E_{최종} - E_{초기} < 0$$

- *주위로부터* 전달된 에너지를 흡수(그림 6.2B):

$$E_{최종} > E_{초기} \quad 따라서 \quad \Delta E = E_{최종} - E_{초기} > 0$$

따라서 ΔE는 계로부터 주위로 *이동*되는 또는 그 반대로 *이동*되는 에너지이다.

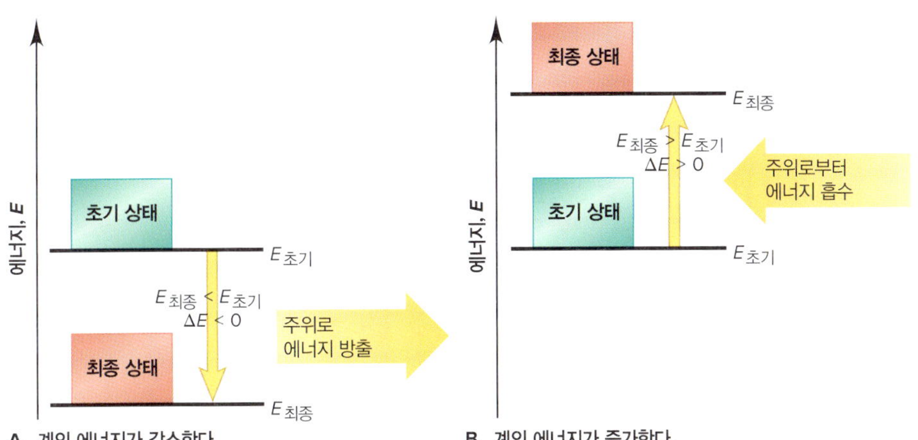

그림 6.2 **두 계와 주위 사이의 내부 에너지(E)의 이동을 보여주는 에너지 도표.** A. 계가 에너지를 방출하면 $\Delta E(E_{최종} - E_{초기})$는 음수이다. B. 계가 에너지를 흡수하면 $\Delta E(E_{최종} - E_{초기})$는 양수이다. (노란색 수직 화살표의 꼬리는 항상 초기 상태에 있다.)

열과 일: 에너지 이동의 두 가지 형태

계로부터 주위로 또는 주위로부터 계로 이동되는 에너지는 두 가지 형태로 나타난다.

1. *열*. **열**(heat) 또는 *열 에너지*(thermal energy, q로 표기)는 계와 주위 사이의 온도 차이로 이동한 에너지이다. 예를 들면, 에너지는 열의 형태로 뜨거운 커피(계)*로부터* 머그컵, 손, 그리고 공기(주위)로 이동되는데, 이들이 커피보다 온도가 낮기 때문이다. 한편 뜨거운 난로(주위)*로부터* 얼음 덩어리(계)로 열이 전달되는데, 이는 얼음의 온도가 더 낮기 때문이다.

2. *일*. 다른 모든 형태의 에너지 전달은 힘을 가해 물체를 움직일 때 이동되는 에너지인 **일**(work, w)의 형태를 포함하고 있다. 여러분(계)이 축구공을 찰 때, 걷어차는 힘이 공과 공기(주위)를 움직이게 하기 때문에 에너지는 일로써 전달된 것이다. 공에 펌프로 공기를 불어넣을 때, 첨가된 공기(계)가 공(주위)의 안쪽 벽을 힘으로 밀어서 밖으로 부풀어 오르게 하기 때문에 에너지가 일로 전달된 것이다.

계의 전체 내부 에너지 변화는 열과 일로써 전달된 에너지의 합이다.

$$\Delta E = q + w \tag{6.2}$$

q와 w의 값(따라서 ΔE의 값)은 양이거나 또는 음이다. *에너지 변화의 부호는* ***계의*** *관점에서 정의한다.*

- 계로 이동한 에너지는 *양수*인데, 계가 *더 많은 에너지*를 가지게 되기 때문이다.
- 계로부터 이동된 에너지는 *음수*인데, *계가 더 적은 에너지*를 가지게 되기 때문이다.

수많은 열과 일의 조합으로 계의 내부 에너지는 변할 수 있다. 이 절의 나머지 부분에서는 네 가지 간단한 경우(열만 관여하는 두 경우와 일만 관여하는 두 경우)를 살펴본다.

열로만 전달되는 에너지 에너지를 열(q)로만 전달하고 일을 하지 않는($w = 0$) 계에 대해서는 식 (6.2)로부터 $\Delta E = q + 0 = q$이다. 이러한 이동이 일어나는 경우는 두 가지가 있다.

1. *계로부터 흘러* ***나가는*** *열*(그림 6.3A). 뜨거운 물이 계이고, 이 물을 담고 있는 비커와 나머지 실험실이 주위라고 생각하자. 물은 자신의 온도가 주위의 온도와 같아질 때까지 열로 에너지를 외부로 내보낸다. 열이 계 *밖으로* 흘러 나가기 때문에 계의 최종 에너지는 초기 에너지보다 적다.

계가 열로 에너지를 *방출* ⟶ q는 음 ⟶ $E_{최종} < E_{초기}$ ⟶ ΔE는 음

그림 6.3 **에너지가 열로만 전달되는 두 가지 경우.** A. 계가 열을 방출한다. B. 계가 열을 흡수한다.

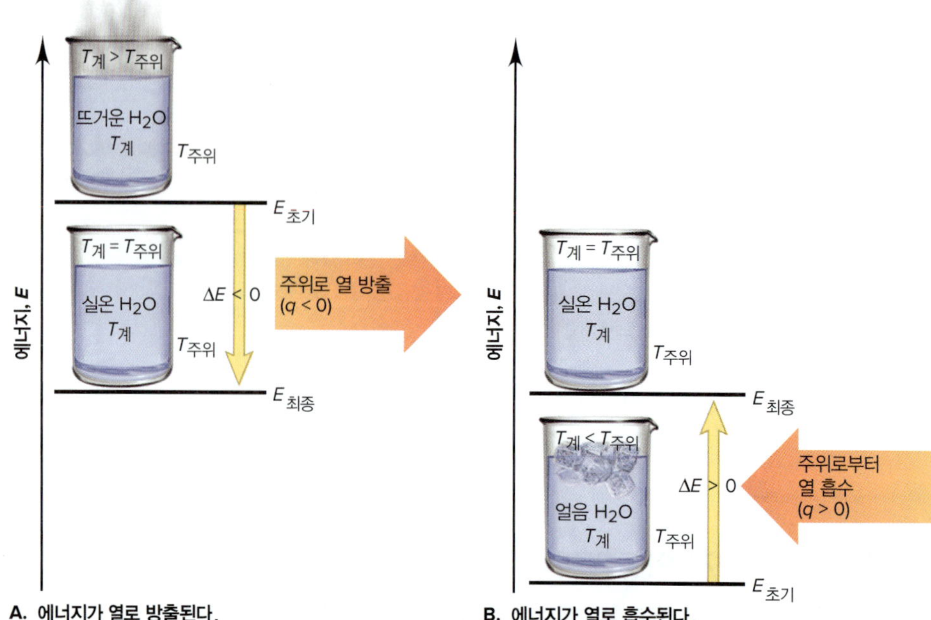

부엌에서의 열역학

두 가지 친숙한 주방 가전의 역할을 생각해 보면 q의 부호가 명확해진다. 냉장고 내부의 공기(주위)는 새로 저장된 음식(계)보다 온도가 낮기 때문에, 음식이 열로 에너지를 공기로 방출한다($q < 0$). 뜨거운 오븐 내부의 공기(주위)는 집어넣은 음식(계)보다 온도가 높기 때문에, 음식은 열로 공기로부터 에너지를 흡수한다($q > 0$).

2. *계로 흘러 들어오는 열*(그림 6.3B). 계가 얼음과 물로 이루어져 있으면, 주위는 에너지를 열로 계 안으로 흘러 들어가게 한다. 위에서와 마찬가지로 얼음이 녹아서 물의 온도가 주위의 온도와 같아질 때까지 에너지가 전달된다. 이 경우 열이 흘러 들어오기 때문에 계의 최종 에너지는 초기 에너지보다 높다. ‹

$$\text{계가 열로 에너지를 흡수} \longrightarrow q\text{는 양} \longrightarrow E_{최종} > E_{초기} \longrightarrow \Delta E\text{는 양}$$

일로만 전달되는 에너지 일로만 에너지를 전달하는 계에서 $q = 0$이다. 따라서 $\Delta E = 0 + w = w$이다. 에너지가 일로만 전달되는 방법은 두 가지가 있다.

1. *계가 주위에 수행한 일*(그림 6.4A). 수소 기체를 생성하는 아연과 염산의 수용액 반응을 생각해보자.

$$Zn(s) + 2HCl(aq) \longrightarrow ZnCl_2(aq) + H_2(g)$$

이 반응은 피스톤-실린더 장치에 연결된 거의 진공(좁은 $P_{계}$ 화살표)이면서 단열된 용기 안에서 일어난다. (단열 용기이므로 열 흐름은 없다.) 반응 혼합물을 계로, 용기, 피스톤-실린더, 외부 공기 등을 주위로 정의한다. 초기 상태에서 내부 에너지는 반응물의 에너지이고, 이 반응을 통해 수소 기체(보라색)가 생성되고 팽창하면서 피스톤을 밀어낸다. 따라서 계가 주위에 수행한 일을 통해 에너지가 전달된다.

그림 6.4 **일로만 에너지가 전달되는 두 가지 경우.** A. 계가 주위에 일을 한다. B. 주위가 계에 일을 한다.

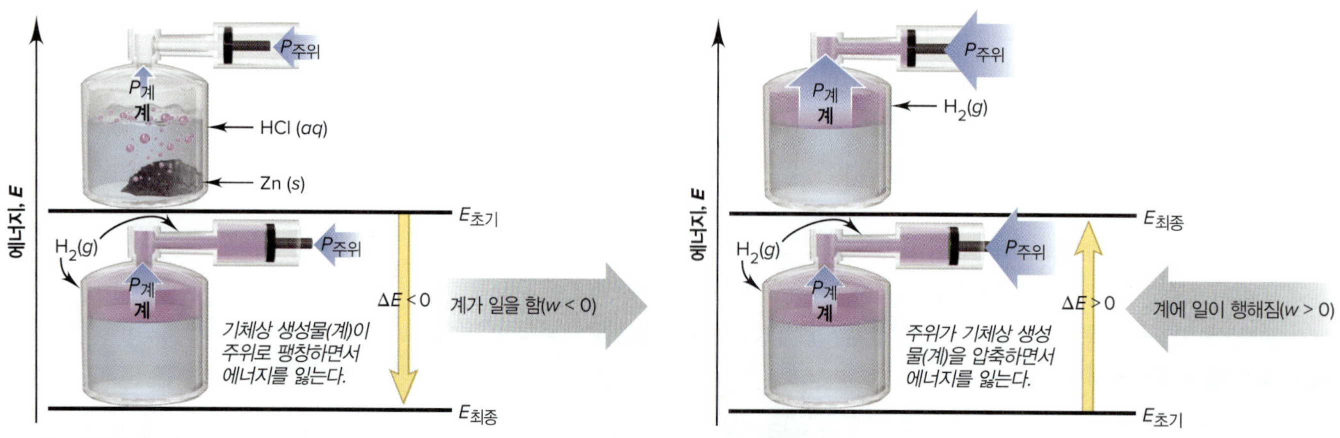

표 6.1 | q, w, ΔE의 부호*

q	+	w	=	ΔE
+ (열 흡수)		+ (계에 수행된 일)		+ (에너지 흡수)
+ (열 흡수)		− (계가 수행한 일)		q와 w의 *크기*에 따라 다름
− (열 방출)		+ (계에 수행된 일)		q와 w의 *크기*에 따라 다름
− (열 방출)		− (계가 수행한 일)		− (에너지 방출)

*계의 관점에서.

계가 수행한 일로 에너지 *방출* ⟶ w는 *음* ⟶ $E_{최종} < E_{초기}$ ⟶ ΔE는 *음*

(위 반응에서는 계가 수행한 일이 그저 피스톤과 바깥쪽 공기를 밀어내는 데 사용될 뿐이라서 그다지 유용하지 않다. 하지만 만약 반응 혼합물이 휘발유와 산소이고 주위가 자동차의 엔진이라면, 내부 에너지의 많은 부분이 차를 움직이는 일로 전달된다.)

2. *계에 행해진 일*(그림 6.4B). 반응이 끝난 후, 주위의 압력을 증가시켜(넓은 $P_{주위}$ 화살표) 피스톤을 밀어 넣는다고 생각해 보자. 수소 기체는 압축되어 부피가 작아진다. 즉, 주위에 의해 계에 수행된 일을 통해 에너지가 전달된다.

계에 수행된 일로 계가 에너지를 *흡수* ⟶ w는 *양* ⟶ $E_{최종} > E_{초기}$ ⟶ ΔE는 *양*

표 6.1에 q와 w의 부호 관례와 ΔE의 부호에 대한 영향을 요약하였다. 열과 일, 모두를 통해(즉, q나 w 중 어느 것도 0이 아님) 에너지를 전달하는 계에서 ΔE의 부호는 q와 w의 크기와 부호에 의해 결정된다는 점을 주목하자.

에너지 보존 법칙

앞에서 보았듯이 계가 에너지를 흡수할 때 주위는 에너지를 방출하고, 계가 에너지를 방출할 때 주위는 에너지를 흡수한다. 계와 주위 사이에서 이동되는 에너지는 열이나 여러 유형의 일, 즉 기계적, 전기, 빛, 화학 에너지 등 다양한 형태를 갖는다.

실제로 에너지가 한 형태에서 다른 형태로 전환되는 것을 종종 볼 수 있다. 예를 들면, 휘발유가 자동차 엔진 내에서 연소할 때 연소 반응은 에너지를 방출하여 열과 일로 전달한다. 열은 자동차 부품, 자동차 내부, 그리고 주위 공기를 따뜻하게 한다. 역학적 에너지가 자동차 바퀴와 벨트를 돌릴 때 일이 수행된다. 기계적 에너지는 자동차 오디오 시스템의 전기적 에너지로, 전조등의 빛 에너지로, 건전지의 화학적 에너지 등으로 변한다. 휘발유가 연소되고 배기가스가 생성되는 과정에서, 이 모든 형태의 에너지를 합한 것은 반응물과 생성물 사이의 에너지 변화와 같다.

복잡한 생물학적 과정도 마찬가지로 일반적인 에너지 전환 방식을 따라 일어난다. 광합성을 통해 녹색식물은 태양 에너지를 사용하여 CO_2와 H_2O의 화학적 결합 에너지를 녹말과 O_2의 결합 에너지로 전환시킨다. 녹말을 소화시킬 때 화합물 내의 결합 에너지는 마라톤이나 다른 어떤 활동을 할 때 필요한 근육(역학적) 에너지로 전환된다.

이 경우를 비롯한 다른 모든 경우에서 알아야 할 가장 중요한 점은 에너지의 형태는 바뀌지만 생기거나 사라질 수 없다는 것, 즉 에너지는 창조되거나 소멸될 수 없다는 것이다. 이를 달리 표현하면 *에너지는 보존되고, 계의 에너지와 주위 에너지의 총합은 일정하게 유지된다*는 것이다. 이 관찰을 정리하면 다음과 같다.

- **에너지 보존의 법칙**(law of conservation of energy), 또는 **열역학 제1법칙**(first law of thermodynamics): 우주의 전체 에너지는 일정하다. 수학적으로 표현하면

$$\Delta E_{우주} = \Delta E_{계} + \Delta E_{주위} = 0 \quad (6.3)$$

이 법칙은 우리가 알고 있는 한, 성냥이 타는 것에서부터 대륙이 이동하는 것까지, 또 심장 박동에서부터 태양계의 형성까지의 모든 계에 적용된다.

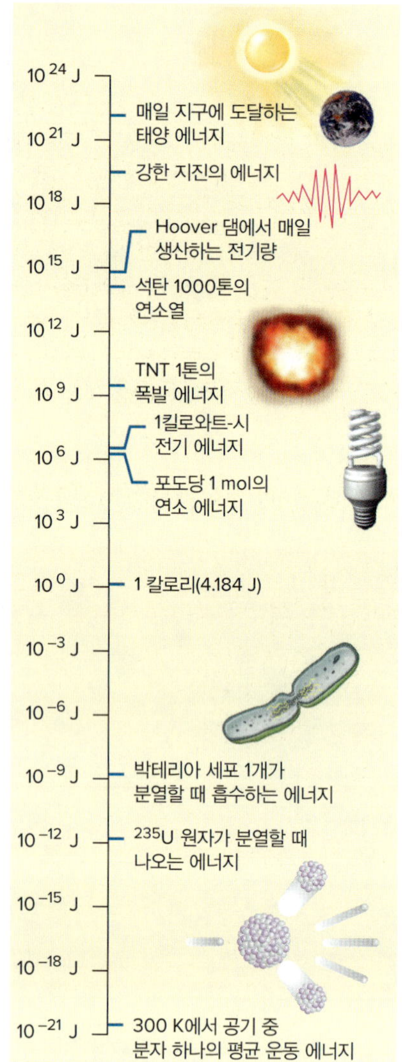

그림 6.5 **몇 가지 에너지.** 수직 축은 지수 척도로 표시.

에너지 단위

흔히 사용되는 몇 가지 에너지 단위는 다음과 같다.

- 에너지의 SI 단위는 **줄**(joule, J)이며, 이는 세 개의 기본 단위로부터 유도된 단위이다.

$$1\ \text{J} = 1\ \text{kg}\cdot\text{m}^2/\text{s}^2$$

열과 일 모두 줄로 나타낸다. 줄이 어떻게 일의 단위가 될 수 있는지 알아보자. 어떤 물체에 행한 일(w)은 힘(F)과 물체가 움직인 거리(d)를 곱한 것이다. $w = F \times d$. 힘은 물체의 속도를 시간에 따라 변하게 한다. 즉, 힘은 물체를 *가속한다*. 속도는 초당 미터(m/s)의 단위를 가지고 있기 때문에, 가속도(a)는 초당 초당 미터(m/s^2) 단위이다. 따라서 힘은 질량(m, kg 단위)에 가속도를 곱한 것이다.

$$F = m \times a\text{의 단위는 kg}\cdot\text{m/s}^2\text{이다.}$$

그러므로 $\quad w = F \times d$의 단위는 $(\text{kg}\cdot\text{m/s}^2) \times \text{m} = \text{kg}\cdot\text{m}^2/\text{s}^2 = \text{J}$

일반적으로 화학 반응에 수반되는 에너지의 양은 상당히 큰 편이기 때문에, 화학자들은 킬로줄(kJ) 단위를 사용한다. 1 kJ = 1000 J이다.

- **칼로리**(calorie, **cal**)는 원래 1 g의 물의 온도를 1°C(14.5°C에서 15.5°C로) 올리는 데 필요한 에너지의 양으로 정의되는 오래된 단위이다. 지금은 칼로리를 줄로 정의한다.

$$1\ \text{cal} \equiv 4.184\ \text{J} \qquad \text{또는} \qquad 1\ \text{J} = \frac{1}{4.184}\ \text{cal} = 0.2390\ \text{cal}$$

영양학적 칼로리(대문자 C)는 음식물에서 얻을 수 있는 에너지를 나타내는 단위로서 실제로 킬로칼로리이다.

$$1\ \text{Cal} = 1000\ \text{cal} = 1\ \text{kcal} = 4184\ \text{J}$$

- *영국 열량 단위(Btu)*는 흔히 볼 수 있는 장비들의 출력 에너지에 많이 사용되는 단위로서, 1 lb의 물을 1°F 올리는 데 필요한 에너지의 양이다.

$$1\ \text{Btu} = 1055\ \text{J}$$

일반적으로 이 책에서는 SI 단위(J 또는 kJ)를 사용한다. 그림 6.5에 몇몇 흥미로운 에너지의 양이 나와 있다.

예제 6.1 | 계의 내부 에너지 변화 계산

문제 자동차 엔진에서 가솔린이 연소될 때, 방출된 열은 기체 생성물인 CO_2와 H_2O가 팽창하여 피스톤을 바깥쪽으로 밀어내게 한다. 나머지 열은 라디에이터에서 제거된다. 만약 팽창하는 기체가 451 J의 일을 피스톤에 수행하고 계가 325 J의 열을 주위로 방출할 때, 에너지 변화(ΔE)를 J, kJ, kcal 단위로 계산하라.

계획 먼저 계와 주위를 정의하여 q와 w의 부호를 정한 후 식 (6.2)로 ΔE를 계산한다. 계는 반응물과 생성물이고, 주위는 피스톤과 라디에이터 및 자동차의 나머지 부분이다. 계가 열을 방출하므로 q는 음수이다. 계가 피스톤을 바깥쪽으로 미는 일을 수행하므로 w도 음수이다. J 단위로 답을 구해 kJ과 kcal로 환산한다.

풀이 ΔE를 J 단위로 구하기[식 (6.2)]:

$$q = -325\ \text{J}$$
$$w = -451\ \text{J}$$
$$\Delta E = q + w = -325\ \text{J} + (-451\ \text{J}) = -776\ \text{J}$$

J를 kJ로 환산:

$$\Delta E = -776\ \text{J} \times \frac{1\ \text{kJ}}{1000\ \text{J}} = -0.776\ \text{kJ}$$

kJ을 kcal로 환산:

$$\Delta E = -776\ \text{J} \times \frac{1\ \text{cal}}{4.184\ \text{J}} \times \frac{1\ \text{kcal}}{1000\ \text{cal}} = -0.185\ \text{kcal}$$

검산 답은 타당한 값이다. 휘발유의 연소로 에너지가 계로부터 방출되므로 $E_{최종} < E_{초기}$이며 ΔE는 음수여야 한다.

▶ 보충 문제

6.1A 액체 시료가 열 13.5 kJ을 흡수하여 증발하면서 1.8 kJ의 일을 한다. ΔE를 J 단위로 구하라.

6.1B 어떤 반응을 통하여 기체 반응물로부터 액체 생성물이 생성된다. 주위가 흡수한 열은 26.0 kJ이고, 주위에 의해 계에 수행된 일은 15.0 Btu이다. ΔE를 kJ 단위로 구하라.

유사 문제 6.9~6.12

상태 함수와 에너지 변화의 경로 무관성

계의 내부 에너지(E)는 **상태 함수**(state function)라 불리는데, 상태 함수는 계의 *현재* 상태(조성, 부피, 압력, 온도)에만 의존하고 계가 그 상태에 도달하기 위해 거치는 경로와는 *무관*하다. 계의 에너지 변화는 수많은 조합의 열(q)과 일(w)을 통해 일어난다. 그러나 E는 상태 함수이기 때문에 전체 ΔE는 열과 일의 조합이 어떤 비율인지에 관계없이 항상 같다. 즉, ΔE는 *그 변화가 어떻게 일어나는지와는* ***무관****하고 단지 초기 상태와 최종 상태의* ***차이****에 의해 결정된다.*

예를 들어, 1 mol의 옥테인(휘발유의 성분)과 이를 태우기에 충분한 양의 O_2가 계의 초기 상태라고 정의하자. 계의 최종 상태는 생성된 CO_2와 H_2O이다.

$$\underbrace{C_8H_{18}(l) + \tfrac{25}{2}O_2(g)}_{\text{초기 상태}(E_{초기})} \longrightarrow \underbrace{8CO_2(g) + 9H_2O(g)}_{\text{최종 상태}(E_{최종})}$$

에너지는 계로부터 나와서 일과 열로 전달되므로 ΔE는 음이다. 그림 6.6은 변화가 일어날 수 있는 많은 방법 중 두 가지를 보여준다. 옥테인을 열린 용기 내에서 연소시키면(*왼쪽*), ΔE는 거의 전부가 열로 전달된다(대기를 밀어내는 약간의 일로도 전달됨). 옥테인을 자동차 엔진 내에서 연소시키면(*오른쪽*), ΔE의 많은 부분(~30%)이 자동차를 움직이는 일로 전달되고, 나머지 부분은 자동차, 배기가스, 주위를 따뜻하게 하는 열로 전달된다. 잔디 깎는 기계나 오토바이에서 옥테인을 연소시키면 ΔE는 다른 조합의 일과 열로 주어진다. 따라서 q와 w는 계가 거치는 경로에 따라 달라지기 때문에 상태 함수가 아니다. 그러나 ΔE(q와 w의 합)은 *경로에 따라 달라지지 않는다.* ›

재정 상태 함수

여러분의 *계좌 잔고*는 개인의 재정 계의 상태 함수이다. 새로운 계좌를 열어서 생일 선물로 받은 $50을 입금할 수도 있고, 아니면 월급으로 받은 $100을 입금하고 $25짜리 수표를 두 장 발행할 수 있다. 이 잔고에 이르는 이 두 경로는 다르지만, 잔고(현재 상태)는 동일하다.

마지막 예로서 또 다른 상태함수인 온도를 생각해 보자. 충분한 열을 공급하여 물 시료의 온도를 초기 10°C에서 최종 60°C로 올렸다면, $\Delta T = T_{최종} - T_{초기} = 60°C - 10°C = 50°C$이다. 이렇게 하는 대신 충분한 열을 공급하여 물의 온도를 10°C에서 80°C로 올린 다음 60°C로 냉각시켰더라도, $\Delta T = T_{최종} - T_{초기} = 60°C - 10°C = 50°C$이다. 압력($P$), 부피($V$), 온도($T$)도 상태 함수이다. 경로와 무관하다는 것은 *상태 함수의 변화인 ΔE, ΔP, ΔV, ΔT 같은 상태 함수의 변화가 상태와 최종 상태에 의해서만 결정된다*는 뜻이다.

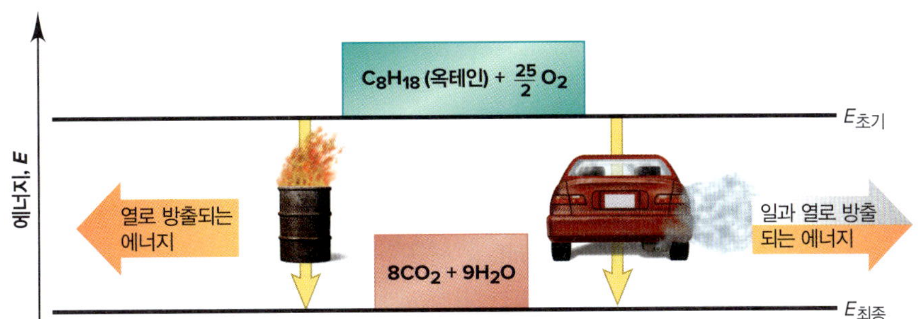

그림 6.6 **두 가지 경로를 통한 계의 에너지 변화.** 두 경로에 대한 q와 w가 다르지만, ΔE는 같다.

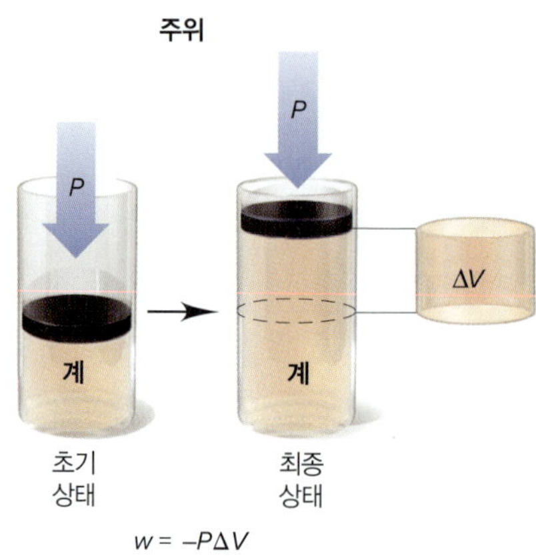

그림 6.7 **압력-부피 일.** 팽창하는 기체는 대기를 밀어내면서 PV 일($w = -P\Delta V$)을 수행한다.

압력-부피 일 계산

화학적 일의 가장 중요한 두 가지 유형은 움직이는 하전 입자가 수행하는 전기적 일과, 외부 압력(P)의 존재 하에서 계의 부피가 변할 때 수행되는 역학적 일인데, 이 역학적 일은 **압력-부피 일(PV 일)**이라 불린다. PV 일의 크기는 P 곱하기 부피 변화(ΔV, 또는 $V_{최종} - V_{초기}$)이다.

$$w = -P\Delta V \tag{6.4}$$

계의 부피는 증가(팽창)하거나 감소(수축)한다.

1. *팽창 일.* 온도가 올라가거나(Charles의 법칙) 프로페인의 연소에서와 같이 화학 반응에 의해 기체의 몰수가 증가하는 경우(Avogadro의 법칙) 기체상 계의 부피는 증가하게 된다.

$$C_3H_8(g) + 5O_2(g) \longrightarrow 3CO_2(g) + 4H_2O(g)$$

기체 6(1 + 5) mol　　기체 7(3 + 4) mol

열린 플라스크(또는 무게가 없고 마찰이 없는 피스톤이 있는 실린더, 그림 6.7)에서 팽창하는 기체 계는 대기를 밀어내면서 주위에 PV 일을 수행하기 때문에, 일은 음의 부호를 가진다. 부피가 팽창하는 계에서 $V_{최종} > V_{초기}$이기 때문에 ΔV는 양의 값을 가짐을 주목하자. *계가 주위에 수행한 일은 계가 일로 에너지를 잃었음을 의미*하기 때문에 식 (6.4)의 우변에 음의 부호가 필요하다.

2. *수축 일.* 온도가 내려가거나 암모니아 생산에서처럼 반응에 의해 기체의 몰수가 감소하게 되는 경우 기체상 계의 부피는 감소한다.

$$3H_2(g) + N_2(g) \longrightarrow 2NH_3(g)$$

기체 4(3 + 1) mol　　기체 2 mol

이러한 경우 기체는 외부 압력에 의해 작은 부피로 수축되었기 때문에 *주위에 **의해** 계에 일이 수행되었다.* $V_{최종} < V_{초기}$이기 때문에 ΔV는 음수이고, 일은 양의 부호를 가지며, 이는 *계가 일로 에너지를 얻었음*을 의미한다.

식 (6.4)를 사용할 때 P는 기압으로 ΔV를 리터로 나타내면, 일의 단위는 atm·L가 된다. 다음 관계식으로 atm · L과 줄을 상호변환할 수 있다

$$101.3\ \text{J} = 1\ \text{atm} \cdot \text{L}$$

예제 6.2 | 계가 수행하거나 계에 수행된 압력-부피 일 계산

문제 일정한 온도로 유지되는 피스톤이 달린 실린더의 내부에서 반응이 일어나고 있는데, 외부 압력 988 torr에 대해 부피가 125 mL에서 652 mL로 증가했다. 수행된 일을 J 단위로 구하라(1 atm·L = 101.3 J).

계획 외부 압력(988 torr)과 초기 부피(125 mL) 및 최종 부피(652 mL)가 주어졌으므로, 기체(계)가 수행한 일을 계산하면 된다. 최종 V로부터 초기 V를 빼서 ΔV를 구하고, mL 단위를 L로 변환한다. P를 torr에서 atm으로 바꾸고, 식 (6.4)를 사용하여 w를 구한다. 그런 다음 atm·L을 J로 환산한다(로드맵 참조).

로드맵

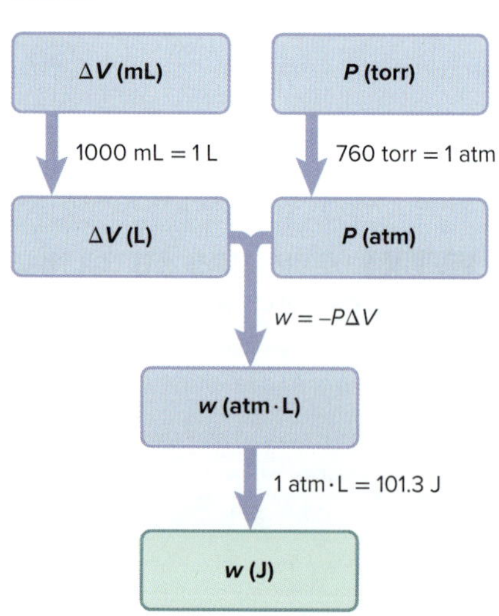

풀이 ΔV 계산:

$$\Delta V\ (\text{mL}) = V_{최종} - V_{초기} = 652\ \text{mL} - 125\ \text{mL} = 527\ \text{mL}$$

ΔV 단위를 mL에서 L로 변환:

$$\Delta V\ (\text{L}) = 527\ \text{mL} \times \frac{1\ \text{L}}{1000\ \text{mL}} = 0.527\ \text{L}$$

P 단위를 torr에서 atm으로 변환:

$$P\ (\text{atm}) = 988\ \text{torr} \times \frac{1\ \text{atm}}{760\ \text{torr}} = 1.30\ \text{atm}$$

w 계산[식 (6.4) 이용]:

$$w\ (\text{atm·L}) = -P\Delta V = -(1.30\ \text{atm} \times 0.527\ \text{L}) = -0.685\ \text{atm·L}$$

atm·L를 J로 환산:

$$w\ (\text{J}) = -0.685\ \text{atm·L} \times \frac{101.3\ \text{J}}{1\ \text{atm·L}} = -69.4\ \text{J}$$

검산 기체가 생성되므로 계는 팽창하고 주위에 일을 수행한다(즉, 에너지가 열의 형태로 방출됨). 따라서 일은 음의 부호를 가진다. 근사치를 계산해 보면 이 답의 크기가 타당하다는 것을 알 수 있다. $w \approx -1\ \text{atm·L} \times 0.5\ \text{L} = -0.5\ \text{atm·L}$.

▶ 보충 문제

6.2A 기체 시료가 일정한 온도에서 외부 압력 732 torr에 의해 부피가 5.68 L에서 2.35 L로 압축되었다. 수행된 일을 J 단위로 계산하라.

6.2B 외부 압력 5.5 atm에서 피스톤-실린더 용기 내부에서 기체 생성 반응이 일어났다. 일정한 온도에서 부피가 10.5 L에서 16.3 L로 증가하였다. 수행된 일을 J 단위로 구하라.

유사 문제 6.15, 6.16

› 6.1절 요약

- 내부 에너지(E)는 계와 외부의 온도가 서로 다를 때는 열(q)로, 물체가 힘에 의해 움직일 때는 일(w)로 이동한다.
- 계가 흡수한 열($q > 0$) 또는 계에 수행된 일($w > 0$)은 계의 E를 증가시킨다. 계가 방출한 열($q < 0$)과 계가 수행한 일($w < 0$)은 계의 E를 감소시킨다. 내부 에너지의 변화는 일과 열의 합이다. $\Delta E = q + w$. 열과 일의 단위는 줄(J)이다.
- 에너지는 언제나 보존된다. 에너지는 하나의 형태에서 다른 형태로 변할 수 있고, 계 내부로 또는 계 밖으로 이동할 수 있지만, 우주(계와 주위의 합)의 전체 에너지 양은 일정하다.
- 계의 내부 에너지는 상태 함수이고, 따라서 그 에너지를 어떻게 얻었는지와는 무관하다. 그러므로 어떤 q와 w의 조합을 통해서도 같은 전체 ΔE를 얻을 수 있다.
- 계는 팽창일(부피 증가)을 수행하여 에너지를 잃거나, 계에 수행된 압축일(부피 감소)을 통해 에너지를 얻을 수 있다. 이 두 형태 모두 압력-부피(PV) 일이라고 한다.

6.2 엔탈피: 일정 압력에서의 변화

대부분의 물리적, 화학적 변화는 열려 있는 플라스크 내의 반응, 호수가 어는 것, 유기체 내의 생화학적 과정들처럼 거의 일정한 대기압 하에서 일어난다. 이 절에서는 일정한 압력 하에서 일어나는 에너지 변화와 직접적으로 관련된 열역학 변수인 *엔탈피*를 논의한다.

》 엔탈피의 의미

ΔE를 구하기 위해서는 열과 일을 측정해야 한다. *일정한 압력*에서 일어나는 반응의 경우, **엔탈피**(enthalpy, $\boldsymbol{H}$)라 불리는 열역학 변수는 PV 일을 측정할 필요가 없게 한다. 계의 엔탈피는 내부 에너지에 압력과 부피를 곱한 값을 *더한* 것으로 정의한다.

$$H = E + PV$$

엔탈피 변화($\boldsymbol{\Delta H}$)는 내부 에너지 변화에 상수인 압력과 부피 변화(ΔV)를 곱한 값을 더한 것이다.

$$\Delta H = \Delta E + P\Delta V \tag{6.5}$$

식 (6.2) ($\Delta E = q + w$)와 식 (6.5)를 결합하면 다음 식이 얻어진다.

$$\Delta H = \Delta E + P\Delta V = q + w + P\Delta V$$

일정한 압력에서의 q를 q_P라 표시하면 $\Delta H = q_P + w + P\Delta V$가 된다. 식 (6.4)에 의하면 $w = -P\Delta V$이므로, $-w$에 $P\Delta V$를 대입하면 아래와 같이 되고

$$\Delta H = q_P + w + P\Delta V = q_P + w - w$$

다음과 같이 간단하게 정리된다.

$$\Delta H = \Delta E + P\Delta V = q_P \qquad \textbf{(6.6)}$$

따라서 *엔탈피 변화는* ***일정한*** *압력에서 흡수하거나 방출한 열과 같다.* 일정한 압력에서 일어나는 대부분의 변화에 대해서 ΔH가 ΔE보다 더 중요하면서도 구하기 쉽다. *ΔH를 구하기 위해서는 q_P만 측정하면 된다.* 일은 측정할 필요가 없다. 엔탈피를 측정하는 실험 방법은 6.3절에서 논의한다.

ΔE와 ΔH의 비교

엔탈피 변화를 알면 *에너지* 변화에 대해서도 많은 것을 알 수 있다. 사실상 많은 반응은 PV 일이 거의 없기 때문에(있다 해도 아주 조금) 대부분(또는 모든) 에너지 변화는 열의 전달로 일어난다. 다음 세 가지가 이러한 경우의 예들이다.

1. *기체가 참여하지 않는 반응들.* 침전 반응, 많은 산-염기 반응, 많은 산화-환원 반응 등에서는 기체가 관여하지 않는다. 예를 들면,

$$2KOH(aq) + H_2SO_4(aq) \longrightarrow K_2SO_4(aq) + 2H_2O(l)$$

액체와 고체는 부피 변화가 *아주 작기* 때문에 $\Delta V \approx 0$이다. 따라서 $P\Delta V \approx 0$. $\Delta H = \Delta E + P\Delta V \approx \Delta E + 0 \approx \Delta E$.

2. *기체의 양(mol)이* ***변하지 않는*** *반응들.* 기체 반응물의 전체 양이 기체 생성물의 전체 양과 같을 때 부피는 일정하다. $\Delta V = 0$이므로 $P\Delta V = 0$이고 $\Delta H = \Delta E$이다. 예를 들면,

$$N_2(g) + O_2(g) \longrightarrow 2NO(g)$$

3. *기체의 양(mol)이* ***변하는*** *반응들.* 이 경우에는 $P\Delta V \neq 0$이다. 그러나 q_P가 일반적으로 $P\Delta V$보다 훨씬 크고, 따라서 ΔH는 여전히 ΔE와 거의 비슷하다. 예를 들면 H_2 연소 반응에서 기체 3 mol로부터 기체 2 mol이 생성된다.

$$2H_2(g) + O_2(g) \longrightarrow 2H_2O(g)$$

이 반응에서 $\Delta H = -483.6$ kJ이고, $P\Delta V = -2.5$ kJ이다. 따라서[식 (6.5)로부터]

$$\Delta H = \Delta E + P\Delta V$$

이므로,

$$\Delta E = \Delta H - P\Delta V = -483.6 \text{ kJ} - (-2.5 \text{ kJ}) = -481.1 \text{ kJ}$$

ΔE의 대부분은 열로써 전달되는 에너지이기 때문에 $\Delta H \approx \Delta E$이다.

그러므로 *대부분의 반응에서 ΔH는 ΔE와 같거나 거의 비슷하다.*

발열 과정과 흡열 과정

H는 세 개의 상태 함수인 E, P, V의 조합이기 때문에 H 역시 상태 함수이다. 그러므로 ΔH는 $H_{최종}$에서 $H_{초기}$를 **뺀** 것과 같다. 화학 반응에서 $H_{최종}$은 $H_{생성물}$이고, $H_{초기}$는 $H_{반응물}$이다. 따라서 반응의 엔탈피 변화는 다음과 같다.

$$\Delta H = H_{최종} - H_{초기} = H_{생성물} - H_{반응물}$$

$H_{생성물}$은 $H_{반응물}$보다 크거나 작을 수 있기 때문에 ΔH의 부호는 반응 도중 열이 흡수되거나 아니면 방출되는 것을 나타낸다. *ΔH의 부호는 열을 "반응물" 또는 "생성물"로 상상하여 결정한다.* 두 가지 가능한 과정은 다음과 같다.

1. *발열 과정. "생성물"로서의 열.* **발열 과정**(exothermic process)은 열을 *방출하고* (*exothermic*은 "열이 나온다"는 뜻), 그 결과로 계의 엔탈피는 *감소한다.*

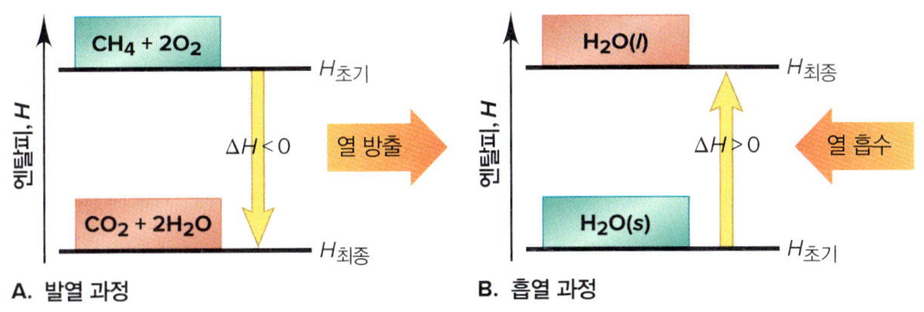

그림 6.8 발열 과정과 흡열 과정에 대한 엔탈피 도표. **A.** 메테인의 연소는 발열 과정이다. $\Delta H < 0$. **B.** 얼음이 녹는 것은 흡열 과정이다. $\Delta H > 0$.

$$\text{발열:}\quad H_{생성물} < H_{반응물} \quad \text{따라서} \quad \Delta H < 0$$

예를 들면, 메테인이 공기 중에서 연소할 때 열이 계에서 *나와서* 주위로 흘러나간다. 그래서 열을 "생성물"로 표시한다.

$$CH_4(g) + 2O_2(g) \longrightarrow CO_2(g) + 2H_2O(g) + 열$$

반응물(CH_4 1 mol과 O_2 2 mol)은 반응하는 동안 열을 방출하므로 반응물은 생성물(CO_2 1 mol과 H_2O 2 mol)보다 원래부터 더 많은 엔탈피를 가지고 있었다.

$$H_{반응물} > H_{생성물} \quad \text{따라서} \quad \Delta H\ (H_{생성물} - H_{반응물}) < 0$$

이 발열적 변화를 그림 6.8A의 **엔탈피 도표**(enthalpy diagram)에 나타내었다. 이러한 도표에서 ΔH 화살표는 *항상* 반응물에서 생성물을 향한다.

2. *흡열 과정: "반응물"로서의 열.* **흡열 과정**(endothermic process)은 열을 *흡수*하고 (*endothermic*은 "열이 들어간다"는 뜻) 그 결과 계의 엔탈피는 *증가*한다.

$$\text{흡열:}\quad H_{생성물} > H_{반응물} \quad \text{따라서} \quad \Delta H > 0$$

예를 들면 얼음이 녹을 때 열은 주위로부터 얼음 *안으로* 흘러 들어간다. 그래서 열을 "반응물"로 나타낸다.

$$열 + H_2O(s) \longrightarrow H_2O(l)$$

열이 흡수되기 때문에 생성물(물)의 엔탈피는 반응물(얼음)의 엔탈피보다 더 높다.

$$H_{물} > H_{얼음} \quad \text{따라서} \quad \Delta H\ (H_{물} - H_{얼음}) > 0$$

이 흡열적 변화를 그림 6.8B에 나타내었다. (일반적으로 엔탈피 변화의 값은 같은 온도의 반응물과 생성물에 대해 계산한다.)

예제 6.3 | 엔탈피 도표 그리기 및 ΔH의 부호 결정

문제 다음 각 경우에 대해 ΔH의 부호를 결정하고, 반응이 발열인지 흡열인지 말하고, 엔탈피 도표를 그려라.

(a) $H_2(g) + \frac{1}{2}O_2(g) \longrightarrow H_2O(l) + 285.8\ \text{kJ}$

(b) $40.7\ \text{kJ} + H_2O(l) \longrightarrow H_2O(g)$

계획 각 반응식으로부터 열이 "생성물"(발열; $\Delta H < 0$)인지 또는 "반응물"(흡열; $\Delta H > 0$)인지 확인한다. 발열 반응의 경우 에너지 도표에서 반응물은 생성물 위에 있다. 흡열 반응의 경우 반응물은 생성물 아래에 있다. ΔH 화살표는 *항상* 반응물에서 생성물로 향한다.

풀이 (a) 열은 생성물(오른쪽 항)이므로, $\Delta H < 0$이고 반응은 발열이다. 반응 중 열이 방출된다. 엔탈피 도표(*위*)를 참조하라.

(b) 열은 반응물(왼쪽 항)이므로, $\Delta H > 0$이고 반응은 흡열이다. 반응 중 열이 흡수된다. 엔탈피 도표(*아래*)를 참조하라.

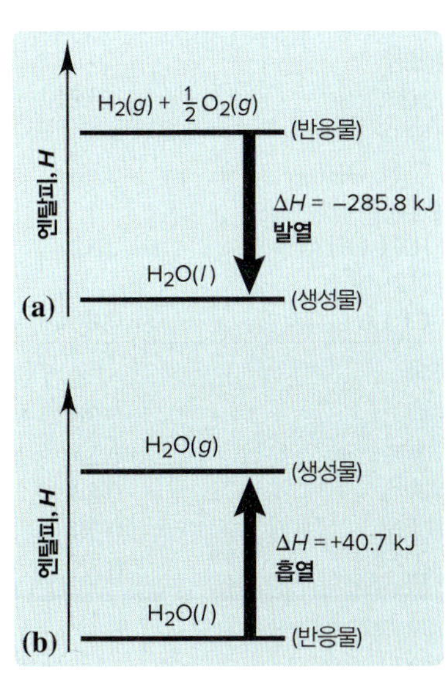

검산 반응식에서 열과 같은 쪽에 있는 물질은 다른 쪽에 있는 물질보다 엔탈피가 작으므로, 그러한 물질들은 도표의 아래쪽 선에 놓인다.

▶ 보충 문제

6.3A 나이트로글리세린(nitroglycerine)이 분해될 때, 격렬한 폭발이 일어나고 1 mol당 5.72×10^3 kJ의 열을 방출한다.

$$C_3H_5(NO_3)_3(l) \longrightarrow 3CO_2(g) + \tfrac{5}{2}H_2O(g) + \tfrac{1}{4}O_2(g) + \tfrac{3}{2}N_2(g)$$

나이트로글리세린의 분해 반응은 발열인가 아니면 흡열인가? 반응의 엔탈피 도표를 그려라.

6.3B 질산 암모늄은 "즉석" 쿨팩에 사용되는데, 이 염은 용해되면서 1 mol당 25.7 kJ을 흡수하기 때문이다.

$$NH_4NO_3(s) \xrightarrow{H_2O} NH_4^+(aq) + NO_3^-(aq)$$

질산 암모늄의 용해 과정은 발열인가 아니면 흡열인가? 반응의 엔탈피 도표를 그려라.

유사 문제 6.24~6.29

› 6.2절 요약

- 엔탈피(H)는 상태 함수이기 때문에 엔탈피 변화(ΔH)는 어떤 방식으로 변화가 일어났는지와는 무관하다. 일정한 P에서 ΔH 값은 ΔE와 PV 일의 합과 같다. PV 일은 외부 압력 존재 하에서 계의 부피가 변할 때 수행된다.
- ΔH는 일정한 압력에서 일어나는 화학적/물리적 변화 중에 흡수되거나 방출되는 열인 q_P와 같다.
- 대부분의 경우 ΔH는 ΔE와 같거나 거의 비슷하다.
- 열을 방출하는 변화는 발열($\Delta H < 0$) 과정이고 열을 흡수하는 변화는 흡열($\Delta H > 0$) 과정이다.

6.3 열량 측정법: 화학적 또는 물리적 변화에 수반되는 열 측정

에너지 함량과 사용에 대한 자료는 피자 한 조각의 칼로리 값에서부터 자동차의 연비까지 어디에서나 볼 수 있다. 이 절에서는 이런 값들을 결정하는 데 사용되는 기본적인 방법을 살펴본다.

비열용량

어떤 과정 중의 에너지 변화를 구하기 위해서는 방출되거나 흡수되는 열의 양을 온도의 변화와 연관지어 측정한다. 일상의 경험에 의해 물체를 가열하면 온도가 올라가고 물체를 냉각하면 온도가 낮아지는 것을 안다. 다시 말하면 물체가 흡수하거나 방출한 열의 양(q)은 온도 변화에 비례한다.

$$q \propto \Delta T \qquad \text{또는} \qquad q = \text{상수} \times \Delta T \qquad \text{또는} \qquad \frac{q}{\Delta T} = \text{상수}$$

혹시 온도 변화가 물체에 따라 다르다는 것은 모를 수도 있다. 모든 물체는 자신의 온도를 1 K 올리는 데 필요한 열의 양인 **열용량**(heat capacity, ***C***)을 가지고 있다. 앞의 식의 비례 상수가 열용량이다.

$$\text{열용량}(C) = \frac{q}{\Delta T} \qquad [\text{J/K 단위}]$$

관련된 성질로 **비열용량**(specific heat capacity, ***c***)이 있는데, 어떤 물질 1 g의 온도를 1 K 올리는 데 필요한 열의 양이다.

$$\text{비열용량}(c) = \frac{q}{\text{질량} \times \Delta T} \qquad [\text{J/g·K 단위}]$$

만약 가열된(또는 냉각된) 물체의 c를 알면, 질량과 온도 변화를 측정하여 흡수된(또는 방출된) 열을 계산할 수 있다.

$$q = c \times \text{질량} \times \Delta T \qquad (6.7)$$

식 (6.7)에 따르면,

- 물체가 열을 흡수하여 뜨거워질 때, $T_{최종}$이 $T_{초기}$보다 높고, $\Delta T(T_{최종} - T_{초기})$가 양이므로 $q > 0$(흡열 과정)이다.
- 물체가 열을 방출하여 냉각되면, $T_{최종}$이 $T_{초기}$보다 낮고, ΔT가 음이므로 $q < 0$(발열 과정)이다.

표 6.2에 몇 가지 대표적인 물질과 재료의 비열용량이 나와 있다. 금속은 비교적 작은 c 값

표 6.2 몇 가지 원소, 화합물 및 재료들의 비열용량(c)

물질	c (J/g·K)*
원소	
알루미늄, Al	0.900
흑연, C	0.711
철, Fe	0.450
구리, Cu	0.387
금, Au	0.129
화합물	
물, $H_2O(l)$	4.184
에틸 알코올, $C_2H_5OH(l)$	2.46
에틸렌글라이콜, $(CH_2OH)_2(l)$	2.42
사염화 탄소, $CCl_4(l)$	0.862
재료	
나무	1.76
시멘트	0.88
유리	0.84
화강암	0.79
강철	0.45

*298 K (25°C)에서

을 갖고, 물은 매우 큰 c 값을 갖는다는 것을 주목하라. 예를 들어 물 1 g의 온도를 1 K 올릴 때에는 금 1 g의 온도를 올릴 때보다 30배가 넘는 에너지가 필요하다!

비열용량과 밀접하게 연관되어 있는 것으로 **몰열용량**(molar heat capacity, $\boldsymbol{C_m}$)(순물질에 대해서만 사용)이 있는데, 물질 1 *mol*의 온도를 1 K 바꾸는 데 필요한 열의 양이다.

$$\text{몰열용량}(C_m) = \frac{q}{\text{양(mol)} \times \Delta T} \qquad [\text{J/mol·K 단위}]$$

액체 H_2O의 C_m을 구하려면, 액체 H_2O의 c(4.184 J/g·K)에 H_2O의 몰질량(18.02 g/mol)을 곱하면 된다.

$$H_2O(l)\text{의 } C_m = 4.184 \frac{\text{J}}{\text{g·K}} \times \frac{18.02 \text{ g}}{1 \text{ mol}} = 75.40 \frac{\text{J}}{\text{mol·K}}$$

액체 물은 대단히 높은 비열용량(~4.2 J/g·K)을 갖는데, 이 값은 바위의 비열용량(~0.7 J/g·K)의 약 6배이다. 지구에 대양이 없다면(*옆 그림*) 태양이 바위 표면을 덥히는 데는 1/6의 에너지만 필요할 것이고, 해가 진 뒤에는 6배의 열을 방출할 것이다. 따라서 낮에는 찌는 듯이 더울 것이고 밤에는 매우 추울 것이다. 물의 비열용량이 높다는 것은 똑같은 온도만큼 올리기 위해서 바다가 육지보다 훨씬 더 많은 열을 필요로 한다는 것을 의미한다. 지구의 대양은 날씨와 기후를 조절하는 데 큰 역할을 한다.

대양이 없는 지구

예제 6.4 | 열량과 온도 변화의 관계

문제 **(a)** 프라이팬 바닥에 용접된 구리 층의 질량은 125 g이다. 구리 층의 온도를 25°C에서 90.°C로 올리는 데 필요한 열은 얼마인가? **(b)** 동일한 질량(125 g)의 물의 온도를 25°C에서 90.°C로 올리는 데 필요한 열은 얼마인가? Cu와 H_2O의 비열용량(c)은 표 6.2에 주어져 있다. **(c)** 구리와 물에 대해 구한 열의 양이 다른 이유를 설명하라.

계획 각 물질의 질량(125 g)과 Cu (0.387 J/g·K)와 H_2O (4.184 J/g·K)의 c를 알고 있고, ΔT를 °C 단위로 구할 수 있다(= K 단위로 구한 ΔT). 그리고 나서 식 (6.7)을 이용하여 이 변화에 필요한 열을 계산한다.

풀이 Cu와 물에 대해 ΔT 계산:

$$\Delta T = T_{\text{최종}} - T_{\text{초기}} = 90.°\text{C} - 25°\text{C} = 65°\text{C} = 65 \text{ K}$$

(a) Cu에 대해 q 계산:

$$q = c \times \text{질량(g)} \times \Delta T = 0.387 \text{ J/g·K} \times 125 \text{ g} \times 65 \text{ K} = 3.14\times10^3 \text{ J}$$

(b) 물에 대해 q 계산:

$$q = c \times \text{질량(g)} \times \Delta T = 4.184 \text{ J/g·K} \times 125 \text{ g} \times 65 \text{ K} = 3.40\times10^4 \text{ J}$$

(c) 물의 온도를 올리는 데 필요한 열은 동일한 질량의 구리를 가열하는 데 필요한 열의 10.8배이다($3.40\times10^4/3.14\times10^3 = 10.8$). 이는 물의 비열용량이 구리의 비열용량의 10.8배이기 때문이다(4.184/0.387 = 10.8). 물의 비열이 크다는 것은 물의 온도를 변화시키는 데 더 많은 열이 필요하다는 것을 의미한다.

검산 열이 구리 바닥(계)과 물로 흡수되므로 q는 양수이다. 근사 계산을 해보면 계산이 타당하다는 것을 알 수 있다.

$$q_{Cu} \approx 0.4 \text{ J/g·K} \times 100 \text{ g} \times 60 \text{ K} = 2.4\times10^3 \text{ J.}$$
$$q_{H_2O} \approx 4 \text{ J/g·K} \times 100 \text{ g} \times 60 \text{ K} = 2.4\times10^4 \text{ J.}$$

해설 Kelvin 온도 척도는 섭씨 온도 척도와 1도의 크기가 같다는 것을 기억하라. 따라서 어느 온도 척도를 사용하여 $T_{\text{최종}}$과 $T_{\text{초기}}$를 표현하는지와 상관없이 같은 ΔT 값을 얻게 된다. 이 문제에서 90.°C = 363 K, 25°C = 298 K이므로 ΔT = 363 K − 298 K = 65 K이며, 이는 위에서 구한 값과 같다.

▶ **보충 문제**

6.4A 파이를 굽기 전에 오븐 바닥 위에 알루미늄 호일 7.65 g을 깔고, 온도를 18°C에서 375°C로 올렸다. 표 6.2를 사용하여 호일이 흡수한 열을 J 단위로 구하라.

6.4B 자동차 라디에이터 안의 에틸렌글라이콜(d = 1.11 g/mL, 표 6.2 참조)이 37.0°C에서 25.0°C로 냉각되면서 열 177 kJ을 방출하였다. 라디에이터에 들어 있는 에틸렌글라이콜의 부피는 얼마인가?

유사 문제 6.37~6.40

두 가지 주요 열량 측정법

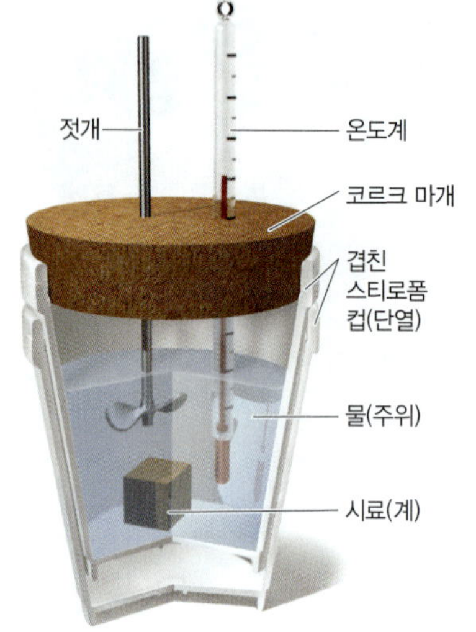

그림 6.9 **컵 열량계.** 이 장치로 일정한 압력에서 전달된 열(q_P)을 측정한다.

산-염기 반응의 열이나 설탕 한 순갈에 들어 있는 영양학적 칼로리를 어떻게 알 수 있을까? 실험실에서는 반응물이 생성물로 변할 때 생기는 열을 가두어 두는 "주위"를 만든 후, 온도 변화를 측정한다. 이러한 "주위"를 갖는 것이 **열량계**(calorimeter)인데, 열량계는 물리적 또는 화학적 과정 중에 흡수(또는 방출)되는 열을 측정하는 장치이다. 두 가지 유형, 즉 하나는 일정한 압력에서, 다른 하나는 일정한 부피에서 열을 측정하는 열량계를 살펴보자.

일정 압력 열량 측정법 일정한 압력에서 일어나는 과정에서 전달된 열량(q_P)은 흔히 *컵 열량계*(그림 6.9)로 측정한다. 이 간단한 장치는 수용액 반응의 열, 염이 용해될 때 수반되는 열, 또 물과 반응하거나 물에 용해되지 않는 고체의 비열용량을 측정하는 데 사용한다.

우선 세 번째 경우를 살펴보자. 고체(계)의 무게를 달고, 특정 온도까지 가열한 후, 질량과 온도를 알고 있는 물(주위)이 들어 있는 열량계에 넣는다. 잘 저어준 후 최종 물의 온도를 측정하면 되는데, 이 온도가 고체의 최종 온도이다. 열이 단열된 열량계를 빠져나가지 않는다고 가정하면, 계가 *방출한* 열($-q_{계}$ 또는 $-q_{고체}$)은 주위가 *흡수한* 열($+q_{주위}$ 또는 $+q_{H_2O}$)과 크기는 같고 부호는 반대이다.

$$-q_{고체} = q_{H_2O}$$

위 식의 양변을 식 (6.7)로 바꾸면 다음과 같이 된다.

$$-(c_{고체} \times 질량_{고체} \times \Delta T_{고체}) = c_{H_2O} \times 질량_{H_2O} \times \Delta T_{H_2O}$$

$c_{고체}$를 제외한 모든 양은 알고 있거나 또는 측정 가능하다.

$$c_{고체} = -\frac{c_{H_2O} \times 질량_{H_2O} \times \Delta T_{H_2O}}{질량_{고체} \times \Delta T_{고체}}$$

예제 6.5 | 고체의 비열용량 구하기

문제 22.05 g의 고체를 시험관에 넣고 100.00°C로 가열한 후 물 50.00 g이 든 컵 열량계에 넣었다. 물의 온도가 25.10°C에서 28.49°C로 변했다. 이 고체의 비열용량을 구하라.

계획 고체의 질량(22.05 g)과 물의 질량(50.00 g)이 주어졌고 물의 온도 변화와 고체의 온도 변화는 주어진 값을 빼서 구할 수 있다. 언제나 $T_{최종} - T_{초기}$를 사용한다. 식 (6.7)을 이용하고, 고체가 방출한 열($-q_{고체}$)을 물이 흡수한 열(q_{H_2O})과 같다고 놓는다. 물의 비열용량은 알고 있으니 $c_{고체}$에 대해서 풀면 된다.

풀이 $\Delta T_{고체}$와 ΔT_{H_2O} 구하기:

$T_{초기}$(고체) = 100.00°C; $T_{초기}$(H_2O) = 25.10°C; $T_{최종}$ (고체와 H_2O) = 28.49°C

$$\Delta T_{H_2O} = T_{최종} - T_{초기} = 28.49°C - 25.10°C = 3.39°C = 3.39\text{ K}$$

$$\Delta T_{고체} = T_{최종} - T_{초기} = 28.49°C - 100.00°C = -71.51°C = -71.51\text{ K}$$

$\Delta T_{고체}$가 음의 부호를 가진다는 것은 고체가 냉각되었음을 의미한다.

$c_{고체}$ 구하기:

$$c_{고체} = -\frac{c_{H_2O} \times 질량_{H_2O} \times \Delta T_{H_2O}}{질량_{고체} \times \Delta T_{고체}} = -\frac{4.184\ J/g{\cdot}K \times 50.00\ g \times 3.39\ K}{22.05\ g \times (-71.51\ K)} = 0.450\ J/g{\cdot}K$$

검산 근사치를 구해 보면 $-4\ J/g{\cdot}K \times 50\ g \times 3\ K/[20\ g \times (-70°C)] = 0.4\ J/g{\cdot}K$이므로 답은 타당하다.

해설 물의 온도가 3.39 K만큼 변한 반면 고체의 온도는 훨씬 더 크게(71.51 K) 변했다는 것을 주목하라. 고체의 질량이 물의 질량의 절반밖에 되지 않는다는 점이 ΔT 값의 차이에 기여하기도 했지만, 더 중요한 요인은 물의 비열이 고체의 비열보다 9배 크다는 점이다.

▶ 보충 문제

6.5A 광택이 나는 황갈색 금속 시료 12.18 g을 65.00°C로 가열한 후 물 25.00 g이 든 컵 열량계에 넣었다. 물의 온도가 25.55°C에서 27.25°C로 변했다. 이 금속은 무엇인가? (표 6.2 참조)

6.5B 타이타늄 33.2 g으로 된 자전거의 부품을 50.00°C의 물 75.0 g이 든 컵 열량계에 넣었더니 온도가 49.30°C로 떨어졌다. 이 금속 부품의 초기 온도는 섭씨 몇 도이었는가? (타이타늄의 $c = 0.228\ J/g{\cdot}K$)

유사 문제 6.41~6.46

다음 예제에서는 열량계를 사용하여 수용액 중 산-염기 반응의 열 이동을 알아본다. 반응이 일정 압력에서 일어나면 반응열($q_{반응}$)은 엔탈피 변화(ΔH)와 같다는 것을 기억하자.

인터넷 핫스팟

일정 압력 열량 측정법 계산이 어렵게 느껴진다면, eBook에 접속하여 이 주제에 대한 추가 학습 동영상을 참고하자.

예제 6.6 | 수용액 반응의 엔탈피 구하기

문제 컵 열량계에 25.00°C의 0.500 *M* NaOH 50.0 mL와 역시 25.00°C의 0.500 *M* HCl 25.0 mL를 가했다. 용액을 저은 후 최종 온도는 27.21°C였다. [전체 부피는 각 부피의 합이고, 최종 용액의 밀도(1.00 g/mL)와 비열용량(표 6.2)은 물과 같다고 가정한다.] **(a)** $q_{용액}$을 J 단위로 구하라. **(b)** 반응의 엔탈피 변화 ΔH를 생성된 H_2O에 대해 kJ/mol 단위로 구하라.

(a) $q_{용액}$ 구하기

계획 용액이 주위이므로 반응이 진행함에 따라 열이 용액으로 흐른다(따라서 용액의 온도는 높아진다). $q_{용액}$을 구하기 위해 식 (6.7)을 써야 하므로 용액의 질량, 온도 변화 및 비열용량이 필요하다. 용액의 부피(25.0 mL와 50.0 mL)를 알고 있으므로 주어진 밀도(1.00 g/mL)를 이용하여 질량을 구한다. 그리고 나서 전체 질량에 주어진 c(4.184 J/g·K)와 $T_{최종} - T_{초기}$로 구한 T의 변화를 곱하여 $q_{용액}$을 구한다.

풀이 $질량_{용액}$과 $\Delta T_{용액}$ 구하기:

$$용액의\ 전체\ 질량(g) = (25.0\ mL + 50.0\ mL) \times 1.00\ g/mL = 75.0\ g$$
$$\Delta T = 27.21°C - 25.00°C = 2.21°C = 2.21\ K$$

$q_{용액}$ 구하기:

$$q_{용액} = c_{용액} \times 질량_{용액} \times \Delta T_{용액} = (4.184\ J/g{\cdot}K)(75.0\ g)(2.21\ K) = 693\ J$$

검산 반응에서 열이 용액으로 방출되므로 $q_{용액}$의 값은 양수이다. $q_{용액}$의 크기를 근사로 구해보면 $4\ J/g{\cdot}K \times 75\ g \times 2\ K = 600\ J$이므로 답에 가깝다.

(b) 엔탈피 변화(ΔH) 계산

계획 주위의 열이 $q_{용액}$이므로, $q_{용액}(= \Delta H)$은 반응열($q_{반응}$)과 크기는 같고 반대 부호를 갖는다. $q_{반응}$을 생성된 물의 양(mol)로 나누면 생성된 물의 ΔH를 kJ/몰 단위로 얻는다. 생성된 물의 양(mol)을 계산하기 위해 산-염기 반응의 균형 반응식을 쓰고, 부피와 농도(0.500 *M*)을 사용하여 각 반응물(H^+와 OH^-)의 양(mol)을 구한다. 두 반응물의 양이 주어졌으므로 어느 것이 한계 반응물, 즉 어느 것이 생성물(H_2O)를 적게 만드는지를 알아낸다.

풀이 균형 반응식 쓰기:

$$HCl(aq) + NaOH(aq) \longrightarrow H_2O(l) + NaCl(aq)$$

반응물의 양(mol) 구하기:

$$\text{HCl의 양(mol)} = 0.500 \text{ mol HCl/L} \times 0.0250 \text{ L} = 0.0125 \text{ mol HCl}$$
$$\text{NaOH의 양(mol)} = 0.500 \text{ mol NaOH/L} \times 0.0500 \text{ L} = 0.0250 \text{ mol NaOH}$$

생성물의 양(mol) 구하기: 반응식의 계수가 모두 1이므로 생성물의 양은 반응물의 양(mol)과 같다. 그러므로 HCl이 적은 양의 생성물, 즉 H_2O 0.0125 mol을 생성하므로 한계 반응물이다.

ΔH 구하기: 용액이 *흡수*한 열이 반응에서 *방출*된 열이다. 즉,

$$q_{\text{용액}} = -q_{\text{반응}} = 693 \text{ J} \qquad \text{따라서} \qquad q_{\text{반응}} = -693 \text{ J}$$

$$\Delta H \text{ (kJ/mol)} = \frac{q_{\text{반응}}}{\text{mol } H_2O} \times \frac{1 \text{ kJ}}{1000 \text{ J}} = \frac{-693 \text{ J}}{0.0125 \text{ mol } H_2O} \times \frac{1 \text{ kJ}}{1000 \text{ J}} = -55.4 \text{ kJ/mol } H_2O$$

검산 한계 반응물을 확인해 보자. H^+의 부피는 OH^- 부피의 반인데, 농도는 같고 양론 비는 1/1이다. 따라서 H^+의 양(mol)이 생성물의 양을 결정한다. $q_{\text{용액}}$의 근사치를 구하고 부호를 반대로 하면, ΔH는 $-600 \text{ J}/0.012 \text{ mol} = -5{\times}10^4 \text{ J/mol}$ 또는 -50 kJ/mol이므로, 답은 옳은 것으로 보인다.

▶ 보충 문제

6.6A 모두 21.90°C인 2.00 M HNO_3 25.0 mL와 1.00 M KOH 50.0 mL을 혼합했을 때, 반응에 의해 혼합물의 온도가 27.05°C로 상승하였다.

(a) 균형 반응식과 알짜 이온 반응식을 써라.

(b) $q_{\text{반응}}$을 kJ 단위로 구하라. (최종 부피는 혼합된 부피의 합과 같고, 최종 용액의 $d = 1.00$ g/mL이고, $c = 4.184$ J/g·K로 가정하라.)

6.6B 0.500 M $Ba(OH)_2$ 용액 50.0 mL와 같은 부피, 같은 농도의 HCl 용액을 컵 열량계에서 반응시켰더니 $q_{\text{용액}}$이 1.386 kJ이었다. 반응의 ΔH를 생성된 H_2O에 대해 kJ/mol 단위로 구하라.

유사 문제 6.47, 6.48

일정 부피 열량 측정법 일정 부피 열량 측정법에서는, 연료나 음식물의 연소 반응열을 측정하는 데 흔히 사용하는 장치인 *통 열량계*(bomb calorimeter)를 사용한다. 컵 열량계에서는 모든 열이 물에 흡수된다고 가정하였지만, 사실은 약간의 열이 젓개, 온도계, 컵 등에 흡수된다. 훨씬 더 정밀한 통 열량계의 경우, *열량계 전체의 열용량*이 알려져 있다. (또는 구할 수 있다.)

그림 6.10은 통 열량계의 구조를 보여주는데, 질량을 미리 측정한 가연성 시료가 금속 벽으로 둘러싸인 격실(통) 안에 들어 있고, 산소 기체가 채워진 통은 모터가 장착된 교반기와 온도계가 구비된 단열 물중탕 안에 담겨 있다. 전원에 연결된 열선이 시료를 점화시키고 방출된 열이 통, 물 및 열량계의 다른 부분의 온도를 상승시킨다.

식 (6.7)을 써서 열량계가 흡수한 열을 다음 식으로 계산할 수 있다.

$$q_{\text{열량계}} = c_{\text{열량계}} \times \text{질량}_{\text{열량계}} \times \Delta T_{\text{열량계}}$$

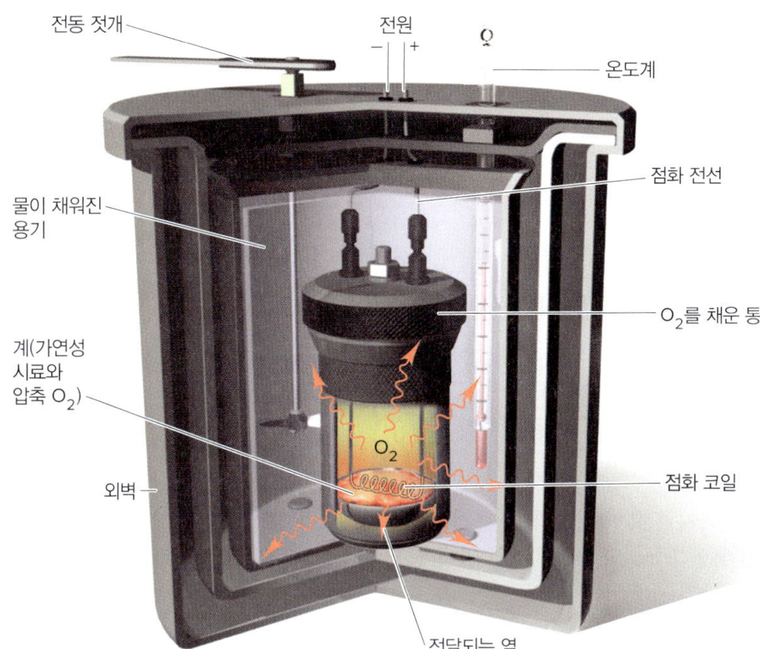

그림 6.10 **통 열량계.** 이 장치는 일정 부피에서 방출된 열(q_V)을 측정한다.

$c_{열량계}$와 *질량*$_{열량계}$를 곱하여 열량계 전체의 열용량인 $C_{열량계}$를 J/K 또는 kJ/K 단위로 구할 수 있다. 따라서 식 (6.7)을 다음과 같이 간단히 쓸 수 있다.

$$q_{열량계} = C_{열량계} \times \Delta T_{열량계} \quad \textbf{(6.8)}$$

전체 열량계의 열용량을 알기 때문에 측정된 열량계의 ΔT를 사용하여 시료의 연소 과정에서 방출되는 열을 계산할 수 있다. 반대로 부호를 바꾸면 시료의 연소 중에 *방출*되는 열을 구할 수 있다.

$$-q_{반응} = q_{열량계}$$

강철 통은 단단하게 밀봉되어 있어서 컵 열량계처럼 대기로 열려 있지 않으므로 압력이 일정하지 *않다*. 통의 부피는 고정되어 있어서 $\Delta V = 0$이고, 따라서 $P\Delta V = 0$이다. 그러므로 측정한 에너지 변화는 *일정한 부피에서 방출된 열*(q_V)인데, 이는 ΔH가 아니고 ΔE와 같다.

$$\Delta E = q + w = q_V + 0 = q_V$$

그러나 6.2절에서 설명한 것처럼 기체의 몰수가 변하더라도, $P\Delta V$는 ΔE보다 *훨씬 작기* 때문에 ΔH는 ΔE와 거의 같다. 예를 들면 H_2의 연소에서는 ΔH가 ΔE보다 겨우 0.5% 더 크고 옥테인 연소의 경우에는 ΔE보다 딱 0.2% 작다.

예제 6.7 | 연소 반응열 계산

문제 산소-아세틸렌 토치는 상당한 고온을 낼 수 있기 때문에 금속을 용접하거나 절단하는 데 종종 사용된다. 아세틸렌(C_2H_2) 2.50 g이 열용량 10.85 kJ/K의 통 열량계에서 연소될 때, 온도가 23.488°C에서 34.988°C로 상승하였다. 이 연소 반응의 ΔE를 kJ/mol 단위로 구하라.

계획 아세틸렌 2.50 g의 연소 중 발생한 열을 구하기 위해서는 ΔT를 구하여 주어진 열량계의 열용량(10.85 kJ/K)를 곱한 후, $-q_{반응} = q_{열량계}$이므로 부호를 바꾼다. 아세틸렌의 몰질량을 써서 아세틸렌 1 mol이 방출하는 열(ΔE)을 구한다.

풀이 ΔT 구하기:

$$\Delta T = T_{최종} - T_{초기} = 34.988°C - 23.488°C = 11.500°C = 11.500\ K$$

열량계가 흡수한 열량 계산:

$$q_{열량계} = C_{열량계} \times \Delta T = 10.85\ kJ/K \times 11.500\ K = 124.8\ kJ$$

그러므로 아세틸렌 2.50 g에 대해서 $q_{반응} = -124.8$ kJ이다.

$$\Delta E = \frac{-124.8\ kJ}{2.50\ g\ C_2H_2} \times \frac{26.04\ g\ C_2H_2}{1\ mol\ C_2H_2} = -1.30 \times 10^3\ kJ/mol\ C_2H_2$$

검산 간단히 계산해 보면 답이 그럴듯하다는 것을 알 수 있다. 아세틸렌 시료 2.50 g의 연소에 대해 11 kJ/K × 12 K = 132 kJ이다. C_2H_2 1 mol은 이 질량의 10배 정도이므로 ΔE는 10 × −132 kJ = −1320 kJ 정도가 되어야 한다.

보충 문제

6.7A 한 화학자가 흑연(탄소의 한 형태) 0.8650 g을 통 열량계 속에서 태워서 CO_2가 생성되었다. 만일 흑연 1 mol당 393.5 kJ의 열이 방출되고 ΔT가 3.116 K이라면 통 열량계의 열용량은 얼마인가?

6.7B 어떤 회사에서 자신들의 새로운 다이어트용 디저트 1인분의 열량이 10 Cal 이하라고 주장한다. 이 주장을 확인하기 위해 소비자 보호원의 화학자가 통 열량계에 1인분을 넣고 O_2 존재 하에서 연소시켰다. 초기 온도는 21.862°C였고, 최종 온도는 26.799°C였다. 통 열량계의 열용량이 8.151 kJ/K라면, 이 회사의 주장이 옳은가?

유사 문제 6.49, 6.50, 6.51, 6.53

인터넷 핫스팟

일정 부피 열량 측정법의 계산이 어렵게 느껴진다면, eBook에 접속하여 이 주제에 대한 추가 학습 동영상을 참고하자.

6.3절 요약

- 일정한 압력(q_P)에서 열로 전달된 에너지를 측정함으로써 어떤 과정의 ΔH를 구한다. 이 계산을 하려면, ΔT를 구하고 물질의 질량과 그 물질 1 g의 온도를 1 K 올리는 데 필요한 에너지의 양인 비열용량(c)을 곱해야 한다.
- 열량계는 일정한 압력 하에서(컵: $q_P = \Delta H$) 또는 일정한 부피에서(통: $q_V = \Delta E$) 과정이 진행되는 동안 방출(또는 흡수)되는 열을 측정한다.

6.4 열화학 반응식의 화학량론

열화학 반응식(thermochemical equation)은 반응의 엔탈피 변화(ΔH)를 포함하는 균형 반응식이다. 주어진 ΔH는 그 반응식에 있는 *물질의 양(mol)과 그 물질의 상태*에만 적용된다는 것을 명심해야 한다. 어떤 한 과정의 엔탈피 변화는 두 가지 면을 가지고 있다.

- *부호*. ΔH의 부호는 그 반응이 발열(−)인지 흡열(+)인지에 따라 달라진다. 역반응은 정반응과 *반대* 부호를 갖는다. 물 2 mol이 구성 원소로 분해(흡열):

$$2H_2O(l) \longrightarrow 2H_2(g) + O_2(g) \qquad \Delta H = 572\ kJ$$

원소로부터 물 2 mol 생성(발열):

$$2H_2(g) + O_2(g) \longrightarrow 2H_2O(l) \qquad \Delta H = -572\ kJ$$

- *크기*. ΔH의 크기는 *물질의 양에 비례*한다.

원소로부터 물 1 mol 생성(위 값의 절반):

$$H_2(g) + \tfrac{1}{2}O_2(g) \longrightarrow H_2O(l) \qquad \Delta H = -286\ kJ$$

열화학 반응식에 대해 이해해야 할 두 가지 요점은 다음과 같다.

1. *균형 계수*. 필요한 경우 반응식의 균형을 맞출 때 분수 계수를 사용한다. 왜냐하

그림 6.11 물질의 양(mol)과 반응 중 열로 전달된 에너지(kJ)와의 관계.

면 *물질의 특정 양, 흔히* 1 mol에 대해 ΔH를 명시하기 때문이다. 예를 들어 기체 상태의 SO_2의 경우,

$$\tfrac{1}{8}S_8(s) + O_2(g) \longrightarrow SO_2(g) \qquad \Delta H = -296.8 \text{ kJ}$$

2. *열화학적 동등성. 주어진 반응*에서 특정 물질의 양과 특정 양의 에너지는 열화학적으로 서로 당량이다. 화학량론적으로 당량인 몰비를 사용하여 물질의 양을 구하는 것처럼 열화학적으로 당량인 양을 사용하여 주어진 양의 물질의 반응에 대한 ΔH을 구한다. 앞 두 반응을 예로 들면,

296.8 kJ은 $S_8(s)$ $\frac{1}{8}$ mol과 열화학적 당량이다.
286 kJ은 $O_2(g)$ $\frac{1}{2}$ mol과 열화학적 당량이다.
286 kJ은 $H_2O(l)$ 1 mol과 열화학적 당량이다.

또한 몰질량(g/mol)을 이용하여 물질의 양(mol)을 질량(g)으로 환산하는 것처럼, ΔH(kJ/mol)를 이용하여 물질의 양에 상응하는 열의 양(kJ)으로 환산한다. 그림 6.11은 이 새로운 관계를 보여주고, 예제 6.8은 이를 이용한 것이다.

예제 6.8 | 반응의 엔탈피 변화(ΔH)로 부터 물질의 양 구하기

문제 전 세계 알루미늄의 주요 공급원은 보크사이트(bauxite, 주로 산화 알루미늄)이다. 이것의 열분해는 다음과 같이 일어난다.

$$Al_2O_3(s) \xrightarrow{\Delta} 2Al(s) + \tfrac{3}{2}O_2(g) \qquad \Delta H = 1676 \text{ kJ}$$

만일 알루미늄을 이 방법으로 생산한다면(해설 참조), 1.000×10^3 kJ의 열이 전달될 때 알루미늄 몇 g이 생성되겠는가?

계획 균형 반응식과 엔탈피 변화로부터 1676 kJ의 열이 Al 2 mol과 열화학적으로 당량임을 알 수 있다. 이 당량 관계를 써서 전달된 kJ을 생성물의 양(mol)으로 바꾸고 나서 질량(g)으로 환산한다(로드맵 참조).

로드맵

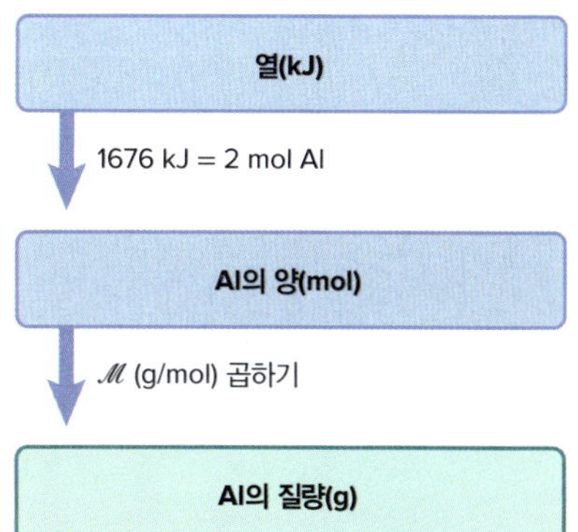

풀이 단계들을 묶어서 전달된 열을 Al의 질량으로 환산하기:

$$\text{Al의 질량(g)} = (1.000 \times 10^3 \text{ kJ}) \times \frac{2 \text{ mol Al}}{1676 \text{ kJ}} \times \frac{26.98 \text{ g Al}}{1 \text{ mol Al}} = 32.20 \text{ g Al}$$

검산 알루미늄 질량은 맞는 것처럼 보인다. ~1700 kJ이 Al 2 mol(54 g)을 생성하므로 1000 kJ은 절반(27 g)보다 좀 더 많이 생성해야 한다.

해설 실제로는 알루미늄은 보크사이트를 가열하여 얻지 않고 전기 에너지를 공급하여 얻는다. 하지만 H는 상태 함수이기 때문에, 이 변화가 어떻게 일어나든지 상관없이 이 변화에 필요한 총 에너지는 같다.

▶ **보충 문제**

6.8A H_2와 "불포화" 유기 화합물이 결합하는 유기 수소화 반응은 음식, 연료, 고분자 산업에 이용된다. 가장 간단한 경우가 에텐(C_2H_4)과 H_2가 에테인(C_2H_6)을 생성하는 반응이다. 반응하는 C_2H_4 1 mol당 137 kJ을 방출한다면, C_2H_6 15.0 kg이 생성될 때 방출되는 열은 얼마인가?

6.8B 벼락이 칠 때의 엄청나게 높은 온도에서 질소와 산소는 일산화 질소를 형성한다. 반응하는 N_2 1 mol당 180.58 kJ의 열이 흡수된다면, NO 3.5톤(1 t = 10^3 kg)이 형성되려면 얼마나 많은 열이 흡수되어야 하는가?

유사 문제 6.57~6.60

> 6.4절 요약

- 열화학 반응식은 균형 반응식*과* ΔH 값을 보여준다. ΔH의 부호는 정반응과 역반응이 서로 반대이다. ΔH의 크기는 각 반응마다 고유한 값을 갖는다.
- 균형 반응식에서 특정 물질의 양과 열의 양은 열화학적으로 서로 당량이며, 이 관계를 환산 인자로 사용하여 반응하는 물질의 양으로부터 전달되는 열의 양을 구할 수 있다.

6.5 Hess의 법칙: 반응의 ΔH 구하기

개별적으로 일어나기 어렵거나 불가능한 반응들이 종종 있는데, 복잡한 생화학적 과정의 일부이거나 극한 조건에서 일어나는 반응이거나 반응 조건을 바꾸어야 하는 것들이다. 실험실에서 이러한 반응을 일으킬 수는 없어도 엔탈피 변화는 구하는 방법이 있다. 엔탈피의 상태 함수 성질을 이용하여, 반응식을 쓸 수 있는 반응은 *어떤* 반응이던 그 반응의 ΔH를 구할 수 있다.

이 방법은, *전체 과정의 엔탈피 변화는 각 단계의 엔탈피 변화의 합과 같다*는 **Hess의 법칙**(Hess's law)에 근거한 것이다.

$$\Delta H_{전체} = \Delta H_1 + \Delta H_2 + \cdot\cdot\cdot + \Delta H_n \quad (6.9)$$

이 법칙은 어떤 과정의 ΔH는 최종 상태와 초기 상태 사이의 차이에 의해서만 결정된다는 사실에서 나온 것이다. Hess의 법칙을 적용하기 위해서는 다음 과정을 따른다.

- 전체(목표) 반응은 일련의 개별 반응 단계를 통해 일어난다고 가정한다. 개별 반응이 실제로 일어나던 일어나지 않던 상관없다. (각 단계의 반응을 모두 합한 것은 전체 반응과 같아야 한다.)
- ΔH를 알고 있는 개별 반응 단계를 선택한다.
- 필요한 경우 개별 단계의 반응식을 ΔH와 함께 적절히 조절하여 전체 반응식을 구한다.
- 각 단계의 ΔH 값을 더하여 전체 반응에 대한 미지 ΔH를 구한다. 또한 한 단계를 제외한 다른 모든 단계와 전체 반응의 ΔH를 알고 있으면, 전체 반응의 ΔH에서 다른 단계들의 ΔH를 빼줌으로써 그 단계의 미지 ΔH를 구할 수 있다.

Hess의 법칙을 코크스(흑연 형태의 탄소)와 수증기의 반응에 적용해 보자:

$$2C(s) + 2H_2O(g) \longrightarrow CH_4(g) + CO_2(g)$$

이 반응의 ΔH를 구하기 위해 다음 열화학 반응식들이 주어진다:

반응식 1:	$C(s) + H_2O(g) \longrightarrow CO(g) + H_2(g)$	$\Delta H_1 = 131.3$ kJ
반응식 2:	$CO(g) + H_2O(g) \longrightarrow CO_2(g) + H_2(g)$	$\Delta H_2 = -41.2$ kJ
반응식 3:	$CH_4(g) + H_2O(g) \longrightarrow 3H_2(g) + CO(g)$	$\Delta H_3 = 206.1$ kJ
반응식 4:	$2C(s) + 2H_2O(g) \longrightarrow CH_4(g) + CO_2(g)$	$\Delta H_4 = ?$

반응식 1, 2, 3을 ΔH *값과 함께* 조정하여 이 반응식들의 합이 반응식 4가 되도록 만들 수 있다면, 이 반응식들의 ΔH 값의 합으로 미지의 ΔH_4를 구할 수 있다.

우선 ΔH를 구하고자 하는 "목표" 반응식을 확인하고, 각 반응물과 생성물의 양(mol)을 알아본다. 이 경우 "목표"는 반응식 4이다. 그리고 나서 반응식 1, 2, 3을 조정하여 합이 반응식 4가 되도록 한다:

- 반응식 4는 반응식 1과 비교하여 C의 양이 2배이므로, 반응식 1*과* ΔH_1에 모두 2를 곱한다. 즉, 반응식과 ΔH 값을 항상 같은 방식으로 처리한다.
- 반응식 4와 반응식 2는 같은 양의 CO_2를 화살표 기준 같은 쪽 변에 가지고 있으므로 반응식 2는 바꾸지 않는다.
- 반응식 4와 반응식 3은 같은 양의 CH_4를 화살표 기준 반대쪽 변에 가지고 있으므로 반응식 3의 역반응을 취하고 ΔH_3의 부호를 바꾼다.

- 반응물과 생성물이 목표한 양만큼 존재하도록 조정했으므로, 조정된 반응식 1, 2, 3을 더하고 *양변에 있는 같은 항을 상쇄하여 지운다*.

2(반응식 1):	$2C(s) + 2H_2O(g) \longrightarrow 2CO(g) + 2H_2(g)$	$\Delta H_1 = 2(131.3) = 262.6$ kJ
반응식 2:	$CO(g) + H_2O(g) \longrightarrow CO_2(g) + H_2(g)$	$\Delta H_2 = -41.2$ kJ
반응식 3의 역반응:	$3H_2(g) + CO(g) \longrightarrow CH_4(g) + H_2O(g)$	$\Delta H_3 = -(206.1) = -206.1$ kJ
반응식 4:	$2C(s) + 2H_2O(g) + \cancel{CO(g)} + \cancel{H_2O(g)} + \cancel{3H_2(g)} + \cancel{CO(g)} \longrightarrow \cancel{2CO(g)} + \cancel{2H_2(g)} + CO_2(g) + \cancel{H_2(g)} + CH_4(g) + \cancel{H_2O(g)}$	
또는	$2C(s) + 2H_2O(g) \longrightarrow CH_4(g) + CO_2(g)$	$\Delta H_4 = 15.3$ kJ

화살표 양쪽에 있는 CO 2몰과 H_2 3몰이 상쇄되어 목표 반응식이 얻어진다. 우변의 H_2O 1몰과 좌변의 H_2O 1몰은 상쇄되어 좌변에 H_2O 2몰이 남는다.

ΔH는 $H_{최종}$과 $H_{초기}$의 차이에만 의존하기 때문에, Hess의 법칙에 의하면 반응이 한 단계로 일어나든 여러 단계로 일어나든 상관없이 반응물(C 2몰과 H_2O 2몰)과 생성물(CH_4 1 몰과 CO_2 1몰)의 엔탈피 차이는 동일하다.

요약하면 세 단계를 거쳐 미지의 ΔH를 구한다.

1. ΔH를 모르는 단계인 목표 반응식을 확인하고 각 반응물과 생성물의 양(mol)을 알아본다.
2. ΔH 값을 알고 있는 각 반응식을 조정하여 각 물질의 목표 양(mol)이 반응식의 올바른 쪽에 오도록 한다. 다음을 꼭 기억하자.
   - 반응식을 역반응으로 쓸 때 ΔH의 부호를 바꾼다.
   - 양(mol)과 ΔH에 같은 인자로 곱한다.
3. 조정한 반응식과 ΔH를 더하여 목표 반응식과 ΔH를 구한다. 목표 반응식에 들어 있는 물질 이외의 모든 물질은 상쇄되어야 한다.

인터넷 핫스팟

Hess의 법칙을 적용하는 것이 어렵게 느껴진다면, eBook에 접속하여 이 주제에 대한 추가 학습 동영상을 참고하자.

예제 6.9 | Hess의 법칙을 이용하여 미지의 ΔH 구하기

문제 산화 질소는 자연이나 공장에서 여러 반응을 일으킨다. 다음 산화 질소의 반응의 ΔH를 구하라.

$$4NO_2(g) + O_2(g) \longrightarrow 2N_2O_5(s)$$

ΔH를 구하기 위해 다음 자료를 이용한다.

반응식 A:	$N_2O_5(s) \longrightarrow 2NO(g) + \frac{3}{2}O_2(g)$	$\Delta H = 223.7$ kJ
반응식 B:	$NO(g) + \frac{1}{2}O_2(g) \longrightarrow NO_2(g)$	$\Delta H = -57.1$ kJ

계획 각 물질의 양(mol)과 그 물질이 목표 반응식의 어느 쪽에 위치하는지를 알아낸다. 반응식 A와 반응식 B 및 그 ΔH 값을 조정한 다음, 이 반응식들을 더하여 목표 반응식과 미지의 ΔH를 구한다.

풀이 목표 반응식에 있는 물질 확인:

반응물에는 NO_2 4몰과 O_2 1몰, 생성물에는 N_2O_5 2몰이 있다.

주어진 반응식 조정하기:

- 반응식 A는 목표 반응식 대비 절반만큼의 양의 N_2O_5를 화살표 기준 반대쪽 변에 가지고 있다. 따라서 반응식 A의 역반응을 취하고 ΔH의 부호를 바꾸고 양변에 2를 곱한다.

$$2[2NO(g) + \tfrac{3}{2}O_2(g) \longrightarrow N_2O_5(s)] \qquad \Delta H = -2(223.7 \text{ kJ})$$

또는 $\quad 4NO(g) + 3O_2(g) \longrightarrow 2N_2O_5(s) \qquad \Delta H = -447.4$ kJ

- 반응식 B는 목표 반응식 대비 1/4만큼의 양의 NO_2를 화살표 기준 반대쪽 변에 가지고 있다. 따라서 반응식 B의 역반응을 취하고 ΔH의 부호를 바꾸고 양변에 4를 곱한다.

$$4[NO_2(g) \longrightarrow NO(g) + \tfrac{1}{2}O_2(g)] \qquad \Delta H = -4(-57.1 \text{ kJ})$$

또는 $\quad 4NO_2(g) \longrightarrow 4NO(g) + 2O_2(g) \qquad \Delta H = 228$ kJ

조정된 반응식들을 더하여 목표 반응식 얻기:

2(반응식 A의 역반응):	$4NO(g) + 1\ 3O_2(g) \longrightarrow 2N_2O_5(s)$	$\Delta H = -447.4$ kJ
4(반응식 B의 역반응):	$4NO_2(g) \longrightarrow 4NO(g) + 2O_2(g)$	$\Delta H = 228$ kJ
목표 반응식:	$4NO_2(g) + O_2(g) \longrightarrow 2N_2O_5(s)$	$\Delta H = -219$ kJ

양변에서 O_2 2몰이 상쇄되어, $3 - 2 = 1$몰의 O_2가 반응물로 남는다.

검산 원하는 목표 반응식을 얻는 것으로 확인은 충분하다. 반응식을 역으로 하면 ΔH의 부호를 바꾸어야 한다는 것을 기억하자.

▶ 보충 문제

6.9A CO와 NO는 자동차 배기가스에 들어 있는 두 가지 오염물질이다. 환경화학자는 다음 반응을 통해 이 오염물질을 덜 해로운 기체로 바꾸려고 한다.

$$CO(g) + NO(g) \longrightarrow CO_2(g) + \tfrac{1}{2}N_2(g) \qquad \Delta H = ?$$

다음 자료를 이용하여 이 반응의 ΔH를 구하라.

$$CO(g) + \tfrac{1}{2}O_2(g) \longrightarrow CO_2(g) \qquad \Delta H = -283.0 \text{ kJ}$$
$$N_2(g) + O_2(g) \longrightarrow 2NO(g) \qquad \Delta H = 180.6 \text{ kJ}$$

6.9B 아래 반응을 사용하여 HCl 기체 1 mol이 원소 상태로부터 생성될 때의 ΔH를 구하라.

$$N_2(g) + 3H_2(g) \longrightarrow 2NH_3(g) \qquad \Delta H = -91.8 \text{ kJ}$$
$$N_2(g) + 4H_2(g) + Cl_2(g) \longrightarrow 2NH_4Cl(s) \qquad \Delta H = -628.8 \text{ kJ}$$
$$NH_3(g) + HCl(g) \longrightarrow NH_4Cl(s) \qquad \Delta H = -176.2 \text{ kJ}$$

유사 문제 6.70, 6.71

› 6.5절 요약

- H가 상태 함수이기 때문에 Hess의 법칙을 이용하여 한 반응이 여러 다른 반응들의 합이라고 가정함으로써 그 반응의 ΔH를 구할 수 있다.
- 목표 반응식의 물질과 일치하도록 이들 구성 반응식들과 그 ΔH 값들을 조정한 후, 조정한 ΔH 값들을 더하여 미지의 ΔH를 구한다.

6.6 표준 반응 엔탈피($\Delta H^\circ_{반응}$)

이 절에서는 Hess의 법칙을 이용하여 수많은 반응의 ΔH 값을 어떻게 결정하는가를 볼 것이다. ΔH와 같은 열역학적 변수들은 조건에 따라 조금씩 변한다. 그러므로 반응을 연구하고 그 결과를 서로 비교하기 위해서 화학자는 **표준 상태**(standard state)라는 특별한 조건을 정했다.

- *기체*의 표준 상태는 1 atm*과 이상적 거동 상태이다.
- *수용액* 내의 물질의 표준 상태는 농도 1 *M*이다.
- *순수한 물질*(원소 또는 화합물)의 표준 상태는 일반적으로 1 atm과 적용 온도에서 가장 안정한 상태이다. 이 책(및 대부분의 열역학 자료)에서 적용 온도는 일반적으로 25°C(298 K)이다.

표준 상태 기호(온도를 표시하는 위첨자처럼 보임)는 *모든 물질이 표준 상태에 있을 때* 그 변수를 측정한 것이라는 뜻이다. 예를 들면, 어떤 반응의 엔탈피 변화를 표준 상태에서 측

*기체의 표준 상태에 대한 정의는 1 atm보다 약간 낮은 압력인 1 bar로 바뀌었는데, 이 책의 자료들은 1 atm에서의 값들이다(1 atm = 101.3 kPa = 1.013 bar). 대부분의 경우 이 차이는 표준 엔탈피 값에 거의 영향을 미치지 않는다.

정하면 **표준 반응 엔탈피**(standard enthalpy of reaction, $\Delta H^\circ_{반응}$)가 된다. (또한 *표준 반응열*이라 부르기도 한다.)

생성 반응식과 표준 엔탈피 변화

생성 반응식(formation equation)은 화합물 1 mol이 원소로부터 생성되는 반응식이다. **표준 생성 엔탈피**(standard enthalpy of formation, ΔH°_f) (또는 *표준 생성열*)는 모든 물질들이 표준 상태에 있을 때의 생성 반응식에 대한 엔탈피 변화이다. 예를 들면, 메테인(CH_4)의 생성 반응식은 다음과 같다.

$$C(흑연) + 2H_2(g) \longrightarrow CH_4(g) \qquad \Delta H^\circ_f = -74.9 \text{ kJ}$$

생성물 1 mol을 얻기 위해 생성 반응식의 반응물에 분수 계수를 사용하기도 한다.

$$Na(s) + \tfrac{1}{2}Cl_2(g) \longrightarrow NaCl(s) \qquad \Delta H^\circ_f = -411.1 \text{ kJ}$$
$$2C(흑연) + 3H_2(g) + \tfrac{1}{2}O_2(g) \longrightarrow C_2H_5OH(l) \qquad \Delta H^\circ_f = -277.6 \text{ kJ}$$

많은 물질에 대한 표준 생성 엔탈피가 표로 만들어졌다. 표 6.3에서 두 가지 중요한 점을 알 수 있다(더 광범위한 표는 부록 B 참조).

1. *표준 상태에 있는 원소의* $\Delta H^\circ_f = 0$.

- 원소의 표준 상태는 표준 조건에서 존재하는 물질(고체, 액체, 또는 기체)의 상태이다. 소듐과 같은 대부분의 금속의 표준 상태는 고체이다.

$$Na(s): \Delta H^\circ_f = 0 \qquad Na(g): \Delta H^\circ_f = 107.8 \text{ kJ/mol}$$

Na 고체 1 mol을 증발시켜 Na 기체 1 mol로 만들려면 107.8 kJ의 열이 추가로 필요하다.

금속 수은과 비금속 브로민의 경우 표준 상태는 액체상인데, 이 원소들이 표준 조건에서 액체로 존재하기 때문이다.

$$Hg(l): \Delta H^\circ_f = 0 \qquad Hg(g): \Delta H^\circ_f = 61.3 \text{ kJ/mol}$$
$$Br_2(l): \Delta H^\circ_f = 0 \qquad Br_2(g): \Delta H^\circ_f = 30.9 \text{ kJ/mol}$$

- 할로젠과 같은 분자 원소들의 표준 상태는 분리된 원자가 아니고 분자 형태이다.

$$Cl_2(g): \Delta H^\circ_f = 0 \qquad Cl(g): \Delta H^\circ_f = 121.0 \text{ kJ/mol}$$
$$H_2(g): \Delta H^\circ_f = 0 \qquad H(g): \Delta H^\circ_f = 218.0 \text{ kJ/mol}$$

Cl_2 1 mol의 결합을 끊어서 분리된 Cl 원자를 만드는 데는 추가적으로 121.0 kJ의 열이 필요하고, H_2 1 mol의 결합을 끊는 데는 218.0 kJ이 필요하다.

- 여러 가지 다른 형태(*동소체*, 14장)로 존재하는 원소도 몇 가지 있는데, 그 중 한 가지 형태만이 표준 상태이다.

$$C(흑연): \Delta H^\circ_f = 0 \qquad C(다이아몬드): \Delta H^\circ_f = 1.9 \text{ kJ/mol}$$
$$O_2(g): \Delta H^\circ_f = 0 \qquad O_3(g)(오존): \Delta H^\circ_f = 143 \text{ kJ/mol}$$
$$S_8(사방황): \Delta H^\circ_f = 0 \qquad S_8(단사황): \Delta H^\circ_f = 0.3 \text{ kJ/mol}$$

2. *화합물 대부분의* ΔH°_f*은 음수이다.* 즉, 대부분의 화합물의 생성 반응은 발열 반응이다. *즉, 표준 조건에서 대부분의 화합물은 원소로부터 형성될 때 열을 방출한다.*

표 6.3 298 K에서 몇 가지 물질의 표준 생성 엔탈피

화학식	ΔH°_f(kJ/mol)*
브로민	
$Br_2(l)$	0
$Br_2(g)$	30.9
칼슘	
$Ca(s)$	0
$CaO(s)$	−635.1
$CaCO_3(s)$	−1206.9
탄소	
C(흑연)	0
C(다이아몬드)	1.9
$CO(g)$	−110.5
$CO_2(g)$	−393.5
$CH_4(g)$	−74.9
$CH_3OH(l)$	−238.6
$HCN(g)$	135
$CS_2(l)$	87.9
염소	
$Cl_2(g)$	0
$Cl(g)$	121.0
$HCl(g)$	−92.3
수소	
$H_2(g)$	0
$H(g)$	218.0
수은	
$Hg(l)$	0
$Hg(g)$	61.3
질소	
$N_2(g)$	0
$NH_3(g)$	−45.9
$NO(g)$	90.3
산소	
$O_2(g)$	0
$O_3(g)$	143
$H_2O(g)$	−241.8
$H_2O(l)$	−285.8
은	
$Ag(s)$	0
$AgCl(s)$	−127.0
소듐	
$Na(s)$	0
$Na(g)$	107.8
$NaCl(s)$	−411.1
황	
S_8(사방황)	0
S_8(단사황)	0.3
$SO_2(g)$	−296.8
$SO_3(g)$	−396.0

*값을 소수점 아래 첫째 자리까지 나타내었다.

예제 6.10 생성 반응식 쓰기

문제 다음 각 화합물에 대한 균형 생성 반응식을 쓰고 ΔH°_f 값을 써라.

(a) $AgCl(s)$ **(b)** $CaCO_3(s)$ **(c)** $HCN(g)$

계획 원소를 반응물로, 화합물 1 mol을 생성물로 쓰며, 이때 모든 물질들이 그들의 표준 상태에 있는지 확인한다. 그런 다음 생성물의 계수를 1로 유지하면서 반응식의 균형을 맞추고, 부록 B에서 ΔH°_f 값을 찾는다.

풀이 (a) $Ag(s) + \frac{1}{2}Cl_2(g) \longrightarrow AgCl(s) \qquad \Delta H^\circ_f = -127.03\ kJ$

(b) $Ca(s) + C(\text{흑연}) + \frac{3}{2}O_2(g) \longrightarrow CaCO_3(s) \qquad \Delta H^\circ_f = -1206.9\ kJ$

(c) $\frac{1}{2}H_2(g) + C(\text{흑연}) + \frac{1}{2}N_2(g) \longrightarrow HCN(g) \qquad \Delta H^\circ_f = 135\ kJ$

▶ **보충 문제**

6.10A 다음 각 화합물에 대해 균형 생성 반응식을 쓰고 ΔH°_f를 써라.

(a) $CH_3OH(l)$ (b) $CaO(s)$ (c) $CS_2(l)$

6.10B 다음 각 화합물에 대해 균형 생성 반응식을 쓰고 ΔH°_f를 써라.

(a) $CHCl_3(l)$ (b) $NH_4Cl(s)$ (c) $PbSO_4(s)$

유사 문제 6.80, 6.81

반응물과 생성물의 ΔH°_f 값으로부터 $\Delta H^\circ_{반응}$ 구하기

반응물과 생성물의 ΔH°_f 값을 이용하여 모든 반응의 $\Delta H^\circ_{반응}$을 구할 수 있다. Hess의 법칙을 적용하여 반응이 두 단계로 일어난다고 상상해보자(그림 6.12).

단계 1. 각 반응물들이 원소로 분해된다. 이것은 *반응물*의 생성 반응의 *역반응*이므로 표준 엔탈피 변화는 $-\Delta H^\circ_f$이다.

단계 2. 원소로부터 각 생성물이 생성된다. 이 단계는 *생성물*의 생성 반응이므로 표준 엔탈피 변화는 ΔH°_f이다.

Hess의 법칙에 의해, 이 단계들에 대한 엔탈피 변화를 더하여 반응에 대한 전체 엔탈피 변화($\Delta H^\circ_{반응}$)를 얻는다. 다음 반응에 대한 $\Delta H^\circ_{반응}$을 구한다고 가정하자.

$$TiCl_4(l) + 2H_2O(g) \longrightarrow TiO_2(s) + 4HCl(g)$$

이 반응식을 각 화합물에 대해 한 개씩 모두 네 개의 개별 반응식을 합한 것처럼 쓴다. 처음 두 개는 단계 1, 즉 반응물이 그 원소로 분해되는 과정(생성의 역)을, 그 다음 두 개는 단계 2, 즉 원소로부터 생성물을 형성하는 과정을 나타낸다.

$$\begin{array}{rlr}
TiCl_4(l) \longrightarrow & Ti(s) + 2Cl_2(g) & -\Delta H^\circ_f[TiCl_4(l)] \\
2H_2O(g) \longrightarrow & 2H_2(g) + O_2(g) & -2\Delta H^\circ_f[H_2O(g)] \\
Ti(s) + O_2(g) \longrightarrow & TiO_2(s) & \Delta H^\circ_f[TiO_2(s)] \\
2H_2(g) + 2Cl_2(g) \longrightarrow & 4HCl(g) & 4\Delta H^\circ_f[HCl(g)]
\end{array}$$

$$TiCl_4(l) + 2H_2O(g) + \cancel{Ti(s)} + \cancel{O_2(g)} + \cancel{2H_2(g)} + \cancel{2Cl_2(g)} \longrightarrow \cancel{Ti(s)} + \cancel{2Cl_2(g)} + \cancel{2H_2(g)} + \cancel{O_2(g)} + TiO_2(s) + 4HCl(g)$$

또는 $$TiCl_4(l) + 2H_2O(g) \longrightarrow TiO_2(s) + 4HCl(g)$$

염화 티타늄(IV)과 물이 반응할 때 *실제로는* 반응물이 원소로 분해되었다가 다시 결합하여 생성물을 생성하는 것이 아니라는 사실에 유의하라. Hess의 법칙과 상태 함수 개념에 의해 $\Delta H^\circ_{반응}$이 두 상태 함수의 차이 즉, $H^\circ_{생성물}$ 빼기 $H^\circ_{반응물}$이며, *실제로* 반응이 어떻게 일어나는지는 상관없다. 각각의 엔탈피 변화를 더하여 $\Delta H^\circ_{반응}$을 구한다(Hess의 법칙).

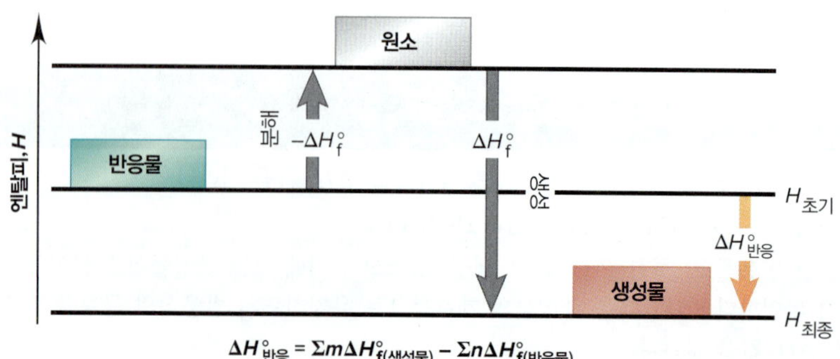

그림 6.12 ΔH°_f 값으로부터 $\Delta H^\circ_{반응}$을 계산하는 두 단계 과정.

$$\Delta H^\circ_{반응} = \Delta H^\circ_f[TiO_2(s)] + 4\Delta H^\circ_f[HCl(g)] + \{-\Delta H^\circ_f[TiCl_4(l)]\} + \{-2\Delta H^\circ_f[H_2O(g)]\}$$
$$= \underbrace{\{\Delta H^\circ_f[TiO_2(s)] + 4\Delta H^\circ_f[HCl(g)]\}}_{생성물} - \underbrace{\{\Delta H^\circ_f[TiCl_4(l)] + 2\Delta H^\circ_f[H_2O(g)]\}}_{반응물}$$

이 예에서 계산 결과는 $\Delta H^\circ_{반응} = -25.39$ kJ이다. 이 패턴을 일반화하면 *표준 반응 엔탈피는* ***생성물****의 표준 생성 엔탈피 합에서* ***반응물****의 표준 생성 엔탈피 합을 뺀 것*이다(그림 6.12 참조).

$$\Delta H^\circ_{반응} = \Sigma m\Delta H^\circ_{f(생성물)} - \Sigma n\Delta H^\circ_{f(반응물)} \quad (6.10)$$

여기서 Σ는 "합"을 뜻하고 m과 n은 균형 반응식의 계수로 주어지는 생성물의 양(mol)와 반응물의 양(mol)이다.

예제 6.11 | ΔH°_f 값으로 $\Delta H^\circ_{반응}$ 구하기

문제 이산화질소는 산소와 반응하여 오산화이질소를 생성한다(예제 6.9 참조).

$$4NO_2(g) + O_2(g) \longrightarrow 2N_2O_5(s)$$

ΔH°_f 값을 사용하여 $\Delta H^\circ_{반응}$을 구하고, 예제 6.9에서 Hess의 법칙을 이용하여 구한 $\Delta H^\circ_{반응}$ 값과 비교하라.

계획 부록 B에 실린 값을 사용하여 식 (6.10)을 적용한다.

풀이 $\Delta H^\circ_{반응}$ 구하기:

$$\begin{aligned}\Delta H^\circ_{반응} &= \Sigma m\Delta H^\circ_{f(생성물)} - \Sigma n\Delta H^\circ_{f(반응물)}\\ &= \{2\Delta H^\circ_f[N_2O_5(s)]\} - \{4\Delta H^\circ_f[NO_2(g)] + \Delta H^\circ_f[O_2(g)]\}\\ &= [(2\text{ mol})(-43.1\text{ kJ/mol})] - [(4\text{ mol})(33.2\text{ kJ/mol}) + (1\text{ mol})(0\text{ kJ/mol})]\\ &= [-86.2\text{ kJ}] - [133\text{ kJ} + 0\text{ kJ}] = -219\text{ kJ}\end{aligned}$$

이 $\Delta H^\circ_{반응}$ 값은 예제 6.9에서 구한 값과 같다.

검산 올바른 방향(생성물에 대해서는 정반응, 반응물에 대해서는 역반응)으로 각 화합물의 양에 대한 생성 반응식과 ΔH°_f을 쓰고 그 합을 구한다.

$$\begin{array}{lr} 4NO_2(g) \longrightarrow \cancel{2N_2(g)} + \cancel{4O_2(g)} & -4\Delta H^\circ_f = -4(33.2\text{ kJ}) = -133\text{ kJ}\\ \cancel{2N_2(g)} + \cancel{5}\,1\,O_2(g) \longrightarrow 2N_2O_5(s) & 2\Delta H^\circ_f = 2(-43.1\text{ kJ}) = -86.2\text{ kJ}\\ \hline 4NO_2(g) + O_2(g) \longrightarrow 2N_2O_5(s) & \Delta H^\circ_{반응} = -219\text{ kJ}\end{array}$$

해설 1. 헤스의 법칙을 이용하여 구한 $\Delta H^\circ_{반응}$ 값이 ΔH°_f 값을 사용하여 계산한 $\Delta H^\circ_{반응}$ 값과 항상 일치하지는 않지만, 두 값은 비슷할 것이다. **2.** 이 문제에서는 각각의 ΔH°_f를 알고 이들의 합인 $\Delta H^\circ_{반응}$을 구했다. 보충 문제 6.11B에서는 합을 알고 있는 상태에서, ΔH°_f 값들 중 하나를 구해본다.

▶ 보충 문제

6.11A 십산화사인은 물과 격렬하게 반응하여 인산을 형성하는데, 인산은 가장 많이 쓰이는 산업용 화학 물질 10개 중 하나이다.

$$P_4O_{10}(s) + 6H_2O(l) \longrightarrow 4H_3PO_4(l)$$

부록 B의 ΔH°_f 값으로부터 $\Delta H^\circ_{반응}$을 계산하라.

6.11B 다음 정보를 이용하여 메탄올 $CH_3OH(l)$의 ΔH°_f를 구하라.

$$CH_3OH(l) + \tfrac{3}{2}O_2(g) \longrightarrow CO_2(g) + 2H_2O(g) \quad \Delta H^\circ_{반응} = -638.6\text{ kJ}$$
$$\Delta H^\circ_f \text{ of } CO_2(g) = -393.5\text{ kJ/mol}$$
$$\Delta H^\circ_f \text{ of } H_2O(g) = -241.826\text{ kJ/mol}$$

유사 문제 6.82~6.85

이어지는 **대기 과학과 화학** 이야기에서는 이 장에서 공부한 개념들을 새로운 에너지 활용 방법에 적용해 본다.

에너지 활용의 미래

현재 인류는 필요에 의해 에너지 활용 방법을 전적으로 재검토 중이다. 가장 흔한 화석 연료의 공급 감소와 연소 생성물이 환경에 미치는 영향이 인류의 복지와 수많은 생물종의 생존을 위협하고 있다. 에너지 생산은 과학자, 공학자, 정치 지도자가 해결해야 할 현대의 가장 큰 과제 중 하나이다.

20세기에 걸쳐 에너지원은 목재에서 석탄, 그리고 석유로 전환되어 왔다. 석탄, 석유, 천연 가스 등의 **화석 연료**(fossil fuel)는 여전히 주요 에너지원이지만 화석 연료의 자연 생성 과정이 인류의 소모보다 훨씬 느리기 때문에 화석 연료는 *재생 불가*한 에너지원이다. 미국에서는 석탄과 핵에너지의 새로운 활용 방법을 찾는 연구가 진행 중이며, 동시에 바이오매스, 수소, 태양광, 바람, 지열, 조류 등의 재생 가능한 에너지원의 활용 방법을 집중적으로 연구 중이다.

이 글에서는 석탄과 바이오매스를 청정 연료로 변환하는 방법, 탄소 연료가 기후에 미치는 영향, 수소 연료 개발, 태양 에너지 활용, 에너지 보존 등에 관해 논의하고자 한다.

▶ 석탄을 청정 연료로 변환

미국의 석탄 매장량은 어마어마하지만 석탄을 연소시키면 CO_2뿐만 아니라 SO_2와 미세 먼지가 생성되고 수은이 배출된다. SO_2와 미세 먼지에 노출되면 호흡기 질병이 생기고, SO_2는 산성비(19장)의 주요 성분인 H_2SO_2로 산화된다. 신경 독소인 Hg는 미량으로도 Hg 증기로 퍼져 나가고 물고기 내에 생물 농축된다.

SO_2의 양을 감소시키기 위해 다음 두 가지 방법이 이용된다.

탈황(desulfurization). 연소 때문에 생기는 배기 가스 내 SO_2는 *집진기*(scrubber)라는 장치를 이용해 석회석($CaCO_3$)을 가열하거나 석회-물 슬러리[$Ca(OH)_2$]를 뿌려 제거한다.

$$CaCO_3(s) + SO_2(g) \xrightarrow{\Delta} CaSO_3(s) + CO_2(g)$$
$$2CaSO_3(s) + O_2(g) + 4H_2O(l) \longrightarrow 2CaSO_4{\cdot}2H_2O(s;\ \text{석고})$$
$$2Ca(OH)_2(aq) + 2SO_2(g) + O_2(g) + 2H_2O(l) \longrightarrow 2CaSO_4{\cdot}2H_2O(s)$$

발전소 옆에 건설한 석고보드 공장에서는 (매년 소비자 1인당 1톤 정도) 석고를 소비하는데, 연간 석고보드 생산량의 약 20% 정도는 이런 합성 석고로 만들어진다.

가스화(gasification). **석탄 가스화**(coal gasification) 과정에서는 산소 공급을 제한한 채로 고체 석탄을 태워 무황 기체 연료로 변환시킨다. 이 과정에서 석탄에 들어 있는 황을 H_2S로 환원시키고, 에탄올아민($HOCH_2CH_2NH_2$) 같은 염기와의 산-염기 반응을 통하여 H_2S를 제거한다. 산-염기 반응의 결과 생성된 염을 가열하여 H_2S를 방출시키고, Claus 공정을 통해 H_2S를 원소 형태의 황으로 변환시켜 판매한다. 가스화 반응을 통해 연료로 사용 가능한 CO, H_2, CO_2, CH_4, H_2O의 혼합물이 생성된다. 하지만 가스화 설비에 비용이 많이 들기 때문에 이 과정은 제한된 용도로만 사용된다.

▶ 바이오매스를 연료로 변환

세계 인구의 거의 절반은 나무를 연료로 사용하고 있다. 원칙적으로 나무는 재생 가능하지만 나무가 연료, 목재, 종이 제조에 사용되면서 광범위하게 산림이 벌채되었다. 그러므로 식물과 동물 폐기물의 **바이오매스 변환**(biomass conversion)이 크게 강조되고 있다. 한 공정에서는 화학적/미생물적 방법을 통해 식물(사탕수수, 옥수수, 큰개기장)과 나무 폐기물이 연료, 주로 에탄올(C_2H_5OH)로 변환된다. 미국에서는 에탄올을 휘발유와 섞어서 *개소홀*(gasohol)을 만들고, 브라질에서는 휘발유 대신 에탄올을 직접 사용한다.

메테인 생성 공정(methanogenesis)은 동물 배설물, 식물 폐기물, 폐수 같은 유기물을 혐기성(무산소) 생분해시켜 메테인을 생산하는 공정이다. 중국의 바이오가스 생산 시설은 이 기술을 사용 중이고, 미국의 유사 시설에서는 쓰레기와 폐수가 사용된다. 이 기술을 통하여 메테인뿐만 아니라 토양을 개량시키는 잔유물이 생산된다. 이 공정은 폐기물이 천연수를 오염시키는 것을 방지해 주기도 한다.

또 다른 바이오매스 변환 공정은 식물성 기름(콩기름, 목화씨유, 해바라기씨유, 카놀라유 및 폐식용유)을 *바이오디젤*(biodiesel)이라 불리는 혼합물로 변환시키는 공정이다. 바이오디젤은 연소할 때 화석 연료 기반의 디젤보다 CO, SO_2 및 미세먼지를 더 적게 생성한다. 바이오디젤의 연소 시 생성되는 CO_2가 대기 중 CO_2 함량에 미치는 영향은 미미한데, 이는 식물성 기름의 원료가 되는 식물이 자라면서 (광합성을 통해) 탄소를 흡수하기 때문이다.

▶ 온실 효과와 지구 온난화

탄소 기반의 연료를 태울 때 CO_2가 배출된다. 지난 20년에 걸쳐 이런 연료 사용 증가로 인한 대기 중 CO_2 축적이 기후 변화를 가져왔다는 사실이 분명해졌다. 기후 변화의 근원, 그것이 현재 미치는 영향, 그리고 장기적 전망에 관해 살펴보자.

천연 온실 효과. 지구의 전 역사에서 CO_2가 대기의 핵심적인 온도 조절 역할을 담당하였다. 지구에 도달하는 햇빛의 대부분을 육지와 대양이 흡수하여 열(적외선, 그림 B6.1)로 바꾼다. 온실의 유리처럼 CO_2는 태양으로부터 오는 가시광선을 흡수하지는 않지만 지구 표면으로부터 방사되는 열의 일부를 흡수하고 재방사하여 대기를 데운다. 이 과정을 *천연 온실 효과*(natural greenhouse effect)라 부른다(그림 B6.1 *왼쪽*). 수십억 년에 걸쳐 광합성에 CO_2를 사용하는 식물이 광범위하게 퍼졌기 때문에 화산 활동 때문에 대기 중에 원래 존재하던 CO_2의 양이 부피 기준 0.028%까지 감소하였다. 이 정도 양의 CO_2 덕분에 지구 평균 온도는 약 14°C(57°F)인데, 만약 CO_2가 없었다면 −17°C(2°F)일 것이다!

강화된 온실 효과. 지난 150년 동안의 엄청난 화석 연료 사용의 결과로 이 양이 0.040%까지 증가하였다. 따라서 같은 양의 태양 에너지가 대기에 통과하지만 더 많은 양이 열로서 흡수되어, *지구 온난화*를 통해 기후를 변화시키고 있는 *강화된*(enhanced) *온실 효과*를 유발하였다(그림 B6.1 오른쪽). 이 추세로 간다면 CO_2 총량은 2100년까지 계속 증가하여 0.049%에서 0.126% 사이가 될 것이다(그림 B6.2).

지구 온난화와 그 영향 예측 모형. 만약 CO_2가 예측한 대로 증

그림 B6.1 **대기에 의한 열 포획.** 지구에 도달하는 전체 태양광 중 일부는 반사되고, 일부는 흡수되어 IR 빛(열)으로 바뀐다. 표면에서 방출되는 일부의 열은 대기 중의 CO_2에 의해 포획되어 천연 온실 효과를 나타내는데(*왼쪽*), 이는 생명체에 필수적인 역할을 해왔다. 하지만 지난 150년간, 특히 최근 수십 년간 인간 활동에 의해 CO_2와 기타 여러 온실가스(파이 도표)가 축적되어 증진된 온실 효과를 만들어 내었다.

가한다면, 모형을 만들어 연구해야 할 두 가지 아주 밀접하게 연관된 의문이 있다. (1) 온도는 얼마나 오를 것인가? (2) 이 온도 상승이 지구상 생태계에 어떤 영향을 줄 것인가? 지속적으로 모형을 발전시키고 있음에도 불구하고 답을 얻기는 매우 어렵다. 자연적인 온도 변화뿐만 아니라 태양 활동의 주기적 변화도 고려해야 한다. 더욱이 화석 연료의 연소 때문에 CO_2의 양이 증가하지만 미세먼지와 SO_2 유래 에어로졸의 양도 증가하면서 태양광을 차단하여 지구를 냉각시키는 효과도 있다. 수증기도 열을 흡수하는데, 온도가 올라감에 따라 더 많은 물이 증발한다. 수증기 양의 증가는 구름을 더 두껍게 하여 마찬가지로 지구를 냉각시킬 수 있다.

이러한 반대로 작용하는 인자들에도 불구하고 가장 훌륭한 모형은 지구 온난화를 예측하고 있고 우리는 이미 그 효과를 목격하고 있다. 19세기 후반 이후 평균 온도가 0.6 ± 0.2°C 상승했으며 지난 25년 동안 0.2~0.3°C 상승했다. 지구적으로 2001년부터 2010년 사이 10년이 기록적으로 가장 따뜻했으며, 최근 10년 동안에도 이 추세가 지속되고 있다. 2018년 6월은 402번째 연속으로 20세기 평균 기온보다 높은 온도를 보인 달이었으며, 2016년은 기록적으로 가장 더운 해였는데, 극심한 가뭄과 파괴적인 폭풍이 많은 지역에서 일어났다. 북반구의 눈 덮인 넓이와 빙하의 크기와 북극해에 떠도는 얼음이 엄청나게 감소하였다. 남극 대륙 역시 얼음

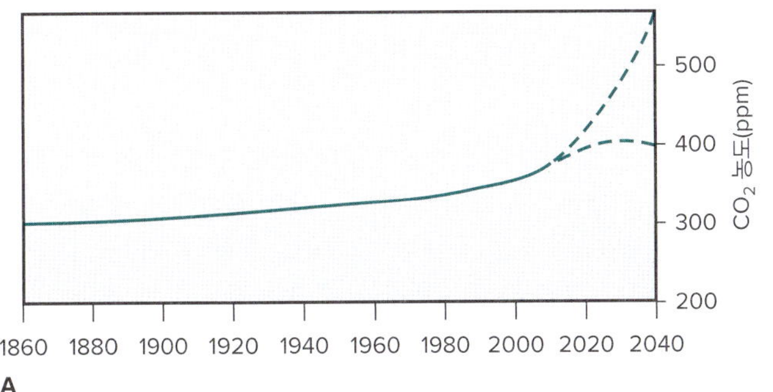

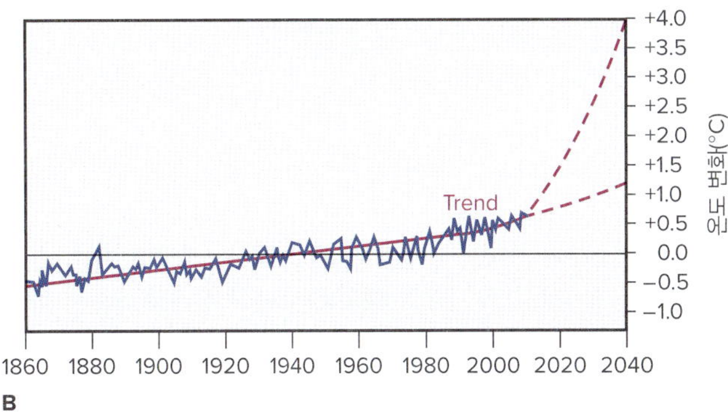

그림 B6.2 **증강된 온실 효과의 증거.** **A.** 19세기 중반부터 대기 중 CO_2가 증가하고 있다. **B.** 19세기 중반부터 평균 지구 온도가 0.6°C 상승하였다(1957년부터 1970년까지의 평균이 0이다). 현재 화석 연료 소비와 삼림 파괴가 지속될 경우(위 선)와 줄어들 경우(아래 선)의 전망치(점선)를 그래프에 나타내었다.

(*계속*)

덮인 지역이 광범위하게 붕괴되었다. 지구 전체적으로 지난 세기에 해수면이 평균 17 cm 상승했으며 홍수와 극단적인 기상 현상들이 증가하였다.

15년 전 가장 좋은 모형은 온도가 1.0~3.5°C 상승할 것으로 예측했다. 오늘날의 예측은 그 보다 50% 이상 더 높다. 이런 증가는 비 내리는 양상과 전 세계 곡물 수확량을 변화시킬 것이며 해수면을 1 m나 상승시켜 네덜란드와 플로리다 주의 절반, 남아시아의 많은 부분, 뉴잉글랜드와 뉴욕의 해안, 많은 태평양의 섬나라들 등 홍수 지역이 확대될 것이다. 더 염려스러운 것은 CO_2를 *방출*하는 화석 연료를 태우면서 CO_2를 *흡수*하는 삼림이 줄어들고 있다는 점이다.

기후 변화에 대한 대응책. 화석 연료 소비를 줄이는 방법뿐만 아니라, *CO_2 격리*를 포함한 *탄소 포획 및 저장(CCS)* 방법을 연구하고 있다. 여기에는 숲과 정글을 유지하는 자연적인 방법과, 생산된 CO_2를 액화시켜 땅 밑에 묻거나 탄산 광물을 합성하는 데 사용하는 산업적 방법 등이 포함된다.

1997년 일본 교토에서 개최한 UN 기후 변화 협약에서는 법적으로 온실가스를 제한하는 협정을 체결했다. 189개 나라가 인준을 했으나 온실가스를 제일 많이 배출하는 미국이 인준하지 않았다. 2009년 덴마크의 코펜하겐 회의에서는 192개국(미국 포함) 대표가 참석했으나 법적 효력이 있는 배출 목표를 세우지 못하였으며 재정적인 협약도 도출하지 못했다. 하지만, 2010년 후반기에 멕시코의 칸쿤에서 열린 회의에서는 개발도상국이 대체 에너지 자원을 사용하는 데 도움을 제공하는 재정적인 협약을 도출해냈다. 가장 최근은 2015년 12월에 열린 기후 변화에 관한 UN 프레임워크 회의인데, 화력 발전소의 석탄 사용을 중단하거나 휘발유 또는 디젤 자동차를 금지하는 조치를 통해 온실가스 배출을 줄여서 지구 온난화를 1.5°C로 제한하는 것을 목표로 하는 강제력이 있는 지구 기후 사업 계획을 195개국이 채택하였다. 하지만 미국은 그 협약을 철회하는 계획을 발표하였다.

▶ 수소

H_2를 에너지원으로 사용하는 것은 기대도 크지만 몇 가지 문제점도 있다. 가장 간단한 원소이고 우주에 가장 풍부한 기체인 H_2는 지구에서는 화합물, 즉 대부분 산소와 결합한 물과 탄소와 결합한 탄화수소로 존재한다. 그러나 분리된 H_2는 몇 가지 성질 덕분에 우수한 에너지원이다.

- 단위 *질량*당 에너지 함량이 가장 높아서 휘발유의 거의 3배나 된다.
- H_2의 단위 부피당 에너지 함량이 STP에서는 낮지만, 매우 높은 P와 낮은 T에서 수소 기체가 액화되면 단위 부피당 에너지 함량이 크게 증가한다.
- H_2가 연소해도 CO_2, 미세먼지 또는 황 산화물이 발생하지 않는다. 우주 왕복선에서 H_2 연료 전지가 전기장치를 작동시키고, 여기서 생성된 순수한 물을 승무원들이 마실 만큼 H_2는 청정에너지 공급원이다.

수소 기반 경제는 많은 사람들의 꿈이다. 이는 H_2의 연소로 방출되는 1몰당 에너지($\Delta H^\circ_{반응} = -242$ kJ/mol)가 메테인의 연소열($\Delta H^\circ_{반응} = -802$ kJ/mol)의 1/3도 안 되지만, H_2를 연소하면 청정한 수증기가 생성되기 때문이다. 하지만 이 꿈을 실현하려면 H_2의 생산과 운반 및 저장을 획기적으로 개선하는 것이 핵심이다.

H_2 생산. 수소는 여러 가지 방법으로 생산되는데, 그 중 몇몇 방법은 더 널리 사용된다.

- *화석 연료 부산물.* 오늘날 미국에서는 거의 모든 H_2를 *수증기 개질 공정*(steam-reforming process)으로 생산하는데, 메테인 또는 천연가스를 수증기와 함께 고온에서 반응을 시키는 것이다.
- *액체 물의 전기 분해.* 물을 전기 분해하여 H_2를 생성하는 반응은 흡열 반응($\Delta H^\circ_{반응} = 286$ kJ/mol)인데, 전기를 사용하는 가장 직접적인 전기 분해 방법들은 비용이 많이 든다. 그러나 흐르는 물, 바람, 지열로부터 얻는 에너지로 전기 분해에 필요한 전기를 공급할 수 있다. 새로운 *광전기화학적* 방법에서는 광전기 패널을 전기 분해 장치와 연결하여 사용한다. 즉, 태양광 에너지가 물 분해 반응에 필요한 에너지를 공급한다.
- *생물학적 방법.* 녹조류와 사이아노박테리아는 신진대사를 위하여 태양광 에너지를 녹말이나 글라이코젠 형태로 저장한다. 하지만 특정 조건에서 이 미생물이 그런 큰 유기 분자 대신 H_2 기체를 생산하게 할 수 있다. 예를 들면, 녹색 조류의 먹이에서 황을 제거하면 휴면 유전자를 활성화하여 세포가 H_2를 생산한다. 이 방법이 비용 면에서 효과적인 방법이 되려면 수율 개선이 선행되어야 한다.

H_2의 운반과 저장. 많은 양의 수소를 운반하고 저장하는 기반 시설이 없는 것이 수소 기반 경제 실현의 걸림돌로 남아 있다. 현재 기체를 냉각시키고 압축시켜 액화하는 데 드는 에너지 비용은 대단히 높다. 수소는 금속 수송관으로 운송하지만, 수소가 금속을 통과하고 금속을 무르게 만들 수 있기 때문에 배관 설치가 더 비싸다. 고체 금속 수소화물 형태로 저장하는 방법이 개발되었지만 수소화물을 가열하여 저장된 수소를 방출하는 데 에너지가 필요하다. 연료 전지에 수소를 사용하는 것은 전기화학 연구의 주요 분야이다(21장). 석유 화학과 석탄 산업의 부산물로 얻어지는 수소를 사용하는 연료 전지 기술의 상용화 시도가 현재 진행 중이다.

▶ 태양 에너지

태양 에너지는 지구 전체에 흐르는 바람, 대양의 해류, 증발과 응축의 순환, 많은 생물학적 과정 특히 광합성을 구동한다. 햇빛이 1시간에 지구 표면에 쏟아 붓는 에너지[1.2×10^5 TW: 1 TW = 1×10^{12} W]는 전 인류가 1년 동안 소비하는 총 에너지보다 더 많다. 그러나 태양 에너지는 희박한 에너지원이다(정오에 1 KW/m^2). 1시간당 600~1,000 TW가 수집하기에 적당한 땅에 쪼인다. 그러나 오늘날의 광전기 시스템으로 이 땅 넓이의 0.16%만 덮으면 약 20 TW/h를 공급할 수 있는데, 이는 기당 1 GW를 생산할 수 있는 원자력 발전소 20,000기가 생산하는 것과 맞먹는다. 분명히 태양 에너지는 재생 가능한 공급원 중 가장 큰 무탄소 에너지원이다.

태양 에너지를 이용하는 세 가지 주요 방법은 전자 재료, 바이오매스, 열 시스템을 이용하는 것이다.

전자 재료. **태양 전지**(photovoltaic cell)는 태양광을 원소들(일반적으로 준금속들, 12장에서 그 원소들의 *반도체*로서의 성질에 대해 논의)의 특정 조합을 이용하여 직접 전기로 변환시킨다. 초기의 전지는 주로 실리콘 결정으로 만들었으나, 공급된 빛 에너지 대비 생산된 전기 에너지의 비율, 즉 수율이 약 10% 정도였다. 최근 장치는 다른 원소들의 함께 넣은 다결정 재료의 얇은 필름을 사용하여 더 높은 수율을 얻고 있다. 다결정 재료는 텔루르화 카드뮴(CdTe 전지, 16%), 비소화 갈륨(GaAs 전지, 18%), 그리고 셀레늄화 구리 인듐 갈륨(CIGS 전지, 20%) 등이다. 현재 연구 중인 *양자 점*(quantum dot)이라는 나노미터 크기의 반도체 장치는 수율이 70%까지 이를 것이라 한다.

바이오매스. 태양 에너지는 광합성을 통해 CO_2와 물을 식물 재료(탄수화물)와 O_2로 변환시킨다. 식물 바이오매스는 직접 연료로 태울 수도 있고 또는 에탄올이나 수소 같은 다른 연료로 바꿀 수도 있다("**바이오매스를 연료로 변환**" 참조).

열 시스템. 태양 전지가 작용하는 동안 열이 축적되어 수율이 낮아진다. 그래서 *태양광-열 병합(PVT) 전지*는 전도성 금속관(물 또는 부동액을 채운)을 전지에 연결하여 전지에 축적된 열을 가정용 온수 시스템으로 전달한다.

햇빛은 하루에 6~8시간만 이용 가능하고 구름 낀 날은 많이 줄어들기 때문에 다른 열 시스템은 낮에 태양 에너지를 저장하고 밤에 방출하는 데 중점을 둔다. $Na_2SO_4 \cdot 10H_2O$과 같은 이온성 수화물은 햇빛으로 32°C 이상으로 따뜻하게 하면 이온 결합 회합물 3 mol이 물 10 mol에 흡열 반응으로 용해된다.

$$Na_2SO_4(aq) \cdot 10H_2O(s) \xrightarrow{>32°C} Na_2SO_4(aq) \quad \Delta H°_{반응} = 354 \text{ kJ}$$

해가 진 후 32°C 이하로 식으면, 용액은 재결정하면서 흡수한 에너지를 난방용 열로 방출한다.

$$Na_2SO_4(aq) \xrightarrow{<32°C} Na_2SO_4(aq) \cdot 10H_2O(s) \quad \Delta H°_{반응} = -354 \text{ kJ}$$

불행하게도 21세기의 두 번째 10년의 가운데인 지금도 태양 에너지는 많은 보조금을 받는 화석 연료와 경쟁이 되지 않는다. 그러나 경제 정책의 변화와 태양 전지와 바이오매스 처리 기술이 개선되면 태양 에너지가 탄소 없는 미래 에너지에 크게 기여할 것이다.

핵 에너지

방사성 폐기물 처리라는 아직 해결되지 않은 문제에도 불구하고 *핵분열*(크고 불안정한 원자핵이 쪼개지는 것)에 의한 에너지는 널리 특히 프랑스와 북유럽의 많은 국가들에서 이용되고 있다. *핵융합*(작은 원자핵의 결합)은 분열의 문제를 피할 수는 있으나 전체적으로 에너지 소비가 더 많다.

에너지 보존: 적게 쓰고 더 많이 얻기

유기체이든 공장이든 모든 시스템은 에너지를 낭비하고, 이는 실질적으로 연료를 낭비하는 것이다. 예를 들면 알루미늄 음료수 캔 1개를 생산하는 데 가솔린 0.25 L을 태우는 것과 같은 양의 에너지를 소비한다. 에너지 보존은 비용을 낮추고, 연료 공급 기간을 늘리고, 기후 변화에 미치는 영향을 줄일 수 있다. 에너지를 보존하려는 노력으로는 수동형 태양광 디자인(낮에는 태양열을 흡수하고 밤에는 서서히 방출하는 재료로 지은 큰 창문을 가진 건물), 고효율 가스 연소기를 사용하는 주거용 난방 시스템, 그리고 백열등보다 효율적이라서 전기 사용량을 크게 줄일 수 있는 *소형 형광등*(CFL)이나 *발광 다이오드*(LED) 사용 등을 들 수 있다.

공학자들과 화학자들은 에너지 생산과 사용의 대안을 계속해서 연구할 것이다. 하지만 더 희망찬 에너지의 미래는 지구 자원을 보존하려는 인류의 노력에 달려 있다.

문제

B6.1 태양 에너지를 이온성 수화물에 저장하기 위해 황산 소듐·십수화물 500.0 kg을 지붕 위에 올려놓았다. 완전 반응과 100% 열전달을 가정하고 밤에 지붕에서 얼마나 많은 열(kJ)이 방출되겠는가?

B6.2 석탄 가스화 반응의 한 단계에서 석탄은 과열된 수증기와 반응한다.

$$C(반응) + H_2O(g) \longrightarrow CO(g) + H_2(g) \quad \Delta H°_{반응} = 129.7 \text{ kJ}$$

(a) 이 반응식과 다음 두 반응식을 이용하여 메테인을 생산하는 전체 반응식을 써라.

$$CO(g) + H_2O(g) \longrightarrow CO_2(g) + H_2(g) \quad \Delta H°_{반응} = -41 \text{ kJ}$$
$$CO(g) + 3H_2(g) \longrightarrow CH_4(g) + H_2O(g) \quad \Delta H°_{반응} = -206 \text{ kJ}$$

(b) 이 전체 반응에 대한 $\Delta H°_{반응}$을 계산하라.

(c) (b)의 값과 메테인 연소에 대한 계산한 $\Delta H°_{반응}$ 값을 이용하여, 석탄 1.00 kg을 가스화하여 생성된 메테인을 연소시키는 데 대한 전체 $\Delta H°_{반응}$를 구하라(물은 기체 상태로 생성되고, 석탄의 $\mathcal{M}$을 12.00 g/mol이라 가정).

6.6절 요약

- 표준 상태는 모든 물질의 열역학적 변수를 결정하는 데 사용되는 특정 조건이다.
- 모든 물질이 표준 상태에 있고 화합물 1 mol이 원소로부터 생성될 때의 엔탈피 변화가 표준 생성 엔탈피, ΔH_f°이다.
- Hess의 법칙은 반응을, 반응물이 원소로 분해되고 그 원소들이 다시 생성물로 형성되는 것으로 상상하도록 도와준다.
- ΔH_f° 표를 사용하여 $\Delta H_{반응}$을 구하거나, 알고 있는 $\Delta H_{반응}$과 ΔH_f° 값을 써서 미지의 ΔH_f°를 구할 수 있다.
- 기후 변화에 대한 큰 우려 때문에 화학자들은 석탄과 바이오매스 변환, 수소 연료 그리고 비연소 에너지 자원 등을 포함한 대체 에너지를 개발하고 있다.

개념 정리와 복습 _Chapter Review Guide

학습 목표 _Learning Objectives

*괄호 안은 관련된 절(§)과 예제(SP) 번호

주요 개념

1. 계와 주위의 차이(§6.1)
2. 열 또는 일로 계로 또는 계로부터 에너지 이동(§6.1)
3. 내부 에너지 변화, 열 및 일의 관계(§6.1)
4. 에너지 보존의 의미(§6.1)
5. 상태 함수의 의미와 q와 w가 변해도 ΔE가 일정한 이유(§6.1)
6. 엔탈피의 의미와 ΔE와 ΔH 사이의 관계(§6.2)
7. ΔH의 의미와 발열과 흡열 반응 사이의 관계(§6.2)
8. 비열용량과 열의 관계(§6.3)
9. 일정 압력(컵)과 일정 부피(통) 열량계 작동 원리(§6.3)
10. ΔH와 물질의 양 사이의 관계(§6.4)
11. Hess의 법칙으로 ΔH 값 계산(§6.5)
12. 생성 반응식과 표준 생성 엔탈피의 의미(§6.6)
13. 반응을 반응물의 분해와 이어지는 생성물 형성으로 보는 방법(§6.6)

주요 스킬

1. 계의 내부 에너지 변화를 다른 단위로 구하기(SP 6.1)
2. 계가 수행하거나 계에 수행된 PV 일 계산하기(SP 6.2)
3. 화학적 및 물리적 변화에 대한 엔탈피 도표 그리기(SP 6.3)
4. 비열용량과 반응에서 이동한 열이 참여하는 문제 풀기(SP 6.4~6.7)
5. 반응에서 이동한 열과 변화한 물질의 양과의 관계(SP 6.8)
6. Hess의 법칙을 이용하여 미지의 ΔH 구하기(SP 6.9)
7. 생성 반응식 쓰기와 ΔH_f°를 사용하여 $\Delta H_{반응}^\circ$ 구하기(SP 6.10, 6.11)

주요 용어 _Key Terms

계
내부 에너지, E
메테인 생성 반응
몰열용량, C_m
바이오매스 변환
발열 과정
비열용량
상태 함수
생성 반응식
석탄 가스화
압력-부피 일, PV 일
에너지 보존의 법칙 (열역학 제1법칙)
엔탈피 도표
엔탈피 변화, ΔH
엔탈피, H
열, q
열량계
열역학
열용량
열화학
열화학 반응식
일, w
주위
줄, J
칼로리, cal
태양 전지
표준 반응 엔탈피, $\Delta H_{반응}^\circ$
표준 상태
표준 생성 엔탈피, ΔH_f°
화석 연료
흡열 과정
Hess의 법칙

주요 방정식 및 관계식 _Key Equations and Relationships

6.1 내부 에너지 변화 정의하기:

$$\Delta E = E_{최종} - E_{초기} = E_{생성물} - E_{반응물}$$

6.2 내부 에너지 변화를 열과 일로 표현하기:

$$\Delta E = q + w$$

6.3 열역학 제1법칙 설명하기(에너지 보존의 법칙):

$$\Delta E_{우주} = \Delta E_{계} + \Delta E_{주위} = 0$$

6.4 일정한 압력에서 부피 변화에 의한 일 구하기(PV 일):

$$w = -P\Delta V$$

6.5 일정 압력에서 엔탈피 변화와 내부 에너지의 관계:

$$\Delta H = \Delta E + P\Delta V$$

6.6 일정 압력에서 흡수 또는 방출된 열로 엔탈피 변화 확인:

$$\Delta H = \Delta E + P\Delta V = q_P$$

6.7 물질의 온도 변화 또는 반응이 일어났을 때 흡수 또는 방출된 열 계산:

$$q = c \times 질량 \times \Delta T$$

6.8 연소 반응으로 통 열량계에 흡수된 열 계산하기:

$$q_{열량계} = C_{열량계} \times \Delta T_{열량계}$$

6.9 반응의 전체 엔탈피 계산(Hess의 법칙):

$$\Delta H_{전체} = \Delta H_1 + \Delta H_2 + \cdots + \Delta H_n$$

6.10 표준 반응 엔탈피 계산:

$$\Delta H^\circ_{반응} = \Sigma m \Delta H^\circ_{f(생성물)} - \Sigma n \Delta H^\circ_{f(반응물)}$$

연습 문제 _Problems

노란색으로 표시한 문제들에 대해서는 그 답을 부록 E에 첨부하였다. 연습 문제에 표시된 절은 본문의 절과 같고, 관련 예제의 번호를 제시하였다. 대부분의 경우 개념 복습 문제, 스킬 숙달 문제(같은 개념을 다루는 두 문제씩 묶음) 및 실전 문제를 제시하였다.

에너지의 형태와 상호 전환

(예제 6.1과 6.2)

개념 복습 문제

6.1 왜 열 (q)과 일 (w)은 계로 들어올 때는 양수이고, 계에서 나갈 때는 음수인가?

6.2 운동 후에 덥다고 느낀다면, 몸의 내부 에너지를 증가시켰다고 할 수 있는가? 설명하라.

6.3 *단열* 과정은 열 전달이 없는 과정이다. 단열 과정에서 일과 내부 에너지의 변화 사이에 어떤 관계가 있는가?

6.4 몸의 내부 에너지를 증가시키는 두 가지 방법을 설명하라.

6.5 다음 변화를 수행하는 기기의 이름을 말하라.
(a) 전기 에너지에서 열 에너지로
(b) 전기 에너지에서 소리 에너지로
(c) 전기 에너지에서 빛 에너지로
(d) 역학적 에너지에서 전기 에너지로
(e) 화학 에너지에서 전기 에너지로

6.6 겨울에는 전기 히터가 일정량의 전기 에너지를 사용하여 방의 온도를 20°C로 올린다. 여름에는 에어컨이 같은 양의 전기 에너지를 사용하여 방의 온도를 20°C로 서늘하게 한다. 가열기의 내부 에너지 변화는 에어컨의 내부 에너지 변화보다 더 크겠는가? 더 적겠는가? 아니면 같겠는가? 설명하라.

6.7 책을 들어 올렸다가 책상 위로 떨어뜨렸다. 떨어진 순간부터 시간을 뒤로 돌리면서, 일어나는 에너지 전환(한 형태에서 다른 형태로의 전환)을 기술하라.

6.8 일정한 외부 압력에 대해 계가 팽창하는 경우, 왜 일은 음의 부호를 가지는가?

스킬 숙달 문제(유사한 문제들을 두 개씩 묶음)

6.9 계가 주위로부터 425 J의 열을 받고 425 J의 일을 주위에 수행했다. 계의 내부 에너지 변화는 J 단위로 얼마인가?

6.10 계가 주위로 255 cal의 열을 방출하고 428 cal의 일을 주위에 수행했다. 계의 내부 에너지 변화는 cal 단위로 얼마인가?

6.11 계가 주위에 675 J의 열 에너지를 방출하고 530 cal의 일을 수행했다. 계의 내부 에너지 변화는 J 단위로 얼마인가?

6.12 계가 주위로부터 0.615 kJ의 열 에너지를 흡수하고 주위에 0.247 kcal의 일을 수행했다. 계의 내부 에너지 변화는 J 단위로 얼마인가?

6.13 석탄(순수한 탄소로 가정) 2.0톤을 완전 연소시켜 기체 이산화 탄소를 만들 때, 6.6×10^{10} J의 열이 발생한다. 이 에너지를 (a) kJ, (b) kcal, (c) Btu 단위로 환산하라.

6.14 석회석 5.0톤이 생석회와 이산화 탄소로 분해되면 열 9.0×10^6 kJ을 흡수한다. 이 에너지를 (a) kJ, (b) kcal, (c) Btu 단위로 환산하라.

6.15 일정한 온도에서 기체 헬륨 시료가 외부 압력 2.33 atm에 대해 922 mL에서 1.14 L로 팽창한다. 기체가 수행한 w를 J 단위로 구하라(101.3 J = 1 atm·L).

6.16 기체 시료에 가해지는 외부 압력이 2660 mmHg이고, 일정한 온도에서 부피가 0.88 L에서 0.63 L로 변했다. 기체에 수행된 w를 kJ 단위로 구하라(1 atm·L = 101.3 J).

실전 문제

6.17 영양학적 칼로리 (Cal)는 1 kcal과 같다. 체지방 1.0 파운드는 약 4.1×10^3 cal과 동등하다. 이 에너지를 J과 kJ 단위로 표시라.

6.18 한 운동선수가 1950 kJ/h를 소비한다. 1.0 lb의 체지방 모두 다 소비하는 데 얼마나 오래 걸리는가? (문제 6.17 참조)

엔탈피: 일정 압력에서의 변화

(예제 6.3)

개념 복습 문제

6.19 ΔE보다 ΔH를 측정하는 것이 더 편리한 이유는 무엇인가?

6.20 스키 선수들이 사용하는 핫팩은 진한 아세트산 소듐 용액이 결정화되면서 열을 방출한다. 이 결정화 과정의 ΔH의 부호는 무엇인가? 이 반응은 발열인가? 또는 흡열인가?

6.21 다음 과정들을 발열과 흡열로 구별하라. (a) 물의 얼음, (b) 물의 끓음, (c) 음식물 소화, (d) 달리기하는 사람, (e) 성장하는 사람, (f) 도끼질로 쪼갠 목재, (g) 난로로 난방.

6.22 물질의 내부 에너지를 구성하는 두 가지 주요 성분은 무엇인가? 그 성분들은 무엇에 기초하는가?

6.23 다음 각 과정에 대해 ΔH가 ΔE에 비해 작은지, 같은지, 아니면 큰지 설명하라.

(a) 일정 압력에서 이상 기체가 냉각된다.

(b) 일정한 부피에서 기체 혼합물이 발열 반응을 일으킨다.

(c) 부피가 변하는 용기 내에서 고체가 발열 반응으로 기체 혼합물을 생성한다.

스킬 숙달 문제(유사한 문제들을 두 개씩 묶음)

6.24 일반적인 발열 반응에 대한 엔탈피 도표를 그려라. 축 이름, 반응물, 생성물, 부호를 포함한 ΔH를 표시하라.

6.25 일반적인 흡열 반응에 대한 엔탈피 도표를 그려라. 축 이름, 반응물, 생성물, 부호를 포함한 ΔH를 표시하라.

6.26 다음 각각에 대한 균형 반응식을 쓰고 대략적인 엔탈피 도표를 그려라. (a) 산소 속에서 에테인 1 mol의 연소, (b) 물이 어는 것.

6.27 다음 각각에 대한 균형 반응식을 쓰고 대략적인 엔탈피 도표를 그려라. (a) 성분 원소로부터 염화 소듐 1 mol의 형성, (b) 액체 벤젠의 증발.

6.28 다음 각 변화에 대한 균형 반응식을 쓰고 대략적인 엔탈피 도표를 그려라. (a) 액체 메탄올(CH_3OH) 1 mol의 연소, (b) 원소들로부터 이산화 질소 1 mol 생성(열 흡수).

6.29 다음 각각에 대한 균형 반응식을 쓰고 대략적인 엔탈피 도표를 그려라. (a) 드라이아이스의 승화[$CO_2(s)$의 $CO_2(g)$로의 직접 변환], (b) SO_2 1 mol과 산소의 반응.

6.30 다음 모식도는 일정 온도에서의 상 변화를 나타낸다.

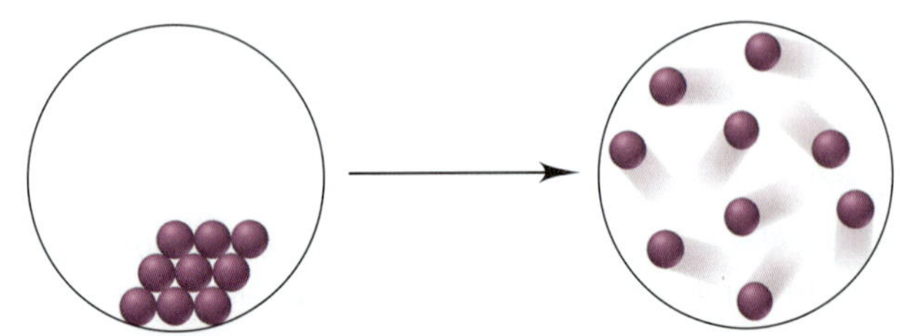

다음 값들이 양(+), 음(−) 또는 0인지를 밝혀라.

(a) $q_{계}$ (b) $\Delta E_{계}$ (c) $\Delta E_{우주}$.

6.31 다음 장면은 피스톤-실린더 장치에서 일어나는 물리적 변화를 나타낸다.

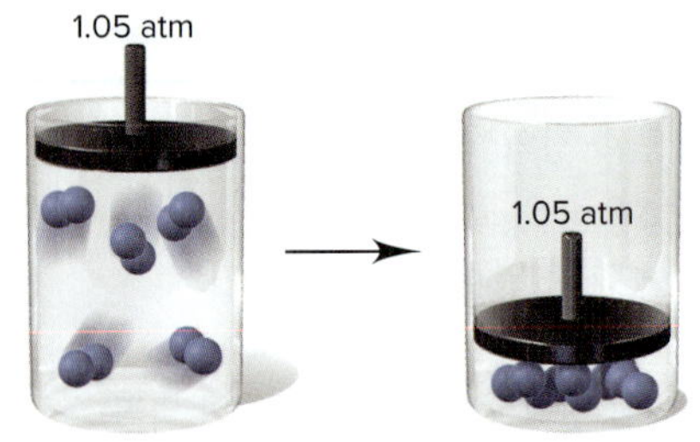

(a) $w_{계}$는 +, −, 또는 0 중 어느 것인가? (b) $\Delta H_{계}$는 +, −, 또는 0 중 어느 것인가? (c) $\Delta E_{주위}$는 +, −, 또는 0 중 어느 것인지 알 수 있는가? 설명하라.

열량 측정법: 화학적 또는 물리적 변화에 수반되는 열 측정

(예제 6.4~6.7)

개념 복습 문제

6.32 물질의 비열용량이 더 큰가, 아니면 몰열용량이 더 큰가? 설명하라.

6.33 물질의 비열용량을 구하려면 어떤 자료가 필요한가?

6.34 물질의 비열용량은 세기 성질인가, 아니면 크기 성질인가? 설명하라.

6.35 비열용량, 몰 열용량과 열용량을 구별하라.

6.36 컵 열량계와 통 열량계 모두 반응에서 전달된 열을 측정하는데 사용된다. 어떤 것이 ΔE를 측정하고, 어떤 것이 ΔH를 측정하는가? 설명하라.

스킬 숙달 문제(유사한 문제들을 두 개씩 묶음)

6.37 물 22.0 g이 25.0°C에서 100.°C로 가열될 때의 q를 계산하라.

6.38 얼음 0.10 g이 10.°C에서 −75°C로 냉각될 때, q를 계산하라 ($c_{얼음}$ = 2.087 J/g·K).

6.39 초기 온도 13.00°C인 295 g의 알루미늄 엔진 부품이 75.0 kJ의 열을 흡수했다. 이 부품의 최종 온도는 얼마인가(Al의 c = 0.900 J/g·K)?

6.40 라디에이터의 냉각수로 쓰이는 에틸렌글라이콜 27.7 g이 열 688 J을 방출했다. 시료의 최종 온도가 32.5°C였다면, 초기 온도는 얼마였겠는가(에틸렌글라이콜의 c = 2.42 J/g·K)?

6.41 질량이 같은 철제 볼트 두 개가 하나는 100.°C, 다른 것은 55°C인데 단열된 용기 속에 놓여 있다. 용기의 열용량을 무시한다면, 용기 내부의 최종 온도는 얼마인가(철의 c = 0.450 J/g·K)?

6.42 첫 번째 구리 덩어리의 온도는 105°C였고, 두 번째 구리 덩어리의 온도는 45°C였는데, 첫 번째 덩어리의 질량이 두 번째 덩어리의 두 배였다. 이 두 덩어리를 열용량을 무시할 수 있는 열량계에 넣었다. 열량계 내부의 최종 온도는 얼마가 되겠는가(구리의 c = 0.387 J/gK)?

6.43 26°C의 물 155 mL를 85°C의 물 75 mL와 섞었을 때, 최종 온도는 얼마인가? (주위로 잃는 열은 없다고 가정하라. 물의 밀도는 1.00 g/mL)

6.44 부피를 알 수 없는 18.2°C의 물에 35.0°C의 물 24.4 mL을 첨가했다. 최종 온도가 23.5°C였다면, 최초 물의 부피는 얼마였겠

는가? (주위로 방출되는 열은 없다고 가정한다. 물의 d = 1.00 g/mL.)

6.45 455 g의 구리 관 조각을 89.5°C로 가열한 후 22.8°C 물 159 g이 들어 있는 단열된 용기에 넣었다. 물의 손실이 없다고 가정하고 용기의 열용량이 10.0 J/K라고 가정하면 최종 온도는 몇 도가 되겠는가(구리의 c = 0.387 J/g·K)?

6.46 93.0°C인 합금 시료 30.5 g을 22.0°C의 물 50.0 g이 담겨 있는 열용량 9.2 J/K인 단열된 컵 열량계에 넣었다. 최종 온도가 31.1°C였다면, 합금의 비열용량은 얼마이겠는가?

6.47 컵 열량계에서 0.500 M H_2SO_4 용액 25.0 mL를 1.00 M KOH 25.0 mL에 첨가했는데, 용액의 온도가 23.50°C에서 30.17°C로 상승하였다. 생성된 물 1 mol당 ΔH를 kJ 단위로 구하라. (용액의 전체 부피는 각 용액 부피의 합과 같고, 용액의 밀도와 비열용량은 물과 같다고 가정한다.)

6.48 컵 열량계에서 0.200 M $AgNO_3$ 용액 20.0 mL과 0.100 M NaCl 30.0 mL를 혼합했는데, 용액의 온도가 24.72°C에서 AgCl이 침전되면서 25.65°C로 상승하였다. 생성된 AgCl 1 mol당 ΔH를 kJ 단위로 구하라. (용액의 전체 부피는 각 용액 부피의 합과 같고, 용액의 밀도와 비열용량은 물과 같다고 가정한다.)

6.49 글루코스($C_6H_{12}O_6$) 2.150 g이 열용량 6.317 kJ/K인 통 열량계에서 연소시켰더니, 열량계의 온도가 23.446°C에서 28.745°C로 상승하였다. 글루코스 연소의 ΔE를 kJ/mol 단위로 계산하라.

6.50 에탄올(C_2H_6O) 1.750 g을 열용량 12.05 kJ/K인 통 열량계에서 넣고 연소시켰더니, 열량계의 온도가 4.287°C만큼 상승하였다. 에탄올 연소에서의 ΔE를 kJ/mol 단위로 계산하라.

실전 문제

6.51 고순도의 벤조산(C_6H_5COOH, 연소 반응의 ΔH = −3227 kJ/mol)은 통 열량계를 보정하는 데 사용된다. 시료 1.221 g을 열용량 6.384 kJ/°C인 열량계에서 연소시켰다. 온도 변화는 얼마나 되겠는가?

6.52 철과 구리 재질로 된 항공기용 리벳을 초기 온도 20.°C인 열량계에 넣었다. 리벳에 관한 자료는 다음과 같다.

	철	구리
질량(g)	30.0	20.0
초기 T (°C)	0.0	100.0
c (J/g·K)	0.450	0.387

(a) 열이 Fe에서 Cu로 흐르겠는가, 아니면 Cu에서 Fe로 흐르겠는가?
(b) 실제 실험에서 측정값을 수정하기 위해서는 어떤 추가적 정보가 더 필요하겠는가?
(c) 계의 최종 온도의 최대값은 얼마이겠는가(열량계의 열용량은 무시할 정도라고 가정)?

6.53 어떤 화학공학자가 통 열량계에서 탄화수소 1.520 g을 연소시켰다(그림 6.10 참조). 물의 온도는 20.00°C에서 23.55°C로 상승하였다. 열량계의 열용량이 11.09 kJ/K였다면, 이 탄화수소 1 g당 방출된 열(q_V)은 얼마나 되겠는가?

열화학 반응식의 화학량론

(예제 6.8)

개념 복습 문제

6.54 ΔH가 음수인 경우, 열을 반응물로 취급해야 하는가, 아니면 생성물로 해야 하는가?

6.55 $O_2(g) \longrightarrow 2O(g)$ 반응의 ΔH가 양인지 음인지 판단하고 이유를 설명하라.

6.56 수증기 1 mol이 물로 응축될 때 ΔH가 양인지 음인지 판단하고 이유를 설명하라. 물 2 mol이 수증기로 전환될 때 ΔH는 위의 값과 어떤 관계가 있는지 설명하라.

스킬 숙달 문제(유사한 문제들을 두 개씩 묶음)

6.57 H_2S 생산에 종종 사용되는 다음 균형 열화학 반응식을 생각해보자.

$$\tfrac{1}{8}S_8(s) + H_2(g) \longrightarrow H_2S(g) \quad \Delta H = -20.2\ \text{kJ}$$

(a) 이것은 발열 반응인가 흡열 반응인가?
(b) 역반응의 ΔH은 얼마인가?
(c) S_8 2.6 mol이 반응할 때 ΔH는 얼마인가?
(d) S_8 25.0 g이 반응할 때 ΔH는 얼마인가?

6.58 마그네사이트 광석의 분해에 관한 다음 균형 열화학 반응식을 생각해보자.

$$MgCO_3(s) \longrightarrow MgO(s) + CO_2(g) \quad \Delta H = 117.3\ \text{kJ}$$

(a) 이것은 발열 반응인가 흡열 반응인가?
(b) 역반응의 ΔH은 얼마인가?
(c) CO_2 5.35 mol이 과량의 MgO와 반응할 때 ΔH는 얼마인가?
(d) CO_2 35.5 g이 과량의 MgO와 반응할 때 ΔH는 얼마인가?

6.59 NO(g) 1 mol이 원소로부터 형성될 때 90.29 kJ의 열이 흡수된다. (a) 이 반응에 대한 균형 열화학 반응식을 써라. (b) NO 3.50 g이 원소로 분해될 때 ΔH는 얼마인가?

6.60 KBr(s) 1 mol이 원소로 분해될 때 394 kJ의 열이 흡수된다. (a) 이 반응에 대한 균형 열화학 반응식을 써라. (b) KBr 10.0 kg이 원소로부터 형성될 때 ΔH는 얼마인가?

실전 문제

6.61 많은 로켓 연료 혼합물에서 산화제로 쓰이는 액체 과산화 수소는 분해될 때 산소를 방출한다.

$$2H_2O_2(l) \longrightarrow 2H_2O(l) + O_2(g) \quad \Delta H = -196.1\ \text{kJ}$$

H_2O_2 652 kg이 분해될 때 얼마의 열이 방출되는가?

6.62 붕소와 수소로 만들어진 화합물은 특이한 결합(14.5절의 설명 참조)과 반응성 때문에 주목할 만하다. 예를 들어, 다이보레인(B_2H_6)는 반응성이 더 큰 할로젠과 낮은 온도에서도 삼염화물을 형성한다.

$$B_2H_6(g) + 6Cl_2(g) \longrightarrow 2BCl_3(g) + 6HCl(g) \quad \Delta H = -755.4\ \text{kJ}$$

반응하는 다이보레인 킬로그램당 ΔH는 얼마나 되는가?

6.63 철의 부식으로 인한 건물, 교량, 그리고 기타 구조물의 기능 저하 때문에 매일 수백만 달러의 비용이 든다. 실제 과정에서는 물이 필요하지만, 단순화한 반응식은 다음과 같다.

$$4Fe(s) + 3O_2(g) \longrightarrow 2Fe_2O_3(s) \quad \Delta H = -1.65\times10^3 \text{ kJ}$$

(a) 철 0.250 kg에 녹이 슬면, 열은 얼마나 방출되는가?
(b) 열이 4.85×10^3 kJ 방출되면, 녹은 얼마나 슬겠는가?

6.64 산화 수은(II)가 열분해되면 시험관 내부에 수은 거울을 만들 수 있다.

$$2HgO(s) \longrightarrow 2Hg(l) + O_2(g) \quad \Delta H = 181.6 \text{ kJ}$$

(a) 산화물 555 g이 분해되면 열은 얼마나 흡수되겠는가?
(b) 열이 275 kJ 흡수되면, Hg는 몇 g 생성되겠는가?

6.65 에틸렌(C_2H_4)은 폴리에틸렌 합성의 출발 물질이다. 석유 정제과정에서 만드는 것이 일반적이지만 에틸렌은 천연가스 성분과 과일 숙성 호르몬으로 자연계에서도 산출된다.

(a) C_2H_4의 연소열이 −1411 kJ/mol이다. C_2H_4 연소에 대한 균형 열화학 반응식을 써라.

(b) 70.0 kJ의 열을 얻기 위해서 C_2H_4 몇 g을 연소해야 하는가?

6.66 수크로스($C_{12}H_{24}O_{11}$, 설탕)은 체내에서 산소에 의해 산화되어 여러 복잡한 반응을 거쳐 $CO_2(g)$와 $H_2O(g)$를 형성하면서 5.64×10^3 kJ/mol의 열을 방출한다. (a) 전체 과정에 대한 균형 열화학 반응식을 써라. (b) 산화되는 수크로스 1 g당 방출되는 열은 얼마나 되는가?

Hess의 법칙: 반응의 ΔH 구하기

(예제 6.9)

개념 복습 문제

6.67 Hess의 법칙을 본인의 말로 표현해 보라.

6.68 Hess의 법칙의 주된 활용은 무엇인가?

6.69 탄소를 산소가 부족한 곳에서 태울 때 CO와 CO_2의 혼합물이 형성된다. 산소가 과량이면 CO_2만 형성된다. CO도 과량의 O_2와 결합하여 CO_2만 형성한다. 뒤의 두 반응(부록 B에서)을 이용하여 다음 반응의 ΔH를 계산하라.

$$\text{C(흑연)} + \tfrac{1}{2}O_2(g) \longrightarrow CO(g)$$

스킬 숙달 문제(유사한 문제들을 두 개씩 묶음)

6.70 다음 두 반응을 이용하여

$$Ca(s) + \tfrac{1}{2}O_2(g) \longrightarrow CaO(s) \quad \Delta H = -635.1 \text{ kJ}$$
$$CaCO_3(s) \longrightarrow CaO(s) + CO_2(g) \quad \Delta H = 178.3 \text{ kJ}$$

다음 반응의 ΔH를 구하라.

$$Ca(s) + \tfrac{1}{2}O_2(g) + CO_2(g) \longrightarrow CaCO_3(s)$$

6.71 다음 두 반응을 써서

$$\tfrac{1}{2}N_2(g) + \tfrac{1}{2}O_2(g) \longrightarrow NO(g) \quad \Delta H = 90.3 \text{ kJ}$$
$$NO(g) + \tfrac{1}{2}Cl_2(g) \longrightarrow NOCl(g) \quad \Delta H = -38.6 \text{ kJ}$$

다음 반응의 ΔH를 구하라.

$$2NOCl(g) \longrightarrow N_2(g) + O_2(g) + Cl_2(g)$$

6.72 다음 과정에 대하여 균형 전체 반응식(반응식 3)을 완성하고, $\Delta H_{전체}$를 계산하라. 각 반응식의 번호와 일치하는 화살표를 그림 P6.72에서 찾아라.

$$(1) \quad N_2(g) + O_2(g) \longrightarrow 2NO(g) \quad \Delta H = 180.6 \text{ kJ}$$
$$(2) \quad 2NO(g) + O_2(g) \longrightarrow 2NO_2(g) \quad \Delta H = -114.2 \text{ kJ}$$
$$(3) \qquad\qquad \Delta H_{전체} = ?$$

6.73 다음 과정에 대하여 균형 전체 반응식(반응식 3)을 완성하고, $\Delta H_{전체}$를 계산하라. 각 반응식의 번호와 일치하는 화살표를 그림 P6.73에서 찾아라.

$$(1) \quad P_4(s) + 6Cl_2(g) \longrightarrow 4PCl_3(g) \quad \Delta H = -1148 \text{ kJ}$$
$$(2) \quad 4PCl_3(g) + 4Cl_2(g) \longrightarrow 4PCl_5(g) \quad \Delta H = -460 \text{ kJ}$$
$$(3) \qquad\qquad \Delta H_{전체} = ?$$

그림 P6.72

그림 P6.73

6.74 주어진 조건에서 1 mol의 $H_2O(g)$가 원소로부터 형성될 때 241.8 kJ의 열이 방출된다. 같은 조건에서 1 mol의 $H_2O(l)$가 원소로부터 형성될 때는 285.8 kJ의 열이 방출된다. 같은 조건에서 물의 증발에 대한 ΔH를 구하라.

6.75 1 atm, 25°C에서 $CS_2(l)$ 1 mol이 성분 원소로부터 생성될 때, 열 89.7 kJ이 흡수되고, 액체 1 mol이 증발하는 데 27.7 kJ의 열이 필요하다. 위 조건에서 $CS_2(g)$ 1 mol이 성분 원소로부터 생성되려면 열을 얼마나 흡수해야 하는가?

실전 문제

6.76 다이아몬드와 흑연은 탄소의 두 가지 결정 형태이다. 1 atm, 25°C에서 다이아몬드는 흑연으로 변하기는 하는데, 너무 천천히 변해서 이 과정의 엔탈피 변화는 간접적으로 얻을 수 밖에 없다. 아래 반응식을 사용하여 다음 반응의 ΔH를 구하라.

$$\text{C(다이아몬드)} \longrightarrow \text{C(흑연)}$$

$$(1) \quad \text{C(다이아몬드)} + O_2(g) \longrightarrow CO_2(g) \quad \Delta H = -395.4 \text{ kJ}$$
$$(2) \quad 2CO_2(g) \longrightarrow 2CO(g) + O_2(g) \quad \Delta H = 566.0 \text{ kJ}$$
$$(3) \quad \text{C(흑연)} + O_2(g) \longrightarrow CO_2(g) \quad \Delta H = -393.5 \text{ kJ}$$
$$(4) \quad 2CO(g) \longrightarrow \text{C(흑연)} + CO_2(g) \quad \Delta H = -172.5 \text{ kJ}$$

표준 반응 엔탈피($\Delta H^\circ_{반응}$)

(예제 6.10, 6.11)

개념 복습 문제

6.77 표준 생성열과 표준 반응열의 차이는 무엇인가?

6.78 $\Delta H^\circ_{반응}$을 계산하기 위해 ΔH°_f를 어떻게 사용하는가?

6.79 다음 반응식들의 엔탈피 변화가 주어진 화합물의 ΔH°_f가 되도록 고쳐라.

(a) $Cl(g) + Na(s) \longrightarrow NaCl(s)$
(b) $H_2O(g) \longrightarrow 2H(g) + \tfrac{1}{2}O_2(g)$
(c) $\tfrac{1}{2}N_2(g) + \tfrac{3}{2}H_2(g) \longrightarrow NH_3(g)$

스킬 숙달 문제(유사한 문제들을 두 개씩 묶음)

6.80 표 6.3 또는 부록 B를 이용하여 표준 상태에서 다음 각 화합물들의 균형 생성 반응식을 써라.
(a) $CaCl_2$, (b) $NaHCO_3$, (c) CCl_4, (d) HNO_3.

6.81 표 6.3 또는 부록 B를 이용하여 표준 상태에서 다음 각 화합물의 균형 생성 반응식을 써라. (a) HI, (b) SiF_4, (c) O_3, (d) $Ca_3(PO_4)_2$.

6.82 다음 각 반응의 $\Delta H^\circ_{반응}$을 계산하라.
(a) $2H_2S(g) + 3O_2(g) \longrightarrow 2SO_2(g) + 2H_2O(g)$
(b) $CH_4(g) + Cl_2(g) \longrightarrow CCl_4(l) + HCl(g)$ [균형 반응식 아님]

6.83 다음 각 반응의 $\Delta H^\circ_{반응}$을 계산하라.
(a) $SiO_2(s) + 4HF(g) \longrightarrow SiF_4(g) + 2H_2O(l)$
(b) $C_2H_6(g) + O_2(g) \longrightarrow CO_2(g) + H_2O(g)$ [균형 반응식 아님]

6.84 산화 구리(I)(Cu_2O)은 산화 구리(II)(CuO)로 산화될 수 있다.

$$Cu_2O(s) + \tfrac{1}{2}O_2(g) \longrightarrow 2CuO(s) \qquad \Delta H^\circ_{반응} = -146.0\ kJ$$

$Cu_2O(s)$의 ΔH°_f가 −168.6 kJ/mol이라면, $CuO(s)$의 ΔH°_f는 얼마인가?

6.85 아세틸렌은 공기 중에서 다음과 같이 연소한다.

$$C_2H_2(g) + \tfrac{5}{2}O_2(g) \longrightarrow 2CO_2(g) + H_2O(g) \qquad \Delta H^\circ_{반응} = -1255.8\ kJ$$

$CO_2(g)$의 ΔH°_f가 −393.5 kJ/mol이고, $H_2O(g)$의 ΔH°_f가 −241.8 kJ/mol이라면, $C_2H_2(g)$의 ΔH°_f는 얼마인가?

실전 문제

6.86 자동차의 납-산 배터리는 저온에서도 큰 순간 전류를 낼 수 있고 충전도 가능하다. 방전된 배터리를 충전하는 동안 일어나는 반응은 다음과 같다.

$$2PbSO_4(s) + 2H_2O(l) \longrightarrow Pb(s) + PbO_2(s) + 2H_2SO_4(l)$$

(a) 부록 B의 ΔH°_f 값을 사용하여 위 반응의 $\Delta H^\circ_{반응}$을 계산하라.
(b) 다음 반응식을 사용하여 (a)의 답을 확인하라.
(1) $Pb(s) + PbO_2(s) + 2SO_3(g) \longrightarrow 2PbSO_4(s)$ $\qquad \Delta H^\circ_{반응} = -768\ kJ$
(2) $SO_3(g) + H_2O(l) \longrightarrow H_2SO_4(l)$ $\qquad \Delta H^\circ_{반응} = -132\ kJ$

제 7 장 양자 이론과 원자 구조

Quantum Theory and Atomic Structure

Source: Myhrcat/iStock/Getty Images

관련 개념과 스킬 _Concepts and Skills to Review Before You Study This Chapter

» 전자와 원자핵의 발견(2.4절)

» 원자 구조의 주요 특징(2.5절)

» 계의 에너지 상태의 변화(6.1절)

교통 비상등은 조명과 신호 용도로 밝은 빛을 내는 장치로서 밤에 도로상 위험이나 사고 발생을 표시하기 위해 흔히 사용된다. 비상등에는 연소하면서 특정 색깔의 빛을 내는 물질이 들어 있다. 또한 불꽃놀이, 네온 사인, 나트륨 가로등에서 특정 색깔의 빛이 나오는 것을 본 적이 있을 것이다. 교통 비상등을 보고 자동차의 속도를 줄이면서 깨달아야 할 것이 바로 20세기 초반 과학자들이 빛의 방출 현상을 설명하기 위해 물질과 에너지에 대한 새로운 관점을 이론적으로 정립하였다는 것이다. 그 결과 원자 구조에 대한 새로운 개념이 탄생하였고, 이는 1890년에서 1930년에 이르는 시기에 서양 과학과 문화에 혁명을 불러왔다. ›

그러나 과학의 혁명은 정치적 혁명처럼 폭력적이지 않다. 서로 불일치하는 증거들 때문에 한 모형의 오류들이 나타나고, 놀라운 발견은 이러한 오류들을 큰 결함으로 만들어 이론적 구조를 무너뜨린다. 그런 다음 실험에 의해 검증된 새로운 통찰력을 통해 현실과 일치하는 새로운 모형이 만들어진다. 예를 들어 Lavoisier의 연소 이론 때문에 플로지스톤 모형이 무너졌고, Dalton의 원자 이론 덕분에 물질의 기본 단위에 대한 개념이 확립되었다. 또한 Rutherford 모형에서는 원자핵을 "당구공"이나 "자두 푸딩"에 비유하였다. 이 장에서는 현대 원자 이론의 발전을 다루는데, 현대 원자 이론 또한 이러한 과정을 통하여 발전하였다는 것을 알 수 있다.

혁명의 시간

1890년에서 1930년까지의 기간 동안 서양에서 일어난 주요 혁명적 발견과 사건은 다음과 같다.

1895 Röntgen: X-선 발견
1896 Becquerel: 방사능 발견
1897 Thomson: 전자 발견
1900 Freud: 무의식 이론
1900 Planck: 양자 이론
1901 Marconi: 라디오 발명
1903 Wright 형제: 비행기 발명
1905 Ford: 자동차를 만드는 조립 라인
1905 Rutherford: 방사능 설명
1905 Einstein: 상대성/광자 이론
1906 St. Denis: 현대 무용
1908 Matisse/Picasso: 현대 미술
1909 Schoenberg/Berg: 현대 음악
1911 Rutherford: 원자핵 모형
1913 Bohr: 원자 스펙트럼과 새로운 모형
1914~1918: 1차 세계대전
1923 Compton: 광자 운동량
1924 de Broglie: 물질파 이론
1926 Schrödinger: 파동 방정식
1927 Heisenberg: 불확정성 원리

이 장에서는... 에너지와 물질의 기초적 성질과 원자 구조를 설명하는 이론인 양자역학을 논의한다.

- 에너지의 파동성과 물질의 입자성 간의 고전역학적 차이점을 살펴본다.
- 빛의 양자화 모형을 이용해야만 설명이 가능한 두 가지 관찰, 즉 흑체 복사와 광전 효과를 알아본다.
- 들뜬 원자가 방출하는 빛의 스펙트럼, 즉 원자 스펙트럼을 보면 원자가 불연속적 에너지 준위를 가지고 있음을 알 수 있고, 원자 스펙트럼은 화학 분석에 이용 가능하다.
- 파동-입자 이중성은 물질과 에너지가 비슷한 성질을 가지고 있음을 보여주고, 불확정성 원리는 전자의 움직임을 결코 정확하게 알 수 없음을 제안한다. 이 두 가지 발견이 오늘날의 H 원자 모형을 탄생시킨 과정을 살펴본다.
- H 원자에서 한 전자가 차지하는 영역을 나타내는 원자 오비탈의 크기, 모양, 배향을 명시하기 위해 필요한 양자수를 소개한다. (8장에서는 2개 이상의 전자를 가진 원자들의 양자수를 알아본다.)

7.1 빛의 성질

현대 원자 이론을 이해하려면 **전자기파**(electromagnetic radiation, *전자기 에너지* 또는 *복사 에너지*라고도 불림 = **빛**)에 대해 이해할 필요가 있다. 가시광선, X-선, 라디오파, 마이크로파는 모두 전자기파에 속하고, 공간상에서 파동처럼 움직이면서 그 세기가 변하는 전기장과 자기장에 의해 전파되는 에너지로 이루어져 있다. 이러한 *고전적 파동 모형*을 통해 무지개 생성의 이유, 돋보기 안경의 원리, 그 외의 많은 친숙한 관찰 결과들을 설명할 수 있지만 친숙하지 *않은* 원자 수준의 관찰 결과들은 설명할 수 없다. 이 절에서는 전자기파의 몇 가지 성질들을 기술하고, 전자기파의 성질이 물질의 성질과 어떤 방식으로 구별될 수 있는지 논의한다. 그러나 그 중 몇몇 성질들은 에너지와 물질 간의 구별을 애매하게 만들기 때문에 이를 설명할 새로운 모형이 필요하다.

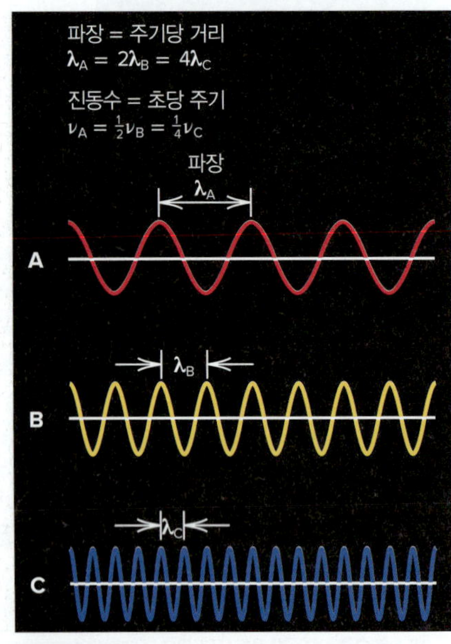

그림 7.1 진동수와 파장의 반비례 관계.

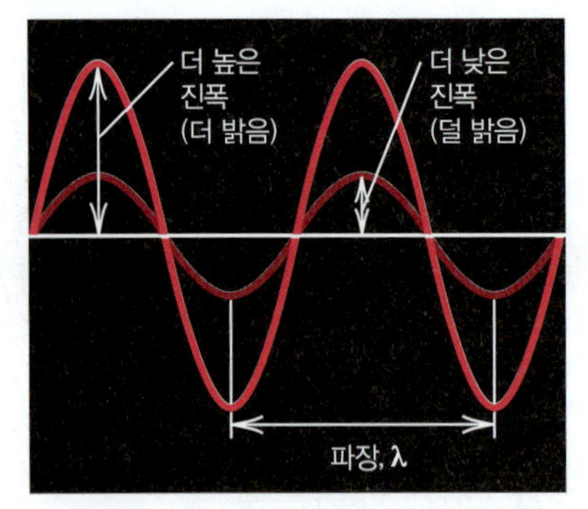

그림 7.2 파동의 진폭(밝기 또는 세기) 변화.

빛의 파동성

전자기파(빛)의 파동성은 다음과 같이 세 변수와 하나의 상수로 나타낸다(그림 7.1).

1. *진동수*(ν, 그리스 문자 *nu*): 전자기파의 **진동수**는 주어진 지점을 1초당 통과하는 완전한 파동(또는 주기)의 개수로서 초의 역수 단위(s^{-1}, 헤르츠(Hz)라고도 불림)로 나타낸다. FM 라디오 채널은 방송에 사용되는 MHz 단위의 진동수로 나타낸다.
2. *파장*(λ, 그리스 문자 *lambda*): **파장**은 파동 내의 한 지점과 그 파동의 다음 마루(또는 골)에서 그 지점에 대응되는(즉, 같은 위상의) 지점 사이의 거리로서, 한 주기 동안 파동이 이동하는 거리이다. 파장은 미터(m)와 같은 길이의 단위로 나타낸다. 매우 짧은 파장에 대해서는 나노미터(nm, 10^{-9} m), 피코미터(pm, 10^{-12} m) 또는 비-SI 단위인 옹스트롬(Å, 10^{-10} m) 등의 단위로 나타낸다.
3. *속력*: 파동의 **속력**은 단위 시간당 파동의 이동 거리(초당 미터)로서 진동수(초당 주기)와 파장(주기당 미터)의 곱으로 표현할 수 있다.

$$\text{파동의 속력 단위:} \qquad \frac{\cancel{\text{주기}}}{\text{s}} \times \frac{\text{m}}{\cancel{\text{주기}}} = \frac{\text{m}}{\text{s}}$$

진공에서는 전자기파가 2.99792458×10^8 m/s(세 자리 유효 숫자로 3.00×10^8 m/s)로 움직이는데, 이는 **광속**($\boldsymbol{c}$)이라 부르는 *물리 상수*이다.

$$c = \nu \times \lambda \tag{7.1}$$

ν와 λ의 곱은 상수이기 때문에 서로 반비례 관계이다. 따라서 높은 *진동수의 빛은 짧은 파장을 가지고, 낮은 진동수의 빛은 긴 파장을 가진다.*

$$\nu\uparrow\lambda\downarrow \qquad \& \qquad \nu\downarrow\lambda\uparrow$$

그림 7.1의 파동 A는 파동 C보다 4배 긴 파장을 가진다. 두 파동은 모두 같은 속력으로 움직이기 때문에 파동 A의 한 파장은 파동 C의 네 파장과 같은 시간 동안 한 점을 통과한다. 따라서 파동 C의 진동수는 파동 A의 진동수의 4배이다.

4. *진폭*: 파동의 **진폭**은 마루의 높이(또는 골의 깊이)이다. 전자기파의 진폭은 빛의 *세기*와 연관되어 있고, 특히 가시광선의 경우에는 밝기와 연관되어 있다. 특정 색깔의 빛은 특정 진동수(따라서 특정 파장)을 가지지만 그림 7.2와 같이 그 진폭은 변할 수 있다. 즉, 진폭에 따라 빛은 더 흐릿하거나(즉, 낮은 진폭, 약한 세기) 더 밝을(즉, 높은 진폭, 강한 세기) 수 있다.

전자기 스펙트럼 *전자기파의 모든 파동은 진공 내에서 같은 속력으로 이동하지만 그 진동수(따라서 파장)는 서로 다르다.* 그림 7.3의 **전자기 스펙트럼**(electromagentic spectrum)에 전자기파의 유형을 파장이 증가하는(진동수가 감소하는) 순서로 배열하였다. 스펙트럼은 *빛 에너지의 연속체*로서 파장과 진동수에 따라 여러 영역들로 구분되고, 각 영역은 다음 영역에 인접한다.

가시광선은 전자기 스펙트럼의 작은 영역에 해당한다. 우리는 다른 파장(또는 진동수)의 가시광선을 보라색($\lambda \approx 400$ nm)에서 붉은색($\lambda \approx 750$ nm)에 이르기까지 서로 다른 색깔로 인식한다. 단일 파장의 빛을 *단색광*이라 부르고, 여러 파장들로 이루어진 빛을 *다색광*이라 부른다. 백색광은 가시광선 내의 모든 색깔들로 구성되어 있기 때문에 다색광이다. 가시광선의 짧은 파장(높은 진동수) 극단에 인접한 영역은 **자외선(UV)**(또는 *자외선광*)이고, 더 짧은 파장으로 가면 X-선과 감마(γ)선 영역이다. 가시광선의 긴 파장(낮은 진동수) 극단에 인접한 영역은 **적외선(IR)**이고, 더 긴 파장으로 가면 마이크로파와 라디오파 영역이다.

일부 유형의 전자기파는 우리에게 친숙한 장비들에 이용된다. 예를 들어 장파장(저진동수) 파는 마이크로파 오븐, 라디오, 휴대전화 등에 사용된다. 하지만 실제로 전자기파는

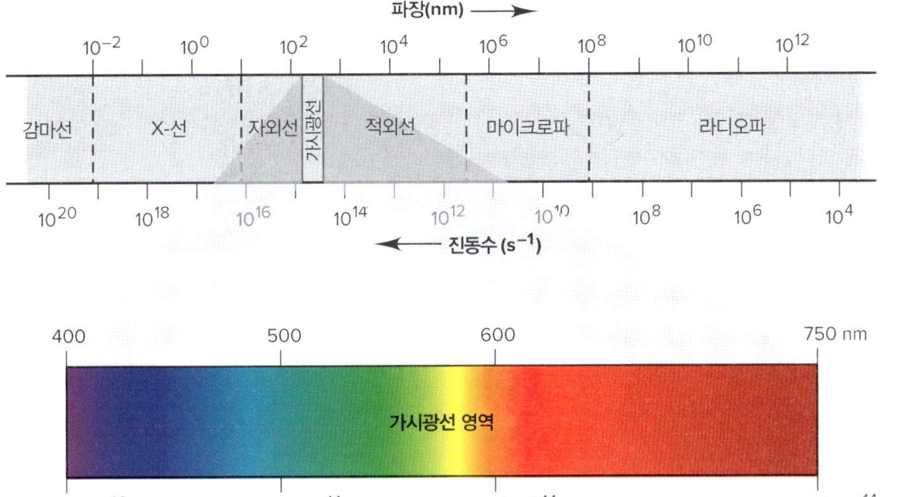

그림 7.3 전자기 스펙트럼의 다양한 영역들. 가시광선을 구성하는 색깔들을 나타내기 위해 가시광선 영역을 확대하고 눈금을(log가 아니라) 선형으로 표시하였다.

전구, X-선 장비, 자동차 모터 등의 인간이 만든 물품들부터 태양, 번개, 방사능, 반딧불 등의 자연체들에 이르기까지 어디에서나 쉽게 접할 수 있다. 우리는 눈과 광학 망원경, X-선 망원경, 라디오파 망원경으로 들어오는 빛을 통해 우주에 관한 지식을 얻는다.

예제 7.1 진동수와 파장의 변환

문제 치위생사는 치아의 방사선 사진을 촬영하기 위해 X-선(λ = 0.50 Å)을 사용하고, 환자는 라디오 방송(λ = 325 cm)을 들으며 창밖의 파란 하늘(λ = 473 nm)을 바라본다. 각 광원으로부터 방출되는 전자기파의 진동수(s^{-1})는 얼마인가? (빛이 광속 3.00×10^8 m/s로 이동한다고 가정하라.)

계획 파장이 주어졌으므로 식 (7.1)을 이용하여 진동수를 구한다. 하지만 광속 c가 m/s 단위이기 때문에 먼저 파장을 미터 단위로 변환해야 한다(로드맵 참조).

로드맵

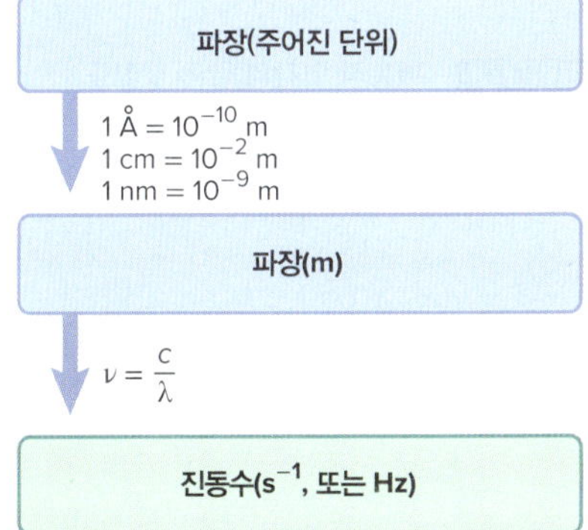

풀이 X-선: 옹스트롬을 미터로 변환:

$$\lambda = 0.50\ \text{Å} \times \frac{10^{-10}\ \text{m}}{1\ \text{Å}} = 5.0\times10^{-11}\ \text{m}$$

진동수 계산:

$$\nu = \frac{c}{\lambda} = \frac{3.00\times10^8\ \text{m/s}}{5.0\times10^{-11}\ \text{m}} = 6.0\times10^{18}\ \text{s}^{-1}$$

라디오 신호: 위의 계산 과정들을 종합하여 진동수를 계산하면

$$\nu = \frac{c}{\lambda} = \frac{3.00\times10^8\ \text{m/s}}{325\ \text{cm} \times \frac{10^{-2}\ \text{m}}{1\ \text{cm}}} = 9.23\times10^7\ \text{s}^{-1}$$

푸른 하늘: 위의 계산 과정들을 종합하여 진동수를 계산하면

$$\nu = \frac{c}{\lambda} = \frac{3.00\times10^8\ \text{m/s}}{473\ \text{nm} \times \frac{10^{-9}\ \text{m}}{1\ \text{nm}}} = 6.34\times10^{14}\ \text{s}^{-1}$$

검산 위에서 계산한 전자기파의 진동수의 자릿수는 전자기 스펙트럼(그림 7.3 참조)의 영역과 잘 맞는다(그림 7.3 참조). X-선(10^{19}~10^{16} s^{-1}), 라디오파(10^9~10^4 s^{-1}), 가시광선(7.5×10^{14} ~ 4.0×10^{14} s^{-1}).

해설 X-선은 위의 전자기파들 중에서 가장 짧은 파장을 가지므로 가장 높은 진동수를 가지고, 라디오파는 가장 긴 파장을 가지므로 가장 낮은 진동수를 가진다. 문제에서 주어진 라디오 방송국은 92.3×10^6 s^{-1} 또는 92.3 MHz의 진동수로 방송하고 있는데, 이는 FM 영역의 중간쯤에 해당한다.

▶ **보충 문제**

7.1A 어떤 다이아몬드는 7.23×10^{14} Hz 진동수의 보라색 빛을 흡수하는 질소 화합물을 포함하고 있기 때문에 노랗게 보인다. 이 다이아몬드가 흡수하는 빛의 파장을 nm와 Å 단위로 계산하라.

7.1B 전형적인 텔레비전 리모컨은 940 nm 파장의 빛을 방출한다. 이 복사선의 진동수는 s^{-1} 단위로 얼마인가? 이 빛은 어떤 종류의 전자기파인가?

유사 문제 7.7, 7.8, 7.13, 7.14

에너지와 물질의 고전역학적 구별 일상 세계에서 **물질**은 만질 수 있고 무게가 있고 양을 한 조각씩 바꿀 수 있는 대상이다. 이와 대조적으로 **에너지**는 "질량이 없고" 그 양이 연속적으로 변할 수 있다. 물질은 특정 경로를 따라 움직이는 반면, 복사 에너지(빛)는 넓게 퍼지는 파동으로 이동한다. 파동 형태의 에너지와 입자 형태의 물질의 성질들 간의 몇 가지 차이를 논의해 보자.

1. *굴절과 분산*: 특정 파장의 빛은 다양한 투명 매질들(진공, 공기, 물, 석영 등)에서 서로 다른 속력으로 이동한다. 따라서 빛이 한 매질에서 또 다른 매질로 이동할 때 파동의 속력은 변한다. 그림 7.4A는 **굴절**(refraction) 현상을 보여준다. 파동이 매질들, 예를 들어 공기와 물 사이의 경계면에 직각이 아닌 각도로 닿으면 속력의 변화가 방향의 변화를 일으키고, 파동은 다른 각도로 진행한다. 굴절의 각도는 두 매질의 종류와 빛의 파장에 따라 달라진다. 굴절과 연관된 *분산*(dispersion)이란 과정에서 백색광은 프리즘(또는 다른 굴절 물체)을 통과하면 그 성분 색깔들로 분리(분산)되는데, 이는 입사하는 빛이 파장에 따라 조금씩 다른 각도로 굴절되기 때문이다.

우리 주변에서 굴절과 분산을 볼 수 있는 예를 두 가지 들면 무지개와 다이아몬드가 있다. 무수히 많은 물방울들의 층으로 햇빛이 입사하여 분산되고 반사되면 무지개를 볼 수 있다. 적색광은 가장 적게 휘기 때문에 더 높은 하늘에서 보이고 자색광은 가장 많이 휘기 때문에 더 낮은 하늘에서 보인다(*사진 참조*). 다이아몬드는 보석의 절단면들이 입사

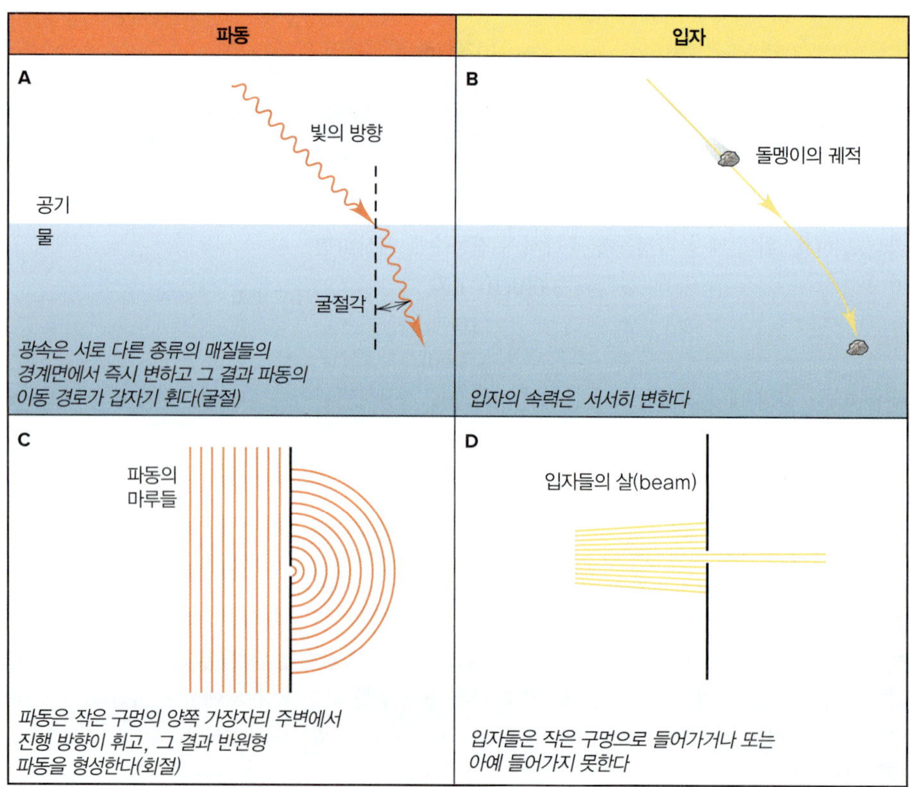

그림 7.4 파동과 입자의 다른 성질들.

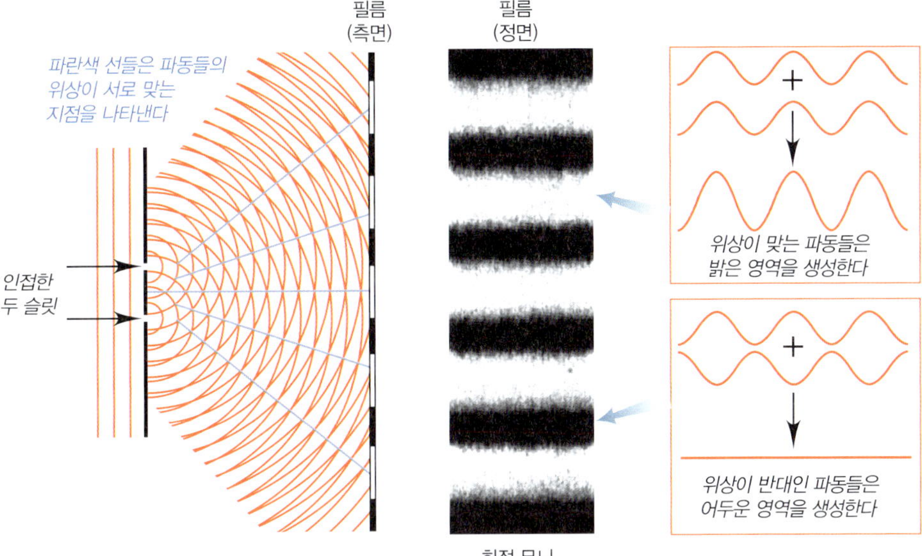

두 슬릿을 통과한 빛은 구면파가 되고, 보강 간섭과 상쇄 간섭에 의해 회절 무늬가 형성된다.

물결 파동이 인접한 두 슬릿을 통과하면서 보강 간섭과 상쇄 간섭이 일어난다.

그림 7.5 회절 무늬 생성.

Source: © Berenice Abbott/Science Source

광을 분산 및 반사시키기 때문에 다양한 색깔의 광택을 띤다.

빛과는 *대조적으로* 돌멩이 같은 입자 형태의 물질은 굴절을 일으키지 않는다. 만약 돌멩이를 던져 공기를 거쳐 웅덩이 속으로 빠진다면 돌멩이는 물속으로 들어간 이후 곡선 경로를 따라 점진적으로 느려진다(그림 7.4B).

무지개의 색깔들은 파동 이론으로 설명할 수 있다.

Source: © Anthony McAulay/Shutterstock

2. *회절과 간섭*: 파동이 한 물체의 가장자리에 맞으면 그 주변에서 진행 방향이 휘는데, 이는 **회절**(diffraction)이라 불리는 현상이다. 파동이 파장 정도 넓이의 슬릿(slit)를 통과하면 슬릿의 양쪽 가장자리 주변에서 진행 방향이 휘고 구멍의 반대쪽 편에 반원형 파동을 형성한다(그림 7.4C).

이와 *대조적으로* 모래 한 줌처럼 한 무더기의 입자들을 작은 구멍을 향해 던지면 어떤 입자들은 가장자리에 맞고 다른 입자들은 구멍을 통과하여 나아간다(그림 7.4D).

빛이 인접한 두 슬릿을 통과하면서 형성된 원형 파동들이 *간섭*(interference)이라는 과정을 통해 상호작용하면 *회절 무늬*(diffraction pattern)가 형성된다(그림 7.5):

- 파동의 마루들이 같은 위치에서 만나면*(위상이 맞음) 보강* 간섭, 즉 두 파동의 진폭이 함께 더해져서 더 밝은 영역을 형성한다.
- 마루와 골이 같은 위치에서 만나면*(위상이 반대) 상쇄* 간섭, 즉 두 파동의 진폭이 상쇄되어 더 어두운 영역을 형성한다.

이와는 *대조적으로* 입자들은 인접한 구멍들을 통과하면 직선 경로로 나아가고 일부는 충돌하여 다른 각도로 움직인다.

빛의 입자성

20세기로 접어들면서 물질과 빛에 관한 관찰 결과들인 흑체 복사(blackbody radiation), 광전 효과(photoelectric effect), 원자 스펙트럼(atomic spectra)이 물리학자들을 당황하게 만들었다. 이 현상들을 설명하기 위해서는 근본적으로 새로운 관점에서 에너지를 이해해야 했다. 이 절에서는 앞 두 현상을 논의하고 7.2절에서 세 번째 현상을 논의한다.

흑체 복사와 에너지의 양자 이론 위의 세 관찰 결과들 중 첫 번째는 가열된 물체가 방출하는 빛에 관한 관찰이다.

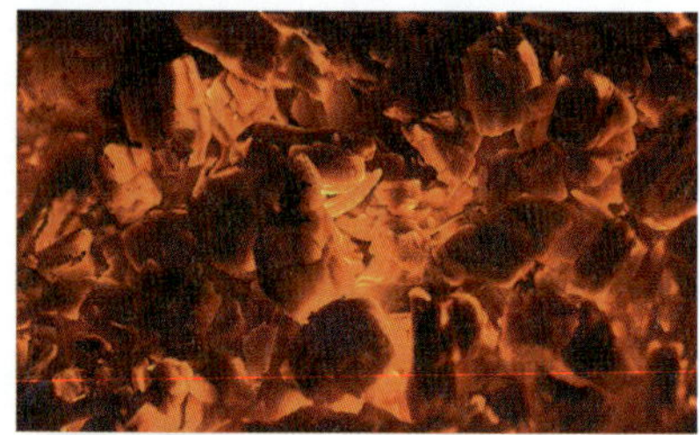

A. 불타는 석탄($T \approx 1000$ K)

B. 전기 가열 장치($T \approx 1500$ K)

C. 전구 필라멘트($T \approx 2000$ K)

그림 7.6 흑체 복사와 관련된 빛 방출의 친숙한 예.

Source: (a): Ravl/Shutterstock; (b): Charles D. Winters/McGraw-Hill Education; (c): Sam Bloomberg-Rissman/Flickr/Getty Images

1. *관찰: 흑체 복사.* 고체 물체가 고온으로 가열되면 가시광선같은 전자기 복사를 방출한다. 물체의 온도가 높아지면 그림 7.6에서 볼 수 있듯이 방출되는 빛의 파장이 변한다. 이처럼 한 물체가 가열될 때 방출되는 빛의 세기와 파장이 온도에 따라 변하는 현상은 *흑체 복사*, 즉 뜨거운 *흑체*에서 방출되는 빛의 특징이다.* 뜨거운 물체에서 방출되는 에너지와 방출된 빛의 파장 간의 관계는 고전역학적 파동 모형으로는 설명할 수 없었다.

2. *설명: 양자 이론.* 1900년에 독일의 물리학자인 Max Planck(1858~1947)는 실험 데이터를 완벽히 맞출 수 있는 식을 유도하였다. Planck는 자신이 유도한 식을 물리적으로 설명하기 위해 뜨거운 발광체는 *특정* 양만큼의 에너지만 방출(또는 흡수)할 수 있다고 가정하였다.

$$E = nh\nu$$

이 식에서 E는 빛의 에너지, ν는 빛의 진동수, n은 **양자수**(quantum number)라 불리는 양의 정수(1, 2, 3, ...)이고, h는 **Planck 상수**(Pranck's constant)이다. 에너지는 주울(J) 단위이고 진동수는 s^{-1} 단위이므로 h는 J·s 단위를 가진다.

$$h = 6.62606876 \times 10^{-34}\ \text{J·s} = 6.626 \times 10^{-34}\ \text{J·s} \quad \text{(4자리 유효 숫자)}$$

뜨거운 물체는 특정 양만큼의 에너지만 방출하고, 해당 에너지는 물체의 구성 원자들에 의해 방출될 수밖에 없으므로, 각 원자는 특정 양만큼의 에너지만 *방출한다.* 그러므로 각 원자는 특정 양의 불연속적인 에너지만 *가진다.* 즉, 한 원자의 에너지는 *양자화되어* 있다. 바꾸어 말하면 원자의 에너지는 연속적으로 변하지 않고 고정된 양만큼 변한다. 원자가 에너지를 "다발"로(즉, 한정된 양만큼) 흡수 또는 방출할 때 원자의 에너지는 변한다. 각 에너지 다발을 **양자**(quantum, "고정된 양", 복수형 *quanta*)라 부른다. 에너지의 양자는 $h\nu$와 같다. 따라서 *한 원자는 1개 이상의 양자들을 방출(또는 흡수)하여 에너지 상태가 변하고,* 이때 방출된(또는 흡수된) 빛의 에너지는 *원자의 에너지 상태들 간의 차이*와 일치한다.

$$\Delta E_{\text{원자}} = E_{\text{방출한(또는 흡수한) 빛}} = \Delta n h\nu$$

원자의 에너지는 $h\nu$의 정수 배만큼만 변할 수 있으므로, 가장 작은 에너지 변화는 원자가 한 에너지 상태에서 인접한 에너지 상태로 변할 때, 즉 $\Delta n = 1$일 때 일어난다.

$$\Delta E = h\nu \tag{7.2}$$

식 (7.1)을 변형하면

$$c = \nu \times \lambda \qquad \text{또는} \qquad \frac{c}{\lambda} = \nu$$

이고, 식 (7.2)에서 진동수 ν를 c/λ로 치환하면 파장과 에너지 간의 관계식을 얻는다.

$$\Delta E = h\nu = \frac{hc}{\lambda} \tag{7.3}$$

이 식들은 에너지가 진동수에 비례하고 파장에 반비례한다는 것을 말해 준다. X-선 같은 단파장 빛은 높은 진동수와 높은 에너지를 가지는 반면 라디오파 같은 장파장 빛은 낮은 진동수와 낮은 에너지를 가진다.

광전 효과와 빛의 광자 이론 양자화라는 개념에도 불구하고 물리학자들은 여전히 에너지가 파동 형태로 이동한다고 생각했다. 하지만 위에서 언급한 두 번째 당황스러운 관찰 결과인 광전 효과(빛을 금속에 쪼여주면 전류가 흐르는 현상)를 파동 모형으로는 설명할 수 없었다.

1. *관찰:* **광전 효과**. 충분히 큰 진동수의 단색광을 금속판에 비추면 전류가 흐른다(그림 7.7). 빛이 금속 표면에서 전자를 떼어내는 에너지를 전달하기 때문에 전류가 흐른다고

*흑체는 입사하는 모든 빛을 흡수하는 이상적인 물체이다. 한 벽에 작은 구멍을 가지고 있는 속이 빈 정육면체가 대략 흑체에 가깝다고 볼 수 있다.

생각되었다. 하지만 광전 효과는 다음과 같은 두 가지 헷갈리게 하는 특징을 나타냈다.

- *문턱 진동수*(threshold frequency)*의 존재*. 전류가 흐르기 위해서는 금속을 비추는 빛이 최소(또는 문턱) 진동수를 가져야 하고, 금속이 달라지면 최소 진동수 값들도 달라진다. 그러나 파동 이론은 빛의 에너지를 파동의 *진폭*(세기)과 연관시키고 진동수(색깔)와는 연관시키지 않는다. 따라서 파동 이론에 따르면 빛의 색깔에 관계없이 한 전자가 충분한 에너지를 흡수하면 전자가 튀어나올 것이라 예측된다.
- *시간 지연의 부재*. 빛의 세기와 관계없이 최소 진동수의 빛이 금속을 비추는 순간 전류가 흐른다. 하지만 파동 이론에 따르면 전자가 튀어나오려면 충분한 에너지를 흡수해야 하기 때문에 약한 빛을 입사하면 전류가 흐르기 전에 시간 지연이 있어야 한다.

2. *설명:* **광자 이론**. Planck의 발상에 근거하여 Albert Einstein(1879~1955)은 빛 자체가 작은 "묶음"의 에너지로 양자화된 입자[이후에 **광자**(photon)라 불림]라고 제안하였다. 각 원자는 빛의 "입자"인 광자를 흡수 또는 방출하며 에너지가 $\Delta E_{원자}$만큼 변하며, 광자의 에너지는 빛의 진폭이 아니라 빛의 *진동수*에 따라 변한다.

$$E_{광자} = h\nu = \Delta E_{원자}$$

광자 이론이 광전 효과의 두 가지 특징을 어떻게 설명하는지 살펴보자.

- *문턱 진동수가 존재하는 이유*. 빛의 살은 무수히 많은 광자들로 이루어져 있다. 빛의 세기(밝기)는 광자의 *개수*와 관련되어 있고, 광자의 에너지와는 *무관하다*. 그러므로 금속 표면에서 전자 1개를 떼어내기 위해서는 특정 *최소* 에너지를 가진 광자 1개가 흡수되어야 한다(그림 7.7 참조). 광자의 에너지는 진동수($h\nu$)에 의해 결정되기 때문에 광자 이론은 문턱 진동수의 존재를 예측한다.
- *시간 지연이 없는 이유*. 한 전자는 *충분한* 에너지의 광자 1개를 흡수하여 튀어나온다. 즉, 전자는 최소 에너지보다 작은 에너지를 가진 여러 광자들의 에너지를 "축적"하여 튀어나올 수 없다. 금속에 약한 빛을 쪼여 주면 충분한 에너지를 가진 광자의 수가 더 적고, 따라서 단위 시간당 튀어 나오는 전자의 수가 더 적기 때문에 전류는 약하다. 하지만 충분한 에너지(또는 진동수)의 빛은 금속에 맞자마자 전류가 흐른다. ›

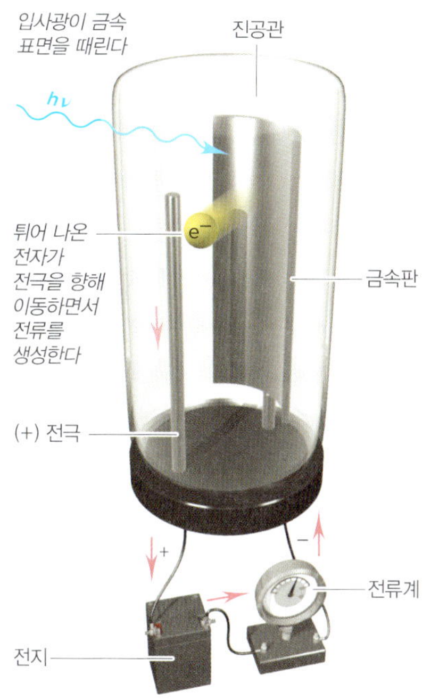

그림 7.7 광전 효과.

광자 탁구

이 비유를 통해 *불충분한* 에너지를 가진 빛으로는 금속 표면에서 전자를 *떼어낼 수 없는* 이유를 설명할 수 있다. 만약 1개의 탁구공이 책장에서 책을 떨어뜨릴 수 있는 충분한 에너지를 가지지 않는다면 여러 개의 탁구공들로도 책을 떨어뜨릴 수 없는데, 이는 책이 여러 탁구공들의 충돌 에너지를 축적할 수 없기 때문이다. 하지만 탁구공과 같은 속력으로 날아온 1개의 야구공은 책을 떨어뜨릴 수 있는 충분한 에너지를 가진다.

예제 7.2 | 에너지, 파장, 진동수의 변환

문제 한 학생이 마이크로파 오븐을 사용하여 음식을 가열한다. 이때 마이크로파 오븐에서 나오는 복사선의 파장은 1.20 cm이다. 마이크로파 복사선의 광자 1개의 에너지는 얼마인가?

계획 파장 λ가 센티미터(1.20 cm) 단위로 주어졌으므로 우선 미터 단위로 변환하고 나서 식 (7.3)을 이용하여 광자 1개의 에너지를 구한다.

풀이 광자 1개의 에너지를 계산하는 과정들을 종합하면

$$E = \frac{hc}{\lambda} = \frac{(6.626\times10^{-34}\ \text{J}\cdot\text{s})(3.00\times10^{8}\ \text{m/s})}{(1.20\ \text{cm})\left(\dfrac{10^{-2}\ \text{m}}{1\ \text{cm}}\right)} = 1.66\times10^{-23}\ \text{J}$$

검산 자리수를 확인해 보면 다음과 같다.

$$\frac{(10^{-33}\ \text{J}\cdot\text{s})(10^{8}\ \text{m/s})}{10^{-2}\ \text{m}} = 10^{-23}\ \text{J}$$

▶ **보충 문제**

7.2A 금에서 전자를 떼어내는 데 필요한 최소 에너지인 8.2×10^{-19} J의 에너지를 가진 광자의 파장(nm 단위)과 진동수를 계산하라.

7.2B **(a)** 자외선 빛($\lambda = 1\times10^{-8}$ m), **(b)** 가시광선 빛($\lambda = 5\times10^{-7}$ m), **(c)** 적외선 빛($\lambda = 1\times10^{-4}$ m)의 광자 1개의 에너지를 계산하라. 이 질문들의 해답에 따르면 빛의 파장과 에너지는 어떤 관계에 있는가?

유사 문제 7.9~7.12

› 7.1절 요약

- 전자기파는 특정 파장(λ)과 진동수(ν)의 파동 형태로 이동한다.
- 전자기파는 진공 속에서 광속 $c(3.00 \times 10^8$ m/s)로 이동한다. 광속은 $\nu \times \lambda$와 같으므로 파장과 진동수는 서로 반비례한다.
- 빛의 세기(밝기)는 빛의 진폭과 연관되어 있다.
- 전자기 스펙트럼은 매우 긴 파장의 라디오파부터 매우 짧은 파장의 감마선까지 다양한 영역들로 이루어져 있고, 750 nm(빨간색)부터 400 nm(보라색) 사이의 가시광선 영역을 포함한다.
- 굴절(다른 매질에 입사할 때 파동의 속력이 변하는 현상)과 회절(물체의 가장자리 주변에서 파동의 진행 방향이 휘는 현상) 현상을 보면 에너지가 파동과 같아서 질량을 가진 입자와는 다른 성질들을 가지고 있음을 알 수 있다.
- 하지만 흑체 복사와 광전 효과의 관찰을 통해 에너지가 입자처럼 분리된 다발로 존재함을 알 수 있다.
- 빛은 광자(일종의 양자)로 존재하고, 광자의 에너지는 진동수에 정비례한다.
- 양자 이론에 따르면 원자는 특정 양의 에너지($E = nh\nu$)만 가지며, 광자를 흡수 또는 방출해야만 원자의 에너지가 변한다. 이때 흡수 또는 방출되는 광자의 에너지는 원자의 에너지 변화와 일치한다.

7.2 원자 스펙트럼

물질과 에너지에 관한 세 번째 당황스러운 관찰 결과는 기화된 원소가 전기 방전에 의해 들뜨게 되어 방출하는 빛의 관찰이다. 이 절에서는 원자에서 방출되는 빛의 성질에 관하여 논의하고, 이 빛이 당시 존재하던 원자 모형의 문제점을 드러낸 이유와 새로운 원자 모형이 이 문제점을 해결한 과정을 살펴본다.

선 스펙트럼과 Rydberg 식

전기 방전에 의해 들뜬 기체상 원자로부터 방출된 빛이 슬릿을 통과하고 프리즘에서 굴절되면 흔히 태양광(백색광)에서 볼 수 있는 *연속 스펙트럼*, 즉 무지개가 생기지 않는다. 대신 특정 파장(또는 특정 진동수)에서만 나타나는 일련의 얇은 선들인 **선 스펙트럼**(line spectrum)이 생긴다. 이러한 원자 스펙트럼을 측정하는 장치와 가시광선 영역에서의 수소 원자의 선 스펙트럼이 그림 7.8A에 나와 있다. 그림 7.8B에서 볼 수 있듯이 각 원소는 특징적인 선 스펙트럼을 생성한다. 예를 들어 네온사인의 밝은 색깔은 네온 스펙트럼의 강한 주황색과 빨간색 선들 때문이다.

Rydberg 식의 특징 수소 원자를 연구하던 분광학자들은 전자기 스펙트럼의 다른 영역에 위치한 여러 계열의 스펙트럼 선들을 관찰하였다. 그림 7.9는 자외선, 가시광선, 적외선 영역의 스펙트럼 선들을 보여준다.

스웨덴의 물리학자 Johannes Rydberg(1854~1919)는 *Rydberg 식*(Rydberg equation)이라 부르는 관계식을 이론이 아닌 실험 자료를 이용하여 개발하였는데, 이 식은 한 계열의 스펙트럼 선들 중에서 특정 선의 위치와 파장을 예측한다.

$$\frac{1}{\lambda} = R\left(\frac{1}{n_1^2} - \frac{1}{n_2^2}\right) \tag{7.4}$$

이 식에서 λ는 각 선의 파장이고, n_1과 n_2는 $n_2 > n_1$인 양의 정수이고, R은 Rydberg 상수 ($1.096776 \times 10^7\ \text{m}^{-1}$)이다. n_1 값은 스펙트럼 선이 나타나는 전자기 스펙트럼의 영역을 결정한다.

- 자외선 계열의 스펙트럼 선들에 대해서는 $n_1 = 1$ ($n_2 = 2, 3, 4, \ldots$)이다.

$$\frac{1}{\lambda} = R\left(\frac{1}{1^2} - \frac{1}{n_2^2}\right), \quad n_2 = 2, 3, 4, \ldots$$

- 가시광선 계열의 스펙트럼 선들에 대해서는 $n_1 = 2$ ($n_2 = 3, 4, 5, \ldots$)이다.
- 적외선 계열의 스펙트럼 선들에 대해서는 $n_1 = 3$ ($n_2 = 4, 5, 6, \ldots$)이다.

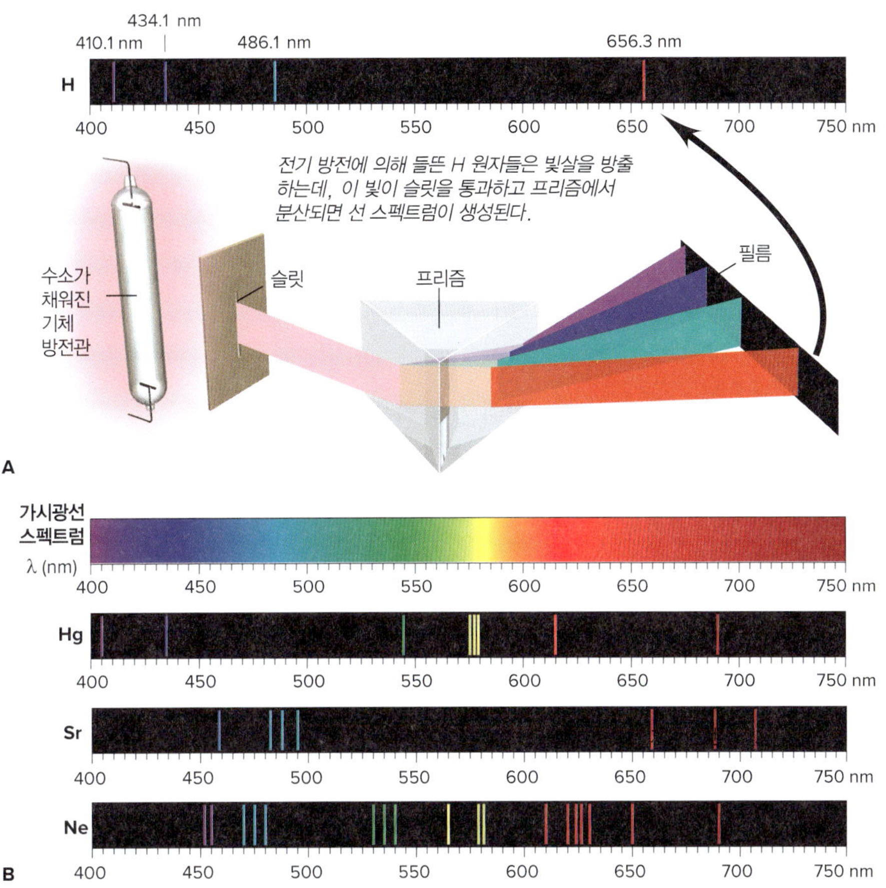

그림 7.8 몇 가지 원소들의 선 스펙트럼. **A.** 수소 원자의 선 스펙트럼. **B.** 백색광의 연속 스펙트럼과 달리 수은, 스트론튬, 네온과 같은 원소들의 방출 스펙트럼은 일련의 특징적인 색 선들로 나타난다.

Rydberg 식을 이용하면 수소의 선 스펙트럼의 파장 값들을 예측할 수 있지만, *선 스펙트럼이 나타나는 이유를 설명할 수는 없다.*

Rutherford의 원자핵 모형의 문제점 Rutherford가 원자핵 모형(2장 참조)을 제안하자마자 큰 문제가 생겼다. 양전하를 가진 원자핵과 음전하를 가진 전자는 서로 끌어당기고, 원자핵과 전자가 서로 떨어져 있으려면 움직이는 전자의 운동 에너지가 두 입자가 서로 끌어당기는 퍼텐셜 에너지를 상쇄해야 한다. 하지만 고전 물리의 법칙에 따르면 양전하 입자 주변에서 곡선 경로로 움직이는 음전하 입자는 빛을 *방출해야만 하고 그 결과 에너지를 잃는다*. 궤도를 도는 전자가 이런 방식으로 행동한다면 핵을 향해서 소용돌이치며 끌려갈 것이고 모든 원자들은 붕괴할 것이다! 또한, 고전 물리의 법칙에 따르면 음전하 입자가 원자 내부로 소용돌이치며 끌려갈 때 방출된 복사선의 진동수는 연속적으로 변해야 하고, 그 결과 선 스펙트럼이 아니라 연속 스펙트럼을 생성해야 한다. 원자 내 입자들(즉, 원자핵과 전자)의 이런 성질은 실제 세상의 경험과 원리에 위배되는 듯하다.

수소 원자의 Bohr 모형

Rutherford의 연구실에서 일하던 젊은 덴마크 물리학자 Niels Bohr(1885~1962)는 Rutherford의 원자핵 모형이 제안되고 2년 후에 선 스펙트럼의 존재를 예측하는 H 원자의 모형을 제안하였다.

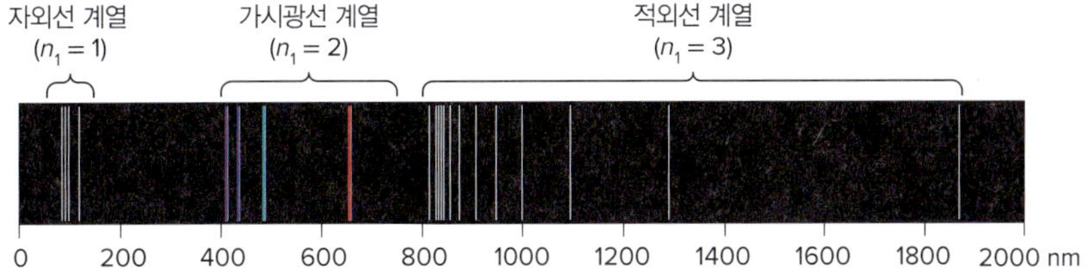

그림 7.9 수소 원자의 스펙트럼 선들의 세 가지 계열.

Bohr 모형의 가정 Bohr는 그의 수소 원자 모형에서 양자화된 에너지에 관한 Planck와 Einstein의 개념을 사용하였고 다음과 같이 세 가지 가정을 제안하였다.

1. *H 원자는 불연속적인 특정 에너지 준위들만 가질 수 있다.* Bohr는 이 에너지 준위들을 **정류 상태**(stationary state)라 불렀다.
2. *원자가 정류 상태에 있으면 에너지를 방출하지* ***않는다.*** 고전 물리의 원리에 위배되기는 하지만 원자가 *궤도 내에서* 움직일 때에는 원자의 에너지가 변하지 않는다.
3. *원자는 광자를 흡수 또는 방출해야만 다른 정류 상태로 변한다*(이때 전자는 다른 궤도로 이동). *광자의 에너지(hν)는 두 정류 상태 간의 에너지 차이와 일치한다.*

$$E_{광자} = \Delta E_{원자} = E_{최종} - E_{초기} = h\nu$$

Bohr 모형의 특징 Bohr 모형은 다음과 같은 핵심 특징들을 가진다.

- *양자수와 전자 궤도.* 양자수 n은 전자 궤도의 반지름과 연관된 양의 정수(1, 2, 3, ...)이고, 전자의 에너지와 직접적으로 연관되어 있다. *n 값이 작을수록 궤도의 반지름은 작아지고 에너지 준위는 낮아진다.* 따라서 전자가 원자핵에 더 가까운 궤도(더 작은 n 값)에 있을수록 전자를 궤도 밖으로 이동시키기 위해 더 많은 에너지가 필요하다.
- *바닥 상태.* 전자가 첫 번째 궤도($n = 1$)에 있을 때 원자핵에 가장 가깝고, H 원자는 가장 낮은(첫 번째) 에너지 준위인 **바닥 상태**(ground state)에 있다고 말한다.
- *들뜬 상태들.* 전자가 바닥 상태보다 원자핵에서 더 멀리 떨어진 궤도에 있으면 ($n > 1$), 원자는 **들뜬 상태**(excited state)에 있다고 말한다. 예를 들어 전자가 두 번째 궤도($n = 2$)에 있으면 원자는 첫 번째 들뜬 상태에 있다고 말한다. 전자가 세 번째 궤도($n = 3$)에 있으면 원자는 두 번째 들뜬 상태에 있다고 말한다. 마찬가지로 n 값이 커질수록 들뜬 상태의 번호도 증가한다.
- *흡수*(absorption). 서로 다른 두 에너지 준위 사이의 에너지 *차이*와 일치하는 에너지를 가진 광자를 H 원자가 *흡수*하면 전자는 더 바깥쪽에 있는(즉, 더 높은 에너지의) 궤도로 이동한다.
- *방출*(emission). 더 높은 에너지 준위(전자가 원자핵에서 더 먼 궤도에 위치)에 있는 H 원자가 더 낮은 에너지 준위(전자가 원자핵에 더 가까운 궤도에 위치)로 돌아오면 원자는 광자를 *방출*하는데, 이때 방출되는 광자의 에너지는 두 에너지 준위 사이의 에너지 차이와 일치한다. 그림 7.10에서는 흡수와 방출을 계단에 비유하였다. 이 그림에서 n 값이 증가할수록 인접한 두 궤도들 사이의 에너지 차이가 감소함에 주목하라.

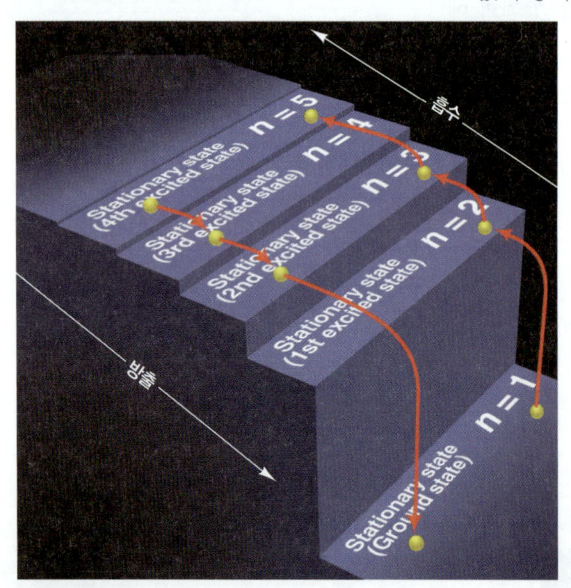

그림 7.10 원자의 에너지 준위들을 비유한 양자 "계단". 전자가 한 번에 한 계단 또는 여러 계단을 이동할 수는 있지만 계단들 사이에 위치할 수는 없다.

Bohr 모형을 이용한 선 스펙트럼 설명 Bohr 모형을 이용하면 연속 스펙트럼이 아니라 선 스펙트럼이 생성되는 이유를 설명할 수 있다.

- 전자가 원자핵에 가까운 궤도로 이동하면 원자의 에너지는 더 높은 상태에서 더 낮은 상태로 변하고, 그 결과 원자는 *특정* 양만큼의 에너지를 잃는다. 그 에너지는 *특정* 파장의 광자로 *방출되어* 원자의 선 스펙트럼 내의 한 선을 생성한다.
- 원자에는 특정 에너지 준위들만 불연속적으로 존재하기 때문에 전자가 한 궤도에서 다른 궤도로 전이(transition)할 때 오직 특정 양만큼의 에너지만 방출될 수 있다. *한 원자의 에너지는 연속적으로 변하지 않고 특정 에너지 상태들만 가지기 때문에 원자의 스펙트럼은 연속이 아니다.*

그림 7.11A에서는 수소 원자의 세 계열의 스펙트럼 선들을 Bohr 모형을 이용하여 설명한다. 기체 H 원자의 시료가 들뜨면 시료 내의 여러 수소 원자들은 서로 다른 양의 에너지를 흡수한다. 각 수소 원자는 단 1개의 전자를 가지고 있지만, 전체 시료에는 수없이 많은 수소 원자들이 존재하므로 모든 에너지 준위들(궤도들)에 전자가 존재한다. 전자가 한 에너지 준위에서 다른 에너지 준위로 전이할 때 방출되는 스펙트럼 선이 전자기 스펙트럼 내에서 어느 영역에 속하는지는 최종 에너지 준위의 n 값으로 결정된다.

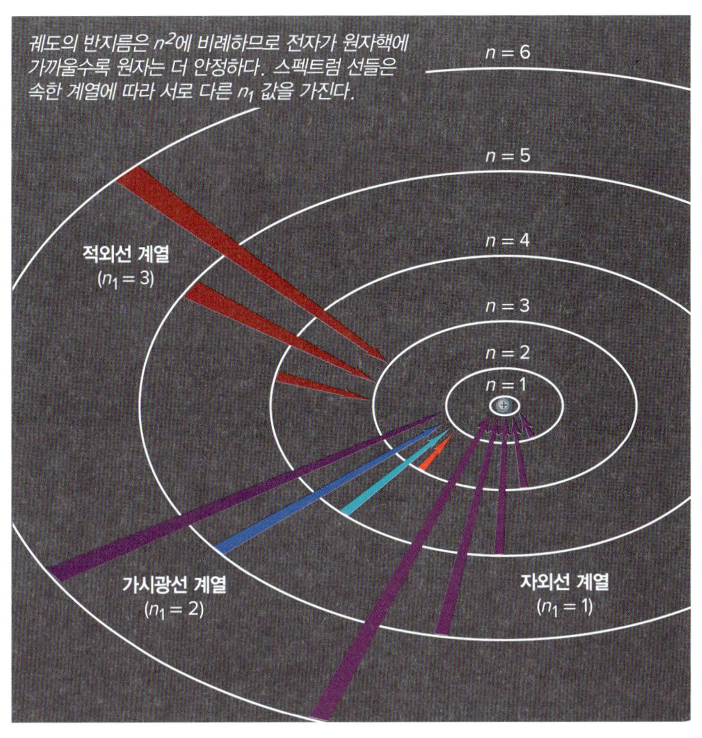

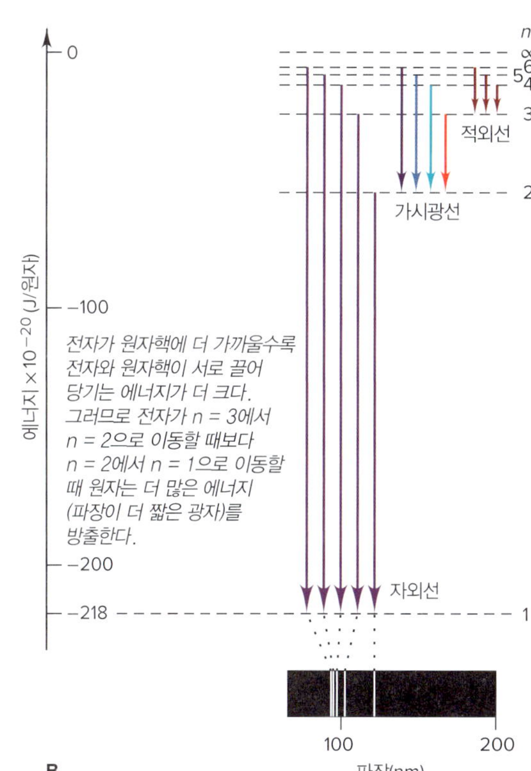

그림 7.11 H 원자에서 방출되는 세 계열의 스펙트럼 선들에 대한 Bohr 모형을 이용한 설명. **A.** 한 계열에 속한 모든 스펙트럼 선들은 외부 궤도에 있는 전자가 공통된 내부 궤도로 떨어져서 생성된다(즉, Rydberg 식에서 n_1 값이 모두 같음). **B.** 자외선 계열의 스펙트럼 선들이 나타나는 원리를 보여주는 에너지 도표.

- 전자가 외부 궤도(n = 2, 3, ...)에서 n = 1 궤도(바닥 상태)로 떨어지면 자외선의 에너지를 갖는 광자가 방출되어 자외선 계열의 스펙트럼 선들이 나타난다. *자외선* 계열의 스펙트럼 선들이 나타나는 원리가 그림 7.11B에 묘사되어 있다.
- 전자가 n = 2 궤도(첫 번째 들뜬 상태)로 떨어지면 더 낮은 에너지(더 긴 파장)를 갖는 가시광선의 광자가 방출되어 *가시광선* 계열의 스펙트럼 선들이 나타난다.
- 전자가 n = 3 궤도(두 번째 들뜬 상태)로 떨어지면 더욱 낮은 에너지를 갖는 적외선의 광자가 방출되어 *적외선* 계열의 스펙트럼 선들이 나타난다.

Bohr 모형의 한계 Bohr 모형은 H 원자의 스펙트럼 선들을 매우 성공적으로 설명해 냈지만, 다른 원자들에 대해서는 스펙트럼 예측에 실패하였다. 실패의 이유는 Bohr 모형이 *일전자 모형*(one-electron model)이기 때문이다. 따라서 H 원자와 He^+(Z = 2), Li^{2+}(Z = 3), Be^{3+}(Z = 4) 같은 다른 일전자 화학종에 대해서는 Bohr 모형이 아주 잘 맞는다. 반면 2개 이상의 전자를 가진 원자들에 대해서는 Bohr 모형이 전혀 맞지 않는데, 이는 전자-전자 반발력과 추가적인 원자핵-전자 인력이 일전자 원자에서보다 훨씬 더 복잡한 상호작용을 일으키기 때문이다. 하지만 더 근본적인 이유는 7.4절에서 배우겠지만 *전자는 고정되고 잘 규정된 궤도에서 움직이지 않기 때문*이다. Bohr 모형이 비록 원자를 묘사하기에는 부정확하지만 "바닥 상태"와 "들뜬 상태" 같은 용어들은 여전히 사용되고 있고, *"원자는 불연속적인 에너지 준위들을 가지고 있고, 원자는 특정 에너지의 광자를 흡수 또는 방출함으로써 그 에너지가 변한다"*는 Bohr 모형의 핵심 개념은 여전히 유효하다.

학생 핫스팟

선 스펙트럼의 개념이 어렵게 느껴진다면, eBook에 접속하여 이 주제에 대한 추가 학습 동영상을 참고하자.

수소 원자의 에너지 준위

Bohr의 연구로부터 한 원자의 에너지 준위들을 계산하는 식을 얻었다.

$$E = -2.18\times10^{-18}\,\text{J}\left(\frac{Z^2}{n^2}\right)$$

여기서 Z는 원자핵의 전하량이다. H 원자에 대해서 Z = 1이므로 위 식을 다음과 같이 쓸 수 있다.

$$E = -2.18\times10^{-18}\,\text{J}\left(\frac{1^2}{n^2}\right)$$

$$= -2.18\times10^{-18}\,\text{J}\left(\frac{1}{n^2}\right)$$

계의 에너지 정의의 책상 비유

책이 책상 위에 있을 때의 퍼텐셜 에너지를 영점으로 정의하면 책이 바닥에 있으면 퍼텐셜 에너지는 음의 값을 가진다.

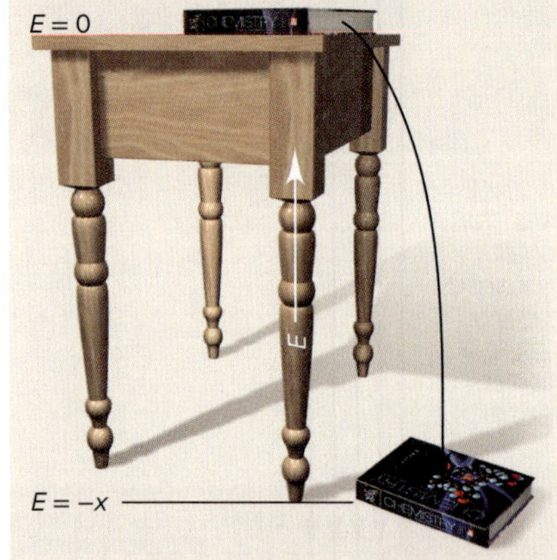

그러므로 H 원자의 바닥 상태($n = 1$)의 에너지는 다음과 같다.

$$E = -2.18\times10^{-18}\text{ J}\left(\frac{1}{1^2}\right)$$
$$= -2.18\times10^{-18}\text{ J}$$

*전자가 원자핵으로부터 완전히 제거*되었을 때의 원자의 에너지를 영점으로 *정의*하기 때문에 에너지는 음의 부호(그림 7.11B의 y축에도 사용)를 가진다. 따라서 $n = \infty$이면 $E = 0$이고, 유한한 n 값에 대해서는 $E < 0$이다. ‹

원자의 에너지 준위를 계산하는 Bohr 식의 이용 에너지 준위들의 식을 다음과 같이 여러 방식으로 이용할 수 있다.

1. *두 준위 사이의 에너지 차이 계산.* 원자의 초기 에너지 준위를 최종 에너지 준위에서 빼면 전자가 두 준위들 사이에서 이동할 때의 에너지 변화를 알 수 있다.

$$\Delta E = E_{\text{최종}} - E_{\text{초기}} = -2.18\times10^{-18}\text{ J}\left(\frac{1}{n^2_{\text{최종}}} - \frac{1}{n^2_{\text{초기}}}\right) \quad \textbf{(7.5)}$$

이 식에서 n이 분모에 있기 때문에 다음 사항들을 알 수 있다.

- *원자가 에너지를 방출하면*, 전자는 원자핵에 더 가깝게 다가가므로($n_{\text{최종}} < n_{\text{초기}}$) 원자의 최종 에너지는 (초기 에너지보다) *절대값이 더 큰* 음수이고, 따라서 ΔE는 음(−)이다.
- *원자가 에너지를 흡수하면*, 전자는 원자핵에서 더 멀어지므로($n_{\text{최종}} > n_{\text{초기}}$) 원자의 최종 에너지는 (초기 에너지보다) *절대값이 더 작은* 음수이고, 따라서 ΔE는 양(+)이다 (이와 유사하게 계가 열을 방출하면 ΔH가 음이고 열을 흡수하면 ΔH가 양이라는 것을 6장에서 배웠다).

2. *H 원자의 이온화를 위해 필요한 에너지 계산.* 전자를 원자로부터 완전히 제거하는 데 필요한 에너지, 즉 다음 변화에 대한 ΔE를 계산할 수 있다.

$$H(g) \longrightarrow H^+(g) + e^-$$

$n_{\text{최종}} = \infty$와 $n_{\text{초기}} = 1$을 식 (7.5)에 대입하면 다음을 얻는다.

$$\Delta E = E_{\text{최종}} - E_{\text{초기}} = -2.18\times10^{-18}\text{ J}\left(\frac{1}{\infty^2} - \frac{1}{1^2}\right)$$
$$= -2.18\times10^{-18}\text{ J }(0 - 1) = 2.18\times10^{-18}\text{ J}$$

원자핵으로부터 전자를 제거하기 위해서는 에너지가 *흡수되어야* 하므로 ΔE는 양이다.

수소의 *이온화 에너지*(ionization energy)는 1 mol의 기체상 H 원자들로부터 1 mol의 기체상 H^+ 이온들을 생성하는 데 필요한 에너지이다. 따라서 1 mol의 H 원자들에 대한 ΔE는 다음과 같다.

$$\Delta E = \left(2.18\times10^{-18}\ \frac{\text{J}}{\text{원자}}\right)\left(6.022\times10^{23}\ \frac{\text{원자}}{\text{mol}}\right)\left(\frac{1\text{ kJ}}{10^3\text{ J}}\right) = 1.31\times10^3\text{ kJ/mol}$$

이온화 에너지는 원자의 주요 성질이고, 이 주제에 대해 8장에서 다시 논의할 것이다.

3. *스펙트럼 선의 파장 계산.* 일단 식 (7.5)로부터 ΔE를 알게 되면 식 (7.3)을 이용하여 H 원자의 스펙트럼 선들의 파장을 계산한다.

$$\lambda = \frac{hc}{\Delta E}$$

다른 방법으로는 식 (7.3)과 식 (7.5)를 조합하고 Bohr 모형을 사용하여 Rydberg 식[식 (7.4)]을 유도하는 것이다.

$$\frac{hc}{\lambda} = \Delta E = -2.18\times10^{-18}\text{ J}\left(\frac{1}{n^2_{\text{최종}}} - \frac{1}{n^2_{\text{초기}}}\right)$$
$$\frac{1}{\lambda} = \frac{-2.18\times10^{-18}\text{ J}}{hc}\left(\frac{1}{n^2_{\text{최종}}} - \frac{1}{n^2_{\text{초기}}}\right)$$
$$= \frac{-2.18\times10^{-18}\text{ J}}{(6.626\times10^{-34}\text{ J·s})(3.00\times10^8\text{ m/s})}\left(\frac{1}{n^2_{\text{최종}}} - \frac{1}{n^2_{\text{초기}}}\right)$$

$$= 1.0967\times10^{7}\ \text{m}^{-1}\left(\frac{1}{n_1^2}-\frac{1}{n_2^2}\right)$$

예제 7.3 | 전자 전이의 ΔE와 λ 계산

문제 어떤 수소 원자가 자외선 광자(그림 7.11 참조)를 흡수하여 전자가 $n = 4$ 에너지 준위로 들뜬다. **(a)** 원자의 에너지 변화와 **(b)** 흡수된 광자의 파장(nm 단위)을 계산하라.

계획 **(a)** H 원자는 에너지를 흡수하므로 $E_{최종} > E_{초기}$이다. 문제에서 주어진 $n_{최종} = 4$이고, 자외선 광자가 흡수되기 때문에 그림 7.11에 따르면 $n_{초기} = 1$이다. 식 (7.5)를 적용하여 ΔE를 계산한다. **(b)** 일단 ΔE를 알면 식 (7.3)을 이용하여 파장(m 단위)을 계산하고, m를 nm 단위로 변환한다.

풀이 **(a)** 알고 있는 값들을 식 (7.5)에 대입하면

$$\Delta E = -2.18\times10^{-18}\ \text{J}\left(\frac{1}{n_{최종}^2}-\frac{1}{n_{초기}^2}\right) = -2.18\times10^{-18}\ \text{J}\left(\frac{1}{4^2}-\frac{1}{1^2}\right)$$

$$= -2.18\times10^{-18}\ \text{J}\left(\frac{1}{16}-\frac{1}{1}\right) = 2.04\times10^{-18}\ \text{J}$$

(b) 식 (7.3)을 정리하여

$$\Delta E = \frac{hc}{\lambda}$$

λ에 대해 나타내면

$$\lambda = \frac{hc}{\Delta E} = \frac{(6.626\times10^{-34}\ \text{J}\cdot\text{s})(3.00\times10^{8}\ \text{m/s})}{2.04\times10^{-18}\ \text{J}} = 9.74\times10^{-8}\ \text{m}$$

m를 nm로 변환하면

$$\lambda = 9.74\times10^{-8}\ \text{m}\times\frac{1\ \text{nm}}{10^{-9}\ \text{m}}$$
$$= 97.4\ \text{nm}$$

검산 **(a)** 에너지 변화는 양이고, 광자가 흡수되는 경우이다. **(b)** 파장은 자외선 영역(약 10~380 nm)에 속한다.

해설 **1.** 위의 식 대신 식 (7.4)를 사용하여 파장을 계산할 수 있다(이 식에서 $n_2 > n_1$임을 기억한다).

$$\frac{1}{\lambda} = R\left(\frac{1}{n_1^2}-\frac{1}{n_2^2}\right)$$
$$= 1.096776\times10^{7}\ \text{m}^{-1}\left(\frac{1}{1^2}-\frac{1}{4^2}\right)$$
$$\frac{1}{\lambda} = 1.028228\times10^{7}\ \text{m}^{-1}$$
$$\lambda\ (\text{m}) = \frac{1}{1.028228\times10^{7}\ \text{m}^{-1}} = 9.73\times10^{-8}\ \text{m}$$
$$\lambda\ (\text{nm}) = 9.73\times10^{-8}\ \text{m}\times\frac{1\ \text{nm}}{10^{-9}\ \text{m}} = 97.3\ \text{nm}$$

2. 보충 문제 7.3A에서 만약 ΔE가 음이면(즉, 원자가 에너지를 잃음) 그 절대값 $|\Delta E|$를 사용해야 한다. 이는 λ가 양의 값을 가져야 하기 때문이다.

▶ 보충 문제

7.3A $n = 6$ 에너지 준위에 전자가 있는 수소 원자가 적외선 광자를 방출하였다. **(a)** 원자의 에너지 변화와 **(b)** 광자의 파장(Å 단위)을 구하라.

7.3B H 원자의 $n = 6$ 에너지 준위에 있는 전자가 더 낮은 에너지 준위로 떨어지면서 원자가 410. nm 파장의 광자를 방출하였다. **(a)** 1 mol의 H 원자들에 대해서 이 전이의 ΔE는 얼마인가? **(b)** 전자는 어떤 에너지 준위로 이동했는가?

유사 문제 7.23~7.28, 7.31, 7.32

H 원자의 분광학적 분석 덕분에 Bohr 모형이 탄생하였고, 이는 현재 받아들여지는 원자 모형의 정립을 향한 첫 걸음이었다. 19세기부터 원소와 화합물의 종류를 확인하는 수단으로서 사용되어 온 분광계는 현대 화학의 주요 분석 도구로 발전해 왔다(**실험 기법** 참조).

분광학을 이용한 화학 분석

스펙트럼 데이터를 이용한 물질의 확인 및 정량 분석은 현대의 화학 분석에 필수적이다. *분광학*(spectroscopy)과 **분광법**(spectrometry)이라는 용어는 물질의 원자 및 분자 에너지 준위들에 대한 데이터를 얻기 위해 스펙트럼을 측정하는 다양한 측정 기법들을 가리킨다.

스펙트럼의 유형

선 스펙트럼은 다음과 같이 두 가지 중요한 유형으로 분류된다.

1. **방출 스펙트럼**(emission spectrum)은 들뜬 상태의 원자가 낮은 에너지 상태로 돌아오면서 광자를 *방출*할 때 생성되고, H 원자의 선 스펙트럼이 이에 해당한다. 어떤 원소들은 강한 스펙트럼 선(또는 몇 개의 근접한 스펙트럼 선들)을 생성하는데, 이는 그 원소의 존재 증거가 된다. 이온 화합물의 가루 또는 용액 방울을 불꽃에 넣어서 수행하는 **불꽃 시험**(flame test)은 원소에서 방출되는 강한 빛을 이용하는 것이다(그림 B7.1A). 또한 불꽃놀이에서 볼 수 있는 여러 색깔들도 마찬가지로 원소들에서 방출되는 빛 때문에 나타난다(그림 B7.1B). 소듐 가로등과 수은 가로등의 색깔도 이 원소들의 스펙트럼에 나타나는 강한 방출 선들 때문이다.

2. **흡수 스펙트럼**(absorption spectrum)은 원자가 특정 파장의 광자를 *흡수*하여 들뜰 때 생성된다. 예를 들어, 백색광이 소듐 기체를 통과할 때 측정된 흡수 스펙트럼을 보면 소듐의 방출 스펙트럼 상의 노랑-주황 선들과 같은 파장들에서 검은 선들이 나타난다(그림 B7.2).

그림 B7.1 불꽃 시험과 불꽃놀이. **A.** 불꽃의 색깔은 원소로부터 특정 파장의 빛이 강하게 방출되기 때문에 나타난다. **B.** 불꽃 시험에서와 마찬가지로 불꽃놀이는 강한 빛을 방출한다. *Source*: A(1–2): Stephen Frisch/McGraw-Hill Education; B: Studio Photogram/Bloomimage/Alamy Stock Photo

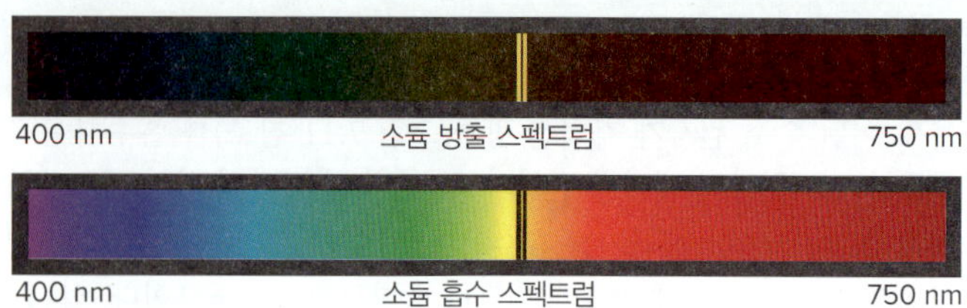

그림 B7.2 소듐 원자의 방출과 흡수 스펙트럼. 밝은 방출 선들의 파장은 어두운 흡수 선들의 파장과 일치하는데, 이는 방출과 흡수 모두 같은 에너지 변화($\Delta E_{방출} = -\Delta E_{흡수}$)에 의해 일어나기 때문이다. (소듐 원자의 스펙트럼의 가장 강한 두 선들만 나타내었다.)

원소와 화합물은 각각 고유한 선 스펙트럼을 가지고 있으므로 천문학자들은 이런 스펙트럼을 이용하여 태양, 행성, 별, 혜성 및 다른 천체들의 조성을 결정할 수 있다. 예를 들어 태양광을 분광기로 살펴봄으로써 태양에서의 헬륨(그리스어 *helios*: 태양)의 존재가 밝혀졌다.

기본 장비

흡광 스펙트럼을 이용하는 장비들이 방출 스펙트럼을 이용하는 장비들보다 훨씬 더 흔한데, 이는 많은 물질들이 상대적으로 적은 개수의 파장들에서 흡수하므로 흡광 스펙트럼이 (방출 스펙트럼보다) 더 특징적이고, 흡수가 (방출보다) 약한 분자들에 대해서 덜 파괴적이기 때문이다.

분광기의 설계는 시료에 쪼여주는 전자기파의 스펙트럼 영역에 따라 다르지만, 모든 현대식 분광기들은 동일한 기본 기능을 수행하는 구성 요소들로 이루어져 있다(그림 B7.3). (적외선 분광학과 핵자기공명 분광학은 이후 장들에서 논의한다.)

물질의 확인과 정량 분석

화학 분석에서는 스펙트럼을 이용하여 물질의 종류를 밝혀내고 시료 내 물질의 양을 정량 분석한다. 가시광선은 색깔을 띠는 물질에 주로 사용되는데, 이는 이 물질들이 몇몇 특정 파장들의 빛만 흡수하기 때문이다. 예를 들어 나뭇잎은 초록색으로 보이는데, 이는 나뭇잎에 함유된 엽록소(chlorophyll)가 빨간색과 파란색 빛을 강하게 흡수하는 반면 초록색 빛을 약하게 흡수하므로 대부분의 초록색 빛은 반사되기 때문이다.

그림 B7.3 일반적인 분광기의 구성 요소들.

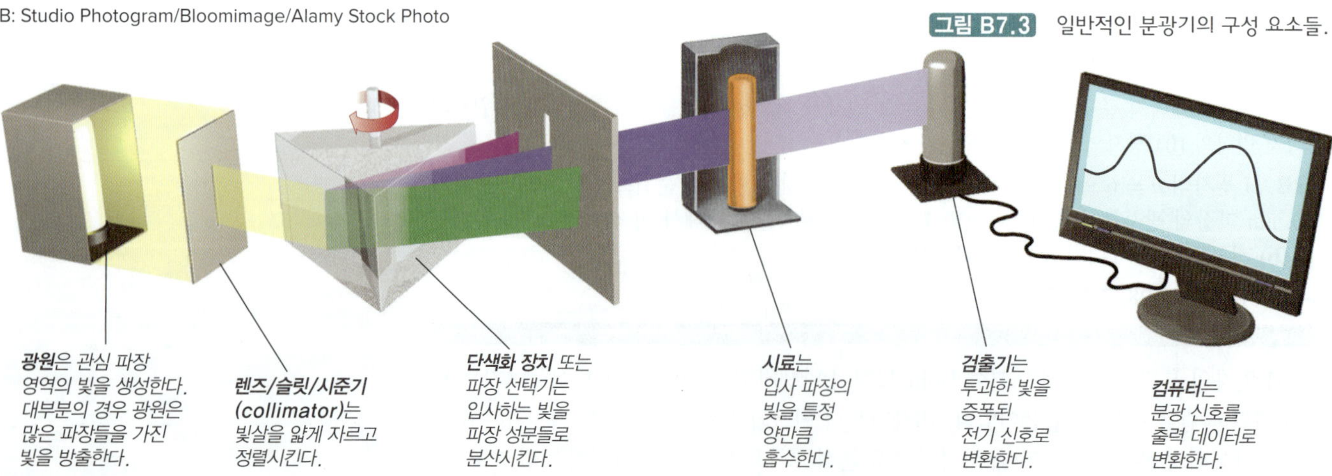

그림 B7.4는 에터에 용해된 엽록소 *a* 용액의 가시광선 영역의 흡수 스펙트럼이다. 흡수 스펙트럼 곡선의 모양과 주요 봉우리(peak)들의 파장이 엽록소 *a*의 특징을 나타낸다. 엽록소 *a*가 파장에 따라 빛을 흡수하는 정도가 다르기 때문에 스펙트럼 곡선의 높이가 변한다. 엽록소의 흡수 스펙트럼은 원소의 흡수 스펙트럼에서 볼 수 있는 뚜렷한 선의 형태보다는 넓은 띠의 형태로 나타난다. 이는 분자 내의 에너지 준위들 및 용질 분자와 용매 분자들 간의 상호작용이 원소에서보다 더 많고 더 다양하기 때문이다.

분광법은 물질의 종류를 확인할 뿐만 아니라 물질의 농도 측정에 사용할 수 있는데, 이는 *흡광도*, 즉 특정 파장에서 물질이 흡수하는 빛의 양이 *분자들의 수에 비례*하기 때문이다. 나뭇잎 추출액에 함유된 엽록소 *a*의 농도를 결정하고 싶다면 화합물의 흡수 스펙트럼에서 빛이 강하게 흡수되는 파장(예, 그림 B7.4A의 663 nm 파장)을 선택하여 농도를 *모르는* 용액의 흡광도를 측정하고, 이 흡광도 값을 농도를 *아는* 용액들의 흡광도 값들과 비교하여 농도를 결정한다(그림 B7.4B).

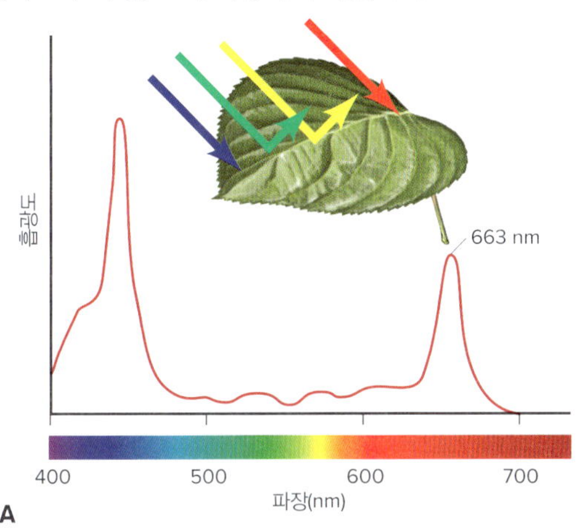

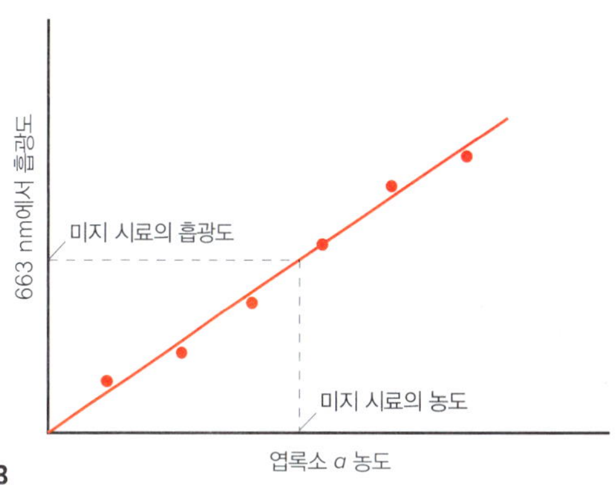

그림 B7.4 나뭇잎 추출액 내의 엽록소 *a* 농도 측정. **A.** 엽록소 *a*의 흡수 스펙트럼으로부터 663 nm의 강한 흡광을 측정하도록 분광기가 조정되어 있다. **B.** 나뭇잎 추출액으로부터 측정한 흡광도를 농도를 아는 표준 용액들의 흡광도와 비교한다.

문제

B7.1 2-quinizarinsulfonic acid의 소듐 염은 Al^{3+} 이온과 결합하여 560 nm에서 강하게 흡수하는 착화합물을 생성한다.

(a) 아래 데이터를 이용하여 농도 대 용액상 착화합물의 흡광도의 그래프를 그려라. 또 기울기와 *y* 절편을 구하라.

농도(*M*)	흡광도(560 nm)
1.0×10^{-5}	0.131
1.5×10^{-5}	0.201
2.0×10^{-5}	0.265
2.5×10^{-5}	0.329
3.0×10^{-5}	0.396

(b) 이 착화합물 용액 20.0 mL를 물로 희석시켜 150. mL로 만들어 측정한 흡광도는 0.236이다. 희석된 용액의 농도와 원래 용액의 농도를 결정하라.

B7.2 불꽃놀이, 불꽃 시험과 다른 방출 현상에서 특정 파장의 빛은 특정 원소 또는 이온의 존재를 나타낸다. 다음 원소들과 연관된 빛의 진동수와 색깔은 무엇인가?

(a) Li, $\lambda = 671$ nm

(b) Cs^+, $\lambda = 453$ nm

(c) Na, $\lambda = 589$ nm

› 7.2절 요약

› 태양광과 달리 전기 방전에 의해 들뜬 원자들로부터 방출되어 프리즘을 통과하여 굴절된 빛은 분리된 스펙트럼 선들로 나타난다.

› 분광학자들은 한 스펙트럼 선의 파장을 결정하기 위해 실험식(Rydberg 식)을 이용한다. 수소 원자는 여러 계열의 스펙트럼 선들을 나타낸다.

› 선 스펙트럼의 존재를 설명하기 위해 Bohr는 전자가 고정된 궤도에서 움직인다고 제안하였다. 원자가 에너지 준위들(즉, 궤도들) 간의 차이와 같은 에너지를 가진 광자를 흡수 또는 방출하면, 전자는 한 궤도로부터 또 다른 궤도로 이동한다.

› Bohr 모형을 이용하면 H 원자와 다른 일전자 화학종의 스펙트럼만 예측할 수 있다. 그럼에도 불구하고 Bohr는 원자의 에너지가 양자화되어 있음을 옳게 예측하였다.

› 분광법은 물질의 종류를 확인하고 농도를 측정하기 위해 방출과 흡수 스펙트럼을 이용하는 측정 기법이다.

7.3 물질과 에너지의 파동-입자 이중성

1905년은 Albert Einstein에게 바쁜 한 해였다. Einstein은 광자 이론을 발표했고, 광전 효과를 설명하였다. 그의 한 친구가 기억하기로 Einstein은 집에서 한 손으로는 아기가 탄 유모차를 흔들며 다른 한 손으로는 물리학의 새로운 분야인 상대성 이론에 대한 생각을 끄적이곤 했다고 한다. 상대성 이론의 주요 결과 중 하나는 *물질과 에너지가 서로 형태는 다르지만 그 실체는 같다*는 것이다. 이 개념은 상대성 이론의 유명한 식인 $E = mc^2$으로 구현되었는데, 이 식은 주어진 질량에 해당하는 에너지를 정량적으로 표현한다. 에너지가 입자의 성질을 가지고 있다고 제안한 실험 결과들은 물질이 파동의 성질을 가지고 있다고 제안한 실험 결과들과 양립해야만 했다. 현대 원자 모형을 이해하기 위해서는 이러한 놀라운 발상들이 필수적이다.

전자의 파동성과 광자의 입자성

Bohr의 모형은 실험 데이터에 맞추어 이론을 개발한 좋은 예이다. Bohr는 선 스펙트럼을 *설명*하기 위해 원자가 특정 에너지 준위들만 가지고 있다고 *가정*했다. 그러나 Bohr는 이 가정에 대한 이론적 근거가 없었다. 하지만 1920년대 초의 몇 가지 획기적인 발견들 덕분에 이 가정에 대한 근거가 마련되었고, 그 결과 물질(덩어리이고 질량이 있는 것)과 에너지(퍼지고 질량이 없는 것) 간의 구별이 애매해졌다.

전자의 파동성 원자가 고정된 에너지 준위들을 가지고 있는 이유를 설명하고자 프랑스의 물리학도 Louis de Broglie(1892~1987)는 허용된 특정 운동만 하는 다른 계들을 고려했다. 예를 들어, 기타 줄의 진동(그림 7.12)을 생각해 보면, 줄의 양끝이 고정되어 있기 때문에 줄을 튕기면 특정 진동수(또는 파장)를 가진 진동만 허용된다. de Broglie는 *만약 에너지가 입자의 성질을 가지고 있다면 아마도 물질도 파동의 성질을 가지고 있을 것이다*라고 제안하였고, 만약 *전자가* 고정된 반지름을 가진 궤도에서 *파동처럼 운동한다*면 전자는 허용된 특정 진동수와 에너지만을 가질 것이라고 추론하였다.

de Broglie는 다음과 같이 질량-에너지 등가 식과 광자의 에너지 식을 조합하였다:

$$E = mc^2 \text{이고} \quad E = \frac{hc}{\lambda} \text{이므로} \quad mc^2 = \frac{hc}{\lambda} \quad \text{또는} \quad \lambda = \frac{hc}{mc^2} = \frac{h}{mc}$$

그 결과 얻은 관계식을 이용하면 속도 u로 움직이는 질량 m의 입자(행성, 야구공, 전자 등 어떤 입자이건 상관없음)의 파장을 계산할 수 있다:

$$\lambda = \frac{h}{mu} \tag{7.6}$$

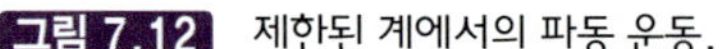

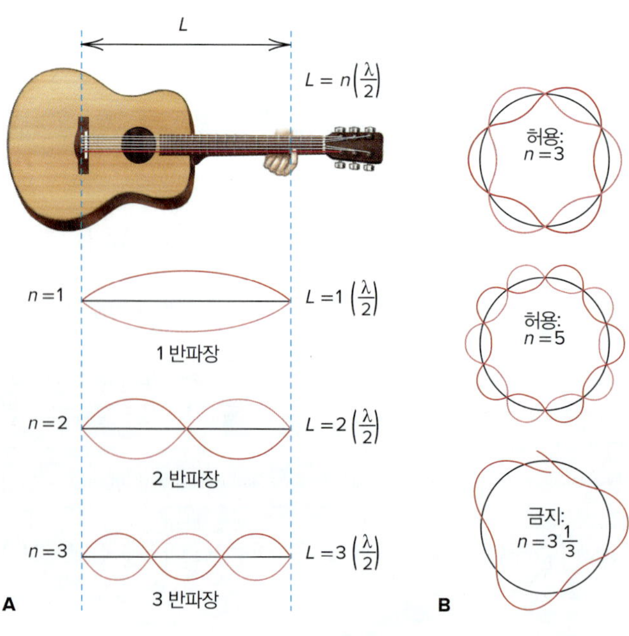

그림 7.12 제한된 계에서의 파동 운동. **A.** 반파장($\lambda/2$)은 기타 줄의 진동의 "양자"이다. 프렛에 얹은 손가락으로 줄의 길이가 L로 고정된 상태에서 L이 $\lambda/2$의 정수배인 진동들이 허용된다. **B.** 전자의 원형 궤도의 길이는 파장의 정수배만 허용된다(그림에는 $n = 3$과 $n = 5$의 경우가 표시됨). 파장의 분수배 길이의 파동은 마루와 골의 중첩으로 소멸되기 때문에 "금지"되어 있다.

de Broglie 파장(de Broglie wavelength)을 나타낸 이 식에 따르면 *물질은 파동의 형태로 움직인다.* 물체의 파장은 그 질량에 *반비례*하므로 행성이나 야구공처럼 무거운 물체들은 물체 자체의 크기보다 *여러 자릿수*만큼 작은(사실상 너무 작아서 측정할 수 없는) 파장을 가진다(표 7.1).

표 7.1 | 다양한 물체들의 de Broglie 파장

물체	질량(g)	속력(m/s)	λ(m)
느린 전자	9×10^{-28}	1.0	7×10^{-4}
빠른 전자	9×10^{-28}	5.9×10^{6}	1×10^{-10}
알파(α) 입자	6.6×10^{-24}	1.5×10^{7}	7×10^{-15}
1그램 질량	1.0	0.01	7×10^{-29}
야구공	142	40.0	1×10^{-34}
지구	6.0×10^{27}	3.0×10^{4}	4×10^{-63}

예제 7.4 | 전자의 de Broglie 파장 계산

문제 1.00×10^{6} m/s의 속력으로 움직이는 전자의 de Broglie 파장을 계산하라(전자의 질량 = 9.11×10^{-31} kg; Planck 상수 $h = 6.626\times10^{-34}$ kg·m²/s).

계획 전자의 속력(1.00×10^{6} m/s)과 질량(9.11×10^{-31} kg)을 알고 있으므로 이 값들을 식 (7.6)에 대입하여 λ를 알아낸다.

풀이

$$\lambda = \frac{h}{mu} = \frac{6.626\times10^{-34}\ \text{kg}\cdot\text{m}^2/\text{s}}{(9.11\times10^{-31}\ \text{kg})(1.00\times10^{6}\ \text{m/s})} = 7.27\times10^{-10}\ \text{m}$$

검산 자릿수와 단위는 맞아 보인다.

$$\lambda \approx \frac{10^{-33}\ \text{kg}\cdot\text{m}^2/\text{s}}{(10^{-30}\ \text{kg})(10^{6}\ \text{m/s})} = 10^{-9}\ \text{m}$$

해설 다음에 나올 논의에서 볼 수 있듯이 이렇게 빠르게 움직이는 전자들은 원자 크기 정도의 파장을 가지며 놀라운 성질을 나타낸다.

▶ **보충 문제**

7.4A **(a)** 100. nm의 de Broglie 파장을 가진 전자의 속력은 얼마인가(전자의 질량 = 9.11×10^{-31} kg)?
(b) 질량 45.9 g의 골프공이 100. nm의 de Broglie 파장을 가지려면 어떤 속력으로 움직여야 하는가?

7.4B 55 mi/h의 속력으로 움직이는 질량 39.7 g 라켓볼의 de Broglie 파장을 구하라.

유사 문제 7.39(a), 7.40(a), 7.41~7.42

위의 de Broglie 식이 묘사하는 것처럼 전자가 파동의 형태로 움직인다면 회절과 간섭이 일어나야 한다. 빠르게 움직이는 전자는 약 10^{-10} m의 파장을 가지고 있고, 이러한 전자들의 빔은 결정 내 원자들 사이의 공간(약 10^{-10} m의 크기를 가짐)에 의해 회절된다. 1927년에 C. Davisson과 L. Germer는 X-선 빔과 전자 빔을 각각 니켈 결정에 쪼여 2개의 회절 무늬들을 얻었다. 그림 7.13은 X-선 빔과 전자 빔을 알루미늄 결정에 쪼여 얻은 회절 무늬들을 보여준다. 따라서 전자는 질량과 전하를 가진 입자임에도 불구하고 전자기파와 마찬가지로 회절 무늬를 생성한다.

파동의 형태로 움직이는 전자의 대표적 응용 사례는 바로 *전자 현미경*이다. 전자 현미경은 광학 현미경과 비교하여 훨씬 높은 공간 분해능을 가진다는 장점을 가지고 있는데, 이는 높은 속력의 전자가 가시광선보다 훨씬 짧은 파장을 가지고 있기 때문이다. 투과 전자 현미경(TEM)에서는 전자 빔이 렌즈를 통해 초점으로 모이면서 시료의 얇은 부분을 투과하고 이어서 두 번째, 세 번째 렌즈를 통과한다. 이 장비에서 사용되는 "렌즈"는 바로 전

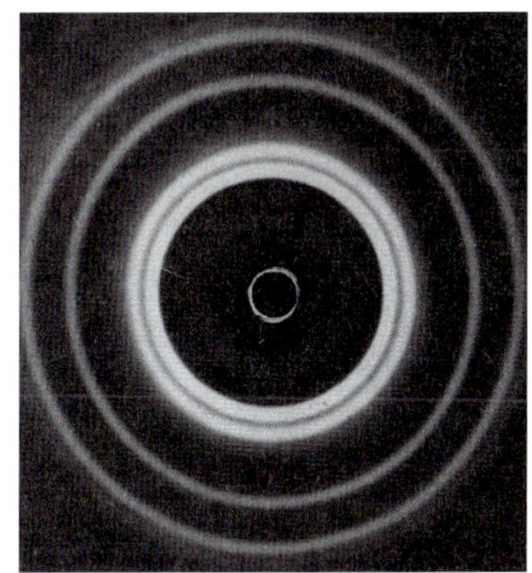

A

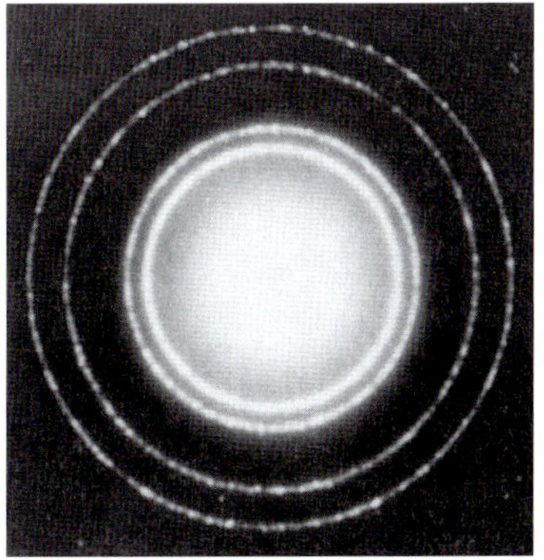

B

그림 7.13 알루미늄의 회절 무늬. **A.** X-선 회절 무늬. **B.** 전자 회절 무늬.

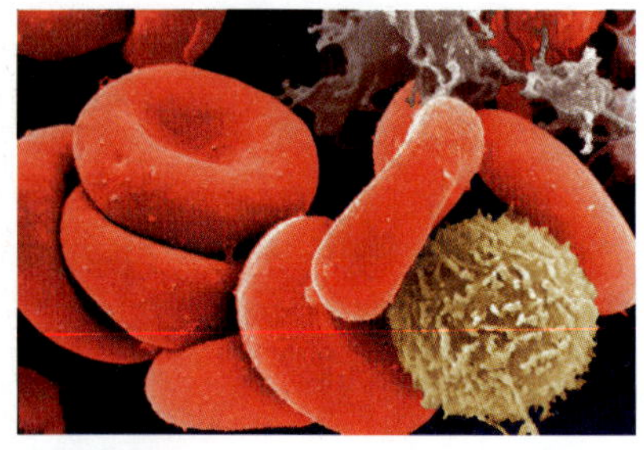

그림 7.14 혈구의 주사 전자 현미경 영상 (1200배 배율).

Source: © Yorgos Nikas/Stone/Getty Images.

자기장이고, 200,000배 정도의 배율까지 시료 물체를 확대하여 보여준다. 주사 전자 현미경(SEM)에서는 전자 빔을 시료에 주사하면서 시료로부터 떨어져 나온 전자들에 의해 생성된 전류가 시료 표면의 영상을 만들어 낸다(그림 7.14).

광자의 입자성 만약 전자가 에너지의 성질을 가지고 있다면 광자는 물질의 성질을 가지고 있을까? de Broglie 식은 광자의 운동량(p), 즉 질량과 속력의 곱을 계산하는 것이 가능하다고 제안한다. 식 (7.6)의 속력 u에 광속(c)를 대입하고 p에 관해 풀면 다음과 같다.

$$\lambda = \frac{h}{mc} = \frac{h}{p} \qquad \text{따라서} \qquad p = \frac{h}{\lambda}$$

이 식에서 p와 λ는 반비례 관계이므로 더 짧은 파장(더 높은 에너지)을 가진 광자일수록 더 큰 운동량을 가진다. 따라서 광자의 운동량이 감소하면 파장은 증가한다. 1923년에 Arthur Compton은 X-선 광자의 빔을 흑연에 입사시키면 반사된 광자의 파장이 증가함을 관찰하였다. 따라서 당구공들이 서로 충돌할 때 운동량이 전달되는 것과 마찬가지로 광자들로부터 흑연의 탄소 원자 내의 전자들로 운동량이 전달된다. 이 실험에서 광자는 입자처럼 행동한다.

파동-입자 이중성 고전적 실험들에서는 물질이 입자와 같고 에너지가 파동과 같다는 결과를 얻었다. 하지만 원자 크기 수준에서의 실험 결과에 따르면 전자가 파동의 형태로 움직이고 광자가 운동량을 가진다는 것을 알 수 있다. 따라서 물질의 성질은 에너지의 성질이기도 하다. 물질과 에너지 *모두* "양면성"을 가지고 있다. 어떤 실험에서는 한 면을 관찰하고 다른 실험에서는 또 다른 면을 관찰한다. 우리가 일상적으로 하는 물질과 에너지의 구별은 거시 세계에서는 의미가 있지만 원자의 세계에서는 그렇지 *않다*. 물질과 에너지의 구별은 인위적인 정의일 뿐이고 그들의 본질이 아니다. 이와 같은 물질과 에너지의 이중성을 **파동-입자 이중성**(wave-particle duality)이라 부르고, 입자가 파동의 성질을 가지고 있고 에너지가 입자의 성질을 가지고 있음을 의미한다. 이러한 새로운 개념을 탄생하게 만든 실험 결과들과 이론들을 그림 7.15에 정리하였다.

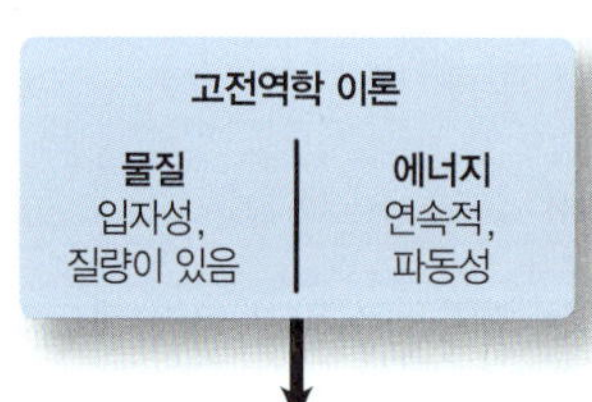

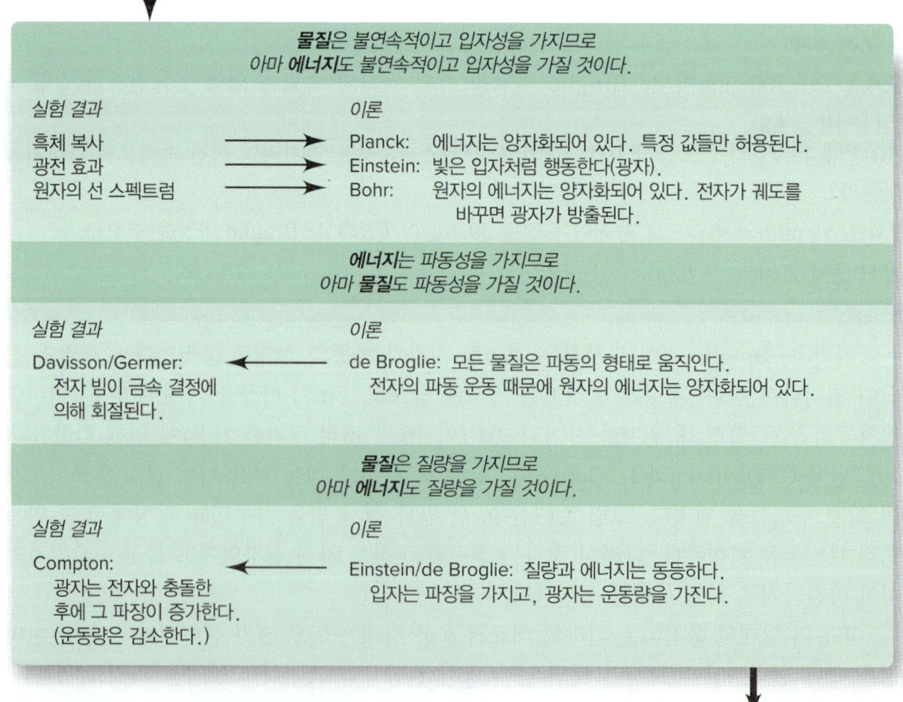

그림 7.15 고전역학 이론으로부터 양자역학 이론을 탄생시킨 주요 실험 결과들과 이론들.

Heisenberg의 불확정성 원리

고전 물리에서 움직이는 입자는 특정 순간에 명확한 위치를 가지는 반면에 파동은 공간상에서 퍼져 나간다. 전자가 입자와 파동의 성질을 *모두* 가진다면 원자 내에서 전자의 위치를 결정할 수 있을까? 1927년에 독일의 물리학자 Werner Heisenberg(1901~1976)은 **불확정성 원리**(uncertainty principle)를 가정하였는데, 이는 입자의 위치와 운동량(즉, 질량과 속력의 곱)을 동시에 아는 것은 불가능하다는 내용이다. 일정 질량 m을 가진 입자에 대해서 불확정성 원리는 수학적으로 다음과 같이 표현된다.

$$\Delta x \cdot m\Delta u \geq \frac{h}{4\pi} \tag{7.7}$$

이 식에서 Δx는 위치의 불확정성, Δu는 속력의 불확정성이고, h는 Planck 상수이다. 입자의 위치를 더 정확하게(더 작은 Δx) 알수록 입자의 속력을 덜 정확하게(더 큰 Δu) 알게 되고, 그 반대도 성립한다. 최상의 경우는 이 불확정성들의 곱($= h/4\pi$)을 안다는 것이다.

야구공과 같은 거시적 물체의 경우 질량이 $h/4\pi$보다 엄청나게 크기 때문에 Δx와 Δu는 무의미하다. 따라서 투수가 던진 야구공의 위치와 속력을 알면 운동 법칙을 이용하여 그 궤적을 예측하고 볼인지 스트라이크인지 여부를 알 수 있다. 하지만 예제 7.5에서 볼 수 있듯이 전자의 위치와 속력을 이용하여 그 궤적을 알아내는 것은 전혀 다른 일이다.

예제 7.5 | 불확정성 원리의 적용

문제 원자핵 근처에서 움직이는 전자는 6×10^6 m/s ± 1%의 속력을 가진다. 이때, 위치의 불확정성(Δx)은 얼마인가?

계획 속력의 불확정성(Δu)은 1%라고 주어져 있으므로 u ($= 6\times10^6$ m/s)에 0.01을 곱하여 Δu 값을 계산하고, 그 값을 식 (7.7)에 대입하여 위치의 불확정성(Δx)을 얻는다.

풀이 속력의 불확정성 Δu를 알아낸다.

$$\Delta u = u\text{의 } 1\% = 0.01(6\times10^6 \text{ m/s}) = 6\times10^4 \text{ m/s}$$

위치의 불확정성 Δx를 계산하면

$$\Delta x \cdot m\Delta u \geq \frac{h}{4\pi}$$

따라서

$$\Delta x \geq \frac{h}{4\pi m\Delta u} \geq \frac{6.626\times10^{-34}\text{ kg·m}^2\text{/s}}{4\pi(9.11\times10^{-31}\text{ kg})(6\times10^4\text{ m/s})} \geq 1\times10^{-9}\text{ m}$$

검산 반올림을 잊지 말고 답의 자릿수를 확인하라.

$$\Delta x \geq \frac{10^{-33}\text{ kg·m}^2\text{/s}}{(10^1)(10^{-30}\text{ kg})(10^5\text{ m/s})} = 10^{-9}\text{ m}$$

해설 전자의 위치의 불확정성은 전체 원자의 지름(10^{-10} m)보다 약 10배 크다! 그러므로 전자가 원자 내 어디에 위치하는지 정확히 알지 못한다. 보충 문제 7.5A에서 심판이 야구공의 위치를 더 잘 알 수 있는지 여부를 확인할 수 있다.

▶ 보충 문제

7.5A 심판이 100.0 mi/h ± 1.00% (= 44.7 m/s ± 1.00%)의 속력으로 움직이는 야구공(질량 = 0.142 kg)의 위치를 얼마나 정확하게 알 수 있는가?

7.5B 중성자(neutron)가 8×10^7 m/s ± 1%의 속력을 가진다. 그 위치의 불확정성은 얼마인가? 중성자의 질량은 1.67×10^{-27} kg이다.

유사 문제 7.39(b), 7.40(b)

7.3절 요약

- Planck의 양자 이론과 Einstein의 상대성 이론의 결과 더 이상 물질과 에너지를 구별된 개념으로 보지 않는다.
- de Broglie 파장은 전자가 파동처럼 움직인다는 발상에 근거한다. 원자의 허용된 에너지 준위들은 전자의 운동에서 허용된 파장에 해당한다.
- 빛과 마찬가지로 전자는 회절을 일으키고, 물체들과 마찬가지로 광자는 운동량의 전이를 일으킨다. 이러한 물질과 에너지의 파동-입자 이중성은 오직 원자 크기 수준에서만 관찰된다.
- 불확정성 원리에 따르면 전자의 위치와 속력을 동시에 알 수 없다.

7.4 원자의 양자역학 모형

물질과 에너지의 이중성과 불확정성 원리를 받아들이면서 원자 크기 수준의 물체의 파동성을 연구하는 **양자역학**(quantum mechanics) 분야가 탄생하였다. 1926년에 Erwin Schrödinger(1887~1961)는 H 원자의 *양자역학 모형*의 바탕이 되는 식을 유도하였다. 이 모형은 파동처럼 움직이는 전자의 허용된 진동수 때문에 원자가 특정 에너지를 갖게 된다고 기술한다. 전자의 위치는 확률적으로만 알 수 있다. 이 모형의 주요 특징들을 다음에 설명하였다.

원자 오비탈과 전자의 확률적 위치

원자의 양자역학 모형의 두 가지 핵심 개념은 원자 오비탈과 전자의 확률적 위치이다.

Schrödinger 방정식과 원자 오비탈 전자의 물질파는 원자핵 주변의 공간을 차지하고 그 영향을 연속적으로 받는다. **Schrödinger 방정식**(Schrödinger equation)은 매우 복잡하지만 다음과 같이 간단한 형태로 나타낼 수 있다.

$$\hat{\mathscr{H}}\Psi = E\Psi$$

이 식에서 E는 원자의 에너지이다. 기호 ψ(그리스 문자 *psi*, "sigh"라고 발음)는 **파동함수**(wave function) 또는 **원자 오비탈**(atomic orbital)이라 부르고, 3차원 공간에서 전자의 물질파를 나타내는 수학적 표현이다. 기호 $\hat{\mathscr{H}}$는 Hamiltonian 연산자라 불리고, 특정 ψ에 적용하여 연산하면 원자의 허용된 에너지 상태들을 구할 수 있는 일련의 수학적 연산을 나타낸다.* 따라서 *이 방정식의 각 해는 한 원자 오비탈과 연관된 특정 에너지 상태에 해당한다*.

여기서 명심해야 할 중요한 사실은 양자역학 모형의 "오비탈"은 Bohr 모형의 "궤도"와 *전혀 비슷하지 않다*는 점이다. *궤도*는 원자핵 주변에서 전자가 실제 이동하는 경로이고, *오비탈*은 전자의 물질파를 묘사하는 수학적 함수일 뿐 별다른 물리적 의미는 없다.

전자의 확률적 위치 특정 순간에 전자가 *정확히* 어디에 있는지 알 수는 없지만 *대략* 어디에 있는지, 즉 전자가 대부분의 시간을 어디에서 머무는지는 알 수 있다. 파동함수의 제곱을 취하면 이 정보를 알 수 있다. 위에서 말했듯이 ψ는 별다른 물리적 의미가 없지만, ψ^2는 원자 내부의 작은 부피의 공간에서 전자를 발견할 확률의 척도, 즉 *확률 밀도*에 해당한다. 전자의 확률적 위치를 여러 방식으로 나타낼 수 있는데, 우선 H 원자의 *바닥 상태*에 대해서 살펴보자.

*3차원 공간에서 Schrödinger 방정식의 완전한 형태는 다음과 같다.

$$\left[-\frac{h^2}{8\pi^2 m_e}\left(\frac{d^2}{dx^2}+\frac{d^2}{dy^2}+\frac{d^2}{dz^2}\right)+V(x,y,z)\right]\psi(x,y,z) = E\psi(x,y,z)$$

이 식에서 ψ는 파동함수, m_e는 전자의 질량, E는 원자 계의 양자화된 전체 에너지, V는 (x, y, z) 점에서의 퍼텐셜 에너지이다.

1. *전자가 원자 내의 작은 부피의 공간에 존재할 확률.* 각 에너지 준위에 대해서 *전자 확률 밀도 도표* 또는 **전자 밀도 도표**(electron density diagram)를 만들 수 있다. 특정 부피에 대한 ψ^2의 값을 점들로 나타낸다. 점들의 밀도가 높을수록 그 부피 내에서 전자를 발견할 확률이 높다. H 원자의 바닥 상태에 대해서 *원자핵으로부터의 직선 거리 r이 증가할수록 전자 확률 밀도는 감소한다*(그림 7.16A). 즉, 원자핵으로부터 거리가 증가함에 따라 전자를 발견할 확률은 감소한다.

원자핵 주변에서 파동처럼 움직이는 전자의 장시간 노출 사진을 찍으면 전자들의 "구름"처럼 보일 것이기 때문에 이 도표들을 **전자 구름 도표**(electron cloud depiction)라고도 부른다. 전자 구름은 시간에 따라 빠르게 위치가 변하는 전자의 *허상*일 뿐이고 실제로 전자가 흩어진 구름 형태의 전하라는 의미는 *아니다.*

그림 7.16B는 r에 대한 ψ^2의 그래프를 보여준다. 인쇄된 선의 두께 때문에 원자핵으로부터 먼 위치에서 곡선이 축에 닿을 것처럼 보이지만 확대된 원 영역을 보면 *전자가 원자핵으로부터 먼 거리에 존재할 확률이 매우 작지만 0은 아니라는* 것을 알 수 있다.

2. *원자핵으로부터 특정 거리에서의 전체 확률 밀도. 방사형 확률 분포*, 즉 원자핵으로부터 특정 거리 r에서 전자를 발견할 *전체* 확률을 알아내기 위해 우선 원자핵 주변의 부피를 마치 양파 껍질처럼 얇은 구형의 층들로 나누어 본다(그림 7.16C의 단면 참조). 이어서 각 층 내에서 ψ^2 *값들의 합*을 계산하여 어느 층이 전자를 포함하고 있을 확률이 가장 높은지 살펴본다.

원자핵으로부터 거리가 멀어질수록 확률 밀도는 감소한다. 반면 원자핵 주변에서 핵으로부터 거리가 멀어질수록 *각 구형 층의 부피는 확률 밀도(그림 7.16C에서 점들의 밀도)의 감소보다 더 빠른 비율로 증가한다.* 이처럼 두 가지 반대되는 경향들이 대립한 결과 *전체* 확률은 원자핵 *주변*의 한 층에서(하지만 원자핵 중심에서는 아님) 최대값을 가진다. 예를 들어 두 번째 층에서 전자가 발견될 전체 확률은 첫 번째 층에서보다 더 높지만, 원자핵으로부터의 거리가 커지면 그 확률은 급격히 감소한다. 그림 7.16D에서는 이 결과를 **방사형 확률 분포 그래프**(radial probability distribution plot)로 보여준다. ›

3. *확률 윤곽선과 원자의 크기.* 원자핵으로부터 얼마나 멀리 떨어진 곳에서 전자를 발견할 수 있을까? 이 질문은 "H 원자는 얼마나 큰가?"와 동일한 질문이다. 그림 7.16B에서 볼 수 있듯이 원자핵으로부터 먼 곳에서 전자를 발견할 확률이 0이 아님을 고려하면 원자의 부피를 명확히 규정할 수는 *없다.* 하지만 90% **확률 윤곽선**(probability contour)으로 원자의 모양을 나타낼 수는 있다. 이 윤곽선은 전자가 90%의 시간 동안 윤곽선으로 표시된 영역 내의 어딘가에 위치한다는 의미이다(그림 7.16E).

사과의 방사형 확률 분포

이 비유를 통해 방사형 확률 분포 그래프의 곡선에 최고점이 존재하고 그 이후에 크기가 감소하는 이유를 설명할 수 있다. 사과나무 주변에 떨어진 사과들을 상상해 보자. 떨어진 사과들의 밀도는 나무 줄기 주변에서 가장 크고 거리가 멀어질수록 감소한다. 나무 아래의 땅을 (다양한 반지름을 가진) 1피트 폭의 여러 동심원들로 나누어 보자. 사과의 밀도는 첫 번째 원에서 가장 크겠지만 두 번째 원이 더 큰 면적을 가지므로 더 많은 사과들을 가지고 있다. 줄기의 가장자리 근처에서 더 멀리 갈수록 원의 면적은 더 넓어지지만 사과의 "밀도"가 더 낮아지기 때문에 사과의 *총* 개수는 감소한다. "각 원 내의 사과의 개수"와 "줄기로부터의 거리"의 관계를 그래프로 그려 보면 그림 7.16D에서 볼 수 있듯이 줄기 근처의 특정 위치에서 최고점이 나타난다.

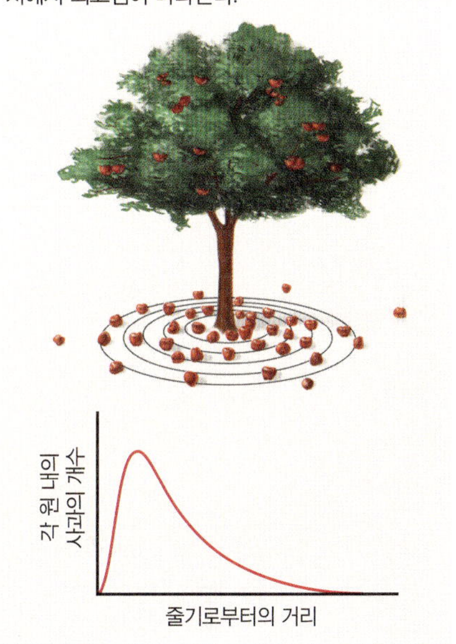

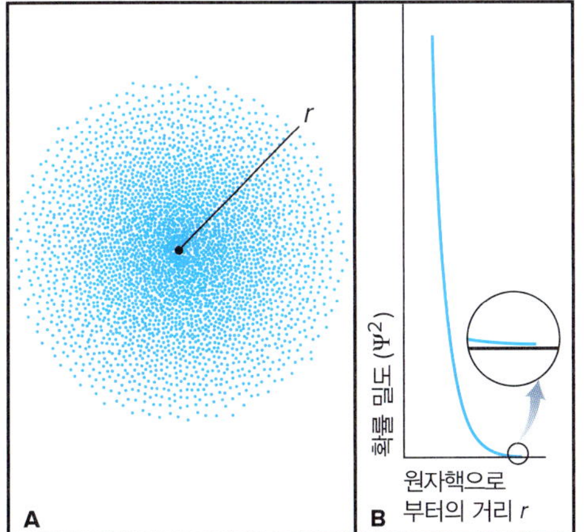

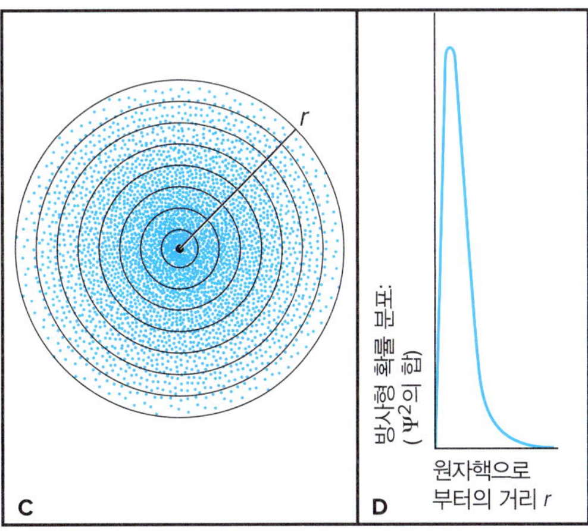

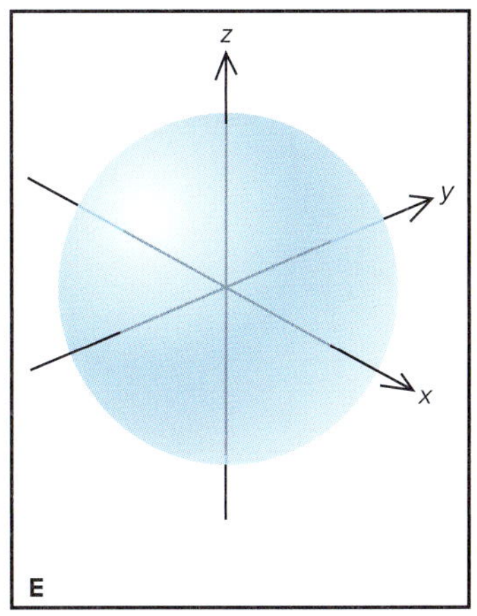

그림 7.16 바닥 상태 H 원자의 전자 확률 밀도. **A.** 전자 밀도 도표에서 점들의 밀도는 작은 부피 내에 전자가 존재할 확률을 나타내고 원자핵으로부터의 거리 r이 커질수록 감소한다. **B.** 확률 밀도(ψ^2)는 r에 따라 감소하지만 0이 되지는 않는다(*확대된 원*). **C.** 각 층 내의 점들의 개수를 세면 해당 층에 전자가 존재할 전체 확률이 나온다. **D.** 방사형 확률 분포 그래프를 보면 전체 전자 밀도가 (원자핵에서가 아니라) 원자핵 *주변*에서 최대값을 가진다. **E.** H 원자의 바닥 상태의 90% 확률 윤곽선.

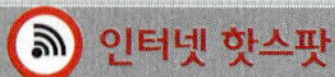

확률 밀도의 개념이 어렵게 느껴진다면, eBook에 접속하여 이 주제에 대한 추가 학습 동영상을 참고하자.

이 절의 뒷부분에서 볼 수 있듯이 각 원자 오비탈은 고유한 방사형 확률 분포와 90% 확률 윤곽선을 가진다.

원자 오비탈의 양자수

한 원자 오비탈은 3개의 양자수로 나타낸다. 이 양자수들은 Schrödinger 방정식의 해의 일부이고 원자 오비탈의 크기, 모양, 공간상 배향을 가리킨다.*

1. **주양자수(n):**
   - n은 양의 정수(1, 2, 3, ...)이다.
   - 오비탈의 상대적 *크기*, 즉 방사형 확률 분포 그래프에서 최고점의 *원자핵으로부터의 상대적 거리*를 가리킨다. n이 증가함에 따라 오비탈은 더 커지고 전자는 원자핵으로부터 더 먼 곳에서 더 오래 머문다.
   - 주양자수는 H 원자의 *에너지 준위*를 명시한다. *n 값이 커질수록 에너지 준위는 높아진다.* 전자가 $n = 1$의 오비탈을 차지하면 H 원자는 바닥 상태에 있고 가장 낮은 에너지를 가진다. 전자가 $n = 2$의 원자 오비탈(즉, 첫 번째 들뜬 상태)을 차지하면 원자는 더 큰 에너지를 가진다.

2. **각운동량 양자수(l):**
   - l은 0부터 $n - 1$까지의 정수이다. 따라서 l 값은 주양자수 값에 따라 그 한계가 결정된다. 예를 들어

     $n = 1 \longrightarrow l = 0$ (한 가지 값)
     $n = 2 \longrightarrow l = 0, 1$ (두 가지 값)
     $n = 3 \longrightarrow l = 0, 1, 2$ (세 가지 값)

     그러므로 가능한 l 값의 수는 n 값과 같다.
   - 각운동량 양자수는 오비탈의 *모양*을 결정한다. 각 유형의 오비탈의 특징적 모양은 이 절의 뒷부분에 묘사되어 있다.

3. **자기 양자수(m_l):**
   - m_l은 $-l$부터 0을 거쳐 $+l$까지의 정수이다. 각운동량 양자수 l 값이 자기 양자수의 한계를 결정한다. 즉, l이 m_l을 제약한다.
   - m_l 값들의 수 $= 2l + 1 =$ 주어진 l 값에 대한 오비탈들의 수

     $l = 0 \longrightarrow m_l = 0$ (한 가지 값)
     $l = 1 \longrightarrow m_l = -1, 0, +1$ (세 가지 값)
     $l = 2 \longrightarrow m_l = -2, -1, 0, +1, +2$ (다섯 가지 값)

     따라서 특정 n 값에 대해 $l = 0$인 오비탈은 오직 하나밖에 없고 $l = 1$인 오비탈은 세 개가 있는데, 이들은 각각 서로 다른 m_l 값을 가진다.
   - 한 n 값에 대한 m_l 값들의 총 수 $= n^2 =$ 해당 에너지 준위 내의 오비탈들의 총 수
   - 자기 양자수는 원자핵 주변 공간에서 오비탈의 3차원 *배향*을 나타낸다. 예를 들어 $l = 1$의 세 오비탈들은 각각 고유한 배향을 가진다.

표 7.2에 이 양자수들의 특징들을 요약하였다.

*편의상 "원자 오비탈"의 크기, 모양, 배향을 가리키지만 실제로는 "원자 오비탈의 방사형 확률 분포"의 크기, 모양, 배향을 의미한다.

표 7.2 | 원자 오비탈의 양자수 체계

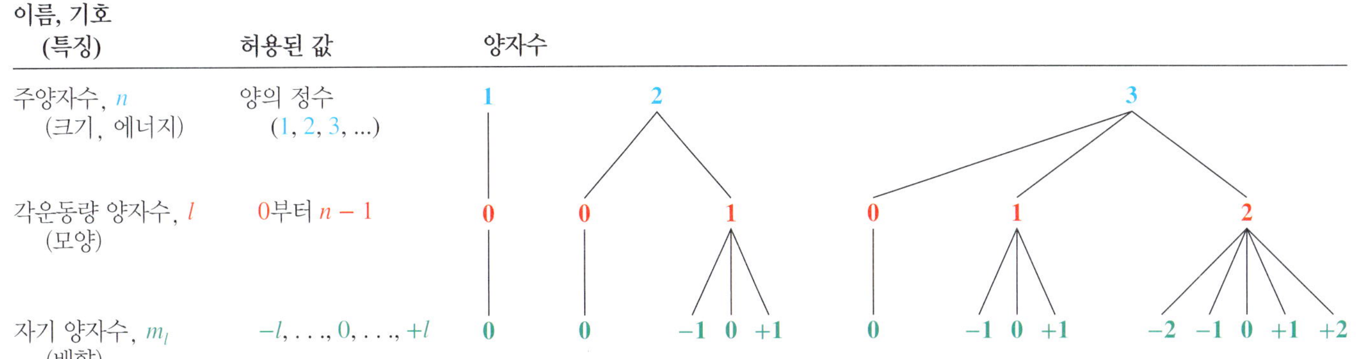

이름, 기호 (특징)	허용된 값	양자수
주양자수, n (크기, 에너지)	양의 정수 (1, 2, 3, ...)	1 / 2 / 3
각운동량 양자수, l (모양)	0부터 $n-1$	0 / 0, 1 / 0, 1, 2
자기 양자수, m_l (배향)	$-l, \ldots, 0, \ldots, +l$	0 / 0; −1 0 +1 / 0; −1 0 +1; −2 −1 0 +1 +2

예제 7.6 | 에너지 준위의 양자수 결정

문제 주양자수 $n = 3$에 대해 각운동량 양자수(l)와 자기 양자수(m_l)의 어떤 값들이 허용되는가? 이 에너지 준위에는 얼마나 많은 오비탈들이 존재하는가?

계획 본문에서 기술한 규칙들을 이용하여 허용되는 양자수들을 결정한다. l은 0에서 $n - 1$까지의 정수이고, m_l은 $-l$에서 0을 거쳐 $+l$까지의 정수이다. 각 오비탈에 하나의 m_l 값이 부여되므로 m_l 값들의 개수가 바로 오비탈들의 개수에 해당한다.

풀이 l 값 결정: $n = 3$에 대해서

$$l = 0\text{에서 } (3 - 1)\text{까지: } l = 0, 1, 2$$

각 l 값에 대해서 m_l 값 결정:

$$l = 0\text{에 대해서, } m_l = 0$$
$$l = 1\text{에 대해서, } m_l = -1, 0, +1$$
$$l = 2\text{에 대해서, } m_l = -2, -1, 0, +1, +2$$

총 9개의 m_l 값들이 있으므로 $n = 3$인 오비탈들이 아홉 개 존재한다.

검산 표 7.2를 보면 위의 답이 옳음을 알 수 있다. 한 n 값에 대해 오비탈들의 총 수는 n^2이고, $n = 3$에 대해 $n^2 = 9$이다.

▶ **보충 문제**

7.6A $n = 4$에 대해 가능한 l과 m_l 값들은 무엇인가?

7.6B 허용된 l 값들이 다섯 개라면 주양자수 n은 어떤 값을 가지는가? 이 n 값에 대해 허용된 m_l 값들은 무엇인가?

유사 문제 7.51, 7.52

양자수와 에너지 준위

원자의 에너지 상태와 오비탈은 특정 항들로 나타내고 1개 이상의 양자수와 연관되어 있다.

1. *준위*(level). 원자의 에너지 **준위**(level) 또는 **껍질**(shell)은 n 값으로 나타낸다. n 값이 작을수록 에너지 준위는 낮아지고 전자가 원자핵 가까이 존재할 확률은 높아진다.

2. *부준위*(sublevel). 원자의 한 준위는 l 값으로 나타내는 **부준위**(sublevel) 또는 **부껍질**(subshell)로 나누어진다. 각 l 값에 해당하는 부준위는 다음과 같이 문자로 명명한다.

$l = 0$은 s 부준위
$l = 1$은 p 부준위
$l = 2$는 d 부준위
$l = 3$은 f 부준위

> **인터넷 핫스팟**
> 양자수를 적용하는 것이 어렵게 느껴진다면, eBook에 접속하여 이 주제에 대한 추가 학습 동영상을 참고하자.

(이 문자들은 다음과 같은 분광학적 선들의 이름에서 유래하였다. **s**harp, **p**rincipal, **d**iffuse, **f**undamental.) 3보다 큰 l 값을 가진 부준위들은 f 다음에 이어서 나오는 문자들을 사용하여 g 부준위, h 부준위, ...라고 부른다. 특정 부준위는 n 값과 문자 명칭을 섞어서 명명한다. 예를 들어 $n = 2$와 $l = 0$을 가진 부준위(부껍질)은 2s 부준위라 부른다. 각 오비탈의 모양은 뒷 절에서 논의한다.

3. *오비탈.* 양자수 n, l, m_l은 각각 원자 오비탈의 크기(에너지), 모양, 공간적 배향을 명시한다. 부준위의 이름과 양자수의 체계를 이용하여 특정 부준위에 속한 오비탈들의 양자수들을 알 수 있다. 예를 들어

- 2s 부준위: $n = 2$, $l = 0$, $m_l = 0$; **1개**의 m_l 값은 이 부준위에 속한 **1개**의 오비탈을 가리킨다.
- 3p 부준위: $n = 3$, $l = 1$, $m_l = -1, 0, +1$; **3개**의 m_l 값들은 이 부준위에 속한 **3개**의 오비탈들, 즉 $m_l = -1$, $m_l = 0$, $m_l = +1$의 오비탈들을 가리킨다.

예제 7.7 | 부준위 이름과 오비탈의 양자수 결정

문제 주어진 n과 l 양자수를 가진 부준위에 대해서 부준위의 이름, 가능한 자기 양자수, 오비탈의 개수를 결정하라.

(a) $n = 3, l = 2$ **(b)** 4p **(c)** $n = 2, l = 0$ **(d)** 5f

계획 (a)와 (c)에서는 n 값과 주어진 l 값에 대한 문자 기호를 조합하여 부준위(부껍질)를 명명한다. (b)와 (d)에서는 문자 기호를 l 값으로 전환하여 주어진 부준위의 이름으로부터 n 값과 l 값을 알아낸다. 주어진 l 값으로부터 가능한 m_l 값들을 알아낸다. 가능한 m_l 값들의 개수는 해당 부준위에 속한 오비탈들의 개수와 일치한다.

풀이

	n	l	부준위 이름	가능한 m_l 값들	오비탈의 개수
(a)	3	2	3d	−2, −1, 0, +1, +2	5
(b)	4	1	4p	−1, 0, +1	3
(c)	2	0	2s	0	1
(d)	5	3	5f	−3, −2, −1, 0, +1, +2, +3	7

검산 다음 관계를 이용하여 각 부준위에 속한 오비탈들의 수를 확인한다.

$$\text{오비탈들의 개수} = m_l \text{ 값들의 개수} = 2l + 1$$

▶ 보충 문제

7.7A 다음 부준위들의 n, l 값, 부준위 이름, 가능한 m_l 값들을 구하라.

(a) $n = 2, l = 1$ **(a)** 6d

7.7B 4d와 6s 부준위들의 n, l 값과 가능한 m_l 값들은 무엇인가? 이 부준위들에는 몇 개의 오비탈들이 존재하는가?

유사 문제 7.49, 7.50, 7.55~7.58

예제 7.8 | 틀린 양자수 찾아내기

문제 다음 각 양자수 명칭과 부준위 이름에서 무엇이 틀렸는가?

	n	l	m_l	이름
(a)	1	1	0	1p
(b)	4	3	+1	4d
(c)	3	1	−2	3p

계획 허용되는 n 값은 양의 정수(1, 2, 3, ...)이고, 허용되는 l 값은 0에서 $n - 1$까지의 정수이고, 허용되는 m_l 값은 −l에서 +l까지의 정수이다.

풀이 (a) $n = 1$의 부준위는 $l = 0$만 가질 수 있고, $l = 1$은 가질 수 없다. 정확한 부준위 이름은 $1s$이다.

(b) $l = 3$의 부준위는 f 부준위이고, d 부준위가 아니다. 부준위 이름은 $4f$가 되어야 한다.

(c) $l = 1$의 부준위는 m_l 값으로 -1, 0, $+1$만 가질 수 있고, -2는 가질 수 없다.

검산 l이 항상 n보다 작고, m_l이 항상 $\geq -l$이고, $\leq +l$임을 확인한다.

▶ **보충 문제**

7.8A 빠진 양자수와 부준위 이름을 채워 넣어라.

	n	l	m_l	이름
(a)	?	?	0	$4p$
(b)	2	1	0	?
(c)	3	2	-2	?
(d)	?	?	?	$2s$

7.8B 각 양자수 명칭과 부준위 이름에서 무엇이 틀렸는가?

	n	l	m_l	이름
(a)	5	3	4	$5f$
(b)	2	2	1	$2d$
(c)	6	1	-1	$6s$

유사 문제 7.59, 7.60, 7.72

원자 오비탈의 모양

H 원자의 각 부준위는 고유한 모양을 가진 일련의 오비탈들로 구성되어 있다. 8장에서 볼 수 있듯이 다른 원자들의 오비탈들도 비슷한 모양들을 가지고 있다.

s 오비탈 $l = 0$인 오비탈은 원자핵이 중심에 위치한 *구형* 모양을 가지고 있고, **s 오비탈**(*s* orbital)이라 부른다. 구형은 오직 한 배향만 가질 수 있으므로 s 오비탈은 오직 1개의 m_l 값만 가진다. 즉, 어떤 s 오비탈에 대해서도 $m_l = 0$이다.

1. H 원자의 바닥 상태에서 전자는 *1s 오비탈*에 들어 있다. 1s 오비탈의 *전자 확률 밀도는 원자핵에서 가장 높다.* 이는 그림 7.17A의 그래프(*맨 위 그림*)로 확인할 수 있고, 전자 밀도 *입체 지도*(*삽입 그림*)에서 이 그래프의 곡선을 3차원으로 볼 수 있다. 또한, 3차원 전자 구름 도표의 1/4 단면(*중간 그림*)에서 원자핵이 가장 어두운 명암을 가지고 있다는 점을 주목하라. 앞에서 논의한 이유(그림 7.16D와 사과의 방사형 확률 분포에 관한 논의 참조) 때문에 방사형 확률 밀도 그래프(*맨 아래 그림*)는 원자핵으로부터 살짝 벗어난 위치에서 가장 높다. 전자 확률 밀도(*맨 위 그림*)와 방사형 확률 밀도(*맨 아래 그림*), 두 그래프 모두 원자핵에서 멀어질수록 부드럽게 감소한다.

2. *2s 오비탈*(그림 7.17B)은 높은 전자 밀도의 영역을 두 개 가지고 있다. 두 영역들 중에서 먼 영역의 방사형 확률 밀도(그림 7.17B, *아래 그림*)가 가까운 영역의 밀도 값보다 *더 높은 것을 볼 수 있는데*, 이는 먼 영역의 경우 더 큰 부피에 대해 Ψ^2의 합을 구했기 때문이다. 두 영역 사이에 구형 **마디**(node)가 있는데, 이 영역에서는 전자를 발견할 확률이 0으로 떨어진다(파동의 마루와 골 사이에서 진폭이 0이 되는 것과 유사하게 마디에서 $\Psi^2 = 0$). 2s 오비탈이 1s 오비탈보다 크기 때문에 2s에 속한 전자는 1s에 속한 전자보다 원자핵으로부터 더 먼 거리에서 더 오랫동안 머문다.

3. *3s 오비탈*(그림 7.17C)은 높은 전자 밀도의 영역을 세 개, 마디를 두 개 가지고 있다. 2s 오비탈에서와 마찬가지로 세 영역들 중에서 가장 높은 방사형 확률은 핵에서 가장 먼 영역에 위치한다. 이렇게 원자핵으로부터 멀수록 확률이 높고 마디의 개수가 많아지는 경향성은 4s와 5s 오비탈 및 더 큰 s 오비탈에서도 마찬가지이다.

p 오비탈 $l = 1$인 오비탈은 **p 오비탈**이라 부르는데, 높은 확률의 영역인 로브(lobe) 두

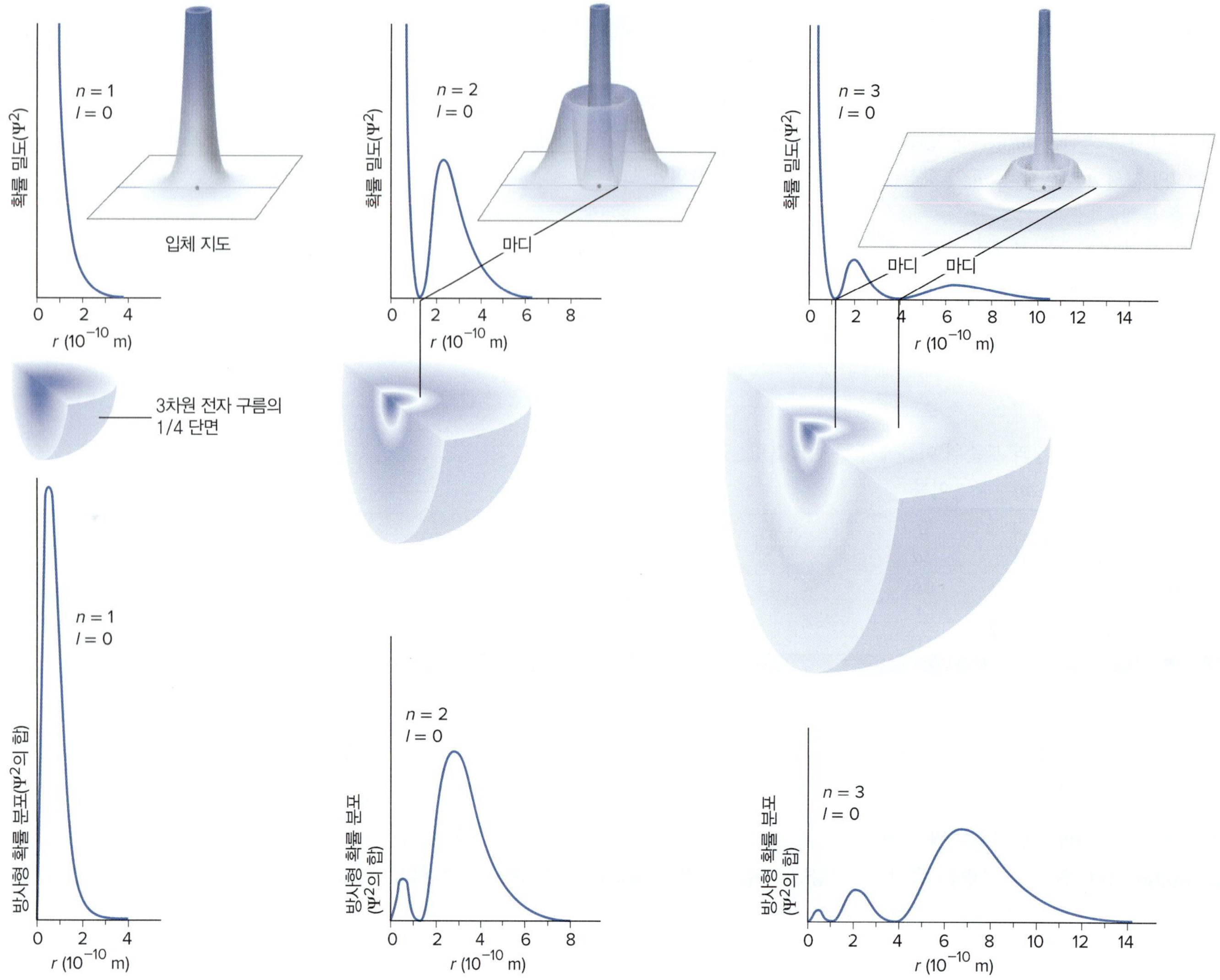

A. 1*s* 오비탈 **B. 2*s* 오비탈** **C. 3*s* 오비탈**

그림 7.17 1*s*, 2*s*, 3*s* 오비탈. 각 *s* 오비탈에 대한 거리 대 확률 밀도의 그래프(맨 위 그림, 3차원 입체 지도가 삽입 그림에 있음), 90% 확률 윤곽선으로 나타낸 전자 구름 도표의 1/4 단면(중간 그림), 그리고 방사형 확률 분포(맨 아래 그림). **A.** 1*s* 오비탈, **B.** 2*s* 오비탈, **C.** 3*s* 오비탈.

A

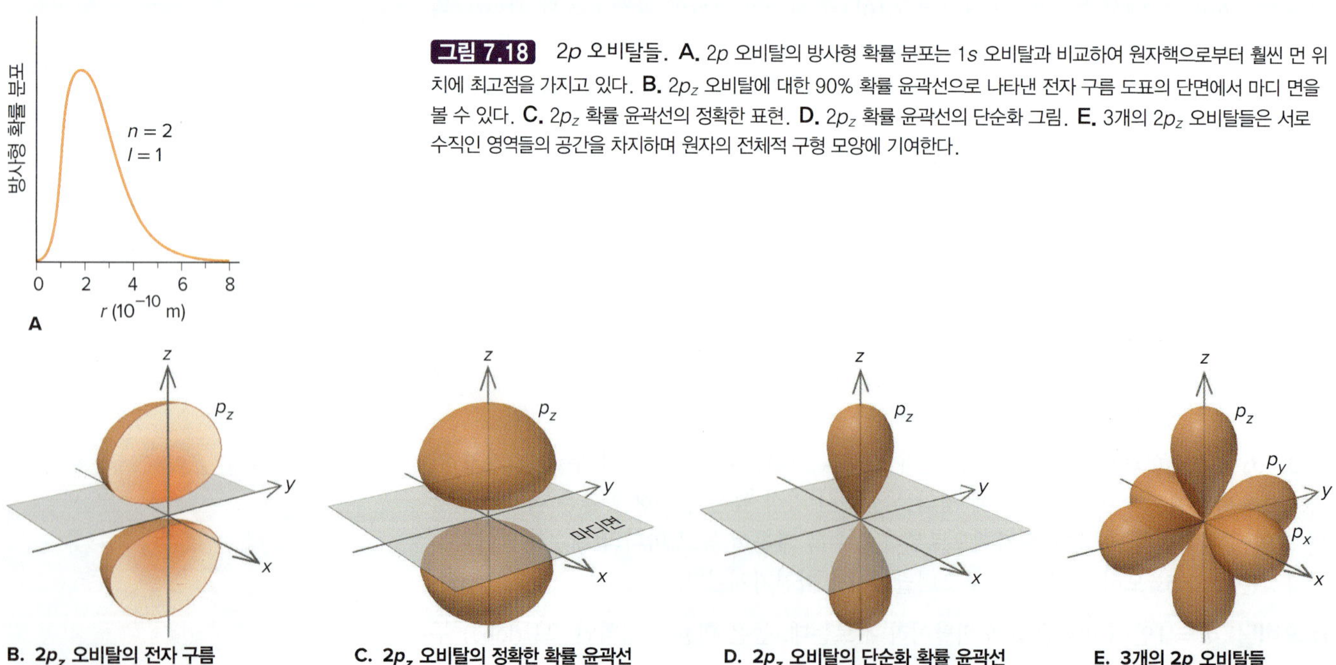

그림 7.18 2*p* 오비탈들. **A.** 2*p* 오비탈의 방사형 확률 분포는 1*s* 오비탈과 비교하여 원자핵으로부터 훨씬 먼 위치에 최고점을 가지고 있다. **B.** $2p_z$ 오비탈에 대한 90% 확률 윤곽선으로 나타낸 전자 구름 도표의 단면에서 마디 면을 볼 수 있다. **C.** $2p_z$ 확률 윤곽선의 정확한 표현. **D.** $2p_z$ 확률 윤곽선의 단순화 그림. **E.** 3개의 $2p_z$ 오비탈들은 서로 수직인 영역들의 공간을 차지하며 원자의 전체적 구형 모양에 기여한다.

B. $2p_z$ 오비탈의 전자 구름 도표의 단면
C. $2p_z$ 오비탈의 정확한 확률 윤곽선
D. $2p_z$ 오비탈의 단순화 확률 윤곽선
E. 3개의 2*p* 오비탈들

개를, 원자핵의 *양 옆*으로 하나씩 가진다(그림 7.18). *원자핵은* 이러한 아령 모양의 오비탈의 *마디 면에 위치한다*. p 오비탈은 다음과 같은 특징을 갖는다:

- l의 최대값은 $n - 1$이므로 $n = 2$ 또는 더 높은 n 값을 가진 준위들만 p 오비탈을 가진다(즉, $1p$ 오비탈은 없다). 따라서 가장 낮은 에너지를 갖는(즉, 원자핵에 가장 가까운) p 오비탈은 $2p$ 오비탈이다.
- 한 p 오비탈은 2개의 로브를 가지고, 전자는 양 로브에서 *동일한* 시간 동안 머문다.
- s 오비탈의 경향성과 유사하게 $3p$ 오비탈은 $2p$보다 크고, $4p$ 오비탈은 $3p$보다 크고, 더 큰 n 값의 p 오비탈들에 대해서도 마찬가지이다.
- s 오비탈과 달리 p 오비탈들은 서로 다른 공간적 배향을 가진다. 3개의 가능한 m_l 값들(-1, 0, $+1$)은 3개의 *서로 수직*인 배향을 나타낸다. 즉, 세 p 오비탈들은 크기, 모양, 에너지는 동일하지만 서로 배향이 다르다. 일반적으로 3개의 p 오비탈들을 x, y, z축과 연관시켜 명명한다. p_x 오비탈은 x축을 따라 위치하고, p_y 오비탈은 y축, p_z 오비탈은 z축을 따라 위치한다(하지만 m_l 값과 특정 축 간의 대응 관계는 없다). p 부준위는 항상 3개의 p 오비탈들로 이루어진다.

d 오비탈 $l = 2$인 오비탈을 **d 오비탈**이라 부른다. $l = 2$에 대해서 5개의 m_l 값들(-2, -1, 0, $+1$, $+2$)이 가능하다. 따라서 d 오비탈은 5개의 배향들 중 하나를 가진다(그림 7.19). d 부준위는 항상 서로 에너지가 같은 5개의 d 오비탈들로 이루어진다. d 오비탈은 다음과 같은 특징을 갖는다.

- 5개 중 4개의 d 오비탈들은 4개의 로브(클로버 잎 모양)를 가지고, 이 로브들 사이에 서로 수직인 2개의 마디 면을 가지며, 로브들의 접점에 원자핵을 가지고 있다(그림

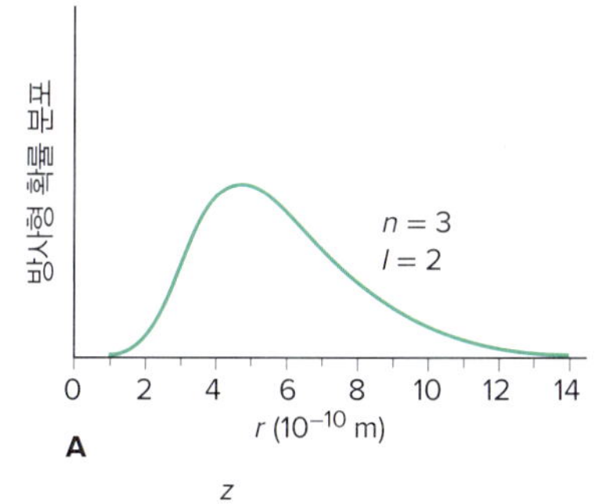

그림 7.19 3d 오비탈들. **A.** 방사형 확률 분포 그림. **B.** $3d_{yz}$ 오비탈 확률 윤곽선의 전자 구름 도표의 단면. 2개의 서로 수직인 마디 면들과 축들 사이에 놓여 있는 로브들을 볼 수 있다. **C.** $3d_{yz}$ 오비탈 확률 윤곽선의 정확한 표현. **D.** 본문에서 사용된 $3d_{yz}$ 오비탈의 그림. **E.** $3d_{xz}$ 오비탈. **F.** $3d_{xy}$ 오비탈. **G.** $3d_{x^2-y^2}$ 오비탈의 로브들은 x축과 y축을 따라 놓여 있다. **H.** $3d_{z^2}$ 오비탈은 2개의 로브와 중심의 도넛 모양의 영역을 가진다. **I.** 5개의 3d 오비탈들의 조합이 원자의 구형 모양에 기여함을 볼 수 있다.

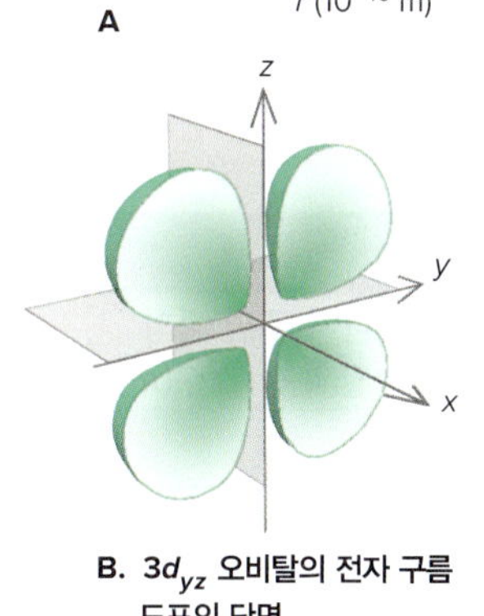

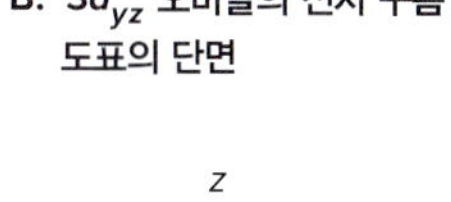

B. $3d_{yz}$ 오비탈의 전자 구름 도표의 단면

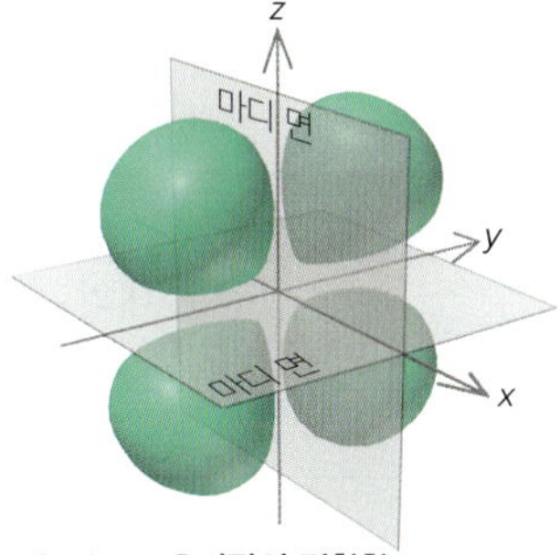

C. $3d_{yz}$ 오비탈의 정확한 확률 윤곽선

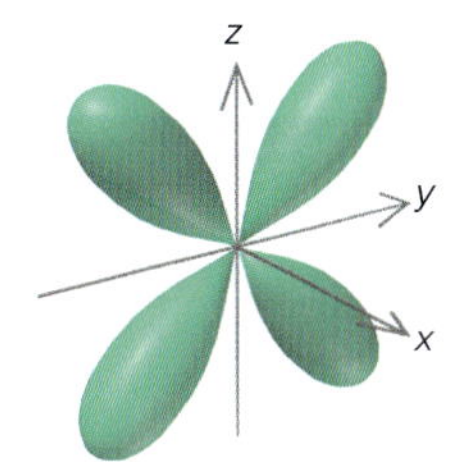

D. $3d_{yz}$ 오비탈의 단순화 확률 윤곽선

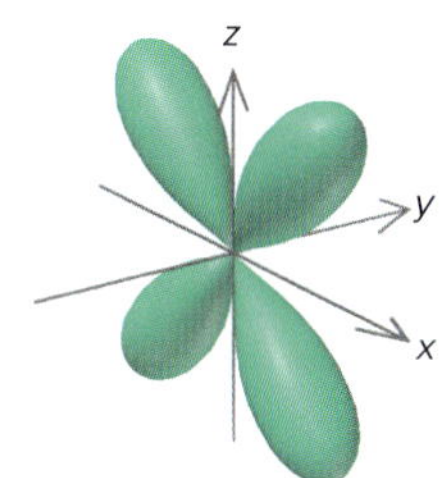

E. $3d_{xz}$ 오비탈

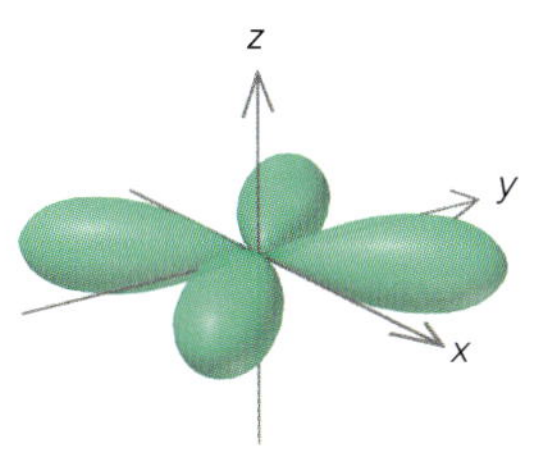

F. $3d_{xy}$ 오비탈

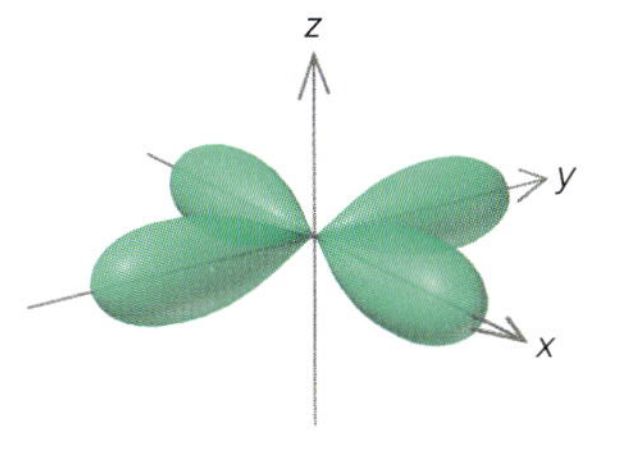

G. $3d_{x^2-y^2}$ 오비탈

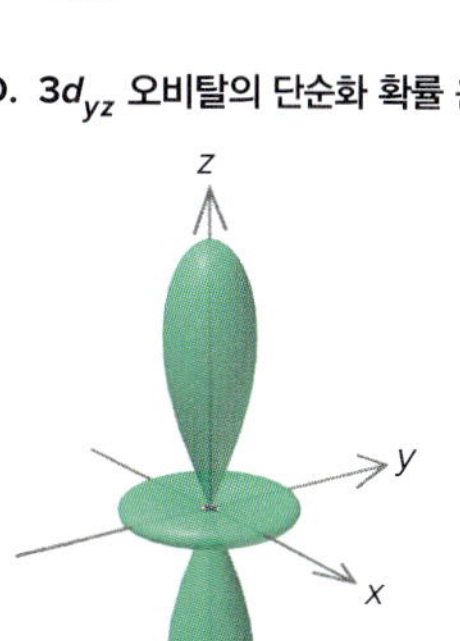

H. $3d_{z^2}$ 오비탈

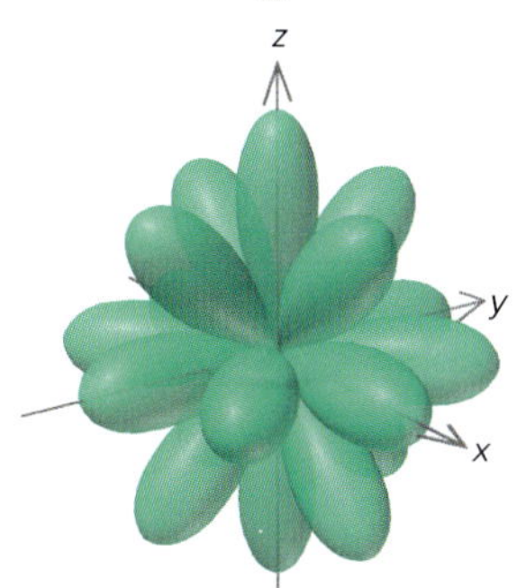

I. 5개의 3d 오비탈들

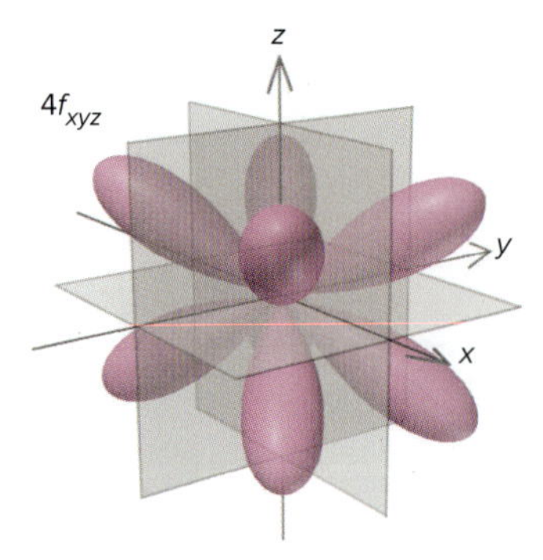

그림 7.20 7개의 4*f* 오비탈들 중 하나인 $4f_{xyz}$ 오비탈.

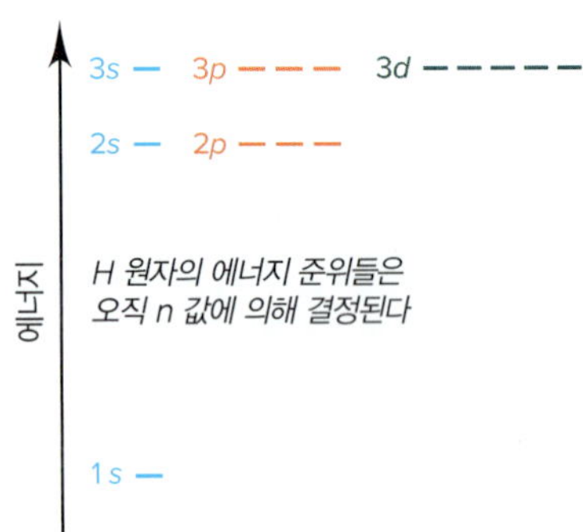

그림 7.21 H 원자의 에너지 준위들.

7.19C). (마디 면의 배향은 항상 오비탈의 로브들 사이에 위치한다.) 이들 중에서 3개의 오비탈들은 로브들이 축들 사이를 향한 채로 *xy*, *xz*, *yz* 평면상에 놓여 있어서 d_{xy}, d_{xz}, d_{yz} 오비탈이라 불린다. 네 번째 *d* 오비탈인 $d_{x^2-y^2}$ 오비탈도 역시 *xy* 평면상에 놓여 있지만, 로브들이 *x*축과 *y*축을 따라 놓여 있다.

- 다섯 번째 *d* 오비탈인 d_{z^2} 오비탈은 *z* 축을 따라 놓여 있는 2개의 주요 로브들을 가지고 있고, 도넛 모양의 영역이 중심을 둘러싸고 있다.
- *d* 오비탈을 차지한 전자는 모든 로브에서 동일한 시간 동안 머문다.
- l의 최대값은 $n - 1$이므로 $n = 3$ 또는 더 높은 *n* 값을 가진 준위들만 *d* 오비탈을 가진다(즉, 1*d*, 2*d* 오비탈은 없다). 따라서 3d는 가장 낮은 에너지의 *d* 부준위이다.
- 4*d* 부준위의 오비탈들은 3*d* 부준위의 오비탈들보다 더 크고(원자핵으로부터 더 멀리 퍼져 있음), 5*d* 오비탈들은 그보다 더 크다.

f 오비탈과 더 높은 l 값의 오비탈들 $l = 3$의 오비탈은 ***f* 오비탈**이라 부르고 적어도 $n = 4$의 주양자수를 가진다(즉, 1*f*, 2*f*, 3*f* 오비탈은 없다). $l = 3$의 부준위에 대해서 $m_l = -3, -2, -1, 0, +1, +2, +3$이고, 이 7개의 m_l 값들은 7개의 배향을 가진 7개의 *f* 오비탈들을 가리킨다. 7개의 *f* 오비탈들 중 하나가 그림 7.20에 나와 있다. 각 *f* 오비탈은 여러 로브를 가진 복잡한 모양이고, 여러 개의 마디 면들을 가진다.

$l = 4$인 오비탈들은 *g* 오비탈이지만 화학 결합에서의 역할에 대해 알려진 바가 없다. 표 7.3에 처음 4개의 에너지 준위들($n = 1, 2, 3, 4$)에 대해 양자수와 오비탈 간의 관계가 요약되어 있다.

수소 원자의 에너지 준위의 특이성

H 원자의 에너지 준위들과 부준위들은 다른 원자들과 비교하여 특이하다. H 원자가 에너지를 얻으면 전자는 더 높은 *n* 값의 오비탈, 즉 평균적으로 원자핵에서 더 먼 오비탈을 차지한다. 하지만 H 원자는 오직 1개의 전자만을 가지기 때문에, 수소는 *에너지 상태가 순전히 주양자수 n에만 의존하는 유일한 원자이다*. 8장에서 볼 수 있듯이 추가적 핵-전자 인력과 전자-전자 반발력 때문에 다른 모든 원자들의 에너지 상태들은 전자가 차지하는 오비탈의 *n*과 *l* 값에 따라 달라진다. 따라서 *오직 H 원자에서만* 4개의 $n = 2$ 오비탈들(2*s* 1개와 2*p* 3개)이 모두 동일한 에너지를 가지고, 9개의 $n = 3$ 오비탈들(2*s* 1개, 2*p* 3개, 3*d* 5개)이 모두 동일한 에너지를 가진다. 이는 더 큰 *n* 값의 오비탈들에 대해서도 마찬가지이다.

표 7.3 | 처음 4개의 에너지 준위에 대한 양자수 n, l, m_l 값 요약

n	*l*	부준위 명칭	m_l	부준위 내의 오비탈의 개수($2l + 1$)	에너지 준위 내의 오비탈의 총 개수(n^2)
1	0	1*s*	0	1	1
2	0	2*s*	0	1	4
	1	2*p*	−1, 0, +1	3	
3	0	3*s*	0	1	9
	1	3*p*	−1, 0, +1	3	
	2	3*d*	−2, −1, 0, +1, +2	5	
4	0	4*s*	0	1	16
	1	4*p*	−1, 0, +1	3	
	2	4*d*	−2, −1, 0, +1, +2	5	
	3	4*f*	−3, −2, −1, 0, +1, +2, +3	7	

7.4절 요약

- 원자 오비탈(ψ, 파동함수)은 원자 내 전자의 파동과 같은 거동의 수학적 표현이다. Schrödinger 방정식은 각 허용된 파동함수를 원자의 에너지 상태들 중 하나로 변환시켜 준다.
- 특정 위치에서 전자를 발견할 확률 밀도는 ψ^2으로 표현한다. 주어진 에너지 준위에 대해서 전자 밀도 도표와 방사형 확률 분포 그래프는 전자가 원자핵 근처의 공간을 차지하는 방식을 나타낸다.
- 한 원자 오비탈은 각각 크기(n), 모양(l), 배향(m_l)을 지정하는 3개의 양자수들로 나타낸다. n은 l을 n개의 값들로 제한하고, l은 m_l을 $2l + 1$개의 값으로 제한한다.
- 에너지 준위는 n 값이 같은 부준위들을 가진다. 부준위들은 n 값과 l 값은 서로 같지만 m_l 값이 서로 다른 오비탈들을 가진다.
- $l = 0$인 부준위는 구형(s) 오비탈을 가진다. $l = 1$인 부준위는 두 로브를 가진(p) 오비탈들을 세 개 가진다. $l = 2$인 부준위는 여러 로브를 가진(d) 오비탈들을 다섯 개 가진다. $l = 3$인 부준위는 여러 로브를 가진(f) 오비탈들을 일곱 개 가진다.
- H 원자의 에너지 준위들은 특이하게도 오직 n 값에 의해 결정된다.

개념 정리와 복습 _Chapter Review Guide

학습 목표 _Learning Objectives

* 괄호 안은 관련된 절(§)과 예제(SP) 번호

주요 개념

1. 빛의 파동 특성(진동수, 파장, 속력의 상호관계; 진폭의 의미) 전자기 스펙트럼의 일반적 영역들(§7.1)
2. 굴절, 회절, 간섭 현상들의 관점에서 입자와 파동의 차이점(§7.1)
3. 에너지의 양자화와 원자의 에너지가 빛의 양자를 방출하거나 흡수하여 변하는 방식(§7.1)
4. 광자 이론을 이용하여 광전 효과를 설명하는 방식(§7.1)
5. Bohr 이론을 이용하여 H 원자의 선 스펙트럼을 설명하는 방식; Bohr 이론이 틀린 이유와 Bohr 이론에서 유지할 개념(§7.2)
6. 물질과 에너지의 파동-입자 이중성과 그 개념을 탄생시킨 적절한 이론들과 실험들(de Broglie 파장, 전자 회절, 광자 운동량)(§7.3)
7. 불확정성 원리의 의미와 불확정성 때문에 전자의 성질에 대하여 제한적 정보만 얻을 수 있는 이유(§7.3)
8. ψ(파동함수 또는 원자 오비탈)와 ψ^2(확률 밀도)의 구별 (§7.4)
9. 전자 밀도 도표와 방사형 확률 분포 그래프를 이용하여 원자 내 전자의 위치를 묘사하는 방법(§7.4)
10. 오비탈의 크기와 에너지(n), 모양(l), 배향(m_l)을 나타내는 양자수 체계(§7.4)
11. 에너지 준위(껍질), 부준위(부껍질), 오비탈의 구별(§7.4)
12. s, p, d, f 오비탈들의 모양(§7.4)

주요 스킬

1. 파장과 진동수의 상호 변환(SP 7.1)
2. 에너지, 파장, 진동수의 상호 변환(SP 7.2)
3. H 원자의 에너지 준위가 바뀔 때 에너지 변화와 흡수 또는 방출되는 광자의 파장 결정(SP 7.3)
4. de Broglie 식을 적용하여 전자의 파장 결정(SP 7.4)
5. 불확정성 원리를 적용하여 입자의 위치와 속력을 동시에 정확히 결정할 수 없음을 확인(SP 7.5)
6. 양자수와 부준위 명칭 결정(SP 7.6~7.8)

주요 용어 _Key Terms

각운동량 양자수, l
광속, c
광자
광전 효과
굴절
들뜬 상태
마디
바닥 상태
방사형 확률 분포 그래프
방출 스펙트럼
부준위(부껍질)
분광법
불꽃 시험
불확정성 원리
선 스펙트럼
양자
양자수, n
양자역학
원자 오비탈(파동함수)
자기 양자수, m_l
자외선(UV)
적외선(IR)
전자 구름 도표
전자 밀도 도표
전자기 스펙트럼
전자기파
정류 상태
주양자수, n
준위(껍질)
진동수, ν
진폭
파동-입자 이중성
파장, λ
확률 윤곽선
회절
흡수 스펙트럼
d 오비탈
de Broglie 파장
f 오비탈
p 오비탈
Planck 상수, h
s 오비탈
Schrödinger 방정식

주요 방정식 및 관계식 _Key Equations and Relationships

7.1 광속, 진동수, 파장의 관계식:

$$c = \nu \times \lambda$$

7.2 에너지 변화와 진동수의 관계식:

$$\Delta E = h\nu$$

7.3 에너지 변화와 파장의 관계식:

$$\Delta E = \frac{hc}{\lambda}$$

7.4 H 원자의 스펙트럼에서 선 스펙트럼의 파장 계산식:

$$\frac{1}{\lambda} = R\left(\frac{1}{n_1^2} - \frac{1}{n_2^2}\right)$$

이 식에서 n_1과 n_2는 양의 정수이고, $n_2 > n_1$

7.5 H 원자의 두 에너지 준위들 간의 에너지 차이를 구하는 식:

$$\Delta E = E_{\text{최종}} - E_{\text{초기}} = -2.18\times10^{-18}\ \text{J}\left(\frac{1}{n_{\text{최종}}^2} - \frac{1}{n_{\text{초기}}^2}\right)$$

7.6 움직이는 입자의 파장 계산식(de Broglie 파장):

$$\lambda = \frac{h}{mu}$$

7.7 입자의 위치와 속력의 불확정성 계산식(불확정성 원리):

$$\Delta x \cdot m\Delta u \geq \frac{h}{4\pi}$$

연습 문제 _Problems

노란색으로 표시한 문제들에 대해서는 그 답을 부록 E에 첨부하였다. 연습 문제에 표시된 절은 본문의 절과 같고, 관련 예제의 번호를 제시하였다. 대부분의 경우 개념 복습 문제, 스킬 숙달 문제(같은 개념을 다루는 두 문제씩 묶음) 및 실전 문제를 제시하였다.

빛의 성질

(예제 7.1, 7.2)

개념 복습 문제

7.1 마이크로파와 자외선은 어떤 면에서 서로 같은가? 이들은 어떤 면에서 서로 다른가?

7.2 다음과 같은 전자기파의 유형들을 고려하여 아래 질문들에 답하라.

(1) 마이크로파 (2) 자외선 (3) 라디오파
(4) 적외선 (5) X-선 (6) 가시광선

(a) 파장이 증가하는 순서로 나열하라.
(b) 진동수가 증가하는 순서로 나열하라.
(c) 에너지가 증가하는 순서로 나열하라.

7.3 다음과 같은 파동의 현상들을 정의하고, 각 현상이 어디에서 일어나는지 예를 들어라. (a) 굴절 (b) 회절 (c) 분산 (d) 간섭.

7.4 17세기에 Isaac Newton은 빛이 입자의 흐름이라고 제안하였다. 파동-입자 논쟁은 Planck와 Einstein이 새로운 개념을 발표하기 전까지 250년에 걸쳐 계속되었다. 파동 모형과 입자 모형에 대한 증거를 각각 두 가지씩 제시하라.

7.5 전자기파 A, B, C의 일부를 다음 그림과 같이 나타내었다.

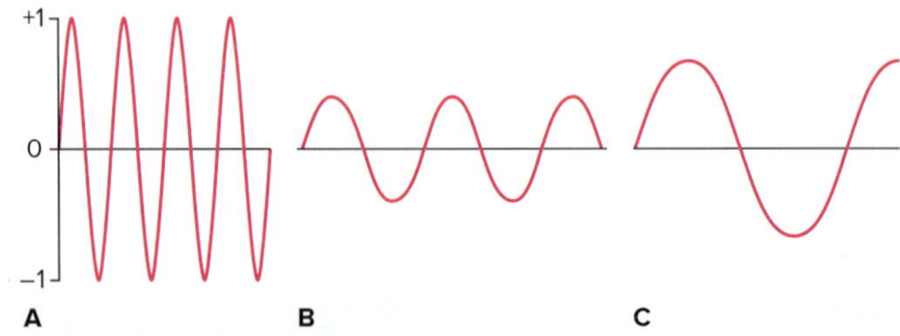

이들을 (a) 진동수가 증가하는 순서 (b) 에너지가 증가하는 순서 (c) 진폭이 증가하는 순서로 각각 나열하라. (d) 파동 B를 금속에 쪼여줄 때 간신히 전류가 흐르지 않는다면 파동 A와 C 중에서 어떤 파동을 쪼여줄 때 전류가 흐르지 않을까? (e) 파동 B가 가시광선을 나타낸다면 파동 A와 C 중에서 어느 파동이 적외선일까?

7.6 Einstein이 광전 효과를 설명하기 위해 사용한 빛에 관한 새로운 개념은 무엇인가? 광전 효과에서 문턱 진동수가 존재하고 시간 지연은 없는 이유는 무엇인가?

스킬 숙달 문제(유사한 문제들을 두 개씩 묶음)

7.7 한 AM 방송국은 "라디오 채널 950"에서 락(rock) 음악을 방송한다. AM 진동수의 단위는 kHz이다. 이 방송국의 라디오파의 파장을 미터(m), 나노미터(nm), 옹스트롬(Å)의 단위로 구하라.

7.8 한 FM 방송국은 93.5 MHz(megahertz, 10^6 Hz)에서 음악을 방송한다. 이 파동의 파장(m, nm, Å 단위)을 계산하라.

7.9 라디오파는 3.8×10^{10} Hz의 진동수를 가진다. 이 빛의 광자 하나의 에너지(J 단위)는 얼마인가?

7.10 X-선은 1.3 Å의 파장을 가진다. 이 빛의 광자 하나의 에너지(J 단위)를 계산하라.

7.11 다음 광자들을 에너지가 증가하는 순서로 나열하라. 파란색(λ = 453 nm), 빨간색(λ = 660 nm), 노란색(λ = 595 nm).

7.12 다음 광자들을 에너지가 감소하는 순서로 나열하라. 적외선($\nu = 6.5\times10^{13}\ \text{s}^{-1}$), 마이크로파($\nu = 9.8\times10^{11}\ \text{s}^{-1}$), 자외선($\nu = 8.0\times10^{15}\ \text{s}^{-1}$).

실전 문제

7.13 경찰은 "K-band" 레이더 총을 이용하여 교통 상황을 감시하는데, 이 기기는 22.235 GHz(1 GHz = 10^9 Hz)의 마이크로파 영역에서 작동한다. 이 빛의 파장(nm와 Å 단위)을 구하라.

7.14 분자 내 공유 결합은 적외선 영역의 빛을 흡수하고 고유한 진동수로 진동한다.

(a) C−O 결합은 9.6 μm 파장의 빛을 흡수한다. 이 파장에 해당하는 진동수(s^{-1} 단위)는 얼마인가?

(b) H−Cl 결합은 8.652×10^{13} Hz 진동수로 진동한다. 이 진동수에 해당하는 파장(μm 단위)는 얼마인가?

7.15 Cobalt-60은 암 치료에 사용되는 방사성 동위원소이다. 이 동위원소에서 방출되는 감마선은 1.33 MeV(1 eV = 1.602×10^{-19} J)의 에너지를 가진다. 이 감마선의 진동수(Hz 단위)와 파장(m 단위)는 얼마인가?

7.16 (a) 상층 대기에서 산소 분자가 242 nm 이하 파장의 UV를 흡수할 때 오존 형성이 시작된다. 오존 형성을 위해 최소로 필요한 에너지를 가진 광자의 진동수와 에너지를 구하라. (b) 오존은 2200~2900 Å 범위 파장의 빛을 흡수함으로써 이 빛으로부터 생물체들을 보호한다. 오존이 흡수하는 최대 에너지를 가진 광자의 진동수와 에너지를 구하라.

원자 스펙트럼

(예제 7.3)

개념 복습 문제

7.17 Rydberg 식[식 (7.4)]의 n_1은 Bohr 모형의 양자수 n과 어떤 관계인가?

7.18 원자의 "태양계" 모형은 Bohr 모형의 어떤 핵심 가정을 위배하는가?

7.19 흡수 스펙트럼과 방출 스펙트럼의 차이를 설명하라. Bohr는 어떤 스펙트럼을 가지고 원자 모형을 개발하였는가?

7.20 다음 전자 전이들 중에서 에너지의 흡수와 에너지의 방출에 해당되는 전이를 각각 써라.
(a) $n = 2$에서 $n = 4$로 전이 (b) $n = 3$에서 $n = 1$로 전이
(c) $n = 5$에서 $n = 2$로 전이 (d) $n = 3$에서 $n = 4$로 전이

7.21 왜 Bohr 모형은 수소 이외의 원자들에 대해서 스펙트럼을 예측할 수 없는가?

7.22 H 원자와 Be^{3+} 이온은 각각 하나의 전자를 가진다. Bohr 모형으로 이들의 스펙트럼을 정확히 예측할 수 있을까? 이들의 스펙트럼은 서로 동일할까? 설명하라.

스킬 숙달 문제(유사한 문제들을 두 개씩 묶음)

7.23 Rydberg 식을 이용하여 H 원자의 전자가 $n = 5$에서 $n = 2$로 전이를 일으킬 때 방출되는 광자의 파장(nm 단위)을 구하라.

7.24 Rydberg 식을 이용하여 H 원자의 전자가 $n = 1$에서 $n = 3$으로 전이를 일으킬 때 흡수되는 광자의 파장(Å 단위)을 구하라.

7.25 H 원자의 적외선 계열에서 최저 에너지의 스펙트럼 선의 파장(nm 단위)은 얼마인가?

7.26 H 원자의 가시광선 계열에서 최저 에너지의 스펙트럼 선의 파장(nm 단위)은 얼마인가?

7.27 1 mol의 H 원자들에 대해서 문제 7.23의 전이에 해당하는 에너지 차이(ΔE)를 계산하라.

7.28 1 mol의 H 원자들에 대해서 문제 7.24의 전이에 해당하는 에너지 차이(ΔE)를 계산하라.

7.29 다음과 같은 H 원자의 전자 전이들을 흡수 또는 방출되는 광자의 진동수가 *증가하는* 순서로 나열하라.
(a) $n = 2$에서 $n = 4$로 전이 (b) $n = 2$에서 $n = 1$로 전이
(c) $n = 2$에서 $n = 5$로 전이 (d) $n = 4$에서 $n = 3$으로 전이

7.30 다음과 같은 H 원자의 전자 전이들을 흡수 또는 방출되는 광자의 파장이 *감소하는* 순서로 나열하라.
(a) $n = 2$에서 $n = \infty$로 전이 (b) $n = 4$에서 $n = 20$으로 전이
(c) $n = 3$에서 $n = 10$으로 전이 (d) $n = 2$에서 $n = 1$로 전이

7.31 바닥 상태 H 원자의 전자는 97.20 nm 파장의 광자를 흡수한다. 전자는 어느 에너지 준위로 이동하는가?

7.32 H 원자의 $n = 5$ 준위의 전자는 1281 nm 파장의 광자를 방출한다. 전자는 어느떤 에너지 준위로 이동하는가?

실전 문제

7.33 형광등은 연속 광뿐만 아니라 수은으로부터 몇 개의 가시광선 스펙트럼 선들을 방출한다. 그 중에서 강한 스펙트럼 선은 436 nm 파장을 가진다. 이 선의 광자 하나의 에너지(J 단위)는 얼마인가?

7.34 아래 그림은 H 원자의 Bohr 모형이고, 그 위에 몇 가지 전자 전이들을 화살표로 표시하였다.

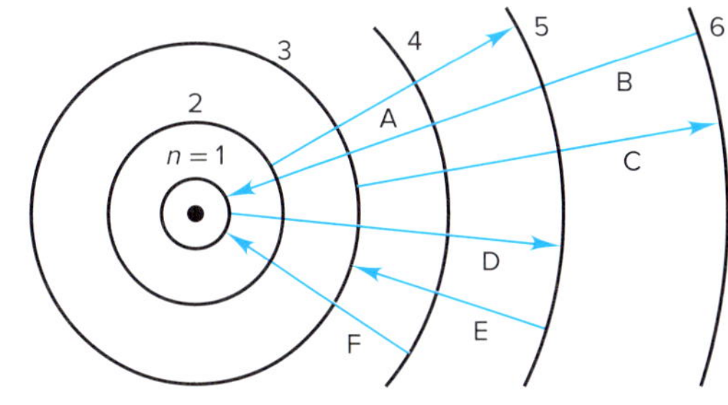

(a) 어느 전이가 흡수에 해당하고, 어느 전이가 방출에 해당하는가?
(b) 방출 전이들을 에너지가 증가하는 순서로 나열하라.
(c) 흡수 전이들을 흡수되는 빛의 파장이 증가하는 순서로 나열하라.

물질과 에너지의 파동-입자 이중성

(예제 7.4~7.5)

개념 복습 문제

7.35 기타 줄의 파동 운동이 원자 내 전자의 운동과 어떤 면에서 유사한가?

7.36 어떤 실험을 통해 de Broglie의 개념을 입증하였는가?

7.37 정말 입자가 파동처럼 움직인다면 거시 세계에서는 그런 운동을 관찰하지 못하는 이유는 무엇인가?

7.38 측정 오차를 $h/4\pi$ 한계 이하로 줄이는 더 정확한 장비를 만들어 Heisenberg의 원리로 예측되는 불확정성을 극복할 수 없는 이유는 무엇인가?

스킬 숙달 문제(유사한 문제들을 두 개씩 묶음)

7.39 체중이 232파운드인 어떤 미식축구 선수는 40야드를 19.8 ± 0.1 mi/h의 속력으로 달린다.
(a) 그의 de Broglie 파장(m 단위)은 얼마인가?
(b) 그의 위치의 불확정성은 얼마인가?

7.40 라듐 동위원소로부터 방출되는 알파 입자(질량 = 6.6×10^{-24} g)는 $3.4\times10^7 \pm 0.1\times10^7$ mi/h의 속력으로 운동한다.
(a) 알파 입자의 de Broglie 파장(m 단위)은 얼마인가?
(b) 알파 입자의 위치의 불확정성은 얼마인가?

7.41 56.5 g의 테니스공이 녹색 빛의 광자(5400 Å)와 같은 de Broglie 파장을 가지려면 얼마나 빠르게 움직여야 하는가?

7.42 142 g의 야구공이 λ = 100. pm의 X-선 광자와 같은 de Broglie 파장을 가지려면 얼마나 빠르게 움직여야 하는가?

7.43 소듐 불꽃은 589 nm 파장의 빛을 방출하므로 고유한 노란색을 나타낸다. 이 파장의 광자 하나의 에너지와 동등한 질량은 얼마인가($1\ J = 1\ kg{\cdot}m^2/s^2$)?

7.44 리튬 불꽃은 671 nm 파장의 빛을 방출하므로 고유한 붉은색을 나타낸다. 이 파장의 광자 1 mol의 에너지와 동등한 질량은 얼마인가($1\ J = 1\ kg{\cdot}m^2/s^2$)?

원자의 양자역학 모형

(예제 7.6~7.8)

개념 복습 문제

7.45 ψ^2의 물리적 의미는 무엇인가?

7.46 "작은 부피의 공간 내의 전자 밀도"의 의미는 무엇인가?

7.47 H 원자의 n = 1 준위의 방사형 확률 분포 그래프는 0.529 Å에서 최대값을 가진다. 이 사실의 중요성을 설명하라. 1s 오비탈과 2s 오비탈 중에서 어느 오비탈에서 원자핵으로부터 0.529 Å 떨어진 곳에서 전자를 발견할 확률이 더 큰가?

7.48 다음의 각 양자수는 오비탈의 어떤 특징을 결정하는가?
(a) 주양자수(n)
(b) 각운동량 양자수(l)
(c) 자기 양자수(m_l)

스킬 숙달 문제(유사한 문제들을 두 개씩 묶음)

7.49 다음과 같은 명칭을 가진 오비탈들이 한 원자 내에 몇 개 존재할 수 있는가? (a) 1s (b) 4d (c) 3p (d) n = 3.

7.50 다음과 같은 명칭을 가진 오비탈들이 한 원자 내에 몇 개 존재할 수 있는가? (a) 5f (b) 4p (c) 5d (d) n = 2.

7.51 다음과 같은 양자수를 가진 오비탈에 대해서 가능한 m_l 값들을 모두 써라. (a) $l = 2$ (b) $n = 1$ (c) $n = 4, l = 3$.

7.52 다음과 같은 양자수를 가진 오비탈에 대해서 가능한 m_l 값들을 모두 써라. (a) $l = 3$ (b) $n = 2$ (c) $n = 6, l = 1$.

7.53 다음 각 오비탈에 대해서 90% 확률 윤곽선(축 포함)을 그려라. (a) s (b) p_x.

7.54 다음 각 오비탈에 대해서 90% 확률 윤곽선(축 포함)을 그려라. (a) p_z (b) d_{xy}.

7.55 다음 양자수들에 대해서 부준위 명칭, 가능한 m_l 값들, 오비탈들의 개수를 써라.
(a) $n = 4, l = 2$ (b) $n = 5, l = 1$ (c) $n = 6, l = 3$.

7.56 다음 양자수들에 대해서 부준위 명칭, 가능한 m_l 값들, 오비탈들의 개수를 써라.
(a) $n = 2, l = 0$ (b) $n = 3, l = 2$ (c) $n = 5, l = 1$.

7.57 다음 각 부준위에 대해서 양자수 n과 l 값들과 오비탈의 개수를 구하라. (a) 5s (b) 3p (c) 4f.

7.58 다음 각 부준위에 대해서 양자수 n과 l 값들과 오비탈의 개수를 구하라. (a) 6g (b) 4s (c) 3d.

7.59 다음과 같은 조합의 양자수들은 허용되는가? 만약 허용되지 않는다면 잘못된 점을 수정할 수 있는 두 가지 방법을 제시하라.
(a) $n = 2, l = 0, m_l = -1$ (b) $n = 4, l = 3, m_l = -1$
(c) $n = 3, l = 1, m_l = 0$ (d) $n = 5, l = 2, m_l = +3$

7.60 다음과 같은 조합의 양자수들은 허용되는가? 만약 허용되지 않는다면 잘못된 점을 수정할 수 있는 두 가지 방법을 제시하라.
(a) $n = 1, l = 0, m_l = 0$ (b) $n = 2, l = 2, m_l = +1$
(c) $n = 7, l = 1, m_l = +2$ (d) $n = 3, l = 1, m_l = -2$

제 8 장 전자 배치와 화학적 주기성

Electron Configuration and Chemical Periodicity

Source: Morozov John/Shutterstock

관련 개념과 스킬 _Concepts and Skills to Review Before You Study This Chapter

- » 주기율표의 형태(2.6절)
- » 금속과 비금속의 특성(2.6절)
- » 인력, 반발력, Coulomb의 법칙(2.7절)
- » 산과 염기의 특성(4.3절)
- » 양자수 배정 규칙(7.4절)

피아노에는 52개의 하얀 건반과 36개의 검은 건반이 있지만 실제로는 동일한 12개의 화음이 반복적으로 사용되기 때문에 피아노를 배울 때 88개의 건반을 따로 익히는 수고를 덜 수 있다. 이처럼 반복되는 화음의 경향성을 파악하면 다음에 무슨 화음이 나올지 알 수 있기 때문에 악기 연주를 배울 때 이런 경향성 파악이 매우 중요하다. 이와 유사하게 여러 원소들의 성질도 반복적 경향을 나타내고, 이 경향성을 이용하여 원소들의 성질을 예측할 수 있다.

19세기 화학자들의 연구를 통해 원소에 관한 엄청난 양의 정보를 얻었고, 이를 체계적으로 정리하여 주기율표가 만들어졌다.

- *최초의 주기율표*. 1870년에 러시아의 화학자 Dmitri Mendeleev는 그 당시 알려져 있던 65개의 원소들을 배열하여 표를 만들었고 그들의 성질을 **주기율**(periodic law)로 요약하였다. 즉, 원소들을 *원자 질량*에 따라 배열하면 원소의 비슷한 성질들이 주기적으로 반복됨을 볼 수 있다. Mendeleev는 주기율표에 빈 칸들을 남겨 놓았고, 심지어 나중에서야 발견된 몇 가지 원소들(예, 저마늄)의 성질을 *예측*하였다.
- *현대의 주기율표*. 현대의 주기율표(*앞표지 안쪽*)는 1870년에는 알려지지 않았던 53개의 원소를 포함하고 있고, 가장 중요한 변화는 원소들을 *원자량이 아니라 원자 번호*(양성자의 수)에 따라 배열하였다는 것이다. 이 변화는 영국의 물리학자인 Henry G. J. Moseley의 연구에 바탕을 둔다. Moseley는 전자를 금속에 충돌시켜 다양한 금속의 X-선 스펙트럼을 얻었고, 각 금속에 대해서 가장 큰 X-선 피크가 원자핵의 전하(각 원소에 대해 원자 번호에 따라 순차적으로 1씩 증가함)와 관련되어 있음을 밝혀냈다.

화학의 핵심 문제들 중 하나인 "원소가 각자의 고유한 성질을 가지는 이유는 무엇인가?"에 대한 해답을 찾는 것은 새로운 원자 모형을 시험해 볼 수 있는 좋은 기회였다. 이 질문을 이 장의 핵심 주제에 맞게 다시 표현하면 "한 원소의 **전자 배치**(electron configuration), 즉 원자의 준위들과 부준위들 내의 전자들의 분포는 해당 원소의 화학적, 물리적 성질과 어떻게 연관되어 있는가?"이다.

이 장에서는... 원자 내 전자 배치의 반복적 경향을 알아보고, 이를 이용하여 주기적으로 반복되는 원소의 성질들을 설명한다.

- › 새로운 양자수를 소개하고, 한 오비탈 내의 전자의 개수에 대한 제약을 설명한다. 이들을 이용하여 한 원소의 원자 내에 위치한 각 전자에 대해서 고유한 조합의 양자수들을 정의할 수 있다.
- › 원자의 에너지 준위들을 부준위들로 갈라지게 하고 전자들이 오비탈들에 채워지는 순서를 결정하는 정전기적 효과들을 알아본다. 전자가 채워지는 순서는 주기율표의 원소들의 순서와 서로 관련되어 있다.
- › 세 가지 원자 성질들의 주기적 경향성의 근원을 알아본다.
- › 이러한 경향성을 바탕으로 금속성, 산화-환원 성질, 산화물의 산도, 이온 형성, 자기적 성질과 관련되어 있는 화학적 반응성을 설명한다.

8.1 다전자 원자의 특성

Schrödinger 방정식(7장에서 소개)을 풀어서 *다전자 원자*, 즉 2개 이상의 전자를 가진 원자(수소를 제외한 모든 원자들)의 에너지 준위들의 *정확한* 해를 구할 수는 없다. 그러나 Bohr 모형과는 달리 Schrödinger 방정식을 이용하여 *근사적* 해를 구할 수 있다. 다전자 원자에서는 다음과 같은 세 가지 추가적인 특징들이 중요해진다. (1) 네 번째 양자수, (2) 한 오비탈을 점유할 수 있는 전자 개수의 제한, (3) 에너지 준위들이 부준위들로 갈라지는 현상 등이다.

전자-스핀 양자수

세 양자수 n, l, m_l은 각각 원자 오비탈의 크기(에너지), 모양, 공간상 배향을 나타낸다. 네 번째 양자수는 *스핀*(spin)이라 불리는 성질을 나타내는데, 스핀은 오비탈이 아니라 전자의 고유한 성질이다.

1개 이상의 홀전자(unpaired electron)를 가진 원자의 빔이 (서로 다른 모양의 자석 면들로 생성된) 불균일 자기장을 통과하면 2개의 빔으로 갈라진다. 이는 전자들의 절반은 큰 외부 자기장으로 *끌려가고*, 나머지 절반은 자기장으로부터 *밀려나기* 때문이다. H 원자에 대한 해당 실험을 그림 8.1에서 볼 수 있다.

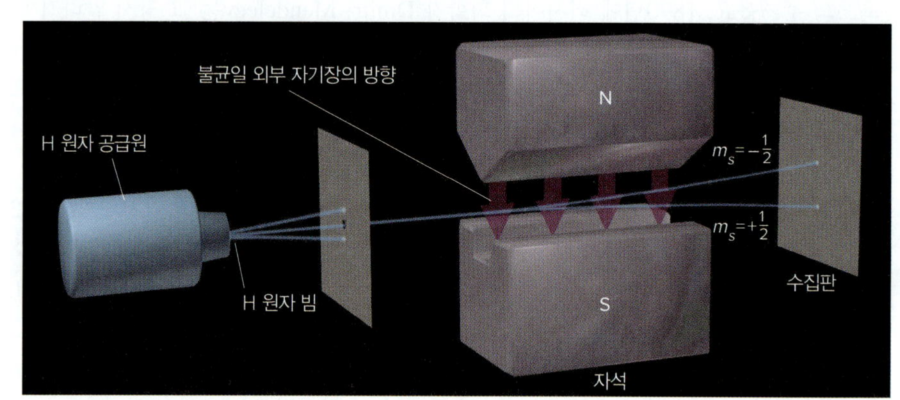

그림 8.1 **전자 스핀의 효과.** H 원자의 빔이 갈라지는데, 이는 각 원자의 전자가 두 가지 가능한 스핀 값들 중 하나를 가지기 때문이다.

이 관찰 결과는 전자가 작은 자석처럼 거동한다는 개념으로 설명할 수 있다. 비록 전자가 작은 구 형태는 아니지만, 전자가 시계 방향이나 반시계 방향으로 회전한다고 상상하면 전자의 자기적 특성을 설명할 수 있다. 회전하는 전하는 작은 자기장을 생성하고, 이 자기장의 방향은 회전 방향에 의해 결정된다(그림 8.2). 따라서 서로 반대 방향의 두 자기장이 존재하므로 그림 8.1에서 볼 수 있듯이 원자의 빔이 두 개로 갈라진다. **스핀 양자수**(spin quantum number, $\boldsymbol{m_s}$)가 가질 수 있는 두 가지 값, $+\frac{1}{2}$과 $-\frac{1}{2}$은 각각 전자의 자기장의 두 방향에 해당한다.

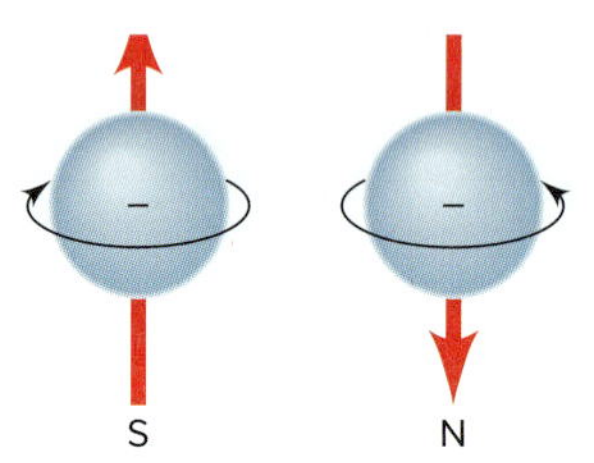

그림 8.2 **전자 스핀의 방향.** 원자 빔이 두 개로 갈라지는 것을 설명하기 위해 전자가 두 방향 중 어느 한 방향으로 회전한다고 상상해 본다. 전하가 회전하면 자기장이 생성되고, 이 자기장의 방향은 회전 방향에 의해 결정된다.

따라서 *원자 내의 각 전자는* ***네 가지*** *양자수의 조합으로 나타낸다. 처음 세 양자수는 오비탈을 나타내고, 네 번째 양자수는 스핀을 나타낸다.* 표 8.1에 이 양자수들을 요약하였다.

이제 바닥 상태에 있는 원자의 전자에 대해서 네 양자수들의 조합을 만들 수 있다. 예를 들어 수소(H, $Z = 1$)의 홀전자는 $1s$ 오비탈을 점유하고 다음과 같은 양자수들을 가진다. $n = 1$, $l = 0$, $m_l = 0$, $m_s = +\frac{1}{2}$. (스핀 양자수는 $-\frac{1}{2}$이 될 수도 있지만 관례상 궤도

표 8.1 | 원자 내 전자의 양자수 요약

이름	기호	허용된 값	성질
주	n	양의 정수(1, 2, 3,...)	오비탈의 에너지(크기)
각운동량	l	0에서 $n - 1$까지의 정수	오비탈의 모양(l = 0, 1, 2, 3은 각각 s, p, d, f 오비탈에 해당)
자기	m_l	$-l$에서 $+l$까지의 정수	오비탈의 배향
스핀	m_s	$+\frac{1}{2}$ 또는 $-\frac{1}{2}$	전자 스핀의 방향

함수 내의 첫 번째 전자에는 $+\frac{1}{2}$을 부여한다.)

배타 원리

수소 다음 원소는 헬륨(He, $Z = 2$)으로 2개 이상의 전자를 가진 첫 번째 원자이다. 바닥 상태 He의 첫 전자는 H 원자의 전자와 같은 조합의 양자수들을 가지는 반면 He의 두 번째 전자는 그렇지 않다. 오스트리아의 물리학자 Wolfgang Pauli는 들뜬 상태의 관찰을 기반으로 2개 이상의 전자를 갖는 원자의 오비탈 내 전자들의 배열을 결정하는 원리를 발견하였다. ›

- **Pauli 배타 원리**(Pauli exclusion principle): *같은 원자 내의 어떤 전자도 다른 전자와 서로 동일한 4개의 양자수들을 가질 수 없다.*

따라서 He의 두 번째 전자는 첫 번째 전자와 마찬가지로 같은 1*s* 오비탈을 점유하지만 반대 스핀을 가진다.

첫 번째 전자: $n = 1, l = 0, m_l = 0, m_s = +\frac{1}{2}$ (m_s 값은 임의로 배정함)
두 번째 전자: $n = 1, l = 0, m_l = 0, m_s = -\frac{1}{2}$

배타 원리의 주요 결과는 *한 원자 오비탈이 최대 2개의 전자들을 수용할 수 있고, 이 두 전자들은 서로 반대 방향의 스핀을 가져야 한다*는 것이다. 같은 오비탈을 점유한 두 전자들은 같은 n, l, m_l 값들을 가지지만, 각 전자는 서로 다른 m_s 값을 가져야 한다. 오직 2개의 m_s 값들만 허용되므로 m_s 값을 반복하지 않는 한 세 번째 전자를 같은 오비탈에 추가할 수는 없다. He의 1*s* 오비탈이 2개의 전자들을 가지고 있으면 *채워져 있다*고 말하고 두 전자들은 *짝지은 스핀*을 가지고 있다고 말한다. 따라서 그림 8.1의 실험에 He 원자의 빔을 사용하면 빔이 2개로 갈라지지 않는다.

야구 양자수

전자를 나타내는 양자수들의 고유한 조합은 야구장에서 좌석의 위치 지정과 유사하다. 야구장(원자)은 구역(n, 준위), 박스(l, 부준위), 줄(m_l, 오비탈), 좌석(m_s, 스핀)으로 구분한다. 오직 한 사람(전자)만이 야구장 "양자수들"의 특정 조합을 가질 수 있다. 여러 사람들이 구장 내의 같은 구역, 박스, 줄을 점유할 수는 있지만 오직 한 사람만이 특정 좌석을 점유할 수 있다.

정전기적 효과와 에너지 준위 갈라짐

정전기적 효과(electrostatic effect), 즉 반대 전하들 간의 끌어당김과 같은 전하들 간의 반발은 다전자 원자의 에너지 상태를 결정하는 데 중요한 역할을 한다. H 원자에서는 원자핵과 전자 간의 끌어당김만 존재하고 에너지 상태가 *오직 n* 값에 의해서만 결정된다. H 원자와 달리 다전자 원자의 에너지 상태들은 전자-전자 반발의 영향도 받는다. 이런 추가적 상호작용 때문에 *에너지 준위는 서로 다른 에너지의 부준위들로 갈라진다. 다전자 원자 내의 한 오비탈의 에너지는 주로 n 값(크기)에 의해 결정되고 정도는 약하지만 l 값(모양)에도 의존한다.*

에너지 준위의 갈라짐은 리튬(Li, $Z = 3$)에서 처음 확인할 수 있다. Li의 첫 두 전자들은 1*s* 오비탈을 채우므로 세 번째 Li 전자는 $n = 2$ 준위로 들어가야 한다. 그런데, $n = 2$ 준위는 2*s*와 2*p* 부준위들을 가지는데 세 번째 전자는 어느 부준위로 들어갈까? 아래에서 논의하겠지만 2*s* 오비탈이 2*p* 오비탈보다 에너지가 낮기 때문에 Li의 바닥 상태는 2*s* 오비탈에 세 번째 전자를 가진다.

이와 같은 2*s*와 2*p* 오비탈들 간의 에너지 차이의 원인으로는 세 가지 요인, 즉 *핵 인력, 전자 반발, 오비탈 모양*(즉, 방사형 확률 분포)을 들 수 있다. 이들이 상호작용하여 두 가지 현상들, 즉 *가림*(shielding)과 *침투*(penetration)가 수소를 *제외한* 모든 원자에서 일어난다. [이어지는 논의에서 보겠지만, 덜 안정한(더 높은 에너지) 부준위로부터 전자를 제거할 때보다 더 안정한(더 낮은 에너지) 부준위로부터 제거할 때 더 많은 에너지가 필요하다는 점을 명심해야 한다.]

핵전하(*Z*)가 부준위 에너지에 미치는 영향 전하가 클수록 더 강하게 상호작용한다(Coulomb의 법칙, 2.7절). 그러므로 *더 높은 핵전하(원자핵에 더 많은 양성자들 존재)는 핵-전자 인력을 증가시키고 부준위 에너지를 낮춘다(원자를 안정화시킨다).* 1개의 전자를 가진 세 화학종들 즉, H 원자($Z = 1$), He^+ 이온($Z = 2$), Li^{2+} 이온($Z = 3$)의 1*s* 부준위 에너지를 비교하면 이 효과를 이해할 수 있다. 그림 8.3에서 볼 수 있듯이 H 원자(1개의 양성자가 1개의 전자를 끌어당김)의 1*s* 부준위는 가장 덜 안정하므로(가장 높은 에너지) 전자를 제거하기 위해 필요한 에너지가 가장 작다. 반면 Li^{2+} 이온의 1*s* 부준위(3개의 양성자가 1개의 전자를 끌어당김)는 가장 안정하므로 전자를 제거하려면 가장 큰 에너지가 필요하다.

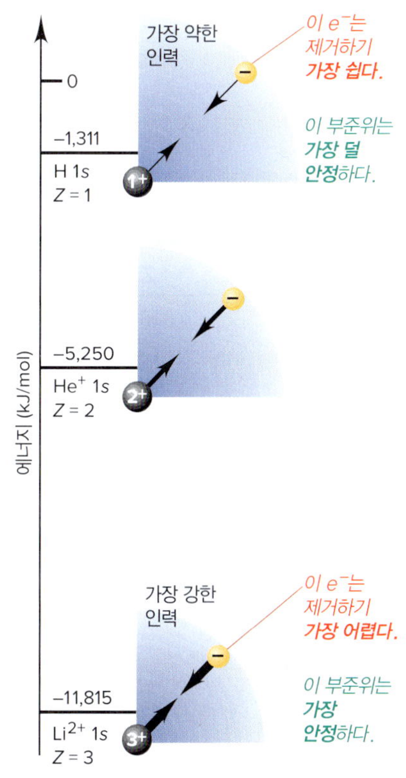

그림 8.3 핵전하가 부준위 에너지에 미치는 영향. 원자핵의 전하량이 클수록 부준위의 에너지를 낮추고(즉, 더 큰 음의 수), 그 결과 전자를 제거하기가 더 어려워진다. (인력의 세기는 검은 화살표의 굵기로 나타낸다.)

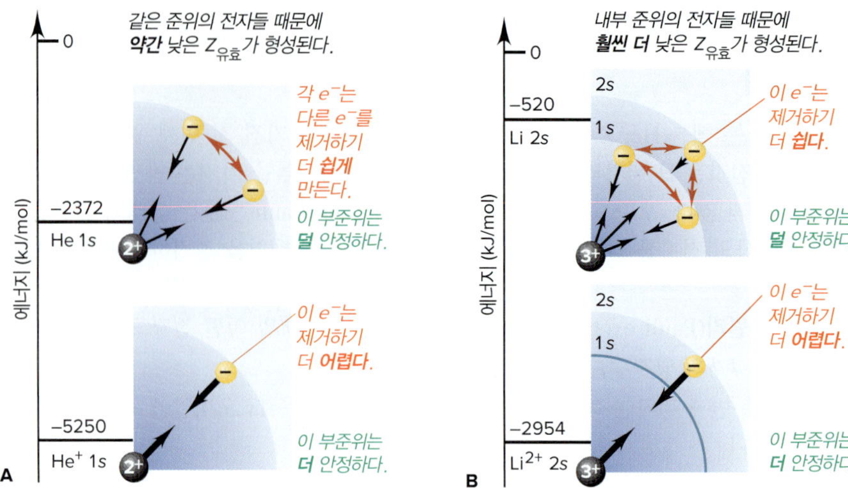

그림 8.4 **가림과 에너지 준위들.** **A.** 한 에너지 준위 내에서 각 전자는 전체 핵전하(검은색 화살표)로부터 다른 전자들을 가린다(*빨간색 화살표*). 따라서 전자들은 더 낮은 $Z_{유효}$를 느낀다. **B.** 같은 에너지 준위 내의 전자들이 서로 가리는 것보다 내부의 전자들이 *훨씬* 더 효율적으로 외각의 전자들을 가린다.

가림: 전자 반발이 부준위 에너지에 미치는 영향 다전자 원자에서 각 전자는 원자핵으로의 인력뿐만 아니라 다른 전자들로부터 반발을 "느낀다". 이 반발은 핵 인력에 반대로 작용하여 실질적으로 전자를 밀어냄으로써 각 전자가 더 쉽게 제거되도록 만든다. 바꾸어 말하면, 각 전자가 핵전하로부터 다른 전자들을 "가린다"고 볼 수 있다. 전자는 **가림**(shielding 또는 screening, 차폐라고도 부름) 때문에 전체 핵전하보다 감소한 **유효 핵전하**($Z_{유효}$)를 *실제로 느끼는데 이처럼 낮은 핵전하 때문에 전자를 제거하기가 더 쉬워진다.*

1. *한 에너지 준위 내의 다른 전자들에 의한 가림.* 같은 에너지 준위에 속한 전자들은 어느 정도 서로 가린다. He 원자와 He^+ 이온을 비교해보면 모두 2+ 핵전하를 가지지만, He 원자는 1*s* 부준위에 2개의 전자들을 가지는 반면 He^+ 이온은 1개의 전자만 가진다(그림 8.4A). He으로부터 1개의 전자를 제거할 때 필요한 에너지(2372 kJ/mol)는 He^+로부터 제거할 때 필요한 에너지(5250 kJ/mol)의 절반도 되지 않는데, 이는 He의 두 번째 전자가 첫 번째 전자를 밀쳐내어 사실상 낮은 $Z_{유효}$를 형성하기 때문이다.

2. *내부의 에너지 준위의 전자들에 의한 가림.* 내부의 전자들은 거의 모든 시간을 외각의 전자들과 원자핵 *사이에* 머물기 때문에 같은 준위 내의 전자들보다 *훨씬* 더 낮은 $Z_{유효}$가 형성된다. 같은 원자핵을 가졌지만 내부 전자를 *가진* 원자와 내부 전자가 *없는* 원자를 비교하면 이 사실을 확인할 수 있다. 바닥 상태의 Li 원자는 2개의 내부(1*s*) 전자들과 1개의 외각(2*s*) 전자를 가지는 반면 Li^{2+} 이온은 오직 1개의 전자를 가지는데, 첫 번째 들뜬 상태의 Li^{2+} 이온에서 이 전자는 2*s* 오비탈을 점유한다(그림 8.4B). Li 원자에서 2*s* 전자를 제거하기 위해 필요한 에너지(520 kJ/mol)는 Li^{2+} 이온으로부터 2*s* 전자를 제거하기 위한 에너지(2954 kJ/mol)의 6분의 1 정도인데, 이는 *내부 전자들이 핵전하를 매우 효과적으로 가리기* 때문이다.

표 8.2 포타슘($Z = 19$)의 부준위들의 $Z_{유효}$ 값들

부준위	$Z_{유효}$
1*s*	18.49
2*s*	13.01
2*p*	15.03
3*s*	8.68
3*p*	7.73
4*s*	3.50

표 8.2에는 포타슘 원자 내 전자들의 $Z_{유효}$ 값들을 정리하였다. K 원자($Z = 19$)는 19+의 핵전하를 가지고 있지만, 모든 전자들은 $Z_{유효} < 19$를 가진다. 2개의 최내각(1*s*) 전자들은 서로 가리기 때문에 약간 낮은 $Z_{유효}$ 값(18.49)을 가진다. 가장 바깥에 있는 전자(4*s*)는 훨씬 더 낮은 $Z_{유효}$ 값(3.50)을 가지는데, 이는 18개의 내부 전자들이 핵전하를 효과적으로 가리기 때문이다.

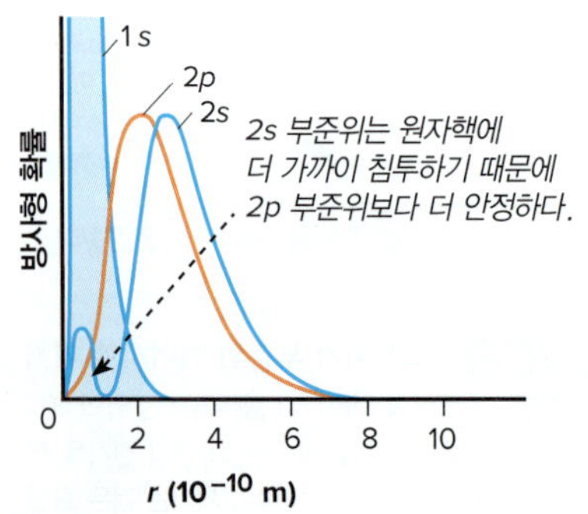

그림 8.5 침투와 부준위 에너지.

침투: 오비탈 모양이 부준위 에너지에 미치는 효과 Li의 세 번째 전자가 2*p*보다 2*s* 부준위를 점유하는 이유를 고려하기 위해 오비탈의 모양, 즉 방사형 확률 분포를 고려해야 한다(그림 8.5). 2*p* 오비탈(*주황색 곡선*)이 2*s* 오비탈(*파란색 곡선*)의 주요 부분보다 평균적으로 원자핵에 살짝 더 가깝다. 하지만 2*s* 방사형 확률 분포의 작은 부분은 1*s* 영역 내에서 최대가 된다. 따라서 2*s* 오비탈의 전자는 일부 시간 동안 원자핵에 매우 가깝게 "침투"하여 머문다. **침투**(penetration)는 두 가지 효과가 있다.

- 2*s* 전자에 대한 *원자핵 인력이* 2*p* 전자와 비교하여 *증가한다.*
- 1*s* 전자가 2*s* 전자를 *가리는 정도가 감소한다.*

따라서 $2p$ 전자(341 kJ/mol)보다 $2s$ 전자(520 kJ/mol)를 제거하기 위해 더 많은 에너지가 필요하므로 $2s$ 부준위가 $2p$보다 에너지가 더 낮다.

에너지 준위의 갈라짐 일반적으로 *침투와 가림 때문에 에너지 준위가 서로 다른 에너지를 갖는 부준위들로 갈라진다.* 부준위의 l 값이 낮아질수록 전자들은 더 많이 침투하고 원자핵으로의 인력도 더 커진다. 따라서 특정 n 값에 대해서 더 낮은 l 값은 더 안정한(더 낮은 에너지) 부준위를 가리킨다.

$$\text{부준위의 에너지 순서: } s < p < d < f \quad \textbf{(8.1)}$$

따라서 $2s(l = 0)$는 $2p$보다 에너지가 더 낮고, $3p(l = 1)$는 $3d(l = 2)$보다 더 낮고, 그 이후로도 마찬가지이다.

그림 8.6에는 에너지 준위들(n 값)의 일반적 에너지 순서와 서로 다른 에너지의 부준위들(l 값)로 갈라지는 방식이 나와 있다. (이를 그림 7.21의 H 원자의 에너지 준위들과 비교하라.) 이제 이 에너지 순서를 사용하여 바닥 상태 원자들의 주기율표를 만들어 볼 것이다.

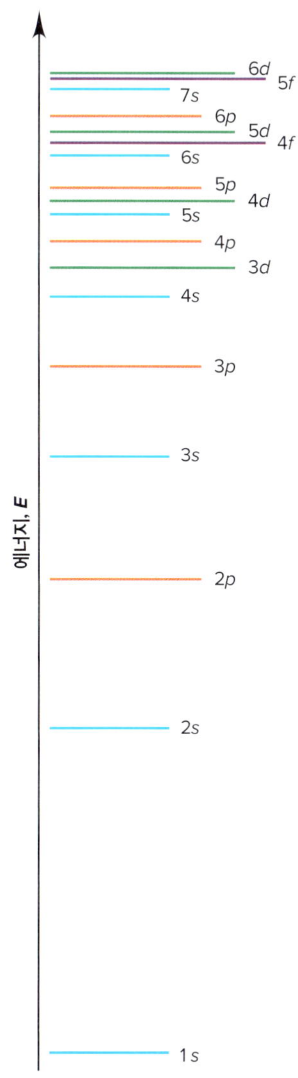

그림 8.6 **에너지 부준위를 전자로 채우는 순서.** 일반적으로 부준위들의 에너지는 주양자수 n(1 < 2 < 3 등)과 각운동량 양자수 l($s < p < d < f$)에 따라 증가한다. n이 증가함에 따라 어떤 부준위들은 순서가 바뀐다. 예를 들어 $4s$ 부준위는 $3d$ 부준위보다 에너지가 더 낮다. (각 선의 색깔은 부준위의 유형을 나타낸다.)

› 8.1절 요약

- 다전자 원자의 전자들을 나타내기 위해서는 4개의 양자수들이 필요하다. 3개의 양자수(n, l, m_l)는 오비탈을 나타내고, 네 번째 양자수(m_s)는 전자의 스핀을 나타낸다.
- 배타 원리에 따르면 각 전자는 고유한 조합의 네 양자수들을 가져야 한다. 따라서 한 오비탈은 전자를 2개까지 수용할 수 있고, 그 전자들의 스핀이 서로 짝지어져야(반대여야) 한다.
- 정전기적 상호작용 때문에 다음과 같이 부준위의 에너지가 결정된다.
  1. 핵전하가 클수록 부준위의 에너지는 낮아지므로 전자를 제거하기 더 어려워진다.
  2. 전자-전자 반발은 부준위의 에너지를 높이므로 전자를 제거하기 더 쉬워진다. 반발은 전자를 전체 핵전하로부터 가려서 유효 핵전하 $Z_{유효}$를 감소시킨다. 내부 전자들은 외각 전자들을 매우 효율적으로 가린다.
  3. 침투는 핵 인력 증가와 가림 감소를 유발하므로 전자를 제거하기 더 어려워진다. 결과적으로 에너지 준위는 부준위들로 갈라지고 $s < p < d < f$의 에너지 순서를 가진다.

8.2 양자역학 모형과 주기율표

이 절에서 양자역학은 실험에 근거한 주기율표에 이론적 기반을 제공한다. 이 절에서는 각 원소의 바닥 상태 전자 배치, 즉 *원자의 부준위들에 채워진 전자들의 최저 에너지 분포*를 결정함으로써 주기율표를 채워 본다. 특히 *화학적 성질의 반복적 경향의 바탕이 되는 전자 배치의 반복적 경향*에 주목해야 한다.

전자 배치를 결정하는 유용한 방법은 **쌓음 원리**(aufbau principle, 독일어 *aufbauen* = 영어 "build up" = "구축하다")에 그 기반을 두고 있다. 주기율표의 처음에서 시작하여 원자핵에 양성자 1개를 추가하고 *비어 있는 최저 에너지 부준위*에 전자 1개를 추가한다. (물론, 1개 이상의 중성자도 마찬가지로 원자핵에 추가한다.)

부준위들 내의 전자 분포를 나타내는 방법은 일반적으로 두 가지가 있다.

- *전자 배치*(electron configuration). 이 표기법은 주 에너지 준위(n 값), 부준위의 문자 명칭(l 값), 그리고 위첨자로 표시되는 부준위 내의 전자들의 개수(#)로 이루어진다.

  주 에너지 준위 → $nl^{\#}$ ← 전자들의 개수 ← 부준위(s, p, d, f)

- *오비탈 도표.* **오비탈 도표**(orbital diagram)는 에너지 준위 내의 각 오비탈에 해당하는 상자(또는 그냥 선)로 이루어진다. 이 상자는 부준위(nl 명칭을 상자 밑에 표시) 별로 묶여 있고 각 전자와 그 스핀을 화살표로 나타낸다. 오비탈 내의 첫 전자는 스핀 양자수가 $+\frac{1}{2}$인 ↑로 나타내고, 두 번째 전자는 스핀 양자수가 $-\frac{1}{2}$인 ↓로 나타낸다. (이 책에서는 오비탈의 점유 상태를 색의 강도로도 표시하였다. 색깔이 없으면 오비탈이 비어 있고, 옅은 색은 반만 차 있고, 진한 색은 가득 차 있다.)

1주기 쌓음

1주기에 쌓음 원리를 적용해 보자. 1주기의 바닥 상태 원소들은 오직 n = 1 준위만 가지므로 오직 1s 오비탈로만 이루어진 1s 부준위만 가진다.

1. *수소*. H의 1s 오비탈에 있는 한 개의 전자에 대한 양자수들의 조합은 H (Z = 1): $n = 1$, $l = 0$, $m_l = 0$, $m_s = +\frac{1}{2}$ 또는 $-\frac{1}{2}$이다(한 오비탈 내에 전자가 1개뿐이면 임의로 $m_s = +\frac{1}{2}$이나 $-\frac{1}{2}$을 부여 가능). H의 전자 배치("one-ess-one"이라고 읽음)와 오비탈 도표는 다음과 같다.

H (Z = 1) $1s^1$ [↑]
1s

2. *헬륨*. He의 첫 번째 전자는 H의 전자와 같은 양자수들을 가진다. 하지만 He의 두 번째 전자는 첫 번째 전자와 반대 부호의 스핀을 가지므로(Pauli 배타 원리) 양자수들의 조합은 He (Z = 2): $n = 1$, $l = 0$, $m_l = 0$, $m_s = +\frac{1}{2}$ 또는 $-\frac{1}{2}$이다(만약 He의 첫 번째 전자에 임의로 $m_s = +\frac{1}{2}$을 부여했다면 He의 두 번째 전자의 $m_s = -\frac{1}{2}$임). He의 전자 배치("one-ess-squared"가 아니라 "one-ess-two"라고 읽음)와 오비탈 도표는 다음과 같다.

He (Z = 2) $1s^2$ [↑↓]
1s

2주기 쌓음

Pauli 배타 원리에 따르면 한 오비탈은 최대 2개의 전자들만 가질 수 있다. 그러므로 He에서 1s 오비탈, 1s 부준위, n = 1 준위, 1주기는 채워져 있다. 2주기를 쌓으려면 n = 2 준위를 채워야 하고, 2s 부준위부터 채운다. 2s 부준위는 1s 부준위 다음으로 최저 에너지이고(그림 8.6 참조) 오직 2s 오비탈로만 이루어진다. 2s 부준위가 채워지면 계속해서 2p 부준위를 채운다.

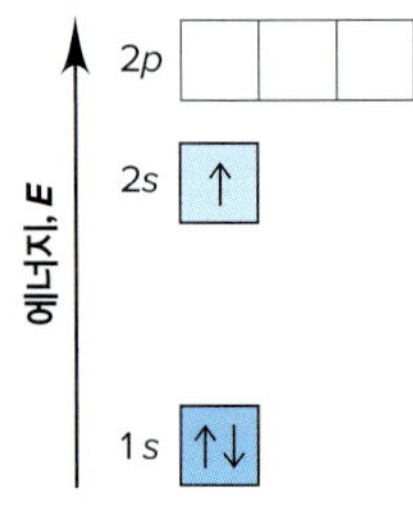

그림 8.7 바닥 상태 Li의 수직 방향 오비탈 도표.

1. *리튬*. Li의 처음 두 전자들은 1s 부준위를 채우므로 마지막으로 추가된 Li 전자는 2s 부준위($n = 2$, $l = 0$, $m_l = 0$)로 들어간다. 전자 배치와 오비탈 도표는 다음과 같다.

에너지, E →

Li (Z = 3) $1s^2 2s^1$ [↑↓] [↑] [| |]
1s 2s 2p

(완전한 오비탈 도표는 전자가 오비탈을 점유하는지 여부에 관계없이 주어진 n 값에 대한 모든 오비탈들을 나타낸다.) 공간을 아끼기 위해 오비탈 도표들을 수평 방향으로 표시하였고, *왼쪽에서 오른쪽으로 갈수록 부준위 에너지는 증가한다*. 그러나 그림 8.7에서는 리튬에 대해서 수직 방향 오비탈 도표를 이용하여 에너지 증가를 강조하였다.

2. *베릴륨*. Li에서 2s 오비탈은 반만 차 있지만, 베릴륨의 네 번째 전자는 전자의 스핀이 짝지은 채로 2s 오비탈을 채운다.

Be (Z = 4) $1s^2 2s^2$ [↑↓] [↑↓] [| |]
1s 2s 2p

3. *붕소*. 다음 최저 에너지 부준위는 2p이다. p 부준위는 l = 1을 가지므로 m_l (배향) 값으로 −1, 0, +1을 가질 수 있다. 2p 부준위의 세 오비탈들은 서로 *같은 에너지*, 즉 같은 n과 l 값들을 가진다. 이는 붕소의 다섯 번째 전자가 *2p 오비탈들 중*(m_l = −1, 0, +1) *어느 것에 들어가도* 괜찮다는 의미이다.

−1 0 +1

B (Z = 5) $1s^2 2s^2 2p^1$ [↑↓] [↑↓] [↑| |]
1s 2s 2p

4. *탄소*. 전자-전자 반발을 최소화하기 위해 탄소의 여섯 번째 전자는 이미 1개의 전자를 가진 2p 오비탈보다는 *점유되지 않은* 2p 오비탈들 중 하나로 들어간다. 실험을 통해

이 전자의 스핀이 다른 $2p$ 전자의 스핀과 *평행*하다, 즉 같다는 것을 알아냈고, 이 사실을 바탕으로 다음과 같이 기술할 수 있다.

- **Hund의 규칙**(Hund's rule): *같은 에너지의 오비탈들이 비어 있을 때, 최저 에너지의 전자 배치는 평행한 스핀의 홀전자들의 개수가 최대가 되는 배치이다.*

Hund의 규칙을 다른 방식으로 표현하면 모든 오비탈에 전자가 하나씩 채워질 때까지는 같은 에너지의 오비탈에 전자가 짝지어 채워질 수 없다는 것이다. 따라서 탄소의 여섯 번째 전자는 다른 $2p$ 전자와 동일한 n, l, m_s 값들을 갖지만 다른 m_l 값을 갖는다.

C ($Z = 6$) $1s^22s^22p^2$ [↑↓] [↑↓] [↑][↑][ ]
$1s$ $2s$ $2p$

5. *질소*. Hund의 규칙을 기반으로 질소의 일곱 번째 전자는 비어 있는 마지막 $2p$ 오비탈로 들어가고, 이 전자의 스핀은 다른 두 전자들의 스핀과 평행하다.

N ($Z = 7$) $1s^22s^22p^3$ [↑↓] [↑↓] [↑][↑][↑]
$1s$ $2s$ $2p$

6. *산소*. 산소의 여덟 번째 전자는 3개의 절반이 찬 $2p$ 오비탈들 중 하나로 들어가서 그 오비탈에 이미 차 있는 전자와 (그 전자의 스핀과 반대 방향의 스핀을 취하여) "짝지어야" 한다.

O ($Z = 8$) $1s^22s^22p^4$ [↑↓] [↑↓] [↑↓][↑][↑]
$1s$ $2s$ $2p$

7. *플루오린*. 플루오린의 아홉 번째 전자는 2개의 남아 있는 절반이 찬 $2p$ 오비탈들 중 하나로 들어간다.

F ($Z = 9$) $1s^22s^22p^5$ [↑↓] [↑↓] [↑↓][↑↓][↑]
$1s$ $2s$ $2p$

8. *네온*. 절반이 찬 $2p$ 오비탈이 오직 한 개만 남아 있으므로 네온의 열 번째 전자는 그 오비탈을 점유하고, $n = 2$ 준위는 가득 찬다.

Ne ($Z = 10$) $1s^22s^22p^6$ [↑↓] [↑↓] [↑↓][↑↓][↑↓]
$1s$ $2s$ $2p$

전자 배치와 오비탈 도표와 같은 표기법들에 열중하다 보면 원자가 실제 물체이고 전자가 특정 모양과 배향을 가진 공간을 점유한다는 사실을 잊어버리기 쉽다. 그림 8.8에는 주기율표의 처음 10개의 원소들에 대한 오비탈 윤곽선들을 나타내었다.

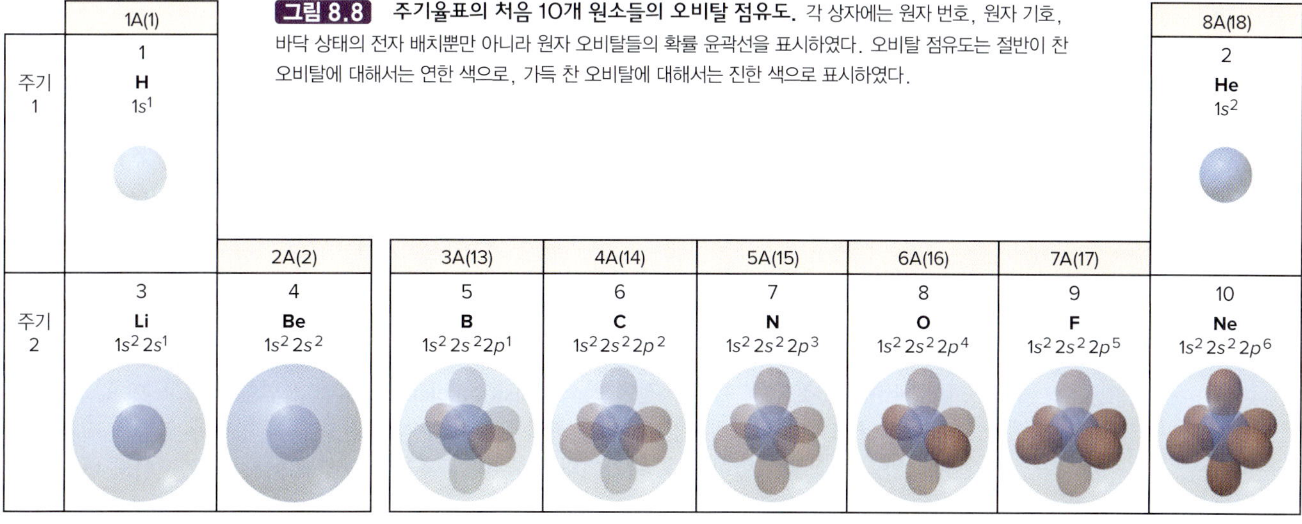

그림 8.8 주기율표의 처음 10개 원소들의 오비탈 점유도. 각 상자에는 원자 번호, 원자 기호, 바닥 상태의 전자 배치뿐만 아니라 원자 오비탈들의 확률 윤곽선을 표시하였다. 오비탈 점유도는 절반이 찬 오비탈에 대해서는 연한 색으로, 가득 찬 오비탈에 대해서는 진한 색으로 표시하였다.

표 8.3 | 3주기 원소들의 부분 오비탈 도표와 전자 배치*

원자 번호	원소	부분 오비탈 도표 (3s, 3p 부준위들만 표시)	전체 전자 배치	축약형 전자 배치
		3s / 3p		
11	Na	[↑] / [ ][ ][ ]	$[1s^22s^22p^6]\ 3s^1$	$[Ne]\ 3s^1$
12	Mg	[↑↓] / [ ][ ][ ]	$[1s^22s^22p^6]\ 3s^2$	$[Ne]\ 3s^2$
13	Al	[↑↓] / [↑][ ][ ]	$[1s^22s^22p^6]\ 3s^23p^1$	$[Ne]\ 3s^23p^1$
14	Si	[↑↓] / [↑][↑][ ]	$[1s^22s^22p^6]\ 3s^23p^2$	$[Ne]\ 3s^23p^2$
15	P	[↑↓] / [↑][↑][↑]	$[1s^22s^22p^6]\ 3s^23p^3$	$[Ne]\ 3s^23p^3$
16	S	[↑↓] / [↑↓][↑][↑]	$[1s^22s^22p^6]\ 3s^23p^4$	$[Ne]\ 3s^23p^4$
17	Cl	[↑↓] / [↑↓][↑↓][↑]	$[1s^22s^22p^6]\ 3s^23p^5$	$[Ne]\ 3s^23p^5$
18	Ar	[↑↓] / [↑↓][↑↓][↑↓]	$[1s^22s^22p^6]\ 3s^23p^6$	$[Ne]\ 3s^23p^6$

*색깔 있는 오비탈 기호는 마지막 전자가 추가될 때 점유도가 변하는 부준위를 나타낸다.

여기서 중요한 상관관계를 이끌어낼 수 있다. 즉, *같은 족의 원소들은 비슷한 외각 전자 배치를 가지고 비슷한 경향의 반응성을 나타낸다.* 예를 들어 8A(18)족의 헬륨(He)과 네온(Ne)은 둘 다 가득 찬 외각 부준위를 가지므로 어떤 화합물도 형성하지 않는다. 일반적으로 가득 찬 외각 부준위 때문에 원소가 훨씬 더 안정해지고 반응성이 낮아진다(즉, 비활성).

3주기 쌓음

Na부터 Ar까지의 3주기 원소들은 주기율표에서 Li부터 Ne까지의 2주기 원소들 바로 아래 위치한다. 즉, $n = 3$ 준위가 $3s$, $3p$, $3d$ 부준위들로 갈라지지만 3주기에서는 오직 $3s$와 $3p$ 부준위에만 전자를 채운다. 아래에서 보겠지만 $3d$ 부준위는 4주기에서 전자가 채워진다. 표 8.3에 전자 분포를 더 간결하게 나타내는 두 가지 방식을 소개하였다.

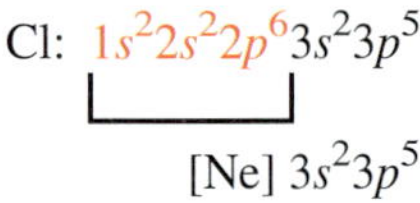

- *부분 오비탈 도표*는 전자를 채워 나가는 외각 부준위들만 보여준다. 즉, 3주기에서는 $3s$와 $3p$만 보여준다.
- *축약형 전자 배치*에서는 바로 앞의 주기의 비활성 기체의 원소 기호를 대괄호 안에 써 넣음으로써 가득 찬 내부 전자들의 전자 배치를 나타낸다. 그런 다음 전자를 채워 나가는 외각 부준위들을 쓴다. 예를 들어 염소(Cl)의 축약형 전자 배치는 $[Ne]\ 3s^23p^5$이고, 여기서 [Ne]은 $1s^22s^22p^6$의 전자 배치를 의미한다.

Na(두 번째 알칼리 금속)과 Mg(두 번째 알칼리 토금속)에서 전자들은 $3s$ 부준위에 추가되는데, 이 부준위는 오직 $3s$ 오비탈만을 가지고 있고 가득 찬 $2p$ 다음으로 가장 낮은 에너지의 부준위이다. 이는 2주기의 Li과 Be에서 $2s$ 부준위를 채우는 방식과 마찬가지이다. 3주기의 Al, Si, P의 마지막 전자들은 서로 스핀이 평행한 채로 각 $3p$ 오비탈을 절반씩 순차적으로 채우는데(Hund의 규칙), 이는 2주기의 B, C, N의 $2p$ 오비탈들에 전자를 채우는 방식과 마찬가지이다. S, Cl, Ar에 추가되는 마지막 전자들은 스핀이 짝지은 채로 위의 $3p$ 오비탈들(즉, $3p$ 부준위)을 순차적으로 채운다.

4주기 쌓음: 첫 번째 전이 계열

4주기는 첫 번째 계열의 **전이 원소**(transition element)들을 포함하고 있고, 이 원소들에서는 d 오비탈들이 채워진다. 전이 계열에서 한 주기의 전자 채움 방식에 영향을 미치는 세 가지 요인들을 알아보자. 여기에서는 4주기에 초점을 맞추지만 5~7주기에서도 비슷한 효과가 나타난다.

1. *부준위 에너지에 대한 가림과 침투의 영향.* 4주기에서 $3d$ 부준위가 채워지지만 *4s 부준위가 먼저 채워진다.* 이와 같은 채움 순서의 뒤바뀜은 가림과 침투의 영향 때문이다.

- $3d$ 방사형 확률 분포(그림 7.19 참조)에 따르면, $3d$ 전자는 대부분의 시간을 가득 찬 $n = 1$과 $n = 2$ 내부 준위들의 바깥쪽에서 머물기 때문에 핵전하로부터 매우 효과적으로 가려진다.
- 하지만 최외각 $4s$ 전자는 일부 시간 동안 원자핵 근처로 침투하므로 ($3d$ 전자보다) 원자핵으로부터 더 큰 인력을 받는다(그림 8.9).
- 그 결과 $4s$ 오비탈이 $3d$ 오비탈보다 에너지가 약간 *더 낮아서* 먼저 채워진다.

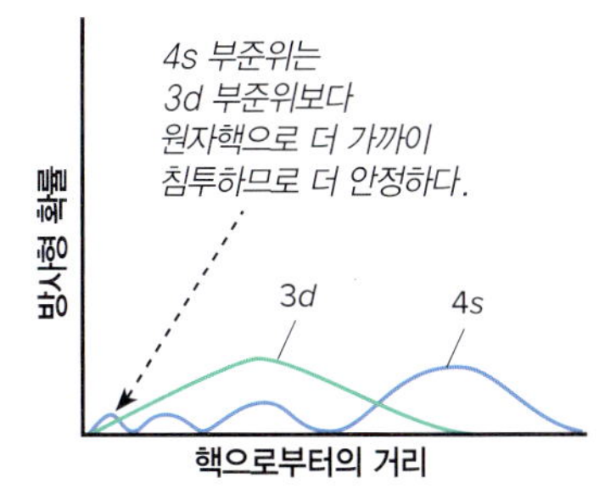

그림 8.9 침투가 3d와 4s 부준위 에너지에 미치는 영향.

어느 주기에서나 *ns 부준위는 (n − 1)d 부준위보다 먼저 채워진다.* 채움 방식의 다른 변형들은 더 높은 n 값의 준위들에서 일어나는데, 이는 부준위 에너지들이 서로 매우 가까워지기 때문이다(그림 8.6 참조).

2. *4s와 3d 부준위 채우기.* 표 8.4는 4주기의 18개의 원소들에 대한 부분 오비탈 도표와 전체 및 축약형 전자 배치를 보여준다. 4주기의 처음 두 원소들인 K와 Ca는 각각 알칼리 금속과 알칼리 토금속이다. K의 마지막 전자는 $4s$ 부준위의 절반을 채우고 Ca의 마지막 전자는 $4s$ 부준위를 가득 채운다. 5개의 $3d$ 오비탈들의 에너지는 모두 같기 때문에 첫 번째 전이 원소인 스칸듐(Sc, $Z = 21$)의 마지막 전자는 5개의 $3d$ 오비탈들 중 한 개를 점유한다. 따라서 Sc의 전자 배치는 [Ar] $4s^23d^1$이다. $3d$ 오비탈들을 채울 때는 p 오비탈들을 채울 때와 같은 방식으로 한 번에 전자 1개씩 채워 나간다. 하지만 두 가지 예외적인 경우가

표 8.4 | 4주기 원소들의 부분 오비탈 도표와 전자 배치*

원자 번호	원소	부분 오비탈 도표 (4s, 3d, 4p 부준위들만 표시) 4s	3d	4p	전체 전자 배치	축약형 전자 배치
19	K	[↑]	[ ][ ][ ][ ][ ]	[ ][ ][ ]	$1s^22s^22p^63s^23p^64s^1$	[Ar] $4s^1$
20	Ca	[↑↓]	[ ][ ][ ][ ][ ]	[ ][ ][ ]	$1s^22s^22p^63s^23p^64s^2$	[Ar] $4s^2$
21	Sc	[↑↓]	[↑][ ][ ][ ][ ]	[ ][ ][ ]	$1s^22s^22p^63s^23p^64s^23d^1$	[Ar] $4s^23d^1$
22	Ti	[↑↓]	[↑][↑][ ][ ][ ]	[ ][ ][ ]	$1s^22s^22p^63s^23p^64s^23d^2$	[Ar] $4s^23d^2$
23	V	[↑↓]	[↑][↑][↑][ ][ ]	[ ][ ][ ]	$1s^22s^22p^63s^23p^64s^23d^3$	[Ar] $4s^23d^3$
24	Cr	[↑]	[↑][↑][↑][↑][↑]	[ ][ ][ ]	$1s^22s^22p^63s^23p^64s^13d^5$	[Ar] $4s^13d^5$
25	Mn	[↑↓]	[↑][↑][↑][↑][↑]	[ ][ ][ ]	$1s^22s^22p^63s^23p^64s^23d^5$	[Ar] $4s^23d^5$
26	Fe	[↑↓]	[↑↓][↑][↑][↑][↑]	[ ][ ][ ]	$1s^22s^22p^63s^23p^64s^23d^6$	[Ar] $4s^23d^6$
27	Co	[↑↓]	[↑↓][↑↓][↑][↑][↑]	[ ][ ][ ]	$1s^22s^22p^63s^23p^64s^23d^7$	[Ar] $4s^23d^7$
28	Ni	[↑↓]	[↑↓][↑↓][↑↓][↑][↑]	[ ][ ][ ]	$1s^22s^22p^63s^23p^64s^23d^8$	[Ar] $4s^23d^8$
29	Cu	[↑]	[↑↓][↑↓][↑↓][↑↓][↑↓]	[ ][ ][ ]	$1s^22s^22p^63s^23p^64s^13d^{10}$	[Ar] $4s^13d^{10}$
30	Zn	[↑↓]	[↑↓][↑↓][↑↓][↑↓][↑↓]	[ ][ ][ ]	$1s^22s^22p^63s^23p^64s^23d^{10}$	[Ar]$4s^23d^{10}$
31	Ga	[↑↓]	[↑↓][↑↓][↑↓][↑↓][↑↓]	[↑][ ][ ]	$1s^22s^22p^63s^23p^64s^23d^{10}4p^1$	[Ar] $4s^23d^{10}4p^1$
32	Ge	[↑↓]	[↑↓][↑↓][↑↓][↑↓][↑↓]	[↑][↑][ ]	$1s^22s^22p^63s^23p^64s^23d^{10}4p^2$	[Ar] $4s^23d^{10}4p^2$
33	As	[↑↓]	[↑↓][↑↓][↑↓][↑↓][↑↓]	[↑][↑][↑]	$1s^22s^22p^63s^23p^64s^23d^{10}4p^3$	[Ar] $4s^23d^{10}4p^3$
34	Se	[↑↓]	[↑↓][↑↓][↑↓][↑↓][↑↓]	[↑↓][↑][↑]	$1s^22s^22p^63s^23p^64s^23d^{10}4p^4$	[Ar] $4s^23d^{10}4p^4$
35	Br	[↑↓]	[↑↓][↑↓][↑↓][↑↓][↑↓]	[↑↓][↑↓][↑]	$1s^22s^22p^63s^23p^64s^23d^{10}4p^5$	[Ar] $4s^23d^{10}4p^5$
36	Kr	[↑↓]	[↑↓][↑↓][↑↓][↑↓][↑↓]	[↑↓][↑↓][↑↓]	$1s^22s^22p^63s^23p^64s^23d^{10}4p^6$	[Ar] $4s^23d^{10}4p^6$

*색깔 있는 오비탈 기호는 마지막 전자가 추가될 때 점유도가 변하는 부준위를 나타낸다.

크로뮴(Cr, $Z = 24$)과 구리(Cu, $Z = 29$)인데, 이에 관해서는 바로 다음에 논의할 것이다.

Cr ($Z = 24$) [Ar] $4s^1 3d^5$

↑		↑	↑	↑	↑	↑				
$4s$				$3d$					$4p$	

3. *절반이 찬 부준위와 가득 찬 부준위의 안정성.* 4주기 전이 원소들의 전자 배치를 살펴보면 두 가지 예외가 눈에 띈다. Cr의 마지막 전자는 네 번째 비어 있는 d 오비탈로 들어가지 않기 때문에 Cr은 예상처럼 [Ar] $4s^2 3d^4$의 전자 배치를 가지지 않는다. 그 대신 Cr은 1개의 전자를 $4s$ 부준위에 가지고 5개의 전자들을 $3d$ 부준위에 가지기 때문에 두 부준위들이 모두 절반만 찬다([Ar] $4s^1 3d^5$). 다음 원소인 망가니즈(Mn, $Z = 25$)에서는 다시 $4s$ 부준위가 가득 찬다([Ar] $4s^2 3d^5$).

Cu ($Z = 29$) [Ar] $4s^1 3d^{10}$

↑		↑↓	↑↓	↑↓	↑↓	↑↓				
$4s$				$3d$					$4p$	

구리는 니켈(Ni, [Ar] $4s^2 3d^8$) 다음에 나오기 때문에 [Ar] $4s^2 3d^9$의 전자 배치를 가질 것이라 예상된다. 그러나 Cu의 $4s$ 부준위는 1개의 전자만 가져 *절반만 차고,* $3d$ 부준위는 10개의 전자를 가져 *가득 채워진다.* 이 두 가지 예외들(Cr과 Cu)로부터 *절반이 찬 부준위와 가득 찬 부준위의 안정성(에너지가 낮을수록 더 안정함)이 예상과 다르다*고 결론 내릴 수 있다. 이런 경향을 많은 다른 원소들에서도 볼 수 있다.

아연(Zn, $Z = 30$)에서는 $4s$ 부준위가 채워지고([Ar] $4s^2 3d^{10}$), 첫 번째 전이 계열이 끝난다. 다음 6개의 원소들에서는 $4p$ 부준위가 채워지고, 비활성 기체인 크립톤(Kr, $Z = 36$)으로 4주기가 끝난다.

전자 배치의 일반 원리

그림 8.10에는 118개의 알려진 원소들의 부분 바닥 상태 전자 배치(즉, 최고 에너지의 부준위들에만 전자를 채움)가 나와 있다. 이 원소들 중에서 몇 가지 핵심 관계들만 집중적으로 살펴보자.

그림 8.10 바닥 상태 부분 전자 배치 주기율표.

주족 원소 (s 블록) / 전이 원소 (d 블록) / 주족 원소 (p 블록) / 내부 전이 원소(f 블록)

주기 번호: 최고 점유 에너지 준위

주기	1A (1) ns^1	2A (2) ns^2	3B (3)	4B (4)	5B (5)	6B (6)	7B (7)	8B (8)	8B (9)	8B (10)	1B (11)	2B (12)	3A (13) ns^2np^1	4A (14) ns^2np^2	5A (15) ns^2np^3	6A (16) ns^2np^4	7A (17) ns^2np^5	8A (18) ns^2np^6
1	1 **H** $1s^1$																	2 **He** $1s^2$
2	3 **Li** $2s^1$	4 **Be** $2s^2$											5 **B** $2s^22p^1$	6 **C** $2s^22p^2$	7 **N** $2s^22p^3$	8 **O** $2s^22p^4$	9 **F** $2s^22p^5$	10 **Ne** $2s^22p^6$
3	11 **Na** $3s^1$	12 **Mg** $3s^2$											13 **Al** $3s^23p^1$	14 **Si** $3s^23p^2$	15 **P** $3s^23p^3$	16 **S** $3s^23p^4$	17 **Cl** $3s^23p^5$	18 **Ar** $3s^23p^6$
4	19 **K** $4s^1$	20 **Ca** $4s^2$	21 **Sc** $4s^23d^1$	22 **Ti** $4s^23d^2$	23 **V** $4s^23d^3$	24 **Cr** $4s^13d^5$	25 **Mn** $4s^23d^5$	26 **Fe** $4s^23d^6$	27 **Co** $4s^23d^7$	28 **Ni** $4s^23d^8$	29 **Cu** $4s^13d^{10}$	30 **Zn** $4s^23d^{10}$	31 **Ga** $4s^24p^1$	32 **Ge** $4s^24p^2$	33 **As** $4s^24p^3$	34 **Se** $4s^24p^4$	35 **Br** $4s^24p^5$	36 **Kr** $4s^24p^6$
5	37 **Rb** $5s^1$	38 **Sr** $5s^2$	39 **Y** $5s^24d^1$	40 **Zr** $5s^24d^2$	41 **Nb** $5s^14d^4$	42 **Mo** $5s^14d^5$	43 **Tc** $5s^24d^5$	44 **Ru** $5s^14d^7$	45 **Rh** $5s^14d^8$	46 **Pd** $4d^{10}$	47 **Ag** $5s^14d^{10}$	48 **Cd** $5s^24d^{10}$	49 **In** $5s^25p^1$	50 **Sn** $5s^25p^2$	51 **Sb** $5s^25p^3$	52 **Te** $5s^25p^4$	53 **I** $5s^25p^5$	54 **Xe** $5s^25p^6$
6	55 **Cs** $6s^1$	56 **Ba** $6s^2$	57 **La** $6s^25d^1$	72 **Hf** $6s^25d^2$	73 **Ta** $6s^25d^3$	74 **W** $6s^25d^4$	75 **Re** $6s^25d^5$	76 **Os** $6s^25d^6$	77 **Ir** $6s^25d^7$	78 **Pt** $6s^15d^9$	79 **Au** $6s^15d^{10}$	80 **Hg** $6s^25d^{10}$	81 **Tl** $6s^26p^1$	82 **Pb** $6s^26p^2$	83 **Bi** $6s^26p^3$	84 **Po** $6s^26p^4$	85 **At** $6s^26p^5$	86 **Rn** $6s^26p^6$
7	87 **Fr** $7s^1$	88 **Ra** $7s^2$	89 **Ac** $7s^26d^1$	104 **Rf** $7s^26d^2$	105 **Db** $7s^26d^3$	106 **Sg** $7s^26d^4$	107 **Bh** $7s^26d^5$	108 **Hs** $7s^26d^6$	109 **Mt** $7s^26d^7$	110 **Ds** $7s^26d^8$	111 **Rg** $7s^26d^9$	112 **Cn** $7s^26d^{10}$	113 **Nh** $7s^27p^1$	114 **Fl** $7s^27p^2$	115 **Mc** $7s^27p^3$	116 **Lv** $7s^27p^4$	117 **Ts** $7s^27p^5$	118 **Og** $7s^27p^6$

내부 전이 원소(f 블록)

주기																
6	란타넘족 원소	58 **Ce** $6s^24f^15d^1$	59 **Pr** $6s^24f^3$	60 **Nd** $6s^24f^4$	61 **Pm** $6s^24f^5$	62 **Sm** $6s^24f^6$	63 **Eu** $6s^24f^7$	64 **Gd** $6s^24f^75d^1$	65 **Tb** $6s^24f^9$	66 **Dy** $6s^24f^{10}$	67 **Ho** $6s^24f^{11}$	68 **Er** $6s^24f^{12}$	69 **Tm** $6s^24f^{13}$	70 **Yb** $6s^24f^{14}$	71 **Lu** $6s^24f^{14}5d^1$
7	악티늄족 원소	90 **Th** $7s^26d^2$	91 **Pa** $7s^25f^26d^1$	92 **U** $7s^25f^36d^1$	93 **Np** $7s^25f^46d^1$	94 **Pu** $7s^25f^6$	95 **Am** $7s^25f^7$	96 **Cm** $7s^25f^76d^1$	97 **Bk** $7s^25f^9$	98 **Cf** $7s^25f^{10}$	99 **Es** $7s^25f^{11}$	100 **Fm** $7s^25f^{12}$	101 **Md** $7s^25f^{13}$	102 **No** $7s^25f^{14}$	103 **Lr** $7s^25f^{14}6d^1$

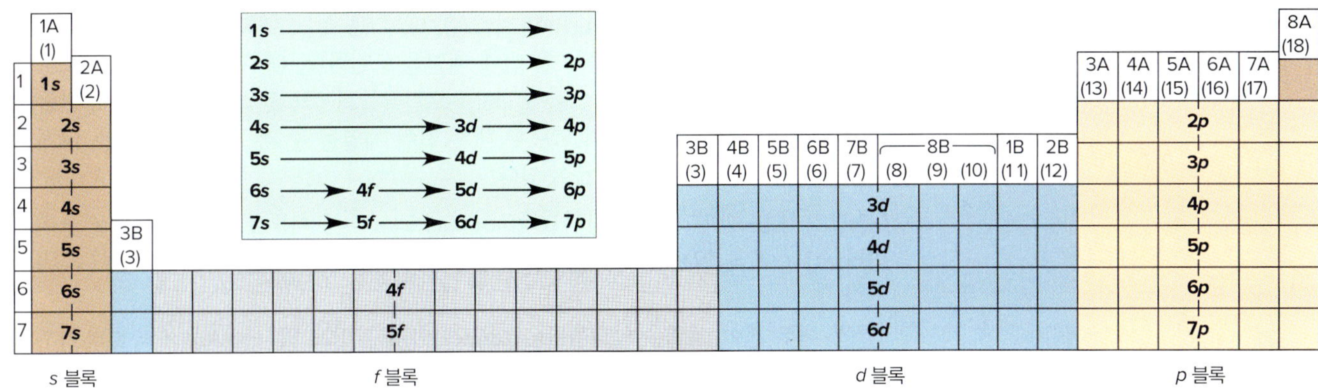

그림 8.11 **오비탈 채움과 주기율표.** 주기율표에 부준위 블록을 표시하였다. *연녹색 상자:* 부준위 채움 순서 요약.

오비탈의 채움 순서 준위와 부준위에 에너지가 증가하는 순서대로(그림 8.6) 전자를 채움으로써 원소들을 "쌓으면(build up)" 주기율표상 원소들의 순서를 얻게 된다. 준위와 부준위의 에너지 순서는 이미 주기율표에 반영되어 있으므로 굳이 외울 필요는 없다. 책장에 있는 단어들을 읽듯이 주기율표를 왼쪽에서 오른쪽으로 읽으면 준위와 부준위의 에너지 순서를 알 수 있다(그림 8.11). 준위와 부준위에 관한 다음 특징들을 기억하자.

- 주기 번호는 최외각 s 부준위와 p 부준위의 n 값이다.
- (주기 번호 − 1)은 최외각 d 부준위의 n 값이다(4주기~7주기).
- (주기 번호 − 2)는 최외각 f 부준위의 n 값이다(6주기와 7주기).

전자의 종류 원자는 세 가지 종류의 전자들을 가진다. 각 종류의 전자의 예들을 보여주기 위해 인(P), 망가니즈(Mn), 텔루륨(Te)의 전자 배치들을 사용한다.

1. **내부(핵심부) 전자**[inner(core) electron]는 한 원자가 바로 앞 주기의 비활성 기체와 *완성된* 전이 계열 원소와 공통으로 가지는 전자들이다. 내부 전자들은 원자의 모든 *낮은 에너지 준위*들을 채운다.

P: [Ne] $3s^23p^3$	Mn: [Ar] $4s^23d^5$	Te: [Kr] $5s^24d^{10}5p^4$
10개의 내부 전자들	18개의 내부 전자들	46개의 내부 전자들

2. **외각 전자**(outer electron)는 *최고 에너지 준위*(최고 n 값)에 속한 전자들이다. 이 전자들은 대부분의 시간을 원자핵에서 가장 먼 곳에서 보낸다.

P: [Ne] $3s^23p^3$	Mn: [Ar] $4s^23d^5$	Te: [Kr] $5s^24d^{10}5p^4$
5개의 외각 전자들	2개의 외각 전자들	6개의 외각 전자들

주족(A족) 원소들 중에서 *A 앞에 붙은 숫자는 외각 전자들(가장 큰 n 값을 가진 전자들)의 수와 같다.* 따라서 염소(Cl, 7A족)는 7개의 외각 전자를 갖는다.

3. **원자가 전자**(valence electron)는 화합물 생성에 관여하는 전자들이다.
   - 주족 원소에서 *원자가 전자는 외각 전자이다.*
   - 전이 원소에서는 외각 ns 전자뿐만 아니라 $(n-1)d$ 전자들 또한 원자가 전자이다. 하지만 Fe ($Z = 26$)에서 Zn ($Z = 30$)까지의 금속들은 d 전자들의 극히 일부만 결합에 사용한다.

P: [Ne] $3s^23p^3$	Mn: [Ar] $4s^23d^5$	Te: [Kr] $5s^24d^{10}5p^4$
5개의 원자가 전자들	7개의 원자가 전자들	6개의 원자가 전자들

중간에 끼어 있는 계열: 전이 원소와 내부 전이 원소

그림 8.11에서 볼 수 있듯이 d 블록과 f 블록은 주족 s 블록과 p 블록 사이에 위치한다.

1. *전이 계열*(transition series). 4, 5, 6, 7주기는 각각 $3d$, $4d$, $5d$, $6d$ 부준위를 포함한다. 앞에서 보았듯이 $(n-1)d$ 부준위는 ns 부준위와 np 부준위 사이에서 전자가 채워지는 것이 일반적 경향이다. 따라서 5주기에서는 전자 채움 순서가 $5s$, $4d$, $5p$의 순이다.

2. *내부 전이 계열*(inner transition series). 6주기는 두 종류의 **내부 전이 원소**(inner transition element) 계열들 중에서 첫 번째 계열을 포함한다. 내부 전이 계열의 원소들에서는 f 오비탈들이 채워져 있다(그림 8.11). f 오비탈들의 $l = 3$이므로 가능한 m_l 값들은 $-3, -2, -1, 0, +1, +2, +3$이다. 즉, 두 내부 전이 계열들 중 각 계열에 속한 총 14개의 원소들에 대해서 7개의 f 오비탈들이 있다.

- 6주기의 내부 전이 계열은 **란타넘족**(lanthanides) 또는 **희토류**(rare earths)라 불리고 란타넘(La, $Z = 57$) 이후의 원소들을 말한다. 이 원소들에서는 4f 오비탈들이 채워져 있다.
- 7주기 내부 전이 계열은 **악티늄족**(actinides)이라 불리고 악티늄(Ac, $Z = 89$) 이후의 원소들을 말한다. 이 원소들에서는 5f 오비탈들이 채워져 있다.

따라서 6주기와 7주기에서 전자를 채우는 순서는 ns 오비탈 $(n - 1)d$의 첫 번째 오비탈, 모든 $(n - 2)f$ 오비탈, 나머지 $(n - 1)d$ 오비탈들, np 오비탈의 순이다. 6주기는 6p 부준위로 끝나고, 7주기는 7p 부준위로 끝난다.

3. *불규칙 채움 방식*. 채움 방식의 불규칙성(예로, 4주기의 Cr과 Cu)은 d와 f 블록에서 생기는데, 그 이유는 크기가 큰 원자들에서 부준위들의 에너지가 거의 비슷하기 때문이다. d 블록에서는 이따금씩 경향을 벗어나는 경우도 있지만 ns 전자들과 $(n - 1)d$ 전자들의 합은 항상 족의 번호(족 번호 바로 뒤의 괄호 안의 숫자)와 같다. 예를 들어 6B(**6**)족(Cr, Mo, W, Sg)에서 ns 전자들과 $(n - 1)d$ 전자들의 합은 6이다. 8B(**10**)족(Ni, Pd, Pt, Ds)에서 ns 전자들과 $(n - 1)d$ 전자들의 합은 10이다.

요약하자면 한 원소의 전자 배치를 쓸 때 다음 지침을 따른다. 단, 이 경향에서 벗어나는 경우도 있다는 것을 명심한다.

- 가능한 최저 에너지를 가지며 비어 있는 오비탈에 각 전자를 순차적으로 채운다. 채움 순서는 그림 8.6과 그림 8.11에 나와 있다.
- 각 오비탈은 최대 두 개의 전자들을 가질 수 있다.
  s 부준위 내의 1개의 오비탈은 2개의 전자를 가질 수 있다(s^2).
  p 부준위 내의 3개의 오비탈들은 총 6개의 전자를 가질 수 있다(p^6).
  d 부준위 내의 5개의 오비탈들은 총 10개의 전자들을 가질 수 있다(d^{10}).
  f 부준위 내의 7개의 오비탈들은 총 14개의 전자들을 가질 수 있다(f^{14}).
- 같은 에너지를 가진 여러 오비탈들을 채울 때 비어 있는 오비탈이 있으면 전자들은 짝을 짓지 않는다(Hund의 규칙).

족 내의 비슷한 전자 배치들

그림 8.10에서 볼 수 있듯이 같은 족 원소들의 외각 전자 배치는 서로 비슷하다. 주족 원소들(A족), 즉 s 블록과 p 블록의 원소들 중에서 같은 족 원소들의 외각 전자 배치들은 서로 동일하다. 전이 원소들(B족, d 블록)과 내부 전이 원소들(f 블록)에서는 변형이 일어나기도 한다. 비슷한 외각 전자 배치가 비슷한 화학적 성질과 관련되어 있다는 관찰 결과는 화학의 중심 요점들 중 하나이다. 이와 관련하여 세 족들에 대해서 다음 예들을 살펴보자.

- 1A(1)족 원소들인 Li, Na, K, Rb, Cs, Fr은 ns^1의 외각 전자 배치를 가진다. 여기서 n은 최고 에너지 준위의 양자수이다. 이 원소들은 모두 반응성이 매우 큰 금속으로서 비금속과 이온 결합 화합물을 형성할 때 원자로부터 외각 전자를 잃는다. 또한, 이 원소들은 모두 물과 격렬하게 반응하여 H_2를 생성한다(그림 8.12A).
- 7A(17)족 원소들인 F, Cl, Br, I, At은 ns^2np^5의 외각 전자 배치를 가진다. 이 원소들은 모두 반응성 비금속으로서 이원자 분자(X_2)로 존재한다. 또한, 이 원소들은 모두 1−의 이온 전하를 띤 채 금속과 이온 결합 화합물(KX, MgX_2)을 형성하고(그림 8.12B), 수소와 공유 결합 화합물(HX, 물에서 산성 용액을 생성)을 형성하고, 탄소와 공유 결합 화합물(CX_4)을 형성한다.
- 8A(18)족에서 He은 ns^2의 전자 배치를 가지고, 이 족의 모든 다른 원소들은 ns^2np^6의 외각 전자 배치를 가진다. 이 족의 원소들은 모두 반응성이 매우 낮은 단원자 기체로서,

그림 8.12 족 내에서 비슷한 반응성.
A. 물과 반응하는 포타슘. B. 포타슘과 반응하는 염소.
Source: Stephen Frisch/McGraw-Hill Education

이런 화학적 성질은 이 원소들이 *가득 찬* 에너지 준위들을 가진다는 사실과 일치한다.

양자역학과 화학적 주기성의 중요 관계를 요약하자면 다음과 같다. *부준위들은 에너지가 증가하는 순서로 채워진다. 그 결과 외각 전자 배치는 주기적으로 반복되고 화학적 성질도 주기적으로 반복된다.*

인터넷 핫스팟
전자 배치를 쓰는 것이 어렵게 느껴진다면, eBook에 접속하여 이 주제에 대한 추가 학습 동영상을 참고하자.

예제 8.1 | 전자 배치 결정

문제 주기율표만을 사용하고(그림 8.10과 표 8.4는 사용하지 말고) 규칙적인 전자 채움 방식을 가정하여 다음 원소들의 전체 전자 배치와 축약형 전자 배치를 써라. 또한 원자가 전자들만 표시한 부분 오비탈 도표를 그리고, 내부, 외각, 원자가 전자들의 개수를 각각 구하라.

(a) 포타슘(K, $Z = 19$) **(b)** 테크네튬(Tc, $Z = 43$) **(c)** 납(Pb, $Z = 82$)

계획 원자 번호로부터 전자들의 개수를 알 수 있고, 주기율표로부터 부준위들의 채움 순서를 알 수 있다. 부분 오비탈 도표에는 *가득 찬* 내부 부준위들의 전자들을 *제외하고* 바로 앞 주기의 비활성 기체 이후에 추가되는 모든 전자들을 표시한다. 바로 앞 주기의 비활성 기체의 전자들의 개수와 채워진 d 부준위, f 부준위에 속한 전자들의 개수를 합하면 내부 전자들의 개수를 구할 수 있다. 외각 전자는 가장 높은 n 값을 가진 오비탈에 속한 전자들이다. 주족 원소에 대해서는 외각 전자가 바로 원자가 전자이고, 전이 원소에 대해서는 원자가 전자는 외부 ns 전자와 $(n-1)d$ 전자의 합이다.

풀이 **(a)** K ($Z = 19$)의 전체 전자 배치는 $1s^22s^22p^63s^23p^64s^1$이다.
축약형 전자 배치는 [Ar] $4s^1$이다.
원자가 전자들만 표시한 부분 오비탈 도표는 다음과 같다.

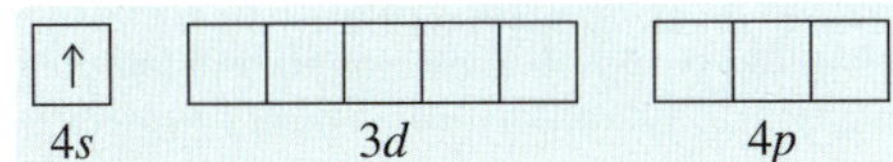

K의 내부 전자들은 축약형 전자 배치의 [Ar] 부분에 속한 전자들로서 총 18개의 내부 전자들이 있다. 외각 전자와 원자가 전자는 각각 1개씩($4s^1$ 전자) 있다.

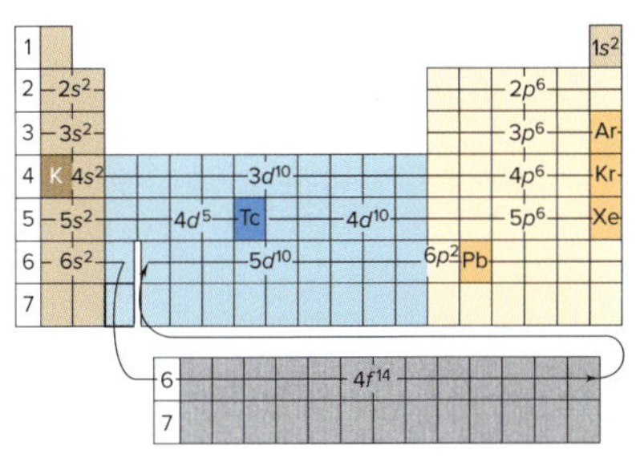

(b) 예상되는 전자 채움 방식을 가정하면 Tc ($Z = 43$)의 전체 전자 배치는
$1s^22s^22p^63s^23p^64s^23d^{10}4p^65s^24d^5$이다.
축약형 전자 배치는 [Kr] $5s^24d^5$이다.
원자가 전자들만 표시한 부분 오비탈 도표는 다음과 같다.

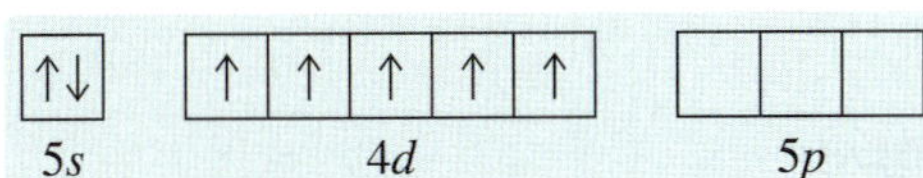

Tc의 내부 전자들은 축약형 전자 배치의 [Kr] 부분에 속한 전자들로서 총 36개의 내부 전자들이 있다. 외각 전자는 2개($5s^2$ 전자), 원자가 전자는 7개($5s^24d^5$ 전자) 있다.

(c) Pb ($Z = 82$)의 전체 전자 배치는
$1s^22s^22p^63s^23p^64s^23d^{10}4p^65s^24d^{10}5p^66s^24f^{14}5d^{10}6p^2$이다.
축약형 전자 배치는 [Xe] $6s^24f^{14}5d^{10}6p^2$이다.

원자가 전자들만 표시한 부분 오비탈 도표(가득 찬 내부 부준위들은 표시하지 않음)는 다음과 같다.

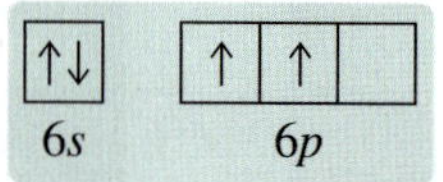

Pb의 내부 전자들은 [Xe]으로 표시한 54개의 전자들 + 가득 찬 4*f* 부준위에 속한 14개의 전자들 + 가득 찬 5*d* 부준위에 속한 10개의 전자들로서, 총 78개의 내부 전자들이 있다. 외각 전자와 원자가 전자는 각각 4개씩($6s^26p^2$ 전자) 있다.

검산 전체 전자 배치의 위첨자들의 합이 원자 번호와 같다는 점과 축약형 전자 배치의 *원자가* 전자들의 개수가 부분 오비탈 도표의 전자들의 수와 같다는 점을 확인한다.

▶ 보충 문제

8.1A 표 8.4나 그림 8.10을 보지 말고, 다음 원소들에 대해서 전체/축약형 전자 배치를 쓰고, 원자가 전자들만 표시한 부분 오비탈 도표를 그려라. 또한 내부, 외각, 원자가 전자들의 개수를 구하라.

(a) Ni ($Z = 28$) **(b)** Sr ($Z = 38$) **(c)** Po ($Z = 84$)

8.1B 각 부분 오비탈 도표(원자가 전자들만 표시)로부터 원소의 종류를 알아내고, 전체/축약형 전자 배치와 내부, 외각, 원자가 전자들의 개수를 구하라. 표 8.4나 그림 8.10을 보지 말고 주기율표만을 사용하라.

(a) [↑↓] 4*s* [↑ | ↑ | ↑] 4*p*

(b) [↑↓] 5*s*

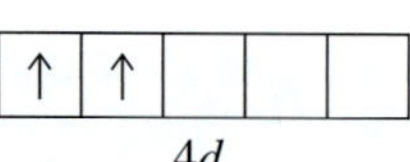

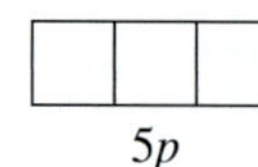

(c) [↑↓] 5*s* [↑↓ | ↑↓ | ↑] 5*p*

유사 문제 8.23~8.36

› 8.2절 요약

- 쌓음 원리를 적용하여 1개의 전자를 각 원소의 원자에 순차적으로 추가한다. 이때, 배타 원리(두 원자가 같은 조합의 양자수들을 가질 수 없음)와 Hund의 규칙(같은 에너지의 오비탈들에서 스핀 짝지음이 일어나기 전에 전자 스핀들이 평행한 채로 절반이 차게 됨)을 따른다.
- 주족 원소들에서 원자가 전자들(반응에 관여하는 전자들)은 외각(최고 에너지) 준위에만 존재한다. 전이 원소들에서 ($n - 1$)*d* 전자들 또한 원자가 전자로 간주된다.
- 내부 부준위들에 속한 전자들이 *d* 전자들을 가리고 *ns* 전자가 원자핵으로 침투하기 때문에 ($n - 1$)*d* 부준위는 *ns* 부준위 이후에 그리고 *np* 부준위 이전에 전자가 채워진다.
- 6주기와 7주기에서 ($n - 2$)*f* 오비탈들은 첫 번째 ($n - 1$)*d* 오비탈 이후에 그리고 두 번째 ($n - 1$)*d* 오비탈 이전에 전자가 채워진다.
- 같은 족의 원소들은 비슷한 외각 전자 배치를 가지고, 또한 비슷한 화학적 성질을 가진다.

8.3 세 가지 원자 성질의 경향성

이 절에서는 전자 배치와 유효 핵전하의 영향을 직접 받는 세 가지 원자 성질들인 원자 크기, 이온화 에너지, 전자 친화도를 집중적으로 살펴본다. 이 성질들이 *주기적*이라는 점이 가장 중요한 데, 일반적으로 이 성질들은 족이나 주기 내에서 일관성 있는 변화, 즉 *경향성*을 보인다는 의미이다.

원자 크기의 경향성

7장에서 배웠듯이 전자가 90%의 시간 동안 머무는 구형 윤곽선을 사용하여 원자를 나타내곤 한다. 보통 한 원자가 또 다른 원자와 얼마나 가까이 위치하는지를 기준으로 **원자 크기**(한 원자에 대한 구형 윤곽선의 범위)를 *정의한다*. 하지만 실제로는 12장에서 논의한 것처럼 한 원소의 시료 내에 있는 원자핵 간의 거리를 측정하고 그 거리를 절반으로 나누어 원자 반지름을 결정한다. 원자들은 단단한 표면을 가지고 있지 않기 때문에 한 화합물 내의 원자의 크기는 근처에 있는 원자들의 종류에 따라 어느 정도 변한다. 다시 말하면 *원자 크기는 물질에 따라 약간 변한다.*

그림 8.13은 두 가지 일반적인 원자 크기의 정의를 보여준다.

1. **금속 반지름**. 대부분 *금속*에 대해서 사용하며, 한 원소의 결정 내의 인접한 개별 원자들의 원자핵 간의 최단 거리의 절반이다(그림 8.13A).
2. **공유 반지름**. 대부분 분자로 존재하는 원소들, 즉 *비금속*에 대해서 사용하며, 결합한 원자들의 원자핵 간의 최단 거리의 절반이다(그림 8.13B).

몇몇 원소에 대해 측정한 반지름은 여러 원소가 섞여 있는 화합물 내의 원자들 간의 거리를 측정하여 다른 원소들의 반지름을 결정하는 데 사용된다. 예를 들어 탄소-염소 화합물에서 C−Cl 결합의 원자핵들 간의 거리는 177 pm이다. Cl의 알려진 공유 반지름(100 pm)을 이용하여 C의 공유 반지름(177 pm − 100 pm = 77 pm)을 구할 수 있다(그림 8.13C).

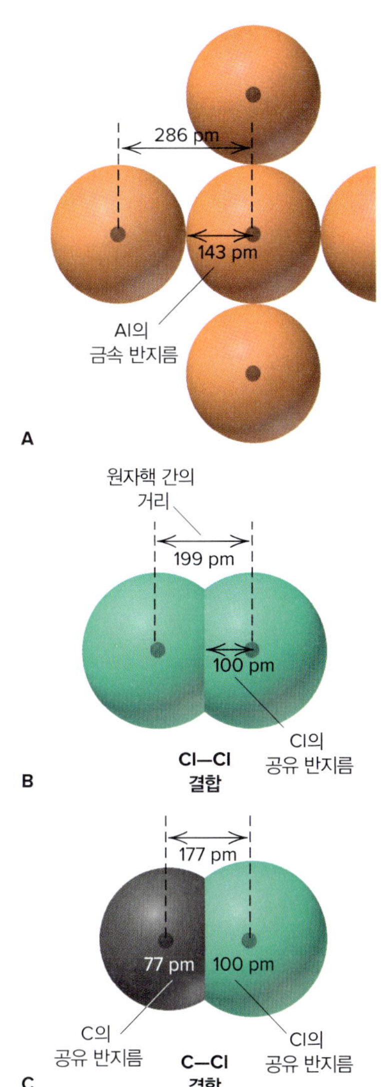

그림 8.13 **원자 크기의 정의.** **A.** 알루미늄의 금속 반지름. **B.** 염소의 공유 반지름. **C.** 알려진 공유 반지름과 원자핵 간의 거리를 이용하여 미지의 반지름을 구할 수 있다.

주족 원소 그림 8.13에는 주족 원소들과 대부분의 전이 원소들의 원자 반지름이 표시되어 있다. 주족 원소들의 원자 크기는 두 가지 반대되는 효과들 때문에 족과 주기 내에서 각각 변한다.

1. *n의 변화.* 주양자수(n)가 증가할수록 외각 전자들이 원자핵으로부터 더 먼 곳에서 머물 확률이 증가한다. 따라서 *원자 크기가 증가한다.*
2. *$Z_{유효}$의 변화.* 유효 핵전하($Z_{유효}$)가 증가할수록 외각 전자들은 핵으로 더 가까이 끌려온다. 따라서 *원자 크기가 감소한다.*

이 효과들의 알짜 효과는 증가하는 핵전하를 내부 전자가 얼마나 효율적으로 가리는가에 따라 달라진다.

1. *족에서 내려가면 n의 변화가 우세하다.* 주족을 따라 아래로 내려갈수록 각 원소마다 *외각 전자를 매우 효과적으로 가리는 내부 전자들이 한 준위씩 더 많아진다.* 물론 원자핵 내 양성자들의 개수도 증가하여 외각 전자들에 대한 $Z_{유효}$가 적당히 증가하기는 하지만 n 값의 증가로 원자는 커진다.

일반적으로 원자 반지름은 족에서 내려갈수록 ***증가한다.***

2. *주기를 따라 가면 $Z_{유효}$의 변화가 우세하다.* 주기를 따라 왼쪽에서 오른쪽으로 갈수록 *같은* 외각 준위에 전자들이 더해지므로 내부 전자들에 의한 가림은 변함이 없다. 외각 전자들 간의 전자 반발이 더 커지기는 하지만 외각 전자들은 서로 조금씩만 가리기 때문에 $Z_{유효}$가 크게 증가한다.

일반적으로 원자 반지름은 주기를 따라 갈수록 ***감소한다.***

전이 원소 그림 8.14에서 볼 수 있듯이 전이 원소들에서 원자 크기의 경향성은 주족 원소보다 일관성이 *적다.*

1. *전이 족을 따라 내려가면* n*이 증가한다.* 하지만 내부 전자들이 한 준위씩 더 많아져서 커지는 가림의 효과는 미미하여 4주기에서 5주기로 가면 아주 작은 크기 증가만 일어나고 5주기에서 6주기로 가면 원자 크기가 전혀 증가하지 않는다.

2. *전이 계열을 따라가면* 증가하는 핵전하 때문에 처음 2 ~ 3개의 원소들에서는 원자 크기가 작아진다. 하지만 내부 d 원자들에 의한 가림이 $Z_{유효}$의 증가를 상쇄하므로 그 이후부터 *크기는 상대적으로 일정하게 머문다.* 예를 들면 4주기에서 세 번째 전이 원소인 바나듐(V; $Z = 23$)은 마지막 전이 원소인 아연(Zn; $Z = 30$)과 같은 원자 반지름을 가진다. 이런 경향은 5주기와 6주기의 전이 계열과 내부 전이 계열에서도 나타난다.

3. *전이 계열은 인접한 주족들의 원자 크기에 영향을 미친다.* d 전자들에 의한 비효율적 가림 때문에 4주기부터 6주기에 걸쳐 *2A(2)족에서 3A(13)족으로 가면 원자 크기가 크*

그림 8.14 **주족 원소들과 전이 원소들의 원자 반지름.** 주족 원소들(*갈색*)과 전이 원소들(*파란색*)의 원자 반지름(pm 단위)이 나열되어 있다. 여기서 비활성 기체의 원자 반지름 값들은 계산을 통하여 얻은 값들이다.

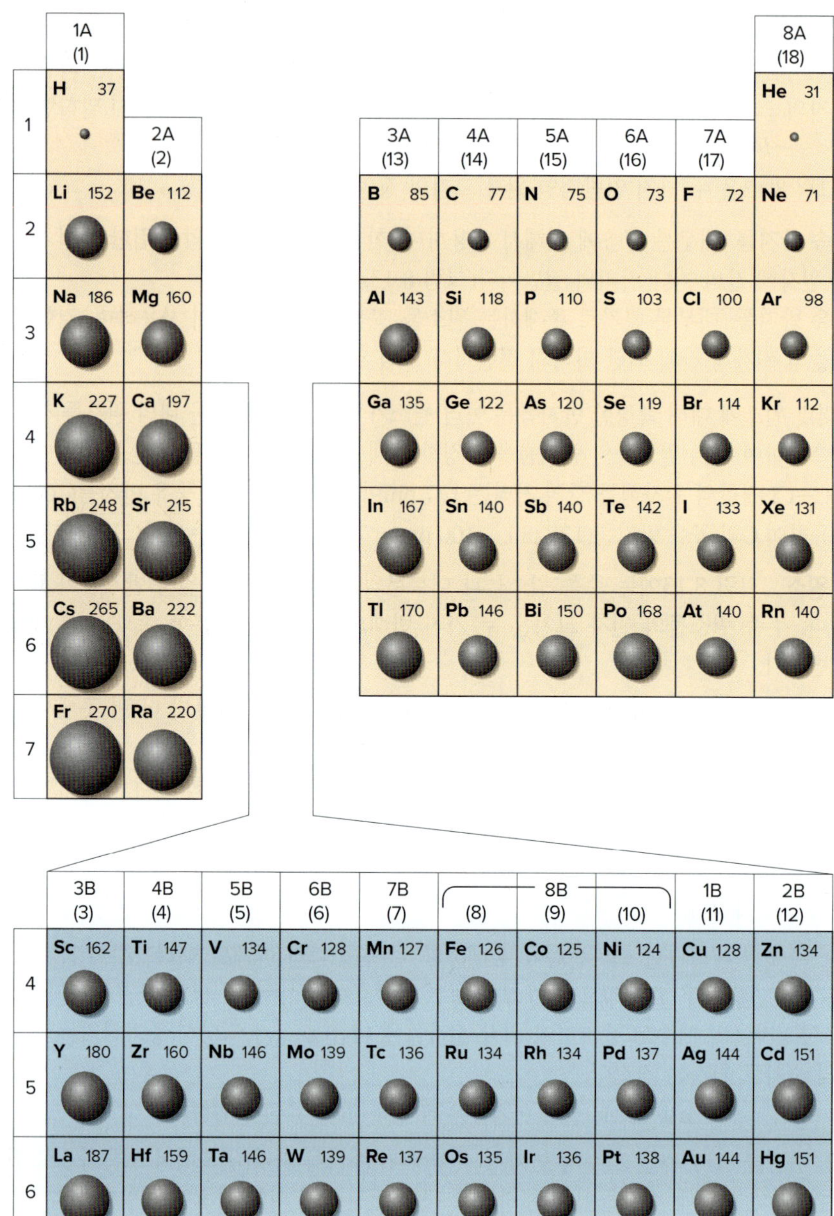

게 감소한다. np 부준위는 $(n-1)d$ 부준위보다 더 많이 침투할 뿐만 아니라 2A(2)족과 3A(13)족 사이에 위치한 전이 원소들을 거치며 원자핵 내 양성자들의 개수가 순차적으로 증가하여 3A족이 2A족보다 훨씬 더 많은 양성자들을 가지기 때문에 [3A(13)족에서 추가된] 첫 *np* 전자는 (2A족의 *ns* 전자보다) 훨씬 더 큰 $Z_{유효}$를 "느낀다". 가장 큰 폭의 크기 감소는 4주기에서 일어난다. 2A(2)족의 칼슘(Ca, $Z = 20$)은 3A(13)족의 갈륨(Ga, $Z = 31$)보다 거의 50% 정도 더 크다. 사실상 *d* 오비탈에 의한 비효율적 가림 때문에 갈륨은 바로 위에 위치한 원소인 알루미늄(Al, $Z = 13$)보다도 약간 *더 작다*!

예제 8.2 | 원자 크기에 따라 원소들 나열하기

문제 주기율표만을 사용하여(그림 8.14는 사용하지 말고)만을 사용하여 다음 주족 원소들을 원자 크기가 *감소하는* 순으로 나열하라.

(a) Ca, Mg, Sr **(b)** K, Ga, Ca **(c)** Br, Rb, Kr **(d)** Sr, Ca, Rb

계획 원소들을 원자 크기에 따라 배열하기 위해 해당 원소들을 주기율표에서 찾는다. 주족 원소들이므로 원자 크기는 족을 따라 내려갈수록 증가하고 주기를 따라 오른쪽으로 갈수록 감소한다.

풀이 (a) Sr > Ca > Mg. 이 세 원소들은 2A(2)족에 속하고, 원자 크기는 족을 따라 내려가면 증가한다.

(b) K > Ca > Ga. 이 세 원소들은 4주기에 속하고, 크기는 주기를 따라 오른쪽으로 갈수록 감소한다.

(c) Rb > Br > Kr. Rb은 에너지 준위를 하나 더 많이 가지므로(5주기) 가장 크고 가장 왼쪽에 위치한다. Kr은 Br보다 작은데 이는 Kr이 Br보다 4주기에서 더 오른쪽에 위치하기 때문이다.

(d) Rb > Sr > Ca. Ca은 에너지 준위를 하나 더 적게 가지므로 가장 작다. Sr은 Rb보다 작은데, 이는 Sr이 Rb보다 더 오른쪽에 위치하기기 때문이다.

검산 그림 8.14에서 이 순서들이 맞는지 확인한다.

▶ 보충 문제

8.2A 주기율표만을 사용하여 다음 원소들을 크기가 *증가하*는 순으로 나열하라.

(a) Se, Br, Cl **(b)** I, Xe, Ba.

8.2B 주기율표만을 사용하여 다음 원소들을 크기가 *감소하*는 순으로 나열하라.

(a) As, Cs, S **(b)** F, P, K.

유사 문제 8.53, 8.54

원자 크기의 주기성 그림 8.15는 원자 번호에 따른 원자 크기의 변화를 보여준다. 주기를 따라 비활성 기체(*보라색*)로 갈수록 원자 크기가 작아지고 이어서 다음 주기를 시작하는 알칼리 금속(*갈색*)에서 원자 크기가 갑자기 커지는 경향이 눈에 띈다. 또한, 전이 계열(*파란색*)과 내부 전이 계열(*초록색*)의 원소들이 원자 크기가 점진적으로 감소하는 경향에서 벗어나는 것을 볼 수 있다.

이온화 에너지의 경향성

이온화 에너지(**ionization energy, IE**)는 기체상 원자 또는 이온 1 mol의 전자를 *완전히 제거*하는 데 필요한 에너지이다. 원자핵으로부터 전자 한 개를 떼어내기 위해서는 전자(음전하)와 원자핵 내에 위치한 양성자(양전하) 간의 정전기적 인력을 극복할 수 있는 에너지가 *필요하다*. 이 에너지는 *계 안으로* 흘러 들어가야 하므로 이온화 에너지는 항상 양의 값을 가진다(흡열 반응의 ΔH처럼). 7장에서는 H 원자의 이온화 에너지를 $n = 1$ 준위와 $n = \infty$ 준위(즉, 전자가 완전히 제거된 상태) 간의 에너지 차이로 정의하였다. 이온화 에너지는 원소의 반응성을 결정하는 중요한 인자이다.

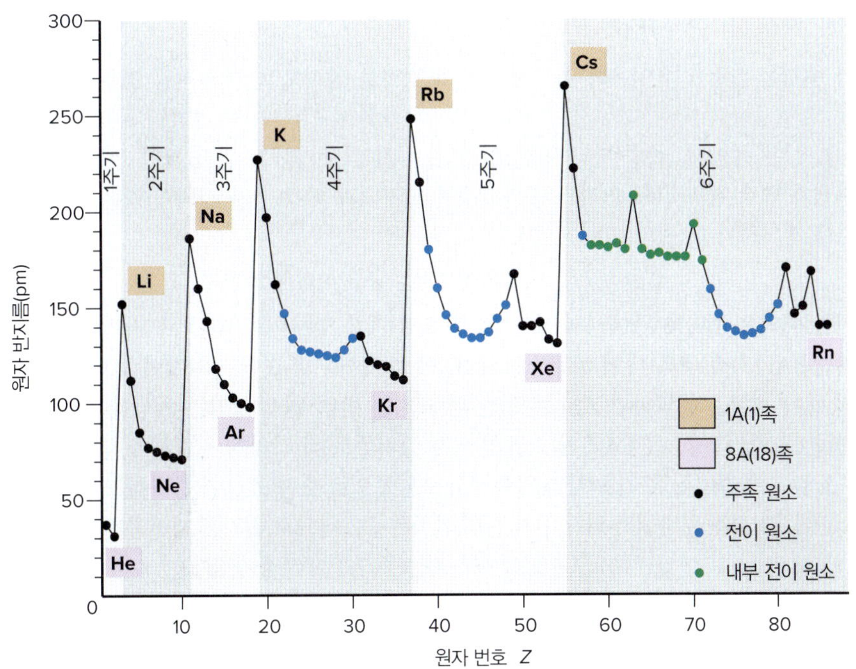

그림 8.15 원자 크기의 주기성.

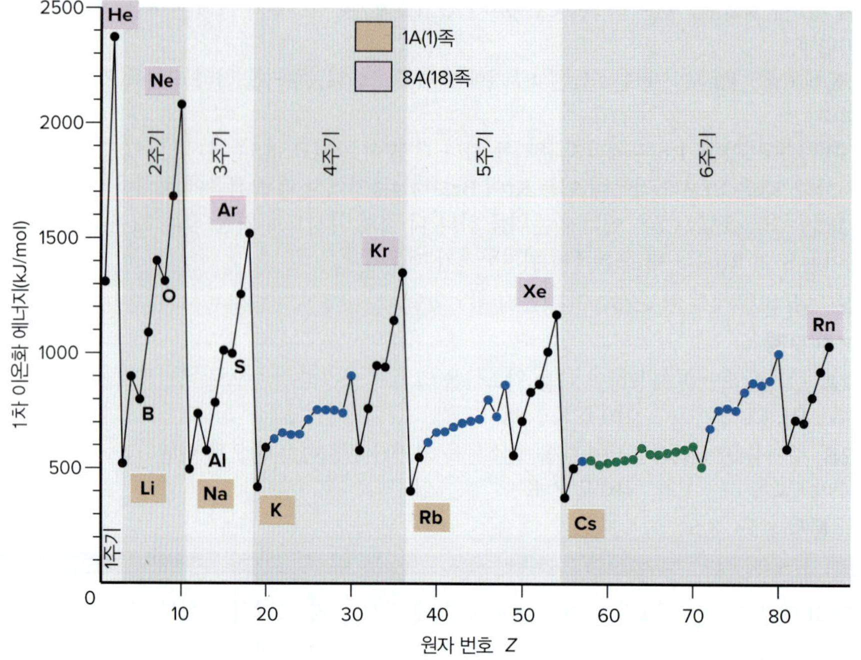

그림 8.16 **1차 이온화 에너지의 주기성 (IE_1).** 이 경향은 원자 크기의 변화 경향의 반대이다(그림 8.15 참조).

- *낮은 IE를 가진 원자는 반응 중에 양이온을 형성하는 경향이 있다.*
- *높은 IE를 가진 원자(비활성 기체는 제외)는 음이온을 형성하는 경향이 있다.*

다전자 원자는 1개 이상의 전자를 잃을 수 있다. *1차* 이온화 에너지(IE_1)는 기체상 원자에서 최외각 전자(가장 높은 에너지 부준위의 전자)를 제거한다.

$$\text{원자}(g) \longrightarrow \text{이온}^+(g) + e^- \qquad \Delta E = IE_1 > 0 \tag{8.2}$$

예: $$Mg(g) \longrightarrow Mg^+(g) + e^- \qquad IE_1 = 738 \text{ kJ/mol}$$

1차 이온화 에너지의 주기성 원자 번호에 따른 1차 이온화 에너지의 변화를 그림 8.16에서 볼 수 있다. IE_1이 주기를 따라 비활성 기체(보라색)로 갈수록 증가하고 다음 주기의 알칼리 금속으로 가면 급격히 감소하는 경향은 원자 크기의 변화 경향(그림 8.15)의 *반대*이다.

- *원자 크기가 감소하면 전자가 원자핵에 더 가깝기 때문에 전자를 제거하는 데 더 많은 에너지가 필요하고 IE_1은 증가한다.*

족과 주기를 따라 1차 이온화 에너지의 변화 경향을 살펴보고, 예외적인 경우들을 알아보자.

1. *같은 족에서.* 족을 따라 아래로 가면, n 값이 증가하고 원자 크기 역시 증가한다. 원자핵과 외각 전자 간의 거리가 증가할수록 원자핵과 외각 전자 간의 인력은 감소하므로 전자를 제거하기 더 쉽다(그림 8.17).

일반적으로 이온화 에너지는 족을 따라 ***감소한다.***

유일한 예외는 3A(13)족에서 나타난다. 붕소(B)에서 알루미늄(Al)으로 가면 IE_1이 감소하지만 3A(13)족 내의 나머지 원소들의 IE_1에 대해서는 뚜렷한 경향성이 없다. 4, 5, 6주기의 전이 계열을 통과하면 $Z_{유효}$는 훨씬 더 커지는 반면 원자 크기는 이상할 정도로 조금만 변한다. 따라서 더 큰 3A족 원소들의 외각 전자들은 더 강하게 원자핵에 붙들린다.

2. *같은 주기에서.* 주기를 따라 왼쪽에서 오른쪽으로 가면, $Z_{유효}$가 증가하고 원자 크기는 감소한다. 그 결과 원자핵과 외각 전자 간의 인력은 증가하므로 전자를 제거하기 더 어렵다.

일반적으로 이온화 에너지는 주기를 따라 ***증가한다.***

주기를 따라 서서히 증가하는 IE_1의 경향에 두 가지 예외가 있다.

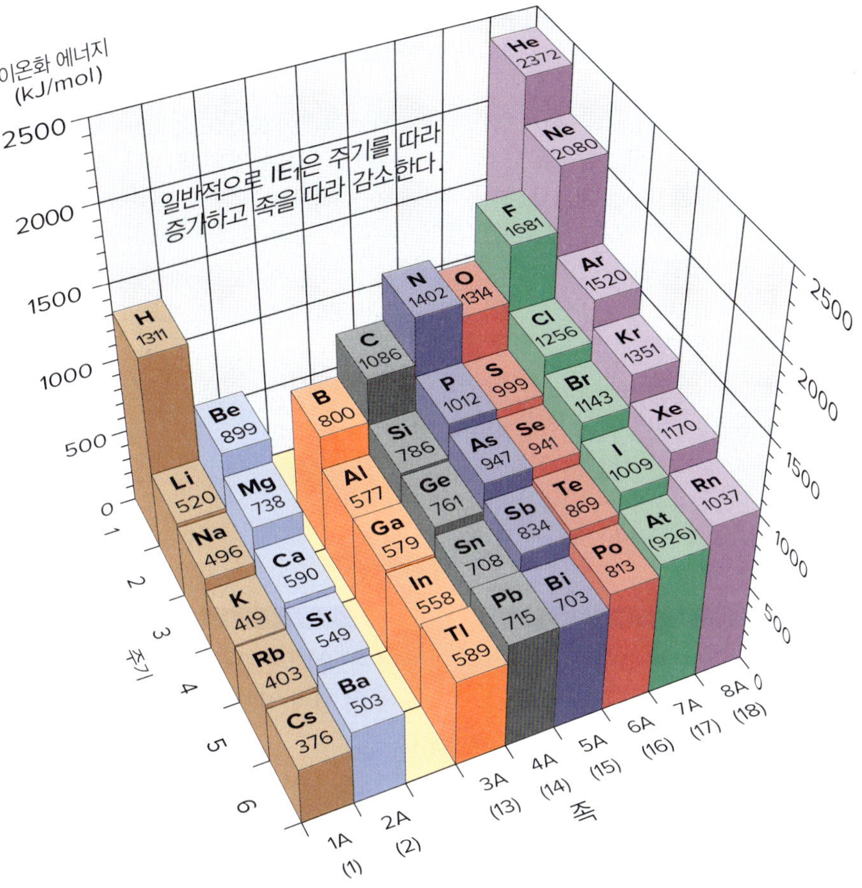

그림 8.17 주족 원소들의 1차 이온화 에너지.

- 2주기와 3주기의 3A(13)족 원소들인 B와 Al에서 IE가 급격히 작아진다. 이 원소들은 각 주기의 첫 번째 *np* 전자를 가진다. 이 *np* 전자를 제거하면 생성되는 이온은 가득 찬(즉, 안정한) *ns* 부준위를 가지기 때문에 *np* 전자를 더 쉽게 제거할 수 있다. 예를 들어 Al에 대해서 이온화 반응은 다음과 같다.

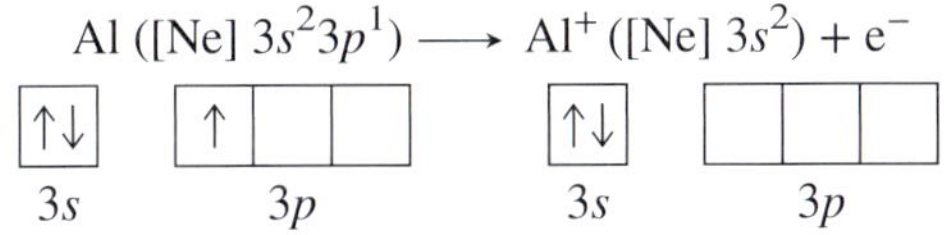

- 2주기와 3주기에서 6A(16)족 원소들인 O와 S에서 IE가 작아진다. 이 원소들은 각 주기의 네 번째 *np* 전자이자 또 하나의 *np* 전자와 짝을 짓는 첫 번째 전자를 가지므로 전자-전자 반발 때문에 오비탈 에너지가 증가한다. 네 번째 *np* 전자를 제거하면 반발이 감소하고 절반이 찬(즉, 안정한) *np* 부준위를 생성하기 때문에 다른 전자와 비교하여 네 번째 *np* 전자를 제거하기 더 쉽다. 예를 들어, S에 대해서 이온화 반응은 다음과 같다.

$$\text{S ([Ne] } 3s^2 3p^4) \longrightarrow \text{S}^+ \text{ ([Ne] } 3s^2 3p^3) + e^-$$

↑↓		↑↓	↑	↑		↑↓		↑	↑	↑
3*s*			3*p*			3*s*			3*p*	

예제 8.3 1차 이온화 에너지에 따라 원소들 나열하기

문제 주기율표만을 사용하여 다음 원소들을 IE_1이 *감소하는* 순으로 나열하라.

(a) Kr, He, Ar **(b)** Sb, Te, Sn **(c)** K, Ca, Rb **(d)** I, Xe, Cs

계획 주어진 원소들을 주기율표에서 찾고 족을 따라 내려갈수록 감소하고 주기를 따라 오른쪽으로 갈수록 증가하는 IE_1의 일반적 경향성을 적용한다.

풀이 **(a)** He > Ar > Kr. 이 원소들은 8A(18)족에 속하고, IE_1는 족을 따라 내려가면 감소한다.
(b) Te > Sb > Sn. 이 세 원소들은 5주기에 속하고, IE_1은 주기를 따라 오른쪽으로 갈수록 감소한다.
(c) Ca > K > Rb. K가 1A(1)족에서 더 높이 위치하기 때문에 K의 IE_1는 Rb의 IE_1보다 크다. Ca은 4주기에서 K보다 더 오른쪽에 위치하기 때문에 Ca의 IE_1는 K의 IE_1보다 크다.
(d) Xe > I > Cs. I의 IE_1는 Xe의 IE_1보다 작은데 이는 I가 같은 주기에서 더 왼쪽에 위치하기 때문이다. I는 Cs보다 더 오른쪽에 위치할 뿐만 아니라 한 주기 앞에 위치하기 때문에 I의 IE_1는 Cs의 IE_1보다 더 크다.

검산 일반적으로 IE_1의 변화 경향은 원자 크기의 변화 경향의 반대이기 때문에 주어진 원소들을 크기에 따라 나열하고 그 역순을 얻었는지 확인한다.

▶ **보충 문제**

8.3A 다음 원소들을 IE_1이 *증가하는* 순으로 나열하라.
(a) Sb, Sn, I **(b)** Na, Mg, Cs

8.3B 다음 원소들을 IE_1이 *감소하는* 순으로 나열하라.
(a) O, As, Rb **(b)** Sn, Cl, Si

유사 문제 8.55, 8.56

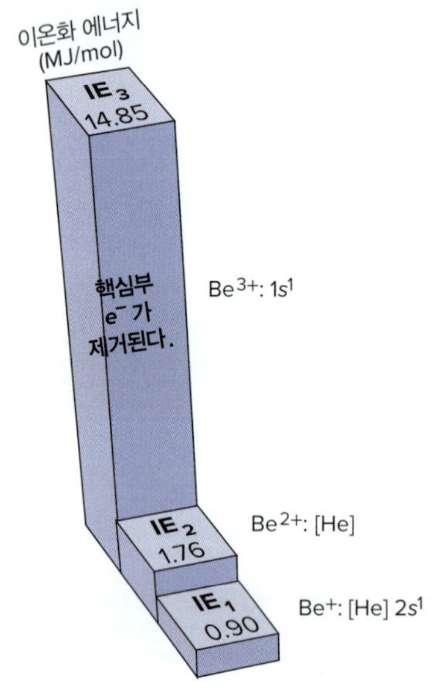

그림 8.18 **베릴륨의 순차적 이온화 에너지.** 베릴륨은 두 개의 원자가 전자를 가지므로 IE_3가 IE_2보다 훨씬 더 크다.

순차적 이온화 에너지 *2차* 이온화 에너지(IE_2)는 두 번째 전자를 제거하는 데 필요한 에너지이다. 이 전자는 양이온에서 제거되기 때문에 첫 번째 전자를 제거할 때보다 더 많은 에너지가 필요하고, IE_2는 IE_1보다 항상 더 크다.

예: $Be(g) \longrightarrow Be^{+}(g) + e^{-}$ $IE_1 = 900$ kJ/mol = 0.90 MJ/mol

$Be^{+}(g) \longrightarrow Be^{2+}(g) + e^{-}$ $IE_2 = 1760$ kJ/mol = 1.76 MJ/mol

한 원소에 대해서 IE_1과 IE_2, 그리고 더 많은 전자를 떼어내기 위해 필요한 IE들은 순차적으로 점점 증가하는데, 이는 더 많은 전자들을 떼어낼수록 더 큰 양전하를 가진 화학종에서 전자를 떼어내야 하기 때문이다. 특히 외각(원자가) 전자들이 모두 제거된 *이후에*는 IE가 엄청나게 증가하는데, 이는 내부(핵심부) 전자를 떼어내기 위해 *훨씬* 더 큰 에너지가 필요하기 때문이다(그림 8.18).

표 8.5에는 2주기 원소들과 3주기의 첫 원소에 대해서 순차적 이온화 에너지의 값들이 나와 있다. 한 원소에 대해서 행을 따라서 움직이며 IE 값들을 살펴보면 상대적으로 낮은 IE 값들과 상대적으로 높은 IE 값들(*음영으로 나타낸 영역*)이 맞닿는 경계를 볼 수 있다. 예를 들어 붕소(B)의 값들을 따라가면, IE_2(2.43 MJ/mol)가 IE_1(0.80 MJ/mol)보다 더 높고, IE_3(3.66 MJ/mol)는 IE_2보다 더 높고, IE_4(25.02 MJ/mol)는 IE_3보다 *훨씬* 더 높다. 이와 같은 IE의 큰 증가를 통해 붕소가 최고 에너지 준위($1s^22s^22p^1$)에 3개의 전자들을 가진다는 사실을 알 수 있다. *핵심부 전자들*은 제거하기가 매우 어렵기 때문에 *반응에 관여하지 않는다*.

표 8.5 | **리튬에서 소듐까지의 원소들의 순차적 이온화 에너지**

Z	원소	원자가 전자들의 수	이온화 에너지(MJ/mol)*									
			IE_1	IE_2	IE_3	IE_4	IE_5	IE_6	IE_7	IE_8	IE_9	IE_{10}
3	Li	1	0.52	7.30	11.81							
4	Be	2	0.90	1.76	14.85	21.01		핵심부 전자들				
5	B	3	0.80	2.43	3.66	25.02	32.82					
6	C	4	1.09	2.35	4.62	6.22	37.83	47.28				
7	N	5	1.40	2.86	4.58	7.48	9.44	53.27	64.36			
8	O	6	1.31	3.39	5.30	7.47	10.98	13.33	71.33	84.08		
9	F	7	1.68	3.37	6.05	8.41	11.02	15.16	17.87	92.04	106.43	
10	Ne	8	2.08	3.95	6.12	9.37	12.18	15.24	20.00	23.07	115.38	131.43
11	Na	1	0.50	4.56	6.91	9.54	13.35	16.61	20.11	25.49	28.93	141.37

*MJ/mol = 10^3 kJ/mol

예제 8.4 | 이온화 에너지로 원소 찾기

문제 다음과 같은 순차적 이온화 에너지 값(kJ/mol)을 가지는 3주기 원소를 찾고, 이 원소의 전자 배치를 써라.

IE_1	IE_2	IE_3	IE_4	IE_5	IE_6
1012	1903	2910	4956	6278	22,230

계획 IE 값들 중에서 값이 크게 증가하는 지점을 찾는다. IE 값은 모든 원자가 전자들이 제거된 이후에 크게 증가한다. 주기율표를 참고하여 이와 같은 개수의 원자가 전자들을 가지는 3주기 원소를 찾고 전자 배치를 쓴다.

풀이 IE 값의 큰 증가는 IE_5 이후에 일어나므로 이 원소는 5개의 원자가 전자들을 가지고 5A(15)족에 속한다. 이런 3주기 원소는 인(P, $Z = 15$)이다. 인의 전자 배치는 $1s^22s^22p^63s^23p^3$이다.

▶ 보충 문제

8.4A 원소 Q는 3주기에 속하고 다음과 같은 순차적 이온화 에너지 값(kJ/mol)을 가진다.

IE_1	IE_2	IE_3	IE_4	IE_5	IE_6
577	1846	2744	11,576	14,829	18,375

원소 Q를 알아내고, 이 원소의 전자 배치를 써라.

8.4B 원소 Rb, Sr, Y의 축약형 전자 배치를 써라. 이 원소들 중에서 *가장* 높은 IE_2를 가진 원소는 어느 것인가? 가장 높은 IE_3를 가진 원소는 어느 것인가?

유사 문제 8.57~8.60

전자 친화도의 경향성

전자 친화도(electron affinity, **EA**)는 기체상 원자 또는 이온 1 mol에 전자 1 mol을 *추가*할 때 수반되는 에너지 변화이다. *1차 전자 친화도*(EA_1)는 1 mol의 기체상 1가(1−) 음이온의 생성에 해당한다.

$$\text{원자}(g) + e^- \longrightarrow \text{이온}^-(g) \qquad \Delta E = EA_1$$

$$\text{예:} \quad F^-(g) \longrightarrow F(g) + e^- \qquad EA_1 = -328 \text{ kJ/mol}$$

이온화 에너지와 마찬가지로 1차 전자 친화도, 2차 전자 친화도, 그리고 더 많은 전자 추가에 관련된 전자 친화도들이 있다. 원자핵이 첫 번째 전자를 *끌어당기므로* 대부분의 경우 *EA_1은 음의 값을 가지는데*(즉, 에너지가 방출됨), 이는 발열 반응에서 ΔH가 음의 값을 가지는 것과 마찬가지이다.* 하지만 2차 전자 친화도(EA_2)는 항상 양의 값을 가지는데, 이는 정전기적 반발력을 극복하고 음이온에 전자를 추가하기 위해서는 에너지가 *흡수되어야* 하기 때문이다.

$Z_{유효}$와 원자 크기 이외의 요인들이 전자 친화도에 영향을 미치므로 주기율표 상에서 전차 친화도의 변화 경향이 원자 크기와 IE_1에 대해서처럼 규칙적이지는 않다. 부준위 에너지의 변화와 전자-전자 반발력 때문에 많은 예외들이 존재한다.

- *같은 족에서.* 족을 따라 아래로 가면, 원자 크기가 증가하고 추가되는 전자가 원자핵에서 더 멀기 때문에 전자 친화도가 서서히 감소(절대값이 더 작은 음수)할 것이라 예상할 수 있다. 하지만 실제로는 오직 1A(1)족만 이런 경향을 나타낸다(그림 8.19).
- *같은 주기에서.* 주기를 따라 오른쪽으로 가면, 원자 크기가 감소하고 추가되는 전자가 더 높은 $Z_{유효}$ 때문에 더 강한 인력을 느끼기 때문에 전자 친화도가 규칙적으로 증가(절대값이 더 큰 음수)할 것이라 예상할 수 있다. 전반적으로 왼쪽에서 오른쪽으로 갈수록 전자 친화도가 증가하지만 전혀 규칙적이지는 않다.

1A (1)	2A (2)	3A (13)	4A (14)	5A (15)	6A (16)	7A (17)	8A (18)
H −72.8							He (0.0)
Li −59.6	Be ≤0	B −26.7	C −122	N +7	O −141	F −328	Ne (+29)
Na −52.9	Mg ≤0	Al −42.5	Si −134	P −72.0	S −200	Cl −349	Ar (+35)
K −48.4	Ca −2.37	Ga −28.9	Ge −119	As −78.2	Se −195	Br −325	Kr (+39)
Rb −46.9	Sr −5.03	In −28.9	Sn −107	Sb −103	Te −190	I −295	Xe (+41)
Cs −45.5	Ba −13.95	Tl −19.3	Pb −35.1	Bi −91.3	Po −183	At −270	Rn (+41)

그림 8.19 주족 원소들의 전자 친화도(kJ/mol 단위). 8A(18)족의 전자 친화도 값들은 추정치이고, 괄호 안에 표시하였다.

*어떤 표에서는 EA_1 값이 양의 값으로 표시되어 있는데, 이는 음이온으로부터 1개의 전자를 제거하기 위해 *흡수되는* 에너지의 양을 나타낸다.

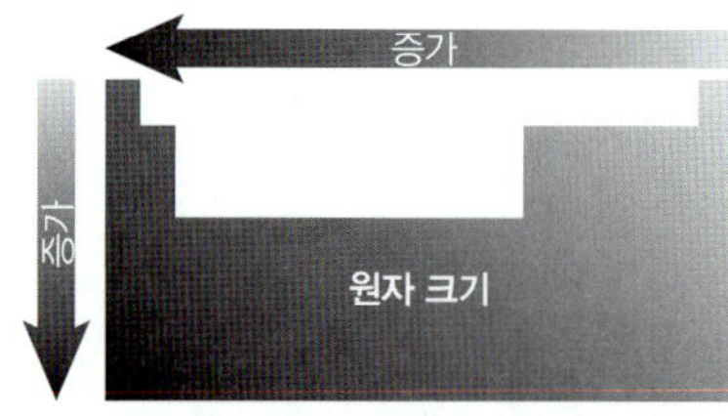

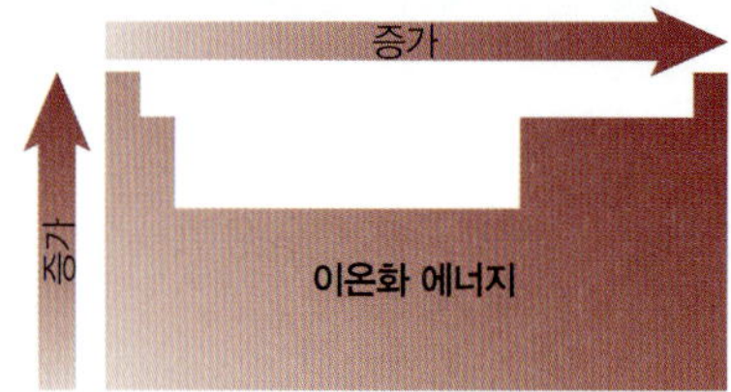

그림 8.20 **세 가지 원자 성질들의 경향성.** 전자 친화도의 경향성을 나타내기 위해 점선 화살표를 사용한 이유는 예상되는 경향에서 벗어나는 예외적 경우들이 많기 때문이다.

이런 불규칙성에도 불구하고 IE와 EA의 상대적 값들은 세 가지 일반적 경향성을 나타낸다.

1. *반응성 비금속.* 6A(16)족과 특히 7A(17)족(할로젠)의 원소들은 높은 IE와 매우 음(즉, 발열)의 EA를 가진다. 즉, 전자를 잃기 어렵고 전자를 강하게 끌어당긴다. 따라서 이 원소들은 *이온 결합 화합물에서 음이온이 된다.*
2. *반응성 금속.* 1A(1)족과 특히 2A(2)족의 원소들은 낮은 IE와 약간 음(즉, 발열)의 EA를 가진다. 즉, 전자를 쉽게 잃고 전자를 약하게 끌어당긴다. 따라서 이 원소들은 *이온 결합 화합물에서 양이온이 된다.*
3. *비활성 기체.* 8A(18)의 원소들은 매우 높은 IE와 약간 양(즉, 흡열)의 EA를 가진다. *이 원소들은 전자를 잃지도 얻지도* ***않는*** *경향이 있다.* 사실 이 족에서 크기가 큰 원소들(Kr, Xe, Rn)만 화합물을 조금 생성한다.

› 8.3절 요약

- 세 가지 원자 성질들의 경향성을 그림 8.20에 요약하였다.
- 원자 크기(인접한 원자들의 원자핵 간 거리의 절반)는 주족 원소에서는 족에서 아래로 내려갈수록 증가하고 주기를 따라 오른쪽으로 갈수록 감소한다. 전이 금속 계열에서는 원자 크기가 비교적 일정하게 유지된다.
- 1차 이온화 에너지(기체상 원자 또는 이온 1 mol에서 전자 1 mol을 제거하는 데 필요한 에너지)는 원자 크기에 반비례한다. IE_1은 주족 원소에서는 족에서 아래로 내려갈수록 감소하고 주기를 따라 오른쪽으로 갈수록 증가한다.
- 한 원소의 순차적 이온화 에너지 값들은 원자가 전자들이 모두 제거되고 나면 매우 급격히 증가한다. 이는 첫 번째 내부(핵심부) 전자가 훨씬 낮은 에너지의 오비탈에 속해 있으므로 원자핵에 매우 강하게 붙들려 있기 때문이다.
- 전자 친화도(기체상 원자 또는 이온 1 mol에 전자 1 mol을 추가하는 과정에 수반되는 에너지 변화)의 경우 예상되는 경향에서 벗어나는 예외적 경우들이 많다.
- IE와 EA의 상대적 크기를 바탕으로 1A(1)족과 2A(2)족 원소들은 양이온을 형성하는 경향이 있고, 6A(16)족과 7A(17)족 원소들은 이온 결합 화합물에서 음이온을 형성하는 경향이 있다. 8A(18)족 원소들은 반응성이 매우 낮다.

8.4 원자의 성질과 화학 반응성

원소들과 관련 화합물들의 모든 물리적, 화학적 성질들은 전자 배치와 유효 핵전하에 의해 결정된다. 이 절에서는 원자의 성질들이 금속성과 이온의 성질들을 어떻게 결정하는지 살펴본다.

금속성의 경향

세 가지 일반적 부류의 원소들은 다음과 같은 특징들을 가진다.

- *금속*(metal)은 주기율표의 왼쪽과 아래쪽 4분의 3 영역에 위치하고, 일반적으로 반짝이는 고체이고, 중간 정도에서 높은 녹는점을 가지고, 열과 전기의 좋은 도체이고, 전선이나 박판으로 가공할 수 있고, 비금속에게 전자를 잃는다.
- *비금속*(nonmetal)은 주기율표의 위쪽과 오른쪽 4분의 1 영역에 위치하고, 일반적으로 반짝이지 않고, 상대적으로 낮은 녹는점을 가지고, 전기 전도도가 낮고, 대부분 무른 고체 또는 기체이고, 금속으로부터 전자를 얻는 경향이 있다.
- *준금속*(metalloid)은 주기율표 상에서 다른 두 부류들의 중간에 위치하고 따라서 중간 정도의 성질들을 가진다.

따라서 *금속성은 주기율표에서 주기를 따라 왼쪽에서 오른쪽으로 갈수록 감소하고, 족을 따라 아래로 갈수록 증가한다*(그림 8.21).

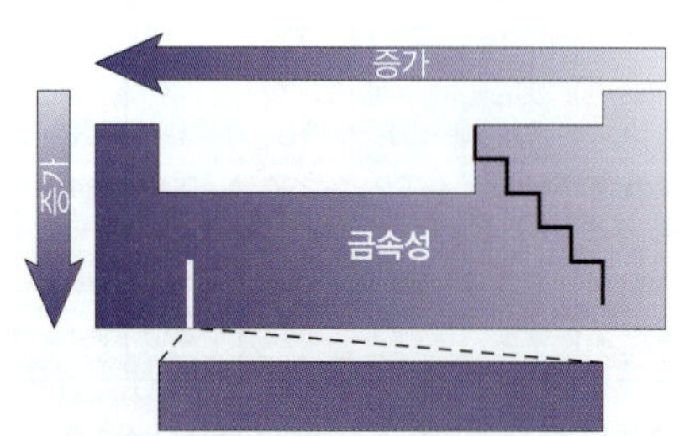

그림 8.21 **금속성의 경향.** (수소는 헬륨 옆에 위치한다.)

하지만 몇몇 원소들은 이 분류에 맞지 않음을 기억해야 한다. 예를 들어 흑연과 같은 비금속 탄소는 좋은 전기 도체이며, 비금속 아이오딘은 반짝이고, 금속 갈륨은 손에서 녹는다. 또한 수은은 액체이며 철은 쉽게 깨진다. 이런 예외들에도 불구하고 이 절에서는 금속성 중 몇 가지를 일반화할 것이며, 이를 산화-환원 성질 및 산화물의 산-염기 성질에 적용할 것이다.

전자를 잃거나 얻는 상대적 경향 금속은 반응 중에 비금속에게 전자를 잃는 경향이 있다.

1. *주족을 따라 내려가면.* 족을 따라 아래로 내려가면서 일어나는 금속성의 증가는 원자 크기의 증가와 IE의 감소 경향과 일치하고, 5A(15)족(그림 8.22, *수직 방향*)처럼 한 부류 이상의 원소들을 가진 족들에서 가장 명확히 드러난다. *가장 위의 원소들은 음이온을 형성할 수 있고, 가장 아래에 있는 원소들은 양이온을 형성할 수 있다.* 질소(N)는 기체 비금속이고, 인(P)은 연한 비금속이다. 두 원소 모두 가끔씩 화합물에서 3− 음이온으로 작용한다. 비소(As)와 안티모니(Sb)는 준금속으로서 Sb가 금속성이 더 강하고, 둘 다 쉽게 이온을 형성하지 않는다. 비스무트(Bi)는 전형적 금속이고, 대부분 이온 결합 화합물에서 3+ 양이온을 형성한다. 3A(13)족, 4A(14)족, 6A(16)족도 유사한 경향을 보인다. 심지어 금속만 포함하고 있는 2A(2)족에서도, 양이온을 형성하는 경향은 족을 따라 아래로 내려갈수록 증가한다. 베릴륨(Be)은 비금속과 공유 화합물을 형성하는 반면, 바륨이 들어간 모든 화합물들은 이온성이다.

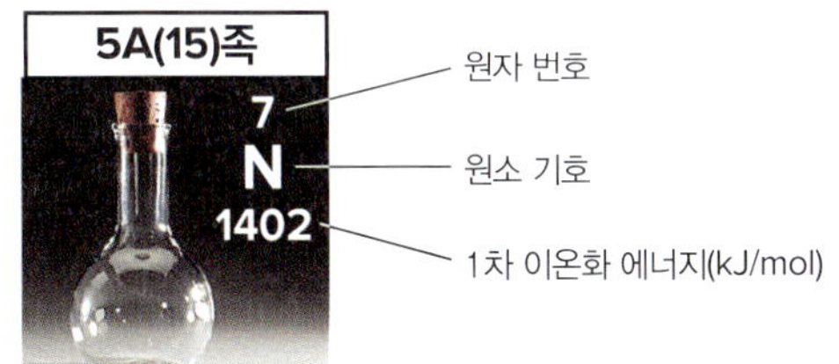

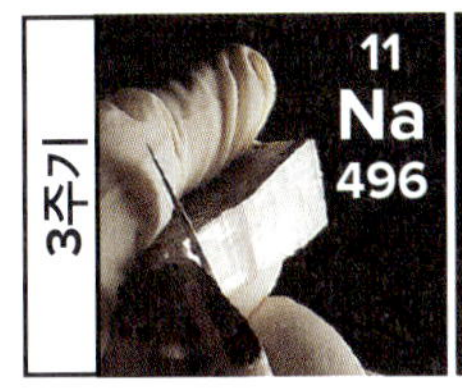

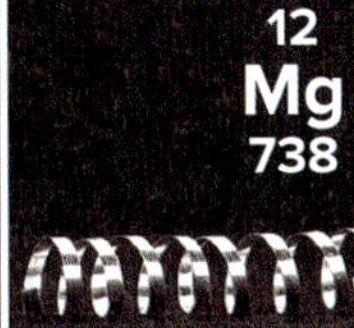

83 Bi 703

그림 8.22 5A(15)족과 3주기에서의 금속성. N부터 Bi까지 내려오면 금속성이 *증가한다*. Na부터 Cl까지 오른쪽으로 이동하면 금속성이 *감소한다*.

Source: Stephen Frisch/McGraw-Hill Education

2. *주기를 따라가면.* 주기를 따라 오른편으로 갈수록 금속성이 감소하는데, 이는 크기의 감소, IE의 증가, 더 유리한(더 음의) EA와 일치한다. 3주기(그림 8.22, *수평 방향*)를 고려하면 *왼쪽의 원소들은 양이온을 형성하는 경향이 있고, 오른쪽의 원소들은 음이온을 형성하는 경향이 있다.* 소듐과 마그네슘은 바닷물, 광물, 생체 내에서 Na^+와 Mg^{2+}로 존재하는 금속이다. 알루미늄은 물리적으로 금속이고 몇몇 화합물들에서는 Al^{3+}로 존재하지만 대부분의 다른 화합물들에서는 공유 결합을 형성한다. 실리콘(Si)은 반짝이는 준금속이고 단원자 이온으로 존재하지 않는다. 인은 하얀 납빛의 비금속으로서 드물게 P^{3-}로 존재하는 반면, 무르고 노란 황은 많은 화합물들에서 S^{2-}로서 존재한다. 기체상이고 연두색을 띠는 염소는 자연계에서 거의 항상 Cl^-로 존재한다.

주족 원소의 산화-환원 성질 한 원소의 산화-환원 성질은 원소가 전자를 잃거나 얻는 성향과 밀접하게 연관되어 있다. 즉, 원소가 산화제 또는 환원제로 작용하는지와 그와 관련된 산화수(O.N.)의 변화를 말한다. 주기율표(그림 8.23)에서 주족 원소의 최고와 최저 산화수를 볼 수 있다.

- 대부분의 원소에서 A족 번호는 족에 속하는 원소의 *최고* 산화수이다. 예외로 O와 F가 있다(표 4.5).
- 비금속과 몇몇 준금속에서 A족 번호 빼기 8은 족 내 한 원소의 *최저* 산화수(항상 음의 수)이다.

예를 들어, S(6A족)의 최고 산화수는 SF_6에서처럼 +6이고, 최저 산화수는 FeS와 다른 금속 황화물에서처럼 6, −8, −2 등이다.

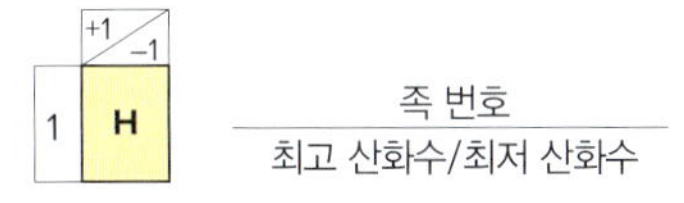

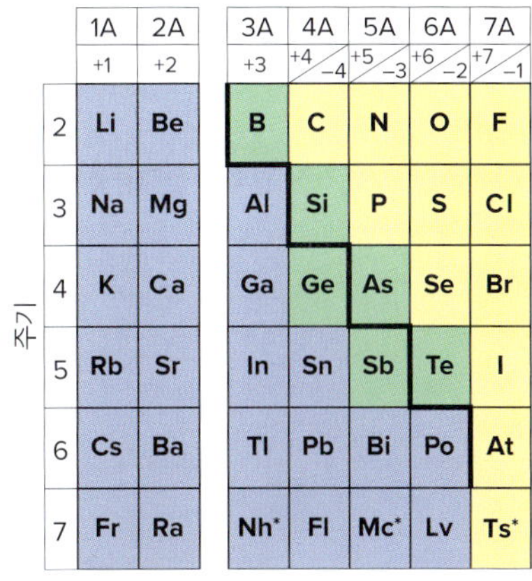

그림 8.23 반응성 주족 원소들의 최고 및 최저 산화수.

그림 8.24 **산화물의 산도.** 물에서 금속 산화물은 염기성(*왼쪽*)이고, 비금속 산화물은 산성(*오른쪽*)이다. 색깔은 산-염기 지시약의 존재 때문에 나타난다.

Source: Stephen Frisch/McGraw-Hill Education

산화-환원 성질은 원자의 성질과 밀접하게 연관되어 있다.

- 낮은 IE와 작은 EA를 가진 1A(1)족과 2A(2)족 원소들은 쉽게 전자를 잃기 때문에 산화되고 *강한 환원제*로 작용한다.
- 높은 IE와 큰 EA를 가진 6A(16)족과 7A(17)족 비금속 원소들은 쉽게 전자를 얻기 때문에 환원되고 *강한 산화제*로 작용한다.

산화물의 산-염기 성질 금속은 물에서의 산화물의 산-염기 성질로 비금속과 구별된다.

- 대부분의 주족 금속은 산소로 전자를 *제공하므로 금속 산화물은 이온 결합 화합물이다. 이 산화물은 물에서 염기로 작용하여* O^{2-}로부터 OH^- 이온을 생성하고 산과 반응한다. 산화 칼슘(CaO)이 한 예이다(그림 8.24).
- 비금속은 산소와 전자를 *공유*하므로 *비금속 산화물은 공유 결합 화합물이다. 이들은 물과 반응하여 산을 형성하며* H^+ 이온을 생성하고 염기와 반응한다. 십산화 사인(P_4O_{10})이 한 예이다(그림 8.24).

몇몇 금속과 많은 준금속은 **양쪽성**(amphoteric) 산화물을 형성한다. 양쪽성 산화물은 산 또는 염기로 작용할 수 있다.

그림 8.25에는 5A(15)족과 3주기 원소의 몇몇 흔한 산화물들의 산-염기 성질이 파란색(염기성)에서 빨간색(산성)까지의 색도를 이용하여 표시되어 있다.

1. *족을 따라 아래로 내려감에 따라 원소의 금속성이 강해지면서(크기 증가와 IE 감소), 금속 산화물의 염기성은 강해진다.* 5A(15)족에서 오산화 이질소(N_2O_5)는 강산인 HNO_3를 생성한다.

$$N_2O_5(s) + H_2O(l) \longrightarrow 2HNO_3(aq)$$

십산화 사인(P_4O_{10})은 더 약한 산인 H_3PO_4를 생성한다.

$$P_4O_{10}(s) + 6H_2O(l) \longrightarrow 4H_3PO_4(aq)$$

준금속인 비소의 산화물은 약한 산성인 반면 준금속인 안티모니의 산화물은 약한 염기성이다. 5A족에서 가장 금속성이 강한 비스무트는 물에 녹지 않지만 산과 반응하여 염과 물을 생성하는 염기성 산화물을 형성한다.

$$Bi_2O_3(s) + 6HNO_3(aq) \longrightarrow 2Bi(NO_3)_3(aq) + 3H_2O(l)$$

2. *주기를 따라 오른쪽으로 가면 원소의 금속성이 약해지면서(크기 감소와 IE 증가), 금속 산화물의 산성이 강해진다.* 3주기에서 Na_2O와 MgO는 강한 염기성이고, 양쪽성인 산화 알루미늄(Al_2O_3)은 산 또는 염기와 반응한다.

$$Al_2O_3(s) + 6HCl(aq) \longrightarrow 2AlCl_3(aq) + 3H_2O(l)$$

$$Al_2O_3(s) + 2NaOH(aq) + 3H_2O(l) \longrightarrow 2NaAl(OH)_4(aq)$$

이산화 실리콘은 약한 산성이고, 염기와 반응하여 염과 물을 생성한다.

$$SiO_2(s) + 2NaOH(aq) \longrightarrow Na_2SiO_3(aq) + H_2O(l)$$

인, 황, 염소의 흔한 산화물들은 산을 생성하는 데, 산의 세기는 H_3PO_4, H_2SO_4, $HClO_4$ 순서로 증가한다.

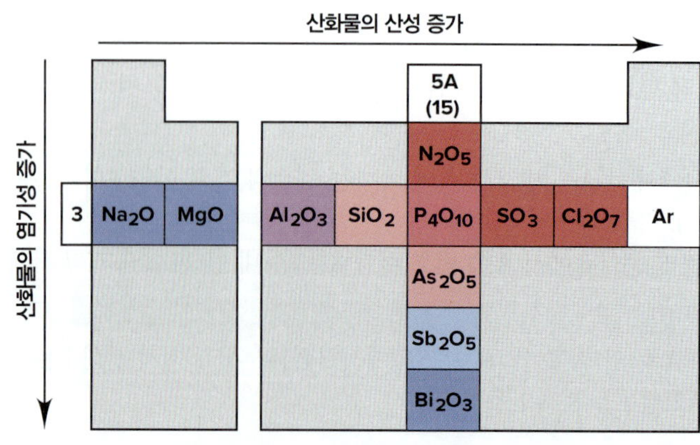

그림 8.25 몇 가지 원소의 산화물들의 산-염기 성질.

단원자 이온의 성질

지금까지는 전자를 잃고 얻는 과정에서의 반응물(즉, 원자)에 초점을 맞추었다. 지금부터는 생성물(즉, 이온)에 초점을 맞추어 본다. 특히 이온의 전자 배치, 자기적 성질, 크기 등을 살펴본다.

주족 이온의 전자 배치 왜 한 이온은 특정 전하를 가지는가? 즉, 왜 Na^{2+}가 아니라 Na^+이고, F^{2-}가 아니라 F^-인가? 왜 어떤 금속들은 Sn^{2+}와 Sn^{4+}처럼 두 종류의 이온들을 생성하는가? 이 질문에 대한 답은 주기율표에서의 원소의 위치, 그리고 전자를 잃고 얻는 과정에 수반되는 에너지 변화와 관련되어 있다.

1. *비활성 기체의 전자 배치를 가지는 이온들.* 비활성 기체의 원자는 반응성이 매우 낮은데, 이는 원자의 최고 에너지 준위가 *가득 차 있기* 때문이다(ns^2np^6). 따라서 *한 주기의 양쪽 끝에 위치한 원소들이 이온을 형성하면 가득 찬 외각 준위, 즉 비활성 기체 전자 배치를 가진다.* 이 원소들은 8A(18)족의 양쪽 옆에 위치하고, 이들의 이온은 인접한 비활성 기체와 **등전자 관계**(isoelectronic, 그리스어 *iso*: 같다)이다(그림 8.26, 그림 2.14도 참조).

- 1A(1)족의 원소들이 전자 *1개를 잃고* 2A(2)족 원소들이 전자 *2개를 잃으면 바로 위 주기의* 비활성 기체와 등전자 관계이다. 예를 들어 Na^+ 이온은 네온(Ne)과 등전자 관계이다.

  $Na(1s^22s^22p^63s^1) \longrightarrow e^- + Na^+([He]2s^22p^6)$ [$Ne([He]\ 2s^22p^6)$과 등전자 관계]

- 6A(16)족의 원소들이 전자 *2개를 얻고* 7A(17)족 원소들이 전자 *1개를 얻으면 같은 주기의* 비활성 기체와 등전자 관계이다. 예를 들어, Br^- 이온은 크립톤(Kr)과 등전자 관계이다.

$Br([Ar]\ 4s^23d^{10}4p^5) + e^- \longrightarrow Br^-([Ar]\ 4s^23d^{10}4p^6)$ [$Kr([Ar]\ 4s^23d^{10}4p^6)$과 등전자 관계]

금속에서 전자를 제거하기 위해 필요한 에너지와 비금속에 전자를 추가하기 위해 필요한 에너지가 생성된 이온의 전하를 결정한다.

- *양이온.* Na^+ 또는 Mg^{2+}에서 또 하나의 전자를 제거하려면 핵심부 전자를 제거해야 하므로 너무 많은 에너지가 필요하다. 따라서 $NaCl_2$나 MgF_3는 존재하지 *않는다.*
- *음이온.* 마찬가지로 F^- 또는 O^{2-}에 또 하나의 전자를 추가하려면 더 높은 에너지 준위($n = 3$)에 전자를 추가해야 한다. 이 경우에는 10개의 전자들($1s^22s^22p^6$)이 내부 전자로 작용하여 핵전하를 매우 효과적으로 가리므로 외각 전자를 추가하려면 너무 많은 에너지가 필요하다. 따라서 Na_2F나 Mg_3O_2는 존재하지 않는다.

2. *비활성 기체의 전자 배치를 갖지 않는 이온들.* 알루미늄을 제외하고 3A(13)족에서 5A(15)족의 금속들은 비활성 기체의 전자 배치를 가진 이온을 형성하지 않는다. 대신 두 가지 서로 다른 안정한 전자 배치를 가진 양이온들을 형성한다.

- *유사 비활성 기체 배치.* 만약 금속 원자가 최고 에너지 준위를 비워 버리면 비어 있는 ns와 np 부준위들과 가득 찬 내부 $(n-1)d$ 부준위를 가진 안정한 전자 배치를 이룬다. 이런 $(n-1)d^{10}$ 배치는 **유사 비활성 기체 배치**(pseudo-noble gas configuration)라 부른다. 예를 들어 주석(Sn, $Z = 50$)은 4개의 전자들을 잃고 주석(IV) 이온(Sn^{4+})을 형성한다. 주석 이온은 비어 있는 $5s$와 $5p$ 부준위들과 가득 찬 내부 $4d$ 부준위를 가진다.

  $$Sn\ ([Kr]\ 5s^24d^{10}5p^2) \longrightarrow Sn^{4+}([Kr]\ 4d^{10}) + 4e^-$$

- *비활성 쌍 배치.* 위와는 달리 금속 원자가 np 전자들만 잃으면 가득 찬 ns와 $(n-1)d$ 부준위들을 가진 안정한 배치를 이룬다. 남아 있는 ns^2 전자들을 *비활성 쌍*(inert pair)이라 부른다. 예를 들어, Sn^{4+}보다 더 흔한 주석(II) 이온(Sn^{2+})에서 원자는 $5p$ 전자들만 잃고 가득 찬 $5s$와 $4d$ 부준위를 가진다.

  $$Sn\ ([Kr]\ 5s^24d^{10}5p^2) \longrightarrow Sn^{2+}([Kr]\ 5s^24d^{10}) + 2e^-$$

  3A(13)족에서 5A(15)족에서 원자 크기가 가장 크고 따라서 금속성이 가장 큰 원소들인 탈륨(Tl), 납(Pb), 비스무트(Bi)는 ns^2 쌍을 보유하고 있는 이온들, 즉 Tl^+, Pb^{2+}, Bi^{3+}을 형성한다.

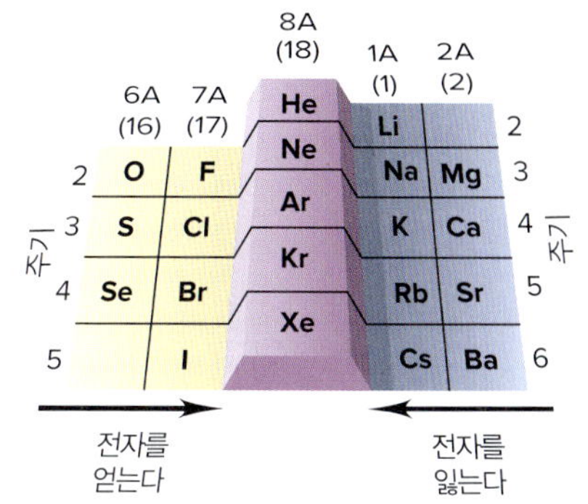

그림 8.26 이온이 비활성 기체의 전자 배치를 갖는 주족 원소들.

또 다시 에너지를 고려하여 이 전자 배치들을 설명할 수 있다. 3A(13)족에서 5A(15)족의 금속들이 비활성 기체 배치를 이루는 것은 에너지적으로 불가능하다. 예를 들어 주석이 바로 앞의 비활성 기체인 크립톤(Kr, $Z = 36$)과 등전자 관계가 되려면 14개의 전자들(2개의 $5p$ 전자들과 2개의 $5s$ 전자들뿐만 아니라 10개의 $4d$ 전자들)을 잃어야만 한다.

예제 8.5 | 주족 이온들의 전자 배치 쓰기

문제 축약형 전자 배치를 사용하여 다음 원소들의 이온 형성을 나타내는 반응식을 써라.
(a) 아이오딘(I, $Z = 53$) **(b)** 포타슘(K, $Z = 19$) **(c)** 인듐(In, $Z = 49$)

계획 주기율표 상에서 원소의 위치를 확인하고 다음 사실들을 생각한다.

- 1A(1), 2A(2), 6A(16), 7A(17)족의 원소들의 이온은 가장 가까운 비활성 기체와 등전자 관계이다.
- 3A(13), 5A(15)족의 금속들은 *ns*와 *np* 전자들을 잃거나 또는 *np* 전자들만 잃는다.

풀이 (a) 아이오딘은 7A(17)족에 속하므로 1개의 전자를 얻는다. 그 결과 형성된 I^-는 제논(Xe)과 등전자 관계이다.

$$\mathrm{I}\,([\mathrm{Kr}]\,5s^24d^{10}5p^5) + \mathrm{e}^- \longrightarrow \mathrm{I}^-([\mathrm{Kr}]\,5s^24d^{10}5p^6) \qquad \text{(Xe과 같음)}$$

(b) 포타슘은 1A(1)족에 속하므로 1개의 전자를 잃는다. 그 결과 형성된 K^+는 아르곤(Ar)과 등전자 관계이다.

$$\mathrm{K}\,([\mathrm{Ar}]4s^1) \longrightarrow \mathrm{K}^+\,([\mathrm{Ar}]) + \mathrm{e}^-$$

(c) 인듐은 3A(13)족에 속하므로 3개의 전자를 잃고 (유사 비활성 기체 배치를 가진) In^{3+}를 형성하거나 1개의 전자를 잃고 (비활성 쌍을 가진) In^+를 형성한다.

$$\mathrm{In}\,([\mathrm{Kr}]5s^24d^{10}5p^1) \longrightarrow \mathrm{In}^{3+}\,([\mathrm{Kr}]4d^{10}) + 3\mathrm{e}^-$$

$$\mathrm{In}\,([\mathrm{Kr}]5s^24d^{10}5p^1) \longrightarrow \mathrm{In}^{+}\,([\mathrm{Kr}]5s^24d^{10}) + \mathrm{e}^-$$

검산 이온의 전자 배치에 있는 전자들의 개수와 이온을 형성하면서 얻거나 잃은 전자들의 개수의 합이 *Z*와 같음을 확인한다.

▶ 보충 문제

8.5A 축약형 전자 배치를 사용하여 다음 원소들의 이온 형성을 나타내는 반응식을 써라.
(a) Ba ($Z = 56$) **(b)** O ($Z = 8$) **(c)** Pb ($Z = 82$)

8.5B 축약형 전자 배치를 사용하여 다음 원소들의 이온 형성을 나타내는 반응식을 써라.
(a) F ($Z = 9$) **(b)** Tl ($Z = 81$) **(c)** Mg ($Z = 12$)

유사 문제 8.75~8.78

전이 금속 이온들의 전자 배치 많은 주족 이온들과는 달리 *전이 금속 이온들은 비활성 기체 배치를 이루는 경우가 드물다.* 4주기 원소들인 스칸듐(Sc, Sc^{3+}를 이룸)과 타이타늄(Ti, 때때로 Ti^{4+}를 이룸)을 제외하면 *전이 원소는 일반적으로 모든 ns 전자들과 일부 (n − 1)d 전자들을 잃고 2가지 이상의 양이온을 형성한다.*

그 이유는 비활성 기체 배치를 이루기 위한 에너지 소비가 너무 높기 때문이다. 4주기를 채우는 경우를 다시 고려해 보자. 4주기의 시작 부분에서(다른 주기들에서도 마찬가지임) 침투 때문에 $4s$ 부준위가 $3d$ 부준위보다 *더 안정*해진다. 따라서 추가되는 첫 번째와 두 번째 전자들은 외각 부준위인 $4s$ 부준위에 채워진다. 하지만 $3d$는 *내각* 부준위이므로 $3d$에 채워지는 전자들은 증가하는 핵전하로부터 잘 가려지지 않는다.

그 결과 *부준위 에너지의 교차*가 일어난다. 즉, 전이 계열에서 $3d$가 $4s$보다 *더 안정*해진다(그림 8.27). 이런 에너지 순서 교차는 4주기 전이 금속 이온들의 형성에 큰 영향을 미친다. $3d$ 전자들은 단단하게 원자핵에 구속되어 있고 외각 부준위의 전자들을 가리기 때문에 *전이 금속 원소들은 4s 전자들을 3d 전자들보다* ***먼저*** *잃는다.* 따라서 *원자*를 형성할 때는 $4s$ 전자들이 $3d$ 전자들보다 먼저 추가되고 *이온*을 형성할 때는 $4s$ 전자들을 $3d$ 전자들보다 먼저 잃는다. 즉, 소위 "먼저 들어가고 먼저 나옴(first-in, first-out)" 규칙이 적용된다.

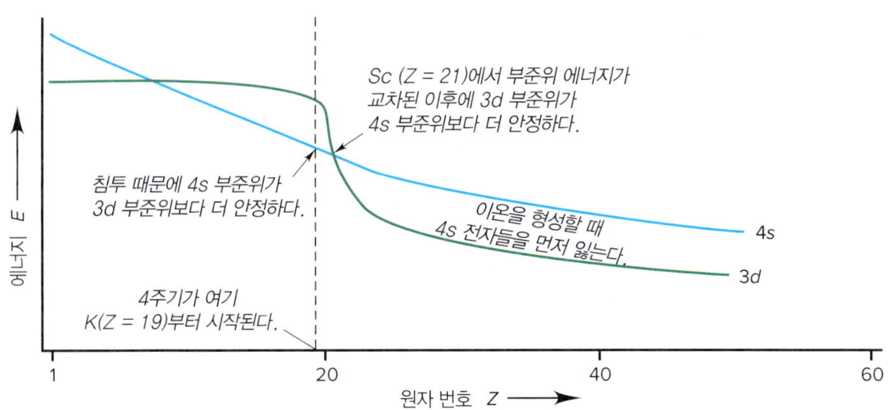

그림 8.27 4주기에서 부준위 에너지의 교차.

이온 형성: 전자를 잃거나 얻는 규칙 요약 양이온이 형성되는 다양한 방식들에는 한 가지 공통점이 있다. *더 바깥 전자들이 먼저 제거된다.* 주족 또는 전이 금속 이온의 형성에 관한 규칙들을 요약하면 다음과 같다.

- 주족 *s*-블록 금속들은 *n* 값이 가장 높은 모든 전자들을 잃는다.
- 주족 *p*-블록 금속들은 *ns* 전자들보다 먼저 *np* 전자들을 잃는다.
- 전이(*d*-블록) 금속들은 $(n-1)d$ 전자들보다 먼저 *ns* 전자들을 잃는다.
- 비금속들은 가장 높은 *n* 값의 *p* 오비탈들에 전자를 얻는다.

전이 금속 이온들의 자기적 성질들 원자 스펙트럼에서 원소의 전자 배치에 관한 많은 정보를 얻고, 자기장을 이용한 실험을 통해 추가적 증거를 얻는다.

전자 스핀이 작은 자기장을 형성하여 H 원자들의 빔이 외부 자기장 내에서 갈라지는 실험을 떠올려 보자(그림 8.1 참조). 이 실험에서 *홀전자*를 한 개 이상 가진 화학종(원자, 이온, 분자)의 빔만 갈라질 것이다. 1921년에 수행된 실험에서는 은(Ag, Z = 47) 원자들의 빔이 사용되었다.

Ag ($Z = 47$) [Kr] $5s^1 4d^{10}$

5s	4d					5p		
↑	↑↓	↑↓	↑↓	↑↓	↑↓			

5*s* 홀전자에 주목하라(이런 불규칙성은 가득 찬 부준위들이 안정하기 때문에 일어난다). 카드뮴(Cd, $Z = 48$) 원자 내의 5*s* 원자들은 *짝지어* 있으므로([Kr] $5s^2 4d^{10}$) 카드뮴 원자들의 빔은 갈라지지 않는다.

홀전자들을 가진 화학종은 **상자기성**(paramagnetism)을 나타낸다. 즉, 외부 자기장에 의해 끌려간다. 짝지은 전자들만 가진 화학종은 **반자기성**(diamagnetism)을 나타낸다. 즉, 외부 자기장에 의해 끌려가지 않고 살짝 밀려난다(그림 8.28). 많은 전이 금속들과 그 화합물들은 상자기성인데, 이는 전이 금속 원자들과 이온들이 홀전자들을 가지고 있기 때문이다.

자기장을 이용한 실험이 제안된 전자 배치에 대한 증거가 되는 세 가지 예들을 살펴보자.

1. Ti^{2+} *이온.* 타이타늄 금속의 분광 분석을 통해 [Ar] $4s^2 3d^2$의 전자 배치를 얻고, 실험을 통해 이 금속이 상자기성임을 알 수 있는데, 이는 이 원자가 홀전자들을 가진다는 의미이다. 분광 분석을 통해 Ti^{2+} 이온이 [Ar] $3d^2$의 전자 배치를 가지고 있음을 알 수 있는데, 이는 이온 형성 과정에서 4*s* 전자들을 잃어 버렸다는 의미이다. 자기장을 이용한 실험을 통해 Ti^{2+} 화합물이 상자기성임을 알 수 있고, 이는 스펙트럼 결과를 뒷받침한다.

$$\text{Ti ([Ar] } 4s^2 3d^2) \longrightarrow \text{Ti}^{2+}(\text{[Ar] } 3d^2) + 2e^-$$

부분 오비탈 도표는 다음과 같다.

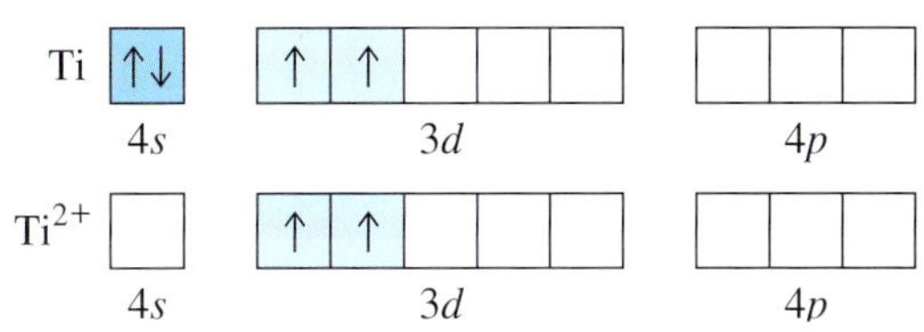

	4s	3d					4p		
Ti	↑↓	↑	↑						
Ti^{2+}		↑	↑						

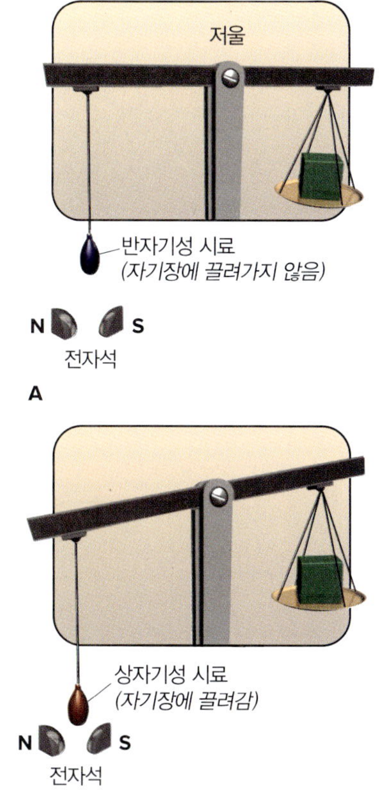

그림 8.28 **시료의 자기적 성질 측정.** 외부 자기장이 "꺼진" 상태에서 물질의 질량을 측정한다. **A.** 자기장이 "켜진" 상태에서 물질이 반자기성이면(즉, *짝지은* 전자들만 가짐) 물질의 질량은 영향을 받지 않는다(또는 약간 감소함). **B.** 물질이 상자기성(*홀전자*를 가짐)이면 질량은 증가한다.

만약 Ti 원자가 3d 전자들을 잃고 Ti^{2+} 이온을 형성한다면 그 화합물들은 반자기성일 것이다.

2. *Fe^{3+} 이온.* 금속 철(Fe)이 화합물을 생성하며 Fe^{3+} 이온이 되면 상자기성이 증가한다. 이는 홀전자들의 개수가 증가한다는 의미이다. 이 결과는 Fe가 4s 전자쌍을 잃고 3d 전자쌍 중에서 1개의 전자를 잃는다는 사실과 일치한다.

$$\text{Fe ([Ar] } 4s^2 3d^6) \longrightarrow \text{Fe}^{3+}(\text{[Ar] } 3d^5) + 3e^-$$

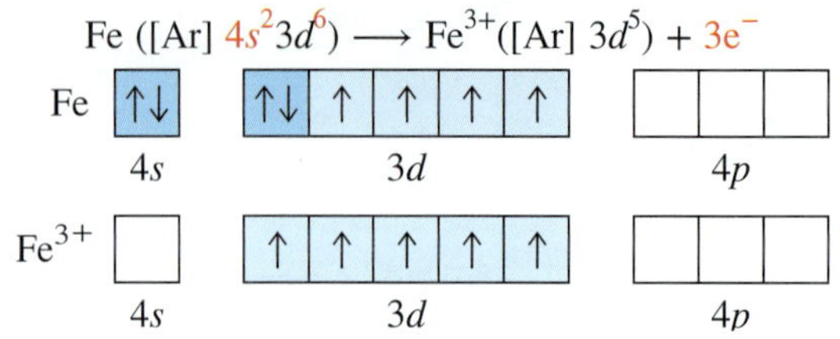

3. *Cu^+ 이온과 Zn^{2+} 이온.* 구리(Cu) 금속은 상자기성이지만 아연(Zn)은 반자기성이다. Cu^+ 이온과 Zn^{2+} 이온도 마찬가지로 반자기성이다. 이 관찰 결과들은 이 이온들이 등전자 관계이고 4s 전자들을 잃었다는 사실과 일치한다.

$$\text{Cu ([Ar] } 4s^1 3d^{10}) \longrightarrow \text{Cu}^{+}(\text{[Ar] } 3d^{10}) + e^-$$
$$\text{Zn ([Ar] } 4s^2 3d^{10}) \longrightarrow \text{Zn}^{2+}(\text{[Ar] } 3d^{10}) + 2e^-$$

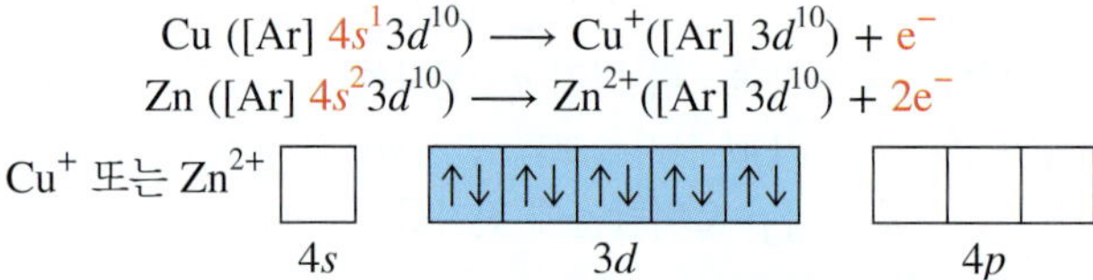

이온의 전자 배치를 쓰는 것이 어렵게 느껴진다면, eBook에 접속하여 이 주제에 대한 추가 학습 동영상을 참고하자.

예제 8.6 | 전이 금속 이온들의 전자 배치와 자기적 성질 예측

문제 축약형 전자 배치를 사용하여 각 전이 금속 이온이 형성되는 반응식을 쓰고, 그 이온이 상자기성인지 예측하라.

(a) Co^{3+} (Z = 27) **(b)** Cr^{3+} (Z = 24) **(c)** Hg^{2+} (Z = 80)

계획 원자의 축약형 전자 배치를 먼저 쓰고 Cr의 불규칙성을 기억한다. 그런 다음 ns 전자부터 시작하여 전자들을 제거하여 이온 전하를 얻는다. 만약 홀전자들이 존재하면 이온은 상자기성이다.

풀이 **(a)** $\text{Co ([Ar] } 4s^2 3d^7) \longrightarrow \text{Co}^{3+}(\text{[Ar] } 3d^6) + 3e^-$

4s	3d	4p
□	↑↓ ↑ ↑ ↑ ↑	□ □ □

4개의 홀전자들이 있으므로 Co^{3+}는 상자기성이다.

(b) $\text{Cr ([Ar] } 4s^1 3d^5) \longrightarrow \text{Cr}^{3+}(\text{[Ar] } 3d^3) + 3e^-$

4s	3d	4p
□	↑ ↑ ↑ □ □	□ □ □

3개의 홀전자들이 있으므로 Cr^{3+}는 상자기성이다.

(c) $\text{Hg ([Xe] } 6s^2 4f^{14} 5d^{10}) \longrightarrow \text{Hg}^{2+}(\text{[Xe] } 4f^{14} 5d^{10}) + 2e^-$

4f와 5d 부준위들이 가득 차 있으므로 홀전자가 없다. 따라서 Hg^{2+}는 상자기성이 *아니다.*

검산 ns 전자들을 먼저 제거하였고, 잃은 전자들과 이온의 전자 배치 내의 전자들의 개수의 합은 Z와 같다.

▶ **보충 문제**

8.6A 각 전이 금속 이온의 축약형 전자 배치를 쓰고, 그 이온이 상자기성인지 예측하라.

(a) V^{3+} (Z = 23) **(b)** Ni^{2+} (Z = 28) **(c)** La^{3+} (Z = 57)

8.6B 각 전이 금속 이온의 축약형 전자 배치를 쓰고, 홀전자의 수를 구하라.

(a) Zr^{2+} (Z = 40) **(b)** Os^{3+} (Z = 76) **(c)** Co^{2+} (Z = 27)

유사 문제 8.82~8.84

이온 크기 vs. 원자 크기 **이온 반지름**(ionic radius)은 이온의 크기의 척도이고 결정성 이온 결합 화합물에서 인접한 이온들의 원자핵들 간의 거리를 측정하여 얻는다(그림 8.29). 유효 핵전하($Z_{유효}$)와 원자 크기의 관계를 이용하여 모 원자(parent atom) 대비 이온의 크기를 예측할 수 있다.

- *양이온은 모 원자보다 작다.* 양이온이 형성되면 전자들은 외각 준위*에서 제거된다.* 결과적으로 가림과 *nl* 값이 감소하기 때문에 원자핵이 남아있는 전자들을 더 가까이 끌어당긴다.
- *음이온은 모 원자보다 크다.* 음이온이 형성되면 전자들은 외각 준위*에 추가된다.* 결과적으로 가림과 전자 반발이 증가하여 전자들이 더 큰 공간을 점유한다.

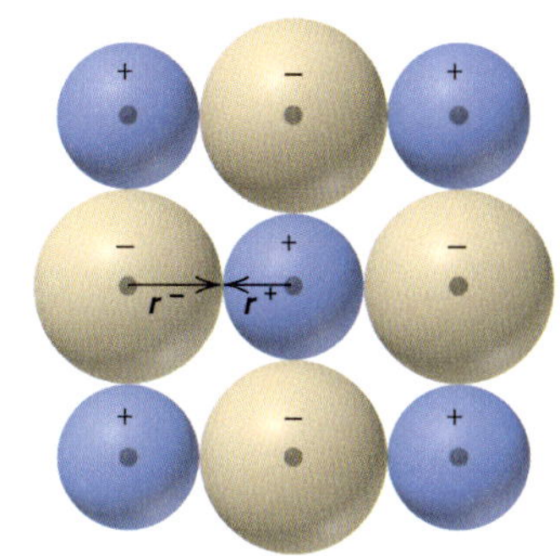

그림 8.29 **이온 반지름.** 양이온의 반지름(r^+)과 음이온의 반지름(r^-)의 합이 원자핵 간의 거리이다.

그림 8.30에는 몇몇 주족 이온들과 그 모 원자들의 반지름들이 나와 있다. 이로부터 다음과 같은 관찰 결과들을 얻는다.

1. *족을 따라 내려가면*, *n*이 증가하므로 *이온 크기가 증가한다.*
2. *주기를 따라가면*, 경향이 복잡하다. 예를 들어 3주기를 고려하면
   - *양이온들 중에서*, 왼쪽에서 오른쪽으로 갈수록 $Z_{유효}$가 증가하여 Na^+가 Mg^{2+}보다 더 크고, Mg^{2+}가 Al^{3+}보다 더 크다. 주기를 따라가면 전하가 증가하여 양이온의 크기는 감소한다.
   - 같은 주기 내의 *마지막 양이온에서 첫 번째 음이온까지* 크기가 크게 증가한다. 한 주기 내의 마지막 양이온에서 첫 번째 음이온으로 가면, 전자들이 제거되는 것이 아니라 *추가*되기 때문에 전자들 간의 반발이 크게 증가한다. 예를 들어 P^{3-}는 Al^{3+}보다 전자들을 8개 더 많이 가진다.
   - *음이온들 중에서*, 왼쪽에서 오른쪽으로 갈수록 $Z_{유효}$가 증가하여 P^{3-}가 S^{2-}보다 더 크고, S^{2-}가 Cl^-보다 더 크다. 주기를 따라 오른쪽으로 갈수록 전하가 감소하면서 음이온의 크기도 감소한다.

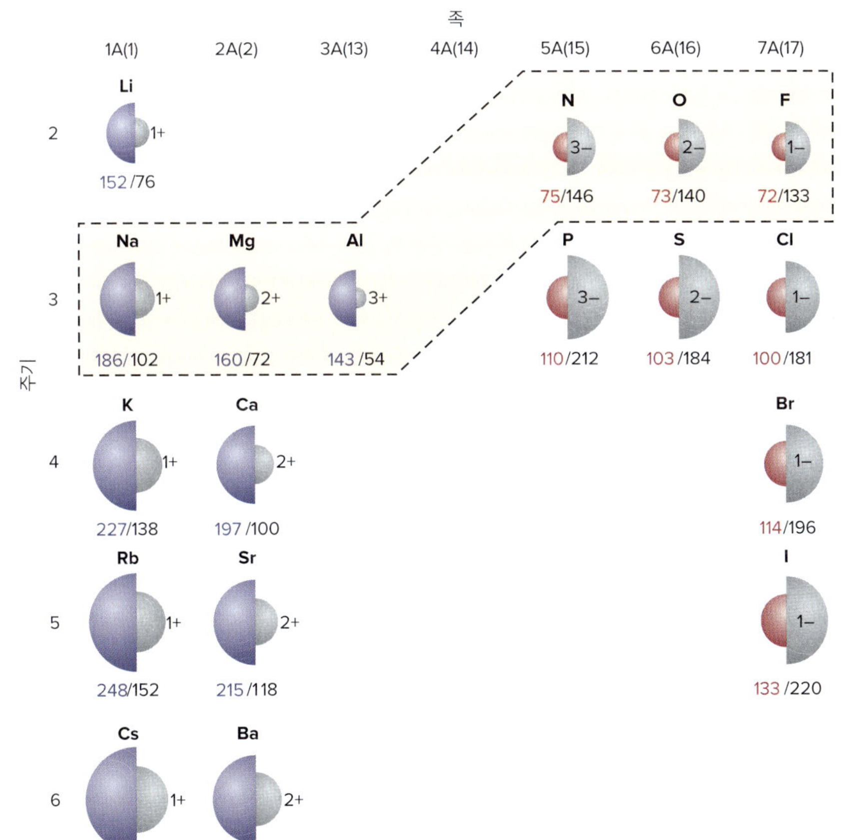

그림 8.30 **이온 반지름 vs. 원자 반지름.** 원자 반지름(*파란색/빨간색*)과 이온 반지름(*회색*)을 피코미터(pm) 단위로 표시하였다. 금속 원자들(*파란색*)은 모 원자보다 *더 작은* 양이온을 형성하고, 비금속 원자들(*빨간색*)은 모 원자보다 *더 큰* 음이온을 형성한다. 점선으로 표시된 영역 내의 이온들은 네온(Ne)과 *등전자* 관계이다.

- *등전자 계열 내에서*, 바로 위에서 고려한 요인들은 엄청난 결과를 야기한다. 그림 8.30의 점선으로 표시된 영역 내의 이온들은 네온(Ne)과 등전자 관계이다. 같은 개수의 전자들을 증가하는 핵전하가 끌어당기기 때문에 2주기 음이온들이 3주기 양이온들보다 훨씬 더 크다. 이 이온들의 크기의 경향은 다음과 같다.

$$\begin{array}{ccccccccccc} 3- & > & 2- & > & 1- & > & 1+ & > & 2+ & > & 3+ \\ 7p^+ & & 8p^+ & & 9p^+ & & 11p^+ & & 12p^+ & & 13p^+ \\ 10e^- & & 10e^- & & 10e^- & & 10e^- & & 10e^- & & 10e^- \end{array}$$

3. *양이온 크기는 전하 증가에 따라 감소한다.* 금속이 양이온을 형성하면, *이온 전하가 클수록 이온 반지름은 더 작다.* 예를 들어 철의 두 이온들에서 Fe^{3+}가 Fe^{2+}보다 전자를 1개 더 적게 가지므로 가림이 다소 감소하고 같은 원자핵이 더 적은 개수의 전자들을 끌어당긴다. 그 결과 $Z_{유효}$는 증가하므로 Fe^{3+}(65 pm)는 Fe^{2+}(78 pm)보다 더 작다.

예제 8.7 | 크기 순으로 이온 배열하기

문제 다음 이온들을 크기가 *감소하는* 순서로 나열하고, 그렇게 나열한 이유를 설명하라.

(a) Ca^{2+}, Sr^{2+}, Mg^{2+} **(b)** K^+, S^{2-}, Cl^- **(c)** Au^+, Au^{3+}

계획 주기율표 상에서 각 원소의 위치를 찾고 본문에서 주어진 개념들을 적용한다.

풀이 **(a)** Mg^{2+}, Ca^{2+}, Sr^{2+}은 모두 2A(2)족에 속하므로 족을 따라 위로 갈수록 크기가 감소한다. $Sr^{2+} > Ca^{2+} > Mg^{2+}$.

(b) K^+, S^{2-}, Cl^- 이온들은 서로 등전자 관계이다. S^{2-}가 Cl^-보다 더 낮은 $Z_{유효}$를 가지므로 더 크다. K^+는 양이온이고 가장 높은 $Z_{유효}$를 가지므로 가장 작다. $S^{2-} > Cl^- > K^+$.

(c) Au^+는 Au^{3+}보다 더 낮은 전하를 가지므로 더 크다. $Au^+ > Au^{3+}$.

▶ 보충 문제

8.7A 다음 이온들을 크기가 *증가하는* 순서로 나열하라.

(a) Cl^-, Br^-, F^- **(b)** Na^+, Mg^{2+}, F^- **(c)** Cr^{2+}, Cr^{3+}

8.7B 다음 이온들을 크기가 *감소하는* 순서로 나열하라.

(a) S^{2-}, P^{3-}, Cl^- **(b)** Rb^+, K^+, Cs^+ **(c)** I^-, Ba^{2+}, Cs^+

유사 문제 8.87, 8.88

› 8.4절 요약

- 금속성은 큰 원자 크기와 낮은 이온화 에너지와 연관되어 있다. 따라서 금속성은 족을 따라 아래로 갈수록 증가하고 주기를 따라 오른쪽으로 갈수록 감소한다.
- 1A(1)족과 2A(2)족 원소들은 강한 환원제이다. 6A(16)족과 7A(17)족의 비금속 원소들은 강한 산화제이다.
- 주족에 속하는 금속의 산화물은 염기성이고 비금속의 산화물은 산성이다. 따라서 산화물은 주기를 따라 오른쪽으로 갈수록 더 산성이 되고 족을 따라 아래로 갈수록 더 염기성이 된다.
- 많은 주족 원소들은 가장 가까운 비활성 기체와 등전자 관계인 이온을 형성한다. 비활성 기체의 전자 배치를 이루기 위해 필요한 만큼보다 더 많은 전자들을 제거(또는 추가)하려면 엄청난 양의 에너지가 필요하다.
- 3A(13)족에서 5A(15)족까지의 금속은 *np* 전자들을 잃거나 또는 *ns*와 *np* 전자들을 모두 잃는다.
- 전이 금속은 $(n-1)d$ 전자를 잃기 전에 *ns* 전자를 잃고 보통 두 가지 이상의 이온을 형성한다.
- 많은 전이 금속들과 그 화합물들은 상자기성인데, 이는 전이 금속 원자들(또는 이온들)이 홀전자들을 가지고 있기 때문이다.
- 양이온은 모 원자보다 더 작고, 음이온은 모 원자보다 더 크다. 이온 반지름은 족을 따라 아래로 갈수록 증가한다. 주기를 따라 오른쪽으로 갈수록 이온 반지름은 일반적으로 감소하지만, 마지막 양이온에서 첫 음이온으로 가면서 이온 반지름이 크게 증가한다.

개념 정리와 복습 _Chapter Review Guide

학습 목표 _Learning Objectives

* 괄호 안은 관련된 절(§)과 예제(SP) 번호

주요 개념

1. 주기율의 의미와 원자 번호에 따른 원소들 배열(서론)
2. 스핀 양자수의 근원과 두 가지 가능한 값들(§8.1)
3. Pauli 배타 원리를 오비탈 채움에 적용하는 방식(§8.1)
4. 핵전하, 가림, 침투가 에너지 준위 갈라짐에 미치는 영향; 유효 핵전하의 의미(§8.1)
5. 부준위 에너지의 순서에 기반한 주기율표의 배열 방식(§8.2)
6. 주족과 전이 원소들에서 부준위들이 채워지는 방식(§8.2)
7. 내부 전자, 외각 전자, 원자가 전자의 구별(§8.2)
8. 한 족 내의 외각 전자 배치가 화학적 성질과 관련되어 있는 방식(§8.2)
9. 원자 반지름, 이온화 에너지, 전자 친화도의 의미(§8.2)
10. n 값과 유효 핵전하 때문에 원자 크기와 이온화 에너지의 주기적 경향이 나타나는 방식(§8.3)
11. 순차적 이온화 에너지의 경향에 대한 핵심부 전자의 중요성(§8.3)
12. 원자의 성질이 이온 형성의 경향과 관련되어 있는 방식(§8.3)
13. 금속과 비금속의 일반적 성질들(§8.4)
14. 주기율표의 수직 방향과 수평 방향을 따라 나타나는 금속성의 경향이 이온 형성 및 산화물의 산도와 관련되어 있는 방식(§8.4)
15. 원자 크기와 IE가 산화-환원 성질과 관련되어 있는 방식(§8.4)
16. 주족 이온이 가장 가까운 비활성 기체와 등전자 관계이거나 유사 비활성 기체의 전자 배치를 가지는 이유(§8.4)
17. 전이 원소가 ns 전자들을 먼저 잃는 이유(§8.4)
18. 상자기성과 반자기성의 근원(§8.4)
19. 이온 크기와 원자 크기 간의 관계와 이온 크기의 경향(§8.4)

주요 스킬

1. 한 원소의 전체 전자 배치와 축약형 전자 배치 쓰기(SP 8.1)
2. 주기적 경향을 이용하여 원소들을 원자 크기와 1차 이온화 에너지에 따라 배열하기(SP 8.2, 8.3)
3. 순차적 이온화 에너지 값들을 이용하여 원소의 종류 결정(SP 8.4)
4. 주족 이온과 전이 금속 이온의 전자 배치 쓰기와 전이 금속 이온의 자기적 성질 예측(SP 8.5, 8.6)
5. 주기적 경향성을 이용하여 이온들을 크기에 따라 배열하기(SP 8.7)

주요 용어 _Key Terms

가림	란타넘족	외각 전자	전이 원소
공유 반지름	반자기성	원자 크기	전자 배치
오비탈 도표	상자기성	원자가 전자	전자 친화도
금속 반지름	스핀 양자수, m_s	유사 비활성 기체 배치	주기율
내부 전이 원소	쌓음 원리	유효 핵전하, $Z_{유효}$	침투
내부(핵심부) 전자	악티늄족	이온 반지름	Hund의 규칙
등전자 관계	양쪽성	이온화 에너지, IE	Pauli 배타 원리

주요 방정식 및 관계식 _Key Equations and Relationships

8.1 각운동량 양자수(l 값)에 따라 부준위들의 에너지 순서 정의:

$$\text{부준위의 에너지 순서: } s < p < d < f$$

8.2 1차 이온화 에너지의 의미:

$$\text{원자}(g) \longrightarrow \text{이온}^+(g) + e^- \qquad \Delta E = IE_1 > 0$$

연습 문제 _Problems

노란색으로 표시한 문제들에 대해서는 그 답을 부록 E에 첨부하였다. 연습 문제에 표시된 절은 본문의 절과 같고, 관련 예제의 번호를 제시하였다. 대부분의 경우 개념 복습 문제, 스킬 숙달 문제(같은 개념을 다루는 두 문제씩 묶음) 및 실전 문제를 제시하였다.

개념 복습 문제

8.1 새로운 원소가 발견되어 주기율표에서 주석(Sn)과 안티모니(Sb) 사이에 들어간다고 하면 여러분은 어떤 반응을 보이겠는가?

8.2 원자 X-선 스펙트럼의 연구 결과를 바탕으로 Moseley는 원소들의 순서에 대한 기준으로 원자 질량을 대체할 관계식을 발견하였다. 현재 주기율표에서 원소들은 어떤 기준으로 배열되어 있는가? Moseley의 발견으로 확인된 원소 순서의 예를 들어라.

스킬 숙달 문제(유사한 문제들을 두 개씩 묶음)

8.3 Mendeleev가 주기율표를 발표하기 이전에 독일의 과학자 Johann Döbereiner는 비슷한 성질들을 가진 원소들을 "3원소(triads)"로 분류하였다. 한 구성 원소의 알려지지 않은 성질은 다른 구성 원소

들의 성질의 알려진 값들을 평균하여 예측하였다. 이 발상을 시험하기 위해 다음 물리적 양들의 값들을 예측하라.
(a) Na와 Rb의 원자 질량으로부터 K의 원자 질량
(b) Cl_2(−101.0°C)와 I_2(113.6°C)의 녹는점으로부터 Br_2의 녹는점(실제 값 = −7.2°C)

8.4 Döbereiner의 발상(문제 8.3)을 시험하기 위해 다음을 예측하라.
(a) HCl(−84.9°C)와 HI(−35.4°C)의 끓는점으로부터 HBr의 끓는점(실제 값 = −67.0°C)
(b) PH_3(−87.4°C)와 SbH_3(−17.1°C)의 끓는점으로부터 AsH_3의 끓는점(실제 값 = −55°C)

다전자 원자의 특성

개념 복습 문제

8.5 원자 내 전자의 네 가지 양자수들의 허용된 값들에 대한 규칙을 요약하라.

8.6 어떤 양자수가 오직 전자에만 관련되어 있는가? 어떤 양자수가 오비탈과 관련되어 있는가?

8.7 배타 원리를 설명하라. 이 원리는 원자 오비탈 내 전자들의 수와 스핀에 관해 무엇을 의미하는가?

8.8 일전자 화학종(예, H 원자)의 부준위 에너지와 다전자 원자(예, C 원자)의 부준위 에너지 간의 주요 차이는 무엇인가? 이런 차이는 어떤 요인들 때문에 생기는가? Be^{3+} 이온의 부준위 에너지의 유형은 H와 C 중에서 무엇과 더 비슷할 것이라 예상하는지 설명하라.

8.9 *가림*과 *유효 핵전하*를 정의하라. 이 두 개념들 간의 관계는 무엇인가?

8.10 침투란 무엇인가? 가림과 어떤 관련이 있는가? 침투 효과를 이용하여 같은 원자 내의 3*p*와 3*d* 전자의 오비탈 에너지의 상대적 차이를 설명하라.

스킬 숙달 문제(유사한 문제들을 두 개씩 묶음)

8.11 한 원자 내에서 얼마나 많은 전자들이 다음 양자수 또는 부준위 명칭을 가질 수 있는가?
(a) $n = 2, l = 1$ (b) 3*d* (c) 4*s*

8.12 한 원자 내에서 얼마나 많은 전자들이 다음 양자수 또는 부준위 명칭을 가질 수 있는가?
(a) $n = 2, l = 1, m_l = 0$ (b) 5*p* (c) $n = 4, l = 3$

8.13 한 원자 내에서 얼마나 많은 전자들이 다음 양자수 또는 부준위 명칭을 가질 수 있는가?
(a) 4*p* (b) $n = 3, l = 1, m_l = +1$ (c) $n = 5, l = 3$

8.14 한 원자 내에서 얼마나 많은 전자들이 다음 양자수 또는 부준위 명칭을 가질 수 있는가?
(a) 2*s* (b) $n = 3, l = 2$ (c) 6*d*

양자역학 모형과 주기율표

(예제 8.1)

개념 복습 문제

8.15 주기율을 설명하고 전자 배치와의 관계를 설명하라. (설명할 때 Na와 K를 사용하라.)

8.16 Hund의 규칙을 설명하고, 이를 질소 원자의 오비탈 도표에 적용하는 것을 보여라.

8.17 주기율과 관련하여 쌓음 원리가 어떻게 주기율표의 형식을 만들어 내는가?

8.18 주족 원소들에 대해서 외각 전자 배치는 같은 족 내에서 비슷한가 아니면 다른가? 같은 주기 내에서는 어떤가? 설명하라.

8.19 어떤 블록의 원소들에 대해서 외각 전자가 원자가 전자와 같은가? 어떤 원소들에 대해서 *d* 전자가 원자가 전자에 포함되는가?

8.20 *n*번째 에너지 준위의 전자 용량은 얼마인가? 네 번째 에너지 준위의 용량은 얼마인가?

스킬 숙달 문제(유사한 문제들을 두 개씩 묶음)

8.21 다음에 대해서 가능한 양자수들의 전체 조합을 써라.
(a) Rb 원자의 최외각 전자
(b) S^- 이온이 S^{2-} 이온이 될 때 얻은 전자
(c) Ag 원자가 이온화되면서 잃은 전자
(d) F^- 이온이 F 원자로부터 생성될 때 얻은 전자

8.22 다음에 대해서 가능한 양자수들의 전체 조합을 써라.
(a) Li 원자의 최외각 전자
(b) Br 원자가 Br^- 이온이 될 때 얻은 전자
(c) Cs 원자가 이온화되면서 잃은 전자
(d) 바닥 상태 B 원자의 가장 높은 에너지의 전자

8.23 다음에 대해서 바닥 상태의 전체 전자 배치를 써라.
(a) Rb (b) Ge (c) Ar

8.24 다음에 대해서 바닥 상태의 전체 전자 배치를 써라.
(a) Br (b) Mg (c) Se

8.25 다음에 대해서 바닥 상태의 전체 전자 배치를 써라.
(a) Cl (b) Si (c) Sr

8.26 다음에 대해서 바닥 상태의 전체 전자 배치를 써라.
(a) S (b) Kr (c) Cs

8.27 부분(원자가 준위) 오비탈 도표를 그려라. 또 바닥 상태의 축약형 전자 배치를 써라.
(a) Ti (b) Cl (c) V

8.28 부분(원자가 준위) 오비탈 도표를 그려라. 또 바닥 상태의 축약형 전자 배치를 써라.
(a) Ba (b) Co (c) Ag

8.29 부분(원자가 준위) 오비탈 도표를 그려라. 또 바닥 상태의 축약형 전자 배치를 써라.
(a) Mn (b) P (c) Fe

8.30 부분(원자가 준위) 오비탈 도표를 그려라. 또 바닥 상태의 축약형 전자 배치를 써라.
(a) Ga (b) Zn (c) Sc

8.31 부분(원자가 준위) 오비탈 도표를 그려라. 또 원소의 기호, 족 번호, 주기 번호를 써라.
(a) [He] $2s^2 2p^4$ (b) [Ne] $3s^2 3p^3$

8.32 부분(원자가 준위) 오비탈 도표를 그려라. 또 원소의 기호, 족 번호, 주기 번호를 써라.
(a) [Kr] $5s^2 4d^{10}$ (b) [Ar] $4s^2 3d^8$

8.33 부분(원자가 준위) 오비탈 도표를 그려라. 또 원소의 기호, 족

번호, 주기 번호를 써라.

(a) [Ne] $3s^23p^5$ (b) [Ar] $4s^23d^{10}4p^3$

8.34 부분(원자가 준위) 오비탈 도표를 그려라. 또 원소의 기호, 족 번호, 주기 번호를 써라.

(a) [Ar] $4s^23d^5$ (b) [Kr] $5s^24d^2$

8.35 각 부분(원자가 준위) 오비탈 도표로부터 축약형 전자 배치와 족 번호를 써라.

(a) 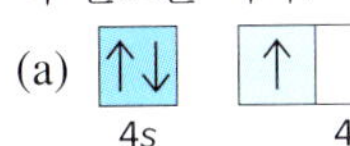

(b) 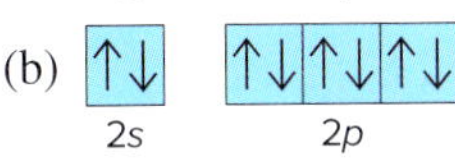

8.36 각 부분(원자가 준위) 오비탈 도표로부터 축약형 전자 배치와 족 번호를 써라.

(a) 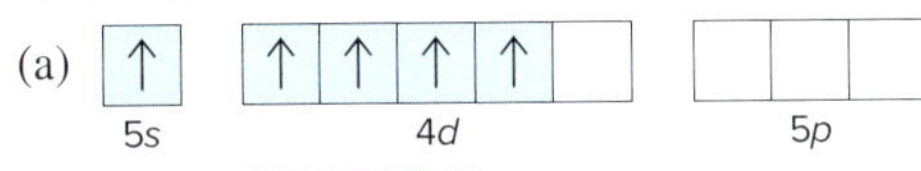

(b) 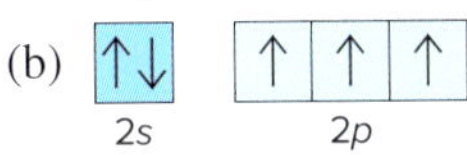

8.37 다음 각 원소의 원자에 얼마나 많은 내부 전자, 외각 전자, 원자가 전자가 존재하는가?

(a) O (b) Sn (c) Ca (d) Fe (e) Se

8.38 다음 각 원소의 원자에 얼마나 많은 내부 전자, 외각 전자, 원자가 전자가 존재하는가?

(a) Br (b) Cs (c) Cr (d) Sr (e) F

8.39 아래 각 원소의 종류를 알아내고, 같은 족 내의 다른 원소들의 기호를 써라.

(a) [He] $2s^22p^1$ (b) [Ne] $3s^23p^4$ (c) [Xe] $6s^25d^1$

8.40 아래 각 원소의 종류를 알아내고, 같은 족 내의 다른 원소들의 기호를 써라.

(a) [Ar] $4s^23d^{10}4p^4$ (b) [Xe] $6s^24f^{14}5d^2$ (c) [Ar] $4s^23d^5$

8.41 아래 각 원소의 종류를 알아내고, 같은 족 내의 다른 원소들의 기호를 써라.

(a) [He] $2s^22p^2$ (b) [Ar] $4s^23d^3$ (c) [Ne] $3s^23p^3$

8.42 아래 각 원소의 종류를 알아내고, 같은 족 내의 다른 원소들의 기호를 써라.

(a) [Ar] $4s^23d^{10}4p^2$ (b) [Ar] $4s^23d^7$ (c) [Kr] $5s^24d^5$

실전 문제

8.43 바닥 상태의 원자가 에너지를 흡수하면 들뜬 상태에 존재한다. 원자가 바닥 상태로 돌아올 때 스펙트럼 선들이 생성된다. 예를 들어 들뜬 Na 원자가 바닥 상태로 돌아올 때 에너지의 방출에 의해 Na 스펙트럼의 노랑-주황색 선이 생성된다. Na의 첫 번째 들뜬 상태의 전자 배치를 쓰고 오비탈 도표를 그려라.

8.44 분광학자들이 들뜬 상태를 연구하는 한 가지 이유는 원자의 바닥 상태에서는 점유되지 않은 오비탈의 에너지에 대한 정보를 얻기 위해서이다. 다음 각 전자 배치는 들뜬 상태의 원자를 나타낸다. 원소의 종류를 알아내고, 바닥 상태의 축약형 전자 배치를 써라.

(a) $1s^22s^22p^63s^13p^1$ (b) $1s^22s^22p^63s^23p^44s^1$

(c) $1s^22s^22p^63s^23p^64s^23d^44p^1$ (d) $1s^22s^22p^53s^1$

세 가지 원자 성질의 경향성

(예제 8.2~8.4)

개념 복습 문제

8.45 고립된 원자의 정확한 외곽 한계를 측정할 수 없다면 원자의 반지름을 결정하기 위해 어떤 기준을 사용할 수 있는가? 공유 반지름과 금속 반지름 간의 차이는 무엇인가?

8.46 다음 부분(원자가 준위) 전자 배치를 보고 (a) 각 원소의 종류를 알아내고 (b) 원자 크기가 증가하는 순서로 네 원소들을 나열하고 (c) 이온화 에너지가 증가하는 순서로 네 원소들을 나열하라.

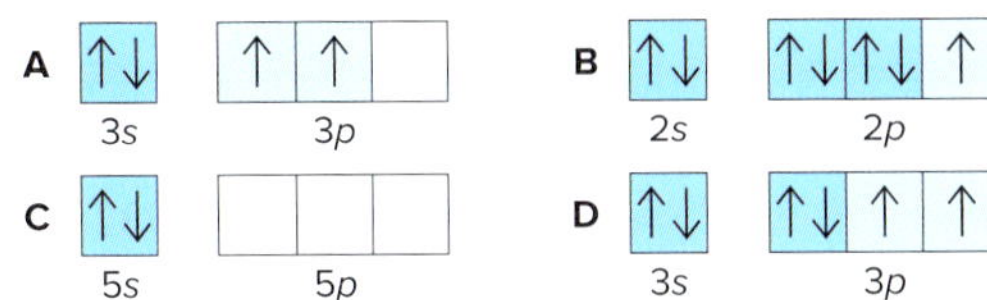

8.47 주기율표의 어떤 영역에서 상대적으로 높은 IE를 가진 원소들을 찾을 수 있는가? 상대적으로 낮은 IE를 가진 원소들은?

8.48 (a) 한 원소의 순차적 IE들은 왜 항상 증가하는가? (b) 한 원소의 순차적 IE들 간의 차이가 매우 크면(예, K의 IE_1과 IE_2 간의 차이), 원소의 전자 배치에 관해 무엇을 알 수 있는가? (c) 아래 그림의 막대들은 원자의 처음 다섯 이온화 에너지들의 상대적 크기를 나타낸다:

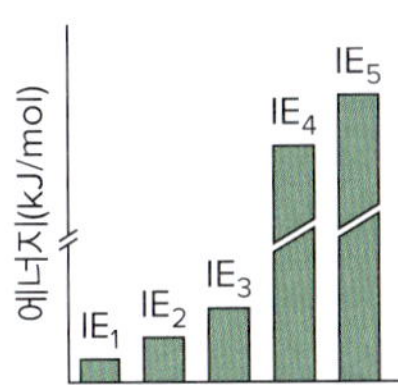

해당 원소가 (i) 2주기 (ii) 3주기 (iii) 4주기에 속한다고 가정할 때, 원소의 종류를 알아내고 완전한 전자 배치를 써라.

8.49 3주기 원소들의 IE_1 그래프(그림 8.16 참조)에서 3A(13)족과 6A(16)족에 속한 원소들의 값들이 일반적으로 증가하는 경향의 약간 밑으로 떨어지는 이유는 무엇인가?

8.50 높은(흡열 반응) IE_1과 매우 음의(발열 반응) 1차 전자 친화도(EA_1)를 가진 원소들은 주기율표에서 어느 족에 존재하는가? 이 원자들이 형성하는 이온들이 가지는 전하를 써라.

8.51 산소 원자의 EA_1은 음(−)이지만 EA_2는 양(+)이다. 이와 같은 부호의 변화는 왜 일어나는가? 어떤 다른 원소들이 양의 EA_2를 가지는가? 설명하라.

8.52 4주기 전이 원소들 중에서 *d*-전자 가림은 원자 크기에 어떤 영향을 미치는가?

스킬 숙달 문제(유사한 문제들을 두 개씩 묶음)

8.53 원자 크기가 *증가하는* 순서로 다음 원소들을 나열하라.

(a) Rb, K, Cs (b) C, O, Be

(c) Cl, K, S (d) Mg, K, Ca

8.54 원자 크기가 *감소하는* 순서로 다음 원소들을 나열하라.

(a) Ge, Pb, Sn (b) Sn, Te, Sr

(c) F, Ne, Na (d) Be, Mg, Na

8.55 IE_1이 *증가하는* 순서로 다음 원소들을 나열하라.
(a) Sr, Ca, Ba (b) N, B, Ne
(c) Br, Rb, Se (d) As, Sb, Sn

8.56 IE_1이 *감소하는* 순서로 다음 원소들을 나열하라.
(a) Na, Li, K (b) Be, F, C
(c) Cl, Ar, Na (d) Cl, Br, Se

8.57 다음 순차적 IE 값들(kJ/mol 단위)을 가진 2주기 원소의 전체 전자 배치를 써라.
$IE_1 = 801$ $E_2 = 2427$ $E_3 = 3659$
$IE_4 = 25,022$ $E_5 = 32,822$

8.58 다음 순차적 IE들(kJ/mol 단위)을 가진 3주기 원소의 전체 전자 배치를 써라.
$IE_1 = 738$ $E_2 = 1450$ $E_3 = 7732$
$IE_4 = 10,539$ $E_5 = 13,628$

8.59 다음 원소들 중에서 어느 원소가 *가장* 높은 IE_2를 가지고 있다고 예상하는가?
(a) Na, Mg, Al (b) Na, K, Fe
(c) Sc, Be, Mg

8.60 다음 원소들 중에서 어느 원소가 *가장 낮은* IE_3를 가지고 있다고 예상하는가?
(a) Na, Mg, Al (b) K, Ca, Sc
(c) Li, Al, B

원자의 성질과 화학 반응성

(예제 8.5~8.7)

개념 복습 문제

8.61 금속과 비금속의 서로 다른 세 가지 점을 열거하라.

8.62 주기율표에서의 위치의 함수로 금속성의 경향을 요약하라. 이는 원자 크기의 경향과 같은가? 이온화 에너지의 경향은 어떤가?

8.63 1A(1)족에서 원자 크기와 환원력 간의 관계를 설명하라. 7A(17)족에서 IE와 산화력 간의 관계를 설명하라.

8.64 물에서의 주족 금속과 비금속 산화물의 산-염기 성질을 요약하라. 물에서 산화물의 산도는 족을 따라 그리고 주기를 따라 어떻게 변하는가?

8.65 4A(14)족의 가장 큰, 안정한 두 원소들로부터 어떤 이온들이 가능한가? 각 이온은 어떻게 생성되는가?

8.66 유사 비활성 기체(pseudo-noble gas)의 전자 배치는 무엇인가? 이런 원소를 가진 3A족의 한 이온을 예로 들어라.

8.67 상자기성 측정은 분광학적으로 유도한 전자 배치를 입증하기 위해 어떻게 사용되는가? Cu(I)과 Cu(II) 염화물을 예로 사용하라.

8.68 한 무리의 등전자 이온들의 전하는 3+에서 3−까지 변한다. 이온들을 크기가 증가하는 순서로 배열하라.

스킬 숙달 문제(유사한 문제들을 두 개씩 묶음)

8.69 어느 원소가 *금속성이 더 강할* 것이라 예상하는가?
(a) Ca, Rb (b) Mg, Ra (c) Br, I

8.70 어느 원소가 *금속성이 더 강할* 것이라 예상하는가?
(a) S, Cl (b) In, Al (c) As, Br

8.71 어느 원소가 *금속성이 더 약할* 것이라 예상하는가?
(a) Sb, As (b) Si, P (c) Be, Na

8.72 어느 원소가 *금속성이 더 약할* 것이라 예상하는가?
(a) Cs, Rn (b) Sn, Te (c) Se, Ge

8.73 물에서 일어나는 주족 비금속 산화물의 반응은 산성과 염기성 용액 중 무엇을 생성하는가? 6A(16)족 비금속 산화물과 물의 반응에 대해서 균형 반응식을 써라.

8.74 물에서 일어나는 주족 금속 산화물의 반응은 산성과 염기성 용액 중 무엇을 생성하는가? 2A(2)족 산화물과 물의 반응에 대해서 균형 반응식을 써라.

8.75 다음 원소들로부터 생성될 것 같은 단원자 이온의 전하와 바닥 상태의 전체 전자 배치를 써라.
(a) Cl (b) Na (c) Ca

8.76 다음 원소들로부터 생성될 것 같은 단원자 이온의 전하와 바닥 상태의 전체 전자 배치를 써라.
(a) Rb (b) N (c) Br

8.77 다음 원소들로부터 생성될 것 같은 단원자 이온의 전하와 바닥 상태의 전체 전자 배치를 써라.
(a) Al (b) S (c) Sr

8.78 다음 원소들로부터 생성될 것 같은 단원자 이온의 전하와 바닥 상태의 전체 전자 배치를 써라.
(a) P (b) Mg (c) Se

8.79 다음 족에 속한 바닥 상태 원자에는 얼마나 많은 홀전자들이 존재하는가?
(a) 2A(2) (b) 5A(15) (c) 8A(18) (d) 3A(13)

8.80 다음 족에 속한 바닥 상태 원자에는 얼마나 많은 홀전자들이 존재하는가?
(a) 4A(14) (b) 7A(17) (c) 1A(1) (d) 6A(16)

8.81 다음 원자들 중 바닥 상태에서 상자기성인 원자는 무엇인가?
(a) Ga (b) Si (c) Be (d) Te

8.82 다음 바닥 상태 이온들의 화합물은 상자기성인가?
(a) Ti^{2+} (b) Zn^{2+} (c) Ca^{2+} (d) Sn^{2+}

8.83 다음 전이 금속 이온들에 대해서 바닥 상태의 축약형 전자 배치를 쓰고, 어느 이온이 상자기성인지 기술하라.
(a) V^{3+} (b) Cd^{2+} (c) Co^{3+} (d) Ag^{+}

8.84 다음 전이 금속 이온들에 대해서 바닥 상태의 축약형 전자 배치를 쓰고, 어느 이온이 상자기성인지 기술하라.
(a) Mo^{3+} (b) Au^{+} (c) Mn^{2+} (d) Hf^{2+}

8.85 팔라듐(Pd, $Z = 46$)은 반자기성이다. 부분 오비탈 도표를 그려서 다음 전자 배치들 중 어떤 것이 이 사실과 일치하는지 보여라.
(a) [Kr] $5s^24d^8$ (b) [Kr] $4d^{10}$ (c) [Kr] $5s^14d^9$

8.86 니오븀(Nb, Z = 41)은 5B(5)족 원소로서는 변칙적인 바닥 상태 전자 배치 [Kr] $5s^14d^4$를 가진다. 이 족의 원소에 대해서 예상되는 전자 배치는 무엇인가? 부분 오비탈 도표를 그려서 상자기성 측정이 니오븀의 실제 전자 배치를 어떻게 입증하는지 보여라.

8.87 다음 이온들을 크기가 *증가하는* 순서로 나열하고, 그 이유를 설명하라.
(a) Li^+, K^+, Na^+ (b) Se^{2-}, Rb^+, Br^- (c) O^{2-}, F^-, N^{3-}

8.88 다음 이온들을 크기가 *감소하는* 순서로 나열하고, 그 이유를 설명하라.
(a) Se^{2-}, S^{2-}, O^{2-} (b) Te^{2-}, Cs^+, I^- (c) Sr^{2+}, Ba^{2+}, Cs^+

제 9 장 화학 결합 모형

Models of Chemical Bonding

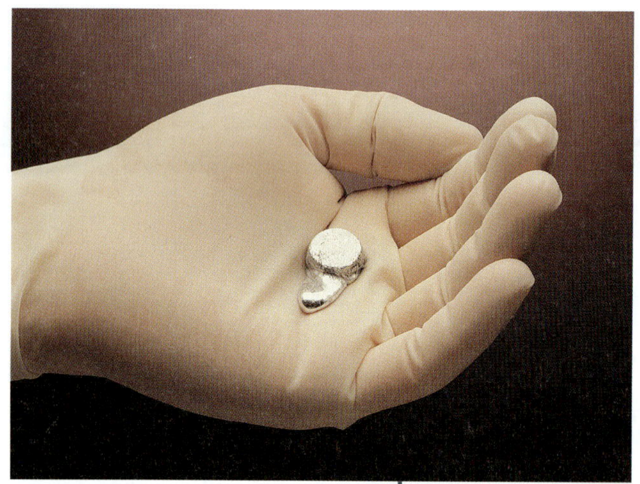

Source: (left): Stephen Frisch/McGraw-Hill Education; (right): Pimonpim/123RF

관련 개념과 스킬 _Concepts and Skills to Review Before You Study This Chapter

» 이온 결합 화합물과 공유 결합 화합물의 특징: Coulomb의 법칙(2.7절)

» 극성 공유 결합과 물의 극성(4.1절)

» Hess의 법칙, $\Delta H^\circ_{반응}$과 ΔH°_f(6.5, 6.6절)

» 원자 및 이온의 전자 배치(8.2, 8.4절)

» 원자의 성질과 금속성의 경향(8.3, 8.4절)

왜 물질은 고유한 특성을 지니고 거동할까? 몇몇 물질은 단단하면서 깨지기 쉬운 고체이며, 물에 용해되었을 때나 또는 용융되었을 때 전도성이기도 하지만, 어떤 물질은 낮은 온도에서 용융되고 부드러우며, 비전도성이다. 금속인 갈륨은 손바닥 위에 올려놓으면 녹아버리는 낮은 녹는점을 갖지만(*사진*), 소금(염화소듐)은 이보다 27배나 높은 녹는점을 갖는다! 왜 이 물질들은 이렇게 다르게 거동할까? 그 답은 *각 물질 내의 결합의 종류*에서 찾을 수 있다. 8장에서 우리는 개별 원자와 이온의 성질에 대해 살펴보았다. 그러나 물질의 거동은 원자와 이온들이 어떤 방식으로 결합하는가에 따라 결정된다.

이 장에서는... 원자의 성질에 따라 세 가지 화학 결합 모형(이온 결합, 공유 결합, 금속 결합)이 어떻게 형성되는지를 알아보고, 각 모형들이 물질의 거동을 어떻게 설명하는지 알아본다.

- 금속과 비금속이 세 가지 종류의 결합으로 구성되는 원리와 원자와 이온을 Lewis 기호를 이용하여 표현하는 방법을 학습한다.
- 이온성 고체의 형성 단계와 격자 에너지의 중요성을 자세히 알아본다.
- 공유 결합은 광범위한 종류의 화합물에서 일어난다. 이 결합이 어떻게 형성되는지 알아보고 결합 차수, 결합 에너지, 결합 길이 사이의 관계를 논의한다.
- 결합 에너지와 반응 엔탈피 변화의 관계를 연료와 식량에 초점을 두어 살펴본다.
- 전기 음성도의 주기적 경향을 알아보고 순수 공유 결합 화합물부터 이온 결합 화합물까지의 범위에서 결합과 결합의 극성에 대한 전기 음성도의 역할을 알아본다.
- 금속의 성질을 설명하기 위한 간단한 결합 모형을 논의한다.

9.1 원자의 성질과 화학 결합

전자 구조와 핵-전자 간 인력의 세기가 원자의 성질을 결정하듯이 화학 결합의 종류와 세기가 물질의 성질을 결정한다.

원소들이 결합하는 세 가지 방식

화학 결합의 형태에 대해 알아보기 전에 우리는 왜 원자들은 결합하는가라는 근원적인 질문에 대해 먼저 답해야 한다. 일반적으로 *결합은 양의 입자와 음의 입자들 사이*(반대 전하를 띤 이온들 사이 혹은 핵과 전자들 사이)*의 퍼텐셜 에너지를 작게 만든다*(그림 1.3C 참고).

8장에서 논의한 것처럼 일반적으로 한 주기에서 왼쪽에서 오른쪽으로, *그리고* 같은 족에서 아래에서 위로 갈수록 성질은 금속성에서 비금속성으로 점진적으로 변화한다(그림 9.1). 두 가지 유형, 즉 금속성과 비금속성 원자들이 결합할 수 있는 세 가지 방식들로부터 세 가지 형태의 화학 결합이 나타나게 된다.

표기:
- 금속
- 비금속
- 준금속

1A (1)	2A (2)	3B (3)	4B (4)	5B (5)	6B (6)	7B (7)	8B (8)	(9)	(10)	1B (11)	2B (12)	3A (13)	4A (14)	5A (15)	6A (16)	7A (17)	8A (18)
																H	He
Li	Be											B	C	N	O	F	Ne
Na	Mg											Al	Si	P	S	Cl	Ar
K	Ca	Sc	Ti	V	Cr	Mn	Fe	Co	Ni	Cu	Zn	Ga	Ge	As	Se	Br	Kr
Rb	Sr	Y	Zr	Nb	Mo	Tc	Ru	Rh	Pd	Ag	Cd	In	Sn	Sb	Te	I	Xe
Cs	Ba	La	Hf	Ta	W	Re	Os	Ir	Pt	Au	Hg	Tl	Pb	Bi	Po	At	Rn
Fr	Ra	Ac	Rf	Db	Sg	Bh	Hs	Mt	Ds	Rg	Cn	Nh	Fl	Mc	Lv	Ts	Og

Ce	Pr	Nd	Pm	Sm	Eu	Gd	Tb	Dy	Ho	Er	Tm	Yb	Lu
Th	Pa	U	Np	Pu	Am	Cm	Bk	Cf	Es	Fm	Md	No	Lr

A

성질	금속 원자	비금속 원자
원자 크기	큼	작음
$Z_{유효}$	낮음	높음
IE	낮음	높음
EA	더 작은 음수	더 큰 음수

B

그림 9.1 금속과 비금속의 비교. **A.** 주기율표 상의 위치. **B.** 같은 주기에서 몇 가지 원자 성질의 상대적 세기.

1. *금속과 비금속: 전자 이동과 이온 결합*(그림 9.2A). *전자를 잃거나 얻는 경향성의 차이가 큰 원자들* 사이에서는 *전자 이동*과 **이온 결합**이 관찰된다. 이는 반응성 금속[1A(1)족과 2A(2)족]과 비금속[7A(17)족과 6A(16)족의 윗부분에 위치하는 원소] 사이에서 나타난다.

- 낮은 이온화 에너지(IE)를 갖는 금속 원자는 1~2개의 전자를 잃고, 큰 음의 값의 전자 친화도(EA)를 보이는 비금속 원자는 전자를 얻는다.
- 금속 원자에서 비금속 원자로 전자 이동이 일어나면서 각 원자는 비활성 기체의 전자 배치를 갖는 이온을 형성한다.
- 이 양이온 혹은 음이온들 사이의 정전기적 인력이 서로를 끌어당겨 3차원적으로 배열된 이온성 고체를 형성한다.
- 이온성 화합물의 화학식은 양이온-음이온 개수의 비를 나타내기 때문에 *실험식*이다.

2. *비금속과 비금속: 전자 공유와 공유 결합*(그림 9.2B). 두 개의 원자가 *전자를 잃거나 얻는 경향의 차이가 크지 않거나 없을 경우* 비금속 원소들 사이에서 가장 흔하게 일어나는 *전자 공유*와 **공유 결합**이 관찰된다.

- 각 비금속 원자는 자기 소유의 전자를 단단히 붙들면서(높은 IE) 다른 원자가 가진 전자들을 끌어당긴다(큰 음의 값의 EA).

그림 9.2 화학 결합의 세 가지 모형.

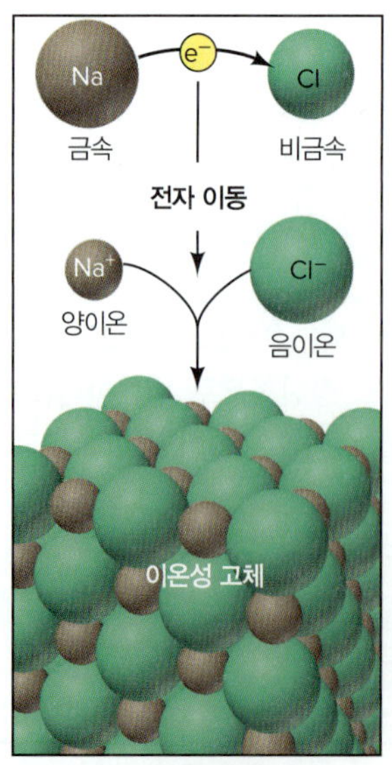

A 이온 결합

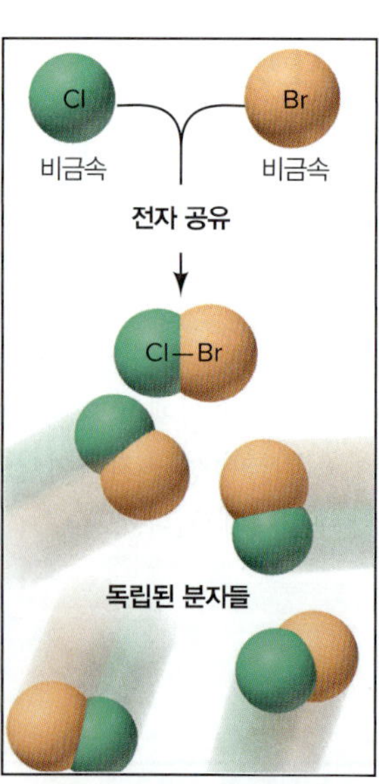

B 공유 결합

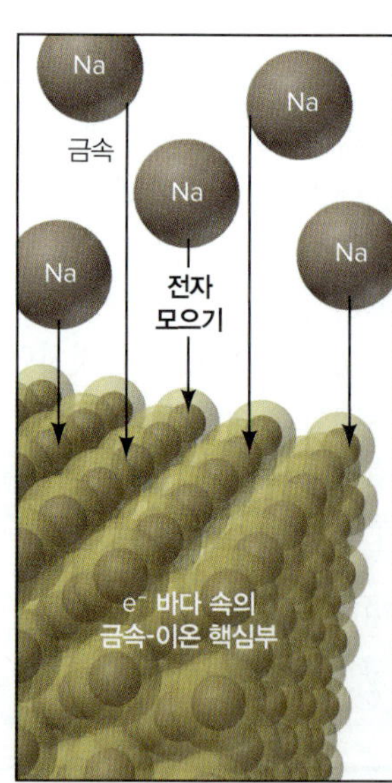

C 금속 결합

- 각 원자의 핵은 다른 원자의 원자가 전자들을 끌어당기며, 결과적으로 두 원자들은 서로를 끌어당기게 된다.
- 공유 전자쌍은 보통 두 원자 사이에 *편재화*(localized)되어 특정 길이와 세기의 공유 결합을 형성하여 두 원자들을 연결한다. 대부분의 경우, 원자들이 공유 결합으로 결합하여 독립된 분자를 형성한다.
- 공유 결합 화합물의 화학식은 분자 내 원자의 실제 개수를 나타내기 때문에 *분자식*이다.

3. *금속과 금속*: 전자 *모으기*(pooling)과 *금속 결합*(그림 9.2C). 금속은 공유 결합이 아닌 **금속 결합**을 통해 전자들을 공유한다.

- 금속 원자의 크기는 상대적으로 크고 원자의 핵심부에서 멀리 떨어진 바깥쪽의 몇몇 전자들은 핵에 가까운 내부 준위에 채워진 핵심부 전자들에 의해 가려져 있다. 그러므로 금속은 외각 전자들을 쉽게 잃으며(낮은 IE) 전자를 쉽게 얻지 못한다(작은 음의 값 혹은 양의 값의 EA).
- 금속 내 수많은 원자들이 원자가 전자들을 모아 각 금속-이온 핵심부(핵과 내부 전자들) 주위를 "흐르는" 전자들의 "바다"를 형성하여 서로를 끌어당겨 붙들게 된다.
- 공유 결합 내 편재화된 전자들과는 달리, 금속 결합 내 전자들은 *비편재화*(delocalized)되어 금속 조각 전체를 자유롭게 돌아다닌다.

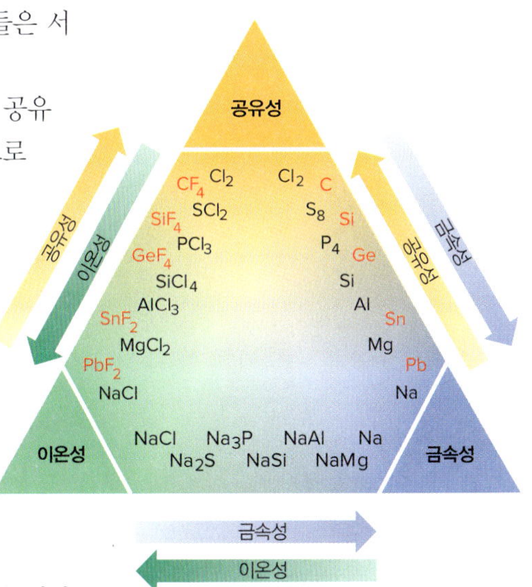

그림 9.3 3주기 원소들(*검은색*)과 4A족 원소들(*빨간색*) 사이의 결합 형태의 점진적 변화 경향.

실제 물질에서는 이러한 이상적인 모형과 맞지 않는 예외가 존재하기 때문에 원소의 주기율표 상 위치에 따라 결합 형태를 정확하게 예측할 수는 없다. 예를 들어, 금속 베릴륨[2A(2)족]과 비금속 염소[7A(17)족]가 형성하는 결합은 이온 결합 모형보다는 공유 결합 모형에 더 잘 맞는다. 족 혹은 주기 내 원자의 성질 변화의 점진적 경향성과 유사하게, *다른 족과 주기에 속한 원자들 사이의 결합의 점진적 경향성*이 있는 것이다(그림 9.3).

Lewis 기호와 팔전자 규칙

각 모형들을 알아보기 전에 먼저 원자들이 어떻게 결합하는지 예측하기 위해 결합하는 원자들의 원자가 전자를 그리는 방법을 알아보자. 미국 화학자 G. N. Lewis의 이름에서 유래한 **Lewis 전자-점 기호**에서 원소 기호는 핵*과* 내부 전자들을 표현하고, 기호 주위의 점들은 원자가 전자를 나타낸다(그림 9.4). 같은 족의 원소들은 같은 형태의 점 패턴을 보이는 것을 기억하자.

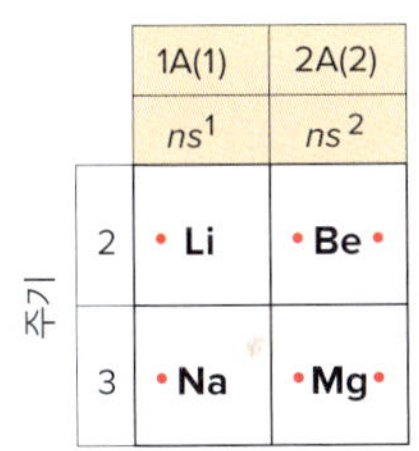

주기	1A(1)	2A(2)	3A(13)	4A(14)	5A(15)	6A(16)	7A(17)	8A(18)
	ns^1	ns^2	ns^2np^1	ns^2np^2	ns^2np^3	ns^2np^4	ns^2np^5	ns^2np^6
2	Li	Be	B	C	N	O	F	Ne
3	Na	Mg	Al	Si	P	S	Cl	Ar

그림 9.4 2주기와 3주기 원소들의 Lewis 전자-점 기호.

주족 원소들의 Lewis 기호를 나타내기 위해 다음의 단계들을 수행한다.

1. A족(1A~8A) 번호는 원자의 원자가 전자 수를 나타내며, 이는 전자-점 기호에 그려 넣을 점의 개수와 같다.
2. 원소 기호의 각 네 변(상, 우, 하, 좌)에 한 점씩 놓는다.
3. 원자가 전자 수에 다다를 때까지 계속해서 점을 더해 나간다.

점들의 위치는 중요하지 않다. 즉, 그림 9.4에서 확인할 수 있는 질소의 Lewis 기호는 *또한* 다음과 같이 나타낼 수 있다.

·N: 또는 ·N· 또는 :N·

Lewis 기호는 원소의 결합 특성에 대한 다음 정보를 제공한다.

- *금속*의 경우, 점의 총 개수는 원자가 양이온을 형성하기 위해 잃어버리는 전자의 개수를 의미한다. 예를 들어, Mg는 2개의 전자를 잃어 Mg^{2+}를 형성한다.
- *비금속*의 경우, *짝짓지 않은* 점의 개수는 원자가 음이온을 형성하기 위해 얻는 전자의 개수(F는 한 개의 전자를 얻어 F^-를 형성) 혹은 공유 결합을 형성하기 위해 *공유하는* 전자의 개수와 같다.

탄소의 Lewis 기호는 위의 두 번째 요점을 잘 보여준다. 탄소의 전자 배치([He]$2s^22p^2$)에 따라 하나의 전자쌍과 두 개의 홀전자를 갖도록 나타내는 것이 아니라, 탄소는 4개의 결합을 형성하기 때문에 4개의 홀전자로 나타낸다. 더욱 큰 비금속들은 Lewis 기호의 점의 개수만큼의 결합을 형성할 수 있다(10장).

Lewis의 선구적인 연구에서 그는 상대적으로 단순한 법칙으로 대부분의 결합 거동을 일반화하였다.

- **팔전자 규칙**(octet rule): *원자들이 결합할 때, 원자들은 전자를 잃거나, 얻거나, 혹은 공유하여 최외각 준위에 8개의 전자(H와 Li의 경우에는 2개)들로 채운다.*

팔전자 규칙은 2주기 원소로 이루어진 거의 모든 화합물과 다른 많은 화합물에서 유효하다.

› 9.1절 요약

› 자연적으로 형성된 물질 거의 대부분은 원자나 이온들이 서로 결합하여 이루어진다. 화학 결합은 원자들이 더 낮은 에너지를 갖도록 만든다.
› 이온 결합은 전자가 금속 원자로부터 비금속 원자로 이동하여 형성되는 이온들이 서로를 끌어당겨 일어나며, 그 결과 이온성 고체가 형성된다.
› 공유 결합은 비금속 원자들 사이에서 가장 흔한 결합이며 그 결과 개별 분자를 형성한다. 결합한 원자들은 한 개, 혹은 그 이상의 전자쌍을 공유하고, 전자들은 원자들 사이에 편재화된다.
› 금속 결합은 수많은 금속 원자들의 원자가 전자들이 비편재화된 전자 "바다"를 형성하여 모든 원자들을 잡아줄 때 형성된다.
› 주족 원소들의 Lewis 전자-점 기호에서는 원소 기호를 둘러싼 점으로 원자가 전자를 나타낸다.
› 팔전자 규칙은 결합 시 원자들이 전자를 잃거나 얻거나 혹은 공유하여 최외각 준위에 8개(혹은 2개)의 전자들로 채우는 것을 의미한다.

9.2 이온 결합 모형

이온 결합 모형의 핵심 아이디어는 *금속 원자들로부터 비금속 원자들로 전자가 이동하여 형성된 이온들이 서로를 끌어당겨 고체 화합물을 형성하는 것*이다. 대부분의 주족 원소들의 경우 형성된 이온은 비활성 기체와 비슷하게 최외각 준위를 꽉 채운 2개 혹은 8개의 전자(팔전자 규칙)를 갖는다. 즉, 금속은 전 주기 비활성 기체의 전자 배치를 이루기 위해 필요한 개수의 전자를 잃으며, 비금속은 해당 주기 끝의 비활성 기체의 전자 배치를 이루는 데 필요한 한 개수의 전자를 얻는다.

그림 9.5 Li^+와 F^-가 형성될 때 전자 이동을 나타내는 세 가지 방법. 이동한 전자는 빨간색으로 표시한다.

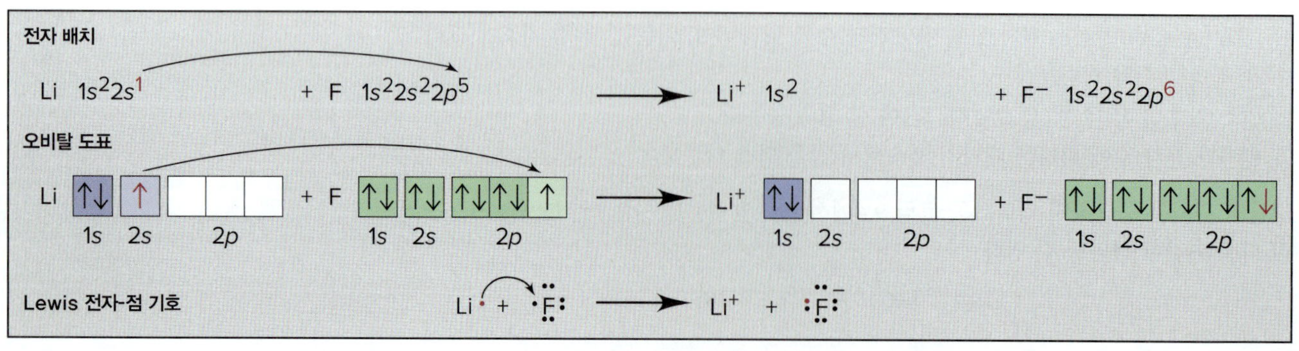

그림 9.5에서 리튬 원자로부터 플루오린 원자로 일어나는 전자 이동을 세 가지 방식으로 나타내었다. Li은 1개의 최외각 전자를 잃어 가득찬 $n = 1$ 준위(2개의 e^-)를 갖게 되고, F는 1개의 전자를 얻어 $n = 2$ 준위(8개의 e^-)를 가득 채운다. 이 경우 각 원자는 비활성 기체의 전자 배치에서 한 개씩 벗어나 있기 때문에 Li 원자가 잃는 전자의 개수와 F 원자가 얻는 전자의 개수가 같다. 따라서 같은 숫자의 Li^+와 F^- 이온이 형성되며 화학식은 LiF이다. 2.8절에서 논의한 것처럼, 이온 결합 화합물의 화학식을 다룰 때 양이온이 갖는 양전하와 음이온이 갖는 음전하의 양은 같아야만 한다. 이를 다른 방식으로 서술하면, 이온 결합에서는 *금속 원자들이 잃어버리는 전자의 총 개수와 비금속 원자들이 얻는 전자의 총 개수가 같다.*

예제 9.1 | 이온 형성 과정

문제 부분 오비탈 도표와 Lewis 기호를 써서 Na^+와 O^{2-} 이온이 각 원자들로부터 형성되는 과정을 보이고, 형성되는 화합물의 화학식을 제시하라.

계획 먼저 Na와 O 원자의 오비탈 도표와 Lewis 기호를 그리자. 최외각 준위를 가득 채우기 위해(비활성 기체 전자 배치) Na는 전자 하나를 잃고 O는 전자 2개를 얻어야 한다. 잃어버리는 전자의 개수와 얻는 전자의 개수를 같게 만들려면 산소 하나당 두 개의 Na 원자가 필요하다.

풀이 Na: $1s^22s^22p^63s^1$ 또는 [Ne] $3s^1$; O: $1s^22s^22p^4$ 또는 [He] $2s^22p^4$

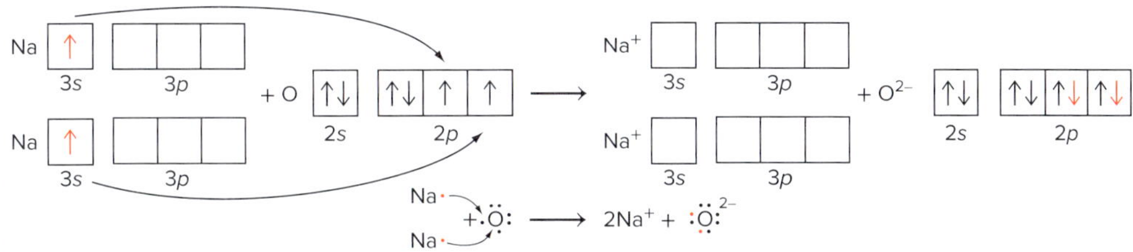

화학식은 Na_2O이다.

▶ **보충 문제**

9.1A 약식 전자 배치와 부분 오비탈 도표(*ns* 및 *np* 오비탈만) 및 Lewis 기호를 써서 Mg^{2+}와 Cl^- 이온이 각 원자들로부터 형성되는 과정을 보이고 형성되는 화합물의 화학식을 써라.

9.1B 약식 전자 배치와 부분 오비탈 도표(*ns* 및 *np* 오비탈만) 및 Lewis 기호를 써서 Ca^{2+}와 O^{2-} 이온이 각 원자들로부터 형성되는 과정을 보이고 형성되는 화합물의 화학식을 써라.

유사 문제 9.20, 9.21

이온 결합 화합물이 형성되는 이유: 격자 에너지의 중요성

전자 이동 과정이 에너지 *흡수*를 수반한다는 사실에 꽤나 의아해 할 수 있다. 왜 그런 것일까? 그리고 에너지가 흡수되는데 왜 이온성 물질이 존재하는 것인가? 이는 전자가 이동한 후 이온이 고체를 형성할 때 매우 많은 양의 에너지를 *방출하기* 때문이다.

1. *전자 이동 과정.* 기체 Li 원자가 전자 하나를 잃고 기체 F 원자가 전자 하나를 얻어 플루오린화 리튬이 형성될 때의 전자 이동 과정을 생각해보자.

- Li의 1차 이온화 에너지(IE_1)는 Li 원자 1 mol이 원자가 전자 1 mol을 잃을 때 흡수하는 에너지이다.

$$Li(g) \longrightarrow Li^+(g) + e^- \qquad IE_1 = 520 \text{ kJ}$$

- F의 1차 전자 친화도(EA_1)는 F 원자 1 mol이 원자가 전자 1 mol을 얻을 때 방출하는 에너지이다.

$$F(g) + e^- \longrightarrow F^-(g) \qquad EA_1 = -328 \text{ kJ}$$

- 두 과정을 더하여 Li에서 F로 전자 이동이 일어날 때 필요한 에너지를 얻는다.

$$Li(g) + F(g) \longrightarrow Li^+(g) + F^-(g) \qquad IE_1 + EA_1 = 192 \text{ kJ}$$

2. *에너지를 흡수하는 다른 단계들.* IE_1과 EA_1의 합에 이온 형성 과정 전 필요한 총 에너지를 더한다. 즉, 금속 Li이 기체 Li 원자로 되어야 하고(161 kJ/mol), F_2 분자는 독립된 F 원자로 해리되어야 한다(79.5 kJ/mol).

3. *에너지를 방출하는 단계들.* 위에 언급한 흡열 과정들에도 불구하고 고체 LiF의 표준 생성 엔탈피(ΔH_f°)는 −617 kJ/mol이다. 즉, LiF(s) 1 mol이 각각의 원소들로부터 생성될 때 617 kJ의 에너지가 *방출된다.* LiF 생성은 활성 금속과 비금속 사이에서 이온성 고체가 쉽게 생성되는 전형적인 반응이다(그림 9.6).

A

B

그림 9.6 **브로민화 소듐의 발열적 생성.** A. 소듐(비커의 미네랄 오일 안에 있는 금속)과 브로민. B. 반응은 빠르고 격렬하게 일어난다.
Source: Stephen Frisch/McGraw-Hill Education

전체 반응에서 에너지가 방출된다면, 흡열 과정에서 흡수되는 에너지의 양을 극복할 수 있는 발열 과정에 해당하는 단계들이 반드시 있어야 한다. 그 단계는 *반대 전하를 가진 이온쌍 사이의 강한 인력*에 의한 것이다. $Li^+(g)$ 이온 1 mol과 $F^-(g)$ 이온 1 mol이 LiF 기체 1 mol을 생성할 때, 많은 양의 열이 방출된다.

$$Li^+(g) + F^-(g) \longrightarrow LiF(g) \qquad \Delta H^\circ = -755 \text{ kJ}$$

그러나 일상 조건에서 LiF는 기체로 존재하지 않으며, 각 이온이 반대 전하를 띤 여러 이온들을 끌어당겨 *독립된 기체 이온들이 합쳐져 결정성 고체를 생성하면서 더욱 많은 에너지를 방출한다.*

$$Li^+(g) + F^-(g) \longrightarrow LiF(s) \qquad \Delta H^\circ = -1050 \text{ kJ}$$

이 엔탈피 변화의 음의 값은 1050 kJ이며, 이것이 LiF의 격자 에너지이다. **격자 에너지**($\Delta H^\circ_{격자}$)는 위 식의 역과정, 즉 이온성 고체 1 mol이 기체상 이온들로 분리되는 과정에 수반되는 엔탈피 변화이다.

$$LiF(s) \longrightarrow Li^+(g) + F^-(g) \qquad \Delta H^\circ_{격자} = 1050 \text{ kJ}$$

Born-Haber 순환 과정을 이용한 격자 에너지 결정 격자 에너지의 크기는 이온성 상호작용의 세기의 척도이며 녹는점, 강도, 용해도와 같은 거시적 성질에 영향을 미친다. 격자 에너지는 이온성 고체 형성에 결정적인 역할을 하지만, 대개 이를 직접적으로 측정하지 *않는다.* 이를 결정하는 한 방법은 Hess의 법칙(6.5절 참고)을 원소들로부터 이온성 고체를 형성하는 일련의 단계들인 **Born-Haber 순환 과정**(Born-Haber cycle)에 적용하는 것인데, 격자 에너지를 제외한 모든 단계의 엔탈피 변화*는 알려져 있다.

플루오린화 리튬 생성에 생당하는 Born-Haber 순환 과정을 고려하여 $\Delta H^\circ_{격자}$를 계산해보자. 그림 9.7에서 두 개의 가능한 경로를 확인할 수 있는데, 직접 결합 반응(ΔH_f°, 검은 화살표)과 결정되지 않은 $\Delta H^\circ_{격자}$를 나타내는 단계를 포함한 다단계 경로(주황색 화살표)이다. Hess의 법칙에 따라 두 가지 경로는 같은 전체 엔탈피 변화를 보인다.

$$LiF(s)\text{의 } \Delta H_f^\circ = \text{다단계 경로들의 } \Delta H^\circ\text{의 합}$$

*엄밀하게 말하자면 이온화 에너지(IE)와 전자 친화도(EA)는 엔탈피 변화가 아닌(ΔH) 내부 에너지 변화(ΔE)이다. 그러나 이 단계들은 등부피 과정($\Delta V = 0$)이기 때문에 ΔH와 ΔE가 같다(6.2절).

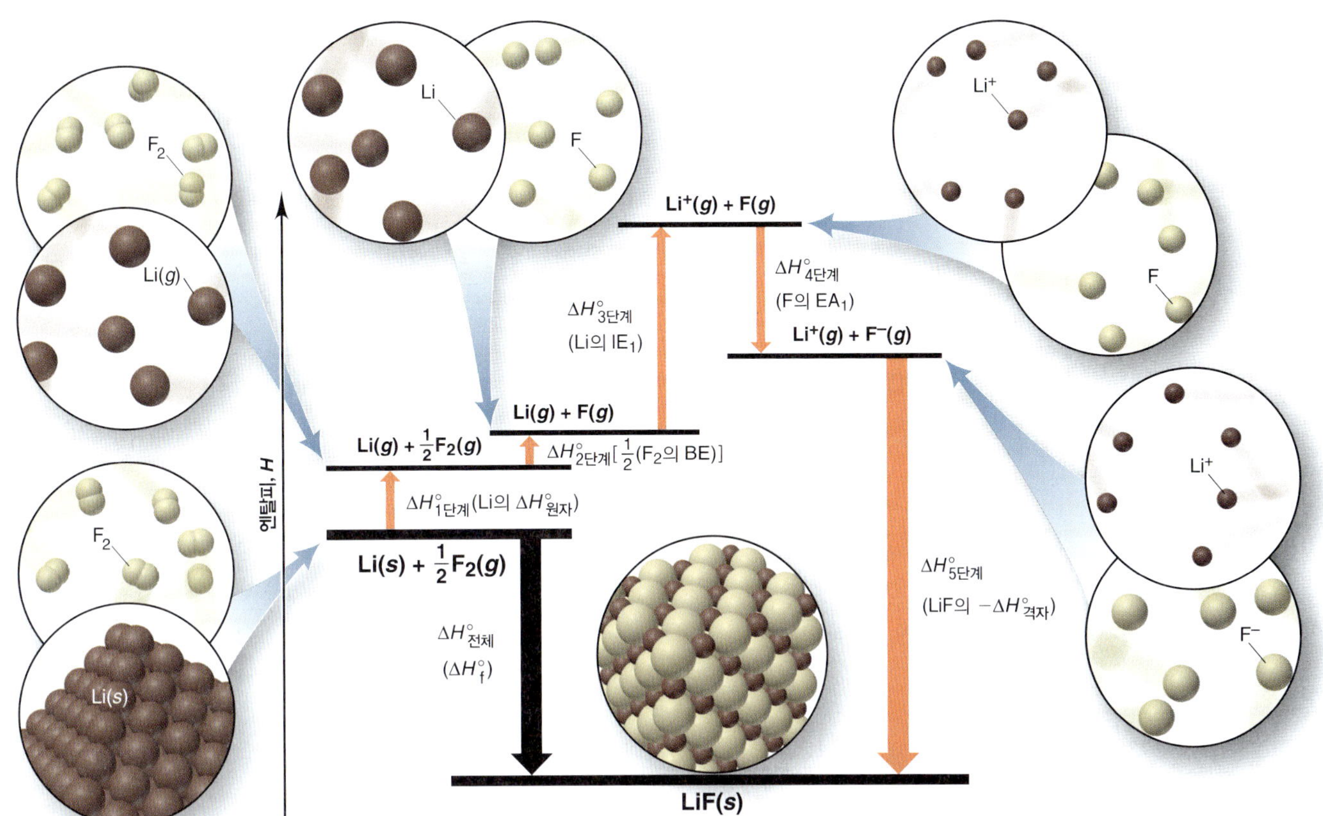

그림 9.7 플루오린화 리튬 생성에 대한 Born-Haber 순환 과정. LiF(*s*)은 원소들이 하나의 결합 반응(*검은색 화살표*), 또는 다섯 단계(*주황색 화살표*)의 반응을 거쳐 생성될 수 있다. 미지 엔탈피 변화는 $\Delta H^\circ_{단계\,5}$(LiF의 $-\Delta H^\circ_{격자}$)이다.

Hess의 법칙은 *리튬이 플루오린과 반응할 때 실제 일어나지* ***않더라도*** 엔탈피 변화량이 측정 가능한 가상의 단계들을 사용할 수 있게 해 준다. 그림 9.7에 주어진 단계에 따른 ΔH°를 찾아 적용할 수 있다.

단계	화학 반응식	에너지(ΔH°) 값
1. 고체 Li로부터 기체 리튬 원자들을 형성(원자화): 금속 결합을 깨고 원자들이 증발	$\mathrm{Li}(s) \rightarrow \mathrm{Li}(g)$	$\Delta H^\circ_{1단계} = 161$ kJ
2. F_2 분자로부터 F 원자들을 형성: F_2 분자의 공유 결합 해리(결합 에너지, BE); 1몰의 LiF를 형성하기 위해 필요한 $\frac{1}{2}$몰의 F_2 필요	$\frac{1}{2}\mathrm{F}_2(g) \rightarrow \mathrm{F}(g)$	$\Delta H^\circ_{2단계} = \frac{1}{2}(F_2$의 BE$) = \frac{1}{2}(159$ kJ$) = 79.5$ kJ
3. Li로부터 Li^+ 형성: 2*s* 전자 잃음	$\mathrm{Li}(g) \rightarrow \mathrm{Li}^+(g) + e^-$	$\Delta H^\circ_{3단계} = \mathrm{IE}_1 = 520$ kJ
4. F로부터 F^- 형성: 전자 하나를 얻음	$\mathrm{F}(g) + e^- \rightarrow \mathrm{F}^-(g)$	$\Delta H^\circ_{4단계} = \mathrm{EA}_1 = -328$ kJ
5. 기체 이온들로부터 이온성 고체 형성($-\Delta H^\circ_{격자}$)	$\mathrm{Li}^+(g) + \mathrm{F}^-(g) \rightarrow \mathrm{LiF}(s)$	$\Delta H^\circ_{5단계} = ?$
전체 반응(결합 반응)	$\mathrm{Li}(s) + \frac{1}{2}\mathrm{F}_2(g) \rightarrow \mathrm{LiF}(s)$	$\Delta H^\circ_f = -617$ kJ

Hess의 법칙에 의해 다음 식이 성립한다.

$$\Delta H^\circ_f = \Delta H^\circ_{1단계} + \Delta H^\circ_{2단계} + \Delta H^\circ_{3단계} + \Delta H^\circ_{4단계} + \Delta H^\circ_{5단계}$$

위 식을 정리하여 $\Delta H^\circ_{5단계}$를 구한다.

$$\begin{aligned}\Delta H^\circ_{5단계} &= \Delta H^\circ_f - (\Delta H^\circ_{1단계} + \Delta H^\circ_{2단계} + \Delta H^\circ_{3단계} + \Delta H^\circ_{4단계})\\ &= -617\text{ kJ} - [161\text{ kJ} + 79.5\text{ kJ} + 520\text{ kJ} + (-328\text{ kJ})]\\ &= -1050\text{ kJ}\end{aligned}$$

$\Delta H^\circ_{5단계} = \Delta H^\circ_{격자}$이므로, $-(-1050\text{ kJ}) = 1050\text{ kJ} = \Delta H^\circ_{격자}$이다.
격자 에너지는 지금까지 논의한 내용에서 위 다단계 과정의 가장 큰 구성요소임을 기억하자. (연습 문제 9.30과 9.31은 Born-Haber 순환 과정에 초점을 둔 문제들이다.)

Born-Haber 순환에서는 원소들이 이온을 형성하기 위해 필수인 에너지가 고체상 이온들 사이의 인력에 의해 공급된다. 우리가 명심해야 할 핵심 내용은 *격자 에너지가 이온들을 형성하기 위해 필요한 총 에너지를 초과한다는* **단 하나의** *이유 때문에 이온성 고체가 존재한다는 것이다.*

격자 에너지의 주기성

격자 에너지는 이온들 사이의 정전기적 인력에 기인하기 때문에 그 값의 크기는 이온 크기, 이온 전하, 고체상 이온들의 배열에 따라 달라진다. 따라서 격자 에너지는 주기성을 보일 것으로 예상할 수 있다.

Coulomb의 법칙과 경향성 2장에서 살펴보았던 **Coulomb의 법칙**에서 입자 A와 B 사이의 정전기적 에너지는 입자들의 전하의 곱에 비례하고 입자 간 거리에 반비례한다.

$$\text{정전기적 에너지} \propto \frac{\text{A의 전하} \times \text{B의 전하}}{\text{거리}}$$

격자 에너지는 정전기적 에너지에 비례한다. 이온성 고체에서 양이온들과 음이온들은 가능한 한 서로 가깝게 위치하려 하기 때문에 이온 간 거리는 이온 반지름의 합과 같다(그림 8.29 참조).

$$\text{정전기적 에너지} \propto \frac{\text{양이온의 전하} \times \text{음이온의 전하}}{\text{양이온 반지름} + \text{음이온 반지름}} \propto \Delta H^\circ_{\text{격자}} \qquad \textbf{(9.1)}$$

이 관계는 이온의 크기와 전하가 격자 에너지의 경향성에 주는 영향을 설명한다(그림 2.13 참조).

1. *이온 크기 효과.* 작은 이온들 사이의 거리가 큰 이온들 사이의 거리보다 작기 때문에 더욱 강하게 끌어당긴다. 같은 족에서 아래로 갈수록 이온 반지름이 증가하여 양이온과 음이온 간 정전기적 에너지는 감소하며, 따라서 격자 에너지 또한 감소한다.

이온 반지름 증가 ↑, 격자 에너지 감소 ↓

그림 9.8에서 알칼리 금속-할로젠 화합물에서 양이온이 고정된(LiF에서 LiI까지) 경우 혹은 음이온이 고정된(LiF에서 RbF까지) 경우, 같은 족에서 아래로 갈수록 격자 에너지가 감소함을 알 수 있다.

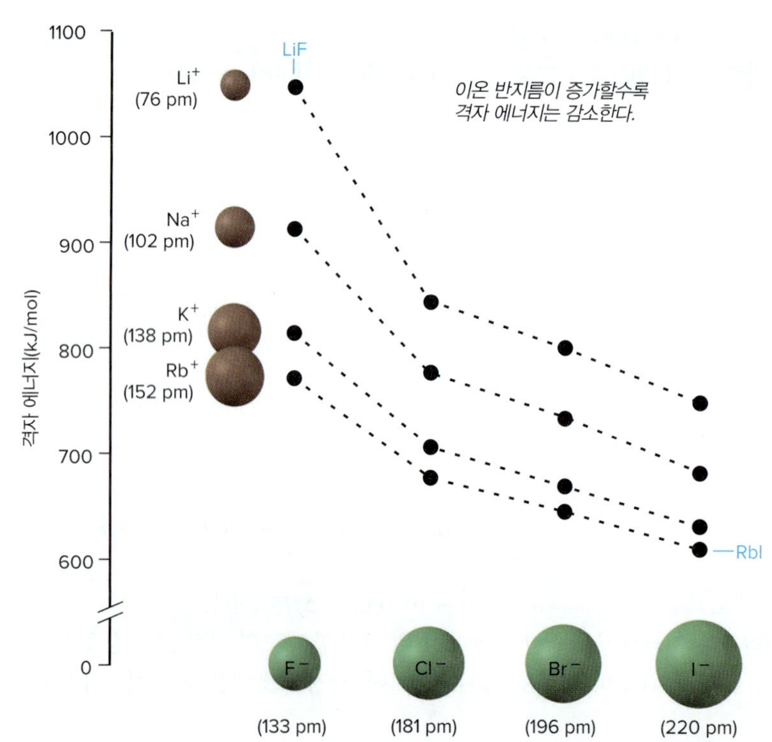

그림 9.8 **격자 에너지의 경향성.** 1A(1)족 양이온*(왼쪽)*과 7A(17)족 음이온*(아래쪽)*이 결합하여 형성한 화합물의 격자 에너지를 나타내었다. LiF(가장 작은 이온들)가 가장 큰 격자 에너지를 가지고 RbI(가장 큰 이온들)가 가장 작은 격자 에너지를 갖는다.

2. *이온 전하 효과.* 높은 전하를 갖는 이온들이 더욱 강하게 끌어당기기 때문에 격자 에너지는 이온 전하가 높아질수록 증가한다.

이온 전하 증가 ↑, 격자 에너지 증가 ↑

같은 주기 상에서 이온 전하는 변화한다. 예를 들어, 플루오린화 리튬과 산화 마그네슘에 대해 각 양이온과 음이온의 반지름은 거의 같다(Li^+ = 76 pm, Mg^{2+} = 72 pm; F^- = 133 pm, O^{2-} = 140 pm). 두 화합물의 가장 큰 차이는 Li^+ 와 F^-는 전하가 1인데, Mg^2와 O^{2-}는 전하가 2인 것이다. 두 화합물의 격자 에너지는 현격한 차이를 보인다.

$$\Delta H^\circ_{\text{격자}}(\text{LiF}) = 1050 \text{ kJ/mol} \qquad \Delta H^\circ_{\text{격자}}(\text{MgO}) = 3923 \text{ kJ/mol}$$

$\Delta H^\circ_{\text{격자}}$가 약 4배 정도 증가하는 것은 식 (9.1)의 분자 항인 전하의 곱(1×1과 2×2)이 4배 차이가 나는 것을 반영한다.

인터넷 핫스팟

이온 화합물의 상대적 격자 에너지를 예측하는 것이 어렵게 느껴진다면, eBook에 접속하여 이 주제에 대한 추가 학습 동영상을 참고하자.

예제 9.2 | 이온 성질을 이용한 상대적 격자 에너지 예측

문제 이온의 성질을 이용하여 다음 중 어느 화합물이 더 큰 격자 에너지를 보일지 설명하라. **(a)** RbI와 NaBr **(b)** KCl과 CaS

계획 더 큰 격자 에너지를 갖는 화합물을 선택하기 위해 Coulomb의 법칙, 이온 반지름과 전하에 대한 주기적 경향성을 이용한다(그림 2.13 참조). 먼저 각 화합물의 이온들을 생각해보자. 즉, 비슷한 크기의 이온들의 경우 전하가 큰 이온들의 격자 에너지가 클 것이며 같은 전하를 갖는 이온들의 경우 작은 크기의 이온들이 이온 간 거리가 작아져 더 큰 격자 에너지를 가질 것이다.

풀이 **(a)** NaBr. 모든 이온들이 같은 전하를 갖기 때문에 전하는 고려할 요소가 아니다. 같은 족에서 아래로 가면서 크기는 증가하기 때문에 Rb^+는 Na^+보다 크고 I^-는 Br^-보다 크다. 그러므로 NaBr이 더 작은 이온으로 이루어져 있어 더 큰 격자 에너지를 갖는다.

(b) CaS. 한 주기에서 왼쪽으로부터 오른쪽으로 갈수록 크기는 감소하므로 K^+는 Ca^{2+}보다 약간 크며 S^{2-} 또한 Cl^-보다 약간 크다. 그러나 그 크기 차이가 매우 작아 전하만큼 중요하지는 않으며, Ca^{2+}와 S^{2-}는 K^+와 Cl^-에 비해 두 배의 전하를 갖기 때문에 CaS가 더 큰 격자 에너지를 갖는다.

검산 실제 격자 에너지는 다음과 같다. **(a)** RbI = 598 kJ/mol, NaBr = 719 kJ/mol **(b)** KCl = 676 kJ/mol, CaS = 3039 kJ/mol

▶ 보충 문제

9.2A 이온의 성질을 이용하여 BaF_2와 SrF_2 중 어느 화합물이 *더 작은* 격자 에너지를 보일지 설명하라.

9.2B 이온의 성질을 이용하여 MgF_2, Na_2O, CaO 화합물들을 격자 에너지가 *증가하는* 순서로 배열하라.

유사 문제 9.26~9.29

왜 MgO가 존재하는가? MgO와 같은 2가의 전하를 갖는 이온들로 이루어진 이온성 고체들이 어떻게 형성될 수 있는지 의아할 수 있다. 가장 먼저 1 mol의 Mg^{2+}를 형성하는 것은 1차 이온화 에너지, *그리고* 2차 이온화 에너지의 합을 수반한다.

$$\text{Mg}(g) \longrightarrow \text{Mg}^{2+}(g) + 2e^- \qquad \Delta H^\circ = \text{IE}_1 + \text{IE}_2 = 738 \text{ kJ} + 1450 \text{ kJ} = 2188 \text{ kJ}$$

그리고 1 mol의 O^- 이온 형성은 발열 과정(1차 전자 친화도, EA_1)이지만, 두 번째로 1 mol의 전자를 첨가하는 것(2차 전자 친화도, EA_2)은 음이온에 전자를 더하는 것이기 때문에 흡열 과정이다. O^{2-}를 형성하는 전체 과정은 흡열 과정이다.

$$\begin{array}{lll} \text{O}(g) + e^- \longrightarrow \text{O}^-(g) & \Delta H^\circ = \text{EA}_1 & = -141 \text{ kJ} \\ \text{O}^-(g) + e^- \longrightarrow \text{O}^{2-}(g) & \Delta H^\circ = \text{EA}_2 & = 878 \text{ kJ} \\ \hline \text{O}(g) + 2e^- \longrightarrow \text{O}^{2-}(g) & \Delta H^\circ = \text{EA}_1 + \text{EA}_2 & = 737 \text{ kJ} \end{array}$$

또한 Mg(s)를 Mg(g)로 변환(148 kJ/mol)하는 단계와 $\frac{1}{2}$ mol의 O_2 분자를 O 원자로 해리($\frac{1}{2}$[498 kJ/mol] = 249 kJ)하는 단계도 흡열 과정이다. 따라서 해당 화합물 형성을 위하여 흡수하는 총 에너지는 2188 + 737 + 148 + 249 kJ = 3322 kJ로 상당히 큰 에너지

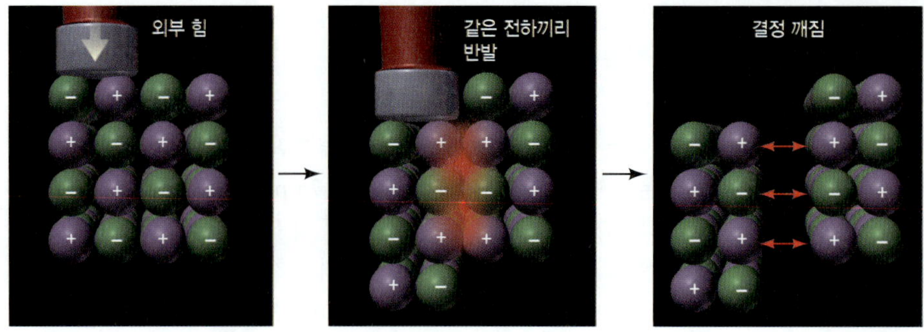

그림 9.9 **이온성 고체가 깨지는 이유.**
A. 충분한 힘으로 가격했을 때 깨지는 이온 결합 화합물. B. 힘이 가해져 같은 전하들끼리 이웃하게 되어 생기는 반발력 때문에 깨지게 된다.
Source: (A) Stephen Frisch/McGraw-Hill Education

이다. 그럼에도 불구하고, 2+와 2−의 이온 전하는 격자 에너지를 매우 크게 하여($\Delta H^\circ_{격자}$ = 3923 kJ/mol) Mg가 공기 중에서 연소될 때마다(ΔH°_f = −601 kJ/mol, 그림 3.7) MgO가 쉽게 형성될 수 있게 한다.

이온 결합 화합물의 성질을 설명하기 위한 모형

모형의 가장 중요한 역할은 사실을 설명하는 것이다. 원자 수준의 관점에서 이온 결합 모형이 이온성 고체의 성질을 어떻게 설명하는지 살펴보자.

1. *물리적 성질.* 전형적인 이온성 고체인 암염(NaCl)은 *단단하여*(hard) 잘 긁히지 않고 *딱딱하여*(rigid) 휘지 않으며 *부서지기 쉬워*(brittle) 금이 잘 간다. 이러한 성질들은 이온들을 *특정 위치에* 고정시키는 강력한 인력 때문이다. 이온들이 자기 위치에서 움직이게 만들기 위하서는 이러한 인력을 극복해야 하기 때문에 암염은 잘 긁히지도 않고 휘지 않는다. 만약 충분한 힘을 *가한다면* 같은 전하를 띤 이온들끼리 이웃하게 되어 결과적으로 반발력 때문에 갑자기 깨지게 된다(그림 9.9).

2. *전기 전도도.* 이온 결합 화합물은 고체상에서 전기를 *통하지 않지만* 용융 혹은 용해되었을 때 전기를 *통한다.* 이온 결합 모형에 의하면 고체는 고정되어 해당 위치에서 움직일 수 없는 이온들로 이루어져 있으나 용융 혹은 용해되었을 때에 이온들은 움직일 수 있어 전류가 흐른다(그림 9.10).

그림 9.10 **이온 이동과 전기 전도.**
Source: Stephen Frisch/McGraw-Hill Education

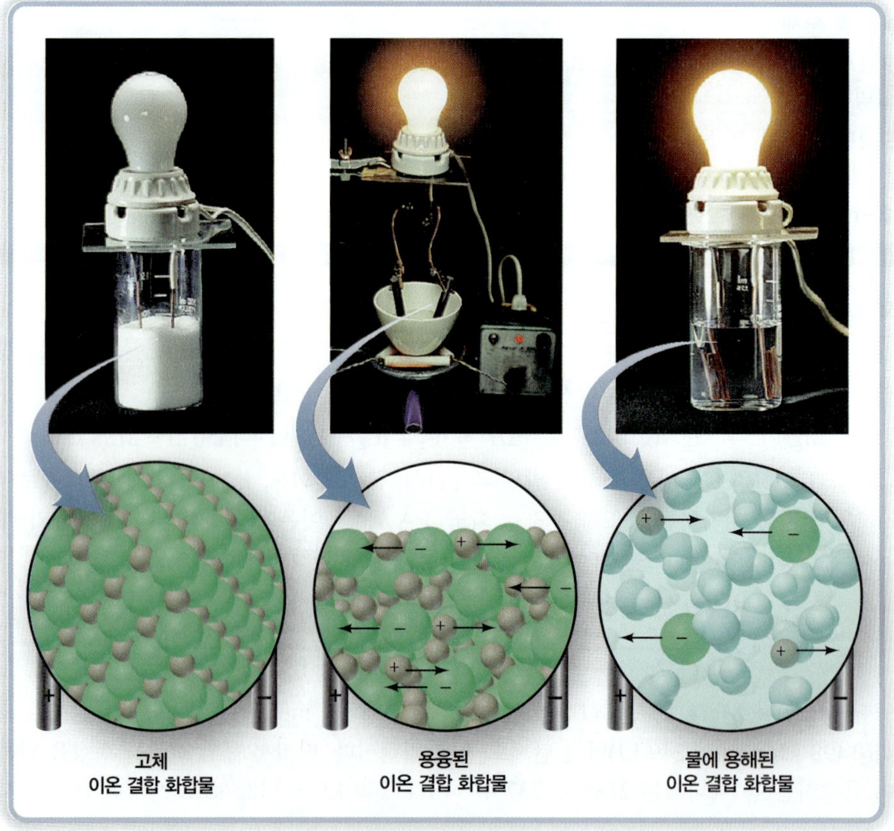

3. *녹는점과 끓는점.* 이온들이 자신들의 위치에서 벗어나 자유롭게 되어 독립적으로 분리되기 위해서는 많은 양의 에너지가 필요하다. 따라서 이온 결합 화합물은 높은 녹는점과 훨씬 더 높은 끓는점을 가질 것으로 예상할 수 있다(표 9.1). 사실 이온 간 인력은 매우 강하기 때문에 증발된 이온 결합 화합물은 개별적으로 존재하는 이온 보다는 이온 결합 분자 기체인 **이온 쌍**(ion pair)이 이루어진다(그림 9.11). 일상 조건에서 *이온 결합 화합물은 이온들이 배열되어 이루어진 고체이며 분리된 분자 상태는 존재하지 않는다.*

표 9.1 몇 가지 이온 결합 화합물의 녹는점과 끓는점

화합물	녹는점(°C)	끓는점(°C)
CsBr	636	1300
NaI	661	1304
$MgCl_2$	714	1412
KBr	734	1435
$CaCl_2$	782	>1600
NaCl	801	1413
LiF	845	1676
KF	858	1505
MgO	2852	3600

그림 9.11 이온 결합 화합물이 증발할 때 형성되는 이온 쌍.

› 9.2절 요약

- 이온 결합에서는 전자가 금속에서 비금속으로 이동하여 형성된 이온들이 서로를 끌어당겨 고체를 형성한다.
- 주족 원소들은 보통 최외각 준위를 전자로 가득 채워(8개 혹은 2개의 전자) 비활성 기체의 전자 배치를 갖는 이온을 형성한다.
- 이온 형성은 에너지 *흡수*를 수반하지만 이온들이 모여 고체가 형성될 때 그보다 더 많은 양의 에너지를 *방출*한다. 고체를 기체 이온들로 분리하기 위해 필요한 에너지의 양인 이온성 고체의 격자 에너지가 높기 때문에 화합물이 형성된다.
- 격자 에너지는 Born-Haber 순환 과정에 Hess의 법칙을 적용하여 구한다.
- 격자 에너지는 이온의 전하가 높을수록 증가하고 이온 반지름이 커질수록 감소한다(Coulomb의 법칙).
- 이온 결합 모형은, 이온들을 제자리에 고정시키는 강한 정전기적 인력 때문에 이온성 고체가 단단하고 용융 혹은 용해되었을 때에만 전류를 흐르게 하며 높은 녹는점과 끓는점을 갖는 현상을 설명한다.
- 이온 결합 화합물이 증발될 때 이온 쌍이 형성된다.

9.3 공유 결합 모형

이화학 핸드북(Handbook of Chemistry and Physics)을 살펴보면 공유 결합 화합물의 종류가 이온 결합 화합물보다 훨씬 더 많다는 것을 알 수 있다. 공유 결합 물질은 이원자 수소 분자부터 수천 개의 원자들로 이루어진 생체 분자나 합성 거대 분자, 심지어 공유 결합을 갖는 무기물까지 다양하게 존재한다. 그리고 다원자 이온에도 공유 결합은 들어 있다. *전자를 공유하는 것이 원자들이 상호작용하는 주요 방식인 것*은 의심할 여지가 없다.

› 공유 결합의 형성

왜 수소 기체는 분리된 수소 원자들이 아니라 H_2 분자로 되어 있을까? 그림 9.12는 두 개의 분리된 H 원자들이 각각의 핵 간 거리에서 갖는 퍼텐셜 에너지를 나타낸 그래프이다(그림 2.15 참조). 그림의 곡선의 가장 오른쪽 끝에서 좌측으로, 즉 원자들이 점점 가까워지는 것에서부터 논의해 보자.

- *지점 1*에서 두 원자들은 매우 멀리 떨어져 있어 원자는 다른 원자가 존재하지 않는 것처럼 거동한다.
- *지점 2*에서는 원자 간 거리가 충분히 줄어들어 원자핵이 다른 원자의 전자를 끌어당기기 시작한다.
- *지점 3*(에너지 "우물"의 바닥)에서 반발이 증가하기 직전으로 인력이 최대가 되고 계는 최소 에너지를 갖는다.
- *지점 4*에 도달하게 되면 원자들이 서로 너무 가까이 있어 핵 간 반발력과 전자 간 반발력이 증가하여 생기는 퍼텐셜 에너지의 급격한 증가가 원자들을 다시 떨어뜨려 지점 3으로 되돌아가게 한다.

따라서 지점 3에서 갖는 구조에서 볼 수 있듯 **공유 결합**은 핵-전자 사이 인력, 핵-핵 및 전자-전자 반발력의 균형에서 기인한다(뒤에서 그림 9.12를 다시 살펴 볼 것이다).

*공유 결합이 형성되면 항상 핵 **사이**의 전자 밀도는 증가하게 된다.* 그림 9.13은 *전자 밀도 등고선 지도*(A)와 *전자 밀도 입체지도*(B)를 통해 이 사실을 보여주고 있다.

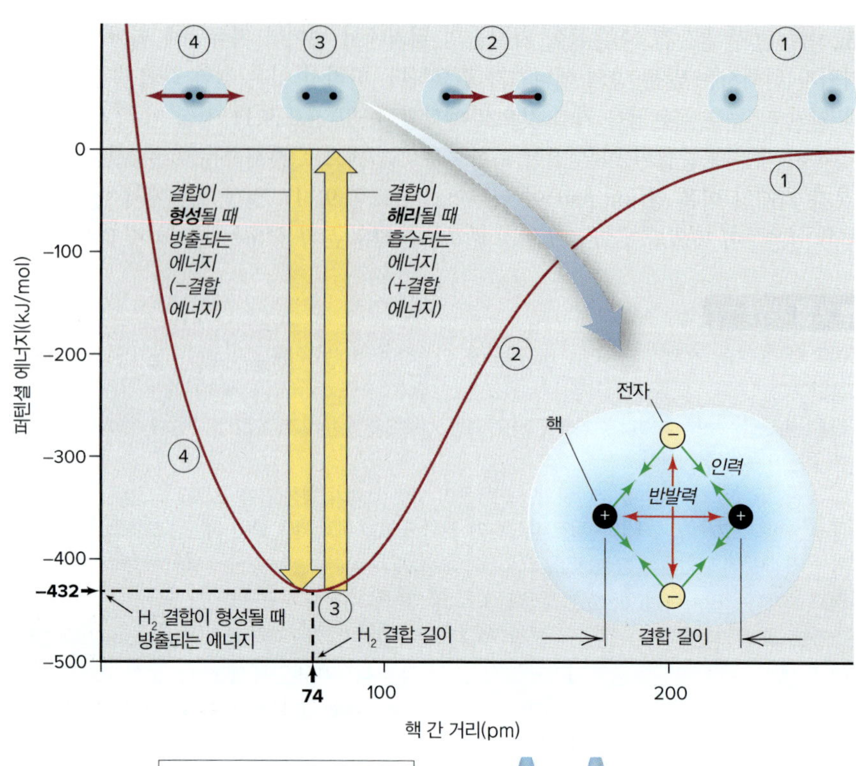

그림 9.12 **H_2의 공유 결합 형성.** 지점 1과 3 사이의 에너지 차이는 H_2의 결합 에너지(432 kJ/mol)이다. 지점 3의 핵 간 거리는 H_2의 *결합 길이*(74 pm)이다.

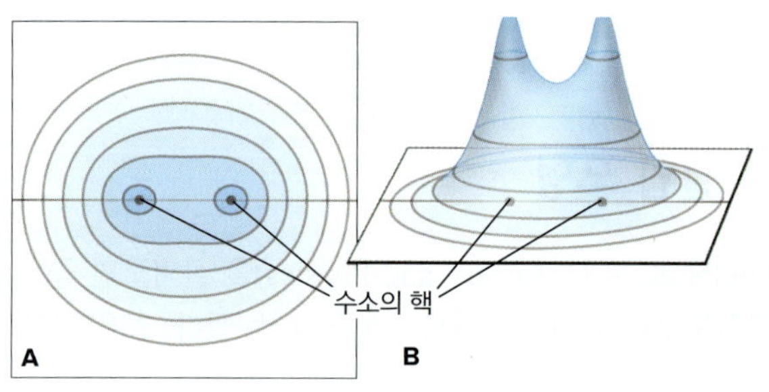

그림 9.13 **H_2의 전자 밀도 분포.** **A.** 핵 가까이와 두 핵 사이에서 전자 밀도*(파란색 음영)*가 높다. **B.** 전자 밀도가 가장 높은 지역을 봉우리로 나타내었다.

공유 전자쌍과 비공유 전자쌍

팔전자 규칙을 만족하기 위해 필요한 전자들을 원자가 얻거나 잃는 이온 결합 화합물과는 달리, 공유 결합 화합물을 이루는 원자들은 전자들을 공유한다. 최외각 준위를 전자로 가득 채우기 위해 *공유 결합 화합물의 각 원자는 공유한 전자들을 자신이 완전하게 소유한 것으로 "간주한다"*. 그 결과, 아래 그림에서 파란색 원들로 나타낸 것처럼 H_2 안의 두 개의 공유 전자들은 *양쪽의* H 원자들의 최외각 준위를 동시에 채운다. **공유 전자쌍**(shared pair), 혹은 **결합 전자쌍**(bonding pair)은 한 쌍의 점 혹은 선으로 표시한다.

결합에 참여하지 *않는* 외각 준위의 전자쌍은 **고립 전자쌍**(lone pair) 혹은 **비공유 전자쌍**(unshared pair)이라 한다. HF의 결합 전자쌍은 H 원자의 외각 준위를 채운다. *그리고* 세 쌍의 고립 전자쌍과 함께 F 원자의 외각 준위 또한 채운다. F_2에서 결합 전자쌍과 세 쌍의 고립 전자쌍은 *각각의* F 원자의 외각 준위를 채워 팔전자 규칙을 만족시킨다. (이 책에서는 일반적으로 결합 전자쌍을 선으로, 고립 전자쌍을 점으로 표시한다.)

공유 결합의 성질: 결합 차수, 결합 에너지, 결합 길이

공유 결합은 서로 밀접하게 연관되어 있으며 화합물의 반응성에도 연관되는 세 가지의 중요한 성질(결합 차수, 결합 에너지, 결합 길이)을 갖는다.

1. *결합 차수.* **결합 차수**(bond order)는 특정 원자 쌍이 공유한 전자쌍의 개수이다.

- 위에서 살펴본 H_2, HF, F_2 등에서 볼 수 있는 **단일 결합**은 하나의 결합 전자쌍으로 이루어진 가장 흔한 결합이다. *단일 결합의 결합 차수는 1이다.*
- 많은 분자들과 이온들은 두 원자 사이에 1개보다 많은 전자쌍을 공유하는 *다중 결합*을 갖는다. 다중 결합은 대개 C, O, 그리고/또는 N 원자들에서 일어난다. **이중 결합**은 두 개

의 결합 전자쌍, 즉 두 원자들 사이에 4개의 전자를 공유하는 것이며 따라서 *결합 차수는 2이다.* 에틸렌(C_2H_4)은 탄소-탄소 이중 결합과 4개의 탄소-수소 단일 결합을 갖는다. *각* 탄소 원자는 이중 결합에 있는 전자 4개, 수소 원자와의 두 단일 결합에 있는 전자 4개를 소유한 것으로 간주하여 팔전자 규칙을 만족시킨다.

- **삼중 결합**은 3개의 공유 전자쌍으로 이루어진다. 두 개의 원자들은 6개의 전자를 공유하며 *결합 차수는 3이다.* N_2 분자는 삼중 결합을 가지며 각 N 원자는 1개의 고립 전자쌍을 갖는다. *각각의* 질소 원자는 6개의 공유한 전자들과 2개의 공유하지 않은 전자들을 소유하여 팔전자 규칙을 만족시킨다.

H H C::C H H 또는 H H C=C H H

:N⋮⋮N: 또는 :N≡N:

2. *결합 에너지.* 공유 결합의 세기는 핵과 공유 전자들 사이의 인력에 의해 결정된다. **결합 에너지**[bond energy, BE (혹은 *결합 엔탈피, 결합 세기*)]는 이 인력을 극복하는 데 필요한 에너지이며, *기체 분자 1 mol의 결합을 해리하는 과정의 표준 엔탈피 변화로 정의한다.* 결합 해리는 흡열 과정이며 *결합 에너지는 항상 양의 값을 갖는다.*

$$\text{A—B}(g) \longrightarrow \text{A}(g) + \text{B}(g) \qquad \Delta H^\circ_{\text{결합 해리}} = \text{BE}_{\text{A—B}} \text{ (항상 양의 값)}$$

결합 에너지는 분리된 원자들과 결합된 원자들 사이의 에너지 차이이다[그림 9.12에서 지점 1과 지점 3(에너지 "우물") 사이의 퍼텐셜 에너지 차이]. *결합을 해리하기 위해 흡수하는 에너지와 같은 양의 에너지가 결합이 형성될 때 방출된다.* 따라서 결합 형성은 발열 과정이며 *엔탈피 변화의 부호는 항상 음이다.*

$$\text{A}(g) + \text{B}(g) \longrightarrow \text{A—B}(g) \qquad \Delta H^\circ_{\text{결합 형성}} = -\text{BE}_{\text{A—B}} \text{ (항상 음의 값)}$$

표 9.2에 몇 가지 일반적인 결합들의 에너지를 나타내었다. 정의에 의하면,

- *강한 결합들은 에너지가 더 낮아 깊은 에너지 우물을 가지므로 큰 BE를 갖는다.*
- *약한 결합들은 에너지가 더 높아 얕은 에너지 우물을 가지므로 작은 BE를 갖는다.*

특정 결합의 에너지는 다른 분자 안에서, 심지어는 같은 분자 안에서도 약간씩 달라지기 때문에 주어진 값은 *평균* 결합 에너지이다. 첨언하면 C—H 결합 에너지 값은 413 kJ/mol 이며 이는 이 결합을 포함하는 모든 분자들의 C—H 결합 에너지의 평균값이다.

표 9.2 | 평균 결합 에너지(kJ/mol)와 결합 길이(pm)

결합	에너지	길이	결합	에너지	길이	결합	에너지	길이	결합	에너지	길이
단일 결합											
H—H	432	74	N—H	391	101	Si—H	323	148	S—H	347	134
H—F	565	92	N—N	160	146	Si—Si	226	234	S—S	266	204
H—Cl	427	127	N—P	209	177	Si—O	368	161	S—F	327	158
H—Br	363	141	N—O	201	144	Si—S	226	210	S—Cl	271	201
H—I	295	161	N—F	272	139	Si—F	565	156	S—Br	218	225
			N—Cl	200	191	Si—Cl	381	204	S—I	~170	234
C—H	413	109	N—Br	243	214	Si—Br	310	216			
C—C	347	154	N—I	159	222	Si—I	234	240	F—F	159	143
C—Si	301	186							F—Cl	193	166
C—N	305	147	O—H	467	96	P—H	320	142	F—Br	212	178
C—O	358	143	O—P	351	160	P—Si	213	227	F—I	263	187
C—P	264	187	O—O	204	148	P—P	200	221	Cl—Cl	243	199
C—S	259	181	O—S	265	151	P—F	490	156	Cl—Br	215	214
C—F	453	133	O—F	190	142	P—Cl	331	204	Cl—I	208	243
C—Cl	339	177	O—Cl	203	164	P—Br	272	222	Br—Br	193	228
C—Br	276	194	O—Br	234	172	P—I	184	246	Br—I	175	248
C—I	216	213	O—I	234	194				I—I	151	266
다중 결합											
C=C	614	134	N=N	418	122	C≡C	839	121	N≡N	945	110
C=N	615	127	N=O	607	120	C≡N	891	115	N≡O	1020	106
C=O	745	123	O_2	498	121	C≡O	1070	113			
(CO_2의 경우 799)											

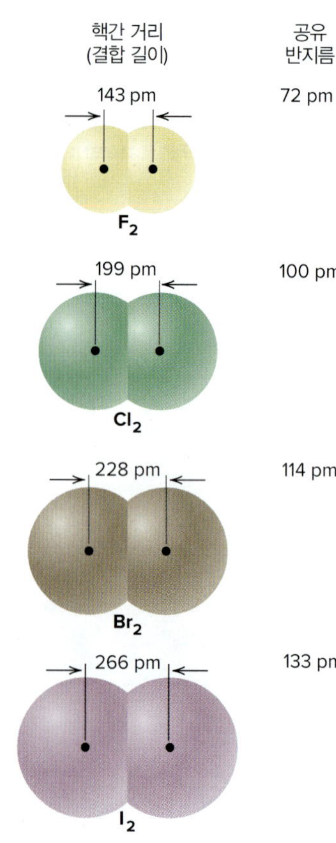

그림 9.14 결합 길이와 공유 반지름.

3. *결합 길이.* 공유 결합은 결합한 두 원자들의 핵간 거리인 **결합 길이**(bond length)를 갖는다. 그림 9.12에서 결합 길이는 우물의 바닥인 최소 에너지를 갖는 지점에서의 핵간 거리이다. 표 9.2에 몇 가지 공유 결합들의 결합 길이를 나타내었다. 결합 에너지와 마찬가지로 이 값들은 여러 물질들의 결합들에 대한 *평균* 결합 길이이다. 결합 길이는 결합한 원자들의 반지름의 합과 관련되어 있다. 대부분의 원자 반지름 값은 측정된 결합 길이로부터 계산한다(그림 8.12C 참조). 할로젠 원소들의 결합과 같이 일련의 유사한 결합들의 결합 길이는 원자 크기가 증가함에 따라 증가한다(그림 9.14).

공유 결합의 결합 차수, 결합 에너지, 결합 길이는 서로 밀접하게 연관되어 있다. 공유 전자쌍이 하나일 때보다 두 개일 때 두 핵이 더욱 강하게 끌어당기므로 서로 더욱 가깝게 붙게 되며, *따라서* 단일 결합으로 연결된 원자들에 비해 더욱 떼어 내기가 어렵다. 그러므로 *주어진 원자쌍에서는,*

- *결합 차수가 높을수록 결합 길이가 짧다.* 결합 차수가 증가할수록 결합 길이는 감소한다.
- *결합 차수가 높을수록 결합 에너지도 높다.* 결합 차수가 증가할수록 결합 에너지는 증가한다.

따라서 표 9.3에서 확인할 수 있듯이 원자 쌍에서 *짧은 결합은 더욱 강한 결합이다.*

몇몇 경우 단일 결합으로 연결된 원자들 중 하나를 고정하고 다른 하나를 변화시킬 때 원자 크기, 결합 길이, 결합 에너지 사이의 관계를 찾을 수 있다.

- *같은 족에서의 변화.* 탄소-할로젠 단일 결합의 길이의 경향성은 C—I > C—Br > C—Cl > C—F이며, 이는 원자의 크기와 같은 경향성(I > Br > Cl > F)이다. 그리고 결합 에너지는 반대의 경향성(C—F > C—Cl > C—Br > C—I)을 보인다.
- *같은 주기에서의 변화.* 탄소가 포함된 단일 결합을 다시 살펴보면, 결합 길이의 경향성(C—N > C—O > C—F)은 원자의 크기와 같은 경향성(N > O > F)을 보인다. 그리고 결합 에너지는 반대의 경향성(C—F > C—O > C—N)을 보인다.

일반적으로 결합 내의 원자들의 원자 반지름이 증가하면 결합 길이가 증가(결합 에너지는 감소)한다.

표 9.3 | 결합 차수, 결합 길이, 결합 에너지의 관계

결합	결합 차수	평균 결합 길이(pm)	평균 결합 에너지(kJ/mol)
C—O	1	143	358
C═O	2	123	745
C≡O	3	113	1070
C—C	1	154	347
C═C	2	134	614
C≡C	3	121	839
N—N	1	146	160
N═N	2	122	418
N≡N	3	110	945

예제 9.3 | 결합 길이와 결합 세기 비교

문제 표 9.2를 보지 않고 다음 결합들을 결합 길이가 *감소하는 순서로*, 그리고 결합 세기가 *감소하는 순서로* 배열하라.

(a) S—F, S—Br, S—Cl **(b)** C═O, C—O, C≡O

계획 **(a)** S가 세 개의 다른 할로젠 원소와 단일 결합을 이루고 있으므로 결합 차수는 모두 같다. 할로젠 원자의 반지름이 증가할수록 결합 길이는 증가하고 결합 세기는 감소한다. **(b)** 같은 두 원자가 결합하지만 결합 차수가 다르다. 이 경우 결합 차수가 증가함에 따라 결합 세기는 증가하고 결합 길이는 감소한다.

풀이 **(a)** 원자 크기는 족 아래로 내려가면서 증가하므로 F < Cl < Br이다.

결합 길이: S—Br > S—Cl > S—F

결합 세기: S—F > S—Cl > S—Br

(b) 결합 차수에 따라 배열하면 C≡O > C=O > C—O이다.

결합 길이: C—O > C=O > C≡O

결합 세기: C≡O > C=O > C—O

검산 표 9.2에서 순서가 정확함을 확인할 수 있다.

해설 (a)에서 살펴본 것처럼 *다른 원소들로 이루어진 원자 쌍들이 이루는 결합의 결합 길이와 세기 사이의 관계*는 *오직 단일 결합일 경우 적용*되며 모든 경우로 일반화할 수 없음을 기억하고 유의하며 적용하자.

▶ 보충 문제

9.3A 다음 결합들을 결합 길이가 *감소하는 순서로*, 그리고 결합 세기가 *감소하는 순서로* 배열하라.

(a) C≡N, C≡O, C≡C **(b)** P—I, P—F, P—Br

9.3B 다음 결합들을 결합 길이가 *증가하는 순서로*, 그리고 결합 세기가 *증가하는 순서로* 배열하라.

(a) Si—F, Si—C, Si—O **(b)** N=N, N—N, N≡N

유사 문제 9.39, 9.40

공유 결합 화합물의 성질을 설명하기 위한 모형

공유 결합 모형에서 원자 쌍이 서로 전자를 공유함으로써 *강하며 편재화된 결합*을 형성한다. 모두는 아니지만 대부분의 공유 결합 화합물은 개별 분자들로 이루어져 있다. 이러한 *분자성* 공유 결합 화합물은 *그물 구조* 공유 결합 고체와는 매우 다른 *물리적* 성질을 보인다. 두 종류의 물질들에는 다른 종류의 힘들이 수반되기 때문이다.

1. *분자성 공유 결합 화합물의 물리적 성질.* 얼핏 보기에는 공유 결합 모형은 공유 결합 화합물의 물리적 성질과는 일치하지 않는 것처럼 보인다. 대부분 메테인과 암모니아와 같은 기체이거나 벤젠과 물과 같은 액체이거나 황이나 파라핀 왁스와 같은 녹는점이 낮은 고체이다. 공유 결합의 세기는 강한데(약 200~500 kJ/mol) 왜 공유 결합 화합물은 저렇게 낮은 온도에서 녹거나 끓을까? 이 질문에 답하려면 두 가지 다른 힘을 고려해야 한다.

(1) *강한 결합 힘*은 분자 *내부의* 원자들을 서로 묶어준다.

(2) *약한 분자간 힘*은 시료 안의 분리된 분자들 *사이에* 작용한다.

분자성 공유 결합 화합물의 물리적 성질은 한 분자와 이를 둘러싼 다른 분자들 *사이의* 약한 힘으로 설명한다. 예를 들어, 펜테인(C_5H_{12})이 끓는 것(그림 9.15)을 생각해보자. 펜테인 분자들 *사이의* 약한 힘은 이 과정에서 극복되지만 펜테인 분자 *안의* 강한 C—C와 C—H 공유 결합은 *깨지지 않는다.*

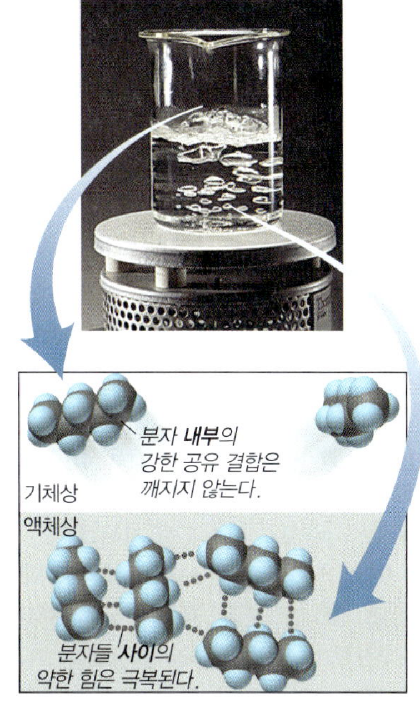

그림 9.15 분자 내부의 강한 힘과 분자들 사이의 약한 힘.

Source: Stephen Frisch/McGraw-Hill Education

2. *그물 구조 공유 결합 고체의 물리적 성질.* 몇몇의 공유 결합 물질은 분리된 분자들로 이루어지지 않는다. 오히려 *그물 구조 공유 결합 고체는 시료 전체 영역의 원자들 사이의* 공유 결합들이 모든 원자들을 결합하게 한다. 따라서 고체의 성질은 공유 결합의 세기를 *반영하게 된다.* 석영(quartz)과 다이아몬드가 좋은 예이다(그림 9.16). 석영(SiO_2, 위)은 3차원 구조의 실리콘-산소 공유 결합들로 이루어지며 분리된 SiO_2 분자는 존재하지 않는다. 매우 단단하고 녹는점은 1550°C이다. 다이아몬드(아래)는 각 탄소 원자를 다른 4개의 탄소들에 연결하는 공유 결합으로 이루어진다. 자연적으로 생성되는 가장 단단한 물질로 알려져 있으며 녹는점은 3550°C이다. 따라서 공유 결합은 *강하지만*, 대부분의 공유 결합 물질은 분자들 사이의 약한 힘 때문에 분리된 분자들로 이루어진다. (제12장에서 분자간 힘에 대해 자세히 논의할 것이다.)

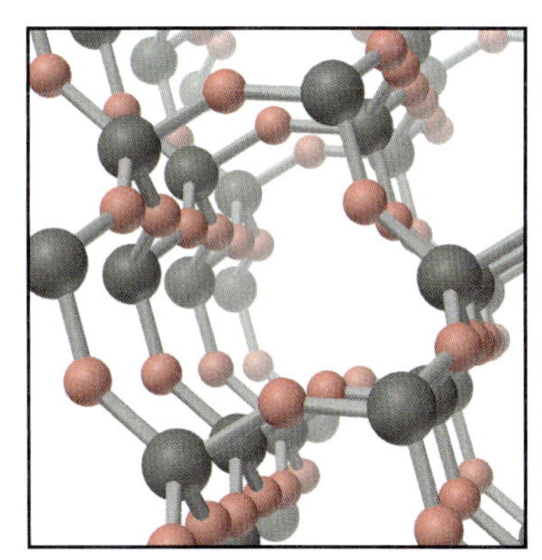

그림 9.16 그물 구조 공유 결합 고체 내의 공유 결합: 석영과 다이아몬드.

3. *전기 전도도.* 전류는 움직이는 전자 혹은 이온에 의해 흐른다. 대부분의 공유 결합 화합물은 공유 전자쌍과 비공유 전자쌍이 모두 자유롭게 움직이지 못하는 편재화된 상태이기 때문에 이온을 형성할 수 없으며, 따라서 용융 상태이든 용해된 상태이든 전기적으로 부도체이다.

다음 **실험 기법**에 대한 이야기에서 공유 결합 물질 내 결합의 종류를 연구하기 위하여 널리 사용하는 기법을 알아보자.

적외선 분광법(Infrared Spectroscopy)

적외선(IR) **분광법**은 공유 결합으로 이루어진 분자를 연구할 때 가장 흔히 사용되는 기기 분석법이다. 적외선 분광기의 핵심 원리는 다른 종류의 분광기들과 같다(그림 B7.3 참조). 광원이 방출하는 많은 파장들의 빛에서 적외선 영역의 빛을 선택하여 사용한다. 시료는 보통 다른 적외선 파장의 빛을 흡수하는 순수한 액체나 고체이다. 적외선 스펙트럼은 이러한 여러 흡수를 나타내는 피크(peak)들로 이루어진다.

분자 진동과 IR 흡수

적외선 스펙트럼은 결합의 진동에 기반하여 분자 내 결합의 종류를 나타낸다. 시료를 이루는 분자들은 공간에서 움직이는 운동과 여러 축을 중심으로 이루어지는 회전 운동뿐만 아니라, 결합한 원자들 사이에서 이루어지는, 적외선 분광법에서 가장 중요한 운동인 진동 운동을 할 수 있다. 각 원자쌍을 연결하고 있는 결합은 용수철 같아 신축(stretch)하고 굽혀지면서(bend) 진동한다. 그림 B9.1은 이원자 분자와 삼원자 분자들의 진동을 그림으로 보여주고 있다. 큰 분자는 더욱 많은 방식으로 진동할 것이다.

적외선 광자는 이러한 진동 운동의 에너지 범위에 해당하는 에너지를 갖는다. *모든 진동 운동은 진동의 종류와 원자의 질량, 그리고 결합의 세기에 따라 결정되는 고유한 진동수를 갖는다.* 이는 2.5~25 μm의 파장을 갖는 적외선에 해당하는 진동수이다. *이러한 진동 에너지는 양자화되어 있다.* 원자가 전자의 에너지 준위 차이의 에너지를 갖는 광자를 흡수할 수 있는 것처럼 분자는 *진동* 에너지 준위 차이에 해당하는 적외선 광자를 흡수할 수 있다.

화합물의 구조 확인

적외선 스펙트럼은 다음의 세 가지 이유 때문에 화합물의 구조를 확인하는 데 사용될 수 있다.

1. *각 결합은 특정 파장 영역의 빛을 흡수한다.* 즉, C—C 결합은 C=C, C—H, C=O 결합들과는 다른 영역을 흡수한다.
2. *유기 화합물은 종류에 따라 고유한 스펙트럼을 갖는다.* 알코올, 카복실산, 에터 등과 같이 원자가 모여 있는 형태에 따라 다르게 흡수한다(15장).
3. *각 화합물은 독특한 스펙트럼을 갖는다.* 각 파장의 빛을 흡수하는 양은 분자의 세부적인 구조에 의존하므로 적외선 스펙트럼은 화합물을 구분하는 지문과 같은 역할을 한다. 예를 들어, 플라스틱의 원료인 아크릴로나이트릴(acrylonitrile)의 적외선 스펙트럼은 다른 화합물에서는 관찰할 수 없다(그림 B9.2).

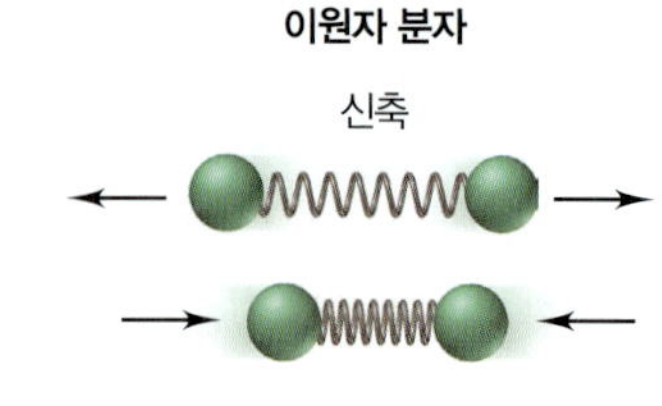

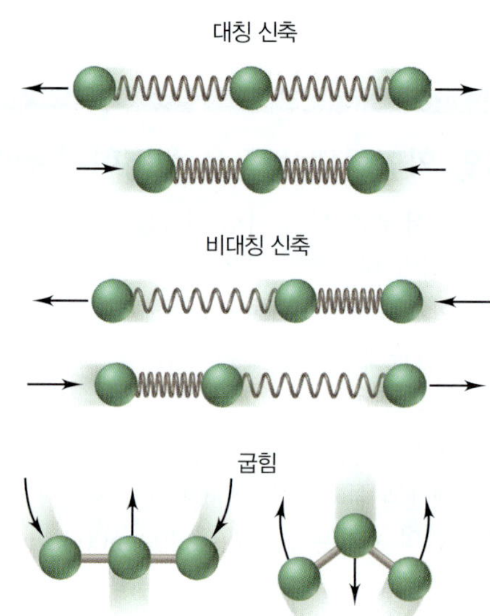

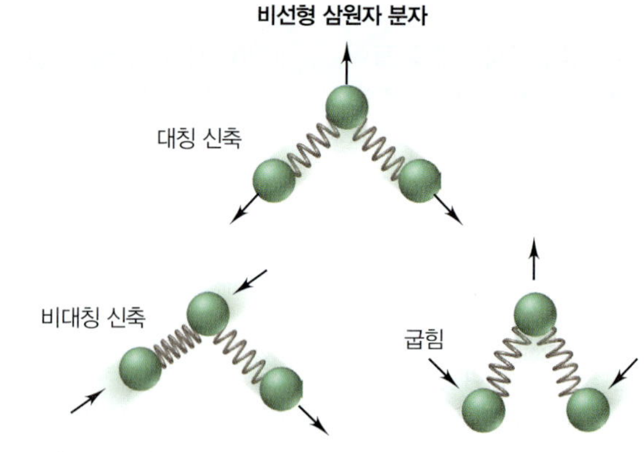

그림 B9.1 이원자 분자와 삼원자 분자의 일반적인 진동 운동.

문제

B9.1 그림 B9.2에서 "C=C 신축"으로 표시된 피크는 "C—C 신축"으로 표시된 피크보다 짧은 파장(높은 진동수) 영역에서 나타나고 이 피크는 해당 결합을 갖는 어느 물질에서나 관찰된다. 이 피크들의 상대적인 위치에 대해서 설명하라. 그림 B9.2의 진동수 척도를 따라 보았을 때 C≡C 신축 진동에 대한 피크는 어느 위치에서 찾을 수 있을 것인지 설명하라.

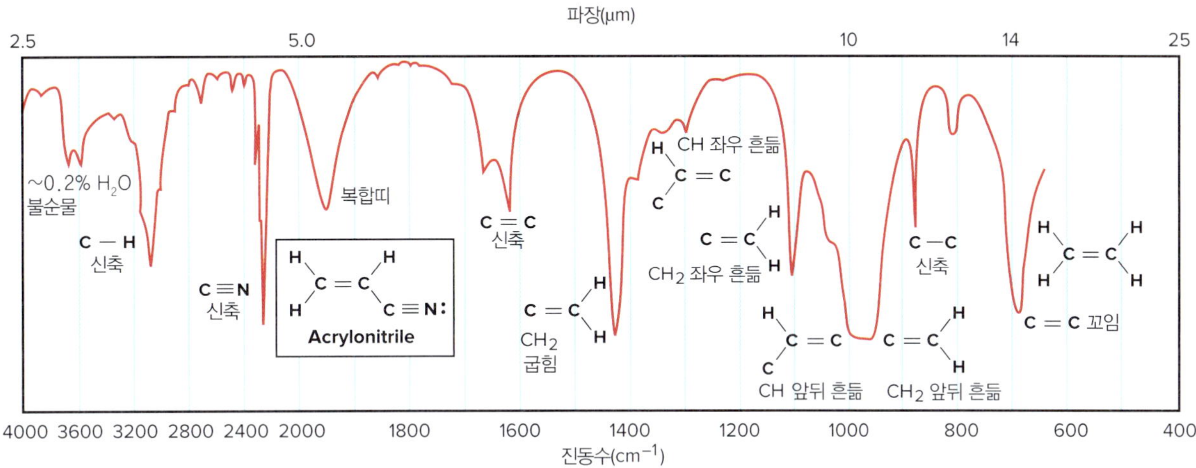

그림 B9.2 **아크릴로나이트릴의 적외선(IR) 스펙트럼.** 이 전형적인 IR 스펙트럼에는 많은 흡수띠들이 다른 깊이와 예리함을 보이는 아래 방향 "피크(peak)"로 나타난다. 대부분은 특정 형태의 진동[신축(stretch), 굽힘(bend), 좌우 흔듦(rock), 앞뒤 흔듦(wag), 꼬임(twist)]에 해당한다. 몇몇 넓은 피크(예, 복합띠)는 몇 개의 진동들이 겹쳐져 나타난다. 아래의 축은 파장의 역수이며 cm^{-1}의 단위를 갖는 진동수를 나타낸다. (2000 cm^{-1}을 기준으로 우측의 파장 영역 스케일을 확대 조절하였다.)

B9.2 대기상 CO_2는 적외선을 흡수하고 다시 방출하여 대기의 온도를 증가시켜 온난화를 일으킨다. CO_2 분자의 진동은 대칭 신축, 굽힘, 비대칭 신축 운동이다(그림 B9.1). 각 운동의 진동수는 각각 $4.02\times10^{13}\ s^{-1}$, $2.00\times10^{13}\ s^{-1}$, $7.05\times10^{13}\ s^{-1}$이다.

(a) 각 진동에 해당하는 파장은 얼마인가?

(b) 각 진동 운동의 에너지를 J 단위로 구하라. 어느 진동의 에너지가 가장 작은가?

› 9.3절 요약

- 공유되어 편재화된 원자가 전자쌍은 두 개의 원자핵을 서로 공유 결합으로 붙들면서 각 원자의 외각 준위를 채운다.
- 결합 차수는 두 원자들 사이에서 공유된 전자쌍의 수이다. 결합 에너지(세기)는 각 원자가 분리될 때 흡수되는 에너지이며 결합이 형성될 때 같은 양의 에너지가 방출된다. 결합 길이는 두 원자핵 사이 거리이다.
- 결합 차수는 결합 에너지와 비례 관계를 가지며, 결합 길이와는 반대의 관계이다.
- 분자성 공유 결합 화합물은 약한 분자 *사이의* 힘 때문에 부드럽고 낮은 녹는점을 갖지만 화합물 *내의* 결합력은 매우 강하다. 그물 구조 공유 결합 화합물은 시료 전체의 모든 원자들이 공유 결합을 이루고 있어 단단하고 높은 녹는점을 갖는다.
- 대부분의 공유 결합 화합물은 전자가 편재화되어 있고 이온이 없기 때문에 낮은 전기 전도도를 보인다.
- 공유 결합하는 원자들은 진동한다. 진동에 해당하는 에너지는 적외선 분광법으로 연구할 수 있다.

9.4 결합 에너지와 화학적 변화

반응물과 생성물의 상대적인 결합 세기가 화학 반응에서 열이 흡수될지 혹은 방출될지를 결정한다. 20장에서 결합 에너지의 변화가 반응이 일어날지를 결정하는 두 가지 인자 중 하나라는 것을 논할 것이다. 이 절에서는 반응 엔탈피의 근원을 알아보고, 결합 에너지를 이용하여 계산하고 연료와 식량으로부터 얻는 에너지에 대해서 알아볼 것이다.

결합 에너지 변화: $\Delta H^\circ_{반응}$은 어디에서 오는가

6장에서 화학적 변화에 수반되는 열에 대해 알아보았으나, "$\Delta H^\circ_{반응}$은 어디에서 오는가?"라는 핵심적인 질문을 던지지는 않았다. 예를 들어, 1 atm, 298 K에서 H_2 1 mol과 F_2 1 mol이 반응하면 HF 2 mol이 생성된다.

$$H_2(g) + F_2(g) \longrightarrow 2HF(g) + 546\ \text{kJ}$$

여기서 방출된 546 kJ은 어디에서 오는 것일까? 반응에 참여한 분자들의 에너지를 자세히 살펴봄으로써 그 답을 찾을 수 있다. 계의 총 내부 에너지는 운동 에너지와 퍼텐셜 에너지로 이루어진다. HF가 형성되는 동안 이들이 어떻게 변화하는지 알아보자.

- *운동 에너지.* 운동 에너지에 기여하는 가장 중요한 것은 분자들의 공간상 병진 운동, 회전 운동, 진동 운동이다. 그러나 운동 에너지는 온도에 비례하기 때문에 298 K로 온도가 일정하면 이 생성 반응 동안 아무런 변화가 없다.
- *퍼텐셜 에너지.* 퍼텐셜 에너지에 기여하는 가장 중요한 것은 상 변화와 진동하는 원자들 사이, 핵과 전자 사이(그리고 전자들 사이), 각 핵 안의 양성자와 중성자 사이, 그리고 각 결합 내의 공유 전자쌍과 핵 사이의 인력의 변화이다. 이 반응에서 상 변화는 일어나지 않고, 진동 힘은 경합한 원자들이 변함에 따라 조금 변화할 것이며, 원자들과 핵 내부의 힘은 전혀 변하지 않을 것이다. 주된 퍼텐셜 에너지 변화는 H_2, F_2, HF의 핵과 공유 전자쌍 사이의 인력(결합 에너지)의 변화로부터 온다.

그러므로 "$\Delta H^\circ_{반응}$은 어디에서 오는가?"라는 질문에 대한 우리의 답은 "어디선가 오는 것"이 아니라 *화학 변화 동안 방출 혹은 흡수되는 열은 반응물의 결합 에너지와 생성물의 결합 에너지의 차이이다.*

결합 에너지를 이용한 $\Delta H^\circ_{반응}$ 계산

Hess의 법칙(6.5절)을 다시 한 번 생각해보자. 어떤 특정 반응에 대해 실제로 일어날 수도 있는, 혹은 그렇지 않을 수도 있는 2단계의 과정으로 생각하자.

1. *특정 양의 열을 흡수하여 반응물의 결합을 끊어 분리된 원자들을 생성한다*($\Delta H^\circ > 0$).
2. *원자들이 생성물의 결합을 형성할 때 다른 양의 열이 방출된다*($\Delta H^\circ < 0$).

이 엔탈피 변화의 합(Σ로 표현)을 반응 엔탈피($\Delta H^\circ_{반응}$)라 한다.

$$\Delta H^\circ_{반응} = \Sigma\Delta H^\circ_{반응물\ 결합\ 해리} + \Sigma\Delta H^\circ_{생성물\ 결합\ 형성} \qquad \textbf{(9.2)}$$

- 발열 반응에서는 생성물 분자의 결합이 형성되는 동안 방출되는 에너지가 반응물의 결합을 해리하기 위해 필요한 에너지보다 *크다.* $\Delta H^\circ_{생성물\ 결합\ 형성}$의 크기가 $\Delta H^\circ_{반응물\ 결합\ 해리}$의 크기보다 크며, 그 합인 $\Delta H^\circ_{반응}$은 *음의 값*을 갖는다(열 방출).
- 흡열 반응에서는 반대의 상황이 벌어진다. 생성물 분자의 결합이 형성되는 동안 방출되는 에너지가 반응물의 결합을 해리하기 위해 필요한 에너지보다 *작다.* $\Delta H^\circ_{생성물\ 결합\ 형성}$의 크기가 $\Delta H^\circ_{반응물\ 결합\ 해리}$의 크기보다 작으며, 그 합인 $\Delta H^\circ_{반응}$은 *양의 값*을 갖는다(열 흡수).

결합 에너지를 이용하여 식 (9.2)를 다음과 같이 나타낼 수 있다.

$$\Delta H^\circ_{반응} = \Sigma BE_{반응물\ 결합\ 해리} - \Sigma BE_{생성물\ 결합\ 형성}$$

(결합 에너지는 항상 양의 값을 가지므로 음의 부호가 필요하다.)

실제 일반적인 반응에서는 오직 특정 결합들만 해리되고 형성되지만, $\Delta H^\circ_{반응}$을 계산하기 위해 Hess의 법칙을 적용하여 다음의 간단한 방법을 이용할 수 있다.

1. 반응물 내 *모든* 결합들을 끊어 개별적으로 분리된 원자들을 얻는다.
2. 원자들을 모아 생성물 내 *모든* 결합을 형성한다.
3. 적절한 부호를 더한 결합 에너지들을 모두 더하여 반응 엔탈피를 얻는다.

(이 방법에서는 반응물과 생성물의 물리적 상태가 변하지 않는다고 가정하지만, 상 변화가 일어나면 추가적인 열의 출입이 수반된다. 12장에서 이 부분에 대해 논의할 것이다.)

이 방법을 적용하여 두 반응에 대한 $\Delta H^\circ_{반응}$을 계산해보자.

1. *HF 생성.* 1 mol의 H—H 결합과 1 mol의 F—F 결합이 에너지를 흡수하여 끊어져 생성된 H 원자 2 mol과 F 원자 2 mol이 H—F 2 mol을 형성하면서 에너지를 방출한다. 표 9.2의 결합 에너지 값을 찾아서 끊어지는 결합에 대해 양의 부호를, 형성되는 결합에 대해 음의 부호를 적용하자.

	H—H	+	F—F	⟶	2 H—F
결합 에너지(kJ/mol)	432		159		565

해리되는 결합:

$$1 \times \text{H—H} = (1\ \text{mol})(432\ \text{kJ/mol}) = 432\ \text{kJ}$$
$$1 \times \text{F—F} = (1\ \text{mol})(159\ \text{kJ/mol}) = 159\ \text{kJ}$$
$$\Sigma\Delta H^\circ_{반응물\ 결합\ 해리} = 591\ \text{kJ}$$

형성되는 결합:

$$2 \times \text{H—F} = (2\ \text{mol})(-565\ \text{kJ/mol}) = -1130\ \text{kJ} = \Sigma\Delta H^\circ_{생성물\ 결합\ 형성}$$

식 (9.2)를 적용하여 다음 값을 얻는다.

$$\Delta H^\circ_{반응} = \Sigma\Delta H^\circ_{반응물\ 결합\ 해리} + \Sigma\Delta H^\circ_{생성물\ 결합\ 형성}$$
$$= 591\ \text{kJ} + (-1130\ \text{kJ}) = -539\ \text{kJ}$$

결합 에너지의 값(−539 kJ)과 표의 $\Delta H^\circ_{반응}$ 값(−546 kJ)의 작은 차이는 실험 방법에 따른 차이 때문이다.

2. *CH_4의 연소 반응.* 더욱 복잡한 이 반응을 고려하기 위해 CH_4와 O_2의 모든 결합이 해리되어 생성된 원자들이 CO_2와 H_2O의 모든 결합을 형성한다고 가정하자(그림 9.17).

$$CH_4(g) + 2O_2(g) \longrightarrow CO_2(g) + 2H_2O(g)$$

다시 한 번 표 9.2의 값에 결합이 해리될 때와 형성될 때에 맞게 부호를 적절하게 적용한 값을 사용하자.

	CH_4 (H—C—H, 4 C—H)	+	2 O═O	⟶	O═C═O	+	2 H—O—H
결합 에너지(kJ/mol)	413		498		799		467

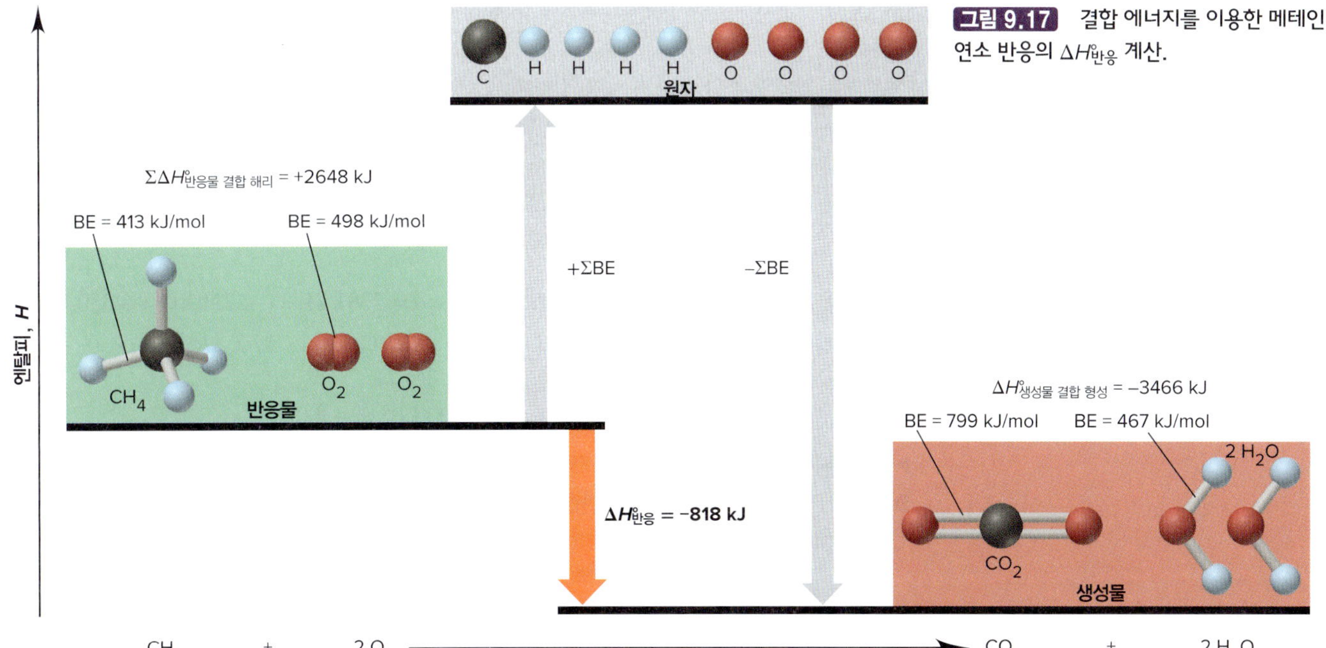

그림 9.17 결합 에너지를 이용한 메테인 연소 반응의 $\Delta H^\circ_{반응}$ 계산.

해리되는 결합:

$$\begin{aligned} 4 \times \text{C—H} &= (4\ \text{mol})(413\ \text{kJ/mol}) = 1652\ \text{kJ} \\ 2 \times \text{O}_2 &= (2\ \text{mol})(498\ \text{kJ/mol}) = 996\ \text{kJ} \\ \hline \Sigma\Delta H^\circ_{\text{반응물 결합 해리}} &= 2648\ \text{kJ} \end{aligned}$$

형성되는 결합:

$$\begin{aligned} 2 \times \text{C=O} &= (2\ \text{mol})(-799\ \text{kJ/mol}) = -1598\ \text{kJ} \\ 4 \times \text{O—H} &= (4\ \text{mol})(-467\ \text{kJ/mol}) = -1868\ \text{kJ} \\ \hline \Sigma\Delta H^\circ_{\text{생성물 결합 형성}} &= -3466\ \text{kJ} \end{aligned}$$

식 (9.2)를 적용하여 다음 값을 얻는다.

$$\begin{aligned} \Delta H^\circ_{\text{반응}} &= \Sigma\Delta H^\circ_{\text{반응물 결합 해리}} + \Sigma\Delta H^\circ_{\text{생성물 결합 형성}} \\ &= 2648\ \text{kJ} + (-3466\ \text{kJ}) = -818\ \text{kJ} \end{aligned}$$

메테인의 연소 반응에 대해 결합 에너지로부터 얻은 $\Delta H^\circ_{\text{반응}}$(−818 kJ)과 열량계에서 얻은 값(−802 kJ, 6.3절)이 일치하지 않는 데에는 실험 방법에 따른 차이뿐만 아니라 더욱 근본적인 이유가 있다. 결합 에너지는 많은 화합물들이 갖고 있는 해당 결합들에 대한 *평균*값이다. 이 값은 *특정 물질 내에서* 대개 평균값에 가깝기는 하지만 정확히 같지는 않다. 예를 들어, C—H 결합 에너지는 413 kJ/mol이며, 이는 많은 분자들 안의 C—H 결합에 대한 평균치이다. 사실 실제 메테인 내 1 mol의 C—H 결합을 해리하기 위해 415 kJ, 4 mol의 C—H 결합에 대해 1660 kJ이 필요하며, 이는 열량계를 이용하여 얻은 $\Delta H^\circ_{\text{반응}}$과 가깝다. 그러므로 여러 가지 방법을 이용하여 얻은 $\Delta H^\circ_{\text{반응}}$ 값들 사이에 작은 차이가 나는 것은 그리 놀라운 것은 아니다.

예제 9.4 | 결합 에너지를 이용한 $\Delta H^\circ_{\text{반응}}$ 계산

문제 클로로폼을 생성하는 메테인의 염소화 반응의 $\Delta H^\circ_{\text{반응}}$를 계산하라.

$$\text{H—}\underset{\text{H}}{\overset{\text{H}}{\text{C}}}\text{—H} + 3\,\text{Cl—Cl} \longrightarrow \text{Cl—}\underset{\text{Cl}}{\overset{\text{H}}{\text{C}}}\text{—Cl} + 3\,\text{H—Cl}$$

계획 반응물 내 *모든* 결합은 해리되고 생성물 내 *모든* 결합이 형성된다. 표 9.2를 이용하여 해당하는 결합 에너지를 찾아 적절한 부호를 붙여 식 (9.2)의 두 개의 합에 해당하는 항에 적용한다.

풀이 결합 해리와 형성에 해당하는 표준 엔탈피 변화를 찾는다. 해리되는 결합의 결합 에너지는 양의 값이다.

$$\begin{aligned} 4 \times \text{C—H} &= (4\ \text{mol})(413\ \text{kJ/mol}) = 1652\ \text{kJ} \\ 3 \times \text{Cl—Cl} &= (3\ \text{mol})(243\ \text{kJ/mol}) = 729\ \text{kJ} \\ \hline \Sigma\Delta H^\circ_{\text{반응물 결합 해리}} &= 2381\ \text{kJ} \end{aligned}$$

형성되는 결합의 결합 에너지는 음의 값이다.

$$\begin{aligned} 3 \times \text{C—Cl} &= (3\ \text{mol})(-339\ \text{kJ/mol}) = -1017\ \text{kJ} \\ 1 \times \text{C—H} &= (1\ \text{mol})(-413\ \text{kJ/mol}) = -413\ \text{kJ} \\ 3 \times \text{H—Cl} &= (3\ \text{mol})(-427\ \text{kJ/mol}) = -1281\ \text{kJ} \\ \hline \Sigma\Delta H^\circ_{\text{생성물 결합 형성}} &= -2711\ \text{kJ} \end{aligned}$$

$\Delta H^\circ_{\text{반응}}$을 계산하면:

$$\Delta H^\circ_{\text{반응}} = \Sigma\Delta H^\circ_{\text{반응물 결합 해리}} + \Sigma\Delta H^\circ_{\text{생성물 결합 형성}} = 2381\ \text{kJ} + (-2711\ \text{kJ}) = -330\ \text{kJ}$$

검산 엔탈피 변화량의 부호가 정확한지 확인한다. $\Sigma\Delta H^\circ_{\text{결합 해리}} > 0$, $\Sigma\Delta H^\circ_{\text{결합 형성}} < 0$. 흡수된 양보다 많은 에너지가 방출되므로 $\Delta H^\circ_{\text{반응}}$은 음의 값이다.

$$\sim 2400\ \text{kJ} + [\sim(-2700\ \text{kJ})] = -300\ \text{kJ}$$

▶ **보충 문제**

9.4A 산업적으로 매우 중요한 반응 중 하나인 암모니아가 구성 원소들로부터 생성되는 반응은 다음과 같다.

$$\text{N}\equiv\text{N} + 3\,\text{H—H} \longrightarrow 2\,\text{H—}\underset{\text{H}}{\text{N}}\text{—H}$$

결합 에너지를 이용하여 $\Delta H^\circ_{\text{반응}}$을 계산하라.

9.4B 이플루오린화 산소는 물과 반응하여 플루오린화 수소산을 형성한다.

$$\mathrm{F{-}O{-}F} + \mathrm{H{-}O{-}H} \longrightarrow 2\,\mathrm{H{-}F} + \mathrm{O_2}$$

결합 에너지를 이용하여 $\Delta H^\circ_{반응}$을 계산하라.

유사 문제 9.47~9.50

결합 세기와 연료 및 식량으로부터 발생하는 열

연료(fuel)는 대기의 산소와 반응하여 에너지를 방출한다. *그리고* 합리적인 가격에 구입할 수 있는 재료이다. 기계에 사용하는 가장 일반적인 연료는 탄화수소와 석탄이며, 생명체가 사용하는 가장 일반적인 연료는 지방과 탄수화물이다. 이러한 연료는 모두 많은 C—C와 C—H 결합, 그리고 상대적으로 적은 양의 C—O와 O—H 결합을 갖는 크기가 큰 유기 분자들을 포함한다. 지금까지 살펴본 결합 에너지를 이용하여 반응 엔탈피를 결정하는 2단계 방법에 따르면 연료가 O_2와 반응할 때, 모든 결합은 해리되고 C, H, O 원자들은 C═O와 O—H 결합을 이루어 CO_2와 H_2O를 생성물로 형성한다. 이 연소 반응은 발열 과정이기 때문에 생성물 내 총 결합 에너지는 반응물 내 총 결합 에너지보다 *크다. (불안정하고 더욱 높은 반응성인) 약한 결합은 이미 더욱 높은 에너지 상태이기 때문에 (안정하고 덜 반응성인) 강한 결합보다 더 쉽게 해리된다.* 그러므로 CO_2와 H_2O 내 결합들은 (더 약하고 높은 에너지를 가지며 덜 안정한) 휘발유(혹은 조리용 기름)와 O_2보다 더 강하다(더 낮은 에너지를 가지고 더 안정함).

더욱 약한 결합들로 이루어진 연료는 약한 결합을 보다 적게 가진 연료보다 더욱 많은 양의 에너지를 방출한다. 탄화수소(알케인)이 연소할 때 C—C와 C—H 결합은 해리되고, 알코올이 연소할 때는 C—O와 O—H가 마찬가지로 해리된다. 표 9.2로부터 C—C와 C—H 결합 에너지의 합(760 kJ/mol)이 C—O와 O—H 결합 에너지의 합(825 kJ/mol)보다 작은 것을 알 수 있다. 그러므로 많은 C—O와 O—H 결합을 가진 연료의 결합들을 해리하기 위해 더욱 많은 양의 에너지가 필요하다. 따라서 일반적으로 *O와의 결합을 적게 가진 연료가 더욱 많은 양의 에너지를 방출한다*(그림 9.18).

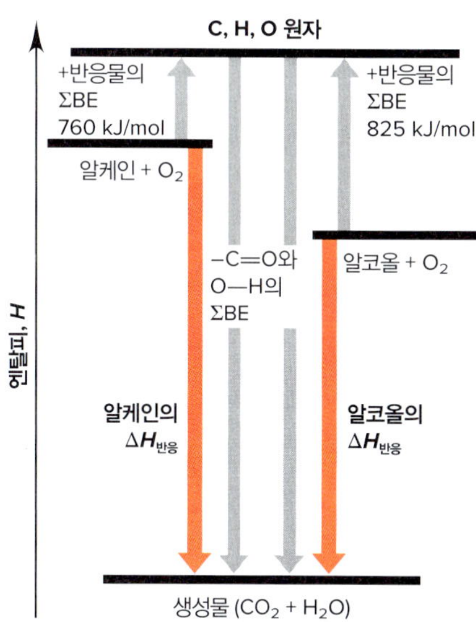

그림 9.18 상대적 결합 세기와 연료로부터 얻는 에너지.

지방과 탄수화물은 모두 많은 에너지를 제공하는 식량이며 C—O, C═O, O—H 결합(*아래 그림에서 붉은색으로 표시*)들을 가지며 수소 원자가 붙어 있는 탄소 원자로 이루어진 사슬 혹은 고리 형태로 이루어진다.

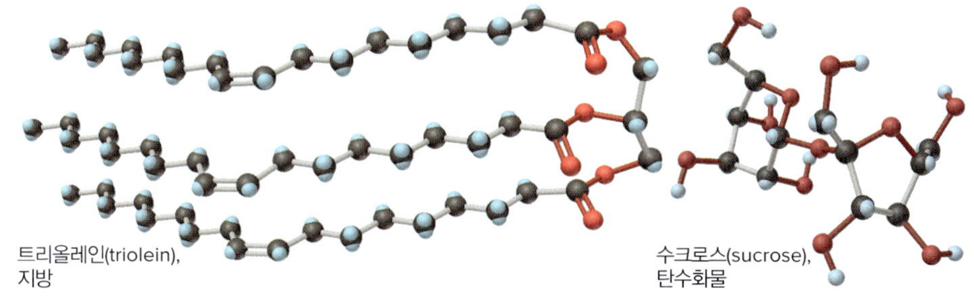

탄수화물은 C 사슬의 수와 수소와의 결합이 적고 더 많은 수의 산소에 대한 결합을 갖는다. 지방은 탄수화물보다 적은 산소와의 결합을 갖고 있어 탄수화물보다 그램당 "칼로리가 더 높다"(표 9.4).

표 9.4 몇 가지 식품의 연소 반응에 대한 반응 엔탈피

물질	$\Delta H_{반응}$ (kJ/g)
지방	
식물성 기름	−37.0
마가린	−30.1
버터	−30.0
탄수화물	
설탕(수크로스)	−16.2
현미	−14.9
메이플 시럽	−10.4

9.4절 요약

- 반응이 일어날 때 크게 변화하는 내부 에너지의 유일한 성분은 반응물과 생성물의 결합 에너지이며, 그 사이의 변화는 반응 엔탈피($\Delta H^\circ_{반응}$)로 나타난다.
- 반응은 반응물의 결합이 해리되고 생성물의 결합이 형성되면서 일어난다. Hess의 법칙을 적용하여 표의 결합 에너지로부터 $\Delta H^\circ_{반응}$을 계산한다.
- 연료 내의 결합들은 연소 생성물의 결합들보다 약하다(더 불안정, 더 높은 에너지). 약한 결합들을 많이 가진 연료가 약한 결합을 적게 가진 연료보다 더 많은 에너지를 방출한다.

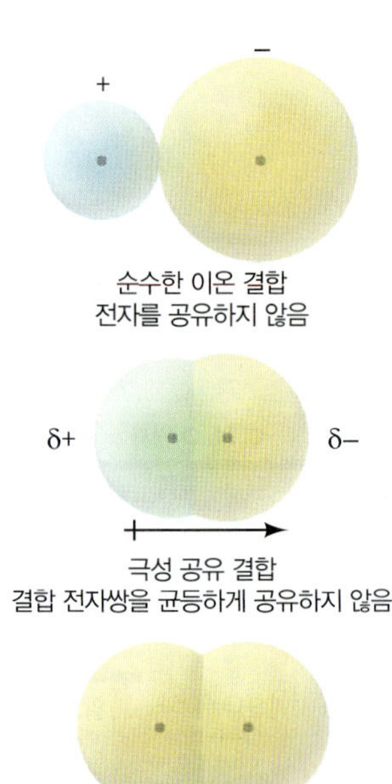

그림 9.19 모든 결합은 두 모형 사이에 위치. 순수한 이온 결합(*위*)은 없으며 순수한 공유 결합(*아래*)는 극성 공유 결합(*가운데*)에 비해 흔하지 않다.

9.5 양 극단의 사이: 전기 음성도와 결합의 극성

과학적 모형은 실제를 이상적으로 기술한다. 이온 결합과 공유 결합 모형은 각각 완전한 전자 이동과 완전한 전자 공유로 형성되는 화합물을 묘사한다. 하지만 실제 물질에서 대부분의 원자들은 순수한 이온 결합과 순수한 공유 결합 사이의 *극성 공유 결합*으로 묶이게 된다(그림 9.19). 이 절에서는 이 순수한 결합들 "사이에 위치하는" 결합들의 본질과 물질의 성질에 대한 이러한 결합의 중요성을 알아본다.

전기 음성도

결합한 원자가 공유 전자를 끌어당기는 상대적인 능력을 **전기 음성도**(electronegativity, EN)라 한다.* 예를 들어, H—F의 결합 에너지는 H—H의 값(432 kJ/mol)과 F—F의 값(159 kJ/mol)의 평균값인 296 kJ/mol일 것으로 예상할 수 있다. 그러나 실제 HF 결합 에너지는 565 kJ/mol로 예상 값인 269kJ/mol보다 *더 크다!* 미국 화학자 Linus Pauling은 이 차이를 다음과 같이 설명하였다. 만약 F가 H보다 공유 전자쌍을 더욱 강하게 끌어당기면, 즉 F가 H보다 *전기 음성도가 더 크다면*, 전자들은 F 가까이에서 오래 머물 것이며 이러한 균등하지 않은 공유는 F쪽을 부분적으로 음성으로 만들 것이고 H쪽을 부분적으로 양성으로 만들 것이다. 이러한 부분 전하들 사이의 *정전기적 인력*은 해당 결합을 해리하기 위해 필요한 에너지를 *증가시킨다*. Pauling은 많은 화합물들을 연구한 결과 가장 높은 EN 값(4.0)을 갖는 플루오린을 기준으로 이에 대한 *상대적 EN 값*의 척도를 얻었다(그림 9.20).

*전기 음성도는 *결합한* 원자들이 공유 전자쌍을 끌어당기는 것에 대한 것이며, *전자 친화도*는 기체 원자가 전자를 얻어 음이온을 형성하는 것에 대한 것이다. 높은 EN을 갖는 원소들은 높은 음의 EA를 갖는다.

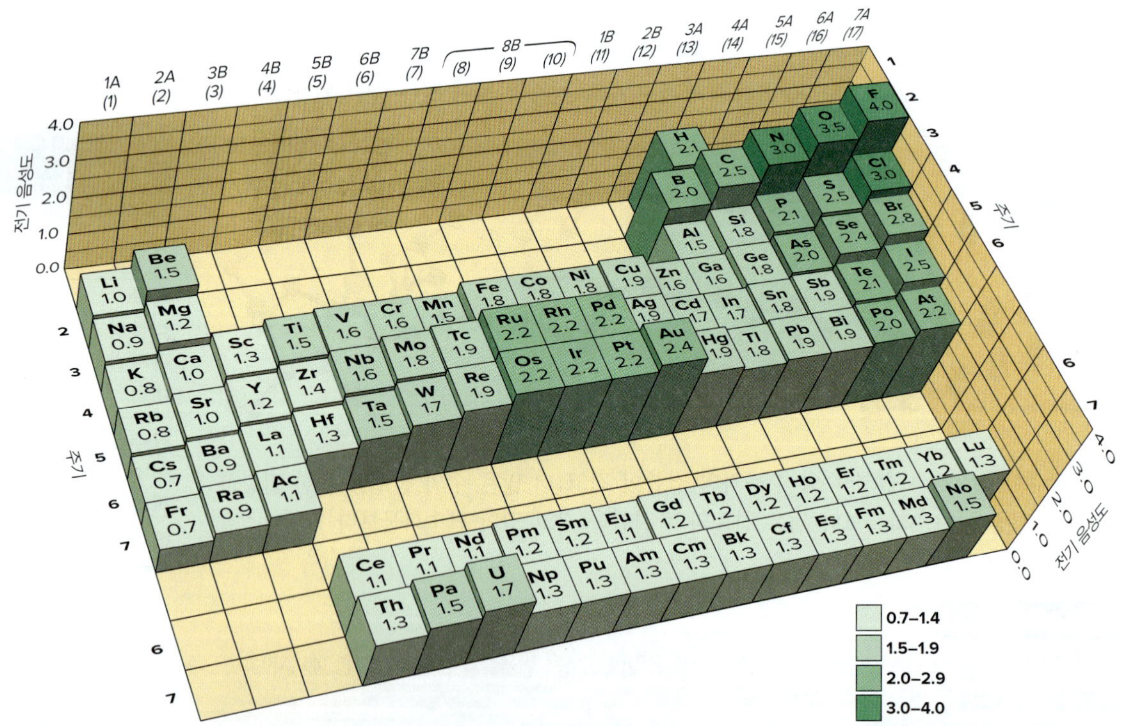

그림 9.20 Pauling의 전기 음성도(EN). 각 기둥의 높이는 EN에 비례하며 그 값을 기둥 위에 나타내었다. 주족 원소들에서는 같은 주기에서 오른쪽으로 갈수록 EN은 *증가*하고 같은 족에서 아래로 갈수록 *감소*한다. 전이 원소와 내부 전이 원소의 경우 EN 값의 변화는 상대적으로 작다. 수소를 비슷한 EN 값의 원소들 근처에 위치시켰다.

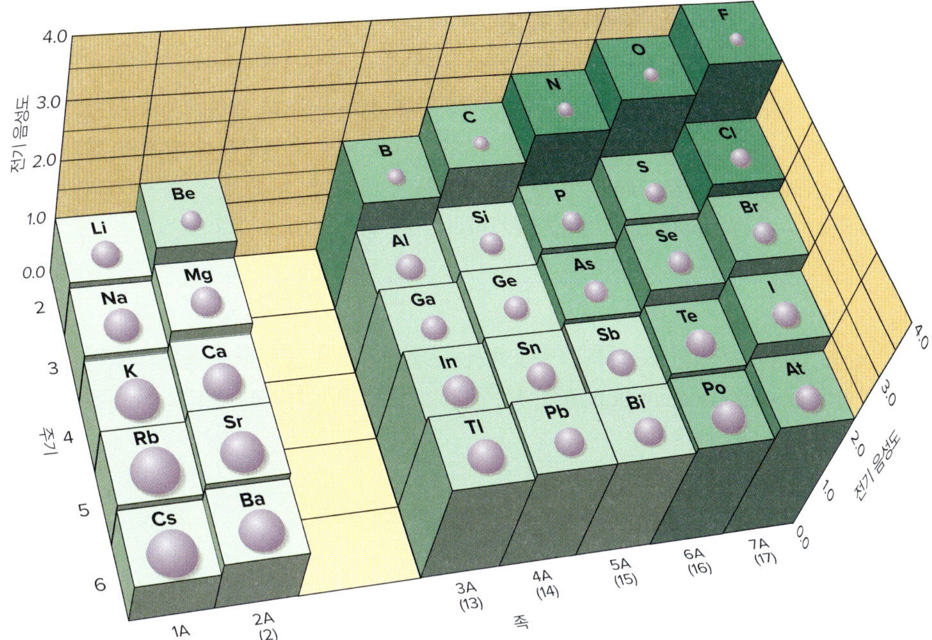

그림 9.21 전기 음성도와 원자의 크기.

전기 음성도의 경향성 일반적으로 *전기 음성도는 원자 크기에 반비례한다.* 작은 원자의 핵이 큰 원자의 핵보다 공유 전자쌍의 전자와 더 가깝기 때문에 더욱 강하게 끌어당기기 때문이다(그림 9.21).

- *주족 원소에서는 같은 족에서 아래로 갈수록* 원자 크기(기둥 위의 반구)가 증가하며 전기 음성도(기둥의 높이)는 감소한다.
- *주족 원소에서는 같은 주기에서 오른쪽으로 갈수록* 전기 음성도는 증가한다.
- 비금속은 금속보다 *더* 높은 전기 음성도를 보인다.

전기 음성도가 가장 높은 원소는 플루오린이며, 두 번째는 산소이다. 따라서 산소가 플루오린과 결합할 때를 제외하고, 산소는 항상 결합 전자들을 끌어온다. 가장 전기 음성도가 낮은[다시 말해 가장 *전기 양성*(electropositive)인] 원소는 주기율표에서 좌측 아래 구석에 위치한 프랑슘(Fr)이다. 그러나 프랑슘은 매우 희귀한 방사성 원소이며, 그렇지 않은 원소들 중에는 세슘(Cs)이 가장 전기 양성이다.*

전기 음성도와 산화수 전기 음성도의 중요 용도로는 원자의 산화수(O.N., 4.4절 참고)를 결정하는 것이다.

1. 결합에서 전기 음성도가 높은 원자에 *모든 공유* 전자들을 할당하며 전기 음성도가 낮은 원자에는 *아무 것도* 할당하지 않는다.
2. 결합 내 각 원자에 *모든 비공유* 전자들을 할당한다.
3. 산화수는 다음과 같이 주어진다.

$$\text{O.N.} = \text{원자가 전자의 수} - (\text{공유 전자의 수} + \text{비공유 전자의 수})$$

예를 들어, HCl의 경우 Cl은 H보다 전기 음성도가 크기 때문에, 결합의 공유 전자쌍이 모두 Cl에 할당되고, 갖고 있는 6개의 비공유 전자를 합하여 총 8개의 전자를 갖는다고 할 수 있다. Cl은 7개의 원자가 전자를 갖기 때문에 O.N.은 $7 - 8 = -1$이다. 수소는 1개의 원자가 전자를 가지며 결합에서 아무 것도 할당된 것이 없고 비공유 전자도 없으므로 $1 - 0 = +1$의 O.N.을 갖는다.

+1 −1
H—Cl:

*1934년 미국 물리학자인 Robert S. Mulliken은 원자의 성질에 기반하여 전기 음성도 값을 EN = (IE − EA)/2으로 표현하였다. 이 접근법으로도 가장 높은 이온화 에너지(IE)와 큰 음의 전자 친화도(EA)를 갖는 플루오린은 큰 EN을 가지며, 낮은 IE와 작은 EA를 갖는 세슘은 작은 EN을 갖는다.

결합 극성과 부분 이온 결합성

HF의 H(EN = 2.1)과 F(EN = 4.0)와 같이 전기 음성도가 다른 원자들이 결합을 형성할 때 전기 음성도가 높은 원자가 낮은 원자보다 공유 전자쌍을 더 강하게 끌어당기기 때문에 결합 전자쌍은 *불균등하게* 공유된다. 이러한 전자 밀도의 불균등한 분포의 결과 **극성 공유 결합**(polar covalent bond)이 형성된다. 불균등 분포는 부분 음극 쪽을 가리키는 극성 화살표(⟼)나 δ+와 δ− 기호로 표시한다(그림 4.1 참조).

H—F: (⟼)　또는　$\overset{\delta+}{H}$—$\overset{\delta-}{F}$:

결합 원자가 동일한 H—H와 F—F에서 공유 전자쌍은 *균등하게* 공유되어 **비극성 공유 결합**(nonpolar covalent bond)을 형성한다. 그림 9.22는 H_2, F_2, HF의 전자 밀도 분포를 나타내는 입체 지도이다.

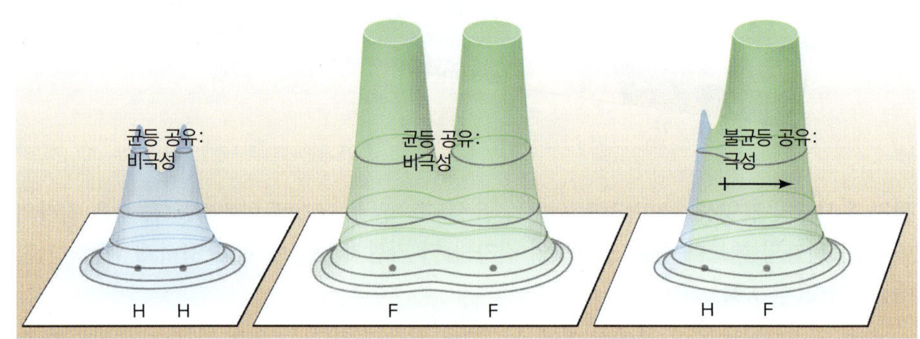

그림 9.22 **H_2, F_2, HF의 전자 밀도 분포를 보여주는 입체 지도.** HF에서 전자 밀도는 H에서 F로 이동한다. (F의 전자 밀도 봉우리는 매우 높아 전체 그림의 높이가 너무 커지기 때문에 잘라내었다.)

전기 음성도 차이(ΔEN)의 중요성 결합을 형성하는 원자들 사이의 EN 값의 차이인 **전기 음성도 차이**(ΔEN)는 결합의 극성과 직접적으로 연관되어 있다. H_2, O_2, Cl_2와 같은 이원자 분자들의 ΔEN는 0.0이지만 이온 결합 화합물인 CsF에서 전기 음성도가 가장 높은 F(4.0)와 가장 낮은 Cs(0.7)의 차이는 3.3이다.

ΔEN와 밀접하게 연관되어 있는 다른 변수는 결합의 **부분 이온 결합성**(partial ionic character)이다. *ΔEN 값이 클수록 큰 부분 전하가 형성되어 부분 이온 결합성이 커진다.* Cl을 포함하는 기체 분자들을 고려해보자.

LiCl(*g*):	ΔEN = 3.0 − 1.0 = 2.0	이온 결합성 감소 ↓
HCl(*g*):	ΔEN = 3.0 − 2.1 = 0.9	
Cl_2(*g*):	ΔEN = 3.0 − 3.0 = 0.0	

HCl은 Cl_2보다 더욱 큰 이온 결합성을 가지며 LiCl은 HCl보다 더욱 큰 이온 결합성을 보인다.

지금부터 이온 결합성을 정량화하기 위한 두 가지 방식을 알아보자. 두 방법 모두 결합의 실제 점진적 변화와는 일치하지 않는 임의의 경계값을 사용한다.

1. *ΔEN 범위.* ΔEN의 범위에 따라 결합을 이온 결합, 극성 공유 결합, 거의 비극성 공유 결합, 비극성 공유 결합으로 분류한다(그림 9.23).
2. *이온 결합성 백분율.* 이 방법은 전기장 하에서 기체 이원자 분자의 거동에 기반한다. 여러 분자들의 *이온 결합성 백분율*을 ΔEN의 함수로 나타낸 그래프를 살펴보면, 예상한 대로 *이온 결합성 백분율은 보통 ΔEN에 따라 증가한다*(그림 9.24A). 50% 값을 경계로 이온 결합과 공유 결합을 나눈다. Cl_2(*g*)와 같은 물질은 0% 이온 결합성을 가지지만 100% 이온 결합성을 갖는 물질은 없음을 기억하자. *전자 공유는 모든 결합에서 어느 정도 일어나며* 심지어는 알칼리 금속 이온과 할로젠 이온 사이에서도 일어난다(그림 9.24B).

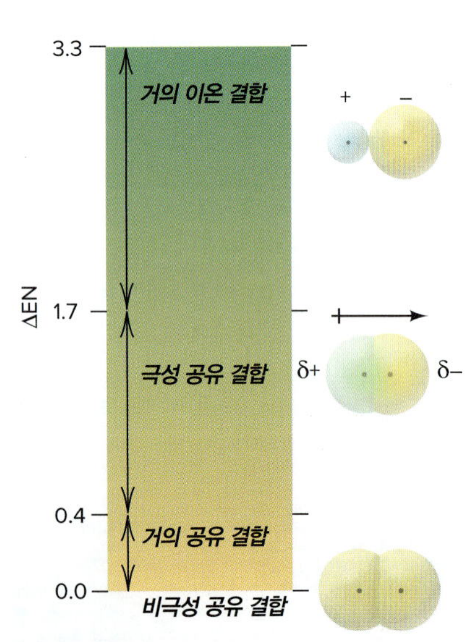

그림 9.23 **결합의 부분 이온 결합성을 분류하기 위한 ΔEN의 범위.**

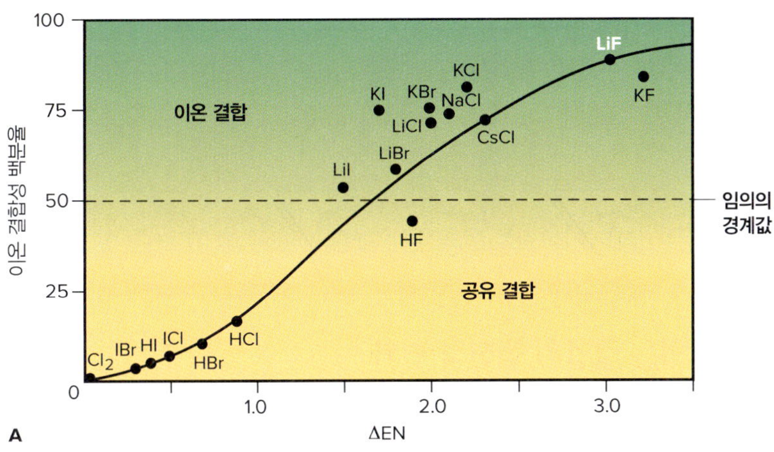

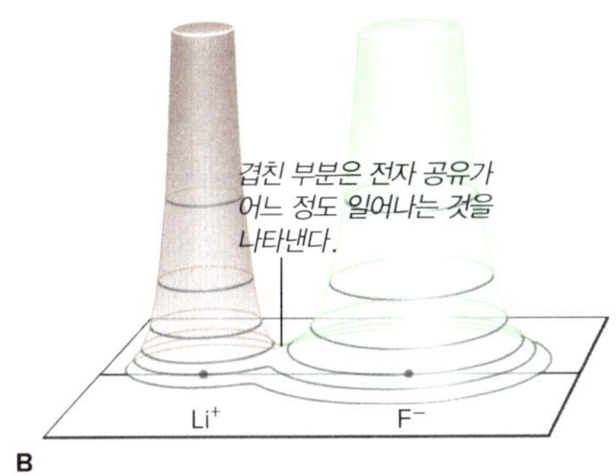

그림 9.24 **ΔEN의 함수로 나타낸 이온 결합성 백분율.** **A.** ΔEN과 이온 결합성의 상관관계. **B.** 심지어 매우 큰 이온 결합성을 갖는 LiF(ΔEN = 3.0)의 경우에도 어느 정도의 전자 공유가 기체 상태의 이온 쌍에서 일어난다.

인터넷 핫스팟

전기 음성도를 이용하여 결합 극성을 결정하는 것이 어렵게 느껴진다면, eBook에 접속하여 이 주제에 대한 추가 학습 동영상을 참고하자.

예제 9.5 | EN 값을 이용한 결합 극성 결정

문제 **(a)** 극성 화살표를 이용하여 각 결합의 극성을 나타내어라. N—H, F—N, I—Cl.
(b) 다음의 결합들을 극성이 *증가하는* 순서와 이온 결합성 백분율이 *감소하는* 순서로 배열하라. H—N, H—O, H—C.

계획 **(a)** 그림 9.20을 이용하여 원자들의 EN 값을 찾은 후 극성 화살표를 결합의 음극 쪽인 전기 음성도가 높은 원자를 향하게 그린다.
(b) 결합의 극성대로 배열하려면 ΔEN을 결정해야 한다. 값이 높을수록 극성은 강해진다. 이온 결합성 백분율 또한 ΔEN(및 결합 극성)에 직접적으로 연관된다. 극성이 증가하는 순서의 반대로 이온 결합성 백분율은 감소한다.

풀이 **(a)** N의 EN = 3.0, H의 EN = 2.1, 따라서 $\overset{\longleftarrow\!+}{\text{N—H}}$.
F의 EN = 4.0, N의 EN = 3.0, 따라서 $\overset{\longleftarrow\!+}{\text{F—N}}$.
I의 EN = 2.5, Cl의 EN = 3.0, 따라서 $\overset{+\!\longrightarrow}{\text{I—Cl}}$.
(b) H—N의 ΔEN의 차이는 3.0 − 2.1 = 0.9, H—O는 3.5 − 2.1 = 1.4, H—C는 2.5 − 2.1 = 0.4이다.
극성이 *증가하는* 순서는 H—C < H—N < H—O이다.
이온 결합성 백분율이 *감소하는* 순서는 H—O > N—H > H—C이다.

검산 (b)에서 극성의 순서를 주기성을 이용하여 검사할 수 있다. 각 결합은 H와 2주기 원자 사이의 결합이다. 한 주기에서 오른쪽으로 갈수록 원자 크기가 감소하고 EN은 증가하기 때문에 극성은 2주기에서 가장 오른쪽에 있는 O와 결합할 때 가장 크다.

해설 10장에서 분자의 성질에 영향을 미치는 주된 인자인 전체 극성에 결합 극성이 어떻게 기여하는지에 대해 학습할 것이다.

▶ 보충 문제

9.5A 다음 결합들을 극성이 *증가하는* 순서로 배열하고, 결합 극성을 δ+와 δ− 기호로 나타내어라.
(a) Cl—F, Br—Cl, Cl—Cl **(b)** P—F, N—O, N—F

9.5B 다음 결합들을 극성이 *감소하는* 순서로 배열하고, 결합 극성을 극성 화살표로 나타내어라.
(a) Se—Cl, Se—F, Se—Br **(b)** S—B, F—B, Cl—B

유사 문제 9.60~9.63, 9.66, 9.67.

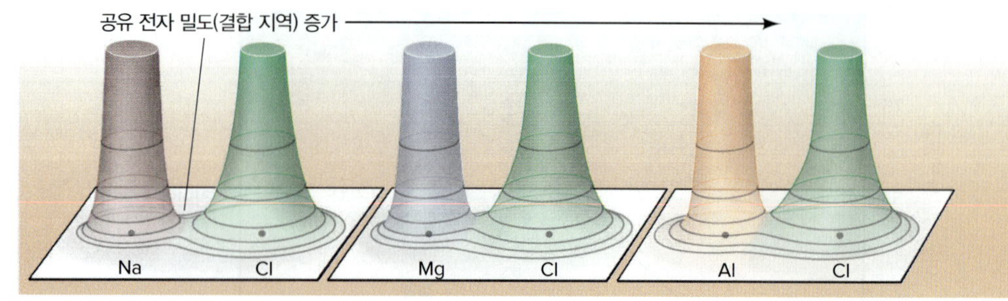

그림 9.25 3주기 원소와 염소 사이의 결합에 대한 전자 밀도 입체 지도. NaCl에서 Cl_2로 갈수록 전자 밀도가 꾸준하게 증가하는 것을 기억하자.

한 주기에서 보이는 결합의 점진적 변화

주기율표의 왼쪽에 위치한 금속 원소와 오른쪽에 위치한 비금속 원소는 상대적으로 큰 ΔEN을 보이며 일반적으로 이온 결합 화합물을 형성한다. 주기율표의 오른쪽에 위치한 비금속 원소들은 서로 상대적으로 작은 ΔEN을 보이며 공유 결합 화합물을 형성한다. 소듐부터 시작하는 3주기 원소들과 염소가 결합한 화합물들에서 ΔEN가 꾸준히 감소하면서 결합의 형태가 이온 결합, 극성 공유 결합, 비극성 공유 결합으로 점진적으로 변화하는 것을 관찰할 수 있다.

그림 9.25에 3주기 원소와 염소가 이루는 각각의 결합에 대한 전자 밀도 입체 지도를 나타내었다. *전자 공유의 증가*를 가리키는 봉우리 *사이의* 결합 지역의 높이가 꾸준하게 증가하는 것에 주목하자. 그림 9.26에 일반적인 3주기 원소-염소 화합물(NaCl, $MgCl_2$, $AlCl_3$, $SiCl_4$, PCl_3, SCl_2, Cl_2) 시료들과 ΔEN의 변화와 녹는점 및 전기 전도도를 함께 나타내었다.

- *NaCl.* 염화 소듐은 ΔEN이 2.1이며 높은 녹는점과 용융 상태에서 높은 전기 전도도를 보이는 흰색(혹은 무색)의 결정성 고체로 어느 기준으로나 이온 결합 화합물이다. 그럼에도 불구하고, LiF(그림 9.24B)와 마찬가지로 작지만 의미있는 전자 공유가 전자 밀도 입체 지도에서 보인다.
- *$MgCl_2$.* ΔEN이 1.8인 염화 마그네슘은 여전히 이온 결합성이지만 낮은 녹는점과 전기 전도도를 보일 뿐만 아니라 NaCl보다 약간 더 많은 전자 공유를 보인다.

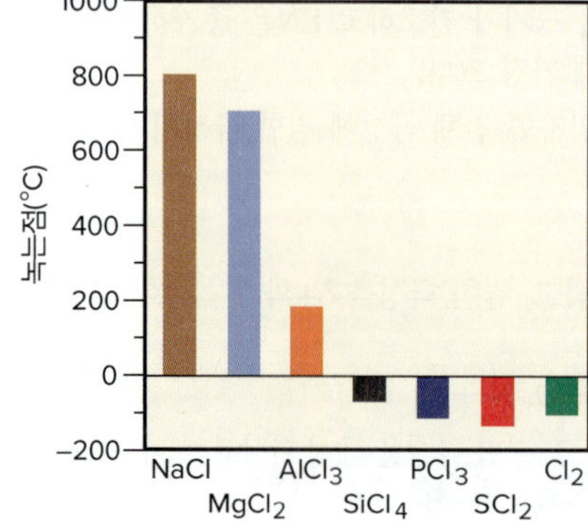

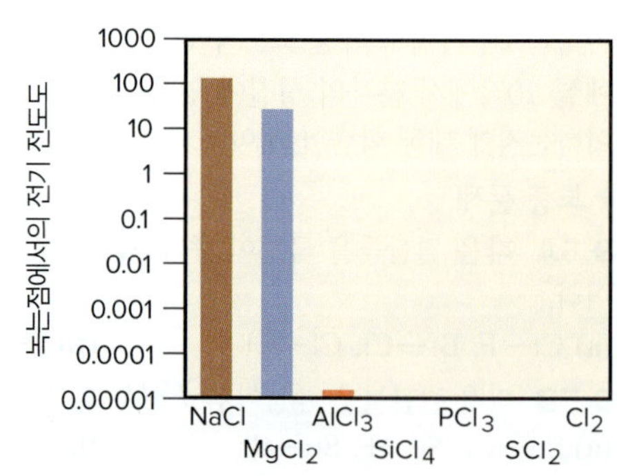

그림 9.26 3주기 원소-염소 화합물의 성질. ΔEN이 감소하면서 녹는점과 전기 전도도는 감소한다. 이는 결합 형태가 이온 결합에서 극성 공유 결합, 비극성 공유 결합으로 변화하기 때문이다.

Source: Stephen Frisch/McGraw-Hill Education

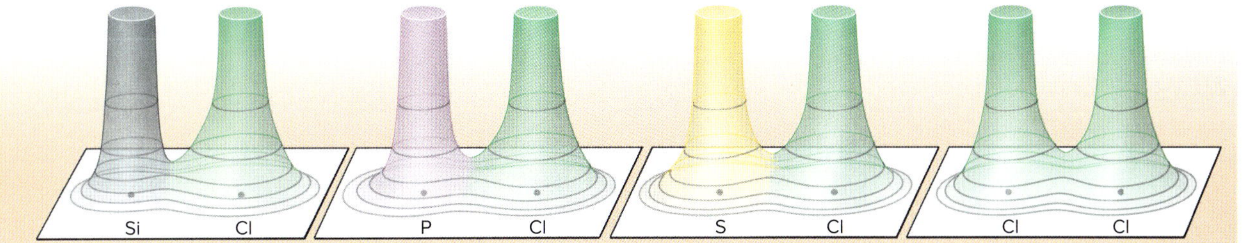

- *$AlCl_3$.* ΔEN이 1.25인 염화 알루미늄은 Al^{3+}와 Cl^-로 이루어진 3차원 격자를 만드는 것이 아니라 높은 극성의 Al—Cl 결합으로 이루어진 층들로 구성된다. 층 사이의 약한 힘 때문에 녹는점은 더욱 낮아지며, 낮은 전기 전도도는 자유 이온이 많지 않음을 암시한다. 핵 사이의 전자 밀도는 $MgCl_2$보다 더 높다. $AlCl_3$는 NaCl과 $MgCl_2$보다 작은 이온 결합성을 갖는다.
- *$SiCl_4$, PCl_3, SCl_2, Cl_2.* 더욱 높은 공유 결합성을 보이는 경향은 나머지 물질들에서 계속된다. 극성 공유 결합을 형성하는 세 가지 화합물들의 분자들은 분리되어 있으며 전기를 통하지 않고(이온이 존재하지 않음), 분자 간 약한 힘 때문에 녹는점은 0°C보다 낮다. Cl_2의 경우 비극성이다(ΔEN = 0.0). 입체 지도에서 결합 지역 내 전자 밀도가 증가하는 것을 볼 수 있다.

따라서 ΔEN이 *감소할수록 결합은 더 높은 공유 결합성을 띠게 되고* 물질은 이온성 고체에서 공유 결합 기체로 변화한다.

› 9.5절 요약

- › 전기 음성도는 결합을 형성한 원자가 공유 전자쌍을 끌어당기는 능력을 일컫는다. 결합의 양끝에 반대의 부분 전하가 각각 형성되어 결합 에너지에 기여한다.
- › 같은 주기에서 오른쪽으로 갈수록 전기 음성도는 증가하며 이는 원자 크기 경향의 반대이다.
- › 결합을 형성한 두 원자의 ΔEN이 클수록 결합은 더욱 극성을 띠며 이온 결합성은 증가한다.
- › 3주기 원소-염소 화합물의 경우 결합 형태가 이온 결합, 극성 공유 결합, 비극성 공유 결합으로 점진적으로 변화한다.

9.6 금속 결합 소개

이 절에서는 금속의 성질을 설명하는 금속 결합에 대한 간단한 정성적인 모형을 살펴본다. 12장에서 더욱 자세한 모형을 제시할 것이다.

전자-바다 모형

금속은 전자를 비금속으로 이동시켜 NaCl과 같은 이온성 고체를 형성한다. 그리고 기체상 금속을 이용한 실험들을 통해 두 개의 금속 원자들이 서로 원자가 전자들을 공유하여 Na_2와 같은 기체 이원자 분자가 형성될 수 있음을 알았다. 그러면 무엇 때문에 Na 금속 덩어리 안의 원자들이 서로 묶여 있을까? 금속 결합에 대한 **전자-바다 모형**(electron sea model)은 시료 안의 모든 금속 원자들이 가진 원자가 전자들이 기여하여 시료 전체에 걸쳐 규칙적으로 배열된 금속 이온(핵과 핵심부 전자들)과 함께 비편재화된 전자 "바다"를 형성한다고 제시한다(그림 9.2C 참조). *시료 내 모든 원자는 전자를 공유하고*, 시료 전체는 금속 양이온들이 자유롭게 이동하는 전자들로 인한 상호간의 인력으로 함께 묶여 있다. 따라서 금속 내의 결합은 다른 두 종류의 결합들과 근본적인 차이가 있다.

- *이온 결합과 달리*, 음이온은 없으며 금속 이온은 견고하게 한 자리에 잡혀 있지 않다.
- *공유 결합과 달리*, 금속 원자들의 특정 원자 쌍이 편재화된 전자쌍을 통해 결합하지 않는다.
- *화합물을 형성하는 대신* 두 개 혹은 더 많은 금속들이 보통 다양한 조성의 고체 혼합물인 **합금**(alloy)을 형성한다. 합금은 차체, 비행기 몸체, 다리, 동전, 보석류, 치아용 보철 등에서 찾아볼 수 있다. 그리고 황동, 청동, 스테인리스 스틸과 같은 많은 여러 익숙한 물체들도 합금으로 만들어진다.

금속의 성질을 설명하기 위한 모형

금속은 넓은 범위의 물리적 성질을 보인다. 이 성질들을 설명하는 전자-바다 모형은 다음 두 가지 특징을 갖는다. (1) 금속 이온 배열의 *규칙성*(regularity)과 (2) 원자가 전자의 수와 *이동성*(mobility)이다.

1. *녹는점과 끓는점*. 거의 모든 금속은 보통에서 높은 정도의 녹는점과 훨씬 높은 끓는점을 가진다(표 9.5). 이 성질은 금속 결합의 에너지와 관련되어 있다. 양이온이 주변의 전자들에 대한 인력을 방해하지 않고 움직일 수 있기 때문에 적당히 높은 녹는점을 보인다. 기화되려면 각 양이온과 원자가 전자(들)은 서로 해리되어 분리되어야 하기 때문에 끓는점은 매우 높다. 갈륨은 이에 대한 놀라운 예시이다. 우리 손 위에서 녹지만(녹는점 29.8°C), 2400°C에 도달해야 끓는다.

표 9.5 몇 가지 금속의 녹는점과 끓는점

물질	mp (°C)	bp (°C)
Lithium (Li)	180	1347
Tin (Sn)	232	2623
Aluminum (Al)	660	2467
Barium (Ba)	727	1850
Silver (Ag)	961	2155
Copper (Cu)	1083	2570
Uranium (U)	1130	3930

주기적 경향성은 결합의 세기와 일치한다.

- *같은 족에서 아래로 갈수록* 금속 이온 크기가 증가하여 전자 바다에 대한 인력이 약해져 녹는점은 감소한다.
- *같은 주기에서 오른쪽으로 갈수록* 녹는점은 증가한다. 알칼리 토금속[2A(2)족]은 알칼리 금속[1A(1)족]보다 높은 녹는점을 보인다. 이는 2+ 양이온과 원자가 전자들에 사이에 두 배 더 강한 인력이 작용하기 때문이다(그림 9.27).

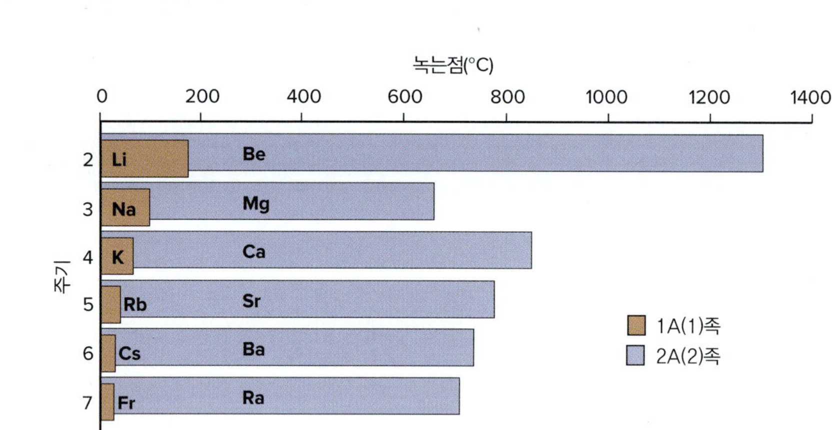

그림 9.27 1A(1)족과 2A(2)족 금속의 녹는점.

2. *기계적 성질*. 금속 조각을 망치로 내려쳐 형태를 변화시킬 때 금속 이온들은 서로 반발하지 않고 전자 바다를 통해 서로를 지나 미끄러져 새로운 위치를 차지한다. 그러므로 금속은 그림 9.28에서 볼 수 있듯이 움푹해지고 구부러진다. 이를 이온성 고체에 충격을 가했을 때 일어나는 이온간 반발력과 비교해보라(그림 9.9 참조).

구리, 은, 금과 같은 보통 1B(11)족 금속은 모두 전성이 있어 종잇장 같이 얇게 두드려 펼 수 있고 말랑하기 때문에 긴 선으로 가공할 수 있을 정도로 부드럽다. 그 중에서도 금은 단연 우수한 성질을 보인다. 작은 볼 베어링 크기 정도의 금 1그램은 20 μm 두께와

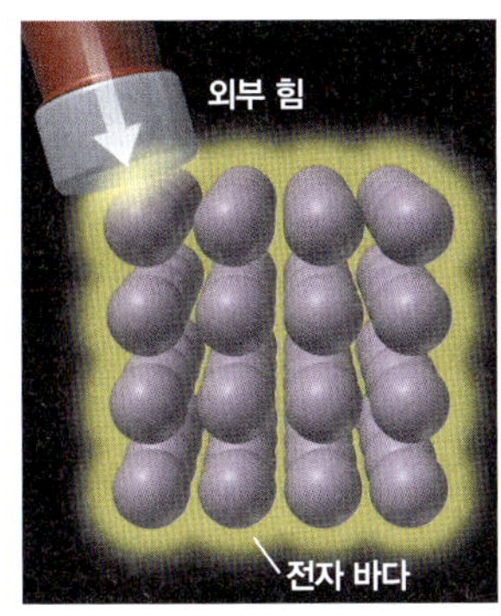

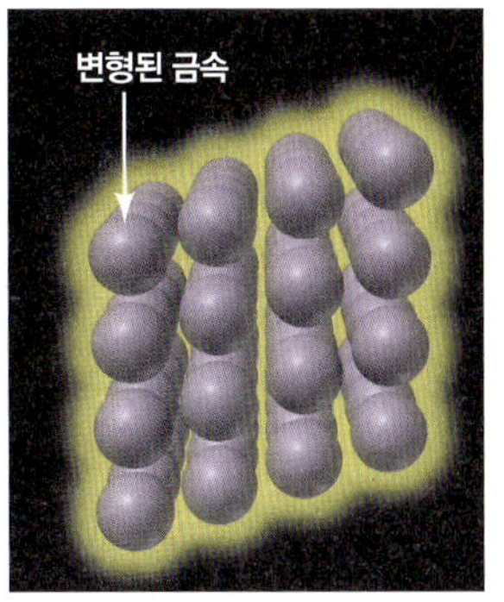

그림 9.28 금속이 깨지지 않고 움푹 패이거나 휘는 이유.

Source: Stephen Frisch/McGraw-Hill Education

165 m 길이의 와이어로 만들 수 있고, 원자 230개 두께(약 70 nm), 1.0 m^2의 박으로 두드려 펼 수도 있다(*사진 참조*)!

3. *전기 전도도.* 이온 결합 화합물이나 공유 화합 화합물과 달리 금속은 자유롭게 이동하는 전자 때문에 고체상과 액체상에서 훌륭한 도체이다. 금속 선이 배터리에 연결되면 전자는 음극에서 선을 통해 흘러 선에서 양극으로 흘러나가는 전자들의 자리를 채운다. 금속 원자 배열 안에 끼어 들어간 다른 종류의 원자는 전도도를 감소시킨다. 전선에 사용되는 구리의 순도는 99.99%이며, 이는 다른 종류의 원자가 미량만 있어도 전자의 흐름을 크게 제한하기 때문이다.

4. *열 전도도.* 자유롭게 움직이는 전자는 또한 금속을 훌륭한 열 전도체로 만든다. 상온의 금속 한 조각과 나무 한 조각을 손 위에 올려놓아 보자. 금속이 나무보다 더 빨리 손에서 열을 빼앗아가기 때문에 더 차갑게 느껴진다. 금속 내부의 비편재화된 자유 전자들은 나무 안의 공유 결합을 이루는 편재화된 전자보다 더욱 빠르게 손에서 열을 분산시키는 것이다.

이 금박은 얼마나 얇을까?

Source: Westend61 GmbH/Alamy Stock Photo

9.6절 요약

- 전자-바다 모형에 의하면 시료를 구성하는 금속 원자의 원자가 전자는 비편재화되어 있어 모든 금속 양이온을 끌어당겨 서로 묶이게 한다.
- 전자 바다 안에서 금속 이온은 상대적 위치가 변해도 전자들을 끌어당기기 때문에 높은 녹는점을 갖는다.
- 개별 양이온이 원자가 전자와 함께 완전히 분리되어야 증발되기 때문에 금속은 매우 높은 끓는점을 갖는다.
- 전자 바다가 양이온 사이의 반발을 막아주기 때문에 금속의 형태는 변화될 수 있다.
- 전자가 자유롭게 이동하기 때문에 금속은 전기와 열을 전도한다.

개념 정리와 복습 _Chapter Review Guide

학습 목표 _Learning Objectives

*괄호 안은 관련된 절(§)과 예제(SP) 번호

주요 개념

1. 원자의 성질 차이가 어떻게 결합 종류의 차이를 가져오는지 세 종류의 결합의 기본적인 차이점을 이해한다(§9.1).
2. 이온 결합의 핵심 특징인 전자 이동을 통한 이온 형성과 이온 사이 정전기적 인력을 통한 고체 형성을 이해한다(§9.2).
3. 격자 에너지가 이온 결합 화합물 형성에 어떤 중요한 역할을 하는지 이해한다(§9.2).
4. 이온 결합 형성 반응을 어떻게 가상의 단계들(Born-Haber 순환 과정)을 이용하여 개념화하여 격자 에너지를 계산하는지 이해한다(§9.2).
5. Coulomb의 법칙으로 격자 에너지의 주기적 경향을 어떻게 설명하는지 이해한다(§9.2).

6. 이온 결합 화합물이 잘 깨지고 높은 녹는점을 가지며 용융 상태이거나 수용액 상태일 때 전기를 잘 흐르게 하는 이유를 이해한다(§9.2).
7. 비금속 원자가 공유 결합을 어떻게 형성하는지 이해한다(§9.3).
8. 결합 전자쌍과 고립 전자쌍이 분자 내 각 원자의 외각 준위를 어떻게 채우는지 이해한다(§9.3).
9. 결합 차수, 결합 길이, 결합 에너지 간 상호 관계를 이해한다(§9.3).
10. 결합 힘과 비결합 힘을 이용하여 어떻게 공유 결합 화합물과 그물 구조 공유 결합 화합물의 성질 차이를 설명하는지 이해한다(§9.3).
11. 결합 에너지의 변화를 이용하여 어떻게 반응 엔탈피를 설명하는지 이해한다(§9.4).
12. 반응이 개념적으로 어떻게 결합 해리 단계와 결합 형성 단계로 나눠지는지 이해한다(§9.4).
13. 전기 음성도의 주기적 경향과 EN 값의 원자 크기에 대한 역 상관관계를 이해한다(§9.5).
14. 결합한 원자들의 전기 음성도 차이가 어떻게 결합의 극성을 만드는지 설명하고 결합 극성의 방향성을 이해한다(§9.5).
15. 부분 이온 결합성과 ΔEN의 관계와 한 주기에서 일어나는 이온 결합에서 극성 공유 결합, 비극성 공유 결합으로 변화하는 원리를 이해한다(§9.5).
16. 금속 결합에서 비편재화된 전자들의 역할을 이해한다(§9.6).
17. 전자-바다 모형을 이용하여 금속이 휠 수 있고 매우 높은 끓는점을 가지며 고체상 혹은 용융상에서 전기를 흐르게 하는 이유를 설명한다(§9.6).

주요 스킬

1. 주족 원자를 Lewis 전자-점 기호를 이용하여 나타낸다(§9.1).
2. 부분 오비탈 도표와 Lewis 기호를 이용하여 이온의 형성 과정을 그리고 이온 결합 화합물의 화학식을 표현한다(예제 9.2).
3. 이온 결합 화합물 형성을 위한 단계들의 엔탈피로부터 격자 에너지를 계산한다(§9.2).
4. 이온의 성질을 이용하여 격자 에너지를 크기대로 배열한다(SP 9.2).
5. 유사한 공유 결합들을 결합 길이와 세기에 따라 배열한다(SP 9.3).
6. 결합 에너지를 이용하여 $\Delta H^\circ_{반응}$을 계산한다(SP 9.4).
7. EN 값들로부터 결합 극성을 결정한다(SP 9.5).

주요 용어 _Key Terms

격자 에너지, $\Delta H^\circ_{격자}$
결합 길이
결합 에너지(BE)
결합 차수
고립 전자쌍
공유 결합
공유 (결합) 전자쌍
극성 공유 결합
금속 결합
단일 결합
부분 이온 결합성
비극성 공유 결합
삼중 결합
이온 결합
이온 쌍
이중 결합
적외선(IR) 분광법
전기 음성도 차이, ΔEN
전기 음성도, EN
전자-바다 모형
팔전자 규칙
합금
Born-Haber 순환 과정
Coulomb의 법칙
Lewis 전자-점 기호

주요 방정식 및 관계식 _Key Equations and Relationships

9.1 인력 에너지와 격자 에너지의 관계:

$$\text{정전기적 에너지} \propto \frac{\text{양이온의 전하} \times \text{음이온의 전하}}{\text{양이온 반지름} + \text{음이온 반지름}} \propto \Delta H^\circ_{격자}$$

9.2 결합 엔탈피나 결합 에너지로부터 반응 엔탈피 계산:

$$\Delta H^\circ_{반응} = \Sigma\Delta H^\circ_{반응물\ 결합\ 해리} + \Sigma\Delta H^\circ_{생성물\ 결합\ 형성}$$

또는

$$\Delta H^\circ_{반응} = \Sigma BE_{반응물\ 결합\ 해리} - \Sigma BE_{생성물\ 결합\ 형성}$$

연습 문제 _Problems

노란색으로 표시한 문제들에 대해서는 그 답을 부록 E에 첨부하였다. 연습 문제에 표시된 절은 본문의 절과 같고, 관련 예제의 번호를 제시하였다. 대부분의 경우 개념 복습 문제, 스킬 숙달 문제(같은 개념을 다루는 두 문제씩 묶음) 및 실전 문제를 제시하였다.

원자의 성질과 화학 결합

개념 복습 문제

9.1 일반적으로 다음 각 원자의 특성이 한 주기 내에서 주족 원소들의 금속성에 어떤 영향을 주는가?
(a) 이온화 에너지 (b) 원자 반지름
(c) 외각 전자의 개수 (d) 유효 핵 전하

9.2 아래에 세 가지 고체를 나타내었다. 각 그림에서 지배적인 결합 유형은 무엇인가?

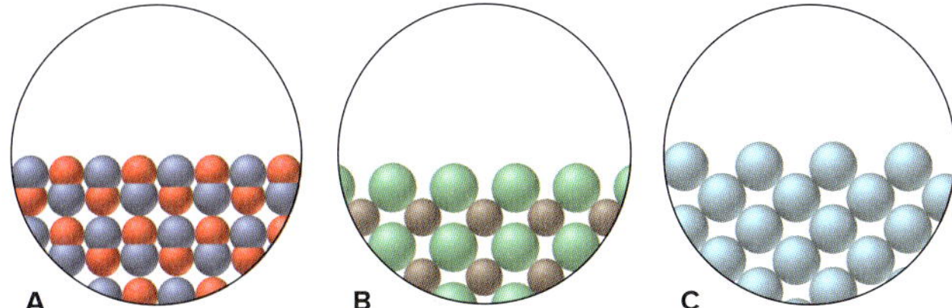

9.3 단원자 이온을 형성하기 위한 주족 원소들의 경향성과 주기율표 상 위치의 관계는 어떠한가? 주기율표에서 어느 부분의 주족 원소들이 보통 양이온을 형성하는가? 음이온은?

스킬 숙달 문제(유사한 문제들을 두 개씩 묶음)

9.4 다음 각 쌍 중 금속성이 *더 큰* 것은 어느 것인가?
(a) Na와 Cs (b) Mg와 Rb (c) As와 N

9.5 다음 각 쌍 중 금속성이 *더 작은* 것은 어느 것인가?
(a) I와 O (b) Be와 Ba (c) Se와 Ge

9.6 다음 화합물들이 이온 결합, 공유 결합, 금속 결합 중 어느 결합으로 이루어졌는지 답하라.
(a) $CsF(s)$ (b) $N_2(g)$ (c) $Na(s)$

9.7 다음 화합물들이 이온 결합, 공유 결합, 금속 결합 중 어느 결합으로 이루어졌는지 답하라.
(a) $ICl_3(g)$ (b) $N_2O(g)$ (c) $LiCl(s)$

9.8 다음 화합물들이 이온 결합, 공유 결합, 금속 결합 중 어느 결합으로 이루어졌는지 답하라.
(a) $O_3(g)$ (b) $MgCl_2(s)$ (c) $BrO_2(g)$

9.9 다음 화합물들이 이온 결합, 공유 결합, 금속 결합 중 어느 결합으로 이루어졌는지 답하라.
(a) $Cr(s)$ (b) $H_2S(g)$ (c) $CaO(s)$

9.10 각 원자의 Lewis 전자-점 기호를 그려라.
(a) Rb (b) Si (c) I

9.11 각 원자의 Lewis 전자-점 기호를 그려라.
(a) Ba (b) Kr (c) Br

9.12 각 원자의 Lewis 전자-점 기호를 그려라.
(a) Sr (b) P (c) S

9.13 각 원자의 Lewis 전자-점 기호를 그려라.
(a) As (b) Se (c) Ga

9.14 다음 각 Lewis 전자-점 기호에 해당하는 원소의 주기율표 족의 번호를 말하고 전자 배치를 나타내어라.
(a) $\cdot\ddot{\text{X}}:$ (b) $\dot{\text{X}}\cdot$

9.15 다음 각 Lewis 전자-점 기호에 해당하는 원소의 주기율표 족의 번호를 말하고 전자 배치를 나타내어라.
(a) $\cdot\ddot{\text{X}}:$ (b) $\cdot\dot{\text{X}}\cdot$

이온 결합 모형

(예제 9.1, 9.2)

개념 복습 문제

9.16 만일 금속과 비금속이 단원자 이온을 형성하기 위해 에너지가 필요하다면 왜 이온 결합 화합물들이 존재하는가?

9.17 (a) 일반적으로 이온 결합 화합물의 격자 에너지는 전하와 이온의 크기에 따라 어떻게 변화하는가?

(b) 아래 그림은 세 가지 일반적인 염의 이온 배열을 나타낸 것이다. 격자 에너지가 증가하는 순서로 배열하라.

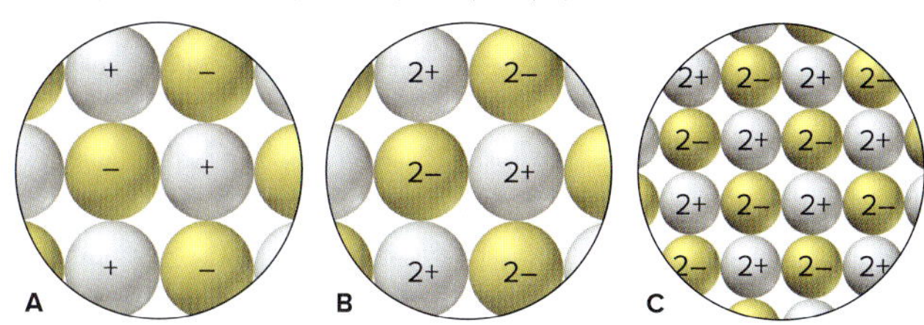

9.18 기체 Na^+와 Cl^-이온이 이온 쌍을 형성할 때 548 kJ/mol의 에너지가 방출된다. 그렇다면 일상 조건에서 왜 NaCl은 고체인가?

9.19 기체 황 원자에서 S^{2-} 이온을 형성하려면 214 kJ/mol의 에너지가 필요하지만 형성된 이온은 K_2S와 같은 고체로서 존재한다. 이유를 설명하라.

스킬 숙달 문제(유사한 문제들을 두 개씩 묶음)

9.20 전자 배치와 Lewis 전자-점 기호를 이용하여 다음 원자들로부터 형성되는 이온들을 그리고 화합물의 화학식을 예측하라.
(a) Ba와 Cl (b) Sr과 O (c) Al과 F (d) Rb과 O

9.21 전자 배치와 Lewis 전자-점 기호를 이용하여 다음 원자들로부터 형성되는 이온들을 그리고 화합물의 화학식을 예측하라.
(a) Cs과 S (b) O과 Ga (c) N과 Mg (d) Br과 Li

9.22 다음 각 이온 결합 화합물의 화학식에서 주족 원소 X의 족 번호를 써라.
(a) XF_2 (b) MgX (c) X_2SO_4

9.23 다음 각 이온 결합 화합물의 화학식에서 주족 원소 X의 족 번호를 써라.
(a) X_3PO_4 (b) $X_2(SO_4)_3$ (c) $X(NO_3)_2$

9.24 다음 각 이온 결합 화합물의 화학식에서 주족 원소 X의 족 번호를 써라.
(a) X_2O_3 (b) XCO_3 (c) Na_2X

9.25 다음 각 이온 결합 화합물의 화학식에서 주족 원소 X의 족 번호를 써라.
(a) CaX_2 (b) Al_2X_3 (c) XPO_4

9.26 각 화합물 쌍에서 격자 에너지가 더 큰 화합물을 고르고 그 이유를 설명하라.
(a) BaS와 CsCl (b) LiCl와 CsCl

9.27 각 화합물 쌍에서 격자 에너지가 더 큰 화합물을 고르고 그 이유를 설명하라.
(a) CaO와 CaS (b) BaO와 SrO

9.28 각 화합물 쌍에서 격자 에너지가 더 큰 화합물을 고르고 그 이유를 설명하라.
(a) CaS와 BaS (b) NaF와 MgO

9.29 각 화합물 쌍에서 격자 에너지가 더 큰 화합물을 고르고 그 이유를 설명하라.
(a) NaF와 NaCl (b) K_2O와 K_2S

9.30 다음을 이용하여 NaCl의 $\Delta H^\circ_{격자}$를 구하라.

$$Na(s) \longrightarrow Na(g) \qquad \Delta H^\circ = 109\ \text{kJ}$$
$$Cl_2(g) \longrightarrow 2Cl(g) \qquad \Delta H^\circ = 243\ \text{kJ}$$
$$Na(g) \longrightarrow Na^+(g) + e^- \qquad \Delta H^\circ = 496\ \text{kJ}$$
$$Cl(g) + e^- \longrightarrow Cl^-(g) \qquad \Delta H^\circ = -349\ \text{kJ}$$
$$Na(s) + \tfrac{1}{2}Cl_2(g) \longrightarrow NaCl(s) \qquad \Delta H^\circ = -411\ \text{kJ}$$

LiF의 격자 에너지(1050 kJ/mol)와 비교했을 때, NaCl의 값 크기가 예상대로인가? 설명하라.

9.31 다음을 이용하여 MgF_2의 $\Delta H^\circ_{격자}$를 구하라.

$Mg(s) \longrightarrow Mg(g)$	$\Delta H^\circ = 148\ kJ$
$F_2(g) \longrightarrow 2F(g)$	$\Delta H^\circ = 159\ kJ$
$Mg(g) \longrightarrow Mg^+(g) + e^-$	$\Delta H^\circ = 738\ kJ$
$Mg^+(g) \longrightarrow Mg^{2+}(g) + e^-$	$\Delta H^\circ = 1450\ kJ$
$F(g) + e^- \longrightarrow F^-(g)$	$\Delta H^\circ = -328\ kJ$
$Mg(s) + F_2(g) \longrightarrow MgF_2(s)$	$\Delta H^\circ = -1123\ kJ$

LiF의 격자 에너지(1050 kJ/mol), 혹은 문제 9.30에서 계산한 NaCl과 비교했을 때, MgF_2의 값의 상대적 크기가 놀라울 정도인가? 설명하라.

실전 문제

9.32 산화 알루미늄(Al_2O_3)는 결정의 단단함이 요구되는 특정 응용 분야에 사용되는 금강사 또는 강옥으로 알려져 있는 산업용 연마제이다. 이러한 강도는 격자 에너지의 크기에 대해 무엇을 암시하는가? 화학식으로부터 Al_2O_3가 단단할 것이라 예상할 수 있는가? 설명하라.

9.33 1차 전자 친화도를 구하기 위해 Born-Haber 순환 과정에서 EA 값을 미지수로 놓고 이론적으로 계산한 격자 에너지 값을 사용할 수 있다. KF의 Born-Haber 순환 과정과 다음의 값들을 이용하여 플루오린의 전자 친화도를 계산하라.

$K(s) \longrightarrow K(g)$	$\Delta H^\circ = 90\ kJ$
$K(g) \longrightarrow K^+(g) + e^-$	$\Delta H^\circ = 419\ kJ$
$F_2(g) \longrightarrow 2F(g)$	$\Delta H^\circ = 159\ kJ$
$K(s) + \frac{1}{2}F_2(g) \longrightarrow KF(s)$	$\Delta H^\circ = -569\ kJ$
$K^+(g) + F^-(g) \longrightarrow KF(s)$	$\Delta H^\circ = -821\ kJ$

공유 결합 모형

(예제 9.3)

개념 복습 문제

9.34 염소 원자들이 서로 접근하여 Cl_2를 형성할 때 일어나는 상호작용에 대해 서술하라. 어떤 힘들의 조합이 원자들을 서로 붙들게 하고 최종 핵간 거리를 결정하는가?

9.35 H—Cl 결합을 예로 들어 *결합 에너지*를 정의하라. 이 결합이 해리될 때 에너지가 흡수되는가? 또는 방출되는가? 수반되는 ΔH의 부호는 양인가, 음인가? ΔH 값의 크기와 부호가 H—Cl 결합이 형성될 때 수반되는 값에 어떻게 연관되는가?

9.36 유사한 원자들의 단일 결합에서 결합의 세기는 원자의 크기에 어떻게 연관되는지 설명하라.

9.37 원자 쌍 사이의 결합 에너지는 결합 차수와 어떻게 연관되는지, 그리고 그 이유를 설명하라.

9.38 액체 벤젠(C_6H_6)이 끓을 때 기체는 분자, 이온, 분리된 원자 중 어떤 형태인지 설명하라.

스킬 숙달 문제(유사한 문제들을 두 개씩 묶음)

9.39 주기율표를 이용하여 다음 각 문항에서 결합 *세기*가 증가하는 방향으로 나열하라.

(a) Br—Br, Cl—Cl, I—I (b) S—H, S—Br, S—Cl
(c) C═N, C—N, C≡N

9.40 주기율표를 이용하여 다음 각 문항에서 결합 *길이*가 증가하는 방향으로 나열하라.

(a) H—F, H—I, H—Cl (b) C—S, C═O, C—O
(c) N—H, N—S, N—O

실전 문제

9.41 폼산(HCOOH, 구조식 아래 참조)은 특정 종의 개미가 물 때 분비된다.

H—C(═O)—O—H

(a) C—O와 C═O를 상대적 결합 세기로 나열하고 그 이유를 설명하라.

(b) H—C와 O—H를 상대적 결합 세기로 나열하고 그 이유를 설명하라.

결합 에너지와 화학 변화

(예제 9.4)

개념 복습 문제

9.42 다음 반응의 엔탈피 변화를 계산하기 위한 풀이 전략을 써라. (실제 숫자를 쓸 필요는 없지만 사용하고자 하는 결합 에너지를 명시하고 이를 어떻게 조합할지를 포함시킨다.)

$$H_2(g) + O_2(g) \longrightarrow H_2O_2(g) \qquad (H—O—O—H)$$

9.43 본문에서 논의한 대로 비슷한 종류의 물질들에서 약한 결합을 가진 물질이 강한 결합을 가진 물질보다 더욱 높은 반응성을 보인다. 왜 이 서술이 일반적으로 옳은가?

9.44 열량계로 얻은 반응 엔탈피와 결합 에너지로부터 얻은 반응 엔탈피 사이에 불일치가 있는 이유는 무엇인가?

스킬 숙달 문제(유사한 문제들을 두 개씩 묶음)

9.45 다음 기체 중 1 mol의 연소 반응 엔탈피가 높은 것은 무엇인가? 그 이유는 무엇인가?

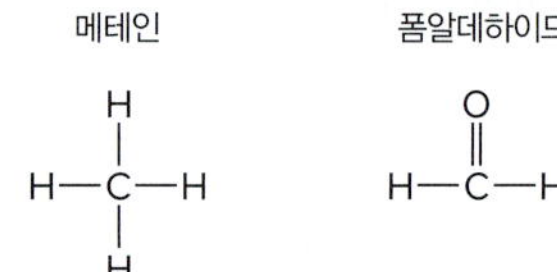

9.46 다음 기체 중 1 mol의 연소 반응 엔탈피가 높은 것은 무엇인가? 그 이유는 무엇인가?

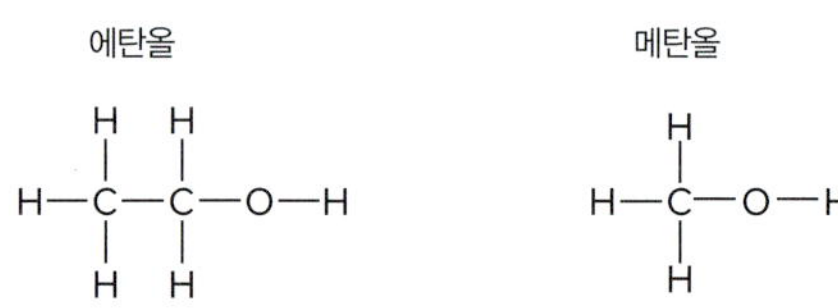

9.47 결합 에너지를 이용하여 다음 반응의 반응 엔탈피를 계산하라.

$$H_2C{=}CH_2 + Cl{-}Cl \longrightarrow H{-}CH(Cl){-}CH(Cl){-}H$$

9.48 결합 에너지를 이용하여 다음 반응의 반응 엔탈피를 계산하라.

$$O{=}C{=}O + 2\,H{-}N(H){-}H \longrightarrow H{-}N(H){-}C({=}O){-}N(H){-}H + H{-}O{-}H$$

실전 문제

9.49 매우 순수한 아세트산을 합성하기 위한 중요한 산업적 방법은 일산화 탄소와 메탄올을 반응시키는 것이다.

$$\mathrm{H{-}\overset{\displaystyle H}{\underset{\displaystyle H}{C}}{-}O{-}H + C{\equiv}O \longrightarrow H{-}\overset{\displaystyle H}{\underset{\displaystyle H}{C}}{-}\overset{\displaystyle O}{\overset{\|}{C}}{-}O{-}H}$$

결합 에너지를 이용하여 반응 엔탈피를 계산하라.

9.50 스포츠 트레이너는 에틸 브로마이드를 이용하여 염좌와 통증을 치료한다. 에틸 브로마이드는 브로민화 수소와 에틸렌을 반응하여 생산한다.

$$\mathrm{H_2C{=}CH_2 + H{-}Br \longrightarrow H{-}\overset{\displaystyle H}{\underset{\displaystyle H}{C}}{-}\overset{\displaystyle H}{\underset{\displaystyle H}{C}}{-}Br}$$

결합 에너지를 이용하여 반응 엔탈피를 계산하라.

양 극단의 사이: 전기 음성도와 결합의 극성

(예제 9.5)

개념 복습 문제

9.51 주족 원소들의 전기 음성도(EN)의 경향성을 주기율표 수직 방향과 수평 방향으로 설명하라. Pauling의 척도에 따라 가장 전기 음성도가 높은 두 원소는 무엇인가? 가장 작은 원소 두 개는 무엇인가?

9.52 IE_1과 EN의 일반적인 관계를 설명하고 그 이유를 서술하라.

9.53 물의 H—O 결합은 비극성 공유 결합, 극성 공유 결합, 이온 결합 중 어느 것인가? 각 결합을 정의하고 선택에 대한 이유를 설명하라.

9.54 전기 음성도와 전자 친화도는 어떻게 다른가?

9.55 이원자 분자의 결합의 부분 이온 결합성은 어떻게 ΔEN과 연관되는지 설명하고 그 이유를 서술하라.

스킬 숙달 문제(유사한 문제들을 두 개씩 묶음)

9.56 주기율표를 이용하여 다음 원소들을 EN이 *증가하는* 순서로 나열하라.
(a) S, O, Si (b) Mg, P, As

9.57 주기율표를 이용하여 다음 원소들을 EN이 *증가하는* 순서로 나열하라.
(a) I, Br, N (b) Ca, H, F

9.58 주기율표를 이용하여 다음 원소들을 EN이 *감소하는* 순서로 나열하라.
(a) N, P, Si (b) Ca, Ga, As

9.59 주기율표를 이용하여 다음 원소들을 EN이 *감소하는* 순서로 나열하라.
(a) Br, Cl, P (b) I, F, O

9.60 그림 9.20을 이용하여 다음 결합의 극성을 *극성 화살표*를 이용하여 표시하라.
(a) N—B (b) N—O (c) C—S
(d) S—O (e) N—H (f) Cl—O

9.61 그림 9.20을 이용하여 다음 결합의 극성을 *부분 전하*를 이용하여 표시하라.
(a) Br—Cl (b) F—Cl (c) H—O
(d) Se—H (e) As—H (f) S—N

9.62 문제 9.60에서 다음 결합들 중 극성이 더 큰 것은 어느 것인가? (a)와 (b) (c)와 (d) (e)와 (f).

9.63 문제 9.61에서 다음 결합들 중 극성이 더 큰 것은 어느 것인가? (a)와 (b) (c)와 (d) (e)와 (f).

9.64 다음 각 물질의 결합이 이온 결합, 비극성 공유 결합, 극성 공유 결합 중 어느 것인가? 극성 공유 결합을 갖는 물질들을 결합 극성이 증가하는 순서로 나열하라.
(a) S_8 (b) RbCl (c) PF_3
(d) SCl_2 (e) F_2 (f) SF_2

9.65 다음 각 물질의 결합이 이온 결합, 비극성 공유 결합, 극성 공유 결합 중 어느 것인가? 극성 공유 결합을 갖는 물질들을 결합 극성이 증가하는 순서로 나열하라.
(a) KCl (b) P_4 (c) BF_3
(d) SO_2 (e) Br_2 (f) NO_2

9.66 다음 화합물들을 이온 결합성이 *증가하는* 순서로 나열하고, 각 결합의 극성을 *극성 화살표*를 이용하여 나타내어라.
(a) HBr, HCl, HI (b) H_2O, CH_4, HF (c) SCl_2, PCl_3, $SiCl_4$

9.67 다음 화합물들을 이온 결합성이 *감소하는* 순서로 나열하고 각 결합의 극성을 *부분 전하*를 이용하여 나타내어라.
(a) PCl_3, PBr_3, PF_3 (b) BF_3, NF_3, CF_4 (c) SeF_4, TeF_4, BrF_3

실전 문제

9.68 C—C의 결합 에너지는 347 kJ/mol이고 Cl—Cl은 243 kJ/mol이다. 다음 중 C—Cl의 결합 에너지로 예상되는 값을 선택하고 그 이유를 설명하라.

(a) 590 kJ/mol (주어진 값의 합)

(b) 104 kJ/mol (주어진 값의 차)

(c) 295 kJ/mol (주어진 값의 평균)

(d) 339 kJ/mol (주어진 값의 평균보다 큰 값)

금속 결합 소개

개념 복습 문제

9.69 (a) 고체 금속의 물리적 특성 네 가지를 서술하라.

(b) 금속 원소의 화학적 특성 두 가지를 서술하라.

9.70 다음 값들의 차이에 대해 간단히 설명하라.

(a) Na와 K의 녹는점은 각각 89°C와 63°C이다.

(b) Li과 be의 녹는점은 각각 180°C와 1287°C이다.

(c) Li은 녹는점보다 1100°C 높은 온도에서 끓는다.

9.71 마그네슘 금속에 힘을 가하였을 때 쉽게 변형되는 반면 플루오린화 마그네슘은 깨져버린다. 이 두 고체가 다르게 거동하는 이유는 무엇인가?

제 10 장 분자의 모양

The Shapes of Molecules

Source: Medioimages/Alamy Stock Photo

➤ 관련 개념과 스킬 _Concepts and Skills to Review Before You Study This Chapter

- » 주족 원소의 전자 배치(8.2절)
- » 전자-점 기호(9.1절)
- » 팔전자 규칙(9.1절)
- » 결합 차수, 결합 길이, 결합 에너지(9.3, 9.4절)
- » 극성 공유 결합과 결합 극성(9.5절)

직소 퍼즐을 완성하기 위한 가장 어려운 도전 과제는 퍼즐의 특정 부분에 들어맞는 2차원 모양을 갖는 퍼즐 조각을 찾는 것이다. 단 하나의 조각만이 그 위치에 정확하게 맞을 것이다. 화학자, 생화학자와 약학자들도 이와 비슷한 직소 퍼즐을 완성하는 작업을 한다. 분자의 3차원 구조와 모양이 세포 내 생명 유지 과정, 미각과 후각 과정의 특정 반응에서 매우 중요한 역할을 하기 때문이다. 예를 들어, 아스파탐, 수크랄로스와 같은 인공감미료는 설탕의 단맛을 느끼는 수용체와 상호작용할 수 있도록 모양이 맞는 분자 모양을 갖기 때문에 우리가 단맛을 느끼게 한다. 분자의 구조와 모양은 또한 새로운 약물의 개발을 위한 중요한 고려 사항이다. 분자를 그려 표현하기 위해 사용하는 모든 기호, 선, 점들 때문에 우리는 모든 분자가 각 원자와 결합 전자쌍, 고립 전자쌍들이 서로에 대한 상대적인 위치에 자리 잡아 이루어진 독특한 미세 3차원 건축물이라는 사실을 잊어버리곤 한다. 분자의 3차원적 구조와 특징을 함께 논의해 보자.

이 장에서는... 분자의 2차원 구조를 그리고 이를 3차원 구조로 변환하여 표현하는 방법을 알아본다. 또한 분자의 모양이 물리적 성질과 생화학적 성질에 미치는 영향을 살펴본다.

- 팔전자 규칙을 적용하여 분자식을 원자 사이의 결합과 전자쌍의 위치를 표현하는 평면 구조식으로 바꾸는 방법을 학습한다.
- 전자의 비편재화로 인해 단일 구조식을 이용하여 분자를 그리는 것이 어려워진다. 이를 해결하기 위해 필수적인 공명 구조의 개념을 적용하는 방법을 익힌다.
- 결합각의 개념을 도입하여 2차원 구조식을 3차원 모양으로 변환하는 이론을 적용해 본다.
- 많은 분자들이 가질 수 있는 5가지의 모양(구조)을 분류하고 다중 결합과 고립 전자쌍들이 모양에 미치는 영향을 고려하며, 작은 분자의 모양들을 통합하여 더욱 복잡한 분자를 표현하는 방법을 살펴본다.
- 결합 극성, 분자의 모양, 분자의 극성 사이의 관계를 알아보고 극성이 분자의 성질에 미치는 영향을 알아본다.
- 모양이 생물학적 기능에 주는 영향에 대한 몇몇 예들을 살펴본다.

10.1 분자와 이온의 Lewis 구조 그리기

분자를 시각화하는 첫 번째 단계는 분자식을 **Lewis 구조**(Lewis structure), 혹은 **Lewis 식**(Lewis formula)*으로 바꾸는 것이다. Lewis 구조는 원자들을 원소 기호로, 결합 전자쌍을 선으로, 각 원자의 외각 준위(원자가 껍질)을 채우는 고립 전자쌍을 한 쌍의 점으로 표현하는 기호로 나타낸다.

➤ 팔전자 규칙을 적용하여 Lewis 구조 그리기

Lewis 구조를 그리기 위해서는 분자나 다원자 이온 내의 원자들의 상대적 위치를 결정한 후 원자가 전자들의 총 개수를 결합 전자쌍과 고립 전자쌍으로 분배한다. 전부는 아니지만 많은 경우 팔전자 규칙(9.1절)을 따라서 전자를 분배한다. 공유(결합) 전자쌍은 결합을 이루는 각각의 원자에 할당하여 팔전자 규칙 만족 여부를 평가하지만 비공유 전자쌍은

*Lewis 구조는 3차원 형태를 나타내는 것이 ***아니기*** 때문에 Lewis 식(formula)이라고 칭하는 것이 정확할 수 있지만, 관습에 따라 구조(structure)라는 용어를 사용한다.

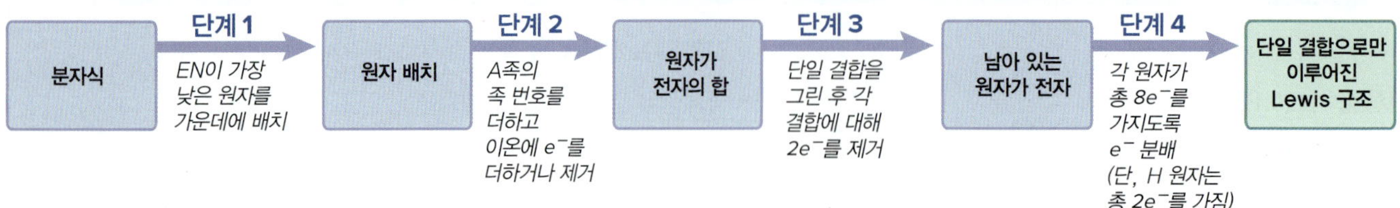

A. 단일 결합으로만 이루어진 화학종

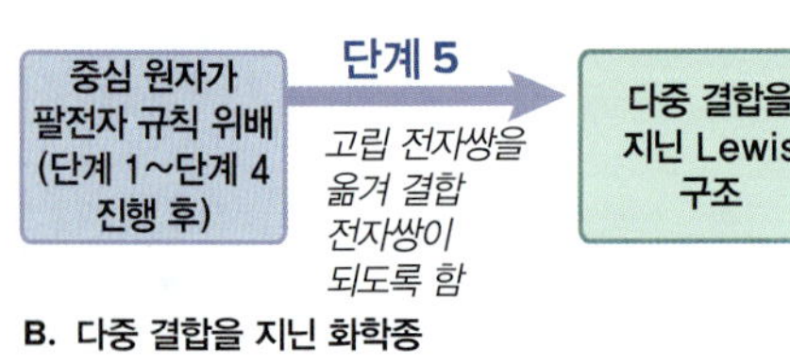

B. 다중 결합을 지닌 화학종

그림 10.1 분자식을 Lewis 구조로 변환하는 과정.

해당 전자쌍을 갖고 있는 원소에만 할당하여 팔전자 규칙을 고려함을 알고 있다. 각 원자가 외각 준위에 8개(수소의 경우 2개)의 전자를 가져야 하는 팔전자 규칙을 "만족하는" 화합물부터 시작하자.

단일 결합으로 이루어진 분자 그림 10.1A에 단일 결합만으로 이루어진 화학종의 Lewis 구조를 그리는 네 단계를 나타내었다. 삼플루오린화 질소(NF_3)와 사플루오린화 보레이트 이온(BF_4^-)를 이용하여 이 단계들을 수행해보자.

단계 1. 원자들의 상대적인 위치를 정한다. 앞으로 Lewis 구조를 그릴 많은 화학종들은 일반 분자식이 AB_n인 화합물이다. 원자들이 어떻게 연결되는지 다음을 통해 알아보자.

- *족 번호가 작은* 원자가 팔전자 규칙을 만족시키기 위해서 더 많은 전자를 필요로 하기 때문에 이를 중심에 위치시킨다. 이러한 원자는 대개 *작은 전기음성도*를 갖는다. NF_3의 경우 질소[5A(15)족; EN = 3.0]의 족 번호와 전기음성도가 F[7A(17)족; EN = 4.0]보다 작기 때문에 질소 원자를 중심에 위치시키고 세 개의 F 원자를 질소 주위에 놓는다. BF_4^-의 경우 붕소[3A(13)족; EN = 2.0]가 더 작은 족 번호와 전기음성도를 가지므로 붕소 원자가 가운데에 놓이며 4개의 F 원자가 그 주위를 둘러싼다.

```
     F                      F
     N                   F  B  F
  F     F
                            F
```

- 원자들이 같은 족에 속해 있다면 *주기 번호가 큰*(또한 EN이 작은) 원자를 가운데 위치시킨다. 예를 들어 SO_3의 경우 S가 중심에 위치한다.
- H는 오직 한 개의 결합만 형성할 수 있기 때문에 중심 원자가 *절대* 될 수 없다.

단계 2. 원자가 전자의 총 개수를 구한다.

- 분자를 구성하는 원자들의 원자가 전자를 모두 더한다. (A족의 족 번호가 원자가 전자의 수와 같다는 것을 기억하라.) NF_3에서 N은 5개의 원자가 전자가 있으며 각 F는 7개가 있다.

$$[1 \times \mathrm{N}(5e^-)] + [3 \times \mathrm{F}(7e^-)] = 5e^- + 21e^- = 26e^-$$

- 다원자 이온의 경우 각 음전하에 대해 한 개의 e^-를 *더하거나*(예, BF_4^-), 각 양전하에 대해 e^- 한 개를 *빼준다*(예, NH_4^+). BF_4^-의 경우 B는 3개의 원자가 전자, 각 F 원자는 7개를 갖고 있고, 음전하가 있으므로 전자 한 개가 더 필요하다.

$$[1 \times \mathrm{B}(3e^-)] + [4 \times \mathrm{F}(7e^-)] + [\text{전하}(1e^-)] = 32e^-$$

오직 원자가 전자의 개수만 필요하므로 원자들이 갖고 있는 전자들을 모두 다 고려하지 않는다. 완성한 Lewis 구조는 반드시 적지도 많지도 않도록 모든 원자가 전자를 가져야 한다.

단계 3. 중심 원자를 둘러싸고 있는 각 원자로부터 중심 원자로 단일 결합을 그리고 각 결합에 해당하는 $2e^-$를 원자가 전자의 총 개수에서 빼서 남아 있는 e^-의 개수를 파악한다.

```
      F                      F
      |                      |
      N                   F—B—F
    /   \                    |
   F     F                   F
```

3 N—F 결합 × $2e^-$ = $6e^-$
$26e^- - 6e^- = 20e^-$ 남아 있음

4 B—F 결합 × $2e^-$ = $8e^-$
$32e^- - 8e^- = 24e^-$ 남아 있음

단계 4. 남아 있는 전자를 전자쌍으로 분배하여 각 원자가 $8e^-$(수소의 경우 $2e^-$)를 갖도록 만든다. 먼저 중심 원자를 *둘러싸고 있는(전기 음성도가 더 높은) 원자*들이 팔전자 규칙을 만족하도록 고립 전자쌍을 배치한다. 남은 전자들은 중심 원자 주위에 배치한다.

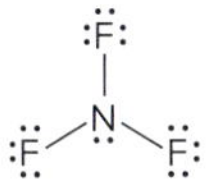

각 F는 세 쌍을 가짐($3 \times 6e^- = 18e^-$)
N은 한 쌍을 가짐($2e^-$)
합계: $18e^- + 2e^- = 20e^-$
각 원자는 팔전자($8e^-$) 규칙을 만족

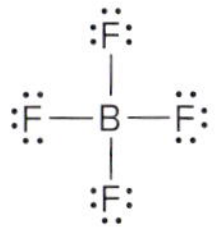

각 F는 세 쌍을 가짐($4 \times 6e^- = 24e^-$)
B는 전자를 가지지 않음
합계: $24e^-$
각 원자는 팔전자($8e^-$) 규칙을 만족

중성 화학종인 NF_3의 Lewis 구조를 완성하였다. 다원자 이온인 BF_4^-의 경우 전하를 고려해야 하기 때문에 단계 2에서 논의한 대로 구조에 대괄호를 씌운 후 괄호 밖에 위첨자로 이온 전하를 표시한다.

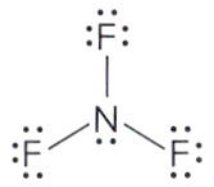

$6e^-$ (결합 3개)
$+ 20e^-$ (고립 전자쌍 10개)
$26e^-$

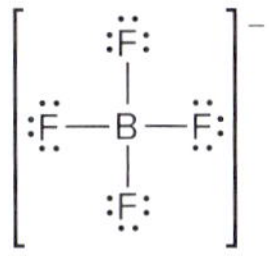

$8e^-$(결합 4개)
$+ 24e^-$ (고립 전자쌍 12개)
$32e^-$

Lewis 구조는 모양을 나타내는 것이 아니기 때문에 NF_3에 대해 다음 Lewis 구조로도 나타낼 수 있다.

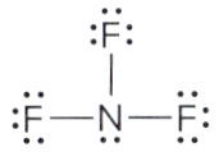

뿐만 아니라 *원자들이 같은 연결을 가지기만 한다면*, 즉 중심 N 원자가 세 개의 F 원자에 둘러싸여 단일 결합으로 연결된다면 모두 옳은 Lewis 구조이다.

위의 4단계를 이용하여 C, N, O 원자가 중심 원자이며 단일 결합으로 이루어진 어떠한 화학종이라도 Lewis 구조를 그릴 수 있으며, 더 큰 주기의 중심 원자를 갖는 몇몇 화학종의 구조 또한 그릴 수 있다. 이러한 화합물들에서는 보통

- 수소 원자는 1개의 결합을 형성한다.
- 탄소 원자는 4개의 결합을 형성한다.
- 질소 원자는 3개의 결합을 형성한다.
- 산소 원자는 2개의 결합을 형성한다.
- 중심 원자를 둘러싸는 할로젠 원자는 1개의 결합을 형성하며 플루오린은 *항상* 주위 원자이다.

인터넷 핫스팟

Lewis 구조를 그리는 것이 어렵게 느껴진다면, eBook에 접속하여 이 주제에 대한 추가 학습 동영상을 참고하자.

예제 10.1 | 중심 원자가 한 개이고 단일 결합으로 이루어진 화학종의 Lewis 구조 그리기

문제 다음 화합물의 Lewis 구조를 그려라. **(a)** CCl_2F_2 **(b)** PCl_2^-.

풀이 **(a)** *단계 1.* 원자들의 상대적인 위치를 정한다. CCl_2F_2의 경우 탄소의 족 번호와 EN이 작으므로 중심 원자이다. 할로젠 원자들을 탄소 주위에 배치하는 데 특정 위치를 정해 배치할 필요는 없다.

단계 2. 원자가 전자의 총 개수를 (A족 번호로부터) 결정한다. C는 4A족이며 F와 Cl은 7A족이다. 따라서

$$[1 \times C(4e^-)] + [2 \times F(7e^-)] + [2 \times Cl(7e^-)] = 32e^-$$

단계 3. 중심 원자와 주위 원자를 연결하는 단일 결합을 그리고, 각 결합에 해당하는 $2e^-$를 빼준다.

결합 4개 $\times 2e^- = 8e^-$ $32e^- - 8e^- = 24e^-$ 남아 있음

단계 4. 남아 있는 24개의 전자를 전자쌍으로 주위 원자부터 분배하여 각 원자가 $8e^-$를 갖도록 한다. 각각의 주위 플루오린 원자가 각각 3개의 전자쌍을 취한다. 모든 원자는 팔전자 규칙을 만족한다.

(a) *단계 1:*

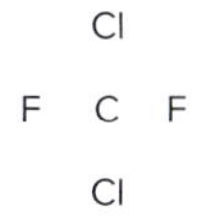

단계 3:

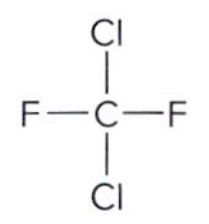

단계 4:

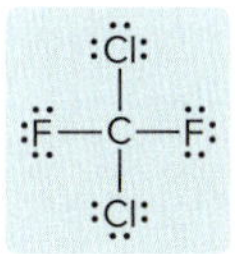

(b) *단계 1:* Cl P Cl

단계 3: Cl—P—Cl

단계 4: [:Cl̤—P̤—C̤l:]$^-$

(b) *단계 1.* 원자들의 상대적인 위치를 정한다. PCl_2^-의 경우 인의 족 번호와 EN이 작으므로 중심 원자이다. 염소 원자들이 인 원자 주위를 둘러싸게 된다.

단계 2. 원자가 전자의 총 개수를 (A족 번호와 이온 전하로부터) 결정한다. P는 5A족이며 Cl은 7A족이다. 1− 전하를 고려하여 한 개의 e^-를 총 원자가 전자 개수에 포함시킨다.

$$[1 \times \text{P}(5e^-)] + [2 \times \text{Cl}(7e^-)] + [\text{전하}(1e^-)] = 20e^-$$

단계 3. 중심 원자와 주변 원자를 연결하는 단일 결합을 그리고 각 결합에 해당하는 $2e^-$를 빼준다.

$$\text{결합 2개} \times 2e^- = 4e^- \qquad 20e^- - 4e^- = 16e^- \text{ 남아 있음}$$

단계 4. 남아 있는 16개의 전자를 전자쌍으로 주위 원자부터 분배하여 각 원자가 $8e^-$를 갖도록 한다. 각각의 주위 염소 원자가 3개의 전자쌍을 가지고 중심 P 원자는 2개의 전자쌍을 가져간다. 이제 각 원자는 팔전자 규칙을 만족한다. 이 화학종은 이온이므로 대괄호를 Lewis 구조에 씌운 후 대괄호 밖에 위첨자로 음의 부호를 이용하여 1− 전하를 표시한다.

검산 항상 각 원자가 팔전자 규칙을 만족하는지 확인한다. 결합 전자들은 결합을 이루는 각 원자에 속한다. CCl_2F_2의 경우 결합 전자쌍($8e^-$)과 고립 전자쌍($24e^-$)의 총 전자수는 원자가 전자의 수인 32개와 같다. 예상하였듯 C는 4개의 결합을 형성하며 각 주위 할로젠들은 1개의 결합을 형성한다. PCl_2^-의 경우 결합 전자쌍($4e^-$)과 고립 전자쌍($16e^-$)의 총 전자수는 원자가 전자의 수 20개와 같다.

▶ **보충 문제**

10.1A 다음의 Lewis 구조를 그려라. **(a)** H_2S **(b)** $AlCl_4^-$ **(c)** $SOCl_2$.

10.1B 다음의 Lewis 구조를 그려라. **(a)** OF_2 **(b)** CH_2Br_2 **(c)** IBr_2^+.

유사 문제 10.5(a), 10.5(b), 10.6(a), 10.6(c), 10.7(a), 10.8(c)

두 개 이상의 중심 원자가 서로 결합되어 있는 분자의 경우 어느 원자가 중심에 위치하고 어느 원자가 주위에 위치하는지 쉽게 알 수 있다.

예제 10.2 | 중심 원자가 두 개 이상이고 단일 결합으로 이루어진 분자의 Lewis 구조 그리기

문제 차량의 휘발유를 대체할 수 있는 중요한 산업용 알코올인 메탄올(분자식 CH_4O)의 Lewis 구조를 그려라.

단계 1:

```
   H
H  C  O  H
   H
```

단계 3:

```
   H
   |
H—C—O—H
   |
   H
```

단계 4:

```
   H
   |   ..
H—C—O—H
   |   ..
   H
```

풀이 **(a)** *단계 1.* 원자들의 상대적인 위치를 정한다. H는 한 개의 결합을 가져야 하므로 C와 O가 중심 원자이며 서로 인접하게 위치시킨다. C는 4개의 결합을 형성하고 O는 2개의 결합을 가지므로 수소 원자들을 다음과 같이 배치한다.

단계 2. 원자가 전자의 총 개수(C는 4A족, O는 6A족)를 결정한다.

$$[1 \times \text{C}(4e^-)] + [1 \times \text{O}(6e^-)] + [4 \times \text{H}(1e^-)] = 14e^-$$

단계 3. 단일 결합을 그리고 각 결합에 해당하는 $2e^-$를 빼준다.

$$\text{결합 5개} \times 2e^- = 10e^- \qquad 14e^- - 10e^- = 4e^- \text{ 남아 있음}$$

단계 4. 남아 있는 4개의 전자를 전자쌍으로 분배하여 각 원자가 준위를 채운다. C는 이미 팔전자 규칙을 만족하고 각 H는 $2e^-$를 C와 공유하고 있다. 그러므로 남아 있는 $4e^-$는 2개의 고립 전자쌍으로 O에 배치하여 메탄올의 Lewis 구조를 완성한다.

검산 각 H 원자는 $2e^-$를 갖고 있고 각각의 C와 O는 $8e^-$를 갖고 있다. 원자가 전자의 총 개수는 결합 전자쌍의 $10e^-$와 고립 전자쌍의 $4e^-$를 합하여 $14e^-$이다. 각 H는 1개, C는 4개, O는 2개의 결합을 형성한다.

▶ **보충 문제**

10.2A 다음의 Lewis 구조를 그려라. **(a)** 하이드록실아민(hydroxylamine, NH_3O), **(b)** 다이메틸 에터(dimethyl ether, C_2H_6O, O—H 결합 없음).

10.2B 다음의 Lewis 구조를 그려라. **(a)** 하이드라진(hydrazine, N_2H_4), **(b)** 메틸아민(methylamine, CH_3NH_2).

유사 문제 10.8(a), 10.8(b)

다중 결합을 갖는 분자 단계 1~4를 수행하여 화학종의 Lewis 구조를 그리면서 중심 원자가 팔전자 규칙을 만족하지 않는 경우를 이따금 볼 수 있다. 이러한 대부분의 경우에 우리는 다음 단계를 추가적으로 수행해야 한다(그림 10.1B).

단계 5. 중심 원자가 팔전자 규칙을 만족하지 않는다면 한 개 혹은 그 이상의 다중 결합을 형성시킨다. 주위 원자의 고립 전자쌍을 중심 원자와 공유하는 결합으로 변환시켜 이중 결합을 만든다. 만약 필요하다면 이를 한 번 더 수행하여 삼중 결합을 형성하거나 다른 이중 결합을 하나 더 만든다.

이를 구체적으로 살펴보기 위해 O_2의 Lewis 구조를 그려 보자.

단계 1. 원자들의 상대적인 위치를 정한다.

단계 2. 원자가 전자의 총 개수(O는 6A족)를 결정한다.

$$[2 \times O(6e^-)] = 12e^-$$

단계 3. 단일 결합을 그리고 각 결합에 해당하는 $2e^-$를 뺀다.

결합 1개 $\times\ 2e^- = 2e^-$ 따라서 $12e^- - 2e^- = 10e^-$ 남아 있음

단계 4. 남아 있는 10개의 전자를 전자쌍으로 더한다. 왼쪽 O 원자는 3개의 전자쌍을 가지고 있어 팔전자 규칙을 만족시키지만 오른쪽 O 원자는 2개의 전자쌍만 가지고 있어 팔전자 규칙을 만족시키기 위해서는 충분하지 않다. 단계 5가 추가적으로 필요한 상황이다.

단계 5. 왼쪽 O 원자의 고립 전자쌍을 두 O 원자 사이 결합 전자쌍으로 옮겨 분자의 각 O 원자가 팔전자 규칙을 만족시키게 만든다.

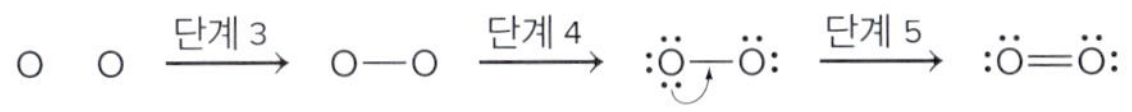

O O —단계 3→ O—O —단계 4→ :Ö—Ö: —단계 5→ :Ö=Ö:

예제 10.3 | 다중 결합을 갖는 분자의 Lewis 구조 그리기

문제 다음의 Lewis 구조를 그려라.

(a) 고분자 생산에서 가장 중요한 반응물인 에틸렌(C_2H_4)

(b) 대기에서 가장 풍부한 기체인 질소(N_2)

풀이 (a) *단계 1.* 원자들의 상대적인 위치를 정한다. C_2H_4의 경우 H가 한 개의 결합만을 형성하기 때문에 두 개의 C 원자가 서로 결합해야 한다.

단계 2. 원자가 전자의 총 개수(C는 4A족, H는 1A족)를 결정한다. C는 4A족이며 F와 Cl은 7A족이다. 그러므로

$$[2 \times C(4e^-)] + [4 \times H(1e^-)] = 12e^-$$

단계 3. 단일 결합을 더하고 각 결합에 해당하는 $2e^-$를 뺀다.

결합 5개 $\times\ 2e^- = 10e^-$ 따라서 $12e^- - 10e^- = 2e^-$ 남아 있음

단계 4. 남아 있는 원자가 전자를 분배하여 팔전자 규칙을 만족하도록 만든다.

단계 5. 고립 전자쌍을 결합 전자쌍으로 옮긴다. 오른쪽 C는 팔전자 규칙을 만족시키지만 왼쪽 C는 전자 6개만 가지고 있다. 따라서 오른쪽 C의 고립 전자쌍 한 개를 두 C 원자 사이의 결합 전자쌍으로 바꾼다.

(b) *단계 1.* 원자들의 상대적인 위치를 정한다.

단계 2. 원자가 전자의 총 개수(N는 5A족)를 결정한다.

$$[2 \times N(5e^-)] = 10e^-$$

단계 3. 단일 결합을 더하고 각 결합에 해당하는 $2e^-$를 빼준다.

결합 1개 $\times\ 2e^- = 2e^-$ $10e^- - 2e^- = 8e^-$ 남아 있음

단계 4. 남아 있는 원자가 전자를 분배하여 팔전자 규칙을 만족시킨다.

단계 5. 두 개의 N 원자 중 좌측 N은 팔전자 규칙을 만족시키지만 우측 N은 만족시키지 못하고 있다. 그러므로 고립 전자쌍을 결합 전자쌍으로 바꾼다. 이 경우에는 한 개의 고립 전자쌍을 결합 전자쌍으로 옮겨 이중 결합을 형성해도 양쪽 N 모두 팔전자 규칙을 만족하지 못하므로, 고립 전자쌍 한 개를 더 결합 전자쌍으로 바꾸어 삼중 결합을 형성시킨다.

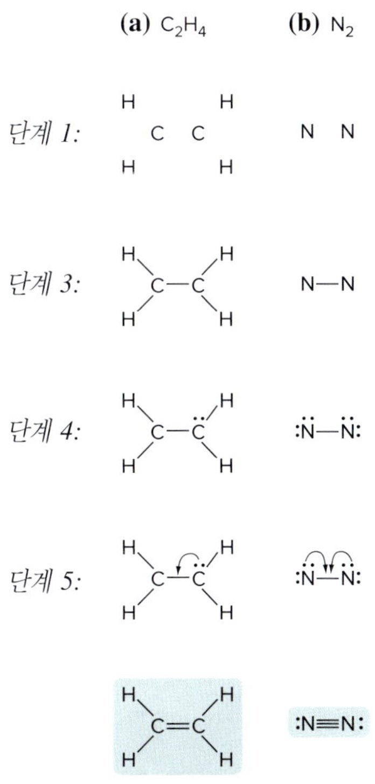

	(a) C_2H_4	(b) N_2
단계 1:	H C C H / H H	N N
단계 3:	H₂C—CH₂ (단일 결합)	N—N
단계 4:	H₂C—C̈H₂	:N̈—N̈:
단계 5:	H₂C—C̈H₂	:N̈—N̈:
	H₂C=CH₂	:N≡N:

검산 (a) 각 C는 4개의 결합을 가지며 이중 결합은 팔전자의 일부인 $4e^-$를 갖는다. 원자가 전자의 총 개수는 $12e^-$인데 모두 6개의 결합에 들어간다. **(b)** 각 N는 삼중 결합의 $6e^-$를 포함하면서 팔전자 규칙을 만족한다. 원자가 전자의 총 개수는 3개의 결합과 2개의 고립 전자쌍을 합하여 $10e^-$이다.

▶ 보충 문제

10.3A 다음의 Lewis 구조를 그려라. **(a)** CO(일반적인 탄소 화합물 중 탄소가 세 개의 결합만을 갖는 유일한 화합물) **(b)** HCN **(c)** CO_2.

10.3B 다음의 Lewis 구조를 그려라. **(a)** NO^+ **(b)** H_2CO **(c)** N_2H_2.

유사 문제 10.5(c), 10.6(b), 10.7(b), 10.7(c)

공명: 비편재화된 결합 전자쌍

이중 결합이 단일 결합의 바로 옆에 위치한 구조를 갖는 분자나 다원자 이온의 경우 한 개 이상의 Lewis 구조를 그릴 수 있다. 어느 것이 정확한 구조일까?

공명 구조의 필요성 지상에서는 공해 물질이지만 성층권에서는 유해한 자외선(UV)를 흡수하는 오존(O_3)으로 이 문제를 생각해보자. 산소는 6A(16)족이기 때문에 $[3 \times O(6e^-)] =$ 18개의 원자가 전자가 오존 분자에 존재한다. 4개의 전자는 2개의 단일 결합 형성에 사용되어 $18e^- - 4e^- = 14e^-$가 남는다. 이 전자들은 주위 O 원자들(아래 그림에서 A와 C로 표시된)이 팔전자 규칙을 만족하기 위해 충분하지만 중심 O 원자(B로 표시된)가 팔전자 규칙을 만족하기에는 부족하다. 단계 5를 수행하여 2개의 Lewis 구조를 그릴 수 있다.

구조 I에서 산소 A의 고립 전자쌍이 결합 전자쌍으로 바뀌면서 산소 B는 산소 A로 이어지는 이중 결합, 산소 C로 이어지는 단일 결합을 갖는다. 구조 II에서는 산소 C의 고립 전자쌍이 결합 전자쌍으로 바뀌면서 해당 단일 결합과 이중 결합이 서로 뒤바뀌게 된다. I을 회전시켜 II를 얻을 수 있으므로 다른 형태의 오존 분자가 *아니라 같은* 분자가 갖는 다른 Lewis 구조이다.

Lewis 구조 I과 II의 결합 성질을 실제로 관찰한 결과와 비교하면 흥미로운 점을 알 수 있다.

Lewis 구조 I과 II: 한 개의 O═O 이중 결합의 결합 길이 = 121 pm
한 개의 O—O 단일 결합의 결합 길이 = 148 pm
O_3 분자: 두 개의 산소-산소 결합의 결합 길이(128 pm)와 결합 에너지가 동일

이 차이는 다음과 같이 설명한다.

- O_3의 각 결합의 성질은 O—O 결합과 O═O 결합 사이에 있어 "1.5중" 결합 같아 보이게 한다.
- 2개의 Lewis 구조를 이용하여 분자의 구조는 더욱 정확하게 표현될 수 있다. 이를 **공명 구조**(resonance structure) 혹은 **공명 형태**(resonance form)라 부르며, 공명 구조들 사이에 양쪽 공명 화살표(⟷)를 이용하여 표현한다.
- 구조는 원자들의 *상대적 위치는 같으나 결합 전자쌍과 고립 전자쌍의 위치가 다른 구조이다.* 고립 전자쌍을 결합 위치로 옮기거나 그 반대로 옮겨 공명 구조를 다른 공명 구조로 전환할 수 있다.

- *공명 구조는 실제 결합을 나타내는 것이 아니다.* 그리고 O_3의 구조는 구조 I과 구조 II가 빠르게 서로 바뀌는 것이 *아니다*. 실제 분자는 공명 구조들의 평균 구조인 **공명 혼성**(resonance hybrid) 구조를 가진다.

전자 비편재화 O_3의 구조를 그리기 위해 한 개 이상의 Lewis 구조가 필요한 이유는 **전자쌍 비편재화**(electron-pair delocalization) 때문이다. 단일, 이중, 삼중 결합에서 각 전자쌍은 결합한 원자들 사이에 *편재화*(localized)되어 있다. 공명 구조에서는 두 개의 전자

파란색 말도, 빨간색 당나귀도 아닌 보라색 노새

노새는 말과 당나귀의 유전적 혼혈종인 잡종(hybrid)이다. 말도 아니고 당나귀도 아닌 것이다. 마찬가지로 보라색은 빨간색과 파란색이 섞인 것이지만 빨간색도 아니고 파란색도 아니다. 같은 맥락에서 공명 혼성 구조는 한 개의 분자 화학종이지만 어느 순간에 한 개의 공명 구조를 갖고 다음 순간에 다른 공명 구조를 갖는 것이 아니다. 문제는 한 개의 Lewis 구조로는 실제 혼성 구조를 정확하게 표현할 수 없다는 것이다.

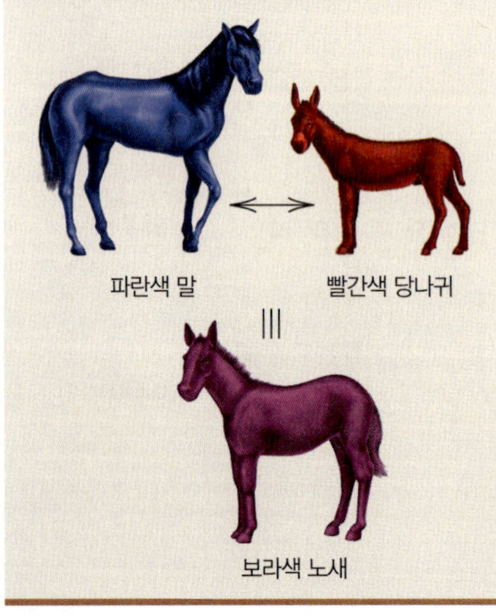

쌍(한 개의 결합 전자쌍과 한 개의 고립 전자쌍)이 *비편재화*(delocalized)되어 있다. 전자 밀도가 몇 개의 인접한 원자들 사이에 "퍼져 있는" 것이다. (비편재화되는 전자쌍은 몇 개 정도이기 때문에 9.6절에서 논의한 금속의 전자 비편재화에 비하면 *훨씬* 작은 규모이다.)

O_3에서 비편재화의 결과는 한 개의 단일 결합(편재화된 전자쌍)과 *부분 결합*(비편재화된 전자쌍들 중 한 개의 기여)로 이루어진 두 개의 동일한 결합이다. 비편재화된 전자쌍을 굽은 점선으로 표기하여 공명 혼성 구조를 그린다.

공명 혼성

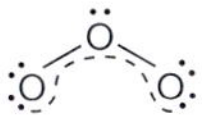

공명 구조는 매우 흔하다. 예를 들어, 벤젠(C_6H_6, *아래 그림* 참조)은 단일 결합과 이중 결합이 교대로 위치를 바꾼 두 개의 중요한 공명 구조를 갖는다. 실제 분자는 이 두 구조의 평균이며, 여섯 개의 탄소-탄소 결합의 길이는 모두 같으며 세 개의 전자쌍이 6개의 C 원자들에 비편재화되어 있다. 비편재화된 전자쌍은 점선의 원(혹은 실선의 원)을 이용하여 나타내기도 한다.

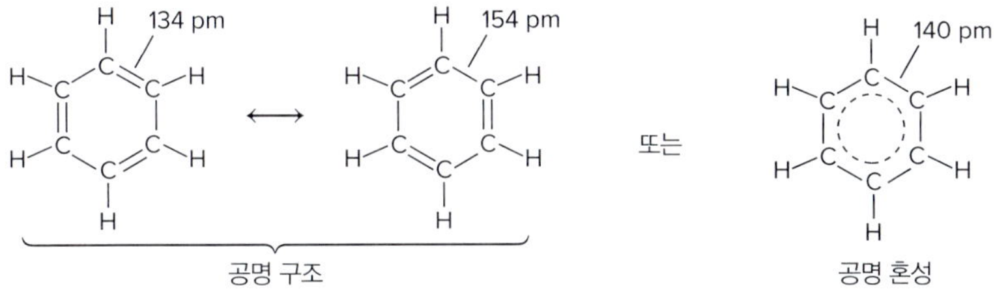

134 pm 154 pm ⟷ 또는 140 pm

공명 구조 공명 혼성

인터넷 핫스팟
공명 구조의 개념이 어렵게 느껴진다면, eBook에 접속하여 이 주제에 대한 추가 학습 동영상을 참고하자.

분수 결합 차수 공명 구조에서 볼 수 있는 부분 결합 때문에 결합 차수가 분수가 될 수 있다. O_3에는 두 개의 원자간 결합(O—O) 사이에 총 세 개의 결합(공유 전자쌍)이 있다.

$$\text{결합 차수} = \frac{\text{3개의 공유 전자쌍}}{\text{2개의 원자간 결합(O—O)}} = 1\tfrac{1}{2}$$

벤젠 고리의 결합 차수는 9개의 공유 전자쌍/6개의 원자간 결합(C—C)이므로 마찬가지로 $1\frac{1}{2}$이다. 탄산 이온(CO_3^{2-})의 경우 세 개의 공명 구조를 그릴 수 있다.

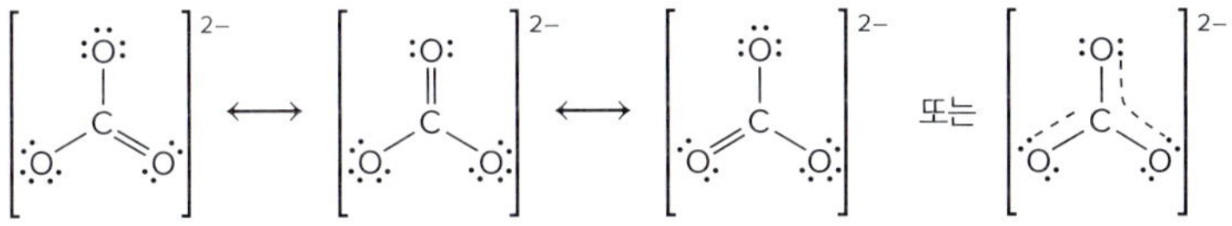

⟷ ⟷ 또는

각 구조는 3개의 원자간 결합(C—O)이 4개의 공유 전자쌍을 가지며, 따라서 결합 차수는 $\frac{4}{3}$, 또는 $1\frac{1}{3}$이다.

형식 전하: 더 중요한 공명 구조 찾기

지금까지 공명 혼성은 우리가 그리는 화학종들의 공명 구조의 평균이라는 것을 배웠다. 공명 구조 중 어느 하나가 다른 공명 구조보다 더 공명 혼성 구조처럼 "보인다면" 이 구조가 평균 구조에 더 많이 "기여하게" 된다. 이러한 더 중요한 공명 구조를 선택하는 한 방법은 각 원자의 **형식 전하**(formal charge)를 결정하는 것이다. 형식 전하는 *결합 전자들이 동등하게 양쪽 원자에 의해 공유될 때 가질 것으로 예상되는* 전하를 의미한다. 이 개념을 살펴본 후 산화수와 형식 전하가 어떻게 다른지 비교해 보자.

형식 전하 결정 형식 전하는 원자의 총 원자가 전자수에서 Lewis 구조에서 원자가 갖는 전자의 개수, 즉 *모든* 비공유 원자가 전자와 공유 원자가 전자의 *절반*을 뺀 것이다.

$$\text{원자의 형식 전하} = \text{원자가 전자의 수} - \left(\text{비공유 전자수} + \tfrac{1}{2} \times \text{공유 전자수}\right) \quad \textbf{(10.1)}$$

- Lewis 구조 내 원자가 소유한 전자의 수와 해당 원소의 원자가 전자의 수가 같다면 형식 전하는 0이다.
- Lewis 구조 내 원자가 소유한 전자의 수가 해당 원소의 원자가 전자의 수보다 크다면 형식 전하는 음전하이다.
- Lewis 구조 내 원자가 해당 원소의 원자가 전자보다 적은 수의 원자가 전자를 갖는다면 양의 형식 전하를 갖는다.

예를 들어, O_3의 경우 공명 구조 I에서 산소 A의 형식 전하는 다음과 같다.

$$6 \text{ 원자가 } e^- - (4 \text{ 비공유 } e^- + 4 \text{ 공유 } e^- \text{의 } \tfrac{1}{2}) = 6 - 4 - 2 = 0$$

두 개의 O_3 공명 구조에서 모든 산소 원자의 형식 전하는 다음과 같다.

$O_A\,[6 - 4 - \frac{1}{2}(4)] = 0$
$O_B\,[6 - 2 - \frac{1}{2}(6)] = +1$
$O_C\,[6 - 6 - \frac{1}{2}(2)] = -1$

(0) (+1) (−1) O A, B, C — I ⟷ (−1) (+1) (0) O A, B, C — II

$O_A\,[6 - 6 - \frac{1}{2}(2)] = -1$
$O_B\,[6 - 2 - \frac{1}{2}(6)] = +1$
$O_C\,[6 - 4 - \frac{1}{2}(4)] = 0$

구조 I과 II는 다른 산소 원자들이 같은 형식 전하를 갖기 때문에 공명 혼성 구조에 동등하게 기여한다. *형식 전하의 합은 반드시 해당 화학종의 실제 전하와 같아야 한다.* 즉, 분자의 경우 0, 이온의 경우 이온의 전하이다. O_3의 경우 형식 전하의 합은 0이다. $(+1) + (-1) + 0 = 0$

구조 I에서 보통 산소가 형성하는 2개의 결합 대신 O_B는 3개, O_C는 1개를 갖는 것에 주목하자. 원자가 0의 형식 전하를 가질 때에만 통상적인 결합의 개수를 갖는다. CO_3^{2-}의 C와 NO_3^-의 N 등이 여기에 해당한다.

더 중요한 공명 구조 찾기 다음 3가지 기준을 이용하여 더 중요한 공명 구조를 찾는다.

- 큰 형식 전하(양 혹은 음)보다 작은 형식 전하를 선호한다.
- 인접 원자에 0이 아닌 *같은* 형식 전하가 나타나는 것은 선호하지 않는다.
- 전기 음성도가 더 큰 원자는 더 큰 음의 형식 전하를 가져야 한다.

O_3의 경우와 마찬가지로 CO_3^{2-}와 NO_3^-, 벤젠의 공명 구조는 모두 중심 원자를 둘러싼 원자가 같은 형태이므로 동일한 형식 전하를 가져 모든 공명 구조가 공명 혼성 구조에 동등하게 기여한다. 이러한 기준을, *서로 다른* 원자 두 개가 중심 원자를 둘러싼 사이안산 이온 NCO^-에 적용해보자. 이온을 구성하는 원자들에 원자가 전자를 나누어 주면 C 원자는 팔전자 규칙을 만족하지 못한다. 세 가지 공명구조와 형식 전하는 다음과 같다.

형식 전하: (−2) (0) (+1) | (−1) (0) (0) | (0) (0) (−1)

공명 구조: $[:\ddot{N}-C\equiv O:]^-$ (I) ⟷ $[\ddot{N}=C=\ddot{O}]^-$ (II) ⟷ $[:N\equiv C-\ddot{O}:]^-$ (III)

구조 I
N $[5 - 6 - \frac{1}{2}(2)] = -2$
C $[4 - 0 - \frac{1}{2}(8)] = 0$
O $[6 - 2 - \frac{1}{2}(6)] = +1$

구조 II
N $[5 - 4 - \frac{1}{2}(4)] = -1$
C $[4 - 0 - \frac{1}{2}(8)] = 0$
O $[6 - 4 - \frac{1}{2}(4)] = 0$

구조 III
N $[5 - 2 - \frac{1}{2}(6)] = 0$
C $[4 - 0 - \frac{1}{2}(8)] = 0$
O $[6 - 6 - \frac{1}{2}(2)] = -1$

형식전하로부터 다음의 결론을 이끌어 낼 수 있다.

- 구조 I은 N이 더 큰 형식 전하를 갖고 큰 전기음성도의 O에 양의 형식전하가 있기 때문에 혼성 구조에 크게 기여하는 구조가 *아니다.*
- 구조 II와 III은 같은 크기의 전하를 가지지만 III은 전기음성도가 큰 O가 −1의 형식 전하를 갖기 때문에 III이 II보다 더 중요한 구조이다.
- 그러므로 II와 III은 I보다 중요하며 III은 II보다 중요하다. 이를 통해 C와 N 사이 결합은 상당한 수준의 삼중 결합 성질을 가질 것이다. 실제로 C와 N 사이 결합 길이는 117 pm이며 전형적인 C≡N 결합의 길이(115 pm)보다 약간 길다.

각 구조에서 형식 전하의 합은 이온의 전하량인 −1임을 기억하자.

인터넷 핫스팟

형식 전하를 이용하여 더 중요한 공명 구조를 찾는 것이 어렵게 느껴진다면, eBook에 접속하여 이 주제에 대한 추가 학습 동영상을 참고하자.

형식 전하 vs. 산화수 공명 구조를 조사하는 데 이용하는 형식 전하는 산화-환원 반응을 추적하는 데 이용하는 산화수와 *다르다.*

- *형식 전하*에서 원자들은 결합 전자들을 (*비극성 공유 결합*인 것처럼) *동등하게 공유*한다. 그러므로 각 원자는 공유 전자들의 절반을 갖는다.

$$\text{형식 전하} = \text{원자가 } e^- - (\text{비공유 } e^- + \tfrac{1}{2} \text{ 공유 } e^-)$$

- *산화수*에서 결합 전자들은 (*순수한 이온 결합*인 것처럼) 전기 음성도가 높은 원자로 *완전히 이동*한다.

$$\text{산화수} = \text{원자가 e}^- - (\text{비공유 e}^- + \text{공유 e}^-)$$

사이안화 이온의 세 가지 공명 구조에서 형식 전하와 산화수를 비교해보자. 이온에서 원자들의 산화수를 결정할 때, N과 C 사이 결합의 모든 전자들은 더 큰 전기 음성도의 N 원자에 속하고, O와 C 사이 결합의 모든 전자들은 더 큰 전기 음성도의 O 원자에 속한다.

형식 전하: (−2) (0) (+1) ⟷ (−1) (0) (0) ⟷ (0) (0) (−1)

[:N̈—C≡O:]⁻ ⟷ [N̈=C=Ö]⁻ ⟷ [:N≡C—Ö:]⁻

산화수: −3 +4 −2 ⟷ −3 +4 −2 ⟷ −3 +4 −2

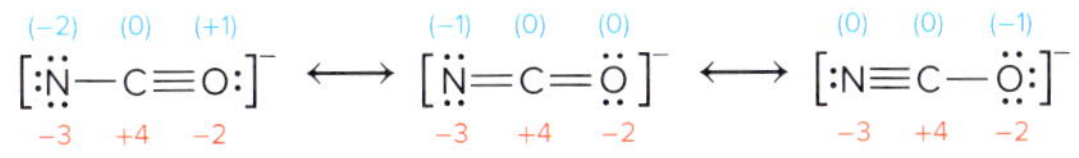

공명 구조가 달라지면 산화수는 *변하지 않지만*(원자의 전기 음성도가 *변하지 않기* 때문), 형식 전하는 *변하는 것*에(결합 전자쌍과 고립 전자쌍의 개수가 *변하기* 때문) 유의하자. 원자의 형식 전하와 산화수 중 어느 것도 원자의 실제 전하를 나타내는 것은 아니다. 형식 전하와 산화수는 전자들의 상태를 용이하게 판단하도록 도와주는 것이다.

예제 10.4 | 공명 구조 그리기 및 형식 전하 계산

문제 질산 이온 NO_3^-의 공명 구조를 그리고, 각 공명 구조의 원자들의 형식 전하를 찾고, 결합 차수를 구하라.

계획 Lewis 구조를 그릴 때 −1 이온 전하를 맞추기 위해 총 원자가 전자 수에 $1e^-$를 더하는 것을 기억하자. 고립 전자쌍과 결합 전자쌍을 옮겨 다른 공명 구조를 그리고 공명 화살표로 서로 연결한다. 그 후 식 (10.1)을 사용하여 형식 전하를 계산한다. 결합 차수는 공유 전자쌍의 개수를 원자 쌍의 개수로 나눈 값이다.

풀이 *단계 1 및 단계 2.* 질소가 낮은 족 번호를 갖기 때문에 중심 원자이다. $[1 \times \text{N}(5e^-)] + [3 \times \text{O}(6e^-)] + [\text{전하}\ (1e^-)] = 24$개의 총 원자가 전자가 있다.

*단계 3 및 단계 4*를 통하여

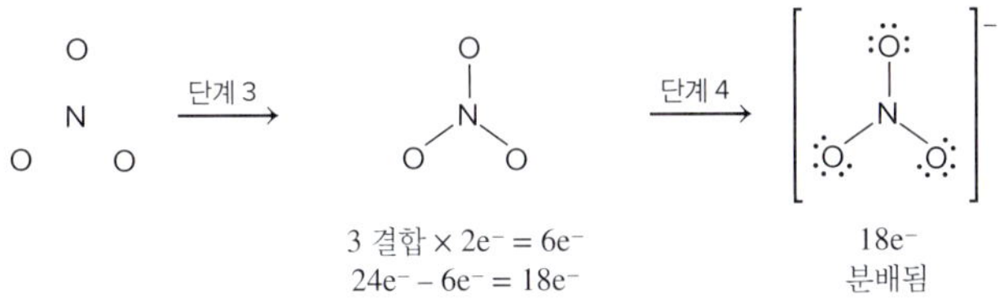

단계 3 → 단계 4 →

3 결합 × $2e^- = 6e^-$
$24e^- - 6e^- = 18e^-$

$18e^-$
분배됨

단계 5. N은 팔전자보다 적은 $6e^-$를 가지므로 두 개의 O 원자 중 한 개의 고립 전자쌍을 결합 전자쌍으로 옮겨 이중 결합을 형성하면 각 원자는 팔전자 규칙을 만족한다. 그러나 모든 O 원자들은 동등하므로 세 개의 O 원자들 중 어느 O의 고립 전자쌍을 옮겨도 괜찮기 때문에 다음의 세 가지 공명 구조를 그릴 수 있다.

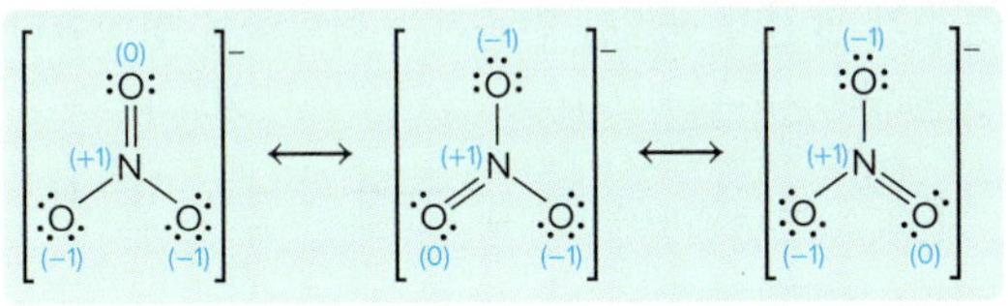

(0), (+1), (−1), (−1) ⟷ (−1), (+1), (0), (−1) ⟷ (−1), (+1), (−1), (0)

$$\text{형식 전하} = \text{원자가 e}^- \text{ 수} - (\text{비공유 원자가 e}^- \text{ 수} + \tfrac{1}{2}\text{ 공유 원자가 e}^- \text{ 수})$$

N은 $[5 - 0 - \frac{1}{2}(8)] = +1$

단일 결합을 갖는 O는 $[6 - 6 - \frac{1}{2}(2)] = -1$

이중 결합을 갖는 O는 $[6 - 4 - \frac{1}{2}(4)] = 0$

결합 차수는 다음과 같다.

$$\frac{4\ \text{결합 전자쌍}}{3\ \text{결합 원자(N—O)쌍}} = 1\tfrac{1}{3}$$

검산 각 구조에서 원자들은 모두 동일한 위치에 있고, 팔전자 규칙을 만족하며 $24e^-$를 갖는다. (원자가 전자와 이온 전하에 해당하는 $1e^-$를 합한 수의 전자가 4개의 결합 전자쌍과 8개의 고립 전자쌍에 분배되어 있다.)

해설 세 공명 구조는 공명 혼성에 동등하게 기여한다. 주위 원자들이 모두 동일하고 각 공명 혼성 구조 내 원자들은 모두 같은 형식 전하를 갖기 때문이다.

▶ **보충 문제**

10.4A 나이트로메테인 H_3CNO_2(H 원자들은 C에 결합하고, C 원자는 N에 결합하며, N는 두 개의 O 원자와 결합)의 공명 구조를 그리고 각 공명 구조의 원자들의 형식 전하를 구하라.

10.4B 싸이오사이안산 이온 SCN^-(C가 중심 원자)의 공명 구조를 그리고 형식 전하를 이용하여 어느 공명 구조가 가장 중요한지 결정하라.

유사 문제 10.9~10.16

팔전자 규칙의 예외에 대한 Lewis 구조

팔전자 규칙은 2주기 원소를 중심 원자로 하는 대부분의 분자와 이온에 적용되지만 모든 경우에 적용되는 것은 아니다. 또한 3주기 혹은 더 높은 주기의 원소들이 중심 원자인 많은 경우에는 적용되지 않는다. 세 가지 중요한 예외, 즉 (1) 전자 결핍 원자, (2) 홀전자 원자, (3) 확장된 원자가 껍질을 지닌 원자들을 가진 분자들이 존재한다. 세 가지의 예외를 논의하면서 우리는 형식 전하 만으로는 최적의 공명 구조를 찾는 것에 한계가 있다는 것을 알게 될 것이다.

전자 결핍 원자를 가진 분자 베릴륨이나 붕소를 중심 원자로 갖는 기체 분자들에서, 베릴륨과 붕소는 흔히 **전자 결핍**(electron-deficient)이다. 이 두 원소는 8개보다 *적은 수의* 전자를 가져 팔전자 규칙을 만족하지 못한다. 예를 들어, 염화 베릴륨*과 삼플루오린화 붕소 기체의 경우 형식 전하를 포함한 Lewis 구조는 다음과 같다.

(0) (0) (0)
:Cl—Be—Cl:

:F: (0)
(0) :F—B(0)—F: (0)

Be 주위에는 4개의 전자 밖에 없고, B는 6개 밖에 없다. 주위 할로젠 원자는 Be나 B보다 훨씬 큰 전기 음성도를 갖기 때문에 중심 원자에 대해 다중 결합을 형성하지 않으므로 팔전자 규칙을 만족한다. 다음의 구조는 형식 전하로 보아 적절하지 않다.

(+1) (−2) (+1)
:Cl=Be=Cl:

:F: (0)
(0) :F—B(−1)=F: (+1)

(BF_3에 대한 몇몇 연구 결과에 따르면 B—F의 결합 길이는 단일 결합 길이보다 짧다. 짧은 결합 길이는 이중 결합의 성격을 가짐을 의미하며, 따라서 B=F 결합이 공명 혼성 구조에 적게나마 기여하고 있음을 알 수 있다.) 전자 결핍 원자들은 종종 화학 반응을 통하여 결합을 추가적으로 형성함으로써 팔전자 규칙을 만족하곤 한다. 예를 들어, BF_3가 암모니아와 반응하여 붕소가 팔전자 규칙을 만족하는 화합물을 형성한다.†

BF_3 (B: (0)) + NH_3 (N: (0)) ⟶ F_3B(−1)—N(+1)H_3

홀전자 원자를 가진 분자 아주 적은 수의 분자들은 홀수의 원자가 전자를 가진 중심 원자를 포함하는데, 이 경우 모든 전자들이 쌍을 형성하는 것은 불가능하다. 이러한 분자들 대부분은 N[5A(15)족]이나 Cl[7A(17)족]과 같이 홀수 번호의 족의 원소가 중심 원자이다. 이러한 화학종을 **자유 라디칼**(free radical)이라고 한다. 이는 짝지어지지 않은 홀전자(lone or unpaired electron)을 가지기 때문에 상자기성을 띠며(8.4절) 매우 큰 반응성을 갖는다. 자유 라디칼은 생체 분자의 H 원자와 쉽게 결합하여 떼어내어 생체 분자에 새로운 자유 라디

*베릴륨은 2A(2)족이지만 대부분의 Be 화합물은 상당한 정도의 공유 결합성을 갖는다. 예를 들어 용융 상태의 $BeCl_2$는 전기를 통하지 않는다. 이는 전기를 흐르게 하는 이온이 존재하지 않음을 의미한다.

†특정 화학종이 다른 화학종에 전자쌍을 "제공하여" 공유 결합을 형성하는 반응들은 Lewis 산-염기 반응이다. 이는 18장에서 자세하게 논의할 것이다.

칼을 형성하기 때문에 생명체에 유해하다. 이 과정이 반복되면 유전자와 세포막들이 망가질 수 있다. 최근 연구 결과에 따르면 자유 라디칼은 암, 심지어 노화 과정에도 관련되어 있다. 비타민 E와 같은 항산화제가 자유 라디칼 형성 과정을 막는다고 알려져 있다.

자유 라디칼 이산화 질소(NO_2)를 살펴보자. 이산화 질소는 자동차 배기가스인 NO가 산화될 때 형성되는 도심 스모그의 주요 원인이다. NO_2의 여러 공명 구조 중 두 구조는 오존과 비슷하게 O 원자가 중심 원자와 이중 결합을 형성하는 구조이다. 다른 두 구조는 홀전자가 N이나 O에 있는 구조이다. 홀전자는 N과 O 원자들에 비편재화되어 공명 혼성 구조를 형성한다.

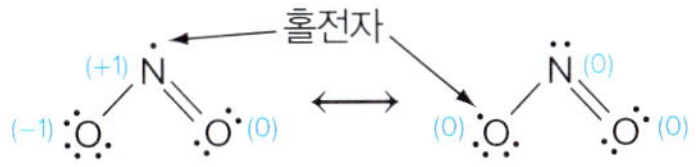

홀전자가 어느 원자에 주로 머무를지 형식 전하를 이용하여 생각해 보자. 단일 결합을 하는 O 원자 위에 홀전자가 있는 구조의 형식 전하는 0이다(오른쪽). 그러나 홀전자가 N 위에 있는 구조의 경우 0이 아닌 형식 전하를 갖는다(왼쪽). 그러므로 형식 전하를 고려한다면 오른쪽 구조가 더 중요하다. 그러나 화학적인 사실은 반대의 경우가 더 중요하다고 제안한다. 자유 라디칼은 종종 서로 반응하여 홀전자들이 전자쌍을 이루게 한다. 두 개의 NO_2가 반응하여 홀전자들이 전자쌍을 이루면서 사산화 이질소(N_2O_4)의 N—N 결합을 형성한다. 이때 각 N는 팔전자 규칙을 만족하게 된다.

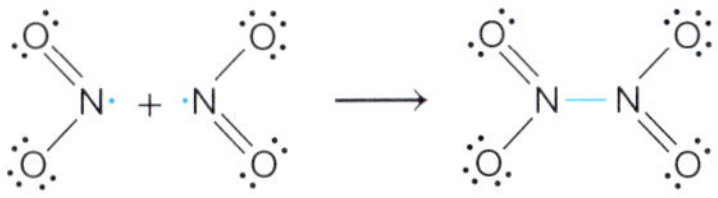

그러므로 NO_2가 반응하는 방식으로부터 홀전자가 대부분의 시간을 N 위에서 보낸다는 것을 유추할 수 있으며, 따라서 *해당* 공명 구조가 더 중요하다 할 수 있다. 이 경우에는 형식 전하가 더 중요한 공명 구조를 찾는 것에 그다지 유용하지 않다. 아래에서 그러한 경우들을 더 찾을 수 있을 것이다.

확장된 원자가 껍질 많은 분자와 이온들은 8개보다 많은 원자가 전자를 중심 원자 주위에 가진다. *중심 원자는 원자가 껍질을 확장하여 더 많은 결합을 형성하면서 에너지를 방출한다.* 중심 원자는 충분히 크고, 추가되는 전자쌍을 수용할 수 있는 비어 있는 오비탈이 있어야 한다. 그러므로 **확장된 원자가 껍질**(확장된 팔전자 규칙)은 *활용 가능한 d 오비탈을 지닌 3주기 혹은 그 이상의 주기의 비금속*에서만 나타난다. 그러한 중심 원자는 5개 이상의 원자들과 결합을 형성할 수 있으며, 또한 4개 이하의 원자들과도 결합을 형성할 수 있다.

1. *4개보다 많은 결합을 형성하는 중심 원자.* 오염화인(PCl_5)은 도료와 필름 생산에 사용되는 연노란색의 발연성 고체이다. 오염화인은 삼염화인(PCl_3)에 염소 기체를 반응시켜 만든다. PCl_3의 P는 팔전자 규칙을 만족시키지만 염소에 두 개의 결합이 더 형성되어 PCl_5을 이루면 P는 10개의 전자를 수용할 수 있도록 원자가 껍질을 확장한다. PCl_5가 형성될 때 Cl—Cl 결합 *한 개*가 해리되고(*다음 반응식의 좌변*) 두 개의 P—Cl 결합이 형성되어(*우변*) 전체적으로는 한 개의 결합이 증가한다.

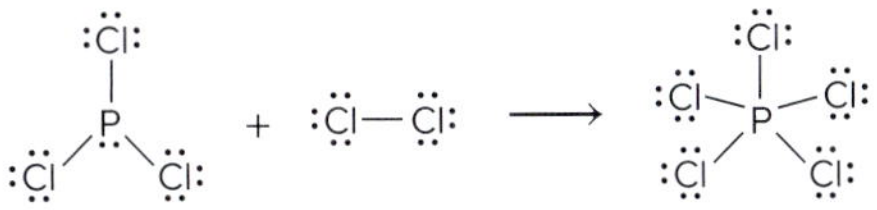

육플루오린화황(SF_6)은 전기 절연체로 이용되는 고밀도 비활성 기체이다. PCl_5와 비슷하게 SF_4를 F_2와 반응시켜 얻는다. SF_4의 경우 이미 10개의 전자를 지닌 확장된 원자가 껍질을 가졌으며, F와 2개의 결합을 더 형성하면 원자가 껍질은 12개의 전자를 지니도록 확장된다.

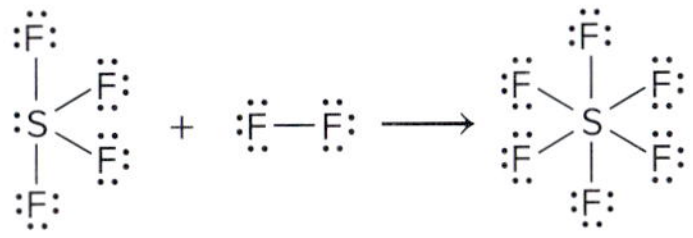

2. *4개 이하의 원자와 결합한 중심 원자.* 일부 화학종에서 *4개 이하의* 원자들과 결합한 중심 원자가 확장된 원자가 껍질을 갖는다. SF_4의 S가 그러한 예 중 하나이며 다른 예로 삼플루오린화염소(ClF_3)를 들 수 있다. ClF_3 분자에는 총 28개의 원자가 전자가 있다. 3개의 Cl—F 단일 결합에 6개의 공유 전자, 20개의 비공유 전자가 4개의 원자에 위치하여 팔전자 규칙을 만족시킨다. 남은 2개의 전자는 중심 Cl에 위치되며 10개의 전자를 갖는 확장된 원자가 껍질을 형성한다.

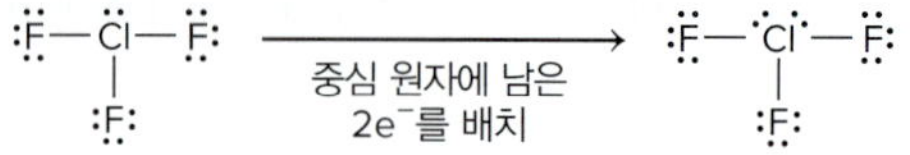

중심 원자에 남은 $2e^-$를 배치

일반적으로 ClF_3 분자의 경우와 유사하게 *모든 원자들이 팔전자 규칙을 만족시킨 후에 남는 원자가 전자는 중심 원자에 할당한다.*

4개 혹은 4개 미만의 원자와 결합한 중심 원자를 지닌 화학종들 중 팔전자 규칙에 부합하는 Lewis 구조식을 그릴 수 있는 화학종이 있다. 그러나 형식 전하의 개념은 확장된 원자가 껍질을 갖는 그러한 화학종들의 Lewis 구조를 그리기 위해 적용될 수 있다. 다음 예시를 살펴보자.

- *황산.* H_2SO_4는 두 개의 공명 구조를 갖는다. 형식 전하를 포함한 구조는 다음과 같다.

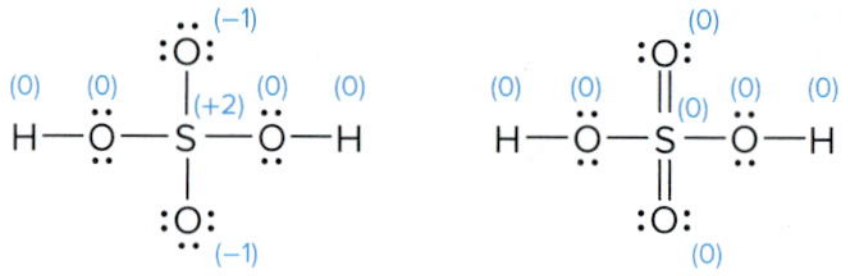

I II

구조 I은 팔전자 규칙을 만족하지만 여러 개의 원자가 0이 아닌 형식 전하를 지닌다. 구조 II에서는 두 개의 산소로부터 고립 전자쌍 두 개가 결합 전자쌍으로 옮겨져 황이 12개의 전자(6개의 결합)을 가지지만 모든 원자의 형식 전하는 0이다. 그러므로 형식 전하만을 생각한다면 II가 I보다 공명 혼성 구조에 더 큰 기여를 한다. 더욱 중요한 것은 구조 II가 실제 실험 결과와 일치한다는 것이다. 기체 황산에서 H가 *결합한* 산소와 황 사이의 결합 길이는 157 pm인 반면, H가 *결합하지 않은* 산소와 황 사이의 결합 길이는 142 pm이다. 짧은 결합 길이는 이중 결합의 성격을 의미하는 것이며, 다른 측정에서 H가 결합하지 않은 산소와 황 사이의 결합의 전자 밀도가 더 크다는 것이 관찰되었다.

- *황산 이온.* 황산이 두 개의 H^+ 이온을 잃어버리면 황산 이온(SO_4^{2-})이 된다. 측정 결과 SO_4^{2-}의 모든 결합은 149 pm였으며, 이는 S═O 결합(~142 pm)와 S—O 결합(~157 pm) 사이의 값이다. 이 자료와 일치하는 7개의 공명 구조 중 6개가 확장된 원자가 껍질과 형식 전하가 0인 원자들을 가진 구조이다. 6개의 구조 중 2개의 구조(*왼쪽*)와 6개의 구조에 해당하지 않는 팔전자 규칙을 만족하는 구조(*오른쪽*)는 다음과 같다.

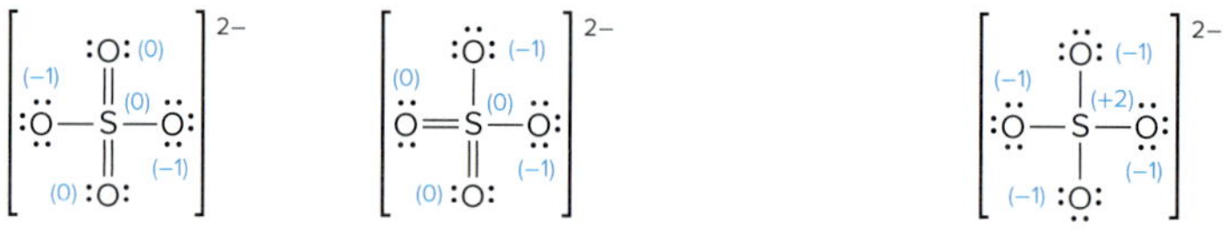

- *두 종류의 황 산화물.* SO_2와 SO_3의 황-산소 결합의 길이는 대략 142 pm이며, S═O를 의미한다. 이러한 자료와 일치하는 Lewis 구조에서 형식 전하는 모두 0이다(*왼쪽의 두 구조*). 한편 다른 구조들(*오른쪽의 두 구조*)은 팔전자 규칙을 만족한다.

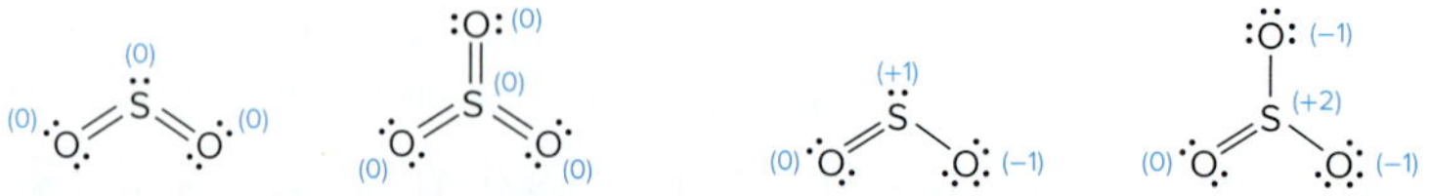

3. *Lewis 구조와 형식 전하의 한계.* 화학은 지난 2세기 동안 과학의 중심 학문이었지만 결합과 구조와 같이 잘 정립된 분야에서도 여전히 자료의 해석에 논란이 일어나곤 한다. 우리는 지금까지 단일 Lewis 구조가 분자를 정확하게 표현할 수 없으며, 그러한 경우에 여러 개의 공명 구조가 필요하다는 것을 배웠다.

형식 전하 법칙에도 한계점이 있다. 형식 전하는 NO_2에서 홀전자의 정확한 위치를 찾기 위한 도구로는 유용하지 않았다. 그리고 양자역학 계산에 따르면 형식 전하가 0이면서 확장된 원자가 껍질을 지닌 공명 구조가, 큰 형식 전하를 갖지만 팔전자 규칙을 만족하는 구조들보다 실제 구조에서 *더 멀어* 보인다. 계산 결과는, 결합 길이가 더 짧은 것이 이중 결합의 특성 때문이 아니라 높은 형식 전하가 결합한 원자들을 더 가깝게 끌어당기기 때문이라고 제안한다. 이러한 논의는 H_2SO_4, SO_4^{2-}, SO_2, SO_3의 팔전자 규칙을 만족하는 구조들에 대해 유효하다. 따라서 형식 전하가 가장 중요한 공명 구조를 찾기 위해 유용한 도구라 할 수 있을지라도 완벽한 도구와는 거리가 멀다. 그럼에도 불구하고, 대부분의 실험 결과와 일치하는 가장 간편한 방법이기 때문에 상기한 여러 상반된 사실들을 염두에 두고 계속 형식 전하 방식에 기반하여 구조를 나타낼 것이다.

예제 10.5 | 팔전자 규칙의 예외인 분자의 Lewis 구조 그리기

문제 다음 화합물의 Lewis 구조를 그리고, 팔전자 규칙의 예외 중 어느 경우인지 파악하라.
(a) XeF_4 **(b)** H_3PO_4 (두 개의 공명 구조를 그리고 더 중요한 구조를 선택하라. 모든 O 원자는 P에 결합하고 그 중 3개의 O 원자는 각각 H 원자와 결합한다.) **(c)** $BFCl_2$.

계획 Lewis 구조를 그린 후 팔전자 규칙의 예외 중 어느 경우인지 파악한다. **(a)**와 **(b)** 중심 원자가 각각 5주기와 3주기에 있기 때문에 팔전자보다 많은 전자를 가질 수 있다. **(c)** 중심 원자는 B이며 8개보다 적은 수의 전자를 가질 수 있다.

풀이 **(a)** XeF_4는 36개의 원자가 전자를 갖는다. 8개는 결합을 형성하고 24개를 이용하여 F 원자들이 팔전자 규칙을 만족시킨다. 남은 4개의 전자는 중심 원자에 위치시켜 *확장된 원자가 껍질*이 형성된다.

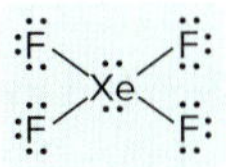

(b) H_3PO_4는 32개의 원자가 전자를 갖는다. 14개는 결합을 형성하고 18개를 이용하여 O와 P 원자들이 팔전자 규칙을 만족시킨다(구조 I, 형식 전하와 함께 주어짐). 다른 공명 구조(구조 II)는 0이 아닌 형식 전하를 갖는 O 원자의 고립 전자쌍을 결합 전자쌍으로 옮겨 그릴 수 있다.

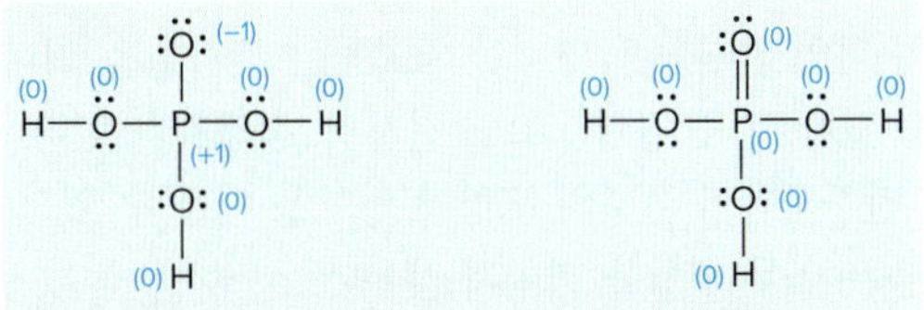

I II

구조 I은 팔전자 규칙을 만족하지만 0이 아닌 형식 전하를 갖는다. 구조 II는 형식 전하가 0이며 확장된 원자가 껍질을 형성한다. 형식 전하 방식에 의하면 구조 II가 더 중요한 구조이다.

(c) $BFCl_2$는 24개의 원자가 전자를 갖는다. 6개는 결합을 형성하고 18개의 전자가 F와 Cl 원자들 주위에 배치되어 F와 Cl은 팔전자 규칙을 만족한다. $BFCl_2$는 (*팔전자 규칙을 만족하지 못하는*) *전자-결핍 원자*를 가진다. B는 주위에 6개의 전자를 갖는다.

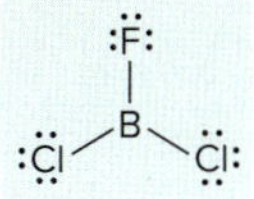

해설 (b)에서 구조 II는 결합 길이 측정 결과와 일치한다. 1개의 인-산소 결합의 길이는 152 pm이고 3개의 인-산소 결합의 길이는 157 pm이다. 그렇지만 양자역학 계산 결과는 구조 I이 더 중요할 것이라 예측하였다.

▶ 보충 문제

10.5A 형식 전하가 최소인 Lewis 구조를 그려라. **(a)** $POCl_3$ **(b)** ClO_2 **(c)** IBr_4^-.

10.5B 형식 전하가 최소인 Lewis 구조를 그려라. **(a)** BeH_2 **(b)** I_3^- **(c)** XeO_3.

유사 문제 10.19~10.22

› 10.1절 요약

- 단계별 과정을 통해 분자식을 Lewis 구조로 변환할 수 있다. Lewis 구조는 분자나 이온을 구성하는 원자들의 위치와 원자가 전자들을 결합 전자쌍과 고립 전자쌍으로 나타내는 2차원 표기법이다.
- 같은 원자들의 위치에 대해 2개 혹은 그 이상의 Lewis 구조를 그릴 수 있을 경우 실제 구조는 그 공명 구조들의 혼성 구조이다.
- 형식 전하는 혼성 구조에 가장 중요하게 기여하는 구조를 찾는 데 유용하다. 그러나 항상 실험 결과를 통해 가장 중요한 구조를 결정한다.
- 전자-결핍 원자(중심 Be 혹은 B)를 지닌 분자들, 혹은 홀전자 원자(자유 라디칼)는 중심 원자가 팔전자 규칙을 만족시키지 못하지만 반응을 통해 팔전자 규칙을 만족할 수 있다.
- 3주기 혹은 그보다 높은 주기에 속한 원자가 중심 원자인 분자(혹은 이온)의 경우, 원자의 크기가 크고 원자가 껍질을 확장시킬 수 있는 비어 있는 *d* 오비탈을 갖고 있기 때문에 중심 원자는 8개보다 많은 원자가 전자를 가질 수 있다.

10.2 원자가 껍질 전자쌍 반발(VSEPR) 이론

거의 대부분의 생화학적 과정은 상호작용하는 분자들의 모양에 따라 결정된다. 모든 약, 냄새, 맛은 한 분자의 부분 혹은 전체가 다른 분자와 서로 잘 어울려 상호작용하느냐에 좌우된다. 생물학자들은 많은 유기체에서 일어나는 복잡한 거동들, 예를 들어 짝짓기, 자기 보호, 길 찾기, 섭생 등이 한 분자의 모양이 다른 분자의 모양과 잘 맞는가에 의존하는 것을 발견하였다. 이 절에서 우리는 분자의 모양을 예측하는 모형에 대해 논의할 것이다.

분자의 모양을 결정하기 위해 화학자들은 Lewis 구조에서부터 출발하여 다음의 이론을 적용, 2차원 구조를 분자의 모양을 표현하는 3차원 구조로 변환한다.

- **원자가 전자쌍 반발**(*v*alence-*s*hell *e*lectron-*p*air *r*epulsion, VSEPR) **이론**: *중심 원자를 둘러싸고 있는 각 원자가 전자군들이 다른 전자들과 최대한 멀리 떨어지도록 위치시켜 반발력을 최소화한다.*
- 전자"군"은 원자 주위의 편재화된 영역을 차지하는 전자들을 의미한다. 단일 전자군에는 단일 결합, 이중 결합, 삼중 결합*, 고립 전자쌍, 홀전자가 있다.
- *중심* 원자 주위의 전자군만이 분자의 모양에 영향을 미칠 수 있으며, 중심 원자 이외의 원자가 가진 전자들은 아무 영향을 끼치지 않는다.
- **분자의 모양**은 결합에 의해 묶여진 핵들의 3차원적 위치/배열을 의미한다.

❯ 전자군 배열과 분자의 모양

그림 10.2A에서 풍선으로 보여주듯이, 중심점에 연결된 2개, 3개, 4개, 5개, 6개의 개체가 개체들 사이의 공간을 최대로 만들려고 하면 5가지의 기하학적 패턴이 나온다. 개체가 원자가 전자군이라면 전자군 사이의 반발력은 중심 원자 주위에서 각 전자군이 차지하는 공간을 최대로 만들 것이다. 그 결과 대부분의 분자와 다원자 이온에서 볼 수 있는 다섯 가지의 *전자군 배열*을 얻게 된다.

분자의 모양 분류 분자 혹은 이온의 전자군 배열과 분자 모양 사이 차이점을 구분할 수 있어야 한다.

- *전자군 배열*은 중심 원자를 둘러싸고 있는 결합 전자군(공유 전자쌍)과 비결합 전자군(고립 전자쌍)에 의해 결정된다.
- *분자의 모양*은 결합 전자군에 의해 연결된 핵들의 상대적 위치에 의해 결정된다.

*이중 결합의 두 개의 전자쌍(혹은 삼중 결합의 세 개의 전자쌍)은 각각 개별적인 오비탈을 차지하지만 서로 가깝게 있기 때문에 하나의 전자군으로 간주한다(11장 참조).

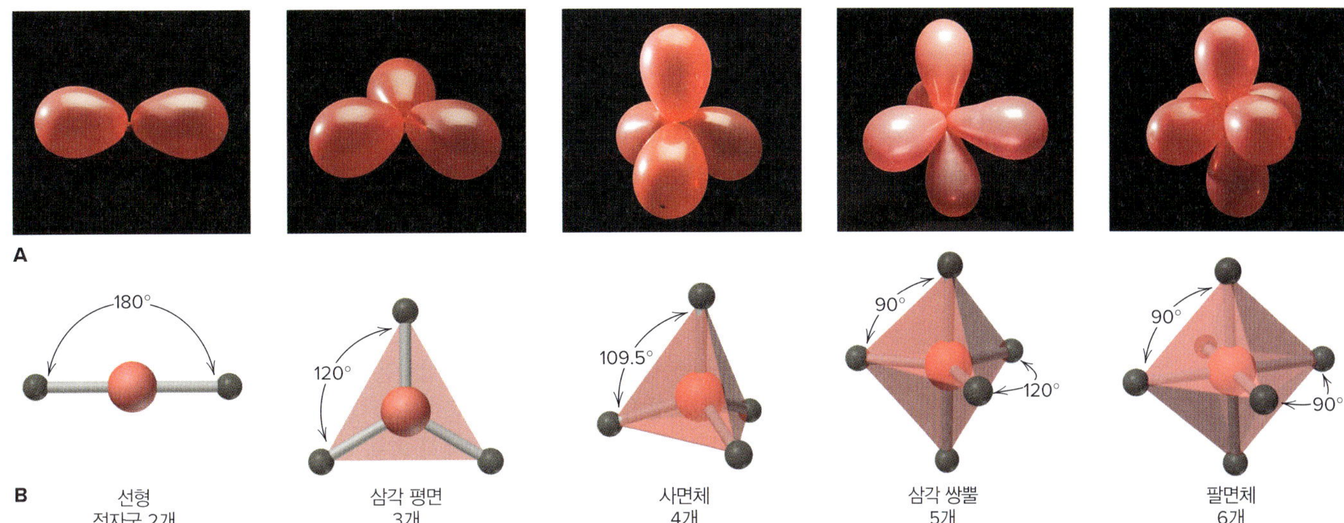

그림 10.2 **전자군 반발과 분자의 모양.** **A.** 각 풍선이 가능한 한 넓은 공간을 차지하려 할 때 관찰되는 5개의 기하학적 배향. **B.** 서로 반발하는 결합군(*회색 막대*)이 주위 원자(*진한 회색*)와 중심 원자(*붉은색*)를 연결한다. 이를 전자군 배열이라 한다.

Source: (A) Stephen Frisch/McGraw-Hill Education

그림 10.2B은 중심 원자 주위의 *모든* 전자군이 *결합* 전자군일 때 나타나는 분자의 모양을 보여준다. 일부가 *비결합* 전자군일 때에는 다른 분자 모양이 나타난다. 따라서 같은 *전자군 배열이라 할지라도 다른 분자 모양이 나타날 수 있다*. 결합 전자군만을 가진 분자들(그림 10.2B 참조)과 결합 전자군과 비결합 전자군을 함께 가진 분자들의 모양은 다르다. 분자의 모양을 나타내기 위해 AX_mE_n(m과 n은 정수) 표기법을 이용한다. 여기서,

- A는 중심 원자이다.
- X는 주위 원자이다.
- E는 비결합 원자가 전자군(대개 고립 전자쌍)이다.

결합각과 이상적인 결합각에서의 벗어남 중심 원자의 핵과 두 개의 주위 원자의 핵이 이루는 결합 사이의 각도를 **결합각**(bond angle)이라 한다. 그림 10.2B에서 나타낸 각 모양에 표시된 결합각은 해당 기하학적 모형만을 고려하여 결정한 *이상적인* 결합각이다. 이상적인 결합각은 모든 결합 전자군들이 동일하고 같은 원자들에 결합되어 있을 때 관찰된다(*아래*의 구조 I). 이러한 경우가 아니라면 실제 결합각은 이상적인 결합각으로부터 벗어나게 된다. 그러므로 이러한 편차는 결합들이 동일하지 않을 때(구조 II), 주위 원자가 같지 않을 때(구조 III), 한 개 혹은 그 이상의 전자군이 비공유 전자군일 때(구조 IV) 발생한다. 이 절에서 살펴본 화합물들을 예시로 논의한 편차들에 살펴보자.

두 전자군을 갖는 분자의 모양(선형 배열)

두 전자군이 중심 원자에 반대 방향으로 연결된 경우이다. 전자군의 **선형 배열**의 결과 분자는 결합각이 180°인 **선형 구조**(linear shape)를 갖는다. 그림 10.3에서 AX_2 VSEPR 모형 분류의 일반적인 형태(*위*)와 모양(*가운데*) 및 몇몇 선형 분자들의 화학식을 나타내었다.

기체 염화 베릴륨($BeCl_2$)은 선형 분자이다. 기체 Be 화합물에서 Be는 두 개의 전자쌍을 갖는 전자-결핍 상태임을 상기하자.

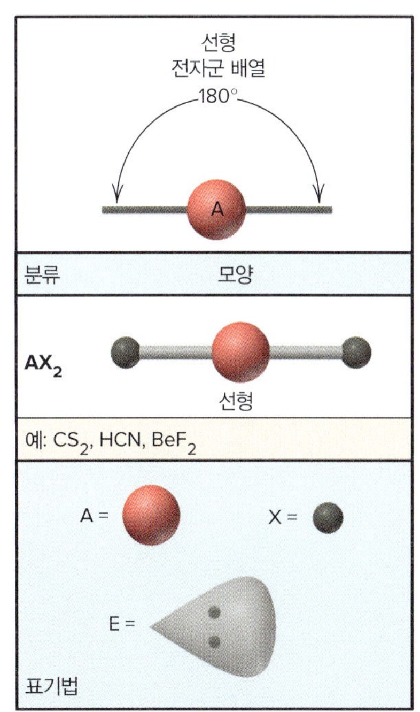

그림 10.3 **선형 전자군 배열의 분자 모양.** A, E, X의 표기(*아래*)를 그림 10.4, 10.5, 10.7, 10.8에서도 사용한다.

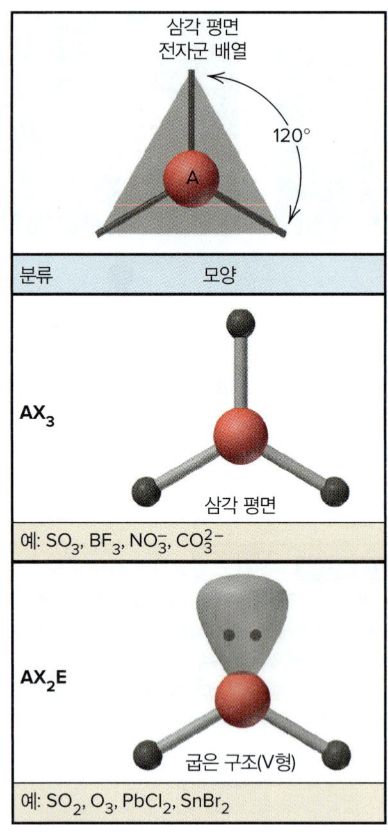

그림 10.4 삼각 평면 전자군 배열의 두 가지 분자 모양.

이산화 탄소의 경우 중심 C 원자는 O 원자와 두 개의 이중 결합을 형성한다.

각 이중 결합은 1개의 전자군으로 행동하며 180°의 결합각으로 서로 떨어져 있다. CO_2의 O 원자들과 $BeCl_2$의 Cl 원자가 가진 고립 전자쌍은 분자의 모양과 관계가 *없다*. 오직 중심 C와 Be 원자 주위의 두 개의 전자군만이 분자의 모양에 영향을 미친다.

세 전자군을 갖는 분자의 모양(삼각 평면 배열)

중심 원자 주위의 세 전자군이 정삼각형의 꼭지점을 향하면 **삼각 평면 배열**(trigonal planar arrangement)를 형성하며 이상적인 결합각은 120°이다(그림 10.4). 삼각 평면 배열로부터 2개의 분자 모양이 가능하다. 전자군이 모두 결합 전자군일 경우와 전자군 중 하나가 고립 전자쌍일 경우이다. 이 분자 모양에서 *고립 전자쌍과 이중 결합이 결합각에 미치는 영향*을 살펴보자.

1. *전자군이 모두 결합 전자군일 경우: 삼각 평면 구조(AX_3).* 전자-결핍 화학종인 삼플루오린화 붕소(BF_3)가 대표적인 삼각 평면 분자의 예이다. F 원자들과 세 개의 단일 결합을 형성하는 중심 B 원자 주위에는 6개의 전자가 있다. 4개의 핵은 같은 평면상에 놓이게 되고 F—B—F의 각은 120°이다.

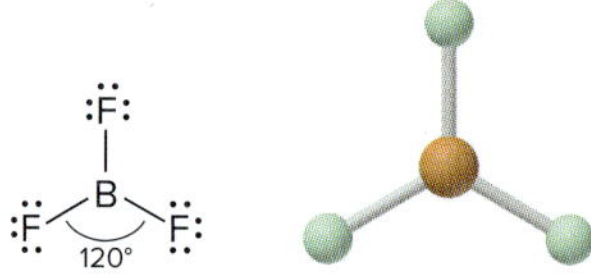

질산 이온(NO_3^-)은 삼각 평면 구조를 갖는 다원자 이온 중 하나이다. 세 개의 공명 구조 중 하나(예제 10.4)는 다음과 같다.

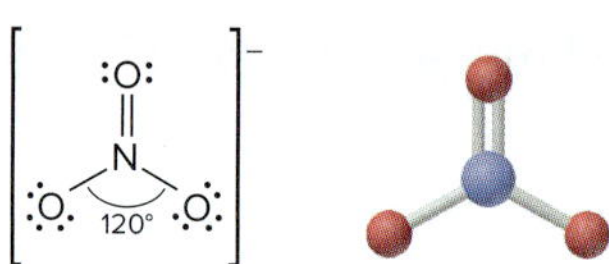

NO_3^-의 세 공명 구조 중 어느 것을 이용해도 같은 분자의 모양이 얻어진다. 앞에서 배웠듯이 질산 이온의 공명 혼성 구조는 결합 차수가 $1\frac{1}{3}$인 결합 세 개를 가지고 있기 때문에 이상적 결합각을 갖는다.

2. *전자군 중 하나가 고립 전자쌍일 경우: 굽은 혹은 V형 구조(AX_2E).* 기체 염화주석(II)은 BF_3와 비슷하게 세 개의 전자군이 삼각 평면 상에 배치되며 삼각형의 한 꼭지점에 고립 전자쌍이 위치한다. 그러므로 분자의 모양은 **굽은**(bent) 구조 혹은 **V형**(V-shaped)이다. 고립 전자쌍은 결합각에 큰 영향을 미친다. 고립 전자쌍은 단 하나의 핵에 속해 있기 때문에 공유 전자쌍에 비해 *더 넓은 공간을 차지*하므로 결합 전자쌍보다 반발력이 커진다. 일반적으로 *결합 전자쌍 사이 반발력보다 비공유 전자쌍과 결합 전자쌍 사이 반발력이 더 강해 결합 전자쌍 사이의 결합각을 감소시킨다.* $SnCl_2$의 경우 결합각은 95°로 이상적인 각인 120°보다 훨씬 작다.

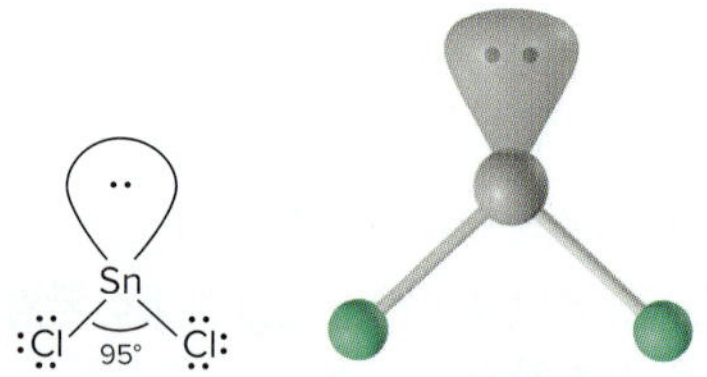

이중 결합이 결합각에 미치는 영향 주위 원자들과 전자군의 수가 동일하지 않을 때 결합각이 영향을 받을 수 있다. 폼알데하이드(CH_2O, 메탄올의 원료이기도 하며 주방용 조리

대 생산에 이용)를 예로 생각해 보자. 중심 C 주위로 모두 결합 전자군인 세 개의 전자군이 삼각 평면 구조로 배치된다. 그러나 두 종류의 주위 원자(O와 H)와 두 종류의 전자군(단일 결합과 이중 결합)이 있다.

120° 120° 116° 122°

이상적 구조 실제 구조

H—C—H의 실제 결합각은 이상적인 각인 120°보다 작다. *이는 이중 결합의 전자 밀도가 더 높아 단일 결합을 형성하는 전자들보다 더 강하게 반발하기 때문이다.*

네 전자군을 갖는 분자의 모양(정사면체 배열)

두 개 혹은 세 개의 전자군이 같은 평면에 배열되어 이루는 모양과 달리 네 개의 전자군의 경우 서로 최대한 멀리 떨어지기 위해 3차원 구조를 이루어야 한다. 메테인의 경우 Lewis 구조(*아래 왼쪽*)는 정사각형의 꼭짓점으로 네 개의 전자군이 결합을 형성하여 결합각이 90°가 되어야 할 것처럼 보인다. 그러나 *Lewis 구조는 분자의 모양을 나타내는 것이* **아니다**. 3차원에서 네 개의 전자군은 네 개의 같은 정삼각형 면을 가지는 다면체인 *정사면체*의 꼭짓점을 향하여 배치되며, 그 결과 형성된 결합각은 109.5°이다(그림 10.5).

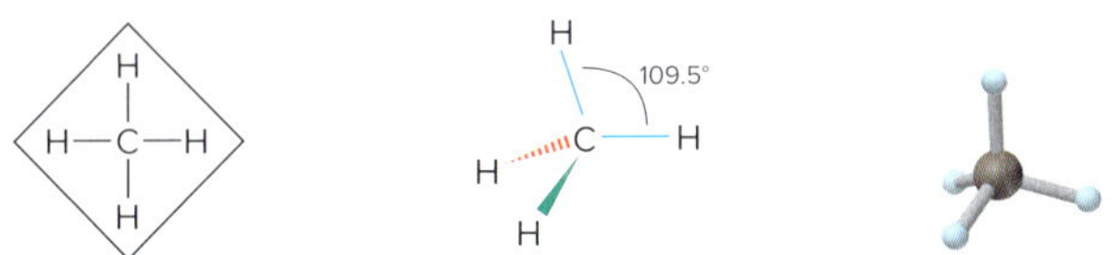

*원근법*으로 그린 메테인의 구조식(*위, 가운데*)에서 진한 실선과 점선은 지면을 기준으로 각각 앞쪽과 뒤쪽으로 나온 결합을 나타낸다. 일반 실선(*파란색*)은 지면상에 놓여 있는 결합이고 진한 실선(*녹색*)은 지면상의 C로부터 기준면 앞쪽의 H와 연결된 결합을 나타내고 점선(*빨간색*)은 지면상의 C로부터 기준면 뒤쪽의 H와 연결된 결합을 나타낸다. 공-막대 모형(*위, 오른쪽*)은 정사면체 구조를 더욱 명확하게 보여준다.

중심 원자 주위에 네 개의 전자군을 갖는 모든 분자나 이온은 **정사면체 배열**(tetrahedral arrangement)*을 갖는다*. 3가지 모양이 가능하다.

1. *전자군이 모두 결합 전자군일 경우: 정사면체 구조(AX_4).* 메테인은 유기 분자에서 가장 흔한 구조인 정사면체 구조를 갖는다. 예제 10.1에서 우리는 탄소 원자를 둘러싼 네 개의 할로젠 원자들의 상대적인 위치에 상관없이 CCl_2F_2의 Lewis 구조를 그렸다. Lewis 구조는 평면 상에 나타내는 것이기 때문에 두 개의 다른 Lewis 구조가 가능할 수 있을 것 같지만 두 구조 모두 그림 10.6에서 알 수 있듯이 같은 분자를 나타낸다.

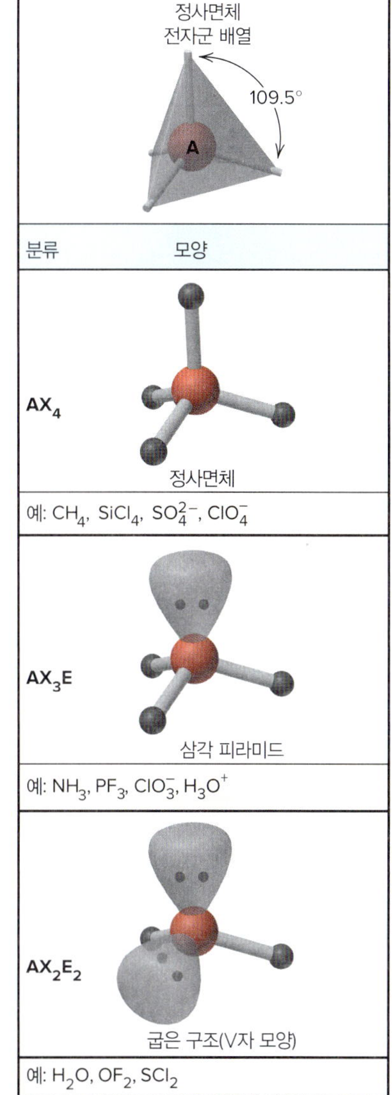

그림 10.5 정사면체 전자군 배열의 세 가지 분자 모양.

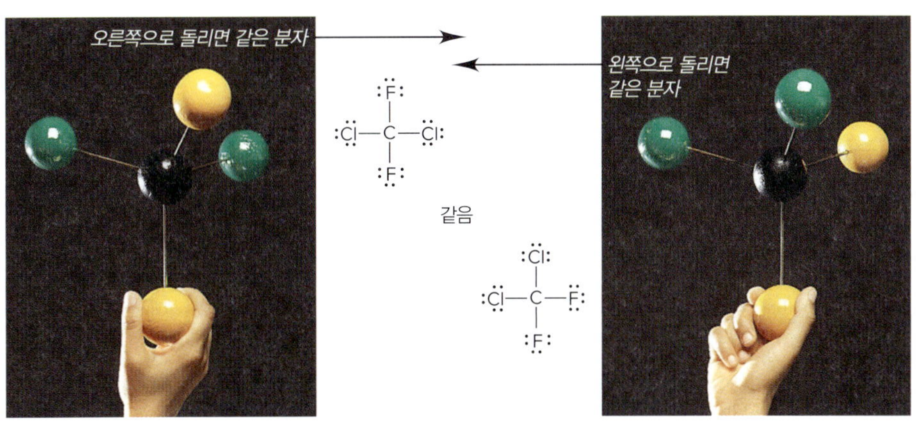

그림 10.6 Lewis 구조는 분자의 모양을 나타내지 않는다. 이 모형에서 Cl은 녹색, F는 노란색 공이다.

Source: Stephen Frisch/McGraw-Hill Education

2. *전자군 중 한 개가 고립 전자쌍일 경우: 삼각 피라미드 구조(AX_3E).* 암모니아(NH_3)는 정사면체에서 하나의 꼭짓점이 "없어진" **삼각 피라미드 구조**를 갖는 분자의 좋은 예이다. 정사면체의 이상적인 결합각은 109.5°이기 때문에 고립 전자쌍은 정사면체의 4개의 꼭지점 중 어느 꼭지점이라도 차지할 수 있다. 고립 전자쌍의 강한 반발이 H—N—H 결합각을 이상적인 109.5°보다 조금 작게 만든다. 고립 전자쌍은 N—H 결합들이 서로 가까워지도록 하여 결합각이 107.3°가 된다. NH_3의 Lewis 구조는 이미 10.1절을 시작할 때 살펴보았다.

분자의 모양을 그림으로 나타내는 것은 반응을 시각화하는 매우 좋은 방법이다. 예를 들어 암모니아가 산과 반응할 때 N의 고립 전자쌍은 H^+와 결합을 형성하여 정사면체 구조의 다원자 이온인 암모늄 이온(NH_4^+)를 형성한다. 고립 전자쌍이 결합 전자쌍으로 변화하면서 H—N—H 결합각은 107.3°에서 109.5°로 커진다. 10.1절에서 그려보았던 NF_3의 Lewis 구조 또한 삼각 피라미드 구조를 갖는다.

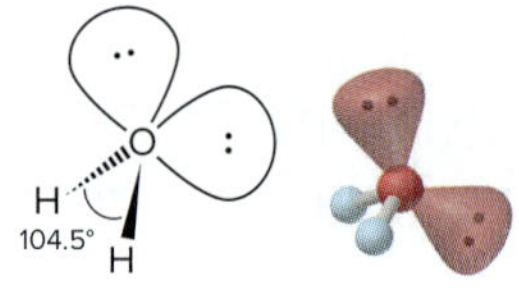

3. *전자군 중 둘이 고립 전자쌍일 경우: 굽은 혹은 V형 구조(AX_2E_2).* 물은 정사면체 배열을 갖는 가장 중요한 V형 분자이다. [삼각 평면 구조에서 V형 구조는 두 개의 결합 전자쌍과 *한 개의* 고립 전자쌍을 가지며(AX_2E), 이상적인 결합각은 109.5°가 아닌 120°임을 기억하자.] 정사면체의 두 개의 꼭지점을 차지하는 두 개의 고립 전자쌍으로부터 기인하는 반발력은 한 개의 고립 전자쌍보다 더 강하기 때문에 H—O—H 결합각은 NH_3의 H—N—H보다 작은 104.5°이다.

따라서 이와 비슷한 전자군 배열을 갖는 분자들에서는 전자-전자 반발 때문에 이상적인 결합각으로부터 다음의 크기 순서로 벗어남이 발생하게 된다.

고립 전자쌍–고립 전자쌍 > 고립 전자쌍–결합 전자쌍 > 결합 전자쌍–결합 전자쌍 **(10.2)**

다섯 전자군을 갖는 분자의 모양(삼각 쌍뿔 배열)

다섯 개나 여섯 개의 전자군을 지닌 모든 분자들은 3주기 혹은 그 이상 주기에 속한 중심 원자를 가지고 있는데, 이 중심 원자들이 원자가 껍질을 확장할 수 있는 빈 *d* 오비탈을 지니고 있기 때문이다.

전자군의 상대적 위치 서로 반발하는 다섯 개의 전자군은 **삼각 쌍뿔 배열**(trigonal bipyramidal arrangement)을 갖는다. 이 구조는 두 개의 삼각 피라미드가 바닥을 맞대고 붙어 있는 모양이다(그림 10.7). 이 구조는 *전자군들이 두 개의 다른 위치를 차지하여 두 가지의 이상적인 결합각을 형성하는* 유일한 경우이다.

- 중심 원자를 포함하는 삼각 평면에 세 개의 **적도 방향 전자군**(equatorial group)이 있고, 이 전자군들은 서로 120°의 결합각을 이루며 배치된다.
- 삼각 평면 위아래로 두 개의 **축 방향 전자군**(axial group)이 있으며, 적도 방향 전자군과 90°의 결합각을 이루며 배치된다.

두 가지 요인이 작용한다.

- 결합각이 클수록 반발력은 작다. 그러므로 *적도 방향 전자군-적도 방향 전자군(120°) 사이의 반발은 축 방향 전자군(90°)이 느끼는 반발보다 작다.*

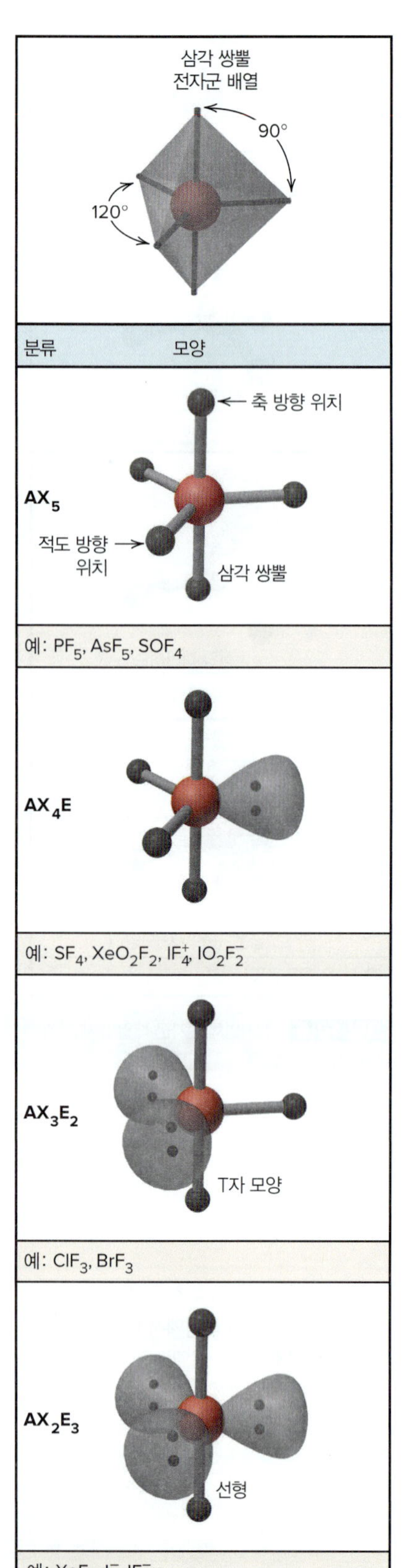

그림 10.7 삼각 쌍뿔 전자군 배열의 네 가지 분자 모양.

- 고립 전자쌍은 더 강하게 반발하므로 가능한 한 *고립 전자쌍은 적도 방향 전자군의 위치를 차지한다.*

삼각 쌍뿔 배열에 따른 분자의 모양 삼각 쌍뿔 배열에서 가능한 네 가지 구조 중 세 가지 구조가 고립 전자쌍이 적도 방향 전자군의 위치를 차지하여 축 방향 전자군-적도 방향 전자군 반발을 최소화하려는 경향 때문에 형성된다.

1. *전자군이 모두 결합 전자군일 경우: 삼각 쌍뿔 구조(AX_5).* 오염화 인(PCl_5)은 삼각 쌍뿔 구조를 갖는다. 다섯 개의 동일한 주위 원자 때문에 이상적인 결합각을 갖는다.

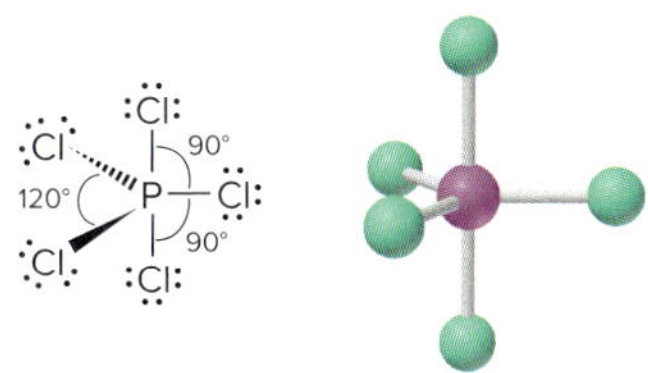

2. *전자군 중 하나가 고립 전자쌍일 경우: 시소 구조(AX_4E).* 강한 플루오린화 시약인 사플루오린화 황(SF_4)은 그림 10.7에서 나타낸 **시소 구조**(seesaw shape)을 갖는다. 이 구조는 *한 개의 고립 전자쌍이 적도 방향 위치를 차지*하여 반발을 최소화하는 첫 번째 예이다. 고립 전자쌍은 세 개의 적도방향 위치 중 어느 곳이라도 차지할 수 있으며 다른 네 개의 결합 전자쌍과 반발하여 결합각을 101.5°와 86.8°로 감소시킨다.

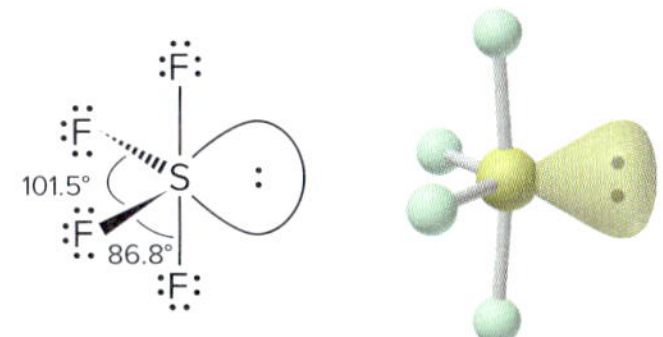

3. *전자군 중 둘이 고립 전자쌍일 경우: T자 구조(AX_3E_2).* 플루오린이 더 큰 할로젠에 결합한 형태의 많은 화합물 중 하나인 삼플루오린화 브로민(BrF_3)은 **T자 구조**(T shape)을 갖는다. 두 개의 고립 전자쌍이 적도 방향 위치를 차지하여 축 방향-적도 방향 결합각이 86.2°까지 크게 감소하는 것을 확인할 수 있다.

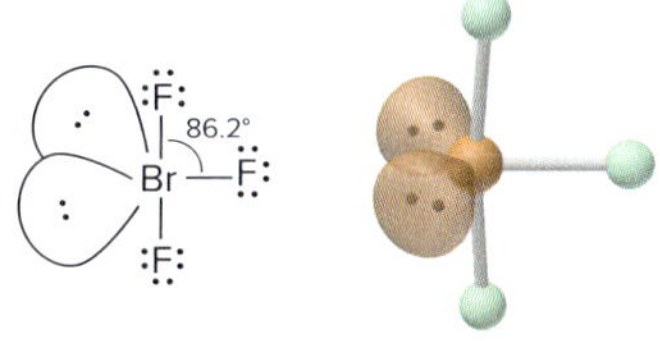

4. *전자군 중 셋이 고립 전자쌍일 경우: 선형 구조(AX_2E_3).* I_2을 I^- 수용액에 용해하였을 때 생성되는 삼아이오딘화 이온(I_3^-)은 선형 구조이다. 세 개의 고립 전자쌍이 적도 방향에 위치하고 두 개의 결합 전자쌍이 축 방향에 위치하여 세 개의 핵이 일직선을 이루고 X—A—X 결합각이 180°가 된다.

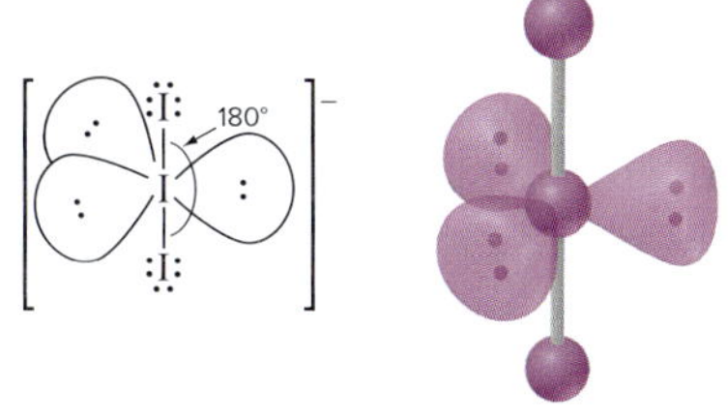

≫ 여섯 전자군을 갖는 분자의 모양(정팔면체 구조)

여섯 개의 전자군은 **정팔면체 배열**(octahedral arrangement)을 형성한다. *정팔면체*는 8개의 삼각형과 6개의 꼭짓점으로 이루어진다(그림 10.8). 여섯 개의 전자군은 각 꼭짓점에 배치되어 90°의 이상적인 결합각을 형성한다.

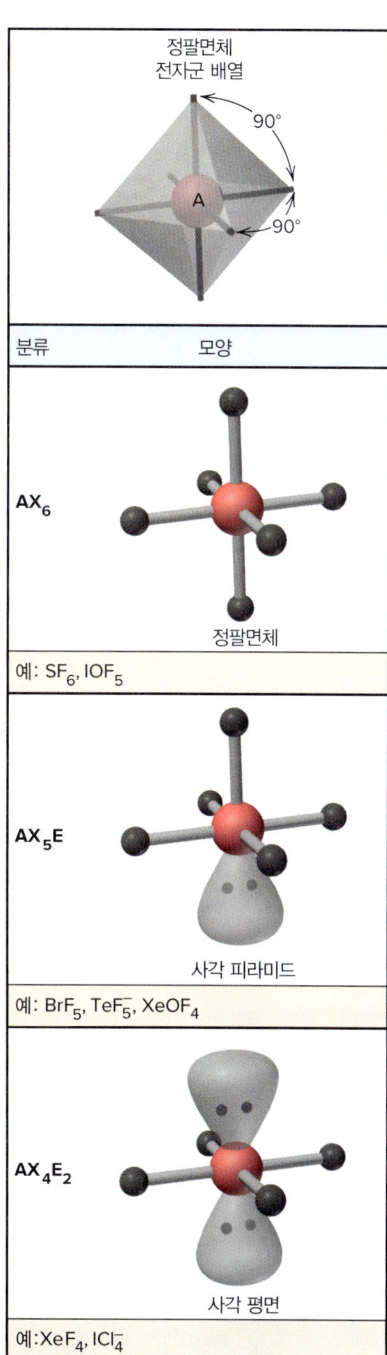

그림 10.8 정팔면체 전자군 배열의 세 가지 분자 구조.

1. *전자군이 모두 결합 전자군일 경우: 정팔면체 구조(AX_6).* 시소 구조의 SF_4가 F_2와 반응하면 중심 S 원자는 원자가 껍질을 확장하여 정팔면체 구조의 육플루오린화 황(SF_6)을 형성한다.

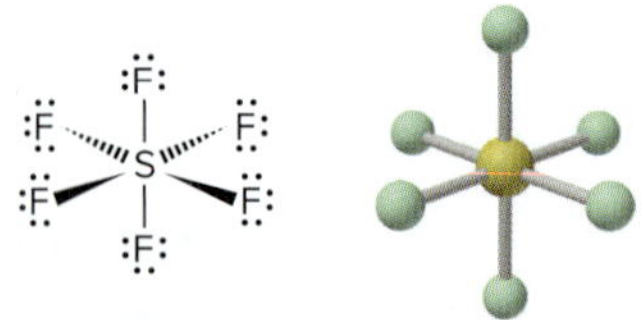

2. *전자군 중 하나가 고립 전자쌍일 경우: 사각 피라미드 구조(AX_5E).* 오플루오린화 아이오딘(IF_5)은 **사각 피라미드 구조**(square pyramidal shape)를 갖는다. 이 경우 모든 결합각이 90°이기 때문에 한 개의 고립 전자쌍이 어디에 위치하든 다 똑같다. 고립 전자쌍은 결합각을 81.9°로 감소시킨다.

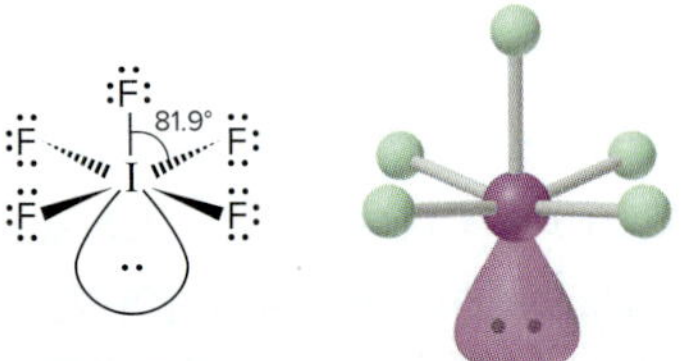

3. *전자군 중 둘이 고립 전자쌍일 경우: 사각 평면 구조(AX_4E_2).* 사플루오린화 제논(XeF_4)는 **사각 평면 구조**(square planar shape)을 갖는다. 고립 전자쌍들이 인접할 때 일어나는 강한 고립 전자쌍-고립 전자쌍 반발을 피하기 위해 고립 전자쌍들은 서로 *반대 방향*에 위치하게 된다: 각 고립 전자쌍은 반대 방향이지만 유사한 크기로 결합각을 줄이기 때문에 결합각은 90°가 된다.

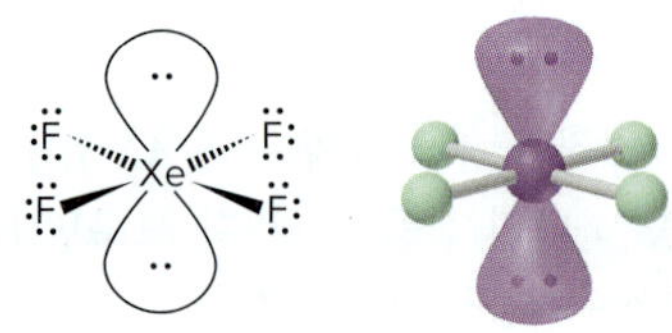

그림 10.9에서 다른 주기의 원소들이 취할 수 있는 구조를 나타내었다. 다음 쪽의 그림 10.10에서는 지금까지 논의한 모든 분자들의 모양을 정리하였다.

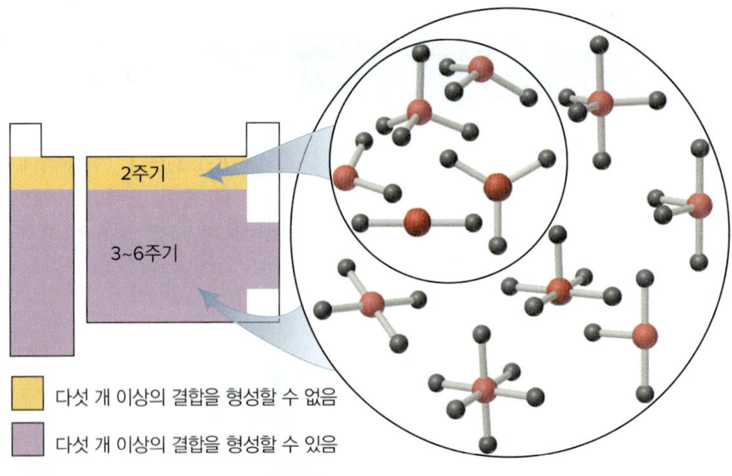

그림 10.9 중심 원자가 2주기 및 그 이상 주기의 원소인 분자의 모양.

VSEPR 이론을 이용한 분자의 모양 결정

VSEPR 이론을 단계적으로 적용하는 방법으로 분자식으로부터 분자의 모양을 결정해 보자(그림 10.11).

단계 1. 분자식으로부터 *Lewis 구조를 그리고*(그림 10.1) 원자의 상대적 위치와 중심 원자 주위의 전자군의 개수를 확인한다. Lewis 구조식은 2차원이므로 분자의 모양을 결정에 관한 고민은 아직 할 필요 없다.

전자군 배열
(전자군 개수)

분자 모양
(분류)

결합 전자군
개수

고립 전자쌍
개수

결합각

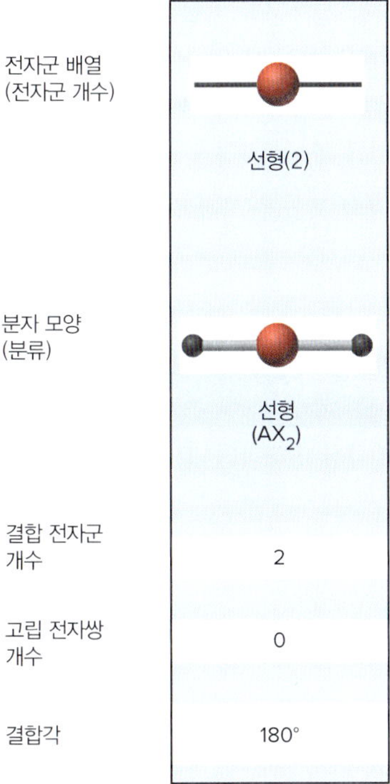

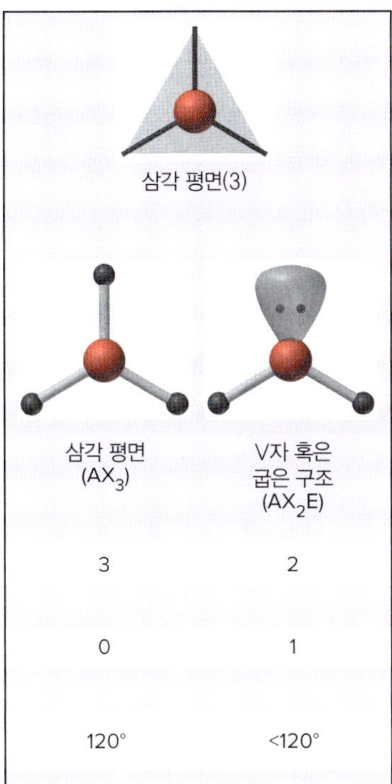

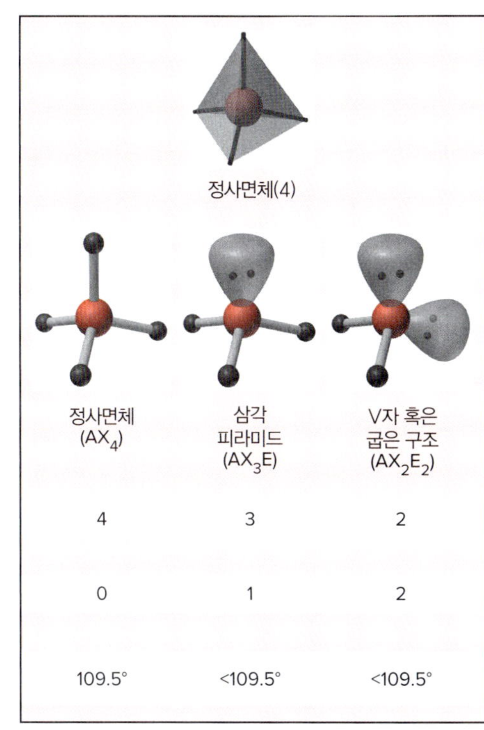

전자군 배열
(전자군 개수)

분자 모양
(분류)

결합 전자군
개수

고립 전자쌍
개수

결합각

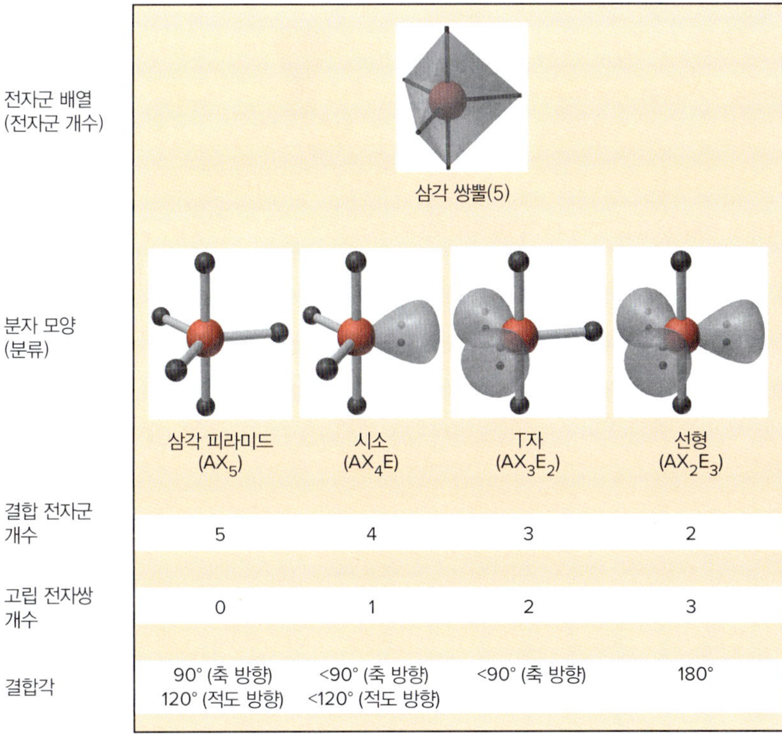

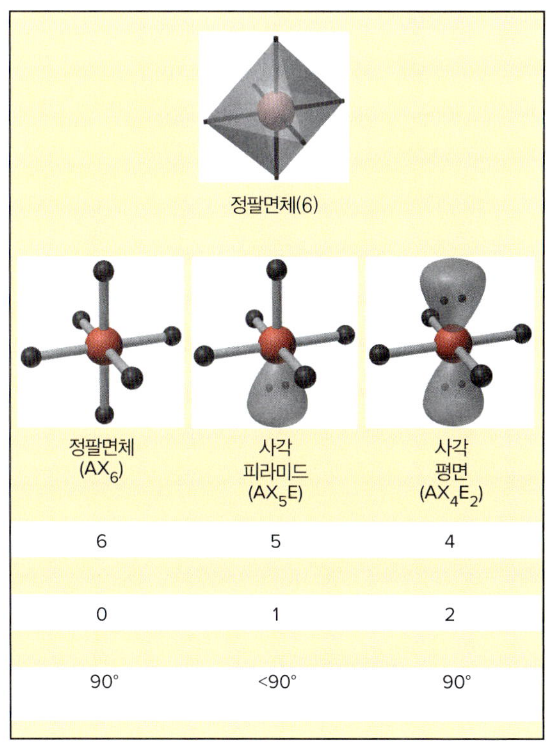

그림 10.10 중심 원자가 2~6개의 전자군을 갖는 분자의 일반적인 구조.

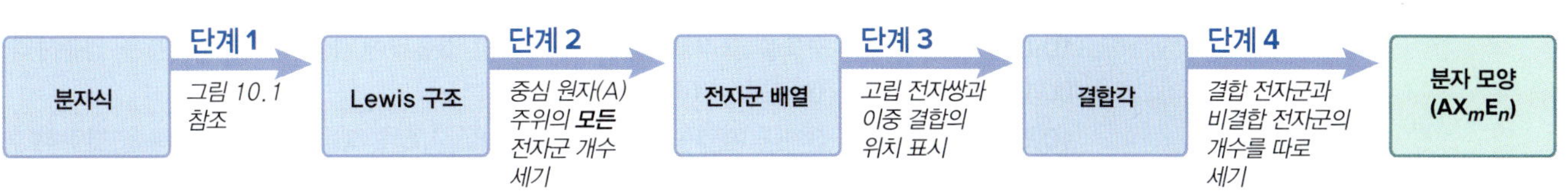

그림 10.11 분자식으로부터 분자의 구조를 결정하는 네 단계.

단계 2. 중심 원자 주위에 있는 모든 전자군의 개수(결합 전자군과 비결합 전자군 모두)를 세어 *다섯 가지 전자군 배열 중 하나를 선택한다*(그림 10.2).

단계 3. 전자군 배열로부터 *이상적인 결합각을 예측*하고 고립 전자쌍 혹은 이중 결합에 의해 발생하는 *이상적 결합각에서의 벗어남을 고려*한다.

단계 4. 결합 전자군과 비결합 전자군을 구별하여 *분자의 모양을 그리고 구조의 이름을 결정한다.*

위의 단계들을 적용하여 다음 두 예제를 풀어 보자.

예제 10.6 | 2~4개의 전자군을 갖는 분자의 구조 예측

문제 다음 분자의 모양을 그리고 결합각(이상적인 결합각에 대한 상대적인 값)을 예측하라. **(a)** PF_3 **(b)** $COCl_2$.

풀이 (a) PF_3

단계 1. 분자식으로부터 Lewis 구조를 그린다(*아래 참조*).

단계 2. 전자군 배열을 정한다. 세 개의 결합 전자군과 한 개의 고립 전자쌍으로 중심 P 주위에 전자군이 4개 있으므로 *정사면체 배열*이다.

단계 3. 결합각을 예측한다. 정사면체 배열의 이상적인 결합각은 109.5°이다. 고립 전자쌍이 한 개 있으므로 실제 결합각은 109.5°보다 작을 것이다.

단계 4. 분자의 구조를 그리고 이름을 결정한다. 한 개의 고립 전자쌍을 가진 PF_3의 구조는 삼각 피라미드 구조이다(AX_3E).

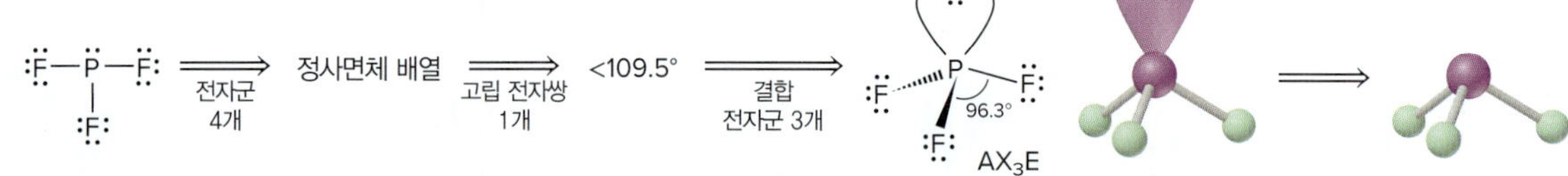

(b) $COCl_2$

단계 1. 분자식으로부터 Lewis 구조를 그린다(*아래 참조*).

단계 2. 전자군 배열을 정한다. 두 개의 단일 결합과 한 개의 이중 결합이 있기 때문에 중심 C를 세 개의 전자군이 둘러싸고 있어 *삼각 평면 배열*이다.

단계 3. 결합각을 예측한다. 삼각 평면 배열의 이상적인 결합각은 120°이다. 그러나 C와 O 사이에 이중 결합이 한 개 있으므로 Cl—C—Cl 결합각은 120°보다 작아진다.

단계 4. 분자의 구조를 그리고 이름을 결정한다. 세 개의 전자군을 가진 $COCl_2$의 구조는 삼각 평면 구조이다(AX_3).

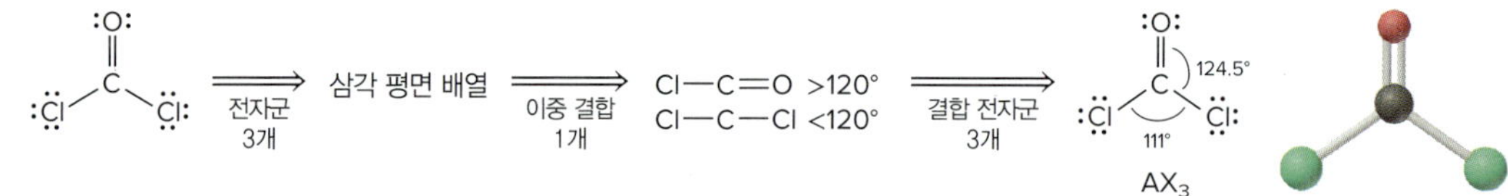

검산 그림 10.10과 풀이 및 답을 비교한다.

해설 Lewis 구조에 따라 다음 단계가 결정되기 때문에 Lewis 구조가 정확한지 반드시 확인한다. $COCl_2$의 경우 C에 고립 전자쌍이 없기 때문에 전자군 배열과 실제 분자의 구조가 일치하지만, PF_3의 경우 P에 고립 전자쌍이 있어 전자군 배열과 실제 분자의 구조가 다른 것에 주목하자.

▶ **보충 문제**

10.6A 다음 분자의 구조를 그리고 결합각(이상적인 결합각에 대한 상대적인 값)을 예측하라. **(a)** CS_2 **(b)** $PbCl_2$ **(c)** CBr_4 **(d)** SF_2.

10.6B 다음 분자의 전자군 배열을 결정한 후 분자의 구조를 그리고 구조의 이름을 결정하라. **(a)** BrO_2^- **(b)** AsH_3 **(c)** N_3^- **(d)** SeO_3.

유사 문제 10.34~10.37

예제 10.7 | 5~6개의 전자군을 갖는 분자의 구조 예측

문제 다음 분자의 구조를 그리고 결합각(이상적인 결합각에 대한 상대적인 값)을 예측하라.
(a) SbF_5 **(b)** BrF_5.

계획 적도 방향 전자군-축 방향 전자군 사이의 반발력을 최소화하면서 예제 10.6과 같은 방법을 이용한다.

풀이 (a) SbF_5.

단계 1. 분자식으로부터 Lewis 구조를 그린다(*아래 참조*).

단계 2. 전자군 배열: 다섯 개의 결합 전자군(다섯 개의 결합 전자쌍)이 있기 때문에 *삼각 쌍뿔* 배열이다.

단계 3. 결합각: 모든 전자군과 주위 원자들이 동일하므로 이상적인 결합각을 갖는다. 적도 방향 전자군들 사이는 120°이고, 축 방향 전자군과 적도 방향 전자군 사이는 90°이다.

단계 4. 분자의 모양: 고립 전자쌍을 가지지 않고 다섯 개의 전자군을 가지므로 삼각 쌍뿔 구조이다(AX_5).

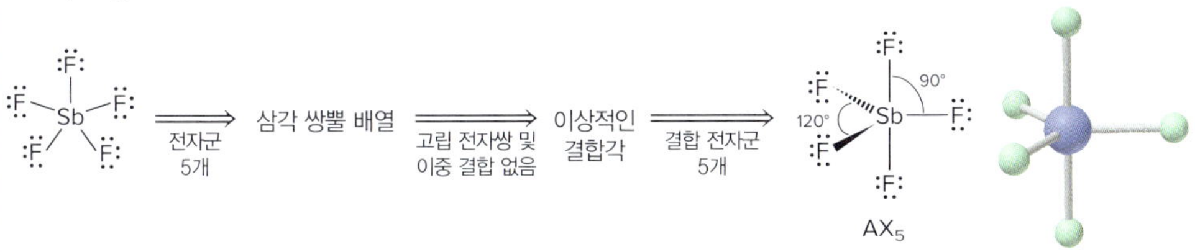

(b) BrF_5

단계 1. 분자식으로부터 Lewis 구조를 그린다(*아래 참조*).

단계 2. 전자군 배열: 여섯 개의 결합 전자군(다섯 개의 결합 전자쌍과 한 개의 고립 전자쌍)이 있기 때문에 *정팔면체* 배열이다.

단계 3. 결합각: 고립 전자쌍이 있으므로 모든 결합각은 이상적인 90°보다 작게 될 것이다.

단계 4. 분자의 모양: 한 개의 고립 전자쌍을 가지므로 BrF_5는 사각 피라미드 구조이다(AX_5E).

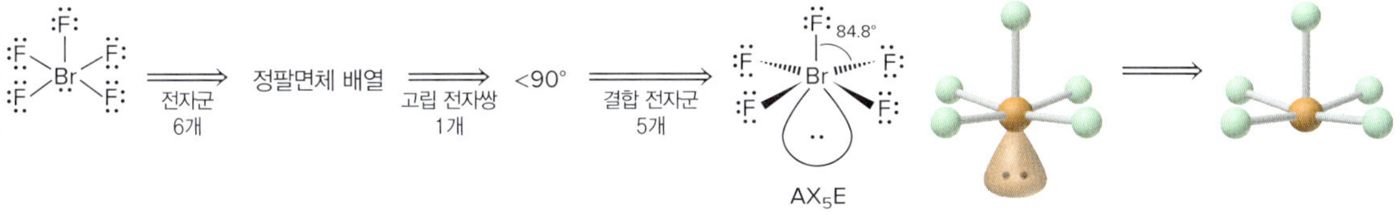

검산 그림 10.10과 풀이 및 답을 비교한다.

해설 22장에서 논의할 *배위 화합물*이라 부르는 중요한 물질들에서 선형, 정사면체, 사각 평면, 정팔면체 구조를 볼 수 있을 것이다.

▸ 보충 문제

10.7A 다음 분자의 구조를 그리고 결합각(이상적인 결합각에 대한 상대적인 값)을 예측하라.
(a) ICl_2^- **(b)** ClF_3 **(c)** SOF_4.

10.7B 다음 분자의 구조를 그리고 결합각(이상적인 결합각에 대한 상대적인 값)을 예측하라.
(a) BrF_4^- **(b)** ClF_4^+ **(c)** PCl_6^-.

유사 문제 10.40, 10.41

인터넷 핫스팟
분자의 모양과 결합각을 결정하는 것이 어렵게 느껴진다면, eBook에 접속하여 이 주제에 대한 추가 학습 동영상을 참고하자.

중심 원자가 두 개 이상인 분자의 모양 결정

두 개 이상의 중심 원자를 갖는 분자의 모양은 각 중심 원자의 구조를 합친 것과 같다. 두 개의 예를 살펴보자.

1. 에테인(CH_3CH_3, 분자식은 C_2H_6)은 천연 가스의 성분이다. 고립 전자쌍은 없으며 네 개의 결합 전자군이 두 개의 중심 원자를 둘러싸고 있어 두 개의 정사면체가 겹쳐져 있는 모양을 갖는다(그림 10.12A).
2. 에탄올(CH_3CH_2OH, 분자식은 C_2H_6O)는 맥주, 와인, 위스키의 취하게 하는 성분으로, 세 개의 중심 원자를 갖는다(그림 10.12B). —CH_3는 정사면체 구조를 가지며

그림 10.12 에테인(A)와 에탄올(B)의 중심 원자 주위의 정사면체 구조와 전체 구조.

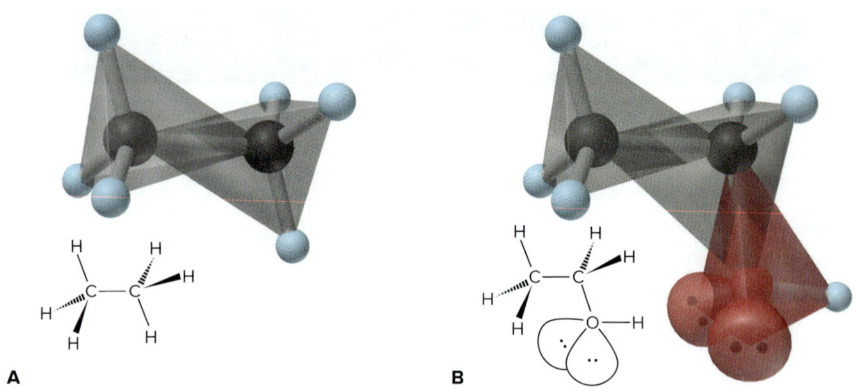

$—CH_2—$는 중심 C 원자를 네 개의 결합 전자군이 둘러싸므로 마찬가지로 정사면체 구조이다. O 원자는 두 개의 결합 전자군과 두 개의 고립 전자쌍이 둘러싸므로 —OH는 V자 구조이다(A_2X_2E).

예제 10.8 | 중심 원자가 두 개 이상인 분자의 구조 예측

문제 아세톤[$(CH_3)_2CO$]의 각 중심 원자 주위의 모양을 결정하라.

계획 세 개의 중심 원자 중 두 개는 $CH_3—$이다. 한 번에 한 개의 중심 원자 주위 모양을 결정하자.

풀이 *단계 1.* 분자식으로부터 Lewis 구조를 그린다(*아래 참조*).

단계 2. 전자군 배열: 각 $CH_3—$은 C 주위에 네 개의 결합 전자군이 있기 때문에 전자군 배열은 *정사면체*이다. 세 번째 C 원자는 세 개의 전자군을 주위에 가지므로 *삼각 평면 배열*이다.

단계 3. 결합각: $CH_3—$의 H—C—H 결합각은 이상적인 각인 109.5°에 가까운 값이어야 한다. C═O 이중 결합은 C—C—C 결합각을 이상적인 각인 120°보다 작게 감소시킬 것이다.

단계 4. 분자의 모양: 고립 전자쌍을 가지지 않고 네 개의 전자군을 가지므로 각 $CH_3—$의 C 주위 구조는 정사면체(AX_4)이다. 고립 전자쌍을 가지지 않고 세 개의 전자군을 가진 가운데 C의 주위 구조는 삼각 평면(AX_3)이다.

▶ 보충 문제

10.8A 다음 화합물에서 각 중심 원자 주위의 모양을 결정하고 결합각이 이상적인 결합각으로부터 어떻게 변하는지 예측하라. **(a)** H_2SO_4 **(b)** 프로파인(C_3H_4, C≡C 한 개 포함) **(c)** S_2F_2.

10.8B 다음 화합물에서 각 중심 원자 주위의 모양을 결정하고 결합각이 이상적인 결합각으로부터 어떻게 변하는지 예측하라. **(a)** CH_3NH_2 **(b)** C_2Cl_4 **(c)** $Cl_2O_7(O_3ClOClO_3)$.

유사 문제 10.42~10.45

10.2절 요약

- VSEPR 이론에 의하면 중심 원자 주위의 각 전자군(단일 결합, 다중 결합, 고립 전자쌍, 홀전자)은 가능한 한 서로 멀리 떨어져 있어야 한다.
- 중심 원자를 둘러싼 전자군이 2개, 3개, 4개, 5개, 6개일 경우 다섯 가지의 전자군 배열이 가능하다. 각 배열은 하나 혹은 그 이상의 분자 구조와 연관되어 있으며 결합 전자쌍과 고립 전자쌍의 개수에 따라 결정된다.
- 균형잡힌 기하학적 배열일 때 이상적인 결합각이 형성된다. 결합각은 주위의 원자나 전자군이 다를 경우 이상적인 값에서 벗어나게 된다.
- 고립 전자쌍과 이중 결합은 단일 결합에 비해 다른 전자군들에 대한 반발력이 더 크다.
- 큰 분자는 각 중심 원자 주위의 모양을 합친 구조를 갖는다.

10.3 분자의 모양과 분자의 극성

분자의 모양을 아는 것은 물질의 물리적/화학적 거동을 이해하는 데 매우 중요하다. 분자의 모양이 광범위한 영향을 미치는 것들 중 하나는 분자의 극성인데, 이것이 녹는점과 끓는점, 용해도, 반응성, 심지어 생물학적 기능까지 영향을 미친다.

9장에서 논의하였던 내용을 다시 생각해보자. 원자들의 전기 음성도가 다르면 공유 결합은 *극성을 나타내고*, 따라서 전자를 불균등하게 공유한다. HF와 같은 이원자 분자에서는 하나 밖에 없는 결합이 극성을 띠므로 분자도 극성을 갖는다. *거대한 분자에서는 모양과 결합 극성 모두* 분자 전체에 걸친 전하의 불균등한 분포, 즉 **분자의 극성**(molecular polarity)을 *결정한다*. 극성 분자는 전기장 안에서 분자의 부분 전하를 띤 끝이 반대로 대전된 판을 향하도록 배향된다(그림 10.13). **쌍극자 모멘트**(dipole moment, **μ**)는 분자 극성의 척도이며, *debye* (D)라는 단위를 사용한다.* 이 단위는 SI 단위인 전하(coulomb, C)과 길이(m)에서 유도된 것으로, 1 D = 3.34×10^{-30} C·m이다.

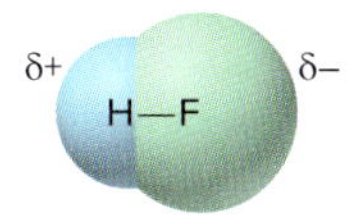

HF의
공간 채움 모형

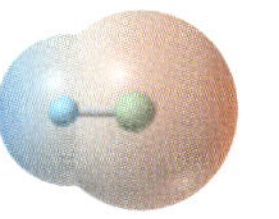
HF의
전자 밀도 모형

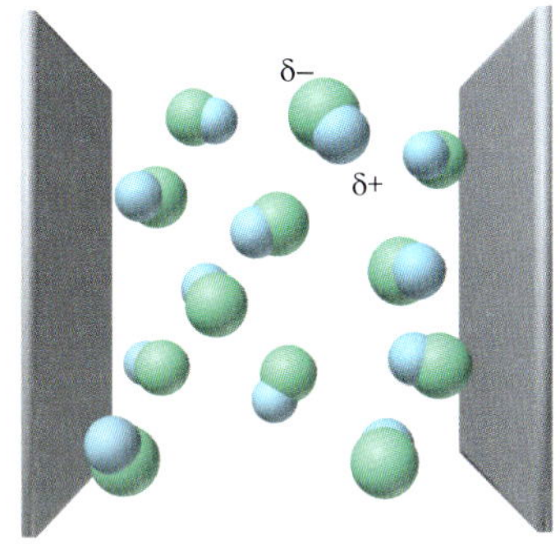

전기장 없음: *HF 분자들은 불규칙하게 배향한다.*

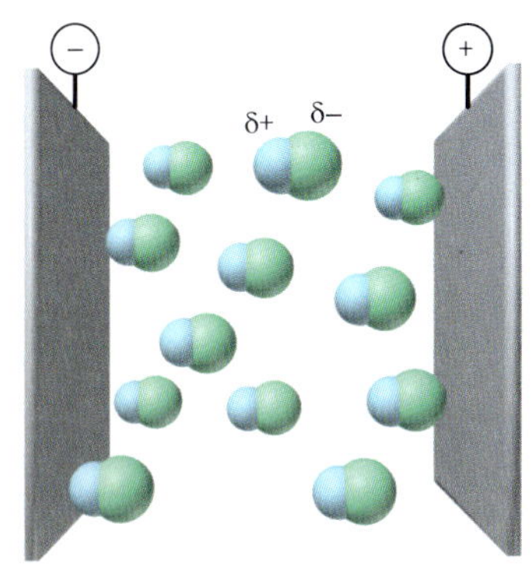

전기장 있음: *HF 분자들은 분자 끝의 부분 전하가 반대 전하를 띠는 전극 쪽을 향하게 배향한다.*

그림 10.13 전기장 안에서 극성 분자들의 배향.

결합 극성, 결합각, 쌍극자 모멘트

극성 결합을 가진 *모든* 분자들이 극성을 갖는 것은 아니다. 중심 원자를 둘러싼 원자들과 분자의 모양을 고려해야 한다. 세 가지 경우를 생각해 보자.

1. *CO_2: 극성 결합, 비극성 분자.* 이산화 탄소에서 C(EN = 2.5)와 O(EN = 3.5)의 전기 음성도 차이 때문에 전자 밀도가 C에서 O로 이동하여 각 C═O 결합은 *극성이다*. 그러나 CO_2는 선형 분자이기 때문에 C═O 결합은 서로 180°의 결합각으로 배치된다. 두 결합의 극성의 크기가 같고 방향이 반대이기 때문에 극성이 서로 상쇄되어 *전체 쌍극자 모멘트는 존재하지 않는다*(μ = 0 D). 이는 마치 +1과 −1의 합이 0인 것과 같다. 전자 밀도 모형을 통해 양전하 밀도가 높은 지역(*파란색*)을 중심으로 양쪽으로 음전하 밀도가 높은 지역(*붉은색*)이 동일하게 분포하는 것을 알 수 있다.

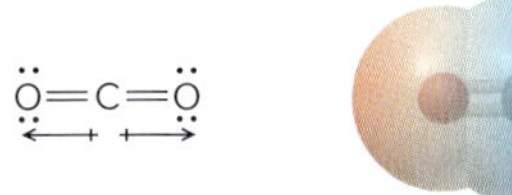

일반적으로 극성 결합을 지닌 AX_mE_n 분자가 중심 원자 주위에 같은 원자가 대칭으로 둘러싸고 있고 있으면 총 쌍극자 모멘트는 0(비극성)이다. 이는 전자군이 배열된 꼭지점들이 모두 원자에 의해 차지되었고 중심 원자는 고립 전자쌍을 갖지 않는 경우이다.

2. *H_2O: 극성 결합, 극성 분자.* 물은 두 개의 극성 결합을 가지며 *극성이다*(μ = 1.85 D). 각 O—H 결합에서 전자 밀도는 H (EN = 2.1)에서 O (EN = 3.5)로 이동한다. 분자의 모양이 V자 구조이기 때문에(그림 4.1 참조) 결합 극성은 서로 상쇄되지 *않는다*. 두 결합의 극성들이 부분적으로 증진되어 O 말단을 부분 음전하로, 다른 반대쪽(H 원자들의 사이 지역)을 부분 양전하로 만든다.

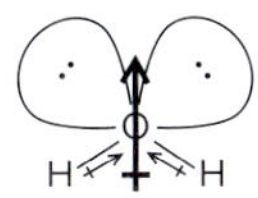

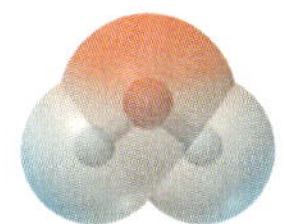

일반적으로 전자군 배열에서 적어도 하나의 꼭지점을 고립 전자쌍이 차지할 경우 극성 결합을 지닌 AX_mE_n 분자는 쌍극자 모멘트를 갖는다(극성). 이에 대한 예외는 선형(AX_2E_3) 구조와 평면사각형(AX_4E_2) 구조이다.

*이 단위는 네덜란드계 미국인 과학자인 Peter Debye (1884~1966)의 이름으로 명명되었다. Peter Debye는 분자의 구조와 용액 상 거동 분야의 발전에 큰 기여를 하여 1936년 노벨 화학상을 수상하였다.

인터넷 핫스팟

분자의 극성을 결정하는 것이 어렵게 느껴진다면, eBook에 접속하여 이 주제에 대한 추가 학습 동영상을 참고하자.

3. *같은 모양, 다른 극성.* 다른 분자가 같은 모양일 때, 주위 원자의 종류에 의해 극성이 결정된다. 사염화 탄소(CCl_4)와 클로로폼($CHCl_3$)은 사면체 구조를 가지지만 극성은 전혀 다르다. CCl_4에서 모든 주위 원자는 Cl이다. 각 C—Cl 결합은 모두 동일한 극성을 갖지만($\Delta EN = 0.5$) 결합 극성이 서로 상쇄되기 때문에 분자는 비극성이다($\mu = 0$ D). $CHCl_3$은 CCl_4에서 H가 Cl 한 개를 대체한 구조이다. H—C 결합의 극성은 세 개의 C—Cl 결합($\Delta EN = 0.4$)의 극성과 비교할 때 크기와 방향이 모두 다르기 때문에 대칭성이 사라져 $CHCl_3$은 상당한 쌍극자 모멘트를 갖게 된다($\mu = 1.01$ D).

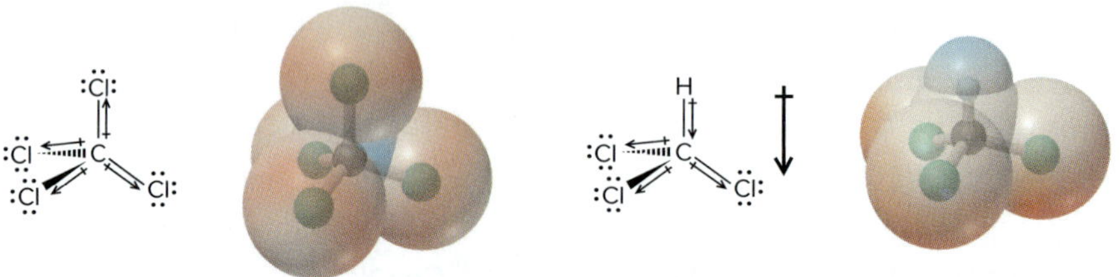

예제 10.9 | 분자의 극성 예측

문제 전기 음성도(EN)와 주기성(그림 9.20)을 이용하여 결합 극성을 예측하고, 극성이라면 분자 극성의 방향을 예측하라. **(a)** 암모니아(NH_3) **(b)** 삼플루오린화 붕소(BF_3) **(c)** 황화 카보닐(COS, 원자들의 결합 순서는 SCO).

계획 분자의 구조를 먼저 정한 후 각 결합에 대해 극성 화살표를 높은 EN의 원자를 향하도록 배치한다. 만약 결합 극성이 대칭이라면 분자는 비극성이다. 분자 극성을 모두 합하여 극성이 강해진다면 분자 극성의 방향을 표시한다.

풀이 **(a)** NH_3. 분자의 모양은 삼각 피라미드이다. N(EN = 3.0)이 H(EN = 2.1)보다 전기 음성도가 크기 때문에 결합 극성은 N을 향하도록 표시한다. 각 쌍극자 모멘트가 합해져 분자의 극성은 N을 향하게 된다.

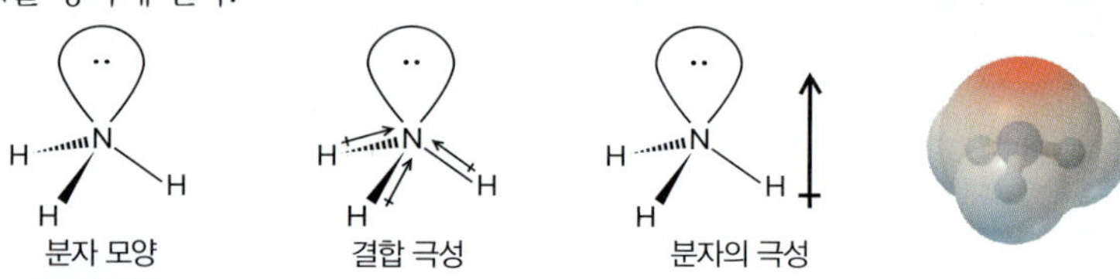

따라서 암모니아는 극성이다.

(b) BF_3. 분자 모양은 삼각 평면 구조이다. F(EN = 4.0)는 2주기에서 B(EN = 2.0)보다 훨씬 우측에 위치하기 때문에 높은 전기 음성도를 가지며, 따라서 각 결합의 극성은 F를 향한다. 그러나 결합각이 120°이므로 세 개의 결합의 극성이 서로 대칭으로 상쇄되어 분자의 극성은 없다.

따라서 삼플루오린화 붕소는 비극성이다.

(c) COS. 분자 모양은 선형 구조이다. C와 S는 같은 EN을 갖기 때문에 C=S 결합은 비극성이다. 그러나 C=O 결합은 극성($\Delta EN = 1.0$)이기 때문에 전체 결합 극성은 O를 향한다.

따라서 황화 카보닐은 극성이다.

검산 전자 밀도 모형으로 풀이를 확인한다. **(b)**에서 음전하 지역(*붉은색*)이 중심 B(*푸른색*)을 대칭으로 둘러싸고 있다.

▶ 보충 문제

10.9A 다음 분자의 결합의 극성과 분자의 극성을 예측하라. **(a)** 다이클로로메테인(CH_2Cl_2) **(b)** 오플루오린화 산화 아이오딘(IOF_5) **(c)** 오플루오린화 아이오딘(IF_5).

10.9B 다음 분자의 결합의 극성과 분자의 극성을 예측하라. **(a)** 사플루오린화 제논(XeF_4) **(b)** 삼플루오린화 염소(ClF_3) **(c)** 사플루오린화 일산화 황(SOF_4).

유사 문제 10.55~10.58

분자의 극성이 분자의 성질에 미치는 영향

앞에서 분자의 극성이 물리적 성질에 영향을 미친다고 언급하였다. 쌍극자 모멘트와 같은 분자의 성질이 끓는점과 같은 거시적 성질에 어떤 영향을 끼치는지 살펴보도록 하자.

아래에 나타낸 두 가지 다이클로로에틸렌을 생각해 보자. 두 분자 구조는 *같은* 분자식($C_2H_2Cl_2$)을 갖지만 *다른* 물리적/화학적 성질을 보이는 이성질체이다(3.2절). 두 분자 모두 각 C를 중심으로 삼각 평면 구조를 갖는 평면형이다. *트랜스*(*trans*) 이성질체는 두 개의 Cl 원자가 이중 결합을 기준으로 서로 반대편에 위치한 구조로 비극성($\mu = 0$ D)이다. 이는 극성 C—Cl 결합이 서로 대칭으로 균형 잡혀 있기 때문이다. *시스*(*cis*) 이성질체는 두 개의 Cl 원자가 이중 결합을 기준으로 같은 쪽에 위치한 구조로 극성($\mu = 1.90$ D)이다. 결합의 극성이 서로 더해져 결합의 극성이 강해지기 때문에 분자의 극성은 두 개의 Cl 원자들 사이를 향하게 된다.

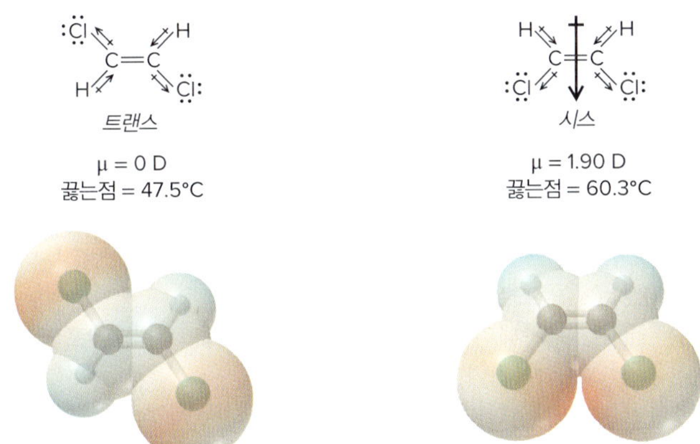

액체는 대기압을 이기고 기포를 형성할 때 끓는다. 기포를 형성하려면 액체 내의 분자들은 분자들 *사이의* 약한 인력을 극복해야만 한다. 분자의 극성 때문에 *시스* 분자의 경우 *트랜스* 분자보다 더 강하게 서로를 끌어당긴다. 더 강한 인력을 극복하기 위해 더 많은 에너지가 필요하기 때문에 *시스* 이성질체가 더 높은 끓는점을 가질 것으로 예측할 수 있다. 실제로 *시스*-1,2-다이클로로에틸렌의 끓는점은 *트랜스*-1,2-다이클로로에틸렌보다 13°C 만큼 높다.

그림 10.14에 원자의 성질이 물질의 성질에 미치는 영향에 대한 사슬 관계를 나타내었다. 우리는 이 관계를 12장에서 더 확장하여 논의할 것이며, 이어지는 **감각 생리학과 화학** 이야기를 통해 분자의 모양과 극성의 생물학적 영향에 대해 살펴볼 것이다.

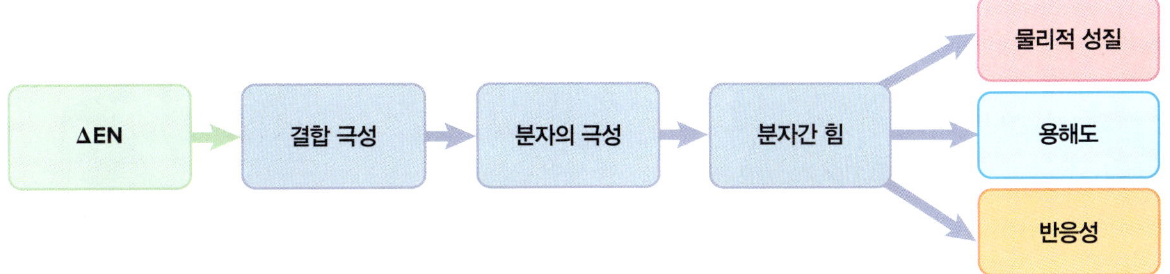

그림 10.14 원자의 성질이 거시적 성질에 미치는 영향.

분자 구조, 수용체 그리고 후각

생체 세포는 여러 가지 구조를 갖는 많은 분자들을 포함한 수용액 유체가 세포막으로 이루어진 가방 안에 채워져 있는 것으로 생각할 수 있다. 분자 "열쇠"가 분자 "자물쇠"에 상보적 모양으로 맞으면 수많은 복잡한 과정이 시작된다. 보통 열쇠는 세포액 혹은 다른 체액에 있는 작은 분자들이고, 자물쇠는 세포막에 박혀 있는 *수용체*라 부르는 커다란 분자이다. *수용체 자리*는 수용체에서 분자 열쇠와 일치하는 모양이 있는 작은 영역이다. 이 수용체 자리에 초당 수천 개의 분자들이 충돌하지만, 모양이 맞는 분자가 충돌할 때 수용체 자리는 이 분자를 분자간 인력으로 "붙잡으며", 생체 반응이 시작된다.

분자의 모양과 후각

분자의 모양이 서로 맞는 것은 후각의 메커니즘에서 결정적인 역할을 한다. 냄새가 나려면 물질은 반드시 기체, 휘발성이 있는 액체/고체이어야 하고 비관 내의 얇은 수막에 조금이라도 용해되어야 한다. 그리고 냄새를 일으키는 분자 전체 혹은 일부가 이 구역 내 신경의 말단에 있는 수용체 자리들 중 한 개와 맞아야 한다. 분자가 수용체 자리에 모양이 맞아 붙었을 때 신경의 자극은 뇌로 전달되어 특정 냄새로 해석된다.

반세기 전에 분자의 조성이 *아닌* 분자의 모양(과 때로는 극성)이 냄새를 결정한다는 새로운 이론이 제안되었다. 이 이론에 따르면 7가지 향(장뇌향, 사향, 꽃향, 민트향, 에터향, 찌르듯 하는 자극적인 향, 썩은 향)을 나게 하는 각 분자들은 특정 모양을 갖는 자극체 자리에 딱 맞는다. 그림 B10.1에 해당 향을 나타내는 분자를 붙잡는 7개의 자리 중 세 가지를 나타내었다.

이 이론이 예측한 여러 가설들은 사실로 증명되었다.

- 특정 수용체에 잘 맞는 다른 물질들이 같은 향을 낸다. 그림 B10.2에 나방 퇴치제 냄새와 비슷한 장뇌향에 맞는 수용체에 잘 맞는 네 가지 분자를 나타내었다.
- 분자의 다른 부분이 다른 수용체와 모양이 맞아 붙게 되면 섞인 향을 인지하게 된다. Benzaldehyde는 장뇌향, 꽃향, 민트향 수용체와 부합하여 아몬드 향을 낸다. 같은 향을 내는 다른 분자들도 마찬가지의 세 가지 수용체와 부합한다.

그러나 그 외의 다른 예측들은 옳은 것으로 확인되지 못하였다. 예를 들어, 몇몇 분자들의 경우 모양으로부터 예측한 냄새와는 다른 냄새가 확인되었다. 이는 용액 상의 분자들의 구조는 수용체와 맞지만 기체상의 분자 구조는 잘 맞지 않을 수 있기 때문이다.

1990년대 이후의 여러 연구들을 통해 화학자들은 이 이론의 초기 모형이 너무 단순하다는 것을 알게 되었다. 2004년에 Richard Axel과 Linda B. Buck은 노벨 생리의학상을 수상하였다. 사람이 구별할 수 있는 10,000가지 이상의 냄새는 1000개의 수용체와 분자들이 다양한 조합으로 상호 작용한 결과라는 것을 보인 공로였다.

그러므로 후각 과정이 초기에 생각했던 것보다 훨씬 더 복잡하였지만 분자의 모양에 따라 결정된다는 것은 여전히 핵심 아이디어이며, 지속적으로 식품, 화장품 및 살충제 산업에서 활발하게 연구되고 있다.

분자 모양의 생물학적 중요성

셀 수 없을 정도로 많은 예들은 생체에서 분자의 모양보다 더 중요한 화학적 성질은 없다는 것을 보여준다. 지금부터 분자가 수용체 자리에 맞아 들어가면서 조절되는 다양한 생화학적 과정들의 예를 알아보자.

- 효소는 세포 내 반응물과 결합하여 특정 반응의 속도를 빠르게 해주는 단백질이다. 반응물 분자가 효소의 활성 자리에 맞아 들어가면 반응이 시작된다.
- 한 신경으로부터 방출된 작은 분자가 다음 신경의 수용체에 적절하게 달라붙었을 때 신경 자극이 전달된다. 향정신성 약물은 뇌의 신경 수용체에 특정 분자가 모양에 맞게 붙는 과정을 화학적으로 모사함으로써 작용한다.
- 박테리아 표면의 분자가 혈류 내 "킬러" 세포의 수용체에 붙잡힐 때 면역 작용이 시작된다.
- 호르몬은 타겟 조직 혹은 장기의 특정 수용체에 붙어 활성화되어 여러 과정을 제어한다.
- 유전자는 특정 핵산 분자가 다른 유전자의 특정 부분과 상호작용, 결합하여 기능한다.

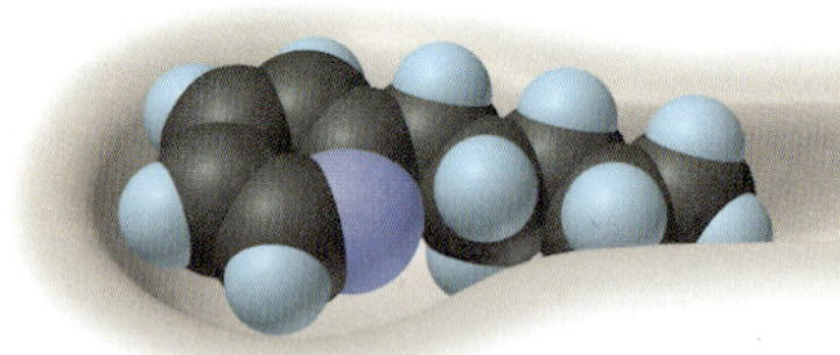
꽃향

장뇌향

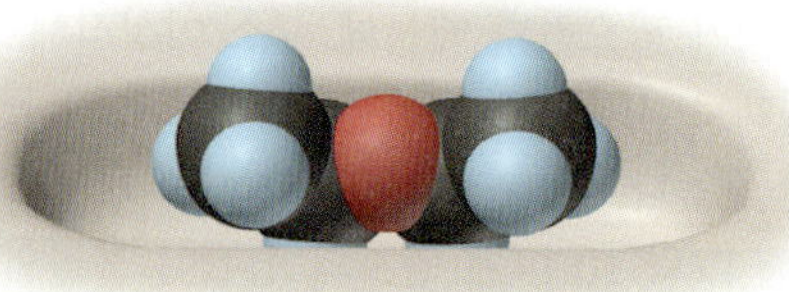
에테향

그림 B10.1 몇 가지 후각 수용체 자리의 모양.

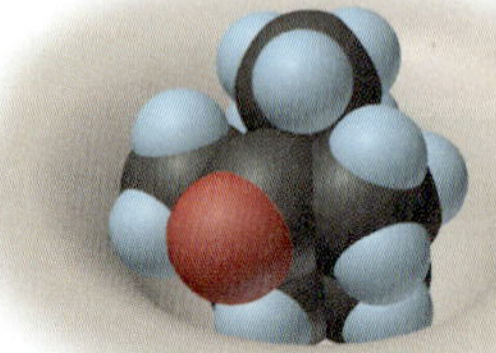
장뇌

황화 인산

싸이오인산 이염화 에틸아마이드 (Thiophosphoric acid dichloride ethylamide)

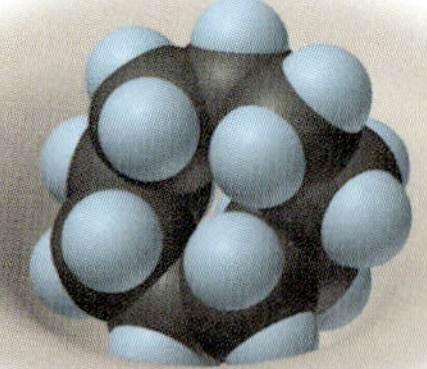
사이클로옥테인

그림 B10.2 같은 향이 나는 다른 분자들.

문제

B10.1 단일 결합으로 이루어진 구조는 결합을 중심으로 자유롭게 회전할 수 있지만, 이중 결합의 경우에는 불가능하다. 이는 11장에서 다룰 것이다. 펩타이드 결합은 단백질 사슬을 구성하는 주요 요소이다. 펩타이드 결합이 가질 수 있는 두 가지 공명 구조에서 중심 C와 중심 N 원자 주위의 분자의 모양을 결정하라.

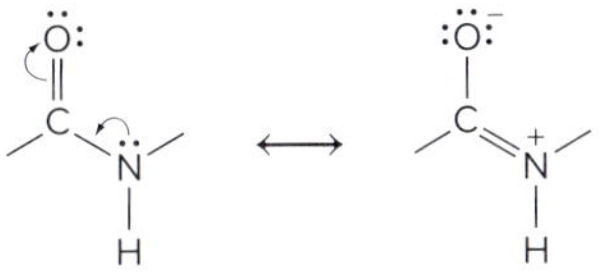

B10.2 페요테 선인장에서 발견되는 환각을 유발하는 화합물인 메스컬린(mescaline)과 포유류 뇌 내의 신경 전달 물질인 도파민(dopamine)의 Lewis 구조는 다음과 같다. 메스컬린이 신경 전달을 혼란스럽게 만드는 이유를 제시하라.

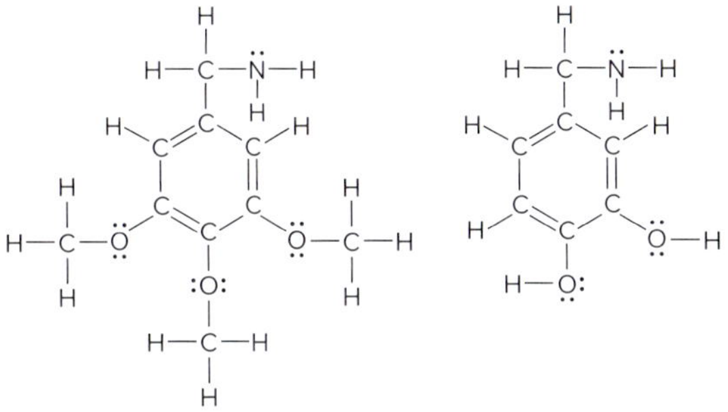

메스컬린

도파민

› 10.3절 요약

- 결합 극성과 분자의 모양은 분자의 극성을 결정하며 그 크기를 쌍극자 모멘트로 나타낸다.
- 극성 결합을 갖는 분자가 반드시 극성 분자는 아니다. 결합 극성이 서로 상쇄되면 분자는 비극성이며 결합 극성이 합쳐져 극성을 강화하면 분자는 극성이다.
- 분자의 모양과 극성은 끓는점과 같은 물리적 성질에 영향을 미칠 수 있으며 생물학적 기능에서 핵심적인 역할을 한다.

개념 정리와 복습 _Chapter Review Guide

학습 목표 _Learning Objectives

* 괄호 안은 관련된 절(§)과 예제(SP) 번호

주요 개념

1. Lewis 구조가 분자 혹은 다원자 이온을 구성하는 원자, 결합 전자쌍, 고립 전자쌍을 어떻게 나타내는지 이해한다(§10.1).
2. 공명과 전자 비편재화의 개념를 이용하여 단일 결합에 인접한 이중 결합을 지닌 화합물의 결합 성질을 어떻게 설명하는지 이해한다(§10.1).
3. 형식 전하의 의미를 이해하고 이를 이용하여 어떻게 더 중요한 공명 구조를 선택하는지, 그리고 형식 전하와 산화수의 차이를 이해한다(§10.1).
4. 팔전자 규칙과 이에 대한 세 가지의 주요 예외, 즉 전자 결핍 중심 원자를 갖는 분자, 홀전자를 갖는 분자, 확장된 원자가 껍질을 갖는 분자를 이해한다(§10.1).
5. 전자군 반발이 어떻게 분자의 모양을 결정하는지를 이해한다(§10.2).
6. 다섯 가지 전자군 배열과 관련 분자 모양을 이해한다(§10.2).
7. 이중 결합과 고립 전자쌍 때문에 실제 결합각이 이상적인 결합각에서 벗어나는 이유를 이해한다(§10.2).
8. 결합의 극성과 분자의 모양의 조합에 의해 분자의 극성이 결정되는 원리를 이해한다(§10.3).

주요 스킬

1. 분자식으로부터 Lewis 구조를 그리는 단계별 방법 (SP 10.1~10.3, 10.5)
2. 분자와 이온의 공명 구조 그리기(SP 10.4)
3. 분자 혹은 이온을 구성하는 각 원자의 형식 전하 계산 (SP 10.4, 10.5)
4. Lewis 구조로부터 분자의 모양 예측(SP 10.6~10.8)
5. 분자의 모양과 전기 음성도 값을 이용하여 분자의 극성 예측 (SP 10.9)

주요 용어 _Key Terms

결합각
공명 구조
공명 혼성
굽은 구조(V자 구조)
분자의 극성
분자의 모양
사각 평면 구조
사각 피라미드 구조
삼각 쌍뿔 배열
삼각 평면 배열
삼각 피라미드 구조
선형 구조
선형 배열
시소 구조
쌍극자 모멘트, μ
원자가 껍질 전자쌍 반발 (VSEPR) 이론
자유 라디칼
적도 방향 전자군
전자 결핍
전자쌍 비편재화
정팔면체 배열
정팔면체 배열
축 방향 전자군
형식 전하
확장된 원자가 껍질
Lewis 구조(Lewis 식)
T자 구조

주요 방정식 및 관계식 _Key Equations and Relationships

10.1 원자의 형식 전하 계산:
형식 전하 = 원자가 전자 수 − (비공유 전자 수 + $\frac{1}{2}$ 공유 전자 수)

10.2 전자쌍 반발이 결합각에 미치는 영향이 큰 순서:
고립 전자쌍-고립 전자쌍 > 고립 전자쌍-결합 전자쌍 > 결합 전자쌍-결합 전자쌍

연습 문제 _Problems

노란색으로 표시한 문제들에 대해서는 그 답을 부록 E에 첨부하였다. 연습 문제에 표시된 절은 본문의 절과 같고, 관련 예제의 번호를 제시하였다. 대부분의 경우 개념 복습 문제, 스킬 숙달 문제(같은 개념을 다루는 두 문제씩 묶음) 및 실전 문제를 제시하였다.

분자와 이온의 Lewis 구조 그리기

(예제 10.1~10.5)

개념 복습 문제

10.1 다음 원자 중 Lewis 구조에서 중심 원자가 *될 수 없는 것은* 무엇인가? 그 이유를 설명하라. (a) O (b) He (c) F (d) H (e) P.

10.2 분자 내 결합을 정확히 그리기 위해 공명 구조가 필요한 때는 언제인가? NO_2를 예로 실제 결합 길이, 결합 강도, 결합 차수가 공명 혼성 구조와 일치하는지 설명하라.

10.3 다음 구조에서 팔전자 규칙을 따르는 X를 찾아라.

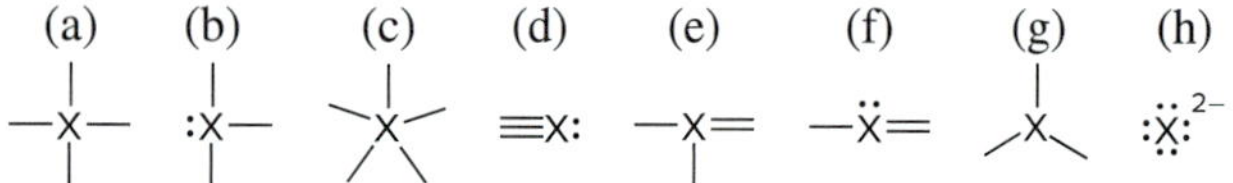

10.4 원자가 껍질을 확장하기 위해 원자에서 어떤 것들이 필요한가? 다음 중 어느 원자가 원자가 껍질을 확장할 수 있는가? F, S, H, Al, Se, Cl.

스킬 숙달 문제(유사한 문제들을 두 개씩 묶음)

10.5 다음의 Lewis 구조를 그려라. (a) SiF_4 (b) $SeCl_2$ (c) COF_2 (C가 중심 원자).

10.6 다음의 Lewis 구조를 그려라. (a) PH_4^+ (b) C_2F_4 (c) SbH_3.

10.7 다음의 Lewis 구조를 그려라. (a) PF_3 (b) H_2CO_3(H 원자 모두 O 원자에 결합) (c) CS_2.

10.8 다음의 Lewis 구조를 그려라. (a) CH_4S (b) S_2Cl_2 (c) $CHCl_3$.

10.9 모든 중요한 공명 구조의 Lewis 구조를 그려라.
(a) NO_2^+ (b) NO_2F(N이 중심 원자)

10.10 모든 중요한 공명 구조의 Lewis 구조를 그려라.
(a) $HNO_3(HONO_2)$ (b) $HAsO_4^{2-}(HOAsO_3^{2-})$

10.11 모든 중요한 공명 구조의 Lewis 구조를 그려라.
(a) N_3^- (b) NO_2^-

10.12 모든 중요한 공명 구조의 Lewis 구조를 그려라.
(a) HCO_2^-(H가 C에 결합) (b) $HBrO_4(HOBrO_3)$

10.13 가장 작은 형식 전하를 갖는 Lewis 구조를 그리고, 각 원자의 전하를 결정하라. (a) IF_5 (b) AlH_4^-.

10.14 가장 작은 형식 전하를 갖는 Lewis 구조를 그리고, 각 원자의 전하를 결정하라. (a) OCS (b) NO.

10.15 가장 작은 형식 전하를 갖는 Lewis 구조를 그리고, 각 원자의 전하를 결정하라. (a) CN^- (b) ClO^-.

10.16 가장 작은 형식 전하를 갖는 Lewis 구조를 그리고, 각 원자의 전하를 결정하라. (a) ClF_2^+ (b) ClNO.

10.17 각 이온의 가장 작은 형식 전하를 갖는 공명 구조를 나타내는 Lewis 구조를 그리고, 원자들의 형식 전하와 산화수를 구하라.
(a) BrO_3^- (b) SO_3^{2-}

10.18 각 이온의 가장 작은 형식 전하를 갖는 공명 구조를 나타내는 Lewis 구조를 그리고, 원자들의 형식 전하와 산화수를 구하라.
(a) AsO_4^{3-} (b) ClO_2^-

10.19 다음 화학종들은 팔전자 규칙을 만족시키지 못한다. Lewis 구조를 그리고 팔전자 규칙의 예외 중 어느 것에 해당하는지 말하라.
(a) BH_3 (b) AsF_4^- (c) $SeCl_4$

10.20 다음 화학종들은 팔전자 규칙을 만족시키지 못한다. Lewis 구조를 그리고 팔전자 규칙의 예외 중 어느 것에 해당하는지 말하라.
(a) PF_6^- (b) ClO_3 (c) H_3PO_3(P—H 결합은 1개).

10.21 다음 화학종들은 팔전자 규칙을 만족시키지 못한다. Lewis 구조를 그리고 팔전자 규칙의 예외 중 어느 것에 해당하는지 말하라.
(a) BrF_3 (b) ICl_2^- (c) BeF_2

10.22 다음 화학종들은 팔전자 규칙을 만족시키지 못한다. Lewis 구조를 그리고 팔전자 규칙의 예외 중 어느 것에 해당하는지 말하라.
(a) O_3^- (b) XeF_2 (c) SbF_4^-

실전 문제

10.23 용융 염화 베릴륨은 용융 NaCl의 Cl 이온과 반응하여 $BeCl_4^{2-}$를 형성한다. 여기서 Be는 팔전자 규칙을 만족한다. Lewis 구조를 이용하여 전체 이온 반응식을 나타내어라.

10.24 수많은 시도에도 불구하고 과산화 브로민 이온(BrO_4^-)는 1970년까지 실험실에서 합성할 수 없었다. (이 화합물을 왜 절대 합성할 수 없는지에 대해 이론적으로 설명한 논문들이 발표될 정도였다!) BrO_4^-의 모든 원자들이 가장 작은 형식 전하를 갖는 Lewis 구조식을 그려라.

10.25 빙정석(cryolite, Na_3AlF_6)는 알루미늄을 전기화학적으로 생산하기 위해 필수적인 화합물이다. AlF_6^{3-}의 Lewis 구조를 그려라.

10.26 포스젠(phosgene)은 1차 세계대전 때 군 무기로 사용되었고 오늘날에는 유기 합성에서 중요한 반응물로 사용되는 무색의 독성이 강한 기체이다. 다음의 공명 구조에서 형식 전하가 가장 작은 구조를 골라라.

A B C

원자가 껍질 전자쌍 반발(VSEPR) 이론

(예제 10.6~10.8)

개념 복습 문제

10.27 분자나 이온의 화학식을 알고 있을 때 분자의 모양을 결정하기 위한 첫 단계는 무엇인가?

10.28 어느 경우에 분자의 모양과 전자군 배열의 이름이 같은가?

10.29 전자군의 개수가 2개, 3개, 4개, 5개, 6개 중 몇 개일 경우 굽은 구조(V자 구조)를 보이는가? 각 경우에 대한 예를 보이고 구조 분류식(AX_mE_n)과 이상적인 결합각을 구하라.

10.30 정사면체 전자군 배열을 갖는 모든 분자의 모양을 열거하라.

10.31 다음 분자 구조를 생각해보자. (a) 어느 것이 중심 원자 주위에 전자쌍(결합 전자쌍과 고립 전자쌍 모두)이 가장 많은가? (b) 어느 것이 중심 원자 주위에 고립 전자쌍이 가장 많은가? (c) 중심 원자 주위에 결합 전자쌍이 한 개인 것이 있는가?

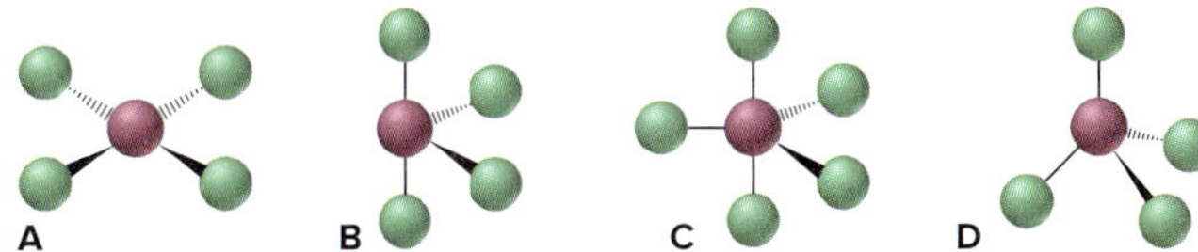

10.32 결합을 입체적으로 그리는 방식을 이용하여 다음 보기의 구조를 취하는 화학식 AX_n(구조 분류식이 아님)의 일반적인 분자 내 원자들의 위치를 그려라.
(a) V자 (b) 삼각 평면 (c) 삼각 쌍뿔
(d) T자 (e) 삼각 피라미드 (f) 사각 피라미드

10.33 다음에서 원자 A 주위 전자군들이 어떻게 배열되겠는가? 각 배열에 대해 이상적인 결합각과 발생할 벗어남을 설명하라.

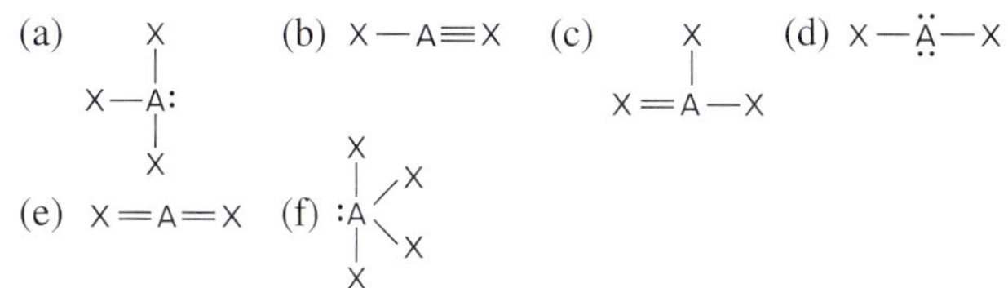

스킬 숙달 문제(유사한 문제들을 두 개씩 묶음)

10.34 전자군 배열과 분자의 모양, 이상적인 결합각을 결정하라.
(a) O_3 (b) H_3O^+ (c) NF_3

10.35 전자군 배열과 분자의 모양, 이상적인 결합각을 결정하라.
(a) SO_4^{2-} (b) NO_2^- (c) PH_3

10.36 전자군 배열과 분자의 모양, 이상적인 결합각을 결정하라.
(a) CO_3^{2-} (b) SO_2 (c) CF_4

10.37 전자군 배열과 분자의 모양, 이상적인 결합각을 결정하라.
(a) SO_3 (b) N_2O(N이 중심 원자) (c) CH_2Cl_2

10.38 구조의 이름을 제시하고 AX_mE_n 분류식과 이상적인 결합각을 제시하라.

10.39 구조의 이름을 제시하고 AX_mE_n 분류식과 이상적인 결합각을 제시하라.

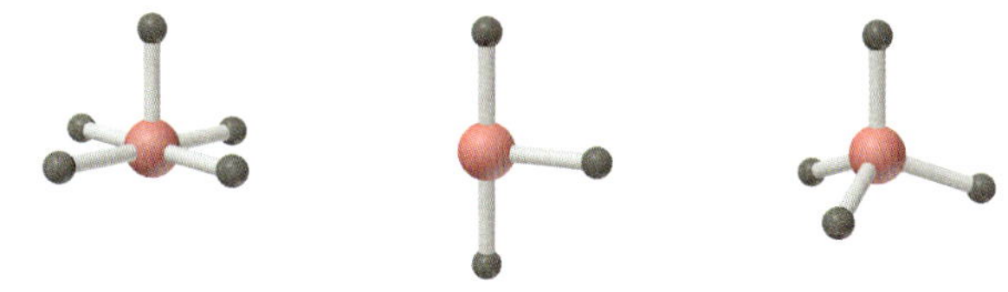

10.40 구조와 이상적인 결합각, 결합각 벗어남을 결정하라.
(a) ClO_2^- (b) PF_5 (c) SeF_4 (d) KrF_2

10.41 구조와 이상적인 결합각, 결합각 벗어남을 결정하라.
(a) ClO_3^- (b) IF_4^- (c) $SeOF_2$ (d) TeF_5^-

10.42 다음 분자에서 각 중심 원자 주위의 구조를 결정하고, 실제 결합각이 이상적인 결합각에서 벗어난다면 그에 대해 설명하라.
(a) CH_3OH (b) N_2O_4 (O_2NNO_2)

10.43 다음 분자에서 각 중심 원자 주위의 구조를 결정하고, 실제 결합각이 이상적인 결합각에서 벗어난다면 그에 대해 설명하라.
(a) H_3PO_4 (H—P 결합 없음) (b) $CH_3—O—CH_2CH_3$

10.44 다음 분자에서 각 중심 원자 주위의 구조를 결정하고, 실제 결합각이 이상적인 결합각에서 벗어난다면 그에 대해 설명하라.
(a) CH_3COOH (b) H_2O_2

10.45 다음 분자에서 각 중심 원자 주위의 구조를 결정하고, 실제 결합각이 이상적인 결합각에서 벗어난다면 그에 대해 설명하라.
(a) H_2SO_3 (H—S 결합 없음) (b) N_2O_3 ($ONNO_2$)

10.46 다음의 AF_n 화학종들을 F—A—F 결합각이 *증가하는* 순서로 배열하라. BF_3, BeF_2, CF_4, NF_3, OF_2.

10.47 다음의 AF_n 화학종들을 Cl—A—Cl 결합각이 *감소하는* 순서로 배열하라. SCl_2, OCl_2, PCl_3, $SiCl_4$, $SiCl_6^{2-}$.

10.48 다음 분자에서 이상적인 결합각을 구하고, 벗어남이 생기는 곳을 표시하라.

(a) (b) (c)

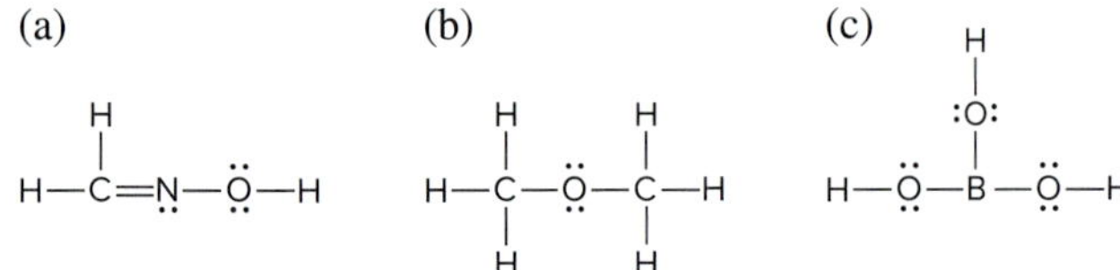

10.49 다음 분자에서 이상적인 결합각을 구하고, 벗어남이 생기는 곳을 표시하라.

(a) O=N—O—H (N에 :O: 결합)

(b) H—C(H)(H)—C(H)=O

(c) H—C(=O)—O—H

실전 문제

10.50 주석과 탄소는 모두 4A(14)족이므로 구조적으로 유사한 화합물을 형성한다. 그러나 주석은 여러 종류의 이온성 화합물을 형성할 수 있기 때문에 더욱 다양한 구조를 가질 수 있다. 모양과 결합각 및 결합각 벗어남을 예측하라.

(a) $Sn(CH_3)_2$ (b) $SnCl_3^-$ (c) $Sn(CH_3)_4$ (d) SnF_5^- (e) SnF_6^{2-}

10.51 기체상에서 오염화 인은 분리된 분자로 존재한다. 그러나 오염화 인은 고체상에서 PCl_4^+와 PCl_6^- 이온이 번갈아 나타나는 구조로 존재한다. PCl_5가 고체화될 때 분자의 모양은 어떻게 변화하겠는가? Cl—P—Cl 결합각은 어떻게 변하겠는가?

분자의 모양과 분자의 극성

(예제 10.9)

개념 복습 문제

10.52 AX_n ($n > 2$) 일반식의 분자에 대해 그 분자가 극성인지 어떻게 결정해야 하는가?

10.53 극성 공유 결합을 갖는 분자가 어떻게 극성이 아닐 수 있는가? 예를 들어 설명하라.

10.54 생체 분자의 모양이 기능에 중요한 일반적인 이유를 설명하라.

스킬 숙달 문제(유사한 문제들을 두 개씩 묶음)

10.55 SCl_2, F_2, CS_2, CF_4, BrCl에 대해

(a) 어느 분자가 가장 극성인 결합을 갖는가?

(b) 어느 분자가 쌍극자 모멘트를 갖는가?

10.56 BF_3, PF_3, BrF_3, SF_4, SF_6에 대해

(a) 어느 분자가 가장 극성인 결합을 갖는가?

(b) 어느 분자가 쌍극자 모멘트를 갖는가?

10.57 다음 각 쌍의 분자들 중 어느 분자가 더 큰 쌍극자 모멘트를 갖겠는가? 선택에 대한 이유를 설명하라.

(a) SO_2와 SO_3 (b) ICl과 IF

(c) SiF_4와 SF_4 (d) H_2O와 H_2S

10.58 다음 각 쌍의 분자들 중 어느 분자가 더 큰 쌍극자 모멘트를 갖겠는가? 선택에 대한 이유를 설명하라.

(a) ClO_2와 SO_2 (b) HBr과 HCl

(c) $BeCl_2$와 SCl_2 (d) AsF_3와 AsF_5

실전 문제

10.59 다이클로로에틸렌(화학식은 $C_2H_2Cl_2$)은 다른 세 가지 구조가 가능하다. 각 구조를 X, Y, Z라 하자. 화합물 X는 쌍극자 모멘트가 없지만 Z는 그렇지 않다. 화합물 X와 Z 각각을 수소와 반응시키면 같은 생성물을 얻을 수 있다.

$$C_2H_2Cl_2 \text{ (X 또는 Z)} + H_2 \longrightarrow ClCH_2\text{—}CH_2Cl$$

X, Y, Z의 구조는? 화합물 Y는 쌍극자 모멘트를 갖는가?

10.60 이플루오린화 이질소(N_2F_2)는 N═N 결합을 갖는 단순 무기 화합물 중 유일하게 안정한 화합물이다. *시스*(두 개의 F 원자 모두 N═N 결합을 중심으로 같은 쪽에 있음)와 *트랜스*(두 개의 F 원자 모두 N═N 결합을 중심으로 다른 쪽에 있음)의 두 가지 형태로 나타난다.

(a) N_2F_2의 두 가지 구조에 대한 분자의 모양을 그려라.

(b) 각각에 대해 분자의 극성이 존재한다면 그 방향을 예측하라.

제 11 장 공유 결합 이론

Theories of Covalent Bonding

11.1 ▸ 원자가 결합(VB) 이론과 오비탈 혼성화

VB 이론의 핵심 주제

혼성 오비탈의 유형

11.2 ▸ 오비탈 겹침의 방식과 공유 결합의 유형

단일 결합과 다중 결합의 오비탈 겹침

오비탈 겹침과 분자 내 회전

11.3 ▸ 분자 오비탈(MO) 이론과 전자 비편재화

MO 이론의 핵심 주제

2주기 원소의 동핵 이원자 분자

두 개의 이핵 이원자 분자: HF와 NO

두 개의 다원자 분자: 벤젠과 오존

Source: Jer Barber/iStockphoto/Getty Images

➤ 관련 개념과 스킬 _Concepts and Skills to Review Before You Study This Chapter

» 원자 오비탈의 모양(7.4절)

» Pauli 배타 원리(8.1절)

» Hund의 규칙(8.2절)

» Lewis 구조(10.1절)

» 공유 결합의 공명(10.1절)

» 분자 모양(10.2절)

» 분자 극성(10.3절)

낙뢰로 인해 높아진 온도 때문에 대기 중에서 산화질소(NO)가 형성된다. 작고 반응성이 뛰어난 NO 분자는 심혈관계에서 신호 분자 및 신경 전달 물질로 작용하여 인간의 건강에 중요한 역할을 한다는 것을 과학자들이 알게 되면서 지난 30년 동안 많은 관심을 받았다. 화학자들도 이 분자에 매료되어 알려진 특성과 분자 결합을 가시화하는 방법론을 모색하였다. 하지만 우리는 하나의 모형으로는 이 모든 것을 설명할 수 없다는 것을 알게 되었다. 모든 과학적 모형은 실제 모형을 단순화한 것이기 때문에 한계를 가질 수 밖에 없다. 10장에서 다루었던 VSEPR 이론은 분자의 모양을 설명하지만 분자의 모양이 어떻게 원자 오비탈로부터 나타내어지는지 설명하지는 않는다. 예를 들어, 7장에서 설명하였던 CH_4의 탄소 원자 오비탈은 사면체의 모서리로 향하지 않는다. 또한 NO와 같은 분자의 모양은 알고 있다 해도 그것이 해당 분자의 자기적 성질과 및 스펙트럼 특성을 설명하는 데 도움이 되지는 않는다. 이러한 것을 설명하기 위해 우리는 오비탈과 에너지 준위를 이해해야 한다.

이 장에서 제시하는 두 가지 이론은 서로 다른 의문점에 중점을 두면서도 상호 보완적이다. 결합과 같은 복잡한 현상을 설명하는 데에는 수많은 모형들이 필요할 거라고 너무 걱정하지 말자. 모든 과학에서는 어떤 한 모형이 다른 모형보다 특정 주제의 일부 현상을 더 잘 설명할 수도 있고, 몇 가지 모형을 함께 사용하여 넓은 범위의 현상을 설명할 수도 있다.

이 장에서는... 분자 내 결합에 대해 원자 오비탈의 상호작용에 근거한 두 가지 이론을 소개한다.

- 원자 오비탈 상호작용을 통한 혼성 오비탈 형성으로 분자 모양을 설명하는 원자가 결합(VB) 이론을 논의한다.
- VB 이론을 공유 결합의 두 가지 형태인 시그마 결합과 파이 결합에 적용한다.
- 다중 결합 주위에서는 분자의 일부분이 자유롭게 회전할 수 없는 이유를 알아본다. 이것은 반응성, 물리적 성질 그리고 생물학적 특성에 중요한 영향을 미친다.
- 분자 전체에 퍼지는 오비탈 형성을 통해 분자의 에너지 준위와 성질을 설명하는 분자 오비탈(MO) 이론을 논의한다.
- MO 이론을 적용하여 몇 가지 이원자 분자와 간단한 다원자 분자의 핵심 성질을 이해한다.

11.1 원자가 결합(VB) 이론과 오비탈 혼성화

공유 결합이란 무엇인가? 어떤 특성들이 공유 결합의 세기를 결정하는가? *분자* 모양을 어떻게 *원자* 오비탈의 상호작용으로 설명할 수 있는가? 이들 질문에 대해 답할 수 있는 매우 유용한 접근법 중 하나는 양자역학(7장)에 바탕을 두고 있는 **원자가 결합 이론**[valence bond(VB) theory]이다.

➤ VB 이론의 핵심 주제

VB 이론의 기본 원리는 *두 원자의 오비탈이 겹치고 한 쌍의 전자가 그 겹친 영역을 차지할 때 공유 결합이 형성된다*는 것이다. 양자역학적 용어로 두 개의 오비탈이 겹친다는 것은 그들의 파동함수의 위상이 같아서(in phase) 두 핵 사이에서의 진폭이 증가한다는 것을 의미한다(보강 간섭, 그림 7.5 참조). VB 이론의 핵심 주제는 이 원리에서 나온다.

1. *반대 스핀을 갖는 전자쌍.* Pauli 배타 원리(8.1절)에 따르면, 오비탈이 겹쳐서 형성된 공간에는 *반대 스핀을 가진 전자가 최대 두 개 들어갈 수 있다.* 가장 간단한 예로,

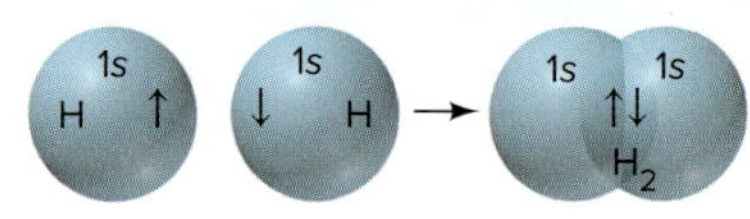

A. 수소, H_2

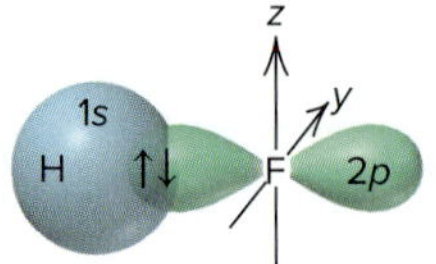

B. 플루오린화 수소, HF

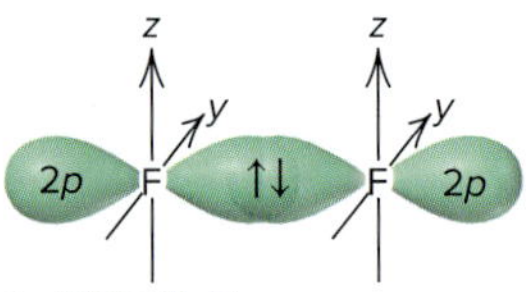

C. 플루오린, F_2

그림 11.1 **3개의 이원자 분자에서 오비탈 겹침과 스핀 짝지음.** (B와 C에서 $2p_x$ 오비탈이 결합에 참여하는 것으로 나타내었으며, F의 다른 두 $2p$ 오비탈은 생략하였다.)

H_2 분자는 두 H 원자의 1*s* 오비탈이 겹치고, 두 전자가 짝지은 스핀으로 겹친 영역에서 더 오랜 시간을 보낼 때 형성된다(그림 11.1A에서 위와 아래로 향한 화살표).

2. *결합 오비탈의 최대 겹침.* 결합 세기는 핵과 공유된 전자 사이의 인력에 따라 달라진다. 따라서 *오비탈이 더 많이 겹칠수록 핵과 전자들과의 거리가 더 가까워지면서 결합은 더 강해진다.* 겹침의 정도는 오비탈의 모양과 방향에 따라 달라진다. *s* 오비탈은 구 모양인 반면 *p*와 *d* 오비탈은 특정 방향이 있다. 따라서 결합에 참여하는 *p*와 *d* 오비탈은 *최대한 많이 겹치도록* 배향된다. 예를 들면 HF에서 H의 1*s* 오비탈은 F의 반이 찬 2*p* 오비탈과 *긴 축 방향으로* 겹친다(그림 11.1B). F_2에서는 반이 채워진 두 2*p* 오비탈이 끝과 끝끼리 겹친다. 즉, 오비탈의 *긴 축 방향으로* 겹친다(그림 11.1C).

3. *원자 오비탈의 혼성.* 고립된 원자의 *s*와 *p* 오비탈이 직접 겹치는 그림으로 HF나 F_2와 같은 이원자 분자의 결합을 설명하였다. 그러나 메테인과 같은 분자의 모양을 어떻게 C와 H 원자의 오비탈의 모양과 방향으로 설명할 수 있는가? C 원자([He] $2s^22p^2$)에는 구형인 2*s* 오비탈에 2개의 원자가 전자가 들어 있고 또 서로 수직인 3개의 2*p* 오비탈 중 2개에 각각 1개씩 모두 2개의 원자가 전자를 가지고 있다. 만약 절반이 채워진 두 *p* 오비탈이 두 H 원자의 1*s* 오비탈과 겹친다면 두 C—H 결합은 90°의 H—C—H 결합각을 형성할 것이다. 그러나 메테인의 분자식은 CH_2가 아니고 CH_4이며, 결합각은 109.5°이다.

이러한 사실을 설명하기 위해 Linus Pauling은 결합을 형성하는 과정 중에 *고립된 원자의 원자가 오비탈은 그들이 분자를 형성할 때* ***새로운*** *오비탈이 된다*고 제안했다. 양자역학적 계산에 의하면, 특정 조합의 오비탈들을 수학적으로 '혼합할 때' 실제 분자 모양과 일치하는 공간적 배향을 가진 새로운 오비탈을 형성한다. 이 오비탈 혼합 과정을 **혼성화**(hybridization)라 부르고 새로 생긴 원자 오비탈을 **혼성 오비탈**(hybrid orbital)이라 부른다.

4. *혼성 오비탈의 특징.* 결합 형성 과정 중에 생긴 혼성 오비탈에 대한 몇 가지 요점은 다음과 같다.

- 형성된 혼성 오비탈의 수는 혼합된 원자 오비탈의 수*와 같다.*
- 형성된 혼성 오비탈의 *유형*은 혼합된 원자 오비탈의 유형에 따라 *다르다.*
- 혼성 오비탈의 *모양과 방향*은 결합 내 다른 원자의 오비탈과의 겹침을 *극대화*한다.

원자 오비탈이 혼합되어 혼성 오비탈이 형성되고, 그들이 다른 오비탈과 겹치고, 반대 스핀을 가진 전자들이 겹친 영역에 들어가서 안정한 결합을 형성하는 과정을 혼성화라고 생각하면 이해가 편할 것이다. 사실 혼성화는 관찰한 분자 모양을 설명하는 수학적 개념이다.

혼성 오비탈의 유형

분자의 모양을 알아낸 *다음* 분자 내 혼성 오비탈의 유형을 추정한다. 다음에 논의하는 다섯 가지 유형의 혼성 오비탈의 배향이 VSEPR 이론(그림 10.2 참조)에 따른 다섯 개 전자군의 배열과 일치하는 데 주목하자.

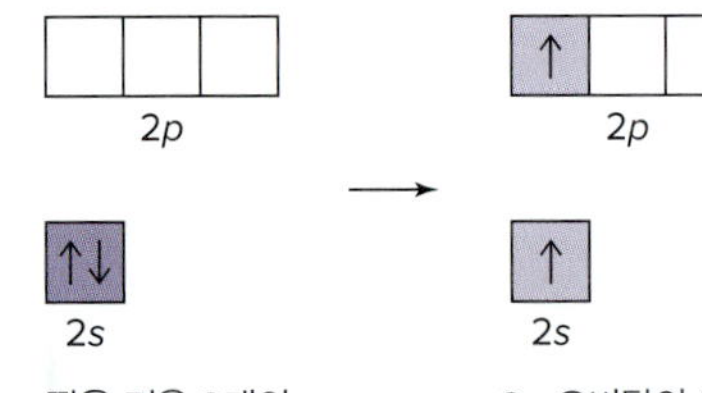

짝을 지은 2개의 Be 원자가 전자

2*s* 오비탈의 전자 1개가 2*p* 오비탈로 올라가 형성된 2개의 짝을 짓지 않는 전자

***sp* 혼성화** 두 개의 전자군이 중심 원자를 둘러쌀 때, $BeCl_2$와 유사하게 선형을 이룬다. 베릴륨의 두 원자가 전자는 바닥 상태일 때 2*s* 오비탈 내에서 짝을 짓고 있어([He] $2s^2$) 이 상태로는 결합을 형성할 수 없다. 베릴륨 원자는 2*s* 오비탈에서 비어 있는 한 개의 2*p* 오비탈로 전자를 끌어 올림으로써 두 개의 홀전자를 만들어 이들이 Cl 원자들과 두 개의 결합을 형성함으로써 결과적으로 $BeCl_2$ 분자를 형성할 수 있다. 각각의 염소 원자([Ne] $3s^23p^5$)는 3*p* 오비탈에 짝을 짓지 않은 홀전자를 가지고 있어 결합에 참여할 수 있다. 그러나 이렇게 되면 형성된 두 결합은 동일하지 않다. 왜냐하면 둘 중 한 결합은 베릴륨의 2*s* 오비탈과 한 Cl 원자의 3*p* 오비탈이 겹쳐져 만들어질 것이지만 다른 결합은 베릴륨의 2*p* 오비탈이 다른 Cl 원자의 3*p* 오비탈과 겹쳐져 형성될 것이기 때문이다. 하지만 실험적으로 관찰해보면 두 Be—Cl 결합은 결합 길이와 에너지는 동일하다. 혼성화 개념은 이러한 $BeCl_2$의 동등한 두 결합과 선형 구조를 잘 설명해준다.

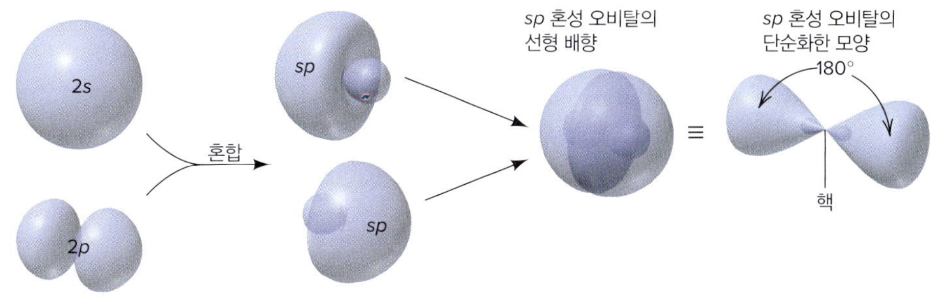

A. *sp* 혼성 오비탈의 형성

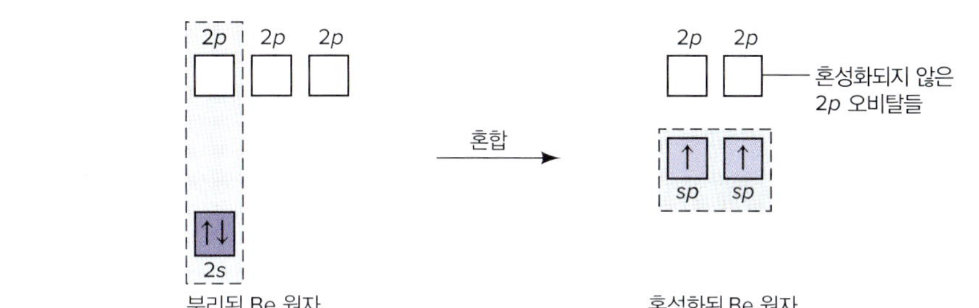

B. 오비탈 도표로 나타낸 혼성화

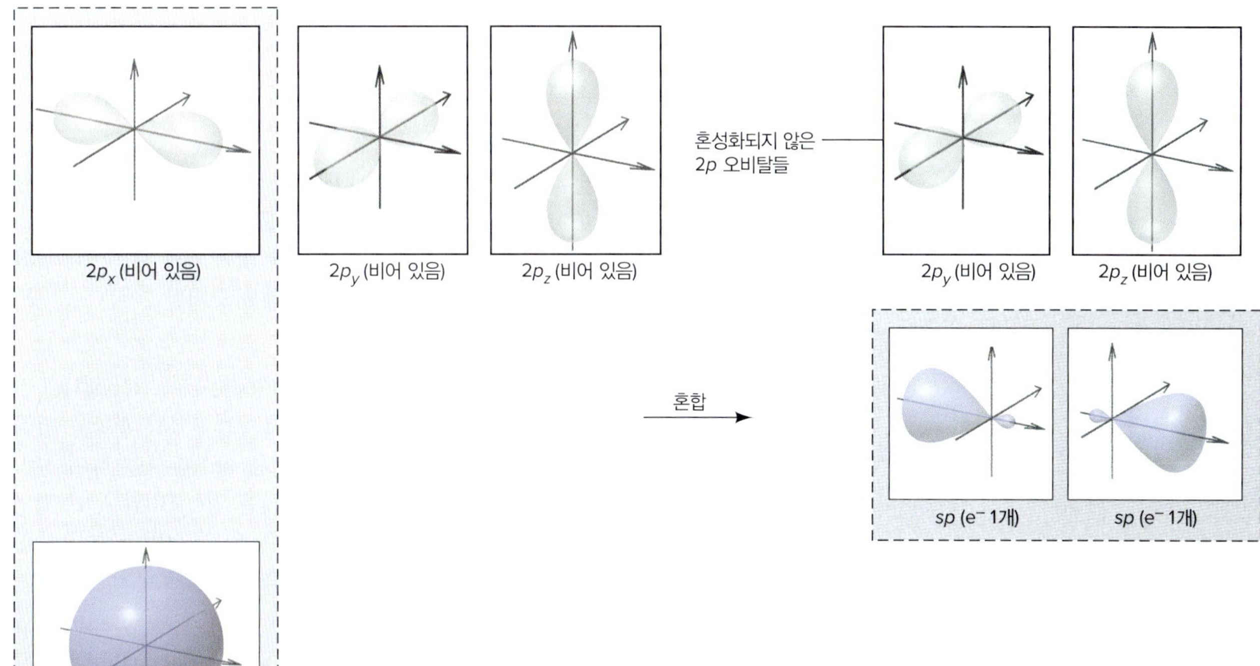

C. 오비탈 윤곽선과 도표로 나타낸 혼성화

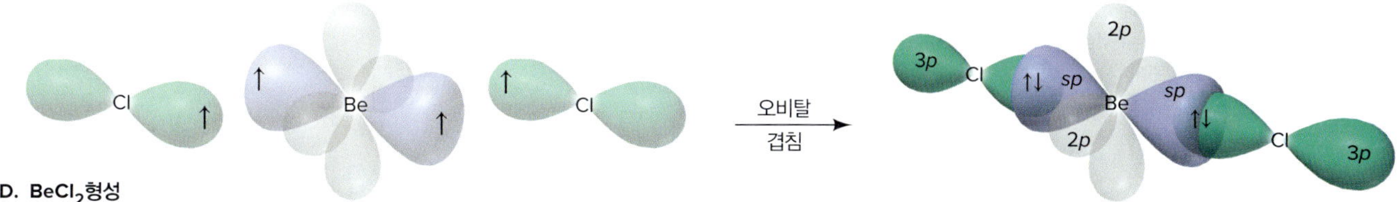

D. $BeCl_2$ 형성

그림 11.2 *sp* **혼성 오비탈의 형성과 배향 및 $BeCl_2$에서의 결합.** **A.** 2*s* 원자 오비탈 1개와 2*p* 원자 오비탈 1개가 혼합되어 2개의 *sp* 혼성 오비탈을 형성한다. (다른 곳에서는 *맨 오른쪽*에 나타낸 것과 같이 흔히 *sp* 혼성 오비탈의 작은 로브를 나타내지 않은, 단순화된 혼성 오비탈을 사용한다.) **B.** 세로로 그린 Be의 혼성화에 대한 오비탈 도표. (색깔, 음영, 무색으로 표현한 상자는 오비탈 점유도를 나타낸다.) **C.** 윤곽선으로 오비탈을 나타낸 오비탈 도표. **D.** Be와 Cl의 오비탈이 겹쳐 $BeCl_2$가 형성된다. (Be에 대해 단순화한 오비탈을 나타내었고, 결합에 참여하는 Cl의 3*p* 오비탈만을 나타내었다.)

1. *혼합된 오비탈과 생성된 오비탈*. VB 이론에 의하면 중심 원자의 *동등하지 않은* 2개 오비탈, *s* 1개와 *p* 1개가 혼합되어 서로 180° 떨어져 있는 2개의 *동등한* ***sp* 혼성 오비탈**(*sp* hybrid orbital)을 형성한다(그림 11.2A). 이 혼성 오비탈의 모양은 큰 로브 1개와 작은 로브 1개를 가지며, 혼합된 원자 오비탈의 모양과는 완전히 다르다. 이들 혼성 오비탈의 배향은 *결합 방향*으로 전자 밀도를 증가시키면서도 오비탈 내에 있는 전자간의 반발을 최소화한다.

2. *중심 원자와 주변 원자의 오비탈 겹침*: $BeCl_2$. 염화 베릴륨에서 Be 원자는 *sp* 혼성을 한다. 그림 11.2B는 Be의 혼성화를 오비탈 도표로 나타낸 것이고 11.2C는 오비탈 도표를 화살표 대신 음영 윤곽선으로 나타낸 것이다. Cl과의 결합 형성은 그림 11.2D에 나타내었다.

- 베릴륨의 채워진 2*s*가 비어 있는 3개의 2*p* 오비탈 중 1개와 혼합하여 절반이 채워진 *sp* 오비탈 2개를 형성한다.
- Be의 비어 있는, 혼성화하지 않은 2개의 2*p* 오비탈은 서로 수직이며, 또 *sp* 혼성 오비탈과도 수직을 이루고 있다.
- 혼성 오비탈은 각 Cl 원자(Cl: [Ne]$3s^23p^5$)의 절반이 채워진 3*p* 오비탈과 겹친다.
- 4개의 전자(Be의 2개 전자와 각 Cl의 1개 전자)는 서로 반대 방향 스핀 쌍으로 2개의 겹쳐진 영역에 들어간다. (그림 11.2 D에서 왼쪽의 옅게 칠한 3*p*와 *sp* 혼성 오비탈은 결합을 형성한 후 오른쪽의 진한 색깔로 되고 각 오비탈들은 2개의 전자로 채워진다.)

sp^2 혼성화 이 오비탈 혼성을 이용하여 삼각 평면 전자군 배열에서 가능한 두 가지 모양(삼각 평면과 굽은 구조)을 설명할 수 있다.

1. *혼합된 오비탈과 형성된 오비탈*. *s* 오비탈 1개와 *p* 오비탈 2개를 섞으면 정삼각형의 꼭지점을 향하는, 축이 120°를 이루는 3개의 **sp^2 혼성 오비탈**(sp^2 hybrid orbital)을 형성한다. (전자 배치와 달리 혼성 오비탈의 위첨자는 오비탈 내의 전자수가 *아니라* 해당 유형의 *원자 오비탈*의 수를 나타낸다. 따라서 *s* 오비탈 1개와 *p* 오비탈 2개는 s^1p^2 또는 sp^2가 된다.) 세 번째 2*p* 오비탈은 혼성화에 참여하지 않는다.

2. *중심 원자와 주변 원자의 오비탈 겹침*: BF_3 (삼각 평면 구조). 붕소([He] $2s^22p^1$) 원자는 바닥 상태에서 1개의 홀전자를 가지지만 BF_3에서처럼 3개의 결합을 만들기 위해서는 절반이 채워진 오비탈 3개를 만들어야 한다. 붕소는 sp^2 혼성을 하며 3개의 sp^2 오비탈은 삼각 평면 내에 위치해 있고 혼성에 참여하지 않은 2*p* 오비탈은 이 평면에 수직이다(그림 11.3). 절반만 채워진 각 sp^2 혼성 오비탈은 역시 절반만 채워진 F 원자의 2*p* 오비탈과 겹치고 원자가 전자 6개(B의 3개와 3개의 F 원자로부터 각각 1개씩)가 3개의 결합 전자쌍을 형성한다.

3. *고립 전자쌍의 배치*. 특정 전자군 배열을 갖는 다른 분자 모양을 설명하기 위해서는 1개 이상의 혼성 오비탈이 고립 전자쌍을 가지도록 한다. 예를 들면 오존(O_3)에서 중심 O 원자는 sp^2 혼성을 하며 sp^2 혼성 오비탈 2개는 두 산소 원자와의 결합에 참여하지만 세 번째 혼성 오비탈에는 고립 전자쌍이 채워져 굽은 구조가 된다.

그림 11.3 BF_3에서의 sp^2 혼성 오비탈.
A. 3개의 sp^2 혼성 오비탈 형성을 나타낸 오비탈 도표. 1개의 2*p* 오비탈은 혼성에 참여하지 않고 비어 있다. **B.** BF_3의 윤곽선 그림.

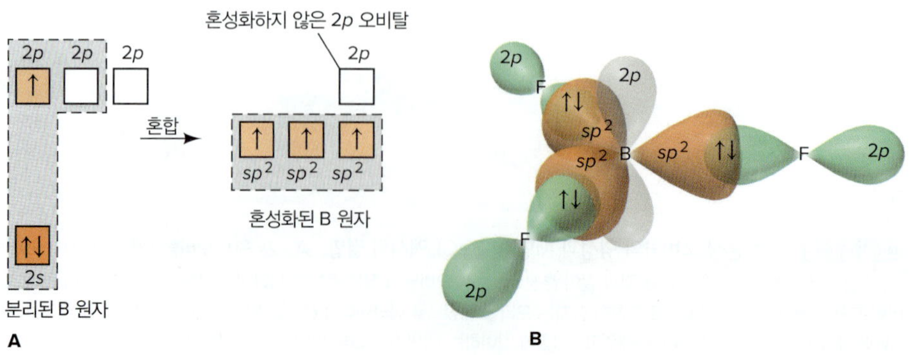

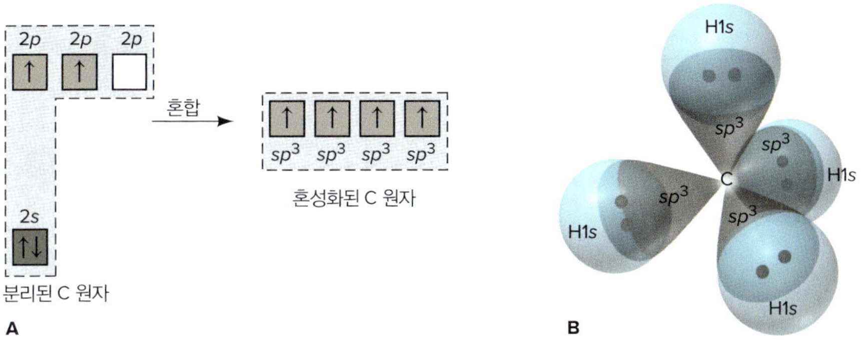

그림 11.4 CH_4에서의 sp^3 혼성 오비탈. **A.** 4개의 sp^3 혼성 오비탈 형성을 나타낸 오비탈 도표. **B.** 전자쌍을 점으로 나타낸 CH_4의 윤곽선 그림.

sp^3 혼성화 앞서 제기한 메테인 분자의 구조에 관한 의문으로 되돌아 가보자. 메테인의 모양을 설명한 혼성 형태는 같은 사면체 전자군 배열을 한 어떤 화학종에도 적용할 수 있다.

1. *혼합된 오비탈과 형성된 오비탈.* 1개의 *s*와 3개의 *p* 오비탈을 섞으면 사면체 꼭지점 자리로 향하는 4개의 **sp^3 혼성 오비탈**(sp^3 hybrid orbital)이 형성된다.

2. *중심 원자와 주변 원자의 오비탈 겹침: CH_4.* 메테인의 탄소 원자([He] $2s^22p^2$)는 바닥 상태에서 홀전자 2개를 가지고 있는데, CH_4에서처럼 4개의 결합을 이루기 위해서는 절반이 채워진 4개의 오비탈을 가져야만 한다. 메테인의 탄소 원자는 sp^3 혼성을 하고 있다. 4개의 원자가 전자는 4개의 sp^3 혼성 오비탈을 반씩 채우고 반이 채워진 H 원자의 1*s* 오비탈과 겹치면서 4개의 C—H 결합을 형성한다(그림 11.4).

3. *고립 전자쌍의 배치.* NH_3의 삼각 피라미드 모양은 고립 전자쌍이 N의 sp^3 혼성 오비탈 4개 중 1개를 채우기 때문에 생긴다. 그리고 H_2O의 굽은 모양은 고립 전자쌍이 O의 sp^3 오비탈 4개 중 2개를 채우기 때문에 생긴다(그림 11.5).

4. *결합각과 혼성화.* 그림 11.5의 분리된 N과 O 원자의 전자 배치로부터 의문점이 생긴다. 질소 원자는 NH_3를 형성할 때 3개의 결합에 참여할 수 있는 3개의 홀전자는 2*p* 궤도에 들어가 있고, 산소 원자는 H_2O를 형성할 때 2개의 결합에 참여할 수 있는 2개의 홀전자가 2*p* 오비탈에 들어가 있다. 그렇다면 왜 이 두 분자의 결합을 설명하기 위해 혼성화 개념을 사용하는 것일까? 그 이유는 이 두 분자의 결합각에서 찾을 수 있다. N과 O 원자가 H의 1*s* 오비탈과 홀전자로 채워진 *p* 오비탈을 겹쳐 보자. *p* 오비탈은 서로 수직이기 때문에 이 경우 결합각(H—N—H 또는 H—O—H)이 90°가 된다. 그러나 NH_3와 H_2O의 결합각은 각각 107.3°와 104.5°이기 때문에, 이는 해당 분자가 갖는 4개의 sp^3 혼성 오비

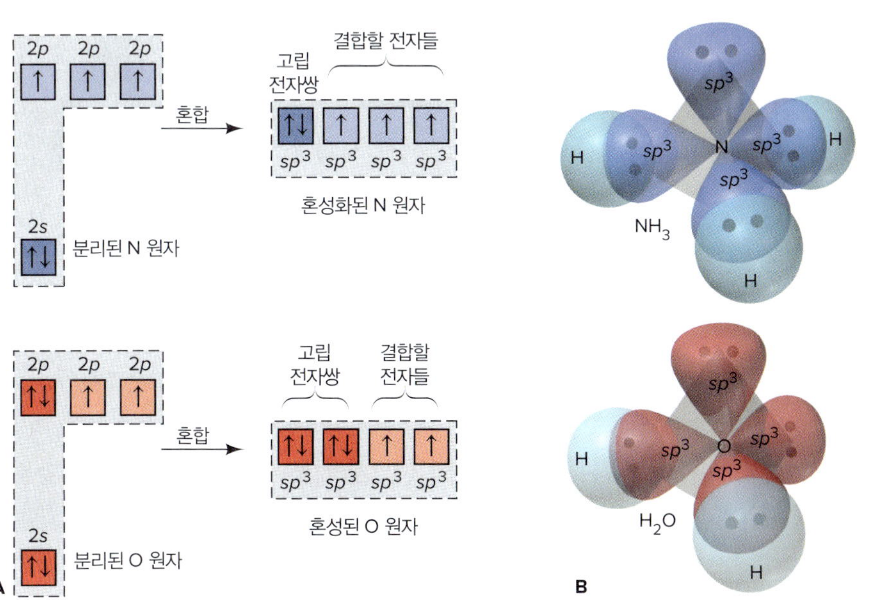

그림 11.5 NH_3와 H_2O에서의 sp^3 혼성 오비탈. **A.** sp^3 혼성화를 나타내는 오비탈 도표. 고립 전자쌍이 1개(NH_3) 또는 2개(H_2O)의 혼성 오비탈을 채운다. **B.** NH_3와 H_2O의 윤곽선 그림.

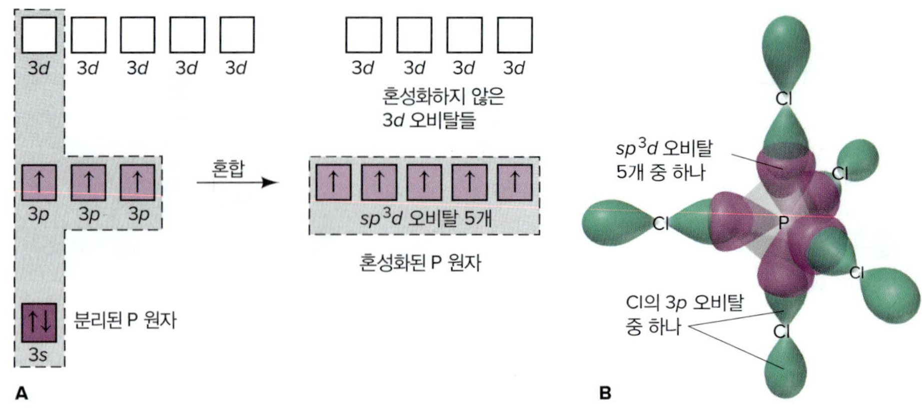

그림 11.6 PCl_5에서의 sp^3d 혼성 오비탈. **A.** 절반이 채워진 sp^3d 혼성 오비탈 5개의 형성을 나타낸 오비탈 도표. 4개의 3*d* 오비탈은 혼성화에 참여하지 않고 비어 있다. **B.** PCl_5의 윤곽선 그림. (혼성에 참여하지 않는 P의 3*d* 오비탈, Cl의 나머지 2개의 3*p* 오비탈, 5개의 P—Cl 결합 전자쌍은 나타내지 않았다.)

탈의 결과인 정사면체 배열이 되기 때문이라고 설명하는 것이 더욱 합리적이다.

sp^3d 혼성화 삼각 쌍뿔 전자군 배열로 인한 분자 모양(삼각 쌍뿔, 시소, T자형, 선형)의 중심 원자는 *s*와 *p* 오비탈뿐만 아니라 *d* 오비탈을 섞어 혼성 오비탈을 형성하므로 3주기 이상의 주기에 속한 원자이다.

1. *혼합된 오비탈과 형성된 오비탈.* 1개의 3*s*와 3개의 3*p* 그리고 5개의 3*d* 오비탈 중 1개를 혼합하면 5개의 **sp^3d 혼성 오비탈**(sp^3d hybrid orbital)을 형성하며 이 오비탈은 삼각 쌍뿔의 꼭지점을 향한다.

2. *중심 원자와 주변 원자의 오비탈 겹침: PCl_5.* PCl_5의 P 원자는 sp^3d 혼성화 상태이다. 각 혼성 오비탈은 Cl의 3*p* 오비탈과 겹쳐서 10개의 원자가 전자(P의 5개와 5개의 Cl 원자로부터 각각 한 개씩)가 5개의 P—Cl 결합을 형성한다(그림 11.6).

3. *고립 전자쌍의 배치.* 시소 모양, T자형 그리고 선형 모양 분자는 고립 전자쌍이 각각 1개, 2개, 3개의 중심 원자 sp^3d 혼성 오비탈을 채울 때 생긴다. 그림 11.7은 T자형의 ClF_3 분자의 결합을 보여준다.

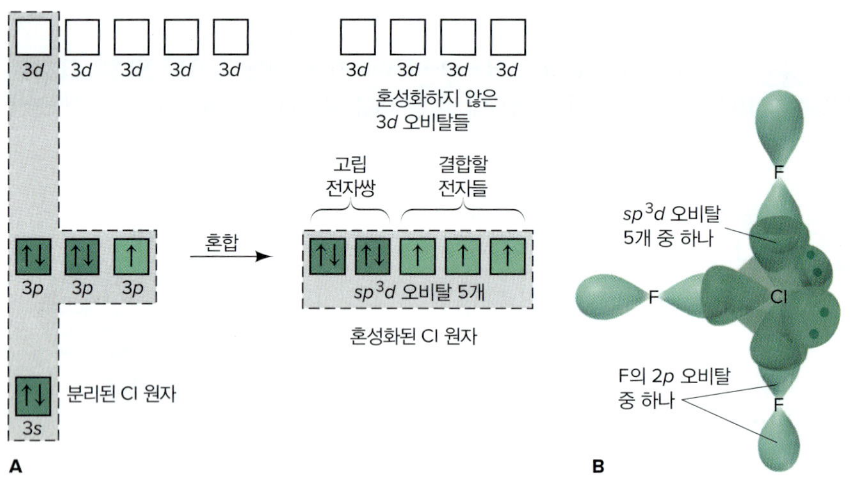

그림 11.7 ClF_3에서의 sp^3d 혼성 오비탈. **A.** sp^3d 혼성 오비탈을 형성하는 오비탈 도표. **B.** ClF_3의 윤곽선 그림. 고립 전자쌍들이 두 혼성 오비탈을 채우고 있다. (혼성에 참여하지 않는 Cl의 3*d* 오비탈, F의 나머지 2개의 2*p* 오비탈, 3개의 Cl—F 결합 전자쌍은 나타내지 않았다.)

sp^3d^2 혼성화 VB 모형에 의하면 팔면체 전자군 배열을 가진 분자 모양은 2개의 *d* 오비탈을 사용하여 혼성 오비탈을 형성한다.

1. *혼합된 오비탈과 형성된 오비탈.* 1개의 3*s*, 3개의 3*p* 그리고 2개의 3*d* 오비탈을 혼합하면 6개의 **sp^3d^2 혼성 오비탈**(sp^3d^2 hybrid orbital)을 형성하여 팔면체의 꼭지점을 향한다.

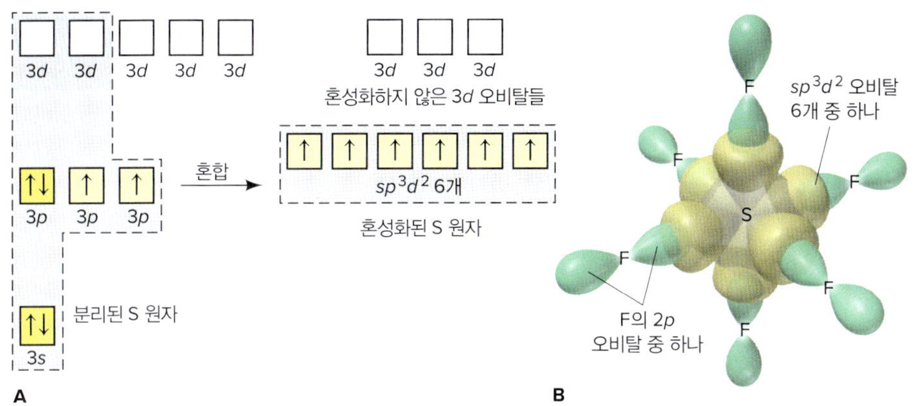

그림 11.8 SF_6에서의 sp^3d^2 혼성 오비탈. **A.** 절반이 채워진 sp^3d^2 혼성 오비탈 6개를 형성하는 오비탈 도표. 3개의 3*d* 오비탈은 혼성에 참여하지 않고 비어 있다. **B.** SF_6의 윤곽선 그림.

2. *중심 원자와 주변 원자의 오비탈 겹침*: *SF_6*. SF_6의 S 원자는 sp^3d^2 혼성 오비탈을 가진다. 각 절반이 채워진 혼성 오비탈은 역시 절반이 찬 F 원자의 2*p* 오비탈과 겹치고 12개의 원자가 전자(S로부터 6개, 6개의 F 원자로부터 각각 한 개씩)가 6개의 S—F 결합을 형성한다(그림 11.8).

3. *고립 전자쌍의 배치*. 사각 피라미드와 사각 평면형 분자는 고립 전자쌍을 중심 원자의 sp^3d^2 오비탈 중 각각 하나와 두 오비탈에 채운다.

표 11.1에 다섯 가지 형태의 혼성 오비탈을 형성하기 위해 혼합한 원자 오비탈의 수와 유형을 요약하였다. 혼성 오비탈의 배향과 VSEPR 이론에서 예측한 분자 모양과의 유사성에 다시금 주목하자. 그림 11.9는 분자식에서부터 분자 내 혼성 오비탈까지의 개념 전개를 위한 세 단계를 보여준다. 그리고 예제 11.1은 그 과정 중 마지막 단계에 초점을 맞춘 문제이다.

표 11.1 | 혼성 오비탈의 조성과 배향

	선형	평면 삼각형	정사면체	삼각 쌍뿔	정팔면체
혼합된 원자 오비탈	*s* 1개 *p* 1개	*s* 1개 *p* 2개	*s* 1개 *p* 3개	*s* 1개 *p* 3개 *d* 1개	*s* 1개 *p* 3개 *d* 2개
형성된 혼성 오비탈	*sp* 2개	sp^2 3개	sp^3 4개	sp^3d 5개	sp^3d^2 6개
혼성화하지 않고 남은 오비탈	*p* 2개	*p* 1개	없음	*d* 4개	*d* 3개
혼성 오비탈의 배향					

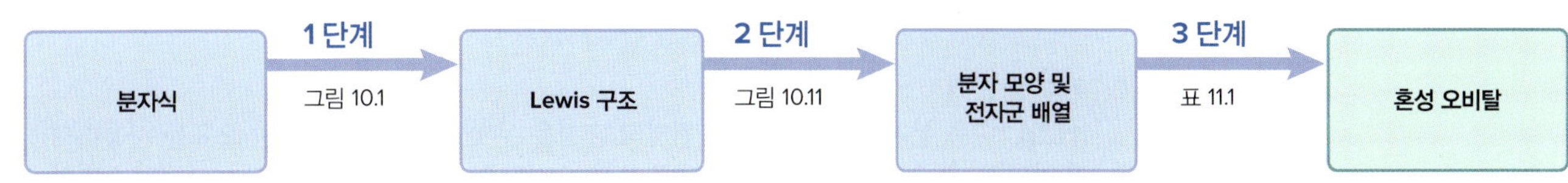

그림 11.9 분자식으로부터 혼성 오비탈을 얻는 과정. (그림 10.1, 10.11. 참조)

인터넷 핫스팟

오비탈의 개념이 어렵게 느껴진다면, eBook에 접속하여 이 주제에 대한 추가 학습 동영상을 참고하자.

예제 11.1 | 분자 내 혼성 오비탈 예측

문제 부분 오비탈 도표를 이용하여 중심 원자의 원자 오비탈을 어떻게 혼합하여 혼성 오비탈을 만드는지 설명하라.

(a) 메탄올(CH_3OH) **(b)** 사플루오린화 황(SF_4)

계획 분자식을 이용하여 Lewis 구조를 그리고 각 중심 원자의 전자군 배열을 정한다. 그 후 표 11.1을 이용하여 혼성 오비탈 유형을 가정한다. 오비탈을 혼성화하기 전과 후의 각 중심 원자에 대한 부분 오비탈 도표를 그린다.

풀이

(a) CH_3OH의 Lewis 구조는 C와 O 원자가 각각 4개의 전자군을 가진다는 것을 보여주며 이 두 원자에서 전자군 배열은 사면체 모양이다.

H
H—C—Ö—H
H

C와 O 원자는 두 원자 모두 네 개의 전자군을 가지고 있어 이를 모두 수용하기 위해서는 각각 네 개의 혼성 오비탈이 필요하다. C와 O 원자는 각각 한 개의 2*s*와 세 개의 2*p*를 혼합하여 네 개의 sp^3 혼성 오비탈을 만든다. C 원자는 네 개의 절반만 채워진 sp^3 오비탈을 가지므로 네 개의 결합을 형성한다.

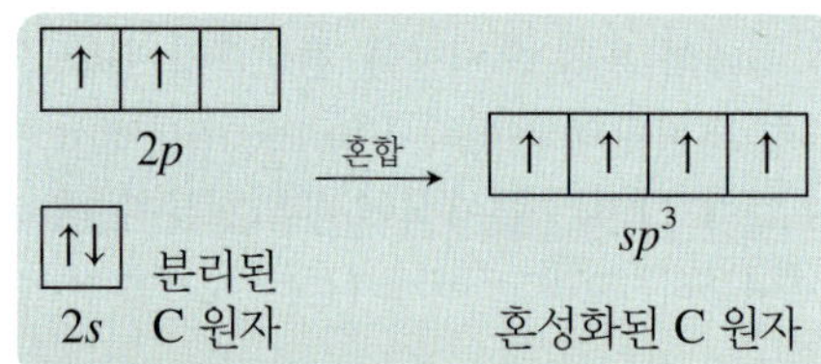

O 원자의 sp^3 오비탈 중 2개는 절반 채워져 2개의 결합을 만들고 나머지 2개의 sp^3 오비탈은 고립 전자쌍으로 채워진다.

↑↓ ↑ ↑
2p
혼합
↑↓ ↑↓ ↑ ↑
sp³
↑↓
2s
분리된 O 원자
혼성화된 O 원자

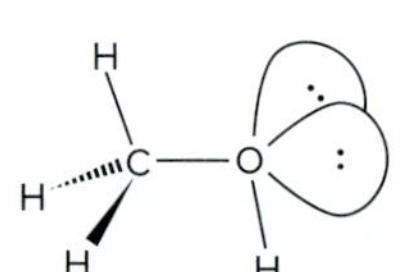

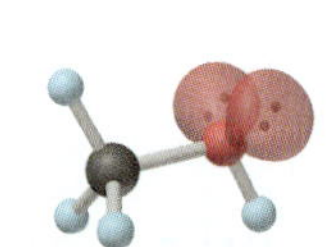

(b) SF_4의 Lewis 구조는 S가 네 개의 결합과 한 개의 고립전자쌍을 가져 다섯 개의 전자군을 가진다. 이들 전자군 배열은 삼각 쌍뿔 모양이므로 중심 원자 S는 sp^3d 혼성이다. 이것은 한 개의 3*s*, 세 개의 3*p*, 한 개의 3*d* 오비탈이 혼합된 것이다. 혼성 오비탈 중 한 개는 고립 전자쌍으로 채워지고 네 개는 절반만 채워지며, F 원자와 네 개의 결합을 형성할 때 사용된다. 혼성화되지 않은 네 개의 3*d* 오비탈은 비어 있다.

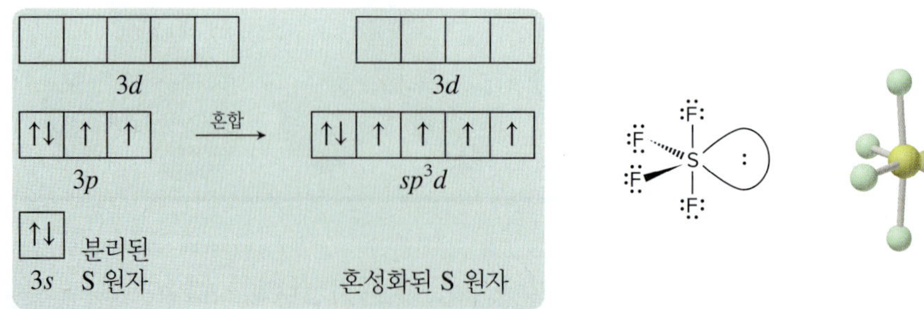

▶ **보충 문제**

11.1A 다음 분자들에서 각 중심 원자의 혼성은 무엇인가? 부분 오비탈 도표를 사용하여 중심 원자의 원자 오비탈을 섞어서 어떻게 혼성 오비탈을 형성하는지 보여라. **(a)** 플루오린화 베릴륨(BeF_2) **(b)** 사염화 실리콘($SiCl_4$) **(c)** 사플루오린화 제논(XeF_4)

11.1B 다음 분자들에서 각 중심 원자의 혼성은 무엇인가? 부분 오비탈 도표를 사용하여 중심 원자의 원자 오비탈을 섞어서 어떻게 혼성 오비탈을 형성하는지 보여라.
(a) 이산화 질소(NO_2) **(b)** 삼염화 인(PCl_3) **(c)** 이플루오린화 크립톤(KrF_2)

유사 문제 11.7~11.12, 11.15~11.18

혼성화 개념의 한계 VSEPR과 VB 이론은 관찰된 분자 모양을 합리적으로 설명한다. 그러나 몇몇 경우에는 이론이 다른 사실들과 일치하지 않는다.

1. *혼성화를 적용하지 못하는 경우: 큰 비금속 수소화물*. H_2S의 Lewis 구조와 결합각을 생각해 보자.

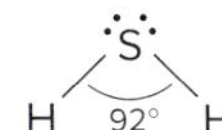

VSEPR 이론에 의하면 H_2O처럼 H_2S 주위의 네 개 전자군은 사면체의 꼭지점을 향하고 두 개의 고립 전자쌍이 H—S—H 결합각을 이상적인 109.5° 미만으로 감소시킨다고 예측할 것이다. VB 이론에 의하면 S 원자의 3*s*와 3*p* 오비탈이 혼합하여 네 개의 sp^3 혼성 오비탈을 형성하고 그 중 두 개를 고립 전자쌍이 채우고 다른 두 개는 두 H 원자의 1*s* 오비탈과 겹쳐서 결합 전자쌍이 채운다고 제안할 것이다.

그러나 관찰 결과는 이와 다르다. 결합각 92°는 *혼성화하지 않은* *p* 오비탈 사이 각 90°에 가깝다. 비슷한 결합각이 다른 5A(15)족과 6A(16)족의 비금속 수소화물에서도 발견된다. 관찰한 사실과 부합하지 않으면 왜 그 이론을 적용하겠는가? 결합 길이, 원자 크기, 정전기적 반발력 같은 실제적인 인자가 모양에 영향을 미친다. 더 커다란 원자는 H와의 결합 길이가 길어질 것이고 반발력이 감소한다. 따라서 *혼성화하지 않은* 오비탈이 겹치는 것으로도 이 모양들을 설명할 수 있다.

2. *d-오비탈 혼성화는 덜 중요하다. 확장된 원자가 껍질을 갖는 분자의 모양*. VB 이론은 원자가 껍질이 확장된 형태의 sp^3d 및 sp^3d^2 혼성 오비탈의 형성을 제안한다. 그러나 최근의 양자 역학적 계산에 의하면 *d* 오비탈은 에너지가 너무 높아서 같은 *n* 값을 갖는 더 안정한 *s*와 *p* 오비탈과는 효과적으로 혼성화할 수 없다. 따라서 예를 들면 SF_6는 따라서 예를 들면 SF_6에서 중심 원자 S는 결합을 형성하기 위해 sp^3d^2 혼성 오비탈 대신에 *sp* 혼성 오비탈과 혼성화하지 않은 3*p* 오비탈의 조합을 이용할 때 가장 안정한 결합을 이룬다고 제안하는 이가 있다. 분자 오비탈 또는 이온 구조와 관련된 설명을 더 선호하는 사람들도 있다. 우리는 분자가 반드시 우리의 모형(이론)에 들어맞아야 할 필요가 없다는 것을 염두에 두어야 한다. 그 대신 우리는 우리의 모형에 한계를 인식하고 새로운 정보를 반영하여 모형을 수정해 나가야 한다. VB 이론은 확장된 원자가 껍질을 가진 분자의 기하학적 구조를 성공적으로 설명하기 때문에 이 책에서 우리는 확장된 원자가 껍질을 가진 분자에 대해 전통적인 *d*-오비탈 혼성화 모형을 계속 이용할 것이다. 하지만 이 모형의 한계를 인식하고 있어야 한다.

› 11.1절 요약

- VB 이론에 의하면 두 원자 오비탈이 겹쳐지고 반대 스핀으로 쌍을 이루는 두 전자가 겹친 영역을 점유할 때 공유 결합이 형성된다.
- 분자의 모양을 설명하기 위해 VB 이론은 결합을 형성하는 동안 원자 오비탈이 혼합되어 전혀 다른 모양과 배향을 가진 혼성 오비탈을 형성한다고 제안한다. 이 과정에서 더 많이 겹칠수록 더 강한 결합이 형성된다.
- 관찰한 분자 모양(전자군 배열)에 근거하여, 그 모양을 설명할 수 있는 혼성 오비탈의 형태를 가정한다. 많은 경우, 특히 큰 중심 원자를 가진 분자의 경우 혼성화의 개념을 적용하는 데에 한계가 있다.

11.2 오비탈 겹침의 방식과 공유 결합의 유형

오비탈은 두 가지 방식(끝과 끝 및 옆과 옆)으로 겹칠 수 있다. 이 두 가지 방식이 공유 결합의 두 가지 형태(*시그마* 결합과 *파이* 결합)를 만든다. 여기서 이 두 형태를 VB 이론으로 기술하고, 뒤에 분자 오비탈 이론으로도 설명한다.

단일 결합과 다중 결합의 오비탈 겹침

에테인(C_2H_6), 에틸렌(C_2H_4), 아세틸렌(C_2H_2)은 모양이 서로 다르다. 에테인은 두 탄소 원자 주위에 이상적인 결합각 109.5°에 가까운 사면체 구조를 하고 있다. 에틸렌은 두 탄소 원자 주위에 이상적인 결합각 120°에 가까운 삼각 평면 구조를 갖는다. 아세틸렌은 결합각이 180°인 선형이다.

~109.5° 에테인 | ~120° 에틸렌 | 180° H—C≡C—H 아세틸렌

이들 분자에서 오비탈이 두 가지 방식으로 겹치는 결과로 두 가지 유형의 결합이 만들어진다.

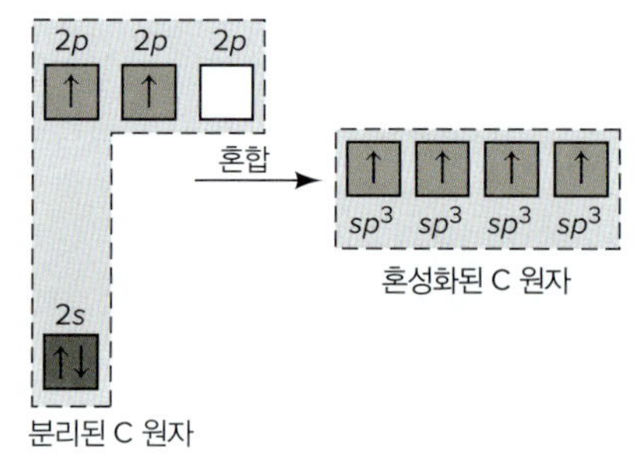

끝과 끝 겹침과 시그마(σ) 결합 에테인의 두 C 원자는 sp^3 혼성화한다. C의 네 개의 원자가 전자는 각 네 개의 sp^3 혼성 오비탈의 반만 채운다. C—C 결합은 한 sp^3 혼성 오비탈의 끝이 다른 혼성 오비탈의 끝과 겹쳐져서 형성된다(그림 11.10). 여섯 개의 C—H 결합은 C 원자의 sp^3 혼성 오비탈과 수소 원자의 1*s* 오비탈이 겹쳐져 만들어진다. 에테인의 모든 결합은 **시그마 결합**[sigma (σ) bond]이다.

- 시그마(σ) 결합은 *끝과 끝* 겹침으로 형성된다.
- 시그마 결합은 *결합 축을 따라 전자 밀도가 가장 높고*, 타원형을 축 주위로 회전시킨 모양(미식 축구공 모양)이다.
- *단일 결합은 모두 σ 결합*이다.

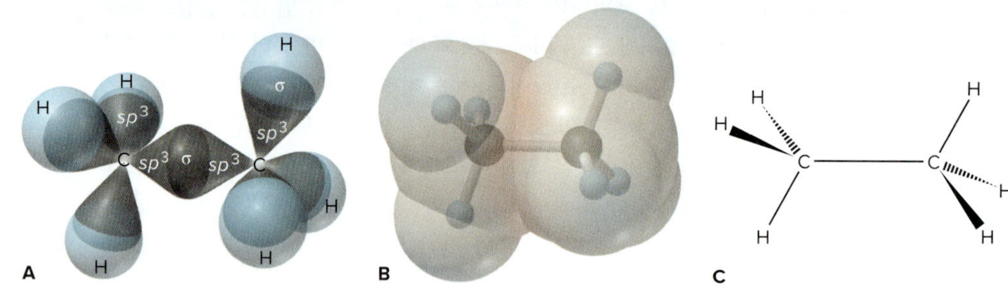

그림 11.10 에테인(C_2H_6)에서의 σ 결합. **A.** 원자 오비탈 윤곽선 그림. **B.** 전자 밀도 모형은 매우 약한 양의 영역(*파란색*)과 음의 영역(*빨간색*)을 보여준다. **C.** 에테인 분자의 쐐기-결합 원근법 구조 그림.

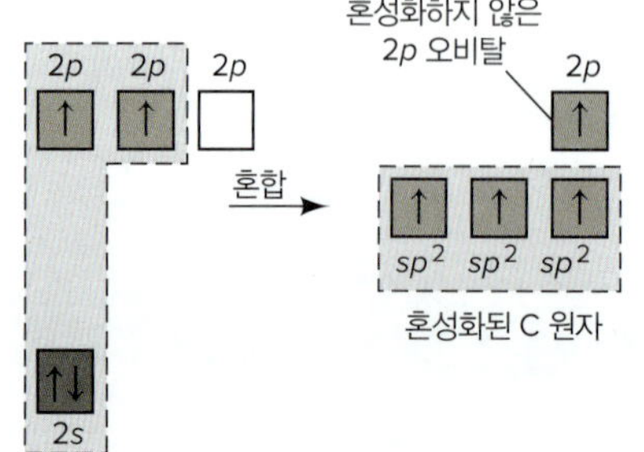

옆과 옆 겹침과 파이(π) 결합 에틸렌과 아세틸렌에서 이런 유형의 결합을 살펴본다.

1. *에틸렌에서* 각 C 원자는 sp^2 혼성화되어 있다. C의 4개 원자가 전자는 3개의 sp^2 오비탈과 혼성화하지 않은 2*p* 오비탈을 반으로 채운다. 혼성화하지 않은 2*p* 오비탈은 sp^2 면에 수직이다(그림 11.11). 각 C 원자의 두 sp^2 오비탈은 C—H σ 결합을 형성한다. 세 번째 sp^2 오비탈은 다른 탄소와 σ 결합을 형성한다. 세 번째 sp^2 오비탈은 다른 탄소와 σ 결합을 형성한다. σ 결합을 한, 인접한 탄소의 반으로 채워진 2*p* 오비탈은 옆과 옆으로 겹쳐서 **파이 결합**[pi (π) bond]을 형성한다.

- 파이 결합은 오비탈들의 *옆과 옆* 겹침으로 형성된다.

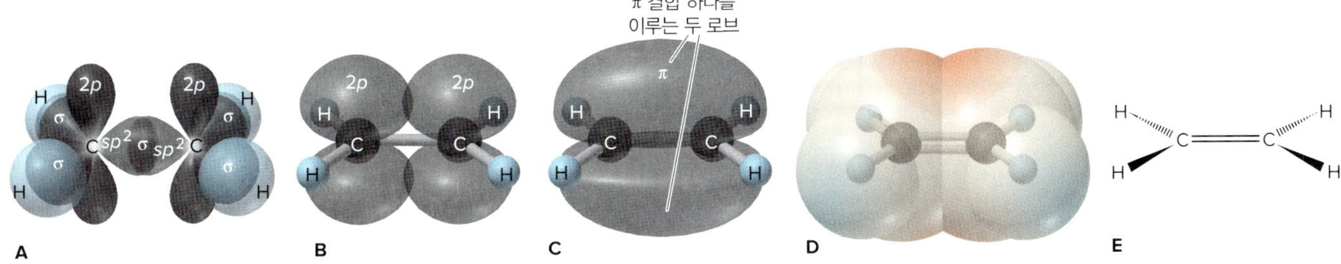

그림 11.11 에틸렌(C_2H_4)에서의 σ 결합과 π 결합. **A.** C—C σ 결합, 4개의 C—H σ 결합 그리고 혼성에 참여하지 않은 2*p* 오비탈을 나타내었다. **B.** 2*p* 오비탈들이 옆과 옆으로 겹치는 것을 보여주는 그림. σ 결합은 공-막대 모형으로 나타내었다. **C.** 2개의 겹친 영역이 2개의 전자로 채워진 1개의 π 결합을 형성한다. **D.** C 원자 사이에 4개의 전자(σ 결합 1개와 π 결합 1개)가 있으므로 그 영역에서 전자 밀도(*빨간색*)가 높다. **E.** 에틸렌 분자의 쐐기-결합 원근법 구조 그림.

- 파이 결합은 두 개의 *전자 밀도 영역(로브)*을 갖는데, 하나는 σ 결합 축의 위에, 다른 하나는 아래에 있다. π *결합에 들어 있는 두 전자는 두 로브를 채운다.*
- 이중 결합은 σ 결합 한 개와 π 결합 한 개로 이루어져 있어서 핵 사이 전자 밀도가 높아진다(그림 11.11D). 두 개의 전자쌍은 서로 다른 오비탈을 차지하고 있기 때문에 반발력이 줄어들며, 마치 하나의 전자군처럼 거동한다.

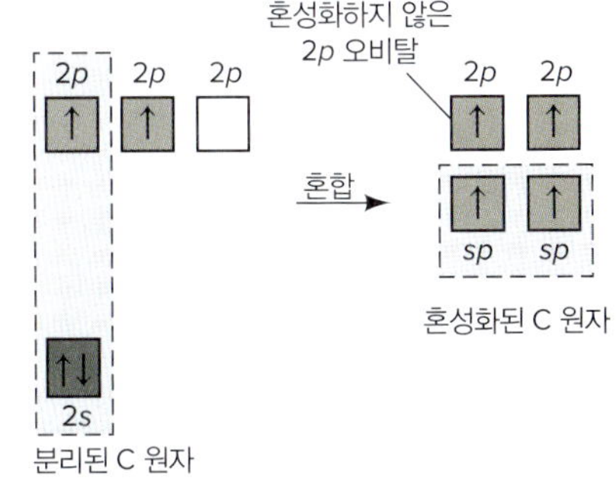

2. *아세틸렌의 경우*, 각 C 원자는 *sp* 혼성화되어 있으며 네 개의 원자가 전자는 두 *sp* 혼성 오비탈과 혼성화되지 않은 두 2*p* 오비탈을 반만 채운다. 각 C 원자는 *sp* 오비탈 한 개로 C—H σ 결합을 형성하고, 다른 *sp* 오비탈로 C—C σ 결합을 형성한다(그림 11.12). 한 쌍의 2*p* 오비탈은 옆-옆 겹침으로 σ 결합 아래와 위에 전자 밀도를 가지는 π 결합을 형성한다. 다른 한 쌍의 2*p* 오비탈은 옆과 옆 겹침으로 두 번째 π 결합을 만드는데, 첫 π 결합과는 90°를 이루며 전자 밀도는 σ 결합의 앞과 뒤에 놓인다. 그 결과로 *원통형 대칭*인 H—C≡C—H 분자가 만들어진다. 6개의 결합 전자가 C 원자 사이의 전자 밀도를 더 높아지게 한다는 것을 주목하자.

- 삼중 결합은 *한 개의 σ 결합과 두 개의 π 결합으로 이루어진다.*

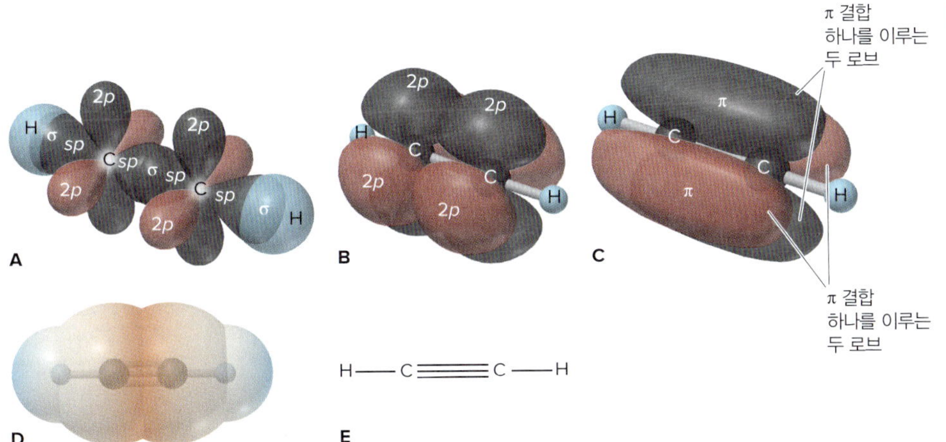

그림 11.12 아세틸렌(C_2H_2)에서의 σ 결합과 π 결합. **A.** C—C σ 결합, 2개의 C—H σ 결합, 혼성에 참여하지 않은 2개의 2*p* 오비탈(분명하게 보이도록 한 쌍은 *빨간색*으로 나타냄)을 보여주는 윤곽선 그림. **B.** 2*p* 오비탈들(정확한 모양)이 옆과 옆으로 겹친다. σ 결합은 공-막대 모형으로 나타내었다. **C.** 2개의 π 결합의 겹친 영역(하나는 검은색, 다른 하나는 빨간색으로 표시). **D.** 분자는 원통형 대칭이다. 6개의 전자(σ 결합 1개와 π 결합 2개)가 C 원자 사이에 전자 밀도(*빨간색*)를 더욱 높게 한다. **E.** 아세틸렌 분자의 결합-선 그림.

겹침 방식, 결합 길이 및 결합 차수 옆과 옆 겹침이 끝과 끝 겹침보다 적게 겹치기 때문에 π 결합은 σ 결합보다 약하다. 따라서 탄소—탄소 결합에서 이중 결합의 세기는 단일 결합의 두 배보다 작다(표 9.2 참조). 그림 11.13은 세 가지 탄소—탄소 결합을 전자 밀도 입체 지도로 묘사한 것이다. 핵 사이 전자 밀도가 단일 결합에서 이중 결합을 거쳐 삼중 결합으로 갈수록 높아지는 것을 주목하자.

고립 전자쌍 반발, 결합 극성과 다른 여러 인자들이 원자 내 서로 다른 전자쌍들이 겹치는 데 영향을 미친다. 그럼에도 불구하고 결합 차수로 보면 근사적으로 이중 결합(BO = 2)의 세기는 단일 결합(BO = 1)의 약 두 배, 삼중 결합(BO = 3)은 약 세 배 정도 강하다.

그림 11.13 에테인, 에틸렌, 아세틸렌의 전자 밀도와 결합 차수.

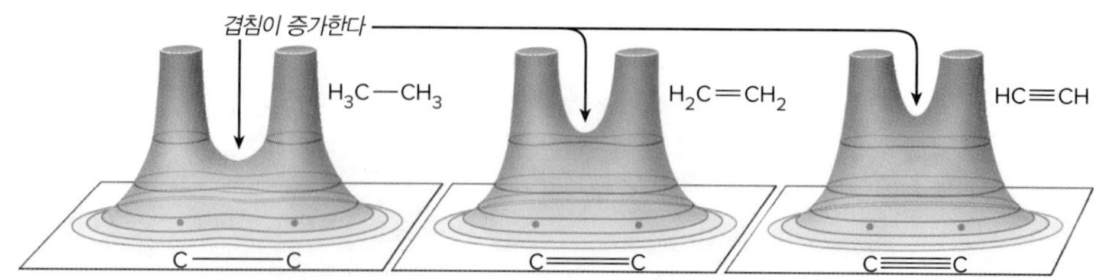

예제 11.2 | 분자 내 오비탈과 결합 유형

문제 (a) 아세톤 $(CH_3)_2CO$의 오비탈과 결합 유형을 설명하라.

(b) 좌측 구조식의 안트라닐산 메틸(methyl anthranilate)은 사탕과 음료에 포도 맛을 내는 물질로 사용된다. 번호가 매겨진 C 원자(C_1 및 C_2), N 원자, 두 개의 O 원자가 사용하는 혼성 오비탈의 유형과 분자의 π 결합 개수를 나타내어라.

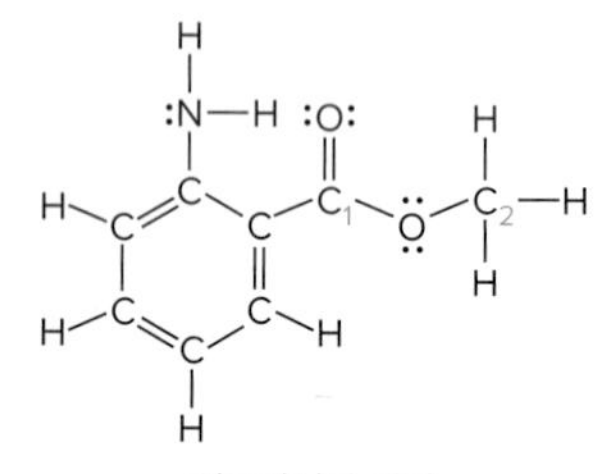

안트라닐산 메틸
(methyl anthranilate)

계획 (a) 각 중심 원자 주위의 모양을 이용하여 혼성 오비탈을 가정하고, 혼성화되지 않은 오비탈을 사용하여 C—O 결합을 만든다. **(b)** 각 원자 주위의 모양을 이용하여 혼성 오비탈을 가정하고, π 결합 개수를 계산하기 위해 이중 결합은 1개의 σ 결합과 1개의 π 결합으로 구성되어 있음을 고려한다.

풀이 (a) 두 CH_3(메틸) 기의 C는 사면체 모양이고 중앙의 C는 삼각 평면 모양이다(예제 10.8 참조). 따라서 중앙의 C는 세 개의 sp^2 혼성 오비탈과 한 개의 혼성화되지 않은 p 오비탈을 가진다. 두 메틸기의 C는 네 개의 sp^3 오비탈을 가진다. 이들 중 세 개는 H 원자의 $1s$ 오비탈과 σ 결합을 형성하고 나머지 네 번째 오비탈은 중앙 C 원자의 sp^2 오비탈과 σ 결합을 형성한다. 따라서 중앙 C 원자의 sp^2 혼성 오비탈 3개 중 2개는 다른 C와 두 개의 σ 결합을 형성한다.

O 원자는 sp^2 혼성화되어 있고 π 결합을 할 수 있는 혼성화되지 않은 p 오비탈 1개를 가지고 있다. O 원자의 두 sp^2 오비탈은 고립 전자쌍을 채우고, 세 번째 오비탈은 중심 C 원자의 세 번째 sp^2 오비탈과 σ 결합을 형성한다. C와 O 원자의 반으로 채워진 $2p$ 오비탈은 π 결합을 형성한다. σ 결합과 π 결합이 C=O 결합을 이룬다.

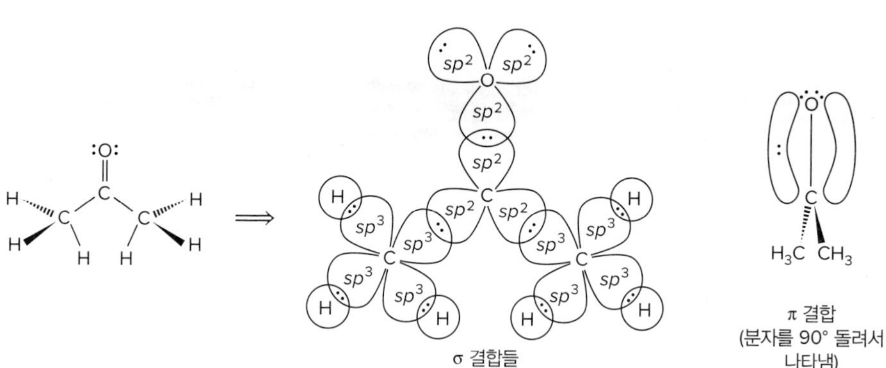

(b) 세 개의 전자군을 가진 C_1은 삼각 평면 모양과 sp^2 혼성 오비탈을 갖는다. C_2, N 그리고 단일 결합을 갖는 O 원자는 모두 네 개의 전자군으로 사면체 전자군 배열을 가지며 sp^3 혼성 오비탈에 사용된다. 이중 결합을 나타내는 O 원자는 세 개의 전자군으로 삼각 평면 전자군 배열 및 sp^2 혼성 오비탈을 가진다. 분자에는 네 개의 이중 결합(세 개의 C=C 결합과 한 개의 C=O 결합)이 있어 총 네 개의 π 결합을 갖는다.

해설 아세톤에 있는 O 원자가 왜 혼성화되어 있는가? 두 개의 서로 수직인 p 오비탈을 사용하여 C 원자와 σ 결합과 π 결합을 형성하고 다른 p와 s 오비탈을 남겨 두어서 고립 전자쌍을 가지도록 할 수 있을 것이다. 그렇게 하는 대신 고립 전자쌍을 sp^2 오비탈에 두는 것은 C=O로부터 멀리 떨어지게 하여 전자-전자 반발을 감소시키기 위한 것이다.

▶ **보충 문제**

11.2A 다음 분자 내 결합과 오비탈의 형태를 설명하라.

(a) 사이안화 수소(HCN) (b) 요소(urea) (H_2NCNH_2 에서 C=O)

11.2B 카페인(caffeine) 구조는 우측과 같다.

(a) 번호가 매겨진 각 C, N, O 원자의 혼성 오비탈은 무엇인가? (b) 카페인 분자는 몇 개의 σ 결합과 π 결합을 가지고 있는가?

유사 문제 11.21~11.24, 11.46, 11.47, 11.56

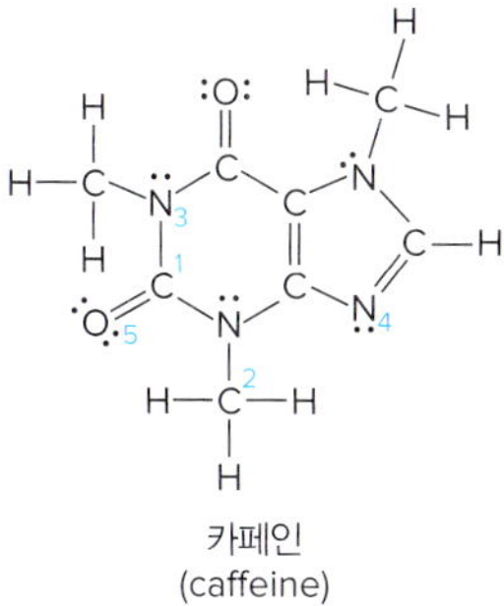

카페인 (caffeine)

오비탈 겹침과 분자 내 회전

겹침의 형태(끝과 끝 또는 옆과 옆)은 결합 주위의 회전에 영향을 미친다.

- *시그마 결합.* σ 결합은 겹침의 정도는 회전에 의한 영향을 받지 않기 때문에 *자유로운 회전이 가능*하다. 에테인의 CH_3 기 한 개를 고정시키면 다른 CH_3 기는 C—C σ 결합의 겹침에 아무런 영향을 끼치지 않고 회전할 수 있다(그림 11.10 참조).
- *파이 결합.* π 결합은 *p* 오비탈이 효과적으로 겹치기 위해 반드시 서로 평행해야 하기 때문에 *회전이 제한된다.* 에틸렌의 CH_2 기 하나를 잡고, 다른 CH_2 기를 돌리면 옆과 옆 겹침이 감소하여 π 결합이 깨어진다. 이런 이유로 1,2-dichloroethylene과 같은 화합물은 명확히 다른 *시스*와 *트랜스* 구조를 갖는다(10.3절 참조). 그림 11.14가 보여주는 것처럼 π 결합을 하고 있는 C 원자는 두 가지 *서로 다른* 원자 배열을 가지며, 원자 배열이 분자 극성에 중요한 영향을 미친다. 삼중 결합 주위의 회전은 의미가 없다. 삼중 결합을 하고 있는 C 원자는 다른 기와 선형 배열로 결합하고 있기 때문에 상대적인 위치에 아무런 변화가 없다.

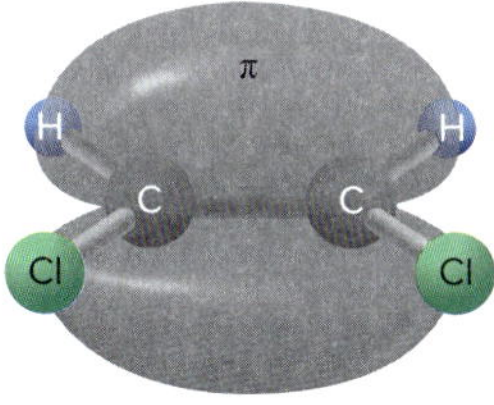

cis-1,2-Dichloroethylene

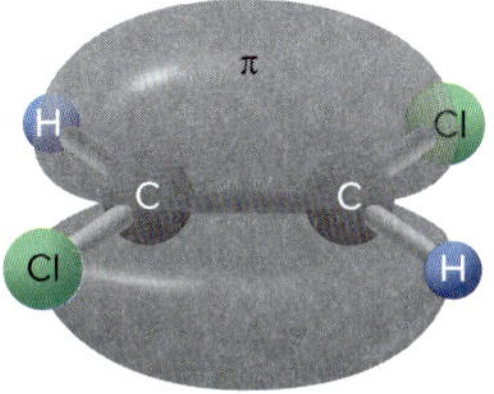

trans-1,2-Dichloroethylene

그림 11.14 π 결합의 회전 제한.
π 결합의 회전이 제한되기 때문에 *시스*-와 *트랜스*-1,2-dichloroethylene은 서로 다른 분자이다.

11.2절 요약

- 원자 오비탈의 끝과 끝 겹침은 σ 결합을 형성하고, 분자의 결합 부분의 회전이 자유롭다.
- 다중 결합은 한 개의 σ 결합과 한 개(이중 결합) 또는 두 개(삼중 결합)의 π 결합으로 이루어진다. 다중 결합은 단일 결합보다 핵 사이에 전자 밀도가 더 높고 따라서 결합 에너지가 더 크다.
- π 결합에서 오비탈의 옆과 옆 겹침은 회전을 제한한다.

11.3 분자 오비탈(MO) 이론과 전자 비편재화

과학자들은 그들에 제기하는 질문을 가장 잘 설명하는 모형을 선택한다. 분자 모양에 대해서는 VSEPR 이론이 적합하며, 오비탈의 겹침에 대해서는 VB 이론이 잘 설명해 준다. 그러나 이 두 이론 중 어느 것도 자기적 성질과 분광학적 성질을 정확히 설명하지 못하며, 전자 비편재화의 중요성이 과소평가된다. 분자 에너지 준위가 관여하는 이러한 현상들을 설명하기 위해 화학자들은 **분자 오비탈 이론**[molecular orbital (MO) theory]을 이용한다. MO 모형은 8장에서 원자에 적용했던 것과 유사한, 분자에 대한 양자역학 모형이다. 원자에 전자들이 차지하는 특정 에너지와 모양의 원자 오비탈(AO)들이 있듯이, 분자에도 분자에 속한 전자들이 차지하는 특정 에너지와 모양의 **분자 오비탈**(molecular orbital, MO)이 있다.

VB와 MO 이론 사이에는 다음과 같은 핵심적인 차이점이 있다.

- VB 이론은 분자를 *편재된* 전자가 차지하고 있는 원자가 껍질 원자 오비탈 또는 혼성 오비탈의 겹침을 통해 결합한 원자군으로 묘사한다.
- MO 이론은 분자를 *비편재화된* 전자가 차지한 분자 전체에 확장되어 있는 오비탈을 가진 핵의 집합으로 묘사한다.

MO 이론은 유용하지만 VSEPR 이론의 분자 모양이나 VB 이론의 혼성 오비탈과 달리 MO를 시각화하기 어렵다는 단점이 있다.

MO 이론의 핵심 주제

MO 이론의 몇 가지 주요 개념은 H_2와 다른 간단한 화학종들을 기술하는 과정에서 보게 될 것인데, MO가 어떻게 형성되며, 그들의 에너지와 모양은 어떠하며, 또 전자를 어떻게 채워가는가에 관한 것들이다.

분자 오비탈 형성 둘 이상의 전자를 가진 원자의 Schrödinger 방정식을 풀기 위해 근사법이 필요했던 것처럼(8장 참조) 가장 간단한 분자인 H_2의 MO를 결정하기 위해서도 근사법을 써야한다. 이 근사법은 이웃하고 있는 원자의 AO(원자 파동함수)를 수학적으로 *조합*(더하거나 빼는 것)하여 MO(분자 파동함수)를 만드는 것이다. 따라서 두 개의 H 원자가 서로 가까이 있을 때 그들의 AO는 두 가지 조합에 의해 겹쳐진다.

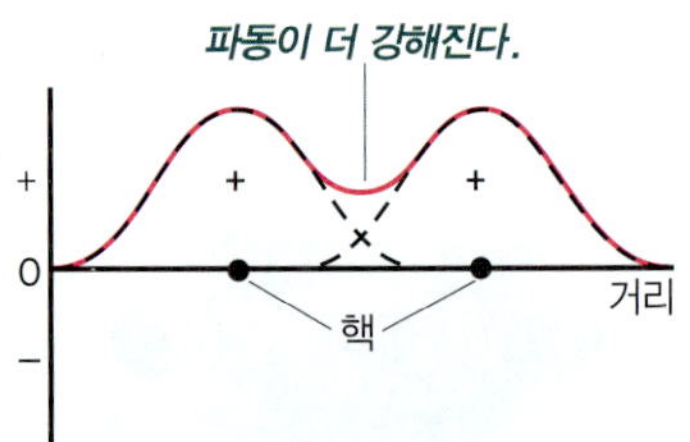

A. 파동함수의 진폭이 더해진다.

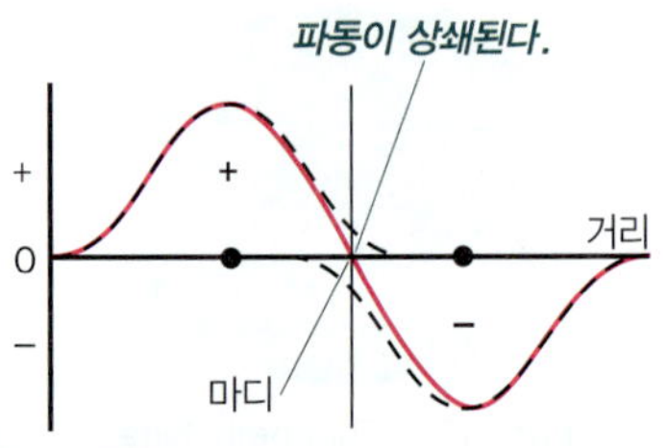

B. 파동함수의 진폭이 빼진다.

그림 11.15 빛의 파동과 원자 파동함수의 유사성.

- *파동함수 더하기*. 이 조합은 *핵 사이에 전자 밀도가 더 높은 영역*을 갖는 **결합성 MO**(bonding MO)를 형성한다. 더하기 겹침은 진폭을 더 크게 하고 빛을 더 밝게 하는 광파의 보강 간섭과 비슷하다. 전자 파동의 경우, 겹침은 핵 사이에서 전자가 존재할 확률을 *증가*시킨다(그림 11.15A).
- *파동함수 빼기*. 이 조합은 *핵 사이에 전자 밀도가 0이 되는 영역인 마디*를 갖는 **반결합성 MO**(antibonding MO)를 형성한다(그림 11.15B). 빼기 겹침은 빛을 사라지게 하는 광파의 상쇄 간섭과 비슷하다. 전자 파동의 경우 빼기 겹침은 핵 사이에서 전자가 존재할 확률을 0으로 *감소*시키는 것이다.

수소 원자 H_A와 H_B의 가능한 두 가지 조합은 다음과 같다.

H_A의 AO + H_B의 AO = H_2의 결합성 MO (핵 사이에 e^- 밀도가 높음)

H_A의 AO − H_B의 AO = H_2의 반결합성 MO (핵 사이에 e^- 밀도가 낮음)

*조합한 AO의 수는 언제나 형성된 MO의 수와 같다*는 점을 유의하자. 두 개의 H 원자 오비탈을 조합하여 두 개의 H_2 분자 오비탈, 즉 한 개의 결합성 MO와 한 개의 반결합성 MO가 형성된다.

H_2 분자 오비탈의 모양과 에너지 결합성 MO와 반결합성 MO는 서로 다른 모양과 에너지를 갖는다. 그림 11.16은 H_2의 오비탈들을 나타낸 것이다.

- *결합성 MO*. 결합성 MO는 MO를 형성한 AO보다 *에너지가 낮다*. 전자 밀도가 대부분 핵 사이에 분포되기 때문에 핵 사이 반발력은 감소하고 핵-전자 간 인력은 증가한다. 더구나 MO에 있는 두 전자는 분리된 AO보다 더 큰 공간에 전하를 퍼지게 해서 전자 간 반발력을 줄일 수 있다. 이러한 정전기적 효과 때문에 전자가 결합성 MO에 채워지면 H_2 분자는 분리된 H 원자 때보다 *더 안정*해진다.
- *반결합성 MO*. 반결합성 MO는 형성에 참여한 AO보다 *에너지가 높다*. 핵 사이의 *외부* 영역에 대부분의 전자 밀도가 존재하고 *핵 사이에 마디*가 존재하기 때문에 핵 사이의 반발력이 증가한다. 그러므로 전자가 반결합성 MO에 채워지면 H_2 분자는 분리된 H 원자보다 *불안정*하다.

그림 11.16 H_2의 결합성 MO와 반결합성 MO의 윤곽선과 에너지.

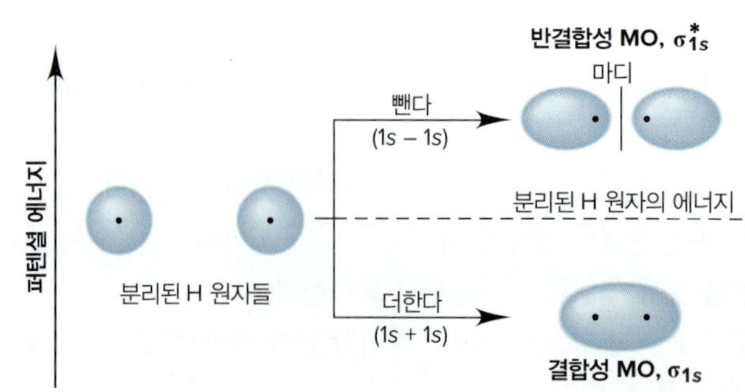

H_2의 결합성 MO와 반결합성 MO 모두 핵과 핵을 잇는 가상적 선 주위로 원통형 대칭이기 때문에 **시그마(σ) MO**이다(11.2절의 σ 결합과 유사).

- 결합성 MO를 σ_{1s}로 표시하는데, 1*s* AO에서 만들어진 σ MO라는 뜻이다.
- 반결합성 분자 오비탈에는 위첨자 별표를 붙인다. 1*s* AO에서 형성된 반결합성 MO는 σ^*_{1s}('sigma one ess star'라고 읽음)이다.

AO들이 상호작용하여 MO를 형성하기 위해서는 AO들의 *에너지*와 *배향*(orientation)이 비슷해야 한다. H 원자의 1*s* 오비탈은 에너지와 배향이 같아 강하게 상호작용을 한다. 다전자 원자로 이루어진 분자들에 대한 이 필요 조건은 뒤에서 다시 살펴볼 것이다.

분자 오비탈 내의 전자 MO 이론의 몇 가지 특징들(MO에 전자 채우기, 에너지 준위 그림, 전자 배치, 결합 차수)은 앞에서 나온 개념들과 연관이 있다.

1. *MO에 전자 채우기*. AO에 전자가 들어가는 것과 같은 방식으로 MO에 전자가 들어간다.

- 에너지가 증가하는 순서로 MO를 채운다(쌓음 원리).
- MO 한 개는 서로 반대 스핀 전자를 최대 두 개 가질 수 있다(Pauli 배타 원리).
- 같은 에너지를 갖는 오비탈들의 경우에는 어느 하나를 완전히 채우기 전에 먼저 나란한 스핀 전자로 각 오비탈의 반을 채운다(Hund의 규칙).

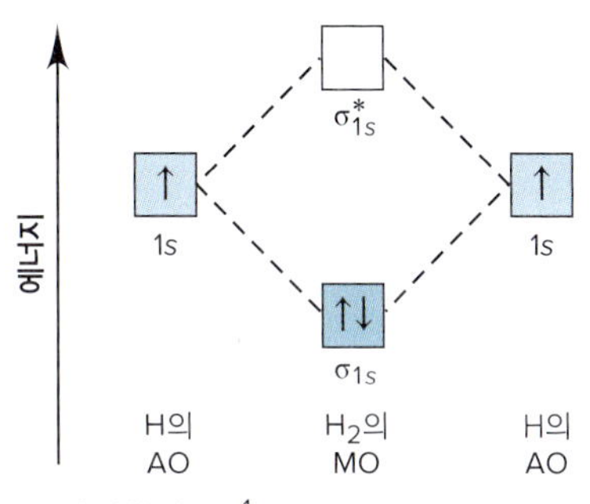

그림 11.17 H_2의 MO 도표. 상자들의 세로 위치는 상대적인 에너지를 나타낸다. 오비탈의 전자 점유는 화살표와 색깔로 나타내었다(진한 색 = 완전히 채워짐, 옅은 색 = 1개만 채워짐, 무색 = 비어 있음).

2. *MO 에너지 준위 도표*. **분자 오비탈 도표**[molecular orbital (MO) diagram]는 각 MO 의 상대적 에너지와 전자수 그리고 형성하는 데 참여한 AO들을 나타낸다. H_2의 MO 도표(그림 11.17)에서는 각 H원자의 AO에서 하나씩 온 전자 두 개가 H_2의 결합성 MO를 채운다. 에너지가 더 높은 반결합성 MO는 비어 있다.

3. *전자 배치*. 원자의 전자 배치를 쓰는 것과 똑같이 분자의 전자 배치를 쓸 수 있다. 전자로 채워진 각 MO의 기호를 괄호 안에 쓰고 전자의 수를 괄호 밖 위첨자로 표시한다. 즉, H_2의 전자 배치는 $(\sigma_{1s})^2$이다.

4. *결합 차수*. Lewis 구조에서 결합 차수는 원자-원자 연결당 전자쌍의 수이다. **MO 결합 차수**(MO bond order)는 결합성 MO 내의 전자수에서 반결합성 MO 내의 전자수를 빼고 이를 2로 나눈 값이다.

$$\text{결합 차수} = \tfrac{1}{2}[(\text{결합성 MO의 전자수}) - (\text{반결합성 MO의 전자수})] \quad \textbf{(11.1)}$$

MO 결합 차수에 대한 세 가지 요점은 다음과 같다.

- 결합 차수 > 0: 분자는 분리된 원자보다 더 안정하므로 결합이 *형성된다*. H_2의 결합 차수는 $\frac{1}{2}(2-0) = 1$.
- 결합 차수 = 0: 분자의 안정성은 분리된 원자의 안정성과 같으므로 결합은 *형성되지 않는다*(결합성 MO와 반결합성 MO에 채워진 전자수가 같을 때임).
- 일반적으로 결합 차수가 높을수록 결합은 *더 강하다*.

He_2^+와 He_2가 존재할까? MO 이론의 초기 성과 중 하나는 He 핵 2개와 전자 3개로 구성된 헬륨 분자 이온(He_2^+)의 존재를 예측한 것이다. MO 도표를 써서 He_2는 존재할 수 없으나 He_2^+는 존재할 수 있는 이유를 알아보자.

- He_2^+에서는 1*s* AO들이 MO를 형성한다(그림 11.18A). 이온이 지닌 세 개의 전자들 중 σ_{1s} MO에 두 개, σ^*_{1s} MO에 홀전자 한 개가 분배된다. 결합 차수는 $\frac{1}{2}(2-1) = \frac{1}{2}$이다. 따라서 He_2^+는 비교적 약한 결합을 갖기는 하지만 반드시 존재한다. 사실 이 화학종은 He 원자와 He^+ 이온이 충돌할 때 흔히 관찰된다. 전자 배치는 $(\sigma_{1s})^2(\sigma^*_{1s})^1$이다.
- He_2에서는 σ_{1s}와 σ^*_{1s} MO에 전자가 2개씩 채워지므로 결합성과 반결합성 MO 모두 채워진다(그림 11.18B). 결합성 MO 내의 전자쌍으로 인한 안정성은 반결합성 MO 내의 전자쌍에 의해 상쇄된다. 우리가 예측한 결합 차수가 $0[\frac{1}{2}(2-2) = 0]$이므로 공유 결합성 He_2 분자는 존재하지 않으며 이는 실험적으로 확인되었다.

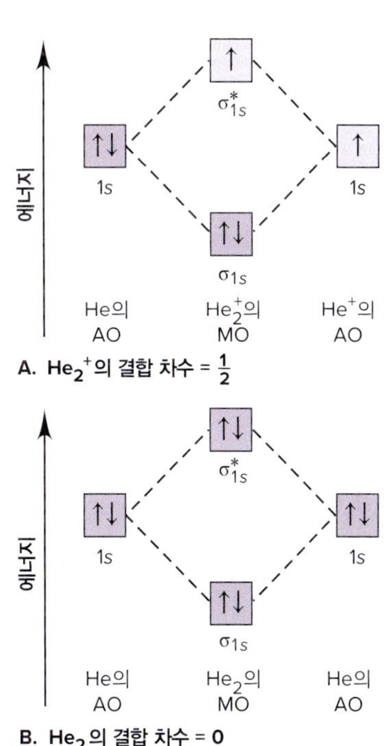

그림 11.18 He_2^+와 He_2의 MO 도표.

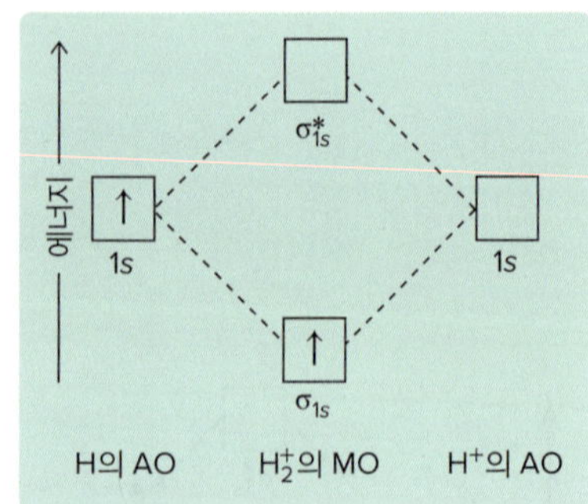

예제 11.3 | MO 도표를 이용하여 화학종 안정성 예측하기

문제 MO 도표를 이용하여 H_2^+의 결합 차수를 구하고 H_2^+가 존재할 수 있는지 예측하라. 만약 존재한다면 전자 배치를 써라.

계획 $1s$ AO가 MO를 형성하므로 MO 도표는 H_2와 같다. 전자수를 구하고 에너지가 증가하는 순서로 MO에 한 번에 하나씩 채운다. 결합 차수는 식 (11.1)을 이용하여 계산하고 전자 배치는 책에서 기술한 방법대로 쓴다.

풀이 H_2는 전자가 두 개다. 따라서 H_2^+는 전자가 한 개이다. 이 전자는 결합성 MO에 들어간다(*옆 그림 참조*). 결합 차수는 $\frac{1}{2}(1-0)=\frac{1}{2}$이다. 따라서 H_2^+는 존재할 것으로 예상된다. 전자 배치는 $(\sigma_{1s})^1$이다.

검산 MO의 전자수와 AO의 전자수가 동일하다.

해설 이 화학종은 별 주변에 존재하는 물질에서 분광학적으로 검출되었다.

▶ 보충 문제

11.3A MO 도표를 이용하여 H_2^{2-}의 결합 차수를 구하고, 두 개의 H^- 이온이 H_2^{2-}을 형성할 수 있는지 예측하라. 존재한다면 전자 배치를 써라.

11.3B MO 도표를 이용하여 He_2^{2+}의 결합 차수를 구하고, 두 개의 He^+ 이온이 He_2^{2+}을 형성할 수 있는지 예측하라. 존재한다면 전자 배치를 써라.

유사 문제 11.55

2주기 원소의 동핵 이원자 분자

동핵 이원자 분자(homonuclear diatomic molecules)는 두 개의 동일한 원자로 이루어진다. 1주기의 H_2 이외에 표준 조건에서 원소 상태로 존재하는 2주기의 N_2, O_2, F_2는 이미 익숙할 것이다. 2주기의 다른 것들(Li_2, Be_2, C_2, Ne_2)도 높은 온도에서 관측된다. 이들을 1A(1)족과 2A(2)족의 s 블록과 3A(13)족에서 8A(18)족의 p 블록으로 나눈다.

s 블록에 속한 동핵 이원자 분자의 결합 Li과 Be은 둘 다 정상 조건에서 금속으로 존재하지만, MO 이론으로 이원자 기체로서의 이리튬(Li_2)과 이베릴륨(Be_2)의 안정성을 검토해 볼 수 있다.

이들 원자는 내각($1s$)과 외각($2s$) AO에 전자들을 가지고 있지만 일반적으로 *외각(원자가) AO만이 충분한 상호작용을 하여 MO를 형성*하기 때문에 내각 전자는 무시한다. $1s$ AO처럼 $2s$ AO도 핵을 잇는 축 주위에 원통형 대칭인 σ MO를 형성한다.

- Li_2에서는 두 개의 원자가 전자가 결합성(σ_{2s}) MO를 반대 스핀으로 채우고 반결합성(σ^*_{2s}) MO를 빈 채로 남겨둔다(그림 11.19A). 결합 차수는 $\frac{1}{2}(2-0)=1$이다. 실제로 Li_2는 관찰되었다. 전자 배치는 $(\sigma_{2s})^2$이다.
- Be_2에서는 네 개의 원자가 전자가 σ_{2s}와 σ^*_{2s} MO를 채운다(그림 11.19B). 오비탈을 채운 것은 He_2와 비슷하다. 결합 차수는 $\frac{1}{2}(2-2)=0$이다. 따라서 바닥 상태의 Be_2는 관찰된 적이 없다.

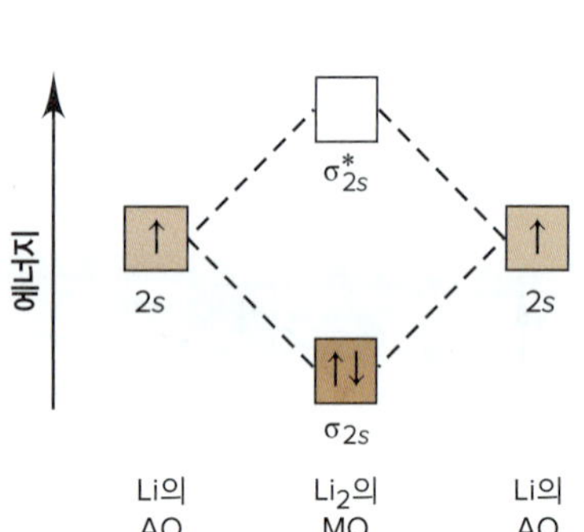

A. Li_2의 결합 차수 = 1

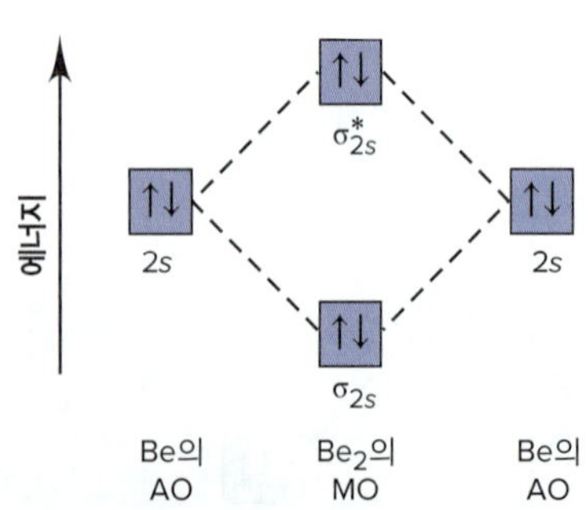

B. Be_2의 결합 차수 = 0

그림 11.19 *s* **블록 동핵 이원자 분자의 결합.** 외각(원자가) AO만이 충분한 상호작용을 하여 MO를 형성한다.

원자의 p 오비탈 조합으로 형성된 MO의 모양과 에너지 붕소에서는 $2p$ 원자 오비탈이 채워져 있다. p 오비탈은 두 가지 방식으로 겹칠 수 있다는 것을 기억하자. 이것은 파동함수를 조합하는 두 가지 방식에 해당한다(그림 11.20).

- 끝과 끝 조합으로 **σ MO** 2개, 즉 σ_{2p}와 σ^*_{2p}를 형성한다.
- 옆과 옆 조합으로 **π MO** 2개, 즉 π_{2p}와 π^*_{2p}를 형성한다.

서로 모양은 다르지만 p 오비탈에서 얻은 MO도 s 오비탈에서 얻은 것과 유사하다. 결합성 MO는 대부분의 전자 밀도가 핵 *사이에* 있고 반결합성 MO는 핵 사이 영역 *밖에* 대부분의 전자 밀도가 있어서 핵 사이에 마디가 생긴다.

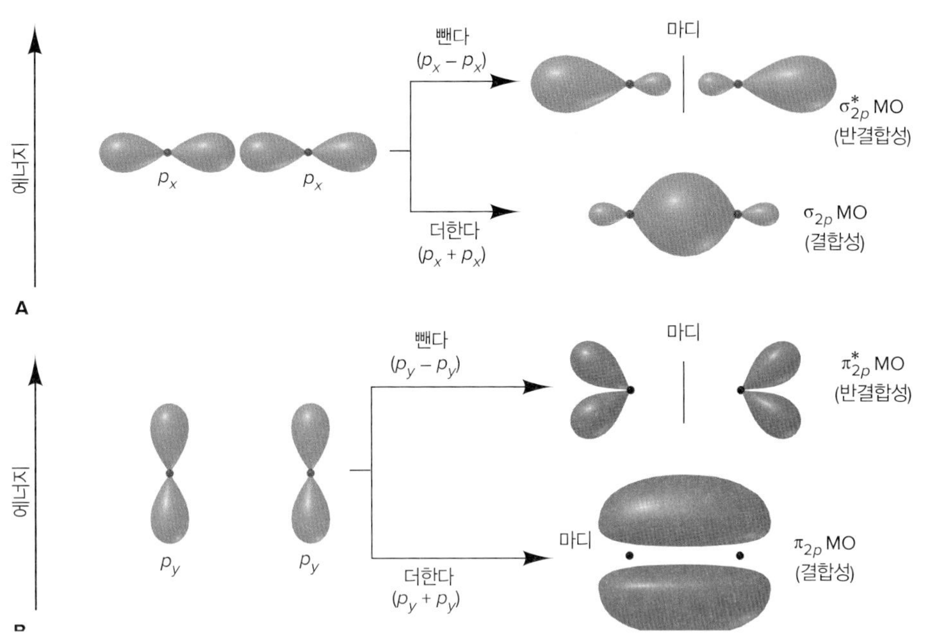

그림 11.20 **2*p* 원자 오비탈의 조합으로 형성되는 σ MO와 π MO의 모양과 에너지. A.** 두 원자핵을 지나는 축을 따라 놓인 *p* 오비탈(p_x로 나타냄)은 끝과 끝 겹침으로 σ_{2p}와 σ^*_{2p} MO를 형성한다. **B.** 두 원자핵을 지나는 축에 수직으로 놓인 *p* 오비탈은 옆과 옆 겹침으로 2개의 π MO를 형성한다(여기에는 p_y 상호작용을 나타냈지만, p_z 오비탈도 똑같기 때문에 전체 4개의 π MO가 형성된다).

결합성이든 반결합성이든 MO의 에너지 순위는 AO의 에너지 순위*와* *p* 오비탈의 겹침 방식에 의해 결정된다.

- 2*s* AO가 2*p* AO보다 에너지가 낮기 때문에 2*s* 오비탈에서 형성된 MO는 2*p* 오비탈에서 형성된 MO보다 *에너지가 낮다.*
- 결합성 MO가 반결합성 MO보다 *에너지가 낮다.* σ_{2p}가 σ^*_{2p}보다 에너지가 낮고 π_{2p}가 π^*_{2p}보다 낮다.
- *p* 원자 오비탈의 끝과 끝 겹침이 옆과 옆 겹침보다 더 넓다. 따라서 σ_{2p} MO가 일반적으로 π_{2p} MO보다 에너지가 낮다. 또한 σ^*_{2p} MO의 불안정화가 π^*_{2p} MO보다 더 크다.

따라서 2*p*에서 형성된 MO의 에너지 순서는 전형적으로 다음과 같다.

$$\sigma_{2p} < \pi_{2p} < \pi^*_{2p} < \sigma^*_{2p}$$

각 원자는 세 개의 서로 수직인 2*p* 오비탈을 가지고 있다. 두 원자의 *p* 오비탈 6개가 결합할 때, 끝과 끝이 상호작용하는 두 *p* 오비탈은 σ와 σ* MO를 형성하고 옆과 옆으로 상호작용하는 두 쌍의 *p* 오비탈은 두 개의 π MO와 두 개의 π* MO를 형성한다. 이들 배향을 에너지 순으로 배치하면 *기대하는* *p* 블록 2주기 동핵 이원자 분자의 MO 그림을 얻을 수 있다(그림 11.21A).

비슷한 에너지를 가진 AO만이 충분히 상호작용하여 MO를 형성할 수 있다는 것을 기억하자. 이 때문에 두 가지 에너지 종류의 에너지 나열 순서를 그 결과로 얻을 수 있다.

1. *s와 p 오비탈의 혼합이* **없는 경우**: *O_2, F_2, Ne_2.* 그림 11.21A에 있는 순서는 *s*와 *p* AO의 에너지가 너무 달라서 서로 상호작용을 하지 않는다고 가정한다. 즉, 오비탈을 혼합할 수 없다. 2주기의 오른쪽에 있는 O, F, Ne는 비교적 작다. 따라서 전자는 반으로 채워진 2*p* 오비탈을 쌍으로 채우기 시작하면서 강한 반발력이 2*p* 오비탈의 에너지를 2*s* 오비탈과 혼합할 수 없을 만큼 높이 밀어 올린다. 그러므로 이들의 2*p* 오비탈에서 얻어진 MO의 에너지 순서는 O_2, F_2, Ne_2에서와 같이 다음과 같다.

$$\sigma_{2p} < \pi_{2p} < \pi^*_{2p} < \sigma^*_{2p}$$

2. *s와 p 오비탈의 혼합이* **있는 경우**: *B_2, C_2, N_2.* B, C, N 원자는 비교적 크고 2*p* AO를 반만 채우고 있다. 그래서 반발력이 약하다. 그 결과 한 원자의 2*s*와 다른 원자의 2*p* 오비탈 끝부분이 서로 혼합할 수 있을 만큼 오비탈 에너지 준위가 유사하다. 이 영향으로 σ_{2s}와 σ^*_{2s} MO의 에너지는 *낮아지고* σ_{2p}와 σ^*_{2p} MO의 에너지는 *높아진다.* π MO는 아무런 영

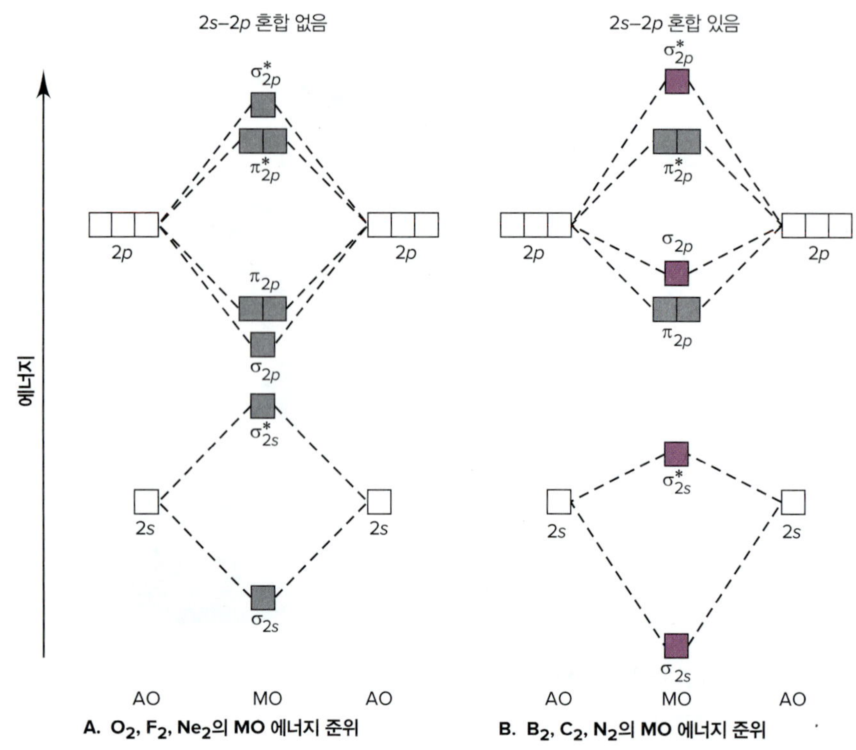

그림 11.21 2주기 동핵 이원자 분자의 상대적인 MO 에너지 준위. (혼합으로 영향을 받는 MO는 *보라색*으로 나타내었다.)

향을 받지 않는다. B_2, C_2, N_2의 MO 도표는 이 혼합을 반영한 것이다(그림 11.21B). O_2, F_2, Ne_2의 MO 도표와의 차이는 σ_{2p}와 π_{2p} MO의 *에너지 순위가 역전*되어 있다는 것이다.

$$\pi_{2p} < \sigma_{2p} < \pi^*_{2p} < \sigma^*_{2p}$$

p 블록 동핵 이원자 분자의 결합 그림 11.22는 B_2에서 Ne_2까지의 MO, 전자 채움 및 몇 가지 성질을 보여준다. 다음 내용들에 주목하자.

1. 결합 차수가 *높아지면* 결합 에너지는 *증가하고* 결합 길이는 *짧아진다*.

2. 오비탈의 전자 채움은 자기적 성질과 연관되어 있다. 8장에서 물질이 홀전자를 가지고 있으면 *상자기성*(paramagnetic)을 보이고 모든 전자가 쌍을 이루면 *반자기성*(diamagnetic)을 보인다고 배웠다. 분자에서도 이와 같다. 이들 분자의 전자 채움과 몇 가지 성질을 살펴보자.

- *B_2.* B_2 분자는 외각 전자 6개를 가지고 있다. 그 중 4개를 σ_{2s}와 σ^*_{2s} MO에 채운다. 나머지 두 전자는 2개의 오비탈에 1개씩 Hund의 규칙에 따라 π_{2p} MO를 차지한다. 결합성 MO에 전자 4개, 반결합성 MO에 전자 2개가 있으므로 B_2의 결합 차수는 $\frac{1}{2}(4-2) = 1$이다. 홀전자가 2개 있으므로 B_2는 상자기성이다.
- *C_2.* C_2에서 추가된 두 전자는 두 π_{2p} MO를 채운다. B_2보다 결합 전자가 두 개 더 많으므로 C_2의 결합 차수는 2이고 결합은 더 강하고 짧다. 그러나 모든 전자가 쌍을 이루고 있으므로 반자기성이다.
- *N_2.* N_2에서는 C_2보다 두 개 더 많은 전자가 σ_{2p} MO를 채운다. 그래서 분자는 반자기성이다. 결합 차수는 3으로 Lewis 구조의 삼중 결합과 일치하고 결합은 더 강하고 더 짧다.
- *O_2.* 이 분자에서 편재된 오비탈 내의 전자에 근거한 VB 이론이나 다른 어떤 이론보다 MO 이론이 우수하다는 것을 알 수 있다. O_2가 이중 결합을 가지고 있고 동시에 상자기성이라는 사실과 일치하는 Lewis 구조는 그릴 수가 없다. 이중 결합과 전자쌍을 가진 구조나 단일 결합과 두 개의 홀전자를 가진 다른 구조를 따로 그릴 수는 있다.

  $\ddot{\text{O}}{=}\ddot{\text{O}}$ 또는 $:\!\dot{\text{O}}{-}\dot{\text{O}}\!:$

  MO 이론이 이 모순을 깨끗이 해결한다. 결합성 MO에 8개 전자와 반결합성 MO에

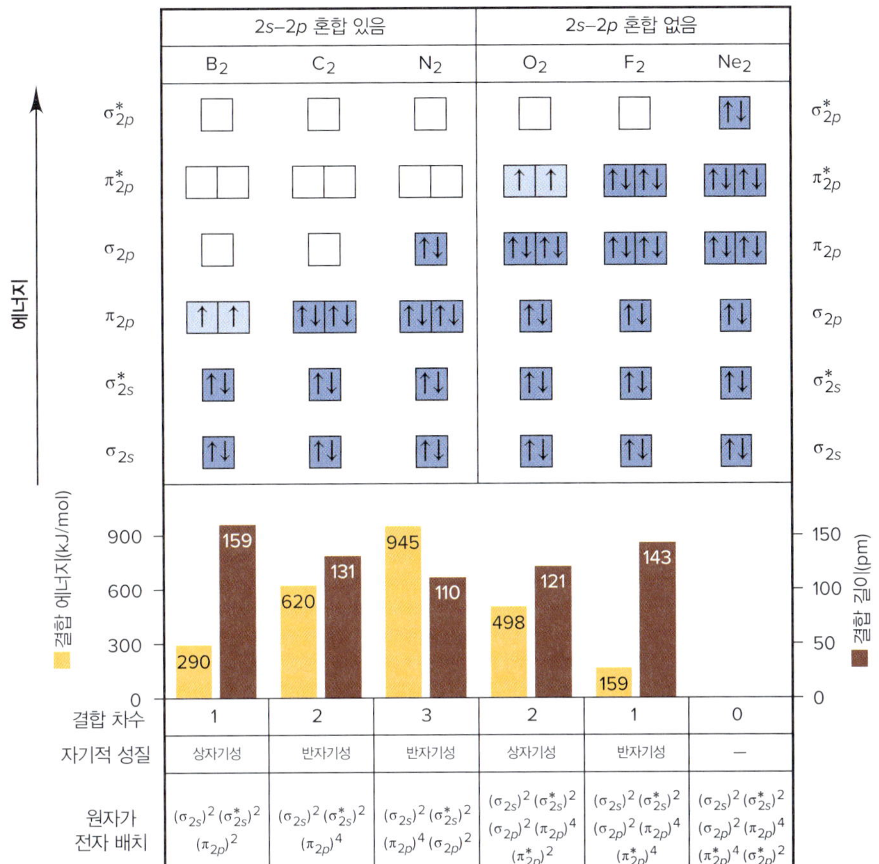

그림 11.22 B_2에서 Ne_2까지 MO 전자 채움과 분자의 성질. MO의 에너지 순서와 전자 채움 아래에 결합 에너지를 나타내는 막대 그래프, 그 아래에 결합 길이, 결합 차수, 자기적 성질, 원자가 전자의 배치를 나타내었다.

4개 전자가 있어서 결합 차수는 $\frac{1}{2}(8 - 4) = 2$가 된다. 그리고 *2개*의 π^*_{2p} MO를 각각 *1개*씩 차지한 전자는 쌍을 이루지 않은(평행) 스핀을 가지기 때문에 상자기성이다. 액체 O_2의 흐름이 강력한 자석의 두 극 사이에 붙들려 떠 있다(그림 11.23). 예상대로 N_2 결합보다는 세기가 약하고 길이는 더 길다.

- *F_2.* F_2에서 추가된 두 개 전자는 π^*_{2p} MO를 채운다. 그래서 F_2는 반자기성이다. 결합 차수는 1이고 O_2보다 세기는 더 약하고 길이는 더 길다. 이 결합은 B_2의 단일 결합보다 길이는 더 짧지만 세기는 절반 정도라는 사실에 주목하자. 18개의 전자가 F_2의 작은 부피에 있기 때문에 B_2에 있는 10개 전자보다 반발력이 더 커진다. 그래서 F_2 결합이 더 약하다.
- *Ne_2.* 2주기의 마지막 원소는 He_2와 같은 이유로 존재하지 않는다. 모든 MO가 채워져 있어서 결합 차수가 0이다.

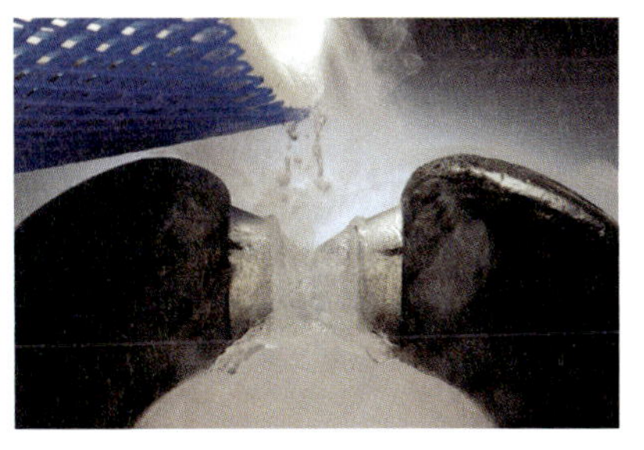

그림 11.23 O_2의 상자기성 성질.
Source: Charles D. Winters/McGraw-Hill Education

예제 11.4 | MO 이론을 이용하여 결합 성질 설명하기

문제 MO의 전자 배치를 보여주는 그림으로 다음 자료를 설명하라.

	N_2	N_2^+	O_2	O_2^+
결합 에너지(kJ/mol)	945	841	498	623
결합 길이(pm)	110	112	121	112

계획 자료를 보면 모 분자에서 한 개의 전자를 제거하면 서로 반대의 효과를 나타내는 것을 알 수 있다. N_2^+는 N_2보다 더 약하고 더 긴 결합 길이를 가진다. 그러나 O_2^+는 O_2보다 더 강하고 더 짧은 결합 길이를 가진다. 각 화학종에서 원자가 전자를 구하고 MO 에너지 준위의 순서를 그린 후(N_2에서는 오비탈 혼합이 있고 O_2에서는 없음), 전자를 채운다. 자료를 설명하기 위해 결합 차수를 구한다. 결합 차수가 커지면 결합 에너지는 커지고 결합 길이는 반대로 짧아진다.

풀이 원자가 전자수 결정:

N의 원자가 e^-가 5개이므로, N_2는 10개, N_2^+는 9개이다.

O의 원자가 e^-가 6개이므로, O_2는 12개, O_2^+는 11개이다.

MO 도표를 그리고 전자 채우기:

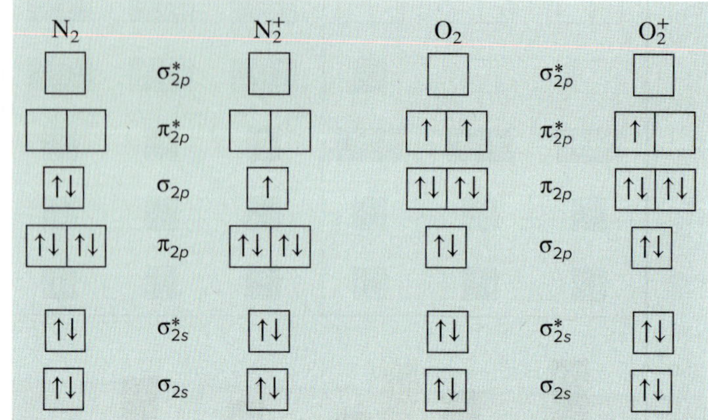

결합 차수 계산:

$\frac{1}{2}(8-2)=3$ $\frac{1}{2}(7-2)=2.5$ $\frac{1}{2}(8-4)=2$ $\frac{1}{2}(8-3)=2.5$

자료 설명:

1. N_2가 N_2^+가 되면 *결합성* 전자 한 개가 제거되므로 결합 차수가 감소한다. 따라서 N_2^+는 N_2보다 결합 세기는 더 약해지고 결합 길이는 더 길어진다.
2. O_2가 O_2^+가 되면 *반결합성* 전자 한 개가 제거되므로 결합 차수가 증가한다. 따라서 O_2^+는 O_2보다 결합 세기는 더 강해지고 결합 길이는 더 짧아진다.

검산 답은 결합 차수, 결합 에너지 및 결합 길이 면에서 타당하다. 결합성 전자와 반결합성 전자의 총 수가 계산한 원자가 전자수와 일치하는지 꼭 확인하자.

▶ **보충 문제**

11.4A 다음 화학종의 결합 차수를 구하라. N_2^{2+}, N_2^-, N_2^{2-}. 결합 에너지가 증가하는 순서로 나열하라. 또 결합 길이가 증가하는 순서로 나열하라.

11.4B 다음 화학종의 결합 차수를 구하라. F_2^{2-}, F_2^-, F_2, F_2^+, F_2^{2+}. 결합 에너지가 증가하는 순서로 나열하라. 또 결합 길이가 증가하는 순서로 나열하라.

유사 문제 11.36, 11.37

인터넷 핫스팟

분자 오비탈 도표를 그리는 것이 어렵게 느껴진다면, eBook에 접속하여 이 주제에 대한 추가 학습 동영상을 참고하자.

두 개의 이핵 이원자 분자: HF와 NO

이핵 이원자 분자의 MO 도표는 원자들의 에너지가 서로 *다르기* 때문에 비대칭이다. 유효 핵 전하($Z_{유효}$)가 큰 원자는 그들의 전자를 핵에 더 가까이 끌어당기기 때문에 더 안정한 (낮은 에너지) AO(8.1절)와 높은 EN 값(9.5절)을 갖는다. HF와 NO의 결합을 살펴보자.

HF의 결합 HF의 MO를 형성하기 위해 어떤 AO들이 결합하는지 정해야 한다. F의 높은 $Z_{유효}$는 전자를 매우 강하게 잡고 있기 때문에 F의 1*s*, 2*s*, 2*p* 오비탈은 H의 1*s*보다 에너지가 낮다. 따라서 σ와 σ* MO는 끝과 끝의 중첩을 통해 반이 채워진 F의 2*p* 오비탈과 H의 1*s* 오비탈이 상호작용하여 형성된다. F의 꽉 채워진 2*p* 오비탈 2개는 **비결합성 MO**(nonbonding MO)라 부른다. 결합에 참여하지 않기 때문에 분리된 AO와 에너지가 같다(그림 11.24A).

HF의 결합성 MO의 에너지는 F의 AO에 가깝다. 그래서 F의 2*p* 오비탈이 H의 1*s*보다 HF 결합에 더 많이 기여한다. 극성 공유 결합에서 *결합성 MO의 에너지는 전기 음성도가 큰 원자의 AO에 더 가깝다.* 사실상 플루오린의 큰 전기 음성도 때문에 결합성 MO의 에너지는 낮아지고 결합 전자를 플루오린 쪽으로 더 가까이 끌어당긴다.

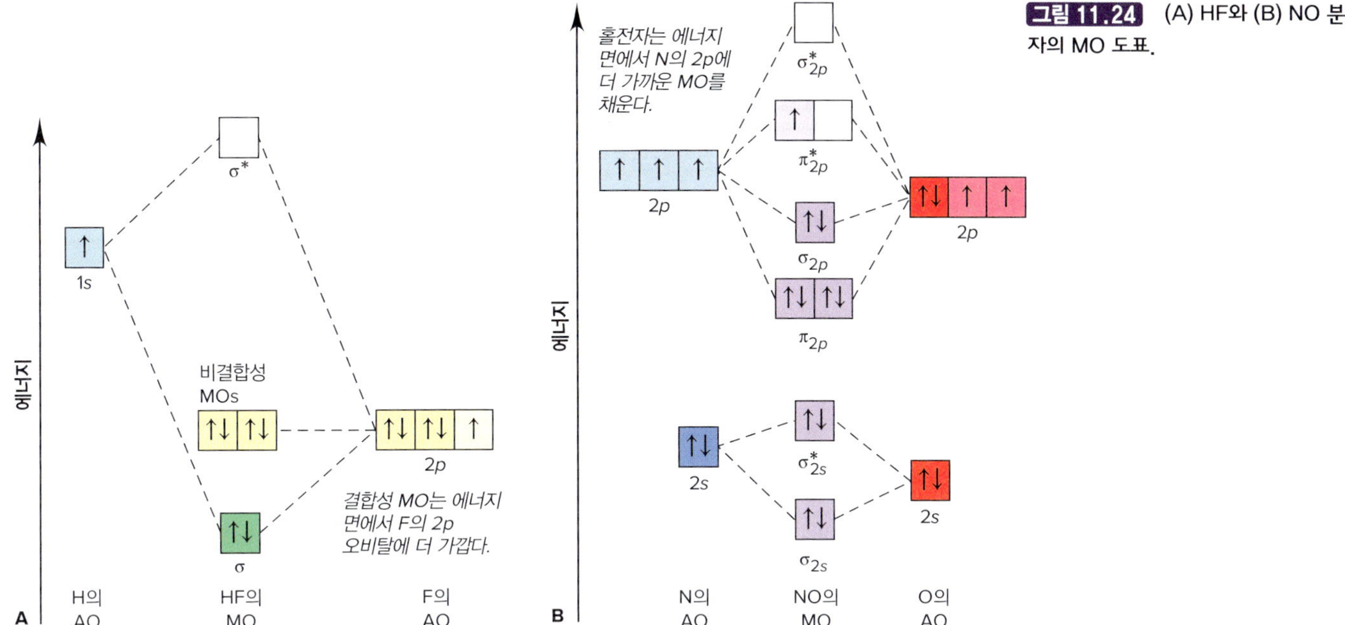

그림 11.24 (A) HF와 (B) NO 분자의 MO 도표.

NO의 결합 일산화 질소(산화 질소)는 홀전자를 가지기 때문에 반응성이 매우 크다. NO의 가능한 Lewis 구조 2개를 형식 전하(10.1절)와 함께 그리면 다음과 같다.

$$\underset{\textbf{I}}{\overset{0}{\dot{\mathrm{N}}}=\overset{0}{\mathrm{O}}} \qquad \underset{\textbf{II}}{\overset{-1}{\mathrm{N}}=\overset{+1}{\mathrm{O}}}$$

두 구조 모두 이중 결합을 지니고 있다. 그러나 *측정된* 결합 에너지를 보면 결합 차수는 2보다 *크다*. 더욱이 구조 I의 형식 전하를 보면 홀전자는 N에 있어야 하지만, 홀전자가 어디에 있는지 분명하지 않다.

MO 도표는 비대칭이며 전기 음성도가 큰 O의 AO의 에너지가 낮다(그림 11.24B). 11개의 원자가 전자를 NO의 MO에 채우면 홀전자가 π^*_{2p} 오비탈 중 한 개를 차지한다. 8개의 결합성 전자와 세 개의 반결합성 전자를 가졌기 때문에 결합 차수는 $\frac{1}{2}(8 - 3) = 2.5$로 어떠한 Lewis 구조보다 자료와 더 잘 일치한다. MO의 결합성 전자의 에너지는 O 원자의 AO에 더 가깝다. N의 2p 오비탈이 홀전자를 가진 오비탈에 더 많이 기여한다. 그래서 홀전자는 더 많은 시간을 N 가까이에서 보낸다. (이 도표는 11.21에서와 같이 2s와 2p가 혼합하는 경우의 에너지 순서를 보여준다. 그러나 결과는 혼합하지 않는 도표의 에너지 순서와 동일하다.)

두 개의 다원자 분자: 벤젠과 오존

다원자 분자의 오비탈 모양과 MO 도표는 너무 복잡해서 여기서 다루지 않는다. 그러나 MO 모형이 어떻게 공명 구조가 불필요함을 보여주고, 에너지 흡수의 영향을 어떻게 설명하는지를 간단히 살펴보고자 한다.

벤젠이나 오존의 경우 Lewis 구조를 그릴 수 없어서 분리된 공명 혼성 구조들을 각각 그린다는 것을 상기하자. VB 모형도 *편재된* 결합에 의존하기 때문에 공명을 이용한다. 이와 달리 MO 이론은 비편재화된 σ와 π MO 구조를 그린다. 그림 11.25는 벤젠과 오존의 MO 중 가장 낮은 에너지의 π 결합성 MO를 나타낸 것이다. 한 개의 π 결합성 전자쌍이 분자 전체에 걸친 확장된 전자 밀도 영역에 비편재되어 있다. 그래서 각각의 분리된 공명 형태가 필요하지 않다.

- *벤젠*에서는 MO의 위와 아래 육각형 로브가 6개의 C 핵이 이루는 평면의 위와 아래에 놓여 있다.
- 오존에서는 MO의 두 로브가 세 개의 O 핵 위와 아래에 확장되어 있다.

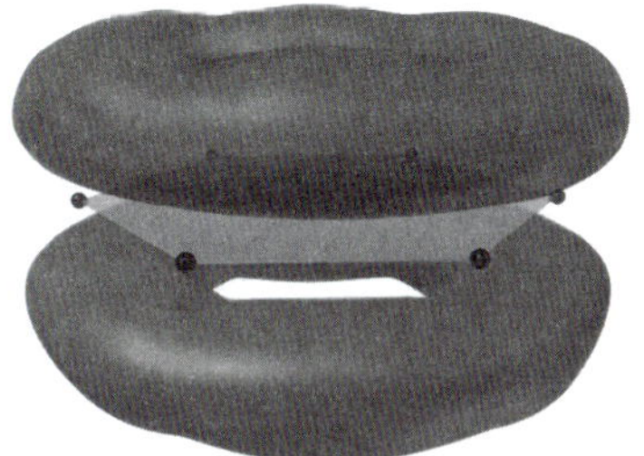
벤젠, C_6H_6

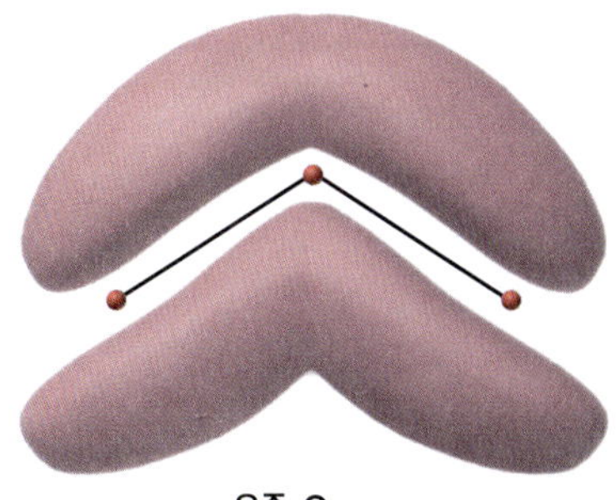
오존, O_3

그림 11.25 벤젠과 오존 분자에서 에너지가 가장 낮은 π 결합성 MO.

이들 분자들의 전체 MO 도표는 O_3가 성층권에서 UV 빛을 흡수할 때 어떻게 결합성 전자가 들뜨면서 비어 있는 반결합성 오비탈을 차지하는지를 합리적으로 설명하고, 벤젠의 UV 스펙트럼이 왜 고유한 흡수 띠를 가지는지 설명한다.

11.3절 요약

- 분자 오비탈(MO) 이론은 분자를 구조 전체에 걸쳐 비편재화된 MO를 가진 핵의 집합체로 취급한다.
- 비교적 비슷한 에너지를 가진 원자 오비탈을 서로 더하거나 빼서 결합성 또는 반결합성 MO를 만들 수 있다.
- σ든 또는 π든 결합성 MO 대부분의 전자 밀도는 두 핵 사이에 집중되어 있고 AO보다 에너지가 낮다. 반결합성 MO의 전자 밀도는 핵 사이에 놓여 있지 않다. 그래서 이들 MO는 에너지가 AO보다 더 높다.
- MO는 에너지 순으로 반대 스핀을 가진 쌍으로 전자를 채운다.
- MO 도표는 에너지 준위와 오비탈에 채워진 전자 배치를 보여준다. 2주기 동핵 이원자 분자의 도표로 결합 에너지, 결합 길이 및 자기적 성질을 설명할 수 있다.
- 이핵 이원자 분자의 경우 전기 음성도가 큰 원자가 결합성 MO에 더 많이 기여한다.
- MO 이론을 이용하면 다원자 분자를 묘사하는 데 공명 구조를 도입할 필요가 없다.

개념 정리와 복습 _Chapter Review Guide

학습 목표 _Learning Objectives

*괄호 안은 관련된 절(§)과 예제(SP) 번호

주요 개념

1. 원자가 결합 이론의 주요 개념(오비탈 겹침, 반대 전자 스핀과 혼성화)을 분자 모양을 합리적으로 설명하는 수단으로 이해하기(§11.1)
2. 오비탈을 혼합하여 어떻게 공간 배향이 다른 혼성 오비탈을 형성하는가? (§11.1)
3. 끝과 끝 겹침과 옆과 옆 겹침의 차이, 그리고 간단한 분자의 시그마(σ)와 파이(π) 결합의 형성(§11.2)
4. 두 가지 오비탈 겹침 방식이 단일, 이중 및 삼중 결합을 어떻게 형성하게 하는가? (§11.2)
5. 왜 π 결합은 이중 결합을 회전하지 못하게 하는가? (§11.2)
6. VB 이론의 편재된 결합과 MO 이론의 비편재화된 결합의 차이(§11.3)
7. 어떻게 AO를 더하거나 빼서 결합성 MO와 반결합성 MO를 형성하는가? (§11.3)
8. *s* 오비탈 두 개가 결합하여 형성된 MO의 모양과 *p* 오비탈 두 개가 결합하여 형성된 MO의 모양(§11.3)
9. MO의 결합 차수가 어떻게 분자의 안정성을 예측하는가? (§11.3)
10. MO 이론이 2주기 원소의 동핵 및 이핵 이원자 분자의 결합과 자기적 성질을 어떻게 설명하는가? (§11.3)

주요 스킬

1. 분자 모양을 이용하여 중심 원자의 혼성 오비탈 예측(SP 11.1)
2. 분자 내 오비탈의 형태와 결합을 묘사하기(SP 11.2)
3. MO 도표 그리기, 전자 배치 쓰기, 분자 중의 결합 차수 계산하기(SP 11.3)
4. MO 이론으로 결합의 특성 설명하기(SP 11.4)

주요 용어 _Key Terms

반결합성 MO	MO 결합 차수	파이(π) 결합	sp^2 혼성 오비탈
결합성 MO	분자 오비탈 (MO)	파이(π) MO	sp^3 혼성 오비탈
동핵 이원자 분자	분자 오비탈(MO) 도표	시그마(σ) 결합	sp^3d 혼성 오비탈
혼성 오비탈	분자 오비탈(MO) 이론	시그마(σ) MO	sp^3d^2 혼성 오비탈
혼성	비결합성 MO	sp 혼성 오비탈	원자가 결합(VB) 이론

주요 방정식 및 관계식 _Key Equations and Relationships

11.1 MO 결합 차수 계산: 결합 차수 $= \frac{1}{2}$[(결합성 MO의 전자수) − (반결합성 MO의 전자수)]

연습 문제 _Problems

노란색으로 표시한 문제들에 대해서는 그 답을 부록 E에 첨부하였다. 연습 문제에 표시된 절은 본문의 절과 같고, 관련 예제의 번호를 제시하였다. 대부분의 경우 개념 복습 문제, 스킬 숙달 문제(같은 개념을 다루는 두 문제씩 묶음) 및 실전 문제를 제시하였다.

원자가 결합(VB) 이론과 오비탈 혼성화

(예제 11.1)

개념 복습 문제

11.1 다음의 각 전자쌍 배열에서 중심 원자는 어떤 형태로 혼성화하는가? (a) 평면 삼각형 (b) 팔면체 (c) 선형 (d) 사면체 (e) 삼각 쌍뿔

11.2 다음의 경우 각 중심 원자는 어떤 형태로 혼성화하는가? 한 개의 비공유 전자쌍을 가지며 (a) 두 개의 다른 원자 (b) 세 개의 다른 원자 (c) 네 개의 다른 원자 (d) 다섯 개의 다른 원자와 결합을 이루는 분자.

11.3 혼성 가능한 오비탈의 *유형*에서 C 원자와 Si 원자는 어떤 차이가 있는지 설명하라.

11.4 네 개의 원자 오비탈이 혼합된 중심 원자의 혼성 오비탈의 개수는? 설명하라.

스킬 숙달 문제(유사한 문제들을 두 개씩 묶음)

11.5 다음 각 원자 오비탈들이 혼합하여 생성되는 혼성 오비탈의 유형과 수를 써라.

(a) d 2개, s 1개, p 3개 (b) p 3개, s 1개

11.6 다음 각 원자 오비탈들이 혼합하여 생성되는 혼성 오비탈의 유형과 수를 써라.

(a) p 1개, s 1개 (b) p 3개, d 1개, s 1개

11.7 다음 각 경우에서 질소 원자의 혼성 유형을 써라.

(a) NO (b) NO_2 (c) NO_2^-

11.8 다음 각 경우에서 탄소 원자의 혼성 유형을 써라.

(a) CO_3^{2-} (b) $C_2O_4^{2-}$ (c) NCO^-

11.9 다음 각 경우에서 염소 원자의 혼성 유형을 써라.

(a) ClO_2 (b) ClO_3^- (c) ClO_4^-

11.10 다음 각 경우에서 브로민 원자의 혼성 유형을 써라.

(a) BrF_3 (b) BrO_2^- (c) BrF_5

11.11 다음 화합물의 중심 원자의 어느 원자 오비탈이 혼성에 참여하는가?

(a) $SiClH_3$ (b) CS_2 (c) SCl_3F (d) NF_3

11.12 다음 화합물의 중심 원자의 어느 원자 오비탈이 혼성에 참여하는가?

(a) Cl_2O (b) $BrCl_3$ (c) PF_5 (d) SO_3^{2-}

11.13 포스핀(phosphine, PH_3)은 보레인(borane, BH_3)과 다음과 같이 반응한다.

$$PH_3 + BH_3 \longrightarrow H_3P{-}BH_3$$

(a) 다음 중의 어느 그림이 반응 중의 P의 혼성의 변화를 나타내고 있는가? (b) 다음 중의 어느 그림이 반응 중의 B의 혼성의 변화를 나타내고 있는가?

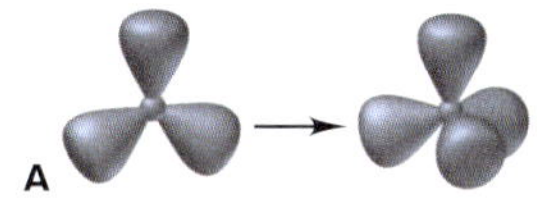

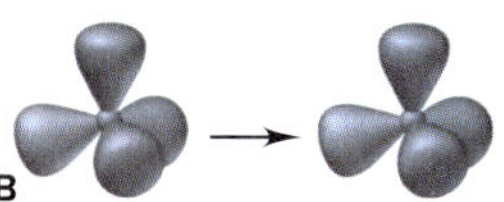

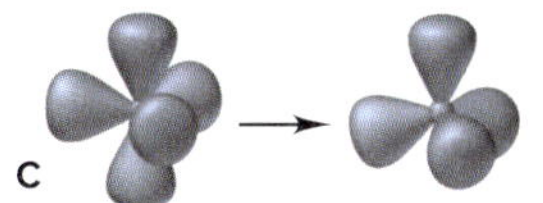

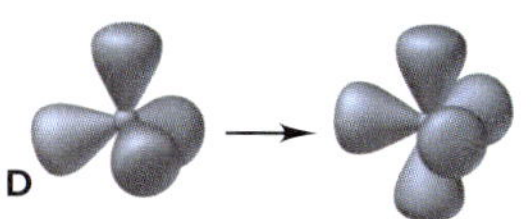

11.14 아래 그림은 몇 가지 플루오린화 텔루륨[tellurium(Te) fluoride]에서의 혼성화의 차이를 나타낸 것이다. (a) TeF_6(*왼쪽*)과 TeF_5^-(*오른쪽*)의 차이를 보여주는 그림은 어느 것인가? (b) TeF_4(*왼쪽*)과 TeF_6(*오른쪽*)의 차이를 보여주는 그림은 어느 것인가?

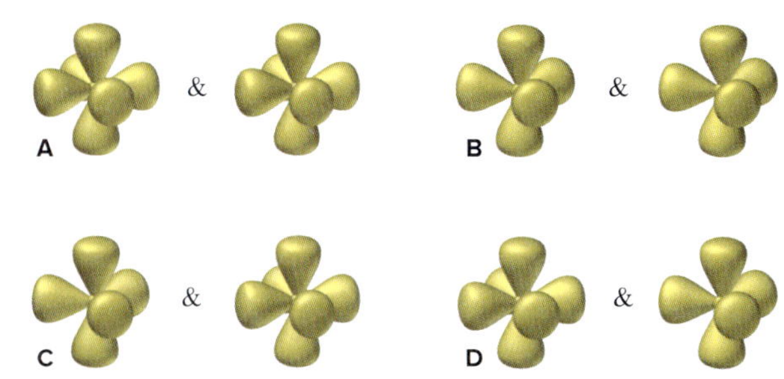

11.15 부분 원자 오비탈 도표를 이용하여 다음의 중심 원자가 어떻게 혼성되는지 설명하라.

(a) $GeCl_4$ (b) BCl_3 (c) CH_3^+

11.16 부분 원자 오비탈 도표를 이용하여 다음의 중심 원자가 어떻게 혼성되는지 설명하라.

(a) BF_4^- (b) PO_4^{3-} (c) SO_3

11.17 부분 원자 오비탈 도표를 이용하여 다음의 중심 원자가 어떻게 혼성되는지 설명하라.

(a) $SeCl_2$ (b) H_3O^+ (c) IF_4^-

11.18 부분 원자 오비탈 도표를 이용하여 다음의 중심 원자가 어떻게 혼성되는지 설명하라.

(a) $AsCl_3$ (b) $SnCl_2$ (c) PF_6^-

실전 문제

11.19 이소사이안산 메틸(methyl isocyanate) $CH_3{-}\ddot{N}{=}C{=}\ddot{O}{:}$는 다양한 살충제의 제조에 쓰이는 중간 물질이다. 1984년도에 인도 보팔에 있던 제조 공장에서 이 물질의 누출 사고로 2000명 이상의 사망자가 발생하기도 하였다. 이 분자에서 N과 C 원자의 혼성은 무엇인지 또 분자의 모양은 어떠한지 그림을 그려 설명하라.

오비탈 겹침의 방식과 공유 결합의 유형

(예제 11.2)

11.20 다음 문장이 참인지 거짓인지 구별하고, 거짓이면 올바르게 고쳐라.

(a) 이중 결합은 두 개의 σ 결합으로 구성된다.

(b) 삼중 결합은 한 개의 π 결합과 두 개의 σ 결합으로 구성된다.

(c) 원자의 s 오비탈로부터 형성된 결합은 항상 σ 결합이다.
(d) π 결합은 σ 결합의 축을 중심으로 한 회전을 방해한다.
(e) π 결합은 두 쌍의 전자로 구성된다.
(f) 끝과 끝이 겹치면서 생긴 결합은 결합 축의 위와 아래에 전자 밀도가 집중되어 있다.

스킬 숙달 문제(유사한 문제들을 두 개씩 묶음)

11.21 다음 중심 원자가 이루는 혼성 오비탈을 말하고, 어떤 결합을 이루고 있는지 설명하라.
(a) NO_3^- (b) CS_2 (c) CH_2O

11.22 다음 중심 원자가 이루는 혼성 오비탈을 말하고, 어떤 결합을 이루고 있는지 설명하라.
(a) O_3 (b) I_3^- (c) $COCl_2$ (C가 중심 원자)

11.23 다음 중심 원자가 이루는 혼성 오비탈을 말하고, 어떤 결합을 이루고 있는지 설명하라.
(a) FNO (b) C_2F_4 (c) $(CN)_2$

11.24 다음 중심 원자가 이루는 혼성 오비탈을 말하고, 어떤 결합을 이루고 있는지 설명하라.
(a) N_3^- (b) $CH_3C{\equiv}CH$ (c) SO_2

실전 문제

11.25 2-뷰텐($CH_3CH{=}CHCH_3$)은 윤활유 및 많은 다른 화합물 제조의 출발 물질이다. 2-뷰텐의 두 가지 구조를 그리고, 각각에 있는 σ와 π 결합을 지적하라.

분자 오비탈(MO) 이론과 전자 비편재화

(예제 11.3, 11.4)

11.26 한 원자의 두 개의 p 오비탈과 다른 원자의 두 개의 p 오비탈이 결합하여 분자 오비탈을 생성한다. 이 결합에서 몇 개의 MO가 생성되는지 설명하라.

11.27 두 원자의 특정 원자 오비탈이 겹쳐 아래 그림과 같은 MO들을 형성한다면 이때 사용된 원자 오비탈은 무엇이고 어떤 종류의 MO가 형성이 된 것인지, 그리고 어느 MO의 에너지 준위가 더 높은지를 설명하라.

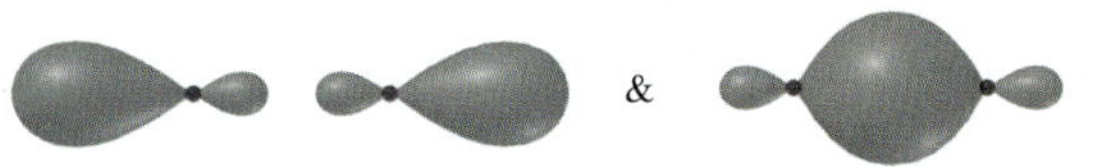

11.28 주어진 한 쌍의 AO로부터 형성된 결합성 MO와 반결합성 MO를 다음의 측면에 대해 비교하라. (a) 에너지 (b) 마디의 존재 여부 (c) 핵 사이 공간의 전자 밀도.

11.29 반결합성 MO는 최소한 한 개 이상의 마디(node)를 항상 가진다. 결합성 MO도 이러한 마디를 가질 수 있는지 예를 들어 설명하라.

스킬 숙달 문제(유사한 문제들을 두 개씩 묶음)

11.30 다음 MO를 채우기 위해 필요한 전자의 수를 써라. (a) 결합성 σ MO (b) 반결합성 π MO (c) 두 원자의 $1s$ 오비탈의 결합으로 생성된 MO

11.31 다음 MO를 채우기 위해 필요한 전자의 수를 써라.
(a) 두 원자의 $2p$ 오비탈의 결합으로 생성된 MO (b) σ^*_{2p} MO (c) 두 원자의 $2s$ 오비탈의 결합으로 생성된 MO.

11.32 다음 그림은 F_2^+의 $2p$ 원자 오비탈로부터 형성된 분자 오비탈이다. (a) 각 오비탈의 기호를 써라. (b) F_2^+에서 한 개 이상의 전자가 채워지는 것은 어느 것인가? (c) F_2^+에서 한 개의 전자만 채워지는 것은 어느 것인가?

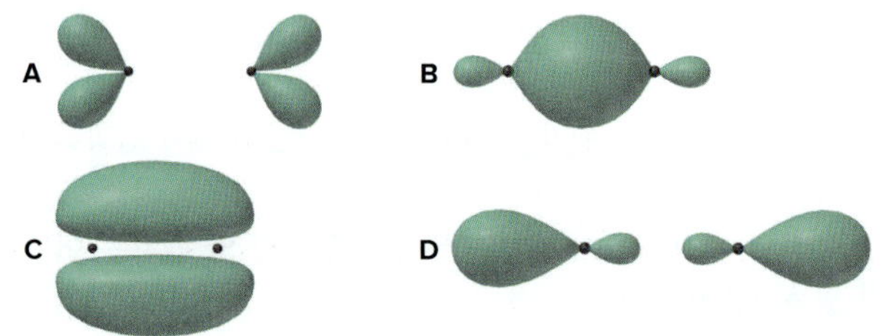

11.33 다음 도표는 $n = 2$ 원자 오비탈로부터 형성된 분자 오비탈이다. (a) 각 오비탈의 기호를 써라. (b) 가장 에너지 준위가 높은 MO는 무엇인가? (c) 가장 에너지 준위가 낮은 MO는 무엇인가? (d) B_2 분자 오비탈에서 가장 에너지가 낮은 것부터 차례로 나열하라.

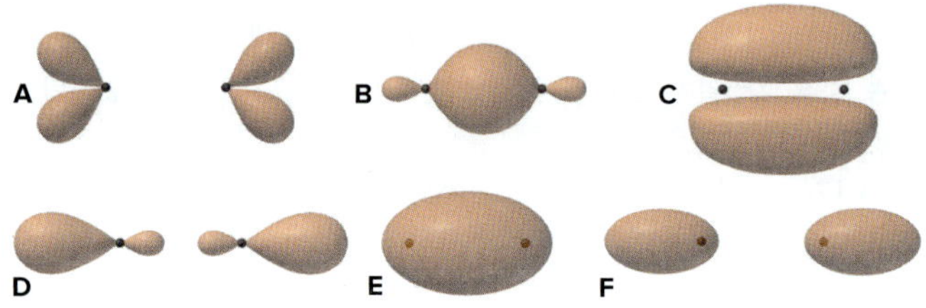

11.34 MO 도표와 결합 차수를 이용하여 물음에 답하라. (a) Be_2^+는 안정한가? (b) Be_2^+는 반자기성인가? (c) Be_2^+의 외부(원자가) 전자 배치는 무엇인가?

11.35 MO 도표와 결합 차수를 이용하여 질문에 답하라.
(a) O_2^-는 안정한가? (b) O_2^-는 상자성인가? (c) O_2^-의 외부(원자가) 전자 배치는 무엇인가?

11.36 MO 도표를 이용하여 주어진 지시에 따라 C_2^-, C_2, C_2^+를 순서대로 배열하라. (a) 결합 에너지가 증가하는 순서 (b) 결합 길이가 증가하는 순서.

11.37 MO 도표를 이용하여 주어진 지시에 따라 B_2^+, B_2, B_2^-를 순서대로 배열하라. (a) 결합 에너지가 감소하는 순서 (b) 결합 길이가 감소하는 순서.

실버버그의
제9판
일반화학
CHEMISTRY
The Molecular Nature of Matter and Change

제 12 장 분자간 힘: 액체, 고체 및 상 변화

Intermolecular Forces: Liquids, Solids, and Phase Changes

Source: T.J. Takahashi/HVO/USGS

➤ 관련 개념과 스킬 _Concepts and Skills to Review Before You Study This Chapter

» 기체, 액체 및 고체의 성질(5.1절)
» 기체 분자 운동론(5.5절)
» 운동 에너지와 퍼텐셜 에너지(6.1절)
» 엔탈피 변화, 열용량 및 Hess의 법칙(6.2, 6.3, 6.5절)
» 빛의 회절(7.1절)
» Coulomb의 법칙(9.2절)
» 화학 결합 모형(9장)
» 분자의 극성(10.3절)
» 이원자 분자의 분자 오비탈 이론(11.3절)

우리 주변의 모든 물질은 기체, 액체, 고체의 세 가지 물리적 상태 중 하나(또는 그 이상)으로 존재하고, 많은 물질이 서로 다른 조건들에서 이 상태들 중 특정 상태로 존재할 수 있다. 하와이 주민들은 Kilauea 화산의 분출 도중 물질의 여러 상태가 공존하는 멋진 광경을 목격할 수 있다. 화산이 분출하는 동안 액체 용암의 표면에서 녹은 암석, 고체 결정 및 기체의 복합체인 마그마(magma)를 볼 수 있다. 뜨거운 용암이 바다로 흘러 들어가면 바닷물이 끓어서 액체 상태의 물이 수증기 구름으로 바뀐다. 용암이 물에 닿으면 급격히 냉각되어 질서 정연한 결정형의 고체 대신 화산 유리(volcanic glass)라 불리는 무정형의 물질을 생성한다. 화산 유리는 바닷물의 운동 때문에 미세한 파편으로 부서지고, 이 파편들이 수증기를 따라 공기 중으로 유입되어 기체와 고체의 혼합물인 용암 안개(laze, 'lava'와 'haze'의 합성어)를 형성한다.

1장에서 물질의 세 가지 상태를 이미 소개하였고, 5장에서 기체를 다룰 때 이들의 성질들을 비교해 보았다. 앞 장의 내용에서 기체상의 입자들이 평균적으로 매우 멀리 떨어져 있다는 것을 배웠다. 이 장에서는 *입자들이 서로 가까이 있어 응축 상태*라고 불리는 액체와 고체를 다룬다.

이 장에서는... *액체와 고체에 중점을 두면서 물질의 세 가지 상태와 그들의 변화의 근원이 되는 분자간 힘의 상호작용을 다룬다.*

- 기체 분자 운동론을 이용하여 퍼텐셜 에너지와 운동 에너지의 상대적 크기로 기체, 액체, 고체의 특성을 어떻게 설명하는지, 또 온도와 상 변화는 어떻게 연관되어 있는지를 알아본다.
- 같은 상을 갖는 물질을 가열하고 냉각할 때, 또는 상 변화에 수반되는 열을 계산한다.
- 상 도표를 이용하여 온도와 압력이 상과 상 변화에 미치는 영향을 중점적으로 살펴본다.
- 순수한 물질의 상과 상 변화를 결정하는 분자간 힘의 종류와 상대적 크기를 기술한다.
- 분자간 힘이 어떻게 액체의 성질을 정하는지 알아본다.
- 특수한 경우로, 물의 특이하고 중요한 물리적 성질을 구성 원자의 전자 배치와 연관시켜 알아본다.
- 결합의 형태와 지배적인 분자간 힘 사이의 관계에 중점을 두고 고체의 성질을 논의하고, 결정 구조들을 살펴보고 결정 구조를 연구하는 두 가지 방법에 대해 알아본다.
- 여러 가지 첨단 물질(반도체, 액정, 세라믹, 고분자 및 나노 구조물)의 주요 특성을 소개한다.

12.1 물리적 상태와 상 변화 개요

각각의 물리적 상태를 **상**(phase)이라 부르는데, 계에서 물리적으로 구별되면서 균일한 부분을 말한다. 닫힌 용기 내의 물은 하나의 상이며 그 위의 수증기는 또 다른 상이다. 여기에 얼음을 더하면 상이 세 가지가 된다. 이 절에서는 입자들 간의 상대적 에너지 차이로 설명할 수 있는 각 상의 성질들과 한 상에서 다른 상으로의 변환 과정을 살펴본다.

분자 운동론 관점에서 본 세 가지 상태

입자의 퍼텐셜 에너지와 운동 에너지 사이의 상호작용이 각 상의 성질을 결정한다.

1. 시료 물질의 *퍼텐셜 에너지*를 결정하는 두 가지 유형의 정전기적 힘이 있다.
   - 각 분자 *내에서* 분자*내*(결합) 힘(*intra*molecular force)이 존재한다. 예를 들어 물의 세 가지 상태들의 *화학적* 성질은 모두 동일한데, 이는 모든 상태들이 동일하게 굽은 모양의 극성 H—O—H 분자로 이루어져 있고, 각 분자가 동일한 공유 결합력으로 함께 연결되어 있기 때문이다.
   - 분자들 *사이에* **분자간**(비결합) 힘(*inter*molecular force, 더 일반적으로는 *입자간 힘*)이 존재한다. 세 가지 상태들의 *물리적* 성질은 서로 다른데, 이는 이 힘의 세기가 상태에 따라 다르기 때문이다.

   분자간 힘의 형태로 나타나는 퍼텐셜 에너지는 분자를 서로 끌어당기는 경향이 있다. Coulomb의 법칙에 따르면 정전기적 퍼텐셜 에너지는 입자의 전하와 입자 사이의 거리에 의해 결정된다(9.2절). 12.3절에서 다양한 유형의 분자간 힘을 살펴본다.

2. 분자의 무질서한 운동과 연관된 *운동 에너지*는 분자를 분산시키는 경향이 있다. 운동 에너지는 분자의 평균 속력과 관련되고 절대 온도에 비례한다(5.5절).

물질이 기체, 액체, 고체 중 어느 상태로 존재하는지는 퍼텐셜 에너지와 운동 에너지의 상호작용에 의해 결정된다. 기체에서 액체와 고체로 변환되면서 퍼텐셜 에너지의 중요성은 증가하는 반면 운동 에너지의 중요성은 감소한다.

*기체에서*는 퍼텐셜 에너지(기체 입자 사이의 인력 에너지)가 운동 에너지(기체 입자의 운동의 에너지)보다 작다.

- 평균적으로 기체 입자들은 서로 멀리 떨어져 있고, 용기 전체에 걸쳐 무작위하게 움직인다.
- 기체 입자 사이의 먼 거리는 기체가 쉽게 압축될 수 있음을 의미한다.
- 기체 입자는 운동의 자유도가 높기 때문에, 기체는 용기를 가득 채우고 다른 기체를 쉽게 통과한다(표 12.1).

표 12.1 | 기체, 액체, 고체의 거시적 성질 비교

상태	모양과 부피	압축률	유동성
기체	용기의 모양과 부피에 따라 정해짐	높음	높음
액체	용기의 모양을 따름; 부피는 표면에 의해 정해짐	아주 낮음	중간
고체	자체의 모양과 부피를 유지	거의 없음	거의 없음

*액체에서*는 입자 사이의 인력이 매우 강해서 입자들을 서로 가깝게 끌어당긴다.

- 액체 입자들은 서로 인접해 있어서 운동의 자유도가 제한적이다.
- 액체 입자들은 서로의 주위에서 무작위하게 움직일 만큼 충분히 큰 운동 에너지를 가진다. 따라서 액체는 용기의 모양에 따라 형태가 결정되지만 표면을 갖는다(즉, 용기를 가득 채우지는 않는다).
- 액체는 외부 힘에 저항하므로 아주 조금만 압축된다.
- 액체는 흐르기는 하지만 기체보다는 *훨씬* 더 느리다.

*고체에서*는 분자간 힘의 인력 퍼텐셜 에너지가 입자의 운동 에너지보다 압도적으로 크다. 그 결과

- 입자들이 서로에 대해서 위치가 고정되어 있고, 제자리에서 조금 진동할 뿐이다.
- 기체 입자는 운동의 자유도가 매우 작기 때문에, 고체는 고유한 모양을 가지고 거의 흐르지 않는다.

- 입자가 서로 매우 가까워서 고체는 액체보다도 덜 압축된다.

주위 환경에서 세 가지 형태의 유동성의 차이를 쉽게 볼 수 있다. 대기의 기체는 잘 섞이기 때문에 80 km 상공까지는 균일한 조성을 가지고 있다. 대양은 매우 느리게 섞이기 때문에 바닷물 깊이에 따라 그 조성이 다르며, 따라서 서식하는 생물종도 다르다. 암벽을 이루는 고체는 거의 섞이지 않기 때문에 이웃하고 있는 지층이 수백만 년 동안 분리된 채로 그대로 있다(*사진 참조*).

암석 지층은 오랜 시간이 지나도 제자리에 고정된 채로 남아 있다.

Source: TCYuen/Getty Images

상 변화의 유형과 엔탈피

한 상에서 다른 상으로의 물리적 변화인 **상 변화**(phase change)는 각 상에서의 퍼텐셜 에너지와 운동 에너지로 설명할 수 있다. 이때 온도의 영향을 이해하는 것도 중요하다.

- *온도가 높아지면*, 평균 운동 에너지도 증가하므로 입자가 더 빨리 움직이기 때문에 더 쉽게 인력을 극복한다.
- *온도가 낮아지면*, 평균 운동 에너지도 감소하여 입자들이 더 느리게 움직이므로 입자들은 인력에 의 더 쉽게 붙들리게 된다.

압력도 상 변화에 영향을 미치는데, 기체에 대해서는 매우 중요하게 작용하지만, 액체에 대해서는 극히 제한적이다. 각 상 변화에는 *몰당 킬로줄*(kJ/mol) 단위의 (1기압과 상 변화가 일어나는 온도에서 측정된) 엔탈피 변화(ΔH)가 수반된다. 상 변화에 수반되는 엔탈피 변화는 흡열이거나 발열이다.

- *발열 변화.* 기체 상태의 분자가 서로 끌어당겨 액체 상태가 되고 이어서 고체 상태에서 분자의 위치가 고정되면서 입자의 계는 에너지를 *잃고*, 에너지는 열로 방출된다.
- *흡열 변화.* 고체에서 입자들의 위치가 고정되고 액체에서 입자들이 서로의 주위에 머물도록 유지시켜 주는 인력을 극복하기 위해서는 계가 열을 흡수해야 한다.

다양한 유형의 상 변화를 살펴보자.

1. *고체에서 액체로의 변화 및 그 역과정*
   - 온도가 증가하면 고체상의 입자는 운동 에너지를 얻어 고정된 위치로부터 벗어나서 액체상으로 변환되는데, 이 과정을 **녹음**(melting) 또는 **용융**(fusion)이라 부른다. 이때 수반되는 엔탈피 변화를 **용융열**(heat of fusion, $\Delta H^\circ_{용융}$) 또는 용융 엔탈피라 부른다. 물의 경우에는 다음과 같다.

   $$H_2O(s) \longrightarrow H_2O(l) \qquad \Delta H = \Delta H^\circ_{용융} = 6.02 \text{ kJ/mol } (0°C에서)$$

   - 온도가 내려가면 액체상의 입자는 더 천천히 움직이며 고체상에서 위치가 고정되는데, 이 과정을 **얼음**(freezing)이라 부른다(대부분의 물질에서 압력의 증가도 마찬가지로 얼음을 도와준다). 물질의 얼음에 수반되는 엔탈피 변화는 용융열과 *크기는 같지만 부호가 반대*이다.

   $$H_2O(l) \longrightarrow H_2O(s) \qquad \Delta H = -\Delta H^\circ_{용융} = -6.02 \text{ kJ/mol}$$

   일상적으로 얼음이라 하면 낮은 온도라는 의미를 내포하는데, 이는 우리가 보통 물을 떠올리기 때문이다. 하지만 예를 들어 용융된 금속은 물보다 훨씬 높은 온도에서 얼기(고체가 되기) 때문에, 많은 의학, 산업, 예술 분야에서 활용되는데, 이러한 활용의 예로 금 치아 크라운, 강철 자동차 부품, 청동상 등이 있다.

2. *액체에서 기체로의 변화 및 그 역과정*
   - 온도가 더욱 증가하면 액체상의 입자는 서로 완전히 분리되어 기체를 형성할 만큼 충분한 운동 에너지를 얻는데, 이 과정을 **증발**(vaporization)이라 부른다. 이때 수반되는 엔탈피 변화를 **증발열**(heat of vaporization, $\Delta H^\circ_{증발}$) 또는 증발 엔탈피라 부른다. 물의 경우에는 다음과 같다.

   $$H_2O(l) \longrightarrow H_2O(g) \qquad \Delta H = \Delta H^\circ_{증발} = 40.7 \text{ kJ/mol } (100°C에서)$$

A. 증발

B. 증착

그림 12.1 두 가지 흔한 상 변화.

Source: (A) Aaron Roeth Photography; (B) ArTDi101/Shutterstock

땀을 흘리면 냉각 효과가 있는데, 이는 신체의 열이 물을 증발시키기 때문이다. 이렇게 체온을 낮추기 위해 고양이는 자신의 몸을 핥고 개는 헐떡거린다(그림 12.1A).

- 온도가 내려가면(또는 압력이 증가하면), 기체상의 분자가 더 천천히 움직이며 서로 모여 액체를 형성하는데, 이 과정을 **응축**(condensation)이라 부른다. 응축에 수반되는 엔탈피 변화는 증발열과 크기는 같지만 부호가 반대이다.

$$H_2O(g) \longrightarrow H_2O(l) \qquad \Delta H = -\Delta H^\circ_{증발} = -40.7 \text{ kJ/mol}$$

3. *고체에서 기체로의 변화 및 그 역과정*
   - 특정 조건에서 고체의 온도가 증가하고 고체 입자가 운동 에너지를 얻으면 고체상에서 직접 기체상으로 바뀌는데, 이 과정을 **승화**(sublimation)라 부른다. 승화에 수반되는 엔탈피 변화를 **승화열**(heat of sublimation, $\Delta H^\circ_{승화}$) 또는 승화 *엔탈피*라 부른다. 승화는 용융과 증발 과정의 조합으로 간주될 수 있기 때문에 Hess의 법칙(6.5절)에 따르면 승화열은 용융열과 증발열의 합과 같다. 물의 경우에는 다음과 같다.

$$H_2O(s) \longrightarrow H_2O(l) \qquad \Delta H^\circ_{용융} = 6.02 \text{ kJ/mol}$$
$$H_2O(l) \longrightarrow H_2O(g) \qquad \Delta H^\circ_{증발} = 40.7 \text{ kJ/mol}$$
$$H_2O(s) \longrightarrow H_2O(g) \qquad \Delta H^\circ_{승화} = 46.7 \text{ kJ/mol}$$

   음식을 얼리고 물을 승화시켜 동결 건조 식품을 제조한다. 일상 조건에서 고체 CO_2(드라이 아이스)는 기체 CO_2로 승화된다. 액체 CO_2는 5.1 atm 이상의 높은 압력에서만 존재한다.
   - 기체 입자가 냉각되어 에너지를 잃으면 기체상에서 직접 고체상으로 변하는데, 이런 승화의 역 과정을 **증착**(deposition)이라 부른다. 예를 들어 수증기의 증착을 통해 얼음 결정이 차가운 유리창 위에 생성된다(그림 12.1B).

$$H_2O(g) \longrightarrow H_2O(s) \qquad \Delta H = -\Delta H^\circ_{승화} = -46.7 \text{ kJ/mol}$$

물의 경우에는 보통 액체를 증발시킬 때(또는 고체를 승화시킬 때)보다 고체를 녹일 때 에너지가 훨씬 적게 든다($\Delta H^\circ_{용융} < \Delta H^\circ_{증발}$). 즉, 분자가 고정된 위치에서 벗어나도록 분자간 힘을 이기는 데(고체를 녹이는 데) 필요한 에너지가 분자들을 완전히 분리시키는 데(액체를 증발시키는 데) 필요한 에너지보다 더 적다(그림 12.2).

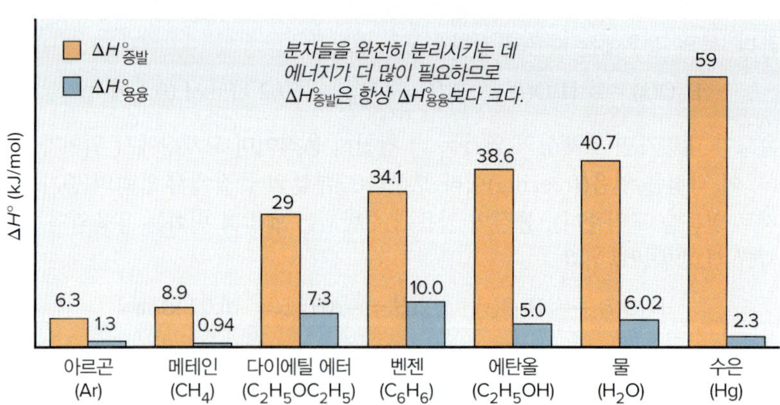

그림 12.2 몇 가지 물질들의 증발열 및 용융열.

그림 12.3에 상 변화와 이에 수반되는 엔탈피 변화를 요약하였다.

- 얼음, 응축, 증착은 발열 변화이다.
- 용융, 증발, 승화는 흡열 변화이다.

› 12.1절 요약

› 분자간 힘(퍼텐셜 에너지)과 평균 속력(운동 에너지)의 상대적 크기 때문에, 기체 입자들은 멀리 떨어져 있고 무질서하게 움직이고 있고, 액체 입자들은 서로 접촉하고 있으나 상대적으로 쉽게 움직일 수

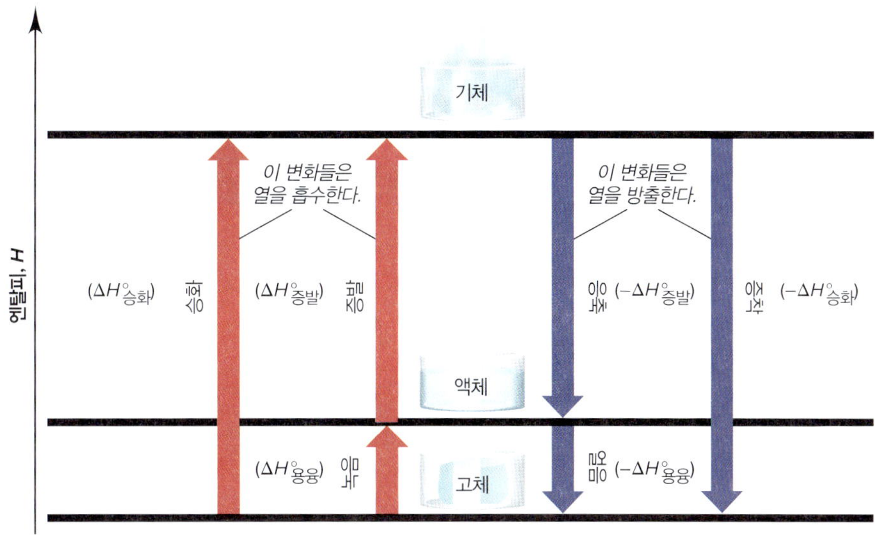

그림 12.3 상 변화와 엔탈피 변화. 용융(녹음), 증발, 승화는 흡열적 변화(양의 값 ΔH°)인 반면에 얼음, 응축, 증착은 발열적 변화(음의 값 ΔH°)이다.

있고, 고체 입자들은 서로 인접하여 한 위치에 고정되어 있다. 이와 같은 분자 수준의 차이가 물질의 모양, 압축률 그리고 유동성 등 거시적 차이를 설명해 준다.

- 고체가 액체로(녹음 또는 용융), 액체가 기체로(증발) 또는 고체가 기체로(승화) 변화될 때, 분자간 인력을 극복하고 입자 사이의 평균 거리를 증가시키기 위해 에너지를 흡수한다. 역과정(얼음, 응축, 증착)에서 입자가 더 가까워질 때 에너지를 방출한다. 각각의 상 변화는 주어진 조건하에서 해당 엔탈피 변화를 수반한다.

12.2 상 변화의 정량적인 면

물론 물의 상 변화는 매일 우리 주변에서 일어나며, 이때 열을 흡수하거나 방출한다. 비가 내릴 때는 수증기가 액체로 응축되고, 물웅덩이가 마를 때는 다시 기체로 되돌아간다. 봄에는 고체 물이 녹고, 겨울에는 다시 언다. 같은 변화가 차 한 잔을 만들거나 한 그릇의 얼음을 만들 때에도 일어난다. 이 절에서는 상 변화에 수반되는 열을 정량화하고 변화 과정의 평형 성질을 다룬다.

상 변화에 수반되는 열

열이 일정한 속도로 흡수되거나 방출될 때 시료의 온도 변화를 나타내는 **가열-냉각 곡선**(heating-cooling curve)을 사용하여 분자 운동론을 상 변화에 적용해 보자. 압력이 1 atm으로 고정된 닫힌 용기 내에 있는 기체 물(수증기) 2.50 mol을 130°C로부터 −40°C로 변화시킬 때 어떠한 일이 일어나는지 살펴보자. 이 과정을 열을 방출(발열)하는 다섯 단계로 나눌 수 있다(그림 12.4).

단계 1. 기체상 물이 식는다. 물 분자가 무질서하게 움직이면서 서로 충돌하고 동시에 용기 벽에 충돌하는 상황을 상상해 보자. 초기 온도에서는 분자의 최빈 속력과 평균 운동 에너지(E_k)가 충분히 높아서 인력의 퍼텐셜 에너지(E_p)를 능가한다. 온도가 내려감에 따라 평균 E_k는 감소하므로 인력이 점점 중요해진다. 이때 일어나는 변화는 다음과 같다.

$$H_2O(g)\ [130°C] \longrightarrow H_2O(g)\ [100°C]$$

냉각 과정의 열 손실(q)은 물의 양(몰수, n), *기체* 물의 몰 열용량 $C_{m(물,\ g)}$ 및 온도 변화 $\Delta T(T_{최종} - T_{초기})$를 곱한 것이다.

$$\begin{aligned} q &= n \times C_{m(물,\ g)} \times \Delta T = (2.50\ \text{mol})\ (33.1\ \text{J/mol·°C})(100°C - 130°C) \\ &= -2482\ \text{J} = -2.48\ \text{kJ} \end{aligned}$$

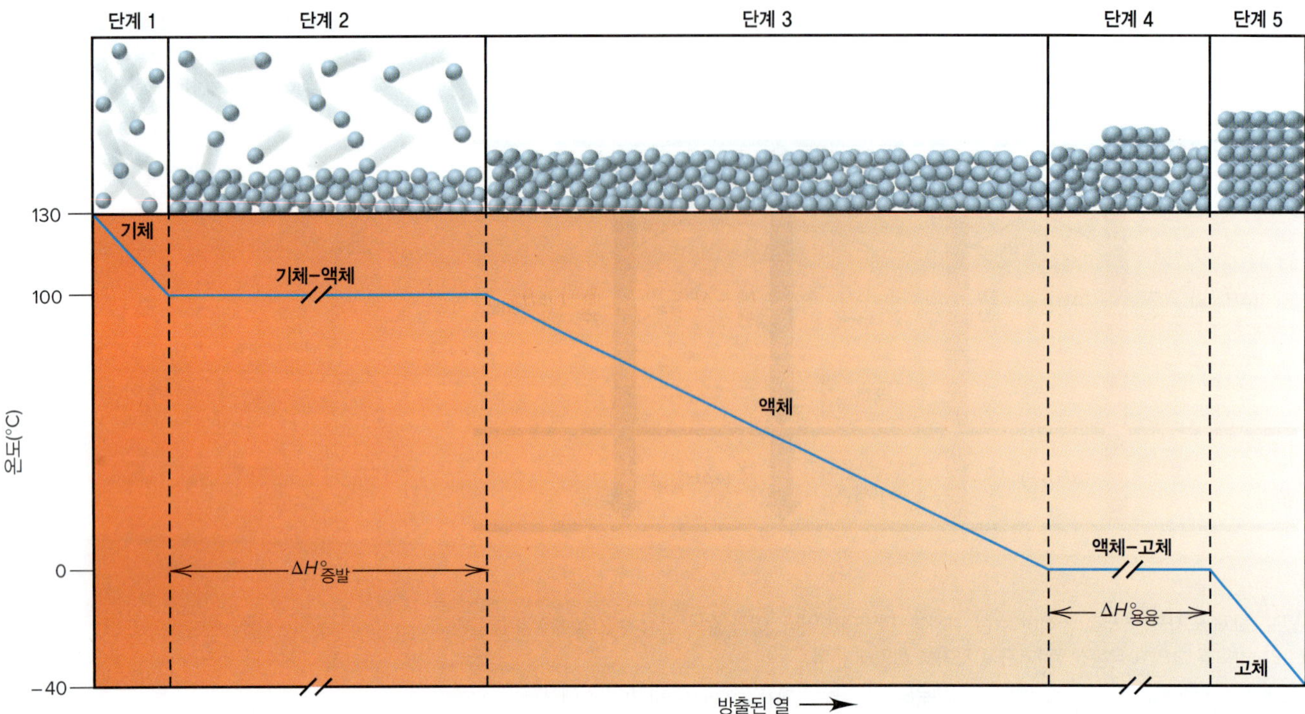

그림 12.4 기체 물을 얼음으로 변화시키는 과정의 냉각 곡선. 수증기가 얼음으로 변화될 때 방출되는 열 대 온도에 대한 그래프. 전 과정은 다섯 단계로 일어나는데, 각 단계마다 해당하는 분자 수준의 변화를 그려 놓았다. 단계 1, 3, 5 선들의 기울기는 해당 상의 몰 열용량을 반영한다. 척도에 맞춰 그리지는 않았지만 단계 2의 선은 단계 4의 선보다 긴데, 이는 물의 $\Delta H^\circ_{증발}$이 $\Delta H^\circ_{용융}$보다 크기 때문이다. −40°C에서 시작하는 흡수한 열량 대 온도에 대한 그래프에서는 단계들은 같고, 순서만 반대로 된다.

음의 부호는 열이 방출된 것을 나타낸다. (단위를 상쇄시키기 위해 몰 열용량 C_m의 단위에 K 대신 °C를 사용하였지만, 두 단위는 같은 온도 차를 나타내기 때문에 C_m의 크기에는 영향을 미치지 않는다.)

단계 2. 기체상 물이 응축한다. 응축점에서 분자 중에서 가장 느린 속력을 갖는 것들은 분자간 인력으로 인해 작은 물방울로 합쳐지고 궁극적으로 큰 덩어리의 액체, 즉 물이 된다. 상 변화 동안에 일어나는 다음 사항에 주목하자.

- 시료의 온도가 일정하고 따라서 평균 E_k도 일정하다. 같은 온도에서는 충돌 사이에 이동하는 거리가 액체에서보다 기체에서 더 길지만 *평균* 속력은 동일하다.
- 분자가 서로 끌어당겨 더 가까워지면서 시료는 열을 방출하고 평균 E_p도 감소한다.

따라서 100°C에서 기체 물과 액체 물의 평균 E_k는 같지만, 액체의 평균 E_p는 더 낮다. 이 변화는 다음과 같다.

$$H_2O(g)\ [100°C] \longrightarrow H_2O(l)\ [100°C]$$

열량은 물의 몰수(n)와 음의 값을 갖는 증발열($-\Delta H^\circ_{증발}$)을 곱한 것이다.

$$q = n(-\Delta H^\circ_{증발}) = (2.50\ \text{mol})(-40.7\ \text{kJ/mol}) = -102\ \text{kJ}$$

이 단계가 *방출되는 총 열량의 가장 많은 부분을 차지하는데*, 이는 분자들이 기체보다 액체에서 훨씬 더 가까워 E_p가 큰 폭으로 감소하기 때문이다.

단계 3. 액체 물이 식는다. 액체 상태에 있는 물은 지속적으로 열을 방출하며 열 방출은 온도 감소로 나타낸다. 즉, 최빈 분자 속력이 감소하고 따라서 평균 E_k도 감소한다. 시료가 액체로 남아 있는 동안에는 온도가 낮아진다. 이 변화는 다음과 같다.

$$H_2O(l)\ [100°C] \longrightarrow H_2O(l)\ [0°C]$$

열량은 물의 양(n), *액체* 물의 몰 열용량 및 ΔT의 곱이다.

$$q = n \times C_{물(l)} \times \Delta T = (2.50\ \text{mol})(75.4\ \text{J/mol·°C})(0°\text{C} - 100°\text{C})$$
$$= -18{,}850\ \text{J} = -18.8\ \text{kJ}$$

단계 4. 액체 물이 언다. 0°C에서, 증가하는 분자간 인력 때문에 분자들이 얼음의 결정 구조로 배열함에 따라 시료의 E_p가 계속 감소한다. 분자 운동은 계속되지만 고정된 위치 주변에서의 무질서한 진동만 있을 뿐이다. 응축이 일어나는 과정과 같이 어는 동안 온도와 평균 E_k는 변하지 않는다. 이 변화는 다음과 같다.

$$H_2O(l)\ [0°C] \longrightarrow H_2O(s)\ [0°C]$$

열량은 물의 양(n)에 용융열($-\Delta H^\circ_{용융}$)의 음의 값을 곱한 것과 같다.

$$q = n(-\Delta H^\circ_{용융}) = (2.50\ \text{mol})(-6.02\ \text{kJ/mol}) = -15.0\ \text{kJ}$$

단계 5. 고체 물이 식는다. 움직임이 제자리에서의 진동으로 제한되어 있어서 계속 냉각하면 진동하는 평균 속력이 느려질 뿐이다. 이 변화는 다음과 같다.

$$H_2O(s)\ [0°C] \longrightarrow H_2O(s)\ [-40°C]$$

열량은 물의 양(n), *고체* 물의 몰 열용량 및 ΔT에 의해 결정된다.

$$q = n \times C_{m(물,\ s)} \times \Delta T = (2.50\ \text{mol})(37.6\ \text{J/mol·°C})(-40°\text{C} - 0°\text{C})$$
$$= -3760\ \text{J} = -3.76\ \text{kJ}$$

Hess의 법칙에 따르면 방출된 총 열량은 각 단계에서 방출된 열량의 합이다.

$$\text{방출된 총 열량} = \underset{(기체\ 냉각)}{1단계} + \underset{(기체\ 응축)}{2단계} + \underset{(액체\ 냉각)}{3단계} + \underset{(액체\ 얼음)}{4단계} + \underset{(고체\ 냉각)}{5단계}$$
$$= -2.48\ \text{kJ} + (-102\ \text{kJ}) + (-18.8\ \text{kJ}) + (-15.0\ \text{kJ}) + (-3.76\ \text{kJ})$$
$$= -142\ \text{kJ}$$

이 과정이나 이와 유사한 과정에서 발열이나 흡열과는 관계없이 두 가지 핵심 사항이 두드러지게 나타난다.

- *동일한 상에서*, 열의 흐름은 *온도의 변화를 동반하며*, 이는 *분자의 최빈 속력이 변함에 따라* 나타나는 평균 E_k의 변화를 나타낸다. 방출되거나 흡수되는 열은 물질의 양, *해당 상태에서의* 몰 열용량 및 온도 변화에 의해 결정된다.
- *상 변화 과정에서는*, 열의 흐름은 *일정한 온도에서* 일어나며, *분자간의 평균 거리가 변화함에* 따라 나타나는 평균 E_p 값의 변화와 관련된다. 상 변화 중에는 두 개의 상이 공존한다. 방출하거나 흡수하는 열은 물질의 양과 해당 상 변화의 엔탈피 변화에 의해 정해진다.

이러한 개념들을 명확히 하기 위해 다음 분자 모식도 예제를 풀어 보자.

인터넷 핫스팟

상 변화의 정량적인 면이 어렵게 느껴진다면, eBook에 접속하여 이 주제에 대한 추가 학습 동영상을 참고하자.

예제 12.1 | 분자 모식도로 나타낸 상 변화 과정의 열 계산

문제 아래 그림은 물의 상 변화를 나타낸 것이다. 본문에서 사용한 몰 열용량과 상 변화 과정의 열을 이용하여 H_2O 24.3 g이 아래 변화를 거칠 때 방출하거나 흡수하는 열(kJ)을 계산하라.

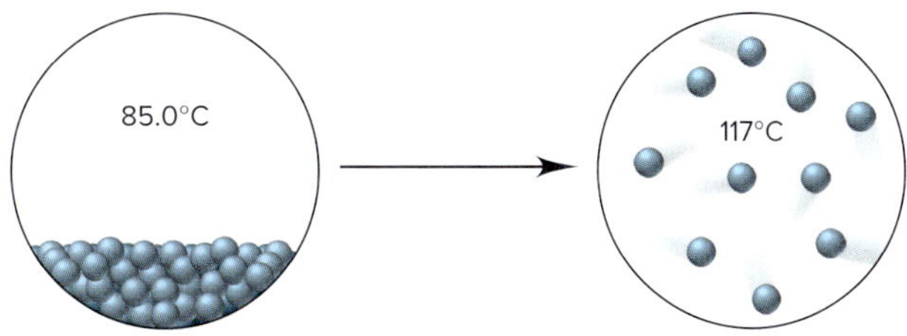

계획 분자 모식도, 본문의 값들, 주어진 물의 질량(24.3 g)으로부터 상 변화에 수반되는 열을 구하려 한다. 그림은 85.0°C의 무질서하고 응축된 상이 117°C의 개별적인 분자로 분리되는

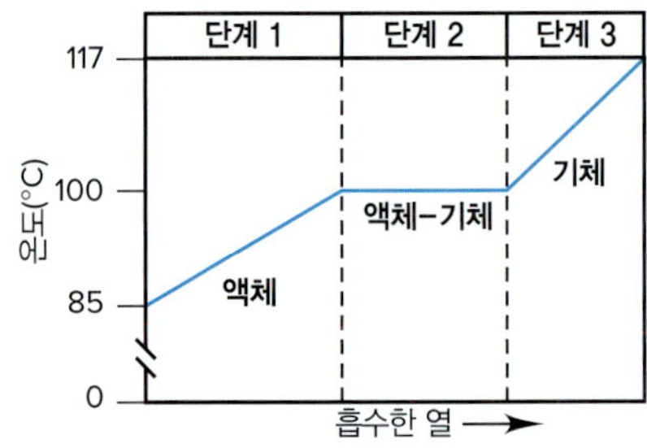

변화를 나타내고 있다. 그러므로 이 그림이 나타내는 상 변화는 흡열 과정인 물의 증발이다. 본문의 자료는 몰 당으로 주어졌으므로, 먼저 물의 질량(g)을 양(mol)으로 환산한다. 옆의 그림과 같이 세 단계가 있다. (1) 액체를 85.0°C에서 100.°C로 가열, (2) 100.0°C의 액체를 100.°C의 기체로 변환, (3) 기체를 100.°C에서 117°C로 가열(*여백 그림 참조*). 각 단계의 q를 더하여 총 열량을 구한다.

풀이 H_2O의 질량(g)을 양(mol)으로 환산:

$$H_2O\text{의 양(mol)} = 24.3\ \text{g}\ H_2O \times \frac{1\ \text{mol}}{18.02\ \text{g}\ H_2O} = 1.35\ \text{mol}$$

단계 1 $H_2O(l)$ [85°C] $\longrightarrow$ $H_2O(l)$ [100°C]에 대한 열량 계산:

$$q = n \times C_{\text{m(물}, l)} \times \Delta T = (1.35\ \text{mol})(75.4\ \text{J/mol·°C})(100.\text{°C} - 85.0\text{°C})$$
$$= 1527\ \text{J} = 1.53\ \text{kJ}$$

단계 2 $H_2O(l)$ [100°C] $\longrightarrow$ $H_2O(g)$ [100°C]에 대한 열량 계산:

$$q = n(\Delta H^\circ_{\text{증발}}) = (1.35\ \text{mol})(40.7\ \text{kJ/mol}) = 54.9\ \text{kJ}$$

단계 3 $H_2O(g)$ [100°C $\longrightarrow$ $H_2O(g)$ [117°C]에 대한 열량 계산:

$$q = n \times C_{\text{m(수증기}, g)} \times \Delta T = (1.35\ \text{mol})(33.1\ \text{J/mol·°C})(117\text{°C} - 100.\text{°C})$$
$$= 759.6\ \text{J} = 0.760\ \text{kJ}$$

세 가지 열을 더하여 이 과정의 총 열량 구하기:

$$\text{총 열량(kJ)} = 1.53\ \text{kJ} + 54.9\ \text{kJ} + 0.760\ \text{kJ} = 57.2\ \text{kJ}$$

검산 물이 열을 흡수하기 때문에 열의 부호는 양이다. 반올림하여 간단하게 q를 검산한다. 예를 들면, 단계 1에서 1.35 mol × 75 J/mol·°C × 15°C = 1500 J. 단계 2인 상 변화가 대부분의 열을 차지하므로 최종 답도 그럴 것이다. $\Delta H^\circ_{\text{증발}}$의 단위가 kJ로, 몰 열용량의 J 단위의 1000배임을 명심하라.

▶ 보충 문제

12.1A 다음의 분자 모식도는 물의 상 변화를 나타낸는 것이다. 본문의 몰 열용량과 상 변화의 열 값을 이용하여 H_2O 2.25 mol이 다음과 같이 변화할 때, 방출 또는 흡수하는 열(kJ 단위)을 구하라.

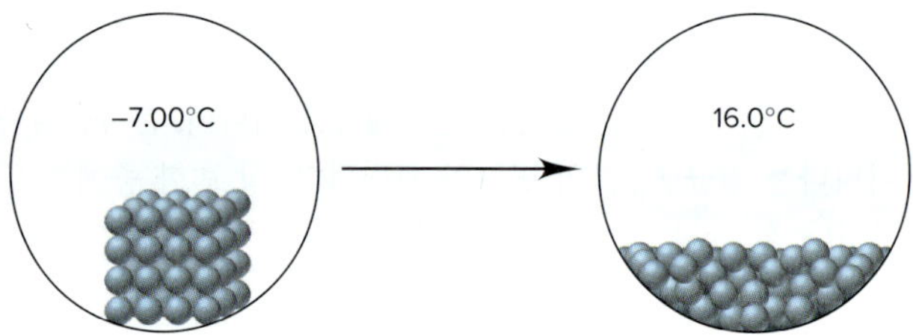

12.1B 아래 모식도는 브로민(Br_2)의 상 변화를 나타낸 것이다. 아래의 자료를 사용하여 브로민 47.94 g이 다음과 같이 변화할 때, 방출 또는 흡수하는 열(kJ 단위)을 구하라. $C_{\text{m(액체)}}$ = 75.7 J/mol·°C, $C_{\text{m(기체)}}$ = 36.0 J/mol·°C, $\Delta H^\circ_{\text{용융}}$ = 10.6 kJ/mol, $\Delta H^\circ_{\text{증발}}$ = 29.6 kJ/mol, 녹는점 = −7.25°C, 끓는점 = 59.5°C.

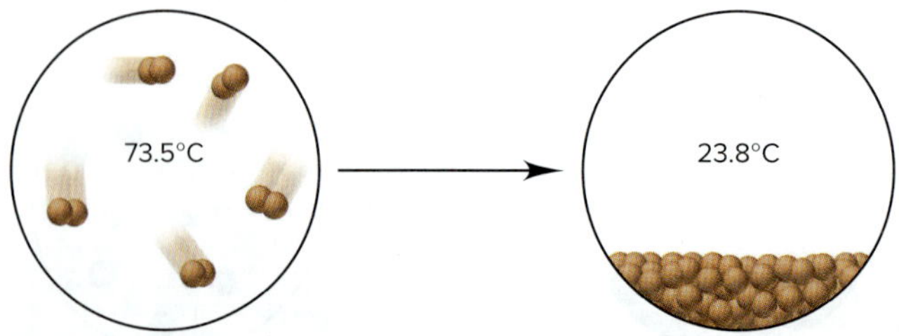

유사 문제 12.19, 12.20

상 변화의 평형 성질

일상 생활에서는 상 변화가 *열린* 용기(실외, 난로 위의 냄비, 냉장고의 냉동실) 내에서 일어나므로 변화가 *비가역적*이다. 그러나 *밀폐된* 용기 내에서는 화학적 변화와 마찬가지로 *상 변화는 가역적이고, 평형에 도달한다.* 여기서 세 가지 상 평형을 살펴보자.

액체-기체 평형 증발과 응축은 익숙한 현상이다. 플라스크에 담긴 액체의 열린 계와 닫힌 계에서 이러한 과정이 각각 어떻게 다른지 살펴보자.

1. *열린 계: 비평형 과정.* 일정한 온도에서 순수한 액체가 *열린* 플라스크에 들어 있다고 하자. 분자 속력 분포 범위 내에서 표면에 있는 어떤 분자들은 인력을 극복하기에 충분한 높은 E_k를 가지고 있어서 증발할 수 있다. 이때 생긴 빈 공간은 인접 분자들이 채우게 되고 일정 온도를 유지하고 있는 주위로부터 에너지가 공급된다. 이 과정은 액체상이 모두 사라질 때까지 계속된다.

2. *닫힌 계: 평형 과정.* 이번에는 일정 온도에서 *밀폐된* 플라스크가 있고 액체 위는 진공이라고 가정하자(그림 12.4A). 두 가지 과정이 일어난다. 표면에 있는 충분한 E_k를 가진 일부 분자가 *증발한다.* 짧은 시간 후에 증기상의 분자는 표면과 충돌하며 느린 분자는 강하게 끌어 당겨져 *응축한다.*

처음에는 이 두 과정이 다른 속도로 진행된다. 주어진 표면적을 이루는 분자수가 일정하므로 단위 시간당 표면을 떠나는 분자수인 증발 속도도 일정하고, 압력은 증가한다. 시간이 흐르면서 증기상에 분자들이 많아질수록 표면에 충돌하여 액체로 되돌아가는 응축 속도는 증가하므로 압력 증가는 느려진다. 궁극적으로는 응축 속도는 증발 속도와 같아지고, 이때부터 *압력은 일정하다*(그림 12.5B).

거시적으로는 이 상황이 정적으로 보이지만, 분자 수준에서 보면 분자들이 액체 표면을 같은 속도로 들어오고 같은 속도로 나간다. 계는 *동적 평형*(dynamic equilibrium) 상태에 도달한 것이다.

$$\text{액체} \rightleftharpoons \text{기체}$$

평형 상태의 증기가 나타내는 압력을 해당 온도에서 액체의 *평형 증기압*(equilibrium vapor pressure) 또는 **증기압**(vapor pressure)이라고 한다. 그림 12.5C는 전 과정을 그래프로 나타낸 것이다. 더 큰 플라스크를 사용하면 평형 상태에서 증기 중의 분자수는 더 많아진다. 그러나 온도가 일정하고 약간의 액체가 남아 있는 한 증기압은 같다.

3. *평형 상태의 계의 교란.* 어떤 조건을 변화시켜 계를 "교란"시키면 무슨 일이 일어나는지 알아보자.

- *압력 감소.* 플라스크의 증기를 펌프로 뽑아 빠르게 압력을 낮춘다고 가정하자. (피스톤이 연결된 실린더에서 피스톤을 밖으로 움직여 부피를 증가시킨다.) 순간적으로 액체

그림 12.5 **액체-기체 평형.** **A.** 분자들이 일정한 속도로 표면을 떠나고 압력은 상승한다. **B.** 평형에서는 일정 시간 동안에 액체에서 나가는 분자수와 액체로 들어오는 분자수는 같다. **C.** 평형에 도달하여 압력이 일정해질 때까지 압력은 증가한다.

A. 액체 내의 분자가 증발한다. **B.** 분자가 같은 속도로 증발되고 응축된다. **C.** 시간 대 압력 그래프

로 들어오는 분자의 수가 액체를 떠나는 분자수보다 적기 때문에 응축 속도가 증발 속도보다 낮아진다(정방향 과정이 더 빨라짐). 짧은 시간에 응축 속도가 충분히 빨라져서 다시 평형에 도달할 때까지 압력은 증가한다.

- *압력 증가.* 증기를 펌프로 불어 넣어(피스톤을 안쪽으로 움직여 부피를 감소시킴) 빠르게 압력을 올린다고 가정하자. 액체를 떠나는 분자보다 더 많은 분자가 액체 속으로 들어가기 때문에 응축 속도가 일시적으로 증발 속도보다 빨라진다(역반응 과정이 더 빨라짐). 곧 압력이 다시 평형 값에 도달할 때까지 응축 속도는 감소한다.

액체와 증기의 이러한 일반적인 거동은 평형 상태에 있는 모든 계에서 볼 수 있다. *평형 상태에 있는 계를 교란시키면 다시 평형에 도달할 때까지 교란을 감소시키는 방향으로 진행된다.* 이후 장에서 여러 번 이 핵심 개념을 다루게 된다.

증기압에 미치는 온도와 분자간 힘의 영향 증기압은 온도의 변화와 기체 자체의 변화, 즉 분자간 힘의 종류와 세기의 변화라는 두 가지 요인에 따라 달라진다.

1. *온도의 영향.* 온도는 액체를 벗어날 만큼 충분히 빠르게 움직이는 분자들의 분율과, 마찬가지로 충분히 느려서 다시 포획되는 분자들의 분율을 변화시키기 때문에 증기압에 큰 영향을 미친다. 그림 12.6에서 한쪽으로 기울어진 종 모양의 분자 속력 분포 곡선을 볼 수 있다(그림 5.20). 더 높은 온도 T_2에서는 액체 표면을 떠나기에 충분한 에너지를 가진 분자들이 더 많다. 따라서 일반적으로 *온도가 높아질수록 증기압은 더 높아진다.*

$$\text{더 높은 } T \Longrightarrow \text{더 높은 } P$$

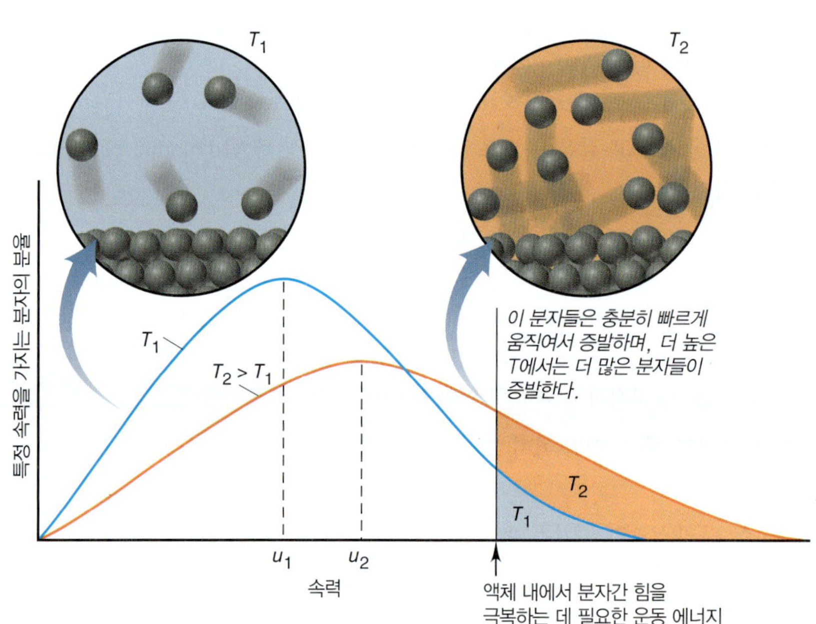

그림 12.6 **분자 속력 분포에 미치는 온도의 영향.**

2. *분자간 힘의 영향.* 일정 T에서는 모든 물질은 같은 평균 E_k를 가진다. 따라서 분자간 힘이 약한 분자들은 표면에 약하게 붙들려 있어서 더 쉽게 증발한다. 일반적으로 *분자간 힘이 약할수록 증기압은 더 높다.*

$$\text{더 약한 힘} \Longrightarrow \text{더 높은 } P$$

그림 12.7은 세 가지 액체의 증기압을 온도의 함수로 나타낸 것이다.

- 온도의 영향은 온도가 올라감에 따라 증기압이 더 가파르게 상승함에서 볼 수 있다.
- 분자간 힘의 영향은 주어진 온도(*20°C에서 수직 점선*)에서 수직 축(증기압)과 만나는 수평 점선의 증기압 값에서 볼 수 있다. 다이에틸 에터의 분자간 힘(가장 높은 증기압)은 에탄올보다 약하고 에탄올의 분자간 힘은 물(가장 낮은 증기압)보다 약하다.

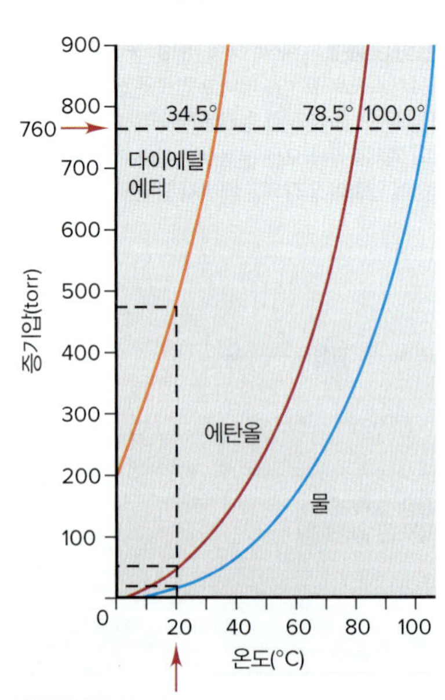

그림 12.7 **분자간 힘과 온도에 따른 증기압.**

온도의 영향 정량화하기 온도와 증기압 사이의 비선형 관계를 **Clausius-Clapeyron 식**을 사용하여 직선 관계로 바꿀 수 있다.

$$\ln P = \frac{-\Delta H_{증발}}{R}\left(\frac{1}{T}\right) + C$$
$$y \quad = \quad m \quad\quad x \quad + b$$

이 식에서 ln P는 증기압의 자연 로그, $\Delta H_{증발}$은 증발열, R은 기체상수(8.314 J/mol·K), T는 절대 온도, C는 상수(열용량과는 무관)이다. 이 식은 증발열을 구하는 데 자주 이용된다. 이 식의 아래에 나타낸 파란색은 직선의 방정식으로 $y = \ln P$, $x = 1/T$, m(기울기) $= -\Delta H_{증발}/R$, b(y축 절편) $= C$이다. 다이에틸 에터와 물에 대한 $1/T$ 대 ln P의 그래프는 그림 12.8에 나타낸 것과 같이 직선이다.

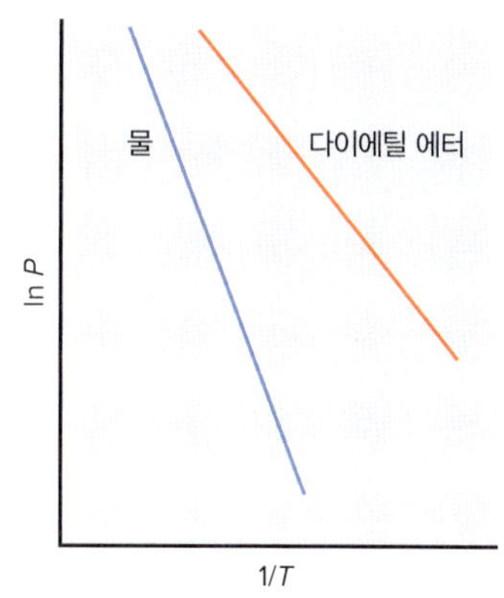

그림 12.8 **온도와 증기압 사이의 선형 관계.** 물의 $\Delta H_{증발}$이 더 크기 때문에 물에 대한 직선의 기울기가 더 크다.

두 온도에서의 증기압을 알면 Clausius-Clapeyron 식을 이용하여 $\Delta H_{증발}$을 구할 수 있다.

$$\ln \frac{P_2}{P_1} = \frac{-\Delta H_{증발}}{R}\left(\frac{1}{T_2} - \frac{1}{T_1}\right) \quad (12.1)$$

만일 T_1에서의 P_1과 $\Delta H_{증발}$를 알면, 다른 모든 온도(T_2)에서의 증기압(P_2) 또는 특정 증기압을 갖는 온도를 구할 수 있다.

예제 12.2 | Clausius-Clapeyron 식 이용하기

문제 34.9°C에서 에탄올의 증기압은 115 torr이다. 에탄올의 $\Delta H_{증발}$이 38.6 kJ/mol일 때, 증기압이 760 torr인 온도(°C)를 구하라.

계획 주어진 값인 $\Delta H_{증발}$, P_1, P_2, T_1을 식 (12.1)에 대입하고 T_2에 대해 푼다. 여기서 R 값은 8.314 J/mol·K이므로 T_1을 K 단위로 바꾸어 T_2를 구한 다음 T_2를 다시 °C로 바꾼다.

풀이 $\Delta H_{증발}$의 단위를 J/mol로, 온도를 캘빈 온도로 바꾼다.
식 (12.1)에 수치들을 대입하고 풀어 T_2 구하기:

$$\ln \frac{P_2}{P_1} = \frac{-\Delta H_{증발}}{R}\left(\frac{1}{T_2} - \frac{1}{T_1}\right)$$

$$T_1 = 34.9°\text{C} + 273.15 = 308.0 \text{ K}$$

$$\ln \frac{760 \text{ torr}}{115 \text{ torr}} = \left(-\frac{38.6\times10^3 \text{ J/mol}}{8.314 \text{ J/mol·K}}\right)\left(\frac{1}{T_2} - \frac{1}{308.0 \text{ K}}\right)$$

$$1.888 = (-4.64\times10^3 \text{ K})\left[\frac{1}{T_2} - (3.247\times10^{-3} \text{ K}^{-1})\right]$$

$$T_2 = 352 \text{ K}$$

T_2를 K에서 °C로 환산:

$$T_2 = 352 \text{ K} - 273.15 = 79°\text{C}$$

검산 반올림으로 계산을 확인하자. 변화는 올바른 방향이다. 즉, T가 올라가면 P도 높아진다. 다음에 논의하겠지만 *정상 끓는점*에서 물질의 증기압은 760 torr이다. *CRC Handbook of Chemistry and Physics*에서 찾아보면 에탄올의 끓는점이 78.5°C인데, 답에 아주 가깝다.

▶ 보충 문제

12.2A 34.1°C에서 물의 증기압은 40.1 torr이다. 85.5°C에서 물의 증기압은 얼마인가? 물의 $\Delta H_{증발}$은 40.7 kJ/mol이다.

12.2B 아세톤은 필름에서 합성섬유에 이르기까지 셀 수 없이 많은 제품을 생산하기 위한 산업용 용매 및 초기 반응물로 필수적이다. 20.2°C에서 아세톤의 증기압은 24.50 kPa이고, 0.95°C에서 증기압은 10.00 kPa이다. 아세톤의 $\Delta H_{증발}$은 얼마인가?

유사 문제 12.21~12.24

증기압과 끓는점 액체가 끓을 때 무슨 일이 일어나는지 살펴본 후 끓는점에 미치는 압력의 영향을 살펴보자.

1. *액체는 어떻게 끓게 되는가? 열린* 용기에서는 대기의 무게가 액체 표면을 누르고 있다. 온도가 올라감에 따라 액체 속의 분자는 더 빠르게 움직인다. 어떤 온도에서 액체 속 분자의 평균 E_k가 충분히 커서 액체 *내부에서* 기포가 생기면 액체는 끓는다. 낮은 온도에서는 외부 압력이 기포 내 증기압보다 높기 때문에 기포가 생기자마자 곧 사라진다. 따라서 **끓는점**(boiling point)은 *증기압이 외부 압력(일반적으로 대기압)과 같아지는 온도이다.* 응축과 얼음의 경우와 마찬가지로 일단 끓기 시작하면 액체가 모두 사라질 때까지 온도는 변하지 않는다.

2. *끓는점에 미치는 압력의 영향.* 액체의 끓는점은 고도에 따라 변한다. 높은 고도에서는 액체 표면을 누르는 대기압이 낮으므로 내부의 분자가 기포를 만드는 데 작은 운동 에너지면 충분하다. 산악 지역에서는 대기압이 낮으므로 끓는점이 낮아져, 끓는 액체가 충분히 뜨겁지 않아 요리할 때 더 *긴* 시간이 소요된다. 예를 들면, Colorado 주 Boulder 지역(고도 5430 ft 또는 1655 m)에서, 물은 94°C에서 끓는다. 반면에 압력 조리기를 사용하면 높은 압력에서 끓는점이 더 높기 때문에 조리 시간이 *짧아진다.* 따라서 *끓는점은 작용하는 압력에 정비례한다.*

더 높은 외부 $P \Longrightarrow$ 더 높은 끓는점

정상 끓는점은 표준 대기압(760 torr, 101.3 kPa, 그림 12.7의 *긴 수평 점선*)에서의 끓는점이다.

끓는점과 분자간 힘 물질의 증기 압력이 분자간 힘의 세기의 영향을 받고(그림 12.7 참조) 더 약한 분자간 힘을 갖는 물질이 특정 온도에서 더 큰 증기압을 나타낸다는 것을 앞에서 배웠다. 또한 액체의 증기압이 외부 압력과 같을 때 액체가 끓는다는 것을 배웠다. 이 두 가지 사실을 종합하면 액체의 끓는점이 분자간 힘의 세기의 영향을 받는다는 것을 알 수 있다. 다른 요인들도 끓는점에 영향을 미친다는 것을 앞으로 배우겠지만 일반적으로 *분자간 힘이 약해질수록 끓는점은 낮아진다.*

약한 분자간 힘 $\Longrightarrow$ 낮은 끓는점

그림 12.7은 상대적으로 약한 분자간 힘을 갖는 다이에틸 에터가 특정 온도에서 에탄올이나 물보다 더 높은 증기 압력을 가짐을 보여준다. 그러므로 에탄올이나 물과 비교하여 다이에틸 에터는 훨씬 더 낮은 온도(34.5°C)에서 외부 압력인 760 torr와 같은 증기 압력을 갖는다. 물에서는 상대적으로 강한 분자간 힘이 작용하여 액체 표면에서 물 분자들이 단단하게 붙잡혀 있기 때문에 실온에서 더 적은 수의 물 분자들이 기체상으로 유입된다. 따라서 물의 증기압을 760 torr로 만들려면 더 높은 온도가 필요하므로 물의 끓는점이 더 높다.

고체-액체 평형 결정 내 입자는 고정된 위치에서 끊임없이 진동한다. 온도가 올라감에 따라 입자들은 더 격렬하게 움직이고, 그 중에 충분한 운동 에너지를 갖는 일부는 자리에 떨어져 나오는데, 이 온도에서 용융이 시작된다. 더 많은 분자가 액체(용융)상으로 유입되면서 그들 중 일부는 고체와 충돌하여 고정된 위치로 되돌아간다. 두 개의 상이 접촉하고 있으므로 녹는 속도와 어는 속도가 같으면 동적 평형이 이루어진다. 이러한 동적 평형이 일어나는 온도가 **녹는점**(melting point)이다. 모든 고체가 녹을 때까지 온도는 녹는점에서 변하지 않고 유지된다.

고체와 액체는 둘 다 거의 압축되지 않으므로 압력은 녹는점과 어는점에 거의 영향을 미치지 않는다. 보통 고체-액체상 변화에 대한 압력 대 온도 그래프는 *거의* 수직인 직선이다. 일반적으로 분자간 힘의 세기가 증가할수록 녹는점은 증가한다.

고체-기체 평형 고체의 증기압이 액체보다 *훨씬* 낮기 때문에 승화는 흔하지는 않다. 분자가 고체를 떠날 때 분자간 인력이 분자들을 서로 가까이 잡아 둘만큼 크지 않는 경우에 물질은 녹는 대신에 승화한다. 드라이아이스(이산화 탄소), 아이오딘(그림 12.9) 및 나방 퇴치제 같은 몇 가지 고체들은 충분한 증기압을 가져 승화하는데, 이들은 모두 분자간 힘이 약한 비극성 분자들로 이루어져 있다.

고체-기체상 변화에 대한 온도 대 압력 그래프를 보면 증기압에 미치는 온도의 영향이 더 큼을 알 수 있다. 이는 액체-기체 곡선과 비슷하여 온도가 높아지면 곡선이 가파르게 증가한다.

그림 12.9 아이오딘의 승화. 고체 아이오딘(I_2)이 승화하여 아이오딘 기체가 찬 유리 표면에 증착된다.

Source: Alexandre Dotta/Science Source

상 도표: 물리적 상태에 대한 압력과 온도의 영향

물질의 **상 도표**(phase diagram)는 액체-기체, 고체-액체, 고체-기체 곡선들을 결합하여, 각 상이 안정한 온도와 압력 조건 및 상 변화가 일어나는 온도와 압력 조건을 나타낸다.

CO_2 및 대부분 물질의 상 도표 CO_2의 상 도표는 대부분의 물질에 대한 전형적인 것으로 네 가지 특징을 가지고 있다(그림 12.10).

1. *도표의 영역들*. 각 영역은 그 상이 안정한 압력과 온도 조건을 나타낸다. 만일 이 조건에 다른 상이 존재하면 그 상은 안정한 상으로 변한다. 일반적으로 고체는 낮은 온도와 높은 압력에서 안정하고, 기체는 높은 온도와 낮은 압력에서 안정하며, 액체는 중간 조건에서 안정하다.

2. *영역 사이의 선들*. 선들은 앞에서 논의한 상전이 곡선이다. 선 위에 있는 모든 점들은 두 개의 상이 평형을 이루는 압력과 온도를 나타낸다. 고체-액체 선이 *양의* 기울기를 가지고 있음에 유의하라(압력이 증가함에 따라 *오른쪽으로* 기움). 이는 대부분의 물질에서 고체의 밀도가 액체보다 더 크기 때문이다. 압력을 높이면 액체가 고체로 변한다. (물은 대표적인 예외이다.)

3. *삼중점*. 세 개의 상 전이 곡선은 세 개의 상들이 평형을 이루는 **삼중점**(triple point)에서 만난다. 이상하게 들리겠지만, 그림 12.10의 삼중점에서 CO_2는 승화하고 증착하고, 녹고, 얼고, 증발하고 응축하는 것이 동시에 일어난다! 여러 가지 고체 또는 액체 형태를 갖는 물질들의 상 도표에는 2개 이상의 삼중점이 있을 수 있다.

CO_2의 상 도표를 보면 왜 드라이아이스(고체 CO_2)가 정상 조건에서 녹지 않는지를 잘 알 수 있다. CO_2의 삼중점 압력이 5.1 atm이므로 1 atm 조건에서는 액체 CO_2가 안정하지 않기 때문에 존재하지 않는다. 1.0 atm에서 그림 12.10의 수평 점선을 따라 가면 고체-기체 선과 만난다. 따라서 고체 CO_2를 가열하면 녹는 대신 −78°C에서 승화한다. 만일 정상 대기압이 5.2 atm이라면 액체 CO_2가 존재할 것이다. 높은 압력의 소화기 안에서는 CO_2가 액체상으로 존재한다.

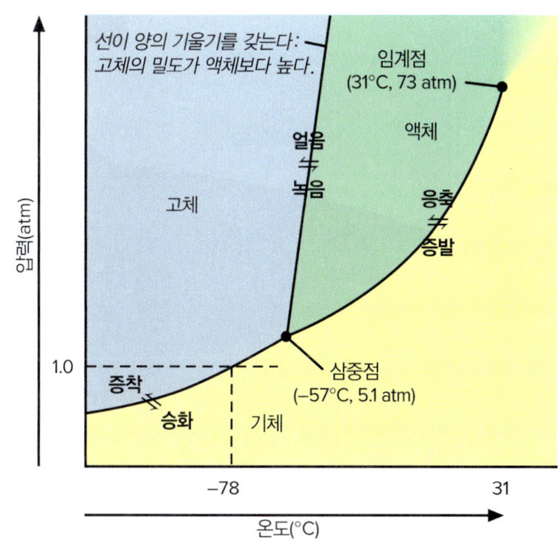

그림 12.10 CO_2의 상 도표. (이 그림과 그림 12.11에서 각 고체-액체 선의 기울기는 과장되어 있고, 축은 일정 간격이 아니다.)

4. *임계점*. 닫힌 용기 안의 액체를 가열하면 액체의 밀도는 감소한다. 동시에 더 많은 액체가 증발하므로 증기의 밀도는 증가한다. **임계점**(critical point)에서는 두 상의 밀도가 같아지고 상 경계선이 없어진다. 임계점의 온도가 *임계 온도*(critical temperature, T_c)이고, 그 압력이 *임계 압력*(critical pressure, P_c)이다. 이 점에서 분자들의 평균 E_k가 너무 높아서 아무리 압력을 높여도 증기가 응축되지 않는다. 공기에 가장 많은 두 기체의 임계 온도는 실온보다 훨씬 낮다. O_2는 −119°C 이상에서는 응축될 수 없고, N_2는 −147°C 이상에서 응축될 수 없다.

임계 온도 이상에서는 액체나 기체상이 아닌 *초임계 유체*(supercritical fluid, SCF)로 존재한다. SCF는 기체처럼 팽창하고 수축되며, 특이한 용매 성질을 가진다. 초임계 유체

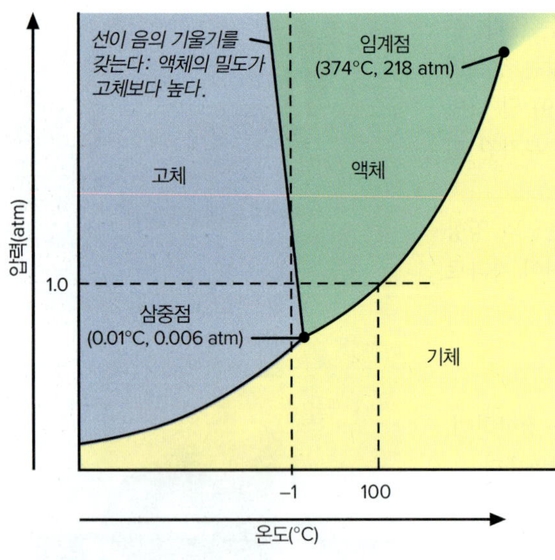

그림 12.11 H_2O의 상 도표.

CO_2는 커피에서 카페인을 추출하고, 담배에서 니코틴을 추출하고, 감자칩에서 지방을 추출하는 데 이용되며, 또한 드라이클리닝 용제로 쓰인다. 압력을 더 낮추면 SCF는 무해한 기체가 되어 흩어진다. 초임계 H_2O는 액체 물에 녹지 않는 비극성 물질을 녹인다. 초임계 H_2O을 써서 산업 폐기물인 인쇄 배선 기판(PCB)에서 유해 비극성 유기 화합물을 제거하기 위한 연구가 진행 중이다.

물의 고체-액체 선 물의 상 도표에서는 한 가지 중요한 점이 일반적인 경우와 다른데, 그것이 물의 핵심 성질을 나타낸다. 다른 대부분의 물질과 달리 고체 형태가 액체보다 *밀도가 낮으며,* 따라서 *물이 얼면 부피가 팽창한다.* 따라서 물의 고체-액체 선은 *음의* 기울기를 가진다(압력이 증가함에 따라 *왼쪽으로* 기움). 압력이 증가하면 고체가 액체로 변하고, 압력을 높이면 물이 어는 온도가 낮아진다(그림 12.11). −1°C의 수직 점선은 고체-액체 선을 통과하며, 이는 압력을 높여서 얼음을 녹일 수 있다는 것을 의미한다.

물의 삼중점은 낮은 압력(0.006 atm)에 나타난다. 얼음을 1.0 atm에서 가열하면(*수평 점선*) 고체-액체 선이 정상 녹는점인 0°C를 지나간다. 따라서 얼음은 승화하지 않고 녹는다. 온도가 더 올라가면 수평 점선은 정상 끓는점인 100°C에서 액체-기체 선을 가로질러 기체 영역으로 들어간다.

예제 12.3 | 상 도표를 이용하여 상 변화 예측하기

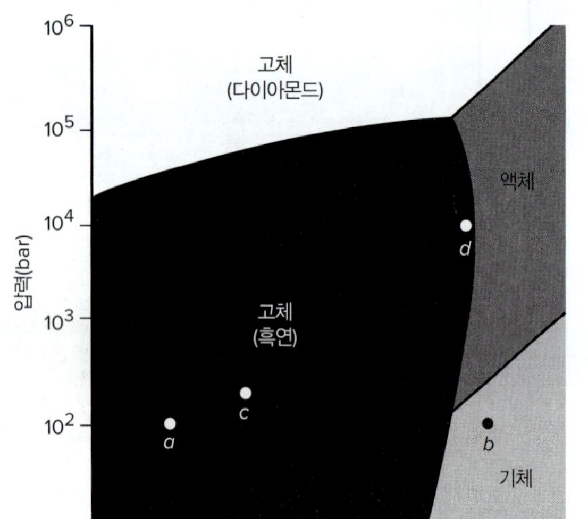

문제 탄소의 상 도표(*왼쪽 그림 참조*)를 사용하여 다음 조건 변화에 따른 탄소 시료의 상 변화를 설명하라.

(a) 시료를 10^2 bar(99 atm)의 압력에서 1000 K에서 5000 K 가열한다.

(b) 그런 다음 시료를 5000 K에서 압력 10^6 bar(990,000 atm)까지 압축한다.

계획 먼저 일정한 압력(10^2 bar) 하에서 가열하고, 다음에는 일정한 온도(5000 K)에서 압축할 때의 상 변화를 설명해야 한다.

(a) 상 도표를 사용하여, 초기 조건(10^2 bar, 1000 K)인 점 *a*로부터 최종 조건(10^2 bar, 5000 K)인 점 *b*까지 수평선을 그린다. 선이 교차하는 모든 상 전이 곡선을 찾는다.

(b) 그런 다음 새로운 초기 조건인 점 *b*(100 bar, 5000 K)에서 최종 압력(10^6 bar)까지 수직선을 그린 후 선이 교차하는 상 전이 곡선을 알아낸다.

풀이 (a) 10^2 bar와 1000 K에서, 시료는 고체인 흑연 형태이다. 가열됨에 따라 흑연이 승화되어 탄소 기체가 된다(약 4400 K에서).

(b) 5000 K에서 압축됨에 따라 기체는 먼저 액체 탄소로 응축되고(약 300 bar), 그런 다음에 다이아몬드로 고체화된다(약 3×10^5 bar).

검산 (a) 상 도표로부터 첫 번째 삼중점이 10^2 bar 이상에 위치하므로 흑연은 액화되기 전에 증발할 것이다. **(b)** 5000 K에서는 어떤 압력에서도 흑연이 존재하지 않기 때문에 액체 탄소는 고체화되어 다이아몬드를 생성한다.

해설 합성 다이아몬드는 대략 7×10^4 bar, 2300 K 조건에서 흑연을 압축하여 만든다. 이 과정은 니켈의 용융상에서 경제성이 있는 속도로 일어난다. 다이아몬드에 미량의 니켈이 남기 때문에 보석급은 되지 못하고, 연삭 도구로 쓰인다.

▶ 보충 문제

12.3A 탄소(오른쪽 그림 참조)의 상 도표를 사용하여, 탄소 시료를 3×10^2 bar의 압력에서 2000 K(예제의 상 도표 상의 점 *c*)에서 6000 K 가열할 때의 상 변화를 설명하라.

12.3B 탄소 시료를 4600 K에서 10^4 bar(예제의 상 도표 상의 점 *d*)에서 10^6 bar로 압축할 때의 상 변화를 설명하라.

유사 문제 12.27, 12.28

› 12.2절 요약

- 가열-냉각 곡선은 물질이 일정한 속도로 열을 흡수하거나 방출할 때 온도의 변화를 나타낸다. 같은 상 내에서는 온도(및 평균 E_k)가 변한다. 상이 변하는 중에는 온도(및 평균 E_k)는 일정하지만 E_p가 변한다. 이 계에 대한 전체 엔탈피 변화는 Hess의 법칙을 사용하여 구할 수 있다.
- 닫힌 용기 내에서는 물질의 액체상과 기체상 사이에 평형이 이루어진다. 평형에서의 기체 압력인 증기압은 온도가 높아지면 *증가하고*, 분자간 힘이 강할수록 *낮아진다*.
- Clausius-Clapeyron 식은 온도와 증기압 사이의 관계식이며 흔히 $\Delta H_{증발}$을 구하는 데 사용한다.
- 열린 용기 내의 액체는, 액체 내부에서 생기는 기포의 내부 증기압이 외부 압력과 같을 때 끓는다.
- 녹는점에서 고체-액체 평형이 이루어진다. 분자간 힘이 매우 작은 몇몇 고체들은 승화한다.
- 물질의 상 도표는 특정 압력과 온도 조건에서 안정한 상을 나타내고, 상 변화가 일어나는 조건, 임계점, 삼중점의 조건을 나타낸다. 물은 대부분의 물질과는 달리 고체상의 밀도가 액체상의 밀도보다 낮아서 고체-액체 선이 음의 기울기를 가진다.

12.3 분자간 힘의 종류

9장에서 결합력(*분자내* 힘)은 양이온과 음이온(이온 결합), 핵과 전자쌍(공유 결합) 혹은 금속 양이온과 비편재된 전자(금속 결합) 사이의 인력으로 생긴다는 것을 알았다. 반면에 상의 물리적 성질과 상 변화는 주로 부분 전하를 띤 분자 *사이* 또는 이온과 분자 *사이*의 인력으로 생긴 *분자간*(비결합) 힘 때문이다. Coulomb의 법칙으로 이러한 힘들의 상대적 크기를 이해할 수 있다.

- 큰 전하가 서로 가까이 있기 때문에 *결합력은 비교적 강하다*.
- 작은 전하가 멀리 떨어져 있기 때문에 *분자간 힘은 비교적 약하다*.

분자들은 서로 얼마나 가까이 다가갈 수 있는가?

분자 *사이의* 최소 거리를 알아보기 위해 고체 Cl_2를 생각해 보자. 두 Cl 핵 사이 거리를 측정하면 서로 다른 두 가지 값을 얻을 수 있다(그림 12.12A).

- *결합 길이와 공유 반지름. 결합 길이*라 부르는 짧은 거리는 ***같은** 분자 내*에서 *결합된 두 Cl 원자 사이*의 거리이다. 이 거리의 반을 공유 반지름이라 부른다.

그림 12.12 **공유 반지름과 van der Waals 반지름 및 주기적 경향.** **A.** van der Waals (VDW) 반지름은 인접한 비결합 원자들 사이 거리의 절반이다($\frac{1}{2}$ × VDW 길이). **B.** 공유 반지름(*파란색 1/4 원 및 위 숫자*)과 마찬가지로 van der Waals 반지름(*빨간색 1/4 원 및 아래 숫자*)도 같은 족에서는 아래로 갈수록 증가하고, 같은 주기에서는 오른쪽으로 갈수록 감소한다.

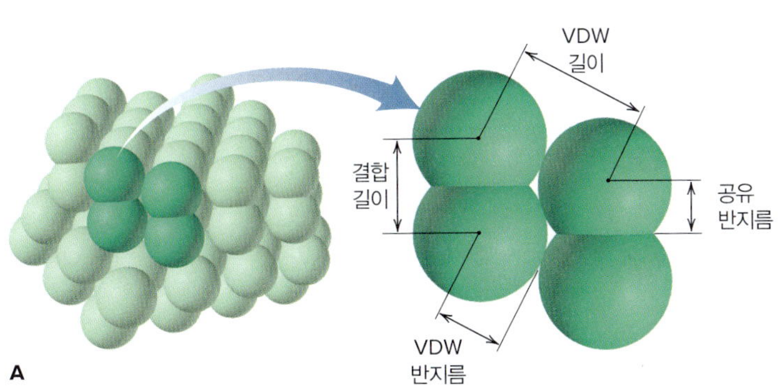

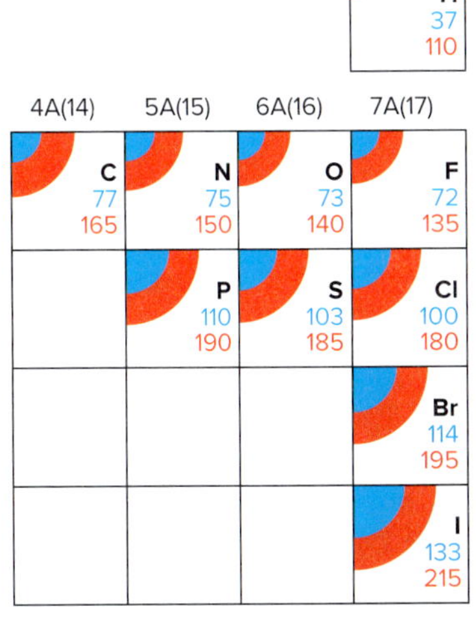

- *van der Waals 길이와 반지름. 더 긴 거리는* ***인접한*** *분자들에 있는, 결합되지 않는 두 Cl 원자 사이의 거리이다.* 이 거리를 *van der Waals 길이*[van der Waals (VDW) distance]라고 부른다. 이 거리에서는 분자간 인력이 전자 구름 반발력과 균형을 이루므로 Cl_2 분자들이 서로 접근할 수 있는 최단 거리이다. 동일한 *비결합* 원자들 사이의 최단 거리의 절반이 **van der Waals 반지름**(van der Waals radius)이다. 원자의 VDW 반지름은 언제나 *공유 반지름보다 길다.* 공유 반지름처럼 VDW 반지름도 주기에서는 오른쪽으로 갈수록 감소하고, 같은 족에서는 아래로 갈수록 증가한다(그림 12.12B).

분자간 힘(*van der Waals 힘*이라 부르기도 함)을 공부할 때, 분자간 힘을 결합력과 비교해 놓은 표 12.2를 참고하라.

이온-쌍극자 힘

한 이온과 인접한 극성 분자(쌍극자)가 서로 끌어당기면, 그 결과로 **이온-쌍극자 힘**(ion-dipole force)이 생긴다. 가장 중요한 예가 이온 결합 화합물이 물에 녹을 때 나타난다. 13장

표 12.2 | 결합력과 비결합력(분자간 힘) 비교

힘	모형	인력의 근원	에너지 (kJ/mol)	예
결합력				
이온 결합		양이온-음이온	400~4000	NaCl
공유 결합		핵-공유 전자쌍	150~1100	H—H
금속 결합		양이온-비편재 전자들	75~1000	Fe
비결합력(분자간 힘)				
이온-쌍극자		이온 전하-쌍극자 전하	40~600	$Na^+\cdots O$(H)(H)
수소(H) 결합	δ− δ+ δ− —A—H⋯⋯:B—	H에 대한 극성 결합-쌍극자 전하 (N, O, F의 높은 전기 음성도)	10~40	:Ö(H)—H⋯:Ö(H)—H
쌍극자-쌍극자		쌍극자 전하들	5~25	I—Cl⋯I—Cl
이온-유도 쌍극자		이온 전하-편극된 전자 구름	3~15	$Fe^{2+}\cdots O_2$
쌍극자-유도 쌍극자		쌍극자 전하-편극된 전자 구름	2~10	H—Cl⋯Cl—Cl
분산력 (London 힘)		편극된 전자 구름들	0.05~40	F—F⋯F—F

에서 알게 되듯이 이온들과 물 분자의 반대로 하전된 극 사이 인력이 이온들 자체의 인력보다 크기 때문에 이온들은 분리된다.

쌍극자-쌍극자 힘

그림 10.13에서 외부 전기장을 걸면 극성 기체 분자들이 같은 방향으로 배향되는 것을 보았다. 액체와 고체에서 극성 분자가 서로 인접해 있으면 각각의 부분 전하가 미세한 전기장으로 작용하여 **쌍극자-쌍극자 힘**(dipole-dipole force)이 생긴다. 이 힘은 한 분자의 양극(*파란색*)과 다른 분자의 음극(*빨간색*) 사이의 인력에 해당한다(그림 12.13). 액체보다 고체에서의 배향이 더 질서가 있는데, 이는 고체의 평균 운동 에너지가 더 낮기 때문이다.

쌍극자-쌍극자 힘에 대한 몇 가지 핵심 사항은 다음과 같다.

- 쌍극자-쌍극자 힘은 극성 분자에만 존재하며 비극성 분자에는 존재하지 않는다.
- 쌍극자-쌍극자 힘은 분자 쌍극자 모멘트의 크기에 의해 결정된다. 몰질량이 비슷한 화합물들의 경우 분자 쌍극자 모멘트가 더 클수록 쌍극자-쌍극자 힘이 더 크다.
- 쌍극자-쌍극자 힘이 더 클수록 분자를 분리하는 데 더 많은 에너지가 필요하므로 끓는점이 더 높다. 예를 들어 염화 메틸은 아세트알데하이드보다 더 작은 쌍극자 모멘트를 가지므로 더 낮은 온도에서 끓는다(그림 12.14).
- 극성 분자의 부분 전하 사이의 쌍극자-쌍극자 힘은 이온의 완전한 전하와 극성 분자의 부분 전하 사이의 이온-쌍극자 힘만큼 강하지 않다.

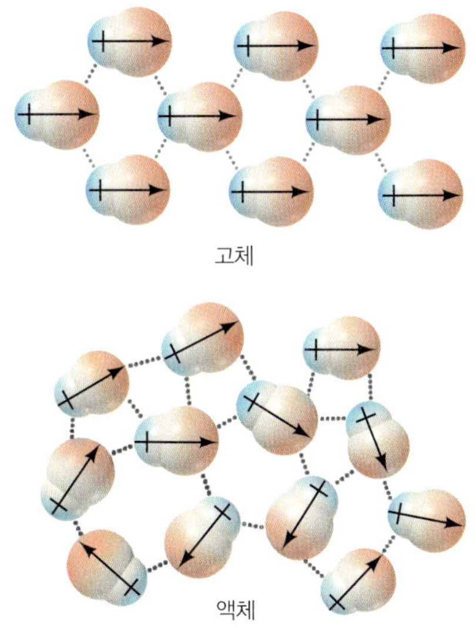

그림 12.13 극성 분자와 쌍극자-쌍극자 힘. (분자들 사이의 공간은 과장되어 있다.)

수소 결합

고립 전자쌍을 가진, 전기 음성도가 큰 원자들(즉, N, O, F)에 결합한 H 원자를 가지고 있는 분자 사이에는 특별한 형태의 쌍극자-쌍극자 힘이 생긴다. H—N, H—O, H—F 결합은 극성이 아주 크다. 한 분자에서 부분적으로 양전하를 띠는 H가 N, O 또는 F의 부분적으로 음전하를 띠는 고립 전자쌍으로 끌릴 때 **수소 결합**(hydrogen bond, **H 결합**)이 생긴다. 따라서 수소 결합의 원자 배열은 —B:···H—A—로서, 여기서 A와 B는 N, O 또는 F이다. 몇 가지 예를 들면 다음과 같다.

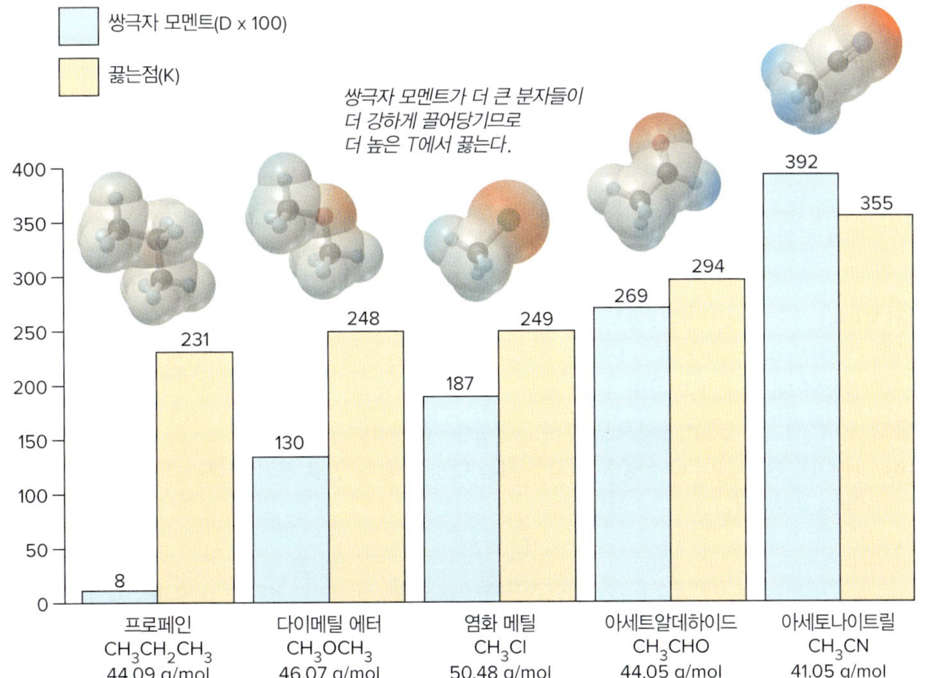

그림 12.14 쌍극자 모멘트와 끓는점.

$$-\ddot{\underset{\cdot\cdot}{F}}:\cdots H-\ddot{\underset{\cdot\cdot}{F}}: \quad -\overset{|}{\underset{|}{N}}:\cdots H-\overset{|}{\underset{|}{N}}: \quad -\ddot{\underset{\cdot\cdot}{F}}:\cdots H-\ddot{O}- \quad -\ddot{O}:\cdots H-\underset{|}{\ddot{N}}- \quad -\overset{|}{\underset{|}{N}}:\cdots H-\ddot{O}:$$

앞 두 가지 예는 순수한 HF와 NH_3에서 볼 수 있다.

다음 두 가지 이유 때문에 수소 결합에는 N, O, F의 작은 크기가 필수적이다.

1. 원자들의 전기 음성도가 커서 공유 결합된 H의 양전하 값이 매우 크다.
2. 다른 분자의 N, O 및 F 원자들이 고립 전자쌍이 H에 가까이 다가갈 수 있다.

일반적으로 수소 결합은 다른 쌍극자-쌍극자 힘보다 더 강한데, 이는 H 원자와 N, O, F 원자 사이의 매우 큰 극성 결합에 의해 수소 결합을 하지 않는 분자에서보다 훨씬 더 큰 부분 양전하와 부분 음전하가 생성되기 때문이다.

수소 결합의 중요성 수소 결합은 많은 계에 엄청난 영향을 미친다. 이 장에서는 물리적 성질에 미치는 영향을 살펴보고, 13장과 15장에서 다룰 생체계에 미치는 중요한 영향 중 한 가지 주제를 미리 살펴본다.

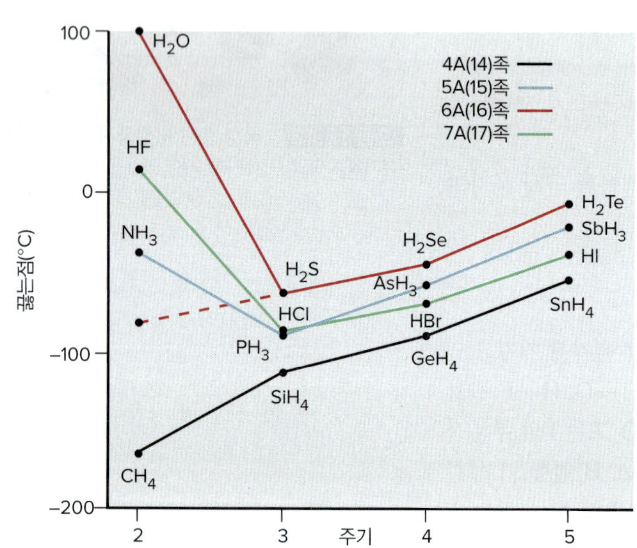

그림 12.15 수소 결합과 끓는점. NH_3, H_2O, HF는 수소 결합을 형성하기 때문에 끓는점이 예외적으로 높다.

그림 12.15는 4A(14)족에서부터 7A(17)족에 이르는 이성분 수소화물의 끓는점에 대한 수소 결합의 영향을 보여준다. 바로 뒤에 살펴보겠지만 끓는점은 일반적으로 4A(14)족 이성분 수소화물에 보듯이 몰질량이 증가함에 따라 상승한다. 그러나 각 족의 첫 번째 물질인 NH_3, H_2O, HF는 예상되는 경향에서 크게 벗어난다. 이 물질에서 분자들은 강한 수소 결합을 형성하고 있으므로 분자들이 분리되어 기체상으로 유입되는 데 더 많은 에너지를 필요로 한다. 예를 들면 몰질량 하나만 고려한다면, 물은 실제 끓는점보다 200°C 더 낮은 온도에서 끓을 것으로 예상할 수 있다(*빨간색 점선*). (12.5절에서 물의 수소 결합이 자연에 미치는 여러 영향을 논의할 것이다.)

생체계에서 수소 결합의 중요성은 아무리 강조해도 지나치지 않다. 수소 결합이 생체 거대 분자의 구조와 기능을 나타나게 하는 중요한 특징임을 13장에서 배우게 될 것이다. 예를 들어 수소 결합은 나무의 강도 및 면직물의 조직을 결정하는 요소일 뿐만 아니라 효소(enzyme, 신진대사 반응을 촉진시키는 단백질)의 작용과 유전자의 기능에서도 중요한 역할을 한다.

예제 12.4 | 화합물 분자간 수소 결합 그리기

문제 다음 물질들 중 수소 결합을 나타내는 것은 어느 것인가? 수소 결합을 형성하는 두 분자 사이의 H 결합의 예를 그려라.

(a) C_2H_6 **(b)** CH_3OH **(c)** $CH_3\overset{\overset{\displaystyle O}{\|}}{C}-NH_2$

계획 만일 분자가 N, O 혹은 F를 포함하지 *않으면*, 수소 결합을 형성하지 않는다. 만일 H에 공유 결합된 N, O, F가 있다면 두 분자를 —B:····H—A— 형태로 그린다.

풀이 (a) C_2H_6. N, O, F가 없으므로 수소 결합이 형성되지 않는다.

(b) CH_3OH. 한 분자의 O에 공유 결합된 H는 다음과 같이 인접 분자의 O의 고립 전자쌍과 수소 결합을 형성한다.

$$\begin{array}{c} \quad H \\ \quad | \\ H-C-H \qquad\qquad H \\ \quad | \qquad\qquad\qquad | \\ H-\ddot{\underset{\cdot\cdot}{O}}:\cdots H-\ddot{\underset{\cdot\cdot}{O}}-C-H \\ \qquad\qquad\qquad\quad | \\ \qquad\qquad\qquad\quad H \end{array}$$

(c) $CH_3\overset{\overset{\displaystyle O}{\|}}{C}-NH_2$. 아래 그림과 같이 이 두 분자 사이에는 H와 결합한 N과 O 사이에 H 결합 1개를 형성하거나, H 결합 2개를 형성할 수 있다.

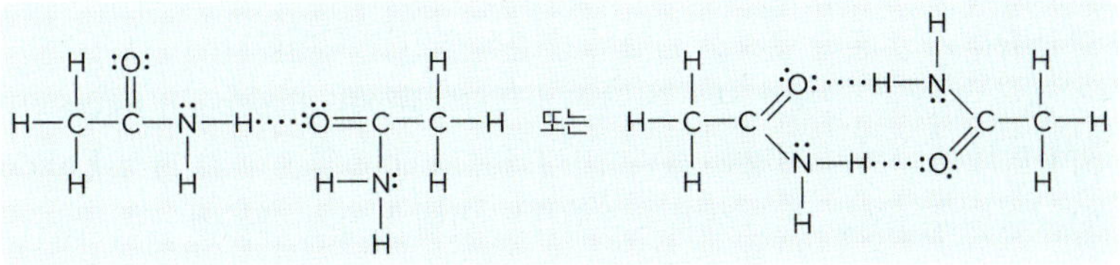

세 번째 가능한 것으로(나타내지 않음) 한 분자의 N에 결합된 H와 다른 분자에 있는 N의 고립 전자쌍 사이에도 생길 것이다.

검산 —B:····H—A— 배열(A와 B는 N, O이거나 혹은 F)이 존재한다.

해설 탄소는 C—H 결합을 충분히 극성으로 만들만큼 전기 음성도가 높지 않기 때문에 C에 공유 결합된 *H는 수소 결합을 형성하지 못한다*는 것에 유의하라.

▶ 보충 문제

12.4A 다음 화합물 중 어느 것이 수소 결합을 나타내는가? 이 화합물들의 두 분자 사이의 수소 결합을 그려라.

(a) $CH_3\overset{\overset{\displaystyle O}{\|}}{C}-OH$ **(b)** CH_3CH_2OH **(c)** $CH_3\overset{\overset{\displaystyle O}{\|}}{C}CH_3$

12.4B 다음 화합물 중 어느 것이 수소 결합을 나타내는가? 이 화합물들의 분자 2개 사이에 수소 결합을 그려라.

(a) $H_2C{=}O$ **(b)** H_2NOH **(c)** $O{=}CHCH_2OH$

유사 문제 12.43, 12.44

편극도와 유도 쌍극자 힘

전자가 핵의 인력으로 인해 결합과 고립 전자쌍에 편재되어 있긴 하지만, 계속 움직이고 있으므로 전자들을 흔히 음전하의 "구름"으로 나타낸다. 가까이 있는 전기장은 전자 구름의 변형을 *유발*시킬 수 있으며, 전자 밀도를 전기장의 양의 극 쪽으로 끌어당기거나 음의 극 쪽에서 밀어낸다.

- *비극성 분자의 경우*, 이러한 변형이 일시적인 쌍극자 모멘트를 유도한다.
- *극성 분자의 경우*, 이러한 변형이 이미 존재하고 있는 쌍극자 모멘트를 증대시킨다.

전기장은 전지에 연결된 전극 이외에도 이온의 전하 또는 극성 분자의 부분 전하도 만들 수 있다.

원자(또는 이온)의 전자 구름이 얼마나 쉽게 변형될 수 있는가를 나타내는 척도를 **편극도**(polarizability)라 한다. 원자(또는 이온)가 작을수록 큰 원자보다 전자가 핵 가까이에 더 세게 붙들리기 때문에 덜 편극된다. 몇 가지 경향성을 정리하면 다음과 같다.

- *같은 족에서*는 아래로 내려 갈수록 원자의 크기가 커져서 큰 전자 구름이 더 쉽게 변형될 수 있기 때문에 *편극도가 증가한다.*
- *같은 주기에서*는 오른쪽으로 갈수록 $Z_{\text{유효}}$가 증가하여 원자의 크기가 작아져 전자들이 더 강하게 붙들려 있으므로 *편극도가 감소한다.*
- 양이온은 해당 원자보다 크기가 작기 때문에 *편극도가 원자보다 작고*, 음이온은 해당 원자보다 더 크기 때문에 *편극도가 원자보다 크다.*

이온이 비극성 물질의 전자 구름을 변형시키면 이온-유도 쌍극자 힘이 생기고, 극성 분자가 전자 구름을 변형시키면 쌍극자-유도 쌍극자 힘이 생긴다. 이 힘들은 용액 내에서 가장 중요하기 때문에 13장에서 더 깊게 다루기로 한다. 그럼에도 불구하고 *편극도는 모든 분자간 힘에 영향을 미친다.*

분산력(London 힘)

지금까지 이온이나 극성 분자에 존재하는 전하에 의해 나타나는 힘에 대해 논의하였다. 그렇다면 옥테인, 염소, 아르곤 같은 비극성 물질이 응축되고 어느 것은 어떤 힘에 의한 것일까? 편극도가 가장 흔한 분자간 힘에서 중추적 역할을 수행한다.

비극성 물질을 응축 상태로 만드는 분자간 힘은 **분산력**(dispersion forces)이다(또는 이 힘의 양자역학적 근거를 설명한 물리학자 Fritz London의 이름을 따서 **London 힘**이라고도 함). 분산력은 *원자 내 전자의 움직임으로* 인해 생기기 때문에 모든 입자(*원자, 이온, 분자*) *사이에 존재*한다. 이 힘의 중요한 면들을 살펴보자.

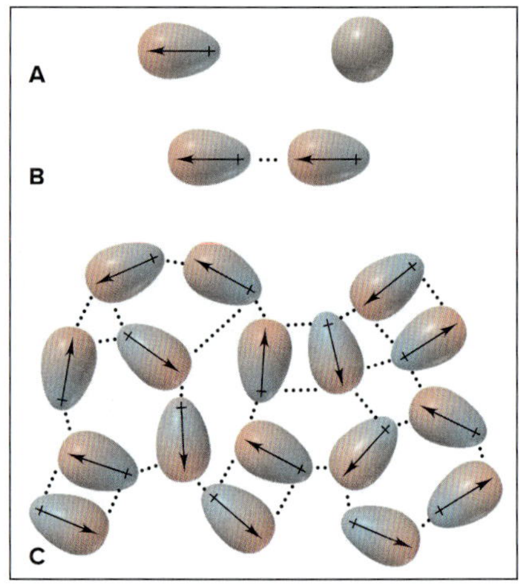

그림 12.16 비극성 입자들 사이의 분산력. A. 원자들이 멀리 떨어져 있으면 한 원자(*왼쪽*)의 순간 쌍극자는 다른 원자에 영향을 주지 않는다. B. 원자들이 가까이 있으면, 한 원자의 순간 쌍극자는 다른 원자에 쌍극자를 유도한다. C. 이 과정이 모든 물질에서 일어난다.

1. *힘의 원천.* 아르곤 기체 내에 있는 한 원자를 상상해보자. 장시간에 걸쳐 평균하면 18개 전자는 핵 주위에 고르게 균일하게 분포되어 있으므로, 이 원자는 비극성이다. 그러나 어느 한 순간에 전자들이 핵의 한 쪽에 더 많은 전자가 몰려 있을 수 있고, 이때 원자는 *순간 쌍극자*를 갖는다. 두 개의 아르곤 원자가 멀리 떨어져 있을 때는 서로 영향을 미치지 않지만, 가까이 있을 때는 *한 원자의 순간 쌍극자는 인접 원자에 쌍극자를 유도시켜 서로 끌어당긴다.* 이런 과정이 다른 원자로 퍼져 나가고 시료 전체로 퍼져 나간다. 온도가 충분히 낮을 때는 이 인력이 원자들을 함께 붙들어 놓는다(그림 12.16). 따라서 분산력은 *순간 쌍극자-유도 쌍극자 힘이다.*

2. *모든 화학종에 존재.* 분산력은 비극성 입자들 사이에 존재하는 *유일한* 힘이지만, 모든 입자 사이에 존재하기 때문에 *분산력은 모든 물질의 인력 에너지에 기여한다.* 실제로 크기가 작고 극성이 큰 분자들 또는 수소 결합을 이루는 분자들을 제외하면, *분산력이 지배적인 분자간 힘이다.* 계산을 해보면 HCl 분자 사이의 전체 인력의 85%는 분산력에 기인하고, 나머지 15%만이 쌍극자-쌍극자 힘에 의한 것이다. 물의 경우에도 전체 인력의 75%는 수소 결합에서 나오고 25%는 분산력에서 나온다.

3. *상대적 세기.* 분산력의 세기는 입자의 편극도에 달려 있다. 그래서 H_2와 He처럼 작은 입자의 분산력은 약하지만, I_2와 Xe처럼 큰 입자의 분산력은 더 강하다. *편극도는 전자수에 의존하는데, 전자수는 몰질량과 밀접한 관계가 있다.* 왜냐하면 무거운 입자들은 큰 원자이거나 또는 여러 개의 원자로 이루어져 있는 분자이므로 전자를 더 많이 가지고 있다. 이러한 이유로, *몰질량이 증가할수록 분산력의 세기는 증가하고 끓는점도 높아진다.* 이런 경향성은 그림 12.15에 있는 4A(14)족 수소화물, 할로젠과 비활성 기체 원소(그림 12.17)에서 나타난다.

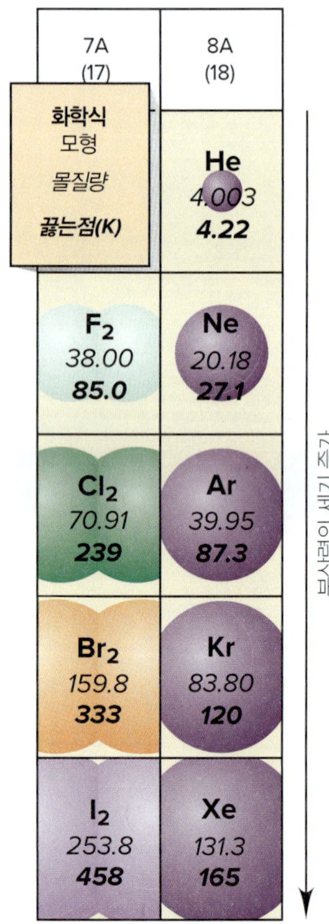

그림 12.17 몰질량과 끓는점의 경향.

4. *분자 모양의 영향.* 몰질량이 같은 한 쌍의 비극성 물질에 대해서는 전자 구름이 변형될 수 있는 면적이 큰 분자 모양이 더 큰 인력을 나타낸다. 예를 들면 탄소 원자가 5개인 두 개의 알케인 분자인 *n*-펜테인과 네오펜테인(2,2-다이메틸프로페인)은 분자식(C_5H_{12})이 같으나 성질이 다른 구조 이성질체이다. *n*-펜테인은 원통처럼 생긴 반면, 네오펜테인은 구형에 가깝다(그림 12.18). 그러므로 *n*-펜테인 분자는 네오펜테인 분자보다 2개 더 많이 접촉하므로, 분산력이 더 많은 점에서 작용하며, 따라서 *n*-펜테인은 더 높은 끓는점을 가진다.

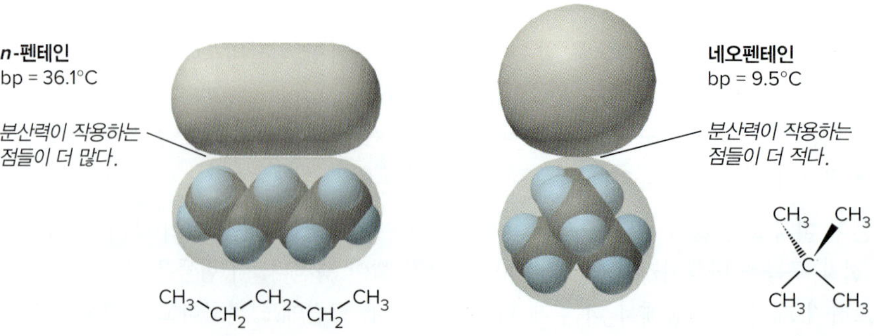

그림 12.18 분자 모양, 분자간 접촉과 끓는점.

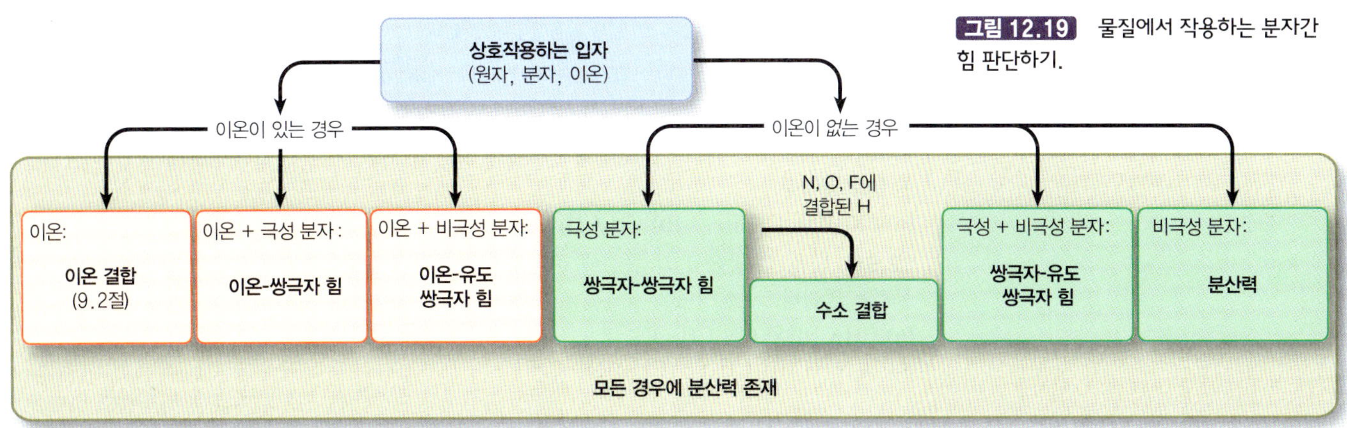

그림 12.19 물질에서 작용하는 분자간 힘 판단하기.

그림 12.19는 시료 내에 어떤 분자간 힘이 작용하는지를 판단하는 방법을 보여준다.

인터넷 핫스팟

물질에서 분자간 힘의 종류를 찾는 것이 어렵게 느껴진다면, eBook에 접속하여 이 주제에 대한 추가 학습 동영상을 참고하자.

예제 12.5 | 분자간 힘의 종류 예측하기

문제 다음 각 물질 쌍에 대해 각 물질에 존재하는 핵심 결합 혹은 분자간 힘을 알아내고, 끓는점이 더 높은 물질을 골라라.

(a) $MgCl_2$와 PCl_3

(b) CH_3NH_2와 CH_3F

(c) CH_3OH와 CH_3CH_2OH

(d) 헥세인($CH_3CH_2CH_2CH_2CH_2CH_3$)과 2,2-다이메틸뷰테인 $\left(\begin{array}{c} CH_3 \\ | \\ CH_3CCH_2CH_3 \\ | \\ CH_3 \end{array}\right)$

계획 분자식과 구조식을 살펴보아 각 쌍의 두 분자들 간의 핵심적인 차이점을 찾아낸다. 이온이 있는가? 분자가 극성인가? 비극성인가? H에 결합된 N, O, F가 있는가? 분자들의 질량이나 모양이 다른가? 끓는점 순위는 표 12.2 및 그림 12.19를 참조하여 정하되 다음 사실들을 상기해야 한다.

- 결합력은 분자간 힘보다 강하다.
- 수소 결합은 쌍극자-쌍극자 힘의 강한 형태이다.
- 몰질량 또는 분자의 모양이 다르면 분산력이 결정적이다.

풀이 **(a)** $MgCl_2$는 이온 결합으로 붙들고 있는 Mg^{2+}와 Cl^- 이온들로 되어 있고, PCl_3는 극성 분자들로 되어 있어서 분자간 쌍극자-쌍극자 힘이 존재한다. 힘은 $MgCl_2$에서 더 강하고, 따라서 $MgCl_2$가 더 높은 끓는점을 갖는다.

(b) CH_3NH_2와 CH_3F는 둘 다 몰질량이 대략 같은 극성 분자들로 구성되어 있다. CH_3NH_2는 N—H 결합들을 가지고 있어서 수소 결합을 형성할 수 있다(*보조단에 있는 그림 참조*). CH_3F에는 C—F 결합만 있고 H—F 결합은 없다. 따라서 쌍극자-쌍극자 힘은 있지만 수소 결합은 없다. 그러므로 CH_3NH_2의 끓는점이 더 높다.

(c) CH_3OH와 CH_3CH_2OH는 둘 다 O—H 결합을 가지고 있고, 수소 결합을 형성할 수 있다(*보조단에 있는 그림 참조*). CH_3CH_2OH에는 —CH_2— 기가 더 있어서 몰질량이 더 크고 분산력도 더 크다.

따라서 CH_3CH_2OH의 끓는점이 더 높다.

(d) 헥세인과 2,2-다이메틸뷰테인은 몰질량은 같으나 모양이 다르다(*보조단에 있는 그림 참조*). 원통형 헥세인 분자들은 공 모양에 더 가까운 2,2-다이메틸뷰테인 분자보다 더 광범위하게 분자간 접촉을 할 수 있으므로 헥세인의 분산력이 더 크고 끓는점도 더 높다.

검산 실제 끓는점을 보면 예상이 맞았음을 알 수 있다.

(a) $MgCl_2$ (1412°C) & PCl_3 (76°C)

(b) CH_3NH_2 (26.3°C) & CH_3F(−78.4°C)

(c) CH_3OH(64.7°C) & CH_3CH_2OH(78.5°C)

(b) $CH_3—\ddot{N}(H)—H\cdots:N(H)(H)—CH_3$

(c) $CH_3—\ddot{O}—H\cdots:\ddot{O}(H)—CH_3$

$CH_3CH_2—\ddot{O}—H\cdots:\ddot{O}(H)—CH_2CH_3$

(d)

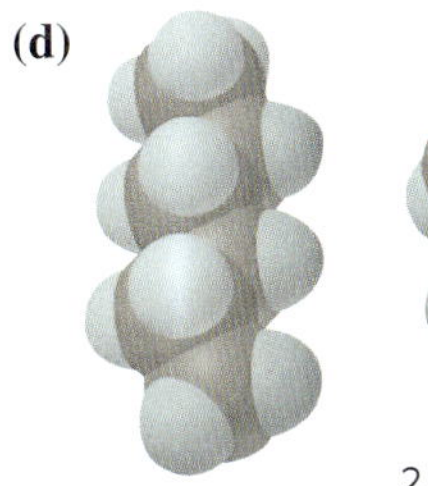

헥세인

2,2-다이메틸뷰테인

(d) 헥세인(69°C) & 2,2-다이메틸뷰테인(49.7°C)

해설 분산력은 *항상* 존재하지만, (a)와 (b)에서는 관련된 다른 힘들보다 훨씬 덜 중요하다.

▶ **보충 문제**

12.5A 다음 각 쌍에서 각 물질에 존재하는 분자간 힘들을 모두 알아내고 끓는점이 *더* 높은 물질을 골라라.

(a) CH_3Br과 CH_3F **(b)** $CH_3CH_2CH_2OH$와 $CH_3CH_2OCH_3$ **(c)** C_2H_6와 C_3H_8

12.5B 다음 각 쌍에서 각 물질에 존재하는 분자간 힘들을 모두 알아내고 끓는점이 *더* 낮은 물질을 골라라.

(a) CH_3CHO와 CH_3CH_2OH **(b)** SO_2와 CO_2

(c) $H_2N-\underset{\underset{O}{\|}}{C}CH_2CH_3$와 $(CH_3)_2N-\underset{\underset{O}{\|}}{C}H$

유사 문제 12.49~12.54

› 12.3절 요약

- van der Waals 반지름은 분자간 힘이 작용하는 최단 거리를 결정하는데, 항상 공유 반지름보다 더 길다.
- 분자간 힘은 결합력(분자내 힘)보다 훨씬 약하다.
- 이온과 극성 분자들 사이에는 이온-쌍극자 힘이 존재한다.
- 쌍극자-쌍극자 힘은 극성 분자의 서로 반대로 하전된 극 사이에서 생긴다.
- 쌍극자-쌍극자 힘의 특수한 형태인 수소 결합은 N, O 및 F에 결합된 H가 다른 분자의 N, O 및 F의 고립 전자쌍에 끌릴 때 형성된다.
- 전자 구름은 전기장 내에서 변형(편극)될 수 있다.
- 이온-유도 쌍극자 힘과 쌍극자-유도 쌍극자 힘은 한쪽의 전하와 이들이 유도하는 쌍극자 사이에서 발생한다.
- 분산력(London 힘)은 모든 입자들 사이에서 생기는 순간 쌍극자-유도 쌍극자 사이의 힘으로 전자수(몰질량)에 따라 증가한다. 분자 모양은 분자간의 접촉 정도를 결정하며, 분산력 세기의 한 요인이 될 수 있다.

12.4 액체 상태의 성질

세 가지 상태 중 액체만이 강한 분자간 힘의 영향과 유동성을 동시에 가지고 있다. 분자 수준에서 가장 알려지지 않는 것이 액체이다. 기체는 입자들이 *무질서하게* 배열되어 있기 때문에 시료의 모든 영역에서 동일하다. 결정성 고체 입자들은 *규칙적으로* 배열되어 있어서 모든 영역이 동일하다(12.6절). 그러나 액체는 한 순간에는 규칙적이었던 영역이 다음 순간에는 무질서해진다. 이러한 복잡함에도 불구하고 표면 장력, 모세관 현상 및 점성도와 같은 거시적 성질들은 잘 알려져 있다.

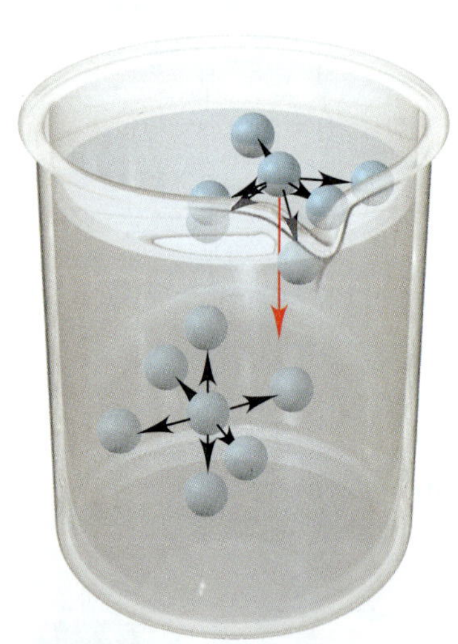

그림 12.20 표면 장력의 분자 수준 설명.

표면 장력

표면에 있는 분자와 내부에 있는 분자에 작용하는 분자간 힘은 다르다(그림 12.20).

- 내부의 분자는 모든 방향에서 다른 분자들에 의해 끌린다.
- 표면에 있는 분자는 아래와 옆에 있는 분자들에 의해서만 끌리고, 결과적으로 표면 분자들은 *알짜로 아래 방향으로 끌리게 된다.*

따라서 표면에 있는 분자는 인력을 증가시켜 더 안정하게 되기 위해 내부로 움직이려는 경향이 있다. 이와 같은 이유 때문에 *액체 표면은 가장 적은 수의 분자를 갖기 위해, 최소 표면적을 가지려 한다.* 사실상 표면은 내부를 감싸는 "팽팽한 피부"처럼 행동한다.

표면적을 넓히는 유일한 방법은 분자가 내부의 인력을 극복하고 표면으로 이동하는 것인데, 이때 에너지가 필요하다. 표면적을 증가시키는 데 필요한 에너지를 **표면 장력**(surface tension)이라고 하며 단위는 J/m^2이다. 이 성질은 분자간 힘과 온도에 의존한다.

- 일반적으로, *입자 사이의 힘이 강할수록 표면적을 넓히는 데 더 많은 에너지가 필요하므로 표면 장력도 더 크다*(표 12.3). 물은 분자들이 다수의 수소 결합을 형성하기 때문에 표면 장력이 크다. 비누, 석유 회수제 및 지방 유화제 같은 *계면 활성제*(surfactant, surface-active agent)는 표면에 뭉쳐 수소 결합을 파괴함으로써 물의 표면 장력을 감소시킨다.
- 표면 장력은 *온도가 증가함에 따라 감소*한다. 예를 들어, 물의 표면 장력은 20°C에서 7.3×10^{-2} J/m^2, 50°C에서 6.8×10^{-2} J/m^2, 90°C에서 6.1×10^{-2} J/m^2의 값을 갖는다. 고온에서 액체 분자의 운동 에너지가 증가함에 따라 내부의 분자에 대한 인력을 깨뜨리는 역할을 한다. 따라서 낮은 표면 장력을 갖는 뜨거운 물이 기름기 있는 접시들을 세척할 때 냉수보다 효과적인데, 이는 뜨거운 물의 낮은 표면 장력으로 인해 접시 표면을 넓게 "적실" 수 있기 때문이다. 비누 안의 계면 활성제는 물의 표면 장력을 더욱 감소시킨다.

표 12.3 | 표면 장력, 점성도와 입자간 힘

물질	화학식	표면 장력(J/m^2) (20°C)	점성도($N{\cdot}s/m^2$) (20°C)	주된 힘
다이에틸 에터	$CH_3CH_2OCH_2CH_3$	1.7×10^{-2}	0.240×10^{-3}	쌍극자-쌍극자, 분산력
에탄올	CH_3CH_2OH	2.3×10^{-2}	1.20×10^{-3}	수소 결합
뷰탄올	$CH_3CH_2CH_2CH_2OH$	2.5×10^{-2}	2.95×10^{-3}	수소 결합, 분산력
물	H_2O	7.3×10^{-2}	1.00×10^{-3}	수소 결합
수은	Hg	48×10^{-2}	1.55×10^{-3}	금속 결합

표면 장력은 많은 친숙한 현상의 원인이다. 기포(bubbles)는 기체 주위 표면적을 최소화할 수 있기 때문에 둥근 모양을 갖는다. 몇 가지 곤충들이 물 위를 걸어 다닐 수 있는 것도 표면 장력 때문이다(*사진 참조*).

넓게 펼쳐진 다리 때문에 소금쟁이는 물의 표면 장력을 이길 만큼의 힘을 가하지 않는다.

Source: Jan Miko/Shutterstock

모세관 현상

액체가 중력을 거슬러 가느다란 관 같은 좁은 공간 속으로 올라가는 것을 *모세관 작용*(capillary action) 또는 **모세관 현상**(capillarity)이라 한다. 모세관 현상은 액체 내 분자간 힘(응집력, cohesive force)과 액체와 모세관 벽 사이의 힘(부착력, adhesive force) 사이의 경쟁으로 생긴다. 유리에 담겨 있는 물과 수은의 모세관 현상의 차이점을 살펴보자.

1. *유리 안의 물*. 가는 유리관을 물에 담갔을 때, 왜 액체가 관을 따라 올라가서 오목한 계면을 만들까? 유리는 주로 이산화 실리콘(SiO_2)으로 되어 있어서 물 분자들은 유리의 산소 원자들과 끌어당기는 수소 결합력을 형성한다. 따라서 물의 얇은 막이 유리벽을 타고 올라간다. 동시에 표면 장력을 생기게 하는 물 분자 사이의 수소 결합에 의한 응집력은 표면을 팽팽하게 한다. 이러한 부착력과 응집력이 조합되어 물의 높이를 끌어올리고 오목 계면이 생긴다(그림 12.21A). 액체는 끌어올리려는 부착력과 끌어내리려는 중력이 평형을 이룰 때까지 올라간다.

2. *유리 안의 수은*. 유리관을 수은 접시 속에 세울 때, 왜 액체가 수은 면보다 아래로 내려가고 볼록한 계면을 만들까? 수은 원자들 사이의 응집력은 금속 결합이기에 대부분이 분산력인 수은과 유리 사이의 부착력보다 *훨씬* 강하다. 그 결과 액체는 벽에서 떨어지

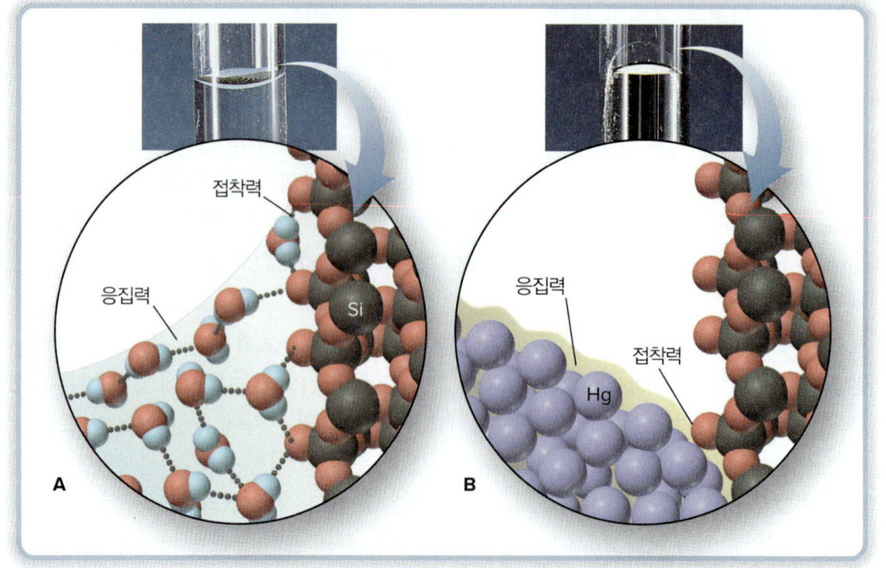

그림 12.21 **모세관 현상과 유리관 내의 물과 수은의 계면 모양.** **A.** 물은 오목한 계면을 갖는다. **B.** 수은은 볼록한 계면을 갖는다.

Source: Stephen Frisch/McGraw-Hill Education

려고 한다. 동시에 표면 수은 원자들은 수은의 높은 표면 장력 때문에 수은 속으로 끌려서 표면이 아래로 내려간다. 이 힘들이 조합되어 실험실 기압계에서 볼 수 있듯이 볼록한 계면이 생긴다(그림 12.21B).

모세관 현상은 많은 일상에서 중요한 역할을 한다. 물과 비극성 표면 사이의 부착력(쌍극자-유도 쌍극자)은 물 분자간 응집력(수소 결합)보다 훨씬 약하다. 그 결과, 새로 왁스칠을 한 자동차나 왁스를 입힌 나뭇잎에서처럼 물은 물방울이 되어 떨어져 나간다. 보다 친숙한 것은 샤워 후 면 수건으로 몸의 물을 닦는 것이다. 면 수건의 섬유 사이 좁은 공간을 통한 모세관 현상 때문에 면 수건이 몸에 묻은 물을 빨아들인다. 또한 면 수건은 셀룰로스 분자로 구성되어 있어, 물이 셀룰로스의 수산화(—OH) 기와 수소 결합을 형성한다.

점성도

점성도(viscosity)은 유체의 흐름에 대한 저항인데, 분자간 인력이 분자 주위나 분자 사이를 지나서 이동하는 것을 방해하기 때문에 생긴다. 기체와 액체 모두 유체이지만, 액체의 점성이 분자간 거리가 짧아 분자간 힘이 작용할 수 있는 점이 더 많기 때문에 기체보다 훨씬 *더* 높은 점성도를 갖는다. 점성에 영향을 미치는 요인들인 분자간 힘, 온도 및 분자 모양을 살펴보자.

- 일반적으로 *입자 사이의 분자간 힘이 강할수록*, 서로 자유롭게 움직이는 이동을 방해하기에 *점성도는 점점 커진다*(표 12.3).
- *점성도는 온도가 올라감에 따라 감소한다*(표 12.4). 분자들이 더 빠르게 움직일 때 분자간 힘을 더 쉽게 극복할 수 있으므로 흐름에 대한 저항은 감소한다. 프라이팬에 식용유를 두르고 가열할 때 기름이 더 잘 흐르고 또 더 쉽게 얇게 퍼져나간다.
- *점성도는 분자 모양에 영향을 받는다.* 작고 공 모양 분자들은 서로 거의 접촉하지 않으므로 유리그릇의 밖으로 쏟아지는 산탄 엽총 총알처럼 쉽게 쏟을 수 있다. 긴 분자들은 서로 더 많이 접촉하므로 유리그릇의 스파게티 면처럼 서로 엉켜서 쏟기가 힘들다. 따라서 분자간 힘의 유형이 같다면 긴 분자로 구성된 액체의 점성도가 더 크다. 표 12.3에서 보듯이 더 긴 뷰탄올 분자는 짧은 에탄올 분자보다 더 큰 점성도를 갖는다.

장시간 운전에서 엔진 부품을 보호하기 위해 엔진 오일에는 *고분자 점성 증가제*를 첨가한다. 오일이 더워짐에 따라 이 첨가제는 조밀한 구형에서 긴 줄 모양으로 변하여 오일의 긴 탄화수소 분자와 얽힌다. 더 큰 분산력으로 점성도를 증가시켜 열에 의해 오일이 엷어지는 것을 상쇄시킨다.

표 12.4 여러 온도에서의 물의 점성도

온도(°C)	점성도($N{\cdot}s/m^2$)*
20	1.00×10^{-3}
40	0.65×10^{-3}
60	0.47×10^{-3}
80	0.35×10^{-3}

*점성도의 단위는 뉴턴·초/제곱미터.

> **12.4절 요약**
>
> - 표면 장력은 액체의 표면적을 증가시키는 데 필요한 에너지의 척도이다. 액체 내 분자간 힘들이 크면 표면 장력도 크다.
> - 좁은 공간 속에서 액체가 올라가는 모세관 현상은 액체와 고체 표면 사이의 힘(부착력)이 액체 자체 내의 힘(응집력)보다 클 때 일어난다.
> - 흐름에 대한 저항인 점성도는 분자의 모양에 의존하며 온도가 상승할 때 감소한다. 분자간 힘이 강하면 점성도도 크다.

12.5 물의 독특한 성질

물은 다른 어떤 물질도 갖고 있지 않는 놀라울 만큼 독특한 성질을 가진 물질이지만 매우 친숙하기 때문에 우리는 이러한 점을 당연시하고 있다. 다른 모든 물질처럼 물의 성질도 당연히 구성 원자들의 성질에서 나온 것이다. 각 O와 H 원자는 단일 결합의 전자들을 공유하면서 외각 준위를 채운다. O 주위에 두 개의 결합 전자쌍과 두 개의 고립 전자쌍을 가지고 있고 O—H 결합의 전기 음성도 차이가 커서 H_2O 분자는 굽은 모양으로 극성이 매우 높다. 이런 배열이 각 분자가 이웃 분자와 4개의 수소 결합을 형성하는 데 결정적 역할을 한다(그림 12.22). 이들 기본적인 원자와 분자적 사실들에서 독특하고 놀랄만한 거시적 거동이 나온다.

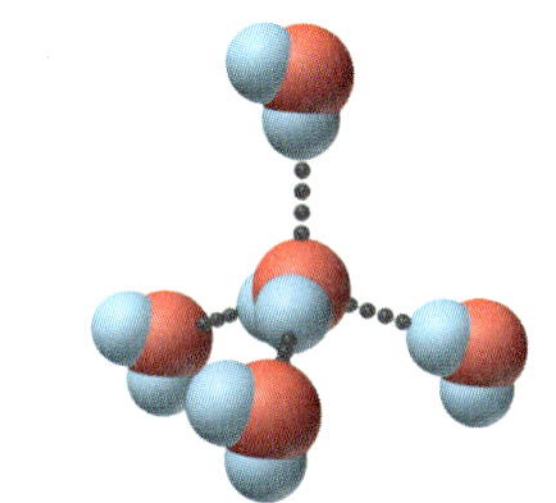

그림 12.22 물의 수소 결합 능력. H_2O 분자 1개는 다른 물 분자들과 수소 결합 4개를 형성하여 정사면체 배열을 갖는다.

물의 용매 성질

물의 *뛰어난 용해력*은 물의 극성과 수소 결합을 형성하는 능력에서 나온다.

- 물은 이온-쌍극자 힘을 통해 고체에서 이온을 분리하여 용액에 남아 있게 하여 이온 결합 화합물을 용해시킨다(그림 4.2 참조).
- 물은 수소 결합을 통해 에탄올(CH_3CH_2OH)과 글루코스($C_6H_{12}O_6$)와 같은 극성 비이온성 화합물을 용해시킨다.
- 물은 쌍극자-유도 쌍극자 힘과 분산력을 통해 공기 중에 존재하는 비극성 기체를 작은 양이지만 용해시킨다.

물은 환경 및 생물학적 용매로서 대양, 호수 및 세포액 등과 같은 복잡한 용액을 만든다. 수생 동물은 녹아 있는 O_2 없이는 생명을 유지할 수 없고, 수생 식물도 녹아 있는 CO_2 없이는 살아남을 수 없다. 작은 해양 동물은 물에 녹아 있는 CO_2와 HCO_3^-로부터 탄산염으로 만들어진 산호초를 형성한다. 생명의 기원은 간단한 분자의 혼합 수용액인 "원생액(primordial soup)"으로부터 자생 반응이 가능한 큰 분자를 탄생시켰다. 화학적 관점에서 볼 때 박테리아로부터 인간에 이르는 모든 생명체는 복잡한 수용액을 가두고, 또 경계가 있는 막으로 이루어진 잘 조직된 계로 볼 수 있다.

물의 열적 성질

물질을 가열하면 에너지의 일부는 평균 분자 속력을 증가시키고 일부는 분자의 진동과 회전을 빠르게 하고 일부는 분자간 힘을 극복하는 데 사용된다.

1. *비열용량*. 물은 강한 수소 결합을 많이 가지고 있기 때문에 물의 *비열용량*(specific heat capacity)이 다른 일반적인 액체보다 예외적으로 높다. 지구 표면의 70%를 차지하고 있는 바다로 인해 낮 동안의 태양열에 의한 온도 변화가 비교적 작아서 생명체가 살아갈 수 있다. 물과 공기가 없는 달에서는 하루의 온도 변화 폭이 100°C에서 −150°C의 범위에 이른다. 지구에서는 사막에서조차도 낮과 밤의 온도 차이는 40°C가 보통이다.

2. *증발열*. 물은 강한 수소 결합을 많이 가지고 있기에 물의 *증발열*은 매우 크다. 두 가지 예가 왜 이 점이 중요한지를 보여준다. 평균적으로 성인은 몸속에 40 kg의 물이 있고,

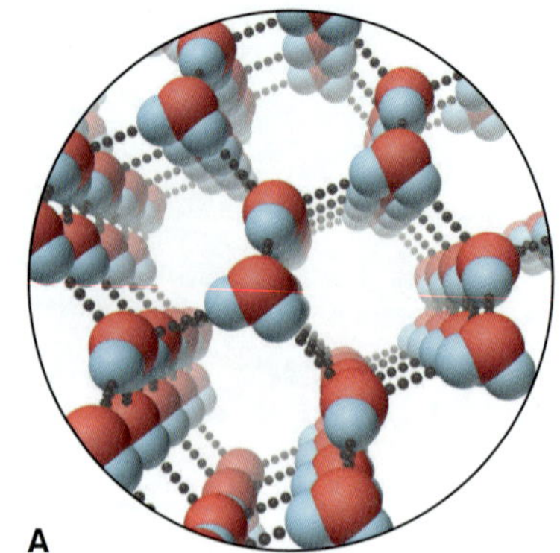

A

B

그림 12.23 **얼음의 육각형 구조.** **A.** 얼음의 열려 있는 육각형 구조, **B.** 이 육각형 구조 때문에 육각형 모양의 예쁜 눈송이가 만들어진다.

Source: (B) ChaoticMind75/Getty Images

하루에 신진대사로 인해 10,000 kJ의 열을 발생시킨다. 만약 이 열이 체내에 있는 물 분자의 평균 E_k를 증가시키는 데 사용된다면, 체온이 수십 도가 상승하여 사망에 이를 것이다. 대신 열은 수소 결합을 깨고 땀을 증발시키면서 E_p로 변하기 때문에 안정하게 체온을 유지하고 체액 손실도 최소한에 그친다. 지구 전체로는 태양 에너지가 따뜻한 위도 지역에서 바닷물을 증발시키고, 증기가 비로 응축될 때 퍼텐셜 에너지가 열로 방출되어 추운 지역을 따뜻하게 한다. 지구 전반의 물 순환이 많은 기후 패턴이 나타나게 한다.

물의 표면 성질

수소 결합으로 인해 *물의 표면 장력 및 모세관 현상도 크게 만든다*. 몇 가지 용융된 금속과 염을 제외하고 물은 어느 액체보다도 표면 장력이 크다. 이로 인해 식물 잔해들이 연못 표면에 떠 있게 되어 물고기와 곤충의 안식처와 영양분을 제공한다. 큰 모세관 활성으로 물이 토양 입자 사이의 좁은 공간을 통해 위로 올라오기 때문에, 건기에도 식물 뿌리들이 심층 지하수를 흡수할 수 있다.

고체 물의 특이한 밀도

고체 상태에서, 수소 결합을 하는 물 분자의 사면체 배열로(그림 12.22 참조) 그림 12.23A와 같이 얼음이 육각형 *열린 구조*를 형성하고, 이 육각형 배열이 얼음과 눈송이의 아름다운 대칭 모양(그림 12.23B)을 이룬다. 얼음 안의 넓은 공간이 *얼음의 밀도가 물보다 작게 만들고* 물의 상 도표에서 고체-액체 선이 음의 기울기를 가지는 현상을 설명해 준다(그림 12.11 참조). 압력을 가하면, 약간의 수소 결합이 끊어지고, 규칙적인 결정 구조가 깨지면서 얼음이 녹게 된다. 얼음이 0°C에서 녹으면 느슨해진 분자가 더 조밀하게 뭉치면서 깨진 고체 구조의 빈 공간을 채운다. 그 결과 액체 물의 밀도(1.000 g/mL)는 4°C(3.98°C)에서 가장 크다. 열을 더 가하면 정상적인 열 팽창으로 밀도는 낮아진다. 이러한 성질이 자연에 중요한 영향을 끼친다.

- *호수의 얼음 표면.* 겨울에 얼음은 호수의 표면에 떠오른다. 만일 거의 모든 다른 물질들처럼 고체의 밀도가 액체보다 더 높다면 호수의 표면이 얼면 계속 밑으로 가라 앉아 결국에는 호수 전체가 고체로 될 것이다. 이렇다면 수생 생물은 해마다 살아남을 수 없을 것이다.
- *영양분의 섞임.* 초겨울 호수물이 차가워지면서 얼기 *전에* 밀도가 더 커진다. 마찬가지로 봄에는 밀도가 작은 얼음이 녹아서 물이 팽창하기 *전에* 밀도가 높은 물로 된다. 이 두 가지 형태의 계절적 밀도 변화로 인해 상층부의 물 층이 최대 밀도에 도달한 후 가라앉는다. 표면 아래의 물의 밀도가 약간 낮으므로 위로 올라가서 4°C에 도달한 후 다시 아래로 가라앉는다. 이렇게 번갈아 일어나는 가라앉음과 떠오름 때문에 영양분과 용존 산소가 고루 섞인다.
- *토양 형성.* 빗물이 바위의 갈라진 틈에 들어가 얼면 외부로 향한 힘이 작용하고 얼음이 녹으면서 풀어진다. 오랜 시간에 걸쳐 이러한 얼고 녹는 과정의 반복을 통해 바위가 갈라진다. 궁극적으로 오랜 시간에 걸친 이러한 작용을 통해 모래와 토양이 형성된다.

물의 성질의 광범위한 결과들이 화학의 핵심 주제 중 하나이다. 우리가 알고 있는 거시적 세계는 우리가 알고자 하는 원자 세계의 축적된 결과이다(그림 12.24).

12.5절 요약

- 수소와 산소 원자들의 성질로 인해 물 분자는 굽은 모양, 극성 및 수소 결합 능력을 갖는다.
- 이런 성질로 인해 물은 많은 이온 결합 화합물과 극성 화합물을 녹인다.
- 물의 큰 비열용량과 증발열로 인해 지구와 지구상의 생명체들에게 좁은 온도 범위를 제공한다.
- 물의 예외적으로 큰 표면 장력과 모세관 현상은 식물과 동물에게 필수적이다.
- 물은 얼면서 부피가 팽창하기 때문에 겨울에 호수 생물이 살아남을 수 있고, 계절적 밀도 변화에 의해 영양분이 섞이고, 또한 얼고 녹는 힘에 의해 바위에서 토양이 형성된다.

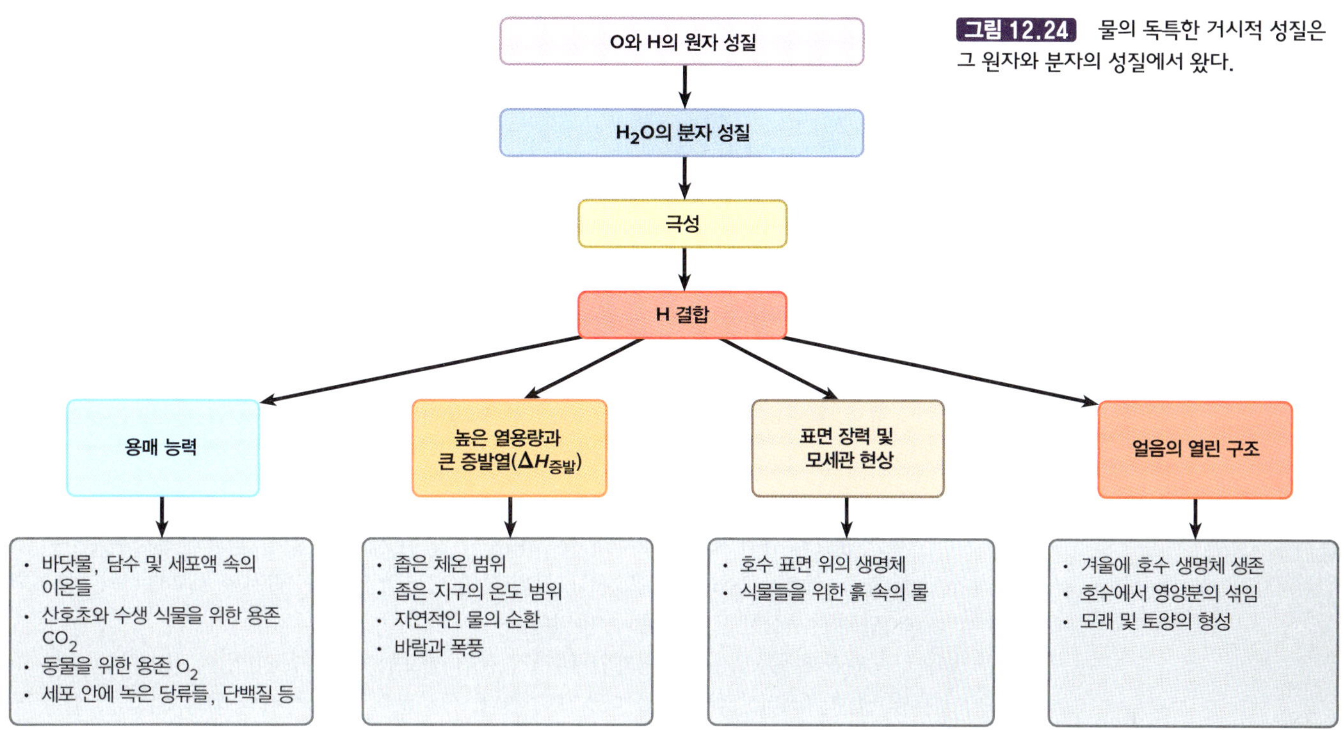

그림 12.24 물의 독특한 거시적 성질은 그 원자와 분자의 성질에서 왔다.

12.6 고체 상태: 구조, 성질 및 결합

박물관의 광물 표본들을 살펴보면 결정성 고체들의 다양성과 아름다움에 놀랄 것이다. 이 절에서는 결정과 다른 고체의 구조적 특성과 이들을 만드는 분자간 힘에 대해 알아본다. 또한 고체의 여러 성질을 설명하는 결합 모형을 제시한다.

고체의 구조적 특성

고체는 크게 두 가지 부류로 나눌 수 있다.

- **결정성 고체**(crystalline solid)들은 입사들(원자, 분자 또는 이온)이 질서 정연한 배열을 이루기 때문에 일정한 형태를 갖는다(그림 12.25).
- **무정형 고체**(amorphous solid)들은 입자들이 시료 전체에 걸쳐서 질서 정연한 배열을 하지 않기 때문에 일정한 형태를 갖지 못한다.

결정 격자와 단위 세포 결정 내 입자는 질서 정연한 3차원 배열로 쌓여 있다. 가장 간단한 경우로, 입자들을 *동일한* 구형 모양의 원자라고 가정하고, 각 입자의 중심에 있는 점을 상상해보자. 이런 점들이 모여서 결정 **격자**(lattice)라 부르는 규칙적인 패턴을 형성한다.

그림 12.25 아름다운 결정성 고체들. A. 수연(Wulfenite), B. 중정석, C. 베릴(에메랄드), D. 석영(자수정).

Source: (A) Matteo Chinellato/Shutterstock (B) Albert Russ/Shutterstock (C) dipressionist/123RF (D) Doug Sherman/Geofile

그림 12.26 **결정 격자와 단위 세포.**
A. 격자의 작은 부분을 단위 세포(*색칠한 부분*)와 함께 선으로 연결한 점으로 나타내었다. **B.** 서양 장기판은 격자의 2차원 비유이다.

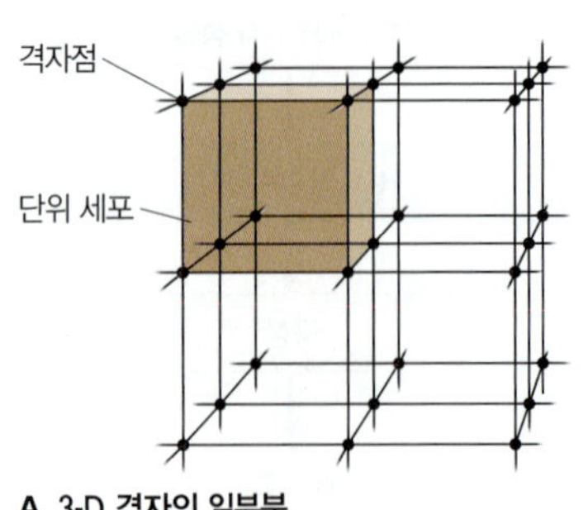

A. 3-D 격자의 일부분

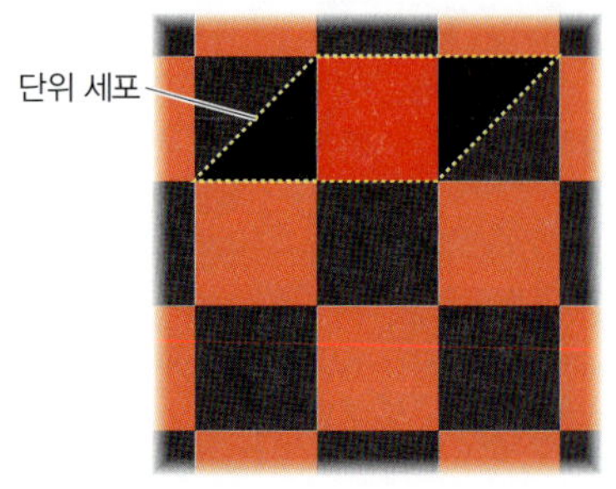

B. 단위 세포와 격자의 2-D 비유

격자는 *주위 환경이 똑같은 모든 점으로 구성되어 있다.* 즉, 하나의 격자점을 다른 곳으로 옮기더라도 그 차이를 전혀 알지 못할 것이다.

그림 12.26A는 격자의 일부분과 모든 방향으로 반복하면 결정 전체를 만들 수 있는 *최소* 단위인 **단위 세포**(unit cell)를 보여준다. 단위 세포 및 결정 격자와 유사한 2차원 그림으로 서양 장기판(그림 12.26B), 타일을 깐 바닥의 일부분, 벽지의 일부분, 또는 반복되는 단위로 구성한 모든 패턴 등이 있다.

자연계에는 7가지 결정계와 14가지 단위 세포들이 존재하지만, 이 장에서는 주로 *입방 결정계*(cubic system)를 다루기로 한다. 대부분의 고체 상태의 금속 원소들, 일부 공유 결합 화합물, 그리고 많은 이온 결합 화합물이 입방 격자를 갖는다. 격자의 가장 중요한 변수는 한 입자를 둘러싸고 있는 가장 가까운 이웃 입자들의 수인 **배위수**(coordination number)이다. 입방 계에는 세 가지 유형의 입방 단위 세포들이 있다.

1. **단순 입방 단위 세포**(simple cubic unit cell, 그림 12.27A)에서는 8개의 동일한 입자의 중심이 정육면체의 꼭짓점에 있다(*맨 윗줄* 확대된 그림 참조). 입자들은 정육면체 모서리를 따라 서로 닿아 있지만(*두 번째 줄* 공간 채움 모형 참조), 정육면체의 면심 또는 체심을 지나는 대각선을 따라서는 닿아 있지 않다. 결정을 확대한 부분(*세 번째 줄*)을 보면 각 입자의 배위수가 6임을 알 수 있는데, 각 입자 주위에 인접한 입자는 같은 층에 4개, 위층에 1개, 아래층에 1개 있다.
2. **체심 입방 단위 세포**(body-centered cubic unit cell, 그림 12.27B)에서는 동일한 입자가 정육면체의 각 꼭짓점과 체심에 놓여 있다. 꼭짓점에 있는 입자는 서로 접촉하지 않고 중심에 있는 입자와는 닿아 있다. 각 입자는 인접 입자 8개로 둘러싸여 있다. 즉, 위에 4개 그리고 아래에 4개가 있어서 배위수는 8이다.
3. **면심 입방 단위 세포**(face-centered cubic unit cell, 그림 12.27C)에서는 동일한 입자들이 정육면체의 각 꼭짓점과 각 면의 중심에 놓여 있지만, 체심에는 없다. 꼭짓점에 있는 입자는 면심에 있는 입자와 닿아 있으나 서로는 접하지 않는다. 배위수는 12이다.

단위 세포 한 개에는 입자가 몇 개 들어 있을까? 입자의 크기가 같은 경우, *배위수가 높을수록 일정 부피에 더 많은 수의 입자가 들어 있다.* 단위 세포는 서로 빈틈없이 접하고 있기 때문에 꼭짓점이나 면에 있는 입자들은 이웃의 단위 세포와 공유한다. 그림 12.27(*위에서 셋째 줄*)의 입방 단위 세포에서 꼭짓점에 있는 입자는 8개의 이웃 단위 세포의 일부분이므로 한 단위 세포에는 이 입자의 $\frac{1}{8}$이 각 단위 세포에 포함된다(*바닥 줄*). 정육면체는 8개의 꼭짓점을 가지므로,

- 단순 입방 단위 세포는 $8 \times \frac{1}{8}$입자 = 1 입자를 갖고 있다.
- 체심 입방 단위 세포는 $8 \times \frac{1}{8}$입자 = 1 입자와 체심에 있는 1개, 총 2개의 입자를 갖고 있다.
- 면심 입방 단위 세포는 $8 \times \frac{1}{8}$입자 = 1 입자와 6개 면에 있는 입자의 반, 즉 $6 \times \frac{1}{2}$입자 = 3 입자를 합쳐 총 입자 4개를 갖고 있다.

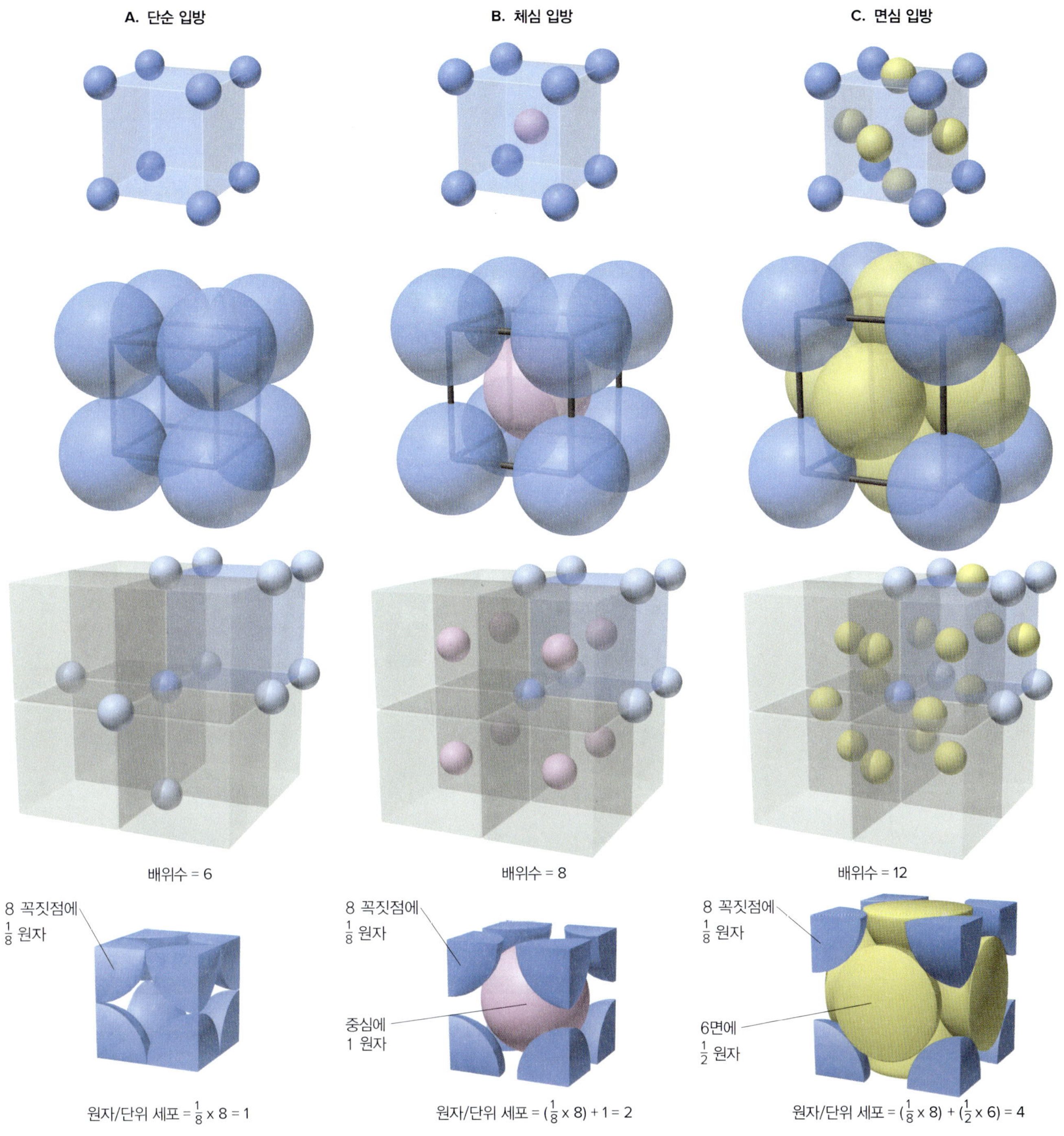

그림 12.27 **세 가지 입방 단위 세포.** A. 단순 입방 단위 세포. B. 체심 입방 단위 세포. C. 면심 입방 단위 세포. *맨 윗줄*: 확대 그림으로 나타낸 원자들의 입방 배열. *둘째 줄*: 이러한 입방 배열의 공간 채움 그림. 모든 원자들이 다 같지만 꼭짓점 원자는 파란색으로, 체심 원자는 분홍색으로, 면심 원자는 노란색으로 나타내었다. *셋째 줄*: 확대한 결정의 단위 세포(*엷은 파란색*). 한 입자 주위의 가장 가까운 입자들의 수가 배위수이다. *바닥 줄*: 실제 단위 세포 내 원자들의 총 수. 단순 입방은 1개, 체심 입방은 2개, 면심 입방은 4개이다.

예제 12.6 | 단위 세포당 입자 수와 배위수 결정하기

문제 다음 결정성 고체들에 대해 단위 세포 당 원자(또는 이온) 수와 배위수를 구하라.

계획 단위 세포 안의 입자(원자 또는 이온) 수를 결정하기 위해 단위 세포의 꼭짓점, 모서리, 면 및 내부의 입자 수를 센다. 8개의 꼭짓점이 8개의 다른 단위 세포와 공유하므로 총 8개의 꼭짓점 × $\frac{1}{8}$ 꼭짓점 당입자 = 입자 1개, 체심에 있는 입자는 모두, 면에서는 입자가 2개의 단위

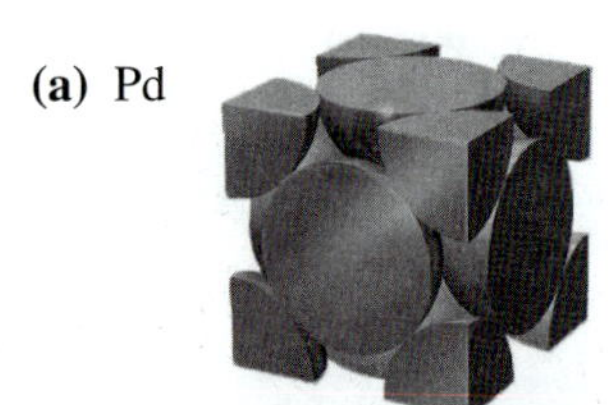

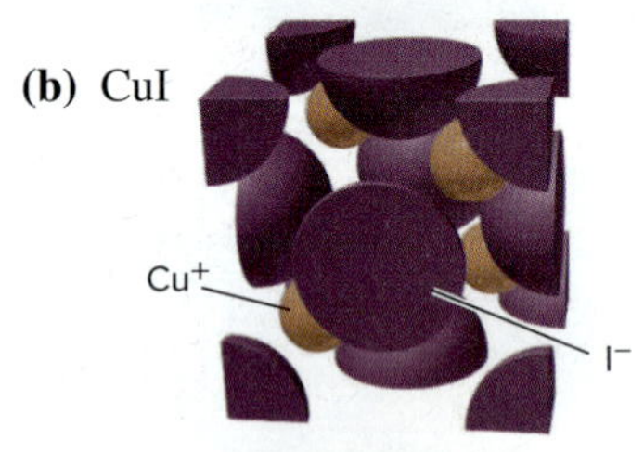

세포 공유되므로 면 6개 × $\frac{1}{2}$ 면당 입자 = 입자 3개가 단위 세포에 포함된다. 가장 인접한 입자 수를 세어 배위수를 구한다.

풀이 **(a)** 팔라듐은 면심 입방 단위 세포를 갖는다.

$$원자수/단위\ 세포 = (8 \times \tfrac{1}{8}) + (6 \times \tfrac{1}{2}) = 원자\ 4개$$

배위수는 12이다.

(b) 아이오딘화 구리(I)는 면심 입방 배열로 볼 수 있는 단위 세포를 갖는 Cu^+ 이온과 면심 입방 배열을 갖는 I^- 이온이 서로 엇갈려 있는 단위 세포를 갖는다.

$$단위\ 세포\ 안의\ Cu^+\ 이온\ 수 = 4개$$

$$I^-\ 이온\ 수/단위\ 세포 = (8 \times \tfrac{1}{8}) + (6 \times \tfrac{1}{2}) = I^-\ 이온\ 4개$$

각 이온은 반대로 하전된 이온 4개로 둘러싸여 있다. 배위수는 4이다.

(c) 몰리브데넘은 체심 입방 단위 세포를 갖는다.

$$원자수/단위\ 세포 = (8 \times \tfrac{1}{8}) + (1 \times 1) = 원자\ 2개$$

배위수는 8이다.

검산 그림 12.27을 보면 계산 값이 정확하다는 것을 알 수 있다.

▸ 보충 문제

12.6A 다음 결정성 고체들에 대해 단위 세포당 원자(또는 이온) 수와 배위수를 구하라.

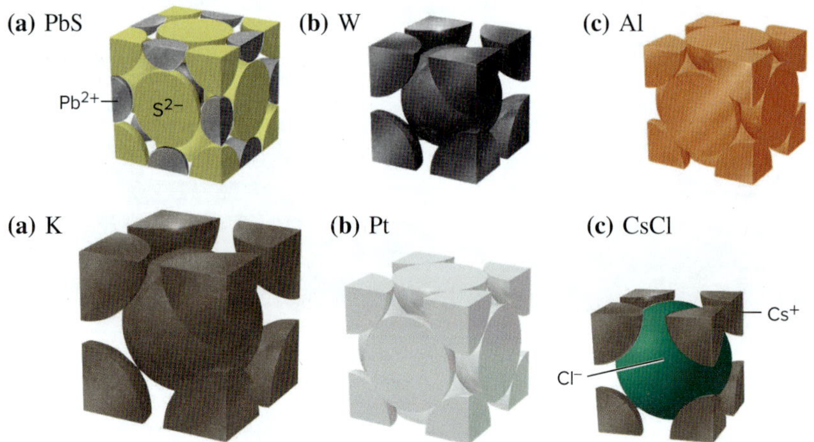

12.6B 다음 결정성 고체들에 대해 단위 세포당 원자(또는 이온) 수과 배위수를 구하라.

유사 문제 12.87, 12.96, 12.97, 12.98(a), 12.99(a)

효율적인 과일 쌓기.

Source: Bryan Busovicki/Shutterstock

채움 효율과 단위 세포 형성 거시적인 공(대리석 구슬, 골프공, 과일)을 쌓는 것과 비슷하게 원자를 쌓는 방식에 따라 단위 세포가 달라진다(*사진 참조*). *똑같은* 공을 쌓아서 세 가지 입방 단위 세포 및 육방 단위 세포가 어떻게 만들어지는지 알아보고, 단위 세포의 전체 부피 중 공들이 차지하는 부피의 백분율인 **채움 효율**(packing efficiency)을 구해 보자.

1. *단순 입방 단위 세포*. 첫째 층 공들을 수직과 수평 열로 배열하면 커다란 다이아몬드 모양의 공간이 형성된다(그림 12.28A *단면 부분*). 다음 공들을 그림 12.24B처럼 첫째 층 *바로 위에* 쌓으면 *단순* 입방 단위 세포를 이루는 배열을 얻는다(그림 12.28B). 이 배열의 채움 효율을 계산해보면 공들이 단위 세포 부피의 52%만 차지하고 48%가 빈 공간이 된다. 이러한 공 쌓기 방식은 비효율적이므로 과일이나 원자도 보통 이렇게 쌓지 않는다.

2. *체심 입방 단위 세포*. 첫째 층 바로 위에 둘째 층(녹색으로 표시함) 공들을 쌓는 대신에 그림 12.28C와 같이 첫째 층의 다이아몬드 모양 공간 위에 공들을 쌓아서 공간을 좀 더 효율적으로 이용할 수 있다. 셋째 층은 두 번째 층의 다이아몬드 모양의 공간 위에 쌓여서, 셋째 층과 첫째 층의 공들이 같은 위치에 겹쳐 놓이게 된다. 이 배열은 *체심 입방 단위 세포*를 이루며 채움 효율은 68%로 단순 입방 단위 세포보다는 훨씬 높다. 크로뮴, 철과 같은 몇 가지 금속 원소들과 모든 1A(1)족 원소들은 이 단위 세포의 결정 구조를 갖는다.

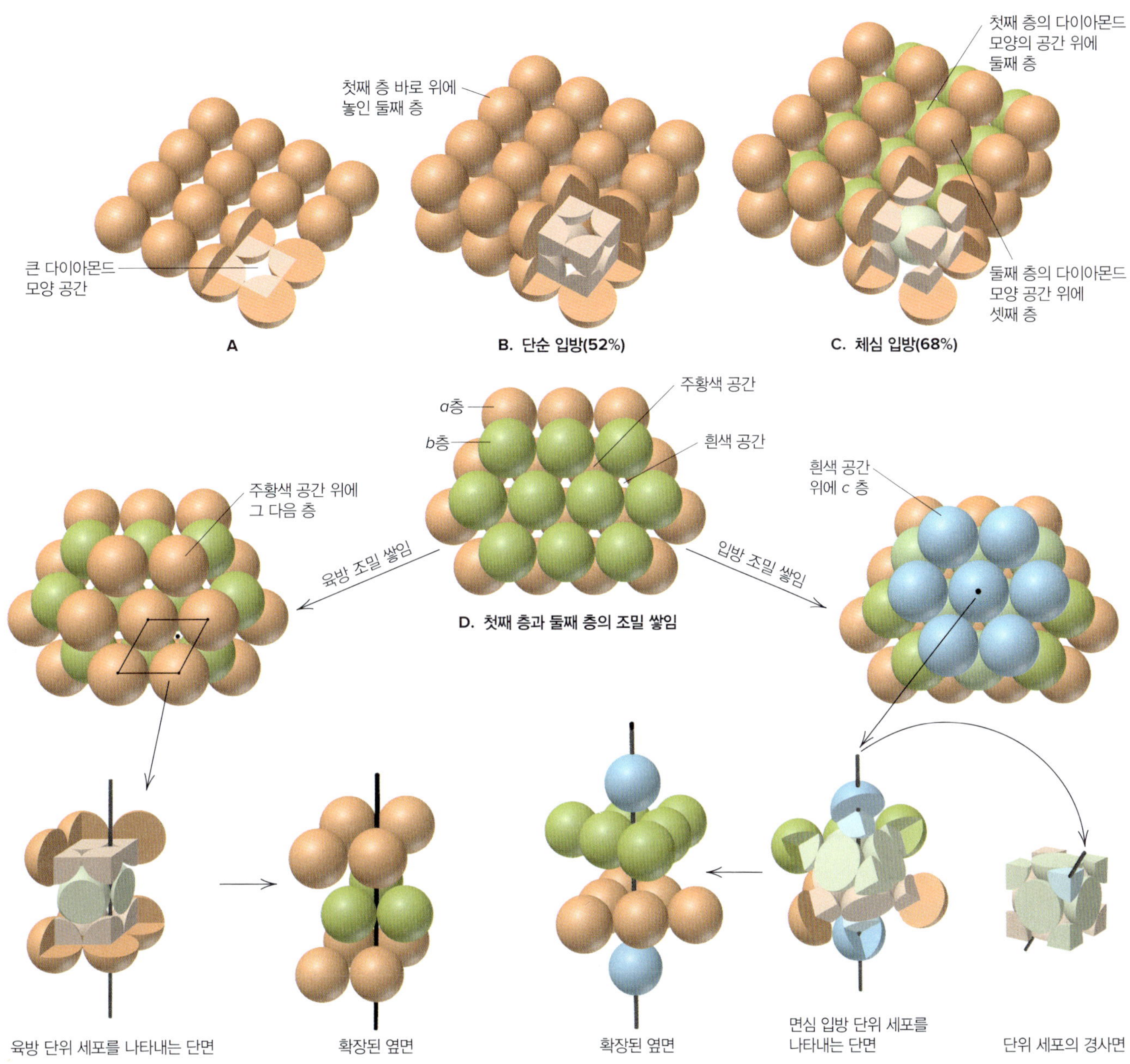

그림 12.28 **공 쌓기로 세 가지 입방 및 육방 단위 세포 만들기.** A. 첫째 층에서 공들은 수평과 수직 방향으로 서로 닿게 놓인다. 다이아몬드 모양의 넓은 공간(*잘라낸 부분 참조*)이 보인다. B. 다음 층의 공들이 첫째 층 공들 바로 위에 놓으면 단순 입방 단위 세포(*엷은 주황색 정육면체*)의 쌓임이 된다. C. 다음 층 공들이 첫째 층의 다이아몬드 모양 공간 위에 놓이면 체심 입방 단위 세포의 쌓임이 된다(*아래 구석*). D. 첫째 층(*a 층, 주황색*)을 가장 조밀하게 하려면 부분 A의 열을 교대로 움직여 다이아몬드형 공간을 삼각형 공간으로 좁히면 된다. 둘째 층(*b 층, 녹색*) 공들은 이 공간 위에 놓는다. 이때 주황색 및 흰색 빈 공간이 생긴다. E. 셋째 층(*다음 a 층, 주황색*)을 주황색 공간 위에 놓으면 *abab*... 방식과 육방 단위 세포가 된다. F. 셋째 층(*c 층, 파란색*)을 흰색 빈 공간들 위에 놓으면 첫째 및 둘째 층 공들과는 위치가 달라져 *abcabc*... 방식과 면심 입방 단위 세포를 얻는다.

3. *육방 및 면심 입방 단위 세포*. 이 단위 세포에서는 공들을 가장 효율적으로 쌓을 수 있다. 우선 첫째 바닥 층(*a로 표시, 주황색*)의 모든 다른 열을 옆으로 조금 움직여 큰 다이아몬드 모양 공간을 작은 삼각형 모양 공간이 되도록 한다. 그런 다음에 삼각형 공간 위에 둘째 층(*b로 표시, 초록색*)을 쌓는다(그림 12.28D).

b 층의 일부 빈 공간은 *a* 층의 공들 위에 위치하기 때문에 주황색으로 보이고 일부 빈 공간은 *a* 층의 공간 위에 위치하기 때문에 흰색으로 보인다. 셋째 층은 두 가지 방법으로 쌓을 수 있어서 두 가지 서로 다른 단위 세포가 생긴다.

- *육방 단위 세포*. 세 번째 층의 공(*주황색*)을 주황색 빈 공간 위에 놓으면(왼쪽 아래 그림 12.28E), *a* 층의 바로 위에 공이 놓이며, 각 층이 교대로 동일하게(*abab*....형태) 쌓

인다. 이것이 육방 단위 세포를 갖는 **육방 조밀 쌓임**(hexagonal closest packing)이다.

- *면심 단위 세포*. 셋째 층의 공들(*파란색*)을 b 층의 흰색 빈 공간 위에 놓으면(오른쪽 아래 그림 12.28F), 이 층의 배열은 a, b 층과는 달라지고(*abcabc*....형태), *면심 단위 세포*를 갖는 **입방 조밀 쌓임**(cubic closest packing)이 된다.

육방과 입방 조밀 쌓임의 채움 효율은 둘 다 74%이고 단위 세포의 배위수는 둘 다 12이다. 대부분의 금속 원소의 결정은 이들 배열 중 하나의 결정 형태를 갖는다. 마그네슘, 타이타늄 및 아연은 육방 결정 구조를 갖는다. 니켈, 구리, 납과 많은 이온 결합 화합물들 및 고체 상태의 CO_2, CH_4와 대부분의 비활성 기체들은 입방 결정 구조를 갖는다.

예제 12.7에서 밀도와 단위 세포에 대한 지식을 이용하여 원자 반지름을 구해 본다.

예제 12.7 | 원자 반지름 구하기

문제 바륨은 방사능을 갖지 않은 가장 큰 알칼리 토금속이다. 체심 입방 단위 세포를 가지며, 밀도는 3.62 g/cm^{3}이다. 바륨의 원자 반지름은 얼마인가? (구의 부피: $V = \frac{4}{3}\pi r^3$)

계획 원자는 공 모양을 가지므로, 부피로부터 반지름을 구할 수 있다. 밀도를 이용하여 Ba 1 mol(137.3 g)의 부피를 구한다. 바륨 결정은 체심 입방 구조이므로 바륨 원자 1 mol은 단위 세포 부피의 고작 68%만을 차지한다(그림 12.28C). Avogadro의 수로 나누어 Ba 원자 한 개의 부피를 얻고, 반지름을 계산한다(로드맵 참조).

로드맵

Ba 금속의 밀도(g/cm^3)
↓ $\mathcal{M}$ (g/mol)을 밀도로 나눈다
Ba 금속 1 mol의 부피(cm^3)
↓ 채움 효율을 곱한다
Ba 원자 1 mol의 부피(cm^3)
↓ Avogadro 수로 나눈다
Ba 원자 1개의 부피(cm^3)
↓ $V = \frac{4}{3}\pi r^3$
Ba 원자의 반지름(cm)

풀이 Ba 금속 1 mol의 부피 구하기:

$$\text{부피/Ba 금속의 mol 수} = \frac{137.3\text{ g Ba}}{1\text{ mole Ba}} \times \frac{1\text{ cm}^3}{3.62\text{ g Ba}} = 37.9\text{ cm}^3\text{/mol Ba}$$

Ba *원자* 1 mol의 부피(cm^3) 구하기:

$$\begin{aligned}\text{Ba 원자의 부피/Ba 원자 mol 수} &= \text{cm}^3\text{/mol Ba} \times \text{채움 효율}\\ &= 37.9\text{ cm}^3\text{/mol Ba} \times 0.68\\ &= 26\text{ cm}^3\text{/mol Ba 원자}\end{aligned}$$

Ba 원자 1개의 부피 구하기:

$$\text{Ba 원자의 부피} = \frac{26\text{ cm}^3}{1\text{ mol Ba 원자}} \times \frac{1\text{ mol Ba 원자}}{6.022\times10^{23}\text{ Ba 원자}} = 4.3\times10^{-23}\text{ cm}^3\text{/Ba 원자}$$

공의 부피로부터 Ba 원자 반지름 구하기:

$$\text{Ba 원자의 } V = \frac{4}{3}\pi r^3 \text{ 이므로} \qquad r^3 = \frac{3V}{4\pi}$$

따라서

$$r = \sqrt[3]{\frac{3V}{4\pi}} = \sqrt[3]{\frac{3(4.3\times10^{-23}\text{ cm}^3)}{4\times3.14}} = 2.2\times10^{-8}\text{ cm}$$

검산 원자의 대략적인 크기(~10^{-8} cm ≈ 10^{-10} m)는 맞다. Ba의 실제 반지름 값은 2.22×10^{-8} cm이다(그림 8.14 참조).

▶ 보충 문제

12.7A 코발트는 면심 입방 단위 세포를 가지며, 원자의 반지름은 125 pm이다. 금속 코발트의 밀도는 얼마인가?

12.7B 철 결정은 체심 입방 구조이다. Fe 원자 1개의 부피는 8.38×10^{-24} cm^{3}이고, 밀도는 7.874 g/cm^{3}이다. 근사적인 Avogadro 수의 값을 구하라.

유사 문제 12.88, 12.89

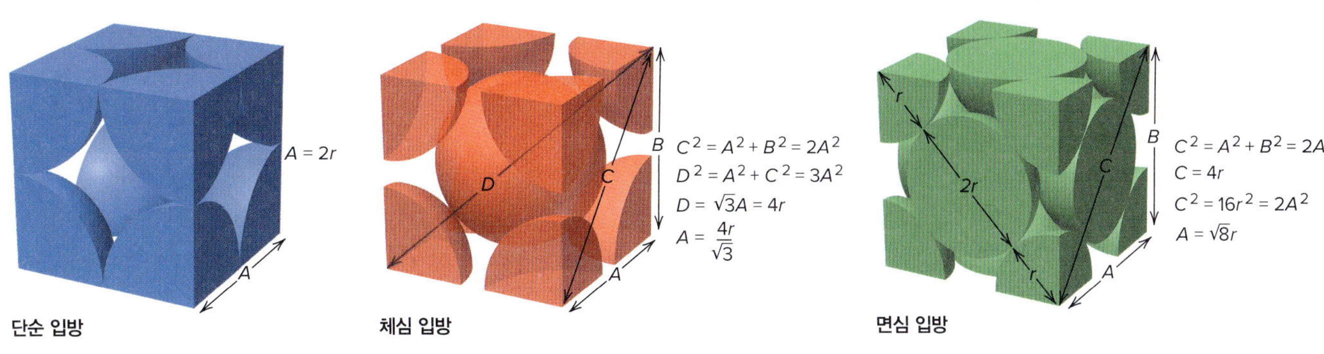

그림 12.29 세 가지 입방 단위 세포의 모서리 길이와 원자(이온) 반지름.

결정 구조에 대한 이해는 결정을 "보는" 능력에서 온다. 결정 구조를 알아내는 두 가지 방법을 이어서 나오는 **실험 기법**에서 소개한다.

단위 세포의 모서리 길이는 X-선 결정학을 통해 얻을 수 있다. 그 다음 피타고라스 정리와 몇 가지 수학적인 계산을 적용하여 세 가지 입방 단위 세포의 원자(또는 이온) 반지름을 구한다(그림 12.29). 예제 12.8에서 이 방법을 살펴보자.

예제 12.8 | 단위 세포로부터 원자 반지름 구하기

문제 구리의 결정 구조는 입방 조밀 쌓임이고, 단위 세포의 모서리 길이는 361.5 pm이다. 구리의 원자 반지름은 얼마인가?

계획 입방 조밀 쌓임 결정 구조는 면심 입방 단위 세포를 가지며, 한 모서리의 길이를 알고 있다. 그림 12.29를 참조하여 $A = 361.5$ pm로 하여, 반지름 r을 구한다.

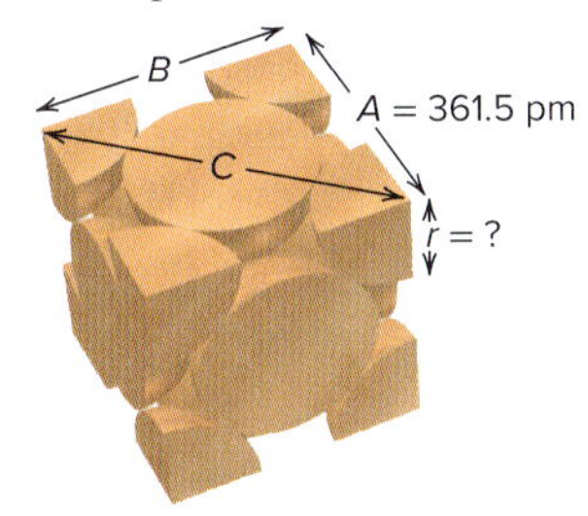

풀이 피타고라스 정리를 사용하여 단위 세포 면의 대각선 길이 C를 구한다.

$$C = \sqrt{A^2 + B^2}$$

단위 세포는 정육면체이므로 $A = B$이다. 따라서

$$C = \sqrt{2A^2} = \sqrt{2(361.5\ \text{pm})^2} = 511.2\ \text{pm}$$

r 구하기: $C = 4r$이므로

$$r = 511.2\ \text{pm}/4 = 127.8\ \text{pm.}$$

그림 12.29의 식을 이용하여 이 단계들을 묶어 계산할 수도 있다.

$$A = \sqrt{8}r$$
$$r = 361.5\ \text{pm}/\sqrt{8} = 127.8\ \text{pm}$$

검산 반올림하여 간단히 검산해 보면 다음과 같다.

$$C = \sqrt{2(4\times10^2\ \text{pm})^2} = \sqrt{2(16\times10^4\ \text{pm}^2)}$$

즉, 약 500~600 pm로 $r \approx$ 125~150 pm. 구리의 실제 반지름은 128 pm이다(그림 8.14 참조).

▶ **보충 문제**

12.8A 철은 체심 입방 구조로 결정화한다. 철의 원자 반지름이 126 pm라면, 단위 세포 모서리의 길이(nm 단위로)는 얼마인가?

12.8B 알루미늄은 입방 조밀 쌓임 결정 구조로 결정화한다. 단위 세포의 한 변의 길이가 0.405 nm라면, 원자 반지름(pm 단위로)는 얼마인가?

유사 문제 12.92, 12.93

X-선 회절 분석과 주사 터널링 현미경

원자 수준의 크기를 측정하는 방법들이 여럿 있지만, 그 중 가장 강력한 도구가 **X-선 회절 분석**(X-ray diffraction analysis)과 **주사 터널링 현미경**(scanning tunneling microscopy)이다.

X-선 회절 분석

7장에서 빛이 파장 정도의 거리로 가깝게 배치된 두 슬릿을 통과할 때 어떻게 밝고 어두운 영역들로 이루어진 회절 무늬들이 생기는지 살펴보았다(그림 7.5 참조). X-선 파장은 많은 결정들의 입자 층간의 거리와 비슷하기 때문에 이 층 사이의 간격들을 "슬릿"으로 사용하여 X-선을 회절시킨다.

한 예로 이 기술을 사용하여 단순화한 격자의 인접한 두 원자층들 간의 거리(d)를 측정하는 방법을 알아보자(그림 B12.1). 파동 2개가 결정에 일정한 각 θ로 부딪쳐 두 층들에 의해 같은 각도로 회절된다. 첫째 파동이 위층을, 둘째 파동이 아래층에 부딪칠 때 파동들은 *같은 위상*(파동의 봉우리는 봉우리끼리, 골은 골끼리 일치함)을 갖는다. 파동들이 회절된 뒤에도 위상이 같으면 사진 건판에 점이 나타난다. 이렇게 되려면 둘째 파동이 추가로 이동한 거리(그림에서 $DE + EF$)가 파장의 정수 배, 즉 $n\lambda$(여기서 n은 정수: 1, 2, 3 등)가 되어야 한다. 삼각 함수를 쓰면

$$n\lambda = 2d \sin \theta$$

인데, 여기서 θ는 입사하는 빛의 각도, λ는 빛의 파장이고, d는 결정 내 층간의 거리로 모르는 양이다. 이 식을 *Bragg 식*(Bragg equation)이라 부르는데, 결정 구조 분석에 대한 연구로 1915년 노벨 물리학상을 공동 수상한 W. H. Bragg와 그의 아들 W. L. Bragg의 이름을 붙인 것이다.

결정을 회전시키면 X-선의 θ가 달라져 또 다른 일련의 점들이 생긴다. 여러 각도에서 얻은 완벽한 회절 무늬로부터 격자 내 입자들의 거리 및 각도들을 계산한다(그림 B12.2). X-선 회절 분석은 많은 연구에 사용되었지만 최근의 가장 큰 업적은 DNA와 단백질들의 구조를 밝혀낸 일이다.

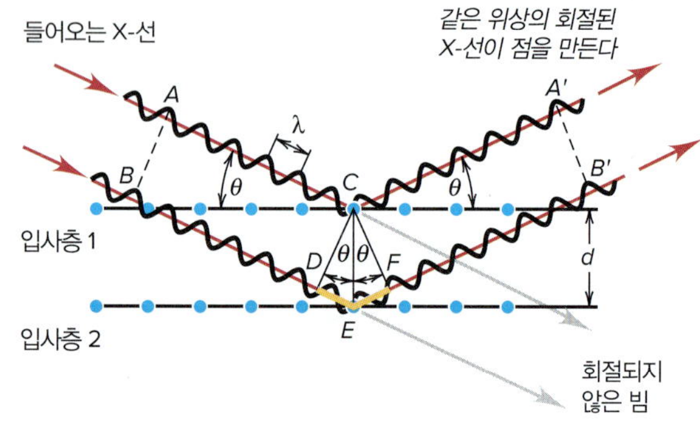

그림 B12.1 결정 면에 의한 X-선 회절.

주사 터널링 현미경

1986년 노벨 물리학상을 수상한 Gerd Binnig와 Heinrich Rohrer가 발명한 이 기술은 표면 관찰에 사용된다. 이것은 전자가 작은 알갱이여서, 핵으로부터 멀어져서 인접한 또 다른 핵으로 이동할 확률("터널링")이 있다는 개념을 이용한다.

실제로, 아주 뾰족한 텅스텐 침을 장착한 탐침을 터널링 전자원으로 사용하여 표면에 아주 가깝게(약 0.5 nm에서) 접근시킨다. 작은 전위를 가하면 작은 간격 사이를 전자가 터널링할 확률이 높아

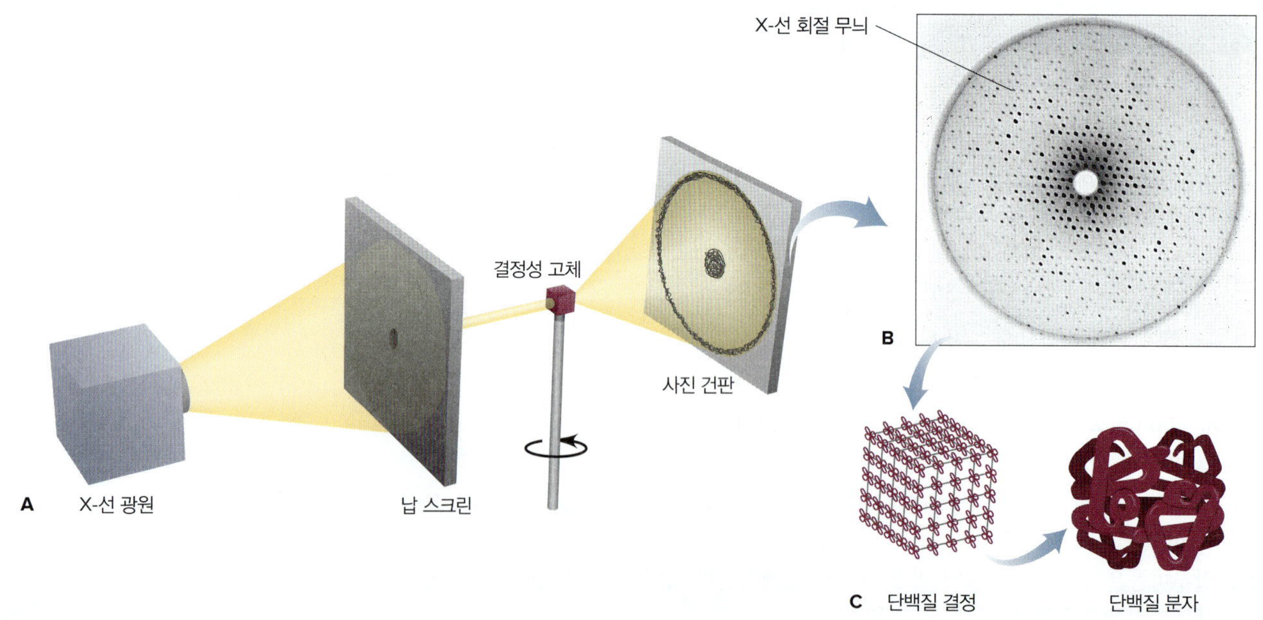

그림 B12.2 **단백질 헤모글로빈의 X-선 회절 무늬의 형성.** **A.** 단백질 결정을 회전시켜 여러 각도로 입사하는 X-선과 회절된 X-선들을 얻는다. **B.** 회절 무늬는 복잡한 일련의 점들이다. **C.** 컴퓨터 분석을 통해 분자의 모양을 얻는다.

진다. 간격 사이에 일정한 전류를 유지하기 위해 탐침을 위 또는 아래로 원자 수준의 작은 거리를 이동한다. 이러한 운동을 전자적으로 기록하고, 많은 주사를 통해 3차원의 표면 지도를 얻을 수 있다. 이러한 방법은 표면에 도포된 원자와 분자의 그림을 보여주고, 원자와 분자의 결합과 다른 많은 표면 특성 연구에 사용된다(그림 B12.3).

그림 B12.3 비소화 갈륨 위의 세슘 원자(*빨간색*)의 주사 터널링 현미경 사진.

Source: Courtesy National Institute of Standards and Technology

문제

B12.1 X-선의 파장 $\lambda = 0.709 \times 10^{-10}$ m를 써서 니켈 결정에서 1차 회절 패턴을 11.6°에서 얻었다. Ni 원자 층 사이의 간격은 얼마인가?

B12.2 NaCl 결정으로부터 X-선의 1차 회절($n = 1$)이 15.9°에서 발생한다.

(a) X-선의 파장(pm)은 얼마인가?

(b) 어느 각도에서 2차 회절($n = 2$)이 일어날까?

결정성 고체의 종류와 성질

고체의 다섯 가지 가장 중요한 종류는 결정 내에 있는 입자의 종류에 따라 정의한다(표 12.5). 여기서는 입자간 힘과 물리적 성질을 주로 다룬다.

표 12.5 | 결정성 고체의 주요 유형들의 특성

유형	입자(s)	입자간 힘	물리적 성질	예[mp, °C]
원자	원자	분산력	무르고 녹는점이 아주 낮음. 열 및 전기 전도도는 낮음.	8A(18족) (Ne [−249]부터 Rn [−71]까지)
분자	분자	분산력, 쌍극자-쌍극자, 수소 결합	상당히 무름. 녹는점은 낮거나 상당히 무름. 열과 전기 전도도는 낮음.	*비극성** O_2 [−219], C_4H_{10} [−138] Cl_2 [−101], C_6H_{14} [−95], P_4 [44.1] *극성* SO_2 [−73], $CHCl_3$ [−64], HNO_3 [−42], H_2O [0.0], CH_3COOH [17]
이온	양이온, 음이온	이온-이온 인력	단단하고 깨지기 쉬움. 녹는점은 높음. 용융되면 열 및 전기의 도체	NaCl [801] CaF_2 [1423] MgO [2852]
금속	원자	금속 결합	무르거나 단단함. 녹는점은 낮거나 아주 높음. 열 및 전기의 도체. 전성 및 연성이 있음.	Na [97.8] Zn [420] Fe [1535]
그물 구조형 공유	원자	공유 결합	매우 단단하고, 녹는점이 높음. 대부분 열 및 전기 전도도는 낮음.	SiO_2 (석영) [1610] C (다이아몬드) [~4000]

*비극성 분자 고체는 몰질량 증가순으로 나열하였다. 녹는점(mp) 증가와의 상관성에 주목하라.

그림 12.30 고체 아르곤의 입방 조밀 쌓임(면심 입방 단위 세포).

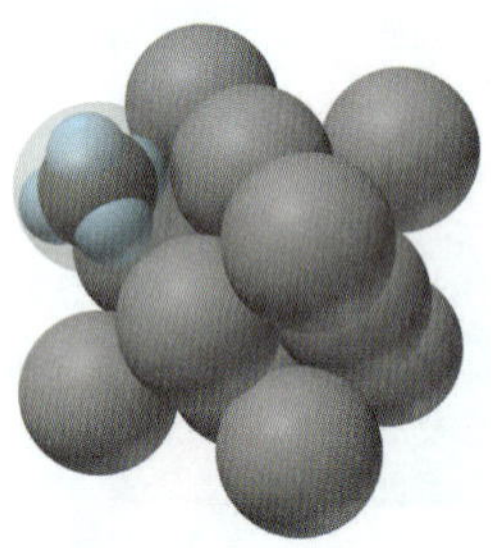

그림 12.31 고체 메테인의 입방 조밀 쌓임(면심 입방 단위 세포).

원자 고체 *분산력만으로* 서로 결합하고 있는 원자들은 **원자 고체**(atomic solid)를 형성한다.

- 비활성 기체[8A(18)족]는 원자 고체를 형성하는 유일한 물질이다.
- 원자간 힘이 아주 약해서 녹는점과 끓는점이 낮고, 증발열과 용융열 모두 아주 작으며, 몰질량이 증가함에 따라 점진적으로 증가한다.

아르곤은 다른 비활성 기체와 같은 입방 조밀 쌓임 구조를 가진다(그림 12.30).

분자 고체 수천 가지의 **분자 고체**(molecular solid)에서는 개별 분자가 격자점을 차지한다. 분자 고체에서는 쌍극자-쌍극자 힘, 분산력, 수소 결합력 등의 다양한 힘들의 조합으로 인해 물리적 성질들도 다양하다.

- 비극성 물질의 주된 힘인 분산력으로 인해 몰질량에 따라 일반적으로 녹는점이 증가한다(표 12.5).
- 극성 분자 사이에는 쌍극자-쌍극자 힘, 그리고 가능한 경우에는 수소 결합이 존재한다.
- 대부분의 분자 고체는 원자 고체(비활성 기체)보다 녹는점이 높지만, 다른 형태의 고체보다는 훨씬 낮다.

각 탄소 원자의 중심을 격자점으로 갖는 메테인은 면심 입방 구조를 가진다(그림 12.31).

이온성 고체 이온 결합 화합물에서 이온들은 **이온성 고체**(ionic solid) 형태로 비열된다. 인력을 최대로 하기 위해 양이온은 가능한 많은 음이온들에 둘러싸여 있으며, 음이온들도 마찬가지이다. *작은 이온(일반적으로 양이온)은 큰 이온(일반적으로는 음이온)이 쌓이면서 만들어진 빈 공간(구멍)에 위치한다.* 단위 세포는 전체 조성을 갖는 최소 단위다. 즉, *단위 세포의 양이온/음이온의 비율은 실험식과 같다.* 양이온과 음이온이 인접하고 있기 때문에 입자간 힘(이온 결합)은 원자 고체나 분자 고체의 van der Waals 힘보다 *훨씬* 더 강하다.

- 이온성 고체의 성질들은 *고정된 이온 위치와 강한 인력*에 의한 높은 격자 에너지 때문에 나타난다. 따라서 이온성 고체는 녹는점이 높고 전기 전도도는 낮다.
- 많은 양의 열을 공급하면 이온들의 운동 에너지가 커져서 이온의 위치가 자유로워 지면서, 고체가 녹고 움직이는 이온들이 전류를 전도시킨다.
- 대부분의 이온 화합물은 단단한데, 이는 강한 외부 힘을 가해야만 서로 끌어당기고 있는 수많은 이온들의 상대적 위치를 변화시킬 수 있기 때문이다. 충분한 힘을 가해 이온들을 움직이면 같은 전하를 가진 이온이 서로 근접하게 되고 이로 인한 반발력으로 결정이 깨진다(그림 9.9 참조).

이온성 고체는 흔히 입방 조밀 쌓임 결정 구조를 가진다. 이온 비가 1/1인 예 두 가지와 2/1(또는 1/2)인 예 두 가지를 살펴보자.

1. *염화 소듐 구조*는 알칼리 금속[1A(1)족] 할로젠화물 및 수소화물, 알칼리 토금속[2A(2)족]의 산화물과 황화물, 전이 금속의 몇 가지 산화물과 황화물 등을 포함한 많은 이온 화합물에서 발견된다. 이 구조를 머리 속에 그려보기 위해 먼저 Cl^- 음이온들과 Na^+ 양이온들이 각각 면심 입방 배열을 하고 있는 것을 상상하자. 이어서 이 두 배열을 결합시켜 작은 Na^+ 양이온들이 큰 Cl^- 음이온들(그림 12.32A) 사이의 구멍에 놓인다고 생각하자. 각 Na^+는 Cl^- 6개에 둘러싸이고, 각 Cl^-도 마찬가지로 Na^+ 6개에 둘러싸인다(배위수 = 6). 그림 12.32B는 단위 세포의 공간 채움 그림이다. 이 단위 세포에는 Cl^- 4개[$(8 \times \frac{1}{8}) + (6 \times \frac{1}{2}) = 4\ Cl^-$], Na^+ 4개[$(12 \times \frac{1}{4})$ + 중앙의 1개 Na^+]가 들어 있어서 1/1의 이온 비를 갖는다.

2. *섬아연광(ZnS) 구조*는 두 개의 면심 입방 배열, 즉 Zn^{2+} 이온(*회색*)과 S^{2-} 이온(*노란색*)이 서로 겹치면서 각 이온이 네 개의 다른 이온에 의해 사면체 모양으로 둘러싸여 있다

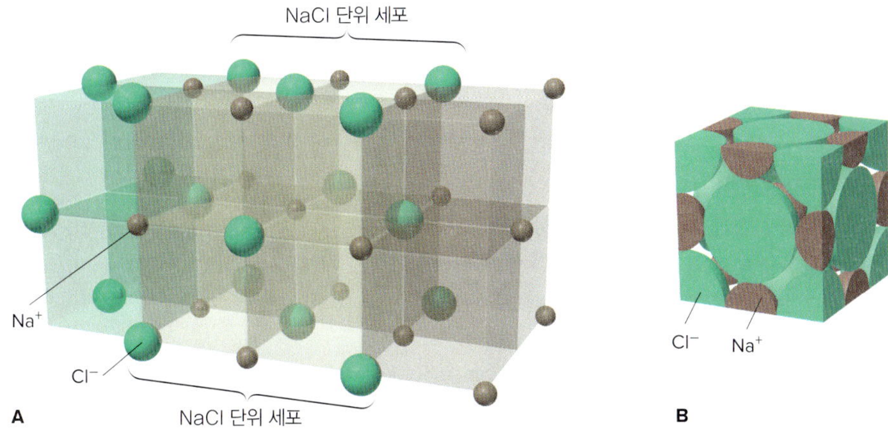

그림 12.32 **염화 소듐 구조.** A. 확대 그림. B. NaCl 단위 세포의 공간 채움 모형.

(배위수 = 4)(그림 12.33). 이 단위 세포에는 S^{2-} 4개$[(8 \times \frac{1}{8}) + (6 \times \frac{1}{2}) = 4]$, Zn^{2+} 4개가 있어서 1/1의 이온 비를 갖는다. AgI, CdS, 구리(I) 할로젠화물을 포함한 많은 화합물이 섬아연광 구조를 가진다.

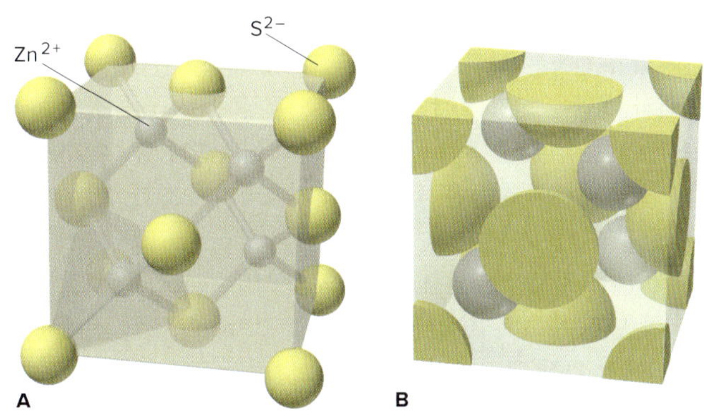

그림 12.33 **섬아연광 구조.** A. 확대 그림(결합을 표시). B. 내부 이온을 보여주기 위해 단위 세포를 확대.

3. *형석(CaF_2) 구조*는 양이온/음이온의 비가 1/2인, 큰 양이온과 작은 음이온을 가진 SrF_2와 $BaCl_2$ 같은 염들의 전형적인 구조다. CaF_2의 단위 세포는 Ca^{2+}의 면심 입방 구조의 8개의 빈 공간을 F^- 이온이 차지하는 구조이다(그림 12.34). Ca^{2+}/F^-의 이온 비가 4/8, 즉 1/2이 된다.

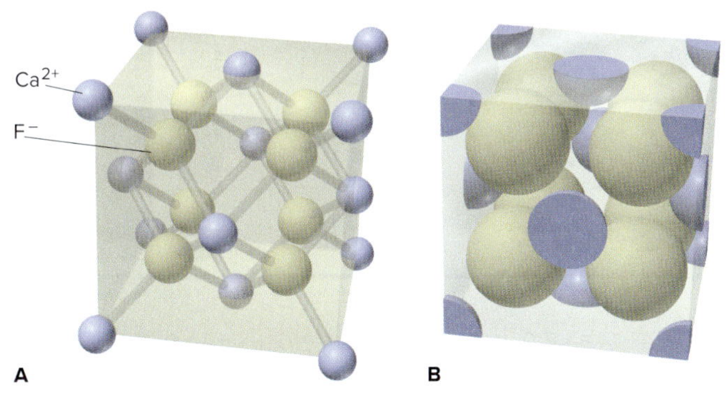

그림 12.34 **형석 구조.** A. 확대 그림(결합을 표시). B. 내부 이온을 보여주기 위해 단위 세포를 확대.

4. *반형석 구조*는 양이온/음이온의 비가 2/1이고 비교적 큰 음이온(K_2S와 같은)을 갖는 화합물들의 전형적인 구조이다. 이온 배열은 형석 구조의 반대이다. 즉 음이온이 입방 조밀 쌓임을 형성하면서 만든 8개의 빈 공간을 양이온이 차지한다.

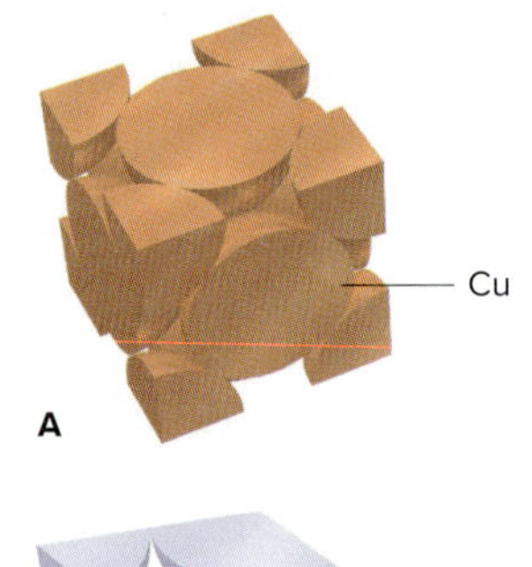

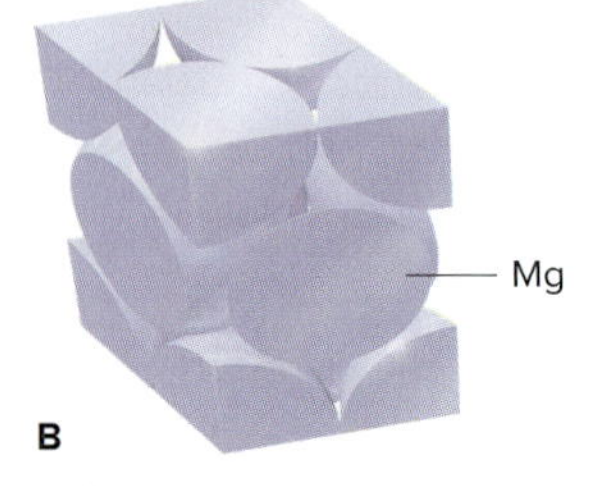

그림 12.35 **금속의 결정 구조.** A. 구리는 입방 조밀 쌓임, B. 마그네슘은 육방 조밀 쌓임을 갖는다.

금속성 고체 대부분의 금속 원소들은 두 가지 조밀 쌓임 구조 중 하나로 결정화한다(그림 12.35). 원자 고체들 간의 약한 분산력과는 달리 **금속성 고체**(metallic solid) 내에서는 강력한 금속 결합력으로 원자들을 잡고 있다.

- 금속의 성질들 중 높은 전기 전도도, 열 전도도, 광택 및 전성 등은 비편재된 전자들로 기인한다(9.6절).
- 금속의 녹는점과 경도는 채움 효율과 원자가 전자수와 관련이 있다. 예를 들면, 2A족의 금속은 1A족 금속보다 더 단단하고 더 높은 온도에서 녹는다(그림 9.27). 이는 2A족 금속들이 비편재 전자를 두 배나 더 많이 갖기 때문이다.

그물 구조 공유 결합 고체 **그물 구조 공유 결합 고체**(network covalent solid)에서는 강한 공유 결합이 모든 원자들을 연결하고 있다. 따라서 분리된 입자는 존재하지 않는다. 이들 물질들은 결합에 따라 다양한 결정 구조를 갖는다.

강한 결합으로 인해 이 물질들은 아주 높은 녹는점과 끓는점을 갖는다. 그러나 전도도와 경도는 구조에 따라 다양하다. 탄소 원소로 같은 조성을 갖는 두 가지 결정 형태인 흑연과 다이아몬드는 놀랄 만큼 서로 다른 성질을 갖는 그물 구조 공유 결합 고체의 예이다.

- *흑연*은 벤젠을 연상시키는 강한 σ 결합 골격 및 비편재된 π 결합을 가진 육각형 탄소 고리로 이루어진 평판들이 층층이 쌓여 있다. 육각형의 배열은 닭장 철망 또는 벌집처럼 보인다. 벤젠의 π-전자는 고리 하나에만 퍼져 있지만 흑연의 경우는 판 평면 전체에 퍼져 있다. 그래서 흑연은 전기를 잘 통한다(흑연은 흔한 전극 물질임). 그러나 판 평면 내에서만 전기가 잘 통한다. 층 사이에는 분산력이 작용한다. 층 사이에 존재하는 O_2와 같은 흔한 불순물들 때문에 층들은 서로 쉽게 미끄러지게 한다. 이것이 흑연이 매끄러워서 윤활제로 사용되는 이유이다.
- *다이아몬드*는 각 탄소 원자가 다른 4개 탄소와 정사면체 모양으로 결합되어 끝없이 이어지는 면심 입방 단위 세포 구조이다. 강한 단일 결합들이 결정 전체에 존재하기에 다이아몬드는 자연에서 가장 단단한 천연 물질로 알려져 있다. 대부분의 다른 그물 구조 공유 결합 고체처럼 다이아몬드는 전기를 통하지 않는다.

이들의 성질을 표 12.6에서 비교하였다.

표 12.6 | 다이아몬드와 흑연의 성질 비교

성질	흑연	다이아몬드
밀도(g/cm^3)	2.27	3.51
경도	<1 (매우 부드러움)	10(가장 단단함)
녹는점(K)	4100	4100
색	반짝이는 검은색	무색 투명
전기 전도도	높음(판을 따라)	없음
연소 $\Delta H^\circ_{반응}$(kJ/mol)	−393.5	−395.4
$\Delta H^\circ_{생성}$(kJ/mol)	0 (표준 상태)	1.90

가장 중요한 그물 구조 공유 결합 고체는 *규산염*(silicates)으로 실리콘과 산소 원자들이 공유 결합으로 끝없이 연결된 배열을 이룬다. 흔한 예로 석영(SiO_2)이 있다. 14장에서 실리콘 화학을 공부할 때 토양, 바위 및 많은 광물의 구조를 형성하는 규산염을 다룰 것이다.

비결정성 고체

비결정성 고체는 결정이 아니다. 큰 무질서한 영역 내에 작은 부분에 질서 있는 영역이 퍼져 있다. 흔한 예들로 숯, 고무, 유리들이 있다.

석영 유리 형성 과정이 많은 비결정성 고체들의 전형적인 경우이다. 입방 조밀 쌓임 구조를 갖는 결정성 석영(SiO_2)을 녹인 후 끈적한 액체가 결정화하지 못하도록 급히 냉각시키면 Si와 O 원자의 사슬이 일정한 방향으로 정렬을 하지 못한다. 따라서 빈 공간과 무질서한 배열이 섞여 있는 고체로 굳어진다(그림 12.36). 규칙성이 없기에 액체의 성질을 다소 닮았다. 실제로 유리를 *과냉각된 액체*(supercooled liquid)라 부르기도 한다.

고체의 결합: 분자 오비탈 띠 이론

9장에서 움직이는 비편재된 원자가 전자의 "바다"에 금속 이온이 잠겨 있는 금속 결합의 정성적인 모형을 소개했다. 분자 오비탈(MO) 이론은 더 정량적이고 유용한 **띠 이론**(band theory)이라 불리는 모형을 제시한다. 금속의 결합과 이에 의한 금속, 준금속, 비금속의 전기 전도도에 초점을 맞춘다.

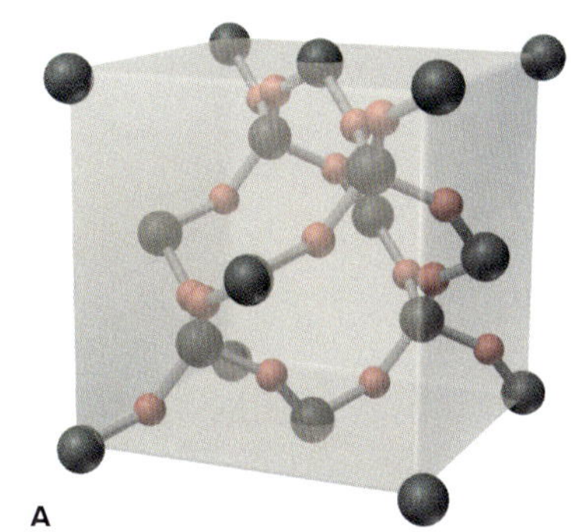

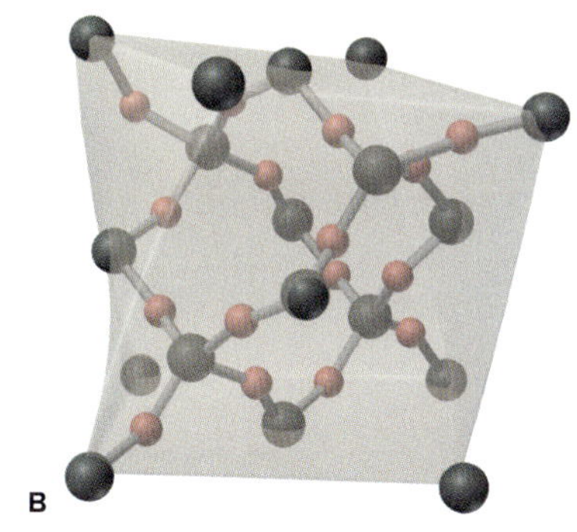

그림 12.36 결정성과 비결정성 이산화 실리콘. A. Cristobalite, 입방 조밀 쌓임 구조의 결정 형태의 석영(SiO_2). B. 무질서한 구조의 비결정 형태의 석영 유리.

원자가 띠와 전도 띠 형성 11.3절에서 두 원자가 이원자 분자를 형성할 때 그들의 원자 오비탈(AO)이 결합하여 같은 수의 분자 오비탈(MO)을 형성한다는 것을 배웠다. 그림 12.37은 리튬의 MO 형성을 보여준다. Li_2을 형성하기 위해 각 Li 원자가 가진 4개의 원자가 오비탈(2*s* 1개, 2*p* 3개)은 결합하여 8개의 MO(결합성 MO 4개, 반결합성 MO 4개)를 만든다. MO의 순위를 보면 2*s*-2*p*가 섞임을 보여준다(그림 11.21B). Li 원자 두 개를 추가하여 Li_4가 되면 비편재된 MO 16개를 갖는 더 큰 집합체가 만들어진다. 더 많은 Li 원자를 Li 덩어리에 추가하면 더 많은 MO가 생성되고 에너지 준위 간격은 점점 더 좁아진다. 이 과정을 7 g(1 mol)의 Li 원자로 확장하면 6×10^{23}개 Li 원자(Li_{N_A})가 결합하여 아주 많은 수(4 × Avogadro 수)의 비편재된 MO를 생성하고, *이들의 에너지는 아주 가까워서 MO의 연속체, 즉 MO의 띠가 된다.*

낮은 에너지의 MO들을 $2s^1$ 원자가 전자가 채워 **원자가 띠**(valence band)를 형성하고, 높은 에너지의 비어 있는 MO는 **전도 띠**(conduction band)를 형성한다. Li 금속에서 원자가 띠는 2*s* AO들로부터 생기고, 전도 띠는 2*s*와 대부분 2*p* AO가 만든다. Li_2에서 두 개의 원자가 전자는 에너지가 가장 낮은 결합성 MO를 채우고 반결합성 MO는 비어 있다. Li 금속에서도 1 mol의 원자가 전자가 원자가 띠를 채우고 전도 띠는 비어 있다.

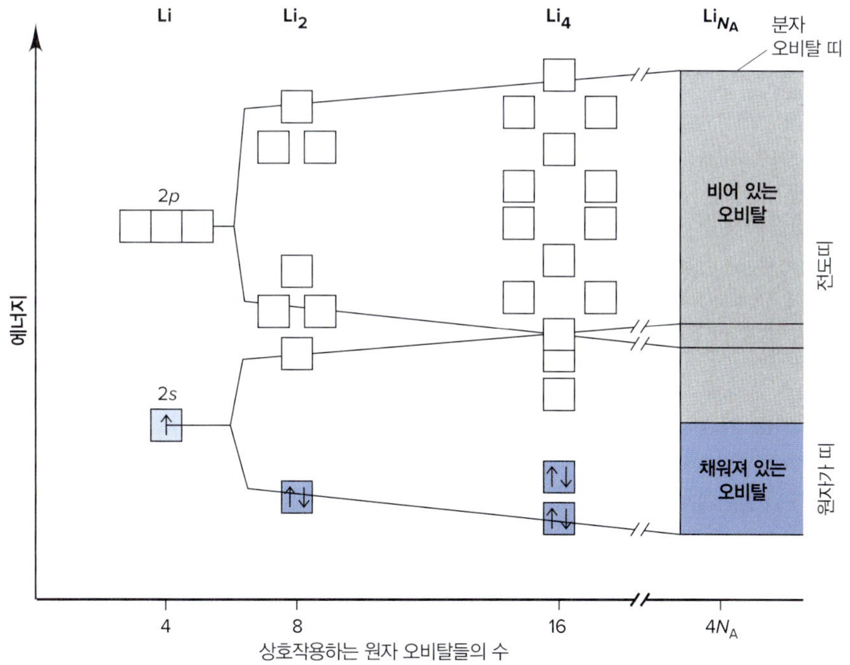

그림 12.37 리튬 금속의 분자 오비탈 띠.

띠 이론으로 금속 성질을 설명하는 방법 금속의 성질을 이해하는 요점은 *원자가 띠와 전도 띠가 붙어 있다*는 것이다. 즉 원자가 전자 띠의 가장 높은 에너지 준위와 전도 띠의 가장 낮은 에너지 준위가 닿아 있다. 이것은 아주 작은 양의 에너지만 받아도 전자는 채워진 원자가 띠에서 비어 있는 전도 띠로 올라간다는 것을 의미한다. 다시 말해서 전자는 완전히 비편재화 되어 자유롭게 이동할 수 있다.

- *전기 전도도.* 외부 전기장을 걸면 가장 높은 에너지의 원자가 전자들이 쉽게 빈 전도 띠의 오비탈로 들떠 시료 전체를 자유롭게 이동하기 때문에 금속은 전기를 아주 잘 통한다.
- *광택.* 가까이 근접해 있는 에너지 준위가 많으므로 전자들은 쉽게 원자가 띠와 전도 띠 사이를 옮겨 다니면서 여러 진동수의 광자를 흡수 또는 방출한다.
- *전성.* 외부의 힘을 받으면 금속 양이온 층은 비편재화된 전자에 의해 서로의 반발력을 상쇄하면서 미끄러지기만 한다.
- *열 전도도.* 금속선을 가열하면 가장 높은 에너지의 전자는 들뜨고, 이들이 갖는 여분의 에너지는 운동 에너지로 변하여 전선을 따라 전달된다.

고체의 전도도와 에너지 간격의 크기 금속 원자처럼 많은 비금속과 준금속 원자들도 결합하여 MO 띠를 형성할 수 있다. 띠 이론은 이들 세 가지 물질들의 전도도 차이와 온도 영향의 차이를 원자가 띠와 전도 띠 사이의 에너지 간격(gap)의 크기로 설명한다(그림 12.38).

1. *전도체(금속).* **전도체**(conductor)의 원자가 띠와 전도 띠 사이 *에너지 간격이 없어서* 전자는 작은 전위차에도 흐른다. 온도를 올리면 원자의 무질서한 움직임이 커져서 전자의 운동을 방해하여 금속의 전기 전도도는 *감소*한다.
2. *반도체(준금속).* **반도체**(semiconductor)에는 비교적 *작은 에너지 간격*이 원자가 띠와 전도 띠 사이에 존재한다. 열로 인해 들뜬 전자가 이 간격을 뛰어 넘을 수 있어서 작은 전류를 흐를 수 있게 한다. 금속과는 달리 반도체의 전기 전도도는 가열하면 *증가*한다.
3. *절연체(비금속).* **절연체**(insulator)에는 두 띠 사이의 *에너지 간격이 크다.* 따라서 물질을 가열해도 전류는 흐르지 않는다.

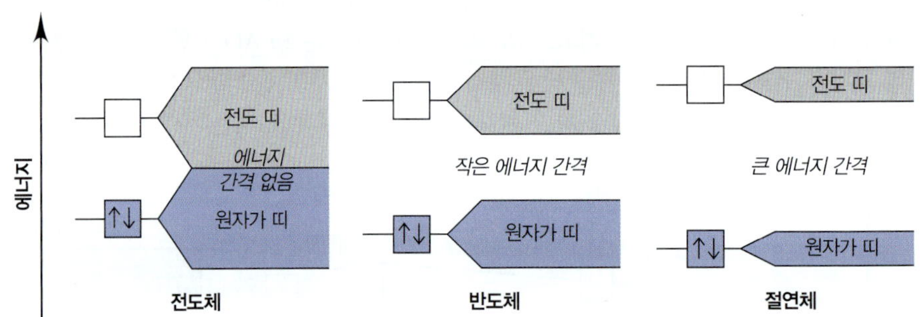

그림 12.38 전도체, 반도체 및 절연체의 전기 전도도.

수십 년 동안 **초전도성**(superconductivity)이라 불리는 또 다른 유형의 전기 전도도에 대한 집중적인 연구가 진행되어 왔다. 금속이 보통 온도에서 전기를 통할 때 움직이는 전자는 진동하는 원자와 충돌한다. 전자 흐름의 방해는 저항에 따른 열로 나타나고 에너지 손실을 가져온다.

액체 헬륨(bp = 4 K, 가격 ≈ $15/L)으로 냉각시켜 원자의 운동을 최소화해야 에너지 손실 없는 전도(초전도) 현상을 관찰할 수 있었다. 그러다가 1986년에 액체 질소의 끓는점(bp = 77 K; 가격 ≈ $0.10/L) 부근에서 초전도를 나타내는 이온성 산화물이 합성되었다. 금속 전도체처럼 $YBa_2Cu_3O_7$과 같은 초전도체 산화물은 띠 사이 에너지 간격이 없다. 1989년에는 Y와 Ba 대신에 Bi와 Tl를 가진 산화물이 합성되었고, 이들은 125 K에서 초전도성을 보였다. 1993년에는 Hg, Ba, Ca에 Cu와 O에 추가한 산화물이 133 K에서 초전도성을 갖는 것을 발견하였다. 이와 같은 재료는 도시에서 멀리 떨어진 발전소에서 에너지 손실 없이 송전을 가능하게 한다. 이러한 재료를 사용하여 초고속 컴퓨터용 초소형 마이크로칩, 초고속 자기 부상 열차에 필요한 전자석, 또한 저렴하게 고화질의 진단용 의료기기 등의 부품 생산에도 이용할 수 있다. 그러나 이들 산화물은 잘 부서져 부품으로 가공하기가 쉽지 않고 가열하면 초전도성이 사라지고 냉각시켜도 다시 초전도성이 돌아오지 않을 수도 있다. 수년 동안 화학자, 물리학자 및 공학자들이 이와 관련된 문제들을 해결을 위해 노력하고 있다.

› 12.6절 요약

- 결정성 고체 내 입자들은 반복되는 단위 세포의 구조를 이루고 있는 점에 놓여 있다.
- 입방계의 세 가지 단위 세포 유형은 단순, 체심, 면심 구조이다. 가장 효율적인 채움 효율은 입방(면심)과 육방 조밀 쌓임이다.
- 결정의 결합각과 결합 길이는 X-선 회절 분석과 주사 터널링 현미경으로 구할 수 있다. 이들 자료를 바탕으로 원자 반지름을 구할 수 있다.
- 원자[8A(18)족] 고체는 원자들이 약한 분산력에 의해 붙들려 있는 입방 조밀 쌓임 구조를 가진다.
- 분자 고체는 주로 입방 조밀 쌓임 구조의 격자점에 분자가 위치한다. 분자간 힘(분산력, 쌍극자-쌍극자 힘, 수소 결합)들의 다양한 조합에 따라 다양한 물리적 성질을 보인다.
- 이온성 고체는 한 이온이 만든 입방 조밀 쌓임 구조에 생긴 빈 공간을 다른 이온들이 채우면서 결정을 만든다. 강한 이온들 간의 인력으로 인해 녹는점이 높고, 경도가 크며, 전기 전도도가 낮다.
- 대부분의 금속은 조밀 쌓임 구조를 가진다. 높은 채움 효율과 비편재된 전자의 존재에 따라 물리적 성질이 달라진다.
- 그물 구조 공유 결합 고체는 시료 전체에 걸쳐 공유 결합으로 연결되어 있어서 높은 녹는점과 끓는점을 가진다.
- 비결정성 고체는 결정 내 규칙성이 거의 없다.
- 띠 이론은 많은 원자의 원자 오비탈이 합쳐져서 분자 오비탈의 연속체, 즉 띠를 형성한다고 제안한다. 금속은 전자가 채워진 원자가 띠에서 비어 있는 전도 띠 사이를 자유롭게 움직일 수 있기 때문에 전기 전도체이다. 절연체(비금속)는 두 띠 사이 간격이 크고, 반도체(준금속)는 상대적으로 간격이 작아서 열이 전자 전달의 다리 역할을 할 수 있다.

12.7 첨단 재료

지난 수십 년 동안 재료 과학의 흥미 있는 연구 분야가 고체 화학, 물리학, 공학에서 발전되어 왔다. 한때 미래 공상과학 세계에서나 생각할 수 있었던 물건들, 즉 휴대폰보다 작으나 강력한 초고속 컴퓨터, 강철보다 단단하고 알루미늄보다 가벼운 비금속 부품으로 만들어져 태양 에너지로 움직이는 자동차 및 원자와 분자를 이동시킬 수 있는 초소형 장비들이 실제 생활에서 등장하고 있다. 이 절에서는 이런 놀랄 만한 재료들에 대해 간단히 논의한다.

전자 재료

잘 조절한 조건하에서 아주 천천히 성장시켜야만 이상적으로 완전히 정렬된 결정을 얻을 수 있다. 결정이 빠르게 생성될 때는 **결정 결함**(crystal defect)을 피할 수 없다. 입자 평면은 똑바로 정렬되지 않아 입자들이 평면 밖으로 튀어나올 수도 있고 또는 완전히 빠져버려 그 자리에 다른 입자가 채워질 수도 있다. 이러한 결점은 물질을 일반적으로 약하게 하지만, 재료의 세기, 경도 또는 전기 전도도를 증가시키기 위해 의도적으로 결함을 만들기도 한다. 수세기에 걸친 금속에 대한 연구로 결함의 중요성이 입증되었고 이것이 현대 전자 재료의 기초가 되었다.

용접과 합금에서 결정 결함 만들기 두 개 금속을 *용접*(welding)하는 과정 중에 원자가 증발하면서 표면에 *빈 공간들*(vacancies)이 형성되고 아래에 있는 원자가 위로 올라와 틈을 메우면 빈 공간은 더욱 깊은 곳에 위치한다. 용접은 두 형태의 금속 원자가 서로 섞여 서로의 빈 공간을 채운다. 금속 *합금*(alloying)은 몇 가지 종류의 결정 결함이 생겨서 첫 번째 금속의 격자 자리를 두 번째 원자가 차지할 때 형성된다. 합금은 때로는 순수한 금속보다 더 단단하다. 구리와 아연의 합금인 청동이 좋은 예이다. 용접한 금속이 더 강하고 합금이 더 단단한 한 가지 이유는 두 번째 금속이 금속 결합에 원자가 전자를 추가로 더하기 때문이다.

도핑한 반도체 화학자와 공학자는 특정 유형의 결정 결함을 생성하여 원자가 전자수를 조절함으로써 반도체의 전도도를 크게 증가시킬 수 있다. 예를 들어, 순수한 실리콘[Si; 4A(14)족]에서는 전자로 채워진 원자가 띠와 비어 있는 전도 띠가 에너지 간격으로 분리되어 있기 때문에 실온에서 전기가 잘 통하지 않는다(그림 12.39A). 의도적으로 다른 원

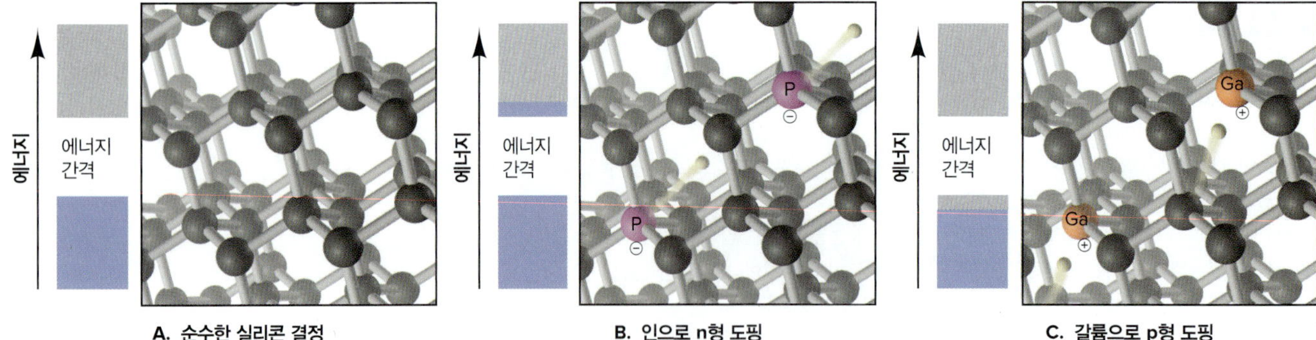

그림 12.39 **도핑된 반도체의 결정 구조와 띠 표현.** A. 순수한 실리콘은 원자가 띠와 전도 띠 사이에 에너지 간격(energy gap)이 있어서 낮은 전기 전도도를 갖는다. B. 실리콘에 인(*보라색*)을 도핑하면 여분의 전자가 전도 띠에 추가된다. C. 실리콘에 갈륨(*주황색*)을 도핑하면 원자가 전도 띠에서 전자가 제거되어 양전하 구멍(hole)이 생긴다.

소를 소량 첨가하여 띠에 있는 원자가 전자의 수를 증가시키거나 혹은 감소시키는 **도핑**(doping) 방법을 통해 전기 전도도를 크게 향상시킬 수 있다.

- *n형 반도체를 생성하는 도핑: 원자가 전자수의 증가.* 실리콘(Si)을 인[또는 다른 5A(15)족 원소]으로 도핑하면, P 원자는 몇몇 격자 자리에서 Si 원자를 대체한다. P는 Si보다 원자가 전자가 한 개 더 많기 때문에 이 추가된 전자는 전도 띠의 비어 있는 오비탈에 들어가야 하며, 따라서 에너지 간격을 연결하는 다리 역할을 하여 전도도를 증가시킨다. 이와 같은 도핑은 *n형 반도체*(n-type semiconductor)를 생성하는데, 그렇게 불리는 이유는 여분의 음전하(전자)가 존재하기 때문이다(그림 12.39B).
- *p형 반도체를 생성하는 도핑: 원자가 전자수의 감소.* 실리콘(Si)을 갈륨[또는 다른 3A(13)족 원소]으로 도핑을 하면 Ga 원자가 몇몇 격자 자리에서 Si 원자를 대체한다(그림 12.39C). Ga는 Si보다 원자가 전자가 한 개 적기 때문에 원자가 띠의 오비탈의 일부분이 비게 되어, 양전하의 자리를 만든다. Si 전자가 이들 빈 오비탈로 이동하면서 전도도가 증가한다. 이런 도핑은 *p형 반도체*(p-type semiconductor)를 생성하는데, 그렇게 불리는 이유는 비어 있는 오비탈이 양으로 하전된 정공(hole) 역할을 하기 때문이다.

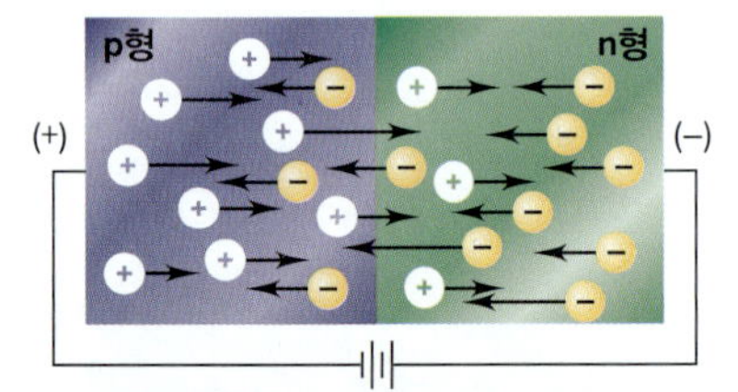

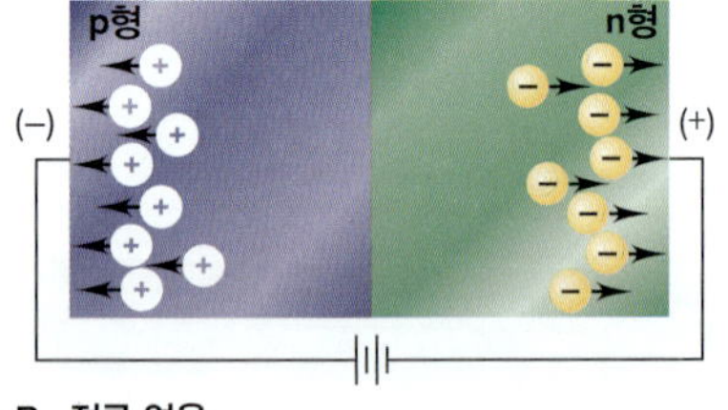

그림 12.40 **p-n 접합.** p형 반도체와 n형 반도체를 붙이면 p-n 접합이 생긴다.

p형 반도체와 n형 반도체를 서로 접촉시키면 *p-n 접합*(p-n junction)이 만들어진다. 건전지의 음극을 n형에 연결하고 양극을 p형에 연결하면, 전자[*(−) 표시된 노란색 공*]는 n형에서 p형 쪽으로 자유롭게 흐르고, 동시에 정공[*(+) 표시된 흰색 공*]은 p형에서 n형 쪽으로 흐른다(그림 12.40A). 반면 건전지의 두 극을 서로 맞바꾸면 전류가 흐르지 않는다(그림 12.40B). 이와 같은 전류의 한 방향 흐름은 p-n 접합이 교류 전류를 직류 전류로 변환하는 *정류기*(rectifier) 역할을 한다는 것을 나타낸다. 현대 집적 회로에 사용하는 p-n 접합의 경우 한 면의 크기를 10 μm 사각형보다 더 작게 만들 수 있다.

5센트짜리 동전만한 크기의 현대 컴퓨터 칩에는 *트랜지스터*(transistor) 형태의 p-n 접합을 수백만 개 넣을 수 있다. 가장 흔한 유형의 p-n 접합 중 하나인 n-p-n 트랜지스터는 한 개의 p형 반도체를 두 개의 n형 반도체 사이에 샌드위치처럼 끼워 넣어 인접한 두 개의 p-n 접합을 형성시켜 만든다. 한쪽 접합을 통해 흐르는 전류는 다른 접합을 통해 흐르는 전류를 조절하여 신호를 증폭시킬 수 있다.

흔히 사용되는 유형의 *태양 전지*는 본질적으로 n형 표면이 광원에 노출된 p-n 접합이다. n형 영역에서 전자를 떼어내고 외부 회로를 통해 p형 영역으로 전자를 가속시키는 데 필요한 에너지가 태양광으로부터 얻어지고, 그 결과 전류가 생성된다.

미국에서는 신호등을 LED로 교체 중이다.
Source: Rawf8/iStock/Getty Images

발광 다이오드(light-emitting diode, LED)는 p-n 접합의 또 다른 응용 분야이다. n형 영역의 전자가 p형 영역의 정공과 합쳐질 때 발생하는 전기 에너지가 광학 에너지로 전환되고, 이때 방출되는 광자의 에너지는 n형과 p형의 에너지 차이인 띠 간격(band gap)과 같다. 방출되는 빛의 파장은 반도체 물질의 종류에 따라 다르다. 예를 들어, 붉은색 LED는 GaP로 만들어지는 반면, 녹색 LED는 GaN으로 만들어진다. 6장에서 논의한 바와 같이, 에너지적으로 비효율적인 백열 전구(예: 교통 신호등, *사진 참조*)를 에너지 효율이 더 좋은 LED 전구로 교체하면 전기 사용량을 크게 줄일 수 있다.

액정

체내 모든 세포막과 모든 전자 장비의 화면은 **액정**(liquid crystal)으로 되어 있다. 이들 물질은 액체처럼 흐르고 분자 수준에서 결정성 고체처럼 고도로 질서 정연하게 쌓여 있다.

입자의 정렬 세 가지 물리적 상태에서 입자들이 어떻게 정렬을 하고 그들의 성질에 어떻게 영향을 끼치는지 알아보자. 기체와 액체는 모두 *등방성*(isotropic)인데, 이는 상 내에서 물리적 성질이 모든 방향으로 동일하다는 의미이다. 예를 들면 기체 또는 액체의 점성은 방향에 관계없이 동일하다. 유리 및 다른 비결정성 고체도 규칙적인 격자 구조를 가지고 있지 않기 때문에 모두 등방성이다.

반면에 결정성 고체는 입자들이 고도로 정렬을 하고 있다. 결정의 성질은 방향에 따라 달라지는 *비등방성*(anisotropic)이다. 예를 들면 다이아몬드의 절단면은 결정의 방향에 따라 깨지는 경향이 다르게 생긴다. 액정도 전기적 성질 및 광학적 성질을 포함한 몇 가지 성질이 비등방성이라 상의 방향에 따라 달라진다.

분자의 특성 액정상을 이루는 개별 분자는 두 가지 특성을 갖는다. 즉, 분자가 (1) 긴 원통형 모양이고, (2) 분자간 인력을 촉진하지만 완벽한 결정성 쌓임은 허용되지 않는 구조를 갖는다. 액정상을 형성하는 분자는 막대 같은 모양을 갖고 있고, 그림 12.41에 나온 평면 구조의 벤젠 계열의 고리처럼 분자들이 길게 뻗은 채로 유지되고 규칙적으로 자가 배열하게 만들어 주는 특정 작용기를 가진다. 많은 분자들이 긴 축을 따라 극성을 가지고 있다. 강한 전기장은 이들 극성 분자를 자기장 내의 나침반 바늘처럼 한 방향으로 정렬할 수 있다.

액정상의 점성은 긴 축과 나란한 방향에서 최소가 된다. 현미경 슬라이드의 물기처럼 분자는 서로 옆으로 떼어 내는 것보다 쉽게 미끄러진다(전체 인력이 동일하게 유지되기에). 그 결과 액정이 흐를 때 분자는 줄을 서는 경향이 있다.

상을 형성하는 조건을 조절 액정상은 두 가지 일반적인 방법으로 생길 수 있다. 때로는 같은 물질이 두 가지 방법 모두에 의해 생길 수도 있다.

1. *열방성 상*(thermotropic phases)은 온도 변화의 결과로 생긴다. 결정성 고체를 가열하면 분자는 격자 자리를 떠난다. 그러나 분자간 상호작용이 여전히 강해서 분자들은 긴 축을 따라 서로 정렬된 채로 유지된다. 계속해서 더욱 가열하면 분자는 충분한 운동 에너

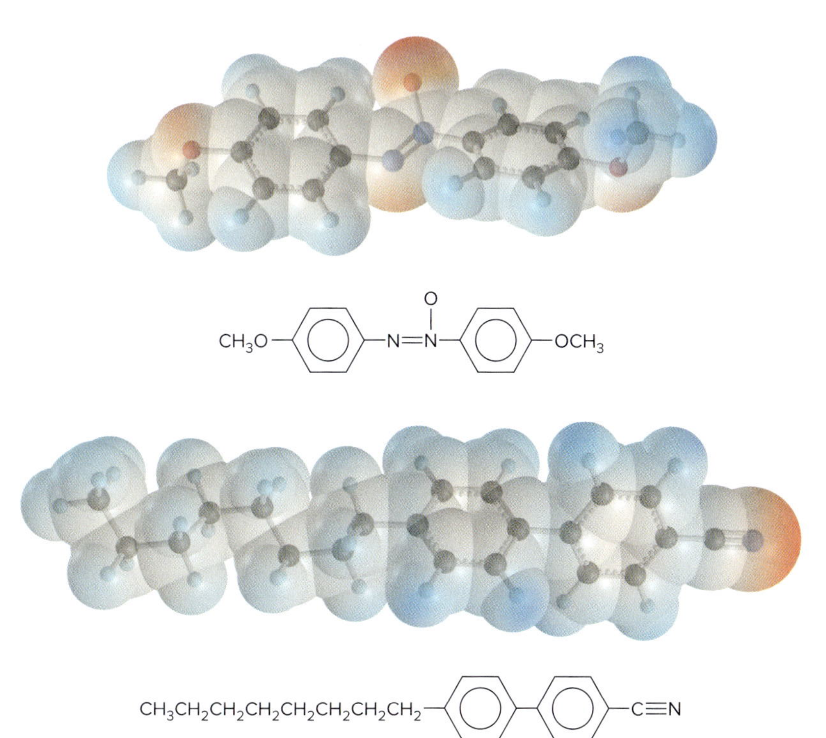

그림 12.41 **액정상을 형성하는 두 가지 전형적인 분자 구조.** 길게 뻗은 모양과 전자 밀도가 높은(*빨간색*) 영역과 낮은(*파란색*) 영역.

지를 얻어서 정상 액체처럼 무질서해진다. 순물질은 보통 <1°C에서 10°C까지 이르는 비교적 작은 온도 범위에서 액정 거동을 나타내지만, 두 가지 이상 물질의 혼합상에서는 이 범위가 크게 확장된다. 이런 이유로 세포막 내의 액정상뿐만 아니라 영상 장비에 사용되는 액정상은 분자들의 혼합물로 이루어져 있다.

2. *유방성 상*(lyotropic phase)은 농도의 변화에 의해 용액에서 생기나 물질에 따라 생성 조건은 달라진다. 예를 들면, 정제할 때 세포막 내에 존재하는 생체 분자들은 유기체 내 온도와 같은 온도의 물에서 유방성 상을 형성한다. 다른 예로 방탄조끼 및 고성능 스포츠 장비에 사용되는 케블라(kevlar)는 진한 황산(H_2SO_4) 용액에서 유방성 상을 형성한다.

일련의 조건에서 특정 액정상을 형성하는 물질이 다른 조건에서는 다른 상을 형성하는 예도 여러 가지가 있다. 따라서 주어진 열방성 액정 물질은 온도가 내려감에 따라 무질서한 액체에서 일련의 뚜렷한 액정상을 거쳐 정렬된 고체로 변한다. 유방성 물질은 농도를 증가시킴에 따라 유사한 변화를 한다.

액정상의 배열 형태 액정상을 형성하는 분자들은 몇 가지 배열 형태를 가진다. 세 가지 일반적인 형태는 네마틱, 콜레스테릭, 스멕틱이다.

1. *네마틱*(nematic) 상에서 분자는 같은 방향으로 놓여 있다. 그러나 분자들의 끝은 동시에 헤엄치는 물고기처럼 줄이 맞지 않는다(그림 12.42A). 네마틱상은 액정상의 형태 중 가장 질서가 잡혀 있지 않는 상이다.
2. *콜레스테릭*(cholesteric) 상에서는 다소 질서가 잡혀 있고, 분자들은 네마틱 형태의 질서를 가진 층에 놓여 있다. 그러나 각 층이 나란하지 않고 서로 일정한 각도로 돌아서 나선형(코르크 병따개) 배열을 하고 있다. 콜레스테릭상은 종종 *뒤틀린 네마틱상*이라 불리기도 한다(그림 12.42B).
3. *스멕틱*(smectic) 상은 가장 질서가 잡혀 있는 상으로, 분자는 서로 나란히 놓여 있고 그들의 끝도 줄이 잘 맞아 있고, 각 층은 이웃 층 바로 위에 쌓여 있다(그림 12.42C). 긴 분자 축은 각 층면에 대해 일정한 각(그림에서는 90°)을 가진다. 그림 12.41에 있는 분자는 스멕틱 상 또는 네마틱 상을 형성한다.

액정의 응용 액정 분자의 방향을 조절하여 높은 강도와 독특한 광학 성질을 가진 재료를 생산할 수 있다.

1. *고강도 응용*은 매우 긴 분자의 고분자에 적용한다. 가공 장비를 이용하여 열방성 상의 물질을 흘리면 분자들은 목재 속의 섬유처럼 잘 정렬한다. 이를 냉각시키면 섬유, 막대 또는 평판으로 굳어지면서 우수한 기계적 성질을 갖는 재료가 된다. 스포츠 기구, 초음속

그림 12.42 액정상의 세 가지 전형적인 배열 구조.

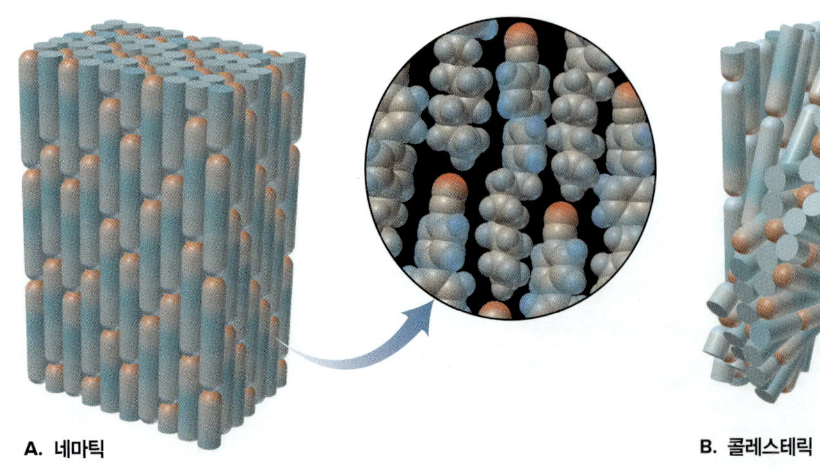

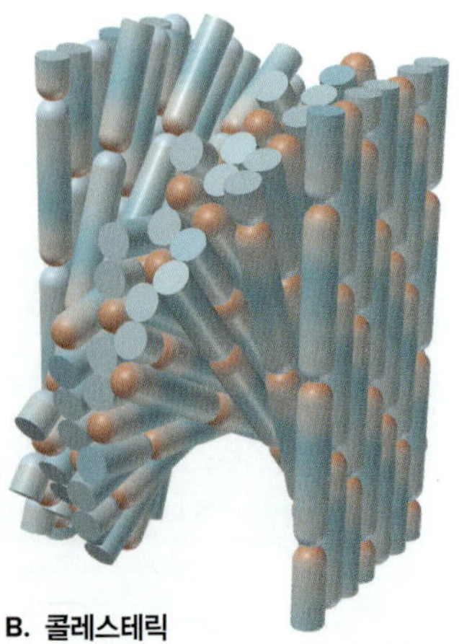

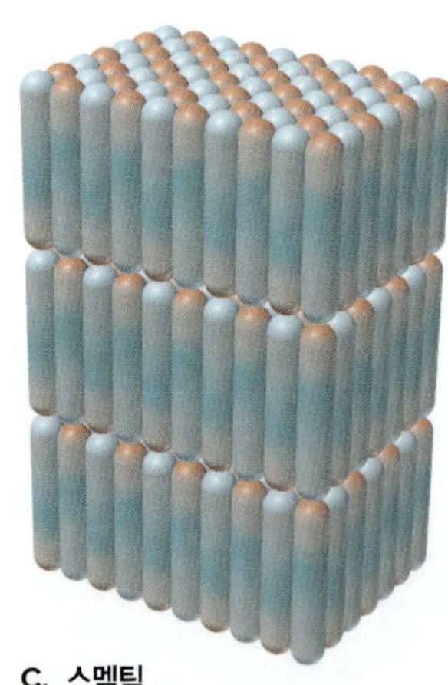

비행체 부품, 아메리카 컵 경기 때 사용하는 돛은 이러한 고분자 재료로 만들어진다. (제 15장 고분자 합성에 관한 절에서 고분자의 구조와 물리적 성질에 대해 살펴볼 것이다.)

2. *광학 성질 응용*은 평판 표시 장치(LCD)를 포함한 시계, 계산기, 휴대전화, 컴퓨터 등 셀 수 없이 많은 기기에 이용된다. 모두 다 *전기장 내에서 분자의 방향이 변하는 성질을 이용한다*. 그림 12.43은 손목시계 LCD의 일부를 나타낸 것이다. 네마틱 상 층을 투명한 전극 사이에 끼운다. 긴 분자 축을 평평한 면과 평행하게 놓는다. 평판 간격(6~8 μm) 내에서 바닥 평판에 있는 분자의 축이 꼭대기 평판의 분자 축과 90°를 이루도록 각 층의 분자를 비튼다. 이 "샌드위치" 아래 위에 얇은 편광 필터를 붙여 한 방향의 빛만 통과시킨다. 아래와 위 필터를 "십자" 형태로 배열하여 위쪽 필터를 통과한 빛이 90°로 바닥 필터를 통과하게 한다. 필터, 평판과 액정상을 거울 위에 놓는다.

시계 건전지의 전류는 분자의 배향을 조절한다. 표시판 위 한 영역에 전류가 닿으면 분자는 전기장 방향으로 정렬하여 바닥 필터로 빛이 통과하는 것을 방해한다. 그러면 그 영역은 검게 보인다. 다른 영역의 전류를 끊으면 빛은 분자와 바닥 필터를 통과하여 거울에 닿고 그 영역은 밝게 보인다.

콜레스테릭 액정은 온도에 따른 색깔 변화에 응용된다. 뒤틀린 분자 방향이 열에 의하여 풀어지고, "풀어진" 정도에 따라 색이 결정된다. 액정 온도계는 넓은 온도 범위를 측정하기 위해 혼합체로 이루어진다. 최근에는 종양의 범위, 전자 회로 기판의 결함 또는 충격을 받고 있는 재료의 비파괴 검사에 응용되고 있다.

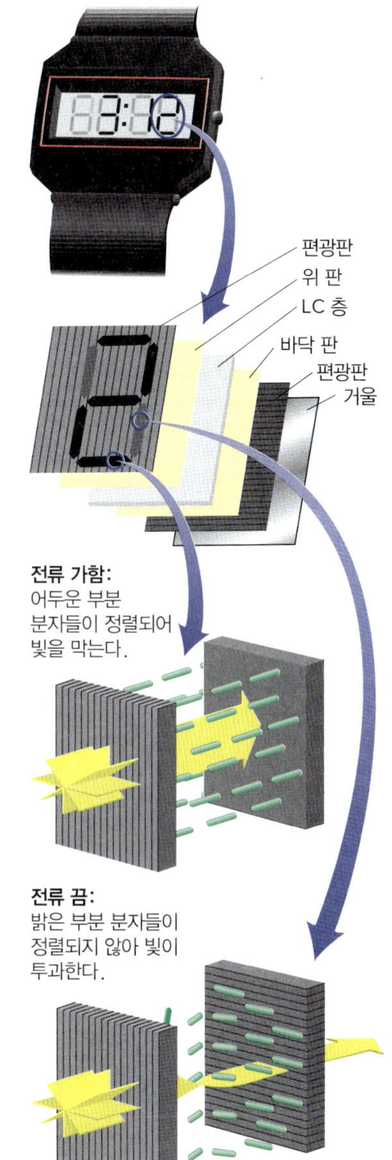

그림 12.43 **액정 디스플레이(LCD).** 손목시계 LCD의 확대한 "2" 부분을 보면, 두 유리판 사이에 액정(LC)이 들어가 있고, 이 두 유리판을 두 편광판이 샌드위치처럼 덮고 있으며, 이 모두가 거울 위에 놓여 있다. 빛이 첫 번째 편광판을 통과하면 한쪽 방향으로 편광된 빛이 나와 LC 층으로 들어간다. 어두운 부분의 확대 그림(*위 확대 그림*)은 정렬된 LC 분자들이 빛이 통과하는 것을 막아 빛이 보이지 않게 됨을 보여준다. 밝은 부분의 확대 그림(*아래 확대 그림*)을 보면 LC 분자들이 빛의 편광 평면을 회전시키면서 통과시켜 보이게 됨을 알 수 있다.

세라믹 재료

석기 시대 인류가 처음 개발한 **세라믹**(ceramic)은 높은 온도에 의해 단단해진 비금속이며, 폴리머가 아닌 고체이다. 점토 세라믹은 접착 물질을 포함하는 유리와 섞인 규산염 미세 결정으로 구성되어 있다. 예를 들어 벽돌 가마에서 규산 알루미늄 성분을 갖는 고령토와 같은 물질을 1500°C로 가열하면 점토는 물을 잃는다.

$$Si_2Al_2O_5(OH)_4(s) \longrightarrow Si_2Al_2O_7(s) + 2H_2O(g)$$

가열하는 동안, 실리콘(Si)과 알루미늄(Al)을 중심으로 산소(O) 원자를 갖는 사면체 구조로 바뀐다(14.6절).

벽돌, 도자기, 판유리 및 다른 많은 점토 세라믹은 견고하고 열과 화학 약품에 대한 내성이 강하다. 오늘날 고성능 세라믹은 이들 성질뿐만 아니라 우수한 전기적 및 자기적 성질까지 갖고 있다(표 12.7). 한 가지 예로, 산화 아연(ZnO) 복합체의 특이한 전기적 성질을 생각해보자. 일반적으로 ZnO 반도체를 도핑하면 좋은 전도체가 된다. 도핑한 산화물 입자를 절연 세라믹에 끼워 넣으면 다양한 저항기가 된다. 낮은 전압에서 전기를 잘 흐르

표 12.7 | 현재 사용되는 여러 가지 세라믹 및 복합체

세라믹	응용
SiC, Si_3N_4, TiB_2, Al_2O_3	알루미늄 및 다른 도자기 강화용 섬유
Si_3N_4	자동차 엔진 부품; "터보" 차용 터보 로터; 전자 센서 부품
Si_3N_4, BN, Al_2O_3	전자 마이크로칩의 지지체 또는 적층 재료(절연체 역할)
SiC, Si_3N_4, TiB_2, ZrO_2, Al_2O_3, BN	절삭 공구, 모서리 깎기(도포 및 전체), 가위, 수술 도구, 산업용 "다이아몬드"
BN, SiC	방탄 섬유(케블라 복합체)
ZrO_2, Al_2O_3	외과용 인공 뼈(고관절 및 무릎 관절)

지 않지만 높은 전압에서는 전기가 잘 흐른다. 전환 전압은 산화 아연(ZnO) 입자의 크기와 절연 매체 두께를 잘 조절하면 미리 조절할 수 있다.

현대 세라믹 제조 중요한 현대 세라믹 중 하나는 탄화 실리콘(SiC), 질소화 실리콘(Si_3N_4), 질소화 붕소(BN) 및 초전도 산화물들이다. 이들 세라믹은 반응 중에 휘발성 물질을 제거하는 표준 화학적 방법으로 제조된다.

1. *탄화 실리콘*(SiC) 세라믹은 실리콘 폴리머 제조에 사용하는 화합물로 만든다(14.6절에서 이들 폴리머에 대해 논의함).

$$n(CH_3)_2SiCl_2(l) + 2nNa(s) \longrightarrow 2nNaCl(s) + [(CH_3)_2Si]_n(s)$$

이 생성물을 800°C로 가열하면 세라믹이 형성된다.

$$[(CH_3)_2Si]_n \longrightarrow nCH_4(g) + nH_2(g) + nSiC(s)$$

탄화 실리콘은 진공 하에서 실리콘과 흑연을 직접 반응시켜 합성할 수도 있다.

$$Si(s) + C(\text{흑연}) \xrightarrow{\sim 1500°C} SiC(s)$$

질소화물 역시 원소들의 반응으로 제조할 수 있다.

$$3Si(s) + 2N_2(g) \xrightarrow{>1300°C} Si_3N_4(s)$$

2. *질소화 붕소*(BN) 세라믹은 삼수산화 붕소 또는 붕소산과 암모니아를 반응시켜 합성한다.

$$B(OH)_3(s) + 3NH_3(g) \longrightarrow B(NH_2)_3(s) + 3H_2O(g)$$

가열하여 약간의 결합된 N를 NH_3로 날려 보내면 세라믹이 형성된다.

$$B(NH_2)_3(s) \xrightarrow{\Delta} 2NH_3(g) + BN(s)$$

3. 한 형태의 *초전도 산화물*(superconducting oxide)은 탄산 바륨, 구리와 이트륨 산화물의 혼합물을 가열하여 얻은 생성물을 산소(O_2) 존재 하에서 더 가열하여 얻을 수 있다.

$$4BaCO_3(s) + 6CuO(s) + Y_2O_3(s) \xrightarrow{\Delta} 2YBa_2Cu_3O_{6.5}(s) + 4CO_2(g)$$
$$YBa_2Cu_3O_{6.5}(s) + \tfrac{1}{4}O_2(g) \xrightarrow{\Delta} YBa_2Cu_3O_7(s)$$

세라믹 구조와 용도 몇 가지 세라믹 물질들의 구조를 그림 12.44에 나타내었다.

1. *탄화 실리콘*(silicone carbide)는 다이아몬드와 같은 구조를 가졌다(그림 12.44A). 그물 구조 공유 결합으로 인해 탄화 실리콘 세라믹의 강도는 매우 높다. *위스크*(whiskers)라 불리는 얇은 섬유로 만들어서 콘크리트를 보강하는 철강처럼 다른 세라믹을 보강하거나 복합체의 구조에 금이 가는 것을 막아 주는 재료로 사용된다.

2. *질소화 실리콘*(silicone nitride)는 화학적으로 비활성이며, 1000°C 이상에서도 강도가 오랫동안 유지되며, 밀도가 높고 단단하고 또한 전기 절연체이다. 자동차 제조업자들은 가볍고, 높은 온도에도 잘 견디고, 윤활제가 거의 필요 없기 때문 이 물질의 특성으로 고효율 자동차와 트럭 엔진용으로 시험하고 있다.

3. *질소화 붕소 세라믹*(BN ceramics)은 탄소의 일반적인 결정처럼 두 가지 형태로 존재한다. 흑연같은 형태의 BN은 뛰어난 전기 절연체의 성질을 가진다. 높은 온도와 높은 압력(1800°C와 8.5×10^4 atm)에서는 다이아몬드 구조로 변하여 강도가 강하고 내구력이 대단히 커진다(그림 12.44B 참조). 두 구조 모두 레이더에 탐지되지 않는다.

4. *초전도 산화물*(superconducting oxide)은 보통과는 다른 산화 상태의 구리를 함유하고 있다. 예를 들어 $YBa_2Cu_3O_7$ 경우에 Y는 +3, Ba는 +2, O는 −2의 산화수를 가진다고 가정하면 세 개의 구리 원자의 전체 산화 상태 +7을 가지게 된다(그림 12.44C 참조). +7을 $Cu(II)_2Cu(III)$에 분배하면 하나의 구리 원자는 +2가 아닌 +3의 산화 상태를 가진다. X-선 회절 분석에 의하면 Y^{3+} 이온은 Cu 이온과 함께 결정 내에서 사슬로 잘 정렬하여 아주 가까이 놓여 있고, 네 개의 산화 이온은 뒤틀린 구조를 갖고 있다. 이는 구리의 반

으로 채워져 있는 $3d$ 오비탈이 인접한 O^{2-} 쪽으로 향해 있으면서 초전도성을 보이는 것으로 추정한다.

잘 부서지는 성질 때문에 이들 세라믹을 선의 형태로 뽑기는 어려우나 필름이나 리본으로 만드는 기술은 개발되어 있다. 잘 부서지는 성질은 이온성 공유 결합 때문이며, 그 결과 변형시키는 것이 불가능하다. 힘를 받으면 미세한 결함이 넓어져서 깨어진다. 새롭게 결함 없는 초전도 산화물 세라믹을 만드는 방법은 유기 고분자를 도포한 미세하고 균일한 산화물 입자를 세심하게 조절하여 쌓고 열 처리하는 것이다. 또 다른 한 방법은 넓어진 틈을 잡아주는 것이다. 기계적 힘을 가해 결정 구조의 5%가 확장할 수 있는 지르코니아(ZrO_2)를 세라믹 안에 끼워 넣어주는 방법이다. 틈이 벌어지는 동안에 틈이 지르코니아에 이르면 지르코니아 입자가 틈을 잡아 막아준다. 세 번째 방법은 정밀하게 자란 Al_2O_3 및 $GdAlO_3$의 결정을 준비하여 고체화 과정에서 서로 얽히게 한다. 그 결과 생긴 세라믹은 1800 K 이상에서도 금이 생기지 않고 굽힐 수 있다.

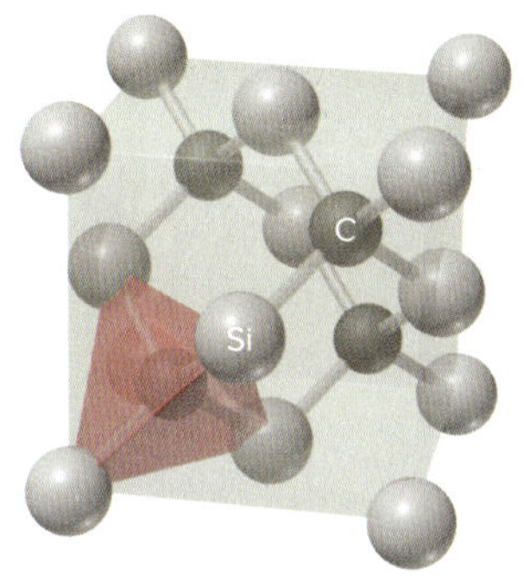

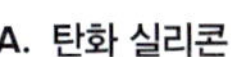
A. 탄화 실리콘

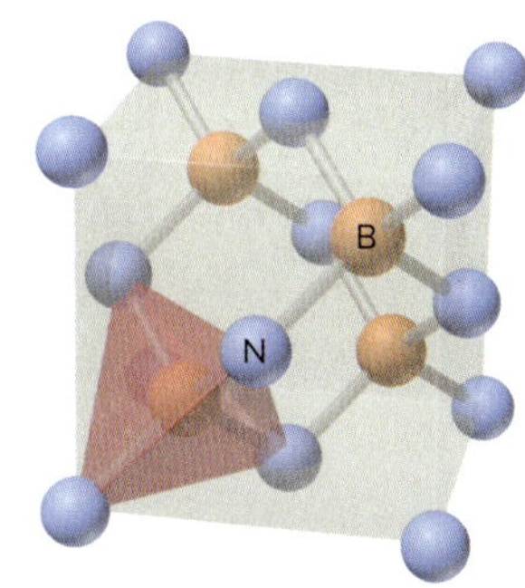

B. 입방 BN (borazon)

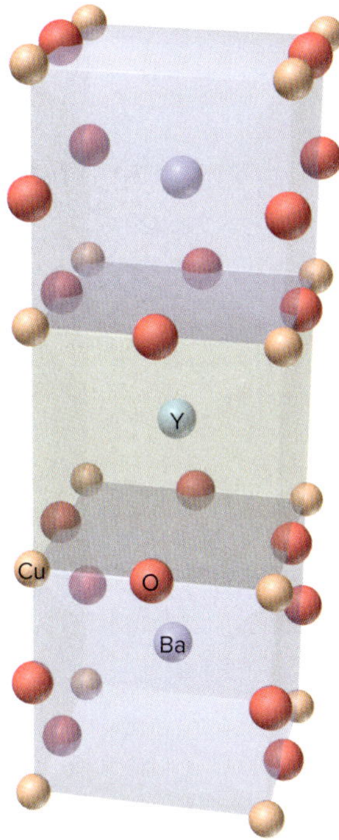

C. $YBa_2Cu_3O_7$

그림 12.44 몇 가지 세라믹 물질들의 원자 배열 확대 그림.

고분자 물질

고분자(polymer, 그리스어로 "많은 부분"이라는 의미)은 **단량체**(monomer)라 불리는 조그마한 분자가 공유 결합으로 연결되어 사슬을 이루고 있는 대단히 큰 분자 또는 **거대 분자**(macromolecule)이다. 단량체는 고분자의 *반복 단위*이며, 고분자는 수백에서 수천 개가 되는 반복 단위를 가지고 있다. 많은 유형의 단량체는 다양한 분자간 힘으로 수많은 고분자를 형성한다.

- *합성*(synthetic) 고분자는 실험실에서 만든다.
- *천연*(natural) 고분자(또는 *생체 고분자*)는 생명체 내에서 생성된다.

이 장에서는 합성 고분자의 물리적 성질을 살펴보고 물리적 성질과 응용에 영향을 미치는 분자간 힘에 대해 살펴본다. 15장에서는 단량체의 형태와 합성 고분자의 제조 및 생체 고분자의 단량체 구조 및 기능을 살펴볼 것이다.

고분자 사슬의 크기 고분자는 몰질량, 사슬 길이, 모양, 크기가 작은 분자들과는 다르다. 예를 들어, 가장 흔히 사용하는 합성 고분자인 폴리에틸렌을 이용하여 이들을 설명하고자 한다.

1. *고분자 질량*(polymer mass). 고분자 사슬의 몰질량($\mathcal{M}_{고분자}$, g/mol은 *분자 무게*라도 불린다.)은 사슬 내 반복 단위($\mathcal{M}_{반복}$)의 몰질량과 개수인 **중합도**(degree of polymerization, $\boldsymbol{n}$)에 따라 다르다.

$$\mathcal{M}_{고분자} = \mathcal{M}_{반복} \times n$$

예를 들면, 에틸렌 반복 단위(—CH_2—CH_2—)의 몰질량은 28 g/mol이다. 플라스틱 식품 주머니의 개별 폴리에틸렌 사슬의 중합도가 7100이라면 이 사슬의 몰질량은

$$\mathcal{M}_{고분자} = \mathcal{M}_{반복} \times n = (28 \text{ g/mol})\ (7.1\times10^3) = 2.0\times10^5 \text{ g/mol}$$

표 12.8 | 몇 가지 고분자의 몰질량

이름	$\mathcal{M}_{고분자}$(g/mol)	중합도(n)	용도
Acrylates	2×10^5	2×10^3	매트, 카펫
Polyamide (nylons)	1.5×10^4	1.2×10^2	타이어, 낚싯줄
Polycarbonate	1×10^5	4×10^2	CD
Polyethylene	3×10^5	1×10^4	식료품 주머니
Polyethylene (ultrahigh molecular weight)	5×10^6	2×10^5	고관절
Poly(ethylene terephthalate)	2×10^4	1×10^2	음료수 병
Polystyrene	3×10^5	3×10^3	포장, 커피 컵
Poly(vinyl chloride)	1×10^5	1.5×10^3	배수관

표 12.8은 다른 예를 보여준다.

그러나 주어진 사슬 내의 단량체 반복 단위가 모두 같은 몰질량을 가진다 해도, 중합도에 따라 사슬마다 크게 다르다. 따라서 *합성 고분자 시료에는 다양한 사슬 길이와 몰질량이 분포되어 있다*. 고분자 화학자는 다양한 평균 몰질량을 사용한다. 그 중 가장 흔히 사용하는 것이 *수 평균 몰질량*(number-average molar mass, $\mathcal{M}_n$)이다.

$$\mathcal{M}_n = \frac{\text{모든 사슬의 전체 질량}}{\text{사슬의 몰수}}$$

만약 폴리에틸렌 식품 주머니의 수 평균 몰질량이 1.6×10^5 g/mol이라면 사슬의 몰질량은 7.0×10^4에서 3.0×10^5 g/mol 사이일 것이다.

2. *고분자 사슬 길이*. 고분자 사슬의 긴 축을 *근간*(backbone)이라 부른다. 완전히 펼친 근간 길이는 반복 단위의 수(중합도, n)에 각 반복 단위의 길이(l_0)를 곱한 값이다. 예를 들어 에틸렌 반복 단위 길이가 약 250 pm이면 식료품 주머니의 폴리에틸렌 사슬 길이는

$$\text{펼친 사슬의 길이} = n \times l_0 = (7.1\times10^3)\ (2.5\times10^2\ \text{pm}) = 1.8\times10^6\ \text{pm}$$

이러한 사슬 길이와 40 pm 두께를 실생활에서 보는 실 모양은 약 50,000배 크기를 보인다.

3. *코일 모양과 크기*. 고분자는 순수하든 용액 상태든 쭉 펼친 사슬로 존재하지는 않는다. 원칙적으로 분자의 모양은 단일 결합 주위를 자유롭게 회전하게 된다. 따라서 각 반복 단위는 무질서하게 회전하기 때문에 각 사슬은 계속해서 방향을 바꾸어 다시 되돌아오는 **무질서한 코일**(random coil) 모양을 하고 있다(그림 12.45). 실제로는 부분, 전체 사슬 혹은 용매와 사슬 사이의 분자간 힘이 고분자 사슬의 모양에 큰 영향을 미치기 때문에 완전히 자유롭게 회전하지는 못한다.

코일 사슬의 크기는 **선회 반경**(radius of gyration, $\boldsymbol{R_g}$)으로 분자 질량의 중심점에서 코일 밖 끝까지의 거리를 표시한다(그림 12.45). R_g는 주어진 고분자에 대해 단일 값으로 표시하지만 많은 사슬의 평균값을 의미한다. 선회 반경의 수식은 각 반복 단위의 길이와 중합도를 포함하고 있다.*

$$R_g = \sqrt{\frac{nl_0^2}{6}}$$

*선회 반경(R_g)의 수학적인 용어는 이 책의 수준을 벗어나지만 2차원적인 "술취한 선원의 걸음걸이"에서 유래되었다. 각 걸음마다 선원은 무작위 방향으로 비틀거리고, 오랜 시간이 주어진다면 처음 시작한 위치에 매우 가까운 위치에서 머무를 것이다. 선회 반경은 고분자 사슬의 바깥 부분의 끝(선원)이 중심에서 얼마나 멀리 있는지를 정량화한다.

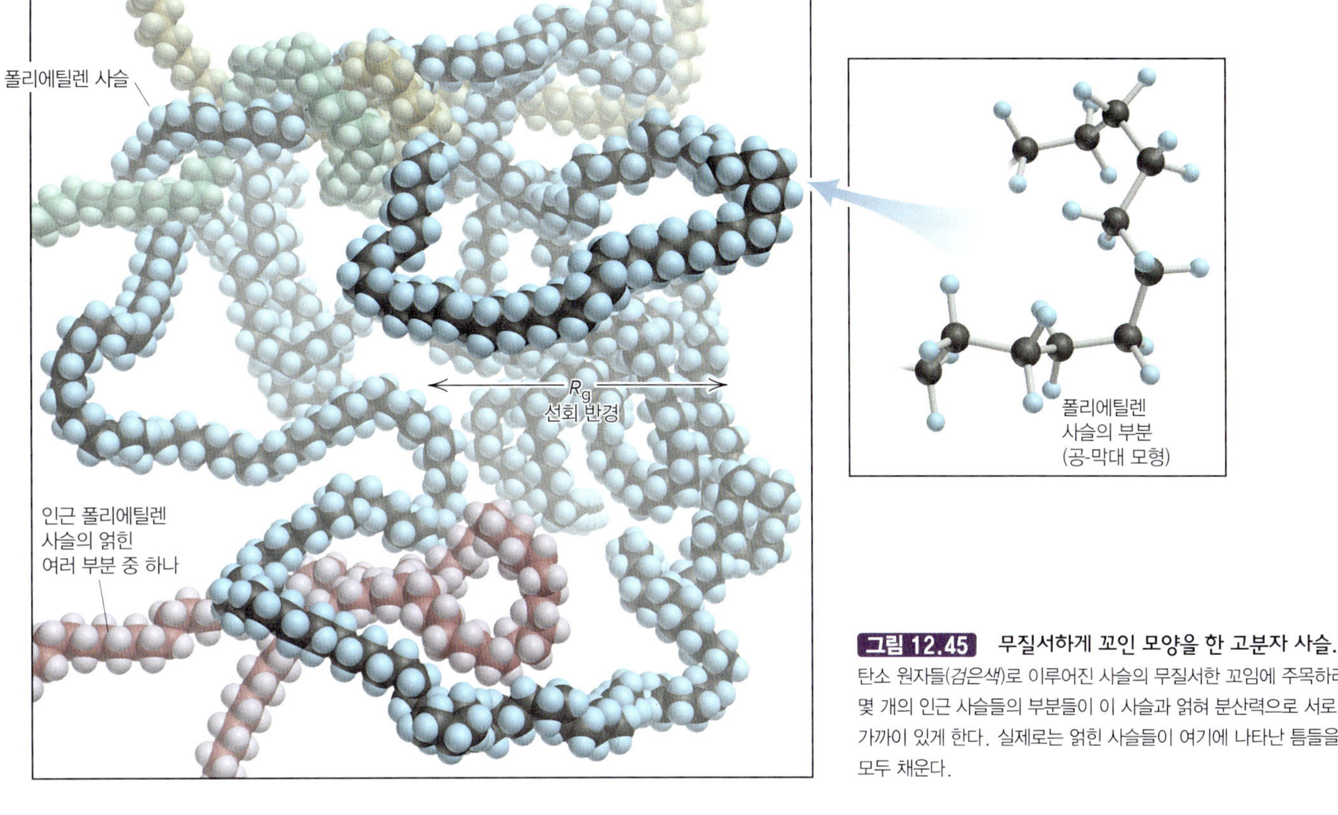

그림 12.45 무질서하게 꼬인 모양을 한 고분자 사슬. 탄소 원자들(*검은색*)로 이루어진 사슬의 무질서한 꼬임에 주목하라. 몇 개의 인근 사슬들의 부분들이 이 사슬과 얽혀 분산력으로 서로 가깝이 있게 한다. 실제로는 얽힌 사슬들이 여기에 나타난 틈들을 모두 채운다.

선회 반경은 중합도 및 몰질량과 함께 증가한다. 광산란 측정은 이들 계산 값과 관련 있어 많은 고분자의 선회 반경을 실험적으로 구할 수 있다.

식료품 주머니 폴리에틸렌 사슬의 선회 반경은 다음과 같다.

$$R_g = \sqrt{\frac{nl_0^2}{6}} = \sqrt{\frac{(7.1\times10^3)\,(2.5\times10^2\ \text{pm})^2}{6}} = 8.6\times10^3\ \text{pm}$$

반경을 두 배로 한 지름은 1.7×10^4 pm가 되고, 이 값은 펼친 고분자 사슬 길이의 1/100보다 작다!

고분자의 결정성 고분자 시료의 사슬은 무질서하게 얽혀 있는 것만은 아니다. 분자 구조에 따라 이웃 사슬과 함께 쌓일 수 있고, 화학적 작용기들의 쌍극자-쌍극자, 수소 결합 또는 분산력 등이 작용하면 사슬의 일부는 규칙적으로 배열할 수 있고 결정성을 나타낸다.

그러나 고분자의 결정성은 앞에서 논의한 결정 구조와는 크게 다르다. 결정 구조에서는 질서정연한 배열이 많은 원자나 분자에 걸쳐 이어져 있고 단위 세포 내에는 적어도 한 개의 원자 또는 분자가 관여한다. 이와는 반대로 고분자의 규칙적인 영역이 한 분자 전체를 걸쳐 있는 예는 거의 없다(그림 12.46). *준결정*(semiscrystalline) 고분자가 최상이다. 이는 분자의 일부가 이웃 분자의 일부(또는 같은 분자의 다른 부분)와 정렬을 하고, 나머지 대부분은 무질서한 코일로 남아 있기 때문이다.

순수한 고분자와 용해된 고분자의 점성 고분자의 중요한 용도 중 일부는 고분자가 녹아 있는 용매의 점성을 바꿀 수 있는 능력과 점성이 온도에 따라 달라지는 성질을 이용하는 것이다.

1. *용해된 고분자.* 적당한 양의 고분자(약 5~15 질량%)를 용해시킨 용액의 점성은 용매의 점성보다 훨씬 높다. 실제로 엔진오일, 페인트 및 샐러드 드레싱처럼 많은 재료의 점성을 높이기 위해 고분자 물질을 첨가한다. 무질서하게 감겨 있는 고분자가 용액 내에서

그림 12.46 고분자 사슬의 준결정성. 몇 개의 결정성 부분 사이에 무질서하게 꼬인 부분들이 들어 있다. 인근 사슬들의 결정성 부분(*어두운 색*)은 주 사슬의 결정성 부분(*빨간색과 노란색*)과 정렬되어 있다.

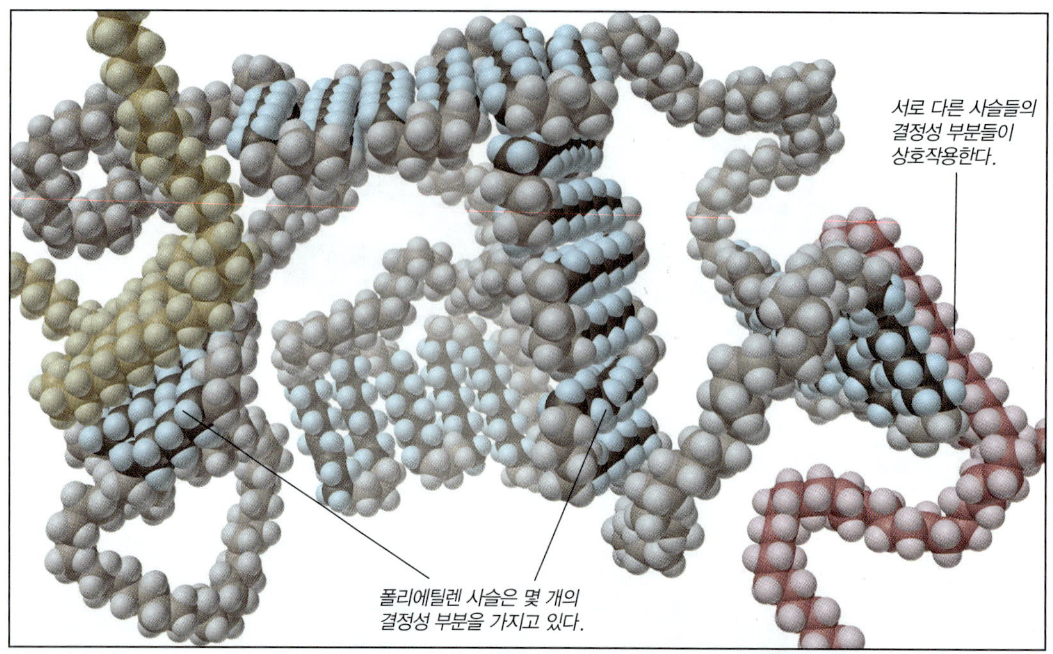

움직일 때 용매 분자와 고분자간의 인력에 인해 서로 당긴다(그림 12.47). 따라서 용액이 흐를 때 고분자 코일이 용매 분자를 끌어당기고, 또한 용매 분자는 다른 고분자 코일과 상호작용하면서 용액의 흐름을 감소시킨다. 고분자의 농도를 증가시키면 코일이 더 쉽게 엉키기 때문에 점성이 증가한다.

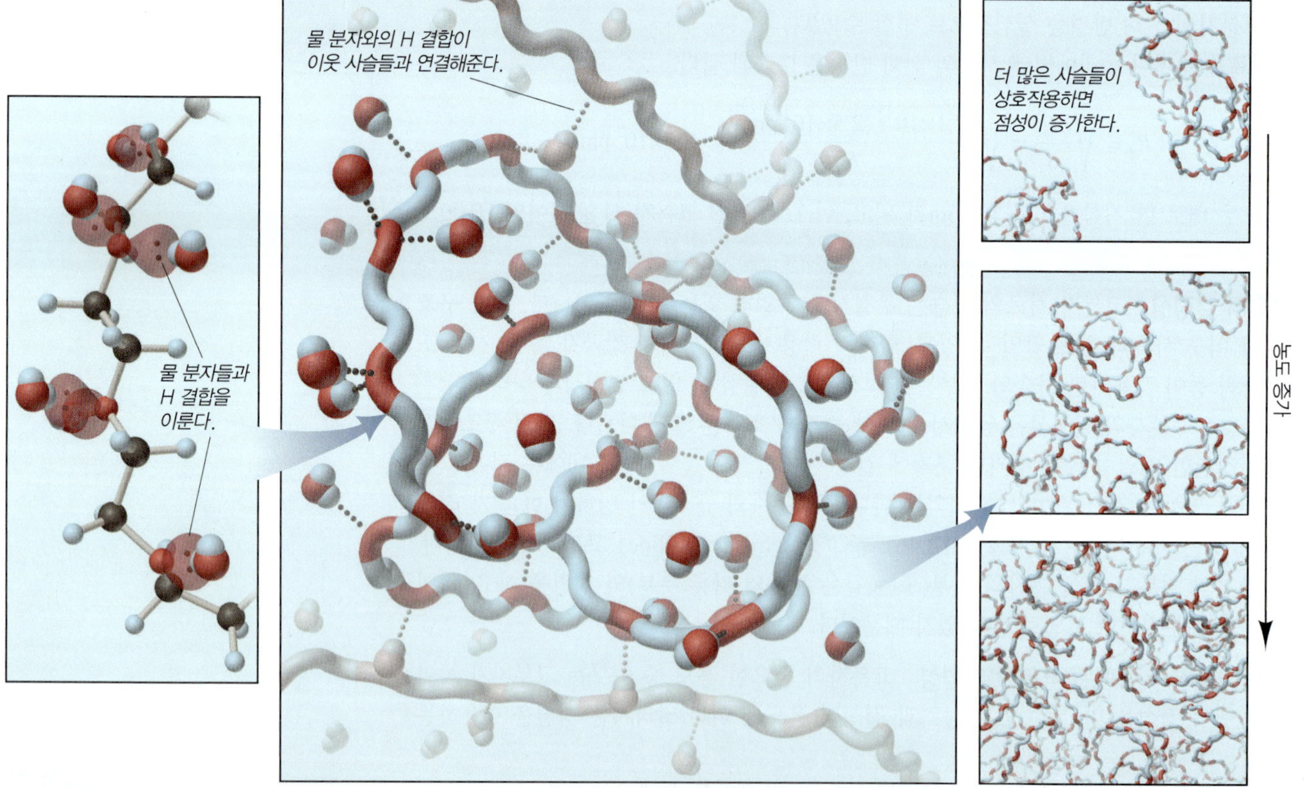

그림 12.47 수용액 중의 고분자의 점성. 폴리(에틸렌 옥사이드) 사슬의 한 부분(*왼쪽 그림*)에 위치한 비공유 전자쌍을 갖는 O 원자와 물 분자의 H 원자 간에 수소 결합을 이룬다. 고분자 사슬(*파란색과 빨간색 꼬인 막대, 가운데 그림*)은 물 분자와 많은 수소 결합을 이루는 동시에 이를 통해 다른 사슬과도 상호작용한다. 고분자의 농도가 증가함에 따라(*3개의 오른쪽 그림*) 용액의 점성이 증가한다.

점성은 주어진 온도에서 특정 고분자-용매 쌍의 성질이다. 용액에 들어 있는 무질서한 코일의 크기(선회 반경)는 몰질량에 따라 증가해서 점성도 몰질량과 함께 증가한다. 고분자 제조를 개선하기 위해 화학자들은 다양한 용매에 들어 있는 몰질량이 다른 많은 고분자의 점성을 예측할 수 있는 수식을 개발했다.

2. *순수한 고분자*. 순수한 고분자에서도 분자간 힘이 시료의 흐름에 중요한 역할을 한다. 용융시킬 수 있을 만큼 높은 온도에서는 끈적끈적한 액체 상태로 존재하면서 물보다는 꿀처럼 흐른다. 사슬이 얽히는 것뿐만 아니라 사슬 사이의 힘이 사슬의 흐름을 막는다. 온도가 내려감에 따라 분자간 인력은 더 큰 영향을 끼쳐 결국에는 단단한 고체가 된다. 사슬이 결정화하지 않으면 *고분자 유리*(polymer glass)라 불리는 물질이 된다. 액체에서 유리로 변하는 전이 온도 범위(10~20°C)는 좁고 구간의 중간 온도 값을 *유리 전이 온도*(glass transition temperature, T_g)라 부른다. 음료수 잔의 폴리스타이렌, 안경 렌즈의 폴리카보네이트와 같은 많은 고분자들은 유리창처럼 투명하다.

고분자의 가소성 고분자의 흐름과 관련이 있는 성질은 친숙한 기계적 성질인 **가소성**(plastic)이다. *가소성*이란 의미는 변형시키면 새로운 모양을 유지하는 성질을 의미하고, 반대로 "탄성체"를 변형시키면 원래 모양으로 되돌아간다. 많은 고분자는 따뜻할 때 변형(늘리고, 굽히고, 뒤틀고)시킬 수 있고, 냉각시키면 변형된 모양을 유지한다. 이런 방법으로 우유병, 자동차 부품 및 수많은 생활 용품들을 만들어진다.

고분자의 분자 구조 고분자의 전체 공간 설계와 분자 구조를 포함하는 구조는 고분자 성질에 결정적이다. 선형 사슬에 추가하여 갈래와 가교 결합을 통해 생긴다.

1. **가지**(branch)는 고분자 중심 사슬에 붙어 있는 작은 사슬이다. 갈래 수가 증가할수록 사슬을 잘 쌓을 수 없어서 결정을 이루는 경향이 감소하여 고분자는 덜 견고해진다. 고농도 폴리에틸렌(HDPE)를 제조하는 과정 중에도 부반응에 의해 작은 양의 갈래가 생긴다. 그러나 대부분의 고분자가 선형을 이루기 때문에 우유 용기를 만들 만큼 충분히 단단하다. 이와는 반대로 저농도 폴리에틸렌(LDPE) 제조에는 의도적으로 많은 가지를 유도하는데, 이 사슬들은 잘 쌓을 수 없어서 결정성이 낮다. 이 고분자는 유연하고 투명한 음식물 저장용 주머니를 만드는 데 사용된다.

덴드라이머(dendrimer)는 세 개 이상의 접착점을 가진 단량체로 만든다. 그래서 각 단량체는 많은 가지를 형성한다. 덴드라이머는 근간은 없고 단지 갈래로만으로 구성되어 있다. 덴드라이머는 계속해서 가지 수를 증가시켜 바깥 가장자리에는 대단히 많은 수의 말단 기를 가진다. 화학자들은 덴드라이머를 써서 한 고분자를 다른 고분자에 연결시켜 필름 및 섬유를 만들고 의약용의 약물 운반체로 사용한다.

2. **가교 결합**(crosslink)은 한 사슬을 다른 사슬에 결합시켜 주는 갈래로 이해할 수 있다. 교차 결합의 정도에 따라 성질이 크게 변한다. 가교 결합이 적은 고분자는 고온에서 흐를 수 있는 *열가소성*(thermoplastic) 고분자가 된다. 고체 열가소성 고분자는 녹을 수 있고 이어서 냉각하여 고체상으로 돌아가면 다른 모양을 가질 수 있다. 이런 성질 때문에 열가소성 고분자는 재활용이 가능하고 3D 인쇄에 사용하기 좋다. 교차 결합이 증가함에 따라 열가소성 고분자는 단일 그물 구조를 가지기 때문에 더 이상 흐를 수 없는 *열경화성*(thermoset) 고분자로 바뀐다. 열경화성 고분자가 한 번 모양을 갖추면 녹거나 다른 모양으로 바뀔 수 없다. 유리 전이 온도 이하에서는 약간의 열경화성 고분자는 너무나 견고하고 강해서 고강도 복합체의 매트릭스 물질로 아주 이상적이다(*사진 참조*).

열경화성 고분자를 함유한 카약.

Source: Comstock Images/Alamy Stock Photo

유리 전이 온도 이상에서는 많은 열경화성 고분자는 **탄성체**(elastomer)여서, 트램펄린이나 고무줄처럼 당겨 늘렸다가 놓으면 원래 모양으로 복원된다. 고무 밴드를 잡아 늘리면 각 고분자 사슬은 그물망의 원래 연결 위치로 되돌아가기 전 짧은 거리를 흐른다. 표 12.9에 몇몇 탄성체 예들을 나열하였다.

표 12.9 | 몇 가지 탄성체

이름	T_g (°C)	용도
Poly(dimethyl siloxane)	−123	유방 보형물
Polybutadiene	−106	고무 밴드
Polyisoprene	−65	수술용 장갑
Polychloroprene (neoprene)	−43	신발류, 의료용 튜브

단량체 서열의 영향 단량체 서열의 차이가 고분자 성질에 영향을 미친다. *동종 중합체*(homopolymer)는 한 종류의 단량체로 구성되어 있다(A—A—A—A—A— ···). 반면에 **공중합체**(copolymer)는 둘 이상의 단량체들로 구성되어 있다. 가장 간단한 공중합체는 A 단량체 사슬(블록)과 B 단량체 사슬이 한 점에서 연결되어 있기 때문에 *AB 블록 공중합체*라 부른다.

··· **—A—A—A—A—A—B—B—B—B—B—** ···

A와 B 사슬 사이 분자간 힘이 각자 사슬의 다른 영역의 힘보다 약하면 A와 B 사슬은 각각 자신의 무질서한 코일을 형성한다. 이런 성질로 인해 AB 블록 혼성 중합체는 각기 다른 두 고분자 표면을 공유 결합으로 연결시키는 이상적인 *접착제*이다. ABA 블록 공중합체는 B 사슬의 양쪽 끝단에 A 사슬이 연결된 혼성 중합체이다.

··· **—A—A—A—B— $(B)_n$—B—A—A—A—** ···

이들 몇 가지 블록 공중합체는 *열가소성 탄성체*(thermoplastic elastomer)처럼 행동하여 높은 온도에서 모양을 만들고 실온에선 탄성체가 된다. 신발 공장에서 현재 많이 이용하는 재료이다.

실리콘 고분자는 14장에서 간단히 살펴볼 것이고, 단량체로부터 고분자를 합성하는 유기 반응은 15장에서 살펴볼 것이다.

나노 기술: 원자 수준의 물질 설계

나노 기술(nanotechnology)은 크기가 1~100 nm에 이르는 나노 수준의 계를 다루는 과학과 공학을 말한다. (1 nm는 10^{-9} m이다. 이는 기숙사 책상 넓이의 10억 분의 1이고, 연필심의 100만 분의 1 정도이다. 나노미터 대 미터의 비교는 조약돌 대 지구의 크기 비와 같다.) 나노 기술은 물리학, 재료 과학, 화학, 생물학, 환경 과학, 약학 및 많은 공학 분야의 과학자들이 공동으로 연구한다.

나노 수준 재료의 성질은 작은 원자(약 1×10^{1} nm)와 다르고, 약 1×10^{5} nm 정도 되는 결정과도 다르다. 이렇게 다른 특징은 내부 부피와 거의 같은 표면 넓이를 갖기 때문이다. 예를 들어 5 nm의 입자는 원자 크기의 반을 표면에 갖고 있다. 보통 알루미늄 호일을 조각으로 잘라 광학 현미경으로 볼 수 있을 만큼 작은 조각으로 만들어도 처음의 알루미늄처럼 거동한다. 그러나 알루미늄을 20~30 nm 크기로 자르면 알루미늄 입자들은 폭발할 것이다. 실제로 알루미늄 나노 입자는 불꽃놀이나 추진제로 사용된다.

과학에서 흔히 발생하는 것처럼 기술 발전이 새로운 분야를 꽃피우게 한다. 나노 기술자들은 주사 터널링 현미경(12.6절 실험 기법 참조) 및 유사한 주사 탐침형 기구 그리고 원자 장력 현미경을 이용하여 나노 구조의 화학적 및 물리적 성질을 측정하고, 많은 경우에 원자를 한 개씩 한 개씩 쌓아갈 수도 있다.

자연에서 쉽게 일어나는 나노 수준 공학의 두 가지 특성은 다음과 같다.

1. *자기 조립*은 작고 간단한 부분이 스스로 크고 더 복잡한 모양으로 조립하는 능력이다. 분자 수준에서 *자기 조립*은 원자 또는 분자가 분자간 힘을 통해 스스로 결합하는 것을

말한다. 두 입자의 반대 전하 영역이 접촉하여 큰 입자를 형성하고 같은 방법으로 계속 하여 점점 더 큰 입자를 형성한다.

2. *조절된 배향*은 두 분자가 분자간 힘에 의해 충분한 시간 가까이 머물면서 일어나는 변화들로 주로 결합 파괴와 생성이 일어날 수 있도록 배치하는 것이다. 모든 효소의 기능이 이와 같다.

이러한 새로운 분야의 발전이 너무 빨리 일어나기 때문에, 이 책에서는 나노 기술의 몇 가지 흥미로운 연구 분야만 간단히 살펴본다.

나노 수준의 광학 재료 *양자점*(quantum dot)은 10 nm보다 작은 비소화 갈륨(GaAs) 또는 셀렌화 갈륨(GaSe) 같은 반도체 물질의 나노 입자이다. 이러한 물질은 에너지 준위의 띠를 갖는 대신, 단일 원자와 같은 불연속적인 에너지 준위를 갖고 있다. 원자에서처럼 에너지 준위는 분광법으로 연구할 수 있으며, 양자점은 원자와는 다르게 화학적으로 변경할 수 있다. 높은 에너지(짧은 파장)의 자외선(UV)를 양자점 현탁액에 쪼이면, 들뜨게 되고 낮은 에너지(긴 파장)의 빛을 방출한다. 가장 중요한 점은 방출되는 파장이 양자점의 크기에 따라 달라진다. 입자가 크면 클수록 더 긴 파장의 빛을 방출한다. 따라서 나노 입자의 크기를 변화시키면 방출되는 빛의 색깔을 "조율"할 수 있다(그림 12.48). 양자점의 또 다른 응용은 특별한 세포의 영상을 얻는 것이다. 양자점들을 캡슐에 넣어 표지 기관에서 이용되는 특정 단백질에 붙인다. 목표로 하는 세포에 특수 단백질이 결합하면 캡슐화된 양자점도 동시에 함께 결합하여, 분광학적으로 표지 단백질의 위치를 관찰할 수 있다. 양자점은 전통적으로 이런 용도로 사용되는 염료보다 더 밝다. 또한 양자 계산이라는 새로운 분야에 양자점을 활용하기 위한 연구도 진행 중이다.

그림 12.48 **양자점의 다양한 색깔.** 양자점의 크기가 작을수록 방출하는 빛의 파장은 짧아진다. 양자점의 지름은 가장 왼쪽의 2 nm부터 가장 오른쪽의 7 nm까지 증가한다.

Source: Horst Weller

나노 구조 물질 *나노 구조화*, 즉 나노 수준의 블록으로 거시적 구조물을 만들면 강도, 연성, 가소성 및 많은 성질들이 증가된다. 결과로 만들어진 *나노 복합체*(nanocomposites)는 액체 자석, 유연한 시멘트, 전도성 탄성체 및 여러 가지 독특한 물질의 성질을 갈는다.

한 가지 예를 들면, 천연 재료를 모방하는 것이다. 뼈는 수산화 인회석(일종의 인산 칼슘)과 다른 광물질의 나노 복합체이다. 합성 나노 결정성 수산화 인회석의 지지체는 뼈와 동일한 무게를 견디는 성질을 갖고 있고, 이러한 지지체 속에 천연 뼈 조직이 자라서 골절을 치유할 수 있게 한다. *자성 유체*(ferrofluid)라 불리는 또 다른 물질은 끈적한 액체에 자기적 성질을 가진 나노 입자(일반적으로 자철광, Fe_3O_4)가 분산되어 있다. 자기장에 놓으면 입자들은 자장 모양에 맞추어 정렬한다(그림 12.49). 자성 유체는 자동차 충격 흡수체, 자성 플라스틱, 자동차 스피커, 컴퓨터 하드 드라이브, 고진공 밸브 및 많은 장치에 응용된다.

높은 표면적 물질 탄소 나노 튜브는 놀랄 만한 기계적 및 전기적 성질을 가지고 있다. 멀지 않은 미래에 탄소 나노 튜브는 수소 연료 자동차에 사용할 수소(H_2) 기체의 저장용으로 사용 가능하다. 현재 H_2는 고압 금속 실린더에 저장한다(> 70 atm). 탄소 나노 튜브와 같은 다공성 고체들은 표면적이 4500 m^2/g, 즉 1 g당 미식 축구장 4개의 면적이므로 낮은 압력에서 동일한 양의 기체를 저장할 수 있다. 따라서 중간 정도 크기의 나노 튜브 용기는 가족용 차를 운행하는 데 충분한 양의 H_2 기체를 저장할 수 있다. 개발 중인 다른 높은 표면적 물질로는 물 정화 및 전지를 위한 다공성 막과 고효율 태양전지를 위한 광합성 분자와 접목된 다층 필름 등이 있다.

그림 12.49 **자성 유체의 자기적 거동.** 점성 유체에 분산된 자철광(Fe_3O_4) 나노 입자들이 자기장의 영향을 받고 있다.

Source: dpa picture alliance/Alamy Stock Photo

나노 의학 나노 의학이라는 새로운 분야에서는 연구자들이 당뇨병, 암, 전염병 등의 질환과 질병의 감지와 치료에 나노 물질을 활용하는 방법을 연구하고 있다. 예를 들어, 금 나노 입자의 색 변화를 이용하여 10^{-14} mol 정도 소량의 DNA를 검출할 수 있는 분자 특이적 바이오센서가 개발되었다. 이런 바이오센서는 혈관 내에서 자유롭게 돌아다니며 특정 질병 관련 분자의 농도를 측정하고, 개별 세포에 약을 전달하고, 심지어 개별 유전자를 변형시킬 수도 있다. 다른 연구에서는 광활성화 나노 입자로 암세포를 죽일 수 있다고 보고되었다. 나노 기술이 발전함에 따라 나노 기술의 의학적 활용은 상당한 파급효과를 미칠 것으로 예상된다.

12.7절 요약

- 도핑은 반도체의 전도도를 증가시키는데, 현대 전자 재료에 필수적이다. 5A(15)족 원자로 실리콘을 도핑하면 전도 띠에 원자가 전자를 더하여 음전하 자리(n형 반도체)를 만든다. 반면에 3A(13)족 원자를 도핑하면 원자가 띠에 빈 오비탈을 만들어 양전하 구멍(p형 반도체)을 만든다. 이들 두 형태의 반도체를 접속하면 p-n 접합체를 형성한다. p형을 두 개의 n형 사이에 끼우면 트랜지스터가 형성된다.
- 액정상은 액체처럼 흐른다. 그러나 분자는 결정성 고체처럼 정렬되어 있다. 전형적으로 분자는 막대 모양이어서 분자간 힘이 분자를 나열되게 한다. 열방성 상은 고체를 가열하여 만든다. 유방성 상은 용매 농도를 변화시킬 때 형성된다. 액정의 네마틱, 콜레스테릭, 스멕틱 상은 그들의 분자 배열 순서에 차이가 있다. 액정의 응용은 분자의 배향 조절에 의존한다.
- 세라믹은 열과 화학 약품에 내성이 크다. 대부분 그물 구조 공유 결합 고체로 간단한 반응물로부터 높은 온도에서 형성된다. 다른 재료에 첨가되면 무게가 가벼우면서 높은 강도를 더해 준다.
- 고분자는 분자간 힘의 결과로 생기는 무질서한 코일 모양을 가진 대단히 큰 분자이다. 고분자 시료는 다양한 길이의 사슬로 구성되어 있기 때문에 평균 몰질량을 가진다. 고분자의 높은 점성은 사슬 사이의 인력으로 생기고, 용해된 고분자의 경우에는 사슬과 용매 사이 인력으로 인해서 생긴다. 화학자들은 갈래, 가교 및 결정 정도를 변화시켜 고분자의 성질을 조절한다.
- 나노 기술은 1~100 nm 크기의 나노 수준 시스템을 다양한 응용 분야에 활용한다.

개념 정리와 복습 _Chapter Review Guide

학습 목표 _Learning Objectives

* 괄호 안은 관련된 절(§)과 예제(SP) 번호

주요 개념

1. 운동 에너지와 퍼텐셜 에너지 사이의 경쟁이 물질 세 가지 형태의 성질과 상 변화에 어떤 영향을 미치는가?(§12.1)
2. 순수한 물질에 열을 가하거나 제거할 때 상 내에서 또는 상 변화 중에 일어나는 과정(§12.2)
3. 증기압의 의미와 상 변화가 어떻게 동적 평형 과정이 되는가? (§12.2)
4. 온도와 분자간 힘이 증기압에 미치는 영향(§12.2)
5. 증기압과 끓는점과의 관계(§12.2)
6. 다른 온도와 압력에서 상 도표는 물질의 상을 어떻게 나타내는가? (§12.2)
7. Coulomb의 법칙에 근거한 결합력과 분자간 힘의 차이와 원자의 van der Waals 반지름의 의미(§12.3)
8. 물질 내에서 작용하는 분자간 힘(쌍극자-쌍극자, 수소 결합, 분산력)의 종류와 상대적 크기, 물리적 성질에 미치는 수소 결합의 영향 및 편극도의 의미(§12.3)
9. 표면 장력, 모세관 현상 및 점성의 의미와 분자간 힘이 이들에 미치는 영향(§12.4)
10. 어떻게 원자 및 분자의 성질부터 물의 거시적 성질이 생기는가? (§12.5)
11. 결정 격자의 의미와 입방 단위 세포의 세 가지 형태(§12.6)
12. 공의 쌓임에 따른 육방 및 입방 단위 세포의 생성(§12.6)
13. 결정성 고체의 종류와 분자간 힘이 어떻게 그들의 성질을 정하는가? (§12.6)
14. 띠 이론이 금속의 성질과 금속, 비금속 및 준금속의 상대적 전도도를 어떻게 설명하는가? (§12.6)
15. 현대 첨단 물질의 구조, 성질 및 기능(도핑한 반도체, 액정, 세라믹, 고분자 및 나노구조)(§12.7)

주요 스킬

1. 순수한 물질이 열을 얻고 잃을 때 전체 엔탈피 변화 계산 (§12.2, SP 12.1)
2. Clausius-Clapeyron 식을 이용하여 증기압과 온도 계산(SP 12.2)
3. 상 도표를 이용하여 물질의 물리적 상태와 상 변화 예측(§12.2, SP12.3)
4. 물질이 수소 결합을 형성할 것인지 아닌지를 판단하고 수소 결합 구조를 그리기(SP 12.4)
5. 구조를 보고 물질 내에서 작용하는 결합력과 분자간 힘의 형태와 상대적 크기 예측(SP 12.5)
6. 단위 세포 내에 들어 있는 원자수 계산(§12.6, SP 12.6)
7. 원소의 결정 구조에서 원자 반지름 계산(SP 12.7, 12.8)

주요 용어 _Key Terms

가교 결합
가소성
가열-냉각 곡선
가지
격자
결정 결합
결정성 고체
고분자(거대 분자)
공중합체
그물 구조 공유 결합 고체
금속성 고체
나노 기술
녹는점
녹음(용융)
단량체
단순 입방 단위 세포
단위 세포
도핑
면심 입방 단위 세포
모세관 현상
무질서한 코일
반도체
배위수
분산력(London 힘)
분자간 힘
분자 고체
삼중점
상
상 도표
상 변화
선회 반경, R_g
세라믹
수소 결합(H 결합)
승화
승화열, $\Delta H^\circ_{승화}$
쌍극자-쌍극자 힘
액정
얼음
용융열, $\Delta H^\circ_{용융}$
원자가 띠
원자 고체
육방 조밀 쌓임
응축
이온성 고체
이온-쌍극자 힘
임계점
입방 조밀 쌓임
전도 띠
전도체
절연체
점성도
주사 터널링 현미경
중합도, n
증착
증기압
증발
증발열, $\Delta H^\circ_{증발}$
채움 효율
체심 입방 단위 세포
초전도성
탄성체
편극도
표면 장력
Clausius-Clapeyron 식
van der Waals 반지름
X-선 회절 분석

주요 방정식 및 관계식 _Key Equations and Relationships

12.1 한 온도의 증기압으로부터 다른 온도의 증기압 계산(Clausius-Clapeyron 식의 두 점 관계식):

$$\ln \frac{P_2}{P_1} = \frac{-\Delta H_{증발}}{R}\left(\frac{1}{T_2} - \frac{1}{T_1}\right)$$

연습 문제 _Problems

노란색으로 표시한 문제들에 대해서는 그 답을 부록 E에 첨부하였다. 연습 문제에 표시된 절은 본문의 절과 같고, 관련 예제의 번호를 제시하였다. 대부분의 경우 개념 복습 문제, 스킬 숙달 문제(같은 개념을 다루는 두 문제씩 묶음) 및 실전 문제를 제시하였다.

물리적 상태와 상 변화의 개요

개념 복습 문제

12.1 기체와 고체에서 입자들의 인력 에너지와 운동 에너지는 어떻게 다른지 비교하라. 답의 일부로 기체와 고체의 서로 다른 거시적 성질 두 가지를 제시하라.

12.2 (a) 왜 기체가 액체보다 더 쉽게 압축되는가?
(b) 왜 액체는 고체보다 더 잘 흐르는가?

12.3 다음 힘은 분자내 또는 분자간 힘 중 어느 것인가?
(a) 얼음 덩어리들이 용기의 모양을 그대로 따르지 않게 하는 힘
(b) 얼음이 녹을 때 극복해야 하는 힘
(c) 액체 물이 증발할 때 극복해야 하는 힘
(d) 기체 물이 수소와 산소 기체로 될 때 극복해야 하는 힘

12.4 (a) 물질의 용융열($\Delta H_{용융}$)은 왜 증발열($\Delta H_{증발}$)보다 작은가?
(b) 물질의 승화열($\Delta H_{승화}$)은 왜 증발열($\Delta H_{증발}$)보다 큰가?
(c) 같은 온도와 압력에서 물질의 증발열과 응축열의 크기를 비교하라.

스킬 숙달 문제(유사한 문제들을 두 개씩 묶음)

12.5 다음 중 어느 것이 분자내 힘이고 어느 것이 분자간 힘인가?
(a) 상온에서 기름의 증발을 막는 힘
(b) 냉장고 안에서 버터가 녹는 것을 막는 힘
(c) 금속 은이 변색하게 하는 힘
(d) 공기 중의 산소 분자가 산소 원자로 되는 것을 막는 힘

12.6 다음 중 어느 것이 분자내 힘이고 어느 것이 분자간 힘인가?
(a) 시원하고 습한 저녁에 안개가 생기게 하는 힘
(b) 수소 분자가 발화할 때 물이 생기게 하는 힘
(c) 냉각할 때 액체 벤젠에서 고체 결정이 생기게 하는 힘
(d) 헥세인이 낮은 끓는점을 갖게 하는 힘

12.7 다음 각 현상의 상 변화를 말하라.
(a) 아침에 이슬이 맺힘
(b) 고드름이 액체 물로 변함
(c) 여름날에 젖은 옷이 마름

12.8 다음 각 현상의 상 변화를 말하라.
(a) 진공 상태에서 기체 탄소 원자가 표면에 다이아몬드 필름을 형성한다.
(b) 시간이 지나면 사무용 책상 서랍 안의 방충제가 사라진다.
(c) 용광로에서 녹은 철이 주형틀에서 굳어진다.

실전 문제

12.9 연료로 많이 사용되는 액체 프로페인은 기체 상태의 프로페인을 압축하여 만든다. 이러한 과정을 통해 액화된 프로페인 기체 1 mol당 15 kJ의 에너지가 방출된다. 이 에너지는 어디서 오는가?

12.10 장뇌와 같은 열과 산소에 민감한 많은 고체들은 진공 상태에서 가열하여 정제한다. 고체는 직접 증발하여 찬 표면에서 증기가 결정화된다. 이 방법에 관련된 상 변화는 무엇일까?

상 변화의 정량적인 면

(예제 12.1~12.3)

개념 복습 문제

12.11 일정한 온도에서 기체 PCl_3가 액체로 응축할 때 분자들 간에 생기는 퍼텐셜 에너지 및 운동 에너지의 변화를 (있다면) 설명하라.

12.12 녹는점에 있는 벤젠은 두 가지 과정들이 동시에 균형을 이루면서 일어난다. 이 과정들을 거시적 수준 및 분자 수준에서 설명하라.

12.13 실온에서 액체 헥세인(bp = 69°C)을 밀폐된 용기 내에 두었더니 처음에는 증기압이 증가하다가 잠시 후에는 변화가 없었다. 그 이유는 무엇인가?

12.14 다음 각 변수에 미치는 강한 분자간 힘의 영향을 설명하라.
(a) 임계 온도 (b) 끓는점 (c) 증기압 (d) 증발열

12.15 화합물 Q의 상 도표에 있는 번호에 해당하는 분자 모식도를 아래에서 찾아라.

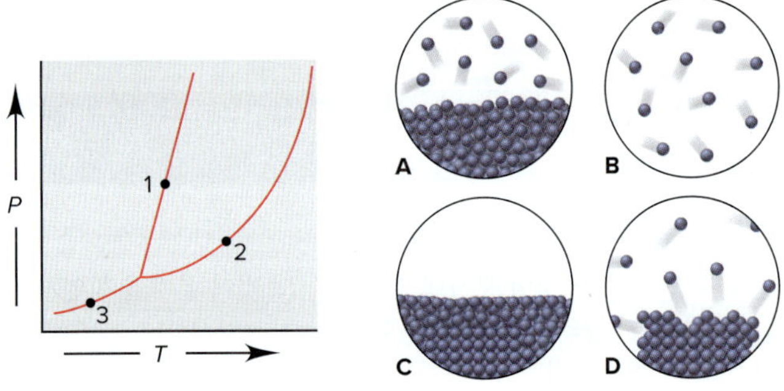

12.16 일정 온도의 밀폐된 용기에서 액체와 증기는 평형을 이룬다. 용기는 밸브를 통해 진공 용기와 연결되어 있다. 밸브를 열 때, 다음 상황에서 최종 압력이 초기 값과 달라질까? 설명하라. (a) 일부 액체가 남아 있는 경우 (b) 모든 액체가 없어진 경우

12.17 상 도표에서 물질 A는 고체-액체 선이 양의 기울기를, 물질 B는 고체-액체 선이 음의 기울기를 가진다. A와 B를 구별할 수 있는 거시적 성질은 무엇인가?

12.18 왜 100°C의 수증기가 100°C의 물보다 더 심한 화상을 입히는가?

스킬 숙달 문제*(유사한 문제들을 두 개씩 묶음)*

12.19 다음 자료로부터 −6.00°C의 얼음 22.00 g을 0.500°C의 물로 변화시키는 데 필요한 총 열량(J)을 계산하라.

1 atm에서의 mp: 0.0°C	$\Delta H^\circ_{용융}$: 6.02 kJ/mol
$c_{액체}$: 4.21 J/g·°C	$c_{고체}$: 2.09 J/g·°C

12.20 다음 자료로부터 300°C, 1 atm 기체 에탄올 0.333 mol을 25°C, 1 atm의 액체 에탄올로 변화시키는 데 필요한 총 열량(J)을 계산하라.

1 atm에서의 bp: 78.5°C	$\Delta H^\circ_{증발}$: 40.5 kJ/mol
$c_{기체}$: 1.43 J/g·°C	$c_{액체}$: 2.45 J/g·°C

12.21 어떤 액체의 $\Delta H^\circ_{증발}$은 35.5 kJ/mol이고, 1.00 atm에서 끓는점은 122°C이다. 113°C에서 이 기체의 증기압은 얼마인가?

12.22 다이에틸 에터의 $\Delta H^\circ_{증발}$은 29.1 kJ/mol이고, 25°C에서 0.703 atm을 갖는다. 95.0°C에서 이 기체의 증기압은 얼마인가?

12.23 85.2°C에서의 증기압이 621 torr이고, 1 atm에서의 끓는점이 95.6°C인 액체의 $\Delta H^\circ_{증발}$은 얼마인가?

12.24 메테인(CH_4)은 1 atm에서 끓는점이 −164°C이고, −100°C에서는 42.8 atm의 증기압을 갖는다. 메테인의 $\Delta H^\circ_{증발}$은 얼마인가?

12.25 다음 자료를 사용하여 에틸렌(C_2H_4)의 정성적인 상 도표를 그려라. $C_2H_4(s)$의 밀도는 $C_2H_4(l)$보다 큰가 또는 작은가?

1 atm에서 끓는점(bp):	−103.7°C
1 atm에서 녹는점(mp):	−169.16°C
임계점:	9.9°C, 50.5 atm
삼중점:	−169.17°C, 1.20×10^{-3} atm

12.26 다음 자료를 사용하여 수소(H_2)의 정성적인 상 도표를 그려라. 0.05 atm에서 수소(H_2)의 승화 여부를 말하고, 그 이유를 설명하라.

1 atm에서 녹는점(mp):	13.96 K
1 atm에서 끓는점(bp):	20.39 K
삼중점:	13.95 K, 0.07 atm
임계점:	33.2 K, 13.0 atm
10 K일 때의 고체 증기압:	0.001 atm

12.27 황의 상 도표는 다음과 같다.
(a) 사방정계(rhombic)을 갖는 고체 황이 승화할 수 있는 일련의 조건을 설명하라.
(b) 1 atm 조건에서 황 시료를 90°C에서 450°C로 가열할 때 상 변화를 설명하라.

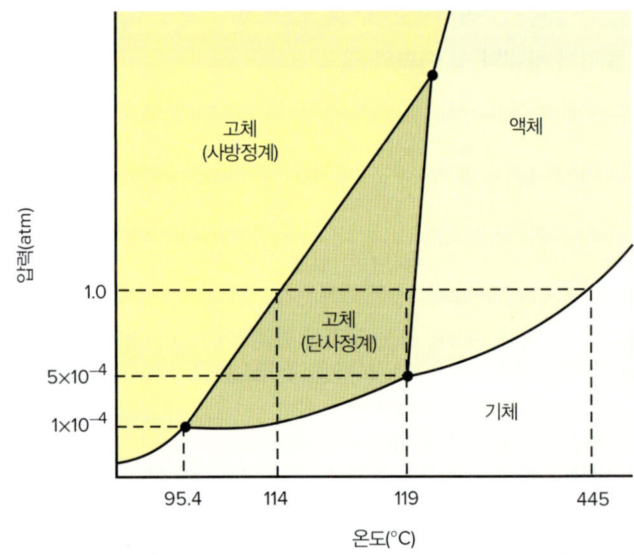

12.28 제논(xenon)의 상 도표는 다음과 같다.
(a) 실온과 대기압 조건일 때의 제논의 상(phase)은 무엇인가?
(b) 제논 시료를 −115°C에서 0.5 atm에서 25 atm으로 가압할 때, 제논의 상 변화를 설명하라. (제논의 임계 압력은 58 atm.)

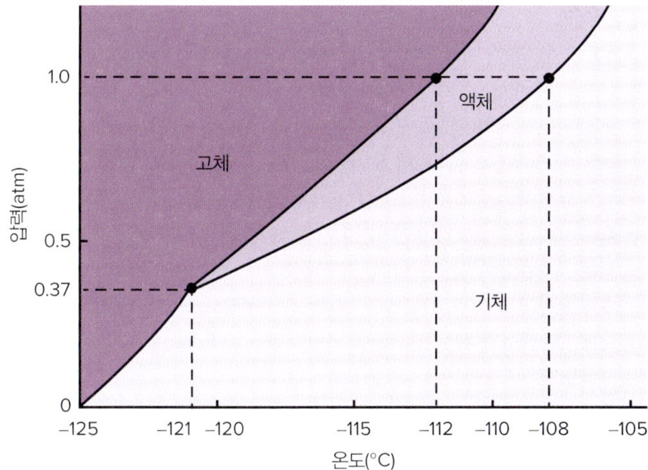

실전 문제

12.29 이산화 황은 많은 양의 황산 제조에 사용된다. 이산화 황은 –73°C에서 녹고, –10.°C에서 끓는다. SO_2의 $\Delta H^\circ_{융융}$는 8.619 kJ/mol이며, $\Delta H^\circ_{증발}$는 25.73 kJ/mol이다. 액체와 기체 상태에서의 비열은 각각 0.995 J/g·K 및 0.622 J/g·K 값을 갖는다. 고체 상태인 2.500 kg의 SO_2를 용융점에서 60.°C의 기체로 전환하기 위해 필요한 열량은?

12.30 뷰테인은 담배 라이터와 캠핑용 버너에 흔히 쓰이는 연료이다. 뷰테인은 보통 금속 용기 내에 가압하여 공급하는데, 액체와 기체의 혼합물은 온도가 상승하면 용기가 폭발할 수도 있다. 25.0°C에서 뷰테인의 증기압은 2.3 atm이다. 135°C에서 용기 내의 압력은 얼마인가($\Delta H^\circ_{증발}$ = 24.3 kJ/mol)?

12.31 그림 12.10을 이용하여 다음 물음에 답하라.
(a) 이산화 탄소는 약 20 atm 정도의 압력으로 강철 통에 담아 판매한다. 실온(~20°C)에서 통 안에 액체 CO_2로 존재할까? 40°C에서는? –40°C에서는? –120°C에서는?
(b) 이산화 탄소는 단열 용기에 담아 *드라이아이스*라는 고체 덩어리로 팔기도 한다. 이 덩어리를 열린 용기 내에 두어 온도가 올라간다면 녹을까?
(c) 용기를 드라이아이스로 거의 다 채운 후 밀봉하고 실온으로 가열한다면 드라이아이스가 녹을까?
(d) 드라이아이스를 삼중점 이하 온도에서 가압한다면 녹을까?

분자간 힘의 종류

(예제 12.4, 12.5)

개념 복습 문제

12.32 왜 공유 결합은 분자간 힘들보다 훨씬 더 강할까?

12.33 (a) 각 그림이 나타내는 분자간 힘의 종류는 무엇인가?
(b) 힘의 크기가 증가하는 순서로 나열하라.

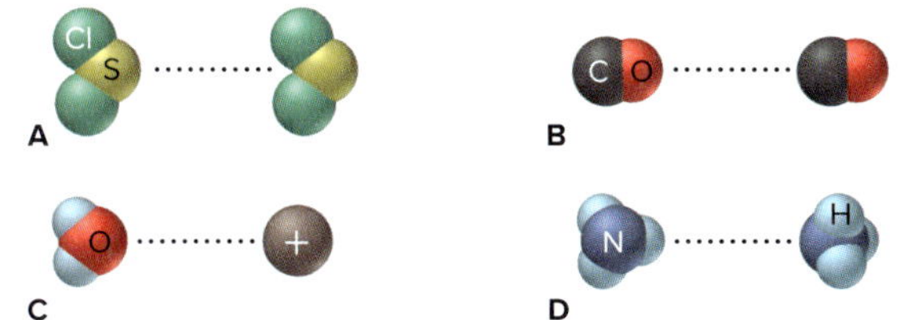

12.34 산소와 셀레늄은 6A(16)족 원소들이다. 물(H_2O)은 수소 결합을 형성하지만 H_2Se는 수소 결합을 형성하지 않는다. 이유는 무엇인가?

12.35 고체 I_2에서, I_2 분자의 두 아이오딘(I) 핵 사이의 거리는 인접한 아이오딘(I_2) 분자보다 길까? 혹은 짧을까? 답에 대한 이유를 설명하라.

12.36 극성 분자들은 쌍극자-쌍극자 힘을 나타낸다. 이들이 분산력도 나타내는가? 답에 대한 이유를 설명하라.

12.37 *편극도*(polarizability)와 *극성*(polarity)의 차이를 설명하라. 이들은 각각 분자간 힘에 어떤 영향을 미치는가?

12.38 비극성 분자가 인접 비극성 분자에 어떻게 쌍극자를 유도시킬 수 있는지 설명하라.

스킬 숙달 문제(유사한 문제들을 두 개씩 묶음)

12.39 다음 각 물질에서 가장 강한 입자간 힘은 무엇인가?
(a) CH_3OH (b) CCl_4 (c) Cl_2

12.40 다음 각 물질에서 가장 강한 입자간 힘은 무엇인가?
(a) H_3PO_4 (b) SO_2 (c) $MgCl_2$

12.41 다음 각 물질에서 가장 강한 입자간 힘은 무엇인가?
(a) CH_3Cl (b) CH_3CH_3 (c) NH_3

12.42 다음 각 물질에서 가장 강한 입자간 힘은 무엇인가?
(a) Kr (b) BrF (c) H_2SO_4

12.43 다음 각 쌍의 화합물 중에서 수소 결합을 형성하는 것은 어느 것인가? 각 경우에 대해 수소 결합 구조를 그려라.
(a) $CH_3CH(OH)CH_3$와 CH_3SCH_3 (b) HF와 HBr

12.44 다음 각 쌍의 화합물 중에서 수소 결합을 형성하는 것은 어느 것인가? 각 경우에 대해 수소 결합 구조를 그려라.
(a) $(CH_3)_2NH$와 $(CH_3)_3N$ (b) $HOCH_2CH_2OH$와 FCH_2CH_2F

12.45 다음 각 물질의 증발을 막는 것은 어떤 힘일까?
(a) 헥세인 (b) 물 (c) $SiCl_4$

12.46 다음 각 물질의 증발을 막는 것은 어떤 힘일까?
(a) Br_2 (b) SbH_3 (c) CH_3NH_2

12.47 다음 각 쌍 중 어느 것이 편극도가 더 큰지 판단하고 이유를 설명하라.
(a) Br^-와 I^- (b) $CH_2{=}CH_2$와 $CH_3{-}CH_3$ (c) H_2O와 H_2Se

12.48 다음 각 쌍 중 어느 것이 편극도가 더 큰지 정하고 이유를 설명하라.
(a) Ca^{2+}와 Ca (b) CH_3CH_3와 $CH_3CH_2CH_3$ (c) CCl_4와 CF_4

12.49 다음 각 액체 쌍 중 같은 온도에서 증기압이 *더 높은* 것은? 그 이유는 무엇인가?
(a) C_2H_6와 C_4H_{10} (b) CH_3CH_2OH와 CH_3CH_2F (c) NH_3와 PH_3

12.50 다음 각 액체 쌍 중 같은 온도에서 증기압이 *더 낮은* 것은? 그 이유는 무엇인가?
(a) $HOCH_2CH_2OH$와 $CH_3CH_2CH_2OH$
(b) CH_3COOH와 $(CH_3)_2C{=}O$ (c) HF와 HCl

12.51 어느 물질의 끓는점이 *더 낮은가*? 그 이유는 무엇인가?
(a) LiCl, HCl (b) NH_3, PH_3 (c) Xe, I_2

12.52 어느 물질의 끓는점이 *더 높은가*? 그 이유는 무엇인가?
(a) CH_3CH_2OH와 $CH_3CH_2CH_3$ (b) NO와 N_2
(c) H_2S와 H_2Te

12.53 어느 물질의 끓는점이 *더 낮은가*? 그 이유는 무엇인가?

(a) $CH_3CH_2CH_2CH_3$와 $\begin{matrix} CH_2-CH_2 \\ | \quad\quad | \\ CH_2-CH_2 \end{matrix}$ (b) NaBr와 PBr_3

(c) H_2O와 HBr

12.54 어느 물질의 끓는점이 *더 높은가*? 그 이유는 무엇인가?

(a) CH_3OH와 CH_3CH_3 (b) FNO와 ClNO

(c) F(H)C=C(F)(H) 와 H(F)C=C(F)(H)

실전 문제

12.55 기체 상태에 있는 분자 쌍들의 수소 결합을 깨뜨리는 데 필요한 평균 에너지는 NH_3의 경우 17 kJ/mol이고, H_2O의 경우는 22 kJ/mol이며, HF의 경우 29 kJ/mol이다. 수소 결합 세기의 이런 증가 경향을 설명하라.

12.56 자동차 오일에 존재하는 분자간 힘은 분산력 뿐임에도 불구하고 끓는점이 높은 이유를 설명하라.

12.57 부동액 성분인 에틸렌 글라이콜($HOCH_2CH_2OH$, $\mathcal{M}$ = 62.07 g/mol)의 끓는점은 197.6°C인 데 비해 비슷한 몰질량을 가진 프로판올($CH_3CH_2CH_2OH$, $\mathcal{M}$ = 60.09 g/mol)의 끓는점은 97.4°C에 불과하다. 이유를 설명하라.

액체 상태의 성질

개념 복습 문제

12.58 표면 장력 현상이 이해되기 전까지 물리학자들은 물의 표면이 "피부"로 덮여 있다고 설명하였다. 이 피부와 같은 현상을 초래하는 것은 무엇인가?

12.59 왁스칠한 바닥에 같은 크기의 작은 기름, 물 및 수은 방울이 놓여 있다. 이때 각 액체는 어떻게 행동하는지 설명하라.

12.60 에탄올(CH_3CH_2OH) 수용액이 물보다 표면 장력이 작은 이유는 무엇인가?

12.61 표면 장력 단위 값으로 왜 단위 면적당 에너지 단위(J/m^2)를 사용하는가?

12.62 액체를 가열하면 액체 내 분자간 *힘의 세기*가 변하는가? 변한다면 그 이유는 무엇인가? 액체의 점성은 온도가 상승함에 따라 증가하는가?

스킬 숙달 문제(유사한 문제들을 두 개씩 묶음)

12.63 다음 물질들을 같은 온도에서 표면 장력이 *증가하는* 순서대로 나열하고 그 이유를 설명하라.

(a) $CH_3CH_2CH_2OH$ (b) $HOCH_2CH(OH)CH_2OH$

(c) $HOCH_2CH_2OH$

12.64 다음 물질들을 같은 온도에서 표면 장력이 *감소하는* 순서대로 나열하고 그 이유를 설명하라.

(a) CH_3OH (b) CH_3CH_3 (c) $H_2C{=}O$

12.65 문제 12.63의 화합물을 주어진 온도에서 점성이 *감소하는* 순서로 나열하라. 그 이유를 설명하라.

12.66 문제 12.64의 화합물을 주어진 온도에서 점성이 *증가하는* 순서로 나열하라. 그 이유를 설명하라.

실전 문제

12.67 토양 증기 추출(SVE)은 유해 폐기물의 토양이나 염화물 용매로부터 휘발성 유기 물질을 제거하는 데 사용된다. 통기관을 뚫고, 진공 펌프로 토양 속에 진공을 건다. (a) 이 방법은 어떻게 오염 물질을 제거하는가? (b) 왜 SVE 작업과 가열 공정을 함께 수행하면 속도를 올릴까?

12.68 그림 12.2를 사용하여 다음 문제를 답하라.

(a) CH_4 12.0 g과 Hg 12.0 g을 녹이는 데 더 많은 열이 필요한 것은 어느 것인가?

(b) CH_4 12.0 g과 Hg 12.0 g을 증발시키는 데 더 많은 열이 필요한 것은 어느 것인가?

(c) 각 물질의 가장 중요한 분자간 힘은 무엇인가?

12.69 펜탄올($C_5H_{11}OH$, $\mathcal{M}$ = 88.15 g/mol)과 헥세인(C_6H_{14}, $\mathcal{M}$ = 86.17 g/mol)은 몰질량이 거의 같지만 20°C에서 점성은 펜탄올이 12배 이상 더 높다. 그 이유는 무엇인가?

물의 독특한 성질

개념 복습 문제

12.70 물은 어떤 형태의 물질들에 대해 좋은 용매인가? 어떤 형태에 대해 좋지 않은 용매인가? 그 이유는 무엇인가?

12.71 물 분자 1개는 수소 결합 4개를 이룰 수 있다. 그 이유는 무엇인가?

12.72 온혈 동물은 신체의 물 함량이 많기 때문에 체온을 좁은 범위에서 유지할 수 있다. 그 이유는 무엇인가?

12.73 물의 어떤 성질이 호수와 연못의 표면에 식물의 부스러기를 붙잡고 있는가? 이러한 현상이 생태학적 중요성은 무엇인가?

12.74 시들어가는 식물 주위의 땅에 물을 뿌리면 곧바로 싱싱하게 할 수 있다. 그 이유는 무엇인가?

12.75 동결된 호수 표면에 얼음이 존재하게 하는 물의 성질을 분자 수준에서 설명하라.

12.76 얼음이 녹을 때 무슨 일이 생기는지 분자 수준에서 설명하라.

고체 상태 : 구조, 성질 및 결합

(예제 12.6~12.8)

개념 복습 문제

12.77 거시적 수준 및 분자 수준에서 비정형 고체와 결정형 고체의 차이는 무엇인가? 각각의 예를 들어 설명하라.

12.78 고체의 단위 세포와 결정 구조는 어떤 관계가 있는가?

12.79 동일한 원자들로 이루어진 구조에서 단순 입방, 체심 입방, 면심 입방 단위 세포에는 원자가 각각 몇 개씩 들어 있는가? 답을 어떻게 구했는지 설명하라.

12.80 한 원자는 입방 단위 세포의 폭이 원자의 지름과 같은 결정 구조를 가진다. 이 원자는 어떤 형태의 단위 세포를 갖는가?

12.81 공 배치의 어떤 차이점이 면심 입방 단위 세포를 갖는 결정 구조가 체심 입방 단위 세포보다 적은 빈 공간을 갖게 하는가?

12.82 고체 Kr과 고체 Cu는 각각의 원자로 이루어져 있다. 왜 그들의 물리적 성질이 많이 다를까?

12.83 띠 이론에서 에너지 간격(gap)이란 무엇인가? 초전도체, 전도체, 반도체, 절연체에서 에너지 간격의 크기를 비교하라.

12.84 온도 상승이 다음 물질의 전기 전도도에 미치는 영향(있을 경우)을 예측하라.
(a) 도체 (b) 반도체 (c) 절연체

12.85 동일한 원자로 구성된 고체의 밀도를 구하기 위해서 단위 세포의 유형 이외에 어떤 정보가 더 필요할까?

스킬 숙달 문제(유사한 문제들을 두 개씩 묶음)

12.86 다음 각 금속의 결정 격자 구조는 무엇인가? (괄호 안의 숫자는 단위 세포당 원자수이다.)
(a) Ni(4) (b) Cr(2) (c) Ca(4)

12.87 다음의 각 금속의 단위 세포당 원자수는 몇 개인가?
(a) 폴로늄(Po) (b) 망간니즈(Mn) (c) 은(Ag)

12.88 칼슘(Ca)은 입방 조밀 구조로 결정화한다. 칼슘의 원자 반지름이 197 pm일 때, 고체의 밀도를 구하라.

12.89 크롬은 체심 입방 단위 세포의 결정 구조를 갖는다. 크롬의 밀도가 7.14 g/cm^3일 때, 원자 반지름을 구하라.

12.90 산화 카드뮴(A)이 반응하여 셀레늄화 카드뮴(B)을 생성할 때, 단위 세포의 변화는 다음과 같다.

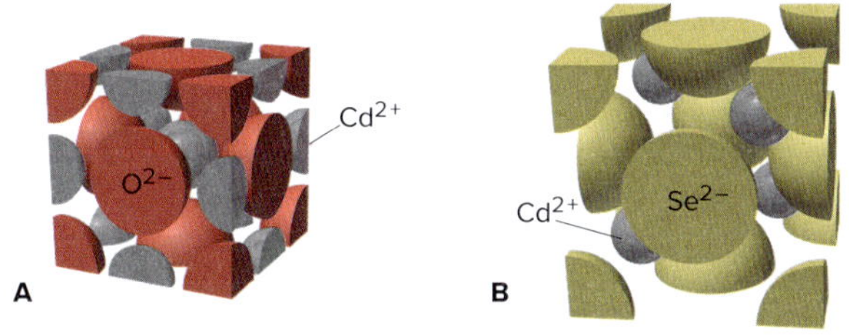

(a) 단위 세포는 어떻게 변하는가?
(b) 카드뮴의 배위수는 변하는가? 설명하라.

12.91 용융 철이 1674 K로 냉각되면, 입방 단위 세포 중의 하나(A)를 가지며, 다시 온도를 내려 1181 K 이하로 하면 다른 입방체(B)가 된다(아래 그림 참조).

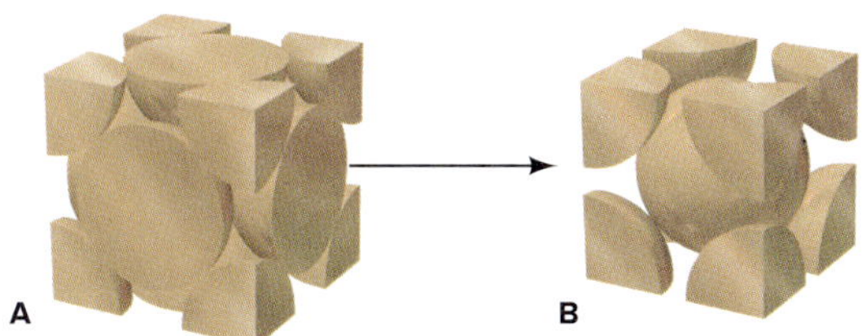

(a) 단위 세포는 어떻게 변하는가?
(b) 어떤 결정 구조가 더 높은 채움 효율을 갖는가?

12.92 포타슘(K)은 체심 입방 단위 세포의 결정 구조를 갖는다. 포타슘의 원자 반지름이 227 pm일 때, 단위 세포 모서리의 길이를 구하라.

12.93 납(Pb)은 면심 입방 단위 세포의 결정 구조를 갖는다. 포타슘의 단위 세포의 모서리의 길이가 495 pm일 때, 고체의 원자 반지름을 구하라.

12.94 다음 물질들은 결정성 고체의 다섯 가지 유형 중 어느 것을 형성하는가? 그 이유를 설명하라.
(a) Ni (b) F_2 (c) CH_3OH (d) Sn (e) Si (f) Xe

12.95 다음 물질들은 결정성 고체의 다섯 가지 유형 중 어느 것을 형성하는가? 그 이유를 설명하라. (a) SiC (b) Na_2SO_4 (c) SF_6 (d) 콜레스테롤($C_{27}H_{45}OH$) (e) KCl (f) BN

12.96 산화 아연은 섬아연광 결정 구조(그림 P12.96)를 따른다. ZnO 단위 세포에는 Zn^{2+} 이온이 몇 개 있는가?

12.97 황화 칼슘은 염화 소듐 결정 구조(그림 P12.97)를 따른다. CaS 단위 세포에는 S^{2-} 이온이 몇 개 있는가?

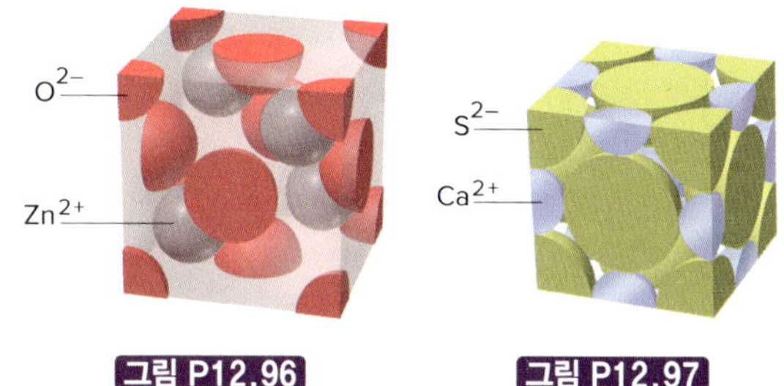

그림 P12.96 그림 P12.97

12.98 셀레늄화 아연(ZnSe)는 섬아연광 구조로 결정화하며 밀도는 5.42 g/cm^3이다(그림 P12.96 참조).
(a) 단위 세포 내 Zn 및 Se 이온들의 수는 총 몇 개인가?
(b) 단위 세포의 총 질량은 얼마인가?
(c) 단위 세포의 부피는 얼마인가?
(d) 단위 세포의 모서리의 길이는 얼마인가?

12.99 어떤 원소가 면심 입방 격자로 결정화하고 밀도는 1.45 g/cm^3이다. 단위 세포 모서리의 길이는 4.52×10^{-8} cm이다.
(a) 단위 세포 내 원자들의 수는 몇 개인가?
(b) 단위 세포의 부피는 얼마인가?
(c) 단위 세포의 질량은 얼마인가?
(d) 이 원소의 대략적인 원자 질량을 계산하라.

12.100 다음 각 물질을 전도체, 절연체 또는 반도체로 분류하라.
(a) 인 (b) 수은 (c) 저마늄

12.101 다음 각 물질을 전도체, 절연체 또는 반도체로 분류하라.
(a) 탄소(흑연) (b) 황 (c) 백금

12.102 다음 각 물질의 전기 전도도에 미치는 온도 증가의 영향(있을 경우)을 예상하라.
(a) 안티모니(Sb) (b) 텔루륨(Te) (c) 비스무트(Bi)

12.103 다음 각 물질의 전기 전도도에 미치는 온도 감소의 영향(있을 경우)을 예상하라.
(a) 실리콘(Si) (b) 납(Pb) (c) 저마늄(Ge)

실전 문제

12.104 6A(16)족의 6주기 원소인 폴로늄은 결정 구조로 단순 입방 단위 세포 구조를 갖는 유일한 방사성 동위원소 금속이다. 밀도가 9.142 g/cm^{3}이라면 폴로늄의 대략적인 원자 반지름은 얼마인가?

12.105 동전 제작용 금속들인 구리, 은, 금 등은 입방 조밀 구조의 결정을 갖는다. 구리의 밀도(8.95 g/cm^3)와 몰질량(63.55 g/mol)을 이용하여 구리의 대략적인 원자 반지름을 계산하라.

12.106 세상에서 가장 중요한 효소 중 하나인 질소 고정화 효소(질소 고정에 촉매 작용을 하는 식물 단백질)는 철, 황, 몰리브데넘 원자들의 활성 격자를 가지고 있다. 결정성 몰리브데넘(Mo의 밀도 = 10.28 g/cm^3)은 체심 입방 단위 세포의 격자를 가진다.
(a) 단위 세포의 모서리의 길이를 계산하라.
(b) Mo의 원자 반지름을 계산하라.

12.107 탄탈룸(Ta의 밀도 = 16.634 g/cm^3, 원자량($\mathscr{M}$) = 180.9479 g/mol)은 체심 입방 단위이며, 단위 세포의 모서리의 길이가 3.3058 Å을 갖는다. 이러한 자료를 이용하여 Avogadro 수를 계산하라.

첨단 재료

개념 복습 문제

12.108 주석을 구리에 첨가하여 만들어진 합금(청동)은 구리에 비해 훨씬 단단하다. 설명하라.

12.109 반도체의 도핑 과정에서 전기 전도도를 증가하기 위해 특정 불순물을 첨가한다. n형과 p형 반도체를 형성하기 위한 과정을 설명하라.

12.110 일반적으로 액정을 형성하는 물질의 두 가지 분자적인 특성을 기술하라. 각각은 어떻게 기능과 관련이 있는가?

12.111 등방성 물질과 비등방성 물질을 구별하라. 액정은 어느 물질에 속하는가?

12.112 하이테크 세라믹의 성질은 전통적인 점토 도자기의 그것들은 어떻게 다른가? 답을 특정 물질을 예를 들어 작성하라.

12.113 고분자 시료의 평균 몰질량이 개별 사슬의 몰질량과 다른 이유는 무엇인가?

12.114 무질서한 코일 모양은 고분자 사슬의 선회 반경과 어떤 관계가 있는가?

12.115 고분자 용액의 점성에 영향을 끼치는 요인은 무엇인가? 용융된 고분자의 점성에 영향을 끼치는 요인은 무엇인가? 고분자 유리란 무엇인가?

12.116 고분자의 예를 사용하여 가지(branching) 및 가교(cross-linking)가 고분자의 물리적 성질에 어떻게 영향을 줄 수 있는지를 설명하라.

스킬 숙달 문제(유사한 문제들을 두 개씩 묶음)

12.117 실리콘 저마늄은 4A(14)족에 속하는 반도체 원소로 도핑을 하여 전도도를 개선할 수 있다. 다음은 n형 반도체 또는 p형 반도체 중에 어느 유형의 반도체를 형성하는가?
(a) Ge를 P로 도핑 (b) Si를 In로 도핑

12.118 다음은 n형 반도체 또는 p형 반도체 중에 어느 유형의 반도체를 형성하는가?
(a) Ge를 As로 도핑 (b) Si를 B로 도핑

12.119 폴리스타이렌 커피 컵에 있는 반복 단위의 분자식은 $C_6H_5CHCH_2$이다. 고분자의 몰질량이 3.5×10^5 g/mol이라면 중합도는 얼마인가?

12.120 폴리염화비닐[poly(vinyl chloride)]의 반복 단위의 분자식은 C_2H_3Cl이다. 고분자의 단일 사슬에 반복 단위의 개수가 1565개일 때, 고분자의 분자량(amu 단위로)은 얼마인가?

12.121 플라스틱 장난감의 폴리프로필렌(반복 단위는 CH_3CHCH_2)은 몰질량이 2.8×10^5 g/mol이고, 반복 단위의 길이가 0.252 pm이다. 선회 반경을 구하라.

12.122 2 L짜리 탄산수 용기는 고분자인 [poly(ethylene terephthalate)]로 만들고, 반복 단위의 분자식은 $C_{10}H_8O_4$이며, 반복 단위 길이가 1.075 nm이다. 고분자의 몰질량이 2.30×10^4 g/mol일 때, 선회 반경을 구하라.

실버버그의
제9판
일반화학 CHEMISTRY
The Molecular Nature of Matter and Change

제 13 장 혼합물의 성질: 용액과 콜로이드

The Properties of Mixtures: Solutions and Colloids

Source: Cathy Yeulet/Amenic181/123RF

관련 개념과 스킬 _Concepts and Skills to Review Before You Study This Chapter

- 혼합물의 분리(2.9절)
- 질량 백분율(3.1절)과 몰농도(4.1절)를 포함하는 계산
- 전해질: 용매로서의 물(4.1, 12.5절)
- 몰분율과 Dalton의 법칙(5.4절)
- 분자간 힘과 편극률(12.3절)
- 단위체와 고분자(12.7절)
- 상 변화의 평형 본질과 액체의 증기압; 상 도표(12.2절)

실재 세계의 거의 모든 기체, 액체와 고체는 혼합물이다. 즉, 화학적으로 결합된 것이 아니라 물리적으로 2개 이상의 물질이 함께 섞여 있다. 여러분이 좋아하는 카푸치노, 라떼 또는 모카는? 이것들은 물, 우유, 커피(커피도 카페인과 다른 물질들의 혼합물임) 그리고 아마도 초콜렛 시럽(또 다른 혼합물!)의 혼합물이다. 여러분이 호흡하는 공기, 여러분이 먹는 음식들, 샴푸와 로션 같은 여러분이 사용하는 물질들도 모두 혼합물이다. 이와 같은 인공적으로 만든 혼합물은 겨우 십여개 정도의 성분을 가진다. 바닷물과 토양 같은 천연 혼합물은 50가지 이상의 성분을 가진다. 나무와 사람 같은 생명체 혼합물은 혼합물은 가장 복잡해서 간단한 박테리아 세포조차도 거의 6,000가지의 다른 화학물로 이루어져 있다(표 13.1).

2장에서 *언급한 "조성이 가변적이고 각 성분의 성질을 그대로 유지한다"*라는 혼합물의 2가지 중요한 특성을 상기하여 보자. 이 장에서는 용액과 콜로이드라는 2가지 종류의 흔한 혼합물에 집중할 것이며, 이들의 주요 차이는 입자 크기와 상의 수이다.

표 13.1 | 박테리아의 개략적 조성

물질	세포의 질량 %	종류의 수	분자의 수
물	~70	1	5×10^{10}
이온	1	20	?
당*	3	200	3×10^{8}
아미노산*	0.4	100	5×10^{7}
지질*	2	50	3×10^{7}
뉴클레오타이드*	0.4	200	1×10^{7}
다른 작은 분자들	0.2	~200	?
고분자 (단백질, 핵산, 다당류)	23	~5000	6×10^{6}

*전구체와 대사물질 포함

이 장에서는... 분자간 힘과 다른 에너지 인자들이 용매에 녹아 있는 용질에 어떤 영향을 미치는지와 농도를 계산하는 방법, 용액이 순물질과 어떻게 다른지에 집중하고자 한다. 또한 콜로이드의 특성과 응용을 간략히 살펴보고자 한다.

- 용질과 용매 사이의 분자간 힘을 살펴보고 비슷한 유형의 힘이 작용하는 물질들끼리 용액을 형성함을 확인한다.
- 일부 유기 분자들의 이중 극성 때문에 공통 유형의 분자간 힘들이 유발되는 원리를 살펴보고, 이 분자간 힘들에 의해 비누, 항생제, 생체 거대 분자, 세포막의 구조와 기능이 결정됨을 확인한다.
- 물질이 녹는 이유를 알고 용해에 관련된 열과 용액이 형성될 때 일어나는 물질의 분산을 알아보기 위하여 단계적 순환 과정을 사용한다. 특히 용액 형성 시 일어나는 물질의 분산을 이해하기 위해 엔트로피의 개념을 도입한다.
- 용해도의 평형 특성을 알아보고 온도와 압력이 용해도에 어떻게 영향을 미치는지를 살펴본다.
- 용액의 다양한 농도 단위를 정의하고 이들 사이의 수학적 상호변환 방법을 살펴본다.
- 용액의 물리적 성질들이 순물질의 성질과 다른 이유를 살펴보고 이러한 차이를 활용하는 방법을 배운다.
- 콜로이드를 알아보고 용액과 콜로이드 화학을 물의 정제에 응용한다.

13.1 용액의 종류: 분자간 힘과 용해도

용액(solution)은 2가지 이상의 물질의 균일 혼합물이고, 따라서 용액은 한 종류의 상으로 존재한다. 용액은 다음 두 성분으로 이루어진다.

- **용매**(solvent)는 다른 물질들을 녹이는 물질이다. 일반적으로 용매는 용액에서 가장 많은 성분이다.
- **용질**(solute)은 용매에 녹는 물질이다. 한 용액에도 수많은 용질들이 존재할 수 있다.

보통 용매의 물리적 상태는 용액의 물리적 상태를 결정한다. 용액은 기체, 액체 또는 고체일 수 있지만 이 장에서는 가장 중요한 액체 용액에 주로 집중할 것이다.

용질의 **용해도**(solubility, *S*)는 과량의 용질이 존재할 때 특정 온도에서 일정 양의 특정 용매에 녹을 수 있는 용질의 최대량을 말한다. 용질에 따라 용해도도 다르다.

- 염화 소듐(NaCl), *S* = 39.12 g/100. mL 물, 100.°C
- 염화 은(AgCl), *S* = 0.0021 g/100. mL 물, 100.°C

용해도는 *정량적* 용어이지만 *묽다*(dilute)와 *진하다*(concentrated)는 용해된 용질의 *상대적* 양을 정성적으로 나타낸다.

- 위의 NaCl 용액은 진하다(주어진 양의 용매에 녹은 용질의 양이 상대적으로 많다).
- 위의 AgCl 용액은 묽다(주어진 양의 용매에 녹은 용질의 양이 상대적으로 적다).

어떠한 비율로도 서로에 녹을 수 있는 용질과 용매는 **섞인다**(miscible)라고 표현하고, 이 용어는 일반적으로 용질과 용매가 모두 액체 또는 기체일 때 사용된다. 서로 섞이는 물질들로 이루어진 용액에서 *용질*과 *용매*라는 용어는 그 의미를 잃게 된다. 서로에 녹지 않는 액체들은 서로 **섞이지 않는다**(immiscible)라고 표현한다.

특정 용질은 어떤 용매에는 녹고 다른 용매에는 녹지 않을 수 있다. 이러한 현상은 용질-용질 및 용매-용매 분자간 힘과 용매-용질 분자간 힘의 상대적 세기로 설명할 수 있다. 이 힘들을 알면 특정 용매에서의 특정 용질의 용해도를 예측하는 데 유용한 어림 규칙을 적용할 수 있다.

- **같은 것은 같은 것을 녹인다**(like dissolves like) **규칙**: *비슷한 유형의 분자간 힘이 작용하는 물질들끼리 서로 잘 녹인다.*

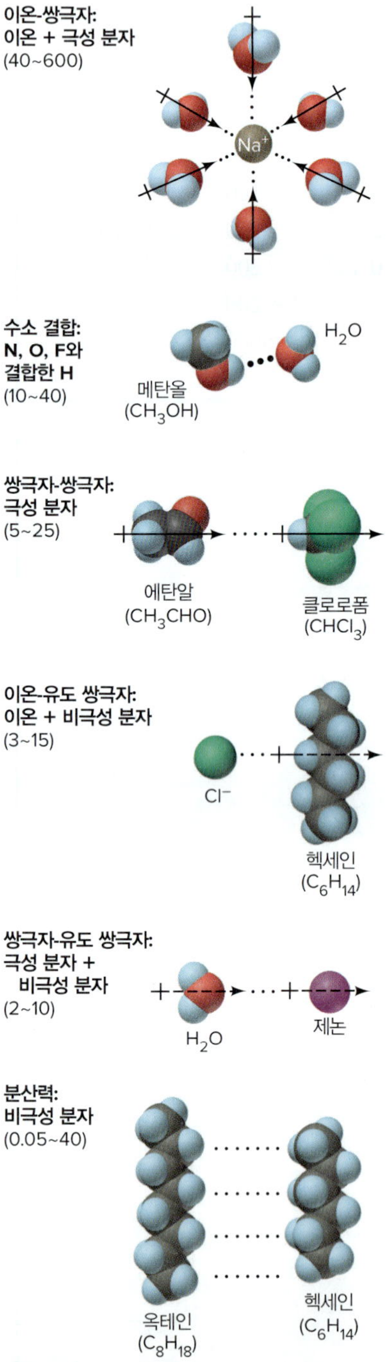

용액에서의 분자간 힘

순물질에서 논의한 모든 분자간 힘은 용액에서도 작용한다(그림 13.1, 12.3절 참조).

1. *이온-쌍극자 힘*(이온과 극성 분자 간 인력)은 이온 화합물이 물에 용해될 때 관여하는 주요 힘이다. 이 힘이 작용할 때에는 다음 2가지 사건이 동시에 일어난다.
   - *경쟁하는 힘.* 가용성 염을 물에 첨가할 때 염의 이온 결정 내의 양이온과 음이온은 각각 물 분자의 반대로 하전된 분극(pole)을 끌어당긴다. 이러한 이온과 물 분자 사이의 인력이 이온 사이의 인력과 경쟁하여 이기면 염의 결정 구조가 부서지게 된다.
   - *수화 껍질 형성.* 결정 구조에서 이온이 분리되면서 물 분자가 이온을 둘러싸며 **수화 껍질**(hydration shell)을 형성한다. 가장 안쪽 껍질의 물 분자 수는 이온의 크기에 따라 달라진다. Li^+과 같이 작은 이온의 경우에는 주위에서 물 분자 4개가 사면체 형태로 둘러싸게 되지만 보다 큰 Na^+와 F^-의 경우에는 6개의 물 분자가 이온을 팔면체 형태로 둘러싸게 된다(그림 13.2). 가장 안쪽의 껍질에서, 물 분자 사이의 정상적인 수소 결합이 깨어지면서 이온-쌍극자 힘을 형성하게 된다. 그러나 이 물 분자들은 옆 껍질의 물 분자들과 수소 결합을 하고, 옆 껍질의 물 분자들은 다시 더 멀리 떨어져 있는 다른 물 분자들과 수소 결합을 하게 된다.
2. *수소 결합*(N, O 또는 F와 결합한 수소 원자를 가진 분자간 인력)은 알코올, 아민과 아미노산과 같은 극성 O^- 또는 N^- 포함 유기 및 생체 화합물의 용액에서 주요한 힘이다.
3. 수소 결합이 없을 때 *쌍극자-쌍극자 힘*(극성 분자 간 인력)은 프로판알(CH_3CH_2CHO)과 같은 극성 분자들이 다이클로로메테인(CH_2Cl_2)과 같은 극성 용매에 녹게 한다.
4. *전하-유도 쌍극자 힘*의 한 종류인 **이온-유도 쌍극자 힘**(ion-induced dipole forces)은 편극률에 의존하는데, 이온의 전하가 주위의 비극성 분자의 전자 구름을 변형하여 일시적 쌍극자 모멘트를 유도할 때 생긴다. 이러한 종류의 힘으로 헤모글로빈의 Fe^{2+} 이온이 적혈구 세포에 들어온 O_2 분자와 결합하게 된다.

이온-쌍극자:
이온 + 극성 분자
(40~600)
Na^+

수소 결합:
N, O, F와
결합한 H
(10~40)
메탄올
(CH_3OH)
H_2O

쌍극자-쌍극자:
극성 분자
(5~25)
에탄알
(CH_3CHO)
클로로폼
($CHCl_3$)

이온-유도 쌍극자:
이온 + 비극성 분자
(3~15)
Cl^-
헥세인
(C_6H_{14})

쌍극자-유도 쌍극자:
극성 분자 +
비극성 분자
(2~10)
H_2O
제논

분산력:
비극성 분자
(0.05~40)
옥테인
(C_8H_{18})
헥세인
(C_6H_{14})

그림 13.1 용액에서 분자간 힘의 종류. 세기가 감소하는 순서로 나열하였고(값은 kJ/mol 단위), 각 경우의 예를 하나씩 들었다.

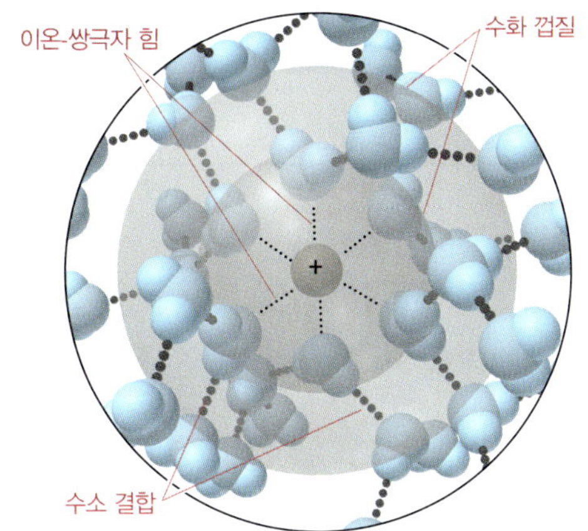

그림 13.2 Na^+ 이온 주위의 수화 껍질. 이온-쌍극자 힘은 물 분자를 이온 주위에 배향하도록 한다. 가장 안쪽 껍질에는 6개의 물 분자가 양이온을 팔면체 형태로 둘러싼다.

5. 역시 편극율에 의존하는 **쌍극자-유도 쌍극자 힘**(dipole-induced dipole forces)은 극성 분자가 비극성 분자의 전자 구름을 변형할 때 생긴다. 이 힘은 각 분극의 전하가 이온 전하에 비해 작기 때문에 이온-유도 쌍극자 힘보다 약하다(Coulomb 법칙). 대기압 하에서 O_2, N_2와 비활성 기체의 물에서의 용해도는 제한적이지만 이 힘 때문이다. 페인트의 희석제와 그리스 용매도 이러한 힘에 의존한다.
6. *분산력*(dispersion forces)은 모든 용매에서 모든 용질의 용해도에 기여한다. 그러나 석유와 휘발유와 같은 비극성 물질의 용액에서 중요한 분자간 힘이다.

이러한 힘들이 생체 고분자의 모양을 유지시켜 준다(13.2절).

액체 용액과 분자 극성의 역할

세포질(cytoplasm)에서 나무의 수액까지, 휘발유에서 세척액까지, 냉차에서 오줌까지 액체 용액들은 매우 친숙하다. 물이 가장 보편적인 용매이지만, 극성이 매우 큰 것에서부터 없는 것까지 다른 액체 용매들도 많이 있다.

"같은 것은 같은 것을 녹인다" 규칙의 적용 "같은 것은 같은 것을 녹인다"라는 규칙에 따르면 용질 *사이*의 힘이 용매 *사이*의 힘과 *비슷*할 때 이 힘들은 서로를 대체할 수 있어서 용액이 형성된다. 따라서

- *염은 물에 녹는다.* 왜냐하면 이온과 물 사이의 이온-쌍극자 인력은 이온들 사이의 강한 인력과 물 분자 사이의 강한 수소 결합과 세기가 비슷하여 이들은 서로 대체가 *가능하기* 때문이다.
- *염은 헥세인*(C_6H_{14})*에 녹지 않는다.* 왜냐하면 이온과 비극성 헥세인 사이의 이온-유도 쌍극자 힘은 매우 약하여 이온 사이의 강한 인력을 대체할 수 *없기* 때문이다.
- *기름은 물에 녹지 않는다.* 왜냐하면 기름과 물 분자 사이의 약한 쌍극자-유도 쌍극자 힘은 물 분자 사이의 강한 수소 결합 또는 기름 사이의 전반적인 분산력을 대체할 수 *없기* 때문이다.
- *기름은 헥세인에 녹는다.* 왜냐하면 기름의 분산력은 유사한 헥세인의 분산력을 대체할 수 *있기* 때문이다.

이중 극성(Dual Polarity)과 용해도에 대한 영향 이러한 개념을 더 알아보기 위해 물과 헥세인($CH_3CH_2CH_2CH_2CH_2CH_3$)에서의 여러 알코올의 용해도를 비교해 보자. 두 용매는 매우 다른 분자간 힘을 가진다. 즉, 극성 물 분자는 수소 결합을 나타내고, 반면 비극성 헥세인은 분산력을 가진다. 알코올은 극성 하이드록시기(—OH)가 비극성 탄화수소기에 결합된 이중 극성을 가진 유기 화합물이다.

- —OH 부분은 물 분자와 강한 수소 결합을 통해 상호작용을 하고 헥세인과는 약한 쌍극자-유도 쌍극자 힘을 통해 상호작용을 한다.

표 13.2 | 물과 헥세인에 대한 일련의 알코올의 용해도*

알코올	모형	물에 대한 용해도	헥세인에 대한 용해도
CH_3OH (메탄올)		∞	1.2
CH_3CH_2OH (에탄올)		∞	∞
$CH_3(CH_2)_2OH$ (1-프로판올)		∞	∞
$CH_3(CH_2)_3OH$ (1-뷰탄올)		1.1	∞
$CH_3(CH_2)_4OH$ (1-펜탄올)		0.30	∞
$CH_3(CH_2)_5OH$ (1-헥산올)		0.058	∞

*20°C에서 mol 알코올/1000 g 용매 단위로 표시

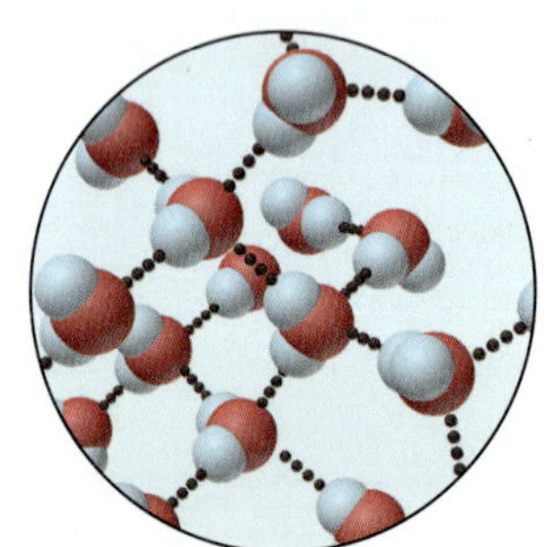

순수한 물에서 수소 결합은 분자를 연결한다.

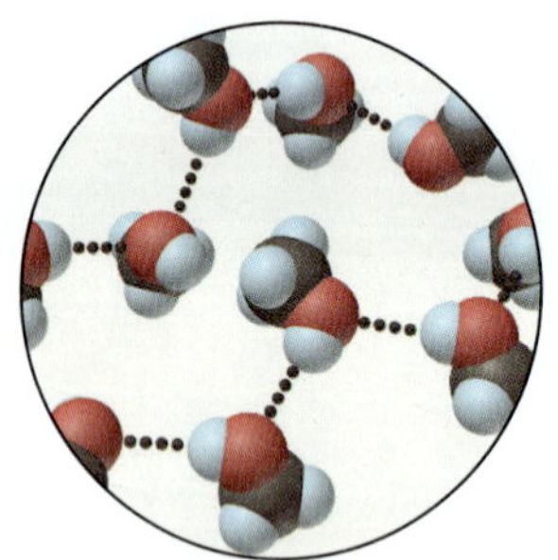

순수한 메탄올에서 수소 결합은 분자를 연결한다.

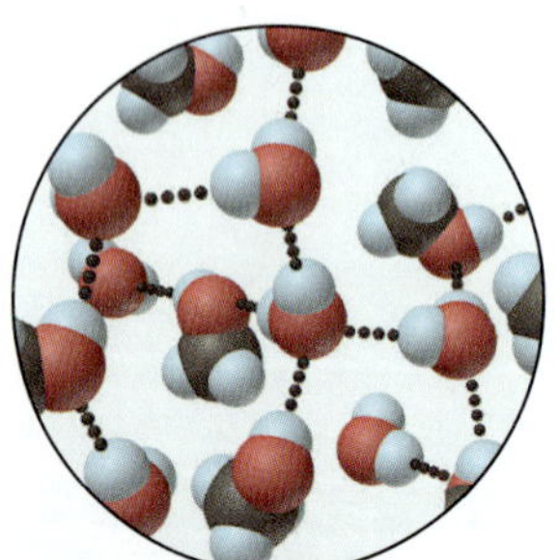

물과 메탄올의 용액에서 수소 결합은 두 종류의 분자를 연결한다.

그림 13.3 물에 대한 메탄올의 용해도.

- 탄화수소 부분은 헥세인과 분산력을 통해 상호작용을 하고 물과는 약한 쌍극자-유도 쌍극자 힘을 통해 상호작용을 한다.

알코올의 일반식은 $CH_3(CH_2)_nOH$인데, 한 개에서 여섯 개의 탄소(n = 0~5)를 가진 직쇄 알코올들을 살펴본다.

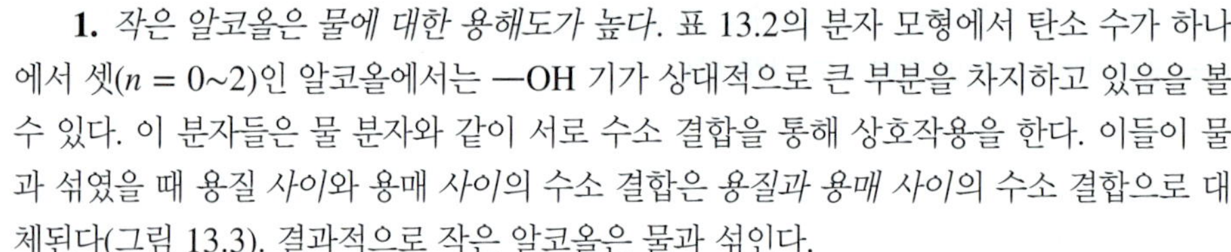

1. *작은 알코올은 물에 대한 용해도가 높다.* 표 13.2의 분자 모형에서 탄소 수가 하나에서 셋(n = 0~2)인 알코올에서는 —OH 기가 상대적으로 큰 부분을 차지하고 있음을 볼 수 있다. 이 분자들은 물 분자와 같이 서로 수소 결합을 통해 상호작용을 한다. 이들이 물과 섞였을 때 용질 *사이*와 용매 *사이*의 수소 결합은 *용질과 용매 사이*의 수소 결합으로 대체된다(그림 13.3). 결과적으로 작은 알코올은 물과 섞인다.

2. *큰 알코올은 물에 대한 용해도가 낮다.* 4개 이상의 탄소(n > 3)를 가진 큰 알코올의 용해도는 크게 감소한다. 실제로 7개 이상의 탄소로 된 사슬을 가진 알코올은 물에 녹지 않는다. 큰 알코올이 녹으려면 비극성 사슬은 물 분자 사이에서 움직여 물 분자 사이의 강한 수소 결합을 물과 사슬의 약한 인력으로 대체해야 한다. 이러한 알코올의 —OH 부분은 물과 수소 결합을 형성하지만 이 결합이 긴 탄화수소 부분을 위한 공간을 마련하기 위해 깨어져야 하는 물 분자 사이의 다른 수소 결합을 보전할 수는 없다.

표 13.2는 헥세인에서 반대 경향이 나타남을 보여주고 있다.

1. *작은 알코올은 헥세인에 대한 용해도가 낮다.* 헥세인에서 알코올의 경우, 분산력과 더불어 약한 쌍극자-유도 쌍극자가 메탄올(CH_3OH)의 —OH 기와 헥세인 사이에 존재한다. 이러한 힘은 CH_3OH 분자 사이의 강한 수소 결합을 대체할 수 없기 때문에 용해도는 상대적으로 낮다.

2. *큰 알코올은 헥세인에 대한 용해도가 높다.* 큰 알코올(n > 1)에서 탄화수소 부분과 헥세인 사이의 분산력은 헥세인 분자 사이의 분산력을 대체할 수 있다. 용매 내부의 약한 힘만을 대체하기 때문에 2개 탄소 사슬의 에탄올조차도 헥세인과의 사이에 충분한 분산력을 가져 섞이게 된다.

많은 유기 분자들은 극성과 비극성 부분을 가지며, 이것이 용해도를 결정하게 된다. 예를 들어, 카복실산과 아민은 알코올과 같이 거동한다. 폼산(HCOOH)과 메틸아민

(CH_3NH_2)은 물과 섞이고 헥세인에 약간 녹는다. 반면에 보다 긴 극성 사슬을 가진 헥산산($CH_3(CH_2)_4COOH$)와 1-헥산아민($CH_3(CH_2)_5NH_2$)은 물에 약간 녹으나 헥세인에는 매우 잘 녹는다.

예제 13.1 | 상대적 용해도의 예측

문제 어느 용매가 주어진 용질을 보다 많이 녹일지를 예측하라.

(a) 메탄올(CH_3OH) 혹은 1-프로판올($CH_3CH_2CH_2OH$)에서의 염화 소듐

(b) 헥세인($CH_3CH_2CH_2CH_2CH_2CH_3$) 혹은 물에서의 에틸렌글라이콜($HOCH_2CH_2OH$)

(c) 물 혹은 에탄올(CH_3CH_2OH)에서의 다이에틸에터($CH_3CH_2OCH_2CH_3$)

계획 용매, 용질 내부와 용매와 용질 사이의 힘을 결정하기 위해 용매와 용질의 화학식을 조사한다. 용질은 분자간 힘이 비슷하여 대체할 수 있는 용매에 더 잘 녹는다.

풀이 **(a)** 메탄올. NaCl은 이온 화합물이므로 이온-쌍극자 힘을 통해 녹는다. 메탄올과 1-프로판올은 모두 극성 —OH 기를 가지지만 각 알코올의 탄화수소 부분은 이온과 약하게 상호작용을 한다. 1-프로판올은 메탄올보다 긴 탄화수소 부분을 가진다.

(b) 물. 에틸렌글라이콜 분자는 2개의 —OH 기를 가지고 있어 분자 사이에 수소 결합을 통해 상호작용을 한다. H_2O와 형성된 수소 결합은 헥세인 내의 쌍극자-유도 쌍극자 힘보다 이러한 용질 분자 사이의 수소 결합을 잘 대체할 수 있다.

(c) 에탄올. 다이에틸에터 분자들은 쌍극자-쌍극자와 분산력을 통해 상호작용을 한다. 또 다이에틸에터 분자들은 H_2O와 에탄올과 수소결합을 형성할 수 있다. 그러나 에탄올은 탄화수소 사슬을 가지고 있기 때문에 분산력을 통해 보다 효과적으로 에터와 상호작용을 할 수 있다.

▶ **보충 문제**

13.1A 주어진 용매에서 어느 용질이 더 잘 녹는지와 어떤 힘이 가장 중요한지를 말하라.

(a) 물에서 1-뷰탄올($CH_3CH_2CH_2CH_2OH$) 혹은 1,4-뷰탄다이올($HOCH_2CH_2CH_2CH_2OH$)

(b) 물에서 클로로폼($CHCl_3$) 혹은 사염화 탄소(CCl_4)

13.1B 주어진 용질을 어느 용매가 더 잘 녹이는지와 어떤 힘이 가장 중요한지를 말하라.

(a) 클로로폼($CHCl_3$) 혹은 메탄올(CH_3OH)에서 클로로메탄(CH_3Cl)

(b) 물 혹은 헥세인(C_6H_{14})에서 펜탄올($C_5H_{11}OH$)

유사 문제 13.13, 13.14

기체-액체 용액 매우 약한 분자 사이의 인력을 가진 물질은 낮은 끓는점을 가지게 되며, 따라서 일반 조건에서 기체가 된다. 또한 약한 용질-용매 사이 힘 때문에 물에서 잘 녹지 않게 된다. 따라서 비극성 혹은 약한 극성의 기체들은 일반적으로 끓는점이 물에서의 용해도와 비례하게 된다(표 13.3). 높은 끓는점은 보다 강한 분자간 힘을 의미하며, 물에서 보다 큰 용해도를 보인다.

표 13.3 | 끓는점과 물에서의 용해도 사이의 관계

기체	용해도(mol/L)*	bp (K)
He	4.2×10^{-4}	4.2
Ne	6.6×10^{-4}	27.1
N_2	10.4×10^{-4}	77.4
CO	15.6×10^{-4}	81.6
O_2	21.8×10^{-4}	90.2
NO	32.7×10^{-4}	121.4

*273 K, 1 atm

비극성 기체는 소량 녹지만 매우 중요할 수 있다. 25°C, 1 atm 하에서 O_2의 용해도는 단지 3.2 mL/100. mL H_2O에 불과하지만 수생 동물의 생명 유지에 필수적이다. 가끔 용매와 *반응*하기 때문에 비극성 기체의 용해도가 높은 것처럼 *보일* 수 있다. 산소는 적혈구 세포에서 헤모글로빈과 화학적으로 결합하기 때문에 물에서보다 혈액에서 더 많이 녹는 것처럼 보인다. 수생 식물과 산호초 생성에 필수적인 이산화 탄소는 녹아서 반응하기 때문에 물에서 더 잘 녹는 것(25°C, 1 atm에서, ~81 mL CO_2/100. mL H_2O)처럼 보인다.

$$CO_2(g) + H_2O(l) \rightleftharpoons H^+(aq) + HCO_3^-(aq)$$

기체 용액과 고체 용액

기체 용액과 고체 용액 또한 매우 중요하고 많이 활용되고 있다.

기체-기체 용액 *모든 기체는 서로 섞인다.* 공기는 매우 다양한 비율로 섞인 약 18가지의 기체들로 이루어진 기체 용액의 대표적 예이다. 환자의 필요조건 및 수술에 걸리는 시간

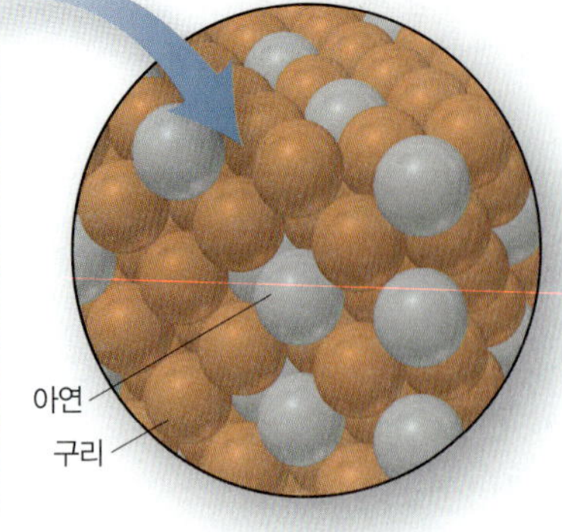

A. 치환형 합금인 황동

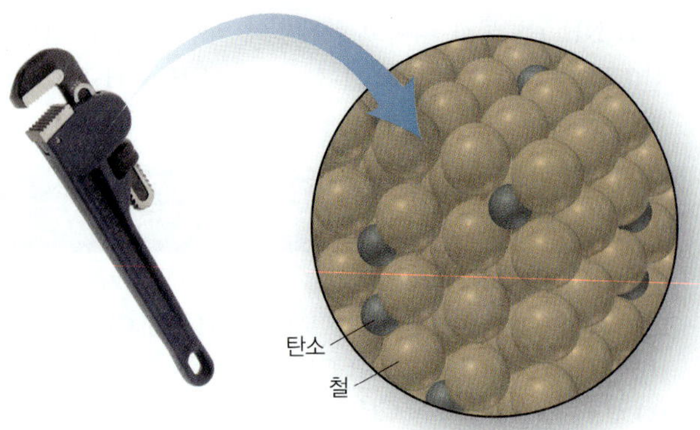

B. 틈새형 합금인 탄소강

그림 13.4 두 가지 종류의 합금에서의 원자 배열.

Source: (A) Willard/iStock/Getty Images; (B) Ingram Publishing/age fotostock

에 맞추어 그 조성을 미세 조정하는 마취 기체, 스쿠버 탱크에서 잠수의 깊이와 제한 시간에 따라 사용되는 다양한 기체 혼합물, 합성가스(syngas) 생산에 사용되는 CO/H_2 및 암모니아 생산에 사용되는 N_2/H_2 같은 산업용 기체 혼합물 등도 기체 용액에 속한다.

기체-고체 용액 *기체가 고체에 녹을 때 조밀 쌓임 입자들 사이의 공간을 차지한다.* 수소 기체는 팔라듐을 통해 불순한 시료를 통과시켜 정제할 수 있다. 오직 H_2 기체만이 Pd—H 결합을 형성하는 Pd 원자들 사이 공간에 맞게 작다. H 원자는 한 Pd 원자에서 다른 원자로 이동하며 금속으로부터 빠져 나올 때 H_2 분자의 형태가 된다(그림 14.2 참조).

기체가 고체에 녹는 능력 때문에 불리한 점도 있다. 구리의 전기 전도도는 결정 구조에 녹아 반응하여 산화 구리(I)을 형성하는 O_2의 존재 때문에 크게 감소한다. 높은 전도도 구리는 용융시켜 O_2가 없는 분위기 하에서 다시 주조하여 만든다.

고체-고체 용액 고체는 아주 조금 확산하므로 혼합물은 보통 불균일하다. 일부 고체-고체 용액은 고체를 녹여 섞은 다음 고체화시켜 만들 수 있다. 많은 금속 특성을 가진 원소들의 혼합물인 **합금**(alloy)은 (비록 일부는 미시적으로 불균일한 영역을 가짐에도 불구하고) 고체-고체 용액이다. 합금은 일반적으로 2가지로 구분한다.

- 황동(그림 13.4A)과 같은 *치환형 합금*(substitutional alloy)에서는 아연 원자가 입방 조밀 쌓임 배열(cubic closest packed array)의 일부 자리에 있는 주 원소인 구리 원자를 *치환한다*. 이것은 합금의 원소들의 원자들이 비슷한 크기일 경우 일어난다.
- 탄소강(그림 13.4B)과 같은 *틈새형 합금*(interstitial alloy)에서는 탄소 원자(이러한 종류의 합금에서 비금속이 전형적임)는 체심(body-centered) 배열의 주 원소인 철 원자 *사이의 공간(틈새)를 채운다*.

왁스(wax)도 역시 고체-고체 용액이다. 대부분은 결정성 규칙성이 있는 일부 작은 영역을 가진 무정형 고체이다. *왁스*는 물에 녹지 않고 비극성 용매에 녹는 생명체에서 만들어진 고체로 정의한다. 꿀벌이 둥지를 만들기 위해 분비하는 밀랍(beewax)은 긴 사슬의 카복실산인 지방산과 일부 분자가 40개 이상의 탄소 원자를 가지는 긴 탄화수소의 균일 혼합물이다. 남아메리카 야자에서 얻은 Carnauba 왁스는 긴 사슬의 알코올에 결합된 지방산으로 구성된 화합물들의 혼합물이다. 이들은 딱딱하기는 하지만 비극성 용매 안에서 두꺼운 젤을 형성하여 자동차에 광을 내는 데 최적이다.

13.1절 요약

- 용액은 분자간 힘의 작용을 통해 용매에 녹은 용질의 균일 혼합물이다.
- 순물질에서 나타나는 모든 분자간 힘에 더하여 이온-쌍극자, 이온-유도 쌍극자, 쌍극자-유도 쌍극자 힘이 용액에서 나타난다.
- 만약 비슷한 분자간 힘이 용질과 용매 내에서 작용하면, 물질이 섞일 때 이들은 서로 대체하여 용액이 생성될 가능성이 높다(같은 것은 같은 것을 녹인다라는 규칙).
- 이온 화합물이 물에 녹을 때 이온은 수소 결합한 물 분자들의 수화 껍질로 둘러싸이게 된다.

- 다양한 용매에서 유기 분자들의 용해도는 극성과 비극성 부분의 상대적 크기에 따라 달라진다.
- 약한 분자간 힘 때문에 비극성 기체는 물에 대한 용해도가 낮다. 기체는 서로 섞이고, 결정 구조의 공간을 채움으로써 고체에 녹는다.
- 고체-고체 용액은 합금(일부는 용융된 성분을 섞음으로써 생성)과 왁스를 포함한다.

13.2 분자간 힘과 생체 고분자

용액에 관한 이 장에서 단백질, 핵산, 세포막의 구조를 비롯하여 비누와 항생제의 기능을 논의할 것인데, 이들 역시 분자간 힘에 의존하기 때문이다. 이들의 모양과 기능은 다음 2개의 개념으로 설명된다.

- 극성 및 이온성 기(group)는 물을 끌어당기지만 비극성 기는 그렇지 않다.
- 개별 분자들이 서로 끌어당기는 것처럼 같은 분자 내 멀리 떨어진 위치의 작용기들도 서로 끌어당긴다.

단백질의 구조

단백질(protein)은 **아미노산**(amino acid)이라 불리는 많은 보다 작은 분자들이 연결되어 형성된 거대 분자(고분자로 불림)이다. 단백질에는 약 20가지의 서로 다른 아미노산이 있고, 단백질의 크기는 약 50개의 아미노산($\mathscr{M} \approx 5\times10^3$ g/mol)에서 수천 개의 아미노산($\mathscr{M} \approx 5\times10^5$ g/mol) 등으로 다양하다. 많지 않은 종류의 아미노산을 반복되는 형태로 가진 단백질은 확장된 나선형 또는 병풍형 모양을 가지고 머리카락, 피부 등의 구조를 이룬다. 많은 종류의 아미노산을 가진 단백질은 복잡하고 구형의 모양을 가지고 항체, 효소 등의 기능을 한다. 아미노산 사이의 분자간 힘이 어떻게 구형 단백질의 모양에 영향을 주는지를 살펴보자.

아미노산 곁사슬의 극성 세포에서 유리 아미노산은 α-탄소라고 부르는 1개의 탄소에 4개의 기가 결합되어 있다(그림 13.5). 4개의 기는 각각 전하를 가진 카복실 기($-COO^-$)와 아민 기($-NH_3^+$), 수소 원자, 그리고 R로 표기하는 *곁사슬*(side chain)인데, R은 수소 원자로부터 몇 개의 탄소 원자, 2개의 고리를 가진 C_9H_8N 기까지 다양하다. 단백질에서 아미노산은 카복실 기와 다음 아미노산의 아민 기가 *펩타이드*(peptide) 결합으로 공유 결합으로 연결되어 있다(15장에서 아미노산의 구조와 펩타이드 결합 형성에 대해 논의한다). 따라서 그림 13.6에서와 같이 단백질의 *골격*(backbone)은 폴리펩타이드 사슬이다. *α-탄소는 펩타이드 결합(주황색 음영)을 통해 다음 아미노산의 α-탄소와 계속 연결되어*

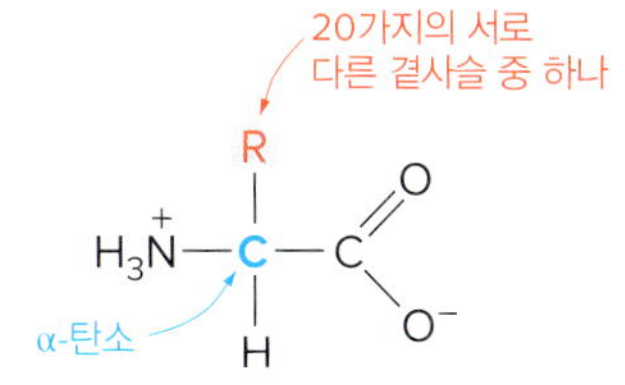

그림 13.5 생리적 조건에서 전하를 띤 아미노산의 형태.

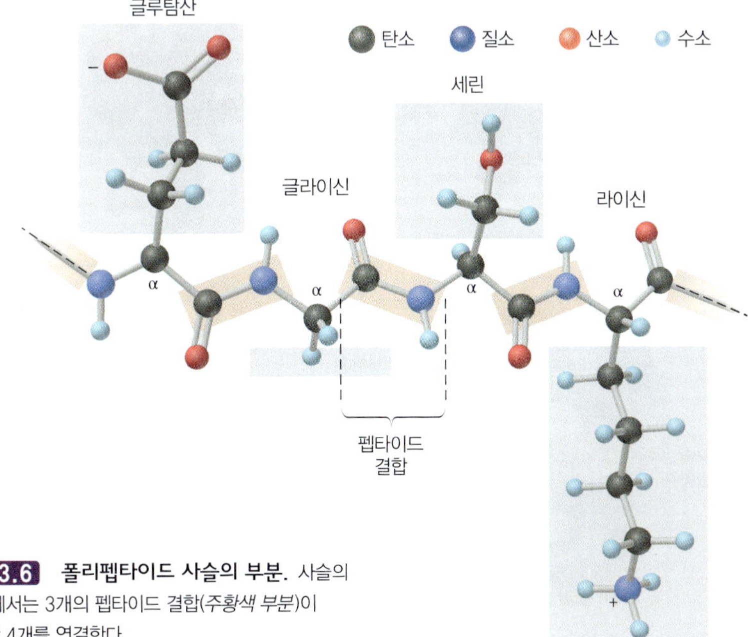

그림 13.6 폴리펩타이드 사슬의 부분. 사슬의 이 부분에서는 3개의 펩타이드 결합(*주황색 부분*)이 아미노산 4개를 연결한다.

있다. 다양한곁사슬(회색 음영)은 사슬의 옆면에 번갈아가며 α-탄소에 매달려 있다.

아미노산은 곁사슬의 극성 또는 전하에 의해 비극성, 극성, 이온성으로 분류할 수 있다. 다음은 몇 가지 아미노산의 예이다.

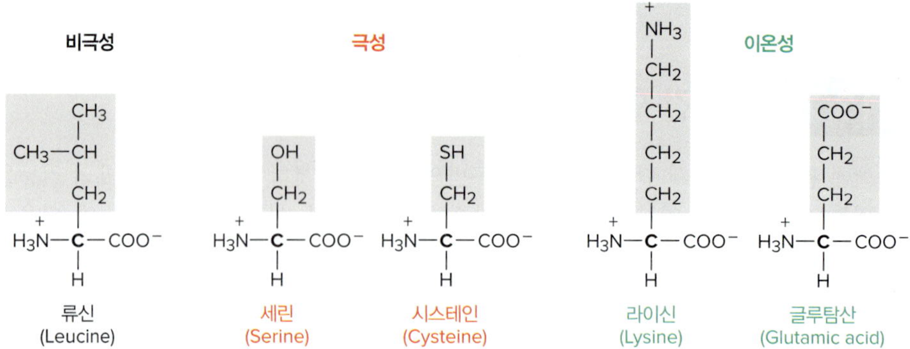

분자간 힘과 단백질 모양 개별 분자 사이에 작용하는 것과 같은 힘이 단백질의 모양을 결정한다. 왜냐하면 *사슬이 굽어져서 결과적으로 단백질의 사슬의 멀리 위치한 기(distant group)들이 서로 옆에 위치하게 되기 때문이다.* 그림 13.7은 단백질의 작은 영역 내, 단백질과 세포의 수용액 사이의 힘을 묘사하고 있다. 일반적인 중요도 순서로 나열하면 다음과 같다.

- 공유 펩타이드 결합은 골격을 형성한다(폴리펩타이드 사슬).
- 나선과 병풍과 같은 부분은 *한 펩타이드 결합의 C═O와 다른 결합의 N—H 사이의 수소 결합* 때문에 만들어진다.
- 극성 및 이온성 곁사슬은 주위의 세포액 안으로 돌출되어 이온-쌍극자 힘과 수소 결합을 통해 물과 상호작용을 한다.
- 비극성 곁사슬은 비수용성 단백질 내부에서 분산력을 통해 상호작용을 한다.

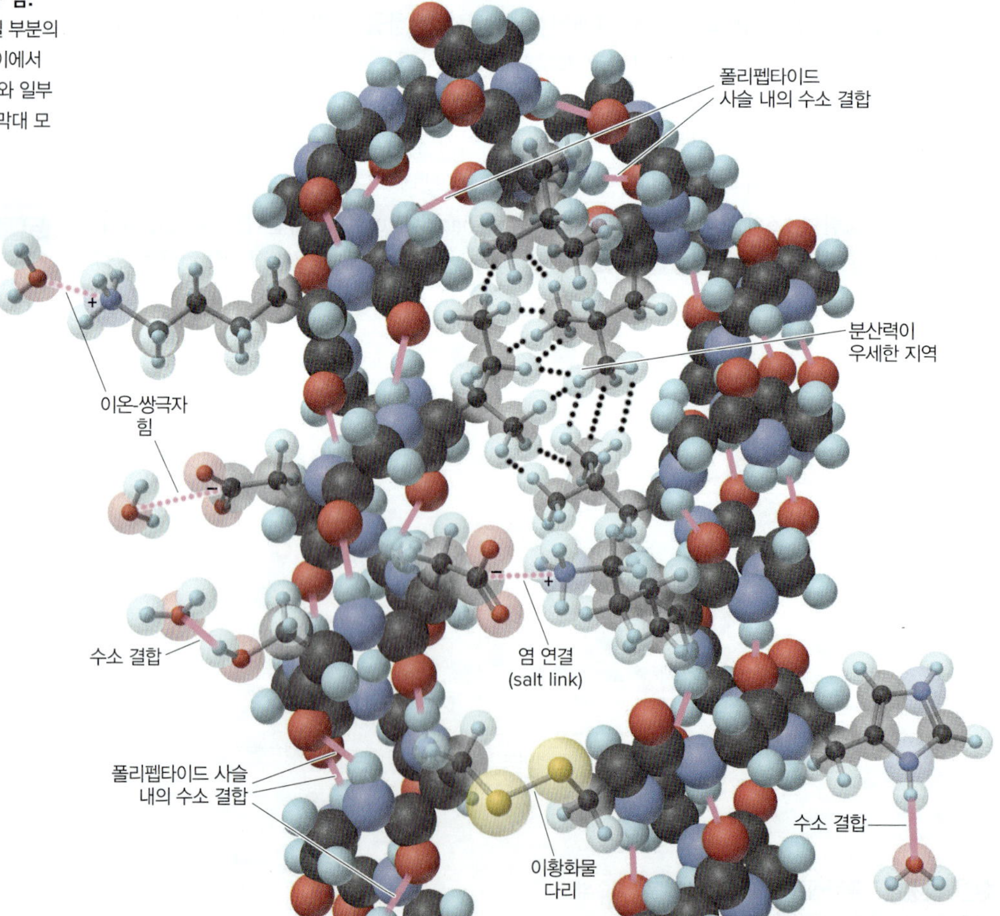

그림 13.7 단백질 구조를 유지하는 힘. 공유 결합, 이온 결합 및 분자간 힘이 단백질 부분의 일부 사이와 단백질과 주위의 H_2O 분자 사이에서 작용하여 단백질 모양을 결정한다. (물 분자와 일부 아미노산 곁사슬은 공간 채움 모형 내에 공-막대 모형으로 나타내었다.)

- 2개의 시스테인 곁사슬의 —SH 말단은 고리를 형성하는 사슬의 멀리 위치한 부분 사이에 *이황화물 다리*(disulfide bridge)인 공유성 —S—S— 결합을 형성한다.
- 서로 가까이 위치한 이온성 곁사슬의 반대로 하전된 말단인 $—COO^-$와 $—NH_3^+$ 기는 단백질 사슬에서 구부러짐을 만드는 정전기적 *염 연결*(salt link) [또는 *이온쌍*(ion pair)]을 형성한다.
- 곁사슬 사이의 다른 수소 결합은 멀리 있는 사슬의 부분을 가까이 위치하도록 한다.

따라서 용해성 단백질은 극성-이온성 외부와 비극성 내부를 가진다. 15장에서 강조하듯이 단백질의 아미노산 *배열*(sequence)은 *모양*(shape)을 결정하고, 모양은 *기능*(function)을 결정한다.

비누, 세포막, 항생제의 이중 극성

알코올 용해도의 주요 인자로 지적한 이중 극성으로 비누, 세포막, 항생제의 기능을 설명할 수 있다.

비누의 작용 비누(soap)는 강염기(금속 수산화물)가 긴 탄화수소 사슬을 가진 카복실산인 *지방산*(fatty acid)과 반응할 때 생성되는 염이다. 전형적인 비누 분자는 15~19개 탄소를 가진 비극성 "꼬리", 그리고 $—COO^-$ 기와 강염기의 양이온으로 구성된 극성-이온성 "머리"로 이루어져 있다. 리튬 비누는 딱딱하고 높은 녹는점을 가지며 자동차의 윤활제로 사용된다. 포타슘 비누는 낮은 녹는점을 가지며 액체 형태로 사용되고, 종종 살충제나 제초제로도 이용된다. 스테아린산 소듐 $CH_3(CH_2)_{16}COONa$를 포함한 일부 소듐 비누는 흔한 사각형 비누의 성분이다.

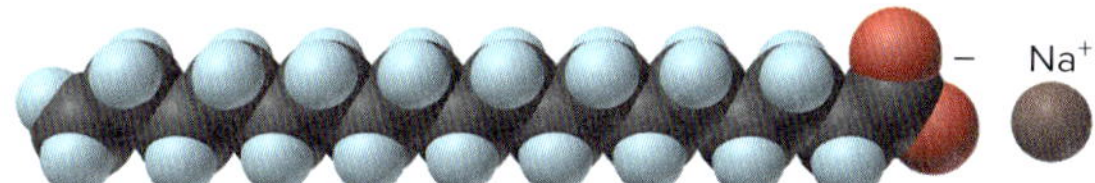

스테아린산 소듐 $C_{17}H_{35}COONa$

손 또는 옷의 기름을 비눗물에 담그게 되면 비누 분자의 비극성 꼬리가 분산력을 통해 비극성 기름 분자와 상호작용을 하며, 극성-이온성 머리는 이온-쌍극자 힘과 수소 결합을 통해 물 분자를 끌어당긴다. 극성-이온성 머리가 물에 붙어 있는 비누 분자들이 박힌 기름 분자들의 작은 응집체는 물에 씻겨 나간다(그림 13.8).

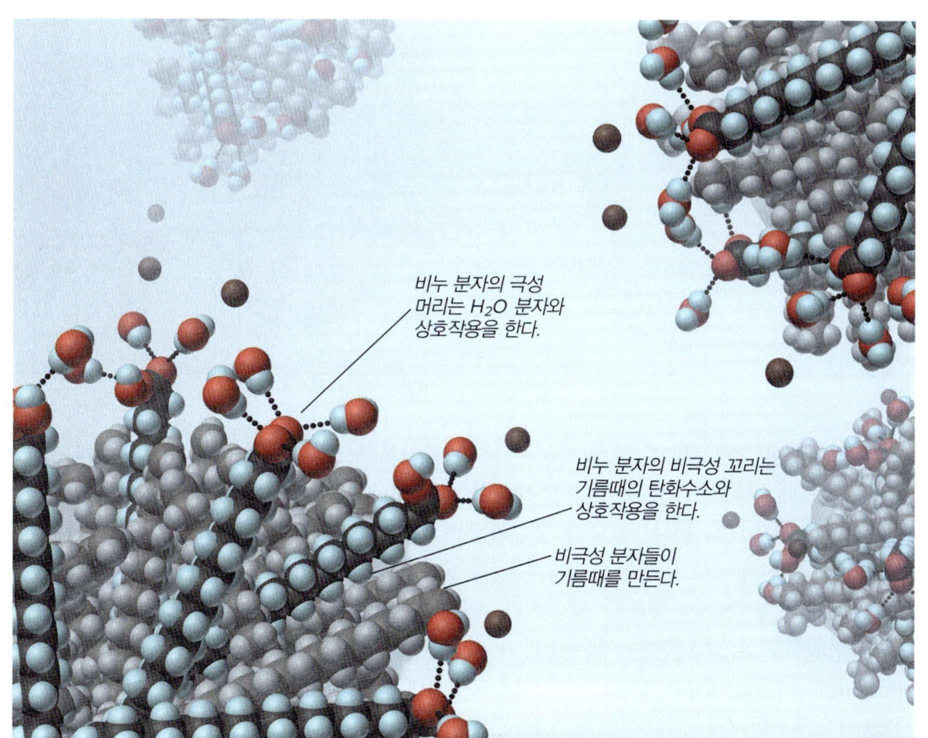

그림 13.8 비누의 세척력은 분자의 이중 극성 덕분이다.

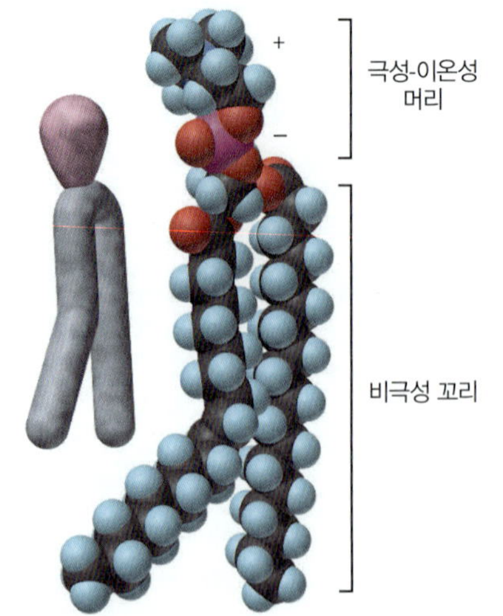

그림 13.9 **세포막 인지질.** 인지질인 Lecithin(phosphatidylcholine)을 공간 채움 모형과 단순화한 보라색-회색 모양으로 도시하였다.

지질 두분자층(bilayer)과 세포막의 구조 세포막에서 가장 풍부한 분자는 *인지질*(phospholipid)이다. 비누처럼 인지질은 이중 극성을 가지는데, 2개의 지방산 사슬로 이루어진 비극성 꼬리와 유기 인산 작용기로 이루어진 극성-이온성 머리로 구성되어 있다(그림 13.9). 놀랍게도 인지질은 물에서 자기 조립(self-assemble)하여 **지질 두분자층**(lipid bilayer)이라 불리는 병풍 모양의 이중층을 만드는데, 2개 층의 꼬리가 서로 맞닿아 있고 머리가 물속에 있다. 실험실에서 두분자층은 물을 내부에 포집하고 있는 원형 기공을 형성한다. 이러한 구조는 분자간 힘 때문에 에너지의 면에서 유리하다.

- 이온-쌍극자 힘은 극성 머리와 내부와 외부의 물 사이에 작용한다.
- 분산력은 두분자층 내부의 비극성 꼬리 사이에 작용한다.
- 비극성 꼬리와 물 사이에는 최소의 접촉만 존재한다.

전형적인 동물 세포막은 단백질이 일부 들어가 있는 인지질 두분자층으로 구성되어 있다. 그림 13.10에 이러한 막의 일부분을 도시하였다. 막 단백질(membrane protein)은 수없이 많은 필수적 기능을 수행하는데, 이중 극성의 관점에서 용해 단백질과 근본적으로 다르다.

- 용해 단백질은 극성 외부와 비극성 내부를 가진다. 이 단백질의 *외부에 있는 극성 작용기*와 물 사이에는 이온-쌍극자 힘과 수소 결합이 작용하고, *내부에 있는 비극성 작용기* 사이에는 분산력이 작용한다(그림 13.7).
- 그림 13.10에서 볼 수 있듯이 막 단백질은 외부가 부분적으로 극성(붉은색), 부분적으로 비극성(푸른색)이다. 막 단백질은 *주위의 수용액으로 돌출된 외부*에는 *극성 작용기*를 가지고, *세포막에 파묻힌 외부*에는 *비극성 작용기*를 가진다. 이러한 비극성 작용기는 두분자층의 인지질 꼬리와 분산력을 형성한다. 통로 단백질(channel protein)도 수용액 통로를 따라 배열된 극성 작용기를 가진다.

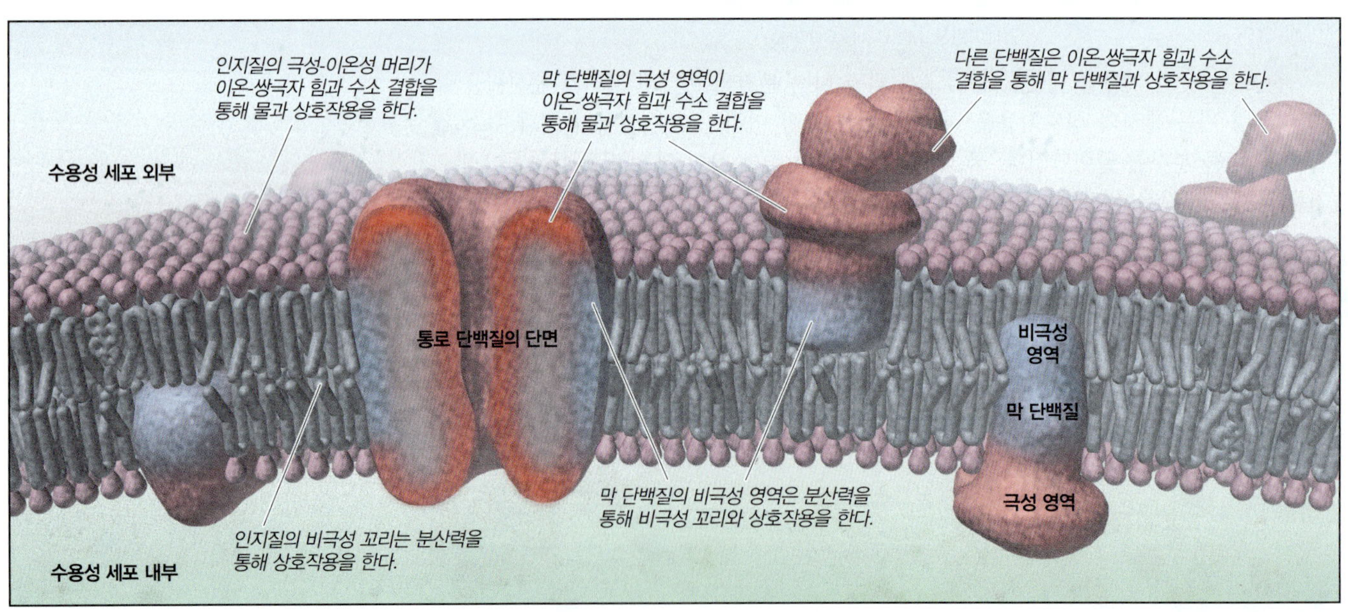

그림 13.10 분자간 힘과 세포막 구조.

항생제의 작용 세포막의 주요 기능은 내부와 이온 농도의 균형을 이루는 것이다. 세포는 Na^+를 배출하고 K^+를 내부에 보관한다. Gramicidin A 및 유사 항생제는 박테리아의 세포막에 이온이 통과하는 통로를 형성함으로써 작용한다(그림 13.11). 비극성 기가 외부로, 극성 기가 내부로 위치한 2개의 나선형 gramicidin A 분자는 끝을 서로 연결하며 위치하여 막을 통과하는 통로를 형성한다. 비극성 외부는 세포막에서 분산력을 통해 분자를 안정화하고 극성 내부는 이온-쌍극자 힘을 이용하여 마치 "물통으로 퍼붓듯이(bucket brigade)" 이온을 통과시킨다. 각 통로당 초당 10^7개 이상의 이온을 통과시켜 이온 균형을 치명적으로 교란시켜 박테리아가 죽게 된다.

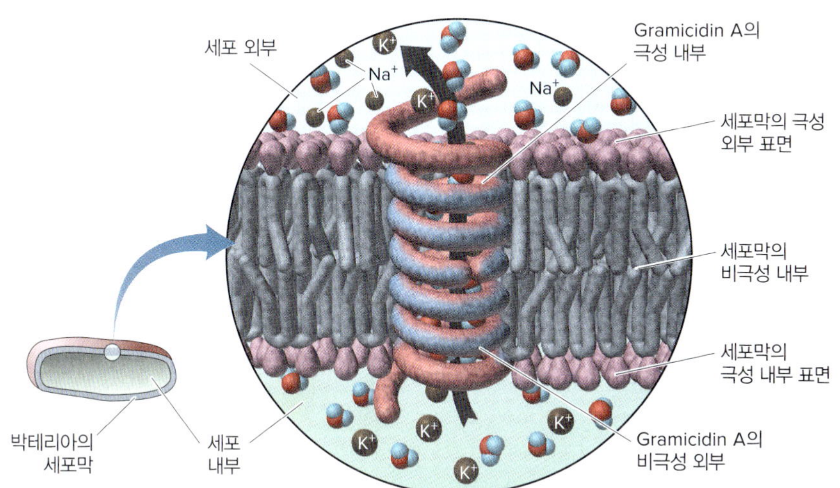

그림 13.11 항생제 gramicidin A의 작용 방식. K^+ 이온이 세포를 떠나고 있음을 보여준다. 동시에 Na^+ 이온(도시되지 않음)은 세포로 들어간다.

DNA의 구조

모든 단백질의 설계와 구성 그리고 궁극적으로 기능을 유도하는 화학적 정보는 **단량뉴클레오타이드**(mononucleotide)라 불리는 작은 단위(단량체)로 구성된 가지 없는 고분자인 **핵산**(nucleic acid)에 담겨 있다. 각 단량뉴클레오타이드는 N을 포함하는 염기, 당 그리고 인산기로 구성되어 있다(그림 13.12). DNA(deoxyribonu cleic acid)에서 당은 2-deoxyribose이고, 5개의 탄소를 가진 당 ribose의 2번째 C에 결합된 —OH를 H로 대체하고 있다.

DNA 사슬의 반복 패턴은 *당이 인산, 인산이 당에 계속적으로 연결*되어 있는 것이다. 각 당에는 폴리뉴클레오타이드 사슬에 매달려 있는 평면 고리 구조를 가진, N을 포함하는 4 가지 염기 중 하나가 연결되어 있는데, 폴리펩타이드 사슬에 매달린 아미노산 곁사슬과 유사하다.

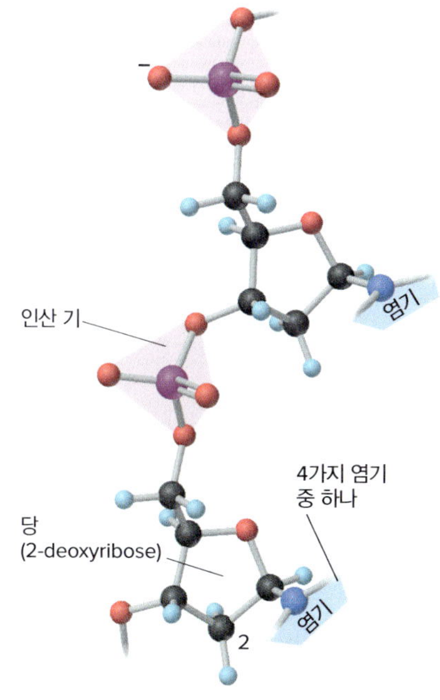

그림 13.12 DNA의 폴리펩타이드 사슬의 짧은 부분.

분자간 힘과 이중 나선 DNA는 2개의 사슬이 분자간 힘에 의해 안정화된 이중 나선(double helix) 형태로 서로를 감싼 상태로 존재한다(그림 13.13).

- *보다 극성인 외부*에 있는, 음으로 하전된 당-인산 기는 주위의 수용액과 이온-쌍극자 힘과 수소 결합을 통해 상호작용을 한다.
- *보다 극성이 작은 내부*에 있는, 평평하고 N을 함유한 염기는 다른 염기 위에 쌓여 분산력으로 상호작용을 한다.
- *염기는 특정 사슬 간 수소 결합을 형성한다.* 즉, 한 사슬의 각 염기는 항상 다른 사슬의 상보성(complementary) 염기와 수소 결합을 한다. 따라서 *한 사슬의 염기 배열은 다른 사슬의 수소 결합된 상보성 염기 배열을 가진다.*

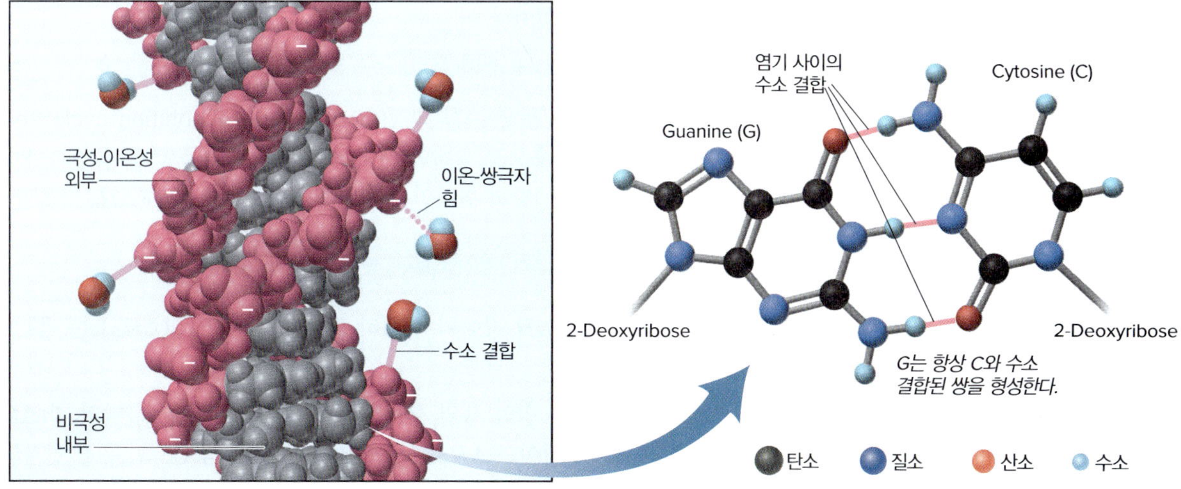

그림 13.13 DNA의 이중 나선. DNA의 부분(*왼쪽*)은 물을 향하는 극성-이온 당-인산 부분(*분홍색*)과 내부에 쌓여 있는 비극성 염기(*회색*)를 가진다. 확장된 부분(*오른쪽*)은 수소 결합으로 연결된 guanine과 cytosine 염기 쌍을 보여준다.

DNA 분자는 이러한 미리 결정된 쌍의 염기를 연결하는 수백만 개의 수소 결합을 가진다. 수소 결합들의 총 에너지는 사슬들이 서로 붙어 있도록 만들지만, 수소 결합 하나하나는 약해서(전형적인 단일 공유 결합의 약 5%) 중요한 세포 과정에서 사슬이 갈라질 때 한 번에 몇 개가 깨어진다. (15장에서 수소 결합된 염기쌍이 단백질 합성과 DNA 복제에서 얼마나 중요한지를 깨닫게 될 것이다.)

› 13.2절 요약

- 용해 단백질에서 외부의 극성 및 이온성 아미노산 곁사슬은 주위의 물과 상호작용을 하고, 내부의 비극성 곁사슬은 서로 상호작용을 한다.
- 비누는 극성-이온성 머리와 비극성 꼬리로 기름을 녹이고 물과 상호작용을 한다.
- 비누와 같이 인지질은 이중 극성을 갖는다. 이들은 물이 투과하는 지질 두분자층으로 조립된다. 세포막에서 막 단백질의 파묻힌 부분은 분산력을 통해 지질 두분자층의 비극성 꼬리와 상호작용을 하는 외부 비극성 곁사슬을 가진다. 일부 항생제는 비극성 외부와 극성 내부로 통로를 형성하여 세포막을 통해 이온을 이동시킨다.
- DNA는 당-인산, 극성-이온성 외부를 가진 이중 나선을 형성한다. 내부에서는 N을 포함하는 염기가 특정 쌍으로 수소 결합을 하고 분산력을 통해 쌓이게 된다.

13.3 물질이 녹는 이유: 용해 과정의 세분화

정성적 거시적(macroscopic) 규칙 "같은 것은 같은 것을 녹인다"는 용질과 용매 사이의 분자간 상호작용에 근거를 두고 있다. 같은 것이 같은 것을 녹이는 이유를 알기 위해서 용해 과정을 개념적으로 몇 단계로 세분하여 각각을 정량적으로 살펴본다.

› 용해열과 성분

용액이 형성되기 전 용질 입자(이온 또는 분자)들은 서로 끌어 당기고 있으며, 용매 입자(분자)들도 마찬가지이다. 서로 용해하기 위해서 3단계가 이루어져야 하고, 각 단계는 엔탈피 변화를 수반한다.

단계 1. 용질 분자들이 서로 분리된다. 이 단계는 분자(또는 이온) 간 인력을 극복해야 하며, 따라서 *흡열*이다.

$$\text{용질(응집)} + \text{열} \longrightarrow \text{용질(분리)} \qquad \Delta H_{\text{용질}} > 0$$

단계 2. 용매 분자들이 서로 분리된다. 이 단계도 인력을 극복해야 하므로 역시 *흡열*이다.

$$\text{용매(응집)} + \text{열} \longrightarrow \text{용매(분리)} \qquad \Delta H_{\text{용매}} > 0$$

단계 3. *용질과 용매 입자들이 섞여 용액을 형성한다.* 다른 입자들이 서로 끌어당겨 뭉치므로 이 단계는 *발열*이다.

$$\text{용질(분리)} + \text{용매(분리)} \longrightarrow \text{용액} + \text{열} \qquad \Delta H_{\text{혼합}} < 0$$

전체 과정을 *열화학적 용해 순환 과정*(thermochemical solution cycle)이라 부르며, Hess의 법칙의 또 다른 응용으로, 3개의 개별적 엔탈피 변화를 더해 용질과 용매가 용액을 형성할 때 수반되는 총 엔탈피 변화인 **용해열**(또는 용해 엔탈피)($\Delta H_{\text{용해}}$)을 얻는다.

$$\Delta H_{\text{용해}} = \Delta H_{\text{용질}} + \Delta H_{\text{용매}} + \Delta H_{\text{혼합}} \qquad \textbf{(13.1)}$$

전체 용액 형성은 개별적 ΔH 값들의 상대적 크기에 따라 발열($\Delta H_{\text{용해}}$는 음) 또는 흡열($\Delta H_{\text{용해}}$는 양)이다.

- *발열 과정*: $\Delta H_{\text{용해}} < 0$. 만약 흡열 항의 합($\Delta H_{\text{용질}} + \Delta H_{\text{용매}}$)이 발열 항($\Delta H_{\text{혼합}}$)보다 *작으면* 용해 과정은 발열이고 $\Delta H_{\text{용해}}$는 음이다(그림 13.14A). 즉, 용질 입자와 용매 입자가 서로 끌어당겨 용액을 형성할 때 방출되는 에너지보다 용질 입자와 용매 입자를 분리하는 데 더 적은 에너지가 필요하다.

인터넷 핫스팟

에너지 변화와 용해 과정의 개념이 어렵게 느껴진다면, eBook에 접속하여 이 주제에 대한 추가 학습 동영상을 참고하자.

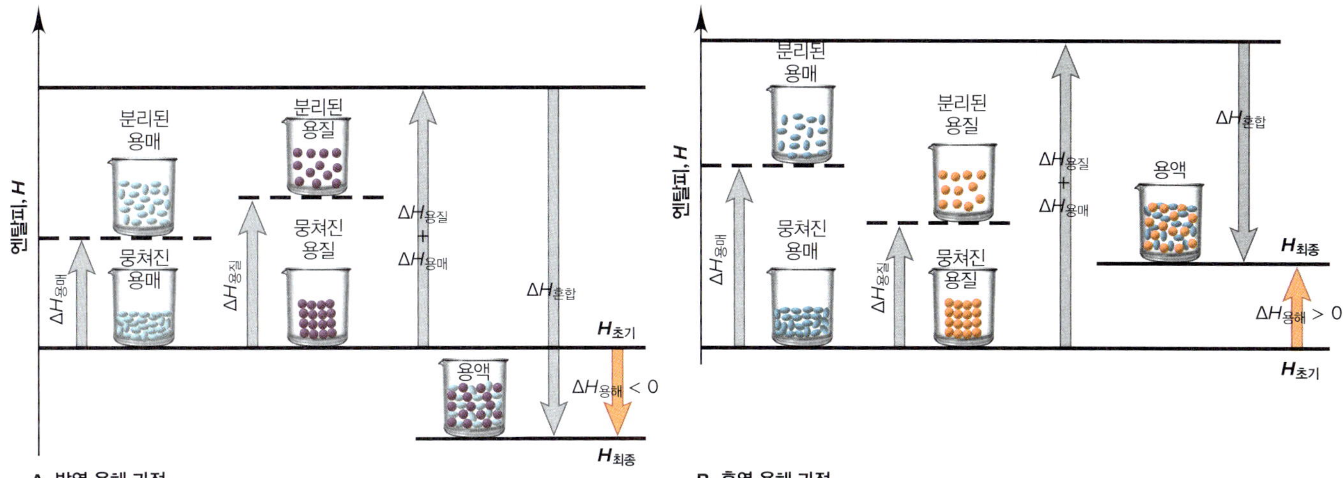

그림 13.14 **용해열의 엔탈피 성분.** A. $\Delta H_{혼합}$은 $\Delta H_{용질}$와 $\Delta H_{용매}$의 합보다 크다. 따라서 $\Delta H_{용해}$는 음이다. B. $\Delta H_{혼합}$은 $\Delta H_{용질}$와 $\Delta H_{용매}$의 합보다 작다. 따라서 $\Delta H_{용해}$는 양이다.

- *흡열 과정*: $\Delta H_{용해} > 0$. 만약 흡열 항의 합이 발열 항보다 크면 용해 과정은 흡열이고 $\Delta H_{용해}$는 양이다(그림 13.14B). 이 경우에는 용질 입자와 용매 입자가 서로 끌어당겨 용액을 형성할 때 방출되는 에너지보다 용질 입자와 용매 입자를 분리하는 데 *더 많은* 에너지가 필요하다. 만약 $\Delta H_{용해}$가 큰 양의 값이면, 용질은 해당 용매에 많이 녹지 않을 것이다.

수화열: 물에서 이온성 고체 녹이기

용해 순환 과정의 $\Delta H_{용매}$와 $\Delta H_{혼합}$ 성분을 개별적으로 측정하기 어렵다. 이들을 더하면 용질 입자를 용매 입자가 둘러싸는 과정인 **용매화**(solvation) 엔탈피 변화와 같게 된다.

$$\Delta H_{용매화} = \Delta H_{용매} + \Delta H_{혼합}$$

물에서의 용매화를 **수화**(hydration)이라 부른다. 따라서 물 분자를 분리하고 분리된 용질을 이들과 혼합하는 과정의 엔탈피 변화들을 합하여 **수화**(hydration)**열**(또는 수화 엔탈피)($\Delta H_{수화}$)이 된다. 물에서 식 (13.1)은 다음과 같이 된다.

$$\Delta H_{용해} = \Delta H_{용질} + \Delta H_{수화}$$

수화열은 이온성 고체를 용해하는 주요 인자이다. 물의 수소 결합을 깨는 것은 보다 강한 이온-쌍극자 힘을 형성함으로써 보상되고도 남으므로 이온의 수화는 *항상* 발열이다. 이온의 $\Delta H_{수화}$는 분리(기체화)된 이온 1 mol의 수화 과정의 엔탈피 변화로 정의한다.

$$M^+(g)\ [\text{또는 } X^-(g)] \xrightarrow{H_2O} M^+(aq)\ [\text{또는 } X^-(aq)] \qquad \Delta H_{이온의\ 수화}\ (\text{항상} < 0)$$

전하 밀도의 중요성 수화열은 부피에 대한 전하의 비인 이온의 **전하 밀도**(charge density)에 따르는 경향을 보인다.

- 이온의 전하가 크고 반지름(이온의 부피를 결정함)이 작을수록 전하 밀도는 높다.
- Coulomb의 법칙에 따르면 이온의 전하가 크고 반지름이 작을수록 이온은 H_2O 분자의 반대로 하전된 극으로 더 가까이 가고(그림 2.13 참조) 이온과 H_2O 분자 사이의 인력은 더 강해진다.
- 일반적으로 전하 밀도가 높을수록 $\Delta H_{수화}$는 더 큰 음의 값을 갖는다.
- 따라서 2+ 이온은 같은 크기의 1+ 이온보다 H_2O 분자를 더 강하게 끌어당긴다.
- 작은 1+ 이온은 큰 1+ 이온보다 H_2O 분자를 더 강하게 끌어당긴다.

$\Delta H_{수화}$ 값의 주기적 경향은 전하 밀도의 경향을 따른다(표 13.4).

- *같은 족에서 아래로 갈수록* 전하는 그대로이지만 크기는 증가한다. 따라서 전하 밀도는 감소하고 $\Delta H_{수화}$ 값도 마찬가지이다.
- *같은 주기에서 오른쪽으로 갈수록*, 예를 들어 1A(1) 족에서 2A(2) 족으로 가면 2A 이온은 더 작은 반지름과 더 큰 전하를 가지므로 전하 밀도와 $\Delta H_{수화}$는 커진다.

표 13.4 | 이온의 수화열 경향

이온	이온 반지름 (pm)	$\Delta H_{수화}$ (kJ/mol)
1A(1)족		
Na^+	102	−410
K^+	138	−336
Rb^+	152	−315
Cs^+	167	−282
2A(2)족		
Mg^{2+}	72	−1903
Ca^{2+}	100	−1591
Sr^{2+}	118	−1424
Ba^{2+}	135	−1317
7A(17)족		
F^-	133	−431
Cl^-	181	−313
Br^-	196	−284
I^-	220	−247

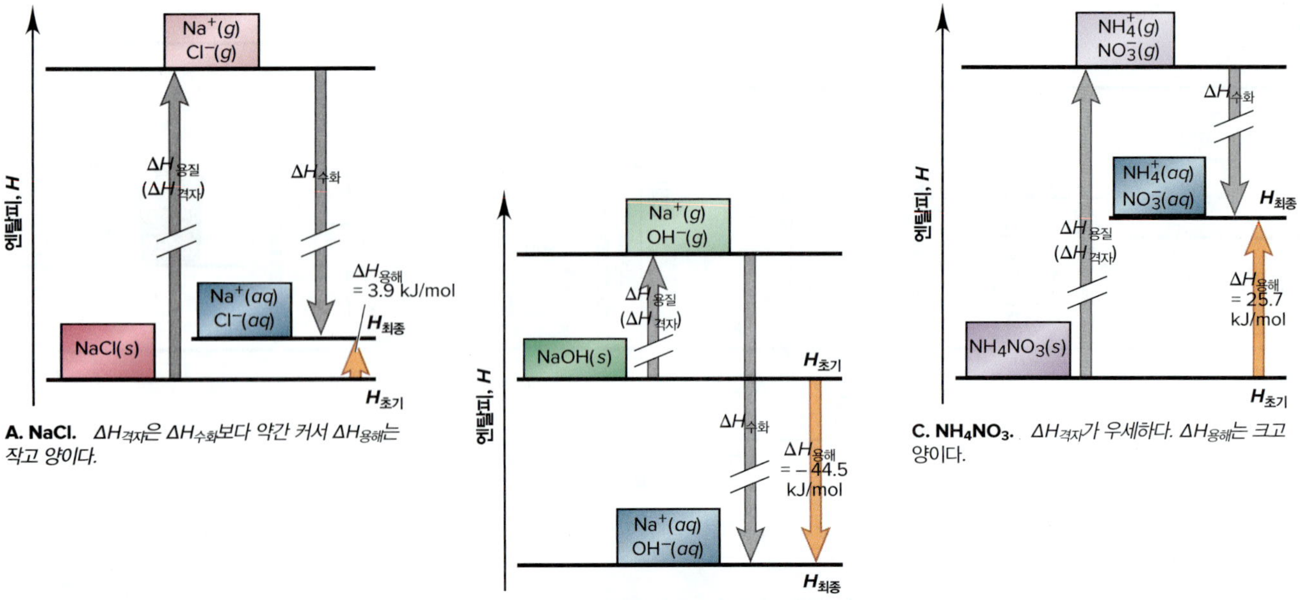

A. NaCl. *$\Delta H_{격자}$은 $\Delta H_{수화}$보다 약간 커서 $\Delta H_{용해}$는 작고 양이다.*

B. NaOH. *$\Delta H_{수화}$가 우세하다. $\Delta H_{용해}$는 크고 음이다.*

C. NH_4NO_3. *$\Delta H_{격자}$가 우세하다. $\Delta H_{용해}$는 크고 양이다.*

그림 13.15 물에 녹는 이온 화합물의 엔탈피 도표.

수용액 용해열의 성분 이온성 용질 MX를 기체상태의 이온으로 분리하려면 많은 에너지($\Delta H_{용질}$)가 필요하다. 이 에너지가 격자 에너지이며 큰 양의 값을 가진다는 9장의 내용을 상기하라.

$$MX(s) \longrightarrow M^+(g) + X^-(g) \qquad \Delta H_{용질}\,(항상 > 0) = \Delta H_{격자}$$

따라서 물에서 이온 화합물의 용해열은 격자 에너지(항상 양)에 이온의 수화열 합(항상 음)을 더한 것이다.

$$\Delta H_{용해} = \Delta H_{격자} + \Delta H_{이온의\ 수화} \qquad (13.2)$$

역시 각 항의 크기가 $\Delta H_{용해}$의 부호를 결정한다.

그림 13.15는 이온성 용질이 물에 녹을 때의 정성적 엔탈피 도표이다.

- *NaCl.* 염화 소듐은 격자 에너지가 이온들의 수화열 합보다 약간 크기 때문에 작은 양의 $\Delta H_{용해}$(3.9 kJ/mol)를 가진다. NaCl을 플라스크의 물에 녹이면 온도 변화가 작아 느끼지 못한다.
- *NaOH.* 수산화 소듐은 격자 에너지가 이온들의 수화열 합보다 훨씬 *작기* 때문에 큰 음의 $\Delta H_{용해}$(−44.5 kJ/mol)를 가진다. NaOH를 물에 녹이면 플라스크가 따뜻해진다.
- *NH_4NO_3.* 질산 암모늄은 격자 에너지가 이온들의 수화열 합보다 훨씬 *크기* 때문에 큰 양의 $\Delta H_{용해}$(25.7 kJ/mol)를 가진다. NH_4NO_3를 물에 녹이면 플라스크는 차가워질 것이다.

핫팩과 콜드팩은 두꺼운 외부 물 층과 얇은 내부 염 층으로 구성되어 있다. 압착하여 내부 층을 깨뜨리면 염이 녹게 된다. 대부분의 핫팩은 무수 $CaCl_2$($\Delta H_{용해}$ = −82.8 kJ/mol)을 이용한다. 일본에서는 수프를 이중 벽 캔에 담아 팔기도 하는데, 캔의 벽 사이에는 물에 잠긴 봉지 속에 염이 들어 있다. 캔을 열고 봉지를 깨뜨리면 염이 녹고 수프는 금방 약 90°C까지 데워진다. 콜드팩은 NH_4NO_3($\Delta H_{용해}$ = 25.7 kJ/mol)을 사용한다. 콜드팩은 약 반 시간 정도 0°C로 유지되는데, 삔 부분을 충분히 가라앉힐 수 있다.

예제 13.2 | 수용성 이온의 용해열 계산

문제 진정제에서 화재 억제제 등으로 이용할 수 있는 브로민화 칼슘은 진한 용액의 형태로 주로 산업용 굴착 용액으로 사용된다.

(a) Ca^{2+} 또는 Br^- 이온 중 어느 것이 보다 큰 전하 밀도를 가지는지를 예상하라.

(b) 표 13.4와 격자 에너지(2132 kJ/mol)을 이용하여 브로민화 칼슘의 용해열(kJ/mol)을 구하라.

(c) 이 용해 과정에 대한 엔탈피 도표를 그려라.

(a) 이온의 상대적 전하 밀도 예상하기

계획 전하 밀도는 이온의 전하(부호에 상관없음)의 부피에 대한 비이다. 이온의 부피는 이온의 반지름과 관계있다. 각 이온의 전하를 결정하고 이온의 크기의 경향을 이용하여 두 이온의 반지름을 비교한다. 전하가 증가하고 크기가 작아질수록 전하 밀도는 증가한다.

풀이 칼슘 이온은 2+의 전하를 갖는 Ca^{2+}이다. 브로민화 이온은 1−의 전하를 갖는 Br^-이다. Ca 원자는 전자를 잃어 더 작은 Ca^{2+} 이온을 형성하는 반면 Br 원자는 전자를 얻어 더 큰 Br^- 이온을 형성한다. 따라서 Ca^{2+}의 반지름은 Br^-의 반지름보다 작다. Ca^{2+} 이온은 더 큰 전하와 더 작은 크기를 가지므로 Br^-보다 더 큰 전하 밀도를 가질 것으로 예상된다.

검산 표 13.4에 따르면, $\Delta H_{수화}$는 Ca^{2+}이 Br^-보다 훨씬 더 크다(즉, 더 큰 음의 값을 갖는다). 더 높은 전하 밀도가 더 음의 $\Delta H_{수화}$를 야기하므로 답은 맞다.

(b) $CaBr_2$ 용해열 계산하기

계획 물에 녹는 염에 대해 개별적인 엔탈피 성분이 주어지거나 찾아 볼 수 있고, 총 용해열($\Delta H_{용해}$)을 계산하기 위해 각각의 부호를 결정해야 한다. 성분은 격자 에너지(고체가 기체상태의 이온으로 분리될 때 흡수하는 열)과 각 이온의 수화열(이온이 수화될 때 방출하는 열)이다. 격자 에너지는 항상 양이므로 $\Delta H_{격자}$ = 2132 kJ/mol이고, 수화열은 항상 음이므로 표 13.4에서 Ca^{2+}의 $\Delta H_{수화}$ = −1591 kJ/mol, Br^-의 $\Delta H_{수화}$ = −284 kJ/mol이다. Br^- 2 mol임에 유의하면서 식 (13.2)를 이용하여 $\Delta H_{용해}$를 구한다.

풀이

$$\begin{aligned}\Delta H_{용해} &= \Delta H_{격자} + \Delta H_{이온의\ 수화}\\ &= \Delta H_{격자} + Ca^{2+}의\ \Delta H_{수화} + 2(Br^-의\ \Delta H_{수화})\\ &= 2132\ kJ/mol + (-1591\ kJ/mol) + 2(-284\ kJ/mol)\\ &= -27\ kJ/mol\end{aligned}$$

검산

결과를 확인하기 위해 대충 계산하면

$$2100\ kJ/mol - 1600\ kJ/mol - 560\ kJ/mol = -60\ kJ/mol$$

합이 작은 음이므로 답이 옳음을 알 수 있다.

(c) $CaBr_2$ 용해 과정의 엔탈피 도표 그리기

계획 수직의 엔탈피 축을 따라서 격자 에너지(흡열)를 고체 염에서 기체상태의 이온으로 가는 위를 향하는 화살표로 나타낸다. 이온의 수화(발열)는 기체상태에서 수화 이온으로 가는 아래로 향하는 화살표로 나타낸다. (b)에서 $\Delta H_{용해}$는 작고 음이므로 아래로 향하는 화살표 머리는 위로 향하는 화살표의 꼬리보다 약간 아래에 위치한다.

풀이 엔탈피 도표는 옆의 여백에 도시되어 있다.

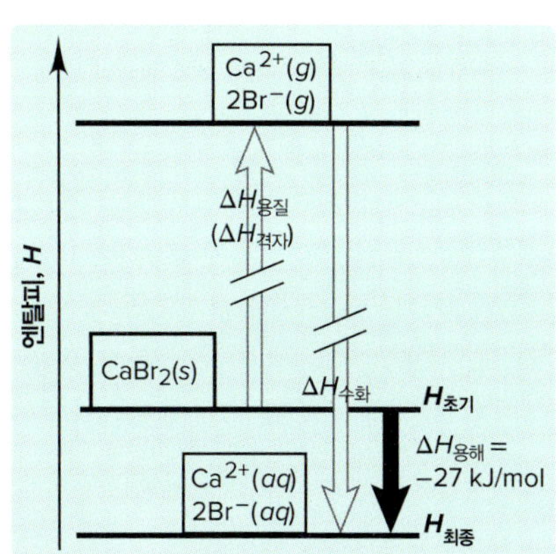

▶ **보충 문제**

13.2A 다음 자료를 이용하여 KNO_3의 이온에 대한 수화열 합을 구하라. $\Delta H_{용해}$ = 34.89 kJ/mol, $\Delta H_{격자}$ = 685 kJ/mol

13.2B Na^+와 CN^- 중에서 어느 이온이 더 큰 $\Delta H_{수화}$를 가질 것으로 예상되는가? 다음 자료를 이용하여 CN^-의 수화열을 구하라. NaCN의 $\Delta H_{용해}$ = 1.21 kJ/mol, NaCN의 $\Delta H_{격자}$ = 766 kJ/mol, Na^+의 $\Delta H_{수화}$ = −410. kJ/mol.

유사 문제 13.30~13.37

용해 과정과 엔트로피 변화

용해열($\Delta H_{용해}$)은 용질이 녹는지 여부를 결정하는 2가지 인자 중 하나이다. 다른 인자는 퍼지려고 하는 입자 계의 자연적인 경향성인데, 이것은 계의 운동 에너지가 보다 더 분산되고 더 멀리 분포하게 한다. **엔트로피**(S)라고 부르는 열역학 변수는 계가 입자의 운동 자유도를 포함하는 에너지를 분배할 수 있는 방법의 수와 직접 관계된다.

계가 "에너지를 분배한다"라는 것이 무엇을 의미하는지를 살펴보자. 먼저 3가지 물리적 상태를 비교하고 용액에서 용질과 용매를 비교하고자 한다.

엔트로피와 3가지 물리적 상태 물질의 상태에 따라 엔트로피가 크게 달라진다.

- 고체에서 입자는 거의 운동 자유도가 없이 정해진 위치에 고정되어 있다. 액체에서 입자는 서로 주위를 움직일 수 있고 보다 큰 운동 자유도를 가진다. 기체상의 입자들은 거의 제약이 없고 훨씬 큰 운동 자유도를 가진다.
- 입자가 더 큰 운동 자유도를 가질수록 운동 에너지를 분배할 수 있는 방법이 더 많아진다. 따라서 액체는 고체보다 더 큰 엔트로피를 가지고 기체는 액체보다 더 큰 엔트로피를 가진다.

$$S_{기체} > S_{액체} > S_{고체}$$

- 따라서 엔트로피 *변화*(ΔS)는 상의 변화와 연관되어 있고, 양 또는 음이 될 수 있다. 예를 들어 H_2O와 같은 액체가 기화될 때에는

$$\underset{S_{액체}}{H_2O(l)} \longrightarrow \underset{S_{기체}}{H_2O(g)} \qquad \Delta S_{기화} = S_{기체} - S_{액체} > 0$$
$$S_{액체} < S_{기체}$$

반면 액체가 얼 때에는

$$H_2O(l) \longrightarrow H_2O(s) \qquad \Delta S_{얼음} = S_{고체} - S_{액체} < 0$$
$$S_{액체} > S_{고체}$$

기화하는 동안 기체 생성물이 액체보다 더 높은 엔트로피를 가지므로 엔트로피는 증가하고, 어는 동안 고체 생성물이 액체보다 더 낮은 엔트로피를 가지므로 엔트로피는 감소한다.

엔트로피와 용액의 생성 용액의 생성은 엔트로피의 변화를 수반한다. 보통 에너지를 분배하는 방법의 수가 서로 다른 분자 사이의 상호작용의 수와 관련되기 때문에 *용액은 순수한 용질과 용매보다 엔트로피가 크다*. 순수한 상태보다 용질과 용매가 섞여 있을 때 가능한 상호작용은 훨씬 많다. 따라서

$$S_{용액} > (S_{용질} + S_{용매}) \quad 또는 \quad \Delta S_{용해} > 0$$

일상의 경험으로부터 용액은 자발적으로 형성되지만 순수한 용질과 용매는 그렇지 않다는 것을 알고 있을 것이다. 설탕이 물에 녹는 것을 보았지만 설탕 용액이 순수한 설탕과 물로 분리되는 것은 본 적이 없을 것이다. 20장에서 에너지를 분배하고 "섞기" 위해 계의 자발적 경향성을 되돌리려면 에너지가 필요함을 알게 될 것이다. 수처리 공장, 원유 정제 공장, 제철 공장과 많은 다른 산업 시설에서는 혼합물을 순수한 성분으로 분리하기 위하여 많은 에너지를 소비한다.

용액 형성에서 엔탈피 변화 vs. 엔트로피 변화 용액 형성에는 2가지 인자가 상호작용한다. 계는 보다 *낮은 엔탈피*와 보다 *큰 엔트로피* 방향으로 변화하며, 따라서 용액이 형성되는지 여부는 $\Delta H_{용해}$와 $\Delta S_{용해}$의 상대적 크기가 결정한다. 각 경우에 어떠한 인자가 우세한지를 살펴보기 위해 3가지 용질-용매 쌍을 고려해 보자.

1. *헥세인에 NaCl.* 분자간 힘이 매우 다르기 때문에 염화 소듐은 헥세인(C_6H_{14})에 녹지 *않을* 것으로 예상된다. 엔탈피 도표(그림 13.16A)에 도시된 것처럼 분산력은 약하기($\Delta H_{용매} \geq 0$) 때문에 비극성 용매를 분리하는 것은 쉽지만 이온성 용질을 분리하려면 매

그림 13.16 (A) NaCl과 (B) 옥테인을 헥세인에 녹일 때의 엔탈피 도표.

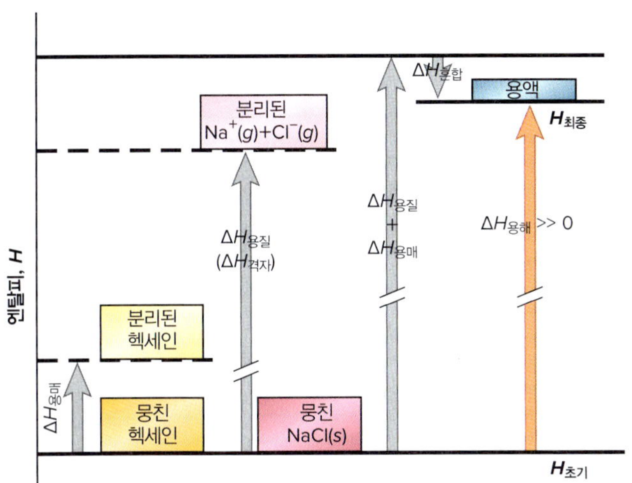

엔탈피, H
분리된
헥세인
분리된
옥테인
$\Delta H_{용질}$
+
$\Delta H_{용매}$
$\Delta H_{용매}$
뭉친
헥세인
$\Delta H_{용질}$
뭉친
옥테인
$\Delta H_{혼합}$
$H_{초기}$
용액
$\Delta H_{용해} \approx 0$
$H_{최종}$

A. NaCl. *$\Delta H_{혼합}$은 $\Delta H_{용질}$보다 상당히 작다. $\Delta H_{용해}$는 섞이기 때문에 나타나는 엔트로피 증가보다 훨씬 크므로 NaCl은* ***녹지 않는다****.*

B. 옥테인. *$\Delta H_{용해}$는 매우 작지만 섞임에 따른 엔트로피 증가가 매우 크기 때문에 옥테인은* ***녹는다****.*

우 큰 $\Delta H_{격자}$ ($\Delta H_{용질} \gg 0$)를 공급해야 한다. 혼합될 때 Na^+(또는 Cl^-)와 헥세인 사이의 이온-유도 쌍극자 힘은 약하기($\Delta H_{혼합} \le 0$) 때문에 작은 열만 방출한다. 흡열 항의 합이 발열 항보다 훨씬 크기 때문에 $\Delta H_{용해} \gg 0$이다. *용질과 용매를 혼합함에 따른 엔트로피 증가가 용질을 분리하는 데 필요한 엔탈피 증가보다 훨씬 작기 때문에 용액은 형성되지 않는다.* $\Delta S_{혼합} \ll \Delta H_{용질}$.

2. *헥세인에 옥테인*. 두 물질은 비슷한 세기의 분산력으로 붙잡혀 있기 때문에 옥테인(C_8H_{18})은 헥세인에 녹을 것으로 예상된다. 실제로 이 두 물질은 잘 섞인다. 즉, $\Delta H_{용질}$과 $\Delta H_{용매}$는 거의 0이다. 비슷한 힘이란 $\Delta H_{혼합}$도 거의 0임을 의미한다. 따라서 많은 열이 방출되지 않는다. 실제로 $\Delta H_{용해}$는 거의 0이다(그림 13.16B). 그렇다면 왜 용액이 쉽게 형성되는가? *엔탈피 변화가 용해 과정을 일어나게 하지 않지만, 순수한 물질들을 섞을 때 엔트로피가 크게 증가하기 때문에 옥테인은 헥세인에 녹는다.* $\Delta S_{혼합} \gg \Delta H_{용해}$.

3. *물에 NH_4NO_3*. 엔트로피가 충분히 증가하면 엔탈피 증가가 클 때($\Delta H_{용해} \gg 0$)조차도 용액이 형성될 수 있다. 앞의 그림 13.15C에서 본 것처럼 질산 암모늄을 물에 녹일 때 과정은 큰 흡열이다. 즉, $\Delta H_{격자} \gg \Delta H_{이온의\ 수화}$이다. 그럼에도 불구하고 *결정이 깨어지고 이온이 물 분자와 섞일 때 일어나는 엔트로피 증가가 엔탈피 증가보다 크다.* $\Delta S_{용해} > \Delta H_{용해}$.

20장에서 물리적, 화학적 계를 이해하기 위해 엔탈피와 엔트로피 사이의 관계를 보다 깊이 살펴보게 될 것이다.

13.3절 요약

- 열화학적 용액 순환 과정에서 용해열은 흡열적인 용질과 용매의 분리와 이들 입자들의 발열적인 섞임의 합이다.
- 물에서의 용매화(용질 입자를 용매로 둘러싸는 것)를 수화라 한다. 이온의 수화열은 이온의 전하 밀도에 의존하며 이온-쌍극자 힘은 강하기 때문에 항상 음이다. 전하 밀도는 주기적 경향을 보인다.
- 자연적으로 계는 엔트로피를 증가시킨다(에너지를 보다 많은 방법으로 분배한다). 기체는 액체보다 큰 엔트로피를 가지고 액체는 고체보다 엔트로피가 크다. 용액은 순수한 용질과 용매보다 엔트로피가 크다.
- 엔탈피와 엔트로피 변화의 상대적 크기가 용액 형성을 결정한다. 양의 $\Delta H_{용해}$를 가지는 물질은 $\Delta S_{용해}$가 $\Delta H_{용해}$보다 클 때만 녹게 된다.

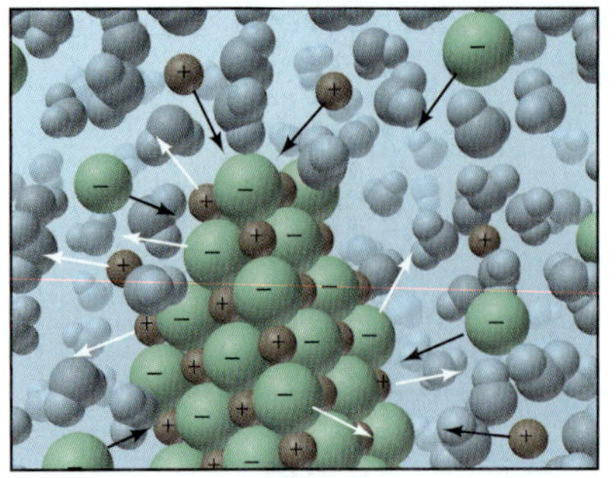

그림 13.17 **포화 용액에서의 평형.** 특정 온도에서 단위 시간당 녹는 용질 입자의 수(*흰색 화살표*)는 재결정되는 수(*검은색 화살표*)와 같다.

13.4 평형 과정으로서의 용해도

과잉의 고체를 용매에 첨가할 때 입자는 결정을 벗어나 용매로 둘러싸이게 되고 멀리 움직이게 된다. 일부 용해된 용질 입자들은 녹지 않은 용질과 충돌하고 재결정되지만 용해 속도가 재결정 속도보다 큰 경우에는 농도가 증가한다. 주어진 온도에서 고체가 녹는 속도와 녹은 입자가 재결정하는 속도와 같으면 농도는 일정하게 유지되고 *녹지 않은 용질은 녹은 용질과 평형을 이룬다*.

$$\text{용질(미용해)} \rightleftharpoons \text{용질(용해)}$$

그림 13.17은 이온성 고체가 용해된 양이온 및 음이온과 평형에 있음을 보여준다. (4.6절에서 평형의 개념을 배웠고 12.2절에서 상들 사이에서 어떻게 일어나는지를 보았다.)

3가지 용어가 이러한 용해 과정의 진행 정도를 표현한다.

- **포화 용액**(saturated solution)은 평형 상태에 있어서, 주어진 온도와 녹지 않은 용질 존재하에서 용해된 용질의 최대량을 함유한다. 따라서 용액을 거르고 더 많은 용질을 첨가해도 추가된 용질은 녹지 않는다.
- **불포화 용액**(unsaturated solution)은 용해된 용질의 평형 농도보다 *적은* 양을 함유한다. 용질을 추가하면 용액이 포화될 때까지 더 녹아 들어간다.
- **과포화 용액**(supersaturated solution)은 평형 농도보다 더 *많은* 양을 함유하고 있고, 포화 용액에 비해 불안정하다. 용질이 더 높은 온도에서 더 많이 녹는다면 과포화 용액을 만들 수 있다. 가열하면서 낮은 온도에서 포화되는 데 필요한 양 이상을 녹이고 천천히 용액을 식힌다. 만약 과잉의 용질이 녹은 채로 남아 있으면 용액은 과포화 상태이다. 용질의 "씨앗(seed)" 결정을 넣거나 용기를 가볍게 치면 과잉의 용질은 즉시 결정화되고 포화 용액을 남기게 된다(그림 13.18).

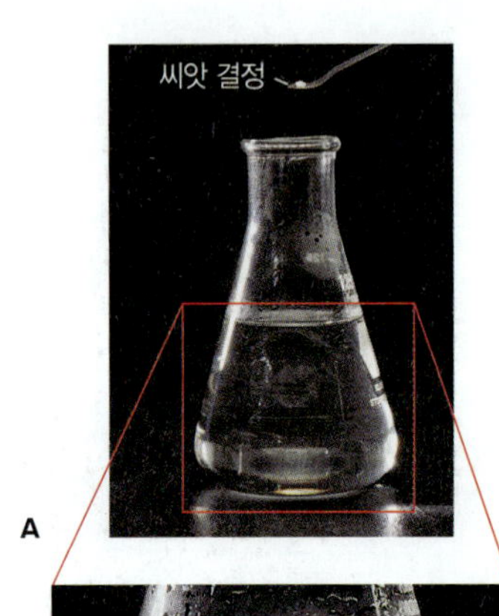

그림 13.18 **과포화된 용액에서 결정화되는 아세트산 소듐.** 화합물의 과포화 용액에 아세트산 소듐 씨앗 결정을 첨가하면(A), 용질이 결정화되기 시작하고(B) 나머지 용액이 포화될 때까지 계속된다(C).

Source: A~C: Stephen Frisch/McGraw-Hill Education

용해도에 대한 온도의 영향

뜨거운 차에는 냉차보다 설탕이 더 많이 녹는다는 것을 알고 있다. 실제로 온도는 대부분 물질의 용해도에 영향을 미친다. 고체와 기체의 용해도에 미치는 온도의 영향을 살펴보자.

온도와 물에서의 고체의 용해도 설탕과 같이 *대부분 고체는 온도가 높아지면 더 많이 녹*

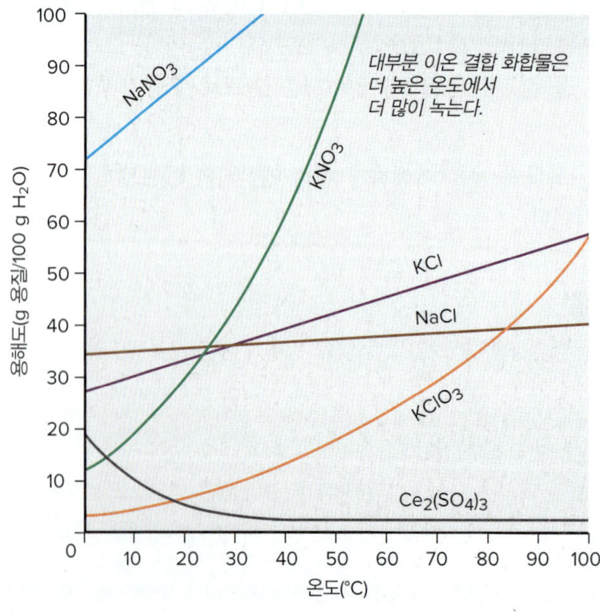

그림 13.19 몇 가지 이온 결합 화합물의 용해도와 온도 사이의 관계.

그림 13.20 냉각탑으로 열 공해 방지.
Source: Kristin Smith/Shutterstock

는다(그림 13.19). 황산 세륨은 일부 예외적인 경우 중 하나이며, 예외의 대부분은 황산염들이다. 일부 염은 특정 온도까지는 용해도가 증가하지만 더 높은 온도에서는 용해도가 낮아진다.

용해도에 대한 온도의 영향은 복잡한 현상이고 $\Delta H_{용해}$의 부호는 이러한 복잡성을 반영하지는 않는다. 표로 정리된 $\Delta H_{용해}$의 값은 1 M 표준 상태의 용액이 만들어질 때의 엔탈피 변화이다. 그러나 온도의 영향을 이해하기 위해서는 평형점에 매우 가까운 시점의 엔탈피 변화의 부호를 알아야 하는데, 이는 표에 기재된 값의 부호와 다를 수가 있다. 예를 들면, 표는 NaOH에 대해 음의 $\Delta H_{용해}$를 나타내고 NH_4NO_3에 대해서는 양의 $\Delta H_{용해}$를 나타내지만, 두 화합물 모두 높은 온도에서 더 많이 용해한다. 따라서 온도의 영향이 용해도의 평형 본질을 나타냄에도 불구하고 한 가지 척도만으로 주어진 용질에 대한 효과를 예상할 수 없다.

온도와 물에서의 기체의 용해도 기체 용해도에 대한 온도의 영향은 고체의 경우보다 훨씬 예측 가능하다. 고체가 액체에 녹을 때 용질 입자는 분리되어야만 하고, 따라서 $\Delta H_{용질} > 0$이다. 반면에 기체 입자들은 이미 분리되어 있어 $\Delta H_{용질} \approx 0$이다. 수화는 발열 과정($\Delta H_{수화} < 0$)이므로 이 두 항의 합은 음이다. 따라서 물에서 모든 기체는 $\Delta H_{용해} < 0$이다.

$$\text{용질}(g) + \text{물}(l) \rightleftharpoons \text{포화 용액}(aq) + \text{열}$$

따라서 *물에 대한 기체의 용해도는 온도가 올라감에 따라* ***감소한다****(열 추가)*. 기체는 물과 약한 분자간 힘을 가진다. 온도가 올라가면 평균 운동에너지는 증가하여 기체 입자가 이러한 힘을 쉽게 극복하게 하여 기체상으로 재진입하게 한다.

이러한 거동은 *열 공해*(thermal pollution)를 유발한다. 많은 발전소는 근처 강 또는 호수의 많은 양의 물을 사용하여 냉각하고, 데워진 물은 다시 수원으로 배출한다. 어류와 다른 수생 동물의 대사 속도는 데워진 물에서 증가하고 O_2에 대한 수요가 증가한다. 그러나 데워진 물에서의 용존 O_2의 농도는 낮아져 "산소가 고갈된 상태"가 된다. 또한 밀도가 낮은 따뜻한 물은 떠올라 아래의 차가운 물에 O_2가 닿는 것을 방해한다. 따라서 더 깊은 층의 생명체도 산소가 고갈되게 된다. 발전소에서 멀수록 물의 온도와 O_2 용해도는 정상으로 복귀한다. 문제를 완화하기 위해 발전소를 빠져 나가기 전에 냉각탑으로 물의 온도를 낮춘다(그림 13.20). 핵발전소도 비슷한 방법을 사용한다(24.7절).

용해도에 대한 압력의 영향

액체와 고체는 압축성이 거의 없기 때문에 *액체와 고체의 용해도에 대한 압력의 영향은 거의 없다*. 그러나 기체의 용해도에 대해서는 *큰* 영향을 미친다. 기체의 포화 수용액 위에 기체가 있는 피스톤-실린더 장치(그림 13.21A)를 생각해 보자. 주어진 압력 하의 평형에서 단위 시간당 같은 수의 기체 분자가 용액에 들어가고 나오고 있다.

$$\text{기체} + \text{용매} \rightleftharpoons \text{포화 용액}$$

그림 13.21 기체 용해도에 대한 압력의 영향.

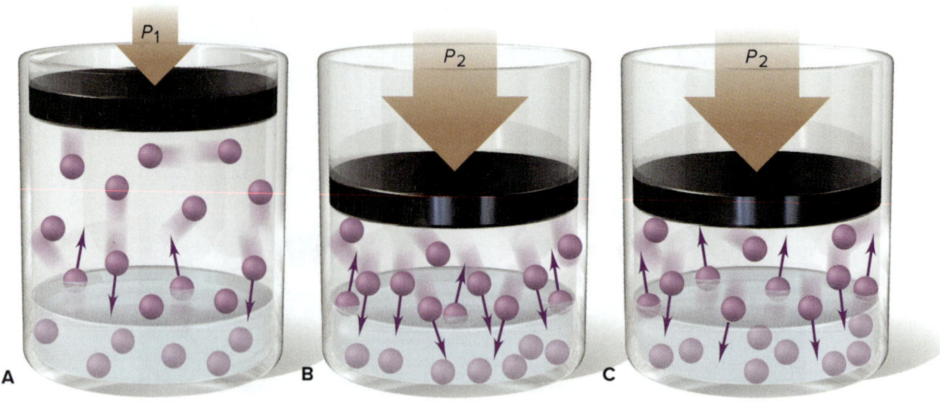

피스톤을 누르면 평형을 교란하게 된다. 기체 부피가 감소하고 기체 압력(과 농도)이 증가하고 기체 입자는 액체 표면에 보다 자주 충돌한다. 따라서 단위 시간당 보다 많은 입자가 용액으로 들어가게 된다(그림 13.21B). 교란을 감소하기 위해(위의 식에서 오른쪽으로 이동) 계가 평형을 다시 이룰 때까지 보다 많은 기체가 녹는다(그림 13.21C).

스쿠버 다이버의 혈액에 녹은 기체들은 어떻게 될까?

Source: Sphinx Wang/Shutterstock

기체 압력과 용해도의 관계는 많은 익숙한 분야에 활용한다. 콜라의 밀폐된 캔에서, 용해된 CO_2는 용액 위의 작은 부피에 들어 있는 4 atm CO_2와 평형을 이룬다. 캔을 열면 공기 중의 CO_2($P_{CO_2} = 4 \times 10^{-4}$ atm)와 평형을 이룰 때까지 용해된 CO_2는 용액에서 거품을 일으키며 나오게 된다. 다른 상황(*사진 참조*)에서 압축 공기를 호흡하는 스쿠버 다이버는 피 속에 용해된 N_2의 농도가 높다. 이들이 너무 빨리 수면으로 올라오면 낮은 외부 압력 때문에 피 속에 녹아있던 N_2가 거품을 만들어 혈관을 막는 감압병("잠수병")으로 고통 받게 된다.

Henry의 법칙(Henry's law)은 기체 압력과 용해도의 정량적 관계를 나타낸다. *기체의 용해도($S_{기체}$)는 용액 위 기체의 부분 압력($P_{기체}$)에 정비례한다.*

$$S_{기체} = k_H \times P_{기체} \tag{13.3}$$

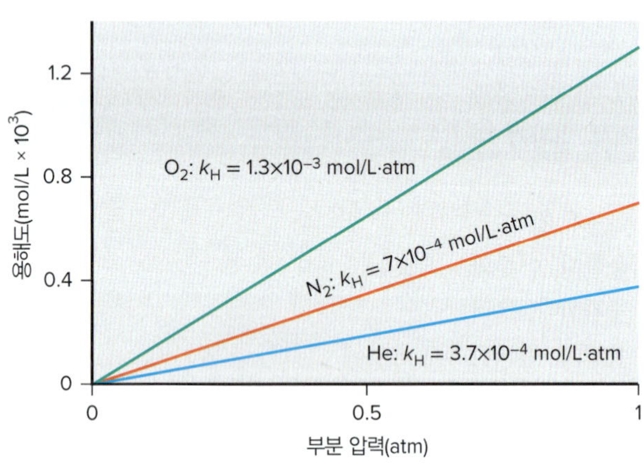

그림 13.22 기체의 용해도는 부분 압력에 정비례한다. 25°C 물에서의 He(*푸른색*), N_2(*붉은색*), O_2(*녹색*)의 용해도

여기서 k_H는 Henry 법칙 상수이고 주어진 온도에서 주어진 기체-용매 쌍에 대한 고유한 값이다. $S_{기체}$의 단위는 mol/L이고 $P_{기체}$는 기압이므로 k_H의 단위는 mol/L·atm 또는 mol·L^{-1}·atm^{-1}이다. 기체 압력과 용해도 사이의 정비례 관계는 25°C 물에서의 He, N_2, O_2의 용해도를 비교한 그림 13.22에서 확인할 수 있다. 각 직선의 기울기는 해당 기체의 k_H 값이다. 예상한 바와 같이 k_H(직선의 기울기) 값은 He에서 N_2, O_2로 갈수록 증가한다. 알고 있듯이 몰질량이 증가할수록 분산력의 세기는 증가한다. 더 무거운 산소 분자가 물과 더 강한 쌍극자-유도 쌍극자 힘을 느끼므로 산소가 더 가벼운 분자들보다 물에 더 잘 용해된다. 상업적 심해 잠수 작업에서 사용되는 호흡용 기체 혼합물에 헬륨이 들어 있는 이유는 물에서 가벼운 헬륨의 용해도가 낮기 때문이다.

예제 13.3 | Henry의 법칙을 이용한 기체 용해도 계산

문제 콜라 1병에 들어 있는 이산화 탄소 기체의 부분 압력은 25°C에서 4 atm이다. 0.5 L 콜라병에 녹아 있는 CO_2의 질량은 얼마인가? 물에서 CO_2의 Henry 법칙 상수는 25°C에서 3.3×10^{-2} mol/L·atm이다.

계획 P_{CO_2} (4 atm)와 k_H의 값(3.3×10^{-2} mol/L·atm)을 알고 있으므로 식 (13.3)에 이들을 대

입하여 mol/L 단위로 S_{CO_2}를 구한다. 그리고 용해도에 콜라의 부피와 CO_2의 몰질량을 곱하면 용해된 CO_2의 질량을 얻을 수 있다.

풀이 $S_{CO_2} = k_H \times P_{CO_2} = (3.3 \times 10^{-2}\ \text{mol/L·atm})(4\ \text{atm}) = 0.1\ \text{mol/L}$

$$CO_2\text{의 질량(g)} = = \frac{0.1\ \text{mol}}{\text{L}} \times 0.5\ \text{L} \times \frac{44.01\ \text{g}\ CO_2}{1\ \text{mol}\ CO_2} = 2\ \text{g}\ CO_2$$

검산 단위들은 정확하다. 주어진 압력과 콜라의 값의 유효숫자 수에 맞게 유효숫자 1개로 조정하였다.

▶ **보충 문제**

13.3A 만약 공기에 N_2가 부피로 78% 들어 있다면, 25°C, 1 atm의 물에서 N_2의 용해도는 얼마인가? (25°C 물에서 N_2의 $k_H = 7 \times 10^{-4}$ mol/L·atm)

13.3B 흔히 *웃음기체*로 알려진 일산화 이질소(N_2O)를 산소와 섞어 치과 수술의 마취제로 사용한다. N_2O와 O_2의 혼합물은 부피로 40% N_2O이고 전체 압력은 1.2 atm이다. 25°C 물에서 N_2O의 용해도는 1.2×10^{-2} mol/L이다. 이 온도의 물에서 N_2O의 k_H를 계산하라.

유사 문제 13.46, 13.47, 13.49

› 13.4절 요약

- 과잉의 녹지 않은 용질의 존재 하에서 용해된 용질의 최대량을 함유하고 있는 용액은 포화되었다. 용질 입자가 같은 속도로 용액에 들어나고 나가기 때문에 포화 용액은 과잉의 용질과 평형 상태에 있다. 불포화 용액은 이 양보다 적은 양을 함유하고 있다.
- 대부분 고체는 온도가 올라가면 더 많이 녹는다.
- 모든 기체는 물에서 음의 $\Delta H_{\text{용해}}$를 가지며 가열하면 물에 대한 기체의 용해도는 낮아진다.
- Henry 법칙에 따르면 기체의 용해도는 용액 위 기체의 부분 압력에 정비례한다.

13.5 농도 표현법

농도는 혼합물에 들어 있는 한 물질의 *비율*이고, 혼합물의 양에 의존하지 않는 (밀도와 온도와 같이) *세기* 성질이다. 0.1 *M* NaCl 용액 1.0 L와 1.0 mL는 농도가 같다. 농도는 2가지 양의 비(표 13.5)를 말하는데, 대부분 *용액*의 양에 대한 용질의 양의 비이지만, 가끔 *용매*의 양에 대한 용질의 비로 나타내기도 한다. 각 비를 구성하는 2가지 양 모두 질량, 부피 또는 양(mol)의 단위로 주어지며, 화학자들은 농도를 몰농도, 몰랄농도와 "용액의 양 당 용질의 양"을 나타내는 다양한 표현법 등 여러 가지 표현법으로 나타낸다.

표 13.5 | 농도 정의

농도	비
몰농도(*M*)	$\dfrac{\text{용질의 양(mol)}}{\text{용액의 부피(L)}}$
몰랄농도(*m*)	$\dfrac{\text{용질의 양(mol)}}{\text{용매의 질량(kg)}}$
질량 비	$\dfrac{\text{용질의 질량}}{\text{용액의 질량}}$
부피 비	$\dfrac{\text{용질의 부피}}{\text{용액의 부피}}$
몰분율(*X*)	$\dfrac{\text{용질의 양(mol)}}{\text{용질의 양(mol)} + \text{용매의 양(mol)}}$

몰농도와 몰랄농도

가장 흔히 사용하는 2가지 농도 표현법은 몰농도와 몰랄농도이다.

1. 몰농도(M)는 *1 L 용액에 녹아 있는 용질의 몰수이다.*

$$\text{몰농도}(M) = \frac{\text{용질의 양(mol)}}{\text{용액의 부피(L)}} \qquad \textbf{(13.4)}$$

4장에서 몰농도를 이용하여 용액의 부피를 녹아 있는 용질의 양으로 변환하였다. 몰농도는 정밀한 작업에 사용하기 곤란하게 만드는 2가지 단점이 있다.

- *온도의 영향*. 액체는 가열하면 팽창하고 따라서 뜨거운 용액의 단위 부피는 차가운 용액의 단위 부피보다 적은 양의 용질을 포함한다. 그러므로 뜨거운 용액과 차가운 용액의 몰농도는 다르다.
- *혼합의 영향*. 예상하기 힘든 용질-용매 상호작용 때문에 *부피는 단순히 더하지 못할 수 있다*. 한 용액 500. mL를 다른 용액 500. mL에 첨가할 때 최종 용액이 1000. mL가 아닐 수도 있다.

2. 몰랄농도(molality, $\boldsymbol{m}$)는 비율에 부피를 포함하지 않는다. 몰랄농도는 *용매 1000 g (1 kg)에 녹아 있는 용질의 몰수이다.*

$$\text{몰랄농도}(m) = \frac{\text{용질의 양(mol)}}{\text{용매의 질량(kg)}} \qquad \textbf{(13.5)}$$

몰랄농도는 용액이 아니라 *용매*의 양을 포함하고 있음에 유의하라. 정밀한 작업에서 몰랄농도는 몰농도에 비해 2가지 이점이 있다.

- *온도의 영향*. 몰랄농도는 성분의 *부피*가 아니라 *질량*으로 구한다. 질량은 온도에 따라 변하지 않으며 따라서 몰랄농도도 변하지 않는다.
- *혼합의 영향*. 부피와 달리 질량은 *가산성이 있다*. 한 용액 500. g을 다른 용액 500. g에 첨가하면 최종 용액은 1000. g이 된다.

이러한 이유로 몰랄농도는 물리적 성질을 연구할 때와 같이 온도와 그에 따라 밀도가 변할 때 선호되는 농도이다. 물의 경우 1 L는 질량이 1 kg이므로 *묽은 수용액에서 몰농도와 몰랄농도는 거의 같다.*

예제 13.4 | 몰랄농도 계산

문제 $CaCl_2$ 32.0 g을 물 271 g에 녹여 제조한 용액의 몰랄농도는 얼마인가?

계획 몰질량(g/mol)을 써서 $CaCl_2$의 질량(32.0 g)을 양(mol)로 바꾼 다음, 식 (13.5)를 써서 물의 질량(271 g)으로 나눈다. 그램을 킬로그램으로 환산하는 것을 잊지 않도록 한다(로드맵 참조).

로드맵

$CaCl_2$의 질량(g)

↓ $\mathscr{M}$ (g/mol)로 나눈다

$CaCl_2$의 양(mol)

↓ 물의 kg으로 나눈다

$CaCl_2$ 용액의 몰랄농도(m)

풀이 용질의 g을 mol로 변환한다.

$$CaCl_2\text{의 양(mol)} = 32.0\ \text{g}\ CaCl_2 \times \frac{1\ \text{mol}\ CaCl_2}{110.98\ \text{g}\ CaCl_2} = 0.288\ \text{mol}\ CaCl_2$$

몰랄농도를 계산한다.

$$\text{몰랄농도} = \frac{\text{mol 용질}}{\text{kg 용매}} = \frac{0.288\ \text{mol}\ CaCl_2}{271\ \text{g} \times \dfrac{1\ \text{kg}}{10^3\ \text{g}}}$$

$$= 1.06\ m\ CaCl_2$$

검산 답은 합리적으로 보인다. $CaCl_2$의 주어진 양(mol)과 H_2O의 질량(kg)은 거의 비슷하다 따라서 비는 거의 1이다.

▶ 보충 문제

13.4A 2.40×10^{-2} m 용액을 만들려면 에탄올(C_2H_5OH) 563 g에 포도당($C_6H_{12}O_6$) 몇 g을 녹여야 하는가?

13.4B I_2 용질 15.20 g이 들어 있는 0.607 *m* 용액을 만드는 데 필요한 다이에틸 에터 [$(CH_3CH_2)_2O$] 용매의 질량은 몇 g인가?

유사 문제 13.64~13.67

용액에 대한 용질의 비

몇몇 농도 표현법은 용질(또는 용매)의 양을 *용액*의 양에 대한 비로 나타낸 관계식이다. 각 비를 구성하는 2가지 양 모두 질량, 부피 또는 양(mol)의 단위로 표시할 수 있다.

질량 비 이 부류의 표현법 중 가장 흔히 사용되는 것이 **질량 백분율**(mass percent) [**% (w/w)**]로 3장에서 화합물 중 원소의 질량 비로 보았을 것이다. *백분율*이라는 단어는 "100당"을 의미하므로, 용액 농도에서 *질량 백분율*은 용액의 질량 100 단위에 녹아 있는 용질의 질량을 의미한다.

$$\text{질량 백분율} = \frac{\text{용질 질량}}{\text{용질 질량} + \text{용매 질량}} \times 100 = \frac{\text{용질 질량}}{\text{용액 질량}} \times 100 \quad \textbf{(13.6)}$$

질량 백분율 값은 흔히 불순물을 나타내기 위해 고체 시약의 병에 기재되어 있다.

질량 백분율과 매우 유사한 농도 표현법으로 질량 100만 분율(ppm)과 질량 10억 분율(ppb)이 있으며, 이는 용액 100만 g 또는 10억 g 중 용질 1 g을 의미한다. 식 (13.6)에서 100 대신 10^6 또는 10^9을 곱하면 매우 작은 이 농도들을 얻는다. 환경 독성학자는 오염물질을 측정하기 위해 이러한 단위를 사용한다. 예를 들어, 최근 많은 도시에서 상수도 내 납의 검출량이 증가하여 우려가 일고 있다. 배관 시스템에서 사용된 낡은 납 파이프가 이 유독 물질의 원천이다. 물론 식수에는 극소량의 납만 있어도 안전하지 않겠지만, 미국 환경 보호국(Environmental Protection Agency)은 납의 한계 수준을 15 ppb로 설정하였다. 2017년 Michigan주 Flint시의 일부 가정에서는 납의 검출량이 이 수치의 수백 배에 달하기도 하였다.

부피 비 가장 흔히 사용되는 부피 비는 용액 부피 100 단위당 용질의 부피인 **부피 백분율**[volume percent, **% (v/v)**]이다.

$$\text{부피 백분율} = \frac{\text{용질 부피}}{\text{용액 부피}} \times 100 \quad \textbf{(13.7)}$$

예를 들어, 소독용 알코올은 용액 100. 부피당 알코올 70 부피 또는 70% (v/v) 함유한 아이소프로판올(탄소 3개 알코올)의 수용액이다.

부피 비는 액체 또는 기체의 아주 적은 농도를 표현하기 위해 사용한다. 미량 대기 성분은 부피로 100만 분율(ppmv)로 나타낸다. 예를 들면, 깨끗한 대기 중에는 독성 기체인 일산화 탄소(CO)가 약 0.05 ppmv 있고, 도시의 도로 위 대기에 1000배 많은 양(50 ppmv CO)이, 담배 연기 중에 10000배 많은 양(500 ppmv CO)이 있다. *페로몬*(pheromone)은 음식, 위험, 성적 준비(sexual readiness) 등을 나타내기 위해 생물종의 개체들이 은밀히 배출하는 화합물이다. 개와 원숭이를 포함한 많은 생물들이 페로몬을 배출하는데, 연구자들은 사람도 그럴 가능성이 높다고 생각하고 있다. 집시 나방의 성적 유인제와 같은 곤충 페로몬은 대기 중 밀리리터 당 수백 개의 분자, 부피로 100만의 4제곱(10^{24})당 100부피만으로 활성을 나타낸다.

보건 관련 시설에서 종종 사용하는 수용액의 농도를 나타내는 표현법은 용액 *부피*당 용질의 *무게*(실제로는 질량) 비율인 % (w/v)이다. 따라서 1.5% (w/v) NaCl 용액은 100. mL *용액*당 1.5 g NaCl을 함유한다.

몰수 비: 몰분율 용질의 **몰분율**(mole fraction, ***X***)은 전체 몰수(용질+용매)에 대한 용질의 몰수 비이다.

$$\text{몰분율}(X) = \frac{\text{용질의 양(mol)}}{\text{용질의 양(mol)} + \text{용매의 양(mol)}} \quad \textbf{(13.8)}$$

다시 말하면, 몰분율은 용액에서 용질(또는 용매) 입자의 비율을 말한다. *몰 백분율*은 백분율로 표시된 몰분율이다.

$$\text{몰 백분율(mol \%)} = \text{몰분율} \times 100$$

예제 13.5 | 질량 비, 부피 비, 몰분율로 농도 표시

문제 **(a)** Ca^{2+} 40.5 mg을 함유한 알약 3.50 g에 들어 있는 칼슘 이온의 농도(ppm으로)를 구하라. **(b)** 0.750 L 와인병에 붙어 있는 라벨에 "부피로 11.5% 알코올"이라 기재되어 있다. 와인에 들어 있는 알코올은 몇 L인가? **(c)** 소독용 알코올 견본에 아이소프로필 알코올(C_3H_7OH) 142 g과 물 58.0 g이 들어 있다. 알코올과 물의 몰분율은 얼마인가?

계획 **(a)** Ca^{2+}의 질량(40.5 mg)과 알약의 질량(3.50 g)을 알고 있다. Ca^{2+}의 질량을 mg에서 g으로 환산하고 농도를 ppm으로 얻기 위해 10^6을 곱한다. **(b)** 부피 %(11.5% 또는 와인 100 부피 중 11.5 부피)와 전체 부피(0.750 L)를 알고 있으므로 식 (13.7)을 이용하여 알코올의 L 수를 찾는다. **(c)** 각 성분의 질량과 화학식을 알고 있으므로 질량을 양(mol)으로 환산하고 식 (13.8)을 적용하여 몰분율을 찾는다.

풀이 **(a)** Ca^{2+}의 질량 ppm을 구한다. 단계를 합하면 다음과 같이 된다.

$$\text{ppm } Ca^{2+} = \frac{Ca^{2+}\text{의 질량}}{\text{알약의 질량}} \times 10^6 = \frac{40.5 \text{ mg } Ca^{2+} \times \dfrac{1 \text{ g}}{10^3 \text{ mg}}}{3.50 \text{ g}} \times 10^6$$

$$= 1.16 \times 10^4 \text{ ppm } Ca^{2+}$$

(b) 알코올의 부피(L)를 구한다.

$$\text{부피 백분율} = \frac{\text{용질 부피}}{\text{용액 부피}} \times 100$$

$$\text{알코올 부피} = \text{용액 부피} \times \frac{\text{부피 백분율}}{100}$$

$$\text{알코올 부피(L)} = 0.750 \text{ L 와인} \times \frac{11.5 \text{ L 알코올}}{100. \text{ L 와인}}$$

$$= 0.0862 \text{ L}$$

(c) 몰분율을 구한다. 질량(g)을 양(mol)으로 환산한다.

$$C_3H_7OH \text{ 양(mol)} = 142 \text{ g } C_3H_7OH \times \frac{1 \text{ mol } C_3H_7OH}{60.09 \text{ g } C_3H_7OH} = 2.36\text{mol } C_3H_7OH$$

$$H_2O \text{ 양(mol)} = 58.0 \text{ g } H_2O \times \frac{1 \text{ mol } H_2O}{18.02 \text{ g } H_2O} = 3.22 \text{ mol } H_2O$$

몰분율 계산:

$$X_{C_3H_7OH} = \frac{C_3H_7OH \text{ 몰수}}{\text{전체 몰수}} = \frac{2.36 \text{ mol}}{2.36 \text{ mol} + 3.22 \text{ mol}}$$

$$= 0.423$$

$$X_{H_2O} = \frac{H_2O \text{ 몰수}}{\text{전체 몰수}} = \frac{3.22 \text{ mol}}{2.36 \text{ mol} + 3.22 \text{ mol}}$$

$$= 0.577$$

검산 **(a)** 질량비는 약 0.04 g/4 g = 10^{-2}이고 $10^{-2} \times 10^6 = 10^4$ ppm이므로 맞는 것으로 보인다. **(b)** 부피 %는 10% 이상이므로 알코올의 부피는 75 mL (0.075 L)보다 약간 많을 것이다. **(c)** *몰분율을 합하면* 1이 됨을 항상 확인하라. 0.423 + 0.577 = 1.000

▶ 보충 문제

13.5A 알코올 용액이 1-프로판올(C_3H_7OH) 35.0 g과 에탄올(C_2H_5OH) 150. g을 함유하고 있다. 각 알코올의 질량 백분율과 몰분율을 구하라.

13.5B 휘발유 시료가 에탄올(C_2H_5OH) 1.87 g, 2,2,4-trimethylpentane (아이소옥테인, C_8H_{18}) 27.4 g과 헵테인(C_7H_{16}) 4.10 g을 함유하고 있다. 각 성분의 질량 백분율과 몰 백분율을 구하라.

유사 문제 13.70, 13.71

농도 표현법 간의 상호 변환

지금까지 논의한 모든 농도 표현법은 농도를 표현하는 다른 방식을 나타내고, 따라서 서로 다른 농도 표현법들 간의 상호 변환이 가능하다. 다음을 기억하라.

- 양에 기초한 농도를 질량에 기초한 농도로 변환하려면 몰질량이 필요하다. 이러한 변환은 전에 수행한 질량-몰수 변환과 비슷하다.
- 질량에 기초한 농도를 부피에 기초한 농도로 변환하려면 용액의 *밀도*가 필요하다. 용액의 질량이 주어지면 밀도(질량/부피)로 부피를 구할 수 있고 부피로부터 질량도 구할 수 있다.
- 몰랄농도는 *용매*의 양을 포함한다. 다른 농도들은 *용액*의 양을 포함한다.

인터넷 핫스팟

한 농도에서 다른 농도로 변환하는 것이 어렵게 느껴진다면, eBook에 접속하여 이 주제에 대한 추가 학습 동영상을 참고하자.

예제 13.6 | 농도 표현법 간의 상호 변환

문제 과산화수소는 강력한 산화제인데, 진한 용액으로 로켓 연료에 사용되고 묽은 용액으로 머리 탈색에 사용된다. H_2O_2 수용액이 질량으로 30.0%이고, 밀도가 1.11 g/mL이다. **(a)** 몰랄농도, **(b)** H_2O_2의 몰분율, **(c)** 몰농도를 구하라.

계획 질량 %(30.0)와 밀도(1.11 g/mL)를 알고 있다. **(a)** 몰랄농도를 구하려면 용질의 양(mol)과 *용매*의 질량(kg)이 필요하다. 용액 100.0 g을 가정하면, 질량 %는 H_2O_2의 질량과 같고, 100.0 g에서 이 값을 빼면 용매의 g 수를 얻게 된다. 몰랄농도를 구하려면 H_2O_2의 g을 mol로 변환하고 용매의 질량(g을 kg으로 변환)으로 나누면 된다. **(b)** 몰분율을 구하려면 H_2O_2의 몰수[(a)의 결과 이용]를 사용하고 H_2O의 g을 몰수로 변환한다. 그리고 H_2O_2의 몰수를 전체 몰수로 나눈다. **(c)** 몰농도를 구하려면, 용액 100.0 g을 가정하고 밀도로 나누어 부피를 구한다. 그리고 H_2O_2의 몰수[(a)의 결과 이용]를 *용액*의 부피(L)로 나눈다.

풀이 **(a)** 질량 %를 몰랄농도로 환산:

용매의 질량을 구한다. (용액 100.0 g 시료를 가정한다. 100 g의 30.0% = 30.0 g H_2O_2):

$$H_2O\text{의 질량(g)} = 100.0\text{ g 용액} - 30.0\text{ g } H_2O_2 = 70.0\text{ g } H_2O$$

H_2O_2의 g을 몰수로 환산:

$$H_2O_2\text{의 양(mol)} = 30.0\text{ g } H_2O_2 \times \frac{1\text{ mol } H_2O_2}{34.02\text{ g } H_2O_2} = 0.882\text{ mol } H_2O_2$$

몰랄농도 계산:

$$H_2O_2\text{의 몰랄농도} = \frac{\text{mol } H_2O_2}{\text{kg } H_2O} = \frac{0.882\text{ mol } H_2O_2}{70.0\text{ g} \times \frac{1\text{ kg}}{10^3\text{ g}}} = 12.6\ m\ H_2O_2$$

(b) 질량 %를 몰분율로 환산:

$$H_2O_2\text{의 양(mol)} = 0.882\text{ mol } H_2O_2\ [\text{(a)의 결과}]$$

$$H_2O\text{의 양(mol)} = 70.0\text{ g } H_2O \times \frac{1\text{ mol } H_2O}{18.02\text{ g } H_2O} = 3.88\text{ mol } H_2O$$

$$X_{H_2O_2} = \frac{\text{mol } H_2O_2}{\text{mol } H_2O_2 + \text{mol } H_2O} = \frac{0.882\text{ mol}}{0.882\text{ mol} + 3.88\text{ mol}} = 0.185$$

(c) 질량 %와 밀도를 몰농도로 환산:

밀도를 이용하여 용액 질량을 부피로 환산한다.

$$\text{용액의 부피(mL)} = 100.0\text{ g} \times \frac{1\text{ mL}}{1.11\text{ g}} = 90.1\text{ mL}$$

몰농도 계산:

$$\text{몰농도} = \frac{\text{mol } H_2O_2}{\text{L 용액}} = \frac{0.882\text{ mol } H_2O_2}{90.1\text{ mL} \times \frac{1\text{ L 용액}}{10^3\text{ mL}}} = 9.79\ M\ H_2O_2$$

검산 반올림해보면 답의 크기가 합리적이다. **(a)** 비 ~0.9 mol/0.07 kg은 10보다 크다. **(b)** ~0.9 mol H_2O_2/(1 mol + 4 mol) ≈ 0.2. **(c)** 리터 대 몰의 비 (0.9/0.09)은 약 10이다.

▶ **보충 문제**

13.6A 진한 염산은 11.8 *M* HCl이고, 밀도는 1.190 g/mL이다. HCl의 질량 %, 몰랄농도와 몰분율을 구하라.

13.6B 브로민화 칼슘의 진한 수용액은 유정을 굴착하는 데 사용된다. $CaBr_2$ 용액의 농도가 5.44 *m*이고 밀도가 1.70 g/mL일 때 $CaBr_2$의 질량 %, 몰농도와 몰 백분율을 구하라.

유사 문제 13.72~13.75

A. 강전해질

› 13.5절 요약

- 용액의 농도는 용액의 양과 무관하고 몰농도(용질 mol/용액 L), 몰랄농도(용질 mol/용매 kg), 질량 비(용질 질량/용액 질량), 부피 비(용질 부피/용액 부피) 또는 몰분율(용질 몰/(용질 몰 + 용매 몰))로 표시할 수 있다(표 13.5).
- 몰랄농도는 질량에 기초하여 온도와 무관하다. 몰분율은 녹은 입자의 비율을 제공한다.
- 만약 용질과 용액의 양과 용액의 밀도를 알면, 농도를 표시하는 다양한 방법들은 서로 상호변환이 가능하다.

B. 약전해질

13.6 용액의 총괄 성질

용액은 용질의 존재 때문에 순수한 용매와는 다른 물리적 성질을 가지게 된다. 그러나 4가지 중요한 성질의 경우 차이를 만드는 것은 용질의 화학적 특성이 *아니라* 용질 입자 수이다. 이러한 **총괄 성질**(colligative property)["총괄(colligative)"은 "집단적인(collective)"을 의미함]은 증기압 내림, 끓는점 오름, 어는점 내림과 삼투압이다. 대부분 이러한 효과는 작지만 유기체에게는 치명적인 것들을 포함하여 많은 응용 분야가 있다.

총괄성의 크기는 용질의 화학식으로부터 예측할 수 있는데, 화학식은 용액에서의 입자 수를 나타내며, 전기 전도 능력(그림 13.23)에 따른 용질의 분류(4장)와 밀접하게 연관되어 있다.

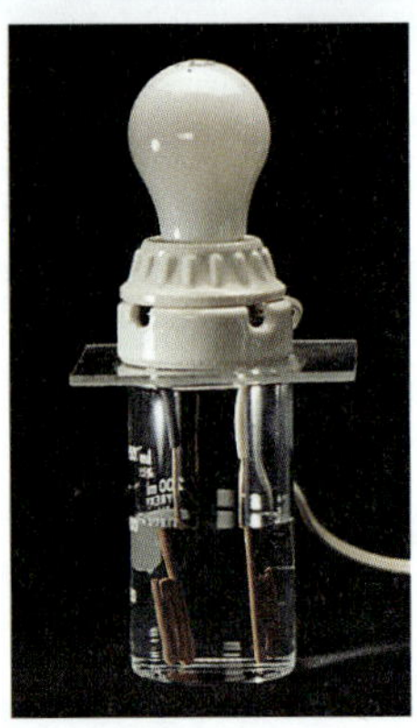

C. 비전해질

그림 13.23 세 가지 전해질 용액의 전도도. A. 강전해질에서 입자의 수는 한 화학식 단위의 이온 수와 동일하다. B. 약전해질은 이온을 조금 형성한다. C. 비전해질에서 입자의 수는 분자의 수와 동일하다.

Source: A~C: Stephen Frisch/McGraw-Hill Education

- *강전해질*(strong electrolyte). **강전해질**의 수용액은 전기를 매우 잘 전도시키는데, 이는 용질이 용해되면서 이온으로 완전히 해리되기 때문이다. 용해된 이온 화합물, 강산과 강염기는 강전해질이다. 따라서 강전해질 1 mol이 용해되면 화학식 단위에 표시된 양(mol)만큼의 이온이 생성된다. 예를 들어 0.40 *M* Na_2SO_4는 리터당 0.80 mol의 Na^+ 이온과 0.40 mol의 SO_4^{2-} 이온, 즉 총 1.2 mol의 입자를 가진다(예제 4.2 참조).
- *약전해질*(weak electrolyte). **약전해질**의 수용액은 전기를 잘 전도시키지 못하는데, 이는 용질이 용해되면서 아주 조금만 해리되어 매우 적은 양의 이온을 생성하기 때문이다. 약산과 약염기가 약전해질에 속한다. 약산 또는 약염기 용액에서 생성되는 입자의 수를 예측하는 것은 복잡한데, 이는 용액이 평형에 도달하기 때문이다. 이러한 약산/약염기 계를 18장, 19장에서 살펴볼 것이다.
- *비전해질*(nonelectrolyte). 설탕이나 알코올 같은 분자 화합물은 전혀 이온으로 해리되지 않는다. 이 화합물의 용액은 전기를 전도시키지 않기 때문에 **비전해질**이다. 비전해질 용액에서 화합물 1 mol이 용액에 용해되면 1 mol의 입자가 생성된다고 예측할 수 있다. 예를 들어, 0.40 *M* 글루코스 용액은 리터당 0.40 mol의 용질 입자를 가진다.

이 절에서는 3가지 유형(비휘발성 비전해질, 휘발성 비전해질, 강전해질)의 용액의 총괄 성질을 논의할 것이다.

비휘발성 비전해질 용액

총괄 성질의 가장 명확한 예를 제공하기 때문에 *비휘발성 비전해질* 용액부터 시작하자. 이 용액들은 이온성이 아니어서 해리되지 않는 용질을 함유하고 있고, 이 용질들은 용매의 끓는점에서 거의 증기압을 나타내지 않는다. 물에 녹은 수크로스(식용 설탕)가 한 예이다.

증기압 내림 여기에서 살펴볼 첫 번째 총괄 성질은 용액의 증기압에 영향을 미친다.

- **증기압 내림**(vapor pressure lowering, ΔP): *비휘발성 비전해질 용액의 증기압은 항상 순수한 용매의 증기압보다 낮다. ΔP는 용액과 순수 용매의 증기압 차이를 나타낸다.*

1. *용액의 증기압이 왜 낮을까?* 증기압 내림의 근본적인 이유는 엔트로피, 특히 용매의 기화 대 용액의 기화에 동반하는 상대적 엔트로피 변화가 관련되어 있다. 기체가 보다 큰 엔트로피를 가지므로 액체는 기화한다. 밀폐된 용기에서 기화는 단위 시간당 액체상을 떠나고 들어오는 입자의 수가 동일할 때까지 지속된다. 그런데 앞서 말한 바와 같이 용액의 엔트로피는 순수 용매의 엔트로피보다 크기 때문에 같은 엔트로피에 도달하기 위해 기화해야 할 용매 입자가 적다. 기체상에 보다 적은 입자가 있으므로 용액 위 증기는 더 낮은 압력을 가진다(그림 13.24).

2. *증기압 내림의 정량화.* **Raoult의 법칙**에 따르면 용액 위 용매의 증기압은 용매의 몰분율($X_{용매}$)에 순수 용매의 증기압($P^\circ_{용매}$)을 곱한 것이다.

$$P_{용매} = X_{용매} \times P^\circ_{용매} \tag{13.9}$$

$X_{용매}$는 용액에서 1보다 작기 때문에 $P_{용매}$는 $P^\circ_{용매}$보다 작다. **이상 용액**(ideal solution)은 어떠한 농도에서도 Raoult의 법칙을 따르는 용액이다. 그러나 실제 기체가 이상성에서 벗어나는 것과 같이 실제 용액도 그렇다. 실제로 Raoult의 법칙은 *묽은* 용액에서 비교적 잘 맞고 무한히 묽은 상태에서 정확하게 된다.

녹은 용질의 양이 어떻게 ΔP에 영향을 미치는지를 살펴보자. 용액은 용매와 용질로 구성되어 이들의 몰분율 합은 1이 된다.

$$X_{용매} + X_{용질} = 1 \quad 따라서 \quad X_{용매} = 1 - X_{용질}$$

Raoult의 법칙으로부터

$$P_{용매} = X_{용매} \times P^\circ_{용매} = (1 - X_{용질}) \times P^\circ_{용매}$$

분배 법칙을 이용하여 우변을 전개하면

$$P_{용매} = P^\circ_{용매} - (X_{용질} \times P^\circ_{용매})$$

좌변과 우변을 재배열하고 ΔP를 도입하면

$$P^\circ_{용매} - P_{용매} = \Delta P = X_{용질} \times P^\circ_{용매} \tag{13.10}$$

따라서 ΔP는 용질의 몰분율에 순수 용매의 증기압을 곱한 것과 같다. 이 식을 다음 예제에서 이용한다.

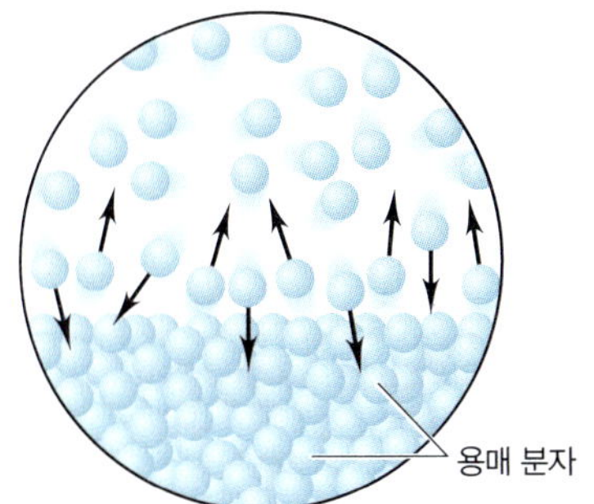

A. 순수 용매
주어진 시간 내에 같은 수의 분자가 기체화되고 응축될 때 액체와 증기 사이에 평형이 이루어진다.

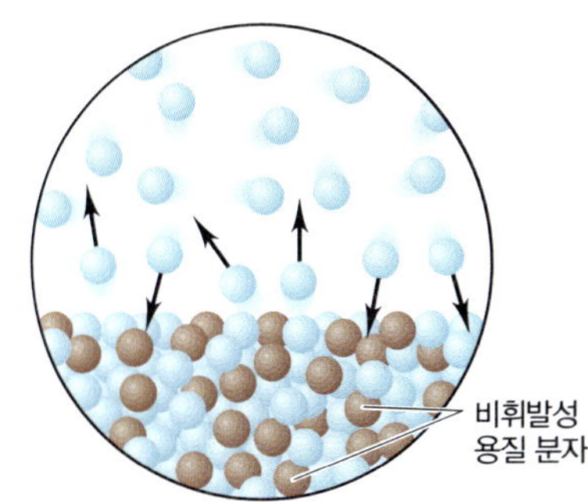

B. 용매와 녹은 용질
용질 분자는 엔트로피를 증가시키므로 낮은 증기압에서 평형이 이루어진다.

그림 13.24 **용액의 증기압에 대한 용질의 영향.**

예제 13.7 | Raoult의 법칙을 이용한 ΔP 구하기

문제 50°C에서 글리세롤($C_3H_8O_3$) 10.0 mL을 물 500. mL에 넣었을 때 증기압 내림은 얼마인가? 이 온도에서 순수 물의 증기압은 92.5 torr이고 밀도는 0.988 g/mL이다. 글리세롤의 밀도는 1.26 g/mL이다.

계획 ΔP를 구하려면 식 (13.10)을 이용해야 한다. 순수 물의 증기압($P^\circ_{H_2O}$ = 92.5 torr)이 주어져 있어 글리세롤의 몰분율($X_{글리세롤}$)만이 필요하다. 글리세롤의 주어진 부피(10.0 mL)를 주어진 밀도(1.26 g/mL)를 이용하여 질량으로 환산하고 화학식으로부터 몰질량을 찾고 질량(g)을 양(mol)으로 환산한다. 같은 과정을 따라 H_2O의 양을 얻을 수 있다. 이러한 양으로부터 $X_{글리세롤}$과 ΔP를 얻는다.

로드맵

글리세롤(또는 H_2O)의 부피(mL)

↓ 밀도(g/mL)를 곱한다

글리세롤(또는 H_2O)의 질량(g)

↓ $\mathcal{M}$ (g/mol)로 나눈다

글리세롤(또는 H_2O)의 양(mol)

↓ 전체 몰수로 나눈다

글리세롤의 몰분율(X)

↓ $P^\circ_{H_2O}$를 곱한다

증기압 내림(ΔP)

풀이 글리세롤과 물의 양(mol)을 계산한다.

$$\text{글리세롤의 양(mol)} = 10.0 \text{ mL 글리세롤} \times \frac{1.26 \text{ g 글리세롤}}{1 \text{ mL 글리세롤}} \times \frac{1 \text{ mol 글리세롤}}{92.09 \text{ g 글리세롤}} = 0.137 \text{ mol 글리세롤}$$

$$H_2O\text{의 양(mol)} = 500.\text{ mL } H_2O \times \frac{0.988 \text{ g } H_2O}{1 \text{ mL } H_2O} \times \frac{1 \text{ mol } H_2O}{18.02 \text{ g } H_2O} = 27.4 \text{ mol } H_2O$$

글리세롤의 몰분율을 구한다.

$$X_{\text{글리세롤}} = \frac{0.137 \text{ mol}}{0.137 \text{ mol} + 27.4 \text{ mol}} = 0.00498$$

증기압 내림을 구한다.

$$\Delta P = X_{\text{글리세롤}} \times P^\circ_{H_2O} = 0.00498 \times 92.5 \text{ torr} = 0.461 \text{ torr}$$

검산 각 성분의 양은 정확한 것으로 보인다. 글리세롤은 ~10 mL × 1.25 g/mL ÷ 100 g/mol = 0.125 mol, H_2O는 ~500 mL × 1 g/mL ÷ 20 g/mol = 25 mol. 용질의 몰분율이 작아서 ΔP가 작은 것이 마땅하다.

해설 **1.** X_{H_2O} (1 − 0.00498 = 0.99502)를 찾아 식 (13.9)를 이용하여 P_{H_2O}(92.0 torr)를 계산할 수 있다. 그리고 $P^\circ_{H_2O} - P_{H_2O}$를 이용하여 ΔP(적은 유효숫자)를 얻는다.
2. 이 계산은 글리세롤이 비휘발성임을 가정한다. 1 atm에서 글리세롤은 290.0°C에서 끓으므로 50°C에서 글리세롤의 증기압은 무시할 만하다.
3. 용액은 이상성에 근접하여 Raoult의 법칙이 적용된다고 가정하였다.

▶ **보충 문제**

13.7A 21.2°C에서 아스피린($\mathcal{M}$ = 180.15 g/mol) 2.00 g을 메탄올(CH_3OH) 50.0 g에 녹인 용액의 증기압 내림을 계산하라. 이 온도에서 메탄올의 증기압은 101 torr이다.

13.7B 멘톨($C_{10}H_{20}O$)은 화한 맛을 가지고 목이 아픈 것을 완화시키므로 많은 의약품에 첨가된다. 22°C에서 멘톨 6.49 g을 에탄올(C_2H_5OH) 25.0 g에 녹인 용액의 증기압(torr)을 구하라. 이 온도에서 에탄올의 증기압은 51.53 torr이다.

유사 문제 13.96, 13.97

끓는점 오름 두 번째 총괄 성질은 용액의 끓는점에 영향을 미치는데, 이 성질은 증기압 내림의 결과로 나타난다.

- **끓는점 오름**(boiling point elevation, ΔT_b): *용액은 순수한 용매보다 더 높은 온도에서 끓는다. ΔT_b는 끓는점 증가를 나타낸다.*

1. *용액은 왜 더 높은 T에서 끓는가?* 액체의 끓는점 T_b는 액체의 증기압이 외부 압력 $P_{\text{외부}}$와 같아지는 온도이다. 그런데 용액의 증기압은 순수 용매의 증기압보다 항상 낮다. 따라서 용매의 T_b에서는 용액의 증기압이 $P_{\text{외부}}$보다 낮으므로 용액은 끓지 않는다. 용액의 증기압을 $P_{\text{외부}}$와 같아지도록 높이려면 더 높은 온도로 가열해야 하기 때문에 결과적으로 끓는점 오름(ΔT_b)이 일어난다.

용액의 상 도표를 용매의 상 도표에 겹쳐 놓고 ΔT_b를 확인해 보자(그림 13.25). 용액의 기체-액체 경계선은 어떠한 T에서도 용매의 경계선 *밑*에 위치하고, 어떠한 P에서도 용매의 경계선 오른쪽에 위치하므로 더 높은 T에서 1 atm($P_{\text{외부}}$ 또는 $P_{\text{대기압}}$)을 만난다.

2. *끓는점 오름의 정량화.* 증기압 내림과 마찬가지로 끓는점 오름은 용질의 농도에 정비례한다.

$$\Delta T_b \propto m \qquad \text{또는} \qquad \Delta T_b = K_b m \tag{13.11}$$

여기서 $\Delta T_b = T_{b(\text{용액})} - T_{b(\text{용매})}$이고 항상 0보다 크다. m은 용액의 몰랄농도이고, K_b는 *몰랄 끓는점 오름 상수*(molal boiling point elevation constant)이다. 순수 용매의 끓는점에 ΔT_b를 더하면 용액의 끓는점을 구할 수 있다.

$$T_{b(\text{용액})} = T_{b(\text{용매})} + \Delta T_b$$

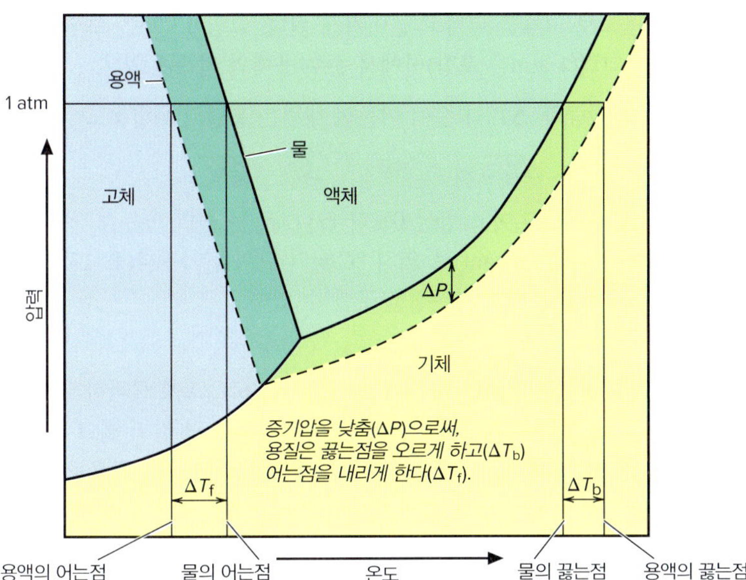

그림 13.25 용매와 용액의 끓는점과 어는점. 수용액(*점선*)과 순수한 물(*실선*)의 상 도표. (고체-액체 선의 기울기와 ΔP의 크기는 과장된 것이다.)

몰랄농도는 몰분율, 따라서 용질의 입자 수와 연관되어 있고 온도와 무관하기 때문에 끓는점 오름을 결정하는 데 사용된다.

상수 K_b는 단위 몰랄당 섭씨 도의 단위(°C/*m*)를 가지고 주어진 용매에 대해 고유한 값을 가진다(표 13.6). 물의 K_b는 0.512°C/*m*이므로 수용액에서 ΔT_b는 매우 작다. 예를 들어 1 atm에서 물 1.00 kg에 포도당 1.00 mol(180. g, 입자 1.00 mol) 또는 NaCl 0.500 mol(29.2 g, 역시 입자 1.00 mol)을 녹이면 두 용액 모두 100.000°C가 아니라 100.512°C에서 끓게 된다.

표 13.6 | 몇 가지 용매의 몰랄 끓는점 오름과 어는점 내림 상수

용매	끓는점(°C)*	K_b(°C/*m*)	어는점(°C)	K_f(°C/*m*)
아세트산	117.9	3.07	16.6	3.90
벤젠	80.1	2.53	5.56	4.90
이황화 탄소	46.2	2.34	−111.5	3.83
사염화 탄소	76.5	5.03	−23	30.
클로로폼	61.7	3.63	−63.5	4.70
다이에틸 에터	34.5	2.02	−116.2	1.79
에탄올	78.5	1.22	−117.3	1.99
물	100.0	0.512	0.0	1.86

*1 atm

어는점 내림 증기압 내림 때문에 나타나는 또 다른 총괄 성질은 용액의 어는점에 영향을 미친다.

- **어는점 내림**(freezing point depression, ΔT_f): *용액의 어는점은 순수 용매의 어는점보다 항상 낮다. ΔT_f는 어는점 감소를 나타낸다.*

1. *왜 용액은 더 낮은 T에서 어는가?* 오직 용매만이 용액에서 기화하므로 용질 분자는 용액에 남는다. 유사하게 *오직 용매만이 얼고* 용질 분자는 남게 된다. 용액의 어는점은 증기압이 순수 용매의 증기압과 같아지는 온도 즉, 고체 용매와 액체 용액이 평형에 있는 온도이다. 어는점 내림(ΔT_f)은 용액의 증기압이 용매의 증기압보다 항상 낮기 때문에 일어나며, 용액은 순수한 용매보다 더 낮은 온도에서 언다. 즉, 더 낮은 온도에 도달해야만

용매 입자가 같은 속도로 고체를 떠나고 들어가게 된다. 그림 13.25를 보면 용액의 고체-액체 경계선은 모든 압력(1 atm을 포함)하에서 순수 용매의 왼쪽에 있다.

2. *어는점 내림의 정량화.* ΔT_b와 같이 어는점 내림은 용질의 몰랄농도에 비례한다.

$$\Delta T_f \propto m \quad \text{또는} \quad \Delta T_f = K_f m \tag{13.12}$$

여기서 $\Delta T_f = T_{f(용매)} - T_{f(용액)}$이고 항상 0보다 크다. K_f는 *몰랄 어는점 내림 상수*(molal freezing point depression constant)로 역시 °C/m의 단위를 가진다(표 13.6). 순수 용매의 어는점에서 ΔT_f를 빼면 용액의 어는점을 구할 수 있다.

$$T_{f(용액)} = T_{f(용매)} - \Delta T_f$$

여기서도 역시 수용액에서의 효과는 물에 대한 K_f가 1.86°C/m에 불과하기 때문에 작다. 따라서 1 atm에서 1 m 포도당, 0.5 m NaCl, 0.33 m K_2SO_4와 같이 물 1 kg당 1 mol의 입자가 있는 모든 용액은 0.00°C가 아니라 −1.86°C에서 언다. 일반적으로 용매의 K_f 값은 K_b 값보다 크다. 따라서 특정 농도의 용액에서 ΔT_f는 ΔT_b보다 크다. 즉, 용액의 어는점 내림은 끓는점 오름보다 크다.

인터넷 핫스팟

총괄 성질 계산이 어렵게 느껴진다면, eBook에 접속하여 이 주제에 대한 추가 학습 동영상을 참고하자.

예제 13.8 | 용액의 끓는점과 어는점 구하기

문제 자동차의 라디에이터 물 4450 g에 부동액 에틸렌 글라이콜($C_2H_6O_2$) 1.00 kg을 넣었다. 이 용액의 끓는점과 어는점은 얼마인가?

계획 끓는점과 어는점을 찾기 위해서는 ΔT_b와 ΔT_f가 필요하다. 먼저 용질의 질량(1.00 kg)을 양(mol)로 환산하고 용매의 질량(4450 g, kg으로 변환)으로 나누어 몰랄농도를 찾는다. 그리고 식 (13.11)과 (13.12)로부터 ΔT_b와 ΔT_f를 계산한다. 용매의 끓는점에 ΔT_b를 더하고 어는점에서 ΔT_f를 뺀다. 로드맵이 이러한 단계를 보여준다.

로드맵

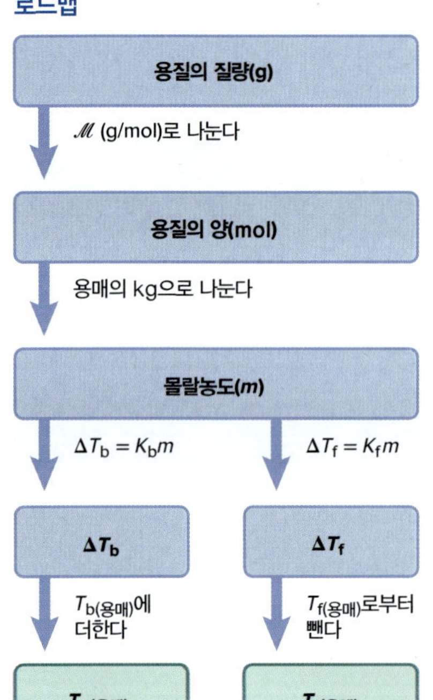

풀이 몰랄농도 계산

$$C_2H_6O_2\text{의 양(mol)} = 1.00\text{ kg } C_2H_6O_2 \times \frac{10^3\text{ g}}{1\text{ kg}} \times \frac{1\text{ mol } C_2H_6O_2}{62.07\text{ g } C_2H_6O_2}$$

$$= 16.1\text{ mol } C_2H_6O_2$$

$$\text{몰랄농도} = \frac{\text{mol 용질}}{\text{kg 용매}} = \frac{16.1\text{ mol } C_2H_6O_2}{4450\text{ g } H_2O \times \dfrac{1\text{ kg}}{10^3\text{ g}}} = 3.62\ m\ C_2H_6O_2$$

K_b = 0.512°C/mol를 이용하여 끓는점 오름과 $T_{b(용액)}$를 구한다.

$$\Delta T_b = \frac{0.512°C}{m} \times 3.62\ m = 1.85°C$$

$$T_{b(용액)} = T_{b(용매)} + \Delta T_b = 100.00°C + 1.85°C = 101.85°C$$

K_f = 1.86°C/mol을 이용하여 어는점 내림과 $T_{f(용액)}$를 구한다.

$$\Delta T_f = \frac{1.86°C}{m} \times 3.62\ m = 6.73°C$$

$$T_{f(용액)} = T_{f(용매)} - \Delta T_f = 0.00°C - 6.73°C = -6.73°C$$

검산 끓는점과 어는점의 변화는 사용한 상수와 같은 비율이 되어야 한다. 즉, $\Delta T_b/\Delta T_f$는 K_b/K_f와 같아야 한다. 1.85/6.73 = 0.275 = 0.512/1.86.

해설 농도는 Raoult의 법칙이 가장 정확한 *묽은* 용액 범위를 상당히 벗어나기 때문에 이 답들은 근사값이다.

▶ 보충 문제

13.8A 이황화 탄소(CS_2)는 고무와 수지를 포함한 일부 비금속을 녹이는 비상한 능력이 있다. CS_2 60.0g에 녹은 8.44 g 인(P_4)을 함유한 용액의 끓는점과 어는점은 얼마인가?

13.8B 자동차의 냉각수가 0.00°F에서 어는 것을 방지할 수 있는 에틸렌 글라이콜($C_2H_6O_2$)의 가장 낮은 몰랄농도는 얼마인가? 이 몰랄농도의 용액을 제조하기 위해 물 4.00 kg에 넣어야 할 에틸렌 글라이콜의 질량은 얼마인가? (용액을 이상 용액으로 가정하라.)

유사 문제 13.98~13.103

삼투압 용매는 통과시키지만 용질은 통과시키지 않는 **반투막**(semipermeable membrane)으로 농도가 높은 용액과 낮은 농도의 용액을 분리하면 또 다른 총괄 성질이 관찰된다. 이 현상을 **삼투**(osmosis)라 하며, 농도가 높은 용액 쪽으로 용매의 알짜 흐름이 일어나서 *삼투압*(osmotic pressure)이라 불리는 압력 차가 발생한다. 많은 유기체들은 삼투로 내부 농도를 조절한다.

1. *왜 삼투압이 나타나는가?* U자 관의 굽은 부분에 반투막을 설치하여 설탕 수용액과 순수한 물을 분리시킨 간단한 장치를 생각해보자.

- 물 분자는 양 방향으로 막을 통과하지만 보다 큰 설탕 분자는 그렇지 않다. 설탕 분자는 막의 용액 쪽에 위치하기 때문에 이 면에 접촉하는 물 분자의 수가 더 적고, 따라서 특정 시간 동안 용액 속으로 들어오는 분자보다 용액에서 빠져나가는 분자가 더 적다 (그림 13.26A).
- 결과적으로 용액은 보다 높은 엔트로피를 유지한다. 이처럼 *용액 쪽으로 향한 물*의 알짜 흐름은 용액의 부피를 증가시키므로 용액의 농도를 감소시킨다.
- 용액 기둥의 높이가 올라갈수록 물 기둥의 높이는 낮아지고 기둥의 무게 차이는 압력 차이를 생성하여 이것이 더 많은 물이 들어오는 것을 방해하고 막을 통해 일부 물은 되돌아가도록 한다. 물이 들어오는 속도와 같은 속도로 용액에서부터 밀려나면 계는 평형에 있게 된다(그림 13.26B).
- 이 시점에서의 압력 차이가 **삼투압**(osmotic pressure, **Π**)이며, 물이 용매에서 용액(또는 낮은 농도의 용액에서 높은 농도 용액, 그림 13.26C)으로 알짜로 움직이는 것을 *막기 위해* 가해야 하는 압력과 같게 된다.

2. *삼투압의 정량화.* 삼투압은 주어진 용액 단위 부피당 용질 입자 수, 즉 몰농도(M)에 비례한다.

$$\Pi \propto \frac{n_{\text{용질}}}{V_{\text{용액}}} \qquad \text{또는} \qquad \Pi \propto \text{M}$$

비례 상수는 R 곱하기 절대온도 T이다. 따라서,

$$\Pi = \frac{n_{\text{용질}}}{V_{\text{용액}}} RT = MRT \tag{13.13}$$

두 경우 모두 계의 압력이 농도와 온도에 연계되기 때문에 식 (13.13)이 이상기체 법칙 ($P = nRT/V$)와 비슷한 것은 놀라운 일이 아니다.

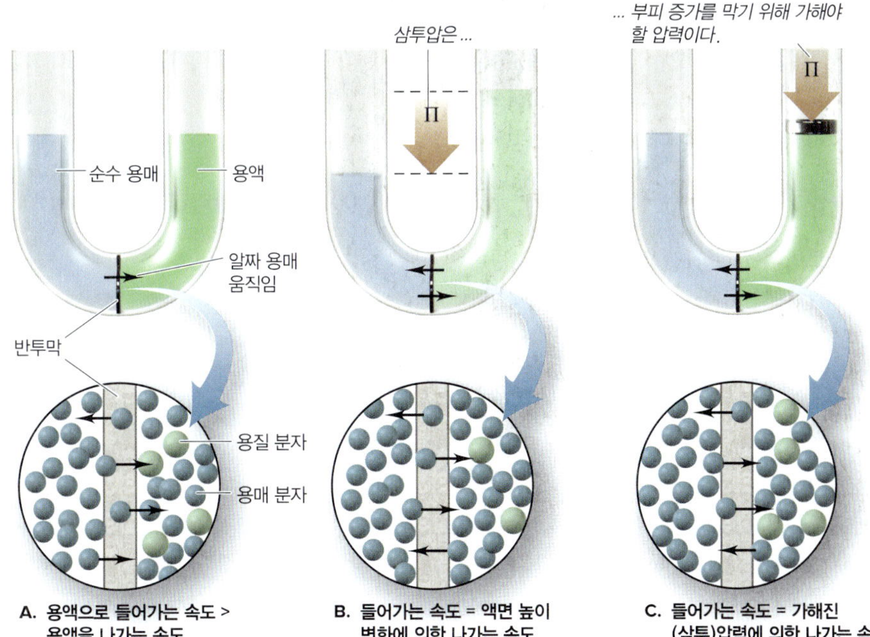

그림 13.26 **삼투압의 발생.** A. 주어진 시간에 용액을 떠나는 것보다 더 많은 용매가 막을 통해 용액으로 들어간다. B. 평형에서 용매의 흐름은 같아진다. C. 용액에 삼투압(Π)을 가하면 부피 변화를 막을 수 있다.

총괄성의 원리 공통적인 원리로 비휘발성 용질의 4가지 총괄 성질을 설명할 수 있다. 각 성질은 용질 입자들이 2개 상 사이를 움직일 수 없기 때문에 나타난다.

- 용질 입자는 기체상에 진입할 수 없고 이것이 *증기압 내림*과 *끓는점 오름*으로 나타난다.
- 용질 입자는 고체상에 들어갈 수 없고 이것이 *어는점 내림*으로 나타난다.
- 용질 입자는 반투막을 통과할 수 없고 이것이 *삼투압*으로 나타난다.

각 경우에서 용질의 존재는 용매의 몰분율을 감소시키고 이것은 다시 단위 시간당 용액을 떠나는 용매 입자의 수를 감소시킨다. 이러한 감소로 보다 높은 엔트로피를 유지하고 단위 시간당 2개 상 사이를 움직이는 입자 수의 새로운 균형을 요구하며, 이러한 새로운 균형은 측정된 총괄성질로 나타난다.

총괄성을 이용하여 용질의 몰질량 구하기

각 총괄 성질은 용질 농도에 비례한다. 따라서 낮아진 어는점, 높아진 끓는점 등 성질을 측정함으로써 용질 입자의 양(mol)을 결정하고 주어진 용질 질량으로부터 몰질량을 결정한다.

원리상 아무 총괄성이나 이용할 수 있지만 일반적으로 어는점 내림과 삼투압만이 광범위하게 사용된다. 삼투압은 가장 큰 변화를 나타내므로 가장 정확한 측정을 할 수 있다. 고분자 화학자와 생화학자들은 삼투압을 측정함으로써 10^5 g/mol 정도의 큰 몰질량을 구한다. 고분자 용질 1 mol의 극히 일부만이 녹아 있기 때문에 다른 총괄성의 변화는 너무 작아서 정확히 측정하기가 어렵다.

예제 13.9 | 총괄성으로부터 몰질량 구하기

문제 생화학자가 O_2와 결합하여 몸의 세포로 운반하는 혈액 단백질인 헤모글로빈(hemoglobin)의 다양한 돌연변이체를 400개 이상 발견하였다. 의사가 한 변이체 21.5 mg을 물에 녹여 5.0°C에서 1.50 mL의 용액을 만들었다. 이 용액의 삼투압이 3.61 torr로 측정되었다. 이 단백질의 몰질량은 얼마인가?

로드맵

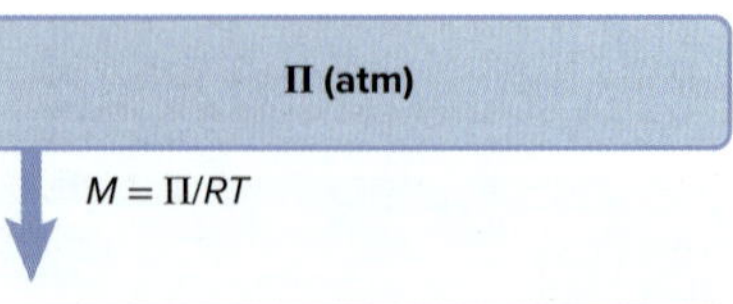

M (mol/L)

용액의 부피(L)로 곱한다

용질의 양(mol)

용질의 질량(g)을 나눈다

$\mathcal{M}$ (g/mol)

계획 삼투압(Π = 3.61 torr), *R*과 *T*(5.0°C)를 알고 있다. Π의 torr를 atm으로, *T*의 °C를 K로 변환하고 몰농도(*M*)를 구하기 위해 식 (13.13)을 푼다. 그리고 주어진 부피(1.50 mL)로부터 헤모글로빈의 양(mol)을 계산하고, $\mathcal{M}$을 구하기 위해 알고 있는 질량(21.5 mg)을 이용한다(로드맵을 참조).

풀이 단위 변환과 몰농도 계산을 합하면

$$M = \frac{\Pi}{RT} = \frac{\dfrac{3.61\ \text{torr}}{760\ \text{torr/1 atm}}}{\left(0.0821\ \dfrac{\text{atm·L}}{\text{mol·K}}\right)(273.15\ \text{K} + 5.0)} = 2.08{\times}10^{-4}\ M$$

용질의 양(mol)을 구한다(mL를 L로 변환한 후).

$$\text{용질의 양(mol)} = M \times V = \frac{2.08{\times}10^{-4}\ \text{mol}}{1\ \text{L 용액}} \times 0.00150\ \text{L 용액} = 3.12{\times}10^{-7}\ \text{mol}$$

헤모글로빈의 몰질량 계산(mg을 g으로 변환한 후).

$$\mathcal{M} = \frac{0.0215\ \text{g}}{3.12{\times}10^{-7}\ \text{mol}} = 6.89{\times}10^4\ \text{g/mol}$$

검산 작은 삼투압은 매우 작은 몰농도를 의미한다. 헤모글로빈은 생체 고분자이고 작은 몰수 $[(\sim 2 \times 10^{-4}\ \text{mol/L})(1.5 \times 10^{-3}\ \text{L}) = 3 \times 10^{-7}\ \text{mol}]$와 큰 $\mathcal{M}$ $(\sim 21 \times 10^{-3}\ \text{g}/3 \times 10^{-7}\ \text{mol} = 7 \times 10^4\ \text{g/mol})$을 예상할 수 있다. 포유류의 헤모글로빈은 몰질량이 64,500 g/mol이다.

▶ 보충 문제

13.9A 펩신(pepsin)은 단백질을 아미노산으로 분해하는 포유류의 장에 있는 효소이다. 펩신 0.200 g을 함유한 12.0 mL 수용액은 27.0°C에서 삼투압이 8.98 torr이다. 펩신의 몰질량은 얼마인가?

13.9B 나프탈렌은 좀약의 주성분이다. 나프탈렌 7.01 g을 벤젠 200. g에 녹여 만든 용액의 어는점이 4.20°C이다. 나프탈렌의 몰질량은 얼마인가?

유사 문제 13.106, 13.107

휘발성 비전해질 용액

용질이 *휘발성*이면, 즉 증기가 용질 분자와 용매 분자로 구성되면 증기압에 대한 효과가 어떻게 될까? Raoult의 법칙[식 (13.9)]으로부터

$$P_{용매} = X_{용매} \times P^{\circ}_{용매} \qquad P_{용질} = X_{용질} \times P^{\circ}_{용질}$$

여기서 $X_{용매}$와 $X_{용질}$은 *액체*상의 몰분율이다. Dalton의 법칙(5.4절)에 따르면 전체 증기압은 부분 증기압의 합이다.

$$P_{전체} = P_{용매} + P_{용질} = (X_{용매} \times P^{\circ}_{용매}) + (X_{용질} \times P^{\circ}_{용질})$$

따라서 비휘발성 용질이 용매의 몰분율을 1보다 작게 함으로써 용매의 증기압을 낮추는 것과 같이, *각 휘발성 성분도 각 성분의 몰분율을 1보다 작게 함으로써 다른 성분의 증기압을 낮춘다.*

이 개념을 서로 잘 섞이는 벤젠(C_6H_6)과 톨루엔(C_7H_8) 용액으로 살펴보자. 이 예에서 두 용액 성분의 몰분율은 같다. 즉 $X_{벤젠} = X_{톨루엔} = 0.500$이다. 25°C에서 순수한 물질의 증기압은 벤젠($P^{\circ}_{벤젠}$)이 95.1 torr이고, 톨루엔($P^{\circ}_{톨루엔}$)은 28.4 torr이다. 벤젠이 톨루엔보다 *휘발성이 큰 것*에 주목하라. Raoult의 법칙으로 부분 압력을 구한다.

$$P_{벤젠} = X_{벤젠} \times P^{\circ}_{벤젠} = 0.500 \times 95.1 \text{ torr} = 47.6 \text{ torr}$$
$$P_{톨루엔} = X_{톨루엔} \times P^{\circ}_{톨루엔} = 0.500 \times 28.4 \text{ torr} = 14.2 \text{ torr}$$

따라서 액체에서 벤젠의 존재는 톨루엔의 증기압을 낮추고, 톨루엔의 존재도 벤젠의 증기압을 낮춘다.

이제 Dalton의 법칙을 적용하여 *증기*에서 각 물질의 몰분율을 계산해 보자. 5.4절에서 $X_A = P_A/P_{전체}$임을 기억하자. 따라서 기체상에서 벤젠과 톨루엔에 대해 다음과 같다.

$$X_{벤젠} = \frac{P_{벤젠}}{P_{전체}} = \frac{47.6 \text{ torr}}{47.6 \text{ torr} + 14.2 \text{ torr}} = 0.770$$

$$X_{톨루엔} = \frac{P_{톨루엔}}{P_{전체}} = \frac{14.2 \text{ torr}}{47.6 \text{ torr} + 14.2 \text{ torr}} = 0.230$$

여기서 핵심은 *증기 상에서 휘발성이 더 큰 성분의 몰분율이 더 크다는 것*이다. 단 한 번의 증발-응축 단계를 통해 *액체*에서 50/50의 벤젠 대 톨루엔의 비율이 *증기*에서 77/23의 비율로 변한다. 이 증기를 별도의 용기에 응축하면 새로운 *액체*는 77/23의 조성을 가지게 되고, 그 위의 증기에는 휘발성이 더 큰 벤젠이 더 농축될 것이다.

분별 증류(fractional distillation)라는 실험실 기법에서 2가지 이상의 휘발성 성분을 가진 용액을 표면적을 증가시킨 유리 구슬(또는 세라믹 덩어리)로 채워진 *분별관*(fractionating column)에 연결하고, 이 관을 응축기와 수집 플라스크에 연결한다. 용액을 가열하여 증기 혼합물이 구슬을 만나게 되면 증기가 관을 빠져 나올 때까지 수많은 증발-응축 단계로 농축되고 최종적으로 수집된 액체는 보다 휘발성이 큰 성분만으로 구성된다. (곧 보게 되겠지만 이 방법은 정유 산업의 핵심이다.)

강전해질 용액

용질이 이온으로 해리되는 강전해질 용액에서 용질의 화학식은 총괄성을 결정할 입자의 수를 알려준다. 비전해질인 글루코스 0.0500 *m* 용액과 강전해질인 NaCl의 0.0500 *m* 용액의 예상되는 끓는점 오름을 비교해 보자.

$$\text{글루코스: } \Delta T_b = K_b m = 0.512°\text{C}/m \times 0.0500\ m = 0.0256°\text{C}$$
$$\text{NaCl: } \Delta T_b = K_b m = 2 \times 0.512°\text{C}/m \times 0.0500\ m = 0.0512°\text{C}$$

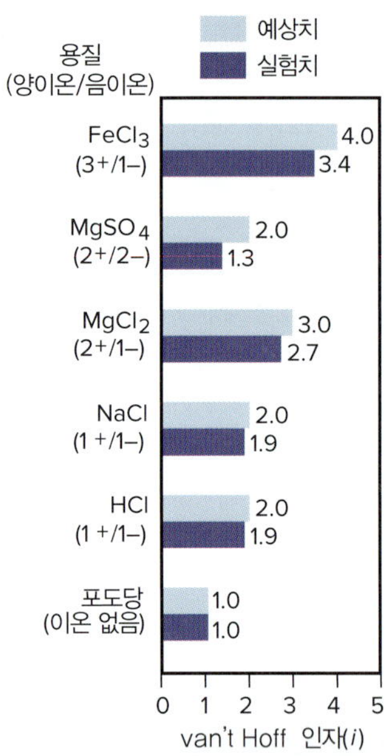

그림 13.27 **강전해질 용액의 비이상적 거동.** 0.050 m 용액의 van't Hoff 인자(i)는 다중 전하를 가진 이온들의 염에서 최대의 편차를 나타낸다. 글루코스(비전해질)은 예상대로 거동한다.

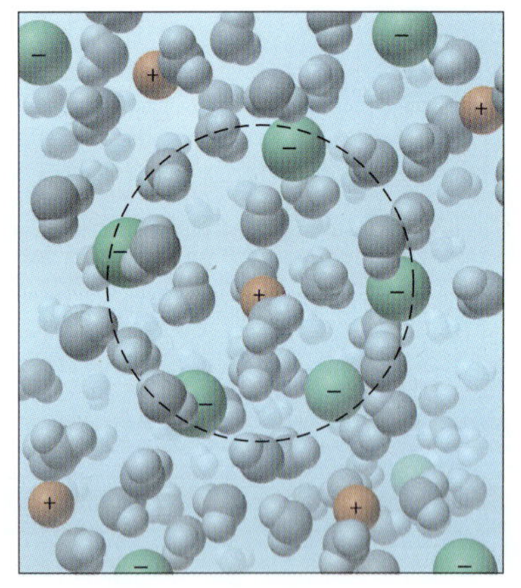

그림 13.28 **전해질 용액의 비이상적 거동에 대한 이온 분위기 모형.**

NaCl은 화학식 단위당 2개의 입자로 해리되기 때문에 NaCl 용액의 ΔT_b 계산에서 2라는 인자를 곱해 주었다. 따라서 네덜란드 화학자 Jacobus van't Hoff(1852~1911)의 이름을 따서 *van't Hoff 인자*(i)라 불리는 배율 인자를 사용한다.

$$i = \frac{\text{전해질 용액의 측정된 값}}{\text{비전해질 용액의 예상되는 값}}$$

강전해질 용액의 총괄성을 계산하려면, i를 넣어야 한다.

증기압 내림: $\Delta P = i\,(X_{\text{용질}} \times P^{\circ}_{\text{용매}})$

끓는점 오름: $\Delta T_b = i\,(K_b m)$

어는점 내림: $\Delta T_f = i\,(K_f m)$

삼투압: $\Pi = i\,(MRT)$

비이상 용액과 이온 분위기 만약 강전해질 용액이 이상적으로 행동하면 인자 i는 용액 내의 입자 양(mol)을 녹은 용질의 양(mol)으로 나눈 것이 될 것이다. 말하자면 i는 KBr에서 2, $Mg(NO_3)_2$에서 3이 될 것이다. 그러나 대부분 강전해질 용액은 이상적이지 않고, 측정된 i의 값은 화학식으로부터 예상되는 값보다 작게 된다. 예를 들면, 0.050 m NaCl의 끓는점 오름에서 예상되는 값은 2.0이지만 실험에서는 다음과 같이 얻어진다.

$$i = \frac{0.050\ m\ \text{NaCl의}\ \Delta T_b}{0.050\ m\ \text{포도당의}\ \Delta T_b} = \frac{0.049°\text{C}}{0.026°\text{C}} = 1.9$$

다른 증거로 보면 용해된 염이 완전히 해리되는 것으로 생각됨에도 불구하고 이온들은 완전히 독립적으로 행동하지 않는 것처럼 보인다. 이 결과를 이해하는 한 가지 단서는 전하 값이 큰 이온은 더 큰 편차를 나타낸다는 것이다(그림 13.27).

이러한 비이상적 거동을 설명하기 위해 양이온이 음이온 주위에 모이거나 반대로 음이온이 양이온 주위에 모여 알짜 반대 전하를 가지는 **이온 분위기**(ionic atmosphere)를 형성하는 그림을 그려보자(그림 13.28). 실제로 각 종류의 이온은 "묶여 있는 것"처럼 행동하여 실제 농도는 *더 낮은* 것처럼 보인다. *유효*(effective) 농도는 화학식에 근거한 양론(stoichiometric) 농도에 i를 곱한 것이다. 전하가 클수록 인력이 더 강해져서 전하 값이 큰 이온의 염에서 더 큰 편차가 나타난다.

실제 용액과 실제 기체의 비교 일상적인 조건과 농도에서 입자들은 기체에서보다 액체에서 서로 *훨씬* 가까이 있다. 그 결과 비이상적 거동이 용액에서 훨씬 자주 나타나고, 관찰되는 편차도 *훨씬* 크다. 그럼에도 불구하고 두 계는 여러 유사점들을 가진다.

- 기체는 입자들 사이의 거리가 멀기 때문에 낮은 압력에서 거의 이상적인 거동을 보인다. 마찬가지로 van't Hoff 인자(i)는 용액이 보다 묽어질수록, 즉 이온 사이의 거리가 증가할수록 이상적인 값에 근접한다.
- 입자 사이의 인력은 기체에서 예상되는 압력으로부터 편차를 야기하고, 이온성 용액에서 예상되는 총괄성의 크기로부터 편차를 야기한다.
- 실제 기체와 실제 용액에서 실험적으로 결정된 수(van der Waals 상수 또는 van't Hoff 인자)를 이용하여 이론(이상 기체 법칙 또는 Raoult의 법칙)을 더 유용한 식으로 변환한다.

예제 13.10 | 강전해질 용액의 묘사

문제 플라스크에 염화 마그네슘 0.952 g을 물 100. g에 녹였다.

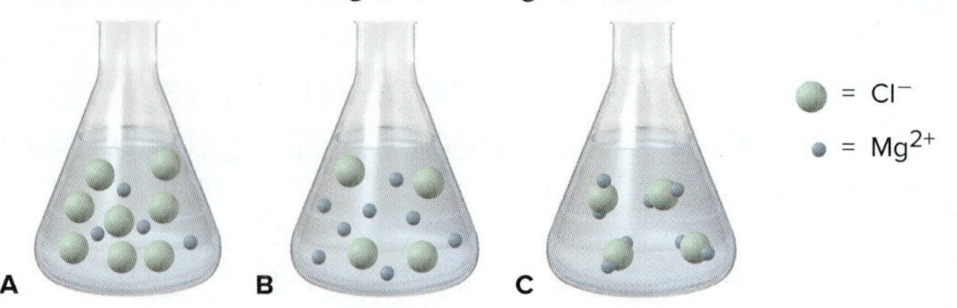

(a) 어느 모식도가 용액을 가장 잘 묘사하고 있는가?
(b) 녹색 구로 표현된 양(mol)은 얼마인가?
(c) 용액이 이상적이라 가정하면 (1 atm에서) 어는점은 얼마인가?

계획 **(a)** 화합물 이름으로부터 화학식 단위당 양이온과 음이온의 개수를 찾아 세 그림을 비교한다. **(b)** 주어진 질량을 양(mol)로 환산하고 **(a)**의 답을 이용하여 염화 이온(녹색 구)의 몰수를 찾고 mol/구로 얻기 위해 녹색 구의 수로 나눈다. **(c)** 용질의 양(mol)을 주어진 물의 질량(kg으로 변환)으로 나누어 몰랄농도(m)를 구한다. 물의 K_f(표 13.6)에 m을 곱하여 ΔT_f를 구하고 0.000°C에서 빼서 어는점을 구한다.

풀이 **(a)** 화학식은 $MgCl_2$이다. 그림 A만이 2개 Cl^-당 1개의 Mg^{2+}를 가진다.

(b)
$$MgCl_2\text{의 양(mol)} = \frac{0.952 \text{ g } MgCl_2}{95.21 \text{ g/mol } MgCl_2} = 0.0100 \text{ mol } MgCl_2$$

따라서
$$Cl^-\text{의 양(mol)} = 0.0100 \text{ mol } MgCl_2 \times \frac{2\ Cl^-}{1\ MgCl_2} = 0.0200 \text{ mol } Cl^-$$

$$\text{mol/구} = \frac{0.0200 \text{ mol } Cl^-}{8\text{ 구}} = 2.50 \times 10^{-3} \text{ mol/구}$$

(c)
$$\text{몰랄농도}(m) = \frac{\text{mol 용질}}{\text{kg 용매}} = \frac{0.0100 \text{ mol } MgCl_2}{100.\text{ g} \times \dfrac{1 \text{ kg}}{10^3 \text{ g}}} = 0.100\ m\ MgCl_2$$

이상용액으로 가정하면 $MgCl_2$에 대해 i = 3(화학식 단위당 3개 이온)이므로 다음과 같이 된다.

$$\Delta T_f = i(K_f m) = 3(1.86°\text{C}/m \times 0.100\ m) = 0.558°\text{C}$$

따라서
$$T_f = 0.000°\text{C} - 0.558°\text{C} = -0.558°\text{C}$$

검산 (c)의 ΔT_f를 빨리 점검해 보자. 0.1 kg에 0.01 mol을 녹여 0.1 m이다. 따라서 K_f를 반올림하면 약 3(2°C/m × 0.1 m) = 0.6°C이다.

▶ 보충 문제

13.10A 비커에 인산 포타슘 31.2 g을 물 85.0 g에 녹여 용액을 만들었다. **(a)** 어느 모식도가 용액을 가장 잘 묘사하는가? **(b)** 이상 거동을 가정하면 용액의 끓는점은 (1 atm에서) 얼마인가?

13.10B 예제 문제의 $MgCl_2$ 용액은 20.0°C에서 밀도가 1.006 g/mL이다. **(a)** 삼투압은 얼마인가? **(b)** 반투막이 있는 U 튜브에 왼쪽에는 이 용액으로 채우고 오른쪽에는 같은 몰랄농도의 포도당 용액으로 채웠다. 시간이 흐른 후의 U 튜브를 가장 잘 묘사하고 있는 그림은 어느 것인가?

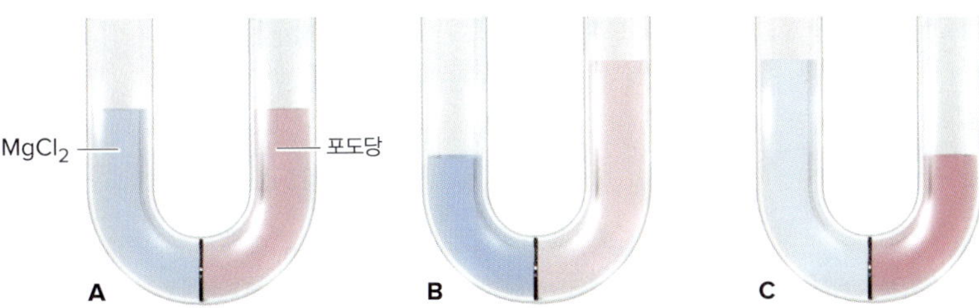

유사 문제 13.108, 13.109

총괄성의 활용

총괄성 중 2가지, 즉 어는점 내림(또는 끓는점 오름)과 삼투압은 지금까지 논의하였던 비휘발성, 휘발성 비전해질과 강전해질 등 3종류의 용질을 포함하는 주요 분야에 활용된다.

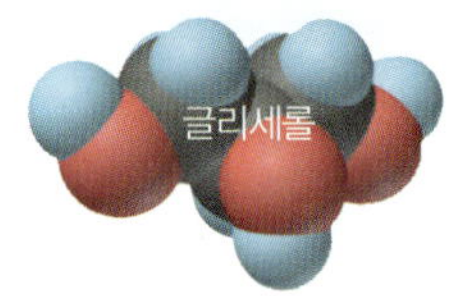

어는점 내림의 이용 이 성질은 일상 생활, 자연, 산업 등에 활용된다.

- *비행기의 얼음 제거제와 자동차의 부동액*. 비행기의 얼음 제거제와 자동차의 부동액의 주요 성분인 에틸렌 글라이콜($C_2H_6O_2$)은 겨울에 물의 어는점을 내리고 여름에 끓는점을 올린다. 전반적인 수소 결합 때문에 에틸렌 글라이콜은 물과 잘 섞이고 100°C에서 비휘발성이다.
- *생체 부동액*. 구조적으로 에틸렌 글라이콜과 비슷하며 물과 역시 잘 섞이는 글리세롤($C_3H_8O_3$)는 흔한 집파리를 포함하여 일부 물고기와 곤충에서 생성되어 혈액의 어는점을 낮추어 겨울에 생존할 수 있도록 한다.
- *보도와 도로의 제빙*. NaCl 또는 $CaCl_2$와의 혼합물은 도로의 얼음을 녹이는 데 사용된다. 적은 양이 얼음에 녹아 어는점을 낮추어 얼음을 녹인다. 더 많은 염이 녹을수록 더 많은 얼음이 녹게 된다. $CaCl_2$의 이점은 $\Delta H_{용해}$가 큰 음의 값을 가져 녹을 때 많은 열이 방출되어 더 많은 얼음을 녹이게 된다.
- *석유와 실리콘의 정제*. 석유 정제 산업에서는 30 m 높이의 분별탑 안에서 수 없이 많은 증발-응축 단계로 원유의 수백 가지 휘발성 화합물을 끓는점 영역에 따라 몇 가지 "분획(fraction)"으로 분리한다(그림 13.29). 불순한 실리콘은 연속적인 용융과 재응결로 정제하여 컴퓨터 칩에 사용하기 충분한 순도의 시료로 변환된다.

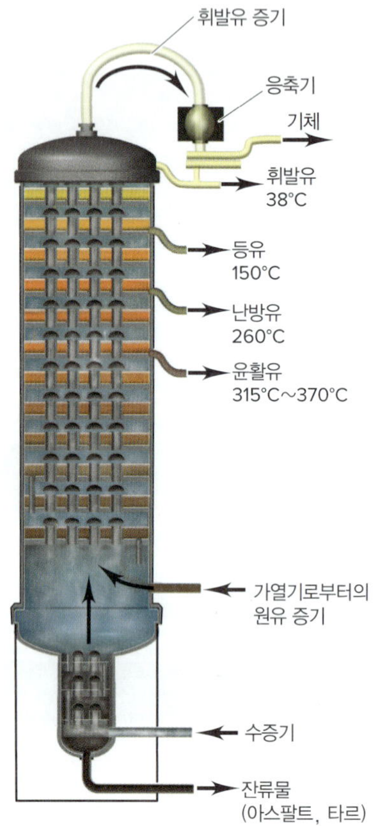

그림 13.29 석유 정제에서의 분별 증류.

삼투압의 이용 4가지 총괄성 중에서 삼투압은 유기체에서 가장 중요하게 활용된다.

- *삼투성과 세포 모양*. *삼투성*(tonicity)이라는 용어는 세포의 농담(tone) 또는 견고성(firmness)을 말한다. 세포를 세포액과 같은 입자 농도를 가지는 용액인 *등장* 용액(isotonic solution)에 넣으면 물이 같은 속도로 세포에 들어가고 나가기 때문에 정상적인 세포 모양을 유지한다(그림 13.30A). *저장* 용액(hypotonic solution)은 더 낮은 입자 농도를 가지므로 물이 세포에서 나가는 것보다 더 빨리 들어가게 되어 세포가 터지게 된다(그림 13.30B). 반면에 *고장* 용액(hypertonic solution)은 더 높은 입자 농도를 가지므로 세포에 들어가는 것보다 더 빨리 빠져나가게 되어 세포가 줄어들게 된다(그림 13.30C). 세포의 모양을 유지하기 위해 콘택트 렌즈 세척제는 등장 식염수(0.15 *M* NaCl)이며, 정맥으로 영양소와 약을 전달하는 데 사용하는 용액도 마찬가지이다.
- *나무의 물 흡수*. 나무 수액은 주위의 지하수보다 농축된 용액이므로 물은 뿌리 막을 통과하여 나무로 들어가게 되며, 가장 높은 나무에서는 20 atm을 초과하는 삼투압이 만들어진다.

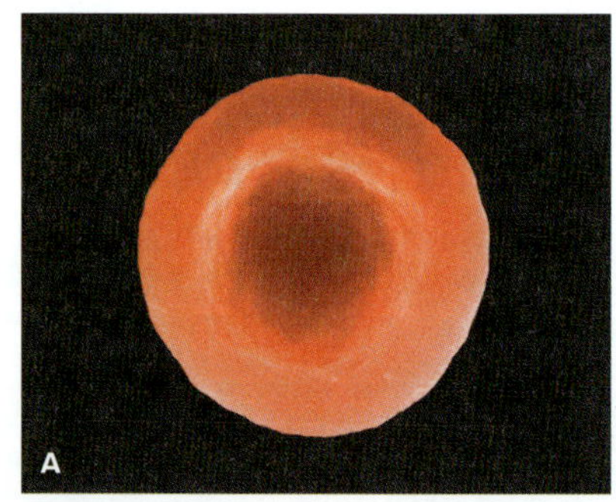

그림 13.30 **삼투압과 세포 모양.** 등장액(A), 저장액(B), 고장액(C)은 적혈구 세포의 모양에 영향을 준다.

Source: A-C: David M. Philips/Science Source

- *신체의 물 부피의 조절.* 4가지 중요한 생물학적 양이온인 Na^+, K^+, Mg^{2+}, Ca^{2+} 중에서 소듐 이온은 물의 부피를 조절하는 1차적 역할을 담당한다. 이것은 세포 *밖* 양이온의 90% 이상을 차지한다. 높은 Na^+ 농도는 세포 밖으로 물을 끌어내고 낮은 Na^+ 농도는 세포 내에 물이 남아 있게 한다. 콩팥의 주요 역할은 Na^+의 농도를 조절하는 것이다.
- *식품 보존.* 냉동 기술이 개발되기 이전에 소금은 보존제로서 가치가 높았다. 소금을 식품에 뿌려 포장하면 소금은 표면의 미생물이 물을 잃어서 생기를 잃게 한다. 실제로 이러한 용도로 소금의 가치가 높이 평가되어 로마 군인들은 소금으로 급여를 받았고 이러한 사실로부터 *봉급*(salary)이라는 단어가 유래되었다. 소금은 피클을 만들기 위해 오이의 물을 끌어내는 데도 사용된다.

› 13.6절 요약

- › 총괄성은 녹은 용질 입자의 종류가 아니라 수에 의해 나타난다.
- › 순수 용매와 비교하여 용액은 더 높은 엔트로피를 가지며, 이것은 증기압 내림(Raoult의 법칙), 끓는점 오름, 어는점 내림으로 나타난다. 두 용액 사이의 용질 농도의 차이는 삼투압을 발생시킨다.
- › 총괄성은 용질의 몰질량을 결정하는 데 사용되고 삼투압은 가장 정밀한 측정값을 준다.
- › 용질과 용매가 휘발성이 있을 때, 각 물질은 다른 물질의 증기압을 낮게 하며, 휘발성이 더 큰 성분을 많게 한다. 증기가 응축된 새로운 용액은 원래 용액보다 휘발성이 높은 성분을 더 많이 포함하게 된다.
- › 강전해질 용액의 총괄성을 계산할 때는 화학식 단위 당 이온의 수를 조정하는 인자(i)가 필요하다. 이러한 용액은 전하간 인력이 이온의 농도를 효과적으로 감소시켜 비이상 거동을 보인다.

13.7 콜로이드의 구조와 성질

입자 크기에 따라 다음 3종류의 혼합물을 정의한다.

- *현탁액(suspension).* 고운 모래 한줌을 유리잔의 물에 넣고 저으면, 입자들은 처음에 물속에 떠있다가 점진적으로 아래에 가라앉는다. 물의 모래처럼 주위의 유체와 시각적으로 구별될 정도로 큰(> 1000 nm) 입자를 함유한 *불균일*(heterogeneous) 혼합물이 **현탁액**이다.
- *용액.* 반면에 설탕을 물에 넣고 저으면 입자가 보이지 않으며, 개별적인 설탕 분자(약 1 nm)가 주위의 유체에 균일하게 퍼져 있는 *균일*(homogeneous) 혼합물인 용액을 형성한다.
- *콜로이드(colloid).* 용액과 현탁액의 두 극단 사이에, 분산되는 물질(용질과 비슷한)이 분산시키는 물질(용매와 비슷한) 전체에 분포되어 있는 *콜로이드 분산*(colloid dispersion) 또는 **콜로이드**라 부르는 넓은 범위의 혼합물 집단이 있다. 클로이드 속의 입자들은 보통 거대 분자이거나 작은 분자의 응집체인데 상당히 미세하게 분산되어 있어 침전되지는 않는다.

이 절에서는 콜로이드의 주요 성질과 분류를 살펴본다.

1. *입자 크기와 표면적.* 콜로이드 입자는 지름이 1에서 1000 nm (10^{-9}에서 10^{-6} m) 범위에 있다. 각 입자는 단일 고분자(천연 또는 합성) 또는 많은 원자, 이온 또는 분자의 응집체이다. 작은 입자 크기 때문에 콜로이드는 *매우 큰 총 표면적*을 가진다. 1 cm 변을 가진 정육면체는 총 표면적이 6 cm^2이다. 이것을 일정하게 10^{12}개 정육면체로 나누면 각 정육면체는 커다란 콜로이드 입자 크기가 되고 총 표면적은 60,000 cm^2 또는 6 m^2가 된다. 콜로이드는 엄청난 표면적으로 다양한 분자간 힘을 통해 다른 입자들을 끌어당긴다.

표 13.7 | 콜로이드의 종류

콜로이드 종류	분산된 물질(분산질)	분산시킨 물질(분산매)	예
에어로졸	액체	기체	안개
에어로졸	고체	기체	연기
거품	기체	액체	휘핑크림
고체 거품	기체	고체	마쉬멜로
유화액	액체	액체	우유
고체 유화액	액체	고체	버터
졸	고체	액체	페인트, 세포액
고체 졸	고체	고체	오팔

2. *콜로이드의 분류.* 콜로이드는 흔히 분산되는 물질과 분산하는 물질의 물리적 상태로 분류한다(표 13.7). 흔한 상용 제품과 천연 물체 중 다수가 콜로이드이다. 거품 크림과 면도 크림은 액체에 기체가 분산된 거품이다. 스티로폼(styrofoam)은 *고체 거품*(solid foam)으로 고체에 기체가 분산된 것이다. 대부분의 생체 유체는 수용성 *졸*(sol)로 물에 분산된 고체이다. 단백질과 핵산은 세포 내에서 이온과 작은 분자의 수용성 액체에 분산된 콜로이드 크기 입자이다. 비누와 세제는 액체가 다른 액체에 분산된 *유화액*(emulsion)을 형성하여 작용한다. 다른 유화액으로 마요네즈와 핸드크림 등이 있다. 담즙 염은 지방을 소장의 물과 같은 액체에 유화액으로 변환시킨다.

3. *Tyndall 효과와 Brown 운동.* 콜로이드를 통과하는 빛은 분산된 입자들의 크기가 가시광선의 파장(400에서 750 nm)과 비슷하기 때문에 무작위로 산란된다. 산란된 빛살은 용액을 통과하는 빛보다 넓게 보이며, 이것이 **Tyndall 효과**의 한 예이다(그림 13.31). 안개가 자동차 전조등 빛을 산란하듯이 먼지도 통과하는 햇빛을 산란한다.

저배율로 확대해 보면 콜로이드 입자는 속도와 방향을 제멋대로 바꾸는 Brown 운동을 하고 있다. Brown 운동은 분산 매질의 분자와 입자가 충돌하여 나타나게 되며, 1905년 이 현상에 대한 Einstein의 설명으로 많은 사람들이 물질의 분자적 본질을 받아들이게 되었다.

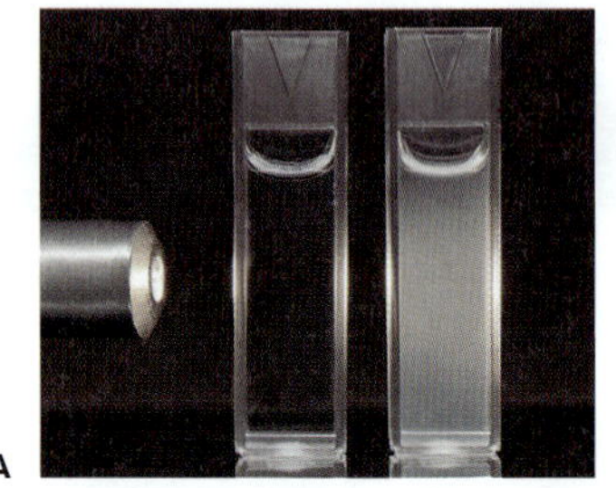

A

B

그림 13.31 빛의 산란과 Tyndall 효과.
A. 용액을 통과한 가늘고 거의 보이지 않는 빛살(*왼쪽*)이 콜로이드(*오른쪽*)를 통과하면서 산란되고 퍼진다. **B.** 햇빛이 공기 중의 먼지에 의해 산란된다.

Source: (A) Charles D. Winters/McGraw-Hill Education (B) Dwight Nadig/E+/Getty Images

4. *콜로이드의 안정화와 불안정화.* 왜 콜로이드 입자들은 응집하여 침전되지 *않는가*? 물에 분산된 콜로이드 입자는 이온-쌍극자 힘을 통해 콜로이드를 안정화시키는 하전된 표면을 가진다. 지질(lipid)과 비누와 같은 이중 극성을 가지는 분자들은 하전된 머리는 외부에, 탄화수소 꼬리는 내부에 있는 구형 *마이셀*(micelle)을 형성한다(13.2절). 수용성 단백질도 이러한 배열과 유사하게 하전된 아미노산 기는 물을 향하고 비극성 기는 분자 내부에 묻혀있다. 이온을 첨가하면 기름 입자의 표면에 이온이 흡착되어 기름 입자도 물에 분산될 수 있다. 기름 표면의 이온들과 물 분자의 부분 전하 사이의 반발력 때문에 입자들이 응집되는 것을 막을 수 있다.

이러한 힘들에도 불구하고 다양한 방법들로 콜로이드를 불안정하게 하여 입자들을 응집하게 할 수 있다. 가열하면 입자들이 보다 자주 충돌하여 충분한 힘으로 뭉쳐서 침전하게 된다. 반대로 하전된 이온을 함유하는 전해질 용액을 첨가하면 표면의 전하가 중화되어 입자들이 응집하여 침전하게 된다. 석탄을 때는 발전소의 굴뚝의 기체에서 이온들이 하전되지 않은 콜로이드 입자에 흡착되어 굴뚝에 설치된 *Cotrell 응집기*(precipitator)라 부르는 장치의 하전된 판에 끌리게 된다. 대양 또는 바다에 가까운 강의 하구에는 염의 농도가 증가하여 콜로이드 진흙 입자들이 뭉쳐서 Nile 또는 Mississippi 강의 삼각주처럼 진흙 삼각주를 이룬다. 따라서 New Orleans와 같은 도시와 고대 이집트 왕국은 대규모 콜로이드 화학에 의해 현실화된 것이다.

다음의 **환경 공학과 화학** 이야기에서는 용액과 콜로이드 화학을 가정 및 산업 용도로 사용되는 물의 정수에 적용해본다.

정수 과정에서의 용액과 콜로이드

사람이 사용하는 물의 대부분은 호수, 강과 저수지 또는 지하수에서 온다. 이 필수적인 자원에는 녹아 있는 독성 유기 화합물, NO_3^-와 Fe^{3+}, 콜로이드 형태의 진흙과 높은 농도의 미생물, 부유 잔재들이 들어 있을 수 있다. 녹아 있거나 분산되거나 또는 현탁된 이러한 입자들을 제거하기 위해 물을 어떻게 처리하는지를 살펴보자.

수 처리 시설

수 처리는 여러 단계로 이루어진다(그림 B13.1).

단계 1. *거르기와 가라앉히기(screening and settling).* 물이 시설에 들어오면 체로 잔류물을 제거하고 모래와 다른 입자를 가라앉혀 제거한다.

단계 2. *응집(coagulating).* 이 단계와 다음 2단계에서는 콜로이드를 제거한다. 이 입자들은 서로를 밀어내는 음전하를 띤 표면을 가지고 있다. Al^{3+} 또는 Fe^{3+} 이온을 제공하는 황산 알루미늄[alum cake; $Al_2(SO_4)_3$] 또는 염화 철(III) ($FeCl_3$)을 가입하여 전하를 중화하고 분자간 힘을 통해 입자들을 응집시킨다.

단계 3. *엉김(flocculating)과 침전(sedimenting).* 물과 응집제를 커다란 통에서 섞게 되면 솜털같은 *뭉치*(floc)이 형성된다. 첨가된 양이온성 고분자는 뭉치 입자 사이에 긴 사슬의 다리를 형성하여 더 크게 성장하고, 다른 통으로 흘려보내어 거기서 침전물을 형성하여 제거된다. 일부 공장에서는 *용해된 공기 부양*(dissolved air flotation, DAF)을 대신 사용한다. 물에 강제로 주입된 거품은 뭉치에 부착되고, 부유하는 물질들은 걷어내게 된다.

단계 4. *거름(filtering).* 다양한 필터로 남아 있는 입자를 제거한다. *저속 모래 필터*(slow sand filter)에서 물이 크기 순서로 배치된 모래/자갈을 통과한다. *고속 모래 필터*(rapid sand filter)에서는 모래를 물로 다시 씻어주고 콜로이드 크기의 물체를 제거한다. 기공 크기가 0.1~10 μm인 막 필터(membrane filter)(도시되지 않음)는 용기 내에 가는 관이 다발로 묶인 형태이다. 물을 이 필터에 강제로 주입하면 콜로이드가 걸러져 제거된 액체(filtrate)가 커다란 중앙 관에 모이게 된다. 살균제에 저항성이 큰 미생물을 제거하는 데 거름은 매우 효과적이다.

단계 5. *살균(disinfecting).* 수원은 가끔 해로운 미생물을 함유하므로 다음 세 종류의 약제 중 하나로 살균하게 된다.

- 염소는 수용성 표백제(ClO^-) 또는 Cl_2 형태로 가장 흔히 쓰이지만, 발암성 염화 유기 화합물이 생성될 수 있다.
- 고강도의 형광등에서 방출되는 UV 빛은 미생물의 DNA를 파괴하여 살균한다.
- 오존(O_3)은 강력한 산화제이다.

치아 충치 예방을 위한 플루오린화 소듐(NaF)과 관에서 납이 추출되는 것을 방지하기 위한 인산염이 첨가되기도 한다.

단계 6*(도시되지 않음). 입자상 활성 탄소(GAC)에 흡착.* 유류와 다른 유기 오염물은 흡착시켜 제거한다. GAC는 나무, 석탄 또는 코코낫 껍질을 수증기로 "활성화(activating)"시켜 생성된 기공이 많은 물질이다. GAC 1 kg은 무려 275 에이커의 표면적을 가진다!

이온 교환을 통한 물의 연화(softening)

Ca^{2+}, Mg^{2+}와 같은 2+ 이온이 많은 양 존재하는 물을 **경수**(hard water)라 한다. 비누의 지방산 음이온과 결합하면 이 양이온은 의복, 세탁기와 싱크대에 고체 침전물을 형성한다.

$$\underset{}{Ca^{2+}(aq)} + 2\,\underset{\text{비누}}{C_{17}H_{35}COONa(aq)} \longrightarrow \underset{\text{불용성 침전물}}{(C_{17}H_{35}COO)_2Ca(s)} + 2\,Na^+(aq)$$

많은 양의 HCO_3^-가 존재할 때 양이온은 열전달을 방해하는 보일러, 온수 파이프 내의 탄산 침전물인 *물때*(scale)를 형성한다.

$$Ca^{2+}(aq) + 2\,HCO_3^-(aq) \longrightarrow CaCO_3(s) + CO_2(g) + H_2O(l)$$

물의 연화(softening)라는 경수의 양이온 제거 과정에서는 Ca^{2+}와

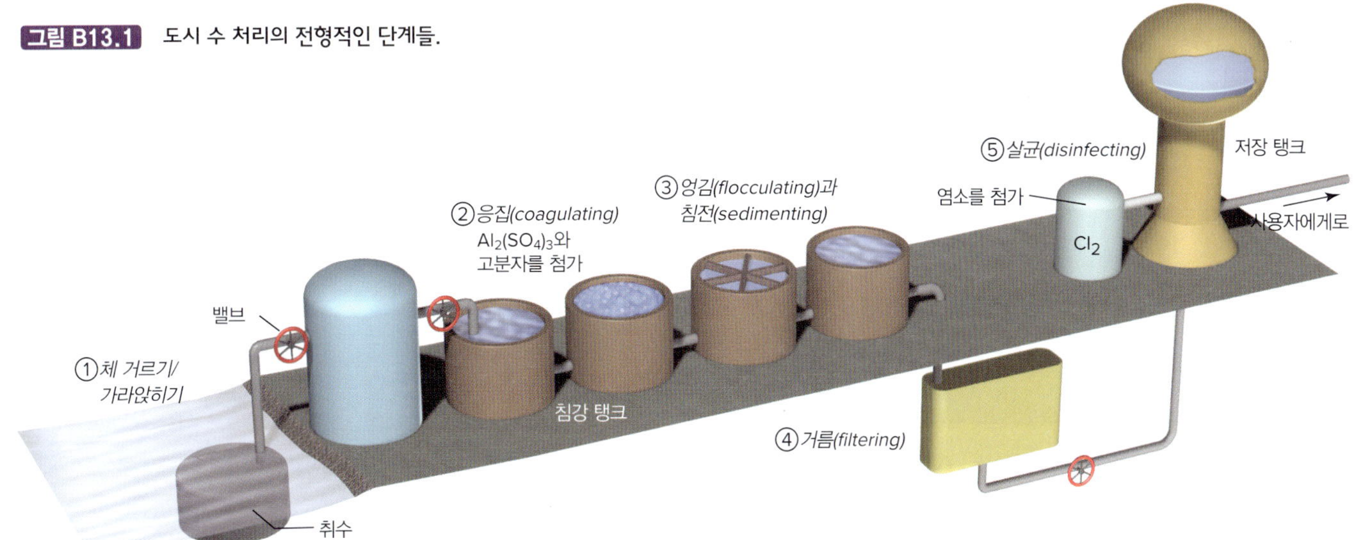

그림 B13.1 도시 수 처리의 전형적인 단계들.

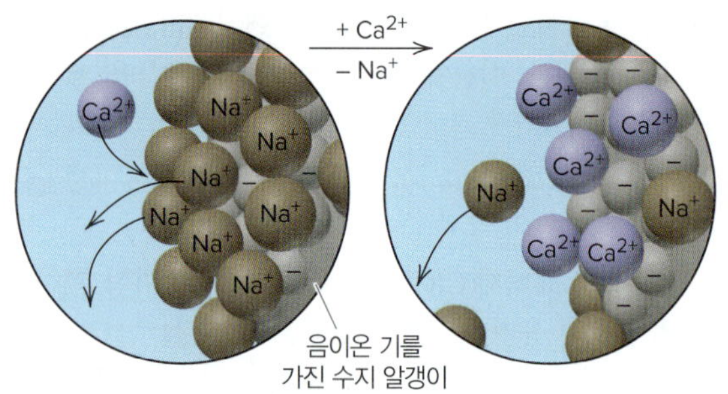

그림 B13.2 경수의 양이온을 제거하기 위한 이온 교환.

Mg^{2+} 이온을 Na^+ 이온으로 대체한다. **이온 교환**(ion exchange)용 가정 설비는 전하 균형을 위한 Na^+ 이온과 $-SO_3^{2-}$와 $-COO^-$와 같은 음이온 기와 결합한 불용성 고분자 *수지*(resin)을 가지고 있다(그림 B13.2). 경수의 양이온은 Na^+ 이온을 대체하여 음이온 기와 결합한다. 모든 수지의 자리가 채워지면 진한 Na^+ 용액을 써서 결합된 Ca^{2+}와 Mg^{2+}을 Na^+로 교환하여 수지를 재생한다.

막 공정과 역삼투

0.0001~0.01 μm 기공을 가진 막을 써서 물에서 원하지 않는 이온을 제거할 수 있다. 다른 농도의 용액을 반투막으로 분리한 용액은 삼투압을 생성함을 기억하자. **역삼투**(reverse osmosis)는 삼투압보다 *더 큰* 압력을 농도가 진한 용액에 가하여 물이 막을 통해 반대로 나가게 하여 이온을 거르는 방법이다. 가정에서 이러한 방법으로 Pb^{2+}, Cd^{2+}, Hg^{2+}와 같은 독성 *중금속 이온*을 제거할 수 있다. 대규모로는 역삼투를 **탈염**(desalination)에 이용하는데, 탈염을 통해 바닷물(이온 40,000 ppm)을 음용수(400 ppm)로 변환할 수 있다(그림 B13.3). 전세계적으로 18,000개가 넘는 탈염 공장에서 해수 담수화를 하여 3억 명의 사람들에게 물을 공급한다.

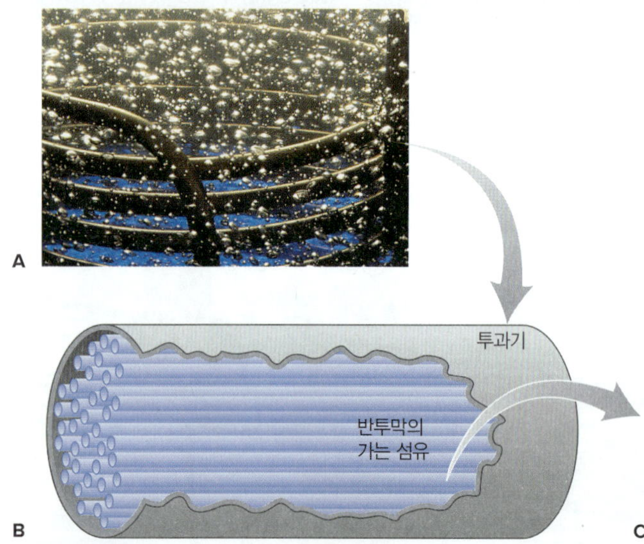

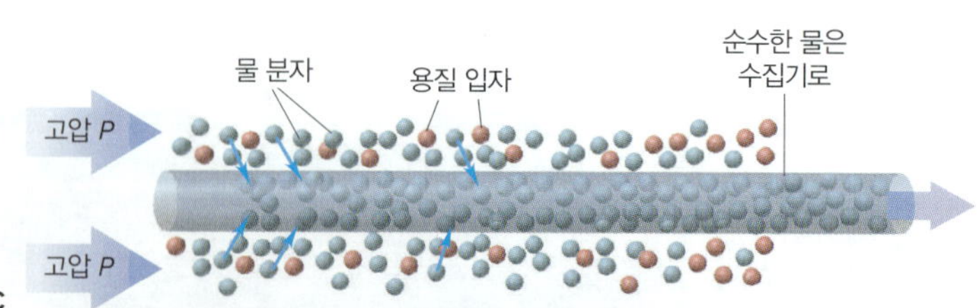

그림 B13.3 이온을 제거하기 위한 역삼투. A. 역삼투 투과기의 부분. B. 각 투과기는 가는 섬유 다발로 이루어진 반투막을 포함하고 있다. C. 고압으로 해수를 밀어 넣으면 이온이 제거되고 순수한 물이 섬유 안으로 들어가 모인다.

Source: (A) Robert Essel NYC/Corbis/Getty Images

폐수 처리

가정용 또는 산업용으로 사용한 물인 **폐수**(wastewater)는 자연으로 돌려보내기 전에 여러 가지 방법으로 처리한다.

- *전*(primary) 처리에서는 물을 침전 통에 보내어 입자를 제거한다.
- *생물학적*(biological) 처리에서는 박테리아들이 유기 화합물을 대사하게 한 후 가라앉혀 제거한다.
- *고도*(advanced) 처리에서는 특정 오염물질을 제거하기 위한 맞춤 공정이 진행된다. 예를 들면, 식물과 해초의 과도한 성장을 일으킬 수 있는 암모니아는 다음 두 단계로 제거한다.

1. *질산화 반응*(nitrification). 특정 박테리아는 암모니아를 O_2로 산화(전자 주개)시켜 질산 이온을 생성한다.

$$NH_4^+ + 2O_2 \longrightarrow NO_3^- + 2H^+ + H_2O$$

2. *탈질산화 반응*(denitrification). 다른 박테리아는 NO_3^-를 이용하여 메탄올(CH_3OH) 같은 첨가된 화합물을 산화시킨다.

$$5CH_3OH + 6NO_3^- \longrightarrow 3N_2 + 5CO_2 + 7H_2O + 6OH^-$$

따라서 이 공정은 폐수의 NH_3를 N_2로 변환하여 대기 중으로 방출한다.

문제

B13.1 다음 각 물음에 대해 간단히 답하라.

(a) 정수 과정에서 alum cake[$Al_2(SO_4)_3$]를 넣는 이유는 무엇인가?

(b) Ca^{2+}와 Mg^{2+}가 많이 들어 있는 물을 세탁에 사용하기가 어려운 이유는 무엇인가?

(c) 역삼투에서 "역(reverse)"의 의미는 무엇인가?

(d) 수 처리 시설에서 염소 대신 오존을 살균제로 사용하는 이유는 무엇인가?

(e) "수명이 다한(spent)" 이온교환 수지에 포화 NaCl 용액을 통과시키면 어떻게 수지가 재생되는가?

B13.2 설탕 정제 공장에서 리터 당 수크로스($C_{12}H_{22}O_{11}$) 3.55 g을 함유한 폐수를 강으로 방출하였다. 정부 후원 연구에서 역삼투로 설탕을 제거하는 가능성을 시험하고 있다. 깨끗한 물을 생성하기 위하여 20.°C에서 폐수 용액에 얼마의 압력을 가해야 하는가?

13.7절 요약

- 콜로이드의 입자는 현탁액의 입자에 비해 작지만 용액의 입자보다는 크다.
- 콜로이드는 분산되는 물질과 분산시키는 물질의 물리적 상태에 의해 분류하고 기체, 액체, 고체의 많은 조합을 포함한다.
- 콜로이드는 매우 큰 표면적을 가지고, 들어오는 빛을 산란하고(Tyndall 효과), 무작위적(Brown) 운동을 보인다.
- 물에서의 콜로이드 입자는 하전된 표면에 의해 안정화되어 지속적으로 분산된다. 그러나 가열하거나 이온을 첨가하면 응집될 수 있다.
- 용액의 거동과 콜로이드 화학은 수 처리와 정수에 활용된다.

개념 정리와 복습 _Chapter Review Guide

학습 목표 _Learning Objectives

*괄호 안은 관련된 절(§)과 예제(SP) 번호

주요 개념

1. 용해도의 정량적 의미(§13.1)
2. 용액에서 주요 분자간 힘의 종류와 상대적 세기(§13.1)
3. 같은 것은 같은 것을 녹인다라는 규칙이 어떻게 분자간 힘에 의존하는가? (§13.1)
4. 기체는 왜 물에 상대적으로 작은 용해도를 가지는가?(§13.1)
5. 기체, 액체, 고체의 여러 가지 조합으로 만들어진 용액의 일반적 특성(§13.1)
6. 분자간 힘이 단백질, 세포막, DNA를 어떻게 안정화하는가? (§13.2)
7. 용액 순환 과정의 엔탈피 성분과 $\Delta H_{용해}$에 대한 영향(§13.3)
8. $\Delta H_{수화}$의 이온 전하 밀도 의존성과 이온성 용해 과정의 발열 또는 흡열 여부를 결정하는 인자들(§13.3)
9. 엔트로피의 의미와 엔탈피와 엔트로피 변화 사이의 균형이 어떻게 용해 과정을 지배하는가? (§13.3)
10. 포화, 불포화, 과포화 용액의 구별과 평형 용액의 평형 본질(§13.4)
11. 온도와 고체 용해도 사이의 관계(§13.4)
12. 물에 대한 기체 용해도가 온도가 올라감에 따라 감소하는 이유(§13.4)
13. 용해도에 대한 기체 압력의 영향과 정량적 표현인 Henry의 법칙(§13.4)
14. 용액의 몰농도, 몰랄농도, 몰분율과 질량 비, 부피 비의 의미와 이들 사이의 상호 변환 방법(§13.5)
15. 용액에서 전해질과 비전해질의 구별(§13.6)
16. 4가지 총괄 성질과 녹은 입자 수에 대한 의존성(§13.6)
17. 이상 용액과 Raoult의 법칙의 중요성(§13.6)
18. 용액의 상 도표는 순수한 용매의 상 도표와 어떻게 다른가? (§13.6)
19. 휘발성 비전해질 용액 위의 증기에 휘발성이 더 큰 성분이 많은 이유는? (§13.6)
20. 강전해질 용액이 이상적이지 않는 이유와 van't Hoff 인자와 이온 분위기의 의미(§13.6)
21. 입자 크기로 어떻게 현탁액, 콜로이드, 용액을 구별하는가? (§13.7)
22. 콜로이드 거동을 Tyndall 효과와 Brown 운동으로 어떻게 나타내는가? (§13.7)

주요 스킬

1. 분자간 힘으로부터 상대적 용해도의 예측(SP 13.1)
2. 이온성 화합물의 용해열 계산(SP 13.2)
3. Henry의 법칙을 이용하여 기체의 용해도 계산(SP 13.3)
4. 몰랄농도, 질량 비, 부피 비와 몰분율로 농도 표시(SP 13.4, 13.5)
5. 농도를 나타내는 다양한 용어 사이의 상호 변환(SP 13.6)
6. Raoult의 법칙을 이용하여 용액의 증기압 내림 계산(SP 13.7)
7. 용액의 끓는점과 어는점 결정(SP 13.8)
8. 총괄성을 이용하여 용질의 몰질량 계산(SP 13.9)
9. 휘발성 비전해질 용액 위의 증기 조성 계산(§13.6)
10. 총괄성의 크기로부터 van't Hoff 인자(i)의 계산(§13.6)
11. 총괄성을 결정하는 모식도 이용(SP 13.10)

주요 용어 _Key Terms

강전해질
경수
과포화 용액
같은 것은 같은 것을 녹인다 규칙
끓는점 오름, ΔT_b
단량뉴클레오타이드
단백질
몰랄농도, m
몰분율, X
물의 연화
반투막
부피 백분율, % (v/v)
분별 증류
불포화 용액
비누
비전해질
삼투
삼투압, Π
섞이는
섞이지 않는
수화
수화 껍질
수화열(엔탈피), $\Delta H_{수화}$
쌍극자-유도 쌍극자 힘
아미노산
약전해질
어는점 내림, ΔT_f

엔트로피, S	이상 용액	지질 두분자층	합금
역삼투	이온 교환	질량 백분율, % (w/w)	핵산
용매	이온 분위기	총괄성	현탁액
용매화	이온-유도 쌍극자 힘	콜로이드	Henry의 법칙
용질	이중 나선	탈염	Raoult의 법칙
용해도, S	전하 밀도	폐수	Tyndall 효과
용해열(엔탈피), $\Delta H_{용해}$	증기압 내림, ΔP	포화 용액	

주요 방정식 및 관계식 _Key Equations and Relationships

13.1 전체 용해열을 성분 엔탈피로 분리:

$$\Delta H_{용해} = \Delta H_{용질} + \Delta H_{용매} + \Delta H_{혼합}$$

13.2 물에 대한 이온성 화합물의 용해열을 성분 엔탈피로 분리:

$$\Delta H_{용해} = \Delta H_{격자} + \Delta H_{이온의\ 수화}$$

13.3 기체의 용해도와 분압과의 관계(Henry의 법칙):

$$S_{기체} = k_H \times P_{기체}$$

13.4 농도를 몰농도로 정의:

$$몰농도(M) = \frac{용질의\ 양(mol)}{용액의\ 부피(L)}$$

13.5 농도를 몰랄농도로 정의:

$$몰랄농도(m) = \frac{용질의\ 양(mol)}{용매의\ 질량(kg)}$$

13.6 농도를 질량 백분율로 정의:

$$질량\ 백분율[\%\ (w/w)] = \frac{용질\ 질량}{용액\ 질량} \times 100$$

13.7 농도를 부피 백분율로 정의:

$$부피\ 백분율[\%\ (v/v)] = \frac{용질\ 부피}{용액\ 부피} \times 100$$

13.8 농도를 몰분율로 정의:

$$몰분율(X) = \frac{용질의\ 양(mol)}{용질의\ 양(mol) + 용매의\ 양(mol)}$$

13.9 용액 위 용매의 증기압과 용액에서의 몰분율과의 관계식(Raoult의 법칙):

$$P_{용매} = X_{용매} \times P^{\circ}_{용매}$$

13.10 용질에 의한 증기압 내림 계산:

$$\Delta P = X_{용질} \times P^{\circ}_{용매}$$

13.11 용액의 끓는점 오름 계산:

$$\Delta T_b = K_b m$$

13.12 용액의 어는점 내림 계산:

$$\Delta T_f = K_f m$$

13.13 용액의 삼투압 계산:

$$\Pi = \frac{n_{용질}}{V_{용액}} RT = MRT$$

연습 문제 _Problems

노란색으로 표시한 문제들에 대해서는 그 답을 부록 E에 첨부하였다. 연습 문제에 표시된 절은 본문의 절과 같고, 관련 예제의 번호를 제시하였다. 대부분의 경우 개념 복습 문제, 스킬 숙달 문제(같은 개념을 다루는 두 문제씩 묶음) 및 실전 문제를 제시하였다.

용액의 종류: 분자간 힘과 용해도

(예제 13.1)

개념 복습 문제

13.1 해수의 성질이 혼합물을 정의하는 두 가지 특성을 어떻게 나타내는지 기술하라.

13.2 어떤 종류의 분자간 힘이 염화 소듐의 수용액에서 수화 껍질을 생성하는가?

13.3 아세트산은 물과 섞인다. 일반 화학식 $CH_3(CH_2)_nCOOH$을 가진 카복실산이 n이 증가함에 따라 물에 더 잘 또는 덜 녹게 되는지를 예상하고 설명하라.

13.4 아세트산 소듐 또는 스테아르산 소듐 중에서 비누로 보다 효과적일 것으로 예상되는 것은 어느 것인가? 설명하라.

13.5 헥세인과 메탄올은 기체로서는 섞이지만 액체로서는 약간만 섞인다. 설명하라.

13.6 염화수소(HCl) 기체는 프로페인 기체보다 끓는점이 낮음에도 불구하고 물에 잘 녹는다. 설명하라.

스킬 숙달 문제(유사한 문제들을 두 개씩 묶음)

13.7 어느 것이 더 진한 용액을 만들게 되는가? (a) 물에 KNO_3 (b) 사염화탄소(CCl_4)에 KNO_3. 설명하라.

13.8 어느 것이 더 진한 용액을 만들게 되는가? (a) H_2O (b) CCl_4에 스테아르산($CH_3(CH_2)_{16}COOH$). 설명하라.

13.9 다음 각 용액의 용질과 용매 사이에 작용하는 가장 강한 분자간 힘은 무엇인가?

(a) $H_2O(l)$에 $CsCl(s)$ (b) $H_2O(l)$에 $CH_3C(=O)CH_3(l)$

(c) $CCl_4(l)$에 $CH_3OH(l)$

13.10 다음 각 용액의 용질과 용매 사이에 작용하는 가장 강한 분자간 힘은 무엇인가?

(a) $Ag(s)$에 $Cu(s)$ (b) $CH_3OCH_3(g)$에 $CH_3Cl(g)$

(c) $CH_3CH_2CH_2NH_2(l)$에 $CH_3CH_3(g)$

13.11 다음 각 용액의 용질과 용매 사이에 작용하는 가장 강한 분자간 힘은 무엇인가?
(a) $H_2O(l)$에 $CH_3OCH_3(g)$ (b) $H_2O(l)$에 $Ne(g)$
(c) $C_4H_{10}(g)$에 $N_2(g)$

13.12 다음 각 용액의 용질과 용매 사이에 작용하는 가장 강한 분자간 힘은 무엇인가?
(a) $C_8H_{18}(l)$에 $C_6H_{14}(l)$ (b) $CH_3OH(l)$에 $H_2C{=}O(g)$
(c) $CCl_4(l)$에 $Br_2(l)$

13.13 다음 각 쌍에서 다이에틸 에터에 더 잘 녹는 것은 어느 것인가? 이유는?
(a) $NaCl(s)$와 $HCl(s)$ (b) $H_2O(l)$와 $CH_3CH(l)$ (C=O)
(c) $MgBr_2(s)$와 $CH_3CH_2MgBr(s)$

13.14 다음 각 쌍에서 물에 더 잘 녹는 것은 어느 것인가? 이유는 무엇인가?
(a) $CH_3CH_2OCH_2CH_3(l)$와 $CH_3CH_2OCH_3(g)$
(b) $CH_2Cl_2(l)$와 CCl_4
(c)

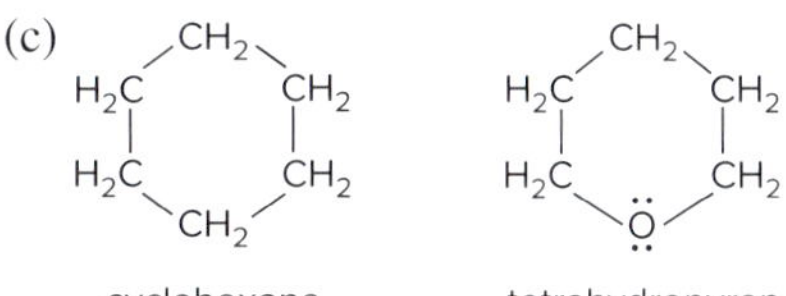

실전 문제

13.15 *균일*(homogeneous)의 사전적 정의는 "전체적으로 조성이 일정한"이란 의미이다. 강물은 탄산수소 칼슘과 같은 용해된 녹은 화합물들과 현탁된 흙 입자들의 혼합물이다. 강물은 균일한가? 설명하라.

13.16 Gluconic acid는 세탁소와 낙농 및 발효 산업에서 사용하는 글루코스(glucose)의 유도체이다. Caproic acid는 향 산업에서 사용하는 카복실산이다. 두 화합물은 모두 6개의 탄소를 가진 산(*아래 구조식 참조*)이지만 gluconic acid는 물에 잘 녹고 헥세인에는 거의 녹지 않는 반면 caproic acid는 그 반대의 용해도 거동을 보인다. 설명하라.

$CH_2(OH)-CH(OH)-CH(OH)-CH(OH)-CH(OH)-COOH$

gluconic acid

$CH_3-CH_2-CH_2-CH_2-CH_2-COOH$

caproic acid

분자간 힘과 생체 고분자

개념 복습 문제

13.17 물에 녹는 구형 단백질의 모양을 안정화시키는 분자간 힘 3가지를 말하고 어떻게 작용하는지를 설명하라.

13.18 DNA의 구조를 안정화시키는 분자간 힘 3가지를 말하고 어떻게 작용하는지를 설명하라.

13.19 상대적으로 약한 수소 결합이 어떻게 이중 나선을 함께 붙잡아 DNA가 작용하게 하는가?

13.20 프로판산 소듐(propanoic acid의 소듐 염)은 스테아르산 소듐같이 비누로서 효과적이겠는가? 설명하라.

13.21 지질 이분자층을 안정화하는 것은 어떤 분자간 힘인가?

13.22 막에 매몰된 단백질은 물에 녹는 단백질과 구조적으로 어떻게 다른가?

13.23 Histone은 DNA의 외부 영역과 염 연결을 통해 부착되어 유전자 기능을 통제하는 단백질이다. 곁사슬이 histone의 외부에서 발견되는 아미노산을 말하라.

물질이 녹는 이유: 용해 과정의 세분화

(예제 13.2)

개념 복습 문제

13.24 용매화와 수화 사이의 관계는 무엇인가?

13.25 일반 용매에 대해 열화학적 용액 순환 과정에서 $\Delta H_{용해}$를 얻기 위하여 결합해야 할 엔탈피 항은 어느 것인가?

13.26 (a) 이온의 전하 밀도는 무엇이고 이것에 영향을 미치는 이온의 2가지 성질은 무엇인가? (b) 다음 이온들을 전하 밀도가 증가하는 순서로 정렬하라.

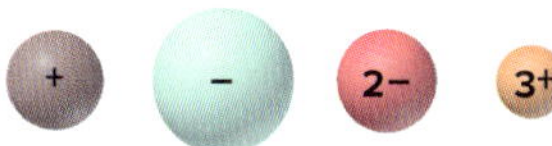

(c) (a)에서 두 가지 성질이 어떻게 이온 수화열, $\Delta H_{수화}$에 영향을 미치는가?

13.27 $\Delta H_{용해}$가 매우 작은 경우 어떠한 양의 크기가 거의 같은가? 이들의 부호는 반대인가? 아니면 같은가?

13.28 고체 NH_4Cl이 들어 있는 플라스크에 물을 첨가하였다. 염이 녹으면서 용액은 점차 차가워진다.
(a) NH_4Cl의 용해는 발열인가 흡열인가?
(b) NH_4Cl의 $\Delta H_{격자}$ 크기는 각 이온들의 합한 $\Delta H_{수화}$보다 큰가 아니면 작은가? 설명하라.
(c) (a)의 답을 고려하여 왜 NH_4Cl은 물에 녹는가?

13.29 이온성 화합물은 물에서 매우 큰 음의 $\Delta H_{용해}$를 가진다. 이 온성 화합물은 물에 매우 잘 녹을 것으로 예상되는가 아니면 거의 녹지 않는가? 엔탈피와 엔트로피 변화로 설명하라.

스킬 숙달 문제(유사한 문제들을 두 개씩 묶음)

13.30 $KCl(s)$이 H_2O에 녹는 과정(흡열)에 대한 엔탈피 도표를 그려라.

13.31 $NaI(s)$가 H_2O에 녹는 과정(발열)에 대한 엔탈피 도표를 그려라.

13.32 각 이온 쌍의 어느 이온이 더 큰 전하 밀도를 가지는가? 설명하라.
(a) Na^+와 Cs^+ (b) Sr^{2+}와 Rb^+ (c) Na^+와 Cl^-
(d) O^{2-}와 F^- (e) OH^-와 SH^- (f) Mg^{2+}와 Ba^{2+}
(g) Mg^{2+}와 Na^+ (h) NO_3^-와 CO_3^{2-}

13.33 각 이온 쌍의 어느 이온이 더 큰 전하 밀도를 가지는가? 설명하라.
(a) Br^-와 I^- (b) Sc^{3+}와 Ca^{2+} (c) Br^-와 K^+
(d) S^-와 Cl^- (e) Sc^{3+}와 Al^{3+} (f) SO_4^{2-}와 ClO_4^-
(g) Fe^{3+}와 Fe^{2+} (h) Ca^{2+}와 K^+

13.34 문제 13.32의 각 이온 쌍 중 어느 이온이 *더 큰* $\Delta H_{수화}$을 가지는가?

13.35 문제 13.33의 각 이온 쌍 중 어느 이온이 *더 작은* $\Delta H_{수화}$을 가지는가?

13.36 (a) 다음 자료를 이용하여 브로민산 포타슘($KBrO_3$) 내 이온들의 합한 수화열을 계산하라.

$$\Delta H_{격자} = 745\ kJ/mol,\quad \Delta H_{용해} = 41.1\ kJ/mol$$

(b) 어느 이온이 (a)의 답에 더 많이 기여하는가? 이유는 무엇인가?

13.37 (a) 다음 자료를 이용하여 아세트산 소듐($NaC_2H_3O_2$) 내 이온들의 합한 수화열을 계산하라.

$$\Delta H_{격자} = 763\ kJ/mol,\quad \Delta H_{용해} = 17.3\ kJ/mol$$

(b) 어느 이온이 (a)의 답에 더 많이 기여하는가? 이유는 무엇인가?

13.38 다음 각 과정에서 계의 엔트로피는 증가하는가 아니면 감소하는가를 말하라.
(a) 휘발유가 자동차 엔진에서 연소한다.
(b) 금이 광석에서 추출되고 정제된다.
(c) 에탄올(CH_3CH_2OH)이 1-프로판올($CH_3CH_2CH_2OH$)에서 녹는다.

13.39 다음 각 과정에서 계의 엔트로피는 증가하는가 아니면 감소하는가를 말하라.
(a) 마취제를 만들기 위해 순수한 기체들을 섞는다.
(b) 전자 재료 등급의 실리콘을 모래로부터 제조한다.
(c) 드라이아이스(고체 CO_2)가 승화한다.

실전 문제

13.40 질산 은($AgNO_3$)은 흑백 필름에 사용될 뿐만 아니라 법의학에서도 비슷하게 사용된다. 지문의 땀에서 남은 NaCl을 $AgNO_3$ 용액으로 처리하면 AgCl이 생성된다. 이 침전을 현상하면 흑백 지문 모양을 보여준다. $AgNO_3$에 대한 $\Delta H_{격자} = 822$ kJ/mol, $\Delta H_{수화} = -799$ kJ/mol일 때 $\Delta H_{용해}$를 구하라.

평형 과정으로서의 용해도

(예제 13.3)

개념 복습 문제

13.41 고체 X와 X의 세 수용액, 각각 포화, 불포화, 과포화 용액이 든 병이 주어졌다. 어떤 용액이 어떤 용액인지를 어떻게 결정하겠는가?

13.42 과망가니즈산 포타슘($KMnO_4$)은 20°C에서 용해도가 6.4 g/100 g H_2O이고 용해도와 온도 사이의 그래프 곡선은 기울기가 우측 위로 향하고 있다. $KMnO_4$의 과포화 용액을 어떻게 만들 수 있는가?

13.43 물에서 모든 기체의 용해도는 온도 상승에 따라 왜 감소하는가?

스킬 숙달 문제(유사한 문제들을 두 개씩 묶음)

13.44 20°C, 1 atm에서 다음 각 포화 수용액의 용해도는 지시한 변화가 일어날 때 증가, 감소 또는 그대로 있게 되는가?
(a) $O_2(g)$, P 증가 (b) $N_2(g)$, V 증가

13.45 20°C, 1 atm에서 다음 각 포화 수용액의 용해도는 지시한 변화가 일어날 때 증가, 감소 또는 그대로 있게 되는가?
(a) $He(g)$, T 감소 (b) $RbI(s)$, P 증가

13.46 20°C 물에서 O_2의 Henry 법칙 상수(k_H)는 1.28×10^{-3} mol/L·atm이다.
(a) 1.00 atm에서 순수한 O_2와 접촉하고 있는 H_2O 2.50 L에 O_2 몇 g이 녹을까?
(b) O_2의 부분 압력이 0.209 atm인 공기와 접촉하고 있는 H_2O 2.50 L에 O_2 몇 g이 녹을까?

13.47 아르곤은 공기에서 부피로 0.93%를 차지한다. 20°C, 1 atm의 물에서 용해도(mol/L)를 계산하라. 이 조건에서 Ar의 Henry 법칙 상수는 1.5×10^{-3} mol/L·atm이다.

실전 문제

13.48 카페인은 차가운 물에서보다 뜨거운 물에서 약 10배 정도 녹는다. 화학자가 뜨거운 물에서 추출한 카페인을 얼음 중탕에 넣었더니 약간의 카페인이 결정화되었다. 나머지 용액은 포화, 불포화 또는 과포화 중 어떤 상태인가?

13.49 20°C에서 샴페인 병의 액체 위 CO_2의 부분 압력은 5.5 atm이다. 샴페인에서 CO_2의 용해도는 얼마인가? 샴페인에서의 Henry 법칙 상수는 물에서의 값 $k_H = 3.7 \times 10^{-2}$ mol/L·atm (20°C)과 같다고 가정하라.

13.50 호흡 관련 문제는 정상적인 공기보다 더 높은 O_2 부분 압력을 가지는 공기를 공급하는 장치로 치료한다. 이유는 무엇인가?

농도 용어

(예제 13.4~13.6)

개념 복습 문제

13.51 몰농도와 몰랄농도의 차이를 설명하라. 어떤 상황에서 몰랄농도가 몰농도보다 만들어진 용액의 보다 정확한 측정치가 되는가? 이유는 무엇인가?

13.52 농도 표시의 어느 방법이 (a) 용액의 부피 (b) 용액의 질량 (c) 용매의 질량을 포함하는가?

13.53 물에 대한 어떤 용질의 용해도가 21 g/kg 물이다. 이 값은 21 g/kg 용액과 같은가? 설명하라.

13.54 용액의 몰농도, 몰랄농도와 몰분율을 상호 변환하고 싶다. 용질과 용매의 질량, 용액의 부피를 알고 있다면 모두 변환하는 데 충분한 정보를 가지고 있는 것인가? 설명하라.

13.55 용액을 가열할 때 농도 표시 중 어떤 것의 값이 변하는가? 변하지 않는 것은? 설명하라.

스킬 숙달 문제(유사한 문제들을 두 개씩 묶음)

13.56 각 수용액의 몰농도를 계산하라.
(a) 설탕($C_{12}H_{22}O_{11}$) 32.3 g이 녹은 100. mL 용액
(b) $LiNO_3$ 5.80 g이 녹은 505 mL 용액

13.57 각 수용액의 몰농도를 계산하라.
(a) 에탄올(C_2H_5OH) 0.82 g이 녹은 10.5 mL 용액
(b) 기체 NH_3 1.27 g이 녹은 33.5 mL 용액

13.58 각 수용액의 몰농도를 계산하라.
(a) 0.240 *M* NaOH 용액 78.0 mL를 물로 0.250 L가 되게 묽힘
(b) 1.2 *M* HNO_3 용액 38.5 mL를 물로 0.130 L가 되게 묽힘

13.59 각 수용액의 몰농도를 계산하라.
(a) 6.25 *M* HCl 용액 25.5 mL를 물로 0.500 L가 되게 묽힘
(b) 2.00×10^{-2} *M* KI 용액 8.25 mL를 물로 12.0 mL가 되게 묽힘

13.60 다음 수용액을 어떻게 만드는가?

(a) 고체 KH_2PO_4로부터 8.55×10^{-2} M KH_2PO_4 용액 365 mL
(b) 1.25 M NaOH 용액으로부터 0.335 M NaOH 용액 465 mL

13.61 다음 수용액을 어떻게 만드는가?
(a) 고체 NaCl로부터 0.65 M NaCl 용액 2.5 L
(b) 2.1 M 요소 용액으로부터 0.3 M 요소[$(NH_2)_2C{=}O$)] 용액 15.5 L

13.62 다음 수용액을 어떻게 만드는가?
(a) 고체 KBr로부터 0.288 M KBr 용액 1.40 L
(b) 0.264 M $LiNO_3$ 용액으로부터 0.0856 M $LiNO_3$ 용액 255 mL

13.63 다음 수용액을 어떻게 만드는가?
(a) 고체 $Cr(NO_3)_3$로부터 1.53×10^{-3} M $Cr(NO_3)_3$ 용액 57.5 mL
(b) 2.50 M NH_4NO_3 용액으로부터 1.45 M NH_4NO_3 용액 5.8×10^3 m^3

13.64 다음 용액의 몰랄농도를 계산하라.
(a) 글라이신(NH_2CH_2COOH) 85.4 g을 1.270 kg H_2O에 녹인 용액
(b) 글리세롤($C_3H_8O_3$) 8.59 g을 에탄올(C_2H_5OH) 77.0 g에 녹인 용액

13.65 다음 용액의 몰랄농도를 계산하라.
(a) HCl 174 g을 H_2O 757 g에 녹인 용액
(b) 나프탈렌($C_{10}H_8$) 16.5 g을 벤젠(C_6H_6) 53.3 g에 녹인 용액

13.66 헥세인(C_6H_{14}; d = 0.660 g/mL) 167 mL에 벤젠(C_6H_6; d = 0.877 g/mL) 44.0 mL가 든 용액의 몰랄농도는 얼마인가?

13.67 사염화 탄소(CCl_4; d = 1.59 g/mL) 2.66 mL와 염화 메틸렌(CH_2Cl_2; d = 1.33 g/mL) 76.5 mL으로 구성된 용액의 몰농도는 얼마인가?

13.68 다음 수용액은 어떻게 만드는가? (a) 에틸렌 글라이콜과 물로부터 0.125 m 에틸렌 글라이콜($C_2H_6O_2$) 용액 3.10×10^2 g (b) 52.0 질량 % HNO_3 용액에서 2.20 질량 % HNO_3 용액 1.20 kg

13.69 다음 수용액은 어떻게 만드는가?
(a) 에탄올과 물로부터 0.0355 m 에탄올(C_2H_5OH) 용액 1.50 kg
(b) 34.1 질량 % HCl 용액에서 13.0 질량 % HCl 용액 445 g

13.70 아이소프로판올(C_3H_7OH) 0.35 mol을 물 0.85 mol에 녹인 용액이 있다.
(a) 아이소프로판올의 몰분율은 얼마인가?
(b) 질량 백분율은?
(c) 몰랄농도는?

13.71 NaCl 0.100 mol을 물 8.60 mol에 녹인 용액이 있다.
(a) NaCl의 몰분율은 얼마인가?
(b) 질량 백분율은?
(c) 몰랄농도는?

13.72 0.400 m 용액을 만들려면 물(d = 1.00 g/mL) 0.500 L에 브로민화 세슘 몇 g을 넣어야 하는가? CsBr의 몰분율과 질량 백분율은 얼마인가?

13.73 물(d = 1.00 g/mL) 0.400 L에 KI 0.30 g을 녹여 만든 용액에서 KI의 몰분율과 질량 백분율은 얼마인가?

13.74 8.00 질량 % 수용액(d = 9.9651 g/mL)인 일반적인 가정용 암모니아 용액에서 NH_3의 몰농도, 몰랄농도, 몰분율을 계산하라.

13.75 28.8 질량 % 수용액(d = 1.280 g/mL)에서 $FeCl_3$의 몰농도, 몰랄농도, 몰분율을 계산하라.

실전 문제

13.76 시멘트 공장의 폐수에 100.0 L 용액당 Ca^{2+} 이온 0.25 g과 Mg^{2+} 이온 0.056 g이 들어 있다. 용액의 밀도는 1.001 g/mL이다. Ca^{2+}와 Mg^{2+} 농도를 ppm (질량) 단위로 계산하라.

13.77 자동차의 부동액은 20°C에서 에틸렌 글라이콜(d = 1.114 g/mL; $\mathscr{M}$ = 62.07 g/mol)과 물(d = 1.00 g/mL)를 같은 부피로 섞어 만든다. 혼합물의 밀도는 1.070 g/mL이다. 에틸렌 글라이콜의 농도를 다음과 같이 계산하라.
(a) 부피 % (b) 질량 % (c) 몰농도
(d) 몰랄농도 (e) 몰분율

용액의 총괄 성질

(예제 13.7~13.10)

개념 복습 문제

13.78 용질의 화학식은 용액의 총괄 성질의 정도에 영향을 주지 *않는다*. 용질의 어떠한 특성이 이러한 성질에 영향을 *주는가*? 용질의 화학식에 의해 영향을 받는 물리적 성질을 말하라.

13.79 비휘발성 비전해질은 무엇인가? 이러한 종류의 용질을 사용하는 것이 총괄 성질을 보여주는 가장 간단한 이유는 무엇인가?

13.80 강전해질에서 "강"의 의미는 무엇인가? 물질의 어떠한 성질이 강전해질로 만드는가?

13.81 Raoult의 법칙을 말로 설명하라. 휘발성 용질의 용액에 대하여도 Raoult의 법칙은 유효한가? 설명하라.

13.82 순수 용매와 같은 용매의 용액의 상 그림에서 가장 큰 차이는 무엇인가?

13.83 분별 증류관의 꼭대기에 있는 증기의 조성과 맨 아래 증기의 조성은 다른가? 설명하라.

13.84 0.01 m KF(aq)의 끓는점은 0.01 m 포도당(aq)의 끓는점보다 높은가 아니면 낮은가? 설명하라.

13.85 0.050 m NaF 또는 0.050 m KCl 중 어느 수용액이 예상되는 값에 가까운 끓는점을 가지는가? 설명하라.

13.86 0.01 m NaBr 또는 0.01 m $MgCl_2$ 중 어느 수용액이 예상되는 값에 가까운 어는점을 가지는가? 설명하라.

13.87 사이클로헥세인과 나프탈렌의 어는점 내림 상수는 각각 20.1°C/m과 6.94°C/m이다. 각각의 용액에 녹는 물질의 몰질량을 결정하기 위해 어는점 내림을 사용한다면 어느 용매가 더 정확한 결과를 주겠는가? 이유는 무엇인가?

스킬 숙달 문제(유사한 문제들을 두 개씩 묶음)

13.88 다음 각 물질을 강전해질, 약전해질 또는 비전해질로 구분하라.
(a) 염화 수소(HCl) (b) 질산 포타슘(KNO_3)
(c) 포도당($C_6H_{12}O_6$) (d) 암모니아(NH_3)

13.89 다음 각 물질을 강전해질, 약전해질 또는 비전해질로 구분하라.
(a) 과망가니즈산 소듐($NaMnO_4$) (b) 아세트산(CH_3COOH)
(c) 메탄올(CH_3OH) (d) 아세트산 칼슘[$(Ca(C_2H_3O_2)_2$]

13.90 다음 각각의 1 L 수용액에는 몇 mol의 용질 입자가 존재하는가?
(a) 0.3 M KBr (b) 0.065 M HNO_3
(c) 10^{-4} M $KHSO_4$ (d) 0.06 M 에탄올(C_2H_5OH)

13.91 다음 각각의 1 mL 수용액에는 몇 mol의 용질 입자가 존재하는가?
(a) 0.02 M $CuSO_4$ (b) 0.004 M $Ba(OH)_2$
(c) 0.08 M 피리딘(C_5H_5N) (d) 0.05 M $(NH_4)_2CO_3$

13.92 어느 용액이 보다 낮은 어는점을 가지는가?
(a) 100. g H_2O에 녹은 11.0 g CH_3OH 또는 200. g H_2O에 녹은 22.0 g CH_3CH_2OH
(b) 1.00 kg CH_3OH에 녹은 20.0 g H_2O 또는 1.00 kg CH_3OH에 녹은 20.0 g CH_3CH_2OH

13.93 어느 용액이 보다 높은 끓는점을 가지는가?
(a) 250. g 에탄올에 녹은 38.0 g $C_3H_8O_3$ 또는 250. g 에탄올에 녹은 38.0 g $C_2H_6O_2$
(b) 0.50 kg H_2O에 녹은 15 g $C_2H_6O_2$ 또는 0.50 kg H_2O에 녹은 15 g NaCl

13.94 다음 수용액을 (a) 삼투압 (b) 끓는점 (c) 어는점 (d) 50°C에서 증기압이 증가하는 순서대로 나열하라.
(I) 0.100 m $NaNO_3$
(II) 0.100 m 포도당
(III) 0.100 m $CaCl_2$

13.95 다음 수용액을 (a) 삼투압 (b) 끓는점 (c) 어는점 (d) 298 K에서 증기압이 증가하는 순서대로 나열하라.
(I) 0.04 m 요소[$(NH_2)_2C{=}O$]
(II) 0.01 m $AgNO_3$
(III) 0.03 m $CuSO_4$

13.96 25°C 물 500.0 g에 34.0 g 글리세롤($C_3H_8O_3$)가 녹은 용액의 증기압을 계산하라. 25°C에서 물의 증기압은 23.76 torr이다(이상적 거동을 가정).

13.97 32°C 톨루엔 5.4 mol에 콜레스테롤 0.39 mol이 녹은 용액의 증기압을 계산하라. 32°C에서 톨루엔의 증기압은 41 torr이다(이상적 거동을 가정).

13.98 0.251 m 요소 수용액의 어는점은 얼마인가?

13.99 0.200 m 락토스 수용액의 끓는점은 얼마인가?

13.100 에탄올(C_2H_5OH)의 끓는점은 78.5°C이다. 50.0 g 에탄올에 6.4 g 바닐린(M = 152.14 g/mol)이 녹은 용액의 끓는점은 얼마인가? (에탄올의 K_b = 1.22°C/m)

13.101 벤젠의 어는점은 5.5°C이다. 444 g 벤젠에 5.0 g 나프탈렌($C_{10}H_8$)이 녹은 용액의 어는점은 얼마인가? (벤젠의 K_f = 4.90°C/m)

13.102 −12.0°F에서 용액이 얼지 않도록 하기 위해서 14.5 kg 물에 녹여야 할 에틸렌 글라이콜($C_2H_6O_2$)의 최소 질량은 얼마인가? (이상적 거동을 가정)

13.103 −15°C에서 용액이 얼지 않도록 하기 위해서 11.0 mg 물에 녹여야 할 글리세롤($C_3H_8O_3$)의 최소 질량은 얼마인가? (이상적 거동을 가정)

13.104 작은 단백질의 몰질량이 1.50×10^4 g/mol이다. 24.0°C에서 37.5 mg 단백질을 함유한 25.0 mL 수용액이 나타내는 삼투압은 얼마인가?

13.105 37°C에서 0.30 M 수크로스는 혈액과 거의 같은 삼투압을 나타낸다. 혈액의 삼투압은 얼마인가?

13.106 31.7 g 미지 화합물을 150. g 물에 녹인 용액이 −1.15°C에서 언다. 이 화합물의 몰질량은 얼마인가?

13.107 달걀 흰자의 단백질 오발부민(ovalbumin)의 125 mL 수용액 시료는 1.31 g 단백질을 함유하고 있고 25°C에서 삼투압이 4.32 torr이다. 오발부민의 몰질량은 얼마인가?

13.108 이상 거동을 가정하고 13.2 g 인산 암모늄을 45.0 g 물에 녹인 용액의 어는점을 구하라.

13.109 이상 거동을 가정하고 32.8 g 질산 칼슘을 108 g 물에 녹인 용액의 끓는점을 구하라.

13.110 다음 수용액의 몰농도와 van't Hoff 인자(i)를 계산하라.
(a) 1.00 질량 % NaCl, 어는점 = −0.593°C
(b) 0.500 질량 % CH_3COOH, 어는점 = −0.159°C

13.111 다음 수용액의 몰농도와 van't Hoff 인자(i)를 계산하라.
(a) 0.500 질량 % KCl, 어는점 = −0.234°C
(b) 1.00 질량 % H_2SO_4, 어는점 = −0.423°C

실전 문제

13.112 새로운 휘발유 내성이 있는 표막(coating)을 제조하기 위해 설계된 연구에서 고분자 화학자가 6.053 g poly(vinyl alcohol)을 충분한 양의 물에 녹여 100.0 mL 용액을 만들었다. 25°C에서 이 용액의 삼투압은 0.272 atm이다. 이 고분자 시료의 몰질량은 얼마인가?

13.113 미국 식품의약청은 다이클로로 메테인(CH_2Cl_2)와 사염화 탄소(CCl_4)를 많은 암 유발 염소 함유 유기 화합물 목록에 포함시켰다. 23.5°C에서 1.60 mol CH_2Cl_2와 1.10 mol CCl_4 용액 위 증기에 있는 이 화합물들의 부분 압력은 얼마인가? 23.5°C에서 순수한 CH_2Cl_2와 CCl_4의 증기압은 각각 352 torr와 118 torr이다(이상적 거동을 가정).

콜로이드의 구조와 성질

개념 복습 문제

13.114 박테리아 세포 안의 액은 용액인가 아니면 콜로이드 아니면 둘 다인가? 설명하라.

13.115 다음 각각에서 콜로이드의 종류는 무엇인가?
(a) 우유 (b) 안개 (c) 면도 크림

13.116 Brown 운동은 무엇이고 원인은 무엇인가?

13.117 영화관에서 영사된 빛을 볼 수 있다. 이 사실은 어떠한 현상의 예가 되는가? 어떠한 이유로 이 현상이 일어나는가?

13.118 비누의 마이셀은 응집되어 큰 구형을 형성하지 않는 이유는 무엇인가? 비누는 담수 또는 해수 중 어느 곳에서 더 효과적인가? 이유는 무엇인가?

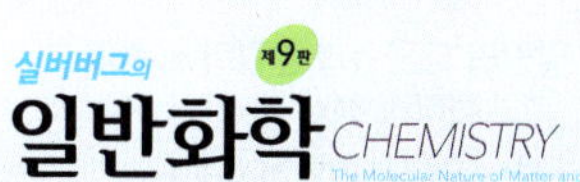

제 14 장 주족 원소들에서의 주기성

Periodic Patterns in the Main-Group Elements

Source: Albert Russ/Shutterstock

➤ 관련 개념과 스킬 _Concepts and Skills to Review Before You Study This Chapter

» 산, 염기 및 염(4.3절)

» 산화-환원 성질과 산화 상태(4.4절)

» 전자 배치(8.2절)

» 원자 크기, 이온화 에너지, 금속성과 전기 음성도 (8.3, 8.4, 9.5절)

» 원소 성질의 경향과 결합의 종류(8.4, 9.5절)

» 이온 결합, 공유 결합 및 금속 결합 모형(9.2, 9.3, 9.6, 12.6절)

» 공명과 형식 전하(10.1절)

» 분자 모양과 극성(10.2, 10.3절)

» 오비탈 혼성과 오비탈 중첩의 방식(11.1, 11.2절)

» 상 변화와 상 도표, 분자간 힘과 결정성 고체 (12.2, 12.3, 12.6절)

오늘날의 주기율표는 118개의 원소를 포함한다. 여기에는 금속, 비금속, 준금속이 있다. 많은 원소들이 실온에서 고체이지만, 액체 또는 기체인 원소들도 있다. 어떤 원소는 이온 결합에 참여하고, 공유 결합이나 금속 결합에 참여하는 원소도 있다. 헬륨 같은 원소는 전혀 반응성이 없고, 질소 같은 원소는 고온에서만 반응한다. 반면 격렬한 반응을 하는 원소도 있다. 예를 들어 포타슘과 물의 반응은 엄청난 광경을 연출한다(*사진 참조*). 처음 화학을 시작하는 학생들은 수많은 원소들의 이렇게 다양한 성질과 반응을 어떻게 하면 익힐 수 있을까? 동물과 식물에서 관찰되는 물리적 경향성이 생물학적 분류에 사용되듯이 다행히 원소의 원자의 성질 및 화학적, 물리적 성질에서도 경향성이 나타나고 원소의 거동을 이해하는 데 도움을 준다.

이 장에서는... *결합, 구조, 반응성(7~12장)의 일반적 개념을 주족 원소에 적용하고 이들의 거동이 주기율표 상의 위치와 어떻게 관련되어 있는지를 보게 될 것이다.*

› 가장 간단한 원소인 수소부터 시작하여 주기율표에서의 위치를 고려하고 3가지 종류의 수소화물을 조사한다.

› 주기율표를 왼쪽에서 오른쪽으로 가로질러 화학적, 물리적 성질의 일반적 변화의 예로서 2주기를 살펴본다.

› 물리적, 화학적 성질에서 위에서 아래로의 추이를 조사함으로써 주족 원소들의 8개 족 각각을 논의한다. 이 과정에서 가장 중요한 원소들 중 몇 개, 즉 붕소, 탄소, 실리콘, 질소, 인, 산소, 황과 할로젠에 역점을 두고자 한다.

14.1 수소, 가장 간단한 원자

수소 원자는 한 개의 양성자를 가진 핵과 주위를 돌고 있는 전자 한 개로 구성되어 있다. 아마도 이 간단한 구조 때문에 수소는 모든 원소 중에서 가장 중요한 원소이다. 태양에서는 수소(H) 핵이 서로 결합하여 헬륨(He) 핵을 형성하는 반응을 일으키는데, 이 반응은 지구의 거의 모든 에너지를 공급한다. 우주의 모든 원자 중 약 90%가 H 원자이므로 수소는 압도적으로 가장 풍부한 원소이다. 지구에서 이원자 분자(H_2) 형태의 수소는 극소량만 자연적으로 산출되지만, 수소가 산소와 결합한 물의 형태로 풍부하게 존재한다. 간단한 구조와 작은 분자량을 갖는 비극성 H_2는 매우 약한 분산력이 작용하는 무색, 무취의 기체이므로 매우 낮은 녹는점(−259°C)과 끓는점(−253°C)을 가진다.

➤ 주기율표에서 수소의 적합한 위치

주기율표에서 수소의 완벽히 적합한 위치는 없다(그림 14.1). 어떤 특성을 고려하는지에 따라 수소는 1A(1)족, 4A(14)족, 7A(17)족 중 어느 족에 위치해도 적합할 수 있다.

- *1A(1)족 원소처럼* 수소는 ns^1 외각 전자 배치를 가지고 가장 흔한 +1 산화 상태를 가진다. 그러나 알칼리 금속과 달리 수소는 비금속과 결합할 때 유일한 1개의 원자가 전자를 비금속에 내어주기보다는 비금속과 *공유*한다. 뿐만 아니라 수소는 다른 알칼리 금

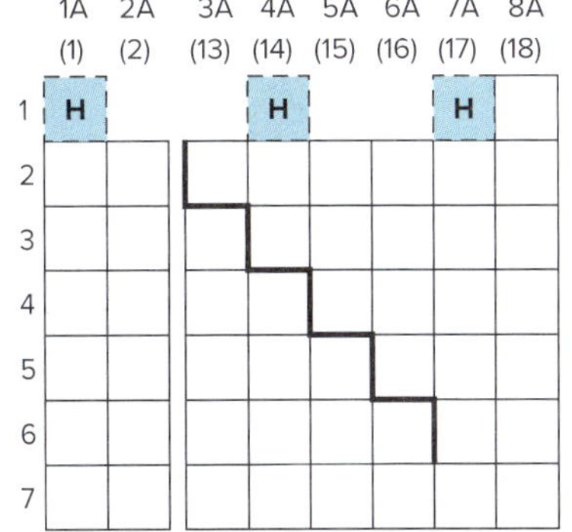

그림 14.1 수소는 어느 족에 속할까?

속보다 훨씬 큰 이온화 에너지(IE = 1311 kJ/mol)와 전기 음성도(EN = 2.1)를 가진다. 비교하자면 리튬은 IE가 520 kJ/mol, EN이 1.0밖에 되지 않는데, 이는 알칼리 금속 중에서는 가장 큰 값이다.

- *4A(14)족 원소처럼* 수소의 원자가 준위는 단 하나의 전자이지만 절반이 채워져 있어서 이온화 에너지, 전자 친화도, 전기 음성도와 결합 에너지는 4A(14)족의 값들과 비슷하다.
- *7A(17)족 원소처럼* 수소는 이원자 분자로 존재하고 전자를 공유하거나 금속으로부터 1개의 전자를 얻어 1− 이온(수소화 이온, H^-)을 형성함으로써 외각 준위를 채운다. 그러나 단원자 할로젠화 이온(X^-)은 흔하고 안정하지만 H^-는 드물고 반응성이 크다. 더구나 수소는 어떠한 할로젠 원소(EN은 4.0~2.2 범위에 있음)보다도 낮은 전기 음성도(EN = 2.1)를 가지며, 할로젠 원소보다 원자가 전자쌍이 3개 부족하다.

수소의 특이한 거동은 수소 원자의 작은 크기 때문이다. 전자가 핵에 매우 가까이 위치하고 핵의 양 전하를 가려서 막아줄 내부 전자가 없기 때문에 높은 IE를 가진다. 그리고 결합 전자를 끌어당길 양성자가 오직 한 개뿐이므로 (비금속치고는) 낮은 IE를 가진다. 이 장에서는 고려하는 특성에 따라 H가 1A(1)족 또는 7A(17)족에 속한다고 볼 것이다.

수소 화학의 핵심

12장과 13장에서 수소 결합의 중요성을 논의하였다. 원소 형태의 수소는 반응성이 매우 크고 거의 모든 종류의 원소들과 결합한다. 수소는 세 종류(이온성, 공유 결합성, 금속성)의 수소화물을 형성한다.

이온성(염과 유사한) 수소화물 수소는 1A(1)족 원소와 2A(2)족 중 크기가 큰 원소(Ca, Sr, Ba) 같은 매우 반응성이 큰 금속과 결합하여 *염과 유사한 수소화물*을 형성한다. 이 수소화물은 금속 양이온과 수소화 음이온으로 이루어진 흰색 결정성 고체이다.

$$2Li(s) + H_2(g) \longrightarrow 2LiH(s)$$
$$Ca(s) + H_2(g) \longrightarrow CaH_2(s)$$

물에서 H^-는 강염기로 작용하여 주위의 H_2O 분자들로부터 H^+를 끌어당겨 H_2와 OH^-를 생성한다.

$$NaH(s) + H_2O(l) \longrightarrow Na^+(aq) + OH^-(aq) + H_2(g)$$

H^- 이온은 또한 강한 환원제이기도 하다. 예를 들면, 수소화 이온은 Ti(IV)를 유리된 Ti 금속으로 환원시킨다.

$$TiCl_4(l) + 4LiH(s) \longrightarrow Ti(s) + 4LiCl(s) + 2H_2(g)$$

공유 결합성(분자) 수소화물 수소는 비금속과 반응하여 CH_4, PH_3, H_2S, HCl과 같은 많은 *공유 결합성 수소화물*을 생성한다. 대부분의 수소화물은 기체이지만, 붕소와 탄소의 수소화물 중에는 훨씬 큰 분자로 이루어진 액체나 고체도 많이 있다. 대부분의 공유 결합성 수소화물에서 다른 비금속의 전기 음성도가 더 크기 때문에 수소의 산화수는 +1이다.

공유 결합성 수소화물을 합성하는 조건은 다른 비금속의 반응성에 달려 있다. 예를 들면, 수소는 3중 결합을 가진 안정한 N_2와 고온(~400°C), 고압(~250 atm)에서 반응하는데, 이 반응이 적당한 반응 속도로 진행되려면 촉매가 필요하다.

$$N_2(g) + 3H_2(g) \xrightarrow{\text{촉매}} 2NH_3(g) \qquad \Delta H^\circ_{\text{반응}} = -91.8\ \text{kJ}$$

전 세계의 산업시설은 이 반응을 이용하여 비료, 폭약, 합성 섬유용으로 매년 수백만 톤의 암모니아를 생산한다. 반면에 수소는 반응성이 크며 단일 결합을 가진 F_2와는 극저온(−196°C)에서조차 신속히 반응한다.

$$F_2(g) + H_2(g) \longrightarrow 2\ HF(g) \qquad \Delta H^\circ_{\text{반응}} = -546\ \text{kJ}$$

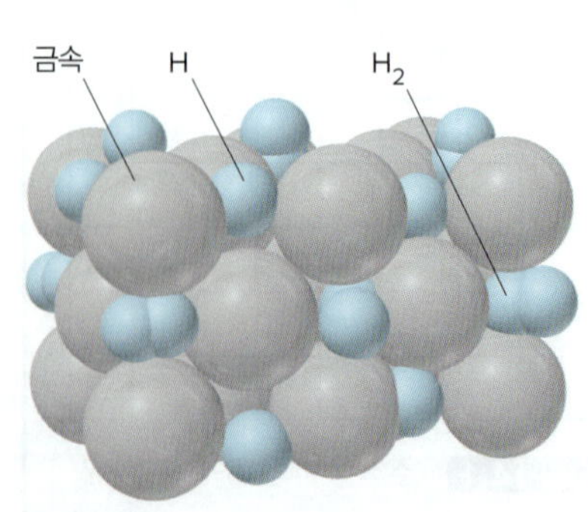

그림 14.2 금속(틈새형) 수소화물.

금속성(틈새형) 수소화물 많은 전이 원소들은 *금속성(틈새형) 수소화물*을 형성하며 여기서 H_2 분자(와 H 원자)는 금속의 결정 구조(그림 14.2)에서의 틈새를 차지한다. 따라서 이러한 수소화물은 화합물이 *아니고* 기체-고체 용액이다. 또한 이온성 또는 공유 결합성 수소화물과 달리 $TiH_{1.7}$과 같은 틈새형 수소화물에서는 압력과 온도에 따라 금속이 다양한 양의 수소와 결합할 수 있기 때문에 틈새형 수소화물은 특정한 양론 화학식을 갖지 않는다. 금속성 수소화물은 자동차의 수소 연료의 "저장 용기"로 사용할 수 없는데, 이는 수소를 가장 많이 저장하는 금속들이 비싸고 무겁고 매우 높은 온도에서만 수소를 방출하기 때문이다. 탄소 나노튜브를 포함한 다른 시스템들이 이러한 역할을 위해 연구되고 있다.

14.2 주기율표에서의 경향성: 2주기 원소들

표 14.1에 리튬에서 네온까지의 2주기 원소들에 대해 주기율표의 수평 방향을 따라 나타나는 원자의 성질 및 물리적, 화학적 성질의 주요 경향성을 정리하였다. 일반적으로 *이런 경향성은 다른 주기에도 마찬가지로 적용된다*. 다음 사항을 주목하라.

- Pauli 배타 원리와 Hund의 규칙을 따라 1개의 *ns* 오비탈과 3개의 *np* 오비탈에 전자를 채운다.
- 주기를 따라 오른쪽으로 갈수록 핵 전하가 증가하고 같은 에너지 준위(같은 n 값)의 오비탈에 전자를 추가하기 때문에 원자 크기는 일반적으로 감소하는 반면 1차 이온화 에너지와 전기 음성도는 일반적으로 증가한다(*막대 그래프 참조*).
- 원소가 금속에서 준금속, 비금속으로 변함에 따라 핵 전하가 증가하고 금속성은 감소한다.
- 1A(1)과 7A(17)족의 원소들은 가득 찬 외각 준위와 전자 1개밖에 차이가 나지 않기 때문에 비활성 기체를 제외하고는 반응성이 주기의 왼쪽 끝과 오른쪽 끝에서 가장 높다.
- 주기를 따라 오른쪽으로 갈수록 원소들의 원자간 결합은 금속 결합에서 그물 구조의 공유 결합, 개별 분자의 공유 결합, 무결합(비활성 기체는 개별적인 원자로 존재)으로 차례로 변한다. 예상한 것과 같이 녹는점과 같은 물리적 성질은 탄소(고체)와 질소(기체) 사이에 위치한 그물 구조/분자 경계에서 급격히 변한다.
- 주기를 따라 오른쪽으로 갈수록 각 원소와 반응성이 큰 비금속 사이의 결합은 이온 결합에서 극성 공유 결합, 공유 결합으로 변한다. 각 원소와 반응성이 큰 금속 사이의 결합은 금속 결합에서 극성 공유 결합, 이온 결합으로 변한다(그림 9.3 참조).
- 흔한 원소 산화물들의 물에서의 산-염기 거동은 원소와 산소 사이의 결합이 이온 결합에서 공유 결합으로 변함에 따라 염기성에서 양쪽성, 산성으로 변한다(그림 8.25에서 3주기 원소들의 비슷한 경향성을 참조).
- 금속에서는 환원력이 감소하고 비금속에서는 산화력이 증가한다. 2주기에서 산화수(O.N.)는 Li, Be의 경우 A족의 족 번호와 일치하고 O와 F의 경우 A족의 족 번호에서 8을 뺀 것이다. 붕소는 여러 개의 O.N.을 가지며, Ne는 O.N.이 0이고, C와 N은 각자의 족에서 가능한 모든 O.N.을 가질 수 있다.

2주기 구성 원소들의 특이한 성질 표 14.1에서 표시하지 않은 한 가지 사항은 같은 족 내에서 *2주기 원소에서만 나타나는 특이한(전형적이지 않은) 성질*이다. 이러한 특이성은 이 원소들이 상대적으로 작은 원자 크기를 가지며, 외각 에너지 준위에 있는 오비탈의 수가 적기 때문에 나타난다.

1. *리튬의 특이한 성질*. 리튬은 1A(1)족의 다른 원소와 여러 가지 면에서 다르다.

- 1A(1)족에서 Li은 공기 중에서 O_2 또는 N_2와 반응하여 각각 간단한 구조의 산화물인 Li_2O와 질소화물인 Li_3N을 생성하는 유일한 원소이고, 유기 할로젠 화합물과 반응하여 분자 화합물을 생성하는 유일한 원소이다.

$$2Li(s) + CH_3CH_2Cl(g) \longrightarrow CH_3CH_2Li(s) + LiCl(s)$$

- Li^+는 작은 원자 크기 때문에 상대적으로 높은 전하 밀도를 가진다. 따라서 다른 1A(1)족 이온들보다 훨씬 더 강하게 인근의 전자 구름을 변형시킬 수 있고, 그 결과 오비탈의 중첩이 증가하여 많은 리튬 염들이 높은 공유 결합성을 가진다. 따라서 LiCl, LiBr, LiI은 Na과 K의 할로젠화 화합물보다 에탄올과 아세톤 같은 극성 유기 용매에 훨씬 더

표 14.1 | 2주기 원소들의 원자, 물리적, 화학적 성질들의 주기적 경향성

족: 원소/원자 번호	1A(1) 리튬(Li) Z = 3	2A(2) 베릴륨(Be) Z = 4	3A(13) 붕소(B) Z = 5	4A(14) 탄소(C) Z = 6
원자 성질				
축약형 전자 배치, 부분 오비탈 도표	[He] $2s^1$ 2s: ↑ 2p: □□□	[He] $2s^2$ 2s: ↑↓ 2p: □□□	[He] $2s^22p^1$ 2s: ↑↓ 2p: ↑□□	[He] $2s^22p^2$ 2s: ↑↓ 2p: ↑↑□
물리적 성질				
외관	 Stephen Frisch/ McGraw-Hill Education	Stephen Frisch/ McGraw-Hill Education	 Stephen Frisch/ McGraw-Hill Education	 Stephen Frisch/ McGraw-Hill Education
금속성	금속	금속	준금속	비금속
경도	무름	단단함	매우 단단함	흑연:무름 다이아몬드: 매우 단단함
녹는점/끓는점	금속으로는 낮은 mp	높은 mp	극히 높은 mp	극히 높은 mp
화학적 성질				
일반적 반응성	활성	상온에서 낮은 반응성	상온에서 낮은 반응성	상온에서 낮은 반응성, 흑연이 더 높은 반응성
원소 원자간 결합	금속	금속	그물구조 공유	그물구조 공유
비금속과의 결합	이온	극성 공유	극성 공유	공유(π 결합 흔함)
금속과의 결합	금속	금속	극성 공유	극성 공유
흔한 산화물의 산-염기 성질	강한 염기성	양쪽성	매우 약한 산성	매우 약한 산성
산화-환원 성질 (O.N.)	강한 환원제(+1)	적당히 강한 환원제(+2)	복잡한 수소화물은 좋은 환원제 (+3, −3)	+4에서 −4까지의 모든 산화 상태
원소와 화합물의 용도/관련성	자동차 기름 제거용 Li 비누; 열핵폭탄; 고전압, 경량 전지; 이중 극성 장애 처리 (Li_2CO_3)	로켓 원추형 앞머리; 스프링과 기어용 합금; 핵 발전기 부품; X-선 튜브	세제(보락스); 안구 세척, 소독(붕소산); 장갑(철갑)(B_4C); 붕소규산염 유리; 식물 영양제	흑연: 윤활제, 구조용 섬유 다이아몬드: 보석, 절단 공구, 보호 필름 대리석($CaCO_3$) 유기 화합물: 약, 연료, 섬유, 생분자 등

Source: All photos © McGraw-Hill Education/Stephen Frisch, photographer

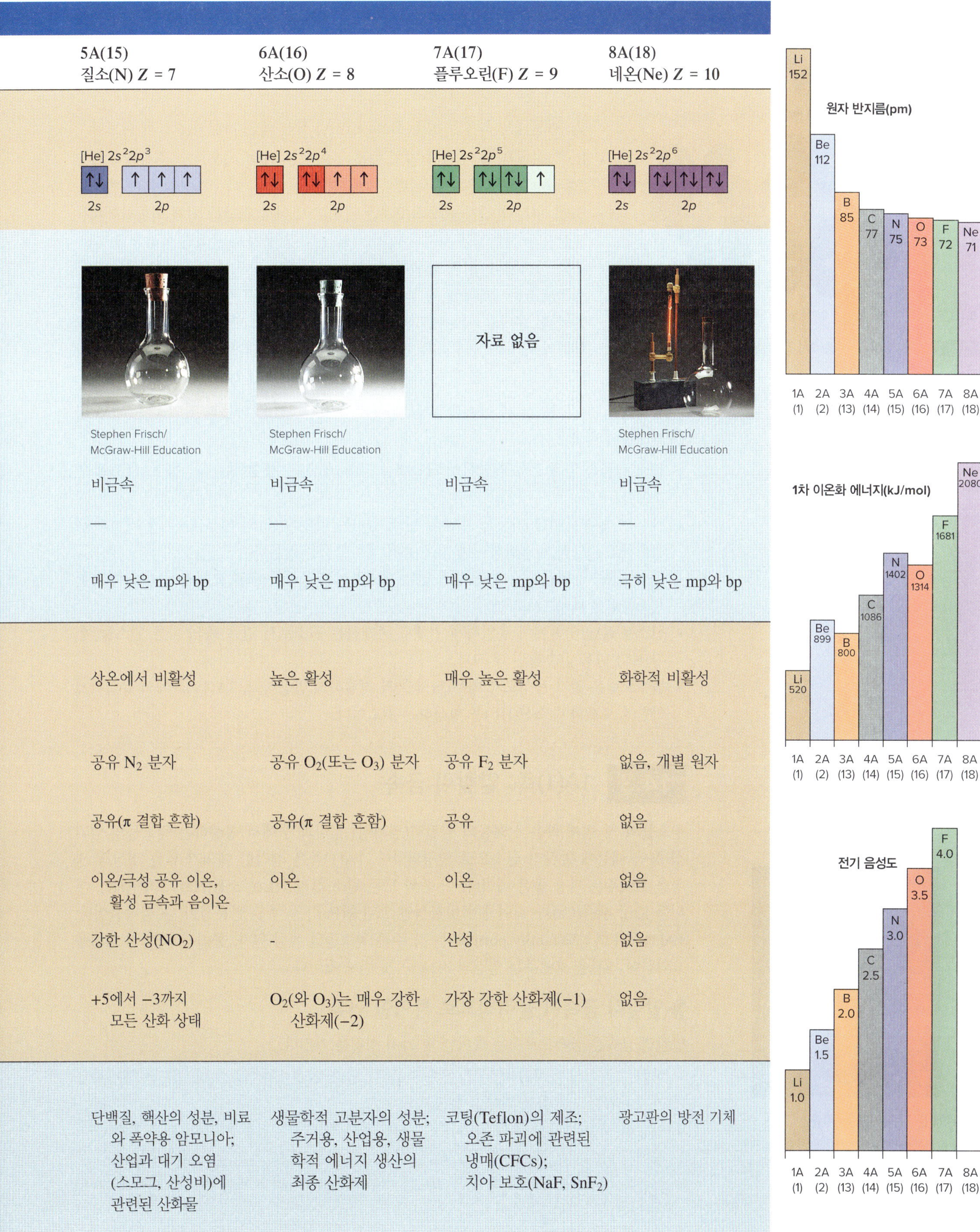

5A(15) 질소(N) Z = 7	6A(16) 산소(O) Z = 8	7A(17) 플루오린(F) Z = 9	8A(18) 네온(Ne) Z = 10
[He] $2s^2 2p^3$ (2s: ↑↓; 2p: ↑ ↑ ↑)	[He] $2s^2 2p^4$ (2s: ↑↓; 2p: ↑↓ ↑ ↑)	[He] $2s^2 2p^5$ (2s: ↑↓; 2p: ↑↓ ↑↓ ↑)	[He] $2s^2 2p^6$ (2s: ↑↓; 2p: ↑↓ ↑↓ ↑↓)
Stephen Frisch/ McGraw-Hill Education	Stephen Frisch/ McGraw-Hill Education	자료 없음	Stephen Frisch/ McGraw-Hill Education
비금속	비금속	비금속	비금속
—	—	—	—
매우 낮은 mp와 bp	매우 낮은 mp와 bp	매우 낮은 mp와 bp	극히 낮은 mp와 bp
상온에서 비활성	높은 활성	매우 높은 활성	화학적 비활성
공유 N_2 분자	공유 O_2(또는 O_3) 분자	공유 F_2 분자	없음, 개별 원자
공유(π 결합 흔함)	공유(π 결합 흔함)	공유	없음
이온/극성 공유 이온, 활성 금속과 음이온	이온	이온	없음
강한 산성(NO_2)	-	산성	없음
+5에서 −3까지 모든 산화 상태	O_2(와 O_3)는 매우 강한 산화제(−2)	가장 강한 산화제(−1)	없음
단백질, 핵산의 성분, 비료와 폭약용 암모니아; 산업과 대기 오염(스모그, 산성비)에 관련된 산화물	생물학적 고분자의 성분; 주거용, 산업용, 생물학적 에너지 생산의 최종 산화제	코팅(Teflon)의 제조; 오존 파괴에 관련된 냉매(CFCs); 치아 보호(NaF, SnF_2)	광고판의 방전 기체

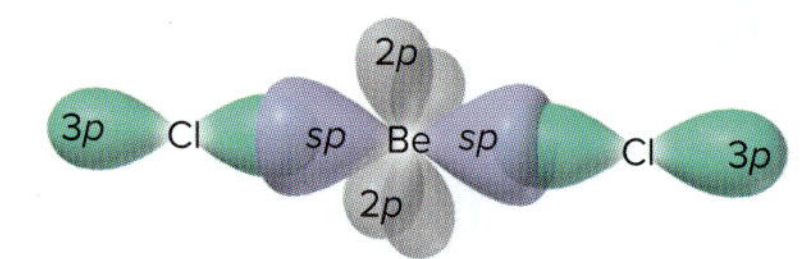

A. *기체 $BeCl_2$는 Be 주위에 오직 $4e^-$만 가진다.*

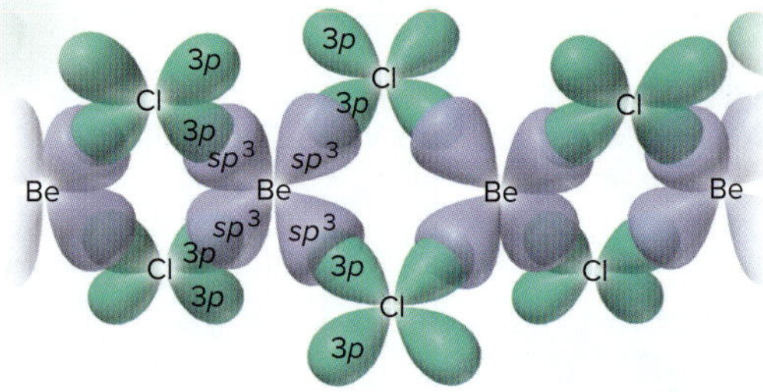

B. *고체 $BeCl_2$는 Be 주위에 팔전자를 가진다.*

그림 14.3 염화 베릴륨에서 전자 부족의 극복.

잘 녹는데, 이는 할로젠화 리튬이 높은 결합 극성 때문에 쌍극자-쌍극자 힘을 통해 이들 용매와 상호작용하기 때문이다.

- Li^+ 이온은 크기가 작고 양의 전하 밀도가 높기 때문에 Li 염은 Na과 K의 염보다 물에 훨씬 덜 녹는다.

2. *베릴륨의 특이한 성질.* Be도 Li처럼 같은 족의 다른 원소들과 다르다.

- Be^{2+}의 매우 높은 전하 밀도 때문에 Be^{2+}은 개별 이온으로 존재하지 않고 *모든 Be 화합물은 공유 결합을 가진다.*
- Be은 원자가 전자를 오직 2개만 가지고 있어서 간단한 기체 화합물에서는 팔전자 규칙을 충족시키지 않지만(10.1절) 기체가 응결되면 이러한 전자 부족은 극복된다. 염화 베릴륨($BeCl_2$)를 고려해 보자. 900°C 이상의 온도에서 $BeCl_2$은 2개의 *sp* 혼성 오비탈이 중심 Be 원자 주위에 4개의 전자를 갖는 선형 분자를 이룬다(그림 14.3A). 온도가 감소하면서 분자들은 서로 결합하여 각 Cl이 2개의 Be 원자를 연결하는 긴 사슬로 고체화된다. 이때, 각 Be 원자는 sp^3 혼성을 하고 팔전자를 이룬다(그림 14.3B).

3. *다른 2주기 원소들의 특이한 성질.* 다른 2주기 원소들은 다음과 같이 같은 족의 다른 원소들과 다르다.

- 붕소는 금속 및 수소와 결합하여 착화합물 군(borane)을 생성하는 유일한 3A(13)족 원소이다.
- 탄소는 매우 특이한 거동을 보인다. 탄소 원자는 다른 탄소(와 일부 다른 원소들)와 광범위하고 다양하게 결합하여 수많은 유기 화합물들을 만든다.
- 질소는 3중 결합을 하고 반응성이 없는 기체로서 반응성이 크고 고체인 5A(15)족 다른 원소들과는 매우 다르다.
- 산소는 6A(16)족에서 유일하게 기체로 존재하는 원소로서 같은 족의 다른 원소들(예: 황)보다 반응성이 훨씬 더 크다.
- 플루오린은 전기 음성도가 매우 커서 물과 격렬하게 반응하고, 7A(17)족에서 유일하게 약한 할로젠화 수소산(HF)을 형성하는 원소이다.

14.3 1A(1)족: 알칼리 금속

원소들의 첫 번째 족은 산화물의 알칼리(염기성) 성질과 물에서 형성하는 원소들의 염기성 용액 때문에 알칼리 금속으로 명명되었다. 1A(1)족은 심각한 예외가 없는 정상적 경향을 보여주는 가장 좋은 예이다. 이 족의 모든 원소들[리튬(Li), 소듐(Na), 포타슘(K), 루비듐(Rb), 세슘(Cs)과 희귀하며 방사성인 프란슘(Fr)*]은 매우 반응성이 큰 금속들이다. 1A(1)족의 특성도(family portrait)는 각 주족 원소들의 핵심 원자, 물리적, 화학적 성질을 요약하여 개관을 보여주는 일련의 자료 중 첫 번째 것이다.

알칼리 금속이 물리적으로 특이한 이유

알칼리 금속은 금속으로서는 특이한 몇 가지 성질을 가진다.

- 이들은 특이하게 무르며 칼로 쉽게 자를 수 있다. Na는 차가운 버터 정도의 단단함을 가지며 K는 진흙처럼 쥐어짤 수 있다.
- 알칼리 금속은 다른 족의 금속들보다 낮은 녹는점과 끓는점을 가진다. Li은 100°C 이상에서 녹는 유일한 구성원이고 Cs은 상온보다 겨우 몇 도 높은 온도에서 녹는다.
- 이들은 대부분의 금속보다 낮은 밀도를 가진다. Li은 가벼운 광물성 기름 위에 뜬다(*사진 참조*).

물 위에 뜬 기름 위에 뜬 리튬.

Source: © Stephen Frisch/McGraw-Hill Education

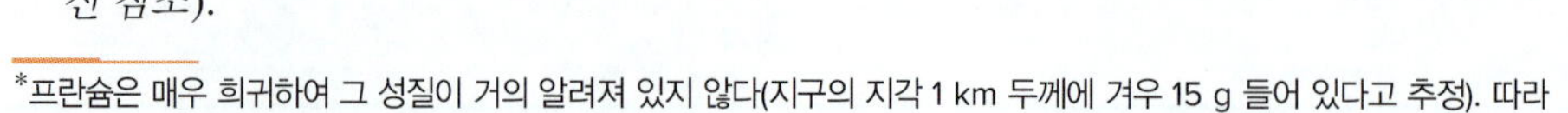

*프란슘은 매우 희귀하여 그 성질이 거의 알려져 있지 않다(지구의 지각 1 km 두께에 겨우 15 g 들어 있다고 추정). 따라서 이 족에 대한 논의에서 거의 언급하지 않는다.

핵심 원자 성질, 물리적 성질과 반응

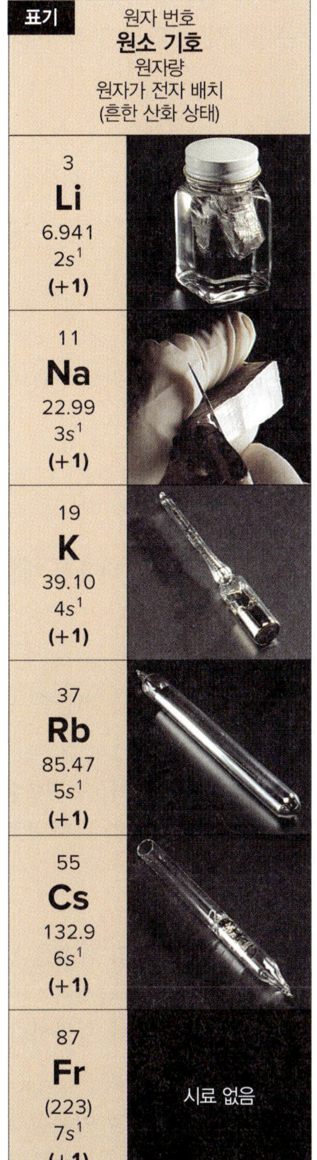

Source: (c) McGraw-Hill Education. Stephen Frisch, photographer

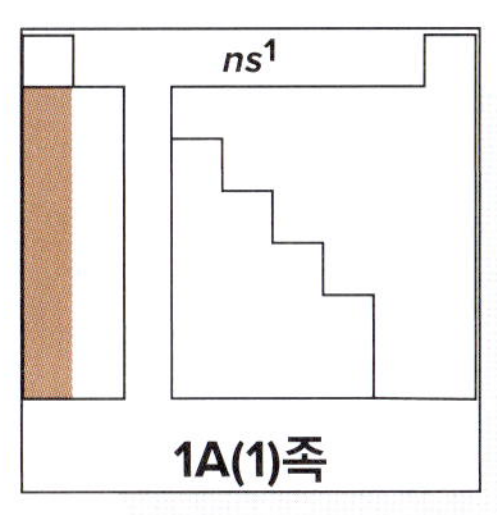

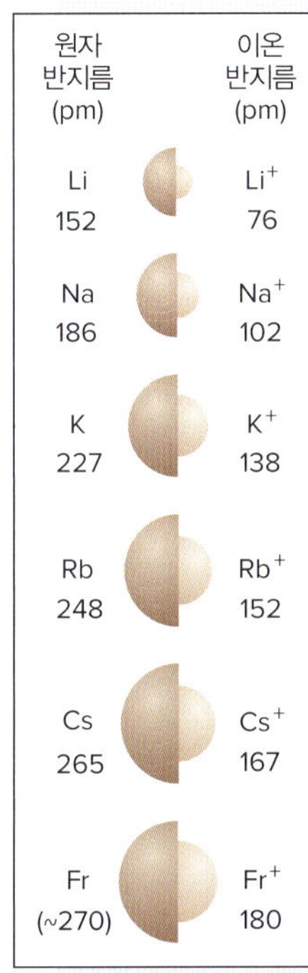

원자 성질

족의 전자 배치는 ns^1이다. 모든 원소들은 +1 산화 상태를 가지고 E^+이온을 형성한다. 원자들은 그들이 속한 주기에서 가장 큰 크기와 가장 낮은 이온화 에너지(IE) 및 전자 친화도(EA)를 가진다. 족에서 밑으로 갈수록 원자 및 이온의 크기는 증가하며 반면에 이온화 에너지와 전자 친화도는 감소한다.

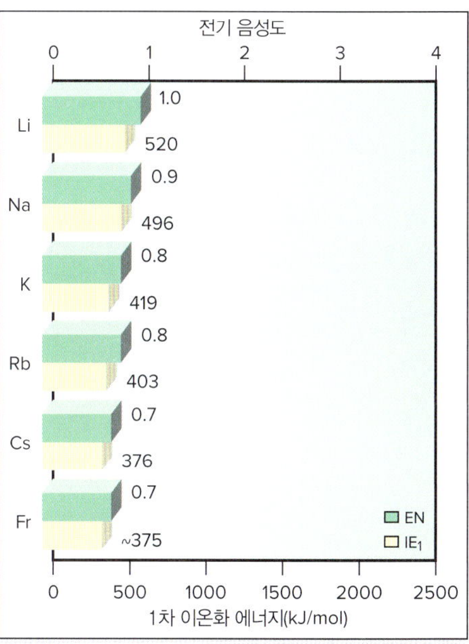

물리적 성질

단 하나의 원자가 전자를 가지므로 금속 결합은 상대적으로 약하다. 따라서 이 금속들은 상대적으로 낮은 녹는점과 끓는점을 가지며 무르다. 더 큰 원자핵은 비편재화된 전자를 덜 강하게 끌게 되므로 녹는점과 끓는점은 족에서 밑으로 갈수록 낮아진다. 큰 원자 크기와 작은 원자 질량은 낮은 밀도로 나타나며 질량이 크기보다 더 많이 증가하므로 밀도는 밑으로 갈수록 증가한다.

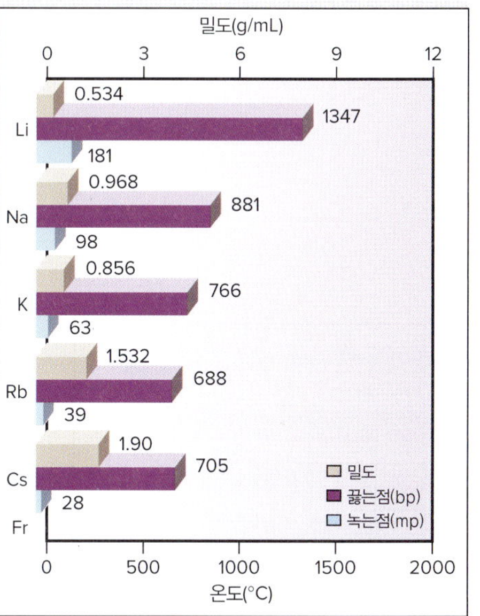

반응

1. 알칼리 금속은 H_2O에서 H를 +1에서 0 산화 상태로 환원한다.

$$2E(s) + 2H_2O(l) \longrightarrow 2E^+(aq) + 2OH^-(aq) + H_2(g)$$

반응은 밑으로 갈수록 보다 격렬해진다.

2. 알칼리 금속은 산소를 환원하지만 생성물은 금속에 따라 다르다. Li은 산화물 Li_2O을 형성하고, Na는 과산화물 Na_2O_2, K, Rb, Cs는 초과산화물 EO_2를 형성한다.

$$4Li(s) + O_2(g) \longrightarrow 2Li_2O(s)$$

$$2Na(s) + O_2(g) \longrightarrow Na_2O_2(s)$$

$$K(s) + O_2(g) \longrightarrow KO_2(s)$$

응급 호흡기구의 KO_2는 배출된 공기의 H_2O와 CO_2와 반응하여 O_2를 발생한다.

3. 알칼리 금속은 수소를 환원하여 이온성(염 형태의) 수소화물을 형성한다.

$$2E(s) + H_2(g) \longrightarrow 2EH(s)$$

4. 알칼리 금속은 할로젠을 환원하여 이온성 할로젠화물을 형성한다.

$$2E(s) + X_2 \longrightarrow 2EX(s) \qquad (X = F, Cl, Br, I)$$

이러한 특이한 물리적 거동은 각 주기에서 가장 큰 원자 크기와 ns^1이라는 원자가 전자 배치에 기인한다. 하나의 원자가 전자가 상대적으로 핵으로부터 멀리 있으므로 고체에서 비편재화된 전자와 금속 이온 사이에 약한 인력만이 존재한다. 이러한 약한 금속 결합은 알칼리 금속 결정 구조가 쉽게 변형 또는 깨어질 수 있게 하며, 결과적으로 무른 물성과 낮은 녹는점을 나타낸다. 알칼리 금속의 낮은 밀도는 각 주기에서 가장 낮은 몰질량과 가장 큰 원자 반지름(따라서 부피)에 기인한다.

알칼리 금속이 반응성이 큰 이유

알칼리 금속은 매우 반응성이 큰 원소들이다. 이들은 쉽게 전자를 잃어 *강력한 환원제*로 작용하고 자연 상태에서 금속의 형태보다는 +1가 양이온의 형태로 산출된다. 이들의 반응성 중 일부 예는 다음과 같다.

- 알칼리 금속(E)* 은 발열성 높은 반응으로 할로젠을 환원하여 이온성 고체를 생성한다.
$$2E(s) + X_2 \longrightarrow 2EX(s) \quad (X = F, Cl, Br, I)$$
- 이 금속들은 격렬하게(Rb와 Cs은 폭발적으로) 반응하며 물의 수소를 환원하여 H_2와 금속 수산화물 용액을 생성한다(*14장 표지 사진 참조*).
$$2E(s) + 2H_2O(l) \longrightarrow 2E^+(aq) + 2OH^-(aq) + H_2(g)$$
- 이 금속들은 수소 분자를 환원하여 이온성 수소화물을 형성한다.
$$2E(s) + H_2(g) \longrightarrow 2EH(s)$$
- 이 금속들은 공기 중 O_2를 환원하므로 금속들이 급속히 변색한다. 이러한 반응성 때문에 Na와 K는 보통 실험실에서 광유(비반응성 액체) 안에 보관하며 Rb와 Cs는 반응성이 없는 아르곤 분위기에서 장갑을 끼고 다룬다.

알칼리 금속의 물리적 성질의 근원이 되는 ns^1 배치는 또한 알칼리 금속과 비금속 사이의 반응에 대한 단계들에서 보듯이 반응성의 근원이 된다.

1. *원자화(atomization): 고체 금속은 기체 상태의 원자로 분리된다.* 약한 금속 결합은 작은 값의 $\Delta H_{원자화}$(고체를 기체 상태의 개별 원자로 변환하는 데 필요한 열)를 나타내고, 이 값은 같은 족에서 밑으로 갈수록 감소한다.

$$E(s) \longrightarrow E(g) \qquad \Delta H_{원자화}\ (Li > Na > K > Rb > Cs)$$

2. *이온화(ionization): 금속 원자는 최외각 전자를 비금속에 준다.* 알칼리 금속은 낮은 이온화 에너지(같은 주기에 최소)를 가지고 최외각 전자를 잃을 때 크기의 감소가 일어나므로 *작은 반지름의 양이온*을 형성한다. Li^+의 부피는 Li 부피의 약 13%에 불과하다! 따라서 1A(1)족 이온은 상당한 전하 밀도를 가진 작은 구이다.

3. *격자 형성(lattice formation): 생성된 양이온과 음이온은 서로 끌어당겨 이온성 고체를 형성한다.* 1A(1)족 염은 작은 양이온이 음이온에 가깝게 있을 수 있기 때문에 큰 격자 에너지를 가져 흡열 과정인 원자화와 이온화 과정을 쉽게 넘어설 수 있다. 특정 음이온에 대해 격자 에너지의 경향은 양이온 크기의 경향과 반대이다. *양이온 반지름이 증가할수록 격자 에너지는 감소한다.* 1A(1)과 2A(2) 염화물은 격자 에너지에서 이러한 지속적인 감소를 예시하고 있다(그림 14.4).

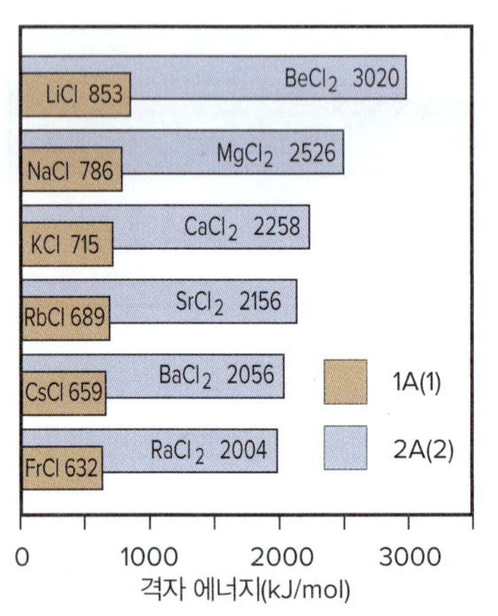

그림 14.4 1A(1)과 2A(2)족 염화물의 격자 에너지.

고체에서 이러한 강한 이온성 인력에도 불구하고 거의 모든 1A(1) 염은 물에 녹는다. 이온과 물 분자 사이의 인력은 큰 발열의 수화열을 나타내며 잘 정렬된 결정에서의 이온이 용액에서의 분산되고 수화된 이온으로 될 때 큰 엔트로피 증가가 수반된다. 이 2가지 인자가 합쳐져 큰 격자 에너지를 넘어서게 된다.

수화 에너지의 크기는 이온 크기가 증가할수록 *감소*한다.

$$E^+(g) \longrightarrow E^+(aq) \qquad \Delta H = -\Delta H_{수화}\ (Li^+ > Na^+ > K^+ > Rb^+ > Cs^+)$$

흥미롭게도 *더 작은* 이온이 생성될수록 더 *큰 수화된 이온*이 생성된다. 세포액의 가장 흔한 양이온인 $Na^+(aq)$와 $K^+(aq)$의 *크기*는 세포 안으로 들어가고 밖으로 나가는 움직임에 영향을 주기 때문에 이러한 크기의 경향이 신경, 신장과 세포막 기능의 핵심이다

*이 장 전체에 걸쳐 E는 7A(17)족 원소를 제외한 모든 임의의 원소를 나타내며, 할로젠 족 원소는 X로 나타낸다.

14.4 2A(2)족: 알칼리 토금속

2A(2)족 원소들은 산화물이 염기성(알칼리성) 용액을 생성하고 매우 높은 온도에서 녹아 연금술사의 화로에서 고체(흙 "토")로 남아 있기에 *알칼리 토금속*(alkaline earth metal)이라 부른다. 이 족에는 흔하지 않은 베릴륨(Be), 흔한 마그네슘(Mg)과 칼슘(Ca), 익숙하지 않은 스트론튬(Sr)과 바륨(Ba), 방사성 라듐(Ra) 등 매력적인 원소들이 들어 있다. 2A(2)족의 특성도(family portrait)는 이 원소들의 개괄적 특성을 보여준다.

알칼리 토금속과 알칼리 금속의 물리적 성질 비교

일반적으로 1A(1)과 2A(2)족의 원소들은 물리적으로 가까운 사촌처럼 행동하며, 차이가 나타나는 것은 최외각 전자 배치가 ns^1에서 ns^2로 바뀌기 때문이다. 알칼리 토금속의 2개의 전자와 추가된 양전하를 가진 핵은 훨씬 강력한 금속 결합을 이룬다. 다음의 변화가 나타난다.

- 2A(2)족의 녹는점과 끓는점은 훨씬 높다. 실제로 이들은 1A(1)족 원소들이 끓는 온도와 비슷한 온도에서 녹는다.
- 많은 전이 금속과 비교하면 알칼리 토금속은 무르고 가벼우나 알칼리 금속보다 훨씬 단단하고 밀도도 높다.

알칼리 토금속과 알칼리 금속의 화학적 성질 비교

알칼리 토금속의 두 번째 원자가 전자는 첫 번째 전자와 같은 부껍질에 있고 따라서 추가적인 핵 전하로부터 덜 차폐되어 있기 때문에 $Z_{유효}$는 더 크다. 따라서 2A(2)족 원소들은 1A(1)족 원소들보다 작은 원자 반지름, 높은 이온화 에너지를 가진다. 높은 IE에도 불구하고 *모든 알칼리토 원소들(Be 제외)은 이온 화합물에서 2+ 양이온을 형성한다.* (설명한 바와 같이 Be는 작은 원자에서 2개의 전자를 제거하는 데 필요한 에너지가 너무 커서 개별적인 Be^{2+}를 절대로 형성할 수 없고 결합이 극성 공유 결합이기 때문에 특이하게 행동한다.)

2A(2)족 원소들의 몇 가지 중요한 화학적 성질은 다음과 같다.

1. *환원력.* 알칼리 금속과 마찬가지로 알칼리 토금속들은 *강한 환원제*이다.

- 2A(2)족 원소는 공기 중의 O_2를 환원하여 산화물을 형성한다(Ba는 과산화물 BaO_2도 형성함).
- 시료의 표면에 강하게 부착된 산화물 박막을 형성하는 Be과 Mg를 제외하고 2A(2)족 원소는 상온에서 H_2O를 환원하여 H_2를 형성한다.
- Be을 제외하고 2A(2)족 원소는 할로겐, H_2, N_2를 환원하여 이온성 화합물을 형성한다.

2. *산화물의 염기성.* 산화물은 매우 큰 염기성(양쪽성 BeO 제외)이고 산성 산화물과 반응하여 아황산물 탄산화물과 같은 염을 형성한다. 예를 들면,

$$SrO(s) + CO_2(g) \longrightarrow SrCO_3(s)$$

자연 탄산화물인 석회석과 대리석은 주요 구조 물질이고 대부분 2A 화합물의 상업적 생산의 원천이다. 탄산 칼슘을 가열하여 산화 칼슘(생석회)을 얻는다. 이 중요한 산업용 화합물은 제철, 수 처리와 굴뚝 세정에 있어 필수적인 역할을 하고 유리, 표백 종이를 만들고 산성 토양을 중화하는 데 사용한다.

3. *격자 에너지와 용해도.* 격자 에너지는 2A(2)족 원소들의 반응성과 물에서 염의 용해도에 있어서 중요한 역할을 한다.

- 화합물의 격자 에너지가 커서 2+ 양이온을 형성하는 데 요구되는 큰 전체 IE를 상쇄하는 이상이기 때문에 원소들은 반응성이 크다(9.2절). 양이온은 더 작고 2배의 전하를 가지므로 전하 밀도와 격자 에너지는 1A(1)족 원소들의 염보다도 훨씬 크다(그림 14.4 참조).
- 높은 격자 에너지 때문에 물에 대한 2A(2)족 염들의 용해도가 낮게 나타난다. 전하 밀도가 높을수록 수화열은 증가하지만 격자 에너지는 더욱 증가한다. 따라서 대응되는 1A(1)족 화합물과는 달리 2A(2) 플루오린화물, 탄산화물, 인산화물, 황산화물은 매우 낮은 용해도를 가진다.

2A(2): 알칼리 토금속

핵심 원자 성질, 물리적 성질과 반응

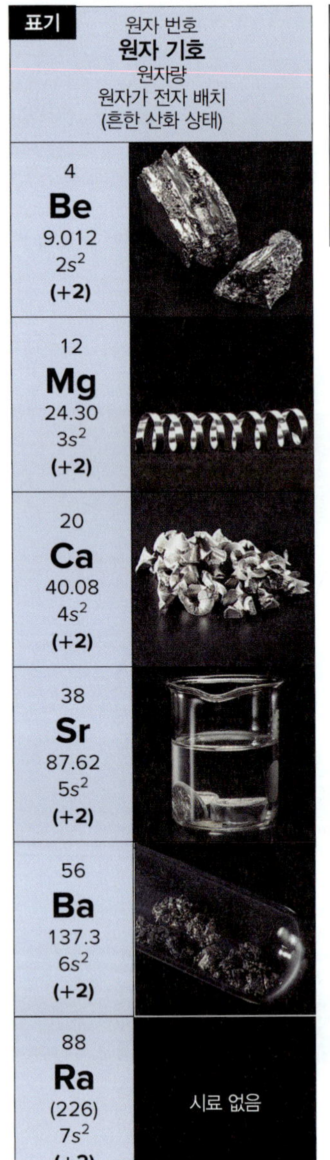

Source: Stephen Frisch/McGraw-Hill Education

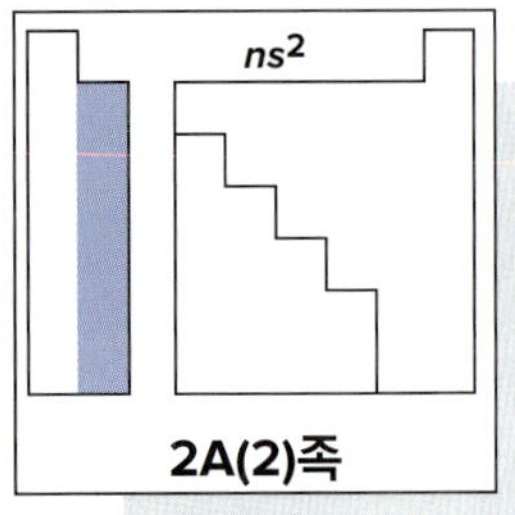

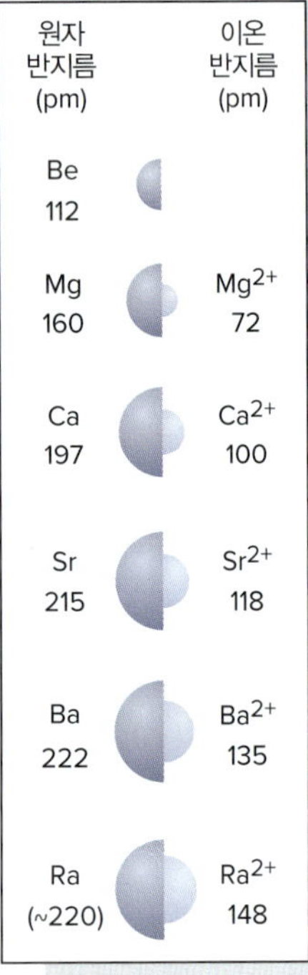

원자 성질

족의 전자 배치는 ns^2(채워진 ns 부껍질)이다. 모든 원소들은 Be을 제외하고 +2 산화 상태를 가지고 E^{2+} 이온을 형성한다. 족에서 밑으로 갈수록 원자 및 이온의 크기는 증가하나 상응하는 1A(1) 원소들보다는 작다. IE와 EN은 족에서 밑으로 갈수록 감소하지만 상응하는 1A(1) 원소보다는 높다.

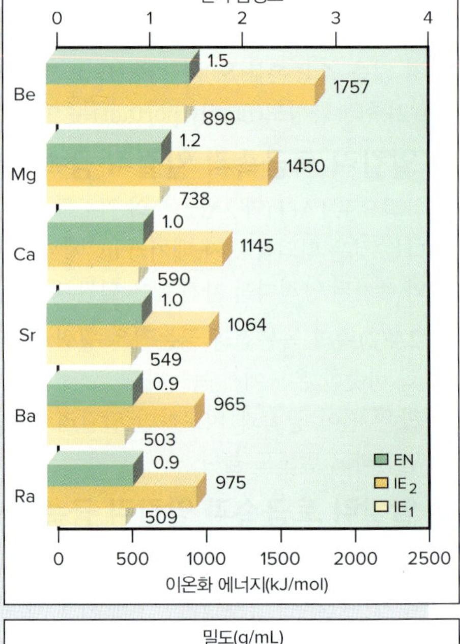

물리적 성질

금속 결합은 2개의 원자가 전자만을 가진다. 이 금속들은 아직 상대적으로 무르지만 1A(1)족 금속들보다는 훨씬 단단하다. 녹는점과 끓는점은 일반적으로 밑으로 갈수록 낮아지고 밀도는 일반적으로 증가한다. 이 값들은 1A(1) 원소들에 비해 훨씬 크고 이 추세는 1A(1)족보다 덜 규칙적이다.

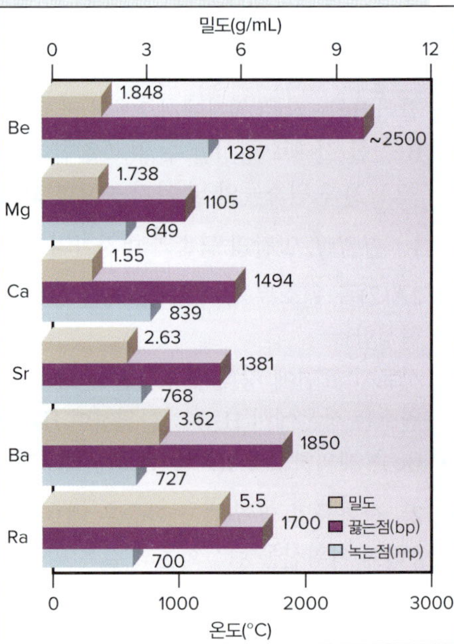

반응

1. 금속은 O_2를 환원하여 산화물을 형성한다.

$$2E(s) + O_2(g) \longrightarrow 2EO(s)$$

Ba는 과산화물 BaO_2도 형성한다.

2. 큰 금속은 물을 환원하여 수소 기체를 생성한다.

$$E(s) + 2H_2O(l) \longrightarrow E^{2+}(aq) + 2OH^-(aq) + H_2(g) \quad (E = Ca, Sr, Ba)$$

Be과 Mg는 추가 반응이 거의 없는 산화물 막을 형성한다.

3. 금속들은 할로젠을 환원하여 이온성 할로젠화물을 형성한다.

$$E(s) + X_2 \longrightarrow EX_2(s) \qquad [X = F(\text{Be 제외}), Cl, Br, I]$$

4. 대부분의 원소들은 수소를 환원하여 이온성 수소화물을 형성한다.

$$E(s) + H_2(g) \longrightarrow EH_2(s) \qquad (E = \text{Be을 제외한 모든 원소})$$

5. 대부분의 원소들은 질소를 환원하여 이온성 질소화물을 형성한다.

$$3E(s) + N_2(g) \longrightarrow E_3N_2(s)$$

6. 양쪽성 BeO를 제외한 원소들의 산화물은 염기성이다.

$$EO(s) + H_2O(l) \longrightarrow E^{2+}(aq) + 2OH^-(aq)$$

$Ca(OH)_2$는 시멘트와 몰타르의 성분이다.

7. 모든 탄산화물은 열분해로 산화물이 된다.

$$ECO_3(s) \xrightarrow{\Delta} EO(s) + CO_2(g)$$

이 반응은 자연에서 산출되는 석회석에서 CaO(생석회)를 대량으로 생산하는 데 사용된다.

- 많은 2A(2)족 화합물에서 용해도가 제한적이지만 2+ 이온과 물 분자 사이의 이온-쌍극자 인력은 매우 강하여 이 원소들의 약간 녹는 염들은 흔히 수화물의 형태로 결정화된다. 2가지 예로 염증을 치료하는 수용성 흡수 용액으로 사용하는 사리염 $MgSO_4·7H_2O$와 벽의 종이판 사이에 접착제와 외과 주형의 시멘트로 사용하는 석고 $CaSO_4·2H_2O$ 등이 있다.

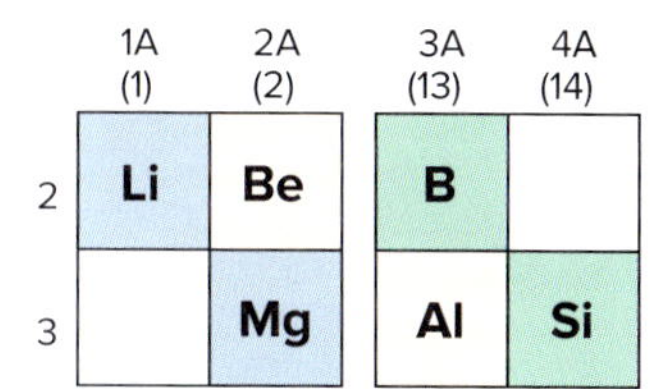

그림 14.5 주기율표에서 3가지 대각 상관성.

대각 상관성: 리튬과 마그네슘

원자의 성질이 어떻게 화학적 거동에 영향을 미치는지를 볼 수 있는 가장 명확한 방법은 3가지 **대각 상관성**(diagonal relationship), 즉 2주기 원소들과 대각선상으로 인접한 3주기 원소들 간의 유사성을 살펴보는 것이다.

첫 번째는 비슷한 원자와 이온의 크기를 가진 Li과 Mg에서 나타난다(그림 14.5). *한 주기 밑으로 가면 원자(또는 이온) 크기가 증가하고 한 족 오른쪽으로 가면 원자(또는 이온) 크기가 감소한다*는 것에 주목하라. Li 반지름은 152 pm이고 Mg는 160 pm이다. Li^+의 반지름은 76 pm이고, Mg^{2+}는 72 pm이다. 비슷한 원자 성질로부터 비슷한 화학적 성질이 나온다. 두 원소들은 N_2와 질소화물을 형성하고 수산화물과 탄산화물은 열에 의해 쉽게 분해되며 극성 공유 금속-탄소 결합을 가지는 유기 화합물, 비슷한 용해도를 가지는 염을 형성한다. Be와 Al, B와 Si 사이의 관계는 다음 절에서 논의할 것이다.

14.5 3A(13)족: 붕소 족

주족 원소의 세 번째 족에는 익숙한 원소도 있고 흔하지 않은 원소도 있는데, 이들은 일부 희귀한 결합에 참여하거나 이상한 물리적 성질을 가진다. 붕소(B)는 족의 첫 번째 원소이나 그 성질들은 전형적이지 않다. 오히려 금속성 알루미늄(Al)이 이 족의 전형적인 성질들을 가지고 있으며, 풍부함과 중요성에서 희귀한 갈륨(Ga), 인듐(In), 탈륨(Tl) 그리고 최근 합성된 니호늄(Nh)과 대비된다. 이 원소들의 원자, 물리적, 화학적 성질은 3A(13)족의 특성도에 요약되어 있다.

3A(13)족의 성질에 미치는 전이 원소들의 영향

주족만 본다면 3A(13)족은 *p* 블록의 첫 번째 족으로 2A(2)족에서 한 족밖에 떨어져 있지 않다. 그러나 4주기 이상에서는 10개 전이 원소(*d* 블록)가 이 족들을 나누고 있다(그림 8.11). 6, 7주기에서는 추가적인 14개 내부 전이 원소(*f* 블록)가 있다. 따라서 무거운 3A(13)족 구성원들은 보다 많은 양성자를 가지지만 *d*와 *f* 전자들은 거의 침투하지 못하기(8.1절) 때문에 Ga, In, Tl에서 보다 높은 양전하로부터 외각 전자들(*s*와 *p*)을 잘 가려막지 못한다. 결과적으로 *이 원소들은 보다 가벼운 2개 구성원보다 훨씬 큰* $Z_{유효}$*을 가지고*, 보다 강한 핵 인력 때문에 Ga, In, Tl이 예상보다 작은 원자 반지름, 큰 이온화 에너지와 전기 음성도를 나타낸다. 이러한 효과는 더 큰 족에서도 관찰된다.

물리적 성질들은 결합의 종류에 영향을 받는다.

- 붕소는 그물 구조의 공유 결합성 준금속으로서, 검고 단단하며, 매우 높은 녹는점을 가진다.
- 다른 3A족 원소들은 금속으로서, 광택이 나고 상대적으로 무르며, 낮은 녹는점을 가진다.
- 알루미늄은 밀도가 낮고 3개의 원자가 전자를 가지고 있어서 매우 우수한 전도체이다. 일정 질량에서 알루미늄은 구리보다 2배 정도 효과적으로 전기를 전도시킨다.
- 갈륨은 금속 결합 덕분에 모든 원소들 중에서 가장 넓은 온도 범위에서 액체로 존재한다. 손에서 녹을 정도지만(*특성도의 사진 참조*) 2403°C에서나 끓게 된다. 결합이 너무 약해서 고체가 데워지면 Ga 원자를 고정되게 유지할 수 없지만, 매우 뜨거워지기 전까지는 Ga 원자가 녹은 금속을 벗어나지 않게 할 정도로 강하다.

핵심 원자 성질, 물리적 성질과 반응

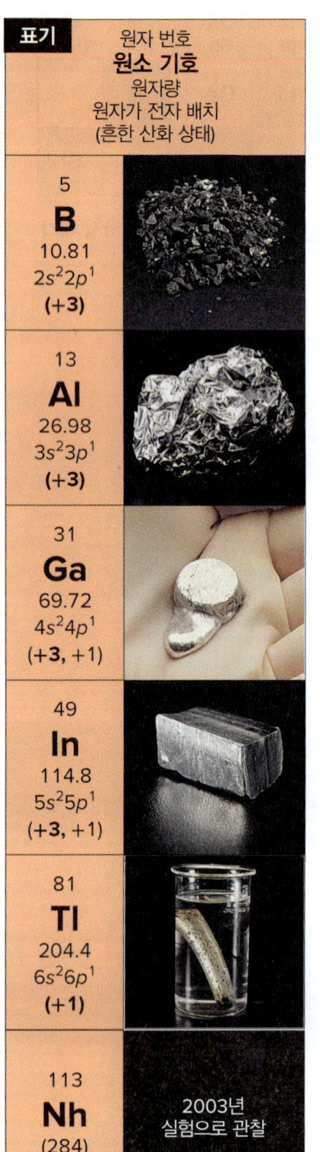

Source: Stephen Frisch/McGraw-Hill Education

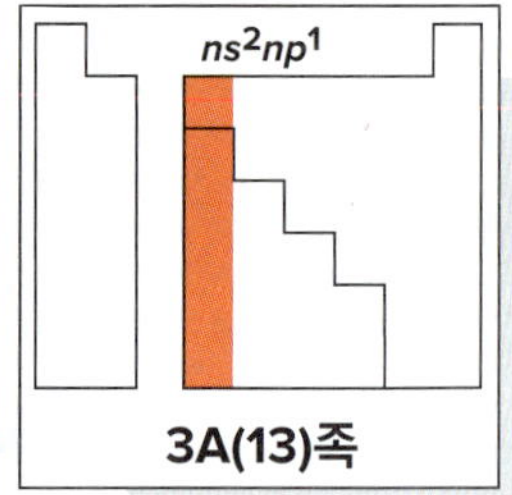

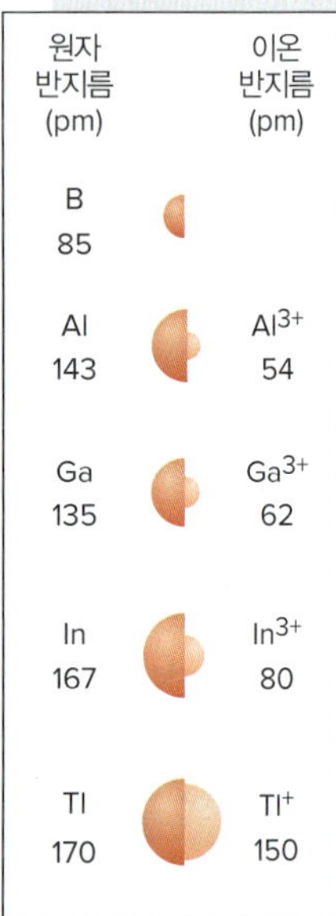

원자 성질

족의 전자 배치는 ns^2np^1이다. Tl을 제외한 모든 원소들은 흔히 +3 산화 상태를 나타낸다. +1 상태는 족의 밑에 위치하는 원소들에서 보다 흔하다. 원자 크기는 2A(2) 원소들보다 작고 EN은 크다. 그러나 IE는 높은 에너지의 p 부껍질에서 전자를 제거하는 것이 보다 쉽기 때문에 낮다. 원자 크기, IE와 EN은 중간에 전이 및 내부 전이 원소들이 있기 때문에 족에서 밑으로 갈수록 예상한 대로 변하지 않는다.

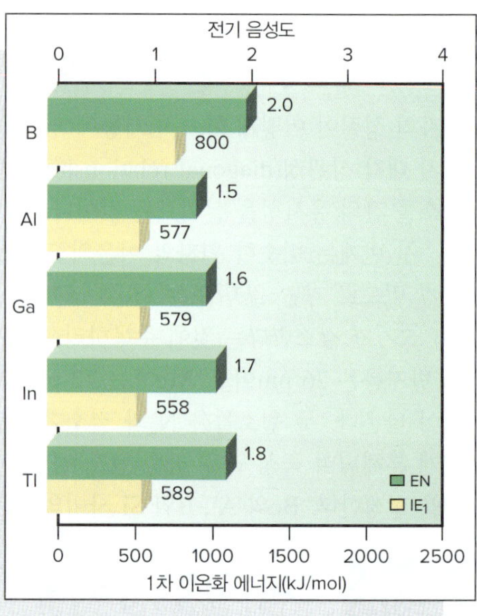

물리적 성질

결합은 B의 그물 구조 공유 결합에서 족의 나머지 원소들의 금속 결합으로 변한다. 따라서 B는 다른 원소들보다 훨씬 높은 녹는점을 가지지만 일정한 추세가 존재하지 않는다. 끓는점은 밑으로 갈수록 감소하며 밀도는 증가한다.

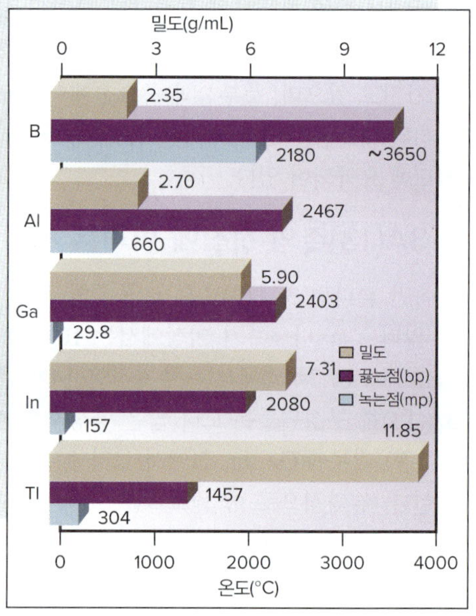

반응

1. 원소들이 다 그러한 것은 아니지만 물과 서서히 반응한다.

$$2Ga(s) + 6H_2O(\text{고온}) \longrightarrow 2Ga^{3+}(aq) + 6OH^-(aq) + 3H_2(g)$$

$$2Tl(s) + 2H_2O(\text{수증기}) \longrightarrow 2Tl^+(aq) + 2OH^-(aq) + H_2(g)$$

Al은 더 이상 반응을 막는 Al_2O_3의 층으로 덮이게 된다.

2. 순수한 O_2하에서 강하게 가열하면 모든 원소들은 산화물을 형성한다.

$$4E(s) + 3O_2(g) \xrightarrow{\Delta} 2E_2O_3(s) \qquad (E = B, Al, Ga, In)$$

$$4Tl(s) + O_2(g) \xrightarrow{\Delta} 2Tl_2O(s)$$

산화물의 산성도는 족에서 밑으로 갈수록 감소한다. B_2O_3(약산성) > Al_2O_3 > Ga_2O_3 > In_2O_3 > Tl_2O (강염기성). +1가 산화물이 +3가 산화물보다 염기성이 크다.

3. 모든 원소들은 할로젠(X_2)을 환원한다.

$$2E(s) + 3X_2 \longrightarrow 2EX_3 \qquad (E = B, Al, Ga, In)$$

$$2Tl(s) + X_2 \longrightarrow 2TlX(s)$$

BX_3 화합물은 휘발성이 크고 공유 결합성이다. Al, Ga, In의 삼할로젠화물은 (대부분) 이온성 고체이다.

3A(13)족의 화학적 성질에서 처음 나타나는 특성

3A(13)족을 쭉 훑어 보면 넓은 범위의 화학적 특성을 볼 수 있다.

- 2주기의 특이한 구성원인 붕소는 유일한 준금속이다. 상온에서 다른 구성원들보다 훨씬 반응성이 작으며 항상 공유 결합만 형성한다.
- 알루미늄은 물리적으로 금속처럼 행동하지만 할로젠화물은 기체상에서 공유 결합성 *이량체*[2개의 동일한 분자가 결합하여 형성된 분자(그림 14.6)]로 존재하고 산화물은 염기성이기보다는 양쪽성이다.
- 다른 대부분의 3A(13)족 화합물들은 이온성이지만, 3A(13)족 양이온은 2A(2)족 양이온보다 더 작고 +3가 전하를 가지므로 더 효과적으로 음이온을 편극화할 수 있다. 따라서 3A(13)족 화합물은 더 높은 공유 결합성을 가진다.

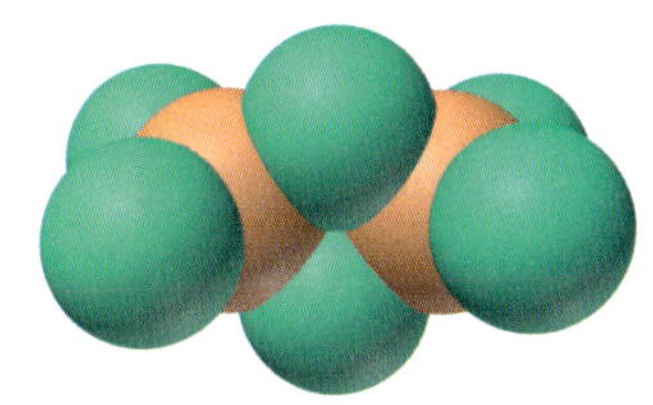

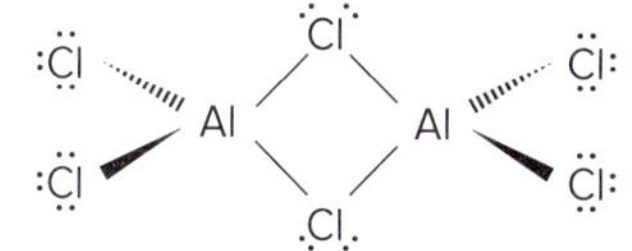

그림 14.6 기체 염화 알루미늄의 이량체 구조.

3A(13)족의 산화-환원 거동은 다음 3가지 특징을 나타낸다. 이 3가지 특징은 3A(13)족 원소뿐만 아니라 4A(14)족과 6A(16)족 원소에서도 나타난다.

1. *여러 가지 산화 상태의 존재.* 3A(13)족에서 크기가 큰 원소들은 *A족 번호보다 2만큼 적은* +1의 산화 상태를 가진다. 이처럼 같은 족의 다른 원소보다 산화수가 더 낮은 상태가 생성되는 것은 원자가 2개의 *ns* 전자는 잃지 않고 *np* 전자만 잃기 때문이고, 인듐(In)에서 관찰된다. 이러한 현상을 *비활성 전자쌍 효과*(inert-pair effect)(8.4절)라 부른다.

In: [Kr] $5s^24d^{10}5p^1$
In^+: [Kr] $5s^24d^{10}$
In^{3+}: [Kr] $4d^{10}$

2. *낮은 산화 상태의 안정성 증가.* 3A(13)족에서 산화수가 낮은 상태는 족 아래로 갈수록 더 안정해진다. 예를 들면, 3A(13)족에서 모든 원소들은 +3 상태를 나타내지만 +1 상태는 갈륨의 몇몇 화합물에서 처음 나타나고, 탈륨에서는 +1 상태가 유일하게 중요한 상태가 된다.

3. *금속성과 산화물의 염기도 증가.* 일반적으로 더 낮은 산화 상태에 있는 원소의 산화물이 더 높은 염기성을 가진다. 예를 들면, 3A족에서 In_2O는 In_2O_3보다 염기성이 더 높다. 그 이유는 *원소가 더 낮은 산화 상태에서 더 금속처럼 거동하기 때문이다.* 이 예에서 더 낮은 전하를 가진 In^+ 이온은 높은 전하를 가진 In^{3+}만큼 O^{2-} 이온을 편극화시키지 못 하므로 In_2O에서 In-O 결합의 이온 결합성은 더 높고 O^{2-} 이온은 염기로 작용하기 더 쉽다.

붕소 화학의 핵심

다른 2주기 원소들과 마찬가지로 붕소의 화학적 특성은 다른 3A(13)족 원소들과 매우 다르다. *모든 붕소 화합물은 공유 결합성*이고, 다른 3A(13)족 원소들과 다르게 그물 구조 공유 화합물 또는 금속, H, O, N, C와 거대 분자를 형성한다. 많은 붕소 화합물의 일관된 특성은 *전자 결핍*(electron deficiency)이다. 붕소는 두 가지 전략으로 외각 껍질을 채우는데, 전자가 풍부한 원자로부터 결합 전자쌍을 받거나 전자 부족 원자와 함께 다리 결합을 형성한다.

전자가 풍부한 원자로부터 결합 전자쌍을 받음 기체상의 삼할로젠화 붕소(BX_3)에서 B는 주위에 오직 6개의 전자만을 가져 B 원자는 전자가 부족하다(10.1절). 팔전자를 달성하기 위해 전자가 풍부한 원자로부터 고립 전자쌍(*파란색*)을 받아 공유 결합을 형성한다.

$$BF_3(g) + :NH_3(g) \longrightarrow F_3B{-}NH_3(g)$$

(한 반응물이 다른 반응물로부터 전자쌍을 받아 공유 결합을 형성하는 반응은 매우 흔하고, *Lewis 산-염기 반응*으로 알려져 있다. 이들을 18장과 22장에서 논의하고 이 책의 나머지 부분에서 이 반응의 예를 보게 될 것이다.)

유사하게 B는 붕소산 $B(OH)_3$(가끔 H_3BO_3로 쓰기도 함)에서도 오직 6개의 전자만을 가진다. 물에서 산 자체는 양성자를 방출하지 않고 H_2O의 O로부터 전자쌍을 받아 4번째 결합을 형성하고 H^+ 이온을 방출한다.

$$B(OH)_3(s) + H_2O(l) \rightleftharpoons B(OH)_4^-(aq) + H^+(aq)$$

붕소규산염 유리로 만든 실험 기구들.
Source: Stephen Frisch/McGraw-Hill Education

가정용 세제로 수십 년간 사용되어 온 보락스(붕소산 소듐) $Na_2[B_4O_5(OH)_4] \cdot 8H_2O$와 같은 다양한 붕소산 염에서 붕소의 외각 껍질은 채워져 있다. 붕소산(또는 붕소산 염)을 강하게 가열하면 물 분자가 제거되어 용융 산화 붕소가 된다.

$$2B(OH)_3(s) \xrightarrow{\Delta} B_2O_3(l) + 3H_2O(g)$$

실리카(SiO_2)와 섞으면 이 용융 산화물은 붕소규산염(borosilicate) 유리를 형성한다. 높은 투명성과 가열 또는 냉각할 때 크기의 변화가 작기 때문에 붕소규산염 유리는 주방 용기와 실험실 초자류에 쓰인다(*사진 참조*).

전자가 부족한 원자들과 다리 결합을 형성 원소 형태와 수소화 붕소(보레인)에서는 전자를 줄 수 있는 전자가 풍부한 원자가 없다. 이 경우 붕소는 흔하지 않은 종류의 결합을 통해 팔전자를 달성한다. 예를 들면, 다이보레인(B_2H_6)에서 2가지 종류의 B—H 결합이 존재한다. 하나는 정상적인 전자쌍을 가진 결합이다. 그림 14.7의 원자가 결합 그림에서 B 원자의 원자가 전자 3개 중 2개를 이용하여 4개의 말단 B—H 결합에서 B의 sp^3 오비탈과 H의 1*s* 오비탈이 중첩된다.

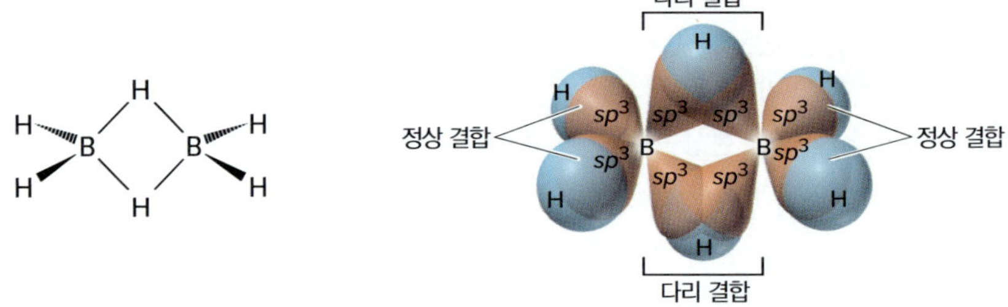

그림 14.7 다이보레인에 있는 2가지 유형의 공유 결합.

다른 것은 수소화 **다리 결합**(bridge bond)[또는 *3중심 2전자 결합*(three-center, two-electron bond)]인데, 각 *B—H—B 군은 두 개의 전자가 결합을 형성한다*. 각 B에서 하나씩 제공된 2개의 sp^3 오비탈은 H 1*s* 오비탈과 중첩된다. 1개는 B 원자 중 1개로부터 다른 1개는 수소 원자로부터의 2개의 전자가 이 확장된 결합 오비탈을 통해 움직이고 H-원자 다리를 통해 2개의 B 원자가 결합된다. 따라서 *각 B 원자는 8개의 전자로 둘러싸이게 됨*을 주목하라. 2개의 전형적인 B—H 결합으로부터 4개의 전자와 2개의 B—H—B 다리 결합으로부터 추가된 4개의 전자가 각 B 원자 주위에 사면체 배열을 이룬다. 다른 많은 보레인과 원소 상태의 붕소에서 3중심 2전자 B—B—B 결합에서 한 B 원자가 다른 두 원자를 다리 연결한다(그림 14.8).

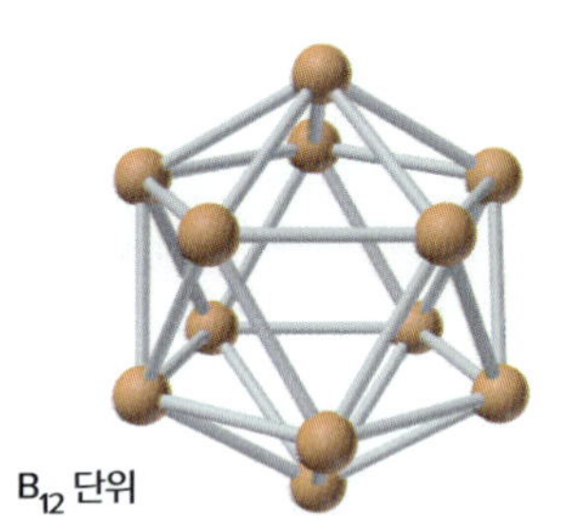
B_{12} 단위

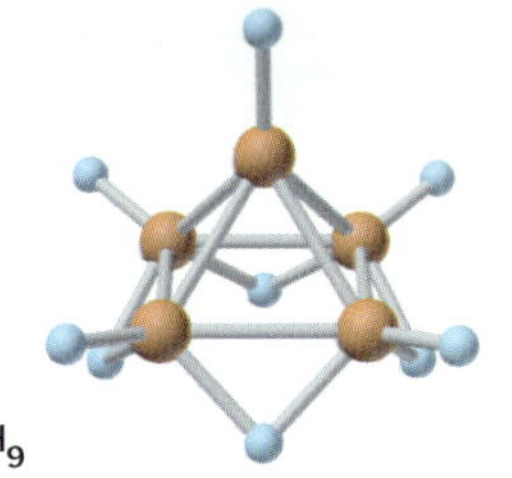
B_5H_9

그림 14.8 붕소 이십면체와 보레인 중의 하나.

대각 상관성: 베릴륨과 알루미늄

2A(2)족의 베릴륨과 3A(13)족의 알루미늄은 또 다른 대각 상관 원소들의 쌍이다. 두 원소 모두 강염기에서 베릴산 $Be(OH)_4^{2-}$와 알루미늄산 $Al(OH)_4^-$과 같은 옥소음이온(oxoanion)을 형성한다. 또한 모두 수소화물과 할로젠화물에서 다리 결합을 가진다. 모두 물과 반응하여 불투과성 산화물 박막을 형성(알루미늄이 구조용 금속으로 많이 사용됨을 설명)한다. 비록 이 원소들의 원자와 이온 크기는 다르지만 작고 높은 전하를 가진 Be^{2+}와 Al^{3+} 이온은 근처의 전자 구름을 강하게 편극화한다. 따라서 일부 Al 화합물과 모든 Be 화합물은 상당한 공유 결합적 특성을 가진다.

14.6 4A(14)족: 탄소 족

4A(14)족에서는 비금속 탄소(C)로부터 시작하여 준금속 실리콘(Si)과 저마늄(Ge)을 거쳐 금속 주석(Sn)과 납(Pb) 그리고 1998년 합성된 플레로븀(Fl)에 이르기까지 모든 종류의 거동이 나타난다. C와 Si의 화합물에 관한 정보가 도서관을 채우고 있다. 유기 화학, 대부분 고분자 화학과 생화학은 탄소에 기반을 두고 있고, 지구 화학과 일부 핵심적 고분자와 전자 기술은 실리콘에 기반을 두고 있다. 4A(14)족 특성도에 원자, 물리적, 화학적 성질이 요약되어 있다.

핵심 원자 성질, 물리적 성질과 반응

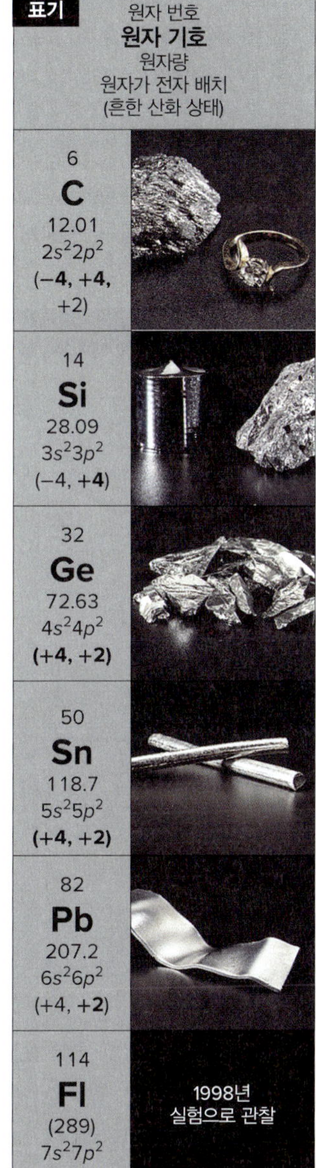

Source: © McGraw-Hill Education/Stephen Frisch, photographer

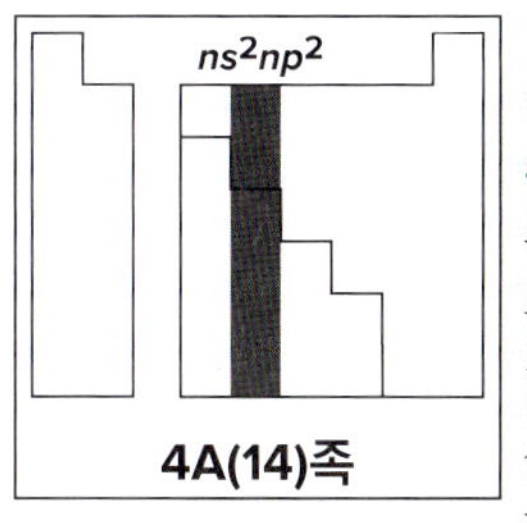

	원자 반지름 (pm)	이온 반지름 (pm)
C	77	
Si	118	
Ge	122	
Sn	140	Sn^{2+} 118
Pb	146	Pb^{2+} 119

원자 성질

족의 전자 배치는 ns^2np^2이다. 족에서 밑으로 갈수록 산화 상태의 수가 감소하고 낮은(+2) 상태가 보다 흔하게 된다. 또한 밑으로 갈수록 원자 크기는 증가한다. 전이 및 내부 전이 원소들이 끼어들기 때문에 IE와 EN은 일정하게 감소하지 않는다.

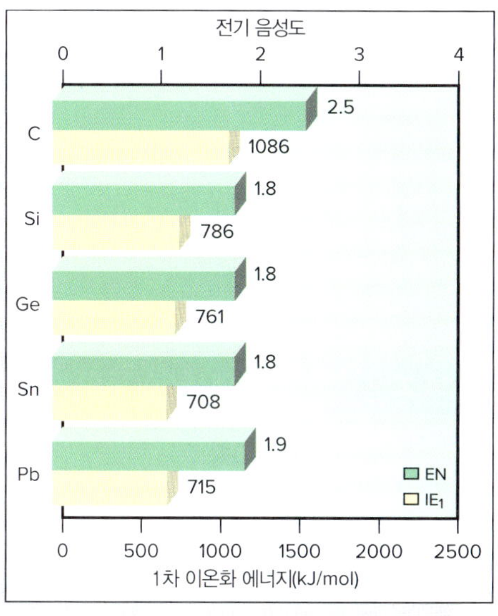

물리적 성질

경도, 녹는점의 감소와 같은 물리적 성질의 추세는 고체 내 결합 형태의 변화 때문이다. C, Si와 Ge에서는 그물 구조 공유 결합이고 Sn과 Pb에서는 금속 결합이다(*본문 참조*). 족에서 밑으로 갈수록 밀도는 결정의 쌓임 차이를 포함한 여러 가지 요소 때문에 증가한다.

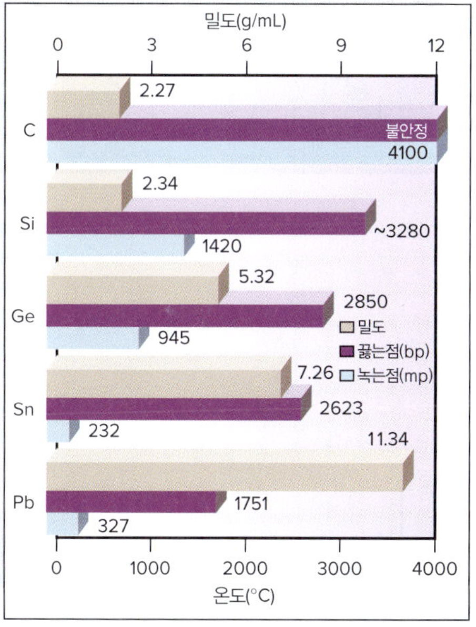

반응

1. 원소들은 할로젠에 의해 산화된다.

$$E(s) + 2X_2 \longrightarrow EX_4 \quad (E = C, Si, Ge)$$

+2가 할로젠화물 SnX_2와 PbX_2는 주석과 납에서 더 안정하다.

2. 원소들은 O_2에 의해 산화된다.

$$E(s) + O_2(g) \longrightarrow EO_2 \quad (E = C, Si, Ge, Sn)$$

Pb는 +2가 산화물, PbO를 생성한다. 산화물은 밑으로 갈수록 염기성이 증가한다. CO_2와 H_2O와의 반응은 자연의 오염되지 않은 물이 약산성을 띠게 한다.

$$CO_2(g) + H_2O(l) \rightleftharpoons [H_2CO_3(aq)] \rightleftharpoons H^+(aq) + HCO_3^-(aq)$$

3. 탄화수소는 O_2와 반응하여 CO_2와 H_2O를 생성한다. 메테인의 반응을 열 또는 전기를 생성하도록 변형시켰다.

$$CH_4(g) + 2O_2(g) \longrightarrow CO_2(g) + 2H_2O(g)$$

4. 실리카는 환원되어 원소 형태의 실리콘을 형성한다.

$$SiO_2(s) + 2C(s) \longrightarrow Si(s) + 2CO(g)$$

정제되지 않은 실리콘은 띠정제(zone refining)를 통해 초고순도로 만들어져 컴퓨터 칩을 생산하는 데 사용된다.

결합 유형이 물리적 성질에 미치는 영향

4A(14)족 원소들과 그와 인접한 3A(13)족과 5A(15)족 원소들은 각 원소의 결합 유형에 따라 물리적 성질이 어떻게 변하는지를 보여준다(표 14.2). 4A족에서 그물 구조 공유 결합 고체인 C와 Si 사이에서 녹는점이 크게 감소하는 것은 Si 구조에서의 결합이 더 길고 약하기 때문이다. 한편 Ge과 Sn 사이에서 녹는점이 크게 감소하는 이유는 그물 구조 공유 결합에서 금속 결합으로 변하기 때문이다. 마찬가지로 Al과 Si 사이에서, 그리고 Ga와 Ge 사이에서 주기를 따라 오른쪽으로 갈수록 녹는점과 $\Delta H_{녹음}$가 크게 증가하는 것은 주기율표에서 수평 방향으로 물리적 성질의 변화 경향을 고려할 때 금속 결합에서 그물 구조 공유 결합으로 변하기 때문이다. 금속성 Al, Ga, Sn에서 공유 결합성 준금속 Si, Ge, Sb로 전이하면서 이러한 성질들이 급격히 증가함과 그물 구조 공유 결합성 C와 Si에서 개별적인 분자인 5A(15)족 N과 P로 전이하면서 급격히 감소함에 주목하라.

표 14.2 | 3A(13)족에서 5A(15)족까지의 결합 방식과 용융 과정

주기	3A(13)족				4A(14)족				5A(15)족			
	원소	결합 방식	녹는점(°C)	$\Delta H_{녹음}$ (kJ/mol)	원소	결합 방식	녹는점(°C)	$\Delta H_{녹음}$ (kJ/mol)	원소	결합 방식	녹는점(°C)	$\Delta H_{녹음}$ (kJ/mol)
2	B		2180	23.6	C		4100	매우 높음	N		−210	0.7
3	Al		660	10.5	Si		1420	50.6	P		44.1	2.5
4	Ga		30	5.6	Ge		945	36.8	As		816	27.7
5	In		157	3.3	Sn		232	7.1	Sb		631	20.0
6	Tl		304	4.3	Pb		327	4.8	Bi		271	10.5

동소체: 원소들의 다른 형태 한 원소의 서로 다른 결정 또는 분자 형태인 **동소체**(allotrope)는 매우 다른 물리적 성질들을 나타낸다. 특정 압력과 온도에서 한 동소체는 다른 동소체에 비해 보통 더 안정하다. 3A(13)족의 붕소가 몇 가지 동소체를 가지기는 하지만 4A(14)족은 탄소와 주석의 동소체들과 같은 천연 산출 동소체의 첫 번째 중요한 예를 보여준다.

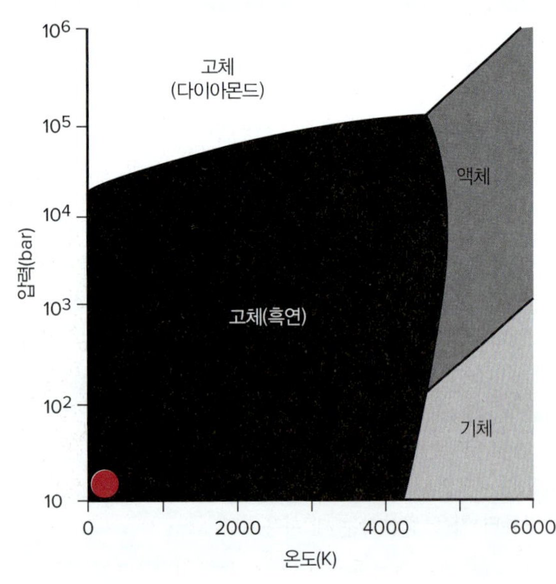

그림 14.9 탄소의 상 도표.

1. *탄소의 동소체와 다른 구조.* 탄소의 동소체들은 서로 확연히 다르다.

- 흑연은 무르고 "매끄러운", 검은 색의 전기 전도체이다. 흑연은 탄소의 표준 상태로 일반 온도와 압력에서 더 안정하다(그림 14.9, *붉은색 점*).
- 다이아몬드는 매우 단단한, 무색의 전기 절연체이다. 보석 소유자에게는 다행하게도 일반 조건 하에서 다이아몬드가 더 안정한 흑연으로 변하는 속도는 무시할 정도로 작다.
- 1985년 탄소의 새로운 동소체가 발견되었다. 레이저를 사용하여 흑연을 기화시키던 과학자들은 축구공 모양의 분자를 만들었는데, 질량 스펙트럼으로 이 분자의 화학식이 C_{60}임을 확인하였다(그림 14.10A)! 이 분자는 그을음(soot)뿐만 아니라 유성 충돌에 의해 형성된 지질 시료에서도 발견되었는데, 심지어 공룡이 멸종된 시대의 지질 시료에서도 발견되었다. 이 분자에는 비슷한 모양의 구조물을 설계한 건축공학자인 R. Buckminster Fuller의 이름을 따서 *벅민스터플러린*(buckminsterfullerene, 또한 "buckyball"이라 불림)이라는 별명이 붙었다. 1990년 과학자들이 C_{60}의 성질과 응용을 연구하기에 충분한 양을 제조하는 방법을 개발하자 C_{60}에 대한 관심이 높아졌다. 그 이후 화학자들은 70개, 76개, 80개, 그리고 그 이상의 탄소 원자들로 이루어진 유사한 분자들을 만들었고, 이 물질들은 *플러린*(fullerene)이라 불린다. 금속 원자를

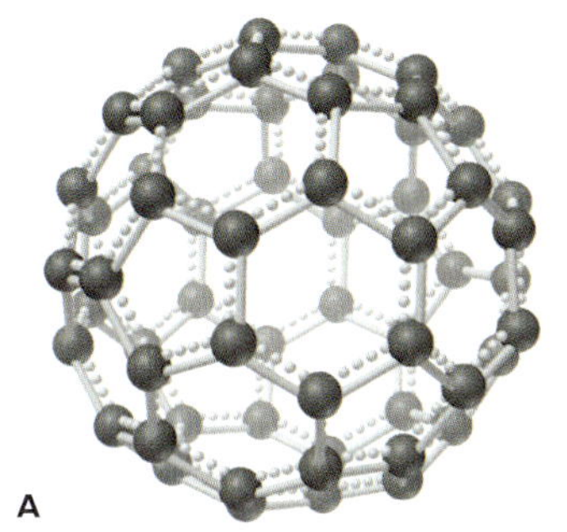
A

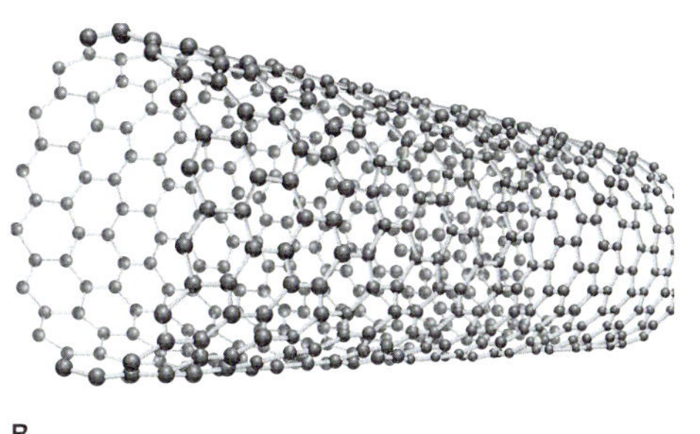
B

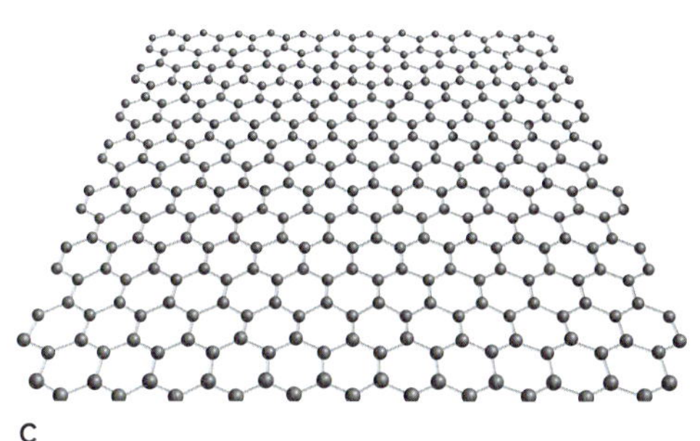
C

그림 14.10 벅민스터플러린(A), 탄소 나노튜브(B), 그래핀(Graphene)(C).

공 안에 넣었고 많은 다른 작용기(플루오린, 수산기, 당 등)가 부착되어 다양한 유용한 성질을 가진 화합물들이 만들어졌다.

- 1991년 과학자들은 흑연 막대를 통해 전기 방전을 일으켜 *나노튜브*(nanotube)라 불리는 관 형태의 물질을 합성하였는데, 이 물질은 매우 가늘고(지름 ~1 nm) 흑연과 비슷한 구조이고 관의 끝 부분은 플러린 모양이다(그림 14.10B, 이 모형은 플러린 모양의 관 끝 부분이 없는 나노튜브를 보여준다). 나노튜브는 단단하고 길이를 따라 질량 기준으로 철보다도 강하며 비편재화된 전자 때문에 길이 방향으로 전기를 전도한다. 나노미터 수준 전자 회로, 에너지 저장, 촉매, 고분자, 의약 등의 잠재적 응용 가능성 때문에 나노튜브 화학은 재료 과학의 주요 연구 분야이다.
- 2010년 노벨 물리학상이 *그래핀*(graphene)이라 불리는 새로운 형태의 탄소 물질에 대한 연구에 수여되었다. 그래핀은 원자 한 개 두께로 펼쳐진 판 형태로 존재하지만 엄청난 전기 전도도와 강도를 가진다(그림 14.10C).

2. *주석의 동소체.* 주석은 2개의 동소체를 가진다.

- 흰 β-주석은 상온 이상의 온도에서 안정하다.
- 회색 α-주석은 13°C(56°F) 이하에서 보다 안정하다. 낮은 온도에서 흰색 주석을 오랫동안 보관하면 일부는 회색 주석의 미세 결정으로 변한다. 다른 결정 구조를 가진 회색 주석 영역의 무작위적인 형성과 성장은 금속을 약하게 하고 부서지기 쉽게 한다. 중세 북부 유럽의 난방이 되지 않은 성당에서 거대한 오르간의 주석 파이프가 이러한 동소체 전이에 의해 나타나는 "주석병(tin disease)" 때문에 때로 부서지기도 하였다.

4A(14)족 화합물에서 결합의 변화 경향

4A(14)족 원소들은 탄소의 공유 화합물에서부터 납의 이온 화합물까지 다양한 범위의 화학적 특성을 나타내며, 3A(13)족에서 처음 보았던 특성들이 여기서도 역시 나타난다.

1. *여러 가지 산화 상태.* 모든 원소들은 적어도 2개의 주요한 상태(+4와 +2)를 가지며, 탄소는 3개(+4, +2, −4)를 가진다.

2. *낮은 산화 상태에서 안정도 증가.* +4 상태를 가진 Si의 화합물은 +2 상태의 Si 화합물보다 훨씬 안정한 반면에 Pb 화합물에서는 +2 상태의 화합물이 +4 상태보다 훨씬 안정하다.

3. *금속성, 이온 결합성, 산화물 염기도 증가.* 족에서 아래로 갈수록 결합 거동과 금속성의 변화를 관찰할 수 있다.

- 탄소의 EN(2.5)은 중간 크기이기 때문에 탄소는 항상 공유 결합을 한다.
- 이 족의 무거운 원소들은 증가하는 이온성을 가진 결합을 형성한다.
- Si와 Ge는 비금속과는 강한 극성 공유 결합을 형성한다. 예를 들면 Si—O 결합은 가장 강한 3주기 원소 결합 중 하나(BE = 368 kJ/mol)이며, 지구 고체 표면의 안정성에 크게 기여한다.

그림 14.11 염 형태의 +2 염화물과 기름 형태의 +4 염화물은 주석과 납의 산화 상태가 낮을수록 보다 큰 금속성을 보여준다.

Source: Frisch/McGraw-Hill Education

- Sn과 Pb의 개별 이온은 거의 존재하지 않지만 비금속과의 결합은 상당한 이온성을 가진다.
- 더 낮은 산화 상태의 금속과 결합하면 Sn과 Pb 화합물에서의 결합은 보다 이온성을 띠게 된다. 따라서 $SnCl_2$와 $PbCl_2$는 염의 전형적인 성질인 높은 녹는점과 수용성을 갖는 흰색 결정이지만(그림 14.11) $SnCl_4$는 휘발성의 비극성 액체이고 $PbCl_4$는 열적으로 불안정한 기름이다. 비슷하게 SnO와 PbO는 SnO_2와 PbO_2보다 더 염기성인데, 이는 +2 금속은 산화 이온을 편극화하는 능력이 약해 E—O 결합이 더 큰 이온성을 갖기 때문이다.

탄소 화학의 핵심

다른 2주기 원소와 마찬가지로 탄소도 이 족에서 특이한데, 사실 주기율표 전체에서 가장 특이할지도 모른다. 탄소는 족 번호가 작은 1A(1), 2A(2)족 금속, 많은 전이 금속, 할로젠, 많은 다른 준금속과 비금속들과 결합을 형성한다. 3가지의 흔한 산화 상태에 더하여 탄소는 +4에서 −4까지 이 족에서 가능한 모든 산화 상태를 보인다.

유기 화합물(Organic Compound) 탄소의 2가지 주요한 성질이 유기 화학의 광범위한 영역을 구성한다.

1. 탄소는 다른 탄소 원자들과 *사슬화 반응*(catenation)이라 알려진 과정으로 공유 결합을 형성한다. 작은 크기와 4개의 결합을 할 수 있는 능력 덕분에 탄소는 수없이 많은 구조를 이루는 사슬, 가지, 고리 등을 형성할 수 있다. 많은 H, 약간의 O와 N, 소량의 S, P, 할로젠과 일부 금속을 더함으로써 전체 유기물 세계를 가지게 된다! 그림 14.12는 알려진 수백만 개의 유기화합물 중에서 2개를 보여준다.

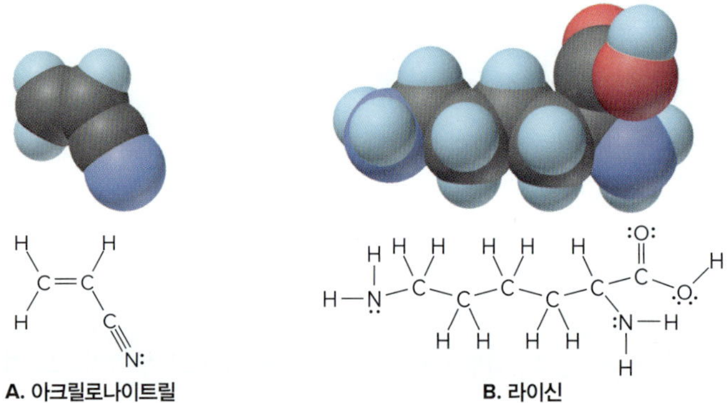

그림 14.12 알려진 수백 만 가지의 탄소 유기 화합물 중의 2개. A. 아크릴로나이트릴, 아크릴 섬유의 전구체. B. 라이신, 단백질에서 나타나는 약 20개의 아미노산 중의 하나.

할로젠화 유기 화합물은 주요한 활용 분야가 고분자인데, 예를 들어 poly(vinyl chloride)는 배관에, 테플론(Teflon)은 요리 기구에 사용된다. 일부는 환경에서 오랜 수명을 가진다. 전기 기구에 사용된 PCB는 발암 물질이기 때문에 지금은 사용이 금지되었다(그림 14.13). 전자 부품의 세척제와 에어콘의 냉매로 사용되었던 프레온(freon)은 지구를 보호하는 오존층의 심각한 감소의 원인이 된다(16장).

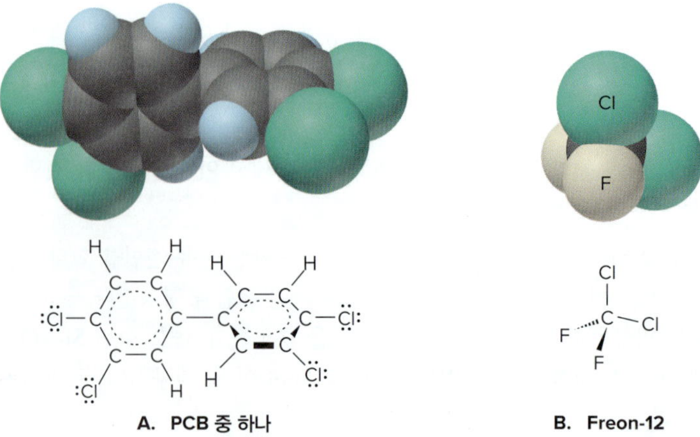

그림 14.13 2개의 중요한 할로젠화 유기 화합물. A. 전형적인 PCB (polychlorinated biphenyl 중 하나). B. Freon-12 (CCl_2F_2), 염화플루오린화 탄소 중 하나.

2. 탄소는 다중 결합을 형성하는 능력이 있다. 다중 결합은 C—C 결합이 충분히 짧아서 2개의 반만 채워진 $2p$ 오비탈 간의 측면 중첩에 의해 π 결합을 형성하므로 탄소 구조에서 흔하다(15장에서 탄소의 성질이 어떻게 유기 화합물의 다양한 구조와 반응성을 나타나게 하는지를 논의할 것이다).

다른 4A(14) 원소들은 훨씬 커지기 때문에 밑으로 갈수록 E—E 결합 길이는 길어지고 약하게 되며 따라서 사슬화 반응과 다중 결합은 밑으로 갈수록 훨씬 중요성이 떨어지게 된다.

무기 화합물 유기 화합물과는 달리 탄소의 무기 화합물(inorganic compound)은 간단하다.

1. *탄산염*(carbonates). 금속 탄산염은 주요한 광물 형태이다. 대리석, 석회암, 분필, 산호 및 다른 유형의 금속 탄산염은 전 세계에 걸쳐 막대한 양의 퇴적물로 산출된다. 이 화합물의 많은 양이 화석화된 해양 생물의 잔류물이다. 탄산염은 많은 산업에서 핵심이고 위산의 HCl과 반응하므로 몇 가지 흔히 쓰는 제산제에 들어간다.

$$CaCO_3(s) + 2HCl(aq) \longrightarrow CaCl_2(aq) + CO_2(g) + H_2O(l)$$

같은 알짜 이온 반응으로 황산과 질산과 반응하기 때문에 석회암으로 둘러싸인 호수는 산성비의 해로운 효과로부터 보호된다.

2. *산화물*(oxides). 오직 고체 그물 구조 공유 결합성 또는 이온성 산화물을 형성하는 다른 4A(14)족 원소들과는 달리 탄소는 2개의 흔한 기체 상태의 산화물인 CO_2와 CO를 형성한다.

- 이산화 탄소는 모든 생명체에서 필수적이다. 광합성 과정을 통해 식물의 주요 탄소원이 되며 식물을 먹는 동물에서도 그러하다. 수용액에서는 자연의 물이 산성을 띠게 하는 원인이 된다. 그러나 산림의 황폐와 화석 연료의 과도한 소비에 의한 대기 중의 축적은 지구상의 기후에 온난화를 통해 심각하게 영향을 미치게 된다.
- 일산화 탄소는 탄소 또는 화합물이 충분하지 못한 O_2 공급 하에서 연소할 때 생성된다.

  $$2C(s) + O_2(g) \longrightarrow 2CO(g)$$

  CO는 메탄올, 폼알데하이드와 다른 산업용 화합물을 생산하는 데 널리 사용된다. CO는 많은 전이 금속과 강하게 결합한다. 담배 연기 또는 오염된 공기를 들여 마시게 되면 피로 들어가 헤모글로빈의 Fe(II)과 강한 결합을 하여 O_2의 정상적 결합을 방해하고 다른 철 포함 단백질과 결합한다. 사이아나이드 이온(CN^-)은 CO와 *등전자 관계*(isoelectronic)이다.

  $[:C{\equiv}N:]^-$와 $:C{\equiv}O:$는 동일한 전자 구조

  사이아나이드는 다른 많은 철을 함유하는 단백질과 결합하기 때문에 독성이 있다.

실리콘 화학의 핵심

실리콘 화학은 *실리콘-산소 결합*(silicon-oxygen bond)의 화학이라고 해도 과언이 아니다. 탄소가 긴 C—C 사슬을 형성하는 것과 마찬가지로 지구상에서 가장 중요한 광물인 **규산염**(silicate)과 많은 활용도를 가진 매우 긴 합성 고분자인 **유기 실리콘 중합체**(silicone)에서 —Si—O— 원자단(group)이 끝없이 반복된다.

1. *규산염*(silicate minerals). 흔한 모래와 진흙에서 준보석인 자수정과 홍옥수까지 실리콘 광물은 무생물 세계를 지배하고 있다. 지구에서 가장 풍부한 원소인 산소와 다음으로 풍부한 실리콘은 지구 표면에 존재하는 원자의 4/5를 차지한다!

규산염을 구성하는 단위체는 중앙 실리콘 주위에 4개의 산소가 사면체 형태로 배열된 $—SiO_4—$인 *오쏘규산염*(orthosilicate) 원자단이다. 일부 광물은 SiO_4^{4-} 이온 또는 함께 연결된 작은 원자단을 함유하고 있다. 보석 지르콘($ZrSiO_4$)은 1개의 단위체를 가진다. 헤미모파이트(hemimorphite)라 불리는 $Zn_4(OH)_2Si_2O_7 \cdot H_2O$는 각 단위체의 구석에 있는 산소를 통해 연결된 2개의 단위체를 가진다. 베릴륨의 주요 공급원이자 에메랄드와 아쿠아마린 같은 보석의 성분인 녹주석($Be_3Al_2Si_6O_{18}$)은 고리 이온으로 연결된 6개의 단위체를

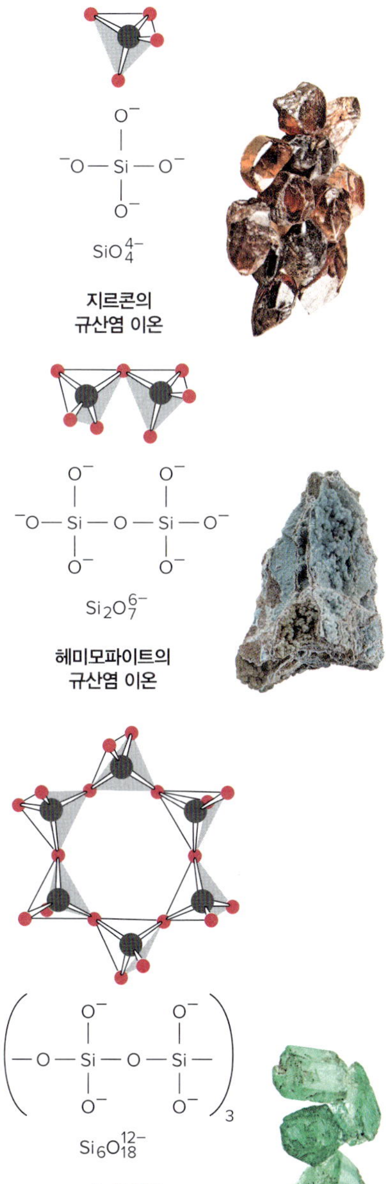

그림 14.14 일부 광물에서의 규산염 음이온의 구조.

Source: Reimphoto/iStock/Getty Images, RF Company/Alamy Stock Photo, Reimphoto/iStock/Getty Images,

그림 14.15 석영은 3차원 구조의 규산염이다.

Source: © Albert Russ/Shutterstock.

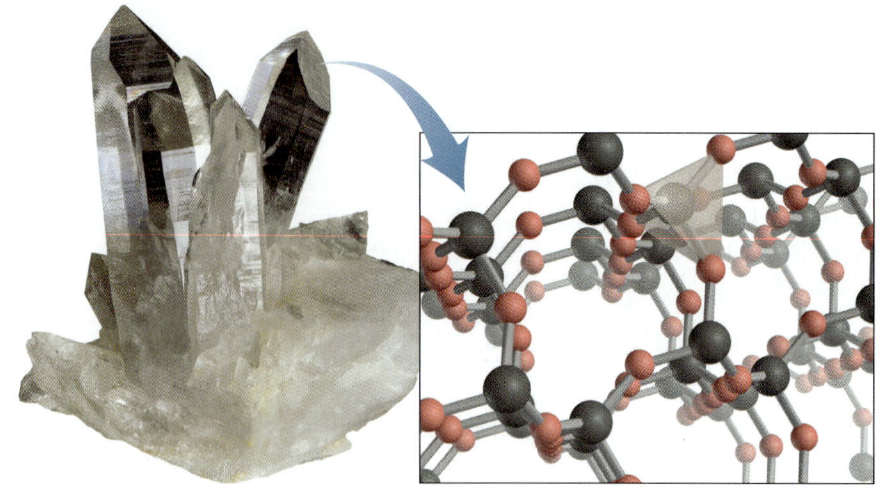

가진다(그림 14.14).

몇몇 광물은 Si—O 원자단의 확장 구조로 이루어진다. 석면(asbestos) 광물은 O 원자 중 하나가 다음 Si—O 원자단에 결합한 규산염 원자단의 사슬(chain)로 이루어져 있고, 활석(talc)과 운모(mica)는 인접한 사슬들이 서로 교차 결합되어 형성된 판(sheet)으로 이루어져 있고, 장석(feldspar)과 석영(quartz)은 사슬들이 교차 결합한 3차원 그물 구조(framework)로 이루어져 있다(그림 14.15).

2. *유기 실리콘 중합체*(silicone polymers). 천연에서 산출되는 규산염과는 달리 유기규소 중합체는 poly(dimethylsiloxane)에서와 같이 Si 원자와 O 원자가 교대로 결합하여 형성된 매우 긴 Si—O 사슬로 이루어지고 각 Si 원자에 2개의 유기 작용기가 결합한 가공 물질을 말한다.

$$\cdots O-\underset{CH_3}{\overset{CH_3}{\underset{|}{\overset{|}{Si}}}}-O-\underset{CH_3}{\overset{CH_3}{\underset{|}{\overset{|}{Si}}}}-O-\underset{CH_3}{\overset{CH_3}{\underset{|}{\overset{|}{Si}}}}-O-\underset{CH_3}{\overset{CH_3}{\underset{|}{\overset{|}{Si}}}}-O-\underset{CH_3}{\overset{CH_3}{\underset{|}{\overset{|}{Si}}}}-O\cdots$$

유기 실리콘 중합체는 플라스틱과 광물의 성질을 모두 가진다. 유기 작용기는 유기 실리콘 중합체에 플라스틱의 특성인 유연성(flexibility)과 사슬 사이의 약한 분자간 힘을 주며, O—Si—O-골격은 광물의 열적 안정성과 비가연성을 가지게 한다. 다양한 반응물을 첨가하면 사슬 구조, 판상 구조, 3차원 그물 구조와 같은 규산염의 확장 구조와 유사한 구조를 만들 수 있다. 사슬 구조의 유기 실리콘 중합체는 윤활유, 자동차 광택제와 치장용으로 사용되는 유성 액체이다. 판상 구조의 유기 실리콘 중합체는 개스킷, 우주복, 콘택트렌즈의 성분이다. 3차원 그물 구조의 유기 실리콘 중합체는 회로 기판의 표면 처리제, 음식물이 붙지 않는 요리 기구, 인공 피부와 뼈 등에 사용된다.

대각 상관성: 붕소와 실리콘

마지막 대각 상관성은 반도체성 준금속 붕소와 실리콘에서 볼 수 있다. B와 Si 모두와 이들의 광물성 옥소음이온인 붕소산염과 규산염은 확장된 공유 그물 구조를 갖는다. 붕소산(boric acid, [$B(OH)_3$])과 실릭산(silicic acid, [$Si(OH)_4$])은 광범위한 수소 결합으로 결합된 층상으로 산출되는 약산성 고체이다. 응집된 보레인과 확장된 실레인인 이들의 수소화물은 모두 환원제로 사용하는 낮은 녹는점의 휘발성 화합물이다.

14.7 5A(15)족: 질소 족

5A(15)족의 첫 번째 2개 원소들인 기체 상태의 비금속 질소(N)와 고체 비금속 인(P)은 산업과 자연에서 중요한 역할을 한다. 이 비금속 밑에는 2개의 준금속인 비소(As)와 안티모니(Sb)가 있고, 금속인 비스무트(Bi)와 2003년에 합성된 모스코븀(Mc)이 있다. 5A(15)족 특성도가 개관을 제공한다.

핵심 원자 성질, 물리적 성질과 반응

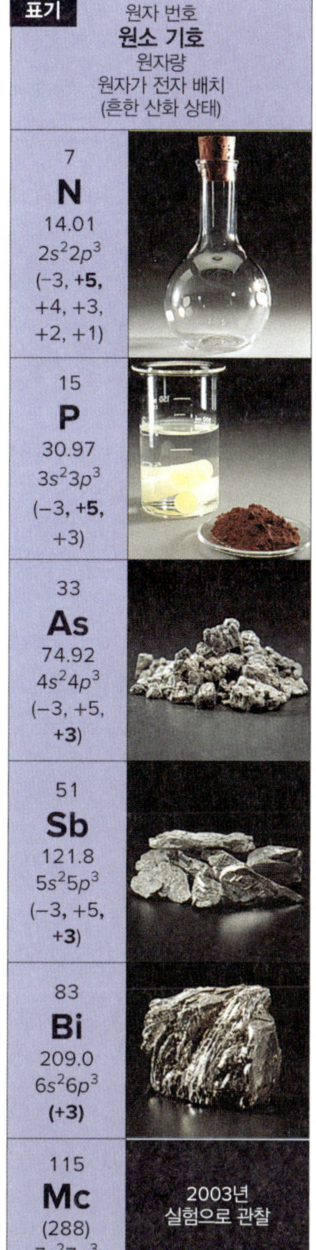

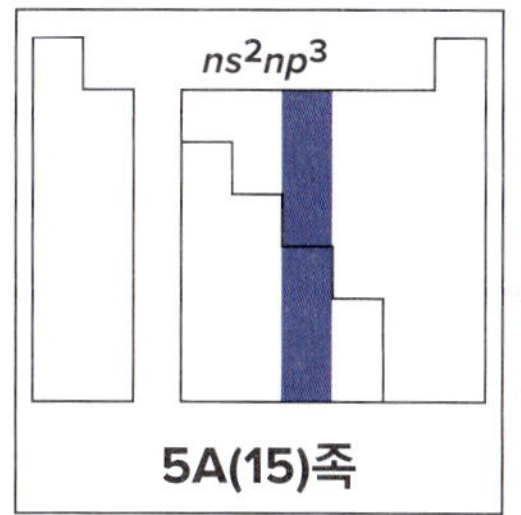

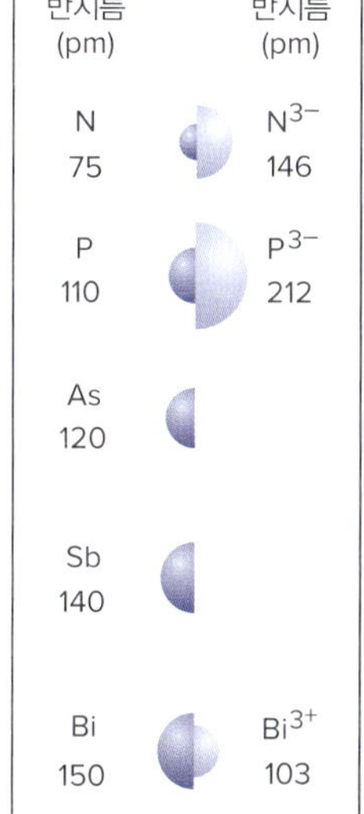

원자 성질

족의 전자 배치는 ns^2np^3이다. np 부껍질은 반이 채워져 있어 각 p 오비탈은 하나의 전자를 가진다. 산화 상태의 수는 밑으로 갈수록 감소하고 낮은(+3) 상태는 더 흔해진다. 원자 성질은 예상되는 추세에 일반적으로 따른다. N에서 P로 갈 때 크기에 있어서의 큰(~50%) 증가는 P의 훨씬 낮은 IE와 EN과 관계있다.

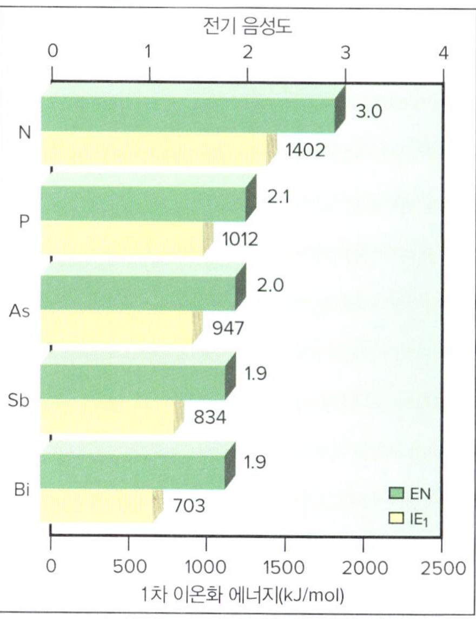

물리적 성질

물리적 성질은 각 분자(N, P)에서 그물 구조 공유 결합성 고체(As, Sb), 금속(Bi)까지의 변화를 반영한다. 따라서 녹는점은 점차 증가하다 감소한다. 큰 원자 크기와 작은 원자 질량은 작은 밀도로 귀결된다. 족에서 밑으로 갈수록 질량 증가가 크기보다 크므로 고체 상태의 원소 밀도는 증가한다. P에서 As로 갈 때 급격한 증가는 끼어든 전이 원소들 때문이다.

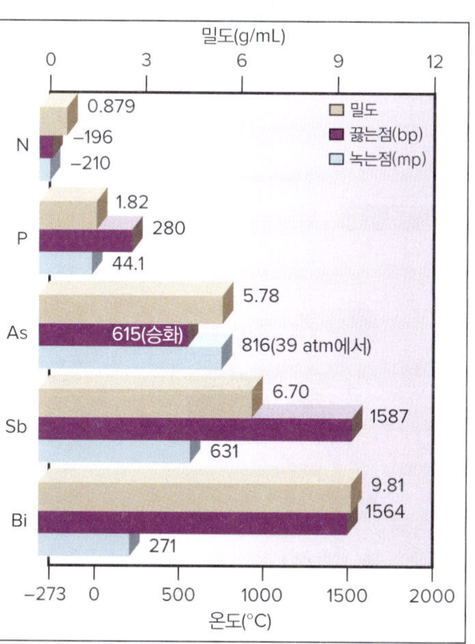

Source: Stephen Frisch/McGraw-Hill EducationGROUP

반응

1. 질소는 Haber 공정에서 산업적으로 "고정"된다.

$$N_2(g) + 3H_2(g) \rightleftharpoons 2NH_3(g)$$

추가적인 반응에 의해 NH_3는 NO, NO_2, HNO_3로 변환된다(*본문 참조*). 족의 다른 원소들의 수소화물은 금속 인화물, 비소화물 등의 물에서의 반응(또는 H_3O^+와의 반응)에서 생성된다.

$$Ca_3P_2(s) + 6H_2O(l) \longrightarrow 2PH_3(g) + 3Ca(OH)_2(aq)$$

2. 할로젠화물은 원소의 직접 반응에 의해 생성된다.

$$2E(s) + 3X_2 \longrightarrow 2EX_3 \qquad \text{(E = N을 제외한 모든 원소)}$$

$$EX_3 + X_2 \longrightarrow EX_5$$ (X = F와 Cl인 경우 E = N과 Bi를 제외한 모든 원소, 단 $BiCl_5$는 없음; X = Br의 경우 E = P)

3. 산소산은 많은 비금속 할로젠화물에서 흔한 물과의 반응을 통해 할로젠화물로부터 생성된다.

$$EX_3 + 3H_2O(l) \longrightarrow H_3EO_3(aq) + 3HX(aq)$$

(E = N을 제외한 모든 원소)

$$EX_5 + 4H_2O(l) \longrightarrow H_3EO_4(aq) + 5HX(aq)$$

(E = N과 Bi를 제외한 모든 원소)

E의 산화수는 변화하지 *않음*에 주목하라.

넓은 범위의 물리적 성질

5A(15)족은 결합과 분자간 힘에서의 큰 변화 때문에 지금까지 보아온 것 중에서 가장 넓은 영역의 물리적 특성을 나타낸다.

- *질소*는 N_2 분자로 이루어진 기체로서 매우 약한 분자간 힘 때문에 실온보다 200°C 이상 밑에서 *끓는다*.
- *인*은 흔히 사면체형 P_4 분자로 고체 상태로 존재한다. P는 N보다 무겁고 보다 편극화되기 쉬워 강한 분산력 때문에 실온보다 25°C 정도 높은 온도에서 녹는다.
- *비소*는 확장된 평면으로 구성된다. 각 As 원자는 판에서 3개의 다른 원자와 결합하고 각 평면은 인접한 평면과 분산력을 나타내어 As는 이 족에서 가장 높은 녹는점을 가지게 된다.
- *안티모니*는 비슷한 공유 결합 그물 구조를 가지고 높은 녹는점을 가진다.
- *비스무트*는 금속 결합을 가지고 따라서 As와 Sb보다 낮은 녹는점을 가진다.

인의 2가지 동소체 인은 성질이 매우 다른 몇 가지 동소체를 가진다. 그 중 중요한 2가지 동소체는 백린과 적린이다.

- *백린*(white phosphorus)은 사면체 분자(그림 14.16A)로 구성되어 있다. 낮은 녹는점과 흰색을 가지고, CS_2와 같은 비극성 용매에 용해되는 밀랍(waxy)같은 고체이다. 각 P 원자는 반만 채워진 3*p* 오비탈을 이용하여 다른 3개 원자와 결합한다. 작은 결합각(60°)을 가져 쉽게 부서질 수 있는 약한 P—P 결합을 가지기 때문에 백린은 매우 반응성이 크다(그림 14.16B).
- *적린*(red phosphorus)은 공기가 없는 상태에서 백린을 가열하면 생성된다. 각 사면체의 P—P 결합 중 하나가 깨어져 이들 3*p* 오비탈이 다른 오비탈과 중첩되어 P_4 단위의 사슬을 형성한다(그림 14.16C). 사슬 때문에 적린은 훨씬 반응성이 적고 높은 녹는점과 불용성을 가진다.

그림 14.16 인의 2가지 동소체.

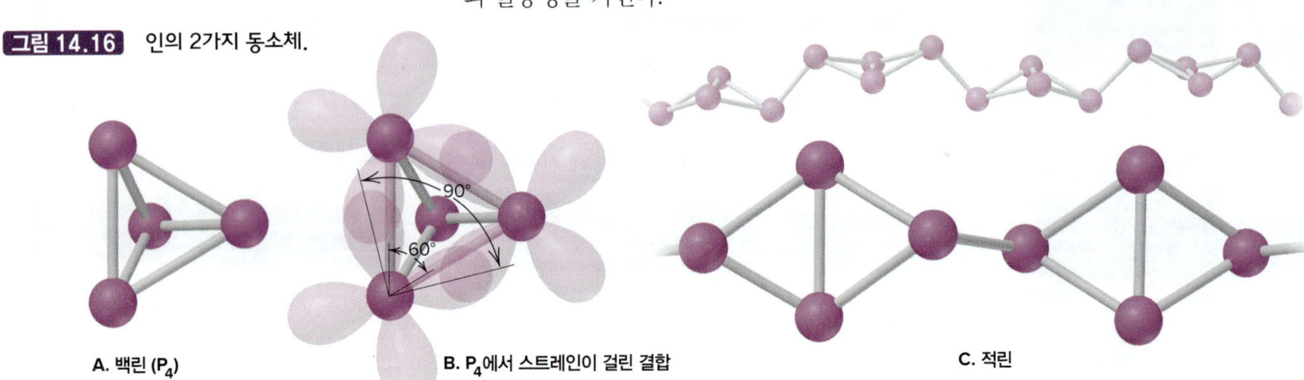

화학적 성질의 경향성

4A(4)족에서 볼 수 있는 경향성 중 많은 것이 비금속성 N에서 금속성 Bi로 변하는 과정에서 나타난다. 거의 모든 5A(15)족 화합물은 *공유 결합*을 가진다. N은 4개 이상의 결합을 형성하지 않지만 다음 3개의 구성원들은 원자가 준위를 확장하고 비어 있는 *d* 오비탈을 이용하여 4개 이상의 결합을 형성할 수 있다.

1. *이온의 형성.* 5A(15) 원소들은 비활성 기체의 전자 배치와 동일한 이온을 형성하려면 3개의 전자를 *얻어야* 하는데, 마지막 2개를 얻는 과정은 흡열 과정이다. 그럼에도 불구하고 이렇게 높은 전하를 가진 음이온이 양이온을 끌어당길 때 커다란 격자 에너지가 방출되어 화합물 형성을 가능하게 한다. 그러나 N의 3− 음이온은 Li_3N과 Mg_3N_2와 같이 매우 활성이 큰 금속과 결합한 화합물에서만 나타난다(그리고 P의 3− 음이온은 $Na_3P \cdot 5H_2O$에서 나타날 수 있음). 금속성 Bi는 대부분 공유 결합을 하지만 BiF_3와 $Bi(NO_3) \cdot 5H_2O$와 같은 몇 개의 화합물에서는 3개의 *p* 원자가 전자를 *잃고* 양이온으로 존재한다.

2. *산화 상태와 산화물의 염기도.* 3A(13)와 4A(14)족에서와 같이 같은 족에서 밑으로 갈수록 낮은 상태가 점차로 지배적이 된다.

- N은 5A(15)족에서 가능한 모든 상태인 +5에서 −3까지를 나타낸다.
- P, As, Sb에서는 +5와 +3만이 흔하고 Bi에서는 +3이 유일한 상태이다.
- 산화물은 원소들의 금속성이 증가함을 반영하여 산성에서 양쪽성을 거쳐 염기성으로 변한다. 추가적으로 낮은 상태의 산화물에서 E—O 결합이 보다 큰 이온성을 반영하여 낮은 상태의 산화물이 높은 상태의 산화물보다 더 염기성이다.

3. *수소화물의 생성.* 모든 원소들은 화학식 EH_3를 가지는 기체 상태의 수소화물을 형성한다. NH_3를 제외하고 다른 수소화물은 반응성과 독성이 매우 크고, 금속 인화물, 비소화물 등과 반응하여 생성되는데, 물 또는 산 수용액에서 강염기로 작용한다. 예를 들면,

$$Ca_3As_2(s) + 6H_2O(l) \longrightarrow 2AsH_3(g) + 3Ca(OH)_2(aq)$$

암모니아는 고압과 적절하게 높은 온도에서 원소들의 직접적 결합을 통해 산업적으로 생산된다.

$$N_2(g) + 3H_2(g) \rightleftharpoons 2NH_3(g)$$

질소는 두 번째 수소화물인 하이드라진 N_2H_4를 형성한다. NH_3와 같이 하이드라진은 약염기이고 항결핵성 의약품, 식물 성장 조절제와 곰팡이 제거제 등을 만드는 데 사용된다.

5A(15)족 수소화물의 분자적 성질은 몇 가지 흥미로운 결합과 구조적 경향성을 나타낸다.

- 매우 작은 몰질량에도 불구하고 NH_3는 *H 결합*의 결과로 다른 5A(15) 수소화물보다 상당히 높은 온도에서 녹고 끓는다(그림 12.15 참조).
- 결합각은 NH_3의 107.3°에서 다른 원소들의 수소화물의 약 90°까지 감소하며 이는 큰 원자들은 혼성화되지 않은 *p* 오비탈을 사용함을 시사한다.
- E—H 결합 길이는 족에서 밑으로 갈수록 증가한다. 따라서 결합력과 열적 안정성은 감소한다. AsH_3는 250°C, SbH_3는 20°C, BiH_3는 −45°C에서 분해된다.

6A(16)족의 수소화물에서도 마찬가지로 가장 작은 원소는 수소 결합, 결합각과 결합 에너지의 변화와 같은 특성을 볼 수 있다.

4. *할로젠화물의 종류와 성질.* 모든 5A(15)족 원소들은 삼할로젠화물(EX_3)을 형성한다. 질소를 제외한 모든 원소들은 오플루오린화물(EF_5)를 형성하지만 적은 수의 오할로젠화물(PCl_5, PBr_5, $AsCl_5$, $SbCl_5$)만이 알려져 있다. 질소는 원자가 준위를 확장할 수 없기 때문에 오할로젠화물을 형성할 수 없다. 대부분의 삼할로젠화물은 직접 결합에 의해 제조된다.

$$P_4(s) + 6Cl_2(g) \longrightarrow 4PCl_3(l)$$

오할로젠화물은 과량의 할로젠과 반응하여 형성된다.

$$PCl_3(l) + Cl_2(g) \longrightarrow PCl_5(s)$$

수소화물과 마찬가지로 할로젠화물의 열적 안정성은 E—X 결합이 길어질수록 감소한다. 할로젠을 바꾸면 이 경향을 쉽게 볼 수 있다. 예를 들면, 할로젠화 질소 중에서 NF_3는 안정하고 반응성이 적은 기체이다. NCl_3는 폭발적이고 물과 빠르게 반응한다. (처음 합성한 화학자는 3개의 손가락과 눈을 잃었다!) NBr_3는 오직 −87°C 이하에서만 만들 수 있다. NI_3는 아직까지 만들어진 적이 없으나 암모니아와 결합한 생성물($NI_3 \cdot NH_3$)은 약간의 충격으로도 폭발한다. 다른 5A(15)족 원소들은 상대적으로 덜 극적인 변화를 보여주지만 할로젠이 커짐에 따라 안정성은 감소한다.

5. *할로젠화물과 물의 반응.* *많은 비금속 할로젠화물의 전형적인* 반응 형태에서 각 5A(15) 할로젠화물은 물과 반응하여 할로젠화 수소와 산소산을 생성한다. 산소산에서 E는 원래 할로젠화물에서와 *같은* 산화수를 가진다. 예를 들면, PX_5(P의 O.N.은 +5)는 HX와 인산(P의 O.N.은 +5)을 생성한다.

$$PCl_5(s) + 4H_2O(l) \longrightarrow H_3PO_4(l) + 5HCl(g)$$

질소 화학의 핵심

질소 화학에서 가장 뚜렷한 핵심은 N_2의 비반응성(inertness)이다. 대기가 거의 8할의 N_2와 2할의 O_2로 구성됨에서도 불구하고 상당한 양의 질소 산화물을 형성하려면 번갯불의 타는 듯한 높은 온도가 필요하다. 실제로 N_2는 비교적 낮은 온도에서는 반응성이 없지만 높은 온도에서 H_2, Li, 2A(2)족 원소들, B, Al, C, Si, Ge와 많은 전이 원소들과 반응한다. 실제로 거의 모든 원소들이 질소와 결합을 형성한다. 이 절에서는 산화물, 산소산과 그 염들에 초점을 맞추게 될 것이다.

질소 산화물 질소는 놀랍게도 6가지의 안정한 산화물을 가지며 N≡N 결합의 매우 큰 결합력(BE = 945 kJ/mol) 때문에 각각은 양의 생성 엔탈피를 가진다. 이들의 구조와 일부 성질을 표 14.3에 나타내었다. 질소의 수소화물과 할로젠화물과는 달리 산화물은 평면 구조를 가진다. 질소는 이 화합물에서 모든 양의 산화 상태를 나타내고 N_2O와 N_2O_3에서 2개의 N 원자들은 다른 산화 상태를 가진다. 3개의 가장 중요한 화합물에 초점을 맞추어 보자.

1. *일산화 이질소*[N_2O; 일명 *아산화 질소*(nitrous oxide)]는 치과의 마취제 "웃음기체(laughing gas)"이고 통에 들어 있는 거품 크림의 추진제이다. 이것은 선형 분자이고, 3개의 공명 구조로 그려지는 전자 구조를 가진다(형식 전하에 주목).

$$\overset{0}{:N}\equiv\overset{+1}{N}-\overset{-1}{\ddot{\underset{..}{O}}}: \longleftrightarrow \overset{-1}{:\underset{..}{N}}=\overset{+1}{N}=\overset{0}{\underset{..}{O}}: \longleftrightarrow \overset{-2}{:\ddot{\underset{..}{N}}}-\overset{+1}{N}\equiv\overset{+1}{O}:$$

가장 중요 가장 덜 중요

표 14.3 | 질소 산화물의 구조와 성질

화학식	화합물명	공간 채움 모형	Lewis 구조	N의 산화 상태	298K에서 ΔH_f° (kJ/mol)	비고
N_2O	일산화 이질소 (산화 이질소; 아산화 질소)		:N≡N—Ö:	+1 (0, +2)	82.0	무색 기체, 치과용 마취제("웃음기체")와 에어로졸 추진제
NO	일산화 질소 (산화 질소; 산화 질소)		:N=O:	+2	90.3	무색, 상자기성 기체; 생화학 전달물질; 공기 오염물질
N_2O_3	삼산화 이질소		O=N—N(=O)—O	+3 (+2, +4)	83.7	적갈색 기체(NO와 NO_2로 가역적으로 분해됨)
NO_2	이산화 질소		O—N=O	+4	33.2	HNO_3 생산과정에서 생성되는 황갈색 상자기성 기체 독성의 공기 오염물질
N_2O_4	사산화 이질소		O₂N—NO₂	+4	9.16	무색에서 황색 액체(NO_2로 가역적으로 분해)
N_2O_5	오산화 이질소		O₂N—O—NO₂	+5	11.3	NO_2^+와 NO_3^-로 구성된 무색이고 휘발성 고체; N_2O_5 분자로 구성된 기체

2. *일산화 질소*[NO; 일명 *산화 질소*(nitric oxide)]는 홀수 전자 분자이며 신경 전달에서 혈류(blood flow)의 제어까지 망라하는 생화학적 기능을 가지고 있다. 11.3절에서 MO 이론을 이용하여 이들의 결합을 설명하였다. 상업적 제조는 질산의 생산 과정에서 암모니아의 산화를 통해 이루어진다.

$$4NH_3(g) + 5O_2(g) \longrightarrow 4NO(g) + 6H_2O(g)$$

또한 자동차 엔진 또는 폭풍우에서 번개에 의해 공기가 높은 온도로 가열될 때 생성된다.

$$N_2(g) + O_2(g) \xrightarrow{\text{높은 } T} 2NO(g)$$

더 가열하면 NO는 2개의 다른 산화물로 변한다.

$$3NO(g) \xrightarrow{\Delta} N_2O(g) + NO_2(g)$$

이러한 산화-환원 반응을 **불균등화 반응**(disproportionation)이라 부른다. 이 반응에서 *한 물질이 산화제와 환원제로 동시에 작용한다*. 따라서 반응물에서 중간적인 산화 상태를 갖는 원자는 생성물에서 더 높고 더 낮은 2가지 산화 상태로 나타난다. NO에서 N의 산화 상태(+2)는 N_2O의 +1과 NO_2에서의 +4의 중간 위치이다.

3. 갈색의 독성 기체인 *이산화 질소*(NO_2)는 NO가 추가적인 산소와 반응할 때 소량 생성된다.

$$2NO(g) + O_2(g) \rightleftharpoons 2NO_2(g)$$

NO와 같이 NO_2는 홀전자 분자이나 홀전자는 N 원자에 보다 편재된다. 따라서 NO_2는 *사산화 이질소*로 가역적으로 이량화된다.

$$O_2N\cdot(g) + \cdot NO_2(g) \rightleftharpoons O_2N{-}NO_2(g) \quad (\text{또는 } N_2O_4)$$

폭풍우는 NO와 NO_2를 형성하고 토양에 전달하여 천연 비료로 작용한다. 그러나 이 물질들은 도시 환경에서 햇빛, 오존(O_3), 미연소 가솔린과 다양한 다른 물질이 참여하는 일련의 반응을 통해 *광화학 스모그*(photochemical smog)(*사진 참조*)를 형성한다.

영국 London 상공의 광화학 스모그.
Source: Gary Parker/Science Source

질소의 산소산과 산소산 음이온 2개의 흔한 질소의 산소산이 있다(그림 14.17).

1. *질산*(HNO_3)은 *Ostwald 공정*으로 생산된다. 이미 살펴본 첫 번째 2단계는 NH_3를 NO로 산화하는 것과 NO를 NO_2로 산화하는 것이다. 마지막 단계는 산화수가 나타내는 것처럼 불균등화 반응이다.

$$3\overset{+4}{N}O_2(g) + H_2O(l) \longrightarrow 2H\overset{+5}{N}O_3(aq) + \overset{+2}{N}O(g)$$

NO는 재활용되어 더 많은 NO_2를 만드는 데 사용된다.

모든 산소산처럼 질산에서 *산성 H는 O원자 중 하나에 연결되어 있다*. 양성자를 잃으면 평면 삼각형 질산 이온이 형성된다(그림 14.17A). 실험실에서 질산은 강한 산화력의 산으로 사용한다. 금속과의 반응 생성물은 금속의 반응성과 산의 농도에 따라 달라진다.

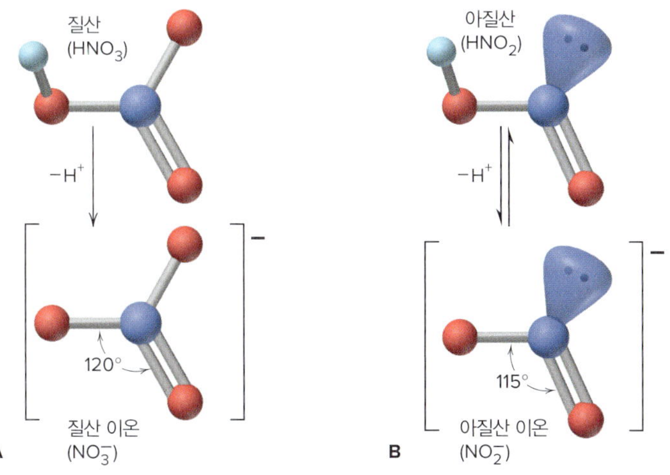

그림 14.17 질산, 아질산 및 이들의 산소산 음이온의 구조.

다음 예에서 *NO_3^- 이온이 산화제*임에 주목하라. 환원되지 않은 질산 이온은 구경꾼 이온이고 알짜 이온 반응식에서는 나타나지 않는다.

- Al과 같은 반응성이 큰 금속과 묽은 산인 경우에서 N은 +5 상태에서 암모늄 이온, NH_4^+의 −3 상태로 한 번에 환원된다.

$$8Al(s) + 30HNO_3(aq;\ 1\ M) \longrightarrow 8Al(NO_3)_3(aq) + 3NH_4NO_3(aq) + 9H_2O(l)$$
$$8Al(s) + 30H^+(aq) + 3NO_3^-(aq) \longrightarrow 8Al^{3+}(aq) + 3NH_4^+(aq) + 9H_2O(l)$$

- Cu와 같은 활성이 크지 않은 금속과 보다 진한 산의 경우에는 N은 환원되어 NO의 +2 상태가 된다.

$$3Cu(s) + 8HNO_3(aq;\ 3\sim6\ M) \longrightarrow 3Cu(NO_3)_2(aq) + 4H_2O(l) + 2NO(g)$$
$$3Cu(s) + 8H^+(aq) + 2NO_3^-(aq) \longrightarrow 3Cu^{2+}(aq) + 4H_2O(l) + 2NO(g)$$

- 보다 진한 산에서 N은 환원되어 NO_2의 +4 상태로만 된다.

$$Cu(s) + 4HNO_3(aq;\ 12\ M) \longrightarrow Cu(NO_3)_2(aq) + 2H_2O(l) + 2NO_2(g)$$
$$Cu(s) + 4H^+(aq) + 2NO_3^-(aq) \longrightarrow Cu^{2+}(aq) + 2H_2O(l) + 2NO_2(g)$$

HNO_3가 금속 또는 금속 수산화물, 산화물 또는 탄산염과 반응할 때 질산염이 생성된다. *모든 질산염은 물에 잘 녹는다.*

2. *아질산*(HNO_2)은 훨씬 약한 산이고 금속 아질산염을 강산으로 처리할 때 생성된다.

$$NaNO_2(aq) + HCl(aq) \longrightarrow HNO_2(aq) + NaCl(aq)$$

이 산은 평면성의 아질산 이온(그림 14.17B)을 형성하며 질소의 고립 전자쌍 때문에 이상적인 120° 결합각에서 115°가 된다.

이 두 산은 *산소산에 있어서 상대적 산의 세기의 일반적 경향*을 보여준다. *중심 비금속에 결합된 O 원자가 많을수록 산의 세기는 강하다.* O 원자는 N 원자로부터 전자 밀도를 끌어 오고 N은 다시 O—H 결합의 O 원자로부터 전자 밀도를 끌어와서 H^+ 이온의 방출을 용이하게 한다. O 원자는 또 음전하를 비편재화함으로써 결과적으로 얻어진 산소산 음이온을 안정화시킨다. 비슷한 형태가 황과 할로젠의 산소산에서도 나타난다. 18장에서 정량적으로 이러한 형태를 다루게 될 것이다.

인 화학의 핵심

질소와 마찬가지로 인은 중요한 산화물(비록 질소처럼 많지는 않지만)과 산소산을 형성한다. 여기서 일부 다른 중요한 인 화합물과 함께 이러한 화합물에 초점을 맞추고자 한다.

인 산화물 인은 중요한 2개의 산화물을 형성한다.

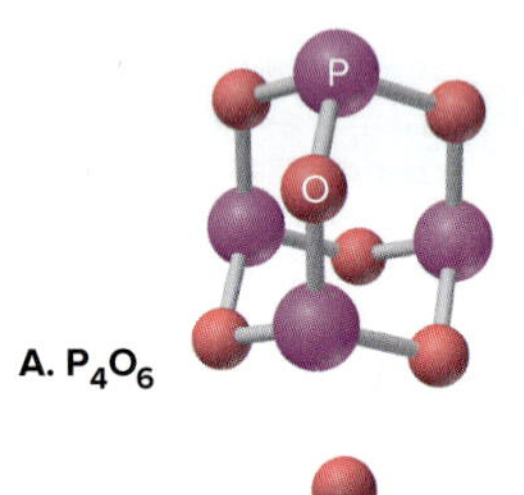

A. P_4O_6

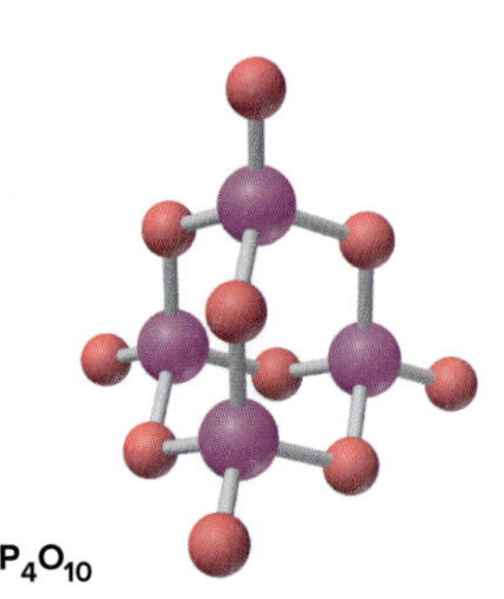

B. P_4O_{10}

그림 14.18 인의 중요한 산화물.

1. *육산화 사인*(tetraphosphorus hexoxide, P_4O_6)은 +3 산화 상태를 가진 P를 가진다. 이것은 P_4가 한정된 산소와 반응할 때 형성된다.

$$P_4(s) + 3O_2(g) \longrightarrow P_4O_6(s)$$

P_4O_6은 P_4와 마찬가지로 P 원자들이 사면체 배향을 가지고 O 원자는 각 P 원자 쌍의 중간에 위치한다(그림 14.18A).

2. *십산화 사인*(Tetraphosphorus decoxide, P_4O_{10})은 +5 산화 상태를 가진 P를 가진다. 흔히 알려진 "오산화 인"은 실험식(P_2O_5)로부터 온 것이고, 이것은 P_4를 과잉의 O_2에서 연소시킬 때 생성된다.

$$P_4(s) + 5O_2(g) \longrightarrow P_4O_{10}(s)$$

이것의 구조는 P_4O_6의 구조와 같지만 또 다른 O 원자가 구석의 4개 P 원자와 결합한 것이다(그림 14.18B). P_4O_{10}은 강력한 건조제이다.

인의 산소산과 산소산 음이온 2개의 흔한 인 산소산은 아인산(phosphorous acid)과 인산(phosphoric acid)이다.

1. *아인산*(phosphorous acid, H_3PO_3)은 P_4O_6이 물과 반응할 때 생성된다.

$$P_4O_6(s) + 6H_2O(l) \longrightarrow 4H_3PO_3(l)$$

화학식 H_3PO_3은 이 산이 산성 H 원자를 단지 2개밖에 가지고 있지 않아 오해를 일으킬 수 있다. 3번째 H는 중심 P와 결합하여 해리하지 않는다. 아인산은 물에서 약산이지만 과잉의 강염기와는 2단계로 완전히 반응한다.

아인산의 염은 수소아인산 이온(HPO_3^{2-})을 가진다.

2. 제조업에서 가장 중요한 화합물 10개 중의 하나인 *인산*(phosphoric acid, H_3PO_4)은 P_4O_{10}이 물과 격렬한 발열 반응에서 생성된다.

$$P_4O_{10}(s) + 6H_2O(l) \longrightarrow 4H_3PO_4(l)$$

많은 수소 결합이 있어 순수 H_3PO_4는 물보다 점성이 75배나 큰 시럽이다. 시약급 진한 산은 질량으로 85% 수용액이고 H_3PO_4는 약한 3개 양성자를 가진 산으로 물에서는 1개의 양성자만 잃게 된다.

$$H_3PO_4(l) + H_2O(l) \rightleftharpoons H_2PO_4^-(aq) + H_3O^+(aq)$$

그러나 과잉의 강염기 내에서 3개의 양성자는 3단계로 완전히 해리되어 3개의 인산 산소산음이온을 생성한다.

인산이수소 이온 인산수소 이온 인산 이온

인산은 비료 생산의 중심적 역할을 하며, 신맛을 위해 청량음료에도 첨가된다. 다양한 인산염은 많은 필수적인 응용에 사용된다. Na_3PO_4는 페인트 제거제이고 기름 제거제이다. K_3PO_4는 합성 고무의 라텍스 수지를 안정화하는 데 사용되고 K_2HPO_4는 라디에이터 부식 방지제이다. 인산 암모늄은 비료와 커텐의 연소 억제제로 사용되며, 인산 칼슘은 베이킹파우더와 치약, 가축의 사료의 광물질 보충제와 비료로 사용된다.

폴리인산염 가열하면 수소인산염은 물을 잃고 *폴리인산염*(polyphosphates)이라 불리는 화합물에서 P—O—P 결합을 형성한다. 결합하는 각 쌍에서 H_2O 한 분자를 잃는 반응을 **탈수-축합 반응**(dehydration-condensation)이라 한다. 이러한 종류의 반응은 합성과 천연 폴리산소산 음이온 사슬과 다른 고분자 구조를 형성하는 데 흔히 일어난다. 예를 들면, 이인산 소듐 $Na_4P_2O_7$은 인산수소 소듐을 가열하여 제조한다.

$$2Na_2HPO_4(s) \xrightarrow{\Delta} Na_4P_2O_7(s) + H_2O(g)$$

이인산 이온 $P_2O_7^{4-}$는 1개의 O 원자를 통해 연결된 2개의 PO_4 단위로 구성된 가장 작은 폴리인산염이다(그림 14.19A). 물과의 반응은 앞의 반응의 역반응으로 열이 발생한다.

$$P_2O_7^{4-}(aq) + H_2O(l) \longrightarrow 2\ HPO_4^{2-}(aq) + 열$$

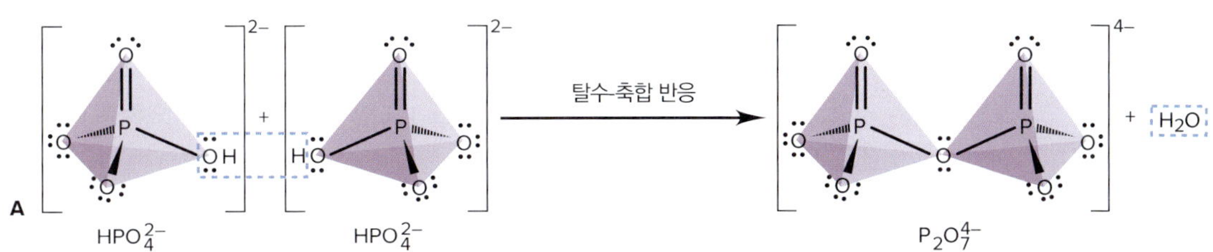

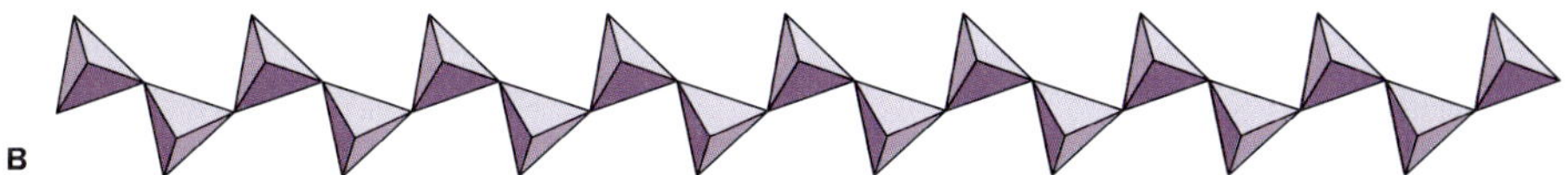

그림 14.19 이인산 이온(A)와 폴리인산 사슬(B).

3번째 PO_4 단위가 이인산과 결합하면 매우 중요한 고에너지 생물분자인 삼인산 아데노신(adenosine triphosphate, ATP)의 일부인 삼인산 작용기를 형성할 때와 비슷한 과정이 유기체에서 필수적인 용도로 사용된다. 20, 21장에서 생물학적 에너지 생산에서 ATP의 중심적 역할에 대해 논의할 것이다. 확장된 폴리인산 사슬은 많은 사면체 PO_4 단위로 구성되어 있고(그림 14.19B), 구조적으로 규산염 사슬과 비슷하다.

황과 질소와 결합한 인 화합물 인은 많은 황화물과 질화물을 형성한다. P_4S_3는 성냥(strike anywhere match) 머리에 사용되고 P_4S_{10}은 말라티온과 같은 유기인계 살충제의 생산에 사용된다. 인과 질소의 화합물은 *폴리포스파젠*(polyphosphazene)이라 하고 유기 실리콘 중합체와 비슷한 성질을 가진다. $-(R_2)P{=}N-$ 단위는 유기 실리콘 중합체 단위, $-(R_2)Si-O-$와 등전자 관계이다. 폴리포스파젠의 판, 필름, 섬유와 거품은 발수제, 연소 억제제, 용매 비반응성과 저온에서의 유연성 때문에 우주선과 극지방 차량의 개스킷과 O-링 용도로 완벽하다.

14.8 6A(16)족: 산소 족

이 족의 첫 두 원소인 기체 비금속 산소(O)와 고체 비금속 황(S)은 산업, 환경과 생물체에서 가장 중요한 원소에 포함된다. 2개의 준금속, 셀레늄(Se)과 텔루륨(Te)이 다음에 나오고 방사성 금속 폴로늄(Po)이 뒤따르며, 마지막으로 2000년에 합성된 리버로륨(Lv)이 나온다. 6A(16)족 특성도가 이 원소들의 특성을 보여준다.

산소 족과 질소 족의 물리적 성질 비교

6A(16)은 5A(15)족과 많은 점에서 닮고 있어 공통적인 점들을 살펴보자. 5A(15)족에서 보았던 물리적 성질의 형태가 다시 나타난다.

- *산소*는 질소와 같이 낮은 끓는점의 이원자 기체로 산출된다.
- *황*은 인과 같이 다원자 분자 고체로 산출된다.
- *셀레늄*은 비소와 같이 회색의 준금속으로 흔히 산출된다.
- *텔루륨*은 안티모니처럼 약간 더 금속성을 가지나 여전히 그물 구조의 공유 결합성을 보인다.
- *폴로늄*(Polonium)은 비스무트와 같이 금속성의 결정 구조를 가진다.

5A(15)족과 같이 전기 전도도는 6A(16)족에서 아래로 갈수록 결합이 비금속 분자(절연체)에서 준금속 그물 구조(반도체)를 거쳐 금속성 고체(도체)로 변함에 따라 꾸준히 증가한다.

산소족의 동소체 5A(15)족보다 6A(16)족에서 동소체가 훨씬 더 흔하다.

1. *산소*. 산소는 2개의 동소체를 가진다. 생명을 주는 이산소(O_2)와 독성이 있는 삼원자 오존(O_3)이다. 이산소는 무색, 무취, 상자기성을 가지고 열적으로 안정하다. 반면 오존은 푸른빛을 띠고 자극성 냄새를 가지고 반자기성이며, 열과 특히 자외선(UV)에 의해 분해된다.

$$2O_3(g) \xrightarrow{\text{UV}} 3O_2(g)$$

고에너지 광자를 흡수하는 능력 때문에 성층권의 오존은 생명체에 필수적이다. 북극과 특히 남극 상공에서 관찰된 오존층의 감소가 의미하는 것은 보다 많은 UV가 지구 표면에 도달한다는 것으로 잠재적으로 위협이 되는 효과를 나타낸다. (16장에서 오존층 파괴의 화학적 원인을 논의할 것이다.)

2. *황*. 황은 수많은 동소체를 가진다. 다른 S 원자와 (사슬을 형성하며) 결합하는 S 원자의 능력은 고리와 사슬을 만들고, 이 중 많은 S—S 결합 길이는 180 pm에서 260 pm에 이르는 S—S 결합 길이와 90°에서 180°에 이르는 결합각을 가진다. 가장 안정한 동소체는 사방 결정 구조(orthorhombic)의 α-S_8으로, *고리형*-S_8(*cyclo*-S_8)이라 불리는 8개의 원자로 이루어진 왕관 모양의 고리로 구성되어 있다(그림 14.20). 다른 모든 S 동소체는 궁

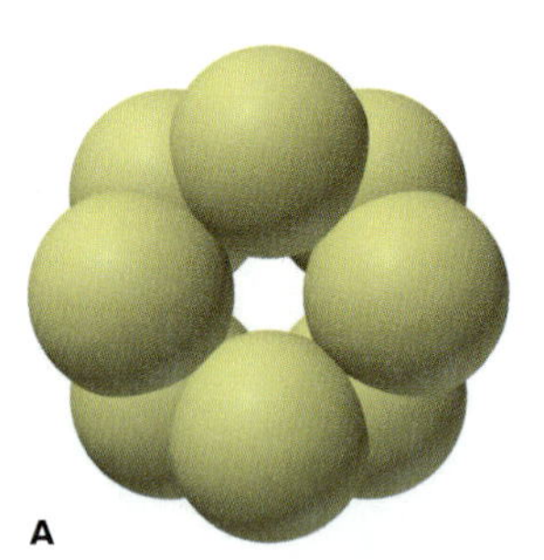

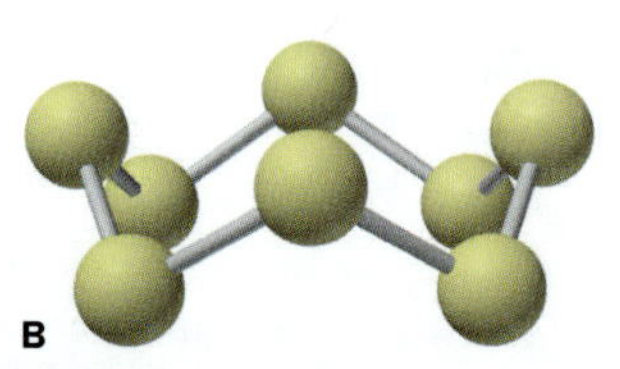

그림 14.20 고리형-S_8 분자. **A.** 위에서 내려다 본 고리형-S_8 분자의 공간 채움 모형 **B.** 옆에서 본 분자의 공-막대 모형. 왕관 모양에 주목하라.

핵심 원자 성질, 물리적 성질과 반응

Source: Stephen Frisch/McGraw-Hill Education

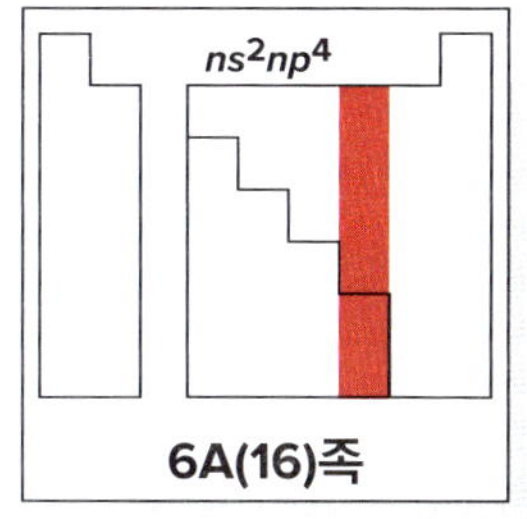

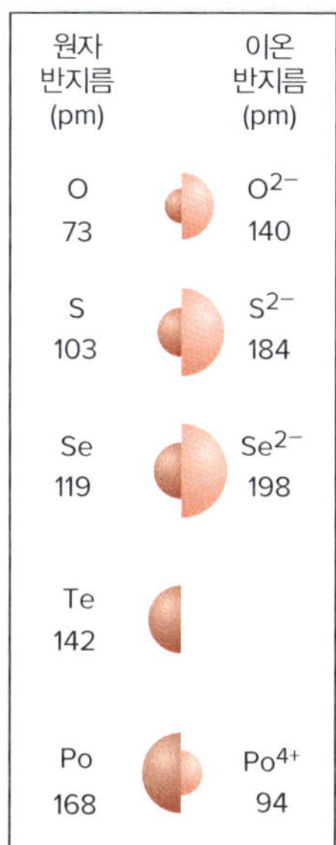

원자 성질

족의 전자 배치는 ns^2np^4이다. 3A(13)과 5A(15)족에서처럼 낮은(+4) 산화 상태는 족의 아래 원소에서 보다 흔해진다. 족에서 밑으로 갈수록 원자 및 이온의 크기는 증가하고 IE와 EN은 감소한다.

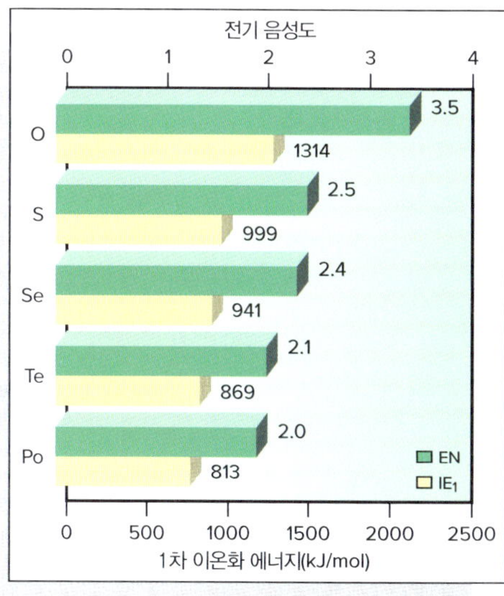

물리적 성질

녹는점은 공유 결합을 가지는 Te까지 증가하며 금속 결합을 가지는 Po에서 감소한다. 고체 상태의 원소들의 밀도는 지속적으로 증가한다.

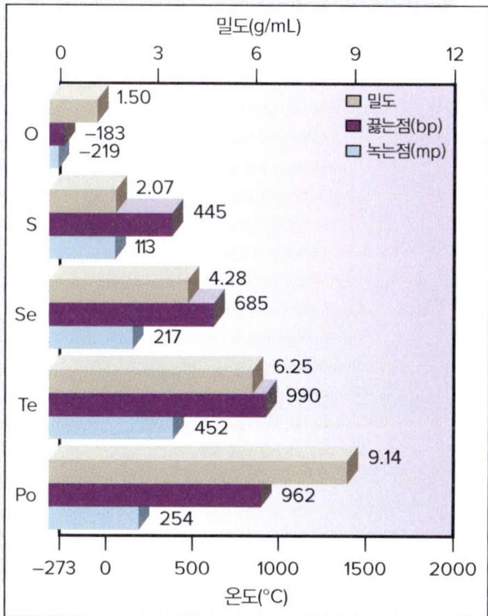

반응

1. 할로젠화물은 직접 반응에 의해 생성된다.

$$E(s) + X_2(g) \longrightarrow \text{다양한 할로젠화물}$$
$$(E = S, Se, Te;\ X = F, Cl)$$

2. 족의 다른 원소들은 O_2에 의해 산화된다.

$$E(s) + O_2(g) \longrightarrow EO_2 \qquad (E = S, Se, Te, Po)$$

SO_2는 더 산화되며 생성물은 H_2SO_4 생산의 마지막 단계에서 사용된다(*본문 참조*).

$$2SO_2(g) + O_2(g) \longrightarrow 2SO_3(g)$$

3. 티오황산 이온은 "하이포(hypo)"(사진 현상액)의 제조와 같이 알칼리 금속 아황산염이 황과 반응할 때 생성된다.

$$2SO_2(g) + O_2(g) \longrightarrow 2SO_3(g)$$

극적으로 이 동소체로 회귀한다.

3. *셀레늄*. 셀레늄도 역시 여러 개의 동소체를 가지고 일부는 왕관 모양의 Se_8 분자들로 구성된다. 회색 Se는 나선형 사슬의 층으로 구성된다. 녹은 유리, 황화 카드뮴, 회색 Se가 섞여져 공기 없이 가열될 때 루비와 같이 붉은 유리가 형성되며, 이것은 교통 신호등에서 아직 사용되고 있다. 빛을 받았을 때 전기를 전도하는 회색 Se의 능력은 복사에서 응용되고 있다. 비정질 Se의 박막을 알루미늄 드럼에 도포하고 정전기적으로 전하를 가지게 한다. 문서에 노출하면 문서의 밝고 어두운 영역에 따라 낮고 높은 양전하의 "영상"을 생성하게 된다. 음으로 하전된 흑색 건조한 잉크(토너) 입자는 낮은 전하의 영역보다 높은 전하의 영역에 더 많이 끌리게 된다. 흑색 입자의 이러한 형태는 정전기적으로 종이로 이전되고 입자는 용매와 열에 의해 종이의 표면에 녹아들게 된다. 과잉의 토너는 Se 박막에서 제거되고 빛에 노출되어 전하는 "지워지게"되며 박막은 다음 쪽 복사를 위해 준비되게 된다.

산소 족과 질소 족의 화학적 성질 비교

6A(16)족 화학적 성질의 경향도 5A(15)족과 비슷하다. O와 S는 N과 P의 경우보다 훨씬 자주 음이온으로 산출되지만 N과 P와 같이 거의 모든 다른 비금속과 공유 결합으로 결합한다. (As와 Sb의 화합물에서와 같이) Se과 Te의 화합물에서도 공유 결합이 나타나고, (Bi와 같이) Po는 일부 염과 같은 화합물에서 금속처럼 거동한다. N과는 다르게 O는 흔한 산화 상태의 수가 적지만 다른 6A(16)족 원소들에서는 5A(15)족의 형태가 되풀이 된다. 즉, +6, +4와 −2 상태가 보다 자주 나타나고, [Sb와 Bi에서 낮은 양의 상태(+3)이 보다 흔한 것처럼] 보다 낮은 양의 상태(+4)가 Te과 Po에서 보다 흔하게 된다.

원자 성질의 범위는 산소의 높은 EN (3.5)와 플루오린에 이은 두 번째로 큰 산화력 때문에 5A(15)족보다 이 족에서 더 광범위하게 된다. 그러나 6A(16)족 다른 구성원은 산소처럼 거의 거동하지는 않는다. 이들은 산소보다 훨씬 전기 음성도가 작고 음이온을 훨씬 덜 형성(S^{2-}는 활성이 큰 금속과 형성)하며 수소화물은 수소 결합을 나타내지 않는다.

수소화물의 종류와 성질 산소는 2개의 수소화물, 즉 물과 과산화수소(H_2O_2)를 형성한다. 둘은 모두 수소 결합 때문에 상대적으로 높은 끓는점과 점성도를 가진다. 과산화물에서 O는 −1의 산화 상태를 가지고 O_2의 0과 산화물의 −2의 중간 값이 된다. 따라서 H_2O_2는 쉽게 불균등화하게 된다.

$$H_2O_2(l) \longrightarrow H_2O(l) + \tfrac{1}{2}O_2(g)$$

가장 흔한 용도가 머리카락 표백과 살균이지만 훨씬 많은 H_2O_2는 종이, 섬유와 가죽의 표백에 사용되고 박테리아를 산화시켜 하수 처리하는 데 사용된다.

다른 6A(16) 원소들은 금속 황화물, 셀레늄화물 등을 산과 처리할 때 고약한 냄새가 나며 유독성인 기체 수소화물(H_2E)를 형성한다. 예를 들면,

$$FeSe(s) + 2HCl(aq) \longrightarrow H_2Se(g) + FeCl_2(aq)$$

황화 수소는 유기물의 분해로부터 습지에서 자연적으로 생성되기도 한다. 이것은 HCN과 마찬가지로 유독하고 더 나쁜 것은 후각 신경을 마취하여 농도가 증가할수록 적게 지각하게 된다! 그리고 다른 수소화물은 100배 *더* 유독하다.

결합과 열적 안정성에서 이러한 6A(16)족 수소화물은 5A(15)족 수소화물과 몇 가지 공통점을 가진다.

- 물과 H_2O_2만이 수소 결합을 형성할 수 있고, 따라서 이 물질들은 다른 H_2E 화합물보다 훨씬 높은 온도에서 녹고 끓게 된다(그림 12.15 참조).
- 결합 각도는 H_2O의 거의 사면체 104.5°에서 보다 큰 6A(16) 원소 수소화물의 90°까지 떨어지며, 이는 중심 원자가 혼성화되지 않은 *p* 오비탈을 이용함을 시사한다.
- E—H 결합 길이는 밑으로 갈수록 증가하며 결합 에너지는 감소한다. 따라서 H_2Te는 0°C 이상에서 분해하고, 방사성 Po의 열 에너지가 H_2Po를 분해하기 때문에 H_2Po는

극저온에서만 제조할 수 있다. 보다 긴(보다 약한) 결합의 또 다른 결과로 6A(16)족 수소화물은 물에서 산이고 산성도는 H_2S에서 H_2Po로 갈수록 증가한다.

할로젠화물의 종류와 성질 O를 제외하고 6A(16)족 원소들은 광범위한 할로젠화물을 형성하고, 이들의 구조와 반응성 형태는 *중심 원자와 주위 할로젠의 크기*에 달려 있다.

- 황은 많은 플루오린화물, 적은 염화물, 1개의 브로민화물을 형성하지만 안정한 아이오딘화물은 없다.
- 중심 원자가 커질수록 할로젠화물은 더 안정하게 된다. 따라서 Se, Te, Po의 사염화물과 사브로민화물은 Te, Po의 사아이오딘화물과 마찬가지로 알려져 있다. 육플루오린화물은 오직 S, Se, Te의 경우만 알려져 있다.

앞에서 살펴본 결합 길이와 결합 세기의 역 관계는 이러한 형태를 설명하지 못한다. 오히려 이것은 중심 6A(16)족 원자 주위의 고립 전자쌍과 할로젠(X) 원자들의 밀집에 의한 전자 반발 효과에 근거를 두고 있다. S에 대해서는 더 큰 X 원자들은 너무 밀집되어 있게 되는데, 이것이 아이오딘화 황이 존재하지 못하는 이유를 설명한다. E의 크기가 증가할수록 그리고 E—X 결합의 길이가 증가하면 고립 전자쌍과 X 원자들은 그리 심하게 크게 밀집되지 않아 안정한 할로젠화물의 수가 많아지게 된다.

산소 화학의 핵심: 산화물 성질의 범위

산소는 지구 표면에서 가장 풍부한 원소로 유리된 원소와 셀 수 없이 많은 산화물, 규산염, 탄산염과 인산염의 형태와 물로 존재한다. 거의 모든 분자 형태의 O_2는 광합성 해초와 다세포 식물에 의해 수십억 년 전에 형성되었고 보기에 단순한 전체 반응식으로 표시된다.

$$nH_2O(l) + nCO_2(g) \xrightarrow{\text{빛}} nO_2(g) + (CH_2O)_n \text{ (탄수화물)}$$

역반응은 연소와 호흡 동안에 일어난다. 이러한 O_2를 생성하고 O_2를 사용하는 과정을 통해 평균적으로 지구상의 $1.5 \times 10^9\ km^3$ 물이 매 200만 년마다 사용되고 새로이 만들어진다!

모든 원소(He, Ne, Ar은 제외)는 적어도 한 개의 산화물을 형성하는데, 그 중 많은 화합물이 직접 결합으로 형성된다. 다양한 스펙트럼의 성질들이 이러한 화합물들을 특징짓는다. CO (bp = −192°C)같은 일부 산화물은 매우 낮은 온도에서 응집하는 기체이다. BeO (mp = 2530°C)와 같은 다른 것은 극단적으로 높은 온도에서 녹는 고체이다. 산화물은 전 영역의 전도도를 보인다. 절연체(MgO), 반도체(NiO), 도체(ReO_3)와 초전도체 ($YBa_2Cu_3O_7$) 등이 있다. 이들은 열적으로 안정(CaO)하기도 하고 불안정(HgO)하기도 하며, 화학적으로 반응성이 크기도 하고(Li_2O) 비활성(Fe_2O_3)이기도 한다.

원소의 산화물을 분류하는 유용한 또 다른 방법은 산-염기 성질에 의한 것이다. 6A(16)족 산화물은 산성도로 예상한 경향을 보여준다. 즉, SO_3[높은 (+6) 산화물]는 가장 산성이고 PoO_2[낮은 (+4) 산화물]은 가장 염기성이다.

황 화학의 핵심

인과 마찬가지로 황은 흔한 2개의 산화물과 2개의 산소산을 형성하는데, 산소산 중 하나는 많은 산업에서 필수적이다. 중요한 금속 황화물도 여러 개 있다.

황 산화물 황은 2개의 중요한 산화물을 형성한다.

1. *이산화 황*(SO_2)은 +4 산화 상태인 S를 가진다. 이것은 무색이고 S, H_2S 또는 금속 황화물을 공기 중에서 연소시킬 때 형성되는 숨이 막히게 하는 기체이다.

$$2H_2S(g) + 3O_2(g) \longrightarrow 2H_2O(g) + 2SO_2(g)$$
$$4FeS_2(s) + 11O_2(g) \longrightarrow 2Fe_2O_3(s) + 8SO_2(g)$$

2. +6 산화 상태인 S를 가지는 *삼산화 황*(SO_3)은 SO_2가 O_2에서 반응할 때 생성된다. 이 매우 느린 반응을 촉진하기 위해서는 촉매(16장)를 사용해야만 한다. 황산을 생산하기 위해 산화 바나듐(V) 촉매를 사용한다.

$$SO_2(g) + \tfrac{1}{2}O_2(g) \xrightarrow{V_2O_5/K_2O \text{ 촉매}} SO_3(g)$$

황 산소산 황은 두 가지 중요한 산소산을 만든다.

1. SO_2를 물에 녹였을 때 생성되는 *아황산*(H_2SO_3)은 안정한 H_2SO_3 분자로 존재하기보다는 수화된 SO_2와 평형을 이루며 존재한다.

$$SO_2(aq) + H_2O(l) \rightleftharpoons [H_2SO_3(aq)] \rightleftharpoons H^+(aq) + HSO_3^-(aq)$$

아황산은 약산이고 2개의 산성 양성자를 가져, 강염기와 아황산수소(중아황산, HSO_3^-)와 아황산(SO_3^{2-}) 이온을 형성한다. SO_3^{2-}의 S는 +4 상태이고 쉽게 +6 상태로 산화되어 아황산 이온은 좋은 환원제이고, 공기 산화로 생길 수 있는 원하지 않는 생성물을 제거하여 음식물과 술을 보존한다.

2. *황산*(H_2SO_4)은 SO_2를 SO_3로 촉매로 산화시키고 이것을 진한 H_2SO_4에 흡수시킨 후 다시 H_2O로 처리할 때 생성된다.

$$SO_3(\text{진한 } H_2SO_4) + H_2O(l) \rightarrow H_2SO_4(l)$$

미국에서만 매년 6000만 톤 이상이 생산되어 H_2SO_4은 모든 산업 화학 물질 중 첫 번째를 차지한다. 이것은 비료, 금속, 안료와 섬유 가공, 비누와 세제 제조 등의 생산에서 필수적이다.

진한 시약급 황산은 점성이 크고 무색이며 질량으로 98% H_2SO_4이다. H_2SO_4는 다른 강산처럼 물에서 완전히 해리되어 매우 약한 산인 황산수소(또는 중황산) 이온을 형성한다.

$$H_2SO_4 \xrightarrow{-H^+} [HSO_4]^- \underset{}{\overset{-H^+}{\rightleftharpoons}} [SO_4]^{2-}$$

황산수소 이온 황산 이온

대부분 흔한 황산수소염과 황산염은 수용성이지만 큰 2A(2)족 원소(Ca^{2+}, Sr^{2+}, Ba^{2+}, Ra^{2+}), Ag^+, Pb^{2+}의 염은 그렇지 않다.

진한 황산은 우수한 탈수제이다. 황산의 느슨하게 붙어 있는 양성자는 큰 발열 반응으로 물로 이전되어 하이드로늄(H_3O^+) 이온을 형성한다. 이 과정은 반응하는 물질이 유리된 물을 가지고 있지 않을 때도 일어날 수 있다. 예를 들면, H_2SO_4는 나무, 자연 섬유와 식탁의 설탕, $(CH_2O)_n$과 같은 많은 유기 물질을 분자 구조에서 물의 성분을 제거하고 탄소류의 물체만 남기는 형태로 탈수한다(그림 14.21).

그림 14.21 황산에 의한 설탕의 탈수.

Source: Stephen Frisch/McGraw-Hill Education

산성비가 될 황 산화물들을 배출하는 공장.

Source: Glow Images

황산은 산성비의 한 성분이다. 막대한 양의 SO_2가 석탄을 사용하는 발전소, 석유 정유공장과 금속 광석 용광로로부터 방출되고 있다(*사진 참조*). H_2O와 접촉하면 이 SO_2와 산화 생성물 SO_3는 대기 중에서 H_2SO_3와 H_2SO_4를 형성하고 비, 눈, 먼지와 함께 동물, 식물, 건물과 호수로 떨어지게 된다(19장 **환경 과학과 화학** 참조).

금속 황화물 많은 금속들은 S와 직접 결합하여 *금속 황화물*을 형성한다. 황화물 광석은 구리, 아연 및 은과 같은 많은 금속을 추출하기 위해 채굴된다. 1A(1)과 2A(2)족 황화물을 제외하고 대부분 금속 황화물은 개별적인 S^{2-} 이온을 가지지 않는다. 크로뮴, 철과 니켈과 같은 일부 전이 금속은 S와 공유 결합성, 합금과 유사한 $Cr_{0.88}S$, $Fe_{0.86}S$와 같은 비양론적 화합물을 형성한다. 일부 중요한 광물은 S^{2-} 이온을 가진다. 황철석 또는 "바보 금(fool's gold)"(FeS_2)이 예이다.

14.9 7A(17)족: 할로젠

굉장한 반응성을 갖는, 마지막 원소인 할로젠은 모든 원소들 중에서 가장 강력하게 전자를 포획하는 플루오린(F)으로 시작한다. 염소(Cl, 산업적으로는 가장 중요한 할로젠), 브로민(Br)과 아이오딘(I)은 대부분의 원소들과 화합물을 형성하고, 희귀한 방사성 아스타틴(At)조차 반응성이 크다. 테네신(Ts, 2010년에 처음 합성)에 대해서는 거의 알려진 것이 없다. 이 족의 핵심 특성은 7A(17)족 특성도에 제시되어 있다.

할로젠의 물리적 성질

할로젠의 물리적 성질은 몰질량의 증가를 바탕으로 예측 가능한 규칙적 변화 경향을 나타낸다. 7A(17)족을 내려가면서 녹는점, 끓는점, 녹음열과 기화열은 *증가한다*. 할로젠은 분산력으로 상호 영향을 미치는 이원자 분자로 존재하고, 분산력의 강도는 원자가 커질수록 그리고 쉽게 편극화될수록 *증가한다*. 색깔도 몰질량이 증가함에 따라 어두워진다. F_2는 흐린 노란색 기체이고, Cl_2는 황록색 기체, Br_2는 짙은 주황색 액체이며, I_2는 검보라색 고체이다.

할로젠이 반응성이 큰 이유

7A(17)족 원소들은 대부분의 금속과 비금속과 반응하여 많은 이온 및 공유 화합물들, 즉 금속과 비금속의 할로젠화물, 산화 할로젠과 할로젠화 산소산을 형성한다. 할로젠 반응성의 주요 이유는 전자 배치가 비활성 기체의 전자 배치와 전자 1개 차이라는 알칼리 금속 반응성의 이유와 동일하다. 채워진 외각 껍질을 달성하기 위해 1A(1)족 금속 원자는 1개의 전자를 잃어야 하지만 *7A(17)족 비금속 원자는 외각 껍질을 채우기 위해 1개의 전자를 얻어야 한다*. 이 원자는 2가지 방법 중 하나로 채우는 것을 달성한다.

1. 금속 원자로부터 전자를 받아 음이온을 형성하고 양의 금속 이온과 이온 결합을 형성한다.
2. 비금속 원자와 전자쌍을 공유하여 공유 결합을 형성한다.

전기 음성도와 결합 성질 할로젠은 다른 어떤 족보다 가장 큰 범위의 전기 음성도를 나타내지만 모든 원소들은 비금속으로 거동하는 데 충분하게 전기 음성도가 크다. 족에서 밑으로 갈수록 감소하는 반응성은 전기 음성도가 감소하는 것을 반영한다. F_2는 가장 반응성이 크고 I_2는 가장 반응성이 작다. 원소 F_2의 독보적인 반응성은 F—F 결합의 약함과 관련이 있다. 비록 결합 에너지가 족에서 밑으로 갈수록 원자 크기가 증가함에 따라 감소하지만(그림 14.22), F_2는 이러한 경향에서 벗어나 있다. 짧은 F—F 결합은 각자의 작은 F 원자의 고립 전자쌍이 다른 원자의 전자쌍을 밀기 때문에 예상보다 약하다. 이러한 인자들의 결과로 F_2는 거의 모든 원소(He, Ne, Ar은 예외)와 반응하고 많은 경우 폭발적이다.

산화-환원 성질 할로젠은 대부분의 반응에서 *산화제*로 작용하고, 족에서 위에 있는 할로젠은 아래에 있는 할로젠화물을 산화시킬 수 있다.

$$F_2(g) + 2X^-(aq) \longrightarrow 2F^-(aq) + X^2(aq) \quad (X = Cl, Br, I)$$

따라서 X_2의 산화력은 족에서 *위로* 올라갈수록 증가한다. EN이 증가할수록 각 X 원자는 전자를 더 강하게 끌어당긴다. 비슷하게 X^-의 환원력은 족에서 *아래로* 갈수록 증가한다.

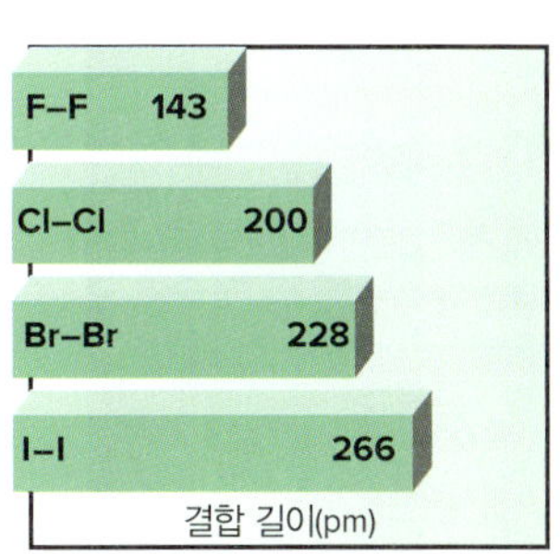

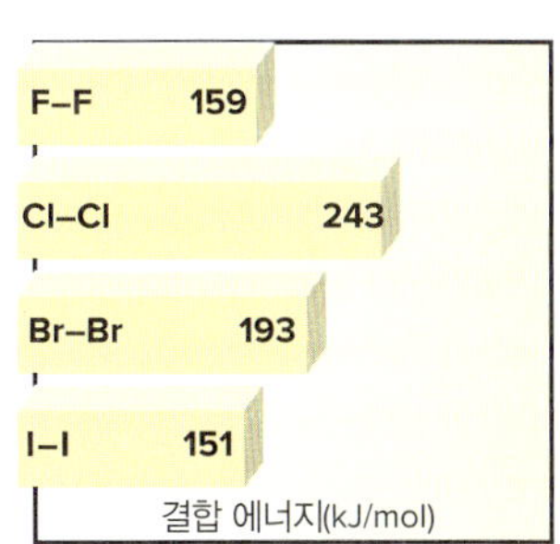

그림 14.22 할로젠의 결합 에너지와 결합 길이.

7A(17): 할로젠

핵심 원자 성질, 물리적 성질과 반응

Source: Stephen Frisch/McGraw-Hill Education

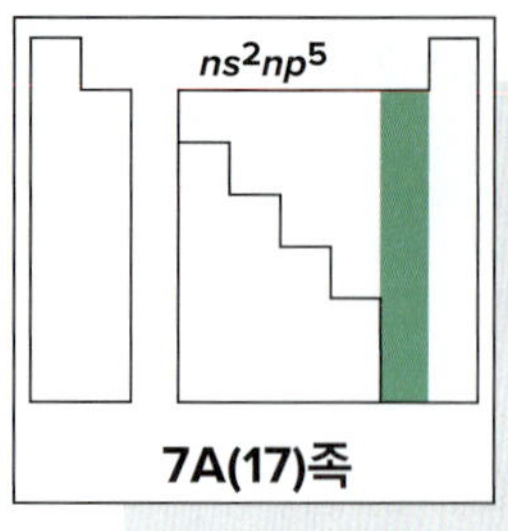

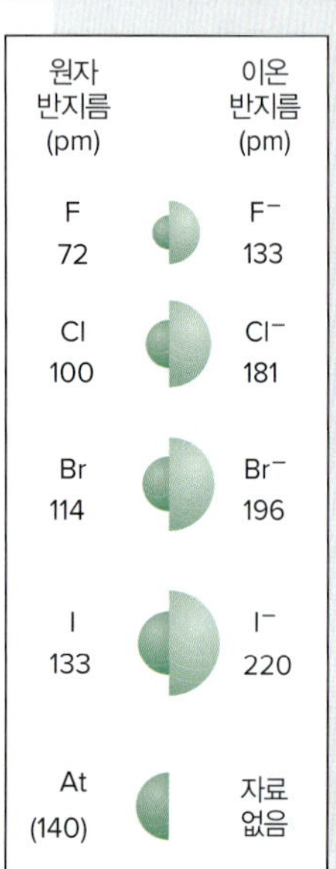

원자 성질

족의 전자 배치는 ns^2np^5이다. 원소들은 최외각 껍질을 완성하는 데 전자 하나가 부족하다. −1 산화 상태는 모든 원소들에서 가장 흔하다. F를 제외하고 할로젠은 모든 홀수 산화 상태(+7에서 −1까지)를 나타낸다. 족에서 밑으로 갈수록 원자 및 이온 크기는 지속적으로 증가하고 IE와 EN은 감소한다.

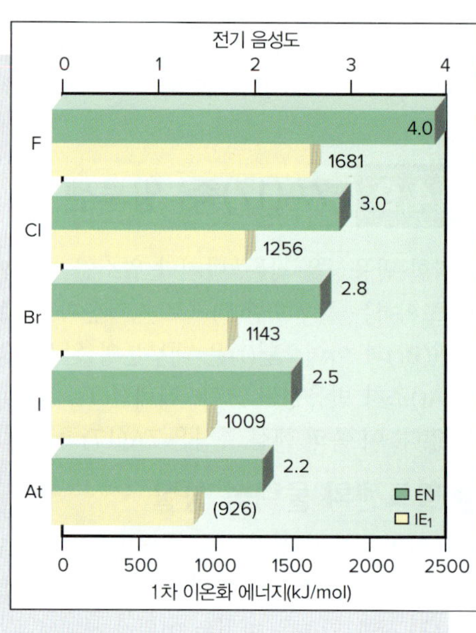

물리적 성질

족에서 밑으로 갈수록 녹는점과 끓는점은 보다 큰 분자간의 더 강한 분산력의 결과로 지속적으로 증가한다. 원소들의 (주어진 *T*에서의) 액체 상태 밀도는 몰질량의 증가에 따라 지속적으로 증가한다.

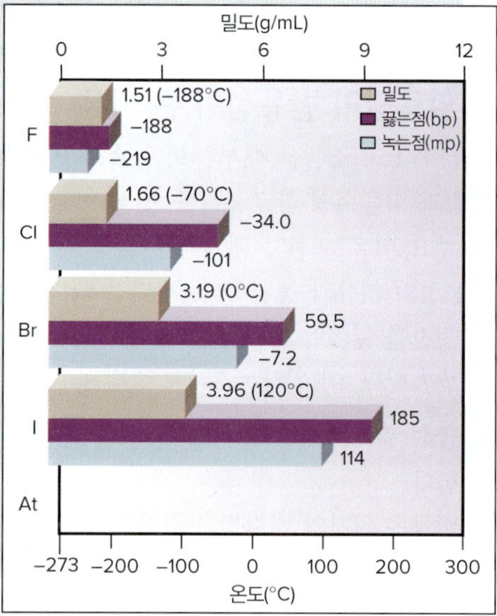

반응

1. 할로젠(X_2)은 많은 금속과 비금속을 산화시킨다. 비록 HX 상업적 생산에는 사용되지 않아도(고순도 HCl은 예외) 수소와의 반응은 이 강한 산화제들의 특성이다.

$$X_2 + H_2(g) \longrightarrow 2HX(g)$$

2. 할로젠은 물에서 불균등화 반응을 한다.

$$X_2 + H_2O(l) \rightleftharpoons HX(aq) + HXO(aq) \qquad (X = Cl, Br, I)$$

염기 수용액에서 반응은 하이포아할로젠산을 형성하면서 완결되며, 보다 높은 온도에서는 할로젠산을 형성한다. 예를 들면,

$$3Cl_2(g) + 6OH^-(aq) \xrightarrow{\Delta} ClO_3^-(aq) + 5Cl^-(aq) + 3H_2O(l)$$

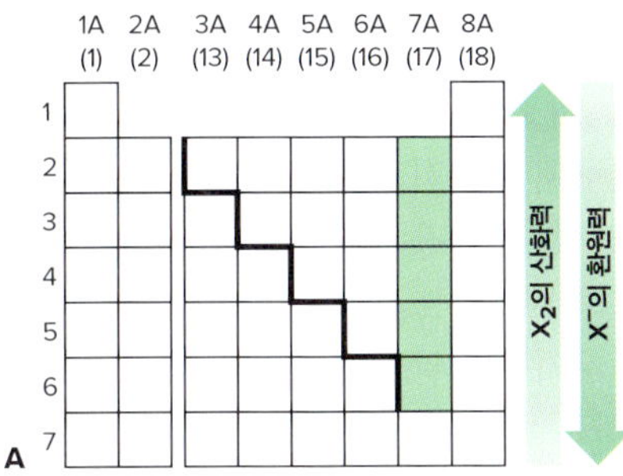

그림 14.23 할로젠의 상대적 산화력.

Source: B: Stephen Frisch/McGraw-Hill Education

이온이 클수록 전자를 보다 쉽게 포기한다(그림 14.23A). Cl_2 수용액을 I^- 용액에 더하면 (그림 14.23B, *위층*) I^-를 I_2로 산화시키고 이것이 CCl_4 용매(*아래층*)에 녹아 보라색 용액을 만든다.

할로젠은 일부 중요한 산화-환원 화학에 참여한다. 플루오린은 물과 격렬하게 반응하는 매우 강력한 산화제이므로 O를 산화시켜 O_2를 생성하고 일부는 O_3와 HFO(하이포아플루오린산, hypoflurous acid)를 생성한다. 다른 할로젠은 불균등화 반응에 참여한다(산화수에 주목하라).

$$\overset{0}{X_2} + H_2O(l) \rightleftharpoons \overset{-1}{H X}(aq) + \overset{+1}{H X O}(aq) \qquad (X = Cl, Br, I)$$

평형에서 과잉의 OH^- 이온을 더하지 않으면 이 이온이 HX, HXO와 반응하여 반응을 완결시키기 때문에 매우 작은 양의 생성물만이 존재한다.

$$X_2 + 2OH^-(aq) \longrightarrow X^-(aq) + XO^-(aq) + H_2O(l)$$

만약 X가 Cl이면, 생성 혼합물은 표백제로 작용한다. 가정용 표백제는 묽은 하이포아염소산 소듐(NaClO) 용액이다. 가열하면 XO^-가 불균등화하여 높은 산화 상태의 X를 가진 산소산 음이온을 만든다.

$$3\overset{+1}{X}O^-(aq) \xrightarrow{\Delta} 2\overset{-1}{X}{}^-(aq) + \overset{+5}{X}O_3^-(aq)$$

할로젠 화학의 핵심

이제 할로젠이 수소, 다른 할로젠과 형성한 화합물과 산화물 및 산소산 음이온과 산소산을 조사해 보자.

할로젠화 수소 할로젠은 H_2와 직접 결합하거나 금속 할로젠화물과 진한 산의 작용(HBr과 HI는 비산화성 산을 사용)을 통해 기체 상태의 할로젠화 수소(HX)를 생성한다.

$$CaF_2(s) + H_2SO_4(l) \longrightarrow CaSO_4(s) + 2HF(g)$$
$$3NaBr(s) + H_3PO_4(l) \longrightarrow Na_3PO_4(s) + 3HBr(g)$$

상업적으로 대부분 HCl은 플라스틱 생산용 탄화수소의 염소화 반응의 부산물로 생성된다.

$$CH_2{=}CH_2(g) + Cl_2(g) \longrightarrow ClCH_2CH_2Cl(l) \xrightarrow{500°C} \underset{\text{염화 바이닐}}{CH_2{=}CHCl(g)} + HCl(g)$$

이 경우 개별적인 공정에서 염화 바이닐은 반응하여 배관 및 다른 용도의 파이프를 제조하는 데 많이 사용하는 폴리(염화바이닐)[poly(vinyl chloride)], 즉 PVC를 생성한다.

물에서 기체 HX 분자는 *할로젠화수소산*을 형성한다. HF만이 상대적으로 짧고 강한 결합 때문에 약산을 형성한다.

$$HF(g) + H_2O(l) \rightleftharpoons H_3O^+(aq) + F^-(aq)$$

HF는 알루미늄 제조용 cryolite(Na_3AlF_6), 냉장용 fluorocarbon, 물의 플루오린화용 NaF 제조를 포함하여 많은 용도로 사용된다. HF는 핵연료 가공과 유리 에칭에도 사용된다.

다른 할로젠화수소산은 강산이고 양론 양만큼의 H_3O^+ 이온을 형성하면서 완전히 해리된다.

$$HBr(g) + H_2O(l) \longrightarrow H_3O^+(aq) + Br^-(aq)$$

(이 반응과 유사한 반응을 4장에서 보았다. 이 반응에서 산에서 H_2O로 양성자의 이동을 포함하고 *Brønsted-Lowry 산-염기 반응*으로 분류하였다. 18장에서 이 반응을 자세하게 논의하고 보다 큰 HX 분자의 결합 길이와 산성도와의 관계를 조사할 것이다.)

흔한 실험실 시약인 HCl은 붙어 있는 산화물을 제거하기 위해 철을 산 세척(pickling)하는 데 사용하고, 시럽, 레이온과 플라스틱을 생산하는 데 사용한다. HCl(*aq*)은 포유동물의 위액에서 자연적으로 만들어진다.

할로젠간 화합물: 할로젠화 할로젠 할로젠은 다른 할로젠과 발열적으로 반응하여 많은 **할로젠간 화합물**(interhalogen compound)을 형성한다. 가장 간단한 것은 ClF, BrCl과 같은 이원자 분자이다. 4개의 흔한 할로젠 간의 모든 이성분 조합이 알려져 있다. 보다 전기 음성도가 큰 할로젠은 −1 산화 상태에 있고, 전기 음성도가 작은 것은 +1 상태에 있다. 일반식 XY_n (n = 3, 5, 7)의 할로젠 간 화합물은 원소들 사이의 직접 반응을 포함한 다양한 반응을 통해 생성된다. 모든 경우에서 중심 원자는 보다 낮은 *전기 음성도*를 가지고 양의 산화 상태를 가진다.

일부 할로젠 간 화합물은 나무와 석면까지 포함하는 금속, 비금속, 산화물과 반응하는 강력한 *플루오린화 시약*으로 상업적으로 사용된다.

$$Sn(s) + ClF_3(l) \longrightarrow SnF_2(s) + ClF(g)$$

$$P_4(s) + 5ClF_3(l) \longrightarrow 4PF_3(g) + 3ClF(g) + Cl_2(g)$$

$$2B_2O_3(s) + 4BrF_3(l) \longrightarrow 4BF_3(g) + 2Br_2(l) + 3O_2(g)$$

이들과 물과의 반응은 거의 폭발적이고 HF와 *중심 할로젠이 동일한 산화 상태에 있는 산소산*을 생성한다. 예를 들면,

$$3H_2O(l) + \overset{+5}{Br}F_5(l) \longrightarrow 5HF(g) + H\overset{+5}{Br}O_3(aq)$$

산화 상태의 홀수성과 짝수성 *거의 모든 안정한 분자는* 결합 또는 고립된 *쌍을 이룬 전자를 가진다. 따라서 결합이 형성 또는 깨어질 때 2개의 전자가 관여되고 따라서 산화 상태는 2만큼 변화한다*. 이러한 이유로 홀수 족은 홀수 산화 상태를, 짝수 족은 짝수 산화 상태를 나타낸다.

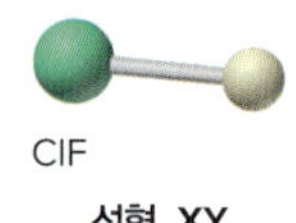

선형, XY

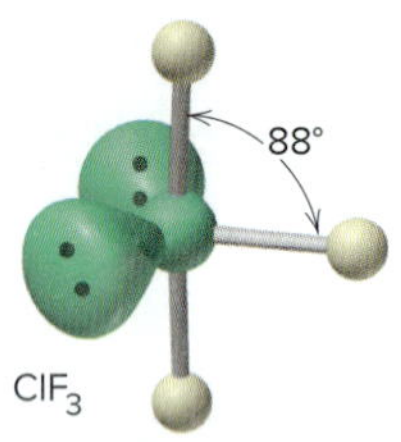

T자 형, XY_3

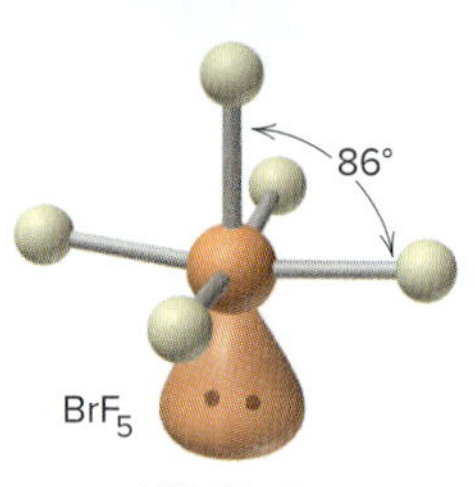

사각 뿔, XY_5

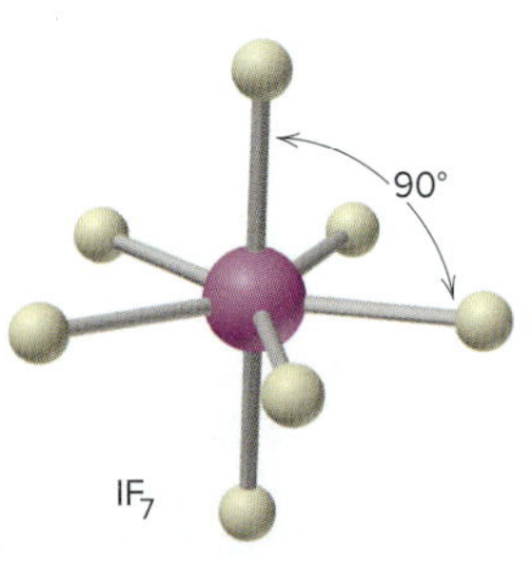

오각 쌍뿔, XY_7

그림 14.24 할로젠간 화합물의 주요 유형의 분자 구조.

1. 홀수 산화 상태. 할로젠 사이 화합물을 고려해 보자. 4개의 일반식은 XY, XY_3, XY_5, XY_7이고 예는 그림 14.24에 도시되어 있다. Y가 −1 상태이면 X는 각각 +1, +3, +5, +7 상태가 되어야 한다. −1 상태는 Y가 원자가 준위를 채울 때 나타난다. +7 상태는 중심 원자(X)가 완전히 산화되어, 즉 모든 7개 원자가 전자가 이 원소에서 이 원소를 둘러싼 보다 큰 전기 음성도의 Y로 이동될 때 나타난다.

산화 상태가 왜 2 단위를 뛰게 되는지를 알아보기 위해 플루오린화 아이오딘을 조사해 보자. I_2가 F_2와 반응할 때 IF가 형성된다(I의 산화수에 주목하라).

$$I_2 + F_2 \longrightarrow 2\overset{+1}{I}F$$

IF_3에서 I는 *2개*의 추가적인 결합을 형성하기 위해 추가적으로 *2개*의 원자가 전자를 사용한다.

$$\overset{+1}{I}F + F_2 \longrightarrow \overset{+3}{I}F_3$$

그렇지 않으면 2개의 플루오린을 가진 불안정한 홀전자 화학종이 형성될 것이다. IF_3가 보다 많은 플루오린과 반응할 때 2단위의 추가적인 증가가 일어나고 오플루오린화물이 생성된다.

$$\overset{+3}{I}F_3 + F_2 \longrightarrow \overset{+5}{I}F_5$$

더 많은 플루오린과 반응하면 칠플루오린화물이 생성된다.

$$\overset{+5}{\mathrm{IF_5}} + \mathrm{F_2} \longrightarrow \overset{+7}{\mathrm{IF_7}}$$

2. *짝수 산화 상태.* 6A(6)족의 황같이 짝수 족의 원소는 화합물에서 짝수 전자를 가지려는 경향이 있다. 원소 황(산화수, O.N. = 0)은 껍질을 완성하기 위해 2개의 전자를 얻거나 공유하게 된다(O.N. = −2). 예를 들면, 이것은 2개의 전자를 이용하여 플루오린과 반응하여 SF_2 (O.N. = +2)를 형성하고, 2개의 추가 전자를 이용하여 SF_4 (O.N. = +4), 2개의 추가 전자를 이용하여 SF_6 (O.N. = +6)를 형성한다.

따라서 짝수 상태를 가진 원소는 전형적으로 모두 짝수 상태를 가지고 홀수 상태를 가진 원소는 전형적으로 모두 홀수 상태를 가진다. 주요 내용을 다시 말하면, *안정한 분자는 원자 주위에 전자를 쌍으로 가지기 때문에 연속적인 산화 상태는 2단위만큼 다르다.*

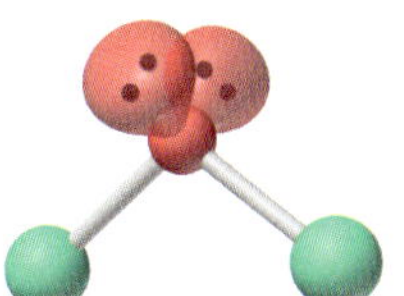
일산화 이염소(Cl_2O)

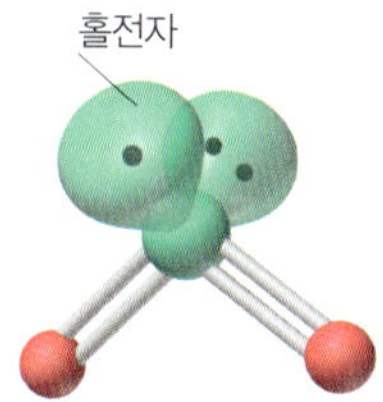

이산화 염소(ClO_2)

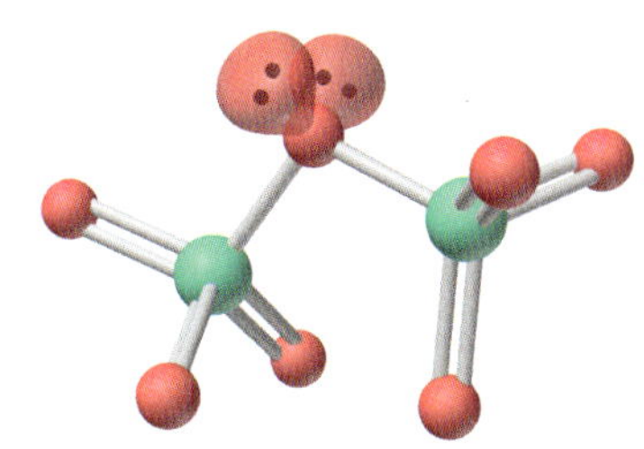
칠산화 이염소(Cl_2O_7)

그림 14.25 **염소 산화물.** 구조는 각각 최소 형식 전하를 가진 Cl 원자를 보여준다.

할로젠 산화물, 산소산과 산소산 음이온 7A(17)족 원소는 *강력한 산화제이며 물에서 산(acid)*인 많은 산화물을 형성한다. 일산화 이염소(Cl_2O)와 특히 이산화 일염소(ClO_2)는 종이를 표백(그림 14.25)하는 데 사용한다. ClO_2는 열과 충격에 불안정하여 사용 장소에서 제조하며, 연간 100,000톤 이상이 사용된다.

$$2\mathrm{NaClO_3}(s) + \mathrm{SO_2}(g) + \mathrm{H_2SO_4}(aq) \longrightarrow 2\mathrm{ClO_2}(g) + 2\mathrm{NaHSO_4}(aq)$$

이산화물은 비공유 전자를 가지며 Cl은 흔하지 않은 +4 산화 상태를 가진다.

칠산화 이염소(Cl_2O_7)에서 염소는 최대(+7) 산화 상태에 있으며, 2개의 $HClO_4$ (HO—ClO_3) 분자가 탈수-축합 반응을 수행하여 형성된 대칭적인 분자이다.

$$\mathrm{O_3Cl{-}O}\boxed{\mathrm{H + HO}}\mathrm{{-}ClO_3} \longrightarrow \mathrm{O_3Cl{-}O{-}ClO_3}(l) + \mathrm{H_2O}(l)$$

할로젠 산소산과 산소산 음이온은 물에서 할로젠과 산화물의 반응에 의해 생성된다. 대부분 산소산은 용액에서만 안정하다. 표 14.4에 각 원자가 최소 형식 전하를 가지는 공-막대 모형이 있다. H가 O와 결합된 것을 강조한 화학식에 주목하라. 하이포아할로젠산 이온(XO^-), 아할로젠산 이온(XO_2^-)과 할로젠산 이온(XO_3^-)는 수용액에서 불균등화 반응으로 생성된 산화제이다[7A(17)족 특성도, 반응 2를 참조]. 실험실에서 고체 알칼리 염소산염을 가열하면 적은 양의 O_2를 형성한다.

$$2\mathrm{MClO_3}(s) \xrightarrow{\Delta} 2\mathrm{MCl}(s) + 3\mathrm{O_2}(g)$$

염소산 포타슘은 "안전" 성냥의 산화제이다.

일부 과할로젠산 이온(XO_4^-)도 강력한 산화제이다. 수천 톤의 과염소산염이 매년 폭

표 14.4 | 할로젠 산소산*

중심 원자	하이포아할로젠산 (HOX)	아할로젠산 (HOXO)	할로젠산 ($HOXO_2$)	과할로젠산 ($HOXO_3$)
플루오린	HOF	—	—	—
염소	HOCl	HOClO	$HOClO_2$	$HOClO_3$
브로민	HOBr	HOBrO	$HOBrO_2$	$HOBrO_3$
아이오딘	HOI	—	$HOIO_2$	$HOIO_3$, $(HO)_5IO$
산소산 음이온	하이포아할로젠산 이온	아할로젠산 이온	할로젠산 이온	과할로젠산 이온

*고립 전자쌍은 할로젠 원자에만 표시하였고, 각 원자는 최소 형식 전하를 갖는다.

발물과 불꽃놀이용으로 사용하기 위해 제조된다. 과염소산 소듐으로부터 제조된 과염소산 암모늄은 우주 왕복선의 고체 추진 로켓에서 알루미늄 가루를 산화시키는 산화제이다. 한 번 발사에 700톤 이상의 NH_4ClO_4가 사용되었다.

$$10Al(s) + 6NH_4ClO_4(s) \longrightarrow 4Al_2O_3(s) + 12H_2O(g) + 3N_2(g) + 2AlCl_3(g)$$

할로젠 산소산의 상대적 세기는 2가지 인자에 의존한다.

1. *할로젠의 전기 음성도.* 할로젠산, HXO_3(또는 $HOXO_2$)와 같은 동일한 산화 상태의 할로젠을 가진 산소산 중에서 산의 세기는 할로젠의 EN이 감소함에 따라 감소한다.

$$HOClO_2 > HOBrO_2 > HOIO_2$$

할로젠이 더 큰 전기 음성도를 가질수록 O—H 결합에서 더 많은 전자 밀도를 제거하여 양성자를 보다 쉽게 잃게 된다.

2. *할로젠의 산화 상태.* 염소와 같이 주어진 할로젠의 산소산 중에서 산의 세기는 할로젠의 산화 상태가 감소할수록 감소한다.

$$HOClO_3 > HOClO_2 > HOClO > HOCl$$

할로젠의 산화 상태(연결된 O 원자 수)가 높을수록 O—H 결합으로부터 더 많은 전자 밀도를 끌게 된다. 18장에서 이러한 경향성을 정량적으로 고려하게 될 것이다.

14.10 8A(18)족: 비활성 기체

마지막 주족은 너무 "활성이 없어(noble)" 다른 원소들과 반응하지 않는 개별적 원자들로 구성되어 있다. 8A(18)족 원소들은 규칙적 경향을 따라 변하는 물리적 성질과 매우 낮은 반응성을 나타낸다. 이 족은 다음 원소들로 구성되어 있다. 우주에서 2번째로 풍부한 원소인 헬륨(He), 네온(Ne), 아르곤(Ar), 크립톤(Kr), 제논(Xe)과 화합물이 잘 연구된 유일한 구성원인 방사성 원소 라돈(Rn), 몇 개의 원자가 2002년과 2005년에 합성된 매우 희귀한 오가네손(organesson, Og)이 있다. 비활성 기체는 부피로 대기의 약 1%를 구성하는데, 주로 풍부한 Ar 때문이다. 8A(18)족 특성도가 이 원소들에 대한 개관을 보여준다.

비활성 기체와 알칼리 금속의 물리적 성질 대비

주기율표의 제일 오른쪽에 자리 잡고 8A(18)족 원소들은 다른 물질보다 이상 기체에 가깝게 거동한다. 주기율표의 반대쪽 끝에 위치한 알칼리 금속처럼 비활성 기체의 물리적 성질은 규칙적 경향을 따라 변한다. 그러나 1A(1)족에서 밑으로 갈수록 녹는점, 끓는점, 녹음열과 기화열은 *감소*하는 반면, 8A(18)족에서 밑으로 갈수록 이 성질들은 *증가*한다. 이처럼 반대 경향이 나타나는 이유는 두 족의 원소들의 결합 유형이 서로 다르기 때문이다. 알칼리 금속은 금속 결합으로 뭉쳐진 원자들로 구성되어 원자가 커질수록 세기가 *감소*한다. 반면에 비활성 기체는 분산력으로 상호작용을 하는 개별적인 원자로 존재하며, 분산력은 원자가 커지고 보다 쉽게 편극화될수록 세기가 *증가*한다. 그럼에도 불구하고 이 분산력은 매우 약하여 아주 낮은 온도에서만이 원소들이 응집되고 고체화될 수 있다. 예를 들면, 대기의 1%를 구성하는 아르곤조차 −189°C에서 녹고 겨우 약 3도 위에서 끓는다.

비활성 기체가 화합물을 생성하는 방법

19세기 말에 이들의 발견에 뒤이어 이 원소들은 "비활성(inert)" 기체로 여겨졌고 심지어 공식적으로 명명되었다. 20세기 초 원자 이론과 보다 중요한 모든 실험에서 이 개념이 타당한 것으로 받아들여졌다. 그러다가 1962년 첫 비활성 기체 화합물이 합성되자 이 모든 것이 변하게 되었다. 채워진 외각 준위와 극단적으로 큰 이온화 에너지를 가지고 어떻게

핵심 원자 성질, 물리적 성질과 반응

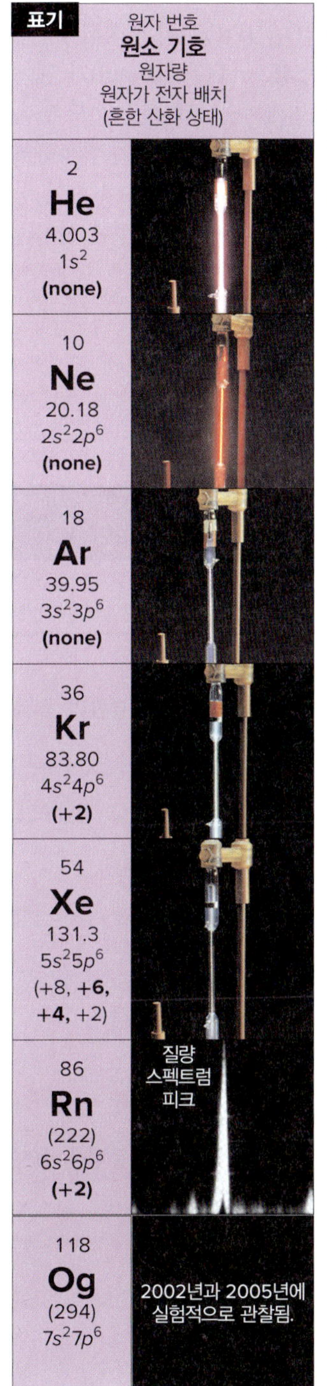

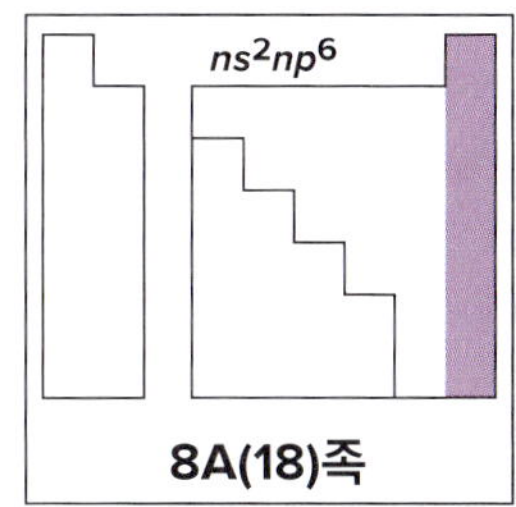

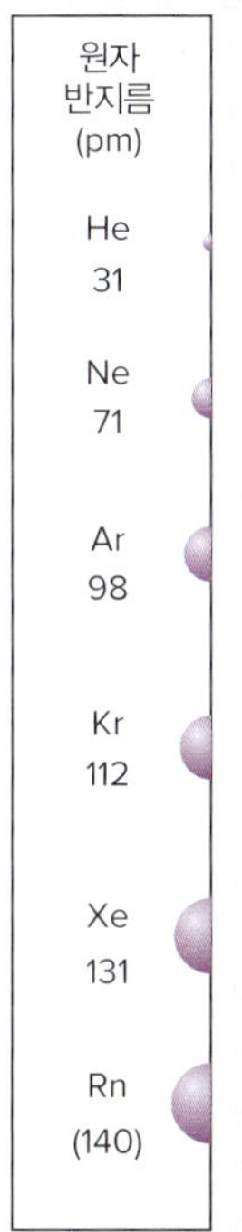

원자 성질

족의 전자 배치는 He의 경우 ns^2이고 나머지 원소들은 ns^2np^6이다. 원자가 껍질은 모두 채워져 있다. Kr과 Xe(아마도 Rn도)만이 화합물을 형성하는 것으로 알려져 있다. 보다 반응성이 큰 Xe는 모든 짝수 산화 상태(+2에서 +8까지)를 나타낸다. 이 족의 원자들은 그들이 속한 주기에서 가장 높은 IE를 가진 가장 작은 원자들이다. 족에서 밑으로 갈수록 원자 크기는 지속적으로 증가하고 IE는 감소한다(EN 값은 Kr과 Xe의 경우만 알려지고 있음).

물리적 성질

이 기체 원소들의 녹는점과 끓는점은 매우 낮으나 족에서 밑으로 갈수록 보다 강한 분산력 때문에 증가한다. 매우 좁은 액체 영역에 주목하라. (STP에서) 밀도는 예상과 같이 지속적으로 증가한다.

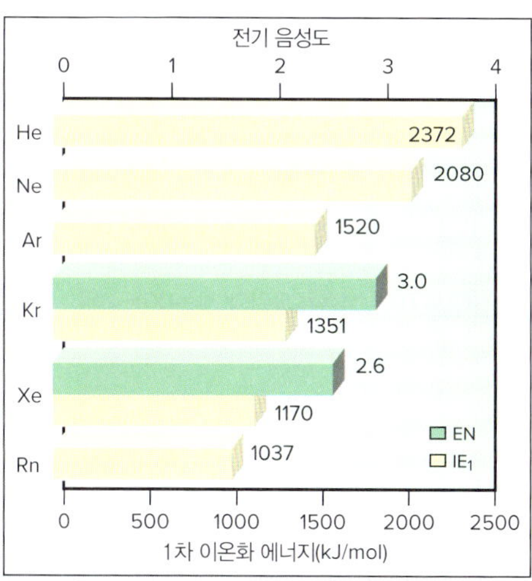

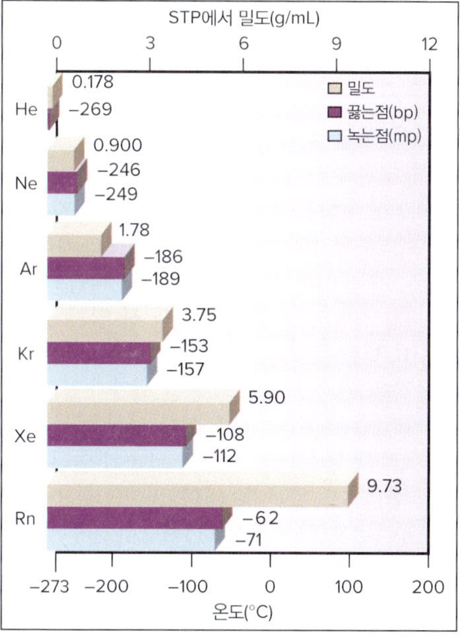

8A(18)족 기체는 무색이다. 사진은 기체 방전관 내에서 He, Ne, Ar, Kr, Xe으로부터 방출되는 빛의 색을 보여준다.

Source: Stephen Frisch/McGraw-Hill Education

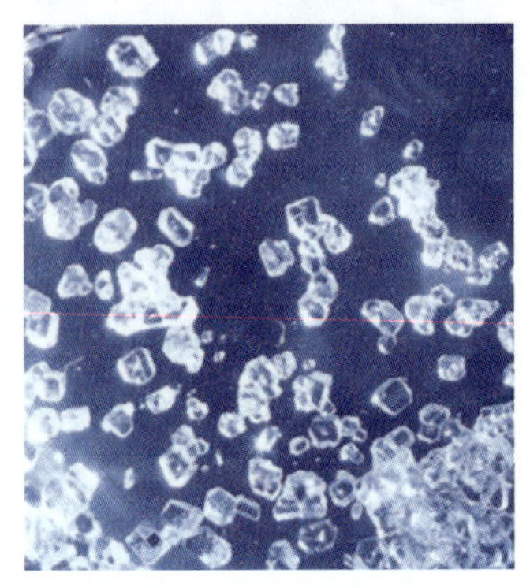

그림 14.26 사플루오린화 제논(XeF_4)의 결정.
Source: McGraw-Hill Education

비활성 기체가 반응할 수 있을까?

비활성 기체 반응성의 발견은 예상하지 못한 사건으로 인한 명백한 사고 확장의 고전적인 예이다. Neil Bartlett이란 이름의 젊은 무기화학자는 강한 산화제로 알려진 플루오린화 백금을 연구하고 있었다. 우연히 PtF_6를 공기에 노출하였을 때 진한 붉은색이 약간 희미해졌고, 분석 결과 PtF_6가 O_2를 산화하여 이온 화합물 $[O_2]^+[PtF_6]^-$이 생성되었음을 보여 주었다. 산소 분자의 이온화 에너지($O_2 \longrightarrow O_2^+ + e^-$; IE = 1175 kJ/mol)가 제논의 IE_1(1170 kJ/mol)에 가깝다는 것을 알고 Bartlett은 PtF_6가 제논을 산화시킬 수도 있을 것이라는 추론을 하였다. 이후 얼마 지나지 않아 그는 주황색 고체인 $XePtF_6$를 합성하였다. 몇 달 후 흰색 결정 XeF_2와 XeF_4(그림 14.26)도 역시 합성되었다. +2와 +4 산화 상태에 더하여 Xe은 XeF_6와 같은 몇 가지 화합물에서 +6 상태를 가지며, 불안정한 산화물 XeO_4에서 +8 상태를 가진다. Kr과 Rn의 몇 개 화합물도 역시 합성되었다.

개념 정리와 복습 _Chapter Review Guide

학습 목표 _Learning Objectives

** 괄호 안은 관련된 절(§)과 예제(SP) 번호*

주요 개념

주: 많은 주요 반응은 각 족 특성도의 "반응"부분에 제시되어 있다.

1. 수소가 알칼리 금속과 할로젠과 어떻게 비슷하고 다른가? 이온성, 공유 결합성, 금속 수소화물의 차이는 무엇인가? (§14.1)
2. 주기를 따라 원소가 금속에서 비금속으로 변화하면서 원자 성질, 결합의 종류, 산화물의 산-염기 성질, 산화-환원 성질의 주요 변화 경향(§14.2)
3. 작은 원자 크기와 제한된 원자가 오비탈의 수로 어떻게 각 족의 2주기 원소들의 특이한 성질을 설명할 수 있는가? (§14.2)
4. ns^1 전자 배치가 알칼리 금속의 물리적, 화학적 성질을 어떻게 설명할 수 있는가? (§14.3)
5. ns^2 전자 배치가 1A(1)과 2A(2)족 사이의 주요 차이를 어떻게 설명할 수 있는가? (§14.4)
6. 3개의 주요 대각 상관성의 근거(Li/Mg, Be/Al, B/Si) (§14.4~14.6)
7. 내부 $(n-1)d$ 전자의 존재가 어떻게 3A(13)족의 성질에 어떻게 영향을 주는가? (§14.5)
8. 3A(13)족에서 6A(16)족의 큰 원소들 사이의 경향: 2개의 흔한 산화 상태(비활성 전자쌍 효과), 족에서 밑으로 가면서 보다 낮은 상태가 보다 중요해지고 낮은 상태의 원소와의 산화물이 보다 염기성을 나타냄(§14.5~14.8).
9. 붕소는 어떻게 팔전자를 달성하는가? (§14.5)
10. 4A(14)에서 6A(16)족의 물리적 성질에 미치는 결합의 효과 (§14.6~14.8)
11. 탄소, 인과 황의 동소체(§14.6~14.8)
12. 원자 성질이 어떻게 유기 화합물에서 고리화와 다중 결합으로 유도하는가? (§14.6)
13. 규산염과 유기 실리콘 중합체의 구조와 성질(§14.6)
14. 5A(15)에서 6A(16)족 수소화물과 할로젠화물 중의 거동 경향 (§14.7, §14.8)
15. 불균등화 반응의 의미(§14.7)
16. 질소 산화물과 산소산의 구조와 화학(§14.7)
17. 인 산화물과 산소산의 구조와 화학(§14.7)
18. 탈수-축합 반응과 폴리인산염의 구조(§14.7)
19. 황의 산화물과 산소산의 구조와 화학(§14.8)
20. ns^2np^5 전자 배치로 어떻게 할로젠의 금속과의 반응성을 설명하는가? (§14.9)
21. 원소의 산화 상태는 왜 2단위씩 변하는가? (§14.9)
22. 할로젠의 산화물과 산소산의 구조와 화학(§14.9)
23. ns^2np^6 전자 배치로 어떻게 비활성 기체의 상대적 비활성을 설명하는가? (§14.10)

주요 용어 _Key Terms

규산염	대각 상관성	불균등화 반응	탈수-축합 반응
다리 결합	동소체	유기 실리콘 중합체	할로젠간 화합물

연습 문제 _Problems

노란색으로 표시한 문제들에 대해서는 그 답을 부록 E에 첨부하다. 연습 문제에 표시된 절은 본문의 절과 같고, 관련 예제의 번호를 제시하였다. 대부분의 경우 개념 복습 문제, 스킬 숙달 문제(같은 개념을 다루는 두 문제씩 묶음) 및 실전 문제를 제시하였다.

수소, 가장 간단한 원자

개념 복습 문제

14.1 수소는 오직 1개의 양성자를 가지지만 IE_1은 3개의 양성자를 가진 리튬보다 훨씬 크다. 설명하라.

14.2 주기율표를 그리고, 세 종류의 수소화물을 생성하는 원소들을 포함하는 영역을 표시하라.

스킬 숙달 문제(유사한 문제들을 두 개씩 묶음)

14.3 다음 화합물의 Lewis 구조를 그리고 각 쌍 중 어느 것이 수소 결합을 형성하는지를 예상하라.

(a) NF_3와 NH_3 (b) CH_3OCH_3와 CH_3CH_2OH

14.4 다음 화합물의 Lewis 구조를 그리고 각 쌍 중 어느 것이 수소 결합을 형성하는지를 예상하라.

(a) NH_3와 AsH_3 (b) CH_4와 H_2O

14.5 다음 화학 반응식을 완결하라.

(a) 활성 금속이 산과 반응

$$Al(s) + HCl(aq) \longrightarrow$$

(b) 염 같은(알칼리 금속) 수소화물이 물과 반응

$$LiH(s) + H_2O(l) \longrightarrow$$

14.6 다음 화학 반응식을 완결하라.

(a) 염 같은(알칼리 토금속) 수소화물이 물과 반응

$$CaH_2(s) + H_2O(l) \longrightarrow$$

(b) 수소에 의한 금속 할로젠화물의 환원으로 금속 형성

$$PdCl_2(aq) + H_2(g) \longrightarrow$$

실전 문제

14.7 화합물 $NaBH_4$, $Al(BH_4)_3$, $LiAlH_4$는 많은 합성에서 환원제로 사용하는 복잡한 수소화물이다.

(a) 이 화합물들에서 각 원소들의 산화 상태를 제시하라.

(b) $NaBH_4$에서 다원자 음이온의 Lewis 구조를 쓰고 모양을 예상하라.

14.8 모든 알칼리 금속 플루오린화물에서 이온 반지름이 133 pm에 가까운 F^- 이온과는 다르게 H^-의 이온 반지름은 LiH의 137 pm에서 CsH의 152 pm까지 변한다. H^- 크기에서 넓은 변이가 나타나지만 F^-는 그렇지 않음에 대한 설명을 제시하라.

주기율표에서의 경향성: 2주기 원소들

개념 복습 문제

14.9 주족에서 한 주기에 걸쳐 최대 산화수는 어떻게 변하는가? 2주기의 형태와는 다른가?

14.10 2주기 원소들에 대해 족 번호와 원소가 전형적으로 형성하는 공유 결합의 수 사이에 관계가 존재하는가? 3주기에서 6주기 원소들의 관계와는 어떻게 다른가?

14.11 화학적으로 반응성이 큰 2주기 원소 각각은 플루오린과의 결합을 가진 안정한 화합물을 형성한다.

(a) 이 화합물들의 이름과 화학식은 무엇인가?

(b) 주기를 왼쪽에서 오른쪽으로 가로질러 가면 ΔEN은 증가 또는 감소하는가?

(c) 왼쪽에서 오른쪽으로 가로질러 가면 이온성 백분율은 증가 또는 감소하는가?

(d) 이 화합물들의 Lewis 구조를 그려라.

14.12 6주기는 내부 전이 원소들의 첫 번째 시리즈를 포함하고 있다.

(a) 6주기에 몇 개의 원소가 속해 있는가? 금속은 몇 개인가?

(b) 이 주기에는 준금속이 포함되어 있지 않다. 6주기에서 금속/비금속 경계는 어디인가?

14.13 어떤 원소가 산화물, E_2O_3와 플루오린화물, EF_3를 형성한다.

(a) E가 구성원인 2개의 족은 무엇인가?

(b) E가 속한 족은 산화물과 플루오린화물의 성질에 어떻게 영향을 미치는가?

14.14 플루오린은 2주기에서 산소와 네온 사이에 있다. 이 세 원소들의 원자 크기, 이온화 에너지는 조금씩 변하는 데 비해 전기 음성도는 극적인 변화를 보인다. 이러한 변화가 어떻게 되는지와 전자 배치가 어떻게 이것을 설명하는가?

1A(1)족: 알칼리 금속

개념 복습 문제

14.15 리튬 염은 다른 대응되는 알칼리 금속 염들보다 물에 훨씬 덜 녹는다. 예를 들면, 18°C에서 포화 LiF 용액의 농도는 1.0×10^{-2} M이지만 포화 KF 용액의 농도는 1.6 M이다. 어떻게 이러한 거동을 설명하겠는가?

14.16 알칼리 금속은 모든 반응에서 거의 동일한 일반적인 화학적 역할을 보여준다.

(a) 이 역할은 무엇인가?

(b) 이것은 원자 성질과 어떻게 연관되어 있는가?

(c) 소듐을 이용하여 이 역할을 보여주는 2개의 완결된 화학 반응식을 써라.

14.17 원자 성질은 1A(1)족 원소들의 낮은 밀도를 어떻게 설명하는가?

스킬 숙달 문제(유사한 문제들을 두 개씩 묶음)

14.18 다음 성질 중 각각은 1A(1)족에서 정상적인 추세를 보여준다. 족의 아래로 갈수록 각 성질은 증가 또는 감소하는지를 예상하라.

(a) 밀도 (b) 이온 크기 (c) E—E 결합 에너지

(d) IE_1 (e) E^+ 이온의 $\Delta H_{수화}$의 크기.

14.19 다음 성질 중 각각은 1A(1)족에서 정상적인 추세를 보여준다. 족의 아래로 갈수록 각 성질은 증가 또는 감소하는지를 예상하라.

(a) 녹는점 (b) E—E 결합 에너지 (c) 경도

(d) 몰부피 (e) EBr의 격자 에너지.

14.20 산업에서 사용하는 표백제인 과산화 소듐을 원소로부터 생성하는 완결된 화학 반응식을 써라.

14.21 강산과 강염기 반응을 통해 브로민화 루비듐을 생성하는 완결된 화학 반응식을 써라.

실전 문제

14.22 알칼리 금속 할로젠화물은 원소들로부터 직접 제조할 수 있지만 훨씬 값싼 산업적 경로는 탄산염 또는 수산화물을 할로젠화수소산(HX) 수용액으로 처리하고 재결정하는 방법이다. 탄산 포타슘과 아이오딘화수소산 수용액 사이의 반응을 완결하라.

14.23 리튬은 몇 개의 유용한 유기리튬 화합물을 형성한다. 다음에서 Li의 질량 백분율을 계산하라.
(a) 스테아린산 리튬($C_{17}H_{35}COOLi$), 추운 온도에서도 경화되지 않아 차에서 사용하는 방수 그리스
(b) 뷰틸 리튬(Butyllithium, LiC_4H_9), 유기 합성에 사용하는 시약

2A(2)족: 알칼리 토금속

개념 복습 문제

14.24 금속과 물과의 반응이라는 관점에서 1A(1)과 2A(2)족은 어떻게 비교되는가?

14.25 알칼리 토금속은 주기율표 상에서 2개의 주요 대각 상관성에 관여하고 있다.
(a) 대각 상관성을 나타내는 2쌍의 원소를 제시하라.
(b) 각 쌍에 대해 관계를 나타내는 2가지 유사점을 말하라.
(c) 각 쌍의 원소들의 거동이 매우 유사한 이유는 무엇인가?

14.26 알칼리 토금속의 녹는점은 알칼리 금속에 비해 매우 높다. 원자 성질을 근거로 하여 이 차이를 설명하라. 2A(2)족 금속들의 물리적 성질 중 대응하는 1A(1)족 금속보다 더 큰 값을 가지는 다른 3가지를 말하라.

스킬 숙달 문제(유사한 문제들을 두 개씩 묶음)

14.27 다음 각 반응에 대해 완결된 화학 반응식을 써라.
(a) 석회의 "소화(slaking)" (물로 처리, 활성을 줄임)
(b) 공기 중에서 칼슘의 연소

14.28 다음 각 반응에 대해 완결된 화학 반응식을 써라.
(a) 독중석(witherite, 탄산 바륨)의 열분해
(b) 마그네시아 유액(수산화 마그네슘)에 의한 위산(HCl)의 중화

실전 문제

14.29 석회(CaO)는 세계에서 가장 많이 생산되는 화학 물질 중의 하나이다. 다음 반응의 완결된 화학 반응식을 써라.
(a) 천연 원천에서 석회의 제조
(b) 폐가스에서 SO_2를 제거하기 위해 소석회 사용
(c) 비소산 칼슘 살충제를 제조하기 위한 석회와 비소산(H_3AsO_4)의 반응
(d) 종이 산업에서 석회를 탄산 소듐 수용액과 반응하여 NaOH의 재생

14.30 일부 반응에서 Be는 전형적인 알칼리 토금속처럼 거동하지만 다른 반응에서는 그렇지 않다. 다음 반응을 완결하라.
(a) $BeO(s) + H_2O(l) \longrightarrow$
(b) $BeCl_2(l) + Cl^-(l$: 용융 NaCl로부터$) \longrightarrow$
어느 반응에서 Be는 다른 2A(2)족 구성원과 같이 거동하는가?

3A(13)족: 붕소 족

개념 복습 문제

14.31 4주기 전이 금속이 3A(13)족에서 이온화 에너지의 형태에 어떻게 영향을 미치는가? 이러한 형태는 3B(3)족과 어떻게 비교되는가?

14.32 Tl_2O와 Tl_2O_3 수용액의 산성도는 서로 어떻게 다른가? 설명하라.

14.33 원자 크기에 있어서 예상되는 감소에도 불구하고 2주기에서 4주기까지 2A(2)와 3A(13)족 사이에 1차 이온화 에너지에 있어서 예상하지 못한 큰 감소가 있다. 전자 배치와 오비탈 에너지를 이용하여 이 형태를 설명하라.

14.34 3A(13)족 원소들의 많은 화합물은 전자 부족을 반영하는 화학적 거동을 보인다.
(a) *전자 부족*(electron deficiency)의 의미는 무엇인가?
(b) 이러한 거동을 보이는 2개 반응을 제시하라.

14.35 붕소 화학은 이 족의 전형적인 것은 아니다.
(a) 붕소와 화합물이 다른 3A(13)족 원소와 화합물과 상당히 다른 3가지 방식을 인용하라.
(b) 이러한 차이의 이유는 무엇인가?

스킬 숙달 문제(유사한 문제들을 두 개씩 묶음)

14.36 다음 산화물을 수용액의 *산성도*가 증가하는 순으로 배열하라. Ga_2O_3, Al_2O_3, In_2O_3.

14.37 다음 수산화물을 수용액의 *염기도*가 증가하는 순으로 배열하라. $Al(OH)_3$, $B(OH)_3$, $In(OH)_3$.

14.38 탈륨은 화합물 TlI_3를 형성한다. 이 화합물에서 Tl의 겉보기 산화 상태는 무엇인가? Tl의 실제 산화 상태는 무엇인가? 음이온의 모양을 그리고 VSEPR 분류와 결합각을 제시하라. 이 화합물이 $(Tl^{3+})(I^-)_3$으로 존재하지 않는 이유를 제안하라.

14.39 3A(13)족 금속의 매우 안정한 이할로젠화물이 알려져 있다. $GaCl_2$의 Ga 겉보기 산화 상태는 무엇인가? $GaCl_2$는 Ga^+ 양이온과 $GaCl_4^-$ 음이온으로 구성되었다면 Ga의 실제 산화 상태는 무엇인가? 음이온의 모양을 그리고 VSEPR 분류와 결합각을 제시하라.

실전 문제

14.40 다음 각 기술 또는 용도에 맞는 3A(13)족 원소 또는 화합물의 이름과 기호 또는 화학식을 제시하라.
(a) 내열 유리(Pyrex 종류)의 성분
(b) 가장 큰 온도 범위에서 원소의 액체 상태
(c) 3중심-2전자 결합을 가진 원소 물질
(d) 부착된 산화물 박막에 의해 산화로부터 보호되는 금속
(e) 2개의 다른 독성 금속 사이에 위치한 독성 금속

14.41 인듐(In)은 HCl과 반응하여 화학식 $InCl_2$를 가진 반자기성 고체를 형성한다.
(a) In, In^+, In^{2+}, In^{3+}의 축약된 전자 배치를 써라.
(b) 이 화학종에서 어느 것이 반자기성이고 어느 것이 상자기성인가?
(c) $InCl_2$에서 In의 겉보기 산화 상태는 무엇인가?
(d) (b)와 (c)의 답을 가지고 $InCl_2$가 어떻게 반자기성이 될 수 있는지를 설명하라.

14.42 붕소산과 물과 반응할 때 형성되는 음이온에 대해 VSEPR을 이용하여 이상적인 결합각을 가진 구조를 그려라.

14.43 질소화 붕소(BN)은 흑연과 비슷한 구조를 가지지만 흑색 도체이기보다는 흰색 절연체이다. 이것은 삼산화 이붕소를 암모니아와 약 1000°C 정도로 가열하여 합성한다.
(a) BN 제조에 대한 완결된 화학반응식을 써라. 물도 역시 형성된다.
(b) BN 생성에 대한 $\Delta H^\circ_{반응}$을 계산하라(BN의 $\Delta H^\circ_{생성} = -254$ kJ/mol).
(c) 붕소는 광물 보락스 $Na_2B_4O_7 \cdot 10H_2O$에서 얻어진다. 72% 수율을 가정하면 1.0 kg BN을 생산하는 데 필요한 보락스는 얼마나 필요한가?

4A(14)족: 탄소 족

개념 복습 문제

14.44 물에서 SnO_2의 염기도가 CO_2와 어떻게 비교할 수 있는가? 설명하라.

14.45 거의 모든 실리콘 화합물은 +4 산화 상태의 원소를 가진다. 반면에 납의 대부분 화합물은 +2 상태의 원소를 가진다.
(a) 이 사실이 나타내는 일반적인 관찰은 무엇인가?
(b) 원자와 분자 성질을 이용하여 설명하라.
(c) 3A(13)족의 비슷한 예를 제시하라.

14.46 4A(14)족 원소들의 IE_1에서 IE_4까지의 합은 C에서 Si로 가면서 감소, Si에서 Ge로 가면서 증가, Ge에서 Sn으로 가면서 감소, 그리고 Sn에서 Pb로 가면서 증가함을 보여준다.
(a) 족에서 아래로 갈 때 IE의 예상되는 추세는 무엇인가?
(b) 4A(14)족의 벗어남의 이유를 제안하라.
(c) 어느 족이 보다 큰 편차를 보여 주겠는가?

14.47 C에서 Si, Ge에서 Sn으로 갈 때 녹는점이 크게 감소함에 대한 설명을 제시하라.

14.48 동소체가 무엇인가? 동소체 현상을 보이는 4A(14)족 원소 2개를 말하고 이들 동소체 2개를 제시하라.

14.49 4A(14)족에서 아래로 가면 EN 값은 상대적으로 작게 변화하지만 원소는 비금속에서 금속으로 변한다. 설명하라.

14.50 원자 성질로 막대한 수의 탄소 화합물을 어떻게 설명하는가? 다른 4A(14)족 원소들은 비슷하게 거동하지 못하는 이유는 무엇인가?

스킬 숙달 문제(유사한 문제들을 두 개씩 묶음)

14.51 각 화학종의 Lewis 구조를 그려라.
(a) 고리형 규산염 이온 $Si_4O_{12}^{8-}$
(b) 화학식 C_4H_8의 고리형 탄화수소

14.52 각 화학종의 Lewis 구조를 그려라.
(a) 고리형 규산염 이온 $Si_6O_{18}^{12-}$
(b) 화학식 C_6H_{12}의 고리형 탄화수소

실전 문제

14.53 제올라이트 A, $Na_{12}[(AlO_2)_{12}(SiO_2)_{12}] \cdot 27H_2O$는 물에 녹은 Ca^{2+}와 Mg^{2+}를 Na^+로 대체하기 때문에 물을 연화하는 데 사용된다. 특정한 수원으로부터의 경수는 4.5×10^{-3} M Ca^{2+}와 9.2×10^{-4} M Mg^{2+}를 함유하고 파이프가 매일 25,000 L의 경수를 이송한다. 일주일 물 공급을 연화하는 데 필요한 제올라이트 A의 질량(kg)은 얼마인가? (제올라이트 A는 Na^+의 85 mol%을 잃을 때 이온 교환 능력을 잃는다고 가정하라).

14.54 다음 각 기술 또는 용도에 맞는 4A(14)족 원소 또는 화합물의 이름과 기호 또는 화학식을 제시하라.
(a) 가장 경도가 큰 것으로 알려진 천연 물질
(b) 의약용 제산제
(c) 온실 효과에서 언급되는 대기 기체
(d) 혈액 속의 Fe(II)와 결합하는 기체
(e) 컴퓨터 칩을 제조하는 데 사용되는 원소

14.55 B와 Si 사이의 한 가지 비슷한 점은 수소화물이 공기 중에서 폭발적으로 연소하는 것이다. B_2H_6와 Si_4H_{10}의 연소에 대한 완결된 화학 반응식을 써라.

5A(15)족: 질소 족

개념 복습 문제

14.56 어느 5A(15)족 원소가 삼할로젠화물을 형성하는가? 오할로젠화물은? 설명하라.

14.57 5A(15)족을 아래로 가면서 원소들의 녹는점은 증가하다 감소한다. 설명하라.

14.58 (a)족을 따라 아래로 가면서 5A(15)족 원소들의 산화 상태 범위는 어떻게 되는가?
(b) 이 범위는 주기율표에서 오른쪽에 있는 족의 산화 상태 범위에 대한 일반적 규칙을 어떻게 나타내는가?

14.59 비스무트(V) 화합물은 매우 강력한 산화제이므로 순수한 형태로 제조되지 못한다. 이 사실은 주기율표에서 Bi의 위치와 일관성이 있는가?

14.60 다음 산화물을 물에서 산성도가 증가하는 순으로 배열하라. Sb_2O_3, Bi_2O_3, P_4O_{10}, Sb_2O_5.

스킬 숙달 문제(유사한 문제들을 두 개씩 묶음)

14.61 산의 세기가 중심 원자의 전기 음성도에 비례한다고 가정하고 H_3PO_4, HNO_3, H_3AsO_4를 산의 세기가 *증가*하는 순으로 배열하라.

14.62 산의 세기가 중심 원자와 결합한 O 원자의 수와 비례한다고 가정하고, $H_2N_2O_2$[또는 $(HON)_2$], HNO_3(또는 $HONO_2$), HNO_2(또는 HONO)를 산의 세기가 *감소*하는 순으로 배열하라.

14.63 다음 화학 반응식을 완결하라.
(a) $As(s)$ + 과량 $O_2(g) \longrightarrow$
(b) $Bi(s)$ + 과량 $F_2(g) \longrightarrow$
(c) $Ca_3As_2(s) + H_2O(l) \longrightarrow$

14.64 다음 화학 반응식을 완결하라.
(a) 과량 $Sb(s) + Br_2(l) \longrightarrow$
(b) $HNO_3(aq) + MgCO_3(s) \longrightarrow$
(c) $K_2HPO_4(s) \xrightarrow{\Delta}$

14.65 다음 화학 반응식을 완결하라.
(a) $N_2(g) + Al(s) \xrightarrow{\Delta}$ (b) $PF_5(g) + H_2O(l) \longrightarrow$

14.66 다음 화학 반응식을 완결하라.
(a) $AsCl_3(l) + H_2O(l) \longrightarrow$ (b) $Sb_2O_3(s) + NaOH(aq) \longrightarrow$

14.67 F와 Cl의 상대적 크기에 근거하여 PF_2Cl_3의 구조를 예측하라.

14.68 VSEPR 모형을 이용하여 고리 이온 $P_3O_9^{3-}$의 구조를 예측하라.

실전 문제

14.69 5A(15)족의 큰 원소의 오플루오린화물이 합성되었지만 N은 오직 8개의 전자밖에 가질 수 없다. 저온에서 실험식 NF_5를 가진 화합물이 형성되었다는 주장이 있었다. 이 화합물의 가능한 Lewis 구조를 그려라. (*힌트*: NF_5는 이온성이다.)

14.70 다음 각 기술 또는 용도에 맞는 5A(15)족 원소 또는 화합물의 이름과 기호 또는 화학식을 제시하라.
(a) 수소 결합을 나타내는 수소화물
(b) "즉석(strike-anywhere)" 성냥 머리에 사용하는 화합물
(c) 실험실 건조제로 사용하는 산화물
(d) 홀전자 원자를 가진 분자(2개 예)
(e) 청량음료의 첨가제로 사용하는 화합물

14.71 표 14.3에 수록된 화합물에 더하여 다른 덜 안정한 질소 산화물이 존재한다. 다음 각각의 Lewis 구조를 그려라.
(a) N_2O_2, N—N 결합을 가진 일산화 질소의 이량체
(b) N_2O_2, N—N 결합을 가지지 않은 일산화 질소의 이량체
(c) N—N 결합이 없는 N_2O_3
(d) NO^+와 NO_3^-, 액체 N_2O_4의 이온화 생성물

14.72 치과 의사가 마취용으로 사용하는 "웃음기체"인 산화 이질소(N_2O)는 고체 NH_4NO_3의 열분해로 제조한다. 이 반응의 완결된 화학 반응식을 써라. NH_4NO_3와 N_2O에서의 N의 산화 상태는 무엇인가?

14.73 질산 포타슘의 열분해에 대한 완결된 화학 반응식을 써라 (O_2도 두 경우 모두 형성된다).
(a) 저온에서 아질산염으로
(b) 고온에서 금속 산화물과 질소로

6A(16)족: 산소 족

개념 복습 문제

14.74 다음을 전기 전도도가 증가하는 순으로 배열하고 설명하라: Po, S, Se.

14.75 산소와 질소 족은 명백히 유사한 점과 다른 점이 있다.
(a) 5A(15)와 6A(16)족 원소 사이의 2가지 물리적으로 비슷한 점을 써라.
(b) 5A(15)와 6A(16)족 원소 사이의 2가지 화학적으로 비슷한 점을 써라.
(c) P와 S 사이의 2가지 화학적으로 비슷한 점을 써라.
(d) N과 O 사이의 2가지 물리적으로 비슷한 점을 써라.
(e) N과 O 사이의 2가지 화학적으로 다른 점을 써라.

14.76 6A(16)족 수소화물의 분자 성질은 족의 아래로 가면서 갑자기 변한다. 이러한 변화는 오비탈 혼성화의 변화로 설명할 수 있다.
(a) 몇 주기 사이에서 이러한 변화가 나타나는가?
(b) 분자 성질에서 변화가 어떠한 것인가?
(c) 혼성화의 변화는 어떠한 것인가?
(d) 어떤 다른 족에서 비슷한 변화가 나타나는가?

스킬 숙달 문제(*유사한 문제들을 두 개씩 묶음*)

14.77 다음 화학 반응식을 완결하라.
(a) $NaHSO_4(aq) + NaOH(aq) \longrightarrow$
(b) $S_8(s)$ + 과량 $F_2(g) \longrightarrow$
(c) $FeS(s) + HCl(aq) \longrightarrow$
(d) $Te(s) + I_2(s) \longrightarrow$

14.78 다음 화학 반응식을 완결하라.
(a) $H_2S(g) + O_2(g) \longrightarrow$
(b) $SO_3(g) + H_2O(l) \longrightarrow$
(c) $SF_4(g) + H_2O(l) \longrightarrow$
(d) $Al_2Se_3(s) + H_2O(l) \longrightarrow$

14.79 다음 각 산화물은 물에서 염기성, 산성, 또는 양쪽성인가?
(a) SeO_2 (b) N_2O_3 (c) K_2O
(d) BeO (e) BaO.

14.80 다음 각 산화물은 물에서 염기성, 산성, 또는 양쪽성인가?
(a) MgO (b) N_2O_5 (c) CaO
(d) CO_2 (e) TeO_2.

14.81 다음 수소화물을 산의 세기가 *증가*하는 순으로 배열하라. H_2S, H_2O, H_2Te.

14.82 다음 화학종을 산의 세기가 *감소*하는 순으로 배열하라. H_2SO_4, H_2SO_3, HSO_3^-.

실전 문제

14.83 사플루오린화 셀레늄은 플루오린과 반응하여 육플루오린화 셀레늄을 형성한다.
(a) 2개 플루오린화 셀레늄의 Lewis 구조를 그리고 이상 결합각에서 얼마나 벗어나는지를 예상하라.
(b) 반응에서 중앙 Se의 오비탈 혼성의 변화를 써라.

14.84 다음 각 기술 또는 용도에 맞는 6A(16)족 원소 또는 화합물의 이름과 기호 또는 화학식을 제시하라.
(a) 산소의 불안정한 동소체
(b) 황산에서와 같이 같은 O.N.을 가지는 황을 가지는 산화물
(c) 황을 함유한 석탄을 태울 때 생성되는 대기 오염물질
(d) 강력한 탈수제
(e) 사진 현상에 사용하는 용액의 화합물

14.85 다음 각 물질의 황의 산화 상태를 제시하라.
(a) S_8 (b) SF_4 (c) SF_6
(d) H_2S (e) FeS_2 (f) H_2SO_4
(g) $Na_2S_2O_3 \cdot 5H_2O$.

14.86 십플루오린화 이황은 SF_4와 SF_6 사이의 반응성을 가진다. 이것은 150°C에서 불균등화하여 SF_4와 SF_6를 생성한다. 이 반응의 완결된 화학 반응식을 쓰고 각 화합물에서 S의 산화 상태를 제시하라.

7A(17)족: 할로젠

개념 복습 문제

14.87 (a) STP에서 각 할로젠의 물리적 상태와 색을 제시하라.
(b) 7A(17)족에서 아래로 갈 때 물리적 상태의 변화를 분자 성질로 설명하라.

14.88 (a) 할로젠의 흔한 산화 상태는 무엇인가?
(b) 염소의 산화 상태 범위와 값을 전자 배치에 근거하여 설명하라.
(c) 다른 족 구성원에서 발견되는 산화 상태의 형태에 플루오린은 예외가 되는 이유는?

14.89 할로젠 원자가 팔전자를 완성하는 데 필요한 전자는 몇 개

인가? Cl 원자가 할 수 있는 방법의 예를 제시하라.

14.90 각 쌍에서 보다 강한 결합을 골라라.
(a) Cl—Cl과 Br—Br
(b) Br—Br과 I—I
(c) F—F와 Cl—Cl. F—F 결합 세기가 이 족의 추세에 따르지 않는 이유는 무엇인가?

14.91 할로젠간 화합물에 더하여 많은 할로젠간 이온도 존재한다. 짝수 또는 홀수의 원자를 가져 1+ 또는 1− 전하를 가지는 할로젠간 이온을 예상하는가? 설명하라.

14.92 (a) 할로젠(X_2)은 염기에서 여러 단계를 거쳐 불균등화되어 X^-와 XO_3^-가 된다. Br_2가 과잉의 OH^- 존재 하에서 Br^-와 BrO_3^-로 불균등화되는 반응의 완결된 화학 반응식을 써라(*힌트*: 14.9절에서 제시된 BrF_5 반응에 염기를 더하라).

스킬 숙달 문제(유사한 문제들을 두 개씩 묶음)

14.93 다음 화학 반응식을 완결하라. 만약 반응이 일어나지 않으면, NR이라 써라.
(a) $Rb(s) + Br_2(l) \longrightarrow$
(b) $I_2(s) + H_2O(l) \longrightarrow$
(c) $Br_2(l) + I^-(aq) \longrightarrow$
(d) $CaF_2(s) + H_2SO_4(l) \longrightarrow$

14.94 다음 화학 반응식을 완결하라. 만약 반응이 일어나지 않으면, NR이라 써라.
(a) $H_3PO_4(l) + NaI(s) \longrightarrow$
(b) $Cl_2(s) + I^-(aq) \longrightarrow$
(c) $Br_2(l) + Cl^-(aq) \longrightarrow$
(d) $ClF(g) + F_2(g) \longrightarrow$

14.95 다음 산을 산의 세기가 *증가*하는 순으로 나열하라.
HClO, $HClO_2$, HBrO, HIO.

14.96 다음 산을 산의 세기가 *감소*하는 순으로 나열하라.
$HBrO_3$, $HBrO_4$, HIO_3, $HClO_4$.

실전 문제

14.97 다음 각 기술 또는 용도에 맞는 7A(17) 족 원소 또는 화합물의 이름과 기호 또는 화학식을 제시하라.
(a) 유리 식각에 사용
(b) 가정용 표백제에 사용하는 화합물
(c) 가장 약한 할로젠화수소산
(d) 실온에서 액체인 원소
(e) PVC를 만드는 데 사용하는 유기 염화물

14.98 공업 화학자가 고체 NaCl을 진한 H_2SO_4로 처리하여 기체 HCl과 $NaHSO_4$를 얻었다. 고체 NaCl 대신 NaI로 대체하면 기체 H_2S, 고체 I_2, S_8을 얻지만 HI는 얻을 수 없다.
(a) H_2SO_4가 NaI와 수행하는 반응의 종류는 무엇인가?
(b) NaI는 이러한 종류의 반응을 수행하지만 NaCl은 수행하지 못하는 이유는 무엇인가?
(c) NaI를 산과 반응시켜 HI(g)를 생성하려면 산은 황산이 아닌 어떤 산을 사용해야 하는가?

14.99 할로젠 Cl_2, Br_2, I_2를 금속 레늄(Re)과의 화합물을 근거로 산화력이 증가하는 순으로 배열하라. $ReCl_6$, $ReBr_5$, ReI_4. 순서를 설명하라.

8A(18) 족: 비활성 기체

14.100 어떤 비활성 기체가 우주에서 가장 풍부한가? 지구 대기에서는 어떠한가?

14.101 Xe이 화합물에서 나타내는 산화 상태는 무엇인가?

14.102 비활성 기체가 이렇게 낮은 끓는점을 가지는 이유는 무엇인가?

14.103 Xe과 제한된 범위에서 Kr이 화합물을 형성하지만 He, Ne, Ar은 하지 못하는 이유를 설명하라.

14.104 (a) 안정한 플루오린화 제논이 짝수의 F 원자를 가지는 이유는 무엇인가?
(b) XeF_3^+와 XeF_7^-와 같은 이온성 화학종이 홀수의 F 원자를 가지는 이유는 무엇인가?
(c) XeF_3^+의 모양을 예상하라.

제 15 장 유기 화합물과 탄소 원자의 성질

Organic Compounds and the Atomic Properties of Carbon

Source: lynx/iconotec.com/Glow Images

관련 개념과 스킬 _Concepts and Skills to Review Before You Study This Chapter

- 곧은 사슬 알케인의 명명(2.8절)
- 구조 이성질 현상(3.2절)
- ΔEN과 결합 극성(9.5절)
- 공명 구조(10.1절)
- VSEPR 이론(10.2절)
- 오비탈의 혼성(11.1절)
- σ와 π 결합(11.2절)
- 분자간 힘과 합성 및 생체 고분자(12.3, 12.7, 13.2절)
- 2주기 원소의 성질(14.2절)
- 4A(14)족 원소의 성질(14.6절)

초콜릿으로 만든 음식들(사탕, 케이크, 브라우니, 초콜릿 음료)을 좋아하지 않는 사람이 있을까? 누구든지 크림 향이 풍부한 초콜릿의 맛을 원할 것이다. 대부분의 사람들은 초콜릿이 카페인이 함유한다는 사실을 알고 있지만 초콜릿에 지방산, 폴리페놀(polyphenols), 테오브로민(theobromine), 페네틸아민(phenethylamine), 아난다마이드(anandamide) 등 수백 가지의 다른 화합물도 들어 있다는 사실은 잘 모를 것이다. 맛이 좋은 초콜릿 과자를 즐길 때, 우리는 이러한 유기 화합물과 많은 다른 종류의 유기 화합물을 섭취한다. 사실, 소수의 무기염과 항상 존재하는 물을 제외하면 음식, 의약품, 화장품, 의복 등 우리 몸에 들어가거나 우리 몸 위에 바르거나 걸치는 거의 모든 것이 유기 화합물로 구성되어 있다. 유기물 연료 때문에 우리는 집을 따뜻하게 유지하고, 음식을 조리하여 먹을 수 있으며 자동차를 사용할 수 있다. 주요 산업들은 플라스틱, 의약품 및 살충제를 포함한 다양한 유기 화합물을 생산한다.

유기 화합물이란 무엇일까? 사전에서는 유기 화합물을 "탄소의 화합물"이라고 정의하고 있다. 그러나 탄산염, 사이안화물(cyanide), 카바이드(carbide), 사이안산염(cyanate) 등이 탄소를 포함하지만 무기 화합물로 분류되기 때문에 이러한 정의는 너무 광범위하다. 더 구체적으로 정의하면, **유기 화합물**(organic compound)은 한 개 이상의 탄소나 수소 혹은 다른 원소와 결합한 탄소를 가진 화합물이라고 할 수 있다.

19세기 초반까지 유기 화합물은 일반적으로 살아 있는 것에서 얻었다. 그래서 유기 화합물에는 신령한 "생명력"이 있기 때문에 합성하는 것은 불가능하고 기본적으로 무기 화합물과는 다르다고 생각하였다. 그러나 1828년 Friedrich Wöhler가 사이안산 암모늄(ammonium cyanate)를 가열하여 요소(urea)를 얻었을 때 이러한 개념이 무너졌다. 화합물의 특성은 그 원소의 성질에서 유래하기 때문에 오늘날에는 *같은 화학적 원리가 유기 및 무기 화합물에 함께 적용된다*는 것을 알고 있다.

이 장에서는... *유기 분자들의 구조와 반응성이 그들의 구성 원자들의 특성에서 자연스럽게 유래한다는 것을 배운다.*

- 탄소 원자의 특성을 복습하여 어떻게 그들이 유기 분자의 복잡한 구조와 반응성을 나타내는지 알아본다.
- 탄화수소를 명명하며 구조를 그려 보고 다른 형태의 유기 화합물의 이름을 명명한다.
- 결합 차수에 따라 유기 반응의 주요 유형을 분류하고 유기 화합물 족을 특징짓는 작용기에 적용한다.
- 합성 및 천연 고분자 같은 상업용 또는 생명체의 거대 유기 분자를 알아본다.

15.1 탄소의 특별한 성질과 유기 분자의 특성

유기 분자에 신비스러운 면은 없지만 이들 분자들이 생물학이나 산업에서 없어서는 안 될 중요한 역할을 수행하기 때문에, 탄소가 어떤 독특한 성질을 가지고 있지 않을까 하고 생각할 수도 있을 것이다. 물론 각 원소는 다들 나름대로 고유한 성질을 가지고 있지만, 탄소 원자의 성질 덕분에 탄소는 다른 어느 원자보다도 더 뛰어난 결합 능력을 가지고 있고, 따라서 유기 분자는 구조적 복잡성과 화학적 다양성이라는 두 가지 분명한 특징을 보이게 된다.

유기 분자의 구조적 복잡성

대부분 유기 분자는 무기 분자보다 더 복잡한 구조를 가진다. 탄소 원자의 성질과 결합 방식을 잠시 복습해 보면 그 이유를 알 수 있다.

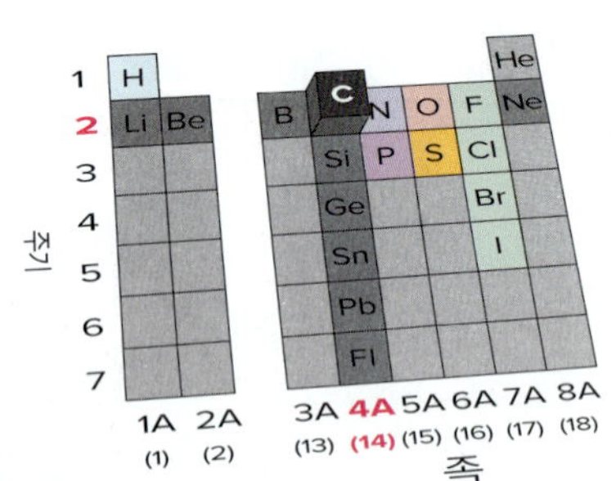

그림 15.1 주기율표에서 탄소의 위치.

1. *전자 배치, 전기 음성도와 공유 결합.* 탄소는 원자 상태나 모든 화합물에서 이온 결합보다 공유 결합을 이룬다. 이러한 결합 특성은 탄소의 전자 배치와 전기 음성도 때문이다.

- 탄소의 바닥 상태의 전자 배치 [He] $2s^22p^2$(전자가 He보다 4개 더 많고 Ne보다 4개 적음)를 보면 탄소 이온의 생성은 보통 조건에서는 에너지 측면에서 불가능함을 알 수 있다. 4개의 전자를 잃고 C^{4+} 양이온이 형성되려면 IE_1부터 IE_4까지 합한 에너지(>14,000 kJ/mol!)가 필요하며, 4개의 전자를 얻어 C^{4-} 음이온이 되기 위해 EA_1부터 EA_4까지 더한 에너지가 필요한데 첫 단계를 제외한 세 단계는 흡열 과정이다.
- 탄소는 2주기의 중심에 위치하여 가장 금속성 원소(Li, EN = 1.0)와 가장 비금속성 원소(F, EN = 4.0)의 중간 정도의 전기 음성도(EN = 2.5)를 갖는다(그림 15.1).

2. *사슬고리화, 결합 성질, 분자 모양.* 탄소가 이루는 결합의 *수와 세기* 덕분에 하나 이상의 다른 탄소 원자와 결합하는 능력인 **사슬고리화**(catenation) 특성을 가지며, 이 능력 덕분에 화학적으로 그리고 열적으로 안정한 사슬, 고리 및 가지 달린 다양한 화합물을 형성한다.

- 오비탈 혼성(11.1절)을 통해 탄소는 거의 모든 화합물에서 4개의 결합을 이루며, 이 결합들은 최대 4개의 서로 다른 방향으로 향할 수 있다.
- 탄소는 크기가 작기 때문에 다른 원자에 가까이 접근할 수 있고 따라서 오비탈이 더 많이 중첩하여, 탄소는 상대적으로 짧고 강한 결합을 이룬다.
- C—C 결합은 짧기 때문에 반만 채워지고, 혼성을 하지 않는 *p* 오비탈이 측면으로 중첩하여 다중 결합이 형성된다. 다중 결합은 결합된 원자단의 회전을 제약하므로 더 많은 구조를 갖게 한다(그림 11.14 참조).

3. *분자의 안정성.* 비록 실리콘이나 몇몇 원소들이 사슬 구조를 이루나 어느 것도 탄소의 사슬만큼 안정하지 못하다. 원자의 성질과 결합 특성으로부터 왜 탄소 사슬이 더 안정하고 따라서 더 흔한지 그 이유를 알 수 있다.

- *원자 크기와 결합 세기.* 4A(14)족에서 아래로 내려갈수록 원자가 커지므로, 같은 원자 사이의 결합은 더 길어지고 더 약해진다. 따라서 C—C 결합(347 kJ/mol)은 Si—Si 결합(226 kJ/mol)보다도 훨씬 더 강하다.
- *상대적 반응 엔탈피.* C—C 결합(347 kJ/mol), C—O 결합(358 kJ/mol), C—Cl 결합(339 kJ/mol)이 거의 비슷한 에너지를 가지므로 탄소 사슬이 반응하여 한 결합이 다른 결합으로 치환되어도 비교적 적은 열이 방출된다. 반면 Si—O 결합(368 kJ/mol)이나 Si—Cl 결합(381 kJ/mol)은 Si—Si 결합(226 kJ/mol)보다 훨씬 강하여 Si 사슬이 반응하면 다량의 열이 발생하여 Si—Si 결합의 반응성을 높인다.
- *반응할 수 있는 오비탈.* 탄소와는 달리 실리콘은 접근하는 반응물의 고립 전자쌍에 의해 공격받을(채워질) 수 있는 낮은 에너지의 *d* 오비탈을 가지고 있다. 예를 들면, 에테인(CH_3—CH_3)은 물에서 안정하고 점화하지 않으면 공기와 반응하지 않으나, 다이실레인(SiH_3—SiH_3)은 물에서 분해하며 공기 중에서는 저절로 불이 붙는다.

유기 분자의 화학적 다양성

유기 화합물은 복잡한 기하 구조 이외에도 그 수가 매우 많고 화학적 성질이 다양하다. 유기 화합물은 수백만 개가 알려져 있고, 매년 수천 개가 발견되거나 만들어진다. 이러한 다양성은 탄소 원자의 성질에서 유래하며, 헤테로 원자와의 결합, 반응성의 변화 그리고 작용기의 형성 등의 3가지 서로 관련된 요인들 때문이다.

1. *헤테로 원자와의 결합.* 많은 유기 화합물은 C 또는 H 이외의 다른 원자인 **헤테로 원자**(heteroatom)를 가지고 있다. 가장 흔한 헤테로 원자는 N과 O이지만, S, P, 할로젠도 종종 들어 있고 다른 원소를 가진 유기 화합물도 알려져 있다. 그림 15.2는 서로 단일 결합을 하고 있는 탄소 원자 4개와 산소 원자(단일 또는 이중 결합을 이루는) 한 개 및 구조에 필요한 H 원자들이 이룰 수 있는 분자 구조가 23개나 존재한다는 사실을 보여준다.

2. *전자 밀도와 반응성. 한 분자 내의 전자 밀도가 높은 부분과 다른 분자의 전자 밀도가 낮은 부분이 만나면*, 대부분 반응이 일어난다. 즉, 새로운 결합이 형성된다. 이러한 부분들은 다중 결합 또는 탄소-헤테로 원자 결합 특성 때문에 생긴다. 유기 분자에서 흔히 볼 수 있는 네 가지 결합의 반응성을 살펴보자.

- *C—C 결합.* 거의 모든 유기 분자에서 볼 수 있듯이, C가 다른 C와 단일 결합을 하면 전기 음성도(EN) 값이 같아서 그 결합은 비극성이다. 따라서 대부분의 경우 *C—C 결합은 반응성이 없다.*
- *C—H 결합.* 거의 모든 유기 분자에서 볼 수 있는 이 결합은 짧고(109 pm), H(2.1)와 C(2.5)의 EN 값이 비슷하기 때문에 거의 비극성이다. 따라서 *C—H 결합도 반응성이 거의 없다.*
- *C—O 결합.* 많은 종류의 유기 분자에서 볼 수 있는 이 결합은 큰 극성($\Delta EN = 1.0$)을 가지며 O 말단은 전자가 풍부하고, C 말단은 전자가 부족한 상태이다. 전자 밀도의 분포가 균일하지 않기 때문에, *C—O 결합은 깨지기 쉬워 반응성이 크고* 조건만 맞으면 이 결합에서 반응이 일어난다.
- *다른 헤테로 원자와의 결합.* 탄소-헤테로 원자 결합의 ΔEN이 C—Br($\Delta EN = 0.3$)같이 작거나 또는 C—S($\Delta EN = 0$)과 같이 0일지라도, 헤테로 원자가 크므로 탄소와의 결합은 길고 약하며, 따라서 *반응성이 있다.*

3. *작용기의 중요성.* 대부분의 유기 분자의 핵심 특징은 **작용기**(functional group)이다. 작용기는 결합된 원자들의 특수한 조합인데, 어느 분자에 들어 있든지 상관없이 *고유한* 방식으로 반응한다. 거의 모든 경우 *유기 화합물의 반응은 작용기에서 일어난다*(실제로 15.3절에서 보게 되겠지만, 작용기가 반응하는 동안 유기 분자의 나머지 부분은 변함이 없으므로 흔히 기호로 나타낸다). 작용기는 탄소-탄소 다중 결합에서부터 탄소-헤테로 원자 결합이 몇 개 조합을 이룬 경우까지 다양하며, 각 작용기는 고유한 반응성의 양상을 가지고 있다. 특정한 결합 자체이거나 하나 이상의 작용기의 *부분*일 수도 있다. 예로서, C—O 결합은 4개의 작용기에 나타난다. 이 장의 후반부에서는 이들 중 3개의 작용기의 반응성을 알아볼 것이다.

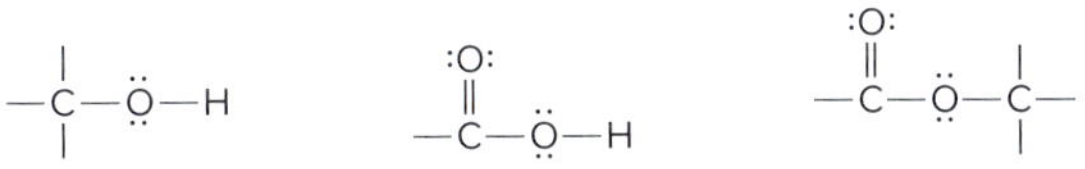

—C—Ö—H 알코올(alcohol) 기　　—C(=O)—Ö—H 카복실산(carboxylic acid) 기　　—C(=O)—Ö—C— 에스터(ester) 기

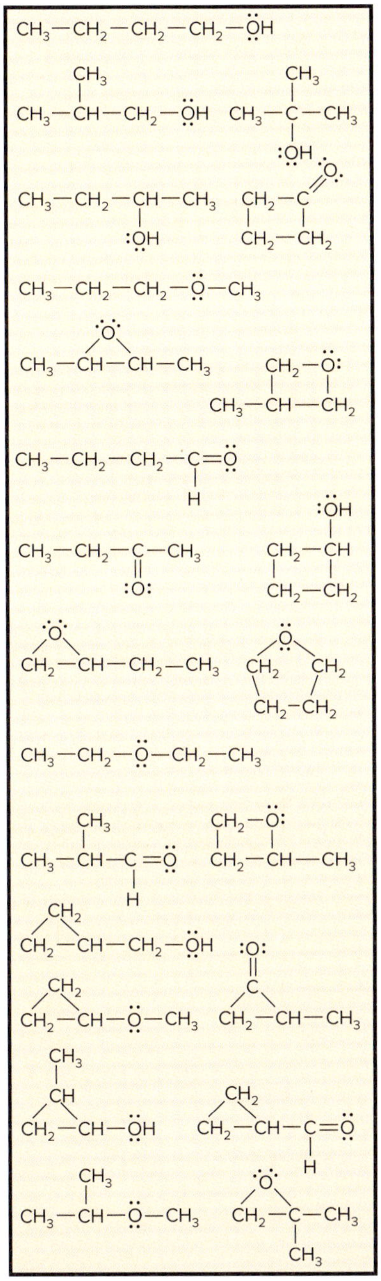

그림 15.2 헤테로 원자들과의 다양한 결합 배열이 유기 분자들의 화학적 다양성을 만들어 낸다.

› 15.1절 요약

- 탄소는 크기가 작고 전기 음성도가 중간이며, 4개의 원자가 전자 및 다중 결합을 형성하는 능력 때문에 유기 화합물은 복잡한 구조를 갖는다.
- 따라서 탄소는 사슬을 형성하여 곧은 사슬, 가지달린 화합물 및 고리 화합물을 이룰 수 있다. 탄소는 크기가 작고 원자가 준위에 *d* 오비탈이 없으므로 각 탄소로부터 최대 네 방향으로 향하는 강하고 화학적으로 안정한 결합을 이룬다.
- 유기 화합물의 화학적 다양성은 O와 N을 비롯한 다른 많은 원소와 결합을 이루는 능력에 기인하며, 이러한 결합들은 극성이어서 반응성이 더 크다.
- 대부분 유기 화합물은 작용기, 즉 고유한 방식으로 반응하는 결합된 원자들의 조합을 가지고 있다.

15.2 탄화수소의 구조와 종류

유기 분자와 동물을 해부학적으로 비유해보자. 탄소-탄소 결합은 골격을 이룬다. 가장 길게 연결되어 있는 사슬은 척추이고, 가지는 손발이다. 골격을 덮고 있는 것은 수소 원자라는 피부이고, 작용기는 특이한 장소에서 튀어나와 있으면서 접근하는 반응물을 붙잡을 준비가 되어 있는 화학적 손가락이다. 이 절에서는 화합물을 골격 수준까지 "해부"하고 이 화합물을 어떻게 명명하고 그리는지 알아본다.

유기 화합물의 가장 단순한 형태인 **탄화수소**(hydrocarbon)는 H와 C 원자로만 이루어진 화합물이다. 천연가스와 휘발유 같이 일상적으로 사용하는 연료는 탄화수소의 혼합물이다. 에틸렌(ethylene), 아세틸렌(acetylene), 벤젠(benzene)과 같은 탄화수소는 다른 물질을 만드는 데 출발 물질로 사용하는 중요한 원료이다.

탄소 골격과 수소 피부

다중 결합이나 고리 구조 없이 단순한 골격으로 C 원자만으로 결합이 가능한 배열을 먼저 살펴보기로 하자. (처음에는 H 원자는 그리지 않겠다.) 다른 골격과의 구분을 위해 C 원자의 *배열*(한 원자가 다른 원자와 순차적으로 연결된 순서)에만 집중하고 *단일(시그마) 결합은 상대적으로 자유로운 회전이 가능하다*는 것을 염두에 두자(11.2절).

탄소 원자 수와 배열 수 탄소 원자가 1, 2, 3개가 있는 구조는 한 가지 방식으로만 가능하다. 3개의 C 원자를 직선으로 그리거나 구부려서 그려도 배열은 동일하다. 하지만 탄소 원자가 4개인 경우에는 두 가지의 배열이 가능하다. 즉, 4개 탄소 사슬, 또는 가운데 C에 1개의 탄소 가지가 달린 3개 탄소 사슬이 둘 다 가능하다.

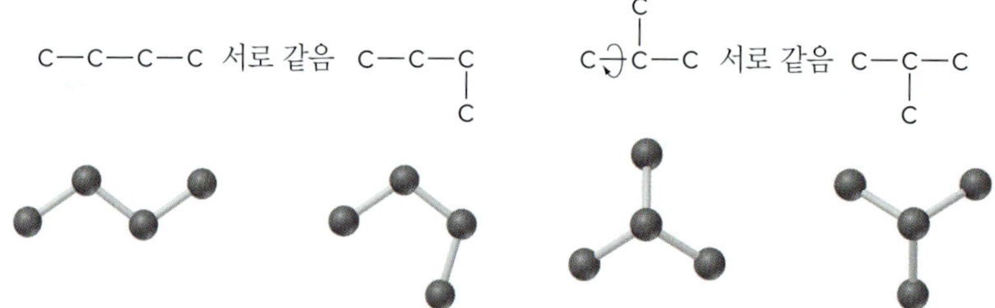

C 원자의 사면체 구조 때문에 구부러지게 그려도(위의 공-막대 모형처럼) 실제는 같다. 만일 3개 탄소 사슬의 양쪽 끝 중 어느 한쪽 끝에 가지를 붙이면 다른 배열이 아닌 단순히 4개 탄소 사슬의 굽은 형태이다. 마찬가지로 가지가 위 대신 아래로 향해도 원자단은 단일 결합의 회전으로 같은 배열을 나타낸다.

C 원자의 총 수가 증가함에 따라 배열이 다른 구조의 수도 증가한다. C 원자가 5개이면 세 가지 배열이 가능하며(그림 15.3A), C 원자가 6, 7, 10, 20개이면 각각 다섯 가지, 아홉 가지, 75가지 그리고 300,000가지 이상의 배열이 가능하다. 다중 결합과 고리를 포함시키면, 배열의 수는 더 증가하게 된다. 예를 들어 C 원자 5개로 이루어진 골격에 C=C 결합이 한 개 있으면 다섯 가지의 배열이 더 가능하고(그림 15.3B), 고리가 한 개 있으면

그림 15.3 몇 가지 탄소 5개짜리 골격.

A. C—C—C—C—C

B. C=C—C—C—C

C—C=C—C—C

C.

다섯 가지의 배열이 더 얻어지게 된다(그림 15.3C).

탄화수소 그리기 주어진 C 원자의 수에 대해 골격이 다른 배열의 수를 결정할 때 다음 사실을 기억해야 한다.

- 각 C 원자는 최대 4개의 단일 결합 또는 2개의 단일 결합과 1개의 이중 결합 또는 1개의 단일 결합과 1개의 삼중 결합을 이룰 수 있다.

- C 원자의 곧은 사슬이나 구부러진 사슬이나 모두 같은 골격을 나타낸다.
- 단일 결합으로 연결된 배열에서 아래로 향한 가지는 위로 향한 가지와 같다
- 이중 결합은 *회전이 제한되므로* 이중 결합에 연결된 다른 그룹은 서로 다른 배열을 이룬다.

탄소 골격을 수소 "피부"로 덮으면 탄화수소가 완성된다. 그림 15.4은 *각 C가 4개의 결합을 이룰 때* 그 골격이 올바른 수의 H 원자를 갖는다는 것을 보여준다. 예제 15.1에서 탄화수소를 그리는 연습을 해보자.

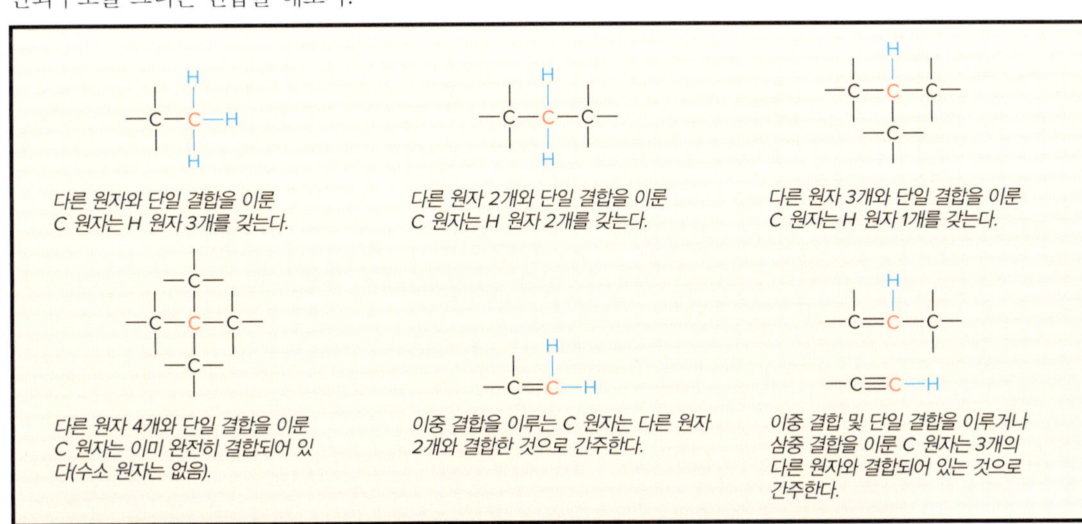

그림 15.4 C 원자 골격에 H 원자 피부 입히기.

예제 15.1 | 탄화수소 그리기

문제 다음 조건에 맞는 탄화수소의 가능한 구조를 모두 그려라.

(a) C 원자 6개, 다중 결합과 고리는 없음

(b) C 원자 4개, 이중 결합은 1개, 고리는 없음

(c) C 원자 4개, 다중 결합은 없으며, 고리가 1개 있음

계획 각 경우에 가장 긴 탄소 사슬을 먼저 그리고 그 다음에 가지가 달린 더 작은 사슬을 그 사슬의 다른 위치에 그린다. 이 과정에서는 흔히 시행착오가 수반된다. 그런 다음 각 C가 4개의 결합을 이루도록 H 원자를 넣어 준다.

풀이 **(a)** C 원자가 6개인 화합물:

6-C 사슬:

5-C 사슬과 가지 1개:

4-C 사슬과 가지 2개:

(b) C 원자가 4개이고 이중 결합이 1개인 화합물:

4-C 사슬:

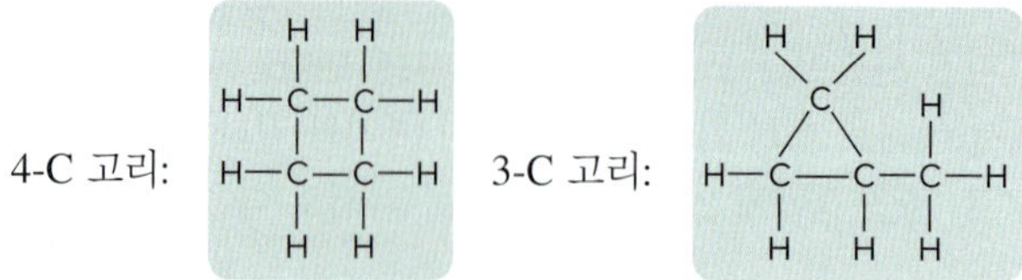

3-C 사슬과 가지 1개:
- $H_2C{=}C(CH_3){-}CH_3$ (Structure: H—C(H)(H)—C(=C(H)—H)—, with branch H—C(H)(H)—H)

(c) C 원자가 4개이며 고리가 1개인 화합물:

4-C 고리: (Structure: four-membered ring, each C bonded to two H)

3-C 고리: (Structure: three-membered ring with a CH_3 branch)

검산 각 골격에서 C 원자 수, 다중 결합 수와 고리 수가 일치하고 중복되거나 빠뜨린 구조가 없는지 확인하라. 이중 결합 1개는 결합 2개로 간주하는 것을 기억하자.

해설 다음과 같은 *흔히 범하는 실수*를 주의하자.

(a)에서: C—C(—C)—C—C—C은 C—C—C—C(—C)—C과 같은 골격이다.

C—C(—C)—C(—C)—C은 C—C(—C)—C(—C)—C과 같은 골격이다.

(b)에서: C—C—C=C와 C=C—C—C는 같은 골격이다.

이중 결합의 회전은 제한되므로, 풀이 (b)에 그린 4-C 사슬의 왼쪽에 그린 *시스* 구조 이외에도 *트랜스* 구조가 가능하다.

H—C(H)(H)—C(H)=C(H)—C(H)(H)—H

(이러한 *시스*와 *트랜스* 구조는 이 절의 뒤에서 자세히 설명한다).

또한 다음 구조처럼 한 개의 C에 너무 많은 결합을 그리지 않도록 주의하자.

5개 결합

H—C(H)(H)—C(H)(—CH₃)=C(H)—H

(c)에서: H—C—C—C—H에는 C 한 개에 너무 많은 결합이 있다. (5개 결합)

▶ **보충 문제**

15.1A 다음과 같이 다른 원자 배열을 갖는 탄화수소를 모두 그려라.

(a) 다중 결합을 갖지 않고 C 7개를 갖는 탄화수소

(b) 1개의 삼중 결합을 갖고 고리 구조가 아닌 탄화수소(세 가지 배열)

15.1B 다음의 원자 배열을 갖는 탄화수소의 구조를 모두 그려라.

(a) 탄소 4개와 고리 1개 및 이중 결합 1개를 갖는 탄화수소(4개의 배열)

(b) 탄소 4개와 고리가 아닌 이중 결합 2개를 갖는 탄화수소(2개의 배열)

유사 문제 15.13~15.16

탄화수소는 4개의 주된 그룹, 즉 알케인, 알켄, 알카인, 방향족으로 분류할 수 있다. 이 절의 나머지 부분에서 각 그룹의 이름, 구조적 특징과 물리적 성질을 살펴본다. 탄화수소의 화학 반응은 그 뒤에 논의할 것이다.

알케인: 단일 결합만을 가지고 있는 탄화수소

단일 결합만을 가지고 있는 탄화수소는 **알케인**(alkane)이며, 다음과 같은 일반적인 특성을 가지고 있다.

- 알케인의 일반식은 $\mathbf{C}_n\mathbf{H}_{2n+2}$이며, n은 양의 정수이다. 예를 들어 $n = 5$이면, 분자식은 $C_5H_{[(2\times5)+2]}$, 즉 C_5H_{12}이다.
- 알케인은 각 구성원이 다음 구성원과 $-CH_2-$(methylene) 기 한 개씩 다른 **동족 계열**(homologous series)을 이룬다.
- 알케인에서 각 C는 sp^3 혼성을 하고 있다.
- 알케인에서 각 C는 *최대 수(4)의 다른 원자*(C 또는 H)와 결합하고 있기 때문에, 알케인을 **포화 탄화수소**(saturated hydrocarbon)라고 한다.

알케인의 명명 2.8절에서 10개의 가장 작은 곧은 사슬 알케인의 명명법을 배운 바 있다. 여기서 알케인 그리고 더 나아가서 다른 유기 화합물을 명명하는 일반적 규칙을 소개한다. 중요한 점은 *각 사슬, 가지, 고리는 C 원자의* ***개수***(number)*에 근거한 이름을 가지고 있다*는 것이다. 한 화합물의 이름은 세 부분으로 이루어져 있다.

접두사 + 어근 + 접미사

- *어근*: 어근은 그 분자의 가장 길고 *연속적인* 사슬에 들어 있는 C 원자의 수를 나타낸다. 탄소 수가 10개 이하인 알케인의 어근을 표 15.1에 표시하였다. C 원자가 1~4개의 화합물에 대해서는 특별한 어근을 사용한다. 더 긴 사슬의 어근은 그리스 수에 근거한 것이다.
- *접미사*: 접미사는 *유기 화합물의 유형*을 나타낸다. 즉, 그 분자가 가지고 있는 중요한 작용기를 말한다. 접미사는 어근 *뒤에* 쓴다.
- *접두사*: 각 접두사는 주 *사슬에 연결된 기*와 이것이 연결된 탄소 원자의 번호를 나타낸다. 탄화수소 가지를 나타내는 접두사는 어근(표 15.1)과 같으나 그 말미에 *-yl*을 붙인다. 예를 들면 탄소 2개짜리 가지는 ethyl 기이다. 각 접두사는 어근 *앞에* 쓴다.

표 15.1 탄소 사슬과 가지의 숫자 어근

어근	C 원자의 수
meth-	1
eth-	2
prop-	3
but-	4
pent-	5
hex-	6
hept-	7
oct-	8
non-	9
dec-	10

예를 들어 2-methylbutane에서 *2-methyl-*은 접두사, *-but-*는 어근(주 사슬에 탄소 4개가 있음), *-ane*은 접미사로 분자 구조(이 화합물은 알케인)에 대한 정보를 나타낸다.

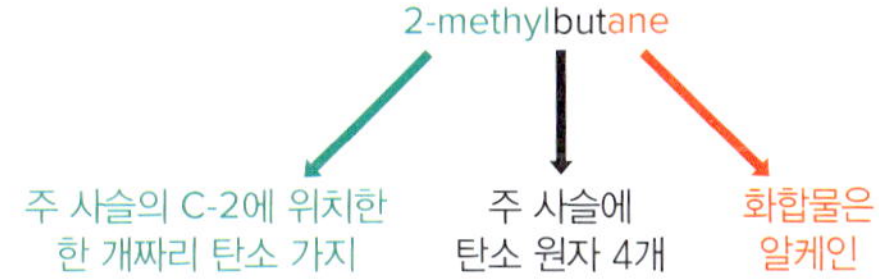

한 화합물에 계통명을 붙이려면 다음 과정을 따른다.

1. 가장 긴 사슬에 이름을 붙인다(어근).
2. 화합물의 유형을 더한다(접미사).
3. 가지가 있으면 이름을 붙인다(접두사).

표 15.2에 유기 화합물 명명 규칙을 나타내었고 이 규칙을 휘발유의 한 알케인 성분에 적용하였다. 다른 유기 화합물은 다양한 종류의 접두사와 접미사를 이용하여 명명한다(표 15.5 참조). 이러한 *계통명* 이외에 *관용명*도 아직 흔히 쓰이고 있다.

유기 화합물 명명법이 어렵게 느껴진다면, eBook에 접속하여 이 주제에 대한 추가 학습 동영상을 참고하자.

화학식과 모형으로 알케인 그리기 화학자들은 몇 가지 방법을 사용하여 유기 화합물을 나타낸다. 확장 구조식, 축약 구조식과 탄소-골격 구조식은 그리기 쉽다. 공-막대 모형과 공간 채움 모형은 실제의 모양과 결합각을 보여 준다.

- *확장 구조식*(expanded formula)은 Lewis 구조이므로 각 원자와 결합을 표시한다.
- *축약 구조식*(condensed formula)의 한 유형에서는 각 C 원자와 여기에 결합된 H 원자들을 묶어서 표시한다. 모든 결합을 표시하지 않는다.
- *탄소-골격 구조식*(carbon-skeleton formula)은 탄소-탄소 결합만을 그리며 한 개 이상의 가지가 달린 지그재그 선처럼 그린다. *지그재그 선 또는 가지의 각 끝이나 구부러진*

표 15.2 | 유기 화합물을 명명하는 규칙

1. 가장 긴 사슬 명명하기(어근)
   (a) C 원자의 가장 길고 *연속적인* 사슬을 찾는다.
   (b) 이 사슬에 있는 C 원자의 수에 대응하는 어근 이름을 선택한다.

   $CH_3-CH(CH_3)-CH(CH_2-CH_3)-CH(CH_3)-CH_2-CH_3$

   탄소 6개 ⟹ hex-

2. 화합물의 종류 명명하기(접미사)
   (a) 알케인의 경우, 접미사 *-ane*을 사슬의 어근 이름에 붙인다(다른 작용기를 가진 화합물의 경우 사용되는 접미사가 표 15.5에 나와 있다).
   (b) 사슬이 고리를 이루면 *cyclo-*를 이름 앞에 붙인다.

   hex- + -ane ⟹ hexane

3. 가지(접두사) 명명하기(화합물에 가지가 없으면, 그 이름은 어근과 접미사로만 이루어진다)
   (a) 가지 이름은 어근(C 원자의 수)과 가지가 주 사슬의 일부가 아님을 나타내는 끝부분을 *-yl*로 표시한다.
   (b) 가지 이름은 사슬 이름 앞에 쓴다. 2개 이상의 가지가 있을 때, 그 이름을 *알파벳* 순서로 표시한다.
   (c) 사슬의 어디에 가지가 있는지를 명시하기 위해, 가지에 *더 가까운* 사슬의 끝에서 출발하여 사슬에 연속적으로 번호를 매겨, 가지의 번호가 *가장 작은* 수가 되도록 한다. 가지 이름 앞에 그 가지가 연결된 사슬의 C 번호를 표시한다.

   methyl, ethyl

   ethyldimethylhexane

   3-ethyl-2,4-dimethylhexane

곳은 한 개의 C 원자를 나타내며, 이 C 원자에는 4개의 결합을 이루도록 적절한 수의 H 원자가 붙어 있다:*

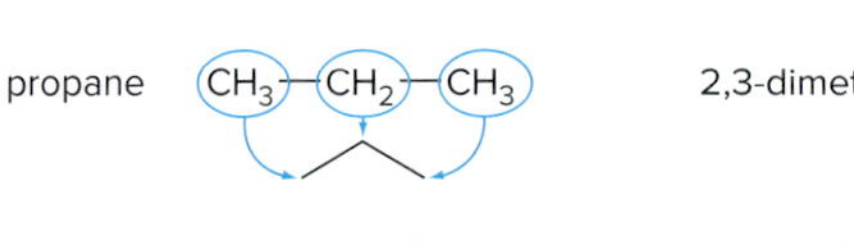

그림 15.5에 3-ethyl-2-methylhexane의 구조식과 모형을 나타내었다.

고리형 탄화수소 **고리형 탄화수소**(cyclic hydrocarbon)는 한 개 이상의 고리를 가지고 있다. 곧은 사슬 알케인(C_nH_{2n+2})이 하나의 고리를 이룰 때, 사슬의 두 끝이 연결되어 C—C 결합이 생기기 때문에 2개의 H 원자가 없어진다. 따라서 *사이클로알케인*(cycloalkane)의 분자식은 C_nH_{2n}이다. 고리형 탄화수소는 종종 탄소 골격 구조식으로 그린다(그림 15.6의 *맨 위*). 탄소가 3개인 고리를 제외하고, *사이클로알케인*은 공-막대 모형이 보여주는 것처럼 *비평면 구조*(nonplanar)이다. 이러한 구조적 특징은 각 C 원자 주위의 정사면체 모양과 인접 H 원자 사이의 전자 반발을 최소화할 필요성 때문에 생긴다. 사이클로헥세인(cyclohexane)의 가장 안정한 형태는 *의자 형태*(chair conformation)라고 부른다(그림 15.6D 공-막대 모형 참조).

알케인의 분산력과 물리적 성질

알케인은 거의 비극성이므로, 물리적 성질과 용해도는 분산력에 의해 결정될 것으로 예상

그림 15.5 알케인 3-ethyl-2-methylhexane을 그리는 방법.

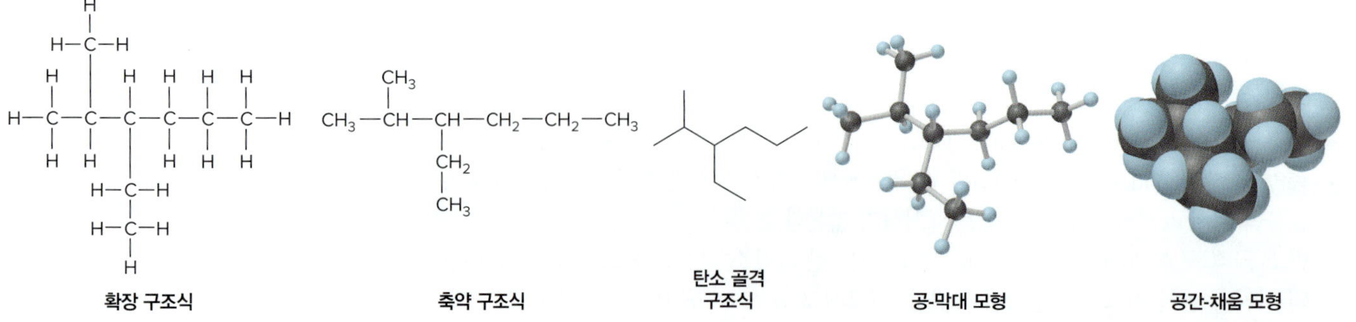

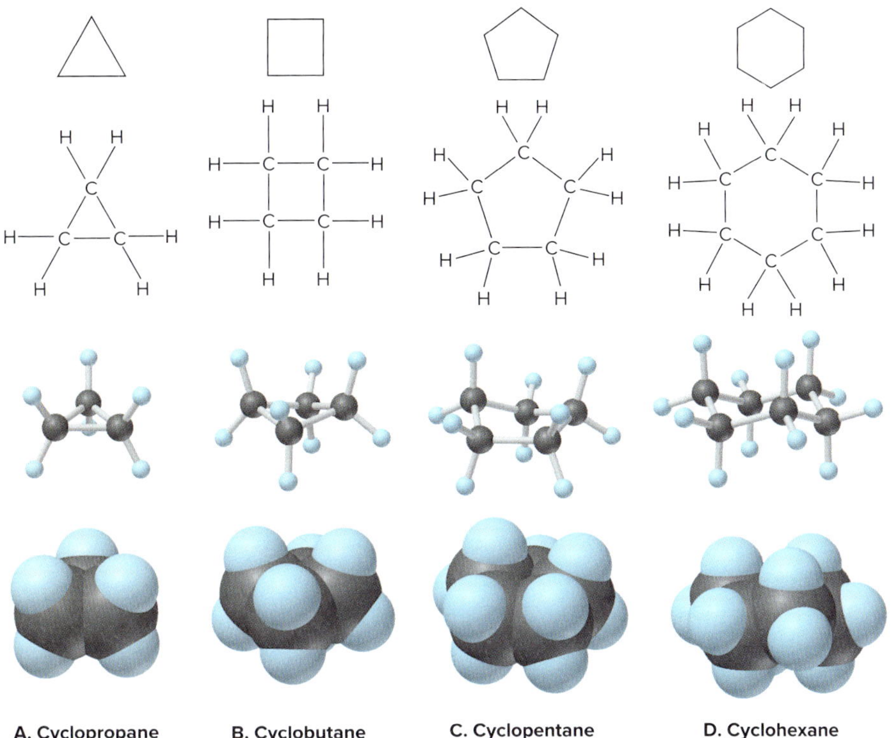

그림 15.6 사이클로알케인 그리기.

된다(12.3절). 이러한 효과에 대한 명확한 예는 가지가 없는 알케인(*n*-알케인)에서 볼 수 있다. 끓는점은 사슬이 길수록 꾸준히 증가한다. 체인이 길수록, 몰질량이 커지고 분자 간 접촉이 더 커지므로, 분산력이 증가하며 끓는점이 더 높아진다(그림 15.7). 펜테인(C 원자 5개)은 실온에서 액체로 존재하는 가장 작은 *n*-알케인이다.

알케인의 용해도 그리고 모든 탄화수소의 용해도는 비슷한 것이 비슷한 것을 녹인다는 규칙(13.1절)으로부터 쉽게 예측할 수 있다. 알케인은 다른 알케인이나 벤젠 같은 무극성 용매에 섞이나, 물에는 거의 녹지 않는다. 예를 들어 물에서 펜테인의 용해도는 실온에서 겨우 0.36 g/L에 불과하다.

구조 이성질체

3.2절에서 배운 분자식은 같으나 성질이 서로 다른 두 개 이상의 화합물을 **이성질체**(isomer)라고 부른다는 것을 상기해 보자. *결합된 원자들의 배열이 다른 이성질체*를 **구조 이성질체**[constitutional (or structural) isomer]라고 부른다. C 원자의 수는 같으나 골격이 다른 탄화수소가 그 한 가지 예이다. 구조 이성질 현상을 보이는 가장 작은 알케인은 4개의 탄소를 가지고 있다. 표 15.3에 나와 있듯이 서로 다른 두 이성질체의 분자식은 C_4H_{10}으로서

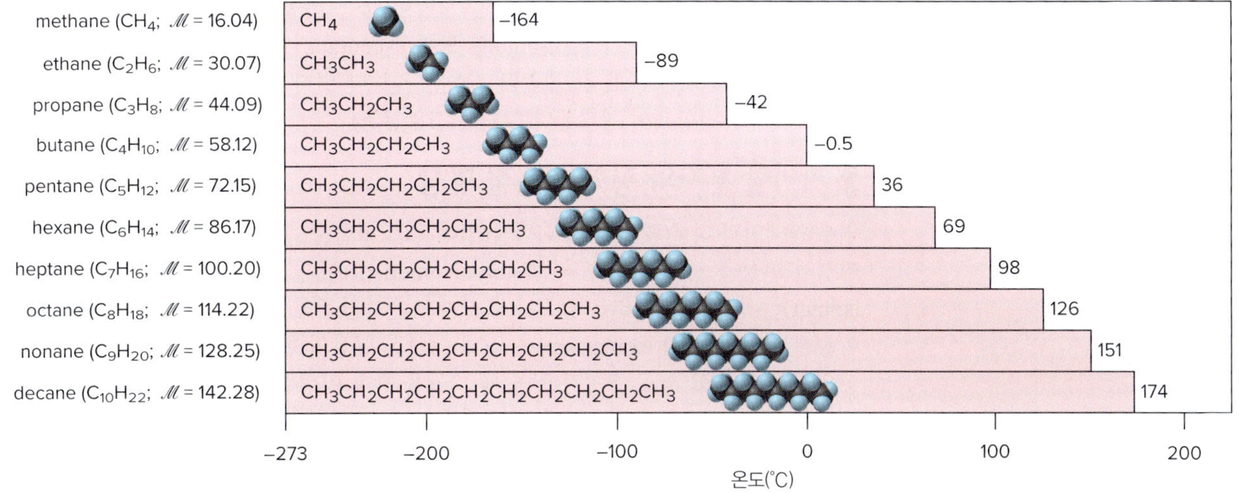

그림 15.7 C가 10개 이하인 가지 없는 알케인의 화학식, 몰질량($\mathcal{M}$, g/mol 단위), 구조식, 1 atm에서의 끓는점(°C 단위).

표 15.3 | C_4H_{10}과 C_5H_{12}의 구조 이성질체

계통명(관용명)	확장 구조식	축약 및 골격 구조식	공간 채움 모형	밀도(g/mL)	끓는점(°C)
Butane (*n*-butane)	H H H H | | | | H—C—C—C—C—H | | | | H H H H	$CH_3—CH_2—CH_2—CH_3$		0.579	−0.5
2-Methylpropane (isobutane)	H H H | | | H—C—C—C—H | | | H | H H—C—H | H	$CH_3—CH—CH_3$ | CH_3		0.549	−11.6
Pentane (*n*-pentane)	H H H H H | | | | | H—C—C—C—C—C—H | | | | | H H H H H	$CH_3—CH_2—CH_2—CH_2—CH_3$		0.626	36.1
2-Methylbutane (isopentane)	H H H H | | | | H—C—C—C—C—H | | | | H | H H H—C—H | H	$CH_3—CH—CH_2—CH_3$ | CH_3		0.620	27.8
2,2-Dimethylpropane (neopentane)	H | H—C—H H | H | | | H—C—C—C—H | | | H | H H—C—H | H	CH_3 | $CH_3—C—CH_3$ | CH_3		0.614	9.5

같다. 가지가 없는 이성질체가 butane[관용명은 *n*-butane인데, *n*-은 노말(normal) 또는 곧은 사슬을 의미함]이며, 다른 하나는 2-methylpropane(관용명은 *iso*butane)이다. 마찬가지로 분자식이 C_5H_{12}인 경우, 3개의 이성질체가 존재한다. 가지가 없는 이성질체는 pentane(관용명은 *n*-pentane)이며, 4-C 사슬의 C-2 위치에 메틸기가 있는 것은 2-methylbutane(관용명은 *iso*pentane)이다. 세 번째 이성질체는 3-C 사슬의 C-2 위치에 메틸기가 2개 있으므로, 그 이름은 2,2-dimethylpropane(관용명은 *neo*pentane)이다.

예상되는 바와 같이 구조 이성질체의 물리적 성질은 분산력에 의해 결정되며, 이러한 관계는 끓는점에 의해 증명된다(표 15.3 *가장 오른쪽 열*).

- 분산력의 세기는 일반적으로 몰질량이 증가함에 따라 함께 증가하기 때문에 4-C 화합물은 5-C 화합물보다 낮은 온도에서 끓는다.
- 이성질체의 한 그룹 안에서도, 분자 모양이 둥근 화합물(isobutane 또는 neopentane)이 분자 모양이 길쭉한 것(*n*-butane 또는 *n*-pentane)보다 낮은 온도에서 끓는다. 모양이 둥근 경우에는 분자 간 접촉이 길쭉한 것보다 덜하고 따라서 분산력이 더 작기 때문에, 이러한 경향성이 관찰된다(그림 12.18 참조).

카이랄 분자와 광학 이성질 현상

일부 알케인과 다른 많은 유기 화합물(일부 무기 화합물도 포함)에서 나타나는 다른 형태의 이성질 현상을 *입체 이성질 현상*(stereoisomerism)이라고 부른다. **입체 이성질체**(stereoisomer)는 원자들의 배열은 같으나 *공간에서 원자단들의 방향이 다른* 분자를 말한다. *광학 이성질 현상*(optical isomerism)은 입체 이성질 현상의 한 종류이다. *두 물체가 서로 거울상의 관계에 있고 서로 겹치지 않을 때 그들을* **광학 이성질체**(optical isomer) 또는 *거울상 이성질체*(enantiomer)라고 한다. 오른손은 왼손의 광학 이성질체이다. 거울에서 오른손을 보면, 그 상은 왼손과 동일하다는 것을 알 것이다(그림 15.8). 팔을 어떻게 돌리든지 간에,

손바닥이 같은 방향으로 향한 상태에서 한 손을 다른 손 위에 겹치도록 놓을 수는 없다.

그림 15.8 광학 이성질체의 비유.

Source: Jill Braaten

비대칭성과 카이랄성 광학 이성질체는 각각이 *비대칭적*(asymmetric)이기 때문에 겹쳐지지 않는다. 분자(또는 손)을 두 개의 동일한 부분으로 나누는 대칭면은 없다. 비대칭 분자를 **카이랄 분자**(chiral molecule, 그리스어로 *cheir*은 '손'이라는 의미)라고 한다. 전형적으로, 유기 분자가 ***서로 다른*** *4개의 기가 결합된 탄소 원자 1개를 가지면, 그 분자는 카이랄이다.* 이 탄소를 *카이랄 중심*(chiral center) 혹은 비대칭 탄소(asymmetric carbon)라고 부른다. 예를 들어, 3-methylhexane에서 C-3은 H—, CH_3—, CH_3—CH_2—, CH_3—CH_2—CH_2—라는 4개의 서로 다른 기에 결합하고 있기 때문에, 이 탄소는 카이랄 중심이다(그림 15.9A). 우리의 두 손처럼, 두 구조는 거울상이다. 2개의 기를 겹치면 다른 두 개는 서로 반대편에 있게 된다. 아미노산인 알라닌의 중심 C 원자도 카이랄 중심이다(그림 15.9B).

그림 15.9 두 카이랄 분자.

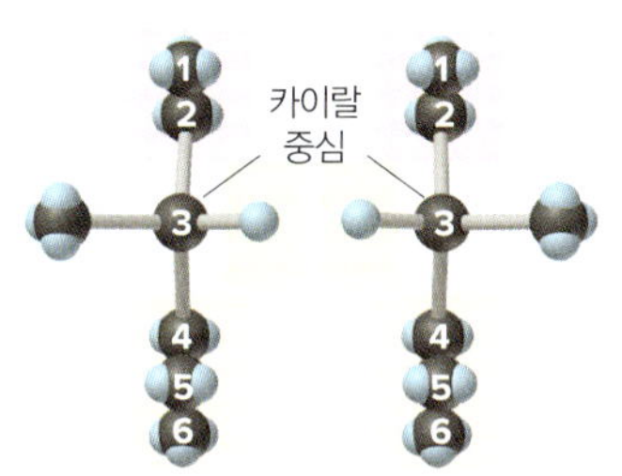

A. 3-methylhexane의 광학 이성질체

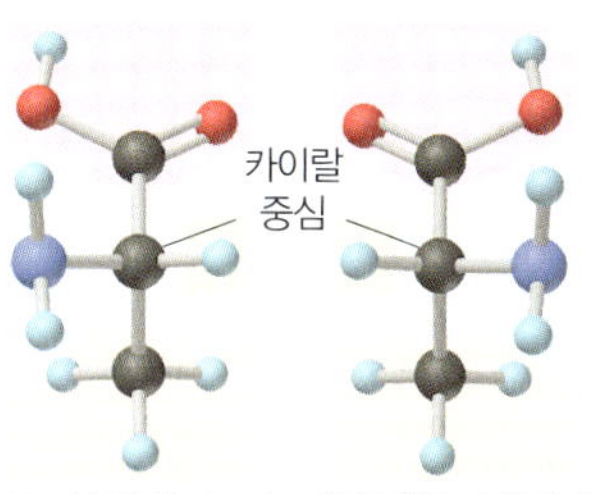

B. 알라닌(alanine)의 광학 이성질체

광학 이성질체의 성질 물리적 성질이 다른 구조 이성질체와 달리 광학 이성질체는 다음 두 가지 점 이외의 모든 점에서 동일하다.

인터넷 핫스팟

광학 이성질체의 개념이 어렵게 느껴진다면, eBook에 접속하여 이 주제에 대한 추가 학습 동영상을 참고하자.

1. 물리적 성질 중에서, *광학 이성질체는 각 이성질체가 편광의 면을 회전시키는 방향만이 다르다.* **편광계**(polarimeter)는 편광면이 회전하는 각도를 측정하는 장비이다(그림 15.10). 광선은 모든 면에서 진동하는 파동으로 이루어져 있다. 편광 필터는 한 가지 평면에서만 진동하는 파동 이외의 다른 모든 파동을 막아버리기 때문에, 이 필터를 통과하는 빛은 *평면 편광*(plane-polarized)이 된다. 광학 이성질체는 이 편광 평면을 회전시키므로 **광학 활성**(optically active)이다. (액정 표시 장치에는 편광 필터와 광학 활성 화합물이 들어 있다. 그림 12.43 참조.) 시계 방향으로 평면을 회전시키면 *우회전성 이성질체*(dextrorotatory isomer, *d* 또는 +로 표시)라 하고 반시계 방향으로 평면을 회전시키면 *좌회전성 이성질체*(levorottory isomer, *l* 또는 2로 표시)라 하며 *d* 이성질체의 거울상이다. 두 이성질체가 같은 몰수로 섞인 혼합물[*라셈 혼합물*(racemic mixture)이라 부름]은 시계 방향 회전을 반시계 방향 회전이 상쇄시키므로 편광면을 회전시키지 않는다. *고유 광회전도*(specific rotation)는 특정 온도와 농도 그리고 특정 파장에서 측정 가능한 광학 이성질체의 측정 가능한 특성이다.

2. 화학적 성질 중에서, *광학 이성질체는 카이랄성(비대칭적) 화학적 환경에서만 다르며,* 분자가 오른손잡이인지 왼손잡이인지를 구별한다. 비유를 들면, 오른손에는 오른손 장갑은 잘 맞으나 왼손 장갑은 그렇지 않을 것이다. 광학활성 반응물의 한 이성질체를 다른 화합물의 광학 이성질체 혼합물에 첨가할 때 이 반응의 생성물들은 다른 성질을 가지며 분리할 수 있다.

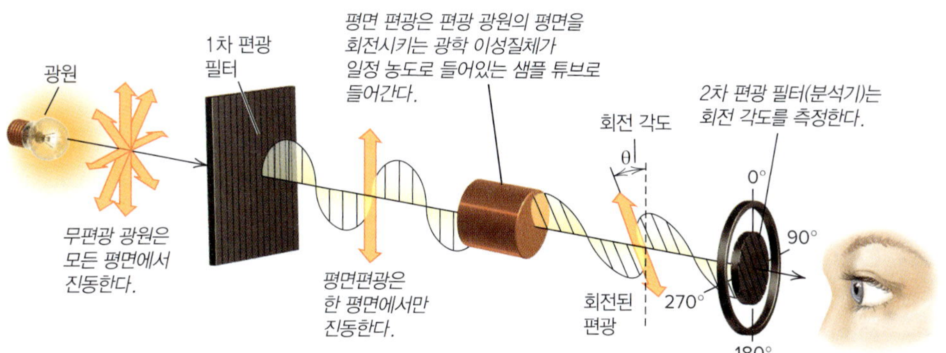

그림 15.10 광학 활성 물질에 의한 평면 편광의 회전.

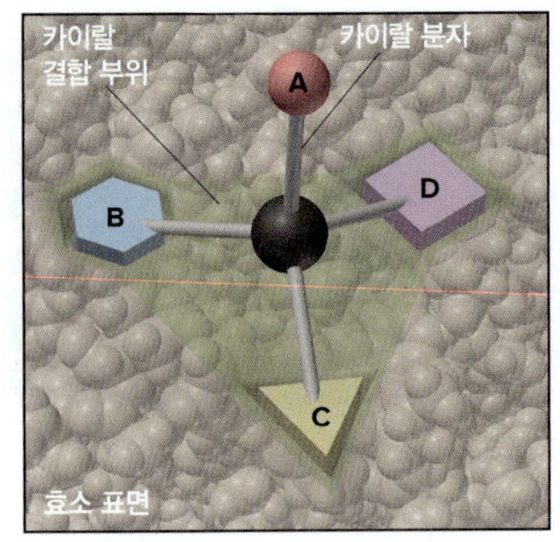

그림 15.11 효소 결합 부위.

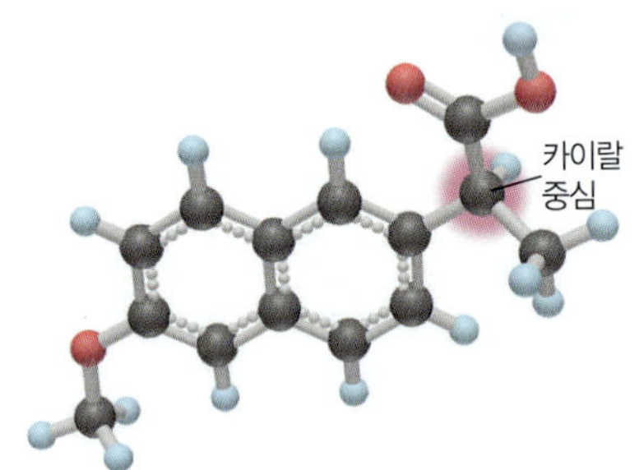

나프록센(Naproxen)

생명체와 의약에서 광학 이성질 현상의 역할 광학 이성질 현상은 살아 있는 세포에서 매우 중요한 역할을 수행한다. 거의 모든 탄수화물과 아미노산은 광학 활성을 갖는데, 이성질체 중 하나만 생물학적으로 유용하다. 예를 들어 *d*-glucose는 에너지를 내면서 대사되지만, *l*-glucose는 대사되지 않고 배설된다. 비슷하게, *l*-alanine은 단백질에 자연적으로 결합되지만, *d*-alanine은 그렇지 못하다. 생명체는 효소 때문에 광학 이성질체 중 하나만 이용할 수 있다(16.7절). 효소는 반응물과 결합하여 결합의 파괴와 형성에 영향을 주면서 살아 있는 세포에서 거의 모든 반응을 가속화시키는 단백질이다. 효소는 그의 결합 자리가 카이랄(비대칭)이기 때문에 한 광학 이성질체를 다른 이성질체로부터 구별한다(그림 15.11). 한 광학 이성질체의 모양은 결합 자리에 맞으나 그의 거울상인 다른 이성질체의 모양은 맞지 않아 결합할 수 없는 것이다.

대부분 약은 카이랄 분자이다. 한 광학 이성질체는 생리 활성(약효)을 가지나 다른 것은 다른 형태의 활성을 가지거나 활성이 전혀 없다. 소염진통제인 나프록센(Naproxen, *여백 그림 참조*)이 한 예이다. 이성질체 중 하나는 관절염 치료제이지만 다른 하나는 심한 간 독성이 있어 합성할 때 두 이성질체의 혼합물이 얻어지면 이를 반드시 제거해야 한다. 다른 예로 악명 높은 탈리도마이드(thalidomide)란 약이 있다. 한 광학 이성질체는 우울증 치료제이나 다른 것은 태아 돌연변이와 사망에 이르게 한다. 비극적인 사건으로, 이 약이 1950년대에 라셈 혼합물로 팔렸는데, 임신 중 "입덧"을 완화하는 약으로 처방 받아 복용한 산모에서 사지가 덜 형성된 기형아가 출산되었다.

알켄: 이중 결합이 있는 탄화수소

C=C 결합을 한 개 이상 갖는 탄화수소를 **알켄**(alkene)이라 부르며, 다음과 같은 특징이 있다.

- 이중 결합을 만들기 위해 두 개의 H 원자를 제거해야 하므로 일반식은 $\mathbf{C_nH_{2n}}$이다. 예를 들면, 탄소 5개짜리 알켄($n = 5$)은 $C_5H_{(2\times5)}$, 즉 C_5H_{10}의 화학식을 갖는다.
- 이중 결합을 하는 C 원자는 sp^2 혼성이다.
- 탄소 원자에 최대로 가능한 4개의 원자보다 작은 수의 원자가 결합되어 있기 때문에, 알켄을 **불포화 탄화수소**(unsaturated hydrocarbon)라고 한다.

알켄의 이름은 두 가지 점에서 알케인의 이름과 다르다.

1. 주 사슬(어근)은 이중 결합의 두 탄소를 *포함해야* 하는데 가장 긴 사슬이 아닐 수도 있다. 사슬은 C=C 결합에 *가까운* 끝부터 번호를 매기고, 이중 결합의 위치는 이중 결합 내 *첫 번째* C 원자의 번호로 표시한다.

2. 알켄의 접미사는 *-ene*이다.

예를 들어 예제 15.1b에 구조가 그려진 3개의 4-C 알켄(C_4H_8)(두 개는 가지가 없고 한 개는 가지가 있음)은 다음과 같이 명명한다.

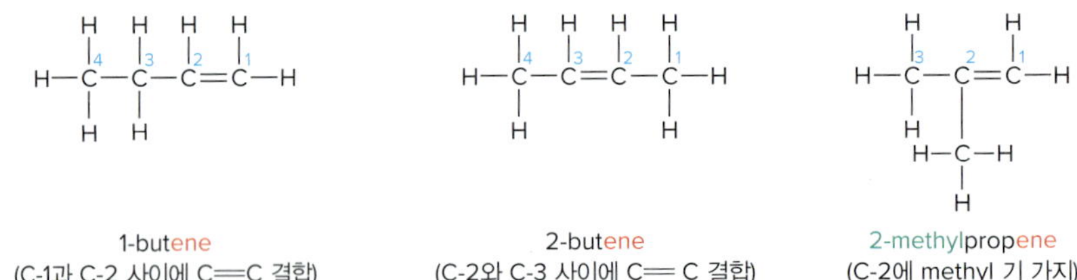

(곧 논의할 것으로, 2-butene은 다른 유형의 이성질 현상 때문에 두 가지 이성질체가 있다).

알켄과 알케인 사이에는 두 가지 중요한 구조적 차이가 있다.

- 알케인은 각각의 C 원자 주위에 *사면체 기하 구조*(tetrahedral geometry)(~109.5°의 결합각)를 가지나 알켄에서 이중 결합을 하는 C 원자는 *삼각 평면 구조*(trigonal planar)(~120°)를 갖는다.
- C−C 결합은 결합된 기의 회전을 *허용하기* 때문에, 알케인에서의 원자들은 끊임없이 그들의 상대적 위치를 바꾼다. 이와 달리 C=C 결합의 π 결합은 회전을 *제한*하기 때문에 이중 결합에 붙은 원자들의 상대적 위치는 고정된다(11.2절 참조).

표 15.4 | 2-butene의 기하 이성질체

계통명	축약과 골격 구조식	공간 채움 모형	밀도(g/mL)	끓는점(°C)
cis-2-Butene	CH_3 CH_3 C=C H H		0.621	3.7
trans-2-Butene	CH_3 H C=C H CH_3		0.604	0.9

제한된 회전 및 기하(*시스-트랜스*) 이성질체

C=C 결합의 π 결합의 회전 제한 때문에 다른 종류의 입체 이성질 현상이 생긴다. **기하 이성질체**[geometric isomer, ***시스-트랜스 이성질체***(*cis-trans* isomer)라고도 함]는 하나의 이중 결합(또는 비슷한 구조적 특징) 주위에서 기들의 배향이 다르다. 표 15.4에 2-butene의 두 가지 기하 이성질체를 나타내었다(예제 15.1의 해설 참조).

- 한 이성질체인 *cis*-2-butene에서 CH_3 기는 C=C 결합의 *같은* 쪽에 있다. 일반적으로, *시스* 이성질체는 *주 사슬의 더 큰 부분*(이 경우에는 두 개의 CH_3 기)이 이중 결합의 *같은* 쪽에 있다.
- 다른 이성질체인 *trans*-2-butene에서는 CH_3 기가 C=C 결합의 *반대쪽*에 있다. *트랜스* 이성질체에는 일반적으로 이중 결합의 *반대쪽에 주 사슬의 더 큰 부분*을 갖는다.

기하 이성질체를 가지려면 *C=C 결합의 각 C 원자는 2개의 다른 기에 결합되어야 한다.*

다른 구조 이성질체와 마찬가지로 기하 이성질체는 물리적 성질이 다르다. 표 15.4에서 두 개의 2-butene 분자가 분자 모양과 물리적 성질이 *모두* 다르다는 것에 주목하자. *시스* 이성질체는 사슬이 구부러져 있으나 *트랜스* 이성질체는 그렇지 않다. 10장과 12장에서 분자간 인력의 크기를 다르게 하는 분자 극성과 물리적 성질에 이 차이가 어떻게 영향을 미치는지 배웠다. *트랜스* 이성질체는 결합 쌍극자 모멘트들이 서로 상쇄되므로 쌍극자 모멘트가 0 D이다. 하지만 *시스* 이성질체는 결합 쌍극자 모멘트들이 서로 상쇄되지 않으므로 0.33 D의 다소 작은 쌍극자 모멘트 값을 갖는다. *시스* 이성질체의 작은 분자 극성 때문에 *시스* 이성질체는 분자간 힘이 조금 더 강하고 끓는점이 더 높다.

기하 이성질체와 시각의 화학 두 기하 이성질체 사이의 성질 차이는 생체계에 커다란 영향을 끼친다. 예를 들면, 우리가 사물을 볼 수 있는 일련의 연속적인 사건의 첫 단계는 두 기하 이성질체가 다른 모양을 가지기 때문이다. 15-C 사슬과 5개의 1-C 가지와 5개의 C=C 결합으로 이루어진 20-C 화합물인 *레티날*(retinal)은 빛 에너지를 받아 전기적 신호로 변환하여 이를 뇌에 전달하는 데 참여하는 분자의 일부분이다. 생체계에서 레티날은 두 가지 이성질체 구조로 발견된다.

- 순(all)-*트랜스* 이성질체는 5개의 이중 결합이 모두 *트랜스*이며 길쭉한 모양이다.
- 11-*시스* 이성질체는 C-11과 C-12 사이의 이중 결합이 *시스*로 그 결합 주위가 구부러져 있다.

망막 세포는 11-*시스* 레티날과 공유 결합을 하고 있는 커다란 단백질인 *로돕신*(rhodopsin)으로 빽빽이 차 있다. 로돕신이 가시광선의 광자를 흡수하면 시각의 초기 화학적 사건이 시작된다. 가시광선에는 C=C π 결합(약 250 kJ/mol)을 깨는 데 필요한 에너지를 가지고 있는 광자의 에너지 영역(165~293 kJ/mol)이 포함되어 있다. 로돕신이 광자 한 개를 흡수하면 수백만 분의 1초 안에 11-*시스* π 결합이 깨지고, C-11과 C-12 사이에 남아 있는 σ 결합이 회전하고, π 결합이 다시 생성되면서 모든 이중 결합이 *트랜스*인 순-*트랜스* 레티날이 생성된다(그림 15.12).

이렇게 레티날 분자의 모양이 빠르고 심하게 변하면, 여기에 붙어 있는 단백질도 그

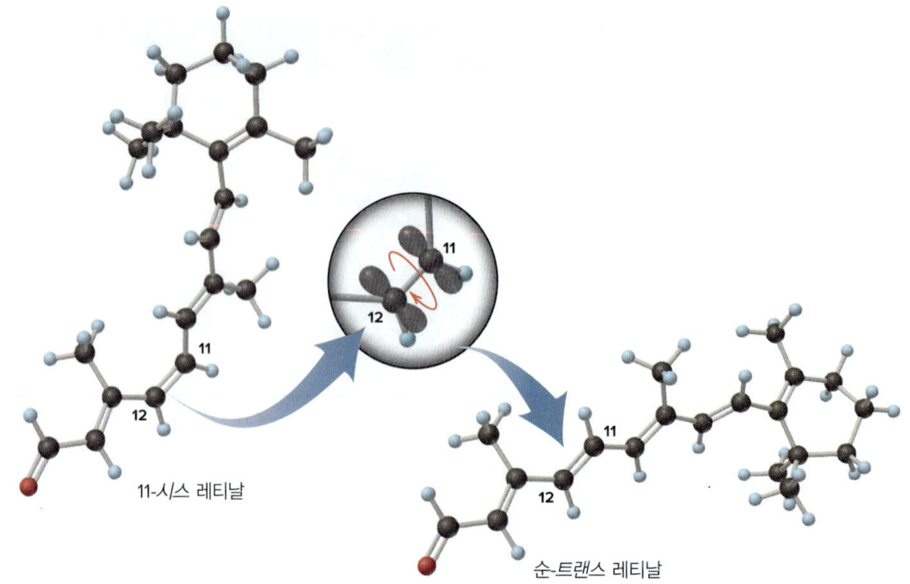

그림 15.12 시각의 초기 화학적 변화와 레티날의 모양 변화.

모양이 변하게 된다. 이러한 변화는 망막 세포로 이온들이 유입되는 것을 촉발시킨다. 이러한 이온의 유입은 전기적 신호로 시신경을 통해 뇌로 전달된다. 한편 자유로운 순-*트랜스* 레티날은 그 단백질로부터 떨어져나가 다시 *시스* 형태로 변환된 후 그 단백질의 한 부분과 결합한다. 빛은 빠르게 그리고 효율적으로 레티날의 큰 구조적 변화를 일으키기 때문에, 진화론적 선택의 결과로 보라색 박테리아, 연체동물, 곤충, 척추동물뿐만 아니라 다른 생명체에서 광자의 흡수체로서 사용되고 있다.

알카인: 삼중 결합이 있는 탄화수소

C≡C 결합을 한 개 이상 갖는 탄화수소를 **알카인**(alkyne)이라고 하며 다음과 같은 특징이 있다.

- 탄소 수가 같은 알켄보다 H가 2개 적으므로 일반식은 $\mathbf{C_nH_{2n-2}}$이다. 5개의 탄소 원자를 갖는 알카인의 화학식 $C_5H_{[(2\times5)-2]}$, 또는 C_5C_8이다.
- C≡C 결합의 탄소는 1개의 다른 원자와 결합할 수 있기 때문에, 각 C 원자 주위의 기하 구조는 선형(180°)이다. 각 C 원자는 *sp* 혼성을 하고 있다.
- 알카인은 접미사가 *-yne*인 점 이외에는 알켄과 같은 방식으로 이름을 붙인다.

편재화된 π 전자 때문에, C=C와 C≡C 결합은 전자가 풍부하여 작용기로 거동한다. 따라서 알켄과 알카인은 알케인보다 훨씬 더 반응성이 크다(15.4절 참조).

예제 15.2 | 탄화수소 명명 및 카이랄성과 기하 이성질체에 대한 이해

문제 다음 화합물의 계통명을 쓰고, 구조 (d)의 경우에는 카이랄 중심을 표시하고, (e)의 알켄의 두 기하 이성질체를 그려라.

(a) $CH_3-C(CH_3)_2-CH_2-CH_3$ (중앙 C 위아래에 CH_3)

(b) $CH_3-CH_2-CH(CH_3)-CH(CH_2CH_3)-CH_3$

(c) (고리 구조: 메틸기와 에틸기가 붙은 사이클로펜테인 골격 구조식)

(d) $CH_3-CH_2-CH(CH_3)-CH=CH_2$

(e) $CH_3-CH_2-CH=C(CH_3)-CH(CH_3)-CH_3$

계획 (a)에서 (c)까지는 표 15.2를 참조한다. 우선 가장 긴 사슬(*어근*)을 명명하고 단일 결합뿐이므로 접미사 *-ane*을 붙인다. 그런 다음 가지에 *더 가까운* 끝에서 C 원자에 번호를 매겨, 가지에 *가장 낮은* 수를 붙인다. 마지막으로 각 가지를 명명하고(*어근* + *-yl*) 이름들을 알파벳 순으로 어근 이름 앞에 쓴다. **(c)**의 경우에는 어근 앞에 *cyclo*-를 붙인다. **(d)**와 **(e)**의 경우에는 다중 결합을 *포함하는* 가장 긴 사슬에 다중 결합에 가까운 끝에서부터 번호를 매긴다. **(d)**의 경우 카이랄 중심은 4개의 서로 다른 기가 결합하는 C 원자이다. **(e)**의 경우 *시스* 이성질체는 이중 결합의 같은 쪽에 더 큰 기를 가지고 있고, *트랜스* 이성질체는 반대쪽에 가지고 있다.

풀이

(a)

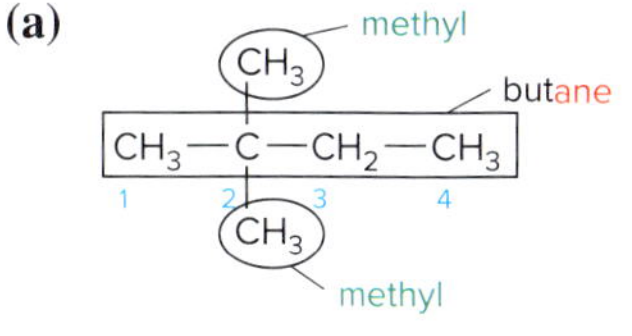

2,2-dimethylbutane

한 가지의 유형이 두 번 이상 나오면, 사슬 번호를 묶고, 가지의 수를 숫자 접두사를 써서 2,2-*di*methyl과 같이 표기한다.

(b)

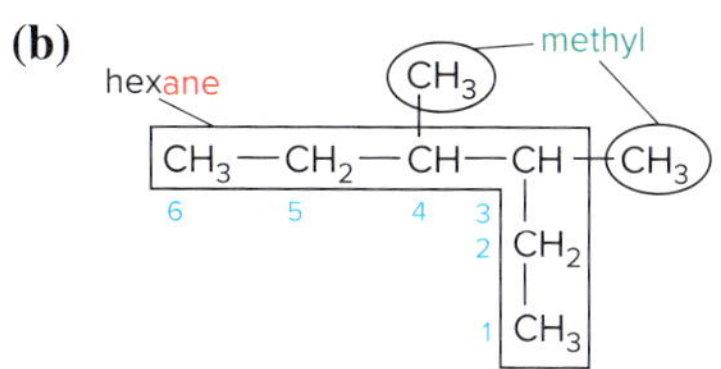

3,4-dimethylhexane

이 경우에는, 두 개의 중심 C 원자에 연결된 가지가 같기 때문에 사슬의 양 끝 어느 쪽이든 상관없이 번호를 매길 수 있다.

(c)

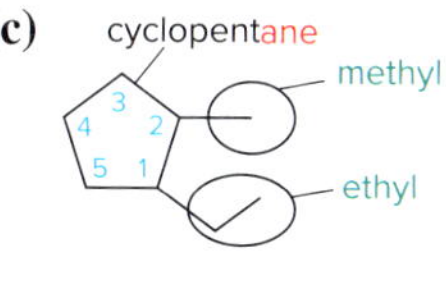

1-ethyl-2-methylcyclopentane

가지가 C-1에 연결되도록 고리의 C 원자에 번호를 매긴다.

(d)

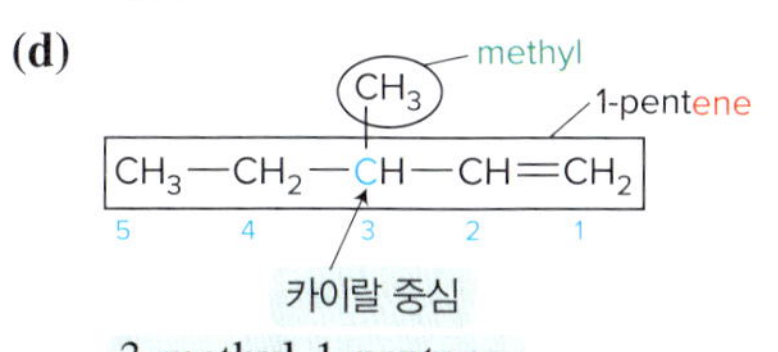

3-methyl-1-pentene

(e)

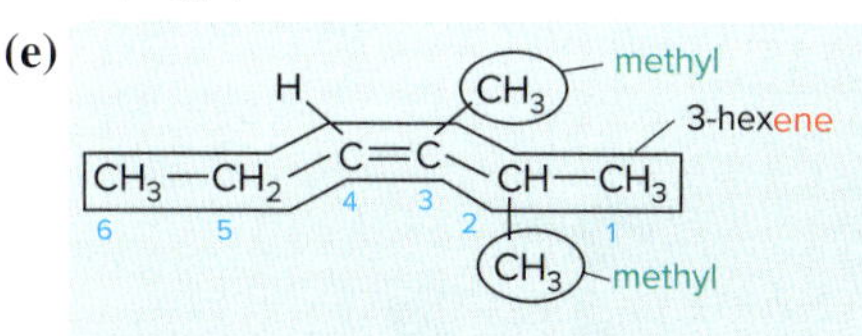

cis-2,3-dimethyl-3-hexene

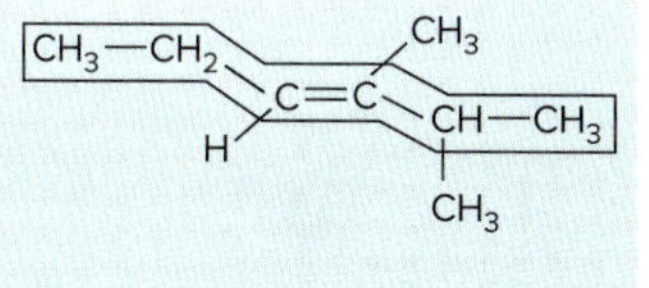

trans-2,3-dimethyl-3-hexene

검산 반대로 이름에 대한 구조를 그려서 문제에서 주어진 구조가 나오는지를 보는 것이 훌륭한 검토(동시에 좋은 연습)이 된다.

해설 1. (b)에서 C-3과 C-4는 카이랄 중심이고, 구조 (c)의 C-1과 C-2도 카이랄 중심이다. 하지만, 구조 (b)에서는 분자는 카이랄성이 아니다. C-3과 C-4 사이에 대칭면이 있으면, 분자의 각 절반은 반대 방향으로 빛을 회전시킨다. **2.** 다음과 같은 흔히 범하는 실수를 피해야 한다. 구조 (b)에서 2-ethyl-3-methylpentane은 틀린 것이다. 가장 긴 사슬은 *hexane*이다. 구조 (c)에서 1-methyl-2-ethylcyclopentane은 틀린 것이다. 가지 이름은 *알파벳* 순서로 써야 한다.

▶ **보충 문제**

15.2A 다음 각각의 계통명과 (c)에서 기하 이성질체, (d)에서 카이랄 중심을 확인하라.

(a) $CH_3—CH_2—C(CH_2CH_3)_2—CH_2—CH_3$ **(b)** **(c)** **(d)** $CH_3—CH_2—CH_2$—(cyclopentyl)—CH_3

15.2B 다음 화합물의 축약 구조식을 그려라.

(a) 3-ethyl-3-methyloctane, **(b)** 1-ethyl-3-propylcyclohexane (또한 이 화합물의 C-골격 구조식을 그려라), **(c)** 3,3,-diethyl-1-hexyne, **(d)** *trans*-3-methyl-3-heptene.

유사 문제 15.19~15.30

방향족 탄화수소: 비편재화된 π 전자를 갖는 고리 분자

사이클로알케인과는 달리 **방향족 탄화수소**(aromatic hydrocarbon)는 여섯 개의 C 원자로 이루어진 고리를 한 개 이상 가진 평면 분자로, 흔히 단일 결합과 이중 결합을 번갈아 그려 나타낸다. 벤젠(benzene)에 대해 배웠듯이(10.1절) 고리의 결합은 모두 같다. 결합 길이와 세기는 C—C와 C=C 결합의 *중간*이다. 이 점을 나타내기 위해 벤젠을 공명 혼성체나 π 전자의 비편재화를 표현하는 원(또는 점선으로 그린 원)으로 그리기도 한다(그림 15.13A). 오비탈 그림을 보면 σ 결합의 C 원자로 구성된 육각형 평면의 위와 아래에 비편재화된 π 전자 구름 2개가 위치해 있음을 알 수 있다(그림 15.13B).

그림 15.13 벤젠의 표기.

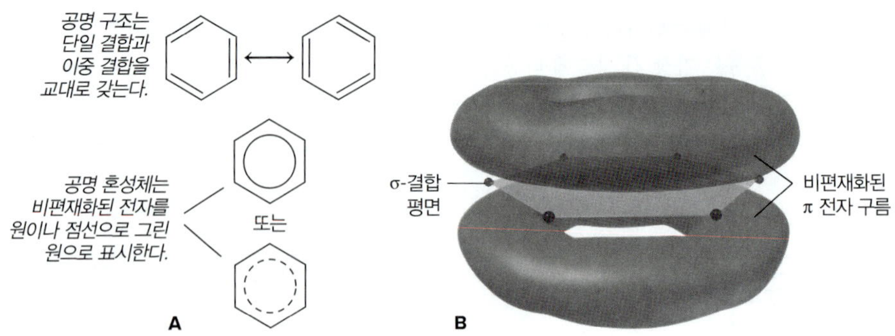

간단한 방향족 화합물의 계통명은 비교적 단순하다. 흔히 벤젠이 어미 구조이며 붙어 있는 기, 즉 *치환기*(substituents)는 접두사로 쓰인다. 그러나 아직도 많은 관용명이 사용되고 있다. 예를 들어 methyl 기가 한 개 붙어 있는 벤젠의 계통명은 *methylbenzene*이지만 관용명인 *톨루엔*(toluene)이 더 알려져 있다. 톨루엔과 같이 치환기가 한 개일 때에는 고리 C에 번호를 붙이지 않는다. 그러나 두 개 이상의 기가 붙어 있으면 치환기 한 개는 고리의 C-1에 붙어 있는 방식으로 번호를 매긴다.

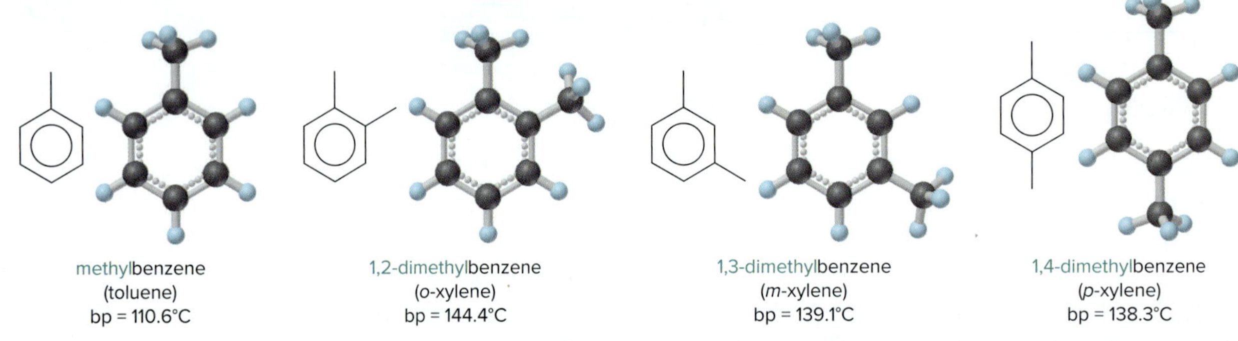

관용명에서는 두 기의 위치가 고리의 인접한 C 원자에 있으면 *o*-(오쏘, ortho), 하나 건너 있으면 *m*-(메타, meta), 그리고 반대편에 있으면 *p*-(파라, para)로 표시한다. Dimethylbenzene 화합물(관용명 *xylene*)은 중요한 용매이자 폴리에스터 섬유와 염료를 만들기 위한 원료이다. 벤젠 및 다른 많은 방향족 탄화수소는 발암물질이다.

결합되어 있는 치환기가 둘 이상이면 이성질체의 수가 증가한다. 예를 들어, 벤젠 고리에 1개의 methyl 기와 3개의 nitro(—NO_2) 기가 있으면 6개의 이성질체가 존재한다. TNT 폭약은 그 중 하나이다(*여백의 구조 참고*).

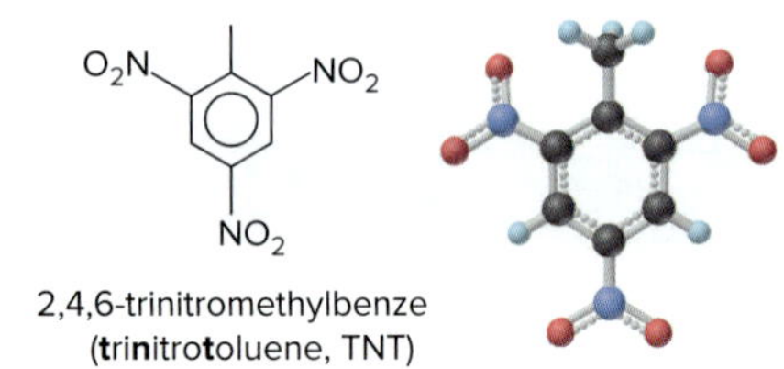

2,4,6-trinitromethylbenze
(**tri**nitro**to**luene, TNT)

유기 분자의 구조를 결정하는 가장 중요한 방법 중 하나를 다음에 나오는 실험 기법에서 소개한다.

주제의 전환: 사슬고리 무기 수소화물

이 장의 여러 곳에서 "주제의 전환"이라 부르는 짧은 논의를 통해 유기와 무기 화합물의 유사성을 살펴본다. 비록 탄소만큼 다양한 수소화물을 만들지는 못하지만 몇몇 다른 원소들도 사슬 구조의 수소화물을 만들며 많은 고리, 사슬과 새장 구조도 알려져 있다.

- *보레인*(borane). 무기 화합물 중 그런 한 그룹이 붕소 수소화물인 보레인이다(14.5절). 비록 그들의 다양한 모양이 탄화수소의 모양에 버금가지만 그들의 유별난 다리 구조는 약해서 대부분 열적으로나 화학적으로 불안정하다.
- *실레인*(silane). 알케인과 실리콘 수소화물인 실레인 사이에는 구조적으로 확실한 유사성이 있다. 실레인은 동족에 대한 일반식(Si_nH_{2n+2})도 갖는다. 가지 달린 실레인은 알려졌으나 최근까지도 고리형이나 불포화(Si=Si 결합을 하나라도 포함하는) 화합물은 만들지 못했다. 알케인과 다르게 실레인은 열적으로 불안정하며 공기 중에서 자발적으로 연소한다.

핵자기 공명(NMR) 분광법

질량 분석기(2장) 및 적외선(IR) 분광기(9장) 이외에도 유기 및 생화학적 구조를 분석하는 데 가장 유용한 방법 중 하나로 분자 내 특정 핵의 분자 환경을 측정하는 **핵자기 공명 분광법**[nuclear magnetic resonance (NMR) spectroscopy]이 있다.

전자와 마찬가지로 ^{13}C, ^{19}F, ^{31}P, ^{1}H와 같은 여러 종류의 핵은 두 방향 중 한쪽으로 회전하는 것처럼 행동하며, 서로 다른 작은 자기장을 형성한다. 여기에서는 수소의 가장 일반적인 동위 원소의 핵 변화를 측정하는 ^{1}H-NMR 분광법을 주로 소개한다. 무작위로 배열된 시료 화합물 중의 ^{1}H 핵의 자기장은 강한 외부 자기장(B_0) 내에 들어가면 외부 자기장에 *나란히*(평행) 또는 *반대*(역평행)로 배열된다. 대부분의 핵은 에너지가 약간 더 낮은 평행 배열을 갖는다. 두 에너지 상태(스핀 상태)의 에너지 차이(ΔE)는 전자기파 스펙트럼의 라디오파(rf) 영역에 해당된다(그림 B15.1).

낮은 에너지(평행) 스핀 상태의 ^{1}H (*파란색 화살표*)가 ΔE와 같은 에너지를 갖는 라디오파 영역의 광자를 흡수하면 '*공명*(resonance)' 과정으로 높은 에너지(역평행) 스핀 상태로 "뒤집힌다(flip)." 들뜬 수소 원자핵은 에너지를 다시 방출하는데, 이 에너지를 ^{1}H-NMR 분광계의 rf 수신기로 검출한다. 두 에너지 상태 사이의 ΔE는 각 ^{1}H 핵에 작용하는 *실제* 자기장에 따라 달라지는데, 이 실제 자기장은 인접한 원자들의 *전자*들의 작은 자기장의 영향을 받는다. 따라서 각 ^{1}H 핵의 공명에 필요한 ΔE는 특정 분자 환경(C 원자, 음전위 원자, 다중 결합 및 주변 방향족 고리)에 따라 달라진다. 다른 분자 환경의 ^{1}H 핵은 ^{1}H-NMR 스펙트럼에서 다른 위치에 피크(peak)를 생성한다.

각 화합물마다 고유한 ^{1}H-NMR 스펙트럼은 자기장의 변화에 따라 공명을 나타내는 피크들의 집합이다. 주어진 환경에서 ^{1}H 핵의 *화학적 이동*(chemical shift)은 피크가 나타나는 위치이다. 화학적 이동은 첨가된 기준 물질인 tetramethylsilane[$(CH_3)_4Si$(TMS)]의 화학적 이동을 기준으로 상대적으로 나타낸다. TMS는 1개의 Si 원자에 사면체 배열로 결합된 4개의 C 원자에 12개의 ^{1}H 원자핵이 결합되어 12개 모두 동일한 환경에 있으므로 오직 1개의 피크만 생성한다.

그림 B15.2는 아세톤의 ^{1}H-NMR 스펙트럼이다. 아세톤의 6개의 ^{1}H 핵은 동일 환경에 있다. 6개 모두 C=O 결합의 C 원자에 결합한 2개의 C 원자에 결합되어 한 개의 피크가 생성되나 TMS 피크와 다른 위치에 생성된다. 그림 B15.3의 dimethoxymethane의 스펙트럼은 ^{1}H 핵이 두 가지 다른 환경에 있으므로 TMS 피크 이외에 두 개의 피크가 관찰된다. 높은 피크는 2개의 CH_3 그룹의 6개의 ^{1}H 핵이고, 낮은 피크는 CH_2 그룹의 2개의 ^{1}H 핵에 대한 것이다. 각 피크 아래의 면적(차트 용지 눈금 칸의 수로 주어짐)은 *주어진 환경에 있는* ^{1}H *핵의 수*와 비례한다. 면적비는 20.3/6.8 ≈ 3/1이며, CH_2 그룹의 2개와 CH_3 그룹의 6개 핵에 대한 비율과 일치한다. 따라서 화학적 이동과 피크 면적을 분석하면 화합물의 수소 원자의 유형 및 개수를 알 수 있다.

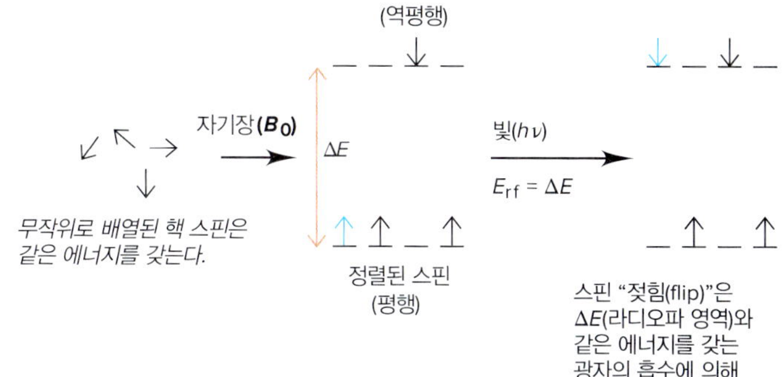

그림 B15.1 ^{1}H 스핀 공명의 원리.

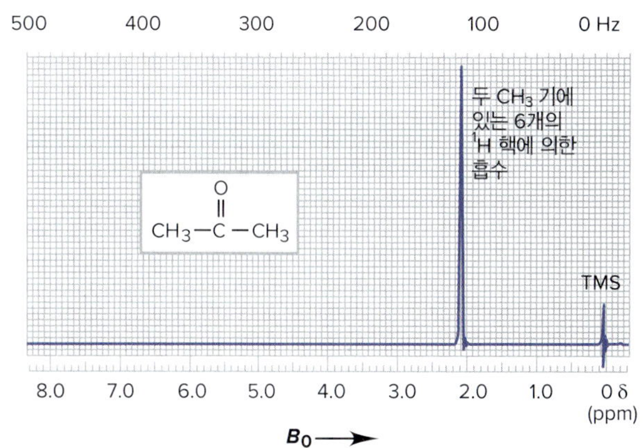

그림 B15.2 아세톤의 ^{1}H-NMR 스펙트럼.

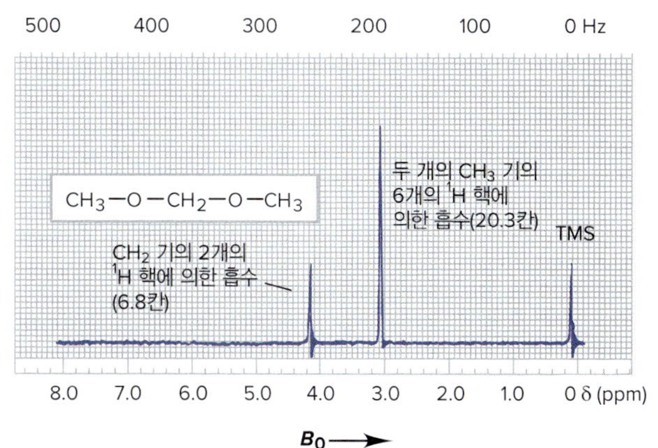

그림 B15.3 Dimethoxymethane의 ^{1}H-NMR 스펙트럼.

실험 기법
Tools of the Laboratory

핵자기 공명(NMR) 분광법 *(계속)*

NMR은 생화학 및 의학 분야에서도 많은 활용되고 있다. 신체 기관 및 기타 부위의 영상을 얻는 것에 이러한 원리를 적용하는 것을 *컴퓨터 기반 자기 공명 영상법* 또는 *MRI*라고 한다. 예를 들어 사람의 머리를 MRI로 스캔하면 뇌의 각기 다른 영역의 대사 활성도가 그려져서 뇌종양을 확인할 수 있다(그림 B15.4).

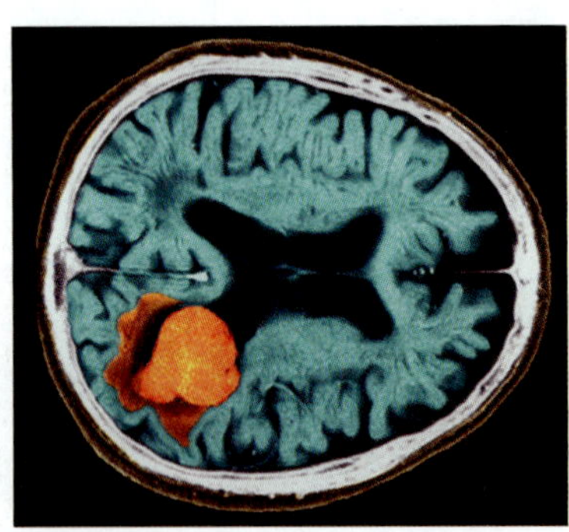

그림 B15.4 뇌종양의 MRI 스캔 영상.

Source: Zephyr/Science Source

문제

B15.1 표 15.3의 C_4H_{10}과 C_5H_{12}의 각 이성질체의 NMR 스펙트럼에는 피크가 몇 개 나타나는가?

B15.2 ^{1}H 핵의 두 스핀 상태의 에너지 차이 ΔE가 매우 작아서 NMR에는 라디오파 광을 사용한다. 200. MHz 주파수에 해당되는 ΔE를 (J/mol로) 계산하라.

B15.3 C_4H_8Br의 다음 세 이성질체 가운데

A: $H_2C(Br)—CH_2—CH_2—CH_2(Br)$

B: $H_3C—C(CH_3)(Br)—CH_2(Br)$

C: $H_2C(Br)—C(CH_3)(H)—CH_2(Br)$

^{1}H-NMR 스펙트럼에서 두 피크의 면적비가 3/1인 이성질체는 어느 것인가?

- *폴리설페인*(polysulfane). 황의 사슬을 이루는 능력은 탄소 다음이며 많은 사슬과 고리들이 동소체에 있다(14.8절). 많은 수의 황 수소화물, 고분자 설페인이 알려졌다. 그러나 이 분자들은 오직 끝에만 H 원자가 있는 ($H—S_n—H$) 가지가 없는 사슬이다. 실레인과 마찬가지로 고분자 설페인은 쉽게 산화되고 분해되므로 안정한 수소화물은 H_2S가 유일하며, 가장 안정한 동소체는 고리형 S_8이다.

› 15.2절 요약

- 탄화수소는 C와 H 원자만으로 이루어져 있기 때문에, 그들의 물리적 성질은 분산력의 세기에 의해 결정된다.
- 유기 화합물의 이름은 가장 긴 사슬을 표시하는 어근, 붙어 있는 기의 이름인 접두사, 화합물의 형태를 말해주는 접미사로 이루어져 있다.
- 알케인(alkane, C_nH_{2n+2})은 단일 결합만 가지고 있다. 사이클로알케인(cycloalkane, C_nH_{2n})은 보통 비평면 고리 구조이다. 알켄(alkene, C_nH_{2n})은 적어도 한 개의 C=C 결합을 가지고 있다. 알카인(alkyne, C_nH_{2n-2})은 적어도 한 개의 C≡C 결합을 가지고 있다. 방향족 탄화수소는 π 전자가 비편재화된 평면 고리를 적어도 한 개 가지고 있다.
- 이성질체는 분자식은 같으나 성질이 다른 화합물이다.
- 구조 이성질체는 원자의 배열이 다르다.
- 입체 이성질체(광학 이성질체와 기하 이성질체)는 원자들의 배열은 같으나, 원자들의 공간 배치가 다르다. 광학 이성질체는 4개의 다른 기들이 카이랄 중심인 탄소에 결합하여 비대칭적이기 때문에 서로 겹쳐질 수 없다. 그들은 평면 편광의 회전과 카이랄 반응물과의 반응 이외에는 물리적 및 화학적 성질이 같다. 기하(*시스-트랜스*) 이성질체는 C=C 결합 주위에 회전을 제한하는 기들이 다르게 배치되어 있다.
- 빛은 레티날의 *시스* 이성질체를 이중 결합이 모두 *트랜스*인 화합물로 바꾸며, 이 과정이 시각 반응을 일으킨다.
- 붕소, 실리콘 및 황도 마찬가지로 사슬형 수소화물을 이루나 그들은 매우 불안정하다.
- ^{1}H-NMR 분광법을 통해 유기 분자 내의 다양한 환경에 있는 수소 원자들의 상대적인 수를 알 수 있다.

15.3 유기 반응의 주요 유형

4장에서 화학 반응을 반응이 일어나는 화학적 과정(침전, 산-염기, 산화-환원)에 근거하여 분류하였고, 이후 반응물과 생성물의 수에 근거한 분류법(결합, 분해, 치환)을 간략히 소개하였다. 유기 반응에 대해서도 유사한 방식을 따른다.

반응을 더 일반적으로 표기하기 위해, 원자에 결합된 비반응성 유기 기능기를 보통 R—로 나타낸다. 다른 원자에 연결될 수 있는 결합을 한 개 가지고 있는 포화 탄화수소 사슬인 **알킬 기**(alkyl group)를 흔히 R—로 나타낸다. 따라서 R—CH_2—Br은 알킬 기가 결합된 CH_2기에 Br 원자에 결합된 것이다. R—CH=CH_2는 이중 결합의 탄소 한 개에 알킬 기가 붙어 있는 알켄이다(R 기가 둘 이상 존재하면 이러한 기가 다르다는 것을 표시하기 위해 종종 R, R′, R″이라고 쓴다).

유기 반응의 유형

세 가지 중요한 유기 반응의 유형은 *첨가*(addition), *제거*(elimination) 및 *치환*(substitution) *반응*으로, 반응물과 생성물에서 *C가 갖는 결합의 수*를 비교하여 확인할 수 있다.

첨가 반응 **첨가 반응**은 불포화 반응물이 포화 생성물로 변하는 반응이다.

$$\text{R—CH=CH—R} + \text{X—Y} \longrightarrow \text{R—CH(X)—CH(Y)—R}$$

C 원자가 반응물에서 보다 생성물에서 *더 많은* 원자와 결합하고 있음에 주목하자.

C=C, C≡C, C=O 결합은 흔히 첨가 반응을 한다. 세 경우 모두에서 σ 결합은 그대로 있지만, π 결합은 깨진다. 생성물에서 2개의 C 원자(또는 C와 O)가 σ 결합을 2개 더 만든다. 이 반응이 어떻게 일어나는지 알아보기 위해 전형적인 첨가 반응에 대한 표준 반응 엔탈피($\Delta H^\circ_{반응}$)로 조사해 보자. 다음 HCl과 에텐(관용명 에틸렌)의 반응을 살펴보자.

$$CH_2{=}CH_2 + \text{H—Cl} \longrightarrow \text{H—}CH_2\text{—}CH_2\text{—Cl}$$

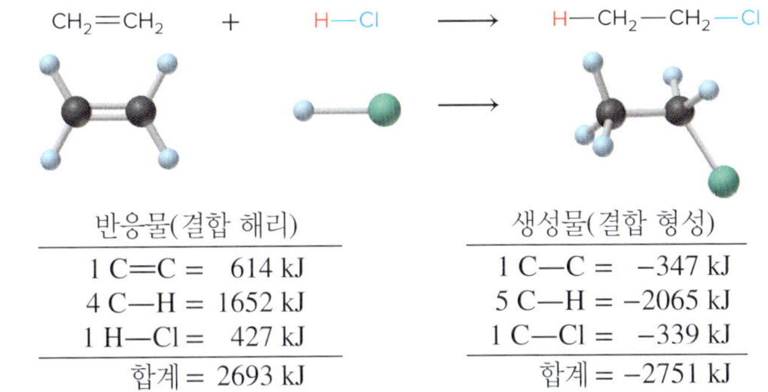

반응물(결합 해리)	생성물(결합 형성)
1 C=C = 614 kJ	1 C—C = −347 kJ
4 C—H = 1652 kJ	5 C—H = −2065 kJ
1 H—Cl = 427 kJ	1 C—Cl = −339 kJ
합계 = 2693 kJ	합계 = −2751 kJ

$$\Delta H^\circ_{반응} = \Sigma\Delta H^\circ_{결합\ 해리} + \Sigma\Delta H^\circ_{결합\ 형성} = 2693\ \text{kJ} + (-2751\ \text{kJ}) = -58\ \text{kJ}$$

반응은 발열 반응이다. 결합의 *알짜* 변화를 보면 많은 첨가 반응의 구동력은 σ 결합(이 경우 H—Cl)과 한 개와 비교적 약한 π 결합으로부터 두 개의 σ 결합이 형성되는 것이다(이 경우 C—H와 C—Cl). 첨가 반응을 이용한 변색 실험으로 C=C 결합의 존재를 확인할 수 있다(그림 15.14).

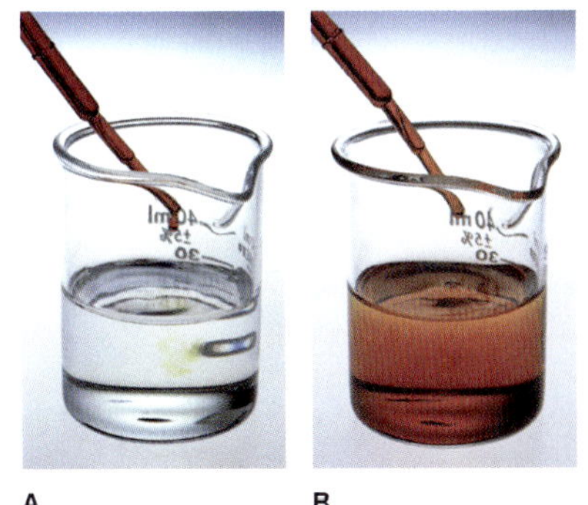

그림 15.14 C=C 결합을 확인하는 변색 실험.
A. Br_2(피펫)는 C=C 결합을 가진 화합물(비커)과 반응하여 주황색이 사라진다.

$$\text{>C=C<} + Br_2 \longrightarrow \text{—C(Br)—C(Br)—}$$

B. 비커에 있는 화합물에는 C=C 결합이 없어 Br_2는 반응하지 않는다.

Source: Richard Megna/McGraw-Hill Education

제거 반응 **제거 반응**은 첨가 반응의 반대이다. 포화 반응물이 불포화 생성물로 변할 때 일어난다.

$$\text{R—CH(Y)—}CH_2\text{(X)} \longrightarrow \text{R—CH=}CH_2 + \text{X—Y}$$

C 원자가 반응물에서보다 생성물에서 *더 적은* 수의 원자와 결합하고 있음에 주목하자. 할로젠 원자 2개, H 원자 1개, 할로젠 원자 1개, 혹은 H 원자 1개와 —OH 기 1개가 흔히

제거되나, C 원자는 제거되지 않는다. 따라서 많은 제거 반응의 구동력은 그 반응계의 엔트로피를 증가시키는 $HCl(g)$ 혹은 H_2O 같은 작고 안정한 분자의 생성이다(13.3절).

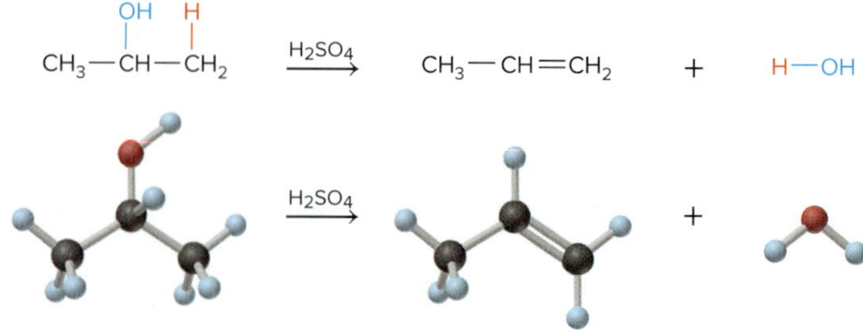

치환 반응 **치환 반응**은 반응물에 있는 원자(혹은 기)가 다른 반응물의 탄소에 결합하고 있는 원자 한 개를 치환하는 반응이다.

$$R-\overset{|}{\underset{|}{C}}-X \; + \; :Y \longrightarrow R-\overset{|}{\underset{|}{C}}-Y \; + \; :X$$

C 원자는 반응물에서와 마찬가지로 생성물에서도 *같은* 수의 원자에 결합하고 있음에 주목하라. C 원자는 포화 혹은 불포화일 수 있고, 일반적으로 X와 Y는 많은 다양한 원자일 수 있으나 보통 C는 *아니다*. 예를 들어, 바나나 기름의 주 향기 성분은 치환 반응으로 얻는다. 이 경우에는 O가 Cl을 치환한다.

$$CH_3-\overset{O}{\overset{\|}{C}}-Cl \; + \; HO-CH_2-CH_2-\overset{CH_3}{\overset{|}{CH}}-CH_3 \longrightarrow CH_3-\overset{O}{\overset{\|}{C}}-O-CH_2-CH_2-\overset{CH_3}{\overset{|}{CH}}-CH_3 \; + \; H-Cl$$

예제 15.3 유기 반응의 유형

문제 다음 각 반응이 첨가 반응, 제거 반응, 혹은 치환 반응 중 어느 것인지 판단하라.

(a) $CH_3-CH_2-CH_2-Br \longrightarrow CH_3-CH=CH_2 \; + \; HBr$

(b) (cyclopentene) + $H_2 \longrightarrow$ (cyclopentane)

(c) $CH_3-\overset{O}{\overset{\|}{C}}-Br \; + \; CH_3-CH_2-OH \longrightarrow CH_3-\overset{O}{\overset{\|}{C}}-O-CH_2-CH_3 \; + \; HBr$

계획 C에 결합된 원자의 수가 변하는지를 살펴보면 반응의 종류를 결정할 수 있다.

- C에 더 많은 원자가 결합되면 *첨가 반응*이다.
- C에 더 적은 수의 원자가 결합되면 *제거 반응*이다.
- C에 결합 된 원자의 수가 같으면 *치환 반응*이다.

풀이 **(a)** 제거 반응: 반응물에 있는 C—H와 C—Br의 두 결합이 생성물에 없으므로, C에 더 적은 원자가 결합되어 있다.

(b) 첨가 반응: 생성물에 C—H 결합이 2개 더 형성되었기 때문에 C에 더 많은 원자가 결합되어 있다.

(c) 치환 반응: 반응물의 C—Br 결합이 생성물에서 C—O 결합이 되므로, 같은 수의 원자가 C에 결합되어 있다.

보충 문제

15.3A 다음 각 반응이 첨가, 제거, 혹은 치환 반응 중 어느 것인지 판단하라.

(a) $CH_3-CH_2-Br + NaOH \longrightarrow CH_3-CH_2-OH + NaBr$

(b) $CH_3-O-C(=O)-C_6H_4-Cl + H_2O \xrightarrow{H^+} HO-C(=O)-C_6H_4-Cl + CH_3-OH$

(c) $Cl-CCl_2-CH(=O) + H_2O \xrightarrow{H^+} Cl-CCl_2-CH(OH)_2$

15.3B 다음 반응의 균형 반응식을 써라.

(a) 2-butene과 Cl_2의 첨가 반응

(b) $CH_3-CH_2-CH_2-Br$과 OH^-의 치환 반응

(c) $(CH_3)_3C-OH$로부터 H_2O의 제거 반응

유사 문제 15.40~15.43

유기 반응에서 산화-환원 과정

많은 유기 반응에서 중요한 과정 중 하나가 *산화-환원*(oxidation-reduction)이다. 산화-환원 반응에서는 항상 산화와 환원이 동시에 일어나지만 유기 화학자는 보통 *유기 반응물에만 관심*이 있다. 산화-환원 반응에서 여러 탄소의 산화수 변화를 고려하는 대신 유기 화학자들은 일반적으로 전기 음성도가 더 큰 원자(보통 O) 또는 전기 음성도가 더 작은 원자(보통 H)에 대한 결합의 수를 세어 C 원자 주변의 전자 밀도의 변화를 알아낸다. 전기 음성도가 더 큰 원소는 C로부터 전자를 끌어와 전자 밀도를 감소시키고 더 작은 원소는 반대로 C의 전자 밀도를 증가시킨다. 따라서

- 유기 반응물에 있는 C 원자가 O와 더 많은 결합을 이루거나 H와 더 적은 결합을 이루면 전자 밀도가 낮아져 그 반응물은 산화되며 그 반응을 *산화 반응*(oxidation)이라 부른다.
- 유기 반응물에 있는 C 원자가 O와 더 적은 결합을 이루거나 H와 더 많은 결합을 이루면 전자 밀도가 높아져 그 반응물은 환원되며 그 반응을 *환원 반응*(reduction)이라 부른다.

가장 극적인 산화-환원 반응은 연소 반응이다. 모든 유기 화합물은 C와 H를 포함하고 있고, O_2가 과량 존재하면 CO_2와 H_2O을 생성한다. 에테인의 경우 그 반응은 다음과 같다.

$$2CH_3-CH_3 + 7O_2 \longrightarrow 4CO_2 + 6H_2O$$

에테인이 CO_2와 H_2O로 변할 때 각 C 원자는 O와 더 많이, H와 더 적게 결합한다. 따라서 에테인은 산화되고, O_2가 함께 환원되지만 이 반응을 *산화 반응*이라 부른다.

그러나 대부분 산화 반응에서 분자 전체가 깨지지는 않는다. 2-propanol이 산성 용액에서 다이크로뮴산 포타슘(유기 반응에서 흔히 사용하는 산화제)와 반응하면 2-propanone(아세톤)이 된다.

$$\underset{\text{2-propanol}}{CH_3-CH(OH)-CH_3} \xrightarrow[H_2SO_4]{K_2Cr_2O_7} \underset{\text{2-propanone}}{CH_3-C(=O)-CH_3}$$

C-2가 2-propanol보다 2-propanone에서 O와 결합을 한 개 더 많이 하고 H와 한 개 적게 결합하는 것을 주목하자. 따라서 2-propanol이 산화되고, 이 반응은 *산화 반응*이다. 그러나 다이크로뮴산 이온이 동시에 환원되는 것 또한 염두에 두어야 한다.

$$Cr_2O_7^{2-} + 14H^+ + 6e^- \longrightarrow 2Cr^{3+} + 7H_2O$$

알켄과 H_2의 반응은 첨가 반응이면서 *환원 반응*이다.

$$CH_2{=}CH_2 + H_2 \xrightarrow{Pd} CH_3-CH_3$$

각 C가 에텐보다 에테인에서 H와 결합을 더 많이 하므로 에텐이 환원된 것이다. 그 과정에서 H_2는 산화되며 화살표 위의 팔라듐은 그 반응을 빠르게 하는 촉매로서 작용한다. (촉매에 대해서는 16.7절에서 다룬다.)

› 15.3절 요약

- 첨가 반응에서는 π 결합이 끊어지면서 생성물에서 2개의 C 원자(또는 한 개의 C 원자와 한 개의 O 원자)가 더 많은 원자와 결합된다.
- 제거 반응에서는 π 결합이 생성되면서 2개의 C 원자는 더 적은 수의 원자와 결합된다.
- 치환 반응에서는 C에 결합된 한 원자가 다른 원자에 의해 바뀌지만, C에 결합한 원자의 전체 수는 변하지 않는다.
- 유기 산화-환원 반응에서는, 적어도 C 원자들 중 하나가 O 원자들과 더 많은 결합(또는 H 원자와 더 적은 결합)을 형성하면 유기 반응물은 산화되는 것이고, C 원자들 중 하나가 H와 더 많은 결합(또는 O 원자와 더 적은 결합)을 형성하면 환원되는 것이다.

15.4 흔한 작용기의 성질과 반응성

유기 반응의 중심 원리는 *작용기 내의 전자 밀도 분포가 화합물의 반응성을 결정하는 핵심 요소*라는 것이다. C═C와 C≡C 결합에서처럼 전자 밀도가 높을 수도 있고, C—Cl과 C—O 결합에서처럼 전자 밀도가 결합의 한 끝에서는 낮고 다른 끝에서는 높을 수도 있다. 그러한 높은 전자 밀도의 결합이나 극성 결합은 상대 반응물의 극성 결합의 반대 전하를 높인다. 그 결과, 반응물들은 서로 끌어당기고 결합-생성 단계와 결합-해리 단계가 연속적으로 이어져 생성물에 도달하게 된다. 그래서 *물리적 성질과 용해도에 영향을 미치는 분자간 인력이 또한 반응성에도 영향을 미친다.* 표 15.5에 유기 화합물에서 중요한 몇 가지 작용기를 소개하였다.

작용기를 결합 차수에 따라 분류하면 작용기들은 반응성의 유형을 보인다.

- 단일 결합만 있는 작용기는 제거 혹은 치환 반응을 한다.
- 이중 혹은 삼중 결합이 있는 작용기는 첨가 반응을 한다.
- 단일 결합과 이중 결합이 모두 있는 작용기는 치환 반응을 한다.

이 절에서는 각 작용기를 갖는 화합물을 어떻게 명명하는지 알아보고, 일부 화합물의 공통적인 성질을 조사하고 공통적인 반응을 살펴본다.

› 단일 결합만 가진 작용기

단일 결합만 있는 작용기 중에서 가장 흔한 예는 알코올(alcohol), 할로알케인(haloalkane), 아민(amine)이다.

알코올 **알코올** 작용기는 —OH 기와 결합한 탄소, —C—Ö—H로 이루어져 있고, 알코올의 일반식은 R—OH이다. 알코올은 어미 탄화수소 이름에서 끝의 *-e*를 지우고 접미사 *-ol*을 붙여 명명한다. 따라서 2-탄소 알코올은 ethanol(ethan- + *-ol*)이다. 알코올의 관용명은 탄화수소의 *어근- + -yl*에 이어서 "알코올"을 붙인다. Ethanol의 관용명은 에틸 알코올(ethyl alcohol)이다. (이 물질은 발효된 곡식으로부터 얻고 고대부터 사람들이 술로 소비하였으며, 오늘날 세계에서 가장 남용되는 약물의 일종으로 분류되고 있다.) 알코올은 흔히 쓰이는 유기 반응물이고, 그 작용기는 탄수화물, 스테롤, 몇 가지 아미노산과 같은 많은 생체 분자에 들어 있다. 그림 15.15는 알코올 기를 갖는 몇 가지 중요한 화합물의 이름, 구조 및 용도를 보여준다.

작은 알코올의 물리적 성질은 물과 유사하다. 알코올은 수소 결합 때문에 녹는점과 끓는점이 높고, 극성 분자와 몇 가지 염을 잘 녹인다.

Methanol (methyl alcohol)
석탄 가스화의 부산물, 얼음 제거제, 휘발유 대용품, 유기 화합물의 선구 물질

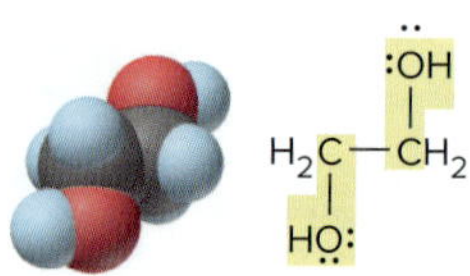

1,2-Ethanediol (ethylene glycol)
자동차 부동액의 주성분

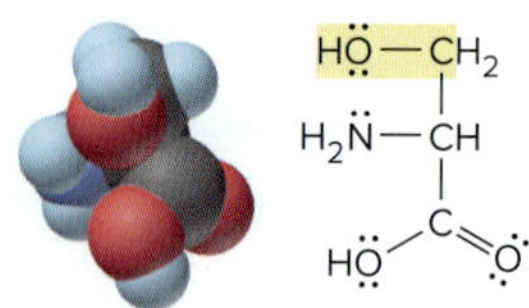

Serine
대부분의 단백질에 들어 있는 아미노산

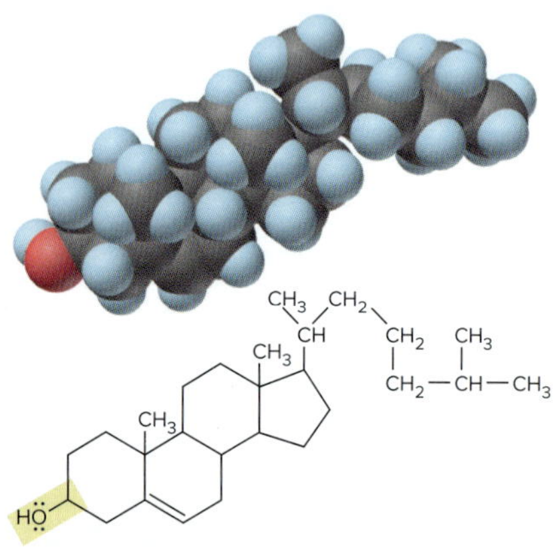

Cholesterol
동물에 들어 있는 주요한 스테롤, 세포막의 성분, 스테로이드계 호르몬의 선구 물질

그림 15.15 알코올 작용기를 갖는 분자들.

표 15.5 | 유기 화합물의 주요 작용기

작용기	화합물의 형태	이름의 접두사 혹은 접미사	예: Lewis 구조	예: 공-막대 모형	예: 계통명(관용명)
>C=C<	알켄 (alkene)	-ene	H₂C=CH₂		ethene (ethylene)
—C≡C—	알카인 (alkyne)	-yne	H—C≡C—H		ethyne (acetylene)
—C—Ö—H	알코올 (alcohol)	-ol	H—C(H)(H)—Ö—H		methanol (methyl alcohol)
—C—X: (X = 할로젠)	할로알케인 (haloalkane)	halo-	H—C(H)(H)—Cl:		chloromethane (methyl chloride)
—C—N̈—	아민 (amine)	-amine	H—C(H)(H)—C(H)(H)—N̈(H)—H		ethanamine (ethylamine)
—C(=O:)—H	알데하이드 (aldehyde)	-al	H—C(H)(H)—C(=O:)—H		ethanal (acetaldehyde)
—C—C(=O:)—C—	케톤 (ketone)	-one	H—C(H)(H)—C(=O:)—C(H)(H)—H		2-propanone (acetone)
—C(=O:)—Ö—H	카복실산 (carboxylic acid)	-oic acid	H—C(H)(H)—C(=O:)—Ö—H		ethanoic acid (acetic acid)
—C(=O:)—Ö—C—	에스터 (ester)	-oate	H—C(H)(H)—C(=O:)—Ö—C(H)(H)—H		methyl ethanoate (methyl acetate)
—C(=O:)—N̈—	아마이드 (amide)	-amide	H—C(H)(H)—C(=O:)—N̈(H)—H		ethanamide (acetamide)
—C≡N:	나이트릴 (nitrile)	-nitrile	H—C(H)(H)—C≡N:		ethanenitrile (acetonitrile, methyl cyanide)

알코올은 제거 반응과 치환 반응을 한다.

- H와 OH의 *제거 반응*을 *탈수 반응*(dehydration)이라고 부르며, 산이 필요하고 알켄을 생성한다.

$$\text{cyclohexanol} \xrightarrow{H^+} \text{cyclohexene} + H_2O$$

cyclohexanol cyclohexene

- H 원자 2개를 *제거*하는 반응은 H_2SO_4 수용액에 녹인 다이크로뮴산 포타슘($K_2Cr_2O_7$)과 같은 무기 산화제를 필요로 하는 전형적인 *산화 반응*이다. 이 반응의 생성물은 C═O 기를 갖는다.

$$CH_3-CH_2-CH(OH)-CH_3 \xrightarrow[H_2SO_4]{K_2Cr_2O_7} CH_3-CH_2-C(=O)-CH_3$$

2-butanol 2-butanone

- 사슬의 끝에 OH 기가 있는 알코올(R—CH_2—OH)의 경우에는 산화가 더 일어날 수 있다(이것은 제거 반응이 *아님*). 예를 들면, 포도주는 맛이 시어지는데, 에탄올이 공기와 접촉하여 아세트산(식초)으로 산화되기 때문이다.

$$CH_3-CH_2OH \xrightarrow[-H_2O]{\frac{1}{2}O_2} CH_3-CH(=O) \xrightarrow{\frac{1}{2}O_2} CH_3-C(=O)-OH$$

- *치환 반응*에서는 다른 단일 결합을 가진 작용기를 갖는 생성물을 만든다. 여러 가지 알코올과 할로젠화 수소산의 반응은 할로알케인을 생성한다.

$$R_2CH-OH + HBr \longrightarrow R_2CH-Br + HOH$$

아래에서 살펴보겠지만, *치환에서 변화가 일어나는 C 원자는 더 전기 음성도를 갖는 원소에 결합되어 있다.* 전기 음성도가 큰 원소는 탄소를 부분적으로 양전하를 띠게 만들고, 음전하를 띠거나 전자가 풍부한 기를 갖는 화합물이 이와 반응하게 된다.

할로알케인 *할로젠* 원자(X)가 C에 결합하면 **할로알케인**(haloalkane) 작용기, $-\overset{|}{\underset{|}{C}}-\ddot{\underset{..}{X}}:$ 가 생기며 일반식이 R—X인 화합물이다. 할로알케인[관용명으로 **할로젠화 알킬**(alkyl halide)]은 탄화수소의 이름에 접두사로서 할로젠의 치환기 이름을 붙이고, bromomethane, 2-chloropropane, 1,3-diiodohexane처럼 할로젠이 붙어 있는 C 원자에 위치 번호를 매겨 명명한다.

알코올처럼 할로알케인은 치환 반응과 제거 반응을 한다.

- 대부분의 알코올이 산에서 할로젠화 이온으로 처리되면 치환 반응을 통해 할로젠화 알킬이 생성되는 것처럼 많은 할로알케인을 염기로 처리하면 치환 반응을 하여 알코올을 생성한다. 예를 들면, OH^-가 C—X 결합의 양전하를 띤 C 말단을 공격하면 X^-가 치환된다.

$$CH_3-CH_2-CH_2-CH_2-Br + OH^- \longrightarrow CH_3-CH_2-CH_2-CH_2-OH + Br^-$$

1-bromobutane 1-butanol

할로알케인을 —CN, —SH, —OR, —NH_2 같은 기로 치환시키면 다른 형태의 화합물을 얻을 수 있다.

- HX를 알켄에 첨가하면 할로알케인을 생성하듯이, 포타슘 에톡사이드 같은 강염기로 할로알케인으로부터 HX를 제거하면 알켄을 얻을 수 있다.

$$CH_3-C(CH_3)(Cl)-CH_3 + CH_3-CH_2-OK \longrightarrow CH_3-C(CH_3)=CH_2 + KCl + CH_3-CH_2-OH$$

2-chloro-2-methylpropane potassium ethoxide 2-methylpropene

할로알케인은 중요한 용도로 많이 쓰이나, 염화플루오린화탄소(chlorofluorocarbon) 같은 것들은 심각한 환경 문제를 일으킨다(16장 대기과학과 화학 참조). 또한 몇몇 할로젠화 *방향족* 탄화수소[할로젠화 *아릴*(aryl halide)]는 포유동물에게 발암 물질이고, 인간에게는 심각한 신경학적 영향을 미치며, 설상가상으로 매우 안정하기 때문에 주변 환경에 축적된다. 예를 들면 전기 변압기에서 절연 유체로 쓰이는 폴리염화바이페닐(PCB, 그림 15.16)은 강이나 호수에 수십 년 동안 축적되어 먹이 사슬에 유입되었다. 자연수에 포함된 PCB는 건강을 위협하면서 막대한 제거 이슈를 야기하였다.

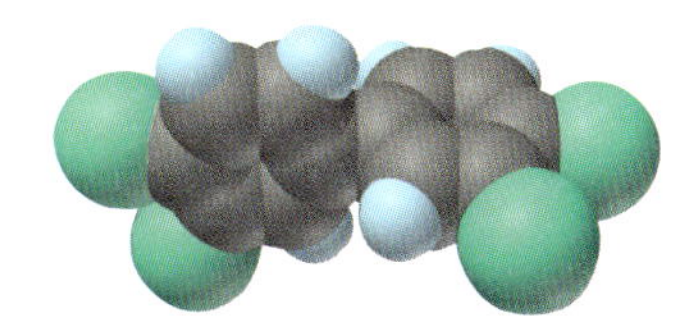

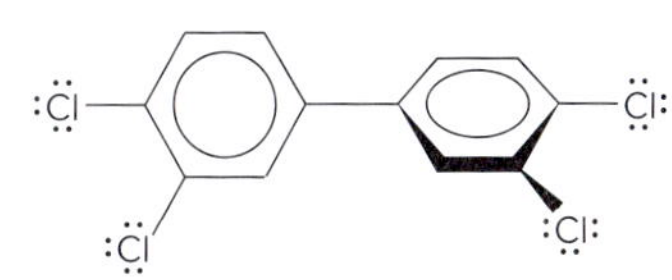

그림 15.16 209가지 폴리염화바이페닐(PCB) 중 하나인 tetrachlorobiphenyl.

아민 아민(amine) 작용기는 —C—N̈—이다. 화학자들은 아민을 암모니아에 있는 한 개 또는 그 이상의 H 원자가 R기로 치환된 암모니아의 유도체로 분류한다.

- *일차*(primary, 1°) 아민은 RNH_2이다.
- *이차*(secondary, 2°) 아민은 R_2NH이다.
- *삼차*(tertiary, 3°) 아민은 R_3N이다.

2차, 3차 아민의 R 기는 같거나 다를 수 있다. 암모니아와 같이 아민은 삼각 피라미드 구조이고, 부분적인 음전하를 갖는 N 원자의 고립 전자쌍은 아민의 반응성의 핵심 요소이다(그림 15.17).

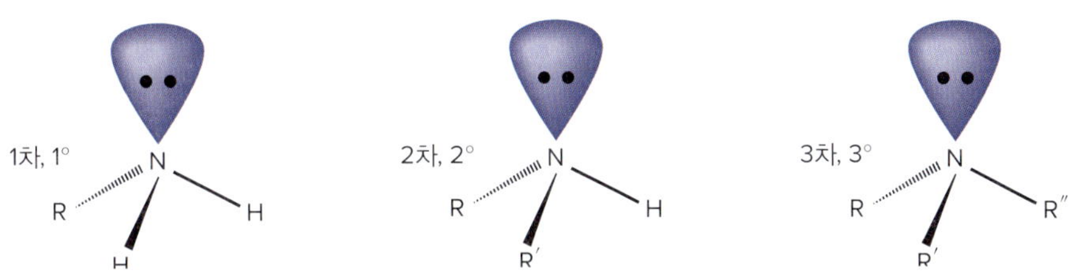

그림 15.17 아민의 일반적인 구조.

아민의 계통명은 ethanamine에서처럼 alkane의 끝 *-e*를 지우고 접미사 *-amine*을 붙여 만든다. 하지만 알킬 기의 이름 뒤에 접미사 *-amine*을 붙인 관용명이 아직도 넓게 쓰이고 있다. Methylamine은 N에 메틸 기가 한 개 붙어 있고, diethylamine은 에틸 기가 두 개 붙어 있다. 그림 15.18는 많은 생체 분자들에 있는 아민 작용기를 보여준다.

그림 15.18 아민 작용기를 갖는 몇 가지 생체 분자.

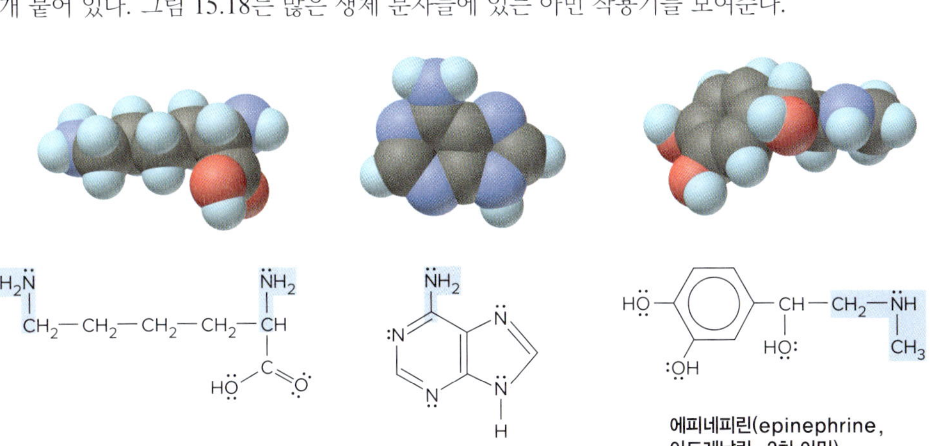

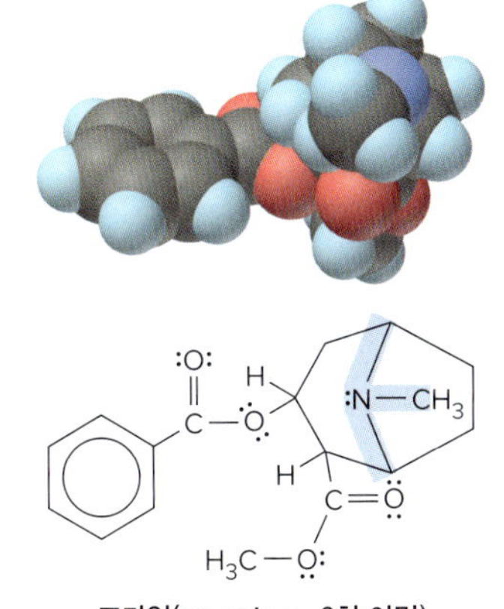

라이신(lysine, 일차 아민) 대부분의 단백질에 들어 있는 아미노산

아데닌(adenine, 일차 아민) 핵산의 성분

에피네피린(epinephrine, 아드레날린, 2차 아민) 뇌에 들어 있는 신경전달 물질, 스트레스를 받는 동안 방출되는 호르몬

코카인(cocaine, 3차 아민) 뇌의 흥분제, 폭넓게 남용되는 마약

일차 아민과 이차 아민은 수소 결합을 형성할 수 있고 그 결과로 비슷한 몰질량을 갖는 할로젠화 알킬과 탄화수소보다 녹는점과 끓는점이 높다. 예를 들면, dimethylamine($\mathscr{M}$ = 45.09 g/mol)은 fluoroethylene($\mathscr{M}$ = 48.06 g/mol)보다 끓는점이 45°C가 높다. Trimethylamine은 dimethylamine보다 몰질량이 크다. 하지만 dimethylamine보다 녹는점이 20°C가 *낮다*. 그 이유는 trimethylamine은 질소 원자에 수소 결합을 할 수 있는 수소가 없기 때문이다.

몰질량이 작은 아민은 생선 냄새가 나고, 물에 잘 녹고, N에 있는 고립 전자쌍 때문에 약한 염기성을 가진다. 물과의 반응에서는 약간 오른쪽으로 치우쳐 평형에 도달한다.

$$CH_3-\ddot{N}H_2 + H_2O \rightleftharpoons CH_3-\overset{+}{N}H_3 + OH^-$$

또한 고립 전자쌍은 아민이 치환 반응을 하는 이유이다. 고립 전자쌍이 할로젠화 알킬의 부분적으로 양전하를 띤 C를 공격하여 X^-를 치환하고 더 큰 아민을 형성한다.

$$\underset{\text{ethylamine}}{2\,CH_3-CH_2-\ddot{N}H_2} + \underset{\text{chloroethane}}{CH_3-CH_2-Cl} \longrightarrow \underset{\text{diethylamine}}{CH_3-CH_2-\ddot{N}H(-CH_2-CH_3)} + \underset{\text{ethylammonium chloride}}{CH_3-CH_2-\overset{+}{N}H_3Cl^-}$$

(아민 두 분자가 필요하다. Ethylamine 한 분자는 chloroethane을 공격하고, 다른 ethylamine 분자는 이때 생기는 H^+와 결합하여 H^+가 diethylamine 생성물에 남아 있지 않게 한다.)

예제 15.4 | 알코올, 할로젠화 알킬과 아민의 반응 예측

문제 다음 각 반응의 반응 유형과 유기 생성물(들)을 결정하라.

(a) $CH_3-CH_2-CH_2-I + NaOH \longrightarrow$

(b) $CH_3-CH_2-Br + 2\,CH_3-CH_2-CH_2-NH_2 \longrightarrow$

(c) $CH_3-CH(OH)-CH_3 \xrightarrow[H_2SO_4]{Cr_2O_7^{2-}}$

계획 반응물(들)이 가지고 있는 작용기(들)를 먼저 확인한 후 무기 반응물(들)을 조사하여 가능한 반응의 형태를 결정한다. 이때, 일반적으로 이러한 작용기들은 치환 또는 제거 반응을 할 수 있음을 기억해야 한다. 반응 **(a)**의 경우, 반응물이 할로알케인이므로 무기 염기인 NaOH의 OH^-가 I^- 대신에 치환된다. 반응 **(b)**의 경우, 반응물이 아민과 할로젠화 알킬이므로 Br 자리를 아민의 N이 치환한다. 반응 **(c)**의 경우, 반응물이 알코올이고 무기 시약은 강한 산화제이므로 알코올 기가 제거 반응을 수행하여 C=O 기를 형성한다.

풀이 **(a)** 치환 반응: 생성물은 $CH_3-CH_2-CH_2-OH + NaI$이다.

(b) 치환 반응: 생성물은 $CH_3-CH_2-CH_2-NH(-CH_2-CH_3) + CH_3-CH_2-CH_2-\overset{+}{N}H_3Br^-$이다.

(c) 제거 반응(산화): 생성물은 $CH_3-C(=O)-CH_3$이다.

검산 작용기에서만 변화가 일어나야 한다.

▶ 보충 문제

15.4A 다음 각 반응의 반응 유형과 유기 생성물(들)을 결정하라.

(a) 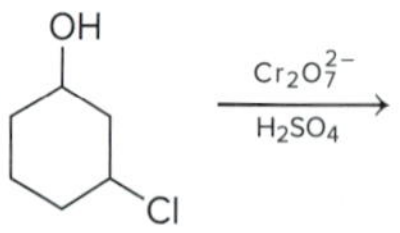 3-chlorocyclohexanol (고리의 한 탄소에 OH, 다른 탄소에 Cl) $\xrightarrow[H_2SO_4]{Cr_2O_7^{2-}}$

(b) $Br-CH_2-CH_2-CH_2-Br + NaCN \longrightarrow$

15.4B 각 반응에서 빈칸을 채워라. (*힌트*: 무기 화합물과 유기 생성물을 조사하여 유기 반응물을 결정하라.)

(a) ____ $+ CH_3-ONa \longrightarrow CH_3-CH=C(CH_3)-CH_3 + NaCl + CH_3-OH$

(b) ____ $\xrightarrow[H_2SO_4]{Cr_2O_7^{2-}} CH_3-CH_2-C(=O)-OH$

유사 문제 15.65~15.74

주제의 전환: O, X, 또는 N의 단일 결합으로 이루어진 무기 화합물 무기 화합물에서는 종종 수산화 기(—OH)가 나타난다. 모든 산소산은 적어도 한 개의 수산화 기를 포함하고 있으며, 수산화 기는 상대적으로 전기 음성도가 크고, 대부분 다른 O 원자들과 결합하고 있는 비금속 원자에 결합되어 있다. 산소산은 물에서 산성인데, 그것은 중심의 비금속 원자에 붙어 있는 O 원자가 중심에 있는 비금속에서 전자를 끌어당기고, 동시에 O—H 결합 내 산소의 전자도 끌어당기게 되어 H^+ 이온을 방출하고 산소 음이온이 공명으로 안정화되기 때문이다. 반면, 알코올은 물에서 산성이 *아닌데*, 이것은 추가적인 O 원자와 전기 음성도가 큰 비금속이 없기 때문이다.

거의 모든 비금속의 할로젠 화합물들이 알려져 있고, 많은 화합물이 염기 하에서 치환 반응을 일으킨다. 할로알케인의 경우처럼, 부분적으로 양전하를 띠는 중심 원자는 OH^-에 의해 공격을 받는다.

$$\mathrm{H{-}O^-} + \mathrm{\overset{\delta+}{C}{-}\overset{\delta-}{Cl}} \longrightarrow \mathrm{C{-}OH} + \mathrm{Cl^-}$$

$$\mathrm{H{-}O^-} + \mathrm{\overset{\delta+}{B}{-}\overset{\delta-}{Cl}} \longrightarrow \mathrm{B{-}OH} + \mathrm{Cl^-}$$

따라서 할로알케인은 BCl_3, SiF_4, PCl_5와 같은 비금속 할로젠화물과 같은 일반적인 반응을 한다.

Si, P, S와 같은 큰 비금속들과 질소 사이의 결합은 상당한 이중 결합 특성을 가지고 있고, 이것은 반응성과 구조에 영향을 준다. 예를 들어, trimethylamine의 Si 유사체인 trisilylamine[$(SiH_3)_3N$]은 삼각 피라미드 구조가 아닌 삼각 평면 구조이다. 이것은 N과 Si 간에 이중 결합이 형성되기 때문이다. 또한 trisilylamine은 염기성을 띠지 않는데, 이것은 N의 고립 전자쌍이 π 결합으로 비편재화되기 때문이다.

이중 결합을 가진 작용기

이중 결합이 있는 작용기 중에서 가장 중요한 것은 알켄의 C═C 기와 알데하이드와 케톤의 C═O 기이다. 모두 많은 유기 및 생체 분자에 들어 있다. *이들의 가장 흔한 반응 유형은 첨가 반응이다.*

알켄 C═C 결합은 알켄 작용기 >C═C< 의 필수적인 부분이다. 비록 알켄이 제거 반응을 통해 알카인으로 변하지만, *알켄의 전형적인 반응은 첨가 반응이다.* 전자가 풍부한 이중 결합은 하이드로늄(hydronium) 이온과 할로젠화 수소산의 부분적으로 양전하인 H 원자에 쉽게 끌리고, 결국 알코올과 할로젠화 알킬이 각각 얻어진다.

$$\mathrm{CH_3{-}C(CH_3){=}CH_2} + \mathrm{H_3O^+} \longrightarrow \mathrm{CH_3{-}C(CH_3)(OH){-}CH_3} + \mathrm{H^+}$$

2-methylpropene → 2-methyl-2-propanol

$$\mathrm{CH_3{-}CH{=}CH_2} + \mathrm{HCl} \longrightarrow \mathrm{CH_3{-}CH(Cl){-}CH_3}$$

propene → 2-chloropropane

알켄과 방향족 화합물의 반응성 비교 알켄의 *편재화된* 불포화는 방향족 화합물의 *비편재화된* 불포화와 매우 다르다. 즉, 공명 형태로 묘사할 수 있음에도 불구하고, 벤젠 구조는 이중 결합이 아니라는 말이다. 그러므로 벤젠은 Br_2의 색을 없애지 못한다(그림 15.14 참조).

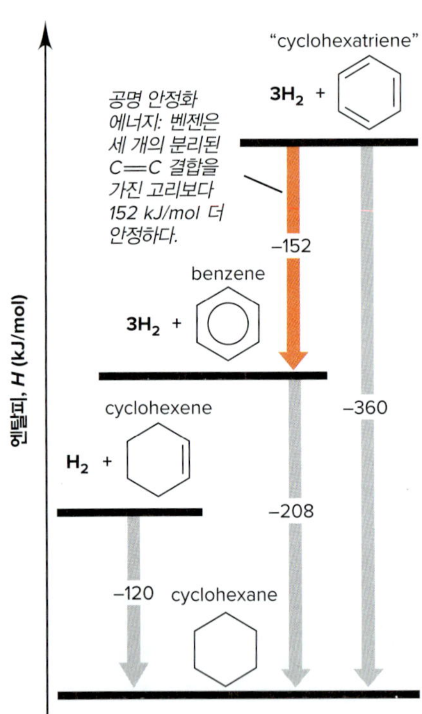

그림 15.19 벤젠의 안정성.

일반적으로 방향족 고리 화합물은 알켄에 비해 반응성이 매우 *낮다*. 이것은 π 전자들의 비편재화 때문이다. 예를 들어, 수소 첨가 반응의 엔탈피를 비교해 보자. 한 개의 C═C 결합을 갖고 있는 cyclohexene의 수소 첨가 반응은 $\Delta H^\circ_{\text{반응}}$ 값이 –120 kJ/mol이다. 상상의 분자인 "cyclohexatriene"의 경우, 세 개의 C═C 결합을 가진 구조이기 때문에 수소화 반응에 대한 가상의 $\Delta H_{\text{반응}}$은 3배, 즉 –360 kJ/mol이 될 것이다. 반면에, 벤젠의 수소 첨가 반응의 $\Delta H_{\text{반응}}$은 –208 kJ/mol이다. 따라서 벤젠의 수소 첨가 반응의 $\Delta H_{\text{반응}}$는 "cyclohexatriene"보다 152 kJ/mol이 적다. 이 에너지 차이는 벤젠의 방향족 공명 안정화로 인한 것이다(그림 15.19).

비편재화된 π 계를 끊기 위해 여분의 에너지가 필요하다는 것은 벤젠에 *첨가 반응*이 일어나기 매우 힘들다는 것을 의미한다. 대신 벤젠에는 다양한 *치환 반응*이 일어난다. 이것은 방향족 분자의 C에 붙어 있는 H가 다른 그룹으로 치환되어도 비편재화는 유지될 수 있기 때문에 가능하다.

benzene + Br_2 $\xrightarrow{FeBr_3}$ bromobenzene + HBr

알데하이드와 케톤 C═O 결합, 또는 **카보닐 기**(carbonyl group)는 화학적으로 가장 다양하게 반응하는 기 중의 하나이다.

- **알데하이드**(aldehyde) 작용기에서는 카보닐(carbonyl) C가 H에(그리고 종종 다른 C에) 결합되어 있기 때문에 R—C(═O:)—H에서처럼 *사슬의 끝*에 나타난다. 알데하이드는 알케인 이름에서 끝의 *-e*를 지우고 *-al*을 붙여 명명한다. 예를 들면, 탄소가 3개인 알데하이드는 propanal이다.
- **케톤**(ketone) 작용기에서는 카보닐 C가 2개의 다른 C 원자들에 결합되어 있기 때문에, —C—C(═O:)—C— *사슬의 중간*에 존재한다. 케톤, R—C(═O)—R′은 카보닐 C에 번호를 붙이고, 알케인 이름의 마지막 *-e*를 지우고 *-one*(온)을 붙여 명명한다. 예를 들면, 사슬에서 C-2가 카보닐 C이고 가지가 없는 5-C 케톤의 이름은 2-pentanone이다. 그림 15.20은 몇 가지 흔한 카보닐 화합물을 보여준다.

알데하이드와 케톤은 알코올을 산화시켜 만든다.

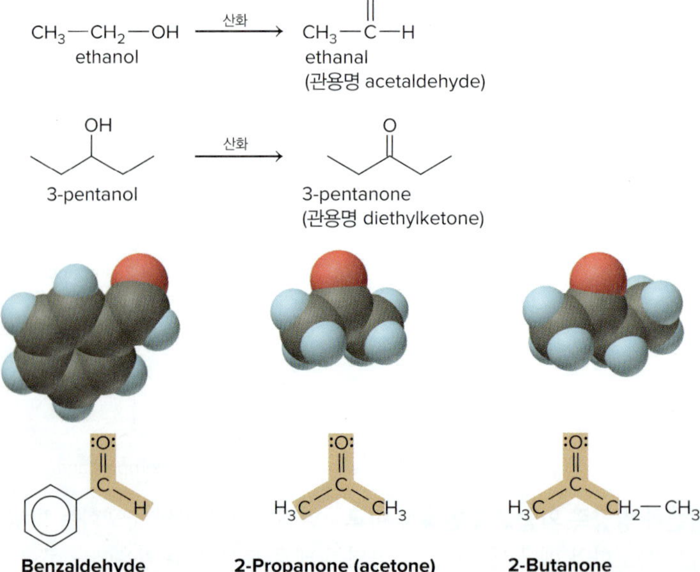

그림 15.20 몇 가지 일반적인 알데하이드와 케톤.

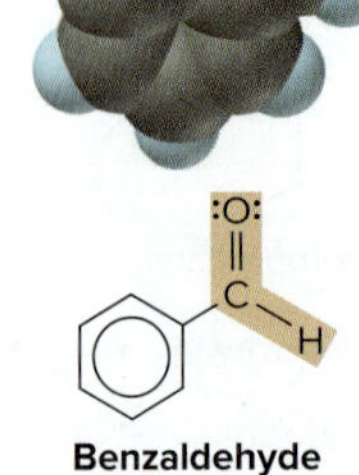

Methanal (formaldehyde) 합판, 식기, 조리대에서 쓰이는 레진을 만드는 데 사용, 생물 시료 보존제

Ethanal (acetaldehyde) Ethanol 대사과정의 마취성 생성물, 향수, 향료, 플라스틱, 기타 화학 물질을 만드는 데 사용

Benzaldehyde 아몬드의 인공 향료

2-Propanone (acetone) 지방, 고무, 플라스틱, 니스, 라커의 용매, 화학제품의 생산 원료

2-Butanone (methyl ethyl ketone) 중요한 용매

카보닐 화합물은 불포화되어 있기 때문에 반대로 *첨가 반응*을 통하여 알코올로 환원된다.

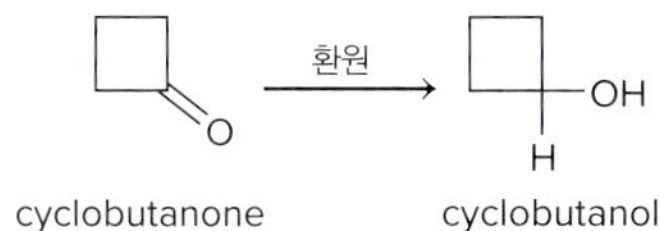

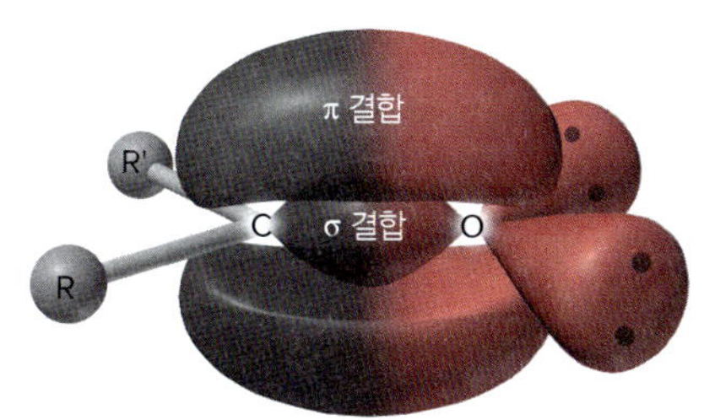

A. 오비탈 윤곽선 모형

$$R'R\text{C}{=}\ddot{\text{O}}\text{:} \longleftrightarrow R'R\text{C}^{+}{-}\ddot{\text{O}}\text{:}^{-}$$

B. 전하를 띤 공명 구조

그림 15.21 극성을 띤 카보닐 기.

C=C 결합처럼 C=O 결합도 *전자가 풍부*하다. C=C 결합과는 다르게 C=O 결합은 *극성이 매우 크다*($\Delta EN = 1.0$). 그림 15.21은 이러한 극성을 오비탈 윤곽선 모형(그림 15.21A)과 전하를 띤 공명 구조(그림 15.21B)로 보여주고 있다.

결합의 극성 때문에 전자가 풍부한 기는 카보닐의 C에, 전자가 부족한 기는 카보닐의 O에 결합하여 첨가 반응이 일어난다. 금속 원자(일반적으로 Li 또는 Mg)를 가진 **유기금속 화합물**(organometallic compound)은 극성 공유 결합으로 알킬 기에 연결되어 위와 같은 유형의 반응에 참여한다. 두 단계 반응으로, 카보닐 화합물을 *다른 탄소 골격*을 가진 알코올로 바꾼다.

$$\overset{\delta-}{R'}{-}\overset{\delta+}{Li} + R{-}\overset{\delta+}{CH}{=}\overset{\delta-}{O} \longrightarrow R'{-}\underset{}{\overset{O^-Li^+}{CH}}{-}R \xrightarrow{H_2O} R'{-}\overset{OH}{CH}{-}R + LiOH$$

다음 예를 보면, ethyl lithium (CH_3CH_2—Li)에 결합되어 있는 전자가 풍부한 C 원자가 2-propanone의 전자가 부족한 카보닐 C를 공격함으로써 에틸 기가 첨가되며, 동시에 Li이 카보닐의 O에 첨가된다. 이 반응 혼합물을 물로 처리해 주면, C—OH 기를 가진 2-methyl-2-butanol 화합물이 만들어진다.

$$CH_3{-}\underset{\delta-}{\overset{\delta+Li}{CH_2}} + \overset{O^{\delta-}}{\underset{CH_3}{\overset{\delta+}{C}}}{-}CH_3 \longrightarrow CH_3{-}CH_2{-}\underset{CH_3}{\overset{O^-Li^+}{C}}{-}CH_3 \xrightarrow{H_2O} CH_3{-}CH_2{-}\underset{CH_3}{\overset{OH}{C}}{-}CH_3 + LiOH$$

생성물의 골격은 두 반응물의 골격이 결합된 것임에 주목하자. *유기 합성* 분야에서는 다른 골격을 가진 새로운 화합물을 만들기 위해 종종 이러한 유기금속 화합물을 이용한다.

예제 15.5 | 연속 반응에서 각 단계 예측

문제 다음 연속 반응에서 빈칸을 채워라.

$$CH_3{-}CH_2{-}\overset{Br}{CH}{-}CH_3 \xrightarrow{OH^-} \_\_\_\_ \xrightarrow[H_2SO_4]{Cr_2O_7^{2-}} \_\_\_\_ \xrightarrow{CH_3-Li} \xrightarrow{H_2O} \_\_\_\_$$

계획 각 단계에서 반응물의 작용기와 반응 진행 화살표 위에 있는 시약들을 살펴보아 가장 타당한 생성물을 결정한다.

풀이 이 반응은 할로젠화 알킬이 수산화 기와 반응함으로써 시작된다. 이 치환 반응은 알코올을 생성한다. 이어진 산성 다이크로뮴산을 이용한 알코올의 산화는 케톤을 생성한다. 마지막으로 케톤과 CH_3—Li 간의 두 단계 반응과 물 처리를 거치면 카보닐 C에 CH_3— 기가 결합된 탄소 골격 구조를 가진 알코올이 생성된다.

$$\underset{\text{2-bromobutane}}{CH_3{-}CH_2{-}\overset{Br}{CH}{-}CH_3} \xrightarrow{OH^-} \underset{\text{2-butanol}}{CH_3{-}CH_2{-}\overset{OH}{CH}{-}CH_3} \xrightarrow[H_2SO_4]{Cr_2O_7^{2-}} \underset{\text{2-butanone}}{CH_3{-}CH_2{-}\overset{O}{\overset{\|}{C}}{-}CH_3} \xrightarrow{CH_3-Li} \xrightarrow{H_2O} \underset{\text{2-methyl-2-butanol}}{CH_3{-}CH_2{-}\underset{CH_3}{\overset{OH}{C}}{-}CH_3}$$

검산 처음 두 반응은 단지 작용기를 바꾸는 반응이며, 마지막 반응이 탄소 골격을 바꾸는 반응이다.

▶ 보충 문제

15.5A 다음 각 반응에 대한 유기 생성물을 결정하라.

(a) (2-pentanone 골격 구조) $\xrightarrow{LiAlH_4} \xrightarrow{H_2O}$

(*힌트*: $LiAlH_4$는 유기 반응에서 중요한 환원제이고, 반응의 두 번째 단계에서 H_2O이 필요하다.)

(b) (cyclopentanone 골격 구조, =O) $\xrightarrow{CH_3-CH_2-Li} \xrightarrow{H_2O}$

15.5B 다음 생성물을 만들기 위한 적절한 반응물은 무엇인가?

(a) ______ $\xrightarrow[H_2SO_4]{Cr_2O_7^{2-}}$ 2-methylcyclohexanone (고리형 케톤, C=O 옆 탄소에 CH_3)

(b) ______ $\xrightarrow{CH_3-CH_2-Li}$ $\xrightarrow{H_2O}$ cyclopentyl—CH(OH)—CH_2—CH_3

유사 문제 15.65~15.74

주제의 전환: 이중 결합을 가진 무기 화합물 동핵 원자들(같은 원자들) 사이에 존재하는 이중 결합은 탄소 간 이중 결합에 비해 드물다. 그러나 산소와 다른 비금속 간의 이중 결합은 매우 많고, 예를 들면, S, N, 할로젠의 산화물에서 나타난다. 카보닐 화합물처럼 이러한 물질들은 첨가 반응이 일어난다. 예를 들어 물에서 부분적인 음전하를 가진 O는 부분적 양전하를 가진 SO_3의 S를 공격해 황산을 생성한다.

$$H-\ddot{O}^{\delta-}(-H): + SO_3\ (S^{\delta+}) \longrightarrow \longrightarrow HO-S(=O)_2-OH$$

세 원자에 결합된 S   네 원자에 결합된 S

단일 및 이중 결합을 모두 가진 작용기

세 작용기 계열은 C가 O에 이중 결합(카보닐 기)으로 연결되어 있고 더불어 O나 N에 단일 결합으로 연결되어 있다. 이 계열의 모체는 **카복실산**(carboxylic acid)기 —C(=Ö:)—ÖH인데, 카복실 기(carboxyl group)라고도 부르며, —COOH로 표기한다. *이 계열의 가장 중요한 반응 유형은 한 작용기가 다른 작용기로 치환되는 것이다.* 알코올의 —OH 기를 —OR로 치환시키면 **에스터**(ester) 기, —C(=O:)—Ö—R가 생기며, 아민의 —N̈(—)—에 의해 치환되면 **아마이드**(amide) 기, —C(=O:)—N̈(—)—가 생성된다.

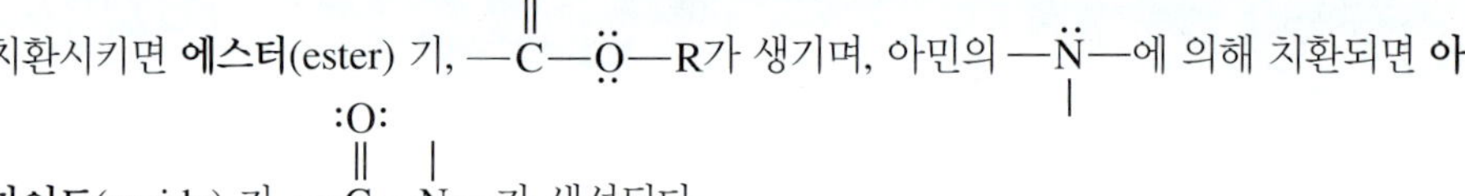

카복실산 카복실산(carboxylic acid), R—C(=O)—OH은 알케인의 이름에서 *-e*를 지우고 *-oic acid*를 붙인다. 하지만 관용명이 많이 사용되고 있다. 예를 들면, 4-C 산은 butanoic acid이고 상용명은 부티르산(butyric acid)이다. 그림 15.22에 몇 가지 중요한 카복실산을 소개하였다. 카복실 C는 이미 3개의 결합을 가지고 있으므로, 결합을 1개만 더 가질 수 있다. 폼산(formic acid; methanoic acid)에서는 카복실 C가 H에 결합되어 있으나 다른 모든 카복실산에서는 이 C가 사슬이나 고리에 연결되어 있다.

카복실산은 물에서 약산이다.

$$CH_3-\overset{O}{\overset{\|}{C}}-OH(l) + H_2O(l) \rightleftharpoons CH_3-\overset{O}{\overset{\|}{C}}-O^-(aq) + H_3O^+(aq)$$

ethanoic acid
(acetic acid)

보통 농도의 수용액에서는 평형에서 99% 이상 산 분자가 해리하지 않은 상태로 존재한다. 하지만 강염기가 있으면, 완전히 반응하여 염과 물을 만든다.

$$CH_3-\overset{O}{\overset{\|}{C}}-OH(l) + NaOH(aq) \longrightarrow CH_3-\overset{O}{\overset{\|}{C}}-O^-(aq) + Na^+(aq) + H_2O(l)$$

염의 음이온은 *카복실산 이온*(carboxylate ion)이며, 산의 이름 뒤에 이온을 붙이거나 혹은 양이온의 이름 뒤에 알케인의 이름에서 *-oic acid* 대신 *-oate*을 넣어 명명한다. 예를 들

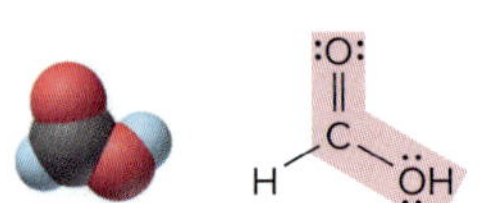

Methanoic acid (formic acid)
개미와 벌침의 자극성 성분

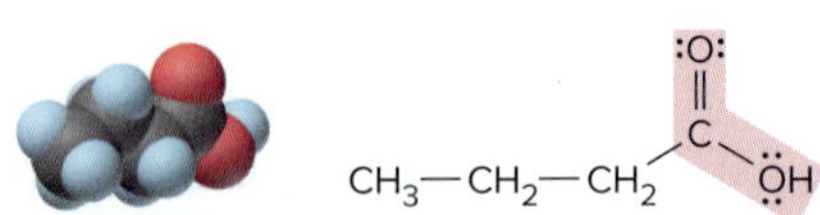

Butanoic acid (butyric acid)
상한 버터의 냄새, 원숭이의 최음제라고 추측되는 성분

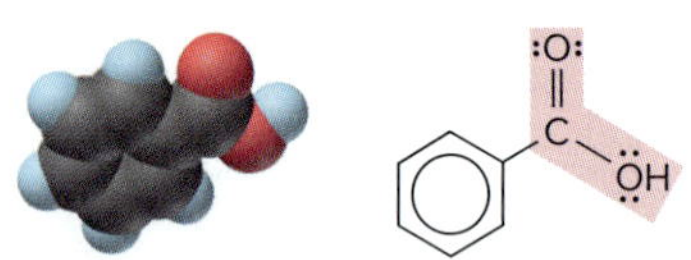

Benzoic acid
열량계의 표준 물질, 음식 보존제, 섬유 염색과 담배 건조에 사용

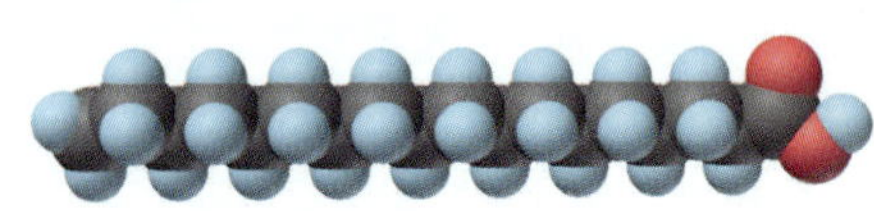

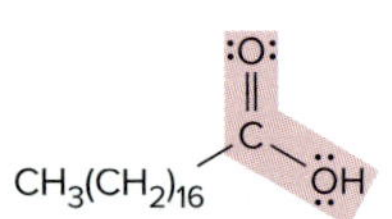

Octadecanoic acid (stearic acid)
동물 지방에 존재, 양초와 비누 제조에 사용

그림 15.22 카복실산 기를 가진 분자들.

어 butanoic acid의 소듐 염은 sodium butanoate이다.

긴 탄화수소 사슬을 가진 카복실산은 **지방산**(fatty acid)이고, 모든 세포에서 발견되는 화합물의 필수 기 중에 하나이다. 동물의 지방산은 사슬이 포화되어 있으나[그림 15.22 *하단* 스테아르산(stearic acid) 참조], 식물에서 유래하는 지방산은 흔히 불포화되어 있고 대부분의 C═C 결합은 *시스* 형태로 존재한다. 이중 결합이 이 화합물들을 더 쉽게 대사되게 한다. 거의 모든 지방산의 골격은 짝수의 C 원자(16개 및 18개 탄소가 일반적)를 가지고 있는데, 그것은 세포가 그들을 합성하는 데 두 개의 탄소 단위를 사용하기 때문이다. 지방산의 염이 바로 비누이며, 그 양이온은 1A(1)족 혹은 2A(2)족 금속이다(13.2절).

카복실산의 치환 반응은 두 단계로 일어난다. *첨가 반응 더하기 제거 반응은 치환 반응과 같다.* 삼각 평면 C 원자에 첨가 반응이 일어나면 불안정한 사면체 중간체를 생성하고, 이 중간체는 즉시 제거 반응을 통해 삼각 평면 구조의 생성물로 다시 변한다(이 경우 X는 OH).

$$\mathrm{R{-}C({=}O){-}X} + \mathrm{Z{-}Y} \underset{}{\overset{\text{첨가}}{\rightleftharpoons}} \left[\mathrm{R{-}C(O{-}Z)(X)(Y)}\right] \overset{\text{제거}}{\rightleftharpoons} \mathrm{R{-}C({=}O){-}Y} + \mathrm{Z{-}X}$$

카복실산을 강하게 가열하면 *탈수-축합 반응*(dehydration-condensation reaction)이라고 부르는 일종의 치환 반응을 통해 **산 무수물**(acid anhydride)이 생성된다(14.7절). 이 반응을 위의 반응과 유사하다고 보면(여기서 X는 OH이고, Z는 H, Y는 OOC—R 기), 이 반응의 결과는 두 분자가 한 분자가 되면서 물 분자를 잃는 축합 반응이다.

$$\mathrm{R{-}C({=}O){-}OH} + \mathrm{HO{-}C({=}O){-}R} \longrightarrow \left[\mathrm{R{-}C(O{-}H)(OH)(O{-}C({=}O){-}R)}\right] \xrightarrow{\Delta} \mathrm{R{-}C({=}O){-}O{-}C({=}O){-}R} + \mathrm{HOH}$$

에스터 에스터(ester), R—C(=O)—O—R는 알코올과 카복실산으로부터 만들어진다. 에스터 이름의 첫 부분은 알코올 부분, 그 다음에 카복실산 부분을 쓴다. 예를 들어, ethanol과 ethanoic acid에서 생성되는 에스터는 ethyl ethanoate, 관용명은 ethyl acetate이며, 매니큐어나 접착제의 용매로 쓰인다.

에스터 기는 생체 물질인 지방의 큰 그룹인 **지질**(lipid)에서 주로 나타난다. 대부분의 식이성 지방은 1,2,3-trihydroxypropane[관용명 글리세롤(glycerol)]이라는 알코올에 지방산 3개가 연결된 *트리글리세라이드*(triglyceride)이며, 에너지의 저장고 역할을 한다. 중요한 지질을 그림 15.23에 나타내었다.

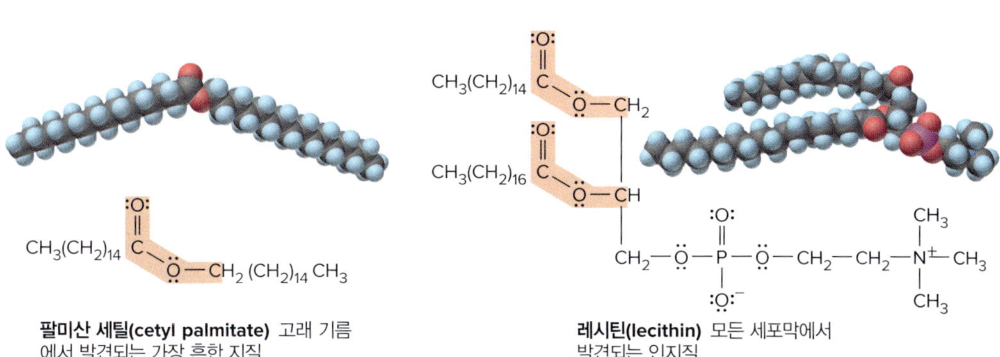

$CH_3(CH_2)_{16}$—C(=O)—O—CH_2
$CH_3(CH_2)_{16}$—C(=O)—O—CH
$CH_3(CH_2)_{16}$—C(=O)—O—CH_2

팔미산 세틸(cetyl palmitate) 고래 기름에서 발견되는 가장 흔한 지질

레시틴(lecithin) 모든 세포막에서 발견되는 인지질

트라이스테아린(tristearine) 동물에서 에너지 저장고 역할을 하는 식이성 지방

그림 15.23 에스터 작용기를 가진 지질 분자들.

카복실산과 에스터들은 친숙하고 독특한 냄새를 가지고 있다.

Source: Jill Braaten

에스터는 산 무수물처럼 탈수-축합 반응을 통해 만든다. 이 경우에는, 이 반응을 *에스터화 반응*(esterification)이라고 부른다.

$$R-\overset{O}{\overset{\|}{C}}-OH + H-O-R' \xrightleftharpoons{H^+} R-\overset{O}{\overset{\|}{C}}-O-R' + HOH$$

에스터화 반응은 가역적임을 주목하라. 탈수-축합 반응의 역반응을 **가수분해**(hydrolysis)라고 하며, 이 반응에서는 물의 O 원자가 에스터의 부분적으로 양으로 하전된 C 원자에 끌리게 되어 분자를 두 부분으로 쪼갠다. 한 부분은 물의 —OH를 받고, 다른 쪽은 물의 H를 받게 된다. 고대로부터 내려오는 비누 생산 과정, 즉 *비누화*(saponification, 라틴어로 sapon은 '비누'라는 의미) 과정은, 동물이나 식물 지방 내의 에스터 결합을 강염기로 가수분해시키는 것이다.

$$\begin{array}{l} R-\overset{O}{\overset{\|}{C}}-O-CH_2 \\ R'-\overset{O}{\overset{\|}{C}}-O-CH \\ R''-\overset{O}{\overset{\|}{C}}-O-CH_2 \end{array} + 3NaOH \xrightarrow{\Delta} \begin{array}{l} R-\overset{O}{\overset{\|}{C}}-O^-Na^+ \\ R'-\overset{O}{\overset{\|}{C}}-O^-Na^+ \\ R''-\overset{O}{\overset{\|}{C}}-O^-Na^+ \end{array} + \begin{array}{l} HO-CH_2 \\ HO-CH \\ HO-CH_2 \end{array}$$

트리글리세라이드(triglyceride) 3 비누 글리세롤(glycerol)

카복실산은 자극적이고, 신맛이 나고, 치즈 냄새가 나는 반면, 에스터는 좋은 냄새가 난다. 예를 들면, ethyl butanoate의 경우 파인애플의 냄새가 나며, pentyl pentanoate는 사과의 향기가 난다(*사진 참조*). 자연적으로 생산되거나 합성되는 에스터는 식품, 화장품, 가정용 탈취제, 약품에 과일, 꽃 및 허브 냄새를 첨가하기 위해 사용한다.

아마이드 에스터와 아민(또는 NH_3) 사이의 치환 생성물은 아마이드, $R-\overset{O}{\overset{\|}{C}}-\overset{|}{N}-$이다. 아민의 부분적으로 음으로 하전된 N이 에스터의 부분적으로 양으로 하전된 C에 끌리게 되면, 알코올(ROH)이 떨어져 나가고 아마이드가 생성된다.

$$CH_3-\overset{O}{\overset{\|}{C}}-O-CH_3 + H\ddot{N}(H)-CH_2-CH_3 \longrightarrow CH_3-\overset{O}{\overset{\|}{C}}-N(H)-CH_2-CH_3 + CH_3-OH$$

methyl ethanoate (methyl acetate) ethanamine (ethylamine) *N*-ethylethanamide (*N*-ethylacetamide) methanol

아마이드는 알케인의 이름 뒤에 아마이드(amide)를 붙이고, 아민 부분은 *N*-(기울임꼴인 것에 유의)으로 나타내어 명명한다. 어미인 카복실산의 이름의 *-oic acid*를 *-amide*로 바꿔 명명한다. 앞 반응에 나와 있는 아마이드에서, 에틸 기는 아민에서 오고 산 부분은 ethanoic acid(acetic acid)에서 온다. 그림 15.24에 몇 가지 아마이드를 나타내었다. 아마이드 기의 가장 중요한 예는 단백질에서 아미노산을 연결하는 *펩타이드 결합*(13.2절과 15.6절에서 다룸)이다.

그림 15.24 **아마이드 작용기를 가진 분자들.**

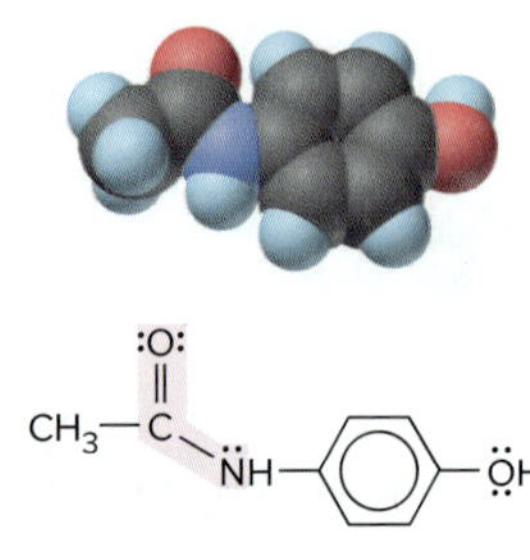

Acetaminophen
비아스피린계 진통제의 활성 성분; 염료와 사진용 화학 물질을 만드는 데 사용

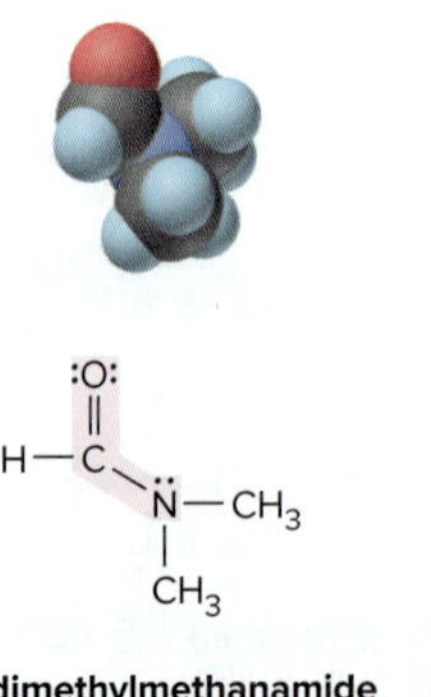

***N,N*-dimethylmethanamide (dimethylformamide)**
중요한 유기용매; 합성섬유를 만드는 데 사용

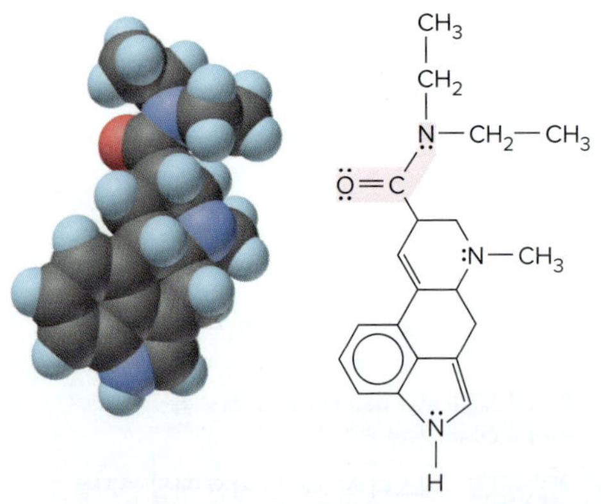

Lysergic acid diethylamide(LSD-25) 강력한 환각제

아마이드는 뜨거운 물(또는 염기)에서 카복실산(또는 카복실산 이온)과 아민으로 가수분해된다. 따라서 아마이드는 보통 다음 방법으로는 생성되지 않지만, 가역적 탈수-축합 반응에서 만들 수 있다고 볼 수 있다.

$$\mathrm{R{-}\overset{\overset{\displaystyle O}{\|}}{C}{-}OH + H{-}\overset{\overset{\displaystyle H}{|}}{N}{-}R'} \rightleftharpoons \mathrm{R{-}\overset{\overset{\displaystyle O}{\|}}{C}{-}\overset{\overset{\displaystyle H}{|}}{N}{-}R' + HOH}$$

환원 반응 또한 카복실산 계열 화합물은 환원 반응으로 다른 작용기로 변환된다. 예를 들어, 특정 무기 *환원제*(예로 $LiAlH_4$ 또는 $NaBH_4$)는 카복실산이나 에스터를 알코올로 바꾸고, 아마이드를 아민으로 바꾼다.

$$\mathrm{R{-}\overset{\overset{\displaystyle O}{\|}}{C}{-}OH}\ (\text{또는 } \mathrm{R{-}\overset{\overset{\displaystyle O}{\|}}{C}{-}O{-}R'}) \xrightarrow{\text{환원}} \mathrm{R{-}CH_2{-}OH + HOH}\ (\text{또는 } \mathrm{R'{-}OH})$$

$$\mathrm{R{-}\overset{\overset{\displaystyle O}{\|}}{C}{-}NH{-}R'} \xrightarrow{\text{환원}} \mathrm{R{-}CH_2{-}NH{-}R' + H_2O}$$

예제 15.6 | 카복실산 계열의 반응 예측

문제 다음 반응의 생성물(들)을 예측하라.

(a) $\mathrm{CH_3{-}CH_2{-}CH_2{-}\overset{\overset{\displaystyle O}{\|}}{C}{-}OH + CH_3{-}\overset{\overset{\displaystyle OH}{|}}{CH}{-}CH_3} \xrightleftharpoons{H^+}$

(b) $\mathrm{CH_3{-}\overset{\overset{\displaystyle CH_3}{|}}{CH}{-}CH_2{-}CH_2{-}\overset{\overset{\displaystyle O}{\|}}{C}{-}NH{-}CH_2{-}CH_3} \xrightarrow[H_2O]{NaOH}$

계획 **(a)** 카복실산과 알코올이 반응하므로 반응은 에스터와 물을 생성하는 치환일 것이다. **(b)** 아마이드가 OH^-와 반응하므로, 이것은 아민과 카복실산 소듐으로 가수분해된다.

풀이 **(a)** 에스터의 생성:

$$\mathrm{CH_3{-}CH_2{-}CH_2{-}\overset{\overset{\displaystyle O}{\|}}{C}{-}O{-}\overset{\overset{\displaystyle CH_3}{|}}{CH}{-}CH_3 + H_2O}$$

(b) 아마이드의 염기성 가수분해:

$$\mathrm{CH_3{-}\overset{\overset{\displaystyle CH_3}{|}}{CH}{-}CH_2{-}CH_2{-}\overset{\overset{\displaystyle O}{\|}}{C}{-}O^- + Na^+ + H_2N{-}CH_2{-}CH_3}$$

검산 반응 (b)에서 수용성 NaOH가 카복실산과 반응하기 때문에, 산 대신에 카복실산 이온이 생성되는 것에 주목하자.

▸ 보충 문제

15.6A 다음 반응의 생성물(들)을 예측하라.

(a) $\mathrm{CH_3{-}(CH_2)_{14}\overset{\overset{\displaystyle O}{\|}}{C}{-}O{-}CH_2{-}(CH_2)_{14}CH_3} \xrightarrow[H_2O]{NaOH}$

(b) $\mathrm{CH_3{-}C_6H_4{-}\overset{\overset{\displaystyle O}{\|}}{C}{-}NH{-}C_6H_4{-}CH_3} \xrightarrow{LiAlH_4} \xrightarrow{H_2O}$

15.6B 다음 반응에서 빈칸을 채워라.

(a) _____ $+ \mathrm{CH_3{-}OH} \xrightleftharpoons{H^+} \mathrm{C_6H_5{-}CH_2{-}\overset{\overset{\displaystyle O}{\|}}{C}{-}O{-}CH_3 + H_2O}$

(b) _____ + _____ $\longrightarrow \mathrm{CH_3{-}CH_2{-}CH_2{-}\overset{\overset{\displaystyle O}{\|}}{C}{-}NH{-}CH_2{-}CH_3 + CH_3{-}OH}$

유사 문제 15.67~15.74

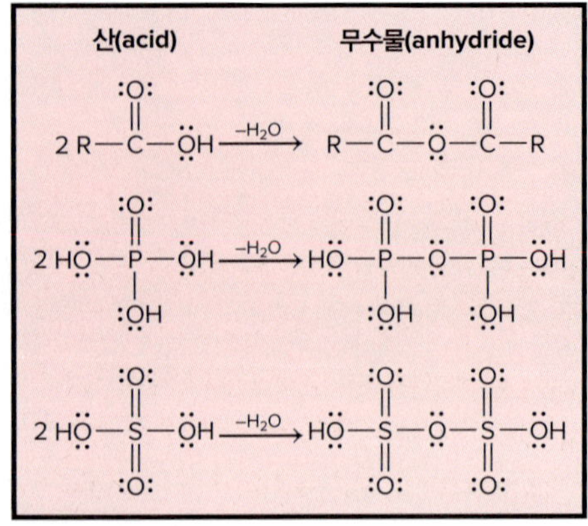

그림 15.25 산 무수물, 인산 무수물 및 황 무수물의 형성.

주제의 전환: 다른 비금속들의 산소산, 에스터, 아마이드 산소와 단일 결합과 이중 결합 모두를 형성하는 비금속은 대부분의 경우 무기 산소산이며, 인산, 황산, 아염소산 등이 있다. 여분의 산소를 가지고 있는 이러한 물질은 카복실산보다 더 강한 산들이다.

이인산(diphosphoric acid)과 이황산(disulfuric acid)은 탈수-축합 반응을 통해 생성되는 산 무수물로서 카복실산 무수물(그림 15.25)과 같은 방식으로 만들어진다. 무기 산소산은 많은 생체 분자의 일부분과 결합하여 아마이드나 에스터 결합을 형성한다. 우리는 이미 어떤 지질이 인산 에스터(phosphate ester)인 것을 보았다(그림 15.23 참조). 또한 글루코스가 소화될 때 첫 번째 형성되는 화합물이 인산 에스터이다(그림 15.26A). 비슷한 인산 에스터가 곧 보게 될 핵산의 주요한 구조적 특성이다. 또 황이 포함된 유기 산소산의 아마이드, 즉 *설폰아마이드*(sulfonamide)는 중요한 항생제이다. 이들 중 가장 간단한 것이 그림 15.26B에 묘사되어 있다. 10,000개 이상의 다양한 설폰아마이드가 합성되었다.

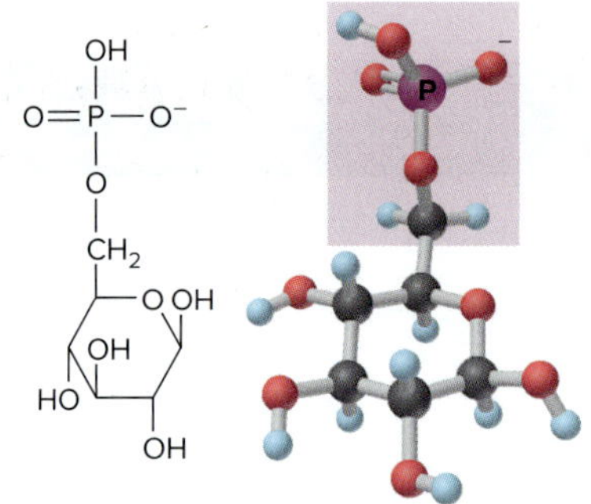

A. 글루코스-6-인산염(Glucose-6-phosphate)

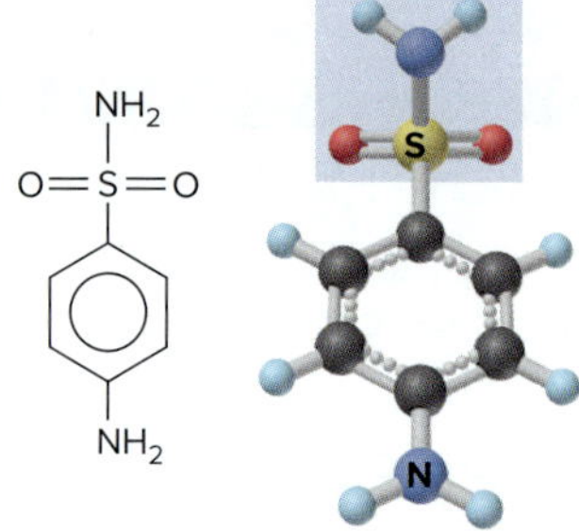

B. 설파닐아마이드(sulfanilamide)

그림 15.26 인산염 에스터(phosphate ester)와 설폰아마이드(sulfonamides).

삼중 결합을 가진 작용기

알카인과 나이트릴(nitrile)은 삼중 결합이 있는 두 가지 중요한 작용기이다.

알카인 전자가 풍부한 —C≡C— 기를 가지고 있는 알카인은 (H_2O, H_2, HX, X_2 등과) 첨가 반응을 일으켜 이중 결합 또는 포화 화합물을 만든다.

$$\underset{\text{propyne}}{CH_3-C\equiv CH} \xrightarrow{H_2} \underset{\text{propene}}{CH_3-CH=CH_2} \xrightarrow{H_2} \underset{\text{propane}}{CH_3-CH_2-CH_3}$$

나이트릴 나이트릴(nitrile) 화합물(R—C:::N)은 **나이트릴** 기(—C≡N:)를 가지고 있으며 할로젠화 알킬과의 반응에서 X^-를 CN^-(cyanide) 이온으로 치환시켜 만든다.

$$CH_3-CH_2-Cl + NaCN \longrightarrow CH_3-CH_2-C\equiv N + NaCl$$

이 반응은 탄화수소의 *사슬을 C 원자 한 개만큼 늘리기* 때문에 유용하다. 나이트릴은 한번 만들면 아민으로 환원되거나 카복실산으로 가수분해될 수 있기 때문에 쓰모가 다양하다.

$$CH_3-CH_2-CH_2-NH_2 \xleftarrow{\text{환원}} CH_3-CH_2-C\equiv N \xrightarrow[\text{가수분해}]{H_3O^+,\ H_2O} CH_3-CH_2-\overset{O}{\overset{\|}{C}}-OH + NH_4^+$$

주제의 전환: 삼중 결합을 가진 무기 화합물 무기 화학 분야에서는 유기 화학 분야처럼 삼중 결합이 많지 않다. 일산화 탄소(:C≡O:), 질소 분자(:N≡N:), 사이안화 이온([:C≡N:]⁻) 정도가 일반적인 예이다.

지금까지 몇몇 작용기를 살펴보았다. 그리고 복잡한 유기 분자에 있는 작용기들을 알아보는 것이 특히 중요하다. 예제 15.7과 함께 이를 연습해 보자.

예제 15.7 | 작용기 알아보기

문제 다음 분자의 작용기에 원을 그리고 이름을 말하라.

(a) (b) (c)

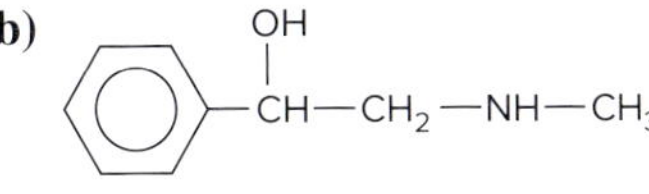

계획 표 15.5를 보면 여러 가지 작용기를 확인할 수 있다.

풀이 (a)

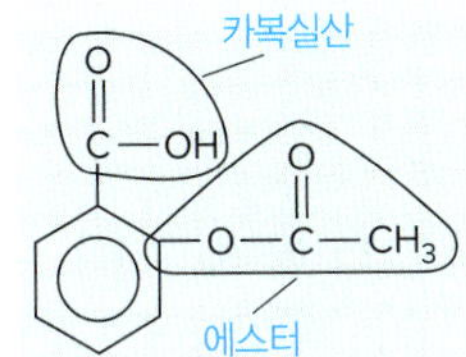

(b)

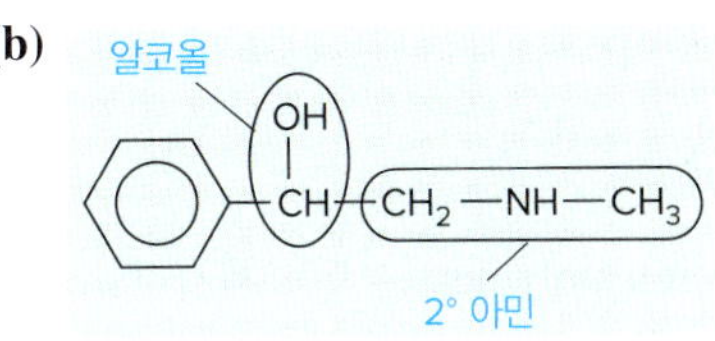

(c)

케톤
할로알케인
알켄

▶ **보충 문제**

15.7A 작용기에 원을 그리고 이름을 말하라.

(a) (b)

15.7B 작용기에 원을 그리고 이름을 말하라.

(a) (b)

유사 문제 15.59, 15.60

인터넷 핫스팟

작용기를 판단하는 것이 어렵게 느껴진다면, eBook에 접속하여 이 주제에 대한 추가 학습 동영상을 참고하자.

› 15.4절 요약

- 유기 반응은 반응물 분자의 전자 밀도가 높은 원자와 낮은 원자가 서로 끌리기 때문에 일어난다.
- 단일 결합만을 가진 작용기[예, 알코올(alcohol), 아민(amine), 할로젠화 알킬(alkyl halide)]는 치환과 제거 반응에 참여한다.
- 이중 결합과 삼중 결합을 가지고 있는 작용기[예, 알켄(alkene), 알데하이드(aldehyde), 케톤(ketone), 알카인(alkyne), 나이트릴(nitrile)]는 일반적으로 첨가 반응에 참여한다.
- 방향족 화합물은 일반적으로 첨가 반응보다는 치환 반응이 일어나는데, 이것은 고리 구조를 안정화시키는 π 전자의 비편재화 때문이다.
- 이중 결합과 단일 결합을 모두 가지고 있는 작용기[예, 카복실산(carboxylic acid), 에스터(ester), 아마이드(amide)]는 일반적으로 치환(첨가 더하기 제거) 반응에 참여한다.
- 많은 반응에서는 한 작용기가 다른 작용기로 변화되나, 유기금속과 사이안화 이온(cyanide ion)이 참여하는 몇 가지 반응에서는 탄소 골격이 변하기도 한다.

15.5 단량체-고분자 I: 합성 고분자

12장에서 고분자는 한 개의 단량체 단위가 매우 많이 반복하여 구성되는 굉장히 큰 분자라는 것을 배웠다. 12장에서는 중합체의 질량, 모양, 그리고 물리적 특성에 초점을 맞추었다. 지금부터는 단량체들을 공유 결합으로 사슬에 연결하는 두 가지 유형의 유기 반응에 대해 논의할 것이다. 고분자의 명명법은 *폴리에틸렌*(polyethylene) *또는 폴리스타이렌*(polystyrene)과 같이 접두사 *폴리*(*poly*-)를 단량체 이름에 추가한다. 만약 단량체가 두 개의 단어로 된 이름이라면 둥근 괄호를 이용하여, *폴리*(*염화 바이닐*)[poly(vinyl chloride)]이라고 명명한다.

고분자를 합성하는 반응 과정의 두 가지 주요 유형은 고분자의 이름을 결정하고 고분자를 분류하는 기준이 되는데, 바로 첨가 반응과 축합 반응이다.

첨가 고분자

첨가 고분자(addition polymer)는 단량체가 서로 첨가 반응을 할 때 생성된다. 이 고분자를 *사슬-반응(또는 사슬-성장) 고분자*라고도 부르는데, 그 이유는 각 단량체가 사슬에 첨가될 때 이 과정이 계속 일어날 수 있는 새로운 반응 자리가 생기기 때문이다. 대부분의 첨가 고분자의 단량체는 $>C=C<$ 기를 가지고 있다. 표 15.6에서 보듯이 아크릴 스웨터, 플라스틱 식품 봉지, 볼링공의 물리적 성질의 차이는 단량체의 이중 결합을 형성하고 있는 C 원자에 붙어 있는 기가 다르기 때문이다.

에텐(에틸렌, $CH_2=CH_2$)의 *자유 라디칼 중합 반응*(free-radical polymerization)에 의한 폴리에틸렌(polyethylene)의 생성은 첨가 반응의 간단한 예이다(그림 15.27). 단량체는 반응하면 *자유 라디칼*이라는 홀전자를 가진 중간체가 생기며, 이것이 다른 단량체로부터 전자 한 개를 얻어 공유 결합을 이룬다.

단계 1. 이 과정은 흔히 과산화물인 *개시제*(initiator)가 자유 라디칼을 생성하면서 시작된다.

단계 2. 이 자유 라디칼이 에틸렌 분자의 π 결합을 공격하여 한 개의 *p* 전자와 σ 결합을 형성하며 다른 홀전자를 남기면서, 새로운 자유 라디칼을 생성한다.

단계 3. 이 새로운 자유 라디칼은 다른 에틸렌 분자의 π 결합을 공격하여, 에틸렌 분자가 사슬의 끝에 연결되면서 고분자의 사슬이 한 단위 더 길어지게 된다.

단계 4. 이 과정은 두 개의 자유 라디칼이 서로 결합하여 공유 결합을 이루거나 *억제제*(inhibitor) 분자를 넣어서 매우 안정한 자유 라디칼이 생길 때에 멈추게 된다.

최근 자유 라디칼 화학종의 반응성을 더 잘 조절할 수 있는 기술이 발전하여 훨씬 더 다양한 중합체를 합성 할 수 있게 되었다. 그 중 한 방법으로 자유 라디칼 대신에 양이온(또는 음이온)의 형성으로 중합이 시작되게 하는 방법이 있다. 이 방법은 사슬 말단의 반응성이 큰 양이온(또는 음이온)이 다른 단량체의 π 결합을 공격하여 새로운 말단 양이온(또는 음이온)을 만들고, 이 과정이 계속 일어나게 한다.

가장 중요한 중합 반응은 전이 금속이 포함된 촉매를 사용하여 상대적으로 온화한 조건에서 일어나게 하는 반응이다. 1963년에 Karl Ziegler와 Giulio Natta가 *Ziegler-Natta 촉매*를 개발한 공로로 노벨 화학상을 수상하였는데, 이 촉매는 $Al(C_2H_5)_3$과 같은 유기알루미늄 화합물과 사염화 바나듐(또는 타이타늄)으로 구성되어 있다. 오늘날, 화학자들은 입체 선택적 유기금속 촉매를 이용하여 반복 단위의 기들이 *정해진 방향으로 배치*되어 있는 고분자를 합성하고 있다. 이러한 촉매를 이용하면서 반응 조건과 시약을 변화시키면 몰질량이 10^4~10^5 g/mol인 폴리에틸렌 사슬을 만들 수 있다.

비슷한 방법을 이용하여 반복 단위의 기가 사슬의 한쪽에만 있거나 아니면 번갈아 가면서 양쪽에 있는 폴리프로필렌(polypropylene) $\left[CH_2-\underset{\displaystyle CH_3}{\underset{|}{CH}}\right]_n$을 만들 수 있다. 기들의 배향이 다르면 사슬이 쌓이는 효율이 달라지면서 다른 결정화도를 갖게 되며, 그 결과로 밀도, 견고성, 신축성 같은 물리적 성질이 달라진다(12.7절).

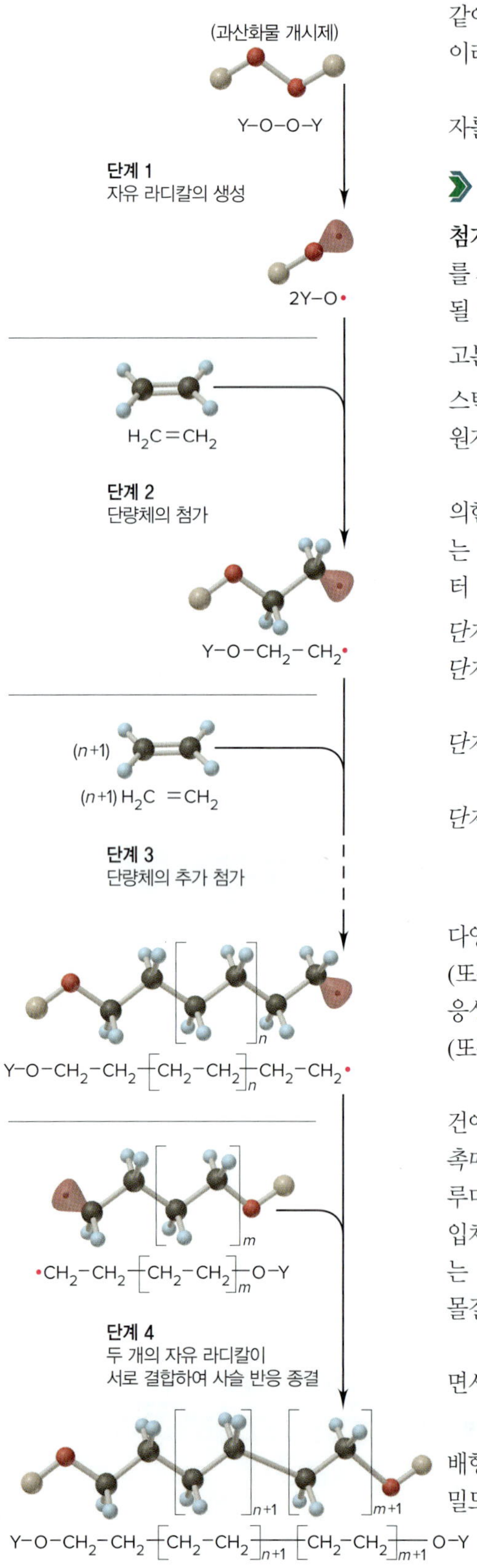

(과산화물 개시제)
Y−O−O−Y
단계 1
자유 라디칼의 생성
2Y−O•
$H_2C=CH_2$
단계 2
단량체의 첨가
$Y-O-CH_2-CH_2\cdot$
(*n*+1)
(*n*+1) $H_2C=CH_2$
단계 3
단량체의 추가 첨가
$Y-O-CH_2-CH_2-[CH_2-CH_2]_n-CH_2-CH_2\cdot$
$\cdot CH_2-CH_2-[CH_2-CH_2]_m-O-Y$
단계 4
두 개의 자유 라디칼이
서로 결합하여 사슬 반응 종결
$Y-O-CH_2-CH_2-[CH_2-CH_2]_{n+1}-[CH_2-CH_2]_{m+1}-O-Y$

그림 15.27 에틸렌(ethylene) 자유 라디칼 중합 반응 단계.

표 15.6 | 몇 가지 중요한 첨가 고분자

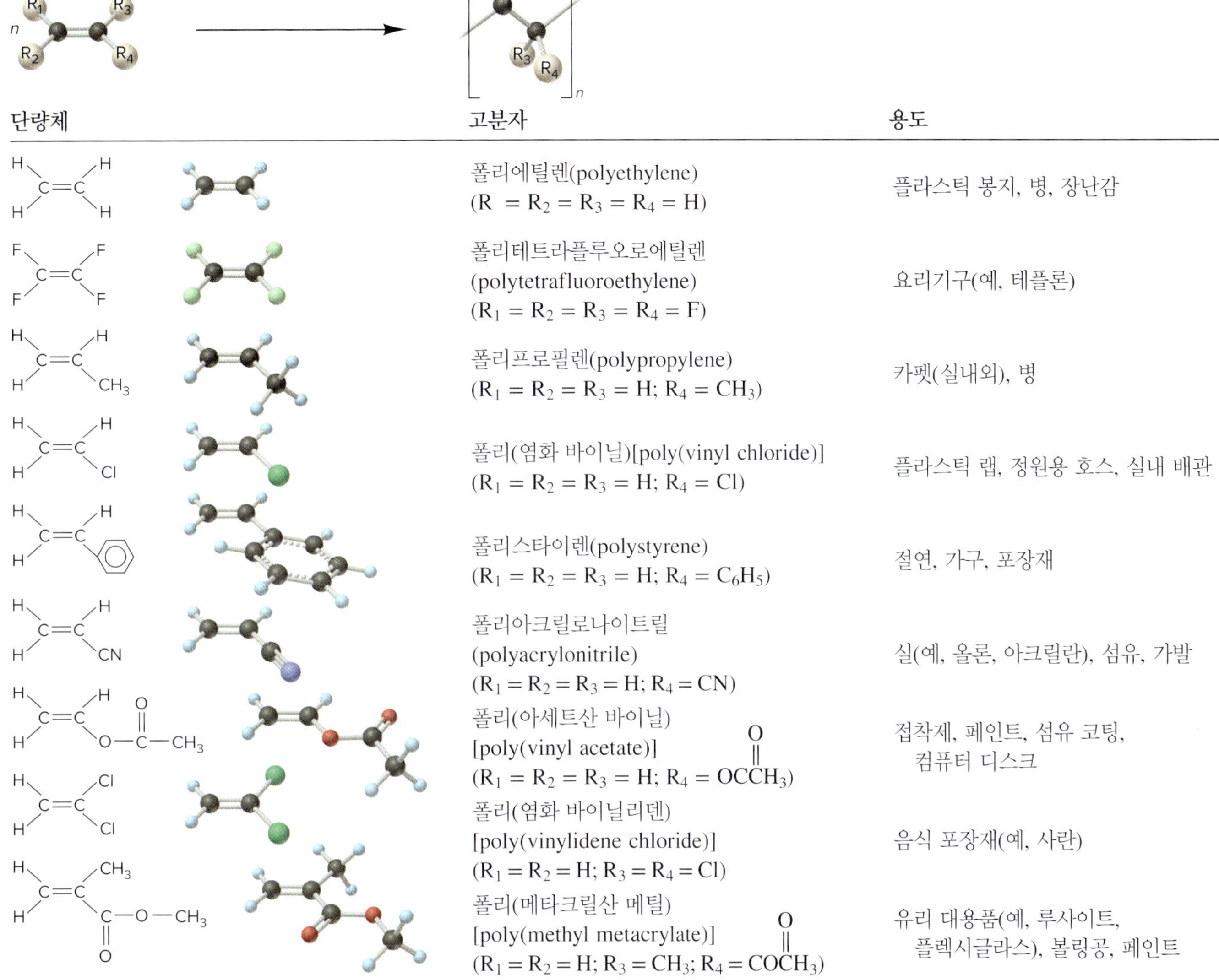

단량체	고분자	용도
$H_2C=CH_2$	폴리에틸렌(polyethylene) ($R_1 = R_2 = R_3 = R_4 = H$)	플라스틱 봉지, 병, 장난감
$F_2C=CF_2$	폴리테트라플루오로에틸렌 (polytetrafluoroethylene) ($R_1 = R_2 = R_3 = R_4 = F$)	요리기구(예, 테플론)
$H_2C=CH(CH_3)$	폴리프로필렌(polypropylene) ($R_1 = R_2 = R_3 = H; R_4 = CH_3$)	카펫(실내외), 병
$H_2C=CHCl$	폴리(염화 바이닐)[poly(vinyl chloride)] ($R_1 = R_2 = R_3 = H; R_4 = Cl$)	플라스틱 랩, 정원용 호스, 실내 배관
$H_2C=CH(C_6H_5)$	폴리스타이렌(polystyrene) ($R_1 = R_2 = R_3 = H; R_4 = C_6H_5$)	절연, 가구, 포장재
$H_2C=CH(CN)$	폴리아크릴로나이트릴 (polyacrylonitrile) ($R_1 = R_2 = R_3 = H; R_4 = CN$)	실(예, 올론, 아크릴란), 섬유, 가발
$H_2C=CH-O-C(=O)-CH_3$	폴리(아세트산 바이닐) [poly(vinyl acetate)] ($R_1 = R_2 = R_3 = H; R_4 = OC(=O)CH_3$)	접착제, 페인트, 섬유 코팅, 컴퓨터 디스크
$H_2C=CCl_2$	폴리(염화 바이닐리덴) [poly(vinylidene chloride)] ($R_1 = R_2 = H; R_3 = R_4 = Cl$)	음식 포장재(예, 사란)
$H_2C=C(CH_3)-C(=O)-O-CH_3$	폴리(메타크릴산 메틸) [poly(methyl metacrylate)] ($R_1 = R_2 = H; R_3 = CH_3; R_4 = C(=O)OCH_3$)	유리 대용품(예, 루사이트, 플렉시글라스), 볼링공, 페인트

축합 고분자

축합 고분자(condensation polymer)의 단량체는 *두 개의 작용기*를 가지고 있어야 한다. 그러한 단량체를 A—**R**—B(A와 B는 같을 수도 있고 다를 수도 있으며 **R**은 분자의 나머지 부분)라고 쓸 수 있다. 가장 흔하게, 한 단량체의 A기가 다른 단량체의 B기와 *탈수-축합 반응*으로 연결된다.

$$\tfrac{1}{2}n\mathrm{H{-}A{-}\mathbf{R}{-}B{-}OH} + \tfrac{1}{2}n\mathrm{H{-}A{-}\mathbf{R}{-}B{-}OH} \xrightarrow{-(n-1)\mathrm{HOH}} \mathrm{H{+}A{-}\mathbf{R}{-}B{+}_{n}OH}$$

많은 축합 고분자는 2개 이상의 다른 반복 단위로 이루어진 *공중합체*(copolymer)이다(12.7절). 두 가지 주요한 종류는 폴리아마이드(나일론)와 폴리에스터이다.

1. *폴리아마이드*(polyamide). 카복실산과 아민 단량체가 축합하면 *폴리아마이드*(polyamide)[*나일론*(nylon)]가 얻어진다. 가장 흔한 폴리아마이드는 *나일론-66*으로서, 6-C 다이아민(1,6-diaminohexane)과 6-C 이산(1,6-hexanedioic acid)을 같은 당량으로 반응시켜 만든다. 염기인 아민이 산과 반응하면 "나일론 염"이라는 염이 생긴다. 이를 가열하면 염에서 물이 빠져 나가면서 아마이드 결합이 생긴다.

$$n\mathrm{HO{-}C(=O){-}(CH_2)_4{-}C(=O){-}OH} + n\mathrm{H{-}NH{-}(CH_2)_6{-}NH_2} \xrightarrow[-(2n-1)\mathrm{H_2O}]{\Delta} \mathrm{HO{+}C(=O){-}(CH_2)_4{-}C(=O){-}NH{-}(CH_2)_6{-}NH{+}_{n}H}$$

그림 15.28 **나일론-66(nylon-66)의 생성.** 실험실에서는 이산 화합물(diacid)보다 반응성이 더 좋은 6-C 이산 염화물(diacid chloride)을 단량체로 사용한다. 폴리아마이드는 두 액체상 사이에서 생성된다.

Source: Charles D. Winters/McGraw-Hill Education

실험실에서는 반응성이 좋은 산의 유도체를 이용하여 열을 가하지 않고 나일론을 만들 수 있다(그림 15.28). 사슬 내부의 공유 결합으로 인해 나일론은 매우 강하고 또한 사슬 사이의 수소 결합 때문에 유연성이 크다. 생산되는 나일론의 약 절반이 자동차 타이어 강화 소재로 사용되고, 나머지 절반은 양탄자, 옷, 낚싯줄 등을 만드는 데 쓰인다.

2. *폴리에스터*(polyester). 카복실산과 알코올 단량체의 축합 반응으로 *폴리에스터*가 생성된다. 대중적인 폴리에스터 섬유인 다크론(Dacron)은 1,4-benzenedicarboxylic acid와 1,2-ethanediol을 같은 당량으로 반응시킬 때 얻어지는 고분자 가닥을 짜서 만든다.

$$n\text{HO}-\overset{\text{O}}{\overset{\|}{\text{C}}}-\text{C}_6\text{H}_4-\overset{\text{O}}{\overset{\|}{\text{C}}}-\text{OH} + n\text{HO}-(\text{CH}_2)_2-\text{OH} \xrightarrow[-(2n-1)\text{H}_2\text{O}]{} \text{HO}\left[\overset{\text{O}}{\overset{\|}{\text{C}}}-\text{C}_6\text{H}_4-\overset{\text{O}}{\overset{\|}{\text{C}}}-\text{O}-\text{CH}_2\text{CH}_2-\text{O}\right]_n\text{H}$$

이러한 폴리에스터 섬유를 면과 다양한 비율로 혼용하면 오래 입고, 쉽게 염색이 되며, 주름이 잘 생기지 않는 옷감이 된다. 녹음 테이프와 음식 포장에 사용되는 매우 얇은 마일라(mylar) 필름도 이 고분자로 만든다.

주제의 전환: 무기 고분자 여러분은 이미 무기 골격을 가지는 몇 가지의 합성 고분자들을 알고 있다. 14장에서 우리는 $-(R_2)Si-O-$의 반복 단위를 가지는 고분자인 실리콘(silicone)을 보았다. 사슬의 가교 구조와 알킬 기에 따라, 실리콘은 기름기가 많은 액체에서 탄성 있는 시트까지 다양하며 인공 팔다리와 우주복을 포함한 견고한 고체에 이르기까지 다양한 용도가 있다. 폴리포스파진(polyphosphazenes)은 저온에서도 유연한 사슬로서 존재하며, 이 고분자의 반복 단위는 $-(R_2)P=N-$이다.

› 15.5절 요약

- 고분자는 단량체라고 부르는 반복 단위로 이루어진 매우 큰 분자이다.
- 불포화 단량체를 자유 라디칼 반응을 통해 서로 연결시키면 첨가 고분자를 만들 수 있다.
- 대부분의 축합 고분자는 두 개의 작용기를 갖는 단량체를 탈수-축합 반응에 의해 연결시켜 만든다.
- 반응 조건, 촉매와 단량체를 다양하게 변화시키면서 성질이 다른 고분자를 생산할 수 있다.

15.6 단량체-고분자 II: 생체 고분자

인간이 고분자를 이용하기 훨씬 전부터 자연은 고분자를 이용해 왔다. 자연에 존재하는 생체 고분자는 자연이 수행하는 화학 반응에 의해 창조되고 진화를 통해 개선된 축합 고분자이다. 이러한 놀라운 분자들은 탄소 및 탄소에 결합하는 소수의 원자들의 다양성을 보여주는 훌륭한 증거이다.

다당류, 단백질, 핵산 같은 *천연 고분자*는 "생명의 재료"이다. 어떤 것은 목재를 강하게 하고, 머리카락을 곱슬머리로 만들고, 손톱을 단단하게 하고, 양모를 유연하게 만든다. 다른 것들은 세포에서 일어나는 여러 가지 반응을 촉진하거나 감염에 대해 신체를 보호한다. 또 다른 것들은 생명체가 다른 생체 분자를 합성하거나 자기 복제를 하는 데 필요한 유전 정보를 가지고 있다. 이러한 거대 분자가 놀라운 존재이지만, 그들의 단량체의 작용기 그리고 단량체를 연결하는 반응들은 다른 더 작은 유기 분자들의 것과 동일하다. 13.2절에서 본 것처럼 더 작은 분자들을 물에 녹게 하는 것과 같은 분자간 힘들이 세포 내의 수용성 매질에서 이러한 거대 분자를 안정화시킨다.

당류와 다당류

나무를 태우거나 빵 조각을 먹을 때 근본적으로 같은 화학 변화가 일어난다. 나무와 빵은 산화되면서 에너지를 공급하여 주는 물질인 *탄수화물*의 혼합물이다.

단량체 구조와 연결 3-C *삼탄당*(triose)으로부터 7-C *7탄당*(heptose)에 이르기까지 글루코스(glucose)와 기타 간단한 당들을 **단당류**(monosaccharide)라고 부르는데, 수산화기와 카보닐 기가 달려 있는 탄소 사슬로 이루어져 있다. 수용액에서 *같은 단당류 내의 OH(알코올) 기와 C=O(알데하이드 또는 케톤) 기가 서로 반응하여 5-원자 또는 6-원자*

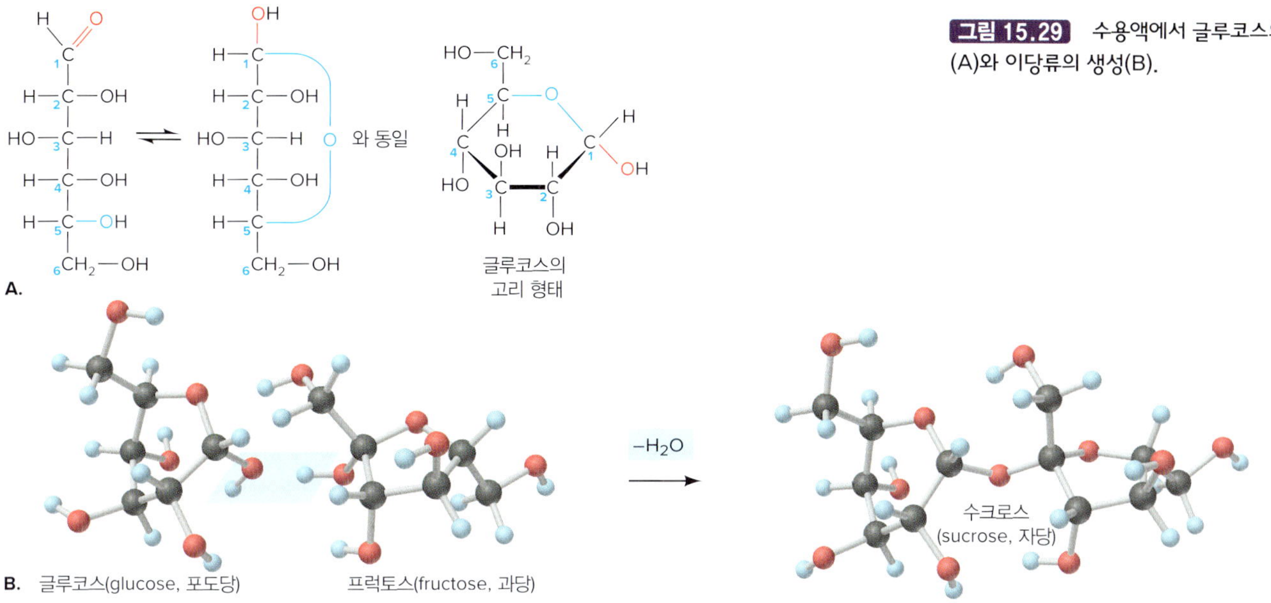

그림 15.29 수용액에서 글루코스의 구조(A)와 이당류의 생성(B).

고리를 갖는 고리 분자를 형성한다. 예를 들면, 글루코스는 C-1의 알데하이드 기와 C-5의 알코올 기 사이에 분자 내 첨가 반응을 수행한다(그림 15.29A).

두 단당류가 탈수-축합 반응을 하면, **이당류**(disaccharide)가 생성된다. 예를 들면,

- 수크로스(sucrose, 설탕)는 글루코스(포도당, C-1에 연결)와 프럭토스(fructose, 과당, C-2에 연결)의 이당류이다(그림 15.29B).
- 락토스(lactose, 유당)는 글루코스(포도당, C-1)와 갈락토스(galactose, C-4)의 이당류이다.
- 감미료나 양조에 사용되는 말토스(maltose, 맥아당)는 2개의 글루코스가 연결된 이당류(C-1에서 C-4로 연결)이다.

다당류의 세 가지 주요 종류 단당류는 에너지 대사에 사용되는 개별 분자로서의 역할과 더불어, **다당류**(polysaccharide)의 단량체 단위로서의 역할을 한다. 세 가지 주요 천연 다당류인 셀룰로스(cellulose), 녹말(starch), 글라이코젠(glycogen)은 모두 글루코스 단위로 구성되어 있으나, 이 단위들이 연결된 고리 위치, 일부 결합의 배향, 및 가교 결합의 정도가 다르다.

1. *셀룰로스*(cellulose)는 지구상에서 가장 풍부한 유기 물질이다. 식물을 이루는 탄소의 50% 이상이 나무 줄기와 잎의 셀룰로스로 존재하며, 나무는 대부분이 셀룰로스이다. 셀룰로스는 긴 사슬의 글루코스로 이루어져 있다. 목재의 큰 강도는 셀룰로스 사슬 사이의 무수히 많은 수소 결합에 주로 기인한다. 각 단량체들은 한 단위의 C-1에서 다음 단위의 C-4로 특정한 방식으로 연결되어 있다. 인간에게는 이 연결을 깰 효소가 없으므로, 우리는 셀룰로스를 소화할 수 없다. 그렇지만, 소, 양, 및 흰개미와 같은 몇몇 동물들의 소화기관에 존재하는 미생물들은 셀룰로스를 소화할 수 있다.

2. *녹말*(starch)은 글루코스로 이루어진 다당류의 혼합물이며 식물에서 *에너지 저장고*로서의 역할을 한다. 식물이 에너지가 필요할 때, 단위들 간의 결합이 가수분해되어 녹말 일부가 깨지고, 생성된 글루코스들이 다단계 대사 경로를 통해 산화된다. 녹말은 백만 개 가량의 글루코스 단위로 이루어진 매우 가지가 많은 덤불 같은 분자인 아밀로펙틴(amylopectin)과 수천 개의 글루코스 단위로 이루어진 나선형 분자인 아밀로스(amylose)의 불용성 과립으로 식물 세포에 존재한다. 글루코스 단위체 대부분은 셀룰로스에서와 같이 C-1에서 C-4로 연결되어 있지만, 광학 활성 C-1 주위의 배향이 달라서 소화 효소가 녹말을 단량체로 분해하는 과정을 통해 에너지를 얻을 수 있도록 신진대사가 이루어진다. C-6에서 C-1으로의 가교 연결은 녹말 분자에서 글루코스 사슬을 24~30개 단위마다 이루어진다.

3. *글라이코젠*(glycogen)은 동물에게 에너지 저장 분자로서의 기능을 한다. 이것은 1,000~500,000 개의 글루코스 단위로 이루어진 고분자 분자들로 구성된 크고 물에 녹지

바닷가재 껍질에는 *키틴*(chitin)이라 부르는 다당류가 들어 있다.

Source: Ingram Publishing/SuperStock

않는 과립으로 간과 근육 세포에 존재한다. 글라이코젠에서, 이 글루코스 단위들은 녹말에서와 같이 C-1에서 C-4로의 결합으로 연결되어 있지만, 이 분자는 8~12개 단위마다 C-6에서 C-1으로 가교 연결되어 녹말보다 더 촘촘히 가교 결합되어 있다.

일부 다른 다당류는 결합된 기에 질소를 포함한다. 곤충과 갑각류(*사진 참조*)의 단단한 외부 골격의 주요 성분인 *키틴*(chitin)은 글루코스 고리의 C-2에 아세트아마이드 기 $(-\text{NH}\overset{\text{O}}{\overset{\|}{\text{C}}}\text{CH}_3)$를 가지고 있다.

아미노산과 단백질

15.5절에서 보았듯이, 합성 폴리아마이드(나일론-66와 같은)는 두 단량체, 즉 양쪽 끝에 카복실 기가 있는 단량체와 양쪽 끝에 아민 기가 있는 단량체로부터 생성된다. 자연에 존재하는 폴리아마이드인 **단백질**(protein)은 카복실 기와 아민 기를 다 가지고 있는 **아미노산**(amino acid)이라고 불리는 단량체로부터 생성된 *가지가 없는* 고분자이다. *각 아미노산 분자는 카복실 기 한 개와 아민 기 한 개를 가지고 있다*(13.2절).

단량체 구조와 연결 아미노산은 사슬에서 두 번째 탄소 원자인 α-*탄소*(α-carbon)에 결합된 카복실 기와 아민 기를 가지고 있다. 단백질은, H 원자에서 다중고리 N-함유 방향족 구조에 이르기까지 고유한 R 기로 구별되는 약 20개의 서로 다른 아미노산들로 이루어져 있다(그림 15.30). R 작용기들은 단백질의 모양과 기능에서 중요한 역할을 한다.

수용성 세포액에서는, 카복실 기가 H_2O에 H^+ 이온을 주어 H_3O^+가 생기고, 이것이 H^+를 아민 기에 효과적으로 전달하기 때문에, 아미노산의 NH_2와 COOH 기는 전하를 띠고

그림 15.30 일반적인 아미노산. R 기는 회색, 카복실 기와 아민 기가 결합된 α-탄소(*볼드체*)는 노란색으로 표시하였다. 여기서 아미노산은 생리적 조건 아래에서 전하를 가지고 있는 것으로 나타내었다.

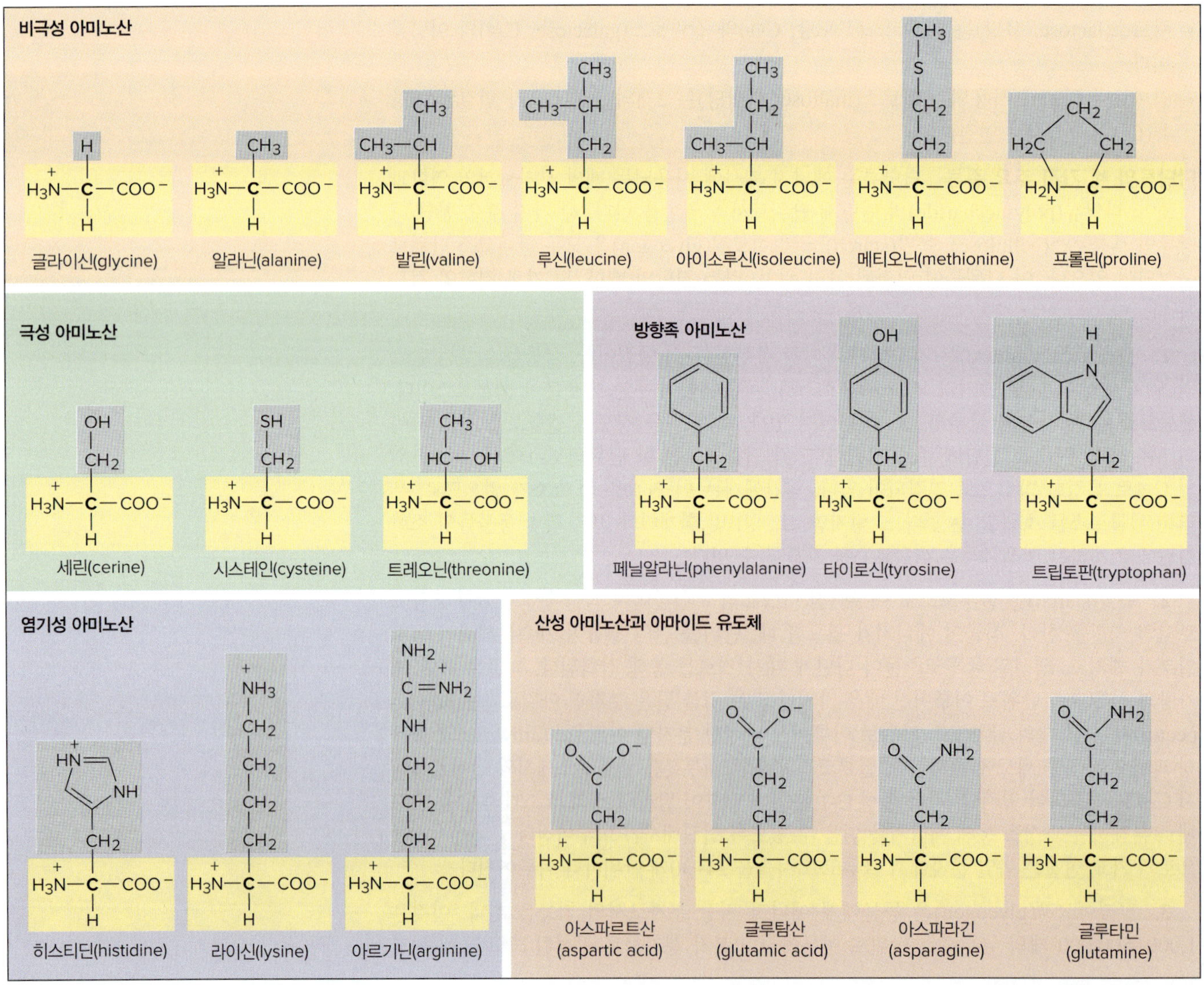

비극성 아미노산

글라이신(glycine) 알라닌(alanine) 발린(valine) 루신(leucine) 아이소루신(isoleucine) 메티오닌(methionine) 프롤린(proline)

극성 아미노산

세린(cerine) 시스테인(cysteine) 트레오닌(threonine)

방향족 아미노산

페닐알라닌(phenylalanine) 타이로신(tyrosine) 트립토판(tryptophan)

염기성 아미노산

히스티딘(histidine) 라이신(lysine) 아르기닌(arginine)

산성 아미노산과 아마이드 유도체

아스파르트산 (aspartic acid) 글루탐산 (glutamic acid) 아스파라긴 (asparagine) 글루타민 (glutamine)

있다. 용액 전체에 걸쳐서 일어나는 전반적인 반응은 분자 내 산-염기 반응으로 볼 수 있다.

$$H_2N-\underset{H}{\overset{R}{C}}-COOH \longrightarrow H_3\overset{+}{N}-\underset{H}{\overset{R}{C}}-COO^-$$

(−H_2O, H_3O^+, +H_2O; α-탄소; 20개의 서로 다른 기 중 하나 (곁사슬))

수소 원자는 α-탄소에 결합된 세 번째 기이며, 네 번째는 R 기[*곁사슬*(side chain)이라고도 부름]이다.

각 아미노산은 한 단량체의 카복실 기가 그 다음 단량체의 아민 기와 반응하는 탈수-축합 반응에 의해 형성된 *펩타이드(아마이드) 결합*[peptide (amide) bond]을 통해 그 다음 아미노산과 연결된다.

$$H_3\overset{+}{N}-CHR_1-COO^- + H_3\overset{+}{N}-CHR_2-COO^- \longrightarrow H_3\overset{+}{N}-CHR_1-\underbrace{CO-NH}_{\text{펩타이드 결합}}-CHR_2-COO^- + H_2O$$

그러므로 단백질의 골격인 폴리펩타이드 사슬은 펩타이드 기에 결합된 α-탄소로 구성된 반복 단위를 가지는데, *펩타이드 기는 그 다음 α-탄소에 결합되어 있고, 그 다음 α-탄소는 그 다음 펩타이드 기에 결합되어 있고,* 이것이 계속 반복되는 것이다(그림 13.6 참조). 여러 가지 R기가 사슬의 양쪽에서 번갈아 가면서 α-탄소에 매달려 있는 모양이다.

단백질의 구조 *각 단백질은 고유한 아미노산 조성,* 즉 여러 아미노산의 특정 비율을 가지고 있다. 그러나 세포 내에서 단백질의 역할을 결정하는 것은 조성이 아니며, *아미노산의 서열이 단백질의 모양과 기능을 결정한다.* 단백질은 약 50~수천 개의 아미노산으로 이루어져 있으며, 100개의 아미노산으로 이루어진 작은 단백질이라 하더라도 20가지 서로 다른 아미노산들의 가능한 서열이 사실상 무한할 정도로 많다($20^{100} \approx 10^{130}$). 하지만 이러한 가능한 수 중에서 극히 적은 경우만이 실제 단백질에서 나타난다. 예를 들면, 인간처럼 복잡한 생명체의 경우에도 단백질은 단지 약 10^5개만 존재한다.

단백질은 세포에서 합성될 때 고유한 모양으로 접힌다. 긴 나선형 튜브 또는 물결 모양의 시트처럼 몇 가지 모양은 단순하다. 바구니, Y 모양, 회전 타원체 방울, 무수히 다양한 구형들처럼 훨씬 더 복잡한 모양들도 있다. 생화학자는 단백질의 전체 구조를 다음과 같은 계층 구조로 정의한다(그림 15.31).

1. *일차(1°) 구조*(primary structure)는 가장 기본적인 수준으로, 폴리펩타이드 사슬에서 공유 결합으로 연결된 아미노산들의 서열을 말한다.

그림 15.31 단백질의 계층 구조.

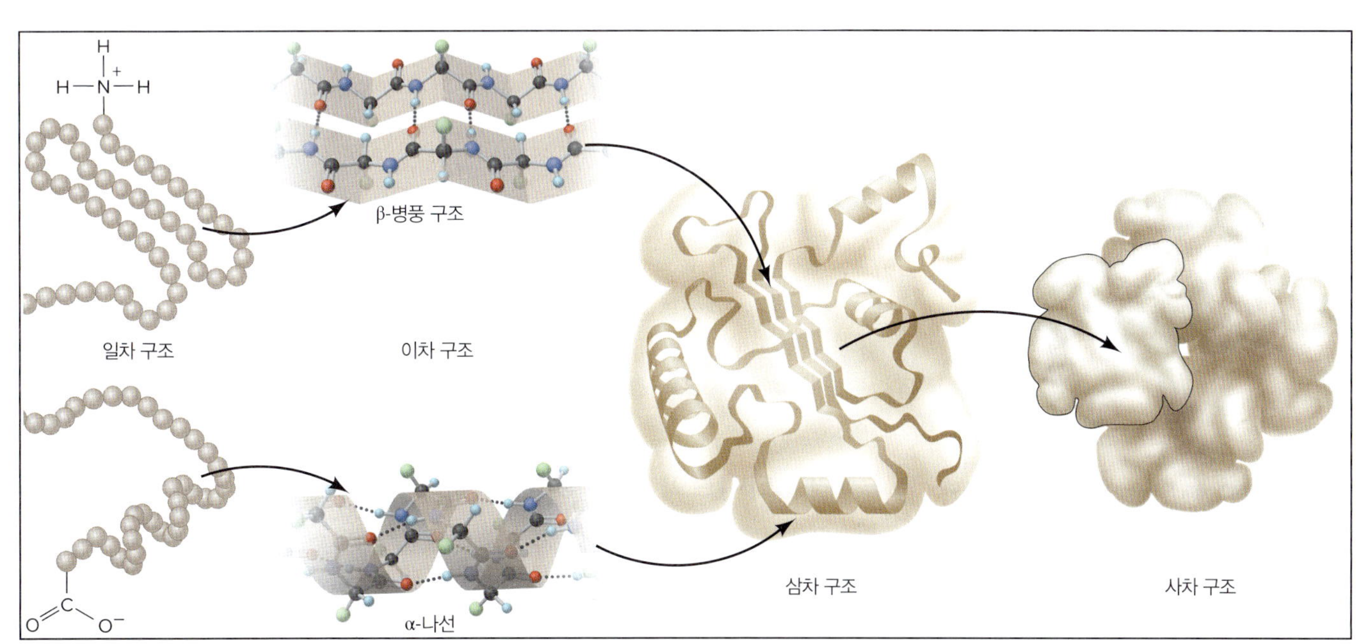

2. *이차(2°) 구조*(secondary structure)는 이웃하는 펩타이드 그룹들 사이의 수소 결합의 결과로 α-나선과 β-병풍이라고 부르는 모양을 취하는 사슬의 부분들을 나타낸다.
3. *삼차(3°) 구조*(tertiary structure)는 대부분 분자간 힘들의 조합의 결과로 나타난 전체 폴리펩타이드 사슬의 3차원 접힘을 나타낸다(그림 13.7 참조). 많은 단백질에서 특징적인 접힘 패턴은 단백질의 기능(호르몬과 결합하고 세포막에 붙으며, 세포막 통로를 형성하는 등)에 중요한 역할을 하는 영역을 형성한다.
4. *사차(4°) 구조*(quaternary structure)는 가장 복잡한 수준으로, 몇 개의 폴리펩타이드 사슬(소단위)로 구성된 단백질에서 나타나며, 분자간 힘을 통해서 사슬들이 다중-소단위 단백질로 조립되는 방식을 나타낸다. 예를 들면, 헤모글로빈은 4개의 소단위로 이루어져 있다(그림 15.31에서 *가장 오른쪽 구조*).

핵심은 *일차(1°) 구조만 공유 결합에 의해 정해지며, 2°, 3°, 4° 구조는 주로 분자간 힘에 의해 결정된다*는 것이다(13.2절 참조).

구조와 기능 사이의 관계 단백질은 크게 두 종류로 분류할 수 있는데, 이들은 아미노산의 조성과 서열의 복잡성이 다르므로 그 구조와 기능도 다르다.

1. *섬유상 단백질*(fibrous protein)은 비교적 단순한 아미노산 조성과 간단한 구조를 갖는다. 이것들은 머리카락, 양털, 피부, 결합 조직들처럼 강도와 유연성이 요구되는 재료의 주요 성분이다. 합성 고분자와 같이, 이들 단백질은 적은 종류의 아미노산들이 반복되는 순서로 결합되어 있다.

- *콜라겐*(collagen). 가장 흔한 동물 단백질로 사람 체중의 40% 정도까지 차지한다. 아미노산의 30% 이상이 글라이신(G)이고 20%는 프롤린(P)이다. 콜라겐은 세 개의 사슬로 이루어져 있으며, 각 사슬은 길게 뻗은 나선으로 서로 꼬여 있다. 한 사슬의 펩타이드 C═O 기가 다른 사슬의 펩타이드 N—H와 수소 결합을 형성한다. 그 결과 —G—X—P—G—X—P—(X는 다른 아미노산)의 순서로 연결된 긴, 삼중-나선 케이블 구조로 된다(그림 15.32A 참조). 힘줄, 피부, 혈관 벽의 주성분으로서, 콜라겐은 인장 강도가 매우 높다. 직경이 1 mm인 콜라겐 한 가닥이 10 kg의 무게를 지탱할 수 있다!
- *실크 피브로인*(silk fibroin). 누에(실크 나방 애벌레)에서 분비되는 단백질로서, 아미노산의 85% 이상이 글라이신, 알라닌, 세린으로 이루어져 있다(그림 15.32B 참조). 피브로인(fibroin) 사슬의 부분들은 서로 나란히 앞뒤로 달리면서 사슬 간 수소 결합을 형성하여 *병풍 구조*(pleated sheet)를 만들어낸다. 차곡차곡 쌓인 병풍 구조 더미들은 분산력을 통해 상호 작용하여, 피브로인을 강하고 유연하지만 신축성은 별로 없게 하여 누에고치를 위해 완벽한 성질을 갖도록 만들어준다.

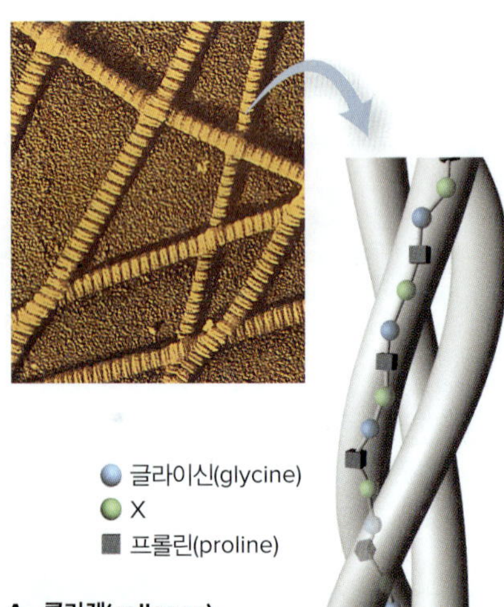

A. 콜라겐(collagen)

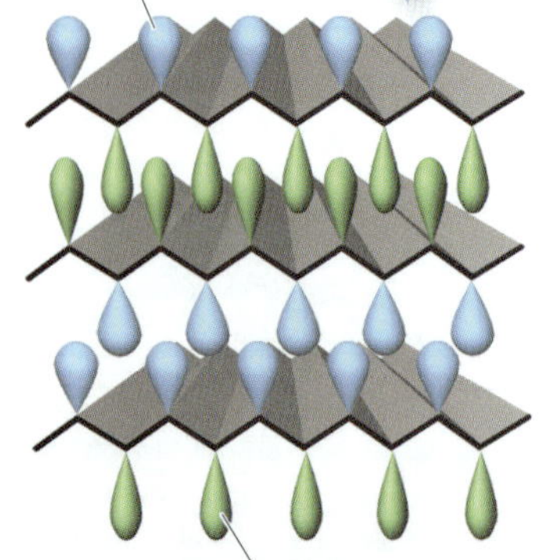

B. 실크 피브로인(silk fibroin)

그림 15.32 섬유상 단백질의 모양.

Source; A: J. Gross/Biozentrum, University of Basel/Science, B: Agencja Fotograficzna Caro/Alamy Stock Photo

2. *구형 단백질*(globular protein)은 종종 여러 가지의 비율로 20가지 모든 아미노산을 함유하기도 하는, 훨씬 더 복잡한 조성을 갖는다. 구형 단백질은 이름이 의미하는 것처럼 일반적으로 더 둥글고 작고 단단하며, 모양과 기능이 매우 다양하다. 박테리아 침입에 대항하는 방어자, 세포 작용을 유발하는 전달자, 화학적 변화의 촉매, 세포 내 농도를 유지하는 세포막 문지기, 그 외 다수의 기능을 가진다.

특정한 아미노산 R 기의 위치가 구형 단백질의 기능에 결정적이다. 예를 들면, 효소 단백질에서는 몇 개의 R이 반응물 분자의 모양과 잘 일치하는 틈새를 형성한다. 이 기들은 일반적으로 분자간 힘을 통해 반응물을 붙잡고 그들을 서로 가까이 접근시키며 그들의 결합을 비틀거나 잡아당겨 생성물로 가는 반응을 촉진시킨다(16.7절 참조). 실험에 의하면 중요한 R기들 중에 하나가 조금만 바뀌어도 촉매 기능이 극적으로 감소한다. 이러한 사실은 *단백질의 아미노산 서열이 구조를 결정하고, 구조가 기능을 결정한다*는 핵심 개념을 뒷받침한다.

서열 ⟹ 구조 ⟹ 기능

뉴클레오타이드와 핵산

각 생명체들에서 각각의 단백질의 아미노산 서열은 생명체의 핵산에 담겨 있는 유전 정보에 의해 지정된다. 단백질이 생명체가 외형과 거동을 결정하므로, 가장 중요한 역할을 수행한다.

단량체 구조와 연결 핵산(nucleic acid)은 당, N-함유 염기, 인산 기로 구성되어 있는 **단일뉴클레오타이드**(mononucleotide)라 불리는 단량체로 구성된 *가지가 없는*(unbranched) 고분자이다.

1. *당*(sugar). 핵산의 2가지 형태는 단일뉴클레오타이드의 당 부분이 다르다. *리보핵산*(**ribo**nucleic **a**cid, RNA)은 5C-당의 일종인 *리보스*(ribose)를 가지고 있으며, *데옥시리보핵산*(**d**eoxyribo**n**ucleic **a**cid, DNA)은 리보스의 2′ 탄소에 있는 —OH가 —H로 치환된 *데옥시리보스*(deoxyribose)를 가지고 있다. (당에 있는 탄소 원자들은 염기에 있는 탄소 원자와 구별하기 위해 번호에 프라임을 붙인다.)

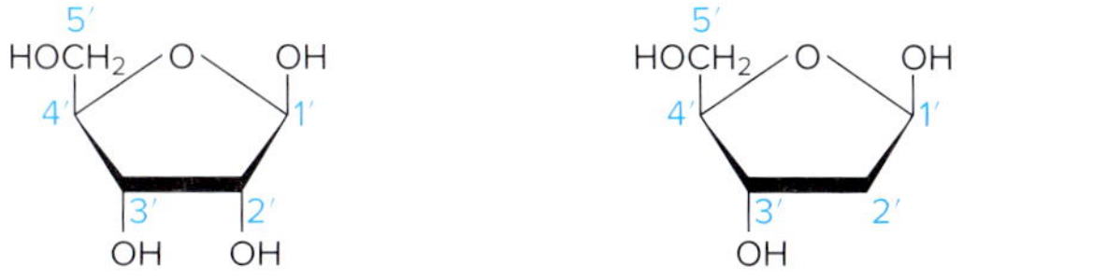

RNA에 있는 리보스(ribose) DNA에 있는 데옥시리보스(deoxyribose)

2. *질소 염기*(nitrogen base). 피리미딘(pyrimidine, 6-원소 고리)이거나 퓨린(purine, 한 변을 공유한 6-원소와 5-원소 고리)인 4개의 질소-함유 염기 중 1개가 당 분자의 1′ 탄소에 붙어 있다. 피리미딘은 시토신(cytosine, C), 티민(thymine, T), 우라실(uracil, U)이 있다. 티민은 DNA에, 우라실은 RNA에 있다. 퓨린은 구아닌(guanine, G)과 아데닌(adenine, A)이 있다.

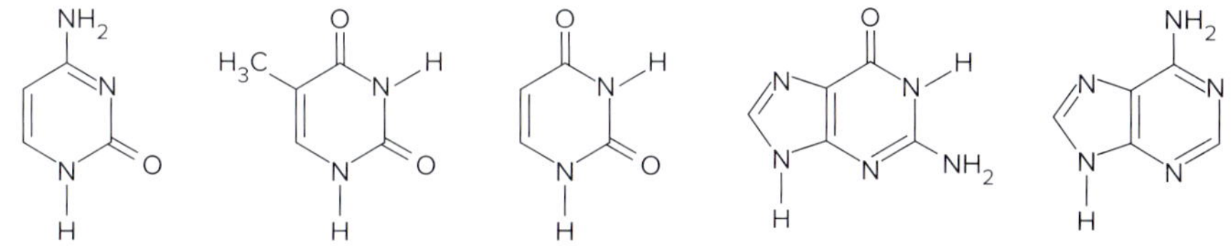

시토신(C) DNA, RNA 티민(T) DNA 우라실(U) RNA 구아닌(G) DNA, RNA 아데닌(A) DNA, RNA

3. *인산 기*(phosphate group). 인산 기는 당의 5′ 탄소에 결합되어 있다.

핵산을 만드는 세포 전구 물질은 *뉴클레오사이드 삼인산*(nucleoside triphosphate)이다(그림 15.33A). 이들 사이에서 일어나는 탈수-축합 반응으로 무기 이인산염($HO_3P—O—PO_3H^{2-}$)이 방출되고, 하나의 당의 5′ 탄소에 있는 인산 기와 두 번째 당의 3′ 탄소에 있는 —OH 기 사이에서 *인산이에스터 결합*(phosphodiester bond)이 생성되어, 폴리뉴클레오타이드 사슬이 만들어지게 된다. 그러므로 핵산 골격의 반복적인 패턴은 *당-인산-당-인산*이 계속 반복되는 것이다(그림 15.33B). 여기서, R 치환기가 단백질의 폴리펩타이드 사슬에 매달려 있듯이 염기가 사슬에 매달려 있다.

염기쌍의 중요성 세포 핵에서 DNA는 **이중 나선**(double helix)으로 서로를 감싼 두 사슬로 존재한다(그림 15.34). 각 사슬의 극성 당-인산 골격은 세포액에서 물과 상호작용한다. DNA 중심부에서 *비극성 염기는 사슬 간 H-결합을 형성하여*, 사슬들을 함께 묶어 둔다. 하나의 이중 나선 DNA 분자는 수백만 개의 H-결합을 한 염기들을 가지고 있다. 이들 **염기쌍**(base pair)들의 두 가지 특징은 DNA의 구조와 기능에 결정적이다.

- 피리미딘 한 개와 퓨린 한 개는 항상 쌍을 이루어, 일정한 직경을 가진 이중 나선 구조를 만든다.
- 각 염기는 항상 같은 상대, 즉 A는 항상 T와, G는 항상 C와 쌍을 이룬다. 따라서 *한 사슬의 염기 서열은 다른 사슬의 염기 서열과 상보적이다*. 예를 들면, 한 사슬의 A—C—T 서열은 *항상* 다른 사슬의 T—G—A 서열과 짝을 이룬다. 즉, A는 T와, C는 G와, T는 A와 짝을 이룬다.

각 DNA 분자가 얽힌 덩어리로 구겨져서 세포의 *염색체*(chromosome) 중 하나를 형성한다. 그러나 DNA 분자는 놀라울 정도로 길고 가늘다. 가장 큰 인간 염색체를 당겨서 펼쳐 놓으면 길이가 4 cm 정도(1.5인치 이상) 될 것이다. 하지만, 세포핵에서는 이것이 지름이 5 nm인 구조로 감겨져 있어 길이가 무려 800만 배나 더 짧다! DNA 사슬의 일부분은 생명체의 단백질을 합성하는 데 필요한 화학적 정보가 들어 있는 *유전자*(gene)이다.

그림 15.33 핵산 전구체와 그들의 연결.

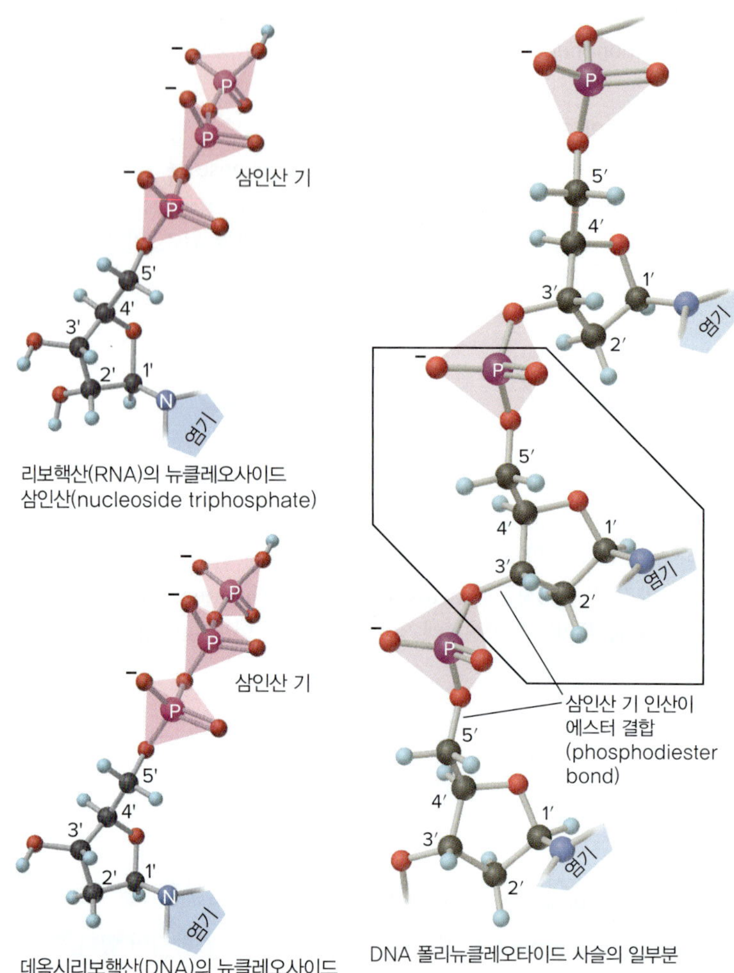

티민(T)
아데닌(A)
데옥시리보스
(Deoxyribose)
데옥시리보스
(Deoxyribose)
1.08 nm
시토신(C)
구아닌(G)
데옥시리보스
(Deoxyribose)
데옥시리보스
(Deoxyribose)
1.08 nm

그림 15.34 DNA 이중 나선과 염기 쌍들을 보여주는 단면.

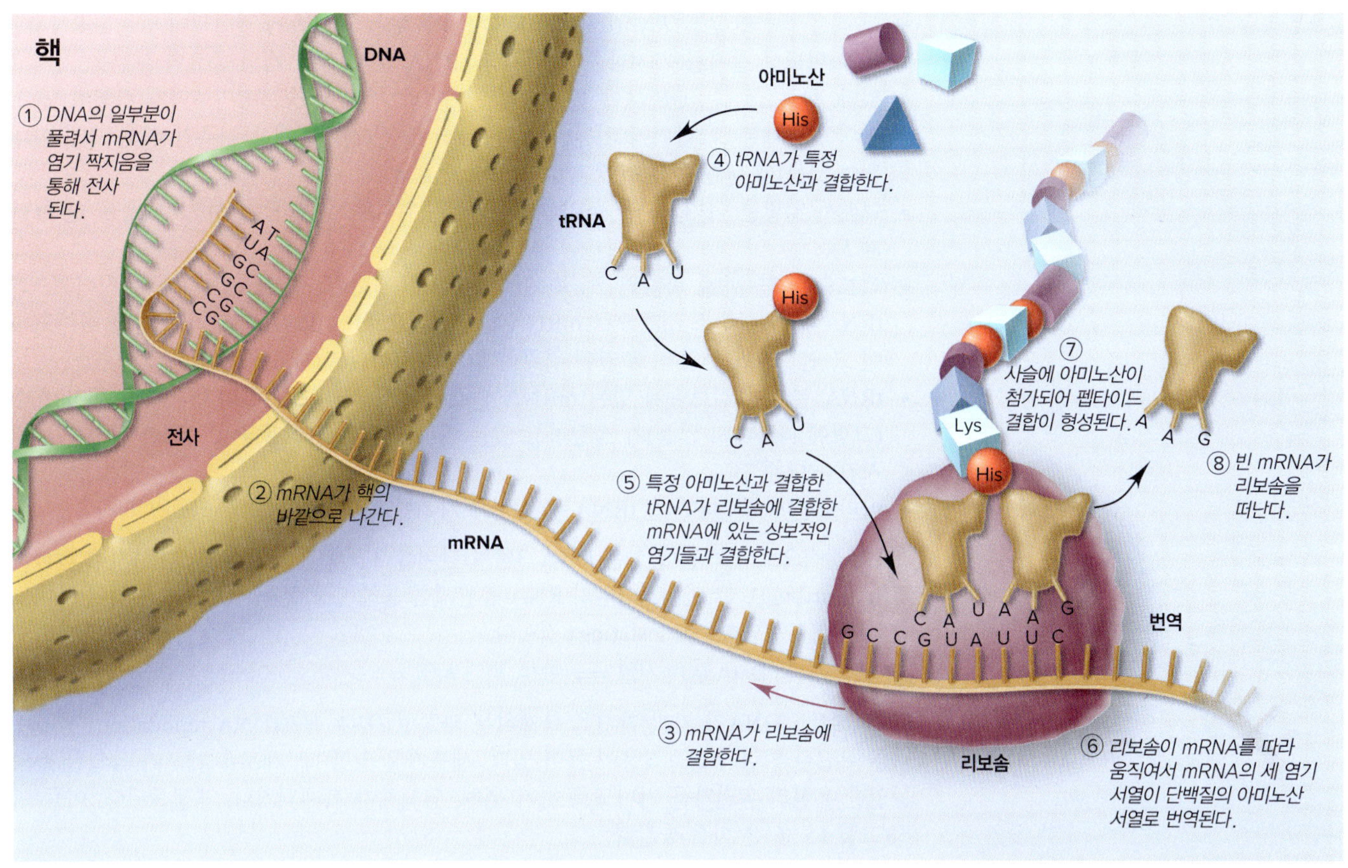

그림 15.35 단백질 합성의 주요 단계.

단백질 합성 *유전자의 정보 내용은 염기 서열에 들어 있다.* **유전 암호**(genetic code)에서 각 염기는 "글자"이고, 각 세 염기 서열은 "단어"이며, *각 단어는 특정 아미노산에 대한 암호이다.* 예를 들면, C—A—C 서열은 히스티딘이라는 아미노산에 대한 암호이고, A—A—G는 라이신이라는 아미노산에 대한 암호이다. 일련의 놀라울 만큼 복잡한 상호작용을 통해, 한 번에 한 개의 아미노산이 위치를 잡고 다음 아미노산과 결합을 하여 단백질을 합성한다. 생명과학의 화학적 기초의 이러한 측면을 완전히 이해하려면, *이 복잡한 과정들이 주로 염기쌍들 간의 수소 결합을 통해 일어난다*는 것을 명심해야 한다.

단백질 합성은 전사와 번역이라는 두 가지 주요한 작업으로 일어난다. DNA는 세포핵에 있지만, 유전 정보는 세포의 세포질에서 해독된다. 따라서 DNA로부터 단백질 합성 장소로 정보가 보내져야 한다. RNA가 이러한 전달자 역할을 한다. 전체 과정을 단순화하여 그림 15.35에 나타내었다.

전사(transcription)는 DNA 정보를 *전달 RNA*(messenger RNA, mRNA)로 복사하는 것이다. 즉, 정보가 하나의 핵산에서 다른 핵산으로 "전사" 된다.

- DNA의 일부분이 일시적으로 풀리게 되고, 한쪽 사슬 일부가 금형으로 작용하여 개별적인 단일뉴클레오사이드 삼인산들이 연결되어 mRNA의 상보적인 사슬이 형성된다. DNA 암호 단어들이 염기 짝지음을 통해 RNA 암호 단어들로 전사된다. 시토신(C)과 구아닌(G)은 상보적인 염기이다. 아데닌(A)은 DNA에서는 티민(T)에 대한 상보적인 염기이고, RNA에서는 우라실(U)에 대한 상보적 염기이다(단계 1).
- DNA가 다시 감겨지고, mRNA는 세포막에 있는 기공을 통해 세포핵의 바깥으로 나간다(단계 2).

번역(translation)은 mRNA를 이용하여 단백질을 합성하는 것이다. 즉, 유전 정보가 뉴클레오타이드의 언어에서 아미노산의 언어로 "번역"된다.

- 또 다시 염기 짝지음을 통해서, mRNA는 *리보솜*(ribosome)이라고 불리는 세포 내의 RNA가 풍부한 입자에 결합한다(단계 3).

- 더 작은 핵산인 *전달 RNA*(transfer RNA, tRNA)는 리보솜에 결합되어 있는 mRNA에게 아미노산 분자를 가져다준다. 각각의 tRNA 분자는 두 개의 중요한 부분을 가지고 있다. 한쪽 끝에는 *mRNA에 있는 3염기 "단어"에 대해 상보적인* 3염기 서열이 있고, 반대쪽 끝에는 그 단어에 의해 암호화된 *아미노산*(선명하게 보여주기 위해 크게 확대되어 있음)*에 대한 공유 결합 자리*가 있다(단계 4).
- 그래서 알맞은 아미노산을 mRNA의 알맞은 위치로 운반하는 "셔틀" 기능을 한다(단계 5).
- 리보솜은 한 번에 하나의 3염기 단어 단위로 결합된 mRNA를 따라 움직이고, 각 tRNA 분자는 수소 결합으로 mRNA에 결합함으로써, tRNA 분자가 운반한 아미노산이 그 전 아미노산의 바로 옆에 위치하게 되는 것이다(단계 6).
- tRNA 분자가 리보솜에 있는 mRNA에 결합하면, 아미노산이 빠져나가고, 특정 효소(그림에 나타내지 않음)가 성장하고 있는 아미노산 사슬에 펩타이드 결합 형성을 촉진시킨다(단계 7).
- 아미노산이 빠져나간 빈 tRNA 분자는 그 자리를 떠난다(단계 8).

본질적으로 단백질 합성은 DNA 3염기 단어를 3염기 단어의 RNA 메시지로 *전사하고*(transcribing), 그 단어를 3염기 RNA 운반체를 통해 단백질을 구성하는 연결된 아미노산의 서열로 *번역하는*(translating) 것이다.

DNA 염기 서열 ⟹ RNA 염기 서열 ⟹ 단백질 아미노산 서열

DNA 복제 DNA가 자기 자신을 복제하는 과정인 *DNA 복제*(DNA replication)에도 또 다른 복잡한 일련의 상호작용이 들어 있다. 세포가 분열할 때, 새로운 세포가 동일한 수와 동일한 유형의 유전자를 지니도록 하기 위해, 염색체가 복제되거나, 재생산된다. 이들 과정(그림 15.36)은 다음과 같다.

1. 이중 나선의 작은 부분이 마치 "지퍼가 열리는 것"과 같이 풀리게 되고, 각 DNA 사슬은 새로운 사슬의 금형 역할을 하게 된다.
2. 각 DNA 사슬에 있는 염기들은 자유 단일뉴클레오사이드 삼인산 단위의 상보적인 염기와 수소 결합을 하게 된다.
3. *DNA 중합효소*(DNA polymerase)라 불리는 효소에 의한 촉매화 반응으로 새로운 단위체들이 인산이에스터 결합을 통해 연결되어 새로운 사슬을 형성한다. 점차, 풀린 사슬들이 각각 이중 나선의 상보적인 반쪽을 생성하여, 결국 *두 개*의 이중 나선이 만들어진다.

각 염기는 항상 그것들의 상보적인 염기와 쌍을 이루기 때문에, 원래의 이중 나선이 복사되고, 세포의 유전체 구성이 보존된다. (염기쌍은 유전자에서 뉴클레오타이드의 서열을 학습하고, 다음에 나오는 유전학 및 법의학과 화학 이야기에서 보여주듯이 범죄 수사에서 증거를 분석하는 방법의 핵심이다.)

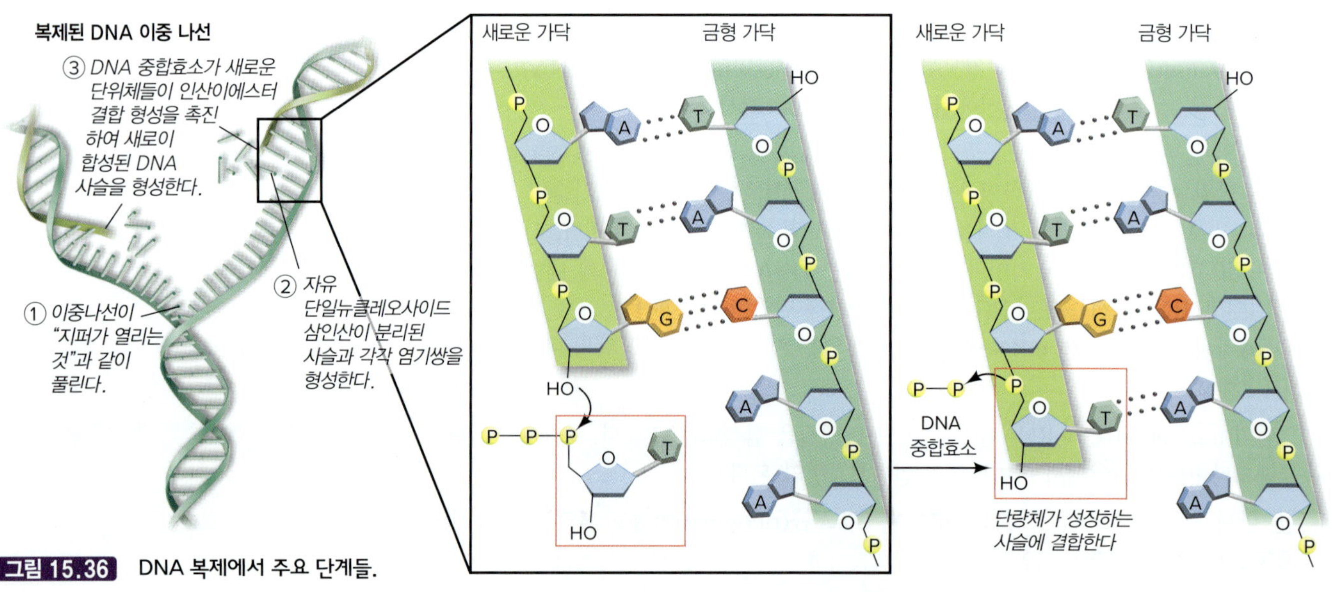

그림 15.36 DNA 복제에서 주요 단계들.

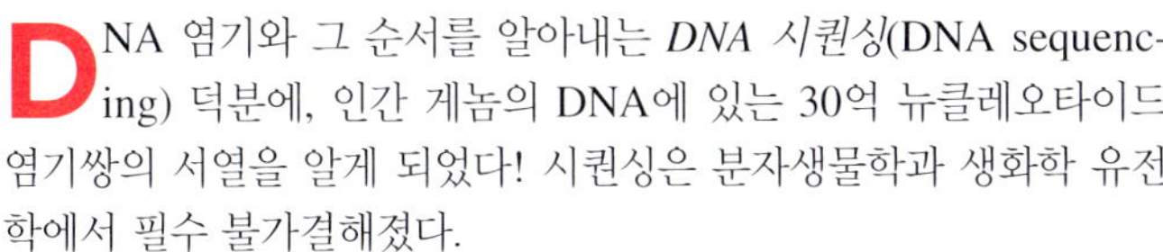

DNA 시퀀싱과 지문 분석

DNA 염기와 그 순서를 알아내는 *DNA 시퀀싱*(DNA sequencing) 덕분에, 인간 게놈의 DNA에 있는 30억 뉴클레오타이드 염기쌍의 서열을 알게 되었다! 시퀀싱은 분자생물학과 생화학 유전학에서 필수 불가결해졌다.

유사한 방법을 사용하는 또 다른 과정인 *DNA 지문 분석*(DNA fingerprinting)[*또는 DNA 프로파일링*(DNA profiling)] 역시 법의학에 필수 불가결하다. 각 개인의 DNA의 부분들이 지문처럼 고유하고 독특하다는 사실이 발견된 이래, 이 기술은 아이의 부모를 확인하는 것에서부터 테러리스트 공격의 희생자를 알아내는 것에 이르기까지 무수히 많은 상황에 적용되어 왔다.

DNA 시퀀싱(DNA sequencing)

인간 세포의 핵에 있는 염색체는 1억 개의 뉴클레오타이드 염기들을 가지고 있지만, 대부분의 시퀀싱 과정에서는 DNA를 수천 개의 염기 조각으로 자른다. 우선 특정 위치를 잘라내는 효소를 이용하여 염색체를 조각낸다. 그런 다음 분석하기에 충분한 양의 시료를 얻기 위해, 다양한 증폭 방법을 통해 DNA를 복제하여, 목표 조각이라 불리는 개별 DNA 조각들의 많은 복제품들을 만든다.

가장 일반적인 방법 중 하나는 *Sanger 사슬-종결법*(Sanger chain-termination method)으로, 화학적으로 변형된 염기들을 사용하여 특정 위치에서 상보적 DNA 사슬의 성장을 멈추는 것이다. 사슬은 서로 연결된 2′-데옥시리보뉴클레오사이드 일인산에스터(dNMP, 여기서 N은 A, T, G, 또는 C를 나타냄)들로 구성되어 있다. 사슬은 서로 연결된 2′-데옥시리보뉴클레오사이드 일인산에스터 단위(dNMP, 여기서 N은 A, T, G, 또는 C)로 이루어져 있다. 그 연결은 한 단위의 3′-OH에서 다음 단위의 5′-OH로 연결하는 이인산에스터 결합이며, 사슬을 구성하는 데 사용되는 자유 단량체는 2′-데옥시리보뉴클레오사이드 삼인산에스터(dNTP)이다(그림 B15.5A). Sanger 법은 *이*데옥시리보뉴클레오사이드 삼인산에

(계속)

N = A, G, C, 또는 T

A 데옥시리보뉴클레오사이드 삼인산에스터(dNTP) — 염기 N, 3′ HO, 2′-OH 없음

B 이데옥시리보뉴클레오사이드 삼인산에스터(ddNTP) — 염기 N, 2′-OH 또는 3′-OH 없음

그림 B15.5 뉴클레오사이드 삼인산에스터 단량체들.

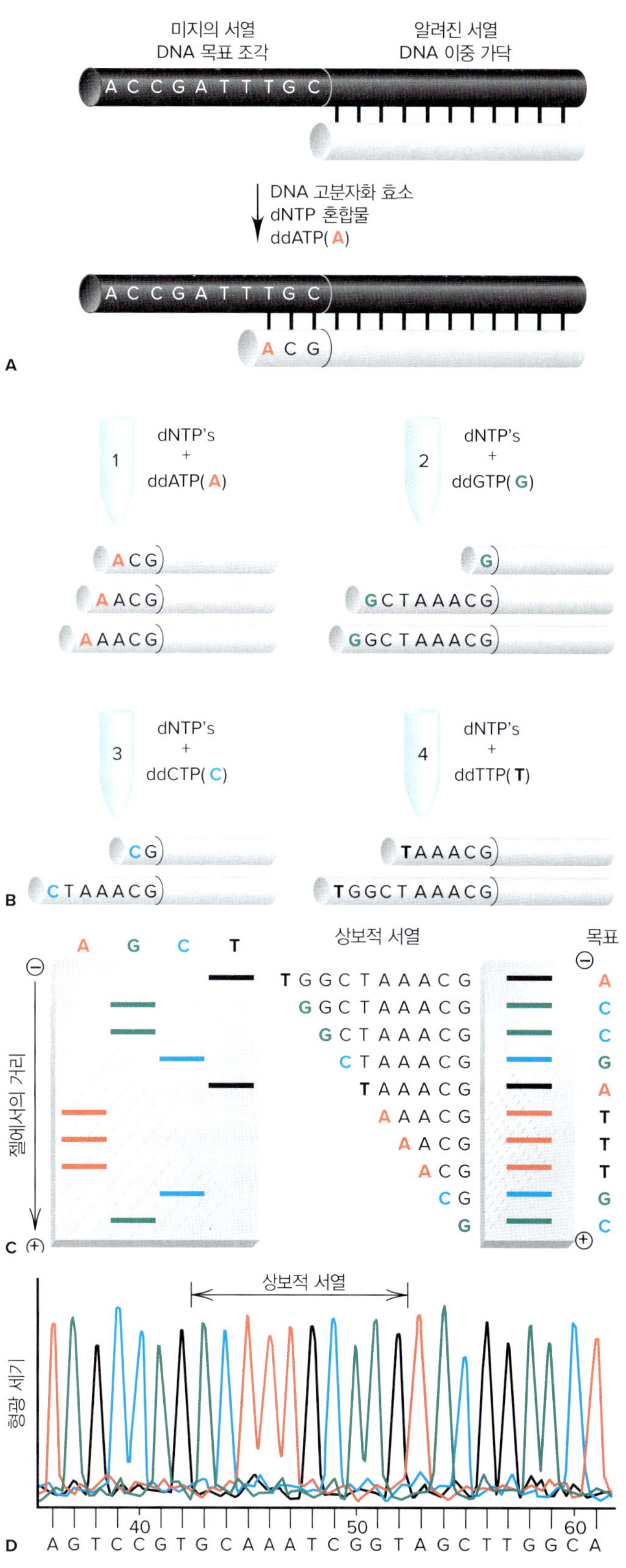

그림 B15.6 DNA 시퀀싱의 단계: Sanger 법.

스터(dideoxyribonucleoside triphosphate, ddNTP)로 불리는 변형된 단량체를 사용하는데, 여기서 리보스 단위에서 3′-OH 기도 빠져 있다(그림 B15.5B). 성장하는 사슬에 ddNTP가 일단 포함되면, 다음 dNTP 단위에 이인산에스터 결합을 형성할 3′-OH 기가 없으므로 고분자화 반응이 멈춘다.

그 과정을 그림 B15.6에 나타내었다. 여러 준비 절차를 거치면, 서열을 결정할 시료는 단일-가닥의 DNA 목표 조각들이 되며, 그 조각들은 DNA의 이중-가닥 부분의 한 가닥에 붙는다(그림 B15.6A). 이 시료를 4개의 튜브로 나누어, DNA 고분자화 효소, 다량의 모든 4개의 dNTP, 소량의 4개의 ddNTP 중 하나를 각 튜브에 가한다. 따라서 튜브 1에는 고분자화 효소, dATP, dGTP, dCTP, dTTP, ddATP가 들어 있다. 튜브 2에는 ddATP 대신에 ddGTP가 있다는 것만 빼면 같은 혼합물이 들어 있다. 튜브 3과 4도 비슷하다. 중합 반응이 끝난 후, 각 튜브에는 길이가 다른 상보적인 사슬들과 짝을 지은 원래의 목표 조각들이 들어 있다(그림 B15.6B). 튜브 1에서 각각의 상대적 사슬이 ddA(그림에서 **A**로 표시)로 끝나고, 튜브 2에서는 각각의 사슬이 ddG(**G**)로 끝나고, 튜브 3에서는 각각의 사슬이 ddC(**C**)로 끝나고, 튜브 4에서는 각각의 사슬이 ddT(**T**)로 끝나기 때문에 길이가 서로 다르다.

각 이중 가닥 생성물은 단일 가닥들로 나뉜다. 그리고 나서 상보적인 사슬들을 *고분해능 폴리아크릴아마이드-젤 전기영동법*(high-resolution polyacriloamide gel electrophoresis)으로 분리한다. 이러한 기술은 전기장을 가해서 하전된 화학종을 젤에 있는 구멍을 통해서 이동하는 속도의 차이로 분리하는 것이다. 화학종이 작을수록 빨리 움직인다. 그들이 전하를 띤 인산기를 가지고 있기 때문에 폴리뉴클레오타이드 조각들은 전기영동에 의해서 분리될 수 있다. 고분해능 젤들은 크기가 아주 약간만 다른 구멍들을 갖고 있다. 그래서 그들은 뉴클레오타이드 한 개만큼만 차이가 나는 조각들도 분리할 수 있다.

이 단계에서 각 시료를 각 "통로(lane)" 위에 투입한다. 전기영동 후에, 젤을 스캔해서 사슬들의 위치를 확인하는데, 이것은 띠로 나타난다. 네 개의 ddNTP 들을 모두 사용했기 때문에, 가능한 사슬 조각들이 모두 형성되므로, 원래의 DNA 조각 서열을 결정할 수 있다(그림 B15.6C).

자동화된 방법은 구별되는 색의 빛을 방출하는 다른 형광 염료가 부착된 각 ddNTP로 시작한다. 상보적인 사슬들의 모든 혼합물이 젤에 도입되고 분리된다. 젤을 레이저로 스캔하여 염료를 활성화시킨다. 사슬에 따른 거리 대 형광 세기의 변화를 확인하여 컴퓨터로 그래프를 그린다(그림 B15.6D).

DNA 지문 분석(DNA Fingerprinting)

현대적 DNA 지문 분석 기술에서는 1 ng 이하의 DNA만 있어도 된다. 혈액과 정액뿐만 아니라, 침 묻은 우표와 봉투, 씹던 껌, 죽은 피부 세포가 묻은 옷도 DNA 소스가 될 수 있다.

현재 가장 성공적이고 널리 사용되는 DNA 확인 과정을 *짧은 탠덤 반복*(short tandem repeat anaylsis, STR) *분석*이라 부른다. STR은 DNA 분자 내에서 반복되는 짧은(세 개에서 일곱 개까지의 염기) 서열을 가진 염색체 위의 특정 영역이다. 수백 가지 다른 종류의 STR이 있지만, 각 사람은 특정 갯수와 구별되는 종류를 가진다. 그러므로 특성화된 STR이 많을수록 분석의 차별성이 커진다.

STR을 증폭한 후(여러 개를 복사한 후), 전기영동으로 분리하여, 분석자가 각각의 STR 내에서의 염기 반복 수를 결정한다. 그림 B15.7은 여러 용의자의 혈액 시료에 있는 DNA의 STR을 함유한 염색된 젤을 범죄 현장에 있는 혈흔의 STR과 비교하여 보여준다. 용의자 3이 범죄 현장 시료에 있는 것과 동일한 STR 패턴을 갖는다.

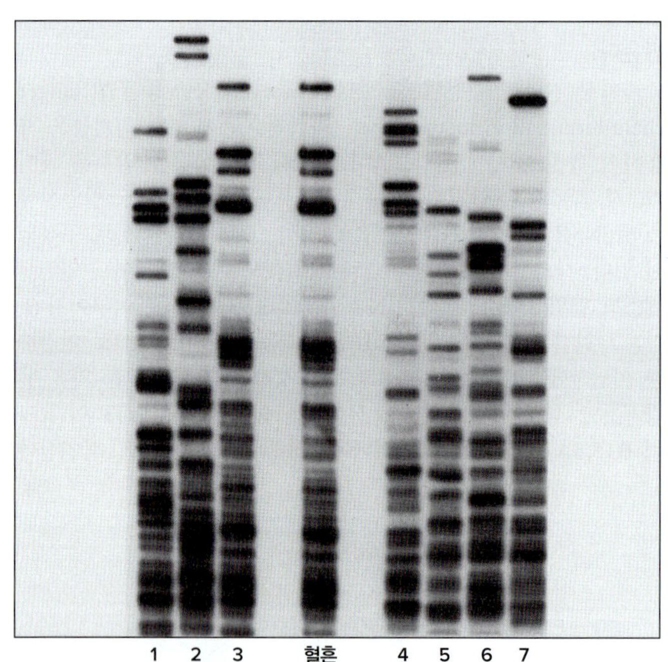

그림 B15.7 용의자 7명의 혈액과 범죄 현장에서 발견된 혈흔에 있는 DNA의 STR 분석.

Source: © & Courtesy of Orchid Cellmark

문제

B15.4 TACAGGTTCAGT 염기 서열을 갖는 DNA 조각을 분석하려면, ddATP를 함유한 튜브 속에 상보적인 사슬 조각들을 몇 개 얻겠는가? ddCTP를 함유한 튜브 속에는?

B15.5 DNA 조각 서열을 분석하고 상보적 사슬 조각을 4개의 튜브에서 얻었다.

1. ddATP 튜브는 ATG와 ATATG를 함유한다.
2. ddTTP 튜브는 TG와 TATG를 함유한다.
3. ddCTP 튜브는 CATATG를 함유한다.
4. ddGTP 튜브는 G를 함유한다.

DNA 조각의 염기 서열은 무엇인가? 그림 B15.6C에서 보여준 것과 비슷하게 이 조각에 대한 전기영동 젤을 스케치하라.

15.6절 요약

- 다당류, 단백질, 핵산과 같은 세 종류의 천연 고분자는 탈수-축합 반응으로 생성된다.
- 다당류는 글루코스와 같은 고리 단당류로부터 생성되며, 셀룰로스, 녹말 그리고 글라이코젠은 구조를 만드는 역할 또는 에너지 저장 역할을 한다.
- 단백질은 20가지 아미노산들이 결합한 폴리아마이드 화합물이다. 섬유상 단백질은 길쭉하게 뻗친 모양을 하고 있어 구조를 만드는 역할을 한다. 구형 단백질들은 뭉쳐있고 꽉 찬 형태를 지니면서 대사, 면역, 호르몬과 같은 역할을 담당한다. 단백질의 아미노산 서열이 단백질의 모양과 기능을 결정한다.
- 핵산(DNA와 RNA)은 4가지 서로 다른 유형의 단일뉴클레오티드로 이루어진 폴리뉴클레오티드이다. DNA 사슬의 염기 서열은 생명체의 단백질에서 아미노산의 서열을 결정한다. 특정 염기쌍들 사이의 수소 결합은 단백질 합성과 DNA 복제에서 중요한 역할을 한다.
- DNA 염기 서열 분석은 DNA 사슬의 조각에서 뉴클레오티드의 동정과 서열을 확인하는 데에 이용한다. DNA 지문 분석 기술을 이용하여 어떤 사람의 고유 염기 서열을 확인하면 그 사람의 신원을 확인할 수 있다.

개념 정리와 복습 _Chapter Review Guide

학습 목표 _Learning Objectives

＊괄호 안은 관련된 절(§)과 예제(SP) 번호

주요 개념

1. 탄소 원자의 성질이 어떻게 4개의 강한 공유 결합, 다중 결합 및 사슬을 형성하여 매우 다양한 구조의 유기 화합물을 이룰 수 있는가? (§15.1)
2. 탄소 원자의 성질이 어떻게 여러 가지 헤테로 원자와 결합하여 전자 불균형 영역을 만들어 작용기를 이루게 하는가? (§15.1)
3. 알케인, 알켄, 알카인의 구조와 이름(§15.2)
4. 구조, 광학, 기하 이성질체 구분(§15.2)
5. 생명체에서 광학 이성질 현상의 중요성(§15.2)
6. π 결합의 회전 제한이 알켄 구조와 성질에 미치는 영향(§15.2)
7. 유기반응에서 첨가, 제거, 치환 반응의 성질(§15.3)
8. 여러 작용기의 성질과 반응의 종류(§15.4)
   - 알코올, 할로젠화 알킬과 아민의 치환 반응과 제거 반응
   - 알켄, 알카인, 알데하이드, 케톤의 첨가 반응
   - 카복실산 유도체(산, 에스터, 아마이드)의 치환 반응
9. 전자의 비편재화가 알켄보다 방향족 고리의 반응성이 더 낮게 하는 이유(§15.4)
10. 카보닐 화합물의 첨가 반응에서 카보닐 결합의 극성과 유기금속 화합물의 중요성(§15.4)
11. 카복실산 유도체의 반응에서 어떻게 첨가 반응과 제거 반응이 합하여 치환 반응을 일으키는가? (§15.4)
12. 어떻게 첨가와 축합 고분자가 생성되는가? (§15.5)
13. 3가지 유형의 천연 고분자와 그들의 단량체(§15.6)
14. 아미노산 서열이 어떻게 기능과 관련된 단백질의 모양을 결정하는가? (§15.6)
15. 상보적인 염기 짝짓기가 어떻게 단백질 합성과 DNA 복제 과정을 조절하는가? (§15.6)
16. DNA 염기 서열이 어떻게 아미노산의 서열을 결정하는 RNA 염기 서열을 결정하는가? (§15.6)

주요 스킬

1. C 원자의 개수, 다중 결합과 고리 개수가 주어질 때 탄화수소의 구조 그리기(SP 15.1)
2. 탄화수소의 확장 구조, 축약 구조 및 탄소 골격 구조를 그리고 명명하기(§15.2와 SP 15.2)
3. 기하 이성질체 그리기와 분자의 카이랄 중심 확인(SP 15.2)
4. 반응물과 생성물의 구조로부터 유기 반응 유형 이해(SP 15.3)
5. 반응물과 생성물의 구조로부터 산화-환원 유기 반응의 이해(§15.3)
6. 알코올, 할로젠화 알킬과 아민 반응에서 반응 유형과 생성물의 결정(SP 15.4)
7. 다단계 반응에서 생성물 결정하기(SP 15.5)
8. 알데하이드와 케톤이 포함된 반응에서 반응물 결정하기(SP 15.5)
9. 카복실산 유도체 반응에서 반응물과 생성물 확인하기(SP 15.6)
10. 유기 분자의 작용기 확인과 명명법(SP 15.7)
11. 단량체 구조를 기초로 합성 고분자의 축약 구조 그리기(§15.5)
12. 아미노산 구조로부터 작은 펩타이드 그리기(§15.6)
13. 한 DNA 사슬의 염기쌍 서열을 이용하여 다른 쪽의 서열을 예측하기(§15.6)

주요 용어 _Key Terms

가수분해	광학 이성질체	구조 이성질체	나이트릴
고리형 탄화수소	광학 활성	기하 (*시스-트랜스*) 이성질체	다당류

단당류
단백질
단일뉴클레오타이드
동족 계열
방향족 탄화수소
번역
불포화 탄화수소
사슬 구조
산 무수물
아마이드
아미노산
아민
알데하이드
알카인, C_nH_{2n-2}
알케인, C_nH_{2n+2}
알켄, C_nH_{2n}
알코올
알킬 기
에스터
염기쌍
유기 화합물
유기금속 화합물
유전 암호
이당류
이성질체
이중 나선
입체 이성질체
작용기
전사
제거 반응
지방산
지질
첨가 고분자
첨가 반응
축합 고분자
치환 반응
카보닐 기
카복실산
카이랄 분자
케톤
탄화수소
편광계
포화 탄화수소
할로알케인(할로젠화 알킬)
핵산
핵자기 공명 분광법
헤테로 원자

연습 문제 _Problems

노란색으로 표시한 문제들에 대해서는 그 답을 부록 E에 첨부하였다. 연습 문제에 표시된 절은 본문의 절과 같고, 관련 예제의 번호를 제시하였다. 대부분의 경우 개념 복습 문제, 스킬 숙달 문제(같은 개념을 다루는 두 문제씩 묶음) 및 실전 문제를 제시하였다.

탄소의 특별한 성질과 유기 분자의 특성

개념 복습 문제

15.1 탄소 화합물 중 유기물의 예와 무기물의 예를 각각 2개씩 들고 화합물의 이름과 화학식을 써라.

15.2 원자 성질을 이용하여 다음 문장을 설명하라.
(a) 탄소는 이온 결합보다 공유 결합을 한다.
(b) 탄소는 모든 유기 화합물에서 4개의 결합을 이룬다.
(c) 탄소는 많은 금속처럼 안정한 양이온을 만들거나 많은 비금속처럼 안정한 음이온을 만들지 못한다.
(d) 다른 어느 원소보다도 탄소는 또 다른 탄소와 잘 결합한다.
(e) 탄소는 안정한 다중 결합을 형성한다.

15.3 탄소는 탄소 이외의 다른 많은 원소와도 결합한다.
(a) 유기 화합물에서 탄소와 흔히 결합하는 원소 여섯 가지를 열거하라.
(b) 이러한 원소들 중에서 어느 것이 헤테로 원자인가?
(c) 이러한 원소들 중에서 탄소보다 전기 음성도가 더 큰 원소는 어느 것인가?
(d) 탄소가 헤테로 원자에 결합함으로써 더 많은 종류의 유기 화합물이 가능해지는 이유는 무엇인가?

15.4 실리콘은 4A족(14)에 속하고 주기율표에서 탄소 바로 아래에 있으며 4개의 공유 결합을 이룬다. 그럼에도 불구하고 탄소 화합물만큼 다양한 실리콘 화합물이 없는 이유는 무엇인가?

15.5 탄소는 어떤 산화수를 가질 수 있는가? 가장 높은 산화수를 갖는 탄소 화합물과 가장 낮은 산화수를 갖는 탄소 화합물을 각각 한 개씩 예를 들고 명명하라.

15.6 다음 결합 중에서 상대적으로 반응성이 큰 것은 어느 것인가? C—H, C—C, C—I, C═O, C—Li. 그 이유를 설명하라.

탄화수소의 구조와 종류

(예제 15.1, 15.2)

개념 복습 문제

15.7 (a) 탄화수소에 속하는 알케인, 사이클로알케인, 알켄, 알카인의 각각의 구조적 특징은 무엇인가?
(b) 각 탄화수소의 일반식은 무엇인가?
(c) 어느 것이 포화 탄화수소인가?

15.8 다음 이성질체의 정의를 써라. (a) 구조 이성질체, (b) 기하 이성질체, (c) 광학 이성질체. 어느 것이 입체 이성질체인가?

15.9 알켄, 알카인, 방향족 탄화수소 중에서 알켄만이 *시스-트랜스* 이성질체를 갖는다. 왜 다른 탄화수소들은 그렇지 않은가?

15.10 어느 물체가 비대칭(대칭면이 없음)인가? (a) 둥근 시계의 면, (b) 축구공, (c) 동전, (d) 벽돌, (e) 망치, (f) 스프링.

15.11 편광계는 무엇을 측정하는 것이며 작동 원리가 무엇인지 설명하라.

15.12 방향족 화합물과 고리알케인(cycloalkane) 화합물에서 결합은 어떤 차이가 있으며 이러한 결합의 차이로 인해 구조는 어떻게 다른가?

스킬 숙달 문제(유사한 문제들을 두 개씩 묶음)

15.13 C 7개로 이루어진 화합물 중 다음에 해당하는 화합물의 가능한 탄소 골격을 모두 그려라.
(a) C 6개로 이루어진 사슬 1개와 이중 결합 1개
(b) C 5개로 이루어진 사슬 1개와 이중 결합 1개
(c) C 5개로 이루어진 고리 1개와 이중 결합 0개

15.14 C 6개로 이루어진 화합물 중 다음에 해당하는 화합물의 가능한 탄소 골격을 모두 그려라.
(a) C 5개로 이루어진 사슬 1개와 이중 결합 2개
(b) C 5개로 이루어진 사슬 1개와 삼중 결합 1개
(c) C 4개로 이루어진 고리 1개와 이중 결합 0개

15.15 문제 15.13에서 각 탄소 골격에 알맞은 수의 수소를 넣어라.

15.16 문제 15.14에서 각 탄소 골격에 알맞은 수의 수소를 넣어라.

15.17 다음 구조가 틀린 경우에 한 번만 고쳐 올바른 구조를 그려라.

(a) 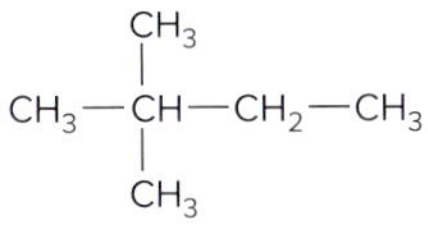 $CH_3-C(CH_3)H(CH_3)-CH_2-CH_3$ (b) $CH_3=CH-CH_2-CH_3$

(c) 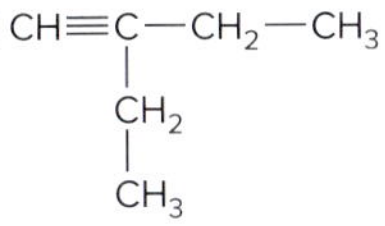 $CH \equiv C(CH_2CH_3)-CH_2-CH_3$ (d)  $CH_3-C_6H_4-CH_3$

15.18 다음 구조가 틀린 경우에 한 번만 고쳐 올바른 구조를 그려라.

(a) $CH_3-CH=CH-CH_2-CH_3$ (b)

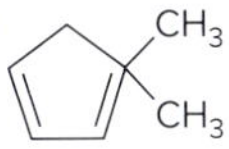

(c) $CH_3-C \equiv CH-CH_2-CH_3$ (d) 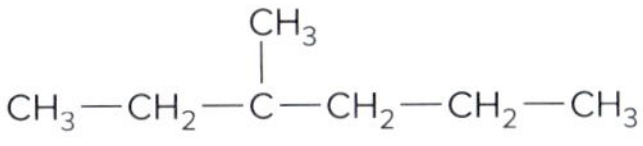 $CH_3-CH_2-C(CH_3)-CH_2-CH_2-CH_3$

15.19 각 화합물의 구조를 그리거나 명명하라.

(a) 2,3-dimethyloctane (b) 1-ethyl-3-methylcyclohexane

(c) 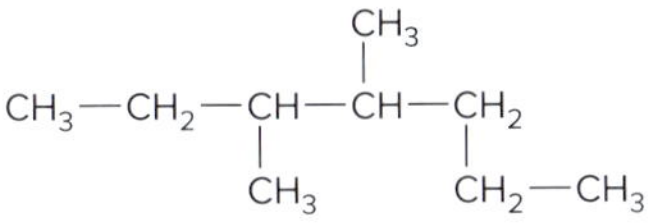 $CH_3-CH_2-CH(CH_3)-CH(CH_3)-CH_2(CH_2-CH_3)$ (d)

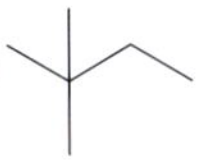

15.20 각 화합물의 구조를 그리거나 명명하라.

(a) 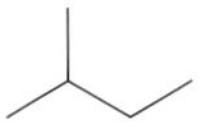 (b) 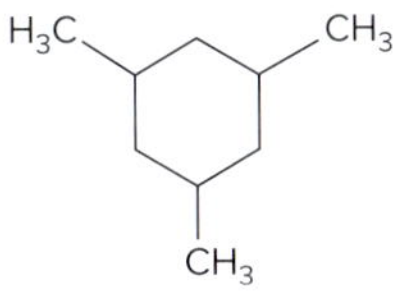 H_3C, CH_3, CH_3

(c) 1,2-diethylcyclopentane (d) 2,4,6-trimethylnonane

15.21 다음 화합물의 이름은 잘못되었다. 이 이름에 근거하여 구조를 그리고 올바르게 명명하라.

(a) 4-methylhexane (b) 2-ethylpentane

(c) 2-methylcyclohexane (d) 3,3-dimethyl-4-ethyloctane

15.22 다음 화합물의 이름은 잘못되었다. 이 이름에 근거하여 구조를 그리고 올바르게 명명하라.

(a) 3,3-dimethylbutane (b) 1,1,1-trimethylheptane

(c) 1,4-diethylcyclopentane (d) 1-propylcyclohexane

15.23 다음 화합물은 각각 광학 활성을 보인다. 각 화합물에서 카이랄 중심에 동그라미를 그려라.

(a) 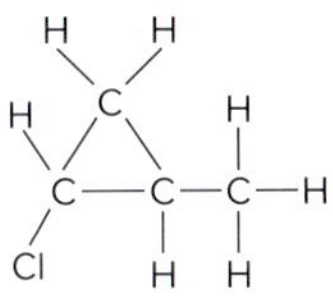 (b)

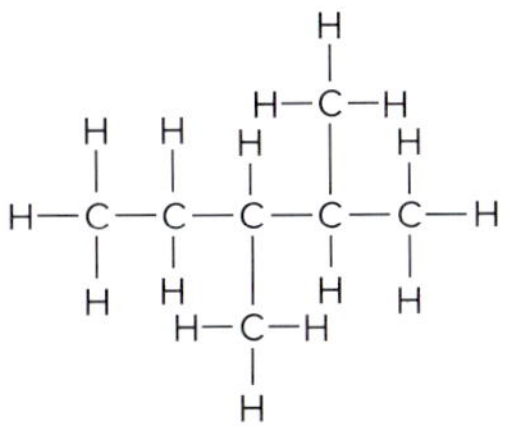

15.24 다음 화합물은 각각 광학 활성을 보인다. 각 화합물에서 카이랄 중심에 동그라미를 그려라.

(a) 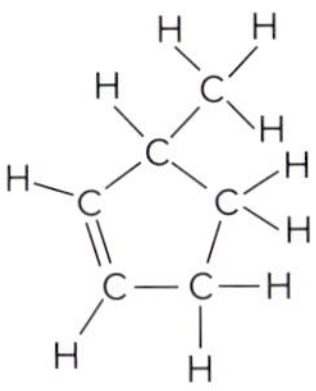 (b)

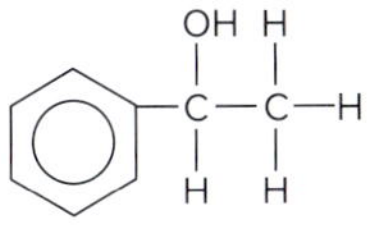

15.25 다음 이름에 해당하는 구조를 그리고 어느 화합물이 광학 활성인지 결정하라.

(a) 3-bromohexane (b) 3-chloro-3-methylpentane

(c) 1,2-dibromo-2-methylbutane

15.26 다음 이름에 해당하는 구조를 그리고 어느 화합물이 광학 활성인지 결정하라.

(a) 1,3-dichloropentane (b) 3-chloro-2,2,5-trimethylhexane

(c) 1-bromo-1-chlorobutane

15.27 다음 구조 중에서 어느 것이 기하 이성질 현상을 보이는가? 각 경우에 두 이성질체를 그리고 명명하라.

(a) $CH_3-CH_2-CH=CH-CH_3$ (b)

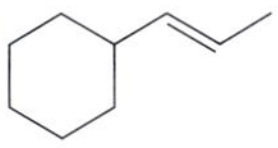

(c) 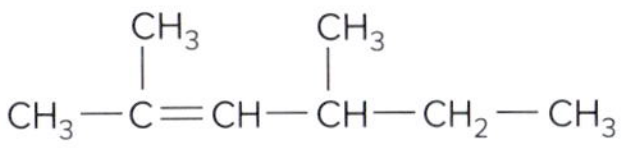 $CH_3-C(CH_3)=CH-CH(CH_3)-CH_2-CH_3$

15.28 다음 구조 중에서 어느 것이 기하 이성질 현상을 보이는가? 각 경우에 두 이성질체를 그리고 명명하라.

(a) 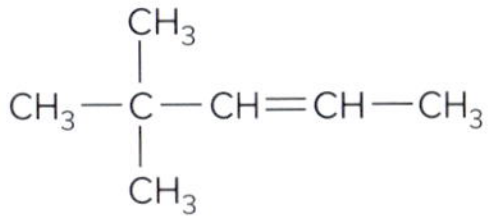 $CH_3-C(CH_3)_2-CH=CH-CH_3$ (b)

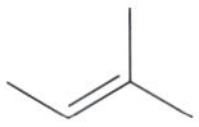

(c) 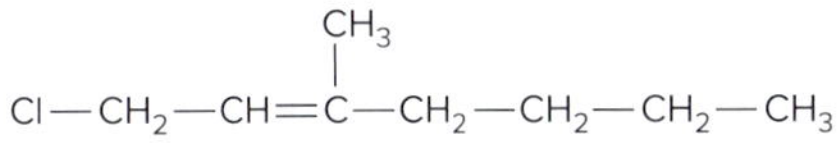 $Cl-CH_2-CH=C(CH_3)-CH_2-CH_2-CH_2-CH_3$

15.29 어느 화합물이 기하 이성질 현상을 보이는가? 각 경우에 두 이성질체를 그리고 명명하라.

(a) propene (b) 3-hexene

(c) 1,1-dichloroethene (d) 1,2-dichloroethene

15.30 어느 화합물이 기하 이성질 현상을 보이는가? 각 경우에 두 이성질체를 그리고 명명하라.

(a) 1-pentene (b) 2-pentene

(c) 1-chloropropene (d) 2-chloropropene

15.31 Dichlorobenzene의 모든 구조 이성질체를 그리고 명명하라.

15.32 Trimethylbenzene의 모든 구조 이성질체를 그리고 명명하라.

실전 문제

15.33 Butyrated hydroxytoluene(BHT)는 시리얼과 다른 건조식품에 첨가되는 흔한 방부제이다. 이것의 계통명은 1-hydroxy-2,6-di-*tert*-butyl-4-methylbenzene("*tert*-butyl"은 1,1-dimethylethyl의 관용명)이다. BHT의 구조를 그려라.

15.34 2-methyl-3-hexene이라는 이름을 가진 화합물은 2개가 있으나, 2-methyl-2-hexene이라는 이름을 가진 것은 하나 밖에 없다. 구조를 써서 설명하라.

15.35 4개의 다른 기가 붙어 있는 사면체 원자는 카이랄 중심일 수 있다. 다음 중 어느 화학종이 광학 활성을 갖는가?

(a) CHClBrF (b) $NBrCl_2H^+$

(c) $PFClBrI^+$ (d) SeFClBrH

15.36 우리 눈에 있는 레티날(retinal)이라는 화합물의 C=C π 결합을 끊기 위해 약 250 kJ/mol의 에너지가 필요하다. 이 에너지에 해당하는 가시광선의 파장은 몇 nm인가?

유기 반응의 주요 유형

(예제 15.3)

개념 복습 문제

15.37 반응에 참여하는 반응물과 생성물의 개수의 관점에서 볼 때, 유기 합성 반응 중 어느 반응 유형이 (a) 결합 반응, 혹은 (b) 분해 반응, 혹은 (c) 치환 반응에 해당하는가?

15.38 동일한 결합 유형이 첨가 반응에서 파괴되고 제거 반응에서 생기는 형성된다. 결합 유형을 말하라.

15.39 산화-환원 반응이 첨가 반응, 제거 반응, 또는 치환 반응이 될 수 있는가? 예를 들어 설명하라.

스킬 숙달 문제(유사한 문제들을 두 개씩 묶음)

15.40 다음 반응의 유형을 써라.

(a) $CH_3-CH_2-CH(Br)-CH_3 \xrightarrow[\Delta]{NaOH} CH_3-CH=CH-CH_3 + NaBr + H_2O$

(b) $CH_3-CH=CH-CH_2-CH_3 + H_2 \xrightarrow{Pt}$ CH —CH —CH —CH —CH

15.41 다음 반응의 유형을 써라.

(a) $CH_3-\overset{O}{\overset{\|}{C}}H + HCN \longrightarrow CH_3-\overset{OH}{\overset{|}{C}}H-CN$

(b) $CH_3-\overset{O}{\overset{\|}{C}}-O-CH_3 + CH_3-NH_2 \xrightarrow{H^+} CH_3-\overset{O}{\overset{\|}{C}}-NH-CH_3 + CH_3-OH$

15.42 다음 반응의 반응식을 써라. (a) H_2O와 3-hexene 사이의 첨가 반응(H^+는 촉매) (b) 2-bromopropane과 뜨거운 potassium ethoxide(CH_3-CH_2-OK)와의 제거 반응(KBr과 ethanol이 생성됨) (c) 1,1-dichloroethane을 생성하는 Cl_2와 ethane 사이의 광-유도 치환 반응

15.43 다음 반응의 반응식을 써라.

(a) 2-bromopropane과 KI 사이의 치환 반응

(b) cyclohexene과 Cl_2와의 첨가 반응

(c) 2-propanone과 H_2 사이의 첨가 반응(촉매는 Ni 금속)

15.44 결합의 수와 결합된 원자의 성질로부터 다음 변화가 산화인지 혹은 환원인지 설명하라.

(a) $=CH_2$이 $-CH_2-OH$으로 된다.

(b) $=CH-$이 $-CH_2-$으로 된다.

(c) $\equiv C-$이 $-CH_2-$으로 된다.

15.45 결합의 수와 결합된 원자의 성질로부터 다음 변화가 산화인지 혹은 환원인지 설명하라.

(a) $-\overset{|}{\underset{|}{C}}-OH \longrightarrow -\underset{|}{C}=O$

(b) $-CH_2-OH \longrightarrow =CH_2$

(c) $-\overset{O}{\overset{\|}{C}}-\underset{|}{C}- \longrightarrow -\overset{O}{\overset{\|}{C}}-O-$

15.46 다음 유기 반응에서 반응물은 산화되었는가? 환원되었는가? 혹은 산화-환원 반응이 아닌가?

(a) 2-hexene $\xrightarrow[\text{차가운 OH}^-]{KMnO_4}$ 2,3-dihydroxyhexane

(b) cyclohexane $\xrightarrow[\text{촉매}]{\Delta}$ benzene + $3H_2$

15.47 다음 유기 반응에서 반응물은 산화되었는가? 환원되었는가? 혹은 산화-환원 반응이 아닌가?

(a) 1-butyne + $H_2 \xrightarrow{Pt}$ 1-butene

(b) toluene $\xrightarrow[H_3O^+,\ \Delta]{KMnO_4}$ benzoic acid

실전 문제

15.48 Phenylethylamine은 구조적으로 amphetamine과 유사한 천연물질이다. 이 물질은 아몬드유나 소변 등 다양한 시료에 들어 있는데, 스트레스 상황이나 조현병 증상 발현 시에 농도가 증가한다. 약리학이나 정신과 연구를 위해 이 화합물을 합성할 때 다음과 같은 두 단계 합성법이 있다.

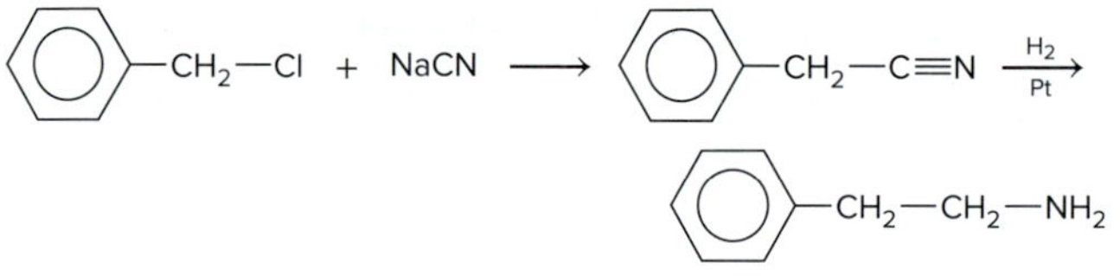

$C_6H_5-CH_2-Cl + NaCN \longrightarrow C_6H_5-CH_2-C\equiv N \xrightarrow[Pt]{H_2} C_6H_5-CH_2-CH_2-NH_2$

phenylethylamine

각 단계를 첨가, 제거, 치환 반응으로 분류하라.

흔한 작용기의 성질과 반응성

(예제 15.4~15.7)

개념 복습 문제

15.49 몰질량이 거의 같은 화합물이라도 그 물리적 성질이 매우 다른 경우가 있다. 다음 성질에 대해 더 큰 값을 갖는 화합물을 고르고, 그 이유를 설명하라.

(a) 물에서의 용해도: chloroethane과 methylethylamine

(b) 녹는점: diethyl ether과 1-butanol

(c) 끓는점: triethylamine과 propylamine

15.50 다음 반응에서 생성되는 물질의 일반식을 빈칸에 써라.

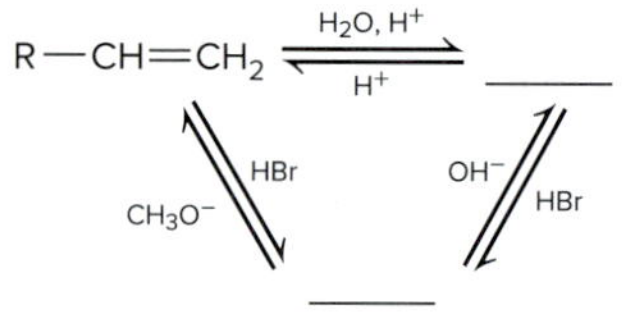

$R-CH=CH_2 \underset{H^+}{\overset{H_2O,\ H^+}{\rightleftharpoons}}$ ______

(R—CH=CH₂ ⇌ ______ 아래: HBr / CH_3O^- ; ______ ⇌ ______ : OH^- / HBr)

______

15.51 세 가지 주요한 유기 반응 중에서 벤젠에는 일어나지 *않는* 반응은 무엇인가? 그 이유를 설명하라.

15.52 C=O 기가 C=C 기와 다르게 반응하는 이유는 무엇인가? 이러한 차이의 예를 들어라.

15.53 많은 치환 반응은 반응물간의 정전기적 인력에 의해 시작한다. 아민과 에스터가 반응하여 아마이드가 생성되는 반응에서 이러한 인력이 어디에서 생기는지 설명하라.

15.54 카복실산과 알코올은 모두 −OH 기를 가지지만 전자는 수용액상에서 산이고 후자는 그렇지 않다. 왜 그런지 설명하라.

15.55 에스터와 산 무수물이 생성되는 반응에서 공통적인 반응의 유형은 무엇인가? 다른 생성물은 무엇인가?

15.56 알코올과 카복실산은 모두 치환 반응을 하지만 그 과정은 매우 다르다. 설명하라.

스킬 숙달 문제(유사한 문제들을 두 개씩 묶음)

15.57 다음에 설명하는 작용기를 가지고 있는 화합물의 종류를 말하라.
(a) 단일 결합을 가지고 있고 O나 N은 없는 극성 기
(b) 극성이고 삼중 결합을 가지고 있는 기
(c) 단일과 이중 결합을 가지고 있고 물에서 산성인 기
(d) 이중 결합을 가지고 있고 C 사슬의 끝에서만 볼 수 있는 기

15.58 다음에 설명하는 작용기를 가지고 있는 화합물의 종류를 말하라.
(a) 단일 결합과 이중 결합을 하는 N을 포함하는 기
(b) 비극성이고 이중 결합을 가지고 있는 기
(c) 이중 결합을 가지고 C 사슬의 끝에서는 볼 수 없는 극성기
(d) 단일 결합을 가지며 물에서 염기성인 기

15.59 각 화합물의 작용기에 동그라미를 그리고 이름을 말하라.

(a) $CH_3-CH=CH-CH_2-OH$ (b) $Cl-CH_2-C_6H_4-C(=O)-OH$

(c) (고리 구조) $-C(=O)-N$ (d) $N\equiv C-CH_2-C(=O)-CH_3$

(e) (고리 구조) $-C(=O)-O-CH_2-CH_3$

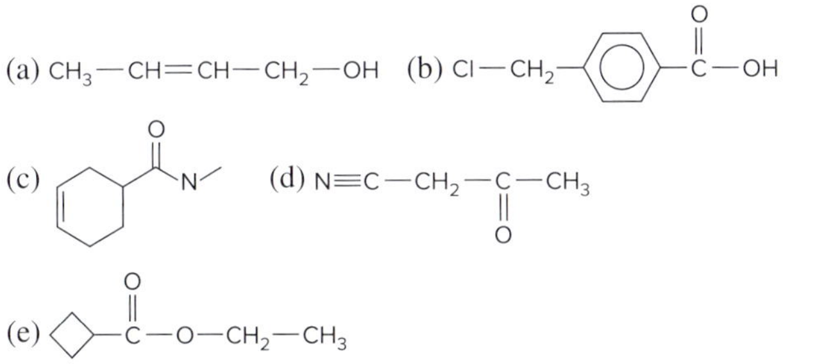

15.60 각 화합물의 작용기에 동그라미를 그리고 이름을 말하라.

(a) HO–C(=O)–CH₂–C(=O)–H (b) $I-CH_2-CH_2-C\equiv CH$

(c) $CH_2=CH-CH_2-C(=O)-O-CH_3$ (d) $CH_3-NH-C(=O)-C(=O)-O-CH_3$

(e) $CH_3-CH(Br)-CH=CH-CH_2-NH-CH_3$

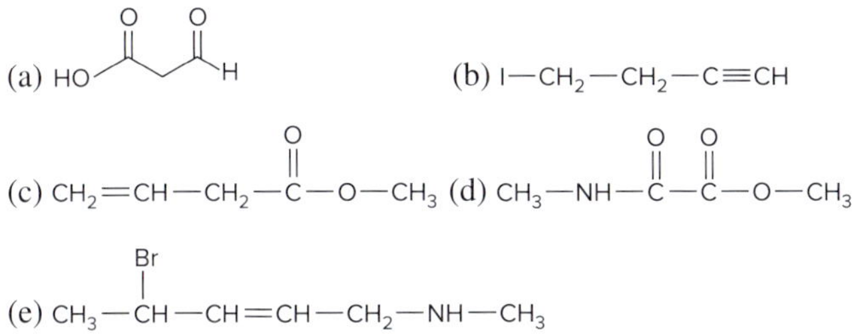

15.61 분자식이 $C_5H_{12}O$인 알코올을 모두 그려라.

15.62 분자식이 $C_5H_{10}O$인 알데하이드와 케톤을 모두 그려라.

15.63 분자식이 $C_4H_{11}N$인 아민을 모두 그려라.

15.64 분자식이 $C_5H_{10}O_2$인 카복실산을 모두 그려라.

15.65 다음 물질이 약한 산화 반응을 할 때 그 생성물을 써라.
(a) 2-butanol (b) 2-methylpropanal (c) cyclopentanol

15.66 산화 반응의 생성물로 다음 물질을 만들 수 있는 알코올을 써라.
(a) 2-methylpropanal (b) 2-pentanone (c) 3-methylbutanoic acid

15.67 다음 화합물이 치환 반응을 하는 경우에 생성되는 유기 생성물을 그려라. (a) acetic acid와 methylamine (b) butanoic acid와 2-propanol (c) formic acid와 2-methyl-1-propanol

15.68 다음 화합물이 치환 반응을 하는 경우에 생성되는 유기 생성물을 그려라. (a) acetic acid와 1-hexanol (b) propanoic acid와 dimethylamine (c) ethanoic acid와 diethylamine

15.69 아래의 에스터를 합성하는 데 사용하는 카복실산과 알코올의 축약 구조식을 그려라.

(a) (골격 구조) –C(=O)–O–

(b) $C_6H_5-C(=O)-O-CH_2-CH_2-CH_3$

(c) $CH_3-CH_2-O-C(=O)-CH_2-CH_2-C_6H_5$

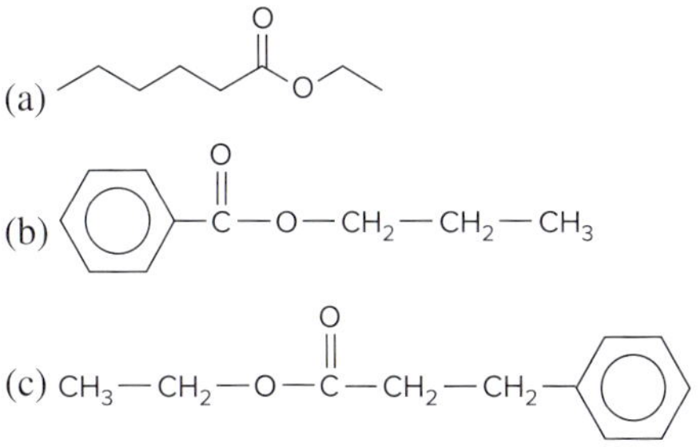

15.70 아래의 아마이드를 합성하는 데 사용하는 카복실산과 아민의 축약 구조식을 그려라.

(a) $H_3C-C_6H_4-CH_2-C(=O)-NH_2$

(b) (골격 구조) –C(=O)–N–

(c) $HC(=O)-NH-C_6H_5$

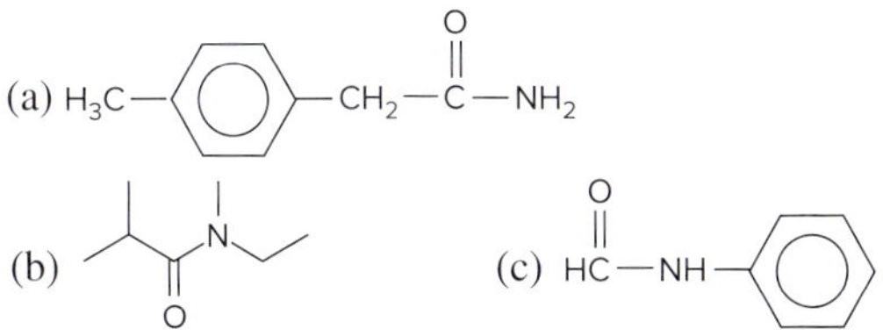

15.71 다음 반응에서 생성될 것으로 예상되는 유기 물질의 구조를 빈칸에 그려라.

(a) $CH_3-CH_2-Br \xrightarrow{OH^-}$ ____ $\xrightarrow[H^+]{CH_3-CH_2-C(=O)-OH}$ ____

(b) $CH_3-CH_2-CH(Br)-CH_3 \xrightarrow{CN^-}$ ____ $\xrightarrow{H_3O^+,\ H_2O}$ ____

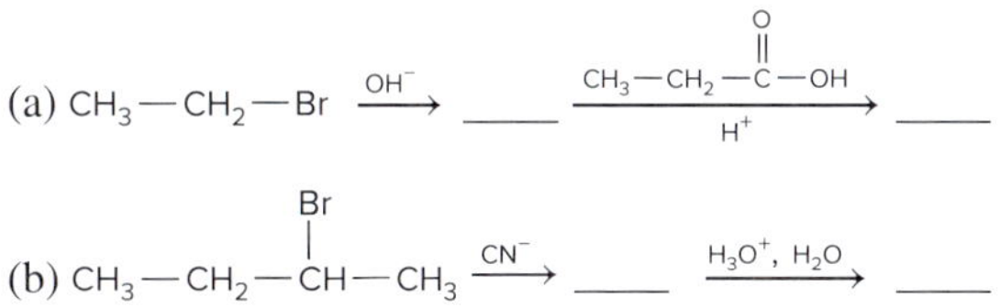

15.72 다음 반응에서 생성될 것으로 예상되는 유기 물질의 구조를 빈칸에 그려라.

(a) $CH_3-CH_2-CH=CH_2 \xrightarrow{H^+,\ H_2O}$ ____ $\xrightarrow{Cr_2O_7^{2-},\ H^+}$ ____

(b) $CH_3-CH_2-C(=O)-CH_3 \xrightarrow{CH_3-CH_2-Li} \xrightarrow{H_2O}$ ____

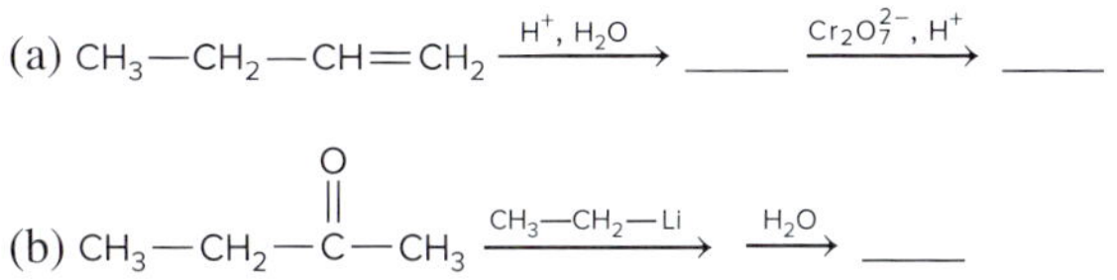

15.73 다음 반응식에서 빈칸에 들어갈 유기 또는 무기 물질을 써라.

(a) $CH_3-CH_2-OH +$ ___?___ $\xrightarrow{H_3O^+,\ H_2O} CH_3-CH_2-O-C(=O)-CH_2-CH_3$

(b) $CH_3-C(=O)-O-CH_3 \xrightarrow{?} CH_3-CH_2-NH-C(=O)-CH_3$

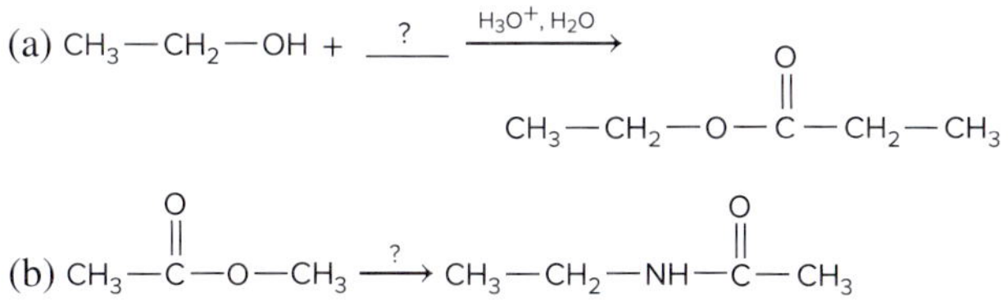

15.74 다음 반응식에서 빈칸에 들어갈 유기 또는 무기 물질을 써라.

(a) $CH_3-CH(Cl)-CH_3 \xrightarrow{?} CH_3-CH=CH_2 \xrightarrow{?} CH_3-CH(Br)-CH_2(Br)$

(b)
$CH_3-CH_2-CH_2-OH \xrightarrow{?} CH_3-CH_2-C(=O)-OH +$ ___?___ $\xrightarrow{?}$
$CH_3-CH_2-C(=O)-O-CH_2-C_6H_5$

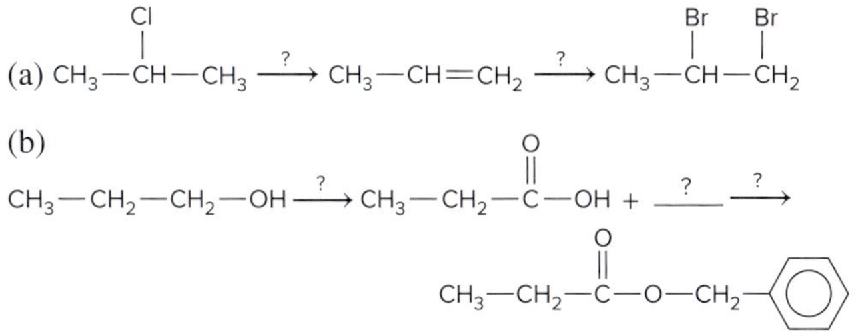

실전 문제

15.75 (a) 알데하이드로 산화될 수 있는 $C_5H_{12}O$의 이성질체 4개를 그려라. (b) 케톤으로 산화될 수 있는 $C_5H_{12}O$의 이성질체 3개를 그려라. (c) 알데하이드나 케톤으로 쉽게 산화될 수 없는 $C_5H_{12}O$의 이성질체들을 그려라. (d) 알코올에 해당하는 이성질체를 한 가지 명명하라.

15.76 Ethyl formate ($\overset{O}{\overset{\|}{HC}}—O—CH_2—CH_3$)는 럼 향기를 내기 위해 식품에 첨가한다. 에탄올, 메탄올, 그리고 특정 무기 시약을 사용하여 ethyl formate를 합성하는 방법을 제시하라.

단량체-고분자 I: 합성 고분자

개념 복습 문제

15.77 두 종류의 합성 고분자를 얻는 반응 과정의 이름을 말하라.

15.78 첨가 고분자의 단량체에는 어떤 작용기가 들어 있는가? 이러한 고분자들은 서로 어떤 점이 다른가?

15.79 자유 라디칼이란 무엇인가? 이것이 고분자 형성에 어떻게 관여하는가?

15.80 서로 다른 종류의 폴리에틸렌을 만드는 데 주로 관여하는 분자간 힘은 어떤 것인가? 설명하라.

15.81 두 종류의 합성 고분자 중 어느 것이 생체 고분자와 화학적으로 더 유사한가?

15.82 나일론을 만드는 데 관여하는 작용기는 무엇인가? 폴리에스터의 경우에는 무엇인가?

스킬 숙달 문제*(유사한 문제들을 두 개씩 묶음)*

15.83 반복 단위를 나타내는 대괄호 [ ]를 사용하여 다음 고분자의 축약 구조식을 그려라.

(a) 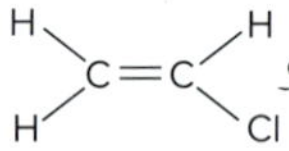 $H_2C{=}CHCl$ (H, H / C=C / H, Cl)으로 만드는 폴리(염화 바이닐)(PVC)

(b) 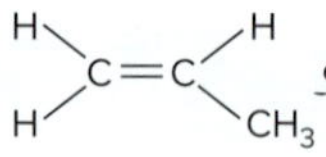 $H_2C{=}CHCH_3$ (H, H / C=C / H, CH_3)으로 만드는 폴리프로필렌

15.84 반복 단위를 나타내는 대괄호 [ ]를 사용하여 다음 고분자의 축약 구조식을 그려라.

(a) 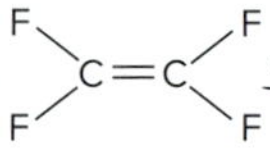 $F_2C{=}CF_2$ (F, F / C=C / F, F)으로 만드는 테플론(teflon)

(b) 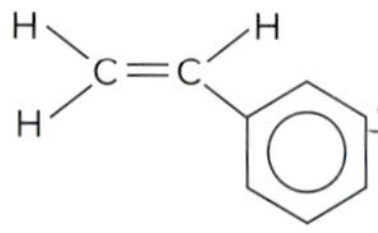 $H_2C{=}CH–C_6H_5$ (H, H / C=C / H, 벤젠 고리)으로 만드는 폴리스타이렌(polystyrene)

실전 문제

15.85 Polyethylene terephthalate(PET)는 다크론(Dacron) 같은 합성사나 마일라(Mylar) 같은 얇은 필름, 그리고 탄산음료 병을 만드는 데 사용한다.

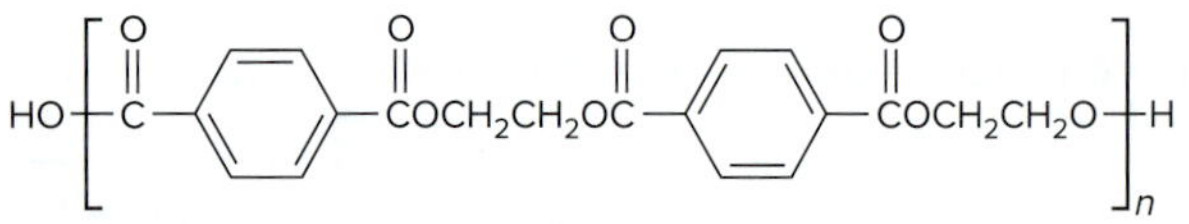

$$HO{-}\left[\overset{O}{\overset{\|}{C}}{-}C_6H_4{-}\overset{O}{\overset{\|}{C}}OCH_2CH_2O\overset{O}{\overset{\|}{C}}{-}C_6H_4{-}\overset{O}{\overset{\|}{C}}OCH_2CH_2O\right]_n{-}H$$

PET

PET는 ethylene glycol과 두 단량체 중 하나를 사용하여 합성하는데, 반응이 탈수-축합 반응인가 혹은 치환 반응인가에 따라 사용하는 단량체가 달라진다. 이 두 합성에 대한 반응식을 써라. (*힌트*: 높은 *T*와 *P*에서 메탄올을 가하면 치환 반응이 역으로 일어난다.)

15.86 Dihydroxydimethylsilane(*오른쪽 구조*)이 반응하여 실리퍼티(Silly Putty)라고 알려진 축합 고분자가 생기는 반응의 균형 화학 반응식을 써라.

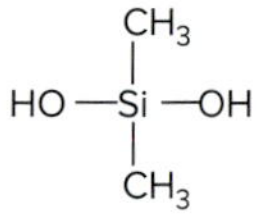

$$HO{-}\underset{CH_3}{\underset{|}{\overset{CH_3}{\overset{|}{Si}}}}{-}OH$$

단량체-고분자 II: 생체 고분자

개념 복습 문제

15.87 다음 단량체로부터는 어떤 종류의 고분자가 얻어지는가? (a) 아미노산, (b) 알켄, (c) 단순당, (d) 단일뉴클레오티드.

15.88 섬유상 단백질과 구형 단백질의 중요한 구조적 차이는 무엇인가? 일반적으로 이러한 차이가 단백질을 구성하는 아미노산의 조성과는 어떻게 관련되어 있는가?

15.89 단백질의 모양, 기능과 아미노산 서열은 상호 관련이 있다. 어느 것이 어느 것을 결정하는가?

15.90 DNA 가닥에서 무엇이 단량체들을 연결하는가?

15.91 염기쌍을 무엇을 의미하는가? 이것은 DNA 구조와 어떻게 관련되어 있나?

15.92 RNA 염기 서열, 단백질의 아미노산 서열과 DNA 염기 서열은 서로 연관되어 있다. 단백질 합성에서 어느 것이 어느 것을 결정하는가?

스킬 숙달 문제*(유사한 문제들을 두 개씩 묶음)*

15.93 다음 아미노산의 R기의 구조를 그려라.

(a) 알라닌(alanine) (b) 히스티딘(histidine)
(c) 메티오닌(methionine)

15.94 다음 아미노산의 R기의 구조를 그려라.

(a) 글라이신(glycine) (b) 아이소류신(isoleucine)
(c) 타이로신(tyrosine)

15.95 다음 트라이펩타이드의 구조를 그려라.

(a) 아스파르산(aspartic acid)-히스티딘(histidine)-트립토판(triptophane)

(b) 세포액에 존재하는 전하를 가진 글라이신(glycine)-시스테인(cysteine)-타이로신(tyrosine)

15.96 다음 트라이펩타이드의 구조를 그려라.

(a) 라이신(lysine)-페닐알라닌(phenylalanine)-트레오닌(threonine)

(b) 세포액에 존재하는 전하를 가진 알라닌(alanine)-류신(leucine)-발린(valine)

15.97 다음 DNA 염기 서열과 짝을 이루는 상보적 DNA 사슬의 서열을 써라.

(a) TTAGCC (b) AGACAT

15.98 다음 DNA 염기 서열과 짝을 이루는 상보적 DNA 사슬의 서열을 써라.

(a) GGTTAC (b) CCCGAA

15.99 UGUUACGGA란 RNA 서열을 만드는 DNA의 금형의 염기 서열을 써라. 이 서열로부터 몇 가지 아미노산이 생성될까?

15.100 GUAUCAAUGAACUUG란 RNA 서열을 만드는 DNA의 금형의 염기 서열을 써라. 이 서열로부터 몇 가지 아미노산이 생성될까?

실전 문제

15.101 단백질의 모양은 아미노산 R기 사이의 상호작용으로 생기는 여러 가지 종류의 힘에 의해 결정된다. 다음의 각 R기를 가지는 아미노산의 이름과 다음 상호작용에 존재할 수 있는 힘을 써라.

(a) $—CH_2—SH$와 $HS—CH_2—$

(b) $—(CH_2)_4—NH_3^+$와 $^-O—C(=O)—CH_2—$

(c) $—CH_2—C(=O)—NH_2$와 $HO—CH_2—$

(d) $—CH(CH_3)—CH_3$와 $C_6H_5—CH_2—$

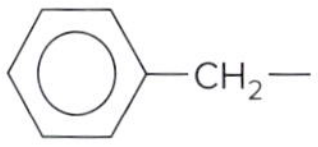

15.102 아미노산의 평균 몰질량은 100 g/mol이다. 몰질량이 5×10^5 g/mol인 단백질의 유전 암호를 지정하기 위해서는 DNA 사슬 한 개에 몇 개의 염기가 필요한가?

제 16 장 반응 속도론: 화학 반응의 속도와 메커니즘

Kinetics: Rates and Mechanisms of Chemical Reactions

Source: fotokostic/iStockphoto/
Getty Images

➤ 관련 개념과 스킬 _Concepts and Skills to Review Before You Study This Chapter

» 분자 운동과 충돌 빈도에 미치는 온도의 영향(5.5절)

앞에서 우리는 균형 반응식을 이용하여 생성물의 이론 수득량을 구하였다. 그러나 균형 반응식은 다양한 활용 분야에서 매우 중요한 주제인 생성물이 생기는 속도에 대해서는 아무것도 말해주지 않는다. 수확량을 감소시키는 잡초와 벌레들을 제거하기 위해 농약을 뿌리는(*사진 참조*) 농부들은 농작물에 얼마나 자주 농약을 뿌려야 하는지 알아야 한다. 살포된 농약들이 주변 환경에서 몇 시간, 며칠, 또는 몇 주 후에 분해될까? 햇빛과 수분의 양, 세균과 곰팡이의 존재 여부 등의 인자들이 살충제의 분해 속도에 영향을 미칠 것이다. 의사와 약사들은 혈류 중의 약의 분해 속도를 알아야 몇 시간 간격으로 약을 복용해야 하는지 파악할 수 있다. 화학 공장에서 일하는 기술자들은 반응 속도를 극대화하여야 원하는 생성물을 가장 빠른 속도로 생산할 수 있다. 반응 속도를 어떻게 조절할 수 있을까? 느린 반응의 속도를 가속하거나 빠른 반응 속도를 늦출 수 있을까? 이 장에서는 첨단 기술, 환경 및 생체 내의 반응들을 이해하는 데 중요한 주제인 *화학 반응* 속도론을 학습할 것이다.

이 장에서는... *반응 속도, 이에 영향을 미치는 인자들, 이 영향들을 설명하는 이론들, 그리고 반응물들이 생성물들로 변화하는 과정에 거치는 변화의 단계 등을 살펴본다.*

- 반응 속도에 대한 몇 가지 일반적인 견해들을 소개하고 반응 속도에 영향을 미치는 세 가지 주요 인자들 즉, 농도, 물리적 상태, 온도 등을 살펴본다.
- 속도 법칙을 이용하여 반응 속도를 나타내고 속도 법칙의 각 구성 요소들을 결정한다.
- 반응이 진행됨에 따라 농도가 어떻게 변하는지 알아보고 반응 반감기의 의미를 고찰해 본다.
- 반응 속도에 미치는 농도와 온도의 영향을 이해하기 위해 화학 반응 속도론의 두 이론을 살펴본다.
- 반응물들이 거치는 단계들을 밝히고, 반응물 결합이 끊어지고 생성물 결합이 형성되는 과정에 존재하는 화학종들을 기술하여 반응 메커니즘을 고찰한다.
- 생명과 직결된 두 가지 예들 즉, 살아있는 세포 내에서의 반응들과 성층권의 오존층 파괴를 예로 들어 촉매가 어떻게 반응 속도를 증가시키는지 살펴본다.

16.1 반응 속도에 주목

정의를 따라 화학 반응에서는 반응물이 생성물로 변한다. 변화가 일어나는 속도를 연구하는 학문인 **화학 반응 속도론**(chemical kinetics)에서는 **반응 속도**(reaction rate), 즉 시간 따른 반응물(또는 생성물)의 농도 변화에 초점을 맞춘다. 반응에 따라 속도도 천차만별이다. *빠른 반응(높은 속도)에서는 반응물 농도가 급격히 감소하는 반면 느린 반응(낮은 속도)에서는 천천히 감소한다*(그림 16.1).

화학적 과정들은 서로 다른 속도로 일어난다(그림 16.2). 중화 반응, 침전 반응, 폭발 등 몇몇 반응들은 1초 이내에 일어난다. 과일이 익는 것과 같은 많은 반응들은 며칠 혹은 몇 달이 걸린다. 인간의 노화는 수십 년에 걸쳐 일어나며 죽은 식물체에서 석탄이 형성되는 과정은 수억 년이 걸린다. 반응 속도를 아는 것은 여러 가지 면에서 매우 중요하다. 약

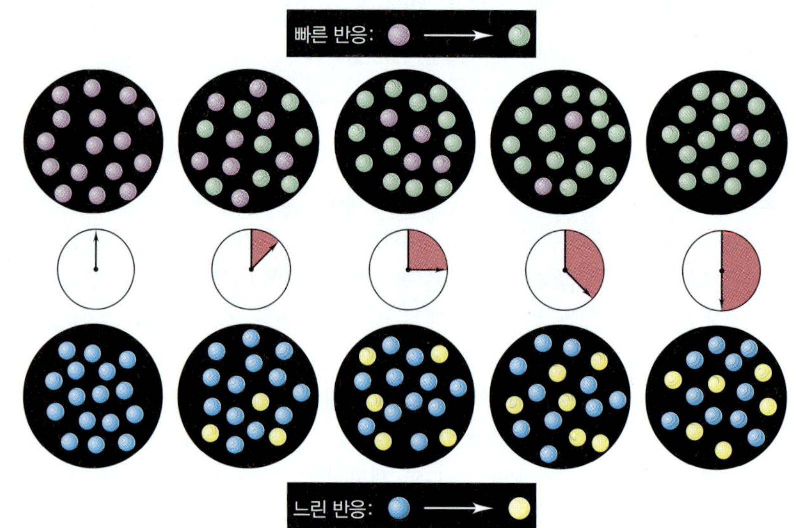

그림 16.1 빠른 반응(*위*)와 느린 반응(*아래*). 시간이 경과함에 따라 반응물은 감소하고 생성물은 증가한다.

이 얼마나 빨리 작용하느냐에 따라 생사가 갈릴 수도 있고 상용 제품을 만드는 데 걸리는 시간에 따라 손익에 큰 차이를 가져올 수도 있다.

주어진 조건하에서는 반응물이 무엇인지에 따라 반응 속도가 결정된다. 예를 들어 상온에서 수소는 플루오린과 폭발적으로 반응을 하지만 질소와의 반응은 극히 느리다.

$$H_2(g) + F_2(g) \longrightarrow 2HF(g) \qquad \text{[매우 빠름]}$$
$$3H_2(g) + N_2(g) \longrightarrow 2NH_3(g) \qquad \text{[매우 느림]}$$

더구나 같은 반응이라도 조건이 달라지면 속도도 달라진다. 우리는 반응 속도에 영향을 미치는 네 가지 인자, 즉 반응물의 농도, 물리적 상태, 반응 온도 및 촉매 사용을 조절할 수 있다. 여기서 앞 세 가지를 다루고 16.7절에서 네 번째 것을 다룬다.

1. 농도: *분자가 충돌해야 반응이 일어난다.* 반응 속도에 영향을 미치는 주요 인자 중 하나는 반응물의 농도이다. 오존과 일산화 질소(산화 질소) 간의 다음 반응을 살펴보자.

$$NO(g) + O_3(g) \longrightarrow NO_2(g) + O_2(g)$$

이 반응은 성층권에서 일어나는데 질소 산화물은 초음속 비행기의 배기가스에서 방출되지만 실험실에서 모사실험을 할 수 있다. 반응 용기 내에서 분자들은 사방팔방으로 움직이면서 서로 또는 용기의 벽과 충돌하지만 반응은 NO와 O_3가 충돌할 때에만 일어난다. 분자들이 더 많아져서 더 자주 충돌하면 반응은 더 자주 일어난다. 따라서 *반응 속도는 충돌 횟수에 비례하는데 충돌 횟수는 반응물의 농도에 따라 달라진다.*

$$\text{반응 속도} \propto \text{충돌 빈도} \propto \text{농도}$$

그림 16.2 다양한 속도의 반응들.

Source: (explosion): Crown Copyright/Health & Safety Laboratory/Science Source; (fruit and baby): Ruth Melnick; (landscape): Christian Jegou/Publiphoto/Science Source

그림 16.3 반응 속도에 미치는 표면적의 영향.

Source: Stephen Frisch/McGraw-Hill Education

2. *물리적 상태: 분자들은 섞여야 충돌한다.* 충돌 빈도와 그에 따른 반응 속도는 반응물들이 얼마나 쉽게 섞이느냐를 결정하는 반응물들의 물리적 상태에 따라서도 달라진다. 수용액처럼 반응물들의 상이 같으면 무질서한 열운동에 의해 분자들이 서로 접촉하게 되는데 부드럽게 저어 주면 분자들이 더 잘 섞인다. 반응물들의 상이 서로 다르면 접촉은 상 사이의 경계에서만 일어나므로 세게 휘젓거나 잘게 갈면 접촉이 더 잘 일어난다. *따라서 고체나 액체 반응물을 더 잘게 나누면 표면적이 더 커지므로 상대 반응물과의 접촉이 더욱 쉬워져서 반응이 더 빠르게 일어난다.* 그림 16.3을 보면 산소 기체 속의 뜨거운 강철 못(*왼쪽*)은 희미하게 빛을 내지만 뜨거운 강철 솜(*오른쪽*)은 불꽃을 터뜨린다. 같은 이유로 모닥불을 피울 때 장작이 아니라 잔가지를 사용한다. 석탄 광산의 석탄 가루나 대형 곡물 창고의 곡물 가루 등은 표면적이 매우 크기 때문에 발화원이 있으면 거대한 폭발을 일으킬 수 있다.

3. *온도: 충돌하는 분자들은 충분한 에너지를 가져야 한다.* 일반적으로 온도는 반응 속도에 중요한 영향을 미친다. 두 가지 주방 기기는 이 효과를 이용한 것이다. 냉장고는 식품을 변질시키는 화학적 과정을 느리게 하는 반면, 오븐은 요리하는 화학적 과정을 가속한다. 온도는 충돌 *빈도*를 증가시켜 반응 속도를 빠르게 하지만 온도에 따른 충돌 *에너지*의 증가가 더 중요한 요인이다.

- *충돌 빈도*(collision frequency). 기체 시료 중의 분자들은 넓은 속력 분포를 가지며 최빈 속력은 온도에 따라 증가함을 기억하라(그림 5.14 참조). *따라서 높은 온도에서는 반응물 입자들이 더 빠르게 움직이므로 충돌이 더 자주 일어나서 더 많은 분자들이 반응한다.*

반응 속도 ∝ 충돌 **빈도** ∝ 온도

- *충돌 에너지*(collision energy). *온도는 분자들의 운동 에너지에 더 큰 영향을 미친다.* 반응 용기 내에 뒤섞여 있는 NO와 O_3 분자들 중 대부분은 반응하지 않고 서로 튕기는 정도의 에너지만을 가지고 있다. 그러나 일부는 충분한 에너지를 가지고 있어서 반응으로 이어진다(그림 16.4). *온도가 올라가면 충분한 에너지를 갖는 충돌이 더 많이 일어나서 더 많은 분자들이 반응한다.*

반응 속도 ∝ 충돌 **에너지** ∝ 온도

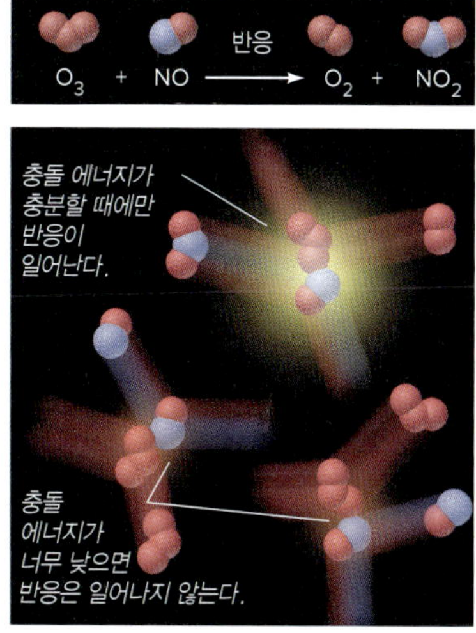

그림 16.4 충돌 에너지가 충분하면 반응이 일어난다.

› 16.1절 요약

- › 화학 반응 속도론은 반응 속도와 이에 영향을 미치는 인자들에 주목한다.
- › 주어진 조건에서 서로 다른 반응들은 각기 다른 속도로 일어난다.
- › 농도는 반응물 분자들 간의 충돌 빈도를 변화시켜 반응 속도에 영향을 미친다.
- › 물리적 상태는 반응물들이 섞이는 용이성에 영향을 미쳐 반응 속도를 변화시킨다.
- › 온도는 충돌 빈도에 영향을 미쳐 반응 속도를 변화시키지만, 반응물 분자간의 충돌 에너지를 변화시켜 반응 속도에 미치는 영향이 훨씬 크다.

시간에 따라 주자들의 위치가 변한다.
Source: Mike Powell/Stockbyte/Getty Images

16.2 반응 속도의 표기

일반적인 용어로 속도란 어떤 변수의 단위 시간당 변화이다. 가장 익숙한 예는 물체의 위치의 변화를 시간의 변화로 나눈 속력(*사진 참조*)이다. 예를 들어, 시간 t_1에서의 주자의 초기 위치 x_1과 시간 t_2에서의 최종 위치 x_2를 측정하면, 평균 속력은 다음 식과 같다.

$$\text{운동 속도(속력)} = \frac{\text{위치의 변화}}{\text{시간의 변화}} = \frac{x_2 - x_1}{t_2 - t_1} = \frac{\Delta x}{\Delta t}$$

반응 속도(reaction rate)에서는 단위 시간당 반응물이나 생성물의 농도 변화를 측정한다. *반응이 진행함에 따라 반응물의 농도는 감소하고 생성물의 농도는 증가한다.* 일반적인 반응 A ⟶ B에 대해 t_1에서 반응물의 초기 농도(A_1)을 측정하고, 반응이 진행한 후 t_2에서 반응물의 최종 농도(A_2)를 재빨리 측정한다. 다음과 같이 농도 변화를 시간의 변화로 나누면 반응 속도가 된다.

$$\text{속도} = -\frac{\text{A의 농도 변화}}{\text{시간 변화}} = -\frac{\text{농도 } A_2 - \text{농도 } A_1}{t_2 - t_1} = -\frac{\Delta(\text{A 농도})}{\Delta t}$$

관례에 따라 반응 속도가 *양*의 수이므로 (−) 부호는 중요한 의미를 갖는다. 그러나 농도 A_2가 농도 A_1보다 *낮으므로 반응물 A의 농도 변화(최종 − 초기)는 음의 값을 갖는다.* 따라서 반응물 농도의 음의 변화에 (−) 부호를 붙여 반응 속도를 양의 값으로 만든다. A의 농도가 125초 동안에 1.2 mol/L(농도 A_1)에서 0.75 mol/L(농도 A_2)로 변하였다고 가정하면 반응 속도는 다음과 같다.

$$\text{속도} = -\frac{0.75\ \text{mol/L} - 1.2\ \text{mol/L}}{125\ \text{s} - 0\ \text{s}} = 3.6\times10^{-3}\ \text{mol/L·s}$$

대괄호 [ ]는 리터당 몰수(몰농도)를 나타낸다. 예를 들면 [A]는 mol/L로 나타낸 A의 농도이며, 반응 속도를 A에 대해 나타내면 다음 식과 같다.

$$\text{속도} = -\frac{\Delta[\text{A}]}{\Delta t} \qquad \textbf{(16.1)}$$

반응 속도의 단위는 리터당 초당 몰수(mol L^{-1} s^{-1} 또는 mol/L·s)로 나타내거나 초 대신 반응에 적절한 단위 시간(분, 년 등)을 사용한다.

한편 반응 속도를 구하기 위해 *생성물*의 농도를 측정한다면 우리는 농도 B_2가 항상 농도 B_1보다 *높다*는 것을 알고 있다. 따라서 생성물 농도의 *변화* Δ[B]는 *양*의 값이므로 A ⟶ B 반응의 반응 속도를 B에 대해 나타내면 다음과 같다.

$$\text{속도} = +\frac{\Delta[\text{B}]}{\Delta t}$$

(+) 부호는 당연하므로 보통 표기하지 않는다.

평균, 순간 및 초기 반응 속도

대부분의 경우 *반응이 진행함에 따라 반응 속도가 변한다.* 스모그 형성과 관련된 많은 반응 중 하나인 에틸렌과 오존 간의 기체상 가역 반응을 생각해 보자.

$$C_2H_4(g) + O_3(g) \rightleftharpoons C_2H_4O(g) + O_2(g)$$

반응식을 보면 C_2H_4 한 분자는 O_3 한 분자와 반응한다. 따라서 $[O_3]$와 $[C_2H_4]$는 같은 속도로 감소한다.

$$\text{속도} = -\frac{\Delta[C_2H_4]}{\Delta t} = -\frac{\Delta[O_3]}{\Delta t}$$

30°C(303 K)의 밀폐 용기에서 특정 $[O_3]$에 C_2H_4를 가한 후 첫 1분 동안 10.0초 간격으로 $[O_3]$를 측정하여 그림 16.5에 포함된 표의 시간 대 농도 자료를 얻고, 이를 검은색 곡선으로 나타내었다. 다음 사항들에 주목하라.

- 그림 16.5의 점들은 *곡선*을 나타내는데, 이는 반응 속도가 시간에 따라 변화함을 의미한다(직선은 반응 속도가 일정함을 뜻함).

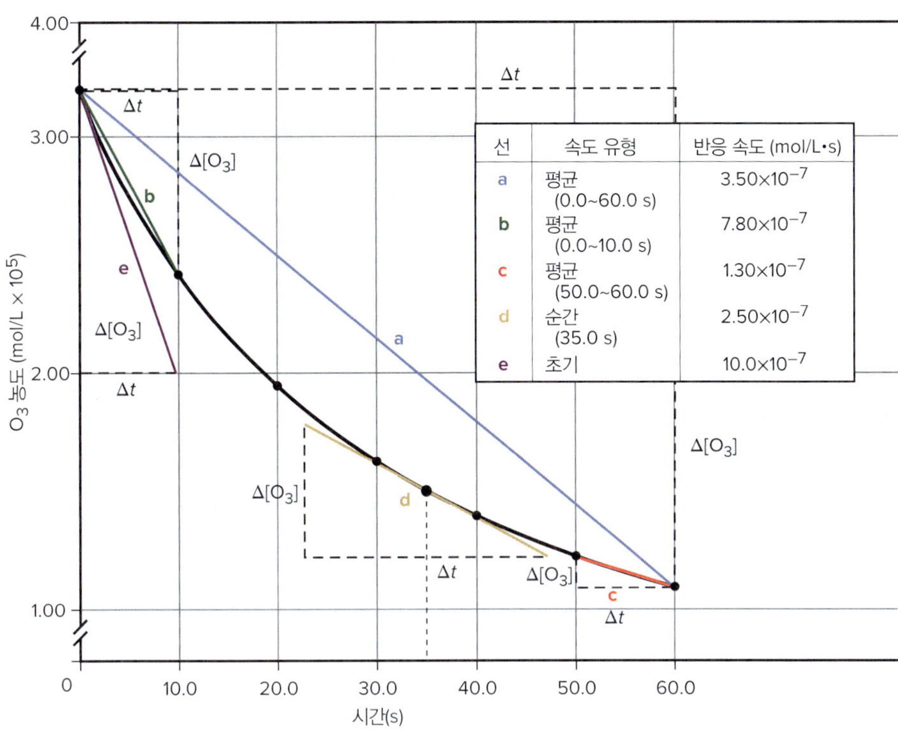

그림 16.5 O_3와 C_2H_4 반응에 대한 세 가지 유형의 반응 속도.

시간(s)	O_3의 농도(mol/L)
0.0	3.20×10^{-5}
10.0	2.42×10^{-5}
20.0	1.95×10^{-5}
30.0	1.63×10^{-5}
40.0	1.40×10^{-5}
50.0	1.23×10^{-5}
60.0	1.10×10^{-5}

- 시간 대 *반응물* 농도를 도시하였기 때문에 반응 도중 반응 속도는 *감소한다*. O_3 분자들이 반응함에 따라 C_2H_4 분자들과 충돌할 O_3 분자의 수가 감소하여 반응 속도, 즉 시간에 따른 $[O_3]$의 변화는 감소한다.

그림에 세 가지 유형의 반응 속도를 나타내었다.

1. *평균 속도*. 일정 시간 동안의 **평균 속도**(average rate)는 곡선 상의 두 점을 잇는 직선의 기울기이다. 60.0초 동안의 반응 속도는 총 농도 변화를 총 시간 변화로 나눈 것이다(그림 16.5 선 a).

$$\text{속도} = -\frac{\Delta[O_3]}{\Delta t} = -\frac{(1.10\times10^{-5}\ \text{mol/L}) - (3.20\times10^{-5}\ \text{mol/L})}{60.0\ \text{s} - 0.0\ \text{s}} = 3.50\times10^{-7}\ \text{mol/L}\cdot\text{s}$$

직선 a의 기울기(즉, $\Delta[O_3]/\Delta t$)는 전체 구간에 대한 평균 속도이다. 반응의 첫 60.0초 동안 $[O_3]$는 *평균* 초당 3.50×10^{-7} mol/L만큼씩 감소한다.

그러나 수마일 거리를 차를 운전하거나 자전거를 탄다면 짧은 거리의 속력은 평균 속력보다 높거나 낮을 수 있다. 마찬가지로 전체 시간에 걸친 $[O_3]$ 감소는 특정 짧은 기간 동안의 반응 속도를 나타내지 못한다. 이러한 반응 속도의 *변화*는 두 짧은 구간의 평균 속도를 구해보면 명확히 알 수 있다. 0.0초와 10.0초 사이의 첫 10.0초 동안 평균 속도는 다음과 같다(그림 16.5, 선 **b**).

$$\text{속도} = -\frac{\Delta[O_3]}{\Delta t} = -\frac{(2.42\times10^{-5}\ \text{mol/L}) - (3.20\times10^{-5}\ \text{mol/L})}{10.0\ \text{s} - 0.0\ \text{s}} = 7.80\times10^{-7}\ \text{mol/L}\cdot\text{s}$$

50.0초와 60.0초 사이의 마지막 10.0초 구간의 평균 속도는 다음과 같다(그림 16.5, 선 **c**).

$$\text{속도} = -\frac{\Delta[O_3]}{\Delta t} = -\frac{(1.10\times10^{-5}\ \text{mol/L}) - (1.23\times10^{-5}\ \text{mol/L})}{60.0\ \text{s} - 50.0\ \text{s}} = 1.30\times10^{-7}\ \text{mol/L}\cdot\text{s}$$

첫 10.0초 구간의 반응 속도가 마지막 10.0초 구간의 반응 속도보다 6배 빠르다.

2. *순간 속도*. 시간 구간을 점점 더 짧게 하면 반응 중의 특정 순간에서의 속도인 **순간 속도**(instantaneous rate)에 접근한다. *곡선 상 한 점의 접선의 기울기가 그 순간의 순간 속도이다*. 예를 들어 35.0초에서의 반응 속도는 곡선 상의 t = 35.0 s인 점에서의 접선의 기울기인 2.50×10^{-7} mol/L·s이다(그림 16.5, 선 **d**). 일반적으로 *반응 속도는 순간 반응 속도를* 말한다.

3. *초기* 속도. 반응물들이 혼합된 순간(즉, $t = 0$)의 순간 속도를 **초기 속도**(initial rate)라고 한다. 복잡한 상황을 피하기 위해 초기 속도를 사용한다. *정반응*(반응물들 ⟶ 생성물들)이 진행되면 생성물의 양이 증가하면서 *역반응*(반응물들 ⟵ 생성물들)이 더 빠르게 일어나게 된다. 전체(알짜) 반응 속도를 구하려면 정반응과 역반응의 차이를 계산해야 한다. 그렇지만 $t = 0$에서는 생성물이 거의 없으므로 역반응 속도는 무시할 만하다. $t = 0$에서 곡선의 접선의 기울기로부터 초기 속도를 구한다(그림 16.5, 선 **e**). $t = 0$에서 반응물의 농도가 최대이므로 초기 속도는 반응 중의 어느 순간의 순간 속도보다 더 빠르다. 보통 초기 속도를 써서 다른 속도론적 인자들을 구한다.

반응물과 생성물의 농도로 반응 속도 표기

지금까지 C_2H_4와 O_3의 반응에 대해 반응 속도를 *감소하는* 양인 $[O_3]$로 나타내었는데, 같은 방법으로 반응 속도를 $[C_2H_4]$로 나타낼 수 있다. 그렇지만 생성물들의 농도는 *증가하므로* 생성물로 나타낸 반응 속도는 정확히 그 반대가 된다. 균형 반응식으로부터 C_2H_4와 O_3가 한 분자씩 사라질 때마다 C_2H_4O와 O_2가 한 분자씩 생기는 것을 알 수 있다. 따라서 다음과 같이 네 가지 물질에 대해 반응 속도를 나타낼 수 있다.

$$\text{속도} = -\frac{\Delta[C_2H_4]}{\Delta t} = -\frac{\Delta[O_3]}{\Delta t} = \frac{\Delta[C_2H_4O]}{\Delta t} = \frac{\Delta[O_2]}{\Delta t}$$

그림 16.6A에 반응물 중 하나(C_2H_4)와 생성물 중 하나(O_2)의 농도 변화를 함께 도시하였다. 두 곡선은 같은 모양이지만 서로 뒤집혀 있는데, 그 이유는 *이 반응에서는* 반응물/생성물의 몰비가 1/1이므로 반응물이 사라지는 속도와 똑같은 속도로 생성물이 생기기 때문이다. 예를 들어 시간 t에서 $[C_2H_4] = 0.80$ mol/L이면 감소한 반응물의 농도는 1.0 mol/L − 0.80 mol/L = 0.20 mol/L이다. 같은 시간 동안 0.20 mol/L의 O_2가 생성되었다.

그러나 많은 다른 반응에서는 반응물이 사라지는 속도와 생성물이 생성되는 속도는 다르다. 수소와 아이오딘이 반응하여 아이오딘화 수소를 생성하는 다음 반응을 살펴보자.

$$H_2(g) + I_2(g) \longrightarrow 2HI(g)$$

균형 반응식의 양론 계수로부터 H_2 한 분자가 사라질 때마다 I_2 한 분자가 사라지면서 HI 두 분자가 생성됨(H_2/HI 몰비는 1/2)을 알 수 있다. 그림 16.6B에서 볼 수 있듯이 시간 t에서 $[H_2] = 0.80$ mol/L이므로 이 반응물은 1.0 mol/L − 0.80 mol/L = 0.20 mol/L만큼 감소하였다. 같은 시간 동안에 HI는 H_2의 두 배인 0.40 mol/L가 생성되었다. 달리 말

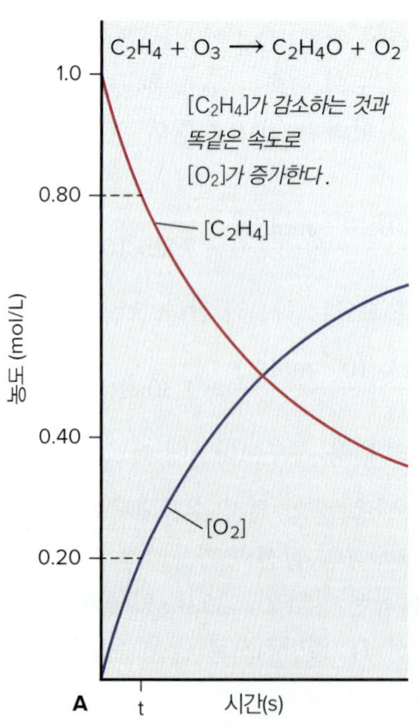

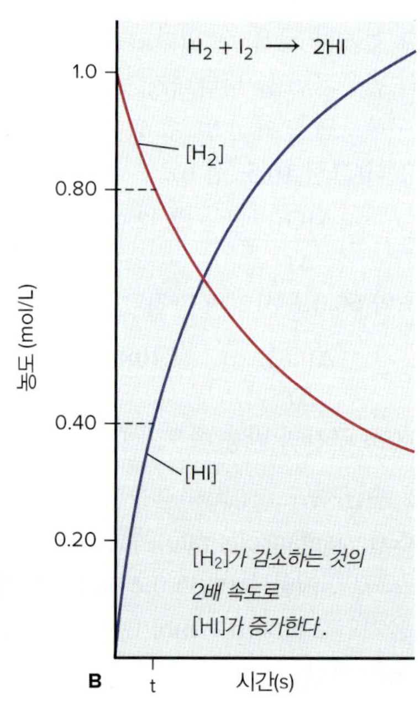

그림 16.6 시간 대 [반응물]과 [생성물] 도시. **A.** C_2H_4와 O_2. **B.** H_2와 HI.

하면 $[H_2]$의 감소 속도는 $[I_2]$의 감소 속도와 같고, 이 두 속도는 [HI] 증가 속도의 절반이다. 따라서 [HI] 곡선은 $[H_2]$ 곡선이 낮아지는 것보다 두 배 빠르게 높아짐을 알 수 있다. $[I_2]$와 [HI]의 변화를 $[H_2]$의 변화로 나타내면 다음과 같다.

$$\text{속도} = -\frac{\Delta[H_2]}{\Delta t} = -\frac{\Delta[I_2]}{\Delta t} = \frac{1}{2}\frac{\Delta[HI]}{\Delta t}$$

또한 $[I_2]$와 $[H_2]$의 변화를 [HI]의 변화로 나타내면 다음과 같다.

$$\text{속도} = \frac{\Delta[HI]}{\Delta t} = -2\frac{\Delta[H_2]}{\Delta t} = -2\frac{\Delta[I_2]}{\Delta t}$$

이 식의 반응 속도는 앞 식의 반응 속도의 2배이다. 따라서 *반응 속도의 표기와 그 수치 값은 기준 물질이 무엇이냐에 따라 달라진다.*

다음 반응에 대해

$$aA + bB \longrightarrow cC + dD$$

이 결과들을 요약하면 다음과 같다. 여기서 *a, b, c, d*는 균형 반응식의 계수들이다.

$$\text{속도} = -\frac{1}{a}\frac{\Delta[A]}{\Delta t} = -\frac{1}{b}\frac{\Delta[B]}{\Delta t} = \frac{1}{c}\frac{\Delta[C]}{\Delta t} = \frac{1}{d}\frac{\Delta[D]}{\Delta t} \qquad \textbf{(16.2)}$$

예제 16.1 시간에 따른 농도 변화로 반응 속도 표기

문제 수소 기체가 연소되면 무공해 생성물(수증기)이 생긴다. 이 기체는 우주 왕복선과 시제품 엔진(연료 전지)을 장착한 자동차의 연료로 쓰인다.

$$2H_2(g) + O_2(g) \longrightarrow 2H_2O(g)$$

(a) 반응 속도를 시간에 따른 $[H_2]$, $[O_2]$, $[H_2O]$의 변화로 나타내어라.
(b) $[O_2]$가 0.23 mol/L·s로 감소할 때 $[H_2O]$의 증가 속도는 얼마인가?

계획 (a) 반응식의 세 물질 중 O_2의 계수가 1이므로 O_2를 기준 물질로 택하자. O_2 한 분자가 사라질 때마다 H_2 두 분자가 사라진다. 따라서 $[O_2]$의 감소 속도는 $[H_2]$ 감소 속도의 절반이다. 같은 논리로 $[O_2]$의 감소 속도는 $[H_2O]$ 증가 속도의 절반이다.
(b) $[O_2]$가 감소하므로 농도 변화는 (−) 값을 갖는다. 주어진 속도의 음의 값(−0.23 mol/L·s)을 식에 대입하여 $\Delta[H_2O]/\Delta t$를 구한다.

풀이 (a) 각 농도 항으로 반응 속도를 표기하면 다음과 같다.

$$\text{속도} = -\frac{\Delta[O_2]}{\Delta t} = -\frac{1}{2}\frac{\Delta[H_2]}{\Delta t} = \frac{1}{2}\frac{\Delta[H_2O]}{\Delta t}$$

(b) 다음과 같이 $[H_2O]$의 변화 속도를 구한다.

$$\frac{1}{2}\frac{\Delta[H_2O]}{\Delta t} = -\frac{\Delta[O_2]}{\Delta t} = -(-0.23\ \text{mol/L·s})$$

$$\frac{\Delta[H_2O]}{\Delta t} = 2\,(0.23\ \text{mol/L·s}) = 0.46\ \text{mol/L·s}$$

검산 (a) 좋은 검산 방법은 속도 식으로부터 균형 반응식을 구하는 것이다. 즉, $[H_2]$가 $[O_2]$보다 2배 빠르게 변하므로 H_2 두 분자가 O_2 한 분자와 반응한다. $[H_2O]$가 $[O_2]$보다 2배 빠르게 변하므로 O_2 한 분자에서 H_2O 두 분자가 생성된다. 따라서 $2H_2 + O_2 \longrightarrow 2H_2O$이다. $[H_2]$와 $[O_2]$ 값이 감소하므로 (−) 값을 가지며 $[H_2O]$는 증가하므로 (+) 값을 갖는다. 다른 검산 방법은 A = H_2, $a = 2$, B = O_2, $b = 1$, C = H_2O, $c = 2$로 놓고 식 (16.2)를 이용하는 것이다.

$$\text{속도} = -\frac{1}{a}\frac{\Delta[A]}{\Delta t} = -\frac{1}{b}\frac{\Delta[B]}{\Delta t} = \frac{1}{c}\frac{\Delta[C]}{\Delta t}$$

또는

$$\text{속도} = -\frac{1}{2}\frac{\Delta[H_2]}{\Delta t} = -\frac{\Delta[O_2]}{\Delta t} = \frac{1}{2}\frac{\Delta[H_2O]}{\Delta t}$$

(b) 속도 식을 보면 $[H_2O]$의 증가 속도 값이 $[O_2]$의 감소 속도의 2배가 됨을 알 수 있다.

해설 이러한 유형의 문제들은 분자 수준에서 생각하는 것이 가장 좋은 방법이지만 답을 확인할 때에는 식 (16.2)를 이용하라.

▶ **보충 문제**

16.1A **(a)** 다음 반응식의 균형을 맞추고 각 물질에 대해 시간에 따른 농도 변화로 반응 속도를 나타내어라.

$$NO(g) + O_2(g) \longrightarrow N_2O_3(g)$$

(b) [NO]가 1.60×10^{-4} mol/L·s로 감소할 때 $[O_2]$가 감소하는 속도는 얼마인가?

16.1B 어떤 반응에 대해 각 물질의 시간에 따른 농도 변화로 반응 속도를 나타내면 다음과 같다.

$$\text{속도} = -\frac{1}{4}\frac{\Delta[NH_3]}{\Delta t} = -\frac{1}{5}\frac{\Delta[O_2]}{\Delta t} = \frac{1}{4}\frac{\Delta[NO]}{\Delta t} = \frac{1}{6}\frac{\Delta[H_2O]}{\Delta t}$$

(a) 이 기체상 반응의 균형 반응식을 써라.

(b) $[H_2O]$가 2.52×10^{-2} mol/L·s로 감소할 때 $[O_2]$가 감소하는 속도는 얼마인가?

유사 문제 16.14~16.19

〉16.2절 요약

- 평균 반응 속도는 시간 Δt 동안의 반응물(또는 생성물)의 농도 변화이다. 반응이 진행됨에 따라 반응물이 소모되므로 반응 속도는 느려진다.
- 시간 t에서의 순간 속도는 시간 대 농도를 도시한 곡선의 접선의 기울기이다.
- 초기 속도는 반응물이 혼합된 직후 생성물이 축적되기 전 t = 0에서의 순간 속도이다.
- 반응 속도 식의 표기와 그 수치 값은 어떤 반응 물질을 기준으로 선택하느냐에 따라 달라진다.

16.3 속도 법칙과 구성 요소

어떤 반응에 대한 반응 속도 연구의 핵심은 반응 속도를 시간과 농도의 함수로 나타낸 **속도 법칙**(rate law)[또는 **속도 식**(rate equation)]이다. 속도 법칙은 실험으로부터 얻기 때문에 분자 수준에서 반응이 어떻게 일어나느냐를 설명하는 모든 가설들은 이 속도 법칙과 합치되어야 한다.

이것을 설명하기 위해 생성물이 속도 법칙에 들어가지 않아서 반응 속도가 오직 *반응물 농도와 온도*에만 의존하는 반응을 생각해 보자. 일정한 온도에서 일어나는 일반적인 다음 반응

$$aA + bB + \cdots \longrightarrow cC + dD + \cdots$$

에서 속도 법칙은 다음과 같다.

$$\text{속도} = k[A]^m[B]^n \ldots \qquad \textbf{(16.3)}$$

k 항은 **속도 상수**(rate constant)라고 부르는 비례 상수로 특정 온도에서 일어나는 특정 반응에 대해 고유한 값을 가지며, 반응이 진행해도 변하지 *않는다*. (16.5절에서 배우게 되겠지만 k는 온도에 따라 변한다.) 구성 요소 m과 n을 **반응 차수**(reaction order)라고 하며, 반응 속도가 농도에 따라 어떻게 달라지는지를 결정한다. 잠시 후 이들을 구하는 방법을 학습할 것이다. 기억해야 할 두 가지 요점은 다음과 같다.

- *균형 맞춘 반응식의 계수 a와 b는 반응 차수 m과 n과 반드시 연관된 것은* ***아니다***.
- *속도 법칙의 구성 요소들, 즉 반응 속도, 반응 차수, 속도 상수는 실험을 통해서만 얻을 수 있다.*

이 절에서는 농도를 측정하여 *초기* 속도를 구하여 속도 법칙의 구성 요소들을 결정하며, 초기 속도를 사용하여 *반응 차수*를 구하고, 이 값들을 이용하여 속도 *상수*를 구한다.

반응에 대한 속도 법칙을 이용하면 임의의 초기 농도에서의 반응 속도를 예측할 수 있다.

초기 속도를 구하는 몇 가지 실험 방법

시간 대 농도 그래프로부터 초기 속도를 구하기 때문에 반응이 진행함에 따라 농도를 빠르고 정확하게 측정하는 방법이 필요하다. 흔히 사용하는 세 가지 방법을 살펴보자.

1. *분광광도법*(spectrometric method)에서는 특정 파장의 빛을 흡수(또는 방출)하는 성분의 농도를 측정한다. 예를 들어 NO와 O_3의 반응에서 NO_2만 색깔을 띤다(NO_2가 가시광선을 흡수함을 암시).

$$NO(g, \text{무색}) + O_3(g, \text{무색}) \longrightarrow O_2(g, \text{무색}) + NO_2(g, \text{갈색})$$

분광기(7.2절 끝에 있는 실험 기법 참조) 안에 장착된 관에 일정량의 반응물들을 넣고 색깔의 파장과 세기를 측정한다. NO_2의 생성 속도는 시간에 따른 색깔의 세기 증가에 비례한다.

2. *전도도 측정법*(conductometric method)에서는 비이온성 반응물이 이온 생성물을 생성하거나 그 반대인 경우, 반응 용액의 전기 전도도 변화를 이용한다. 2-bromo-2-methylpropane과 같은 할로알케인과 물의 반응을 생각해 보자.

$$(CH_3)_3C{-}Br(l) + H_2O(l) \longrightarrow (CH_3)_3C{-}OH(l) + H^+(aq) + Br^-(aq)$$

생성되는 HBr은 강산이므로 물에서 완전히 해리한다. 시간이 흐름에 따라 이온이 더 많이 생성되고 따라서 반응 혼합물의 전도도가 증가한다.

3. *압력 측정법*(manometric method)에서는 부피와 온도가 일정한 반응 용기에 부착된 압력계를 사용한다. 압력계를 써서 기체의 몰수가 변하는 반응에 따른 반응 용기 내의 압력 변화를 측정한다. 과산화 수소의 분해 반응을 생각해 보자.

$$2H_2O_2(aq) \longrightarrow 2H_2O(l) + O_2(g)$$

반응 속도는 생성되는 O_2의 압력 증가에 정비례한다.

반응 차수 결정

초기 속도를 얻으면 반응 차수를 구할 수 있다. 반응 차수가 무엇이며, 반응물의 농도를 변화시켜 어떻게 반응 차수를 결정하는지 알아보자.

일차, 이차 및 영차 모든 반응은 각 반응물에 대한 *개별적인* 차수와 각 차수를 더한 값인 총 차수를 갖는다.

우선 반응물이 A 하나뿐인 가장 단순한 경우를 알아보자.

$$A \longrightarrow \text{생성물}$$

- *일차*. [A]가 2배가 될 때 반응 속도가 2배가 되면 반응 속도는 [A]의 1승, 즉 $[A]^1$에 비례한다(보통 위첨자 1은 생략). 따라서 이 반응은 A에 대해 *일차*(first-order)이며 총 차수도 *일차*이다.

$$\text{속도} = k[A]^1 = k[A]$$

- *이차*. [A]가 2배가 될 때 반응 속도가 4배가 되면 반응 속도는 [A]의 제곱, 즉 $[A]^2$에 비례한다. 이 경우 반응은 A에 대해 *이차*(second-order)이며 총 차수도 *이차*이다.

$$\text{속도} = k[A]^2$$

- *영차*. [A]를 2배로 해도 반응 속도가 변하지 않으면 반응 속도는 [A]에 따라 변하지 않는다. 그러나 수학적으로 이 경우 [A]의 0승 즉, $[A]^0$에 비례한다고 한다. 이 반응은 A에 대해 *영차*(zero-order)이며 총 차수도 *영차*이다.

$$\text{속도} = k[A]^0 = k(1) = k$$

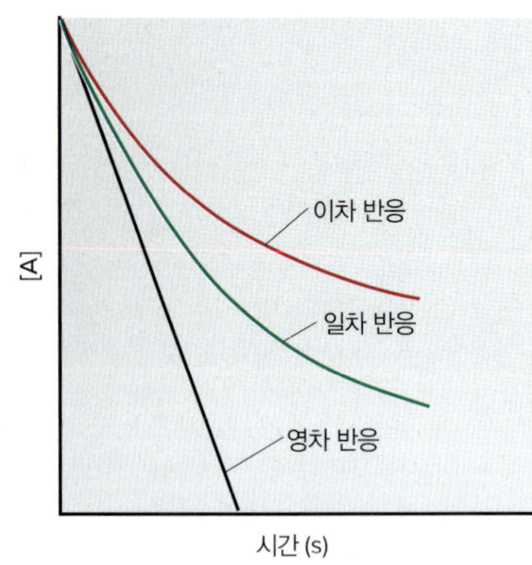

그림 16.7 일차, 이차, 및 영차 반응에 대한 시간 대 반응물 농도 [A] 도시.

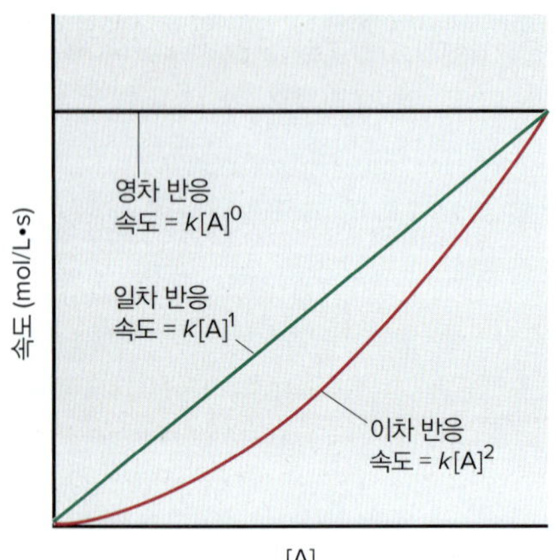

그림 16.8 일차, 이차, 및 영차 반응에 대한 반응물 농도 [A] 대 반응 속도 도시.

그림 16.7에 일차, 이차 및 영차 반응에 대해 시간 대 [A]를 도시하였다. (모든 경우에 대해 k 값은 같다고 가정하였다.) 이 그림에서 다음을 알 수 있다.

- 영차 반응에서는 시간에 따른 [A]의 감소가 변하지 않는다. 즉, 반응 속도는 일정하다.
- 일차 반응에서는 시간에 따른 감소가 느려진다.
- 이차 반응에서는 감소가 더 느려진다.

이 결과들을 그림 16.8에 각 반응 차수에 대해 [A] 대 반응 속도로 도시하였다. 이 그림에서 다음을 알 수 있다.

- 영차 반응에서는 [A]의 값과 상관없이 반응 속도가 변하지 않으므로 그래프는 수평선이다.
- 일차 반응에서는 반응 속도가 [A]에 비례하므로 그래프는 상향 *직선*이다.
- 이차 반응에서는 반응 속도가 [A]에 대해 지수적으로 증가하므로 그래프는 상향 *곡선*이다.

몇 가지 속도 법칙의 예와 그 반응 차수를 살펴보자.

1. 일산화 질소와 오존의 반응

$$NO(g) + O_3(g) \longrightarrow NO_2(g) + O_2(g)$$

에 대한 속도 법칙은 다음과 같다.

$$속도 = k[NO][O_3]$$

이 반응은 NO에 대해 일차, O_3에 대해 일차이며, 따라서 총 차수는 이차(1 + 1 = 2)이다.

2. 2-bromo-2-methylpropane의 가수분해 반응

$$(CH_3)_3C{-}Br(l) + H_2O(l) \longrightarrow (CH_3)_3C{-}OH(l) + H^+(aq) + Br^-(aq)$$

에 대한 속도 법칙은 다음과 같다.

$$속도 = k[(CH_3)_3CBr]$$

이 반응은 2-bromo-2-methylpropane에 대해 일차이며, *균형 반응식에 H_2O의 계수가 1이지만* H_2O에 대해서는 영차이다. 물이 반응물임을 나타내고 싶으면 다음과 같이 표기한다.

$$속도 = k[(CH_3)_3CBr][H_2O]^0$$

이것은 전체적으로 일차 반응(1 + 0 = 1)이다.

3. 마지막으로 NO와 수소 기체 간의 반응

$$2NO(g) + 2H_2(g) \longrightarrow N_2(g) + 2H_2O(g)$$

에 대한 속도 법칙은 다음과 같다.

$$속도 = k[NO]^2[H_2]$$

이 반응은 NO에 대해 이차이다. *균형 반응식에서 H_2의 계수가 2이지만* 이 반응은 H_2에 대해 *일차*이다. 총 차수는 삼차(2 + 1 = 3)이다.

이 예들을 통해서 중요한 점을 반복하여 강조한다. *반응 차수는 균형 반응식으로부터는 알아낼 수* ***없으며***, *실험 자료로부터 결정할 수* ***있다***.

특정 반응물에 대한 반응 차수가 클수록 그 반응물의 농도가 반응 속도에 미치는 영향이 더 크다. 한 예로 위에서 다룬 세 번째 반응에서 [NO]와 [H_2]를 2배로 한 결과를 살펴보자.

$$속도 = k[NO]^2[H_2] = k(2)^2(2) = k \times 4 \times 2 = k \times 8 \quad 또는 \quad 8k$$

[NO]의 변화가 제곱이 되므로 [NO]를 2배로 하면 반응 속도는 4배 증가하는 반면 [H_2]를 2배로 하면 반응 속도는 단지 2배 증가한다. 따라서 두 농도 변화의 알짜 효과는 반응 속도의 8배 증가이다.

다른 반응 차수 대부분의 경우 반응 차수가 양의 정수나 영이지만 반응 차수가 분수나 음수가 될 수도 있다.

1. 다음 반응

$$CHCl_3(g) + Cl_2(g) \longrightarrow CCl_4(g) + HCl(g)$$

에 대한 속도 법칙

$$속도 = k[CHCl_3][Cl_2]^{1/2}$$

에 분수가 들어 있다. 이 *분수 반응 차수*는, 예를 들어 $[Cl_2]$가 4배 증가하면 반응 속도가 $[Cl_2]$ 변화의 제곱근, 즉 $(4)^{1/2} = 2$배 증가함을 뜻한다. 이 반응의 총 차수는 $1 + \frac{1}{2} = \frac{3}{2}$이다.

2. *음수(−) 반응 차수*는 성분의 농도가 증가하면 반응 속도가 감소함의 뜻한다. 음수 차수는 속도 법칙에 생성물이 포함되어 있을 때 종종 나타난다. 예를 들어 대기 중의 반응

$$2O_3(g) \rightleftharpoons 3O_2(g)$$

에 대한 속도 법칙은 다음과 같다.

$$속도 = k[O_3]^2[O_2]^{-1} = k\frac{[O_3]^2}{[O_2]}$$

$[O_2]$가 2배로 되면 반응은 절반의 속도로 진행된다. 이 반응은 O_3에 대해 이차, O_2에 대해 (−)일차 반응이므로 총 차수는 $[2 + (-1) = 1]$이다.

예제 16.2 | 속도 법칙으로부터 반응 차수 구하기

문제 다음 각 반응에 대해 주어진 속도 법칙을 이용하여 각 반응물에 대한 반응 차수와 총 차수를 구하라. 또 (a) 반응에 대해 [NO]를 3배, $[O_2]$를 2배로 했을 때 반응 속도가 몇 배 증가하는지 결정하라.

(a) $2NO(g) + O_2(g) \longrightarrow 2NO_2(g)$, $속도 = k[NO]^2[O_2]$

(b) $CH_3CHO(g) \longrightarrow CH_4(g) + CO(g)$, $속도 = k[CH_3CHO]^{3/2}$

(c) $H_2O_2(aq) + 3I^-(aq) + 2H^+(aq) \longrightarrow I_3^-(aq) + 2H_2O(l)$, $속도 = k[H_2O_2][I^-]$

계획 균형 반응식의 계수가 *아니라* 속도 법칙의 각 지수를 살펴 각 차수를 구하고 이것들을 더하여 반응의 총 차수를 구한다. (a) 반응의 속도 변화를 구하기 위해서는 속도 법칙의 [NO]에 3을 넣고(농도가 3배로 되었으므로), $[O_2]$에 2를 넣고(농도가 2배로 되었으므로) 반응 속도를 구한다.

풀이 **(a)** [NO]의 지수가 2이므로 이 반응은 NO에 대해 이차이고, O_2에 대해 일차, 총 차수는 삼차이다.

반응 속도 변화 결정:

$$속도 = k[NO]^2[O_2] = k(3)^2(2) = k \times 18 = 18k$$

반응 속도는 18배 증가한다.

(b) 이 반응은 CH_3CHO에 대해 $\frac{3}{2}$차이며, 총 차수는 $\frac{3}{2}$차이다.

(c) 이 반응은 H_2O_2에 대해 일차, I^-에 대해 일차, 총 차수는 이차이다.

반응물 H^+는 속도 법칙에 나타나지 않으므로 이 반응은 H^+에 대해 영차이다.

검산 각 반응물마다 반응 차수가 있고 이를 더하여 총 차수가 됨을 확인하라. (a)의 속도 변화를 구할 때 NO에 대해 이차이므로 농도가 3배가 됨을 나타내는 3에 제곱이 됨에 유의하라.

▸ 보충 문제

16.2A 실험에 의하면 다음 반응

$$6I^-(aq) + BrO_3^-(aq) + 6H^+(aq) \longrightarrow 3I_2(aq) + Br^-(aq) + 3H_2O(l)$$

은 다음 속도 법칙을 따른다. $속도 = k[I^-][BrO_3^-][H^+]^2$. **(a)** 각 반응물에 대한 반응 차수와 총 차수는? **(b)** $[I^-]$와 $[BrO_3^-]$를 3배로 하고 $[H^+]$를 2배로 하면 반응 속도를 몇 배가 될까?

16.2B 다음 반응에 대한 속도 법칙은 $속도 = k[ClO_2]^2[OH^-]$이다.

$$2ClO_2(aq) + 2OH^-(aq) \longrightarrow ClO_3^-(aq) + ClO_2^-(aq) + H_2O(l)$$

(a) 각 반응물에 대한 반응 차수와 총 차수는 얼마인가? **(b)** $[ClO_2]$를 절반으로 하고 $[OH^-]$를 2배로 하면 반응 속도는 몇 배가 될까?

유사 문제 16.26~16.33

반응물 농도를 변화시켜 반응 차수 구하기 속도 법칙을 *모를 때* 반응 차수를 구하는 방법을 알아보자. 실제 반응을 살펴보기 전에 물질 A와 B의 다음 반응을 고려해 보자.

$$\mathrm{A} + 2\mathrm{B} \longrightarrow \mathrm{C} + \mathrm{D}$$

일반적인 항으로 나타낸 속도 법칙은 다음과 같다.

$$\text{속도} = k[\mathrm{A}]^m[\mathrm{B}]^n$$

m과 n 값을 구하기 위해, *한 반응물의 농도를 일정하게 유지하면서 다른 반응물의 농도를 변화시켜 각 경우의 초기 속도에 대한 영향을 측정한다*. 표 16.1이 그 결과이다.

표 16.1 | A와 B 반응의 초기 속도

실험	초기 속도 (mol/L·s)	초기 [A] (mol/L)	초기 [B] (mol/L)
1	1.75×10^{-3}	2.50×10^{-2}	3.00×10^{-2}
2	3.50×10^{-3}	5.00×10^{-2}	3.00×10^{-2}
3	3.50×10^{-3}	2.50×10^{-2}	6.00×10^{-2}
4	7.00×10^{-3}	5.00×10^{-2}	6.00×10^{-2}

1. *A에 대한 반응 차수 m 구하기.* [B]를 일정하게 하고 [A]를 2배로 한 실험 1과 2를 비교하면 m을 구할 수 있다. 우선 다음과 같이 두 실험에 대한 일반적 속도 법칙의 비를 구한다.

$$\frac{\text{속도 2}}{\text{속도 1}} = \frac{k[\mathrm{A}]_2^m[\mathrm{B}]_2^n}{k[\mathrm{A}]_1^m[\mathrm{B}]_1^n}$$

여기서 $[\mathrm{A}]_2$는 실험 2에서의 A의 농도이며, $[\mathrm{B}]_1$은 실험 1에서의 B의 농도이다. k가 상수이고 두 실험에서 [B]가 변하지 않으므로 다음과 같이 이 두 양은 서로 상쇄된다.

$$\frac{\text{속도 2}}{\text{속도 1}} = \frac{\cancel{k}[\mathrm{A}]_2^m\cancel{[\mathrm{B}]_2^n}}{\cancel{k}[\mathrm{A}]_1^m\cancel{[\mathrm{B}]_1^n}} = \frac{[\mathrm{A}]_2^m}{[\mathrm{A}]_1^m} = \left(\frac{[\mathrm{A}]_2}{[\mathrm{A}]_1}\right)^m$$

표 16.1의 값을 대입하면

$$\frac{3.50\times10^{-3}\ \mathrm{mol/L\cdot s}}{1.75\times10^{-3}\ \mathrm{mol/L\cdot s}} = \left(\frac{5.00\times10^{-2}\ \mathrm{mol/L}}{2.50\times10^{-2}\ \mathrm{mol/L}}\right)^m$$

이고 나누면 다음을 얻는다.

$$2.00 = (2.00)^m\text{이므로, } m = 1$$

따라서 이 반응은 A에 대해 일차이며, [A]를 2배로 하면 반응 속도가 2배가 된다.

2. *B에 대한 반응 차수 n 구하기.* [A]를 일정하게 하고 [B]를 2배로 한 실험 3과 1을 비교하여 n을 구한다.

$$\frac{\text{속도 3}}{\text{속도 1}} = \frac{k[\mathrm{A}]_3^m[\mathrm{B}]_3^n}{k[\mathrm{A}]_1^m[\mathrm{B}]_1^n}$$

전과 같이 k가 상수이고 이 두 실험에서 [A]가 변하지 않으므로 두 양은 서로 상쇄되어 다음을 얻는다.

$$\frac{\text{속도 3}}{\text{속도 1}} = \frac{\cancel{k}\cancel{[\mathrm{A}]_3^m}[\mathrm{B}]_3^n}{\cancel{k}\cancel{[\mathrm{A}]_1^m}[\mathrm{B}]_1^n} = \frac{[\mathrm{B}]_3^n}{[\mathrm{B}]_1^n} = \left(\frac{[\mathrm{B}]_3}{[\mathrm{B}]_1}\right)^n$$

실제 값을 대입하면

$$\frac{3.50\times10^{-3}\ \mathrm{mol/L\cdot s}}{1.75\times10^{-3}\ \mathrm{mol/L\cdot s}} = \left(\frac{6.00\times10^{-2}\ \mathrm{mol/L}}{3.00\times10^{-2}\ \mathrm{mol/L}}\right)^n$$

이고 나누면 다음을 얻는다.

$$2.00 = (2.00)^n\text{이므로, } n = 1$$

따라서 이 반응은 B에 대해서도 일차이며 [B]를 2배로 하면 반응 속도도 2배가 된다. 실험 1과 4에서 이 결론을 검증할 수 있다. [A]와 [B] 모두를 2배로 하면 반응 속도는 4배가

되어야 하는데, 표를 보면 실제로 그렇다. 따라서 m과 n이 1이므로 속도 법칙은

$$속도 = k[A][B]$$

이다. B에 대한 반응 차수가 1인 데 반해 균형 반응식의 B의 계수가 2임에 특히 유의하라. 앞에서 언급한 대로 *반응 차수는* 균형 반응식이 아니라 *실험에서 구해야 한다*.

이어서 산성비 형성과 질산의 상업적 생산 과정의 주요 단계인 산소와 일산화 질소 간의 실제 반응에 대해 앞의 과정을 적용해 보자.

$$O_2(g) + 2NO(g) \longrightarrow 2NO_2(g)$$

일반적인 속도 법칙은 다음과 같다.

$$속도 = k[O_2]^m[NO]^n$$

표 16.2는 다른 반응물의 농도를 일정하게 유지하면서 한 반응물의 농도를 변화시킨 실험 결과이다.

표 16.2 | O_2와 NO 반응의 초기 속도

실험	초기 속도 (mol/L·s)	초기 반응물 농도(mol/L) $[O_2]$	[NO]
1	3.21×10^{-3}	1.10×10^{-2}	1.30×10^{-2}
2	6.40×10^{-3}	2.20×10^{-2}	1.30×10^{-2}
3	12.8×10^{-3}	1.10×10^{-2}	2.60×10^{-2}
4	9.60×10^{-3}	3.30×10^{-2}	1.30×10^{-2}
5	28.8×10^{-3}	1.10×10^{-2}	3.90×10^{-2}

1. *O_2에 대한 반응 차수 m 구하기.* $[O_2]$를 2배로 하고 [NO]를 일정하게 한 실험 1과 2를 비교하면 $[O_2]$를 2배로 했을 때 반응 속도에 미치는 영향을 알 수 있다. 우선 다음과 같이 두 속도 법칙의 비를 구한다.

$$\frac{속도\ 2}{속도\ 1} = \frac{k[O_2]_2^m\ [NO]_2^n}{k[O_2]_1^m\ [NO]_1^n}$$

앞의 경우에서 보았듯이 일정한 양인 k와 [NO]는 상쇄된다.

$$\frac{속도\ 2}{속도\ 1} = \frac{k\,[O_2]_2^m\ [NO]_2^n}{k\,[O_2]_1^m\ [NO]_1^n} = \frac{[O_2]_2^m}{[O_2]_1^m} = \left(\frac{[O_2]_2}{[O_2]_1}\right)^m$$

표 16.2의 수치를 대입하여 다음을 얻는다.

$$\frac{6.40\times10^{-3}\ \text{mol/L·s}}{3.21\times10^{-3}\ \text{mol/L·s}} = \left(\frac{2.20\times10^{-2}\ \text{mol/L}}{1.10\times10^{-2}\ \text{mol/L}}\right)^m$$

나누면 다음과 같이 된다.

$$1.99 = (2.00)^m$$

한 자리 유효숫자로 반올림하면

$$2 = 2^m 이므로,\ m = 1$$

이다.

종종 지수 값이 위에서처럼 쉽게 구해지지 않는 경우도 있다. 그런 경우, $a = b^m$ 형태의 식을 m에 대해 푼다. 위의 경우에 대해서는 다음과 같이 되는데

$$\log a = m \log b \quad 또는 \quad m = \frac{\log a}{\log b} = \frac{\log 1.99}{\log 2.00} = 0.993$$

반올림하면 1이 된다. 따라서 이 반응은 O_2에 대해 일차이다. 즉, $[O_2]$를 2배로 하면 반응 속도도 2배가 된다.

2. *NO에 대한 반응 차수 n 구하기.* $[O_2]$를 일정하게 하고 [NO]를 2배로 한 실험 3과 1을 비교하여 NO의 반응 차수를 구한다.

$$\frac{속도\ 3}{속도\ 1} = \frac{k[O_2]_3^m\ [NO]_3^n}{k[O_2]_1^m\ [NO]_1^n}$$

상수 k와 변하지 않는 $[O_2]$를 상쇄시키면 다음 식이 나온다.

$$\frac{\text{속도 3}}{\text{속도 1}} = \frac{k\,[O_2]_3^m\,[NO]_3^n}{k\,[O_2]_1^m\,[NO]_1^n} = \frac{[NO]_3^n}{[NO]_1^n} = \left(\frac{[NO]_3}{[NO]_1}\right)^n$$

실제 수치를 대입하면

$$\frac{12.8\times10^{-3}\ \text{mol/L·s}}{3.21\times10^{-3}\ \text{mol/L·s}} = \left(\frac{2.60\times10^{-2}\ \text{mol/L}}{1.30\times10^{-2}\ \text{mol/L}}\right)^n$$

이 되며, 나누면

$$3.99 = (2.00)^n$$

을 얻고, n에 대해 풀면

$$n = \frac{\log 3.99}{\log 2.00} = 2.00\ (\text{또는 } 2)$$

이다. 이 반응은 NO에 대해 이차이다. 즉, [NO]를 2배로 하면 반응 속도는 4배가 된다. 따라서 실제 속도 법칙은 다음과 같다.

$$\text{속도} = k[O_2][NO]^2$$

이 반응의 경우에는 우연하게도 반응 차수와 반응식의 계수가 같다. 그러나 반응 차수는 *항상* 실험으로 구해야 한다.

인터넷 핫스팟

반응물의 농도를 변화시켜 반응 차수를 구하는 것이 어렵게 느껴진다면, eBook에 접속하여 이 주제에 대한 추가 학습 동영상을 학습에 참고하자.

속도 상수 값 구하기

O_2와 NO 반응의 속도 상수 값을 구해보자. 반응 속도, 반응물 농도 및 반응 차수를 알고 나면 속도 법칙에서 유일하게 남은 미지수는 속도 상수 k이다. 표 16.2에 있는 실험 자료 중 *아무거나* 사용하여 풀어도 k를 구할 수 있다. 예를 들어 실험 1을 이용하면 다음과 같이 된다.

$$\text{속도} = k[O_2]_1[NO]_1^2$$

$$k = \frac{\text{속도 1}}{[O_2]_1[NO]_1^2} = \frac{3.21\times10^{-3}\ \text{mol/L·s}}{(1.10\times10^{-2}\ \text{mol/L})\ (1.30\times10^{-2}\ \text{mol/L})^2}$$

$$= \frac{3.21\times10^{-3}\ \text{mol/L·s}}{1.86\times10^{-6}\ \text{mol}^3/\text{L}^3} = 1.73\times10^3\ \text{L}^2/\text{mol}^2\text{·s}$$

일련의 실험들에 대해 구한 k 값이 실험 오차 내에서 일정함을 항상 확인하라. 표 16.2에 있는 다섯 실험에 대한 k의 평균값은 세 자리 유효 숫자로 $1.72\times10^3\ \text{L}^2/\text{mol}^2\cdot\text{s}$이다.

농도를 mol/L, 반응 속도를 mol/L·s 단위로 쓰면 k의 단위는 반응 차수에 따라 달라지며, 시간의 단위를 바꾸면 당연히 달라진다. 위 반응에 대해서는 k의 단위가 $\text{L}^2/\text{mol}^2\cdot\text{s}$이어야 반응 속도의 단위가 mol/L·s가 된다.

$$\text{속도} = k[O_2][NO]^2$$

$$\frac{\text{mol}}{\text{L·s}} = \frac{\text{L}^2}{\text{mol}^2\text{·s}} \times \frac{\text{mol}}{\text{L}} \times \left(\frac{\text{mol}}{\text{L}}\right)^2$$

시간의 단위가 초일 때 총 차수가 삼차이면 속도 상수는 *항상* 이 단위를 갖는다. 표 16.3에 통상적인 정수 차수에 대한 k의 단위를 나타내었지만 단위들은 항상 수학적으로 구할 수 있다.

그림 16.9에 반응에 대한 속도론적 연구 단계를 요약하였다. 다음 두 예제를 통해 이 과정을 적용하는 연습을 해본다. 예제 중 하나는 실험 자료를 이용하는 것이고 다른 하나는 분자 모식도를 이용하는 것이다.

표 16.3 몇 가지 총 차수에 대한 속도 상수 k의 단위

총 반응 차수	k의 단위 (t는 초 단위)
0	mol/L·s (또는 mol $\text{L}^{-1}\ \text{s}^{-1}$)
1	1/s (또는 s^{-1})
2	L/mol·s (또는 L $\text{mol}^{-1}\ \text{s}^{-1}$)
3	$\text{L}^2/\text{mol}^2\cdot\text{s}$ (또는 $\text{L}^2\ \text{mol}^{-2}\ \text{s}^{-1}$)

일반식:

$$k\text{의 단위} = \frac{\left(\dfrac{\text{L}}{\text{mol}}\right)^{\text{차수}-1}}{t\text{의 단위}}$$

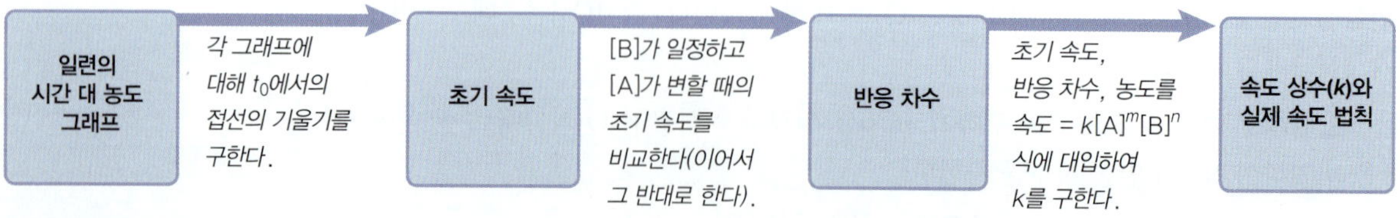

일련의 시간 대 농도 그래프 → (각 그래프에 대해 t_0에서의 접선의 기울기를 구한다.) → 초기 속도 → ([B]가 일정하고 [A]가 변할 때의 초기 속도를 비교한다(이어서 그 반대로 한다).) → 반응 차수 → (초기 속도, 반응 차수, 농도를 속도 = $k[A]^m[B]^n$ 식에 대입하여 k를 구한다.) → 속도 상수(k)와 실제 속도 법칙

그림 16.9 화학 반응의 속도론적 파라미터들을 구하는 순서.

예제 16.3 | 반응 속도 자료에서 반응 차수와 속도 상수 값 구하기

문제 자동차 엔진과 배기 계통에서는 많은 기체상 반응들이 일어난다. 다음 반응은 그 중 하나이다.

$$NO_2(g) + CO(g) \longrightarrow NO(g) + CO_2(g) \qquad 속도 = k[NO_2]^m[CO]^n$$

(a) 다음 자료를 이용하여 각 반응물에 대한 반응 차수와 총 차수를 구하라.
(b) 실험 1의 자료를 이용하여 k 값을 구하라.
(c) $[NO_2] = 0.65\ M$이고 $[CO] = 0.25\ M$일 때, **(b)**에서 구한 k 값을 써서 이 반응의 속도를 구하라.

실험	초기 속도(mol/L·s)	초기 $[NO_2]$(mol/L)	초기 [CO](mol/L)
1	0.0050	0.10	0.10
2	0.080	0.40	0.10
3	0.0050	0.10	0.20

계획 **(a)** 일반 속도 법칙을 풀어서 m과 n을 구하고 이 반응 차수들을 더하여 총 차수를 구한다. 각 구성 요소를 구하기 위해서는 본문에서 했던 것처럼 고려하는 반응물의 농도가 변하는 두 실험에 대해 속도 법칙의 비를 구한다. **(b)** 실험 1의 반응 속도 값과 반응물 농도를 속도 법칙에 대입한 후 k에 대해 푼다. **(c)** k 값과 주어진 반응물 농도를 속도 법칙에 대입하여 속도를 구한다.

풀이 **(a)** $[NO_2]^m$의 m 값 구하기: $[NO_2]$는 변하고 [CO]는 일정한 실험 1과 2의 속도 법칙의 비를 구하면,

$$\frac{속도\ 2}{속도\ 1} = \frac{k[NO_2]_2^m[CO]_2^n}{k[NO_2]_1^m[CO]_1^n} = \left(\frac{[NO_2]_2}{[NO_2]_1}\right)^m \quad 또는 \quad \frac{0.080\ \text{mol/L·s}}{0.0050\ \text{mol/L·s}} = \left(\frac{0.40\ \text{mol/L}}{0.10\ \text{mol/L}}\right)^m$$

$16 = (4.0)^m$이 된다. 따라서 $m = \log 16/\log 4.0 = 2.0$이다. 이 반응은 NO_2에 대해 이차이다.
$[CO]^n$의 n 값 구하기: [CO]는 변하지만 $[NO_2]$는 일정한 실험 1과 3의 속도 법칙의 비를 구하면,

$$\frac{속도\ 3}{속도\ 1} = \frac{k[NO_2]_3^2[CO]_3^n}{k[NO_2]_1^2[CO]_1^n} = \left(\frac{[CO]_3}{[CO]_1}\right)^n \quad 또는 \quad \frac{0.0050\ \text{mol/L·s}}{0.0050\ \text{mol/L·s}} = \left(\frac{0.20\ \text{mol/L}}{0.10\ \text{mol/L}}\right)^n$$

$1.0 = (2.0)^n$이 되므로 $n = 0$이다. [CO]가 변해도 반응 속도는 변하지 않으므로 이 반응은 CO에 대해 영차이다.
따라서 속도 법칙은

$$속도 = k[NO_2]^2[CO]^0 = k[NO_2]^2(1) = k[NO_2]^2$$

이며, 이 반응의 총 차수는 이차이다.
(b) 실험 1에서 반응 속도 = 0.0050 mol/L·s이고, $[NO_2] = 0.10$ mol/L이다. 다음과 같이 k를 구한다.

$$속도 = k[NO_2]^2$$
$$k = \frac{속도}{[NO_2]^2} = \frac{0.0050\ \text{mol/L·s}}{(0.10\ \text{mol/L})^2}$$
$$= 0.50\ \text{L/mol·s}$$

(c) 속도 상수는 0.50 L/mol·s, $[NO_2] = 0.65$ mol/L, [CO] = 0.25 mol/L를 속도 법칙에 대입한다.

$$속도 = k[NO_2]^2[CO]^0 = (0.50\ \text{L/mol·s})(0.65\ \text{mol/L})^2(0.25\ \text{mol/L})^0 = 0.21\ \text{mol/L·s}$$

검산 반응 차수를 써서 추론하는 것이 좋은 검산 방법이다. $m = 1$이면 $[NO_2]$를 4배로 했을 때 반응 속도는 4배가 될 것이다. 그러나 반응 속도가 4배 *이상* 증가했으므로 $m > 1$임을 알 수 있다. $m = 2$이면 $[NO_2]$를 4배로 했을 때 반응 속도는 $16(4^2)$배가 될 것이다. 반응 속도의 비 $0.080/0.005 = 16$이므로 $m = 2$이다. 한편, [CO]의 증가는 반응 속도에 영향을 미치지 않는데, 이는 오직 $[CO]^n = 1$, 즉 $n = 0$일 때만 가능하다. 실험 2와 3의 자료를 써서 계산으로 구한 반응 속도 값을 검증할 수 있다.

▶ **보충 문제**

16.3A 450°C에서의 다음 자료를 사용하여 $H_2 + I_2 \longrightarrow 2HI$ 반응의 속도 법칙, 각 반응 차수, 총 차수 및 k의 평균값, H_2와 I_2의 농도가 모두 0.0320 mol/L일 때의 반응 속도를 구하라..

실험	초기 속도 (mol/L·s)	초기 $[H_2]$(mol/L)	초기 $[I_2]$(mol/L)
1	1.9×10^{-23}	0.0113	0.0011
2	1.1×10^{-22}	0.0220	0.0033
3	9.3×10^{-23}	0.0550	0.0011
4	1.9×10^{-22}	0.0220	0.0056

16.3B 0°C에서 $H_2SeO_3(aq) + 6I^-(aq) + 4H^+ \longrightarrow Se(s) + 2I_3^-(aq) + 3H_2O(l)$ 반응에 대해 다음 자료를 얻었다.

실험	초기 속도 (mol/L·s)	초기 $[H_2SeO_3]$ (mol/L)	초기 $[I^-]$ (mol/L)	초기 $[H^+]$ (mol/L)
1	9.85×10^{-7}	2.5×10^{-3}	1.5×10^{-2}	1.5×10^{-2}
2	7.88×10^{-6}	2.5×10^{-3}	3.0×10^{-2}	1.5×10^{-2}
3	3.94×10^{-6}	1.0×10^{-2}	1.5×10^{-2}	1.5×10^{-2}
4	3.15×10^{-5}	2.5×10^{-3}	3.0×10^{-2}	3.0×10^{-2}

(a) 이 반응의 속도 법칙을 구하라.

(b) k 값을 구하라(실험 1의 자료 이용).

(c) **(b)**에서 구한 k를 이용하여 $[H_2SeO_3]$가 4.5×10^{-3} mol/L, $[I^-]$가 2.5×10^{-2} mol/L, $[H^+]$가 7.0×10^{-2} mol/L일 때 반응 속도를 구하라.

유사 문제 16.34, 16.35, 16.38

예제 16.4 | 분자 모식도로부터 반응 차수 구하기

문제 일정한 온도와 부피에서 두 기체 A(*빨간색*)와 B(*파란색*)가 반응한다. 다음 분자 모식도들은 네 실험의 초기 혼합물을 나타낸다.

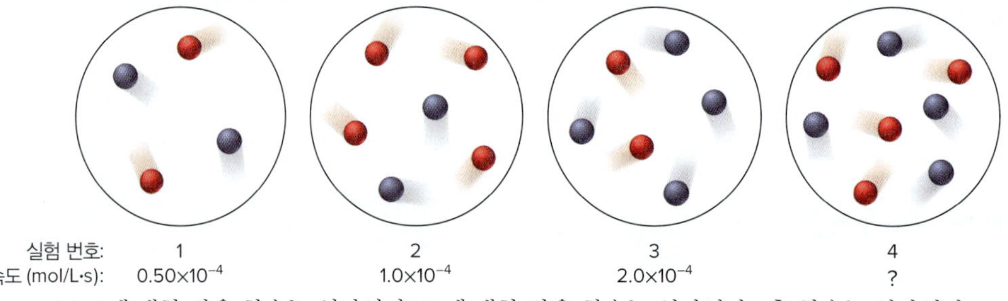

실험 번호:	1	2	3	4
초기 속도 (mol/L·s):	0.50×10^{-4}	1.0×10^{-4}	2.0×10^{-4}	?

(a) A에 대한 반응 차수는 얼마인가? B에 대한 반응 차수는 얼마인가? 총 차수는 얼마인가?

(b) 반응의 속도 법칙을 써라.

(c) 실험 4의 초기 속도를 예측하라.

계획 **(a)** 앞에서 했던 것처럼 각 반응물의 농도 변화가 반응 속도에 얼마나 영향을 미치는가를 살펴 각 반응물의 반응 차수를 알아낸다. 그러나 이 예제에서는 농도 자료를 사용하는 대신 입자들의 수를 센다. 각 차수의 합이 총 차수이다. **(b)** (a)에서 구한 차수들을 일반 속도 법칙의 지수로 사용하여 속도 법칙을 쓴다. **(c)** 실험 1부터 3까지의 결과와 (b)에서 구한 속도 법칙을 이용하여 실험 4의 초기 속도를 알아낸다.

풀이 속도 법칙은 속도 $= k[A]^m[B]^n$이다. 실험 1과 2에서 반응물 A(*빨간색*)에 대해서는 다음과 같다(k와 B 입자의 수는 일정).

$$\frac{\text{속도 2}}{\text{속도 1}} = \frac{k[A]_2^m[B]_2^n}{k[A]_1^m[B]_1^n} = \left(\frac{[A]_2}{[A]_1}\right)^m \quad \text{또는} \quad \frac{1.0\times10^{-4}\ \text{mol/L·s}}{0.50\times10^{-4}\ \text{mol/L·s}} = \left(\frac{4\text{개}}{2\text{개}}\right)^m$$

따라서 $2 = (2)^m$이므로 A에 대한 반응 차수는 1이다. 실험 1과 3에서 반응물 B(*파랑*)에 대해서는 다음과 같다. (k와 A 입자의 수는 일정하다.)

$$\frac{\text{속도 3}}{\text{속도 1}} = \frac{k[A]_3^m[B]_3^n}{k[A]_1^m[B]_1^n} = \left(\frac{[B]_3}{[B]_1}\right)^n \quad \text{또는} \quad \frac{2.0\times10^{-4}\ \text{mol/L·s}}{0.50\times10^{-4}\ \text{mol/L·s}} = \left(\frac{4\text{개}}{2\text{개}}\right)^n$$

따라서 $4 = (2)^n$이므로 B에 대한 반응 차수는 2이다. 총 차수는 1 + 2 = 3이다.

(b) 속도 법칙 쓰기: 일반 속도 법칙이 속도 = $k[A]^m[B]^n$ 이므로

$$속도 = k[A][B]^2$$

(c) 실험 4의 초기 속도 구하기: 여러 가지 방법이 있지만 A 입자의 수가 2배(2에서 4로)가 되고 B 입자의 수가 변하지 않은 실험 3과 4를 비교하자. 속도 법칙에 의하면 반응은 A에 대해 일차이므로 실험 4의 초기 속도는 실험 3의 초기 속도의 2배 즉, 4.0×10^{-4} mol/L·s이어야 한다.

검산 좋은 검산법은 다른 쌍의 실험을 비교하는 것이다. **(a)** 실험 2와 3을 비교하면 B의 수가 2배도 될 때 반응 속도는 4배가 되고, A의 수가 절반으로 감소할 때 반응 속도는 절반으로 된다. 따라서 반응 속도는 2배(1.0×10^{-4} mol/L·s에서 2.0×10^{-4} mol/L·s로)가 되어야 하는데 실제로 그렇게 되었다. **(c)** A의 수가 일정하고 B가 2배가 된 실험 2와 4를 비교하면 반응 속도는 4배가 되어야 하므로 실험 4의 초기 속도는 4.0×10^{-4} mol/L·s이어야 하는데, 이 값은 실제로 구한 것과 같다.

▶ 보충 문제

16.4A 아래 분자 모식도는 일정한 온도와 부피에서 반응물 X(*검은색*)와 Y(*녹색*)이 참여하는 반응에 대한 세 실험을 나타낸 것이다.

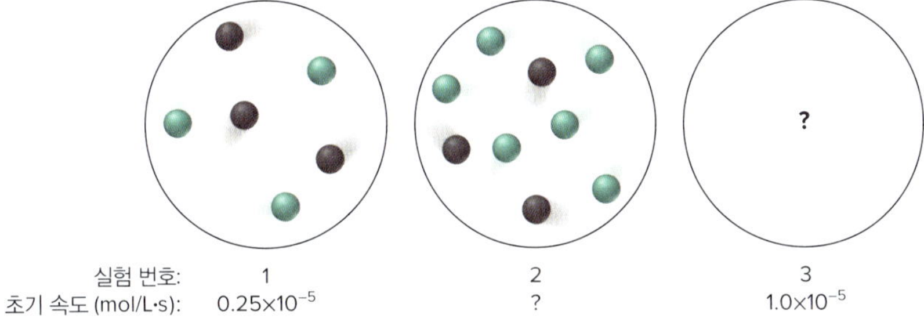

반응에 대한 속도 법칙이 속도 = $k[X]^2$이라면, **(a)** 실험 2의 초기 속도는 얼마인가? **(b)** 실험 1의 모식도에서 한 가지가 달라진 실험 3의 모식도를 그려라.

16.4B 아래 분자 모식도는 일정한 온도와 부피에서 반응물 A(*파란색*)와 B(*노란색*)의 혼합물을 나타낸 것이다.

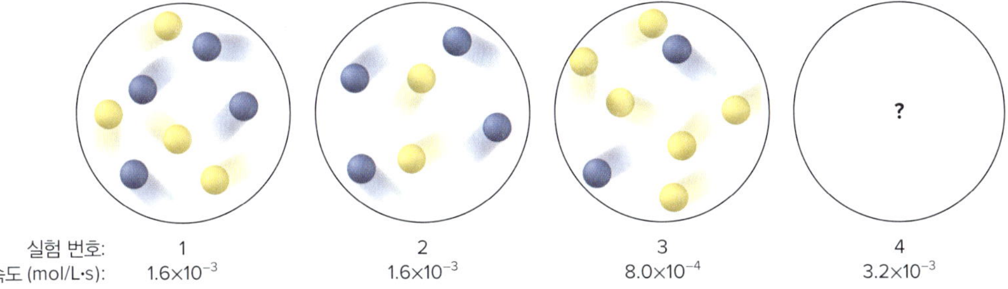

(a) 반응의 속도 법칙을 써라.

(b) 실험 4의 모식도에는 A 입자가 몇 개여야 하는가?

› 16.3절 요약

- 실험으로 결정된 속도 법칙은 반응 속도의 농도 의존성을 나타낸다. 초기 속도(즉, 생성물이 없는)만을 고려하면 일반적인 속도 법칙의 식은 속도 = $k[A]^m[B]^n$이다. 이 반응은 A에 대해 m차, B에 대해 n차이며 총 차수는 $m + n$이다.
- 초기 속도를 정확하게 얻을 수 있는 방법을 써서, 한 번에 한 가지 반응물의 농도를 변화시키면서 반응 속도에 대한 그 영향을 조사하여 반응 차수를 실험적으로 결정한다.
- 속도 법칙에 반응 속도, 농도 및 반응 차수 값을 대입하여 속도 상수 k 값을 구한다.

16.4 적분 속도 법칙: 시간에 따른 농도 변화

지금까지 공부한 속도 법칙은 특정 순간의 반응 속도나 농도를 우리에게 알려주어 "A를 리터 당 y mol, B를 리터당 z mol 섞은 순간에 반응이 얼마나 빠르게 진행될까?" 또는 "[A]가 리터당 x mol일 때 [B]는 얼마인가?"라는 질문에 답할 수 있게 해준다. **적분 속도 법칙**(integrated rate law)이라 부르는 다른 형태의 속도 법칙을 사용하면 시간을 변수로 도입하여 "A를 리터당 x mol을 소모하는 데 걸리는 시간은 얼마인가?" 또는 "y 분 반응 후 [A]는 얼마인가?" 등의 질문에 답할 수 있다.

일차 반응의 적분 속도 법칙과 반응 반감기

반응물 A에 대해 일차인 반응의 적분 속도 법칙을 살펴보자. 이미 공부하였듯이 일반적인 일차 반응에서 반응 속도는 [A] 변화의 음의 값을 시간 변화로 나눈 것이다.

$$\text{속도} = -\frac{\Delta[\mathrm{A}]}{\Delta t}$$

반응 속도는 다음과 같이 속도 법칙으로 나타낼 수도 있다.

$$\text{속도} = k[\mathrm{A}]$$

이 두 식을 등식으로 만들면 다음과 같이 된다.

$$-\frac{\Delta[\mathrm{A}]}{\Delta t} = k[\mathrm{A}] \quad \text{또는} \quad -\frac{\Delta[\mathrm{A}]}{[\mathrm{A}]} = k\Delta t$$

미적분법을 이용하여 시간에 대해 적분하면 일차 반응에 대한 적분 속도 법칙을 얻는다.

$$\ln\frac{[\mathrm{A}]_0}{[\mathrm{A}]_t} = kt \qquad (\text{일차 반응, 속도} = k[\mathrm{A}]) \qquad \textbf{(16.4)}$$

여기서 ln은 자연 로그이고 $[\mathrm{A}]_0$는 $t = 0$에서의 A의 농도, $[\mathrm{A}]_t$는 임의의 시간 t에서의 A의 농도이다. 예제 16.5를 통하여 적분 속도 법칙이 어떻게 적용되는지 알아보자.

인터넷 핫스팟

적분 속도 법칙의 활용이 어렵게 느껴진다면, eBook에 접속하여 이 주제에 대한 추가 학습 동영상을 참고하자.

예제 16.5 | 특정 시간에서의 반응물의 농도 구하기

문제 1000°C에서 사이클로뷰테인(C_4H_8)은 속도 상수 87 s^{-1}의 빠른 일차 반응으로 분해하여 에틸렌(C_2H_4) 두 분자를 만든다.

(a) 초기 C_4H_8 농도는 2.00 M이다. 0.010초 후의 농도는 얼마인가?

(b) C_4H_8가 70.0% 분해하는 데 걸리는 시간은 얼마인가?

계획 **(a)** 시간 t에서 사이클로뷰테인의 농도 $[C_4H_8]_t$를 구해야 한다. 일차 반응임을 알고 있으므로 적분 일차 속도 법칙을 이용한다.

$$\ln\frac{[C_4H_8]_0}{[C_4H_8]_t} = kt$$

k(87 s^{-1}), t(0.010 s), $[C_4H_8]_0$ (2.00 M) 값을 알고 있으므로 $[C_4H_8]_t$에 대해 푼다.

(b) C_4H_8 70.0%가 분해되었으면 30.0%($[C_4H_8]_t$)가 남아 있다. k(87 s^{-1}), $[C_4H_8]_0$(2.00 M), $[C_4H_8]_t$(0.300×2.00 M = 0.600 M) 값을 알고 있으므로 t에 대해 푼다.

풀이 **(a)** 다음과 같이 적분 속도 법칙에 수치를 대입한다.

$$\ln\frac{2.00\ \text{mol/L}}{[C_4H_8]_t} = (87\ s^{-1})\ (0.010\ s) = 0.87$$

양변에 로그를 취하고

$$\frac{2.00\ \text{mol/L}}{[C_4H_8]_t} = e^{0.87} = 2.4$$

$[C_4H_8]_t$에 대해 푼다.

$$[C_4H_8]_t = \frac{2.00 \text{ mol/L}}{2.4} = 0.83 \text{ mol/L}$$

(b) 다음과 같이 적분 속도 법칙에 수치를 대입한다.

$$\ln \frac{2.00 \text{ mol/L}}{0.600 \text{ mol/L}} = (87 \text{ s}^{-1})(t)$$
$$t = 0.014 \text{ s}$$

검산 0.010초 후에 남아 있는 농도(0.83 mol/L)는 초기 농도(2.00 *M*)보다 낮으므로 타당하다. *e*에 대해 1보다 조금 작은 지수 승을 하면 *e* 값(2.718)보다 조금 작은 값(2.4)이 나온다. 추가로 최종 결과도 타당하다. 즉, 높은 속도 상수 값은 빠른 반응을 의미하므로 짧은 시간에 많이 분해하는 것이 놀랄만한 일이 아니다.

해설 $[A]_t$가 시간 t에서 반응한 A의 양이 아니라 *남아 있는* 반응물 A의 농도임을 명심하라.

▶ 보충 문제

16.5A 680°C에서 포스핀(phosphine, PH_3)이 인과 수소로 분해되는 반응은 속도 상수가 0.0198 s^{-1}인 일차 반응이다. 0.150 mol의 PH_3가 2.0 L 반응 용기에 채워져 있을 때, $[PH_3]$가 0.042 mol/L에 도달할 때까지 걸리는 시간은 얼마인가?

16.5B 과산화 수소는 일차 반응으로 분해하여 물과 산소가 된다. **(a)** 어떤 온도에서 1.28 *M* H_2O_2가 10.0분 후에 0.85 *M*이 되었다면 분해 반응의 속도 상수는 얼마인가? **(b)** 초기 H_2O_2 양의 25%가 분해하는 데 걸리는 시간은 얼마인가? (*힌트*: $[H_2O_2]_0 = 1.0\ M$로 가정하라)

유사 문제 16.41, 16.42

반응 반감기 반응의 **반감기**(half-life, $t_{1/2}$)는 반응물 농도가 *초기 값의 절반*이 되는 데 걸리는 시간이다. 반감기의 단위는 해당 반응에 맞는 단위를 가지며, 특정 온도에서 그 반응에 대해 고유한 값을 갖는다. 예를 들어, 45°C에서 일차 반응인 N_2O_5 분해 반응의 반감기는 24.0분이다. 따라서 45°C에서 N_2O_5 0.0600 mol/L로 시작하면 24분(반감기 한 번) 후에는 0.0300 mol/L가 반응하고 0.0300 mol/L이 남아 있을 것이다. 48분(반감기 두 번) 후에는 0.0150 mol/L이 남아 있을 것이며, 72분(반감기 세 번) 후에는 0.0075 mol/L이 남아 있을 것이다(그림 16.10). 반감기를 나타내는 식은 반응의 총 차수에 따라 달라진다.

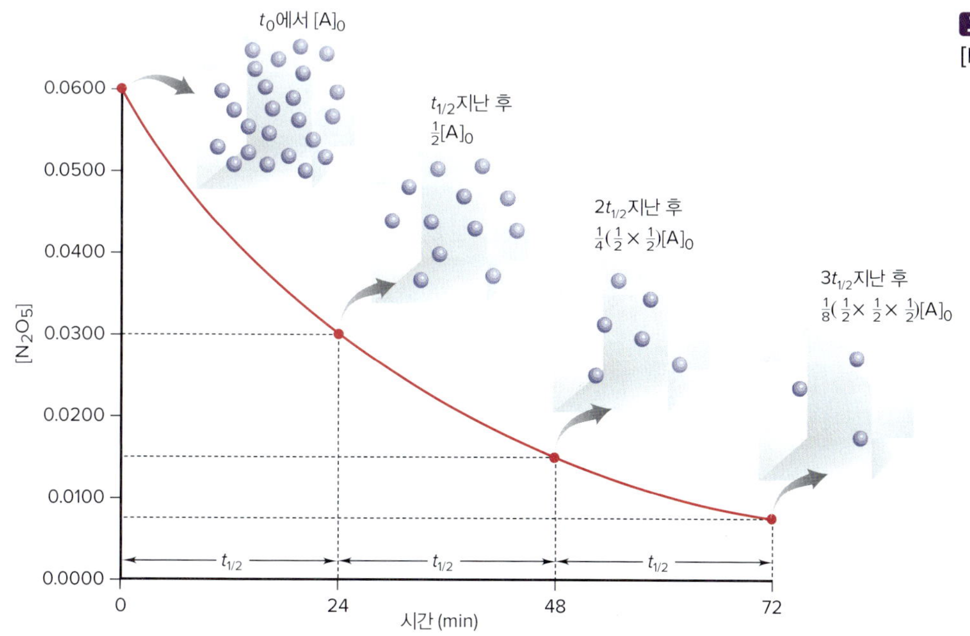

그림 16.10 세 반감기를 나타낸 시간 대 $[N_2O_5]$ 그래프.

다음 적분 속도 법칙에서 일차 반응의 반감기에 대한 식을 유도할 수 있다.

$$\ln \frac{[A]_0}{[A]_t} = kt$$

정의에 의해, 반감기 $t = t_{1/2}$에서 $[A]_t = \frac{1}{2}[A]_0$이다. 위 식에 대입하여 $[A]_0$를 상쇄하면 다음과 같이 되고,

$$\ln \frac{[A]_0}{\frac{1}{2}[A]_0} = kt_{1/2} \quad \text{또는} \quad \ln 2 = kt_{1/2}$$

$t_{1/2}$에 대해 풀면 다음을 얻는다.

$$t_{1/2} = \frac{\ln 2}{k} = \frac{0.693}{k} \qquad (\text{일차 반응, 속도} = k[A]) \tag{16.5}$$

1차 반응의 반감기는 다음의 특징을 갖는다.

- $t_{1/2}$와 k는 *반비례함*을 알 수 있다. 따라서 상대적으로 큰 속도 상수를 갖는 빠른 반응의 반감기는 짧고, 작은 속도 상수를 갖는 느린 반응의 반감기는 길다.

$$k\uparrow,\ t_{1/2}\downarrow \quad \& \quad k\downarrow,\ t_{1/2}\uparrow$$

- 반감기 식에는 농도 항이 없으므로, *일차 반응에서 초기 농도의 절반이 되는 데 걸리는 시간은 일정하며 따라서 반응물 농도와 무관하다.*

불안정한 방사성 핵의 붕괴는 *화학적* 변화가 아닌 일차 과정의 한 예이다. 한 예로 우라늄-235의 반감기는 7.1×10^8년이다. 따라서 7.1×10^8년 후 우라늄-235를 포함한 광석 시료는 우라늄-235 초기 질량의 절반을 갖는다. 즉, 초기에 우라늄-235 1 kg을 함유한 시료는 0.5 kg을 포함하고 있으며, 초기에 우라늄-235 1 mg을 함유한 시료는 0.5 mg을 포함하고 있을 것이다.

다음 두 예제를 통해 반감기를 계산에 이용하는 몇 가지 방법을 공부한다. 첫 번째 것은 분자 모식도를 이용하는 것이다.

예제 16.6 | 분자 모식도를 써서 여러 시간에서의 양 구하기

문제 물질 A(*녹색*)가 기체상 일차 반응으로 두 물질 B(*파란색*)와 C(*노란색*)로 분해한다. 아래 분자 모식도는 두 시점의 반응 혼합물의 일부를 나타낸 것이다.

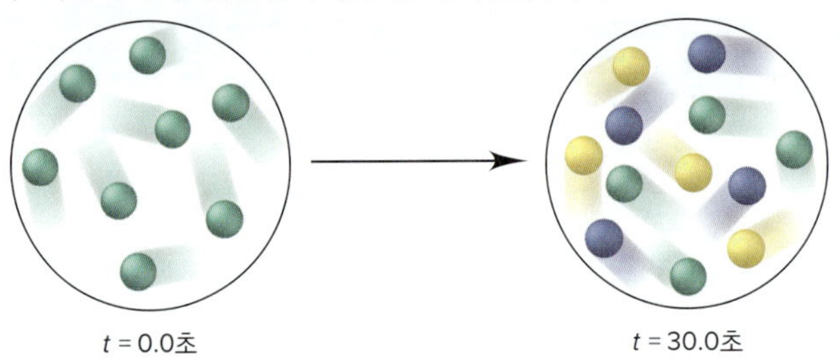

(a) t = 60.0초에서의 반응 혼합물의 분자 모식도를 그려라.
(b) 반응의 속도 상수를 구하라.
(c) 90.0초에서 혼합물의 전체 압력($P_{\text{전체}}$)이 5.00 atm이라면 물질 B의 부분 압력(P_B)은 얼마인가?

계획 두 시점에서 반응물 및 생성물 입자가 여럿 들어 있는 분자 모식도가 주어져 있고, 이후 두 시점에서의 양을 예측해야 한다.
(a) A 입자의 수를 세어 보면 30.0초 후에 절반으로 감소하였음을 알 수 있다. 따라서 반감기는 30.0초이다. t = 60.0초는 2 × 반감기이므로 A의 수가 다시 절반으로 감소할 것이며 A 분자 한 개는 B와 C 한 개씩을 생성한다. **(b)** 반감기 값을 식 (16.5)에 대입하여 k를 구한다. **(c)** 우선 반감기 세 번에 해당하는 t = 90.0초에서 입자들의 수를 구한다. B의 몰분율 X_B를 $P_{\text{전체}}$(5.00 atm)과 곱하여 P_B를 구한다[식 (5.12) 참조]. 입자의 수와 몰수가 1:1로 대응되므로 B 입자의 수를 총 입자수로 나누어 X_B를 구한다.

풀이 **(a)** 반감기(30.0초) 동안 A 입자의 수는 8에서 4로 감소했으므로 반감기가 두 번(60.0초) 지난 후에는 A 입자의 수가 2(4의 1/2)가 될 것이다. A 1개는 B 1개와 C 1개로 분해하므로 A 6(8 − 2) 입자에서 B와 C 각각 6개씩 생성된다(*그림 참조*).

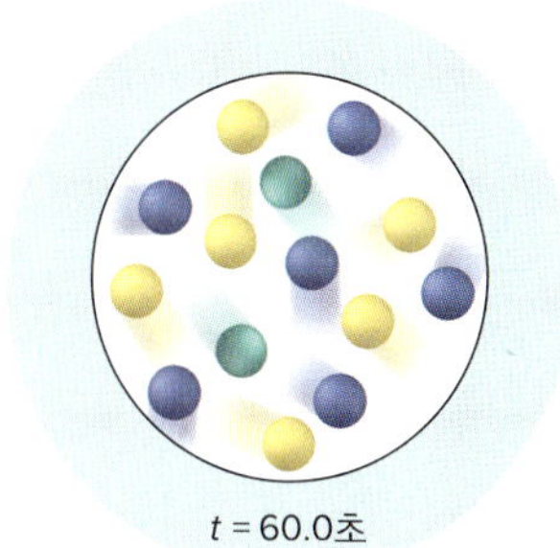

(b) 속도 상수 k 구하기:

$$t_{1/2} = \frac{0.693}{k} \quad \text{따라서} \quad k = \frac{0.693}{t_{1/2}} = \frac{0.693}{30.0\ \text{s}} = 2.31\times10^{-2}\ \text{s}^{-1}$$

(c) 90.0초 후 입자 수 구하기: 반감기가 세 번 지나면 A 1개, B 7개, C 7개가 될 것이다. B의 몰분율 X_B 구하기:

$$X_B = \frac{7\ \text{B 입자}}{1 + 7 + 7\ \text{전체 입자}} = \frac{7}{15} = 0.467$$

B의 부분 압력 P_B 구하기:

$$P_B = X_B \times P_{\text{전체}} = 0.467 \times 5.00\ \text{atm} = 2.33\ \text{atm}$$

검산 **(b)**에서 반올림하면 0.7/30이 되는데, 이 값은 0.02보다 조금 크므로 답은 타당해 보인다. **(c)**에서 X_B가 0.5에 가까우므로 5 atm의 절반보다 조금 작다(<2.5 atm).

▶ 보충 문제

16.6A 물질 X(*검은색*)는 기체상 일차 반응으로 물질 Y(*빨간색*)로 바뀐다. 아래 모식도는 두 다른 시점에서 정육면체 용기에 들어 있는 반응 혼합물을 나타낸다.

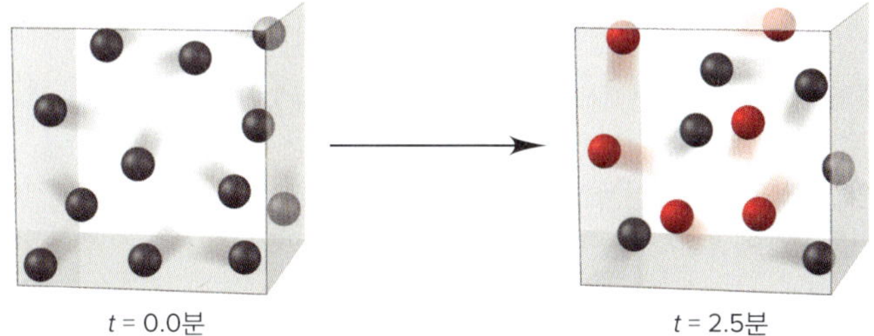

(a) t = 5.0분에서의 반응 혼합물을 나타내는 모식도를 그려라.
(b) 용기 속의 각 입자가 실제로 입자 0.20 mol을 나타내고 정육면체 용기의 부피가 0.50 L이면 t = 10분일 때 X의 몰농도는 얼마인가?

16.6B 물질 A(*빨간색*)는 기체상 일차 반응으로 물질 B(*파란색*)로 바뀐다. 아래 모식도는 세 시점에서의 반응 혼합물을 나타낸다.

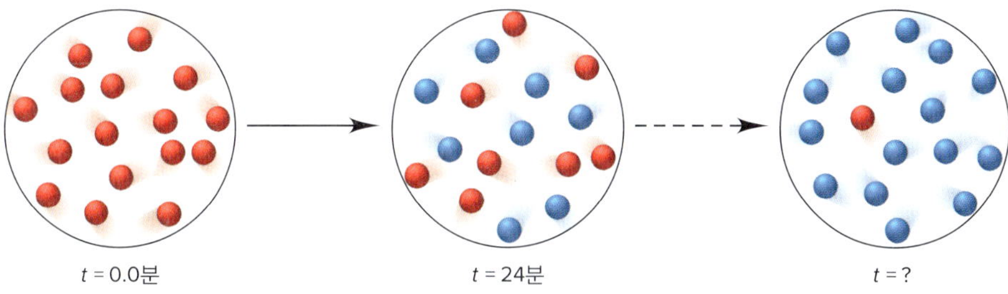

(a) 세 번째 모식도에 해당하는 시간은?
(b) 원 안의 각 입자가 실제로 입자 0.10 mol을 나타내고, 용기의 부피가 0.25 L이면 t = 72분일 때 A의 몰농도는 얼마인가?

유사 문제 16.43, 16.44

예제 16.7 | 일차 반응의 반감기 구하기

문제 사이클로프로페인은 가장 작은 고리형 탄화수소이다. 결합각이 60°이므로 오비탈 중첩이 적어 그 결과 불안정하여 열을 가하면 1000°C에서 다음 일차 반응으로 프로펜으로 이성질화한다.

$$\text{H}_2\text{C}\overset{\text{CH}_2}{\triangle}\text{CH}_2(g) \xrightarrow{\Delta} \text{CH}_3\text{—CH=CH}_2(g)$$

속도 상수는 9.2 s^{-1}이다.

(a) 반응의 반감기는 얼마인가?

(b) 사이클로프로페인이 초기 농도의 1/4이 되는 데 걸리는 시간은 얼마인가?

계획 **(a)** 사이클로프로페인의 이성질화 반응이 일차이므로 식 (16.5)에 k 값(9.2 s^{-1})을 대입하여 반감기를 구한다. **(b)** 반감기가 한번 지날 때마다 농도가 초기 농도의 절반으로 감소하므로 반감기가 두 번 지나면 농도는 초기 값의 1/4이 된다.

풀이 **(a)** $t_{1/2}$ 구하기:

$$t_{1/2} = \frac{\ln 2}{k} = \frac{0.693}{9.2\ \text{s}^{-1}} = 0.075\ \text{s}$$

이 온도에서 사이클로프로페인 절반이 프로펜으로 바뀌는 데 0.075초 걸린다.

(b) 초기 농도의 1/4이 되는 데 걸리는 시간 구하기:

$$\text{시간} = 2(t_{1/2}) = 2(0.075\ \text{s}) = 0.15\ \text{s}$$

검산 (a)에 대해 반올림하면 0.7/9 s^{-1} = 0.08 s이므로, 답은 타당하다.

▶ **보충 문제**

16.7A 아이오딘-123은 갑상선 기능 연구에 쓰인다. 이 방사성 동위원소는 반감기 13.1시간의 일차 과정으로 붕괴한다. 이 과정의 속도 상수는 얼마인가?

16.7B 살충제의 반감기는 주변 환경에 얼마나 오래 잔류할지를 결정한다. 흔히 사용하는 살충제는 속도 상수 9×10^{-2} day^{-1}의 일차 반응으로 분해된다(day = 일).

(a) 분해 반응의 반감기는 얼마인가?

(b) 40일 후 주변 환경에 남아 있는 살충제의 분율은 얼마인가?

유사 문제 16.45, 16.46

이차 반응의 적분 속도 법칙과 반응 반감기

미적분학 방법을 이용하여 이차 반응의 적분 속도 법칙도 유도할 수 있다. 한 반응물에 대해서만 이차인 반응을 생각해 보자. (두 반응물 A와 B가 참여하는 일반적인 이차 반응에 대한 식은 복잡하다.) 두 반응 속도 식을 등식으로 만들면 다음과 같다.

$$\text{속도} = -\frac{\Delta[\text{A}]}{\Delta t} = k[\text{A}]^2 \qquad \text{또는} \qquad -\frac{\Delta[\text{A}]}{[\text{A}]^2} = k\Delta t$$

시간에 대해 적분하면 다음과 같이 한 반응물만 관여하는 이차 반응의 적분 속도 법칙을 얻는다.

$$\frac{1}{[\text{A}]_t} - \frac{1}{[\text{A}]_0} = kt \qquad (\text{이차 반응: 속도} = k[\text{A}]^2) \tag{16.6}$$

일차 반응에서 했던 것과 같은 방법으로 이차 반응의 반감기 식을 유도할 수 있다. 즉, $[\text{A}]_t$에 $\frac{1}{2}[\text{A}]_0$, t에 $t_{1/2}$를 대입한다.

$$\frac{1}{[\text{A}]_t} - \frac{1}{[\text{A}]_0} = kt \qquad \text{또는} \qquad \frac{1}{\frac{1}{2}[\text{A}]_0} - \frac{1}{[\text{A}]_0} = kt_{1/2}$$

$$\frac{2}{[\text{A}]_0} - \frac{1}{[\text{A}]_0} = kt_{1/2} \qquad \text{또는}$$

$$t_{1/2} = \frac{1}{k[\text{A}]_0} \qquad (\text{이차 반응: 속도} = k[\text{A}]^2) \tag{16.7}$$

이 반감기 식을 일차 반응의 반감기 식과 비교해 보자.

- 일차 반응과 마찬가지로 이차 반응에서도 $t_{1/2}$와 k는 서로 반비례한다.
- 일차 반응의 반감기와 달리, *이차 반응의 반감기는 초기 반응물 농도에* ***반비례***하다.
- 이차 반응에서는 반응물의 초기 농도가 높으면 반감기가 *짧고*, 초기 농도가 낮으면 반감기가 더 *길다*.
- 주어진 반응에서 반감기 동안 [A]가 절반이 되므로 다음 반감기는 앞 반감기의 2배가 된다.

예제 16.8 | 이차 반응의 반응물 농도와 반감기 구하기

문제 25°C에서 아이오딘화 수소는 매우 느리게 수소와 아이오딘으로 분해한다. 속도 = $k[HI]^2$이며 이 온도에서 속도 상수는 7.6×10^{-14} L/mol·yr이다(yr = 년).
(a) HI(g) 0.0100 mol을 1.0 L 용기에 넣으면 얼마 후에 [HI]가 0.00900 mol/L가 되겠는가?
(b) HI의 초기 농도가 각각 1.50 mol/L, 0.750 mol/L일 때의 반감기를 구하라.

계획 **(a)** HI의 농도가 0.0100 mol/L에서 0.00900 mol/L로 감소하는 데 걸리는 시간 t를 구해야 한다. 주어진 속도 법칙이 이차 반응이므로 적분 이차 반응 속도 법칙을 이용한다. **(b)** 주어진 HI의 초기 농도와 속도 상수를 이차 반응 반감기 식에 대입하여 각 초기 농도에 대한 $t_{1/2}$를 구한다.

풀이 **(a)** 수치들을 적분 속도 법칙에 대입한다.

$$\frac{1}{[A]_t} - \frac{1}{[A]_0} = kt$$

$$\frac{1}{0.00900\ \text{mol/L}} - \frac{1}{0.0100\ \text{mol/L}} = (7.6\times10^{-14}\ \text{L/mol·yr})(t)$$

$$t = 1.5\times10^{14}\ \text{yr}$$

(b) 수치들을 반감기 식에 대입한다.

$[HI]_0 = 1.5$ mol/L일 경우: $$t_{1/2} = \frac{1}{k[A]_0} = \frac{1}{(7.6\times10^{-14}\ \text{L/mol·yr})(1.50\ \text{mol/L})} = 8.8\times10^{12}\ \text{yr}$$

$[HI]_0 = 0.75$ mol/L일 경우: $$t_{1/2} = \frac{1}{k[A]_0} = \frac{1}{(7.6\times10^{-14}\ \text{L/mol·yr})(0.750\ \text{mol/L})} = 1.8\times10^{13}\ \text{yr}$$

검산 **(a)** 최종 결과는 타당해 보인다. k 값이 매우 작으므로 매우 느린 반응이고, 따라서 반응물 농도가 조금 감소하는 데에도 오랜 시간이 걸릴 것이다. **(b)** 반감기가 반응물의 초기 농도에 반비례하므로 초기 농도가 1.50 M에서 0.750 M로 절반이 되면 반감기는 2배가 될 것이다. $2(8.8\times10^{12}) = 1.8\times10^{13}$ yr.

▶ 보충 문제

16.8A 기체상에서 아이오딘 원자들이 결합하여 아이오딘 분자를 형성한다. 이 반응은 이차 반응이며, 23°C에서 속도 상수는 7.0×10^9 L/mol·s이다. **(a)** I의 초기 농도가 0.055 M일 때, 10초 후의 농도를 구하라. **(b)** I의 초기 농도가 0.35 M일 때, 반응의 반감기를 구하라.

16.8B NOBr(g)이 분해하여 NO(g)와 Br_2(g)를 생성하는 데, 10°C에서 속도 상수는 0.80 L/mol·s이다. **(a)** NOBr의 농도가 0.075 M에서 0.015 M로 감소하는 데 걸리는 시간을 구하라. **(b)** 반감기가 45초라면 NOBr의 초기 농도는 얼마인가?

유사 문제 16.47, 16.48

영차 반응의 적분 속도 법칙과 반응 반감기

일반적인 영차 반응에 대해 두 속도 법칙을 등식으로 놓으면 다음과 같이 된다.

$$\text{속도} = -\frac{\Delta[\mathrm{A}]}{\Delta t} = k[\mathrm{A}]^0 = k \quad \text{또는} \quad -\Delta[\mathrm{A}] = k\Delta t$$

시간에 대해 적분하면 다음과 같은 영차 반응의 적분 속도 법칙을 얻는다.

$$[\mathrm{A}]_t - [\mathrm{A}]_0 = -kt \qquad (0\text{차 반응: 속도} = k[\mathrm{A}]^0) = k \qquad \textbf{(16.8)}$$

이차 반응의 반감기와 대조적으로 *영차 반응의 반감기는 초기 반응물 농도에* ***정비례****한다.*

$$t_{1/2} = \frac{[\mathrm{A}]_0}{2k} \qquad (2\text{차 반응: 속도} = k)$$

따라서 영차 반응이 높은 농도로 시작하면 낮은 초기 농도의 경우보다 반감기가 길어진다.

적분 속도 법칙으로 반응 차수 구하기

예제 16.3에서는 반응 속도 자료에서 반응 차수를 구하였다. 반응 속도 자료가 없는 경우, 적분 속도 법칙을 $y = mx + b$의 직선의 식으로 변형한다. 여기서 m은 기울기이고 b는 y-절편이다. 그런 다음 그래프를 그려서 반응 차수를 알아낸다.

- *일차 반응*에서는

$$\ln\frac{[\mathrm{A}]_0}{[\mathrm{A}]_t} = kt$$

이다. 부록 A에서 $\ln \frac{a}{b} = \ln a - \ln b$이므로

$$\ln[\mathrm{A}]_0 - \ln[\mathrm{A}]_t = kt$$

이 되고, 이항하면

$$\begin{aligned}\ln[\mathrm{A}]_t &= -kt + \ln[\mathrm{A}]_0 \\ y &= mx + b\end{aligned}$$

로 된다. 따라서 t 대 $\ln[\mathrm{A}]_t$의 그래프를 그리면 기울기 $= -k$이고 y-절편 $= \ln[\mathrm{A}]_0$인 직선이 된다(그림 16.11A).

- 한 반응물에 대한 *이차 반응*에서는

$$\frac{1}{[\mathrm{A}]_t} - \frac{1}{[\mathrm{A}]_0} = kt$$

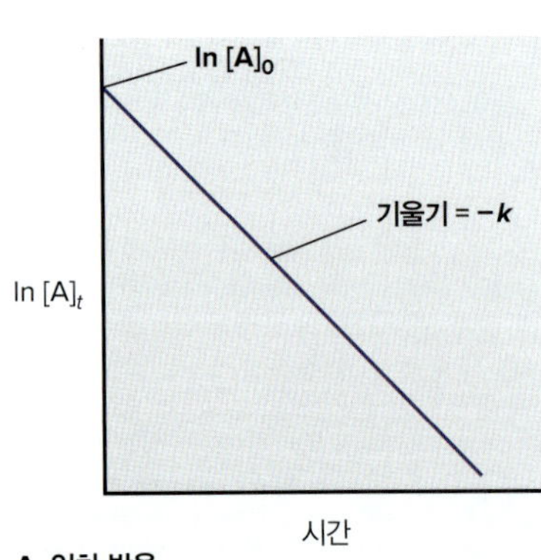

A. 일차 반응

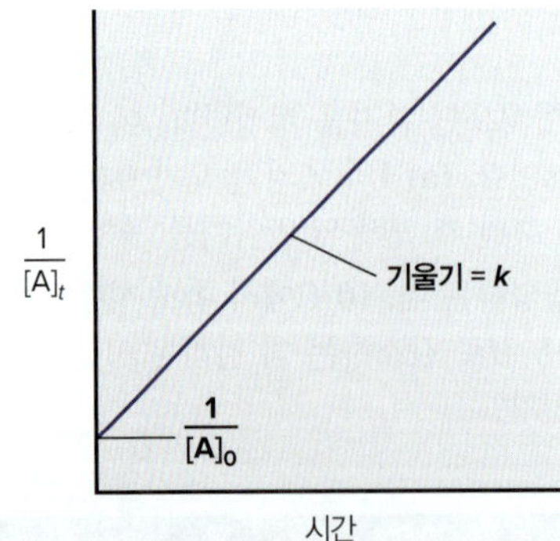

B. 이차 반응

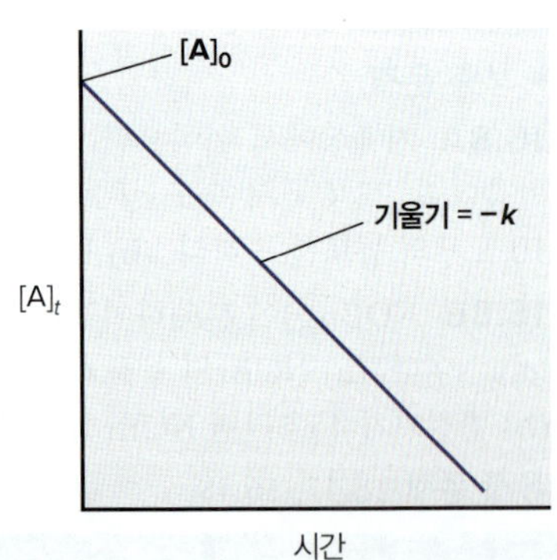

C. 영차 반응

그림 16.11 그래프를 그려 적분 속도 법칙으로부터 반응 차수 구하는 법.

이며, 이항하면

$$\frac{1}{[A]_t} = kt + \frac{1}{[A]_0}$$
$$y = mx + b$$

로 된다. 이 경우에는 t 대 $1/[A]_t$의 그래프가 기울기 $= k$이고 y-절편 $= 1/[A]_0$인 직선이 된다(그림 16.11B).

- *영차 반응*에서는

$$[A]_t - [A]_0 = -kt$$

이고, 이항하면

$$[A]_t = -kt + [A]_0$$
$$y = mx + b$$

로 된다. t 대 $[A]_t$의 그래프는 기울기 $= -k$이고 y-절편 $= [A]_0$인 직선이다(그림 16.11C).

시간에 따른 농도 자료로부터 반응 차수를 구하려면 그래프를 몇 번 그리는 시행착오를 거치기도 한다.

- t 대 ln [반응물] 그래프가 직선이면 반응은 그 반응물에 대해 *일차*이다.
- t 대 1/[반응물] 그래프가 직선이면 반응은 그 반응물에 대해 *이차*이다.
- t 대 [반응물] 그래프가 직선이면 반응은 그 반응물에 대해 *영차*이다.

그림 16.12에서는 이 방법으로 N_2O_5의 분해 반응의 반응 차수를 구하고 있다. 각 칸의 자료를 시간에 대해 그려보면 t 대 ln $[N_2O_5]$의 그래프는 *직선인 데*(B) 반해, t 대 $[N_2O_5]$의 그래프(A)와 t 대 $1/[N_2O_5]$의 그래프(C)는 *직선이 아니므로* N_2O_5의 분해 반응은 일차이다.

표 16.4에 영차, 일차, 이차 반응의 특징들을 요약하였다.

〉16.4절 요약

- 적분 속도 법칙을 이용하여 반응물의 농도가 특정 농도에 도달하는 데 걸리는 시간을 구하거나 특정 시간에서의 농도를 구할 수 있다.
- 반감기는 반응물의 농도가 초기 값의 절반이 되는 데 걸리는 시간이다. 일차 반응의 반감기는 농도와 무관하게 일정하다.
- 적분 속도 법칙을 변형하여 직선의 그래프를 나타내는 식을 얻을 수 있고, 그래프를 이용하여 반응 차수와 속도 상수를 구할 수 있다.

그림 16.12 **그래프를 그려 N_2O_5 분해 반응의 반응 차수 구하기.** 표의 시간과 자료를 써서 세 그래프 A, B, C를 그린다.

시간 (min)	$[N_2O_5]$	ln $[N_2O_5]$	$1/[N_2O_5]$
0	0.0165	−4.104	60.6
10	0.0124	−4.390	80.6
20	0.0093	−4.68	1.1×10^2
30	0.0071	−4.95	1.4×10^2
40	0.0053	−5.24	1.9×10^2
50	0.0039	−5.55	2.6×10^2
60	0.0029	−5.84	3.4×10^2

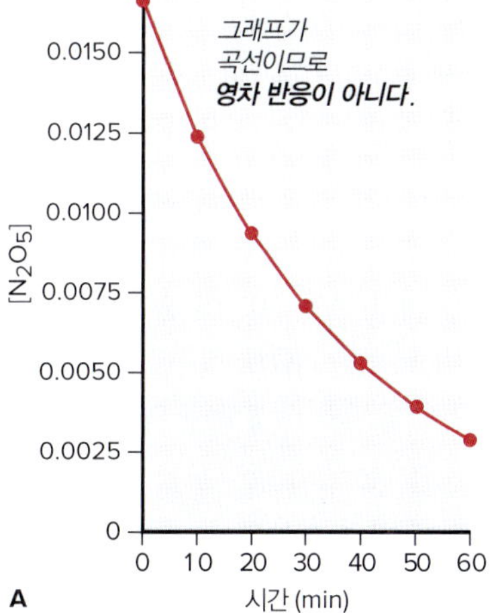

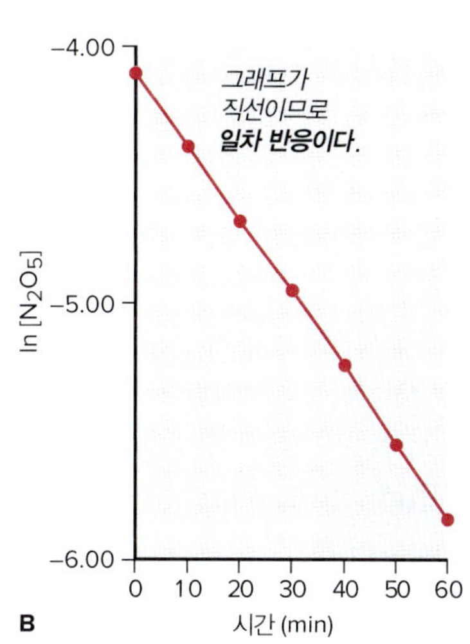

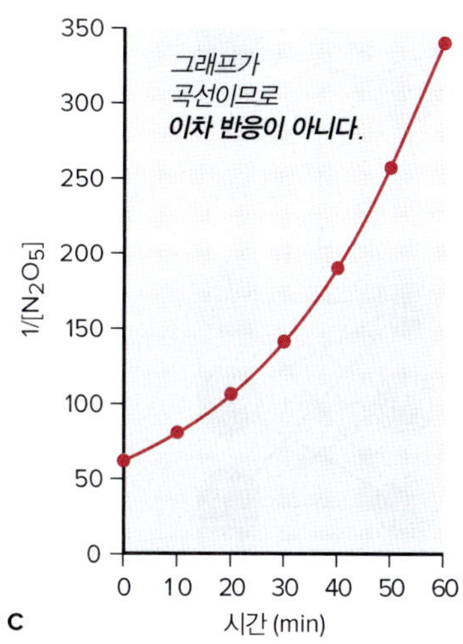

표 16.4 | 영차, 일차 및 이차 반응 요약

	영차 반응	일차 반응	이차 반응
속도 법칙	반응 속도 = k	반응 속도 = $k[A]$	반응 속도 = $k[A]^2$
k의 단위	mol/L·s	1/s	L/mol·s
반감기	$\frac{[A]_0}{2k}$	$\frac{\ln 2}{k}$	$\frac{1}{k[A]_0}$
직선 식으로 나타낸 적분 속도 법칙	$[A]_t = -kt + [A]_0$	$\ln [A]_t = -kt + \ln [A]_0$	$1/[A]_t = kt + 1/[A]_0$
직선의 그래프	$[A]_t$ vs. t	$\ln [A]_t$ vs. t	$1/[A]_t$ vs. t
기울기, y-절편	$-k$, $[A]_0$	$-k$, $\ln [A]_0$	k, $1/[A]_0$

16.5 화학 반응 속도론의 이론

16.1절에서 논의한 대로 농도와 온도가 반응 속도에 결정적인 영향을 미친다. 화학자들은 두 모형, 즉 *충돌 이론*과 *전이 상태 이론*을 이용하여 이 영향을 설명한다.

충돌 이론: 속도 법칙의 근거

충돌 이론(collision theory)의 기본적인 출발점은 입자(원자, 분자 또는 이온)들이 충돌해야만 반응이 일어난다는 것이다. 충돌 이론은 또한 충돌 에너지와 분자 구조 개념을 도입하여 반응 속도에 대한 농도와 온도의 영향을 설명한다.

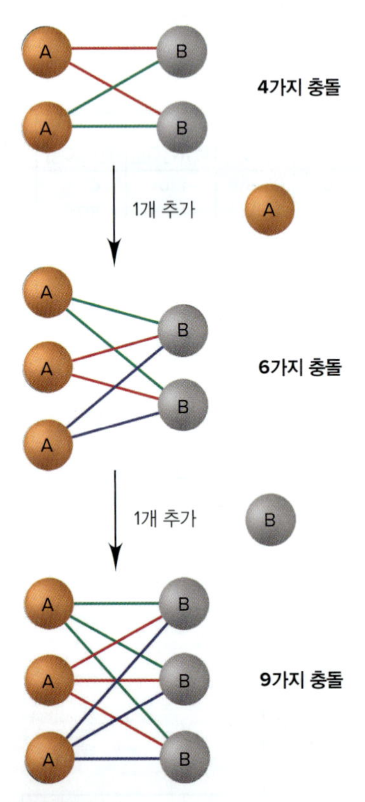

그림 16.13 가능한 충돌의 경우의 수는 반응물 농도의 합이 아니라 곱이다.

속도 법칙에서 농도 항들이 곱해지는 이유 충돌 이론의 기본형에서는 두 입자가 충돌하여 생성물을 생성하는 한 단계 반응, 즉 A + B ⟶ 생성물들 반응을 다룬다. 반응 용기에 A 입자 2개와 B 입자 2개가 들어 있다고 가정해 보자. 그림 16.13을 보면 네 가지 A-B 충돌이 가능함을 알 수 있다. 확률의 법칙들에 의하면 충돌 횟수는 *반응물* 입자 수의 합이 아니라 *곱*으로 주어짐을 알 수 있다. 따라서 A 입자 1개를 추가하면 다섯 가지(3 + 2)가 아니라 여섯 가지 A-B 충돌(3 × 2)이 가능하다. 마찬가지로 B 입자 1개를 또 추가하면 여섯 가지(3 + 3)가 아니라 아홉 가지(3 × 3) A-B 충돌이 가능하다. 따라서 충돌 이론은 속도 법칙에서 관찰된 반응 속도를 얻기 위해 왜 농도들이 *곱해져야* 하는지를 설명한다.

반응 속도에 대한 분자 구조와 활성화 에너지의 영향 충돌 수가 반응 속도를 결정하는 유일한 인자일 수는 없다. 만일 그렇다면 모든 반응들은 순식간에 끝나버릴 것이다. 예를 들어, 20°C, 1기압에서 공기 1 mL 중의 N_2와 O_2 분자들은 대략 초당 10^{27}번 충돌한다. N_2와 O_2 분자들이 충돌하기만 하면 반응한다면 대기는 거의 대부분 NO로 이루어져 있겠지만, 실제로 NO의 양은 극미량이다. 두 인자들이 작용하여 실제로 생성물에 이르게 하는 **유효 충돌**(effective collision)의 수를 낮춘다.

1. *활성화 에너지*(activation energy). 화학 결합을 끊어지게 하려면 충분한 에너지를 가지고 충돌이 일어나야 한다. 충돌하는 분자들이 반응하기 위해 넘어야 하는 에너지 *언덕*

을 **활성화 에너지(E_a)**라고 부른다. 비유를 들어 보면, 높이뛰기 선수가 성공적으로 넘으려면 적어도 가로대를 넘을 수 있는 충분한 에너지를 발휘해야 한다(그림 16.14). 반응물 분자들이 특정 최소 에너지를 가지고 충돌하면 *활성화 상태*(activated state)를 거쳐 생성물로 변한다. 그러나 이 최소 에너지 이하의 에너지로 충돌하면 반응물들은 변하지 않고 그대로 남는다. 그림 16.14에서 보듯이 가역 반응은 두 종류의 활성화 에너지를 갖는다. 정반응의 활성화 에너지 $E_{a(정반응)}$는 활성화 상태와 반응물 간의 에너지 차이이고, 역반응의 활성화 에너지 $E_{a(역반응)}$는 활성화 상태와 생성물 간의 에너지 차이이다. 도표의 반응은 정반응 방향으로 발열 반응($\Delta H_{반응} < 0$)이다. 따라서 생성물의 에너지는 반응물보다 낮으며, $E_{a(정반응)}$는 $E_{a(역반응)}$보다 작다. 이 두 값의 차이는 반응 엔탈피 $\Delta H_{반응}$과 같다.

$$\Delta H_{반응} = E_{a(정반응)} - E_{a(역반응)} \quad \textbf{(16.9)}$$

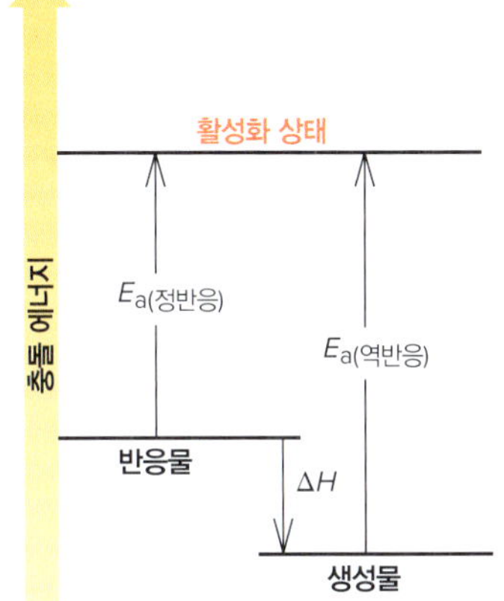

그림 16.14 어떤 반응에 대한 에너지 준위 도표. 가로대를 넘기에 충분한 에너지를 가진 운동선수처럼 분자들도 활성화 상태에 도달하기에 충분한 에너지 E_a를 가지고 충돌해야 한다.(이 반응은 가역 반응이며 정반응 방향으로 발열 반응이다.)

Source: Crosnier/Dppi-Sipa/AP Images

2. *분자 배향*(molecular orientation). 초당 반응물 입자들 간의 어마어마한 충돌 횟수 중 반응하기에 충분한 에너지를 가진 것들만 세면 상온에서는 10^6배 혹은 그 이상 줄어든다. 모든 충돌 중 극히 작은 분율인 이 충돌 횟수도 유효 충돌 횟수에 비하면 여전히 엄청나게 크다. 그 이유는 *생성물에서 결합을 이루는 원자들끼리 충돌 중에 반드시 서로 맞닿아야 하기 때문*이다. 그러므로 유효 충돌이 되기 위해서는 충분한 에너지를 갖는 동시에 적절한 *분자 배향*을 가져야 한다.

배향 확률 인자 p는 반응에 따라 고유한 값을 가지며, 반응물 분자 구조의 복잡성과 관련되어 있다. p를 모든 가능한 충돌에 대한 효율적으로 배향된 충돌의 비율로 생각할 수 있다. 예를 들어 다음 반응을 생각해 보자.

$$NO(g) + NO_3(g) \longrightarrow 2NO_2(g)$$

생성물이 생성되려면 아래 그림과 같이 NO에 들어 있는 N이 NO_3 중의 O 원자 한 개와 직접 맞닿아서 새로운 질소-산소 결합을 형성해야 한다.

$$\boxed{O{=}N \;+\; O{-}N}(O)(O) \longrightarrow 2\ O{=}N{-}O$$

그림 16.15는 이 반응에 대한 몇 가지 가능한 충돌 배향을 보여주며, 그 중 하나만이 유효 배향을 갖는다. 다른 충돌들, 예를 들어 NO의 N이 NO_3의 N과 접촉하는 충돌은 질소와 산소 간 새로운 결합을 형성할 수 없다. 이 반응의 실제 p 값은 0.006으로, 1000번의 충돌 중 단지 6번(1/167)만 올바른 배향을 갖는다. *분자가 더 복잡해지면 p 값은 더 작아진다.* 원자들은 구형이므로 원자 간 반응의 p 값은 거의 1이다. 즉, 반응하는 원자들이 충분한 에너지를 가지고 충돌하기만 하면 생성물이 생성된다. 반대편 극단에 해당하는 것이 생화학 반응인데, 작은 두 분자(또는 큰 분자의 부분들)이 거대한 단백질의 특정 작은 영역에서 충분한 에너지를 가지고 충돌할 때에만 반응한다. 이런 반응의 p는 흔히 10^{-6}보다 작아 백만 번에 한 번 꼴도 안 된다. 지금 여러분의 몸 속에서 셀 수 없이 많은 생화학 반응들이 일어나고 있다는 사실이 초당 어마어마한 수의 충돌이 일어나고 있음을 증명하고 있다!

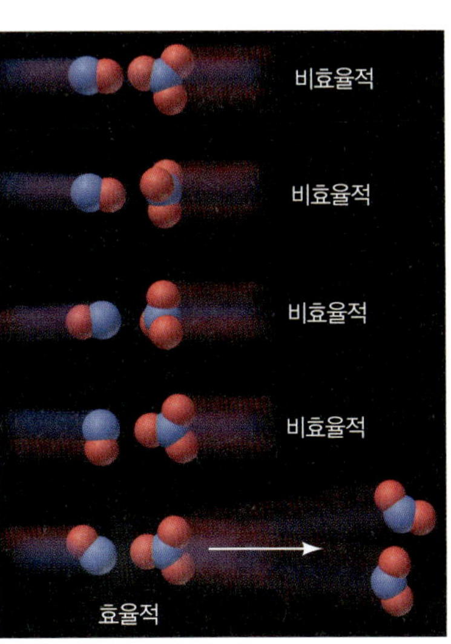

그림 16.15 유효 충돌에 대한 분자 배향의 중요성. 효율적 배향(*아래*)에서는 생성물에서 결합하는 원자들끼리 부딪힌다.

전이 상태 이론: 활성화 에너지는 어디에 쓰이는가?

충돌 이론은 유효 충돌의 중요성을 알려주며, **전이 상태 이론**(transition state theory)은 반응물들이 생성물들로 되는 유효 충돌의 순간에 존재하는 많은 에너지를 가진 화학종에 초점을 맞춘다.

전이 상태 시각화 두 분자가 서로 접근하면 전자 구름 간의 반발이 지속적으로 증가하므로 속력이 느려지면서 운동 에너지 중 일부가 퍼텐셜 에너지로 바뀐다. 두 분자가 충돌할 때 충돌 에너지가 활성화 에너지보다 *작으면* 두 분자는 서로 튕겨나가고 반응은 일어나지 않는다.

그러나 극히 일부 충돌에서는 분자들이 충분히 빠르게 움직이므로, *분자들의 운동 에너지가 반발력을 극복할 만큼의 충분한 힘으로 서로 밀어붙여 활성화 에너지를 넘어간다.* 그리고 이 충분한 에너지를 갖는 충돌 중 더 작은 분율의 충돌에서는 분자들이 효율적으로 배향된다. 이와 같은 경우에는 한 분자에 들어 있는 원자핵들이 다른 분자의 전자들을 끌어당겨 원자 오비탈들이 겹치면서 전자 밀도가 이동하여 일부 결합은 길어지면서 약해지고, 다른 일부는 짧아지면서 강해진다. 이러한 연속적인 변형 과정 중 어느 시점에서는 *부분적인 결합을 가진*, 반응물도 아니고 생성물도 아닌 *화학종*이 존재한다. **전이 상태**(transition state) 또는 **활성화 착물**(activated complex)라고 부르는 이 불안정한 화학종은 퍼텐셜 에너지의 정점에 해당하는 순간에만 존재한다. 따라서 *반응의 활성화 에너지는 전이 상태에 도달하는 데 쓰인다.*

전이 상태를 분리해 낼 수는 없지만, 1999년 Nobel 화학상을 수상한 Ahmed H. Zewail의 연구 덕분에 전이 상태에 대한 이해가 상당히 증진되었다. 그의 연구팀은 결합 진동(10^{-15}초) 정도의 지속 시간을 갖는 레이저를 사용하여 전이 상태가 생겼다가 분해하는 것을 관찰하였다. 브롬화 메틸(methyl bromide)이 수산화 이온과 반응할 때 형성되는 것과 같은 몇몇 전이 상태는 자세히 연구되었다.

$$BrCH_3 + OH^- \longrightarrow Br^- + CH_3OH$$

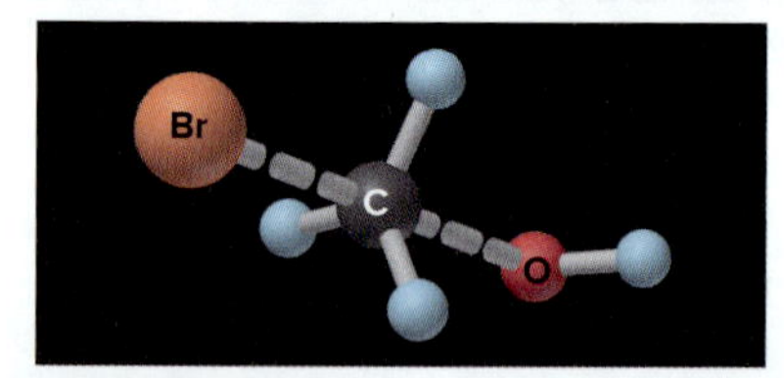

그림 16.16 $BrCH_3$와 OH^- **반응의 전이 상태.** 부분적인(*점선*) Br—C와 C—O 결합과 삼각 쌍뿔 모양에 주목하라.

전기 음성도가 높은 브로민 원자가 $BrCH_3$에 들어 있는 탄소를 부분적으로 양의 전하를 갖게 하여, 탄소는 OH^-에 들어 있는, 음의 전하를 가진 산소를 끌어당긴다. C—O 결합이 생성되면서 Br—C 결합은 약해지기 시작한다. 전이 상태(그림 16.16)에서 5개의 원자들이 C를 둘러싸게 되는데(삼각 쌍뿔, 10.2절), 이러한 구조는 안정한 C 화합물에서는 볼 수 없는 것이다. 이 많은 에너지를 가진 화학종은 정상적인 C—H 결합 3개와 부분적인 결합 2개를 가지고 있는데, 하나는 C와 O 사이 결합이고 다른 하나는 Br과 C 사이의 결합이다.

전이 상태는 양쪽 방향으로 변화할 수 있으므로 전이 상태에 도달했다고 해서 반응물이 생성물로 진행하는 것은 아니다. 이 예의 경우, C—O 결합이 지속적으로 강해지면 생성물이 형성된다. 그러나 Br—C 결합이 다시 강해지면 전이 상태는 반응물로 되돌아간다.

반응 에너지 도표를 이용한 반응 나타내기 이러한 변화를 보여주는 유용한 방법 중 하나는, 반응물에서 생성물로 반응이 진행함(*반응 진척도*)에 따라 퍼텐셜 에너지가 어떻게 변화하는가를 보여주는 **반응 에너지 도표**(reaction energy diagram)이다. 이 도표는 반응물, 생성물 및 전이 상태의 상대적인 에너지 높이를 보여줄 뿐만 아니라 정반응과 역반응의 활성화 에너지 및 반응 엔탈피도 보여준다.

그림 16.17의 아래 부분은 $BrCH_3$와 OH^- 반응의 반응 에너지 도표이다. 이 반응은 반응물의 에너지가 생성물보다 높은 발열 반응이므로 $E_{a(\text{정반응})}$이 $E_{a(\text{역반응})}$보다 작다. 도표 위에는 다양한 시점에서의 분자 모형 그림과 해당 구조식을 나타내었다. 그래의 맨 위에 있는 것은 Br, C 및 O 원자의 전자 밀도 입체 지도이다. 이 그림에서 Br과 중첩되어 있던 C의 전자 밀도(*왼쪽*)가 O와 중첩(*오른쪽*)되는 것으로 점진적으로 변화하는 것에 주목하라.

전이 상태 이론은 *각각의 반응*(*또는 전체 반응의 각 단계*)은 *해당 전이 상태를 거쳐 일어남*을 알려준다. 그림 16.18은 두 기체상 반응에 대한 반응 에너지 도표를 보여준다. 그림 16.18A에 나타낸 반응은 흡열 반응이고, 그림 16.18B 반응은 발열 반응이다. 각 경우의 전이 상태의 구조는 생성물에서 결합되는 반응물 원자들의 배향에 근거하여 예측한 것이다.

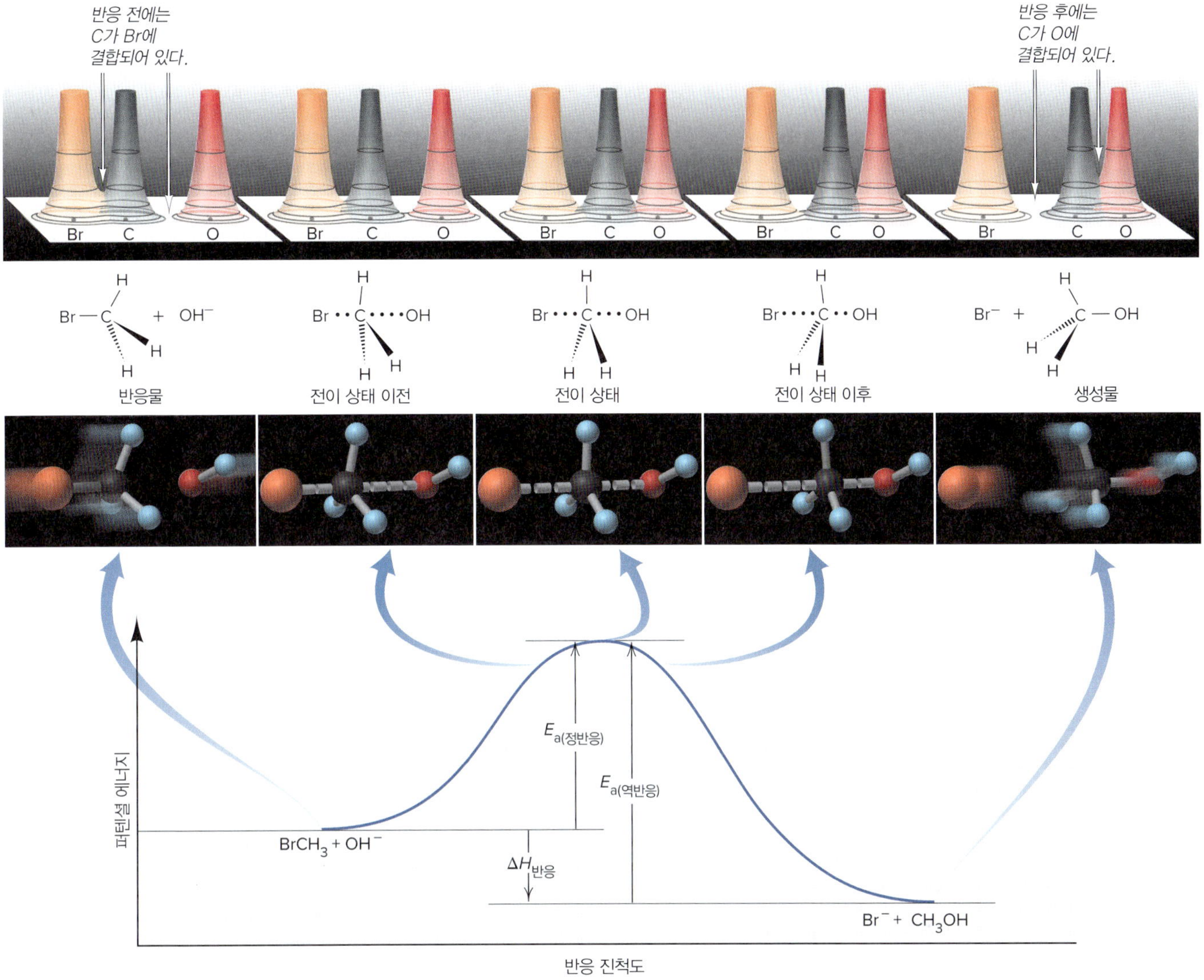

그림 16.17 $BrCH_3$와 OH^- **반응 나타내기.** *(아래에서 위로)* 반응 중 다섯 시점을 커지는 화살표로 나타낸 반응 에너지 도표, 분자 모형 그림, 구조식 및 전자 밀도 입체 지도 순이다. C—O 결합 형성과 Br—C 결합 해리가 동시에 점진적으로 일어남에 주목하라.

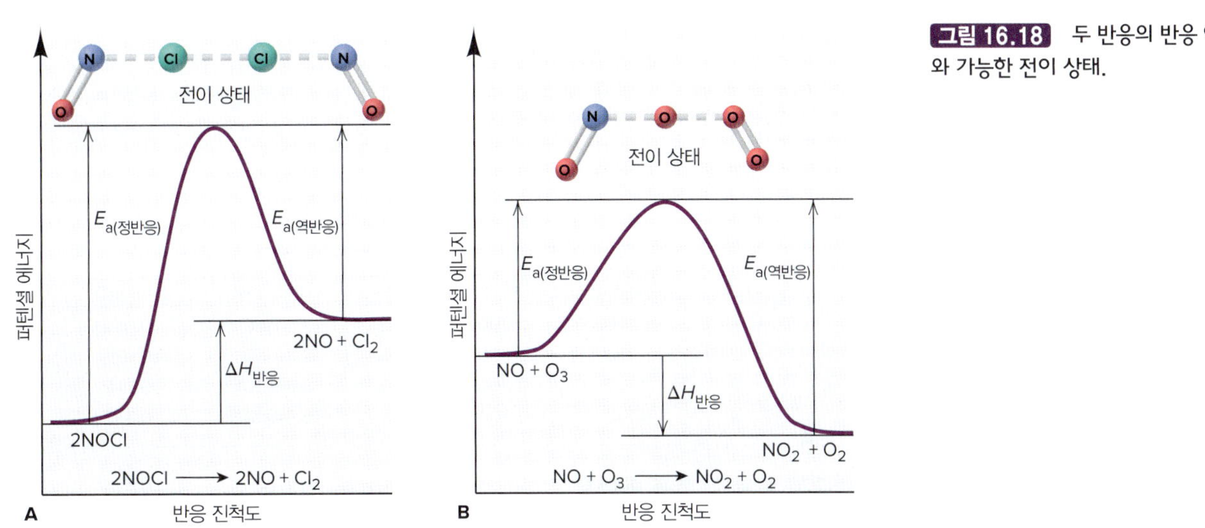

그림 16.18 두 반응의 반응 에너지 도표와 가능한 전이 상태.

예제 16.9 | 반응 에너지 도표와 전이 상태 그리기

문제 상층 대기의 주요 반응 중 하나는

$$O_3(g) + O(g) \longrightarrow 2O_2(g)$$

이다. $E_{a(정반응)}$은 19 kJ이며, 반응의 $\Delta H_{반응}$은 −392 kJ이다. 반응 에너지 도표를 그리고, 전이 상태의 구조를 예측하고, $E_{a(역반응)}$을 구하라.

계획 이 반응은 상당한 발열 반응($\Delta H_{반응}$ = −392 kJ)이므로 생성물의 에너지는 반응물보다 훨씬 낮다. 작은 $E_{a(정반응)}$ 값(19 kJ)은 반응물의 에너지가 전이 상태보다 약간 낮음을 의미한다. 식 (16.9)를 써서 $E_{a(역반응)}$ 값을 구한다. 전이 상태를 예측하려면, 각 화학종을 그리고, O_3의 결합 중 하나가 약해지면서, 부분적으로 결합된 O 원자가 분리된 O원자와 결합을 형성하기 시작한다는 것에 주목하라.

풀이 다음과 같이 $E_{a(역반응)}$을 구한다.

$$\Delta H_{반응} = E_{a(정반응)} - E_{a(역반응)}$$

따라서 $E_{a(역반응)} = E_{a(정반응)} - \Delta H_{반응}$ = 19 kJ − (−392 kJ) = 411 kJ

전이 상태와 함께 반응 에너지 도표(정량적인 것은 아님)을 옆에 나타내었다.

$E_{a(정반응)}$ = 19 kJ
$O_3 + O$
전이 상태
$E_{a(역반응)}$ = 411 kJ
$\Delta H_{반응}$ = −392 kJ
$2O_2$
퍼텐셜 에너지
반응 진척도

해설 반올림하여 $E_{a(역반응)}$을 구하면 ~20 + 390 = 410이다.

▶ **보충 문제**

16.9A 다음 반응 에너지 도표는 또 다른 주요 대기 반응에 대한 것이다. 각 축을 표시하고, $E_{a(정반응)}$, $E_{a(역반응)}$ 및 $\Delta H_{반응}$을 찾고, 전이 상태를 그려 표시하고 반응의 $E_{a(역반응)}$를 구하라.

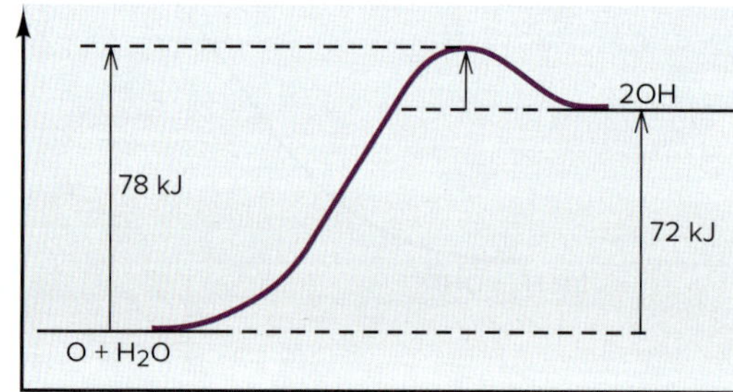

16.9B 기체상 반응 $Cl(g) + HBr(g) \longrightarrow HCl(g) + Br(g)$의 $E_{a(정반응)}$ = 7 kJ, $E_{a(역반응)}$ = 72 kJ이다. 반응 에너지 도표를 그려라. 전이 상태 구조와 $\Delta H_{반응}$ 값을 예측하라.

유사 문제 16.61, 16.62, 16.68

반응 속도에 대한 온도의 영향

대부분의 경우 온도는 반응 속도에 엄청난 영향을 미친다. 즉, 상온에서 일어나는 많은 반응의 경우 온도를 10 K(10°C) 올리면 반응 속도는 2~3배가 된다. 그림 16.19A은 유기 가수분해 반응, 즉 물과 에스터인 아세트산 에틸의 반응에 대한 반응 속도 자료를 나타낸다. 온도의 영향을 이해하기 위해 서로 다른 온도에서 시간에 따른 농도를 측정한다. 각 속도식을 k에 대해 풀고, 그 결과를 그래프로 그리면(그림 16.19B) *T가 올라감에 따라 k가 지수적으로 증가함*을 알 수 있다.

더 높은 $T \Longrightarrow$ 더 큰 $k \Longrightarrow$ 반응 속도 증가

실험	[에스터]	[H_2O]	T (K)	반응 속도 (mol/L•s)	k (L/mol•s)
1	0.100	0.200	288	1.04×10^{-3}	0.0521
2	0.100	0.200	298	2.02×10^{-3}	0.101
3	0.100	0.200	308	3.68×10^{-3}	0.184
4	0.100	0.200	318	6.64×10^{-3}	0.332

A

그림 16.19 에스터 가수분해 반응에서 온도에 따른 속도 상수 증가.

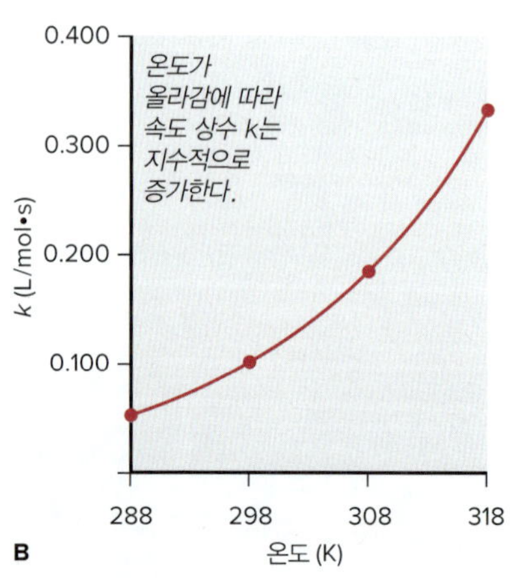

온도, 충돌 빈도 및 충돌 에너지 온도 상승은 운동하는 입자에 두 가지 영향을 미치는데, 충돌 *빈도* 증가와 충돌 *에너지* 증가가 그것이다. 각각이 반응 속도에 어떤 영향을 미치는지 살펴보자.

- 충돌 *빈도*. 입자들이 더 빠르게 움직이면 더 자주 충돌하게 된다. 계산을 해보면 288 K에서 298 K로 온도가 10 K 올라갈 때 평균 분자 속력은 2% 증가하며 반응 속도는 기껏해야 4% 증가한다. 따라서 충돌 빈도 증가는 10 K 증가에 반응 속도가 2~3배 되는 것을 설명할 수 없다. 실제로 충돌 *빈도*에 대한 온도의 영향은 단지 미미한 인자일 뿐이다.
- 충돌 *에너지*. 충돌 *에너지*에 대한 온도의 영향이 주된 인자이다. 특정 온도에서 E_a 이상의 에너지를 갖는 충돌의 분율 f는 다음과 같다.

$$f = e^{-E_a/RT}$$

여기서 e는 자연 로그의 밑, T는 절대 온도, R은 기체상수이다. T가 (−) 부호를 가진 지수 항의 분모에 들어가 있으므로 T가 증가하면 f가 커진다. 이제 우리는 온도가 올라가면 반응 속도가 빨라지는 이유를 알 수 있다. *온도 상승이 반응물 입자들의 운동 에너지를 증가시켜 E_a를 넘을 수 있는 충분한 에너지를 갖는 충돌의 분율을 증가시킨다*(그림 16.20) 온도 상승이 E_a의 값을 변화시키는 것이 아니라 에너지 장벽을 넘기에 충분한 에너지를 갖는 충돌의 분율을 증가시킨다는 것을 이해하는 것이 중요하다.

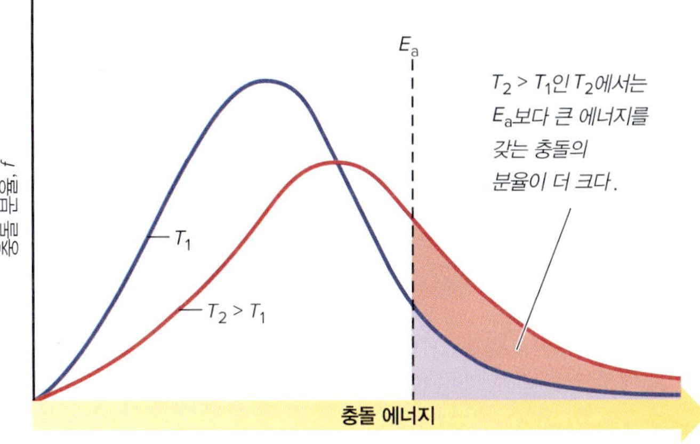

그림 16.20 충돌 에너지 분포에 대한 온도의 영향.

표 16.5는 *E_a와 T 값 모두 이 분율의 크기에 영향을 미침*을 보여준다. 표의 윗부분에서 온도가 일정할 때, E_a가 25 kJ/mol씩 증가하면 충분한 에너지를 갖는 충돌의 분율이 수만 배씩 감소함을 알 수 있다. (높이뛰기에 비유하면 가로대의 높이가 높아질수록 그걸 넘을 수 있는 충분한 에너지를 가진 운동선수의 분율이 작아진다.) 표의 아래 부분은 E_a를 일정하게 유지하면, 온도가 10 K(10°C) 높아질 때마다 분율이 거의 2배가 됨을 보여준다. 따라서 *활성화 에너지가 작을수록(또는 온도가 높을수록) 충분한 에너지를 갖는 충돌의 분율이 커져서 k 값이 증가하고, 따라서 반응 속도가 더 빨라진다.*

더 작은 E_a(또는 더 높은 T) ⟹ 더 큰 f ⟹ 더 큰 k ⟹ 더 빠른 반응 속도

표 16.5 반응이 일어나기에 충분한 에너지를 갖는 분율(f)에 대한 E_a와 T의 영향

E_a (kJ/mol)	$f(T = 298\text{ K})$
50	1.70×10^{-9}
75	7.03×10^{-14}
100	2.90×10^{-18}
T	**$f(E_a = 50\text{ kJ/mol})$**
25°C (298 K)	1.70×10^{-9}
35°C (308 K)	3.29×10^{-9}
45°C (318 K)	6.12×10^{-9}

활성화 에너지 구하기 1889년, 스웨덴 화학자 Svante Arrhenius는 온도와 반응 속도의 지수적 관계를 보여주는 식을 유도하였다. 오늘날의 표기로 **Arrhenius 식**은 다음과 같다.

$$k = Ae^{-E_a/RT} \quad \textbf{(16.10)}$$

여기서 k는 속도 상수, e는 자연 로그의 밑, T는 절대 온도, R은 기체상수이다. 이 식의 우변 항은 이미 본 적이 있는데, 특정 온도에서 E_a 이상의 에너지를 갖는 충돌의 분율인 f에 대한 식을 포함하고 있다. A 항을 **충돌 빈도 인자**(frequency factor)라고 부르는데, 이는 충돌 빈도 Z와 배향 확률 인자 p의 곱이다.

$$A = pZ$$

Arrhenius 식의 양변에 자연 로그를 취하고 이항하여 직선의 식 형태로 만들어 활성화 에너지 E_a를 구할 수 있다.

$$k = Ae^{-E_a/RT}$$

$$\ln k = \ln A - \frac{E_a}{R}\left(\frac{1}{T}\right)$$

$$y = b + mx$$

$1/T$에 대해 $\ln k$의 그래프를 그리면 기울기가 $-E_a/R$이고 y-절편이 $\ln A$인 직선이 된다(그림 16.21). 상수 R 값을 알고 있으므로 여러 온도에서의 k 값들의 그래프를 그려 E_a 값을 구할 수 있다.

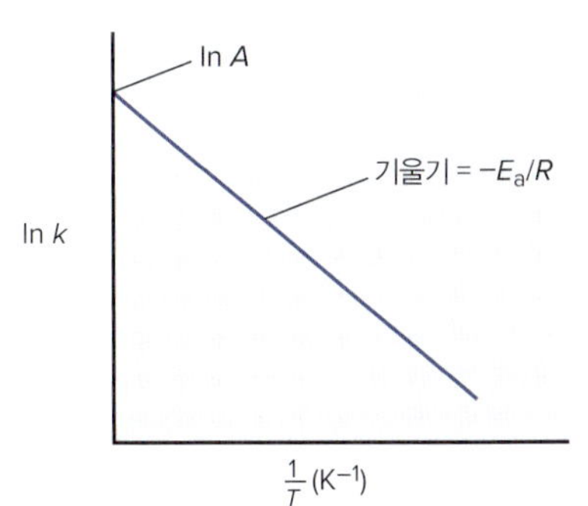

그림 16.21 그래프로 활성화 에너지 구하기.

두 온도 T_1과 T_2에서의 속도 상수를 알면 다른 방법으로 E_a를 구할 수 있다.

$$\ln k_2 = \ln A - \frac{E_a}{R}\left(\frac{1}{T_2}\right) \qquad \ln k_1 = \ln A - \frac{E_a}{R}\left(\frac{1}{T_1}\right)$$

$\ln k_2$에서 $\ln k_1$을 빼면, $\ln A$가 상쇄되고 남은 항들을 정리하면 다음 식을 얻는다.

$$\ln \frac{k_2}{k_1} = \frac{E_a}{R}\left(\frac{1}{T_1} - \frac{1}{T_2}\right) \quad \textbf{(16.11)}$$

그런 다음 아래 예제처럼 풀어서 E_a를 구한다.

예제 16.10 | 활성화 에너지 구하기

문제 아이오딘화 수소의 분해반응 $2HI(g) \longrightarrow H_2(g) + I_2(g)$의 속도 상수는 500. K에서 9.51×10^{-9} L/mol·s이고, 600. K에서 1.10×10^{-5} L/mol·s이다. E_a를 구하라.

계획 두 온도 T_1과 T_2에서의 속도 상수 k_1과 k_2가 주어져 있으므로, 식 (16.11)에 대입하여 E_a를 구한다.

풀이 식 (16.11)을 E_a에 대한 식으로 이항한다.

$$\ln \frac{k_2}{k_1} = \frac{E_a}{R}\left(\frac{1}{T_1} - \frac{1}{T_2}\right)$$

$$E_a = R\left(\ln \frac{k_2}{k_1}\right)\left(\frac{1}{T_1} - \frac{1}{T_2}\right)^{-1}$$

$$= (8.314 \text{ J/mol·K})\left(\ln \frac{1.10\times10^{-5} \text{ L/mol·s}}{9.51\times10^{-9} \text{ L/mol·s}}\right)\left(\frac{1}{500.\text{ K}} - \frac{1}{600.\text{ K}}\right)^{-1}$$

$$= 1.76\times10^{5} \text{ J/mol} = 1.76\times10^{2} \text{ kJ/mol}$$

해설 $1/T$의 유효 숫자를 T와 같게 유지하라. 그러지 않으면 상당한 오차가 생긴다. 최종 답에 대해서만 올바른 유효 숫자를 갖도록 반올림하라.

▶ 보충 문제

16.10A $2NOCl(g) \longrightarrow 2NO(g) + Cl_2(g)$ 반응의 E_a는 1.00×10^{2} kJ/mol이고, 500. K에서 속도 상수는 0.286 L/mol·s이다. 490. K에서의 속도 상수는 얼마인가?

16.10B 분해반응 $2NO_2(g) \longrightarrow 2NO(g) + O_2(g)$의 E_a는 1.14×10^{5} J/mol이고, 500. K에서 속도 상수는 7.02×10^{-3} L/mol·s이다. 반응 속도가 2배가 되는 온도는 얼마인가?

유사 문제 16.65, 16.66, 16.67

› 16.5절 요약

- 충돌 이론에 의하면 반응물 입자들이 충돌해야 반응이 일어나며, 가능한 충돌의 수는 반응물 입자들의 수를 곱하여 얻는다.
- 활성화 에너지 E_a는 충돌하는 입자들이 반응 하는 데 필요한 최소 에너지이다.
- 정반응과 역반응에 대한 E_a의 상대적 크기는 반응이 발열 반응인지 또는 흡열 반응인지 여부에 의해 결정된다.
- 분자들이 반응하기 위해서는 효율적인 배향을 가지고 충돌해야 하므로 분자 구조가 복잡해지면 반응 속도는 느려진다.
- 전이 상태 이론은 반응물 분자들이 충돌하여 불안정한 전이 상태를 형성하는 과정에서 운동 에너지가 퍼텐셜 에너지로 전환되는 것에 주목한다.
- 충분한 충돌 에너지와 효율적인 분자 배향을 가지고 충돌하면 반응물 화학종들은 전이 상태를 형성하는데, 여기서 생성물(들)로 계속 진행하거나 또는 반응물(들)로 되돌아간다.
- 반응 에너지 도표는 반응물에서 전이 상태를 거쳐 생성물로 가는 반응 진척도에 따른 퍼텐셜 에너지 변화를 보여준다.
- 온도가 높아지면 E_a보다 큰 충분한 에너지를 가진 충돌이 더 많아진다.
- Arrhenius식에서 알 수 있듯이 온도가 올라가면 반응 속도 상수가 증가하므로 반응 속도가 빨라진다.
- E_a 값은 여러 온도에서 구한 k 값을 그래프로 그려 구할 수 있다.

16.6 반응 메커니즘: 반응물에서 생성물로 가는 단계들

차체, 바퀴 및 계기판 혹은 엔진 전반을 살펴본다고 자동차가 어떻게 동작하는지 이해할 수 없다. 엔진 내부를 들여다보아 각 부품들이 서로 어떻게 결합되어 있고 어떻게 동작하는지를 알아야 한다. 마찬가지로 전체 균형 반응식을 보고서는 반응이 어떻게 "일어나는지"를 알 수 없다. "반응의 내부"를 들여다보아 반응물이 어떻게 생성물로 변하는지 단계별로 살펴보아야 한다.

대부분의 반응에 대한 단계들은, 더하면 전체 반응이 되는 일련의 단일 반응 단계들인 **반응 메커니즘**(reaction mechanism)으로 기술한다. 예를 들어, 다음 전체 반응

$$2A + B \longrightarrow E + F$$

의 메커니즘 중 하나는 다음의 더 단순한 세 단계들로 이루어질 수 있다.

(1) $A + B \longrightarrow C$

(2) $C + A \longrightarrow D$

(3) $D \longrightarrow E + F$

각 단계를 더하고 같은 항들을 상쇄시키면 전체 반응식이 된다.

$$A + B + \cancel{C} + A + \cancel{D} \longrightarrow \cancel{C} + \cancel{D} + E + F \quad \text{또는} \quad 2A + B \longrightarrow E + F$$

메커니즘은 반응이 어떻게 일어나는가에 대한 가설이다. 화학자들은 메커니즘을 *제안*하고 제안된 메커니즘이 관찰된 속도 법칙과 부합하는지 *검증*한다.

단일 단계 반응과 분자도

반응 메커니즘을 이루는 각 단계를 **단일 단계 반응**(elementary reaction)[또는 **단일 단계**(elementary step)]라고 부른다. 각 단일 단계 반응은 한 입자가 분해하거나 두 입자가 결합하는 등의 *단일 분자적 사건*을 나타낸다.

단일 단계의 특성은 그 단계에 참여하는 *반응물* 입자의 수인 **분자도**(molecularity)에 의해 결정된다. 성층권에서의 오존층 붕괴의 메커니즘을 살펴보자. 전체 반응은 다음과 같다.

$$2O_3(g) \longrightarrow 3O_2(g)$$

이 반응에 대해 두 단계 메커니즘이 제안되었다.

(1) $O_3(g) \longrightarrow O_2(g) + O(g)$

(2) $O_3(g) + O(g) \longrightarrow 2O_2(g)$

- 첫 번째 단계는 **일분자 반응**(unimolecular reaction)인데, 일분자 반응에는 단일 입자(O_3)의 분해나 재배열 등이 해당된다.
- 두 번째 단계는 **이분자 반응**(bimolecular reaction)이며, 이분자 반응에서는 두 입자(O_3와 O)가 충돌하여 반응한다.

삼분자(termolecular) 단일 단계 반응도 가끔 일어나지만 매우 드물다. 그 이유는 세 입자가 충분한 에너지와 효율적인 배향을 가지고 동시에 충돌할 확률이 매우 작기 때문이다. 그보다 더 큰 분자도는 알려진 바가 없다. 따라서 일반적으로 *일분자 반응과 이분자 반응을 메커니즘의 합리적인 단계로 생각한다.*

단일 단계 반응은 한 단계로 일어나므로, 그 속도 법칙은 전체 반응과 달리 반응 양론으로부터 바로 알아낼 수 있다. 즉, *반응 차수는 분자도와 같다.* 따라서 *오직 단일 단계 반응에 대해서만 반응식의 계수를 속도 법칙의 반응 차수로 사용한다*(표 16.6). 예를 들어,

표 16.6 | 일반적인 단일 단계 반응의 속도 법칙

단일 단계 반응	분자도	속도 법칙
$A \longrightarrow$ 생성물	일분자	속도 $= k[A]$
$2A \longrightarrow$ 생성물	이분자	속도 $= k[A]^2$
$A + B \longrightarrow$ 생성물	이분자	속도 $= k[A][B]$
$2A + B \longrightarrow$ 생성물	삼분자	속도 $= k[A]^2[B]$

O_3 분해 반응에 대해 제안된 메커니즘 중 단계 2에서 O_3 한 분자가 O 원자 한 개와 충돌한다. 따라서 이 단계는 O_3에 대해 1차, O에 대해 1차이며, 이 단계의 속도 법칙은 속도 = $k[O_3][O]$이다.

예제 16.11 | 단일 단계 반응의 분자도와 속도 법칙 구하기

문제 어떤 반응의 메커니즘으로 다음 단일 단계들이 제시되었다.

(1) $Cl_2(g) \rightleftharpoons 2Cl(g)$

(2) $Cl(g) + CHCl_3(g) \longrightarrow HCl(g) + CCl_3(g)$

(3) $Cl(g) + CCl_3(g) \longrightarrow CCl_4(g)$

(a) 전체 반응의 균형 반응식을 써라.
(b) 각 단계의 분자도를 결정하라.
(c) 각 단계의 속도 법칙을 써라.

계획 단일 단계들을 더하여 전체 반응식을 얻는다. 각 단계의 분자도는 *반응물* 입자들의 총 수와 같다. 반응식의 계수를 반응 차수로 사용하여 각 단계의 속도 법칙을 쓴다.

풀이 **(a)** 전체 균형 반응식 쓰기:

$$Cl_2(g) \rightleftharpoons 2Cl(g)$$
$$Cl(g) + CHCl_3(g) \longrightarrow HCl(g) + CCl_3(g)$$
$$Cl(g) + CCl_3(g) \longrightarrow CCl_4(g)$$

$$Cl_2(g) + \cancel{Cl(g)} + CHCl_3(g) + \cancel{Cl(g)} + \cancel{CCl_3(g)} \longrightarrow 2\cancel{Cl(g)} + HCl(g) + \cancel{CCl_3(g)} + CCl_4(g)$$

$$Cl_2(g) + CHCl_3(g) \longrightarrow HCl(g) + CCl_4(g)$$

(b) 각 단계의 분자도 결정: 첫 번째 단계의 반응물은 Cl_2 하나이므로 일분자이다. 두 번째와 세 번째 단계는 각각 반응물이 2개(Cl과 $CHCl_3$; Cl과 CCl_3)이므로 이분자이다.

(c) 단일 단계의 속도 법칙 쓰기:

(1) 속도$_1 = k_1[Cl_2]$

(2) 속도$_2 = k_2[Cl][CHCl_3]$

(3) 속도$_3 = k_3[Cl][CCl_3]$

검산 (a)에서는 반응식의 균형이 맞는지 확인하라. (c)에서는 대괄호 안의 물질들이 각 단일 단계의 *반응물*인지 확인하라.

▶ 보충 문제

16.11A 과산화 수소의 분해 반응에 대해 아래 메커니즘이 제안되었다.

(1) $H_2O_2(aq) \longrightarrow 2OH(aq)$

(2) $H_2O_2(aq) + OH(aq) \longrightarrow H_2O(l) + HO_2(aq)$

(3) $HO_2(aq) + OH(aq) \longrightarrow H_2O(l) + O_2(g)$

(a) 전체 반응의 균형 반응식을 써라. **(b)** 각 단계의 분자도를 결정하라. **(c)** 각 단계의 속도 법칙을 써라.

16.11B 어떤 반응의 메커니즘으로 다음 단일 단계 반응들이 제시되었다.

(1) $2NO(g) \rightleftharpoons N_2O_2(g)$

(2) $N_2O_2(g) + H_2(g) \longrightarrow N_2O(g) + H_2O(g)$

(3) $N_2O(g) + H_2(g) \longrightarrow N_2(g) + H_2O(g)$

(a) 전체 반응의 균형 반응식을 써라. **(b)** 각 단계의 분자도를 결정하라. **(c)** 각 단계의 속도 법칙을 써라.

유사 문제 16.76(a), 17.76(c), 16.77(a), 16.77(c)

반응 메커니즘의 속도 결정 단계

메커니즘에 포함된 모든 단일 단계 반응들은 각기 다른 속도를 갖는다. 그런데 보통 한 단계는 다른 단계들에 비해 현저히 느리다. **속도 결정 단계**(rate-determining step) 또는 **속도 제한 단계**(rate-limiting step)라고 부르는 이 단계가 전체 반응의 속도를 결정한다. 따라서 속도 *결정 단계의 속도 법칙이 전체 반응의 속도 법칙이 된다.*

교통 흐름에 대한 속도 결정 단계

통행 요금을 내는 다리를 건너는 대로를 따라 차를 운전하여 집으로 간다고 상상해 보자. 순조롭던 차량 흐름은 요금소에 다가가면서 길이 좁아지면 느려진다. 다리를 통과하고 나면 교통 흐름은 정상으로 돌아오고 2마일 더 운전하여 목적지에 도착한다. 요금을 내는 병목 구간을 통과하는 데 걸리는 시간이 다른 구간을 지나는 데 걸리는 시간을 다 더한 것보다 더 걸리므로, 전체 이동 시간을 결정하는 것은 병목 구간을 통과하는 데 걸리는 시간이다.

이산화 질소와 일산화 탄소 간의 다음 반응을 살펴보자.

$$NO_2(g) + CO(g) \longrightarrow NO(g) + CO_2(g)$$

이 반응이 단일 단계 반응이라면, 즉 메커니즘이 한 단계로 이루어져 있다면 전체 속도 법칙을 다음과 같이 바로 쓸 수 있다.

$$\text{속도} = k[NO_2][CO]$$

그러나 예제 16.3에서 보았듯이 실험 자료에 의하면 속도 법칙은 다음과 같다.

$$\text{속도} = k[NO_2]^2$$

따라서 전체 반응이 단일 단계일 수 없다.

제안된 두 단계 메커니즘은 다음과 같다.

(1) $NO_2(g) + NO_2(g) \longrightarrow NO_3(g) + NO(g)$ [느림, 속도 결정]

(2) $NO_3(g) + CO(g) \longrightarrow NO_2(g) + CO_2(g)$ [빠름]

이 메커니즘에서 NO_3는 메커니즘의 한 단계에서 생성된 후 이후 단계에서 반응 중 소모되는 **반응 중간체**(reaction intermediate)이다. 반응 중간체는 전체 균형 반응식에는 들어가지 않지만 반응이 일어나는 데 필수적이다. 중간체는 반응물이나 생성물들 보다 덜 안정하지만 *훨씬* 불안정한 전이 상태와 달리 정상적인 결합을 가지고 있으며, 때로는 분리해 낼 수도 있다.

위에 기술한 두 단일 단계 반응에 대한 속도 법칙은 다음과 같다.

(1) $\text{속도}_1 = k_1[NO_2][NO_2] = k_1[NO_2]^2$

(2) $\text{속도}_2 = k_2[NO_3][CO]$

이 메커니즘에 대해 알아낼 수 있는 세 가지 핵심 요점은 다음과 같다.

- $k_1 = k$이면, 속도 결정 단계(단계 1)의 속도 법칙이 전체 속도 법칙과 같다.
- 첫 번째 단계가 느리므로, $[NO_3]$가 낮다. NO_3가 생성되자마자 빠른 두 번째 단계로 소모되므로 첫 단계가 일어나는 동안은 반응이 지속된다.
- CO는 속도 결정 단계 *이후*에 메커니즘에 참여하므로 속도 법칙에 들어가지 않으며(반응 차수 = 0), 따라서 CO의 농도는 반응 속도에 영향을 미치지 않는다.

메커니즘과 속도 법칙의 합치

합리적인 반응 메커니즘을 제시하는 것은 과학적 연구 방법의 오래된 예이다. 반응 속도 실험에서 얻은 자료에 근거하여 개별 단계들에 대한 가설을 제시하고, 추가적인 근거 자료로 이 가설들을 검증한다. 실험적 근거들이 메커니즘과 부합하면 제시한 메커니즘을 타당한 것으로 받아들인다. 그렇지 않으면 다른 메커니즘을 제시한다. 어떤 메커니즘이 *실제* 화학적 변화를 나타낸다고 증명할 수는 없으며, 단지 실험적 자료와 부합하는지만 확인할 수 있다.

타당한 메커니즘은 다음 세 가지 기준을 충족해야 한다.

1. *단일 단계 반응들을 더하면 전체 균형 반응식이 되어야 한다.*
2. *단일 단계 반응들이 합리적이어야 한다.* 일반적으로 단일 단계 반응들은 반응물이 하나(일분자)이거나 둘(이분자)이다.
3. *메커니즘은 속도 법칙과 부합해야 한다.*

느린 첫 번째 단계를 갖는 메커니즘 앞에서 살펴본 NO_2와 CO 반응은 느린 첫 번째 단계를 포함하는 메커니즘을 갖는다. 즉, 첫 번째 단계가 속도를 결정한다. 이산화 질소와 플루오린의 반응은 그러한 반응의 또 다른 예이다.

$$2NO_2(g) + F_2(g) \longrightarrow 2NO_2F(g)$$

실험적 속도 법칙은 NO_2에 대해 1차, F_2에 대해 1차이며,

$$\text{속도} = k[NO_2][F_2]$$

공인된 메커니즘은 다음과 같다.

(1) $NO_2(g) + F_2(g) \longrightarrow NO_2F(g) + F(g)$ [느림, 속도 결정]

(2) $NO_2(g) + F(g) \longrightarrow NO_2F(g)$ [빠름]

플루오린 원자가 반응 중간체이다.

이 메커니즘이 세 기준을 충족하는지 살펴보자.

1. 단일 단계 반응들을 더하면 균형 반응식이 된다.

$$NO_2(g) + NO_2(g) + F_2(g) + \cancel{F(g)} \longrightarrow NO_2F(g) + NO_2F(g) + \cancel{F(g)}$$

또는 $$2NO_2(g) + F_2(g) \longrightarrow 2NO_2F(g)$$

2. 두 단일 단계 모두 이분자 반응이므로, 합리적이다.

3. 메커니즘이 관찰된 속도 법칙과 부합하는지 알아보기 위해 우선 단일 단계 반응들에 대한 속도 법칙을 쓴다.

(1) $속도_1 = k_1[NO_2][F_2]$

(2) $속도_2 = k_2[NO_2][F]$

단계 1이 속도 결정 단계이며, $k_1 = k$로 놓으면 단계 1의 속도 법칙이 전체 속도 법칙과 같으므로 세 번째 기준을 충족한다.

두 번째 NO_2 분자는 속도 결정 단계 이후에 참여하므로 전체 속도 법칙에 들어가지 않는다. 따라서 NO_2와 CO 반응의 메커니즘에서와 마찬가지로, *전체 속도 법칙은 속도 결정 단계에 참여하는 모든 반응물들을 포함한다.*

빠른 첫 단계를 가진 메커니즘 속도 제한 단계가 메커니즘의 첫 번째 단계가 *아니면* 빠른 첫 번째 단계의 생성물들이 축적되어 반응물로 되돌아가기 시작한다. 시간이 더 흐르면 이 *빠르고 가역적인 단계는 평형에 도달하여*, 생성물들은 생성되자마자 반응물로 되돌아간다. 아래에서 보듯이 이러한 상황을 바탕으로 메커니즘을 전체 속도 법칙과 맞추어 볼 수 있다.

일산화 질소의 산화 반응을 살펴보자.

$$2NO(g) + O_2(g) \longrightarrow 2NO_2(g)$$

측정된 속도 법칙은

$$속도 = k[NO]^2[O_2]$$

이며, 제안된 메커니즘은 다음과 같다.

(1) $NO(g) + O_2(g) \rightleftharpoons NO_3(g)$ [빠름, 가역]

(2) $NO_3(g) + NO(g) \longrightarrow 2NO_2(g)$ [느림, 속도 결정]

이 메커니즘이 타당한지 세 가지 기준을 적용해보자.

1. 단계들을 더한 후 반응 중간체 NO_3를 상쇄하면 전체 반응식이 얻어지므로 첫 번째 기준을 충족한다.

$$NO(g) + O_2(g) + \cancel{NO_3(g)} + NO(g) \longrightarrow \cancel{NO_3(g)} + 2NO_2(g)$$

또는 $$2NO(g) + O_2(g) \longrightarrow 2NO_2(g)$$

2. 두 단계 모두 이분자 반응이므로 두 번째 기준도 충족한다.

3. 세 번째 기준(메커니즘이 속도 법칙과 부합하는지 여부)을 충족하는지 살펴보기 위해 우선 단일 단계들에 대한 속도 법칙을 쓴다.

(1) $속도_{1(정반응)} = k_1[NO][O_2]$

$속도_{1(역반응)} = k_{-1}[NO_3]$

여기서 k_{-1}은 속도 상수이며, NO_3는 역반응의 반응물이다.

(2) $속도_2 = k_2[NO_3][NO]$

이어서 속도 결정 단계(단계 2)의 속도 법칙에서 전체 속도 법칙이 얻어지는지를 살펴본다. 이 식에는 반응 중간체 NO_3가 들어 있고, *전체 속도 법칙은 반응물(과 생성물)만 포함해야 하므로*, 전체 속도 법칙과 다르다. 다음과 같이 $[NO_3]$를 반응물 항으로 나타내어 단계 2의 속도 법칙에서 $[NO_3]$를 제거한다.

- 정반응과 역반응 속도가 같으면 단계 1은 평형에 도달한다. 따라서

$$속도_{1(정반응)} = 속도_{1(역반응)} \quad 또는 \quad k_1[NO][O_2] = k_{-1}[NO_3]$$

- $[NO_3]$를 반응물 항으로 나타내기 위해 다음과 같이 이항한다.

$$[NO_3] = \frac{k_1}{k_{-1}}[NO][O_2]$$

- 이 $[NO_3]$를 느린 단계(단계 2)의 속도 법칙에 대입하면 다음 식을 얻는다.

$$속도_2 = k_2[NO_3][NO] = k_2\underbrace{\left(\frac{k_1}{k_{-1}}[NO][O_2]\right)}_{[NO_3]}[NO] = \frac{k_2k_1}{k_{-1}}[NO]^2[O_2]$$

$k = \frac{k_2k_1}{k_{-1}}$으로 놓으면, 이 속도 법칙은 전체 속도 법칙과 같다.

요약하면 다음 과정을 통해 빠른 첫 번째 단계를 가진 메커니즘의 타당성을 검증한다.

1. 빠른 단계(양쪽 방향)과 느린 단계의 속도 법칙을 쓴다.
2. 가역 단계의 정반응 속도 법칙과 역반응 속도 법칙을 같다고 놓고, [중간체]에 대해 풀어 [중간체]를 [반응물] 항으로 나타낸다.
3. [중간체] 식을 느린 단계의 속도 법칙에 대입하여 전체 속도 법칙을 구한다.

명심할 점은 *모든 메커니즘에서는 느린(속도 결정) 단계와 그 전 단계에 참여하는 반응물들만 전체 속도 법칙에 들어간다는 것이다.*

인터넷 핫스팟

반응 메커니즘의 개념이 어렵게 느껴진다면, eBook에 접속하여 이 주제에 대한 추가 학습 동영상을 참고하자.

예제 16.12 | 중간체 확인과 속도 법칙과 반응 메커니즘 합치 여부 판단

문제 예제 16.11의 반응 메커니즘에 대해

(a) 메커니즘의 중간체를 찾아라.

(b) 단계 2가 느린(속도 결정) 단계라고 가정하고, 메커니즘이 관찰된 속도 법칙과 합치됨을 보여라. 속도 $= k[Cl_2]^{1/2}[CHCl_3]$.

계획 **(a)** 각 단일 단계 반응들을 쓰고, 더하여 전체 반응식을 얻는다. 중간체는 한 단계에서 생성되고 이 후 단일 단계에서 반응물로 소모되는 물질이다. **(b)** 느린 단계의 반응물들로 이 단계의 속도 법칙을 쓴다. 속도 법칙에 중간체가 존재하면 반응물 항으로 나타내어 소거한다.

풀이 **(a)** 중간체 확인:

$$Cl_2(g) \rightleftharpoons 2Cl(g) \qquad [빠름]$$
$$Cl(g) + CHCl_3(g) \longrightarrow HCl(g) + CCl_3(g) \qquad [느림]$$
$$Cl(g) + CCl_3(g) \longrightarrow CCl_4(g) \qquad [빠름]$$

$$Cl_2(g) + \cancel{Cl(g)} + CHCl_3(g) + \cancel{Cl(g)} + \cancel{CCl_3(g)} \longrightarrow \cancel{2Cl(g)} + HCl(g) + \cancel{CCl_3(g)} + CCl_4(g)$$

$$Cl_2(g) + CHCl_3(g) \longrightarrow HCl(g) + CCl_4(g)$$

Cl과 CCl_3는 생성되었다가 사라지므로 중간체는 $Cl(g)$와 $CCl_3(g)$이다.

(b) 반응 메커니즘과 속도 법칙 합치 여부:

단계 2가 속도 결정 단계이다.

$$Cl(g) + CHCl_3(g) \longrightarrow HCl(g) + CCl_3(g) \qquad [느림]$$
$$속도 = k_2[Cl][CHCl_3].$$

Cl이 중간체이므로 [Cl]을 반응물 항으로 나타내어야 한다.

단계 1에서: $속도_{1(정반응)} = 속도_{1(역반응)}$ 또는 $k_1[Cl_2] = k_{-1}[Cl]^2$

따라서

$$[Cl]^2 = \frac{k_1}{k_{-1}}[Cl_2] \implies [Cl] = \sqrt{\frac{k_1}{k_{-1}}[Cl_2]} = \sqrt{\frac{k_1}{k_{-1}}}[Cl_2]^{1/2}$$

[Cl]을 느린 단계의 속도 법칙에 대입하면,

$$속도 = k_2[Cl][CHCl_3] = k_2\sqrt{\frac{k_1}{k_{-1}}}[Cl_2]^{1/2}[CHCl_3]$$

$k = k_2\sqrt{\frac{k_1}{k_{-1}}}$로 놓으면 이 속도 법칙은 관찰된 속도 법칙과 일치한다.

검산 중간체로 확인된 물질이 전체 균형 반응식에 들어가지 않도록 주의하라. (b)에서는 속도 결정 단계를 이용하여 속도 법칙을 쓰고 중간체가 속도 법칙에 들어가지 않도록 주의하라.

▶ **보충 문제**

16.12A 보충 문제 16.11A의 반응 메커니즘을 검증하라. **(a)** 메커니즘에 들어 있는 중간체를 찾아라. **(b)** 관찰된 과산화 수소의 분해 반응의 속도 법칙은 속도 = $k[H_2O_2]$이다. 반응 메커니즘이 속도 법칙과 합치하려면 어느 단계가 속도 결정 단계여야 하는가?

16.12B 보충 문제 16.11B에 나타낸 반응 메커니즘의 전체 반응의 실험적 속도 법칙은 속도 = $k[NO]^2[H_2]$이다. **(a)** 메커니즘에 들어 있는 중간체를 찾아라. **(b)** 단계 2가 느린(속도 결정) 단계라고 가정하고 이 메커니즘이 관찰된 속도 법칙과 합치됨을 보여라.

유사 문제 16.76(b), (d), (e), 16.77(b), (d), 16.78, 16.79

다단계 메커니즘을 반응 에너지 도표로 나타내기 그림 16.22는 두 단계 메커니즘을 갖는 두 반응의 반응 에너지 도표를 나타낸 것이다. NO_2와 F_2 반응(그림 A)은 느린 단계로 시작하며, NO와 O_2 반응(그림 B)은 빠른 반응으로 시작한다. 두 전체 반응 모두 발열 반응이며, 따라서 생성물의 에너지가 반응물보다 낮다. 다음 요점들에 주목하라.

- *메커니즘의 각 단계는 정상에 전이 상태를 갖는 고유한 봉우리를 갖는다.*
- 중간체(그림 A의 F, 그림 B의 NO_3)들은 반응성이 강하고 불안정한 화학종들이어서 반응물이나 생성물보다 에너지가 훨씬 더 높다.
- 느린(속도 결정) 단계(A의 단계 1, B의 단계 2)는 다른 단계보다 *더 큰* E_a 값을 갖는다.

› 16.6절 요약

› 반응 메커니즘의 대부분은 둘 또는 그 이상의 단일 단계로 이루어지며, 각 단계는 단일 분자적 사건을 나타낸다.

› 단일 단계 반응의 분자도는 반응물 입자의 수와 같으며, 그 단계의 총 반응 차수와 같다. 일분자 및 이분자 단계만 합리적이다.

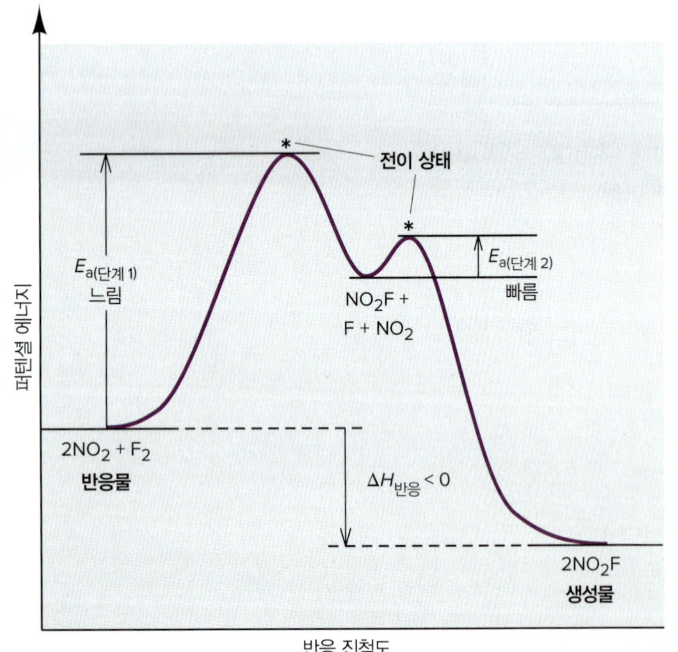

A.

(1) $NO_2(g) + F_2(g) \longrightarrow NO_2F(g) + F(g)$ [느림]

(2) $NO_2(g) + F(g) \longrightarrow NO_2F(g)$ [빠름]

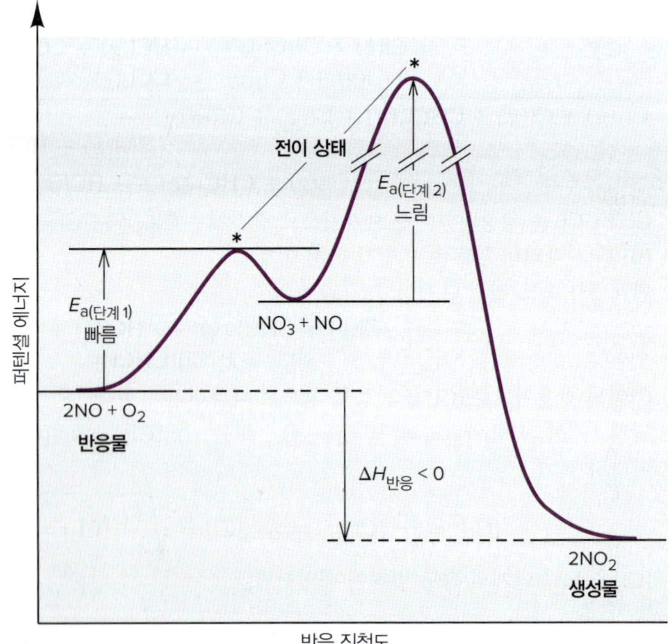

B.

(1) $NO(g) + O_2(g) \rightleftharpoons NO_3(g)$ [빠름]

(2) $NO_3(g) + NO(g) \longrightarrow 2NO_2(g)$ [느림]

그림 16.22 두 단계 반응 (A) $NO_2 + F_2$와 (B) NO + O_2 반응의 반응 에너지 도표.

- 메커니즘에서 속도 결정(가장 느린) 단계가 전체 반응의 속도를 결정하며, 이 단계의 속도 법칙은 전체 속도 법칙과 같다.
- 반응 중간체는 어떤 단계에서 생성되었다가 나중 단계에서 소모되는 화학종이다.
- 어떤 메커니즘이 타당한 것이 되려면, (1) 단일 단계 반응들을 더해서 전체 균형 반응식이 되어야 하고, (2) 단일 단계들이 합리적이어야 하며, (3) 메커니즘과 속도 법칙이 합치되어야 한다.
- 메커니즘의 첫 단계가 느린 단계이면 그 느린 단계에 참여하는 반응물들만 전체 속도 법칙에 들어간다.
- 메커니즘의 첫 단계가 빠른 단계이면 빠른 단계의 생성물이 중간체로 축적되고 그 단계는 평형에 도달한다. 메커니즘이 타당함을 보이려면 [중간체]를 [반응물] 항으로 나타내어야 한다.
- 느린(속도 결정) 단계나 그 이전 단계에 참여하는 반응물들만 전체 속도 법칙에 들어간다.
- 메커니즘의 각 단계는 반응 에너지 도표 상의 봉우리의 정상에 있는 전이 상태를 가진다. 더 느린 단계일수록 더 높은 봉우리(더 높은 E_a)를 갖는다.

16.7 촉매 작용: 반응의 촉진

반응 속도를 증가시키는 것은 공학과 생물학 분야에서 수없이 많이 활용되고 있다. 온도를 높이면 반응이 빨라지지만, 산업 공정의 에너지 비용이 증가하고, 많은 유기 및 생체 물질들은 열에 약하다. 더 일반적으로는 **촉매**(catalyst)를 써서 반응을 가속하는데, 촉매는 *소모되지 않으면서* 반응 속도를 높이는 물질이다. 따라서 소량의 촉매로 충분히 반응을 가속할 수 있다. 소량이 필요함에도 불구하고 수많은 공정에 촉매가 사용되어 매년 미국에서만도 수백만 톤이 생산된다. 자연은 촉매 설계 및 이용의 절정 고수이다. 모든 유기체는 *효소*(enzyme)라고 부르는 단백질 촉매들을 써서 생명 유지 반응들을 가속하며, 가장 단순한 박테리아조차도 수천 가지의 효소를 이용한다.

촉매 작용의 기초

각 촉매마다 고유한 작용 방식이 있지만, 일반적으로 *촉매는 더 낮은 활성화 에너지를 갖는 새로운 반응 메커니즘을 제공하여 속도 상수를 더 크게 하여 반응 속도를 증가시킨다.*

촉매 $\Longrightarrow$ 더 낮은 E_a $\Longrightarrow$ 더 큰 k $\Longrightarrow$ 더 빠른 반응 속도

반응물 A와 B 사이의 이분자 충돌의 한 단계 메커니즘으로 진행하는 일반적인 *비촉매* 반응을 생각해 보자(그림 16.23). 이 반응의 활성화 에너지가 비교적 크고 따라서 반응 속도도 비교적 느리다.

$$\text{A} + \text{B} \longrightarrow \text{생성물} \qquad [\text{더 큰 } E_a \Longrightarrow \text{더 느린 반응 속도}]$$

촉매 반응에서는 첫 단계에서 반응물 A가 촉매와 상호작용하여 중간체 C를 형성한 후, 두 번째 단계에서 C가 B와 반응하여 생성물을 생성하면서 촉매를 재생한다.

$$(1)\ \text{A} + \text{촉매} \longrightarrow \text{C} \qquad [\text{더 작은 } E_a \Longrightarrow \text{더 빠른 반응 속도}]$$
$$(2)\ \text{C} + \text{B} \longrightarrow \text{생성물} + \text{촉매} \qquad [\text{더 작은 } E_a \Longrightarrow \text{더 빠른 반응 속도}]$$

그림 16.23은 다음 세 가지 요점을 말해준다.

- 촉매는 정반응과 역반응을 *모두* 가속한다. 따라서 촉매가 있든 없든 반응의 수율은 *같으며* 다만 생성물이 *더 빠르게* 생성된다.
- 촉매는 *다른 메커니즘*을 제공하여 *전체 활성화 에너지를 낮춘다*. 두 단계 촉매 반응 경로의 활성화 에너지의 합 $[E_{a1(\text{정반응})} + E_{a2(\text{정반응})}]$은 비촉매 경로의 정반응 활성화 에너지보다 작다.
- 촉매는 소모되지 *않으며* 사용되었다가 재생된다.

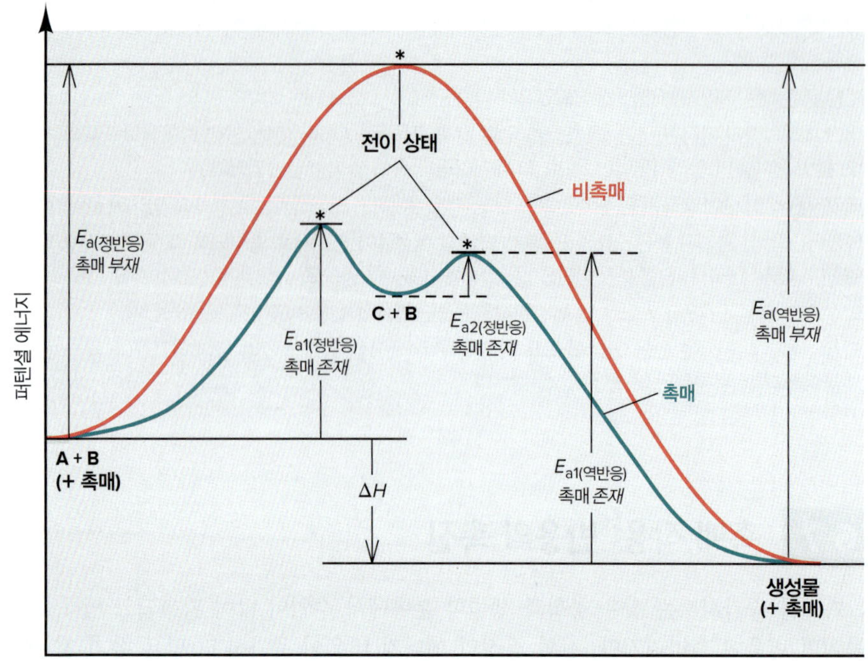

그림 16.23 촉매(*녹색*) 및 비촉매(*빨간색*) 과정에 대한 반응 에너지 도표. 촉매는 더 낮은 에너지 경로(녹색)를 제공하여 반응을 가속한다. (촉매 역반응의 경우 첫 번째 단계만 표시하였음.)

균일 촉매 작용

화학자들은 촉매를 반응물 및 생성물과 같은 상을 갖는지의 여부에 따라 분류한다. **균일 촉매**(homogeneous catalyst)는 반응 혼합물과 용액 상태로 존재하므로 기체, 액체 또는 용해되는 고체이어야 한다.

자세히 연구된 기체상 균일 촉매 작용의 적용 예로 황산 생산이 있다. 핵심 단계인 이산화 황에서 삼산화 황으로의 산화 반응은 매우 느려서 경제성이 없다.

$$SO_2(g) + \tfrac{1}{2}O_2(g) \longrightarrow SO_3(g)$$

그러나 일산화 질소가 존재하면 전체 반응 속도는 엄청나게 빨라진다.

$$\begin{aligned} NO(g) + \tfrac{1}{2}O_2(g) &\longrightarrow NO_2(g) \\ NO_2(g) + SO_2(g) &\longrightarrow NO(g) + SO_3(g) \end{aligned}$$

$$\cancel{NO(g)} + \tfrac{1}{2}O_2(g) + \cancel{NO_2(g)} + SO_2(g) \longrightarrow \cancel{NO_2(g)} + \cancel{NO(g)} + SO_3(g)$$

또는 $$SO_2(g) + \tfrac{1}{2}O_2(g) \longrightarrow SO_3(g)$$

NO와 NO_2가 상쇄되어 전체 반응식이 얻어짐에 주목하라.

- NO_2는 중간체(첫 번째 단계에서 생성되어 두 번째 단계에서 소모되는)로 작용하며,
- NO는 촉매(첫 번째 단계에서 소모되고 두 번째 단계에서 재생되는)로 작용한다.

자세히 연구된 균일 촉매 작용의 다른 예는 수용액 중의 과산화 수소의 분해 반응이다.

$$2H_2O_2(aq) \longrightarrow 2H_2O(l) + O_2(g)$$

H_2O_2는 빛이나 유리에서 녹아 나오는 소량의 이온이 존재하면 분해되지만 어두운 색의 플라스틱 용기에서는 꽤 안정하다. 브로민화 이온(Br^-) 등 많은 물질들이 과산화 수소의 분해를 촉진한다(그림 16.24). 촉매 과정은 두 단계로 일어난다고 생각되는데, 두 단계 모두 산화-환원 반응이다.

$$\begin{aligned} 2Br^-(aq) + H_2O_2(aq) + 2H^+(aq) &\longrightarrow Br_2(aq) + 2H_2O(l) \\ Br_2(aq) + H_2O_2(aq) &\longrightarrow 2Br^-(aq) + 2H^+(aq) + O_2(g) \end{aligned}$$

$$\cancel{2Br^-(aq)} + H_2O_2(aq) + \cancel{2H^+(aq)} + \cancel{Br_2(aq)} + H_2O_2(aq) \longrightarrow \cancel{Br_2(aq)} + 2H_2O(l) + \cancel{2Br^-(aq)} + \cancel{2H^+(aq)} + O_2(g)$$

또는 $$2H_2O_2(aq) \longrightarrow 2H_2O(l) + O_2(g)$$

이 경우 Br_2, Br^-, H^+는 상쇄되어 전체 균형 반응식이 얻어진다.

- Br^-는 촉매(H^+ 존재 하에서)이며,
- Br_2(주황색)는 중간체이다.

A

B

C

그림 16.24 H_2O_2의 촉매 분해 반응. **A.** 고체 NaBr을 H_2O_2 수용액에 녹인다. **B.** $Br^-(aq)$가 H_2O_2의 분해 반응에 촉매로 작용하여 바로 O_2 기포가 생긴다. 중간체인 Br_2 때문에 용액이 주황색으로 변한다. **C.** 메커니즘의 최종 단계에서 Br_2가 소모되면서 용액은 무색으로 된다.

Source: Charles D. Winters/McGraw-Hill Education

불균일 촉매 작용

불균일 촉매(heterogeneous catalysts)는 반응 혼합물과 다른 상으로 존재하면서 반응을 가속한다. 가장 흔한 것은 기체나 액체 반응물에 작용하는 고체 촉매로, 엄청난 표면적을 가지고 있어서 어떤 경우 500 m^2/g이나 된다. 반응 초기에는 반응 속도가 반응물의 농도에 의존하지만 거의 즉각적으로 영차 반응이 된다. 속도 결정 단계가 촉매의 표면에서 일어나기 때문에 반응물들이 표면을 일단 덮은 후에는 반응물을 더 많이 넣어도 반응 속도는 증가하지 않는다.

매우 중요한 유기 불균일 촉매 작용의 적용 예는 C=C 결합에 H_2를 첨가하여 C—C 결합을 형성하는 **수소 첨가 반응**(hydrogenation)이다. 석유화학, 플라스틱, 식품 산업 등에서 엄청난 규모로 이 공정을 이용한다. 가장 단순한 수소 첨가 반응은 에틸렌(또는 에텐)을 에테인으로 바꾸는 것이다.

$$H_2C{=}CH_2(g) + H_2(g) \longrightarrow H_3C{-}CH_3(g)$$

촉매가 없으면 반응은 매우 느리다. 그러나 높은 압력의 H_2(높은 $[H_2]$) 하에서 잘게 부순 Ni, Pd 및 Pt 금속이 존재하면 상온에서도 반응이 빠르게 일어난다. 8B(10)족 *금속들의 표면에 반응물들이 화학 흡착*하여 촉매 작용이 일어난다(그림 16.25). 속도 결정 단계에서는 흡착된 H_2가 두 H 원자로 쪼개어져 촉매의 표면(catM)에 약하게 결합한다.

$$H{-}H(g) + 2\,\text{catM}(s) \longrightarrow 2\,\text{catM}{-}H \text{ (금속 표면에 붙은 H 원자)}$$

그런 다음 C_2H_4가 흡착되어 H 원자와 한 번에 하나씩 반응하여 C_2H_6를 생성한다. 따라서 촉매는 다른 메커니즘을 통해 반응에 참여함으로써 느린 단계(H—H 결합 해리)의 활성화 에너지를 낮춘다.

자동차의 촉매 변환기에 들어 있는 백금, 팔라듐, 로듐 등의 전이 금속은 불균일 촉매로 작용하여 자동차의 배기 계통에서 유해한 기체의 배출을 감소시킨다. 이 촉매는 유해한 CO와 불연소된 휘발유가 CO_2와 H_2O로 산화되는 반응을 가속한다.

$$2CO(g) + O_2(g) \longrightarrow 2CO_2(g)$$

$$\text{탄화수소}(g) + O_2(g) \longrightarrow CO_2(g)\text{와 } H_2O(g)$$

위 반응들의 속도를 높이는 동시에 다음과 같이 오염 물질인 NO와 NO_2를 N_2로 환원시킨다.

$$2NO(g) \longrightarrow N_2(g) + O_2(g)$$

$$2NO_2(g) \longrightarrow N_2(g) + 2O_2(g)$$

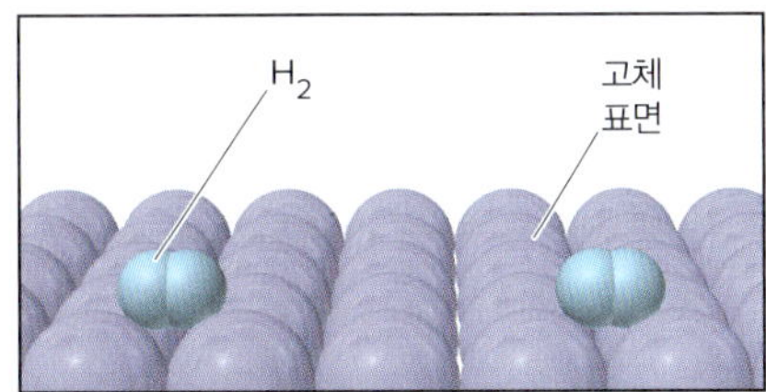

H_2가 금속 표면에 흡착된다.

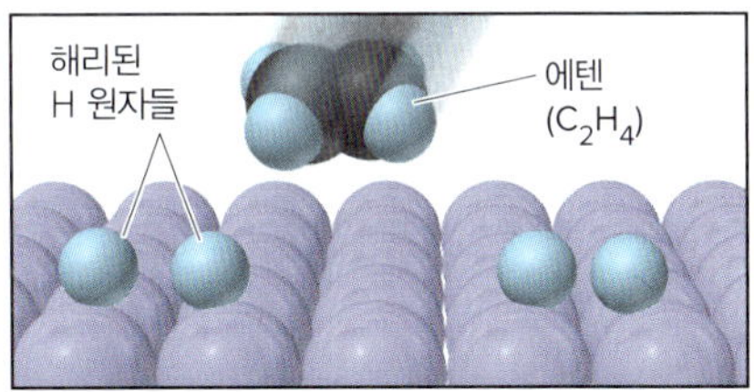

속도 제한 단계는 H—H 결합 해리이다.

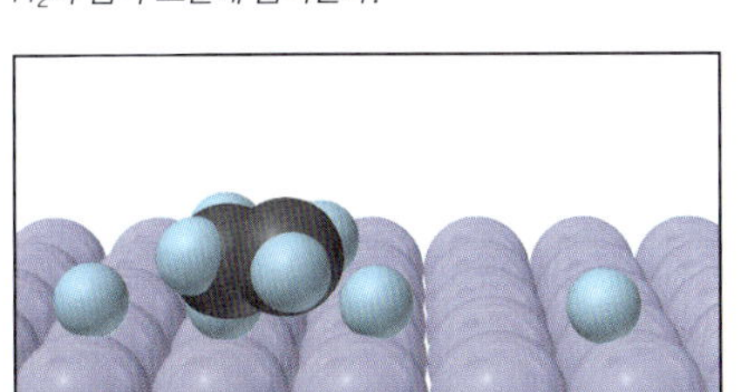

C_2H_4가 흡착된 후 C—H 결합 하나가 형성된다.

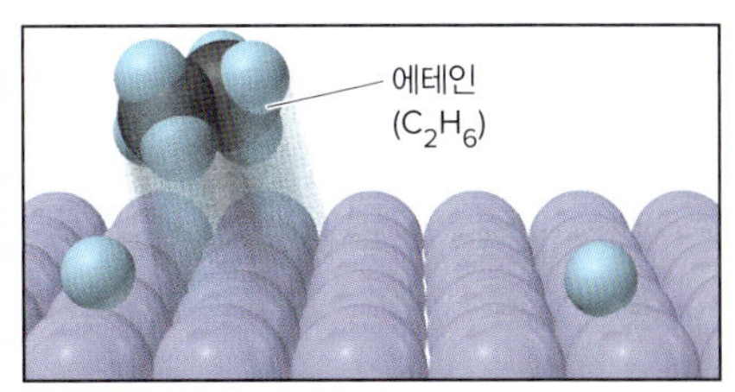

두 번째 C—H 결합이 형성된다. C_2H_6가 표면을 떠난다.

그림 16.25 금속이 촉매로 작용하는 에텐의 수소화 반응.

수소 첨가 반응 메커니즘에서와 같이 촉매는 분자들을 흡착하여 결합을 약하게 만들거나 해리시켜 원자들이 더 빠르게 새로운 결합을 형성하도록 돕는다. 이 과정은 극히 효율적이다. 예를 들어 흡착된 NO 분자는 2×10^{-12}초 이내에 촉매에 결합된 N과 O 원자로 해리된다.

생체 촉매의 역할과 반응 속도론

산업에서 이용하는 대부분의 화학 반응들은 높은 농도의 극한 조건에서 일어나지만, 살아 있는 세포 속에서는 수천 가지 복잡한 반응들이 일상적인 온도와 압력 하의 묽은 용액에서 일어난다. 더구나 각 반응의 속도는 다른 반응들의 속도, 다른 세포에서 오는 화학적 신호, 환경적 스트레스 등의 영향을 받는다. 이 놀라운 화학적 조화 속에서 각 반응은 진화를 통해 그 역할이 완벽해진 단백질 촉매인 **효소**(enzyme)들에 의해 조절된다.

효소들은 대부분 복잡한 형태를 갖는 구형 단백질(15.6절)이며, 몰질량이 15,000~1,000,000 g/mol 정도이다. 효소 표면의 작은 부분(산비탈에 있는 움푹 파인 곳 같은)은 **활성 자리**(active site)로, 그 모양은 반응의 촉매 작용에 참여하는 아미노산 잔기들에 의해 정해진다. 흔히 사슬의 삼차원 접힘 때문에 폴리펩타이드 사슬의 서열상에서 멀리 떨어진 작용기들이 서로 가까이 존재한다. **기질**(substrate)이라 부르는 반응물 분자들이 활성 자리와 효율적으로 충돌하면 *분자간 힘*으로 붙잡혀 화학적 변화가 일어난다.

효소 작용의 특성 효소들의 촉매 작용은 몇 가지 공통적인 특성을 가지고 있다.

1. *촉매 작용*. 효소들은 두 가지 유형의 촉매처럼 작용한다. 효소들은 기질들보다 훨씬 크고, 많은 효소들은 세포막에 박혀 있다. 따라서 효소는 불균일 촉매처럼 한 반응물이 일시적으로 달라붙어 다른 반응물이 근처에 도달하기를 기다리는 표면을 제공한다. 그러나 또한 많은 균일 촉매처럼 활성 자리의 작용기들은 용매와 다른 화학종들의 존재 하에서 여러 단계로 기질(들)과 상호작용한다.
2. *촉매 효율*. 단위 시간당 촉매 반응의 수로 나타내어 보면 효소들은 믿을 수 없을 정도로 *효율적*이다. 예를 들어, 요소의 가수분해 반응의 경우

$$(NH_2)_2C{=}O(aq) + 2H_2O(l) + H^+(aq) \longrightarrow 2NH_4^+(aq) + HCO_3^-(aq)$$

   상온의 물속에서 비촉매 반응의 속도 상수는 $3\times10^{-10}\ s^{-1}$이다. 같은 조건에서 효소 *urease*(YUR-ee-ase로 발음)가 존재하면 속도 상수는 $3\times10^{4}\ s^{-1}$으로, 10^{14}배 증가한다. 보통 효소들은 반응 속도를 10^{8}에서 10^{20}배 증가시키는데, 이 값은 촉매를 사용하는 산업 현장의 화학자들이 오직 꿈에서나 기대할 수 있는 숫자이다!
3. *촉매 작용의 특이성*. 활성 자리에 특정 작용기들이 있기 때문에 효소들은 높은 *특이성*을 갖는다. 즉, 한 효소는 일반적으로 오직 한 반응에만 촉매로 작용한다. Urease는 *오직* 요소의 가수분해 반응에만 촉매 작용을 하며, 다른 어떤 효소도 이 반응에 작용하지 않는다.

효소 작용 모형 효소 작용에 대해 두 가지 모형이 제시되었다.

1. 오래된 **자물쇠-열쇠 모형**(lock-and-key model, 그림 16.26A)에 의하면, "열쇠"(기질)가 "자물쇠"(활성 자리)에 맞을 때에만 화학적 변화가 일어난다.
2. 나중에 나온 **유발-접합 모형**(induced-fit model, 그림 16.26B)에 의하면, 기질이 활성 자리의 변형을 유도하여 완전하게 맞도록 한다. X-선 결정학과 분광학적 방법들을 써서, 대부분의 경우 *기질이 활성 자리에 안착하면 효소의 모양이 변함*을 밝혀내었다. 즉, 자물쇠 속의 단단한 열쇠가 아니라 장갑 속의 유연한 손으로 생각할 수 있다. "장갑"(활성 자리)은 "손"(기질)이 들어가야 제 역할을 하는 모양을 갖게 된다.

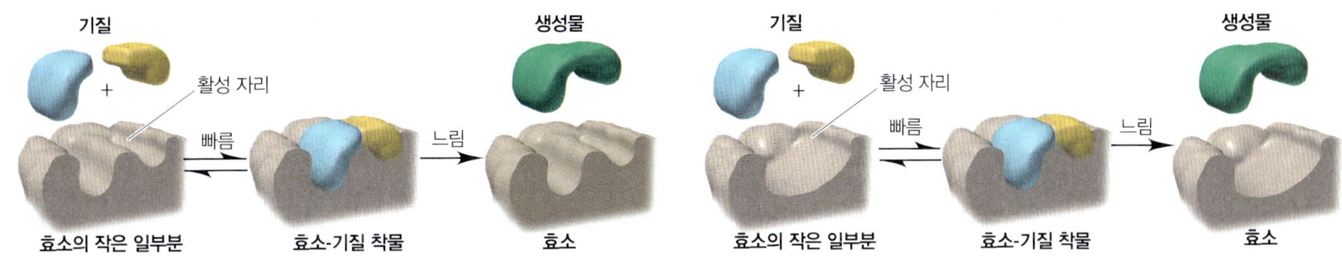

A. 자물쇠-열쇠 모형: *활성 자리의 고정된 모양이 기질(들)의 모양과 맞는다.*

B. 유발-접합 모형: *기질(들)이 결합하면서 활성 자리의 모양이 더 효율적인 형태로 변한다.*

그림 16.26 효소 작용의 두 가지 모형.

효소 작용의 반응 속도론 효소 촉매 반응의 반응 속도론적 연구에 의하면 기질(S)과 효소(E)가 중간체인 **효소-기질 착물**(enzyme-substrate complex, **ES**)을 형성하는데, 착물의 농도가 생성물(P)의 생성 속도를 결정한다. 달리 말하면 효소-촉매 반응의 속도는 ES의 농도, 즉 효소에 결합한 반응물의 농도에 비례한다. 거의 모든 효소-촉매 반응의 공통적인 단계들은

(1) $E + S \rightleftharpoons ES$ [빠름, 가역]

(2) $ES \longrightarrow E + P$ [느림, 속도 결정]

이다. 따라서 속도 = k[ES]이다. 수소 첨가 반응의 불균일 촉매 반응(그림 16.25)처럼, [S]는 [E]보다 훨씬 크므로 일단 모든 효소 분자들이 기질과 결합하면 [ES]는 가질 수 있는 가장 큰 값을 갖는다. 이 후에는 [S]는 반응 속도에 아무런 영향이 없고, 반응 과정은 영차 반응이 된다.

효소 반응의 메커니즘 효소 반응들은 다양한 메커니즘을 갖는다. 어떤 경우에는 활성 자리의 작용기들이 기질의 특정 원자들을 서로 가까이 끌어당긴다. 또 다른 경우에는 기질에 결합한 작용기들이 서로 멀어지면서 결합을 늘려 결국 끊어지게 만든다. 많은 *가수분해 효소*(hydrolase)들은 H^+ 이온을 제공하는 산성 작용기를 가지고 있어서 결합 해리를 빠르게 한다. 두 가지 예 중 하나는 눈물에 들어 있는 효소인 리소자임(lysozyme)인데, 박테리아 세포 속의 다당류를 가수분해하여 눈을 감염으로부터 보호하며, 다른 하나는 작은창자에 있는 효소인 키모트립신(chymotrypsin)으로 소화 과정에서 단백질을 가수분해한다.

어느 작용 방식을 따르든 간에 *모든 효소들은 반응물의 전이 상태를 안정화시켜 촉매 작용을 한다.* 예를 들어, 리소자임 촉매 반응의 전이 상태는 활성 자리의 작용기들이 의해 결합들이 뒤틀리고 늘어나서 활성 자리에 잘 맞게 된 다당류의 일부분이다. 전이 상태를 안정화 시키면 활성화 에너지가 낮아지고 따라서 반응 속도가 증가한다.

효소-촉매 반응의 경우처럼, 다음에 나오는 **대기 과학과 화학** 이야기에서 언급할 성층권 오존층 파괴 과정도 균일 및 불균일 촉매 반응을 모두 포함하고 있다.

› 16.7절 요약

- 촉매는 소모되지 않으면서 반응 속도를 증가시킨다. 촉매는 더 낮은 활성화 에너지를 갖는 다른 메커니즘을 제공함으로써 반응 속도를 빠르게 한다.
- 균일 촉매는 반응물들과 같은 상에서 작용한다. 불균일 촉매는 반응물들과 다른 상에서 작용한다.
- 탄소-탄소 이중 결합의 수소 첨가 반응은 고체 금속 촉매 표면에서 일어나는데, 촉매 표면은 속도 결정 단계인 H_2 결합 해리를 촉진한다.
- 효소들은 높은 효율과 특이성을 가진 단백질 촉매로 전이 상태를 안정화시켜 활성화 에너지를 낮춘다.
- CFC 분자에서 나온 염소 원자들은 균일 및 불균일 촉매 작용으로 성층권의 O_3 분해를 촉진한다.

지구 오존층 파괴

성층권의 오존층은 태양에서 오는 280 nm에서 320 nm 사이의 자외선(UV)을 흡수한다. 이 자외선은 큰 에너지를 가지고 있어서 지구의 표면에 도달하면 DNA에 들어 있는 화학 결합들을 끊어 유전자에 손상을 가져온다. 따라서 성층권의 오존층 파괴는 인류 건강을 위협하는데, 특히 피부암과 백내장(눈의 수정체가 뿌옇게 흐려짐)의 가능성을 높인다. 또한 이 자외선은 먹이 사슬의 밑바닥을 형성하는 식물계에도 피해를 줄 수 있다. 균일 촉매와 불균일 촉매 모두 오존 파괴에 작용한다.

1976년 이전까지 성층권의 오존 농도는 계절에 따른 변화를 나타내면서도 일련의 대기 반응의 결과로 매년 거의 일정하게 유지되었다.

$$O_2 \xrightarrow{UV} 2O \quad \text{[UV에 의한 } O_2\text{의 해리]}$$
$$O + O_2 \longrightarrow O_3 \quad \text{[오존 생성]}$$
$$O_3 + O \longrightarrow 2O_2 \quad \text{[오존 파괴]}$$

그런데 1985년 영국의 과학자들이 긴 겨울 동안 태양이 뜨지 않는 남극 상공의 성층권에 *오존 구멍*(ozone hole)이라고 부르는 오존의 심각한 감소가 나타났다고 보고하였다. 계속된 연구에서 Paul J. Crutzen, Mario J. Molina와 F. Sherwood Rowland 등은 산업용 chlorofluorocarbon(CFC)가 오존을 파괴하는 반응에 촉매로 작용하여 성층권의 $[O_3]$를 낮춘다는 것을 밝혔는데, 이 연구로 이들은 1995년 Nobel 화학상을 수상하였다.

CFC는 스프레이 추진제, 발포제 및 에어컨 냉매 등으로 널리 사용되어 여러 해 동안 다량 배출되었다. CFC 분자들은 대류권에서 반응하지 않아서 점진적으로 성층권에 도달하고, 다음과 같이 자외선에 의해 분해된다.

$$CF_2Cl_2 \xrightarrow{UV} \cdot CF_2Cl + Cl\cdot$$

(점들은 C—Cl 결합 해리로 생긴 홀전자들을 의미함.)

홀전자를 가진 많은 화학종(자유 라디칼)들과 마찬가지로 Cl 원자는 반응성이 매우 높다. Cl 원자는 성층권의 O_3와 반응하여 중간체인 일산화 염소(ClO·)를 생성하는데, 일산화 염소는 O 원자와 반응하여 Cl 원자를 재생한다.

$$O_3 + Cl\cdot \longrightarrow ClO\cdot + O_2$$
$$ClO\cdot + O \longrightarrow Cl\cdot + O_2$$

이 단계들의 합이 오존 파괴 반응이다.

$$O_3 + \cancel{Cl\cdot} + \cancel{ClO\cdot} + O \longrightarrow \cancel{ClO\cdot} + O_2 + \cancel{Cl\cdot} + O_2$$

또는

$$O_3 + O \longrightarrow 2O_2$$

남극 상공에 [ClO·]가 높다는 연구 결과는 이 메커니즘이 타당함을 보여준다. 그림 B16.1은 CFC가 축적되던 시기에 오존 구멍이 확장되고 있었음을 보여준다.

그림 B16.2는 이 과정에 대한 반응 에너지 도표를 나타낸 것이다. *염소가 균일 촉매로 작용*하는 것에 주목하라. 염소는 반응물들과 같은 상으로 존재하며 다른 메커니즘을 통해 전체 활성화 에너지를 낮추고, 재생된다. 성층권에서 Cl 원자의 반감기는 약 2년인데, 그 동안 Cl 원자 한 개는 약 100,000개의 오존 분자들을 파괴한다.

이어진 연구들에 의해 오존 구멍은 불균일 촉매 작용으로 더 커진 것이 알려졌다. 성층권 구름들이 반응할 수 있는 표면을 제공하여, HCl이나 질산화 염소($ClONO_2$)와 같은 비반응성 염소 화합물을 Cl_2와 같은 물질로 변환시키는데, 이 물질들은 자외선에 의해 분해되어 Cl 원자들을 생성한다. 성층권에 있는 미세 입자들도 같은 방식으로 작용한다. 1991년 Pinatubo 산의 분화로 분출된 먼지들이 2년 동안 성층권 오존을 감소시켰다. 1987년의 Montreal 의정서와 이후의 수정 조항들은 CFC 생산을 줄이고 아이소뷰테인$(CH_3)_3CH$와 같은 대체 탄화수소 추진제를 제안하였다. 그 결과, 1987년 이후 전 세계의 CFC와 기타 오존 감소 화합물들의 배출량이 98% 감소하였다. NASA가 오존층 회복의 신호를 보고하고 있지만, CFC의 수명이 길기 때문에 완전히 회복되려면 수십 년은 더 지나야 할 것이다. 최근의 자료에 의하면 성층권 상층부의 O_3 농도는 증가하고 있지만, 성층권 하층부의 오존층은 계속하여 감소하고 있는데, 아직 그 이유는 밝혀지지 않았다.

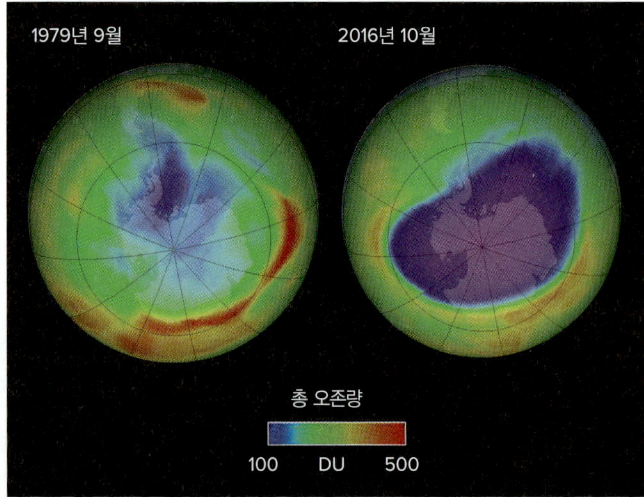

그림 B16.1 남극 오존 구멍(*보라색*)의 크기 확대를 보여주는 인공위성 영상.

Source: NASA's Earth Observatory/NASA

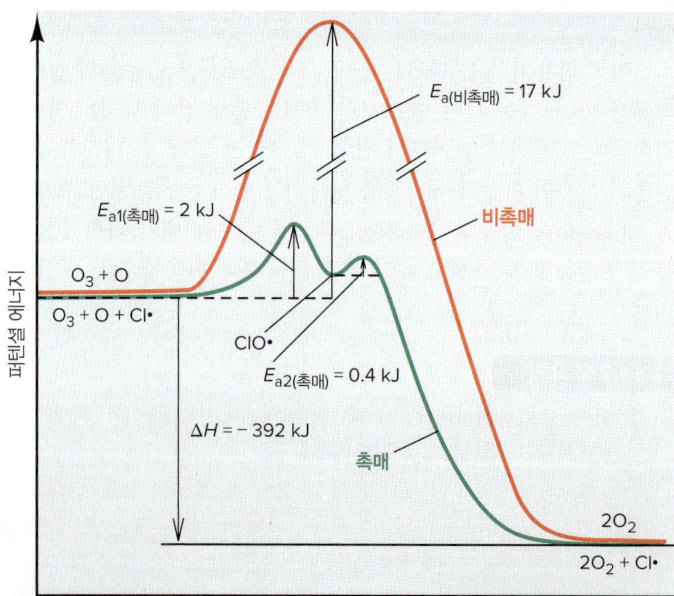

그림 B16.2 Cl 원자에 의한 O_3 파괴의 반응 에너지 도표. (정량적인 것은 아님)

문제

B16.1 촉매에 의한 오존의 파괴는 다음과 같이 두 단계 메커니즘을 거쳐 일어나는데, 여기서 X는 여러 화학종 중 하나이다.

(1) $X + O_3 \longrightarrow XO + O_2$ [느림]

(2) $XO + O \longrightarrow X + O_2$ [빠름]

(a) 전체 반응식과 각 단계의 속도 법칙을 써라.

(b) X는 ________로 작용하고, XO는 ________로 작용한다.

B16.2 성층권을 나는 비행기는 NO를 배출하는데, NO는 문제 B16.1의 메커니즘으로 오존 파괴에 촉매로 작용한다.

(a) 메커니즘을 써라.

(b) $[O_3]$가 5×10^{12} 분자/cm^3이고 [NO]가 1.0×10^{9} 분자/cm^3일 때, 오존 파괴 속도는 얼마인가? (속도 결정 단계의 k는 6×10^{-15} cm^3/분자·s이다.)

B16.3 문제 B16.1의 오존 파괴 메커니즘에서

(a) NO가 참여하는 단계 1과 Cl이 참여하는 단계 1 중 배향 확률 인자 p가 더 클 것으로 예상되는 것은 무엇인가? 이유를 설명하라.

(b) Cl이 참여하는 단계에 대해 타당한 전이 상태를 그려라.

개념 정리와 복습 _Chapter Review Guide

학습 목표 _Learning Objectives

** 괄호 안은 관련된 절(§)과 예제(SP) 번호*

주요 개념

1. 반응 속도의 농도, 물리적 상태 및 온도 의존성(§16.1)
2. 시간에 따른 농도 변화로 나타낸 *반응 속도*의 의미(§16.2)
3. 반응 속도를 반응물 또는 생성물의 농도 항으로 나타내는 방법(§16.2)
4. 순간 속도와 평균 속도의 구별 및 반응이 진행됨에 따라 순간 속도가 변하는 이유(§16.2)
5. 반응물과 생성물 농도에 따른 반응 속도의 해석(§16.2)
6. 속도 법칙의 실험적 근거와 속도 법칙을 결정하는 데 필요한 정보들 – 초기 속도 자료, 반응 차수, 반응 속도 상수(§16.3)
7. 반응 속도를 결정하는 데 있어 반응 차수의 중요성(§16.3)
8. 서로 다른 농도에서의 초기 속도로부터 반응 차수를 결정하는 방법(§16.3)
9. 시간에 따른 농도 변화를 보여주는 적분 속도 법칙(§16.4)
10. 반감기의 의미와 일차 반응에서 상수인 반면, 이차 및 영차 반응에서는 반응물 농도에 따라 달라지는 이유(§16.4)
11. 속도 법칙에서 농도 항들이 곱해지는 이유(§16.5)
12. 활성화 에너지와 분자 배향 및 분자의 복잡성이 유효 충돌 빈도와 반응 속도에 미치는 영향(§16.5)
13. 반응물과 생성물 사이에 순간적으로 존재하는 화학종인 전이 상태와 전이 상태 형성에 필요한 활성화 에너지(§16.5)
14. 온도에 따른 충돌 에너지와 활성화 에너지를 넘는 에너지를 가진 충돌의 분율 변화(§16.5)
15. 활성화 에너지, 온도 및 반응 속도 상수와의 관계(Arrhenius 식)(§16.5)
16. 단일 분자적 사건을 나타내는 단일 단계 반응과 충돌하는 입자 수인 분자도(§16.6)
17. 여러 단일 단계들로 이루어지는 반응 메커니즘과 전체 속도를 결정하는 가장 느린 단계(§16.6)
18. 타당한 반응 메커니즘의 판단 기준(§16.6)
19. 촉매는 활성화 에너지를 낮추어 반응을 촉진(§16.7)
20. 균일 및 불균일 촉매 작용의 구별(§16.7)

주요 스킬

1. 시간 대 농도 곡선의 접선의 기울기로부터 순간 속도 구하기(§16.2)
2. 시간에 따른 농도 변화로 반응 속도 나타내기(SP 16.1)
3. 속도 법칙에서 반응 차수 구하기(SP 16.2)
4. 반응 속도 자료나 분자 모식도로부터 반응 차수 구하기(SPs 16.3, 16.4)
5. 속도 상수와 속도 상수의 단위 구하기(§16.3, SP 16.3)
6. 적분 속도 법칙을 이용하여 특정 시간에서의 농도 또는 특정 농도에 도달하는 데 걸리는 시간 구하기(SP 16.5, 16.8)
7. 반응의 반감기 구하기(SP 16.6, 16.7, 16.8)
8. 변형된 적분 속도 법칙으로 그래프를 그려 반응 차수 구하기(§16.4)
9. 반응 에너지 도표를 써서 반응 중 에너지 변화 나타내기(SP 16.9)
10. 간단한 반응의 전이 상태 예측하기(SP 16.9)
11. Arrhenius 식을 써서 활성화 에너지 구하기(SP 16.10)
12. 단일 단계 반응의 분자도와 속도 법칙 구하기(SP 16.11)
13. 느리거나 빠른 초기 단계를 가진 메커니즘 만들기(§16.6)
14. 반응 중간체 확인과 속도 법칙과 반응 메커니즘의 합치(SP 16.12)

주요 용어 _Key Terms

균일 촉매
기질
단일 단계 반응
반감기, $t_{1/2}$
반응 메커니즘
반응 속도
반응 속도 상수
반응 에너지 도표
반응 중간체
반응 차수
분자도
불균일 촉매
빈도 인자
속도 결정(속도 제한) 단계
속도 법칙(속도 식)
수소 첨가 반응
순간 속도
유발-접합 모형
유효 충돌
이분자 반응
일분자 반응
자물쇠-열쇠 모형
적분 속도 법칙
전이 상태 이론
전이 상태(활성화 착물)
초기 속도
촉매
충돌 이론
평균 속도
화학 반응 속도론
활성 자리
활성화 에너지, E_a
효소
효소-기질 착물(ES)
Arrhenius 식

주요 방정식 및 관계식 _Key Equations and Relationships

16.1 반응물 A 항으로 나타낸 반응 속도:

$$\text{속도} = -\frac{\Delta[\mathrm{A}]}{\Delta t}$$

16.2 일반적인 반응의 반응 속도:

$$\text{속도} = -\frac{1}{a}\frac{\Delta[\mathrm{A}]}{\Delta t} = -\frac{1}{b}\frac{\Delta[\mathrm{B}]}{\Delta t} = \frac{1}{c}\frac{\Delta[\mathrm{C}]}{\Delta t} = \frac{1}{d}\frac{\Delta[\mathrm{D}]}{\Delta t}$$

16.3 일반적인 속도 법칙(생성물이 들어가지 않는):

$$\text{속도} = k[\mathrm{A}]^m[\mathrm{B}]^n \ldots$$

16.4 일차 반응(속도 $= k[\mathrm{A}]$)에서 특정 [A]에 도달하는 데 걸리는 시간 구하기:

$$\ln\frac{[\mathrm{A}]_0}{[\mathrm{A}]_t} = kt$$

16.5 일차 과정의 반감기 구하기:

$$t_{1/2} = \frac{\ln 2}{k} = \frac{0.693}{k}$$

16.6 간단한 이차 반응(속도 $= k[\mathrm{A}]^2$)에서 특정 [A]에 도달하는 데 걸리는 시간 구하기:

$$\frac{1}{[\mathrm{A}]_t} - \frac{1}{[\mathrm{A}]_0} = kt$$

16.7 이차 반응의 반감기 구하기:

$$t_{1/2} = \frac{1}{k[\mathrm{A}]_0}$$

16.8 영차 반응(속도 $= k$)에서 특정 [A]에 도달하는 데 걸리는 시간 구하기:

$$[\mathrm{A}]_t - [\mathrm{A}]_0 = -kt$$

16.9 반응열과 정반응 및 역반응 활성화 에너지의 연관성:

$$\Delta H_{\text{반응}} = E_{\mathrm{a}(\text{정반응})} - E_{\mathrm{a}(\text{역반응})}$$

16.10 온도와 속도 상수의 연관성(Arrhenius 식):

$$k = Ae^{-E_a/RT}$$

16.11 활성화 에너지 구하기(Arrhenius 식 변형):

$$\ln\frac{k_2}{k_1} = \frac{E_a}{R}\left(\frac{1}{T_1} - \frac{1}{T_2}\right)$$

연습 문제 _Problems

노란색으로 표시한 문제들에 대해서는 그 답을 부록 E에 첨부하였다. 연습 문제에 표시된 절은 본문의 절과 같고, 관련 예제의 번호를 제시하였다. 대부분의 경우 개념 복습 문제, 스킬 숙달 문제(같은 개념을 다루는 두 문제씩 묶음) 및 실전 문제를 제시하였다.

반응 속도에 주목

개념 복습 문제

16.1 반응 속도를 구하려면 화학 반응의 어떤 변수를 시간에 따라 측정해야 하는가?

16.2 압력의 증가가 기체상 반응에 어떤 영향을 미치는가? 설명하라.

16.3 어떤 반응이 물이 용매인 상태에서 일어난다. 반응 용기에 물을 추가하면 반응 속도에 어떤 영향을 미치겠는가? 설명하라.

16.4 어떤 기체가 덩어리 상태의 고체와 반응한다. 이어서 같은 반응을 가루로 빻은 고체와 일어나게 한다. 고체의 표면적 증가가 기체와의 반응 속도에 어떤 영향을 미치겠는가? 설명하라.

16.5 온도 증가가 반응 속도에 어떤 영향을 미치는가? 설명하라.

16.6 반응 속도 실험에서 어떤 화학자가 밀폐된 용기에 아이오딘 고체를 넣고, H_2 기체 일정량을 주입한 후 HI 생성 속도를 구할 수 있는 실험 자료를 얻었다. 두 번째 실험에서는 아이오딘과 수소를 같은 양 사용하였지만, 플라스크를 미리 아이오딘의 승화 온도보다 높은 130°C로 가열하였다. 두 실험 중 반응 속도가 더 빠른 것은 어느 것인가? 설명하라.

반응 속도의 표기

(예제 16.1)

개념 복습 문제

16.7 *반응 속도*를 정의하라. 온도가 일정하고 밀폐된 용기에서 반응 속도가 시간에 따라 변하는 이유는 무엇인가?

16.8 (a) 평균 속도와 순간 속도는 무엇이 다른가? (b) 초기 속도와 순간 속도는 무엇이 다른가?

16.9 반응 속도론 연구에서 초기 속도를 측정하는 이유 두 가지를 써라.

16.10 $A(g) \longrightarrow B(g)$ 반응에 대해 다음을 보여주는 같은 축을 갖는 그래프를 그려라.

(a) 시간에 따른 생성물 생성

(b) 시간에 따른 반응물 소모

16.11 $C(g) \longrightarrow D(g)$ 반응에 대해 시간 대 [C]의 그래프를 그렸더니 아래와 같다.

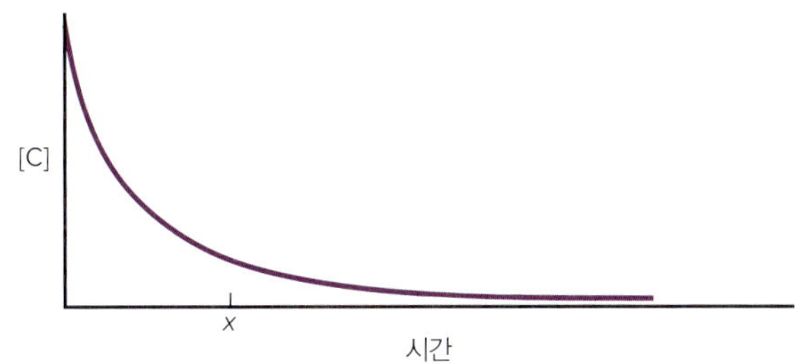

어떤 방법으로 다음 각 양을 결정하겠는가?

(a) 전체 실험에 대한 평균 속도

(b) 시간 x에서의 반응 속도

(c) 초기 반응 속도

(d) 그래프를 시간 대 [D]로 그리면 (a), (b), (c)의 값들이 달라지겠는가? 설명하라.

스킬 숙달 문제(유사한 문제들을 두 개씩 묶음)

16.12 화합물 AX_2는 $2AX_2(g) \longrightarrow 2AX(g) + X_2(g)$ 반응으로 분해한다. 한 실험에서 여러 시점에서 $[AX_2]$를 측정하여 다음 자료를 얻었다.

시간(s)	$[AX_2]$ (mol/L)
0.0	0.0500
2.0	0.0448
6.0	0.0300
8.0	0.0249
10.0	0.0209
20.0	0.0088

(a) 전체 실험에 대한 평균 속도를 구하라.

(b) (a)의 반응 속도가 초기 속도보다 높은가? 또는 낮은가? 그래프를 그려 초기 속도 값을 구하라.

16.13 (a) 문제 16.12의 자료를 써서 8.0초에서 20.0초 구간의 평균 속도를 구하라.

(b) 정확히 5.0초에서의 반응 속도는 (a)의 속도보다 높은가? 또는 낮은가? 그래프를 그려 5.0초에서의 반응 속도를 구하라.

16.14 다음 반응의 반응 속도를 각 반응물과 생성물의 농도 변화로 나타내어라.

$$2A(g) \longrightarrow B(g) + C(g)$$

[C]가 2 mol/L·s의 속도로 증가할 때, [A]의 감소 속도는 얼마인가?

16.15 다음 반응의 반응 속도를 각 반응물과 생성물의 농도 변화로 나타내어라.

$$D(g) \longrightarrow \tfrac{3}{2}E(g) + \tfrac{5}{2}F(g)$$

[E]가 0.25 mol/L·s의 속도로 증가할 때, [F]의 증가 속도는 얼마인가?

16.16 다음 반응의 반응 속도를 각 반응물과 생성물의 농도 변화로 나타내어라.

$$A(g) + 2B(g) \longrightarrow C(g)$$

[B]가 0.5 mol/L·s의 속도로 감소할 때, [A]의 감소 속도는 얼마인가?

16.17 다음 반응의 반응 속도를 각 반응물과 생성물의 농도 변화로 나타내어라.

$$2D(g) + 3E(g) + F(g) \longrightarrow 2G(g) + H(g)$$

[D]가 0.1 mol/L·s의 속도로 증가할 때, [H]의 증가 속도는 얼마인가?

16.18 반응 속도는 반응물과 생성물의 농도 변화로 나타낸다. 다음 속도 식을 갖는 반응의 균형 반응식을 써라.

$$\text{속도} = -\frac{1}{2}\frac{\Delta[N_2O_5]}{\Delta t} = \frac{1}{4}\frac{\Delta[NO_2]}{\Delta t} = \frac{\Delta[O_2]}{\Delta t}$$

16.19 반응 속도는 반응물과 생성물의 농도 변화로 나타낸다. 다음 속도 식을 갖는 반응의 균형 반응식을 써라.

$$\text{속도} = -\frac{\Delta[CH_4]}{\Delta t} = -\frac{1}{2}\frac{\Delta[O_2]}{\Delta t} = \frac{1}{2}\frac{\Delta[H_2O]}{\Delta t} = \frac{\Delta[CO_2]}{\Delta t}$$

실전 문제

16.20 NOBr의 분해 반응은 기체의 몰수가 변하기 때문에 압력계법으로 연구한다. NOBr과 Br_2 모두 적갈색을 띠므로 비색법으로는 연구할 수 없다.

$$2NOBr(g) \longrightarrow 2NO(g) + Br_2(g)$$

아래 자료를 써서 다음 질문에 답하라.

(a) 전체 실험에 대한 평균 속도를 구하라.

(b) 2.00초와 4.00초 구간의 평균 속도를 구하라.

(c) 그래프를 그려 초기 반응 속도를 구하라.

(d) 그래프를 그려 7.00초에서의 속도를 구하라.

(e) 어느 시점의 순간 속도가 전 실험의 평균 속도와 같을까?

시간(s)	[NOBr] (mol/L)
0.00	0.0100
2.00	0.0071
4.00	0.0055
6.00	0.0045
8.00	0.0038
10.00	0.0033

16.21 암모니아 생성은 화학 산업에서 가장 중요한 반응 중 하나이다.

$$N_2(g) + 3H_2(g) \longrightarrow 2NH_3(g)$$

반응 속도를 $[N_2]$, $[H_2]$, $[NH_3]$의 변화로 나타내어라.

16.22 성층권 오존 파괴가 오늘날 지구상의 생명체들을 위협하지만 오존의 축적은 선사 시대에 생명체들이 번성하게 한 중요한 반응 중 하나였다.

$$3O_2(g) \longrightarrow 2O_3(g)$$

(a) 반응 속도를 $[O_2]$와 $[O_3]$로 나타내어라.

(b) 어느 순간에 $[O_2]$로 나타낸 반응 속도는 2.17×10^{-5} mol/L·s였다. $[O_3]$로 나타내면 얼마인가?

속도 법칙과 구성 요소

(예제 16.2~16.4)

개념 복습 문제

16.23 일반적인 반응

$$aA + bB + \cdots \longrightarrow cC + dD + \cdots$$

의 속도 법칙은 속도 = $k[A]^m[B]^n\cdots$이다. (a) k의 의미를 설명하라. (b) m과 n의 의미를 설명하라. $m = a$, $n = b$인가? 설명하라. (c) 이 반응이 A에 대해 일차, B에 대해 이차이고, 시간을 분(min)으로 나타낸다면 k의 단위는 무엇인가?

16.24 속도 법칙을 결정하려고 다음 반응을 연구하고 있다.

$$A_2(g) + B_2(g) \longrightarrow 2AB(g)$$

다양한 시점의 $[A_2]$와 $[B_2]$를 구하는 타당한 실험 과정을 가지고 있다면 어떻게 다음 값들을 구할지 설명하라. (a) 초기 속도 (b) 반응 차수 (c) 속도 상수.

16.25 다음 각 경우에 반응 속도는 몇 배가 변하는가(온도는 일정)?
(a) 반응이 반응물 A에 대해 일차이고, [A]를 2배로 한다.
(b) 반응이 반응물 B에 대해 이차이고, [B]를 절반으로 한다.
(c) 반응이 반응물 C에 대해 이차이고, [C]를 3배로 한다.

스킬 숙달 문제(유사한 문제들을 두 개씩 묶음)

16.26 다음 속도 법칙에서 각 물질에 대한 반응 차수와 총 차수를 구하라.

$$\text{속도} = k[BrO_3^-]\,[Br^-]\,[H^+]^2$$

16.27 다음 속도 법칙에서 각 물질에 대한 반응 차수와 총 차수를 구하라.

$$\text{속도} = k\frac{[O_3]^2}{[O_2]}$$

16.28 다음의 각 변화가 일어날 때 문제 16.26의 반응 속도는 몇 배가 변하겠는가? (a) $[BrO_3^-]$가 2배로 된다. (b) $[Br^-]$가 절반으로 된다. (c) $[H^+]$가 4배로 된다.

16.29 다음의 각 변화가 일어날 때 문제 16.27의 반응 속도는 몇 배가 변하겠는가? (a) $[O_3]$가 2배로 된다. (b) $[O_2]$가 2배로 된다. (c) $[O_2]$가 절반으로 된다.

16.30 다음 속도 법칙에서 각 물질에 대한 반응 차수와 총 차수를 구하라.

$$\text{속도} = k[NO_2]^2\,[Cl_2]$$

16.31 다음 속도 법칙에서 각 물질에 대한 반응 차수와 총 차수를 구하라.

$$\text{속도} = k\frac{[HNO_2]^4}{[NO]^2}$$

16.32 다음의 각 변화가 일어날 때 문제 16.30의 반응 속도는 몇 배가 변하겠는가? (a) $[NO_2]$가 3배로 된다. (b) $[NO_2]$와 $[Cl_2]$가 2배로 된다. (c) $[Cl_2]$가 절반으로 된다.

16.33 다음의 각 변화가 일어날 때 문제 16.31의 반응 속도는 몇 배가 변하겠는가? (a) $[HNO_2]$가 2배로 된다. (b) [NO]가 2배로 된다. (c) $[HNO_2]$가 절반으로 된다.

16.34 다음 반응

$$4A(g) + 3B(g) \longrightarrow 2C(g)$$

에 대해 일정한 온도에서 아래 자료를 얻었다.

실험	초기 속도 (mol/L·min)	초기 [A] (mol/L)	초기 [B] (mol/L)
1	5.00	0.100	0.100
2	45.0	0.300	0.100
3	10.0	0.100	0.200
4	90.0	0.300	0.200

(a) 각 반응물에 대한 차수는 얼마인가? (b) 속도 법칙을 써라. (c) k를 구하라(실험 1의 자료 이용). (d) (c)에서 얻은 k를 이용하여 [A]와 [B]가 각각 0.400 mol/L일 때 반응 속도를 구하라.

16.35 다음 반응

$$A(g) + B(g) + C(g) \longrightarrow D(g)$$

에 대해 일정한 온도에서 아래 자료를 얻었다.

실험	초기 속도 (mol/L·s)	초기 [A] (mol/L)	초기 [B] (mol/L)	초기 [C] (mol/L)
1	6.25×10^{-3}	0.0500	0.0500	0.0100
2	1.25×10^{-2}	0.1000	0.0500	0.0100
3	5.00×10^{-2}	0.1000	0.1000	0.0100
4	6.25×10^{-3}	0.0500	0.0500	0.0200

(a) 각 반응물에 대한 차수는 얼마인가? (b) 속도 법칙을 써라. (c) k를 구하라(실험 1의 자료 이용). (d) [A] = 0.2000 mol/L, [B] = 0.1500 mol/L, [C] = 0.0300 mol/L일 때 반응 속도를 구하라.

16.36 표 16.3을 보지 않고 다음 총 차수의 반응에 대한 속도 상수의 단위를 써라. (a) 일차 (b) 이차 (c) 삼차 (d) $\frac{5}{2}$차.

16.37 다음 각 단위를 갖는 속도 상수에 해당하는 총 차수를 써라. (a) mol/L·s (b) yr^{-1} (c) $(mol/L)^{1/2}\cdot s^{-1}$ (d) $(mol/L)^{-5/2}\cdot min^{-1}$.

실전 문제

16.38 포스젠(phosgene)은 일산화 탄소와 염소의 반응으로 만드는 맹독성 기체이다.

$$CO(g) + Cl_2(g) \longrightarrow COCl_2(g)$$

포스젠 생성 반응의 반응 속도 연구에서 다음 자료를 얻었다.

실험	초기 속도 (mol/L·s)	초기 [CO] (mol/L)	초기 $[Cl_2]$ (mol/L)
1	1.29×10^{-29}	1.00	0.100
2	1.33×10^{-30}	0.100	0.100
3	1.30×10^{-29}	0.100	1.00
4	1.32×10^{-31}	0.100	0.0100

(a) 포스젠 생성 반응의 속도 법칙을 써라.
(b) 속도 상수의 평균값을 구하라.

적분 속도 법칙: 시간에 따른 농도 변화

(예제 16.5~16.8)

개념 복습 문제

16.39 적분 속도 법칙으로 어떻게 반응 차수를 결정하는가? 다음 각 경우의 반응 차수는 얼마인가?

(a) 시간 대 [반응물]의 자연 로그 그래프가 직선이다.
(b) 시간 대 [반응물]의 역수 그래프가 직선이다.
(c) 시간 대 [반응물] 그래프가 직선이다.

16.40 반응의 *반감기*를 정의하라. 일차 반응의 반감기가 상수인 이유를 분자 수준에서 설명하라.

스킬 숙달 문제(유사한 문제들을 두 개씩 묶음)

16.41 기체 오산화 이질소의 일차 분해 반응에서

$$2N_2O_5(g) \longrightarrow 4NO_2(g) + O_2(g)$$

60°C의 속도 상수 $k = 2.8\times10^{-3}\ s^{-1}$이다. N_2O_5의 초기 농도가 1.58 mol/L이다. (a) 5.00분 후 $[N_2O_5]$는 얼마인가? (b) N_2O_5가 35.0% 분해하는 데 걸리는 시간은 얼마인가?

16.42 어떤 온도에서 아이오딘 $I_2(g)$는 일차 반응으로 아이오딘 원자로 분해된다. I_2 2.00 *M*이 10.0초 후 0.133 *M*로 변했다면 이 반응의 속도 상수는 얼마인가?

16.43 반응 A(*녹색*) ⟶ B(*노란색*)의 일차 반응 속도 상수는 $0.063\ min^{-1}$이다. 아래 분자 모식도는 서로 다른 두 시점에서의 반응 혼합물이다.

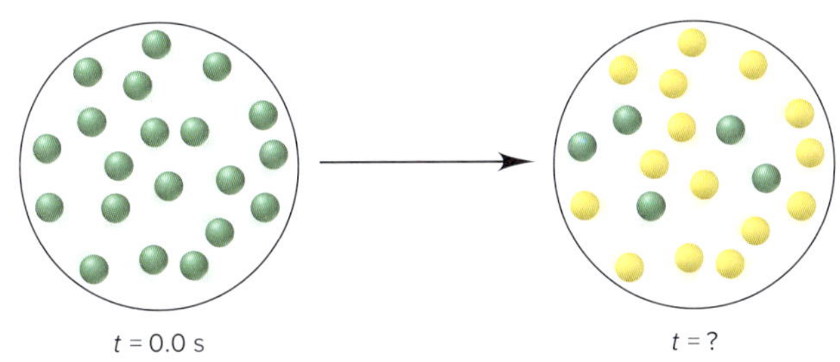

두 번째 그림으로 되는 시점은 언제인가?

16.44 아래 분자 모식도는 사이클로프로페인(*빨간색*)이 프로펜(*녹색*)으로 바뀌는 일차 반응을 나타낸다.

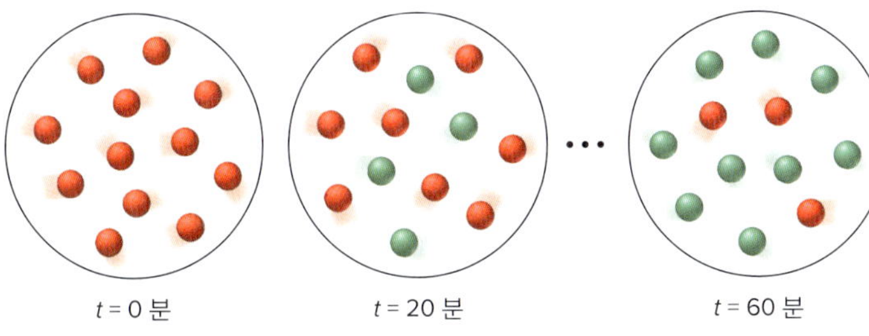

(a) 반감기를 구하라. (b) 속도 상수를 구하라.

16.45 일차 분해 반응에서 10.5분 후에 화합물 50.0%가 분해되었다. (a) 반응의 속도 상수는 얼마인가? (b) 화합물 75.0%가 분해되는 데 걸리는 시간은 얼마인가?

16.46 어떤 분해 반응의 속도 상수는 0.0012년$^{-1}$이다. [반응물]이 초기 값의 12.5%가 되는 데 걸리는 시간은 얼마인가?

16.47 다음 분해 반응에서

$$AB(g) \longrightarrow A(g) + B(g)$$

속도 $= k[AB]^2$이고 속도 상수 $k = 0.2$ L/mol·s이다. [AB]가 초기 농도 1.50 *M*의 1/3이 되는 걸리는 시간은 얼마인가?

16.48 문제 16.47의 반응에서, 10.0초 후의 [AB]는 얼마인가?

실전 문제

16.49 암모니아 생산 연구에서 한 공업 화학자는 암모니아가 일차 반응으로 N_2와 H_2로 분해되는 것을 발견하였다. 다음은 해당 자료이다.

시간(s)	0	1.000	2.000
$[NH_3]$(mol/L)	4.000	3.986	3.974

(a) 그래프를 그려 속도 상수를 구하라.
(b) 암모니아 분해 반응의 반감기는 얼마인가?

화학 반응 속도론의 이론

(예제 16.9, 16.10)

개념 복습 문제

16.50 충돌 이론의 핵심 아이디어는 무엇인가? 어떻게 이 모형이 반응 속도의 농도 의존성을 설명하는가?

16.51 충돌 빈도가 반응 속도에 영향을 주는 유일한 인자인가? 설명하라.

16.52 Arrhenius는 각 반응은 에너지 언덕을 가지고 있어서 반응하려면 입자들은 이 언덕에 도달해야 한다고 제안하였다. 기체 운동론은 입자의 평균 운동 에너지가 절대 온도에 비례함을 제시하였다. 이 개념들이 반응 속도에 대한 온도의 영향과 어떻게 연관되는가?

16.53 Arrhenius 식의 지수 항을 이용하여 온도가 반응 속도에 어떻게 영향을 미치는지 설명하라.

16.54 Arrhenius 식으로부터 활성화 에너지를 구하는 방법은?

16.55 (a) *k*(세로 축)과 *T*(가로 축)의 관계를 그래프로 그려라. (b) ln *k*(세로 축)과 1/*T*(가로 축)의 관계를 그래프로 그려라. 이 그래프에서 어떻게 활성화 에너지를 구하는가?

16.56 (a) 특정 E_a 값을 갖는 반응에 대해 온도가 증가하면 반응 속도가 어떻게 달라지는가? (b) 특정 온도 *T*에서 일어나는 반응에서 E_a가 감소하면 반응 속도는 어떻게 달라지는가?

16.57 AB + CD ⇌ EF 반응에서 AB 분자 4×10^{-5} mol이 CD 분자 4×10^{-5} mol과 충돌하였다. EF가 4×10^{-5} mol 생성되는가? 설명하라.

16.58 활성화 에너지가 같다고 가정하고 50°C에서 다음 두 반응 중 어느 것의 반응 속도가 더 높겠는가? 설명하라.

$$NH_3(g) + HCl(g) \longrightarrow NH_4Cl(s)$$
$$N(CH_3)_3(g) + HCl(g) \longrightarrow (CH_3)_3NHCl(s)$$

스킬 숙달 문제(유사한 문제들을 두 개씩 묶음)

16.59 $A(g) + B(g) \longrightarrow AB(g)$ 반응의 경우, 반응 용기에 A 입자 4개와 B 입자 3개가 들어 있다면 가능한 A와 B의 충돌은 몇 가지인가?

16.60 $A(g) + B(g) \longrightarrow AB(g)$ 반응의 경우, 반응 용기에 $A(g)$ 1.01 mol과 $B(g)$ 2.12 mol이 들어 있다면 가능한 A와 B의 충돌은 몇 가지인가?

16.61 ABC + D ⇌ AB + CD 반응의 $\Delta H^\circ_{반응} = -55$kJ/mol이고, $E_{a(정반응)} = 215$ kJ/mol이다. 한 단계 반응이라고 가정하고, (a) 반응

에너지 도표를 그려라. (b) $E_{a(역반응)}$을 구하라. (c) ABC가 V-자 형일 때 가능한 전이 상태를 그려라.

16.62 $A_2 + B_2 \longrightarrow 2AB$ 반응의 $E_{a(정반응)} = 125$ kJ/mol이고, $E_{a(역반응)} = 85$ kJ/mol이다. 반응이 한 단계로 일어난다고 가정하고, (a) 반응 에너지 도표를 그려라. (b) $\Delta H°_{반응}$을 구하라. (c) 가능한 전이 상태를 그려라.

16.63 25°C에서 활성화 에너지 100. kJ/mol 이상의 에너지를 갖는 충돌의 분율은 얼마인가?

16.64 문제 16.63에서 온도를 50°C로 올리면, 활성화 에너지 이상의 에너지를 갖는 충돌의 분율은 몇 배가 달라지는가?

16.65 어떤 반응의 속도 상수는 25°C에서 4.7×10^{-3} s^{-1}이고, 활성화 에너지는 33.6 kJ/mol이다. 75°C에서의 k 값은 얼마인가?

16.66 어떤 반응의 속도 상수는 195°C에서 4.50×10^{-5} L/mol · s이고, 258°C에서 3.20×10^{-3} L/mol·s이다. 이 반응의 활성화 에너지는 얼마인가?

실전 문제

16.67 고온에서 질소 산화물들의 생성과 분해를 이해하는 것은 발전소와 자동차에서 만들어지는 오염 물질을 제어하는 데 필수적이다. 일산화 이질소가 원소로 분해하는 일차 반응의 속도 상수는 727°C에서 0.76/s이고, 757°C에서 0.87/s이다. 이 반응의 활성화 에너지는 얼마인가?

16.68 HCl과 HNO_3의 혼합물인 왕수(aqua regia)는 연금술 시대부터 금을 포함한 많은 금속을 녹이는 데 이용되었다. 왕수의 주황색은 염화 나이트로실의 존재 때문이다. 이 화합물이 생성되는 다음 한 단계 반응을 생각해 보자.

$$NO(g) + Cl_2(g) \longrightarrow NOCl(g) + Cl(g) \qquad \Delta H° = 83 \text{ kJ}$$

(a) $E_{a(정반응)} = 86$ kJ/mol일 때 반응 에너지 도표를 그려라.
(b) $E_{a(역반응)}$을 구하라.
(c) 이 반응의 가능한 전이 상태를 그려라. (*주의*: 염화 나이트로실의 원자 순서는 Cl−N−O이다.)

반응 메커니즘: 반응물에서 생성물로 가는 단계들

(예제 16.11, 16.12)

개념 복습 문제

16.69 개별 단계들의 평균 반응 속도는 전체 반응의 속도와 비교하여 더 클까? 더 작을까? 혹은 같을까? 설명하라.

16.70 전체 반응의 양론 계수는 속도 법칙의 반응 차수와 같지 않은 데 반해 단일 단계 반응의 계수는 그 반응의 속도 법칙의 반응 차수와 같은 이유를 설명하라.

16.71 특정 반응의 속도 법칙에 부합하는 메커니즘이 두 개 이상일 수 있는가? 설명하라.

16.72 반응 중간체와 전이 상태의 차이점은 무엇인가?

16.73 이분자 단계가 삼분자 단계보다 물리적으로 더 합리적인 이유는 무엇인가?

16.74 두 단계 메커니즘에서 느린 단계 다음에 빠른 단계가 있다면, 첫 번째 단계의 물질들이 전체 속도 법칙에 들어가는가? 설명하라.

16.75 두 단계 메커니즘에서 빠른 단계 다음에 느린 단계가 있으면 빠른 단계는 어떤 영향을 받는가? 이 영향을 이용하여 메커니즘의 타당성을 검증하는 방법은 무엇인가?

스킬 숙달 문제(유사한 문제들을 두 개씩 묶음)

16.76 어떤 반응에 대해 다음 메커니즘이 제안되었다.

(1) $A(g) + B(g) \rightleftharpoons X(g)$ [빠름]
(2) $X(g) + C(g) \longrightarrow Y(g)$ [느림]
(3) $Y(g) \longrightarrow D(g)$ [빠름]

(a) 전체 반응식은?
(b) 중간체(들)을 찾아라.
(c) 각 단계의 분자도와 속도 법칙은 무엇인가?
(d) 이 메커니즘은 다음 실제 속도 법칙과 부합하는가?

$$속도 = k[A][B][C]$$

(e) 다음 한 단계 메커니즘도 마찬가지로 타당한가?

$$A(g) + B(g) + C(g) \longrightarrow D(g)$$

16.77 어떤 반응에 대해 다음 메커니즘이 제안되었다.

(1) $ClO^-(aq) + H_2O(l) \rightleftharpoons HClO(aq) + OH^-(aq)$ [빠름]
(2) $I^-(aq) + HClO(aq) \longrightarrow HIO(aq) + Cl^-(aq)$ [느림]
(3) $OH^-(aq) + HIO(aq) \longrightarrow H_2O(l) + IO^-(aq)$ [빠름]

(a) 전체 반응식은 무엇인가?
(b) 중간체(들)을 찾아라.
(c) 각 단계의 분자도와 속도 법칙은?
(d) 이 메커니즘은 다음 실제 속도 법칙과 부합하는가?

$$속도 = k[ClO^-][I^-]$$

실전 문제

16.78 할로젠화 나이트로실에 대한 연구에서 어떤 화학자가 브로민화 나이트로실의 합성에 대해 다음 메커니즘을 제안하였다.

$$NO(g) + Br_2(g) \rightleftharpoons NOBr_2(g) \qquad [빠름]$$
$$NOBr_2(g) + NO(g) \longrightarrow 2NOBr(g) \qquad [느림]$$

속도 법칙이 속도 = $k[NO]^2[Br_2]$이라면 제안된 메커니즘은 타당한가? 그렇다면 타당성의 세 가지 조건을 충족함을 보여라.

16.79 $2NO(g) + O_2(g) \longrightarrow 2NO_2(g)$ 반응의 속도 법칙은 속도 = $k[NO]^2[O_2]$이다. 16.6절에서 논의한 메커니즘과 함께 다음 메커니즘들이 제안되었다.

I $2NO(g) + O_2(g) \longrightarrow 2NO_2(g)$
II $2NO(g) \rightleftharpoons N_2O_2(g)$ [빠름]
$N_2O_2(g) + O_2(g) \longrightarrow 2NO_2(g)$ [느림]
III $2NO(g) \rightleftharpoons N_2(g) + O_2(g)$ [빠름]
$N_2(g) + 2O_2(g) \longrightarrow 2NO_2(g)$ [느림]

(a) 속도 법칙과 합치되는 메커니즘은 어느 것인가?
(b) 가장 합리적인 메커니즘은 어느 것인가? 이유는 무엇인가?

촉매 작용: 반응의 촉진

개념 복습 문제

16.80 $N_2O(g) \xrightarrow{Au} N_2(g) + \frac{1}{2}O_2(g)$ 반응에 대해
(a) 금(Au, 화살표 위) 촉매는 균일 촉매와 불균일 촉매 중 어느 것으로 작용하는가?
(b) 같은 축 상에 촉매 및 비촉매 반응에 대한 반응 에너지 도표를 그려라.

16.81 촉매는 온도 증가와 같은 방식으로 반응 속도를 증가시키는가? 설명하라.

16.82 강의실에서의 시범 실험에서 풍선 속에 수소 기체와 산소 기체를 혼합하였다. 상온에서 혼합물은 안정하지만 방전 불꽃이나 금속 가루를 가하면 폭발한다. (a) 방전 불꽃이 촉매로 작용하는가? 설명하라. (b) 금속은 촉매로 작용하는가? 설명하라.

16.83 녹색 화학(green chemistry)의 원리는 산업 공정의 에너지 수요가 환경에 최소의 영향을 미쳐야 한다는 것이다. 촉매의 사용이 어떻게 더 청정한 기술이 되는가?

16.84 효소는 반응 속도를 10^{20}배 증가시킬 수 있는 매우 효율적인 촉매이다.
(a) 효소가 반응의 전이 상태에 어떤 영향을 미치며 이 영향이 어떻게 반응 속도를 증가시키는가?
(b) 효소의 어떤 특성들이 촉매로서의 이러한 효율성을 가능하게 하는가?

제 17 장 평형: 화학 반응의 정도

Equilibrium: The Extent of Chemical Reactions

Source: Andriy Bezuglov/123RF

관련 개념과 스킬 _Concepts and Skills to Review Before You Study This Chapter

- 반응의 가역성(4.6절)
- 평형 증기압(12.2절)
- 포화 용액의 평형 성질(13.4절)
- 반응 속도의 농도 의존성(16.2, 16.5절)
- 단일 단계 반응의 속도 법칙(16.6절)
- 촉매의 역할(16.7절)

화학 반응의 속도가 천차만별이듯 반응의 정도 또한 큰 차이를 보인다. 반응 속도론과 평형은 반응의 서로 다른 면을 다룬다.

- 반응 속도론은 반응의 속도(반응 속도) 즉, 단위 시간당 사라지는 반응물(또는 생성되는 생성물)의 농도를 다룬다.
- 평형은 반응의 *정도*, 즉 무한한 시간이 지난 후 변화가 더 이상 일어나지 않을 때의 반응물과 생성물의 농도를 다룬다.

곧 배우겠지만, 평형 상태에서는 정반응과 역반응이 *균형*을 이루어 더 이상 *알짜* 변화가 없다. 다리를 오가는 교통량이나 에스컬레이터를 오르내리는 사람들처럼 한쪽 방향으로의 변화가 다른 쪽 방향으로의 변화로 균형을 이룬다. 어떤 빠른 반응은 생성물로 거의 완전히 가거나 일부 또는 아주 조금만 가서 이 균형에 도달할 수 있다. 물속에서의 산의 해리를 생각해보자. 1 *M* HCl 용액에서 실제로 모든 염화 수소 분자들은 이온으로 해리하는 반면, 1 *M* CH_3COOH 수용액에서는 단지 1% 미만의 아세트산 분자들이 해리한다. 그러나 두 반응 모두 1초도 걸리지 않아 반응이 끝난다. 이와 마찬가지로 느린 반응들에서 많은 양의 생성물이 얻어지기도 하고 아주 적은 양이 얻어지기도 한다. 몇 년이 지나면 철제 물탱크가 녹이 슬기 시작하고, 충분한 시간이 흐르면 완전히 녹슬어 버린다. 그러나 아무리 오래 기다려도 물탱크 속의 물이 수소와 산소로 분해되지는 않는다.

어떤 반응의 진행 정도를 이해하는 것은 매우 중요하다. 특정 반응 혼합물로부터 얼마나 많은 생성물(의약품, 고분자 또는 연료)을 얻을 수 있을까? 더 많이 얻으려면 조건들을 어떻게 조절해야 할까? 만일 어떤 반응이 느리기는 하지만 최종적으로 높은 수득률을 갖는다면 촉매를 써서 촉진하여 이 반응을 유용하게 만들 수 있을까?

이 장에서는... *기체, 순수 액체 및 고체 계에서의 평형의 원리를 살펴본다.*

- 평형 상태를 거시적 및 분자 수준에서 조사하여 정반응과 역반응 속도가 같을 때 평형에 도달하는지 살펴본다.
- 반응이 진행됨에 따라 변하는 반응 지수 *Q*와 평형에 도달한 반응에 적용되는 평형 상수 *K*를 비교한다.
- 농도나 압력으로 평형 조건을 식으로 나타내고, 두 식이 어떻게 연관되는지 알아본다.
- *Q*와 *K* 값을 비교하여 계가 평형에 도달하기 위해 진행하는 방향을 결정한다.
- 다양한 평형 문제를 해결하기 위한 체계적인 접근 방법을 개발한다.
- 조건의 변화(농도, 압력, 온도 또는 촉매 첨가 등)이 평형 상태에 미치는 영향을 설명하는 Le Châtelier의 원리를 살펴보고, 주요 공정에서 이 원리를 어떻게 활용하는지 알아본다.
- 대사 과정에 작용하는 평형 개념을 소개한다.

17.1 평형 상태와 평형 상수

수없이 많은 화학 반응의 실험적 연구 결과들에 의해, *충분한 시간이 주어지면 반응물과 생성물의 농도가 더 이상 변하지 않고 특정 값을 유지한다*는 것이 밝혀졌다. 이처럼 겉으로 보기에 화학 반응이 멈추는 것은 *모든 반응이 가역적이어서 평형 상태에 도달*하기 때문이다. 거시적 및 분자 수준에서 화학적 계를 조사하여 어떻게 평형에 도달하는지 알아보고, 이어서 이 과정의 정량적인 면들을 살펴보자.

1. *평형에 대한 거시적 관점.* 우리가 살펴볼 계는 색깔이 없는 사산화 이질소와 갈색 이산화 질소 간의 가역 기체상 반응이다.

$$N_2O_4(g;\text{ 무색}) \rightleftharpoons 2NO_2(g;\text{ 갈색})$$

200°C로 유지되는 밀폐 용기에 액체 N_2O_4(bp = 21°C)를 조금 넣으면 즉시 기체로 변하고, NO_2가 생성되면서 기체는 엷은 갈색으로 변하기 시작한다. 시간이 흐를수록 갈색은 진해지며 시간이 더 흐르면 색깔은 더 이상 변하지 않는다. 그림 17.1의 앞 세 사진은 색깔의 변화를 보여주지만 마지막 사진은 변화가 없음을 나타내고 있다.

인터넷 핫스팟

화학 평형의 개념이 어렵게 느껴진다면, eBook에 접속하여 이 주제에 대한 추가 학습 동영상을 참고하자.

2. *평형에 대한 분자적 관점.* 그림 17.1의 확대 창에서 보듯이 분자 수준에서는 다음과 같은 동적인 광경이 펼쳐진다.

- N_2O_4 분자들이 용기 내부 여기저기를 날아다니고 몇 개는 NO_2 두 분자로 갈라진다(그림 17.1A).
- 시간이 흐름에 따라 더 많은 N_2O_4 분자들이 분해하면서 NO_2의 농도가 증가한다(그림 17.1B).
- N_2O_4 분자들의 수가 감소함에 따라 N_2O_4의 분해가 느려진다(대부분의 반응에서 반응물의 농도가 감소하면 반응 속도가 느려짐을 기억하라).
- 동시에 NO_2 분자 수가 증가함에 따라 서로 더 자주 충돌하면서 N_2O_4 생성(역반응)이 가속된다.
- 마침내 반응은 평형에 도달한다. 즉, N_2O_4 분자들이 NO_2로 분해되는 것과 똑 같은 속도로 NO_2 분자들이 N_2O_4를 생성한다(그림 17.1C).

따라서 평형에서는 *정반응과 역반응 속도가 같아서 한쪽 방향으로의 변화가 반대 방향으로의 변화와 균형을 이루기 때문에 반응물과 생성물의 농도가 일정하다.*

$$\text{평형에서: 속도}_{\text{정반응}} = \text{속도}_{\text{역반응}} \qquad \textbf{(17.1)}$$

3. *평형에 대한 정량적 관점: 상수들의 일정한 비.* 반응물과 생성물의 농도가 이 과정에 어떤 영향을 미치는지 살펴보자.

이 반응 계에서는 정반응과 역반응이 모두 단일 단계 반응(16.6절)이므로 균형 반응식에서 바로 속도 법칙을 쓸 수 있다.

$$\text{정반응: } N_2O_4(g) \rightarrow 2NO_2(g) \qquad \text{속도}_{\text{정반응}} = k_{\text{정반응}}[N_2O_4]$$

$$\text{역반응: } 2NO_2(g) \rightarrow N_2O_4(g) \qquad \text{속도}_{\text{역반응}} = k_{\text{역반응}}[NO_2]^2$$

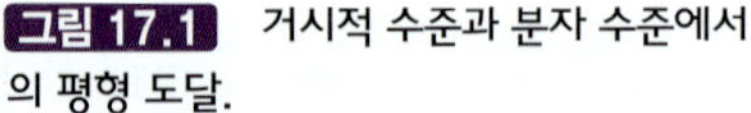

그림 17.1 거시적 수준과 분자 수준에서의 평형 도달.

Source: Stephen Frisch/McGraw-Hill Education

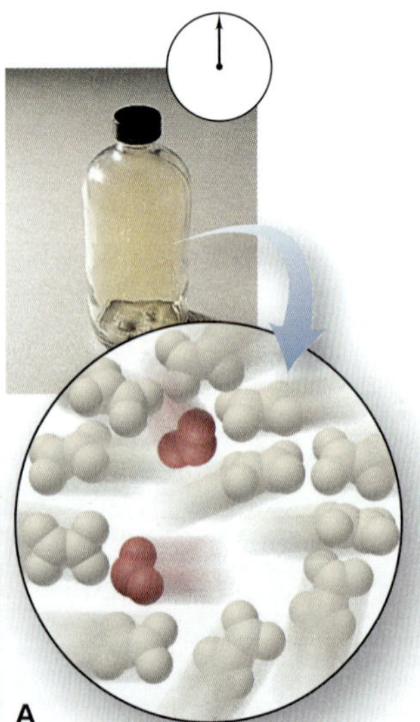

A *반응 혼합물에는 무색인 N_2O_4가 대부분이다.*

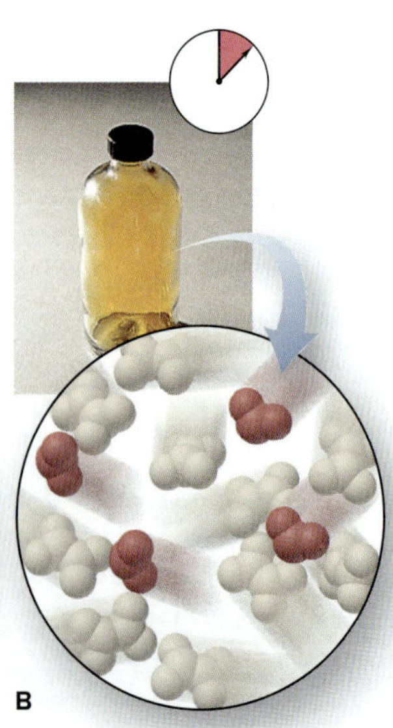

B *N_2O_4가 NO_2로 분해됨에 따라 혼합물은 엷은 갈색을 띤다.*

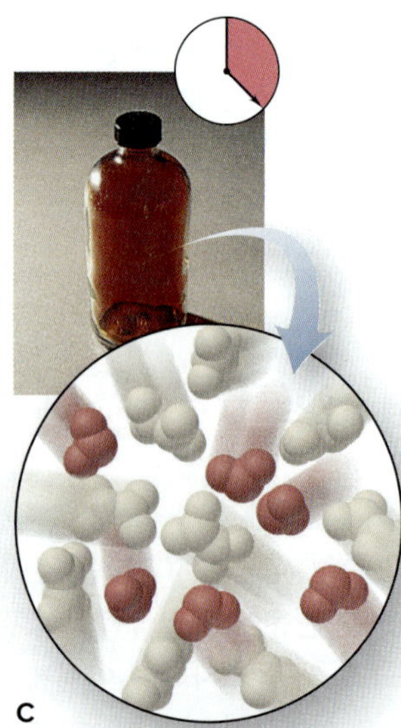

C *N_2O_4가 더 많이 분해되어 NO_2가 더 많이 생기면서 갈색이 더 진해지는데, 평형에서 색깔이 가장 진하다.*

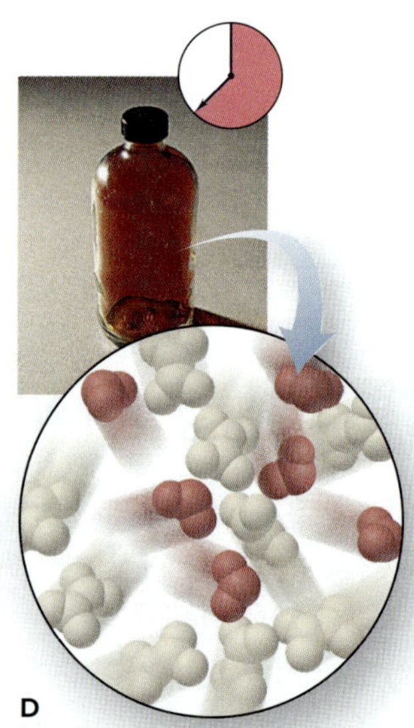

D *반응이 양 방향으로 같은 속도로 일어나므로 NO_2와 N_2O_4의 농도와 색깔은 더 이상 변하지 않는다.*

특정 온도에서 계가 평형에 도달하면 다음이 성립한다.

$$\text{속도}_{\text{정반응}} = \text{속도}_{\text{역반응}}$$

또는

$$k_{\text{정반응}}[N_2O_4]_{\text{평형}} = k_{\text{역반응}}[NO_2]^2_{\text{평형}}$$

여기서 $k_{\text{정반응}}$, $k_{\text{역반응}}$은 각각 정반응과 역반응의 속도 상수이며, 아래첨자 "평형"은 평형 상태의 농도를 뜻한다. 이항하여 다음과 같이 속도 상수의 비와 농도 항의 비가 같도록 만든다.

$$\frac{k_{\text{정반응}}}{k_{\text{역반응}}} = \frac{[NO_2]^2_{\text{평형}}}{[N_2O_4]_{\text{평형}}}$$

속도 상수의 비는 **평형 상수**(equilibrium constant, ***K***)라고 부르는 새로운 상수가 된다.

$$K = \frac{k_{\text{정반응}}}{k_{\text{역반응}}} = \frac{[NO_2]^2_{\text{평형}}}{[N_2O_4]_{\text{평형}}} \tag{17.2}$$

따라서 *K는 특정 온도에서 반응물(들)과 생성물(들)의 평형 농도의 특별한 비와 같다.*

4. *반응 정도의 척도로서의 K. K의 크기*는 특정 온도에서 반응이 생성물 쪽으로 *어느 정도까지 진행하는가*를 나타내는 지표이다. 같은 온도라도 반응이 다르면 평형에서의 농도는 거의 반응물만 있거나 거의 생성물만 있는 등 천차만별이어서, 평형 상수의 값도 천차만별이다. K 값의 크기가 다른 세 가지 예를 들어 보자.

- *작은 K*(그림 17.2A). 평형에 도달하기까지 반응물이 생성물을 아주 조금 생성하면 생성물 농도와 반응물 농도의 비는 작으며, 반응의 K는 작다. K가 아주 작으면 "반응하지 않는다"라고 말하기도 한다. 예를 들어, 1000 K에서 질소와 산소는 "반응하지 않는다."*

$$N_2(g) + O_2(g) \rightleftharpoons 2NO(g) \qquad K = 1 \times 10^{-30}$$

- *큰 K*(그림 17.2B). 반대로 반응물이 거의 남지 않은 상태로 반응이 평형에 도달하면 생성물 농도와 반응물 농도의 비는 크고 큰 K 값을 갖는다. K가 아주 크면 반응이 "완결된다"라고 말하기도 한다. 1000 K에서 일산화 탄소의 산화는 "완결된다."

$$2CO(g) + O_2(g) \rightleftharpoons 2CO_2(g) \qquad K = 2.2 \times 10^{22}$$

- *중간 K*(그림 17.2C). 평형에서 반응물과 생성물 모두 상당한 양이 존재하면, 1000 K에서 일염화 브로민이 원소로 분해하는 경우처럼 K는 중간적인 값을 갖는다.

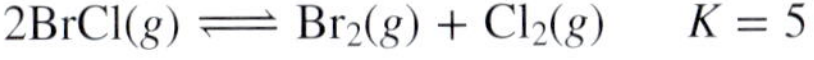

$$2BrCl(g) \rightleftharpoons Br_2(g) + Cl_2(g) \qquad K = 5$$

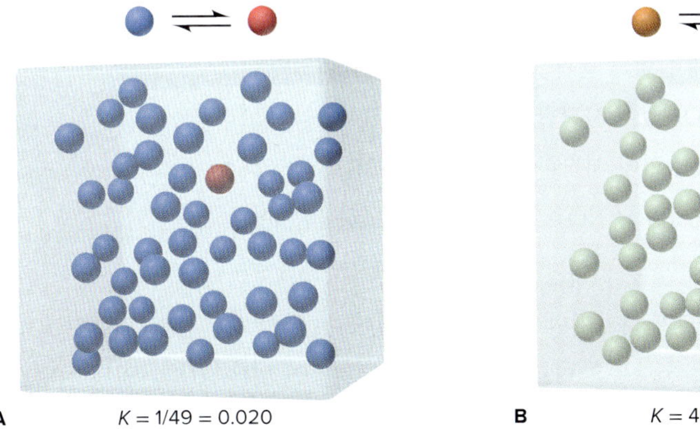

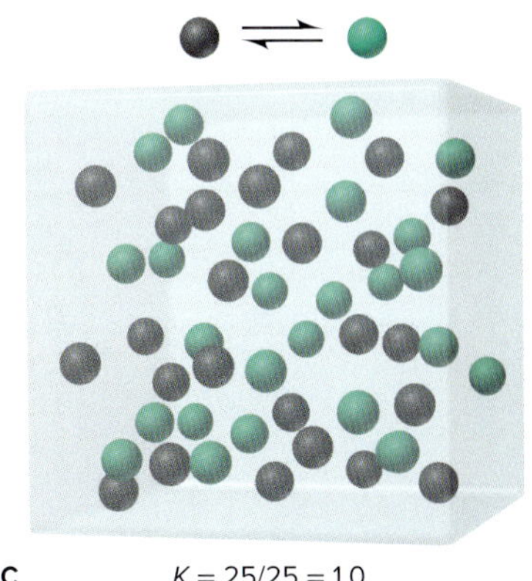

그림 17.2 평형 상수의 크기 범위.

*평형 상수는 이탤릭체 대문자 *K*로 나타내고 온도 단위 켈빈은 로마자 대문자 K로 나타낸다. 또한 켈빈은 단위이므로 항상 숫자 뒤에 나온다.

> 17.1절 요약

- 화학 반응 속도론과 평형은 반응계를 보는 각기 다른 관점이며, 반응 속도와 반응의 정도는 연관성이 별로 없다.
- 정반응과 역반응이 같은 속도로 일어나면 농도는 더 이상 변하지 않고 계는 평형에 도달한다.
- 평형 상수(K)는 생성물과 반응물 농도의 특별한 비율에 근거한 수치이다. 평형에서 반응물(들)의 농도가 높으면 K는 작은 값을 가지고, 평형에서 생성물(들)의 농도가 높으면 K는 큰 값을 갖는다.

17.2 반응 지수와 평형 상수

앞에서 평형 상수를 속도 상수의 비로 소개하였지만 화학 평형에 대한 초기 연구는 반응 속도론의 원리가 정립되기 여러 해 전에 이루어졌다. 1864년 두 스웨덴 화학자 Cato Guldberg와 Peter Waage는, *특정 온도에서 화학적 계는 반응물과 생성물 농도의 특정 비가 일정한 값을 갖는 상태에 도달함*을 알아내었다. 이것이 **화학 평형의 법칙**(law of chemical equilibrium) 또는 **질량 작용의 법칙**(law of mass action)이다.

반응 지수 값의 변화

반응에 대한 농도의 특정 비를 **반응 지수**(reaction quotient, Q)[또는 *질량-작용 방정식*(mass-action expression)]라고 부른다. N_2O_4가 가역적으로 NO_2로 분해되는 반응에 대한 반응 지수는

$$N_2O_4(g) \rightleftharpoons 2NO_2(g) \qquad Q = \frac{[NO_2]^2}{[N_2O_4]}$$

이다. 반응이 평형으로 진행함에 따라 반응물과 생성물의 농도는 지속적으로 변하며, 그 비율, 즉 Q의 값도 같이 변한다. 특정 온도에서 반응 초기에는 농도들이 초기 값을 가지며, 따라서 Q도 초기 값을 갖는다. 잠시 후 농도들은 약간 다른 값들을 가지며, Q 값도 약간 달라진다. 다시 잠시 후에는 농도들과 Q 값이 다시 달라진다. 이러한 변화는 *계가 평형에 도달할 때까지* 계속된다. 평형에 도달한 시점에는 반응물과 생성물의 농도가 평형 값을 가지며 더 이상 변하지 않는다. 따라서 Q 값도 더 이상 변하지 않고 그 온도에서의 K 값과 같아진다.

$$\text{평형에서: } Q = K \tag{17.3}$$

질량 작용의 법칙을 만들 때 Guldberg와 Waage는, *특정 온도의 계는 초기 농도와 무관하게 같은 평형 상태에 도달한다*는 것을 발견하였다. 한 예로 200°C(473 K)의 N_2O_4-NO_2 계를 생각해 보자. 다음 세 실험의 결과를 그림 17.3에 나타내었다.

- 0.1000 M N_2O_4와 NO_2 없이 시작한 반응(그림 17.3A)
- 0.1000 M NO_2와 N_2O_4 없이 시작한 반응(그림 17.3B)
- 0.0500 M N_2O_4와 0.0500 M NO_2로 시작한 반응(그림 17.3C)

다음 두 가지 핵심 요점을 알 수 있다.

- *초기* 농도의 비(Q)는 크게 다르지만 *평형* 농도의 비(K)는 항상 같은 값을 갖는다.
- 각 경우마다 *개별* 평형 농도들은 다르지만 이 평형 농도들의 *비*는 10.4로 일정하다.

따라서 Q를 조사하면 계가 평형에 도달했는지 아닌지, 평형에서 얼마나 멀리 떨어져 있는지, 어느 방향으로 변할지 알 수 있다.

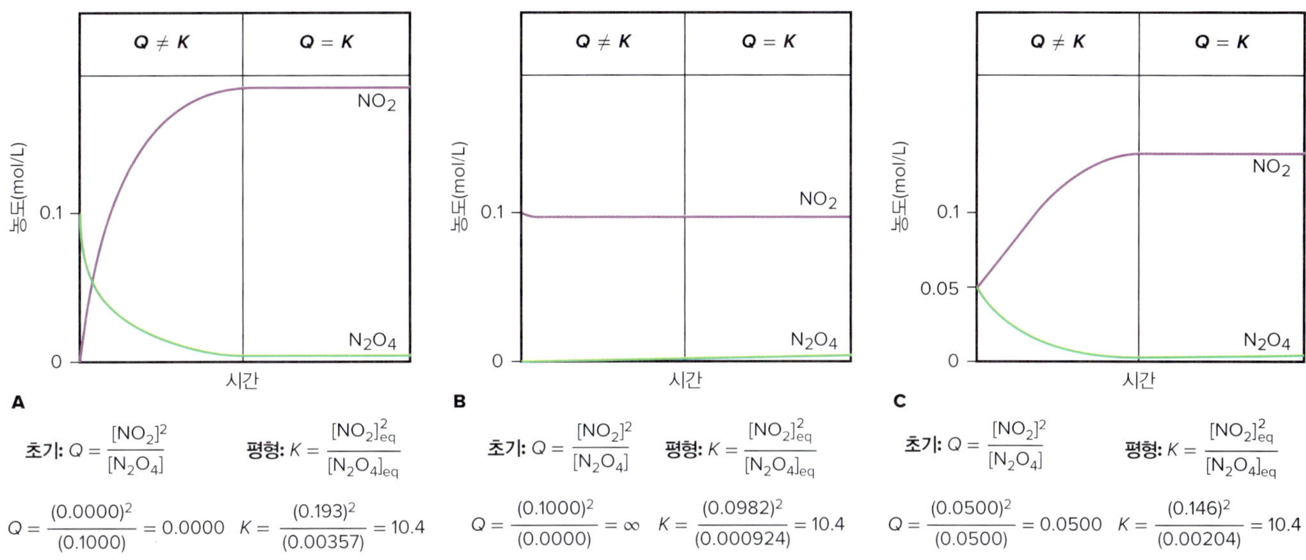

그림 17.3 세 가지 서로 다른 초기 농도에서의 N_2O_4-NO_2 반응 중 Q의 변화.

반응 중에는 $[N_2O_4]$와 $[NO_2]$가 매끄럽게 변하고 Q의 값도 그렇게 변하는 것에 주목하라. 일단 계가 평형(일정한 갈색)에 도달하면 농도는 더 이상 변하지 않고 Q는 K와 같다. 다시 말하면 특정 계에서 K는 *반응물과 생성물의 농도가 평형 값을 가질 때의 특별한 Q 값*이다.

여러 형태로 반응 지수 쓰기

반응 지수는 균형 반응식에서 *바로* 쓸 수 있다. 반면 전체 반응에 대한 속도 법칙은 16장에서 공부한 대로 균형 반응식에서 *바로 쓸 수 없으며* 반응 속도 실험 자료로부터 결정할 수 있다.

반응 지수 만들기 가장 일반적인 반응 지수의 형태에서는 반응물과 생성물 항을 대괄호 [ ]로 표기하는 몰농도로 나타낸다. 따라서 지금부터는 *농도로 나타낸 반응 지수를* Q_c로 표기한다. (또한 *농도로 나타낸 평형 상수도* K_c로 표기한다.) 일반적인 반응

$$aA + bB \rightleftharpoons cC + dD$$

에서 a, b, c, d는 양론 계수이며, 반응 지수는

$$Q_c = \frac{[C]^c[D]^d}{[A]^a[B]^b} \qquad \textbf{(17.4)}$$

이다. 따라서 Q는 *생성물들의 농도 항들의 곱을 반응물들의 농도 항들의 곱으로 나눈 비인 데, 각 항은 균형 반응식의 계수를 지수로 사용한다.*

임의의 화학 계에 대한 반응 지수를 쓰기 위해서는 두 단계를 거쳐야 한다.

1. *먼저 균형 반응식을 쓴다.* 예를 들어 원소에서 암모니아가 생성되는 반응의 균형 반응식(참고로 계수를 색깔로 표시)은 다음과 같다.

$$N_2(g) + 3H_2(g) \rightleftharpoons 2NH_3(g)$$

2. *항과 지수들을 배열한다.* 생성물 항들을 분자에, 반응물 항들을 분모에 넣는데, 서로 곱하고 균형 계수(균형 반응식에 색깔로 표시)를 지수로 올린다.

$$Q_c = \frac{[NH_3]^2}{[N_2][H_2]^3}$$

Q와 K의 단위가 없는 이유 이 책에서는(대부분의 교재 포함) *Q와 K 값에 단위가 없다.* 20장에서 논의하겠지만, Q와 K가 열역학 인자들에서 나왔기 때문이다. 즉, Q와 K의 각 항은 실제로 활성 농도인 *활동도*, 다시 말해 물질의 농도(또는 압력)과 표준 상태 농도(또는 압력)의 *비*이다. 6.6절을 기억해보면 표준 상태란 용액상 물질에 대해서는 1 M, 기체는 1 atm, 액체나 고체는 순수한 물질 그 자체이다. 따라서 Q나 K의 항들은 다음과 같이 단위가 없어진다.

- 농도 1.20 M NaCl에 대해서는

$$[\mathrm{NaCl}] = \frac{1.20\ \cancel{M}\ (\text{측정 양})}{1\ \cancel{M}\ (\text{표준 상태 양})} = 1.20$$

- 압력 0.53 atm N_2에 대해서는

$$P_{\mathrm{N_2}} = \frac{0.53\ \cancel{\mathrm{atm}}\ (\text{측정 양})}{1\ \cancel{\mathrm{atm}}\ (\text{표준 상태 양})} = 0.53$$

- 순수한 고체나 액체에 대해서는 물질의 밀도가 농도이므로 밀도로 나누면 1이 된다.

Q와 K에 들어가는 각 항들이 단위를 갖지 않으므로 Q와 K도 마찬가지로 단위가 없다.

순수한 액체나 고체가 참여하는 반응의 Q의 형태 기체상에서 원소들로부터 NH_3가 생성되는 반응은 모든 성분들이 같은 상을 갖는 *균일*(homogeneous) 평형 계의 예이다. 성분들이 서로 다른 상을 가지면 *불균일*(heterogeneous) 평형 계이다.

석회석이 생석회와 이산화 탄소로 분해되는 반응을 살펴보자.

$$\mathrm{CaCO_3}(s) \rightleftharpoons \mathrm{CaO}(s) + \mathrm{CO_2}(g)$$

반응 지수를 쓰는 규칙을 따르면 다음 식을 얻는다.

$$Q_c = \frac{[\mathrm{CaO}][\mathrm{CO_2}]}{[\mathrm{CaCO_3}]}$$

그러나 앞 절에서 Q와 K가 단위가 없는 수라고 했으므로 반응 지수의 각 항은 실제로 측정된 양과 표준 상태 양의 비이며, *모든 순수한 고체와 액체들에 대해서 이 비는 1이다.* 따라서 다음 식을 얻는다.

$$Q_c = \frac{(1)[\mathrm{CO_2}]}{(1)} = [\mathrm{CO_2}]$$

이 식은 CaO와 $CaCO_3$가 존재하기만 하면 오직 CO_2의 농도만이 Q_c의 값에 영향을 미친다는 것을 의미한다(그림 17.4).

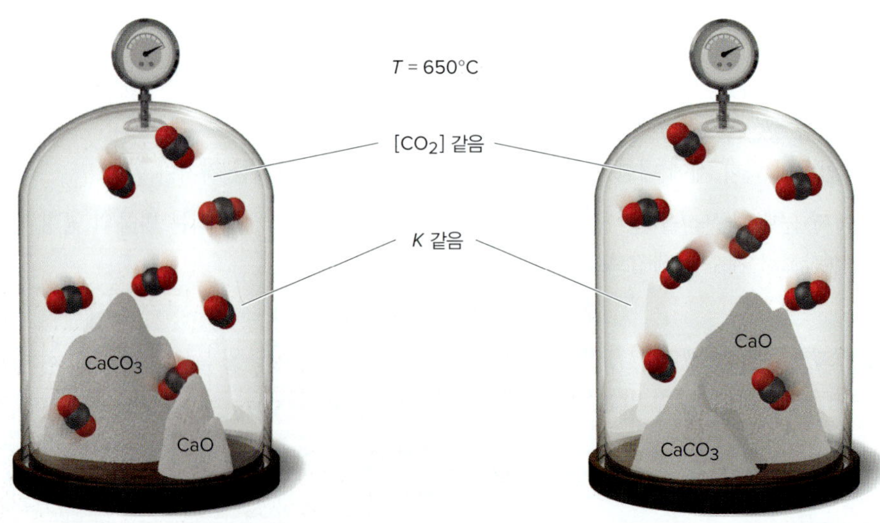

그림 17.4 불균일 계의 반응 지수는 변화하는 농도에만 의존한다.

우리는 평형에 접근함에 따라서 변하는 농도에만 관심이 있고 순수한 고체나 액체의 농도는 밀도처럼 일정하기 때문에, *Q와 K 식에서 순수한 고체와 액체 항을 빼는 것*이 타당하다.

예제 17.1 | 균형 반응식에서 반응 지수 쓰기

문제 다음 각 반응에 대해 반응 지수 Q_c를 써라.

(a) $N_2O_5(g) \rightleftharpoons NO_2(g) + O_2(g)$

(b) $Na(s) + H_2O(l) \rightleftharpoons NaOH(aq) + H_2(g)$

(c) $NO_2(g) + H_2(g) \rightleftharpoons NH_3(g) + H_2O(l)$

계획 반응식의 균형을 맞춘 후 식 (17.4)를 써서 반응 지수를 만든다. 순수한 액체나 고체의 농도 항은 반응 지수에 들어가지 *않는다*는 것을 기억하라.

풀이 (a) 균형 반응식 $2N_2O_5(g) \rightleftharpoons 4NO_2(g) + O_2(g)$로부터 다음을 얻는다.

$$Q_c = \frac{[NO_2]^4[O_2]}{[N_2O_5]^2}$$

(b) 고체 Na와 순수한 액체 H_2O는 반응 지수 식에 들어가지 않는다. $NaOH(aq)$는 액체상의 용액이지만 순수한 액체가 아니기 때문에 반응 지수 식에 들어간다. 균형 반응식 $2Na(s) + 2H_2O(l) \rightleftharpoons 2NaOH(aq) + H_2(g)$로부터 다음 식을 얻는다.

$$Q_c = [NaOH]^2[H_2]$$

(c) 순수한 액체인 H_2O는 반응지수에 포함시키지 않는다. 균형 반응식 $2NO_2(g) + 7H_2(g) \rightleftharpoons 2NH_3(g) + 4H_2O(l)$로부터 다음을 얻는다.

$$Q_c = \frac{[NH_3]^2}{[NO_2]^2[H_2]^7}$$

검산 반응 지수에 들어 있는 지수들이 균형 반응식의 계수들과 같음을 확인하라. 좋은 검산법은, 순수한 액체나 고체 물질을 제외하고 과정을 되돌려 균형 반응식이 얻어지는지 보는 것이다. 식의 분자 항을 생성물로, 분모 항을 반응물로, 지수들을 계수로 바꾼다.

▶ 보충 문제

17.1A 다음 각 반응에 대해 반응 지수 Q_c를 써라.

(a) $NH_3(g) + O_2(g) \rightleftharpoons NO(g) + H_2O(g)$

(b) $NO_2(g) + H_2(g) \rightleftharpoons NH_3(g) + H_2O(l)$

(c) $KClO_3(s) \rightleftharpoons KCl(s) + O_2(g)$

17.1B 다음 각 반응에 대해 반응 지수 Q_c를 써라.

(a) $CH_4(g) + CO_2(g) \rightleftharpoons CO(g) + H_2(g)$

(b) $H_2S(g) + SO_2(g) \rightleftharpoons S(s) + H_2O(g)$

(c) $HCN(aq) + NaOH(aq) \rightleftharpoons NaCN(aq) + H_2O(l)$

유사 문제 17.12~17.19

정반응과 역반응에 대한 Q의 형태 반응 지수의 형태는 균형 반응식을 어느 *방향*으로 쓰느냐에 따라 달라진다. 예로 이산화 황이 삼산화 황으로 산화되는 반응을 생각해보자. 이 반응은 산성비 형성과 황산 생산의 핵심 단계이다. 균형 반응식은

$$2SO_2(g) + O_2(g) \rightleftharpoons 2SO_3(g)$$

이다. *쓰여진 대로의* 이 반응식에 대한 반응 지수는

$$Q_{c(정반응)} = \frac{[SO_3]^2}{[SO_2]^2[O_2]}$$

이다. 역반응 즉, 삼산화 황의 분해 반응을 쓰면

$$2SO_3(g) \rightleftharpoons 2SO_2(g) + O_2(g)$$

이고, 반응 지수는 $Q_{c(정반응)}$의 역수가 될 것이다.

$$Q_{c(역반응)} = \frac{[SO_2]^2[O_2]}{[SO_3]^2} = \frac{1}{Q_{c(정반응)}}$$

따라서 *정반응의 반응 지수(또는 평형 상수)는 역반응의 반응 지수(또는 평형 상수)의* **역** *수이다.*

$$Q_{c(역반응)} = \frac{1}{Q_{c(정반응)}} \quad \& \quad K_{c(역반응)} = \frac{1}{K_{c(정반응)}} \qquad \textbf{(17.5)}$$

1000 K에서 위 반응의 정반응과 역반응의 K_c 값은 아래와 같다.

$$K_{c(정반응)} = \frac{[SO_3]^2}{[SO_2]^2[O_2]} = 261 \quad \& \quad K_{c(역반응)} = \frac{[SO_2]^2[O_2]}{[SO_3]^2} = \frac{1}{K_{c(정반응)}} = \frac{1}{261} = 3.83\times10^{-3}$$

만일 정반응이 오른쪽으로 치우쳐(큰 K_c) 평형에서 생성물 SO_3의 농도가 높으면 역반응은 오른쪽으로 많이 가지 못할 것이며(작은 K_c), 평형에 도달했을 때 반응하지 않은 SO_3가 많이 남아 있을 것이므로 이 수치들은 타당하다.

공통 인자가 곱해진 계수를 갖는 반응에 대한 Q의 형태 반응식의 모든 계수들에 어떤 인자를 곱하면 Q의 형태가 달라진다. 예를 들어 SO_3 생성 반응식의 모든 계수에 $\frac{1}{2}$을 곱하면 다음과 같이 된다.

$$SO_2(g) + \tfrac{1}{2}O_2(g) \rightleftharpoons SO_3(g)$$

이 반응식의 반응 지수는 다음과 같다.

$$Q'_{c(정반응)} = \frac{[SO_3]}{[SO_2][O_2]^{1/2}}$$

아래와 같이 $\frac{1}{2}$이 곱해진 반응식의 Q_c가 원래의 반응식에 대한 Q_c의 $\frac{1}{2}$승과 같음에 주목하라.

$$Q'_{c(정반응)} = Q^{1/2}_{c(정반응)} = \left(\frac{[SO_3]^2}{[SO_2]^2[O_2]}\right)^{1/2} = \frac{[SO_3]}{[SO_2][O_2]^{1/2}}$$

평형 상수도 같은 성질을 갖는다. $\frac{1}{2}$이 곱해진 반응식의 평형 상수와 원래의 반응식의 것을 연결시키면 다음과 같다.

$$K'_{c(정반응)} = K^{1/2}_{c(정반응)} = (261)^{1/2} = 16.2$$

반응의 계수를 바꾸어 평형 상수가 달라지듯이 반응의 정도도 변한 것처럼 보이지만 그렇지 않다. *특정 평형 상수 K는 오직 특정 반응식과 연관될 때에만 의미를 갖는다.* 만일 $K_{c(정반응)}$과 $K'_{c(정반응)}$이 각기 반응식과 연관된다면 두 값을 직접 비교할 수 없다.

일반적으로 *균형 반응식의 모든 계수에 어떤 인자가 곱해지면 그 인자는 연관된 반응 지수 및 평형 상수의 지수가 된다.* 즉, 다음과 같이 인자 n을 곱하면

$$n(aA + bB \rightleftharpoons cC + dD)$$

반응 지수와 평형 상수는 다음과 같다.

$$Q' = Q^n = \left(\frac{[C]^c[D]^d}{[A]^a[B]^b}\right)^n \quad \& \quad K' = K^n \qquad \textbf{(17.6)}$$

전체 반응에 대한 Q의 형태 반응식이 각 반응 단계를 나타내든 전체 다단계 반응을 나타내든 상관없이 같은 과정을 따라 반응 지수를 쓴다. *전체 반응이 둘 이상의 반응의* ***합****이면 전체 반응 지수(또는 평형 상수)는 각 단계의 반응 지수(또는 평형 상수)의* ***곱****이다.* 즉,

$$Q_{전체} = Q_1 \times Q_2 \times Q_3 \times \cdots$$

이고

$$K_{전체} = K_1 \times K_2 \times K_3 \times \cdots \quad \textbf{(17.7)}$$

이다. 예제 17.2는 전체 반응의 역반응이나 혹은 전체 반응식에 어떤 인자가 곱해진 반응들에 대한 K 값을 구하는 예를 보여준다.

예제 17.2 | 전체 반응에 공통 인자가 곱해진 반응이나 역반응인 반응의 *K* 구하기

문제 화학자가 700 K에서 다음 반응의 K_c를 구하려고 한다.

$$2NH_3(g) + 3I_2(g) \rightleftharpoons 6HI(g) + N_2(g) \qquad K_c = ?$$

700 K에서의 다음 자료를 이용하여 미지의 K_c를 구하라.

(1) $N_2(g) + 3H_2(g) \rightleftharpoons 2NH_3(g) \qquad K_{c1} = 0.343$

(2) $H_2(g) + I_2(g) \rightleftharpoons 2HI(g) \qquad K_{c2} = 54$

계획 반응식 (1)과 (2)를 적절히 변형한 후 더하여 원하는 반응식을 얻어야 한다. 반응식 (1)을 역반응으로 써야 한다. 새 평형 상수(K'_{c1})은 K_{c1}의 역수이다. 반응식 (2)에는 3을 곱해야 한다. 새 평형 상수(K'_{c2})은 K_{c2}의 3승이 된다. 그런 다음 변형된 두 반응식을 더하고, 각각의 K_c 값들을 곱하여 전체 K_c를 얻는다.

풀이 반응식 (1)의 반응 지수는 다음과 같다.

$$Q_{c1} = \frac{[NH_3]^2}{[N_2][H_2]^3}, \qquad K_{c1} = 0.343$$

$2NH_3$가 원하는 반응식의 반응물에 들어 있으므로 반응 (1)은 역반응이 되어야 한다. 역반응의 K_c 값은 원래 K_c의 역수이다.

$$(1)\ 2NH_3(g) \rightleftharpoons N_2(g) + 3H_2(g) \qquad Q'_{c1} = \frac{[N_2][H_2]^3}{[NH_3]^2}, \qquad K'_{c1} = \frac{1}{0.343} = 2.92$$

반응식 (2)의 반응 지수는 다음과 같다.

$$Q_{c2} = \frac{[HI]^2}{[H_2][I_2]}, \qquad K_{c2} = 54$$

반응식 (2)에는 3을 곱해야 하므로(원하는 반응식에서 I_2의 계수는 3이고 HI의 계수는 6) 새 K_c 값은 원래 K_c 값의 3승이다.

$$(2)\ 3H_2(g) + 3I_2(g) \rightleftharpoons 6HI(g) \quad Q'_{c2} = \frac{[HI]^6}{[H_2]^3[I_2]^3} = \left(\frac{[HI]^2}{[H_2][I_2]}\right)^3, \quad K'_{c2} = 54^3 = 1.6\times10^5$$

두 반응식을 더한다(공통 항을 상쇄시킴).

$$\begin{array}{lrcll} (1) & 2NH_3(g) & \rightleftharpoons & N_2(g) + \cancel{3H_2(g)} & K'_{c1} = 2.92 \\ (2) & \cancel{3H_2(g)} + 3I_2(g) & \rightleftharpoons & 6HI(g) & K'_{c2} = 1.6\times10^5 \\ \hline & 2NH_3(g) + 3I_2(g) & \rightleftharpoons & N_2(g) + 6HI(g) & \end{array}$$

각 반응 지수를 곱하고 전체 K_c를 구한다.

$$Q'_{c1} \times Q'_{c2} = \frac{[N_2]\cancel{[H_2]^3}}{[NH_3]^2} \times \frac{[HI]^6}{\cancel{[H_2]^3}[I_2]^3} = \frac{[N_2][HI]^6}{[NH_3]^2[I_2]^3} = Q_{c(\text{전체})}$$

$$K_{c(\text{전체})} = K'_{c1} \times K'_{c2} = (2.92)(1.6\times10^5) = 4.7\times10^5$$

검산 다음과 같이 반올림한 후 전체 K_c 값 계산을 확인한다.

$$K_c \approx (3)(2\times10^5) = 6\times10^5$$

▶ 보충 문제

17.2A 1123 K에서의 다음 자료를 이용하여

(1) $C(s) + CO_2(g) \rightleftharpoons 2CO(g)$　　$K_{c1} = 1.4\times10^{12}$

(2) $CO(g) + Cl_2(g) \rightleftharpoons COCl_2(g)$　　$K_{c2} = 0.55$

같은 온도에서 다음 반응의 K_c 값을 구하라.

$$C(s) + CO_2(g) + 2Cl_2(g) \rightleftharpoons 2COCl_2(g)$$

17.2B 1000 K에서 $2NO(g) + Br_2(g) \rightleftharpoons 2NOBr(g)$ 반응의 K_c 값은 1.3×10^{-2}이다. 다음 반응들의 K_c 값을 구하라.

(a) $4NOBr(g) \rightleftharpoons 4NO(g) + 2Br_2(g)$　　**(b)** $\frac{1}{2}NO(g) + \frac{1}{4}Br_2(g) \rightleftharpoons \frac{1}{2}NOBr(g)$

유사 문제 17.20, 17.21, 17.23, 17.24

표 17.1에 Q를 쓰고 K를 구하는 방법을 요약하였다.

표 17.1 | Q를 쓰고 K를 구하는 방법

반응식의 형태	Q의 형태	K 값
기준 반응(기준): $A \rightleftharpoons B$	$Q_{(\text{기준})} = \frac{[B]}{[A]}$	$K_{(\text{기준})} = \frac{[B]_{\text{평형}}}{[A]_{\text{평형}}}$
역반응: $B \rightleftharpoons A$	$Q = \frac{1}{Q_{(\text{기준})}} = \frac{[A]}{[B]}$	$K = \frac{1}{K_{(\text{기준})}}$
계수에 n을 곱함	$Q = Q^n_{(\text{기준})}$	$K = K^n_{(\text{기준})}$
두 단계의 합인 반응		
(1) $A \rightleftharpoons \cancel{C}$	$Q_1 = \frac{[C]}{[A]}; Q_2 = \frac{[B]}{[C]}$	
(2) $\cancel{C} \rightleftharpoons B$ $A \rightleftharpoons B$	$Q_{\text{전체}} = Q_1 \times Q_2 = Q_{(\text{기준})}$ $= \frac{\cancel{[C]}}{[A]} \times \frac{[B]}{\cancel{[C]}} = \frac{[B]}{[A]}$	$K_{\text{전체}} = K_1 \times K_2$ $= K_{(\text{기준})}$
$A(s)$와 같이 순수한 고체나 액체 성분이 있는 반응	$Q = Q_{(\text{기준})}(1) = [B]$	$K = K_{(\text{기준})}(1) = [B]$

› 17.2절 요약

- 농도로 나타낸 반응 지수 Q_c는 반응물과 생성물의 농도의 특별한 비이다. 반응이 진행함에 따라 Q_c 값은 변한다. 계가 특정 온도에서 평형에 도달하면 $Q_c = K_c$이다.
- 순수한 액체나 고체의 농도 항은 Q에 들어가지 않는데, 그 값이 1이기 때문이다.
- Q의 *형태*는 쓰인 대로의 균형 반응식에 의해 정해지는데, 역반응이 되거나 어떤 인자가 곱해지면 Q가 달라지며, K도 함께 변한다.
- 반응이 둘 이상의 단계의 합이면 전체 Q(또는 K)는 각각의 Q(또는 K)들의 곱이다.
- 계가 평형에 있는지를 판단하는 세 가지 기준은 다음과 같다.
  1. 반응물과 생성물의 농도가 시간이 흘러도 일정하다.
  2. 정반응과 역반응의 속도가 같다. $\text{속도}_{\text{정반응}} = \text{속도}_{\text{역반응}}$.
  3. 반응 지수가 평형 상수와 같다. $Q = K$.

17.3 압력으로 평형 나타내기: K_c와 K_p의 관계

기체는 농도보다 *압력*을 측정하는 것이 쉬우므로 기체가 참여하는 반응에 대해서는 흔히 농도 대신 부분 압력으로 반응 지수를 나타낸다. 실험에서 기체들이 거의 이상적으로 거동하는 한 이상 기체 법칙(5.3절)을 써서 압력(P)와 몰농도(n/V)를 연관시킬 수 있다. 즉,

$$PV = nRT \quad \text{이므로} \quad P = \frac{n}{V}RT \quad \text{또는} \quad \frac{P}{RT} = \frac{n}{V}$$

이다. 따라서 일정한 T에서, *압력은 몰농도에 정비례한다*. 예를 들어 기체상 NO와 O_2 반응

$$2NO(g) + O_2(g) \rightleftharpoons 2NO_2(g)$$

에서 *압력으로 나타낸 반응 지수* Q_p는

$$Q_p = \frac{P^2_{NO_2}}{P^2_{NO} \times P_{O_2}}$$

이다.

모든 성분들이 평형 부분 압력으로 존재할 때 얻은 평형 상수를 *압력으로 나타낸 평형 상수* K_p로 나타낸다. 많은 경우 K_p와 K_c는 값이 다르다. 그러나 이 둘 중 어느 하나의 값을 알면 균형 반응식에서 구한 *기체 양(mol)의 변화* $\Delta n_{기체}$를 써서 다른 것의 값을 구할 수 있다. 어떻게 환산하는 지를 NO의 산화 반응을 예로 살펴보자.

$$2NO(g) + O_2(g) \rightleftharpoons 2NO_2(g)$$

균형 반응식에서 알 수 있듯이

$$3 \text{ mol } (2 \text{ mol} + 1 \text{ mol}) \text{ 기체 반응물} \rightleftharpoons 2 \text{ mol 기체 생성물}$$

Δ의 의미를 "최종 *빼기* 초기"(생성물 *빼기* 반응물)라 하면,

$$\Delta n_{기체} = \text{기체 생성물의 몰수} - \text{기체 반응물의 몰수} = 2 - 3 = -1$$

$\Delta n_{기체}$가 다음 환산에 등장하므로 이 값을 기억하라.

농도로 나타낸 반응 지수

$$Q_c = \frac{[NO_2]^2}{[NO]^2\,[O_2]}$$

이다. 이상 기체 법칙을 $n/V = P/RT$로 이항한 후, 대괄호 속의 항들을 n/V로 쓴 다음 부분 압력 P로 바꾼다. 그런 다음 RT 항들을 모아 상쇄시킨다.

$$Q_c = \frac{\dfrac{n^2_{NO_2}}{V^2}}{\dfrac{n^2_{NO}}{V^2} \times \dfrac{n_{O_2}}{V}} = \frac{\dfrac{P^2_{NO_2}}{(RT)^2}}{\dfrac{P^2_{NO}}{(RT)^2} \times \dfrac{P_{O_2}}{RT}} = \frac{P^2_{NO_2}}{P^2_{NO} \times P_{O_2}} \times \frac{\dfrac{1}{\cancel{(RT)^2}}}{\dfrac{1}{\cancel{(RT)^2}} \times \dfrac{1}{RT}}$$

$$= \frac{P^2_{NO_2}}{P^2_{NO} \times P_{O_2}} \times RT$$

위 식의 맨 마지막 항이 Q_p와 RT의 곱임을 알 수 있다. 따라서,

$$Q_c = Q_p(RT)$$

또한 평형에서는 $K_c = K_p(RT)$이다. K_p에 대해 쓰면 다음을 얻는다.

$$K_p = \frac{K_c}{RT} = K_c(RT)^{-1}$$

RT 항의 지수가 균형 반응식에서 얻은 기체의 양(몰수)의 변화($\Delta n_{기체}$)*와 같음*에 특히 주목하라. 이 예에서는 −1이다. 따라서 일반적으로

$$K_p = K_c(RT)^{\Delta n_{기체}} \tag{17.8}$$

이다. 식 (17.8)에 의하면 *반응에서 기체의 양(몰수)가 변하지 않으면*, 즉 $\Delta n_{기체} = 0$이면, RT 항은 사라지고(즉, 1이 됨), $K_p = K_c$이다. (계산을 할 때 R의 단위와 압력 단위를 일치시켜야 한다.)

예제 17.3 | K_c와 K_p 환산

문제 황화수소 암모늄은 암모니아와 황화 수소로 분해된다. 다음 분해 반응에 대한 K_c를 구하라.

$$NH_4SH(s) \rightleftharpoons NH_3(g) + H_2S(g) \quad K_p = 0.19\ (218°C에서)$$

계획 K_p 값(0.19)을 알고 있다. K_p와 K_c를 환산하려면 먼저 균형 반응식에서 $\Delta n_{기체}$을 구해야 한다. 그런 다음 식 (17.8)을 이항한다. 압력을 atm 단위로 측정한다면 R = 0.0821 atm·L/mol·K이다. 주어진 온도는 켈빈 온도로 바꾸어야 한다.

풀이 $\Delta n_{기체}$ 구하기: 기체 생성물이 2 mol(NH_3 1 mol과 H_2S 1 mol)이고, 기체 반응물이 없으므로 $\Delta n_{기체}$ = 2 − 0 = 2이다. (오직 *기체상* 반응물과 생성물의 몰수들만 $\Delta n_{기체}$을 구하는 데 사용한다.)

T를 °C에서 K로 환산: $T\,(K) = 218°C + 273.15 = 491\ K$

식 (17.8)을 이항하여 K_c 계산:

$$K_p = K_c(RT)^{\Delta n_{기체}} \qquad 또는 \qquad K_p = K_c(RT)^2$$

따라서

$$K_c = K_p(RT)^{-2} = (0.19)(0.0821\times491)^{-2} = 1.2\times10^{-4}$$

검산 근사 계산을 하면

$$(0.2)(0.1\times500)^{-2} = (0.2)(4\times10^{-4}) = 0.8\times10^{-4}$$

▶ **보충 문제**

17.3A 다음 반응의 K_p를 구하라.

$$PCl_3(g) + Cl_2(g) \rightleftharpoons PCl_5(g) \qquad K_c = 1.67\ (500.\ K에서)$$

17.3B 다음 반응의 K_c를 구하라.

$$CS_2(g) + 4H_2(g) \rightleftharpoons CH_4(g) + 2H_2S(g) \qquad K_p = 3.0\times10^{-5}\ (900.°C에서)$$

유사 문제 17.30~17.33

› 17.3절 요약

- 기체상 반응에 대해서는 반응 지수와 평형 상수를 부분 압력으로 나타낼 수 있다(Q_p와 K_p).
- K_p를 알면 K_c를 구할 수 있고, 마찬가지로 K_c를 알면 K_p를 구할 수 있다. $K_p = K_c(RT)^{\Delta n_{기체}}$.

17.4 Q와 K를 비교하여 반응 방향 결정하기

반응물과 생성물의 혼합물이 있고, 반응 온도에서 K를 알고 있다고 가정하자. 이미 알고 있는 K 값과 Q 값을 비교하여 반응이 평형에 도달했는지, 아니면 어느 방향으로 진행할지 알아낼 수 있다. 특정 온도에서 K 값은 일정하지만, Q 값은 반응물과 생성물의 농도가 변함에 따라 달라진다. Q의 분자 항에 생성물이, 분모 항에 반응물이 들어가므로 *생성물이 더 많이 생성되면 Q가 커지고, 반응물이 더 많이 생성되면 Q는 작아진다.*

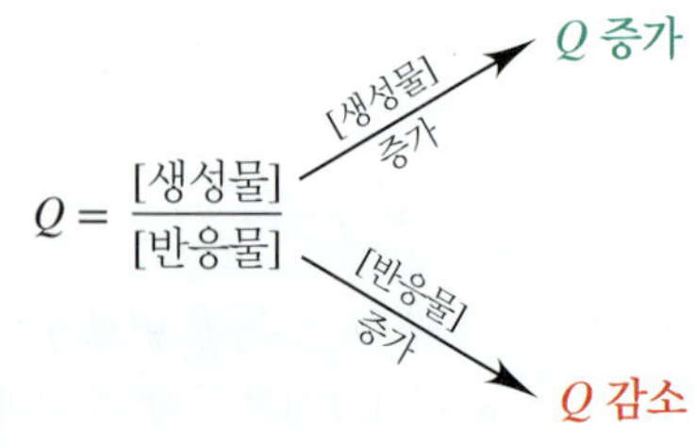

Q와 K의 상대적 크기에 따라 세 가지 경우가 있다(그림 17.5).

- $Q < K$. Q가 K보다 작으면 분모 항(반응물들)이 분자 항(생성물들)보다 상대적으로 크다. Q가 K와 같아지려면 반응물들이 감소하고 생성물들이 증가해야 한다. 반응은 평형에 있지 않으며, 반응은 오른쪽, 즉 생성물 방향으로 $Q = K$가 될 때까지 진행할 것이다.

$$Q < K\text{이면, 반응물들} \longrightarrow \text{생성물들}$$

- $Q > K$. Q가 K보다 크면 분자 항(생성물들)이 감소할 것이며 분모 항(반응물들)이 증가할 것이다. 반응은 평형에 있지 않으며 반응은 왼쪽, 즉 반응물 방향으로 $Q = K$가 될 때까지 진행할 것이다.

$$Q > K\text{이면, 반응물들} \longleftarrow \text{생성물들}$$

- $Q = K$. 이러한 상황은 반응물과 생성물 항들이 평형 값과 같을 때이다. 반응은 평형에 있고, 더 이상 알짜 반응은 일어나지 않는다.

$$Q = K\text{이면, 반응물들} \rightleftharpoons \text{생성물들}$$

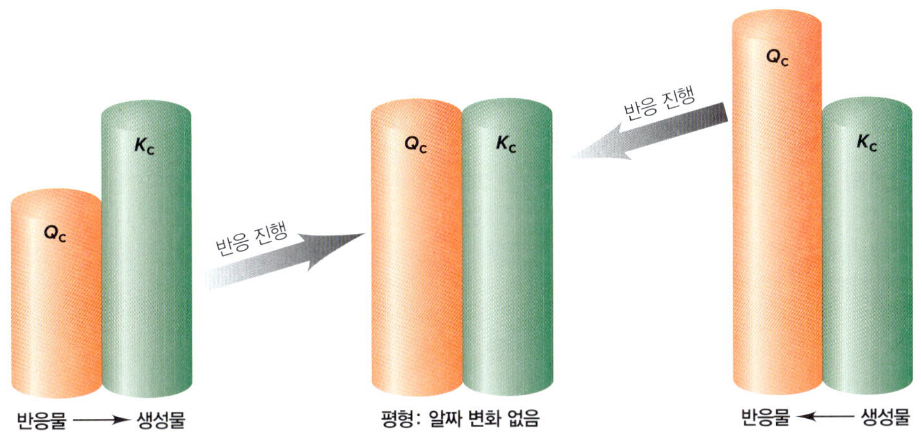

그림 17.5 Q와 K의 상대적 크기와 반응 방향: Q_c가 K_c보다 크거나 작으면 $Q_c = K_c$가 될 때까지 반응은 계속된다. K_c는 언제나 똑같다.

예제 17.4는 분자 모식도로 반응의 방향을 결정하는 것이고 예제 17.5에서는 농도 자료를 이용한다.

예제 17.4 | 분자 모식도로 반응 방향 결정하기

문제 175°C에서 $A(g) \rightleftharpoons B(g)$ 반응의 평형 혼합물은 $[A] = 2.8 \times 10^{-4}\ M$이고, $[B] = 1.2 \times 10^{-4}\ M$이다. 아래 분자 모식도들은 이 반응(A는 *빨간색*, B는 *파란색*)의 서로 다른 네 반응 혼합물을 나타낸다. 각 혼합물에 대해 반응이 평형에 도달하기 위해 오른쪽으로 진행할지, 왼쪽으로 진행할지, 아니면 둘 다 아닌지 판단하라.

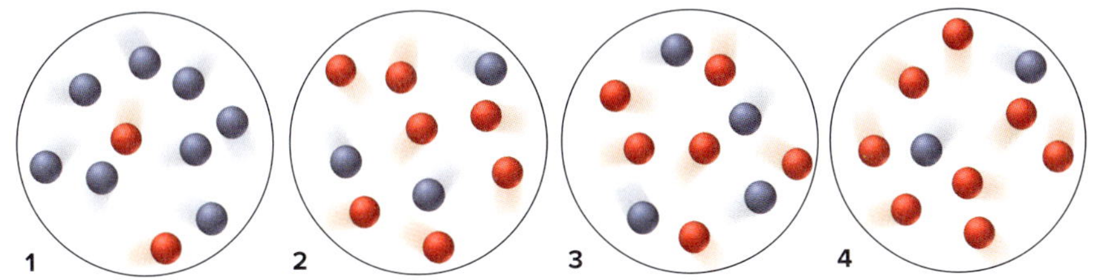

계획 Q_c와 K_c를 비교하여 반응 방향을 결정해야 하므로 우선 주어진 평형 농도들을 사용하여 K_c를 구한다. 그런 다음 구들의 수를 세어 각 혼합물에 대해 Q_c 값을 구한다. 만일 $Q_c < K_c$이면, 반응은 오른쪽(반응물에서 생성물로)으로 진행할 것이다. $Q_c > K_c$이면, 반응은 왼쪽(생성물에서 반응물로)으로 진행할 것이다. $Q_c = K_c$이면, 더 이상 알짜 반응은 없다.

풀이 반응 지수를 쓰고 자료를 써서 K_c를 구한다.

$$Q_c = \frac{[B]}{[A]} = \frac{1.2\times10^{-4}}{2.8\times10^{-4}} = 0.43 = K_c$$

각 혼합물에 대해 빨간색 구(A)와 파란색 구(B)의 수를 세어 Q_c를 구한다.

1. $Q_c = 8/2 = 4.0$ 2. $Q_c = 3/7 = 0.43$ 3. $Q_c = 4/6 = 0.67$ 4. $Q_c = 2/8 = 0.25$

Q_c와 K_c를 비교하여 반응 방향을 결정한다.

1. $Q_c > K_c$: 왼쪽 2. $Q_c = K_c$: 알짜 반응 없음 3. $Q_c > K_c$: 왼쪽 4. $Q_c < K_c$: 오른쪽

검산 K_c를 잘못 구하면 계속하여 잘못된 결론을 얻게 되므로 그 과정을 점검하자. 지수들은 같고, 1.2/2.8이 0.5보다 약간 작은데, 계산으로 구한 K_c와 일치한다. 자세히 살펴보면 최종 답을 확인할 수 있다. 예를 들어, 혼합물 1에 있는 B의 수(8)가 평형에 있는 수(2)와 같아지려면 B가 A로 변화해야 하므로 반응은 왼쪽으로 진행해야 한다.

▶ 보충 문제

17.4A 338 K에서 $X(g) \rightleftharpoons Y(g)$ 반응의 K_c 값은 1.4이다. 아래 모식도들은 338 K에서의 서로 다른 혼합물들인데, X는 *주황색*이고 Y는 *녹색*이다. 각 혼합물이 평형에 도달하기 위해 반응이 어느 방향으로(알짜 변화가 있다면) 진행할까?

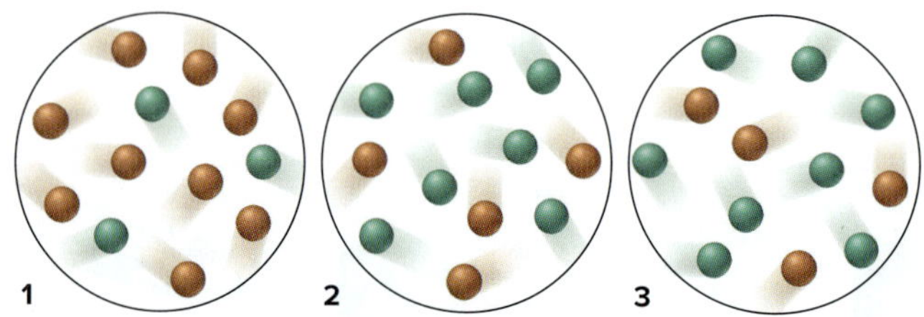

17.4B 모식도 1은 25°C에서 평형에 있는 $2C(g) \rightleftharpoons D(g)$ 반응을 나타낸다(C는 *노란색*이고, D는 *파란색*이다). 모식도 2와 3은 25°C에서 C와 D의 서로 다른 혼합물들을 나타낸다. 반응의 K_c를 구하고, 모식도 2와 3의 혼합물에 대해 반응이 어느 방향으로(알짜 변화가 있다면) 진행할지 결정하라.

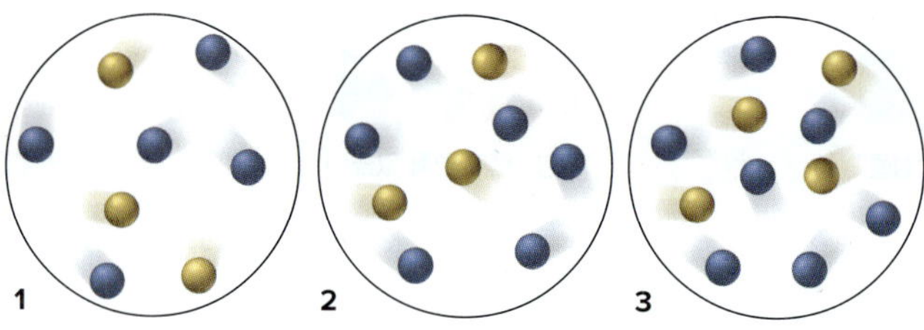

유사 문제 17.35

예제 17.5 | 농도로 반응 방향 결정하기

문제 100°C에서 $N_2O_4(g) \rightleftharpoons 2NO_2(g)$ 반응의 $K_c = 0.21$이다. 반응의 한 시점에서 $[N_2O_4] = 0.12\ M$이고, $[NO_2] = 0.55\ M$이었다. 이 시점에서 반응은 평형에 있는가? 아니라면 어느 방향으로 반응이 진행할까?

계획 Q_c를 쓰고, 주어진 농도를 대입하여 값을 구한 후 주어진 K_c와 비교한다.

풀이 반응 지수를 쓰고 Q_c를 구한다.

$$Q_c = \frac{[NO_2]^2}{[N_2O_4]} = \frac{(0.55)^2}{0.12} = 2.5$$

$Q_c > K_c$ (2.5 > 0.21)이므로, 반응은 평형에 있지 않고, $Q_c = K_c$가 될 때까지 왼쪽으로 진행할 것이다.

검산 $[NO_2] > [N_2O_4]$이므로 Q_c 값이 0.21보다 클 것으로 예상된다. 만일 $Q_c > K_c$이면 $Q_c = K_c$가 될 때까지 분자 항은 감소하고 분모 항은 증가할 것이다. 즉, 이 반응은 반응물 방향으로 진행할 것이다.

▶ 보충 문제

17.5A 클로로메테인은 다음 반응으로 만든다.

$$CH_4(g) + Cl_2(g) \rightleftharpoons CH_3Cl(g) + HCl(g)$$

1500 K에서 $K_p = 1.6 \times 10^4$이다. 반응 혼합물 속에 $P_{CH_4} = 0.13$ atm, $P_{Cl_2} = 0.035$ atm, $P_{CH_3Cl} = 0.24$ atm, $P_{HCl} = 0.47$ atm이 들어 있다. CH_3Cl과 CH_4 중 어느 것이 생성되겠는가?

17.5B 삼산화 황은 이산화 황과 산소를 반응시켜 얻는다.

$$2SO_2(g) + O_2(g) \rightleftharpoons 2SO_3(g) \qquad K_c = 4.2\times10^{-2}\ (727°C에서)$$

2.0 L 플라스크에 SO_2 3.4 mol, O_2 1.5 mol, SO_3 1.2 mol을 넣었다고 가정하자. 계는 평형 상태에 있는가? 아니라면 반응은 어느 방향으로 진행할까?

유사 문제 17.36~17.38

› 17.4절 요약

- Q와 K를 비교하여 반응이 평형을 향해 갈 때 어느 방향으로 진행할지 결정한다.
- $Q_c < K_c$이면 생성물이 더 많이 생성된다.
- $Q_c > K_c$이면 반응물이 더 많이 생성된다.
- $Q_c = K_c$이면 더 이상 알짜 반응은 없다.

17.5 평형 문제를 푸는 방법

현실 세계(그리고 화학 시험)에서 다양한 평형 문제들에 맞닥뜨리게 되는데, 그것들을 두 가지 유형으로 나눌 수 있다.

1. 반응물과 생성물의 평형 양들을 알고 K를 구한다.
2. K와 반응물과 생성물의 초기 양을 알고 평형 양들을 구한다.

물질의 양으로 평형 상수 구하기

이러한 유형의 문제들은 흔히 서로 다른 두 가지 형태로 제시된다. 하나는 평형 양들을 반응 지수에 대입한 후 K를 구하는 것이고 다른 하나는 몇 가지 양을 먼저 구해야 하는 것이다.

평형 양들을 Q에 대입하여 K 구하기 이러한 유형의 문제에서는 주어진 평형 양들을 써서 K를 구한다. 한 예로 같은 양의 기체상 수소와 아이오딘을 일정한 온도에서 1.5 L 플라스크에 넣는다고 가정하자. 시간이 흘러 다음 평형에 도달한다.

$$H_2(g) + I_2(g) \rightleftharpoons 2HI(g)$$

평형에서 플라스크 속에는 H_2 1.80 mol, I_2 1.80 mol, HI 0.520 mol이 들어 있다. 물질의 양들과 플라스크 부피로부터 농도를 구한 후 균형 반응식의 반응 지수에 대입하여 K_c를 구한다.

$$Q_c = \frac{[HI]^2}{[H_2][I_2]}$$

각 양(mol)을 부피(L)로 나누어 각 농도(mol/L)를 구한다.

$$[H_2] = \frac{1.80\ \text{mol}}{1.50\ \text{L}} = 1.20\ M$$

같은 방법으로 구하면, $[I_2] = 1.20\ M$이고, $[HI] = 0.347\ M$이다. 이 값들을 Q_c 식에 대입하여 K_c를 얻는다.

$$K_c = \frac{(0.347)^2}{(1.20)(1.20)} = 8.36\times10^{-2}$$

반응 표를 써서 평형 양들과 K 구하기 일부 물질의 양들이 주어져 있지 않으면 반응 양론을 써서 그것들을 먼저 구한 후 K를 구한다. 다음 예에서 *반응 표*(reaction table)의 사용법에 주목하라.

탄소 산화 반응 연구에서 흑연 가루 소량을 진공 용기에 넣고 1080 K로 가열한다. 기체 CO_2를 0.458 atm 압력으로 넣으면 CO가 생성된다. 평형에서 전체 압력이 0.757 atm일 때, K_p는 얼마인가?

늘 그렇듯이 균형 반응식과 반응 지수를 쓰는 것부터 시작한다.

$$CO_2(g) + C(흑연) \rightleftharpoons 2CO(g)$$

자료들이 기압 단위로 주어져 있으므로 K_p를 구해야 한다. 따라서 Q_p 식을 쓴다. 식에 고체인 C(흑연) 항이 들어가지 *않음*에 유의하라.

$$Q_p = \frac{P_{CO}^2}{P_{CO_2}}$$

초기 P_{CO_2}와 평형에서의 $P_{전체}$가 주어져 있다. K_p를 구하려면 CO_2와 CO의 평형 압력을 구해서 Q_p에 대입해야 한다.

반응 용기 내에서 어떤 변화가 일어나는지 생각해보자. 미지 양의 CO_2가 흑연과 반응하여 미지 양의 CO를 생성하였다. 우리는 균형 반응식에서 CO_2와 CO의 *상대적인* 양을 이미 알고 있다. 즉, CO_2 1 mol이 반응하면 CO 2 mol이 생성되므로, CO_2 x atm이 반응하면 CO $2x$ atm이 생성된다.

$$x \text{ atm } CO_2 \longrightarrow 2x \text{ atm CO}$$

평형에서 CO_2의 압력 $P_{CO_2(평형)}$은 초기 압력 $P_{CO_2(초기)}$ *빼기* 반응한 CO_2(반응에 의한 P_{CO_2}의 변화) x이다.

$$P_{CO_2(초기)} - x = P_{CO_2(평형)} = 0.458 - x$$

마찬가지로 평형에서 CO의 압력 $P_{CO(평형)}$은 초기 압력 $P_{CO(초기)}$ *더하기* 생성된 CO(반응에 의한 P_{CO}의 변화) $2x$이다. $P_{CO(초기)}$는 0이므로

$$P_{CO(초기)} + 2x = 0 + 2x = 2x = P_{CO(평형)}$$

3장에서 했던 것과 유사하게 우리는 이 정보를 반응 표에 요약하는데, "최종" 양 대신 평형에서의 양을 사용한다. 표에는 맨 위에 균형 반응식을 쓰고 다음 양들을 나타낸다.

- 반응물과 생성물의 *초기* 양들(농도나 압력)
- 반응 중 이 양들의 *변화*
- *평형* 양

압력(atm)	$CO_2(g)$	+	C(흑연)	$\rightleftharpoons$	$2CO(g)$
초기	0.458		—		0
변화	$-x$		—		$+2x$
평형	$0.458 - x$		—		$2x$

각 열을 더한다. *초기 양 더하기 변화된 양은 평형 양과 같다. 오직* 농도가 변하는 물질만 고려한다. 따라서 C(흑연) 열은 비어 있다.

K_p를 구하려면 평형 값들을 Q_p에 대입해야 하므로 먼저 x를 구해야 한다. 그러려면 주어진 다른 자료 즉, $P_{전체(평형)}$을 이용해야 한다. Dalton의 부분 압력 법칙과 반응 표의 평형 양들을 이용하면,

$$P_{전체(평형)} = 0.757 \text{ atm} = P_{CO_2(평형)} + P_{CO(평형)} = (0.458 \text{ atm} - x) + 2x$$

따라서

$$0.757 \text{ atm} = 0.458 \text{ atm} + x \text{ 이므로 } x = 0.299 \text{ atm}$$

값을 x에 대입하여 평형 부분 압력을 구한다.

$$P_{CO_2(평형)} = 0.458 \text{ atm} - x = 0.458 \text{ atm} - 0.299 \text{ atm} = 0.159 \text{ atm}$$
$$P_{CO(평형)} = 2x = 2(0.299 \text{ atm}) = 0.598 \text{ atm}$$

그런 다음 이 값들을 Q_p에 대입하여 K_p를 구한다.

$$Q_p = \frac{P_{CO(평형)}^2}{P_{CO_2(평형)}} = \frac{(0.598)^2}{0.159} = 2.25 = K_p$$

(이제부터는 아래첨자 "초기"와 "평형"은 그 양이 초기 값인지 평형 값인지 분명하지 않을 때에만 사용한다.)

인터넷 핫스팟

평형 계산에서 반응 표를 만드는 것이 어렵게 느껴진다면, eBook에 접속하여 이 주제에 대한 추가 학습 동영상을 참고하자.

예제 17.6 | 농도 자료로 K_c 구하기

문제 할로젠화 수소의 분해 반응을 연구하기 위해 한 연구자가 2.00 L 진공 용기에 HI 기체 0.200 mol을 넣고 453°C에서 반응이 일어나도록 하였다.

$$2HI(g) \rightleftharpoons H_2(g) + I_2(g)$$

평형에서 [HI] = 0.078 M이었다.

(a) K_c의 상대적 크기를 예측하라. K_c가 1보다 큰가, 아니면 작은가?

(b) K_c를 구하라.

계획 **(a)** K_c의 상대적 크기를 결정하기 위해 HI의 초기 농도를 평형 농도와 비교해야 한다. [HI]의 초기 양은 0.200 mol이고 플라스크의 부피는 2.00 L이다. 그리고 HI의 평형 농도는 0.078 M이다. $[HI]_{초기}$의 상당한 양이 반응이 진행되면 K_c가 1보다 클 것이고, 작은 양의 HI가 반응하면 K_c는 1보다 작을 것이다.

(b) K_c를 구하려면 평형 농도를 알아야 한다. 균형 반응식에서 HI $2x$ mol이 반응하면 H_2 x mol과 I_2 x mol이 생성된다. 반응 표를 만들고, 알고 있는 [HI]의 평형 농도를 써서 x([H_2]와 [I_2]의 변화)를 구한 후, 농도들을 Q_c에 대입한다.

풀이 **(a)** 초기 [HI] 구하기:

$$[HI] = \frac{0.200\ \text{mol}}{2.00\ \text{L}} = 0.100\ M$$

[HI]는 초기 0.100 M에서 0.078 M의 평형 농도로 조금 감소하였으며, 상대적으로 작은 양의 생성물이 형성되었기 때문에 K_c는 1보다 작을 것으로 예상할 수 있다.

(b) 생성되는 [H_2]와 [I_2] = x로, 반응하는 [HI] = $2x$로 놓고 반응 표를 만든다.

농도(M)	$2HI(g)$	$\rightleftharpoons$	$H_2(g)$	+	$I_2(g)$
초기	0.100		0		0
변화	$-2x$		$+x$		$+x$
평형	$0.100 - 2x$		x		x

알고 있는 평형 [HI]를 써서 x를 구한다.

$$[HI] = 0.100\ M - 2x = 0.078\ M \quad \text{따라서} \quad x = 0.011\ M$$

따라서 평형 농도는

[H_2] = [I_2] = 0.011 M이고, 문제에 주어진 [HI] = 0.078 M이다.

반응 지수에 대입:

$$Q_c = \frac{[H_2][I_2]}{[HI]^2}$$

따라서,

$$K_c = \frac{(0.011)(0.011)}{0.078^2} = 0.020$$

검산 근사 계산을 해보면 $\sim 0.01^2/0.08^2 = 0.02$이다. 예측한 대로 $K_c < 1$임을 알 수 있다.

▶ 보충 문제

17.6A 일산화 질소의 대기 중 산화 반응 $2NO(g) + O_2(g) \rightleftharpoons 2NO_2(g)$를 184°C에서 NO와 O_2의 초기 압력 각각 1.000 atm에서 연구하였다. 평형에서 P_{O_2} = 0.506 atm이었다. K_p를 구하라.

17.6B 암모니아와 산소 간의 다음 반응을 연구하기 위해

$$4NH_3(g) + 7O_2(g) \rightleftharpoons 2N_2O_4(g) + 6H_2O(g)$$

플라스크에 NH_3 2.40 M과 O_2 2.40 M을 특정 온도에서 채웠다. 반응이 진행되어 평형에서 [N_2O_4] = 0.134 M이었다. K_c를 구하라.

유사 문제 17.42, 17.43, 17.57, 17.58

평형 상수로 물질의 양 구하기

평형 양을 구하는 유형의 문제에도 몇 가지 서로 다른 형태들이 있다. 예제 17.7은 K와 일부 평형 농도를 알 때 다른 평형 농도를 구하는 형태이다.

예제 17.7 | K_c로부터 평형 농도 구하기

문제 메테인을 다른 연료로 변환하는 연구에서 한 화학자가 1200 K의 0.32 L 플라스크에 기체 CH_4와 H_2O를 섞어 넣었다. 평형에서 플라스크 안에는 CO 0.028 mol, H_2 0.084 mol, CH_4 0.045 mol이 들어 있었다. 평형에서 $[H_2O]$는 얼마인가(1200 K에서 이 반응의 K_c = 0.26)?

계획 우선 균형 반응식과 반응 지수를 쓴다. 주어진 몰수와 플라스크의 부피(0.32 L)를 써서 평형 농도를 구한다. 이 농도들을 Q_c에 대입하고 그 값을 K_c (0.26)와 같다고 놓고, 미지 평형 농도 $[H_2O]$를 구한다.

풀이 균형 반응식과 반응 지수 쓰기:

$$CH_4(g) + H_2O(g) \rightleftharpoons CO(g) + 3H_2(g) \qquad Q_c = \frac{[CO][H_2]^3}{[CH_4][H_2O]}$$

평형 농도 구하기:

$$[CH_4] = \frac{0.045 \text{ mol}}{0.32 \text{ L}} = 0.14\ M$$

같은 방법으로 구하면, $[CO] = 0.088\ M$, $[H_2] = 0.26\ M$.

평형에서의 $[H_2O]$ 구하기: $Q_c = K_c$이므로 이항하면

$$[H_2O] = \frac{[CO][H_2]^3}{[CH_4]\ K_c} = \frac{(0.088)(0.26)^3}{(0.14)(0.26)} = 0.042\ M$$

검산 항상 농도들을 Q_c에 대입하여 결과가 K_c와 같은지 확인한다.

$$Q_c = \frac{[CO][H_2]^3}{[CH_4][H_2O]} = \frac{(0.088)(0.26)^3}{(0.14)(0.042)} = 0.26 = K_c$$

보충 문제

17.7A 황화 수소는 다음 반응과 같이 분해된다.

$2H_2S(g) \rightleftharpoons 2H_2(g) + S(g)$, 1130°C에서 $K_c = 2.25\times10^{-4}$이고, 반응 혼합물이 평형에 도달했을 때, $P_{H_2} = 0.370$ atm, $P_{S_2} = 0.185$ atm이다. 평형에서 H_2S의 분압은 얼마인가? (*힌트*: 부분 압력을 구하려면 K_p가 필요하다.)

17.7B 포스핀(phosphine)은 다음 반응으로 분해한다.

$$2PH_3(g) \rightleftharpoons P_2(g) + 3H_2(g) \qquad K_p = 19.6 \text{ (750. K에서)}$$

평형 반응 혼합물에서 $P_{PH_3} = 0.112$ atm, $P_{P_2} = 0.215$ atm이다. H_2의 평형 부분 압력은 얼마인가?

유사 문제 17.46, 17.47

좀 더 복잡한 형태는 K와 *초기* 양들을 알고 *평형* 양들을 구하는 것인데, 반응 표를 사용한다. 예제 17.8이 이러한 유형의 상황을 보여준다.

예제 17.8 | 초기 농도와 K_c로부터 평형 농도 구하기

문제 다음은 할로젠들이 서로 반응하여 할로젠 간 화합물을 생성하는 전형적인 반응이다.

$$I_2(g) + Cl_2(g) \rightleftharpoons 2ICl(g)$$

어떤 온도에서 5.00 L 플라스크에 I_2 0.500 mol과 Cl_2 0.500 mol을 넣었다. 평형 혼합물의 조성을 구하라. 이 온도에서 $K_c = 9.09$이다.

계획 평형 혼합물의 "조성", 즉 평형 농도를 구해야 한다. 늘 하듯이 균형 반응식을 쓰고 균형 반응식으로부터 반응 지수를 쓴다. 물질의 양(각각 0.500 mol)과 부피(5.00 L)에서 초기 $[I_2]$와 $[Cl_2]$를 구하고, 균형 반응식을 이용하여 x를 정의한 후, 반응 표를 만들어 Q_c에 대입하고, x를 구한 후 그 값을 이용하여 농도들을 구한다.

풀이 반응 지수 쓰기:

$$Q_c = \frac{[ICl]^2}{[I_2][Cl_2]}$$

초기 농도 계산:

$$[I_2] = [Cl_2] = \frac{0.500 \text{ mol}}{5.00 \text{ L}} = 0.100\ M$$

반응한 $[I_2]$와 $[Cl_2]$를 x로 놓고(각 반응물의 양은 생성물의 양의 1/2이므로 생성되는 ICl의 양은 $2x$) 반응 표 만들기:

농도(M)	$I_2(g)$	+	$Cl_2(g)$	$\rightleftharpoons$	$2ICl(g)$
초기	0.100		0.100		0
변화	$-x$		$-x$		$+2x$
평형	$0.100 - x$		$0.100 - x$		$2x$

반응 지수에 대입하여 x 구하기:

$$Q_c = \frac{[ICl]^2}{[I_2][Cl_2]} = \frac{(2x)^2}{(0.100 - x)(0.100 - x)} = \frac{(2x)^2}{(0.100 - x)^2}$$

평형에서는

$$Q_c = K_c = 9.09 = \frac{(2x)^2}{(0.100 - x)^2}$$

일반적인 것은 아니지만 이 경우에는 수학적으로 단순화할 수 있다. 즉, 위 식의 우변이 완전 제곱형이므로 양변에 제곱근을 취한다.

$$\sqrt{9.09} = \frac{2x}{0.100 - x} = \pm 3.01$$

9.09의 제곱근이 양과 음의 근을 갖지만 이 경우에는 양의 값만 화학적으로 의미를 갖는다. 따라서 음의 값은 무시한다.*

$$3.01 = \frac{2x}{0.100 - x} \quad \text{또는} \quad 0.301 - 3.01x = 2x$$

따라서 $0.301 = 5.01x$이며, $x = 0.0601\ M$

평형 농도 계산:

$$[I_2] = [Cl_2] = 0.100\ M - x = 0.100\ M - 0.0601\ M = 0.040\ M$$

$$[ICl] = 2x = 2(0.0601) = 0.120\ M$$

검산 K_c(9.09)가 중간적인 값을 가지므로, 농도 변화가 크지 않는 것이 타당하다. 반응 표의 x의 부호가 옳은지 검증하는 것이 좋은 방법이다. 초기에는 반응물만 존재했으므로 반응물에 대해서는 음의 부호, 생성물에 대해서는 양의 부호를 가진다. 또한 평형 상수가 알고 있는 K_c 값이 나오는지 확인한다. $Q_c = \frac{[0.120]^2}{[0.040][0.040]} = 9.$

*음수 근을 사용하면 $-3.01 = \frac{2x}{0.100 - x}$, 따라서 $-0.301 + 3.01x = 2x$.

정리하면 $0.301 = 1.01x$ 이므로, $x = 0.30\ M$

이 값은 화학적으로 의미가 없다. 왜냐하면 각 반응물이 농도 0.100 M에서 시작했기 때문에 x가 0.30 M이 되는 것은 불가능하기 때문이다. 게다가 평형 상수의 제곱근은 또 다른 평형 상수인데, 그 값이 음의 값이 될 수 없다.

▶ **보충 문제**

17.8A 연료를 연구하는 공학자들은 CO와 H_2O가 CO_2와 H_2로 변환되는 정도를 이용하여 연료 혼합물의 비율을 조절한다. 900 K에서 125 mL 플라스크에 기체 CO 0.250 mol과 기체 H_2O 0.250 mol을 넣을 때의 평형 혼합물의 조성을 구하라. 이 온도에서 K_c는 1.56이다.

17.8B 500. K에서 다음 반응의 K_c는 0.18이다.

$$Cl_2O(g) + H_2O(g) \rightleftharpoons 2HOCl(g)$$

500. K에서 5.00 L 플라스크에 Cl_2O 기체 6.15 mol과 H_2O 기체 6.15 mol을 넣을 때 Cl_2O, H_2O 및 HOCl의 평형 농도를 구하라.

유사 문제 17.48, 17.56, 17.59

이차 방정식을 써서 미지수 구하기 예제 17.8에서 계산을 단순화하기 위해 사용한 간편한 방법은 반응물들의 농도를 같은 값에서 시작하였기 때문에 식의 우변이 완전 제곱형인 특별한 경우이다. 그러나 대부분의 경우에는 반응물들의 초기 농도가 다른 상태에서 시작하기 때문에 이 방법을 사용할 수 없다. I_2 0.100 M과 Cl_2 0.200 M의 반응을 예로 논의해 보자. 반응 표는 다음과 같다.

농도(M)	$I_2(g)$	+	$Cl_2(g)$	$\rightleftharpoons$	$2ICl(g)$
초기	0.100		0.200		0
변화	$-x$		$-x$		$+2x$
평형	$0.100 - x$		$0.200 - x$		$2x$

이 값들을 Q_c에 대입하면 다음을 얻는다.

$$Q_c = \frac{[ICl]^2}{[I_2][Cl_2]} = \frac{(2x)^2}{(0.100 - x)(0.200 - x)} = \frac{4x^2}{x^2 - 0.300x + 0.0200}$$

예제 17.8의 K_c 값을 사용하면 평형에서

$$9.09 = \frac{4x^2}{x^2 - 0.300x + 0.200}$$

이 경우 x를 구하기 위해 위 식을 *이차 방정식* 형태로 바꾼다.

$$a\,x^2 + \quad b\,x + \quad c = 0$$
$$5.09x^2 - 2.73x + 0.182 = 0$$

여기서 $a = 5.09$, $b = -2.73$, $c = 0.182$이다. 그런 다음 이차 방정식의 근의 공식을 써서 x를 구한다(부록 A).

$$x = \frac{-b \pm \sqrt{b^2 - 4ac}}{2a}$$

± 부호는 x의 값이 2개임을 의미한다.

$$x = \frac{2.73 \pm \sqrt{(-2.73)^2 - 4(5.09)(0.182)}}{2(5.09)}$$

$$x = 0.46\ M \qquad \& \qquad x = 0.078\ M$$

그러나 이 값들 중 하나만 화학적으로 의미를 갖는다. (+)에 해당하는 제곱근은 값이 너무 커서 평형 농도가 음의 값이 되며(즉, $0.100\ M - 0.46\ M = -0.36\ M$), 이는 불가능한 것이기 때문에 $x = 0.078\ M$이다.

$$[I_2] = 0.100\ M - x = 0.100\ M - 0.078\ M = 0.022\ M$$
$$[Cl_2] = 0.200\ M - x = 0.200\ M - 0.078\ M = 0.122\ M$$
$$[ICl] = 2x = 2(0.078\ M) = 0.156\ M$$

이 값들로 우리가 알고 있는 K_c 값과 유사한 값을 얻을 수 있는지 확인한다.

$$K_c = \frac{(0.156)^2}{(0.022)(0.122)} = 9.07 \text{ (9.09와 비슷)}$$

단순화 가정을 이용한 미지수 구하기 많은 경우, 화학적 "상식"을 이용하여 수학을 단순화하는 가정을 도입하여 근의 공식을 써서 x를 구하는 것을 피할 수 있다.

- *반응의 K가 상대적으로 작고 초기 반응물 농도가 상대적으로 크면, 흔히 농도 변화(x)를 무시할 수 있다.*

이 가정이 $x = 0$을 뜻하는 것은 아니다. 왜냐하면 $x = 0$이면 반응이 일어나지 않는 것이기 때문이다. 그 의미는 반응이 높은 $[\text{반응물}]_{\text{초기}}$로 시작하고 아주 조금 진행하여 평형에 도달한다면(작은 K), 평형에서의 반응물 농도 $[\text{반응물}]_{\text{평형}}$이 $[\text{반응물}]_{\text{초기}}$와 거의 같다는 것이다.

이 가정에 대한 일상적인 비유를 하나 들어 보자. 목욕탕 저울로 여러분의 체중은 158 lb이다. 손목시계를 벗어도 체중은 여전히 158 lb이다. 저울의 정확도 이내에서 시계의 무게는 체중에 비해 너무 작아 무시할 수 있다.

$$\text{초기 체중} - \text{시계 무게} = \text{최종 체중} \approx \text{초기 체중}$$

A의 초기 농도가 0.500 M이고 K_c가 작아서 반응한 A의 농도가 0.002 M이라고 가정하자. 그러면 다음과 같이 가정할 수 있다.

$$0.500\ M - 0.002\ M = 0.498\ M \approx 0.500\ M$$

즉,

$$[\text{A}]_{\text{초기}} - [\text{A}]_{\text{반응}} = [\text{A}]_{\text{평형}} \approx [\text{A}]_{\text{초기}} \quad \textbf{(17.9)}$$

x를 무시할 수 있다는 가정의 타당성을 입증하려면 가정을 도입함으로서 생기는 오차가 중요하지 않음을 확인해야 한다. "중요함"의 일반적인 기준은 5% 규칙이다.

- *가정의 도입으로 초기 농도의 5% 이내의 변화가 생기면, 오차는 중요하지 않고 가정은 타당하다.*

이 가정이 어떻게 수학을 단순화하는지 또 서로 다른 다음 두 $[\text{반응물}]_{\text{초기}}$ 값의 경우 가정이 타당한지 살펴보자.

인터넷 핫스팟

단순화 가정을 도입하여 평형 문제를 푸는 것이 어렵게 느껴진다면, eBook에 접속하여 이 주제에 대한 추가 학습 동영상을 참고하자.

예제 17.9 | 단순화 가정을 써서 평형 농도 구하기

문제 포스젠(phosgene)은 국제적 합의에 의해 지금은 사용이 금지된 유력한 화학 무기인데, 다음 반응으로 분해한다.

$$COCl_2(g) \rightleftharpoons CO(g) + Cl_2(g) \qquad K_c = 8.3 \times 10^{-4}\ (360°\text{C에서})$$

다음 각 양의 포스젠이 10.0 L 플라스크에서 분해되어 평형에 도달할 때 $[CO]$, $[Cl_2]$, $[COCl_2]$를 구하라.

(a) 5.00 mol $COCl_2$ **(b)** 0.100 mol $COCl_2$

계획 균형 반응식으로부터 $COCl_2$ x mol이 분해되면 CO x mol과 Cl_2 x mol이 생성됨을 알 수 있다. 부피(10.0 L)를 써서 양(5.00 mol과 0.100 mol)을 몰농도로 환산하고, x를 정의하고, 반응 표를 만든 후 각 값들을 Q_c에 대입한다. 이차 방정식을 사용하기 전에 x가 작아서 무시할 수 있다고 가정한다. 식을 풀어 x를 구한 후 가정을 확인하고 평형 농도를 구한다. 가정이 타당하지 않으면 이차 방정식을 이용하여 x를 구한다.

풀이 **(a)** 5.00 mol $COCl_2$에 대해. 반응 지수 쓰기:

$$Q_c = \frac{[CO][Cl_2]}{[COCl_2]}$$

초기 반응물 농도 $[COCl_2]_{\text{초기}}$ 계산:

$$[COCl_2]_{\text{초기}} = \frac{5.00\ \text{mol}}{10.0\ \text{L}} = 0.500\ M$$

$[COCl_2]_{반응} = x$로 놓고, 반응 표 만들기:

농도(M)	$COCl_2(g)$	$\rightleftharpoons$	$CO(g)$	+	$Cl_2(g)$
초기	0.500		0		0
변화	$-x$		$+x$		$+x$
평형	$0.500 - x$		x		x

평형 값들을 Q_c에 대입하여 K_c와 같다고 놓으면 다음을 얻는다.

$$Q_c = \frac{[CO][Cl_2]}{[COCl_2]} = \frac{x^2}{0.500 - x} = K_c = 8.3\times10^{-4}$$

K_c가 작으므로 반응은 오른쪽으로 많이 진행하지 않을 것이므로 $x([COCl_2]_{반응})$를 무시할 수 있다고 가정하자. 달리 말하면 반응물의 평형 농도가 초기 농도 0.500 M과 거의 같다고 가정한다.

$$[COCl_2]_{초기} - [COCl_2]_{반응} = [COCl_2]_{평형}$$
$$0.500\ M - x \approx 0.500\ M$$

이 가정을 써서 대입하여 x를 구하면

$$K_c = 8.3\times10^{-4} \approx \frac{x^2}{0.500}$$
$$x^2 \approx (8.3\times10^{-4})(0.500) \quad 따라서 \quad x \approx 2.0\times10^{-2}$$

오차가 <5%인지 살펴보아 가정을 확인한다.

$$\frac{[변화]}{[초기]}\times 100 = \frac{2.0\times10^{-2}}{0.500}\times 100 = 4\%\ (<5\%이므로\ 가정은\ 타당하다).$$

평형 농도 구하기:

$$[CO] = [Cl_2] = x = 2.0\times10^{-2}\ M$$
$$[COCl_2] = 0.500\ M - x = 0.480\ M$$

(b) 0.100 mol $COCl_2$에 대해. 이 경우의 계산 과정은 (a)와 같은데, $[COCl_2]_{초기}$ = 0.100 mol/10.0 L = 0.0100 M만 다르다. 따라서 평형에서

$$Q_c = \frac{[CO][Cl_2]}{[COCl_2]} = \frac{x^2}{0.0100 - x} = K_c = 8.3\times10^{-4}$$

0.0100 $M - x \approx$ 0.0100 M로 가정하고 x 구하기:

$$K_c = 8.3\times10^{-4} \approx \frac{x^2}{0.0100} \quad 따라서 \quad x \approx 2.9\times10^{-3}$$

가정 검증:

$$\frac{2.9\times10^{-3}}{0.0100}\times 100 = 29\%\ (>5\%이므로\ 가정은\ 타당하지\ \textit{않다.})$$

Q_c와 평형 값들을 이차 방정식에 대입하면 다음을 얻는다.

$$8.3\times10^{-4} = \frac{x^2}{0.0100 - x} \qquad 또는 \qquad x^2 = (8.3\times10^{-6}) - (8.3\times10^{-4})x$$

따라서

$$x^2 + (8.3\times10^{-4})x - (8.3\times10^{-6}) = 0$$

이 식을 근의 공식으로 풀면

$$x = \frac{-8.3\times10^{-4} \pm \sqrt{(8.3\times10^{-4})^2 - 4(1)(-8.3\times10^{-6})}}{2(1)}$$

이다. 의미가 있는 값은 2.5×10^{-3}이다.

평형 농도 구하기:

$$[CO] = [Cl_2] = x = 2.5\times10^{-3}\ M$$
$$[COCl_2] = 1.00\times10^{-2}\ M - x = 7.5\times10^{-3}\ M$$

검산 앞에서 했듯이 구한 값들로부터 주어진 K_c가 얻어지는지 확인한다.

해설 핵심 요점은 (a)에서는 높은 $[COCl_2]_{초기}$에 대해 단순화 가정이 성립했지만 (b)의 낮은 $[COCl_2]_{초기}$에 대해서는 성립하지 *않는다*는 것이다. (b)에서 $[COCl_2]_{반응}$의 양이 작지만

$[COCl_2]_{초기}$가 작기 때문에, $[COCl_2]_{반응}$이 $[COCl_2]_{초기}$의 적지 않은 부분을 차지하므로 이것을 무시하면 오차가 상당히 커진다.

▶ **보충 문제**

17.9A 할로젠 분해 반응에 대한 온도의 영향에 대한 연구에서 I_2 0.50 mol을 2.5 L 용기에 넣고 가열하여 다음 반응이 일어났다. $I_2(g) \rightleftharpoons 2I(g)$

(a) 600 K의 평형에서 $[I_2]$와 $[I]$를 구하라. $K_c = 2.94 \times 10^{-10}$.

(b) 2000 K의 평형에서 $[I_2]$와 $[I]$를 구하라. $K_c = 0.209$.

17.9B 오염화 인은 다음과 같이 분해한다.

$$PCl_5(g) \rightleftharpoons PCl_3(g) + Cl_2(g) \qquad K_p = 3.4 \times 10^{-4} \text{ (400. K에서)}$$

다음 조건으로 반응을 시작할 때 PCl_5의 평형 부분 압력을 구하라.

(a) PCl_5 부분 압력 0.18 atm.

(b) PCl_5 부분 압력 0.025 atm.

유사 문제 17.49~17.51

가정이 타당한 경우 예측하기 결론적으로 K_c가 상대적으로 작거나 $[A]_{초기}$가 상대적으로 큰 경우, $x([A]_{반응})$을 무시할 수 있다고 가정한다. K_p와 $P_{A(초기)}$에 대해서도 마찬가지이다. 그러나 이 값들이 *얼마나* 크거나 작아야 하는 걸까? 가정 도입을 결정하는 기준을 아래에 제시하였다.

- $\dfrac{[A]_{초기}}{K_c} > 400$이면 가정은 타당하다. x를 무시해도 오차는 $<5\%$이다.
- $\dfrac{[A]_{초기}}{K_c} < 400$이면 가정은 타당하지 *않다*. x를 무시하면 오차가 $>5\%$이므로 이차 방정식을 풀어서 x를 구한다.

예를 들어, 예제 17.9의 값들을 써보자.

(a): $[A]_{초기} = 0.500\ M$에 대해 $\dfrac{0.500}{8.3\times10^{-4}} = 6.0\times10^2$이므로, 400보다 크다.

(b): $[A]_{초기} = 0.0100\ M$에 대해 $\dfrac{0.0100}{8.3\times10^{-4}} = 12$이므로, 400보다 작다.

18장과 19장의 많은 문제들에서 유사한 가정을 사용할 것이다.

반응물과 생성물의 혼합물 문제

지금까지의 문제에서는 반응물로만 시작했기 때문에 반응은 *반드시* 생성물 쪽으로 진행하였다. 따라서 반응 표에서 우리는 반응물 농도 변화가 음의 부호($-x$)이고, 생성물 농도 변화가 양의 부호($+x$)임을 알고 있었다. 그러나 반응물과 생성물의 *혼합물*에서 시작하면 반응 방향이 애매모호하다. 이러한 경우에는 17.4절의 방법을 적용하여 *먼저 Q와 K 값을 비교하여 평형에 도달하기 위해 반응이 진행할 방향을 찾는다.* (이 방법에만 집중하기 위해 예제 17.10에서는 근의 공식을 쓰지 않아도 되는 농도들을 사용한다.)

인터넷 핫스팟

이러한 유형의 평형 계산이 어렵게 느껴진다면, eBook에 접속하여 이 주제에 대한 추가 학습 동영상을 참고하자.

예제 17.10 | 반응 방향 예측과 평형 농도 구하기

문제 대기 중의 일산화 질소(NO) 생성을 연구하는 어떤 화학자가 2500°C의 용기에 N_2 0.500 atm, O_2 0.500 atm, NO 0.750 atm을 넣었다.

$$N_2(g) + O_2(g) \rightleftharpoons 2NO(g) \qquad K_p = 8.44 \times 10^{-3}$$

(a) 평형에 도달하기 위해 반응은 어느 쪽으로 진행할까?

(b) 세 기체의 평형 압력을 구하라.

계획 **(a)** 방향을 알아내려면 Q_p를 계산한 후, K_p와 비교한다. **(b)** (a)의 결론을 이용하여 반응 표의 각 농도 변화의 부호를 정한 다음, 균형 반응식을 이용하여 반응 표의 x를 정의하고, Q_p에 대입하여 x를 구한 후 평형 압력을 구한다.

풀이 **(a)** Q_p 값 구하기:

$$Q_p = \frac{P^2_{NO}}{P_{N_2} \times P_{O_2}} = \frac{(0.750)^2}{(0.500)(0.500)} = 2.25$$

Q_p와 K_p 비교: $Q_p > K_p(2.25 > 8.44 \times 10^{-3})$이므로 반응은 왼쪽으로 진행된다. 따라서 반응물의 압력은 증가(+)하고 생성물의 압력은 감소(−)한다.

(b) 생성되는 P_{N_2}와 P_{O_2}를 x로, 반응하는 P_{NO}를 $2x$로 놓고 반응 표를 만든다. :

압력(M)	$N_2(g)$	+	$O_2(g)$	$\rightleftharpoons$	$2NO(g)$
초기	0.500		0.500		0.750
변화	$+x$		$+x$		$-2x$
평형	$0.500 + x$		$0.500 + x$		$0.750 - 2x$

평형 농도를 반응 지수에 대입하여 x를 구한다.

$$Q_p = \frac{P^2_{NO}}{P_{N_2} \times P_{O_2}} = \frac{(0.750 - 2x)^2}{(0.500 + x)(0.500 + x)} = \frac{(0.750 - 2x)^2}{(0.500 + x)^2}$$

평형에서는

$$Q_p = K_p = 8.44\times10^{-3} = \frac{(0.750 - 2x)^2}{(0.500 + x)^2}$$

양변에 제곱근을 취하면

$$\sqrt{8.44\times10^{-3}} = 0.0919 = \frac{0.750 - 2x}{0.500 + x}$$

$$0.750 - 2x = 0.0460 + 0.0919x$$

$$x = 0.337$$

평형 압력 계산:

$$P_{N_2} = P_{O_2} = 0.500 + x = 0.500 \text{ atm} + 0.337 \text{ atm} = 0.837 \text{ atm}$$

$$P_{NO} = 0.750 - 2x = 0.750 - 2(0.337) = 0.076 \text{ atm}$$

검산 반응이 왼쪽으로 진행하므로 반응 표의 x의 부호가 올바른지 확인한다. 즉, 반응물의 x는 양의 부호를, 생성물의 x는 음의 부호를 갖는다. 또한 계산한 평형 압력으로 K_p가 얻어지는지 확인한다.

$$Q_p = \frac{(0.076)^2}{(0.837)(0.837)} = 8.2\times10^{-3}$$, 이 값은 주어진 K_p 값과 거의 일치한다.

▶ 보충 문제

17.10A 할로젠화 인의 반응을 연구하는 화학자가 PCl_5 0.1050 mol을 Cl_2 0.045 mol, PCl_3 0.0450 mol과 250°C의 0.5000 L 플라스크에 혼합하였다.

$$PCl_5(g) \rightleftharpoons PCl_3(g) + Cl_2(g) \qquad K_c = 4.2\times10^{-2}$$

(a) 반응은 어느 방향으로 진행할까?

(b) 평형에서 $[PCl_5] = 0.2065\ M$이라면 다른 성분들의 평형 농도는 얼마인가?

17.10B 어떤 온도에서 기체상 반응인 $NO_2(g) + NO(g) \rightleftharpoons N_2O(g) + O_2(g)$의 K_c 값은 0.914이다. 이 반응을 연구하는 화학자가 NO_2 0.300 mol, NO 0.300 mol, N_2O 0.520 mol, O_2 0.520 mol을 2.00 L 플라스크에 넣었다. 반응의 진행 방향을 결정하고, NO_2의 평형 농도를 구하라.

유사 문제 17.52~17.55, 17.96

K와 일부 초기 양을 알 때 평형 양을 구하는 평형 문제를 푸는 단계들을 그림 17.6에 정리하였다.

› 17.5절 요약

› 평형 문제에서는 일반적으로 반응물과 생성물의 양(농도나 압력)으로부터 K를 구하거나 K를 써서 양을 구한다.
› 반응 표에는 초기 양, 반응 중의 변화 및 평형 양들을 요약한다.
› 계산 과정을 단순화하기 위해, K가 작고 반응물의 초기 농도가 크면 반응물의 농도 변화(x)를 무시할 수 있다. 이 가정이 타당하지 않으면(즉, 가정의 결과로 나타나는 오차가 5% 이상이면) 근의 공식을 써서 x를 구한다.
› 반응물과 생성물의 혼합물에서 시작하는 반응에 대해서는, 먼저 Q와 K를 비교하여 반응 방향을 결정하여 x의 부호를 정한다.

평형 문제 풀기

준비 단계

1. 균형 반응식 쓰기.
2. 반응 지수 Q 쓰기.
3. 모든 양들을 올바른 단위(M이나 atm)로 변환.

반응 표 만들기

4. 반응 방향을 모르면 Q와 K를 비교한다.
5. 반응 표를 만든다.

✓농도(또는 압력) 변화 x의 부호를 확인한다.

x와 평형 양 구하기

6. 양들을 Q에 대입한다.
7. 계산을 단순화하기 위해 x가 무시할 만하다고 가정:
$([A]_{초기} - x = [A]_{평형} \approx [A]_{초기})$
8. x에 대해 푼다.

✓가정이 타당한지(<5% 오차) 검증한다. 그렇지 않으면 x에 대한 이차 방정식을 푼다.

9. 평형 양을 구한다.

✓구한 값들로부터 알고 있는 K 값이 얻어지는지 확인한다.

그림 17.6 평형 문제를 푸는 단계.

17.6 반응 조건과 평형: Le Châtelier의 원리

조건들을 변화시켜 계가 더 이상 평형에 있지 않게 만들면, 계는 놀라운 능력으로 스스로 조절하여 다시 평형에 도달한다. 이 현상을 **Le Châtelier의 원리**(Le Châtelier's principle)로 설명할 수 있다. 즉, 평형에 있는 화학 계가 교란되면, 계는 교란의 영향을 감소시키는 알짜 반응을 통해 다시 평형에 도달한다.

이 문장의 두 문구에 대해 추가적인 설명이 *필요하다.*

1. 계는 어떻게 "교란"되는가? 평형에서 Q와 K는 같다. 조건의 변화가 일시적으로 계가 평형에 있지 않도록($Q \neq K$) 만들 때 계는 교란된다. 일반적인 세 가지 교란은 농도 변화, 압력 변화(부피 변화에 기인하는) 및 온도 변화 등이다. 각각에 대해 아래에서 자세히 논의한다.

2. "알짜 반응"의 의미는 무엇인가? 이 말은 왼쪽이나 오른쪽으로의 *평형 위치*의 이동을 의미한다. *평형 위치*는 특정 평형 농도들(또는 압력들)로 정의한다. *농도(또는 압력)들은 조건의 변화의 영향을 감소시키는 방향으로 변화하여, 계는 새로운 평형 위치에 도달한다.*

- 오른쪽으로의 이동은 평형에 도달할 때까지 반응물이 생성물로 변환되는 알짜 반응이다.
- 왼쪽으로의 이동은 평형에 도달할 때까지 생성물이 반응물로 변환되는 알짜 반응이다.

이 절의 나머지 부분에서는 평형에 있는 계가 농도, 압력(부피) 또는 온도 변화에 어떻게 대응하는지 살펴본다. 그런 다음 촉매를 첨가할 때 어떤 일이 생기는지 알아본다. 예로 삼염화 인과 염소가 반응하여 오염화 인을 생성하는 기체상 반응을 이용한다.

$$PCl_3(g) + Cl_2(g) \rightleftharpoons PCl_5(g)$$

Le Châtelier의 원리는 자연 과학 및 사회 과학에서 평형에 있는 많은 계[아프리카의 대초원에서 포식자와 먹이의 개체 수에 대한 질병이나 기근의 영향(*사진 참조*), 수요 공급 균형에 의한 원유 가격 변동, 별의 중심부에서 특정 원소의 생성 등]에 대해 성립한다.

Le Châtelier의 원리는 많은 계에 적용된다.
Source: AfriPics.com/Alamy Stock Photo

농도 변화의 영향

평형에 있는 계가 한 성분의 농도 변화로 교란되면 계는 그 변화를 감소시키는 방향으로 반응한다.

- A의 농도가 증가하면, 계는 그 성분의 일부를 소모하도록 반응한다.
- A의 농도가 감소하면, 계는 그 성분을 생성하도록 반응하다.

오직 Q에 나타나는 성분들만 영향을 나타내므로, 순수한 액체나 고체의 양의 변화는 영향을 미치지 않는다.

농도 변화에 대한 정성적 관점 523 K에서 PCl_3-Cl_2-PCl_5 계는 다음과 같이 평형에 도달한다.

$$PCl_3(g) + Cl_2(g) \rightleftharpoons PCl_5(g) \qquad Q_c = \frac{[PCl_5]}{[PCl_3][Cl_2]} = 24.0 = K_c$$

Q_c가 K_c와 같은 상태에서 시작하는 몇 가지 농도 변화를 생각해보자.

1. *반응물 첨가.* Cl_2 기체를 약간 첨가하여 계를 교란하면 어떤 일이 생길까? 이 교란을 감소시키기 위해서 계는 첨가된 Cl_2 중 일부를 소모하면서 생성물 쪽으로 이동할 것이다. 반응 지수로 살펴보면, $[Cl_2]$ 항이 증가할 때 Q_c 값은 감소한다. 즉, $Q_c < K_c$이다. 첨가된 Cl_2 중 일부가 PCl_3 일부와 반응하여 PCl_5를 생성함에 따라 분모 항은 점점 작아지고 분자 항은 점점 커져서 마침내 다시 $Q_c = K_c$가 된다. 새로운 평형에서 농도들이 어떻게 달라졌는지에 주목하라. $[Cl_2]$와 $[PCl_5]$는 원래의 평형 위치보다 높아졌고, $[PCl_3]$는 낮아졌다. 그럼에도 불구하고 값들의 비는 같은 K_c 값을 나타낸다. 따라서 *왼쪽 성분이 첨가되면 평형 위치는 오른쪽으로 이동한다.*

$$PCl_3 + Cl_2(\text{첨가}) \longrightarrow PCl_5$$

2. *반응물 제거.* PCl_3의 일부를 제거하여 계를 교란하면 어떻게 될까? 이 교란을 감소시키기 위해 계는 PCl_5를 소모하면서 반응물 방향으로 진행하여 PCl_3를 보충한다. Q_c로 살펴보면, $[PCl_3]$ 항이 감소할 때 Q_c 값은 증가한다. 즉, $Q_c > K_c$이다. 일부 PCl_5가 PCl_3와 Cl_2로 분해됨에 따라 분자 항은 감소하고 분모 항은 증가하여 다시 $Q_c = K_c$가 된다. 마찬가지로 새 평형 농도와 이전 평형 농도들은 서로 다르지만 K_c 값을 같다. 따라서 *왼쪽 성분이 제거되면 평형 위치는 왼쪽으로 이동한다.*

$$PCl_3(\text{제거}) + Cl_2 \longleftarrow PCl_5$$

3. *생성물의 첨가와 제거.* 반응물에 대한 것들과 같은 요점들이 생성물에 대해서도 적용된다. PCl_5를 첨가하면, PCl_5를 소모하며 평형 위치는 왼쪽으로 이동한다. 일부 PCl_5를 제거하면, 평형 위치는 오른쪽으로 이동하면서 PCl_5를 생성한다.

달리 말하면, 농도의 교란이 무엇이든 상관없이 *계는 첨가된 물질을 소모하거나, 제거된 물질을 생성하면서* 다시 $Q_c = K_c$를 이룬다(그림 17.7).

- 반응물이 첨가되거나 생성물이 제거되면 평형 위치는 오른쪽으로 이동한다. [반응물] 증가 또는 [생성물] 감소.
- 반응물이 제거되거나 생성물이 첨가되면 평형 위치는 *왼쪽*으로 이동한다. [반응물] 감소 또는 [생성물] 증가.

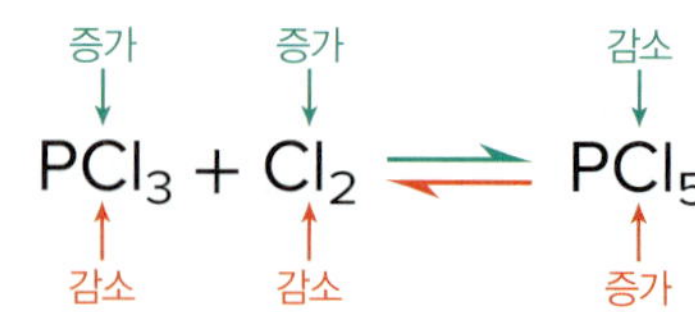

그림 17.7 평형에 있는 계에 대한 농도 변화의 영향.

농도 변화에 대한 정량적 관점 앞에서 살펴보았듯이 계는 "교란의 영향을 감소시킨다." 그러나 원래 평형 위치와 새 평형 위치를 정량적으로 비교해보면 알 수 있듯이, 그 영향이 완전히 제거되는 것은 아니다.

$[PCl_3] = 0.200\ M$, $[Cl_2] = 0.125\ M$, $[PCl_5] = 0.600\ M$로 평형에 있는 계에 Cl_2를 첨가할 때 어떤 일이 생길지 생각해 보자. 즉,

$$Q_c = \frac{[PCl_5]}{[PCl_3][Cl_2]} = \frac{0.600}{(0.200)(0.125)} = 24.0 = K_c$$

표 17.2 | PCl_3-Cl_2-PCl_5 계에 대한 Cl_2 첨가의 영향

농도(M)	$PCl_3(g)$	+	$Cl_2(g)$	$\rightleftharpoons$	$PCl_5(g)$
원래의 평형	0.200		0.125		0.600
교란			+0.075		
새로운 초기	0.200		0.200		0.600
변화	$-x$		$-x$		$+x$
새로운 평형	$0.200-x$		$0.200-x$		$0.600+x$ (0.637)*

*실험으로 얻은 값.

이제 Cl_2를 가하여 농도가 0.075 M 만큼 증가하게 하여 새로운 $[Cl_2]_{초기}$가 0.200 M이 되게 한다. $Q_c < K_c$이므로 계는 더 이상 평형에 있지 않다.

$$Q_c = \frac{[PCl_5]}{[PCl_3][Cl_2]} = \frac{0.600}{(0.200)(0.200)} = 15.0 < K_c$$

반응이 진행되고 계는 새로운 평형 위치에 도달한다. Le Châtelier의 원리로부터 반응물을 첨가하면 평형 위치는 오른쪽으로 이동할 것으로 예상된다. 실험으로 측정한 새로운 $[PCl_5]_{평형}$은 0.637 M이다.

표 17.2는 전 과정[원래의 평형 위치, 교란, (새로운) 초기 농도, x(다시 평형에 도달하는 데 필요한 변화)의 방향 및 새 평형 위치]에 대한 반응 표이다. 그림 17.8에 그 과정을 나타내었다.

새로운 평형 농도들을 구하자. 표 17.2에서,

$$[PCl_5] = 0.600\ M + x = 0.637\ M \quad \text{이므로} \quad x = 0.037\ M$$

따라서 $$[PCl_3] = [Cl_2] = 0.200\ M - x = 0.200\ M - 0.037\ M = 0.163\ M$$

그러므로 평형에서는

$$K_{c(원래)} = \frac{0.600}{(0.200)(0.125)} = 24.0$$

$$K_{c(새로운)} = \frac{0.637}{(0.163)(0.163)} = 24.0$$

새로운 평형 농도에 대해 인식해야 할 몇 가지 핵심 요점은 다음과 같다.

- 예측대로 $[PCl_5]$(0.637 M)은 원래 농도(0.600 M)보다 높다.
- $[Cl_2]$(0.163 M)은 *원래의* 평형 농도(0.125 M)보다 높지만, 새로운 초기 농도(0.200 M)보다는 낮다. 따라서 교란이 *감소되었지만 제거된 것은 아니다*.
- 다른 반응물인 PCl_3는 일부가 첨가된 Cl_2와 반응하였으므로 $[PCl_3]$(0.163 M)는 원래의 평형 농도(0.200 M)보다 낮다.
- 가장 중요한 점은, 평형 위치가 오른쪽으로 이동하였지만 *주어진 온도에서* K_c는 *농도 변화에 따라 변하지* ***않았다***는 것이다.

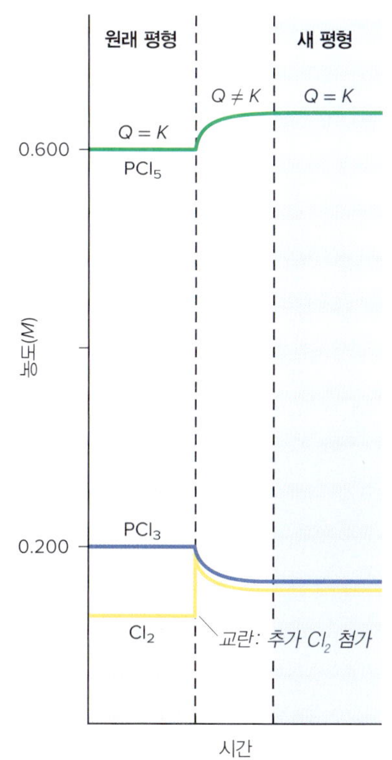

그림 17.8 PCl_3-Cl_2-PCl_5 **계에 대한** Cl_2 **첨가의 영향.** 원래의 평형 농도를 왼쪽(*회색 영역*)에 나타내었다. Cl_2를 첨가하면(*노란색 선*), 그 농도가 순간적으로 증가한 후(*노란색 선의 수직선 부분*) PCl_3와 반응하여 PCl_5를 더 많이 생성하면서 점진적으로 감소한다. 오래지 않아 새로운 농도(*파란색 영역*)에서 평형이 이루어지는데, K 값은 여전히 같다.

예제 17.11 | 평형 위치에 미치는 농도 변화의 영향 예측

문제 공기의 질을 개선하고 유용한 생성물을 얻기 위해 화학자들은 흔히 오염물인 황화 수소를 O_2와 반응시켜 석탄이나 천연가스에서 황을 제거한다.

$$2H_2S(g) + O_2(g) \rightleftharpoons 2S(s) + 2H_2O(g)$$

(a) O_2를 첨가하면 $[H_2O]$에 **(b)** O_2를 첨가하면 $[H_2S]$에
(c) H_2S를 제거하면 $[O_2]$에 **(d)** 황을 첨가하면 $[H_2S]$에

어떠한 변화가 생기겠는가?

계획 반응 지수를 쓰고, 각 교란이 Q_c에 어떤 영향을 미치는지 K_c와 비교하여 살펴본다. 각 경우에 있어서 그 영향은 계가 새로운 평형에 도달하기 위해 진행할 반응의 방향과 각 농도들이 어떻게 변할지 알려준다.

풀이 반응 지수 쓰기(고체 황은 포함되지 않음): $Q_c = \frac{[H_2O]^2}{[H_2S]^2[O_2]}$

(a) O_2가 첨가되면, Q_c의 분모 항이 증가하므로 $Q_c < K_c$이다. 반응은 $Q_c = K_c$가 될 때까지 오른쪽으로 진행하므로 $[H_2O]$는 증가한다.

(b) (a)에서와 마찬가지로 O_2가 첨가되면, $Q_c < K_c$이다. 반응이 오른쪽으로 진행함에 따라 일부 H_2S가 첨가된 O_2와 반응하므로 $[H_2S]$는 감소한다.

(c) H_2S를 제거하면 Q_c의 분모 항이 감소하므로 $Q_c > K_c$이다. H_2S를 다시 생성하기 위해 반응이 왼쪽으로 진행함에 따라 O_2도 역시 더 많이 생성되므로, $[O_2]$는 증가한다.

(d) 고체 S의 농도는 변하지 않으므로 반응 지수에 나타나지 않는다. S가 일부라도 존재하는 한 더 많은 S의 첨가는 아무런 영향이 없고, 따라서 $[H_2S]$는 변화하지 않는다. (그러나 아래 해설 2를 보라.)

검산 Le Châtelier의 원리를 적용하여 반응이 증가된 농도를 낮추는 방향으로 진행하는지 아니면 감소된 농도를 증가시키는 방향으로 진행하는지 알아낸다.

해설 **1**. 아는 바와 같이 황은 흔히 S_8으로 존재한다. 이 화학식 변화가 답에 어떤 영향을 미칠까? 균형 반응식과 Q_c는 다음과 같다.

$$8H_2S(g) + 4O_2(g) \rightleftharpoons S_8(s) + 8H_2O(g) \qquad Q_c = \frac{[H_2O]^8}{[H_2S]^8[O_2]^4}$$

이 반응식에 대한 K_c 값은 다르지만 문제에서 언급한 변화들은 같은 영향을 나타낸다. 따라서 Le Châtelier의 원리로 예측한 평형 위치의 이동은 균형 반응식의 계수가 달라져도 영향을 받지 않는다.

2. (d)에서 고체 첨가는 다른 성분들의 농도에 영향을 미치지 않음을 보았다. 왜냐하면 *고체의* ***농도****가 변하지 않으므로* Q에 들어가지 않기 때문이다. 그러나 *고체의* ***양****은 변할 수 있다*. H_2S를 첨가하면 반응은 오른쪽으로 이동하고, 더 많은 S가 생성된다.

▶ 보충 문제

17.11A 유리 식각 연구에서 화학자가 모래(SiO_2)와 플루오린화 수소 간의 반응을 150°C에서 조사하고 있다.

$$SiO_2(s) + 4HF(g) \rightleftharpoons SiF_4(g) + 2H_2O(g)$$

다음 각 경우에 대해 $[SiF_4]$에 미치는 영향을 예측하라.

(a) $H_2O(g)$를 제거한다. **(b)** 액체 물은 약간 첨가한다.

(c) HF를 제거한다. **(d)** 모래를 일부 제거한다.

17.11B 일산화 탄소와 수소의 혼합 연료인 수성가스는 뜨거운 탄소 위에 수증기를 흘려서 생산한다.

$$C(s) + H_2O(g) \rightleftharpoons CO(g) + H_2(g)$$

다음 각 변화에 대해 [CO]에는 어떤 변화가 생길까?

(a) 탄소를 첨가한다. **(b)** $H_2O(g)$를 제거한다.

(c) $H_2(g)$를 제거한다. **(d)** $H_2O(g)$를 첨가한다.

유사 문제 17.66, 17.67

압력(부피) 변화의 영향

압력 변화는 기체 성분을 포함한 평형 계에 커다란 영향을 미칠 수 있다. (고체와 액체는 거의 압축되지 않기 때문에 압력 변화는 고체와 액체에 대해서는 거의 영향이 없다.) 압력 변화는 세 가지 방식으로 일어날 수 있다.

- *기체 성분의 농도 변화*. 바로 앞에서 성분의 농도 변화의 영향을 살펴보았는데, 여기서도 같은 원리가 적용된다.
- *비활성(반응에 참여하지 않는) 기체 첨가*. 계의 부피가 일정하게 유지되는 한, *모든 농도와 부분 압력이 똑같이 유지되기* 때문에 비활성 기체는 평형 위치에 아무런 영향을 미치지 않는다. 더구나 비활성 기체는 Q에 들어가지 않으므로 영향을 미칠 수 없다.

- *반응 용기의 부피 변화*. 이 변화는 평형 위치를 크게 이동시킬 수 있지만, 기체의 몰수 $n_{기체}$가 변하는 반응에 대해서만 평형 위치를 이동시킨다.

세 번째 방법, 즉 반응 용기의 부피 변화에 대한 두 가지 가능한 상황을 고려해 보자.

1. *$n_{기체}$가 변하는 반응*. 피스톤-실린더 장치에 PCl_3-Cl_2-PCl_5 계가 들어 있다고 가정하자. 피스톤을 눌러 부피를 절반으로 줄이면, 기체의 압력은 2배가 된다(압력과 부피가 반비례한다는 Boyle의 법칙을 기억하라). 이 교란을 감소시키기 위해 계는 *기체 분자들의 수를 줄여* 압력을 감소시키도록 대응한다. 이렇게 할 수 있는 유일한 방법은 *기체의 몰수가 더 작은 쪽으로*, 이 경우에는 생성물 방향으로 알짜 반응이 일어나도록 하는 것이다.

$$PCl_3(g) + Cl_2(g) \longrightarrow PCl_5(g)$$
$$\text{기체 2 mol} \longrightarrow \text{기체 1 mol}$$

이 반응에 대해 $Q_c = \frac{[PCl_5]}{[PCl_3][Cl_2]}$이다. 부피가 절반이 되면 농도는 2배가 되지만, Q_c의 분모 항은 두 농도의 곱이므로 분자 항이 2배가 될 때 분모 항은 4배가 된다. 따라서 Q_c는 K_c보다 작아진다. 따라서 계는 PCl_5를 더 많이 생성하여 새로운 평형 위치에 도달하게 된다.

따라서 기체로 이루어져 있고, 반응 중 기체의 양(몰수) $n_{기체}$가 변하는 평형 계에서 (그림 17.9)

- 부피가 작아지면(압력은 높아짐), 기체 분자의 총 수가 감소하는 방향으로 반응이 이동한다.
- 부피가 커지면(압력은 낮아짐), 기체 분자의 총 수가 증가하는 방향으로 반응이 이동한다.

2. *$n_{기체}$가 변하지 **않는** 반응*. 원소에서 아이오딘화 수소가 생성되는 반응에서는 양쪽에 있는 기체의 양(몰수)가 같다.

$$H_2(g) + I_2(g) \rightleftharpoons 2HI(g)$$
$$\text{기체 2 mol} \longrightarrow \text{기체 2 mol}$$

따라서 Q_c의 분자와 분모에는 같은 수의 항들이 들어 있다.

$$Q_c = \frac{[HI]^2}{[H_2][I_2]} = \frac{[HI][HI]}{[H_2][I_2]}$$

부피의 변화가 분자와 분모 항에 똑같은 영향을 나타내므로 *평형 위치에 아무런 영향이 없다*.

평형 상수 관점에서 *부피 변화는 실제적으로 농도 변화이다*. 부피 감소는 농도를 증가시키고 부피 증가는 농도를 감소시킨다. 따라서 다른 농도 변화와 마찬가지로 *부피 변화에 의한 압력 변화도 K_c를 변화시키지는 **않는다***.

인터넷 핫스팟

Le Châtelier의 원리를 이용하여 평형의 변화를 예측하는 것이 어렵게 느껴진다면, eBook에 접속하여 이 주제에 대한 추가 학습 동영상을 참고하자.

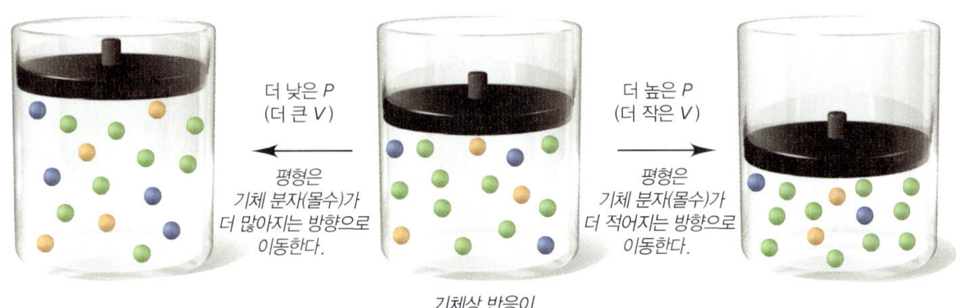

그림 17.9 평형 계에 대한 압력(부피) 변화의 영향.

예제 17.12 평형 위치에 미치는 부피(압력) 변화의 영향 예측

문제 다음 각 반응에서 생성물의 수득률을 *증가시키기* 위해서는 부피를 어떻게 변화시켜야 할까?

(a) $CaCO_3(s) \rightleftharpoons CaO(s) + CO_2(g)$ **(b)** $S(s) + 3F_2(g) \rightleftharpoons SF_6(g)$

(c) $Cl_2(g) + I_2(g) \rightleftharpoons 2ICl(g)$

계획 기체가 존재하면 부피 변화는 농도 변화를 야기한다. 기체의 몰수가 변하는 반응에 대해서, 부피가 감소(압력이 증가)하면 기체의 몰수를 감소시켜 평형 위치는 압력이 낮아지도록 이동한다. 부피 증가(압력 감소)의 영향은 그 반대이다.

풀이 **(a)** 유일한 기체가 생성물인 CO_2이다. 계가 더 많은 기체, 즉 더 많은 CO_2 분자를 생성하게 하려면, 부피가 증가(압력이 감소)되어야 한다.

(b) 왼쪽에 기체 3 mol이 있고, 오른쪽에 기체 1 mol이 있으므로, 부피를 감소(압력을 증가)시키면 기체의 분자수가 더 적어지면서 더 많은 SF_6를 생성한다.

(c) 반응식의 양변의 기체 몰수가 같으므로 부피(압력) 변화는 ICl의 수득률에 아무런 영향이 없다.

검산 Q_c와 K_c의 상대적인 크기를 예측해보자.

(a) $Q_c = [CO_2]$이므로 부피가 증가하면 $Q_c < K_c$가 되므로 계는 더 많은 CO_2를 생성할 것이다.

(b) $Q_c = [SF_6]/[F_2]^3$이다. 부피를 감소시키면 $[F_2]$와 $[SF_6]$가 비례하여 증가하지만 분모 항의 지수가 3이므로 Q_c는 감소한다. $Q_c = K_c$가 되게 하려면 $[SF_6]$가 증가해야 한다.

(c) $Q_c = [ICl]^2/[Cl_2][I_2]$이다. 부피(압력) 변화는 분자(2 mol)와 분모(2 mol)를 똑같이 변화시키므로 아무런 영향이 없다.

▶ **보충 문제**

17.12A 생성물의 수득률을 *감*소시키려면 다음 각 반응 혼합물의 압력(부피 변화를 통해)을 높여야 할까? 또는 낮추어야 할까?

(a) $2SO_2(g) + O_2(g) \rightleftharpoons 2SO_3(g)$

(b) $4NH_3(g) + 5O_2(g) \rightleftharpoons 4NO(g) + 6H_2O(g)$

(c) $CaC_2O_4(s) \rightleftharpoons CaCO_3(s) + CO(g)$

17.12B 용기 부피의 증가(P 감소)가 다음 각 반응의 생성물의 수득률에 미칠 영향을 예측하라.

(a) $CH_4(g) + CO_2(g) \rightleftharpoons 2CO(g) + 2H_2(g)$

(b) $NO(g) + CO_2(g) \rightleftharpoons NO_2(g) + CO(g)$

(c) $2H_2S(g) + SO_2(g) \rightleftharpoons 3S(s) + 2H_2O(g)$

유사 문제 17.68~17.73

온도 변화의 영향

가능한 세 가지 유형의 교란(농도, 압력 및 온도 변화) 중에서 *오직 온도 변화만이 K 값을 변화시킨다*. 그 이유를 알아보기 위해 $\Delta H^\circ_{반응}$의 부호에 주목하자.

$$PCl_3(g) + Cl_2(g) \rightleftharpoons PCl_5(g) \qquad \Delta H^\circ_{반응} = -111\ kJ$$

정반응은 발열 반응(열을 방출, $\Delta H^\circ_{반응} < 0$)이므로 역반응은 흡열 반응(열을 흡수, $\Delta H^\circ_{반응} > 0$)이다.

$$PCl_3(g) + Cl_2(g) \longrightarrow PCl_5(g) + \textbf{열}(발열)$$
$$PCl_3(g) + Cl_2(g) \longleftarrow PCl_5(g) + \textbf{열}(흡열)$$

열을 평형 계의 한 성분으로 간주하면, 계에 열이 "첨가"되면 온도가 상승하고 계에서 열이 "제거"되면 온도가 낮아진다. 다른 성분 변화에서와 마찬가지로 계는 변화의 영향을 감소시키도록 이동한다.

- 온도 증가(열 추가)는 흡열(열 흡수) 방향으로 계를 이동시켜 가해진 열의 일부를 소모한다.
- 온도 감소(열 제거)는 발열(열 방출) 방향으로 계를 이동시켜 더 많은 열을 생성한다.

평형에 있는 계에서는 $Q_c = K_c$이다. 온도를 높이면 계는 PCl_5를 PCl_3와 Cl_2로 분해하여 첨가된 열을 흡수한다. Q_c의 분모 항은 커지고 분자 항은 작아지므로, 계는 농도 항의 비가 작아진, 다시 말해 더 작은 K_c에서 새로운 평형 위치에 도달한다. 마찬가지로 온도를 낮추면, 계는 PCl_3와 Cl_2로부터 PCl_5를 더 많이 생성하면서 더 많은 열을 내어 놓는다. Q_c의 분자 항은 커지고 분모 항은 작아지므로, 새로운 평형 위치는 더 큰 K_c 값을 갖는다. 따라서

- *온도 증가는 $\Delta H^\circ_{반응}$이 양인 계의 K_c를 증가시킨다.*
- *온도 증가는 $\Delta H^\circ_{반응}$이 음인 계의 K_c를 감소시킨다.*

그림 17.10에 이 개념을 요약하여 나타내었다.

온도 감소(열 제거)
오른쪽으로 이동: $Q_c = \frac{[C][D]}{[A][B]} > K_c$
K_c 증가
A + B ⇌ C + D + 열(발열)
온도 증가(열 첨가)
왼쪽으로 이동: $Q_c = \frac{[C][D]}{[A][B]} < K_c$
K_c 감소

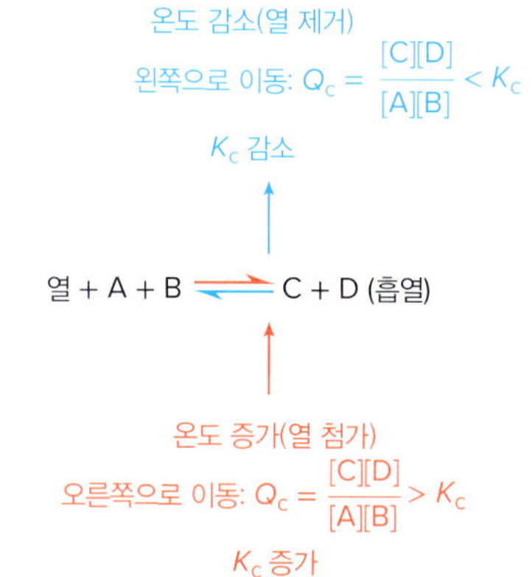

그림 17.10 평형 상태의 계에 대한 온도 변화의 영향.

예제 17.13 | 평형 위치에 미치는 온도 변화의 영향 예측

문제 온도 *증가*가 다음 각 반응의 밑줄 친 물질의 농도와 K에 어떤 영향을 미칠까?

(a) $CaO(s) + H_2O(l) \rightleftharpoons \underline{Ca(OH)_2(aq)}$ $\quad \Delta H^\circ = -82$ kJ

(b) $CaCO_3(s) \rightleftharpoons CaO(s) + \underline{CO_2(g)}$ $\quad \Delta H^\circ = 178$ kJ

(c) $\underline{SO_2(g)} \rightleftharpoons S(s) + O_2(g)$ $\quad \Delta H^\circ = 297$ kJ

계획 열을 반응물이나 생성물로 나타내는 반응식을 쓴다. 열이 첨가되면 온도가 올라가므로 계는 이동하면서 열을 흡수한다. 즉, 흡열 반응이 일어난다. 따라서 정반응이 흡열 반응이면 K가 증가하고, 정반응이 발열 반응이면 K가 감소한다.

풀이 (a) $CaO(s) + H_2O(l) \rightleftharpoons Ca(OH)_2(aq)$ + **열**

열을 가하면 계는 왼쪽으로 이동한다. $[Ca(OH)_2]$와 K는 감소한다.

(b) $CaCO_3(s)$ + **열** $\rightleftharpoons CaO(s) + CO_2(g)$

열을 가하면 계는 오른쪽으로 이동한다. $[CO_2]$와 K는 증가한다.

(c) $SO_2(g)$ + **열** $\rightleftharpoons S(s) + O_2(g)$

열을 가하면 계는 오른쪽으로 이동한다. $[SO_2]$는 감소하고, K는 증가한다.

검산 온도 *감소*로 추론하여 답을 검증하라. 온도 *감소*이면 열이 제거되고, 흡열 방향으로 이동한다. 답은 모두 반대여야 한다.

▶ 보충 문제

17.13A 온도 *감소*가 다음 각 반응의 밑줄 친 물질의 부분 압력과 K 값에 어떤 영향을 미칠까?

(a) C(흑연) + $\underline{2H_2(g)} \rightleftharpoons CH_4(g)$ $\quad \Delta H^\circ = -75$ kJ

(b) $\underline{N_2(g)} + O_2(g) \rightleftharpoons 2NO(g)$ $\quad \Delta H^\circ = 181$ kJ

(c) $P_4(s) + 10Cl_2(g) \rightleftharpoons \underline{4PCl_5(g)}$ $\quad \Delta H^\circ = -1528$ kJ

17.13B 다음 각 반응에서 생성물(들)을 더 많이 얻으려면 T를 올려야 할까? 아니면 내려야 할까? T의 변화가 각 반응의 K 값에 어떤 영향을 미치겠는가?

(a) $2Cl_2(g) + 2H_2O(g) \rightleftharpoons 4HCl(g) + O_2(g)$ $\quad \Delta H^\circ = 114$ kJ

(b) $2NO(g) + Cl_2(g) \rightleftharpoons 2NOCl(g)$ $\quad \Delta H^\circ = -77.2$ kJ

(c) $2HgO(s) \rightleftharpoons 2Hg(l) + O_2(g)$ $\quad \Delta H^\circ = 182$ kJ

유사 문제 17.74, 17.75

van't Hoff 방정식: K에 대한 T의 영향 **van't Hoff 방정식**(van't Hoff equation)은 온도 변화가 평형 상수에 미치는 영향을 정량적으로 보여준다.

$$\ln \frac{K_2}{K_1} = -\frac{\Delta H^\circ_{반응}}{R}\left(\frac{1}{T_2} - \frac{1}{T_1}\right) \qquad (17.10)$$

여기서 K_1은 T_1에서의 평형 상수, K_2는 T_2에서의 평형 상수, R은 기체 상수(8.314 J/mol·K)이다. $\Delta H^\circ_{반응}$과 한 온도에서의 K를 알면, 다른 온도에서의 K 값을 구할 수 있다. (또는 서로 다른 두 T에서의 K 값을 알면 $\Delta H^\circ_{반응}$을 구할 수 있다.)

식 (17.10)을 써서 Le Châtelier의 원리로 정성적으로 예측한 것을 확인할 수 있다. 온도가 증가하면,

$$T_2 > T_1\text{이고,} \qquad 1/T_1 > 1/T_2$$

이므로

$$1/T_1 - 1/T_2 > 0$$

따라서

- 흡열 반응($\Delta H^\circ_{반응} > 0$)에서 식 (17.10)의 $\Delta H^\circ_{반응}/R$ 항은 > 0이다. $1/T_1 - 1/T_2 > 0$이므로 식의 우변은 > 0이다. 따라서 $\ln (K_2/K_1) > 0$이므로 $K_2 > K_1$이다. 온도가 증가하면 평형은 오른쪽으로 이동하고, K는 증가한다.
- 발열 반응($\Delta H^\circ_{반응} < 0$)에서 식 (17.10)의 $\Delta H^\circ_{반응}/R$ 항은 < 0이다. $1/T_1 - 1/T_2 > 0$이므로 식의 우변은 < 0이다. 따라서 $\ln (K_2/K_1) < 0$이므로 $K_2 < K_1$이다. 온도가 증가하면 평형은 왼쪽으로 이동하고, K는 감소한다.

예제 17.14 | 온도 변화에 따른 K_c 변화 구하기

문제 많은 석탄 기체화 공정들은 탄소와 수증기로 합성가스를 생성하는 것에서 시작한다.

$$C(s) + H_2O(g) \rightleftharpoons CO(g) + H_2(g) \qquad \Delta H^\circ_{반응} = 131 \text{ kJ/mol}$$

25°C에서 K_P가 겨우 9.36×10^{-17}임을 알고 있는 공학자가 수득률이 더 높은 온도를 찾으려 한다. 700.°C에서의 K_p를 구하라.

계획 주어진 온도에서의 K_p 값을 이용하여 다른 온도에서의 K_p 값을 구하려 한다. 온도를 절대 온도로, $\Delta H^\circ_{반응}$을 J/mol로 바꾼 후, 식 (17.10)(van't Hoff 방정식)을 이용한다.

풀이 T를 °C에서 K로 바꾼다.

$$T_1(\text{K}) = 25°\text{C} + 273 = 298 \text{ K} \qquad T_2(\text{K}) = 700.°\text{C} + 273 = 973 \text{ K}$$

$\Delta H^\circ_{반응}$을 kJ/mol에서 J/mol로 바꾼다.

$$\frac{131 \text{ kJ}}{\text{mol}} \times \frac{1000 \text{ J}}{1 \text{ kJ}} = 1.31 \times 10^5 \text{ J/mol}$$

식 (17.10)을 사용하여 K_2를 구한다. $\left(\ln \frac{K_2}{K_1} = \ln K_2 - \ln K_1\right)$

$$\ln \frac{K_2}{K_1} = \frac{\Delta H^\circ_{반응}}{R}\left(\frac{1}{T_1} - \frac{1}{T_2}\right)$$

$$\ln K_2 = \frac{\Delta H^\circ_{반응}}{R}\left(\frac{1}{T_1} - \frac{1}{T_2}\right) + \ln K_1$$

$$\ln K_2 = \frac{1.31 \times 10^5 \text{ J/mol}}{8.314 \text{ J/mol·K}}\left(\frac{1}{298 \text{ K}} - \frac{1}{973 \text{ K}}\right) + \ln 9.36 \times 10^{-17}$$

$$\ln K_2 = -0.2269$$

$$K_2 = 0.797 \qquad \text{(수득률이 훨씬 높다.)}$$

검산 온도가 더 높으므로 K_p 값이 더 클 것으로 예상된다. 흡열 반응이므로 가해진 열을 흡수하여 평형은 오른쪽으로 이동하고, 따라서 평형 상수는 증가한다.

▶ 보충 문제

17.14A 반응 $N_2O_4(g) \rightleftharpoons 2NO_2(g)$의 평형 상수는 298 K에서 0.115이다. 평형 상수가 0.885가 되는 온도를 구하라. 이 반응의 $\Delta H^\circ_{반응}$은 57.2 kJ/mol이다.

17.14B 반응 $2SO_2(g) + O_2(g) \rightleftharpoons 2SO_3(g)$의 $\Delta H^\circ_{반응}$은 −198.4 kJ/mol이다. 830.°C에서의 평형 상수는 0.13일 때, 915°C에서의 K_p 값을 구하라.

유사 문제 17.76, 17.77

표 17.3 | 평형 계에 미치는 다양한 교란의 영향

교란	평형 위치에 대한 영향	K 값에 대한 영향
농도		
[반응물] 증가	생성물 생성 방향	없음
[반응물] 감소	반응물 생성 방향	없음
[생성물] 증가	반응물 생성 방향	없음
[생성물] 감소	생성물 생성 방향	없음
압력		
P 증가(V 감소)	더 적은 몰수의 기체 생성 방향	없음
P 감소(V 증가)	더 많은 몰수의 기체 생성 방향	없음
P 증가(비활성 기체 첨가, V 변화 없음)	없음; 농도 변화 없음	없음
온도		
T 증가	열 흡수 방향	$\Delta H^\circ_{반응}>0$이면 증가 $\Delta H^\circ_{반응}<0$이면 감소
T 감소	열 방출 방향	$\Delta H^\circ_{반응}<0$이면 증가 $\Delta H^\circ_{반응}>0$이면 감소
촉매 첨가	없음. 정반응과 역반응 속도가 똑같이 증가하며, 평형에 일찍 도달한다.	

촉매의 영향은 없음

촉매 첨가가 계에 어떤 영향을 미칠지 생각해 보자. 16장의 내용을 떠올려 보면 촉매는 활성화 에너지를 낮추어 반응을 촉진하여, 정반응 속도와 역반응 속도 *모두*를 같은 정도로 증가시킨다. 따라서 *촉매는 평형에 도달하는 시간은 줄여주지만 평형 위치에는 아무런 영향을* ***미치지 않는다***. 즉, 523 K의 PCl_3와 Cl_2 혼합물에 촉매를 가하면, 계가 *같은* PCl_5, PCl_3 및 Cl_2의 평형 농도에 촉매가 없을 때보다 *더 빨리* 도달한다. 그러나 잠시 후 알게 되겠지만 촉매는 반응 계를 최적화하는 데 핵심 역할을 한다.

조건 변화의 영향을 표 17.3에 요약하였다. 많은 변화들이 평형 *위치*를 변화시키는 반면, 오직 온도 변화만이 평형 *상수*를 변화시킨다. 예제 17.15는 평형을 분자 수준에서 어떻게 나타내는지를 보여준다.

인터넷 핫스팟

농도, 부피, 온도의 변화에 따른 평형의 변화를 예측하는 내용이 어렵게 느껴진다면, 접속하여 이 주제에 대한 추가 학습 동영상을 참고하자.

예제 17.15 | 분자 모식도로부터 평형 인자들 구하기

문제 다음 반응

$$X(g) + Y_2(g) \rightleftharpoons XY(g) + Y(g) \qquad \Delta H > 0$$

에 대한 다음 분자 모식도들은 서로 다른 반응 혼합물들을 나타낸다(X는 *녹색*, Y는 *보라색*).

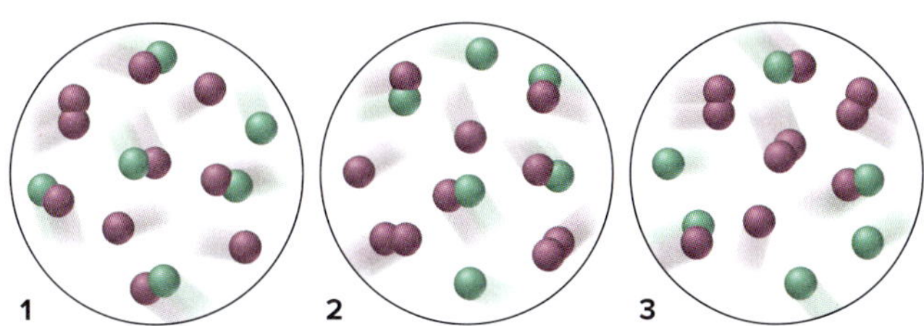

(a) 반응 온도에서 K = 2라면, 평형 혼합물을 나타내는 모식도는 어느 것인가? **(b)** 다른 두 모식도의 반응 혼합물들은 평형에 도달하기 위해 반응물 방향으로 진행할까? 아니면 생성물 방향으로 진행할까? **(c)** 평형 혼합물의 온도를 올리면 $[Y_2]$는 어떻게 변할까?

계획 **(a)** 균형 반응식과 K를 써서 평형 혼합물을 나타내는 모식도를 골라야 한다. Q를 쓰고, 각 모식도에 대해 입자 수를 세어서 Q 값을 구한다. Q가 K와 같은(즉, 값이 2인) 모식도가 평형 혼합물을 나타낸다. **(b)** 남은 두 반응 혼합물 각각에 대해 Q 값을 2와 비교한다. $Q > K$이면 분자 항(생성물 쪽)이 너무 크므로 반응은 반응물 쪽으로 진행된다. $Q < K$이면 반응은 생성물 방향으로 진행된다. **(c)** $\Delta H > 0$이므로 온도 상승이 반응물 중 하나인 $[Y_2]$를 증가시킬지 감소시킬지 알아야 한다.

풀이 **(a)** 반응의 $Q = \dfrac{[XY][Y]}{[X][Y_2]}$이다. 따라서

$$\text{모식도 1}: Q = \frac{5 \times 3}{1 \times 1} = 15 \quad \text{모식도 2}: Q = \frac{4 \times 2}{2 \times 2} = 2 \quad \text{모식도 3}: Q = \frac{3 \times 1}{3 \times 3} = \frac{1}{3}$$

모식도 2의 $Q = K$이므로, 모식도 2가 평형 혼합물을 나타낸다.

(b) 모식도 1에서 $Q(15) > K(2)$이므로, 반응은 반응물 쪽으로 진행된다.

모식도 3에서는 $Q(\frac{1}{3}) < K(2)$이므로, 반응은 생성물 쪽으로 진행된다.

(c) 반응은 흡열 반응이므로 열은 다음과 같이 반응물로 작용한다.

$$X(g) + Y_2(g) + \text{열} \rightleftharpoons XY(g) + Y(g)$$

따라서 열을 가하면 반응은 오른쪽으로 이동하므로 $[Y_2]$는 감소한다.

검산 **(a)** Q의 분자 항(또는 분모 항)에 있는 양들은 더해지는 것이 아니고 곱해지는 것이다. 예를 들면, 모식도 1의 분모 항은 $1 + 1 = 2$가 아니라 $1 \times 1 = 1$이다.

(c) 좋은 검증법은 $\Delta H < 0$라고 생각하고 답이 반대로 얻어지는지 보는 것이다.

$$X(g) + Y_2(g) \rightleftharpoons XY(g) + Y(g) + \text{열}$$

$\Delta H < 0$이면 열 첨가는 반응을 왼쪽으로 이동시키고, $[Y_2]$를 증가시킨다.

▶ 보충 문제

17.15A $\Delta H < 0$인 반응 $C_2(g) + D_2(g) \rightleftharpoons 2CD(g)$에 대해 아래 분자 모식도들은 서로 다른 반응 혼합물을 나타낸다(C는 *빨간색*, D는 *파란색*).

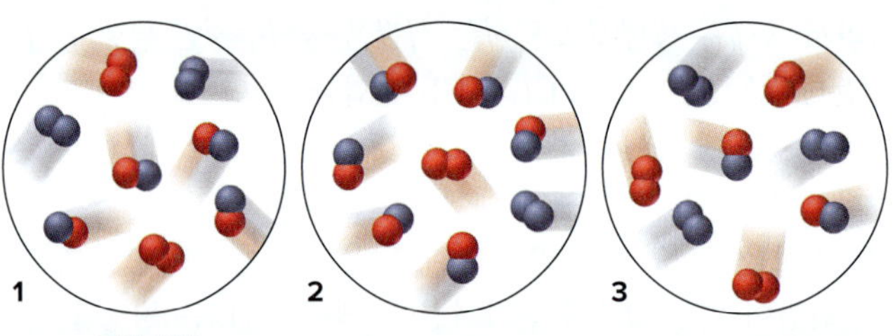

평형 상태

(a) K_p 값을 구하라. **(b)** 평형에 있지 *않는* 반응 혼합물들에서는 반응이 어느 쪽으로 진행될까? **(c)** 평형 혼합물의 온도를 올리면 기체의 총 양(몰수)에 어떤 영향(증가, 감소, 영향 없음)을 나타내겠는가?

17.15B $A(g) + B(g) \rightleftharpoons AB(g)$ 반응에 대해 아래 분자 모식도들은 서로 다른 온도의 반응 혼합물을 나타낸다(A는 *빨간색*, B는 *녹색*).

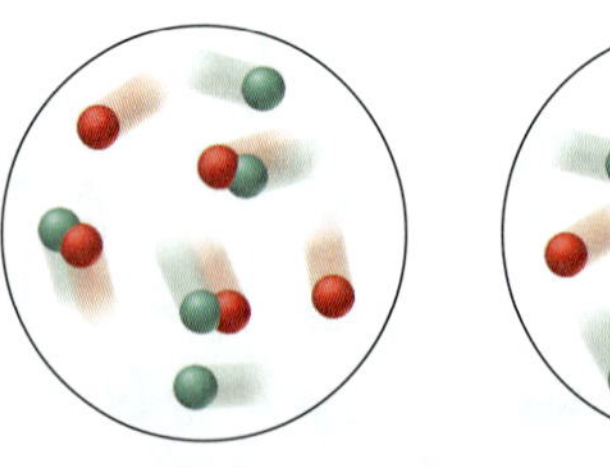
T_1에서의 평형 상태

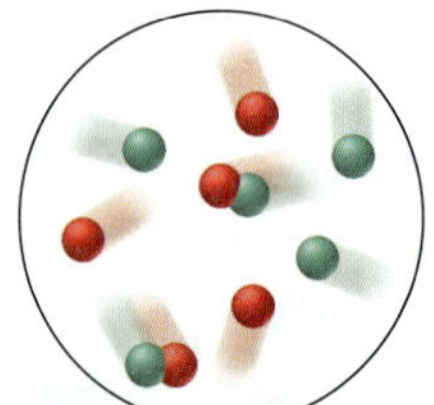
T_2에서의 평형 상태

(a) T_1에서의 K 값을 구하라. **(b)** $T_2 < T_1$일 때, 반응의 ΔH의 부호는 무엇인가? **(c)** T_2에서의 K 값을 구하라.

유사 문제 17.62

Le Châtelier의 원리의 활용: 암모니아 합성

Le Châtelier의 원리는 자연계와 화학 산업에서 셀 수 없이 많이 활용되고 있다. 사례 연구의 하나로, 몰수로 볼 때 산업적으로 다른 어떤 화합물보다 더 많이 생산되고 있는 암모니아의 합성을 살펴본다. 그런 다음 **세포 대사와 화학** 이야기에서 세포의 대사에 이 원리를 적용한다.

대기 중의 분자 5개 중 4개는 N_2이지만, N_2의 강한 삼중 결합 때문에 반응성이 낮아서 *이용 가능한*(usable) 질소의 공급은 제한되어 있다. 따라서 N 원자를 "고정", 즉 다른 원자와 결합시켜 유용한 화합물로 만드는 것은 매우 어렵다. 자연에서 질소 고정은 식물 뿌리에 기생하는 박테리아에 들어 있는 효소들의 최적화된 작용을 통하거나 번개의 어마어마한 위력으로 일어난다. 그러나 질소 고정의 거의 13%는 **Haber 공정**(Haber process)을 써서 산업적으로 이루어진다.

$$N_2(g) + 3H_2(g) \rightleftharpoons 2NH_3(g) \qquad \Delta H^\circ_{\text{반응}} = -91.8 \text{ kJ}$$

1913년 독일 화학자 Fritz Haber가 개발하여 처음 연간 12,000톤을 생산하는 공장에 사용된 이 공정으로 현재 매년 암모니아 1억 1천만 톤을 생산하고 있다. 이 중 80% 이상이 비료로 사용되며, 나머지 중 대부분은 폭발물, 나일론, 다른 고분자 등의 생산에 쓰이고, 소량이 냉매, 고무 안정제, 가정용 세제, 의약품 등의 생산에 쓰인다.

반응 조건의 최적화: 수득률 대 속도 Haber 공정은 평형*과* 반응 속도론의 원리를 적용하여 그 공정이 경제성을 갖는 타협점을 찾아내었다. 균형 반응식에서 NH_3의 수득률을 극대화하는 3가지 방법을 알아낼 수 있다.

1. *[NH_3] 감소*. 생성되는 NH_3를 제거하면 계는 평형에 다시 도달하기 위해 NH_3를 더 많이 생성한다.
2. *부피 감소(압력 증가)*. 기체 반응물 4 mol이 반응하여 기체 생성물 2 mol을 생성하므로, 부피 감소는 계를 기체의 몰수가 더 적은 쪽으로 이동시킨다.
3. *온도 감소*. NH_3 생성이 발열 반응이므로 온도를 낮추면(열을 제거) 평형 위치는 생성물 쪽으로 이동하여 K_c가 증가한다(표 17.4).

표 17.4 암모니아 합성의 K_c에 대한 온도의 영향

T(K)	K_c
200.	7.17×10^{15}
300.	2.69×10^{8}
400.	3.94×10^{4}
500.	1.72×10^{2}
600.	4.53×10^{0}
700.	2.96×10^{-1}
800.	3.96×10^{-2}

따라서 생성물의 수득률을 극대화하는 조건은 NH_3의 연속적 제거, 높은 압력 및 낮은 온도이다. 다음 쪽의 그림 17.11은 다양한 압력과 온도 조합에 대한 암모니아의 퍼센트 수득률을 보여준다. 1000 atm, 473 K(200.°C)에서 생성물로의 거의 완전한 변환(98.3%)이 이루어짐에 주목하라.

비교적 낮은 이 온도에서 *수득률*이 높지만 생성 *속도*가 너무 느려 이 공정은 경제성이 없다. 반응 속도를 높이기 위해 온도를 올리면 수득률이 낮아진다. 실제로는 적절한 타협으로 수득률*과* 속도를 최적화한다. 수득률을 높이기 위해 높은 압력과 연속적인 제거를 사용하는 한편, 온도를 약간만 올리고, *촉매를 써서 반응 속도를 높인다*. 촉매 없이 같은 반응 속도에 도달하려면 훨씬 높은 온도로 올려야 하고, 그러면 수득률이 훨씬 낮아진다.

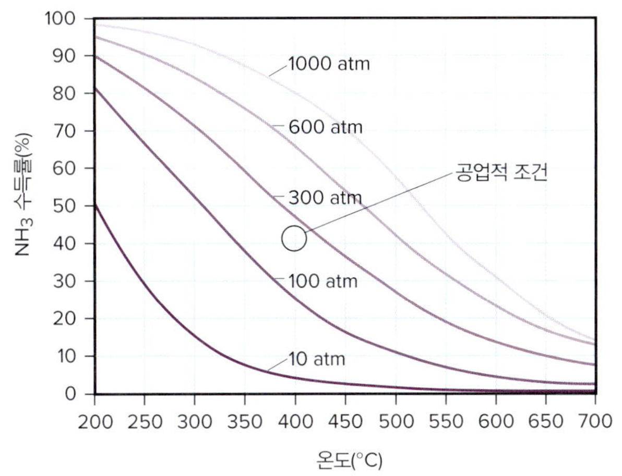

그림 17.11 **서로 다른 다섯 압력에서 온도 대 암모니아의 퍼센트 수득률.** 매우 높은 P와 낮은 T(*왼쪽 맨 위*)에서는 수득률은 높지만 반응 속도가 느리다. 공업적 조건(*원*)은 약 400°C의 200~300 atm 사이이다.

산업 공정 그림 17.12에 NH_3의 대량 생산 단계를 나타내었다. 장비의 수명을 연장하고 비용을 최소화하기 위해 오늘날의 공장은 약 200~300 atm, 673 K(400.°C) 근처에서 가동한다. 양론 비율의 반응물 기체($N_2/H_2 = 1/3$)를 가열된 고압 반응 용기에 넣는다. 필요한 열의 일부는 $\Delta H^\circ_{반응}$으로 공급된다. 기체들은 MgO, Al_2O_3, SiO_2의 용융 혼합물이 박힌 5~10 mm 크기의 철 결정 덩어리로 이루어진 촉매 층을 흐른다. 촉매 층을 통과한 평형 혼합물은 NH_3 약 35%를 포함하고 있는데, 냉각기로 냉각하여 NH_3(b.p. −33.4°C)를 응축시킨 후 제거하여 저장한다. N_2와 H_2는 훨씬 낮은 끓는점을 가지므로 기체 상태에서 반응 용기로 보내어 재활용한다.

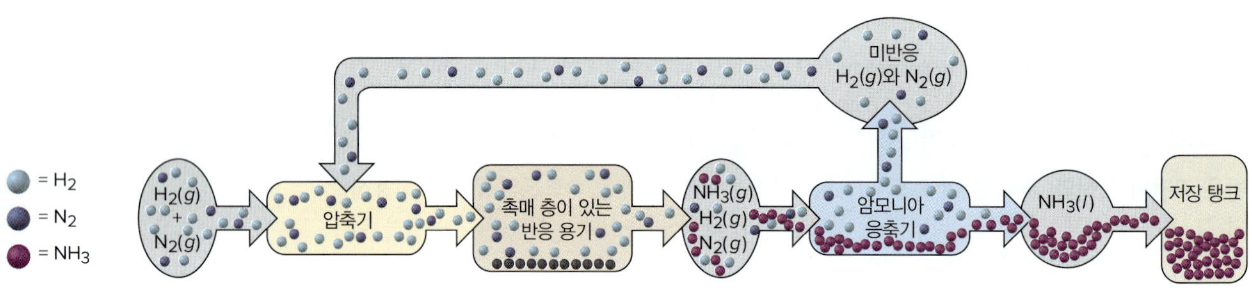

그림 17.12 암모니아를 합성하는 Haber 공정의 주요 단계.

세포 대사와 화학
Chemical Connections to cellular Metabolism

대사 경로의 설계와 조절

가장 단순한 박테리아에서 가장 전문화된 뉴런까지, 각 세포는 수천 가지 반응을 통해 성장하고, 복제하며, 양분을 섭취하고, 배설하고, 움직이며, 신호를 주고받는다. 이 무수한 분해, 합성 및 에너지 흐름 등을 통틀어 세포의 *대사*(metabolism)라고 하며, 조직화된 반응 순서를 **대사 경로**(metabolic pathways)라고 부른다.

▶ 생성물로의 연속적 이동

기본적으로 대사 경로의 각 단계는 특정 효소(16.7절)가 촉매 작용을 하는 가역 반응이다. 그러나 경로 상에서 각 반응의 생성물이 다음 반응의 반응물이 되기 때문에 결코 평형에 도달하지 않는다. 아미노산 트레오닌(threonine)이 아미노산 아이소루신(isoleucine)으로 변환되는 다섯 단계 경로(그림 B17.1)를 살펴보자. 세포의 다른 영역에서 공급되는 트레오닌은 효소 1의 촉매 작용으로 ketobutyrate로 바뀐다. 반응 1의 평형 위치는, 생성물인 ketobutyrate가 반응 2의 반응물이기 때문에 오른쪽으로 이동한다. 마찬가지로 반응 2의 생성물인 acetohydroxybutyrate가 반응 3에서 소모되므로 반응 2도 오른쪽으로 이동한다. 이와 같이 각 후속 반응들이 이전 반응들을 오른쪽으로 이동시킨다. 최종 생성물인 아이소루신은 세포의 다른 부분에서 단백질을 만드는 데 쓰인다. 따라서 전체 경로는 한쪽 방향으로 동작한다.

▶ 일정 상태의 형성

이러한 평형 위치의 연속적 이동은 대사 경로에 두 가지 결과를 가져온다.

1. *각 단계는 거의 100%의 수득률로 진행된다.* 실제로 세포의 이 영역에 들어오는 트레오닌 분자는 모두 최종적으로 ketobutyrate로 변하고, 모든 ketobutyrate는 다음 생성물로 바뀌며, 이러한 과정이 끝까지 계속된다.

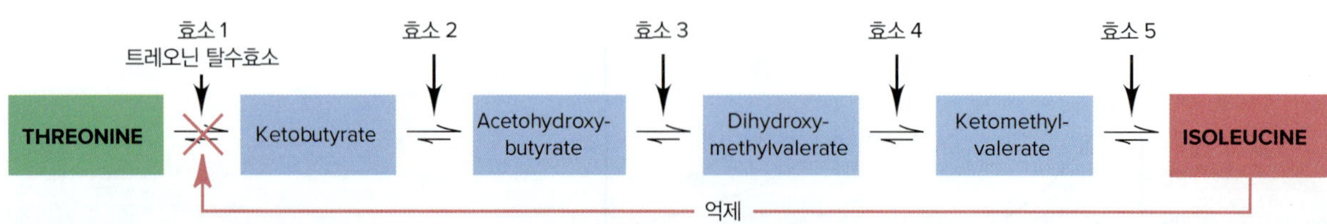

그림 B17.1 **트레오닌으로부터 아이소루신의 생합성.** 트레오닌에서 시작하여 다섯 단계의 효소-촉매 반응을 통해 아이소루신이 합성된다. 아이소루신이 충분하게 만들어지면 농도가 높아지고 경로의 첫 번째 효소인 트레오닌 탈수효소를 억제한다.

2. 반응물과 생성물이 *일정 상태*(steady state)에 도달하므로 *반응물과 생성물의 농도는 거의 일정하다.*
   - 평형 계에서는 *반대* 방향으로의 반응 속도가 같아서 반응물과 생성물의 농도가 일정하다.
   - 일정 상태 계에서는 *한쪽* 방향으로의 반응 속도가(계에 들어오고, 통과해서, 나가는) 중간체들의 농도를 일정하게 만든다.

예를 들어, ketobutyrate는 반응 1에서 생성되고 같은 속도로 반응 2에서 소모되기 때문에 농도가 일정하다. (싱크대에 물을 채운 후, 수도꼭지에서 나오는 양과 배수구로 나가는 양을 조절해서 물이 들어오는 것과 같은 속도로 빠져나가게 하면, 물의 양이 일정 상태에 도달한다.)

▶ 되먹임 억제에 의한 조절

16장에서 기질의 농도는 효소의 농도보다 *월등히* 높다는 것을 배웠다. 모든 효소 분자들의 활성 자리가 항상 채워져 있으면 모든 세포 반응들은 최대 속도로 일어난다. 이것은 모든 산업 공정에서 바라는 이상이지만, 유기체들은 양들을 조심스럽게 조절할 필요가 있다. 생성물의 생성을 조절하기 위해 특정 핵심 단계들은, 활성 자리와 함께 *억제 자리*(inihibition site)(그림 B17.2A)도 가지고 있는 *조절 효소*(regulatory enzyme)들이 촉매 작용을 한다. 억제 자리가 채워져 있으면 활성 자리의 모양이 변형되어 촉매로 작용하지 못한다(그림 B17.2B).

가장 단순한 대사 조절의 경우(그림 B17.1)에는 *경로의 최종 생성물이 억제제*(inhibitor)*이며, 조절 효소가 첫 번째 단계에 촉매로 작용한다.* 예를 들어, 세포가 일시적으로 단백질을 적게 만들어 아이소루신이 빠르게 제거되지 않는다고 가정하자. 아이소루신의 농도가 높아짐에 따라 아이소루신이 경로의 첫 번째 효소인 트레오닌 탈수효소의 억제 자리에 더 자주 도달하여 아이소루신의 생성을 억제한다. 이 과정을 *최종 생성물 되먹임 억제*(end-product feedback inhibition)라고 부른다. 더 복잡한 경로들은 보다 더 정교한 조절 체계를 가지고 있다.

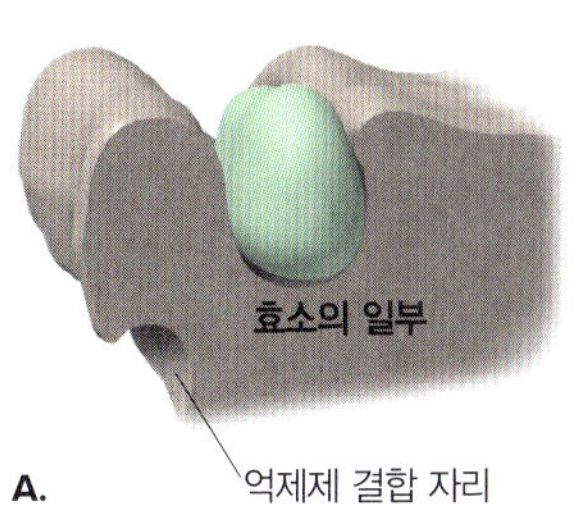

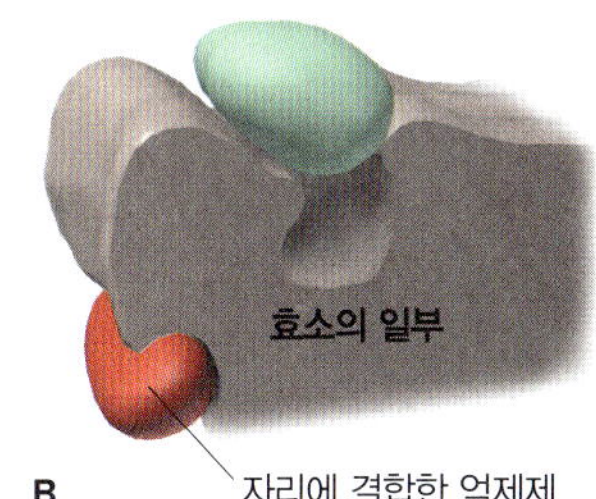

그림 B17.2 억제제가 결합하면 활성 자리의 모양이 변한다.

문제

B17.1 많은 대사 생성물들은 가지치는(branched) 경로들의 생성물들이다. 아래의 예에서, 글자는 화합물을, 숫자는 효소를 나타낸다.

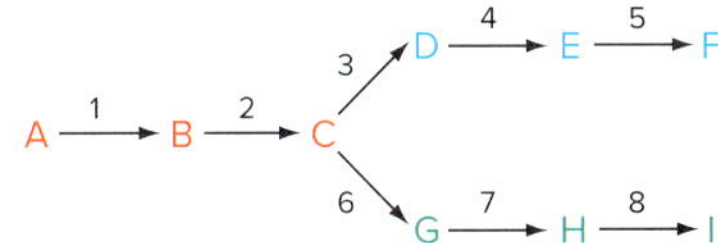

이 경로들을 조절하는 한 가지 방법은 한 가지에 작용하는 첫 번째 효소를 억제하는 것이다. (a) F가 억제하는 효소는 어느 것인가? (b) I가 억제하는 효소는? (c) F가 효소 1을 억제한다면 불리한 점은 무엇인가? (d) F가 효소 6을 억제한다면 불리한 점은 무엇인가?

› 17.6절 요약

- 평형에 있는 계가 교란되면, 교란을 감소시키는 알짜 반응을 통해 계는 평형으로 되돌아간다.
- 농도를 변화시키면, 첨가된 성분을 소모하거나 제거된 성분을 생성하는 알짜 반응이 일어난다.
- 기체의 양(mol)이 변화하는 반응에서 압력이 증가(부피가 감소)하면 반응은 기체의 몰수가 줄어드는 방향으로 진행되고, 부피가 감소하면 반대 방향으로 진행된다.
- 농도나 부피 변화의 결과로 평형 위치가 변하지만 K는 변하지 않는다.
- 온도 변화는 K에 영향을 미친다. 온도를 높이면 흡열 반응($\Delta H^\circ_{반응} > 0$)의 K는 증가하고, 발열 반응($\Delta H^\circ_{반응} < 0$)의 K는 감소한다.
- 촉매는 정반응과 역반응의 속도를 똑같이 가속하여 계가 더 빨리 평형에 도달하게 하지만, 평형 위치에는 아무런 영향을 미치지 않는다.
- 암모니아 생산 공정은 높은 압력, 낮은 온도, 생성물의 연속적 제거 등의 조건을 선호한다. 공정의 경제성을 고려하여 중간적인 온도와 압력 및 촉매가 이용된다.
- 대사 경로는 생성물로 거의 완전히 이동하는 각 단계로 이루어진 세포 반응 순서이다. 전체 수득률은 특정 핵심 효소들의 활성을 억제하는 되먹임 계에 의해 조절된다.

개념 정리와 복습 _Chapter Review Guide

학습 목표 _Learning Objectives

* 괄호 안은 관련된 절(§)과 예제(SP) 번호

주요 개념

1. 반응 속도와 반응의 정도의 구별(서론)
2. 정반응과 역반응 속도가 같을 때 계가 동적 평형에 도달하는 이유(§17.1)
3. 반응 속도 상수와 농도 항들의 특정 비와 같은 숫자인 평형 상수(§17.1)
4. K의 크기와 반응 정도의 연관성(§17.1)
5. 반응 계의 초기 농도와 무관하게 같은 평형 상태에 도달하는 이유(§17.2)
6. 계가 $Q = K$인 평형에 도달할 때까지 반응 지수(Q)의 연속적 변화(§17.2)
7. Q의 형태가 *쓰여진 대로의* 균형 반응식에 따라 달라지는 이유(§17.2)
8. 순수한 고체나 액체가 Q에 들어가지 않는 이유(§17.2)
9. 반응 단계들의 *합*은 전체 반응, Q(또는 K)의 *곱*은 전체 반응의 Q(또는 K) (§17.2)
10. 이상 기체 법칙과 $\Delta n_{기체}$로 K_c와 K_p 상호 변환 방법(§17.3)
11. Q와 K의 상대적 크기에 따른 반응의 방향(§17.4)
12. 반응 표를 써서 미지의 양(농도나 압력) 구하는 방법(§17.5)
13. [반응물]의 변화가 상대적으로 작다는 가정으로 평형 양 구하기 단순화 방법(§17.5)
14. Le Châtelier의 원리를 써서 농도, 압력(부피) 또는 온도 변화가 평형에 있는 계와 K에 미치는 영향을 설명하는 방법(§17.6)
15. 온도 변화가 K에 영향을 *미치는* 이유(§17.6)
16. 촉매 첨가가 K에 영향을 *미치지 않는* 이유(§17.6)
17. 반응 조건의 조절과 촉매 사용으로 암모니아 합성의 최적화하는 방법(§17.6)

주요 스킬

1. 균형 반응식에서 반응 지수(Q) 쓰기(SP 17.1)
2. 공통 인자가 곱해진 반응, 역반응 및 전체 반응에 대한 Q 쓰기 및 K 구하기(SP 17.2)
3. 불균일 평형에 대한 Q 쓰기(§17.2)
4. K_c와 K_p 상호 변환(SP 17.3)
5. Q와 K를 비교하여 반응 방향 결정(SP 17.4, 17.5)
6. Q에 양(농도나 압력)들을 대입하여 K 구하기(§17.5)
7. 반응 표를 써서 양들을 결정하고 K 구하기(SP 17.6)
8. 평형 양들과 K로부터 다른 평형 양 구하기(SP 17.7)
9. 초기 양들과 K로부터 평형 양 구하기(SP 17.8)
10. 이차 방정식을 풀어 미지 평형 양 구하기(§17.5)
11. [반응물]의 변화가 상대적으로 작다는 가정으로 평형 양을 구하고 가정을 확인하기(SP 17.9)
12. Q와 K를 비교하여 반응 방향을 결정하고 미지 양 변화 x 구하기(SP 17.10)
13. Q와 K의 상대적 값을 써서 평형 위치와 K에 대한 농도 변화의 영향 예측(SP 17.11)
14. Le Châtelier의 원리와 $\Delta n_{기체}$로 평형 위치에 대한 압력(부피) 변화의 영향 예측하기(SP 17.12)
15. Le Châtelier의 원리와 $\Delta H°$로 평형 위치와 K에 대한 온도 변화의 영향 예측하기(SP 17.13)
16. van't Hoff 방정식을 써서 한 온도의 K 값으로부터 다른 온도의 K 구하기(SP 17.14)
17. 분자 모식도로 평형 인자들 구하기(SP 17.15)

주요 용어 _Key Terms

대사 경로
반응 지수, Q
평형 상수, K
화학 평형의 법칙(질량 작용의 법칙)
Haber 공정
Le Châtelier의 원리
van't Hoff 방정식

주요 방정식 및 관계식 _Key Equations and Relationships

17.1 반응 속도로 평형 정의:

$$\text{평형에서: 속도}_{정반응} = \text{속도}_{역반응}$$

17.2 $A \rightleftharpoons 2B$ 반응의 평형 상수 정의:

$$K = \frac{k_{정반응}}{k_{역반응}} = \frac{[NO_2]^2_{평형}}{[N_2O_4]_{평형}}$$

17.3 반응 지수로 평형 상수 정의:

$$\text{평형에서: } Q = K$$

17.4 $aA + bB \rightleftharpoons cC + dD$ 반응의 Q_c 나타내기:

$$Q_c = \frac{[C]^c[D]^d}{[A]^a[B]^b}$$

17.5 역반응의 K로부터 정반응의 K 구하기:

$$K_{(역반응)} = \frac{1}{K_{(정반응)}}$$

17.6 인자 n이 곱해진 반응의 Q와 K 구하기:

$$Q' = Q^n = \left(\frac{[C]^c[D]^d}{[A]^a[B]^b}\right)^n \quad \& \quad K' = K^n$$

17.7 여러 단계 반응에 대한 전체 K 구하기:

$$K_{전체} = K_1 \times K_2 \times K_3 \times \cdots$$

17.8 압력으로 나타낸 K와 농도로 나타낸 K의 연관성:

$$K_p = K_c(RT)^{\Delta n_{기체}}$$

17.9 오차를 거의 가져오지 않는 농도 변화 무시하기 가정(730):

$$[A]_{초기} - [A]_{반응} = [A]_{평형} \approx [A]_{초기}$$

17.10 한 온도의 K 값으로부터 다른 온도의 K 구하기(van't Hoff 방정식)(740):

$$\ln\frac{K_2}{K_1} = -\frac{\Delta H^\circ_{반응}}{R}\left(\frac{1}{T_2} - \frac{1}{T_1}\right)$$

연습 문제 _Problems

노란색으로 표시한 문제들에 대해서는 그 답을 부록 E에 첨부하였다. 연습 문제에 표시된 절은 본문의 절과 같고, 관련 예제의 번호를 제시하였다. 대부분의 경우 개념 복습 문제, 스킬 숙달 문제(같은 개념을 다루는 두 문제씩 묶음) 및 실전 문제를 제시하였다.

평형 상태와 평형 상수

개념 복습 문제

17.1 반응 조건에 어떤 변화를 주었더니 역반응 속도보다 정반응 속도가 더 많이 증가하였다. 이 변화가 평형 상수와 반응물과 생성물의 평형 농도에는 어떤 영향을 미치는가?

17.2 화학 회사가 새로운 반응을 사용하여 생성물을 생산하려 할 때 화학자들은 반응 속도(반응 속도론)과 수득률(평형)을 고려한다. 반응 속도와 수득률은 각각 생산 공정의 유용성에 어떻게 영향을 미치는가?

17.3 농도 변화가 없는데 왜 평형 상태를 동적이라고 생각하는가?

17.4 어떤 반응이 완결된다면 K가 매우 클까? 아니면 매우 작을까? 설명하라.

17.5 백린 P_4는 인광석 $Ca_3(PO_4)_2$를 환원시켜 얻는다. 번들거리는 하얀 고체인 백린은 산소와 접촉하면 연기를 내다가 많은 열을 내며 불꽃을 튕겨낸다.

$$P_4(g) + 5O_2(g) \rightleftharpoons P_4O_{10}(s) + 열$$

이 반응의 평형 상수가 큰가? 혹은 작은가? 설명하라.

반응 지수와 평형 상수

(예제 17.1, 17.2)

개념 복습 문제

17.6 특정 온도의 특정 반응에 대해 K 값은 상수이다. Q 값도 상수인가? 설명하라.

17.7 과산화 리튬의 열분해 반응

$$2Li_2O_2(s) \rightleftharpoons 2Li_2O(s) + O_2(g)$$

에 대한 연구에서 어떤 화학자가, 일정 온도에서 실험의 끝에 Li_2O_2가 조금이라도 남아 있으면 같은 용기에서 얻어진 O_2의 양이 같다는 것을 밝혀내었다. 설명하라.

17.8 구성 원소에서 HI가 생성되는 반응

$$H_2(g) + I_2(g) \rightleftharpoons 2HI(g)$$

에 대한 연구에서 H_2와 I_2 같은 양을 용기에 넣고 밀봉한 후 가열하였다.

(a) 같은 축을 갖는 그래프에 H_2와 HI에 대한 시간 대 농도 곡선을 그리고 시간에 따라 Q가 어떻게 변화하는지 설명하라.

(b) $[H_2]$ 대신 $[I_2]$의 그래프를 그리면 Q 값이 다른가?

17.9 균일상 평형과 불균일상 평형의 차이점을 설명하라. 각각의 예를 들어라.

17.10 구성 원소로부터 NO 1 mol이 생성되는 반응의 Q는 NO 1 mol이 원소로 분해되는 반응의 Q 값과 다른가? 이유를 설명하고 두 Q 값 사이의 관계식을 제시하라.

17.11 H_2와 N_2로부터 NH_3 1 mol이 생성되는 반응의 Q는 N_2 1 mol과 H_2로부터 NH_3가 생성되는 반응의 Q 값과 다른가? 이유를 설명하고 두 Q 값 사이의 관계식을 제시하라.

스킬 숙달 문제(유사한 문제들을 두 개씩 묶음)

17.12 각 반응의 균형을 맞추고, 반응 지수 Q_c를 써라.

(a) $NO(g) + O_2(g) \rightleftharpoons N_2O_3(g)$

(b) $SF_6(g) + SO_3(g) \rightleftharpoons SO_2F_2(g)$

(c) $SClF_5(g) + H_2(g) \rightleftharpoons S_2F_{10}(g) + HCl(g)$

17.13 각 반응의 균형을 맞추고, 반응 지수 Q_c를 써라.

(a) $C_2H_6(g) + O_2(g) \rightleftharpoons CO_2(g) + H_2O(g)$

(b) $CH_4(g) + F_2(g) \rightleftharpoons CF_4(g) + HF(g)$

(c) $SO_3(g) \rightleftharpoons SO_2(g) + O_2(g)$

17.14 각 반응의 균형을 맞추고, 반응 지수 Q_c를 써라.

(a) $NO_2Cl(g) \rightleftharpoons NO_2(g) + Cl_2(g)$

(b) $POCl_3(g) \rightleftharpoons PCl_3(g) + O_2(g)$

(c) $NH_3(g) + O_2(g) \rightleftharpoons N_2(g) + H_2O(g)$

17.15 각 반응의 균형을 맞추고, 반응 지수 Q_c를 써라.

(a) $O_2(g) \rightleftharpoons O_3(g)$

(b) $NO(g) + O_3(g) \rightleftharpoons NO_2(g) + O_2(g)$

(c) $N_2O(g) + H_2(g) \rightleftharpoons NH_3(g) + H_2O(g)$

17.16 다음 불균일상 평형에 대해 균형을 맞추고, 반응 지수 Q_c를 써라.

(a) $Na_2O_2(s) + CO_2(g) \rightleftharpoons Na_2CO_3(s) + O_2(g)$

(b) $H_2O(l) \rightleftharpoons H_2O(g)$

(c) $NH_4Cl(s) \rightleftharpoons NH_3(g) + HCl(g)$

17.17 다음 불균일상 평형에 대해 균형을 맞추고, 반응 지수 Q_c를 써라.

(a) $H_2O(l) + SO_3(g) \rightleftharpoons H_2SO_4(aq)$

(b) $KNO_3(s) \rightleftharpoons KNO_2(s) + O_2(g)$

(c) $S_8(s) + F_2(g) \rightleftharpoons SF_6(g)$

17.18 다음 불균일상 평형에 대해 균형을 맞추고, 반응 지수 Q_c를 써라.

(a) $NaHCO_3(s) \rightleftharpoons Na_2CO_3(s) + CO_2(g) + H_2O(g)$

(b) $SnO_2(s) + H_2(g) \rightleftharpoons Sn(s) + H_2O(g)$

(c) $H_2SO_4(l) + SO_3(g) \rightleftharpoons H_2S_2O_7(l)$

17.19 다음 불균일상 평형에 대해 균형을 맞추고, 반응 지수 Q_c를 써라.
(a) $Al(s) + NaOH(aq) + H_2O(l) \rightleftharpoons Na[Al(OH)_4](aq) + H_2(g)$
(b) $CO_2(s) \rightleftharpoons CO_2(g)$
(c) $N_2O_5(s) \rightleftharpoons NO_2(g) + O_2(g)$

17.20 어떤 온도에서 다음 반응

$$2H_2S(g) \rightleftharpoons 2H_2(g) + S_2(g)$$

의 $K_c = 1.6\times10^{-2}$이다. 다음 각 반응의 K_c를 구하라.
(a) $\frac{1}{2}S_2(g) + H_2(g) \rightleftharpoons H_2S(g)$
(b) $5H_2S(g) \rightleftharpoons 5H_2(g) + \frac{5}{2}S_2(g)$

17.21 어떤 온도에서 다음 반응

$$2NO(g) + 2H_2(g) \rightleftharpoons N_2(g) + 2H_2O(g)$$

의 $K_c = 6.5\times10^2$이다. 다음 각 반응의 K_c를 구하라.
(a) $NO(g) + H_2(g) \rightleftharpoons \frac{1}{2}N_2(g) + H_2O(g)$
(b) $2N_2(g) + 4H_2O(g) \rightleftharpoons 4NO(g) + 4H_2(g)$

실전 문제

17.22 다음 각 반응에 대한 Q_c를 써라.
(a) 염화 수소 기체가 산소와 반응하여 염소 기체와 수증기를 생성한다.
(b) 고체 삼산화 이비소가 플루오린 기체와 반응하여 액체 오플루오린화 비소와 산소 기체를 생성한다.
(c) 기체상 사플루오린화 황이 액체 물과 반응하여 기체상 이산화 황과 플루오린화 수소 기체를 생성한다.
(d) 고체 산화 몰리브데늄(VI)이 기체상 이플루오린화 제논과 반응하여 액체 플루오린화 몰리브데늄(VI), 제논 기체 및 산소 기체를 생성한다.

17.23 할로겐 화합물 ClF_3는 염소 기체의 두 단계 플루오린화 반응으로 만든다.

$$Cl_2(g) + F_2(g) \rightleftharpoons ClF(g)$$
$$ClF(g) + F_2(g) \rightleftharpoons ClF_3(g)$$

(a) 각 단계의 균형을 맞추고 전체 반응식을 써라.
(b) 전체 반응의 Q_c가 각 단계의 Q_c들의 곱과 같음을 보여라.

17.24 촉매 변환기와 도시 스모그를 연구하는 환경보호청 소속 과학자가 다음 반응의 K_c를 구하고자 한다.

$$2NO_2(g) \rightleftharpoons N_2(g) + 2O_2(g) \qquad K_c = ?$$

다음 자료를 써서 미지의 K_c를 구하라.

$$\tfrac{1}{2}N_2(g) + \tfrac{1}{2}O_2(g) \rightleftharpoons NO(g) \qquad K_c = 4.8\times10^{-10}$$
$$2NO_2(g) \rightleftharpoons 2NO(g) + O_2(g) \qquad K_c = 1.1\times10^{-5}$$

압력으로 평형 나타내기: K_c와 K_p의 관계

(예제 17.3)

개념 복습 문제

17.25 Guldberg와 Waage는 평형 상수의 정의를 농도들의 특정 비로 제안하였다. 어떤 관계식이 *부분 압력*(기체상 반응에 대해)의 특정 비로 평형 상수를 나타내는 것을 가능하게 하는가? 설명하라.

17.26 언제 K_c와 K_p가 같으며, 어떤 때에 서로 다른가?

17.27 평형에 있는 어떤 반응은 기체상 반응물보다 기체상 생성물의 몰수가 더 많다.
(a) K_c가 K_p보다 큰가? 혹은 작은가?
(b) 기체상 반응 중 아무거나에 대해서 K_c와 K_p의 상대적 크기를 말하라.

스킬 숙달 문제(유사한 문제들을 두 개씩 묶음)

17.28 다음 각 반응에 대해 $\Delta n_{기체}$를 구하라.
(a) $2KClO_3(s) \rightleftharpoons 2KCl(s) + 3O_2(g)$
(b) $2PbO(s) + O_2(g) \rightleftharpoons 2PbO_2(s)$
(c) $I_2(s) + 3XeF_2(s) \rightleftharpoons 2IF_3(s) + 3Xe(g)$

17.29 다음 각 반응에 대해 $\Delta n_{기체}$를 구하라.
(a) $MgCO_3(s) \rightleftharpoons MgO(s) + CO_2(g)$
(b) $2H_2(g) + O_2(g) \rightleftharpoons 2H_2O(l)$
(c) $HNO_3(l) + ClF(g) \rightleftharpoons ClONO_2(g) + HF(g)$

17.30 다음 각 평형에 대해 K_c를 구하라.
(a) $CO(g) + Cl_2(g) \rightleftharpoons COCl_2(g)$; 1000. K에서 $K_p = 3.9\times10^{-2}$
(b) $S_2(g) + C(s) \rightleftharpoons CS_2(g)$; 500. K에서 $K_p = 28.5$

17.31 다음 각 평형에 대해 K_c를 구하라.
(a) $H_2(g) + I_2(g) \rightleftharpoons 2HI(g)$; 730. K에서 $K_p = 49$
(b) $2SO_2(g) + O_2(g) \rightleftharpoons 2SO_3(g)$; 500. K에서 $K_p = 2.5\times10^{10}$

17.32 다음 각 평형에 대해 K_p를 구하라.
(a) $N_2O_4(g) \rightleftharpoons 2NO_2(g)$; 298 K에서 $K_c = 6.1\times10^{-3}$
(b) $N_2(g) + 3H_2(g) \rightleftharpoons 2NH_3(g)$; 1000. K에서 $K_c = 2.4\times10^{-3}$

17.33 다음 각 평형에 대해 K_p를 구하라.
(a) $H_2(g) + CO_2(g) \rightleftharpoons H_2O(g) + CO(g)$; 1020. K에서 $K_c = 0.77$
(b) $3O_2(g) \rightleftharpoons 2O_3(g)$; 570. K에서 $K_c = 1.8\times10^{-56}$

Q와 K를 비교하여 반응 방향 결정하기

(예제 17.4, 17.5)

17.34 Q의 수치가 K보다 작을 때, 평형에 도달하기 위해 반응은 어느 방향으로 진행할까? 설명하라.

17.35 다음 분자 모식도는 수용액 반응 $2D \rightleftharpoons E$를 나타내는데, *빨간색*이 D이고 *파란색*이 E이다. 구 하나는 0.0100 mol을 나타내며, 모식도 A의 부피는 1.00 L이지만 모식도 B와 C의 부피는 0.500 L이다.

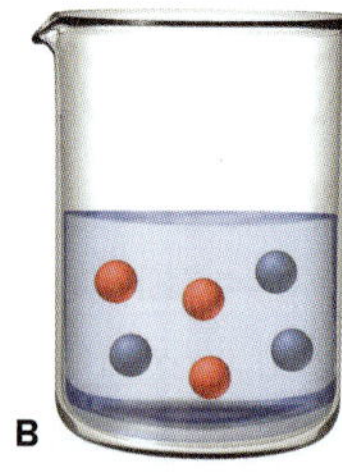

(a) 모식도 A의 반응이 평형에 있다면, K_c를 구하라.
(b) 모식도 B와 C의 반응은 평형에 있는가? 아닌 것이 있다면 반응은 어느 방향으로 진행할까?

스킬 숙달 문제(유사한 문제들을 두 개씩 묶음)

17.36 425°C에서 다음 반응

$$2HBr(g) \rightleftharpoons H_2(g) + Br_2(g)$$

의 $K_p = 4.18\times10^{-9}$이다. 한 실험에서 $HBr(g)$ 0.20 atm, $H_2(g)$ 0.010 atm, $Br_2(g)$ 0.010 atm을 용기에 넣었다. 반응은 평형에 있는가? 아니라면 반응은 어느 방향으로 진행할까?

17.37 100°C에서 다음 반응

$$2NOBr(g) \rightleftharpoons 2NO(g) + Br_2(g)$$

의 $K_p = 60.6$이다. 어떤 실험에서 각 성분을 0.10 atm씩 용기에 넣었다. 반응은 평형에 있는가? 아니라면 반응은 어느 방향으로 진행할까?

실전 문제

17.38 수성가스 전환 반응은 석탄에서 보다 깨끗한 연료를 얻는 화학적 방법에서 중추적인 역할을 담당하고 있다.

$$CO(g) + H_2O(g) \rightleftharpoons CO_2(g) + H_2(g)$$

어떤 온도에서 $K_p = 2.7$이다. CO 0.13 mol, H_2O 0.56 mol, CO_2 0.62 mol, H_2 0.43 mol을 2.0 L 플라스크에 넣으면, 반응은 어느 방향으로 진행할까?

평형 문제를 푸는 방법

(예제 17.6~17.10)

개념 복습 문제

17.39 1980년대에 CFC-11은 가장 많이 생산된 염화 플루오린화 탄소 중 하나였다. 합성의 최종 단계는 다음과 같다.

$$CCl_4(g) + HF(g) \rightleftharpoons CFCl_3(g) + HCl(g)$$

같은 농도의 CCl_4와 HF로 반응을 시작하면 평형에서 $CFCl_3$와 HCl이 같은 농도로 얻어진다. 서로 다른 농도의 CCl_4와 HF로 시작하면 $CFCl_3$와 HCl의 최종 농도가 같을까? 설명하라.

17.40 촉매가 작용하는 메테인과 수증기의 반응에 대한 문제에서 다음 반응 표를 만들었다.

압력(atm)	$CH_4(g)$	+	$2H_2O(g)$	$\rightleftharpoons$	$CO_2(g)$	+	$4H_2(g)$
초기	0.30		0.40		0		0
변화	$-x$		$-2x$		$+x$		$+4x$
평형	$0.30 - x$		$0.40 - 2x$		x		$4x$

"변화"와 "평형" 행에 있는 항들을 설명하라.

17.41 (a) 평형 농도를 구할 때 근의 공식을 사용하지 않아도 되는 근사법의 근거는 무엇인가?
(b) 이 근사법을 쓰면 *안 되는* 경우는 어떤 때인가?

스킬 숙달 문제(유사한 문제들을 두 개씩 묶음)

17.42 HI(g) 생성을 연구하는 실험에서

$$H_2(g) + I_2(g) \rightleftharpoons 2HI(g)$$

어떤 온도에서 $H_2(g)$와 $I_2(g)$를 밀폐된 용기에 넣었다. 평형에서 $[H_2] = 6.50\times10^{-5}\ M$, $[I_2] = 1.06\times10^{-3}\ M$, $[HI] = 1.87\times10^{-3}\ M$이었다. 이 온도에서 이 반응에 대한 K_c를 구하라.

17.43 기체 암모니아를 밀폐된 용기에 넣고 특정 온도로 가열하였다.

$$2NH_3(g) \rightleftharpoons N_2(g) + 3H_2(g)$$

평형에서 $[NH_3] = 0.0225\ M$, $[N_2] = 0.114\ M$, $[H_2] = 0.342\ M$이었다. 이 온도에서 이 반응에 대한 K_c를 구하라.

17.44 기체상 PCl_5는 다음 반응으로 분해한다.

$$PCl_5(g) \rightleftharpoons PCl_3(g) + Cl_2(g)$$

한 실험에서 $PCl_5(g)$ 0.15 mol을 2.0 L 용기에 넣었다. 이 반응에 대한 반응 표를 만들어라.

17.45 플루오린화 수소 HF는 다음 반응으로 만들 수 있다.

$$H_2(g) + F_2(g) \rightleftharpoons 2HF(g)$$

한 실험에서 $H_2(g)$ 0.10 mol, $F_2(g)$ 0.050 mol을 0.50 L 용기에 넣었다. 이 반응에 대한 반응 표를 만들어라.

17.46 308 K에서 다음 반응의 $K_p = 6.5\times10^4$이다.

$$2NO(g) + Cl_2(g) \rightleftharpoons 2NOCl(g)$$

평형에서 $P_{NO} = 0.35$ atm, $P_{Cl_2} = 0.10$ atm이었다. NOCl(g)의 평형 부분 압력을 얼마인가?

17.47 1000°C에서 다음 반응의 $K_p = 0.262$이다.

$$C(s) + 2H_2(g) \rightleftharpoons CH_4(g)$$

평형에서 $P_{H_2} = 1.22$ atm이었다. $CH_4(g)$의 평형 부분 압력을 얼마인가?

17.48 황화 수소 암모늄은 다음 반응으로 분해하는데, 250°C에서 $K_p = 0.11$이다.

$$NH_4HS(s) \rightleftharpoons H_2S(g) + NH_3(g)$$

$NH_4HS(s)$ 55.0 g을 밀폐된 5.0 L 용기에 넣으면 평형에서 $NH_3(g)$의 부분 압력을 얼마인가?

17.49 황화 수소는 다음 반응으로 분해하는데, 700°C에서 $K_c = 9.30\times10^{-8}$이다.

$$2H_2S(g) \rightleftharpoons 2H_2(g) + S_2(g)$$

H_2S 0.45 mol을 밀폐된 3.0 L 용기에 넣으면 700°C에서 $H_2(g)$의 평형 농도는 얼마인가?

17.50 다음 반응에서 온도가 높다 하더라도 NO는 많이 생성되지 않는다.

$$N_2(g) + O_2(g) \rightleftharpoons 2NO(g) \qquad 2000°C에서\ K_c = 4.10\times10^{-4}$$

2000°C에서 $N_2(g)$ 0.20 mol과 $O_2(g)$ 0.15 mol이 1.0 L 용기에서 평형에 도달할 때 [NO]는 얼마인가?

17.51 이산화 질소는 다음 반응으로 분해된다.

$$2NO_2(g) \rightleftharpoons 2NO(g) + O_2(g)$$

어떤 온도에서 $K_p = 4.48\times10^{-13}$이다. 용기에 NO_2 0.75 atm을 넣고 평형에 도달하게 했을 때 NO(g)와 $O_2(g)$의 평형 부분 압력을 얼마인가?

17.52 아이오딘화 수소는 다음 반응으로 분해된다.

$$2HI(g) \rightleftharpoons H_2(g) + I_2(g)$$

703 K에서 처음에 1.50 L 밀폐 용기에 H_2 0.00623 mol, I_2 0.00414 mol, HI 0.0244 mol을 넣었다. 평형에 도달했을 때 $H_2(g)$의 농도는 0.00467 *M*이었다. HI(g)와 $I_2(g)$의 농도는 얼마인가?

17.53 화합물 A는 다음 반응으로 분해된다.

$$A(g) \rightleftharpoons 2B(g) + C(g)$$

100°C에서 처음에 1.00 L 밀폐 용기에 A(g) 1.75×10^{-3} mol, B(g) 1.25×10^{-3} mol, C(g) 6.50×10^{-4} mol을 넣었다. 평형에서 $[A] = 2.15\times10^{-3}\ M$이었다. [B]와 [C]를 구하라.

17.54 어떤 온도에서 다음 반응의 평형 상수 K_c는 115이다.

$$H_2(g) + F_2(g) \rightleftharpoons 2HF(g)$$

용기 속의 초기 농도는 H_2 0.050 *M*, F_2 0.050 *M*, HF 0.10 *M*이다. 평형에 도달했을 때 HF의 농도를 구하라.

17.55 2.0 L 밀폐 용기에 $H_2O(g)$, $Cl_2O(g)$, $HClO(g)$를 각각 0.12 mol씩 넣었다. 다음 반응이 평형에 도달하였을 때의 세 화합물의 농도를 구하라.

$$H_2O(g) + Cl_2O(g) \rightleftharpoons 2HClO(g) \quad K_c = 0.090$$

실전 문제

17.56 낮은 온도에서 HI의 분해 반응을 연구하기 위해 25°C에서 10.32 L 용기에 HI 2.50 mol을 넣었다. $2HI(g) \rightleftharpoons H_2(g) + I_2(g)$ 반응이 평형에 도달한 후 $[H_2]$는 얼마인가? K_c는 1.26×10^{-3}이다.

17.57 수포 작용제인 머스터드 가스 $S(CH_2CH_2Cl)_2$를 연구하는 독성학자가 SCl_2 0.675 *M*과 C_2H_4 0.973 *M* 혼합물을 만들어 실온(20°C)에서 반응하게 하였다.

$$SCl_2(g) + 2C_2H_4(g) \rightleftharpoons S(CH_2CH_2Cl)_2(g)$$

평형에서 $[S(CH_2CH_2Cl)_2] = 0.350$ *M*이었다. K_p를 구하라.

17.58 HNO_3 생산의 첫 단계는 NH_3의 촉매 산화반응이다. 촉매가 없으면 다음 반응이 지배적으로 일어난다.

$$4NH_3(g) + 3O_2(g) \rightleftharpoons 2N_2(g) + 6H_2O(g)$$

어떤 온도에서 $NH_3(g)$ 0.0150 mol과 $O_2(g)$ 0.0150 mol을 1.00 L 용기에 넣었더니 $N_2(g)$의 평형 농도가 1.96×10^{-3} *M*이었다. K_c를 구하라.

17.59 광석에서 철을 얻는 핵심 단계는 다음 반응이다.

$$FeO(s) + CO(g) \rightleftharpoons Fe(s) + CO_2(g) \quad 1000°C에서\ K_p = 0.403$$

이 단계는 용광로 내부의 700~1200°C 영역에서 일어난다. $CO(g)$ 1.00 atm과 과량의 $FeO(s)$를 1000°C의 밀폐된 용기에 넣을 때 $CO(g)$와 $CO_2(g)$의 평형 부분 압력은 얼마인가?

반응 조건과 평형: Le Châtelier의 원리

(예제 17.11~17.15)

개념 복습 문제

17.60 Le Châtelier의 원리에서 "교란"은 무엇을 의미하는가?

17.61 반응의 평형 상수와 평형 위치의 차이점은 무엇인가? 반응물 농도 변화의 결과로 변하는 것은 어느 것인가?

17.62 모식도 A, B, C는 세 온도에서 다음 반응을 나타낸 것이다.

$$NH_4Cl(s) \rightleftharpoons NH_3(g) + HCl(g) \quad \Delta H^\circ_{반응} = 176\ kJ$$

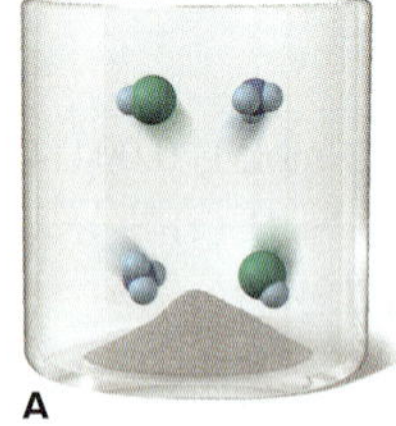
A

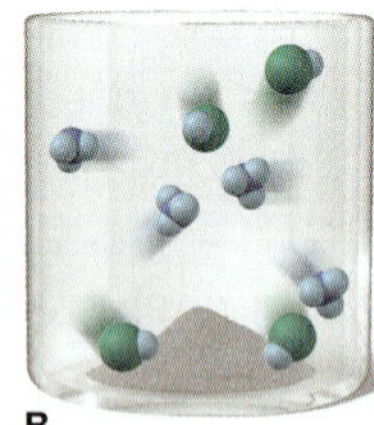
B

C

(a) 가장 높은 온도의 반응 혼합물을 가장 잘 나타낸 것은 어느 것인가? 설명하라. (b) 가장 낮은 온도의 반응 혼합물을 가장 잘 나타낸 것은 어느 것인가? 설명하라.

17.63 *평형 상수*라는 용어에서 *상수*라는 말은 어떤 의미를 갖는가? 변화시켜도 평형 상수 값이 변하지 않는 반응의 두 인자를 써라.

17.64 Le Châtelier의 원리는 궁극적으로 반응의 정반응과 역반응의 속도와 연관된다. 다음을 설명하라. (a) 반응물 농도 증가가 평형 위치를 오른쪽으로 이동시키지만 *K* 값을 변화시키지 않는 이유 (b) *V* 감소가 평형 위치를 기체의 몰수가 감소하는 방향으로 이동시키지만 *K* 값을 변화시키지 않는 이유 (c) 온도 상승이 발열 반응의 평형 위치를 반응물 쪽으로 이동시키면서 동시에 *K*를 변화시키는 이유 (d) 흡열 반응의 온도를 T_1에서 T_2로 올릴 때 K_2가 K_1보다 큰 이유.

17.65 두 고체와 한 기체 간의 반응 $XY(s) \rightleftharpoons X(g) + Y(s)$의 평형 혼합물을 오른편에 모식도로 나타내었다(X는 *녹색*, Y는 *검은색*). Y(*s*)를 두 화학식 단위만큼 첨가한 후 평형에 도달한 계를 가장 잘 나타낸 것은 A, B, C 중 어느 것인가? 설명하라.

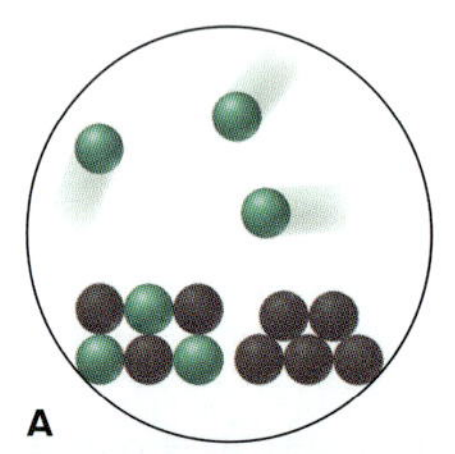
A

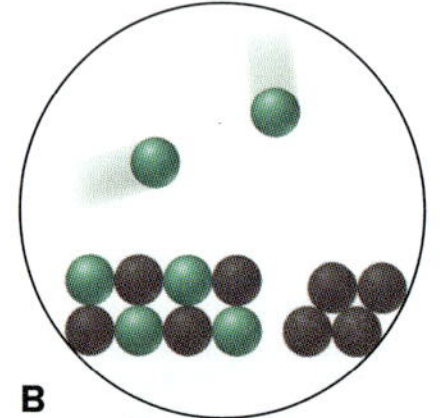
B

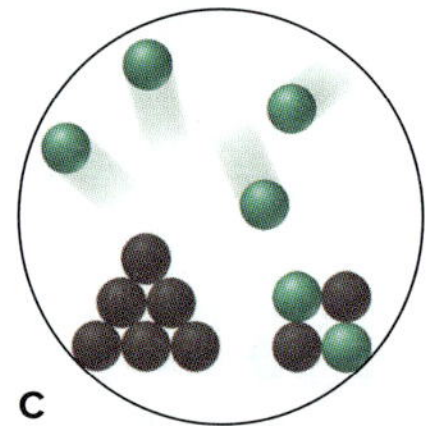
C

스킬 숙달 문제(유사한 문제들을 두 개씩 묶음)

17.66 다음 평형 계에 대해 물음에 답하라.

$$CO(g) + Fe_3O_4(s) \rightleftharpoons CO_2(g) + 3FeO(s)$$

다음 각 교란의 결과로 평형 위치는 어디로 이동할까? (a) CO 첨가. (b) 고체 NaOH를 가하여 CO_2 제거. (c) $Fe_3O_4(s)$를 추가로 계에 첨가. (d) 일정한 온도에서 드라이 아이스 첨가.

17.67 중탄산 소듐은 다음 반응으로 분해한다.

$$2NaHCO_3(s) \rightleftharpoons Na_2CO_3(s) + CO_2(g) + H_2O(g)$$

다음 각 교란의 결과로 평형 위치는 어디로 이동할까? (a) 아르곤 기체 0.20 atm 첨가. (b) $NaHCO_3(s)$ 첨가. (c) H_2O를 제거하는 건조제로 $Mg(ClO_4)_2(s)$ 첨가. (d) 일정한 *T*에서 드라이 아이스 첨가.

17.68 용기의 부피 *증가*가 다음 반응의 반응물과 생성물의 양에 미치는 영향을 예측하라.

(a) $F_2(g) \rightleftharpoons 2F(g)$

(b) $2CH_4(g) \rightleftharpoons C_2H_2(g) + 3H_2(g)$

17.69 용기의 부피 *증가*가 다음 반응의 반응물과 생성물의 양에 미치는 영향을 예측하라.

(a) $CH_3OH(l) \rightleftharpoons CH_3OH(g)$

(b) $CH_4(g) + NH_3(g) \rightleftharpoons HCN(g) + 3H_2(g)$

17.70 용기의 부피 *감소*가 다음 반응의 반응물과 생성물의 양에 미치는 영향을 예측하라.

(a) $H_2(g) + Cl_2(g) \rightleftharpoons 2HCl(g)$

(b) $2H_2(g) + O_2(g) \rightleftharpoons 2H_2O(l)$

17.71 용기의 부피 *감소*가 다음 반응의 반응물과 생성물의 양에 미치는 영향을 예측하라.

(a) $C_3H_8(g) + 5O_2(g) \rightleftharpoons 3CO_2(g) + 4H_2O(l)$

(b) $4NH_3(g) + 3O_2(g) \rightleftharpoons 2N_2(g) + 6H_2O(g)$

17.72 다음 각 반응에서 생성물의 수득률을 최대로 하기 위해 용기의 *부피*를 어떻게 조절해야 하는가?

(a) $Fe_3O_4(s) + 4H_2(g) \rightleftharpoons 3Fe(s) + 4H_2O(g)$

(b) $2C(s) + O_2(g) \rightleftharpoons 2CO(g)$

17.73 다음 각 반응에서 생성물의 수득률을 최대로 하기 위해 용기의 *부피*를 어떻게 조절해야 하는가?

(a) $Na_2O_2(s) \rightleftharpoons 2Na(l) + O_2(g)$

(b) $C_2H_2(g) + 2H_2(g) \rightleftharpoons C_2H_6(g)$

17.74 다음 각 반응에서 온도 *증가*가 생성물(들)의 양에 미치는 영향을 예측하라.

(a) $CO(g) + 2H_2(g) \rightleftharpoons CH_3OH(g)$ $\Delta H^\circ_{반응} = -90.7$ kJ

(b) $C(s) + H_2O(g) \rightleftharpoons CO(g) + H_2(g)$ $\Delta H^\circ_{반응} = 131$ kJ

(c) $2NO_2(g) \rightleftharpoons 2NO(g) + O_2(g)$ (흡열)

(d) $2C(s) + O_2(g) \rightleftharpoons 2CO(g)$ (발열)

17.75 다음 각 반응에서 온도 *감소*가 반응물(들)의 양에 미치는 영향을 예측하라.

(a) $C_2H_2(g) + H_2O(g) \rightleftharpoons CH_3CHO(g)$ $\Delta H^\circ_{반응} = -151$ kJ

(b) $CH_3CH_2OH(l) + O_2(g) \rightleftharpoons CH_3CO_2H(l) + H_2O(g)$ $\Delta H^\circ_{반응} = -451$ kJ

(c) $2C_2H_4(g) + O_2(g) \rightleftharpoons 2CH_3CHO(g)$ (발열)

(d) $N_2O_4(g) \rightleftharpoons 2NO_2(g)$ (흡열)

17.76 D_2(중수소 D는 ^2H) 분자는 일반 H_2와 반응하여 동위원소 평형에 도달한다.

$$D_2(g) + H_2(g) \rightleftharpoons 2DH(g) \qquad 298\ \text{K에서}\ K_p = 1.80$$

$\Delta H_{반응}$이 0.32 kJ/mol DH일 때, 500. K에서의 K_p를 구하라.

17.77 메탄올의 생성 반응은 새로운 연료 생산에 중요하다. 298 K에서 다음 반응의 $K_p = 2.25\times10^4$이다.

$$CO(g) + 2H_2(g) \rightleftharpoons CH_3OH(l)$$

$\Delta H_{반응} = -128$ kJ/mol CH_3OH일 때, 0°C에서의 K_p를 구하라.

실전 문제

17.78 광물 적철석(Fe_2O_3)과 자철석(Fe_3O_4)은 다음과 같이 대기 중 산소와 평형을 이루고 있다.

$$4Fe_3O_4(s) + O_2(g) \rightleftharpoons 6Fe_2O_3(s) \qquad 298\ \text{K에서}\ K_p = 2.5\times10^{87}$$

(a) 평형에서 P_{O_2}를 구하라. (b) 공기 중의 P_{O_2}가 0.21 atm이라면 평형에 도달하기 위해 반응은 어느 쪽으로 진행할까? (c) 298 K에서의 K_c를 구하라.

17.79 SO_2의 산화는 H_2SO_4 생산의 핵심 단계이다.

$$SO_2(g) + \tfrac{1}{2}O_2(g) \rightleftharpoons SO_3(g) \qquad \Delta H^\circ_{반응} = -99.2\ \text{kJ}$$

(a) 정성적으로 T와 P를 어떻게 조합하면 SO_3의 수득률을 극대화할 수 있을까?

(b) O_2 첨가가 Q에 어떤 영향을 미칠까? K에는?

(c) 이 반응에 촉매를 사용하는 이유는 무엇인가?

17.80 H_2 3.00 부피와 N_2 1.00 부피의 혼합물이 344°C에서 반응하여 암모니아를 생성한다. 110. atm의 평형 혼합물에는 NH_3가 부피로 41.49%가 들어 있다. 기체들이 이상적으로 거동한다고 가정하고 반응의 K_p를 구하라.

17.81 여러분은 암모니아를 생산하는 공장을 세울 계획을 논의하는 화학 연구팀의 멤버이다.

$$N_2(g) + 3H_2(g) \rightleftharpoons 2NH_3(g)$$

(a) 공장은 $K_p = 1.00\times10^{-4}$인 700 K 근처에서 가동할 것이며, N_2/H_2는 양론비 1/3을 이용한다. 평형에서 NH_3의 부분 압력이 50. atm이다. 각 반응물의 부분 압력과 $P_{전체}$를 구하라.

(b) 팀의 한 멤버가 다음과 같이 제안하였다. 반응 지수에서 H_2의 부분 압력이 3승이 되므로, N_2/H_2 비를 1/6으로 하면 NH_3가 같은 양이 생성되므로 더 낮은 압력에서 가동하여 비용을 줄일 수 있다. NH_3의 부분 압력을 50. atm에서 변하지 않는다고 가정하고 이 조건에서 각 반응물의 부분 압력과 $P_{전체}$를 구하라. 제안은 타당한가?

제 18 장 산-염기 평형

Acid-Base Equilibria

Source: Maria Uspenskaya/Shutterstock

➤ 관련 개념과 스킬 _Concepts and Skills to Review Before You Study This Chapter

» 용매로서 물의 역할(4.1절)

» 이온 반응식 쓰기(4.2절)

» 산, 염기, 산-염기 반응(4.3절)

» 산-염기 반응에서 양성자 이동(4.3절)

» 평형 상수의 성질(17.2절)

» 평형 문제 풀기(17.5절)

많은 사람들이 새콤달콤하면서 상쾌한 느낌을 주는 감귤류 과일을 즐긴다(아침 식사로 먹는 자몽 또는 더운 날에 마시는 차가운 레모네이드 한 잔). 산이라 불리는 화합물은 다양한 음식에서 독특한 맛이 나게 하고, 그에 상응하는 화합물인 염기는 많은 일반 생활용품에 함유되어 있으며(표 18.1), 학계 및 산업계 연구에 필수적이다.

고대 그리스인들은 신 맛을 산의 정의로 사용하였다. 이후 산은 알루미늄, 아연과 같은 활성 금속과 반응하여 수소 가스를 생성하는 물질 및 특정 유기 화합물의 색상을 변화시키는 물질로 인식되었다. 유사하게 염기는 쓴 맛과 미끄러운 느낌을 주고 유기 화합물을 다른 색으로 바꾸는 물질이었다. 더 나아가 *산과 염기가 반응하는 중화라고 불리는 과정에서 서로의 성질을 상쇄시키는 것으로 알려져 있었다*. 이러한 초기의 정의는 산염기의 독특한 특성을 설명했지만 분자 거동을 기반으로 하는 다른 정의로 대체되었다. 과학이 발전함에 따라 좁은 범위로 제한되어진 정의는 더 많은 현상을 설명할 수 있는 더 넓은 범위의 정의로 대체되는 것이다.

표 18.1 | 몇 가지 흔한 산, 염기와 가정에서의 용도

물질	용도
산	
아세트산, CH_3COOH	향료, 보존제(식초)
구연산, $H_3C_6H_5O_7$	향료(레몬주스)
아스코르빈산, $H_2C_6H_6O_6$	비타민 C, 영양 보충제
알루미늄 염, $NaAl(SO_4)_2 \cdot 12H_2O$	탄산수소 소듐과 함께 베이킹 파우더에 들어 있음
염기	
수산화 소듐(잿물), $NaOH$	오븐 및 배수구 청소제
암모니아, NH_3	가정용 청소제
탄산 소듐, Na_2CO_3	경수 연화제, 그리스 제거제
탄산수소 소듐, $NaHCO_3$	소화기, 빵을 부풀어 오르게 하는 물질 (베이킹 소다), 약한 제산제
인산 소듐, Na_3PO_4	페인팅 또는 벽지를 바르기 전의 표면 청소제

Source: © McGraw-Hill Education/Stephen Frisch, photographer

Source: Stephen Frisch/McGraw-Hill Education

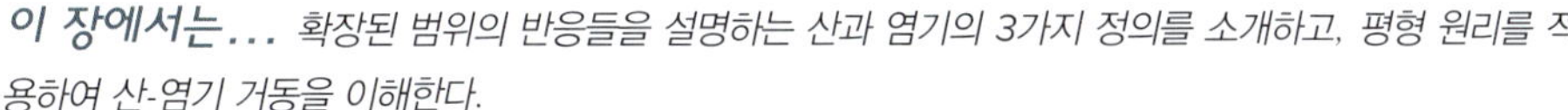
이 장에서는... 확장된 범위의 반응들을 설명하는 산과 염기의 3가지 정의를 소개하고, 평형 원리를 적용하여 산-염기 거동을 이해한다.

- 먼저 Arrhenius의 산-염기 정의부터 살펴본다. 이 정의는 화학식과 물에서의 거동에 바탕을 두고 있다.
- *Brønsted-Lowry*의 산-염기 정의에서 양성자 이동에 대해서 논의하며, 이 정의는 산-염기 반응의 범위와 함께 염기의 의미를 확장한다.
- pH 척도를 도입하여 수용액의 산도를 측정한다.
- 산의 해리를 알아보고, 다양한 산의 세기를 어떻게 새로운 평형 상수로 표현하는지 알아본다.
- 체계적 접근법을 활용하여 산-염기 평형 문제를 푼다.
- 산 분자들의 구조를 조사하여 상대적인 산의 세기를 예측한다.
- 약염기와 약산의 상호 의존성을 알아본다.
- 물과 염의 양이온과 음이온의 반응으로부터 염 용액의 상대적 산도를 결정한다.
- "산"과 "염기"의 구분은 물질의 상대적 세기와 용매에 따라 달라진다는 것을 이해한다.
- *산과 산-염기 반응*의 의미를 크게 확장시키는 *Lewis* 산-염기 정의에 대해 논의한다.

18.1 H⁺와 OH⁻의 방출과 Arrhenius 정의

산-염기의 분자적 성질을 강조한 최초의 정의는 **Arrhenius 산-염기 정의**이다. 이 정의에서 화학식과 *물속에서의* 거동에 따라 물질들을 분류하였다.

- *산*은 화학식에 H를 가지고 물에서 해리되어 H^+를 내어 놓는다.

$$HA(aq) \longrightarrow H^+(aq) + A^-(aq)$$

- *염기*는 화학식에 OH를 가지고 물에서 해리되어 OH^-를 내어 놓는다.

$$MOH(aq) \longrightarrow M^+(aq) + O^-(aq)$$

산 해리 반응을 좀 더 자세히 논의해 보자. 물 분자는 양성자를 둘러싸 일반식이 $(H_2O)_nH^+$인 수소 결합된 화학종을 형성한다. 양성자의 전하 밀도는 매우 높기 때문에 물 분자들을 강하게 끌어당겨 물 분자의 O 원자의 비공유 전자쌍 하나와 공유 결합하여 다른 물 분자들과 수소 결합을 잘 형성하는 **하이드로늄 이온**(hydronium ion, H_3O^+)을 생성한다(그림 4.10 참조). 물과 양성자-물 사이 상호작용의 중요성을 강조하기 위해 수화된 양성자는 보통 반응식에 나타내며[좀 더 간단하게 $H^+(aq)$로 나타내기도 함], 이에 기반하여 Arrhenius 산의 정의를 물에서 H_3O^+를 형성시키는 물질로 다시 쓸 수 있다.

$$HA(aq) + H_2O(l) \longrightarrow A^-(aq) + H_3O^+(aq)$$

$$\mathrm{H{-}\ddot{\underset{..}{A}}\!:} \; + \; \mathrm{H{-}\overset{\overset{H}{|}}{\underset{..}{O}}\!:} \; \longrightarrow \; \mathrm{:\!\ddot{\underset{..}{A}}\!:^-} \; + \; \left[\mathrm{H{-}\overset{\overset{H}{|}}{\underset{..}{O}}{-}H}\right]^+$$

전형적인 Arrhenius의 산으로는 HCl, HNO_3, HCN 등이 있고 전형적인 염기로는 NaOH, KOH, $Ba(OH)_2$ 등이 있다. Arrhenius 염기는 이온성 화합물이기 때문에, 그 구조에서 분리된 OH^- 이온을 갖고 있지만 Arrhenius 산은 분리된 H^+ 이온을 *갖고 있지 않다.* 대신 이들은 *공유 결합된 수소 원자를 갖고 있으며, 분자가 물에 용해될 때 이온화된다.*

산과 염기의 반응할 때 **중화**(neutralization)가 일어난다. 중화 반응의 의미는 변해 왔지만, Arrhenius의 관점에서 중화는 *산에서 H^+가 방출되고 염기에서 OH^-가 방출되어 H_2O를 형성하는 것*이다. Arrhenius가 설명할 수 있었던 중화 반응의 핵심은 어떤 강산과 강염기가 반응하든, 또 어떤 염이 생성되든 상관없이 생성되는 물 1 mol당 $\Delta H^\circ_{반응}$이 −55.9 kJ이라는 것이다. Arrhenius는 어느 경우나 똑같이 수소 이온과 수산화 이온이 반응하여 물을 형성하기 때문에 엔탈피 변화는 동일하다고 제안했다.

$$H^+(aq) + OH^-(aq) \longrightarrow H_2O(l) \qquad \Delta H^\circ_{반응} = -55.9\ \text{kJ}$$

예를 들어, 염산과 수산화 소듐의 반응에서 용해된 염인 NaCl은 수화된 구경꾼 이온으로 존재하여 $\Delta H^\circ_{반응}$에는 영향을 끼치지 않는다.

$$Na^+(aq) + OH^-(aq) + H^+(aq) + Cl^-(aq) \longrightarrow Na^+(aq) + Cl^-(aq) + H_2O(l)$$

그 당시 Arrhenius 정의의 중요성에도 불구하고 Arrhenius 정의의 한계가 점차 명백하게 드러났다. Arrhenius와 많은 다른 연구자들은 분리된 OH^- 이온을 가지지 *않는* 몇몇 물질들도 염기로 거동하는 것을 알았다. 예를 들어, NH_3와 K_2CO_3 또한 물속에서 OH^-를 생성하였다. 구조에 OH^- 이온이 들어 있지 않는 화학종들도 포함하는 더 폭넓은 산-염기 정의가 필요하게 되었다.

› 18.1절 요약

- 수용액에서 물은 산으로부터 방출된 양성자와 결합하여 $H_3O^+(aq)$로 나타내는 수화된 화학종을 형성한다.
- Arrhenius 정의에 따르면 산은 H를 함유하며 물에서 H_3O^+를 형성하고, 염기는 OH를 함유하며 물에서 OH^-를 형성한다. 산-염기 반응(중화)은 H^+와 OH^-가 H_2O를 형성하는 반응이다.

18.2 양성자 이동과 Brønsted-Lowry 산-염기 정의

수용액에서 OH^- 이온을 방출하는 몇몇 물질들은 그들의 구조식에 OH를 함유하고 있지 않다. 암모니아나 아민류 그리고 NaF와 같은 약산의 염들이 그 예이다. Arrhenius 산-염기 정의의 또 다른 한계점은 반드시 물이 산-염기 반응의 용매가 되어야 한다는 것이다. 20세기 초에 J. N. Brønsted와 T. M. Lowry가 위의 한계를 뛰어넘는 정의를 제시하였다. (이러한 아이디어는 4.3절에 소개되었다.)

Brønsted-Lowry 산-염기 정의에 의하면,

- 산은 **양성자 주개**(proton donor)*이다. 즉, H^+ 이온을 제공하는 화학종이다.* 산은 화학식에서 H를 반드시 포함해야 하는데, HNO_3와 $H_2PO_4^-$는 많은 예들 중 2가지이다. 모든 Arrhenius 산은 Brønsted-Lowry 산이다.
- *염기는* **양성자 받개**(proton acceptor)*이다. 즉, H^+ 이온을 수용하는 화학종이다.* 염기는 H^+ 이온과 결합하는 고립 전자쌍을 반드시 가져야 한다. 예를 들면 NH_3, CO_3^{2-}와 F^-, OH^-와 같은 것들이다. Brønsted-Lowry 염기가 모두 Arrhenius 염기인 것은 아니지만, 모든 Arrhenius 염기는 Brønsted-Lowry 염기인 OH^-를 가지고 있다.

Brønsted-Lowry 관점에서 보면, *한 화학종이 양성자를 제공하고 동시에 다른 화학종이 그것을 받으면* 산-염기 반응이 일어난다. 즉, *산-염기 반응은 양성자의 이동 과정이다.* 산-염기 반응은 수용액뿐만 아니라 기체와 기체 사이에도, 수용액이 아닌 용액에서도, 불균일상 혼합물에서도 일어날 수 있다.

이 정의에 의하면 산(또는 염기)가 물에 용해되는 경우에도 산-염기 반응이 일어난다. 물이 양성자 받개(또는 양성자 주개)로 작용하기 때문이다.

1. *산은 물에 양성자를 제공한다*(그림 18.1A). HCl이 물에 녹을 때에 H^+ 이온(양성자)은 HCl로부터 H_2O로 이동한다. 이때 H^+ 이온은 O 원자의 고립 전자쌍에 결합하여 H_3O^+의 형태가 된다. 따라서 HCl(산)이 H^+를 *제공하고*, H_2O(염기)가 H^+를 *받은* 것이다.

$$\mathrm{HCl}(g) + \mathrm{H_2\ddot{\underset{..}{O}}}(l) \longrightarrow \mathrm{Cl^-}(aq) + \mathrm{H_3\ddot{O}^+}(aq)$$

2. *염기는 물로부터 양성자를 받는다*(그림 18.1B). 암모니아가 물에 녹는 경우, H_2O로부터 H^+가 암모니아의 N원자의 고립 전자쌍으로 이동하여 NH_4^+이 생성되며 H_2O는 OH^-이온이 된다.

$$\mathrm{\ddot{N}H_3}(aq) + \mathrm{H_2O}(l) \rightleftharpoons \mathrm{NH_4^+}(aq) + \mathrm{OH^-}(aq)$$

이 경우 H_2O(산)은 H^+를 *제공하였고*, NH_3(염기)가 이를 *받았다.*

물이 어떤 경우에는 염기(H^+을 받음)로 작용하고 다른 경우에는 산(H^+을 제공)으로 작용하므로, 물은 **양쪽성**(amphiprotic)임을 알 수 있다.

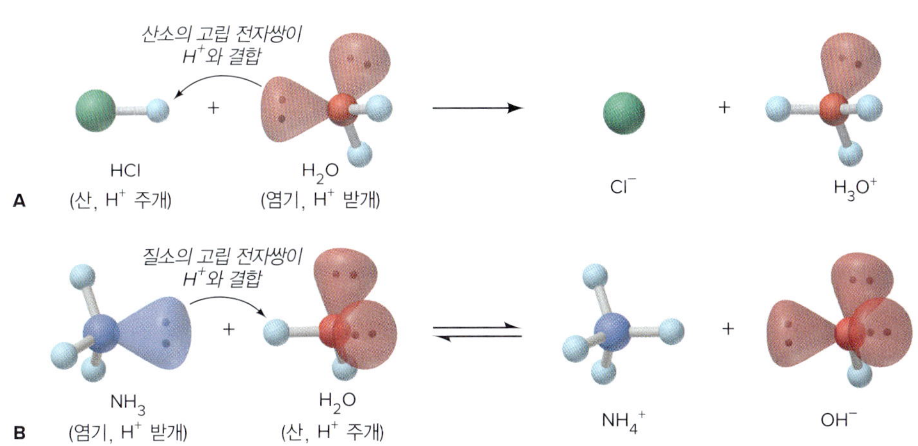

그림 18.1 Brønsted-Lowry 산-염기 반응으로서 물에 대한 산 또는 염기의 용해. A. 염기인 물에 용해되는 산 HCl. **B.** 산인 물에 용해되는 염기 NH_3.

짝산-짝염기 쌍

Brønsted-Lowry 정의는 산-염기 반응에 대한 새로운 시각을 제공한다. 왜냐하면 산과 염기로서의 반응물과 생성물 모두에 초점을 맞추기 때문이다. 예를 들어 황화 수소와 암모니아 사이의 반응을 살펴보자.

$$H_2S + NH_3 \rightleftharpoons HS^- + NH_4^+$$

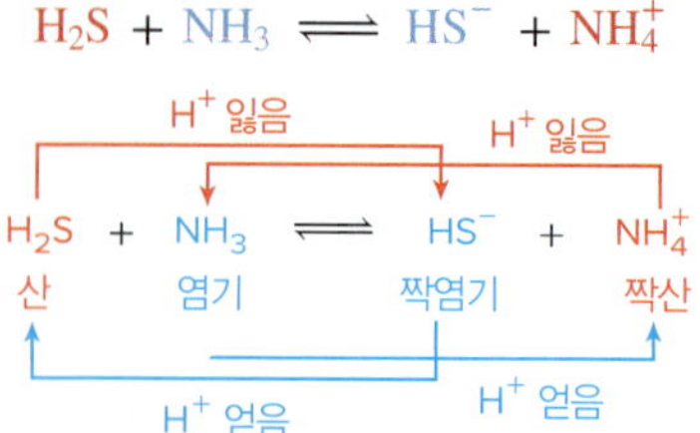

정반응에서 H_2S는 산으로 작용하여 H^+를 NH_3에 제공한다. NH_3는 양성자를 받으므로 염기의 역할을 한다. 역반응에서는 NH_4^+이 산으로 작용하여 H^+를 HS^-에 제공한다. 이 반응에서 산인 H_2S는 염기인 HS^-가 되고 염기인 NH_3는 산인 NH_4^+이 된다.

Brønsted-Lowry의 용어를 사용하면 H_2S와 HS^-는 **짝산-짝염기 쌍**(conjugate acid-base pair)이다. HS^-는 산인 H_2S의 짝염기이다. 마찬가지로 NH_3와 NH_4^+도 짝산-짝염기 쌍이다. NH_4^+는 염기인 NH_3의 짝산이다. *모든 산은 짝염기를 가지고 모든 염기들은 짝산을 가진다.* 모든 짝산-짝염기 쌍에 대해

- 산이 H^+를 잃어 형성되는 짝염기는 산보다 H가 *1개 적고* 음전하가 *1개 많다.*
- 염기가 H^+를 얻어 형성되는 짝산은 염기보다 H가 *1개 많고* 음전하가 *1개 적다.*

Brønsted-Lowry 산-염기 반응은 *산과 염기가 각각 짝산과 짝염기를 형성할 때* 일어난다.

$$\text{산}_1 + \text{염기}_2 \rightleftharpoons \text{염기}_1 + \text{산}_2$$

표 18.2는 몇 가지 Brønsted-Lowry 산-염기 반응을 보여준다. 아래 사항에 주목하라.

- 각 반응은 반응물과 생성물로서의 산과 염기를 가지고 있으며 두 개의 짝산-짝염기 쌍을 포함하고 있다.
- 중성 분자, 양이온, 음이온 등이 산과 염기가 될 수 있다.
- 반응하는 상대 화학종에 따라 같은 화학종이라도 산 또는 염기로 행동할 수 있다(양쪽성). 표 18.2의 반응 1과 4에서 물이 이와 같은 거동하고, HPO_4^{2-}도 반응 4와 6에서 같은 거동을 보인다.

표 18.2 | 몇 가지 산-염기 반응에서 짝산-짝염기 쌍

	산	+	염기	⇌	염기	+	산
	(짝산-짝염기 쌍: 산 ↔ 염기(생성물))		(짝산-짝염기 쌍: 염기 ↔ 산(생성물))				
반응 1	HF	+	H_2O	⇌	F^-	+	H_3O^+
반응 2	$HCOOH$	+	CN^-	⇌	$HCOO^-$	+	HCN
반응 3	NH_4^+	+	CO_3^{2-}	⇌	NH_3	+	HCO_3^-
반응 4	$H_2PO_4^-$	+	OH^-	⇌	HPO_4^{2-}	+	H_2O
반응 5	H_2SO_4	+	$N_2H_5^+$	⇌	HSO_4^-	+	$N_2H_6^{2+}$
반응 6	HPO_4^{2-}	+	SO_3^{2-}	⇌	PO_4^{3-}	+	HSO_3^-

예제 18.1 | 짝산-짝염기 쌍 확인

문제 다음은 중요한 환경 관련 반응이다. 짝산-짝염기 쌍을 확인하라.

(a) $H_2PO_4^-(aq) + CO_3^{2-}(aq) \rightleftharpoons HCO_3^-(aq) + HPO_4^{2-}(aq)$

(b) $H_2O(l) + SO_3^{2-}(aq) \rightleftharpoons OH^-(aq) + HSO_3^-(aq)$

계획 짝 쌍을 찾기 위해 H^+를 제공하는 화학종(산)과 H^+를 받는 화학종(염기)을 찾는다. 식에서 왼쪽에 있는 산(또는 염기)은 오른쪽에서 짝염기(또는 짝산)가 된다. 기억해야 할 것은 짝산은 짝염기보다 H가 1개 많고 음의 전하가 1개 적다.

풀이 **(a)** $H_2PO_4^-$는 HPO_4^{2-}보다 H^+가 하나가 많고, CO_3^{2-}는 HCO_3^-보다 H^+가 하나 적다. 따라서 $H_2PO_4^-$와 HCO_3^-는 산이고, HPO_4^{2-}와 CO_3^{2-}는 염기이다. 짝산-짝염기 쌍은 $H_2PO_4^-/HPO_4^{2-}$과 HCO_3^-/CO_3^{2-}이다.

(b) H_2O는 OH^-보다 H^+가 하나 더 많고, SO_3^{2-}는 HSO_3^-보다 H^+가 하나 더 적다. 따라서 OH^-와 SO_3^{2-}는 염기이고, H_2O와 HSO_3^-는 산이다. 짝산-짝염기 쌍은 H_2O/OH^-와 HSO_3^-/SO_3^{2-}이다.

▶ **보충 문제**

18.1A 짝산-짝염기 쌍을 확인하라.

(a) $CH_3COOH(aq) + H_2O(l) \rightleftharpoons CH_3COO^-(aq) + H_3O^+(aq)$

(b) $H_2O(l) + F^-(aq) \rightleftharpoons OH^-(aq) + HF(aq)$

18.1B 아래 각각의 화학식을 써라.

(a) HSO_3^-의 짝산 **(b)** $C_5H_5NH^+$의 짝염기

(c) CO_3^{2-}의 짝산 **(d)** HCN의 짝염기

유사 문제 18.12~18.21

인터넷 핫스팟

짝산-짝염기 쌍을 찾는 것이 어렵게 느껴진다면, eBook에 접속하여 이 주제에 대한 추가 학습 동영상을 참고하자.

산-염기의 상대적 세기와 반응의 알짜 방향

산-염기 반응의 *알짜* 방향은 관련된 산과 염기의 상대적 세기에 의해 결정된다. *반응은 더 센 산과 더 센 염기가 더 약한 산과 더 약한 염기를 생성하는 방향으로 진행된다.*

양성자에 대한 경쟁 H_2S와 NH_3 반응의 알짜 방향은 오른쪽이다($K_c > 1$). 왜냐하면 H_2S는 또 다른 산인 NH_4^+보다 더 센 산이기 때문이며 NH_3는 또 다른 염기인 HS^-보다 더 센 염기이기 때문이다.

$$\begin{array}{ccccccc} H_2S & + & NH_3 & \rightleftharpoons & HS^- & + & NH_4^+ \\ \text{더 센 산} & + & \text{더 센 염기} & \longrightarrow & \text{더 약한 염기} & + & \text{더 약한 산} \end{array}$$

이 과정은 *양성자에 대한 두 염기 NH_3와 HS^-의 경쟁*에서 더 센 염기인 NH_3가 이기는 과정으로 이해할 수 있다.

짝산-짝염기 쌍의 순위 이와 같은 많은 반응의 결과들로부터 양성자를 이동시키는 산의 능력에 따라 짝산-짝염기 쌍의 순위를 매길 수 있다(그림 18.2). *더 약한 산은 더 센 짝염기를 가짐*에 주목하라. 즉, 약산의 짝염기가 양성자를 강하게 끌어당기기 때문에 약산은 양성자를 쉽게 내어주지 못한다.

그림 18.2를 이용하여 임의의 두 쌍 간의 반응에서 알짜 방향 즉, 평형의 위치가 오른쪽($K_c > 1$, 대부분 생성물)인지 또는 왼쪽($K_c < 1$, 대부분 반응물)인지를 예측할 수 있다. *산이 목록에서 낮은 위치의 염기와 반응하면 산-염기 반응은 오른쪽으로 진행한다.* 아래 두 예제는 이러한 핵심 개념을 보여준다.

예제 18.2 | 산과 염기 반응의 알짜 방향 예측

문제 다음 반응의 알짜 방향과 K_c가 1보다 큰지 또는 작은지를 예측하라(모든 화학종의 초기 농도는 같다고 가정함).

(a) $H_2PO_4^-(aq) + NH_3(aq) \rightleftharpoons NH_4^+(aq) + HPO_4^{2-}(aq)$

(b) $H_2O(l) + HS^-(aq) \rightleftharpoons OH^-(aq) + H_2S(aq)$

계획 먼저 짝산-짝염기 쌍을 확인하고 그림 18.2를 참고하여 어느 산과 염기가 더 센지를 알아본다. 반응은 더 센 산과 염기가 더 약한 산과 염기를 생성하는 방향으로 진행한다. 만약 반응이 오른쪽으로 진행하면, [생성물]이 [반응물]보다 더 크므로 K_c >1이다.

풀이 **(a)** 짝산-짝염기 쌍은 $H_2PO_4^-/HPO_4^{2-}$와 NH_4^+/NH_3이다. $H_2PO_4^-$은 산의 순위가 NH_4^+보다 높다. 따라서 NH_4^+보다 강하며 NH_3는 순위에서 HPO_4^{2-}보다 낮기 때문에 HPO_4^{2-}보다 더 센 염기이다. 따라서

$$H_2PO_4^-(aq) + NH_3(aq) \rightleftharpoons HPO_4^{2-}(aq) + NH_4^+(aq)$$

더 센 산 + 더 센 염기 ⟶ 더 약한 염기 + 더 약한 산

알짜 방향은 오른쪽이므로 $K_c > 1$이다.

(b) 짝산-짝염기 쌍은 H_2O/OH^-와 H_2S/HS^-이다. H_2S은 산 순위에서 더 높고 OH^-는 염기 순위에서 더 낮다.

$$H_2O(l) + HS^-(aq) \rightleftharpoons OH^-(aq) + H_2S(aq)$$

더 약한 산 + 더 약한 염기 ⟵ 더 강한 염기 + 더 강한 산

알짜 방향은 왼쪽이며 $K_c < 1$이다.

▶ 보충 문제

18.2A 아래의 짝산-짝염기 쌍과 그림 18.2를 사용하여 표기된 K_c 값을 갖는 산-염기 반응을 써라.

(a) H_2SO_3/HSO_3^-와 HCO_3^-/CO_3^{2-}, $K_c > 1$ **(b)** HF/F^-와 HCN/CN^-, $K_c < 1$

18.2B 다음 현상을 설명하는 반응의 알짜 방향을 보여주는 균형 반응식을 써라.

(a) 암모니아가 물에 녹을 때 암모니아 냄새를 맡았다.

(b) (a) 용액에 다량의 HCl을 넣어서 암모니아 냄새가 사라지게 하였다.

(c) (b) 용액에 다량의 NaOH를 넣어서 다시 암모니아 냄새가 나게 만들었다.

유사 문제 18.22~18.27

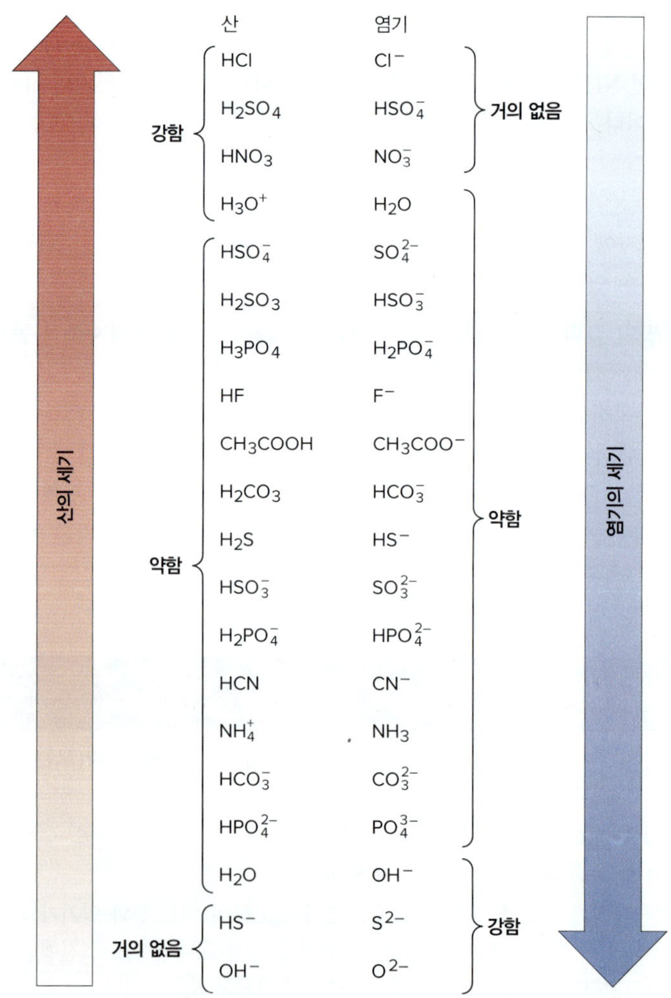

그림 18.2 **짝산-짝염기 쌍의 세기** 산이 셀수록 그 짝염기는 더 약하다. 가장 센 산은 왼쪽 상단에 있고 가장 센 염기는 오른쪽 하단에 있다. 산이 목록에서 훨씬 아래에 있는 염기와 반응하면 반응은 오른쪽으로 진행된다($K_c > 1$).

예제 18.3 | 분자 모식도를 이용하여 산-염기 반응의 알짜 방향 예측

문제 HX(*파란색과 녹색*)이 HY(*파란색과 주황색*)보다 강한 산일 때, 같은 농도의 HX와 Y^-를 혼합한 용액의 평형 상태를 가장 잘 나타낸 모식도는 어떤 것인가?

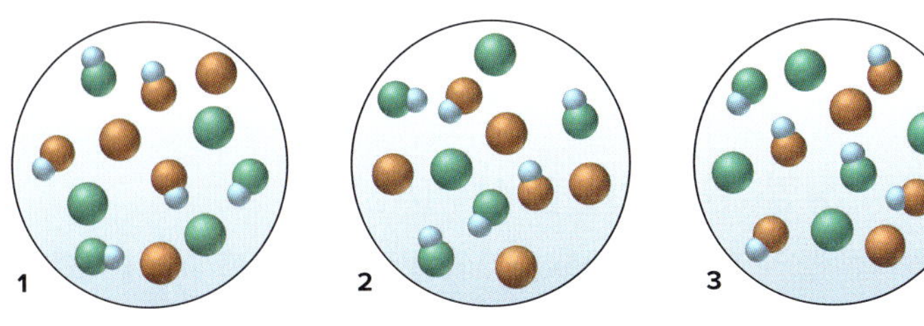

계획 더 센 산과 더 센 염기가 더 약한 산과 더 약한 염기를 만들므로, 더 약한 산보다 더 적은 분자가 남을 것이다.

풀이 HX와 X^-는 각각 강한 산이고 약한 염기이며, HY와 Y^-는 각각 약한 산이고 강한 염기일 것이다. 그러므로 HX와 Y^-의 반응에 대한 $K_c > 1$이며, 평형 혼합물에는 HY가 HX보다 더 많을 것이다.

$$\underset{\text{더 강한 산}}{HX(aq)} + \underset{\text{더 강한 염기}}{Y^-(aq)} \rightleftharpoons \underset{\text{더 약한 염기}}{X^-(aq)} + \underset{\text{더 약한 산}}{HY(aq)}$$

1번 그림에는 HX와 HY의 수가 같아 두 산의 세기가 같을 때의 것이고, 2번 그림는 HY의 수가 HX의 수보다 더 작아 HY가 더 센 경우이다. 그러므로 3번 그림이 상대적인 산의 세기를 잘 설명한다.

▶ 보충 문제

18.3A 모식도 18.3A는 0.10 *M*의 HA(*파란색과 빨간색*)와 B^-(*검은색*) 용액이 반응한 평형 혼합물을 나타낸다. 이 반응의 K_c가 1보다 큰지 작은지를 예측하라. HA와 HB 중 어느 것의 산의 세기가 더 강한가?

18.3B 모식도 18.3B는 두 가지 짝산-짝염기 쌍 HC/C^-와 HD/D^-의 수용액을 나타낸다. HD는 HC보다 더 센 산이다. 어떤 색이 염기 C^-와 염기 D^-을 나타내는가? HC와 D^- 반응의 K_c가 1보다 큰가? 아니면 작은가?

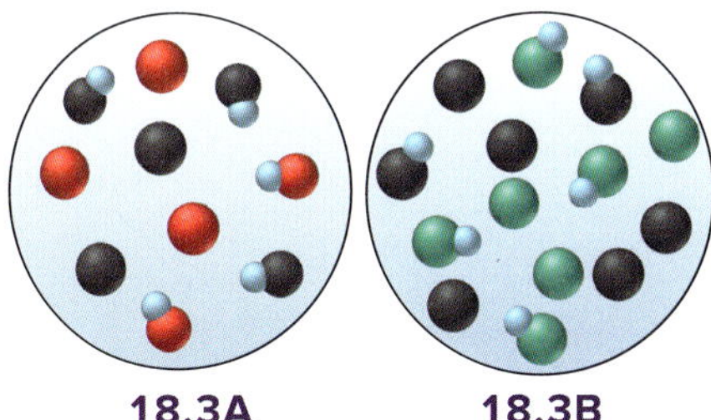

유사 문제 18.10

› 18.2절 요약

- Brønsted-Lowry 산-염기 정의에 의하면 염기의 화학식에 OH기가 포함되지 않아도 되고 산-염기 반응이 수용액에서 일어날 필요도 없다.
- 양성자를 제공하면 산이며 양성자를 받으면 염기이다. 그러므로 산-염기 반응은 양성자 이동 과정이다.
- 산이 양성자를 방출하면 짝염기가 되고, 염기는 양성자를 받아 짝산이 된다. 산-염기 반응에서 산과 염기는 짝염기와 짝산을 형성한다. 강산은 약한 짝염기를 갖게 되고, 강염기는 약한 짝산을 갖게 된다.
- 산-염기 반응($K > 1$)은 더 센 산과 더 센 염기가 더 약한 염기와 더 약한 산을 형성하는 방향으로 진행한다.

18.3 물의 자체 이온화와 pH 척도

양쪽성 물질인 물은 산으로도, 염기로도 작용할 수 있다. 이 사실은 물이 H^+를 잃어버릴 수도 있고, 얻을 수도 있다는 것을 의미한다. 즉, 물은 *평형 상태에서 아주 조금 이온화되며*, 이 과정을 **자체 이온화**(autoionization 또는 self-ionization)라고 부른다.

산소의 고립 전자쌍이 H^+와 결합

$$H_2O(l) + H_2O(l) \rightleftharpoons H_3O^+(aq) + OH^-(aq)$$

염기 산

이 물의 중요한 성질은 우리가 $[H_3O^+]$를 정량화할 수 있도록 해 준다.

자체 이온화 평형: 물의 이온곱 상수(K_w)

다른 평형 과정처럼 물의 자체 이온화도 아래의 평형 상수를 써서 정량적으로 나타낼 수 있다. H_2O의 농도는 55.5 *M* (1 L H_2O = 1000 g = 55.5 mol)이며, 이 농도 값은 자체 이온화 과정에서 실질적으로 상수이기 때문에 H_2O는 순수한 액체로 간주하여 평형 식에서 제외한다. 17.2절에서 논의한 것처럼 순수한 액체와 고체의 농도항은 1이며 평형식에 포함되지 않는다.

$$K_c = \frac{[H_3O^+][OH^-]}{[H_2O]^2} = \frac{[H_3O^+][OH^-]}{1}$$

따라서 **물의 이온곱 상수(K_w)**를 얻을 수 있다.

$$\text{자체 이온화 } K_c = K_w = [H_3O^+][OH^-] = 1.0\times10^{-14} \quad (25°\text{C에서}) \qquad \textbf{(18.1)}$$

(17장에서 아래첨자가 붙지 않은 대괄호는 *평형* 농도를 뜻하였다. 즉, [X]와 $[X]_{eq}$는 같은 의미이다. 이 장에서는 *평형* 상태의 계를 논의할 때 *Q*를 서술한 후 평형 상태에서 *Q*와 *K*가 같다는 것을 모두 적지 않고 평형 농도 항으로 이루어져 있는 *K*를 바로 사용할 것이다.) *해리되는 각 H_2O 분자로부터 H_3O^+ 이온 하나와 OH^- 이온 하나가 생성됨*에 주목하라. 따라서 25°C에서 순수한 물에서는

$$1.0\times10^{-14} = [H_3O^+][OH^-] = [x][x] \quad \text{또는} \quad \sqrt{1.0\times10^{-14}} = x = [H_3O^+] = [OH^-] = 1.0\times10^{-7}\,M$$

이다. 순수한 물의 농도가 약 55.5 *M*이므로 이 평형 농도는 물 분자 5억 5500만 개 중 단 1개가 가역적으로 이온화될 때의 농도이다!

물의 자체 이온화는 수용액의 산-염기 화학에 두 가지 중요한 방식으로 영향을 미친다.

1. *$[H_3O^+]$와 $[OH^-]$는 반비례 관계이기 때문에, $[H_3O^+]$의 증가는 반대로 $[OH^-]$의 $[OH^-]$의 증가는 $[H_3O^+]$의 감소를 초래한다.*

더 높은 $[H_3O^+]$ ⟹ 더 낮은 $[OH^-]$ & 더 높은 $[OH^-]$ ⟹ 더 낮은 $[H_3O^+]$

Le Châtelier의 원리(17.6절)를 상기해 보면, 이온 농도의 변화는 평형 위치를 이동시키지만 평형 상수를 *변화시키지는 않는다*. 따라서

- 산이 첨가되면 자체 이온화 반응이 왼쪽으로 진행되어 이온들이 반응하여 물을 형성하면서 $[H_3O^+]$는 증가하고 $[OH^-]$는 감소한다(그림 18.3A).
- 마찬가지로 염기를 첨가하면 반응이 왼쪽으로 진행되어 $[OH^-]$가 증가하고 $[H_3O^+]$는 감소한다(그림 18.3B).

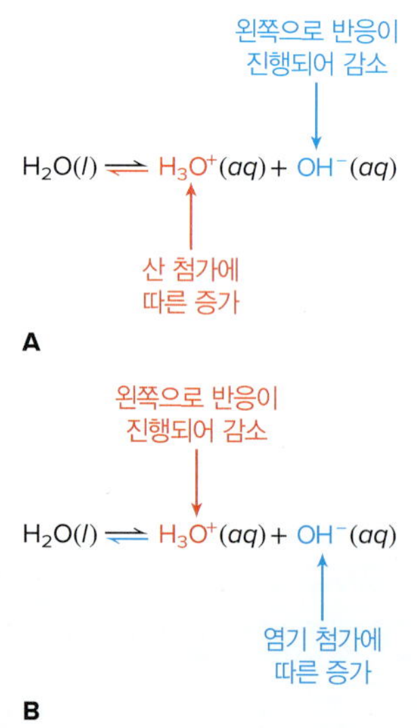

그림 18.3 $[H_3O^+]$와 $[OH^-]$의 반비례 관계.

두 경우 모두, 온도가 일정할 때 물의 이온곱 상수(K_w)는 일정하다.

2. *모든 수용액 계에서 두 이온 모두 존재한다.* 모든 산성 용액의 경우 낮은 농도의 $[OH^-]$ 를 포함하고, 모든 염기성 용액은 낮은 농도의 $[H_3O^+]$을 포함한다. 자체 이온화의 평형 성질은 $[H_3O^+]$와 $[OH^-]$의 상대적 크기로부터 다음과 같이 "산성" 용액 또는 "염기성" 용액을 정의할 수 있게 한다.

산성 용액: $[H_3O^+] > [OH^-]$

중성 용액: $[H_3O^+] = [OH^-]$

염기성 용액: $[H_3O^+] < [OH^-]$

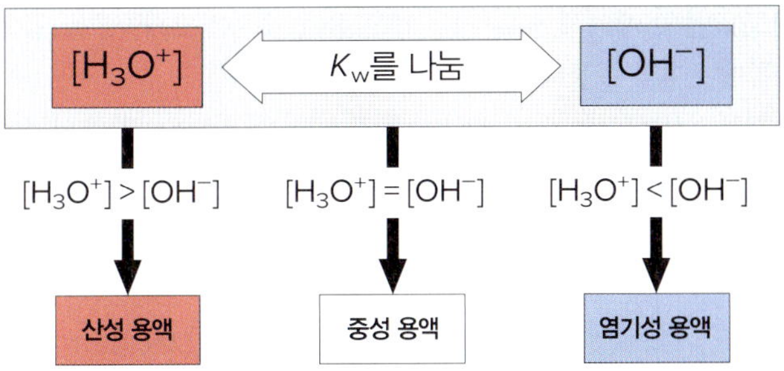

$[H_3O^+]$ | K_w를 나눔 | $[OH^-]$

$[H_3O^+] > [OH^-]$ → 산성 용액

$[H_3O^+] = [OH^-]$ → 중성 용액

$[H_3O^+] < [OH^-]$ → 염기성 용액

그림 18.4 $[H_3O^+]$와 $[OH^-]$ 사이의 관계와 용액의 상대적 산도.

그림 18.4는 이러한 관계를 요약한 것이다. 만약 특정한 온도에서 K_w 값과 이 이온들 중 하나의 농도를 알면 K_w 식으로부터 다른 이온의 농도를 계산할 수 있다.

$$[H_3O^+] = \frac{K_w}{[OH^-]} \quad \text{또는} \quad [OH^-] = \frac{K_w}{[H_3O^+]}$$

예제 18.4 | 수용액 중의 $[H_3O^+]$와 $[OH^-]$ 계산

문제 화학자가 25°C 순수한 물에 일정 양의 염화 수소 기체를 넣어 $[H_3O^+] = 3.0 \times 10^{-4}\ M$이 되게 하였다. $[OH^-]$를 구하라. 이 용액은 산성인가, 중성인가, 염기성인가?

계획 25°C에서의 K_w 값(1.0×10^{-14})과 주어진 $[H_3O^+]$ 농도 $3.0\times10^{-4}\ M$로부터 $[OH^-]$의 값을 구할 수 있다. 그 후 $[H_3O^+]$와 $[OH^-]$를 비교하여 용액이 산성, 염기성, 중성인가를 판별한다(그림 18.4 참조).

풀이 $[OH^-]$ 계산:

$$[OH^-] = \frac{K_w}{[H_3O^+]} = \frac{1.0\times10^{-14}}{3.0\times10^{-4}} = 3.3\times10^{-11}\ M$$

$[H_3O^+] > [OH^-]$이므로 이 용액은 산성이다.

검산 물에 산을 첨가하면 산성 용액이 되는 것은 당연하다. 더욱이 K_w는 일정하므로 $[H_3O^+]$는 $10^{-7}\ M$보다 크고 $[OH^-]$는 $10^{-7}\ M$ 보다 작다.

▶ 보충 문제

18.4A $[OH^-] = 6.7 \times 10^{-2}\ M$을 포함한 25°C 용액에서 $[H_3O^+]$의 값을 구하라. 이 용액은 산성인가, 중성인가, 염기성인가?

18.4B 25°C에서 유리창 세정제 수용액의 $[H_3O^+]$는 $1.8\times10^{-10}\ M$이다. $[OH^-]$의 값을 구하라. 이 용액은 산성인가, 중성인가, 염기성인가?

유사 문제 18.32~18.35

하이드로늄 이온의 농도 표기: pH 척도

수용액에서 $[H_3O^+]$는 약 10 M에서 $10^{-15}\ M$까지 변화할 수 있다. 음의 지수를 갖는 값들을 좀 더 쉽게 표현하기 위해 *p-척도*라고 부르는 숫자 체계, 즉 숫자의 상용 로그(밑이 10) 값에 음의 부호를 붙이는 방법을 이용한다. 이 체계를 $[H_3O^+]$에 적용하여 $[H^+]$ (또는 $[H_3O^+]$)의 음의 상용 로그인 **pH** 값을 얻는다.

$$pH = -\log [H_3O^+] \tag{18.2}$$

$10^{-12}\ M$의 H_3O^+ 용액의 pH 값은 얼마인가?

$$pH = -\log [H_3O^+] = -\log 10^{-12} = (-1)(-12) = 12$$

마찬가지로 $10^{-3}\ M$ H_3O^+ 용액의 pH는 3이고, $5.4\times10^{-4}\ M$ H_3O^+ 용액의 pH는 3.27이다.

$$pH = -\log [H_3O^+] = (-1)(\log 5.4 + \log 10^{-4}) = 3.27$$

다른 측정에서와 마찬가지로 pH 값의 유효 숫자는 알고 있는 농도의 정밀도를 반영한다. 그렇지만 pH가 로그 값이므로 농도의 유효 숫자는 *로그 소수점 오른쪽 수의 개수*와

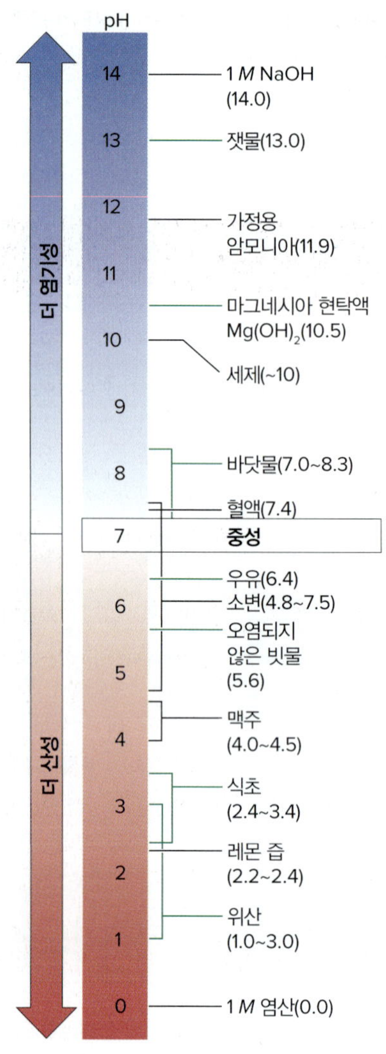

그림 18.5 몇 가지 친숙한 수용액들의 pH 값.

같다(부록 A 참조). 앞의 예에서 5.4×10^{-4} *M*은 유효 숫자가 2개이므로 음의 로그 값 3.27은 소수점 오른쪽에 2개의 수를 갖는다.

*pH가 높아지면, $[H_3O^+]$는 낮아진다는 점*에 특히 유의하자. 따라서 *산성 용액은 염기성 용액보다 낮은 pH(높은 $[H_3O^+]$)를 갖는다.* 25°C 순수한 물에서 $[H_3O^+]$는 1.0×10^{-7} *M*이므로,

산성 용액의 pH	< 7.00
중성 용액의 pH	= 7.00
염기성 용액의 pH	> 7.00

그림 18.5는 몇 가지 친숙한 수용액의 pH 값들이 0~14 사이에 있음을 보여준다.

pH 척도가 로그 값이므로 pH 1.0인 수용액의 $[H_3O^+]$는 pH 2.0 수용액보다 10배 높고, pH 3.0인 수용액보다 100배나 높다. pH에서 $[H_3O^+]$를 구하려면, 아래와 같이 연산 과정을 역으로 수행하면, 즉 pH의 음수에 역로그를 취하면 된다.

$$[H_3O^+] = 10^{-pH}$$

다음과 같이 p-척도를 써서 다른 양들도 나타낼 수 있다.

$$pOH = -\log\,[OH^-]$$

산성 용액은 염기성 용액보다 높은 pOH(낮은 $[OH^-]$)를 갖는다.

pH, pOH, pK_w의 관계 K_w 식의 양변에 음의 로그를 취하면 pK_w, pH, pOH에 관한 유용한 식을 얻을 수 있다.

$$K_w = [H_3O^+][OH^-] = 1.0\times10^{-14} \text{ (25°C에서)}$$
$$-\log K_w = (-\log\,[H_3O^+]) + (-\log\,[OH^-]) = -\log\,(1.0\times10^{-14})$$

$$pK_w = pH + pOH = 14.00 \quad \text{(25°C에서)} \qquad \textbf{(18.3)}$$

다음 요점에 주목하라.

1. 모든 온도의 모든 수용액에서 pH와 pOH의 합은 pK_w이며, 25°C에서 이 값은 14.00이다.

2. K_w는 상수이므로 pH, pOH, $[H_3O^+]$ 및 $[OH^-]$는 다음과 같이 서로 연관되어 있다.
- $[H_3O^+]$와 $[OH^-]$는 서로 반대 방향으로 변화한다.
- pH와 pOH는 서로 반대 방향으로 변화한다.
- 25°C에서는 $[H_3O^+]$와 $[OH^-]$의 곱이 1.0×10^{-14}이며, pH와 pOH의 합은 14.00이다(그림 18.6).

그림 18.6 $[H_3O^+]$, pH, $[OH^-]$ 및 pOH 사이의 관계.

	$[H_3O^+]$	pH	$[OH^-]$	pOH
	1.0×10^{-15}	15.00	1.0×10^{1}	−1.00
	1.0×10^{-14}	14.00	1.0×10^{0}	0.00
	1.0×10^{-13}	13.00	1.0×10^{-1}	1.00
염기성	1.0×10^{-12}	12.00	1.0×10^{-2}	2.00
	1.0×10^{-11}	11.00	1.0×10^{-3}	3.00
	1.0×10^{-10}	10.00	1.0×10^{-4}	4.00
	1.0×10^{-9}	9.00	1.0×10^{-5}	5.00
	1.0×10^{-8}	8.00	1.0×10^{-6}	6.00
중성	1.0×10^{-7}	7.00	1.0×10^{-7}	7.00
	1.0×10^{-6}	6.00	1.0×10^{-8}	8.00
	1.0×10^{-5}	5.00	1.0×10^{-9}	9.00
	1.0×10^{-4}	4.00	1.0×10^{-10}	10.00
산성	1.0×10^{-3}	3.00	1.0×10^{-11}	11.00
	1.0×10^{-2}	2.00	1.0×10^{-12}	12.00
	1.0×10^{-1}	1.00	1.0×10^{-13}	13.00
	1.0×10^{0}	0.00	1.0×10^{-14}	14.00
	1.0×10^{1}	−1.00	1.0×10^{-15}	15.00

더 염기성 / 더 산성

pH 측정 실험실에서 pH 값은 두 가지 방법으로 얻는다.

1. 산-염기 지시약(acid-base indicator)은 용액의 산성 또는 염기성에 따라 색깔이 변화하는 유기 분자이다. 용액의 pH는 *pH 종이*를 사용하면 손쉽게 추정할 수 있다. *pH 종이*는 하나 또는 여러 개의 지시약이 스며들어 있는 작은 종이 띠이다. 용액을 pH 종이 띠에 한 방울 떨어뜨리고 색깔을 그림 18.7A의 표와 비교한다.

2. *pH 미터*는 시험 용액 속에 담긴 두 개의 전극으로 $[H_3O^+]$을 측정한다. 하나의 전극은 기준 전극이고, 다른 하나는 알고 있는 내부의 $[H_3O^+]$와 외부의 미지 $[H_3O^+]$를 분리하는 매우 얇고 전도성이 있는 유리막을 가지고 있다. $[H_3O^+]$의 차이가 막 안팎에 전위차를 발생시키고 이것을 측정하여 그림 18.7B에서처럼 pH 단위로 표시해준다. 21장에서 이 장치에 대해 좀 더 자세히 살펴볼 것이다.

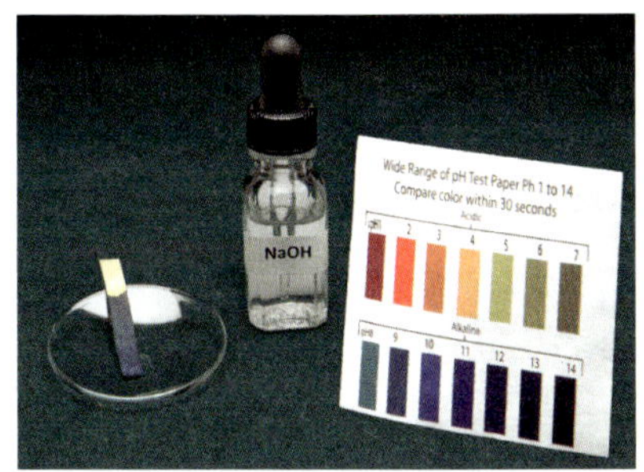

A

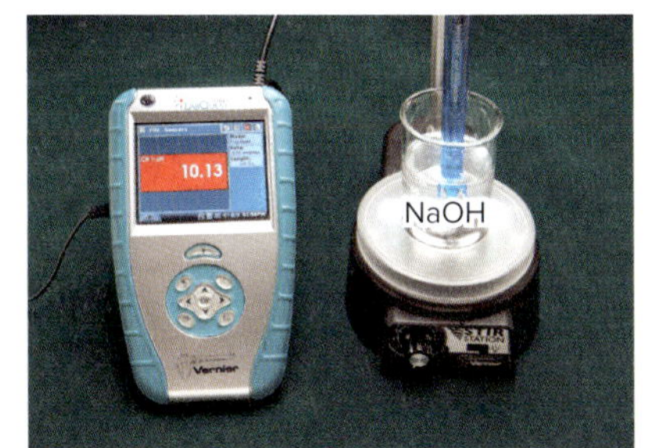

B

그림 18.7 수용액의 pH를 측정하는 방법. A. pH 종이. B. pH 미터. 용액은 10^{-4} *M* NaOH이다.

Source: Charles D. Winters/McGraw-Hill Education

› 18.3절 요약

- 순수한 물은 자체 이온화 경향이 매우 작기 때문에 낮은 전도성을 가진다. 이 과정의 평형 상수가 물의 이온곱 상수 K_w(25°C에서 1.0×10^{-14})이다.
- $[H_3O^+]$와 $[OH^-]$는 역 상관관계를 가진다. 산성 용액에서는 $[OH^-]$보다 $[H_3O^+]$가 더 많이 있다. 염기성 용액에서는 그 반대이다. 그리고 중성 용액에서는 동일하다.
- 작은 $[H_3O^+]$ 값을 나타내기 위해 pH 척도($pH = -\log [H_3O^+]$)를 사용한다. 유사하게 $pOH = -\log [OH^-]$, $pK = -\log K$이다.
- 높은 pH는 낮은 $[H_3O^+]$를 나타낸다. 산성 용액의 pH < 7.00, 염기성 용액의 pH > 7.00, 중성 용액의 pH = 7.00이다. pH와 pOH를 더한 값은 pK_w이다(25°C에서 14.00).
- pH는 일반적으로 산-염기 지시약 또는 pH 미터로 측정한다.

18.4 강산, 강염기와 pH 계산

산과 염기들은 *세기*에 따라 분류하는데, 세기는 용해된 물질에서 몰당 생성되는 H_3O^+(또는 OH^-)의 양이다. 산과 염기는 전해질이기 때문에 전해질의 세기와 연관되어 있다. *강전해질은 완전히 해리되며 약전해질은 조금 해리된다.*

강산

강산은 물속에서 이온들로 ***완전히*** *해리된다*(그림 18.8).

$$HA(g \text{ 또는 } l) + H_2O(l) \longrightarrow H_3O^+(aq) + A^-(aq)$$

강산의 묽은 용액에서,

- HA 분자는 더 이상 존재하지 않으며, $[HA]_{eq} \approx 0$이다.
- 모든 HA 분자는 생성물로 변환되어 $[H_3O^+] = [A^-] \approx [HA]_{초기}$이다.

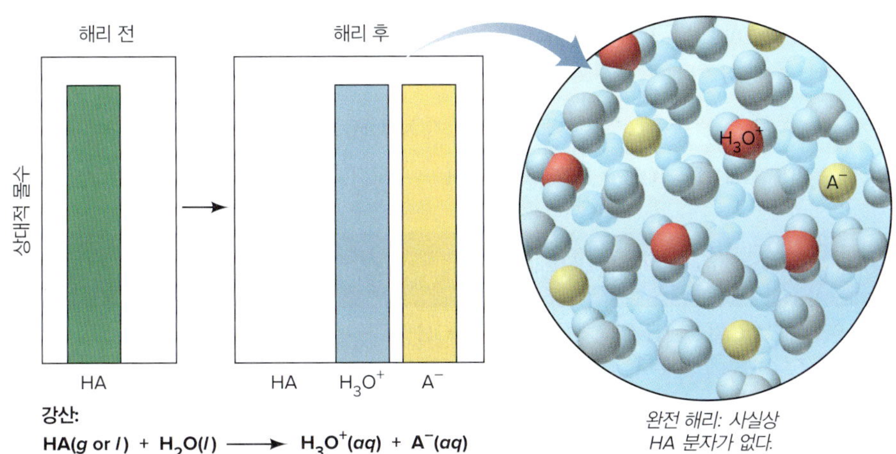

그림 18.8 **강산의 해리도.** 막대 그래프는 산 해리 전(왼쪽)과 후(오른쪽)의 상대적 몰수를 나타낸다.

표 18.3 | 강산과 강염기

산	염기
HCl	*1A(1)족 수산화물*:
HBr	LiOH
HI	NaOH
HNO_3	KOH
$HClO_4$	RbOH
H_2SO_4	CsOH
	2A(2)족 수산화물:
	$Ca(OH)_2$
	$Sr(OH)_2$
	$Ba(OH)_2$

$[H_3O^+]$와 $[A^-]$가 크고 $[HA] \approx 0$이기 때문에 K_c의 값은 매우 크다.

$$Q_c = \frac{[H_3O^+][A^-]}{[HA][H_2O]} \qquad (\text{평형에서 } Q_c = K_c >> 1)$$

반응은 실질적으로 완결되기 때문에 보통 평형 과정으로 표현하지 않는다. 예를 들어, 묽은 질산 용액에는 사실상 해리되지 않은 질산 분자가 없다.

$$HNO_3(l) + H_2O(l) \longrightarrow H_3O^+(aq) + NO_3^-(aq)$$

그러므로 *강한* 산은 *강한* 전해질이다. 강산은 두 가지 형태로 분류할 수 있다. (가장 중요한 여섯 가지 산을 표 18.3에 수록하였다). 이 리스트를 *반드시 암기하자*.

1. 할로젠화 수소산: HCl, HBr, HI

2. 산소산: HNO_3, H_2SO_4, $HClO_4$와 같이 O 원소의 개수가 이온화가 가능한 양성자의 개수보다 2개 이상 많은 산. 예를 들어 H_2SO_4의 경우 4O − 2H = 2이다.

강염기

강산과 마찬가지로 강염기도 수용액 상에서 이온으로 ***완전히*** 해리되며, 따라서 강전해질로 분류한다. 강염기가 해리되는 반응은 완전하게 일어나기 때문에 보통 평형 과정으로 서술하지 않는다.

$$NaOH(aq) \longrightarrow Na^+(aq) + OH^-(aq)$$

O^{2-} 혹은 OH^- 이온을 포함한 수용성 화합물은 강염기이다(표 18.3). 양이온은 대개 활성이 강한 금속이다.

1. M_2O 혹은 MOH, M = 1A(1)족 금속 (Li, Na, K, Rb, Cs)

2. MO 혹은 $M(OH)_2$, M = 2A(2)족 금속 (Ca, Sr, Ba)

강산과 강염기에 대한 pH 계산

강산과 강염기는 완전히 해리되기 때문에 pH, $[H_3O^+]$, $[OH^-]$와 pOH의 계산은 간단하다.

- H_3O^+의 평형 농도는 강산의 초기 농도와 같다. 0.200 *M* HCl이 해리되어 0.200 *M* H_3O^+가 생성된다. 따라서,

$$\text{강산 HA: } [HA] = [H_3O^+] \quad \text{그리고} \quad pH = -\log[H_3O^+] = -\log[HA]$$

- 1A(1)족 수산화물의 OH^-의 평형 농도는 초기 농도와 같다. 0.200 *M* KOH가 해리되어 0.200 *M* OH^-를 생성한다. 그러므로,

$$\text{1A(1)족 강염기 MOH:}$$
$$[MOH] = [OH^-] \quad \text{그리고} \quad pOH = -\log[OH^-] = -\log[MOH]$$

- 2A(2)족 수산화물의 OH^-의 평형 농도는 초기 농도의 두 배가 된다. $Ba(OH)_2$ 1 mol당 OH^-가 2 mol 있기 때문에, 0.200 *M* $Ba(OH)_2$가 해리되면 2 × (0.200 *M*) = 0.400 *M* OH^-를 생성한다. 따라서,

$$\text{2A(2)족 강염기 } M(OH)_2:$$
$$2[M(OH)_2] = [OH^-] \quad \text{그리고} \quad pOH = -\log[OH^-] = -\log 2\,[M(OH)_2]$$

예제 18.5 | 강산과 강염기에 대한 $[H_3O^+]$, pH, $[OH^-]$ 및 pOH 계산

문제 온도가 25°C일 때 $[H_3O^+]$, pH, $[OH^-]$, pOH를 구하라.

(a) 구리 금속 에칭에 사용하는 0.30 *M* HNO_3

(b) 가죽 가공에서 가죽으로부터 모발을 제거하는 데 사용하는 0.0042 *M* $Ca(OH)_2$

계획 분자식으로부터 HNO_3가 강산이라는 것은 알 수 있다. 따라서 이것은 완전히 해리한다. 그러므로 $[H_3O^+] = [HNO_3]_{초기}$. 마찬가지로 $Ca(OH)_2$는 강염기이며 완전히 해리된다. 몰비는 1 mol $Ca(OH)_2$/2 mol OH^-이며, 그래서 $[OH^-] = 2[Ca(OH)_2]_{초기}$이다. 이 농도들과 K_w(25°C, 1.0×10^{-14})를 이용하여 $[OH^-]$ 또는 $[H_3O^+]$의 농도를 구한 후 pH와 pOH를 계산한다.

풀이 **(a)** 0.30 *M* HNO_3:

$$[H_3O^+] = 0.30\ M$$

$$pH = -\log [H_3O^+] = -\log 0.30 = 0.52$$

$$[OH^-] = \frac{K_w}{[H_3O^+]} = \frac{1.0\times10^{-14}}{0.30} = 3.3\times10^{-14}\ M$$

$$pOH = -\log [OH^-] = -\log (3.3\times10^{-14}) = 13.48$$

(b) 0.0042 *M* $Ca(OH)_2$: $Ca(OH)_2(aq) \longrightarrow Ca^{2+}(aq) + 2OH^-(aq)$

$$[OH^-] = 2(0.0042\ M) = 0.0084\ M$$

$$pOH = -\log [OH^-] = -\log (0.0084) = 2.08$$

$$[H_3O^+] = \frac{K_w}{[OH^-]} = \frac{1.0\times10^{-14}}{0.0084} = 1.2\times10^{-12}\ M$$

$$pH = -\log [H_3O^+] = -\log (1.2\times10^{-12}) = 11.92$$

검산 예상한 바와 같이 강산은 pH가 7보다 작고 강염기는 pH가 7보다 크다. 각각의 경우, pH와 pOH를 더하면 14.00이므로 위의 계산은 올바르다.

▶ **보충 문제**

18.5A 수산화 소듐은 막힌 배수구를 청소하는 데 사용된다. 어떤 NaOH 용액은 25°C에서 4.48의 pOH를 갖는다. pH, $[OH^-]$ 및 $[H_3O^+]$는 얼마인가?

18.5B 염산은 *무리아트산*(muriatic acid)이라는 이름으로 상업적으로 판매되며 콘크리트 벽돌을 청소하는 데 사용된다. 어떤 묽은 HCl 용액은 25°C에서 pH가 2.28이다. pOH, $[H_3O^+]$ 및 $[OH^-]$를 구하라.

유사 문제 18.46~18.49

› 18.4절 요약

- 강산과 강염기는 수용액 상에서 완전히 해리되며, 이 반응은 평형 과정으로 서술하지 않는다.
- pH, pOH, $[H_3O^+]$, $[OH^-]$는 강산과 강염기의 농도를 이용하여 바로 계산할 수 있다.

18.5 약산과 평형에 대한 계산

강산의 종류는 많지 않지만, 부분적으로만 이온화되는 물질인 약산은 많은 종류가 있다. 약산은 약한 전해질이며, 생성되는 H_3O^+의 양으로 측정하는 산의 세기가 크게 다르다. 17장에서 학습한 방식과 유사한 평형 계산은 산이 해리되는 정도를 정량화하는 데 필요하다.

산 해리 상수(K_a)

약산은 물속에서 ***약간만*** 이온으로 해리된다(그림 18.9).

$$HA(aq) + H_2O(l) \rightleftharpoons H_3O^+(aq) + A^-(aq)$$

묽은 약산 용액에서

- 대부분의 HA 분자들은 해리되지 않기 때문에 $[HA]_{평형} \approx [HA]_{초기}$이다.
- 작은 양의 HA 분자들만이 해리되기 때문에 $[H_3O^+] = [A^-] << [HA]_{초기}$이다.

그림 18.9 **약산의 해리도.** 막대 그래프는 산 해리 전(*왼쪽*)과 후(*오른쪽*)의 상대적 몰수를 나타낸다.

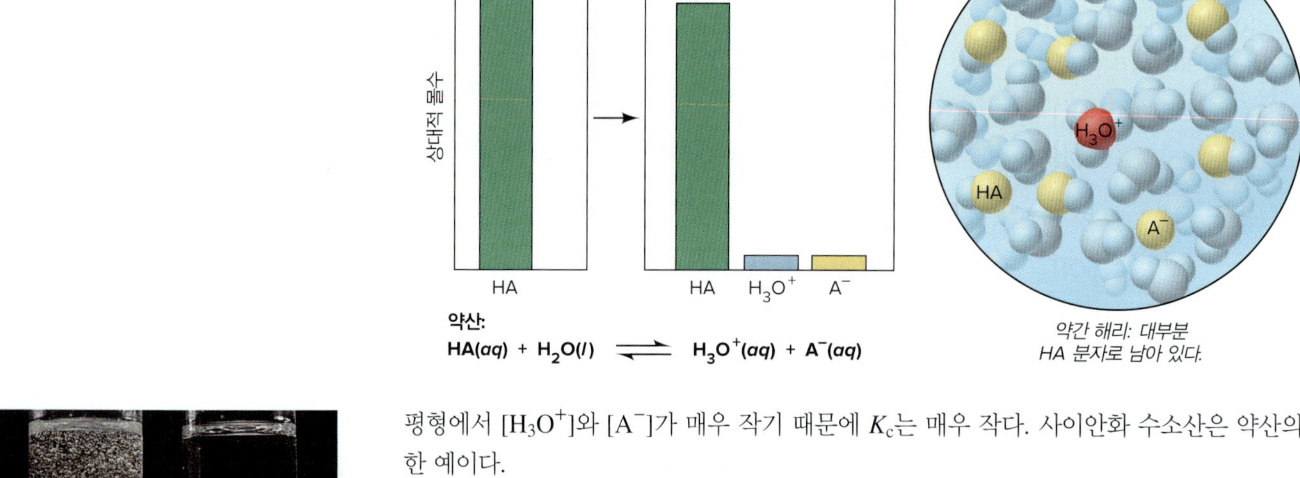

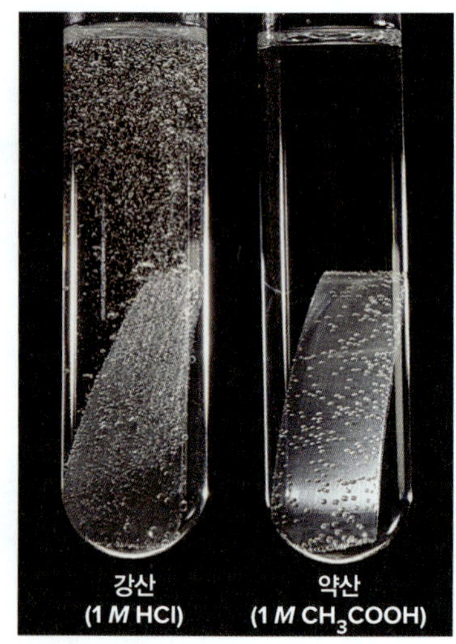

그림 18.10 아연과 강산(*왼쪽*)과 약산(*오른쪽*)의 반응.

Source: Stephen Frisch/McGraw-Hill Education

평형에서 $[H_3O^+]$와 $[A^-]$가 매우 작기 때문에 K_c는 매우 작다. 사이안화 수소산은 약산의 한 예이다.

$$HCN(aq) + H_2O(l) \rightleftharpoons H_3O^+(aq) + CN^-(aq)$$

$$Q_c = \frac{[H_3O^+][CN^-]}{[HCN][H_2O]} \quad (\text{평형에서 } K_c << 1)$$

$[H_3O^+]$의 차이 때문에 아연과 같은 반응성이 큰 금속과의 반응에서 강산이 약산보다 훨씬 더 빠른 반응 속도를 보인다(그림 18.10).

$$Zn(s) + 2H_3O^+(aq) \longrightarrow Zn^{2+}(aq) + 2H_2O(l) + H_2(g)$$

강산에서는 $[H_3O^+]$의 농도가 높아 아연과 빠르게 반응하여 격렬하게 수소 기포를 방출한다. 하지만 약산에서는 $[H_3O^+]$가 훨씬 낮아 아연과의 반응이 느리다.

K_a의 의미 산 해리의 평형 상수는 농도가 상당히 변화되는 화학종들만을 포함하는 *특정한* 평형 상수를 사용한다. 물속에서 일반적인 *약산* HA의 해리

$$HA(aq) + H_2O(l) \rightleftharpoons H_3O^+(aq) + A^-(aq)$$

에 대한 평형 식은 다음과 같다.

$$K_c = \frac{[H_3O^+][A^-]}{[HA][H_2O]}$$

일반적으로, 물의 농도($[H_2O] = 55.5\ M$)는 [HA]보다 훨씬 크다. 따라서 HA가 해리되어도 물의 농도는 거의 일정하므로 H_2O를 순수한 액체로 간주할 수 있어 평형 식에 포함되지 않는다.

$$K_c = \frac{[H_3O^+][A^-]}{[HA][H_2O]} = \frac{[H_3O^+][A^-]}{[HA] \times 1}$$

새로운 평형 상수, 즉 **산 해리 상수**[acid-dissociation constant, 또는 **산 이온화 상수**(acid-ionization constant), $\boldsymbol{K_a}$]를 다음과 같이 정의할 수 있다.

$$\text{산 해리 } K_c = K_a = \frac{[H_3O^+][A^-]}{[HA]} \quad \mathbf{(18.4)}$$

다른 평형 상수와 마찬가지로 K_a는 숫자로 표현되고 온도에 의존하며, 반응이 오른쪽으로 얼마나 진행되어야 평형에 도달하는지를 알려준다. 그러므로 *강산일수록 평형에서의 $[H_3O^+]$ 값이 크고 K_a 값도 크다.*

pH에 사용되는 p-척도로 평형 상수 또한 표현(pK)이 가능하다.

특히 약산에 대해,

$$pK_a = -\log K_a \quad \text{그리고} \quad K_a = 10^{-pK_a}$$

작은 pK_a 값은 큰 K_a 값을 의미한다.

더 센 산 ⟹ 더 높은 $[H_3O^+]$ ⟹ 더 큰 K_a

K_a 값의 범위 약산의 산 해리 상수는 넓은 범위의 값을 갖는다. 표 18.4의 전형적인 약산에 대한 K_a 값으로부터 이온으로 해리되는 HA 분자들의 분율을 짐작할 수 있다.

표 18.4 | 약산에 대한 K_a 값의 크기와 해리 백분율

K_a의 크기	HA 1 *M* 용액의 해리 %	예(K_a, 해리 %)
비교적 큰 $K_a(\sim10^{-2})$	~10%	1 *M* 아염소산($HClO_2$) ($K_a = 1.1\times10^{-2}$, 10.%)
보통 $K_a(\sim10^{-5})$	~0.3%	1 *M* 아세트산(CH_3COOH) ($K_a = 1.8\times10^{-5}$, 0.42%)
비교적 작은 $K_a(\sim10^{-10})$	~0.001%	1 *M* 사이안화 수소산(HCN) ($K_a = 6.2\times10^{-10}$, 0.0025%)

따라서 동일한 초기 HA 농도의 용액에 대해, *K_a가 작을수록 HA의 해리 백분율이 낮아진다.*

더 약한 산 ⟹ 더 낮은 HA 해리 % ⟹ 더 작은 K_a

표 18.5는 이온화 가능한 양성자가 하나인 *일양성자산*의 K_a 값을 보여준다. (더 자세한 목록은 부록 C에 있다.) 표에 네 가지 종류의 약산 각각에 대한 예시를 하나 이상 포함하였다.

1. 할로젠화 수소산: HF

2. H가 산소나 할로젠에 결합하고 있지 않는 산: HCN, H_2S

3. 이온화가 가능한 양성자가 산소의 개수와 같거나 많은 산소산: HClO, HNO_2, H_3PO_4

4. 유기 카복실산(일반식: RCOOH, 이온화가 가능한 양성자를 *적색*으로 표시함.):

CH_3COOH, C_6H_5COOH

표 18.5 | 몇 가지 일양성자산의 K_a 값(25°C)

이름(화학식)*	Lewis 구조*	해리 반응	K_a	pK_a
아염소산($HClO_2$)	H—Ö—C̈l=Ö	$HClO_2(aq) + H_2O(l) \rightleftharpoons H_3O^+(aq) + ClO_2^-(aq)$	1.1×10^{-2}	1.96
아질산(HNO_2)	H—Ö—N̈=Ö	$HNO_2(aq) + H_2O(l) \rightleftharpoons H_3O^+(aq) + NO_2^-(aq)$	7.1×10^{-4}	3.15
플루오린화 수소산(HF)	H—F̈:	$HF(aq) + H_2O(l) \rightleftharpoons H_3O^+(aq) + F^-(aq)$	6.8×10^{-4}	3.17
폼산(HCOOH)	H—C(=O:)—Ö—H	$HCOOH(aq) + H_2O(l) \rightleftharpoons H_3O^+(aq) + HCOO^-(aq)$	1.8×10^{-4}	3.74
아세트산(CH_3COOH)	H₃C—C(=O:)—Ö—H	$CH_3COOH(aq) + H_2O(l) \rightleftharpoons H_3O^+(aq) + CH_3COO^-(aq)$	1.8×10^{-5}	4.74
프로페인산(CH_3CH_2COOH)	H₃C—CH₂—C(=O:)—Ö—H	$CH_3CH_2COOH(aq) + H_2O(l) \rightleftharpoons H_3O^+(aq) + CH_3CH_2COO^-(aq)$	1.3×10^{-5}	4.89
하이포아염소산(HClO)	H—Ö—C̈l:	$HClO(aq) + H_2O(l) \rightleftharpoons H_3O^+(aq) + ClO^-(aq)$	2.9×10^{-8}	7.54
사이안화수소산(HCN)	H—C≡N:	$HCN(aq) + H_2O(l) \rightleftharpoons H_3O+(aq) + CN^-(aq)$	6.2×10^{-10}	9.21

산의 세기 (↑)

*이온화가 가능한 양성자는 붉은색으로 표시. 모든 원자의 형식 전하는 0이다.

약산 평형 문제 풀기 17장에서 다루었던 일반적인 평형 문제와 마찬가지로 약산과 그들의 짝염기가 관련된 평형 문제는 일반적으로 두 유형이 있다.

1. 평형 농도로부터 K_a 구하기

2. K_a와 일부 농도로부터 다른 평형 농도 구하기

이러한 모든 문제들에 대해 같은 문제 해결 방법, 표기 체계 및 가정들을 적용한다.

- *문제 해결 방법.* 항상 문제에 어떠한 정보가 주어졌는지 확인한 다음, 구하고자 하는 것에 대해 논리적으로 접근한다. 다음 단계들을 따르도록 습관화한다.
  1. 균형 반응식과 K_a 식을 쓴다. 이것들로부터 무엇을 구해야 하는지 알 수 있다.
  2. x를 반응 중의 미지 농도 변화로 정의한다. 흔히 $x = [HA]_{해리}$, 즉 해리된 HA의 농도를 나타내고, 특정 가정 하에서는 평형에서의 $[H_3O^+]$와 $[A^-]$와 같다.
  3. x를 포함하는 반응 표를 만든다(대부분의 문제에서).
  4. 가정(일반적으로 x는 초기의 농도에 비해 매우 작다는)을 통해 계산 과정을 간단하게 만든다.
  5. K_a 식에 수치들을 대입하고 풀어 x를 구한다.
  6. 예제 17.9에 처음 사용한 5% 테스트를 적용하여 가정이 타당한지를 검토한다. 가정이 타당하지 않으면 근의 공식을 사용하여 x를 구한다.
- *표기 체계.* 일반적인 경우와 마찬가지로 각 화학종의 몰농도는 대괄호로 나타낸다. 아래첨자는 화학종이 어디에서 왔는지 또는 반응 과정에서 언제 이것이 존재하는지를 나타낸다. 예를 들면, $[H_3O^+]_{HA}$는 HA가 해리되어 생성된 H_3O^+의 몰농도이다. $[HA]_{초기}$는 HA의 초기 농도, 즉 해리가 일어나기 전의 농도이며, $[HA]_{해리}$는 해리한 HA의 몰농도이다. *아래첨자가 없는* 대괄호는 *평형에서* 해당 종의 몰농도를 나타낸다.
- *가정.* 계산을 단순화하기 위해 두 가지 가정을 한다.
  1. 물에서 자체 이온화된 $[H_3O^+]$는 무시할 만큼 작다. 실제로 이것은 HA에서 해리된 $[H_3O^+]$보다 매우 작아서 문제에서 무시할 수 있다.

     $$[H_3O^+] = [H_3O^+]_{HA} + [H_3O^+]_{H_2O} \approx [H_3O^+]_{HA}$$

     주목할 것은 각 HA 분자는 해리되어 H_3O^+ 하나와 A^- 하나를 생성한다는 것이다.

     $$[HA]_{해리} = [H_3O^+] = [A^-]$$

  2. 약산은 작은 K_a 값을 가진다. 따라서 매우 적은 양이 해리되므로 이의 농도 변화는 평형 농도 계산에서 무시할 수 있다.

     $$[HA] = [HA]_{초기} - [HA]_{해리} \approx [HA]_{초기}$$

농도로부터 K_a 구하기

이러한 유형의 문제는 용액 내의 한 화학종의 농도, 보통은 주어진 pH에서 구한 $[H_3O^+]$의 농도로부터 약산의 K_a를 구하는 문제들이다.

$$HA(aq) + H_2O(l) \rightleftharpoons H_3O^+(aq) + A^-(aq)$$

$$K_a = \frac{[H_3O^+][A^-]}{[HA]}$$

HA 수용액을 만든 후 pH를 측정한다. $[HA]_{초기}$를 알고 있고, 측정된 pH로부터 $[H_3O^+]$을 계산할 수 있으므로 평형에서의 $[A^-]$와 [HA]를 구할 수 있다. 이 값들을 위의 K_a 식에 대입한 다음 K_a를 구한다. 다음 예제를 통해 이 방법을 자세히 살펴보자.

아스파탐(aspartame)을 구성하는 아미노산 중 하나인 페닐알라닌(phenylalanine)은 대사를 통해 페닐아세트산(phenylacetic acid, 분자 모형)으로 변한다.

The Photo Works/Alamy Stock Photo

예제 18.6 | 용액의 pH로부터 약산의 K_a 계산

문제 페닐아세트산(phenylacetic acid, $C_6H_5CH_2COOH$, 여기서는 단순화시켜 HPAc로 표현: *모형 참조*)은 유전적 장애인 페닐케톤뇨증을 가진 사람의 혈액에 축적되는데, 치료하지 않을 경우 정신박약 및 죽음을 일으키는 원인이 된다. 이 산에 대한 연구에서 0.12 *M* HPAc의 pH는 2.62이다. 페닐아세트산의 K_a와 pK_a는 얼마인가?

계획 주어진 $[HPAc]_{초기}$ 값(0.12 M)과 pH 값(2.62)으로부터 K_a를 구해야 한다. 필요한 값을 얻기 위해 HPAc 해리 반응과 K_a 식을 쓴다. $[H_3O^+]_{H_2O}$는 무시할 정도의 양이므로 pH로부터 $[H_3O^+]$를 구할 수 있으며 $[PAc^-]$와 $[HPAc]_{해리}$는 동일하다고 가정한다. 평형 값을 대입하여 K_a를 구한 후, 가정이 타당한지를 5% 규칙을 사용하여 확인한다(예제 17.9 참조). 마지막으로 K_a를 $pK_a = -\log K_a$ 식을 이용하여 pK_a로 변환한다.

풀이 해리 반응식과 K_a 식을 쓴다.

$$HPAc(aq) + H_2O(l) \rightleftharpoons H_3O^+(aq) + PAc^-(aq) \qquad K_a = \frac{[H_3O^+][PAc^-]}{[HPAc]}$$

$x = [HPAc]_{해리} = [H_3O^+]_{HPAc} = [PAc^-]$로 놓고, 반응 표를 작성한다.

농도(M)	$HPAc(aq)$	+	$H_2O(l)$	$\rightleftharpoons$	$H_3O^+(aq)$	+	$PAc^-(aq)$
초기	0.12		—		0		0
변화	$-x$		—		$+x$		$+x$
평형	$0.12 - x$		—		x		x

$[H_3O^+]$ 계산:

$$[H_3O^+] = 10^{-pH} = 10^{-2.62} = 2.4\times10^{-3}\ M$$

가정 도입: 구한 $[H_3O^+](2.4\times10^{-3}\ M) >> [H_3O^+]_{H_2O}\ (1.0\times10^{-7}\ M)$이므로 $[H_3O^+] \approx [H_3O^+]_{HPAc} = [PAc^-] = x$ ([HPAc]의 변화 또는 $[HPAc]_{해리}$)라고 가정한다.

평형 농도 구하기:

$$x \approx [H_3O^+] = [PAc^-] = 2.4\times10^{-3}\ M$$
$$[HPAc] = 0.12\ M - x = 0.12\ M - (2.4\times10^{-3}\ M) = 0.1176\ M$$

이 값들을 K_a에 대입:

$$K_a = \frac{[H_3O^+][PAc^-]}{[HPAc]} \approx \frac{(2.4\times10^{-3})(2.4\times10^{-3})}{0.1176} = 4.9\times10^{-5}$$

pK_a 계산:

$$pK_a = -\log K_a = -\log 4.9\times10^{-5} = 4.31$$

농도의 오차 백분율을 구하여 가정을 확인:

$[H_3O^+]_{H_2O}$: $\dfrac{1\times10^{-7}\ M}{2.4\times10^{-3}\ M} \times 100 = 4\times10^{-3}\%$ (<5%; 가정은 타당하다.)

검산 $[H_3O^+]$ 값은 적절하다. pH 2.62는 $[H_3O^+]$ 값이 10^{-2}와 $10^{-3}\ M$ 사이에 위치해야 한다. K_a 계산 결과 역시 올바른 범위 안에 있는 것처럼 보인다. $(10^{-3})^2/10^{-1} = 10^{-5}$이므로 약산의 값으로 타당하다.

▶ 보충 문제

18.6A 암모니아의 짝산은 NH_4^+로 약산이다. 만약 0.2 M NH_4Cl 용액의 pH가 5.0이면 NH_4^+의 K_a는 얼마인가?

18.6B 매년 플라스틱, 접착제 및 페인트 제조를 위해 백만 톤 이상의 아크릴산($H_2C{=}CHCOOH$)이 생산된다. 아크릴산의 0.30 M 용액은 pH가 2.43이다. 이 산의 K_a 값은 얼마인가?

유사 문제 18.63, 18.64, 18.71, 18.72

K_a로부터 농도 구하기

약산 평형 문제의 두 번째 유형은 주어진 농도 자료와 K_a 값을 이용하여 특정 성분의 평형 농도를 구하는 것이다. 이러한 문제는 17장에서 풀었던 초기 농도가 주어진 상태에서 물질의 반응 정도를 구하는 문제들과 흡사하다(예제 17.8~17.10 참조). 문제에서 값을 구하기 위해 반응 표를 사용하며, 바로 앞에서 논의한 것처럼 $[H_3O^+]_{H_2O}$가 $[H_3O^+]_{HA}$보다 매우 작으므로, 모든 반응 표의 초기 $[H_3O^+]$에 0을 넣는다.

예제 18.7 | K_a와 초기 [HA]로부터 농도와 pH 구하기

문제 프로페인산(CH_3CH_2COOH, 간단하게 HPr로 표기)은 카복실산으로 그 염은 식품의 방부제로 쓰인다. 0.10 M HPr ($K_a = 1.3×10^{-5}$)의 $[H_3O^+]$와 pH는 얼마인가?

계획 HPr의 초기 농도(0.10 M)와 $K_a(1.3×10^{-5})$를 알고 $[H_3O^+]$를 구하고자 한다. 먼저 아래와 같은 균형 반응식과 K_a의 식을 쓴다. $[HPr]_{초기}$는 알고 있으나, 평형에서의 [HPr]은 모르고 있다. 만약 $x = [HPr]_{해리}$라 하면, HPr이 각각 H_3O^+ 하나와 Pr^- 하나로 해리되므로 x는 $[H_3O^+]_{HPr}$ 및 $[Pr^-]$과 같다. 이러한 정보들로 반응 표를 만든다. K_a 값이 작으므로 HPr은 매우 조금 해리된다고 가정한다. $[H_3O^+]$와 같은 값인 x를 구한 후 가정을 점검한다. $[H_3O^+]$의 값을 사용하여 pH 값을 구한다.

풀이 균형 반응식과 K_a 식 쓰기:

$$HPr(aq) + H_2O(l) \rightleftharpoons H_3O^+(aq) + Pr^-(aq) \qquad K_a = \frac{[H_3O^+][Pr^-]}{[HPr]} = 1.3×10^{-5}$$

$x = [HPr]_{해리} = [H_3O^+]_{HPr} = [Pr^-] = [H_3O^+]$로 놓고 반응 표 작성:

농도(M)	$HPr(aq)$	+	$H_2O(l)$	$\rightleftharpoons$	$H_3O^+(aq)$	+	$Pr^-(aq)$
초기	0.10		—		0		0
변화	$-x$		—		$+x$		$+x$
평형	$0.10 - x$		—		x		x

가정 도입: K_a가 작으므로 $[HPr]_{초기}$와 비교하면 x는 매우 작다. 따라서 $[HPr]_{초기} - x = [HPr] \approx [HPr]_{초기}$. 또는 $0.10\ M - x \approx 0.10\ M$. K_a 식에 대입한 후 풀어 x 구하기:

$$K_a = \frac{[H_3O^+][Pr^-]}{[HPr]} = 1.3×10^{-5} \approx \frac{(x)(x)}{0.10}$$

$$x \approx \sqrt{(0.10)(1.3×10^{-5})} = 1.1×10^{-3}\ M = [H_3O^+]$$

$[HPr]_{해리}$에 대해 가정 점검:

$$\frac{[H_3O^+]}{[HPr]_{초기}} × 100 = \frac{1.1×10^{-3}\ M}{0.10\ M} × 100 = 1.1\%\ (<5\%\text{이므로 가정은 타당하다.})$$

pH 계산:

$$pH = -\log [H_3O^+] = -\log (1.1×10^{-3}) = 2.96$$

검산 $[H_3O^+]$는 중간 크기의 K_a 값을 가진 약산의 묽은 용액의 값으로 적절하다고 생각된다. 계산을 역으로 하여 수치를 확인할 수 있다. $(1.1×10^{-3})^2/0.10 = 1.2×10^{-5}$으로, 주어진 K_a의 반올림 오차 범위 내에 있다.

해설 17장에서 이미 5% 규칙 외에도 가정이 타당한지 확인하기 위한 기준에 대해서 소개하였다(예제 17.9의 논의 참조).

- $\dfrac{[HA]_{초기}}{K_a} > 400$이면 가정은 타당하다. x를 무시해도 오차는 5%보다 작다.
- $\dfrac{[HA]_{초기}}{K_a} < 400$이면 가정은 *타당하지 않다*. x를 무시하면 오차는 5%보다 크다. 따라서 이 경우에는 이차 방정식을 풀어서 x를 구해야 한다.

이 예제에서 $\dfrac{0.10}{1.3×10^{-5}} = 7.7 × 10^3$이고, 이 값은 400보다 크다. 다음 보충 문제와는 다른 상황을 다룬다.

▶ 보충 문제

18.7A 사이안산(cyanic acid, HOCN)은 아주 자극적이고 불안정한 물질이다. 0.10 M HOCN ($K_a = 3.5×10^{-4}$)의 $[H_3O^+]$는 얼마인가?

18.7B 벤조산(benzoic acid, C_6H_5COOH)은 식품 보존제로 사용된다. 0.25 M C_6H_5COOH의 $[H_3O^+]$와 pH는 얼마인가? ($pK_a = 4.20$)

유사 문제 18.65~18.68, 18.73~18.76

인터넷 핫스팟

약산의 pH를 구하는 것이 어렵게 느껴진다면, eBook에 접속하여 이 주제에 대한 추가 학습 동영상을 참고하자.

산의 해리도에 대한 농도의 영향

더 낮은 [HPr]에 대해 예제 18.7의 계산을 반복해 보면, 약산의 해리도에 관한 흥미로운 사실을 알 수 있다. HPr의 농도를 처음 농도의 1/10 정도로 가정해보자. 즉, 0.10 *M* 대신 0.010 *M*로 가정한다. 반응 표에 채우고 동일한 가정을 하면 다음과 같은 결과를 얻는다.

$$x = [H_3O^+] = [HPr]_{해리} = 3.6\times10^{-4}\ M$$

서로 다른 두 가지 초기 농도의 산에서 해리되는 HPr 분자의 백분율을 다음 식을 사용하여 비교해보자.

$$\text{HA의 해리 백분율} = \frac{[HA]_{해리}}{[HA]_{초기}} \times 100 \qquad \textbf{(18.5)}$$

경우 1: $[HPr]_{초기} = 0.10\ M$

$$\text{HPr의 해리 백분율} = \frac{1.1\times10^{-3}\ M}{1.0\times10^{-1}\ M} \times 100 = 1.1\%$$

경우 2: $[HPr]_{초기} = 0.010\ M$

$$\text{HPr의 해리 백분율} = \frac{3.6\times10^{-4}\ M}{1.0\times10^{-2}\ M} \times 100 = 3.6\%$$

산의 초기 농도가 감소할수록 산의 해리 백분율은 증가한다. 해리된 *HA의 농도*와 해리된 HA의 *백분율*을 혼동하면 안 된다. 왜냐하면 실제 해리된 HA 분자의 *수가* 적기 때문에 $[HA]_{해리}$, 즉 해리된 HA의 농도는 묽은 HA 용액에서 더 낮다. 묽힘에 따라 증가하는 것은 해리된 *HA 분율(또는 백분율)*이다.

농도가 묽어짐에 따라 약산 해리도가 증가하는 것은 평형에서 기체 반응에 대한 용기의 부피(압력) 변화와 유사하다(17.6절). 기체 반응에서 부피를 증가시키면 더 많은 기체의 몰수를 선호하는 방향으로 평형의 위치가 이동한다. HA의 해리의 경우 낮은 HA 농도는 부피의 증가와 같고 더 많은 이온을 선호하는 쪽으로 평형이 이동한다.

예제 18.8 | 약산의 해리 백분율 구하기

문제 2011년 과학자들은 백혈구에 의해 분비되는 하이포염소산(HClO)이 박테리아를 죽인다는 것을 밝혔다. **(a)** 0.40 *M* HClO **(b)** 0.035 *M* HClO의 해리 백분율을 구하라($K_a = 2.9\times10^{-8}$).

계획 HClO의 K_a를 알고 있으므로 서로 다른 두 농도에서 $[HClO]_{해리}$를 알면 해리 백분율을 구할 수 있다. 균형 반응식과 K_a 식을 쓰고, $x = [HClO]_{해리} = [ClO^-] = [H_3O^+]$로 놓고 반응 표를 작성한다. HClO의 K_a는 작기 때문에 해리는 아주 적다고 가정한다. 일단 $[HClO]_{해리}$를 구하면 식 (18.5)를 사용하여 해리 백분율을 구하고 가정을 검증한다.

풀이 균형 반응식과 K_a 식 쓰기:

$$HClO(aq) + H_2O(l) \rightleftharpoons H_3O^+(aq) + ClO^-(aq) \qquad K_a = \frac{[ClO^-][H_3O^+]}{[HClO]} = 2.9\times10^{-8}$$

$x = [HClO]_{해리} = [ClO^-] = [H_3O^+]$로 놓고 반응 표 작성:

농도(*M*)	$HClO(aq)$	+	$H_2O(l)$	$\rightleftharpoons$	$H_3O^+(aq)$	+	$ClO^-(aq)$
초기	0.40		—		0		0
변화	$-x$		—		$+x$		$+x$
평형	$0.40 - x$		—		x		x

가정 도입: K_a가 작으므로 $[HClO]_{초기}$와 비교하여 x는 매우 작다. 그러므로 $[HClO]_{초기} - x \approx [HPr]_{초기}$ 또는 $0.40\ M - x \approx 0.40\ M$이다.

K_a 식에 대입한 후 풀어 x 구하기:

$$K_a = \frac{[ClO^-][H_3O^+]}{[HClO]} = 2.9\times10^{-8} \approx \frac{(x)(x)}{0.40}$$

따라서

$$x^2 = (0.40)(2.9\times10^{-8})$$
$$x = \sqrt{(0.40)(2.9\times10^{-8})} = 1.1\times10^{-4}\ M = [HClO]_{해리}$$

해리 백분율 구하기:

$$\text{해리 백분율} = \frac{[HClO]_{해리}}{[HClO]_{초기}} \times 100 = \frac{1.1\times10^{-4}\ M}{0.40\ M} \times 100 = 0.028\%$$

해리 백분율이 5%보다 작기 때문에 가정은 타당하다.

(b) $[HClO]_{초기} = 0.035\ M$을 이용하여 같은 계산:

$$K_a = \frac{[ClO^-][H_3O^+]}{[HClO]} = 2.9\times10^{-8} \approx \frac{(x)(x)}{0.035}$$
$$x = \sqrt{(0.035)(2.9\times10^{-8})} = 3.2\times10^{-5}\ M = [HClO]_{해리}$$

해리 백분율 구하기:

$$\text{해리 백분율} = \frac{[HClO]_{해리}}{[HClO]_{초기}} \times 100 = \frac{3.2\times10^{-5}\ M}{0.035\ M} \times 100 = 0.091\%$$

해리 백분율이 5%보다 작기 때문에 가정은 타당하다.

검산 작은 K_a를 가진 산에 대해 예상되는 것처럼 해리 백분율은 매우 작다. 그러나 기대했던 것처럼 해리 백분율은 초기 농도가 낮을수록 더 커진다.

보충 문제

18.8A 체리나 사과와 같은 과일의 씨에 들어 있는 극도로 유독한 산인 HCN 0.75 M 용액의 해리 백분율을 구하라($pK_a = 9.21$).

18.8B 어떤 약산은 1.5 M 용액에서 3.16% 해리된다. 이 산의 K_a는 얼마인가?

유사 문제 18.69, 18.70, 18.77, 18.78

다양성자 산의 거동

이온화가 가능한 양성자가 둘 이상인 산을 **다양성자 산**(polyprotic acid)이라고 한다. 용액에서 각 해리 단계는 서로 다른 K_a 값을 갖는다. 예를 들어 인산은 삼양성자 산(이온화가 가능한 양성자가 3개)이다. 따라서 3개의 K_a 값을 갖는다.

$$H_3PO_4(aq) + H_2O(l) \rightleftharpoons H_2PO_4^-(aq) + H_3O^+(aq)$$
$$K_{a1} = \frac{[H_2PO_4^-][H_3O^+]}{[H_3PO_4]} = 7.2\times10^{-3}$$
$$H_2PO_4^-(aq) + H_2O(l) \rightleftharpoons HPO_4^{2-}(aq) + H_3O^+(aq)$$
$$K_{a2} = \frac{[HPO_4^{2-}][H_3O^+]}{[H_2PO_4^-]} = 6.3\times10^{-8}$$
$$HPO_4^{2-}(aq) + H_2O(l) \rightleftharpoons PO_4^{3-}(aq) + H_3O^+(aq)$$
$$K_{a3} = \frac{[PO_4^{3-}][H_3O^+]}{[HPO_4^{2-}]} = 4.2\times10^{-13}$$

상대적 K_a 값으로 볼 때, H_3PO_4는 $H_2PO_4^-$보다 더 센 산이고, $H_2PO_4^-$는 HPO_4^{2-}보다 더 센 산이다.

표 18.6에 몇 가지 일반적인 다양성자 산과 K_a 값을 수록하였다. (부록 C에 더 많은 자료가 수록되어 있다.) H_3PO_4에서 관찰되는 일반적인 경향이 모든 다양성자 산에서 나타난다는 사실에 주목하라.

표 18.6 | 25°C에서 몇 가지 다양성자 산의 순차적인 K_a 값

이름(화학식)	Lewis 구조*	K_{a1}	K_{a2}	K_{a3}
옥살산($H_2C_2O_4$)	H—O—C(=O)—C(=O)—O—H	5.6×10^{-2}	5.4×10^{-5}	
아황산(H_2SO_3)	H—O—S(=O)—O—H	1.4×10^{-2}	6.5×10^{-8}	
인산(H_3PO_4)	H—O—P(=O)(—O—H)—O—H	7.2×10^{-3}	6.3×10^{-8}	4.2×10^{-13}
비소산(H_3AsO_4)	H—O—As(=O)(—O—H)—O—H	6×10^{-3}	1.1×10^{-7}	3×10^{-12}
탄산(H_2CO_3)	H—O—C(=O)—O—H	4.5×10^{-7}	4.7×10^{-11}	
황화수소(H_2S)	H—S—H	9×10^{-8}	1×10^{-17}	

산의 세기

*이온화가 가능한 양성자는 붉은색으로 표시

$$K_{a1} >> K_{a2} >> K_{a3}$$

이러한 경향은 양으로 하전된 H^+ 이온이 중성 분자(예, H_3PO_4)를 떠나는 것에 비해 1가로 하전된 음이온(예, $H_2PO_4^-$)을 떠나는 것이 더 어려우며 2가로 하전된 음이온(예, HPO_4^{2-})을 떠나기는 훨씬 더 어렵기 때문에 나타난다. 연속적인 산 해리 상수의 값은 일반적으로 10의 수승 배 차이가 난다. 이 때문에 *연속되는 해리로부터 생성되는 H_3O^+는 무시할 수 있어서* 계산이 간단해진다.

예제 18.9 | 다양성자 산의 평형 농도 계산

문제 비타민 C로 알려진 아스코르빈산($H_2C_6H_6O_6$, 간단하게 H_2Asc로 표기)은 감귤류에서 발견되는 이양성자 산이다($K_{a1} = 1.0\times10^{-5}$ 및 $K_{a2} = 5\times10^{-12}$). 0.050 M의 H_2Asc의 pH, $[HAsc^-]$, $[Asc^{2-}]$를 구하라.

계획 $[H_2Asc]$ 초기 값(0.050 M)과 K_a 값을 알고 있으므로 모든 화학종의 평형 농도를 구하고, $[H_3O^+]$를 pH로 환산한다. $K_{a1} >> K_{a2}$이므로 첫 번째 이온화에서 대부분의 $[H_3O^+]$가 생성된다고 가정한다. 즉, $[H_3O^+]_{H_2Asc} >> [H_3O^+]_{HAsc^-}$이다. H_2Asc의 K_{a1} 값이 매우 작기 때문에, 해리되는 H_2Asc의 양은 무시할 수 있다. $x = [H_2Asc]_{해리}$로 놓고 첫 번째 해리에 대한 반응 표를 만들고 풀어 $[H_3O^+]$와 $[HAsc^-]$를 구한다. 두 번째 해리 정도는 매우 적게 일어나므로, 첫 번째 해리에서 나온 값을 이용하여 $[Asc^{2-}]$을 바로 계산할 수 있다.

풀이 반응식과 K_a 식 쓰기:

$$H_2Asc(aq) + H_2O(l) \rightleftharpoons HAsc^-(aq) + H_3O^+(aq)$$

$$K_{a1} = \frac{[HAsc^-][H_3O^+]}{[H_2Asc]} = 1.0\times10^{-5}$$

$$HAsc^-(aq) + H_2O(l) \rightleftharpoons Asc^{2-}(aq) + H_3O^+(aq)$$

$$K_{a2} = \frac{[Asc^{2-}][H_3O^+]}{[HAsc^-]} = 5\times10^{-12}$$

$x = [H_2Asc]_{해리} = [HAsc^-] \approx [H_3O^+]$로 놓고 반응 표 작성:

농도(M)	$H_2Asc(aq)$	+	$H_2O(l)$	$\rightleftharpoons$	$H_3O^+(aq)$	+	$HAsc^-(aq)$
초기	0.050		—		0		0
변화	$-x$		—		$+x$		$+x$
평형	$0.050 - x$		—		x		x

가정 도입:

1. $K_{a2} << K_{a1}$이므로, $[H_3O^+]_{HAsc^-} << [H_3O^+]_{H_2Asc}$이다. 따라서

$$[H_3O^+]_{H_2Asc} \approx [H_3O^+]$$

2. K_{a1} 값이 매우 작기 때문에, $[H_2Asc]_{초기} - x = [H_2Asc] \approx [H_2Asc]_{초기}$. 즉,

$$[H_2Asc] = 0.050\ M - x \approx 0.050\ M$$

이 값들을 K_{a1} 식에 대입하여 풀어 x 구하기:

$$K_{a1} = \frac{[H_3O^+][HAsc^-]}{[H_2Asc]} = 1.0\times10^{-5} = \frac{x^2}{0.050 - x} \approx \frac{x^2}{0.050}$$

$$x = [HAsc^-] \approx [H_3O^+] \approx 7.1\times10^{-4}\ M$$

$$pH = -\log[H_3O^+] = -\log(7.1\times10^{-4}) = 3.15$$

가정 검증:

1. $[H_3O^+]_{HAsc^-} << [H_3O^+]_{H_2Asc}$: 두 번째 해리에 대해서

$$K_{a2} = \frac{[H_3O^+][Asc^{2-}]}{[HAsc^-]} = 5\times10^{-12} = \frac{(x)(x)}{7.1\times10^{-4}}$$

$$x = [H_3O^+]_{HAsc^-} = 6\times10^{-8}\ M$$

이 값은 물에서 생성되는 $[H_3O^+]_{H_2O}$보다도 작다. 따라서 이 가정은 타당하다.

2. $[H_2Asc]_{해리} << [H_2Asc]_{초기}$: $\frac{7.1\times10^{-4}\ M}{0.050\ M} \times 100 = 1.4\%$ (<5%; 가정은 타당하다.)

또한 $$\frac{[H_2Asc]_{초기}}{K_{a1}} = \frac{0.050}{1.0\times10^{-5}} = 5000 > 400$$

첫 번째 해리의 평형 농도를 이용하여 $[Asc^{2-}]$ 계산:

$$K_{a2} = \frac{[H_3O^+][Asc^{2-}]}{[HAsc^-]} \text{ 이므로 } [Asc^{2-}] = \frac{(K_{a2})[HAsc^-]}{[H_3O^+]}$$

$$[Asc^{2-}] = \frac{(5\times10^{-12})(7.1\times10^{-4})}{7.1\times10^{-4}} = 5\times10^{-12}\ M$$

검산 $K_{a1} >> K_{a2}$이고, Asc^{2-}는 두 번째(훨씬 약한) 해리에서만 생성되므로, $[HAsc^-] >> [Asc^{2-}]$은 타당하다. 두 K_a 모두 매우 작기 때문에 모든 종의 농도는 $[H_2Asc]$를 제외하고 초기 0.050 M보다 매우 작을 것이다.

▶ 보충 문제

18.9A 옥살산(HOOC—COOH, $H_2C_2O_4$)은 간단한 이양성자 카복실산이다. 이 산은 상업적으로 잉크 얼룩과 녹 제거 및 가죽의 표백 등에 사용된다. 부록 C의 K_a 값을 사용하여 0.150 M 옥살산 용액의 pH와 $[H_2C_2O_4]$, $[HC_2O_4^-]$, $[C_2O_4^{2-}]$의 평형 농도를 계산하라. (*힌트*: 이차 방정식을 사용하여 x를 구해야 하는지 확인하라.)

18.9B 탄산(H_2CO_3)은 혈액 화학, 동굴 형성 및 해양 산성화에 중요한 역할을 한다. 부록 C의 K_a 값을 사용하여 0.075 M H_2CO_3 용액의 $[H_2CO_3]$, $[HCO_3^-]$, $[CO_3^{2-}]$ 값을 계산하고 pH를 구하라.

유사 문제 18.79, 18.80

› 18.5절 요약

- 약산은 작은 양만 해리된다. 해리되는 정도는 산 해리 상수 K_a로 표현한다. 대부분의 약산은 약 10^{-2}에서 10^{-10} 범위의 K_a 값을 가진다.
- 약산 평형 문제는 K_a로부터 농도를 구하고 농도로부터 K_a를 구하는 두 가지 일반적인 유형이 있다.
- 다음과 같이 가정함으로써 수치 계산을 단순화한다. (1) $[H_3O^+]_{H_2O}$은 $[H_3O^+]_{HA}$에 비해 매우 작으므로 무시할 수 있다. (2) 평형 상태에서 약산은 매우 적게 해리하므로, $[HA]_{초기} \approx [HA]$이다.
- 농도가 묽어질수록 $[H_3O^+]$는 감소하지만 해리되는 약산 분자의 *분율*은 증가한다.
- 다양성자 산은 이온화되는 양성자가 둘 이상이지만, 실질적으로 거의 대부분의 H_3O^+ 이온은 첫 번째 해리에 의해 생성된다.

18.6 분자의 특성과 산의 세기

산의 세기는 양성자를 제공하는 능력에 따라 달라지며, 이 능력은 산성 양성자와의 결합력 세기에 따라 달라진다. 이 절에서는 원자와 결합 성질의 경향을 적용하여 비금속 수소화물과 산소산의 세기 경향성을 결정하고 수화된 금속 이온의 산도에 대해서 논의한다.

비금속 수소화물의 산의 세기

다음 두 가지 인자가 비금속 수소화물로부터 양성자가 얼마나 쉽게 떨어져 나가는가를 결정한다.

- 중심 비금속(E)의 전기 음성도
- E—H 결합의 세기

그림 18.11은 비금속 수소화물들에서의 두 가지 주기적 경향을 보여준다.

전기 음성도가 증가하면 산의 세기가 증가한다. →

결합의 세기가 감소하면 산의 세기가 증가한다. ↓

6A(16)	7A(17)
H_2O	HF $K_a = 6.8\times10^{-4}$
H_2S $K_{a1} = 9\times10^{-8}$	HCl 강산
H_2Se $K_{a1} = 1.3\times10^{-4}$	HBr 강산
H_2Te $K_{a1} = 2.3\times10^{-3}$	HI 강산

그림 18.11 비금속 수소화물의 산성도에 대한 원자와 분자 특성의 영향.

1. *주기의 오른쪽으로 갈수록 비금속 수소화물의 산의 세기는 증가한다.* 비금속 E의 전기 음성도가 이러한 경향을 결정한다. 왼쪽에서 오른쪽으로 갈수록 E의 전기 음성도가 증가하고 H로부터 전자 밀도를 끌어당겨, E—H 결합은 더 큰 극성을 가지게 된다. 그 결과로 H^+는 물 분자의 O에 의해 쉽게 떨어져 나간다. 수용액에서, 3A(13)족에서 5A(15)족까지의 수소화물은 산성을 나타내지 않는다. 그러나 6A(16)족에서 7A(17)족으로 가면서 산의 세기가 증가한다.

2. *족의 아래로 갈수록 산의 세기는 증가한다.* E—H의 결합 세기가 이러한 경향을 결정한다. E가 커질수록 E—H 결합 길이가 길어지고 결합은 약해지기 때문에 H^+는 보다 쉽게 떨어져 나갈 수 있다.* 예를 들면, 할로젠화 수소산의 산의 세기는 7A(17)족 아래로 가면서 증가한다.

산의 세기:	HF << HCl < HBr < HI			
결합 길이(pm):	92	127	141	161
결합 세기(kJ/mol):	565	427	363	295

(HCl, HBr, HI가 모두 똑같이 강산이기 때문에 수용액에서는 이 경향이 관찰되지 않는다. 18.9절에서 어떻게 이 차이를 관찰하는지를 다룬다.)

산소산의 세기

모든 산소산은 산소 원자와 결합하고 있는 산성 수소 원자를 가지고 있으므로, 결합 세기는 산의 세기에 영향을 미치지 않는다. 할로젠 산소산에서 언급한 것과 같이(14.9절) 다른 두 가지 요인이 산소산의 세기를 결정한다.

- 중심 비금속(E)의 전기 음성도
- E 주위의 산소 원자의 수(E의 O.N. 즉, 산화수와 관련)

*사실 결합 에너지는 H 원자를 생성하는 결합의 끊어짐을 나타내고, *산도*(acidity)는 H^+ 이온을 생성하는 결합의 끊어짐을 나타낸다. 비록 두 유형의 결합의 끊어짐이 같지는 않지만 결합 세기와 산도의 경향은 서로 연관되어 있다.

그림 18.12 **산소산의 상대적 세기.** **A.** Cl은 O—H 결합으로부터 전자 밀도를 가장 효과적으로 당기며(녹색 *화살표*의 두께), 그 결합을 가장 극성으로 만든다(δ의 상대적 크기). **B.** 더 많은 O 원자는 O—H 결합으로부터 전자 밀도를 더 많이 끌어당긴다.

그림 18.12가 이러한 경향을 요약하고 있다.

1. *같은 수의 산소 원자를 가진 산소산에서는 E의 전기 음성도가 클수록 산의 세기도 증가한다.* 하이포아할로젠산(HOE, E는 할로젠 원자)에 대해 생각해보자. E의 전기 음성도가 커지면 O—H 결합은 극성이 더 커지고 H^+를 보다 쉽게 잃는다(그림 18.12A). 족의 아래로 갈수록 전기 음성도(EN)는 감소하고 따라서 산의 세기도 약해진다.

HOCl의 $K_a = 2.9\times10^{-8}$	HOBr의 $K_a = 2.3\times10^{-9}$	HOI의 $K_a = 2.3\times10^{-11}$
Cl의 EN = 3.5	Br의 EN = 2.8	I의 EN = 2.5

마찬가지로 6A(16)족에서는 H_2SO_4(S의 EN = 2.5)가 H_2SeO_4(Se의 EN = 2.4)보다 더 센 산이고, 5A(15)족에서는 H_3PO_4(P의 EN = 2.1)가 H_3AsO_4(As의 EN = 2.0)보다 더 센 산이다.

2. *O 원자의 개수가* **다른** *산소산에서는 O 원자의 수(또는 중심 비금속 원자의 O.N.)가 증가할수록 산의 세기도 증가한다.* 전기 음성도가 높은 O 원자는 E로부터 전자 밀도를 끌어당겨 O—H 결합의 극성을 더 크게 한다. O 원자가 더 많이 존재하면 전자 밀도가 더 많이 이동하고 H^+ 이온은 더 쉽게 떨어져 나온다(그림 18.12B). 그러므로 염소의 산소산($HOClO_n$, n은 0~3)에서는 O 원자의 수(과 Cl 원자의 O.N.)가 증가할수록 산의 세기가 증가한다.

$H\overset{+1}{O}Cl$의 $K_a = 2.9\times10^{-8}$ $HO\overset{+3}{Cl}O$의 $K_a = 1.12\times10^{-2}$ $HO\overset{+5}{Cl}O_2$의 $K_a \approx 1$ $HO\overset{+7}{Cl}O_3$의 $K_a > 10^7$

같은 원리로 HNO_3는 HNO_2보다 더 센 산이고, H_2SO_4는 H_2SO_3보다 더 센 산이다.

수화된 금속 이온의 산성

몇 가지 *수화된* 금속 이온들은 물에 H^+를 줄 수 있기 때문에 이 금속 이온들의 수용액은 산성이다. 물에 녹는 일반적인 금속 질산염 $M(NO_3)_n$을 생각해보자. 이온은 분리되고 금속 이온은 H_2O 분자 여러 개와 결합한다. 이 반응식에서 양이온(M^{n+})이 수화되는 것을 H_2O 분자와 "(*aq*)"를 이용하여 나타내고, 음이온(NO_3^-)의 수화는 H_2O 없이 "(*aq*)"로만 나타내었다.

$$M(NO_3)_n(s) + xH_2O(l) \longrightarrow M(H_2O)_x^{n+}(aq) + nNO_3^-(aq)$$

만약 M^{n+}의 *크기가 작고 전하량이 크면,* 금속 이온은 높은 전하 밀도(전하와 부피의 비)를 가지므로 결합된 물 분자의 O—H 결합에서 양성자가 떨어져 나오기에 충분한 정도의 전자 밀도를 끌어당긴다. 따라서 수화된 양이온 $M(H_2O)_x^{n+}$는 전형적인 Brønsted-Lowry 산이다. 이 과정에서 결합된 H_2O 분자는 H^+가 떨어져 나가서 결합된 OH^- 이온이 된다.

$$M(H_2O)_x^{n+}(aq) + H_2O(l) \rightleftharpoons M(H_2O)_{x-1}OH^{(n-1)+}(aq) + H_3O^+(aq)$$

M^{2+} 또는 M^{3+} 이온을 포함한 염은 대부분 산성 수용액을 만든다. 몇 가지 산성 수화된 금속 이온의 K_a 값이 부록 C에 수록되어 있다.

작고 전하가 큰 Al^{3+} 이온을 생각해보자. $Al(NO_3)_3$와 같은 알루미늄염이 물에 녹으면 다음과 같은 과정이 일어난다.

$$Al(NO_3)_3(s) + 6H_2O(l) \longrightarrow Al(H_2O)_6^{3+}(aq) + 3NO_3^-(aq) \quad \text{[용해와 수화]}$$

$$Al(H_2O)_6^{3+}(aq) + H_2O(l) \rightleftharpoons Al(H_2O)_5OH^{2+}(aq) + H_3O^+(aq) \quad K_a = 1\times10^{-5} \quad \text{[약산의 해리]}$$

인터넷 핫스팟

산성 금속 양이온의 개념이 어렵게 느껴진다면, eBbook에 접속하여 추가 학습 동영상을 참고하자.

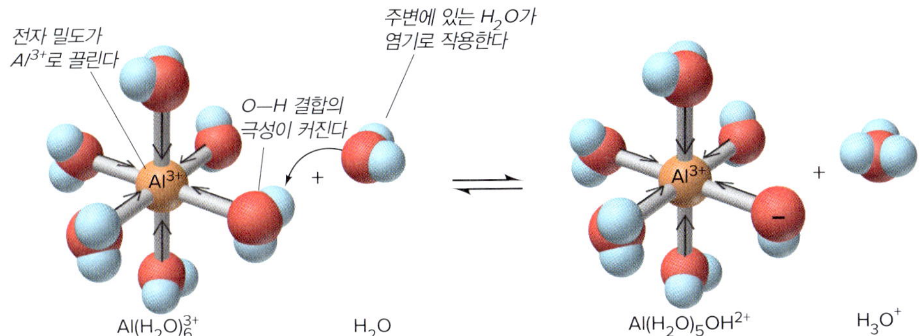

그림 18.13 수화된 Al^{3+} 이온의 산성. 수화된 Al^{3+} 이온은 크기가 작고 전하가 높아 전자 밀도를 끌어당기므로 H^+ 이온이 주변의 다른 물 분자로 이전될 수 있다.

두 번째 단계의 수화된 금속 이온의 화학식에 주목하라. H^+가 떨어져 나갈 때 결합된 물 분자의 수는 1개 감소(6에서 5로)했고 결합된 OH^-의 수는 1개 증가했다(0에서 1로). 이 때 이온의 양전하는 1 단위 감소(3에서 2로)했다(그림 18.13). 양성자를 잃기 전과 후에 생기는 수화된 금속 이온의 화학식 변화 패턴은 물에 용해되어 있는 높은 전하를 가진 모든 금속 이온에서 나타난다.

› 18.6절 요약

- 비금속 수소화물에서 산의 세기는 같은 주기에서 오른쪽으로 갈수록 증가하는데 이는 비금속 원자(E)의 전기 음성도에 기인하며, 같은 족에서는 아래로 내려갈수록 증가하는데 이것은 E—H의 결합 길이가 늘어나기 때문이다.
- 산소산에서는 산소 원자의 개수가 동일할 경우에는 E의 전기 음성도가 클수록 산의 세기가 증가하고, 동일한 E에 대해서는 O의 수(또는 E의 O.N.)가 많을수록 산의 세기가 증가한다.
- 크기가 작고 높게 하전된 큰 금속 이온은 물에서 산성을 띠는데, 이것은 금속 이온들이 결합된 H_2O의 O—H로부터 전자 밀도를 끌어당겨 용액 속으로 H^+를 방출하기 때문이다.

18.7 약염기와 약산과의 관계

양성자를 주고받는다는 Brønsted-Lowry의 산-염기 개념은 Arrhenius 정의에서 제외되었던 많은 화학종들을 포함하기 위해 염기에 대한 정의를 확장한 것이다. *염기는 고립 전자쌍만 가지고 있으면 양성자를 받을 수 있다.*

약염기(B)의 평형 계를 살펴보자. 염기(B)가 물에 녹을 때, B는 산으로 작용하는 H_2O로부터 양성자를 받고, OH^- 이온을 남긴다.

$$B(aq) + H_2O(l) \rightleftharpoons BH^+(aq) + OH^-(aq)$$

물에서 염기의 일반적인 반응은 다음과 같은 평형 식으로 나타낸다.

$$K_c = \frac{[BH^+][OH^-]}{[B][H_2O]}$$

앞에서 논의하였던 이유로 평형 식에서 $[H_2O]$를 제거하면 **염기 해리 상수**(base-dissociation constant) 또는 **염기 이온화 상수**(base-ionization constant, $\boldsymbol{K_b}$)를 얻는다.

$$K_b = \frac{[BH^+][OH^-]}{[B]} \qquad (18.6)$$

이름이 "염기 해리 상수"임에도 불구하고 *어떠한 염기도 그 과정에서 해리되지 않는다.*

염기 해리 상수는 pK_b 값으로 나타낼 수 있다.

$$pK_b = -\log K_b \qquad \& \qquad 10^{-pK_b} = K_b$$

K_b 값이 클수록 pK_b 값은 작으며, 더 센 염기이며 평형에서 $[OH^-]$가 더 높다.

더 센 염기 ⟹ 더 높은 $[OH^-]$ ⟹ 더 큰 K_b (더 작은 pK_b)

수용액에서 약한 염기는 크게 두 부류 즉, (1) 암모니아와 아민 등의 분자들과 (2) 약산의 음이온들로 나눌 수 있다.

약염기 분자들: 암모니아와 아민

전자가 풍부한 질소 원자를 가진 많은 화합물들은 약염기이다. 일반적인 구조적 특징은 비공유 전자쌍을 가진 N 원자에 있다. 암모니아는 물에서 약염기로 작용하는 가장 간단한 N-함유 화합물이다.

$$NH_3(aq) + H_2O(l) \rightleftharpoons NH_4^+(aq) + OH^-(aq) \qquad K_b = 1.76\times10^{-5}\ (25°C에서)$$

시약병에 "수산화 암모늄"이라고 적혀 있음에도 불구하고 암모니아 수용액은 작은 K_b 값으로 알 수 있듯이 대부분 *양성자와 결합하지 않은* NH_3 분자들로 이루어져 있다. 예를 들어, 1.0 *M* NH_3 용액에서 $[OH^-] = [NH_4^+] = 4.2\times10^{-3}$ *M*이고, NH_3의 99.6%는 이온화되지 않는다. 표 18.7에서 몇몇 염기의 K_b 값을 나타내었다. (더 많은 염기의 K_b 값은 부록 C에 수록되어 있다.)

암모니아에서 한 개 이상의 H 원자가 유기 작용기(R로 표기)로 치환되면 RNH_2, R_2NH 또는 R_3N 등의 *아민* 화합물이 생성된다(15.4절, 그림 15.17 참조). 이러한 유기 화합물들의 중요한 구조적인 특징은 모든 Brønsted-Lowry 염기들과 마찬가지로, *산이 제공하는 양성자와 결합할 수 있는 고립 전자쌍이다*. 그림 18.14는 가장 간단한 아민인 메틸아민의 이러한 과정을 보여준다.

약한 분자 염기 용액의 pH를 계산하는 것은 약산에서의 과정과 매우 유사하다. 평형식을 쓰고, 반응 표를 만들어 $[B]_{반응}$를 찾은 후, 일반적인 가정을 적용하여 $[OH^-]$를 구한다. 유일하게 추가되는 단계는 pH를 구하기 위해 $[OH^-]$를 $[H_3O^+]$로 바꾸는 것이다.

표 18.7 | 25°C에서 몇 가지 분자 염기(아민)의 K_b 값

이름(화학식)	Lewis 구조*	반응	K_b	pK_b
다이에틸아민[diethylamine, $(CH_3CH_2)_2NH$]	$H_3C{-}CH_2{-}\ddot{N}H{-}CH_2{-}CH_3$	$(CH_3CH_2)_2NH(aq) + H_2O(l) \rightleftharpoons (CH_3CH_2)_2NH_2^+(aq) + OH^-(aq)$	8.6×10^{-4}	3.07
다이메틸아민[dimethylamine, $(CH_3)_2NH$]	$H_3C{-}\ddot{N}H{-}CH_3$	$(CH_3)_2NH(aq) + H_2O(l) \rightleftharpoons (CH_3)_2NH_2^+(aq) + OH^-(aq)$	5.9×10^{-4}	3.23
메틸아민[methylamine, (CH_3NH_2)]	$H_3C{-}\ddot{N}H_2$	$CH_3NH_2(aq) + H_2O(l) \rightleftharpoons CH_3NH_3^+(aq) + OH^-(aq)$	4.4×10^{-4}	3.36
암모니아[ammonia, (NH_3)]	$H{-}\ddot{N}H{-}H$	$NH_3(aq) + H_2O(l) \rightleftharpoons NH_4^+(aq) + OH^-(aq)$	1.76×10^{-5}	4.75
피리딘[pyridine, (C_5H_5N)]	(고리)N:	$C_5H_5N(aq) + H_2O(l) \rightleftharpoons C_5H_5NH^+(aq) + OH^-(aq)$	1.7×10^{-9}	8.77
아닐린[aniline, $(C_6H_5NH_2)$]	(고리)$-\ddot{N}H_2$	$C_6H_5NH_2(aq) + H_2O(l) \rightleftharpoons C_6H_5NH_3^+(aq) + OH^-(aq)$	4.0×10^{-10}	9.40

(염기 세기: 아래에서 위로 증가)

*파란색은 염기성 질소와 고립 전자쌍을 나타낸다.

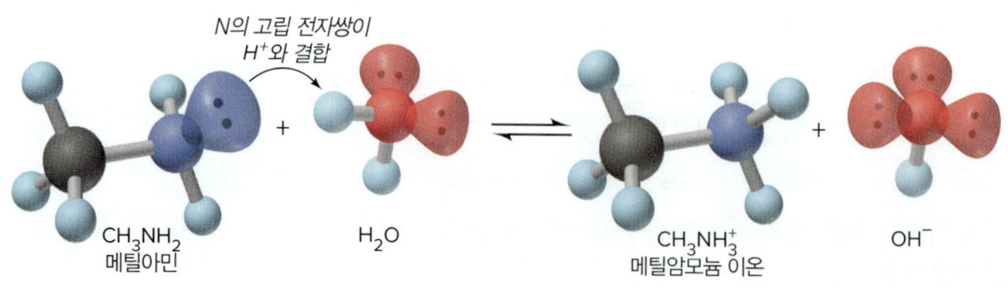

그림 18.14 염기 메틸아민이 물로부터 양성자 제거.

예제 18.10 | K_b와 초기 [B]로부터 pH 구하기

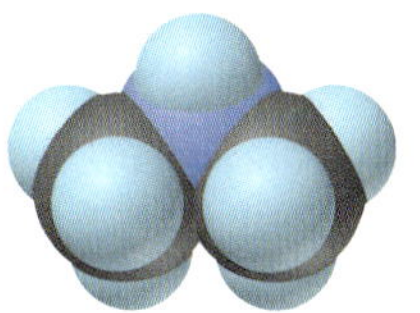
다이메틸아민

문제 세제 합성의 핵심 중간 생성물인 다이메틸아민[$(CH_3)_2NH$](*공간 채움 모형 참조*)의 K_b는 5.9×10^{-4}이다. 1.5 *M* $(CH_3)_2NH$의 pH는 얼마인가?

계획 주어진 $(CH_3)_2NH$의 초기 농도(1.5 *M*)와 K_b 값(5.9×10^{-4})을 알고 있고, 이를 이용하여 pH를 구해야 한다. 아민은 물과 반응하여 OH^-를 생성하므로 $[OH^-]$를 구한 뒤 $[H_3O^+]$와 pH를 계산한다. 먼저 균형 반응식과 K_b 식을 쓴다. $K_b >> K_w$이므로 물의 자체 이온화로부터 생성되는 $[OH^-]$는 아주 적은 양이어서 무시할 수 있다. 따라서 모든 $[OH^-]$는 염기와 물의 반응에서 생성된다고 가정한다. K_b 값이 작기 때문에 다이메틸아민 중 반응에 참여하는 양($[(CH_3)_2NH]_{반응}$)은 무시할 수 있다고 가정한다. 반응 표를 만들고, 가정을 도입한 후 풀어서 x를 구한다. 가정의 타당성을 확인하고, K_w을 사용[식 (18.1)]하여 $[OH^-]$로부터 $[H_3O^+]$을 계산한다.

풀이 균형 반응식과 K_b 식:

$$(CH_3)_2NH(aq) + H_2O(l) \rightleftharpoons (CH_3)_2NH_2^+(aq) + OH^-(aq)$$

$$K_b = \frac{[(CH_3)_2NH_2^+][OH^-]}{[(CH_3)_2NH]}$$

$x = [(CH_3)_2NH]_{반응} = [(CH_3)_2NH_2^+] = [OH^-]$로 놓고 반응 표 작성:

농도(*M*)	$(CH_3)_2NH(aq)$	+ $H_2O(l)$	$\rightleftharpoons$ $(CH_3)_2NH_2^+(aq)$	+ $OH^-(aq)$
초기	1.5	—	0	0
변화	$-x$	—	$+x$	$+x$
평형	$1.5 - x$	—	x	x

가정 도입: K_b가 아주 작으므로

$$[(CH_3)_2NH]_{초기} - [(CH_3)_2NH]_{반응} = [(CH_3)_2NH] \approx (CH_3)_2NH]_{초기}$$

즉, $1.5\ M - x \approx 1.5\ M$

K_b 식에 값을 대입하여 풀어 x 구하기:

$$K_b = \frac{[(CH_3)_2NH_2^+][OH^-]}{[(CH_3)_2NH]} = 5.9\times10^{-4} \approx \frac{x^2}{1.5}$$

$$x = [OH^-] \approx 3.0\times10^{-2}\ M$$

가정 확인:

$$\frac{3.0\times10^{-2}\ M}{1.5\ M} \times 100 = 2.0\%\ (<5\%;\ \text{가정은 타당하다.})$$

예제 18.7의 해설이 이 경우에도 적용된다.

$$\frac{[B]_{초기}}{K_b} = \frac{1.5}{5.9\times10^{-4}} = 2.5\times10^3 > 400$$

pH 계산:

$$[H_3O^+] = \frac{K_w}{[OH^-]} = \frac{1.0\times10^{-14}}{3.0\times10^{-2}} = 3.3\times10^{-13}\ M$$

$$pH = -\log(3.3\times10^{-13}) = 12.48$$

검산 x 값은 타당하게 보인다. $\sqrt{(\sim6\times10^{-4})(1.5)} = \sqrt{9\times10^{-4}} = 3\times10^{-2}$. $(CH_3)_2NH$은 약염기이므로 pH는 7보다 큰 값을 가져야 한다.

해설 다른 방법으로, 먼저 pOH를 구한 후 pH를 구할 수도 있다[식 (18.3) 사용].

$$pOH = -\log[OH^-] = -\log(3.0\times10^{-2}) = 1.52$$

$$pH = 14 - pOH = 14 - 1.52 = 12.48$$

▶ **보충 문제**

18.10A 피리딘(C_5H_5N, *공간 채움 모형 참조*)은 유기 합성에서 *용매와 염기*로서 중요한 역할을 한다. pK_b는 8.77이다. 0.10 *M* 피리딘의 pH는 얼마인가?

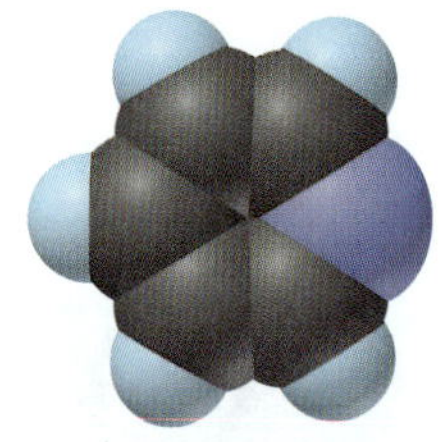
피리딘

18.10B 약산인 암페타민(amphetamine, $C_6H_5CH_2CH(CH_3)NH_2$)는 이상 수면(narcolepsy) 및 주의력 결핍증을 치료하는 각성제이다. 0.075 *M* 암페타민(K_b = 6.3×10^{-5})의 pH는 얼마인가?

유사 문제 18.102~18.105

약염기로서의 약산의 음이온

두 번째 Brønsted-Lowry 염기 그룹은 약산의 음이온들이다.*

$$A^-(aq) + H_2O(l) \rightleftharpoons HA(aq) + OH^-(aq) \qquad K_b = \frac{[HA][OH^-]}{[A^-]}$$

예를 들어, 약산 HF의 음이온인 F^-는 약염기이다.

$$F^-(aq) + H_2O(l) \rightleftharpoons HF(aq) + OH^-(aq) \qquad K_b = \frac{[HF][OH^-]}{[F^-]}$$

왜 HA 용액은 산성이고, A^- 용액은 염기성일까? 이 질문에 대한 답은 1 *M* HF 용액과 1 *M* NaF 용액 속에 존재하는 화학종들의 상대적 농도에서 찾을 수 있다.

1. *HA(aq)의 산성*. HF가 약산이므로 물에 녹은 산의 평형 위치는 왼쪽으로 크게 치우진다.

$$HF(aq) + H_2O(l) \rightleftharpoons H_3O^+(aq) + F^-(aq)$$

물도 H_3O^+와 OH^-로 해리되지만 그 농도는 극히 작다.

$$2H_2O(l) \rightleftharpoons H_3O^+(aq) + OH^-(aq)$$

용액에 존재하는 모든 화학종(HF, H_2O, H_3O^+, F^-, OH^-) 중에서 용액의 산성에 영향을 미치는 두 화학종은 주로 HF에서 오는 H_3O^+와 물에서 오는 OH^-이다. $[H_3O^+]_{HF} >> [OH^-]_{H_2O}$이므로 HF 용액은 산성이다.

2. *$A^-(aq)$의 염기성*. 이제 1 *M* NaF 용액 속에 존재하는 화학종을 생각해보자. 염은 완전히 해리하여 1 *M* Na^+와 1 *M* F^- 용액을 만든다. Na^+는 구경꾼 이온으로 거동하지만 F^-는 약염기로 반응하여 적은 양의 HF와 OH^-를 생성한다.

$$F^-(aq) + H_2O(l) \rightleftharpoons HF(aq) + OH^-(aq)$$

위와 마찬가지로 물은 H_3O^+와 OH^-로 해리되지만 그 양은 극히 적다. 따라서 용액 속에 존재하는 화학종은 Na^+만 제외하면 HF 용액과 같이 HF, H_2O, H_3O^+, F^-, OH^- 등이다. 산성에 영향을 주는 두 화학종은 F^-와 물의 반응에서 주로 생성된 OH^-와 물에서 해리된 H_3O^+이다. 이 경우, $[OH^-]_{F^-} >> H_3O^+]_{H_2O}$이므로 용액은 염기성이다.

요약하면,

- HA 용액에서는 [HA] >> $[A^-]$이고, $[H_3O^+]_{HA} >> [OH^-]_{H_2O}$이다. 따라서 용액은 산성이다.
- A^- 용액에서는 $[A^-]$ >> [HA]이고, $[OH^-]_{A^-} >> [H_3O^+]_{H_2O}$이다. 따라서 용액은 염기성이다.

짝산-짝염기 쌍의 K_a와 K_b 사이의 관계

HA의 K_a와 A^-의 K_b는 중요한 관계로 서로 연관되어 있는데, 이는 두 해리 반응을 더해 보면 알 수 있다.

$$\begin{array}{l} \cancel{HA} + H_2O \rightleftharpoons H_3O^+ + \cancel{A^-} \\ \cancel{A^-} + H_2O \rightleftharpoons \cancel{HA} + OH^- \\ \hline 2H_2O \rightleftharpoons H_3O^+ + OH^- \end{array}$$

*이 반응식과 평형 식을 때로는 *가수분해 반응*(hydrolysis reaction) 및 *가수분해 상수*(K_h)라고도 하는데, 물이 해리(가수분해)되기 때문이다. 실제로 염기의 전하를 제외하면 이 과정은 암모니아와 아민에 의한 양성자-이전 반응과 같다. 즉, K_h는 K_b의 또 다른 표기이다. 여기서는 K_b를 계속하여 사용한다.

두 해리 반응의 합은 물의 자체 이온화이다. 17장에서 다룬 내용을 상기해 보면, 한 반응이 두 개 이상의 반응의 합인 경우 전체 반응의 평형 상수는 각 반응 평형 상수의 *곱과* 같다. 따라서 각 반응에 대해 평형 식을 쓰면 다음과 같이 표현된다.

$$\frac{[H_3O^+][A^-]}{[HA]} \times \frac{[HA][OH^-]}{[A^-]} = [H_3O^+][OH^-]$$

또는

$$K_a(HA) \times K_b(A^-) = K_w \qquad \textbf{(18.7)}$$

식 (18.7)의 양변에 음의 상용 로그를 취하면 다른 형태의 산과 염기 평형 상수의 관계식을 얻을 수 있다.

$$K_a \times K_b = K_w = 1.0\times10^{-14}$$

$$(-\log K_a) + (-\log K_b) = -\log K_w = -\log (1.0\times10^{-14})$$

$$pK_a + pK_b = 14.00 \qquad \textbf{(18.8)}$$

이 식을 이용하여 염기의 K_b를 알 때 그 짝산의 K_a를 구할 수 있고, 산의 K_a를 알면 그 짝염기의 K_b도 구할 수 있다. 참고 자료의 표에는 일반적으로 *분자 화학종에 대한* K_a 또는 K_b 값만을 제시한다. 예를 들어, F^-의 K_b와 $CH_3NH_3^+$의 K_a는 일반적인 표에서는 주어지지 않지만 그 값들은 짝산 또는 짝염기에 해당하는 분자 화학종에 대한 값을 찾아 K_w와의 관계로부터 간단히 계산할 수 있다. 예를 들어 F^-의 K_b 값을 구하려면 HF의 K_a 값을 찾아 식 (18.7)을 적용한다.

$$\text{HF의 } K_a = 6.8\times10^{-4} \text{ (부록 C로부터)}$$

$$\text{HF의 } K_a \times F^-\text{의 } K_b = K_w\text{이므로}$$

$$F^-\text{의 } K_b = \frac{K_w}{\text{HF의 } K_a} = \frac{1.0\times10^{-14}}{6.8\times10^{-4}} = 1.5\times10^{-11}$$

다른 방법으로, HF의 pK_a를 찾아 14에서 해당 값을 빼서 F^-의 pK_b를 구한 후 pK_b를 K_b로 변환할 수 있다.

예제 18.11 | A^- 용액의 pH 구하기

문제 아세트산 소듐(CH_3COONa 또는 NaAc)은 직물 염색에 사용된다. 25°C에서 0.25 *M* NaAc 용액의 pH는 얼마인가? 아세트산(HAc)의 K_a는 1.8×10^{-5}이다.

계획 Ac^-의 초기 농도(0.25 *M*)와 HAc의 $K_a(1.8\times10^{-5})$를 알고 있고, 물에서 염기로 작용하는 Ac^- 용액의 pH를 구해야 한다. 염기의 해리 반응식과 K_b 식을 쓴다. $[OH^-]$를 계산하면 K_w를 사용하여 $[H_3O^+]$를 알 수 있고, 이것으로부터 pH를 구할 수 있다. $[OH^-]$를 구하기 위해 Ac^-의 K_b를 알아야 하는데, 이는 짝산인 HAc의 K_a를 식 (18.7)에 적용하여 얻을 수 있다. 반응 표를 만들고, K_b는 매우 작기 때문에 $[Ac^-]_{초기} \approx [Ac^-]$라는 근사법을 적용하여 $[OH^-]$를 구한다.

풀이 염기 해리 반응식과 K_b 식 쓰기:

$$Ac^-(aq) + H_2O(l) \rightleftharpoons HAc(aq) + OH^-(aq) \qquad K_b = \frac{[HAc][OH^-]}{[Ac^-]}$$

$x = [Ac^-]_{반응} = [HAc] = [OH^-]$로 놓고 반응 표 작성:

농도(*M*)	$Ac^-(aq)$	+	$H_2O(l)$	$\rightleftharpoons$	$HAc(aq)$	+	$OH^-(aq)$
초기	0.25		—		0		0
변화	$-x$		—		$+x$		$+x$
평형	$0.25 - x$		—		x		x

Ac^-의 K_b 구하기:

$$K_b = \frac{K_w}{K_a} = \frac{1.0\times10^{-14}}{1.8\times10^{-5}} = 5.6\times10^{-10}$$

가정 도입: K_b는 작기 때문에 $0.25\ M - x \approx 0.25\ M$이다.

값을 K_b 식에 대입하고 풀어 x 구하기:

$$K_b = \frac{[HAc][OH^-]}{[Ac^-]} = 5.6\times10^{-10} \approx \frac{x^2}{0.25} \qquad x = [OH^-] \approx 1.2\times10^{-5}\ M$$

가정의 타당성 확인:

$$\frac{1.2\times10^{-5}\ M}{0.25\ M} \times 100 = 4.8\times10^{-3}\%\ (<5\%;\ \text{근사법 사용이 타당하다.})$$

또한 다음과 같은 방법으로도 알 수 있다.

$$\frac{0.25}{5.6\times10^{-10}} = 4.5\times10^{8} > 400$$

pH 계산:

$$[H_3O^+] = \frac{K_w}{[OH^-]} = \frac{1.0\times10^{-14}}{1.2\times10^{-5}} = 8.3\times10^{-10}\ M$$

$$pH = -\log(8.3\times10^{-10}) = 9.08$$

검산 계산된 K_b 값은 타당해 보인다. $\sim10\times10^{-15}/2\times10^{-5} = 5\times10^{-10}$. Ac^-는 약염기이기 때문에 $[OH^-] > [H_3O^+]$이고, 따라서 pH > 7이므로 위 답과 일치한다.

▶ 보충 문제

18.11A 하이포아염소산 소듐(NaClO)은 가정에서 사용하는 세탁물 표백제의 활성 성분이다. 0.20 M NaClO의 pH는 얼마인가?

18.11B 박테리아의 번식을 방지하기 위해 베이컨과 같은 보존 육류에 아질산 소듐 ($NaNO_2$)을 첨가한다. 0.80 M $NaNO_2$의 pH는 얼마인가?

유사 문제 18.110~18.113

인터넷 핫스팟

약염기성 음이온이 관련된 pH 계산이 어렵게 느껴진다면, eBook에 접속하여 이 주제에 대한 추가 학습 동영상을 참고하자.

그림 18.15에서 약산 및 약염기 평형 계산을 시각적으로 요약하였다.

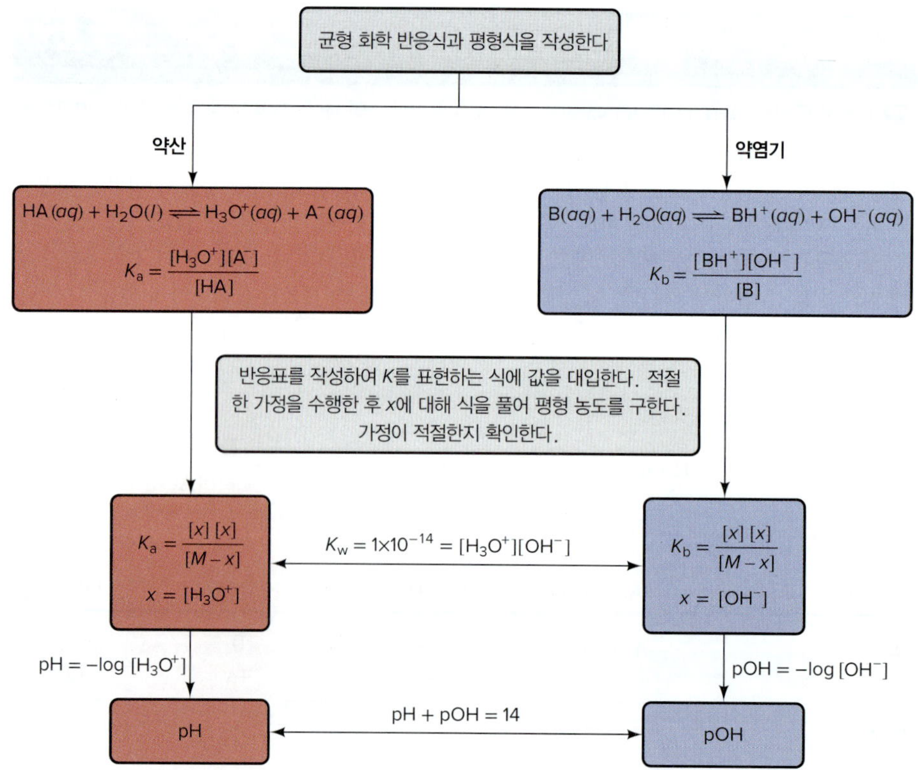

그림 18.15 몰농도가 M인 약산 또는 약염기에 대한 평형 계산 및 $[H_3O^+]$, pH와 $[OH^-]$ 사이의 관계에 대한 요약.

› 18.7절 요약

- 약염기가 물에서 양성자를 받아 OH^-를 생성하는 정도는 K_b로 표기하는 염기 해리 상수로 나타낸다.
- Brønsted-Lowry 염기는 NH_3와 아민류 그리고 약산의 음이온들이다. 이 염기들은 모두 물로부터 H^+를 받아 OH^-를 생성하므로 $[H_3O^+] < [OH^-]$가 된다.
- HA 용액은 $[HA] >> [A^-]$이고, $[H_3O^+] > [OH^-]$이기 때문에 산성이다. A^- 용액은 $[A^-] >> [HA]$이고, $[OH^-] > [H_3O^+]$이기 때문에 염기성이다
- HA의 K_a와 A^-의 K_b를 곱하면 K_w가 된다. 이 관계를 이용하여 BH^+의 K_a나 A^-의 K_b를 계산할 수 있다.

18.8 염 용액의 산-염기 성질

염이 용해되면 많은 경우, 하나 또는 두 이온이 물과 반응하여 용액의 pH에 영향을 미친다. 지금까지 약염기의 양이온(NH_4^+와 같은)은 산성이고, 약산의 음이온(CN^-와 같은)은 염기성이며, 크기가 작고 높게 하전된 금속 양이온(Al^{3+}와 같은)은 산성이라는 것을 배웠다. 또한 어떤 이온들($H_2PO_4^-$나 HCO_3^-와 같은)은 산이나 염기 모두로 작용할 수 있다. 이 절에서는 다양한 염 용액들의 산-염기 거동을 분류하여 살펴본다.

중성 용액을 만드는 염

강산의 음이온과 강염기의 양이온으로 구성된 염은 이온들이 물과 반응하여 추가 H_3O^+ 또는 OH^-를 생성하지 않기 때문에 중성 용액을 생성한다. 염인 $NaNO_3$를 생각해 보자. 물에 용해되면 Na^+ 및 NO_3^- 이온으로 해리되고 수화된다.

$$NaNO_3(s) \xrightarrow{H_2O} Na^+(aq) + NO_3^-(aq) \qquad \text{[용해와 수화]}$$

NO_3^-는 강산 HNO_3의 음이온이다. HNO_3와 같은 강산이 용해될 때 *강산의 음이온은 물보다 훨씬 약한 염기*이기 때문에 기본적으로 반응은 완료된다. 음이온 NO_3^-는 수화되지만 *물과는 반응하지 않는다.*

$$HNO_3(l) + H_2O(l) \longrightarrow NO_3^-(aq) + H_3O^+(aq) \qquad \text{[용해와 수화]}$$

Na^+는 강염기 NaOH의 양이온으로 완전히 용해된다. Na^+ 양이온은 수화되어 있지만 *그 크기가 작지 않고 전하도 높지 않아서 물과 반응하지 않는다.*

$$NaOH(s) \xrightarrow{H_2O} Na^+(aq) + OH^-(aq) \qquad \text{[용해와 수화]}$$

물과 반응하지 않는 이온들은 다음과 같다.

- 강산의 할로젠 음이온들: Cl^-, Br^-, I^-
- NO_3^-와 ClO_4^- 같은 센 산소산 음이온들
- 1A(1)족 양이온들(강염기의 양이온). 1+ 전하 때문에 전하밀도가 낮다.
- 2A(2)족의 Ca^{2+}, Sr^{2+}, Ba^{2+}(강염기의 양이온). 이온의 크기가 크기 때문에 전하밀도가 낮다.

이러한 이온들만을 포함한 염은 중성 수용액을 만든다. 예로 $LiNO_3$와 $CaCl_2$ 등이 있다.

산성 용액을 만드는 염

산성 용액을 만드는 염은 두 가지 유형이 있는데, 두 유형 모두 양이온이 산성을 나타낸다.

1. *강산의 음이온과 약염기의 양이온으로 구성된 염은 산성 용액을 만든다.* 이는 *양이온이 약산으로 거동하고* 음이온은 더 이상 반응하지 않기 때문이다. 예를 들어, NH_4Cl은 산성 용액을 만드는데, NH_4^+는 약염기인 NH_3로부터 형성된 약산이며 강산(HCl)으로부터 형성된 Cl^-는 반응하지 않는다.

$$NH_4Cl(s) \xrightarrow{H_2O} NH_4^+(aq) + Cl^-(aq) \quad \text{[용해와 수화]}$$
$$NH_4^+(aq) + H_2O(l) \rightleftharpoons NH_3(aq) + H_3O^+(aq) \quad \text{[약산의 해리]}$$

2. *크기가 작고 전하가 큰 금속 이온과 강산의 음이온으로 구성된 염은 산성 용액을 만든다.* 이는 *양이온이 약산으로 작용하고* 음이온은 반응하지 않기 때문이다(*그림 18.13 참조*). 예를 들어, $Fe(NO_3)_3$의 수용액에서 수화된 Fe^{3+}가 약산으로 거동하고 강산인 HNO_3의 음이온은 더 이상 반응하지 않으므로 산성 용액이 된다.

$$Fe(NO_3)_3(s) + 6H_2O(l) \xrightarrow{H_2O} Fe(H_2O)_6^{3+}(aq) + 3NO_3^-(aq) \quad \text{[용해와 수화]}$$
$$Fe(H_2O)_6^{3+}(aq) + H_2O(l) \rightleftharpoons Fe(H_2O)_5OH^{2+}(aq) + H_3O^+(aq) \quad \text{[약산의 해리]}$$

염기성 용액을 만드는 염

약산의 음이온과 강염기의 양이온으로 구성된 염은 염기성 수용액을 만드는데, 음이온은 약염기로 작용하고 양이온은 더 이상 반응하지 않기 때문이다. 예를 들어, 아세트산 소듐은 염기성 용액을 형성하는데, 약산 CH_3COOH의 음이온인 CH_3COO^-는 약염기로 작용하고 강염기 NaOH의 양이온인 Na^+는 반응하지 않기 때문이다.

$$CH_3COONa(s) \xrightarrow{H_2O} Na^+(aq) + CH_3COO^-(aq) \quad \text{[용해와 수화]}$$
$$CH_3COO^-(aq) + H_2O(l) \rightleftharpoons CH_3COOH(aq) + OH^-(aq) \quad \text{[약염기의 해리]}$$

예제 18.12 | 물과 이온의 반응으로부터 염 용액의 상대적 산도 예측

문제 다음 염의 수용액이 산성인지, 염기성인지, 중성인지를 예측하고, 이온과 물의 반응식을 써라.

(a) 과염소산 포타슘($KClO_4$) **(b)** 벤조산 소듐(C_6H_5COONa)
(c) 질산 크로뮴(III)($Cr(NO_3)_3$) **(d)** 염화 피리디늄(C_5H_5NHCl)

계획 화학식을 보면 양이온과 음이온을 알 수 있다. 물과 반응하는 이온의 능력에 따라, 용액이 중성(강산의 음이온과 강염기의 양이온), 산성(약염기의 양이온 또는 높게 하전된 양이온과 강산의 음이온), 염기성(약산의 음이온과 강염기의 양이온)이 될 것이다.

풀이 **(a)** 중성. 이온은 K^+와 ClO_4^-이다. K^+ 이온은 강염기인 KOH로부터 생성되고 음이온인 ClO_4^-는 강산인 $HClO_4$로부터 생성된다. 두 이온 모두 물에서 더 이상 반응하지 않는다.

(b) 염기성. 이온은 Na^+와 $C_6H_5COO^-$이다. Na^+ 이온은 강염기인 NaOH로부터 생성되고 물과 더 이상 반응하지 않으며 약산인 벤조산으로부터 만들어진 $C_6H_5COO^-$는 물과 반응하여 OH^- 이온을 생성한다.

$$C_6H_5COO^-(aq) + H_2O(l) \rightleftharpoons C_6H_5COOH(aq) + OH^-(aq)$$

(c) 산성. 이온은 Cr^{3+}와 NO_3^-이다. NO_3^-는 강산인 HNO_3의 음이온이므로 물과 반응하지 않는다. Cr^{3+} 금속 이온은 크기가 작고 전하가 크므로 수화된 이온 $Cr(H_2O)_6^{3+}$은 물과 반응하여 H_3O^+를 생성한다.

$$Cr(H_2O)_6^{3+}(aq) + H_2O(l) \rightleftharpoons Cr(H_2O)_5OH^{2+}(aq) + H_3O^+(aq)$$

(d) 산성. 이온은 $C_5H_5NH^+$와 Cl^-이다. Cl^-이온은 강산인 HCl의 음이온이며 물과 반응하지 않는다. $C_5H_5NH^+$ 이온은 약염기인 C_5H_5N의 양이온이며 물과 반응하여 H_3O^+를 생성한다:

$$C_5H_5NH^+(aq) + H_2O(l) \rightleftharpoons C_5H_5N(aq) + H_3O^+(aq)$$

▶ 보충 문제

18.12A 반응식을 쓰고 다음 염의 수용액이 산성인지, 염기성인지, 중성인지를 예측하라.
(a) $KClO_2$ **(b)** $CH_3NH_3NO_3$ **(c)** RbBr.

18.12B 반응식을 쓰고 다음 염의 수용액이 산성인지, 염기성인지, 중성인지를 예측하라.
(a) $FeBr_3$ **(b)** $Ca(NO_2)_2$ **(c)** $C_6H_5NH_3I$.

유사 문제 18.119, 18,120(a), 18.121, 18.122(a), 18.122(b), 18.123, 18.124(c), 18.125(c), 18.126(c)

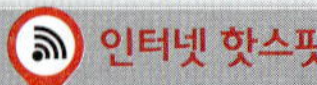
인터넷 핫스팟

염 용액의 pH 예측이 어렵게 느껴진다면, eBook에 접속하여 이 주제에 대한 추가 학습 동영상을 참고하자.

약산의 음이온과 약염기의 양이온으로 구성된 염

염이 약산으로 작용하는 양이온과 약염기로 작용하는 음이온으로 구성되어 있으면, 전체 용액의 산도는 분리된 이온들의 상대적인 산의 세기(K_a)와 염기 세기(K_b)에 의해 결정된다. 사이안산 암모늄 NH_4CN 용액과 분리된 이온과 물 사이에 일어나는 반응을 고려해보자. 암모늄 이온은 약염기의 짝산이므로 약산이다.

$$NH_4^+(aq) + H_2O(l) \rightleftharpoons NH_3(aq) + H_3O^+(aq)$$

CN^-는 약산의 음이온으로서 약염기로 작용한다.

$$CN^-(aq) + H_2O(l) \rightleftharpoons HCN(aq) + OH^-(aq)$$

더 오른쪽으로 치우치는 반응이 용액의 pH를 결정하므로 NH_4^+의 K_a와 CN^-의 K_b를 비교한다. 분자 화합물의 K_a와 K_b만 표에 주어져 있으므로 식 (18.7)을 이용하여 이온들의 K_a와 K_b을 구한다.

$$NH_4^+\text{의 } K_a = \frac{K_w}{NH_3\text{의 } K_b} = \frac{1.0\times10^{-14}}{1.76\times10^{-5}} = 5.7\times10^{-10}$$

$$CN^-\text{의 } K_b = \frac{K_w}{HCN\text{의 } K_a} = \frac{1.0\times10^{-14}}{6.2\times10^{-10}} = 1.6\times10^{-5}$$

CN^-의 K_b > NH_4^+의 K_a이므로 산으로서 NH_4^+의 세기보다 CN^-가 더 센 염기로 작용하여, OH^-가 H_3O^+보다 더 많이 생성되며, 따라서 NH_4CN 수용액은 염기성이다.

양쪽성 음이온의 염

이제 살펴보아야 할 마지막 염은 강염기의 양이온과 이온화될 수 있는 양성자를 둘 이상 가지고 있는 다양성자 산의 음이온으로 이루어진 염이다. 이런 음이온은 양쪽성이어서 *물에* 양성자를 제공하여 산으로 작용할 수도 있고, *물에서* 양성자를 빼앗아 염기로 작용할 수 있다. 앞의 경우와 마찬가지로 이들 용액의 전체 산도를 결정하기 위해 K_a와 K_b의 크기를 비교해야 하는데, 여기서는 *같은* 화학종인 음이온의 K_a와 K_b를 비교한다.

예를 들어, Na_2HPO_4는 물과 반응하지 않는 강염기의 양이온인 Na^+와 약한 다양성자 산인 H_3PO_4의 두 번째 음이온인 HPO_4^{2-}로 이루어져 있다. 이 염이 물에 녹으면 다음 세 단계 반응이 일어난다.

1. $Na_2HPO_4(s) \xrightarrow{H_2O} 2Na^+(aq) + HPO_4^{2-}(aq)$ [용해와 수화]
2. $HPO_4^{2-}(aq) + H_2O(l) \rightleftharpoons PO_4^{3-}(aq) + H_3O^+(aq)$ [약산으로 작용]
3. $HPO_4^{2-}(aq) + H_2O(l) \rightleftharpoons H_2PO_4^-(aq) + OH^-(aq)$ [약염기로 작용]

반응 2와 반응 3 중에서 어느 반응이 더 오른쪽으로 진행될지를 결정해야 한다. 부록 C에서 HPO_4^{2-}의 K_a는 4.2×10^{-13}으로 주어져 있지만 HPO_4^{2-}의 K_b는 주어져 있지 않으므로, 그 짝산인 $H_2PO_4^-$의 K_a 값과 식 (18.7)을 이용하여 HPO_4^{2-}의 K_b를 구한다.

$$HPO_4^{2-}\text{의 } K_b = \frac{K_w}{H_2PO_4^-\text{의 } K_a} = \frac{1.0\times10^{-14}}{6.3\times10^{-8}} = 1.6\times10^{-7}$$

$K_b(1.6\times10^{-7}) > K_a(4.2\times10^{-13})$이므로, HPO_4^{2-}는 산으로 거동하기보다 염기로 거동하므로 Na_2HPO_4 용액은 염기성이다.

표 18.8은 수용액에서 다양한 형태의 염의 산-염기 거동을 보여준다.

인터넷 핫스팟

양쪽성 음이온을 포함한 염 용액의 pH 예측이 어렵게 느껴진다면, eBook에 접속하여 이 주제에 대한 추가 학습 동영상을 참고하자.

예제 18.13 | 이온의 K_a와 K_b로부터 염 용액의 상대적 산도 예측

문제 25°C에서 다음 염의 수용액이 산성인지, 염기성인지, 중성인지 예측하라.
(a) 폼산 아연 $Zn(HCOO)_2$ **(b)** 아황산수소 포타슘 $KHSO_3$

계획 **(a)** 화학식은 크기가 작고 전하량이 큰 약산성인 Zn^{2+} 양이온과 약산 HCOOH의 음이온인 약염기성 $HCOO^-$로 구성되어 있다. 용액의 상대적 산도를 결정하기 위해서는 물과 반응하는 이온들의 반응식을 쓰고, Zn^{2+}의 K_a(부록 C 참조)와 $HCOO^-$의 K_b(부록 C에 있는 HCOOH의 K_a로부터) 값을 찾아서 어느 이온이 더 많이 반응하는가를 알아야 한다.

(b) K^+는 강염기 KOH의 양이온이며 물과 반응하지 않는다. 음이온인 HSO_3^-는 다양성자 산의 첫째 음이온이며 약염기로 또 약산으로 작용할 수 있다. 음이온이 산 또는 염기로 작용하는지 확인하기 위해 K_a(부록 C 참조)와 K_b(부록 C의 짝산 H_2SO_3의 K_a로부터)를 구한다.

풀이 **(a)** 물과의 반응 쓰기:

$$Zn(H_2O)_6^{2+}(aq) + H_2O(l) \rightleftharpoons Zn(H_2O)_5OH^+(aq) + H_3O^+(aq)$$
$$HCOO^-(aq) + H_2O(l) \rightleftharpoons HCOOH(aq) + OH^-(aq)$$

이온의 K_a와 K_b 구하기: 부록 C로부터 $Zn(H_2O)_6^{2+}(aq)$의 K_a는 1×10^{-9}이고, $HCOO^-$의 K_b는 HCOOH의 K_a로부터 얻는다.

$$HCOO^-\text{의 } K_b = \frac{K_w}{HCOOH\text{의 } K_a} = \frac{1.0\times10^{-14}}{1.8\times10^{-4}} = 5.6\times10^{-11}$$

$Zn(H_2O)_6^{2+}$의 K_a > $HCOO^-$의 K_b이므로 이 용액은 산성이다.

(b) 물과의 반응 쓰기:

$$HSO_3^-(aq) + H_2O(l) \rightleftharpoons SO_3^{2-}(aq) + H_3O^+(aq) \quad \text{(산 해리)}$$
$$HSO_3^-(aq) + H_2O(l) \rightleftharpoons H_2SO_3(aq) + OH^-(aq) \quad \text{(염기 반응)}$$

HSO_3^-의 K_a와 K_b 구하기: 부록 C로부터 K_a는 6.5×10^{-8}이고, H_2SO_3의 K_a로부터 HSO_3^-의 K_b를 구한다.

$$HSO_3^-\text{의 } K_b = \frac{K_w}{H_2SO_3\text{의 } K_a} = \frac{1.0\times10^{-14}}{1.4\times10^{-2}} = 7.1\times10^{-13}$$

$K_a > K_b$이므로 이 용액은 산성이다.

▶ **보충 문제**

18.13A 25°C에서 다음 염의 수용액이 산성인지, 염기성인지, 중성인지 예측하라.
(a) $Cu(CH_3COO)_2$ **(b)** NH_4F **(c)** $KHC_6H_6O_6$

18.13B 25°C에서 다음 염의 수용액이 산성인지, 염기성인지, 중성인지 예측하라.
(a) $NaHCO_3$ **(b)** $C_6H_5NH_3NO_2$ **(c)** NaH_2PO_4

유사 문제 18.120(b), 18.120(c), 18.122(c), 18.124(a), 18.124(b), 18.125(a), 18.126(a), 18.126(b)

표 18.8 | 염 수용액들의 산-염기 성질

염의 성질	예	물과 반응하는 이온: 예	pH
중성			
강염기의 양이온 + 강산의 음이온	NaCl, KBr, $Ba(NO_3)_2$	없음	7.0
산성			
약염기의 양이온 + 강산의 음이온	NH_4Cl, NH_4NO_3, CH_3NH_3Br	양이온: $NH_4^+ + H_2O \rightleftharpoons NH_3 + H_3O^+$	<7.0
작고 전하가 큰 금속 + 강산의 음이온	$Al(NO_3)_3$, $CrBr_3$, $FeCl_3$	양이온: $Al(H_2O)_6^{3+} + H_2O \rightleftharpoons Al(H_2O)_5OH^{2+} + H_3O^+$	<7.0
염기성			
강염기의 양이온 + 약산의 음이온	KNO_2, NaClO, Na_2CO_3	음이온: $NO_2^- + H_2O \rightleftharpoons HNO_2 + OH^-$	>7.0
산성/염기성			
약염기의 양이온 또는 작고 전하가 큰 금속 양이온 + 약산의 음이온	NH_4ClO_2, NH_4CN, $Pb(CH_3COO)_2$	*양이온과* 음이온: $NH_4^+ + H_2O \rightleftharpoons NH_3 + H_3O^+$ $ClO_2^- + H_2O \rightleftharpoons HClO_2 + OH^-$	$K_{a(\text{양이온})} > K_{b(\text{음이온})}$이면 < 7.0 $K_{b(\text{음이온})} > K_{a(\text{양이온})}$이면 > 7.0
강염기의 양이온 + 다양성자산의 음이온	NaH_2PO_4, $KHCO_3$, $NaHSO_3$	음이온: $HSO_3^- + H_2O \rightleftharpoons SO_3^{2-} + H_3O^+$ $HSO_3^- + H_2O \rightleftharpoons H_2SO_3 + OH^-$	$K_{a(\text{음이온})} > K_{b(\text{음이온})}$이면 < 7.0 $K_{b(\text{음이온})} > K_{a(\text{음이온})}$이면 > 7.0

› 18.8절 요약

- 중성 용액을 만드는 염은 더 이상 물과 반응하지 않는 이온으로 구성되어 있다.
- 산성 용액을 만드는 염은 반응하지 않는 음이온(강산으로부터)과 물에 양성자를 줄 수 있는 양이온으로 구성되어 있다.
- 염기성 용액을 만드는 염은 반응성이 없는 양이온(강염기로부터)과 물로부터 양성자를 받을 수 있는 음이온으로 구성되어 있다.
- 만약 양이온과 음이온이 모두 물과 반응한다면 보다 더 많이 반응하는(더 큰 K를 갖는) 이온에 의해서 염 용액의 산-염기성이 결정된다.
- 만약 음이온(다양성자 산의)이 양쪽성인 경우, 음이온의 산으로서의 세기(K_a)와 염기(K_b)로서의 세기에 따라 염 용액의 산도가 결정된다.

18.9 Brønsted-Lowry 개념의 일반화: 평준화 효과

일반적으로, *산은 양이온을 생성하고 염기는 음이온을 생성하는데, 두 이온 모두 용매의 자체 이온화에 의해 생성될 수 있는 것들이다.* 예를 들어, 수용액에서 모든 Brønsted-Lowry 산은 H_3O^+를 생성하며 모든 Brønsted-Lowry 염기는 OH^-를 생성하는데, 두 이온 모두 물이 자체 이온화할 때 생성되는 이온들이다.

이러한 사실은 우리에게 다음과 같은 중요한 질문을 던지게 한다. 왜 모든 강산과 모든 강염기는 물에서 *같은* 세기를 보이는 것일까? 이 질문에 대한 답은 *물에서 가장 강한 산은 H_3O^+이며 가장 강한 염기는 OH^-*이기 때문이라는 것이다.

- *강산의 경우*. HCl 기체를 물에 넣는 순간 HCl은 염기인 물과 반응하여 H_3O^+를 생성한다. 이러한 현상은 어떤 강산에서도 동일하게 일어나 강산은 *완전하게* 해리되어 H_3O^+를 형성한다. 따라서 실제로는 H_3O^+의 산의 세기를 관찰하고 있는 것이 된다.
- *강염기의 경우*. 강염기인 $Ba(OH)_2$는 물에서 완전 해리되어 OH^-를 생성한다. K_2O처럼 고체 상태에서 수산화 이온을 가지고 있지 않은 염기도 마찬가지로 OH^- 이온을 생성한다. OH^-보다 더 센 염기인 산화 이온도 물로부터 양성자를 빼앗아 즉시 OH^-를 생성한다.

$$O^{2-}(aq) + H_2O(l) \longrightarrow 2OH^-(aq)$$

그러므로 물이 모든 강산 및 강염기와 반응하여 물의 자체 이온화 생성물을 생성하여 모든 강산과 강염기에 대해 **평준화 효과**(leveling effect)를 보인다. 물은 염기로 작용하여 모든 강산의 세기를 동일한 수준으로 평준화시키며, 또한 산으로 작용하여 모든 강염기의 세기를 동일한 수준으로 평준화시킨다.

그러므로 강산의 상대적 세기를 알기 위해서는, 물보다 *더 약한* 염기여서 물보다 양성자를 잘 받지 못하는 용매에 강산을 녹여야 한다. 예를 들어, 할로젠화 수소산은 할로젠의 크기가 커질수록 그 결과로 더 길고 약한 H—X 결합을 가진다(그림 18.11 참조). 물에서 HF는 약산이지만, HCl, HBr, HI는 완벽하게 해리하므로 산의 세기는 같다. 그러나 이들을 순수한 아세트산에 용해시키면, *아세트산은 염기로 작용하여 양성자를 받는다.*

$$\begin{array}{llll} \text{산} & \text{염기} & \text{염기} & \text{산} \\ HCl(g) + & CH_3COOH(l) \rightleftharpoons & Cl^-(acet) + & CH_3COOH_2^+(acet) \\ HBr(g) + & CH_3COOH(l) \rightleftharpoons & Br^-(acet) + & CH_3COOH_2^+(acet) \\ HI(g) + & CH_3COOH(l) \rightleftharpoons & I^-(acet) + & CH_3COOH_2^+(acet) \end{array}$$

["(*acet*)"은 "(*aq*)" 대신에 CH_3COOH에 의한 용매화를 나타낸다.] 아세트산은 물보다 *약한* 염기이므로 세 가지 산(HCl, HBr, HI)의 양성자 제공 정도가 *달라진다*. 측정해 보면 HI는 이 용매에서 HBr보다 더 많이 양성자를 용매에 제공하며 HBr는 HCl보다 더 많은 양성자를 용매에 제공한다. 즉, 순수한 아세트산에서 $K_{HI} > K_{HBr} > K_{HCl}$이다. 같은 원리로, 강염기의 상대적인 세기는 물보다 더 약한 산인 용매, 예를 들어 순수한 액체 NH_3에서 결정한다.

› 18.9절 요약

- 강산 또는 강염기는 물에서 완전 해리하여 H_3O^+(또는 OH^-)를 생성시킨다. 이러한 이유로 물은 강산과 강염기의 세기를 같게 만든다.
- 강산의 세기의 차이는 아세트산과 같은 물보다 더 약한 염기에 녹여서 구별한다.

18.10 전자쌍 주기와 Lewis 산-염기 정의

마지막 산-염기 개념은 Gilbert N. Lewis에 의해 발전되었다. 9장에서 논의한 바와 같이 Lewis는 분자 결합에서 원자가 전자쌍의 중요성을 이해하는 데 공헌하였다. Brønsted-Lowry의 개념이 양성자에 초점을 맞추어 화학종의 산과 염기를 정의한 반면 Lewis의 개념은 *전자쌍*의 역할에 주안점을 두고 있다. **Lewis 산-염기의 정의**는 다음과 같다.

- *염기*는 결합을 형성할 때 전자쌍을 *주는* 화학종이다.
- *산*은 결합을 형성할 때 전자쌍을 *받는* 화학종이다.

Brønsted-Lowry의 정의의 경우와 마찬가지로 Lewis 정의에 의하면 염기는 제공할 수 있는 전자쌍을 가지고 있어야 한다. 따라서 염기의 범위를 크게 확장시키지는 못한다. 그러나 *산의 범위는 엄청나게 확장시킨다.* CO_2, Cu^{2+}와 같은 많은 화학종은 화학식에 H가 들어 있지 않지만(따라서 Brønsted-Lowry 산이 될 수 없지만), 이들은 반응에서 전자쌍을 받기 때문에 Lewis 산이다. 사실 양성자 그 자체도 염기가 제공하는 전자쌍을 받으므로 Lewis 산이다.

$$B\!: + H^+ \rightleftharpoons B{-}H^+$$

그러므로 *모든 Brønsted-Lowry의 산은 Lewis 산인 H^+를 제공한다.*

Lewis 산-염기 반응의 생성물을 **첨가 생성물**(adduct)이라 부르고, *이는* ***새로운*** *공유 결합을 갖는 단일 화학종*이다.

$$A + \!:\!B \rightleftharpoons A{-}B \text{ (첨가 생성물)}$$

따라서 Lewis의 개념은 산-염기 반응의 범위를 매우 크게 넓혔다.

- Arrhenius의 산-염기 반응은 H^+와 OH^-로부터 H_2O이 생성되는 것이다.
- Brønsted-Lowry의 산-염기 반응은 더 센 산에서 더 센 염기로 H^+가 이전되어 더 약한 산과 더 약한 염기를 생성하는 것이다.
- Lewis의 산-염기 반응은 *전자쌍을 주고 받아 첨가 생성물의 공유 결합을 형성하는 것이다.*

따라서 정의에 의하여,

- *Lewis 염기는 제공할 고립 전자쌍을 가지고 있어야 한다.*
- *Lewis* 산은 고립 전자쌍을 받아들여 새로운 결합을 형성할 수 있는 *비어 있는 오비탈 (또는 자신의 결합을 재배치하여 새로운 결합을 형성할 수 있는 능력)*을 *가지고 있어야 한다.*

이 절에서 Lewis 산으로 작용하는 분자들과 양이온들에 대해 알아보자.

» Lewis 산으로서의 분자

많은 분자들이 Lewis 산으로서 작용한다. 모든 경우에 전자쌍을 받는 원자는 전자 결핍 또는 극성 다중 결합으로 인하여 *낮은 전자 밀도*를 가지고 있다.

전자 결핍 원자를 가진 Lewis 산 가장 중요한 *전자 결핍* Lewis 산은 3A(13)족 원소인 붕소와 알루미늄의 화합물이다. 10장과 14장에서 언급한 것처럼 이러한 화합물들은 중심 원자 주위에 여덟 개 미만의 전자를 가지고 있어서 반응을 통해 원자의 팔전자 규칙을 만족시킨다. 예를 들어 삼플루오린화 붕소는 다음과 같이 암모니아로부터 전자쌍을 받아 공유 결합을 형성한다.

$$BF_3 + NH_3 \rightleftharpoons F_3B{-}NH_3$$

산 염기 첨가 생성물

일종의 염인 염화 알루미늄은 상대적으로 비극성인 다이에틸 에터에 잘 녹는다. 이는 다이에틸 에터의 O 원자가 Al에게 전자쌍을 제공함으로써 공유 결합을 형성하기 때문이다.

$$(CH_3{-}CH_2)_2O + AlCl_3 \rightleftharpoons (CH_3{-}CH_2)_2O{-}AlCl_3$$

염기 산 첨가 생성물

붕소와 할로젠화 알루미늄 화합물의 산성은 종종 유기 합성에 이용된다. 예를 들어, 염화 알루미늄($AlCl_3$)의 존재 하에서 CH_3Cl을 반응시키면 벤젠 고리에 메틸기가 도입된다. Lewis 산인 $AlCl_3$는 CH_3Cl로부터 Lewis 염기인 Cl^-를 제거하여 반응성이 높은 CH_3^+ 기를 가진 이온 첨가 생성물을 형성하고, CH_3^+ 기가 전자 밀도가 높은 벤젠을 공격한다.

$$\underset{\text{염기}}{CH_3Cl} + \underset{\text{산}}{AlCl_3} \rightleftharpoons \underset{\text{첨가 생성물}}{[CH_3]^+[Cl{-}AlCl_3]^-}$$

$$\underset{\text{벤젠}}{C_6H_6} + [CH_3]^+[Cl{-}AlCl_3]^- \rightleftharpoons \underset{\text{톨루엔}}{C_6H_5CH_3} + AlCl_3 + HCl$$

극성 다중 결합의 Lewis 산 극성 이중 결합을 가지고 있는 분자들도 Lewis 산으로 작용한다. Lewis 염기의 전자쌍이 부분적으로 양전하를 띠고 있는 이중 결합의 끝부분에 접근하여 π 결합을 깨면서 첨가 생성물과 새로운 결합을 형성한다. 예를 들어, 물과 이산화 황(SO_2)의 반응을 살펴보자. SO_2의 전기 음성도가 큰 O 원자는 중심의 S 원자를 부분적으로 양전하를 띠게 한다. 물에 있는 O 원자는 고립 전자쌍을 S 원자에게 주고, S—O 결합을 형성하며 π 결합 중 하나를 깨뜨린다. 그리고 물로부터 양성자가 π 결합의 일부였던 O로 이동한다. 생성되는 첨가 생성물은 아황산(H_2SO_3)이다.

$$\underset{\text{산}}{O{=}S{=}O} + \underset{\text{염기}}{H{-}O{-}H} \rightleftharpoons \underset{\text{첨가 생성물}}{H_2SO_3}$$

이산화 탄소와 금속 산화물로부터 탄산 이온을 형성하는 유사한 반응이 비수용액에서 일어난다. O^{2-} 이온(아래의 CaO에서 온)은 CO_2에 들어 있는 부분적으로 양전하를 띠는 C에 전자쌍을 제공해서 π 결합을 끊고 첨가 생성물로서 CO_3^{2-} 이온($CaCO_3$의 일부분)을 생성한다.

$$\underset{\text{염기}}{Ca^{2+}\,O^{2-}} + \underset{\text{산}}{O{=}C{=}O} \rightleftharpoons \underset{\text{첨가 생성물}}{Ca^{2+}[CO_3]^{2-}}$$

Lewis 산으로서의 금속 양이온

Lewis의 관점에서 보면 금속의 수화 과정은 산-염기 반응이다. 물의 O 원자에 있는 고립 전자쌍은 양으로 하전된 이온과 결합을 형성하여 수화된 양이온을 형성한다. *따라서 금속 이온은 물에 용해될 때 Lewis 산으로서 작용한다.*

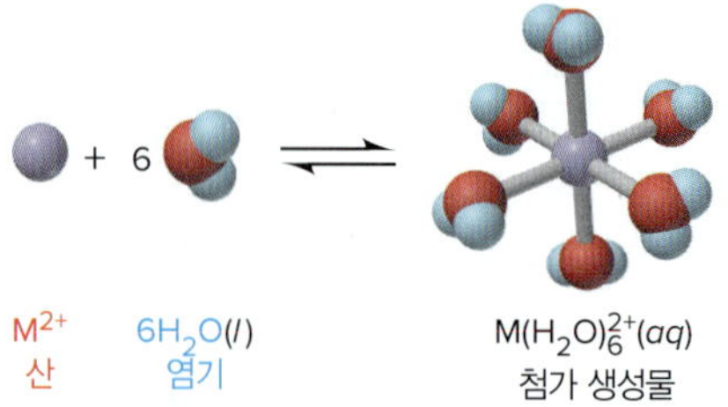

암모니아가 수화된 이온의 수용액에 첨가되었을 때 암모니아는 $K >> 1$로 H_2O를 치환하며, 암모니아는 물보다 더 센 Lewis 염기이다.

$$\underset{\text{수화된 첨가 생성물}}{Ni(H_2O)_6^{2+}(aq)} + \underset{\text{염기}}{6NH_3(aq)} \rightleftharpoons \underset{\text{암모니아로 치환된 첨가 생성물}}{Ni(NH_3)_6^{2+}(aq)} + 6H_2O(l)$$

보다 더 상세한 산-염기 반응의 평형 본질에 대해서는 19장에서 논의할 것이며, 이러한 이온들의 구조에 대해서는 22장에서 논의할 것이다.

중심에 금속 이온을 가지고 있는 많은 생체 분자들은 Lewis 첨가 생성물이다. 대부분의 경우 유기 작용기의 O와 N 원자는 Lewis 염기로서 고립 전자쌍을 제공한다. 엽록소(chlorophyll)는 중심 Mg^{2+}과 테트라피롤(tetrapyrrole, 또는 porphin) 고리에 있는 네 개의 N 원자가 아루는 Lewis 첨가 화합물이다(그림 18.16). 비타민 B_{12}는 중심 Co^{3+}를 갖는 유사한 구조를 가지고 있으며, 헴(heme)도 중심에 Fe^{2+}를 갖는 구조를 갖는다. Zn^{2+}, Mo^{2+}, Cu^{2+}와 같은 금속 이온들은 효소 내의 활성화 자리에 결합되어 있고 효소의 촉매 작용에서 Lewis 산의 역할을 한다(22.4절 끝 부분의 **영양학과 화학** 참조).

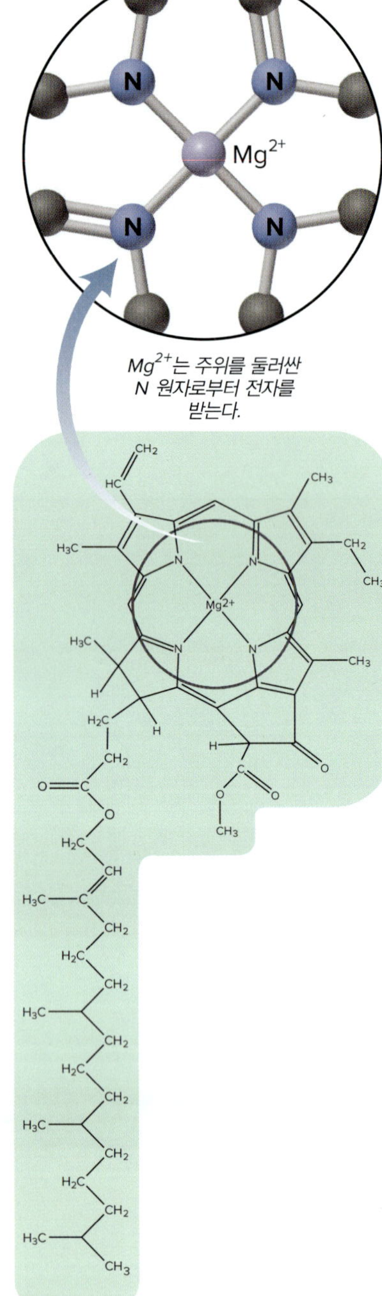

그림 18.16 엽록소에서 Lewis 산 역할을 하는 Mg^{2+}.

예제 18.14 | Lewis 산과 염기 확인

문제 다음 반응에서 Lewis 산과 염기를 찾아라.

(a) $H^+ + OH^- \rightleftharpoons H_2O$ **(b)** $Cl^- + BCl_3 \rightleftharpoons BCl_4^-$ **(c)** $K^+ + 6H_2O \rightleftharpoons K(H_2O)_6^+$

계획 화학식을 조사하여 첨가 생성물을 형성할 때 어느 화학종이 전자쌍을 받는지(Lewis 산), 어느 화학종이 전자쌍을 주는지(Lewis 염기) 알아낸다. Lewis 염기는 반드시 고립 전자쌍을 가져야 한다.

풀이 **(a)** 결합을 형성할 때 H^+는 OH^-로부터 전자쌍을 받아들인다. H^+는 Lewis 산이며, OH^-는 Lewis 염기이다.

(b) Cl^- 이온은 네 개의 고립 전자쌍을 가지고 있으며, 이 중 하나가 BCl_3의 B와의 새로운 결합을 형성한다. BCl_3가 Lewis 산이고, Cl^-는 Lewis 염기이다.

(c) K^+는 제공할 수 있는 원자가 전자가 없으므로 결합이 형성될 때 물의 산소 원자에 있는 전자쌍이 비어 있는 K^+의 오비탈에 들어온다. K^+는 Lewis 산이며, 물은 Lewis 염기이다.

검산 Lewis 산(H^+, BCl_3, K^+)은 각각 비어 있는 원자가 껍질을 가지고 있어서 Lewis 염기(OH^-, Cl^-, H_2O)로부터 전자쌍을 받을 수 있다.

▶ **보충 문제**

18.14A 다음 반응에서 Lewis 산과 Lewis 염기는 무엇인가?

(a) $OH^- + Al(OH)_3 \rightleftharpoons Al(OH)_4^-$

(b) $SO_3 + H_2O \rightleftharpoons H_2SO_4$

(c) $Co_3^+ + 6NH_3 \rightleftharpoons Co(NH_3)_6^{3+}$

18.14B 다음 반응에서 Lewis 산과 Lewis 염기는 무엇인가?

(a) $B(OH)_3 + H_2O \rightleftharpoons B(OH)_4^- + H^+$

(b) $Cd^{2+} + 4I^- \rightleftharpoons CdI_4^{2-}$

(c) $2F^- + SiF_4 \rightleftharpoons SiF_6^{2-}$

유사 문제 18.141, 18.142

산-염기 정의의 개관

화학적 관점을 더 넓혀보면, 각양각색의 산-염기 반응들도 결국 하나의 주제로 귀결된다. 화학자는 미지의 지방산을 분석하는 표준 염기, 제빵에 사용되는 베이킹소다, 혈액 세포에서 산소와 결합하는 헤모글로빈 등 다양한 반응들에서 공통 주제를 찾을 수 있다. 세 가지 산-염기 정의가 어떻게 잘 활용되는지 살펴보자.

1. *Arrhenius의 산 정의*는 분자 수준으로 산-염기를 정의하는 첫 번째 시도로서 세 가지 정의 중 가장 제한적이고 범위가 좁다. 이 정의는 물에 용해될 때 이온으로 방출되는 H 원자 또는 OH 기를 가진 화학종에만 적용된다. 비교적 적은 화학종만이 그러한 구조적 선행 조건을 가지므로 Arrhenius 산-염기 반응은 상대적으로 그 수가 적으며 모두 물에서 일어나며 물을 생성한다.

2. *Brønsted-Lowry의 정의*는 물에서 일어날 필요가 없는 양성자 이동 과정으로 산-염기 반응을 정의한다. Arrhenius의 산과 마찬가지로, Brønsted-Lowry의 산은 H를 가지고 있어야 하지만 Brønsted-Lowry의 염기는 양성자를 받아들일 수 있는 전자쌍을 가진 모든 화학종이다. 이러한 정의는 OH^-를 포함하여 더 많은 화학종들이 염기에 포함되게 한다. 이 정의는 반응의 양변에 있는 산과 염기인 짝산-짝염기 쌍으로 산-염기 반응을 정의한다. 이 시스템은 산과 염기, 그리고 짝산, 짝염기의 상대적 세기에 따라 서로 다른 평형에 도달한다.

3. *Lewis의 정의*는 그 적용 범위가 가장 넓고 앞의 두 정의를 포함한다. Lewis 산-염기 반응의 결정적 사건은 전자쌍을 주고받아 첨가 생성물에 새로운 공유 결합을 형성하는 것이다. Lewis 염기는 제공할 전자쌍을 가지고 있어야 한다. Lewis 산(전자쌍 받개)은 다른 두 정의에 포함되지 않는 많은 화학종을 포함하는데, 전자 결핍 원자 또는 극성 이중 결합을 가진 분자, 금속 이온, H^+ 그 자체 등이 여기에 해당된다.

18.10절 요약

- Lewis의 산-염기는 산-염기 반응의 생성물인 첨가 생성물에서 새로운 공유 결합을 생성할 때 전자쌍을 주느냐 또는 받느냐에 초점을 맞춘다. Lewis 염기는 전자쌍을 주고, Lewis 산은 전자쌍을 받는다.
- 따라서 H를 포함하지 않은 많은 화학종이 Lewis 산이 된다. 전자 결핍 원자뿐만 아니라 극성 이중 결합을 가진 분자도 Lewis 산으로 거동한다.
- Lewis 염기로 작용하는 물에 금속 이온이 용해될 때, 금속 이온은 Lewis 산으로 작용하여 첨가 생성물인 수화된 양이온을 생성한다.
- 많은 금속 이온은 생체 분자에서 Lewis 산으로 작용한다.

개념 정리와 복습 _Chapter Review Guide

학습 목표 _Learning Objectives

* 괄호 안은 관련된 절(§)과 예제(SP) 번호

주요 개념

1. 모든 수용액의 산-염기 계에서 양성자가 물 분자와 결합하여 H_3O^+를 형성하는 이유는 무엇인가? (§18.1)
2. 산-염기에 대한 Arrhenius의 정의 (§18.1)
3. 강산과 강염기의 모든 반응이 동일한 반응 엔탈피($\Delta H^\circ_{반응}$)를 가지는 이유는 무엇인가? (§18.1)
4. Brønsted-Lowry의 산-염기 정의와 어떻게 산-염기 반응을 양성자 이동 과정으로 볼 수 있는가? (§18.2)
5. 산(염기)이 물에 녹아 있을 때 물은 어떻게 염기(산)로 작용하는가? (§18.2)
6. 짝산-짝염기 쌍은 어떻게 하나의 양성자에 의해 달라지는가? (§18.2)
7. Brønsted-Lowry의 산-염기 반응은 어떻게 두 개의 짝산-짝염기 쌍을 포함하는가? (§18.2)
8. 더 센 산과 염기가 반응하면($K_c > 1$) 더 약한 염기와 산이 생성되는 이유는 무엇인가? (§18.2)
9. 물의 자체 이온화는 어떻게 K_w로 표현되는가? (§18.3)
10. 수용액에서 왜 $[H_3O^+]$는 $[OH^-]$와 반비례 관계인가? (§18.3)
11. $[H_3O^+]$와 $[OH^-]$의 상대적 크기가 어떻게 용액이 산성, 중성, 염기성인지 결정하는가? (§18.3)

12. 물에서 이온으로 해리되는 정도와 산(염기)의 세기는 어떻게 관련되는가? (§18.4).
13. 산의 상대적 세기는 어떻게 산 해리 상수 K_a로 표현되는가? (§18.5)
14. 농도가 감소함에 따라 약산의 해리 백분율이 증가하는 이유는 무엇인가? (§18.5)
15. 다양성자 산은 어떻게 2차, 3차 해리가 가능하며 1차 해리에서 대부분의 $[H_3O^+]$를 생성하는가? (§18.5)
16. 전기 음성도, 결합 극성 및 결합 세기가 산의 세기에 미치는 영향 (§18.6)
17. 수용액에서 작고 높게 하전된 금속 이온은 왜 산성을 나타내는가? (§18.6)
18. 어떻게 물속의 약염기는 해리되지 않고 양성자를 받아들이는가, K_b와 pK_b의 의미는 무엇인가? (§18.7)
19. 암모니아, 아민, 그리고 약산의 음이온은 물에서 어떻게 약염기로 작용하는가? (§18.7)
20. 어떻게 HA와 A^-의 상대적 농도로 그 용액의 산성 또는 염기성을 결정하는가? (§18.7)
21. 짝산-짝염기 쌍의 K_a와 K_b의 관계와 K_w (§18.7)
22. 산성, 염기성, 혹은 중성 염 용액을 만드는 양이온과 음이온의 다양한 조합 (§18.8)
23. 강산의 세기는 왜 물에서 평준화되며 물보다 염기성이 약한 용매에서 구별이 가능한가? (§18.9)
24. Lewis 산-염기의 정의와 어떻게 Lewis 산-염기 반응에서 전자쌍을 주고받아 공유 결합을 형성하는가? (§18.10)
25. 금속 양이온, 극성 이중 결합을 갖는 분자, 전자 결핍 원자를 가진 분자들은 어떻게 Lewis 산으로 작용하는가? (§18.10)

주요 스킬

1. 짝산-짝염기 쌍 찾기 (SP 18.1)
2. 상대적 산의 세기를 이용한 산-염기 반응의 방향 예측하기 (SP 18.2, 18.3)
3. K_w를 이용하여 수용액에서 $[H_3O^+]$와 $[OH^-]$ 계산(SP 18.4)
4. p-척도를 이용하여 $[H_3O^+]$, $[OH^-]$ 및 K 나타내기(§18.3)
5. 강산과 강염기의 $[H_3O^+]$, pH, $[OH^-]$, pOH 계산하기(SP 18.5)
6. pH로부터 약산의 K_a 구하기(SP 18.6)
7. $[HA]_{초기}$와 K_a로부터 $[H_3O^+]$ (그리고 pH) 계산하기(SP 18.7)
8. 이차 방정식을 써서 농도 구하기(보충 문제 18.7A)
9. 약산의 해리 백분율 계산하기(§18.5, SP 18.8)
10. 다양성자 산의 $[H_3O^+]$ 계산하기(SP 18.9)
11. 비금속 수소화물과 산소산의 상대적 산의 세기 예측(§18.6)
12. $[B]_{초기}$와 K_b로부터 pH 계산하기(SP 18.10)
13. HA의 K_a와 K_w부터 A^-의 K_b 구하기(§18.7, SP 18.11)
14. $[A^-]_{초기}$와 A^-의 K_b로부터 pH 계산하기(SP 18.11)
15. 양이온과 음이온의 성질로부터 염 용액의 상대적 산의 세기 예측하기(SP 18.12, 18.13)
16. Lewis 산과 염기 확인하기(SP 18.14)

주요 용어 _Key Terms

다양성자 산
물의 이온곱 상수, K_w
산 해리(산 이온화) 상수, K_a
산-염기 지시약
양성자 받개
양성자 주개
양쪽성
염기 해리(염기 이온화) 상수, K_b
자체 이온화
중화
짝산-짝염기 쌍
첨가 생성물
평준화 효과
하이드로늄 이온, H_3O^+
Arrhenius 산-염기 정의
Brnsted-Lowry 산-염기 정의
Lewis 산-염기의 정의
pH

주요 방정식 및 관계식 _Key Equations and Relationships

18.1 물의 이온곱 상수의 정의:

$$K_w = [H_3O^+][OH] = 1.0\times10^{14} \quad (25°C에서)$$

18.2 pH의 정의:

$$pH = -\log [H_3O^+]$$

18.3 pH, pOH, pK_w의 관계:

$$pK_w = pH + pOH = 14.00 \quad (25°C에서)$$

18.4 산 해리 상수의 정의:

$$K_a = \frac{[H_3O^+][A^-]}{[HA]}$$

18.5 HA의 해리 백분율 계산:

$$HA의\ 해리\ 백분율 = \frac{[HA]_{해리}}{[HA]_{초기}} \times 100$$

18.6 염기 해리 상수의 정의:

$$K_b = \frac{[BH^+][OH^-]}{[B]}$$

18.7 K_a, K_b, K_w의 관계:

$$K_a \times K_b = K_w$$

18.8 pK_a, pK_b, pK_w 사이의 관계:

$$pK_a + pK_b = 14.00$$

연습 문제 _Problems

노란색으로 표시한 문제들에 대해서는 그 답을 부록 E에 첨부하였다. 연습 문제에 표시된 절은 본문의 절과 같고, 관련 예제의 번호를 제시하였다. 대부분의 경우 개념 복습 문제, 스킬 숙달 문제(같은 개념을 다루는 두 문제씩 묶음) 및 실전 문제를 제시하였다.

주의: 별도의 언급이 없으면, 이 장의 모든 연습 문제는 298 K(25°C)의 수용액을 지칭한다.

H^+와 OH^-의 방출과 Arrhenius 정의

개념 복습 문제

18.1 Arrhenius 산-염기 정의에서 물의 역할은 무엇인가?

18.2 Arrhenius 산이 공통으로 가지는 것은 무엇인가? Arrhenius 염기가 공통으로 가지는 것은 무엇인가? Arrhenius 산-염기의 정의로부터 중화 반응을 설명하라. 어떠한 자료들이 Arrhenius가 이 중화 반응의 개념을 제안하도록 했는가?

18.3 왜 Arrhenius의 산-염기 정의가 제한적인가? Arrhenius의 정의가 적용되지 않는 한 가지 예를 들어라.

스킬 숙달 문제(유사한 문제들을 두 개씩 묶음)

18.4 다음 중 Arrhenius 산은 어느 것인가?
(a) H_2O (b) $Ca(OH)_2$ (c) H_3PO_3 (d) HI

18.5 다음 중 Arrhenius 산은 어느 것인가?
(a) $NaHSO_4$ (b) CH_4 (c) NaH (d) H_3N

18.6 다음 중 Arrhenius 염기는 어느 것인가?
(a) H_3AsO_4 (b) $Ba(OH)_2$ (c) HClO (d) KOH

18.7 다음 중 Arrhenius 염기는 어느 것인가?
(a) CH_3COOH (b) HOH (c) CH_3OH (d) H_2NNH_2

양성자 이동과 Brønsted-Lowry 산-염기 정의

(예제 18.1~18.3)

개념 복습 문제

18.8 Arrhenius의 산-염기와 Brønsted-Lowry 산-염기의 정의는 어떻게 다른가? 어떤 면에서 비슷한가? Arrhenius 염기가 아닌 Brønsted-Lowry의 염기 2개를 말하라. Arrhenius 산이 아닌 Brønsted-Lowry 산 2개를 말할 수 있는가? 설명하라.

18.9 짝산-짝염기 쌍은 무엇인가? 쌍을 구성하는 산과 염기의 관계는 무엇인가?

18.10 (a) Brønsted-Lowry 산-염기 반응은 더 강한 산과 더 강한 염기가 더 약한 산과 더 약한 염기를 생성하는 방향으로 진행한다. 설명하라.
(b) 오른쪽의 분자 모식도는 2개의 짝산-짝염기 쌍으로 이루어진 두 수용액 HA/A^- 및 HB/B^-를 나타낸다. 첫 번째 쌍의 염기는 빨간색 구로 표시하고 두 번째 쌍의 염기는 녹색 구로 표시한다. 명확함을 위해 용매 분자는 생략하였다.
어느 것이 더 센 산인가? 더 센 염기는 무엇인가? 설명하라.

18.11 양쪽성(amphiprotic) 물질이란 무엇인가? 하나의 예를 말하고 왜 양쪽성인지를 보여주는 균형 방정식을 작성하라.

스킬 숙달 문제(유사한 문제들을 두 개씩 묶음)

18.12 짝염기의 화학식을 써라.
(a) HCl (b) H_2CO_3 (c) H_2O

18.13 짝염기의 화학식을 써라.
(a) HPO_4^{2-} (b) NH_4^+ (c) HS^-

18.14 짝산의 화학식을 써라.
(a) NH_3 (b) NH_2^- (c) 니코틴($C_{10}H_{14}N_2$)

18.15 짝산의 화학식을 써라.
(a) O^{2-} (b) SO_4^{2-} (c) H_2O

18.16 다음 식에서 산, 염기, 짝산-짝염기 쌍을 표시하라.
(a) $HCl + H_2O \rightleftharpoons Cl^- + H_3O^+$
(b) $HClO_4 + H_2SO_4 \rightleftharpoons ClO_4^- + H_3SO_4^+$
(c) $HPO_4^{2-} + H_2SO_4 \rightleftharpoons H_2PO_4^- + HSO_4^-$

18.17 다음 식에서 산, 염기, 짝산-짝염기 쌍을 표시하라.
(a) $NH_3 + HNO_3 \rightleftharpoons NH_4^+ + NO_3^-$
(b) $O_2^- + H_2O \rightleftharpoons OH^- + OH^-$
(c) $NH_4^+ + BrO_3^- \rightleftharpoons NH_3 + HBrO_3$

18.18 다음 식에서 산, 염기, 짝산-짝염기 쌍을 표시하라.
(a) $NH_3 + H_3PO_4 \rightleftharpoons NH_4^+ + H_2PO_4^-$
(b) $CH_3O^- + NH_3 \rightleftharpoons CH_3OH + NH_2^-$
(c) $HPO_4^{2-} + HSO_4^- \rightleftharpoons H_2PO_4^- + SO_4^{2-}$

18.19 다음 식에서 산, 염기, 짝산-짝염기 쌍을 표시하라.
(a) $NH_4^+ + CN^- \rightleftharpoons NH_3 + HCN$
(b) $H_2O + HS^- \rightleftharpoons OH^- + H_2S$
(c) $HSO_3^- + CH_3NH_2 \rightleftharpoons SO_3^{2-} + CH_3NH_3^+$

18.20 다음 반응의 균형 알짜 이온 반응식을 쓰고, 짝산-짝염기 쌍을 표시하라.
(a) $NaOH(aq) + NaH_2PO_4(aq) \rightleftharpoons H_2O(l) + Na_2HPO_4(aq)$
(b) $KHSO_4(aq) + K_2CO_3(aq) \rightleftharpoons K_2SO_4(aq) + KHCO_3(aq)$

18.21 다음 반응의 균형 알짜 이온 반응식을 쓰고, 짝산-짝염기 쌍을 표시하라.
(a) $HNO_3(aq) + Li_2CO_3(aq) \rightleftharpoons LiNO_3(aq) + LiHCO_3(aq)$
(b) $2NH_4Cl(aq) + Ba(OH)_2(aq) \rightleftharpoons 2H_2O(l) + BaCl_2(aq) + 2NH_3(aq)$

18.22 다음 수용액상 물질은 두 개의 짝산-짝염기 쌍으로 구성되어 있다. $K_c > 1$인 하나의 산-염기 반응식과 $K_c < 1$인 다른 반응식을 써라. HS^-, Cl^-, HCl, H_2S.

18.23 다음 수용액상의 물질은 두 개의 짝산-짝염기 쌍으로 구성되어 있다. $K_c > 1$인 하나의 산-염기 반응식과 $K_c < 1$인 다른 반응식을 써라. NO_3^-, F^-, HF, HNO_3.

18.24 그림 18.2를 이용하여 다음 반응식이 $K_c > 1$인지, 아닌지를 결정하라.
(a) $HCl + NH_3 \rightleftharpoons NH_4^+ + Cl^-$

(b) $H_2SO_3 + NH_3 \rightleftharpoons HSO_3^- + NH_4^+$

18.25 그림 18.2를 이용하여 다음 반응식이 $K_c > 1$인지, 아닌지를 결정하라.
(a) $OH^- + HS^- \rightleftharpoons H_2O + S^{2-}$
(b) $HCN + HCO_3^- \rightleftharpoons H_2CO_3 + CN^-$

18.26 그림 18.2를 이용하여 다음 반응식이 $K_c < 1$인지, 아닌지를 결정하라.
(a) $NH_4^+ + HPO_4^{2-} \rightleftharpoons NH_3 + H_2PO_4^-$
(b) $HSO_3^- + HS^- \rightleftharpoons H_2SO_3 + S^{2-}$

18.27 그림 18.2를 이용하여 다음 반응식이 $K_c < 1$인지, 아닌지를 결정하라.
(a) $H_2PO_4^- + F^- \rightleftharpoons HPO_4^{2-} + HF$
(b) $CH_3COO^- + HSO_4^- \rightleftharpoons CH_3COOH + SO_4^{2-}$

물의 자체 이온화와 pH 척도

(예제 18.4)

개념 복습 문제

18.28 자체 이온화 반응이란 무엇인가? H_2O와 H_2SO_4의 자체 이온화 반응에 대해 반응식을 써라.

18.29 물의 자체 이온화에 대한 K_c와 K_w의 차이점은 무엇인가?

18.30 (a) $[OH^-]$가 10배 증가할 때 pH의 변화는 얼마인가? (b) pH가 3이 감소할 때 $[H_3O^+]$의 농도는 얼마나 변화하나?

18.31 어느 용액의 pH가 더 높은가? 설명하라.
(a) 0.1 *M* 산 용액과 0.01 *M* 염기 용액
(b) pOH 6.0인 용액과 pOH 8.0인 용액
(c) $[H_3O^+] = 1\times10^{-4}$ *M*인 용액과 $[OH^-] = 1\times10^{-4}$ *M*인 용액

스킬 숙달 문제(유사한 문제들을 두 개씩 묶음)

18.32 (a) pH 9.85인 용액의 $[H_3O^+]$, $[OH^-]$, pOH는 얼마인가? (b) pOH 9.43인 용액의 $[H_3O^+]$, $[OH^-]$ 및 pH는 얼마인가?

18.33 (a) pH 3.47인 용액의 $[H_3O^+]$, $[OH^-]$, pOH는 얼마인가? (b) pOH 4.33인 용액의 $[H_3O^+]$, $[OH^-]$ 및 pH는 얼마인가?

18.34 (a) pH 4.77인 용액의 $[H_3O^+]$, $[OH^-]$, pOH는 얼마인가? (b) pOH 5.65인 용액의 $[H_3O^+]$, $[OH^-]$ 및 pH는 얼마인가?

18.35 (a) pH 8.97인 용액의 $[H_3O^+]$, $[OH^-]$, pOH는 얼마인가? (b) pOH 11.27인 용액의 $[H_3O^+]$, $[OH^-]$, pH는 얼마인가?

18.36 용액의 pH를 3.15에서 3.65로 조정하기 위해 강산 용액 1 L에 H_3O^+ 또는 OH^- 몇 mol을 첨가해야 하는가? 첨가 시 부피 변화는 무시하라.

18.37 용액의 pH를 9.33에서 9.07로 조정하기 위해 강염기 용액 1 L에 H_3O^+ 또는 OH^- 몇 mol을 첨가해야 하는가? 첨가 시 부피 변화는 무시하라.

18.38 강산 용액 5.6 L의 pH를 4.52에서 5.25로 조정하기 위해 H_3O^+ 또는 OH^- 몇 mol을 용액에 첨가해야 하는가? 첨가 시 부피 변화는 무시하라.

18.39 강산 용액 87.5 mL의 pH를 8.92에서 8.45로 조정하기 위해 H_3O^+ 또는 OH^- 몇 mol을 용액에 첨가해야 하는가? 첨가 시 부피 변화는 무시하라.

실전 문제

18.40 두 분자 모식도는 같은 부피의 용액에서 *보라색*으로 나타낸 H_3O^+의 상대적 농도를 나타낸다(명확성을 위해 상대 이온 및 용매 분자는 생략함). 그림 A의 pH가 4.8이면 그림 B의 pH는 얼마인가?

18.41 일반적인 평형 상수와 마찬가지로 K_w도 온도에 따라 변한다. (a) 자체 이온화가 흡열 과정이라면 온도가 높을수록 K_w는 커지는가, 아니면 작아지는가? 열을 반응물이나 생성물로 취급한 반응식으로 설명하라. (b) 대부분의 의학적인 응용에서는 37°C(체온)에서의 K_w의 값을 사용하는 것이 25°C에서의 $K_w(1.0\times10^{-14})$를 사용하는 것보다 바람직하다. 37°C에서 순수한 물의 pH는 6.80이다. 이 온도에서 K_w, pOH, $[OH^-]$를 계산하라.

강산과 강염기에 대한 pH 계산

(예제 18.5)

개념 복습 문제

18.42 산과 염기에서 "강하다"는 것은 무엇을 의미하는가? 왜 강산과 강염기는 강전해질로 분류되는가?

18.43 강한 옥소산의 O 원자 수와 이온화 가능한 양성자의 수 사이 관계는 어떻게 되는가?

18.44 어떤 금속의 수산화물이 강염기인가?

18.45 0.25 *M* KOH와 0.25 *M* $Ca(OH)_2$ 중 어느 용액의 pH가 더 높은가? 설명하라.

스킬 숙달 문제(유사한 문제들을 두 개씩 묶음)

18.46 (a) 0.0111 *M* NaOH의 pH는 얼마인가? 이 용액은 중성인가, 산성인가, 염기성인가? (b) 1.35×10^{-3} *M* HCl의 pOH는 얼마인가? 이 용액은 산성, 중성, 염기성인가?

18.47 (a) 0.0333 *M* HNO_3의 pH는 얼마인가? 이 용액은 중성인가, 산성인가, 염기성인가? (b) 0.0347 *M* KOH의 pOH는 얼마인가? 이 용액은 산성, 중성, 염기성인가?

18.48 (a) 6.14×10^{-3} *M* HI의 pH는 얼마인가? 이 용액은 중성인가, 산성인가, 염기성인가? (b) 2.55 *M* $Ba(OH)_2$의 pOH는 얼마인가? 이 용액은 산성, 중성, 염기성인가?

18.49 (a) 7.52×10^{-3} *M* CsOH의 pH는 얼마인가? 이 용액은 중성인가, 산성인가, 염기성인가? (b) 1.59×10^{-3} *M* $HClO_4$의 pOH는 얼마인가? 이 용액은 산성인가, 중성인가, 염기성인가?

약산과 평형에 대한 계산

(예제 18.6~18.9)

개념 복습 문제

18.50 산-염기 개념에서 "약하다"는 말은 어떤 의미인가? 약산의 K_a 값은 매우 다양하여 10의 10승 배 이상 차이가 나기도 한다. 산들을 "약하게" 만드는 공통적인 것은 무엇인가?

18.51 어느 용액의 pH가 더 높은가? 설명하라.
(a) $K_a = 1\times10^{-4}$인 0.1 *M* 산 용액과 $K_a = 4\times10^{-5}$인 0.1 *M* 산 용액
(b) $pK_a = 3.0$인 0.1 *M* 산 용액과 $pK_a = 3.5$인 0.1 *M* 산 용액
(c) 0.1 *M* 약산 용액과 0.01 *M* 같은 산 용액
(d) 0.1 *M* 약산 용액과 0.1 *M* 강산 용액

18.52 다음 각 경우에 대해 해리 반응 전후에서 산의 농도가 거의 동일한지 또는 크게 달라지는지를 예측하고 그 이유를 설명하라. (a) 진한 강산 용액 (b) 진한 약산 용액 (c) 묽은 약산 용액 (d) 묽은 강산 용액.

18.53 0.0001 *M* HCl의 용액의 $[H_3O^+]$은 0.1 *M* CH_3COOH와 거의 같다. 이 시료들에서 아세트산과 염산은 동일한 세기를 갖는가? 설명하라.

18.54 0.15 *M* HA(*파란색, 녹색*) 용액은 33% 해리된다. 아래 모식도 중 물로 희석한 용액 시료를 나타내는 것은 어느 것인가? (실제로 약산은 이렇게 높은 해리 백분율을 가지지 않는다.)

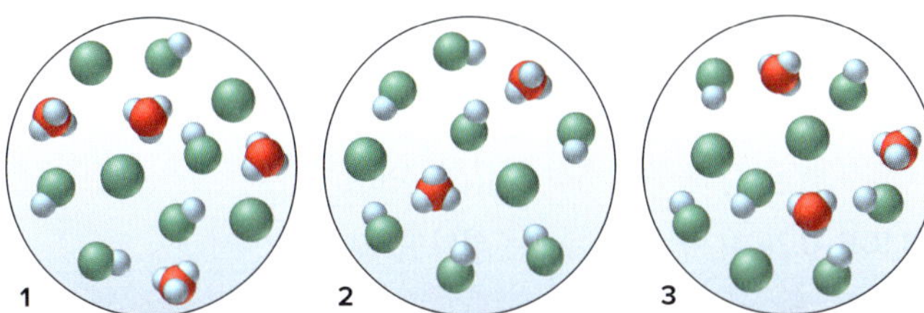

18.55 다음 용액 중에서 어느 용액의 $[H_3O^+]$가 $[CH_3COO^-]$와 대략 같을까? (a) 0.1 *M* CH_3COOH (b) 1×10^{-7} *M* CH_3COOH (c) 0.1 *M*의 CH_3COOH와 0.1 *M* CH_3COONa을 포함하는 용액. 설명하라.

18.56 모든 다양성자 산의 K_a 값이 연속적으로 감소하는 이유는 무엇인가?

스킬 숙달 문제(*유사한 문제들을 두 개씩 묶음*)

18.57 각각 강산 또는 약산으로 분류하라.
(a) H_3AsO_4 (b) HI (c) HIO (d) $HClO_4$

18.58 각각 강산 또는 약산으로 분류하라.
(a) HNO_3 (b) HBr (c) H_2S (d) HCOOH

18.59 부록 C의 자료를 참고하여 산의 세기가 *증가하는* 순서로 나열하라. HIO_3, HI, CH_3COOH, HF.

18.60 부록 C의 자료를 참고하여 산의 세기가 *감소하는* 순서로 나열하라. HClO, HCl, HCN, HNO_2.

18.61 물에서 다음 Brønsted-Lowry 산의 균형 반응식과 K_a 식을 써라.
(a) H_3PO_4 (b) C_6H_5COOH (c) HSO_4^- (d) HNO_2

18.62 물에서 다음 Brønsted-Lowry 산의 균형 반응식과 K_a 식을 써라.
(a) HCOOH (b) $HClO_3$ (c) $H_2AsO_4^-$ (d) $HBrO_2$

18.63 부탄산(butanoic acid, $CH_3CH_2CH_2COOH$) 0.15 *M*에는 H_3O^+가 1.51×10^{-3} *M* 포함되어 있다. 부탄산의 K_a는 얼마인가?

18.64 HA 0.035 *M*은 pH 값이 4.88이다. HA의 K_a 값은 얼마인가?

18.65 아질산(HNO_2)의 K_a는 7.1×10^{-4}이다. 0.60 *M* HNO_2의 $[H_3O^+]$, $[NO_2^-]$, $[OH^-]$는 각각 얼마인가?

18.66 플루오린화 수소산(HF)의 K_a는 6.8×10^{-4}이다. 0.75 *M* HF의 $[H_3O^+]$, $[F^-]$, $[OH^-]$는 각각 얼마인가?

18.67 염화아세트산($ClCH_2COOH$)의 pK_a는 2.87이다. 1.25 *M* $ClCH_2COOH$에 존재하는 $[H_3O^+]$, $[ClCH_2COO^-]$, $[ClCH_2COOH]$와 pH는 얼마인가?

18.68 하이포아염소산(HClO)의 pK_a는 7.54이다. 0.115 *M* HClO에 존재하는 $[H_3O^+]$, $[ClO^-]$, [HClO]와 pH는 얼마인가?

18.69 0.20 *M* 용액에서 어떤 약산은 3.0% 해리한다. (a) 용액에 존재하는 $[H_3O^+]$, pH, $[OH^-]$, pOH를 계산하라. (b) 이 산의 K_a를 계산하라.

18.70 0.735 *M* 용액에서 어떤 약산은 12.5% 해리한다. (a) 용액에 존재하는 $[H_3O^+]$, pH, $[OH^-]$, pOH를 계산하라. (b) 이 산의 K_a를 계산하라.

18.71 HX 0.250 mol을 충분한 물에 녹여서 655 mL 용액을 만들었다. 이 용액의 pH가 3.54인 경우 HX의 K_a 값은 얼마인가?

18.72 HY 4.85×10^{-3} mol을 충분한 물에 녹여서 0.095 L 용액을 만들었다. 이 용액의 pH가 2.68인 경우, HY의 K_a 값은 얼마인가?

18.73 약산 HZ의 K_a는 2.55×10^{-4}이다.
(a) 0.075 *M* HZ의 pH를 계산하라.
(b) 0.045 *M* HZ의 pOH를 계산하라.

18.74 약산 HQ의 pK_a는 4.89이다.
(a) 3.5×10^{-2} *M* HQ의 $[H_3O^+]$를 계산하라.
(b) 0.65 *M* HQ의 $[OH^-]$를 계산하라.

18.75 (a) $K_a = 1.50\times10^{-4}$인 HY 0.175 *M*의 pH를 계산하라.
(b) $K_a = 2.00\times10^{-2}$인 HX 0.175 *M*의 pOH를 계산하라.

18.76 (a) $K_a = 6.2\times10^{-10}$인 HCN 0.55 *M*의 pH를 계산하라.
(b) $K_a = 0.16$인 HIO_3 0.044 *M*의 pOH를 계산하라.

18.77 부록 C를 이용하여 0.55 *M* 벤조산(C_6H_5COOH) 용액의 해리 백분율을 계산하라.

18.78 부록 C를 이용하여 0.050 *M* 아세트산(CH_3COOH) 용액의 해리 백분율을 계산하라.

18.79 부록 C를 이용하여 0.10 *M* 황화 수소산의 $[H_2S]$, $[HS^-]$, $[S^{2-}]$, $[H_3O^+]$, pH, $[OH^-]$, pOH를 계산하라.

18.80 부록 C를 이용하여 0.200 *M* 이양성자산인 말론산(malonic acid)의 $[H_2C_3H_2O_4]$, $[HC_3H_2O_4^-]$, $[C_3H_2O_4^{2-}]$, $[H_3O^+]$, pH, $[OH^-]$, pOH를 계산하라.

실전 문제

18.81 아세틸살리실산(아스피린, $HC_9H_7O_4$)은 가장 널리 사용되는 통증 완화제 및 해열제이다. 체온에서 0.018 *M* 아스피린의 pH를 구하라(37°C에서 $K_a = 3.6\times10^{-4}$).

18.82 가장 간단한 카복실산인 폼산(HCOOH)은 섬유와 고무 산업에 주로 사용된다. 폼산은 대부분의 개미가 자신을 방어하기 위해서 지니는 독성이 있는 액체이다. 0.75 *M* 폼산의 해리 백분율을 계산하라.

분자의 특성과 산의 세기

개념 복습 문제

18.83 주기에서 오른쪽으로 감에 따라 비금속의 전기 음성도는 이성분 수소화물의 산도에 어떤 영향을 미치는가?

18.84 비금속 원자의 크기는 이성분 수소화물의 산도에 어떤 영향을 미치는가?

18.85 강산은 산성 양성자와의 결합이 약하지만 약산은 산성 양성자와 강한 결합을 한다. 설명하라.

18.86 과염소산($HClO_4$)은 할로젠 산소산 중 가장 센 산이며 하이포아아이오딘산(HIO)은 가장 약산이다. 산의 세기의 차이를 나타내는 두 가지 인자는 무엇인가?

스킬 숙달 문제(유사한 문제들을 두 개씩 묶음)

18.87 다음 쌍에서 *더 센* 산을 찾아라.
(a) H_2SeO_3와 H_2SeO_4 (b) H_3PO_4와 H_3AsO_4
(c) H_2S와 H_2Te

18.88 다음 쌍에서 *더 약한* 약산을 찾아라.
(a) HBr과 H_2Se (b) $HClO_4$와 H_2SO_4
(c) H_2SO_3와 H_2SO_4

18.89 다음 쌍에서 *더 센* 산을 찾아라.
(a) H_2Se와 H_3As (b) $B(OH)_3$와 $Al(OH)_3$
(c) $HBrO_2$와 HBrO

18.90 다음 쌍에서 *더 약한* 산을 찾아라.
(a) HI와 HBr (b) H_3AsO_4와 H_2SeO_4 (c) HNO_3와 HNO_2

18.91 부록 C를 이용하여 pH가 낮은 용액을 찾아라.
(a) 0.5 *M* $CuBr_2$와 0.5 *M* $AlBr_3$
(b) 0.3 *M* $ZnCl_2$와 0.3 *M* $SnCl_2$

18.92 부록 C를 이용하여 pH가 낮은 용액을 찾아라.
(a) 0.1 *M* $FeCl_3$와 0.1 *M* $AlCl_3$
(b) 0.1 *M* $BeCl_2$와 0.1 *M* $CaCl_2$

18.93 부록 C를 이용하여 pH가 높은 용액을 찾아라.
(a) 0.2 *M* $Ni(NO_3)_2$와 0.2 *M* $Co(NO_3)_2$
(b) 0.35 *M* $Al(NO_3)_3$와 0.35 *M* $Cr(NO_3)_3$

18.94 부록 C를 이용하여 pH가 높은 용액을 찾아라.
(a) 0.1 *M* $NiCl_2$와 0.1 *M* NaCl
(b) 0.1 *M* $Sn(NO_3)_2$와 0.1 *M* $Co(NO_3)_2$

약염기와 약산과의 관계

(예제 18.10, 18.11)

개념 복습 문제

18.95 Brønsted-Lowry 염기의 구조적 특성은 무엇인가? 산-염기 반응에서 이것은 어떠한 작용을 하는가?

18.96 물에서 대부분의 음이온은 왜 염기로 작용하나? 염기가 아닌 네 가지 음이온의 화학식을 들어라.

18.97 구경꾼 이온인 Na^+ 제외하고, CH_3COOH와 CH_3COONa의 수용액은 같은 종을 포함한다. (a) H_2O를 제외한 다른 종들은 무엇인가? (b) 왜 0.1 *M* CH_3COOH 용액은 산성이며 0.1 *M* CH_3COONa 용액은 염기성인가?

스킬 숙달 문제(유사한 문제들을 두 개씩 묶음)

18.98 물에서 아래 Brønsted-Lowry 염기에 대한 균형 반응식과 K_b 식을 써라.
(a) 피리딘(C_5H_5N) (b) CO_3^{2-}

18.99 물에서 아래 Brønsted-Lowry 염기에 대한 균형 반응식과 K_b 식을 써라.
(a) 벤조산 음이온($C_6H_5COO^-$) (b) $(CH_3)_3N$

18.100 물에서 아래 BrønstedLowry 염기에 대한 균형 반응식과 K_b 식을 써라.
(a) 하이드록실 아민($HO—NH_2$) (b) HPO_4^{2-}

18.101 물에서 아래 Brønsted-Lowry 염기에 대한 균형 반응식과 K_b 식을 써라.
(a) 구아니딘(guanidine) $(H_2N)_2{=}NH$ (이중 결합의 N이 더 염기성)
(b) 아세틸라이드(acetylide) 이온($HC{\equiv}C^-$)

18.102 0.070 *M* 다이메틸 아민의 pH는 얼마인가?

18.103 0.12 *M* 다이메틸 아민의 pH는 얼마인가?

18.104 0.25 *M* 에탄올 아민의 pH는 얼마인가?

18.105 0.26 *M* 아닐린의 pH는 얼마인가?

18.106 (a) 아세트산 이온의 K_b는?
(b) 아닐리늄 이온($C_6H_5NH_3^+$)의 K_a는?

18.107 (a) 벤조에이트($C_6H_5COO^-$) 이온의 K_b는?
(b) 2-하이드록시에틸암모늄 이온($HOCH_2CH_2NH_3^+$, $pK_b = 4.49$)의 K_a는?

18.108 (a) ClO_2^-의 pK_b는?
(b) 다이메틸 암모늄 이온[$(CH_3)_2NH_2^+$]의 pK_a는?

18.109 (a) NO_2^-의 pK_b는?
(b) 하이드라지늄이온($NH_2—NH_3^+$)의 pK_a는? (하이드라진의 K_b는 8.5×10^{-7})

18.110 (a) 0.150 *M* KCN의 pH는 얼마인가?
(b) 0.40 *M* 염화 트라이에틸암모늄클로라이드[$(CH_3CH_2)_3NHCl$]의 pH는 얼마인가?

18.111 (a) 페놀의 소듐염인 0.100 *M* 소듐 페놀레이트(sodium phenolate)의 pH는 얼마인가?
(b) 0.15 *M* 메틸암모늄 브로마이드(CH_3NH_3Br)의 pH는 얼마인가? (CH_3NH_2의 K_b는 4.4×10^{-4})

18.112 (a) 0.65 *M* HCOOK의 pH는 얼마인가?
(b) 0.85 *M* NH_4Br의 pH는 얼마인가?

18.113 (a) 0.75 *M* NaF의 pH는 얼마인가?
(b) 0.88 *M* C_5H_5NHCl의 pH는 얼마인가?

실전 문제

18.114 염소 표백제 NaClO 용액은 위험한 가정용품으로 인식되고 있다. 위험성은 활성 표백 성분인 ClO^-와 그것의 염기성 때문이다. 질량%로 6.5% NaClO 수용액에서 $[OH^-]$는 얼마인가? 또한 그 용액의 pH는 얼마인가? (용액의 d = 1.0 g/mL로 가정하라.)

18.115 코데인($C_{18}H_{21}NO_3$)은 마약성 진통제로 HCl과 염을 형성한다. 0.050 M 코데인 염산염의 pH는 얼마인가(코데인의 pK_b = 5.80)?

염 용액의 산-염기 성질

(예제 18.12, 18.13)

개념 복습 문제

18.116 염의 수용액이 산성, 염기성 또는 중성인지를 결정하는 것은 무엇인가? 각 유형의 염의 예를 들어라.

18.117 왜 NaF 용액은 염기성이지만 NaCl 용액은 중성인가?

18.118 NH_4^+ 이온은 산성 용액을 형성하고, CH_3COO^- 이온은 염기성 용액을 형성한다. 그러나 암모늄 아세테이트의 용액은 거의 중성이다. 약산의 모든 암모늄염이 중성 용액을 형성하는가? 설명하라.

스킬 숙달 문제(유사한 문제들을 두 개씩 묶음)

18.119 필요하면 반응식과 계산을 써서 다음 각 염들의 수용액이 산성인지, 염기성인지 또는 중성인지 설명하라.
(a) KBr (b) NH_4I (c) KCN

18.120 필요하면 반응식과 계산을 써서 다음 각 염들의 수용액이 산성인지, 염기성인지 또는 중성인지 설명하라.
(a) $SnCl_2$ (b) NaHS (c) $Zn(CH_3COO)_2$

18.121 필요하면 반응식과 계산을 써서 다음 각 염들의 수용액이 산성인지, 염기성인지 또는 중성인지 설명하라.
(a) Na_2CO_3 (b) $CaCl_2$ (c) $Cu(NO_3)_2$

18.122 필요하면 반응식과 계산을 써서 다음 각 염들의 수용액이 산성인지, 염기성인지 또는 중성인지 설명하라.
(a) CH_3NH_3Cl (b) $LiClO_4$ (c) CoF_2

18.123 필요하면 반응식과 계산을 써서 다음 각 염들의 수용액이 산성인지, 염기성인지 또는 중성인지 설명하라.
(a) $SrBr_2$ (b) $Ba(CH_3COO)_2$ (c) $(CH_3)_2NH_2Br$

18.124 필요하면 반응식과 계산을 써서 다음 각 염들의 수용액이 산성인지, 염기성인지 또는 중성인지 설명하라.
(a) $Fe(HCOO)_3$ (b) $KHCO_3$ (c) K_2S

18.125 필요하면 반응식과 계산을 써서 다음 각 염들의 수용액이 산성인지, 염기성인지 또는 중성인지 설명하라.
(a) $(NH_4)_3PO_4$ (b) Na_2SO_4 (c) LiClO

18.126 필요하면 반응식과 계산을 써서 다음 각 염들의 수용액이 산성인지, 염기성인지 또는 중성인지 설명하라.
(a) $Pb(CH_3COO)_2$ (b) $Cr(NO_2)_3$ (c) CsI

18.127 다음의 염들의 0.1 M 수용액에서 pH가 *증가하는* 순서로 나열하라.
(a) KNO_3, K_2SO_3, K_2S, $Fe(NO_3)_2$
(b) NH_4NO_3, $NaHSO_4$, $NaHCO_3$, Na_2CO_3

18.128 다음의 염들의 0.1 M 수용액에서 pH가 *감소하는* 순서로 나열하라.
(a) $FeCl_2$, $FeCl_3$, $MgCl_2$, $KClO_2$
(b) NH_4Br, $NaBrO_2$, NaBr, $NaClO_2$

Brønsted-Lowry 개념의 일반화: 평준화 효과

개념 복습 문제

18.129 CH_3O^-와 NH_2^-는 물에서 평준화되는 매우 센 염기이다. 이것은 무엇을 의미하는가? 평준화 과정의 반응식을 써라. 평준화된 두 용액이 공통적으로 갖는 화학종은 무엇인가?

18.130 CH_3COOH, H_2O 및 NH_3에서 H_2SO_4의 해리의 정도가 다름을 설명하라.

18.131 물에서는 플루오린화 수소산(HF)은 약산이며 그 밖의 할로젠화 수소산은 강산이다. 하지만 암모니아에서는 플루오린화 수소산을 포함한 모든 할로젠화 수소산이 동일하게 강산이다. 그 이유를 설명하라.

전자쌍 주개와 Lewis 산-염기 정의

(예제 18.14)

개념 복습 문제

18.132 Lewis 염기의 역할을 하려면 분자나 이온이 어떤 특성을 가져야 하는가? Lewis 산 역할을 하려면 분자나 이온이 어떤 특성을 가져야 하는가? 이 특성들의 역할을 설명하라.

18.133 Lewis 산은 Brønsted-Lowry 산과 어떻게 다른가? 어떤 점에서 비슷한가? Lewis 염기가 Brønsted-Lowry 염기와 다른가? 설명하라.

18.134 (a) 약한 Brønsted-Lowry 염기는 반드시 약한 Lewis 염기인가? 예를 들어 설명하라.
(b) 다음 반응에서 Lewis 염기는 무엇인가?

$$Cu(H_2O)_4^{2+}(aq) + 4CN^-(aq) \rightleftharpoons Cu(CN)_4^{2-}(aq) + 4H_2O(l)$$

(c) (b)의 반응에서 $K_c > 1$이면 어느 Lewis 염기가 더 센가?

18.135 세 가지 산-염기 개념 중 물이 산-염기 반응의 생성물일 수 있는 것은 어느 것인가? 어느 개념에서 물이 유일한 생성물인가?

18.136 (a) 세 가지 산-염기 정의 중 두 가지에서 염기이지만 세 번째 개념에서 염기가 아닌 *물질* 한 가지 예를 들어라. (b) 세 가지 산-염기 정의 중 하나에 대해서는 산성 물질이지만 다른 두 가지 정의에서는 산성이 아닌 *물질*의 한 가지 예를 들어라.

스킬 숙달 문제(유사한 문제들을 두 개씩 묶음)

18.137 Lewis 산과 Lewis 염기를 골라라.
(a) Cu^{2+} (b) Cl^- (c) $SnCl_2$ (d) OF_2

18.138 Lewis 산과 Lewis 염기를 골라라.
(a) Na^+ (b) NH_3 (c) CN^- (d) BF_3

18.139 Lewis 산과 Lewis 염기를 골라라.
(a) BF_3 (b) S^{2-} (c) SO_3^{2-} (d) SO_3

18.140 Lewis 산과 Lewis 염기를 골라라.
(a) Mg^{2+} (b) OH^- (c) SiF_4 (d) $BeCl_2$

18.141 다음 각 반응에서 Lewis 산과 염기를 찾아라.
(a) $Na^+ + 6H_2O \rightleftharpoons Na(H_2O)_6^+$ (b) $CO_2 + H_2O \rightleftharpoons H_2CO_3$
(c) $F^- + BF_3 \rightleftharpoons BF_4^-$

18.142 다음 각 반응에서 Lewis 산과 염기를 찾아라.
(a) $Fe^{3+} + 2H_2O \rightleftharpoons FeOH^{2+} + H_3O^+$
(b) $H_2O + H^- \rightleftharpoons OH^- + H_2$
(c) $4CO + Ni \rightleftharpoons Ni(CO)_4$

18.143 다음 각 반응을 Arrhenius, Brønsted-Lowry 또는 Lewis 산-염기 반응으로 분류하라. 한 반응이 여러 개에 속할 수도 있으며 그렇지 않을 수도 있다.

(a) $Ag^+ + 2NH_3 \rightleftharpoons Ag(NH_3)_2^+$

(b) $H_2SO_4 + NH_3 \rightleftharpoons HSO_4^- + NH_4^+$

(c) $2HCl \rightleftharpoons H_2 + Cl_2$

(d) $AlCl_3 + Cl^- \rightleftharpoons AlCl_4^-$

18.144 다음 각 반응을 Arrhenius, Brønsted-Lowry 또는 Lewis 산-염기 반응으로 분류하라. 한 반응이 여러 개에 속할 수도 있으며 어떤 반응에도 속하지 않을 수 있다.

(a) $Cu^{2+} + 4Cl^- \rightleftharpoons CuCl_4^{2-}$

(b) $Al(OH)_3 + 3HNO_3 \rightleftharpoons Al^{3+} + 3H_2O + 3NO_3^-$

(c) $N_2 + 3H_2 \rightleftharpoons 2NH_3$

(d) $CN^- + H_2O \rightleftharpoons HCN + OH^-$

제 19 장 수용액 계의 이온 평형

Ionic Equilibria in Aqueous Systems

Source: Robert Hoetink/
Alamy Stock Photo

➤ 관련 개념과 스킬 _Concepts and Skills to Review Before You Study This Chapter

- 이온 화합물의 용해도 규칙(4.2절)
- 포화 용액의 평형 성질(13.4절)
- 평형 위치에 미치는 농도의 영향(17.6절)
- 짝산-짝염기 쌍(18.2절)
- 약산과 약염기 평형 계산(18.5, 18.7절)
- 염 용액의 산-염기 성질(18.8절)
- Lewis 산과 염기(18.10절)

앞서 배운 평형 원리를 수용액 계로 확장해 보자. 석회암 동굴의 형성은 산-염기와 탄산염의 용해도 평형으로 설명할 수 있다(*사진 참조*). 이러한 평형은 해양 산호초와 다른 수중 생물에도 영향을 준다. 토양에서는 점토를 포함한 평형이 식물에 대한 이온성 영양분의 공급을 조절한다. 산업계에서는 평형을 이용하여 물을 연화시키며, 원하지 않는 이온을 침전시켜 생산물을 정제한다. 그리고 이러한 이온 평형 반응들은 인간에게 중요한데, 복잡한 탄산과 인산의 평형을 통해 세포 내 pH가 좁은 범위 내에서 유지되는 것은 인간의 생존에 필수적이다. 이 장에서는 세 종류의 수용액의 이온 평형(산-염기, 용해도, 착이온 형성)에 대해서 알아본다.

이 장에서는... *세 종류의 평형 계(산-염기 완충 용액, 난용성 염, 착이온)에 대해서 논의한다.*

- 공통 이온 효과를 도입하여 완충 용액이 어떻게 작용하는지를 설명하고, 완충 용액은 왜 중요하고 어떻게 제조하는지에 대해서 알아본다.
- 여러 종류의 산-염기 적정을 소개하고 완충 물질의 역할에 대해서 논의한다.
- 난용성 염은 각각 고유한 용해도곱 상수를 가지며, 이러한 물질의 용해도에 공통 이온과 pH가 어떤 영향을 미치는지 알아본다.
- 수용액에서의 이온 평형에 대한 개념을 써서 어떻게 석회암 동굴이 형성되는지를 이해한다.
- 어떻게 착이온이 형성되고 다른 형태의 착이온으로 변화될 수 있는지에 대해서 고찰해 본다.

19.1 산-염기 완충 용액의 평형

산성비가 내릴 때 어떤 호수는 산성화되지만, 어떤 호수들은 왜 영향을 받지 않을까? 셀 수 없이 많은 세포의 산-염기 반응에 관여하는 혈액은 어떻게 일정한 pH를 유지할 수 있을까? H_3O^+와 OH^-가 생성되거나 소모되는 반응에서 화학자는 어떻게 H_3O^+의 농도를 거의 일정하게 유지시킬 수 있을까? 완충 용액의 역할로 이러한 질문에 답을 할 수 있으며 이 절에서는 어떻게 완충 용액이 작용하고 어떻게 완충 용액을 제조하는지에 대해서 알아본다.

➤ 완충 용액은 무엇이며 어떻게 작용하나: 공통 이온 효과

일상적인 용어로 *완충제*(buffer)란 외부 힘의 영향을 완화시켜주는 것을 뜻한다. **산-염기 완충 용액**(acid-base buffer)이란 *산이나 염기를 첨가하였을 때에 pH에 미치는 영향을 줄여주는 용액*이다. *완충 능력이 없는* 용액에 소량의 산이나 염기를 첨가할 때, pH는 여러

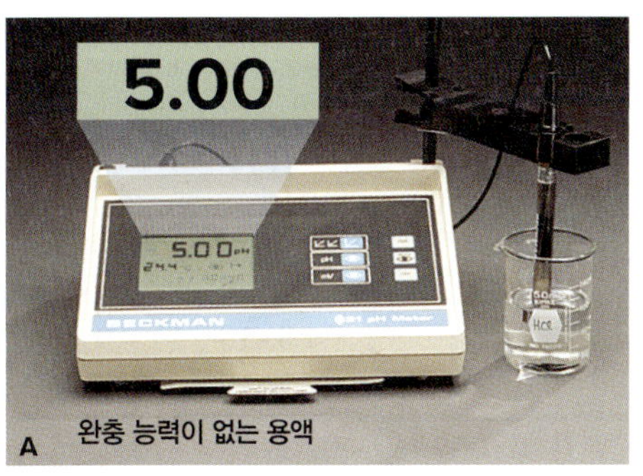

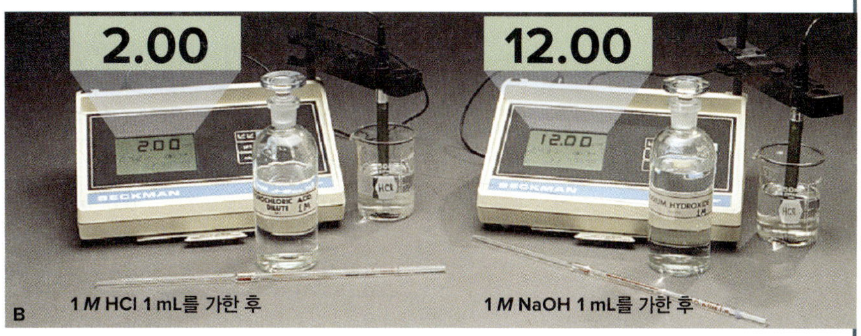

그림 19.1 **비완충 용액에서의 산이나 염기의 첨가 효과.** A. 묽은 HCl 시료 100 mL을 pH 5.00이 되도록 조절한다. B. 1 mL의 강산(*왼쪽*) 또는 강염기(*오른쪽*)를 가하면, 용액의 pH 값이 여러 단위 변화된다.
Source: Stephen Frisch/McGraw-Hill Education

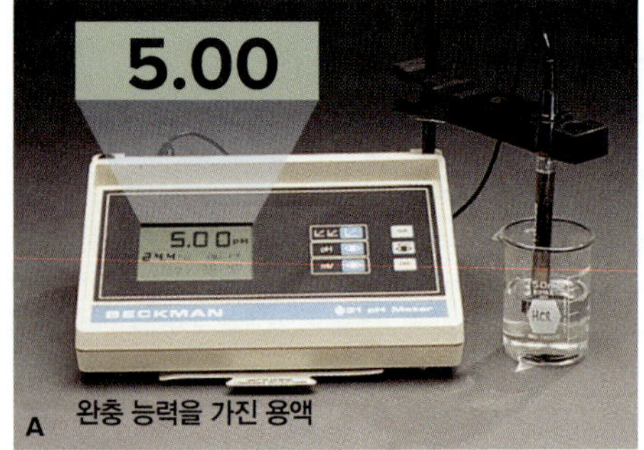

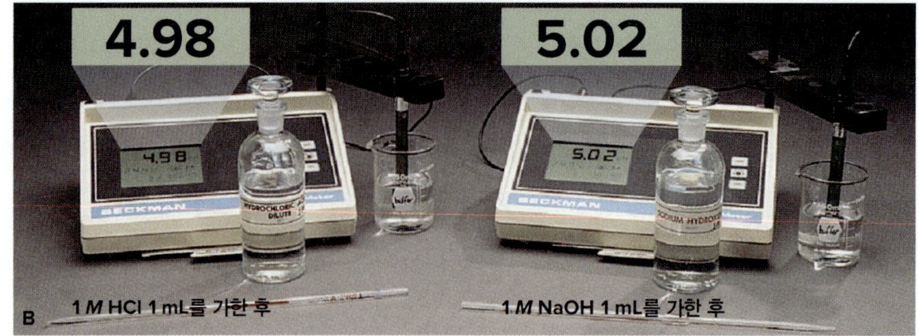

그림 19.2 완충 용액에서의 산이나 염기의 첨가 효과. A. 1 *M* CH_3COOH와 1 *M* CH_3COONa를 섞어 만든 아세트산염 완충 용액 100 mL의 pH가 5.00이 되도록 조절한다. B. 1 mL의 강산(*왼쪽*) 또는 강염기(*오른쪽*)를 가할 때, 용액의 pH 값의 변화는 무시할 정도로 작다.

Source: Stephen Frisch/McGraw-Hill Education

단위가 변한다. 즉, H_3O^+의 농도가 10의 *여러 승만큼* 변화된다(그림 19.1).

동일한 양의 강산이나 강염기를 완충 용액에 첨가하는 경우, 용액의 pH 값의 변화는 미미하다(그림 19.2). 이러한 강산이나 강염기의 첨가를 견디기 위해 완충 용액은 첨가된 OH^- 이온과 반응할 수 있는 산 성분과 첨가된 H_3O^+와 반응할 수 있는 염기 성분을 가지고 있어야 한다. 하지만 아무 산이나 염기가 완충 용액의 성분이 될 수는 없다. 왜냐하면 산 염기는 서로를 중화시키려 하기 때문이다.

- 가장 흔한 *완충 용액의 성분은 짝산-짝염기 쌍*(conjugate acid-base pair, 약산과 그 짝염기 혹은 약염기와 그 짝산)이다.

예를 들어, 그림 19.2에 있는 완충 용액은 아세트산(CH_3COOH)과 아세트산 이온(CH_3COO^-)의 혼합물로 이루어져 있다.

공통 이온의 존재 완충 용액들은 **공통 이온 효과**(common-ion effect)를 통해 작동한다. 아세트산을 물에 녹이면, 산이 조금 해리된다.

$$CH_3COOH(aq) + H_2O(l) \rightleftharpoons H_3O^+(aq) + CH_3COO^-(aq)$$

만일 가용성 염인 아세트산 소듐을 첨가하여 아세트산 이온을 넣으면 어떤 일이 일어날까? 우선 강전해질인 아세트산 소듐이 물에서 완전히 해리되는 것을 알 필요가 있다.

$$CH_3COONa(aq) \longrightarrow Na^+(aq) + CH_3COO^-(aq)$$

소듐 이온은 물과 작용하지 않는 구경꾼 이온이다(18.8절). Le Châtelier의 원리에 따라 (17.6절) CH_3COO^-의 첨가는 평형 위치를 왼쪽으로 이동시켜 $[H_3O^+]$를 감소시키고, 결국 산의 해리도가 낮아지게 한다.

$$CH_3COOH(aq) + H_2O(l) \overleftarrow{\rightleftharpoons} H_3O^+(aq) + CH_3COO^-\ (aq,\ \text{첨가})$$

아세트산을 물 대신에 아세트산 소듐 수용액에 첨가할 때도 동일한 결과를 얻는다. 용액 내에 이미 존재하는 CH_3COO^- 이온이, 아세트산이 물에서 해리되는 만큼 해리되지 못하도록 억제하여 $[H_3O^+]$가 낮게(또는 pH 값이 높게) 유지되게 한다. 두 경우 모두 효과는 산의 해리도를 낮추는 것이다. CH_3COO^- 이온이 CH_3COOH와 CH_3COONa 수용액에 "공통적"으로 작용하기 때문에 *공통 이온*이라고 부른다. *공통 이온 효과는 어떤 이온이 그 이온을 이미 함유한 평형 혼합물에 첨가될 때 일어나며, 평형 위치는 그 이온 형성을 줄이는 방향으로 이동한다.*

표 19.1 | 아세트산의 해리에 미치는 아세트산 이온 첨가의 영향

$[CH_3COOH]_{초기}$	$[CH_3COO^-]_{첨가}$	해리 백분율*	H_3O^+	pH
0.10	0.00	1.3	1.3×10^{-3}	2.89
0.10	0.050	0.036	3.6×10^{-5}	4.44
0.10	0.10	0.018	1.8×10^{-5}	4.74
0.10	0.15	0.012	1.2×10^{-5}	4.92

*해리 백분율 = $\dfrac{[CH_3COOH]_{해리}}{[CH_3COOH]_{초기}} \times 100$

표 19.1은 CH_3COO^- 이온(CH_3COONa 형태로 제공됨)의 농도가 증가함에 따라 CH_3COOH 용액의 해리 백분율(그리고 $[H_3O^+]$)이 감소함을 보여준다. *공통 이온 A^-는 HA의 해리를 억제*하여 용액을 덜 산성(더 높은 pH)으로 만든다.

완충 용액 성분들의 상대적 농도 *완충 용액의 과량의 산(HA) 성분과 염기 성분(A^-)이 첨가되는 소량의 OH^-와 H_3O^+를 소모*하기 때문에 완충 작용을 할 수 있다. 소량의 강산이나 강염기가 첨가될 때, 높은 농도의 $[CH_3COOH]$와 $[CH_3COO^-]$를 포함한 용액에서 어떤 일이 일어나는지 살펴보자. HA 해리에 대한 평형 식은 다음과 같다.

$$K_a = \frac{[CH_3COO^-][H_3O^+]}{[CH_3COOH]}$$

$[H_3O^+]$에 대해서 풀면 다음 식을 얻는다.

$$[H_3O^+] = K_a \times \frac{[CH_3COOH]}{[CH_3COO^-]}$$

K_a가 상수이기 때문에, *용액의 $[H_3O^+]$는 완충 성분의 농도비* $\frac{[CH_3COOH]}{[CH_3COO^-]}$*에 따라 달라진다.*

- 만일 $[HA]/[A^-]$비가 높아지면(산 증가, 짝염기 감소), $[H_3O^+]$은 높아진다.
- 만일 $[HA]/[A^-]$비가 낮아지면(산 감소, 짝염기 증가), $[H_3O^+]$은 낮아진다.

$[HA] = [A^-]$인 완충 용액에서 강산이나 강염기를 첨가함에 따라 이 농도비가 어떻게 변하는지 추적해 보자(그림 19.3, *가운데*).

1. *강산.* 소량의 강산이 첨가되면, H_3O^+ 이온들이 완충 용액의 염기 성분인 CH_3COO^-와 *동일한*(*양론적*) 양이 반응하여 CH_3COOH를 형성한다.

$$H_3O^+(aq, \text{첨가}) + CH_3COO^-(aq, \text{완충 용액}) \longrightarrow CH_3COOH(aq) + H_2O(l)$$

이러한 결과로 $[CH_3COO^-]$는 첨가된 산의 양만큼 줄어들고, CH_3COOH는 그 양만큼 증가하여 완충 용액의 성분 농도비는 증가한다(그림 19.3, *왼쪽*). $[H_3O^+]$은 *아주* 조금 증가한다.

2. *강염기.* 소량의 강염기가 첨가되면, OH^-이온들이 완충 용액의 산성 성분인 CH_3COOH와 *동일한*(*양론적*) 양이 반응하여 CH_3COO^-를 형성한다(그림 19.3, *오른쪽*).

$$CH_3COOH(aq, \text{완충 용액}) + OH^-(aq, \text{첨가}) \rightarrow CH_3COO^-(aq) + H_2O(l)$$

이번에는 완충 용액 성분의 농도비가 감소하며, $[H_3O^+]$은 *아주* 약간 감소한다.

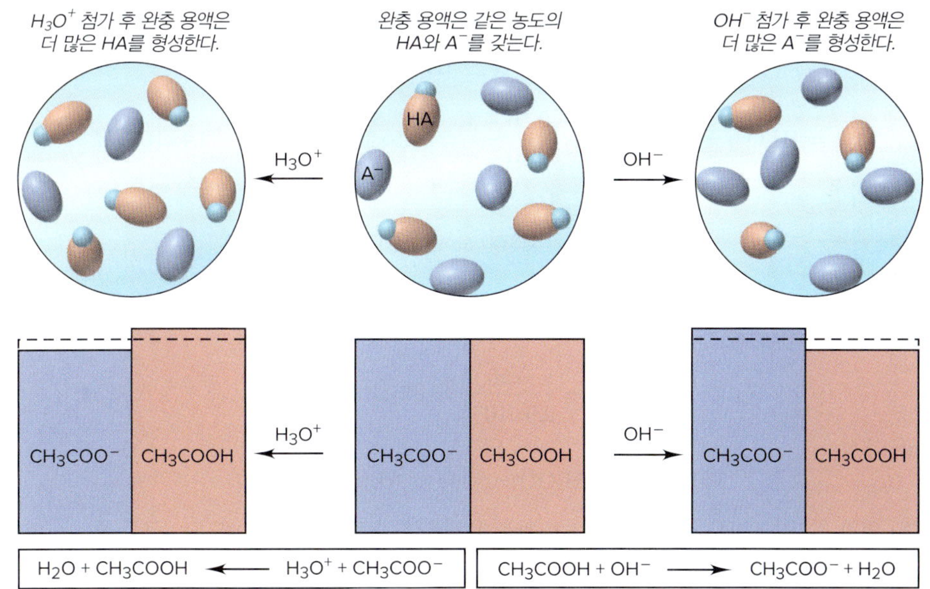

그림 19.3 완충 용액의 작용 원리. 완충 용액 성분들인 아세트산(CH_3COOH, *빨간색*)과 아세트산 이온(CH_3COO^-, *파란색*)의 상대적 농도 값들을 막대 높이로 표시하였다.

그러므로 완충 용액 성분들은 첨가되는 거의 모든 양의 H_3O^+와 OH^-를 소모시킨다. 다시 말하면, 첨가되는 H_3O^+와 OH^- 양이 완충 용액 성분들보다 적다면, *완충 용액의 한 성분이 다른 성분으로 변환되어, 완충 용액 성분 농도비의 변화가 작기 때문에 결과적으로 $[H_3O^+]$ 또는 pH 변화가 작다.* 예제 19.1은 완충 용액에서 pH의 변화가 얼마나 작은지를 보여주는 전형적인 예이다. 문제의 후반 두 소문항에서 4장의 문제처럼 화학량론 개념과 18장의 문제처럼 산-염기 해리 개념을 조합하고 있음에 주목하자.

예제 19.1 | 첨가한 H_3O^+와 OH^-가 완충 용액의 pH에 미치는 영향 계산

문제 다음 용액의 pH를 구하라. **(a)** 0.50 *M* HClO($K_a = 2.9\times10^{-8}$)과 0.60 *M* NaClO로 구성된 완충 용액 **(b)** 0.020 mol 고체 NaOH를 (a)의 완충 용액 1 L에 첨가한 후 **(c)** 30.0 mL 1.5 *M* HCl 용액을 (a)의 완충 용액 0.5 L에 첨가한 후. [(b)의 경우, NaOH가 첨가될 때 부피 변화가 거의 없다고 가정한다.]

계획 각 경우에 초기 $[HClO]_{초기}$와 $[ClO^-]_{초기}$ 값들을 구할 수 있다. HClO의 $K_a(2.9\times10^{-8})$ 값을 알고 있으므로 평형에서의 $[H_3O^+]$을 구하여 pH로 환산한다. **(a)** 주어진 완충 용액 성분들의 농도(0.50 *M* HClO와 0.60 *M* ClO^-)들이 초기 농도 값으로 사용된다. 앞선 문제들에서와 같이 해리되는 [HClO]를 *x*로 놓는다. $x([H_3O^+]$와 같음)는 $[HClO]_{초기}$ 값에 비해 상대적으로 매우 작아서 무시할 수 있다는 가정을 사용한다. 반응 표를 만들고 *x*에 대해서 풀고 이 가정을 확인한다. **(b)**와 **(c)** 첨가되는 H_3O^+와 OH^-가 완충 용액 성분들과 완전히 반응하여 새로운 $[HClO]_{초기}$와 $[ClO^-]_{초기}$ 값들에 도달한 후 산이 미지의 정도만큼 해리한다고 가정한다. 두 개의 반응 표를 작성한다. 첫 번째 표는 강산이나 강염기가 첨가될 때 화학량론을 요약한다. 두 번째 표는 새로운 $[HClO]_{초기}$의 해리를 요약하므로 (a)에서와 같은 과정을 거쳐 새로운 $[H_3O^+]$ 값을 구한다. (c)에서는 첨가한 HCl 용액에 의한 부피 변화가 있으므로 완충 용액 성분들의 새로운 초기 농도를 다시 계산해야 한다.

풀이 **(a)** 원래의 pH: 원래 완충 용액의 $[H_3O^+]$. $x = [HClO]_{해리} = [H_3O^+]$로 놓고 반응 표를 만든다. (18장에서처럼 H_2O에서 온 $[H_3O^+]$는 무시할 만하다고 가정하고 버린다.)

농도(*M*)	$HClO(aq)$	+	$H_2O(l)$	$\rightleftharpoons$	$ClO^-(aq)$	+	$H_3O^+(aq)$
초기	0.50		—		0.60		0
변화	$-x$		—		$+x$		$+x$
평형	$0.50 - x$		—		$0.60 + x$		x

가정 세우기와 평형 [HClO]와 $[ClO^-]$ 구하기: K_a가 작으므로 *x*는 작다. 따라서 다음과 같은 가정한다.

$$[HClO] = 0.50\ M - x \approx 0.50\ M \qquad \& \qquad [ClO^-] = 0.60\ M + x \approx 0.60\ \text{M}$$

x(평형에서의 $[H_3O^+]$) 구하기:

$$K_a = \frac{[H_3O^+][ClO^-]}{[HClO]} \quad \text{또는} \quad [H_3O^+] = K_a \times \frac{[HClO]}{[ClO^-]}$$

$$x = [H_3O^+] = (2.9\times10^{-8}) \times \frac{0.50 - x}{0.60 + x} \approx (2.9\times10^{-8}) \times \frac{0.50}{0.60} = 2.4\times10^{-8}\ M$$

가정 확인:

$$\frac{2.4\times10^{-8}\ M}{0.50\ M} \times 100 = 4.8\times10^{-6}\% < 5\%$$

이 가정은 적절하며 (b)와 (c)에서도 동일한 가정을 사용할 것이다. 또한 다른 판단 기준도 충족한다(예제 18.7 참조).

$$\frac{[HA]_{초기}}{K_a} = \frac{0.50}{2.9\times10^{-8}} = 1.7\times10^{7} > 400$$

pH 계산:

$$pH = -\log\ [H_3O^+] = -\log\ (2.4\times10^{-8}) = 7.62$$

(b) 염기 첨가(NaOH 0.020 mol을 1 L 완충 용액에 첨가)한 후 pH. $[OH^-]_{첨가}$ 구하기:

$$[OH^-]_{첨가} = \frac{0.020\ \text{mol}\ OH^-}{1.0\ \text{L 용액}} = 0.020\ M\ OH^-$$

OH^-를 HClO에 첨가할 때 *화학량론* 반응 표 만들기(약산과 강염기 반응은 완결됨에 유의):

농도(M)	$HClO(aq)$	+	$OH^-(aq)$	⟶	$ClO^-(aq)$	+	$H_2O(l)$
초기	0.50		0.020		0.60		—
변화	−0.020		−0.020		+0.020		—
최종	0.48		0		0.62		—

새로운 초기 농도를 써서 *산 해리*에 대한 반응 표를 만든다. (a)에서와 같이 $x = [HClO]_{해리} = [H_3O^+]$:

농도(M)	$HClO(aq)$	+	$H_2O(l)$	⇌	$ClO^-(aq)$	+	$H_3O^+(aq)$
초기	0.48		—		0.62		0
변화	$-x$		—		$+x$		$+x$
평형	$0.48 - x$		—		$0.62 + x$		x

x가 작다고 가정하고 x에 대해 풀면

$$[HClO] = 0.48\ M - x \approx 0.48\ M \qquad \& \qquad [ClO^-] = 0.62\ M + x \approx 0.62\ M$$

$$x = [H_3O^+] = K_a \times \frac{[HClO]}{[ClO^-]} \approx (2.9{\times}10^{-8}) \times \frac{0.48}{0.62} = 2.2{\times}10^{-8}\ M$$

pH 계산:

$$pH = -\log [H_3O^+] = -\log (2.2{\times}10^{-8}) = 7.66$$

강염기의 첨가는 완충 용액의 산 성분의 소모로 완충 용액의 염기 성분을 증가시킨다. pH 값이 7.62에서 7.66으로 *아주 조금 증가되었음*에 특히 주목하자.

(c) 산 첨가(1.5 M HCl 30.0 mL를 완충 용액 0.50 L에 첨가)한 후 pH. 식 (4.2)를 이용하여 HCl 용액과 완충 용액을 섞은 후의 새로운 $[HClO]_{초기}$, $[ClO^-]_{초기}$, $[H_3O^+]_{첨가}$ 농도를 구한다. 새로운 부피는 0.50 L와 0.0300 L와 합하여 0.53 L이다.

$$[HClO]_{초기} = \frac{M_{진한} \times V_{진한}}{V_{묽은}} = \frac{0.50\ M \times 0.50\ L}{0.53\ L} = 0.47\ M\ HClO$$

$$[ClO^-]_{초기} = \frac{M_{진한} \times V_{진한}}{V_{묽은}} = \frac{0.60\ M \times 0.50\ L}{0.53\ L} = 0.57\ M\ ClO^-$$

$$[H_3O^+]_{첨가} = \frac{M_{진한} \times V_{진한}}{V_{묽은}} = \frac{1.5\ M \times 0.0300\ L}{0.53\ L} = 0.085\ M\ H_3O^+$$

(b)에서와 같은 과정을 따라 H_3O^+가 ClO^-에 첨가되는 데 대한 *화학량론* 반응 표를 작성한다(강산과 약염기 반응은 완결됨에 유의).

농도(M)	$ClO^-(aq)$	+	$H_3O^+(aq)$	⟶	$HClO(aq)$	+	$H_2O(l)$
초기	0.57		0.085		0.47		—
변화	−0.085		−0.085		+0.085		—
최종	0.48		0		0.56		—

$x = [HClO]_{해리} = [H_3O^+]$로 놓고 *산 해리*에 대한 반응 표를 만든다.

농도(M)	$HClO(aq)$	+	$H_2O(l)$	⇌	$ClO^-(aq)$	+	$H_3O^+(aq)$
초기	0.56		—		0.48		0
변화	$-x$		—		$+x$		$+x$
최종	$0.56 - x$		—		$0.48 + x$		x

x가 작다고 가정하고 x에 대해서 풀면

$$[HClO] = 0.56\ M - x \approx 0.56\ M \qquad \& \qquad [ClO^-] = 0.48\ M + x \approx 0.48\ M$$

$$x = [H_3O^+] = K_a \times \frac{[HClO]}{[ClO^-]} \approx (2.9{\times}10^{-8}) \times \frac{0.56}{0.48} = 3.4{\times}10^{-8}\ M$$

pH 계산:

$$pH = -\log [H_3O^+] = -\log (3.4{\times}10^{-8}) = 7.47$$

강산의 첨가는 완충 용액의 염기 성분을 소모시키면서 완충 용액의 산 성분을 증가시키고, pH를 7.62에서 7.47으로 아주 *조금 감소시켰음*에 각별히 주목하라.

검산 (b)와 (c)에서 [HClO]와 [ClO^-]의 농도 변화가 반대 방향으로 일어나는데, 이런 현상은 타당하다. (b)에서는 염기가 첨가되었으므로 pH가 증가하고, (c)에서는 산이 첨가되었으므로 pH가 감소한다.

해설 (a)에서는 x를 무시할 수 있다는 가정이 타당함을 검증하였다 그러므로 (b)와 (c)에서 완충 용액의 성분 농도비 계산에서 화학량론 반응 표의 가장 마지막 줄에 있는 "최종" 값들을 사용할 수 있었다. 즉, 산의 해리에 대한 반응 표 없이도 계산이 가능하였다. 이 장의 이어지는 문제들에서도 이와 같은 더 직선적인 방법을 사용할 것이다.

▶ 보충 문제

19.1A 다음 경우에 대해 0.50 M HF와 0.45 M F^-로 이루어진 완충 용액의 pH를 계산하라. **(a)** 완충 용액 1.0 L에 NaOH 0.40 g을 첨가하기 전 **(b)** 첨가한 후. (HF의 $K_a = 6.8\times10^{-4}$)

19.1B 다음 경우에 대해 0.25 M $(CH_3)_2NH_2Cl$과 0.30 M $(CH_3)_2NH$로 이루어진 완충 용액의 pH를 계산하라. **(a)** 완충 용액 1.0 L에 0.75 M HCl 50.0 mL를 첨가하기 전 **(b)** 첨가한 후. [$(CH_3)_2NH$의 $pK_b = 3.23$]

유사 문제 19.12~19.21, 19.28~19.31.

그림 19.4는 강산이나 강염기를 첨가한 후 완충 용액 성분들의 농도 변화를 요약한 것이다.

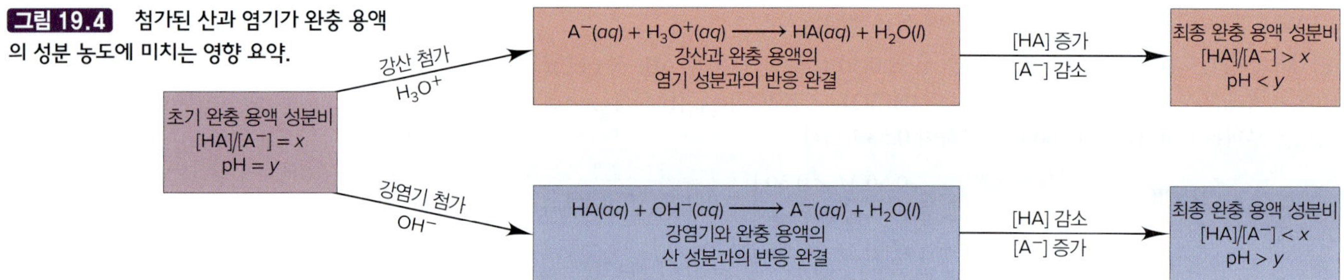

그림 19.4 첨가된 산과 염기가 완충 용액의 성분 농도에 미치는 영향 요약.

Henderson-Hasselbalch 식

어떤 약산 HA에 대한 해리 반응식과 K_a 식은 다음과 같다.

$$HA + H_2O \rightleftharpoons H_3O^+ + A^-$$

$$K_a = \frac{[H_3O^+][A^-]}{[HA]}$$

[H_3O^+]를 결정하는 핵심 변수는 염기 화학종 대 산 화학종의 *농도비*이므로, 전에 했던 것처럼 식을 [H_3O^+]에 대해 이항하면 다음과 같다.

$$[H_3O^+] = K_a \times \frac{[HA]}{[A^-]}$$

양변에 음의 상용로그를 취하면 다음과 같이 되고,

$$-\log[H_3O^+] = -\log K_a - \log\left(\frac{[HA]}{[A^-]}\right)$$

정의에 의해 이 식은 $pH = pK_a - \log\frac{[HA]}{[A^-]}$ 이다.

그런 다음, 완충 용액 성분의 농도비의 역수를 취하면, 로그함수의 고유한 성질 때문에 로그함수의 부호가 바뀌게 되어 $pH = pK_a + \log\left(\frac{[A^-]}{[HA]}\right)$가 얻어진다.

표 19.2 | $[A^-]/[HA]$비가 완충 용액의 pH에 미치는 효과

$[HA] = [A^-]$	$[HA] > [A^-]$	$[HA] < [A^-]$
$\frac{[A^-]}{[HA]} = 1$	$\frac{[A^-]}{[HA]} < 1$	$\frac{[A^-]}{[HA]} > 1$
$\log 1 = 0$	1보다 작은 수의 로그 값은 음수	1보다 큰 수의 로그 값은 양수
$pH = pK_a + 0$	$pH = pK_a + (-)$	$pH = pK_a + (+)$
$\mathbf{pH = pK_a}$	$\mathbf{pH < pK_a}$	$\mathbf{pH > pK_a}$

앞의 식을 모든 짝산-짝염기에 대해 일반화시킨 것이 **Henderson-Hasselbalch** 식이다.

$$pH = pK_a + \log\left(\frac{[\text{염기}]}{[\text{산}]}\right) \quad \textbf{(19.1)}$$

인터넷 핫스팟

산-염기 완충 용액의 pH 계산이 어렵게 느껴진다면, ebook에 접속하여 이 주제에 대한 추가 학습 동영상을 참고하자.

이 식을 이용하면 $[H_3O^+]$를 먼저 계산하지 않고 pH 값을 바로 구할 수 있다. 예를 들어, 예제 19.1의 (b)에 대해 Henderson-Hasselbalch 식을 사용하면, NaOH 첨가 후 완충 용액의 pH는 다음과 같이 구할 수 있다.

$$pH = pK_a + \log\left(\frac{[ClO^-]}{[HClO]}\right) = 7.54 + \log\left(\frac{0.62}{0.48}\right) = 7.65$$

표 19.2는 Henderson-Hasselbalch 식을 이용하여 완충 용액의 농도비와 pH 사이의 관계를 정리한 것이다. 염기 성분의 양보다 더 많은 산성 성분을 넣어 주면 완충 용액의 pH를 감소시킬 수 있고, 산성 성분의 양보다 더 많은 염기 성분을 넣어주면 완충 용액의 pH를 증가시킬 수 있다.

완충 용량과 완충 범위

완충 용액의 두 가지 핵심 사항인 완충 용량과 이와 밀접하게 관련된 완충 범위에 대해서 살펴보자.

완충 용량 **완충 용량**(buffer capacity)은 완충 용액의 "세기(strength)"의 척도이며, 강산이나 강염기의 첨가 후에 pH를 유지시키는 능력이다. 완충 용량은 궁극적으로 완충 용액 성분들의 절대 및 상대 농도에 의해 결정된다.

1. *절대* 농도의 관점에서 보면, *완충 용액 성분의 농도가 높으면 높을수록 완충 용량이 크다.* 첨가되는 H_3O^+와 OH^-의 양이 일정하면, 완충 용량이 큰 완충 용액이 낮은 경우보다 pH의 변화가 작다(그림 19.5). *완충 용액의 pH는 완충 용량과는 무관함*에 유의하라. 동일한 부피의 1.0 M CH_3COOH와 1.0 M CH_3COO^-로 만들어진 완충 용액은 동일한 부피로 만들어진 0.1 M CH_3COOH와 0.1 M CH_3COO^-로 만들어진 완충 용액과 같은 pH를 가지지만, 더 진한 완충 용액이 더 큰 완충 용량을 갖는다.

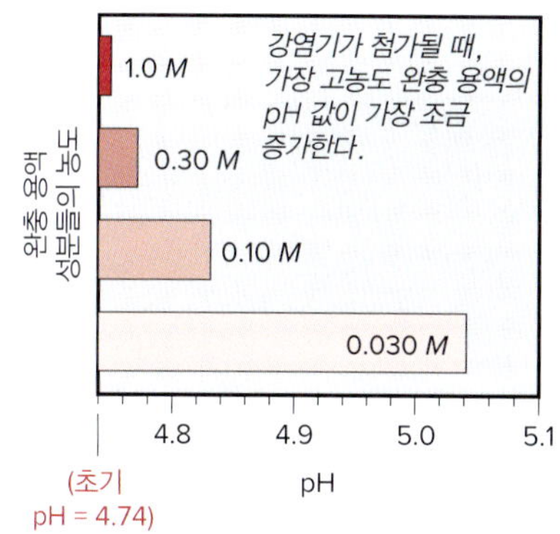

그림 19.5 **완충 용량과 pH 변화 사이의 관계.** 똑같은 초기 pH(4.74) 값을 갖지만, 성분들의 농도 값들이 다른 $(CH_3COOH)/(CH_3COO^-)$ 완충 용액 4개에, 강염기가 첨가된 후의 최종 pH 값을 막대로 나타내었다.

2. *상대* 농도의 관점에서 보면, *성분 농도 값들의 크기가 비슷할수록 완충 용량이 커진다.* 완충 용액이 작용함에 따라 한 성분의 농도가 다른 성분의 농도에 비해 증가한다. 농도 비율이 pH 값을 결정하기 때문에, 이 비율이 덜 바뀔수록 pH 값의 변화도 작다. 두 개의 다른 초기 비율을 가진 완충 용액에 대해서 성분 농도 비율의 변화 백분율을 비교해 보자.

- 완충 용액 1의 초기 농도: $[HA] = [A^-] = 1.000\ M$

$$\text{농도비} = \frac{[A^-]_{\text{초기}}}{[HA]_{\text{초기}}} = \frac{1.000\ M}{1.000\ M} = 1.000$$

OH^- 0.010 mol을 완충 용액 1.00 L에 첨가하면

농도(M)	$HA(aq)$	+	$OH^-(aq)$	$\longrightarrow$	$A^-(aq)$	+	$H_2O(l)$
초기	1.000		0.010		1.000		—
변화	−0.010		−0.010		+0.010		—
최종	0.990		0		1.010		—

$$\text{농도비} = \frac{[\mathrm{A}^-]_{\text{최종}}}{[\mathrm{HA}]_{\text{최종}}} = \frac{1.010\ M}{0.0990\ M} = 1.020$$

$$\text{변화 백분율} = \frac{1.020 - 1.000}{1.000} \times 100 = 2\%$$

- 완충 용액 2의 초기 농도: [HA] = 0.250 M과 [A^-] = 1.750 M

$$\text{농도비} = \frac{[\mathrm{A}^-]_{\text{초기}}}{[\mathrm{HA}]_{\text{초기}}} = \frac{1.750\ M}{0.250\ M} = 7.000$$

OH^- 0.010 mol을 완충 용액 1.00 L에 첨가하면

농도(M)	HA(aq)	+	OH^-(aq)	⟶	A^-(aq)	+	H_2O(l)
초기	0.250		0.010		1.750		—
변화	−0.010		−0.010		+0.010		—
최종	0.240		0		1.760		—

$$\text{농도비} = \frac{[\mathrm{A}^-]_{\text{최종}}}{[\mathrm{HA}]_{\text{최종}}} = \frac{1.760\ M}{0.240\ M} = 7.33$$

$$\text{변화 백분율} = \frac{7.33 - 7.000}{7.000} = 100 = 4.7\%$$

초기 성분 농도 값이 동일한 경우와 비교하여 초기 성분 농도 값이 다른 경우, 완충 용액 성분들의 농도 비율 변화가 두 배 이상 크다는 것을 알 수 있다. 그러므로 *성분 농도 값들이 같을 때, 완충 용액이 최대 용량을 갖는다.*

표 19.2에서 [A^-] = [HA]일 때 pH = pK_a임을 알 수 있다. 따라서 주어진 농도에서 *완충 용액의 pH 값이 산 성분의 pK_a 값과 같거나 비슷할 때, 완충 용액은 최대 용량을 갖는다.*

완충 범위 **완충 범위**(buffer range)는 완충 용액이 효과적으로 작용하는 pH 범위이며, *상대적인* 완충 성분 농도 값들과 관련된다. 농도 비율이 1에서 멀어질수록 완충 작용이 덜 효과적이다(완충 용량 감소). 실제로 [A^-]/[HA] 비율이 10보다 크거나 0.1보다 작으면(즉, 한 성분 농도가 다른 성분 농도보다 10배 크면), 완충 작용이 제대로 되지 않는다.

효과적인 완충 작용의 두 한계 농도비를 고려해 보자

- [A^-]/[HA] = 10인 완충 용액: $\mathrm{pH} = \mathrm{p}K_a + \log\left(\frac{10}{1}\right) = \mathrm{p}K_a + 1$.
- [A^-]/[HA] = 0.1인 완충 용액: $\mathrm{pH} = \mathrm{p}K_a + \log\left(\frac{1}{10}\right) = \mathrm{p}K_a - 1$.

따라서

- *완충 용액은 완충 용액의 산 성분의 pK_a 값에서 pH 단위 ±1 범위 내에서 이용 가능하다.* $\mathrm{pH} = \mathrm{p}K_a \pm 1$.

예를 들어, CH_3COOH(pK_a = 4.74)와 CH_3COO^-로 구성된 완충 용액에서 이용 가능한 pH 범위는 4.74 ± 1, 즉 3.7~5.7이다.

예제 19.2 | 분자 모식도로 완충 용액 살펴보기

문제 아래의 분자 모식도들은 같은 부피의 HA/A^- 완충 용액 4개를 나타내고 있다. (HA는 *파란색과 녹색*, A^-는 *녹색*으로 표시되어 있으며, 다른 이온과 물은 생략되어 있다.)

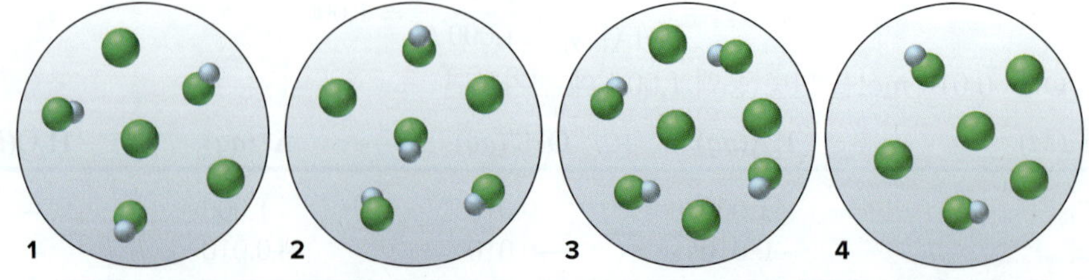

(a) 어느 완충 용액이 가장 높은 pH 값을 갖는가?

(b) 어느 완충 용액이 가장 큰 완충 용량을 갖는가?

(c) 시료 1을 시료 2로 변환시키려면 소량의 강산을 첨가해야 하는가? 아니면 강염기를 첨가해야 하는가(부피 변화는 없다고 가정)?

계획 분자 모식도들은 서로 다른 수의 약산 분자(HA)와 그 짝염기(A^-)를 보여주고 있다. 부피가 일정하므로 분자 모식도들은 몰농도와 분자수를 나타낸다. **(a)** pH가 올라가면, 더 많은 HA가 H^+를 잃고 A^-가 되므로, $[A^-]/[HA]$ 비율이 증가한다. 그림을 조사하여 가장 큰 비율을 갖는 것을 찾는다. **(b)** 완충 용량은 완충 성분들의 농도와 비에 의존한다. 모식도들을 조사하여 어느 것이 가장 높은 농도와 1에 가까운 농도비를 갖고 있는지를 찾는다. **(c)** 강산이 첨가되면 A^-가 HA로 변한다. 강염기가 첨가되면 반대로 HA가 A^-로 변한다. 시료 1과 2의 $[A^-]/[HA]$ 비율을 비교하면 어느 것을 첨가해야 하는지를 알 수 있다.

풀이 (a) $[A^-]/[HA]$ 비율들은 다음과 같다. 시료 1, $[A^-]/[HA] = 3/3 = 1$, 시료 2 = 0.5, 시료 3 = 1, 시료 4 = 2. 시료 4가 가장 높은 $[A^-]/[HA]$ 비를 가지므로 가장 높은 pH 값을 갖는다.

(b) 시료 1과 3은 똑같이 $[A^-]/[HA]$ 비 1을 갖는다. 하지만 시료 3이 더 높은 농도를 가지고 있기 때문에 더 큰 완충 용량을 가진다.

(c) 시료 2는 시료 1보다 작은 $[A^-]/[HA]$ 비율을 갖고 있으므로 소량의 강산을 시료 1에 첨가하여 일부 A^-를 HA로 변환시킬 수 있다.

▶ **보충 문제**

19.2A 분자 모식도(*보조단 참조*)는 HB와 B^-로 구성된 완충 용액이다. (HB는 *파란색과 노란색*, B^-는 *노란색*으로 표시되어 있으며, 다른 이온과 물은 생략되어 있다.)

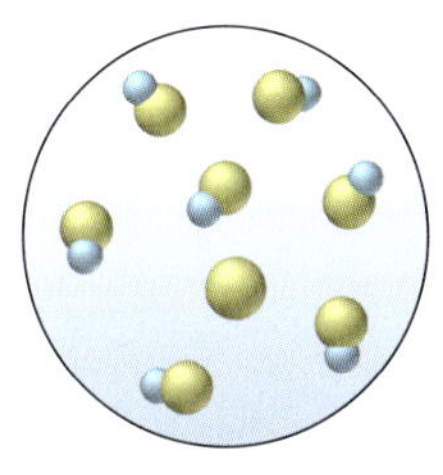

(a) 완충 용량을 증가시키려면 용액에 소량의 강산을 가해야 하는가 아니면 강염기를 가해야 하는가?

(b) (a)를 실행한 후 가장 큰 완충 능력을 가진 완충 용액을 나타내는 분자 모식도를 그려라. 단, 부피 변화는 없다고 가정한다.

19.2B 아래 분자 모식도들은 HA($pK_a = 4.2$)와 A^-로 구성된 완충 용액 3개를 나타내고 있다. (HA는 *파란색과 빨간색*, A^-는 *빨간색*으로 표시되어 있으며, 다른 이온과 물은 생략되어 있다.)

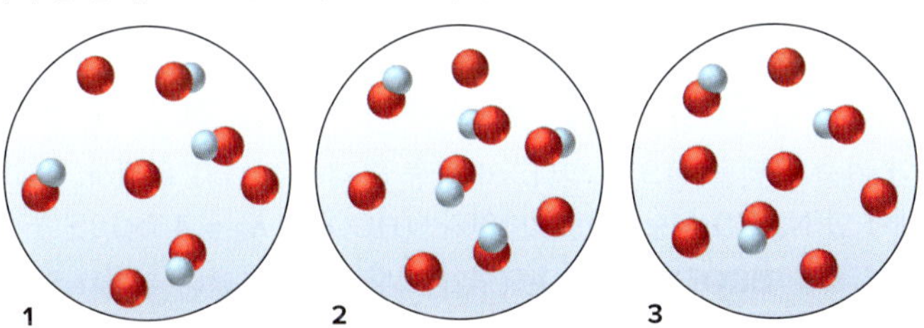

(a) 어느 완충 용액에서 pH > pK_a인가?

(b) 어느 완충 용액이 첨가되는 가장 많은 양의 강염기와 반응할 수 있는가?

(c) 이 짝산-짝염기 쌍은 pH 6.1 완충 용액을 제조하는 데 적합한가?

유사 문제 19.10, 19.11

완충 용액 제조

시약상들이 다양한 pH와 농도를 가지는 완충 용액들을 팔고 있지만, 환경 또는 생의학 분야에 활용하기 위해 특정한 완충 용액을 만들어야 할 수도 있다. 완충 용액을 제조하기 위해서는 몇 단계를 거쳐야 한다.

1. *짝산-짝염기 쌍을 선택한다.* 화학적 조성을 결정하는 것은 대부분 원하는 pH 값이다. 생화학 실험용으로 pH 3.90의 완충 용액이 필요하다고 하자. 최대 완충 용량을 가지려면 완충 용액의 산 성분의 pK_a 값은 3.90 부근 또는 $K_a = 10^{-3.90} = 1.3\times10^{-4}$이어야 한다. K_a 값 표(부록 C 참조)를 보면, 젖산($pK_a = 3.86$), 글라이콜산($pK_a = 3.83$) 및 폼산($pK_a = 3.74$)이 선택 가능한 것들이다. 생화학 계에서 흔한 물질을 피하기 위해 폼산 HCOOH과 염기 성분으로 폼산 이온 $HCOO^-$를 선택할 수 있는데, 폼산 이온은 폼산 소듐 HCOONa와 같은 가용성 염으로 공급한다.

2. *완충 성분의 농도의 비를 계산한다.* 식 (19.1)을 이용하여 원하는 pH 값을 주는 완충 성분비 $[A^-]/[HA]$를 구한다.

$$pH = pK_a + \log\left(\frac{[A^-]}{[HA]}\right) \quad \text{또는} \quad 3.90 = 3.74 + \log\left(\frac{[HCOO^-]}{[HCOOH]}\right)$$

$$\log\left(\frac{[HCOO^-]}{[HCOOH]}\right) = 0.16 \quad \text{따라서} \quad \left(\frac{[HCOO^-]}{[HCOOH]}\right) = 10^{0.16} = 1.4$$

따라서 주어진 부피에서 HCOOH 1.0 mol당 HCOONa 1.4 mol이 필요하다.

3. *완충 성분의 농도를 결정한다.* 일반적으로 대부분의 실험실에서는 약 0.5 *M* 정도의 농도가 적절하지만 사용 가능한 저장 용액(stock solution)에 따라 달라질 수도 있다. 만일 0.40 *M* HCOOH 용액을 대량 보유하고 있고 대략 완충 용액 1 L가 필요하다면, 먼저 1.4/1.0 비를 만족하는 폼산 소듐의 양(mol)을 구한 후 질량(g)으로 환산한다.

$$\text{HCOOH의 양(mol)} = 1.0\text{ L 용액} \times \frac{0.40\text{ mol HCOOH}}{1.0\text{ L 용액}} = 0.40\text{ mol HCOOH}$$

$$\text{HCOONa의 양(mol)} = 0.40\text{ mol HCOOH} \times \frac{1.4\text{ mol HCOONa}}{1.0\text{ mol HCOOH}} = 0.56\text{ mol HCOONa}$$

$$\text{HCOONa의 질량(g)} = 0.56\text{ mol HCOONa} \times \frac{68.01\text{ g HCOONa}}{1\text{ mol HCOONa}} = 38\text{ g HCOONa}$$

4. *성분들을 혼합하고 완충 용액의 pH를 조정한다.* 폼산 소듐 38 g을 0.40 *M* HCOOH 저장 용액에 첨가하여 총 부피 1.0 L의 완충 용액을 만든다. 비이상적인 거동(13.6절) 때문에 완충 용액의 pH가 원하는 값과 조금 다를 수 있으므로, pH 미터로 용액의 pH을 관찰하며 강산이나 강염기를 소량씩 첨가하여 원하는 pH로 맞춘다.

예제 19.3 | 완충 용액 만들기

문제 산성비가 석회질이 풍부한 토양에 미치는 영향을 연구하기 위해 어떤 환경 화학자가 pH 10.00의 탄산염 완충 용액을 필요로 한다. 이 완충 용액을 만들기 위해서, 0.20 *M* $NaHCO_3$ 1.5 L에 첨가해야 할 Na_2CO_3의 g 수는 얼마인가? (HCO_3^-의 $K_a = 4.7 \times 10^{-11}$)

계획 짝산-짝염기 쌍은 HCO_3^-(산)와 CO_3^{2-}(염기)이다. 완충 용액의 부피(1.5 L)와 HCO_3^- 농도(0.2 *M*)를 알고 있으므로, pH 10.00의 완충 용액을 위한 성분들의 농도비를 구하고 이로부터 녹일 Na_2CO_3의 질량을 구한다. K_a 값을 pK_a 값으로 변환하고, 식 (19.1)을 이용하여 pH 10.00을 만드는 데 필요한 $[CO_3^{2-}]/[HCO_3^-]$의 농도비를 구한다. HCO_3^- 몰농도에 부피를 곱하여 필요한 HCO_3^-의 양(mol)을 계산하고 주어진 $[CO_3^{2-}]/[HCO_3^-]$의 농도비로부터 필요한 CO_3^{2-}의 양(mol)을 구한 후, 이것을 Na_2CO_3의 양(g)으로 환산한다.

풀이 pK_a 값 계산:

$$pK_a = -\log K_a = -\log(4.7 \times 10^{-11}) = 10.33$$

$[CO_3^{2-}]/[HCO_3^-]$ 비 구하기:

$$pH = pK_a + \log\left(\frac{[CO_3^{2-}]}{[HCO_3^-]}\right) \qquad 10.00 = 10.33 + \log\left(\frac{[CO_3^{2-}]}{[HCO_3^-]}\right)$$

$$-0.33 = \log\left(\frac{[CO_3^{2-}]}{[HCO_3^-]}\right) \quad \text{따라서} \quad \left(\frac{[CO_3^{2-}]}{[HCO_3^-]}\right) = 10^{-0.33} = 0.47$$

주어진 부피의 용액에 필요한 HCO_3^-의 양(mol) 계산:

$$HCO_3^-\text{의 양(mol)} = 1.5\text{ L 용액} \times \frac{0.20\text{ mol }HCO_3^-}{1.0\text{ L 용액}} = 0.30\text{ mol }HCO_3^-$$

$$CO_3^{2-}\text{의 양(mol)} = 0.30\text{ mol }HCO_3^- \times \frac{0.47\text{ mol }CO_3^{2-}}{1.0\text{ mol }HCO_3^-} = 0.14\text{ mol }CO_3^{2-}$$

필요한 Na_2CO_3의 질량(g) 계산:

$$Na_2CO_3\text{의 질량(g)} = 0.14\text{ mol }Na_2CO_3 \times \frac{105.99\text{ g }Na_2CO_3}{1\text{ mol }Na_2CO_3} = 15\text{ g }Na_2CO_3$$

완충 용액은 Na_2CO_3 15 g을 0.20 *M* $NaHCO_3$ 용액 약 1.3 L에 용해시킨 후, 0.20 *M* $NaHCO_3$ 용액을 첨가하여 용액의 부피가 1.5 L가 되게 하여 만든다. 이후 pH 미터를 이용하여 강산이나 강염기를 한 방울씩 첨가하면서 pH를 10.00으로 맞춘다.

검산 유용한 완충 범위 내에서는 산 성분, 이 경우에는 $[HCO_3^-]$의 농도가 염 성분 $[CO_3^{2-}]$ 농도의 10배 이내이어야 한다. 0.30 mol의 HCO_3^-와 0.14 mol CO_3^{2-}를 가지므로 성분비는 0.30/0.14 = 2.1이다. 상대적인 성분의 비가 적절한지를 확인할 수 있다. 원하는 pH 값이 HCO_3^-의 pK_a(10.33)보다 낮으므로 산의 화학종이 염기 화학종보다 더 많아야 함을 알 수 있다.

▶ 보충 문제

19.3A 5.0 L의 0.050 *M* 벤조산 소듐(C_6H_5COONa) 용액에 산성 성분을 첨가하여 어떻게 pH 4.25인 벤조산/벤조산 음이온 완충 용액을 만드는가? [벤조산(C_6H_5COOH)의 $K_a = 6.3\times10^{-5}$]

19.3B pH 9.18을 갖는 $[NH_3]/[NH_4^+]$ 완충 용액의 성분 농도비는 얼마인가? 이 pH 값을 갖는 완충 용액을 만들기 위해 0.15 *M* NH_3 용액 750 mL에 가해야 할 NH_4Cl의 질량은 얼마인가? (NH_3의 $K_b = 1.76\times10^{-5}$)

유사 문제 19.24~19.27

인터넷 핫스팟

완충 용액 제조에 관한 계산이 어렵게 느껴진다면, ebook에 접속하여 이 주제에 대한 추가 학습 동영상을 참고하자.

완충 용액을 만드는 다른 방법은 한 성분을 *부분 중화*(partial neutralization)하여 다른 성분을 만드는 것이다. 예를 들어, HCOOH 수용액과 NaOH 용액을 혼합하여 $HCOOH/HCOO^-$ 완충 용액을 제조할 수 있다. OH^-와 HCOOH의 반응이 진행함에 따라 HCOOH 중 일부가 중화되어 필요한 $HCOO^-$를 형성한다.

$$\text{HCOOH(총 HA)} + \text{OH}^-\text{(첨가한 양)} \longrightarrow \text{HCOOH(총 HA − 첨가한 OH}^-\text{의 양)} + \text{HCOO}^-\text{ (첨가한 OH}^-\text{의 양)} + \text{H}_2\text{O}$$

이 방법은 약산을 강염기로 적정할 때 일어나는 화학적 변화에 근거한 것인데, 19.2절에서 알아볼 것이다.

› 19.1절 요약

- H_3O^+ 또는 OH^-가 첨가될 때, 완충 용액의 pH 값은 비완충 용액의 pH 값보다 훨씬 적게 변한다.
- 완충 용액은 약산과 그 산의 짝염기(또는 약염기와 그 염기의 짝산)로 구성되어 있다. 완충 용액이 효과적이기 위해서는 완충 용액 성분의 양이 첨가되는 H_3O^+ 또는 OH^-의 양보다 훨씬 많아야 한다.
- 완충 용액 성분의 농도비가 pH를 결정하며, 농도비와 pH 값의 관계는 Henderson-Hasselbalch 식으로 나타낼 수 있다.
- H_3O^+ 또는 OH^-가 완충 용액에 첨가될 때, 완충 용액의 성분이 반응하여 다른 성분을 형성하므로 $[H_3O^+]$ 또는 pH 값이 아주 조금 바뀐다.
- 진한 완충 용액(높은 완충 용량)이 묽은 완충 용액보다 더 작은 pH 변화를 보인다. 완충 용액의 pH 값이 산 성분의 pK_a 값과 동일할 때 완충 용액은 최대 완충 용량을 가진다.
- 완충 용액은 pH가 $pK_a \pm 1$인 범위에서 효과적이다.
- 완충 용액을 제조하려면 짝산-짝염기 쌍을 선택한 후 완충 성분들의 비율을 계산하고 완충 용액 농도를 결정한 다음 최종 용액을 원하는 pH 값을 갖도록 조절한다.

19.2 산-염기 적정 곡선

4장에서는 적정법을 이용하여 산-염기(및 산화-환원) 반응들을 정량화하였다. 이 절에서는 넣어준 적정액의 부피 대 pH 곡선인 **산-염기 적정 곡선**(acid-base titration curve)에 초점을 맞춘다. 강산-강염기, 약산-강염기, 약염기-강산 및 다양성자산-강염기 등의 적정 곡선들을 논의한다. 적정을 수행하는 것은 실험을 위한 훈련이지만, 산-염기 지시약의 역할을 이해하고 염 용액(18.8절)과 완충 용액들이 서로 어떻게 연관되어 있는지를 살펴보는 데는 산-염기 평형의 핵심 원리들이 이용된다.

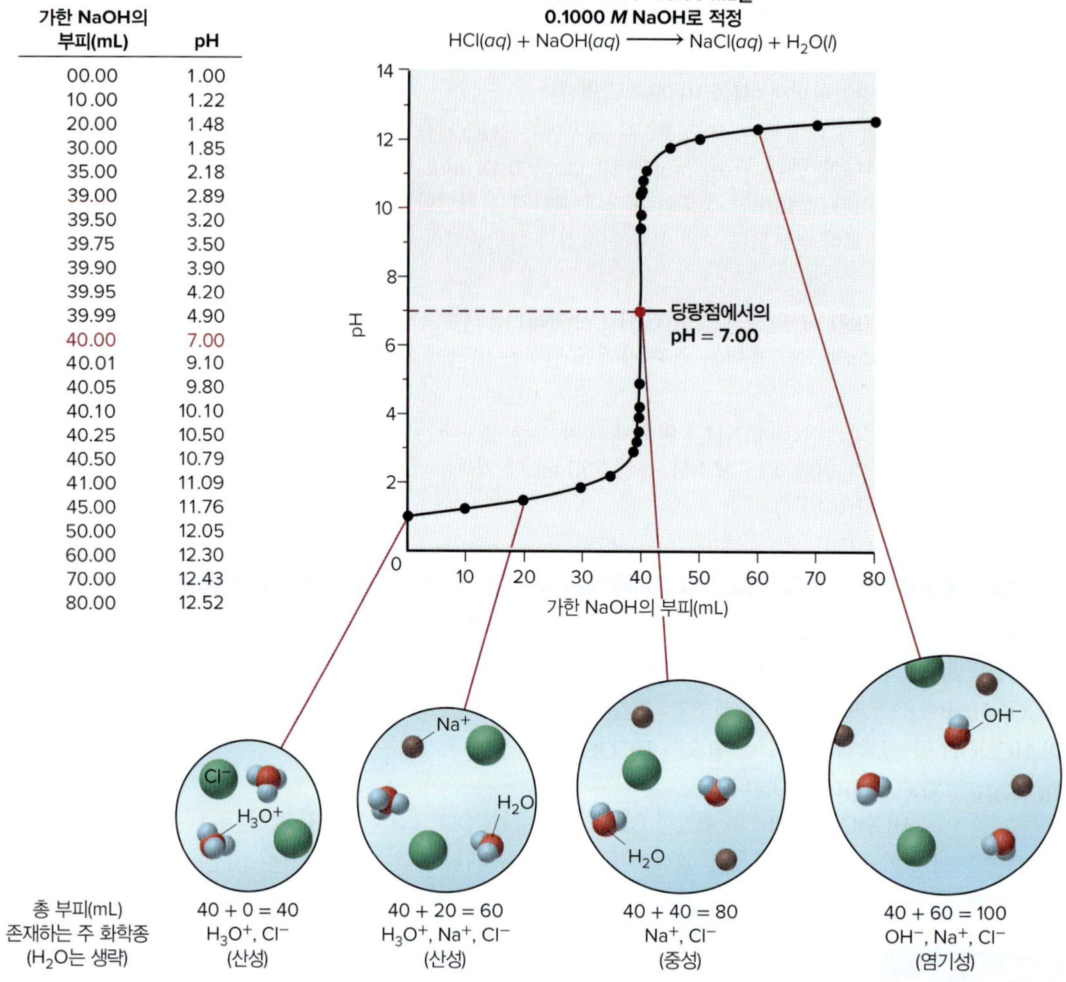

가한 NaOH의 부피(mL)	pH
00.00	1.00
10.00	1.22
20.00	1.48
30.00	1.85
35.00	2.18
39.00	2.89
39.50	3.20
39.75	3.50
39.90	3.90
39.95	4.20
39.99	4.90
40.00	7.00
40.01	9.10
40.05	9.80
40.10	10.10
40.25	10.50
40.50	10.79
41.00	11.09
45.00	11.76
50.00	12.05
60.00	12.30
70.00	12.43
80.00	12.52

그림 19.6 강산-강염기의 적정 곡선. 0.1000 *M* HCl 40.00 mL를 0.100 *M* NaOH로 적정할 때 얻는 자료(*왼쪽*). 적정에서 pH는 점진적으로 증가하다가 당량점과 그 근처에서 급격히 증가한 후 다시 점진적으로 증가한다. 강산-강염기 적정에서 당량점에서의 pH = 7.00이다. 각 분자 모식도는 적정 중 특정 점에서 용액의 일정 부분에 들어 있는, 용매를 제외한 화학종들의 상대적인 수를 보여준다. 원의 크기는 용액의 총 부피에 비례하여 증가한다.

강산-강염기 적정 곡선

그림 19.6은 강산을 강염기로 적정하는 과정에 대한 전형적인 곡선, 곡선을 그리는 데 사용한 자료 및 적정 중의 여러 시점에서 용액 중의 핵심 화학종들의 분자 모식도들을 보여준다.

적정 곡선의 특징 적정 곡선에는 기울기 변화가 뚜렷한 세 곳에 대응되는 세 가지 구분되는 영역이 있다.

1. *pH는 낮은 값에서 시작된다.* 이것은 강산의 높은 $[H_3O^+]$를 나타내며, 염기 첨가로 산이 중화됨에 따라 천천히 증가한다.
2. *pH가 6~8 단위만큼 급격히 증가한다.* 이 가파른 증가는 가한 OH^-의 양(mol)이 원래 산에 존재하였던 H_3O^+의 양(mol)과 거의 같아질 때 일어난다. 염기 1~2방울이 첨가되면, 남아 있던 미량의 산이 중화되고 미량의 염기가 남는다.

   당량점(equivalence point)은 *첨가된 OH^- 몰수가 원래 존재하던 H_3O^+의 몰수와 같을 때이다. 용액은 강산의 음이온과 강염기의 양이온으로 이루어진다.* 18장을 다시 떠올리면, 이 *이온들은 물과 반응하지 않으므로 용액은 중성, 즉 pH = 7.00이다.*
3. 이 가파른 상승 영역을 지나면 염기가 첨가됨에 따라 *pH는 느리게 증가한다.*

적정 중의 pH 계산 적정 중에 존재하는 화학종을 알면, 적정 중 다양한 점에서 pH 값을 계산할 수 있다.

1. *강산 HA의 초기 용액.* 그림 19.6에서 0.1000 *M* HCl 40.00 mL을 0.1000 *M* NaOH로 로 적정한다. 강산은 완전히 해리되기 때문에 $[HCl] = [H_3O^+] = 0.1000\ M$이다. 그러므로 초기 pH 값은 다음과 같다.*

$$pH = -\log [H_3O^+] = -\log (0.1000) = 1.00$$

*산-염기 적정에서 부피와 농도는 대개 유효 숫자 4자리로 나타내지만 pH는 일반적으로 소수점 아래 둘째 자리까지만 나타낸다.

2. *당량점 이전.* 염기가 첨가됨에 따라서 산이 중화되고 용액의 부피가 증가한다. 당량점에 이르기까지 여러 점에서 pH 값을 구하려면, 다음 과정을 수행한다. 예를 들어 0.1000 *M* NaOH 용액 20.00 mL를 첨가하는 경우에 다음과 같이 pH 값을 구한다.

- *초기 H_3O^+의 양(mol)과 첨가한 OH^-의 양 구하기($M \times V$ = 몰수):*

(HCl로부터 해리된) 초기 H_3O^+의 양(mol) = $0.1000\ M \times 0.04000$ L
= 0.004000 mol H_3O^+

(NaOH로) 첨가한 OH^-의 양(mol) = $0.1000\ M \times 0.02000$ L
= 0.002000 mol OH^-

- *OH^-가 한계 반응물이므로 반응한 H_3O^+의 양은 첨가된 OH^-의 양과 같다. 화학량론 반응표를 만들고, 반응한 H_3O^+의 양(mol)을 빼서 남아 있는 H_3O^+의 양(mol) 구하기 (구경꾼 이온은 붉은색으로 표시):*

양(mol)	HCl(*aq*)	+	NaOH(*aq*)	⟶	NaCl(*aq*)	+	$H_2O(l)$
초기	0.004000		0.002000		—		—
변화	−0.002000		−0.002000		—		—
최종	0.002000		0		—		—

- *첨가된 NaOH 용액에 의해 HCl 용액의 이온들이 희석되므로 남아 있는 H_3O^+의 양(mol)을 혼합 용액의 총 부피로 나누어 $[H_3O^+]$ 계산하기:*

$$[H_3O^+] = \frac{\text{남아 있는 } H_3O^+\text{의 양(mol)}}{\text{산의 원래 부피} + \text{첨가된 염기 부피}}$$

$$= \frac{0.002000 \text{ mol } H_3O^+}{0.04000 \text{ L} + 0.02000 \text{ L}} = 0.03333\ M$$

- *pH 계산하기:*

$$pH = -\log\,[H_3O^+] = -\log(0.03333) = 1.48$$

첨가된 OH^-의 양을 고려해 보면, 출발점과 당량점 사이의 중간 정도에 있다. 그러나 아직 적정 곡선의 초기 느린 상승 영역에 있으므로 pH 값은 매우 낮다. 같은 계산 방법으로 당량점까지의 pH 값들을 구할 수 있다.

3. *당량점에서.* 0.1000 *M* NaOH 40.00 mL(0.004000 mol OH^-)이 원래의 0.004000 mol H_3O^+에 첨가되면, 당량점에 도달하게 된다. 용액은 Na^+와 Cl^-만을 함유하고 있으며, 이 두 이온은 물과 반응하지 않는다. 하지만 물의 자체 이온화 때문에

$$[H_3O^+] = 1.0\times10^{-7}\ M \qquad pH = 7.00$$

4. *당량점 이후.* 당량점에 도달하면 강산은 모두 소모되므로 당량점 이후의 pH 값은 존재하는 과량의 OH^-의 양(mol)에 의해 결정된다. 당량점 이후의 pH 계산 과정을 HCl 용액 40.00 mL에 NaOH 용액 50.00 mL를 첨가하는 경우를 예로 들어 살펴본다.

- *초기 H_3O^+의 양(mol)과 첨가한 OH^-의 양(mol) 구하기 ($M \times V$ = 몰수):*

(HCl로부터 해리된) 초기 H_3O^+의 양(mol) = $0.1000\ M \times 0.04000$ L
= 0.004000 mol H_3O^+

(NaOH로) 첨가한 OH^-의 양(mol) = $0.1000\ M \times 0.05000$ L
= 0.005000 mol OH^-

- *당량점 이후부터는 H_3O^+가 한계 반응물이므로 반응한 H_3O^+의 양(mol)은 초기 H_3O^+의 양(mol)과 같다. 화학량론 반응표를 만들고, 반응한 H_3O^+의 양(mol)을 빼서 남아 있는 OH^-의 양(mol) 구하기(구경꾼 이온은 붉은색으로 표시):*

양(mol)	HCl(*aq*)	+	NaOH(*aq*)	⟶	NaCl(*aq*)	+	$H_2O(l)$
초기	0.004000		0.005000		—		—
변화	−0.004000		−0.004000		—		—
최종	0		0.001000		—		—

표 19.3 | 강산-강염기 적정의 pH 계산

초기 pH (강산)	당량점 전 (강산)	당량점 (중성 염 용액)	당량점 후 (과량의 강염기)
$[H_3O^+] = [HA]_{초기}$ $pH = -\log[H_3O^+]$	$Mol\ H_3O^+_{초기} = M_{산} \times V_{산}$ $Mol\ OH^-_{첨가} = M_{염기} \times V_{염기}$ $Mol\ H_3O^+_{잔여} =$ $(mol\ H_3O^+_{초기}) - (mol\ OH^-_{첨가})$ $[H_3O^+] = \dfrac{mol\ H_3O^+_{잔여}}{V_{산} + V_{염기}}$ $pH = -\log[H_3O^+]$	생성된 염은 중성이므로 pH = 7.00	$Mol\ H_3O^+_{초기} = M_{산} \times V_{산}$ $Mol\ OH^-_{첨가} = M_{염기} \times V_{염기}$ $Mol\ OH^-_{과량} =$ $(mol\ OH^-_{첨가}) - (mol\ H_3O^+_{초기})$ $[OH^-] = \dfrac{mol\ OH^-_{과량}}{V_{산} + V_{염기}}$ $pOH = -\log[OH^-]$ $pH = 14.00 - pOH$

- *남아 있는 OH^-의 양(mol)을 혼합 용액의 총 부피로 나누어 $[OH^-]$ 계산하기:*

$$[OH^-] = \frac{\text{남아 있는 } OH^- \text{의 양(mol)}}{\text{산의 원래 부피} + \text{첨가된 염기 부피}}$$

$$= \frac{0.001000\ mol\ OH^-}{0.04000\ L + 0.05000\ L} = 0.01111\ M$$

- *pOH를 계산하고 이어서 pH 계산하기:*

$$pOH = -\log\ [OH^-] = -\log\ (0.01111) = 1.95$$

$$pH = pK_w - pOH = 14.00 - 1.95 = 12.05$$

표 19.3에는 강염기로 강산을 적정하는 경우의 pH 계산 과정이 요약되어 있다.

약산-강염기 적정 곡선

그림 19.7은 약산을 강염기로 적정하는 곡선을 나타낸다. 이 적정에서 0.1000 M 프로페인산(CH_3CH_2COOH, $K_a = 1.3 \times 10^{-5}$) 40.00 mL을 0.1000 M NaOH로 적정한다. (CH_3CH_2COOH는 줄여서 HPr로 표기하고 그 짝염기 $CH_3CH_2COO^-$는 Pr^-로 표기한다.)

적정 곡선의 특징 그림 19.7에서 점선으로 나타낸 부분은 강산-강염기 적정 곡선의 아래 반쪽에 해당한다(그림 19.6). 약산 적정 곡선에는 주목해야 할 핵심 요점 네 개가 있다(그 중 앞 세 개는 강산의 적정 곡선과 다름).

1. *초기 pH 값이 더 높다.* 약산(HPr)은 조금 해리하므로, 강산의 경우보다 훨씬 적은 H_3O^+가 존재한다.
2. *당량점 직전의 가파른 상승 영역 앞에 있는 소위 완충 영역(buffer region)에서 곡선이 점진적으로 올라간다.* HPr이 강염기와 반응함에 따라 점점 더 많은 Pr^-이 생성되며, 이것은 HPr/Pr^- 완충 용액을 만들어 낸다. 완충 영역의 중간 지점에서는 초기 HPr의 반이 반응하므로(당량점에 도달하는 데 필요한 OH^-의 반이 첨가됨), $[HPr] = [Pr^-]$ 또는 $[HPr]/[Pr^-] = 1$이다. 그러므로 *pH 값이 pK_a 값과 같다.*

$$pH = pK_a + \log\left(\frac{[Pr^-]}{[HPr]}\right) = pK_a + \log 1 = pK_a + 0 = pK_a$$

   적정의 중간점인 이 점에서 측정한 pH 값으로 미지 산의 pK_a 값을 추산하는 데 이용할 수 있다.
3. *당량점에서의 pH 값이 7.00보다 크다.* 이 용액은 강염기의 양이온 Na^+와 약산의 음이온 Pr^-를 함유하고 있는데, Na^+는 물과 반응하지 않는 데 반해 HPr의 짝염기인 Pr^-는 약염기로 작용하여 H_2O로부터 양성자를 받고 OH^-를 방출한다.
4. 당량점을 지나서는 과량의 염기가 첨가됨에 따라 *pH 값이 느리게 증가한다.*

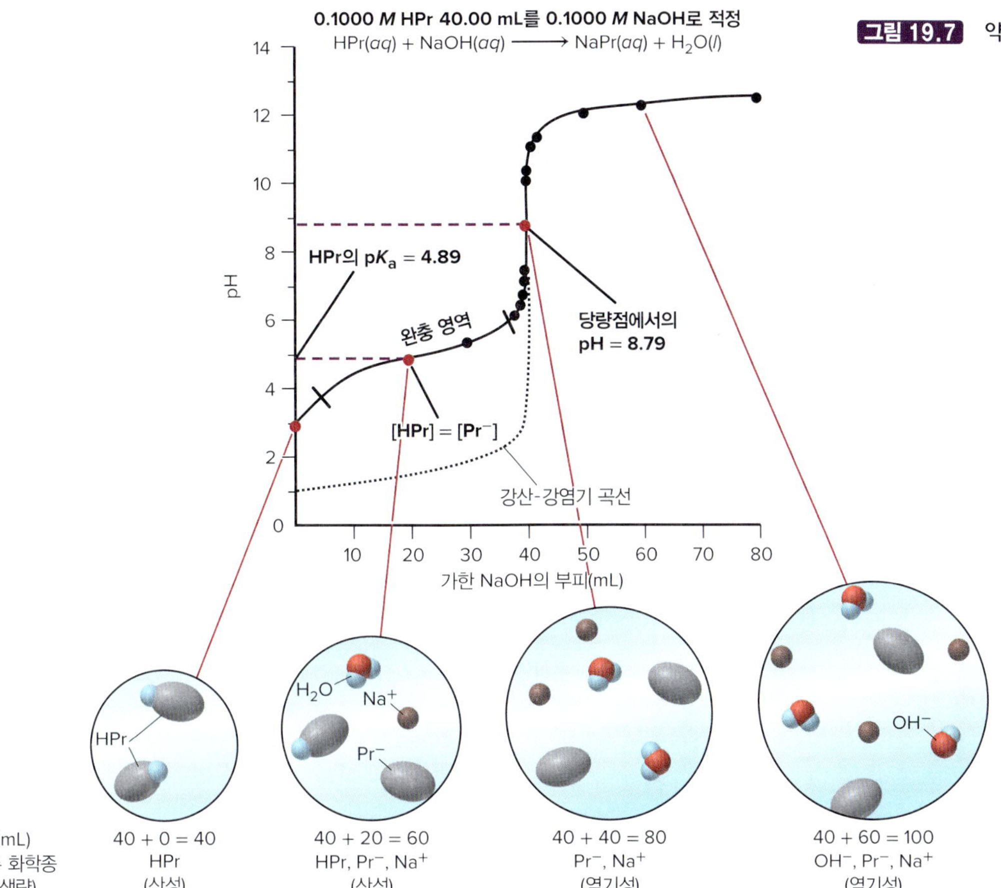

그림 19.7 약산-강염기 적정 곡선.

적정 과정의 pH 값 계산 약산-강염기 적정에서는 약산의 부분 해리, 완충 용액의 존재 및 짝염기와 물과의 반응을 고려해야 한다. 적정 곡선의 네 영역에 대해 각기 다른 방법으로 $[H_3O^+]$ 값을 구해야 한다.

1. *초기 HA 용액.* 염기가 첨가되기 전에는 약산이 해리한다.

$$HPr(aq) + H_2O(l) \rightleftharpoons H_3O^+(aq) + Pr^-(aq)$$

18.5절에서와 같이 $x = [HPr]_{해리}$로 하여 반응 표를 만들고, $[H_3O^+]$ $(= [Pr^-]) = [HPr]_{해리} << [HPr]_{초기}$라고 가정하고 x에 대해 풀면 $[H_3O^+]$를 구할 수 있다.

$$K_a = \frac{[H_3O^+][Pr^-]}{[HPr]} \approx \frac{x^2}{[HPr]_{초기}} \qquad \text{따라서} \qquad x = [H_3O^+] \approx \sqrt{K_a \times [HPr]_{초기}}$$

인터넷 핫스팟

약산-강염기 적정에서 당량점에 도달하기 전의 pH 계산이 어렵게 느껴진다면, ebook에 접속하여 이 주제에 대한 추가 학습 동영상을 참고하자.

2. *HA와 첨가된 염기를 포함한 용액.* NaOH가 첨가되면, HPr이 Pr^-를 생성한다. 그러므로 당량점에 도달하기 전까지 적정 대부분에서 HPr/Pr^- 완충 용액이 존재한다. 따라서 Henderson-Hasselbalch 식으로 pH 값을 구한다.

$$pH = pK_a + \log \frac{[Pr^-]}{[HPr]}$$

부피 항들이 농도비에서 상쇄되므로, 즉 $[Pr^-]/[HPr] = [Pr^-\text{의 양(mol)}]/[HPr\text{의 양(mol)}]$이므로 부피를 구하거나 농도를 계산할 필요가 없다.

3. *HA와 첨가된 염기의 양이 같은 당량점.* 당량점에서는 모든 HPr이 염기와 반응하므로 용액에는 약염기 Pr^-만 들어 있고, Pr^-가 물과 반응하여 OH^-을 형성한다.

$$Pr^-(aq) + H_2O(l) \rightleftharpoons HPr(aq) + OH^-(aq)$$

이 반응이 약산-강염기 적정의 당량점에서 pH > 7.00인 이유를 설명해준다. $[H_3O^+]$를 계산하기 위해(18.7절 참조) 먼저 HPr의 K_a 값으로부터 Pr^-의 K_b 값을 구하고, 반응 표를

인터넷 핫스팟

약산-강염기 적정에서 당량점에서의 pH 계산이 어렵게 느껴진다면, ebook에 접속하여 이 주제에 대한 추가 학습 동영상을 참고하자.

표 19.4 | 약산-강염기 적정의 pH 계산

초기 pH (약산)	당량점 전 (완충 용액)	당량점 (짝염기)	당량점 후 (과량의 강염기)
$K_a = \frac{[H_3O^+][A^-]}{[HA_{초기}]}$ $pH = -\log[H_3O^+]$	Mol $HA_{초기} = M_{산} \times V_{산}$ Mol $OH^-_{첨가} = M_{염기} \times V_{염기}$ Mol $HA^+_{잔여}$ = (mol $HA_{초기}$) − (mol $OH^-_{첨가}$) Mol $A^-_{생성}$ = mol $OH^-_{첨가}$ $pH = pK_a + \log\frac{\text{mol } A^-_{생성}}{\text{mol } HA^+_{잔여}}$	Mol $HA_{초기} = M_{산} \times V_{산}$ Mol $OH^-_{첨가} = M_{염기} \times V_{염기}$ $[A^-] = \frac{\text{mol } HA_{초기}}{V_{산} + V_{염기}}$ $K_b = \frac{[HA][OH^-]}{[A^-]}$; $K_b = \frac{K_w}{K_a}$ $pOH = -\log[OH^-]$ $pH = 14.00 - pOH$	Mol $HA_{초기} = M_{산} \times V_{산}$ Mol $OH^-_{첨가} = M_{염기} \times V_{염기}$ Mol $OH^+_{과량}$ = (mol $OH^-_{첨가}$) − (mol $HA_{초기}$) $[OH^-] = \frac{\text{mol } OH^+_{과량}}{V_{산} + V_{염기}}$ $pOH = -\log[OH^-]$ $pH = 14.00 - pOH$

만들고($[Pr^-] >> [Pr^-]_{반응}$이라고 가정), $[OH^-]$에 대해서 푼다. $[OH^-]$를 구하려면 농도 $[Pr^-]$이 사용되기 때문에 총 부피 값이 꼭 필요하다.

$$K_b = \frac{[OH^-][HPr]}{[Pr^-]} \approx \frac{x^2}{[Pr^-]} \quad \text{따라서} \quad x = [OH^-] \approx \sqrt{K_b \times [Pr^-]},$$

$$\text{여기서, } K_b = \frac{K_w}{K_a} \qquad \text{그리고} \qquad [Pr^-] = \frac{\text{HPr의 초기 양(mol)}}{\text{총 부피}}$$

마지막으로 $[OH^-]$를 pOH로 환산하고, 이어서 pH로 환산한다.

4. *과량의 염기 용액.* 당량점을 지나면, 강산-강염기 적정에서와 마찬가지로 과량의 $[OH^-]$가 첨가된다. Pr^-가 물과 반응하여 생성되는 소량의 OH^-는 과량 NaOH에서 나오는 OH^-에 비해 매우 적으므로 무시한다.

$$[OH^-] = \frac{\text{과량 } OH^- \text{의 양(mol)}}{\text{총 부피}}$$

인터넷 핫스팟

약산-강염기 적정에서 당량점을 지난 후의 pH 계산이 어렵게 느껴진다면, ebook에 접속하여 이 주제에 대한 추가 학습 동영상을 참고하자.

표 19.4에는 강염기로 약산을 적정하는 경우의 pH 계산 과정이 요약되어 있고, 예제 19.4는 전체적 풀이 과정을 보여준다.

예제 19.4 | 약산-강염기 적정 과정의 pH 구하기

문제 0.1000 *M* 프로페인산(HPr, $K_a = 1.3 \times 10^{-5}$) 40.00 mL에 다음 부피의 0.1000 *M* NaOH가 첨가된 후의 pH 값을 계산하라.

(a) 0.00 mL **(b)** 30.00 mL **(c)** 40.00 mL **(d)** 50.00 mL

계획 **(a)** 0.00 mL: 염기가 첨가되기 전이므로 약산의 해리이다. 18.5절에서 했던 것처럼 pH 값을 계산한다. **(b)** 30.00 mL: Pr^-와 HPr/의 양(mol)을 구하고 Henderson-Hasselbalch 식에 대입하여 pH 값을 구한다. **(c)** 40.00 mL: 첨가된 NaOH 양(mol)과 HPr 초기량(mol)이 같으므로 Na^+와 Pr^-을 함유한 용액이 생성된다. 예제 18.11에서 했던 것처럼 반응표를 만들어서 존재하는 Pr^-의 양을 구하고, 총 부피를 이용하여 $[Pr^-]$를 구하고, 이어서 pH를 계산한다. **(d)** 50.00 mL: 반응표를 만들어서 총 부피 속에 들어 있는 과량 OH^-의 양(mol)을 계산하고, 이로부터 pOH를 계산한 뒤에 다시 pH로 환산한다.

풀이 **(a)** 0.1000 *M* NaOH 0.00 mL 첨가: 예제 18.7에서 사용한 방법과 본문의 설명을 따라 다음과 같이 pH를 구한다.

$$HPr(aq) + H_2O(l) \rightleftharpoons H_3O^+(aq) + Pr^-(aq) \qquad K_a = \frac{[H_3O^+][Pr^-]}{[HPr]} = 1.3 \times 10^{-5}$$

농도(M)	$HPr(aq)$	+	$H_2O(l)$	$\rightleftharpoons$	$H_3O^+(aq)$	+	$Pr^-(aq)$
초기	0.1000		—		0		0
변화	$-x$		—		$+x$		$+x$
평형	$0.1000 - x$		—		x		x

$$K_a = \frac{[H_3O^+][Pr^-]}{[HPr]} = 1.3\times10^{-5} \approx \frac{(x)(x)}{0.1000}$$

$$[H_3O^+] = x \approx \sqrt{K_a \times [HPr]_{초기}} = \sqrt{(1.3\times10^{-5})(0.1000)} = 1.1\times10^{-3}\ M$$

$$pH = -\log(1.1\times10^{-3}) = 2.96$$

(b) 0.1000 M NaOH 30.00 mL 첨가: HPr과 OH^-의 초기 양(mol)을 구한다.

$$초기\ HPr\ 양(mol) = 0.04000\ L \times 0.1000\ M = 0.004000\ mol\ HPr$$

$$첨가된\ NaOH\ 양(mol) = 0.03000\ L \times 0.1000\ M = 0.003000\ mol\ OH^-$$

NaOH 1 mol당 Pr^- 1 mol이 생성되므로, 다음 양론 반응 표를 얻는다. (the Na^+ spectator ion has been omitted):

양(mol)	$HPr(aq)$	+	$OH^-(aq)$	$\longrightarrow$	$Pr^-(aq)$	+	$H_2O(l)$
초기	0.004000		0.003000		0		—
변화	−0.003000		−0.003000		+0.003000		—
최종	0.001000		0		0.003000		—

이 표의 마지막 줄이 새로운 평형에 도달할 HPr과 Pr^-의 새 초기 양이다. x 값이 매우 작으므로, 평형에서 $[HPr]/[Pr^-]$ 비가 이 새로운 초기량들의 비와 거의 같다고 가정한다(예제 19.1의 해설 참조).

pK_a 계산:

$$pK_a = -\log K_a = -\log(1.3\times10^{-5}) = 4.89$$

Henderson-Hasselbalch 식을 써서 pH 값을 구한다.

$$pH = pK_a + \log\frac{[Pr^-]}{[HPr]} = 4.89 + \log\frac{0.003000}{0.001000}$$

$$pH = 5.37$$

(c) 0.1000 M NaOH 40.00 mL 첨가. 초기 HPr과 OH^-의 양 계산:

$$초기\ HPr\ 양(mol) = 0.04000\ L \times 0.1000\ M = 0.004000\ mol\ HPr$$

$$첨가된\ NaOH\ 양(mol) = 0.04000\ L \times 0.1000\ M = 0.004000\ mol\ OH^-$$

다음과 같이 양론 반응 표를 작성한다.

양(mol)	$HPr(aq)$	+	$OH^-(aq)$	$\longrightarrow$	$Pr^-(aq)$	+	$H_2O(l)$
초기	0.004000		0.004000		0		—
변화	0.004000		−0.004000		+0.004000		—
최종	0		0		0.004000		—

모든 HPr이 반응한 후의 $[Pr^-]$를 계산:

$$[Pr^-] = \frac{0.004000\ mol}{0.04000\ L\ 산 + 0.04000\ L\ 염기} = 0.05000\ M$$

$x = [Pr^-]_{반응} = [OH^-]$로 놓고 염기 해리에 대한 반응 표를 만든다. 그 후 $[Pr^-]_{반응} << [Pr^-]_{초기}$라고 가정하여 K_b 값을 계산하고, 식을 풀어 x를 구한다(유사한 과정을 보여주는 예제 18.11 참조).

농도(M)	$Pr^-(aq)$	+	$H_2O(l)$	$\rightleftharpoons$	$HPr(aq)$	+	OH^-
초기	0.05000		—		0		0
변화	$-x$		—		$+x$		$+x$
평형	$0.05000 - x$		—		x		x

$$K_b = \frac{K_w}{K_a} = \frac{1.0\times10^{-14}}{1.3\times10^{-5}} = 7.7\times10^{-10}$$

$$K_b = \frac{[HPr][OH^-]}{[Pr^-]} = 7.7\times10^{-10} \approx \frac{(x)(x)}{0.05000}$$

$$[OH^-] = x \approx \sqrt{K_b \times [Pr^-]_{초기}} = \sqrt{(7.7\times10^{-10})(0.05000)} = 6.2\times10^{-6}\ M$$

$$pOH = -\log(6.2\times10^{-6}) = 5.21$$

$$pH = 14 - 5.21 = 8.79$$

(d) 0.1000 M NaOH 50.00 mL 첨가. HPr과 OH^-의 초기 양을 계산한다.

초기 HPr 양(mol) = 0.04000 L × 0.1000 M = 0.004000 mol HPr

첨가된 NaOH 양(mol) = 0.05000 L × 0.1000 M = 0.005000 mol OH^-

양론 반응 표를 만든다.

양(mol)	$HPr(aq)$	+	$OH^-(aq)$	⟶	$Pr^-(aq)$	+	$H_2O(l)$
초기	0.004000		0.005000		0		—
변화	−0.004000		−0.004000		+0.004000		—
최종	0		0.001000		0.004000		—

$$[OH^-] = \frac{\text{과량 } OH^- \text{의 양(mol)}}{\text{총 부피}} = \frac{0.001000 \text{ mol}}{0.04000 \text{ L 산} + 0.05000 \text{ L 염기}} = 0.01111\ M$$

$$pOH = -\log(0.01111) = 1.95$$

$$pH = 14 - 1.95 = 12.05$$

검산 예상대로 pH 값은 적정의 네 영역을 거치며 증가한다. 반올림하는 것을 잊지 말고 전 과정의 수치 계산을 검토하라.

해설 문제 (d)의 적정 반응에서 생성된 Pr^- 0.004000 mol은 pH 계산에서 무시한다. 이는 이 만큼의 Pr^-가 물과 반응하여 생성되는 OH^-의 양이 과량의 NaOH로부터 해리되는 OH^-의 양에 비해 무시할 만큼 적기 때문이다.

▶ 보충 문제

19.4A 어떤 화학자가 0.2000 M HBrO($K_a = 2.3\times10^{-9}$) 20.00 mL를 0.1000 M NaOH로 적정한다. 다음의 pH 값은?

(a) 염기 첨가 전 **(b)** [HBrO] = [BrO^-]일 때

(c) 당량점에서 **(d)** 첨가된 OH^-의 양이 초기에 존재하던 HBrO 양(mol)의 두 배일 때

(e) 적정 곡선을 그리고 pK_a와 당량점을 표시하라.

19.4B 0.1000 M 벤조산(C_6H_5COOH, $K_a = 6.3\times10^{-5}$) 30 mL를 0.1500 M NaOH로 적정하는 경우에 대해 다음을 구하라.

(a) 적정 시작 전 초기 pH **(b)** 염기 12.00 mL를 넣은 후의 pH

(c) 당량점에서의 pH **(d)** 염기 22.00 mL를 넣은 후의 pH

유사 문제 19.51, 19.53(a), 19.54(a)

약염기-강산 적정 곡선

약산-강염기 적정의 반대 경우는 약염기(NH_3)를 강산(HCl)으로 적정하는 것이다. 그림 19.8에 나타낸 적정 곡선은 약산-강염기 적정 곡선과 같은 모양이지만 뒤집혀 있다.

그러므로 약산-강염기 적정 곡선과 동일한 특징들을 보이지만, 적정 과정 내내 pH 값이 줄어든다.

1. *초기 약염기 용액은 7.00보다 훨씬 큰 pH 값을 가진다.* 왜냐하면 물속의 NH_3가 OH^-를 생성하기 때문이다.

$$NH_3(aq) + H_2O(l) \rightleftharpoons NH_4^+(aq) + OH^-(aq)$$

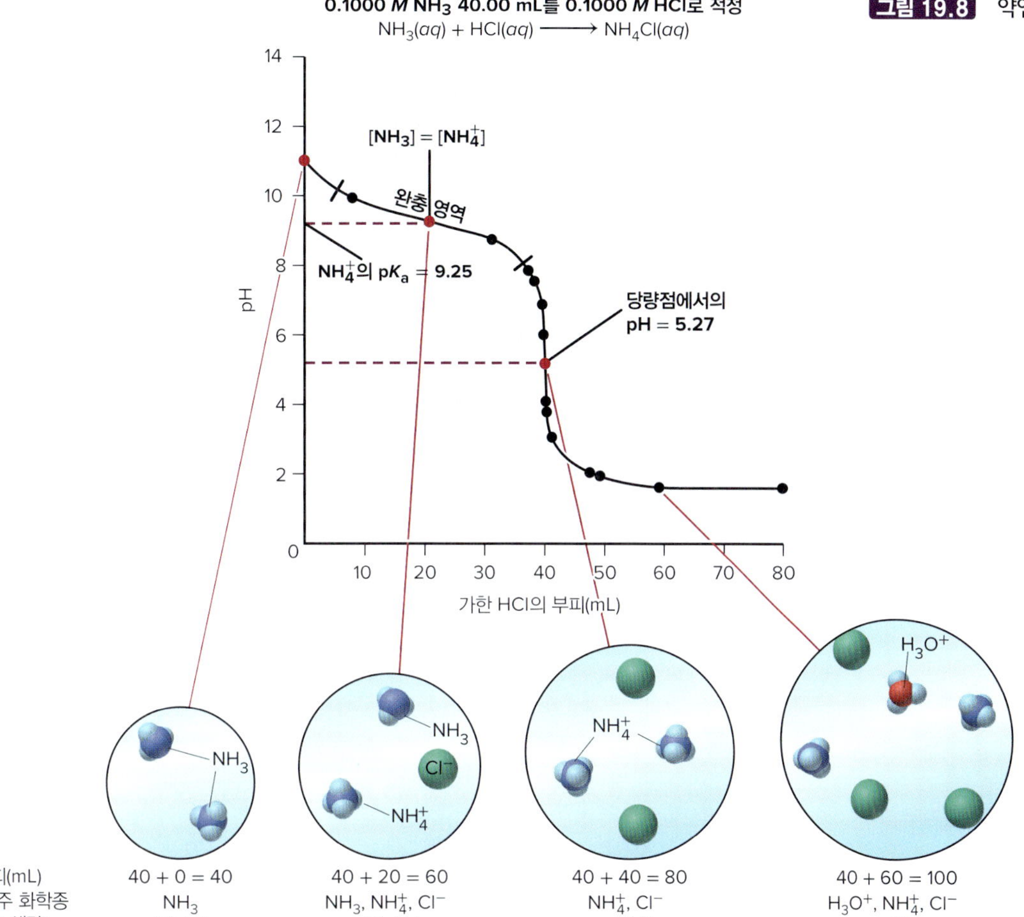

그림 19.8 약염기-강산 적정 곡선.

다음 식으로부터 $[H_3O^+]$를 구할 수 있다(예제 18.10 참조).

$$K_b = \frac{[NH_4^+][OH^-]}{[NH_3]} \approx \frac{x^2}{[NH_3]_{초기}} \qquad 따라서 \qquad x = [OH^-] \approx \sqrt{K_b \times [NH_3]_{초기}}$$

$$pOH = -\log [OH^-] \qquad 그리고 \qquad pH = 14 - pOH$$

2. *완충 영역에서 pH 값은 점진적으로 감소한다.* HCl을 첨가하면 NH_3가 NH_4^+로 바뀌며 NH_4^+/NH_3 완충 용액이 생성된다. 따라서 Henderson-Hasselbalch 식을 이용하여 pH를 구한다. 이 영역의 중간점에서는 *pH 값이* NH_4^+*의* pK_a *값과 같다.*

$$pH = pK_a + \log\left(\frac{[NH_3]}{[NH_4^+]}\right) = pK_a + \log 1 = pK_a + 0 = pK_a$$

3. *당량점에서는 곡선이 가파르게 떨어진다.* 모든 NH_3가 첨가된 HCl과 반응하였으므로, 용액에는 NH_4^+와 Cl^-만 들어 있다. Cl^-는 물과 반응하지 않고, NH_4^+는 산성이므로 *당량점에서 pH 값이 7.00보다 작음*에 주목하라.

$$NH_4^+(aq) + H_2O(l) \rightleftharpoons NH_3(aq) + H_3O^+(aq)$$

당량점에서의 pH는 아래 식으로 구한다.

$$K_a = \frac{[NH_3][H_3O^+]}{[NH_4^+]} \approx \frac{x^2}{[NH_4^+]} \qquad 따라서 \qquad x = [H_3O^+] \approx \sqrt{K_a \times [NH_4^+]}$$

4. 당량점을 지나면 과량의 H_3O^+가 첨가됨에 따라 *pH 값은 천천히 감소한다.*

$$[H_3O^+] = \frac{과량\ H_3O^+의\ 양(mol)}{총\ 부피}$$

표 19.5에는 강산으로 약염기를 적정하는 경우의 pH 계산 과정이 요약되어 있다.

표 19.5 | 약염기-강산 적정의 pH 계산

초기 pH (약염기)	당량점 전 (완충 용액)	당량점 (짝산)	당량점 후 (과량의 강산)
$K_b = \frac{[BH^+][OH^-]}{[B_{초기}]}$ $pOH = -\log[OH^-]$ $pH = -\log[H_3O^+]$	Mol $B_{초기} = M_{염기} \times V_{염기}$ Mol $H_3O^+_{첨가} = M_{산} \times V_{산}$ Mol $B_{잔여}$ = (mol $B_{초기}$) − (mol $H_3O^+_{첨가}$) Mol $BH^+_{생성}$ = mol $H_3O^+_{첨가}$ $pH = pK_a + \log\frac{\text{mol } B_{잔여}}{\text{mol } BH^+_{생성}}$	Mol $B_{초기} = M_{염기} \times V_{염기}$ Mol $H_3O^+_{첨가} = M_{산} \times V_{산}$ $[BH^+] = \frac{\text{mol } B_{초기}}{V_{산} + V_{염기}}$ $K_a = \frac{[B][H_3O^+]}{[BH^+]}$; $K_a = \frac{K_w}{K_b}$ $pH = -\log[H_3O^+]$	Mol $B_{초기} = M_{염기} \times V_{염기}$ Mol $H_3O^+_{첨가} = M_{산} \times V_{산}$ Mol $H_3O^+_{과량}$ = (mol $H_3O^+_{첨가}$) − (mol $B_{초기}$) $[H_3O^+] = \frac{\text{mol } H_3O^+_{과량}}{V_{산} + V_{염기}}$ $pH = -\log[H_3O^+]$

산-염기 지시약으로 pH 변화 추적하기

산-염기 지시약(indicator)은 약한 유기산(HIn으로 표기)으로 색깔(A)이 그 짝염기(In^-)(B)와 다른데, 이유는 두 화학종의 구조가 약간 다르기 때문이다. 예를 들어, 흔히 사용하는 지시약인 페놀프탈레인의 경우 산 형태는 무색인 데 반해 그 짝염기는 분홍색이다.

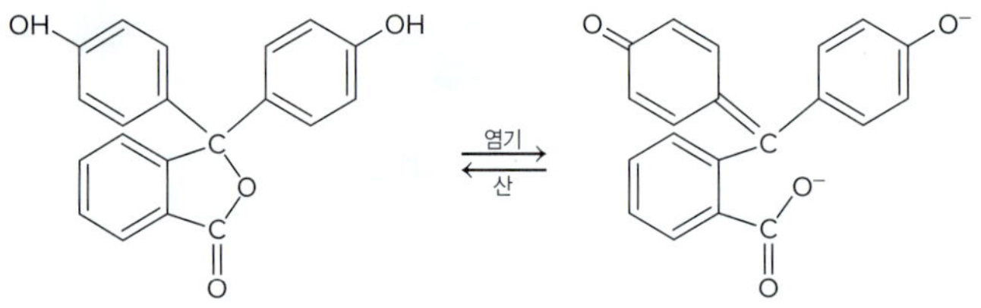

HIn 산 형태(무색) $\rightleftharpoons$ In^- 염기 형태(분홍색)

HIn와 In^- 사이의 색깔 변화는 특정한 좁은 pH 범위에서 일어난다. 일반적으로 HIn와 In^- 중 적어도 하나는 아주 진한 색을 가지므로 아주 적은 양의 지시약이면 충분하며, 그 양이 너무 적어서 적정 중의 pH에 영향을 주지 않는다.

산-염기 지시약의 색깔 변화 그림 19.9는 몇 가지 지시약의 색 변화와 pH 범위를 보여준다. 지시약을 선택하려면 적정 종말점에서의 대략적인 pH 값을 알아야 한다. 이것은 용액에 존재하는 이온 화학종들을 알아야 한다는 것을 의미한다. 지시약은 약산이기 때문에 $[In^-]/[HIn]$ 비율은 용액의 $[H_3O^+]$에 의해서 좌우된다.

$$\underset{\text{A의 색깔}}{HIn(aq)} + H_2O(l) \rightleftharpoons H_3O^+(aq) + \underset{\text{B의 색깔}}{In^-(aq)} \qquad \text{HIn의 } K_a = \frac{[H_3O^+][In^-]}{[HIn]}$$

산-염기 적정 동안 $[H_3O^+]$가 변화하고, 지시약의 평형 반응은 이동한다. 따라서 분석액의 $[H_3O^+]$(또는 pH)가 $[In^-]/[HIn]$ 비율을 결정하고, 이에 따라 용액 중의 지시약의 색깔이 결정된다.

- 낮은 pH에서는 $[H_3O^+]$가 크고 지시약의 평형은 왼쪽으로 치우치며, $[HIn] >> [In^-]$이 된다. $[In^-]/[HIn] \le 1/10$인 경우, 즉 HIn은 In^-보다 10배 이상 많으면 지시약은 산 형태의 색깔을 나타낸다.
- pH가 증가함에 따라 $[H_3O^+]$가 감소하고, Le Châtelier의 원리에 따라 지시약의 평형은 오른쪽으로 이동하면서 [HIn]는 감소하고 $[In^-]$이 증가한다. $[In^-]/[HIn] \approx 1$일 때 색깔은 지시약의 산과 염기의 중간 색깔을 띤다.
- pH가 더 높은 값으로 증가하면, $[H_3O^+]$가 감소하고 지시약의 평형은 충분히 오른쪽으로 이동하여 $[In^-] >> [HIn]$가 된다. $[In^-]/[HIn] \ge 10/1$일 때, 지시약은 염기 형태의 색깔을 나타낸다.

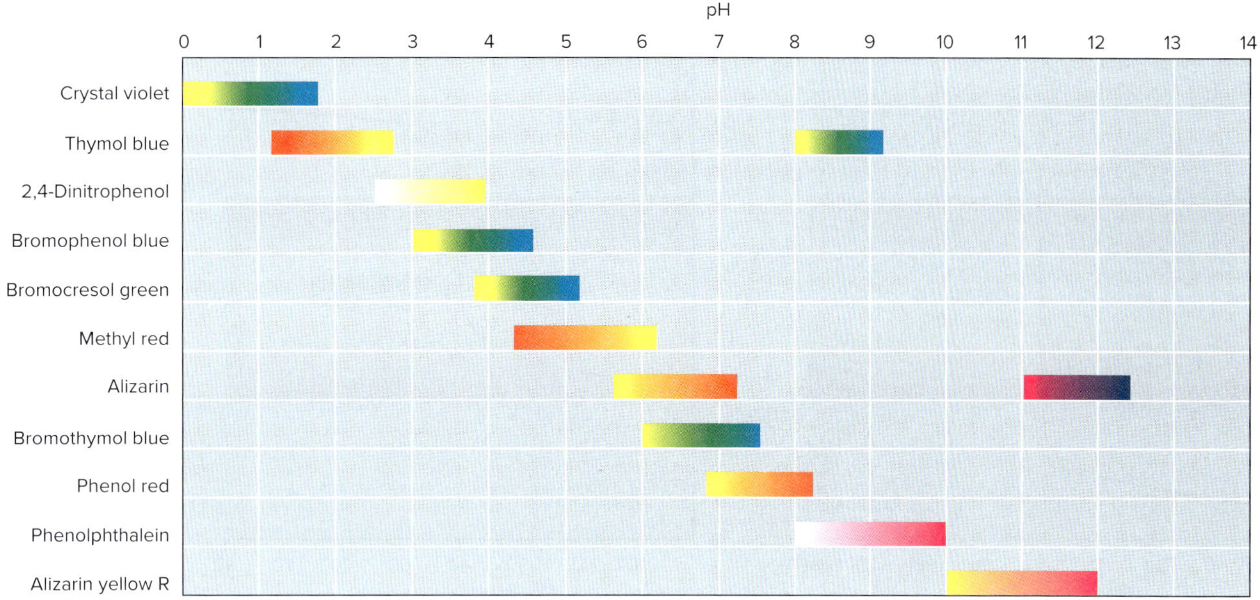

그림 19.9 몇 가지 일반적인 산-염기 지시약의 색깔과 대략적인 pH 범위.

Henderson-Hasselbalch 식은 $[In^-]/[HIn]$의 비와 지시약의 pK_a 및 용액의 pH를 연결시켜준다.

$$pH = pK_a + \log\left(\frac{[In^-]}{[HIn]}\right)$$

- $pH = pK_a - 1$일 때, $\frac{[In^-]}{[HIn]} = 1/10$이며 지시약의 산 형태의 색깔을 나타낸다.
- $pH = pK_a$일 때, $\frac{[In^-]}{[HIn]} = 1$이며 지시약의 산과 염기 형태의 색깔이 합쳐져서 나타난다.
- $pH = pK_a + 1$일 때, $\frac{[In^-]}{[HIn]} = 10/1$이며 지시약의 염기 형태의 색깔을 나타낸다.

따라서 지시약의 *변색 범위*는 $[In^-]/[HIn]$ 비가 10^2배인 범위(1/10 또는 0.1에서 10/1 또는 10까지)와 같다. 즉, *지시약의 pK_a를 중심으로 대략 2 pH 단위 범위에서 색깔 변화가 일어난다.*

지시약의 색깔 변화 pH ≈ 지시약의 $pK_a \pm 1$

← $< pK_a - 1$	$pK_a \pm 1$	$> pK_a + 1$ →
산 형태(HIn)의 색깔	산과 염기의 중간 색깔	염기 형태(In^-)의 색깔

예를 들어, 브로모티몰 블루($pK_a = 7.0$)는 대략 6.0~7.6의 pH 범위를 갖는다. 그림 19.10에서 보듯이 pH 6.0 이하(*왼쪽*)에서는 노란색이며, pH 7.6 이상(*오른쪽*)에서는 파란색을 가지고, 그 사이에서는(*가운데*) 녹색을 나타낸다.

산-염기 지시약 선택 산-염기 적정 중 우리는 일반적으로 적정의 *당량점*에 관심이 있으며 당량점은 *종말점*과는 반드시 구별해야 한다.

- 당량점은 첨가된 OH^- (또는 H_3O^+)의 몰수가 플라스크에 존재하는 H_3O^+(또는 OH^-)의 몰수와 같은 점이다.
- **종말점**은 적정을 위해 넣어준 지시약의 색깔이 바뀌는 점이다. *눈에 보이지 않는* 당량점을 알려주는 *보이는* 종말점을 원하기 때문에, *지시약의 변색 범위가 당량점의 pH와 가까운 지시약을 선택해야 한다.*

그림 19.10 Bromotymol blue 지시약의 색깔 변화.

Source: Stephen Frisch/McGraw-Hill Education

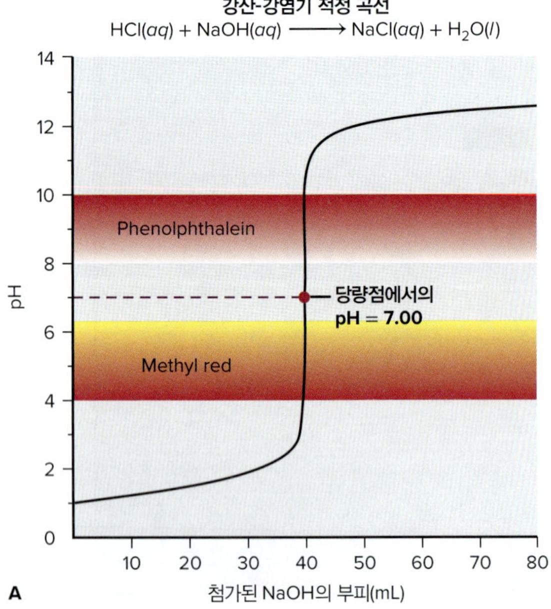

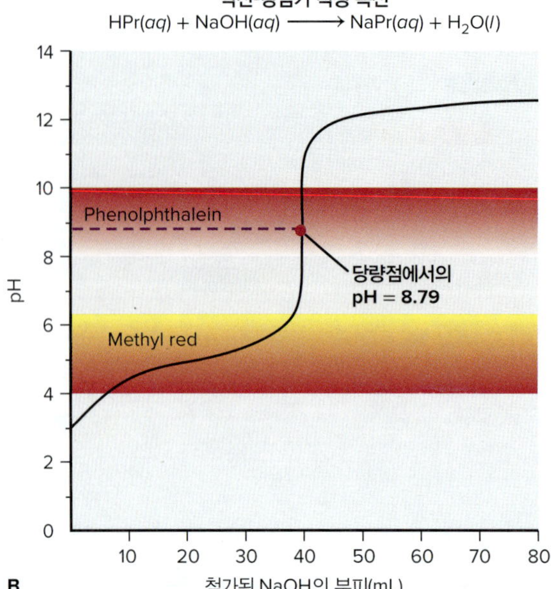

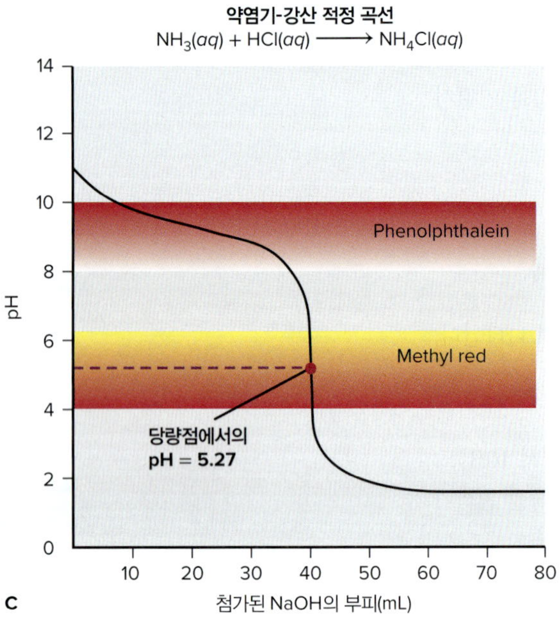

그림 19.11 산-염기 적정을 위한 산-염기 지시약의 선택.

그림 19.11은 앞 절에서 살펴본 세 가지 적정에 대한 적정 곡선을 두 가지 지시약 메틸 레드와 페놀프탈레인의 색깔 변화와 함께 보여준다. 그림 19.11A를 보면 두 가지 지시약 모두 강산-강염기 적정에 적합함을 알 수 있다. 메틸 레드는 pH 4.2에서 빨간색, pH 6.3에서는 노란색을 가지며, 페놀프탈레인은 pH 8.3까지는 무색이다가 pH가 10.0이 되면 분홍색으로 변한다. 두 가지 지시약 모두 당량점(pH = 7.00)에서 색깔 변화가 없지만 적정 곡선의 수직 변화 부근에서 색깔 변화를 보여준다. 그러므로 당량점에서 한 두 방울의 적정액 범위 내에서 메틸 레드는 노란색으로 변화되고, 페놀프탈레인은 분홍색으로 변한다.

그림 19.11B에서 보듯이 약산-강염기 적정에서는 더 좁은 pH 범위에서 pH가 급격히 증가하므로 지시약의 선택이 더 제한적임을 알 수 있다. 페놀프탈레인은 당량점 범위 내에서 색깔이 변한다. 하지만 메틸 레드는 당량점 전 한 두 방울이 아니라 약 30 mL의 적정액이 더 들어가야 pH에서 색깔이 변한다. 그림 19.11C에서 보듯이 약염기-강산 적정에서는 그 반대의 경우가 발생한다. 페놀프탈레인은 당량점에 도달하기 전에 색이 천천히 변화되며 반면에 메틸 레드는 당량점 부근 가파른 곡선 부근에서 색이 변화된다.

다양성자산의 적정 곡선

황산을 제외하고 일반적인 다양성자 산은 모두 약산이다. 아황산의 경우에서 보듯이 다양성자산의 연속적인 K_a 값은 10의 여러 승만큼 달라진다.

$$H_2SO_3(aq) + H_2O(l) \rightleftharpoons HSO_3^-(aq) + H_3O^+(aq)$$
$$K_{a1} = 1.4\times10^{-2} \quad \& \quad pK_{a1} = 1.85$$

$$HSO_3^-(aq) + H_2O(l) \rightleftharpoons SO_3^{2-}(aq) + H_3O^+(aq)$$
$$K_{a2} = 6.5\times10^{-8} \quad \& \quad pK_{a2} = 7.19$$

H_2SO_3와 같은 이양성자산의 적정에서는 산 분자 하나에 있는 두 개의 H^+ 이온과 반응하는 데 OH^- 이온 두 개가 필요하다. 그림 19.12는 아황산을 강염기로 적정하는 적정 곡선이다. K_a 값이 크게 차이가 나기 때문에 두 H^+ 이온은 각기 분리되어 적정되므로, 모든 H_2SO_3가 H^+ 하나를 잃고 난 후에야 HSO_3^-가 H^+ 이온을 잃는다.

$$H_2SO_3 \xrightarrow{1\ \text{mol OH}^-} HSO_3^- \xrightarrow{1\ \text{mol OH}^-} SO_3^{2-}$$

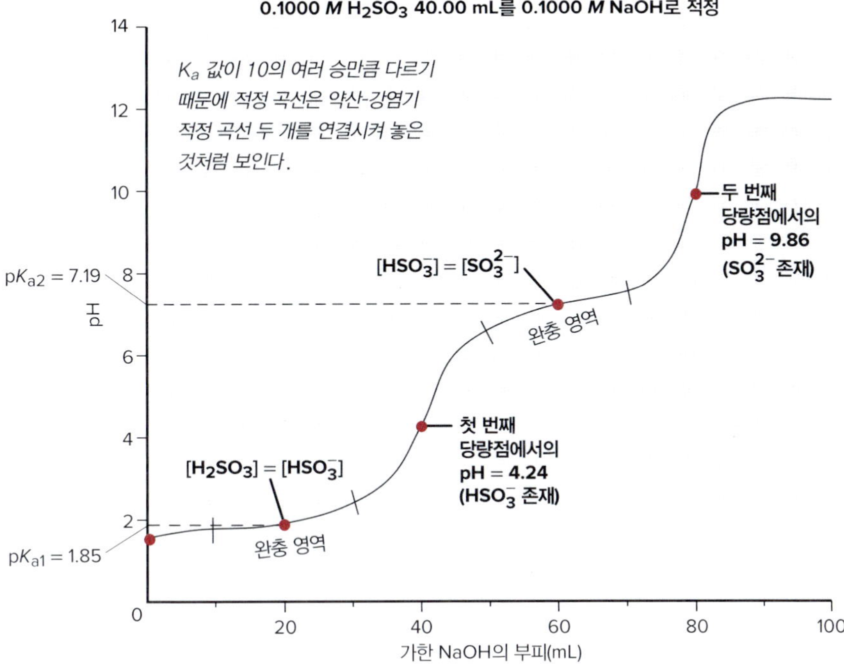

그림 19.12 약한 다양성자산의 적정 곡선.

이 적정 곡선의 특징은 다음과 같다.

- H^+의 몰수와 같은 양의 염기(0.004000 mol OH^-)가 필요하다.
- 두 개의 당량점과 두 개의 완충 영역이 있다. 각 완충 영역의 중간점의 pH는 각 산성 화학종의 pK_a 값과 동일하다.
- 첫 번째 당량점의 pH는 7.00 이하인데, 이는 HSO_3^-가 염기보다는 산으로 작용하기 때문이다(HSO_3^-의 $K_a = 6.5\times10^{-8}$, HSO_3^-의 $K_b = 7.1\times10^{-13}$).
- 두 번째 당량점의 pH는 7.00 이상인데, 이는 SO_3^{2-}가 약염기로 작용하여 H_2O로부터 양성자를 받아 OH^-를 생성하기 때문이다.

생체 다양성자산인 아미노산

아미노산은 일반식 NH_2—CH(R)—COOH를 가지며, 여기서 R은 20개의 서로 다른 작용기 중 하나를 나타낸다(13.2절, 15.6절 참조). 본질적으로 아미노산은 약염기(—NH_2)와 약산(—COOH)을 같은 분자에 가지고 있다. 낮은 pH에서는 아미노기와 카복실산기는 모두 양성자와 결합한 형태 $^+NH_3$—CH(R)—COOH를 갖는다. 따라서 이 형태에서 아미노산은 다양성자산의 특성을 갖는다. 가장 간단한 아미노산인 글라이신(glycine, R = H)의 해리 반응과 pK_a 값은 다음과 같다.

$$^+NH_3CH_2COOH(aq) + H_2O(l) \rightleftharpoons {}^+NH_3CH_2COO^-(aq) + H_3O^+(aq) \qquad pK_{a1} = 2.35$$
$$^+NH_3CH_2COO^-(aq) + H_2O(l) \rightleftharpoons NH_2CH_2COO^-(aq) + H_3O^+(aq) \qquad pK_{a2} = 9.78$$

이 값들을 보면 —COOH 기가 —NH_3^+ 기보다 *훨씬* 더 산성임을 알 수 있다. H_2SO_3의 적정에서 보았듯이 각 산성 양성자들은(*검은색 원*) 따로따로 적정되므로, —COOH 기의 모든 양성자가 반응한 후 —NH_3^+의 양성자가 반응하여 제거된다.

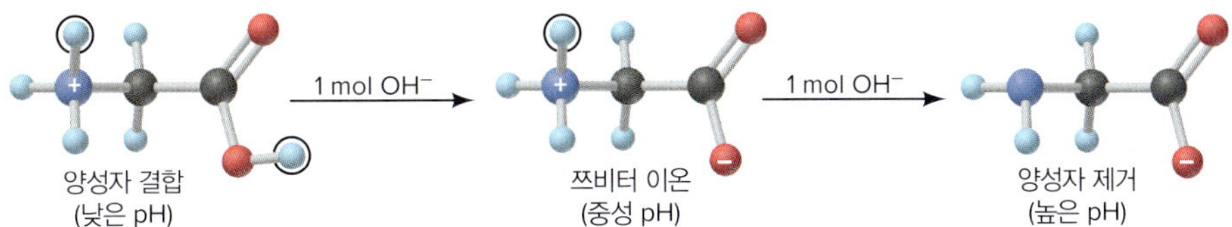

따라서 두 pK_a 값 사이에 있는 생리적 pH(~7)에서 *아미노산*(amino acid)은 동일한 분자 내에 반대되는 전하를 갖는 *쯔비터 이온*(zwitter ion, *zwitter*는 독일어로 "이중"을 의미)으로 *존재*한다. 글라이신의 쯔비터 이온은 $^+NH_3CH_2COO^-$이다.

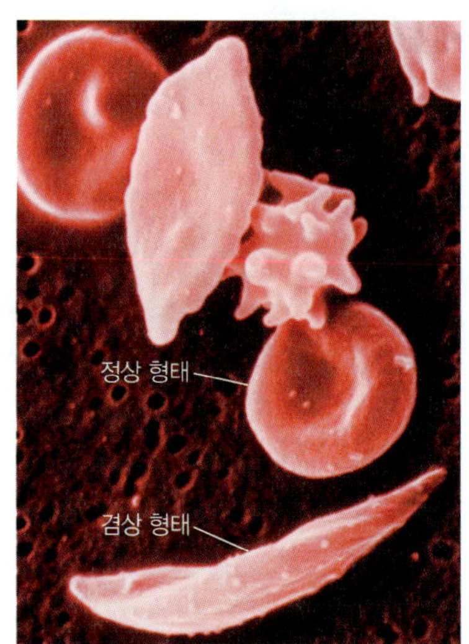

그림 19.13 **겸상 적혈구 빈혈증에서의 비정상적인 적혈구 모양.**

Source: Jackie Lewin/Royal Free Hospital/Science Source

20개의 각기 다른 R기를 가진 아미노산 중 몇몇은 pH(~7)에서 *추가로* $—COO^-$ 또는 $—NH_3^+$ 기를 가진다(그림 15.30 참고). 아미노산이 결합되어 단백질을 이루는 경우 전하를 띠는 아미노산들의 R기들이 단백질 전체 전하를 결정하는데, 이 전체 전하는 종종 단백질의 기능과 연관된다. 이러한 관계에 대해 널리 연구된 사례는 겸상 적혈구 빈혈증이라는 유전병이다. 정상 적혈구의 헤모글로빈 단백질들은 R기가 $—CH_2CH_2COO^-$인 글루탐산 아미노산을 두 개 포함하여 주요 부위에 음전하를 가지고 있다. 반면에 겸상 적혈구 빈혈증의 비정상 헤모글로빈 분자들은 그 부위에 R기가 $—CH_3$인 발린 아미노산 두 개를 가지므로 전하를 띠지 못한다. 헤모글로빈의 574개의 아미노산 중 단 두 개의 아미노산의 변화가 헤모글로빈 단백질들 간의 전하 반발을 약화시키며, 그 결과 단백질이 섬유형 구조를 가지며 헤모글로빈의 모양을 낫 모양으로 변화시킨다(그림 19.13). 이러한 기형 적혈구는 모세 혈관을 차단하고 겸상 적혈구 빈혈을 유발하여 일반적으로 조기 사망을 일으킨다.

› 19.2절 요약

- 강산-강염기 적정에서는 pH가 낮은 값에서 출발하여 천천히 올라가다가 당량점(pH = 7) 부근에서 급상승한다.
- 약산-강염기 적정에서는 pH가 비교적 높은 값에서 출발하여, 완충 영역(중간점에서는 pH = pK_a)에서 느리게 올라가다가 당량점(pH > 7) 가까이에서 급하게 올라간다.
- 약염기-강산 적정 곡선은 약산-강염기 적정 곡선과 반대의 모습을 보이며, 당량점까지 pH가 감소하고 당량점의 pH는 7 이하이다(pH < 7).
- 산-염기(pH) 지시약은 색깔이 다른 짝염기를 갖는 약산이며, 2 pH 단위 내에서 변색한다.
- 다양성자산은 양성자를 두 개 이상 가지고 있으며, 각 양성자마다 각기 다른 K_a 값을 가진다. K_a 값들은 10의 여러 승만큼 다르므로, 각 양성자는 개별적으로 적정된다.
- 아미노산은 용액의 pH에 따라 달라지는 전하를 띤 형태로 존재하며, 단백질의 기능에 영향을 미칠 수 있는 단백질 전체 전하를 결정한다.

19.3 난용성 이온 결합 화합물의 평형

이 절에서는 이온 결합 화합물의 용해도와 관련된 평형 계에 대해 살펴본다. 13장에서 논의한 바와 같이, 대부분의 "가용성(soluble)"이라고 불리는 용질들도 특정한 용매에서 제한된 용해도를 가진다. 특정 온도의 포화 용액에서는 용해된 용질과 용해되지 않은 용질들 사이에 평형이 존재한다. "불용성(insoluble)"이라고 불러온 난용성 이온 결합 화합물은 매우 적은 양의 용질이 용해되면 평형에 도달한다. 이 절에서는 가용성 이온 결합 화합물과 마찬가지로 조금 녹은 난용성 이온 결합 화합물도 완전히 이온으로 해리된다고 가정한다.

› 이온곱 식(Q_{sp})과 용해도곱 상수(K_{sp})

난용성 이온 결합 화합물의 경우 *고체 용질과 물에 녹은 이온들 사이에 평형이* 존재한다. 예를 들어, 플루오린화 납의 포화 수용액에서는 다음 평형이 존재한다.

$$PbF_2(s) \rightleftharpoons Pb^{2+}(aq) + 2F^-(aq)$$

다른 평형 계들과 마찬가지로 다음과 같이 반응 지수를 쓸 수 있다.

$$Q_c = \frac{[Pb^{2+}][F^-]^2}{[PbF_2]}$$

이전의 경우와 마찬가지로 순수한 고체, 이 경우에는 $[PbF_2]$의 농도 항은 1이므로 다음과 같이 *이온곱 식* Q_{sp}를 얻는다.

$$Q_c = \frac{[Pb^{2+}][F^-]^2}{1} = Q_{sp} = [Pb^{2+}][F^-]^2$$

용액이 포화되면 Q_{sp} 값은, 이른바 **용해도곱 상수**(solubility product constant, $\boldsymbol{K_{sp}}$)라고 부르는 상수에 도달한다. 예를 들면, 25°C에서 PbF_2의 K_{sp}는 3.6×10^{-8}이다. 다른 평형 상수들처럼 K_{sp} 값은 온도에만 의존하며 개개의 이온 농도와는 무관하다.

Q_{sp}의 형태는 다른 반응 지수들의 형태와 같다. 즉, 각 이온 농도들은 균형 반응식에 있는 반응 계수와 같은 값의 지수를 취하며, 이 경우에 *화합물의 화학식에 있는 각 이온의 아래첨자와 같다*. 포화 상태에서는 농도 항들이 평형 값을 갖는다. 그러므로 일반적으로 M^{n+}와 X^{z-} 이온으로 이루어진 난용성 이온 결합 화합물 M_pX_q에 대해서 평형에서의 이온곱 식은 다음과 같다.

$$Q_{sp} = [M^{n+}]^p[X^{z-}]^q = K_{sp} \quad \textbf{(19.2)}$$

지금부터는 Q_{sp} 대신 K_{sp}를 바로 쓸 것이다.

예제 19.5 | 이온곱 식 쓰기

문제 다음 각 화합물의 평형에 대한 이온곱 식을 써라.
(a) 탄산 마그네슘 **(b)** 수산화 철(II) **(c)** 인산 칼슘 **(d)** 황화 은

계획 포화 용액에 대한 반응식을 쓴 뒤 평형에서의 이온곱 K_{sp} 식[식 (19.2)]을 적는다.

풀이 **(a)** 탄산 마그네슘:

$$MgCO_3(s) \rightleftharpoons Mg^{2+}(aq) + CO_3^{2-}(aq) \qquad K_{sp} = [Mg^{2+}][CO_3^{2-}]$$

(b) 수산화 철(II):

$$Fe(OH)_2(s) \rightleftharpoons Fe^{2+}(aq) + 2OH^-(aq) \qquad K_{sp} = [Fe^{2+}][OH^-]^2$$

(c) 인산 칼슘:

$$Ca_3(PO_4)_2(s) \rightleftharpoons 3Ca^{2+}(aq) + 2PO_4^{3-}(aq) \qquad K_{sp} = [Ca^{2+}]^3[PO_4^{3-}]^2$$

(d) 황화 은:

$$Ag_2S(s) \rightleftharpoons 2Ag^+(aq) + S^{2-}(aq) \qquad K_{sp} = [Ag^+]^2[S^{2-}]$$

검산 K_{sp}에서 지수들을 아래첨자로 사용하여 화합물의 화학식이 얻어지는지를 확인하여 검산한다.

해설 (d)의 Ag_2S에 들어 있는 S^{2-} 이온은 매우 염기성이어서 물과 반응하여 황화수소 이온(HS^-) 및 OH^-를 생성한다.

$$S^{2-}(aq) + H_2O(l) \longrightarrow HS^-(aq) + OH^-(aq)$$

$[S^{2-}]$을 $[HS^-][OH^-]$로 바꾸어 Ag_2S(및 다른 금속 황화물)에 대한 이온곱 식을 더 정확하게 쓸 수 있다.

$$K_{sp} = [Ag^+]^2[HS^-][OH^-]$$

하지만 단순한 표기로 예제 (d)에서와 같이 금속 황화물에 대한 이온곱 식에서 $[S^{2-}]$를 사용한다.

▶ 보충 문제

19.5A 다음 각 화합물의 평형에 대한 이온곱 식을 써라.
(a) 황산 칼슘 **(b)** 탄산 크롬(III) **(c)** 수산화 마그네슘 **(d)** 수산화 알루미늄

19.5B 다음 이온곱 식을 가지는 화합물의 이름과 화학식을 써라. **(a)** $K_{sp} = [Pb^{2+}][CrO_4^{2-}]$ **(b)** $K_{sp} = [Co^{2+}][CO_3^{2-}]$ **(c)** $K_{sp} = [Sr^{2+}][F^-]^2$ **(d)** $K_{sp} = [Cu^{2+}]^3[PO_4^{3-}]^2$

유사 문제 19.67~19.70

용해도곱 상수가 포함된 계산

17장과 18장에서 두 유형의 평형 문제를 살펴보았다. 한 유형에서는 농도(또는 다른 양)들을 이용하여 K 값을 구하는 것이었고 다른 하나는 K 값을 이용하여 농도들을 구하는 것이었다. 여기서도 동일한 두 유형을 만나게 된다.

완전 해리를 가정한 문제 본격적으로 계산으로 들어가기 전에 정확도에 영향을 주어 근사적인 답으로 가게 하는 복잡한 상황을 미리 살펴보자. 소량 용해된 난용성 이온 결합 화합물이 완전히 해리된다는 가정은 지나친 단순화이다. 많은 난용성 염은 금속-비금속

표 19.6 | 25°C에서 몇 가지 이온 결합 화합물의 용해도곱 상수(K_{sp})

이름, 화학식	해리 반응	K_{sp}
수산화 알루미늄, $Al(OH)_3$	$Al(OH)_3(s) \rightleftharpoons Al^{3+}(aq) + 3OH^-(aq)$	3×10^{-34}
탄산 코발트(II), $CoCO_3$	$CoCO_3(s) \rightleftharpoons Co^{2+}(aq) + CO_3^{2-}(aq)$	1.0×10^{-10}
수산화 철(III), $Fe(OH)_2$	$Fe(OH)_3(s) \rightleftharpoons Fe^{3+}(aq) + 3OH^-(aq)$	1.6×10^{-39}
플루오린화 납(II), PbF_2	$PbF_2(s) \rightleftharpoons Pb^{2+}(aq) + 2F^-(aq)$	3.6×10^{-8}
황산 납(II), $PbSO_4$	$PbSO_4(s) \rightleftharpoons Pb^{2+}(aq) + SO_4^{2-}(aq)$	1.6×10^{-8}
인산 마그네슘, $Mg_3(PO_4)_2$	$Mg_3(PO_4)_2(s) \rightleftharpoons 3Mg^{2+}(aq) + 2PO_4^{3-}(aq)$	5.2×10^{-24}
황화 은, Ag_2SO_4	$Ag_2SO_4(s) \rightleftharpoons 2Ag^+(aq) + SO_4^{2-}(aq)$	1.5×10^{-5}
아이오딘화 아연, $Zn(IO_3)_2$	$Zn(IO_3)_2 \rightleftharpoons Zn^{2+}(aq) + 2IO_3^-(aq)$	3.9×10^{-6}

극성 공유 결합(9.5절)을 갖고 있어서, 부분적으로 해리되거나 전혀 해리되지 않은 화학종들이 용액에 들어 있다. 다음과 같은 두 예를 들 수 있다.

- 난용성 $PbCl_2$가 물에 있는 경우 수용액은 완전한 해리로부터 예상되는 $Pb^{2+}(aq)$와 $Cl^-(aq)$ 이온들뿐만 아니라 해리되지 않는 $PbCl_2(aq)$ 분자들과 $PbCl^-(aq)$ 이온들을 포함하고 있다.
- $CaSO_4$ 수용액에서는 해리되지 않는 이온쌍인 $Ca^{2+}SO_4^{2-}(aq)$가 존재한다.

이러한 부분 해리된 화학종과 해리되지 않은 화학종들은 난용성 염의 *겉보기* 용해도를 완전 해리 가정으로 구한 용해도보다 더 높게 만든다. 고급 전공 과목에서는 이러한 인자들이 논의되지만, 이 책에서는 몇몇 예제의 "해설"에서 이것들에 대해서 언급한다. 그러므로 계산 과정에서 나오는 답들을 일차 근사(first approximation)로 간주하는 것이 최선이다.

K_{sp}의 의미와 용해도 값으로부터 구하는 방법 *K_{sp} 값은 해리가 평형(포화)에서 어디까지 진행되는지를 나타낸다.* 표 19.6에 몇 가지 화합물의 K_{sp} 값을 제시하였고, 부록 C에는 훨씬 더 많은 K_{sp} 값을 수록하였다. 모든 값들이 작지만 이것들의 범위가 대단히 넓다는 점을 주목하라. 예제 19.6에서는 화합물의 용해도로부터 K_{sp} 값을 구한다.

예제 19.6 | 용해도로부터 K_{sp} 구하기

문제 (a) 황산 납(II)($PbSO_4$)는 납-산 자동차 축전지의 핵심 성분이다. 25°C에서 물에 대한 용해도는 4.25×10^{-3} g/100. mL 용액이다. $PbSO_4$의 K_{sp} 값은? **(b)** 25°C에서 플루오린화 납(II)(PbF_2)를 순수한 물에서 잘 흔들어 녹였더니 용해도가 0.64 g/L이었다. PbF_2의 K_{sp} 값을 구하라.

계획 다양한 단위의 용해도 값들이 주어져 있고 이를 이용하여 K_{sp} 값을 구해야 한다. 늘 하듯이, 각 화합물에 대해서 각 이온의 몰수를 알려주는 해리 반응식을 적고 이온곱 식을 쓴다. 몰 질량을 이용하여 질량 단위로 주어진 화합물의 용해도를 *몰 용해도*(몰농도)로 변환한 후, 각 이온들의 몰농도를 구하여 이온곱 식에 대입하면 K_{sp} 값을 구할 수 있다.

풀이 (a) $PbSO_4$의 반응식과 이온곱 식 쓰기:

$$PbSO_4(s) \rightleftharpoons Pb^{2+}(aq) + SO_4^{2-}(aq) \qquad K_{sp} = [Pb^{2+}][SO_4^{2-}]$$

용해도를 몰 용해도로 변환하기:

$$PbSO_4\text{의 몰 용해도} = \frac{0.00425\text{ g }PbSO_4}{100.\text{ mL 용액}} \times \frac{1000\text{ mL}}{1\text{ L}} \times \frac{1\text{ mol }PbSO_4}{303.3\text{ g }PbSO_4} = 1.40\times10^{-4}\ M\ PbSO_4$$

이온들의 몰농도 구하기: $PbSO_4$ 1 mol이 용해되면 Pb^{2+} 1 mol과 SO_4^{2-} 1 mol이 생성되므로 $[Pb^{2+}] = [SO_4^{2-}] = 1.4\times10^{-4}\ M$이다.

이 값을 이온곱 식에 대입하여 K_{sp} 값 계산:

$$K_{sp} = [Pb^{2+}][SO_4^{2-}] = (1.40\times10^{-4})^2 = 1.96\times10^{-8}$$

(b) PbF_2의 반응식과 이온곱 식 쓰기:

$$PbF_2(s) \rightleftharpoons Pb^{2+}(aq) + 2F^-(aq) \qquad K_{sp} = [Pb^{2+}][F^-]^2$$

용해도를 몰 용해도로 변환:

$$PbF_2\text{의 몰 용해도} = \frac{0.64\text{ g }PbF_2}{1\text{ L 용액}} \times \frac{1\text{ mol }PbF_2}{245.2\text{ g }PbF_2} = 2.6\times10^{-3}\ M\ PbF_2$$

이온들의 몰농도 구하기: PbF_2 1 mol이 용해되면 Pb^{2+} 1 mol과 F^- 2 mol이 생성되므로

$$[Pb^{2+}] = 2.6\times10^{-3}\ M \quad \text{그리고} \quad [F^-] = 2(2.6\times10^{-3}\ M) = 5.2\times10^{-3}\ M$$

이 값을 이온곱 식에 대입하여 K_{sp} 값 계산:

$$K_{sp} = [Pb^{2+}][F^-]^2 = (2.6\times10^{-3})(5.2\times10^{-3})^2 = 7.0\times10^{-8}$$

검산 낮은 용해도 값들이 작은 K_{sp} 값과 부합된다. **(a)** 몰 용해도가 대충 맞는 것 같다. $\frac{4\times10^{-2}\text{ g/L}}{3\times10^2\text{ g/mol}} \approx 1.3\times10^{-4}\ M$. 이 값을 제곱하면 1.7×10^{-8}이 나오며, 이것은 K_{sp} 값에 가깝다.
(b) 다음과 같이 최종 단계의 계산을 확인해 보자. $\sim(3\times10^{-3})(5\times10^{-3})^2 = 7.5\times10^{-8}$. K_{sp} 값에 가깝다.

해설 1. (b)에서 화학식 PbF_2는 $[F^-]$가 $[Pb^{2+}]$의 두 배라는 것을 의미한다. 이온곱 식을 따라 이 $[F^-]$ 값의 제곱을 취한다.
2. 표 19.6에 있는 이 화합물들의 K_{sp} 값이 여기서 구한 값들보다 작다. 예를 들어, PbF_2의 경우 표에 있는 K_{sp} 값은 3.6×10^{-8}이지만, 용해도 자료로부터 계산된 값은 7.0×10^{-8}이다. 이러한 불일치는 PbF_2가 용액 내에서 Pb^{2+}와 F^-로 완전히 해리된다고 가정하였기 때문에 발생한다. 앞에서 언급한 복잡성의 예이다. 실제로는 약 1/3은 용해되어 $PbF^+(aq)$로 존재하고 약간의 양은 해리되지 않은 $PbF_2(aq)$로 용해된다. 이 예제에 주어진 용해도(0.64 g/L)는 실험적으로 구한 것으로 다른 화학종들도 참여하는데, 우리 계산 과정에는 이들을 포함하지 않았다.

▶ **보충 문제**

19.6A 형석(CaF_2, *사진 참조*)을 분쇄하여 18°C 물에 흔들어 주면 용액 10.0 mL에 용질 1.5×10^{-4} g이 녹는다. 18°C에서 CaF_2의 K_{sp} 값을 구하라.

19.6B 20°C에서 인산 은(Ag_3PO_4) 3.2×10^{-4} g이 용액 50. mL에 녹는다. 20°C에서 Ag_3PO_4의 K_{sp} 값을 구하라.

유사 문제 19.71~19.74

형석 시료.

Source: Joel Arem/Science Source

K_{sp}로부터 용해도 계산 예제 19.6의 역과정은 화합물의 화학식과 K_{sp} 값을 토대로 용해도를 구하는 것이다. 예제 18.7에서 약산에 대해서 이용했던 방법과 유사한 방법을 이용할 것이다. 즉, 용해된 화학종의 미지의 양(몰 용해도)을 S로 정의하고, 반응 표에 있는 이온 농도들을 S로 표시한 후 풀어서 S를 구한다.

예제 19.7 | K_{sp}로부터 용해도 계산하기

문제 수산화 칼슘(소석회)은 모르타르, 회반죽, 시멘트의 주성분이며, $Ca(OH)_2$ 용액은 저렴한 공업용 강염기다. $Ca(OH)_2$의 K_{sp} 값이 6.5×10^{-6}일 때, $Ca(OH)_2$의 몰 용해도를 구하라.

계획 해리 반응식과 이온곱 식을 적는다. K_{sp} 값(6.5×10^{-6})을 알고 있으므로, 몰 용해도(S)를 구하기 위해서 $[Ca^{2+}]$와 $[OH^-]$가 S로 표현되는 반응 표를 작성한다. 그 다음에 이 농도들을 이온곱 식에 대입하여 풀어 S를 구한다.

풀이 해리 방정식과 이온곱 식 쓰기:

$$Ca(OH)_2(s) \rightleftharpoons Ca^{2+}(aq) + 2OH^-(aq) \qquad K_{sp} = [Ca^{2+}][OH^-]^2 = 6.5\times10^{-6}$$

S = 몰 용해도로 놓고 반응 표 작성:

농도(M)	$Ca(OH)_2(s)$	$\rightleftharpoons$	$Ca^{2+}(aq)$	+	$2OH^-(aq)$
초기	—		0		0
변화	—		$+S$		$+2S$
평형	—		S		$2S$

이온곱 식에 대입하여 S에 대해 풀기:

$$K_{sp} = [Ca^{2+}][OH^-]^2 = (S)(2S)^2 = (S)(4S^2) = 4S^3 = 6.5\times10^{-6}$$

$$S = \sqrt[3]{\frac{6.5\times10^{-6}}{4}} = 1.2\times10^{-2}\ M$$

검산 난용성 염이기 때문에 낮은 용해도가 예상된다. 이 계산을 역으로 수행하면, 당연히 주어진 K_{sp} 값을 구할 수 있어야 한다. $4(1.2\times10^{-2})^3 = 6.9\times10^{-6}$이고, 이것은 주어진 $K_{sp}(6.5\times10^{-6})$ 값과 가깝다.

해설 1. $[OH^-]$에 2를 곱하지 않고 제곱하였다. $2S$가 $[OH^-]$이므로 이온곱 식에 있는 대로 $2S$를 제곱하였다.

2. 이 문제에서도 고체가 완전히 해리된다는 가정을 사용하였다. 실제로는 $Ca(OH)_2(s) \rightleftharpoons CaOH^+(aq) + OH^-(aq)$ 반응에서 생성되는 $CaOH^+(aq)$가 존재하기 때문에 용해도가 약 $2.0\times10^{-2}\ M$로 증가한다. 이 화학종을 고려하지 않았기 때문에 구한 답은 단지 근사 값이다.

▶ 보충 문제

19.7A 마그네시아유(milk of magnesia)는 $Mg(OH)_2$의 물 현탁액이며, 위산을 중화시켜 소화 불량을 완화시킨다. 물에서 $Mg(OH)_2$의 몰 용해도는 얼마인가? ($K_{sp} = 6.3\times10^{-10}$)

19.7B 인산 칼슘 $Ca_3(PO_4)_2$은 혈액 내 칼슘 농도가 낮은 경우 보조 영양제로 사용된다. 수용액에서 $Ca_3(PO_4)_2$의 몰 용해도는 얼마인가? ($K_{sp} = 1.2\times10^{-29}$)

유사 문제 19.75(a), 19.76(a)

K_{sp} 값으로 용해도 비교하기 *이온의 총 개수가 똑같은* 화학식을 가진 화합물들을 비교하는 경우, K_{sp} 값들은 *상대적* 용해도를 가리킨다. 즉, *K_{sp} 값이 크면 클수록 용해도가 높다*(표 19.7). 세 개의 이온을 생성하는 화합물에 대해서도 양이온/음이온 비 1/2 또는 2/1에 무관하게 이러한 관계가 성립한다는 사실에 주목하라. 왜냐하면 S를 포함한 식이 계산 과정에서 똑같기 때문이다($4S^3$)(예제 19.7 참조).

용해도에 대한 공통 이온 효과

Le Châtelier의 원리(17.6절)에 의하면, *공통 이온의 첨가는 난용성 이온 결합 화합물의 용해도를 감소시킨다.* 크롬산 납(II)의 포화 용액을 살펴보자.

$$PbCrO_4(s) \rightleftharpoons Pb^{2+}(aq) + CrO_4^{2-}(aq) \qquad K_{sp} = [Pb^{2+}][CrO_4^{2-}] = 2.3\times10^{-13}$$

표 19.7 | 25°C에서 K_{sp} 값과 용해도 사이의 관계

이온의 수	화학식	양이온/음이온	K_{sp}	용해도(M)
2	$MgCO_3$	1/1	3.5×10^{-8}	1.9×10^{-4}
2	$PbSO_4$	1/1	1.6×10^{-8}	1.3×10^{-4}
2	$BaCrO_4$	1/1	2.1×10^{-10}	1.4×10^{-5}
3	$Ca(OH)_2$	1/2	6.5×10^{-6}	1.2×10^{-2}
3	BaF_2	1/2	1.5×10^{-6}	7.2×10^{-3}
3	CaF_2	1/2	3.2×10^{-11}	2.0×10^{-4}
3	Ag_2CrO_4	2/1	2.6×10^{-12}	8.7×10^{-5}

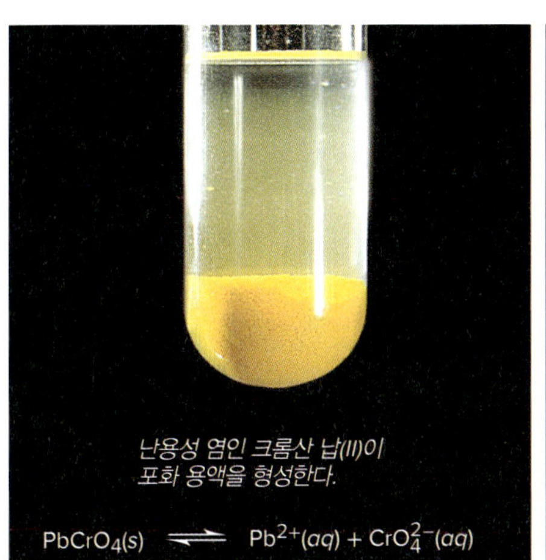

그림 19.14 용해도에 대한 공통 이온 효과.

Source: Stephen Frisch/McGraw-Hill Education

주어진 온도에서 K_{sp} 값은 이온 농도들의 곱에 따라 달라진다. 두 이온 중 어느 하나의 농도가 높아지면, 나머지 이온이 자신의 농도를 낮추어 K_{sp} 값은 일정하게 유지한다. 가용성 염인 Na_2CrO_4를 $PbCrO_4$ 포화 용액에 첨가한다고 가정하자. 공통 이온인 CrO_4^{2-}의 농도가 증가하고, 이것의 일부는 Pb^{2+}와 결합하여 더 많은 고체를 생성한다(그림 19.14). 즉, 평형 위치가 왼쪽으로 이동한다.

$$Na_2CrO_4(s) \longrightarrow 2Na^+(aq) + CrO_4^{2-}(aq) \qquad \text{[완전 용해]}$$
$$\downarrow$$
$$PbCrO_4(s) \rightleftharpoons Pb^{2+}(aq) + CrO_4^{2-}(aq;\ \text{첨가}) \qquad \text{[평형 이동]}$$

첨가의 결과로 $[Pb^{2+}]$가 낮아진다. 이 경우 $[Pb^{2+}]$가 $PbCrO_4$의 용해도를 정의하기 때문에 실질적으로 $PbCrO_4$의 용해도가 감소하였다. 용매가 Na_2CrO_4 용액이어도 같은 결과를 얻을 것이라는 점에 주목하라. 즉, $PbCrO_4$는 Na_2CrO_4 수용액보다 물에 더 많이 용해된다.

예제 19.8 | 용해도에 대한 공통 이온 효과 계산하기

문제 예제 19.7에서 물에서 $Ca(OH)_2$의 용해도 값을 계산하였다. 0.10 M $Ca(NO_3)_2$에서 $Ca(OH)_2$의 용해도는 얼마인가?($Ca(OH)_2$의 $K_{sp} = 6.5\times10^{-6}$)

계획 공통 이온인 Ca^{2+}의 첨가는 당연히 용해도를 낮출 것이다. 반응식과 이온곱 식을 쓰고, $Ca(NO_3)_2$에서 나오는 $[Ca^{2+}]_{초기}$와 $S = [Ca^{2+}]_{Ca(OH)_2}$를 사용하여 반응 표를 작성한다. 계산을 단순화시키기 위해, K_{sp} 값이 작으므로 S가 $[Ca^{2+}]_{초기}$에 비해 아주 작다는 가정을 사용한다. 그 다음 식을 풀어 S를 구하고 가정을 확인한다.

풀이 $Ca(NO_3)_2$는 물에서 완전히 이온화하는 가용성 염이다. 0.10 M $Ca(NO_3)_2$ 용액에서 $[Ca^{2+}] = 0.10\ M$이고 NO_3^-는 $Ca(OH)_2$의 용해도에 영향을 미치지 않는 구경꾼 이온이다.

$Ca(OH)_2$의 해리 반응식과 이온곱식 쓰기:

$$Ca(OH)_2(s) \rightleftharpoons Ca^{2+}(aq) + 2OH^-(aq) \qquad K_{sp} = [Ca^{2+}][OH^-]^2 = 6.5\times10^{-6}$$

$S = [Ca^{2+}]_{Ca(OH)_2}$를 사용하여 반응 표 작성하기:

농도(M)	$Ca(OH)_2(s)$	$\rightleftharpoons$	$Ca^{2+}(aq)$	+	$2OH^-(aq)$
초기	—		0.10 ($Ca(NO_3)_2$에서)		0
변화	—		$+S$ ($Ca(OH)_2$에서)		$+2S$
평형	—		$0.10 + S$		$2S$

인터넷 핫스팟

공통 이온이 참여하는 용해도 계산이 어렵게 느껴진다면, ebook에 접속하여 이 주제에 대한 추가 학습 동영상을 참고하자.

가정 세우기: K_{sp} 값이 작으므로 $S << 0.10\ M$. 따라서 $0.10\ M + S \approx 0.10\ M$.

이온곱 식에 대입하여 S에 대해 풀기:

$$K_{sp} = [Ca^{2+}][OH^-]^2 = 6.5\times10^{-6} \approx (0.10)(2S)^2$$

따라서 $4S^2 \approx \dfrac{6.5\times10^{-6}}{0.10}$ 이므로 $S \approx \sqrt{\dfrac{6.5\times10^{-5}}{4}} = 4.0\times10^{-3}\ M$

S와 $0.10\ M$을 비교하여 가정의 타당성 확인하기:

$$\frac{4.0\times10^{-3}\ M}{0.10\ M} \times 100 = 4.0\% < 5\%$$

검산 예제 19.7에서는 $Ca(OH)_2$의 용해도가 $0.012\ M$이었지만, 여기서는 그 1/3인 $0.0040\ M$이다. 예상한 대로 첨가된 공통 이온 Ca^{2+} 존재 하에서 용해도가 *감소*하였다.

▶ 보충 문제

19.8A 소화기 장애(intestinal disorder)를 진단하기 위해서 쓰는 X-선 영상의 화질을 높이기 위해서 X-선 촬영 전에 환자가 $BaSO_4$ 현탁액을 마신다. Ba^{2+}가 X-선을 투과시키지 않기 때문이다(*사진*). 하지만 $BaSO_4$가 독성을 갖고 있기 때문에 묽은 Na_2SO_4를 첨가하여 $[Ba^{2+}]$를 낮춘다. **(a)** 물에서 **(b)** $0.10\ M$ Na_2SO_4 용액에서 $BaSO_4$($K_{sp} = 1.1\times10^{-10}$)의 용해도는 얼마인가?

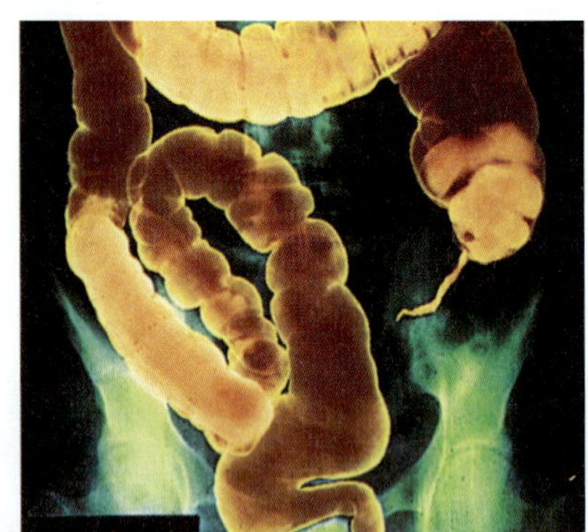

대장의 $BaSO_4$ X-선 영상.

Source: CNRI/Science Source

19.8B **(a)** 물에서 **(b)** $0.20\ M$ $CaCl_2$ 용액에서 **(c)** $0.20\ M$ NiF_2 용액에서 CaF_2($K_{sp} = 3.2\times10^{-11}$)의 용해도는 얼마인가?

유사 문제 19.75(b), 19.76(b), 19.77, 19.78

용해도에 대한 pH 효과

18.7절에서 약산의 음이온은 약염기임을 배웠다. 만일 난용성 이온 화합물이 약산의 음이온을 포함하고 있으면, *H_3O^+(강산으로부터)을 첨가하면 화합물의 용해도가 증가한다.* 또다시 Le Châtelier의 원리로 그 이유를 설명할 수 있다. 화합물의 염기성 음이온은 첨가된 H_3O^+와 반응하여 용액에서 제거된다. 제거된 음이온을 보충하기 위해 용해도 평형이 오른쪽으로 이동하여 화합물이 추가로 녹는다. 포화 탄산 칼슘 용액을 생각해보자.

$$CaCO_3(s) \rightleftharpoons Ca^{2+}(aq) + CO_3^{2-}(aq)$$

첨가된 H_3O^+는 약염기성 음이온인 CO_3^{2-}와 반응하여 약산의 음이온인 HCO_3^-를 형성한다.

$$CO_3^{2-}(aq) + H_3O^+(aq) \longrightarrow HCO_3^-(aq) + H_2O(l)$$

만일 충분한 H_3O^+가 첨가되면 H_2CO_3가 생성되고, 이것은 H_2O와 CO_2로 분해되어 기체가 용기에서 방출된다.

$$HCO_3^-(aq) + H_3O^+(aq) \longrightarrow [H_2CO_3(aq)] + H_2O(l) \longrightarrow CO_2(g) + 2H_2O(l)$$

첨가된 H_3O^+의 알짜 효과는 평형 위치를 오른쪽으로 이동시켜 더 많은 $CaCO_3$가 용해되게 하는 것이다.

$$CaCO_3(s) \rightleftharpoons Ca^{2+} + CO_3^{2-} \xrightarrow{H_3O^+} HCO_3^- \xrightarrow{H_3O^+} [H_2CO_3] \longrightarrow CO_2(g) + H_2O + Ca^{2+}$$

그림 19.15 **탄산염 존재 확인 시험.** 탄산염 광물에 HCl을 가하면 CO_2 기포가 발생한다.

Source: Stephen Frisch/McGraw-Hill Education

실제로 반응에서 CO_2 기포가 격렬하게 발생하기 때문에 이 예는 탄산염 광물에 대한 정성적 현장 검사법이다(그림 19.15).

이와는 대조적으로 강산의 음이온을 함유한 화합물(예, AgCl)의 포화 용액에 H_3O^+을 첨가해도 용해도에 아무런 영향도 주지 않는다.

$$AgCl(s) \rightleftharpoons Ag^+(aq) + Cl^-(aq)$$

Cl^- 이온이 고농도의 H_3O^+와 공존할 수 있으므로 평형 위치가 영향을 받지 않는다.

예제 19.9 | 강산의 첨가가 용해도에 미치는 영향 예측하기

문제 균형 반응식을 이용하여 강산에서 나오는 H_3O^+가 다음 이온 화합물들의 용해도에 영향을 주는지 설명하라.

(a) 브로민화 납 **(b)** 수산화 구리(II) **(c)** 황화 철(II)

계획 균형 해리 반응식을 쓰고, 음이온에 주목하라.

- 약산의 음이온은 H_3O^+와 반응하므로 강산이 첨가될 때 용해도가 증가한다.
- 강산의 음이온은 H_3O^+와 반응하지 않으므로 강산의 첨가가 아무런 영향을 미치지 못한다.

풀이 **(a)** $PbBr_2(s) \rightleftharpoons Pb^{2+}(aq) + 2Br^-(aq)$

영향이 없음. Br^-는 강산인 HBr의 음이온이므로 H_3O^+와 반응하지 않는다.

(b) $Cu(OH)_2(s) \rightleftharpoons Cu^{2+}(aq) + 2OH^-(aq)$

용해도 증가. OH^-가 매우 약한 산 H_2O의 음이온이므로 첨가된 H_3O^+와 다음과 같이 반응한다.

$$OH^-(aq) + H_3O^+(aq) \longrightarrow 2H_2O(l)$$

이 반응에 의해 OH^-가 용액에서 제거되므로, 용해도의 평형은 오른쪽으로 이동하며 $Cu(OH)_2$가 더 많이 용해된다.

(C) $FeS(s) \rightleftharpoons Fe^{2+}(aq) + S^{2-}(aq)$

용해도 증가. S^{2-}는 약산 HS^-의 음이온이므로 첨가된 H_3O^+와 다음과 같이 반응하여 용액에서 제거된다. 용해도 평형은 오른쪽으로 이동하고 FeS가 더 많이 용해된다.

$$S^{2-}(aq) + H_3O^+(aq) \longrightarrow HS^-(aq) + H_2O(l)$$

▶ **보충 문제**

19.9A 균형 반응식을 이용하여 첨가된 $HNO_3(aq)$가 다음 이온 결합 화합물들의 용해도에 어떤 영향을 주는지를 설명하라. **(a)** 플루오린화 칼슘 **(b)** 수산화 철(III) **(c)** 아이오딘화 은.

19.9B 균형 반응식을 이용하여 $HBr(aq)$ 첨가가 다음 이온 결합 화합물들의 용해도에 어떤 영향을 주는지를 설명하라. **(a)** 사이안화 은 **(b)** 염화 구리(I) **(c)** 인산 마그네슘.

유사 문제 19.83~19.86

이온 평형의 적용: 석회암 동굴 형성

석회암 동굴과 내부의 놀라운 구조물은 수십만 년 동안 흘렀던 이산화 탄소와 물과 탄산염 바위 등이 관여하는 수용액에서의 이온 평형의 결과에 대한 놀랄만한 증거를 보여준다(그림 19.16).

동굴 형성 반응 석회암 동굴은 대부분 탄산 칼슘이다($CaCO_3$, $K_{sp} = 3.3\times10^{-9}$). 다음 두 가지 주요 반응으로 석회암 동굴이 어떻게 형성되는지 이해할 수 있다.

1. 공기 중의 CO_2는 자연수에 녹아 있는 CO_2와 평형을 이룬다.

$$CO_2(g) \xrightleftharpoons{H_2O(l)} CO_2(aq) \qquad \textbf{(반응식 1)}$$

수용액 CO_2의 농도는 물 표면에 접촉하는 기체 $CO_2(g)$의 부분 압력에 비례한다(Henry의 법칙, 13.4절).

$$[CO_2(aq)] \propto P_{CO_2}$$

지구 내부에서 지속적으로 CO_2가 배출되기 때문에 토양에 포획된 공기 중의 P_{CO_2}는 대기 중의 P_{CO_2}보다 높다.

2. CO_2와 물이 반응하여 H_3O^+가 생성된다.

$$CO_2(aq) + 2H_2O(l) \rightleftharpoons H_3O^+(aq) + HCO_3^-(aq)$$

따라서 탄산염($CaCO_3$)은 약산의 음이온을 포함하고 있기 때문에 H_3O^+의 생성은 $CaCO_3$의 용해도를 증가시킨다.

$$CaCO_3(s) + CO_2(aq) + H_2O(l) \rightleftharpoons Ca^{2+}(aq) + 2HCO_3^-(aq) \qquad \textbf{(반응식 2)}$$

그림 19.16 스페인의 Málaga, Nerja의 석회암 동굴.

Source: Ruth Melnick

동굴 형성 과정 대부분의 석회암 동굴 형성 과정의 개요는 다음과 같다.

1. 지표수가 지표면의 균열을 따라 흐르면 높은 P_{CO_2}를 포함한, 토양에 포획된 공기와 접촉한다. 이 결과로 $[CO_2(aq)]$는 높아지며(반응식 1의 평형이 오른쪽으로 이동), 수용액은 더 산성이 된다.
2. CO_2의 농도가 높은 물이 $CaCO_3$와 접촉하면 더 많은 $CaCO_3$가 용해된다(반응식 2의 평형이 오른쪽으로 이동). 이 결과로 더 많은 암석이 깎이고 더 많은 지하수가 흘러들어간다. 수세기 동안 이러한 작용이 계속되면 천천히 동굴이 형성되기 시작된다.
3. 일부 수용액, 즉 묽은 $Ca(HCO_3)_2$ 수용액이 생성되는 동굴의 천장을 통과해 흐른다. 이 용액이 떨어지면 토양보다 P_{CO_2}가 낮은 공기와 접촉하고, 그 결과 일부 이산화 탄소가 용액에서 방출된다(반응식 1이 왼쪽으로 이동).
4. 결과적으로, 일부의 $CaCO_3$는 천장과 물방울이 떨어지는 아래 바닥에 침전된다(반응식 2의 평형이 왼쪽으로 이동). 수십 년 후, 천장에는 *종유석이* 형성되고 바닥에는 *석순*이 형성된다. 결국 석순과 종유석이 만나 석회동굴의 침전된 석회암 기둥을 형성하게 된다.

동일한 화학 과정이 서로 다른 모양을 만들어낼 수도 있다. $Ca(HCO_3)_2$ 용액의 정지된 풀장은 "수련" 또는 "산호"라고 부르는 석회암을 형성한다. 용액의 폭포는 철(적갈색) 또는 구리(청녹색)와 같은 소량의 금속으로부터 나타나는 멋진 색상을 가진 섬세한 석회암 동굴 "커튼"을 형성한다.

침전물 형성 예측: Q_{sp} 대 K_{sp}

17.4절의 경우처럼 Q_{sp}와 K_{sp} 값을 비교하여 반응이 평형에 도달하였는지, 아니면 반응이 평형에 도달할 때까지 어느 방향으로 알짜 반응이 일어날지 알아낸다. 난용성 염의 이온들을 함유한 *가용성* 염들의 용액을 이용하면 이온 농도들을 계산할 수 있고, 용액들이 혼합될 때 결과를 예측할 수 있다.

- $Q_{sp} = K_{sp}$이면, 용액이 포화되어 있고 어떤 변화도 일어나지 않는다.
- $Q_{sp} > K_{sp}$이면, 용해도 평형은 왼쪽으로 이동하여 남아 있는 용액이 포화될 때까지 침전이 형성된다.
- $Q_{sp} < K_{sp}$이면, 용해도 평형은 오른쪽으로 이동하고 용액이 불포화 상태이므로 침전이 형성되지 않는다.

예제 19.10 | 침전물 형성 여부 예측하기

문제 침전물을 만들기 위해서 실험실에서 흔히 사용하는 방법은 구성 이온들을 포함한 용액들을 혼합하는 것이다. 0.30 M $Ca(NO_3)_2$ 0.100 L와 0.060 M NaF 0.200 L를 섞으면, 침전이 형성되겠는가?

계획 먼저 어떤 난용성 염이 생성되는지 판단하고, 부록 C에 있는 K_{sp} 값을 찾아본 후 해리 반응식과 이온곱 식을 쓴다. 이 용액들을 혼합할 때 침전이 생기는지 알아보기 위해 각 이온의 농도와 부피로부터 각 이온의 양(mol)을 계산한 후에, 용액의 총 부피로 나누어(한 용액이 나머지 용액을 묽히기 때문에) 초기 이온 농도를 구한다. 최종적으로 이 농도들을 대입하여 Q_{sp}를 계산한 다음 Q_{sp} 값과 K_{sp} 값을 비교한다.

풀이 존재하는 이온들은 Ca^{2+}, Na^+, F^-, NO_3^-이다. 모든 소듐 이온과 질산 이온의 염은 가용성(표 4.1)이므로, 침전 가능한 물질은 CaF_2($K_{sp} = 3.2\times10^{-11}$)이다. 해리 반응식과 이온곱 식 쓰기:

$$CaF_2(s) \rightleftharpoons Ca^{2+}(aq) + 2F^-(aq) \qquad Q_{sp} = [Ca^{2+}][F^-]^2$$

이온 농도 계산:

$$Ca^{2+}\text{의 양(mol)} = 0.30\,M\,Ca^{2+} \times 0.100\,L = 0.030\,mol\,Ca^{2+}$$

$$[Ca^{2+}]_{초기} = \frac{0.030\,mol\,Ca^{2+}}{0.100\,L + 0.200\,L} = 0.10\,M\,Ca^{2+}$$

CaF_2의 침전.

Source: Stephen Frisch/McGraw-Hill Education

$$F^- \text{의 양(mol)} = 0.060\ M\ F^- \times 0.200\ L = 0.012\ mol\ F^-$$
$$[F^-]_{초기} = \frac{0.012\ mol\ F^-}{0.100\ L + 0.200\ L} = 0.040\ M\ F^-$$

이온곱 식에 대입한 뒤 Q_{sp}와 K_{sp} 비교:

$$Q_{sp} = [Ca^{2+}]_{초기}[F^-]^2_{초기} = (0.10)(0.040)^2 = 1.6\times10^{-4}$$

$Q_{sp} > K_{sp}$이므로, $Q_{sp} = 3.2\times10^{-11}$이 될 때까지 CaF_2가 침전될 것이다.

검산 반올림을 했는지 확인하고, 계산 과정을 신속하게 점검하라. 예를 들어, $Q_{sp} = (1\times10^{-1})(4\times10^{-2})^2 = 1.6\times10^{-4}$이다. K_{sp} 값이 작으므로 CaF_2는 낮은 용해도를 가질 것이다. 충분히 높은 농도의 용액들이 혼합되었으므로 CaF_2가 침전될 것이라고 예상할 수 있다.

▶ 보충 문제

19.10A 광물의 침식과 생물학적 활성 때문에 자연계의 물에는 인산 이온(PO_4^{3-})이 흔히 들어있다. 인산 이온은 $Ca_3(PO_4)_2$ 같은 불용성 염으로 침전된다($K_{sp} = 1.2\times10^{-29}$). 어떤 강에서 $[Ca^{2+}]_{초기} = [PO_4^{3-}]_{초기} = 1.0\times10^{-9}\ M$이라면, $Ca_3(PO_4)_2$ 침전이 생기는가?

19.10B 황화 소듐과 같은 가용성 황화물을 첨가하여 폐수에서 납과 같은 금속을 효과적으로 제거할 수 있다. 0.10 M Na_2S 용액 0.500 L를 Pb^{2+} 0.015 g/L를 포함한 폐수 25 L에 첨가하는 경우 침전이 형성되는가?

유사 문제 19.87~19.90

예제 19.11 | 분자 모식도를 이용하여 침천물 형성 예측하기

문제 다음 그림 4개는 고체 탄산 은(Ag_2CO_3), 은(*회색*) 이온과 탄산(*검은색과 빨간색*) 이온들을 함유한 용액을 나타낸다(고체와 다른 이온과 물은 생략).

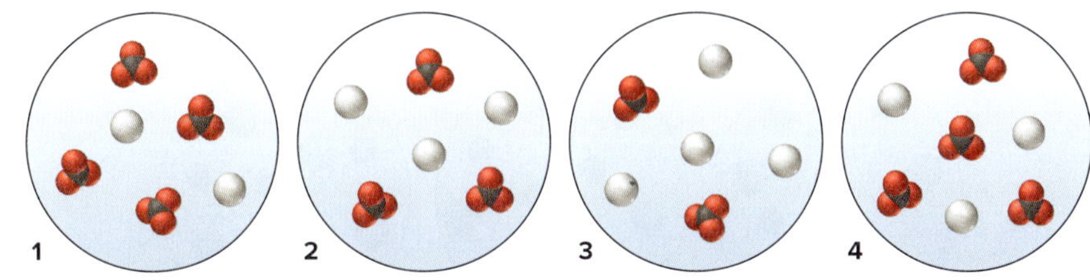

(a) 고체와 평형에 있는 용액을 가장 잘 나타내고 있는 모식도는 어느 것인가?
(b) 만일 있다면, 추가적으로 탄산 은을 생성할 모식도는 어느 것인가?
(c) 작은 부피의 진한 강산이 첨가할 때 모식도 4의 $[Ag^+]$와 Ag_2CO_3의 질량에 어떤 영향을 미칠지 설명하라.

계획 **(a)** 고체(Ag_2CO_3)와 평형을 이루는 은 이온과 탄산 이온 용액은 화학식과 똑같은 상대적 개수의 양이온과 음이온을 가져야 한다. 모식도들을 조사하여 어느 것이 $Ag^+:CO_3^{2-} = 2:1$ 비를 갖고 있는지 본다. **(b)** Q_{sp} 값이 K_{sp} 값을 초과한다면 고체가 형성된다. 해리 반응식과 Q_{sp} 식을 쓴 후 각 모식도에 있는 이온 개수를 세어서 Q_{sp} 값을 계산하고, 어느 그림이 문제 (a)의 답을 초과하는지 살펴본다. **(c)** CO_3^{2-} 이온이 H_3O^+와 반응하므로, 강산의 첨가는 평형을 오른쪽으로 이동시킬 것이다. 반응식을 쓰고, 평형의 오른쪽 이동이 $[Ag^+]$과 고체 Ag_2CO_3의 질량에 어떤 영향을 미칠지 결정한다.

풀이 **(a)** 모식도 3만이 고체의 화학식과 같은 $Ag^+/CO_3^{2-} = 2/1$ 비를 갖고 있다.
(b) 이온곱 계산:

$$Ag_2CO_3(s) \rightleftharpoons 2Ag^+(aq) + CO_3^{2-}(aq) \qquad Q_{sp} = [Ag^+]^2[CO_3^{2-}]$$

모식도 1: $Q_{sp} = (2)^2(4) = 16$ 　　모식도 2: $Q_{sp} = (3)^2(3) = 27$
모식도 3: $Q_{sp} = (4)^2(2) = 32$ 　　모식도 4: $Q_{sp} = (3)^2(4) = 36$

따라서 모식도 3에서 $K_{sp} = 32$이다. 모식도 4의 Q_{sp} 값이 유일하게 32를 초과하므로 Ag_2CO_3가 침전된다.

(c) 반응식 쓰기:

(1) $Ag_2CO_3(s) \rightleftharpoons 2Ag^+(aq) + CO_3^{2-}(aq)$
(2) $CO_3^{2-}(aq) + 2H_3O^+(aq) \longrightarrow [H_2CO_3(aq)] + 2H_2O(l) \longrightarrow 3H_2O(l) + CO_2(g)$

CO_2가 기체 형태로 빠져나가므로 H_3O^+가 첨가되면 반응 2의 평형 위치가 오른쪽으로 이동한다. 이와 같은 변화는 반응 1의 $[CO_3^{2-}]$를 낮추게 되어 더 많은 CO_3^{2-}가 생성되게 한다. 그 결과 더 많은 고체가 용해된다. 따라서 $[Ag^+]$는 증가하고 Ag_2CO_3 질량은 감소한다.

검산 **(a)** 모식도 1에서 화학식은 화학식 단위당 Ag^+ 2개가 아니라 CO_3^{2-} 2개를 갖고 있다.

(b) 모식도 4가 그림 3보다 적은 개수의 Ag^+ 이온를 갖고 있지만, 이것의 Q_{sp} 값이 더 크고 K_{sp}를 초과한다.

▶ 보충 문제

19.11A 다음 분자 모식도들은 수산화 니켈(II)($Ni(OH)_2$) 고체 위에 있는 니켈(II) 이온(*회색*)과 수산화 이온(*빨간색과 파란색*)들을 함유한 용액을 나타낸다(고체, 다른 이온들, 물은 생략).

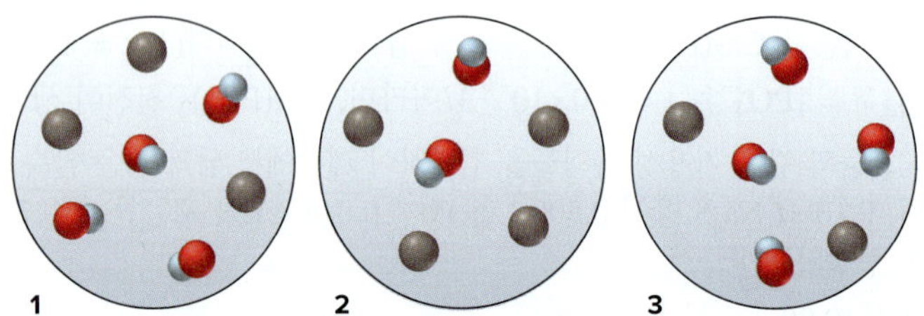

(a) 고체와 평형에 있는 용액을 가장 잘 나타내고 있는 모식도는 어느 것인가?

(b) 만일 있다면 어느 것이 추가적으로 고체를 생성하겠는가?

(c) 소량의 진한 강산이나 강염기가 첨가하면 어느 모식도에 존재하는 고체의 질량이 영향을 받겠는가? 설명하라.

19.11B 다음 분자 모식도들은 염화 납(II) 고체 위에 있는 납 이온(*검은색*)과 염화 이온(*녹색*)들을 함유한 용액을 나타낸다. (고체, 다른 이온들, 물은 생략.)

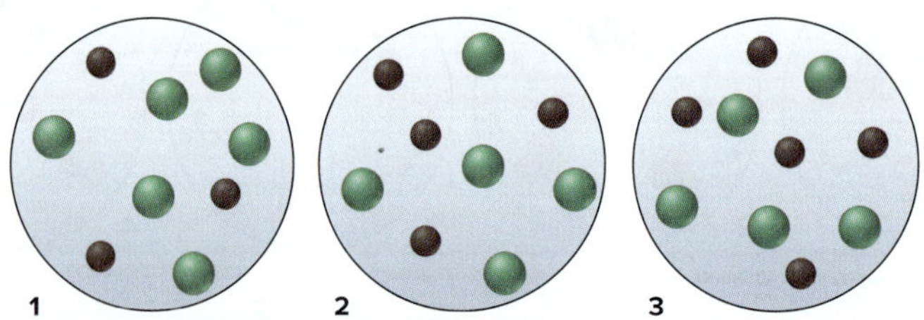

(a) 고체와 평형에 있는 용액을 가장 잘 나타내고 있는 것은 어느 것인가?

(b) 만일 있다면 어느 것이 추가적으로 고체를 생성하겠는가?

(c) 소량의 진한 $HCl(aq)$이 첨가하면 어느 그림에 존재하는 고체의 질량이 영향을 받는지 설명하라.

유사 문제 19.121, 19.147

선택적 침전과 동시 평형을 이용한 이온의 분리

침전을 형성하는 특정 이온들을 반응시켜 서로 다른 용해도를 갖는 화합물을 형성하게 하여 한 이온을 다른 이온으로부터 분리하는 두 가지 방법을 살펴보자.

선택적 침전 **선택적 침전**(selective precipitation) 과정에서는 두 개의 이온 화합물을 포함한 용액에 침전시키는 이온 용액을 *용해도가* 높은 화합물의 Q_{sp} 값이 K_{sp} 값과 거의 같아질 때까지 첨가한다. 이 방법에서는 *용해도가 낮은* 화합물의 Q_{sp} 값이 K_{sp} 값보다 가능한 크게 초과하게 만든다. 그 결과 용해도가 낮은 화합물은 최대한 침전되는 반면 용해도가 높은 화합물은 침전되지 않는다.

예제 19.12 | 선택적 침전에 의한 이온의 분리

문제 0.20 M $MgCl_2$와 0.10 M $CuCl_2$를 포함한 용액이 있다. 두 금속 이온을 분리하는 데 필요한 $[OH^-]$를 구하라. $Mg(OH)_2$의 K_{sp} 값은 6.3×10^{-10}이며, $Cu(OH)_2$의 K_{sp} 값은 2.2×10^{-20}이다.

계획 두 화합물 모두 양이온/음이온 비율이 1/2이므로, K_{sp} 값을 비교하면 $Mg(OH)_2$가 $Cu(OH)_2$ 대비 약 10^{10}배 더 잘 녹음을 알 수 있다. 따라서 $Cu(OH)_2$가 먼저 침전된다. 용해 반응식과 이온곱 식을 쓴다. 주어진 양이온의 농도로부터 $Mg(OH)_2$의 포화 용액을 만드는 $[OH^-]$를 계산한다. 왜냐하면 이 농도의 OH^-는 대부분의 Cu^{2+}를 침전시킨다. 그 후 남아 있는 $[Cu^{2+}]$를 계산하여 분리가 이루어졌는지 확인하다.

풀이 용해 반응식과 이온곱 식 쓰기:

$$Mg(OH)_2(s) \rightleftharpoons Mg^{2+}(aq) + 2OH^-(aq) \qquad K_{sp} = [Mg^{2+}][OH^-]^2 = 6.3\times10^{-10}$$
$$Cu(OH)_2(s) \rightleftharpoons Cu^{2+}(aq) + 2OH^-(aq) \qquad K_{sp} = [Cu^{2+}][OH^-]^2 = 2.2\times10^{-20}$$

$Mg(OH)_2$ 포화 용액을 만드는 $[OH^-]$를 계산:

$$[OH^-] = \sqrt{\frac{K_{sp}}{[Mg^{2+}]}} = \sqrt{\frac{6.3\times10^{-10}}{0.20}} = 5.6\times10^{-5}\ M$$

이 값은 Mg^{2+} 이온을 침전시키지 않는 최대 $[OH^-]$이다.

이 $[OH^-]$에서 용액에 남아 있는 $[Cu^{2+}]$ 계산하기:

$$[Cu^{2+}] = \frac{K_{sp}}{[OH^-]^2} = \frac{2.2\times10^{-20}}{(5.6\times10^{-5})^2} = 7.0\times10^{-12}\ M$$

초기 $[Cu^{2+}]$의 농도는 0.10 M이었으므로 거의 모든 Cu^{2+}가 침전되었다.

검산 근사 계산으로 $[OH^-]$가 적절한지 확인할 수 있다. $\sim\sqrt{(6\times10^{-10})/0.2} = 5\times10^{-5}$. 남아있는 $[Cu^{2+}]$도 적절해 보인다. $(200\times10^{-22})/(5\times10^{-5})^2 = 8\times10^{-12}$.

▶ **보충 문제**

19.12A 0.050 M $BaCl_2$와 0.025 M $CaCl_2$를 포함한 용액이 있다. 두 양이온을 분리하는 데 필요한 SO_4^{2-}의 농도는 얼마인가? $BaSO_4$의 K_{sp} 값은 1.1×10^{-10}이며, $CaSO_4$의 K_{sp} 값은 2.4×10^{-5}이다.

19.12B 0.020 M $Ba(NO_3)_2$와 0.015 M $Ca(NO_3)_2$를 포함한 용액이 있다. 용액 중의 두 양 이온을 분리하는 데 필요한 NaF의 농도는 얼마인가? BaF_2의 K_{sp} 값은 1.5×10^{-6}이며, CaF_2의 K_{sp} 값은 3.2×10^{-11}이다.

유사 문제 19.92

동시 평형 때때로 S^{2-}를 침전 이온으로 사용하여 둘 또는 그 이상의 평형 계를 동시에 조절하여 하나의 금속 이온을 다른 이온들로부터 황화물로 분리할 수 있다. $[S^{2-}]$를 조절하여 금속 황화물 중 하나의 K_{sp} 값이 초과되게 만들며 나머지는 초과되지 않게 하는데, $[H_3O^+]$을 조절하여 H_2S의 해리 평형을 이동시켜 $[S^{2-}]$를 제어한다.

$$H_2S(aq) + 2H_2O(aq) \rightleftharpoons 2H_3O^+(aq) + S^{2-}(aq)$$

- 강산을 넣어 주면, $[H_3O^+]$가 높아 H_2S의 해리 평형이 왼쪽으로 이동하면서 $[S^{2-}]$를 감소시켜 용해도가 낮은 황화물들이 침전된다.
- 강염기를 넣어 주면, $[H_3O^+]$ 낮아 H_2S의 해리 평형이 오른쪽으로 이동하면서 $[S^{2-}]$를 증가시켜 용해도가 높은 황화물들이 침전된다.

그러므로 두 번째 평형 계(H_2O의 이온화)를 조절하여 첫 번째 평형 계(H_2S 해리)를 이동시켜 세 번째 평형 계(금속 황화물 용해도)를 제어한다.

이어서 나오는 **환경 과학과 화학** 이야기에서 볼 수 있듯이 이온 평형의 원리는 복잡한 환경 문제의 화학적 기초에 대한 이해를 돕고 그것을 해결할 방안을 제시해준다.

산성비 문제

산성비는 비, 눈, 또는 안개 같은 젖은 형태나 고체 입자처럼 마른 형태로 산이 퇴적되는 현상이며, 지구촌 환경 문제이다. 미국, 캐나다, 멕시코, 아마존 유역, 유럽, 러시아, 많은 아시아 지역, 그리고 남극과 북극에서조차 산성비가 관측되었다. 산성비가 어떻게 생기고, 산성비의 유해한 효과를 어떻게 막을 수 있는지 알아보자.

▶ 산성비의 근원

강산인 H_2SO_4와 HNO_3가 가장 큰 요인이므로, 이것들이 어떻게 생성되는지 살펴보자(그림 B19.1).

1. *황산.* 이산화 황(SO_2)은 대부분 황 함유량이 높은 석탄의 연소로 생성되며, 물과 접촉하여 아황산(H_2SO_3)을 형성한다. 대기 오염 물질인 과산화 수소(H_2O_2)와 오존(O_3)이 구름 속의 물방울에 녹아 아황산을 황산으로 산화시킨다.

$$H_2O_2(aq) + H_2SO_3(aq) \longrightarrow H_2SO_4(aq) + H_2O(l)$$

또한 SO_2는 대기 중의 하이드록실 라디칼($HO\cdot$)과 반응하여 삼산화 황(SO_3)으로 산화된 다음 물과 반응하여 H_2SO_4를 생성하다.

2. *질산.* 자동차와 트럭의 엔진과 발전소의 고온 연소 과정에서 N_2와 O_2로부터 질소 산화물(NO_x)이 형성된다. 스모그를 일으키는 과정에서 NO가 NO_2와 HNO_3를 형성한다. 밤에는 NO_x가 N_2O_5로 변환된 다음, 물과 반응하여 HNO_3를 형성한다.

$$N_2O_5(g) + H_2O(l) \longrightarrow 2HNO_3(aq)$$

NH_4HSO_4 또는 NH_4NO_3 형태로 퇴적된 암모늄 염은 토양(흙)에서 생화학적 산화 반응으로 HNO_3를 생성한다.

▶ 산성비의 pH

정상적인 빗물은 대기 중 CO_2와 물과의 반응으로 약산성이다.

$$CO_2(g) + 2H_2O(l) \rightleftharpoons H_3O^+(aq) + HCO_3^-(aq)$$

하지만 1984년 미국의 많은 지역에서 빗물의 평균 pH 값이 이미 4.2에 도달하였는데, 이는 정상적인 $[H_3O^+]$의 25배이다. 미국 West Virginia의 Wheeling 지역에서는 레몬주스의 pH보다도 낮은 pH 1.8의 빗물이 관측되었다. 한때 스웨덴 공업 지역의 빗물은 식초와 거의 같은 pH 2.7이었다.

▶ 산성비의 영향

일부 물고기와 어패류는 pH 4.5와 5.0 사이에서 죽는다. 종 대부분은 유아기일 때 일반적으로 더 취약하다. pH 5에서는 물고기 알 대부분이 부화되지 못한다. 전 세계 수만 개의 강과 호수가 산성화되고 있거나, 이미 산성화되어 민물 고기의 감소가 오래 전부터 주요 관심사가 되었다.

또한 산성비는 토양의 영양분들을 제거하고 독성 물질을 방출하여 수 에이커에 달하는 숲이 피해를 입은 적도 있다. 대부분의 토양에 들어 있는 규산알루미늄 염(aluminosilicate)은 거의 불용성이다. 일련의 복잡한 연속 평형을 통해 $pH < 5$의 물과 접촉하면 이 물질들이 Al^{3+} 이온을 내어놓는데, 이것이 물고기와 식물에 독성을 나타낸다. 또한 산성비는 동식물의 영양분인 토양의 Ca^{2+}와 Mg^{2+} 이온들을 녹여서 제거한다.

건물 및 기념비 안에 있는 대리석과 석회석(둘 다 $CaCO_3$가 주성분)은 황산과 반응하여 석고($CaSO_4\cdot 2H_2O$)를 형성하며, 석고는 조각 형태로 떨어져 나간다. 아이러니하게 이런 구조물들을 파괴하는 동일한 과정이 석회석이 풍부한 토양으로 둘러싸인 호수들을 보호해준다. 석회석은 호수의 물에 상당량 용해되어 HCO_3^-/CO_3^{2-} 완충 용액을 형성하는데, 이 완충 용액은 유입되는 H_3O^+를 흡수하여 약 염기성 pH 값을 유지할 수 있게 해준다.

$$CO_3^{2-}(aq) + H_3O^+(aq) \rightleftharpoons HCO_3^-(aq) + H_2O(l)$$

화강암이나 다른 날씨에 잘 견디는 암반과 닿아 있는 산성화된 호수나 강은 석회화(석회석으로 처리)하여 되돌릴 수 있다. 이 방법은 비용이 많이 들고 수년 내에 호수들이 다시 산성화되기 때문에 임시방편일 뿐이다.

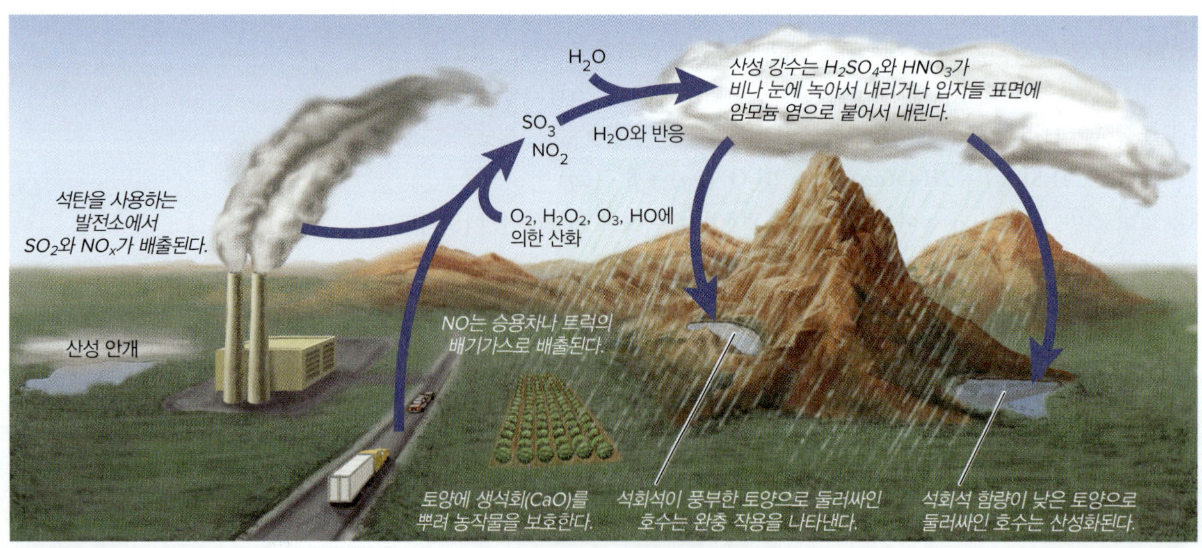

그림 B19.1 산성 강수의 형성. 인간의 활동, 대기 화학 및 환경적 분배 등의 복잡한 상호작용으로 산성 강수와 그로 인한 유해한 영향이 생긴다.

▶ 산성비의 예방

효과적인 산성비 예방법은 황과 질소 오염 물질의 근원을 해결하는 것이다.

1. *황 오염 물질.* 앞서(환경 과학과 화학, 6장) 지적한 대로 이산화 황의 방출을 최소화하는 주된 방법은 발전소의 배기가스를 건식과 습식 모두를 이용하여 석회석으로 "세정(scrubbing)"하는 것이다. 또 하나의 방법은 메테인, 석탄, 또는 H_2S로 SO_2를 환원시키는 것인데, 혼합물을 촉매 반응으로 황으로 전환시키고 부산물로 얻어지는 황은 판매한다.

$$16H_2S(g) + 8SO_2(g) \xrightarrow{\text{촉매}} 3S_8(s) + 16H_2O(l)$$

황 함유량이 낮은 석탄은 드물고 채굴하는 데도 많은 비용이 들지만, 석탄을 저황 기체 및 액체 연료로 전환시킬 수 있다. 기체화한 후 산-기체 세정기에서 황을 제거(H_2S로)한다.

2. *질소 오염 물질.* 자동차 배기 계에 있는 촉매 변환기의 사용으로 NO_x 화학종들이 N_2로 환원된다. 발전소의 배출 가스에 있는 NO_x는 조건을 최적화하고, 뜨거운 굴뚝 배출 기체를 불균일 촉매 존재 하에서 암모니아로 처리하여 줄일 수 있다.

$$4NO(g) + 4NH_3(g) + O_2(g) \xrightarrow{\text{촉매}} 4N_2(g) + 6H_2O(g)$$

북미와 유럽에서 발전소 배기가스 방출을 줄이자 빗물과 지표수의 pH 값이 증가하였다. 농경지에 내리는 산성비를 중화하기 위해서 생석회(CaO)를 일상적으로 사용하고 있다. 현재의 법적 규제로 더 많은 발전이 예상되지만 동부 북미와 북부 유럽의 많은 지역에서 완전한 회복을 위해서는 위한 더 많은 조치들이 필요하다.

문제

B19.1 환경 기술자가 빗물 샘플을 수집하여 실험실로 가져왔다. 실험실의 pH 미터가 작동하지 않아 지시약을 이용하여 용액의 pH를 추정하였다. 리트머스 종이가 빨간색으로 바뀌면서 용액이 산성임을 보여주었다. 샘플을 3분의 1씩 나누고 다음과 같은 결과를 얻었다. 티몰 블루는 노란색, 브롬페놀 블루는 녹색, 메틸 레드는 붉은색을 보였다. 빗물의 pH를 예측하라.

B19.2 표면적이 10.0에이커(1 acre = 4.840×10^3 yd^2)인 호수에 pH 4.20인 산성비가 1.00인치 내렸다(산성비는 센 일양성자산으로 간주).
(a) 호수에 내린 산성비에는 H_3O^+이 몇 mol 들어 있는가? (b) 만일 호수가 비완충 용액이고, 산성비가 오기 전 그 깊이가 10.0 ft라면, 비가 호숫물과 섞인 후의 pH를 구하라. (초기 pH가 7.00이라고 가정하고 주변 대지에서의 유입은 무시한다.) (c) 만일 호수에 HCO_3^-가 있다면, 이 산성비를 중화하는 데 필요한 HCO_3^-의 질량은 얼마인가?

› 19.3절 요약

- 1차적인 근사로 난용성 염의 용해된 부분은 이온들로 완전히 해리된다고 가정한다.
- 포화 용액에서는 용해되어 있는 이온들과 용해되지 않은 고체가 평형을 이루고 있다. 이온 농도의 곱(화학식에 있는 아래첨자가 각 이온 농도 값의 지수)은 일정한 값을 가진다($Q_{sp} = K_{sp}$).
- 용해도로부터 K_{sp} 값을 구할 수 있으며, 그 반대 과정도 가능하다.
- 공통 이온이 첨가되면 화합물의 용해도가 낮아진다.
- 화합물의 음이온이 약산의 음이온이면, H_3O^+가 첨가될 때(즉, pH가 낮아지면) 화합물의 용해도가 증가한다.
- $CaCO_3/CO_2$ 평형 계의 이동으로 석회암 동굴이 형성된다.
- 각기 난용성 화합물의 이온을 포함한 두 용액이 혼합될 때, $Q_{sp} > K_{sp}$이면 이온성 고체가 형성된다.
- 두 이온 결합 화합물 용액에 침전시키는 이온을 첨가하여 한 화합물의 K_{sp}를 가능한 많이 초과시키며 다른 화합물에 대해서는 초과하지 않게 하여 이온을 선택적으로 침전시킨다. 이 방법을 확장하여 세 평형 계를 동시 제어하여 금속 이온들을 황화물로 분리할 수 있다.
- 석회암이 많은 토양으로 둘러싸인 호수는 완충 계를 형성하여 산성화되지 않는다.

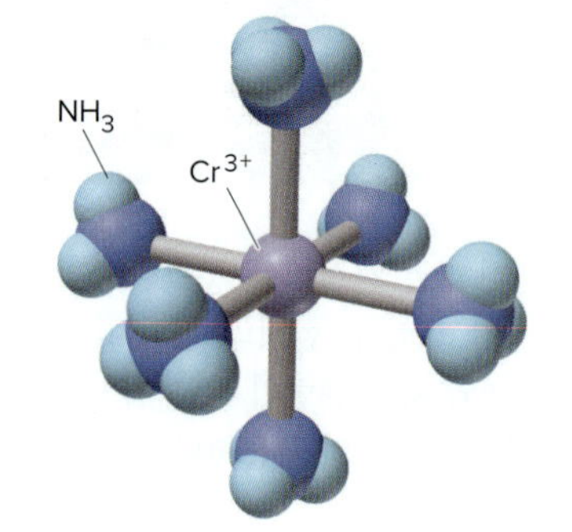

그림 19.17 전형적인 착이온인 $Cr(NH_3)_6^{3+}$.

19.4 착이온의 평형

세 번째 종류의 수용액 이온 평형은 18.10절에서 간략하게 논의한 유형의 이온이 관여한다. Na^+나 SO_4^{2-} 같은 *단순한 이온*은 원자 하나 또는 몇 개의 결합된 원자(전자가 넘치거나 모자라는)들로 구성되어 있다. **착이온**(complex ion)은 중심 금속 이온이 두 개 이상의 **리간드**(ligand)라 부르는 음이온이나 분자와 공유 결합으로 연결되어 형성된다. OH^-, Cl^-, CN^-는 이온성 리간드들의 예이며, H_2O, CO, NH_3는 분자성 리간드들의 예이다. 예를 들면, 착이온 $Cr(NH_3)_6^{3+}$에서 중심 Cr^{3+}이온은 6개의 NH_3 리간드로 둘러싸여 있다(그림 19.17). 수화된 금속 이온은 물이 리간드인 착이온이다(18.6절). 22장에서는 전이 금속들과 이것들이 형성하는 많은 착이온의 구조와 성질을 논의한다. 여기서는 물 이외의 리간드를 갖는 수화된 착이온의 평형에 초점을 맞춘다.

착이온 형성

염이 물에 용해되면, 물이 금속 주위에 리간드로 둘러싼 착이온이 생성된다. 많은 경우, 이 수화된 양이온을 다른 리간드를 함유한 용액으로 처리하면 결합된 물 분자들이 다른 리간드로 치환된다. 예를 들면, 수화된 M^{2+} 이온인 $M(H_2O)_4^{2+}$는 NH_3 수용액에서 $M(NH_3)_4^{2+}$를 형성한다.

$$M(H_2O)_4^{2+}(aq) + 4NH_3(aq) \rightleftharpoons M(NH_3)_4^{2+}(aq) + 4H_2O(l)$$

$M(H_2O)_4^{2+}$를 $M^{2+}(aq)$로 나타내면 이 반응은 다음과 같이 간단해진다.

$$M^{2+}(aq) + 4NH_3(aq) \rightleftharpoons M(NH_3)_4^{2+}(aq)$$

평형에서 이 계는 다른 평형 식의 형식과 마찬가지로 농도들의 비로 나타낸다. 따라서 **형성 상수**(formation constant, $\boldsymbol{K_f}$)라 불리는 새로운 평형 상수의 식을 얻을 수 있다.

$$K_f = \frac{[M(NH_3)_4^{2+}]}{[M^{2+}][NH_3]^4}$$

모든 착이온은 Lewis 첨가 생성물이라는 것을 상기하라(18.10절). 금속 이온은 Lewis 산(전자쌍을 받음)으로 작용하며, 리간드는 Lewis 염기(전자쌍을 줌)로 작용한다. NH_3가 H_2O보다 더 강한 Lewis 염기이므로 $M(NH_3)_4^{2+}$이 형성된다. 따라서 과량의 암모니아를 M^{2+} 용액에 첨가하면 거의 모든 M^{2+} 이온이 $M(NH_3)_4^{2+}(aq)$ 형태로 존재한다.

표 19.8과 부록 C는 몇 가지 착이온의 K_f 값을 보여준다. 이 값들이 모두 10^6 혹은 그 이상임을 주목해야 하는데, 이것은 이 착이온들이 수화된 이온으로부터 쉽게 생성됨을 의미한다. 이러한 착이온 생성의 특성 때문에, 광석에서 금속을 추출하거나, 독성이 있거나, 필요 없는 금속 이온을 용액에서 제거하거나, 또는 금속 이온을 다른 형태로 변환하기 위해 착이온 생성 반응이 이용된다. 예제 19.13에 아연 이온에 대한 착이온 생성의 예가 나와 있다.

표 19.8 | 25℃에서 몇 가지 착이온의 형성 상수(K_f)

착이온	형성 반응	K_f
$Ag(CN)_2^-$	$Ag^+(aq) + 2CN^-(aq) \rightleftharpoons Ag(CN)_2^-(aq)$	3.0×10^{20}
AlF_6^{3-}	$Al^{3+}(aq) + 6F^-(aq) \rightleftharpoons AlF_6^{3-}(aq)$	4×10^{19}
$Al(OH)_4^-$	$Al^{3+}(aq) + 4OH^-(aq) \rightleftharpoons Al(OH)_4^-(aq)$	3×10^{33}
CdI_4^{2-}	$Cd^{2+}(aq) + 4I^-(aq) \rightleftharpoons CdI_4^{2-}(aq)$	1×10^6
$Cu(NH_3)_4^{2+}$	$Cu^{2+}(aq) + 4NH_3(aq) \rightleftharpoons Cu(NH_3)_4^{2+}(aq)$	5.6×10^{11}
$Fe(CN)_6^{3-}$	$Fe^{3+}(aq) + 6CN^-(aq) \rightleftharpoons Fe(CN)_6^{3-}(aq)$	4.0×10^{43}
$Ni(NH_3)_6^{2+}$	$Ni^{2+}(aq) + 6NH_3(aq) \rightleftharpoons Ni(NH_3)_6^{2-}(aq)$	2.0×10^8
$Zn(OH)_4^{2-}$	$Zn^{2+}(aq) + 4OH^-(aq) \rightleftharpoons Zn(OH)_4^{2-}(aq)$	3×10^{15}

예제 19.13 | 착이온의 농도 구하기

문제 어떤 공업 화학자가 0.0020 M Zn^{2+} 수용액 50.0 L와 0.15 M NH_3 수용액 25.0 L를 혼합하여 $Zn(NH_3)_4^{2+}$ ($K_f = 7.8\times10^8$)를 만든다. 평형에서 $[Zn^{2+}]$는?

계획 착이온 형성 반응식과 K_f 식을 쓰고 반응 표를 사용하여 평형 농도를 계산한다. 반응 표를 작성하려면 먼저 $[Zn^{2+}]_{초기}$를 구해야 한다. 각 용액의 부피와 몰농도가 주어져 있으므로 몰수를 구한 후 섞은 용액의 총 부피로 나눈다. NH_3가 과량으로 첨가되었고 K_f 값이 크므로, 모든 Zn^{2+}가 $Zn(NH_3)_4^{2+}$로 변환되었다고 가정한다. 평형에서 $[Zn^{2+}]$가 매우 작으므로, 이를 x로 나타낸다.

풀이 반응식과 K_f 식 쓰기:

$$Zn^{2+}(aq) + 4NH_3(aq) \rightleftharpoons Zn(NH_3)_4^{2+}(aq)$$

$$K_f = \frac{[Zn(NH_3)_4^{2+}]}{[Zn^{2+}][NH_3]^4}$$

반응물의 초기 농도 구하기:

$$[Zn^{2+}]_{초기} = \frac{50.0\ L \times 0.0020\ M}{50.0\ L + 25.0\ L} = 1.3\times10^{-3}\ M$$

$$[NH_3]_{초기} = \frac{25.0\ L \times 0.15\ M}{50.0\ L + 25.0\ L} = 5.0\times10^{-2}\ M$$

반응 표 만들기: 모든 Zn^{2+}가 $Zn(NH_3)_4^{2+}$로 전환되었다고 가정하므로 평형에서의 $[Zn^{2+}] = x$로 놓고 반응 표를 만든다. Zn^{2+} 1 mol당 NH_3 4 mol이 반응하므로 $[NH_3]$의 변화는 다음과 같다.

$$[NH_3]_{반응} \approx 4(1.3\times10^{-3}\ M) = 5.2\times10^{-3}\ M \quad 그리고 \quad [Zn(NH_3)_4^{2+}] \approx 1.3\times10^{-3}\ M$$

농도(M)	$Zn^{2+}(aq)$	+ $4NH_3(aq)$	$\rightleftharpoons$	$Zn(NH_3)_4^{2+}(aq)$
초기	1.3×10^{-3}	5.0×10^{-2}		0
변화	$\sim(-1.3\times10^{-3})$	$\sim(-5.2\times10^{-3})$		$\sim(+1.3\times10^{-3})$
평형	x	4.5×10^{-2}		1.3×10^{-3}

x, 즉 평형에서 남아 있는 $[Zn^{2+}]$ 구하기:

$$K_f = \frac{[Zn(NH_3)_4^{2+}]}{[Zn^{2+}][NH_3]^4} = 7.8\times10^8 \approx \frac{1.3\times10^{-3}}{x(4.5\times10^{-2})^4}$$

$$x = [Zn^{2+}] \approx 4.1\times10^{-7}\ M$$

검산 K_f 값이 크므로 남아 있는 $[Zn^{2+}]$는 아주 작을 것으로 예상된다.

▶ 보충 문제

19.13A 사이아나이드 이온은 세포내 에너지를 생산하는 특정 단백질의 Fe^{3+} 이온과 안정한 착이온을 형성하기 때문에 독성을 나타낸다. 이 효과를 연구하기 위해 생화학자가 3.1×10^{-2} M Fe^{3+} 수용액 25.5 mL를 1.5 M NaCN 수용액 35.0 mL와 혼합하였다. 최종 $[Fe^{3+}]$는 얼마인가? $Fe(CN)_6^{3-}$의 K_f는 4.0×10^{43}이다.

19.13B 광석으로부터 알루미늄을 생산하는 데 Al^{3+}와 F^-의 반응으로 생성되는 안정한 착이온을 이용한다. $AlCl_3$ 2.4 g을 0.560 M NaF 수용액 250 mL에 녹였다. 최종 $[Al^{3+}]$는 얼마인가? AlF_6^{3-}의 K_f는 4.0×10^{19}이다.

유사 문제 19.99, 19.100, 19.103, 19.104

착이온과 침전의 용해도

19.3절에서 난용성 이온 결합 화합물의 음이온이 약산의 음이온이면, H_3O^+가 이 화합물의 용해도를 높인다는 것을 보았다. 이와 유사하게 *리간드가 난용성 이온 결합 화합물의 양이온과 착이온을 형성하면, 리간드가 이 화합물의 용해도를 높인다.* 예를 들면, 황화 철(II)의 용해도는 매우 낮다.

$$FeS(s) \rightleftharpoons Fe^{2+}(aq) + S^{2-}(aq) \qquad K_{sp} = 8\times10^{-16}$$

$1.0\ M$ NaCN을 조금 첨가하면, CN^- 이온이 리간드로 작용하여 소량의 $Fe^{2+}(aq)$와 반응하여 착이온 $Fe(CN)_6^{4-}$를 형성한다.

$$Fe^{2+}(aq) + 6CN^-(aq) \rightleftharpoons Fe(CN)_6^{4-}(aq) \qquad K_f = 3\times10^{35}$$

착이온 생성이 FeS 용해도에 주는 영향을 보기 위해 식을 더하고, 평형 상수를 곱한다.

$$FeS(s) + 6CN^-(aq) \rightleftharpoons Fe(CN)_6^{4-}(aq) + S^{2-}(aq)$$
$$K_{전체} = K_{sp} \times K_f = (8\times10^{-16})(3\times10^{35}) = 2\times10^{20}$$

리간드의 존재 하에서는 이온들로 해리하는 FeS의 양이 10^{35}배 이상 증가한다.

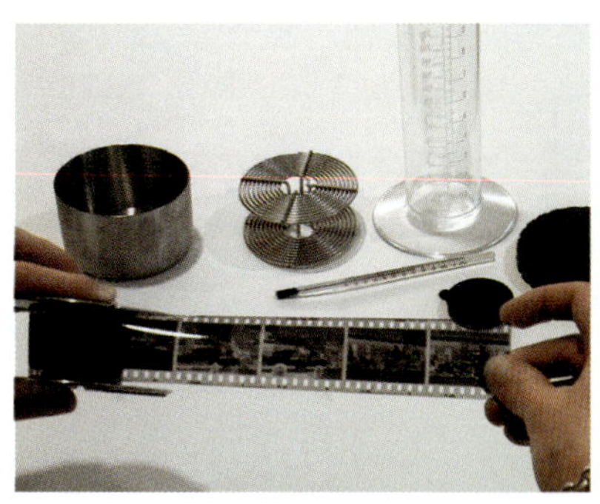
"하이포"로 사진 현상
Source: Mark A. Dierker/McGraw-Hill Education

예제 19.14 | 착이온 형성이 용해도에 미치는 영향 계산

문제 흑백 필름을 현상할 때(*사진 참조*) 여분의 AgBr을 $Na_2S_2O_3$ 수용액인 "하이포"로 제거하는데, 이때 착이온 $Ag(S_2O_3)_2^{3-}$가 생성된다. 다음 용액에서 AgBr의 용해도를 구하라. **(a)** H_2O **(b)** $1.0\ M$ $Na_2S_2O_3$. $Ag(S_2O_3)_2^{3-}$의 $K_f = 4.7\times10^{13}$이며, AgBr의 $K_{sp} = 5.0\times10^{-13}$이다.

계획 **(a)** 용해 반응식과 이온곱 식을 적고, 주어진 K_{sp}를 이용하여 AgBr의 몰 용해도 S에 대해서 푼다. **(b)** 하이포의 경우, Ag^+가 $S_2O_3^{2-}$와 착이온을 형성하므로 평형이 이동하여 더 많은 AgBr이 용해되게 된다. 착이온 생성 반응식을 쓰고, 이것과 AgBr의 용해 반응식에 더하여 하이포 내에서 AgBr의 용해에 대한 전체 반응식을 구한다. K_{sp}와 K_f를 곱하여 $K_{전체}$를 구한다. 하이포에 대한 AgBr의 용해도를 구하기 위해서는 $S = [Ag(S_2O_3)_2^{3-}]$로 놓고 반응 표를 작성하고 $K_{전체}$ 식에 대입한 후 풀어 S를 구한다.

풀이 **(a)** 물에서의 용해도. 포화 용액에 대한 반응식과 이온곱 식 쓰기:

$$AgBr(s) \rightleftharpoons Ag^+(aq) + Br^-(aq) \qquad K_{sp} = [Ag^+][Br^-]$$

반응식으로부터 용해도(S)에 대해서 풀기: 다음 사항을 알고 있다.

$$S = [AgBr]_{용해} = [Ag^+] = [Br^-]$$

따라서

$$K_{sp} = [Ag^+][Br^-] = S^2 = 5.0\times10^{-13}$$

이므로

$$S = 7.1\times10^{-7}\ M$$

(b) $1.0\ M$ 하이포에서의 용해도. 전체 반응식 쓰기:

$$AgBr(s) \rightleftharpoons \cancel{Ag^+(aq)} + Br^-(aq)$$
$$\cancel{Ag^+(aq)} + 2S_2O_3^{2-}(aq) \rightleftharpoons Ag(S_2O_3)_2^{3-}(aq)$$
$$AgBr(s) + 2S_2O_3^{2-}(aq) \rightleftharpoons Ag(S_2O_3)_2^{3-}(aq) + Br^-(aq)$$

$K_{전체}$ 계산:

$$K_{전체} = \frac{[Ag(S_2O_3)_2^{3-}][Br^-]}{[S_2O_3^{2-}]^2} = K_{sp} \times K_f = (5.0\times10^{-13})(4.7\times10^{13}) = 24$$

$S = [AgBr]_{용해} = [Ag(S_2O_3)_2^{3-}]$로 놓고 반응 표 만들기:

농도(M)	$AgBr(s)$	+	$2S_2O_3^{2-}(aq)$	$\rightleftharpoons$	$Ag(S_2O_3)_2^{3-}(aq)$	+	$Br^-(aq)$
초기	—		1.0		0		0
변화	—		$-2S$		$+S$		$+S$
평형	—		$1.0 - 2S$		S		S

이 값들을 $K_{전체}$ 식에 대입하고 풀어 S 구하기:

$$K_{전체} = \frac{[Ag(S_2O_3)_2^{3-}][Br^-]}{[S_2O_3^{2-}]^2} = \frac{S^2}{(1.0\ M - 2S)^2} = 24$$

양변에 제곱근을 취하면 아래 식을 얻는다.

$$\frac{S}{1.0\ M - 2S} = \sqrt{24} = 4.9 \quad 따라서 \quad S = 4.9\ M - 9.8S \quad 그리고 \quad 10.8S = 4.9\ M$$

$$[Ag(S_2O_3)_2^{3-}] = S = 0.45\ M$$

검산 **(a)** AgBr 화학식 중의 이온의 개수로부터 $S = \sqrt{K_{sp}}$임을 알 수 있으므로, 대강의 크기 $\sim\sqrt{10^{-14}} \approx 10^{-7}$는 맞는 것 같다. **(b)** $K_{전체}$ 값도 옳은 것 같다. 지수들이 서로 상쇄되므로 5×5 = 25이다. 가장 중요한 점은 답이 타당하다는 것이다. 왜냐하면 필름 현상 과정에서 남은 AgBr이 필름에서 씻겨 나가야 하는데 큰 $K_{전체}$ 값이 답과 부합하기 때문이다. *S*를 반올림하고 거꾸로 계산하여 $K_{전체}$ 값을 구해 보자. 반응 표로부터 다음을 알 수 있다.

$$[(S_2O_3)^{2-}] = 1.0\ M - 2S = 1.0\ M - 2(0.45\ M) = 1.0\ M - 0.90\ M = 0.1\ M$$

따라서 $K_{전체} \approx (0.45)^2/(0.1)^2 = 20$ 계산 값과 반올림 오차 내에 있다.

보충 문제

19.14A 1.0 M NH_3에서 AgBr의 용해도는 예제 19.14(b)에서 구한 1.0 M 하이포에서의 용해도와는 얼마나 다른가? $Ag(NH_3)_2^+$의 $K_f = 1.7\times10^7$.

19.14B 0.75 M NaOH에서 $PbCl_2$의 용해도를 구하라. $Pb(OH)_3^-$의 $K_f = 8\times10^{13}$이며, $PbCl_2$의 $K_{sp} = 1.7\times10^{-5}$이다.

유사 문제 19.101, 19.102

양쪽성 수산화물의 착이온

양쪽성 산화물(8.4절 참조)을 형성하는 많은 금속들은 또한 난용성 *양쪽성 수산화물*을 형성한다. 이들 화합물은 물에 거의 용해되지 않으나, 산성이나 염기성 용액에서 훨씬 더 많이 용해된다. 수산화 알루미늄은 그 예들 중 하나이다.

$$Al(OH)_3(s) \rightleftharpoons Al^{3+}(aq) + 3OH^-(aq)$$

수용액에서는 불용성($K_{sp} = 1.7\times10^{-34}$)이다. 그러나

- 산 존재 하에서는 H_3O^+가 OH^- 음이온과 반응하기 때문에 용해된다[예제 19.9(b) 참조].

$$3H_3O^+(aq) + 3OH^-(aq) \longrightarrow 6H_2O(l)$$

  전체 반응식을 다음과 같다.

$$Al(OH)_3(s) + 3H_3O^+(aq) \longrightarrow Al^{3+}(aq) + 6H_2O(l)$$

- 염기에서는 착이온을 형성하여 용해된다.

$$Al(OH)_3(s) + OH^-(aq) \longrightarrow Al(OH)_4^-(aq)$$

이러한 거동을 더 자세히 살펴보자. $Al(NO_3)_3$와 같은 가용성 알루미늄 염을 물에 녹인 후 강염기를 천천히 가하면 처음에는 백색 침전이 생기지만 염기를 더 가하면 다시 녹는다. 어떤 반응이 일어나는 걸까? 수화된 Al^{3+} 이온의 화학식은 $Al(H_2O)_6^{3+}$이다. 이것은 다양성자산으로 작용하여 단계적으로 OH^- 이온과 반응한다. 각 단계에서 물 분자 하나가 양성자를 잃고 결합된 OH^- 이온으로 바뀌면서 결합된 물 분자들이 하나씩 감소한다.

$$Al(H_2O)_6^{3+}(aq) + OH^-(aq) \rightleftharpoons Al(H_2O)_5OH^{2+}(aq) + H_2O(l)$$
$$Al(H_2O)_5OH^{2+}(aq) + OH^-(aq) \rightleftharpoons Al(H_2O)_4(OH)_2^+(aq) + H_2O(l)$$
$$Al(H_2O)_4(OH)_2^+(aq) + OH^-(aq) \rightleftharpoons Al(H_2O)_3(OH)_3(s) + H_2O(l)$$

$Al(H_2O)_6^{3+}$에서 세 개의 양성자가 제거되면 흰색 침전물이 형성된다. 이것은 난용성 수산화물인 $Al(H_2O)_3(OH)_3(s)$이며, 간단하게 $Al(OH)_3(s)$로 적는다. 침전물은 결합된 물 분자 중 3개가 H^+를 잃은 형태의 수화된 Al^{3+}로 이루어져 있다(그림19.18, *가운데*). H_3O^+의 첨가는 OH^- 이온에 양성자를 제공하여 다시 수화된 Al^{3+}이온을 형성한다(그림 19.18, *왼쪽*).

OH^- 이온을 더 첨가하면 네 번째 양성자를 제거하여 침전물이 가용성 $Al(H_2O)_2(OH)_4^-(aq)$를 생성하며 녹는데(그림 19.18, *오른쪽*), 화학식을 간단히 $Al(OH)_4^-(aq)$로 쓴다.

$$Al(H_2O)_3(OH)_3(s) + OH^-(aq) \rightleftharpoons Al(H_2O)_2(OH)_4^-(aq) + H_2O(l)$$

다시 말하면, 이 착이온은 결합된 물 분자의 리간드 치환 반응에 의해 만들어지는 것이 아니라 첨가된 OH^- 이온이 결합된 물 분자와 산-염기 반응을 하기 때문에 만들어진다.

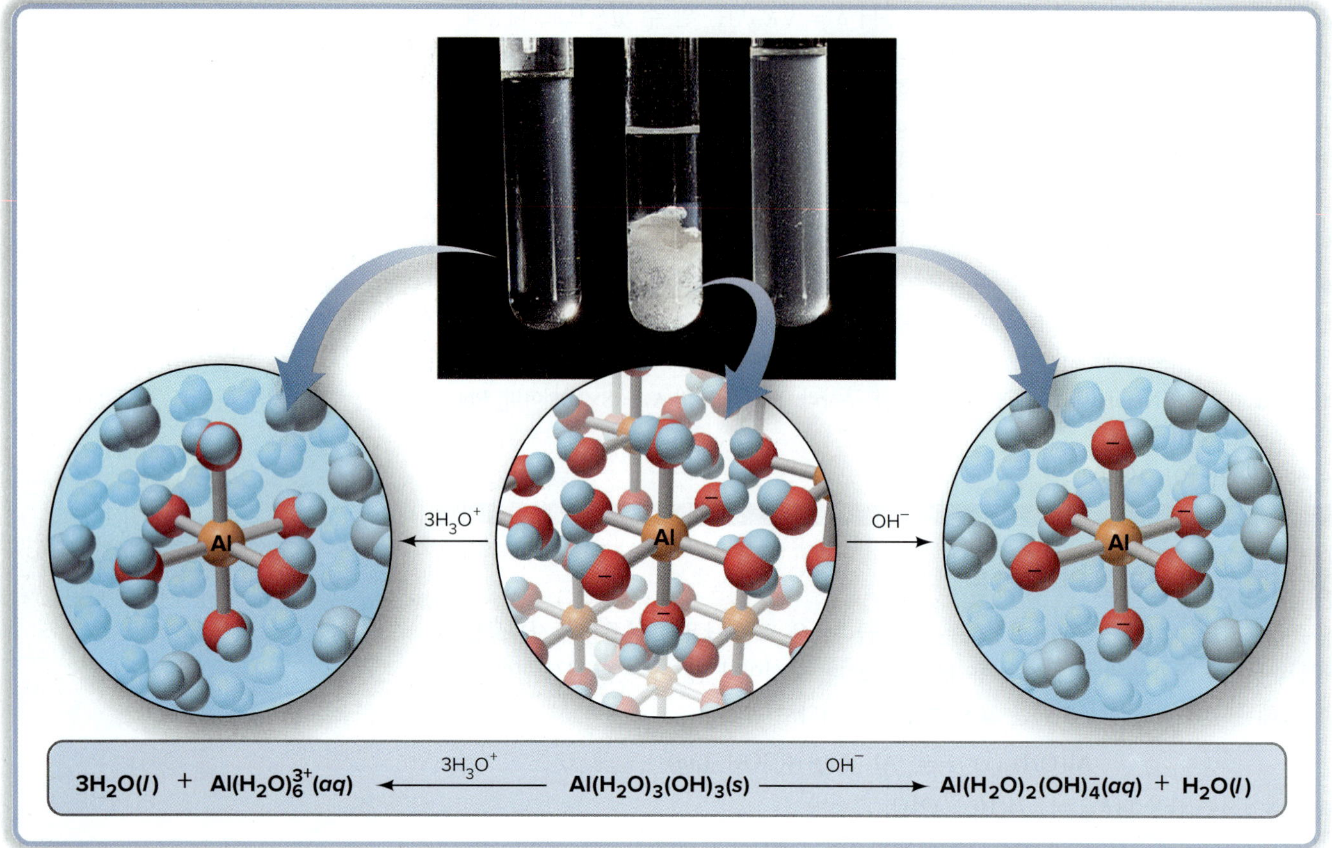

그림 19.18 수산화 알루미늄의 양쪽성. 고체 $Al(OH)_3$에 H_3O^+를 가하거나(*왼쪽*) 또는 OH^-를 가하면(*오른쪽*) 수용성 착이온을 형성하여 녹는다.

Source: Stephen Frisch/McGraw-Hill Education

카드뮴, 크롬(III), 코발트(III), 납(II), 주석(II) 및 아연을 포함하는 몇몇 다른 난용성 수산화물도 양쪽성이며 유사한 반응을 보인다.

$$Zn(H_2O)_2(OH)_2(s) + OH^-(aq) \rightleftharpoons Zn(H_2O)(OH)_3^-(aq) + H_2O(l)$$

이와는 대조적으로, 철(II), 철(III) 및 칼슘의 난용성 수산화물은 산에는 녹으나 염기에는 녹지 *않는다*. 왜냐하면, 결합된 물 분자 중 남은 세 개가 충분한 산성을 가지지 못해 양성자를 잃지 않기 때문이다.

$$Fe(H_2O)_3(OH)_3(s) + 3H_3O^+(aq) \longrightarrow Fe(H_2O)_6^{3+}(aq) + 3H_2O(l)$$
$$Fe(H_2O)_3(OH)_3(s) + OH^-(aq) \longrightarrow \text{반응하지 않음}$$

염기에서 $Al(OH)_3$과 $Fe(OH)_3$의 용해도 차이는 알루미늄 금속 생산에서 중요한 분리 단계의 핵심이다.

19.4절 요약

- 착이온은 중심 금속 이온과 공유 결합으로 연결된 두 개 이상의 음이온이나 중성 리간드들로 형성된다. 착이온 생성은 형성 상수 K_f로 나타낸다.
- 수화된 금속 이온은 물 분자들을 리간드로 갖고 있는 착이온이다. 다른 리간드들(더 강한 Lewis 염기들)이 물을 단계적으로 치환할 수 있다. 대부분의 경우 각 단계의 K_f 값이 매우 크기 때문에, 과량의 리간드 존재 하에서는 거의 완전하게 반응하여 완전히 치환된 착이온이 형성된다.
- 이온 결합 침전물의 양이온이 리간드와 착이온을 생성하면 리간드를 함유한 용액에 대한 침전의 용해도가 증가한다.
- 양쪽성 금속 수산화물들은 착이온이 관여하는 반응 때문에 산이나 염기에서 녹는다.

개념 정리와 복습 _Chapter Review Guide

학습 목표 _Learning Objectives

* 괄호 안은 관련된 절(§)과 예제(SP) 번호

주요 개념

1. 공통 이온이 그 이온을 생성하는 반응을 어떻게 억제하는가? (§19.1)
2. H_3O^+ 또는 OH^-의 첨가에 의한 pH의 변화를 최소화하기 위해서는 왜 완충 용액 성분들의 농도가 더 높아야 하나? (§19.1)
3. 어떻게 완충 용량은 완충 용액의 농도와 산 성분의 pK_a 값에 의해서 결정되며 왜 완충 범위가 산 성분의 pK_a의 ±1 단위 이내인가? (§19.1)
4. 강산-강염기, 약산-강염기 및 약염기-강산 적정 곡선의 모양들은 왜 다른가? (§19.2)
5. 당량점에서의 pH는 어떻게 그때의 화학종으로 결정되는가, 왜 완충 용액의 중간점 pH 값이 산의 pK_a와 같은가? (§19.2)
6. 다른 색깔을 가지는 산과 염기 형태의 산-염기 쌍으로의 산-염기 지시약의 성질(§19.2)
7. 산-염기 적정에서 종말점과 당량점의 차이(§19.2)
8. 다양성자산의 적정 곡선은 어떻게 각 이온화 가능한 양성자에 대한 완충 영역과 당량점을 가지는가? (§19.2)
9. 난용성 이온 결합 화합물이 어떻게 수용액에서 평형에 도달하며 평형(용해도곱) 상수, K_{sp}로 표현되는가? (§19.3)
10. 왜 이온성 화합물의 불완전한 해리가 계산된 K_{sp}와 용해도가 근사값임을 의미하는가? (§19.3)
11. 용액에서 공통 이온은 어떻게 그 화합물의 용해도를 감소시키는가? (§19.3)
12. pH가 어떻게 약산성 음이온을 포함한 화합물의 용해도에 영향을 미치는가? (§19.3)
13. 침전 형성은 Q_{sp}와 K_{sp}의 상대적인 값에 따라 어떻게 달라지는가? (§19.3)
14. 선택 침전과 동시 평형은 어떻게 이온 분리에 사용되는가? (§19.3)
15. 어떻게 착이온 형성은 단계적으로 일어나며, 전체 평형(형성) 상수에 의해 그 형성이 특징지어지는가? (§19.4)
16. 왜 리간드를 첨가하면 금속 이온이 착이온을 형성하는 화합물의 용해도가 증가하나? (§19.4)
17. 침전, 착물 형성, 산-염기 평형이 어떻게 양쪽성 수산화물의 수용액 화학에 포함되는가? (§19.4)

주요 스킬

1. 화학량론 및 평형 문제 풀이 방법을 써서 첨가된 H_3O^+ 또는 OH^-이 완충 용액의 pH에 미치는 영향 계산하기(SP 19.1)
2. Henderson-Hasselbalch 식을 사용하여 완충 용액의 pH 계산하기(§19.1)
3. 분자 모식도를 사용하여 완충 용액 조사하기(SP 19.2)
4. 주어진 pH를 갖는 완충 용액의 성분을 선택하고 그들의 양 계산하기(SP 19.3)
5. 산-염기 적정에서 임의의 시점에서의 pH 계산하기(§19.2, SP 19.4)
6. 적정에서 여러 위치의 pH를 기준으로 적절한 지시약 선택하기(§19.2)
7. 난용성 이온 결합 화합물에 대한 K_{sp} 식 쓰기(SP 19.5)
8. 용해도 자료로부터 K_{sp} 값 계산하기(SP 19.6)
9. K_{sp} 값으로부터 용해도 계산하기(SP 19.7)
10. K_{sp} 값을 사용하여 동일한 총 이온 수를 가지는 화합물의 용해도 비교하기(§19.3)
11. 공통 이온에 의한 용해도의 감소 계산하기(SP 19.8)
12. 추가된 H_3O^+가 용해도에 미치는 영향 예측하기(SP 19.9)
13. 이온 농도를 사용하여 Q_{sp}를 계산하고 K_{sp}와 비교하여 침전물의 형성 여부를 예측하기(SP 19.10, 19.11)
14. 선택적 침전을 이용한 이온 분리를 위한 K_{sp} 값 비교하기(SP 19.12)
15. 과량의 리간드를 첨가로 착이온이 형성된 후 금속 이온의 평형 농도 계산하기(SP 19.13)
16. 전체 평형 상수($K_{sp} \times K_f$)를 이용하여 용해도에 미치는 착이온의 영향 계산하기(SP 19.14)

주요 용어 _Key Terms

공통 이온 효과	산-염기 완충 용액	완충 범위	종말점
당량점	산-염기 적정 곡선	완충 용량	착이온
리간드	선택적 침전	용해도곱 상수, K_{sp}	형성 상수, K_f

주요 방정식 및 관계식 _Key Equations and Relationships

19.1 농도가 알려진 짝산-짝염기 쌍에 대한 pH 구하기(Henderson-Hasselbalch 식):

$$\mathrm{pH} = \mathrm{p}K_a + \log\left(\frac{[\text{염기}]}{[\text{산}]}\right)$$

19.2 M^{n+}와 X^{z-} 이온으로 구성된 난용성 이온 결합 화합물 M_pX_q의 포화 용액에 대한 이온곱 식 정의하기:

$$Q_{sp} = [M^{n+}]^p[X^{z-}]^q = K_{sp}$$

연습 문제 _Problems

노란색으로 표시한 문제들에 대해서는 그 답을 부록 E에 첨부하였다. 연습 문제에 표시된 절은 본문의 절과 같고, 관련 예제의 번호를 제시하였다. 대부분의 경우 개념 복습 문제, 스킬 숙달 문제(같은 개념을 다루는 두 문제씩 묶음) 및 실전 문제를 제시하였다.

주의: 별도의 언급이 없으면, 이 장의 모든 연습 문제는 298 K(25°C)의 수용액을 지칭한다.

산-염기 완충 용액의 평형

(예제 19.1~19.3)

개념 복습 문제

19.1 산-염기 완충 용액의 목적은 무엇인가?

19.2 완충 용액의 산과 염기 성분은 어떻게 작동하는가? 완충 용액은 왜 약산의 짝산-짝염기 쌍인가?

19.3 공통 이온 효과는 무엇인가? 이 원리는 Le Châtelier의 원리와는 어떤 관련성이 있는가? HF와 NaF를 포함하는 식을 이용하여 설명하라.

19.4 높은 완충 용량과 낮은 완충 용량을 가지는 완충 용액의 차이는 무엇인가? HCl 0.01 mol을 첨가하는 경우 어느 완충 용액의 pH 변화가 더 큰지 설명하라.

19.5 다음 인자들 중에서 완충 용량에 영향을 주는 것은? 어떻게 주는가?
(a) 짝산-짝염기 쌍
(b) 완충 용액의 pH 값
(c) 완충 용액 성분들의 농도
(d) 완충 범위
(e) 산 성분의 pK_a 값

19.6 완충 범위와 완충 용액 성분의 농도비 사이의 관계는?

19.7 어느 화학자가 pH 3.5인 완충 용액이 필요하다. NaOH와 $HCOOH(K_a = 1.8\times10^{-4})$ 또는 NaOH와 $CH_3COOH(K_a = 1.8\times10^{-5})$ 조합 중 선택할 조합은 무엇이며, 그 이유는 무엇인가? 다른 조합을 택하면 어떤 단점이 있는가? NaOH의 역할은 무엇인가?

19.8 다음과 같은 첨가 조건에서 완충 용액 성분 농도비 [NaA]/[HA]와 pH의 상대적인 변화를 설명하라.
(a) 완충 용액에 0.1 *M* NaOH를 첨가
(b) 완충 용액에 0.1 *M* HCl을 첨가
(c) 순수한 NaA를 완충 용액에 용해
(d) 순수한 HA를 완충 용액에 용해

19.9 다음과 같이 첨가하는 경우 pH는 증가하는가, 감소하는가? 각 경우에 크게 변하는가? 아니면 작게 변화하는가?
(a) 0.5 *M* 아세트산 완충 용액 100 mL에 0.1 *M* NaOH 5방울
(b) 0.5 *M* 아세트산 완충 용액 100 mL에 0.1 *M* HCl 5방울
(c) 0.5 *M* HCl 100 mL에 0.1 *M* NaOH 5방울
(d) 증류수에 0.1 *M* NaOH 5방울

스킬 숙달 문제(유사한 문제들을 두 개씩 묶음)

19.10 아래의 그림은 동일한 HA/A^- 완충 용액을 나타낸다(HA는 *붉은색 및 푸른색*, A^-는 *붉은색*, 다른 이온 및 물 분자는 생략).
(a) 어느 용액이 가장 큰 완충 용량을 가지는가?
(b) 각 완충 용액의 pH 범위를 비교하라.
(c) 어느 완충 용액이 가장 많은 양의 강산과 반응할 수 있나?

19.11 아래의 그림은 HA와 A^-로 구성된 세 개의 완충 용액의 예를 보여준다(HA는 *녹색 및 파란색*, A^-는 *녹색*, 다른 이온 및 물은 생략).
(a) 어느 완충 용액이 가장 많은 양의 강산과 반응할 수 있는가?
(b) 어떤 완충 용액이 가장 높은 pH를 가지는가?
(c) $pH = pK_a$인 완충 용액은 무엇인가?

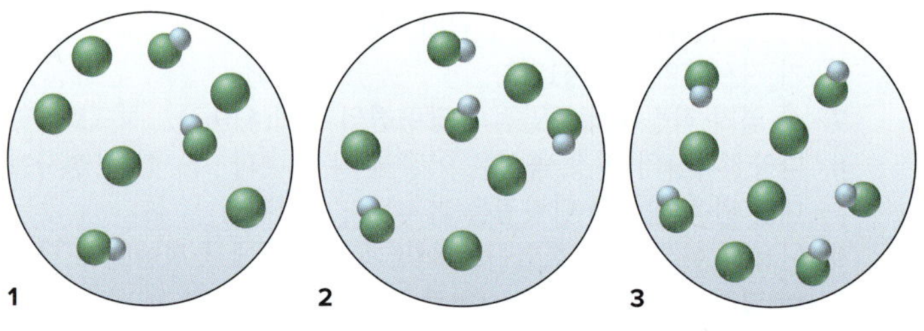

19.12 0.35 *M* CH_3CH_2COONa와 0.15 *M* $CH_3CH_2COOH(K_a = 1.3\times10^{-5})$로 구성된 완충 용액의 pH와 $[H_3O^+]$는 얼마인가?

19.13 0.33 *M* $C_6H_5COOH(K_a = 6.3\times10^{-5})$와 0.28 *M* C_6H_5COONa로 구성된 완충 용액의 pH와 $[H_3O^+]$는 얼마인가?

19.14 0.55 *M* $HNO_2(K_a = 7.1\times10^{-4})$와 0.75 *M* KNO_2로 구성된 완충 용액의 pH와 $[H_3O^+]$는 얼마인가?

19.15 0.20 *M* $HF(K_a = 6.8\times10^{-4})$와 0.25 *M* KF로 구성된 완충 용액의 pH와 $[H_3O^+]$는 얼마인가?

19.16 0.45 *M* $HCOOH(pK_a = 3.74)$와 0.63 *M* HCOONa로 구성된 완충 용액의 pH는 얼마인가?

19.17 0.95 *M* $HBrO(pK_a = 8.64)$와 0.68 *M* KBrO로 구성된 완충 용액의 pH는 얼마인가?

19.18 1.2 *M* $C_6H_5OH(pK_a = 10.00)$와 1.3 *M* C_6H_5ONa로 구성된 완충 용액의 pH는 얼마인가?

19.19 0.12 *M* 붕산(H_3BO_3, $pK_a = 9.24$)와 0.82 *M* 붕산 소듐(NaH_2BO_3)로 구성된 완충 용액의 pH는 얼마인가?

19.20 0.25 *M* $NH_3(pK_b = 4.75)$와 0.15 *M* NH_4Cl로 구성된 완충 용액의 pH는 얼마인가?

19.21 0.50 *M* $CH_3NH_2(pK_b = 3.35)$와 0.60 *M* CH_3NH_3Cl로 구성된 완충 용액의 pH는 얼마인가?

19.22 어떤 완충 용액은 0.22 *M* $KHCO_3$과 0.37 *M* K_2CO_3로 구성된다. 탄산은 이양성자산이며, $K_{a1} = 4.5\times10^{-7}$, $K_{a2} = 4.7\times10^{-11}$이다.
(a) 완충 용액에서 어느 K_a 값이 더 중요한가?

(b) 완충 용액의 pH는 얼마인가?

19.23 어떤 완충 용액은 0.50 M NaH_2PO_4와 0.40 M Na_2HPO_4로 구성된다. 인산은 삼양성자산이다(K_{a_1} = 7.2×10^{-3}, K_{a_2} = 6.3×10^{-8}, K_{a_3} = 4.2×10^{-13}).
(a) 어느 K_a 값이 완충 용액에 가장 중요한가? (b) 완충 용액의 pH는 얼마인가?

19.24 완충 용액(HPr의 K_a = 1.3×10^{-5})의 pH가 5.44일 때 성분 농도비 [Pr^-]/[HPr]는 얼마인가?

19.25 완충 용액(HNO_2의 K_a = 7.1×10^{-4})의 pH가 2.95일 때 성분 농도비 [NO_2^-]/[HNO_2]는 얼마인가?

19.26 완충 용액(HBrO의 K_a = 2.3×10^{-9})의 pH가 7.95일 때 성분 농도비 [BrO^-]/[HBrO]는 얼마인가?

19.27 완충 용액(CH_3COOH의 K_a = 1.8×10^{-5})의 pH가 4.39일 때 성분 농도비 [CH_3COO^-]/[CH_3COOH]는 얼마인가?

19.28 0.2000 M의 산과 0.1500 M의 짝염기로 구성된 pH 3.35의 완충 용액이 있다. 완충 용액 0.5000 L에 0.0015 mol의 NaOH를 첨가한 후의 pH는 얼마인가?

19.29 0.40 M의 염기와 0.25 M의 짝산으로 구성된 pH 8.88의 완충 용액이 있다. 이 완충 용액 0.25 L에 HCl 0.0020 mol을 첨가한 후의 pH는 얼마인가?

19.30 0.110 M HY와 0.220 M Y^-로 구성된 pH 8.77의 완충 용액이 있다. 완충 용액 0.350 L에 $Ba(OH)_2$ 0.0015 mol을 첨가한 후의 pH는 얼마인가?

19.31 1.05 M B와 0.750 M BH^+로 구성된 pH 9.50의 완충 용액이 있다. 완충 용액 0.500 L에 HCl 0.0050 mol을 첨가한 후의 pH는 얼마인가?

19.32 0.452 M HCl 204 mL과 0.400 M 아세트산소듐 0.500 L을 혼합하여 완충 용액을 제조하였다(부록 C 참조).
(a) pH는 얼마인가? (b) 0.500 L 완충 용액의 pH를 0.15 변화시키기 위해서는 몇 그램의 KOH를 첨가해야 하는가?

19.33 0.10 M NaOH 10.7 mL과 0.050 M 아세트산소듐 50.0 L을 혼합하여 완충 용액을 제조하였다(부록 C 참조).
(a) pH는 얼마인가? (b) 이 완충 용액 25.0 mL의 pH를 0.07 변화시키기 위해서는 몇 그램의 HCl를 첨가해야 하는가?

19.34 다음의 pH를 가지는 완충 용액을 만들기 위한 짝산-짝염기 쌍을 선택하라(부록 C 참조). (a) pH 약 4.5 (b) pH 약 7.0

19.35 다음을 만족하는 완충 용액을 만들기 위한 짝산-짝염기 쌍을 선택하라(부록 C 참조). (a) [H_3O^+] ≈ 1×10^{-9} M (b) [OH^-] ≈ 3×10^{-5} M

19.36 다음의 pH를 가지는 완충 용액을 만들기 위한 특정 짝산-짝염기 쌍을 선택하라. (a) pH 약 3.5 (b) pH 약 5.5(부록 C 참조)

19.37 다음을 만족하는 완충 용액을 만들기 위한 짝산-짝염기 쌍을 선택하라(부록 C 참조). (a) [OH^-] ≈ 1×10^{-6} M (b) [H_3O^+] ≈ 4×10^{-4} M

실전 문제

19.38 표백 및 살균을 연구하는 화학자가 하이포아염소산염 완충 용액을 제조하고자 한다. 다음 용액의 pH를 구하라.
(a) 0.100 M HClO과 0.100 M NaClO
(b) 0.100 M HClO과 0.150 M NaClO
(c) 0.150 M HClO과 0.100 M NaClO
(d) (a)용액 1.0 L에 0.0050 mol의 NaOH를 추가한 경우.

19.39 인의 옥소 음이온은 혈액의 완충 성분이다. pH가 7.40인 KH_2PO_4/Na_2HPO_4 완충 용액(정상 혈액의 pH)에서의 완충 성분 농도 비율은?

산-염기 적정 곡선

(예제 19.4)

개념 복습 문제

19.40 아래 그림은 NaOH로 적정하는 동안의 H_3PO_4, $H_2PO_4^-$ 및 HPO_4^{2-}의 상대적 농도인데, 순서가 제대로 되어 있지 않다(인산염기는 *자주색*, 수소는 *파란색*, Na^+ 이온과 물 분자는 생략).
(a) 그림을 올바른 순서로 나열하라. (b) 올바른 순서에서 두 번째 그림의 pH는 얼마인가(부록 C 참조)? (c) 두 번째 그림에 도달하는데 NaOH 용액 10.00 mL이 필요하였다. 마지막 그림에 도달하려면 얼마나 많은 NaOH 용액이 더 필요한가?

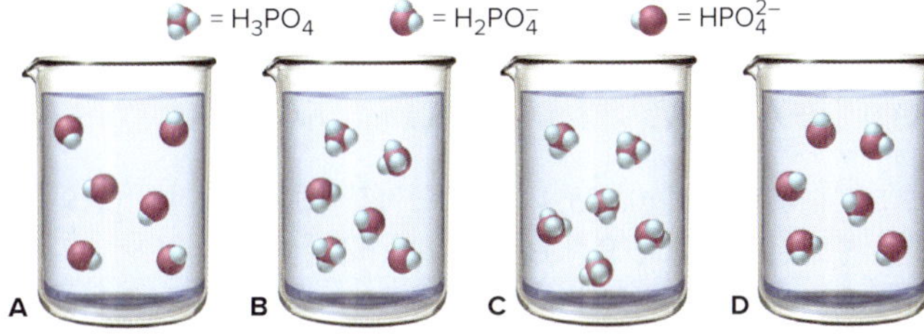

19.41 똑같은 농도의 *강산-강염기*, *약산-강염기*, *약염기-강산* 적정의 (a) 초기 pH 및 (b) 당량점에서의 pH가 어떻게 다른지 설명하라.

19.42 약산-강염기 적정의 완충 영역에서의 화학종들은? 이것들은 당량점에 존재하는 화학종들과는 어떻게 다른가? 이것들은 약염기-강산 적정의 완충 영역에 있는 화학종과는 어떻게 다른가?

19.43 약산-강염기 적정의 완충 영역의 중심점이 중요한 이유는 무엇인가?

19.44 지시약의 색 변화로 어떻게 pH 범위를 예측할 수 있나? 일부 지시약은 왜 두 개의 분리된 pH 범위를 가지고 있는가?

19.45 지시약은 왜 약 2 pH 단위 내의 범위에서 색깔 변화를 보이는가?

19.46 산-염기 지시약의 첨가가 왜 분석하고자 하는 용액의 pH에 영향을 미치지 않는가?

19.47 적정에서 당량점과 종말점의 차이는 무엇인가? 왜 항상 당량점이 먼저 도달하는지 설명하라.

19.48 이양성자산과 일양성자산의 적정 곡선은 어떻게 다른가?

스킬 숙달 문제(*유사한 문제들을 두 개씩 묶음*)

19.49 0.1000 M HCl 40.00 mL 용액을 다음과 같이 0.1000 M NaOH 염기 용액으로 적정할 때 pH를 계산하라.

(a) 0 mL (b) 25.00 mL (c) 39.00 mL (d) 39.90 mL
(e) 40.00 mL (f) 40.10 mL (g) 50.00 mL

19.50 0.1000 M의 KOH 30.00 mL 용액을 다음과 같이 0.1000 M HBr 산 용액으로 적정할 때 pH를 계산하라.
(a) 0 mL (b) 15.00 mL (c) 29.00 mL (d) 29.90 mL
(e) 30.00 mL (f) 30.10 mL (g) 40.00 mL

19.51 0.1000 M $CH_3CH_2CH_2COOH(K_a = 1.54\times10^{-5})$ 20.00 mL의 용액을 다음과 같이 0.1000 M NaOH 염기 용액으로 적정할 때 pH를 계산하라.
(a) 0 mL (b) 10.00 mL (c) 15.00 mL (d) 19.00 mL
(e) 19.95 mL (f) 20.00 mL (g) 20.05 mL (h) 25.00 mL

19.52 0.1000 M $(CH_3CH_2)_3N(K_b = 5.2\times10^{-4})$ 20.00 mL 용액을 다음과 같이 0.1000 M HCl 산 용액으로 적정할 때 pH를 계산하라.
(a) 0 mL (b) 10.00 mL (c) 15.00 mL (d) 19.00 mL
(e) 19.95 mL (f) 20.00 mL (g) 20.05 mL (h) 25.00 mL

19.53 아래 용액을 0.0372 M NaOH로 적정할 때 당량점의 pH와 당량점에 도달하는 데 필요한 NaOH의 부피(mL)는 얼마인가?
(a) 0.0520 M CH_3COOH 42.2 mL
(b) 0.0850 M H_2SO_3 28.9 mL(당량점 2개)

19.54 아래 용액을 0.0588 M KOH로 적정할 때 당량점의 pH와 당량점에 도달하는 데 필요한 KOH의 부피(mL)는?
(a) 0.0390 M HNO_2 23.4 mL
(b) 0.130 M H_2CO_3(당량점 2개) 17.3 mL

19.55 아래 용액을 0.125 M HCl로 적정할 때 당량점의 pH와 당량점에 도달하는 데 필요한 HCl의 부피(mL)는 얼마인가?
(a) 0.234 M NH_3 65.5 mL
(b) 1.11 M CH_3NH_2 21.8 mL

19.56 아래 용액을 0.447 M HNO_3로 적정할 때 당량점의 pH와 당량점에 도달하는 데 필요한 HNO_3의 부피(mL)는
(a) 0.0750 M 피리딘(C_5H_5N) 2.65 L
(b) 0.250 M 에틸렌다이아민($H_2NCH_2CH_2NH_2$) 0.188 L

19.57 지시약 크레졸 레드의 $K_a = 3.5\times10^{-9}$이다. 대략적으로 어떤 pH 범위에서 색깔이 변화되나?

19.58 지시약 에틸 레드의 $K_a = 3.8\times10^{-6}$이다. 대략적으로 어떤 pH 범위에서 색깔이 변화되나?

19.59 그림 19.9를 이용하여 아래 적정에 적합한 지시약을 찾아라.
(a) 0.10 M HCl를 0.10 M NaOH로 적정
(b) 0.10 M HCOOH를(부록 C 참조) 0.10 M NaOH로 적정

19.60 그림 19.9를 이용하여 아래 적정에 적합한 지시약을 찾아라.
(a) 0.10 M CH_3NH_2(부록 C 참조)를 0.10 M HCl로 적정
(b) 0.50 M HI를 0.10 M KOH로 적정

19.61 그림 19.9를 이용하여 아래 적정을 위한 지시약을 찾아라.
(a) 0.5 M $(CH_3)_2NH$(부록 C 참조)를 0.5 M HBr로 적정
(b) 0.2 M KOH를 0.2 M HNO_3로 적정

19.62 그림 19.9를 이용하여 아래 적정을 위한 지시약을 찾아라.
(a) 0.25 M C_6H_5COOH(부록 C 참조)를 0.25 M KOH로 적정
(b) 0.50 M NH_4Cl(부록 C 참조)을 0.50 M NaOH로 적정

난용성 이온 결합 화합물의 평형

(예제 19.5~19.12)

19.63 M_2X의 몰 용해도(S)는 5×10^{-5} M이다. 각 이온의 S를 구하라. K_{sp}를 구하기 위한 계산 과정을 보여라. M_2X가 이온들로 해리되는 것에 대해서 필요한 가정들은 무엇인가? 계산된 K_{sp}가 실제 값보다 높은 이유는 무엇인가?

19.64 pH가 BaF_2의 용해도에는 영향을 주지만 $BaCl_2$의 용해도에는 영향을 미치지 않는 이유는 무엇인가?

19.65 부록 C에서의 K_{sp} 값 목록을 이용하여 염화 은과 브로민화 은의 용해도를 비교할 수 있는 데 반해 염화 은과 크롬산 은을 비교할 수 없는 이유를 설명하라.

19.66 기체상 평형에서, $Q_c > K_c$일 때 역반응이 일어난다. $Q_{sp} > K_{sp}$일 때 수용액에서 어떤 일이 발생하는가?

스킬 숙달 문제(유사한 문제들을 두 개씩 묶음)

19.67 다음 화합물의 이온곱 식은 무엇인가? (a) 탄산 은 (b) 플루오린화 바륨 (c) 황화 구리(II).

19.68 다음 화합물의 이온곱 식은 무엇인가? (a) 수산화 철(III) (b) 인산 바륨 (c) 플루오린화 마그네슘.

19.69 다음 화합물의 이온곱 식은 무엇인가? (a) 크롬산 칼슘 (b) 사이안화 은 (c)인산 은.

19.70 다음 화합물의 이온곱 식은 무엇인가? (a) 아이오딘화 납(II) (b) 황화 스트론튬 (c) 수산화 크로뮴(III).

19.71 탄산 은의 용해도는 20°C에서 0.032 M이다. K_{sp}를 계산하라.

19.72 옥살산 아연($Zn(C_2O_4)$)의 용해도는 18°C에서 7.9×10^{-3} M이다. K_{sp}를 계산하라.

19.73 15°C에서 중크롬산 은($Ag_2Cr_2O_7$)의 용해도는 8.3×10^{-3} g/100. mL이다. K_{sp}를 계산하라.

19.74 30°C에서 황화 칼슘의 용해도는 0.209 g/100. mL이다. K_{sp}를 계산하라.

19.75 다음 용액 내에서 $SrCO_3(K_{sp} = 5.4\times10^{-10})$의 몰 용해도는 얼마인가? (a) 순수한 물 (b) 0.13 M $Sr(NO_3)_2$.

19.76 다음 용액 내에서 $BaCrO_4(K_{sp} = 2.1\times10^{-10})$의 몰 용해도는 얼마인가? (a) 순수한 물 (b) 1.5×10^{-3} M Na_2CrO_4.

19.77 다음 용액 내에서의 $Ca(IO_3)_2$의 몰 용해도는 얼마인가?
(a) 0.060 M $Ca(NO_3)_2$ (b) 0.060 M $NaIO_3$(부록 C 참조).

19.78 다음 용액 내에서 Ag_2SO_4의 몰 용해도는 얼마인가?
(a) 0.22 M $AgNO_3$ (b) 0.22 M Na_2SO_4(부록 C 참조).

19.79 다음 각 화합물 쌍에서 물에 더 잘 용해되는 화합물은 무엇인가?
(a) $Mg(OH)_2$와 $Ni(OH)_2$
(b) PbS와 CuS
(c) Ag_2SO_4와 MgF_2

19.80 다음 각 화합물 쌍에서 물에 더 잘 용해되는 화합물은 무엇인가?
(a) $SrSO_4$ & $BaCrO_4$

(b) $CaCO_3$ & $CuCO_3$
(c) $Ba(IO_3)_2$ & Ag_2CrO_4

19.81 다음 각 화합물 쌍에서 물에 더 잘 용해되는 화합물은 무엇인가?
(a) $BaSO_4$ & $CaSO_4$
(b) $CaPO_4$ & $MgPO_4$
(c) AgCl & $PbSO_4$

19.82 다음 각 화합물 쌍에서 물에 더 잘 용해되는 화합물은 무엇인가?
(a) $Mn(OH)_2$ & $Ca(IO_3)_2$
(b) $SrCO_3$ & CdS
(c) AgCN & CuI

19.83 화학 반응식을 써서 다음 화합물 중 어느 것의 용해도가 pH의 영향을 받는지 보여라. (a) AgCl (b) $SrCO_3$.

19.84 화학 반응식을 써서 다음 화합물 중 어느 것의 용해도가 pH의 영향을 받는지 보여라. (a) CuBr (b) $Ca_3(PO_4)_2$.

19.85 화학 반응식을 써서 다음 화합물 중 어느 것의 용해도가 pH의 영향을 받는지 보여라. (a) $Fe(OH)_2$ (b) CuS.

19.86 화학 반응식을 써서 다음 화합물 중 어느 것의 용해도가 pH의 영향을 받는지 보여라. (a) PbI_2 (b) $Hg_2(CN)_2$.

19.87 KOH 0.075 g이 1.0×10^{-3} M의 $Cu(NO_3)_2$에 용해될 때, $Cu(OH)_2$ 고체가 생성되는가?

19.88 NaCl 3.5 mg이 0.12 M $Pb(NO_3)_2$ 0.22 L에 용해될 때, $PbCl_2$ 고체가 생성되는가?

19.89 $BaCl_2$ 7.5 mg이 0.023 M $NaIO_3$ 500 mL에 용해될 때, $Ba(IO_3)_2$ 고체가 생성되는가?

19.90 $AgNO_3$ 2.7×10^{-5} g이 4.0×10^{-4} M K_2CrO_4 15 mL에 용해될 때, Ag_2CrO_4 고체가 생성되는가?

실전 문제

19.91 헌혈할 때 $Na_2C_2O_4$ 용액을 사용하여 혈액 응고를 유발하는 Ca^{2+}를 침전시킨다. 혈액 시료 104 mL에는 9.7×10^{-5} g Ca^{2+}/mL이 포함되어 있다. 어느 실험자가 0.1550 M $Na_2C_2O_4$ 용액 100.0 mL를 혈액에 처리한 후의 $[Ca^{2+}]$를 계산하라($CaC_2O_4 \cdot H_2O$의 K_{sp}는 부록 C 참조).

19.92 50.0 mL 부피의 0.50 M $Fe(NO_3)_3$을 125 mL, 0.25 M $Cd(NO_3)_2$ 용액과 섞었다.
(a) NaOH 수용액을 첨가하면 어느 이온이 가장 먼저 침전되는가(부록 C 참조)?
(b) NaOH 수용액을 사용하여 금속 이온을 어떻게 분리할 수 있는지 설명하라.
(c) 분리를 일어나게 하는 $[OH^-]$를 계산하라.

착이온의 평형

(예제 19.13, 19.14)

개념 복습 문제

19.93 금속 양이온이 어떻게 착물 음이온의 중심에 있을 수 있는가?

19.94 물에서 $Zn(OH)_2$의 용해를 살펴보자.

$$Zn(OH)_2(s) \rightleftharpoons Zn^{2+}(aq) + 2OH^-(aq)$$

NaOH 수용액을 첨가하면 $Zn(OH)_2$가 더 많이 용해된다. 그렇다면 이 현상은 Le Châtelier의 원리에 위배되는가? 설명하라.

스킬 숙달 문제(유사한 문제들을 두 개씩 묶음)

19.95 KCN 수용액에서 Hg^{2+}의 반응에 대해서 균형 반응식을 써라.

19.96 NaCN 수용액에서 Zn^{2+}의 반응에 대해서 균형 반응식을 써라.

19.97 $Na_2S_2O_3$ 수용액에서 Ag^+의 반응에 대해서 균형 반응식을 써라.

19.98 KF 수용액에서 Al^{3+}의 반응에 대해서 균형 반응식을 써라.

19.99 0.044 M $AgNO_3$와 0.57 M $Na_2S_2O_3$을 각각 25.0 mL씩 섞은 경우 $[Ag^+]$는? [$Ag(S_2O_3)_2^{3-}$의 $K_f = 4.7\times10^{13}$]

19.100 KSCN은 용액 중의 Fe^{3+} 이온을 검출하는 데 사용하는데, Fe^{3+} 이온과 결합하여 붉은색의 $FeSCN^{2+}$($K_f = 8.9\times10^2$)을 형성한다. 0.0015 M $Fe(NO_3)_3$과 0.20 M KSCN 수용액을 각각 0.50 L 섞을 때 $[Fe^{3+}]$는?

19.101 pH 13.0의 완충 용액에서 $Cr(OH)_3$의 용해도를 구하라. [$Cr(OH)_3$의 $K_{sp} = 6.3\times10^{-31}$, $Cr(OH)_4^-$의 $K_f = 8.0\times10^{29}$]

19.102 2.5 M NH_3에서 AgI의 용해도를 구하라. [AgI의 $K_{sp} = 8.3\times10^{-17}$, $Ag(NH_3)_2^+$의 $K_f = 1.7\times10^7$]

19.103 $ZnCl_2$ 0.84 g을 0.150 M NaCN 245 mL에 용해시킬 때, $[Zn^{2+}]$, $[Zn(CN)_4^{2-}]$, $[CN^-]$는? [$Zn(CN)_4^{2-}$의 $K_f = 4.2\times10^{19}$]

19.104 $Co(NO_3)_2$ 2.4 g을 0.22 M KOH 0.350 L에 용해시킬 때, $[Co^{2+}]$, $[Co(OH)_4^{2-}]$, $[OH^-]$는? [$Co(OH)_4^{2-}$의 $K_f = 5\times10^9$]

제 20 장

열역학: 엔트로피, 자유 에너지 및 화학 반응의 방향

Thermodynamics: Entropy, Free Energy, and Reaction Direction

Source: Purestock/SuperStock

관련 개념과 스킬 _Concepts and Skills to Review Before You Study This Chapter

- 내부 에너지, 열, 일(6.1절)
- 상태 함수(6.1절)와 표준 상태(6.6절)
- 엔탈피, ΔH와 Hess의 법칙(6.2, 6.5절)
- 엔트로피와 용액 형성(13.3절)
- Q와 K 값을 비교하여 반응의 방향 알아내기(17.4절)

앞의 몇몇 장에서 우리는 화학적 또는 물리적 변화에 대한 몇 가지 근본적인 의문에 대해 논의하였다. 즉, 변화는 얼마나 빨리 일어나는가? 변화는 완결 상태 쪽으로 어느 정도까지 가는가? 변화는 농도와 온도에 어떠한 영향을 받는가? 그리고 우리는 성층권에서부터 석회암 동굴, 인간의 세포에 이르기까지 다양한 계(system)에서 이러한 질문을 탐구해왔다.

그러나 도대체 변화는 왜 발생할까? 어떤 변화는 *한 방향으로만* 일어나고, 반대 방향으로는 일어나지 않는 것처럼 보인다. 예를 들어, 시간이 지남에 따라 구리가 산화되면서 구리 동상이 녹색으로 변한다. 그러나 녹색으로 산화된 구리가 반응하여 반짝이는 구리로 되돌아가지는 않는다. 또한 휘발유는 자동차 엔진을 가동하면서 공기 중에서 이산화 탄소와 수증기를 생성하지만, 생성된 이산화 탄소와 수증기는 휘발유와 산소를 형성하지 않는다. 커피 잔에 있는 각설탕은 몇 초 동안 저어주면 용해되지만, 용해된 설탕은 1000년을 저어주어도 다시 각설탕을 형성하지 않는다. 또한, 수소와 산소는 로켓과 우주 왕복선에 추진력을 제공하기 위해 조절된 폭발을 통해 물을 생성하면서 연소하지만(*사진*), 상승하는 로켓의 배기 기둥에서 흰 증기 구름 형태로 보이는 물은 다시 분해되어 수소와 산소를 형성하지 않는다. 화학자들은 이를 *자발적* 변화라고 부른다. 대부분의 경우 에너지를 방출하지만 일부는 흡수한다.

거의 200년 전에 개발된 열역학의 원리는 자발적인 변화가 일어나는 *이유*를 설명한다. 그리고 우리가 아는 한, 이러한 열역학 원리들은 우주 안의 모든 계에 적용된다. 즉, 모든 작업 기계, 공장, 생각하는 학생, 움직이는 대륙, 폭발하는 별 등등 모든 변화에 적용된다.

이 장에서는... *변화가 일어나는 이유와 엔트로피와 자유 에너지의 개념 및 자발적인 변화의 방향과의 관계에 초점을 맞추어 어떻게 이러한 변화를 이용할 수 있는지에 대해 논의한다.*

- 자발적인 변화의 방향을 예측하는 기준의 필요성에 대해 논의한다.
- 열역학 제1법칙을 확인하고 이 법칙이 변화의 방향이 아니라 에너지의 변화를 설명한다는 것을 확인한다.
- 엔탈피 변화의 부호가 방향을 예측하지 못한다는 것을 이해한다.
- 계의 에너지가 분산되는 자연적인 경향에 기반을 둔 상태 함수인 엔트로피(S)에 초점을 맞춘 열역학 제2법칙에서 자발적 변화의 방향을 예측하는 기준을 찾는다.
- 발열 및 흡열 과정에 대한 엔트로피 변화를 조사한다.
- 자발적 변화가 나타나는 단순화된 기준으로부터 자유 에너지의 개념을 발전시키고, 계가 할 수 있는 일과 자유 에너지가 어떤 관련이 있는지 살펴본다.
- 반응의 자유 에너지 변화와 그 평형 상수 간의 주요 관계를 탐구한다.

20.1 열역학 제2법칙: 자발적 변화 예측

계의 **자발적 변화**(spontaneous change)는 계의 외부로부터 계속적인 에너지 투입 없이 특정 조건하에서 일어나는 변화이다. 예를 들어, 물이 1 atm, −5°C에서 어는 것은 자발적이다. 연소나 낙하 같은 자발적인 과정은(휘발유 증기를 점화하기 위한 스파크나 책상에서 책을 떨어뜨리기 위한 밀치기와 같은) 약간의 "충격"이 필요할 수도 있다. 그러나 일단 과정이 시작되면 자기 스스로 에너지를 공급하여 계속 진행된다. 이와 대조적으로 *비자발*

적 변화는 주위(surroundings)가 *계속* 에너지를 공급할 때에만 일어난다. 주어진 조건하에서 *변화가 한 방향으로 자발적이면, 반대 방향으로는 자발적이지* ***않다***. 책은 자발적으로 책상에서 떨어지지만 바닥에서 책상으로 자발적으로 움직이지는 않는다.

용어 '*자발적*'은 "즉각적(instantaneous)"임을 의미하지 않을 뿐만 아니라, 과정이 일어나는 데 걸리는 시간에 대해서는 아무런 정보를 주지 않는다. 이 말은 충분한 시간이 주어지면, 과정이 스스로 일어날 것이라는 것을 의미한다. 숙성, 부식, 노화 등의 많은 과정이 자발적이지만 느리다.

연소중인 휘발유 또는 떨어지고 있는 책과 달리 명백하지 않은 경우에도 자발적 변화의 방향을 예측할 수 있을까? 이 절에서는 먼저 자발적 변화의 방향을 예측하지 *못하는* 두 가지 개념을 간략히 살펴보고, 변화의 방향을 예측하는 엔트로피의 개념에 초점을 맞춘다.

열역학 제1법칙으로 자발적 변화를 예측할 수 없다

에너지 변화로 자발적 변화의 방향을 예측할 수 있는지 살펴보자. 6장에서 논의된 열역학 제1법칙(에너지 보존 법칙)에 의하면, 계의 내부 에너지(E)는 모든 구성 입자의 운동 에너지와 퍼텐셜 에너지의 합이며, 계의 열(q) 또는 일(w)이 흡수되거나 방출될 때 바뀐다.

$$\Delta E = q + w$$

계를 제외한 모든 것은 주위에 속한다. 그러므로 *계의 에너지 변화, 즉 계가 흡수한 열이나 일은 주위가 방출한 것*이며, 그 역도 성립한다.

$$\Delta E_{\text{계}} = -\Delta E_{\text{주위}} \qquad \text{또는} \qquad (q + w)_{\text{계}} = -(q + w)_{\text{주위}}$$

계와 주위의 합이 우주이고, *우주의 총 에너지는 일정하므로 우주의 에너지 변화는 영(0)*이다.*

$$\Delta E_{\text{계}} + \Delta E_{\text{주위}} = -\Delta E_{\text{주위}} + \Delta E_{\text{주위}} = 0 = \Delta E_{\text{우주}}$$

제1법칙은 과정의 에너지를 설명하지만 과정의 방향을 설명하지는 못한다. 휘발유가 자동차 엔진에서 연소될 때, 연료 혼합물 내 화학 결합들과 배기가스 내 화학 결합들 사이의 퍼텐셜 에너지 차이가 차를 움직이는 운동 에너지와 주위로 방출하는 열로 전환된다고 제1법칙이 기술한다. 그러나 엔진에서 방출된 열이 배기가스를 휘발유와 산소로 왜 전환시키지는 않을까? 제1법칙에 의하면 얼음 조각이 여러분의 손에서 녹을 때, 고체(얼음)가 액체(물)로 변함에 따라 손에서 나온 열이 운동 에너지로 전환된다. 동그랗게 모아 쥐고 있는 여러분의 손가락에 있는 물은 여러분의 손으로 열을 이동시키고 왜 다시 얼지 않는가? 앞에 있는 모든 경우는 제1법칙을 위반하지 않는다. 즉, 각각의 과정에 대해 일과 열을 측정할 수 있다면 에너지가 보존된다는 것을 발견할 수도 있다. 그러나 반대 방향의 변화들은 결코 일어나지 않는다. 즉, *제1법칙만으로 자발적 변화의 방향을 예측할 수는 없다.*

ΔH의 부호로 자발적 변화를 예측할 수 없다

아마도 엔탈피 변화(ΔH)는 일정 압력(q_P)에서 계가 얻거나 잃는 열이며 엔탈피 변화의 부호가 자발성에 대한 판단 기준일지도 모른다. 실제로, 주요 과학자들은 19세기의 대부분을 그렇게 생각했다. 만일 그렇다면 발열 과정($\Delta H < 0$)은 자발적이고 흡열 과정($\Delta H > 0$)은 비자발적이라고 예상할 수 있을 것이다. 몇 가지 예를 조사하여 이 예상이 맞는지 알아보자.

1. *엔탈피 변화가 음수($\Delta H < 0$)인 자발적 과정.* 특정 조건에서 어는 과정과 응축되는 과정들이 모두 발열이며 자발적이다.

$$H_2O(l) \longrightarrow H_2O(s) \qquad \Delta H^\circ_{\text{반응}} = -H^\circ_{\text{녹음}} = -6.02\ \text{kJ}\ (1\ \text{atm};\ T = 0°\text{C})$$

메테인의 연소를 포함한 모든 연소 반응은 자발적이며 발열적이다.

$$CH_4(g) + 2O_2(g) \longrightarrow CO_2(g) + 2H_2O(g) \qquad \Delta H^\circ_{\text{반응}} = -802\ \text{kJ}$$

*에너지 보존을 현대적 의미로 기술할 때, 질량-에너지 등가성과 항성에서 일어나는 엄청난 양의 물질의 에너지 전환 과정이 반드시 고려되어야 한다. 그러므로 우주의 *질량-에너지*의 총량은 일정하다.

철을 포함한 모든 금속의 산화 반응은 자발적이며 발열적이다.

$$2Fe(s) + \tfrac{3}{2}O_2(g) \longrightarrow Fe_2O_3(s) \qquad \Delta H^\circ_{반응} = -826\text{ kJ}$$

이온 화합물이 구성 원소들로부터 형성되는 반응은 자발적이며 발열적이다.

$$Na(s) + \tfrac{1}{2}Cl_2(g) \longrightarrow NaCl(s) \qquad \Delta H^\circ_{반응} = -411\text{ kJ}$$

2. *엔탈피 변화가 양수($\Delta H > 0$)인 자발적 과정.* 많은 경우에 어떤 조건에서는 발열 과정이 자발적으로 일어나다가, 다른 조건에서는 그 반대 과정인 흡열 과정이 자발적으로 일어난다. 모든 녹음 및 증발 과정은 특정 조건에서 흡열 및 자발적이다.

$$H_2O(s) \longrightarrow H_2O(l) \qquad \Delta H^\circ_{반응} = \Delta H^\circ_{녹음} = +6.02\text{ kJ } (1\text{ atm}; T = 0°C)$$

보통 압력에서는 물은 자발적으로 증발한다.

$$H_2O(l) \longrightarrow H_2O(g) \qquad \Delta H^\circ_{반응} = \Delta H^\circ_{증발} = +44.0\text{ kJ } (1\text{ atm}; T = 100°C)$$

대부분의 염은 흡열적인 동시에 자발적으로 용해된다.

$$NaCl(s) \xrightarrow{H_2O} Na^+(aq) + Cl^-(aq) \qquad \Delta H^\circ_{용해} = +3.9\text{ kJ}$$

$$RbClO_3(s) \xrightarrow{H_2O} Rb^+(aq) + ClO_3^-(aq) \qquad \Delta H^\circ_{용해} = +47.7\text{ kJ}$$

$$NH_4NO_3(s) \xrightarrow{H_2O} NH_4^+(aq) + NO_3^-(aq) \qquad \Delta H^\circ_{용해} = +25.7\text{ kJ}$$

몇몇 흡열 반응조차 자발적이다.

$$N_2O_5(s) \longrightarrow 2NO_2(g) + \tfrac{1}{2}O_2(g) \qquad \Delta H^\circ_{반응} = +109.5\text{ kJ}$$

$$Ba(OH)_2{\cdot}8H_2O(s) + 2NH_4NO_3(s) \longrightarrow Ba^{2+}(aq) + 2NO_3^-(aq) + 2NH_3(aq) + 10H_2O(l) \qquad \Delta H^\circ_{반응} = +62.3\text{ kJ}$$

바로 위 반응에서는 이온성 고체가 섞여 있고(그림 20.1A), $Ba(OH)_2$이 방출한 물이 이온들을 둘러싸 수화한다. 반응 혼합물은 주변으로부터 열을 너무 빨리 흡수하여 비커가 젖은 판에 얼어붙는다(그림 20.1B).

바로 위에 제시한 몇 가지 예에서 제1법칙과 마찬가지로 ΔH의 부호만으로 자발적 변화의 방향(direction)을 예측할 수 없음을 알 수 있다.

그림 20.1 자발적 흡열 반응.

Source: Stephen Frisch/McGraw-Hill Education

입자 운동의 자유도와 운동 에너지의 분산

앞에서 살펴보았던 자발적 *흡열* 과정들은 주요한 공통적인 특징 하나를 갖고 있다. 즉, 모든 경우에서 원자, 분자, 또는 이온 같은 화학적 개체들이 변화된 후에 더 많은 운동 자유도(freedom of motion)를 갖는다. 다시 말하면, 변화 후에 입자들이 더 넓은 범위의 운동 에너지를 갖는다. 즉, 에너지가 더 분산되었고, 더 넓게 분포되었고 또는 더 널리 퍼지게 되었다.

- 상 변화(phase change)가 일어나면 구성 입자들의 움직임이 제한된 고체가 입자들이 서로 좀 더 자유롭게 움직일 수 있는 액체로 변환되고, 입자들이 훨씬 큰 운동 자유도를 갖는 기체로 변환된다. 따라서 운동 에너지가 좀 더 분산된다.
- 염의 용해는 결정성 고체와 순수한 액체(용매)를 분리된 이온들과 움직이고 있는 용매 분자들로 바꾸기 때문에, 이것들의 운동 자유도가 커지고 운동 에너지가 더 분산된다.
- 화학 반응에서는 더 *적은* 몰수의 결정성 고체가 더 *많은* 몰수의 기체 또는 용매화된 이온들을 형성하므로 입자들의 운동 자유도가 증가하고, 이들의 운동 에너지가 더 분산된다.

낮은 입자 운동 자유도 ⟶ 높은 입자 운동 자유도
편재화된 운동 에너지 ⟶ 분산된 운동 에너지

상 변화:	고체 ⟶ 액체 ⟶ 기체
염의 용해:	결정성 고체 + 액체 ⟶ 용액 내 이온들
화학적 변화:	결정성 고체 ⟶ 기체 + 용액 내 이온들

*열역학 관점에서 보면, 계에 있는 입자들의 운동 자유도 변화, 즉 입자들의 운동 에너지 분산의 변화는 자발적 과정의 **방향**(direction)을 예측하는 핵심 인자이다.*

엔트로피와 미시 상태의 수

앞에서 원자(7장)와 분자(11장)의 양자화된 전자 에너지 준위들을 논의하였다. 이와 더불어 진동, 회전, 병진 등의 분자 운동들의 *운동*(kinetic) 에너지 준위들 또한 양자화되어 있다(9장, 실험 기법 참조). 이제 원자나 분자들로 이루어진 계 전체의 에너지 상태 또한 양자화되어 있다는 것을 보게 될 것이다.

에너지 분산과 엔트로피의 의미 운동 자유도와 에너지 분산이 왜 자발적 변화에 관련되는지 살펴보자.

- *에너지의 양자화.* N_2 기체 1 mol로 구성된 계에서, N_2 분자 하나를 상상해 보자. 어느 시점에서 이 분자는 어떤 속도로 공간 내를 움직이고(병진), 어떤 진동수로 회전하고 있으며, 어떤 진동수로 진동하고 있다. 그 다음 시점에 이 분자는 다른 분자 또는 용기와 충돌하여 운동(kinetic) 에너지 상태들이 다른 값들로 바뀐다. 특정 순간의 분자의 완전한 양자 상태는 분자의 전자 상태들과 이것들의 병진, 회전, 진동 상태들로 구성되어 있다. 이 논의에서는 병진, 회전, 진동, 즉 운동 에너지 상태에 초점을 맞춘다.
- *미시 상태의 수.* 계의 모든 분자들의 에너지도 유사하게 양자화되어 있다. 양자화된 계의 각 상태를 **미시 상태**(microstate)라고 부른다. 어느 특정 순간에 계의 총 에너지는 하나의 미시 상태 전체에 분산되어 있다. 다음 순간에 총 에너지는 다른 미시 상태 전체에 분산되어 있다. 분자 1 mol로 구성된 계에 대해서 가능한 에너지 상태의 수는 대략 $10^{10^{23}}$개 정도로 어마어마하다.
- *에너지 분산.* 주어진 조건에서 각 미시 상태는 다른 미시 상태들과 *똑같은* 총 에너지를 갖는다. 그러므로 각 미시 상태는 주어진 계에서 똑같이 가능하며, 확률 법칙에 의하면 모든 미시 상태를 가질 확률은 같다. 계의 미시 상태의 수는 계가 자신의 운동 에너지를 계의 모든 입자들의 다양한 움직임에 분산하는(분포하는 또는 펼치는) 방법의 수이다.

13.3절에서 계의 에너지가 입자의 운동을 통해 분산될 수 있는 경우의 수와 직접적으로 관련된 열역학적 변수로서 **엔트로피**(entropy, S)를 소개했으며, 엔트로피가 용액 형성의 핵심 인자임을 확인하였다. 1877년 오스트리아 수학자이자 물리학자인 Ludwig Boltzmann이 미시 상태의 수(W)를 계의 **엔트로피**와 연결시켰다.

$$S = k \ln W \qquad \textbf{(20.1)}$$

여기서 *Boltzmann 상수*(Boltzmann constant) k는 기체 상수(R, 8.314 J/mol·K)를 아보가드로 수(N_A)로 나눈 것, 즉 R/N_A이며, 값은 1.38×10^{-23} J/K이다. W는 미시 상태의 수이므로 단위를 갖지 않는다. 따라서 S는 J/K 단위를 갖는다. 식 (20.1)에 의하면

- 더 적은 수(더 작은 W)의 미시 상태들을 가진 계는 *더 낮은 엔트로피(더 낮은 S)*를 갖는다.
- 더 많은 수(더 큰 W)의 미시 상태들을 가진 계는 *더 높은 엔트로피(더 높은 S)*를 갖는다.

그러므로 앞서 제시된 흡열 과정의 예들에서,

	더 낮은 엔트로피(더 적은 미시 상태) ⟶ 더 높은 엔트로피(더 많은 미시 상태)
상 변화:	고체 ⟶ 액체 ⟶ 기체
염의 용해:	결정성 고체 + 액체 ⟶ 용액 내 이온들
화학적 변화:	결정성 고체 ⟶ 기체 + 용액 내 이온들

상태 함수로서의 엔트로피 만약 변화가 일어나서 미시 상태의 수가 증가하면 계의 에너지를 분산시키는 더 많은 방법이 있어서 엔트로피가 증가한다.

$$S_{\text{많은 미시 상태}} > S_{\text{적은 미시 상태}}$$

반대로, 변화가 일어나서 미시 상태의 수가 감소하면 엔트로피가 감소한다. 내부 에너지(E)와 엔탈피(H)처럼, *엔트로피는 상태 함수*이다. 따라서 엔트로피는 계의 현재 상태에만 의존할 뿐이며 계가 현재 상태까지 도달한 방법에는 무관하다(6.1절 참조). 그러므로 계의 엔트로피 변화 ($\Delta S_{\text{계}}$)는 최종 값과 초기 값의 차이로 주어진다.

$$\Delta S_{\text{계}} = S_{\text{최종}} - S_{\text{초기}}$$

다른 상태 함수와 마찬가지로 $\Delta S_{계}$의 부호는 양수일 수도 음수일 수도 있다.

1. 변화 과정 중에 엔트로피가 증가하면 $\Delta S_{계} > 0$이다.

- 예를 들어, 드라이아이스가 승화할 때 엔트로피는 증가하는데, 이는 기체 상태의 CO_2 분자가 고체 상태의 CO_2 분자보다 더 높은 운동 자유도를 가지므로 더 많은 미세 상태와 더 높은 엔트로피를 갖기 때문이다.

$$CO_2(s) \longrightarrow CO_2(g) \qquad \Delta S_{계} = S_{최종} - S_{초기} = S_{기체\ CO_2} - S_{고체\ CO_2} > 0$$

- 엔트로피가 증가하는 반응의 예로 사산화 이질소(N_2O_4, 여기서는 $O_2N—NO_2$로 표기)의 분해 반응을 살펴보자.

$$O_2N—NO_2(g) \longrightarrow 2NO_2(g)$$

사산화 이질소 분자 1 mol의 N—N 결합이 끊어지면 생성되는 NO_2 분자 2 mol은 훨씬 더 높은 운동 자유도를 갖는다. 따라서 어떤 순간에서도 계의 에너지가 더 많은 수의 미시 상태로 분산된다. 따라서 계의 엔트로피 변화, 즉 반응 엔트로피 변화($\Delta S_{반응}$)는 양수이다.

$$\Delta S_{계} = \Delta S_{반응} = S_{최종} - S_{초기} = S_{생성물} - S_{반응물} = 2S_{NO_2} - S_{O_2N—NO_2} > 0$$

2. 변화 과정 중에 엔트로피가 감소하면 $\Delta S_{계} < 0$이다.

- 예를 들어, 수증기가 응축되는 상변화의 경우에는 엔트로피가 감소하는데, 이는 액체 상태의 H_2O가 기체 상태의 H_2O보다 더 적은 미세 상태와 더 낮은 엔트로피를 갖기 때문이다.

$$H_2O(g) \longrightarrow H_2O(l) \qquad \Delta S_{계} = S_{최종} - S_{초기} = S_{액체\ H_2O} - S_{기체\ H_2O} < 0$$

- 다음 반응에서와 같이 생성물이 반응물보다 더 작은 엔트로피를 가질 때 엔트로피는 감소한다.

$$HCl(g) + NH_3(g) \longrightarrow NH_4Cl(s)$$

고체 생성물은 기체 반응물보다 더 낮은 운동의 자유도와 더 적은 미세 상태와 더 낮은 엔트로피를 갖는다. 따라서 반응의 엔트로피 변화($\Delta S_{반응}$)는 음수이다.

$$\Delta S_{계} = \Delta S_{반응} = S_{최종} - S_{초기} = S_{생성물} - S_{반응물} = S_{NH_4Cl} - (S_{HCl} + S_{NH_3}) < 0$$

엔트로피 변화의 정량적 의미 엔트로피 변화의 값을 구하는 두 가지 방법이 있는데, 결과는 같다. 첫 번째 방법은 계의 가능한 미시 상태의 수에 바탕을 두고, 두 번째 방법은 계가 흡수한 열을 이용한다. 네온이 298 K에서 팽창하는 것과 유사하게, 1 L에서 2 L로 팽창하는 이상 기체 1 mol로 구성된 계에 대해 두 가지 방법을 살펴보자.

$$\text{네온 1 mol (초기: 1 L, 298 K)} \longrightarrow \text{네온 1 mol (최종: 2 L, 298 K)}$$

1. *미시 상태의 수로 $\Delta S_{계}$ 값 구하기.* 그림 20.2는 잠금 꼭지로 연결된 플라스크 두 개를 보여준다. 오른쪽 플라스크는 진공 상태로 비어 있으며, 왼쪽 플라스크는 네온 기체 1 mol이 들어 있다. 잠금 꼭지를 열면 각각의 플라스크가 0.5 mol씩 함유할 때까지 기체가 팽창한다. 왜 그럴까? 잠금 꼭지가 열리면 부피가 증가하게 되고, 입자들이 더 많은 위치로 움직임에 따라 입자들이 차지할 수 있는 병진 운동 에너지 준위의 수가 증가한다. 따라서 미시 상태의 수와 엔트로피가 증가한다.

그림 20.3이 부피가 변하는 상자에 들어 있는 입자들의 에너지 준위에 대해 이 개념을 보여주고 있다. 잠금 꼭지가 열리면 더 많은 준위가 존재하며, 이것들 간의 간격이 평균적으로 더 좁아서 가능한 입자 분포의 수가 더 많아진다.

그림 20.4에서 미시 상태의 수를 왼쪽 또는 오른쪽 플라스크에 입자들을 배치하는 것으로 나타내었다.

- *Ne 원자 1개.* 주어진 시점에서 왼쪽 플라스크에 있는 네온 원자는 미시 상태의 수들(W) 중에서 하나에 해당하는 에너지를 갖는다. 잠금 꼭지가 열리면 부피가 증가하여, 가능한 위치의 수와 병진 에너지 준위의 수가 증가한다. 따라서 원자가 두 플라스크 안에서 움직일 때, 계는 원자가 왼쪽 플라스크에만 들어 있을 때(초기 상태, $W_{초기}$)의 수의 2^1배(2배)의 미시 상태의 수(최종 상태, $W_{최종}$)를 갖는다.
- *Ne 원자 2개.* 두 플라스크 안에서 움직이는 원자 A와 B인 경우, 이 원자들이 초기에 왼쪽 플라스크 안에 갇혀 있을 때의 2^2배(즉, 4배)만큼의 미시 상태들이 있다. 왜냐하면

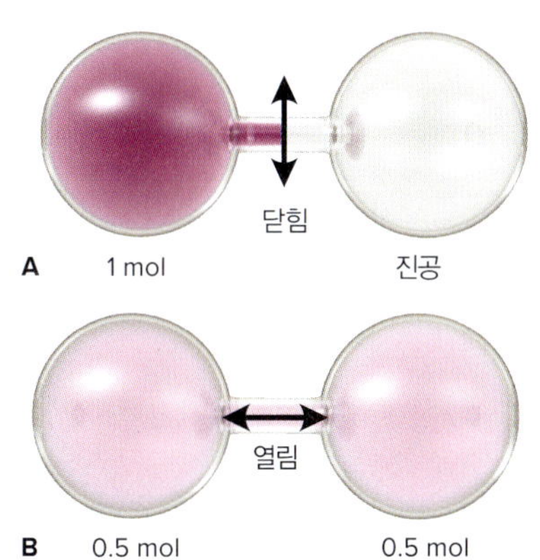

그림 20.2 **기체의 자발적 팽창.** **A.** 잠금 꼭지가 닫혀 있으며, 왼쪽 플라스크에는 Ne 1 mol이 들어 있다. **B.** 잠금 꼭지가 열려 기체가 자발적으로 팽창하여 각 플라스크에는 0.5 mol의 Ne이 들어 있다.

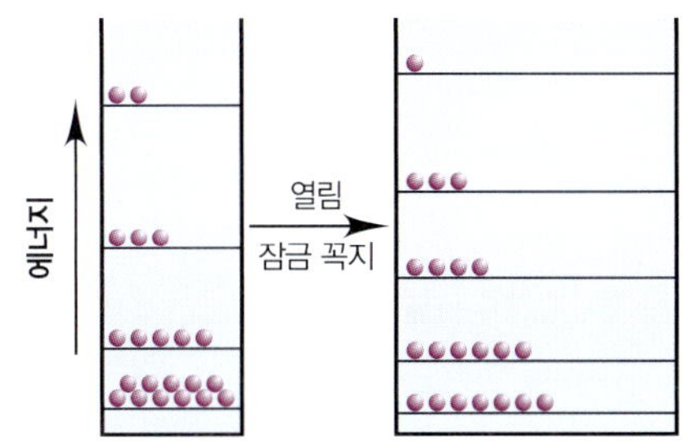

그림 20.3 **기체의 팽창으로 엔트로피가 증가한다.** 에너지 준위들이 폭 좁은 상자에서 선으로 나타나 있다(*왼쪽*). 21개의 입자에 대한 에너지의 각 분포는 하나의 미시 상태이다. 잠금 꼭지가 열리면 상자가 넓어져서(즉, 부피가 증가하여, *오른쪽*) 입자들이 더 많은 이용 가능한 에너지 준위를 갖게 된다.

그림 20.4 기체 팽창과 미시 상태의 수 증가. 입자 위치들의 각각의 집합은 미시 상태 한 개를 표시한다. 부피가 증가하면(즉, 잠금 꼭지가 열리면), 미시 상태의 수는 2^n이며, 여기서 n은 입자의 개수이다.

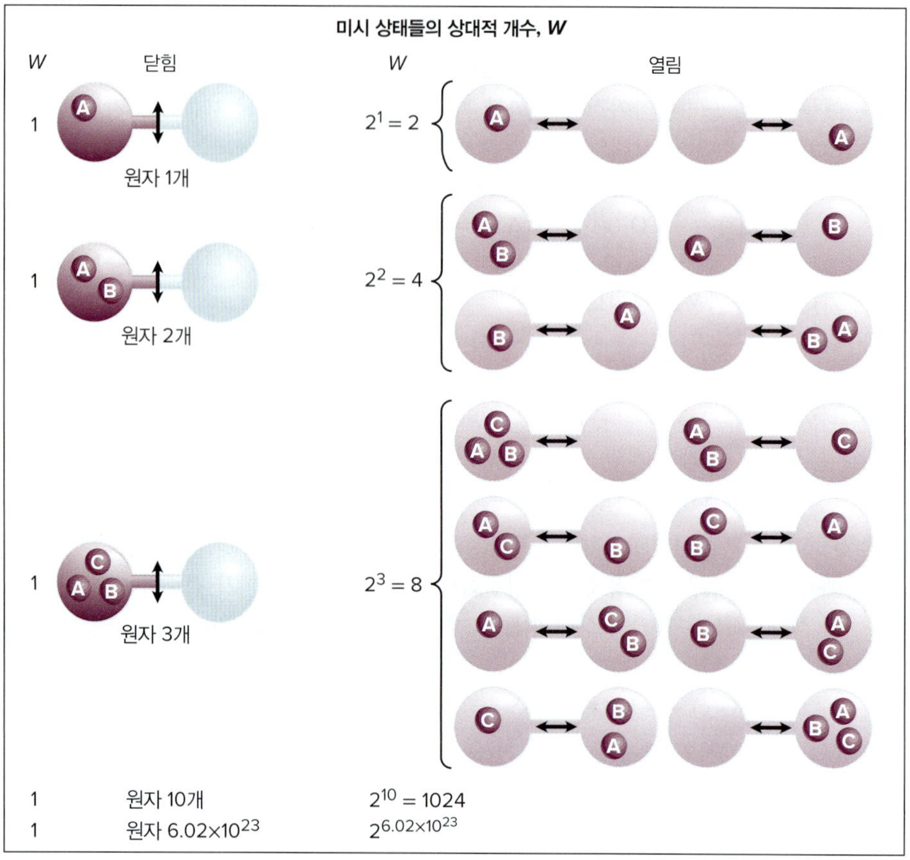

A와 B가 모두 왼쪽에 있는 경우, A는 왼쪽에 B는 오른쪽에 있는 경우, B는 왼쪽에 A는 오른쪽에 있는 경우, A와 B가 모두 오른쪽에 있는 경우 등 4가지 경우가 있기 때문이다.

- *Ne 원자 3개.* 또 하나의 원자가 추가되고 잠금 꼭지가 열리면 미시 상태의 수는 초기 개수의 2^3배(즉, 8배)로 증가한다.
- *Ne 원자 10개.* 네온 원자 10개인 경우, 미시 상태의 수가 왼쪽 플라스크에 원자 10개가 있었을 때 상태의 수의 2^{10}배(즉, 1024배)가 된다.
- *Ne 원자 1 mol.* 네온 원자 1 mol(N_A)의 경우, 큰 부피에서의 미시 상태의 수($W_{최종}$)가 작은 부피에서의 미시 상태의 수($W_{초기}$)의 2^{N_A}배가 된다.

$$\frac{W_{최종}}{W_{초기}} = 2^{N_A}$$

이제 Boltzmann 식 $S = k \ln W$를 써서 $\Delta S_{계}$를 구해 보자. 부록 A로부터 $\ln A - \ln B = \ln A/B$임을 알 수 있다. 따라서

$$\Delta S_{계} = S_{최종} - S_{초기} = k \ln W_{최종} - k \ln W_{초기} = k \ln \frac{W_{최종}}{W_{초기}} = k \ln 2^{6.02\times10^{23}}$$

또한 부록 A에 의하면 $\ln A^y = y \ln A$이고, $k = R/N_A$이므로

$$\begin{aligned}\Delta S_{계} &= k \ln 2^{6.02\times10^{23}} = k(6.02\times10^{23})(\ln 2)\\ &= (1.38\times10^{-23}\ \text{J/K})(6.02\times10^{23})(0.693) = 5.76\ \text{J/K}\end{aligned}$$

2. *열 변화로부터 $\Delta S_{계}$ 값 구하기.* 이제 비어 있는 비커로 팽창하는 기체에 대해서 구한 $\Delta S_{계}$와 가열되어 주위에 일을 하는 기체의 $\Delta S_{계}$를 비교한다. 이 방법은 다음과 같은 관계식을 이용한다.

$$\Delta S_{계} = \frac{q_{가역}}{T} \tag{20.2}$$

여기서 T는 열 변화가 일어날 때의 온도이고, q는 흡수된 열이다. 아래첨자 "가역"은 *가역 과정*(reversible process)을 가리킨다. 가역 과정은 아주 조금씩 진행하기 때문에, 계는 평형 상태에 있으며, 조건들이 역방향 방향으로 *무한소*(infinitesimal)만큼만 바뀌어

도 변화의 방향이 역전될 수 있다.

가역 팽창 과정을 다음과 같이 근사적으로 생각할 수 있다. 즉, 열원(일정한 온도 298 K를 유지하기 위해서) 안에 Ne 기체가 든 피스톤-실린더 장치를 넣고, 피스톤 위의 모래 비커의 압력으로 Ne을 1 L 부피로 가두어 놓는다(그림 20.5). 핀셋으로 모래 한 알(압력의 "무한소" 변화)을 제거하면, 기체는 아주 조금 팽창하여 피스톤이 올라가면서 주위에 일($-w$)을 한다. Ne이 이상적으로 행동한다고 가정하면, Ne은 동등한 양의 열(q)을 열원으로부터 흡수한다. 모래알 한 알이 제거될 때마다 팽창하는 기체가 아주 작은 열 증가분을 흡수한다. 이 과정은 가역 팽창과 유사한데, 이는 모래 한 알을 비커에 다시 얹으면 이 과정을 반전시킬 수 있기 때문이다. 이러한 반전으로 주위가 기체를 압축하는 미량의 일을 하게 되면(기체를 아주 조금 압축시키면) 미량의 열을 열원으로 방출한다.

이 근사적으로 가역적인 팽창을 2 L까지 계속한 후, 미적분학을 이용하여 열의 미량 증가분들을 적분하면, $q_{가역}$ = 1718 J을 얻는다. 이 값을 식 (20.2)에 대입하여 엔트로피 변화를 계산할 수 있다.

$$\Delta S_{계} = \frac{q_{가역}}{T} = \frac{1718\ \text{J}}{298\ \text{K}} = 5.76\ \text{J/K}$$

이것은 미시 상태의 수에 근거하여 구한 $\Delta S_{계}$ 값과 똑같다.

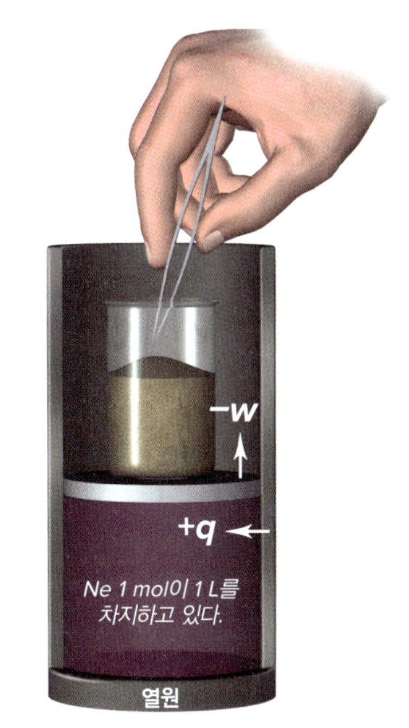

그림 20.5 가역 과정 모사(simulation).

엔트로피와 열역학 제2법칙

엔트로피 변화가 자발적 반응의 방향을 결정하지만, *계*의 엔트로피 변화 이외에도 고려해야 할 것이 있다. 20°C에서는 얼음이 자발적으로 녹으면서 $\Delta S_{계}$ 값이 증가하지만, 반면에 −10°C에서는 물이 자발적으로 얼면서 $\Delta S_{계}$ 값이 감소한다. 그러나 계와 주위의 변화를 모두 고려하면 다음 사항을 알 수 있다.

- *모든 실제 과정은 우주(계 + 주위)의 엔트로피가 증가하는 방향으로 자발적으로 일어난다.* 이것이 **열역학 제2법칙**(second law thermodynamics)의 또 다른 표현이다.

열역학 제2법칙은 계의 엔트로피 변화 *또는* 주위의 엔트로피 변화가 음수일 수도 있다는 것을 말해 주고 있다. 그러나 과정이 자발적이려면 두 변화의 합이 반드시 양수여야 한다. 만일 계의 엔트로피가 감소하면 주위의 엔트로피가 증가해서 계의 엔트로피 감소분을 상쇄시켜 주어야만 우주(계 + 주위)의 엔트로피가 증가한다. 모든 실제 자발적 과정에 대한 열역학 제2법칙의 정량적 표현은 다음과 같다.

$$\Delta S_{우주} = \Delta S_{계} + \Delta S_{주위} > 0 \qquad \textbf{(20.3)}$$

(20.2절에서 이 개념을 다시 다룬다.)

표준 몰 엔트로피와 열역학 제3법칙

엔트로피와 엔탈피는 둘 다 상태 함수이지만, 이 값들은 근본적으로 다르다.

- *엔탈피*의 경우, 영점(zero point)이 없기 때문에 변화량 ΔH만 측정할 수 있다.
- *엔트로피*의 경우, 영점이 있기 때문에 다음과 같이 기술되는 **열역학 제3법칙**(third law of thermodynamics)을 적용하여 *절대*값을 결정할 수 있다. *절대 온도 0 K에서 완전한 결정의 엔트로피 값은 영(0)*이다. 즉, 0 K에서 $\Delta S_{계} = 0$이다.

"완전한" 결정은 결정 내 모든 입자가 결함 없이 정렬된 상태를 의미한다. 절대 온도 0 K에서 모든 입자는 최소 에너지를 갖고 있으므로 단 하나의 미시 상태만 존재한다. 그러므로 식 (20.1)에서

$$W = 1 \qquad \text{따라서} \qquad S = k \ln 1 = 0$$

결정이 0 K보다 높은 온도로 가열되면 계의 총 에너지가 더 많은 미시 상태로 분산될 수 있다. 따라서

$$W > 1\text{이고} \quad \ln W > 0 \qquad \text{그러므로} \qquad S > 0$$

주어진 온도에서 물질의 S 값을 구하는 과정은 다음과 같다. 우선 가능한 0 K에 가깝게 물질을 냉각시킨다. 그런 다음 물질을 아주 조금씩 가열하면서 q를 T로 나누어 각 온도 증가

표 20.1 298 K에서 몇 가지 물질의 표준 엔트로피 값

화학식	$S°$(J/mol·K)
$Br_2(l)$	152.23
$Br_2(g)$	245.38
$CO(g)$	197.5
$CO_2(g)$	213.7
$CO_2(aq)$	121
$CH_3OH(l)$	127
$C_2H_5OH(l)$	161
$Cu_2O(s)$	93.1
$CuO(s)$	42.63
$I_2(s)$	116.14
$I_2(g)$	260.58

에 대한 S 값의 증가분을 얻어, 주어진 온도(대개 298 K)까지의 모든 엔트로피 증가분을 더한다. 그러므로 주어진 온도에서 물질의 S 값은 *절대값*이다. 다른 열역학적 변수와 마찬가지로

- 특정 온도에서 표준 상태에 있는 물질들의 엔트로피 값들을 비교한다. *기체의 경우 1 atm, 용액의 경우 1 M, 고체 또는 액체의 경우 가장 안정한 형태로 있는 순수한 물질이 표준 상태*이다.
- 엔트로피는 물질의 양에 의존하는 크기 성질이기 때문에 **표준 몰 엔트로피**(standard molar entropy, $S°$)를 정하는데, 단위는 J/mol·K(또는 J $mol^{-1}K^{-1}$)이다. 몇 가지 물질에 대한 298 K에서의 $S°$ 값들이 표 20.1에 나와 있고, 더 많은 원소, 화합물, 이온에 대한 298 K에서의 $S°$ 값들이 다른 열역학적 변수들과 함께 부록 B에 수록되어 있다.

계의 상대적 $S°$ 값 예측하기

물질의 엔트로피가 온도, 물리적 상태, 용해, 원자 또는 분자의 복잡성 같은 요인들에 의해서 어떻게 영향을 받는지 알아보자. (달리 언급이 없으면 $S°$ 값은 298 K의 계에 대한 값이다.)

온도 변화 온도는 엔트로피에 직접적인 영향을 나타낸다.

- *모든 물질에서 T가 올라가면 S°는 증가한다.*

예로 세 온도에서의 구리 금속의 엔트로피 값 이 경향을 볼 수 있다.

$S°$ (J/mol·K)	$Cu(s)$
273 K에서의 $S°$:	31.0
295 K에서의 $S°$:	32.9
298 K에서의 $S°$:	33.2

열이 흡수됨에 따라($q > 0$), 입자들의 평균 운동 에너지의 척도인 온도가 증가한다. 기체 입자들의 운동 에너지 값들이 넓은 범위에 분포되어 있고, 온도가 올라감에 따라 범위가 넓어진다는 것을 상기하라(그림 5.14). 액체와 고체도 똑같은 거동을 한다. 따라서 어떤 시점에서도 온도가 올라가면 에너지가 분산될 수 있는 더 많은 가용 미시 상태들이 있으므로, 물질의 엔트로피가 증가한다. 그림 20.6은 엔트로피에 대한 온도의 영향을 세 가지 관점에서 나타낸 것이다.

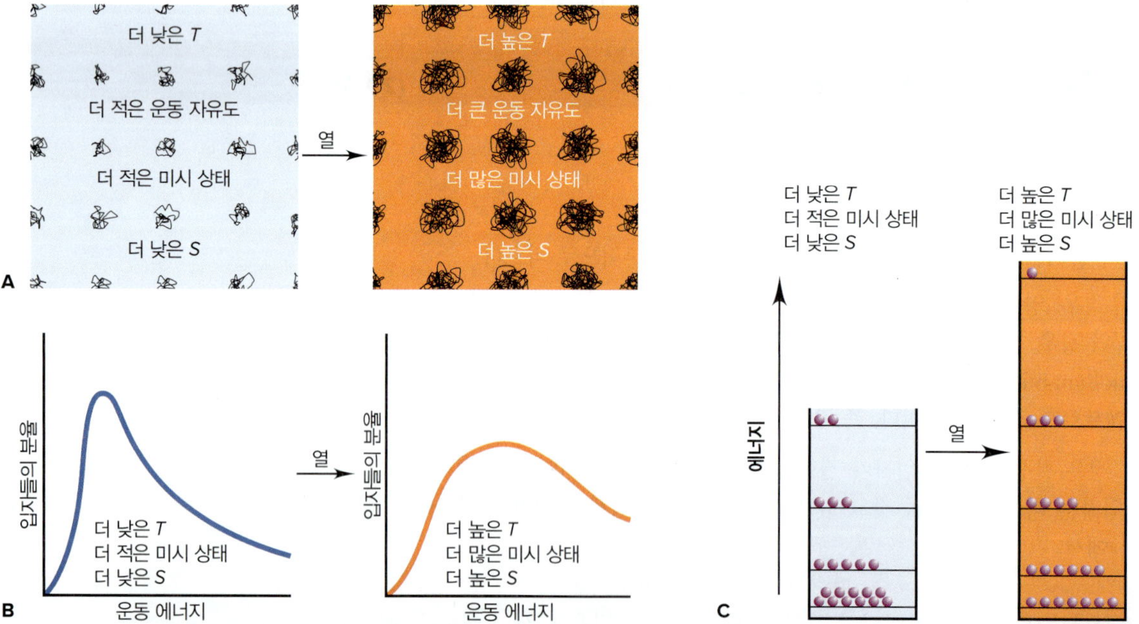

그림 20.6 엔트로피에 대한 온도의 영향. A. 결정 안에서 격자 위치 주위를 움직이고 있는 각 입자의 컴퓨터 모사(simulation). 열을 가하면 T와 총 에너지가 증가하므로 입자들이 더 큰 자유도를 갖게 되어 입자들의 에너지가 더 분산된다. 따라서 S가 증가한다. B. 특정 T에서, 입자가 점유하는 에너지 준위의 범위가 존재하고, 따라서 특정한 개수의 미시 상태가 존재한다. 열을 가하면 총 에너지(*곡선 아래 면적*)가 증가하므로, 입자가 채워진 에너지 준위들의 범위가 넓어지면서 미시 상태의 수가 많아진다(높은 S). C. 높이가 에너지를 나타내는 상자 안의 에너지 준위들(*선으로 표시*)을 점유한 21개의 입자로 구성된 계. 열을 가하면 총 에너지가 증가하여(*상자 높이 증가*) 더 넓게 분산되어(*더 많은 선*) S가 증가한다.

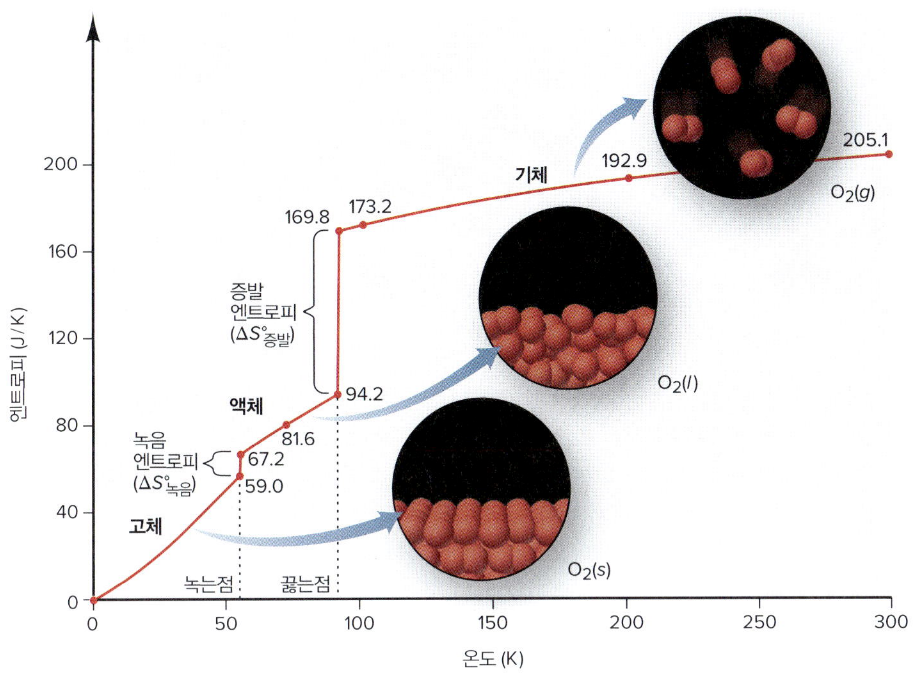

그림 20.7 고체에서 액체, 기체상으로 변화가 일어나는 과정의 엔트로피 증가. O_2 1 mol에 대한 자료임.

물리적 상태와 상 변화 용융이나 기화 과정에서는 열이 흡수된다($q > 0$). 입자들은 더 많은 운동 자유도를 갖게 되어 에너지가 더 넓게 분산된다.

- *물질의 상태가 고체에서 액체, 액체에서 기체로 바뀜에 따라 $S°$이 증가한다.*

$$S°_{고체} < S°_{액체} < S°_{기체}$$

$S°$ (J/mol·K)	Na	H_2O	C(흑연)
$S°$(s 또는 l):	51.4(s)	69.9(l)	5.7(s)
$S°$(g):	153.6	188.7	158.0

그림 20.7은 고체 O_2가 가열됨에 따라 액체를 거쳐 고체로 바뀔 때, 온도 대 엔트로피 그래프를 여러 점에서의 $S°$ 값과 함께 보여준다. 이러한 거동은 많은 물질에서 공통적이며, 분자 수준에서 여러 단계로 일어난다.

- 입자들은 고체 안에서 자신들의 위치에서 진동하지만 평균적으로는 제자리에 고정되어 있다. 고체의 에너지는 가장 조금 분산되어 있기 때문에(즉, 가장 적은 수의 미시 상태들을 갖고 있기 때문에), 고체는 가장 작은 엔트로피를 갖는다.
- 온도가 올라감에 따라 입자의 운동 에너지가 증가하므로 엔트로피가 점점 증가한다.
- 고체가 녹을 때, 입자들이 다른 입자 주변을 훨씬 더 자유롭게 움직이게 되므로, 엔트로피가 급격하게 증가한다($\Delta S°_{녹음}$).
- 액체가 더 가열되면 입자들의 속도가 증가하여 엔트로피가 점점 증가한다.
- 액체가 증발하여 기체가 되면 입자들의 엔트로피는 훨씬 급격하게 증가한다($\Delta S°_{증발}$). 액체에서 기체로 바뀌는 과정의 엔트로피 증가는 고체에서 액체로 바뀌는 과정의 엔트로피 증가보다 훨씬 더 크다. $\Delta S°_{증발} >> \Delta S°_{녹음}$.
- 최종적으로, 추가적인 가열로 기체의 엔트로피는 점진적으로 증가한다.

물에서 고체 또는 액체의 용해 13장으로부터 다음 설명을 상기하라. 일반적으로 고체 또는 액체 용질이 용매에 용해될 때 엔트로피는 증가한다.

$$S_{용액} > (S_{용질} + S_{용매})$$

그러나 물이 용매인 경우 엔트로피가 용질과 용매의 상호작용의 속성에 따라 달라질 수 있으며, 두 가지 상반된 현상이 나타난다.

1. *이온성 용질인 경우*, 결정이 물에 용해될 때, 이온들은 훨씬 많은 운동 자유도를 갖게 되어, 이온들의 에너지가 더 많은 미시 상태들로 분산된다. 즉, 이온들의 엔트로피가 용액에서 더 커진다. 하지만 약간의 물 분자들이 이온들 주위에 배열하게 되어(그림 20.8)

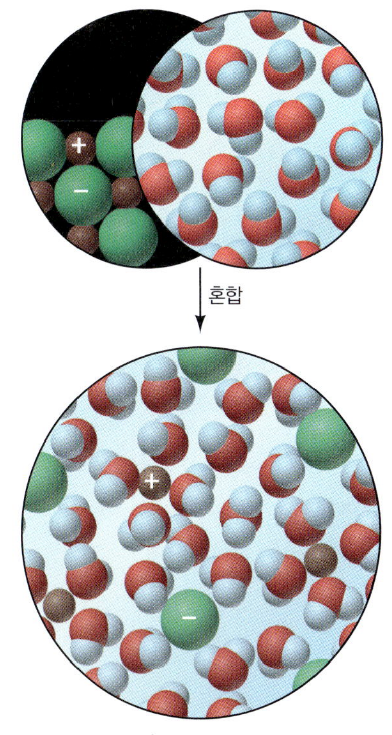

그림 20.8 염의 용해 과정에서 수반되는 **엔트로피 변화.** 용액의 엔트로피는 대개 용질의 엔트로피와 물의 엔트로피보다 *크지만*, 각 이온 주위에 배열하는 물 분자들에 의해서 영향을 받는다.

그림 20.9 에탄올이 물에 용해될 때 엔트로피의 작은 증가. 순수한 에탄올(A)과 순수한 물(B) 내에서, 같은 분자들 간에 많은 수소 결합이 형성되어 있다. C. 용액 내에서 이러한 두 종류의 분자들이 서로 수소 결합을 형성하므로 이들의 운동 자유도가 현저하게 변하지 않는다.

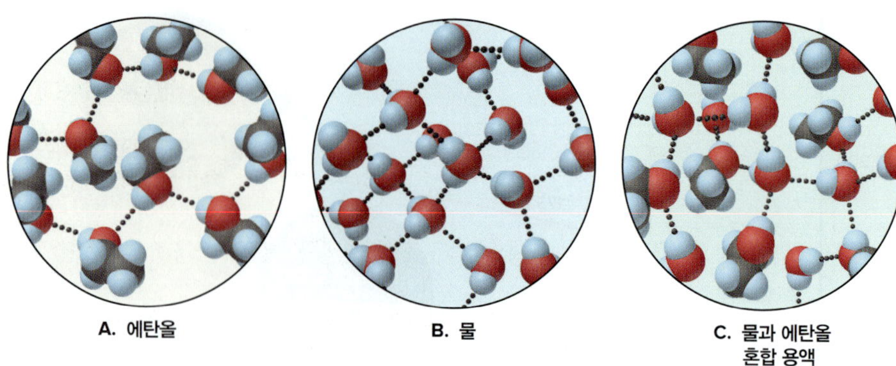

이 분자들의 운동 자유도가 제한된다(그림 13.2). 사실, 크기가 작고 다중 전하 이온들 주위에는 물 분자들이 아주 질서정연하게 배열되어, 이 분자들의 운동 에너지가 덜 분산된다. 총 엔트로피 변화 중에서 이러한 음(negative)의 기여분이 용액 내 이온들의 $S°$를 음수로 만들 수 있다. $AlCl_3$인 경우, $Al^{3+}(aq)$ 이온은 아주 큰 음수의 $S°$ 값(−313 J/mol·K)을 갖는다. 따라서 $AlCl_3$가 물에 용해될 때, $Cl^{-}(aq)$의 $S°$ 값이 양수일지라도 $AlCl_3$ 수용액의 엔트로피는 고체 $AlCl_3$의 엔트로피보다 더 낮다.*

$S°$ (J/mol·K)	NaCl	$AlCl_3$	CH_3OH
$S°$(*s* 또는 *l*):	72.1(*s*)	167(*s*)	127(*l*)
$S°(aq)$:	115.1	−148	132

2. *분자성 용질인 경우*, 용해 시 엔트로피 증가가 이온성 용질의 경우보다 일반적으로 훨씬 더 작다. 글루코스 등의 고체인 경우 용질이 이온들로 분리하지 않는다. 또한 메탄올이나 에탄올과 같은 액체인(그림 20.9) 경우에는 결정 구조가 깨지지도 않는다. 더욱이 이러한 작은 알코올이나 순수한 물에서는 분자들이 많은 수소 결합을 형성하므로 혼합 전후에서 운동 자유도는 비교적 거의 바뀌지 않는다.

기체가 액체에 용해되는 경우 기체 내 입자들은 이미 많은 운동 자유도를 갖고 있기 때문에 (따라서 높은 분산 에너지를 가지고 있기 때문에), 입자들이 액체나 고체에 용해될 때 오히려 약간의 자유도를 잃는다. 그러므로

- 고체나 액체에 용해된 기체 용액의 엔트로피 값은 기체 자체의 엔트로피 값보다 항상 작다.

예를 들면, O_2 기체[$S°(g)$ = 205.0 J/mol·K]가 물에 용해될 때, 이것의 엔트로피[$S°(aq)$ = 110.9 J/mol·K] 값은 상당히 감소한다(그림 20.10).

그러나 기체가 다른 기체에 용해될 때는 분자들의 분리 및 혼합의 결과로 엔트로피 값은 증가한다.

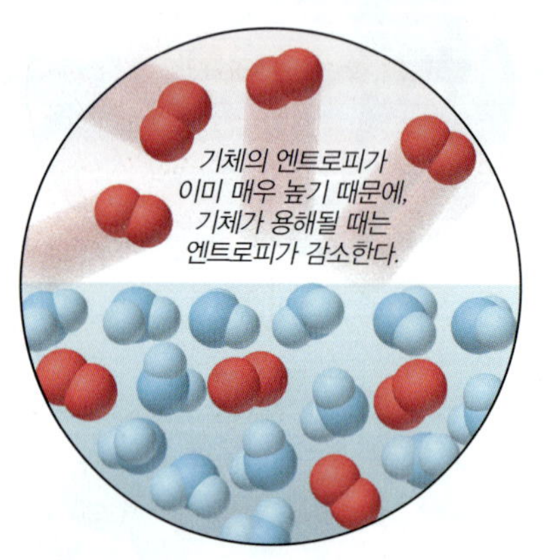

그림 20.10 액체에 용해된 기체의 엔트로피.

원자의 크기 또는 분자의 복잡성 같은 상에 있는 물질들의 $S°$ 값 차이는 대개 원자의 크기와 분자의 복잡성에 기인한다.

1. *같은 족 내에서는*, 더 크고 무거운 원자일수록 에너지 준위들이 더 조밀하게 되므로 미시 상태의 수가 증가하고, 따라서 몰 엔트로피도 증가하게 된다.

	Li	Na	K	Rb	Cs
몰질량(g/mol):	6.941	22.99	39.10	85.47	132.9
$S°(s)$ (J/mol·K):	29.1	51.4	64.7	69.5	85.2

족 아래 방향으로 엔트로피 값의 증가 추세는 비슷한 화합물에서도 성립한다.

	HF	HCl	HBr	HI
몰질량(g/mol):	20.01	36.46	80.91	127.9
$S°(g)$ (J/mol·K):	173.7	186.8	198.6	206.3

2. *원소 하나가 여러 가지 다른 형태(동소체)를 형성하는 경우*, 원자들에게 더 많은 운

*수화된 이온의 $S°$ 값은 음수일 수도 있다. 왜냐하면 이 값은 영(0)으로 지정된 수화된 $H^{+}(aq)$에 대한 상대적 값이기 때문이다. 다른 말로 하면, $Al^{3+}(aq)$는 $H^{+}(aq)$보다 낮은 엔트로피 값을 갖고 있다.

동 자유도를 허용하는 형태의 엔트로피가 더 높다. 예를 들어, 흑연의 $S°$는 5.69 J/mol·K인 반면 다이아몬드의 $S°$는 2.44 J/mol·K이다. 흑연에서는 공유 결합들이 2차원 판 내에서만 연결되어 있고, 각 판들이 서로 비교적 쉽게 움직일 수 있다. 그러나 다이아몬드에서는 공유 결합들이 3차원으로 연장되어 있어 원자들이 거의 움직일 수 없다(표 12.6).

3. *화합물인 경우*, 엔트로피는 화학적 복잡성에 따라(즉, 화학식 내 원자 개수가 많아질수록) 증가하며, 이 경향은 이온성 또는 공유 결합 물질에 대해서도 성립한다.

$S°$ (J/mol·K)	NaCl	$AlCl_3$	P_4O_{10}	NO	NO_2	N_2O_4
$S°(s)$:	72.1	167	229			
$S°(g)$:				211	240	304

이러한 경향은 가능한 서로 다른 운동에 따라서도 달라진다. 예를 들어, 제시된 질소 산화물들 중에서 진동 운동 방식의 수는 분자 내 원자 개수가 많아질수록 증가한다(그림 20.11, 9장 실험 기법 참조).

더 큰 화합물인 경우, 분자의 다른 부분들의 운동도 고려해야 된다. 긴 탄화수소 사슬은 짧은 탄화수소 사슬보다 더 많은 방법으로 회전하고 진동할 수 있으므로 *사슬 길이가 증가 할수록 엔트로피가 증가*한다. 사이클로펜테인(C_5H_{10})같은 고리형 화합물은 그에 상응하는 사슬형 화합물인 펜텐(C_5H_{10})보다 더 낮은 엔트로피를 갖는다. 그 이유는 고리형 구조가 운동 자유도를 제한하기 때문이다.

	$CH_4(g)$	$C_2H_6(g)$	$C_3H_8(g)$	$C_4H_{10}(g)$	$C_5H_{10}(g)$	C_5H_{10}(cyclo, g)	$C_2H_5OH(l)$
S (J/mol·K):	186	230	270	310	348	293	161

이러한 경향성은 *같은 물리적 상태에 있는 물질*들에 대해서만 성립한다는 것을 기억하라. 예를 들면, 에탄올 분자가 메테인에 비해 더 복잡하지만, 메테인(CH_4) 기체는 액체 에탄올(C_2H_5OH)보다 더 큰 엔트로피를 가진다. 기체와 액체를 비교하면 *물리적 상태의 효과가 분자의 복잡성보다 우세*하다.

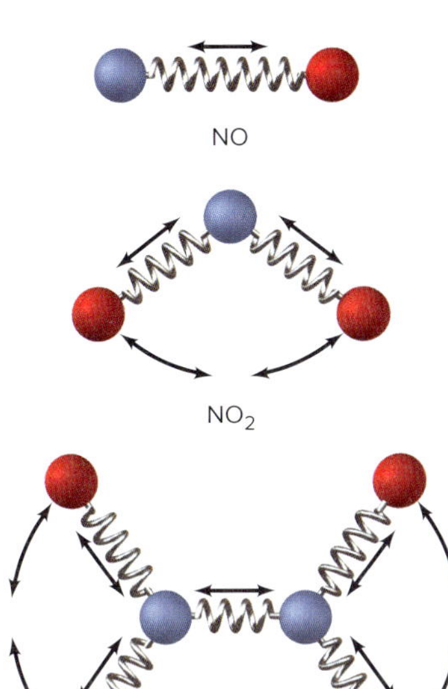

그림 20.11 엔트로피, 진동 운동, 분자의 복잡성.

예제 20.1 상대적 엔트로피 값 예측하기

문제 다음 각 쌍 중에서 더 높은 엔트로피를 가진 것을 고르고, 그 이유를 설명하라[(e)를 제외하고, 온도는 일정하다고 가정하라].

(a) 1 mol의 $SO_2(g)$와 1 mol의 $SO_3(g)$
(b) 1 mol의 $CO_2(s)$와 1 mol의 $CO_2(g)$
(c) 3 mol의 $O_2(g)$와 2 mol의 $O_3(g)$
(d) 1 mol의 $KBr(s)$와 1 mol의 $KBr(aq)$
(e) 2°C 바닷물과 23°C 바닷물
(f) 1 mol의 $CF_4(g)$와 1 mol의 $CCl_4(g)$

계획 일반적으로, 더 많은 운동 자유도를 지닌 입자들이 자신들의 운동 에너지를 분산할 수 있는 더 많은 미시 상태를 가지므로 더 높은 엔트로피를 갖는다. 온도 상승이 *더 많은* 입자들의 엔트로피를 증가시킨다는 것을 기억하고, 본문에 기술되어 있는 일반적 추세들을 적용하면 더 높은 엔트로피를 갖고 있는 것을 고를 수 있다.

풀이 (a) 1 mol의 $SO_3(g)$. 같은 물리적 상태에서 같은 유형의 원자들을 지닌 같은 몰수의 순물질들인 경우, 분자에 원자들이 많을수록 이용할 수 있는 운동 방식이 더 많아져서 엔트로피가 더 높아진다.
(b) 1 mol의 $CO_2(g)$. 주어진 물질에 대해, 엔트로피는 $s < l < g$ 순서로 증가한다.
(c) 3 mol의 $O_2(g)$. 두 시료는 같은 수의 산소 원자를 함유하고 있으나, 분자 수가 다르다. O_3가 더 큰 복잡성 갖고 있으나 더 많은 분자 수가 엔트로피에 더 큰 영향을 준다. 따라서 입자 2 mol보다는 입자 3 mol이 더 많은 미시 상태의 수를 가지므로 더 높은 엔트로피를 갖는다.
(d) 1 mol의 $KBr(aq)$. 두 시료는 같은 개수의 이온들을 가지고 있지만, 이온들의 운동이 용액 내보다 고체 내에서 더 제한적이므로 에너지가 덜 분산된다.
(e) 23°C 바닷물. 온도가 올라가면, 엔트로피가 증가한다.
(f) 1 mol의 $CCl_4(g)$. 유사한 화합물들인 경우, 몰질량이 증가하면 엔트로피가 증가한다.

인터넷 핫스팟
엔트로피 경향을 예측하는 것이 어렵게 느껴진다면 eBook에 접속하여 이 주제에 대한 추가 학습 동영상을 참고하자.

▶ **보충 문제**

20.1A 다음 각 쌍에서 *더 높은* 엔트로피를 가진 물질을 고르고, 이유를 설명하라(같은 온도에 있는 화합물 1 mol로 가정하라).

(a) $PCl_3(g)$와 $PCl_5(g)$ **(b)** $CaF_2(s)$와 $BaCl_2(s)$ **(c)** $Br_2(g)$와 $Br_2(l)$

20.1B 다음 각 쌍에서 *더 낮은* 엔트로피를 가진 물질을 고르고, 이유를 설명하라(같은 온도에 있는 화합물 1 mol로 가정하라).

(a) LiBr(aq)와 NaBr(aq) **(b)** 석영과 유리 **(c)** $H_2C—CH—CH_2—CH_3$ (고리: $H_2C—CH_2$) 과 (고리: CH_2, H_2C, CH_2, H_2C, CH_2, CH_2)

ethylcyclobutane cyclohexane

유사 문제 20.22~20.29

› 20.1절 요약

- 어떤 변화가 에너지의 지속적 투입 없이 일어난다면, 그 변화는 주어진 조건 하에서 자발적이다.
- 열역학 제1법칙이나 ΔH의 부호로는 자발적 변화의 방향을 예측할 수 없다.
- 많은 자발적 과정에서 계의 입자들의 운동 자유도가 증가하므로 계의 운동 에너지가 더 많이 분산된다.
- 엔트로피는 에너지가 계의 미시 상태들로 분산되는 척도를 나타내는 상태 함수이다. 주어진 온도에서 각 미시 상태는 계의 양자화된 에너지 준위들로 구성된다.
- 열역학 제2법칙에 의하면 자발적 과정에서는 우주(계와 주위의 합)의 엔트로피가 증가한다.
- 완벽한 결정은 0 K에서 엔트로피 값이 영(0)이므로(열역학 제3법칙), 절대 엔트로피 값을 구할 수 있다.
- 표준 몰 엔트로피 $S°$(J/mol·K)는 온도, 상 변화, 용해, 그리고 원자의 크기 및 분자의 복잡성에 따라 그 값이 달라진다.

20.2 반응의 엔트로피 변화 계산

화학자는 반응 중에 일어나는 엔트로피 변화의 부호를 예측하고 변화 값을 계산하는 방법을 알아내는 것에 각별한 흥미를 갖고 있다.

계의 엔트로피 변화: 표준 반응 엔트로피($\Delta S°_{반응}$)

모든 반응물과 생성물이 표준 상태에 있을 때 일어나는 엔트로피 변화는 **표준 반응 엔트로피**(standard entropy of reaction, $\Delta S°_{반응}$)이다.

$\Delta S°_{반응}$ 부호 예측 구조 변화와 특히 기체의 양(mol) 변화로부터 $\Delta S°_{반응}$의 부호를 예측할 수 있다. 기체는 대단히 큰 운동 자유도와 이에 따른 큰 몰 엔트로피 값을 갖고 있기 때문에 *기체의 몰수가 증가하면 $\Delta S°_{반응}$ 값은 양수이고, 몰수가 감소하면 $\Delta S°_{반응}$ 값은 음수*이다. 몇 가지 예를 살펴보자.

- *기체 몰수의 증가.* 기체 $H_2(g)$와 고체 $I_2(s)$가 반응하여 기체 HI(g)를 형성할 때, 물질의 총 몰수는 변하지 않는다. 그러나 기체의 몰수가 증가하기 때문에, $\Delta S°_{반응}$은 양수(엔트로피 증가)이다.

$$H_2(g) + I_2(s) \longrightarrow 2HI(g) \qquad \Delta S°_{반응} = S°_{생성물} - S°_{반응물} > 0$$

- *기체 몰수 감소.* 암모니아가 자신의 원소들로부터 생성될 때, 기체 4 mol이 기체 2 mol을 생성하므로 $\Delta S°_{반응}$은 음수이다(엔트로피 감소).

$$N_2(g) + 3H_2(g) \rightleftharpoons 2NH_3(g) \qquad \Delta S°_{반응} = S°_{생성물} - S°_{반응물} < 0$$

- *기체 양의 변화는 없으나 구조의 변화.* 기체의 양(mol)이 변하지 않으면 $\Delta S°_{반응}$의 부호를 예측할 수 없다. 그러나 구조 중 일부가 변한다면 $\Delta S°_{반응}$의 부호를 더 쉽게 예측할 수 있다. 예를 들어, 사이클로프로페인을 500°C로 가열하면 고리가 열려 프로펜 형태

가 된다. 사슬 형태는 고리 형태보다 움직임의 자유도가 더 크기 때문에 $\Delta S^\circ_{반응}$은 양의 값이 된다.

$$\text{H}_2\text{C}\!-\!\text{CH}_2(g)\ (\text{ring with } \text{CH}_2) \xrightarrow{\Delta} \text{CH}_3\!-\!\text{CH}\!=\!\text{CH}_2(g) \qquad \Delta S^\circ_{반응} = S^\circ_{생성물} - S^\circ_{반응물} > 0$$

일반적으로 *반응에서 기체 몰수가 변하지 않으면 엔트로피 변화의 부호를 예측할 수 없음*을 기억하라.

S° 값들로부터 $\Delta S^\circ_{반응}$ 값 계산 Hess의 법칙(6장)을 적용하여 ΔH°_f 값들을 조합시켜 $\Delta H^\circ_{반응}$ 값을 얻을 수 있었다. 이와 유사하게, S° 값들을 조합하여 표준 반응 엔트로피 $\Delta S^\circ_{반응}$를 구할 수 있다.

$$\Delta S^\circ_{반응} = \Sigma m S^\circ_{생성물} - \Sigma n S^\circ_{반응물} \qquad \textbf{(20.4)}$$

여기서 m과 n은 각각 생성물들과 반응물들의 몰수이고, 균형 반응식에 있는 계수들이다. 암모니아 생성 반응인 경우, $\Delta S^\circ_{반응}$은 다음과 같이 표현된다.

$$\Delta S^\circ_{반응} = [(2\ \text{mol NH}_3)(\text{NH}_3\text{의 } S^\circ)] - [(1\ \text{mol N}_2)(\text{N}_2\text{의 } S^\circ) + (3\ \text{mol H}_2)(\text{H}_2\text{의 } S^\circ)]$$

부록 B에서 S° 값들을 찾으면

$$\begin{aligned}\Delta S^\circ_{반응} &= [(2\ \text{mol})(193\ \text{J/mol·K})] - [(1\ \text{mol})(191.5\ \text{J/mol·K}) + (3\ \text{mol})(130.6\ \text{J/mol·K})] \\ &= -197\ \text{J/K}\end{aligned}$$

기체 몰수의 감소로 예측한 것과 같이 $\Delta S^\circ_{반응} < 0$이다.

예제 20.2 | 표준 반응 엔트로피 $\Delta S^\circ_{반응}$ 계산

문제 다음 반응들에 대해 $\Delta S^\circ_{반응}$의 부호와 값을 구하라.

(a) 25°C에서 프로페인 1 mol의 연소 반응: $C_3H_8(g) + 5O_2(g) \longrightarrow 3CO_2(g) + 4H_2O(l)$

(b) 과산화수소의 분해반응: $2H_2O_2(l) \longrightarrow 2H_2O(l) + O_2(g)$

계획 기체 몰수의 변화를 이용하여 $\Delta S^\circ_{반응}$의 부호를 예측할 수 있다. 식 (20.4)를 적용하여 $\Delta S^\circ_{반응}$을 구한다.

풀이 (a) 기체의 양(mol)이 감소하므로(기체 6 mol이 기체 3 mol을 생성), 엔트로피가 감소할 것이다($\Delta S^\circ_{반응} < 0$).

부록 B에 있는 값을 이용하여 $\Delta S^\circ_{반응}$을 계산하면,

$$\begin{aligned}\Delta S^\circ_{반응} &= [(3\ \text{mol CO}_2)(\text{CO}_2\text{의 } S^\circ) + (4\ \text{mol H}_2\text{O})(\text{H}_2\text{O의 } S^\circ)] \\ &\quad - [(1\ \text{mol C}_3\text{H}_8)(\text{C}_3\text{H}_8\text{의 } S^\circ) + (5\ \text{mol O}_2)(\text{O}_2\text{의 } S^\circ)] \\ &= [(3\ \text{mol})(213.7\ \text{J/mol·K}) + (4\ \text{mol})(69.940\ \text{J/mol·K})] \\ &\quad - [(1\ \text{mol})(269.9\ \text{J/mol·K}) + (5\ \text{mol})(205.0\ \text{J/mol·K})] \\ &= -374.0\ \text{J/K}\end{aligned}$$

(b) 기체의 양(mol)이 증가하므로(반응 기체 0 mol이 생성 기체 1 mol을 생성) 엔트로피는 증가한다($\Delta S^\circ_{반응}$).

부록 B에 있는 값을 이용하여 $\Delta S^\circ_{반응}$을 계산하면,

$$\begin{aligned}\Delta S^\circ_{반응} &= [(2\ \text{mol H}_2\text{O})(\text{H}_2\text{O의 } S^\circ) + (1\ \text{mol O}_2)(\text{O}_2\text{의 } S^\circ] - [(2\ \text{mol H}_2\text{O}_2)(\text{H}_2\text{O}_2\text{의 } S^\circ] \\ &= [(2\ \text{mol})(69.940\ \text{J/mol·K}) + (1\ \text{mol})(205.0\ \text{J/mol·K})] - [(2\ \text{mol})(110\ \text{J/mol·K})] \\ &= 125\ \text{J/K}\end{aligned}$$

검산 (a) $\Delta S^\circ_{반응} < 0$이므로 예측이 맞다. 대략 [3(200) + 4(70)] – [270 + 5(200)] = 880 – 1270 = –390이므로 계산 값에 가깝다. **(b)** $\Delta S^\circ_{반응} > 0$이므로 예측이 맞다. 대략 [2(70) + 200] – [2(110)] = 340 – 220 = 120이므로 계산 값에 가깝다.

해설 $\Delta S^\circ_{반응}$을 예측하기 위해 기체의 몰수 증가나 감소를 구할 때 액체 반응물이나 생성물의

몰수는 고려하지 않는다. 예를 들어 프로페인의 연소 반응에서 $H_2O(l)$ 4 mol, 과산화수소의 분해 반응에서 $H_2O_2(l)$ 2 mol과 $H_2O(l)$ 2 mol은 고려하지 않는다.

▶ 보충 문제

20.2A 다음 반응식의 계수를 맞추고, $\Delta S°_{반응}$의 부호를 예측하고, 298 K에서의 값을 계산하라.

(a) $NO(g) \longrightarrow N_2O(g) + N_2O_3(g)$ **(b)** $CH_3OH(g) \longrightarrow CO(g) + H_2(g)$

20.2B 다음 반응식의 계수를 맞추고, $\Delta S°_{반응}$의 부호를 예측하고, 25°C에서의 값을 계산하라.

(a) $NaOH(s) + CO_2(g) \longrightarrow Na_2CO_3(s) + H_2O(l)$

(b) $Fe(s) + H_2O(g) \longrightarrow Fe_2O_3(s) + H_2(g)$

유사 문제 20.33~20.38

주위의 엔트로피 변화: 전체의 나머지 부분

암모니아의 합성, 프로페인의 연소, 그리고 많은 다른 자발적 반응에서 *계*의 엔트로피가 감소한다($\Delta S°_{반응} < 0$). 제2법칙이 만족되려면 자발적 과정에서 *주위의 엔트로피의* ***증가분****이 계의 엔트로피* ***감소분****보다 더 커야 한다*. 총 엔트로피 변화에 미치는 주위의 영향[특히 열 공급(또는 제거) 및 열 흐름이 일어나는 온도]을 조사해 보자.

주위의 역할 기본적으로, 주위는 *계에 열을 가해주거나 계로부터 열을 제거한다*. 즉, 주위는 거대한 열원 또는 열 흡수원(heat sink) 역할을 한다. 이 열원은 엔트로피가 변화하더라도 온도가 일정하게 유지된다. 주위는 두 가지 유형의 엔탈피 변화에 다음과 같이 참여한다.

1. *발열 변화에서는 계가 방출한 열을 주위가 흡수한다*. 증가된 열이 주위에 있는 입자들의 운동 자유도를 증가시키고 에너지를 더 분산시키므로 주위의 엔트로피가 증가한다.
   발열 변화의 경우: $q_{계} < 0$, $q_{주위} > 0$, $\Delta S_{주위} > 0$
2. *흡열 변화에서는 계가 흡수한 열은 주위가 방출한 열이다*. 감소된 열이 입자들의 운동 자유도를 감소시키고 에너지 분포를 덜 분산시키므로 주위의 엔트로피가 감소한다.
   흡열 변화의 경우: $q_{계} > 0$, $q_{주위} < 0$, $\Delta S_{주위} < 0$

열이 이동할 때의 온도 열이 이동할 때의 주위의 온도 또한 $\Delta S_{주위}$에 영향을 준다. 낮은 온도와 높은 온도에서의 발열 반응의 효과를 살펴보자.

- 20 K와 같이 낮은 온도에서는 에너지가 적기 때문에 주위에 운동이 거의 없다. 이것은 각 미시 상태에 원자 준위들이 적고, 에너지가 분산될 수 있는 미시 상태의 수도 작다는 것을 의미한다. 주어진 양의 열이 주위로 이동하면, 에너지 분산에 비교적 큰 변화가 일어난다.
- 298 K와 같이 높은 온도에서는 주위가 많은 분산된 에너지를 가지고 있다. 각 미시 상태에 더 많은 원자 준위들이 있으므로 더 많은 수의 미시 상태들이 있다. 같은 양의 열이 이러한 준위에 이동하더라도, 에너지 분산에 비교적 작은 변화가 일어난다. ‹

주위 가열하기와 은행 예금 비유

여러분의 은행 계좌에 10달러가 들어 있다면, 10달러 저금은 알짜 자산이 100% 증가함을 의미한다. 그러나 계좌에 1000달러가 있을 때에는, 똑같은 10달러가 저금되더라도 자산은 단 1%만 증가한다. 따라서 같은 변화량이라도 높은 초기 상태보다 낮은 초기 상태에서 더 큰 영향을 미친다.

바꾸어 말하면, 더 낮은 T에서 열이 가해질 때 $\Delta S_{주위}$는 더욱 커진다. 이러한 개념들을 종합하면, $\Delta S_{주위}$는 *계의 열*($q_{계}$) *변화(음의 값)에 비례하며, 열이 전달되는 온도에 반비례한다.*

$$\Delta S_{주위} = -\frac{q_{계}}{T}$$

*일정한 압력*에서의 과정인 경우, 열(q_p)은 ΔH(6.2절)이므로 다음과 같은 식이 얻어진다.

$$\Delta S_{\text{주위}} = -\frac{\Delta H_{\text{계}}}{T} \quad \textbf{(20.5)}$$

그러므로 $\Delta H_{\text{계}}$와 변화 과정이 일어나는 T를 측정하여 $\Delta S_{\text{주위}}$를 계산할 수 있다.

요점: 어떤 자발적 반응이 음의 $\Delta S_{\text{계}}$ 값(더 적은 미시 상태로 에너지가 분산됨)을 가지면, $\Delta S_{\text{주위}}$가 충분히 더 큰 양의 값(더 많은 미시 상태로 에너지가 분산됨)을 가져야만 $\Delta S_{\text{우주}}$가 양의 값(에너지 분산을 위한 미시 상태의 수의 알짜 증가)을 갖는다.

예제 20.3 | 반응의 자발성 결정하기

문제 298 K에서, 암모니아 생성 반응은 음의 $\Delta S^\circ_{\text{계}}$를 갖는다.

$$N_2(g) + 3H_2(g) \longrightarrow 2NH_3(g) \qquad \Delta S^\circ_{\text{계}} = -197 \text{ J/K}$$

$\Delta S_{\text{우주}}$를 계산하고, 이 온도에서 반응이 자발적으로 일어날지를 예측하라.

계획 반응이 자발적으로 일어나기 위해서는 $\Delta S_{\text{우주}} > 0$이어야 하므로, $\Delta S_{\text{주위}}$는 반드시 +197 J/K보다 커야 한다. $\Delta S_{\text{주위}}$를 구하기 위해서는 $\Delta H^\circ_{\text{계}}$ 값이 필요하며, 이것은 $\Delta H^\circ_{\text{반응}}$과 같다. 부록 B의 ΔH°_f 값을 써서 $\Delta H^\circ_{\text{반응}}$을 구한다. 그런 다음 $\Delta H^\circ_{\text{반응}}$을 주어진 온도 298 K로 나누어 $\Delta S_{\text{주위}}$를 구한다. 계산된 $\Delta S_{\text{주위}}$를 $\Delta S^\circ_{\text{계}}$(−197 J/ K)에 더하여 $\Delta S_{\text{우주}}$를 구한다.

풀이 $\Delta H^\circ_{\text{계}}$ 계산:

$$\begin{aligned}\Delta H^\circ_{\text{계}} &= \Delta H^\circ_{\text{반응}} \\ &= [(2 \text{ mol } NH_3)(NH_3\text{의 } \Delta H^\circ_f)] - [(3 \text{ mol } H_2)(H_2\text{의 } \Delta H^\circ_f) + (1 \text{ mol } N_2)(N_2\text{의 } \Delta H^\circ_f)] \\ &= [(2 \text{ mol } NH_3)(-45.9 \text{ kJ/mol})] - [(3 \text{ mol } H_2)(0 \text{ kJ/mol}) + (1 \text{ mol } N_2)(0 \text{ kJ/mol})] \\ &= -91.8 \text{ kJ}\end{aligned}$$

$\Delta S_{\text{주위}}$ 계산:

$$\Delta S_{\text{주위}} = -\frac{\Delta H^\circ_{\text{계}}}{T} = -\frac{-91.8 \text{ kJ} \times \dfrac{1000 \text{ J}}{1 \text{ kJ}}}{298 \text{ K}} = 308 \text{ J/K}$$

$\Delta S_{\text{우주}}$ 결정:

$$\Delta S_{\text{우주}} = \Delta S^\circ_{\text{계}} + \Delta S_{\text{주위}} = -197 \text{ J/K} + 308 \text{ J/K} = 111 \text{ J/K}$$

$\Delta S_{\text{우주}} > 0$이므로, 반응은 298K에서 자발적으로 일어난다(*여백 그림 참조*).

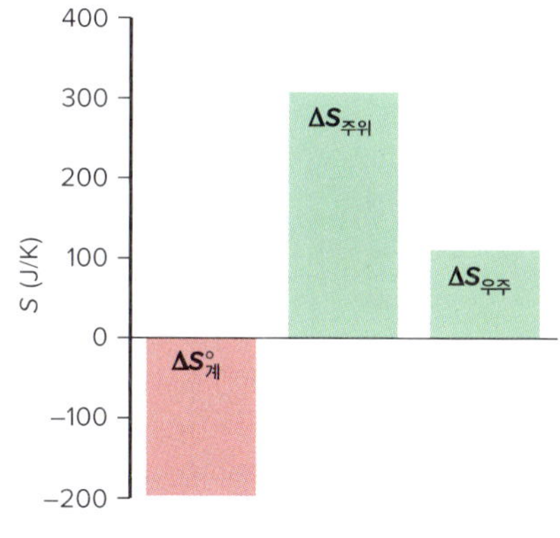

검산 대략적인 계산 과정을 검산하면,

$$\begin{aligned}\Delta H^\circ_{\text{반응}} &\approx 2(-45 \text{ kJ}) = -90 \text{ kJ} \\ \Delta S_{\text{계}} &\approx -(-90{,}000 \text{ J})/300 \text{ K} = 300 \text{ J/K} \\ \Delta S_{\text{우주}} &\approx -200 \text{ J/K} + 300 \text{ J/K} = 100 \text{ J/K}\end{aligned}$$

$\Delta H^\circ_{\text{반응}}$이 음수이므로, Le Châtelier에 원리에 따라 낮은 T가 NH_3 생성 반응에 유리하므로, 답이 타당하다(17.6절 참조).

해설 1. ΔH°는 kJ 단위를 갖고 있고, ΔS는 J/K 단위를 갖고 있기 때문에, kJ 단위를 J 단위로 바꾸는 것을 잊지 말자. 그러지 않으면 큰 오차가 발생한다.

2. 이 예제는 열역학과 반응 속도의 차이를 강조한다. 암모니아는 자발적으로 생성되지만, 아주 천천히 생성되므로 실용적인 반응 속도를 얻기 위해서 촉매가 필요하다.

▶ **보충 문제**

20.3A 기체 상태의 삼염화 인은 다음 반응으로부터 얻는다.

$$P_4(s) + 6Cl_2(g) \longrightarrow 4PCl_3(g)$$

$\Delta H^\circ_{\text{반응}}$, $\Delta S_{\text{계}}$, $\Delta S^\circ_{\text{반응}}$을 계산하고, 298 K에서 이 반응이 자발적인지 확인하라.

20.3B $FeO(s)$가 $Fe_2O_3(s)$로 산화되는 반응은 298 K에서 자발적으로 일어나는가?

유사 문제 20.39~20.42

그림 20.12 전신 열량계. 이 방 크기의 장치에서는 사람이 운동을 하는 동안 호흡 기체, 에너지의 입출력 및 기타 생리 변수를 관찰한다.

Source: Vanderbilt University–Clinical Nutrition Research

생명체는 열역학 법칙을 잘 따르는가? 주위를 고려하는 것은 예제 20.3에서처럼 반응의 자발성 결정뿐만 아니라 열역학과 생물학의 관련성을 이해하는 데 중요하다. 열역학 제1법칙과 제2법칙이 생체 계에도 적용되는지 확인해 보자.

1. *생명체는 제1법칙을 잘 따르는가?* 음식과 산소의 화학 결합 에너지는 뛰기, 날기, 기어가기, 수영 등의 수많은 다른 운동을 위한 기계적 에너지, 신경 전달을 위한 전기 에너지, 몸을 따뜻하게 하는 열 에너지 등으로 전환된다. 많은 실험들에서 이러한 상황에서 총 에너지가 보존되고 있음을 보여주었다. 가장 초기의 이러한 실험은 Lavoisier에 의해 수행되었으며, Lavoisier는 느린 연속 연소에 의해 "동물의 열"이 생성되고 있는 것을 보여주었다. 그는 기니피그(guinea pig) 실험에서 열량계를 발명하여, 음식과 O_2를 섭취하고 CO_2와 물을 배출하는 과정에서 방출되는 열량을 측정하였고, 호흡을 그의 새로운 연소 이론에 포함시켰다. 최근에는 방 크기의 열량 측정기를 이용하여 열량과 다른 변수들을 측정하여 운동하는 사람의 에너지 보존을 확인하고 있다(그림 20.12).

2. *생명체는 제2법칙을 잘 따르는가?* 성숙한 인간은 난자와 정자 세포보다 훨씬 복잡하며, 오늘날의 생명체들은 진화가 시작된 먼 조상인 단세포 생명체보다 훨씬 복잡하다. 유기체의 성장과 생명의 진화는 운동 자유도를 증가시키고 에너지를 분산시키는 자연적 과정의 자발적 경향의 예외에 해당하는가? 생명체가 자라거나 종이 진화하기 위해서는 많은 양의 산소와 영양소(탄수화물, 단백질, 지방)가 발열 반응을 일으켜 *더* 많은 양의 CO_2 기체와 H_2O를 생성한다. 이러한 폐 기체의 생성과 그에 따른 열 방출은 주변의 엔트로피를 엄청나게 *증가*시킨다. 따라서 생명체(계)의 성장과 진화에 필요한 거대한 분자 구조의 합성과 에너지 집중은 주변 환경(주위)에서 훨씬 더 큰 에너지 분산과 운동 자유도 증가를 일으킨다. 계와 주위를 함께 고려하면 우주의 엔트로피는 언제나 증가한다.

엔트로피 변화와 평형 상태

평형에 접근하는 과정인 경우, $\Delta S_{우주} > 0$이다. 과정이 평형에 도달하면 $\Delta S_{우주}$ 값에 더 이상의 *알짜* 변화가 없다. 즉, $\Delta S_{우주} = 0$이 된다. 그 이유는 계의 엔트로피 변화가 주위의 반대 엔트로피 변화와 정확하게 균형을 이루기 때문이다. 즉, $\Delta S_계$와 $\Delta S_{주위}$가 똑같은 크기를 갖지만, 이들의 부호는 반대가 된다.

$$\text{평형에서:} \quad \Delta S_{우주} = \Delta S_계 + \Delta S_{주위} = 0 \quad \text{따라서} \quad \Delta S_계 = -\Delta S_{주위}$$

예를 들어, 100°C(373 K)에서 물 1 mol의 증발-응축 과정에 대해 $\Delta S_{우주}$를 계산해보자.

$$H_2O(l, 373\ K) \rightleftharpoons H_2O(g, 373\ K)$$

먼저, 물 1 mol의 정반응(증발)에 대해 $\Delta S^\circ_계$를 계산하자.

$$\begin{aligned}\Delta S^\circ_{반응} &= \Sigma m S^\circ_{생성물} - \Sigma n S^\circ_{반응물} = H_2O(g, 373\ K)\text{의 } S^\circ - H_2O(l, 373\ K)\text{의 } S^\circ \\ &= 195.9\ J/K - 86.8\ J/K = 109.1\ J/K\end{aligned}$$

예상대로, 액체가 열을 흡수하여 기체로 바뀔 때 계의 엔트로피는 증가한다($\Delta S^\circ_계 > 0$).

증발 단계의 $\Delta S_{주위}$에 대해 다음 식이 성립한다.

$$\Delta S_{주위} = -\frac{\Delta H^\circ_계}{T}$$

여기서 $\Delta H^\circ_계 = \Delta H^\circ_{증발}$이고, 373 K에서 $\Delta H^\circ_{증발}$ 값은 40.7 kJ/mol = 40.7×10^3 J/mol 이다. 물 1 mol인 경우,

$$\Delta S_{주위} = -\frac{\Delta H^\circ_{증발}}{T} = -\frac{40.7 \times 10^3\ J}{373\ K} = -109\ J/K$$

주위는 열을 잃고, 음의 부호는 주위의 엔트로피가 감소하는 것을 의미한다. 두 엔트로피 변화는 *똑같은 크기와 반대 부호*를 갖고 있어서 서로 상쇄된다.

$$\Delta S_{우주} = 109\ J/K + (-109\ J/K) = 0$$

역반응(응축)의 경우, $\Delta S_{우주}$는 역시 0이지만, $\Delta S^\circ_계$와 $\Delta S_{주위}$는 증발에서의 부호들과는 반대 부호를 갖는다.

화학적 변화인 경우에도 유사한 과정을 거치면 같은 결과가 나타난다. 정반응의 엔트로피 변화는 역반응의 엔트로피 변화와 *크기는 같지만, 부호는 반대*이다. 그러므로 *계가 평형에 도달하면 정반응과 역반응 둘 다 자발적이지 않으므로*, 어느 방향으로든 알짜 반응이 일어나지 않는다.

자발적 발열 및 흡열 변화

반응계와 주위의 총 *엔트로피*가 증가하기 때문에 *엔탈피* 변화가 얼마이건 반응은 일어난다. 이러한 현상이 일어날 수 있는 두 가지 경우가 있다.

1. *발열 반응*($\Delta H_{계} < 0$)인 경우, 계가 방출한 열이 주위의 운동 자유도와 에너지 분산을 증가시킨다. 따라서 $\Delta S_{주위} > 0$.

- 만일 생성물들의 엔트로피가 반응물들의 엔트로피보다 *크면*($\Delta S_{계} > 0$), 총 엔트로피 변화($\Delta S_{계} + \Delta S_{주위}$)는 양수이다(그림 20.13A). 예를 들면, 글루코스의 산화 반응에서

$$C_6H_{12}O_6(s) + 6O_2(g) \longrightarrow 6CO_2(g) + 6H_2O(g) + \text{열}$$

  기체 6 mol이 기체 12 mol을 생성한다. 따라서 $\Delta S_{계} > 0$, $\Delta S_{주위} > 0$, $\Delta S_{우주} > 0$이다.
- 만일 생성물들의 엔트로피가 반응물들의 엔트로피보다 *작으면*($\Delta S_{계} < 0$), 주위의 엔트로피가 반드시 훨씬 더 많이 증가해서($\Delta S_{주위} >> 0$) 총 엔트로피 변화를 양수로 만들어야 한다(그림 20.13B). 예를 들면, 산화 칼슘과 이산화 탄소가 반응하여 탄산 칼슘을 형성할 때, 기체의 양(mol)이 1에서 0으로 감소한다.

$$CaO(s) + CO_2(g) \longrightarrow CaCO_3(s) + \text{열}$$

  하지만 계의 엔트로피가 낮아지더라도 방출된 열이 주위의 엔트로피를 훨씬 더 많이 증가시킨다. 그러므로 $\Delta S_{계} < 0$이지만, $\Delta S_{주위} >> 0$이므로, $\Delta S_{우주} > 0$이다.

2. *흡열 반응*($\Delta H_{계} > 0$)인 경우, 계가 흡수한 열이 주위의 분자의 운동 자유도와 에너지 분산을 감소시킨다. 따라서 $\Delta S_{주위} < 0$이다. 그러므로 $\Delta S_{계}$가 음수인 $\Delta S_{주위}$보다 더 큰 양수 값을 갖는 경우만 흡열 반응이 자발적으로 일어날 수 있다(그림 20.13C).

- 많은 이온성 화합물이 용해되는 과정에서, 열이 흡수되어 용액을 형성하므로 주위의 엔트로피가 감소한다($\Delta S_{주위} < 0$). 그러나 결정질 고체가 자유롭게 움직이게 되어 엔트로피 증가분이 너무 커서($\Delta S_{계} >> 0$) 음의 값을 갖는 $\Delta S_{주위}$보다 커진다. 따라서 $\Delta S_{우주}$는 양수이다.
- 자발적 흡열 반응도 비슷하다. 수산화 바륨 팔수화물과 질산 암모늄 사이의 반응을 상기하라(그림 20.1).

$$\text{열} + Ba(OH)_2{\cdot}8H_2O(s) + 2NH_4NO_3(s) \longrightarrow Ba^{2+}(aq) + 2NO_3^-(aq) + 2NH_3(aq) + 10H_2O(l)$$

  3 mol의 결정성 고체는 주위로부터 열을 흡수하여($\Delta S_{주위} < 0$) 15 mol의 용존 이온과 분자들을 생성한다. 이들의 운동 자유도가 매우 커지기 때문에 엔트로피도 훨씬 더 커진다($\Delta S_{계} >> 0$).

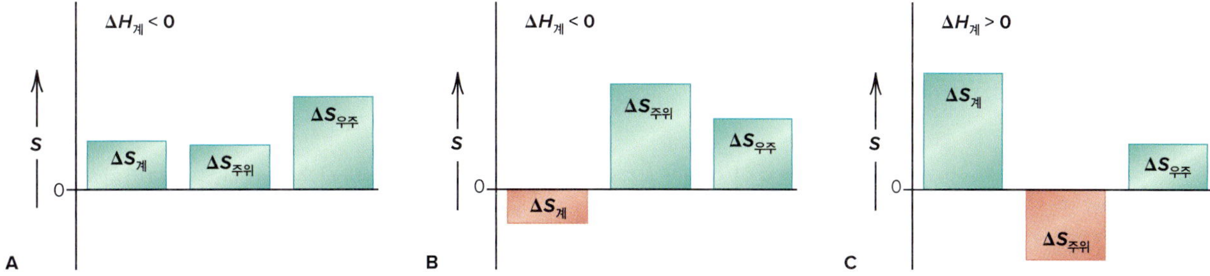

그림 20.13 자발적 반응에서 $\Delta S_{우주}$의 성분들. 반응이 자발적으로 일어나려면 $\Delta S_{우주}$가 반드시 양수이어야 한다. A. $\Delta S_{계}$가 증가하는 발열 반응. $\Delta S_{주위}$의 크기는 중요하지 않다. B. $\Delta S_{계}$가 감소하는 발열 반응. 반드시 $\Delta S_{주위}$가 $\Delta S_{계}$보다 더 커야 한다. C. $\Delta S_{계}$가 증가하는 흡열 반응. 반드시 $\Delta S_{주위}$가 $\Delta S_{계}$보다 더 작아야 한다.

› 20.2절 요약

- 표준 반응 엔트로피 $\Delta S^\circ_{반응}$은 S° 값으로 구한다.
- 반응에서 기체의 몰수가 증가하면, 대체로 $\Delta S^\circ_{반응} > 0$이다.
- $\Delta S_{주위}$ 값은 $\Delta H^\circ_{계}$에 정비례하고, 변화가 일어나는 T에 반비례한다.
- 자발적 변화에서는 주위의 엔트로피가 더 많이 증가하는 경우에만 계의 엔트로피가 감소할 수 있다. 그러므로 $\Delta S_{우주} > 0$이다.
- 계와 주위를 함께 고려하면 살아있는 생명체에서도 열역학 제2법칙은 성립한다.
- 평형에 있는 계의 경우, $\Delta S_{우주} = 0$이므로, $\Delta S^\circ_{계} = -\Delta S_{주위}$이다.
- $\Delta S^\circ_{계} < 0$인 경우라도, $\Delta S_{주위} >> 0$이면 발열 반응($\Delta H^\circ_{계} < 0$)이 자발적이다($\Delta S_{우주} > 0$). $\Delta S^\circ_{계} > \Delta S_{주위}$인 경우에만 흡열 반응($\Delta H^\circ_{계} > 0$)이 자발적이다.

20.3 엔트로피, 자유 에너지 및 일

$\Delta S_{계}$와 $\Delta S_{주위}$를 *모두* 측정하면, 특정한 온도에서 반응이 자발적으로 일어날지를 예측할 수 있다. 하지만 *계만 측정함으로써* 반응의 자발성을 결정할 수 있는 *하나*의 판단 기준을 갖는 것이 더 유용할 것이다. Gibbs 자유 에너지 또는 간단히 **자유 에너지**(free energy, G)는 계의 엔탈피와 엔트로피를 조합한 것이다.

$$G = H - TS$$

가장 위대한 미국 과학자 중 한 사람이었지만 인정받지 못했던 Josiah Willard Gibbs (1839~1903)는 평형 및 전기 화학의 주요 원리뿐만 아니라 화학 열역학 기반을 확립했다.

자유 에너지 변화와 반응의 자발성

자유 에너지 변화(ΔG)은 과정에 대한 자발성의 척도일 뿐만 아니라 그 과정에서 나오는 이용 가능한 에너지의 척도이다.

Gibbs 식 유도 열역학 제2법칙으로부터 ΔG를 유도해 보자. 정의에 의해 우주의 엔트로피 변화는 계의 엔트로피 변화와 주위의 엔트로피 변화의 합이다.

$$\Delta S_{우주} = \Delta S_{계} + \Delta S_{주위}$$

일정한 압력에서는

$$\Delta S_{주위} = -\frac{\Delta H_{계}}{T}$$

$\Delta S_{주위}$를 대입하면, 관계식이 계에만 의존하게 된다.

$$\Delta S_{우주} = \Delta S_{계} - \frac{\Delta H_{계}}{T}$$

양변에 $-T$를 곱하면 다음 식을 얻는다.

$$-T\Delta S_{우주} = \Delta H_{계} - T\Delta S_{계}$$

Gibbs 자유 에너지 식 $G = H - TS$를 이용하면, 일정한 T와 P에서 계의 자유 에너지 *변화*에 대한 *Gibbs 식*을 얻을 수 있다.

$$\Delta G_{계} = \Delta H_{계} - T\Delta S_{계} \qquad \textbf{(20.6)}$$

식 (20.6)과 바로 이전의 식을 결합하면, 다음 식이 나온다.

$$-T\Delta S_{우주} = \Delta G_{계} = \Delta H_{계} - T\Delta S_{계}$$

ΔG 부호의 의미 ΔG의 부호를 써서 반응의 자발성을 살펴보자. 제2법칙에 의하면,

- 자발적 과정인 경우, $\Delta S_{우주} > 0$
- 비자발적 과정인 경우, $\Delta S_{우주} < 0$
- 과정이 평형에 있는 경우, $\Delta S_{우주} = 0$

절대 온도는 항상 양수이므로 자발적 과정인 경우,

$$T\Delta S_{우주} > 0 \qquad 따라서 \qquad -T\Delta S_{우주} < 0 \text{ 이다.}$$

위에서 유도한 것으로부터 $\Delta G_{계} = -T\Delta S_{우주}$이기 때문에, 다음과 같은 결론들이 나온다.

- 자발적 과정인 경우, $\Delta G < 0$
- 비자발적 과정인 경우, $\Delta G > 0$
- 과정이 평형에 있는 경우, $\Delta G = 0$

따라서 어떠한 새로운 개념도 도입되지 않았지만, 두 개의 변수($\Delta S_{계}$와 $\Delta S_{주위}$)가 아닌 하나의 변수($\Delta G_{계}$)로 반응의 자발성을 예측할 수 있다.

표준 자유 에너지 변화 계산

ΔG의 *부호*는 반응의 자발성 여부를 보여주는 반면에 ΔG의 *크기*는 반응의 자발성 정도를 보여준다. 자유 에너지(G)는 세 상태 함수 H, S, T를 조합한 것이므로, 자유 에너지 또한 상태 함수이다. 엔탈피의 경우와 마찬가지로 자유 에너지 변화(ΔG)에 초점을 맞춘다. 또한 다른 열역학적 변수들과 마찬가지로 다른 반응들의 자유 에너지 변화들을 비교하기 위해, 모든 성분이 표준 상태에 있을 때 일어나는 **표준 자유 에너지 변화**(standard free energy change, $\mathbf{\Delta G^\circ}$)을 계산한다.

Gibbs 식을 사용하여 ΔG° 값 구하기 ΔG° 값을 계산하는 한 방법은 표준 상태에서의 Gibbs 식 (20.6)을 쓰고 부록 B를 이용하여 $\Delta H^\circ_{계}$와 $\Delta S^\circ_{계}$를 구하는 것이다. Gibbs 식에 적용시키면 다음 식이 얻어진다.

$$\Delta G^\circ_{계} = \Delta H^\circ_{계} - T\Delta S^\circ_{계} \tag{20.7}$$

다음 예제에서 보듯이 세 개의 변수 중에서 두 개가 주어지면, 이 식을 써서 나머지 하나를 구할 수 있다.

예제 20.4 | 엔탈피와 엔트로피 값들로부터 $\Delta G^\circ_{반응}$ 계산

문제 염소산 포타슘은 성냥과 불꽃놀이용 화약에 흔히 쓰이는 산화제인데, 가열하면 고체상 불균등화 반응이 일어난다.

$$4\overset{+5}{\text{KClO}_3}(s) \xrightarrow{\Delta} 3\overset{+7}{\text{KClO}_4}(s) + \overset{-1}{\text{KCl}}(s)$$

ΔH°_f와 ΔS° 값을 이용해서 25°C에서의 반응의 $\Delta G^\circ_{계}$(이 경우에는 $\Delta G^\circ_{반응}$) 값을 구하라.

계획 ΔG°를 구하려면 부록 B에 있는 값들이 필요하다. ΔH°_f 값들을 이용하여 $\Delta H^\circ_{반응}$($\Delta H^\circ_{계}$)을 계산하고, S° 값들을 이용하여 $\Delta S^\circ_{반응}$($\Delta S^\circ_{계}$)을 계산한 후 식 (20.7)에 대입한다.

풀이 식 (6.10)를 사용하여 ΔH°_f 값들로부터 $\Delta H^\circ_{계}$ 계산:

$$\begin{aligned}\Delta H^\circ_{계} = \Delta H^\circ_{반응} &= \Sigma m\Delta H^\circ_{f(생성물)} - \Sigma n\Delta H^\circ_{f(반응물)} \\ &= [(3 \text{ mol KClO}_4)(\text{KClO}_4\text{의 } \Delta H^\circ_f) + (1 \text{ mol KCl})(\text{KCl의 } \Delta H^\circ_f)] \\ &\quad - [(4 \text{ mol KClO}_3)(\text{KClO}_3\text{의 } \Delta H^\circ_f)] \\ &= [(3 \text{ mol})(-432.75 \text{ kJ/mol}) + (1 \text{ mol})(-436.7 \text{ kJ/mol})] \\ &\quad - [(4 \text{ mol})(-397.7 \text{ kJ/mol})] \\ &= -144.2 \text{ kJ}\end{aligned}$$

식 (20.4)를 사용하여 ΔS° 값들로부터 $\Delta S^\circ_{계}$를 계산:

$$\begin{aligned}\Delta S^\circ_{계} = \Delta S^\circ_{반응} &= \Sigma mS^\circ_{생성물} - \Sigma nS^\circ_{반응물} \\ &= [(3 \text{ mol KClO}_4)(\text{KClO}_4\text{의 } S^\circ) + (1 \text{ mol KCl})(\text{KCl의 } S^\circ)] \\ &\quad - [(4 \text{ mol KClO}_3)(\text{KClO}_3\text{의 } S^\circ)] \\ &= [(3 \text{ mol})(151.0 \text{ J/mol·K}) + (1 \text{ mol})(82.6 \text{ J/mol·K})] \\ &\quad - [(4 \text{ mol})(143.1 \text{ J/mol·K})] \\ &= -36.8 \text{ J/K}\end{aligned}$$

불꽃놀이 화약의 폭발은 자발적이다.

Source: Dynamic Graphics Group/Creatas Images/Alamy Stock Photo

298K에서 $\Delta G^\circ_{계}$ 값 계산:

$$\Delta G^\circ_{계} = \Delta H^\circ_{계} - T\Delta S^\circ_{계} = -144.2\ \text{kJ} - \left[(298\ \text{K})(-36.8\ \text{J/K})\left(\frac{1\ \text{kJ}}{1000\ \text{J}}\right)\right] = -133.2\ \text{kJ}$$

검산 대략적인 수학적 과정 검산:

$$\Delta H^\circ \approx [3(-433\ \text{kJ}) + (-440\ \text{kJ})] - [4(-400\ \text{kJ})] = -1740\ \text{kJ} + 1600\ \text{kJ} = -140\ \text{kJ}$$
$$\Delta S^\circ \approx [3(150\ \text{J/K}) + 85\ \text{J/K}] - [4(145\ \text{J/K})] = 535\ \text{J/K} - 580\ \text{J/K} = -45\ \text{J/K}$$
$$\Delta G^\circ \approx -140\ \text{kJ} - 300\ \text{K}(-0.04\ \text{kJ/K}) = -140\ \text{kJ} + 12\ \text{kJ} = -128\ \text{kJ}$$

해설 1. 반응의 자발성은 반응 속도에 대해 아무런 정보도 제공하지 못한다는 것을 상기하라(20.1절). 이 반응은 자발적이나, 반응 속도는 고체 상태에서 매우 느리다. $KClO_3$을 녹는점보다 약간 높은 온도로 가열하면, 이온들이 움직일 수 있어서 반응이 쉽게 일어난다.

2. *어떠한* 조건하에서도 자발적 반응의 자유 에너지 변화 ΔG 값은 음수다. 표준 상태 조건하에서 자발적 반응은 음수의 표준 자유 에너지 변화를 갖는다. 즉, $\Delta G^\circ < 0$이다.

3. 계의 엔트로피가 감소함에도 불구하고 반응은 자발적이다($\Delta S^\circ_{계} < 0$). 이 발열 반응에 의해 방출되는 열은 계의 엔트로피 감소분보다 더 크게 주변의 엔트로피를 증가시키고, $\Delta S_{우주} > 0$이다.

▶ 보충 문제

20.4A 298 K에서 $\Delta H^\circ_{반응}$와 $\Delta S^\circ_{반응}$를 사용하여 다음 반응의 $\Delta G^\circ_{반응}$을 구하라.

$$2NO(g) + Cl_2(g) \longrightarrow 2NOCl(g)$$

20.4B 298 K에서 다음 반응의 표준 자유 에너지 변화를 구하라.

$$4NH_3(g) + 5O_2(g) \longrightarrow 4NO(g) + 6H_2O(g)$$

유사 문제 20.53, 20.54

표준 생성 자유 에너지 값들을 이용하여 $\Delta G^\circ_{반응}$ 구하기 구성 성분들의 **표준 생성 자유 에너지**(standard free energy of formation, $\boldsymbol{\Delta G^\circ_f}$) 값들을 사용하여 $\Delta G^\circ_{반응}$ 값을 계산하는 방법도 있다. 모든 구성 성분들이 표준 상태에서 있을 때 원소들로부터 화합물 1 mol이 만들어질 때의 자유 에너지 변화가 ΔG°_f이다. 자유 에너지는 상태 함수이기 때문에 반응이 어떻게 일어나는지 상관없이 반응물들과 생성물들의 ΔG°_f 값들을 조합하여 $\Delta G^\circ_{반응}$을 계산할 수 있다.

$$\Delta G^\circ_{반응} = \Sigma m\Delta G^\circ_{f(생성물)} - \Sigma n\Delta G^\circ_{f(반응물)} \quad \textbf{(20.8)}$$

ΔG°_f 값은 ΔH°_f 값과 비슷한 성질을 갖고 있다.

- 표준 상태에 있는 원소의 ΔG°_f 값은 영(0)이다.
- 반응식 계수(위의 식에서 m 또는 n)는 ΔG°_f에 곱해진다.
- 역반응에서는 ΔG°_f의 부호가 바뀐다.

몇 가지 물질에 대한 ΔG°_f 값들이 표 20.2에 나와 있으며, 더 많은 ΔG°_f 값들이 ΔH°_f 및 S° 값들과 함께 부록 B에 수록되어 있다.

표 20.2 298 K에서 몇 가지 물질의 표준 생성 자유 에너지 값

화학식	ΔG°_f(kJ/mol)
브로민(bromine)	
$Br_2(l)$	0
$Br_2(g)$	3.13
산소(oxygen)	
$O_2(g)$	0
$O_3(g)$	163
$H_2O(g)$	−228.60
$H_2O(l)$	−237.192
소듐(sodium)	
$Na(s)$	0
$Na(g)$	77.299
$NaCl(s)$	−384.0
염소(chlorine)	
$Cl_2(g)$	0
$Cl(g)$	105.0
$HCl(g)$	−95.30
질소(nitrogen)	
$N_2(g)$	0
$NH_3(g)$	−16
$NO(g)$	86.60
칼슘(calcium)	
$Ca(s)$	0
$CaO(s)$	−603.5
$CaCO_3(s)$	−1128.8
탄소(carbon)	
C(흑연)	0
C(다이아몬드)	2.866
$CO(g)$	−137.2
$CO_2(g)$	−394.4
$CH_4(g)$	−50.81
$CH_3OH(l)$	−166.2
황(sulfur)	
S_8(사방 황)	0
S_8(단사 황)	0.096
$SO_2(g)$	−300.2
$SO_3(g)$	−371

예제 20.5 ΔG°_f 값들로부터 $\Delta G^\circ_{반응}$ 계산

문제 ΔG°_f 값들을 이용하여 예제 20.4의 반응에 대한 $\Delta G^\circ_{반응}$ 값을 구하라.

$$4KClO_3(s) \longrightarrow 3KClO_4(s) + KCl(s)$$

계획 식 (20.8)을 적용하여 $\Delta G^\circ_{반응}$ 값을 계산한다.

풀이 부록 B에서 찾은 값들을 식 (20.8)에 대입:

$$\begin{aligned}\Delta G^\circ_{반응} &= \Sigma m\Delta G^\circ_{f(생성물)} - \Sigma n\Delta G^\circ_{f(반응물)} \\ &= [(3\ \text{mol}\ KClO_4)(KClO_4\text{의}\ \Delta G^\circ_f) + (1\ \text{mol}\ KCl)(KCl\text{의}\ \Delta G^\circ_f)] \\ &\quad - [(4\ \text{mol}\ KClO_3)(KClO_3\text{의}\ \Delta G^\circ_f)] \\ &= [(3\ \text{mol})(-303.2\ \text{kJ/mol}) + (1\ \text{mol})(-409.2\ \text{kJ/mol})] \\ &\quad - [(4\ \text{mol})(-296.3\ \text{kJ/mol})] \\ &= -134\ \text{kJ}\end{aligned}$$

검산 대략적인 수학적 과정 검산:

$$\Delta G^\circ_{\text{반응}} \approx [3(-300\text{ kJ}) + 1(-400\text{ kJ})] - 4(-300\text{ kJ})$$
$$= -1300\text{ kJ} + 1200\text{ kJ} = -100\text{ kJ}$$

해설 이 문제의 답과 예제 20.4의 답 사이의 불일치는 반올림 때문이다. ΔG°_f 값들을 이용할 수 있을 때는 이 방법이 예제 20.4의 방법보다 더 간단하다.

▶ 보충 문제

20.5A ΔG°_f 값들을 이용하여, 298 K에서 다음 각 반응의 $\Delta G^\circ_{\text{반응}}$을 구하라.

(a) $2NO(g) + Cl_2(g) \longrightarrow 2NOCl(g)$ (보충 문제 20.4A로부터)

(b) $3H_2(g) + Fe_2O_3(s) \longrightarrow 2Fe(s) + 3H_2O(g)$

20.5B ΔG°_f 값들을 이용하여, 25°C에서 다음 각 반응의 $\Delta G^\circ_{\text{반응}}$을 구하라.

(a) $4NH_3(g) + 5O_2(g) \longrightarrow 4NO(g) + 6H_2O(g)$ (보충 문제 20.4B로부터)

(b) $2C(\text{흑연}) + O_2(g) \longrightarrow 2CO(g)$

유사 문제 20.51, 20.52, 20.55(b), 20.56(b)

자유 에너지 변화와 계가 할 수 있는 일

열역학 분야는 새로운 세대의 기계를 탄생시킨 주요한 발전이었던 증기 기관의 발명 후에 발달하였다. 따라서 이 분야의 핵심 아이디어들 중에서 몇몇은 자유 에너지 변화와 계가 할 수 있는 일 사이의 연관성에 적용되었다.

- ΔG는 일정한 T와 P에서 자발적 과정이 진행하는 동안 계가 할 수 있는 *최대 유용한 일*이다.

$$\Delta G = w_{\text{최대}} \tag{20.9}$$

- ΔG는 일정한 T와 P에서 *비자발적* 과정이 일어나게 하기 위해서 계에 가해야 할 *최소 일*이다.

자유 에너지 변화는 계가 이론적으로 할 수 있는 최대 일이다. 그러나 계가 *실제로* 하는 일은 자유 에너지가 어떻게 방출되느냐에 따라 달라진다. 자동차 엔진과 배터리라는 두 가지 일상적인 계가 수행하는 일을 생각해 보자.

1. *자동차 엔진에 의한 "유용한" 일.* 자동차 엔진에서 휘발유[옥테인(C_8H_{18})으로 표기]가 연소되면,

$$C_8H_{18}(l) + \tfrac{25}{2}O_2(g) \longrightarrow 8CO_2(g) + 9H_2O(g)$$

많은 양의 에너지가 열로 방출되고 ($\Delta H_{\text{계}} < 0$), 기체의 몰수가 증가하기 때문에 계의 엔트로피는 증가한다($\Delta S_{\text{계}} > 0$). 따라서 반응은 자발적이다($\Delta G_{\text{계}} < 0$). 방출된 자유 에너지는 바퀴를 돌리고, 벨트를 움직이고, 라디오를 재생하는 등 모든 "유용한" 작업들을 수행한다. 그러나 *자유 에너지가 가역적으로, 즉 무한히 많은 단계들로 방출되는 경우에만* 자발적 과정의 *최대 일*을 얻을 수 있다. 물론 실제 과정에서는 일이 *일정한* 수의 단계로, 즉 *비가역적*으로 행해진다. *따라서 최대 일을 결코 얻을 수 없다.* 일에 사용되지 않는 자유 에너지는 주위에 열로 빠져나간다. 자동차 엔진의 경우, 방출된 자유 에너지의 대부분이 엔진과 외부 공기를 따뜻하게 하여 우주의 입자 운동 자유도를 증가시킨다. 이는 제2법칙에 따르는 것이다.

2. *배터리가 수행하는 "유용한" 일.* 21장에서 볼 수 있듯이, 배터리는 주위(손전등, 컴퓨터, 모터 등)에 전류 형태로 자유 에너지를 방출하는 잘 포장된 자발적 산화-환원 반응이다. 만일 전지 전극들을 짧은 전선으로 서로 연결하면 자유 에너지 변화($\Delta G_{\text{계}}$)는 한꺼번에 방출되지만, 행한 일은 없다(단지 전선과 전지를 가열시킴). 만일 전지 전극들을 모터에 연결하면 자유 에너지가 좀 더 천천히 방출되고, 자유 에너지의 많은 부분이 모터를 가동시키지만, 일부는 여전히 열로 손실된다. 전지를 더 "효율적인" 장치, 즉 자유 에너지를 더 천천히 방출하는 장치에 연결하면 자유 에너지가 더 많은 일로 사용되고 열로 전환

되는 양은 적어질 것이다. 그러나 다른 모든 계와 마찬가지로 전지가 무한히 느리게 방전되는 경우에만 최대 일을 얻을 수 있다.

효율(efficiency)은 공급한 에너지에 대해 산출된 일의 백분율로 정의할 수 있다. 일상적인 장치의 효율 범위는 매우 넓다(표 20.3). 예를 들어 백열 전구는 90%의 에너지를 열로 잃어버리기 때문에 만졌을 때 매우 뜨거워진다. 그러므로 모든 공학자들은 자유 에너지의 일부는 언제나 열로 "소모"되기 때문에 *어떠한* ***실제*** *과정도 모든 사용 가능한 자유 에너지를 사용하여 일을 할 수는 없다*는 사실에 직면하게 된다.

표 20.3 | 일상에서 사용되는 몇 가지 장치의 효율

장치	효율(근사값)
백열 전구	10%
태양 전지	15%
형광등	20%
발광 다이오드	80%
휴대용 모터	63%
자동차 엔진	30%
액체 연료 로켓	50%
가정용 기름 난로	65%
전기 발전기	95%

반응의 자유 에너지 변화와 반응이 할 수 있는 일 사이의 관계를 요약해 보자.

- 자발적 반응($\Delta G_{계} < 0$)은 주위에 일($-w$)을 할 수 있다. 하지만 모든 실제 기계의 경우 ΔG의 일부가 항상 열로 방출되기 때문에 계가 실제로 한 일은 *언제나 최대값보다 작다.*
- 주위가 계에 일($+w$)을 하는 경우에만 비자발적 반응($\Delta G_{계} > 0$)이 일어난다. 모든 실제 기계에 가한 자유 에너지의 일부가 열로 낭비되기 때문에 실제 계에 행해지는 일은 *언제나 최소값보다 크다.*
- 평형 상태의 반응($\Delta G_{계} = 0$)은 더 이상 일을 할 수 없다.

반응의 자발성에 미치는 온도의 영향

대부분 경우 자유 에너지 변화(ΔG)에 대한 엔탈피(ΔH)의 기여도는 엔트로피($T\Delta S$) 기여도보다 훨씬 더 *크다.* 사실, 대부분의 발열 반응이 자발적인 이유는 큰 음수의 ΔH가 ΔG 값을 음수로 만들기 때문이다. 그러나 *반응 온도에 따라* $T\Delta S$ *항의 크기에 달라지므로*, 많은 반응에서 전반적인 자발성은 온도에 따라 달라진다. ΔH와 ΔS의 부호를 살펴보면, 온도가 ΔG의 부호에 어떻게 영향을 미치는지 예측할 수 있다. (뒤의 예제들에 있는 열역학 변수들은 부록 B에 있는 표준 상태 값들이지만 ΔG, ΔH, ΔS 사이의 관계는 어떠한 조건에서도 성립한다는 것을 강조하기 위해 ° 표시를 하지 않았다. 또한, 온도에 따라 ΔH와 ΔS 변화가 거의 변하지 않는다고 가정하며, 상전이가 일어나지 않는 한 이 가정은 참이다.)

양의 값과 음의 값의 ΔH와 ΔS의 네 가지 조합을 조사해 보자. 이들 중 두 조합은 온도와 무관하고, 나머지 둘은 온도에 따라 달라진다.

- *온도와 무관한 경우.* ΔH와 ΔS가 *반대* 부호를 가질 경우, 반응은 모든 온도에서 자발적으로 일어나거나, 또는 어떠한 온도에서도 일어나지 않는다(비자발적).

  1. *반응이 모든 온도에서 자발적이다.* 엔트로피가 증가하는 발열 반응의 경우 $\Delta H < 0$이고, $\Delta S > 0$이다. ΔS가 양수이므로 $-T\Delta S$는 음수이다. 그러므로 두 값 모두 ΔG를 음수로 만드는 데 기여한다. 대부분의 연소 반응이 이 범주에 속한다. 흔히 살균제로 쓰이는 과산화 수소의 분해 반응 또한 모든 온도에서 자발적이다.

     $$2H_2O_2(l) \longrightarrow 2H_2O(l) + O_2(g)$$
     $$\Delta H = -196\ \text{kJ} \qquad \& \qquad \Delta S = 125\ \text{J/K}$$

  2. *반응이 모든 온도에서 비자발적이다.* 엔트로피가 감소하는 흡열 반응의 경우 $\Delta H > 0$이고, $\Delta S < 0$이다. 두 변수의 기여는 반응의 자발성에 역행한다. ΔS가 음수이므로, $-T\Delta S$는 양수이다. 따라서 ΔG 값은 언제나 양수이다. 산소로부터 오존이 생성되는 반응에는 지속적인 에너지 투입이 필요하다. 따라서 이 반응은 어떠한 온도에서도 자발적이지 못하다.

     $$3O_2(g) \longrightarrow 2O_3(g)$$
     $$\Delta H = 286\ \text{kJ} \qquad \& \qquad \Delta S = -137\ \text{J/K}$$

- *온도에 의존하는 경우*. ΔH와 ΔS가 같은 부호를 가질 때, $-T\Delta S$와 ΔH의 상대적 크기가 ΔG의 부호를 결정한다. 이런 경우에 T의 변화 방향이 중요하다.

3. *온도가 증가함에 따라 반응은 자발적이 된다*. 엔트로피가 증가하는 흡열 반응의 경우 $\Delta H > 0$이고, $\Delta S > 0$이다. ΔH가 양수인 경우 반응은 $-T\Delta S$가 충분히 커서 ΔG를 음수로 만들 수 있을 때 자발적으로 일어날 것이며, 온도가 올라가면 그렇게 된다. 예를 들면,

$$2N_2O(g) + O_2(g) \longrightarrow 4NO(g)$$
$$\Delta H = 197.1 \text{ kJ} \qquad \& \qquad \Delta S = 198.2 \text{ J/K}$$

   $T > 994$ K에서 N_2O의 산화 반응은 자발적이다.

4. *온도가 감소함에 따라 반응은 자발적이 된다*. 엔트로피가 감소하는 발열 반응의 경우 $\Delta H < 0$이고, $\Delta S < 0$이다. ΔH는 자발성을 유리하게 해주지만, ΔS는 그렇지 않다($-T\Delta S > 0$). $-T\Delta S$ 값이 ΔH보다 더 작아질 때만 반응이 일어나며 온도가 낮아지면 그렇게 된다. 예를 들면,

$$4Fe(s) + 3O_2(g) \longrightarrow 2Fe_2O_3(s)$$
$$\Delta H = -1651 \text{ kJ} \qquad \& \qquad \Delta S = -549.4 \text{ J/K}$$

   산화 철(III)의 생성은 $T < 3005$ K일 때 자발적으로 일어난다.

표 20.4에 ΔH와 ΔS의 네 가지 가능한 조합을 요약하였고, 예제 20.6에 이것들을 적용한다.

표 20.4 | 반응의 자발성과 ΔH, ΔS, ΔG의 부호

ΔH	ΔS	$-T\Delta S$	ΔG	설명
−	+	−	−	모든 T에서 자발적
+	−	+	+	모든 T에서 비자발적
+	+	−	+ 또는 −	높은 T에서는 자발적, 낮은 T에서는 비자발적
−	−	+	+ 또는 −	낮은 T에서는 자발적, 높은 T에서는 비자발적

예제 20.6 | 분자 모식도를 이용하여 ΔH, ΔS, ΔG 부호 결정하기

문제 다음 분자 모식도는 물(*파란색 공*)에 대한 친숙한 상전이를 나타낸다.

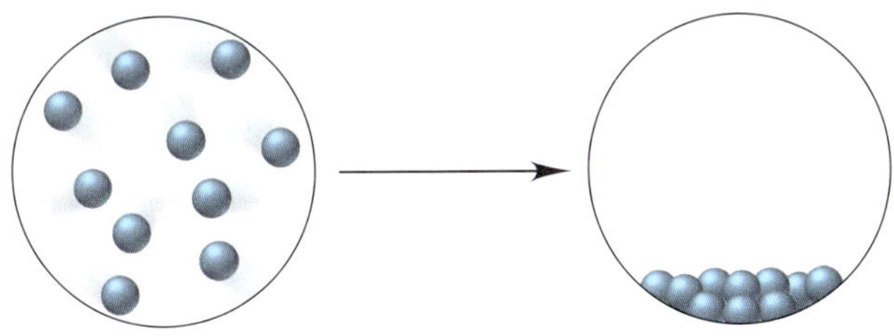

(a) 이 과정의 ΔH와 ΔS의 부호는 무엇인가? 설명하라.

(b) 이 과정은 모든 T에서, 낮은 T에서, 또는 높은 T에서 자발적인가? 또는 이 과정이 어떠한 온도에서도 자발적일 수 없는가? 설명하라.

계획 **(a)** 그림으로부터 ΔS의 부호를 가리키는 기체의 변화와, 열이 흡수되는지 또는 방출되는지(즉, ΔH의 부호)를 가리키는 입자의 운동 자유도를 알아낸다. **(b)** 질문이 여러 온도에서의 ΔG 부호(+ 또는 −)에 관련된 것이므로 식 (20.6)을 적용하고, 앞에 있는 본문 설명과 표 20.4를 참조한다.

풀이 **(a)** 수증기의 응축을 표시하는 이 그림에서 기체의 양이 극적으로 줄어들고, 분리되어 있던 분자들이 가까이 다가가면서 에너지를 방출한다. 따라서 $\Delta S < 0$이고, $\Delta H < 0$이다. **(b)** ΔS가 음수이므로, $-T\Delta S$ 항이 양수이다. $\Delta G < 0$가 되려면, T 크기가 작아야만 한다. 그러므로 이 과정은 낮은 T에서 자발적이다.

검산 문제 (a)의 분석을 바탕으로 생각해 보면, 문제 (b)의 답이 합리적인 것으로 보인다. 일상적인 경험에 비추어 볼 때 물이 낮은 온도에서 응축되기 때문에 답이 적절하다.

▶ 보충 문제

20.6A 다음 모식도는 X_2Y_2가 X_2(*빨간색*)와 Y_2(*파란색*)를 생성하는 반응을 나타낸다.

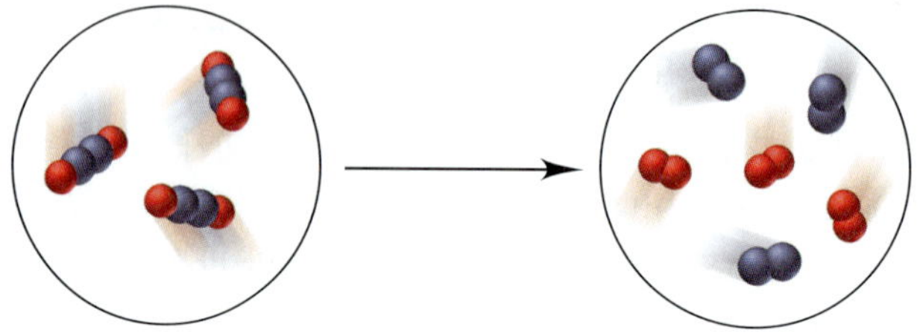

(a) 이 반응에서 ΔS 부호는 무엇인가?

(b) 이 반응이 325°C보다 높은 온도에서만 자발적이라면, ΔH 부호는 무엇인가? 설명하라.

20.6B 다음 모식도는 AB가 A(*회색*)와 B_2(*빨간색*)로 진행되는 반응을 나타낸다.

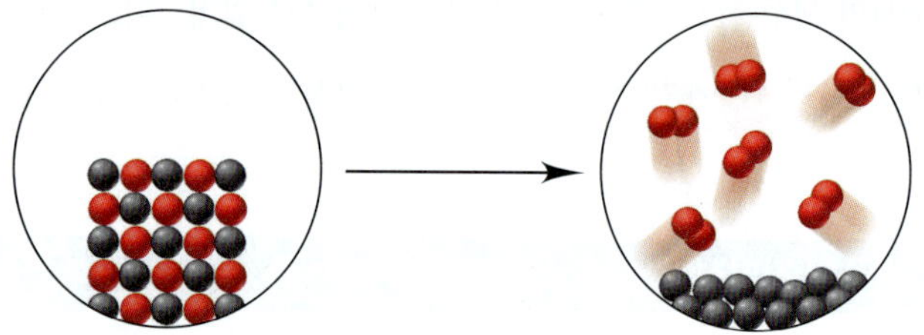

(a) 이 반응에서 ΔS와 ΔH의 부호는 무엇인가?

(b) $\Delta G < 0$은 T가 높을 때인가, T가 낮을 때인가, 모든 온도에서인가, 또는 온도와 상관없는가? 설명하라.

유사 문제 20.47, 20.48

예제 20.4에 본 것처럼 ΔG 값을 계산하는 한 가지 방법은 엔탈피 변화와 엔트로피 변화를 이용하는 것이다. 상 변화가 일어나지 않는 한 ΔH와 ΔS 값들은 대체로 온도에 따라 거의 변하지 않는다. 따라서 298 K의 값들을 이용하여 예제 20.7의 ΔG, 즉 반응의 자발성에 미치는 온도의 영향을 알아볼 수 있다.

예제 20.7 | ΔG 값에 미치는 온도의 영향 판단

문제 황산 생성에서 핵심 단계는 $SO_2(g)$가 $SO_3(g)$로 산화되는 과정이다.

$$2SO_2(g) + O_2(g) \longrightarrow 2SO_3(g)$$

298 K에서, $\Delta G = -141.6$ kJ, $\Delta H = -198.4$ kJ, $\Delta S = -187.9$ J/K이다.

(a) 위의 자료를 사용하여 25°C에서 반응이 자발적인지를 결정하고, 온도가 증가하면 ΔG 값이 어떻게 바뀌는지 예측하라.

(b) ΔH와 ΔS가 T에 대해 상수라고 가정하면(아무런 상 변화가 일어나지 않음), 이 반응은 900°C에서 자발적인가?

계획 **(a)** 반응이 자발적인가를 결정하기 위해서는 ΔG의 부호에 주목하고, 온도 효과를 알아내기 위해서는 ΔH와 ΔS의 부호에 주목한다. **(b)** 식 (20.7)을 이용하여 주어진 ΔH와 ΔS로부터 높은 온도(K)에서의 ΔG를 계산한다.

풀이 **(a)** $\Delta G < 0$이므로 반응이 298 K에서 자발적이다. 즉, SO_2와 O_2는 자발적으로 SO_3를 형성한다. $\Delta S < 0$이므로 $-T\Delta S > 0$이고, 더 높은 온도에서 이 항의 값은 더 큰 양수가 될 것이다. 따라서 온도 증가에 따라 ΔG는 더 작은 음수가 되고, 반응은 덜 자발적이 될 것이다.

(b) 900°C(T = 273 + 900 = 1173 K)에서 ΔG 값 계산:

$$\Delta G = \Delta H - T\Delta S = -198.4 \text{ kJ} - [(1173 \text{ K})(-187.9 \text{ J/K})(1 \text{ kJ}/1000 \text{ J})] = 22.0 \text{ kJ}$$

$\Delta G > 0$이기 때문에, 반응은 높은 온도에서 비자발적이다.

검산 문제 (a)의 예측을 바탕으로 생각해보면 문제 (b)의 정답이 타당한 것으로 보인다. 근사 계산으로부터 산술적 계산이 올바른 것을 알 수 있다.

$$\Delta G \approx -200 \text{ kJ} - [(1200 \text{ K})(-200 \text{ J/K})(1 \text{ kJ}/1000 \text{ J})] = +40 \text{ kJ}$$

▶ 보충 문제

20.7A 298 K에서 다음 반응의 $\Delta S = -308.2$ J/K, $\Delta H = -192.7$ kJ 일 때,

$$4NO(g) \longrightarrow N_2O(g) + N_2O_3(g)$$

(a) 이 반응은 298 K에서 자발적인가?
(b) 더 높은 온도에서 이 반응은 더 큰 자발성 혹은 더 작은 자발성을 갖겠는가?
(c) ΔS와 ΔH가 T에 따라 변하지 않는다고 가정하고, 500°C에서 ΔG를 구하라.

20.7B 어떤 반응이 실온에서는 비자발적이지만 −40°C에서는 자발적이다. 이 반응의 ΔH, ΔS 및 $-T\Delta S$의 부호와 상대적 크기는?

유사 문제 20.57(b), 20.58(b)

반응이 자발적이 되는 온도 반응의 ΔH와 ΔS의 부호가 같을 때, 반응이 어떤 온도에서는 비자발적이다가 다른 온도에서는 자발적일 수 있다. 양수 ΔG가 $-T\Delta S$의 크기 때문에 음수 ΔG로 전환될 때, 이러한 "교차" 온도가 나타난다. ΔG를 0으로 놓고, T에 대해 풀면 이 온도를 알아낼 수 있다.

$$\Delta G = \Delta H - T\Delta S = 0$$

그러므로

$$\Delta H = T\Delta S \quad \& \quad T = \frac{\Delta H}{\Delta S} \tag{20.10}$$

예제 20.8은 중요한 야금 반응에 대한 "교차" 온도를 알아보는 문제이다.

인터넷 핫스팟

자발성에 미치는 온도의 영향을 이해하는 것이 어렵게 느껴진다면 eBook에 접속하여 이 주제에 대한 추가 학습 동영상을 참고하자.

예제 20.8 | 반응이 자발적이 되는 온도 구하기

문제 산화 구리(I)를 구리로 환원하는 반응을 이용하여 광석으로부터 구리를 추출한다.

$$Cu_2O(s) + C(s) \xrightarrow{\Delta} 2Cu(s) + CO(g)$$

이 반응은 25°C에서 비자발적이며 이 반응의 ΔH = 58.1 kJ이고 ΔS = 165 J/K이다. 반응이 자발적이 되는 온도를 구하라.

계획 방금 논의한 대로 이 문제는 ΔG가 양수에서 음수로 교차되는 온도를 알아내는 것이다. ΔG를 0으로 놓고, 식 (20.10)을 이용하여 T에 대해 푼다. 이때, 책에 있는 ΔH(58.1 kJ)와 ΔS(165 J/K) 값들을 이용한다.

풀이 $\Delta G = \Delta H - T\Delta S = 0$으로부터 다음 식을 얻는다.

$$T = \frac{\Delta H}{\Delta S} = \frac{58.1 \text{ kJ} \times \frac{1000 \text{ J}}{1 \text{ kJ}}}{165 \text{ J/K}} = 352 \text{ K}$$

ΔH와 ΔS는 모두 양수이므로 더 높은 온도에서 반응은 자발적이다. 따라서 이 반응은 광석에서 금속을 추출하기에 적당한 온도인 352 K(79°C)가 넘는 모든 온도에서 자발적이다.

검산 근사 계산으로 다음 값을 얻을 수 있다.

$$T = \frac{60{,}000 \text{ J}}{150 \text{ J/K}} = 400 \text{ K}$$

이 값은 답에 가깝다.

▶ **보충 문제**

20.8A 보충 문제 20.7A에서 반응이 더 이상 자발적이지 않은 온도(°C)를 구하라.

20.8B 부록 B 값들을 이용하여 다음 반응이 자발적이 되는 온도를 구하라(T가 변하더라도 ΔH와 ΔS 값들이 일정하다고 가정).

$$CaO(s) + CO_2(g) \longrightarrow CaCO_3(s)$$

유사 문제 20.59(d), 20.60(d), 20.61(c)

그림 20.14 반응의 자발성에 미치는 온도의 영향. 낮은 온도에서는 양의 부호를 가지는 ΔH가 지배적이기 때문에 $\Delta G > 0$이다. 어떤 온도에서는 $\Delta H = T\Delta S$이므로 $\Delta G = 0$이다. 더 높은 온도에서는 $-T\Delta S$가 지배적이기 때문에 $\Delta G < 0$이다.

ΔH와 ΔS 둘 다 양수를 갖는 반응인 경우, 그림 20.14는 온도가 증가함에 따라 $T\Delta S$ 선도 꾸준히 증가하는 것(따라서 $-T\Delta S$는 더 큰 음수가 됨)을 보여준다. 예제 20.8에서 이 선은 352 K에서 비교적 일정한 ΔH 선과 교차한다. 352 K보다 높은 온도에서는 $-T\Delta S$ 항이 ΔH 항보다 크므로, ΔG가 음수가 된다.

반응 짝지음으로 비자발적 반응 구동하기

복합적인 다단계 반응에서, 가끔 자발적 단계에 의해 구동되는 비자발적 단계를 볼 수 있다. 이와 같은 **반응 짝지음**(coupling of reaction)에서는 연소하는 휘발유가 충분한 에너지를 공급하여 차를 움직이는 것과 마찬가지로 *한 단계가 충분한 자유 에너지를 공급*하여야 나머지 반응이 일어날 수 있다.

탄소로 산화 구리(I)를 환원시키는 반응을 다시 살펴보자. 예제 20.8에서 352 K를 초과하는 어떠한 온도에서도 *전체* 반응이 자발적이 되는 것을 알 수 있었다. 하지만 반응을 두 단계로 나누면, 375 K과 같은 높은 온도에서조차 산화 구리(I)가 자발적으로 자신의 원소들로 분해되지 않는 것을 알 수 있다.

$$Cu_2O(s) \longrightarrow 2Cu(s) + \tfrac{1}{2}O_2(g) \qquad \Delta G_{375} = 140.0\ \text{kJ}$$

하지만 375 K에서 탄소가 CO_2로 산화되는 반응은 매우 자발적이다.

$$C(s) + \tfrac{1}{2}O_2(g) \longrightarrow CO(g) \qquad \Delta G_{375} = -143.8\ \text{kJ}$$

이 반응들의 짝지음은 큰 음수의 ΔG 값을 가진 반응이 작은 양수의 ΔG 값을 갖는 반응을 "구동(drive)"하는 것을 가능하게 한다. 두 반응식을 합치고 양변에 공통인 물질($\tfrac{1}{2}O_2$)을 제거하면 ΔG 값이 음수인 전체 반응을 얻는다.

$$Cu_2O(s) + C(s) \longrightarrow 2Cu(s) + CO(g) \qquad \Delta G_{375} = -3.8\ \text{kJ}$$

단백질과 핵산의 합성, 지방산의 형성, 이온 균형의 유지 및 영양소의 분해와 같은 주요 단계 등을 포함하는 많은 생화학 반응 또한 비자발적이다. 자발적 반응과 짝지음으로써 이러한 비자발적인 반응을 구동하는 것이 모든 생명체의 공통적인 생명 유지 전략인데, 다음에 나오는 **생체 에너지와 화학** 이야기에서 보게 될 것이다.

› 20.3절 요약

- 자유 에너지 변화($\Delta G = \Delta H - T\Delta S$)의 부호는 반응의 자발성과 직접적으로 연관되어 있다. 음수의 ΔG는 양수의 $\Delta S_{우주}$에 상응한다.
- 표준 생성 자유 에너지(ΔG_f°) 값을 이용하여 298 K에서의 $\Delta G^\circ_{반응}$을 구할 수 있다.
- 실제(비가역적) 반응 과정에서는 계가 할 수 있는 최대의 일을 결코 얻을 수 없다. 그 이유는 자유 에너지의 일부가 언제나 열로 전환되기 때문이다.
- T의 크기는 $T\Delta S$의 크기를 변화시켜 온도-의존 반응(ΔH와 ΔS의 부호들이 똑같음)의 자발성에 영향을 준다. 이와 같은 반응인 경우, $\Delta G = 0$으로 놓으면 반응이 자발적으로 되는 T 값을 구할 수 있다.
- 비자발적 반응($\Delta G > 0$)도 더 자발적인 반응($\Delta G << 0$)과 짝지어지면 일어날 수 있다. 예를 들면, 생명체 내에서 ATP의 가수분해는 양수 ΔG를 가진 많은 반응을 구동한다.

ATP의 보편적 역할

생명체의 믿을 수 없는 다양성에도 불구하고, 사실상 모든 생명체는 단백질을 만들기 위해 동일한 아미노산을 사용하고, 핵산을 만들기 위해 동일한 뉴클레오티드를, 그리고 에너지를 제공하기 위해 동일한 탄수화물(글루코스)를 사용한다.

또한 *모든 생명체는 다양한 비자발적 반응을 유도하기 위해 동일한 자발적인 반응을 사용*한다. 이 반응이 **아데노신 삼인삼염**(adenosine triphosphate, ATP)이라고 불리는 고에너지 분자가 아데노신 이인산염(adenosine diphosphate, ADP)로 가수분해되는 것이다.*

$$ATP^{4-} + H_2O \rightleftharpoons ADP^{3-} + HPO_4^{2-} + H^+ \quad \Delta G^{\circ\prime} = -30.5 \text{ kJ}$$

예를 들면, 글루코스의 대사 분해 반응에서 첫 단계인 글루코스에 대한 HPO_4^{2-} 첨가 반응은 비자발적이다.

$$\text{글루코스} + HPO_4^{2-} + H^+ \rightleftharpoons [\text{글루코스 인산염}]^- + H_2O \quad \Delta G^{\circ\prime} = 13.8 \text{ kJ}$$

이 반응을 ATP 가수분해 반응에 짝지으면 전체 과정이 자발적이 된다. 두 반응을 더하면 HPO_4^{2-}, H^+, H_2O가 상쇄되어 다음 식을 얻는다.

$$\text{글루코스} + ATP^{4-} \rightleftharpoons [\text{글루코스 인산염}]^- + ADP^{3-} \quad \Delta G^{\circ\prime} = -16.7 \text{ kJ}$$

이 반응들이 공간적으로 분리되면 짝지음 과정이 일어나지 않기 때문에 이러한 반응은 한 효소(16.7절)에서 일어난다. 이 효소에 글루코스와 ATP가 동시에 결합하여, 전달될 ATP의 인산염 작용기는 결합할 글루코스의 —OH 작용기 옆에 놓인다(그림 B20.1).

*생화학 계의 경우 H^+의 표준 상태 농도는 통상적인 1 *M*이 아니라 10^{-7} *M*이고, 표준 자유 에너지 변화는 기호 $\Delta G^{\circ\prime}$로 나타낸다.

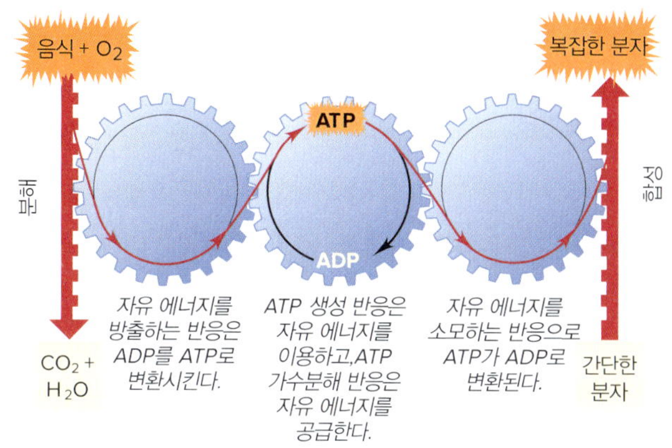

그림 B20.2 대사 자유 에너지의 순환 과정.

에너지 방출 반응에서 생성된 ADP는 다른 효소가 촉매 작용하는 에너지 흡수 반응을 통해 인산염과 결합하여 ATP로 되돌아간다. 따라서 ATP에서 ADP로, 다시 ATP로 되돌아가는 연속적인 순환 과정이 세포에 에너지를 공급한다(그림 B20.2).

왜 ATP가 "고에너지" 분자인가? ATP, ADP, HPO_4^{2-}의 인산염 부분을 살펴보면 ATP 가수분해가 많은 자유 에너지를 공급하는 두 가지 근본적인 화학적 이유를 알 수 있다(그림 B20.3).

1. *전하간 반발*. 생리적 pH(~7)에서, ATP의 삼인산 기는 4개의 가까이 있는 음전하를 가지고 있다. 이와 같은 높은 *전하간 반발*은 ADP에서 감소된다(그림 B20.3A).
2. *전자 비편재화*. 일단 HPO_4^{2-}가 유리되면, π 전자의 광범위한 비편재화 및 공명 안정화가 발생한다(그림 B20.3B).

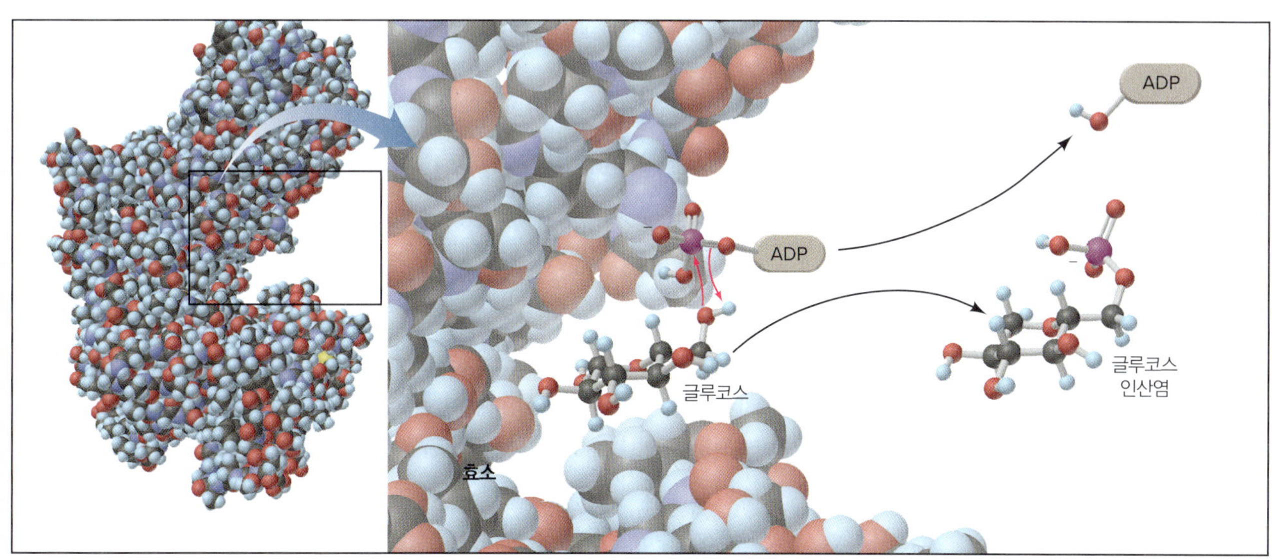

그림 B20.1 **ATP의 가수분해 반응과 비자발적 반응의 짝지음.** 글루코스는 효소의 활성 자리에서 ATP(ADP—O—PO_3H로 표시) 옆에 놓인다. ADP(ADP—OH로 표시)와 글루코스 인산염으로 방출된다.

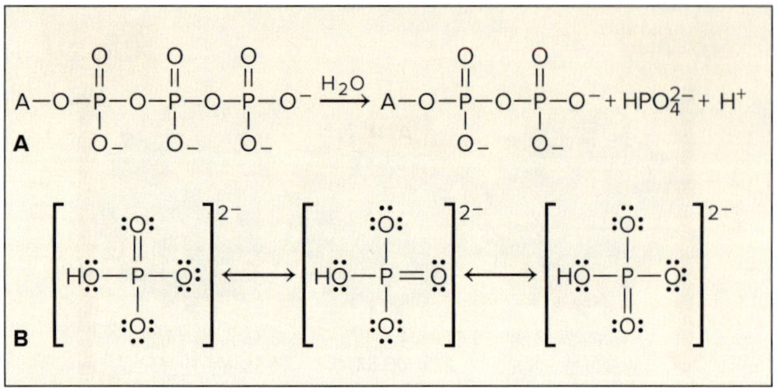

그림 B20.3 ATP는 고에너지 분자이다.

따라서 ATP에서 전하간 반발이 더 크고 전자의 비편재화가 더 적기 때문에 ADP와 HPO_4^{2-}의 에너지의 합보다 ATP가 갖고 있는 에너지가 높다(덜 안정함). ATP가 가수분해가 되면 이 추가 에너지의 일부가 방출되는데 생명체가 이 에너지를 이용하여 그냥은 일어날 수 없는 대사 반응을 유도한다.

문제

B20.1 글루코스 1 mol의 산화 반응은 36 mol의 ATP를 형성하기에 충분한 대사 에너지를 공급한다. 트리스테아린(tristearin, $C_{57}H_{116}O_6$)과 같은 전형적인 식이 지방 1 mol의 산화 반응은 ATP 458 mol을 형성하는 데 충분한 에너지를 생산한다. 다음 물질 1 g 당 몇 개의 ATP 분자가 생성되겠는가? (a) 글루코스 (b) 트리스테아린.

B20.2 근육 수축, 단백질 합성, 신경 전도와 같은 비자발적 과정은 ATP에서 ADP로의 자발적 가수분해 반응과 연관되어 있다. ATP 합성 반응을 다음과 같은 에너지 생성 반응과 짝지음으로써 ATP가 재생된다.

$$\text{크레아틴 인산염} \longrightarrow \text{크레아틴} + \text{인산염} \qquad \Delta G^{\circ\prime} = -43.1\ \text{kJ/mol}$$

크레아틴 인산의 분해 반응과 짝지음으로써 ADP와 HPO_4^{2-}로부터 ATP를 재생시키는 전체 반응에 대한 $\Delta G^{\circ\prime}$를 구하라.

20.4 자유 에너지, 평형 및 반응의 방향

평형을 향해 진행하는 화학 반응은 자발적 변화이다. 그런데 왜 평형 상태에 도달하려는 구동력이 존재하는가? 그리고 평형 상수의 값을 결정하는 것은 무엇인가?

앞서 논의한 바와 같이 ΔG의 부호가 반응의 방향을 예측하는 유일한 방법은 아니다. 17.4절에서 반응 지수(Q)와 평형 상수(K)의 값을 비교하여 반응의 방향을 예측할 수 있었다. $Q < K$이면 반응은 오른쪽으로 진행하고, $Q > K$이면 반응은 왼쪽으로 진행하고, $Q = K$이면 반응은 평형 상태에 있음을 상기하라.

아래 표 20.5에 나타낸 바와 같이 $\ln Q/K$ (Q와 K의 비의 자연 로그)의 부호를 ΔG의 부호와 비교해 보면(필요하면 부록 A를 참조), 반응의 자발성을 예측하는 두 가지 방법 즉, ΔG의 부호와 Q/K의 크기 사이의 연관성을 더 쉽게 알 수 있다.

표 20.5 | Q, K, ΔG 및 반응의 자발성

Q	Q/K	$\ln Q/K$	ΔG	반응의 방향
$Q < K$	$Q/K < 1$	$\ln Q/K < 0$	$\Delta G < 0$	자발적으로 오른쪽으로 진행
$Q > K$	$Q/K > 1$	$\ln Q/K > 0$	$\Delta G > 0$	자발적으로 왼쪽으로 진행
$Q = K$	$Q/K = 1$	$\ln Q/K = 0$	$\Delta G = 0$	평형에 도달

특정 방향에 대해 ΔG의 부호와 $\ln Q/K$의 부호가 같다는 것에 주목하라. 사실, ΔG는 $\ln Q/K$에 비례 상수 RT가 곱해진 것과 같다.

$$\Delta G = RT \ln \frac{Q}{K} = RT \ln Q - RT \ln K \qquad \textbf{(20.11)}$$

Q는 반응 중 임의의 시점에서 계의 구성 성분들의 농도(또는 압력)를 표시하며 K는 평형에서 이들의 값을 나타낸다. 그러므로 식 (20.11)에 의하면, 임의의 시점에서 계의 구성 성분

들의 농도 비인 Q가 평형에서의 농도 비인 K와 얼마나 다른지 나타내는 척도가 ΔG 값이다.

- 만일 Q 값과 K 값이 매우 다르면, 반응은 많은 양의 자유 에너지를 방출하거나 흡수한다.
- 만일 Q 값과 K 값이 거의 같으면, 반응은 비교적 적은 양의 자유 에너지를 방출하거나 흡수한다.

표준 자유 에너지 변화와 평형 상수 식 (20.11)에서 Q에 표준 상태 값(기체인 경우 1 atm, 용액인 경우 1 M 등)을 사용하면, ΔG는 $\Delta G°$이 되고, Q는 1이 된다.

$$\Delta G° = RT \ln 1 - RT \ln K$$

$\ln 1 = 0$이기 때문에 "$RT \ln Q$" 항이 사라지게 되어 평형 상수로부터 반응의 표준 자유 에너지 변화($\Delta G°_{반응}$)를 구할 수 있고, 또한 표준 자유 에너지 변화로부터 평형 상수도 구할 수 있다.

$$\Delta G° = -RT \ln K \qquad \textbf{(20.12)}$$

이 중요한 식을 써서 다음 예제를 풀어 보자.

인터넷 핫스팟

Gibbs 자유 에너지와 평형의 관계가 어렵게 느껴진다면, ebook에 접속하여 이 주제에 대한 추가 학습 동영상을 참고하자.

예제 20.9 | $\Delta G°$와 K의 관계

문제 **(a)** 부록 B를 사용하여 298 K에서 다음 반응의 K를 구하라.

$$NO(g) + \tfrac{1}{2}O_2(g) \rightleftharpoons NO_2(g)$$

(b) 298 K에서 주어진 평형 상수를 사용하여 다음 반응에 대한 $\Delta G°$를 계산하라.

$$2HCl(g) \rightleftharpoons H_2(g) + Cl_2(g) \qquad K = 3.89\times10^{-34} \text{ (298 K에서)}$$

계획 **(a)** 부록 B의 $\Delta G°_f$ 값과 식 (20.8)을 사용하여 $\Delta G°$를 구한 후, 식 (20.12)를 사용하여 K를 구한다. **(b)** 이 계산에서는 (a)의 두 번째 계산을 역으로 수행한다. $K = 3.89\times10^{-34}$이 주어져 있으므로, 식 (20.12)를 사용하여 $\Delta G°$를 구한다.

풀이 **(a)** 부록 B의 $\Delta G°_f$ 값과 식 (20.8)을 사용하여 $\Delta G°$를 구하면 된다(예제 20.5 참조).

$$\begin{aligned}\Delta G° &= [(1 \text{ mol } NO_2)(NO_2\text{의 } \Delta G°_f)] - [(1 \text{ mol NO})(\text{NO의 } \Delta G°_f) \\ &\quad + (\tfrac{1}{2} \text{ mol } O_2)(O_2\text{의 } \Delta G°_f)] \\ &= [(1 \text{ mol})(51 \text{ kJ/mol})] - [(1 \text{ mol})(86.60 \text{ kJ/mol}) + (\tfrac{1}{2} \text{ mol})(0 \text{ kJ/mol})] \\ &= -36 \text{ kJ}\end{aligned}$$

식 (20.12)를 사용하여 K에 대해 풀면,

$$\Delta G° = -RT \ln K$$

따라서

$$\ln K = -\frac{\Delta G°}{RT} = -\frac{(-36 \text{ kJ})(1000 \text{ J/1 kJ})}{(8.314 \text{ J/mol·K})(298 \text{ K})} = 14.53$$

$$K = e^{14.53} = 2.0\times10^6$$

(b) 식 (20.12)를 사용하여 $\Delta G°$를 구하면,

$$K = 3.89\times10^{-34} \quad \text{따라서} \quad \ln K = -76.9$$

$$\begin{aligned}\Delta G° &= -RT \ln K = -(8.314 \text{ J/mol·K})(298 \text{ K})(-76.9) \\ &= 1.91\times10^5 \text{ J} = 191 \text{ kJ}\end{aligned}$$

검산 **(a)** 음의 자유 에너지 변화는 큰 K 값 ($K > 1$)과 일치한다. 두 값 모두 반응이 오른쪽으로 진행됨을 나타낸다. $\Delta G°$의 값을 확인하기 위해 반올림하면 계산된 값에 가깝게 50 kJ − 90 kJ = −40 kJ가 된다. **(b)** 매우 작은 K ($K <1$) 값은 반응이 왼쪽으로 진행된다는 것을 나타내기 때문에 양의 $\Delta G°$ 값과 일치한다. $\Delta G°_f$ 값을 찾아 $\Delta G°$ 값을 확인하면 (0 kJ + 0 kJ) − [2(−95.30 kJ)] = 190.6 kJ가 된다.

▶ 보충 문제

20.9A 부록 B를 사용하여 298 K에서 다음 반응의 K를 구하라.

$$2C(\text{흑연}) + O_2(g) \rightleftharpoons 2CO(g)$$

20.9B 주어진 K 값을 사용하여 298 K에서 다음 반응에 대한 $\Delta G°$를 계산하라.

$$2HCl(g) + Br_2(l) \rightleftharpoons 2HBr(g) + Cl_2(g) \qquad K = 2.22\times10^{-15} \text{ (298 K에서)}$$

유사 문제 20.67~20.70

표 20.6 | 298 K에서 $\Delta G°$와 K의 관계

$\Delta G°$(kJ)	K	의미
200	9×10^{-36}	정반응은 거의 일어나지 않고, 역반응이 완결된다.
100	3×10^{-18}	
50	2×10^{-9}	
10	2×10^{-2}	
1	7×10^{-1}	
0	1	정반응과 역반응이 같은 정도 진행된다.
−1	1.5	
−10	5×10^{1}	
−50	6×10^{8}	
−100	3×10^{17}	
−200	1×10^{35}	정반응이 완결되고, 역반응은 거의 일어나지 않는다.

(정반응 ↓, 역반응 ↑)

표 20.6에 나타낸 바와 같이 자연 로그 함수의 성질 때문에 $\Delta G°$ 값이 조금만 변해도 K 값이 크게 변한다. 다음 두 예를 살펴보자.

- $\Delta G°$ 값이 더 큰 양수가 될수록 K 값이 더 작아진다. 예를 들면, $\Delta G° = +10$ kJ이면 K 값은 0.02이므로, 생성물 항은 반응물 항 크기의 $\frac{1}{50}$이다(그림 17.2A 참조).
- $\Delta G°$ 값이 더 큰 음수가 될수록 K 값이 더 커진다. 예를 들면, $\Delta G° = -10$ kJ이면 생성물 항은 반응물 항의 50배이다(그림 17.2B 참조).

임의의 조건에서의 자유 에너지 변화 구하기 실제의 경우, 모든 성분들이 표준 상태에서 반응이 시작되는 일은 드물다. $\Delta G°$와 K의 관계를 나타내는 식 (20.12)을 ΔG에 대한 식 (20.11)에 대입하면, *임의의 초기 농도*에도 적용할 수 있는 관계식을 얻을 수 있다.

$$\Delta G = \Delta G° + RT \ln Q \qquad \textbf{(20.13)}$$

정의에 따라 성분들이 표준 상태(1 *M*, 1 atm 등)에 있으면, $\Delta G = \Delta G°$이다.

$$\Delta G = \Delta G° + RT \ln Q = \Delta G° + RT \ln 1$$
$$\Delta G = \Delta G°$$

예제 20.10에서는 분자 모식도를 이용하여 이러한 개념을 살펴보고, 예제 20.11에서는 이러한 개념을 중요한 산업 반응에 적용해 본다.

예제 20.10 | 분자 모식도를 이용하여 비표준 조건에서 반응의 ΔG 구하기

문제 다음 분자 모식도들은 A_2(*검은색*)와 B_2(*초록색*)가 AB를 형성하는 세 혼합물을 나타낸다. 각 분자는 0.10 atm을 나타내고 반응식은 다음과 같다.

$$A_2(g) + B_2(g) \rightleftharpoons 2AB(g) \qquad \Delta G° = -3.4 \text{ kJ/mol}$$

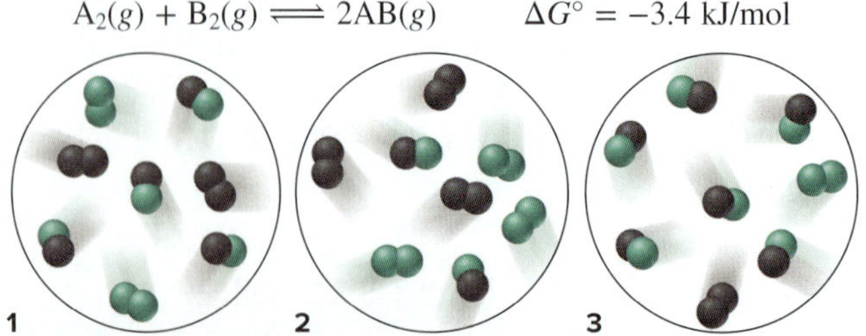

(a) 혼합물 1이 평형에 있다면, K 값을 구하라.

(b) 어느 혼합물이 가장 큰 음수의 ΔG를 갖는가? 어느 혼합물이 가장 큰 양수의 ΔG를 갖는가?

계획 (a) 혼합물 1이 평형에 있으므로, Q 식을 쓰고 분자들의 개수로부터 각 물질의 부분 압력을 구한 다음 K 값을 계산한다. **(b)** 식 (20.13)을 적용하여 ΔG 값을 구한다. $\Delta G°$ 값(-3.4 kJ/mol)은 주어져 있고, R(8.314 J/mol·K)은 알려진 상수지만 T 값은 아직 모른다. (a)에서 구한 K 값을 이용하여 식 (20.12)로부터 T 값을 구하고 각 물질의 부분 압력을 대입하여 Q 값을 구한다.

풀이 (a) Q 식을 쓰고, K 값 계산:

$$A_2(g) + B_2(g) \rightleftharpoons 2AB(g) \qquad Q = \frac{(P_{AB})^2}{P_{A_2} \times P_{B_2}} \qquad K = \frac{(0.40)^2}{(0.20)(0.20)} = 4.0$$

(b) 식 (20.12)를 써서 식 (20.13)에 사용할 T 값 계산:

$$\Delta G° = -RT \ln K$$

$$T = \frac{\Delta G°}{-R \ln K} = \frac{\dfrac{-3.4\text{ kJ}}{\text{mol}}\left(\dfrac{1000\text{ J}}{1\text{ kJ}}\right)}{-8.314\text{ J/mol·K} \times \ln 4.0} = 295\text{ K}$$

각각의 혼합물에 대해 식 (20.13)을 사용하여 ΔG 값 계산:

혼합물 1:
$$\begin{aligned}\Delta G &= \Delta G° + RT \ln Q = -3.4\text{ kJ} + RT \ln 4.0 \\ &= -3.4\text{ kJ/mol}\left(\frac{1000\text{ J}}{1\text{ kJ}}\right) + \left(\frac{8.314\text{ J}}{\text{mol·K}}\right)(295\text{ K}) \ln 4.0 \\ &= -3400\text{ J/mol} + 3400\text{ J/mol} = 0.0\text{ J}\end{aligned}$$

혼합물 2:
$$\begin{aligned}\Delta G &= -3.4\text{ kJ/mol} + RT \ln \frac{(0.20)^2}{(0.30)(0.30)} \\ &= -3.4\text{ kJ/mol}\left(\frac{1000\text{ J}}{1\text{ kJ}}\right) + \left(\frac{8.314\text{ J}}{\text{mol·K}}\right)(295\text{ K}) \ln 0.44 \\ &= -5.4\times10^3\text{ J/mol}\end{aligned}$$

혼합물 3:
$$\begin{aligned}\Delta G &= -3.4\text{ kJ/mol} + RT \ln \frac{(0.60)^2}{(0.10)(0.10)} \\ &= -3.4\text{ kJ/mol}\left(\frac{1000\text{ J}}{1\text{ kJ}}\right) + \left(\frac{8.314\text{ J}}{\text{mol·K}}\right)(295\text{ K}) \ln 36 \\ &= 5.4\times10^3\text{ J/mol}\end{aligned}$$

혼합물 2가 가장 큰 음수의 ΔG 값, 혼합물 3이 가장 큰 양수의 ΔG 값을 갖는다.

검산 (b)에서 혼합물 3에 대해 근사적으로 계산하여 산술 과정을 확인해 보자. $\Delta G \approx -3000$ J/mol + (8 J/mol·K)(300 K)4 $\approx$ 7000 J/mol, 이 값은 대략적으로 맞는다.

해설 1. 로그 성질을 이용하면, (b)에서 T와 ΔG를 계산할 필요가 *없다*. 혼합물 2의 경우 $Q < 1$이므로 $\ln Q$는 음수이며, 따라서 ΔG를 더 큰 음수로 만든다. 또한 $Q(0.44) < K(4.0)$이므로 $\Delta G < 0$임을 알 수 있다. 혼합물 3에서 $Q > 1$이므로 $\ln Q$는 양수이며, 따라서 ΔG가 양수가 된다. 또한 $Q(36) > \text{K}(4.0)$이므로 $\Delta G > 0$이다.

2. (b)에서 평형 혼합물(혼합물 1)의 ΔG 값이 0인 것은 타당하다. 그 이유는 평형에 있는 계는 자신의 모든 자유 에너지를 방출하였기 때문이다.

3. 정의에 따라 성분들이 표준 상태일 때 $\Delta G = \Delta G°$이므로

$$\begin{aligned}\Delta G &= \Delta G° + RT \ln Q = -3.4\text{ kJ/mol} + RT \ln \frac{(1.0)^2}{(1.0)(1.0)} \\ &= -3.4\text{ kJ/mol} + RT \ln 1.0 = -3.4\text{ kJ/mol}\end{aligned}$$

▶ **보충 문제**

20.10A 아래 분자 모식도들은 $\Delta G^\circ = -4.6$ kJ/mol인 반응으로 A(*주황색*)와 B(*녹색*)가 AB_3를 생성하는 세 혼합물들을 나타낸다. 각 분자는 0.10 mol을 나타내고 부피는 1.0 L라고 가정한다.

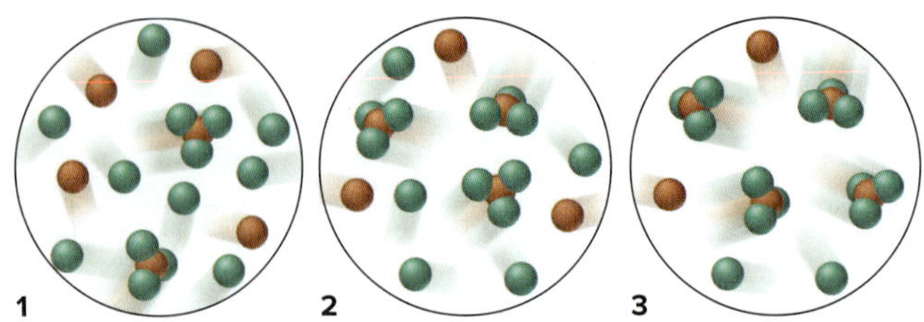

(a) 위 반응에 대한 균형 반응식을 써라. **(b)** $K = 8.0$이라면 어느 혼합물이 평형에 있는가? **(c)** 가장 높은(가장 양수) ΔG에서 가장 낮은(가장 음수) ΔG 순서로 세 혼합물을 나열하라.

20.10B 다음의 분자 모식도들은 기체 X_2(*갈색*)와 Y_2(*파란색*)가 XY_2를 생성하는 세 혼합물들을 나타내고 있다. 각 분자는 0.10 mol을 나타내고, 부피는 0.10 L이다. 반응식은 다음과 같다.

$$X_2(g) + 2Y_2(g) \rightleftharpoons 2XY_2(g);\ \Delta G^\circ = -1.3\ \text{kJ/mol}$$

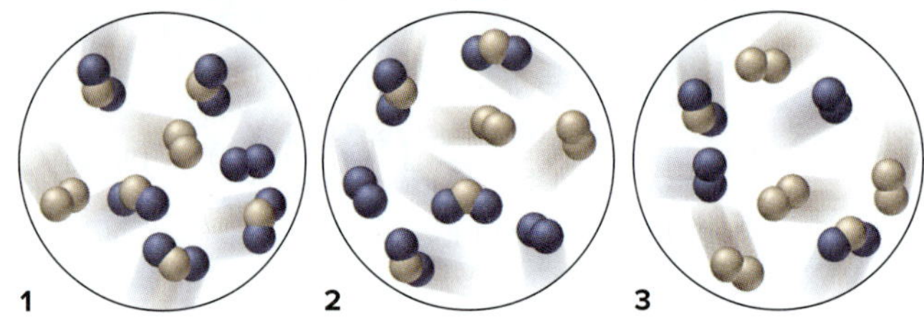

(a) 만일 K = 2.0이라면 어느 혼합물이 평형에 있는가? **(b)** 가장 낮은(가장 음수) ΔG로부터 가장 높은(가장 양수) ΔG 순서로 세 혼합물을 나열하라. **(c)** 각 비평형 혼합물이 평형으로 접근할 때, 변화에 대한 ΔG의 부호는 무엇인가?

유사 문제 20.81, 20.82

예제 20.11 | 비표준 조건에서 ΔG 값 구하기

문제 SO_2의 산화 반응인 $2SO_2(g) + O_2(g) \longrightarrow 2SO_3$은 황산 제조에 매우 유용한 반응이다.

(a) 298 K에서 K 값을 계산하라. ($\Delta G^\circ_{298} = -141.6$ kJ/mol.)

(b) 반응 용기에 0.500 atm의 SO_2, 0.0100 atm의 O_2, 0.100 atm의 SO_3로 채운 후, 25°C를 유지한다. 이 반응은 어느 방향으로 진행하여 평형에 도달할 것인가?

(c) 위 문제 (b)에서 계의 ΔG 값을 계산하라.

계획 **(a)** ΔG°, T, R 값들을 알고 있으므로 식 (20.12)로부터 K 값들을 구할 수 있다[예제 20.9(a) 참조]. **(b)** 실제 반응이 일어나는지 알아내려면 주어진 부분 압력들을 이용하여 Q 값을 계산하여 (a)의 K 값과 비교한다. **(c)** 부분 압력들이 표준 상태 압력들이 *아니므로*, 주어진 ΔG°와 Q 값[문제 (b)로부터]을 식 (20.13)에 적용하여 298 K에서 ΔG를 계산할 수 있다.

풀이 **(a)** 298 K에서 K 값 계산:

$$\Delta G^\circ = -RT\ln K\text{이므로}\qquad K = e^{-(\Delta G^\circ/RT)}$$

298 K에서 지수는

$$-(\Delta G^\circ/RT) = -\left(\frac{-141.6\ \text{kJ/mol} \times \dfrac{1000\ \text{J}}{1\ \text{kJ}}}{8.314\ \text{J/mol·K} \times 298\ \text{K}}\right) = 57.2$$

따라서

$$K = e^{-(\Delta G^\circ/RT)} = e^{57.2} = 7\times10^{24}$$

(b) Q 값 계산:

$$Q = \frac{(P_{SO_3})^2}{(P_{SO_2})^2 \times P_{O_2}} = \frac{0.100^2}{0.500^2 \times 0.0100} = 4.00$$

$Q < K$이기 때문에, 분모는 감소하고 분자는 증가할 것이다. 즉, Q가 K와 같아질 때까지 더 많은 SO_3를 형성할 것이다. 평형에 도달하기 위해서 반응은 오른쪽으로 진행될 것이다.

(c) 298 K에서 비표준 자유 에너지 변화 ΔG 계산:

$$\begin{aligned}\Delta G_{298} &= \Delta G° + RT \ln Q \\ &= -141.6 \text{ kJ/mol} + \left(8.314 \text{ J/mol·K} \times \frac{1 \text{ kJ}}{1000 \text{ J}} \times 298 \text{ K} \times \ln 4.00\right) \\ &= -138.2 \text{ kJ/mol}\end{aligned}$$

검산 (a)와 (c)에서 자유 에너지(kJ) 단위와 R(J) 단위를 일치시켰다. 문제 (c)에서 덧셈과 뺄셈 과정에서 유효 숫자들을 소수점 이하 한 자리를 유지하였다.

해설 NH_3 합성(17.6절)의 경우와 마찬가지로, 비록 낮은 온도에서 수득률이 더 높음에도 불구하고 높은 반응 속도를 얻기 위해 이 과정은 촉매와 함께 높은 온도에서 수행된다.

▶ **보충 문제**

20.11A 298 K에서 에틸렌과 염화 수소로부터 클로로에테인을 생성하는 반응의 $\Delta G° = -33.5$ kJ/mol이다.

$$C_2H_4(g) + HCl(g) \rightleftharpoons C_2H_5Cl(g)$$

(a) 298 K에서 K를 계산하라.
(b) $[C_2H_5Cl] = 1.5\ M$, $[C_2H_4] = 0.50\ M$, $[HCl] = 1.0\ M$인 경우 298 K에서 ΔG를 구하라.

20.11B 298 K에서 하이포아브로민산(HBrO)은 $K_a = 2.3\times10^{-9}$으로 물에서 해리된다.
(a) HBrO 해리 반응의 $\Delta G°$ 값은?
(b) $[H_3O^+] = 6.0\times10^{-4}\ M$, $[BrO^-] = 0.10\ M$, $[HBrO] = 0.20\ M$일 때, ΔG를 구하라.

유사 문제 20.79. 20.80

인터넷 핫스팟

비표준 조건에서 ΔG를 계산하는 것이 어렵게 느껴진다면, ebook에 접속하여 이 주제에 대한 추가 학습 동영상을 참고하자.

자발성의 의미를 다른 관점에서 보기 이 시점에서 *자발적*과 *비자발적*에 관련된 두 용어를 알아보자.

1. *생성물-선호 반응*(product-favored reaction). 다음과 같은 일반적인 반응의 경우

$$A \rightleftharpoons B \qquad K = [B]/[A] > 1$$

반응은 대체로 왼쪽에서 오른쪽으로 진행된다(그림 20.15A). 순수한 A로부터 평형까지는 $Q < K$이고, 그림에 있는 녹색 곡선 화살표는 반응이 자발적($\Delta G < 0$)이라는 것을 나타낸다. 평형에서 순수한 B로 가는 빨간색 곡선 화살표는 반응이 비자발적($\Delta G > 0$)이라는 것을 나타낸다. 이와 비슷하게, 순수한 B로부터 평형까지는 $Q > K$이고, 이 반응 역시 자발적($\Delta G < 0$)이지만, 그 이후로는 아니다. 두 경우 모두 *반응이 평형 혼합물이 있는 최소값($Q = K$, $\Delta G = 0$)에 도달할 때까지 자유 에너지는 감소*한다. $A \rightleftharpoons B$ 전체 반응에서(반응은 표준 상태에 있는 구성 성분들에서 출발), $G°_B$는 $G°_A$보다 더 작기 때문에 $\Delta G°$는 음수이고, $K > 1$이다. 최종 상태에서 계가 주로 생성물을 함유하고 있어서 화학자들은 이런 반응을 *생성물-선호* 반응이라고 부른다.

2. *반응물-선호 반응*(reactant-favored reaction). 다음과 같은 일반적인 반응의 경우

$$C \rightleftharpoons D \qquad K = [D]/[C] < 1$$

반응은 왼쪽에서 오른쪽으로 약간 진행된다(그림 20.15B). 여기서도 반응이 순수한 C에서 출발하든 또는 순수한 D에서 출발하든, 반응이 평형에 이를 때까지는 자발적($\Delta G < 0$)이다. 하지만 이 경우에는 평형 혼합물의 대부분이 C(반응물)이므로 화학자들은 이런 반응을 *반응물-선호* 반응이라고 부른다. 여기서 $G°_D$는 $G°_C$보다 크므로 $\Delta G°$는 양수이며 $K < 1$이다.

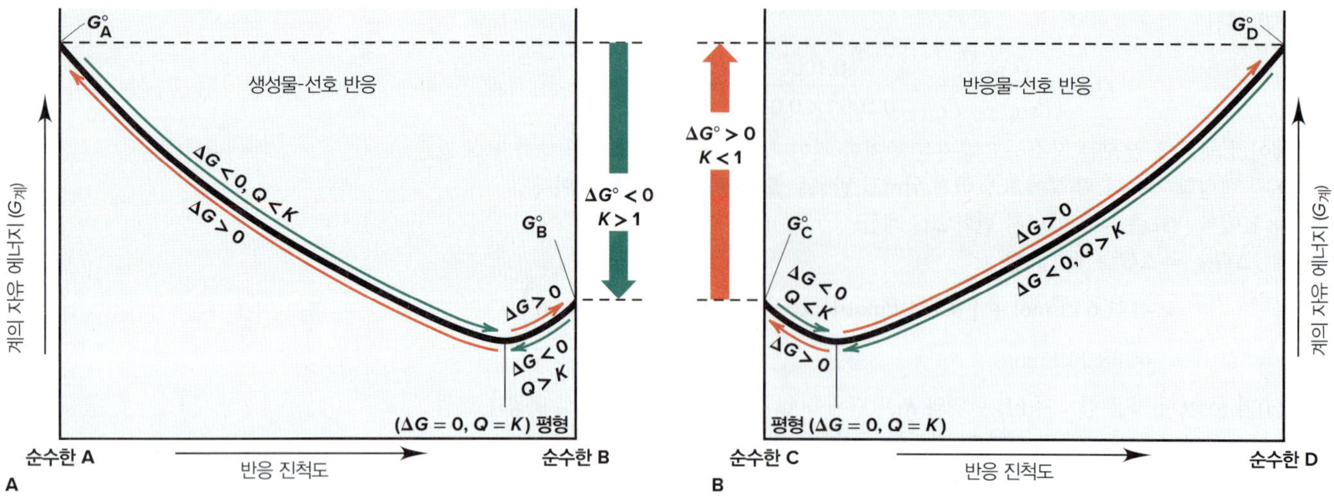

그림 20.15 **자유 에너지와 반응 진척도.** 각 반응은 반응물(A 또는 C) 또는 생성물(B 또는 D)로부터 $\Delta G = 0$인 평형 혼합물 쪽으로 자발적으로 진행된다(*녹색 곡선 화살표*). 평형점 이후에는 반응이 비자발적이다(*빨간색 곡선 화살표*). **A.** 생성물-선호 반응 A $\rightleftharpoons$ B에서, $G°_A > G°_B$이므로 $\Delta G° < 0$이고, $K > 1$이다. **B.** 반응물-선호 반응 C $\rightleftharpoons$ D에서 $G°_D > G°_C$이므로 $\Delta G° > 0$이고, $K < 1$이다.

따라서 "자발적"이라는 말은 출발 혼합물로부터 평형 혼합물까지 자유 에너지가 감소하는 반응 영역에 적용된다. 생성물-선호 반응은 생성물 쪽으로 많이(완전히는 *아님*) 진행되고, 반응물-선호 반응은 생성물 쪽으로 비교적 조금 진행된다(표 20.6 참조).

20.4절 요약

- 두 방법, 즉 ΔG의 부호와 Q/K의 비율로 반응의 자발성을 예측할 수 있다. 이 변수들은 $\Delta G = RT \ln Q/K$ 식으로 서로 연관되어 있다. $Q = K$일 때, $Q/K = 1$이고, $\ln Q/K = 0$이다. 그러므로 계는 평형에 있고, 더 이상 자유 에너지를 방출할 수 없다.
- Q가 표준 상태 값일 때의 자유 에너지 변화 $\Delta G°$가 $\Delta G° = -RT \ln K$ 식으로 평형 상수와 연관되어 있다.
- 모든 반응물들과 생성물들의 비평형 혼합물들은 자발적으로($\Delta G < 0$) 평형 혼합물 쪽으로 진행한다.
- 생성물-선호 반응은 생성물 쪽으로 치우치며, $K > 1$ 값과 $\Delta G° < 0$ 값을 갖는다. 반응물-선호 반응은 $K < 1$ 값과 $\Delta G° > 0$ 값을 갖는다.

개념 정리와 복습 _Chapter Review Guide

학습 목표 _Learning Objectives

** 괄호 안은 관련된 절(§)과 예제(SP) 번호*

주요 개념

1. 과정 자체가 일어나려는 경향과 과정이 일어나는 데 걸리는 시간은 별개이다(서론).
2. 자발적 변화와 비자발적 변화의 구별(§20.1)
3. 왜 열역학 제1법칙과 $\Delta H°$의 부호로 자발적 과정의 방향을 예측할 수 없는가(§20.1).
4. 어떻게 계의 엔트로피(S)는 에너지가 분산되는 미시 상태의 개수로 정의되는가(§20.1).
5. 어떻게 가역 과정에서 상수 T에서 흡수된 열(또는 방출된 열)에 의해 엔트로피가 정의되는가(§20.1).
6. 열역학 제2법칙에 따른 자발성에 대한 기준: 변화가 $S_{우주}$을 증가시킨다(§20.1).
7. 열역학 제3법칙이 영점을 제공함으로써 어떻게 표준 몰 엔트로피의 절대값($S°$)을 얻을 수 있는가(§20.1).
8. 온도, 물리적 상태, 용해, 원자의 크기 및 분자 복잡성이 $S°$ 값에 미치는 영향(§20.1)
9. $\Delta S°_{반응}$은 반응물과 생성물에 대한 합산 $S°$ 값의 차이에 따라 어떻게 달라지는가(§20.2).
10. 주위가 계에 열을 가하거나 열을 제거하는 방법과 $\Delta S_{주위}$가 전체 $\Delta S_{반응}$에 미치는 영향(§20.2)
11. $\Delta S_{주위}$과 $\Delta H_{계}$ 사이의 관계(§20.2)
12. 어떻게 반응이 자발적으로 평형 상태까지 진행하고 ($\Delta S_{우주} > 0$), 왜 평형 상태에서는 더 이상 진행하지 않는가($\Delta S_{우주} = 0$) (§20.2).

13. 자유 에너지 변화(ΔG)은 계의 엔트로피와 엔탈피 변화를 어떻게 결합하는가(§20.3).
14. 자유 에너지 변화가 어떻게 열역학 제2법칙으로부터 유도되는가(§20.3).
15. ΔG와 계가 수행할 수 있는 최대 일 사이의 관계와 이 일의 양을 실제 과정에서는 결코 얻을 수 없는 이유(§20.3)
16. ΔS와 ΔH가 같은 부호를 갖는 반응에서 어떻게 온도가 자발성을 결정하는가(§20.3).
17. 반응이 자발적으로 되는 온도가 왜 $\Delta G = 0$일 때 발생하는가(§20.3).
18. 자발적인 변화와 비자발적 변화가 어떻게 짝지음이 되어 비자발적 변화가 진행하는가(§20.3).
19. ΔG가 K와 Q의 비율과 어떤 관계가 있는가(§20.4).
20. $\Delta G°$의 의미 및 K와의 관계(§20.4)
21. ΔG와 $\Delta G°$ 및 Q의 관계(§20.4)
22. 반응계가 평형으로 이동함에 따라 시작 농도에 관계없이 G가 감소하는 이유(§20.4).
23. 생성물-선호 반응과 반응물-선호 반응 간의 구별(§20.4)

주요 스킬

1. 계의 상대 $S°$ 값 예측(§20.1, SP 20.1)
2. 화학적 변화에 대한 $\Delta S°_{반응}$ 계산(SP 20.2)
3. $\Delta S_{주위}$ 및 $\Delta H°_{계}$로부터 반응 자발성 결정하기(SP 20.3)
4. $\Delta H°_f$ 및 $S°$ 값에서 $\Delta G°_{반응}$을 계산하기(SP 20.4)
5. $\Delta G°_f$ 값으로부터 $\Delta G°_{반응}$ 계산하기(SP 20.5)
6. 분자 모식도를 이용하여 ΔH, ΔS, ΔG의 부호를 결정하기(SP 20.6)
7. ΔG에 대한 온도 영향 결정하기(SP 20.7)
8. 반응이 자발적으로 되는 온도 계산하기(§20.3, SP 20.8)
9. $\Delta G°$에서 K를 계산하고 또 그 반대 과정 계산하기(§20.4, SP 20.9)
10. $\Delta G°$와 Q를 사용하여 임의의 조건에서 ΔG를 계산하기(SP 20.10, 20.11)

주요 용어 _Key Terms

미시 상태	엔트로피, S	자발적 변화	표준 반응 엔트로피, $\Delta S°_{반응}$
반응 짝지음	열역학 제2법칙	자유 에너지, G	표준 생성 자유 에너지, $\Delta G°_f$
아데노신 삼인삼염, ATP	열역학 제3법칙	표준 몰 엔트로피, $S°$	표준 자유 에너지 변화, $\Delta G°$

주요 방정식 및 관계식 _Key Equations and Relationships

20.1 계의 에너지가 분포될 수 있는 미시 상태의 수(W)로 엔트로피 값 구하기:

$$S = k \ln W$$

20.2 가역 과정에서 흡수된 열 또는 방출된 열로 엔트로피 변화 값 구하기:

$$\Delta S_{계} = \frac{q_{가역}}{T}$$

20.3 자발적 과정에 대해 열역학 제2법칙 서술하기:

$$\Delta S_{우주} = \Delta S_{계} + \Delta S_{주위} > 0$$

20.4 반응물과 생성물의 표준 몰 엔트로피 값으로 표준 반응 엔트로피 변화 계산하기:

$$\Delta S°_{반응} = \Sigma m S°_{생성물} - \Sigma n S°_{반응물}$$

20.5 주위의 엔트로피 변화를 계의 엔탈피 변화와 온도에 연계시키기:

$$\Delta S_{주위} = -\frac{\Delta H_{계}}{T}$$

20.6 계의 자유 에너지 변화를 엔탈피 변화와 엔트로피 변화(Gibbs 식)로 표현하기:

$$\Delta G_{계} = \Delta H_{계} - T\Delta S_{계}$$

20.7 표준 엔탈피 변화와 표준 엔트로피 변화로 표준 자유 에너지 변화 계산하기:

$$\Delta G°_{계} = \Delta H°_{계} - T\Delta S°_{계}$$

20.8 표준 생성 자유 에너지 값들로 표준 자유 에너지 변화 계산하기:

$$\Delta G°_{반응} = \Sigma m \Delta G°_{f(생성물)} - \Sigma n \Delta G°_{f(반응물)}$$

20.9 자유 에너지 변화를 계가 수행할 수 있는 최대 일과 연관시키기:

$$\Delta G = w_{최대}$$

20.10 반응이 자발적으로 되는 온도 구하기:

$$T = \frac{\Delta H}{\Delta S}$$

20.11 자유 에너지 변화를 Q와 K로 나타내기:

$$\Delta G = RT \ln \frac{Q}{K} = RT \ln Q - RT \ln K$$

20.12 Q가 표준 상태 조건에 있을 때, 자유 에너지 변화 나타내기:

$$\Delta G° = -RT \ln K$$

20.13 비표준 초기 조건에서 자유 에너지 변화 나타내기:

$$\Delta G = \Delta G° + RT \ln Q$$

연습 문제 _Problems

노란색으로 표시한 문제들에 대해서는 그 답을 부록 E에 첨부하였다. 연습 문제에 표시된 절은 본문의 절과 같고, 관련 예제의 번호를 제시하였다. 대부분의 경우 개념 복습 문제, 스킬 숙달 문제(같은 개념을 다루는 두 문제씩 묶음) 및 실전 문제를 제시하였다.

주의: 별도의 언급이 없으면, 이 장의 모든 연습 문제는 298 K(25°C)의 계를 지칭한다. 문제 풀이에 부록 B의 값들이 필요한 경우도 있다.

열역학 제2법칙: 자발적 변화 예측

(예제 20.1)

개념 복습 문제

20.1 *자발적*(spontaneous)이라는 용어와 *즉각적*(instantaneous)이라는 용어의 의미를 구별하라. 자발적이지만 매우 느린 과정의 예와 매우 빠르지만 비자발적인 과정의 예를 들어라.

20.2 *자발적*(spontaneous)이라는 용어와 *비자발적*(nonspontaneous)이라는 용어의 의미를 구별하라. 비자발적 과정은 일어날 수 있는가? 설명하라.

20.3 다음 측면에서 열역학 제1법칙을 기술하라. (a) 우주의 에너지 (b) 에너지의 생성과 소멸 (c) 계와 주위의 에너지의 변화. 제1법칙은 자발적 변화의 방향을 보여주는가? 설명하라.

20.4 엔트로피와 입자의 운동 자유도 사이의 관계를 정성적으로 기술하라. 이 아이디어를 이용하여 (a) 여러분 주위의 공기가 방의 다른 쪽으로 이동하기 때문에 여러분이 질식하는 일이 결코 일어나지 않는 이유와 (b) 찻잔 속의 물이 반은 끓고 반은 어는 현상을 결코 볼 수 없는 이유를 설명하라.

20.5 물질의 $\Delta S_{증발}$이 $\Delta S_{녹음}$보다 언제나 더 큰 이유는 무엇인가?

20.6 발열 반응 중에 주위의 엔트로피는 어떻게 변하는가? 흡열 반응 중에 주위의 엔트로피는 어떻게 변하는가? 본문에 있는 예들 외에 자발적 흡열 과정을 기술하라.

20.7 (a) 0 K에서 완벽한 결정의 엔트로피 값은 얼마인가?
(b) 온도가 올라갈 때, 엔트로피 값은 증가하는가 아니면 감소하는가?
(c) 원소인 경우, $\Delta H_f^\circ = 0$이지만 $S^\circ > 0$인 이유는 무엇인가?
(d) 부록 B에 ΔH_f° 값들은 수록되어 있지만, ΔS_f° 값들은 수록되어 있지 않은 이유는 무엇인가?

스킬 숙달 문제(유사한 문제들을 두 개씩 묶음)

20.8 다음 과정들 중에서 자발적인 것은 어느 것인가? (a) 물이 웅덩이에서 증발한다. (b) 사자가 영양을 뒤쫓는다. (c) 동위 원소가 방사성 붕괴 반응을 한다.

20.9 다음 과정들 중에서 자발적인 것은 어느 것인가? (a) 지구는 태양 주위를 돈다. (b) 돌멩이가 언덕을 굴러 올라간다. (c) 소듐 금속 및 염소 기체가 고체 염화 소듐을 형성한다.

20.10 다음 과정들 중에서 자발적인 것은 어느 것인가? (a) 메테인이 공기 중에서 탄다. (b) 설탕 한 스푼이 뜨거운 커피에서 용해된다. (c) 반숙한 달걀이 날달걀이 된다.

20.11 다음 과정들 중에서 자발적인 것은 어느 것인가? (a) 위성이 지구로 떨어진다. (b) 물은 298 K와 1 atm에서 H_2와 O_2로 분해된다. (c) 평균 자동차 가격이 상승한다.

20.12 다음 각 과정에서 $\Delta S_{계}$의 부호를 예측하라. (a) 밀랍 조각이 녹는다. (b) 염화 은이 용액으로부터 침전된다. (c) 아침에 잔디 위에 이슬이 형성된다.

20.13 다음 각 과정에서 $\Delta S_{계}$의 부호를 예측하라. (a) 가솔린 증기는 자동차 엔진 안에서 공기와 섞인다. (b) 뜨거운 공기는 팽창한다. (c) 습기는 찬 공기에서 응축된다.

20.14 다음 각 과정에서 $\Delta S_{계}$의 부호를 예측하라. (a) 알코올이 증발한다. (b) 고체 폭약이 기체로 전환된다. (c) 향기가 방 안에 확산된다.

20.15 다음 각 과정에서 $\Delta S_{계}$의 부호를 예측하라. (a) 겨울에 연못이 언다. (b) 대기 중 CO_2가 바다에 용해된다. (c) 사과나무가 열매를 맺는다.

20.16 부록 B를 사용하지 말고, 다음 반응의 ΔS°의 부호를 예측하라.
(a) $2K(s) + F_2(g) \longrightarrow 2KF(s)$
(b) $NH_3(g) + HBr(g) \longrightarrow NH_4Br(s)$
(c) $NaClO_3(s) \longrightarrow Na^+(aq) + ClO_3^-(aq)$

20.17 부록 B를 사용하지 말고, 다음 반응의 ΔS°의 부호를 예측하라.
(a) $H_2S(g) + \frac{1}{2}O_2(g) \longrightarrow \frac{1}{8}S_8(s) + H_2O(g)$
(b) $HCl(aq) + NaOH(aq) \longrightarrow NaCl(aq) + H_2O(l)$
(c) $2NO_2(g) \longrightarrow N_2O_4(g)$

20.18 부록 B를 사용하지 말고, 다음 반응의 ΔS°의 부호를 예측하라.
(a) $CaCO_3(s) + 2HCl(aq) \longrightarrow CaCl_2(aq) + H_2O(l) + CO_2(g)$
(b) $2NO(g) + O_2(g) \longrightarrow 2NO_2(g)$
(c) $2KClO_3(s) \longrightarrow 2KCl(s) + 3O_2(g)$

20.19 부록 B를 사용하지 말고, 다음 반응의 ΔS°의 부호를 예측하라.
(a) $Ag^+(aq) + Cl^-(aq) \longrightarrow AgCl(s)$
(b) $KBr(s) \longrightarrow KBr(aq)$
(c) $CH_3CH{=}CH_2(g) \longrightarrow$ (cyclopropane: CH_2 above, $H_2C{-}CH_2$ ring) $H_2C{-}CH_2(g)$ with CH_2 bridging

20.20 다음 각 과정의 ΔS의 부호를 예측하라.
(a) $C_2H_5OH(g)$ (350 K, 500 torr) $\longrightarrow$ $C_2H_5OH(g)$ (350 K, 250 torr)
(b) $N_2(g)$ (298 K, 1 atm) $\longrightarrow$ $N_2(aq)$ (298 K, 1 atm)
(c) $O_2(aq)$ (303 K, 1 atm) $\longrightarrow$ $O_2(g)$ (303 K, 1 atm)

20.21 다음 각 과정의 ΔS의 부호를 예측하라.
(a) $O_2(g)$ (1 atm에서 1.0 L) $\longrightarrow$ $O_2(g)$ (10 atm에서 0.10 L)
(b) $Cu(s)$ (350°C, 2.5 atm) $\longrightarrow$ $Cu(s)$ (450°C, 2.5 atm)
(c) $Cl_2(g)$ (100°C, 1 atm) $\longrightarrow$ $Cl_2(g)$ (10°C, 1 atm)

20.22 다음 쌍에서 몰 엔트로피가 더 큰 물질이 어느 것인지 예측하고 설명하라.
(a) 뷰테인 $CH_3CH_2CH_2CH_3(g)$와 2-뷰텐 $CH_3CH{=}CHCH_3(g)$

(b) $Ne(g)$과 $Xe(g)$
(c) $CH_4(g)$와 $CCl_4(l)$

20.23 더 큰 몰 엔트로피를 갖는 물질이 어느 것인지 예측하고 설명하라.
(a) $NO_2(g)$와 $N_2O_4(g)$
(b) $CH_3OCH_3(l)$와 $CH_3CH_2OH(l)$
(c) $HCl(g)$과 $HBr(g)$

20.24 더 큰 몰 엔트로피를 갖는 물질이 어느 것인지 예측하고 설명하라.
(a) $CH_3OH(l)$와 $C_2H_5OH(l)$
(b) $KClO_3(s)$와 $KClO_3(aq)$
(c) $Na(s)$와 $K(s)$

20.25 더 큰 몰 엔트로피를 갖는 물질이 어느 것인지 예측하고 설명하라.
(a) $P_4(g)$와 $P_2(g)$
(b) $HNO_3(aq)$와 $HNO_3(l)$
(c) $CuSO_4(s)$와 $CuSO_4 \cdot 5H_2O(s)$

20.26 부록 B를 사용하지 말고, 표준 몰 엔트로피($S°$)가 *증가*하는 순서로 각 그룹을 배열하고 설명하라.
(a) 흑연, 다이아몬드, 숯
(b) 얼음, 수증기, 물
(c) O_2, O_3, O 원자들

20.27 부록 B를 사용하지 말고, 표준 몰 엔트로피($S°$)가 *증가*하는 순서로 각 그룹을 배열하고 설명하라.
(a) 글루코스($C_6H_{12}O_6$), 수크로스($C_{12}H_{22}O_{11}$), 리보스($C_5H_{10}O_5$)
(b) $CaCO_3$, $Ca + C + \frac{3}{2}O_2$, $CaO + CO_2$
(c) $SF_6(g)$, $SF_4(g)$, $S_2F_{10}(g)$

20.28 부록 B를 사용하지 말고, 표준 몰 엔트로피($S°$)가 *감소*하는 순서로 각 그룹을 배열하고 설명하라.
(a) $ClO_4^-(aq)$, $ClO_2^-(aq)$, $ClO_3^-(aq)$
(b) $NO_2(g)$, $NO(g)$, $N_2(g)$
(c) $Fe_2O_3(s)$, $Al_2O_3(s)$, $Fe_3O_4(s)$

20.29 부록 B를 사용하지 말고, 표준 몰 엔트로피($S°$)가 *감소*하는 순서로 각 그룹을 배열하고 설명하라.
(a) Mg 금속, Ca 금속, Ba 금속
(b) 헥세인(C_6H_{14}), 벤젠(C_6H_6), 사이클로헥세인(C_6H_{12})
(c) $PF_2Cl_3(g)$, $PF_5(g)$, $PF_3(g)$

반응의 엔트로피 변화 계산

(예제 20.2, 20.3)

개념 복습 문제

20.30 분자 모식도로 묘사되어 있는 다음 반응에서 X는 *빨간색*으로, Y는 *녹색*으로 표시되어 있다.

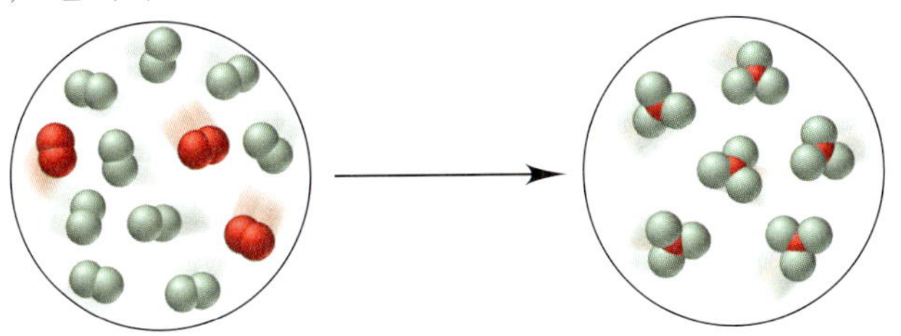

(a) 균형 반응식을 써라.
(b) $\Delta S_{반응}$의 부호를 결정하라.
(c) 가장 큰 몰 엔트로피 값을 갖고 있는 화학종은 무엇인가?

20.31 계와 주위의 엔트로피 변화로 평형 조건을 기술하라. 이러한 기술(description)은 우주의 엔트로피 변화에 대해 무엇을 의미하는가?

20.32 $H_2O(g) + Cl_2O(g) \longrightarrow 2HClO(g)$의 반응에 대해서, $\Delta S°_{반응}$과 $HClO(g)$와 $H_2O(g)$의 $S°$가 알려져 있다. $Cl_2O(g)$의 $S°$를 결정하기 위해서 사용할 수 있는 식을 써라.

스킬 숙달 문제(유사한 문제들을 두 개씩 묶음)

20.33 각 반응에 대해 $\Delta S°_{반응}$의 부호를 예측하고 그 값을 구하라.
(a) $3NO(g) \longrightarrow N_2O(g) + NO_2(g)$
(b) $3H_2(g) + Fe_2O_3(s) \longrightarrow 2Fe(s) + 3H_2O(g)$
(c) $P_4(s) + 5O_2(g) \longrightarrow P_4O_{10}(s)$

20.34 각 반응에 대해, $\Delta S°_{반응}$의 부호를 예측하고 그 값을 구하라.
(a) $3NO_2(g) + H_2O(l) \longrightarrow 2HNO_3(l) + NO(g)$
(b) $N_2(g) + 3F_2(g) \longrightarrow 2NF_3(g)$
(c) $C_6H_{12}O_6(s) + 6O_2(g) \longrightarrow 6CO_2(g) + 6H_2O(g)$

20.35 에테인(C_2H_6)이 연소하여 이산화 탄소와 수증기를 생성하는 과정의 $\Delta S°_{반응}$ 값을 구하라. $\Delta S°_{반응}$의 부호가 예상했던 부호인가?

20.36 메테인이 연소하여 이산화 탄소와 수증기를 생성하는 과정의 $\Delta S°_{반응}$ 값을 구하라. $\Delta S°_{반응}$의 부호가 예상했던 부호인가?

20.37 일산화 질소와 수소가 반응하여 암모니아와 수증기를 생성하는 반응에 대한 $\Delta S°_{반응}$ 값을 구하라. $\Delta S°_{반응}$의 부호가 예상했던 부호인가?

20.38 암모니아가 연소하여 이산화 질소와 수증기를 생성하는 과정의 $\Delta S°_{반응}$ 값을 구하라. $\Delta S°_{반응}$의 부호가 예상했던 부호인가?

20.39 (a) 구성 원소들로부터 $Cu_2O(s)$가 생성되는 과정의 $\Delta S°_{반응}$ 값은 얼마인가? (b) $\Delta S_{우주}$를 계산하고, 반응이 298 K에서 자발적인지 여부를 기술하라.

20.40 (a) 구성 원소들로부터 $HI(g)$가 생성되는 과정의 $\Delta S°_{반응}$ 값은 얼마인가? (b) $\Delta S_{우주}$를 계산하고, 반응이 298 K에서 자발적인지 여부를 기술하라.

20.41 (a) 구성 원소들로부터 $CH_3OH(l)$가 생성되는 과정의 $\Delta S°_{반응}$ 값은 얼마인가? (b) $\Delta S_{우주}$를 계산하고, 반응이 298 K에서 자발적인지 여부를 기술하라.

20.42 (a) 구성 원소들로부터 $N_2O(g)$가 생성되는 과정의 $\Delta S°_{반응}$ 값은 얼마인가? (b) $\Delta S_{우주}$를 계산하고, 반응이 298 K에서 자발적인지 여부를 기술하라.

실전 문제

20.43 SO_2는 석탄의 연소 과정에서 방출된다. 굴뚝 기체로부터 SO_2를 제거하기 위해 $Ca(OH)_2$ 현탁 수용액이 사용된다. 이 반응의 균형 반응식을 쓰고, 298 K에서 $\Delta S°_{반응}$ 값을 계산하라[$CaSO_3(s)$의 $S° = 101.4$ J/mol·K].

20.44 산소-아세틸렌 용접은 다리, 건물, 심지어 자유의 여신상과

같은 금속 구조물을 보수하는 데 이용된다. 아세틸렌(C_2H_2) 1 mol의 연소에 대한 $\Delta S_{반응}$ 값을 계산하라.

엔트로피, 자유 에너지 및 일

(예제 20.4~20.8)

개념 복습 문제

20.45 반응의 자발성을 결정하는 데 엔트로피의 변화보다 자유 에너지 변화를 계산하는 것의 이점(advantage)은 무엇인가?

20.46 $\Delta G_{계} = -T\Delta S_{우주}$ 식을 이용하여 $\Delta G_{계}$의 부호가 반응의 자발성과 어떤 상관 관계가 있는지 설명하라.

20.47 (a) 흡열 반응은 높은 온도에서 자발적인가 또는 낮은 온도에서 자발적인가? 설명하라.

(b) 아래 묘사된 변화는 일정 압력에서 일어난다. 다음 각 질문에 대한 답을 설명하라. (1) $\Delta H_{계}$의 부호는 무엇인가? (2) $\Delta S_{계}$의 부호는 무엇인가? (3) $\Delta S_{주위}$의 부호는 무엇인가? (4) $\Delta G_{계}$의 부호는 온도에 따라 어떻게 달라지는가?

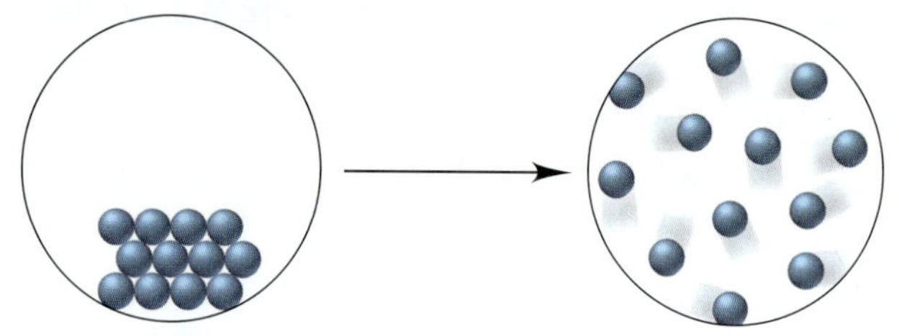

20.48 아래에 모식도에서 묘사된 변화에 대해 각각의 답변을 설명하라. (a) $\Delta H_{계}$의 부호는 무엇인가? (b) $\Delta S_{계}$의 부호는 무엇인가? (c) $\Delta S_{주위}$의 부호는 무엇인가? (d) $\Delta G_{계}$의 부호는 온도에 따라 어떻게 달라지는가?

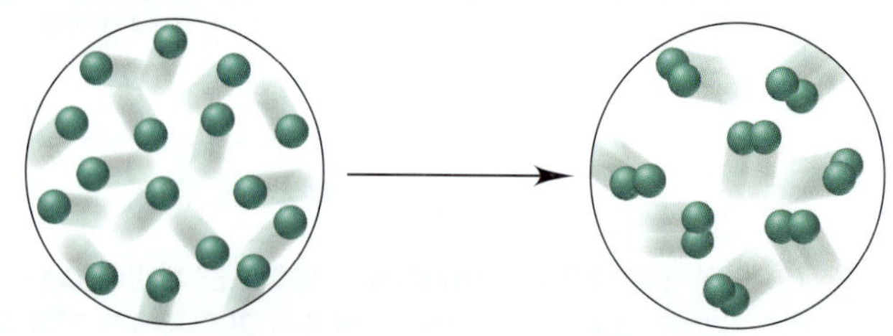

20.49 성분들이 표준 상태에 있는 어떤 반응이 높은 온도에서만 자발적이다. $\Delta H°$와 $\Delta S°$의 부호에 대해 무엇을 알 수 있을까? 이런 현상이 참(true)인 과정을 기술하라.

20.50 각 반응물과 생성물의 $S°$가 온도와 함께 증가한다면 반응에 대한 $\Delta S°$는 어떻게 상대적으로 온도와 무관할 수 있는가?

스킬 숙달 문제(유사한 문제들을 두 개씩 묶음)

20.51 $\Delta G_f°$ 값들을 이용하여 각 반응의 $\Delta G°$ 값을 계산하라.

(a) $2Mg(s) + O_2(g) \longrightarrow 2MgO(s)$

(b) $2CH_3OH(g) + 3O_2(g) \longrightarrow 2CO_2(g) + 4H_2O(g)$

(c) $BaO(s) + CO_2(g) \longrightarrow BaCO_3(s)$

20.52 $\Delta G_f°$ 값들을 이용하여 각 반응의 $\Delta G°$ 값을 계산하라.

(a) $H_2(g) + I_2(s) \longrightarrow 2HI(g)$

(b) $MnO_2(s) + 2CO(g) \longrightarrow Mn(s) + 2CO_2(g)$

(c) $NH_4Cl(s) \longrightarrow NH_3(g) + HCl(g)$

20.53 $\Delta H_f°$와 $S°$ 값들을 이용하여 문제 20.51에 있는 반응들의 $\Delta G°$ 값을 계산하라.

20.54 $\Delta H_f°$와 $S°$ 값들을 이용하여 문제 20.52에 있는 반응들의 $\Delta G°$ 값을 계산하라.

20.55 일산화 탄소의 산화 반응을 살펴보자.

$$CO(g) + \tfrac{1}{2}O_2(g) \longrightarrow CO_2(g)$$

(a) $\Delta S°$와 $\Delta H°$의 부호를 예측하고 설명하라.

(b) 두 가지 다른 방법으로 $\Delta G°$ 값을 계산하라.

20.56 뷰테인 기체의 연소 반응을 살펴보자.

$$C_4H_{10}(g) + \tfrac{13}{2}O_2(g) \longrightarrow 4CO_2(g) + 5H_2O(g)$$

(a) $\Delta S°$와 $\Delta H°$의 부호를 예측하고 설명하라.

(b) 두 가지 다른 방법으로 $\Delta G°$ 값을 계산하라.

20.57 제논과 플루오린의 기체상 반응으로부터 육플루오린화 제논 생성 반응에서,

(a) 298 K에서 $\Delta S°$를 계산하라($\Delta H° = -402$ kJ/mol 및 $\Delta G° = -280$ kJ/mol).

(b) 온도에 따라 $\Delta S°$와 $\Delta H°$가 거의 변하지 않는다고 가정하고 500. K에서 $\Delta G°$를 계산하라.

20.58 일산화 탄소와 염소의 기체상 반응으로부터 포스젠($COCl_2$) 생성 반응에서,

(a) 298 K에서 $\Delta S°$를 계산하라($\Delta H° = -220$ kJ/mol 및 $\Delta G° = -206$ kJ/mol).

(b) 온도에 따라 $\Delta S°$와 $\Delta H°$가 거의 변하지 않는다고 가정하고 450. K에서 $\Delta G°$를 계산하라.

20.59 다음 반응은 소량의 순수한 H_2를 생산하는 데 이용된다.

$$CH_3OH(g) \rightleftharpoons CO(g) + 2H_2(g)$$

(a) 298 K에서 반응의 $\Delta H°$와 $\Delta S°$를 결정하라.

(b) $\Delta H°$와 $\Delta S°$가 비교적 온도에 무관하다고 가정하고, 28°C, 128°C, 228°C에서 $\Delta G°$ 값들을 계산하라.

(c) 다른 $\Delta G°$ 값들의 중요성은 무엇인가?

(d) 어떤 온도(K)에서 반응이 자발적으로 일어나는가?

20.60 다음 반응은 내연 기관에서 일어난다.

$$N_2(g) + O_2(g) \rightleftharpoons 2NO(g)$$

(a) 298 K에서 반응의 $\Delta H°$와 $\Delta S°$를 결정하라.

(b) $\Delta H°$와 $\Delta S°$가 비교적 온도에 무관하다고 가정하고, 100.°C, 2560.°C, 3540.°C에서 $\Delta G°$ 값들을 계산하라.

(c) 다른 $\Delta G°$ 값들의 중요성은 무엇인가?

(d) 어떤 온도(K)에서 반응이 자발적으로 일어나는가?

실전 문제

20.61 연료로서 $H_2(g)$는 타면서 무공해 $H_2O(g)$만 생성한다. 더욱이 $H_2(g)$는 연료 전지에서 $O_2(g)$와 결합하여 전기 에너지를 제공한다(21장 참고).

(a) 298 K에서 $H_2(g)$ 1 mol당 $\Delta H°$, $\Delta S°$, $\Delta G°$ 값을 계산하라.

(b) 이 반응의 자발성은 T에 의존하는가? 설명하라.

(c) 어떤 온도에서 이 반응이 자발적이 되는가?

20.62 미국 정부는 자동차 연료에 재생 가능한 성분을 함유할 것을 요구한다. 옥수수의 글루코스를 발효하면 에탄올이 생성되며, 미국 정부의 요구를 맞추기 위해 에탄올을 휘발유에 첨가한다.

$$C_6H_{12}O_6(s) \longrightarrow 2C_2H_5OH(l) + 2CO_2(g)$$

25°C에서 이 반응에 대한 $\Delta H°$, $\Delta S°$, $\Delta G°$ 값을 계산하라. 이 반응

의 자발성은 T에 의존하는가? 설명하라.

자유 에너지, 평형 및 반응의 방향

(예제 20.9~20.11)

개념 복습 문제

20.63 (a) 어떤 반응의 $K << 1$이라면, $\Delta G°$의 크기와 부호에 대해서 무엇을 알 수 있는가? (b) 어떤 반응의 $\Delta G° >> 0$이라면, K와 G의 크기에 대해서 무엇을 알 수 있는가?

20.64 과정의 자유 에너지 변화와 과정으로부터 얻을 수 있는 일은 어떻게 연관되어 있는가? 실제 과정에서 이 양만큼의 일을 얻을 수 있는가? 설명하라.

20.65 다음 모식도들과 그래프는 $X_2(g)$ (*검은색*)와 $Y_2(g)$(*주황색*)가 반응하여 $XY(g)$를 형성하는 반응을 기술한다. (a) 반응물들과 생성물들이 표준 상태에 있다면, 그래프에서 x라고 표시된 것은 어떤 양을 표시하는가? (b) 어느 모식도가 점 1을 나타내는가? 설명하라. (c) 어떤 모식도가 점 2를 나타내는가? 설명하라.

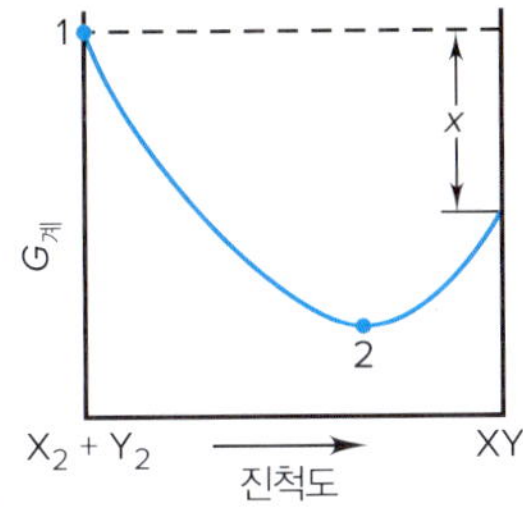

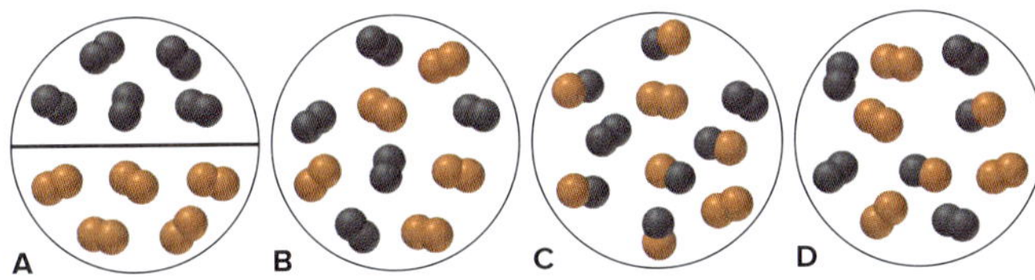

20.66 $\Delta G°$와 ΔG의 차이는 무엇인가? 어떤 상황에서 $\Delta G° = \Delta G$인가?

스킬 숙달 문제(유사한 문제들을 두 개씩 묶음)

20.67 298 K에서 다음 각 반응의 K 값을 계산하라.
(a) $MgCO_3(s) \rightleftharpoons Mg^{2+}(aq) + CO_3^{2-}(aq)$
(b) $H_2(g) + O_2(g) \rightleftharpoons H_2O_2(l)$

20.68 298 K에서 다음 각 반응의 K 값을 계산하라.
(a) $HCN(aq) + NaOH(aq) \rightleftharpoons NaCN(aq) + H_2O(l)$
(b) $SrSO_4(s) \rightleftharpoons Sr^{2+}(aq) + SO_4^{2-}(aq)$

20.69 298 K에서 다음 각 반응의 $\Delta G°$ 값을 계산하라.
(a) $CO(g) + Cl_2(g) \rightleftharpoons COCl_2(g)$; $K = 5.62\times10^{35}$
(b) $H_2SO_4(l) \rightleftharpoons H_2O(l) + SO_3(g)$; $K = 4.46\times10^{-15}$

20.70 298 K에서 다음 각 반응의 $\Delta G°$ 값을 계산하라.
(a) $2NO(g) + Cl_2(g) \rightleftharpoons 2NOCl(g)$; $K = 1.58\times10^{7}$
(b) $Cu_2S(s) + O_2(g) \rightleftharpoons 2Cu(s) + SO_2(g)$; $K = 3.25\times10^{37}$

20.71 1 atm에서 일어나는 다음 과정의 $\Delta H°$와 $\Delta S°$ 값들을 이용하여 Br_2의 끓는점을 구하라.

$$Br_2(l) \rightleftharpoons Br_2(g)$$

20.72 $\Delta H°$와 $\Delta S°$ 값들을 이용하여 1 atm에서 황 동소체들이 평형에 도달하는 온도를 구하라.

$$S(사방정계) \rightleftharpoons S(단사정계)$$

20.73 부록 B를 이용하여 Ag_2S의 K_{sp} 값을 결정하라.

20.74 부록 B를 이용하여 CaF_2의 K_{sp} 값을 결정하라.

20.75 반응 $I_2(g) + Cl_2(g) \rightleftharpoons 2ICl(g)$에 대해, 25°C에서 K_p 값을 계산하라. $ICl(g)$의 $\Delta G°_f = -6.075$ kJ/mol.

20.76 반응 $CaCO_3(s) \rightleftharpoons CaO(s) + CO_2(g)$에 대해, 25°C에서 평형 P_{CO_2}를 계산하라.

20.77 25°C에서 $PbCl_2$의 K_{sp} 값은 1.7×10^{-5}이다. $\Delta G°$ 값은 얼마인가? 표준 상태 농도에서 $Pb^{2+}(aq)$와 $Cl^-(aq)$가 포함된 용액을 만드는 것이 가능한가?

20.78 25°C에서 ZnF_2의 K_{sp} 값은 3.0×10^{-2}이다. $\Delta G°$ 값은 얼마인가? 표준 상태 농도에서 $Zn^{2+}(aq)$와 $F^-(aq)$가 포함된 용액을 만드는 것이 가능한가?

20.79 298 K에서 다음 반응의 평형 상수는 $K_c = 9.1\times10^{-6}$이다.

$$2Fe^{3+}(aq) + Hg_2^{2+}(aq) \rightleftharpoons 2Fe^{2+}(aq) + 2Hg^{2+}(aq)$$

(a) 이 온도에서 $\Delta G°$ 값은 얼마인가?
(b) 표준 상태 농도의 반응물과 생성물이 혼합되면 반응은 어느 방향으로 진행되는가?
(c) $[Fe^{3+}] = 0.20\ M$, $[Hg_2^{2+}] = 0.010\ M$, $[Fe^{2+}] = 0.010\ M$, $[Hg^{2+}] = 0.025\ M$일 때, ΔG 값을 계산하라. 평형에 도달하기 위해 반응은 어느 방향으로 진행되는가?

20.80 25°C에서 다음 반응의 형성 상수 값 $K_f = 5.6\times10^{8}$이다.

$$Ni^{2+}(aq) + 6NH_3(aq) \rightleftharpoons Ni(NH_3)_6^{2+}(aq)$$

(a) 25°C에서 $\Delta G°$ 값은 얼마인가?
(b) 만일 표준 상태 농도의 반응물과 생성물이 혼합된다면, 반응은 어느 방향으로 진행되는가?
(c) $[Ni(NH_3)_6^{2+}] = 0.010\ M$, $[Ni^{2+}] = 0.0010\ M$, $[NH_3] = 0.0050\ M$일 때, ΔG 값은? 평형에 도달하기 위해 반응은 어느 방향으로 진행되는가?

20.81 아래 모식도는 A가 자체적으로 반응하여 A_2를 형성하는 세 기체 혼합물을 묘사하고 있다. 각의 입자는 0.10 mol을 나타내고 부피는 0.10 L이라고 가정한다.

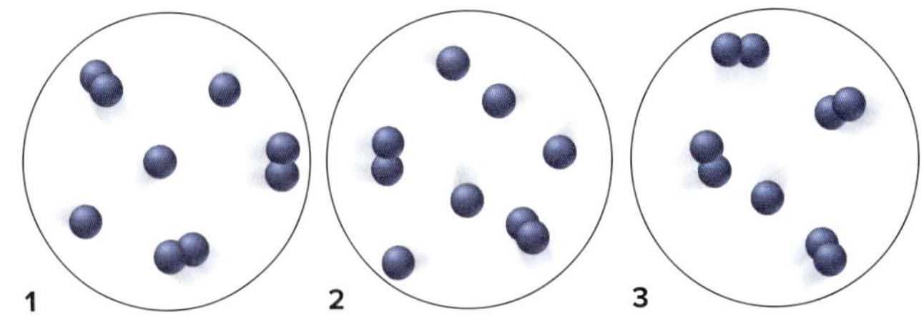

(a) 만일 $K = 0.33$이라면 어느 혼합물이 평형 상태에 있는가?
(b) 가장 양수 값을 갖는 ΔG에서 가장 음수 값을 갖는 ΔG 순서로 세 혼합물을 나열하라.

20.82 아래 모식도들은 X(*주황색*)와 Y_2(*검은색*)가 반응하여 XY와 Y를 형성하는 세 기체 혼합물을 묘사하고 있다. 각 기체의 분압은 0.10 atm이라 가정하라.

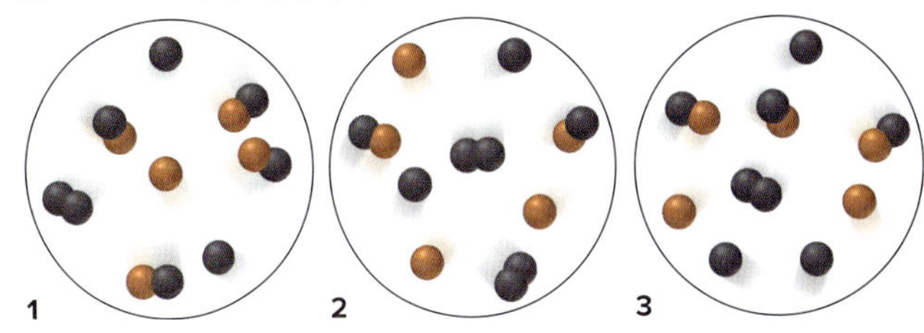

(a) 만일 K = 4.5이라면 어느 혼합물이 평형 상태에 있는가?
(b) 가장 양수 값을 갖는 ΔG에서 가장 음수 값을 갖는 ΔG 순서로 세 혼합물을 나열하라.

실전 문제

20.83 오존(O_3) 수치가 높아지면 고무가 부식되고, 녹색 식물이 누렇게 변하고, 많은 사람들이 숨쉬기 어려워진다.
(a) O_2로부터 O_3 생성 반응은 모든 온도, 높은 온도, 또는 낮은 온도 중에서 어느 온도에서 가장 잘 진행되는가? 아니면 어느 온도에서도 반응이 일어나지 않는가?
(b) 298 K에서 이 반응의 $\Delta G°$ 값은 얼마인가?
(c) $[O_2]$ = 0.21 atm과 $[O_3] = 5\times10^{-7}$ atm인 도시 스모그에서, 이 반응의 298 K에서 ΔG 값은 얼마인가?

20.84 위장 X-선 촬영 전에 X-선을 투과시키지 않고 윤곽이 잘 드러나도록 $BaSO_4$ 현탁액을 마신다. Ba^{2+} 이온은 유독성이지만, 이 화합물은 거의 불용성이다. 37°C에서 다음 반응의 $\Delta G°$ 값이 59.1 kJ/mol이라면 장 내에서 $[Ba^{2+}]$는 얼마인가? (SO_4^{2-}의 공급원은 섭취된 현탁액뿐이라고 가정하라.)

$$BaSO_4(s) \rightleftharpoons Ba^{2+}(aq) + SO_4^{2-}(aq)$$

실버버그의
제9판
일반화학 CHEMISTRY
The Molecular Nature of Matter and Change

제 21 장 전기 화학: 화학적 변화와 전기적 일

Electrochemistry: Chemical Change and Electrical Work

Source: Scharfsinn/Shutterstock

관련 개념과 스킬 _Concepts and Skills to Review Before You Study This Chapter

- 산화-환원 용어(4.4절)
- 금속의 반응성 순서(4.5절)
- 이온화 에너지(8.3절)와 전기 음성도(9.5절)의 경향성
- 자유 에너지, 일과 평형(20.3, 20.4절)
- Q vs. K (17.4절)과 ΔG vs. ΔG° (20.4절)

매일매일 우리는 (인지하지 못할 수도 있지만) 화학적 변화와 전기적 일 간의 상호작용에 대한 학문인 **전기 화학**(electrochemistry)이라는 분야에 의존하고 있다. 노트북을 사용하여 보고서를 작성할 때, 스마트 폰으로 메시지를 보낼 때, 혹은 극장에 가기 위해 자동차를 운전할 때(내연기관 자동차, 하이브리드 자동차, 혹은 전기차) 전기 화학이 적용된다. 이러한 모든 장치들은 전기 에너지를 생산하거나 사용하기 위해 산화-환원 반응을 포함하는 시스템인 **전기 화학 전지**(electrochemical cell)에 의존한다. 이 장에서는 열역학적 원리에 기반하여 일상 생활에 중요한 역할을 하는 이러한 전기 화학 전지를 논의할 것이다.

이 장에서는... 전기 화학 전지의 본질적인 특성을 살펴보고 자유 에너지와 전기적 일 사이의 관계를 정량화한다.

- 산화-환원 반응을 검토하고 전기 화학 전지에서 일어나는 산화-환원 반응의 균형을 맞추는 방법을 설명한다.
- 두 종류의 전기 화학 전지 사이의 주요 차이점을 이해한다.
- 전기적 일을 수행하기 위해서 자유 에너지를 *방출*하는 볼타 전지에 초점을 맞추고 두 개의 반쪽 전지의 조합으로 작동되는 방법을 살펴본다.
- 산화-환원 쌍의 상대적 강도를 결정하고 자발적인 산화-환원 반응식을 만들기 위해서 반쪽 전지 전위를 이용한다.
- 표준 자유 에너지 변화, 표준 전지 전위 및 평형 상수의 상호 의존성을 이해한다.
- 볼타 전지가 작동할 때 전압의 변화를 이해한다.
- 반쪽 전지의 용액 농도의 차이가 어떻게 전기를 발생시키는 데 이용될 수 있는지 살펴본다.
- 몇 가지 중요한 배터리 유형의 구성 및 작동을 분석한다.
- 볼타 전지의 작동과 주요한 유사점이 있는 부식 문제를 설명한다.
- 외부에서 자유 에너지를 *흡수*하여 전기적 일을 하는 전해 전지에 대해서 이해한다. 각각의 다른 조건하에서 생성되는 생성물을 예측하고 물질의 양과 전하량 사이의 관계를 정량화한다.
- 살아있는 세포에서 에너지를 생성하는 산화-환원 계를 탐구한다.

21.1 산화-환원 반응과 전기 화학 전지

먼저 4장에서 다루었던 산화-환원 과정을 복습하고 산화-환원 반응(oxidation-reduction 또는 redox reaction)의 균형을 맞추는 *반쪽 반응법*을 논의한다. 그러고 나서 두 가지 유형의 전기 화학 전지에서 산화-환원 반응이 어떻게 사용되는지 알아본다.

산화-환원 개념에 대한 간략한 검토

모든 전기 화학 과정은 산화-환원 반응으로 *한 화학종으로부터 다른 화학종으로 전자들의 이동*을 동반한다. 모든 산화-환원 과정에서

- *산화*(oxidation)는 전자를 잃는 것이고 *환원*(reduction)은 전자를 얻는 것이다. 그리고 산화와 환원은 *동시에* 일어난다.
- *산화제*(oxidizing agent)는 산화되는 물질로부터 *전자를 빼앗아* 산화시키고, *환원제*(reducing agent)는 환원되는 물질에 *전자를 줌으로써* 환원시킨다. 따라서

산화제는 환원되고 환원제는 산화된다.

- 산화된 물질은 *더* 높은(더 높은 양의 산화수 혹은 더 낮은 음의 산화수) 산화수(oxidation number, O.N.)를 갖게 되고, 환원된 물질은 *더 낮은*(더 낮은 양의 산화수 혹은 더 높은 음의 산화수) 산화수를 갖는다.
- 산화제의 원자/이온이 얻은 총 전자수는 환원제의 원자/이온이 잃은 총 전자의 수와 같다.

그림 21.1은 아연 금속과 센 산에서 나온 H^+ 이온 사이의 수용액 반응에 대해 이 개념을 나타내고 있다. 산화-환원 과정에서 산화 또는 환원 부분을 확실히 찾을 수 있어야 한다. 4.4절 내용을 복습하면 도움이 될 것이다.

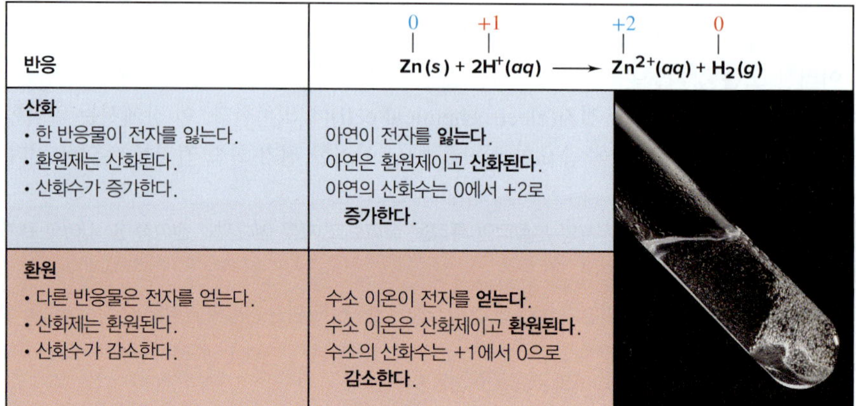

반응	$\overset{0}{Zn}(s) + 2\overset{+1}{H^+}(aq) \longrightarrow \overset{+2}{Zn^{2+}}(aq) + \overset{0}{H_2}(g)$
산화 • 한 반응물이 전자를 잃는다. • 환원제는 산화된다. • 산화수가 증가한다.	아연이 전자를 **잃는다**. 아연은 환원제이고 **산화된다**. 아연의 산화수는 0에서 +2로 **증가한다**.
환원 • 다른 반응물은 전자를 얻는다. • 산화제는 환원된다. • 산화수가 감소한다.	수소 이온이 전자를 **얻는다**. 수소 이온은 산화제이고 **환원된다**. 수소의 산화수는 +1에서 0으로 **감소한다**.

그림 21.1 산화-환원 용어 요약: 아연과 수소 이온 사이의 반응.

Source: Stephen Frisch/McGraw-Hill Education

반쪽 반응법을 이용한 산화-환원 반응의 균형 맞추기

4장에서는 화합물의 각 원소들의 산화수를 결정하는 방법, 산화제와 환원제를 구분하는 방법, 그리고 일어난 화학적 변화가 산화-환원 반응인지 판단하는 방법에 대해 배웠다. 여기서는 산화-환원 반응의 균형 반응식을 만드는 방법을 살펴본다. 전기 화학 반응을 공부할 때 **반쪽 반응법**(half-reaction method)을 이용하는 것이 매우 유용하다.

- *전체 산화-환원 반응을 산화 반쪽 반응과 환원 반쪽 반응으로 나눈다.* 이것은 전기 화학 전지 안에서 두 반응이 실제로 물리적으로 분리되어 있는 것을 반영한다.
- 전지에서 흔히 사용하는 산성 용액과 염기성 용액 모두에 잘 적용된다.
- (일반적으로) 산화수를 반드시 쓸 필요는 *없다*. (반쪽 반응이 명확하지 않을 경우에는 어떤 원자에 대해서 변화가 일어나는지 결정하기 위해서 산화수를 쓰고, 그 원자들을 포함하고 있는 화학종들의 반쪽 반응식을 쓰기도 한다.)

반쪽 반응법의 단계 균형을 맞추는 과정은 먼저 산화 및 환원이 되는 화학종들만을 포함하는 "골격(skeleton)" 이온 반응에서 시작한다. 반쪽 반응법을 이용하는 단계는 다음과 같다.

단계 1. 골격 반응을 두 개의 반쪽 반응으로 나눈다. 각 반쪽 반응은 화학종들 중 하나의 산화 혹은 환원된 형태를 포함한다. *만약 화학종의 산화된 형태가 반응의 왼쪽에 있다면 환원된 형태는 반드시 오른쪽에 있어야 하며 그 반대도 성립한다.*

단계 2. 각 반쪽 반응에서 *다음 순서대로* 원자와 전하의 균형을 맞춘다.

a. O, H를 제외한 다른 원자들의 균형을 맞춘다

b. H_2O를 더해서 O의 균형을 맞춘다.

c. H^+ 이온을 더해서 H의 균형을 맞춘다.

d. 전자(e^-)를 더해서 전하의 균형을 맞춘다.

반응의 왼쪽에 전자가 더해지는 반쪽 반응은 반응물이 전자를 얻기 때문에 환원 반쪽 반응이고, 오른쪽에 전자가 더해지는 반쪽 반응은 반응물이 전자를 잃기 때문에 산화 반쪽 반응이다.

단계 3. 필요하면 각 반쪽 반응에 정수를 곱해서 환원 반응에서 얻은 e^-의 수 = 산화 반응에서 잃은 e^-의 수가 되도록 만든다.

단계 4. 균형이 맞춰진 반쪽 반응식들을 더하고, 반응 양쪽에 모두 존재하는 물질을 상쇄시키고 물질의 상태 정보를 추가한다.

단계 5. 원자 및 전하의 균형이 맞는지 확인한다.

예제 21.1에서 산성 용액에서 일어나는 산화-환원 반응의 균형을 맞추어 보고, 염기성 용액에서 균형을 맞추는 방법을 살펴보자.

산성 용액에서 산화-환원 반응 균형 맞추기 산성 용액에서 일어나는 반응의 경우, H_2O 분자와 H^+ 이온을 써서 균형을 맞춘다. 물에 녹아 있는 양성자를 표기할 때 H_3O^+를 일반적으로 사용하지만 간단히 하기 위해서 이 장에서는 H^+를 사용한다.

산성 용액에서 브롬산 이온과 히드라진이 반응하여 브로민과 질소 기체가 생성된다. 골격 이온 반응식은 다음과 같다.

$$BrO_3^-(aq) + N_2H_4(aq) \longrightarrow Br_2(l) + N_2(g) \qquad \text{[산성 용액]}$$

단계 1. 전체 반응을 반쪽 반응으로 나눈다. 각 반쪽 반응은 화학종의 산화된 형태와 환원된 형태를 포함한다.

$$BrO_3^- \longrightarrow Br_2$$
$$N_2H_4 \longrightarrow N_2$$

단계 2. 각 반쪽 반응에서 원자와 전하의 균형을 맞춘다. O의 균형을 맞추기 위해서 H_2O를 사용하고 H를 맞추기 위해서 H^+, 전하를 맞추기 위해서 e^-를 사용한다.

BrO_3^-/Br_2 반쪽 반응:

a. *O, H를 제외한 나머지 원자들의 균형을 맞춘다.* 오른쪽의 Br_2에 두 개의 Br이 있으므로 왼쪽에 2를 곱한다.

$$2BrO_3^- \longrightarrow Br_2$$

b. *H_2O 분자를 더해서 O 원자의 균형을 맞춘다.* H_2O는 한 개의 O 원자를 가지고 있기 때문에 $2BrO_3^-$에 있는 O 원자 6개의 균형을 맞추기 위해서 오른쪽에 H_2O 6개를 더한다.

$$2BrO_3^- \longrightarrow Br_2 + 6H_2O$$

c. *H^+ 이온을 추가하여 H 원자의 균형을 맞춘다.* H_2O는 두 개의 H를 가지고 있고, 위에서 6개의 H_2O를 추가했기 때문에 왼쪽에 12개의 H^+ 이온을 더해 준다.

$$12H^+ + 2BrO_3^- \longrightarrow Br_2 + 6H_2O$$

d. *전자를 더해서 전하의 균형을 맞춘다.* 각 H^+ 이온은 1+ 전하를 가지고 있고, $12H^+$와 $2BrO_3^-$의 2−를 더하면 왼쪽의 전하는 10+가 된다. 오른쪽에는 전하가 없기 때문에(Br_2와 H_2O는 전기적으로 중성) 균형을 맞추기 위해서 왼쪽에 10개의 e^-를 더한다.

$$10e^- + 12H^+ + 2BrO_3^- \longrightarrow Br_2 + 6H_2O \qquad \text{[환원]}$$
$$\text{전하:}\quad 10- \; + (12+) + \; (2-) \quad = \quad 0 \; + \; 0$$

이 반응의 균형 반쪽 반응식이 완성되었다.

- 전자가 *반응물로서 왼쪽*에 위치하기 때문에 이 반응은 *환원* 반응이다.
- BrO_3^-은 전자를 얻었고(환원됨), 따라서 *산화제*이다.
- Br의 산화수는 왼쪽의 +5에서 오른쪽의 0으로 감소하였다.

N_2H_4/N_2 반쪽 반응:

a. *O, H를 제외한 나머지 원자들의 균형을 맞춘다.* 양쪽에 N 원자가 2개씩 있기 때문에 이 단계는 필요 없다.

b. *H_2O 분자를 더해서 O 원자의 균형을 맞춘다.* O 원자가 없기 때문에 이 단계는 필요 없다.

c. *H^+ 이온을 더해서 H 원자의 균형을 맞춘다.* 왼쪽의 N_2H_4에 네 개의 H 원자가 있기 때문에 오른쪽에 네 개의 H^+ 이온을 더해 준다.

$$N_2H_4 \longrightarrow N_2 + 4H^+$$

d. *전자를 더해서 전하의 균형을 맞춘다.* 왼쪽의 전하가 0이고 오른쪽에는 네 개의 H^+ 이온 때문에 전하가 4+이므로 균형을 맞추기 위해서 오른쪽에 네 개의 e^-를 더해 준다.

$$N_2H_4 \longrightarrow N_2 + 4H^+ + 4e^- \qquad \text{[산화]}$$
$$\text{전하:}\quad 0 \quad = \quad 0 \; + (4+) + (4-)$$

이 반응의 균형 반쪽 반응식이 완성되었다.

- 전자가 *생성물로써 오른쪽*에 위치하기 때문에 이 반응은 *산화* 반응이다.
- 반응물 N_2H_4는 전자를 잃었고(산화됨), 따라서 *환원제*이다.
- N의 산화수는 왼쪽 −2에서 오른쪽 0으로 증가하였다.

단계 3. 필요하면 각 반쪽 반응에 정수를 곱하여 산화 과정에서 잃은 e^-의 숫자와 환원 과정에서 얻은 e^-의 수를 일치시킨다. 산화 과정에서 네 개의 e^-를 잃었고 환원 과정에서 10개의 e^-를 얻었기 때문에 산화 반응에 5를 곱하고 환원 반응에 2를 곱하면 각각의 반응에서 20개씩의 e^-를 얻거나 잃게 된다.

$$2(10e^- + 12H^+ + 2BrO_3^- \longrightarrow Br_2 + 6H_2O)$$
$$5(N_2H_4 \longrightarrow N_2 + 4H^+ + 4e^-)$$

$$20e^- + 24H^+ + 4BrO_3^- \longrightarrow 2Br_2 + 12H_2O$$
$$5N_2H_4 \longrightarrow 5N_2 + 20H^+ + 20e^-$$

단계 4. 반쪽 반응들을 더한다. 양쪽에 존재하는 화학종들을 상쇄시키고 물질의 상태를 추가한다. 이 반응에서는 20개의 전자들과 20개의 H^+ 이온들이 각각 상쇄되고 왼쪽에 4개의 H^+ 이온이 남는다.

$$\cancel{20e^-} + 4\ \cancel{24H^+} + 4BrO_3^- \longrightarrow 2Br_2 + 12H_2O$$
$$5N_2H_4 \longrightarrow 5N_2 + \cancel{20H^+} + \cancel{20e^-}$$
$$4H^+(aq) + 4BrO_3^-(aq) + 5N_2H_4(aq) \longrightarrow 2Br_2(l) + 12H_2O(l) + 5N_2(g)$$

단계 5. 원자 및 전하의 균형을 확인한다.

반응물(24H, 4Br, 12O; 10N; 0) ⟶ 생성물(24H, 4Br, 12O, 10N; 0)

> **인터넷 핫스팟**
>
> 산성 용액 조건에서 산화-환원 반응의 균형 맞추는 것이 어렵게 느껴진다면, eBook에 접속하여 이 주제에 대한 추가 학습 동영상을 참고하자.

염기성 용액에서 산화-환원 반응 균형 맞추기 산성 용액에서는 균형을 맞추기 위해서 H_2O 분자와 H^+ 이온을 사용하였지만, 염기성 용액에서는 H_2O와 OH^- 이온을 사용한다.

염기성 용액에서 일어나는 산화-환원 반응의 균형을 맞추기 위해서는 한 단계가 더 필요하다. *반응이 산성 용액에서 일어났다고 가정*하고 반쪽 반응들의 균형을 맞춘 후에 반쪽 반응들을 더한다(단계 4). 이 단계에서 ***반응식의 양변**에 H^+와 같은 수의 OH^-를 더 한다.* (이 과정은 예제 21.1에서 "4 염기성 용액"으로 표기되어 있다.) H^+ 이온과 OH^- 이온이 같이 존재하는 쪽에서는 H_2O 분자가 생성되고 반대편에는 반응식에 OH^- 이온이 남아 있게 된다. 그런 다음 H_2O를 상쇄시킨다.

예제 21.1 | 염기성 용액에서 산화-환원 반응 균형 맞추기

문제 염기성 용액에서 과망가니즈산 이온과 옥살산 이온이 반응하면 탄산 이온과 고체 이산화망가니즈가 생성된다. 염기성 용액에서 $NaMnO_4$와 $Na_2C_2O_4$ 간의 반응에 대해 골격 이온 반응식의 균형을 맞추어라.

$$MnO_4^-(aq) + C_2O_4^{2-}(aq) \longrightarrow MnO_2(s) + CO_3^{2-}(aq) \quad [\text{염기성 용액}]$$

계획 산성 용액이라고 가정하고 본문에 기술되어 있는 단계를 따라서 단계 4까지 진행한다. 그러고 나서 적당한 숫자의 OH^- 이온을 더하고 물을 상쇄시킨다("4 염기성 용액" 참조).

풀이

1. 반쪽 반응으로 나눈다.

$MnO_4^- \longrightarrow MnO_2$ $\qquad$ $C_2O_4^{2-} \longrightarrow CO_3^{2-}$

2. 균형을 맞춘다.

a. O, H를 제외한 나머지 원자들의 균형을 맞춘다.	a. O, H를 제외한 나머지 원자들의 균형을 맞춘다.
필요없음.	$C_2O_4^{2-} \longrightarrow 2CO_3^{2-}$
b. H_2O 분자를 더해서 O 원자의 균형을 맞춘다.	b. H_2O 분자를 더해서 O 원자의 균형을 맞춘다.
$MnO_4^- \longrightarrow MnO_2 + 2H_2O$	$2H_2O + C_2O_4^{2-} \longrightarrow 2CO_3^{2-}$:
c. H^+ 이온을 더해서 H 원자의 균형을 맞춘다.	c. H^+ 이온을 더해서 H원자의 균형을 맞춘다.
$4H^+ + MnO_4^- \longrightarrow MnO_2 + 2H_2O$	$2H_2O + C_2O_4^{2-} \longrightarrow 2CO_3^{2-} + 4H^+$
d. 전자를 더해서 전하의 균형을 맞춘다.	d. 전자를 더해서 전하의 균형을 맞춘다.
$3e^- + 4H^+ + MnO_4^- \longrightarrow MnO_2 + 2H_2O$	$2H_2O + C_2O_4^{2-} \longrightarrow 2CO_3^{2-} + 4H^+ + 2e^-$
(3−) + (4+) + (1−) = 0 + 0	0 + (2−) = (4−) + (4+) + (2−)
[환원]	[산화]

3. 필요하면 각 반쪽 반응에 정수를 곱해서 산화 과정에서 잃은 전자의 수와 환원 과정에서 얻은 전자의 수를 일치시킨다.

$$2(3e^- + 4H^+ + MnO_4^- \longrightarrow MnO_2 + 2H_2O) \qquad 3(2H_2O + C_2O_4^{2-} \longrightarrow 2CO_3^{2-} + 4H^+ + 2e^-)$$
$$6e^- + 8H^+ + 2MnO_4^- \longrightarrow 2MnO_2 + 4H_2O \qquad 6H_2O + 3C_2O_4^{2-} \longrightarrow 6CO_3^{2-} + 12H^+ + 6e^-$$

4. 반쪽 반응들을 더하고 양쪽에 존재하는 화학종들을 상쇄시킨다. e^- 6개, H^+ 8개가 상쇄되고, 오른쪽에 H^+ 4개가 남는다. 물 분자 4개가 상쇄되어서 물 분자 2개가 왼쪽에 남는다.

$$\cancel{6e^-} + \cancel{8H^+} + 2MnO_4^- \longrightarrow 2MnO_2 + \cancel{4H_2O}$$
$$2\,\cancel{6}H_2O + 3C_2O_4^{2-} \longrightarrow 6CO_3^{2-} + 4\,\cancel{12}H^+ + \cancel{6e^-}$$
$$\overline{2MnO_4^- + 2H_2O + 3C_2O_4^{2-} \longrightarrow 2MnO_2 + 6CO_3^{2-} + 4H^+}$$

4 염기성 용액. 존재하는 H^+ 이온을 중화시키기 위해서 양쪽에 OH^- 이온을 더하고 과량의 물 분자를 상쇄시킨다. 양쪽에 네 개의 OH^-를 추가하면 오른쪽에 4개의 물이 생성된다.

$$2MnO_4^- + 2H_2O + 3C_2O_4^{2-} + 4OH^- \longrightarrow 2MnO_2 + 6CO_3^{2-} + [4H^+ + 4OH^-]$$
$$2MnO_4^- + 2H_2O + 3C_2O_4^{2-} + 4OH^- \longrightarrow 2MnO_2 + 6CO_3^{2-} + 4H_2O$$

오른쪽에 4개의 물 중 2개의 물이 상쇄되고 오른쪽에 2개의 물이 남는다.

$$2MnO_4^- + \cancel{2H_2O} + 3C_2O_4^{2-} + 4OH^- \longrightarrow 2MnO_2 + 6CO_3^{2-} + 2\,\cancel{4}H_2O$$

물질의 상태를 추가하면 최종 균형 반응식이 완성된다.

$$2MnO_4^-(aq) + 3C_2O_4^{2-}(aq) + 4OH^-(aq) \longrightarrow 2MnO_2(s) + 6CO_3^{2-}(aq) + 2H_2O(l)$$

5. 원자 및 전하의 균형을 확인한다.

$$(2Mn, 24O, 6C, 4H; 12-) \longrightarrow (2Mn, 24O, 6C, 4H; 12-)$$

해설 마지막 단계로서 이 반응에 대해 균형 *분자* 반응식이 어떻게 얻어지는지 살펴보자. 균형 반응식에서 중성 화합물을 얻기 위해서 각 음이온에 정확한 양(mol)의 구경꾼 이온을 추가한다(이 경우는 문제에서 주어진 Na^+가 구경꾼 이온). 균형 분자 반응식은 다음과 같다.

$$2NaMnO_4(aq) + 3Na_2C_2O_4(aq) + 4NaOH(aq) \longrightarrow 2MnO_2(s) + 6Na_2CO_3(aq) + 2H_2O(l)$$

▶ **보충 문제**

21.1A 염기성 용액에서 $KMnO_4$와 KI의 반응에 대해 균형 반응식을 완성하라. 골격 이온 반응식은 다음과 같다.

$$MnO_4^-(aq) + I^-(aq) \longrightarrow MnO_4^{2-}(aq) + IO_3^-(aq)$$

21.1B 염기성 용액에서 수산화 크로뮴(III)과 아이오딘화 소듐의 반응에 대해 균형 반응식을 완성하라. 골격 이온 반응식은 다음과 같다.

$$Cr(OH)_3(s) + IO_3^-(aq) \longrightarrow CrO_4^{2-}(aq) + I^-(aq)$$

유사 문제 21.12~21.19

인터넷 핫스팟

염기성 용액 조건에서 산화-환원 반응의 균형을 맞추는 것이 어렵게 느껴진다면, eBook에 접속하여 이 주제에 대한 추가 학습 동영상을 참고하자.

전기 화학 전지의 개요

두 가지 유형의 전기 화학 전지의 근본적인 차이는 전지에서 일어나는 전체 산화-환원 반응이 자발적(자유 에너지 방출)인가 혹은 비자발적(자유 에너지 흡수)인가이다.

1. 먼저 **볼타 전지**[voltaic cell, 혹은 **갈바니 전지**(galvanic cell)라고도 함]에 대해서 알아보자.

- 볼타 전지는 *자발적*($\Delta G < 0$) 산화-환원 반응을 이용하여 전기 에너지를 만든다.
- 전지에서 일어나는 반응에서 높은 에너지의 반응물과 낮은 에너지의 생성물 간의 자유 에너지 차이 중 일부는 전기 에너지로 전환되고 이를 이용해서 손전등, MP3 플레이어, 자동차 시동기 등을 구동한다.
- 볼타 전지(계)가 주위(부하)에 일을 한다.
- 모든 배터리는 볼타 전지를 포함하고 있다.

그림 21.2 (A) 볼타 전지와 (B) 전해 전지의 일반적 특성.

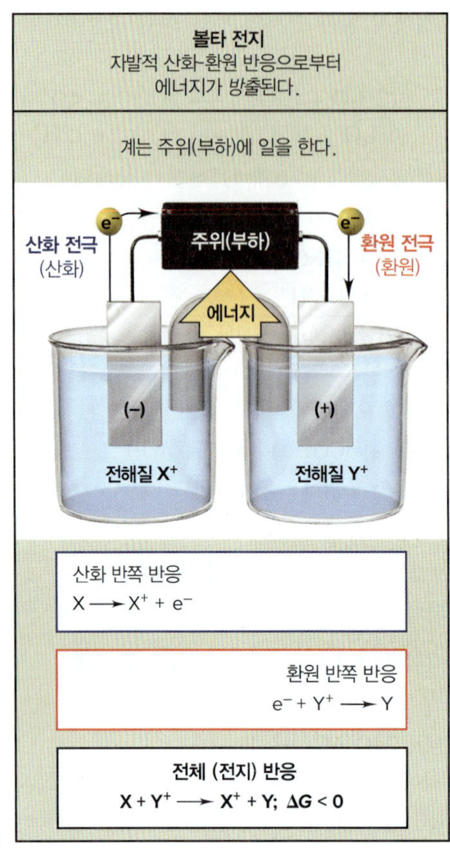

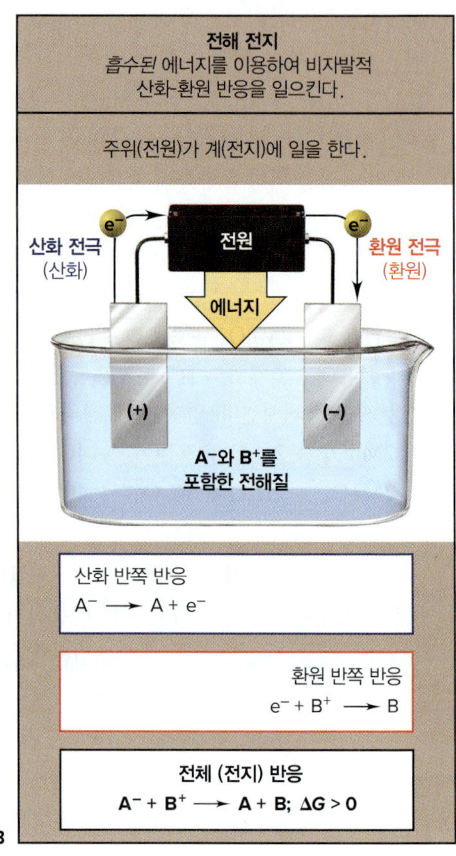

2. 이번에는 **전해 전지**(electrolyte cell)에 대해서 알아보자.

- 전해 전지는 전기에너지를 사용하여 *비자발적*($\Delta G > 0$) 산환-환원 반응을 일으킨다.
- 낮은 에너지의 반응물을 높은 에너지의 생성물로 바꾸기 위해서 외부 전원에서 자유 에너지를 공급해 준다.
- 주위(전원)는 계(전해 전지)에 일을 한다.
- 전기 도금이나 광석에서 금속을 얻는 공정에서 전해 전지를 사용한다.

두 가지 유형의 전지는 몇 가지 유사점을 가지고 있다. 전지와 주위 사이에 전기를 흘려줄 두 개의 **전극**(electrode)이 있다. 반응에 참여하거나 혹은 전하를 이동시켜줄 수 있는 이온 혼합물(보통 수용액)을 **전해질**(electrolyte)이라고 하는데, 이 전극들은 전해질에 담겨 있다(그림 21.2). 전극은 일어나는 반쪽 반응에 따라서 **산화 전극**(anode)과 **환원 전극**(cathode)으로 구분한다.

- *산화 반쪽 반응은 산화 전극에서 일어난다.* 산화되는 물질(환원제)에서 잃는 전자는 산화 전극에서 *산화 반쪽 전지를 떠난다.*
- *환원 반쪽 반응은 환원 전극에서 일어난다.* 환원되는 물질(산화제)이 얻는 전자는 환원 전극에서 *환원 반쪽 전지로 들어온다.* ‹

전극의 *상대적인 전하는 두 유형의 전지에서 서로* **반대 부호**를 *가지고 있음*에 주의하자.

계의 에너지 정의의 책상 비유

어느 전극에서 어느 반쪽 반응이 일어나는가?

어느 전극에서 어떤 반응이 일어나는지 기억하기에 도움이 되는 예들:

1. *산화 전극*(anode)과 *산화*(oxidation)는 모음으로 시작하고 *환원 전극*(cathode)과 *환원*(reduction)은 자음으로 시작한다.
2. 알파벳 순서로 보면, anode(산화 전극)의 *A*는 cathode(환원 전극)의 *C*보다 앞에 있고, oxidation(산화)의 *O*도 reduction(환원)의 *R*보다 앞에 있다.
3. 첫 번째 음절을 보고 상상해 보자.
   ANode, OXidation; REDuction, CAThode
   ⟹ AN OX 그리고 a RED CAT

› 21.1절 요약

- › 산화-환원(redox) 반응은 환원제로부터 산화제로 전자의 이동을 수반한다.
- › 균형을 맞추기 위한 반쪽 반응법은 전체 반응을 두 개의 반쪽 반응으로 나누고 나서 각각 균형을 맞춘 후 다시 합한다.
- › 전기 화학 전지에는 볼타 전지와 전해 전지의 두 유형이 있다. 볼타 전지는 자발적 반응을 통해서 전기를 발생시키고 주위에 일을 한다. 전해 전지에서는 주위가 전기를 공급하여 비자발적 반응을 일으킨다.
- › 두 유형의 전지 모두 두 개의 전극이 전해질 용액에 담겨 있다. 산화 반응은 산화 전극에서, 환원 반응은 환원 전극에서 일어난다.

21.2 볼타 전지: 자발적 반응을 이용하여 전기 에너지 생성

아연 금속 조각을 Cu^{2+} 이온 용액에 넣으면, 용액의 푸른색이 연해지고 아연 조각 표면에 흑갈색의 구리 금속이 생성된다(그림 21.3). 이 자발적 반응이 일어나는 동안에 Cu^{2+} 이온(*푸른색*)이 구리 금속으로 환원되고 아연 금속은 Zn^{2+} 이온(*무색*)으로 산화된다. 전체 반응은 두 개의 반쪽 반응으로 구성된다.

$$\begin{array}{lr} Cu^{2+}(aq) + 2e^- \longrightarrow Cu(s) & [\text{환원}] \\ Zn(s) \longrightarrow Zn^{2+}(aq) + 2e^- & [\text{산화}] \\ \hline Zn(s) + Cu^{2+}(aq) \longrightarrow Zn^{2+}(aq) + Cu(s) & [\text{전체 반응}] \end{array}$$

기본적인 볼타 전지를 이해하기 위해서 이 자발적 반응을 살펴보자.

볼타 전지의 구성과 작동

Zn/Cu^{2+} 반응에서 전자가 이동하지만 계는 전기 에너지를 만들지 못한다. 왜냐하면 산화제(Cu^{2+})와 환원제(Zn)가 *같은* 비커 안에 있기 때문이다. 만약 두 개의 반쪽 반응을 물리적으로 분리시키고 외부 회로를 통해 연결시키면 아연에서 나온 전자가 외부 회로를 통해 구리 이온으로 이동하게 되는데, 이 과정에서 전류가 생성된다.

볼타 전지의 기초: 반쪽 반응의 분리 모든 볼타 전지에서 각 반쪽 반응에 해당하는 요소들은 각각 분리된 용기 혹은 **반쪽 전지**(half-cell) 안에 놓는다. 그리고 각 반쪽 전지는 전해질 용액에 담겨있는 한 개의 전극으로 구성된다(그림 21.4A). 두 개의 반쪽 전지는 외부 회로를 통해서 연결되고 생성된 전압은 전압계를 이용하여 측정한다. 스위치(그림에는 생략됨)를 이용하여 회로를 닫거나(연결) 혹은 열 수(단절) 있다.

1. *산화 반쪽 전지(산화 전극, 항상 왼쪽에 표시함).* 산화 전극은 Zn^{2+} 전해질(예: $ZnSO_4$ 수용액)에 잠겨 있는 아연 막대(산화 전극)로 구성된다. 아연 금속은 산화 반쪽 전지의

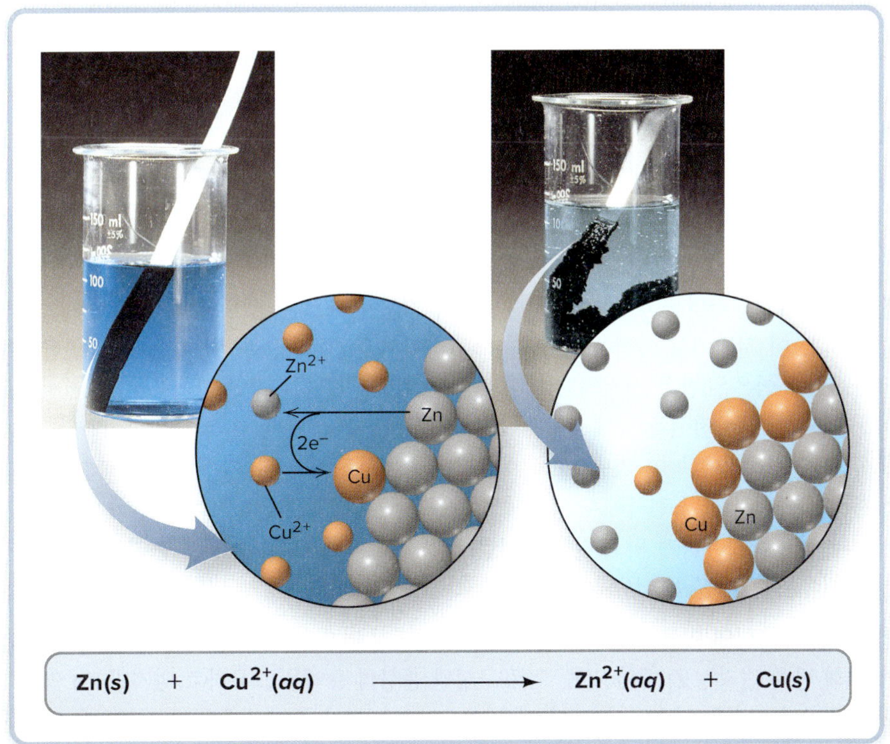

그림 21.3 아연 금속과 구리(II) 이온 사이의 자발적 반응. 아연 금속을 Cu^{2+} 이온(*왼쪽*) 용액에 넣으면, 아연은 Zn^{2+}로 산화되고 Cu^{2+}는 구리 금속(*오른쪽*)으로 환원된다. (매우 잘게 나눠진 구리 금속은 검게 보인다.)

Source: Stephen Frisch/McGraw-Hill Education

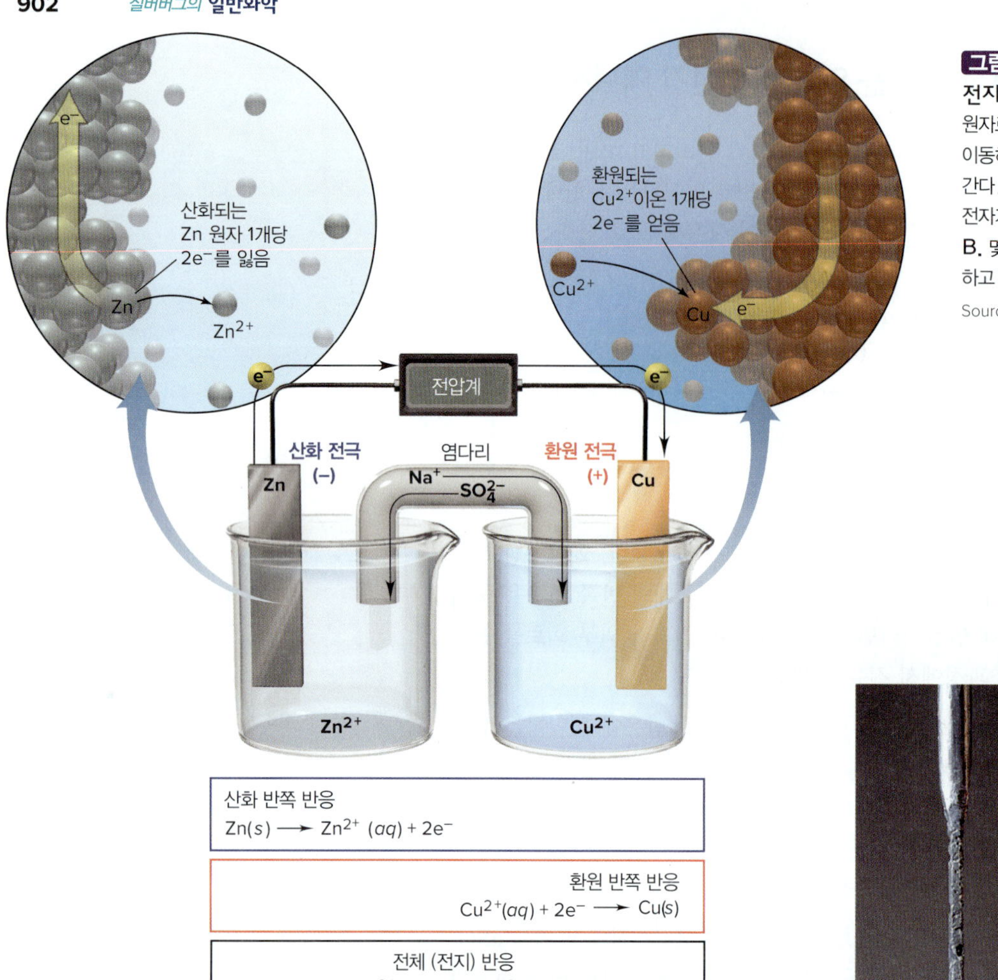

B

그림 21.4 아연-구리 반응을 이용한 볼타 전지. A. 산화 반쪽 전지(산화, *왼쪽*)에서는 아연 원자로부터 나온 두 개의 전자가 아연 막대를 통해 이동하며 동시에 Zn^{2+} 이온은 용액으로 녹아 들어간다. 환원 반쪽 전지(환원, *오른쪽*)에서는 들어온 전자가 Cu^{2+} 이온을 Cu 원자로 환원시킨다. B. 몇 시간 후 산화 전극의 아연 막대는 무게가 감소하고 환원 전극의 구리 막대는 무게가 증가한다.

Source: B: Stephen Frisch/McGraw-Hill Education

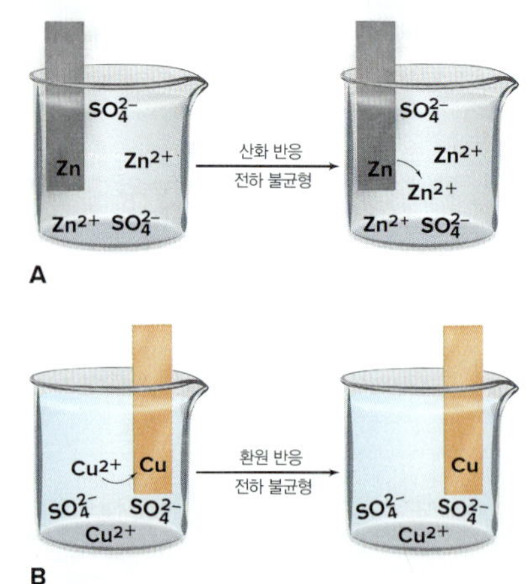

그림 21.5 볼타 전지의 반쪽 전지에서 일어나는 전하 불균형. A. 산화 반쪽 반응에서 Zn 원자의 산화 반응 생성물인 Zn^{2+} 이온이 용액으로 들어가면서 결과적으로 과량의 양전하가 생성된다. B. Cu^{2+} 이온이 환원되면 용액 상에서 사라지면서 결과적으로 과량의 음전하가 생성된다.

반응물이며, 반응 과정에서 아연 금속으로부터 전자의 손실이 일어나고, 이 전자는 반쪽 전지 *밖으로* 이동한다.

2. *환원 반쪽 전지(환원 전극, 항상 오른쪽에 표시함).* 환원 전극은 Cu^{2+} 전해질(예: $CuSO_4$ 수용액)에 잠겨 있는 구리 막대(환원 전극)로 구성된다. 구리는 환원 반쪽 반응의 생성물이며, 구리 막대를 통해서 반쪽 전지 *안으로* 전자가 들어오고, 이 과정에서 Cu^{2+} 이온은 Cu 금속으로 환원된다.

전극의 전하 전극의 전하는 *전자의 공급원*과 회로를 흐르는 *전자 흐름의 방향*에 의해서 결정된다. 이 전지에서 아연 원자는 산화 전극에서 Zn^{2+}로 산화되면서 전자의 공급원이 된다. Zn^{2+} 이온은 반쪽 전지의 전해질로 들어가면서 전자는 아연 막대를 지나 전선으로 이동한다. *전자는* 전선을 통해 *왼쪽에서 오른쪽으로 흘러* 환원 전극으로 들어간다. 이때 반쪽 전지 전해질에 녹아 있던 Cu^{2+} 이온은 Cu 원자로 환원된다. 전지가 동작함에 따라 전자는 계속해서 산화 전극에서 생성되고 환원 전극에서 소모된다. 그러므로 산화 전극은 과량의 전자를 보유하게 되고 환원 전극은 전자가 부족하게 된다. 즉, *모든* ***볼타*** *전지에서 산화 전극은 환원 전극에 비해서 상대적으로 음(−)의 성질을 갖게 된다.*

염다리를 이용하여 회로 완성하기 회로가 완성되지 않으면 전지는 작동할 수 없다. 초기에 산화 반쪽 전지는 Zn^{2+}와 SO_4^{2-}으로 구성된 중성의 용액을 보유하고 있지만 Zn 막대의 아연 원자가 전자를 잃으면서 Zn^{2+} 이온이 용액으로 녹아 들어가게 되면 전해질은 양전하를 갖게 된다(그림 21.5A). 마찬가지로 환원 반쪽 전지에서 초기에는 Cu^{2+}와 SO_4^{2-}로 구성된 중성 용액으로 존재하지만 Cu^{2+} 이온이 Cu 원자를 형성하면서 용액에서 제거되면 전해질은 음전하를 갖게 된다(그림 21.5B). 이러한 일이 일어나면 반쪽 전지 사이에 전하의 불균형이 만들어지고 전지는 동작을 멈추게 될 것이다.

염다리(salt bridge)를 사용해서 이러한 상황을 피할 수 있다. 염다리는 반쪽 전지들을 연결해 주고 이온들이 양쪽 부분으로 이동할 수 있는 "액체 전선"같은 역할을 하여, 전해질 용액이 중성으로 유지되게 하면서 회로를 완성한다. 염다리는 거꾸로 된 U자 관 모양을 하고 있으며 Na^+나 SO_4^{2-}처럼 반응에 참여하지 않는 이온들이 녹아 있는 젤로 채워져 있다. 이러한 젤 형태는 관 밖으로 흘러나오지 않으면서 이온들이 반쪽 전지 안으로 혹은 반쪽 전지로부터 이동하는 것을 도와준다.

- *환원 반쪽 전지의 중성 유지하기(오른쪽, 환원 전극)*. Cu^{2+} 이온이 Cu 원자로 변할 때 Na^+ 이온은 염다리로부터 전해질로 이동한다. (일부 SO_4^{2-} 이온은 용액으로부터 염다리로 이동한다.)
- *산화 반쪽 전지의 중성 유지하기(왼쪽, 산화 전극)*. Zn 원자가 Zn^{2+} 이온으로 바뀔 때 SO_4^{2-} 이온은 염다리로부터 전해질로 이동한다. (일부 Zn^{2+} 이온은 용액으로부터 염다리로 이동한다.)
- 따라서 전선과 염다리가 회로를 완성한다.
- *전자는* 전선을 통해 *왼쪽에서 오른쪽으로 이동한다*.
- *음이온은* 염다리를 통해 *오른쪽에서 왼쪽으로 움직여 산화 전극* 반쪽 전지로 들어간다.
- *양이온은* 염다리를 통해 *왼쪽에서 오른쪽으로 움직여 환원 전극* 반쪽 전지로 들어간다.

활성 vs 비활성 전극 Zn/Cu^{2+} 전지에서 전극은 금속이 스스로 반쪽 반응에 참여하는 성분이기 때문에 *활성*(active) 전극이다. 전지가 구동됨에 따라 아연 막대의 질량은 점차 감소하고 산화 반쪽 전지의 $[Zn^{2+}]$는 증가한다. 동시에 구리 막대의 질량은 증가하고 환원 반쪽 전지에서 Cu^{2+} 이온은 원자를 형성하면서 전극 표면에 석출되기 때문에 이온의 농도는 감소한다(그림 21.4B).

그러나 많은 경우 전극으로 이용될 수 있지만 반응 성분에 포함되지 않는 *비활성*(inactive) 전극이 사용된다. 일반적으로 *흑연*이나 *백금* 막대가 비활성 전극으로 사용된다. 예를 들어, 아래 반쪽 반응으로 구성된 볼타 전지에서 반응에 참여하는 화학종은 전극으로 사용될 수 없다.

$$2I^-(aq) \longrightarrow I_2(s) + 2e^- \qquad \text{[산화 전극, 산화]}$$
$$MnO_4^-(aq) + 8H^+(aq) + 5e^- \longrightarrow Mn^{2+}(aq) + 4H_2O(l) \qquad \text{[환원 전극, 환원]}$$

각 반쪽 전지는 전해질에 잠겨 있는 비활성 전극으로 구성되어 있고 *반쪽 반응에 참여하는 모든 반응물 화학종들은* 전해질 안에 포함되어 있다(그림 21.6).

- *산화 반쪽 전지*에서 I^- 이온은 고체 I_2로 산화되고, 이때 방출된 전자는 흑연(C) 전극으로 들어와 전선을 통해 이동한다.
- 전선을 통해서 전자는 *환원 반쪽 전지*에 있는 흑연 전극으로 이동하고 MnO_4^- 이온을 Mn^{2+} 이온으로 환원시킨다. (KNO_3 염다리를 사용한다.)

비활성 탄소 전극은 반쪽 반응이나 전체 반응에 참여하지 않는다는 것을 명심하자. 즉, *비활성* 전극은 어느 반쪽 반응에서도 반응물이나 생성물이 *아니다*.

볼타 전지 도표 그림 21.4A와 21.6에서 보는 것처럼 모든 볼타 전지의 *도표*(diagram)에 포함되는 공통된 특징들이 있다.

- 반쪽 전지의 구성 요소는 전극 물질, 전해질 이온, 그리고 반응에 참여하는 화학종들이다.
- 전극의 이름(산화 전극 혹은 환원 전극)과 전하를 표시한다. 관례상 산화 전극을 *왼쪽에* 표기한다.
- 각 반쪽 반응과 전체 전지 반응을 나타낸다.
- 외부 회로에서 전자는 왼쪽에서 오른쪽 방향으로 흐른다.
- 염다리 안에 이온들의 종류와 이온이 흐르는 방향을 표시한다. 양이온은 오른쪽의 환원 전극 방향으로 흐르고 음이온은 왼쪽의 산화 전극 방향으로 흐른다.

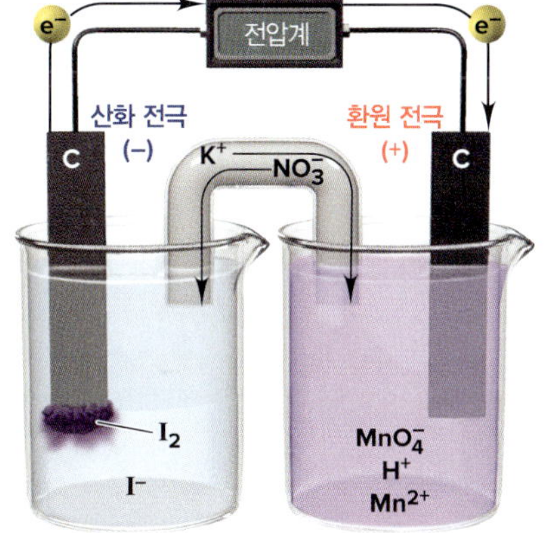

산화 반쪽 반응
$2I^-(aq) \longrightarrow I_2(s) + 2e^-$

환원 반쪽 반응
$MnO_4^-(aq) + 8H^+(aq) + 5e^- \longrightarrow Mn^{2+}(aq) + 4H_2O(l)$

전체 (전지) 반응
$2MnO_4^-(aq) + 16H^+(aq) + 10I^-(aq) \longrightarrow 2Mn^{2+}(aq) + 5I_2(s) + 8H_2O(l)$

그림 21.6 비활성 전극을 사용한 볼타 전지.

볼타 전지의 표기

유용한 약식 표기법으로 볼타 전지의 구성 요소들을 나타낸다. Zn/Cu^{2+} 전지의 표기는 아래와 같다.

$$Zn(s) \mid Zn^{2+}(aq) \parallel Cu^{2+}(aq) \mid Cu(s)$$

표기의 핵심 부분들은 다음과 같다.

- 산화 전극(산화 반쪽 전지)의 구성 요소는 환원 전극(환원 반쪽 전지)의 구성 요소의 *왼쪽에* 쓴다.
- 이중 수직선은 반쪽 전지들이 물리적으로 분리되어 있음을 나타낸다.
- 단일 수직선은 상 경계를 나타낸다. 예를 들어, $Zn(s) \mid Zn^{2+}(aq)$는 *고체* 아연은 *수용액 상* Zn^{2+}와 *다른* 상임을 의미한다.
- *동일한* 상 안에 있는 반쪽 전지의 각 요소들은 쉼표로 구분한다. 예를 들어, 그림 21.6의 볼타 전지의 표기는 아래와 같다.

  $$흑연 \mid I^-(aq) \mid I_2(s) \parallel MnO_4^-(aq),\ H^+(aq),\ Mn^{2+}(aq) \mid 흑연$$

  즉, 환원 전극에는 MnO_4^-, H^+, Mn^{2+} 이온들이, 고체 흑연이 잠겨 있는 수용액에 녹아 있다.
- 필요하다면 녹아 있는 성분들의 농도를 괄호 안에 표기한다. 예를 들어, Zn^{2+}와 Cu^{2+} 이온의 농도가 1 *M*이면 아래와 같이 쓴다.

  $$Zn(s) \mid Zn^{2+}(1\ M) \parallel Cu^{2+}(1\ M) \mid Cu(s)$$
- 일반적으로 반쪽 반응에 나오는 순서(반응물 다음 생성물)대로 반쪽 전지 요소들을 나열한다. 전극은 왼쪽 끝(산화 전극)과 오른쪽 끝(환원 전극)에 쓴다.
- 염다리에 들어 있는 이온들은 반응에 참여하지 않기 때문에 볼타 전지 표기에 나타내지 않는다.

예제 21.2 | 도표와 표기법으로 볼타 전지 나타내기

문제 하나의 반쪽 전지에는 $Cr(NO_3)_3$ 용액 안에 Cr 막대가 있고, 다른 반쪽 전지에는 $AgNO_3$ 용액 안에 Ag 막대가 있으며, KNO_3 염다리로 연결되어 있는 볼타 전지가 있다. 이 볼타 전지의 도표를 그리고, 균형 반쪽 전지 및 전체 전지 반응식, 볼타 전지 표기를 써라. 측정을 해보니 Cr 전극이 Ag 전극에 비해서 음의 전하를 가지고 있다.

계획 주어진 반쪽 전지에 대한 정보를 이용하여 반쪽 반응식을 쓴다. 산화 전극(산화)과 환원 전극(환원)을 결정하기 위해서 전극의 상대적인 전하를 확인한다. (자발적 산화-환원 반응의 방향을 가르쳐준다.) 산화 전극에서 산화 반응이 일어나면 전자가 방출되기 때문에 음의 전하를 갖는다. 위에서 Cr 전극이 음의 전하를 띤다고 했기 때문에 Cr 전극이 산화 전극이고 Ag 전극이 환원 전극이다. 또한 $AgNO_3$의 Ag^+가 환원되는 동안 Cr이 Cr^{3+}로 산화되는 것을 알 수 있다.

풀이 균형 반쪽 반응식을 쓰기: Ag 전극의 반쪽 반응이 전자를 소비한다.

$$Ag^+(aq) + e^- \longrightarrow Ag(s) \qquad [환원;\ 환원\ 전극]$$

Cr 전극의 반쪽 반응에서는 전자가 방출된다.

$$Cr(s) \longrightarrow Cr^{3+}(aq) + 3e^- \qquad [산화;\ 산화\ 전극]$$

전체 균형 반응식을 쓰기: 전자의 숫자를 맞추기 위해서 환원 반쪽 반응식에 3을 곱한 후 두 반쪽 반응식을 더한다.

$$Cr(s) + 3Ag^+(aq) \longrightarrow Cr^{3+}(aq) + 3Ag(s)$$

전자와 이온 흐름 방향 결정하기: Cr 전극(음전하)에서 방출된 전자는 외부 회로를 통해 Ag 전극(양전하)으로 흐른다. Cr^{3+} 이온이 산화 전극 전해질로 녹아들어가고 염다리에 있던 NO_3^- 이온이 들어와서 중성이 유지된다. 환원 전극 전해질에 있던 Ag^+ 이온은 Ag 전극에 석출되고,

염다리에 있던 K^+ 이온이 들어와서 중성이 유지된다. 전지 도표는 옆 그림과 같다. 산화가 일어나는 부분을 왼쪽에 그리고, 환원이 일어나는 부분을 오른쪽에 표기해서 전지 표기를 한다.

$$Cr(s) \mid Cr^{3+}(aq) \parallel Ag^{+}(aq) \mid Ag(s)$$

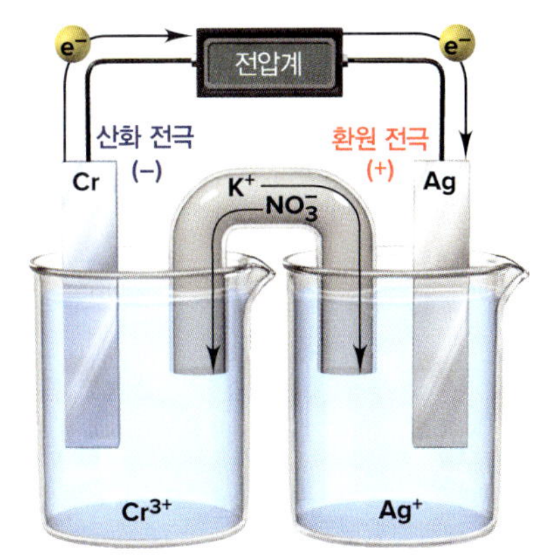

검산 반쪽 반응과 전체 반응의 균형이 맞는지, 반쪽 반응에 참여하는 *모든* 성분들이 반쪽 전지에 표시되어 있는지, 전자와 이온의 흐름이 표기되어 있는지 항상 확인하라. 전지 표기를 보고 반쪽 반응식을 쓸 수 있는지 확인하라.

해설 볼타 전지의 도표에서 산화(산화 전극, 음전하)와 환원(환원 전극, 양전하) 반쪽 반응을 결정하는 *자발적 반응의 방향*이 중요하다.

▶ 보충 문제

21.2A 볼타 전지에서 하나의 반쪽 전지에는 흑연 막대가 $K_2Cr_2O_7$과 $Cr(NO_3)_3$ 수용액에 잠겨 있다. 다른 반쪽 전지에는 주석 막대가 $Sn(NO_3)_2$ 용액에 잠겨 있고, KNO_3 염다리로 연결되어 있다. 주석 전극이 흑연 전극에 비해서 음전하를 가지고 있을 때 전지 도표를 그리고 균형 반쪽 반응식, 균형 전체 반응식, 전지 표기를 써라.

21.2B 볼타 전지에서 하나의 반쪽 전지에는 흑연 막대가 $KClO_3$와 KCl 수용액에 잠겨 있다. 다른 반쪽 전지에는 니켈 막대가 $Ni(NO_3)_2$ 수용액에 잠겨 있고, KNO_3 염다리로 연결되어 있다. 흑연 전극이 니켈 전극에 비해서 양전하를 가지고 있을 때 전지 도표를 그리고, 균형 반쪽 반응식, 균형 전체 반응식, 전지 표기를 써라.

유사 문제 21.29~19.34

볼타 전지가 작동하는 이유

Zn/Cu^{2+} 전지 반응이 *어떻게* 일어나고, *왜* 전자들이 특정한 방향으로 흐르는지 어떤 원리를 이용하여 설명할 수 있는가? 스위치가 열려 있어 아무런 반응도 일어나지 않을 때는 어떻게 되는지 살펴보자. 각 반쪽 전지에서 금속 전극은 전해질 안의 금속 이온 및 금속 안의 있는 전자들과 평형 상태에 도달한다.

$$Zn(s) \rightleftharpoons Zn^{2+}(aq) + 2e^{-} \text{(Zn 금속 내부)}$$
$$Cu(s) \rightleftharpoons Cu^{2+}(aq) + 2e^{-} \text{(Cu 금속 내부)}$$

전체 자발적 반응의 방향을 생각해보면 아연이 구리보다 더 쉽게 전자를 내어 놓는 것을 알 수 있다. 즉, 아연은 더 강한 환원제이다. 그러므로 아연 반쪽 반응에서 평형의 위치는 오른쪽으로 치우쳐 있다. 아연 전극의 전자가 구리 전극의 전자보다 더 큰 "압력(pressure)"을 느끼는 것으로 생각할 수 있다. 즉, 회로를 통해 전자를 밀어내는 더 큰 위치 에너지(*전위*라고도 함)를 가지고 있다고 생각할 수 있다. 스위치를 닫는다면 전자는 아연 전극으로부터 구리 전극으로 흐르게 되고 전위의 차이가 없어질 것이다. 이러한 흐름이 각 전극의 평형 상태를 교란한다. 아연 반쪽 반응은 흘러나간 전자를 보충하기 위해서 평형이 오른쪽으로 이동하고(오른쪽을 가리키는 화살표가 더 긴 것처럼), 구리 반쪽 반응은 들어오는 전자를 제거하기 위해서 평형이 왼쪽으로 이동한다(왼쪽을 가리키는 화살표가 더 긴 것처럼). 따라서 *이 자발적 반응은 각 금속들이 전자를 내어 놓는 능력의 차이에 의해서 일어나게 된다.* ›

전자의 흐름과 물의 흐름

전자 "압력"과 물 압력 사이의 유사점을 살펴보자. U자 관(전지)을 잠금 꼭지(스위치)를 이용해서 두 개의 부분(두 개의 반쪽 전지)으로 나누어 두 부분에 높이가 다르게 물을 채운다(반쪽 전지의 전위가 다름). 잠금 꼭지를 열면(스위치를 닫으면) 물이 흐르고(전자가 이동하고 전류가 생성됨) 양쪽의 물의 높이(전위)가 같아진다.

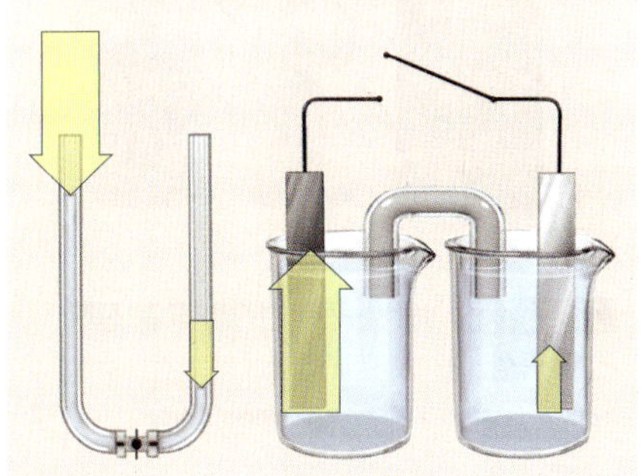

› 21.2절 요약

- 볼타 전지는 산화(산화 전극) 반쪽 전지와 환원(환원 전극) 반쪽 전지로 구성되고, 두 반쪽 전지는 전자가 흐를 수 있는 전선과 전하 중성을 유지시켜 주는 염다리로 연결된다.
- 전자는 산화 전극(왼쪽)에서 환원 전극(오른쪽)으로 흐르고, 양이온은 염다리에서 환원 반쪽 전지로 이동하고, 음이온은 염다리에서 산화 반쪽 전지로 이동한다.
- 전지 표기는 각 반쪽 전지에 참여하는 화학종과 그들의 상, 그리고 전류 흐름의 방향을 보여준다.
- 두 반쪽 전지에 들어 있는 성분들이 전자를 내어 놓는 경향(환원제의 세기)이 달라서 볼타 전지가 작동한다.

21.3 전지 전위: 볼타 전지의 출력

볼타 전지는 자발적 반응의 자유 에너지 변화를 외부 회로를 따라 이동하는 전자의 운동 에너지(전기 에너지)로 전환시킨다. 이렇게 얻어지는 전기 에너지는 *두 전극간의 전위 차*에 비례하고 이것을 **전지 전위**(cell potential, $E_{전지}$), 전지의 **전압**(voltage), 또는 **기전력**(electromotive force, **emf**)라고 부른다.

전자는 자발적으로 음으로 대전된 전극에서 양으로 대전된 전극(즉, 보다 양의 전위를 가지고 있는 전극) 쪽으로 흐른다. 그래서 전지가 *자발적으로* 동작할 때 전지 전위는 *양*의 값을 갖는다.

$$\text{자발적 반응에 대해} \quad E_{전지} > 0 \tag{21.1}$$

- 자발적 반응에 대해서 $E_{전지} > 0$이다. $E_{전지}$가 더 클수록 전지가 더 많은 일을 할 수 있고 주어진 반응이 더 오른쪽으로 진행이 된다.
- *비자발적* 전지 반응에 대해서 $E_{전지} < 0$이다.
- 반응이 평형에 도달하면 $E_{전지} = 0$이다. 따라서 전지는 더 이상 일을 할 수 없다. (21.4절에서 다시 논의할 것이다.)

표 21.1 몇 가지 볼타 전지의 전압

볼타 전지	전압(V)
일반 알칼리 전지	1.5
납-산 자동차 배터리 (6개의 전지 ≈ 12 V)	2.1
전자계산기 배터리(수은)	1.3
리튬 이온 노트북 배터리	3.7
전기뱀장어 (1.8 m 길이의 뱀장어, ~5000개의 전지 = 750 V)	0.15
대왕오징어의 신경 (세포막 안과 밖)	0.070

표준 전지 전위($E^\circ_{전지}$)

전위의 SI 단위는 **볼트**(volt, **V**)이고 전하의 SI 단위는 **쿨롱**(coulomb, **C**)이다. 만약 두 전극 사이의 전위차가 1 V이면 전극 사이를 이동하는 전하 1 C당 1 J의 에너지가 방출된다(즉, 1 J의 일을 하게 된다). 즉, 아래 식과 같다.

$$1\ \text{V} = 1\ \text{J/C} \tag{21.2}$$

표 21.1에 몇 가지 상용 볼타 전지와 자연계 볼타 전지의 전압을 나타내었다.

측정된 전지 전위는 반응이 진행되면서 일어나는 농도의 변화에 의해서 영향을 받고 또한 전지와 외부 회로가 가열되면서 손실되는 에너지에 의해서 영향을 받는다. 그러므로 다른 열역학적 양들과 마찬가지로 서로 다른 전지들의 전위를 비교하기 위해 **표준 전지 전위**(standard cell potential, $E^\circ_{전지}$)를 사용한다. 표준 전지 전위는 특정 온도(일반적으로 298 K)에서 전류의 흐름이 없고,* *모든 물질이 표준 상태에 있을 때*를 기준으로 측정한다. 물질의 표준 상태는 기체의 경우는 1 atm 압력, 용액은 1 *M* 농도, 전극에 대해서 순수한 고체를 말한다. 예를 들어, 아연-구리 전지가 298 K, $[Zn^{2+}] = [Cu^{2+}] = 1\ M$에서 작동되면 1.10 V의 전압을 생성한다(그림 21.7).

$$\text{Zn}(s) + \text{Cu}^{2+}(aq;\ 1\ M) \longrightarrow \text{Zn}^{2+}(aq;\ 1\ M) + \text{Cu}(s) \qquad E_{전지} = E^\circ_{전지} = 1.10\ \text{V}$$

표준 전극(반쪽 전지) 전위($E^\circ_{반쪽\ 전지}$) 각 반쪽 반응들이 전체 반응을 구성하는 것처럼 각 반쪽 전지(전극) 전위는 전체 전지 전위의 부분을 구성한다. **표준 전극 전위**($E^\circ_{반쪽\ 전지}$, 혹은 **표준 반쪽 전지 전위**)는 모든 구성 요소가 표준 상태에 있을 때 반쪽 반응의 전위이다.

관례상(참고 자료들의 표에 정리되어 있는 것처럼) *표준 전극 전위는* ***환원 반응****에 대한 반쪽 전지 반응으로 표시*한다. (부록 D에 있는 것처럼 *emf 계열 혹은 표준 전극 전위표*라고 부르기도 한다.) 예를 들어, 아연-구리 반응에서 아연 반쪽 반응($E^\circ_{아연}$, 산화 전극)과 구리 반쪽 반응($E^\circ_{구리}$, 환원 전극) 모두 아래 보는 것처럼 환원 반응으로 표시한다.

$$\text{Zn}^{2+}(aq) + 2\text{e}^- \longrightarrow \text{Zn}(s) \qquad E^\circ_{아연}\ (E^\circ_{산화\ 전극}) = -0.76\ \text{V} \qquad [\text{환원}]$$
$$\text{Cu}^{2+}(aq) + 2\text{e}^- \longrightarrow \text{Cu}(s) \qquad E^\circ_{구리}\ (E^\circ_{환원\ 전극}) = 0.34\ \text{V} \qquad [\text{환원}]$$

그러나 아연 전극(산화 전극)에서 실제로 일어나는 반응은 Zn^{2+}의 *환원*이 아니라 아연의 *산화 반응*이기 때문에, 아연(산화 전극) 반쪽 반응을 역반응으로 하여 실제로 일어나는 반응을 다음과 같이 나타낼 수 있다.

$$\text{Zn}(s) \longrightarrow \text{Zn}^{2+}(aq) + 2\text{e}^- \qquad [\text{산화}]$$
$$\text{Cu}^{2+}(aq) + 2\text{e}^- \longrightarrow \text{Cu}(s) \qquad [\text{환원}]$$

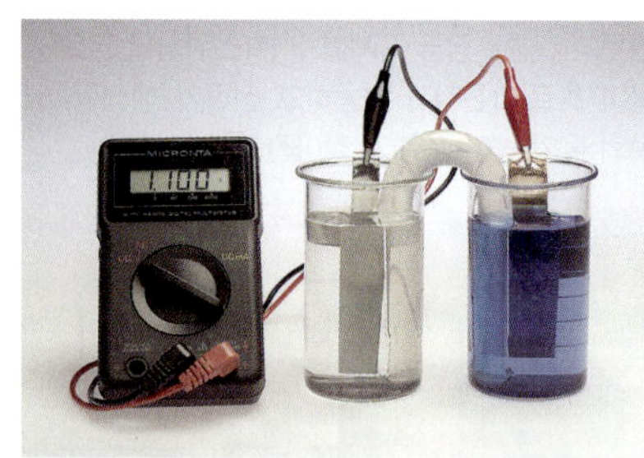

그림 21.7 아연-구리 전지의 표준 전지 전위 측정.

Source: Charles D. Winters/Science Source

*최신 디지털 전압계를 동작하게 하는 미세 전류는 $E_{전지}$ 값에 거의 영향을 미치지 않는다.

$E^\circ_{반쪽\ 전지}$로부터 $E^\circ_{전지}$ 계산 아연-구리 전지에서 전체 산화-환원 반응은 반쪽 반응의 합으로 표시된다.

$$Zn(s) + Cu^{2+}(aq) \longrightarrow Zn^{2+}(aq) + Cu(s)$$

전자는 음으로 대전된 전극에서 양으로 대전된 전극 쪽으로 자발적으로 이동하기 때문에 구리 전극(환원 전극)이 아연 전극(산화 전극)보다 더 큰 양수의 $E^\circ_{반쪽\ 전지}$를 갖는다. 그림 21.7에서 확인할 수 있는 표준 전지 전위를 계산하기 위해서 $E^\circ_{구리}$에서 $E^\circ_{아연}$를 빼주면 자발적 산화-환원 반응에 대한 양수의 $E^\circ_{전지}$를 얻을 수 있다.

$$E^\circ_{전지} = E^\circ_{구리} - E^\circ_{아연} = 0.34\ V - (-0.76\ V) = 1.10\ V$$

모든 볼타 전지에 대해서 다음과 같은 일반화가 가능하다. *표준 전지 전위는 환원 전극(환원)의 표준 전극 전위에서 산화 전극(산화)의 표준 전극 전위를* **뺀** *값이다.*

$$E^\circ_{전지} = E^\circ_{환원\ 전극(환원)} - E^\circ_{산화\ 전극(산화)} \quad \textbf{(21.3)}$$

표준 상태의 *자발적* 반응에 대해서 $E^\circ_{전지} > 0$이다.

예제 21.3 | $E^\circ_{반쪽\ 전지}$ 값으로 $E^\circ_{전지}$ 구하기

문제 다음의 골격 이온 방정식의 균형을 맞추고, $E^\circ_{전지}$를 계산해서 이 반응의 자발성 여부를 확인하라.

$$Mn^{2+}(aq) + Br_2(l) \longrightarrow MnO_4^-(aq) + Br^-(aq) \quad [\text{산성 용액}]$$

계획 골격 반응식(예제 21.1 참조)의 균형을 맞춘다. 부록 D에서 $E^\circ_{반쪽\ 전지}$ 값을 찾고 식 (21.3)을 이용하여 $E^\circ_{전지}$를 계산한다. $E^\circ_{전지}$ 값이 양수이면 반응은 자발적 반응이다.

풀이 골격 반응식의 균형을 맞춘다.

$$2[Mn^{2+} + 4H_2O \longrightarrow MnO_4^- + 8H^+ + 5e^-] \quad [\text{산화}]$$
$$5[Br_2 + 2e^- \longrightarrow 2Br^-] \quad [\text{환원}]$$
$$2Mn^{2+}(aq) + 5Br_2(l) + 8H_2O(l) \longrightarrow 2MnO_4^-(aq) + 10Br^-(aq) + 16H^+(aq) \quad [\text{전체}]$$

$E^\circ_{반쪽\ 전지}$ 값을 이용하여 $E^\circ_{전지}$ 계산:

$$E^\circ_{전지} = E^\circ_{환원\ 전극(환원)} - E^\circ_{산화\ 전극(산화)} = 1.07\ V - 1.51\ V$$
$$= -0.44\ V;\ \text{비자발적}$$

검산 반올림을 하고 계산 결과를 확인한다. 1.00 V − 1.50 V = −0.50 V. 음수의 $E^\circ_{전지}$ 값은 비자발적 반응을 의미한다.

해설 부록 D에서 찾을 수 있는 Mn^{2+}/MnO_4^- 산화 반응의 표준 반쪽 전지 전위는 1.51 V이다. 부록 D에는 환원 반응으로 쓰여 있기 때문에 문제에 나와 있는 산화 반응의 역반응이다. 그럼에도 불구하고 반쪽 전지 전위의 부호를 바꾸지 *않는다.*

▶ **보충 문제**

21.3A 다음 골격 이온 방정식의 균형을 맞추고 $E^\circ_{전지}$를 구해서 이 반응의 자발성 여부를 확인하라.

$$Ag(s) + Cu^{2+}(aq) \longrightarrow Ag^+(aq) + Cu(s)$$

21.3B 다음 골격 이온 방정식의 균형을 맞추고 $E^\circ_{전지}$를 구해서 이 반응의 자발성 여부를 확인하라.

$$Cl_2(g) + Fe^{2+}(aq) \longrightarrow Cl^-(aq) + Fe^{3+}(aq)$$

유사 문제 21.42~21.45

표준 수소 전극을 이용하여 $E^\circ_{반쪽\ 전지}$ 결정 반쪽 전지 전위를 비교하기 위해서는 각 반쪽 전지에 기여하는 $E^\circ_{전지}$의 양을 알아야 한다. 그러나 만약 전체 전지의 전위만 측정 가능하다면 각각의 반쪽 전지 전위는 어떻게 알아낼 수 있을까? $E^\circ_{아연}$이나 $E^\circ_{구리}$ 같은 반쪽 전지의 전위는 비교할 수 있는 표준 기준 반쪽 전지에 대한 상대적인 값으로 계산할 수 있다. 이러한 표준 기준 반쪽 전지는 *0으로 정의된 표준 전극 전위* 값을 갖는다($E_{기준} \equiv 0.00$ V). 미지의 전극의 표준 전극 전위($E^\circ_{미지}$)를 알기 위해서는 기준 반쪽 전지와 미지의 반쪽 전지로 구성된 볼타 전지를 구성한다. $E^\circ_{기준}$은 0이기 때문에 전체 $E^\circ_{전지}$ 값을 알면 $E^\circ_{미지}$를 알 수 있다.

표준 기준 반쪽 전지는 **표준 수소 전극**(standard hydrogen electrode, SHE)인데, 1 atm의 H_2 기체가 기포 상태로 흘러 지나가는 백금 전극이 1 *M*의 센 산, 즉 1 *M* $H^+(aq)$에 담가져 있는 구조이다. 따라서 기준 반쪽 반응은 다음과 같다.

$$2H^+(aq;\ 1\ M) + 2e^- \rightleftharpoons H_2(g;\ 1\ atm) \qquad E^\circ_{기준} = 0.00\ V$$

미지 반쪽 전지에 따라서 기준 반쪽 전지는 산화 전극이 될 수도 있고 환원 전극이 될 수도 있다.

- H_2가 산화되면 기준 반쪽 전지는 산화 전극이 되고, 따라서 미지 반쪽 전지에서는 *환원*이 일어난다.

$$E^\circ_{전지} = E^\circ_{환원\ 전극} - E^\circ_{산화\ 전극} = E^\circ_{미지} - E^\circ_{기준} = E^\circ_{미지} - 0.00\ V = E^\circ_{미지}$$

- H^+ 이온이 환원되면 기준 반쪽 전지는 환원 전극이고, 미지 반쪽 전지에서는 *산화*가 일어난다.

$$E^\circ_{전지} = E^\circ_{환원\ 전극} - E^\circ_{산화\ 전극} = E^\circ_{기준} - E^\circ_{미지} = 0.00\ V - E^\circ_{미지} = -E^\circ_{미지}$$

그림 21.8은 Zn/Zn^{2+} 반쪽 반응과 H^+/H_2 반쪽 반응으로 구성된 볼타 전지를 보여주고 있다. 아연 전극은 수소 전극에 비해서 음으로 대전되어 있고, 따라서 아연은 산화가 되며 산화 전극이다. 측정된 $E^\circ_{전지}$ 값은 +0.76 V(자발적 반응)이고, 이 값을 이용해서 미지 표준 전극 전위인 $E^\circ_{아연}$을 구할 수 있다.

$$2H^+(aq) + 2e^- \longrightarrow H_2(g) \qquad E^\circ_{기준} = 0.00\ V \qquad [환원\ 전극,\ 환원]$$

$$Zn(s) \longrightarrow Zn^{2+}(aq) + 2e^- \qquad E^\circ_{아연} = ?\ V \qquad [산화\ 전극,\ 산화]$$

$$Zn(s) + 2H^+(aq) \longrightarrow Zn^{2+}(aq) + H_2(g) \qquad E^\circ_{전지} = 0.76\ V$$

$$E^\circ_{전지} = E^\circ_{환원\ 전극} - E^\circ_{산화\ 전극} = E^\circ_{기준} - E^\circ_{아연}$$

$E^\circ_{아연}$, 즉 $Zn^{2+} + 2e^- \longrightarrow Zn$ 반응에 대한 표준 반쪽 전지 전위를 구하면 다음과 같다.

$$E^\circ_{아연} = E^\circ_{기준} - E^\circ_{전지} = 0.00\ V - 0.76\ V = -0.76\ V$$

다시 아연-구리 전지로 돌아가서, 측정된 $E^\circ_{전지}$(1.10 V)와 방금 구한 $E^\circ_{아연}$을 이용하여 $E^\circ_{구리}$를 계산해 보자.

$$E^\circ_{전지} = E^\circ_{환원\ 전극} - E^\circ_{산화\ 전극} = E^\circ_{구리} - E^\circ_{아연}$$

따라서

$$E^\circ_{구리} = E^\circ_{전지} + E^\circ_{아연} = 1.10\ V + (-0.76\ V) = 0.34\ V$$

전극 전위를 알고 있는 전극과 미지 전극으로 구성된 전지에 대해서 이 과정을 계속하면 다른 표준 전극 전위들을 구할 수 있다.

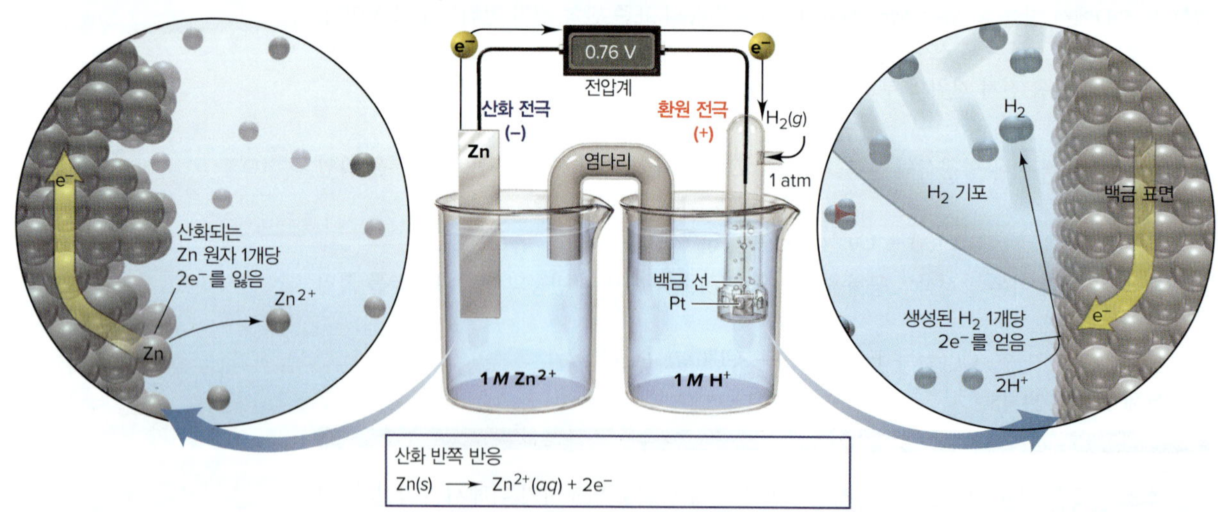

그림 21.8 표준 기준(수소) 전극을 이용하여 미지 $E^\circ_{반쪽\ 전지}$ 결정하기. 수소 반쪽 반응(*오른쪽*)을 확대해 보면 두 개의 H^+ 이온이 환원되어 생성된 H_2 분자는 H_2 기포를 형성한다.

예제 21.4 | $E^\circ_{전지}$로부터 미지의 $E^\circ_{반쪽\ 전지}$ 구하기

문제 볼타 전지가 아래와 같이 수용액 상에서 브로민과 아연 금속간의 반응으로 구성되어 있다.

$$Br_2(aq) + Zn(s) \longrightarrow Zn^{2+}(aq) + 2Br^-(aq) \qquad E^\circ_{전지} = 1.83\ V$$

$E^\circ_{아연}$이 −0.76 V일 때 $E^\circ_{브로민}$을 구하라.

계획 $E^\circ_{전지}$가 양수이기 때문에 주어진 반응은 자발적 반응이다. 반응을 두 개의 반쪽 반응으로 나누어 보면 Br_2가 환원되고(e^-를 얻음) Zn이 산화되는 것(e^-를 잃음)을 알 수 있다. 따라서 아연 반쪽 전지는 산화 전극이다. 식 (21.3)과 알고 있는 $E^\circ_{아연}$ 값을 이용해서 $E^\circ_{미지}$($E^\circ_{브로민}$)을 계산한다.

풀이 전체 반응을 반쪽 반응으로 나누면:

$$Br_2(aq) + 2e^- \longrightarrow 2Br^-(aq) \qquad E^\circ_{브로민} = ?\ V$$
$$Zn(s) \longrightarrow Zn^{2+}(aq) + 2e^- \qquad E^\circ_{아연} = -0.76\ V$$

$E^\circ_{브로민}$ 계산:

$$E^\circ_{전지} = E^\circ_{환원\ 전극} - E^\circ_{산화\ 전극} = E^\circ_{브로민} - E^\circ_{아연}$$
$$E^\circ_{브로민} = E^\circ_{전지} + E^\circ_{아연} = 1.83\ V + (-0.76\ V) = 1.07\ V$$

검산 $E^\circ_{브로민} - E^\circ_{아연}$을 계산하여 $E^\circ_{전지}$가 나오는지 확인해 보자. 1.07 V − (−0.76 V) = 1.83 V.

해설 반쪽 전지 전위를 모른다면 환원은 환원 반쪽 반응이고, 산화는 산화 반쪽 반응임을 기억하자. 항상 $E^\circ_{환원\ 전극}$에서 $E^\circ_{산화\ 전극}$을 빼면 $E^\circ_{전지}$이다. (보충 문제 21.4A에서 $E^\circ_{브로민}$을 이용한다.)

▶ 보충 문제

21.4A 아래와 같이 수용액 상에서 Br_2와 V(III) 이온 간의 반응으로 구성된 볼타 전지의 $E^\circ_{전지}$가 0.73 V이다.

$$Br_2(aq) + 2V^{3+}(aq) + 2H_2O(l) \longrightarrow 2VO^{2+}(aq) + 4H^+(aq) + 2Br^-(aq)$$

VO^{2+}가 V^{3+}로 환원되는 반응의 표준 전극 전위인 $E^\circ_{바나듐}$은 얼마인가?

21.4B 아래와 같이 V(III) 이온과 NO_3^- 이온 간의 반응으로 구성된 볼타 전지의 $E^\circ_{전지}$가 0.62 V이다.

$$3V^{3+}(aq) + NO_3^-(aq) + H_2O(l) \longrightarrow 3VO^{2+}(aq) + NO(g) + 2H^+(aq)$$

보충 문제 21.4A에서 얻은 $E^\circ_{바나듐}$ 값을 이용해서 NO_3^-가 NO로 환원되는 반응의 표준 전극 전위인 $E^\circ_{질산\ 이온}$의 값을 계산하라.

유사 문제 21.38, 21.39

산화제와 환원제의 상대적 세기

전지 전위 측정을 통해 산화제와 환원제의 상대적 세기를 알 수 있다. 바로 앞에서 세 가지 산화제 Cu^{2+}, H^+, Zn^{2+}에 대해 살펴보았다. 이들의 상대적인 산화력의 순서를 매겨 높은(*위*) 것부터 낮은(*아래*) 것으로, 환원(전자 획득)에 대한 반쪽 반응과 표준 전극 전위를 써서 나열해 보자.

$$Cu^{2+}(aq) + 2e^- \longrightarrow Cu(s) \qquad E^\circ = 0.34\ V$$
$$2H^+(aq) + 2e^- \longrightarrow H_2(g) \qquad E^\circ = 0.00\ V$$
$$Zn^{2+}(aq) + 2e^- \longrightarrow Zn(s) \qquad E^\circ = -0.76\ V$$

E° 값이 더 클수록 주어진 반응이 더 잘 일어난다. 즉, Cu^{2+}는 H^+보다 전자 두 개를 더 쉽게 얻고 H^+는 Zn^{2+}보다 전자를 더 쉽게 얻는다.

- 산화제로서의 세기는 위에서 아래로 갈수록 *감소*한다. $Cu^{2+} > H^+ > Zn^{2+}$
- 환원제로서의 세기는 위에서 아래로 갈수록 *증가*한다. $Zn > H_2 > Cu$

다른 반쪽 전지들에 대해 이 과정을 계속하면 부록 D에서 볼 수 있는 것처럼 각각의 환원 반쪽 반응들을 표준 전극 전위가 *감소*하는 순서(가장 큰 양수부터 가장 큰 음수까지)로 정리할 수 있다. 표 21.2에 몇 가지 예들을 제시하였다. 아래의 몇 가지 중요한 점들을 기억하도록 하자.

표 21.2 | 몇 가지 표준 전극 전위(298 K)

산화제의 세기 (아래에서 위로 증가)	반쪽 반응			환원제의 세기 (위에서 아래로 증가)	$E^\circ_{반쪽\ 전지}$(V)
	$F_2(g) + 2e^-$	$\rightleftharpoons$	$2F^-(aq)$		+2.87
	$Cl_2(g) + 2e^-$	$\rightleftharpoons$	$2Cl^-(aq)$		+1.36
	$MnO_2(s) + 4H^+(aq) + 2e^-$	$\rightleftharpoons$	$Mn^{2+}(aq) + 2H_2O(l)$		+1.23
	$NO_3^-(aq) + 4H^+(aq) + 3e^-$	$\rightleftharpoons$	$NO(g) + 2H_2O(l)$		+0.96
	$Ag^+(aq) + e^-$	$\rightleftharpoons$	$Ag(s)$		+0.80
	$Fe^{3+}(aq) + e^-$	$\rightleftharpoons$	$Fe^{2+}(aq)$		+0.77
	$O_2(g) + 2H_2O(l) + 4e^-$	$\rightleftharpoons$	$4OH^-(aq)$		+0.40
	$Cu^{2+}(aq) + 2e^-$	$\rightleftharpoons$	$Cu(s)$		+0.34
	$2H^+(aq) + 2e^-$	$\rightleftharpoons$	**$H_2(g)$**		**0.00**
	$N_2(g) + 5H^+(aq) + 4e^-$	$\rightleftharpoons$	$N_2H_5^+\ (aq)$		−0.23
	$Fe^{2+}(aq) + 2e^-$	$\rightleftharpoons$	$Fe(s)$		−0.44
	$Zn^{2+}(aq) + 2e^-$	$\rightleftharpoons$	$Zn(s)$		−0.76
	$2H_2O(l) + 2e^-$	$\rightleftharpoons$	$H_2(g) + 2OH^-(aq)$		−0.83
	$Na^+(aq) + e^-$	$\rightleftharpoons$	$Na(s)$		−2.71
	$Li^+(aq) + e^-$	$\rightleftharpoons$	$Li(s)$		−3.05

- 모든 값들은 표준 수소(기준) 전극에 대한 상대적인 수치이다.
- 반쪽 반응은 *환원 반응*으로 표시되어 있으므로 *반응식에서 반응물은 산화제이고 생성물은 환원제*이다.
- $E^\circ_{반쪽\ 전지}$의 값이 더 클수록 해당 반쪽 반응이 더 잘 일어난다.
- 다른 반쪽 반응의 $E^\circ_{반쪽\ 전지}$ 값에 따라서 각각의 반응들은 환원(환원 전극에서) 혹은 산화(산화 전극에서) 반응으로 일어날 수 있기 때문에 주어진 반쪽 반응은 평형 화살표로 표현한다. 계산할 때는 *항상 환원 반응* 형태로 주어진 반쪽 반응의 $E^\circ_{반쪽\ 전지}$를 사용한다.
- 부록 D(혹은 표 21.2)에 정리되어 있는 것처럼, 산화제(반응물)의 세기는 *올라갈수록(아래에서 위로) 증가*하고 환원제(생성물)의 세기는 *내려갈수록(위에서 아래로) 증가*한다.

$F_2(g)$의 E°는 절대값이 가장 큰 양수이기 때문에 F_2는 거의 환원되며 $F_2(g)$는 가장 강한 산화제이다.

$$F_2(g) + 2e^- \rightleftharpoons 2F^-(aq)$$

이는 역반응에도 적용된다. $F^-(aq)$는 거의 산화가 되지 않고 $F^-(aq)$는 가장 약한 환원제이다.

$$2F^-(aq) \rightleftharpoons F_2(g) + 2e^-$$

$Li^+(aq)$의 E°는 절대값이 가장 큰 음수이기 때문에 $Li^+(aq)$는 거의 환원되지 않으며 $Li^+(aq)$는 가장 약한 산화제이다.

$$Li^+(aq) + e^- \rightleftharpoons Li(s)$$

역반응에서 $Li(s)$는 거의 산화되며 $Li(s)$는 가장 강한 환원제이다.

$$Li(s) \rightleftharpoons Li^+(aq) + e^-$$

따라서 *강한 산화제는 약한 환원제를 만들고 그 반대도 성립*한다. 만약 표에 있는 순서가 기억나지 않는다면 원소들의 산화-환원 거동에 대한 지식들을(8.4절) 이용해 보자.

- F_2는 전기 음성도가 가장 크고 자연계에서 F^-로 존재한다. 따라서 쉽게 환원(전자를 얻음)되고 강한 산화제가 된다(높은 쪽, 양수의 E°).
- Li 금속은 낮은 이온화 에너지를 가지고 있고 자연계에서 Li^+로 존재한다. 따라서 쉽게 산화(전자를 잃음)되고 강한 환원제가 된다(낮은 쪽, 음수의 E°).

$E^\circ_{반쪽\ 전지}$를 이용하여 자발적 산화-환원 반응 쓰기

모든 산화-환원 반응은 두 반쪽 반응의 합이다. 따라서 반응식의 좌측과 우측에 각각 한 개의 환원제와 한 개의 산화제가 존재한다. 즉, 아연-구리 반응에서 Zn과 Cu는 환원제이고, Cu^{2+}와 Zn^{2+}는 산화제이다. 더 강한 산화제와 환원제가 반응해서 더 약한 산화제와 환원제를 형성하는 반응이 자발적으로 일어난다.

$Zn(s)$	+	$Cu^{2+}(aq)$	$\longrightarrow$	$Zn^{2+}(aq)$	+	$Cu(s)$
더 강한 환원제		더 강한 산화제		더 약한 산화제		더 약한 환원제

부록 D에 나와 있는 E° 값의 순서를 바탕으로 Cu^{2+}/Cu, H^+/H_2, Zn^{2+}/Zn 산화-환원 쌍을 살펴보았다. *더 강한 산화제(왼쪽에 있는 화학종)의 반쪽 반응은 더 큰(더 큰 양수의 혹은 더 작은 음수의) E° 값을 갖고, 더 큰 환원제(오른쪽에 있는 화학종)의 반쪽 반응은 더 작은(더 작은 양수의 혹은 더 큰 음수의) E° 값을 갖는다.* 그러므로 부록 D를 이용하여 볼타 전지를 구성할 수 있는 산화-환원 반응을 선택할 수 있다.

부록 D를 이용하여 자발적 반응 만들기 산화제는 부록 D의 표준 전극 전위 표 상에서 그 산화제보다 *아래에* 있는 환원제와 자발적 반응($E^\circ_{전지} > 0$)이 일어난다. 다시 말하면,

- *자발적 반응이 일어나려면, 표에서 더 높은 곳에 있는 반쪽 반응이 환원 전극에서 쓰여진 대로 일어나고, 표의 더 낮은 곳에 있는 반쪽 반응이 산화 전극에서 그 역반응으로 진행된다.*

이렇게 짝을 지으면 더 강한 산화제(왼쪽에서 더 높은 위치)와 더 강한 환원제(오른쪽에서 더 낮은 위치)가 반응물이 된다. 예를 들어, 부록 D에 나와 있는 반응 중에 아래 두 개의 반쪽 반응에 대해서

$$Cl_2(g) + 2e^- \longrightarrow 2Cl^-(aq) \qquad E^\circ_{염소} = 1.36\ V$$
$$Ni^{2+}(aq) + 2e^- \longrightarrow Ni(s) \qquad E^\circ_{니켈} = -0.25\ V$$

아래의 과정을 통해서 반응물들 사이에 일어나는 자발적 반응을 쓸 수 있다.

- 니켈 반쪽 반응(표에서 더 낮은 위치에 있음)의 역반응을 쓴다.

  $$Ni(s) \longrightarrow Ni^{2+}(aq) + 2e^- \qquad E^\circ_{니켈} = -0.25\ V$$

  그러나 *$E^\circ_{반쪽\ 전지}$의 부호를 바꾸지* ***않는*** *것*을 명심하자. 식 (21.3)(환원 전극 − 산화 전극)에서 빼기 연산을 할 때 이 과정이 포함된다.
- 잃는 전자와 얻는 전자의 수가 같은지 확인한다. 만약 같지 않다면 한 개 혹은 두 개의 반쪽 반응에 숫자를 곱해 준다. 위 식의 경우에는 산화, 환원 반응 모두 두 개의 전자가 참여하기 때문에 이 과정은 생략된다.
- 두 개의 반쪽 반응식을 더해서 균형 방정식을 얻는다.

  $$Cl_2(g) + Ni(s) \longrightarrow Ni^{2+}(aq) + 2Cl^-(aq)$$
- 식 (21.3)을 적용하여 $E^\circ_{전지}$를 구한다.

  $$E^\circ_{전지} = E^\circ_{환원\ 전극} - E^\circ_{산화\ 전극} = E^\circ_{염소} - E^\circ_{니켈} = 1.36\ V - (-0.25\ V) = 1.61\ V$$

부록 D를 사용하지 않고 자발적 반응 쓰기 부록 D 같은 표가 없을 때도 주어진 두 개의 반쪽 반응으로부터 자발적으로 일어나는 산화-환원 반응을 찾을 수 있다. 예를 들어, 아래 두 반쪽 반응을 생각해 보자.

$$Sn^{2+}(aq) + 2e^- \longrightarrow Sn(s) \qquad E^\circ_{주석} = -0.14\ V$$
$$Ag^+(aq) + e^- \longrightarrow Ag(s) \qquad E^\circ_{은} = 0.80\ V$$

두 단계를 거친다.

1. 전극 전위(환원 전극 − 산화 전극)의 차를 구했을 때 $E^\circ_{전지}$가 *양수*가 되도록 반쪽 반응 중에 하나를 역반응인 산화 반응으로 만든다. (반쪽 반응의 역반응을 사용할 때 $E^\circ_{반쪽\ 전지}$의 부호를 바꾸지 *않는* 것을 유념하자.)

2. 전자의 수를 맞추기 위해서 계수를 곱해 준 후에 두 반쪽 반응을 더해서 균형 전체 반응식을 구한다. 양변에 모두 존재하는 화학종을 상쇄시킨다.

더 강한 산화제와 더 강한 환원제가 반응물이 되도록 한다.

- 은의 반쪽 반응에 대한 $E°$가 더 큰(보다 양수인) 것은 Ag^+가 Sn^{2+}보다 더 강한 산화제(보다 쉽게 전자를 얻는)라는 것을 의미한다.
- 주석의 반쪽 반응에 대한 $E°$가 더 작은(보다 음수인) 것은 Sn이 Ag보다 더 강한 환원제(보다 쉽게 전자를 내어 놓는)라는 것을 의미한다.

단계 1에서, 주석 반쪽 반응의 역반응을 쓴다($E°_{주석}$의 부호는 바꾸지 *않는다*).

$$Sn(s) \longrightarrow Sn^{2+}(aq) + 2e^- \qquad E°_{주석} = -0.14\ V$$

은 반쪽 반응(환원 전극, 환원)의 $E°_{반쪽\ 전지}$에서 주석 반쪽 반응(산화 전극, 산화)의 $E°_{반쪽\ 전지}$를 빼면 양수의 $E°_{전지}$를 얻는다.

$$0.80\ V - (-0.14\ V) = 0.94\ V$$

단계 2에서, 산화 반응에 참여한 전자의 수와 환원 반응에 참여한 전자의 수를 동일하게 맞춘다. 따라서 은(환원) 반쪽 반응에 2를 곱하고 나서 두 개의 반쪽 반응을 더해 주고, 그런 다음 식 (21.3)을 적용하면 다음과 같다.

$$2Ag^+(aq) + 2e^- \longrightarrow 2Ag(s) \qquad E°_{은} = 0.80\ V \quad [환원]$$
$$Sn(s) \longrightarrow Sn^{2+}(aq) + 2e^- \qquad E°_{주석} = -0.14\ V \quad [산화]$$
$$Sn(s) + 2Ag^+(aq) \longrightarrow Sn^{2+}(aq) + 2Ag(s)$$
$$E°_{전지} = E°_{환원\ 전극} - E°_{산화\ 전극} = E°_{은} - E°_{주석} = 0.94\ V$$

기억해야 할 *매우 중요한 점*은 반쪽 반응에 계수 2를 곱할 때 $E°_{반쪽\ 전지}$에는 2를 곱하지 않는다는 것이다. 표준 전극 전위는 *세기 성질*이기 때문에 *반쪽 반응의 계수를 바꿀 때 $E°_{반쪽\ 전지}$의 계수는 바꾸지* ***않는다***. *세기* 성질은 물질의 양에 영향을 받지 *않는데* 그 이유를 살펴보자. 전위는 전하에 대한 에너지의 *비율*이다. 전자의 양을 바꾸기 위해서 계수를 곱할 때 에너지와 전하는 비례해서 바뀐다. 따라서 이들의 비율은 변하지 않는다. (비슷한 예로 물질의 양은 변해도 질량과 부피의 비율은 변하지 않기 때문에 밀도는 변하지 않는다.)

인터넷 핫스팟

전극 전위를 써서 자발성을 판단하는 것이 어렵게 느껴진다면, eBook에 접속하여 이 주제에 대한 추가 학습 동영상을 참고하자.

예제 21.5 | 자발적 반응 만들기와 산화제, 환원제의 세기 순위 결정하기

문제 **(a)** 반쪽 반응 (1), (2), (3)을 짝지어 3개의 자발적 반응(A, B, C)을 만들고, 각각에 대해서 $E°_{전지}$를 계산하라. **(b)** 산화제와 환원제의 상대적인 세기의 순위를 정하라.

(1) $NO_3^-(aq) + 4H^+(aq) + 3e^- \longrightarrow NO(g) + 2H_2O(l) \qquad E° = 0.96\ V$

(2) $N_2(g) + 5H^+(aq) + 4e^- \longrightarrow N_2H_5^+(aq) \qquad E° = -0.23\ V$

(3) $MnO_2(s) + 4H^+(aq) + 2e^- \longrightarrow Mn^{2+}(aq) + 2H_2O(l) \qquad E° = 1.23\ V$

계획 **(a)** 자발적 산화-환원 반응식을 만들기 위해 두 개의 반쪽 반응씩 묶어서 가능한 조합을 만들어 본다. (1)과 (2)를 이용해서 반응 A, (1)과 (3)을 이용해서 반응 B, (2)와 (3)을 이용해서 반응 C를 얻는다. 모두 환원 반응의 형태이고, 따라서 산화제는 반응물이고 환원제는 생성물의 위치에 표시되어 있다. 양수의 $E°$를 만들기 위해서 각 쌍에 대해서 더 작은 $E°$ 값을(더 작은 양수이거나 혹은 더 큰 음수인) 갖는 반쪽 반응을 역반응인 산화($E°$의 부호 변화 없이) 반응으로 바꾼다. 이동한 전자의 수를 동일하게 한 후에($E°$ 값의 변화 없이) 두 개의 반쪽 반응을 더하고 나서 식 (21.3)을 이용하여 $E°_{전지}$를 구한다. **(b)** 쓰여진 반응은 자발적 반응이기 때문에 더 강한 산화제와 환원제가 반응물이다. 전체적인 순위를 정하기 위해서 각각의 식에서 상대적인 세기의 순서를 정하고 비교한다.

풀이 **(a)** (1)과 (2)의 반쪽 반응을 더해서 반응식 A를 만든다. 반쪽 반응 (1)의 $E°$ 값이 (2)에 대한 값보다 크기(더 큰 양수) 때문에 (2)를 역반응으로 바꿔서 양수의 $E°_{전지}$를 얻는다.

(1) $NO_3^-(aq) + 4H^+(aq) + 3e^- \longrightarrow NO(g) + 2H_2O(l) \qquad E° = 0.96\ V$

(2의 역반응) $N_2H_5^+(aq) \longrightarrow N_2(g) + 5H^+(aq) + 4e^- \qquad E° = -0.23\ V$

이동한 전자의 수를 동일하게 하기 위해서 (1)에 4를 곱하고 (2)의 역반응에 3을 곱한다. 그러고 나서 두 개의 반쪽 반응식을 더하고 공통된 H^+와 e^-를 양변에서 상쇄한다.

$$4NO_3^-(aq) + 16H^+(aq) + 12e^- \longrightarrow 4NO(g) + 8H_2O(l) \qquad E° = 0.96\ V$$
$$3N_2H_5^+(aq) \longrightarrow 3N_2(g) + 15H^+(aq) + 12e^- \qquad E° = -0.23\ V$$

$$(A)\ 3N_2H_5^+(aq) + 4NO_3^-(aq) + H^+(aq) \longrightarrow 3N_2(g) + 4NO(g) + 8H_2O(l)$$
$$E°_{전지} = 0.96\ V - (-0.23\ V) = 1.19\ V$$

(1), (3) 반쪽 반응을 더해서 B 반응식을 만든다. 반쪽 반응 (1)의 $E°$가 더 작기 때문에 역반응이 된다.

(1의 역반응) $NO(g) + 2H_2O(l) \longrightarrow NO_3^-(aq) + 4H^+(aq) + 3e^-$ $\quad E° = 0.96\ V$

(3) $MnO_2(s) + 4H^+(aq) + 2e^- \longrightarrow Mn^{2+}(aq) + 2H_2O(l)$ $\quad E° = 1.23\ V$

(1)의 역반응에 2를 곱하고 (3)에 3을 곱하고 두 식을 더한 후 공통 요소를 상쇄시킨다.

$$2NO(g) + 4H_2O(l) \longrightarrow 2NO_3^-(aq) + 8H^+(aq) + 6e^- \qquad E° = 0.96\ V$$
$$3MnO_2(s) + 12H^+(aq) + 6e^- \longrightarrow 3Mn^{2+}(aq) + 6H_2O(l) \qquad E° = 1.23\ V$$

$$(B)\ 3MnO_2(s) + 4H^+(aq) + 2NO(g) \longrightarrow 3Mn^{2+}(aq) + 2H_2O(l) + 2NO_3^-(aq)$$
$$E°_{전지} = 1.23\ V - 0.96\ V = 0.27\ V$$

(2), (3) 반쪽 반응을 더해서 C 반응식을 만든다. 반쪽 반응 (2)의 $E°$가 더 작기 때문에 역반응이 된다.

(2의 역반응) $N_2H_5^+(aq) \longrightarrow N_2(g) + 5H^+(aq) + 4e^-$ $\quad E° = -0.23\ V$

(3) $MnO_2(s) + 4H^+(aq) + 2e^- \longrightarrow Mn^{2+}(aq) + 2H_2O(l)$ $\quad E° = 1.23\ V$

(3)에 2를 곱하고 두 식을 더한 후 공통 요소를 상쇄시킨다.

$$N_2H_5^+(aq) \longrightarrow N_2(g) + 5H^+(aq) + 4e^- \qquad E° = -0.23\ V$$
$$2MnO_2(s) + 8H^+(aq) + 4e^- \longrightarrow 2Mn^{2+}(aq) + 4H_2O(l) \qquad E° = 1.23\ V$$

$$(C)\ N_2H_5^+(aq) + 2MnO_2(s) + 3H^+(aq) \longrightarrow N_2(g) + 2Mn^{2+}(aq) + 4H_2O(l)$$
$$E°_{전지} = 1.23\ V - (-0.23\ V) = 1.46\ V$$

(b) 각 반응에서 산화제와 환원제 세기의 순서를 정하자.

반응식 A	산화제: $NO_3^- > N_2$	환원제: $N_2H_5^+ > NO$
반응식 B	산화제: $MnO_2 > NO_3^-$	환원제: $NO > Mn^{2+}$
반응식 C	산화제: $MnO_2 > N_2$	환원제: $N_2H_5^+ > Mn^{2+}$

세 균형 반응식으로부터 상대적인 세기를 비교하여 산화제와 환원제 세기의 전체 순서를 정한다.

산화제: $MnO_2 > NO_3^- > N_2$
환원제: $N_2H_5^+ > NO > Mn^{2+}$

검산 항상 하는 것처럼 반응식 양쪽에 대해서 원자와 전하의 수가 맞는지 확인한다. 순서를 정하기 위한 좋은 방법은 주어진 반쪽 반응식을 $E°$ 값이 감소하는 순서대로 놓는 것이다.

$$MnO_2(s) + 4H^+(aq) + 2e^- \longrightarrow Mn^{2+}(aq) + 2H_2O(l) \qquad E° = 1.23\ V$$
$$NO_3^-(aq) + 4H^+(aq) + 3e^- \longrightarrow NO(g) + 2H_2O(l) \qquad E° = 0.96\ V$$
$$N_2(g) + 5H^+(aq) + 4e^- \longrightarrow N_2H_5^+(aq) \qquad E° = -0.23\ V$$

그러면 밑으로 갈수록 산화제(반응물)의 세기는 감소하고 위로 갈수록 환원제(생성물)의 세기는 감소한다. 또한, 자발적 반응(A, B, C)은 표에서 봤을 때 한 반응물과 이보다 더 밑에 있는 생성물의 조합으로 이루어진다.

▶ 보충 문제

21.5A **(a)** 균형 반쪽 반응 (1), (2), (3)을 짝지어 3개의 자발적 반응 (A, B, C)를 만들고 각각에 대해서 $E°$를 계산하라.

(1) $Ag_2O(s) + H_2O(l) + 2e^- \longrightarrow 2Ag(s) + 2OH^-(aq)$ $\quad E° = 0.34\ V$

(2) $BrO_3^-(aq) + 3H_2O(l) + 6e^- \longrightarrow Br^-(aq) + 6OH^-(aq)$ $\quad E° = 0.61\ V$

(3) $Zn(OH)_2(s) + 2e^- \longrightarrow Zn(s) + 2OH^-(aq)$ $\quad E° = -1.25\ V$

(b) 각 반응에서 산화제와 환원제 세기의 순서를 정하라.

21.5B 다음 반응은 자발적 반응인가(부록 D 참조)?

$$3Fe^{2+}(aq) \longrightarrow Fe(s) + 2Fe^{3+}(aq)$$

만약 자발적 반응이 아니라면 자발적 반응식을 쓰고 $E^\circ_{전지}$를 계산하라. 세 종류의 철 화합물에 대해서 환원제의 세기가 감소하는 순으로 써라.

유사 문제 21.46~21.49

금속의 반응성 순서 설명

4장에서는 수용액에서 다른 금속을 치환하는 능력에 따라서 금속의 반응성 순서(그림 4.23)를 구분하였다. 여기서는 왜 그러한 치환 반응이 일어나고, *왜* 많은(전부는 아님) 금속이 산과 반응하여 H_2 형성하는지, 그리고 왜 몇몇 금속은 물에서 H_2를 형성하는지를 학습할 것이다.

1. *산과 반응해서 H_2를 생성하는 금속.* 표준 수소 반쪽 반응은 H^+ 이온이 환원되면서 산에서 H_2로 변화하는 반응을 나타낸다.

$$2H^+(aq) + 2e^- \longrightarrow H_2(g) \qquad E^\circ = 0.00\ V$$

금속이 산에서 온 H^+를 산화시키는 반응("H_2의 치환"이라고도 함)을 찾기 위해서는 먼저 금속을 선택해서 산화 반쪽 반응을 쓴 후에 수소 반쪽 반응과 합한 후에 $E^\circ_{전지}$가 양수가 되는지 확인한다. 부록 D에서 표준 수소(기준) 반쪽 반응보다 *밑에* 있는 Li부터 Pb까지 H^+의 환원 반응에 대해서 $E^\circ_{전지}$가 양수이다. 예를 들어서, 철은 산으로부터 H^+를 환원시켜서 H_2를 생성한다.

$Fe(s) \longrightarrow Fe^{2+}(aq) + 2e^-$	$E^\circ = -0.44\ V$	[산화 전극, 산화]
$2H^+(aq) + 2e^- \longrightarrow H_2(g)$	$E^\circ = 0.00\ V$	[환원 전극, 환원]
$Fe(s) + 2H^+(aq) \longrightarrow H_2(g) + Fe^{2+}(aq)$	$E^\circ_{전지} = 0.00\ V - (-0.44\ V) = 0.44\ V$	

표에서 더 아래에 있는 금속일수록 더 강한 환원제로 작용한다. 따라서 *만약 H^+의 환원에 대해서 금속 A의 $E^\circ_{전지}$ 값이 금속 B보다 더 크다면 금속 A은 B보다 더 강한 환원제이고 보다* ***반응성이 높은****(active) 금속이다.*

2. *산과 반응해서 H_2를 생성하지 못하는 금속.* 표준 수소(기준) 반쪽 반응보다 위에 있는 금속이라면 금속 반쪽 반응을 역으로 했을 때 $E^\circ_{전지}$가 음수가 되고 주어진 반응은 일어나지 않는다. 예를 들어, 1B(11)족에 있는 주화를 만드는 금속인 구리, 은, 금은 충분히 강한 환원제가 아니어서 산으로부터 H^+를 환원시키지 못한다.

$Ag(s) \longrightarrow Ag^+(aq) + e^-$	$E^\circ = 0.80\ V$	[산화 전극, 산화]
$2H^+(aq) + 2e^- \longrightarrow H_2(g)$	$E^\circ = 0.00\ V$	[환원 전극, 환원]
$2Ag(s) + 2H^+(aq) \longrightarrow 2Ag^+(aq) + H_2(g)$	$E^\circ_{전지} = 0.00\ V - 0.80\ V = -0.80\ V$	

표에서 H^+를 H_2로 환원시키는 반응에 대해서 *더 높은 곳에* 있는 금속일수록 *더 음수의* $E^\circ_{전지}$ 값을 갖는다. 따라서 금은 은보다 반응성이 낮고 은은 구리보다 반응성이 낮다.

3. *물에서 H_2를 생성하는 금속.* 전극 전위 표에서 다음 반쪽 반응보다 아래에 있는 금속들은 반응성이 충분히 높아서 H_2O를 환원시킬 수 있다.

$$2H_2O(l) + 2e^- \longrightarrow H_2(g) + 2OH^-(aq) \qquad E^\circ = -0.83\ V$$

예를 들어, 물에서 소듐의 반응을 생각해보자(Na^+/Na 반쪽 반응의 역반응에 2를 곱한 반응).

$2Na(s) \longrightarrow 2Na^+(aq) + 2e^-$	$E^\circ = -2.71\ V$	[산화 전극, 산화]
$2H_2O(l) + 2e^- \longrightarrow H_2(g) + 2OH^-(aq)$	$E^\circ = -0.83\ V$	[환원 전극, 환원]
$2Na(s) + 2H_2O(l) \longrightarrow 2Na^+(aq) + H_2(g) + 2OH^-(aq)$	$E^\circ_{전지} = -0.83\ V - (-2.71\ V) = 1.88\ V$	

알칼리 금속[1A(1)족]과 더 큰 E° 값을 갖는 알칼리토금속[2A(2)족]은 물을 환원(H_2O에서 H_2 생성)시킬 수 있다. 그림 21.9는 칼슘이 H_2O를 환원시켜서 H_2를 생성시키는 모습을 보여준다.

산화 반쪽 반응
$Ca(s) \longrightarrow Ca^{2+}(aq) + 2e^-$

환원 반쪽 반응
$2H_2O(l) + 2e^- \longrightarrow H_2(g) + 2OH^-(aq)$

전체 (전지) 반응
$Ca(s) + 2H_2O(l) \longrightarrow Ca(OH)_2(aq) + H_2(g)$

그림 21.9 물에서 칼슘의 반응.

Source: Stephen Frisch/McGraw-Hill Education

4. *용액에서 다른 금속을 치환할 수 있는 금속.* 어떤 금속이 수용액 상의 다른 금속 이온을 환원시킬 수 있는지 예측할 수 있다. 부록 D의 전극 전위 표에서 아래에 있는 금속은 더 위에 있는 금속 이온을 환원시킬 수 있다. 따라서 용액 속에서 금속의 치환이 일어난다. 예를 들어, 아연은 수용액 중의 철을 치환할 수 있다.

$$Zn(s) \longrightarrow Zn^{2+}(aq) + 2e^- \qquad E° = -0.76\ V \qquad \text{[산화 전극, 산화]}$$
$$Fe^{2+}(aq) + 2e^- \longrightarrow Fe(s) \qquad E° = -0.44\ V \qquad \text{[환원 전극, 환원]}$$
$$Zn(s) + Fe^{2+}(aq) \longrightarrow Zn^{2+}(aq) + Fe(s) \qquad E°_{전지} = -0.44\ V - (-0.76\ V) = 0.32\ V$$

위 반응은 철의 부식을 막는 경제적으로 매우 중요한 반응으로 21.6절에서 자세히 논의한다.

금속의 환원력 때문에 일반적으로 일어나는 사고로서 충전제가 채워져 있는 치아로 음식물에 남아 있는 알루미늄 호일 조각을 씹게 되면 호일은 활성 산화 전극($E°_{알루미늄}$ = −1.66 V)으로 작용하게 된다. 침은 전해질로 작용하고 충전제(보통 은/주석/수은 합금)는 O_2가 물로 환원되는($E°_{O_2}$ = 1.23 V) 반응의 비활성 환원 전극으로 작용한다. 호일과 충전제 사이의 회로는 전류를 만들게 되고 치아 신경이 고통을 느끼게 된다(그림 21.10).

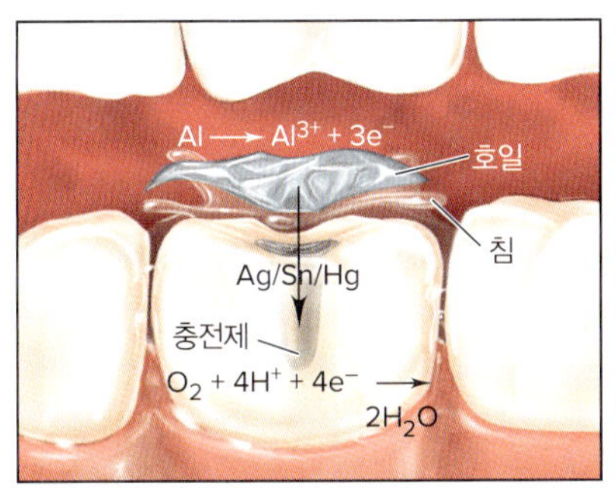

그림 21.10 치아에서의 "볼타 전지".

› 21.3절 요약

- 볼타 전지의 출력은 전지 전위($E°_{전지}$)이고, 단위는 볼트(1 V = 1 J/C)이다.
- 모든 물질이 표준 상태에 있으면 생성된 출력은 표준 전지 전위($E°_{전지}$)이다.
- 표준 상태의 자발적 반응에 대해서 $E°_{전지} > 0$이다.
- 관례상 표준 전극 전위($E°_{반쪽\ 전지}$)는 *환원* 반쪽 반응을 나타낸다.
- 환원 전극의 $E°_{반쪽\ 전지}$에서 산화 전극의 $E°_{반쪽\ 전지}$를 *빼면* $E°_{전지}$가 된다.
- 표준 수소(기준) 전극($E°_{기준}$ = 0 V)을 이용하여 $E°_{반쪽\ 전지}$를 측정하고 산화제(혹은 환원제) 세기의 순서를 정한다.
- 더 강한 산화제와 환원제가 반응해서 더 약한 환원제와 산화제를 만드는 반응은 자발적 산화-환원 반응이다.
- 만약 전체 반응에 대한 $E°_{전지}$가 양수라면 반응에서 금속은 다른 화학종(H^+, H_2O, 다른 금속 이온)을 환원시킬 수 있다.

21.4 자유 에너지와 전기적 일

20장에서 배운 것에 이어서 이 장에서는 일과 자유 에너지, 그리고 전기 화학 전지의 평형 상수 사이의 관계, 그리고 농도가 전지 전위에 미치는 영향에 대해서 학습한다.

표준 전지 전위와 평형 상수

자발적 반응의 경우 ΔG와 $E_{전지}$의 부호는 서로 *반대*[*음의* 자유 에너지($\Delta G < 0$, 20.3절)와 *양의* 전지 전위($E_{전지} > 0$)]이다. 이 두 가지 자발성의 지표는 서로 비례한다.

$$\Delta G \propto -E_{전지}$$

이 식의 비례 상수를 살펴보자. 수행된 전기적 일(w, 단위는 J)은 전위($E_{전지}$, 단위는 V)와 전하(단위는 C)의 곱이다. $E_{전지}$ 값은 전류의 흐름이 없이 측정했기 때문에 열에 의한 에너지 손실이 없이 얻을 수 있는 가능한 최대 전위이다. 즉, 가능한 최대 일($w_{최대}$)*을 의미한다. 전지가 주위에 제공한 일은 음의 부호를 갖는다.

$$w_{최대} = -E_{전지} \times 전하$$

주위에 행해진 최대 일의 양은 ΔG와 같기 때문에[식 (20.9)] 아래와 같이 정리된다.

$$w_{최대} = \Delta G = -E_{전지} \times 전하$$

*20장의 내용을 다시 떠올려보면 최대 일은 가역 반응을 통해서만 얻을 수 있다. 흐르는 전류가 없고 가역 반응이라면 $E_{전지}$는 측정 회로 안에서 역반응과 동일한 전위를 가져야 한다. 만약 반대 전위가 매우 작다면 주어진 전지의 정반응이 진행되고 만약 반대 전위가 매우 크다면 역반응이 일어난다.

전지를 통해서 흐르는 전하량은 전자 1 mol의 전하량(F로 표시)과 이동하는 전자의 양(mol)의 곱이다.

$$\text{전하} = \text{e}^- \text{의 양(mol)} \times \frac{\text{전하량}}{\text{mol e}^-} \quad \text{또는} \quad \text{전하} = nF$$

전자 1 mol의 전하는 **Faraday 상수**(Faraday constant, $\boldsymbol{F}$)로 나타낸다. 이 상수는 전기화학의 선구자인 19세기 영국 과학자 Michael Faraday의 이름을 따서 명명하였다.

$$F = \frac{96{,}485\ \text{C}}{\text{mol e}^-}$$

1 V = 1 J/C 이므로 1 C = 1 J/V이다. 따라서

$$F = 9.65\times10^4 \frac{\text{J}}{\text{V}\cdot\text{mol e}^-} \quad \text{(유효 숫자 3자리)} \tag{21.4}$$

전하 대신에 nF를 넣으면,

$$\Delta G = -nFE_{\text{전지}} \tag{21.5}$$

모든 성분이 표준 상태에 있다면

$$\Delta G^\circ = -nFE^\circ_{\text{전지}} \tag{21.6}$$

이 식을 사용하면 산화-환원 반응의 표준 전극 전위와 평형 상수를 연결시킬 수 있다. 식 (20.12)를 이용하면

$$\Delta G^\circ = -RT \ln K$$

식 (21.6)을 대입하면

$$-nFE^\circ_{\text{전지}} = -RT \ln K$$

$E^\circ_{\text{전지}}$를 구하면,

$$E^\circ_{\text{전지}} = \frac{RT}{nF} \ln K \tag{21.7}$$

그림 21.11에 표준 자유 에너지 변화, 평형 상수, 표준 전지 전위 간의 상호 관계를 요약하였다. 20장에서 ΔH°와 ΔS°를 이용해서, 혹은 ΔG°_f로부터 ΔG°를 계산하는 방법과 ΔG°를 이용하여 K를 알아내는 방법을 배웠다. 이제 우리는 산화-환원 반응에 대해서 K와 ΔG°를 직접 *실험적으로* 구하는 방법을 알게 되었다. 즉, $E^\circ_{\text{전지}}$를 측정하면 된다.

계산을 할 때, 식 (21.7)에 다음과 같이 대입한다.

- 상수 R은 8.314 J/(mol 반응·K)를 대입.
- 상수 F는 9.65×10^4 J/(V·mol e$^-$)를 대입.
- T는 298.15 K를 대입. 그러나 전지는 다른 온도에서 구동될 수도 있다는 것을 명심하자.
- 2.303을 곱해서 자연 로그를 상용로그 함수로 바꾼다. *$E^\circ_{\text{전지}}$가 1만큼 변할 때 K는 10배가 변한다.*

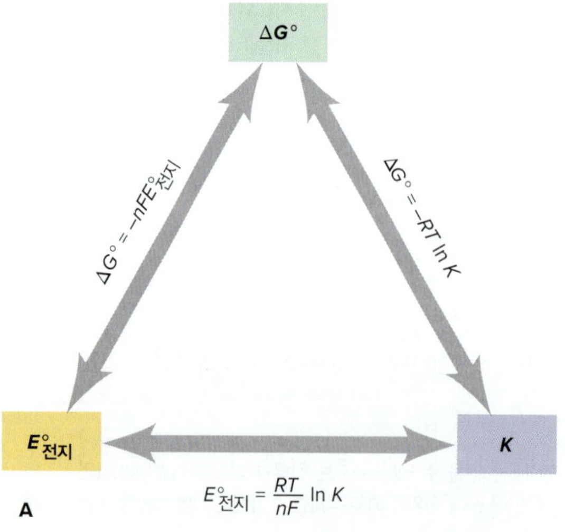

표준 상태에서 반응 인자			
ΔG°	K	$E^\circ_{\text{전지}}$	표준 상태에서 반응
<0	>1	>0	자발적
0	1	0	평형
>0	<1	<0	비자발적

B

그림 21.11 ΔG, $E^\circ_{\text{전지}}$, K의 상호 관계. A. 한 인자의 값을 알면 나머지 두 값을 계산할 수 있다. B. ΔG, $E^\circ_{\text{전지}}$, K의 부호에 의해서 반응의 방향이 결정된다.

그래서 균형 반응식에서 전자 n mol 이동한다면

$$E^\circ_{\text{전지}} = \frac{RT}{nF}\ln K = 2.303 \times \frac{8.314\,\frac{\text{J}}{\text{mol 반응}\cdot\text{K}} \times 298.15\text{ K}}{\frac{n\text{ mol e}^-}{\text{mol 반응}}\left(9.65\times10^4\,\frac{\text{J}}{\text{V}\cdot\text{mol e}^-}\right)}\log K$$

이 식은 다음과 같이 된다.

$$E^\circ_{\text{전지}} = \frac{0.0592\text{ V}}{n}\log K \quad \text{또는} \quad \log K = \frac{nE^\circ_{\text{전지}}}{0.0592\text{ V}} \quad (298.15\text{ K에서}) \qquad \textbf{(21.8)}$$

예제 21.6 | $E^\circ_{\text{전지}}$를 이용하여 K와 ΔG° 구하기

문제 납 광석에는 소량의 은이 들어 있는 경우가 있는데 납은 용액으로부터 다음과 같이 은을 치환할 수 있다.

$$Pb(s) + 2Ag^+(aq) \longrightarrow Pb^{2+}(aq) + 2Ag(s)$$

따라서 납 광석으로부터 납을 추출할 때 부산물로 값비싼 은을 얻는다. 이 반응이 298.15 K에서 일어날 때 K와 ΔG°를 계산하라.

계획 자발적으로 일어나는 산화-환원 반응을 두 개의 반쪽 반응으로 나누고 부록 D의 값을 이용해서 $E^\circ_{\text{전지}}$를 계산한다. 이 결과를 식 (21.8)에 대입하여 K를 구하고, 식 (21.6)에 대입하여 ΔG°를 구한다.

풀이 반쪽 반응과 각 반응에 대한 E°를 적는다.

(1) $Ag^+(aq) + e^- \longrightarrow Ag(s)$ $\qquad E^\circ = 0.80$ V

(2) $Pb^{2+}(aq) + 2e^- \longrightarrow Pb(s)$ $\qquad E^\circ = -0.13$ V

$E^\circ_{\text{전지}}$ 계산하기: 전자를 2 mol로 만들기 위해서 반쪽 반응 (1)에 2를 곱하고 반응 (2)는 산화 반쪽 반응이 일어나기 때문에 역반응이 일어난다. 각 반쪽 반응을 더하고 $E^\circ_{\text{은}}$에서 $E^\circ_{\text{납}}$를 뺀다.

$$\begin{array}{ll}
2Ag^+(aq) + 2e^- \longrightarrow 2Ag(s) & E^\circ = 0.80\text{ V} \\
Pb(s) \longrightarrow Pb^{2+}(aq) + 2e^- & E^\circ = -0.13\text{ V} \\
\hline
Pb(s) + 2Ag^+(aq) \longrightarrow Pb^{2+}(aq) + 2Ag(s) & E^\circ_{\text{전지}} = 0.80\text{ V} - (-0.13\text{ V}) = 0.93\text{ V}
\end{array}$$

식 (21.8)을 이용하여 K 계산하기: 위의 반쪽 반응에서는 반응당 전자 2 mol이 이동하므로 $n = 2$이다. 앞에서 언급한 것처럼 R과 F에 상수를 넣고 상용 로그로 바꾼다. 전지는 25°C (298.15 K)에서 작동하므로 식은 다음과 같다.

$$\log K = \frac{nE^\circ_{\text{전지}}}{0.0592\text{ V}} = \frac{2 \times 0.93\text{ V}}{0.0592\text{ V}} = 31.42 \quad \text{그리고} \quad K = 10^{31.42} = 2.6\times10^{31}$$

ΔG° 계산하기[식 (21.6)]:

$$\Delta G^\circ = -nFE^\circ_{\text{전지}} = -\frac{2\text{ mol e}^-}{\text{mol 반응}} \times \frac{9.65\times10^4\text{ J}}{\text{V}\cdot\text{mol e}^-} \times 0.93\text{ V} = -1.8\times10^5\text{ J/mol 반응}$$
$$= -1.8\times10^2\text{ kJ/mol 반응}$$

검산 표준 상태에서 자발적으로 일어나는 반응에 대해서 다음의 세 가지 변수는 항상 다음과 같다. $E^\circ_{\text{전지}} > 0$, $\Delta G^\circ < 0$, $K > 1$. 반올림과 지수를 확인하라. 예를 들어, ΔG°를 구할 때 반올림 근사치를 사용해서 계산하면 다음과 같다. $\Delta G^\circ \approx -2 \times (1\times10^5) \times 1 = -2\times10^5$이므로 전체적인 계산은 타당해 보인다. 다른 검산으로 ΔG°와 K의 관계를 이용해서 직접 ΔG°를 구하는 것이 있다.

$$\Delta G^\circ = -RT\ln K = -8.314\text{ J/mol 반응}\cdot\text{K} \times 298.15\text{ K} \times \ln(2.6\times10^{31})$$
$$= -1.8\times10^5\text{ J/mol 반응} = -1.8\times10^2\text{ kJ/mol 반응}$$

▶ **보충 문제**

21.6A 298.15 K에서 다음 반응의 K와 ΔG°를 구하라.

$$2MnO_4^-(aq) + 4H_2O(l) + 3Cu(s) \longrightarrow 2MnO_2(s) + 8OH^-(aq) + 3Cu^{2+}(aq)$$

21.6B 한 학생이 Co 금속을 이용하여 Ga^{3+} 용액에서 Ga 금속을 만들고자 한다.

$$3Co(s) + 2Ga^{3+}(aq) \longrightarrow 3Co^{2+}(aq) + 2Ga(s)$$

$\Delta G° = 162$ kJ/mol 반응일 때 25°C에서 K와 $E°_{전지}$를 계산하라. 이 학생은 반응을 성공적으로 수행할 수 있는가?

유사 문제 21.56~21.67

전지 전위에 미치는 농도 효과

지금까지 표준 상태에 있는 전지들에 대해서 살펴보았다. 하지만 대부분의 전지는 표준 상태에서 사용되지 않는다. 설사 그렇다고 하더라도 전지가 작동되는 동안에 농도가 변한다. 또한 모든 배터리에서 반응물의 농도는 표준 상태와는 거리가 멀다.

비표준 상태의 $E_{전지}$를 결정하기 위해서 ΔG와 농도 사이의 관계식을 이용해서 $E_{전지}$와 농도와의 관계식을 유도할 것이다. 20장[식 (20.13)]에서 배운 아래의 식을 이용하자.

$$\Delta G = \Delta G° + RT \ln Q$$

ΔG는 $E_{전지}$와 연관되어 있고 $\Delta G°$는 $E°_{전지}$와 연관되어 있다[식 (21.5), (21.6)]. 이를 이용해서 식을 다시 쓰면

$$-nFE_{전지} = -nFE°_{전지} + RT \ln Q$$

양변을 $-nF$로 나누면 아래의 식이 얻는다. 이 식은 위대한 독일 화학자인 Walther Hermann Nernst가 25세 때 만든 식이다. (1920년에 노벨 화학상을 받았고 열역학 제3법칙의 공식을 만들었으며 용해도곱의 개념을 확립하였다.) **Nernst 식**(Nernst equation)은 $E_{전지}$가 $E°_{전지}$와 임의의 농도 비에서의 전위를 나타내는 항에 따라 달라진다는 것을 보여 준다.

$$E_{전지} = E°_{전지} - \frac{RT}{nF} \ln Q \qquad \textbf{(21.9)}$$

Q의 변화가 전지 전위에 어떠한 영향을 주는가? 식 (21.9)로부터 다음을 알 수 있다.

- $Q < 1$, 즉 [반응물] > [생성물]일 때, $\ln Q < 0$, 따라서 $E_{전지} > E°_{전지}$.
- $Q = 1$, 즉 [반응물] = [생성물]일 때, $\ln Q = 0$, 따라서 $E_{전지} = E°_{전지}$.
- $Q > 1$, 즉 [반응물] < [생성물]일 때, $\ln Q > 0$, 따라서 $E_{전지} < E°_{전지}$.

앞에서 했던 것처럼 R과 F에 해당하는 수를 넣어주고, 전지는 298.15 K에서 작동하며, 상용로그로 변환하여 계산에 사용할 형태의 식을 구하면,

$$E_{전지} = E°_{전지} - \frac{RT}{nF} \ln Q$$

$$= E°_{전지} - 2.303 \times \frac{8.314 \frac{\cancel{J}}{\text{mol}\ \cancel{반응} \cdot \cancel{K}} \times 298.15\ \cancel{K}}{\frac{n\ \cancel{\text{mol e}^-}}{\cancel{\text{mol 반응}}}\left(9.65 \times 10^4 \frac{\cancel{J}}{\text{V} \cdot \cancel{\text{mol e}^-}}\right)} \log Q$$

다음 식을 얻는다.

$$E_{전지} = E°_{전지} - \frac{0.0592\ \text{V}}{n} \log Q \quad (298.15\ \text{K에서}) \qquad \textbf{(21.10)}$$

Q에 대한 식에서 *농도(혹은 압력)가 변화하는 화학종만 포함하는 것*을 유념하자. 그래서 순수한 액체나 고체는 식에 들어가지 않으며, 심지어 전극으로 사용될 때도 식에 포함되지 않는다. 예를 들어, 카드뮴과 은 이온 간의 반응에서 카드뮴과 은 전극은 Q 식에 포함되지 않는다.

$$\text{Cd}(s) + 2\text{Ag}^+(aq) \longrightarrow \text{Cd}^{2+}(aq) + 2\text{Ag}(s) \qquad Q = \frac{[\text{Cd}^{2+}]}{[\text{Ag}^+]^2}$$

인터넷 핫스팟

Nernst 식의 계산이 어렵게 느껴진다면, eBook에 접속하여 이 주제에 대한 추가 학습 동영상을 참고하자.

예제 21.7 | Nernst 식을 이용하여 $E_{전지}$ 계산하기

문제 새로운 기준 전극을 시험하기 위해서 한 화학자가 아래의 조건에서 Zn/Zn^{2+} 반쪽 전지와 H_2/H^+ 반쪽 전지를 이용하여 볼타 전지를 구성하였다.

$$[Zn^{2+}] = 0.010\ M \qquad [H^+] = 2.5\ M \qquad P_{H_2} = 0.30\ \text{atm}$$

온도가 298.15 K일 때 $E_{전지}$를 계산하라.

계획 Nernst 식을 적용해서 $E_{전지}$를 계산하기 위해서 $E°_{전지}$와 Q를 알아야 한다. 자발적 반응을 쓰고 표준 전극 전위(부록 D)를 이용하여 $E°_{전지}$를 계산한다. 그리고 식 (21.10)을 이용한다.

풀이 전지 반응과 $E°_{전지}$ 구하기:

$$2H^+(aq) + 2e^- \longrightarrow H_2(g) \qquad E° = 0.00\ V$$
$$Zn(s) \longrightarrow Zn^{2+}(aq) + 2e^- \qquad E° = -0.76\ V$$
$$2H^+(aq) + Zn(s) \longrightarrow H_2(g) + Zn^{2+}(aq) \qquad E°_{전지} = 0.00\ V - (-0.76\ V) = 0.76\ V$$

Q 계산하기:

$$Q = \frac{P_{H_2} \times [Zn^{2+}]}{[H^+]^2} = \frac{0.30 \times 0.010}{2.5^2} = 4.8\times10^{-4}$$

$n = 2$이고, 25°C(298.15 K)일 때 $E°_{전지}$ 구하기:

$$E_{전지} = E°_{전지} - \frac{0.0592\ V}{n} \log Q$$
$$= 0.76\ V - \frac{0.0592\ V}{2} \log (4.8\times10^{-4}) = 0.76\ V - (-0.098\ V) = 0.86\ V$$

검산 계산이 맞는지 확인한 후에 답에 대해 생각해 보자. $Q < 1$이기 때문에 $\log Q$는 음수이다. 따라서 $E_{전지} > E°_{전지}$ (0.86 > 0.76)이다.

▶ 보충 문제

21.7A Cr/Cr^{3+} 반쪽 전지와 Sn/Sn^{2+} 반쪽 전지로 구성된 볼타 전지가 있다. $[Sn^{2+}] = 0.20\ M$이고, $[Cr^{3+}] = 1.60\ M$이다. 온도가 298.15 K일 때 부록 D를 이용하여 $E_{전지}$를 구하라.

21.7B 아래의 반응을 사용하는 볼타 전지를 생각해보자.

$$Fe(s) + Cu^{2+}(aq) \longrightarrow Fe^{2+}(aq) + Cu(s)$$

만약 $[Cu^{2+}] = 0.30\ M$이고 온도가 25°C일 때, $E°_{전지}$보다 $E_{전지}$가 0.25 V만큼 크다면 $[Fe^{2+}]$는 얼마인가?

유사 문제 21.68~21.71

전지가 작동하는 동안의 전위 변화

다른 모든 볼타 전지와 마찬가지로 아연-구리 전지에서도 전지가 작동하는 동안 구성 성분의 농도가 변화하기 때문에 전지의 전위는 변화한다. 아래 반응에서 다른 두 개의 성분이 고체이기 때문에 변수가 되는 것은 $[Cu^{2+}]$와 $[Zn^{2+}]$이다.

$$Zn(s) + Cu^{2+}(aq) \longrightarrow Zn^{2+}(aq) + Cu(s) \qquad Q = \frac{[Zn^{2+}]}{[Cu^{2+}]}$$

이 절에서는 아연-구리 전지가 작동하는 동안 전위의 변화를 살펴본다.

1. *전지가 작동하기 시작할 때.* 양수의 $E°_{전지}$ 값은(1.10 V) 표준 상태의 조건($[Zn^{2+}] = [Cu^{2+}] = 1\ M$ ($Q = 1$))에서 주어진 반응이 오른쪽으로 *자발적으로* 일어난다는 것을 의미한다. 전지가 작동하기 시작할 때의 조건이 $[Zn^{2+}] < [Cu^{2+}]$ ($Q < 1$)이라고 가정해 보자. 예를 들어, $[Zn^{2+}] = 1.0\times10^{-4}\ M$, $[Cu^{2+}] = 2.0\ M$이다. $\log Q < 0$이기 때문에 작동이 시작할 때 전지 전위가 표준 전지 전위보다 *크다*.

$$E_{전지} = E°_{전지} - \frac{0.0592\ V}{2} \log \frac{[Zn^{2+}]}{[Cu^{2+}]} = 1.10\ V - \left(\frac{0.0592\ V}{2} \log \frac{1.0\times10^{-4}}{2.0}\right)$$
$$= 1.10\ V - \left[\frac{0.0592\ V}{2}(-4.30)\right] = 1.10\ V + 0.127\ V = 1.23\ V$$

2. *전지가 작동되는 동안 핵심 단계들.* 식 (21.10)을 이용해서 전지가 작동되는 과정을 중요한 네 단계로 나누어 보자. 그림 21.12A에는 앞 세 단계가 나와 있다. 중요한 점은 *전지가 작동되는 동안 전위가 감소한다*는 것이다. 생성물의 농도($[P] = [Zn^{2+}]$)가 증가하고 반응물의 농도($[R] = [Cu^{2+}]$)가 감소하게 되면, Q는 커지고 $[(0.0592\ V/n) \log Q]$ 항은

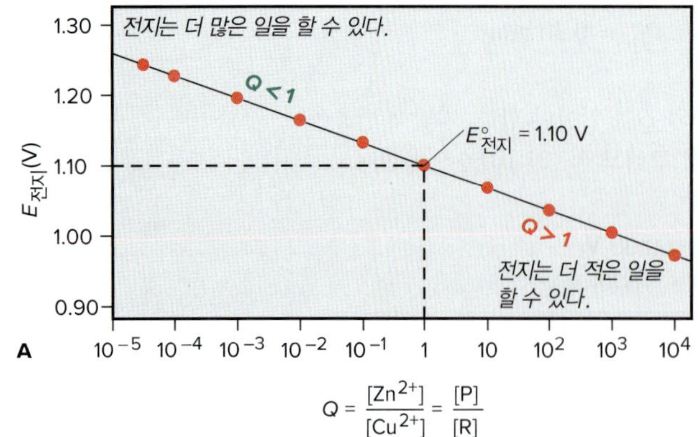

B

E전지와 농도 변화			
전지 동작 단계	Q	[P]와 [R]의 상대적 크기	$\frac{0.0592\ \text{V}}{n}\log Q$
1. $E > E°$	<1	[P] < [R]	<0
2. $E = E°$	=1	[P] = [R]	=0
3. $E < E°$	>1	[P] > [R]	>0
4. $E = 0$	$=K$	[P] ≫ [R]	$=E°$

그림 21.12 **아연-구리 전지에서 $E_{전지}$와 log Q와의 관계.** **A.** $E_{전지}$ vs. Q (로그 척도) 그래프는 직선으로 감소한다. $Q < 1$(*왼쪽*)일 때, 전지는 상대적으로 더 많은 일을 한다. $Q = 1$일 때는 $E_{전지} = E°_{전지}$이다. $Q > 1$(*오른쪽*)일 때, 전지는 상대적으로 적은 일을 한다. **B.** 볼타 전지가 작동함에 따라서 $E_{전지}$의 변화 요약($[Zn^{2+}]$는 [생성물]인 [P]이고, $[Cu^{2+}]$는 [반응물]인 [R]이다.)

더 작은 음수(더 큰 양수)가 된다. 따라서 $E_{전지}$는 감소한다.

단계 1. $Q < 1$일 때, $E_{전지} > E°_{전지}$: 전지가 작동하기 시작할 때 $[Cu^{2+}] > [Zn^{2+}]$, 따라서 $(0.0592\ \text{V}/n)\log Q < 0$이고 $E_{전지} > E°_{전지}$이다.

단계 2. $Q = 1$일 때, $E_{전지} = E°_{전지}$: $[Cu^{2+}] = [Zn^{2+}]$일 때 $Q = 1$이므로, $(0.0592\ \text{V}/n)\log Q = 0$이고 $E_{전지} = E°_{전지}$이다.

단계 3. $Q > 1$일 때, $E_{전지} < E°_{전지}$: $[Zn^{2+}]/[Cu^{2+}]$ 비율이 계속 감소하고 $(0.0592\ \text{V}/n)\log Q > 0$이고 따라서 $E_{전지} < E°_{전지}$이다.

단계 4. $Q = K$일 때 $E_{전지} = 0$: 언젠가는 $(0.0592\ \text{V}/n)\log Q$이 계속 증가해서 매우 커지면 $E°_{전지}$와 같아지게 된다. 이것은 $E_{전지}$가 0이라는 것을 의미한다. *계가* ***평형****에 도달하면 이 현상이 일어난다. 더 이상의 자유 에너지가 방출되지 않고 전지는 더 이상 일을 할 수 없게 된다.* 이때 우리는 배터리가 "다 닳았다"고 말한다.

그림 21.12B에 볼타 전지가 작동되는 동안에 일어나는 4가지의 핵심 단계를 요약하였다.

3. *Q/K 비와 전지가 할 수 있는 일.* 평형 상태에서 식 (21.10)은 아래와 같다.

$$0 = E°_{전지} - \frac{0.0592\ \text{V}}{n}\log K, \quad \text{이항하면} \quad E°_{전지} = \frac{0.0592\ \text{V}}{n}\log K$$

이 결과는 $\Delta G°$를 이용해서 얻은 식 (21.8)과 같음을 알 수 있다. 아연-구리 전지($E°_{전지} = 1.10\ \text{V}$)의 K를 구해 보면

$$\log K = \frac{2 \times E°_{전지}}{0.0592\ \text{V}} \text{ 이므로} \quad K = 10^{(2\times1.10\ \text{V})/0.0592\ \text{V}} = 10^{37.16} = 1.4\times10^{37}$$

보는 것처럼 이 전지는 $[Zn^{2+}]/[Cu^{2+}]$ 비율이 *매우* 높아질 때까지 작동한다.

세 가지 초기 Q/K 비와 $E_{전지}$ 간의 관계는 다음과 같다.

- $Q/K < 1$이면, *주어진* 반응의 $E_{전지}$는 양수이다. Q/K가 더 작을수록 $E_{전지}$는 더 크고 전지는 더 많은 전기적 일을 할 수 있다.
- $Q/K = 1$이면, $E_{전지} = 0$이다. 전지는 평형 상태에 있고 더 이상 일을 할 수 없다.
- $Q/K > 1$이면, 주어진 반응의 $E_{전지}$는 음수이다. 역반응이 일어나고 Q/K가 평형 상태인 1에 도달할 때까지 전지는 일을 할 수 있다.

농도차 전지

만약 어떤 물질의 진한 용액과 묽은 용액을 섞으면 최종 용액은 중간 농도가 된다. **농도차 전지**(concentration cell)는 이 단순하고 자발적인 변화를 이용하여 전기 에너지를 만든다. 분리된 반쪽 전지 안에 같은 반쪽 반응이지만 화합물의 농도를 다르게 하면 전지는 양쪽의 농도가 같아질 때까지 일을 한다.

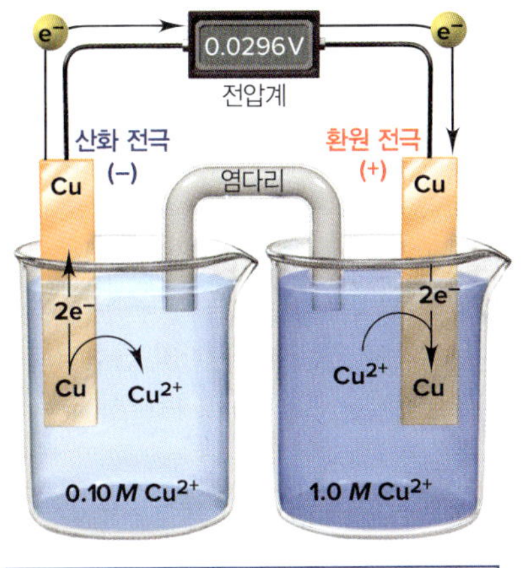

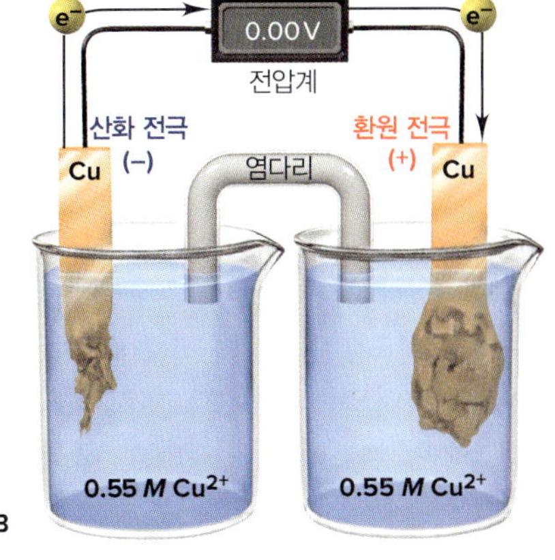

산화 반쪽 반응
$Cu(s) \longrightarrow Cu^{2+}(aq;\ 0.10\ M) + 2e^-$

환원 반쪽 반응
$Cu^{2+}(aq;\ 1.0\ M) + 2e^- \longrightarrow Cu(s)$

전체 (전지) 반응
$Cu^{2+}(aq;\ 1.0\ M) \longrightarrow Cu^{2+}(aq;\ 0.10\ M)$

A

그림 21.13 **Cu/Cu^{2+} 반쪽 반응으로 구성된 농도차 전지.** **A.** 반쪽 전지의 농도가 서로 다르면(*두 용액의 색이 한쪽은 더 연하고 한쪽은 더 진하다*) $E_{전지} > 0$이다. **B.** 반쪽 전지 농도는 같고(*같은 색*) 전극의 크기(명확하게 보여주기 위해서 그림을 과장하였음)는 다르다.

농도차 전지에서 $E_{전지}$ 구하기 하나의 볼타 전지에서 환원 전극과 산화 전극을 Cu/Cu^{2+} 반쪽 반응으로 구성했다고 가정하자. 전지 반응은 동일한 반쪽 반응이지만 서로 역반응으로 표시된 반응의 합이다. *표준* 전극 전위는 모두 1 *M* Cu^{2+}를 기반으로 하고 있기 때문에 서로 상쇄되어 *표준* 전지 전위($E^\circ_{전지}$)는 0이다. 그러나 앞서 언급한 것처럼 *농도차 전지에서는 농도가 서로* ***다르다***. 그래서 비록 $E^\circ_{전지} = 0$이지만 *비표준* 전지 전위($E_{전지}$)는 *농도의 비율*에 의존하고 0이 *아닌* 값을 가지게 된다.

농도차 전지는 산화 전극에 묽은 용액을 넣고 환원 전극에 진한 용액을 넣어야 한다. 예를 들어, 산화 반쪽 전지에 0.10 *M* Cu^{2+}를 사용하고 환원 반쪽 전지에 10배 진한 1.0 *M* Cu^{2+}를 사용한다(그림 21.13A).

$$Cu(s) \longrightarrow Cu^{2+}(aq;\ 0.10\ M) + 2e^- \qquad [\text{산화 전극, 산화}]$$
$$Cu^{2+}(aq;\ 1.0\ M) + 2e^- \longrightarrow Cu(s) \qquad [\text{환원 전극, 환원}]$$

전체 전지반응은 반쪽 전지 반응의 합이다.

$$Cu^{2+}(aq;\ 1.0\ M) \longrightarrow Cu^{2+}(aq;\ 0.10\ M) \qquad E_{전지} = ?$$

초기 농도 0.10 *M*의 묽은 용액과 1.0 *M*의 진한 용액, $n = 2$일 때 Nernst 식으로 전지 전위를 구하면 다음과 같다.

$$E_{전지} = E^\circ_{전지} - \frac{0.0592\ \text{V}}{2}\log\frac{[Cu^{2+}]_{묽은}}{[Cu^{2+}]_{진한}} = 0\ \text{V} - \left(\frac{0.0592\ \text{V}}{2}\log\frac{0.10\ M}{1.0\ M}\right)$$
$$= 0\ \text{V} - \left[\frac{0.0592\ \text{V}}{2}(-1.00)\right] = 0.0296\ \text{V}$$

$E^\circ_{전지}$는 0이므로 $E_{전지}$는 온전히 $[(0.0592\ \text{V}/n)\log Q]$ 항에 의해 결정된다.

농도차 전지에서 일어나는 변화 농도차 전지가 작동하면서 어떤 일이 발생하는지 살펴보자.

- *산화(묽은) 반쪽 전지에서는*, 전극의 구리 원자가 전자를 방출하고 생성되는 Cu^{2+} 이온은 용액으로 녹아들어가서 용액이 *더* 진해진다.
- *환원(진한) 반쪽 전지에서는*, Cu^{2+} 이온이 전자를 얻고 그 결과로 생성되는 구리 원자가 전극 표면에 고체로 석출된다. 따라서 용액의 농도가 *더* 묽어진다.

다른 볼타 전지들과 마찬가지로 이 볼타 전지에서도 평형에 도달할 때(양쪽 반쪽 전지 안에 있는 $[Cu^{2+}]$가 같아질 때)까지 $E_{전지}$는 감소한다(그림 21.13B). 묽은 용액과 진한 용액을 단순히 혼합해도 같은 최종 농도에 도달하지만 이 과정에서 전기적 일을 얻을 수는 없다.

예제 21.8 | 농도차 전지의 전위 계산하기

문제 Ag/Ag^+ 반쪽 전지로 구성된 볼타 전지가 있다. A 반쪽 전지에는 0.010 M의 $AgNO_3$가, B 반쪽 전지에는 4.0×10^{-4} M의 $AgNO_3$가 들어 있다. 298.15 K에서 $E_{전지}$는 얼마인가?

계획 양쪽의 표준 반쪽 반응이 같기 때문에 $E_{전지}$는 0이고, Nernst 식을 이용하여 $E_{전지}$를 계산한다. A 반쪽 전지가 더 높은 [Ag^+]를 가지고 있기 때문에 이 반쪽 전지에서 Ag^+ 이온이 환원되고 A 전극에서 고체가 석출된다. B 반쪽 전지에서는 전극에 있는 Ag 원자가 산화되고 Ag^+ 이온이 용액으로 들어간다. 볼타 전지에서 환원 전극에서 환원이 일어나고, 따라서 양으로 대전된다.

풀이 자발적 반응 쓰기: A 반쪽 전지에서는 [Ag^+]가 감소하고(환원 반쪽 전지), B 반쪽 전지에서는 증가한다(산화 반쪽 전지). 따라서 두 반쪽 반응과 전체 반응은 다음과 같다.

$$Ag^+(aq;\ 0.010\ M) + e^- \longrightarrow Ag(s) \qquad \text{[환원 전극; 환원; 반쪽 전지 A]}$$
$$Ag(s) \longrightarrow Ag^+(aq;\ 4.0\times10^{-4}\ M) + e^- \qquad \text{[산화 전극; 산화; 반쪽 전지 B]}$$
$$\overline{Ag^+(aq;\ 0.010\ M)\ \text{[반쪽 전지 A]} \longrightarrow Ag^+(aq;\ 4.0\times10^{-4}\ M)\ \text{[반쪽 전지 B]}}$$

$n = 1$이므로 $E_{전지}$를 계산:

$$E_{전지} = E^\circ_{전지} - \frac{0.0592\ V}{1}\log\frac{[Ag^+]_{묽은}}{[Ag^+]_{진한}} = 0\ V - \left(0.0592\ V \log\frac{4.0\times10^{-4}}{0.010}\right)$$
$$= 0.083\ V$$

▶ **보충 문제**

21.8A Ni/Ni^{2+} 반쪽 전지로 구성된 볼타 전지가 있다. A 반쪽 전지에는 0.015 M의 $Ni(NO_3)_2$가 있고, B 반쪽 전지에는 0.40 M의 $Ni(NO_3)_2$가 들어 있다. 298.15 K에서 $E_{전지}$는 얼마인가?

21.8B 두 개의 Au/Au^{3+} 반쪽 전지를 이용하여 볼타 전지를 만든다. A 반쪽 전지에서는 [Au^{3+}] = 7.0×10^{-4} M이고 B 반쪽 전지에서는 [Au^{3+}] = 2.5×10^{-2} M이다. $E_{전지}$는 얼마이고 어느 전극이 음으로 대전되는가?

유사 문제 21.72, 21.73

농도차 전지의 이용 농도차 전지의 원리는 다양한 활용 가능성을 가지고 있다. 아래에서 세 가지 경우를 살펴보자.

1. *pH 측정.* 이 원리를 이용하여 연구실에서 사용할 수 있는 가장 중요한 응용처는 [H^+]의 측정이다. 농도차 전지를 이용하는데, 산화 전극이 표준 수소 전극이고 환원 전극도 같은 전극이 미지의 [H^+]의 용액에 담겨 있다면 반쪽 반응과 전체 반응은 다음과 같다.

$$H_2(g;\ 1\ atm) \longrightarrow 2H^+(aq:\ 미지) + 2e^- \qquad \text{[산화 전극, 산화]}$$
$$2H^+(aq;\ 1\ M) + 2e^- \longrightarrow H_2(g;\ 1\ atm) \qquad \text{[환원 전극, 환원]}$$
$$\overline{2H^+(aq;\ 1\ M) \longrightarrow 2H^+(aq;\ 미지) \qquad E_{전지} = ?}$$

$E^\circ_{전지}$는 0이지만 반쪽 전지에서 H^+의 농도가 다르기 때문에 $E_{전지}$는 0이 *아니다*. $n = 2$이고 Nernst 식을 이용하면 다음의 식을 얻는다.

$$E_{전지} = E^\circ_{전지} - \frac{0.0592\ V}{2}\log\frac{[H^+]^2_{미지}}{[H^+]^2_{표준}}$$

$[H^+]_{표준}$에 1 M을 넣고 $E^\circ_{전지}$에 0을 넣으면

$$E_{전지} = 0\ V - \frac{0.0592\ V}{2}\log\frac{[H^+]^2_{미지}}{1^2} = -\frac{0.0592\ V}{2}\log\ [H^+]^2_{미지}$$

$\log x^2 = 2\log x$ (부록 A)이므로 식을 다시 쓰면,

$$E_{전지} = -\left[\frac{0.0592\ V}{2}(2\log\ [H^+]_{미지})\right] = -0.0592\ V \times \log\ [H^+]_{미지}$$

$-\log\ [H^+] = pH$를 넣으면,

$$E_{전지} = 0.0592\ V \times pH$$

따라서 $E_{전지}$를 측정하면 pH를 구할 수 있다.

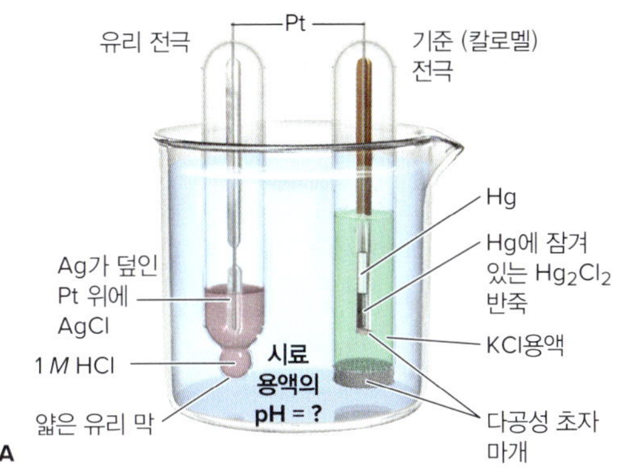

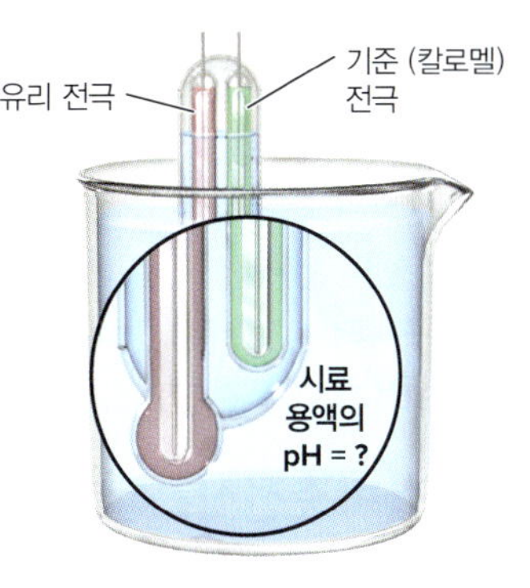

그림 21.14 **실험실에서 pH의 측정.** A. 오래된 pH미터는 유리 전극(*왼쪽*)과 기준 칼로멜 전극(*오른쪽*)을 사용한다. B. 최근의 pH 미터는 복합 전극을 사용한다.

실험실에서 일상적으로 pH를 측정할 때, 두 개의 수소 전극으로 구성된 농도차 전지는 너무 크고 관리하기가 어렵기 때문에 대신에 pH 미터 장비를 사용한다(그림 21.14A). 오래되었지만 흔히 사용하는 형태인데, 두 개의 분리된 전극을 용액에 넣어서 측정한다.

- *유리 전극*은 Ag/AgCl 반쪽 반응으로 구성되어 있고, HCl 용액(일반적으로 1.000 *M*)에 잠겨 있다. 유리로 만든 얇은(~0.05 mm) 막으로 감싸져 있으며 H^+ 이온에 매우 민감하다.
- *표준 전극*은 일반적으로 *포화 칼로멜 전극*인데, 칼로멜(Hg_2Cl_2) 페이스트 안에 잠겨 있는 백금선, 액체 수은, 포화 KCl 용액으로 구성되어 있다.

유리 전극은 내부의 고정된 H^+ 농도 대비 용액의 H^+ 농도를 상대적으로 관찰할 수 있다. 장비를 사용하여 유리 전극과 기준 전극 사이의 전위 차이를 pH로 변환시킬 수 있다. 현대 장비에서는 두 개의 전극이 하나의 관 안에 들어 있는 *복합*(combination) 전극을 사용한다(21.14B).

2. *선택적 이온 측정*. pH 전극은 *이온 선택성 전극*[ion-selective (ion-specific) electrode]의 한 형태이다. 이러한 전극들은 특별한 막을 사용하며 자연계의 물이나 토양처럼 다양한 이온들이 섞여 있을 때 특정 이온의 농도를 선택적으로 측정할 수 있다. 생물학자들은 이온 통로와 인체 안의 수용체(receptor)들을 연구하기 위해서 하나의 세포 안에 매우 작은 이온 선택성 전극을 심을 수 있다(그림 21.15). 최근의 기술적 발전으로 펨토몰(10^{-15} *M*) 정도까지 측정이 가능하다. 표 21.3에 몇 가지 연구된 이온들을 실었다.

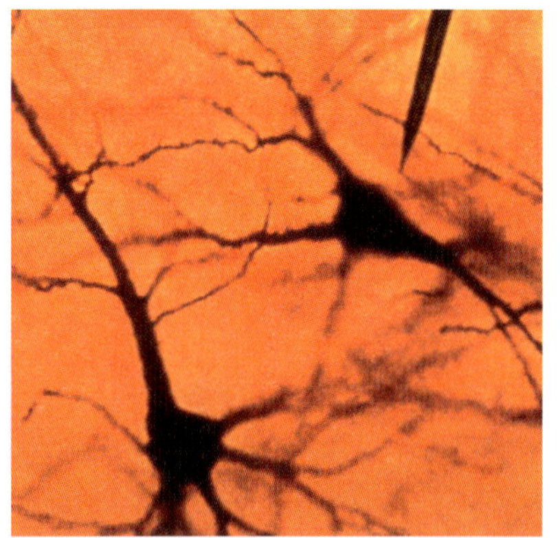

그림 21.15 **미세 분석.** 미세 전극은 원숭이 시각 피질에 있는 신경 세포 하나의 전기 신호도 기록할 수 있다.

Source: ©Fritz Goro

3. *신경 세포에서 농도차 전지*. 신경 세포의 막에는 효소로 구성된 "문(gate)"들이 박혀 있다. 이것들이 인체 안 ATP의 1/3에 해당하는 에너지를 사용하여 세포 안쪽(낮은 $[Na^+]$, 높은 $[K^+]$)과 바깥쪽(높은 $[Na^+]$, 낮은 $[K^+]$) 사이에 이온 기울기(gradient)를 만든다. 이러한 농도 차이의 결과로 신경 세포의 바깥은 안쪽보다 더 큰 양전하를 갖는다. (이 반응 기작을 설명한 공으로 1997년에 Jens C. Skou는 Nobel 화학상을 공동 수상하였다.) 신경 막이 자극을 받으면 Na^+ 이온이 자발적으로 안으로 들어오고 안이 바깥보다 더 양전하를 띠게 되면서 전기 신호가 만들어진다. 이어서 K^+ 이온이 자발적으로 밖으로 나가고 바깥이 다시 양전하를 띠게 되는데, 전체 과정이 일어나는 데 단 0.002초밖에 걸리지 않는다! 하나의 세포막 안에서 일어나는 전하의 큰 변화는 주위를 자극하고 전기 신호가 세포를 따라 이동한다.

표 21.3 **이온 선택성 전극으로 측정하는 이온들**

측정 이온	일반적인 시료
NH_3/NH_4^+	산업 폐수, 해수
CO_2/HCO_3^-	혈액, 지하수
F^-	식수, 소변, 토양, 공장 굴뚝 배기가스
Br^-	곡물, 식물 조직
I^-	우유, 의약품
NO_3^-	토양, 비료, 식수
K^+	혈청, 토양, 와인
H^+	연구실 용액, 토양, 자연계의 물

› 21.4절 요약

- 자발적 반응에 대해서 ΔG는 음수이고, $E_{전지}$는 양수이다. $\Delta G = -nFE_{전지}$. 전지 반응의 ΔG는 전지가 할 수 있는 최대 전기적 일을 나타낸다.
- 표준 자유 에너지의 변화($\Delta G°$)는 $E°_{전지}$와 K와 연관되어 있다.
- 비표준 상태에서는 Nernst 식에 따라 $E_{전지}$는 $E°_{전지}$와 Q에 대한 항에 의존한다. Q가 작을 때(높은 [반응물]) $E_{전지}$는 크고 전지가 작동하면서 점점 감소한다. 평형에 도달하면 ΔG와 $E_{전지}$는 0이 되고, $Q = K$가 된다.
- 농도차 전지는 두 개의 전극에 동일한 반쪽 반응을 사용하지만 용액의 농도가 서로 다르다. 농도가 서로 같아질 때까지 전기 에너지를 생성한다.
- pH 전극처럼 이온 선택성 전극은 한 가지 이온의 농도를 측정한다.
- 농도차 전지의 원리(농도 기울기를 따라 이온들이 자발적으로 낮은 농도 영역으로 "내려가는" 이동)를 이용하여 신경 세포에서 전기 신호를 만들어낸다.

21.5 배터리에서의 전기 화학 과정

작은 크기와 휴대성 때문에 배터리는 일상생활과 커지고 있는 무선 시장에서 매우 중요한 역할을 한다. 일반적으로 **배터리**(battery)는 직렬로 연결된(양-음-양 등) 밀봉된 볼타 전지들로 구성되어 있어서 각각의 전압을 더할 수 있다. 이 절에서는 세 가지 유형의 배터리, 즉 1차 전지, 2차 전지, 연료 전지(흐름 전지)를 공부할 것이다.

1차(비충전식) 전지

1차 전지(primary battery)는 비충전식이고, 실제로 사용할 때 초기 반응물의 농도가 평형에 비해 매우 높다. 이러한 종류의 배터리는 전지 반응이 평형이 도달하게 되면, 즉 "다 닳으면" 버린다. 알칼리 전지, 단추 모양의 은 전지, 1차 리튬 전지 등에 대해 살펴본다.

알칼리 전지 1860년대에 처음 개발되어 1970년대에 들어서 널리 보급된 건전지(dry cell)는 현재 널리 보급된 알칼리 전지(alkaline battery)로 대체되었다. MnO_2와 흑연의 혼합물로 이루어진 환원 전극에서는 이산화 망가니즈의 환원이 일어나고 젤 안에 섞여 있는 아연 가루는 산화 전극에서 산화된다. 환원 전극과 산화 전극은 다공성 막으로 분리되어 있으며 전해질은 KOH와 물로 구성된 염기성 페이스트이다(그림 21.16). 반쪽 반응은 다음과 같다.

산화 전극(산화): $Zn(s) + 2OH^-(aq) \longrightarrow ZnO(s) + H_2O(l) + 2e^-$

환원 전극(환원): $MnO_2(s) + 2H_2O(l) + 2e^- \longrightarrow Mn(OH)_2(s) + 2OH^-(aq)$

전체(전지) 반응: $Zn(s) + MnO_2(s) + H_2O(l) \longrightarrow ZnO(s) + Mn(OH)_2(s) \quad E_{전지} = 1.5\ V$

알칼리 전지는 휴대용 라디오, 장난감, 손전등 등에 사용되고 있고 안전하며 다양한 크기로 만들어지고 있다. 전압 강하가 없고 수명이 길며, 전력 용량이나 저장된 에너지 측면에서 성능이 안정적이다.

그림 21.16 알칼리 전지.

Source: Jill Braaten; alehdats/iStockphoto/ Getty Images; mbbirdy/E+/Getty Images; Comstock Images/ Alamy Stock Photo; JG Photography/Alamy Stock Photo

은(단추) 전지 은 전지는 염기성 환경에서 아연 용기를 산화 전극(환원제)으로 사용하며, 산화제로 철제 용기로 둘러싼 Ag_2O를 사용한다. 고체 반응물은 KOH와 함께 촘촘히 채워지고 막으로 분리되어 있다. 반쪽 반응은 다음과 같다.

산화 전극(산화): $Zn(s) + 2OH^-(aq) \longrightarrow ZnO(s) + H_2O(l) + 2e^-$

환원 전극(환원) (은): $Ag_2O(s) + H_2O(l) + 2e^- \longrightarrow 2Ag(s) + 2OH^-(aq)$

전체(전지) 반응: (은): $Zn(s) + Ag_2O(s) \longrightarrow ZnO(s) + 2Ag(s) \quad E_{전지} = 1.6\ V$

단추 크기의 은 전지(그림 21.17)는 출력이 매우 안정적이기 때문에 시계, 카메라, 인공 심장박동기, 보청기 등에 사용되지만 은의 비싼 가격이 단점이다.

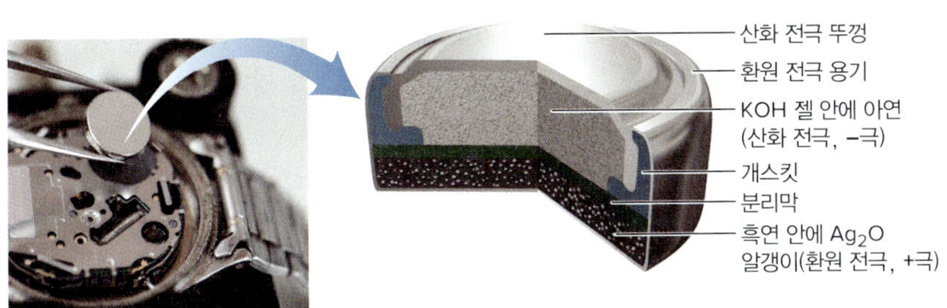

그림 21.17 은 단추 전지.

Source: Andriy Popov/123RF

1차 리튬 전지 1차 리튬 전지는 시계, 이식된 의료 장비 그리고 최근에는 다양한 원격 조종 장치 등에 널리 사용이 된다. 에너지/질량 비율이 매우 높아 7 g 이하의 금속(Li의 $\mathcal{M}$ = 6.941 g/mol)을 이용하여 e^- 1 mol(1 F)를 생성한다. 산화 전극은 리튬 호일이고 비수용액성 전해질에 잠겨 있다. 환원 전극은 여러 가지 금속 산화물 중 하나가 사용되는데, 리튬 이온이 산화물 층 사이에 들어가 있다. 어떤 인공 심장 박동기는 은 바나듐 산화물(SVO, $AgV_2O_{5.5}$) 환원 전극을 사용하고, 몇 년에 걸쳐서 충분한 전압(1.5~3.5 V)을 생성할 수 있다. 그러나 에너지 저장량이 크지 않다(그림 21.18). 반쪽 반응은 아래와 같다.

산화 전극(산화): $3.5Li(s) \longrightarrow 3.5Li^+ + 3.5e^-$

환원 전극(환원): $AgV_2O_{5.5} + 3.5Li^+ + 3.5e^- \longrightarrow Li_{3.5}AgV_2O_{5.5}$

전체(전지) 반응: $AgV_2O_{5.5} + 3.5Li(s) \longrightarrow Li_{3.5}AgV_2O_{5.5}$

2차(충전식) 전지

1차 전지와 달리 *2차 전지(secondary battery)는 충전식이다.* 사용한 후 *전기 에너지를 공급하여 전지 반응의 역반응을 진행*시켜서 반응물을 형성한다. 즉, 2차 전지에서는 전지의 구성 성분들이 *비평형 상태*에 있는 초기 농도를 만들기 위해서 주기적으로 볼타 전지가 전해 전지로 바뀐다. 일반적인 자동차 배터리, 니켈-금속 수소화물 전지, 리튬 이온 전지, 2차 리튬 전지 등을 소개한다.

납-산 전지 일반적인 납-산 자동차 배터리는 직렬로 연결된 6개의 전지로 구성되어 있다. 각 전지는 2.1 V를 만들기 때문에 총 12 V의 전압을 만든다. 각 전지는 두 개의 납 그리드들이 쌓여 있는 형태인데, 산화 전극은 넓은 표면적(스펀지)의 Pb 그리고 환원 전극은 넓은 표면적의 PbO_2로 구성되어 있다. 이 그리드들은 ~4.5 M H_2SO_4 용액에 담겨져 있다. 그리드 사이에는 유리 섬유로 만들어진 종이가 있어 물리적인 접촉으로 합선되는 것을 방지한다(그림 21.19).

1. *방전.* 전지가 방전될 때는 볼타 전지 형태로 전기 에너지를 생성한다.

산화 전극(산화): $Pb(s) + HSO_4^-(aq) \longrightarrow PbSO_4(s) + H^+ + 2e^-$

환원 전극(환원): $PbO_2(s) + 3H^+(aq) + HSO_4^-(aq) + 2e^- \longrightarrow PbSO_4(s) + 2H_2O(l)$

두 반쪽 반응 모두에서 Pb^{2+} 이온이 형성되는데, 하나는 Pb의 산화를 통해서 생성되고 다른 하나는 PbO_2의 환원을 통해서 생성된다. 양쪽 전극에서 Pb^{2+} 이온은 HSO_4^-와 반응해서 $PbSO_4(s)$를 형성한다.

전체 (전지) 반응 (방전):

$$PbO_2(s) + Pb(s) + 2H_2SO_4(aq) \longrightarrow 2PbSO_4(s) + 2H_2O(l) \qquad E_{전지} = 2.1 \text{ V}$$

2. *충전.* 전지를 전해 전지의 형태로 충전할 때는 전기 에너지를 사용하여 반쪽 전지와 전체 반응을 역반응으로 만든다.

전체(전지) 반응(충전): $2PbSO_4(s) + 2H_2O(l) \longrightarrow PbO_2(s) + Pb(s) + 2H_2SO_4(aq)$

거의 한 세기가 넘도록 자동차, 트럭 운전자들은 큰 순간 전류를 공급하는 납-산 전지를 사용하여 엔진의 시동을 걸었다. 춥거나 더운 날씨에도 수년간 그렇게 이용해 왔다. 납-

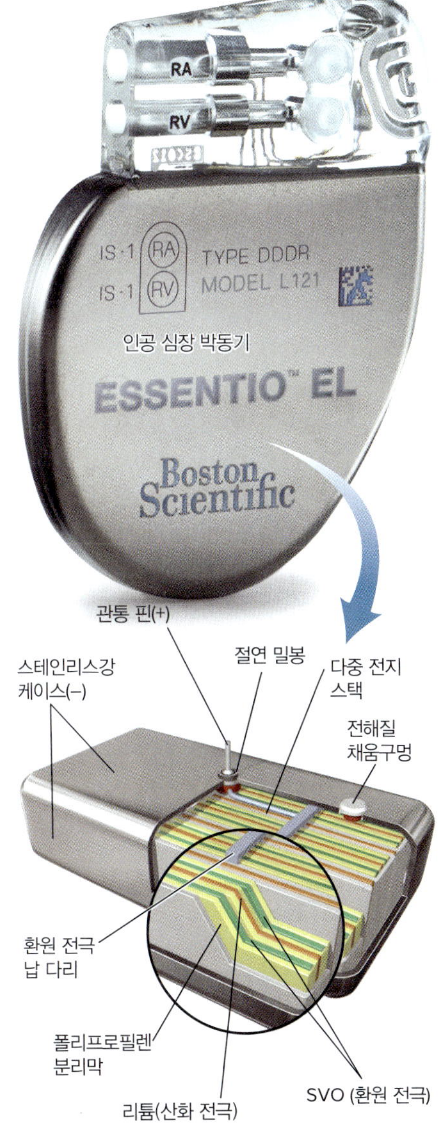

그림 21.18 1차 리튬 전지.

Source: © 2015 Boston Scientific Corporation or its affiliates. All rights reserved.

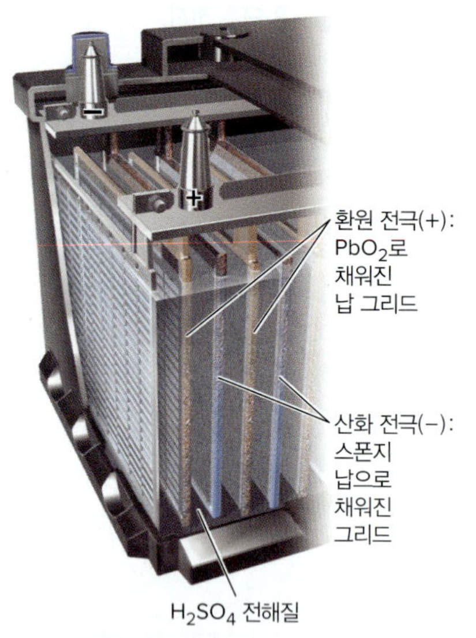

그림 21.19 납-산 전지.

산 전지의 주된 문제점들은 양으로 대전된 (Pb) 그리드의 부식에 의한 용량 감소, 보통의 기계적인 충격 때문에 일어나는 활성 물질의 탈착, 재충전을 방해하는 커다란 $PbSO_4$ 결정의 형성 등을 들 수 있다.

니켈-금속 수소화물(Ni-MH) 전지 한 때 니켈-카드뮴(nicad) 전지가 유행했었지만 카드뮴의 독성 때문에 니켈-금속 수소화물(Ni-MH) 전지가 이를 대체하게 되었다. 산화 전극 반쪽 반응은 금속 합금($LaNi_5$ 같은; M으로 표시) 안에 흡착되어 있는 수소를 산화시키고 환원 전극에서는 NiO(OH) 안의 Ni(III)을 환원시킨다(그림 21.20).

산화 전극(산화): $MH(s) + OH^-(aq) \longrightarrow M(s) + H_2O(l) + e^-$

환원 전극(환원): $NiO(OH)(s) + H_2O(l) + e^- \longrightarrow Ni(OH)_2(s) + OH^-(aq)$

전체(전지) 반응: $MH(s) + NiO(OH)(s) \longrightarrow M(s) + Ni(OH)_2(s) \qquad E_{전지} = 1.4\ V$

충전 동안에는 전지 반응의 역반응이 진행된다. Ni-MH 전지는 디지털 카메라, 전동 공구, 일부 하이브리드 전기차 등에 주로 사용이 된다. 알칼리 전지들과 유사하게 AA, AAA, 그리고 다른 크기로 제조된다. 또한 가볍고 출력이 높으며 독성이 없지만 보관해 둘 때 방전이 심하게 일어나는 단점이 있다.

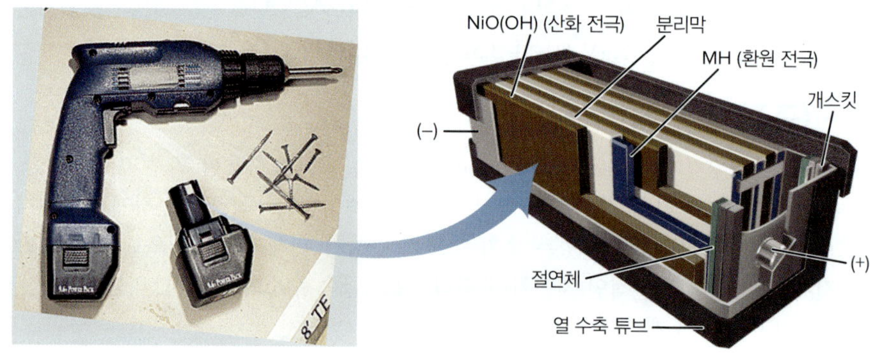

그림 21.20 니켈-금속 수소화물 전지.
Source: Stephen Frisch/McGraw-Hill Education

리튬-이온 전지 2차 리튬-이온 전지의 산화 전극에는 리튬 원자들이 흑연 층 사이에 삽입되어 있다(Li_xC_6로 표기). 환원 전극은 $LiMn_2O_4$나 $LiCoO_2$같은 리튬 전이금속 산화물로 구성되어 있고 리튬은 물과 반응할 수 있기 때문에 전해질은 보통 물 기반이 아닌 유기 용매[탄산디메틸(dimethyl carbonate)과 탄산메틸렌(methylene carbonate) 혼합물] 안에 녹아 있는 1 *M* $LiPF_6$를 사용한다. 용매화된 Li^+ 이온이 전지 안의 산화 전극에서 환원 전극으로 이동하는 동안 전자는 회로를 통해서 이동한다(그림 21.21). 전지 반응은 다음과 같다.

산화 전극(산화): $Li_xC_6 \longrightarrow xLi+ + xe^- + C_6(s)$

환원 전극(환원): $Li_{1-x}Mn_2O_4(s) + xLi^+ + xe^- \longrightarrow LiMn_2O_4(s)$

전체(전지) 반응: $Li_xC_6 + Li_{1-x}Mn_2O_4(s) \longrightarrow LiMn_2O_4(s) + C_6(s) \qquad E_{전지} = 3.7\ V$

충전 중에는 전지 반응이 역반응이 일어난다. 리튬은 가장 가벼운 금속이기 때문에 리튬 이온 전지는 에너지 밀도(단위 질량당 저장된 에너지의 양)가 매우 높으며 무수히 많은 노트북, 태블릿, 휴대폰, 캠코더 등에 사용된다. 또한 대부분의 하이브리드 전기차와 모든 전기차에 전지로 사용되지만 비싼 가격과 유기 용매의 인화성 등이 주요 단점들이다.

그림 21.21 리튬-이온 전지.
Source: David Cook/www.blueshiftstudios. co.uk/ Alamy Stock Photo

연료 전지

1차 전지나 2차 전지와 달리 종종 *흐름 전지*(flow battery)라고 부르기도 하는 **연료 전지**(fuel cell)는 밀폐되어 있지 않다. 반응물(보통 연료와 산소)이 전지로 공급되고 생성물은 전지 밖으로 방출되는데, *연료의 제어된 연소 반응(산화)을 통해서 전기를 생성한다.* 다른 볼타 전지처럼 반쪽 반응들이 분리되어 있어 전자들이 외부 회로를 통해 이동하기 때문에 연료가 불타지는 않는다.

자동차에 사용할 목적으로 개발된 가장 일반적인 연료 전지는 *양성자 교환 막*(proton exchange membrane, PEM) 전지로, H_2를 연료로 사용하고 80°C의 온도에서 작동된다(그림 21.22). 전지 반응은 다음과 같다.

산화 전극(산화): $2H_2(g) \longrightarrow 4H^+(aq) + 4e^-$

환원 전극(환원): $O_2(g) + 4H^+(aq) + 4e^- \longrightarrow 2H_2O(g)$

전체(전지) 반응: $2H_2(g) + O_2(g) \longrightarrow 2H_2O(g)$ $\quad E_{전지} = 1.2\ V$

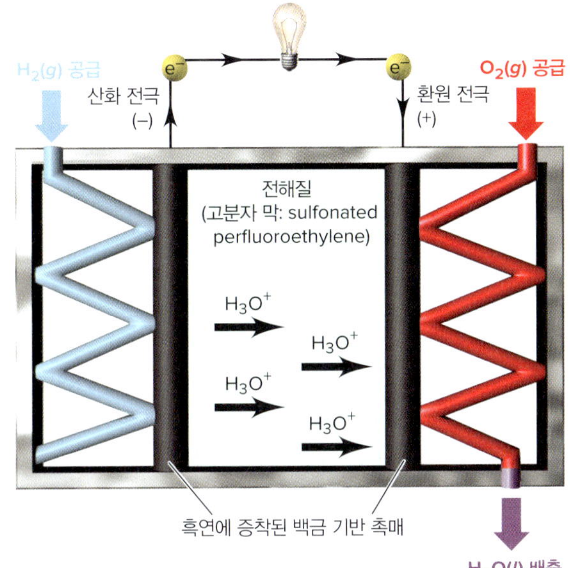

그림 21.22 양성자 교환 막 전지: 수소 연료 전지.

H_2 연료 전지의 작동 원리 다른 전지들에 비해서 연료 전지는 반응 속도는 느리다. 따라서 *전기 촉매*(electrocatalyst)를 써서 활성화 에너지(16.7절)를 낮춘다. 흑연에 증착된 백금 기반의 촉매로 구성된 나노 복합체를 이용하여 PEM 전지의 전극을 제조한다. 이 전극들을 고불소화 에틸렌(perfluoroethylene) 뼈대($-\!\!\left[F_2C—CF_2\right]\!\!-_n$)에 설폰산 그룹($RSO_3^-$)이 있는 고분자 전해질 막 안에 내장시킨다. 설폰산 그룹은 산화 전극에서 환원 전극으로 양성자를 이동시키는 중요한 역할을 한다.

- *산화 전극에서는* 두 개의 H_2 분자가 촉매에 흡착하고 분해된 후 산화된다. 각 H_2로부터 전자 두 개가 전선을 따라 환원 전극으로 이동하는 한편, H^+ 이온 두 개는 수화되어 H_3O^+의 형태로 전해질을 통해서 이동한다.
- *환원 전극에서는* O_2 분자가 촉매에 흡착되는 것으로 생각되는데, 전자 한 개를 받아서 O_2^-가 생성된다. H_3O^+에서 나온 양성자와 O_2^-가 반응하여 HO_2(즉, HO—O)를 형성한다. O—O 결합이 늘어나면서 깨지고 다른 하나의 H_3O^+에서 H^+ 이온이 제공되고 촉매에서는 전자가 한 개 제공되어 첫 번째 H_2O 분자가 생성된다. 비슷한 과정으로 산소 원자에 세 번째 H^+와 e^-가 반응하면서 OH를 만들고 네 번째 H^+와 e^-가 전달되면서 두 번째 H_2O 분자를 생성한다. 생성된 두 개의 물 분자는 탈착되고 전지 밖으로 배출된다.

연료 전지의 이용 수년 동안 수소 연료 전지를 써서 우주선에 필요한 전기와 물을 제공해왔다. 주택에 필요한 전력을 공급하기 위해서 비슷한 전지를 사용하기 시작했고, 주요 자동차 회사들이 연료 전지 모델을 출시하였다. 연료 전지는 공해 물질을 발생시키지 않고, 연료의 결합 에너지 중 75% 정도를 전력으로 바꿀 수 있는데, 이는 석탄 화력 발전소의 40%나 가솔린 엔진의 25%보다 훨씬 높다.

› 21.5절 요약

- 배터리는 직렬로 연결된 볼타 전지이며, 1차 전지(알칼리 전지, 은 전지, 리튬 전지), 2차 전지(납-산 전지, 니켈-금속 수소화물 전지, 리튬-이온 전지), 연료 전지로 구분한다.
- 충전식(2차) 전지에 전기를 가해 주면 산화-환원 반응의 역반응이 진행되고 반응물이 다시 생성된다.
- 연료 전지는 H_2 같은 연료의 제어된 산화 반응을 통해 전류를 생성한다.

21.6 부식: 환경에서의 볼타 전지

여러분들이 만약 모든 자발적 전기 화학 과정이 배터리나 연료 전지처럼 유용하다고만 생각한다면, 자동차, 선박, 건물, 다리 등에 매년 수백억 달러의 피해를 입히는 **부식**(corrosion)의 문제를 생각해 보자. 이 자연스러운 과정은 금속을 산화시켜서 산화물과 황화물을 만드는데, 볼타 전지의 작동 원리와 많은 점들이 비슷하다. 철의 부식을 집중적으로 살펴볼 것이지만 구리, 은 등 몇 가지 다른 금속들도 부식된다.

철의 부식

가장 흔하면서도 경제적으로 손실을 입히는 부식은 철이 녹스는 것이다. 매년 미국에서 생산되는 강철의 약 25%는 부식된 철을 교체하는 데 사용된다. 녹(rust)은 철과 산소 간의 반응에 의해서 직접적으로 만들어지는 생성물이 *아니고* 복합적인 전기 화학 과정을 통해서 만들어진다. 철의 부식에 대해서 몇 가지 사실을 살펴보고 볼타 전지의 특징을 이용해서 이들을 설명해 보자.

사실 1. 철은 건조한 공기에서는 녹슬지 않는다. 반드시 수분이 필요하다.
사실 2. 철은 공기가 없는 물속에서는 녹슬지 않는다. 반드시 산소가 필요하다.
사실 3. 철의 손실과 녹의 생성은 *같은* 물체의 *다른* 부위에서 발생한다.
사실 4. 철은 낮은 pH(높은 $[H^+]$)에서 더 빨리 녹슨다.
사실 5. 철은 이온이 녹아 있는 용액(염의 수용액)에서 더 빨리 녹슨다.
사실 6. 철은 활성이 낮은 금속(구리 등) 접촉하고 있을 때 더 빨리 녹슬고 활성이 높은 금속(아연 등)과 접촉하고 있으면 더 천천히 녹슨다.

부식이 일어나는 과정에서 두 개의 분리된 산화-환원 반응이 일어난다.

1. *철의 손실.* 철 표면의 사진을 보자(그림 21.23). 물과 접촉한, 변형이 일어난 곳, 파인 곳, 찍힌 곳 등이 철의 주된 손실 위치이다(사실 1). 이러한 곳에서 다음과 같은 산화 반쪽 반응이 일어나기 때문에 *산화 전극 영역*(anodic region)이라 부른다.

$$Fe(s) \longrightarrow Fe^{2+}(aq) + 2e^- \qquad \text{[산화 전극 영역; 산화]}$$

일단 철 원자가 전자를 방출하면 물체에 손상이 일어나고 철의 손실이 일어나는 곳에 구덩이가 생긴다.

방출된 전자는 외부 회로(철 조각 자체)를 따라 이동하여 상대적으로 $[O_2]$가 높은 지역(일반적으로 새롭게 만들어진 구덩이를 둘러싸고 있는 물방울의 끝부분의 공기)에 도달한다. 이 곳이 *환원 전극 영역*(cathodic region)이고, 철에서 방출된 전자가 O_2를 환원시킨다.

$$O_2(g) + 4H^+(aq) + 4e^- \longrightarrow 2H_2O(l) \qquad \text{[환원 전극 영역; 환원]}$$

부식 과정의 이 부분(두 반쪽 반응의 합)은 녹을 형성하지 않으면서 진행된다.

$$2Fe(s) + O_2(g) + 4H^+(aq) \longrightarrow 2Fe^{2+}(aq) + 2H_2O(l) \qquad \text{[전체]}$$

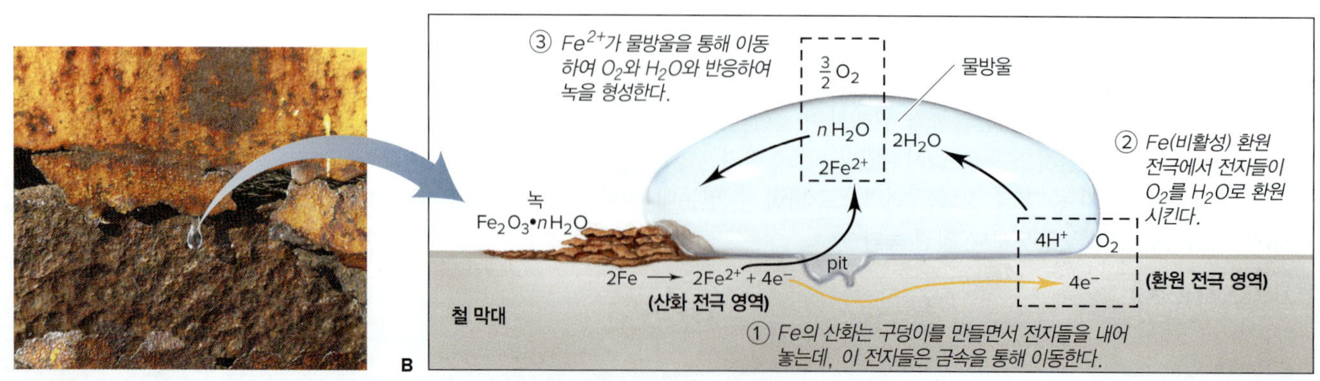

그림 21.23 **철의 부식.** A. 철 표면을 확대한 사진. 주로 표면의 불규칙한 곳에서 부식이 일어난다. B. 표면의 작은 영역에서 일어나는 부식 과정의 단계들.

Source: A: Vincent Roy mastweb/Alamy Stock Photo

2. *녹이 스는 과정*. 녹은 위와는 다른 산화-환원 반응을 통해 형성된다. 산화 전극 영역에서 생성된 Fe^{2+} 이온이 물을 따라 퍼져나가 흔히 구덩이에서 떨어진 곳에서 O_2와 반응해서 Fe^{3+} 이온을 만들면서 녹을 형성한다(사실 3). 이 단계에 대한 전체 반응식은 아래와 같다.

$$2Fe^{2+}(aq) + \frac{1}{2}O_2(g) + (2+n)H_2O(l) \longrightarrow Fe_2O_3 \cdot nH_2O(s) + 4H^+(aq)$$

(녹, $Fe_2O_3 \cdot nH_2O$이 수화가 될 때 다양한 숫자의 물 분자를 함유할 수 있기 때문에 물에 대한 계수는 n으로 나타낸다.) 철의 손실이 일어나서 물체의 강도가 약해지는 실제 피해의 부수적인 현상으로 녹이 쌓이게 된다. 앞의 두 개의 식을 더하면 철의 손실과 녹이 스는 과정에 대한 전체 반응식을 얻을 수 있다.

$$2Fe(s) + \frac{3}{2}O_2(g) + nH_2O(l) + \cancel{4H^+(aq)} \longrightarrow Fe_2O_3 \cdot nH_2O(s) + \cancel{4H^+(aq)}$$

다른 화학종($2Fe^{2+}$, $2H_2O$)들도 상쇄되지만 위의 식에서 H^+ 이온이 촉매로 작용하는 것을 강조하기 위해 H^+ 이온의 상쇄를 나타내었다. H^+ 이온은 한 반응에서 소모되고 다른 반응에서 생성이 되면서 전체 과정의 속도를 높여준다. 이러한 이유로 낮은 pH(높은 $[H^+]$)에서 더 빨리 녹이 슨다(사실 4). 이온이 녹아 있는 용액은 산화 전극과 환원 전극 영역 근처에서 수용액의 전도도를 증가시켜 녹이 스는 현상이 더 빨리 일어나게 만든다(사실 5). 녹이 스는 현상에 대한 이온의 영향은 바다를 항해하는 선박(그림 21.24)이나 미끄러운 도로의 얼음을 녹이기 위해 염을 사용하는 추운 기후의 지역에서 자동차의 하부나 바퀴 주변에서 명확하게 확인할 수 있다. (사실 6에 대해서는 다음 절에서 논의한다.)

따라서 아래의 몇 가지 핵심이 되는 내용에서 부식은 볼타 전지의 작동과 비슷하다.

- 산화 전극과 환원 전극 영역은 물리적으로 떨어져 있다.
- 각 영역은 전자가 이동하는 외부 회로를 통해서 연결되어 있다.
- 산화 전극 영역에서 철은 활성 전극처럼 작용하고, 환원 전극 영역에서는 비활성 전극으로 작용한다.
- 구덩이 주변의 수분은 이온이 녹아 있는 용액이면서 이온을 이동시키고 용액을 중성으로 유지시켜 주는 역할을 하는데, 이는 볼타 전지의 전해질과 염다리의 역할과 같다.

그림 21.24 **바다에서는 부식이 가속된다.** 바닷물의 높은 이온 농도 때문에 선체나 닻에 있는 철에 부식이 더 잘 일어난다.

Source: David Weintraub/Science Source

철의 부식 방지

부식에 필요한 요소를 제거하면 부식을 방지할 수 있다. 자동차 차체의 염들을 씻어 내면 이온들을 제거할 수 있다. 물체의 표면에 페인트를 칠하면 O_2나 수분의 접촉을 막을 수 있다. 배관 설비에 크로뮴 도금을 하면 더 오랜 시간 부식을 막을 수 있다. 총신이나 다른 강철 물체의 표면에 Fe_3O_4(자철광) 피막을 입히는 방법("blueing")도 같은 역할을 한다.

마지막으로 살펴볼 중요한 점(사실 6)은 철과 접촉하고 있는 다른 금속의 상대적 반응성에 관한 것이다. 기본 개념은 *녹이 스는 과정에서 철은 산화 전극과 환원 전극 역할을 다 하지만 산화 전극에서만 철의 손실이 일어난다*는 것이다. 따라서

1. *철이 산화 전극으로 더 잘 작용할 때 부식이 증가한다*. 철이 구리처럼 활성이 더 낮은 금속(더 약한 환원제)과 접촉하고 있으면 전자를 더 쉽게 내어놓는다(산화 전극 작용이 더 향상된다. 그림 21.25A). 예를 들어, 철 배관이 구리 배관과 직접 연결되어 있으면 철 파이프는 빠르게 부식된다. 전기가 통하지 않는 고무나 플라스틱을 사용하여 금속들 사이에 간격을 띄우면 이 문제를 예방할 수 있다.

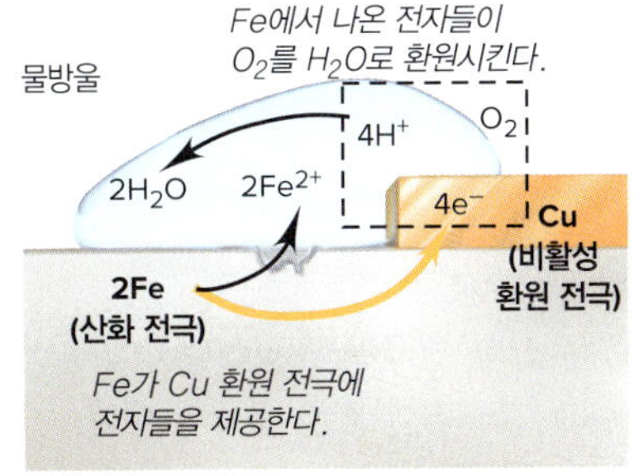

A. 부식 가속

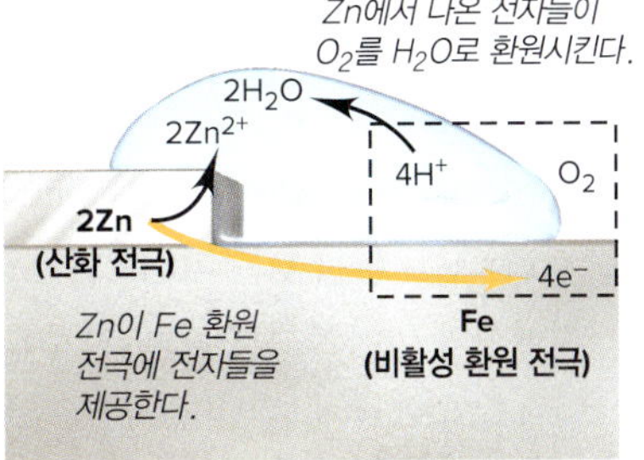

B. 환원 전극 보호

그림 21.25 **철의 부식에 대한 금속-금속 접촉의 영향.** A. 구리와 철이 접촉하고 있으면 부식이 빨리 일어난다. B. 아연과 철이 접촉하고 있으면 부식은 일어나지 않는다. 이러한 부식 방지법을 *환원 전극 보호*(cathodic protection)라고 부른다.

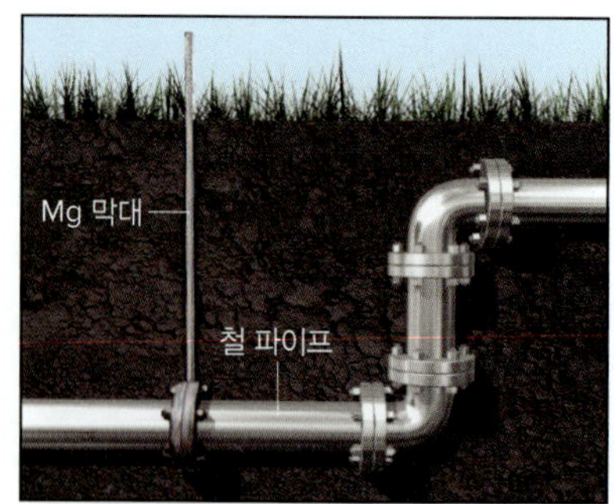

그림 21.26 철의 부식을 방지하기 위한 희생 산화 전극의 사용. 환원 전극 보호에서 아연, 마그네슘, 알루미늄 같은 활성 금속이 산화 전극으로 작용하면서 철 대신에 희생된다.

2. *철이 환원 전극으로 작용하면 부식이 감소한다. 환원 전극 보호*에서 부식을 방지하는 가장 효율적인 방법은 아연처럼 철보다 활성이 더 큰 금속(강한 환원제)과 철을 접촉시키는 것이다. 아연이 전자를 방출하면서 산화 전극으로 작용하는 반면 철은 환원 전극이 되고 온전하게 남아 있게 된다(21.25B). 아연 "희생" 층으로 도금된 철은 *아연 도금*(galvanizing)되었다고 한다. 이렇게 되면 H_2O 및 O_2와 직접적인 접촉을 막음과 동시에 아연(혹은 다른 활성이 높은 금속들)은 철 대신에 "희생"(산화)된다. 철, 강관, 저장 탱크, 석유 굴착 장치 등을 보호하기 위해서 물속이나 땅 밑에 희생 산화 전극을 설치한다. 희생 산화 전극으로는 철보다 활성이 큰 마그네슘이나 알루미늄이 흔히 사용되고 산화 전극으로 작용한다(그림 21.26). 게다가 이들은 접착성 산화물 코팅을 형성하기 때문에 자체의 부식 속도도 늦춘다.

21.6절 요약

- 부식은 자연계에서 일어나는 전기 화학 과정을 통해서 금속 구조물에 피해를 입힌다.
- 철의 부식은 산소와 수분이 있을 때 일어난다. 또한 높은 $[H^+]$, 높은 [이온], 구리처럼 활성이 낮은 금속과 접촉하여 있을 때 부식이 일어난다.
- 부식 과정의 첫 번째 산화-환원 반응에서 철은 산화되고 O_2는 환원된다. 또한 다른 위치에서 두 번째 산화-환원 반응이 일어나 Fe^{2+}가 산화되고 O_2가 환원되어 녹(Fe_2O_3의 수화물)이 형성된다.
- 부식 과정에서 Fe는 산화 전극과 환원 전극 모두에서 작용하기 때문에, 물리적인 코팅을 통해 철 물체를 보호할 수 있고, 철보다 활성이 큰 금속(Zn, Mg, Al 같은)과 철을 접촉시키면 철 대신에 산화 전극으로 작용하여 철이 보호된다.

21.7 전해 전지: 전기 에너지를 이용하여 비자발적 반응 유도

자발적 반응으로부터 전기 에너지를 생산하는 볼타 전지와는 달리 *전해 전지(electrolytic cell)는 외부 전원의 전기 에너지를 써서 비자발적 산화-환원 반응을 유도한다.*

전해 전지의 구조와 작동

볼타 전지에서 전해 전지 하나를 만들어 그것이 어떻게 작동하는지 살펴보도록 하자. 주석-구리 볼타 전지(그림 21.27A)를 생각해 보자. 주석 산화 전극은 점차 Sn^{2+} 이온으로 산화되고 생성된 이온은 전해질로 들어간다. Cu^{2+} 이온은 점점 환원되면서 구리 전극 위에 석출된다. 이러한 방향으로 전지 반응이 자발적으로 진행된다.

볼타 전지:

$$Sn(s) \longrightarrow Sn^{2+}(aq) + 2e^- \qquad E° = -0.14\ V \qquad [\text{산화 전극, 산화}]$$
$$Cu^{2+}(aq) + 2e^- \longrightarrow Cu(s) \qquad E° = 0.34\ V \qquad [\text{환원 전극, 환원}]$$
$$\overline{Sn(s) + Cu^{2+}(aq) \longrightarrow Sn^{2+}(aq) + Cu(s)}$$

$E°_{전지} = 0.34\ V - (-0.14\ V) = 0.48\ V,\ \Delta G° = -93\ kJ$

그러므로 전지 반응의 *역반응은 비자발적*이고, 스스로 진행될 수 없다. 그러나 외부 전원으로부터 $E°_{전지}$보다 높은 전압을 공급하여 반응을 진행시킬 수 있다. 사실상 볼타 전지를 전해 전지로 바꾸는 것(산화 전극은 환원 전극이 되고, 환원 전극은 산화 전극이 됨)이다(그림 21.27B).

전해 전지:

$$Cu(s) \longrightarrow Cu^{2+}(aq) + 2e^- \qquad E° = 0.34\ V \qquad [\text{산화 전극, 산화}]$$
$$Sn^{2+}(aq) + 2e^- \longrightarrow Sn(s) \qquad E° = -0.14\ V \qquad [\text{환원 전극, 환원}]$$
$$\overline{Cu(s) + Sn^{2+}(aq) \longrightarrow Cu^{2+}(aq) + Sn(s)}$$

$E°_{전지} = -0.14\ V - 0.34\ V = -0.48\ V,\ \Delta G° = 93\ kJ$

볼타 전지에서와 마찬가지로 전해 전지에서도 *산화는 산화 전극에서 일어나고 환원은 환원 전극에서 일어난다. 그러나 전자가 이동하는 방향과 전극의 부호는 반대가 된다.*

이러한 차이점들을 이해하기 위해서 전자 흐름의 *이유*에 초점을 맞춰 보자.

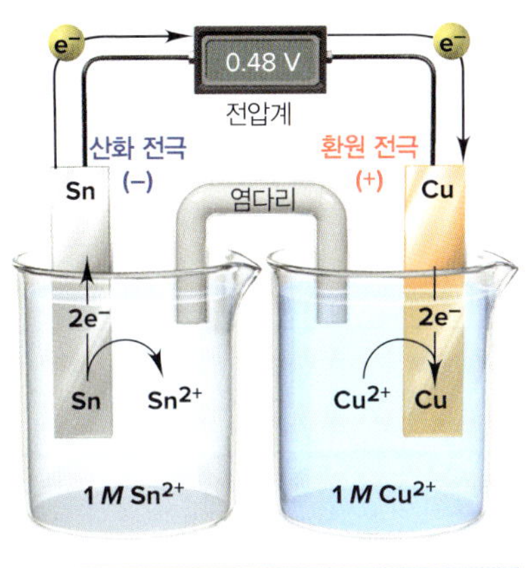

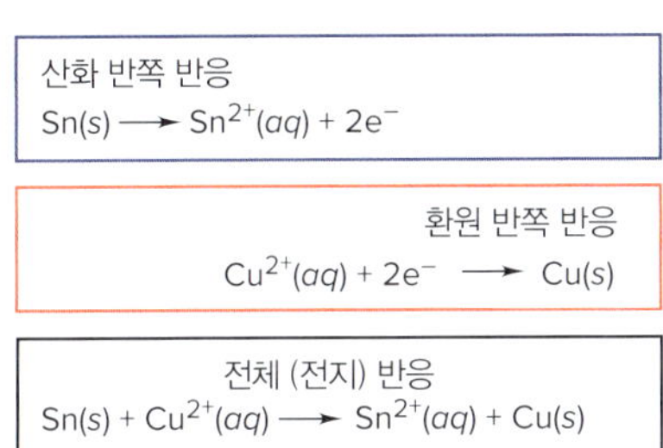

A. 볼타 전지

0.48 V보다 높은 외부 전원

환원 전극 (–) Sn　　산화 전극 (+) Cu　　염다리

2e⁻　Sn　Sn^{2+}　　2e⁻　Cu^{2+}　Cu

1 *M* Sn^{2+}　　1 *M* Cu^{2+}

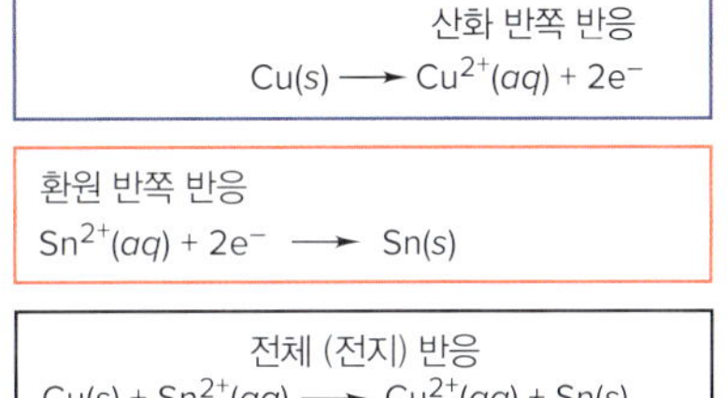

B. 전해 전지

그림 21.27 **볼타 전지와 전해 전지에서 일어나는 주석-구리 반응.** A. Sn과 Cu^{2+} 사이에 자발적 반응이 일어나고 볼타 전지에서 0.48 V가 생성된다. B. 0.48 V 이상의 전압이 공급된다면 Cu와 Sn^{2+} 간의 비자발적(역반응) 반응이 진행된다. 전극의 전하와 전자의 이동 방향이 바뀌는 것을 유념하자.

- 볼타 전지에서는 산화 전극에서 전자가 생성되기 때문에 산화 전극은 *음의 전하를 갖는다*. 환원 전극에서는 전자가 *제거되기* 때문에 *양의 전하를 갖는다*.
- 전해 전지에서는 외부 전원이 환원 전극에 전자를 공급하므로 환원 전극은 *음의 전하를 가지고*, 산화 전극에서 전자를 제거하므로 산화 전극은 *양의 전하를 갖는다*.

충전식 전지에서는 방전될 때 볼타 전지가 되고 충전될 때는 전해 전지가 된다. 납-산 자동차 전지(그림 21.28, 그림 21.19)에서 이 두 가지 작용을 비교해 보자.

- 방전될 때는(볼타 전지), 전극 I에서 산화 반응이 일어난다. 따라서 산화 전극이 *음의 전하*를 띠고 환원 전극이 *양의 전하*(전극 II)를 갖는다.
- 충전될 때는(전해 전지), 전극 I에서 환원 반응이 일어난다. 따라서 환원 전극이 *음의 전하*를 띠고 산화 전극(전극 II)이 *양의 전하*를 갖는다.

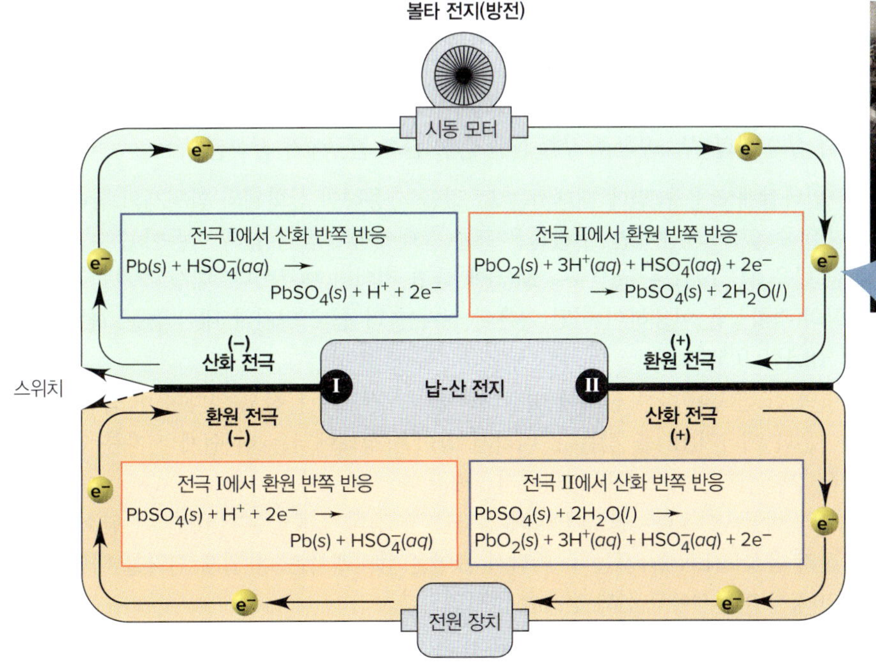

그림 21.28 **납-산 전지의 방전(*위*)과 충전(*아래*)에서 일어나는 과정.**

Source: Jill Braaten

표 21.4 | 볼타 전지와 전해 전지의 비교

			전극		
전지 형태	ΔG	$E_{전지}$	이름	반응	부호
볼타 전지	<0	>0	산화 전극	산화	−
볼타 전지	<0	>0	환원 전극	환원	+
전해 전지	>0	<0	산화 전극	산화	+
전해 전지	>0	<0	환원 전극	환원	−

표 21.4에 두 종류의 전지에 대해 반응과 부호를 요약하였다.

전기 분해 생성물 예측

전기 분해(electrolysis)는 전기 에너지를 이용하여 물질을 분해(분리)하는 과정으로, 화합물을 구성 원소들로 분해할 때 흔히 사용한다. 1800년에 처음으로 물을 전기 분해하여 H_2와 O_2를 얻었는데, 아직도 고순도 H_2와 O_2 기체를 생산하는 데 이 반응을 이용하고 있다. 전해 전지의 전해질로는 순물질(용융 염 같은)일 수도 있지만 녹은 염의 혼합물이나 염이 녹아 있는 수용액도 가능하다. 앞으로 공부하겠지만 전기 분해의 생성물은 원자의 특성과 다른 몇 가지 요소에 의해서 결정된다.

순수한 용융 염의 전기 분해 만약 염이 순물질이라면 전기 분해의 생성물을 예측하는 것은 간단하다. 즉, *양이온은 환원되고 음이온은 산화된다.* 전해질은 용융 염 그 자체이고 이온들은 반대로 대전된 전극으로 끌려간다.

용융된 염화 칼슘의 전기 분해를 생각해 보자. 존재하는 두 화학종이 Ca^{2+}와 Cl^-이므로, Ca^{2+} 이온이 환원되고 Cl^- 이온은 산화된다.

$$2Cl^-(l) \longrightarrow Cl_2(g) + 2e^- \qquad \text{[산화 전극, 산화]}$$
$$Ca^{2+}(l) + 2e^- \longrightarrow Ca(s) \qquad \text{[환원 전극, 환원]}$$
$$Ca^{2+}(l) + 2Cl^-(l) \longrightarrow Ca(s) + Cl_2(g) \qquad \text{[전체]}$$

위와 같은 방법으로 산업적으로 칼슘을 생산한다. 또한 Na, Mg, Cl_2, Br_2 같은 활성 물질들을 생산할 때도 이와 같은 방법을 이용한다.

혼합 용융 염의 전기 분해 보다 일반적인 경우로, 전해질은 용융 염의 혼합물이고 전기 분해를 통해 금속들 중 하나를 얻을 수 있다. 어떤 화학종이 어떤 전극에서 반응할 것인지 어떻게 예측할 수 있을까? 모든 전해 전지에 대해 일반적인 법칙은 아래와 같다.

- *더 쉽게 환원되는 화학종(강한 산화제)이 환원 전극에서 환원된다.*
- *더 쉽게 산화되는 화학종(강한 환원제)이 산화 전극에서 산화된다.*

안타깝게도 용융 염에 대해서는 $E°$ 값을 사용하여 산화제와 환원제의 상대적 세기를 판단할 수 *없다*. 왜냐하면 이 값들은 표준 상태에서 *수용액 중의 이온*이 순수한 원소로의 환원 반응 $M^{n+}(aq) + ne^- \longrightarrow M(s)$에 대한 것이기 때문이다. 대신 주기율표에서 원자 성질의 경향성을 이용하여 어떤 이온이 전자를 더 쉽게 얻거나 내어 놓는지를 예측할 수 있다(8.3절, 9.5절).

- 만약 한 금속이 다른 금속에 비해 전자를 *더* 강하게 붙잡고 있다면 이 금속은 더 높은 이온화 에너지(IE)를 갖는다. 따라서 양이온 상태에서는 더 쉽게 전자를 얻게 되므로 더 강한 산화제이고 환원 전극에서 환원된다.
- 만약 비금속이 다른 원소에 비해 전자를 *덜* 강하게 붙잡고 있다면 이 원소는 더 낮은 전기 음성도(EN)를 갖는다. 따라서 음이온 상태에서는 더 쉽게 전자를 내놓게 되므로 더 강한 환원제이고 산화 전극에서 산화된다.

요약하면, 혼합 용융 염에서는 더 높은 IE를 갖는 금속 원소의 양이온이 환원되고 더 낮은 전기 음성도를 갖는 비금속 원소의 음이온이 산화된다.

예제 21.9 | 혼합 용융 염의 전기 분해 생성물 예측

문제 한 화학자가 자연에서 산출되는 NaBr과 $MgCl_2$의 혼합물을 녹인 후 전해 전지를 이용하여 분해하려 한다. 각 전극에서 생성되는 물질을 예측하고 균형 반쪽 반응식과 전체 전지 반응식을 써라.

계획 각 전극에서 어느 금속과 어느 비금속이 더 쉽게 생성이 되는지 판단해야 한다. 먼저 각 이온들을 산화제 혹은 환원제로 구분하고 나서 주기율표의 경향성을 이용하여 어느 금속 이온이 더 쉽게 환원되는지 그리고 어느 비금속 이온이 더 쉽게 산화되는지 판단하자.

풀이 이온들을 산화제와 환원제로 구분:

가능한 산화제는 Na^+와 Mg^{2+}이다. 이 양이온들은 환원될 수 있다.
가능한 환원제는 Br^-와 Cl^-이다. 이 음이온들은 산화될 수 있다.

환원 전극의 생성물(보다 쉽게 환원되는 양이온) 결정: 주기율표 3주기에서 Mg는 Na보다 오른쪽에 있다. IE는 왼쪽에서 오른쪽으로 갈수록 증가하고, 따라서 Mg로부터 전자를 제거하기가 더 어렵다. 따라서 Mg^{2+} 이온이 e^-를 더 강하게 끌어당기므로 보다 쉽게 환원된다(더 강한 산화제). Mg^{2+}는 환원 전극에서 먼저 환원될 것이다.

$$Mg^{2+}(l) + 2e^- \longrightarrow Mg(l) \qquad \text{[환원 전극, 환원]}$$

산화 전극의 생성물(보다 쉽게 산화되는 음이온) 결정: 주기율표 7A(17)족에서 Br은 Cl보다 밑에 있다. 같은 족에서 아래로 내려갈수록 EN은 감소하므로 Br이 e^-를 더 쉽게 얻지 못한다. 따라서 Br^- 이온이 더 쉽게 전자를 내어놓고 보다 쉽게 산화된다(더 강한 환원제). Br^-는 산화 전극에서 산화될 것이다.

$$2Br^-(l) \longrightarrow Br_2(g) + 2e^- \qquad \text{[산화 전극, 산화]}$$

전체 전지 반응 쓰기:

$$Mg^{2+}(l) + 2Br^-(l) \longrightarrow Mg(l) + Br_2(g) \qquad \text{[전체]}$$

해설 전지의 온도는 혼합 염들이 녹아 있을 만큼 충분히 높아야 한다. 이 경우에 온도는 Mg의 녹는점보다 높으므로 반응식에서 Mg는 액체 상태로 표시하며, 또한 Br_2의 끓는점보다 높기 때문에 Br_2는 기체 상태로 표시한다.

▶ 보충 문제

21.9A 일반적인 알칼리 금속 염화물들 중에 가장 이온 결합성이 높은 물질과 가장 낮은 물질은 각각 CsF와 LiI이다. 이 두 화합물들의 고체 혼합물을 녹이고 전기 분해하려 한다. 어느 금속과 어느 비금속이 각 전극에서 생성되는지 결정하고 전체 전지 반응을 써라.

21.9B KF를 불순물로 함유하고 있는 $AlBr_3$ 시료를 녹인 후 전기 분해하려 한다. 각 전극에서의 생성물을 결정하고 전체 전지 반응을 써라.

유사 문제 21.89~21.92

물의 전기 분해와 비표준 상태의 반쪽 전지 전위 수용액에서의 염의 전기 분해 생성물을 공부하기 전에 물 자체의 전기 분해를 알아보자. 매우 순수한 물은 전류를 흘려줄 수 있는 이온이 거의 없기 때문에 전기 분해하기가 어렵다. 그러나 전기 분해 되지 않는(Na_2SO_4 같은) 소량의 염을 넣어 주면 물의 전기 분해가 급격하게 진행된다. H_2와 O_2 기체에 대해서 각각 분리된 칸으로 구성된 전해 전지를 사용한다(그림 21.29). 산화 전극에서는 물이 산화된다. 즉, H_2O에서 −2인 O의 산화수(O.N.)가 O_2에서는 0으로 바뀐다.

$$\overset{+1\ -2}{2H_2O(l)} \longrightarrow \overset{0}{O_2(g)} + \overset{+1}{4H^+(aq)} + 4e^- \qquad E = 0.82\ \text{V} \qquad \text{[산화 전극, 산화]}$$

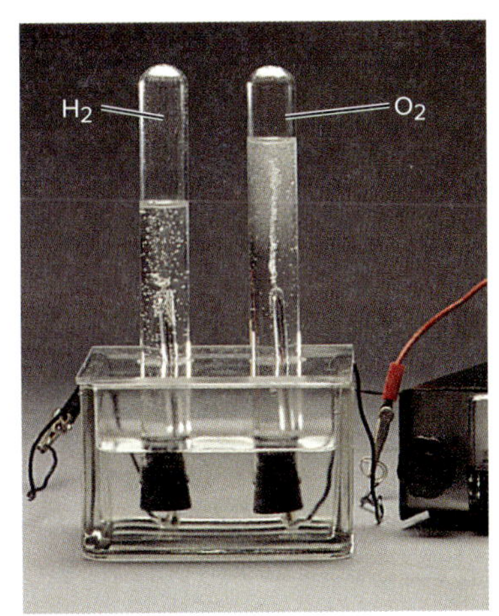

산화 반쪽 반응
$2H_2O(l) \longrightarrow O_2(g) + 4H^+(aq) + 4e^-$

환원 반쪽 반응
$2H_2O(l) + 2e^- \longrightarrow H_2(g) + 2OH^-(aq)$

전체 (전지) 반응
$2H_2O(l) \longrightarrow 2H_2(g) + O_2(g)$

그림 21.29 **물의 전기 분해.** O_2 양의 두 배인 H_2가 생성된다.

Source: Stephen Frisch/McGraw-Hill Education

환원 전극에서는 물이 환원된다. 즉, H_2O에서 +1인 H의 산화수가 H_2에서는 0으로 바뀐다.

$$\overset{+1\ -2}{2H_2O(l)} + 2e^- \longrightarrow \overset{0}{H_2(g)} + 2\overset{-2\ +1}{OH^-}(aq) \qquad E = -0.42\text{ V} \qquad [\text{환원 전극, 환원}]$$

산화와 환원 반응에서 이동하는 전자의 수를 동일하게 하기 위해서 환원 전극의 환원 반응에 2를 곱하고 두 개의 반쪽 반응을 더한다(H^+와 OH^- 이온이 만나서 H_2O가 만들어지고 e^-와 과량의 물의 상쇄 과정 포함). 전체 반응에 대해서 $E_{전지}$도 계산한다.

$$2H_2O(l) \longrightarrow 2H_2(g) + O_2(g) \qquad E_{전지} = -0.42\text{ V} - 0.82\text{ V} = -1.24\text{ V} \qquad [\text{전체}]$$

$[H^+]$와 $[OH^-]$가 표준 상태인 1 *M*이 아니고 1.0×10^{-7}이기 때문에 이 전극 전위는 표준 전극 전위가 *아니다*. 따라서 $E°$가 아니고 E로 표기한다. 수용성 염 용액에서 $[H^+]$와 $[OH^-]$는 대략 10^{-7} *M*이기 때문에 전극에서의 생성물을 예측하기 위해서 비표준 $E_{반쪽\ 전지}$를 사용한다.

수용성 염 용액의 전기 분해와 과전압의 영향 수용성 염 용액은 이온과 물의 혼합물이다. 따라서 전극에서의 생성물을 예측하기 위해서 이온과 물의 전극 전위를 비교해야 한다.

1. *전극에서 생성물 예측하기*. 각 전극에서 두 개의 반쪽 반응이 가능할 때

- *더 작은 음수의(더 큰 양수의) 전극 전위 값을 갖는 환원 반응이 일어난다.*
- *더 작은 양수의(더 큰 음수의) 전극 전위 값을 갖는 산화 반응이 일어난다.*

예를 들어, 아이오딘화 포타슘 용액을 전기 분해하면 어떤 반응이 일어날까?

- 가능한 *산화제*는 K^+와 H_2O이며, 각각의 환원 반쪽 반응은 다음과 같다.

$$K^+(aq) + e^- \longrightarrow K(s) \qquad E° = -2.93\text{ V}$$
$$2H_2O(l) + 2e^- \longrightarrow H_2(g) + 2OH^-(aq) \qquad E = -0.42\text{ V} \qquad [\text{환원}]$$

물의 전극 전위가 *더 작은 음수*이기 때문에 K^+보다 H_2O를 환원하는 것이 훨씬 쉽다. 따라서 환원 전극에서 H_2가 생성되고 포타슘 금속은 생성되지 않는다.

- 가능한 *환원제*는 I^-와 H_2O이며, 각각의 환원 반쪽 반응은 다음과 같다.

$$2I^-(aq) \longrightarrow I_2(s) + 2e^- \qquad E° = 0.53\text{ V} \qquad [\text{산화}]$$
$$2H_2O(l) \longrightarrow O_2(g) + 4H^+(aq) + 4e^- \qquad E = 0.82\text{ V}$$

아이오딘 이온의 전극 전위가 *더 작은 양수*이기 때문에 H_2O보다 I^-를 산화시키는 것이 더 쉽고 산화 전극에서 I_2가 생성된다.

2. *과전압의 영향*. 전극 전위를 비교해서 예측된 생성물이 항상 실제로 생성되는 것은 아니다. 금속 전극에서 기체가 생성되기 위해서는 추가적인 전압이 필요하다. 예상 전압보다 높은 이 차이를 **과전압**(overvoltage)이라고 한다. $H_2(g)$나 $O_2(g)$에 대해서 과전압은 0.4~0.6 V이고, 전극에서 기체를 형성하기 위해서 더 큰 활성화 에너지가 필요하기 때문에 발생한다.

과전압은 실제적으로 매우 중요하다. 수십억 달러 가치의 예시로서 농축된 NaCl 용액을 이용하여 염소 기체를 산업적으로 생산하는 과정을 살펴보자. 물은 Na^+보다 더 쉽게 환원되고 0.6 V의 과전압이 있지만 환원 전극에서 H_2가 생성된다.

$$Na^+(aq) + e^- \longrightarrow Na(s) \qquad E° = -2.71\text{ V}$$
$$2H_2O(l) + 2e^- \longrightarrow H_2(g) + 2OH^-(aq) \qquad E = -0.42\text{ V (과전압을 더하면} \approx -1\text{ V)} \qquad [\text{환원}]$$

그러나 산화 전극을 살펴보면 전극 전위만을 생각했을 때는 O_2가 생성될 것으로 예측되지만 실제로는 Cl_2가 생성된다.

$$2H_2O(l) \longrightarrow O_2(g) + 4H^+(aq) + 4e^- \qquad E = 0.82\text{ V (과전압을 더하면} \sim 1.4\text{ V)}$$
$$2Cl^-(aq) \longrightarrow Cl_2(g) + 2e^- \qquad E° = 1.36\text{ V} \qquad [\text{산화}]$$

O_2를 생성하기 위해서는 0.6 V의 과전압이 필요하기 때문에 Cl_2가 생성물로 더 쉽게 만들어 진다. $[Cl^-]$를 높게 유지하면 생성이 더 잘되게 된다. 그래서 가장 많이 생산되는 10

가지 화합물 중 하나인 Cl_2는 자연계에 매우 많이 존재하는 염화 소듐 수용액으로부터 제조할 수 있다.

3. *요약: 어느 전극에서 어느 생성물이 형성되는가.* 다양한 실험을 통해서 수용성 염 용액의 전기 분해를 통해서 각 원소들을 제조할 수 있다는 것을 알 수 있다.

- 금, 은, 구리, 크로뮴, 백금, 카드뮴 등 활성이 낮은 금속의 양이온은 *환원이 되고* 금속을 생성한다.
- 1A(1)족, 2A(2)족, 3A(13)족의 Al 등 활성이 높은 금속의 양이온은 *환원되지 않는다*. 대신에 물이 환원되어서 H_2와 OH^-가 생성된다.
- O_2 생성 시 과전압이 걸리기 때문에 F^-를 제외하고 할로젠 양이온([Cl^-]는 높아야 함)들은 *산화된다*.
- F^-와 일반적인 산소산 음이온(SO_4^{2-}, CO_3^{2-}, NO_3^-, PO_4^{3-})들은 *산화되지 않는다*. 산소산의 중심에 있는 비금속 원소의 산화수가 이미 가장 높은 상태이다. 대신 물이 산화되어서 O_2와 H^+가 생성된다.

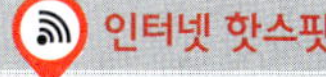

인터넷 핫스팟

전기 분해 생성물을 예측하는 것이 어렵게 느껴진다면, eBook에 접속하여 이 주제에 대한 추가 학습 동영상을 참고하자.

예제 21.10 | 수용성 염 용액의 전기 분해 생성물 예측

문제 반쪽 반응을 사용하여 다음 염들의 수용액을 전기 분해하는 동안 각 전극의 생성물들을 예측하라.

(a) LiBr **(b)** $AgNO_3$ **(c)** $MgSO_4$

계획 반응에 참여하는 이온들을 구분하고 그들의 전극 전위와 물의 전극 전위를 비교하라. 0.4~0.6 V의 과전압을 추가로 생각하라. 환원 전극에서는 더 작은 음수의 전극 전위 값을 갖는 환원 반쪽 반응이 일어나고 산화 전극에서는 더 작은 양수의 전극 전위 값을 갖는 산화 반쪽 반응이 일어난다.

풀이 (a)

$$Li^+(aq) + e^- \longrightarrow Li(s) \qquad E° = -3.05\ V$$
$$2H_2O(l) + 2e^- \longrightarrow H_2(g) + 2OH^-(aq) \qquad E = -0.42\ V$$

과전압 때문에 물의 환원에 대한 E가 −0.8 V에서 −1.0 V 사이 값이 되지만 H_2O는 여전히 Li^+보다 환원이 더 잘된다. 그래서 환원 전극에서는 $H_2(g)$가 생성된다.

$$2Br^-(aq) \longrightarrow Br_2(l) + 2e^- \qquad E° = 1.07\ V$$
$$2H_2O(l) \longrightarrow O_2(g) + 4H^+(aq) + 4e^- \qquad E = 0.82\ V$$

과전압 때문에 물의 산화에 대한 E가 1.2 V에서 1.4 V 사이 값이 되므로 Br^-가 물보다 더 쉽게 산화된다. 그래서 산화 전극에서는 $Br_2(l)$이 생성된다(*사진 참조*).

(b)

$$Ag^+(aq) + e^- \longrightarrow Ag(s) \qquad E° = 0.80\ V$$
$$2H_2O(l) + 2e^- \longrightarrow H_2(g) + 2OH^-(aq) \qquad E = -0.42\ V$$

비활성 금속의 양이온인 Ag^+는 H_2O보다 더 강한 산화제이다. 따라서 환원 전극에서 $Ag(s)$가 생성된다. NO_3^-는 N의 산화수가 이미 +5이기 때문에 더 이상 산화되지 않는다. 산화 전극에서는 $O_2(g)$가 생성된다.

$$2H_2O(l) \longrightarrow O_2(g) + 4H^+(aq) + 4e^-$$

(c)

$$Mg^{2+}(aq) + 2e^- \longrightarrow Mg(s) \qquad E° = -2.37\ V$$
$$2H_2O(l) + 2e^- \longrightarrow H_2(g) + 2OH^-(aq) \qquad E = -0.42\ V$$

(a)의 Li^+처럼 Mg^{2+}는 물이 있을 때는 환원될 수 없고 환원 전극에서는 $H_2(g)$가 생성된다. SO_4^{2-}는 S의 산화수가 가장 높은 +6이기 때문에 더 이상 산화되지 않는다. 따라서 H_2O가 산화되고 산화 전극에서는 $O_2(g)$가 생성된다.

$$2H_2O(l) \longrightarrow O_2(g) + 4H^+(aq) + 4e^-$$

▶ **보충 문제**

21.10A 반쪽 반응을 사용하여 질산 납(II) 수용액을 전기 분해하는 동안 각 전극에서의 생성물을 예측하라.

21.10B 반쪽 반응을 사용하여 $AuBr_3$ 수용액을 전기 분해하는 동안 각 전극에서의 생성물을 예측하라.

유사 문제 21.97~21.100

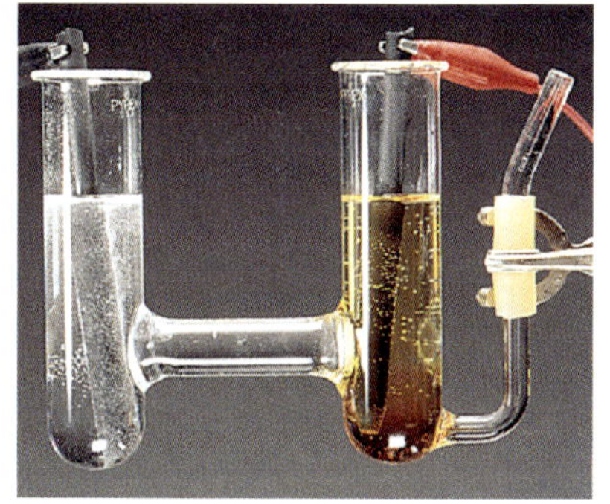

LiBr 수용액의 전기 분해.

Source: Stephen Frisch/McGraw-Hill Education

전기 분해의 화학량론: 전하의 양과 생성물의 양과의 관계

전해 전지를 통해 이동하는 전하는 전극에서 생성물을 만들 때 사용되기 때문에 더 많은 양의 전하가 이동하면 더 많은 양의 생성물이 만들어진다고 생각할 수 있다. 이 관계는 1830년대에 Michael Faraday에 의해서 처음 실험적으로 증명되었다.

- *전기 분해에서 Faraday 법칙: 각 전극에서 생성되는 물질의 양은 전해 전지를 통해 이동한 전하의 양에 정비례한다.*

각각의 균형 반쪽 반응식에는 화학 변화에 참여하는 반응물, 전자, 생성물의 양(mol)이 표시되어 있다. 따라서 이 반응식에는 "주어진 양의 전하를 이용하여 얼마나 많은 물질이 생성될 수 있는가" 혹은 반대로 "주어진 양의 물질을 만들기 위해서 얼마나 많은 전하가 필요한가?" 같은 질문에 대답하기 위해 필요한 정보들이 포함되어 있다.

전류를 측정하여 전하 구하기 전하를 직접적으로 측정할 수는 없지만 단위 시간당 흐르는 전하의 양을 의미하는 *전류*(current)를 측정할 수 있다. 전류의 SI 단위는 **암페어**(ampere, A)이고 1초(s)에 도체를 통해 이동하는 1 coulomb (C)의 전하량을 의미한다.

$$\text{전류(A)} = \text{전하량(C)}/\text{시간(s)} \quad \text{또는} \quad 1\ \text{A} = 1\ \text{C/s} \tag{21.11}$$

따라서 전류와 시간을 곱하면 전하량을 구할 수 있다.

$$\text{전류} \times \text{시간} = \text{전하량} \quad \text{또는} \quad \text{A} \times \text{s} = \frac{\text{C}}{\text{s}} \times \text{s} = \text{C}$$

그러므로 전류가 흐르는 동안의 전류와 시간을 측정하면 두 개의 곱으로 전하의 양을 구할 수 있다(그림 21.30).

Faraday 법칙과 전기 분해의 화학량론 Faraday 법칙을 기반으로 한 문제들은 종종 전류, 물질의 질량, 혹은 시간을 구하라고 한다. 앞서 말한 것처럼 생성물의 질량은 전하량과 연관되어 있기 때문에 전극 반쪽 반응을 이용하여 이러한 문제들을 풀 수 있다. 다음과 같이 Faraday 법칙을 적용한다.

1. 반쪽 반응의 균형을 맞추어 생성물 1 mol당 필요한 전자의 양(mol)을 알아낸다.
2. Faraday 상수($F = 9.65 \times 10^4$ C/mol e^-)를 사용하여 전하량을 구한다.
3. 문제에 따라서 다음 중 하나의 과정을 수행한다.
   a. 몰질량을 사용하여 주어진 질량의 생성물을 만들 때 필요한 전하량을 구하거나 그 반대의 과정을 수행한다.
   b. 생성물의 질량과 주어진 전류를 사용하여 필요한 시간을 구하거나 그 반대의 과정을 수행한다.

다음은 실제 전기 분해에 대한 전형적인 문제의 예이다. 12 A의 전류를 제공하는 전원을 사용하여 NaCl 수용액을 전기 분해해서 $Cl_2(g)$ 3.0 g을 제조하고자 한다. 얼마나 오랜 시간이 걸리는가? 이 문제는 특정 질량을 얻는 데 필요한 시간을 묻고 있다. 필요한 전하량을 구하기 위해서 질량과 전자의 양(mol)과의 관계를 알아야 한다. 그리고 시간을 구하기 위해서 전류와 전하량의 관계를 이용한다.

반쪽 반응을 살펴보면 Cl_2 1 mol을 생성하는 과정에서 전자 2 mol이 방출되는 것을 알 수 있고 이 관계를 환산 인자로 이용한다.

$$2Cl^-(aq) \longrightarrow Cl_2(g) + 2e^-$$

주어진 Cl_2 질량을 이용하여 Cl_2의 몰수를 구하고 반쪽 반응에서 구한 환산 인자를 사용한다. 그리고 Faraday 상수를 곱해서 전체 전하를 구한다.

그림 21.30 전기 분해의 화학량론에 대한 요약 도표.

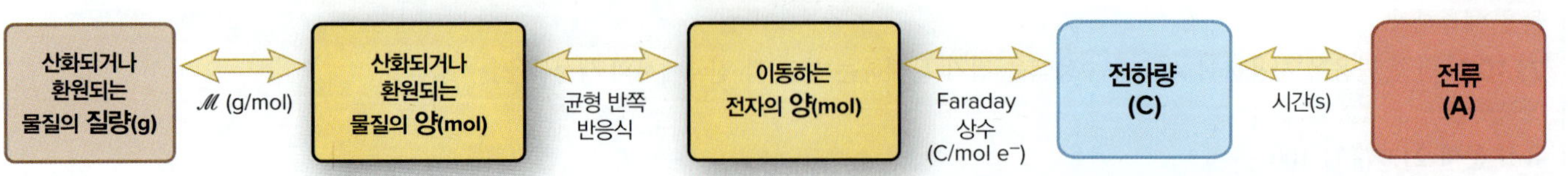

$$전하량(C) = 3.0\ g\ Cl_2 \times \frac{1\ mol\ Cl_2}{70.90\ g\ Cl_2} \times \frac{2\ mol\ e^-}{1\ mol\ Cl_2} \times \frac{9.65\times10^4\ C}{1\ mole\ e^-} = 8.2\times10^3\ C$$

이제 전하량과 전류의 관계를 이용하여 필요한 시간을 계산하자.

$$시간(s) = \frac{전하량(C)}{전류(A\ 또는\ C/s)} = 8.2\times10^3\ C \times \frac{1\ s}{12\ C} = 6.8\times10^2\ s\ (\sim 11분)$$

전체 계산은 그림 21.30의 마지막 단계까지 진행하여, 주어진 양의 전류가 흐르는 시간을 계산한다.

Cl_2의 질량(g) ⟹ Cl_2의 몰수 ⟹ e^-의 몰수 ⟹ 전하량 ⟹ 초

예제 21.11에서 이 방법을 산업적으로 중요한 장치에 적용해 본다.

예제 21.11 | 전류, 시간, 물질의 양 사이의 관계 적용하기

문제 한 기술자가 $Cr_2(SO_4)_3$ 수용액을 전기 분해해서 Cr 금속 0.86 g을 수도꼭지에 도금하려고 한다. 만약 도금에 걸리는 시간이 12.5분이라면 필요한 전류는 얼마인가?

계획 전하량을 시간으로 나누어 필요한 전류를 계산할 수 있는데, 이를 위해서 먼저 전하량을 구해야 한다. Cr^{3+}의 환원에 대한 반쪽 반응식을 쓰고 Cr 1 mol당 필요한 e^-의 양(mol)을 계산한다. Faraday 상수($F = 9.65\times10^4$ C/mol e^-)를 사용하여 전하량을 구하고 전류를 구하기 위해 시간(12.5분, 초로 바꾼다)으로 나눈다(로드맵 참조).

로드맵

필요한 Cr의 질량(g)
↓ $\mathcal{M}$ (g/mol)으로 나눔
필요한 Cr의 양(mol)
↓ 3 mol e^- = 1 mol Cr
이동하는 e^-의 양(mol)
↓ 1 mol e^- = 9.65×10^4 C
전하량(C)
↓ 시간으로 나눔(분을 초로 전환)
전류(A)

풀이 균형 반쪽 반응식을 쓰기[$Cr_2(SO_4)_3$은 Cr^{3+}를 포함하고 있다.]:

$$Cr^{3+}(aq) + 3e^- \longrightarrow Cr(s)$$

1 몰의 Cr을 만들기 위해서 3몰의 전자가 필요하다.

필요한 양의 Cr을 만들 때 이동하는 전자의 양(mol) 계산:

$$이동하는\ 전자의\ 양(mol) = 0.86\ g\ Cr \times \frac{1\ mol\ Cr}{52.00\ g\ Cr} \times \frac{3\ mol\ e^-}{1\ mol\ Cr} = 0.050\ mol\ e^-$$

이동하는 전자의 몰수와 전하량 사이의 관계를 나타내는 Faraday 상수를 환산 인자로 사용하여 전하량 계산:

$$전하량(C) = 0.050\ mol\ e^- \times \frac{9.65\times10^4\ C}{1\ mol\ e^-} = 4.8\times10^3\ C$$

전류 계산:

$$전류\ (A) = \frac{전하량(C)}{시간(s)} = \frac{4.8\times10^3\ C}{12.5\ min} \times \frac{1\ min}{60\ s} = 6.4\ C/s = 6.4\ A$$

검산 반올림하면

$$(\sim 0.9\ g)(1\ mol\ Cr/50\ g)(3\ mol\ e^-/1\ mol\ Cr) = 5\times10^{-2}\ mol\ e^-$$

따라서

$$(5\times10^{-2}\ mol\ e^-)(\sim 1\times10^5\ C/mol\ e^-) = 5\times10^3\ C$$

그리고

$$(5\times10^3\ C/12\ min)(1\ min/60\ s) = 7\ A$$

해설 Faraday 법칙을 이용하기 위해서 실제로 전기 도금을 할 때 일어나는 몇 가지 자세한 사항은 무시했다. 실제로 크로뮴 전기 도금의 효율은 불과 30~40%밖에 되지 않고 밝은 색이 나오기 위해서는 특정 온도 범위 내에서 진행해야 한다. 전기 도금을 위해 사용되는 크로뮴의 양은 연간 거의 10,000톤(2×10^8 mol)이다.

▶ **보충 문제**

21.11A $CuSO_4$ 용액을 이용해서 구리 1.50 g으로 조각품을 도금하고자 한다. 4.75 A의 전류를 사용했을 때 몇 분이 걸리는가?

21.11B 부식을 방지하기 위해서 $Na_2Zn(OH)_4$의 염기성 용액을 이용하여 철 파이프의 일부를 아연으로 도금하고자 한다. 반쪽 반응은 아래와 같다.

$$Zn(OH)_4^{2-}(aq) + 2e^- \longrightarrow Zn(s) + 4OH^-(aq)$$

7.03 A의 전류를 흘려주고 8.75분이 걸렸다면 파이프에 도금된 Zn의 질량은 얼마인가?

유사 문제 21.101~21.106

다음 페이지의 **생체 에너지와 화학** 이야기는 이 장에서 배운 주제들과 살아있는 세포 내 에너지 생성과의 관계를 보여준다.

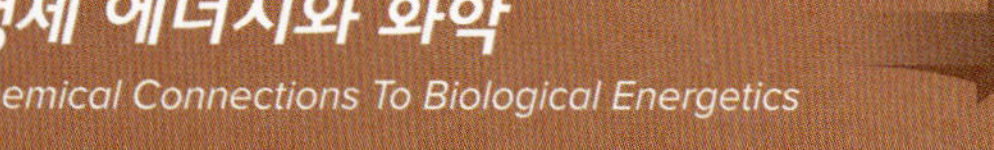

세포의 전기 화학과 ATP 생성

생체 세포들은 전기 화학 전지의 원리를 이용하여 에너지를 만든다. 이 복잡한 다단계 과정을 두 부분으로 나눌 수 있다.

1. 음식이 가지고 있는 결합 에너지는 전기 화학 전위를 형성한다.
2. 이 전위로 ATP의 결합 에너지를 만든다(20장의 **생체 에너지와 화학** 참조).

이 과정들은 에너지를 생성하는 세포내 소기관인 *미토콘드리아*(mitochondria)의 내막에서 일어나는 *전자 전달계*(electron-transport chain, ETC)의 일부이다(그림 B21.1).

ETC는 일련의 커다란 분자(대부분 단백질)들로 구성되며, 각각의 분자들은 전달계를 따라 전자를 통과시키는, Fe^{3+}/Fe^{2+}와 같은 *산화-환원 쌍*(산화 및 환원된 형태의 화학종들)을 가지고 있다. 이 전달계의 세 지점에서 큰 전위 차이가 발생하여 adenosine diphophate (ADP)를 ATP로 변환시키기에 충분한 자유 에너지를 공급한다.

결합 에너지에서 전기 화학 전위로

세포에서는 한 번의 과정이 아니라 제어된 여러 단계를 통해 음식물의 에너지를 이용한다. 궁극적으로 ETC에 동력을 공급하는 반응은 수소가 산화되면서 물을 형성하는 반응 $H_2 + \frac{1}{2}O_2 \longrightarrow H_2O$이다. 그러나 수소는 생체에서는 생성되지 않는 H_2 기체가 아니라 H^+ 이온 두 개와 e^- 두 개 형태를 갖는다. 음식물에서 분자들을 산화하는 과정에서 생체 산화제인 NAD^+(*n*icotinamide *a*denine *d*inucleotide)가 이 양성자들과 전자들을 얻는다. 반쪽 반응을 이용하여 이 과정을 살펴보면(양변에서 H^+를 상쇄하지 않았음),

$$NAD^+(aq) + 2H^+(aq) + 2e^- \longrightarrow NADH(aq) + H^+(aq)$$

미토콘드리아의 내막에서 NADH와 H^+가 두 개의 전자를 발생시켜 ETC의 첫 번째 산화-환원 쌍으로 보내고 두 개의 H^+를 방출된다. 이 전자들은 산화-환원 쌍으로 이루어진 전달계의 아래 단계로 이동하고 거기서 최종적으로 O_2를 환원시킨다. 표준 전극 전위*를 포함한 전체 반응은 아래와 같다.

$$NADH(aq) + H^+(aq) \longrightarrow NAD^+(aq) + 2H^+(aq) + 2e^- \qquad E^{\circ\prime} = -0.315\ V$$

$$\tfrac{1}{2}O_2(aq) + 2e^- + 2H^+(aq) \longrightarrow H_2O(l) \qquad E^{\circ\prime} = 0.815\ V$$

$$NADH(aq) + H^+(aq) + \tfrac{1}{2}O_2(aq) \longrightarrow NAD^+(aq) + H_2O(l)$$

$$E^{\circ\prime}_{\text{전체}} = 0.815\ V - (-0.315\ V) = 1.130\ V$$

따라서 e^- 2 mol에 대해서 1 mol의 NADH가 ETC에 들어가고, 1.130 V에 해당하는 자유 에너지가 생성된다.

$$\begin{aligned}\Delta G^{\circ\prime} &= -nFE^{\circ\prime} \\ &= -(2\ \text{mol}\ e^-/\text{mol NADH})(96.5\ \text{kJ/V}\cdot\text{mol}\ e^-)(1.130\ V) \\ &= -218\ \text{kJ/mol NADH}\end{aligned}$$

이 과정은 볼타 전지처럼 작동한다. 즉, O_2가 H_2O로 환원되는 자발적 반응으로 전위를 생성한다. 볼타 전지의 작동과 달리 이 과정은 많은 작은 단계들을 거쳐 일어난다. 그림 B21.2은 매우 단순화된 도표로서 ADP에서 ATP를 만들기 위해 충분한 전위를 생산하는 ETC의 세 가지 단계를 보여주고 있다.

*생체 계에서는 표준 전위를 $E^{\circ\prime}$로 나타내고 표준 상태에서 pH는 7이다($[H^+] = 1\times10^{-7}\ M$).

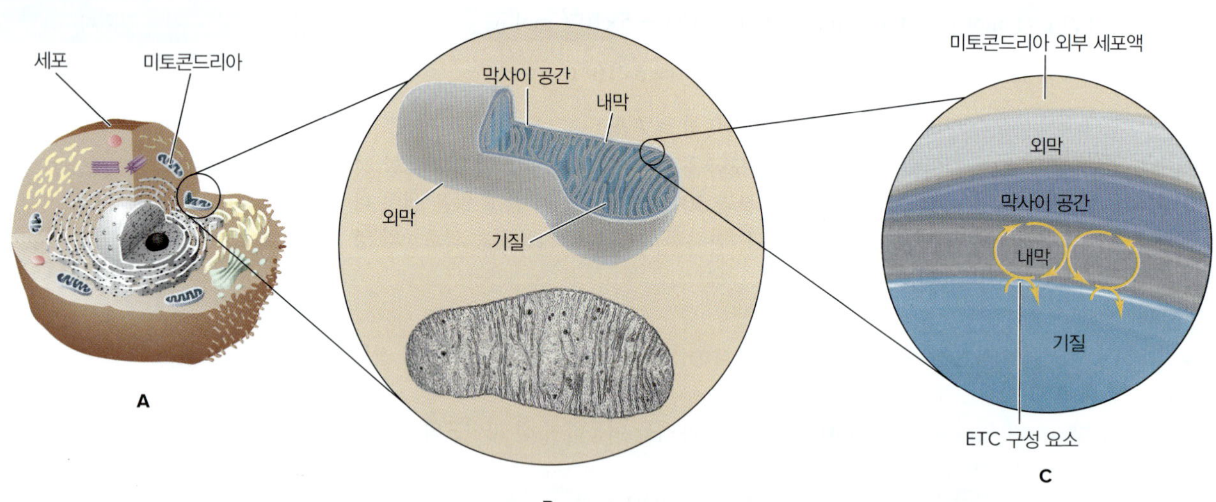

그림 B21.1 **미토콘드리아.** **A.** 미토콘드리아는 세포 핵 바깥쪽에 있는 세포내 소기관이다. **B.** 부드러운 외막과 매우 주름진 내막을 가지고 있다(모식도와 전자현미경 사진). **C.** 전자 전달계(ETC)의 구성 요소들은 내막에 붙어 있는데, 작은 유기물, 효소, 큰 거대 분자들로 구성된 점도가 높은 수용성 혼합물과 닿아 있다.

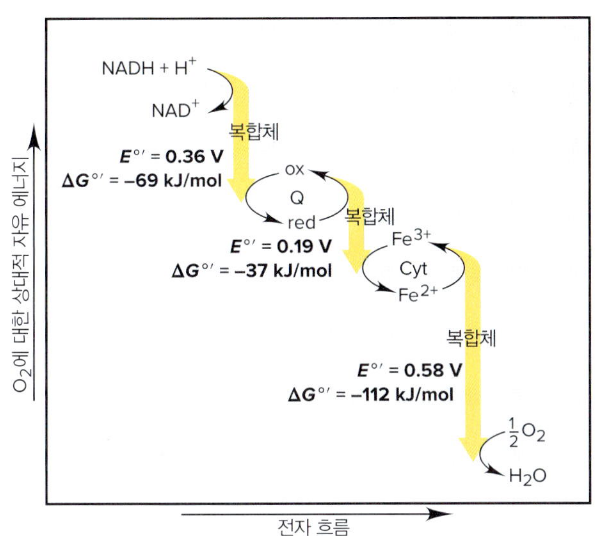

그림 B21.2 전자 전달계(ETC)에서 에너지를 생산하는 주요 단계들. 나타낸 세 지점에서 $E^{\circ\prime}$(또는 $\Delta G^{\circ\prime}$)가 충분히 커서 ADP로부터 ATP를 생성할 수 있다. (하나의 집합체는 많은 구성 요소로 이루어져 있다. Q는 큰 유기 분자이고 Cyt는 금속-이온 산화-환원 쌍을 포함하는 단백질인 사이토크로뮴이다.)

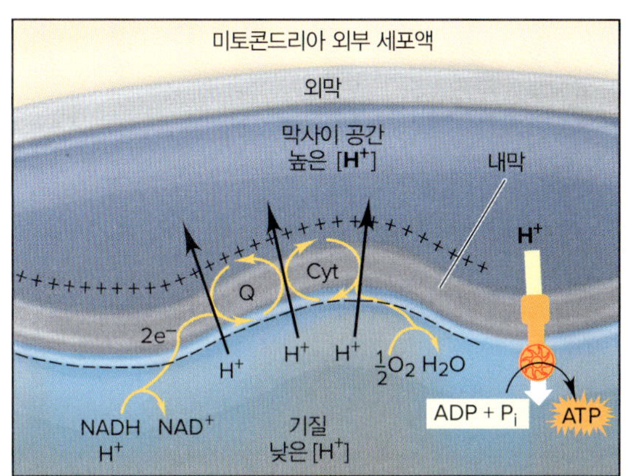

그림 B21.3 ATP 합성을 위해서 전자 전달과 양성자 전달의 결합. 전자는 ETC(*노란색 곡선 화살표*)를 따라서 이동한다. 중간막으로 들어간 양성자들은 H^+의 농도차를 만들고 내막 안팎에 전위가 생성된다. 이 차이가 충분히 크면 H^+는 내부로 다시 돌아가고 생성된 자유 에너지를 이용하여 ATP가 형성된다.

각각의 단계는 몇 가지 구성 요소로 이루어져 있는데, 전자가 한 산화-환원 쌍에서 다음 쌍으로 이동한다. 대부분의 ETC 구성 요소들은 철을 포함하는 단백질이다. 산화-환원 과정은 한 성분(A)에서 Fe^{2+}가 Fe^{3+}로 산화하는 과정과 다른 성분(B)에서 Fe^{3+}가 Fe^{2+}로 환원되는 과정으로 구성되어 있다.

$$Fe^{2+}(\text{A에서}) + Fe^{3+}(\text{B에서}) \longrightarrow Fe^{3+}(\text{A에서}) + Fe^{2+}(\text{B에서})$$

즉, ETC 단백질 내에 결합된 금속 이온들이 산화-환원 반응을 하는 실제 화학종들이다.

전기 화학 전위를 결합 에너지로

ATP의 형성은 많은 에너지를 필요로 한다.

$$ADP^{3-}(aq) + HPO_4^{2-}(aq) + H^+(aq) \longrightarrow ATP^{4-}(aq) + H_2O(l)$$
$$\Delta G^{\circ\prime} = 30.5 \text{ kJ/mol}$$

그림 B21.2에서 세 지점에서 *방출되는* 자유 에너지는 ATP 1 mol을 생성하는 데 필요한 에너지 30.5 kJ보다 크다. 이렇게, 전해 전지에서처럼 전기 화학 전위로 비자발적 반응을 유도한다.

지금까지 ETC를 통한 *전자*의 흐름을 살펴보았다. 전기 화학 전위가 ATP 안에서 어떻게 결합 에너지로 바뀌는지 살펴보기 위해서 방출된 *양성자*에 주목하자. 세 핵심 단계에서 방출된 자유 에너지에 의해 H^+ 이온이 막 사이의 공간으로 들어간다. 결과적으로 막 사이의 $[H^+]$가 내막의 주름 사이 공간을 채우고 있는 수용성 혼합물인 기질의 $[H^+]$보다 더 높게 된다(그림 B21.3). 이 과정 중에 앞의 세 단계에서 내어놓은 자유 에너지를 사용하여 *내막을 가로질러 H^+의 농도차 전지가 만들어진다.*

내막을 가로질러 $[H^+]$의 농도가 약 2.5배가 되는 "방아쇠" 지점에 도달하면 H^+ 이온은 막을 통해서 자발적으로 돌아간다. (사실상 스위치가 닫히고 농도차 전지가 작동한다.) 이러한 자발적 과정에서 방출된 자유 에너지는 효소가 촉매로 작용하는 반응기작을 통해 비자발적 반응인 ATP의 생성을 유도한다.

따라서 미토콘드리아는 내막에 있는 산화-환원 쌍의 "전자-구동력"을 사용하여 막을 가로지르는 "양성자-구동력"을 만들고 전위차를 결합 에너지로 변화하게 한다.

문제

B21.1 ETC의 마지막 단계에서 커다란 단백질 복합체 안의 철 이온과 구리 이온은 서로 상호 작용을 한다.

(a) Fe^{3+}와 Cu^+의 1전자 반쪽 반응에 대한 균형 반응식을 써라.

(b) 이 산화-환원 반응의 균형 전체 반응식을 써라.

B21.2 ETC가 진행되면서 미토콘드리아의 내막을 가로질러 H^+ 이온의 농도차가 만들어진다. ATP를 형성하는 데 사용되는 "양성자-구동력"은 주로 이 차이에서 나오고 0.224 V의 전위차에 해당한다. 이 "양성자-구동력"에 해당하는 자유 에너지 변화(kJ/mol)는 얼마인가?

> 21.7절 요약

- 전해 전지는 전기 에너지를 사용하여 비자발적 반응을 일으킨다.
- 산화는 산화 전극에서 일어나고 환원은 환원 전극에서 일어난다. 하지만 전자가 이동하는 방향과 전극의 전하는 볼타 전지와 반대이다.
- 한 전극에서 두 개의 생성물이 생성될 수 있을 때, 보다 쉽게 산화되는 물질이 산화 전극에서 만들어지고 보다 쉽게 환원되는 물질이 환원 전극에서 만들어진다.
- (특히, H_2나 O_2처럼 기체가 생성될 때) 과전압 때문에 예상보다 높은 실제 전압이 필요하다. 그리고 이는 각 전극에서 생성되는 생성물에 영향을 준다.
- 생성물의 양은 전지를 통해 이동하는 전하의 양에 비례하고 전하의 양은 전하가 흐르는 시간과 전류의 곱이다.
- 생체 산화-환원 계는 음식물의 결합 에너지를 전기 화학 전위로 바꾸고 이를 다시 ATP의 결합 에너지로 바꾸기 위해 볼타 전지, 농도차 전지, 전해 전지의 특성을 복합적으로 이용한다.

개념 정리와 복습 _Chapter Review Guide

학습 목표 _Learning Objectives

* 괄호 안은 관련된 절(§)과 예제(SP) 번호

주요 개념

1. *산화*와 *환원*의 의미; 왜 산화제는 환원되고 환원제는 산화되는가(§21.1)
2. 산성 용액과 염기성 용액에서 산화-환원 반응의 균형을 맞추기 위해서 반쪽 반응법을 어떻게 사용하는가(§21.1)
3. ΔG의 부호를 이용하여 볼타 전지와 전해 전지의 구분(§21.1)
4. 볼타 전지는 어떻게 자발적 반응을 이용하여 전기 에너지를 방출하는가(§21.2)
5. 볼타 전지의 물리적 구성: 반쪽 전지의 배열과 조성, 전극의 상대적인 전하 그리고 염다리의 목적(§21.2)
6. 전극의 환원력 차이를 이용하여 볼타 전지에서 전자가 이동하는 방향을 어떻게 결정할 수 있는가(§21.2)
7. 양수 $E_{전지}$ 값과 자발적 반응 사이의 관계(§21.3)
8. 표준 전극 전위의 유용성과 중요성($E^\circ_{반쪽\ 전지}$)(§21.3)
9. $E^\circ_{반쪽\ 전지}$ 값을 이용하여 $E^\circ_{전지}$ 구하기(§21.3)
10. 표준 기준 전극을 이용하여 미지 전극의 $E^\circ_{반쪽\ 전지}$ 값을 계산하기(§21.3)
11. 자발적 산화-환원 반응을 만들기 위해서 emf 표(표 21.2 혹은 부록 D) 사용하기(§21.3)
12. 금속의 상대적 반응성이 환원력에 의해서 어떻게 결정되고 $E^\circ_{반쪽\ 전지}$의 음수와 어떻게 연관되는가(§21.3)
13. $E_{전지}$(비표준 전지 전위)와 ΔG(최대 일), 전지를 흐르는 전하량(전자의 몰수와 Faraday 상수의 곱)의 관계(§21.4)
14. ΔG°, $E^\circ_{전지}$, K의 관계(§21.4)
15. 전지가 작동할(Q가 변하면서) 때 $E_{전지}$의 변화(§21.4)
16. 볼타 전지는 왜 $Q = K$ 될 때까지 작동하는가(§21.4)
17. 반쪽 전지의 농도가 같아질 때까지 농도차 전지가 작동하는 이유(§21.4)
18. 1차 전지(비충전식)와 2차 전지(충전식)의 차이와 연료 전지의 원리(§21.5)
19. 부식이 어떻게 일어나고 어떻게 부식을 막을 수 있는가; 금속의 부식과 볼타 전지의 유사점(§21.6)
20. 전해 전지는 외부의 전원을 이용하여 어떻게 비자발적 산화-환원 반응을 유도하는가(§21.7)
21. 원자 특성(이온화 에너지와 전자 친화도)을 이용하여 혼합 용융 염의 전기 분해 생성물 결정하기(§21.7)
22. 물의 전기 분해가 생성물에 끼치는 영향; 과전압의 중요성(§21.7)
23. 전지를 통해 이동하는 전하량과 생성물의 양과의 관계(§21.7)

주요 스킬

1. 반쪽 반응법을 이용하여 산화-환원 반응 균형 맞추기(§21.1, SP 21.1)
2. 도표와 표기법을 이용하여 볼타 전지 기술하기(§21.2, SP 21.2)
3. $E^\circ_{반쪽\ 전지}$ 값을 결합시켜 $E^\circ_{전지}$ 구하기(§21.3, SP 21.3)
4. $E^\circ_{전지}$와 알고 있는 $E^\circ_{반쪽\ 전지}$ 값을 이용하여 미지의 $E^\circ_{반쪽\ 전지}$ 값 구하기(SP 21.4)
5. 반쪽 반응으로 자발적 산화-환원 반응을 쓰기와 $E^\circ_{전지}$ 계산하기(SP 21.5)
6. 산화-환원 반응에서 산화제와 환원제의 상대적 세기 순서 매기기(SP 21.5)
7. 한 금속이 용액에서 수소 혹은 다른 금속을 치환할 수 있는지 예측하기(§21.3)
8. ΔG°, $E^\circ_{전지}$, K의 상관관계를 이용하여 3개 중 1개가 주어져 있을 때 나머지 두 가지 계산하기(§21.4, SP 21.6)
9. Nernst 식을 이용하여 비표준 전지 전위($E_{전지}$) 계산하기(SP 21.7)
10. 농도차 전지의 $E_{전지}$ 계산하기(SP 21.8)
11. 혼합 용융 염을 전기 분해할 때 생성물 예측하기(SP 21.9)
12. 수용성 염 용액을 전기 분해할 때 생성물 예측하기(SP 21.10)
13. 전기 분해를 통해 주어진 양의 생성물을 만들 때 필요한 전류(혹은 시간) 계산하기(SP 21.11)

주요 용어 _Key Terms

과전압
기전력, emf
농도차전지
반쪽 반응법
반쪽 전지
배터리
볼타(갈바니) 전지
볼트, V
부식
산화 전극
암페어, A
연료 전지
염다리
전극
전기 분해
전기 화학
전기 화학 전지
전압
전지 전위, $E_{전지}$
전해 전지
전해질
쿨롱, C
표준 기준 반쪽 전지(표준 수소 전극, SHE)
표준 전극(반쪽 전지) 전위, $E^\circ_{반쪽\ 전지}$
표준 전지 전위, $E^\circ_{전지}$
환원 전극
Faraday 상수, F
Nernst 식

주요 방정식 및 관계식 _Key Equations and Relationships

21.1 전지 전위의 부호와 과정의 자발성과의 관계:

$$\text{자발적 반응에 대해 } E_{전지} > 0$$

21.2 에너지 및 전하량과 전위의 관계(SI 단위로):

$$\text{전위} = \text{에너지/전하량} \quad \text{또는} \quad 1\ \text{V} = 1\ \text{J/C}$$

21.3 볼타 전지에서 표준 전지 전위와 표준 전극 전위의 관계:

$$E^\circ_{전지} = E^\circ_{환원\ 전극(환원)} - E^\circ_{산화\ 전극(산화)}$$

21.4 Faraday 상수의 정의:

$$F = 9.65\times10^4 \frac{\text{J}}{\text{V}\cdot\text{mol e}^-} \quad \text{(유효숫자 3자리)}$$

21.5 자유 에너지 변화와 전지 전위의 관계:

$$\Delta G = -nFE_{전지}$$

21.6 표준 자유 에너지 변화와 표준 전지 전위의 관계:

$$\Delta G^\circ = -nFE^\circ_{전지}$$

21.7 표준 전지 전위로부터 평형 상수 계산하기:

$$E^\circ_{전지} = \frac{RT}{nF} \ln K$$

21.8 식 (21.7)에 알고 있는 R, F, T 값을 넣고 일반 로그로 변환하기:

$$E^\circ_{전지} = \frac{0.0592\ \text{V}}{n} \log K \text{ 또는 } \log K = \frac{nE^\circ_{전지}}{0.0592\ \text{V}} \quad \text{(298.15 K에서)}$$

21.9 비표준 전지 전위(Nernst 식) 계산하기:

$$E_{전지} = E^\circ_{전지} - \frac{RT}{nF} \ln Q$$

21.10 Nernst 식에 알고 있는 R, F, T 값을 넣고 상용 로그로 변환하기:

$$E_{전지} = E^\circ_{전지} - \frac{0.0592\ \text{V}}{n} \log Q \quad \text{(298.15 K에서)}$$

21.11 전하량 및 시간과 전류의 관계 구하기:

$$\text{전류(A)} = \text{전하량(C)/시간(s)} \quad \text{또는} \quad 1\ \text{A} = 1\ \text{C/s}$$

연습 문제 _Problems

노란색으로 표시한 문제들에 대해서는 그 답을 부록 E에 첨부하였다. 연습 문제에 표시된 절은 본문의 절과 같고, 관련 예제의 번호를 제시하였다. 대부분의 경우 개념 복습 문제, 스킬 숙달 문제(같은 개념을 다루는 두 문제씩 묶음) 및 실전 문제를 제시하였다.

주의: 별도의 언급이 없으면, 이 장의 모든 연습 문제는 298 K(25°C)의 수용액을 지칭한다.

산화-환원 반응과 전기 화학 전지

(예제 21.1)

개념 복습 문제

21.1 전자의 이동을 이용하여 *산화*와 *환원*을 정의하고 각 과정에서 산화수의 변화를 정의하라.

21.2 왜 전기 화학 과정은 반드시 산화-환원 반응을 포함해야 하는가?

21.3 산화-환원 반응에서 하나의 반쪽 반응이 다른 반쪽 반응에 대해서 독립적으로 일어날 수 있는가? 설명하라.

21.4 반쪽 반응법에서 O 원자의 균형을 맞추기 위해 물을 사용한다. 왜 물 대신에 O^{2-} 이온은 사용할 수 없는가?

21.5 산화-환원 반응의 균형을 맞출 때 잃은 e^-와 얻은 e^-의 수를 동일하게 하는 과정은 어떤 단계인가?

21.6 염기성 용액에서 산화-환원 반응의 균형을 맞출 때 양성자는 어떻게 제거하는가?

21.7 산화-환원 반응에서 반쪽 반응의 균형을 맞출 때 구경꾼 이온을 사용하는가? 균형 맞추는 과정 중 어떤 단계에서 구경꾼 이온을 넣는가?

21.8 어떤 종류의 전기 화학 전지에서 $\Delta G_{계} < 0$인가? 어떤 종류의 전지에서 자유 에너지가 증가하는가?

21.9 다음의 표현 중 맞는 것은? 틀린 부분이 있다면 수정하라.

(a) 볼타 전지에서 산화 전극은 환원 전극에 비해서 음의 전하를 갖는다.
(b) 볼타 전지나 전해 전지의 산화 전극에서 산화가 일어난다.
(c) 전해 전지에서 전자는 환원 전극으로 들어간다.
(d) 볼타 전지에서 주위가 계에 일을 한다.

(e) 전해 전지에서 석출되는 금속은 환원 전극에서 나타난다.
(f) 전기 화학 전지에서 전해질은 전자가 움직일 수 있는 용액을 제공한다.

스킬 숙달 문제(유사한 문제들을 두 개씩 묶음)

21.10 다음의 균형 산화-환원 반응을 생각해 보자.

$$16H^+(aq) + 2MnO_4^-(aq) + 10Cl^-(aq) \longrightarrow 2Mn^{2+}(aq) + 5Cl_2(g) + 8H_2O(l)$$

(a) 어느 화학종이 산화되는가?
(b) 어느 화학종이 환원되는가?
(c) 어느 화학종이 산화제인가?
(d) 어느 화학종이 환원제인가?
(e) 어느 화학종으로부터 어느 화학종으로 전자가 이동하는가?
(f) 구경꾼 이온인 K^+와 SO_4^{2-}를 추가하여 균형 분자 반응식을 써라.

21.11 다음의 균형 산화-환원 반응을 생각해 보자.

$$2CrO_2^-(aq) + 2H_2O(l) + 6ClO^-(aq) \longrightarrow 2CrO_4^{2-}(aq) + 3Cl_2(g) + 4OH^-(aq)$$

(a) 어느 화학종이 산화되는가?
(b) 어느 화학종이 환원되는가?
(c) 어느 화학종이 산화제인가?
(d) 어느 화학종이 환원제인가?
(e) 어느 화학종으로부터 어느 화학종으로 전자가 이동하는가?
(f) 구경꾼 이온인 Na^+를 추가하여 균형 분자 반응식을 써라.

21.12 다음 골격 반응식의 균형을 맞추고 산화제와 환원제를 찾아라.
(a) $ClO_3^-(aq) + I^-(aq) \longrightarrow I_2(s) + Cl^-(aq)$ [산성]
(b) $MnO_4^-(aq) + SO_3^{2-}(aq) \longrightarrow MnO_2(s) + SO_4^{2-}(aq)$ [염기성]
(c) $MnO_4^-(aq) + H_2O_2(aq) \longrightarrow Mn^{2+}(aq) + O_2(g)$ [산성]

21.13 다음 골격 반응식의 균형을 맞추고 산화제와 환원제를 찾아라.
(a) $O_2(g) + NO(g) \longrightarrow NO_3^-(aq)$ [산성]
(b) $CrO_4^{2-}(aq) + Cu(s) \longrightarrow Cr(OH)_3(s) + Cu(OH)_2(s)$ [염기성]
(c) $AsO4_3^-(aq) + NO_2^-(aq) \longrightarrow AsO_2^-(aq) + NO_3^-(aq)$ [염기성]

21.14 다음 골격 반응식의 균형을 맞추고 산화제와 환원제를 찾아라.
(a) $Cr_2O_7^{2-}(aq) + Zn(s) \longrightarrow Zn^{2+}(aq) + Cr^{3+}(aq)$ [산성]
(b) $Fe(OH)_2(s) + MnO_4^-(aq) \longrightarrow MnO_2(s) + Fe(OH)_3(s)$ [염기성]
(c) $Zn(s) + NO_3^-(aq) \longrightarrow Zn^{2+}(aq) + N_2(g)$ [산성]

21.15 다음 골격 반응식의 균형을 맞추고 산화제와 환원제를 찾아라.
(a) $BH_4^-(aq) + ClO_3^-(aq) \longrightarrow H_2BO_3^-(aq) + Cl^-(aq)$ [염기성]
(b) $CrO_4^{2-}(aq) + N_2O(g) \longrightarrow Cr^{3+}(aq) + NO(g)$ [산성]
(c) $Br_2(l) \longrightarrow BrO_3^-(aq) + Br^-(aq)$ [염기성]

21.16 다음 골격 반응식의 균형을 맞추고 산화제와 환원제를 찾아라.
(a) $Sb(s) + NO_3^-(aq) \longrightarrow Sb_4O_6(s) + NO(g)$ [산성]
(b) $Mn^{2+}(aq) + BiO_3^-(aq) \longrightarrow MnO_4^-(aq) + Bi^{3+}(aq)$ [산성]
(c) $Fe(OH)_2(s) + Pb(OH)_3^-(aq) \longrightarrow Fe(OH)_3(s) + Pb(s)$ [염기성]

21.17 다음 골격 반응식의 균형을 맞추고 산화제와 환원제를 찾아라.
(a) $NO_2(g) \longrightarrow NO_3^-(aq) + NO_2^-(aq)$ [염기성]
(b) $Zn(s) + NO_3^-(aq) \longrightarrow Zn(OH)_4^{2-}(aq) + NH_3(g)$ [염기성]
(c) $H_2S(g) + NO_3^-(aq) \longrightarrow S_8(s) + NO(g)$ [산성]

21.18 다음 골격 반응식의 균형을 맞추고 산화제와 환원제를 찾아라.
(a) $As_4O_6(s) + MnO_4^-(aq) \longrightarrow AsO_4^{3-}(aq) + Mn^{2+}(aq)$ [산성]
(b) $P_4(s) \longrightarrow HPO_3^{2-}(aq) + PH_3(g)$ [산성]
(c) $MnO_4^-(aq) + CN^-(aq) \longrightarrow MnO_2(s) + CNO^-(aq)$ [염기성]

21.19 다음 골격 반응식의 균형을 맞추고 산화제와 환원제를 찾아라.
(a) $SO_3^{2-}(aq) + Cl_2(g) \longrightarrow SO_4^{2-}(aq) + Cl^-(aq)$ [염기성]
(b) $Fe(CN)_6^{3-}(aq) + Re(s) \longrightarrow Fe(CN)_6^{4-}(aq) + ReO_4^-(aq)$ [염기성]
(c) $MnO_4^-(aq) + HCOOH(aq) \longrightarrow Mn^{2+}(aq) + CO_2(g)$ [산성]

실전 문제

21.20 가정용 급수 시스템에서 수용액 상 Fe^{3+} 이온의 농도가 높으면 싱크대를 얼룩지게 하고 식수가 연한 갈색이 되게 만든다. 철의 양을 분석하는 과정은 먼저 Fe^{3+}를 Fe^{2+}로 환원시키고 난 후 산성 용액에서 MnO_4^-를 이용하여 적정한다. 적정 단계에서 골격 이온 반응식의 균형을 맞추어라.

$$Fe^{2+}(aq) + MnO_4^-(aq) \longrightarrow Mn^{2+}(aq) + Fe^{3+}(aq)$$

21.21 진한 HNO_3와 HCl의 혼합물인 *왕수*(aqua regia)는 연금술사들이 금을 녹이기 위한 수단으로 개발하였다. 아래에 나와 있는 단순화된 골격 반응식은 이 과정의 산화-환원 반응식이다.

$$Au(s) + NO_3^-(aq) + Cl^-(aq) \longrightarrow AuCl_4^-(aq) + NO_2(g)$$

(a) 반쪽 반응법을 이용하여 반응식의 균형을 맞추어라.
(b) 산화제와 환원제는 무엇인가?
(c) 왕수에서 HCl은 무슨 작용을 하는가?

볼타 전지: 자발적 반응을 이용하여 전기 에너지 생성
(예제 21.2)

개념 복습 문제

21.22 아래와 같은 일반적인 볼타 전지를 생각해보자.

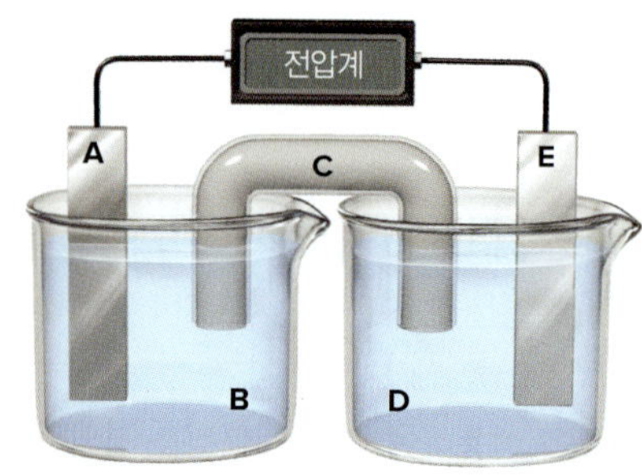

다음을 찾아라.
(a) 산화 전극
(b) 환원 전극
(c) 염다리
(d) e^-를 방출되는 전극
(e) 양의 전하를 갖는 전극

(f) 전지가 동작함에 따라 질량이 증가하는 전극(금속이 석출된다고 가정)

21.23 산화 전극이 외부 회로를 통해 연결되어 있지 않으면 볼타 전지는 왜 작동하지 않는가?

21.24 볼타 전지에서 염다리는 어떤 목적으로 사용되는가? 그리고 이 목적을 어떻게 달성하는가?

21.25 활성 전극과 비활성 전극의 차이는 무엇인가? 비활성 전극은 왜 사용되는가? 비활성 전극으로 많이 사용되는 물질을 두 가지 답하라.

21.26 B 금속 이온이 녹아 있는 용액에 A 금속 조각을 넣었을 때 A 금속 조각 표면에 B 금속이 석출되었다.
(a) 어느 금속이 산화제인가?
(b) 어느 금속이 치환되었는가?
(c) 이 두 개의 금속으로 구성된 볼타 전지에서 산화 전극에는 어느 금속을 사용해야 하는가?
(d) B 금속이 산에 있을 때 H_2 기포가 생성되었다고 가정하자. A 금속을 산에 넣는다면 H_2 기포가 생성되겠는가? 설명하라.

스킬 숙달 문제(유사한 문제들을 두 개씩 묶음)

21.27 다음과 같은 볼타 전지를 생각해보자.

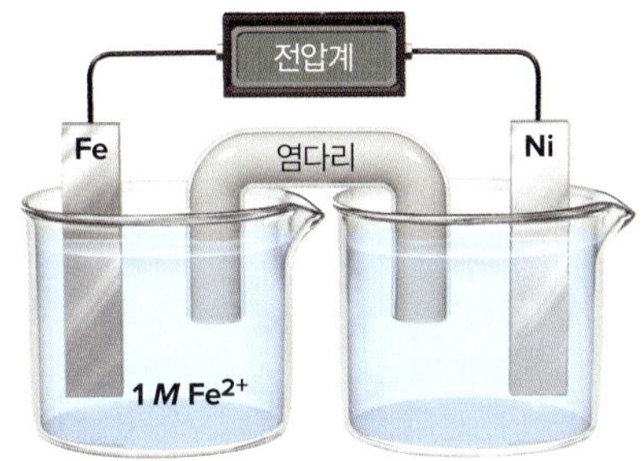

(a) 외부 회로에서 전자는 어느 방향으로 흐르는가?
(b) 어느 반쪽 전지에서 산화가 일어나는가?
(c) 어느 반쪽 전지에서 전자가 전지로 들어가는가?
(d) 어느 전극에서 전자가 소모되는가?
(e) 어느 전극이 음의 전하를 갖는가?
(f) 전지가 작동되는 동안 질량이 감소하는 전극은 어느 것인가?
(g) 환원 전극에서 사용할 수 있는 전해질 용액을 제안해 보라.
(h) 염다리로 사용할 수 있는 이온 쌍을 제안해 보라.
(i) 어느 전극에 비활성 물질을 사용할 수 있는가?
(j) 중성을 유지하기 위해 염다리 안의 음이온이 움직인다면 어느 방향으로 움직이는가?
(k) 균형 반쪽 반응식과 전체 전지 반응식을 써라.

21.28 다음 볼타 전지를 생각해보자.

(a) 외부 회로에서 전자는 어느 방향으로 흐르는가?
(b) 어느 반쪽 전지에서 환원이 일어나는가?
(c) 어느 반쪽 전지에서 전자가 전지를 떠나는가?
(d) 어느 전극에서 전자가 생성되는가?
(e) 어느 전극이 양의 전하를 갖는가?
(f) 전지가 작동되는 동안 질량이 증가하는 전극은 무엇인가?
(g) 산화 전극에서 사용할 수 있는 전해질 용액을 제안해 보라.
(h) 염다리로 사용할 수 있는 이온쌍을 제안해 보라.
(i) 어느 전극에 비활성 물질을 사용할 수 있는가?
(j) 중성을 유지하기 위해 염다리 안의 양이온이 움직인다면 어느 방향으로 움직이는가?
(k) 균형 반쪽 반응식과 전체 전지 반응식을 써라.

21.29 Sn/Sn^{2+} 반쪽 전지와 Zn/Zn^{2+} 반쪽 전지로 볼타 전지를 구성하고자 한다. 아연 전극은 음의 전하를 갖는다.
(a) 균형 반쪽 반응식과 전체 전지 반응식을 써라.
(b) 전지 도표를 그리고 각 전극의 전하, 회로에서 전자 흐름의 방향, 염다리에서 양이온, 음이온의 흐름을 표시하라.

21.30 Ag/Ag^{+} 반쪽 전지와 Pb/Pb^{2+} 반쪽 전지로 볼타 전지를 구성하고자 한다. 은 전극은 양의 전하를 갖는다.
(a) 균형 반쪽 반응식과 전체 전지 반응식을 써라.
(b) 전지 도표를 그리고 각 전극의 전하, 회로에서 전자 흐름의 방향, 염다리에서 양이온, 음이온의 흐름을 표시하라.

21.31 Fe/Fe^{2+} 반쪽 전지와 Mn/Mn^{2+} 반쪽 전지로 볼타 전지를 구성하고자 한다. 철 전극은 양의 전하를 갖는다.
(a) 균형 반쪽 반응식과 전체 전지 반응식을 써라.
(b) 전지 도표를 그리고 각 전극의 전하, 회로에서 전자 흐름의 방향, 염다리에서 양이온, 음이온의 흐름을 표시하라.

21.32 Cu/Cu^{2+} 반쪽 전지와 Ni/Ni^{2+} 반쪽 전지로 볼타 전지를 구성하고자 한다. 니켈 전극은 음의 전하를 갖는다.
(a) 균형 반쪽 반응식과 전체 전지 반응식을 써라.
(b) 전지 도표를 그리고 각 전극의 전하, 회로에서 전자 흐름의 방향, 염다리에서 양이온, 음이온의 흐름을 표시하라.

21.33 아래의 산화-환원 반응으로 구성된 볼타 전지의 전지 표기를 써라.
(a) $Al(s) + Cr^{3+}(aq) \longrightarrow Al^{3+}(aq) + Cr(s)$
(b) $Cu^{2+}(aq) + SO_2(g) + 2H_2O(l) \longrightarrow Cu(s) + SO_4^{2-}(aq) + 4H^+(aq)$

21.34 다음 전지 표기를 이용해서 균형 반응식을 써라.
(a) $Mn(s)\,|\,Mn^{2+}(aq)\,\|\,Cd^{2+}(aq)\,|\,Cd(s)$
(b) $Fe(s)\,|\,Fe^{2+}(aq)\,\|\,NO_3^-(aq)\,|\,NO(g)\,|\,Pt(s)$

전지 전위: 볼타 전지의 출력

(예제 21.3~21.5)

개념 복습 문제

21.35 표준 기준 전극을 사용하여 어떻게 미지의 $E^\circ_{반쪽\ 전지}$ 값을 결정하는가?

21.36 산화-환원 반응에서 음수의 $E^\circ_{전지}$ 값은 무엇을 의미하는가? 역반응에 대해서는 어떤 것을 의미하는가?

21.37 표준 전지 전위는 열역학적 상태 함수이다. E° 값을 ΔH°, ΔG°, S°과 비슷하게 다룰 수 있는 이유는 무엇인가? 어떻게 다르게

다룰 수 있는가?

스킬 숙달 문제(유사한 문제들을 두 개씩 묶음)

21.38 염기성 용액에서 Se^{2-}와 SO_3^{2-} 이온이 서로 자발적으로 반응한다.

$$2Se_2^-(aq) + 2SO_3^{2-}(aq) + 3H_2O(l) \longrightarrow 2Se(s) + 6OH^-(aq) + S_2O_3^{2-}(aq) \quad E^\circ_{\text{전지}} = 0.35\ V$$

(a) 균형 반쪽 반응식을 써라.
(b) 만약 $E^\circ_{\text{아황산 이온}}$이 −0.57 V이면, $E^\circ_{\text{셀레늄}}$을 계산하라.

21.39 산성 용액에서 O_3와 Mn^{2+} 이온이 서로 자발적으로 반응한다.

$$O_3(g) + Mn^{2+}(aq) + H_2O(l) \longrightarrow O_2(g) + MnO_2(s) + 2H^+(aq) \quad E^\circ_{\text{전지}} = 0.84\ V$$

(a) 균형 반쪽 반응식을 써라.
(b) 부록 D를 이용하여 $E^\circ_{\text{오존}}$을 찾고 $E^\circ_{\text{망가니즈}}$을 계산하라.

21.40 Emf 표를(부록 D) 이용하여 아래 화학종들을 나열하라.
(a) *산화제*로서 세기가 *감소*하는 순서로: Fe^{3+}, Br_2, Cu^{2+}
(b) *산화제*로서 세기가 *증가*하는 순서로: Ca^{2+}, $Cr_2O_7^{2-}$, Ag^+

21.41 Emf 표(부록 D)를 이용하여 아래 화학종들을 나열하라.
(a) *환원제*로서 세기가 *감소*하는 순서로: SO_2, $PbSO_4$, MnO_2
(b) *환원제*로서 세기가 *증가*하는 순서로: Hg, Fe, Sn

21.42 각 골격 반응식의 균형을 맞추어라. 부록 D를 이용하여 $E^\circ_{\text{전지}}$를 계산하고 각 반응의 자발성 여부를 판단하라.
(a) $Co(s) + H^+(aq) \longrightarrow Co^{2+}(aq) + H_2(g)$
(b) $Hg_2^{2+}(aq) \longrightarrow Hg^{2+}(aq) + Hg(l)$

21.43 각 골격 반응식의 균형을 맞추어라. 부록 D를 이용하여 $E^\circ_{\text{전지}}$를 계산하고 각 반응의 자발성 여부를 판단하라.
(a) $Mn^{2+}(aq) + Co^{3+}(aq) \longrightarrow MnO_2(s) + Co^{2+}(aq)$ [산성]
(b) $AgCl(s) + NO(g) \longrightarrow Ag(s) + Cl^-(aq) + NO_3^-(aq)$ [산성]

21.44 각 골격 반응식의 균형을 맞추어라. 부록 D를 이용하여 $E^\circ_{\text{전지}}$를 계산하고 각 반응의 자발성 여부를 판단하라.
(a) $Cd(s) + Cr_2O_7^{2-}(aq) \longrightarrow Cd^{2+}(aq) + Cr^{3+}(aq)$
(b) $Ni^{2+}(aq) + Pb(s) \longrightarrow Ni(s) + Pb^{2+}(aq)$

21.45 각 골격 반응식의 균형을 맞추어라. 부록 D를 이용하여 $E^\circ_{\text{전지}}$를 계산하고 각 반응의 자발성 여부를 판단하라.
(a) $Cu^+(aq) + PbO_2(s) + SO_4^{2-}(aq) \longrightarrow PbSO_4(s) + Cu^{2+}(aq)$ [산성]
(b) $H_2O_2(aq) + Ni^{2+}(aq) \longrightarrow O_2(g) + Ni(s)$ [산성]

21.46 다음의 반쪽 반응식을 사용하여 3개의 자발적 반응을 써라. 각 반응의 $E^\circ_{\text{전지}}$를 계산하고 산화제와 환원제를 세기의 순서대로 나열하라.
(1) $Al^{3+}(aq) + 3e^- \longrightarrow Al(s) \quad E^\circ = -1.66\ V$
(2) $N_2O_4(g) + 2e^- \longrightarrow 2NO_2^-(aq) \quad E^\circ = 0.867\ V$
(3) $SO_4^{2-}(aq) + H_2O(l) + 2e^- \longrightarrow SO_3^{2-}(aq) + 2OH^-(aq) \quad E^\circ = 0.93\ V$

21.47 다음의 반쪽 반응식을 사용하여 3개의 자발적 반응을 써라. 각 반응의 $E^\circ_{\text{전지}}$를 계산하고 산화제와 환원제를 세기의 순서대로 나열하라.
(1) $Au^+(aq) + e^- \longrightarrow Au(s) \quad E^\circ = 1.69\ V$
(2) $N_2O(g) + 2H^+(aq) + 2e^- \longrightarrow N_2(g) + H_2O(l) \quad E^\circ = 1.77\ V$
(3) $Cr^{3+}(aq) + 3e^- \longrightarrow Cr(s) \quad E^\circ = -0.74\ V$

21.48 다음의 반쪽 반응식을 사용하여 3개의 자발적 반응을 써라. 각 반응의 $E^\circ_{\text{전지}}$를 계산하고 산화제와 환원제를 세기의 순서대로 나열하라.
(1) $2HClO(aq) + 2H^+(aq) + 2e^- \longrightarrow Cl_2(g) + 2H_2O(l) \quad E^\circ = 1.63\ V$
(2) $Pt^{2+}(aq) + 2e^- \longrightarrow Pt(s) \quad E^\circ = 1.20\ V$
(3) $PbSO_4(s) + 2e^- \longrightarrow Pb(s) + SO_4^{2-}(aq) \quad E^\circ = -0.31\ V$

21.49 다음의 반쪽 반응식을 사용하여 3개의 자발적 반응을 써라. 각 반응의 $E^\circ_{\text{전지}}$를 계산하고 산화제와 환원제를 세기의 순서대로 나열하라.
(1) $I_2(s) + 2e^- \longrightarrow 2I^-(aq) \quad E^\circ = 0.53\ V$
(2) $S_2O_8^{2-}(aq) + 2e^- \longrightarrow 2SO_4^{2-}(aq) \quad E^\circ = 2.01\ V$
(3) $Cr_2O_7^{2-}(aq) + 14H^+(aq) + 6e^- \longrightarrow 2Cr^{3+}(aq) + 7H_2O(l) \quad E^\circ = 1.33\ V$

실전 문제

21.50 B 금속의 염 용액에 A 금속을 넣었더니 A 금속 표면의 색이 변했다. B 금속을 산 용액에 넣었더니 금속 표면에서 기포가 발생하였다. C 금속의 염 용액에 A 금속을 넣었더니 용액이나 A 금속 표면에 아무런 변화가 없었다.
(a) 산성 용액에 넣었을 때 C 금속은 H_2를 생성하는가?
(b) A, B, C를 환원제의 세기가 *감소*하는 순대로 나열하라.

21.51 깨끗한 쇠못을 구리(II) 황화물의 수용액에 넣었더니 못이 흑갈색의 물질로 코팅되었다.
(a) 철을 코팅한 물질은 무엇인가?
(b) 산화제와 환원제는 무엇인가?
(c) 이 반응을 사용하여 볼타 전지를 만들 수 있는가?
(d) 균형 반응식을 써라
(e) 반응에 대해서 $E^\circ_{\text{전지}}$를 계산하라.

자유 에너지와 전기적 일

(예제 21.6~21.8)

21.52 (a) Q와 K의 상대적인 크기와 ΔG와 $E_{\text{전지}}$의 부호 사이에 어떤 관계가 있는가?
(b) $Q/K > 1$ 혹은 $Q/K < 1$일 때 전지가 일을 할 수 있는가? 설명하라.

21.53 A/A^+와 B/B^+ 반쪽 전지로 볼타 전지를 구성하였다. A, B는 금속이고, A 전극이 음의 전하를 갖는다. 초기의 $[A^+]/[B^+]$에서 $E_{\text{전지}} > E^\circ_{\text{전지}}$이다.
(a) 전지가 작동할 때 $[A^+]$와 $[B^+]$는 어떻게 변하는가?
(b) 전지가 작동할 때 $E_{\text{전지}}$는 어떻게 변하는가?
(c) $E_{\text{전지}} = E^\circ_{\text{전지}}$일 때 $[A^+]/[B^+]$는 어떻게 되는가? 설명하라.
(d) $E_{\text{전지}}$가 $E^\circ_{\text{전지}}$보다 작아지는 것이 가능한가? 설명하라.

21.54 아래의 조건에서 볼타 전지의 $E_{\text{전지}}$는 증가하는지 혹은 감소하는지 설명하라.
(a) 전지의 온도가 감소한다.
(b) 산화 전극에서 [활성 이온]이 증가한다.
(c) 환원 전극에서 [활성 이온]이 증가한다.
(d) 환원 전극에서 기체 상태 반응물의 압력이 증가한다.

21.55 농도차 전지에서 환원 전극과 산화 전극 중 전해질의 농도

가 더 진한 곳은 어디인가? 설명하라.

스킬 숙달 문제(유사한 문제들을 두 개씩 묶음)

21.56 25°C에서 아래의 두 물질 간의 반응에 대해 평형 상수는 얼마인가?
(a) $Ni(s)$와 $Ag^+(aq)$ (b) $Fe(s)$와 $Cr^{3+}(aq)$

21.57 25°C에서 아래의 두 물질 간의 반응에 대해 평형 상수는 얼마인가?
(a) $Al(s)$와 $Cd^{2+}(aq)$ (b) $I_2(s)$와 $Br^-(aq)$

21.58 25°C에서 아래의 두 물질 간의 반응에 대해 평형 상수는 얼마인가?
(a) $Ag(s)$와 $Mn^{2+}(aq)$ (b) $Cl_2(g)$와 $Br^-(aq)$

21.59 25°C에서 아래의 두 물질 간의 반응에 대해 평형 상수는 얼마인가?
(a) $Cr(s)$와 $Cu^{2+}(aq)$ (b) $Sn(s)$과 $Pb^{2+}(aq)$

21.60 문제 21.56에 있는 각 반응들에 대해서 $\Delta G°$를 계산하라.

21.61 문제 21.57에 있는 각 반응들에 대해서 $\Delta G°$를 계산하라.

21.62 문제 21.58에 있는 각 반응들에 대해서 $\Delta G°$를 계산하라.

21.63 문제 21.59에 있는 각 반응들에 대해서 $\Delta G°$를 계산하라.

21.64 $n = 1$, $K = 5.0\times10^4$이고 25°C에서 일어나는 산화-환원 반응에 대해서 $E°_{전지}$와 $\Delta G°$를 계산하라.

21.65 $n = 1$, $K = 5.0\times10^{-6}$이고 25°C에서 일어나는 산화-환원 반응에 대해서 $E°_{전지}$와 $\Delta G°$를 계산하라.

21.66 $n = 2$, $K = 65$이고 25°C에서 일어나는 산화-환원 반응에 대해서 $E°_{전지}$와 $\Delta G°$를 계산하라.

21.67 $n = 2$, $K = 0.065$이고 25°C에서 일어나는 산화-환원 반응에 대해서 $E°_{전지}$와 $\Delta G°$를 계산하라.

21.68 표준 기준 반쪽 전지와 Cu/Cu^{2+} 반쪽 전지를 이용하여 볼타 전지를 만들었다. $E_{전지}$가 0.22 V일 때 $[Cu^{2+}]$를 계산하라.

21.69 Mn/Mn^{2+} 반쪽 전지와 Pb/Pb^{2+} 반쪽 전지를 이용하여 볼타 전지를 만들었다. $[Mn^{2+}]$가 1.4 M이고 $E_{전지}$가 0.44 V일 때 $[Pb^{2+}]$를 계산하라.

21.70 Ni/Ni^{2+}와 Co/Co^{2+} 반쪽 전지로 구성된 볼타 전지에서 각각의 농도가 다음과 같다. $[Ni^{2+}] = 0.80\ M$, $[Co^{2+}] = 0.20\ M$.
(a) 초기 $E_{전지}$는 얼마인가?
(b) $E_{전지}$가 0.03 V가 되었을 때 $[Ni^{2+}]$는 얼마인가?
(c) 평형 상태에서 이온들의 농도는 얼마인가?

21.71 Mn/Mn^{2+}와 Cd/Cd^{2+} 반쪽 전지로 구성된 볼타 전지에서 각각의 농도가 다음과 같다. $[Mn^{2+}] = 0.090\ M$, $[Cd^{2+}] = 0.060\ M$.
(a) 초기 $E_{전지}$는 얼마인가?
(b) $[Cd^{2+}]$가 0.050 M이 되었을 때, $E_{전지}$는 얼마인가?
(b) $E_{전지}$가 0.055 V가 되었을 때, $[Mn^{2+}]$는 얼마인가?
(c) 평형 상태에서 이온들의 농도는 얼마인가?

21.72 두 개의 H_2/H^+ 반쪽 전지로 볼타 전지를 구성하였다. A 반쪽 전지에서는 0.10 M HCl에 0.95 atm의 압력으로 H_2 기체를 버블링하고 있다. B 반쪽 전지에서는 2.0 M HCl에 0.60 atm H_2를 버블링하고 있다. 어떤 반쪽 전지가 산화 전극인가? 전지의 전위는 어떻게 되는가?

21.73 두 개의 Sn/Sn^{2+} 반쪽 전지(A, B)로 볼타 전지를 구성하였다. A에는 0.13 M $Sn(NO_3)_2$가 전해질로 채워져 있고, B에는 0.87 M $Sn(NO_3)_2$가 채워져 있다. 어느 반쪽 전지가 환원 전극인가? 전지의 전위는 어떻게 되는가?

배터리에서의 전기 화학 과정

개념 복습 문제

21.74 전지에서 산화 전극과 환원 전극에 대한 전자 흐름의 방향을 설명하라.

21.75 손전등, 장난감 등에 사용되는 일상적인 배터리는 염다리가 없는지 명확하지 않다. 이 전지에서 산화 전극과 환원 전극을 분리하기 위해서 무엇을 사용하는가?

21.76 D 크기와 AAA 크기의 알칼리 전지 모두 1.5 V의 출력을 가지고 있다. 전지 전위의 어떤 특징 때문에 이러한 현상이 일어나는가? 두 개의 전지 사이에 차이는 무엇인가?

실전 문제

21.77 많은 일반적인 전기 장치들은 한 개 이상의 배터리가 필요하다.
(a) 6.0 V 전구가 들어가는 손전등을 켜기 위해서 얼마나 많은 알칼리 전지를 넣어야 하는가?
(b) 6개의 은 전지를 사용하는 카메라를 켤 때 필요한 전압을 얼마인가?
(c) 산화 전극/환원 전극 전지 중 2개가 단락(합선)되었다면 자동차 배터리는 몇 볼트를 전달하는가?

부식: 환경에서의 볼타 전지

개념 복습 문제

21.78 자유의 여신상을 복원하는 동안에 철 골격과 여신상을 덮고 있는 구리 판 사이에 테플론을 사용하여 공간을 띄워 놓았다. 공간을 띄우는 스페이서의 역할은 무엇인가?

21.79 강철-다리 지지대는 왜 흘수선의 위나 아래가 아니고 흘수선에서 녹이 발생하는가?

21.80 1930년대 이후에 부식 방지나 자동차 범퍼의 외관, 장식에 사용되는 니켈이 크로뮴으로 대체되었다. 크로뮴은 강철이 부식되는 것을 어떻게 막아주는가?

21.81 다음의 금속 중에 땅 속 철 파이프의 부식을 막아주는 희생 산화 전극으로 적합한 것은 무엇인가? 적당하지 않은 것은 무엇인가? 이유를 설명하라.
(a) 알루미늄 (b) 마그네슘 (c) 소듐 (d) 납
(e) 니켈 (f) 아연 (g) 크로뮴

전해 전지: 전기 에너지를 이용하여 비자발적 반응 유도

(예제 21.9~21.11)

개념 복습 문제

주의: 별도의 언급이 없으면 모든 문제에서 전해 전지의 효율은 100%이다.

21.82 다음과 같은 일반적인 전해 전지를 생각해보자.

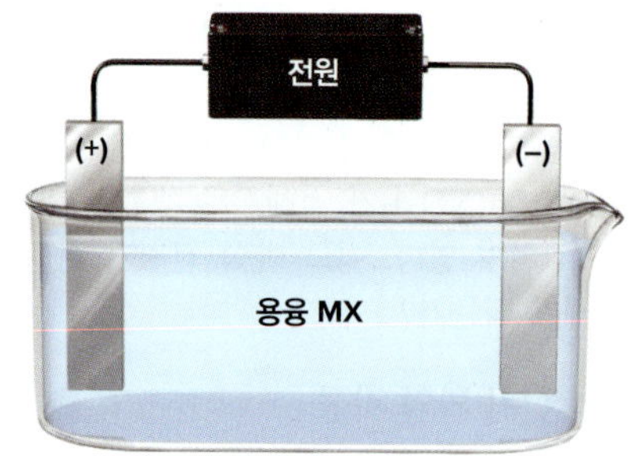

(a) 어느 전극에서 산화가 일어나는가?
(b) 어느 전극에서 M 원소가 생성되는가?
(c) 어느 전극에서 이온에 의해서 전자가 방출되는가?
(d) 어느 전극에서 전지로 전자가 들어가는가?

21.83 모든 성분은 표준 상태에 있고 Cr/Cr^{3+}와 Cd/Cd^{2+} 반쪽 전지로 볼타 전지를 구성하였다. 작동 10분 후 환원 전극에 카드뮴 금속이 얇게 도금되었다. 만약 음으로 대전된 끝을 건전지(1.5 V)의 환원 전극에 붙이고 양으로 대전된 끝을 산화 전극에 붙인다면 무슨 일이 일어나겠는가?

21.84 동일한 반응에 대해서 왜 물의 산화와 환원에 대한 $E_{반쪽\ 전지}$ 값은 $E^{\circ}_{반쪽\ 전지}$와 다른가?

21.85 수용액 연료 전지에서 질산 이온은 산화 전극에서 절대 반응하지 않지만 아질산 이온은 반응한다. 이유를 설명하라.

21.86 수용액 염의 전기 분해에서 어떻게 과전압이 생성물에 영향을 주는가?

스킬 숙달 문제(유사한 문제들을 두 개씩 묶음)

21.87 용융된 NaBr의 전기 분해에서
(a) 산화 전극의 생성물은 무엇인가?
(b) 환원 전극의 생성물은 무엇인가?

21.88 용융된 BaI_2의 전기 분해에서
(a) 음으로 대전된 전극의 생성물은 무엇인가?
(b) 양으로 대전된 전극의 생성물은 무엇인가?

21.89 KI와 MgF_2의 혼합 용융 염의 전기 분해에서 산화 전극과 환원 전극의 생성물은 무엇인가?

21.90 CsBr와 $SrCl_2$의 혼합 용융 염의 전기 분해에서 양으로 대전된 전극과 음으로 대전된 전극의 생성물은 무엇인가?

21.91 NaCl과 $CaBr_2$의 혼합 용융 염의 전기 분해에서 산화 전극과 환원 전극의 생성물은 무엇인가?

21.92 RbF와 $CaCl_2$의 혼합 용융 염의 전기 분해에서 양으로 대전된 전극과 음으로 대전된 전극의 생성물은 무엇인가?

21.93 다음 원소들 중에서 수용성 염의 전기 분해를 통해서 제조할 수 있는 것은 무엇인가? 구리, 바륨, 알루미늄, 브로민.

21.94 다음의 원소들 중에서 수용성 염의 전기 분해를 통해서 제조할 수 있는 것은 무엇인가? 스트론튬, 금, 주석, 염소.

21.95 다음 원소들 중에서 수용성 염의 전기 분해를 통해서 제조할 수 있는 것은 무엇인가? 리튬, 아이오딘, 아연, 은.

21.96 다음 원소들 중에서 수용성 염의 전기 분해를 통해서 제조할 수 있는 것은 무엇인가? 플루오린, 망가니즈, 철, 카드뮴.

21.97 다음 염들의 수용성 전기 분해를 할 때 각 전극에서 만들어지는 생성물에 대한 균형 반쪽 반응식을 써라.
(a) LiF (b) $SnSO_4$.

21.98 다음 염들의 수용성 전기 분해를 할 때 각 전극에서 만들어지는 생성물에 대한 균형 반쪽 반응식을 써라.
(a) $ZnBr_2$ (b) $Cu(HCO_3)_2$.

21.99 다음 염들의 수용성 전기 분해를 할 때 각 전극에서 만들어지는 생성물에 대한 균형 반쪽 반응식을 써라.
(a) $Cr(NO_3)_3$ (b) $MnCl_2$.

21.100 다음 염들의 수용성 전기 분해를 할 때 각 전극에서 만들어지는 생성물에 대한 균형 반쪽 반응식을 써라.
(a) FeI_2 (b) K_3PO_4.

21.101 용융된 $MgCl_2$의 전기 분해는 Dow 공정을 통해 바닷물에서 마그네슘을 분리하는 최종 생산 과정이다. 45.6 g의 Mg이 생산된다고 가정하자.
(a) 몇 몰의 전자가 필요한가?
(b) 몇 쿨롱의 전하가 필요한가?
(c) 3.50시간에 주어진 양을 생산하기 위해서는 몇 암페어의 전류가 필요한가?

21.102 Downs 전지에서 용융된 NaCl의 전기 분해는 소듐 금속을 분리하는 주요한 과정이다. 215 g의 Na 금속이 생산된다고 가정하자.
(a) 몇 몰의 전자가 필요한가?
(b) 몇 쿨롱의 전하가 필요한가?
(c) 9.50시간에 주어진 양을 생산하기 위해서는 몇 암페어의 전류가 필요한가?

21.103 용융된 라듐 염을 가지고 있는 전해 전지에 235 C의 전하량이 가해지면 몇 g의 라듐이 생성될 수 있는가?

21.104 용융된 알루미늄 염을 가지고 있는 전해 전지에 305 C의 전하량이 가해지면 몇 g의 알루미늄이 생성될 수 있는가?

21.105 21.0 A의 전류가 $ZnSO_4$ 용액을 통해서 흐를 때 강철 문에 65.5 g의 아연이 도금되었다. 몇 초가 걸리는가?

21.106 13.7 A의 전류가 $Ni(NO_3)_2$ 용액을 통해서 흐를 때 장식용 서랍 손잡이에 1.63 g의 니켈이 도금되었다. 몇 초가 걸리는가?

실전 문제

21.107 한 교수가 강의 시연을 할 때 전기 분해를 용이하게 하기 위해서 Na_2SO_4를 물에 추가하였다. (a) Na_2SO_4의 역할은 무엇인가? (b) 염 대신에 물이 전기 분해 되는 이유는 무엇인가?

21.108 미국 일부 지역의 지하 염수에는 아이오딘와 브로민이 풍부하여 이 원소들은 산업적으로 생산하는 데 쓰인다. 이 원소들을 회수하는 방법 중 하나는 염수를 증발시켜서 말린 후 용융시켜 전기 분해하는 것이다. 이러한 과정을 통해서 어느 할로젠 물질이 더 잘 생성되는가? 이유는 무엇인가?

21.109 아연 도금은 부식 방지에 중요한 방법이다. 관례상 용융된 아연에 물체를 넣어서 이 과정을 진행하기도 하지만 수용액으로부터 금속에 전기 도금할 수도 있다. 0.855 A의 전류가 2.50일 동안 흘렀다면 $ZnSO_4$ 수용액에서 강철 탱크에 몇 g의 아연이 도금될 수 있는가?

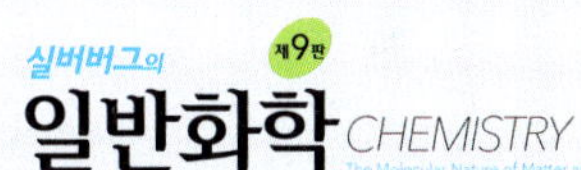
실버버그의
제9판
일반화학 CHEMISTRY
The Molecular Nature of Matter and Change

제 22 장 전이 원소와 배위 화합물

Transition Elements and Their Coordination Compounds

Source: Pets in frames/Shutterstock

관련 개념과 스킬 _Concepts and Skills to Review Before You Study This Chapter

- 빛의 성질(7.1절)
- 핵전하의 전자 차폐(8.1절)
- 전자 배치, 이온 크기, 자기적 성질(8.2~8.4절)
- 원자가 결합 이론(11.1절)
- 구조, 기하, 광학 이성질체(15.2절)
- Lewis 산-염기 개념(18.10절)
- 착이온 형성(19.4절)
- 산화-환원과 표준 환원 전위(21.3절)

이 책의 막바지에 이르는 지금까지 몇몇 주요 원소들과 우리에게 친숙한 몇 가지 원소들에 대해 언급하지 않았다. **전이 원소**(transition element) 또는 **전이 금속**(transition metal)은 주기율표의 *d* 블록(B족)과 *f* 블록(*내부 전이 원소*)을 이루며(그림 22.1), 산업이나 생물 분야에서 매우 중요하게 사용된다. 예를 들어, 철은 헤모글로빈의 착화합물인 헴(heme)의 중심 원소이고, 이는 포유류의 체내에서 산소를 수송하는 역할을 하며 혈액이 붉은 색을 띠는 원인이기도 하다. 그러나 타란툴라 거미(*사진 참조*)와 같은 연체동물과 절지동물을 포함한 많은 생물의 혈액은 산소 수송 단백질의 중심 원소가 구리이므로 파란색을 띤다.

구리나 철 이외에도 잘 알려진 전이 금속에는 크로뮴(배관설비), 금과 은(보석류, 전자제품), 백금(자동차 촉매 변환기), 타이타늄(자전거 프레임, 항공기 부품, 인공관절), 니켈(동전, 촉매), 아연(배터리) 등이 있다. 비교적 덜 알려진 금속의 예로는 지르코늄(핵 반응기의 보호막), 바나듐(크랭크 축, 차축), 몰리브데넘(보일러 판), 탄탈럼(생체 대체 부품), 팔라듐(전화 중계기) 등이 있고, 이 외에도 전이 원소가 사용되는 예는 수없이 많다.

이 장에서는… *전이 금속과 그들의 특성, 특히 배위 화합물의 결합과 구조에 중점을 둔다.*

- 전이 원소와 내부 전이 원소의 원자, 물리적, 화학적 성질을 살펴보면서, 내부 껍질의 전자 채움 효과에 주목하고, 주족 원소와 비교해 본다.
- 이 장의 대부분은 착이온을 포함하는 화학종, 즉 전이 원소 배위 화합물의 명명법, 구조, 이성질 현상에 주안점을 둔다.
- 원자가 결합 이론을 사용하여 착이온의 결합과 분자 모양을 설명한다.
- 결정장 이론을 이용하여 배위 화합물의 색깔과 구조, 이와 밀접한 관련이 있는 자기적 성질을 설명한다.
- 생화학에서 전이 금속 이온의 역할에 대한 몇 가지 예를 살펴본다.

22.1 전이 원소의 성질

전이 원소는 물리적 및 화학적 특성에서 주족 원소와 상당히 다르다.

- *모든 전이 원소들은 금속*인 반면, 주족 원소는 각 주기 내에서 금속으로부터 비금속성 원소로 바뀐다.
- *많은 전이 금속 화합물은 진한 색깔을 띠고 상자기성*인 반면, 주족 원소의 이온 결합 화합물 대부분은 무색이고 반자기성을 나타낸다.

먼저 전이 원소 또는 이온의 전자 배치를 살펴본 뒤 주족 원소들과 비교하면서 전이 원소의 몇 가지 핵심적인 성질을 살펴본다.

전이 금속과 이온의 전자 배치

전이 금속과 이들 화합물의 성질은 원자(8.2절) 또는 이온(8.4절)의 전자 배치와 관련되어 있다. 그림 22.1에서 보여주듯이 *d* 블록(B족) 전이 원소는 주기율표의 4~7주기의 네 주기를 구성하고, 이들은 마지막 *ns* 블록 원소[2A(2)족]와 첫 *np* 블록 원소[3A(13)족] 사이에 위치한다. 각 주기 계열은 다섯 개의 *d* 오비탈을 갖는 10개의 원소들로 구성되므로 전이

그림 22.1 주기율표에서 전이 원소(*d* 블록)와 내부 전이 원소(*f* 블록).

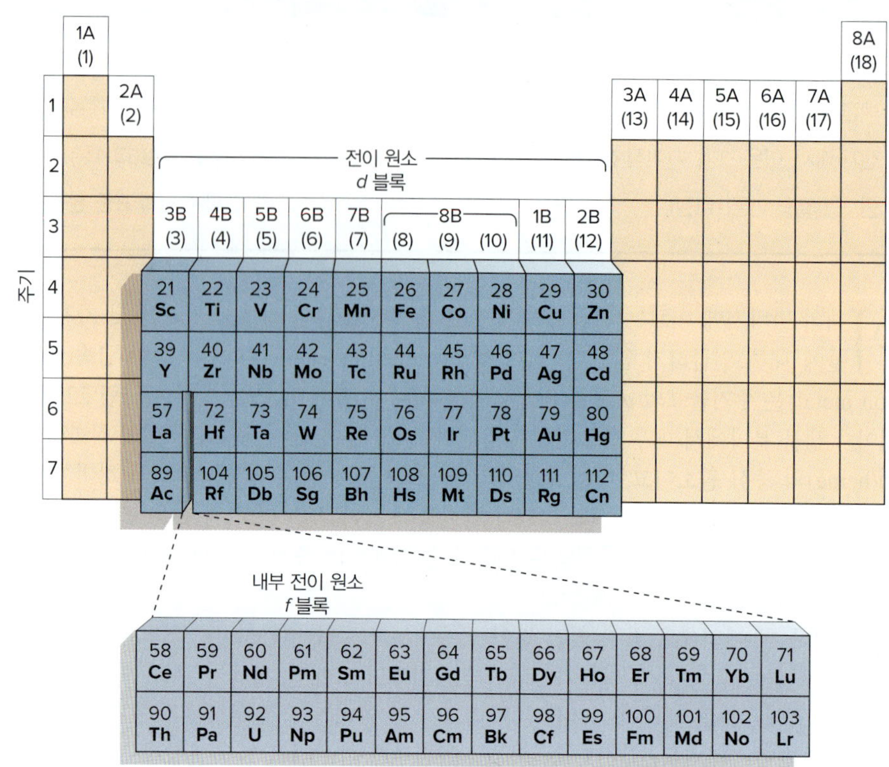

계열에는 총 40개의 전이 원소가 존재하게 된다. 6주기와 7주기에 있는 *d* 블록 전이 계열들의 첫 번째와 두 번째 족 사이에는 *f* 오비탈들이 채워지는 내부 전이 원소들이 놓여 있다. 복습해야 할 몇 가지 중요한 사항은 다음과 같다.

1. *원자의 전자 배치.* 비록 몇몇 예외가 있기는 하지만, 일반적으로 각 *d* 블록 원소에 대해 *축약형*으로 나타낸 바닥 상태 전자 배치는 다음과 같다.

$$[\text{비활성 기체}]\ ns^2(n-1)d^x,\ n = 4\text{~}7,\ x = 1\text{~}10$$

6주기와 7주기에서 축약형 전자 배치는 *f* 부껍질을 포함한다.

$$[\text{비활성 기체}]\ ns^2(n-2)f^{14}(n-1)d^x,\ n = 6 \text{ 또는 } 7$$

각 *d* 블록 원소들에 대해 원자가 전자만 표시하는 *부분* 전자 배치에서는 비활성 기체 부분과 채워진 *f* 부껍질은 포함시키지 않는다.

$$ns^2(n-1)d^x$$

예를 들어 5주기의 테크네튬과 6주기의 텅스텐의 축약형 전자 배치와 부분 전자 배치는 다음과 같다.

Tc: 축약형 전자 배치: [Kr] $5s^24d^5$;　　부분 전자 배치(원자가 준위): $5s^24d^5$
W: 축약형 전자 배치 [Xe] $6s^24f^{14}5d^4$;　　부분 전자 배치(원자가 준위): $6s^25d^4$

2. *4주기에서 채움 패턴.* 첫 번째 전이 금속 계열(4주기)은 스칸듐(Sc)으로부터 아연(Zn)까지의 원소(그림 22.2, 표 22.1)로 구성되어 있다. 스칸듐은 [Ar]$4s^23d^1$ 전자 배치를 가지며 한 번에 하나씩의 전자가 더해질 때 먼저 *d* 오비탈에 홀전자로 채워져 가며 아연에

그림 22.2 4주기 전이 금속들.
주기율표 상의 순서에 따라 10개 원소들을 두 쪽에 걸쳐 소개한다.
Source: Stephen Frisch/McGraw-Hill Education

스칸듐 Sc; 3B(3)

타이타늄 Ti; 4B(4)

바나듐 V; 5B(5)

크로뮴 Cr; 6B(6)

망가니즈 Mn; 7B(7)

표 22.1 | 4주기 전이 금속들의 오비탈 전자 배치

원소	4s	3d	4p	홀전자
Sc	↑↓	↑ □ □ □ □	□ □ □	1
Ti	↑↓	↑ ↑ □ □ □	□ □ □	2
V	↑↓	↑ ↑ ↑ □ □	□ □ □	3
Cr	↑	↑ ↑ ↑ ↑ ↑	□ □ □	6
Mn	↑↓	↑ ↑ ↑ ↑ ↑	□ □ □	5
Fe	↑↓	↑↓ ↑ ↑ ↑ ↑	□ □ □	4
Co	↑↓	↑↓ ↑↓ ↑ ↑ ↑	□ □ □	3
Ni	↑↓	↑↓ ↑↓ ↑↓ ↑ ↑	□ □ □	2
Cu	↑	↑↓ ↑↓ ↑↓ ↑↓ ↑↓	□ □ □	1
Zn	↑↓	↑↓ ↑↓ ↑↓ ↑↓ ↑↓	□ □ □	0

이르러 $3d$ 오비탈이 모두 채워진다. 크로뮴과 구리는 이러한 패턴의 예외에 해당하는 전자 배치를 갖는다.

- 크로뮴은 $4s$와 $3d$가 각각 절반씩 채워져 $[Ar]4s^13d^5$가 된다.
- 구리는 $4s$가 절반이 채워져 $[Ar]4s^13d^{10}$가 된다.

이러한 예외는 전자가 채워짐에 따른 $3d$와 $4s$ 오비탈의 상대적 에너지 때문이며 절반이나 모두 채워진 오비탈의 특이한 안정성에 기인한다.

3. *이온의 전자 배치*. 전이 금속의 이온은 *$(n-1)d$ 오비탈의 전자보다 ns 오비탈의 전자가 먼저 떨어져 나가* 형성된다. 따라서 Ti은 $4s$ 오비탈의 전자 2개를 잃어 d^2 전자 배치를 갖는 Ti^{2+} 이온을 형성한다.

$$\text{Ti: [Ar] }4s^23d^2 \qquad \text{Ti}^{2+}\text{: [Ar] }3d^2\ (\text{[Ar] }4s^2\text{가 아님})$$

다른 원자의 이온들이 동일한 전자 배치를 가질 때 유사한 특성을 나타내는 경우가 많다. 예로 Mn^{2+}과 Fe^{3+} 이온은 d^5 전자 배치를 가지므로 모두 수용액에서 옅은 색을 띠고, 비슷한 자기적 성질을 갖는 착이온을 형성한다.

$$\text{Mn: [Ar] }4s^23d^5 \qquad \text{Mn}^{2+}\text{: [Ar] }3d^5 \qquad \text{Fe: [Ar] }4s^23d^6 \qquad \text{Fe}^{3+}\text{: [Ar] }3d^5$$

표 22.1은 4주기 전이 원소들의 전자 배치를 부분적으로 나타낸 표이다. 일반적으로 모든 주기의 전이 원소에서, 주기의 *전반부*에서는 *홀전자* 수가 *늘어나고*, *후반부*로 갈수록 짝지음(pairing)이 일어나면서 홀전자 개수가 *감소*하는 것에 주목하라. *원자*(O.N. = 0)의 전자 배치는 *원소*의 물리적 특성과 관련이 있는 반면, *이온*의 전자 배치는 *화합물*의 화학적 특성을 결정짓게 된다.

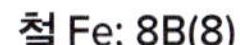
철 Fe; 8B(8)

코발트 Co; 8B(9)

니켈 Ni; 8B(10)

구리 Cu; 1B(11)

아연 Zn; 2B(12)

예제 22.1 | 전이 금속 원자와 이온의 전자 배치

문제 다음 화학종에 대해서 *축약형* 전자 배치를 써라. **(a)** Zr **(b)** V^{3+} **(c)** Mo^{3+} **(d)** Re^{4+}. (더 높은 주기의 전이 원소들도 4주기 원소들과 똑같이 거동한다고 가정하라.)

계획 주기율표에서 원소를 찾고, 각 전이 계열에서 그 원자의 위치를 확인한다. 앞의 세 가지 원소들은 4주기와 5주기에 있고 일반적인 전자 배치는 [비활성 기체] $ns^2(n-1)d^x$이다. Re은 6주기에 있고 일반적인 전자 배치는 [비활성 기체] $ns^2(n-2)f^{14}(n-1)d^x$이다. 이온인 경우 ns 전자들이 먼저 떨어져 나간다는 것을 기억하자.

풀이 **(a)** Zr는 $4d$ 계열의 두 번째 원소이므로 [Kr] $5s^24d^2$ 전자 배치를 갖는다.

(b) V는 $3d$ 계열의 세 번째 원소이므로 [Ar] $4s^23d^3$ 전자 배치를 갖는다. V^{3+} 이온을 형성하는데, 3개의 전자가 떨어져 나가므로($4s$ 전자 2개와 $3d$ 전자 1개), V^{3+}는 [Ar] $3d^2$ 전자 배치를 갖는다.

(c) Mo는 6B(6)족인 Cr 아래에 위치하므로, Cr의 전자 배치와 같은 예외적인 면을 예상할 수 있다. 그러므로 Mo의 전자 배치는 [Kr] $5s^14d^5$이다. Mo^{3+} 이온의 전자 배치는, Mo의 전자 배치에서 5s 오비탈에서 1개의 전자와 $4d$ 오비탈에서 2개의 전자를 잃게 되므로, Mo^{3+} 이온은 [Kr] $4d^3$ 전자 배치를 가진다.

(d) Re는 $5d$ 계열의 다섯 번째 원소이므로 [Xe] $6s^24f^{14}5d^5$ 전자 배치를 갖는다. Re^{4+} 이온을 형성하기 위해서 $6s$ 오비탈과 $5d$ 오비탈에서 각각 2개의 전자를 잃게 되므로, Re^{4+} 이온은 [Xe] $4f^{14}5d^3$ 전자 배치를 갖는다.

검산 그림 8.10에서 답을 확인할 수 있다. 이온의 전하와 d 오비탈의 전자 개수의 합이 원자의 s와 d 전자 개수의 합과 같음을 확인하라.

▶ 보충 문제

22.1A 다음 화학종에 대해서 *부분* 전자 배치를 써라. **(a)** Ag^+ **(b)** Cd^{2+} **(c)** Ir^{3+}.

22.1B 다음 이온들의 *축약형* 전자 배치를 이용하여 이온들의 전하를 결정하라.
(a) Ta^{x+}: [Xe] $4f^{14}5d^2$ **(b)** Mn^{x+}: [Ar] $3d^3$ **(c)** Os^{x+}: [Xe] $4f^{14}5d^5$.

유사 문제 22.10~22.15

전이 원소들의 원자 및 물리적 성질

전이 원소의 원자 성질은 여러 면에서 주족 원소의 원자 성질과 대비된다.

주기 방향의 경향성 4주기에서 원자 크기, 전기 음성도 및 이온화 에너지 값의 변화를 살펴보자(그림 22.3).

- *원자 크기*. 원자의 크기는 주기 오른쪽으로 가면서 전반적으로 작아진다(그림 22.3A). 주족 원소의 경우, 같은 주기에서 전자수가 증가할 때 이들 전자가 핵전하를 효과적으로 가리지 못하는 *외각 ns*나 *np*에 채워지기 때문에 원자 크기는 계속적으로 감소하는 경향을 보여준다. 그러나 전이 금속의 경우에는 *원자의 크기가 처음에는 크게 감소하지만 주기 오른쪽으로 가면서 거의 일정하게 유지*된다. 그 이유는 d 전자들이 외각 전자를 더 효과적으로 가리는 내각 오비탈을 채우기 때문이다. 따라서 외각 $4s$ 전자들이 더 가까이 끌려오지 *않는다*.
- *전기 음성도*(electronegativity, EN). 주기 오른쪽으로 가면서 주족 원소의 전기 음성도는 금속인 포타슘(0.8)으로부터 비금속인 브로민(2.8)까지 가파른 증가를 보여주는 반면, 전이 원소들은 *상대적으로 일정한 EN*(그림 22.3B) 값을 보여주는데, 이는 전이 원소들이 갖는 일정한 크기의 경향성과 일치한다. 전이 원소들은 모두 3A(13)족부터 5A(15)족에 속하는 금속 원소와 비슷한 전기 음성도 값을 갖는다.
- *이온화 에너지*(ionization energy, IE_1). 4주기 주족 원소의 이온화 에너지 값은 왼쪽에서 오른쪽으로 가면서 크게 증가한다. 포타슘

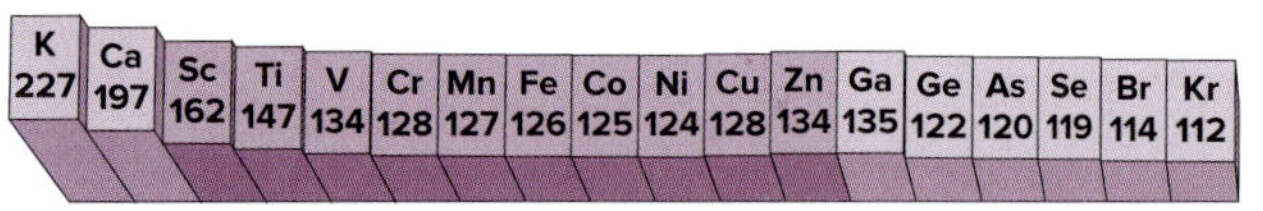

A. 원자 반지름 (pm)

K 0.8, Ca 1.0, Sc 1.3, Ti 1.5, V 1.6, Cr 1.6, Mn 1.5, Fe 1.8, Co 1.8, Ni 1.8, Cu 1.9, Zn 1.6, Ga 1.6, Ge 1.8, As 2.0, Se 2.4, Br 2.8

B. 전기 음성도

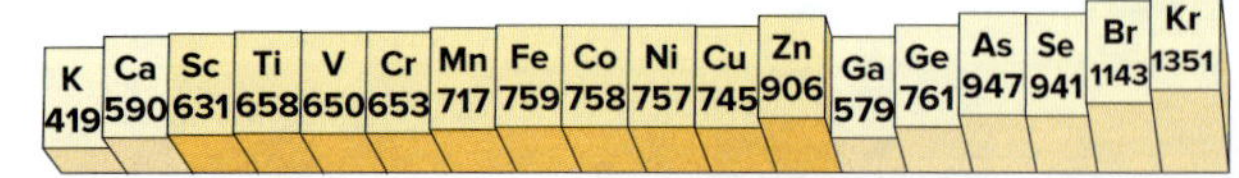

C. 1차 이온화 에너지 (kJ/mol)

그림 22.3 **4주기 원소들의 주요 원자 성질의 경향성.** 4주기 원소들의 원자 반지름(A), 전기 음성도(B) 및 1차 이온화 에너지(C)의 상대적 크기를 막대 높이로 표시하였다. 전이 계열을 더 진하게 표시하였다.

(419 kJ/mol)으로부터 크립톤(1351 kJ/mol)까지 IE_1이 3배 이상 증가하는데, 이러한 현상은 증가되는 유효 핵전하 때문에 전자를 제거하기가 어려워지기 때문이다. 하지만 전이 원소의 경우 내부에 있는 3*d* 오비탈의 전자들이 효과적으로 핵전하를 가리기 때문에 *IE_1가 상대적으로 조금 밖에 증가하지 않는다*(그림 22.3C). [8.3절로부터 3A(13)족에서는 더 바깥쪽 *np* 오비탈로부터 첫 번째 전자를 떼어내는 것이 에너지적으로 쉽기 때문에 이온화 에너지가 감소한 사실을 기억하라.]

족 내에서의 경향성 전이 원소의 수직 방향 경향성 또한 주족 원소들의 경향성과 다르다.

1. *원자 크기* : 주족 원소와 마찬가지로 전이 원소의 원자 크기는 4주기에서 5주기로 갈수록 증가한다. 그러나 *5주기에서 6주기로 가면서 원자 크기가 실제적으로 거의 증가하지 않는다*(그림 22.4A). 다음과 같이 설명할 수 있다.

- 4*f* 오비탈을 갖고 있는 란타넘족 원소는 4*d*(5주기)와 5*d*(6주기) 계열 사이에 나타난다. 6주기 원소는 5주기 원소보다 18개가 아닌 32개(4*d* 10개, 5*p* 6개, 6*s* 2개, 4*f* 14개) 원소만큼 떨어져 있게 된다.
- 14개의 4*f* 전자들은 추가된 14개의 양성자에 의해 증가된 핵전하들을 최외각 전자들로부터 효과적으로 차폐할 수 없어 원자 크기가 감소하게 되는데 이러한 현상을 **란타넘족 수축**(lanthanide contraction)이라 한다.
- 우연하게도 이 *감소* 정도는 주기 사이의 일반적인 *증가* 정도와 대략적으로 같기 때문에 5주기와 6주기 전이 원소는 비슷한 원자 크기를 갖는다.

2. *전기 음성도*. 전이 원소 전기 음성도의 수직 방향 경향성은 주족 원소의 경향성과는 반대이다. 4주기에서 5주기 방향으로 전기 음성도는 *증가*하나, 6주기에서는 더 이상 증가하기 않는다(그림 22.4B). 금(EN = 2.4)과 같이 무거운 원소들은 대부분의 준금속이나 심지어 비금속 원소의 전기 음성도 값(Te와 P의 전기 음성도 = 2.1)보다 높다. 이러한 금의 특징으로 인해 세슘은 0.7의 매우 낮은 전기 음성도를 갖기 때문에 전기 음성도가 높은 금과 만나면 염(salt)의 특성을 갖는 CsAu를 형성한다. 같은 족에서 위에서 아래로 갈수록 원자 크기는 조금 증가할 뿐이지만 핵전하는 매우 크게 증가한다. 따라서 무거운 전이 원소는 주족 금속보다 전자를 아주 강하게 잡아당기기 때문에 더 강한 공유 결합성을 갖는 결합을 형성하게 된다.

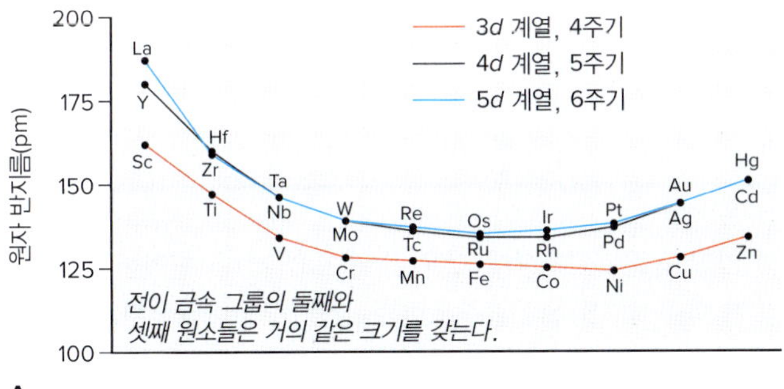

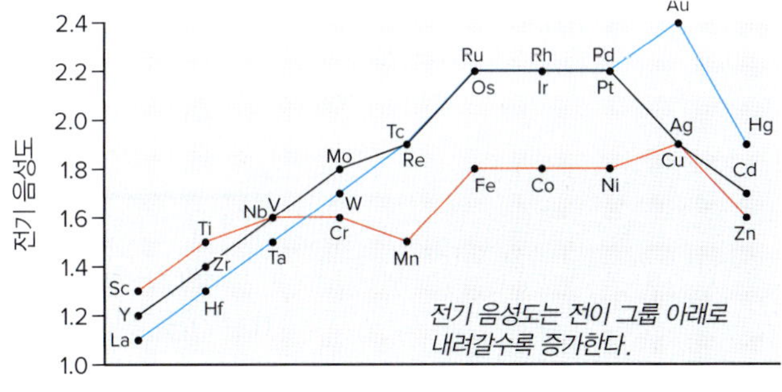

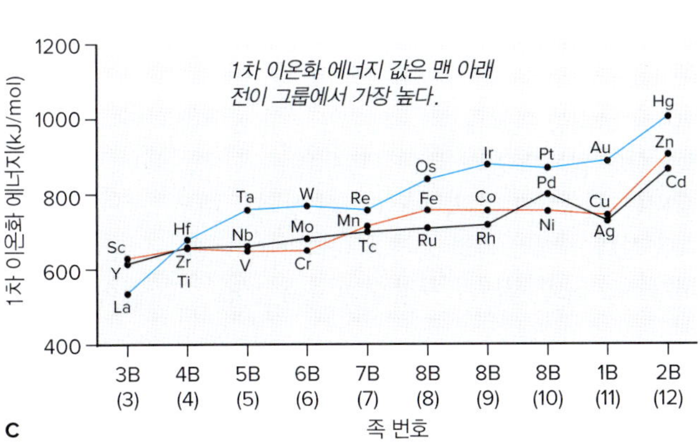

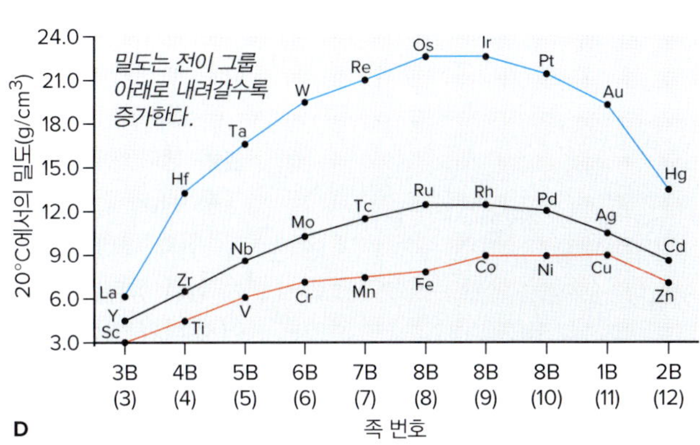

그림 22.4 **전이 원소들의 주요 성질의 세로 방향 경향성.** 주족 원소들의 경향과는 여러 면에서 다르다.

A

B

그림 22.5 전이 원소들의 산소산 음이온 수용액.

Source: Stephen Frisch/McGraw-Hill Education

3. *이온화 에너지*. 족 아래로 갈수록 핵전하의 증가로 인한 원자 크기가 크게 증가하지 않기 때문에 *1차 이온화 에너지(IE_1)는 아래쪽으로 갈수록 증가*하게 된다(그림 22.4C). 그런데 주족 원소들은 족 아래로 갈수록 외각 전자를 쉽게 떼어낼 수가 있기 때문에 전이 원소들의 이온화 에너지와는 반대 경향성을 나타낸다.

4. *밀도*. 원자 크기의 의해 나타나는 부피는 밀도와 역의 관계를 갖는다. 주기에서 오른쪽으로 갈수록 밀도 값은 증가하다가, 거의 일정해진 후 최종적으로 계열의 끝에서 약간 감소한다(그림 22.4D). 족에서는 원자의 크기, 즉 원자의 부피가 5주기와 6주기 사이에서 거의 변화하지 않지만 원자 질량은 현저히 증가하기 때문에 밀도는 전이 그룹의 아래쪽 방향으로 극적으로 증가한다. 결과적으로 6주기 계열은 가장 밀도가 큰 원소 중 몇 개를 포함하고 있다. 텅스텐, 레늄, 오스뮴, 이리듐, 백금 및 금의 밀도는 물의 약 20배, 납의 2배에 해당되는 밀도를 나타낸다.

전이 원소의 화학적 성질

원자 및 물리적 성질처럼 전이 원소의 화학적 성질도 주족 원소와 상당히 다르다. 4주기 전이 계열의 핵심적인 성질에 대해 알아보고 같은 족에서 특성 변화에 대해 살펴보자.

다양한 산화 상태 주족 금속은 한개 또는 기껏해야 두 개의 산화 상태를 갖는 반면, 전이 금속의 가장 특징적인 화학적 성질 중 하나는 *여러 산화 상태를 갖는다*는 점이다. 예를 들면, 화합물에서 크로뮴과 망가니즈는 흔히 3개의 산화 상태를 나타내고(그림 22.5A), 이들 산화 상태 이외의 산화 상태는 그렇게 흔치는 않다(표 22.2). ns와 $(n-1)d$ 전자의 에너지 차이가 거의 없기 때문에 전이 금속들은 결합을 형성할 때 이 전자들을 모두 또는 대부분 사용할 수 있다.

표 22.2 | 4주기 전이 금속들의 다양한 산화 상태와 d 오비탈 전자 배치*

산화 상태	3B (3) Sc	4B (4) Ti	5B (5) V	6B (6) Cr	7B (7) Mn	8B (8) Fe	8B (9) Co	8B (10) Ni	1B (11) Cu	2B (12) Zn
0	d^1	d^2	d^3	d^5	d^5	d^6	d^7	d^8	d^{10}	d^{10}
+1			d^3	d^5	d^5	d^6	d^7	d^8	d^{10}	
+2		d^2	d^3	d^4	d^5	d^6	d^7	d^8	d^9	d^{10}
+3	d^0	d^1	d^2	d^3	d^4	d^5	d^6	d^7	d^8	
+4		d^0	d^1	d^2	d^3	d^4	d^5	d^6		
+5			d^0	d^1	d^2		d^4			
+6				d^0	d^1	d^4				
+7					d^0					

*가장 중요한 오비탈 전자 배치는 색깔로 표시하였다.

3B(3)~7B(7)족 원소들의 가장 높은 산화 상태 값은 족 번호와 같다. 이러한 산화 상태는 이들 원소가 전기 음성도가 매우 큰 산소나 플루오린과 결합할 때 나타난다. 예를 들면, 전이 금속들이 산소와 결합할 때 그림 22.5B에서 보여주는 것처럼 바나듐은 바나듐산(vanadate, VO_4^{3-}, 바나듐 O.N. = +5) 이온, 크로뮴은 다이크로뮴산(dichromate, $Cr_2O_7^{2-}$, 크로뮴 O.N. = +6) 이온, 망가니즈는 과망가니즈산(permanganate, MnO_4^-, 망간니즈 O.N. = +7) 이온으로 존재한다.

8B(8)족, 8B(9)족, 8B(10)족 원소는 비교적 적은 개수의 산화 상태를 나타내고, 가장 높은 산화 상태 값은 족 번호와 같지 않으며 흔하게 관찰되지 않는다. 예들 들면, 철(Fe)의 경우 +8과 같은 높은 산화 상태는 존재하지 않고, +6의 산화 상태도 매우 드물게 나타난다. 철과* 코발트에서 +2와 +3 산화 상태가 가장 흔하게 나타나고, 니켈, 구리, 아연에서는 산화 상태 +2가 가장 흔하다. *+2 산화 상태가 가장 흔한 이유는 ns^2 전자들이 쉽게 떨어져 나가기 때문*이다.

*철은 자철석(Fe_3O_4)과 황철석(FeS_4)에서 특이한 산화 상태를 갖는 것 같지만 그렇지 않다. 자철석에서는 철 이온의 1/3이 Fe^{2+} 이온이고, 2/3가 Fe^{3+}이어서 FeO/FeO_3의 비가 1/1, 화학식이 Fe_3O_4가 된다. 황철석에는 Fe^{2+}가 이황화 이온 S_2^{2-}와 결합되어 있다.

금속 특성, 산화물의 산성도, 원자가 상태 전기 음성도 전이 금속 화합물의 결합 특성에 중요한 영향을 미치는 것은 원자의 크기와 산화 상태이다. 3A(13)족, 4A(14)족, 5A(15)족 금속처럼 낮은 산화 상태의 전이 원소는 화학적으로 금속같이 거동한다. 즉, *이온 결합성은 낮은 산화 상태에서 더 우세하고, 공유 결합성은 높은 산화 상태에서 더 우세하다.* 예를 들면, 상온에서 $TiCl_2$(O.N. = +2)는 이온성 고체인 반면에 $TiCl_4$(O.N. = +4)는 분자성 액체이다(그림 14.11 참조). 더 높은 산화 상태에서 원자는 더 높은 전하 밀도(더 높은 전하-부피 비, 13.3절)를 가지므로 비금속 이온의 전자 구름을 더 강하게 편극화시켜 결합은 더 큰 공유 결합성을 띠게 된다. 같은 이유로, 산화물의 산화 상태가 증가할수록 염기성이 감소(더 산성)하게 된다. TiO는 물에서 약한 염기성이지만, TiO_2는 산과 염기 모두와 반응하는 양쪽성을 나타낸다.

산화 상태가 증가함에 따라 산화물의 산성도가 증가하는 이유는 무엇일까? 그리고 Cr이나 Mn과 같은 금속은 산화물을 형성하는 것 이외에도 어떻게 산소산 음이온을 형성하는가? 그 이유는 각 원자들이 *원자가 상태 전기 음성도*(valence-state electronegativity)라 부르는 "유효" 전기 음성도를 가지고 있기 때문이다. 양의 산화 상태를 갖는 금속은 0의 산화 상태보다 결합 전자에 대한 인력, 즉 전기 음성도가 크다. 따라서 Cr의 전기 음성도는 1.6으로 또 하나의 활성이 큰 금속인 알루미늄(1.5)의 전기 음성도와 비슷하다. Cr(III)의 경우 그 값이 1.7로 증가하지만, 아직도 금속의 특성을 유지하고 있다. 그러나 2.3의 전기 음성도 값을 갖는 Cr(VI) 이온은 P(2.1), S(2.5) 같은 비금속과 비슷한 값을 나타낸다. 따라서 강산인 H_2CrO_4에서 CrO_4^{2-}의 Cr은 PO_4^{3-}의 P나, SO_4^{2-}의 S처럼 산소산 음이온의 중심에 공유 결합되어 있으며, MnO_4^{2-}의 Mn(VII)도 강산인 $HMnO_4$에서 유사하게 거동한다.

환원력 표 22.3은 산성 용액에서 +2 산화 상태를 갖는 4주기 전이 금속의 표준 전극 전위를 보여주고 있다. 일반적으로 주기 계열에서 오른쪽으로 갈수록 환원력이 감소한다는 사실에 주목하라. 구리를 제외한 모든 4주기 전이 금속은 수용액 산의 H^+을 환원시켜 수소 기체(H_2)를 생성하기에 충분한 활성을 갖는다. 그러나 실온에서 1A(1)족과 2A(2)족 금속이 물과 빠르게 반응하는 것과는 대조적으로, 전이 금속은 산화물(oxide)로 코팅되어 있어 뜨거운 물이나 증기하고만 빠르게 반응할 수 있다.

표 22.3 4주기 전이 금속 M^{2+} 이온들의 표준 전극 전위

반쪽 반응	$E°$ (V)
$Ti^{2+}(aq) + 2e^- \rightleftharpoons Ti(s)$	−1.63
$V^{2+}(aq) + 2e^- \rightleftharpoons V(s)$	−1.19
$Cr^{2+}(aq) + 2e^- \rightleftharpoons Cr(s)$	−0.91
$Mn^{2+}(aq) + 2e^- \rightleftharpoons Mn(s)$	−1.18
$Fe^{2+}(aq) + 2e^- \rightleftharpoons Fe(s)$	−0.44
$Co^{2+}(aq) + 2e^- \rightleftharpoons Co(s)$	−0.28
$Ni^{2+}(aq) + 2e^- \rightleftharpoons Ni(s)$	−0.25
$Cu^{2+}(aq) + 2e^- \rightleftharpoons Cu(s)$	0.34
$Zn^{2+}(aq) + 2e^- \rightleftharpoons Zn(s)$	−0.76

화합물의 색깔과 자기적 특성 *대부분의 주족 이온성 화합물은 무색*인데, 그 이유는 금속 이온의 외각 껍질에 전자들이 완전히 채워져 있기 때문이다(비활성 기체의 전자 배치, ns^2 또는 ns^2np^6). 들뜬 전자를 수용할 수 있는 오비탈은 *매우* 높은 에너지를 가지고 있기 때문에 이러한 이온은 가시광선을 흡수하지 않는다. 이와는 대조적으로 부분적으로 채워진 *d* 부껍질의 전자는 가시광선 파장을 흡수하여 *약간* 더 높은 에너지의 *d* 오비탈로 옮겨갈 수 있다. 결과적으로 *많은 전이 금속 화합물이 진한 색깔*을 나타낸다. 예외적으로 스칸듐, 타이타늄(IV) 및 아연 화합물은 금속 이온의 *d* 오비탈에 전자가 없거나(Sc^{3+} 또는 Ti^{4+}: $[Ar]3d^0$) 모두 채워져(Zn^{2+}: $[Ar]3d^{10}$) 있기 때문에 색깔을 띠지 않는다(그림 22.6).

자기적 특성 또한 부준위의 채움과 관련이 있다(8.4절). 대부분의 주족 금속 이온은

그림 22.6 4주기 전이 금속들의 대표적 화합물들의 색.

Source: Stephen Frisch/McGraw-Hill Education

표 22.4 | 6B(6) 족 원소들의 몇 가지 성질

원소	원자 반지름 (pm)	IE_1 (kJ/mol)	$M^{3+}(aq) \mid M(s)$에 대한 $E°$(V)
Cr	128	653	−0.74
Mo	139	685	−0.20
W	139	770	−0.11

무색인 것과 동일한 이유로 모든 전자가 짝지어져 있기 때문에 *반자기성*이다. 대조적으로 *많은 전이 금속 화합물은 짝짓지 않은 d 전자 때문에 상자기성*을 나타낸다. d^0 또는 d^{10} 전자 배치를 가진 전이 금속 이온은 반자기성이며 무색이다.

같은 족에서의 화학적 거동 주족에서 아래로 내려갈수록 IE_1의 *감소* 때문에 반응성이 *증가*하는 현상은 전이 금속에서는 일어나지 *않는다*. 표 22.4에서 Cr[6B(6)]족 원소 특성들의 전형적인 패턴을 보여준다. 족 아래로 가면서 IE_1가 *증가*하기 때문에 몰리브데넘(Mo)이나 텅스텐(W)과 같은 무거운 원소는 가벼운 원소(Cr)보다 반응성이 *작다*. 또한 Cr은 표준 전극 전위 값이 보여주듯이 Mo이나 W보다 훨씬 강한 환원제임을 알 수 있다.

5, 6주기 원소는 원자 크기가 비슷하기 때문에 유사한 화학적 성질을 가지며, 이에 따른 몇 가지 중요한 특성이 나타난다. Mo과 W 화합물은 화학적으로 비슷하게 거동하기 때문에 자연에서 종종 같은 광석에 포함되어 있으며, 이 때문에 서로를 분리하기가 어렵다. 4B(4)족에 속하는 Zr과 Hf, 5B(5)족에 속하는 Nb나 Ta도 마찬가지이다.

› 22.1절 요약

- 모든 전이 원소는 금속이다.
- *d* 블록에서 원자들은 $(n-1)d$ 오비탈이 채워지고, 이들 이온은 비어 있는 *ns* 오비탈을 갖고 있다.
- 원자 크기, 전기 음성도, 1차 이온화 에너지는 전이 계열에서 오른쪽으로 갈수록 주족 원소의 경향성과는 다르게 비교적 조금 바뀐다. 란타넘족 수축 때문에 전이 금속 그룹의 5주기에서 6주기 방향으로 원자 크기가 조금밖에 바뀌지 않아서 전기 음성도, 1차 이온화 에너지 및 밀도는 족 아래로 갈수록 증가한다.
- 전이 금속은 전형적으로 여러 산화 상태를 가지며, +2가 가장 흔하다. 높은 산화 상태에서 전이 원소는 높은 원자가 상태 전기 음성도를 갖기 때문에 금속성이 감소한다.
- 대부분의 4주기 전이 금속은 활성이 커서 산 수용액의 수소 이온을 환원시킨다.
- 많은 전이 금속 화합물에서 금속 이온은 짝짓지 않은 *d* 전자를 가지고 있기 때문에 색깔과 상자기성을 나타낸다.
- 주족 원소와 달리 전이 원소는 족의 아래로 갈수록 반응성이 감소한다.

22.2 내부 전이 원소

6주기의 14개 **란타넘족** 원소인 세륨(Ce, $Z = 58$)부터 루테늄(Lu, $Z = 71$)까지, 그리고 7주기의 14개 **악티늄족**(actinides) 원소인 토륨(Th, $Z = 90$)부터 로렌슘(Lr, $Z = 103$)까지를 **내부 전이 원소**(inner transition element)라 부르는데, 이는 일곱 개의 내부 오비탈인 4*f* 또는 5*f* 오비탈에 전자가 채워져 있기 때문이다.

란타넘족

란타넘족은 또한 *희토류 원소*(rare earth elements)라고도 알려져 있지만 많은 원소가 그리 희귀하지는 않다. 예를 들면 세륨(Ce)은 질량 백분율 기준으로 26번째로 흔한 원소이며, 납보다도 5배나 풍부하게 존재한다. 다음은 란타넘족 원소의 몇 가지 특성이다.

- 모든 란타넘족 원소는 은빛을 띠며 녹는점이 높다.
- 다른 전이 원소와 마찬가지로 란타넘족 역시 주기 오른쪽으로 가더라도 원자 특성의 변화는 크지 않다. 이 원소들은 비슷한 화학적 성질을 갖는 유사한 반경의 M^{3+} 이온으로 존재한다.

- 대부분 란타넘족 원소의 전자 배치는 바닥 상태에서 [Xe]$6s^24f^x5d^0$(x는 원소마다 다름)이다.
- 예외적으로 세 원소 Ce, Gd, Lu은 5d 오비탈에 한 개의 전자를 갖는다. [Xe] $6s^24f^15d^1$ 전자 배치를 갖는 Ce은 4+ 이온이 될 때 f 오비탈이 비워지므로(f^0) 안정한 Ce^{4+} 이온이 형성되고, Gd^{3+}와 Lu^{3+}은 각각 f 오비탈에 전자가 절반 채워지거나(f^7), 완전히 채워지게 되므로(f^{14}) +3가의 안정한 이온으로 존재한다.

란타넘족 화합물은 색유리, 전자장치(자석, 배터리, 레이저), 고급 카메라 렌즈 등에 사용되지만, 전체 사용량의 60% 이상은 두 가지 산업에 응용되고 있다. 정유 과정에서 탄화수소를 보다 작은 분자로 분해하는 데 사용되는 촉매는 질량 기준으로 약 5%가 희토류 산화물이다. 제강 과정에서는 *미시메탈*(misch metal)이라 불리는 란타넘족 혼합물은 주철에서 탄소 불순물을 제거할 때 사용된다. 최근에는 특정 전자 응용 분야에 사용되는 일부 란타넘 계열 원소의 부족이 우려되고 있다.

예제 22.2 | 홀전자 수 알아내기

문제 $SmCo_5$ 합금은 Sm과 Co가 모두 홀전자를 갖고 있기 때문에 영구 자석의 특성을 나타낸다. Sm(Z = 62)에는 몇 개의 홀전자가 있는가?

계획 Sm의 축약형 전자 배치를 쓰고, Hund의 규칙과 쌓음 원리를 적용하여 오비탈 도표에 전자를 채워 넣고 홀전자의 수를 센다.

풀이 Sm은 Xe로부터 8번째 원소이다. 2개의 전자는 $6s$에 채워진다. 일반적으로 $4f$가 $5d$보다 먼저 채워지기 때문에(란타넘족에서는 Ce, Gd, Lu만 $5d$ 전자를 가짐) 나머지 전자들은 $4f$ 오비탈에 채워진다. 그러므로 Sm의 축약형 전자 배치는 [Xe] $6s^24f^6$이다. 7개의 f 오비탈에 전자 6개가 따로따로 들어간다.

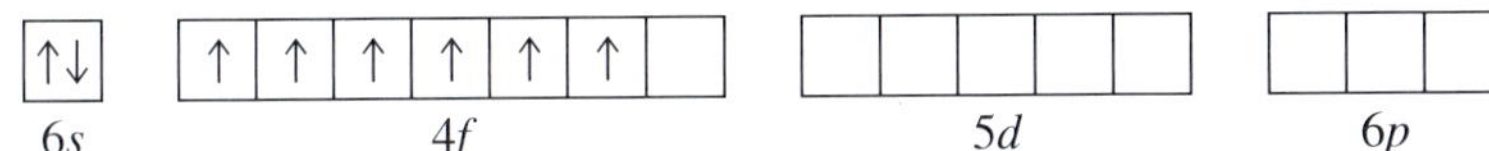

따라서 Sm은 홀전자 6개를 갖는다.

검산 $4f$ 오비탈의 6개 전자, $6s$ 오비탈의 2개 전자, Xe의 54개 전자를 합하면 총 62개의 전자이므로 이는 Sm의 원자 번호와 같다.

▶ 보충 문제

22.2A Er^{3+} 이온에는 몇 개의 홀전자가 있는가?

22.2B Dy^{3+} 이온에는 몇 개의 홀전자가 있는가?

유사 문제 22.30~22.34

악티늄족

모든 악티늄족 원소는 방사능 물질이다. 란타넘족과 마찬가지로 이들은 매우 유사한 물리적, 화학적 성질을 가지고 있다. 토륨과 우라늄은 자연에 존재하지만, 92보다 큰 원자 번호를 갖는 초우라늄 원소는 입자 가속기에서 합성된다. 악티늄족 원소는 은빛이고 화학적으로 반응성이 있으며, 란타넘족 원소처럼 짙은 색깔을 갖는 화합물을 형성한다. 악티늄족과 란타넘족 원소는 유사한 외각 전자 배치를 갖기 때문에 란타넘족처럼 +3 산화 상태가 악티늄의 특징이지만 다른 산화 상태도 존재한다. 예로 우라늄은 +3에서 +6의 산화 상태를 나타내고 이중에서 +6이 우라늄의 가장 보편적인 산화 상태이다. 따라서 우라늄의 가장 일반적인 산화물은 UO_3이다.

› 22.2절 요약

- 내부 전이 원소에는 두 계열이 있는데, 그 중 란타넘족(4*f* 계열)은 일반적으로 +3의 산화 상태를 갖고, 유사한 특성을 나타낸다.
- 악티늄족(5*f* 계열)은 방사능 물질이다. 모든 악티늄족 원소는 +3의 산화수를 갖지만 우라늄을 포함한 몇몇 원소는 그보다 높은 산화 상태를 나타낸다.

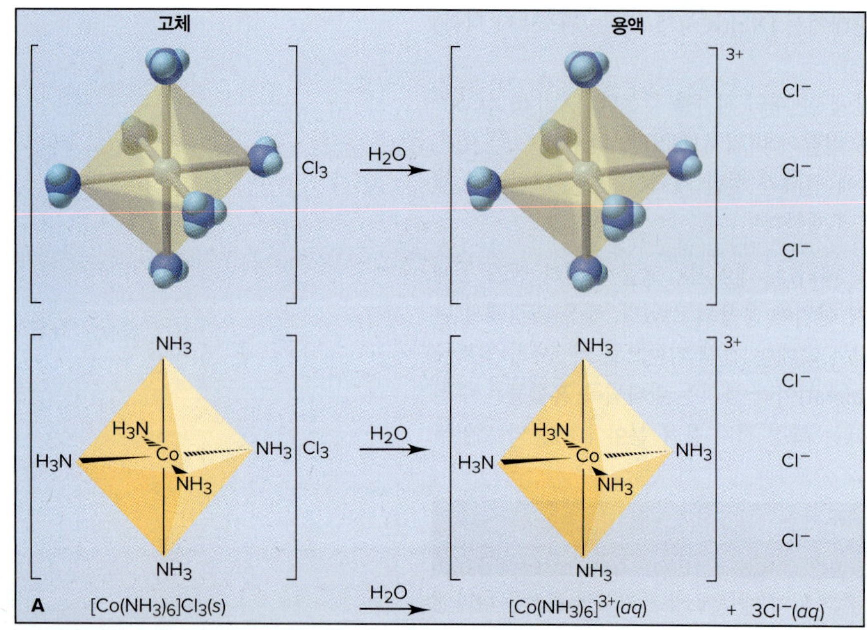

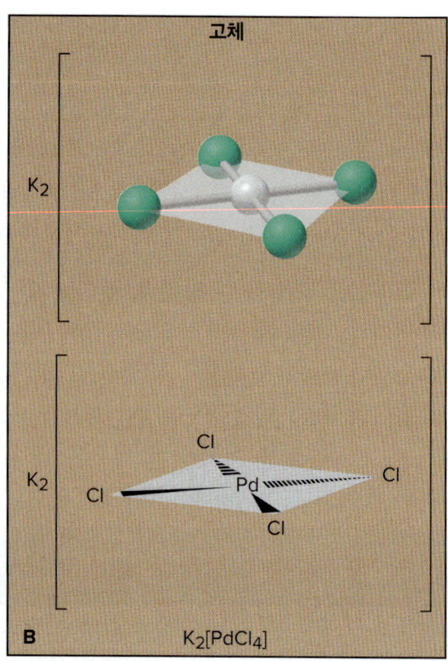

그림 22.7 배위 화합물의 구성 요소. 배위 화합물 모형(*위*), 결합의 원근감을 표현한 쐐기 결합 모형(*가운데*), 화학식(*아래*)으로 나타내었다. **A.** $[Co(NH_3)_6]Cl_3$이 물에 녹을 때, 6개의 리간드는 착이온에 결합된 채로 남아 있다. **B.** $K_2[PdCl_4]$는 Cl^- 리간드 4개와 2개의 K^+ 상대 이온을 갖는다.

22.3 배위 화합물

전이 금속 화학의 가장 독특한 특징은 두 가지 유형, 즉 양이온과 음이온으로 구성된 **배위 화합물**(coordination compound)이다.

- 이 화합물은 최소 한 개의 **착이온**(complex ion)을 포함한다. 이 착이온은 **리간드**(ligand)라 불리는 분자 또는 음이온과 이 리간드에 결합된 중심 금속 양이온(전이 금속이나 주족 금속)으로 구성된다.
- 배위 화합물에서 전하의 중성을 유지하기 위해서 이 착이온은 **상대 이온**(counter ion)들과 결합되어 있다.

두 가지의 배위 화합물을 그림 22.7에 나타내었다.

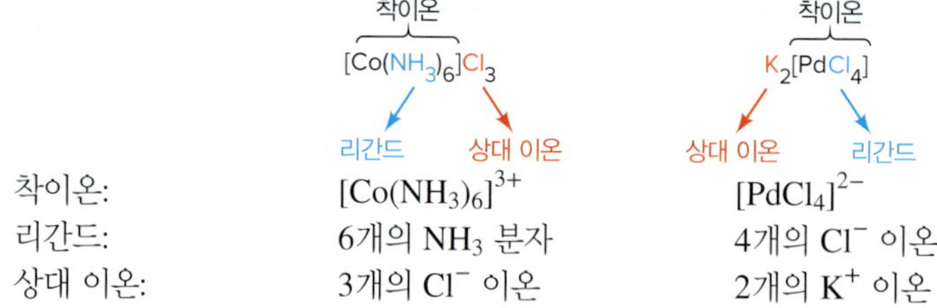

착이온:	$[Co(NH_3)_6]^{3+}$	$[PdCl_4]^{2-}$
리간드:	6개의 NH_3 분자	4개의 Cl^- 이온
상대 이온:	3개의 Cl^- 이온	2개의 K^+ 이온

착이온은 일반적으로 대괄호를 사용하여 나타내며, 위의 두 예시처럼 양이온 또는 음이온이 될 수 있다. 양이온성 착이온은 상대 이온으로 음이온을 필요로 하는 반면, 음이온성 착이온은 양이온인 상대 이온을 필요로 한다. 반대 이온은 대괄호 외부에 나타낸다.

배위 화합물은 물에서 전해질처럼 거동하여 착이온과 상대 이온은 분리될 수 있으나, 착이온은 *리간드와 중심 금속 이온이 붙어 있기 때문에* 다원자 이온처럼 거동하게 된다. 따라서 그림 22.7에서 보듯이 수용액상에서 $[Co(NH_3)_6]Cl_3$ 1 mol은 $[Co(NH_3)_6]^{3+}$ 1 mol과 Cl^- 3 mol로 분리되고, $K_2[PdCl_4]$ 1 mol은 K^+ 2 mol과 $[PdCl_4]^{2-}$ 1 mol로 분리된다. 이 절에서는 착이온의 구조, 명명법, 그리고 다양한 특성을 살펴본다.

착이온: 배위수, 기하 구조, 리간드

착이온은 포함된 금속 이온과 이에 결합된 리간드의 수와 종류로 기술된다. 이온의 구조는 배위수 및 기하 구조와 관련이 있다.

표 22.5 | 몇 가지 착이온의 배위수와 구조

배위수	모양	예
2	선형	$[CuCl_2]^-$, $[Ag(NH_3)_2]^+$, $[AuCl_2]^-$
4	평면 사각	$[Ni(CN)_4]^{2-}$, $[PdCl_4]^{2-}$, $[Pt(NH_3)_4]^{2+}$, $[Cu(NH_3)_4]^{2+}$
4	정사면체	$[Cu(CN)_4]^{3-}$, $[Zn(NH_3)_4]^{2+}$, $[CdCl_4]^{2-}$, $[MnCl_4]^{2-}$
6	정팔면체	$[Ti(H_2O)_6]^{3+}$, $[V(CN)_6]^{4-}$, $[Cr(NH_3)_4Cl_2]^+$, $[Mn(H_2O)_6]^{2+}$, $[FeCl_6]^{3-}$, $[Co(en)_3]^{3+}$

배위수 배위수(coordination number)는 중심 금속 이온에 직접 결합되어 있는 *리간드의 수*이며, 배위수는 화합물의 금속 및 금속의 산화 상태에 따라 *특정한* 값을 나타낸다. $[Co(NH_3)_6]^{3+}$에서 Co^{3+}는 6개의 리간드(NH_3의 N)에 결합되어 있기 때문에 배위수는 6이다. 많은 착물에서 Pt^{2+}의 배위수는 4인 반면, Pt^{4+}의 배위수는 6이다. Cu(II)는 여러 착물에서 각기 2, 4, 6 등 다른 배위수를 가질 수 있다. 일반적으로 착이온에서 *가장 흔한 배위수*는 6이지만, 2와 4도 빈번하고 더 높은 배위수 또한 알려져 있다.

인터넷 핫스팟

배위 화합물과 그 특성에 관한 내용이 어렵게 느껴진다면, eBook에 접속하여 이 주제에 대한 동영상을 참고하자.

기하 구조 착이온의 기하 구조(모양)는 *배위수와 금속 이온에 따라* 달라진다. 배위수 2, 4, 6개를 갖는 착이온들의 기하 구조 예를 표 22.5에 나타내었다. VSEPR에서 다루었던 몇 가지 분자 모양과의 유사성에 주목하라(10.2절).

- $[Ag(NH_3)_2]^+$와 같이 배위수 2를 가진 착이온은 *선형*(linear) 구조를 갖는다.
- 배위수가 4인 착물은 두 가지 구조를 나타낸다. 그림 22.7B에서와 같이 대부분의 d^8 금속 이온은 *사각 평면*(square planar) 구조를 갖는 반면, d^{10} 금속 이온은 *정사면체*(tetrahedral) 구조를 형성한다.
- 배위수가 6인 $[Co(NH)_6]^{3+}$ 착이온은 그림 22.7A에서 보여주는 것처럼 *정팔면체*(octahedral) 구조를 갖는다.

리간드 착이온의 리간드는 한 개 또는 그 이상의 **주개 원자**(donor atom)를 갖는 *분자 또는 음이온*이고, 이들 주개 원자는 *금속 이온에 고립 전자쌍을 제공*하여 공유 결합을 형성한다. 주개 원자는 최소한 1개의 고립 전자쌍을 가져야 하기 때문에, 주개 원자는 보통 5A(15)족, 6A(16)족, 또는 7A(17)족 원소이다. (18.10절에서 배웠듯이 리간드는 Lewis 염기이다.)

리간드는 주개 원자 또는 "이빨"의 개수로 분류할 수 있다.

- *한 자리*(monodentate, 라틴어로 "한 개의 이빨"을 의미) 리간드는 단 한 개의 주개 원자를 통해 결합한다.
- *두 자리*(bidentate) 리간드는 두 개의 주개 원자를 가지며 이 두 원자가 각각 금속에 결합한다.
- *여러 자리*(polydentate) 리간드는 두 개보다 많은 주개 원자를 갖는다.

두 자리 리간드와 여러 자리 리간드는 착이온 내에 *고리*를 만든다. 예를 들면, 에틸렌다이아민(ethylenediamine, *en*)은 원자 4개로 이루어진 사슬을 갖고 있어(:N—C—C—N:) 2 전자-주개 N 원자 두 개가 금속 원자와 결합할 때 5각형 고리를 형성한다(그림 22.8A).

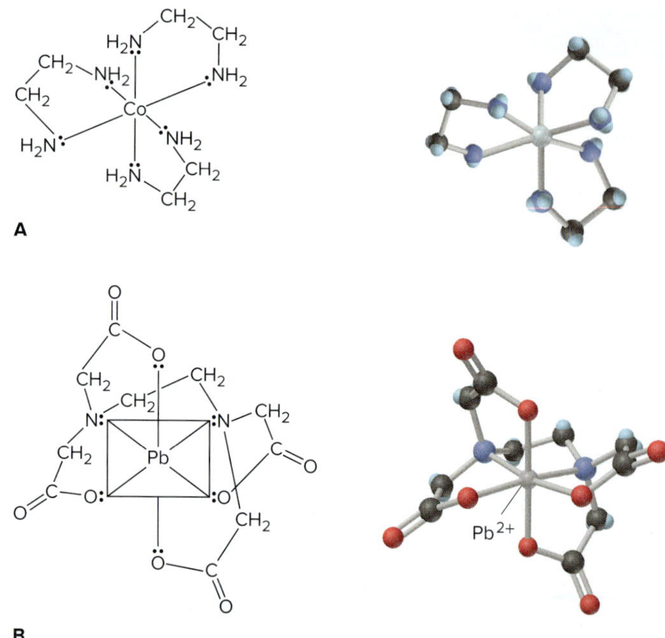

그림 22.8 킬레이트의 구조(*왼쪽*)와 모형(*오른쪽*). (**A**) 두 자리 리간드인 에틸렌디아민(en)과 Co^{3+} 이온의 착이온 (**B**) 킬레이트 $[Pb(EDTA)]^{2-}$.

이런 리간드는 마치 게의 집게발처럼 금속 이온을 잡는 것 같아 이것을 포함한 착이온을 **킬레이트**(chelate, "게의 집게발"이라는 뜻의 그리스어)라 부른다. Ethylenediaminetetraacetate($EDTA^{4-}$)는 6개의 주개 원자를 가지며 금속 이온과 매우 안정한 착물을 형성한다(그림 22.8B). 이러한 이유 때문에 이 물질은 *중금속 중독* 치료에 이용되는데, 환자에 투입한 $EDTA^{4-}$ 이온은 혈액이나 다른 체액으로부터 납이나 다른 중금속을 제거할 수 있다. 또한 $EDTA^{4-}$ 이온은 샴푸와 같은 제품에 첨가되어 경수에 존재하는 Mg^{2+} 및 Ca^{2+} 이온들과의 킬레이트 결합을 통해 금속 이온들을 효과적으로 제거할 수 있기 때문에 세척의 효율성을 높일 수 있다.

표 22.6에서는 배위 화합물의 몇 가지 흔한 리간드를 보여준다. 각 리간드는 한 개 또는 그 이상의 주개 원자(주개 원자와 고립 전자쌍은 색깔로 나타냄)를 가지며, 각 주개 원자는 한 쌍의 전자쌍을 금속 이온에 제공하여 공유 결합을 형성한다. 배위수는 착이온의 리간드 수가 아니라 금속에 직접 결합된 *리간드 원자*의 수임을 명심하자. 따라서 그림 22.7A의 $[Co(NH_3)_6]^{3+}$, 그림 22.8A의 $[Co(en)_3]^{3+}$, 그림 22.8B의 $[Pb(EDTA)]^{2-}$에서 배위수는 모두 6이다.

인터넷 핫스팟

착이온의 배위수 결정에 관한 내용이 어렵게 느껴진다면, eBook에 접속하여 이 주제에 대한 추가 학습 동영상을 참고하자.

- $[Co(NH_3)_6]^{3+}$에서 6개의 NH_3 분자는 주개 원자 N을 통해 Co 이온에 결합하여 총 6개의 결합을 형성한다.
- $[Co(en)_3]^{3+}$에서 en 리간드당 2개의 공유 결합을 형성하기 때문에 배위수가 6이다.
- $[Pb(EDTA)]^{2-}$에서 EDTA 리간드는 6개의 주개 원자를 갖는 다중 자리 리간드를 가지므로 배위수는 6이다.

착화합물의 화학식과 명명법

배위 화합물의 화학식을 쓰거나 이름을 명명할 때에 그 화합물에서 이온의 조합이 가장 중요하다. 배위 화합물은 하나의 착 양이온(complex cation)과 상대 음이온으로 이루어질 수도 있고, 또는 간단한 상대 양이온을 가진 착 음이온(complex anion), 심지어는 상대 이온이 착 양이온과 착 음이온일 수도 있다.

표 22.6 | 배위 화합물의 몇 가지 리간드

리간드 유형	예시
한 자리 리간드	H_2O: 물; $:NH_3$ 암모니아; $:F:^-$ 플루오린화 이온; $:Cl:^-$ 염화 이온; $[:C\equiv N:]^-$ 사이안화 이온; $[:S=C=N:]^-$ (S or N) 싸이오사이안산 이온; $[:O-H]^-$ 수산화 이온; $[:O-N=O:]^-$ (O or N) 아질산 이온
두 자리 리간드	H_2C-CH_2, H_2N NH_2 에틸렌다이아민(en); $[O_2C-CO_2]^{2-}$ 옥살산 이온
여러 자리 리간드	$H_2N-CH_2-CH_2-NH-CH_2-CH_2-NH_2$ 다이에틸렌트라이아민; $[O_3P-O-PO_2-O-PO_3]^{5-}$ 삼인산 이온; $[(^-OOC-CH_2)_2N-CH_2-CH_2-N(CH_2-COO^-)_2]^{4-}$ 에틸렌다이아민테트라아세트산 이온($EDTA^{4-}$)

금속 이온의 전하를 결정하기 착이온의 전하는 그것의 상대 이온의 전하로부터 결정될 수 있고, 간단한 연산을 통해 금속 이온의 전하를 계산할 수 있다.

$$\text{금속 이온 전하} = \text{착이온 전하} - \text{리간드 총 전하} \quad \textbf{(22.1)}$$

- *착 음이온*을 갖는 배위 화합물의 경우, $K_2[Co(NH_3)_2Cl_4]$에서 상대 이온인 2개의 K^+ 양이온이 착 음이온 $[Co(NH_3)_2Cl_4]^{2-}$과 전하 균형을 이룬다. 이 착이온은 2개의 NH_3 분자와 4개의 Cl^- 이온을 포함하고 있다. 2개의 NH_3 리간드는 중성이고, 4개의 Cl^-은 총 4−의 전하를 갖는다. 식 (22.1)을 이용하여 중심 금속 이온의 전하를 결정할 수 있다.

$$\begin{aligned}\text{금속 이온 전하} &= \text{착이온 전하} - \text{리간드 총 전하}\\ &= (2-) - [(2 \times 0) + (4 \times 1-)]\\ &= (2-) - (4-) = 2+,\ \text{따라서 } Co^{2+}\end{aligned}$$

- *착 양이온*을 갖는 $[Co(NH_3)_4Cl_2]Cl$ 화합물의 경우 대괄호 외부의 Cl^-은 상대 이온이고, 총 전하의 균형을 맞추기 위해 착이온 $[Co(NH_3)_4Cl_2]^+$은 1+의 전하를 나타낸다. 착이온 $[Co(NH_3)_4Cl_2]^+$는 중성인 4개의 NH_3 리간드와 2개의 Cl^- 리간드를 가지므로 중심 금속 이온은 Co^{3+}이어야 한다.

$$\begin{aligned}\text{금속 이온 전하} &= \text{착이온 전하} - \text{리간드 총 전하}\\ &= (1+) - [(4 \times 0) + (2 \times 1-)] = 3+\end{aligned}$$

화학식을 쓰는 규칙 배위 화합물의 화학식을 쓸 때 3개의 중요한 규칙이 있는데, 그 중 두 개는 이온 결합 화합물의 화학식을 쓸 때와 동일하다.

1. *양이온이 음이온 앞에 온다.*
2. *양이온(들)의 전하는 음이온(들)의 전하와 균형을 이룬다.*
3. *착이온인 경우, 중성 리간드는 음이온 리간드보다 먼저 쓰고, 전체 이온의 화학식은 대괄호 안에 넣는다.*
4. *상대 이온들은 대괄호 밖에 둔다.*

예제 22.3 | 배위 화합물에서 중심 금속 이온의 배위수 및 전하 찾기

문제 각 배위 화합물에 있는 중심 금속 이온의 배위수와 전하를 말하라.

(a) $Na_2[Zn(OH)_4]$ **(b)** $K[Co(H_2O)_2(C_2O_4)_2]$ **(c)** $[Ru(NH_3)_2(H_2O)_2Cl_2]Br$

계획 배위수를 찾기 위해 표 22.6을 사용하여 착이온에서 중심 금속 이온에 결합된 리간드 원자의 수를 결정한다(대괄호로 묶음). 대괄호 외부에 있는 상대 이온들은 배위수를 결정할 때 포함하지 않는다. 착이온의 전하가 상대 이온의 전하와 균형을 유지해야 하므로, 금속 이온의 전하는 복합 이온의 전하에서 리간드의 전체 전하를 뺀 값과 같다.

풀이 (a) 한 자리 리간드인 OH^- 이온들은 금속 이온들과 결합하므로 배위수는 4개이다. 2개의 Na^+ 상대 이온의 총 전하는 2+이기 때문에, 착이온의 전하는 2−이고 착이온의 리간드들의 총 전하는 4−이다.

$$\begin{aligned}\text{금속 이온 전하} &= \text{착이온 전하} - \text{리간드 총 전하}\\ &= (2-) - (4-) = 2+\end{aligned}$$

(b) 2개의 한 자리 리간드 H_2O는 각각 금속에 결합을 형성한다. 다른 리간드인 2개의 $C_2O_4^{2-}$는 두 자리 리간드이므로 각각은 금속 이온에 2개의 결합을 통해 총 4개의 결합을 형성한다. 따라서 총 배위수는 6개이다. K^+ 상대 이온은 1+의 전하를 가지기 때문에, 착이온의 전하는 1−이다. 착이온 내 H_2O 리간드는 중성이고, 두 개의 $C_2O_4^{2-}$ 리간드는 4−의 총 전하를 갖는다. Co 이온의 전하는 다음과 같다.

$$\text{금속 이온 전하} = (1-) - [0 + (4-)] = 3+$$

(c) 착이온 내 금속 이온은 2개의 H_2O, 2개의 NH_3, 2개의 Cl^- 리간드와의 결합을 통해 6개의

배위수를 갖는다. 상대 이온인 Br^-은 1− 전하를 가지기 때문에 착이온은 1+의 전하를 나타낸다. H_2O 및 NH_3 리간드는 중성이고, 2개의 Cl^- 리간드는 2−의 전하를 갖는다. 따라서 루테늄 이온의 전하는 다음과 같다.

$$\text{금속 이온 전하} = (1+) - [0 + 0 + (2-)] = 3+$$

검산 배위수는 한 자리 리간드 수와 두 자리 리간드 수의 두 배의 합과 같아야 한다. 금속 이온, 리간드 및 상대 이온들의 전하 합이 0이 되도록 해야 한다.

▶ 보충 문제

22.3A 각 배위 화합물에 있는 중심 금속 이온의 배위수와 전하는?
(a) $[Co(en)_2Br_2]NO_3$ **(b)** $Mg_3[CrCl_5Br]_2$

22.3B 다음을 이용하여 배위 화합물의 화학식을 써라.
(a) 배위수 6을 갖는 Mn^{2+} 중심 이온, 사이아나이드 리간드, 포타슘 상대 이온
(b) 배위수 4를 갖는 Cu^{2+} 중심 이온, 에틸렌다이아민 리간드, 황산염 상대 이온

유사 문제 22.47, 22.48, 22.51, 22.52

배위 화합물 명명법 과거 처음 합성한 사람이나 화합물의 색을 따라 명명되었던 배위 화합물은 현재 일련의 규칙에 따라 체계적으로 명명되고 있다. $[Co(NH_3)_4Cl_2]Cl$과 $K_2[Co(H_2O)Br_3Cl_2]$를 어떻게 명명하는지 살펴보자. 표 22.7과 22.8을 참조하면서 단계별로 명명한다.

1. *양이온을 음이온보다 먼저 쓴다*(역주: 한글 명명법에서는 음이온을 먼저 씀).

$[Co(NH_3)_4Cl_2]Cl$	$K_2[Co(H_2O)Br_3Cl_2]$
순서: $[Co(NH_3)_4Cl_2]^+$ 이온, Cl^- 상대 이온	K^+ 상대 이온, $[Co(H_2O)Br_3Cl_2]^{2-}$ 이온

2. *착이온 내에서 금속 이온에* ***앞서*** *리간드를 먼저 알파벳 순서로 명명한다.*

$[Co(NH_3)_4Cl_2]Cl$	$K_2[Co(H_2O)Br_3Cl_2]$
순서: 4개의 NH_3, 두 개의 Cl^-, Co^{3+}	H_2O, 3개의 Br^-, 두 개의 Cl^-, Co^{3+}

3. *중성 리간드는 일반적으로 분자의 이름으로 명명하지만*, 몇몇 예외가 있다(표 22.7). *음이온 리간드는 어근(root) 뒤에 있는 어미 "-ide"를 버리고 "-o"를 취한다*. 따라서 Cl^- 이온 *chloride*는 클로로(chloro)라는 리간드 이름으로 된다.

$[Co(NH_3)_4Cl_2]Cl$	$K_2[Co(H_2O)Br_3Cl_2]$
NH_3: 암민(ammine)	H_2O: 아쿠아(aqua)
Cl^-: 클로로(chloro)	Br^-: 브로모(bromo)
	Cl^-: 클로로(chloro)

4. *숫자 접두사[다이-(di-), 트리-(tri-), 테트라-(tetra-), 펜타-(penta-), 헥사-(hexa-)]는 특정 유형의 리간드 수를 나타내지만 접두사는 알파벳 순서에 영향을 미치지 않는다.*

$[Co(NH_3)_4Cl_2]Cl$	$K_2[Co(H_2O)Br_3Cl_2]$
$(NH_3)_4$: 테트라암민(tetraammine)	H_2O: 아쿠아(aqua)
Cl_2: 다이클로로(dichloro)	Br_3: 트리브로모(tribromo)
	Cl_2: 다이클로로(dichloro)

표 22.7 | 몇 가지 중성 및 음이온 리간드들의 이름

중성		음이온	
이름	화학식	이름	화학식
아쿠아(aqua)	H_2O	플루오로(fluoro)	F^-
암민(ammine)	NH_3	클로로(chloro)	Cl^-
카보닐(carbonyl)	CO	브로모(bromo)	Br^-
나이트로실(nitrosyl)	NO	아이오도(iodo)	I^-
		하이드록소(hydroxo)	OH^-
		사이아노(cyano)	CN^-

어떤 리간드 이름은 이미 숫자를 나타내는 접두사를 포함하고 있기 때문에(예, 에틸렌*다이*아민), 이러한 리간드의 개수를 나타낼 때는 *비스*(bis, 2), *트리스*(tris, 3), 또는 *테트라키스*(tetrakis, 4)를 이용한다. 이때, 리간드 이름은 괄호 안에 놓인다. 그러므로 2개의 에틸렌다이아민을 갖고 있는 착이온은 *비스(에틸렌다이아민)*[bis(ethylenediamine)]으로 부른다.

5. *중심 금속 이온이 1개 이상의 산화 상태를 갖는다면, 중심 금속 이온의 산화 상태를 괄호 안에 로마 숫자로 금속 뒤에 표시*한다. 코발트는 +2와 +3의 상태를 가질 수 있기 때문에 $[Co(NH_3)_4Cl_2]^+$에서는 금속에 로마 숫자 III을 붙여 다음과 같이 명명한다. 양이온과 음이온 사이에 띄어쓰기를 한다.

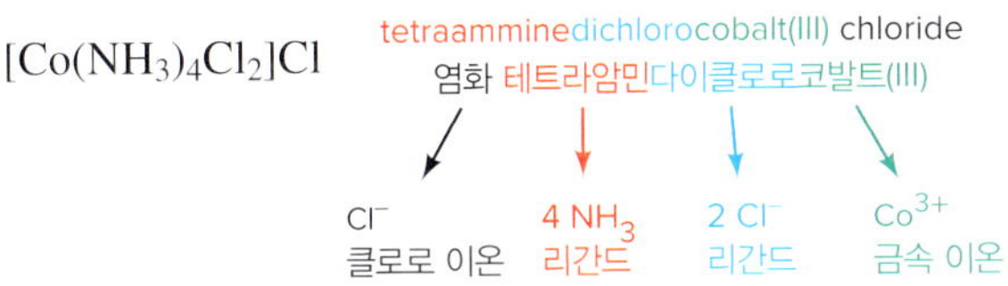

6. *만일 착이온이 음이온이면, 금속 이름의 어미를 떼어내고 새로운 어미 "-ate"를 붙인다.*

몇몇 금속에 대해서는, "*-ate*" 어미를 가진 라틴어를 사용한다(표 22.8). 예를 들면, $Na_4[FeBr_6]$의 이름은 헥사브로모철(II)산 소듐(sodium hexabromoferrate(II))이다.

표 22.8 착 음이온 내의 몇 가지 금속 이온의 이름

금속	음이온 이름
철(iron)	철산(ferrate)
구리(copper)	구리산(cuprate)
납(lead)	납산(plumbate)
은(silver)	은산(argentate)
금(gold)	금산(aurate)
주석(tin)	주석산(stannate)

배위 화합물의 명명이 어렵게 느껴진다면, eBook에 접속하여 이 주제에 대한 추가 학습 동영상을 참고하자.

예제 22.4 | 배위 화합물의 이름과 화학식 쓰기

문제 **(a)** $Na_2[Mn(NH_3)_2(CN)_4]$의 계통명은 무엇인가?

(b) $[Co(en)_2Cl_2]NO_3$의 계통명은 무엇인가?

(c) 염화 테트라암민브로모클로로백금(IV)(tetraamminebromochloroplatinum(IV) chloride)의 화학식은 무엇인가?

(d) 테트라클로로철(III)산 헥사암민코발트(III)(hexaamminecobalt(III) tetrachloroferrate(III))의 화학식은 무엇인가?

계획 위에서 설명한 규칙들과 표 22.7, 표 22.8을 사용한다.

풀이 **(a)** 착이온은 $[Mn(NH_3)_2(CN)_4]^{2-}$이다. 리간드를 알파벳 순으로 나열하면 2개의 NH_3(*다이암민*)와 4개의 CN^- 이온(*테트라사이아노*)이 있다. 착이온은 음이온이므로 금속 이온(망간)의 어미를 "산(ate)"으로 바꾸어야 한다. 착이온의 전하는 2−이고, NH_3 리간드는 중성이며, 시아노 리간드는 총 전하가 4−이므로 금속 이온의 전하는 (2−) − [0 + 4−] = 2+이기 때문에 Mn(II)이다. 따라서 화합물의 계통명은 다이암민테트라사이아노망간(II)산 소듐 [sodium diamminetetracyanomanganate(II)]이다.

(b) 리간드에 알파벳 순으로 두 개의 Cl^-(*다이클로로*)과 두 개의 en[*비스(에틸렌다이아민)*]이 있다. 착이온은 양이온이므로 금속의 이름은 그대로이지만, 코발트는 여러 개의 산화수를 보이므로, 로마자로 산화수를 표시해야 한다. 음이온 NO_3^-이 양이온 1+과 균형을 이루어야 한다. 그러므로 두 개의 Cl^-, 두 개의 중성 en이 함께 있으므로, 금속은 *코발트(III)*여야 한다. 따라서 질산 다이클로로비스(에틸렌다이아민)코발트(III) (dichlorobis(*ethylenediamine*)cobalt(III) nitrate)이다.

(c) 중심 금속을 먼저 쓰고, 다음으로 중성 리간드, 다음으로 알파벳 순서로 음이온 리간드를 쓴다. *테트라암민*은 4개의 NH_3, *브로모*는 Br^-, *클로로*는 Cl^-, *백금(IV)*는 Pt^{4+}, 따라서 착이온은 $[Pt(NH_3)_4BrCl]^{2+}$이다. 전하수 2+는 Pt^{4+}의 4+, 4개의 NH_3에서 0, Br^-의 1−, Cl^-의 1−의 합이다. 2+와 균형을 이루려면 상대 이온인 두 개의 Cl^-가 필요하다. 따라서 $[Pt(NH_3)_4BrCl]Cl_2$이다.

(d) 이 화합물은 두 개의 착이온으로 되어 있다. 양이온에서 *헥사암민*은 여섯 개의 NH_3이고, *코발트(III)*는 Co의 3+이므로 양이온의 착이온은 $[Co(NH_3)_6]^{3+}$이다. 양이온의 총전하 3+는

Co의 3+, 여섯 개의 NH_3에서 0의 합을 통해 알 수 있다. 반면, 음이온에서 *테트라클로로*는 네 개의 Cl^-, *철(III)*은 Fe^{3+}이므로 음이온 착이온은 $[FeCl_4]^-$이다. 음이온의 총전하 1−는 Fe^{3+}의 3+, 네 개의 Cl^-에서 4−의 합이다. 중성 화합물을 이루기 위해 한 개의 3+ 양이온과 세 개의 1−의 음이온에 의해 균형을 맞춰야 한다. 따라서 $[Co(NH_3)_6][FeCl_4]_3$이다.

검산 과정을 역으로 밟아서 문제에서 요구된 이름이나 화학식을 구한 것을 확인하라.

▶ 보충 문제

22.4A **(a)** $[Cr(H_2O)_5Br]Cl_2$을 명명하라. **(b)** 헥사사이아노코발트(III)산 바륨(barium hexacyanocobaltate(III))의 화학식은 무엇인가?

22.4B **(a)** Diaquabis(ethylenediamine)cobalt(III) sulfate의 화학식은 무엇인가? **(b)** $Mg[Cr(NH_3)_2Cl_4]_2$를 명명하라.

유사 문제 22.45, 22.46, 22.49, 22.50, 22.53, 22.54, 22.57, 22.58

배위 화합물의 이성질 현상

이성질체(isomer)는 동일한 화학식을 갖고 있지만 다른 성질을 나타내는 화합물이다. 15.2절에 있는 유기 화합물의 이성질 현상을 되짚어 보자. 유기 화합물과 비슷하게 배위 화합물도 구조 이성질체와 입체 이성질체로 분류할 수 있다.

구조 이성질체: 다르게 연결된 원자들 동일한 화학식을 갖지만 다르게 연결된 원자들을 가진 화합물을 **구조 이성질체**(constitutional isomer 또는 structural isomer)라 부르는데, 두 가지 유형, 즉 *배위* 이성질체와 *연결* 이성질체로 나타난다.

1. 배위 이성질체(coordination isomer)는 착이온의 조성은 바뀌지만 전체 화합물의 조성은 동일할 때 나타나는 이성질체이다. 이 이성질화 현상은 두 가지 방식으로 나타난다.

- *리간드와 상대 이온의 교환.* 다음 배위 화합물에서 Cl^-와 NO_2^-의 역할이 뒤바뀐다.

  $[Pt(NH_3)_4Cl_2](NO_2)_2$: Cl^-은 리간드이고, NO_2^-은 상대 이온
  $[Pt(NH_3)_4(NO_2)_2]Cl_2$: NO_2^-은 리간드이고, Cl^-은 상대 이온

  Cl^-이 리간드인지 상대 이온인지를 확인할 수 있는 흔한 방법은 화합물의 용액을 $AgNO_3$와 반응시켜보는 것이다. Cl^-가 상대 이온이라면 흰색의 AgCl 침전이 생기지만, 리간드라면 침전이 형성되지 않는다. 따라서 $[Pt(NH_3)_4Cl_2](NO_2)_2$ 용액은 Cl^-가 금속에 결합되어 있기 때문에 AgCl을 형성하지 않지만, $[Pt(NH_3)_4(NO_2)_2]Cl_2$ 용액은 화합물 1 mol당 2 mol의 AgCl을 형성한다.

  $$[Pt(NH_3)_4Cl_2]^{2+}(aq) + 2NO_2^-(aq) + 2Ag^+(aq) \longrightarrow \text{반응하지 않음}$$
  $$[Pt(NH_3)_4(NO_2)_2]^{2+}(aq) + 2Cl^-(aq) + 2Ag^+(aq) \longrightarrow 2AgCl(s) + [Pt(NH_3)_4(NO_2)_2]^{2+}(aq)$$

- *리간드 교환.* 이 유형의 이성질체는 두 개의 착이온으로 구성된 배위 화합물에서 나타난다. 예를 들면 $[Cr(NH_3)_6][Co(CN)_6]$와 $[Co(NH_3)_6][Cr(CN)_6]$에서처럼 NH_3는 한 화합물에서는 Cr^{3+}의 리간드이고, 다른 화합물에서는 Co^{3+}의 리간드이다.

2. 연결 이성질체(linkage isomer)는 착이온의 조성은 동일하지만 리간드 주개 원자가 다르게 결합할 때 나타나는 이성질체이다. 일부 리간드는 *두 개의 주개 원자 중 한 개만*을 통해 금속에 결합한다. 예를 들면, 연결 이성질체인 염화 펜타암민*나이트로*코발트(III) $[Co(NH_3)_5(NO_2)]Cl_2$와 염화 펜타암민*나이트리토*코발트(III) $[Co(NH_3)_5(ONO)]Cl_2$의 차이를 그림 22.9에서 확인할 수 있다. N 원자[*나이트로*(nitro), O_2N:]나 O 원자[*나이트리토*(nitrito), ONO:]의 고립 전자쌍이 금속에 결합하여 결합 이성질체를 형성할 수 있다.

두 개의 서로 다른 주개 원자를 갖는 다른 리간드 예로 사이안산(cyanate) 이온이 있다. 이것은 O 원자[*사이아네이토*(cyanato), NCO:] 또는 N 원자[*아이소사이아네이토*(isocyanato), OCN:]의 고립 전자쌍을 통해 금속에 결합될 수 있다. 싸이오사이안산(thiocyanate) 이온도 비슷한 양상으로 S 원자[*싸이오사이아네이토*(thiocyanato), NCS:]나 N 원

나이트로(nitro) 이성질체, $[Co(NH_3)_5(NO_2)]Cl_2$ **나이트리토(nitrito)** 이성질체, $[Co(NH_3)_5(ONO)]Cl_2$

그림 22.9 결합(구조) 이성질체 쌍.
Source: Charles D. Winters/McGraw-Hill Education

자[*아이소싸이오사이아네이토*(isothiocyanato), SCN:]를 통해 결합한다.

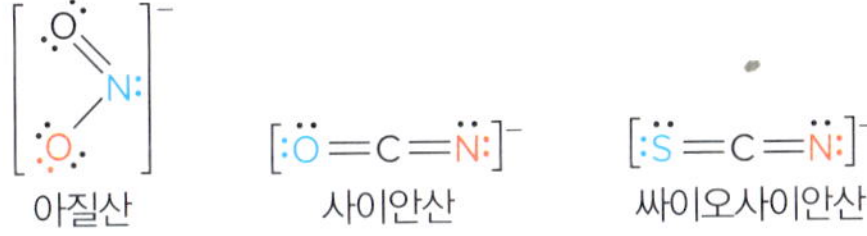

입체 이성질체: 원자들의 다른 공간 배열 **입체 이성질체**(stereoisomer)에서는 원자의 연결은 동일하지만 공간상에서의 원자 배열이 다르다. 유기 화합물에서 논의한 *기하* 이성질체와 *광학* 이성질체의 두 유형을 배위 화합물에서도 볼 수 있다.

1. 기하 이성질체[geometric isomer, 또는 ***시스-트랜스* 이성질체**(*cis-trans* isomer), 또는 *부분입체 이성질체*(diastereomer)]는 원자나 원자단이 중심 금속에 대해서 공간적으로 다르게 배열될 때 나타나는 이성질체이다. 예를 들면, 사각 평면 구조의 $[Pt(NH_3)_2Cl_2]$는 두 가지 배열을 가져 두 가지 다른 화합물을 형성한다(그림 22.10A). 동일한 리간드가 서로 이웃해 있는 이성질체가 *시스*-다이암민다이클로로백금(II)(*cis*-diamminedichloroplatinum(II))이고, 동일한 리간드가 반대 방향에서 서로 마주보고 있는 이성질체가 *트랜스*-다이암민다이클로로백금(II)(*trans*-diamminedichloroplatinum(II))이다.

이 두 이성질체는 완전히 다른 생물학적 특성을 갖고 있다. 1960년대 중반에 Barnett Rosenberg와 그의 동료들은 *시스*-$[Pt(NH_3)_2Cl_2]$(시스플라틴)이 항암제임을 밝혀냈다. 이 화합물과 유사한 여러 종의 Pt(II) 착화합물은 아직도 몇 가지 암의 치료제로 사용되고 있다. 그러나 *트랜스*-$[Pt(NH_3)_2Cl_2]$은 항암 효과가 없다. 시스플라틴은 암세포와 적절히 배향될 수 있어 활성을 나타내는 것으로 여겨진다. 즉, 시스플라틴의 Cl^- 리간드가 암세포의 DNA의 한 주개 원자에 의해 치환되어 Pt(II)에 강하게 결합됨으로써 더 이상 DNA가 복제되는 것을 방지한다(15.6절).

정팔면체 착화합물에서도 *시스-트랜스* 이성질 현상이 나타난다(그림 22.10B).

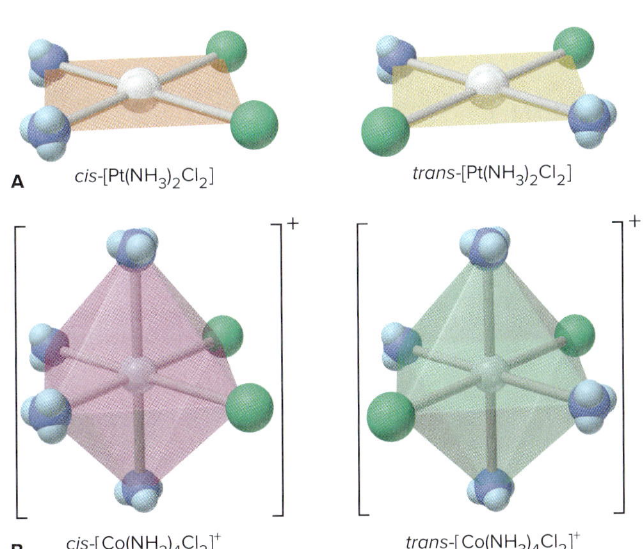

그림 22.10 기하(*시스-트랜스*) 이성질체. A. $[Pt(NH_3)_2Cl_2]$의 *시스-트랜스* 이성질체. B. 정팔면체 착이온 $[Co(NH_3)_4Cl_2]^+$의 *시스-트랜스* 이성질체. *시스-트랜스* 이성질체들의 구조 위의 색이 이들 착화합물의 실제 색을 나타낸다.

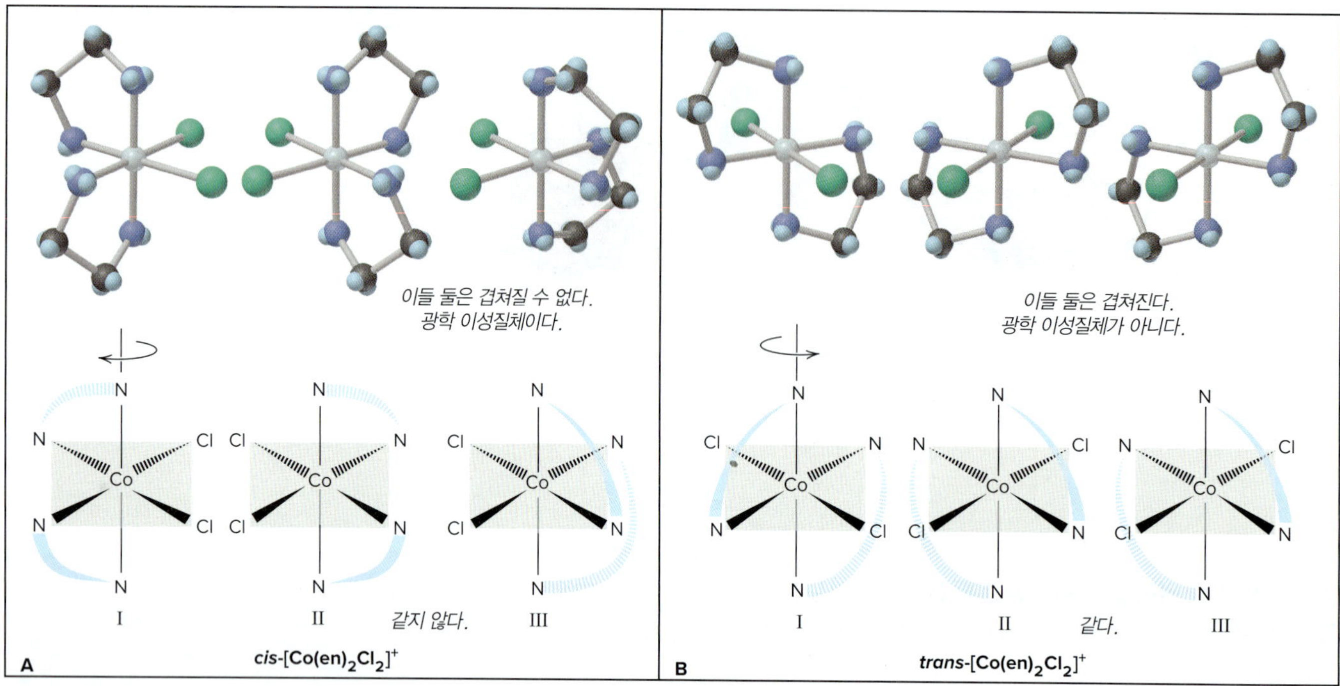

그림 22.11 팔면체 착이온의 광학 이성질 현상. A. 구조 I과 거울상(구조 II)은 *cis*-$[Co(en)_2Cl_2]^+$의 광학 이성질체들이다. (*쐐기 모양 곡선*은 두 자리 리간드인 에틸렌다이아민 $H_2N—CH_2—CH_2—NH_2$를 나타낸다.) B. *트랜스* 이성질체는 광학 이성질체를 갖지 *않는다*.

$[Co(NH_3)_4Cl_2]^+$ 착이온의 *시스* 이성질체는 서로 이웃하고 있는 두 개의 Cl^- 리간드를 가지고 있는 반면, *트랜스* 이성질체는 서로 마주보고 있는 두 리간드를 갖고 있다. 정사면체 구조의 모든 결합각은 동일하기 때문에 정사면체 착화합물에서는 이러한 이성질 현상이 나타나지 않는다.

2. 광학 이성질체(optical isomer)는 *거울상 이성질체*(enantiomer)라고도 부르며, 분자와 그것의 거울상이 겹쳐지지 않을 때 나타나는 이성질체이다(그림 15.8~15.10 참조). 서로 구별되는 물리적 성질들을 갖고 있는 다른 종류의 이성질체와 달리, 광학 이성질체는 *편광면을 회전시키는 방향*이 서로 다르다는 점만 제외하고는 모든 점에서 물리적으로 동일하다. 많은 정팔면체 착이온은 광학 이성질 현상을 나타내는데, 한 이성질체를 회전시켜 그것이 자신의 거울상과 겹치는지를 확인할 수 있다. 예를 들어, 그림 22.11A에서 *cis*-다이클로로비스(에틸렌다이아민)코발트(III), $[Co(en)_2Cl_2]^+$의 두 구조(I, II)는 서로 거울상이다. 구조 I을 수직 축에 대해 180° 회전시키면 구조 III을 얻는다. 구조 III의 Cl^- 리간드들은 구조 II의 Cl^- 리간드들과 일치하지만, en 리간드는 그렇지 않다. 즉, 구조 II와 III(회전시킨 구조 I)은 서로 겹치지 않는다. 그러므로 이들은 광학 이성질체이다. 이성질

인터넷 핫스팟

광학 이성질체에 관한 내용이 어렵게 느껴진다면, eBook에 접속하여 이 주제에 대한 추가 학습 동영상을 참고하자.

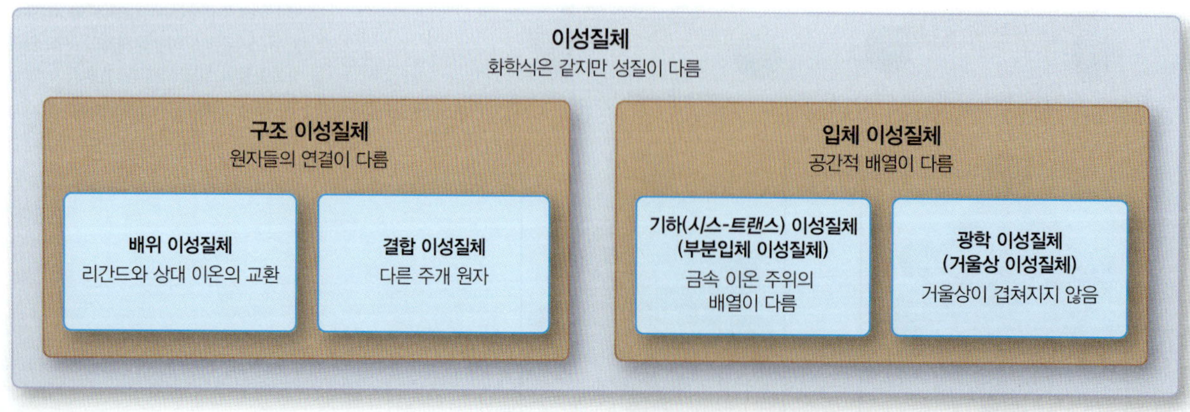

그림 22.12 배위 화합물의 이성질체 종류.

체가 편광면을 오른쪽으로(*d*- 또는 "dextro-") 회전시키는지 왼쪽으로(*l*- 또는 "levo-") 회전시키는지에 따라, 한 이성질체는 *d*-$[Co(en)_2Cl_2]^+$로, 다른 이성질체는 *l*-$[Co(en)_2Cl_2]^+$로 표기된다. (*d*- 또는 *l*- 표기는 실험적으로만 결정될 수 있다.)

이와는 대조적으로 그림 22.11B에서 볼 수 있듯이 *트랜스*-다이클로로비스(에틸렌다이아민)코발트(III) 이온의 두 구조는 광학 이성질체가 *아니다*. 수직 축에 대해 구조 I을 반시계 방향으로 90° 회전시키면 구조 II에 겹쳐질 수 있는 구조 II을 얻을 수 있다.

그림 22.12에서 배위 화합물이 가장 일반적인 이성질화 형태를 정리하였다.

예제 22.5 | 입체 이성질 현상의 유형 결정

문제 다음 화학종 각각에 대해서 입체 이성질체를 그리고 이성질 현상의 유형을 말하라. **(a)** $[Pt(NH_3)_2Br_2]$ (사각 평면) **(b)** $[Cr(en)_3]^{3+}$ (en = $H_2\ddot{N}CH_2CH_2\ddot{N}H_2$)

계획 먼저 각 금속 이온 주위의 기하 구조와 리간드 특성을 결정한다. 만일 서로에 대해 다른 위치들에 놓일 수 있는 두 개의 다른 리간드들이 존재한다면, 기하(*시스-트랜스*) 이성질 현상이 일어난다. 그 다음에 한 이성질체와 거울상이 겹쳐지는지 살펴본다. 만일 중첩되지 *않으면* 광학 이성질 현상이 일어난다.

풀이 **(a)** Pt(II) 착물은 사각 평면이고, 두 종류의 한 자리 리간드가 각각 한 쌍씩 있다. 각 쌍의 리간드는 바로 이웃하거나 또는 마주보게 놓일 수 있으므로*(그림 참조)* 기하 이성질체가 존재한다. 각 이성질체는 자신의 거울상과 중첩되므로, 광학 이성질 현상은 없다.

(b) 에틸렌다이아민(en)은 두 자리 리간드이다. Cr^{3+}은 Co^{3+}처럼 배위수 6과 정팔면체 구조를 가지고 있다. 3개의 두 자리 리간드는 동일하므로, 기하 이성질 현상은 없다. 하지만, 이 착이온은 중첩되지 않는 거울상을 갖고 있다*(그림 참조)*. 그러므로 광학 이성질체가 존재한다.

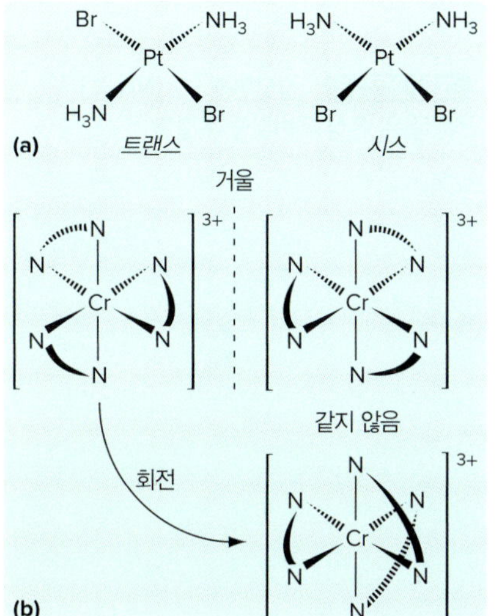

▶ **보충 문제**

22.5A $[Co(NH_3)_2(en)Cl_2]^+$ 이온에서 가능한 입체 이성질체는 무엇인가?

22.5B $[Ru(NH_3)_2(H_2O)_2Cl_2]^+$ 이온의 입체 이성질체를 모두 그려라.

유사 문제 22.63~22.66

› 22.3절 요약

- 배위 화합물은 착이온과 이와 전하 균형을 맞춰주는 상대 이온으로 구성되어 있다. 착이온은 중심 금속 이온과 이에 결합된 중성 또는 음이온 리간드로 구성된다. 리간드는 고립 전자쌍을 제공하는 한 개 이상의 주개 원자를 갖고 있다.
- 가장 일반적인 기하 구조는 6개의 리간드를 갖는 정팔면체이다.
- 배위 화합물의 화학식과 이름은 체계적인 규칙을 따른다.
- 배위 화합물은 구조 이성질 현상(배위와 연결 이성질체)과 입체 이성질 현상(기하와 광학 이성질체)을 나타낸다.

22.4 착화합물의 결합과 특성에 대한 이론적 근거

이 절에서는 착화합물의 특성을 설명해주는 원자가 결합 이론과 결정장 이론을 살펴볼 것이며, 이들을 사용하여 금속-리간드 결합이 어떻게 형성되는지, 특정한 기하 구조가 왜 선호되는지, 그리고 착화합물은 왜 진한 색깔을 띠고 종종 상자기성을 나타내는지를 설명한다.

원자가 결합 이론을 착이온에 적용

주족 화합물의 결합과 구조를 설명하는 *원자가 결합*(valence bond, VB) 이론(11.1절)을 착이온의 결합을 설명하는 데도 적용할 수 있다. 이 이론에 따르면,

- 착이온 형성 시, 리간드의 *채워진* 오비탈은 금속 이온의 비어 있는 오비탈과 겹친다.
- *리간드(Lewis 염기)는 전자쌍을 제공하고, 금속 이온(Lewis 산)은 전자쌍을 받아들여 공유 결합을 통해 착이온(Lewis 첨가 생성물)을 형성한다*(18.10절).

- 이들 결합은 한 원자의 전자 두 개를 금속에게 일방적으로 제공하게 되는데 이러한 결합을 **배위 공유 결합**(coordinate covalent bond)이라 부른다.
- 원자가 결합 이론에서 *s*, *p*, *d* 오비탈들을 특정 조합으로 혼합시켜 특정 기하 구조를 갖는 혼성 오비탈들을 만든다. 배위 화합물 역시 *금속 이온의 혼성 오비탈 유형이 착이온의 기하 구조를 결정*한다.

정팔면체, 사각 평면, 정사면체 기하 구조를 결정하는 혼성 오비탈에 대해 살펴보자.

팔면체 착화합물 헥사암민크로뮴(III) $[Cr(NH_3)_6]^{3+}$ 이온은 *정팔면체 착화합물*이다(그림 22.13). Cr^{3+}의 6개의 *비어 있는* 최저 에너지 오비탈들(2개의 3*d*, 1개의 4*s*, 3개의 4*p*)이 혼합되어 6개의 동등한 d^2sp^3 혼성 오비탈이 되고, 이 혼성 오비탈은 정팔면체의 꼭짓점들을 향한다.* 6개의 NH_3 분자는 질소 원자를 통해 고립 전자쌍을 금속에서 제공함으로써 6개의 금속-리간드 결합을 형성한다. 중심 Cr^{3+} 이온([Ar] $3d^3$)의 전자 3개는 3*d* 오비탈에 혼성화되지 않은 채 홀전자로 남아 착이온을 상자기성으로 만든다.

그림 22.13 정팔면체 $[Cr(NH_3)_6]^{3+}$ 착이온의 혼성 오비탈들과 결합.

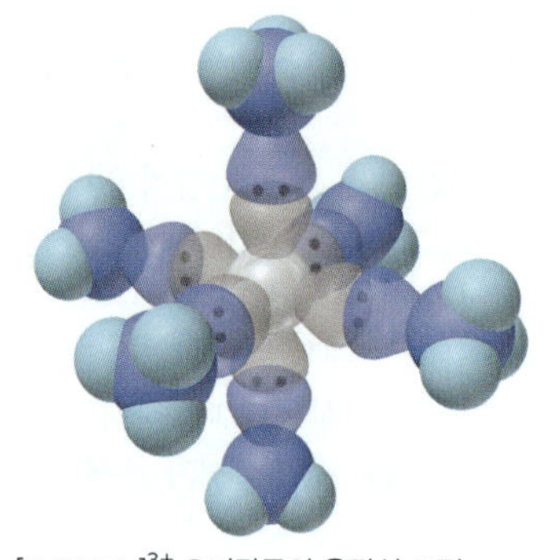
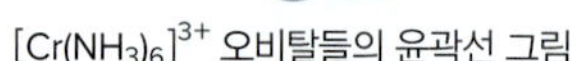
$[Cr(NH_3)_6]^{3+}$ 오비탈들의 윤곽선 그림

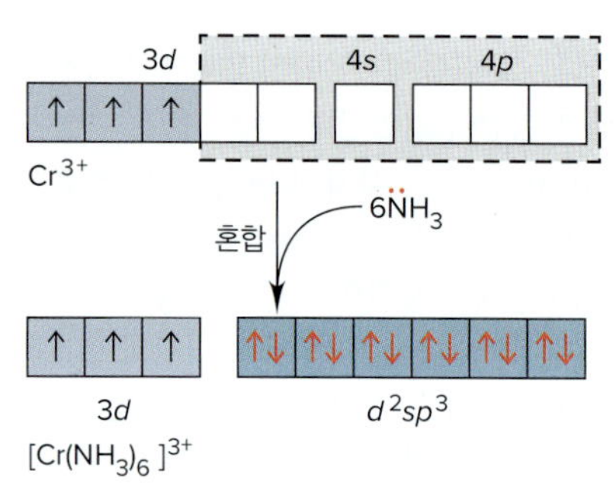

6개의 d^2sp^3 혼성 오비탈이 형성되어 NH_3의 전자쌍(빨간색) 6개가 채워진다.

사각 평면 착화합물 d^8 전자 배치를 갖는 금속 이온은 일반적으로 *사각 평면 착화합물*을 형성한다(그림 22.14). 예를 들어, 원자가 결합 이론에 따르면 $[Ni(CN)_4]^{2-}$ 이온에서 Ni^{2+}의 3*d* 1개, 4*s* 1개, 그리고 2개의 4*p* 오비탈이 혼합되어 4개의 dsp^2 혼성 오비탈을 형성한다. 이들 혼성 오비탈은 사각형의 꼭짓점을 향하며, 4개의 CN^- 리간드로부터 각각 한 쌍의 전자쌍을 받아들인다.

그림 22.14 평면 사각형 $[Ni(CN)_4]^{2-}$ 착이온의 혼성 오비탈들과 결합.

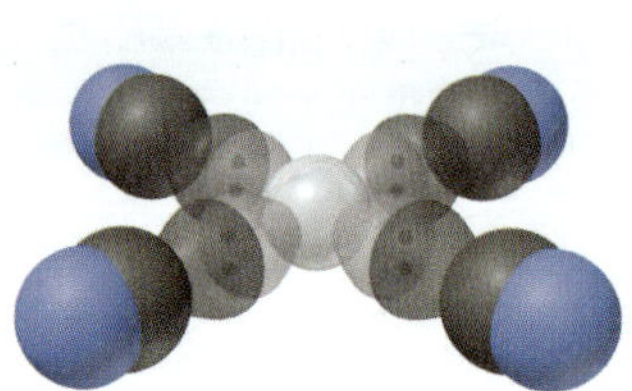
$[Ni(CN)_4]^{2-}$ 오비탈들의 윤곽선 그림

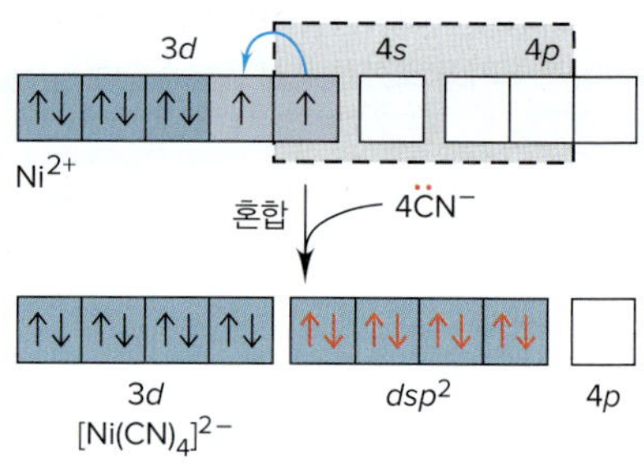

4개의 dsp^2 혼성 오비탈이 형성되어 CN^-의 전자쌍(빨간색) 4개가 채워진다.

그러나 Ni^{2+}의 바닥 상태 전자 배치를 살펴보면 한 가지 중요한 의문점이 생긴다. 즉, 만일 8개의 3*d* 전자가 3개의 오비탈을 완전히 채우고 2개의 오비탈을 반씩 채우고 있다면, Ni^{2+}([Ar] $3d^8$)에서 고립 전자쌍을 받아들일 수 있는 비어 있는 3*d* 오비탈은 어디에서 제공될 수 있는가 하는 문제이다. 명백하게 Ni^{2+}의 d^8 전자 배치에서 반만 채워진 두 오비탈의 전자가 *짝을 지음*으로 1개의 3*d* 오비탈이 비워진다. 이 착화합물이 반자기성(홀전자들이 없음)이라는 사실은 이러한 설명과 일치한다. 더욱이 혼성화에 3*d* 오비탈을 이용하여 얻어지는 에너지가 3*d* 전자들을 짝짓게 하여 발생하는 반발력을 극복하는데 *필요한* 에너지보다 더 커야 함을 의미한다.

*이 장에서의 혼성 오비탈 표기가 11장의 표기와 같지 않음에 유의하라. 그러나 두 표기 모두 오비탈의 에너지 순서를 나타낸다. $[CrNH_3]_6]^{3+}$에서 3*d* 오비탈은 4*s*와 4*p* 오비탈보다 더 낮은 *n* 값을 가지므로 혼성 오비탈은 d^2sp^3이다 그러나 SF_6에서는 3*d* 오비탈이 S의 3*s* 및 3*p* 오비탈과 같은 *n* 값을 가지므로 표기는 sp^3d^2이다.

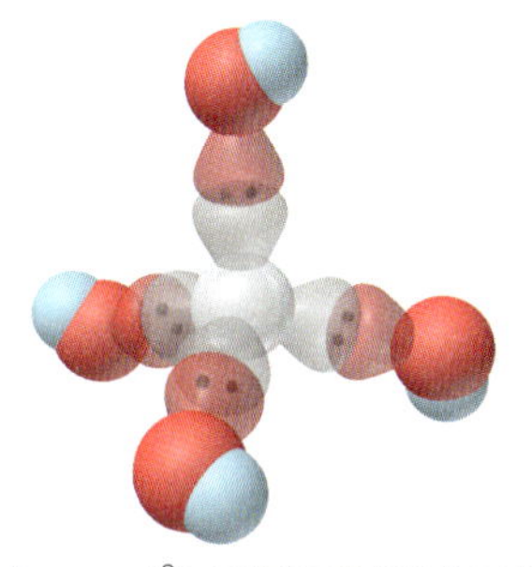
$[Zn(OH)_4]^{2-}$ 오비탈들의 윤곽선 그림

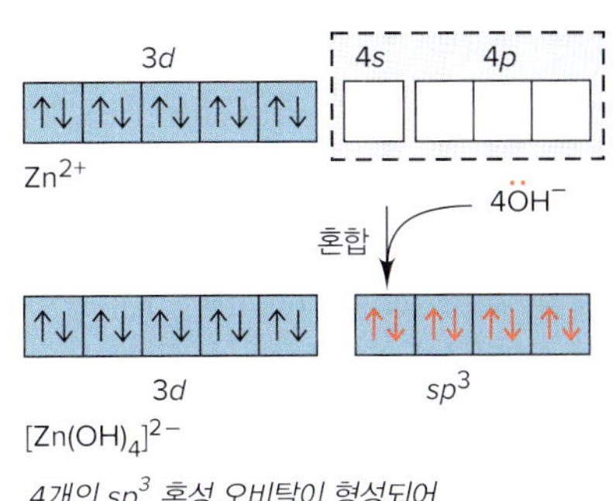

그림 22.15 정사면체 $[Zn(OH)_4]^{2-}$ 착이온의 혼성 오비탈들과 결합.

정사면체 착화합물 Zn^{2+}([Ar] $3d^{10}$)와 같이 전자들이 다 채워진 *d* 부껍질을 갖고 있는 금속 이온은 종종 *정사면체 착화합물*을 형성한다(그림 22.15). 예를 들어, $[Zn(OH)_4]^{2-}$ 이온에서 사용 가능한 가장 낮은 에너지의 *비어 있는* Zn^{2+} 오비탈들(1개의 4*s*와 3개의 3*p*)이 원자가 결합 이론을 통해 혼합되어 4개의 sp^3 혼성 오비탈이 형성된다. 네 개의 혼성 오비탈은 정사면체의 꼭짓점을 향하고 있으며, 4개의 OH^- 리간드로부터 각각 한 쌍의 전자쌍을 받아들인다.

결정장 이론

원자가 결합 이론은 그림을 그리기 쉽고 착화합물의 결합과 구조를 잘 설명하고 있지만, 오비탈을 단지 전자쌍을 받아들이는 "빈 자리(slot)" 정도로 취급하고 있다. 더욱이 이 이론은 배위 화합물의 색에 대해 설명하지 못할 뿐만 아니라, 배위 화합물의 자기적 성질들을 종종 잘못 예측한다. 반면에 **결정장 이론**(crystal field theory)은 금속-리간드 결합을 자세히 설명할 수는 없지만, *리간드가 접근할 때 금속 이온의 d 오비탈 에너지가 받는 영향*을 강조함으로써 배위 화합물이 나타내는 색과 자기적 특성을 설명할 수 있다. 이 이론을 논의하기 전에 무엇이 배위 화합물의 색을 띠게 하는지에 대해 살펴보자.

색이란 무엇인가? 백색광은 가시광선 범위의 모든 파장(λ)으로 구성된 전자기파이며 (7.1절). 좁은 범위의 파장의 색들로 분산시킬 수 있다. 물체들이 백색광에서 색을 나타내는 것은 특정한 파장을 흡수하고 나머지를 반사하거나 투과시키기 때문이다. 불투명한 물체는 빛을 *반사*시키는 반면, 투명한 물체는 *투과*시킨다. 반사되거나 투과된 빛이 눈으로 들어오면 뇌가 색깔을 인식한다. 만일 물체가 모든 가시광선 파장을 흡수하면 물체는 검은색으로 나타나고, 물체가 모든 가시광선 파장을 반사하면 물체는 흰색으로 나타난다.

각각의 색은 녹색과 빨간색처럼 *보색*(complementary color)을 갖는다. 그림 22.16의 색상환은 보색 관계를 보여준다. 보색의 혼합물은 모든 가시광선 파장을 흡수하여 검은색을 띤다.

물체는 다음 두 이유 중 하나로 인해 특정한 색을 갖는다.

- 물체가 *특정한* 색을 반사(또는 투과)한다. 만일 물체가 녹색을 *제외한* 모든 파장을 흡수하면 반사된(또는 투과된) 빛이 우리 눈에 들어와 녹색으로 인지된다.

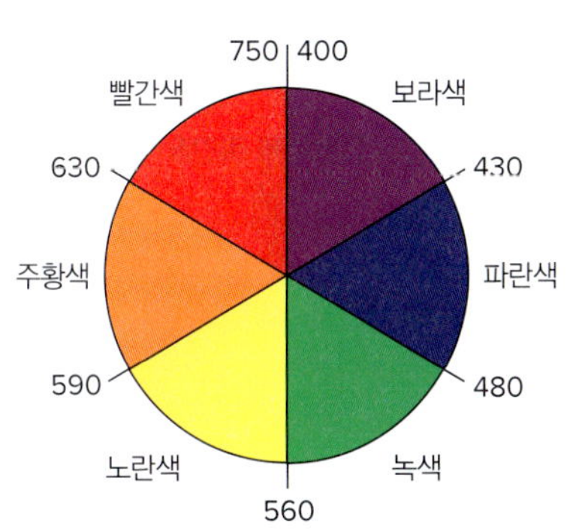

그림 22.16 **색상환.** 몇 가지 색들을 대략적인 파장 범위(nm 단위)와 함께 나타내었다.

표 22.9 | 흡수되는 색과 관찰되는 색의 관계

흡수되는 색	λ (nm)	관찰되는 색	λ (nm)
보라색	400	연두색	560
파란색	450	노란색	600
청록색	490	빨간색	620
연두색	570	보라색	410
노란색	580	짙은 파란색	430
주황색	600	파란색	450
빨간색	650	녹색	520

가을에 색깔이 변하는 나뭇잎.

Source: Alan Marsh/DesignPics

- 물체가 *보색*의 빛을 흡수한다. 만일 물체가 녹색의 *보색*인 빨간색만 흡수하면 반사된 (또는 투과된) 파장의 혼합색이 우리 눈에 들어와 역시 녹색으로 인지된다.

흡수되는 색깔과 관찰되는 색의 관계를 표 22.9에 나타내었다. 흡수된 색깔과 이로 인해 관측되는 색의 관계는 계절에 따른 낙엽의 색깔을 예로 들어 설명할 수 있다. 봄과 여름에 잎은 *클로로필*(chlorophyll)이라는 광합성 색소를 높은 농도로 포함하고 있고, *잔토필*(xanthophyll)이라는 다른 색소는 낮는 농도로 포함하고 있다. 클로로필은 파란색과 빨간색 영역에서 강하게 흡수하고 녹색은 대부분 반사한다. 가을에는 광합성이 덜 일어나기 때문에 잎은 더 이상 클로로필을 생산하지 못한다. 클로로필이 분해되면서 녹색은 옅어지며 존재하고는 있었지만 클로로필에 의해 가려져 있던 잔토필이 나타난다. 잔토필은 녹색과 파란색을 흡수하며 노란색과 붉은색은 반사한다(*사진 참조*).

정팔면체 리간드 장에서 *d* 오비탈의 갈라짐 결정장 모형은 착화합물의 특성들이 *금속 양이온과 리간드의 음전하 사이의 정전기적 인력*으로부터 발생하는 *d* 오비탈 에너지의 갈라짐의 결과라고 설명한다. 리간드들의 음전하는 극성 중성 분자인 NH_3처럼 부분 전하이거나, 음이온성 리간드인 Cl^- 같이 완전 전하이다. 리간드가 정팔면체에서 서로 직교하는 *x*, *y*, *z*축을 따라 금속에 접근할 때 무슨 일이 일어나는지 생각해보자(그림 22.17A). 이때 리간드와 오비탈의 배향을 살펴보고, 이들이 접근함에 따라 오비탈의 에너지가 어떻게 영향을 받는지 알아보자.

1. *리간드와 금속 이온 오비탈의 배향.* 리간드가 접근할 때, 리간드 전자쌍들과 금속 이온의 *d 오비탈* 5개에 있는 전자들은 서로 반발한다. 금속 이온의 5개 *d* 오비탈들은 배향은 다르지만 에너지는 동일하다. 그러나 리간드 정전기장에서는 리간드들이 *각각 다른 방향으로 접근해 오기 때문에* 금속 이온의 *d* 오비탈의 전자들은 *서로 다른 정도의 반발력을 느낀다.* *x*, *y*, *z*축을 따라 접근하는 리간드는

- $d_{x^2-y^2}$와 d_{z^2} 오비탈의 로브에 *직접적으로* 접근한다(그림 22.17B~C).
- d_{xy}, d_{xz}, d_{yz} 오비탈의 로브 *사이로* 접근한다(그림 22.17D~F).

2. *d 오비탈들의 에너지가 받는 영향.* 서로 다른 배향의 결과 $d_{x^2-y^2}$와 d_{z^2} 오비탈 내의 전자들은 d_{xy}, d_{xz}, d_{yz} 오비탈의 전자들보다 더 *강한* 반발력을 느끼게 된다. 그림 22.18의 에너지 도표는 5개 오비탈의 에너지가 자유 이온 상태에서 가장 안정하며, 그들의 *평균*

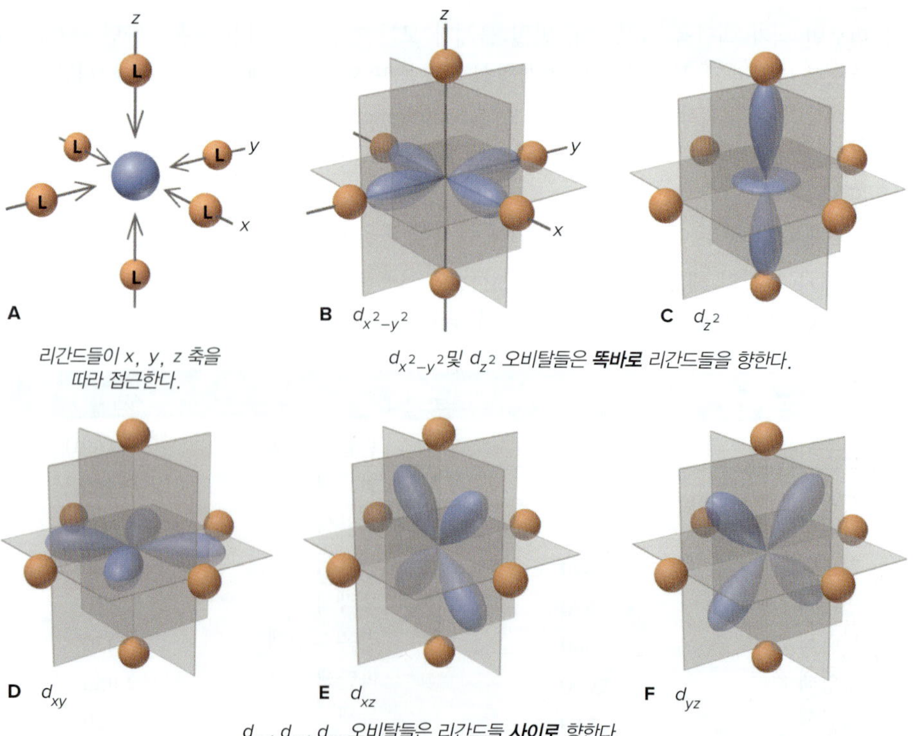

그림 22.17 정팔면체 리간드 장의 5개 *d* 오비탈.

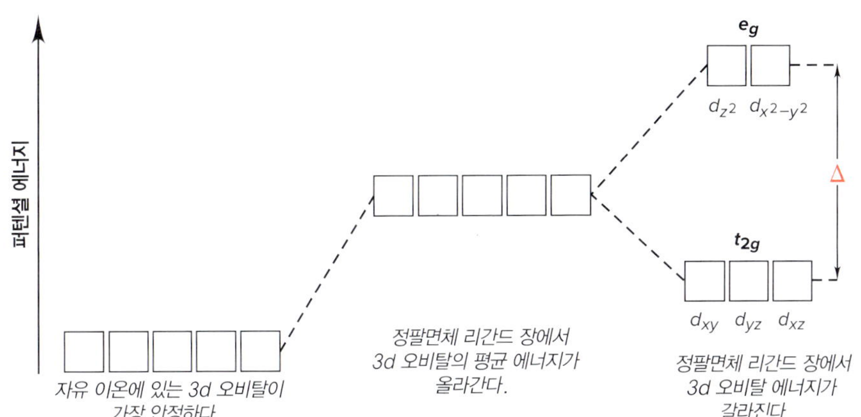

그림 22.18 정팔면체 리간드 장에서 *d* 오비탈 에너지의 갈라짐.

에너지는 리간드 장에서 더 높다는 것을 보여준다. 그러나 *리간드 장에서는 d 오비탈들이 높은 에너지를 갖는 2개의 d 오비탈과 낮은 에너지를 갖는 나머지 3개의 오비탈로 나뉜다* (그림 22.18).

- 에너지가 높은 2개의 *d* 오비탈은 **e_g 오비탈**(e_g orbital)이고, 전자들이 더 강한 반발력을 느끼는 $d_{x^2-y^2}$와 d_{z^2} 오비탈에서 만들어진다.
- 에너지가 낮은 3개의 *d* 오비탈은 **t_{2g} 오비탈**(t_{2g} orbital)이고, 전자들이 더 약한 반발력을 느끼는 d_{xy}, d_{xz}, d_{yz} 오비탈에서 만들어진다.

3. *결정장 효과.* 오비탈 에너지의 갈라짐을 *결정장 효과*(crystal field effect)라 부르며, e_g 오비탈과 t_{2g} 오비탈 사이의 에너지 차이를 **결정장 갈라짐 에너지**(crystal field splitting energy, Δ)라 한다.

인터넷 핫스팟

결정장 이론의 개념이 어렵게 느껴진다면, eBook에 접속하여 이 주제에 대한 추가 학습 동영상을 참고하자.

전이 금속 착화합물의 색에 대한 설명 배위 화합물의 색은 착이온의 결정장 갈라짐 에너지(Δ)에 의해 결정된다. 착이온이 빛 에너지를 흡수하면 전자는 낮은 에너지의 t_{2g} 준위에서 높은 에너지의 e_g 준위로 들뜨게 된다. 7.2절에서 두 원자 에너지 준위 사이의 *차이*는 흡수되는 광자의 에너지(파장에 반비례)와 같다는 것을 배웠다.

$$\Delta E_{\text{전자}} = E_{\text{광자}} = h\nu = hc/\lambda$$

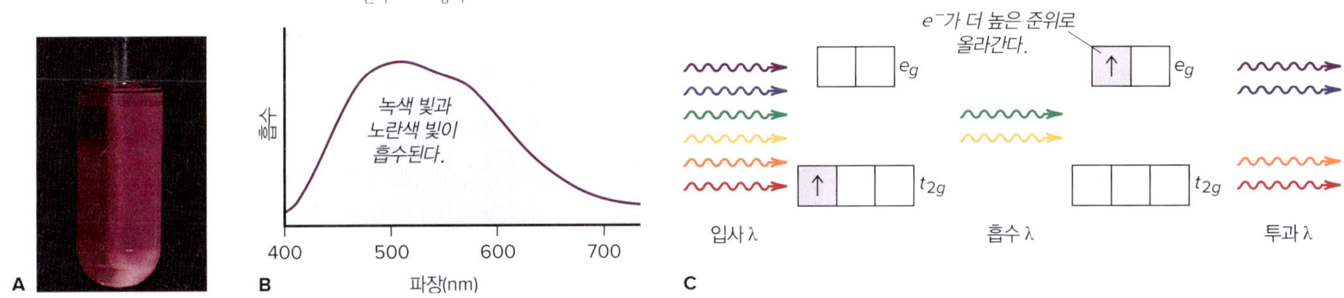

그림 22.19 $[Ti(H_2O)_6]^{3+}$**의 색.** A. 수화된 Ti^{3+} 이온은 수용액에서 자주색을 띤다. B. 흡수 스펙트럼에 의하면 녹색과 노란색 빛은 흡수되고 다른 파장은 투과된다. C. 오비탈 도표는 *d* 전자가 높은 에너지 준위로 들뜰 때 흡수되는 색을 나타낸다. Source: (A) Pat Watson/McGraw-Hill Education

수용액에서 자주색을 나타내는 $[Ti(H_2O)_6]^{3+}$ 이온을 살펴보자(그림 22.19). 수화된 Ti^{3+}은 낮은 에너지를 갖는 3개의 t_{2g} 오비탈 중 하나에 전자가 들어 있다. 이 이온의 e_g 오비탈과 t_{2g} 오비탈 사이의 에너지 차이(Δ)는 녹색~노란색 범위의 광자 에너지에 해당한다. 백색광을 용액 위에 비추면 이러한 색깔의 빛이 흡수되고, 전자는 e_g 오비탈 중 하나로 뛰어 올라간다. 빨간색, 파란색, 보라색이 투과되어, 용액은 자주색을 나타낸다.

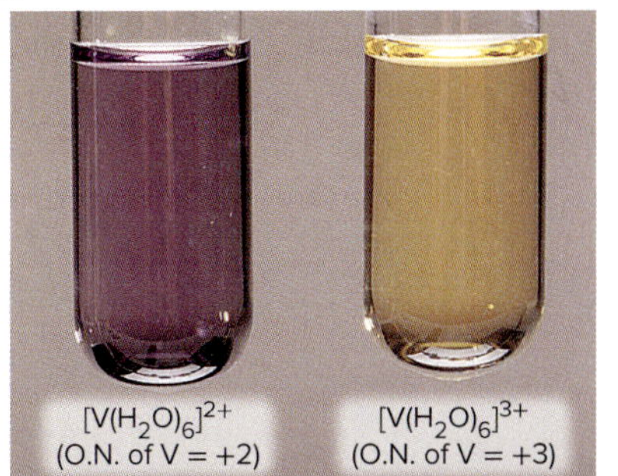

그림 22.20 **착화합물의 색에 대한 금속의 산화 상태와 리간드의 영향.** 두 개의 수화된 바나듐 이온 수용액. Source: Stephen Frisch/McGraw-Hill Education

흡수 스펙트럼은 같은 금속 이온에 대해 리간드가 다른 착화합물들과 금속은 다르지만 같은 리간드를 가진 착화합물들에 의해 흡수되는 파장을 보여준다. 이러한 자료로부터 흡수되는 빛의 에너지와 Δ 값을 관련지을 수 있다. *같은 리간드의 경우* 착이온의 색깔은 *금속 이온의 산화 상태*에 따라 달라진다. 금속의 산화 상태가 높을수록 결정장 갈라짐 에너지가 커지게 되므로 t_{2g}의 전자가 e_g 오비탈로 이동하기 위해서는 큰 에너지를 갖는 가시광선이 흡수되어야 한다. 예를 들어, 산화 상태가 +2인 바나듐을 갖는 $[V(H_2O)_6]^{2+}$

그림 22.21 분광학적 계열. 참고로 H_2O는 약한 장 리간드이다.

$I^- < Cl^- < F^- < OH^- < H_2O < SCN^- < NH_3 <$ en $< NO_2^- < CN^- < CO$

더 약한 장 — 더 강한 장

더 작은 Δ — 더 큰 Δ

더 긴 λ — 더 짧은 λ

수용액은 노란색 영역의 가시광선을 흡수하여 나타내는 색이 보라색인 반면, 산화 상태 +3의 바나듐을 갖는 $[V(H_2O)_6]^{3+}$ 수용액은 높은 에너지인 보라색 범위의 에너지를 흡수하여 노란색을 나타낸다(그림 22.20).

분광화학적 계열 전이 금속 착물의 색깔은 리간드에 따라 달라지게 된다. 서로 다른 리간드는 다른 세기의 결정장을 만든다.

- **강한 장 리간드**(strong-field ligand)는 갈라짐 에너지를 *더 크게* 한다(큰 Δ).
- **약한 장 리간드**(weak-field ligand)는 갈라짐 에너지를 *더 작게* 한다(작은 Δ).

d 오비탈 에너지를 갈라지게 하는 능력에 따라 리간드의 순위를 매겨서 **분광화학적 계열**(spectrochemical series)을 얻을 수 있다(그림 22.21). 이 계열을 사용하면 똑같은 금속을 갖는 일련의 정팔면체 착화합물에 대한 Δ 값의 *상대적* 크기를 예측할 수 있다. Δ 값이 증가함에 따라 더 큰 에너지(더 짧은 파장)의 빛이 흡수되어야 전자들이 들뜨게 된다. 주어진 착화합물의 실제 색깔을 예측하는 것은 어려울지 몰라도, 이 착화합물이 계열 내의 다른 착화합물에 비해서 더 긴 파장을 흡수할지, 더 짧은 파장을 흡수할지는 결정할 수 있다. 예를 들어 그림 22.22의 니켈 착이온들을 고려해 보자. H_2O 리간드에서 NH_3 리간드와 en 리간드로 변화되면 니켈 착이온의 Δ 크기가 증가하게 되며, 이에 따라 흡수되는 빛의 에너지가 증가한다(흡수된 빛의 파장 감소).

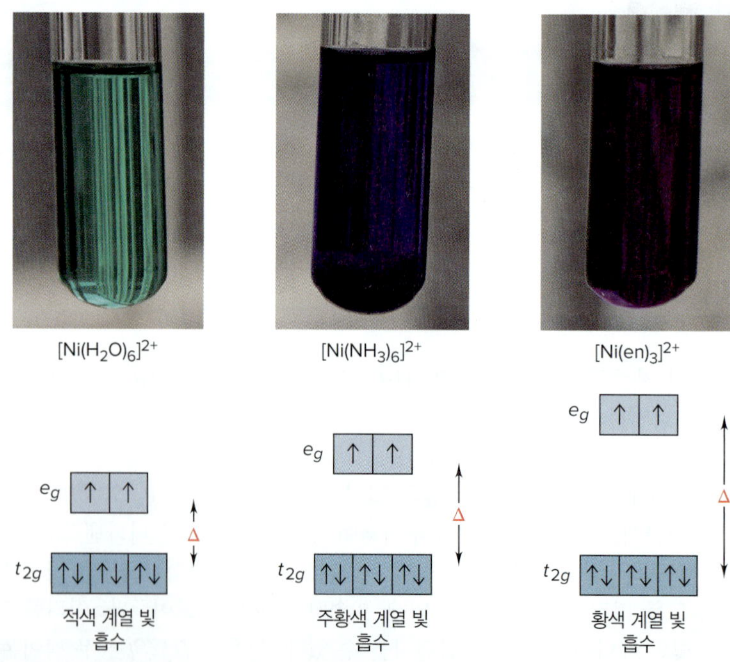

그림 22.22 Ni^{2+} **착이온의 색.** 리간드가 바뀌면서 *d* 오비탈의 갈라짐 에너지가 커지면 흡수된 빛의 에너지가 증가한다.

Courtesy of Jeannine Eddleton

리간드가 하나만 바뀌어도 흡수된 파장에 영향을 미쳐 착화합물의 색깔이 바뀌게 된다. 예를 들어 노란색 $[Cr(NH_3)_6]^{3+}$ 착이온에서 NH_3 리간드 하나가 Cl^- 리간드로 치환된 $[Cr(NH_3)_5Cl]^{2+}$ 착이온은 보라색을 띤다(그림 22.23).

그림 22.23 리간드가 착화합물의 색에 미치는 영향. 단 하나의 리간드만 치환되어도 착화합물의 색이 달라진다.

Source: Stephen Frisch/McGraw-Hill Education

예제 22.6 | 금속 착이온에 대한 결정장 갈라짐 에너지(Δ) 순위

문제 $[Ti(H_2O)_6]^{3+}$, $[Ti(CN)_6]^{3-}$, $[Ti(NH_3)_6]^{3+}$ 이온에 대해 Δ 값과 흡수되는 가시광선 에너지의 순위를 정하라.

계획 세 착이온에서 Ti의 산화수는 +3임을 알 수 있다. 그림 22.21에 주어진 정보로부터 결정장 세기로 리간드의 순위를 매길 수 있다. 리간드가 더 강할수록 갈라짐은 더 커지고 흡수되는 빛의 에너지는 더 커진다.

풀이 리간드 장 세기의 순서는 $CN^- > NH_3 > H_2O$이므로, Δ 값 및 흡수되는 빛 에너지의 상대적 크기는 다음과 같다.

$$[Ti(CN)_6]^{3-} > [Ti(NH_3)_6]^{3+} > [Ti(H_2O)_6]^{3+}$$

▶ 보충 문제

22.6A $[V(H_2O)_6]^{3+}$와 $[V(NH_3)_6]^{3+}$ 중 더 큰 에너지의 빛을 흡수하는 착화합물은 어느 것인가?

22.6B Co^{3+}를 갖는 몇 가지 착이온으로 $[Co(en)_3]^{3+}$, $[Co(NH_3)_5Cl]^{2-}$, $[Co(NH_3)_4Cl_2]^+$, $[Co(NH_3)_5(H_2O)]^{3+}$ 등이 있다. 관찰된 색상은 빨간색, 녹색, 자주색, 노란색(무작위로 나열)이다. 이들 색과 일치하는 착이온을 찾아라.

유사 문제 22.92~22.95, 22.97, 22.98

전이 금속 화합물의 자기적 성질 설명 에너지 준위의 갈라짐이 금속 이온의 *d* 오비탈의 *홀전자* 개수에 영향을 주어서 자기적 특성을 결정한다. Hund의 규칙에 의하면 *같은* 에너지를 갖는 오비탈들에 전자는 1개씩 채워진다. 모든 낮은 에너지의 오비탈들에 전자들의 반이 채워지면 그 다음 전자가 채워지는 방법은 다음과 같은 두 가지가 있다.

- 전자는 반이 채워진 오비탈에 들어갈 수 있고 전자들이 서로 반발하는 *짝지음 에너지*(pairing energy, $E_{짝지음}$)를 이겨내면서 짝을 짓는다.
- 결정장 갈라짐 에너지 Δ를 이겨내면서 비어 있는 더 높은 에너지의 오비탈에 전자가 들어간다.

따라서 *짝지음 에너지($E_{짝지음}$)와 Δ의 상대적 크기가 d 오비탈의 전자 배치를 결정*하며, 이를 통해 홀전자 개수와 착이온의 자기적 성질들을 알 수 있다.

한 예로 고립된 Mn^{2+}([Ar] $3d^5$)은 같은 에너지의 *d* 오비탈 5개에 홀전자 5개를 갖는다(그림 22.24A). 정팔면체 리간드 장에서 오비탈 전자 배치 패턴은 다음의 두 방식 중 한 가지 방식으로 리간드에 의해 영향을 받는다.

- *약한 장 리간드와 고스핀(high-spin) 착화합물.* $[Mn(H_2O)_6]^{2+}$ 이온의 H_2O와 같이 약한 장 리간드는 *작은* 갈라짐 에너지를 만들어내므로, *d* 전자가 t_{2g} 오비탈에서 짝짓는 것보다 e_g 오비탈에 채워지는 것이 에너지가 *적게* 든다. 결과적으로, *d* 전자는 짝짓지

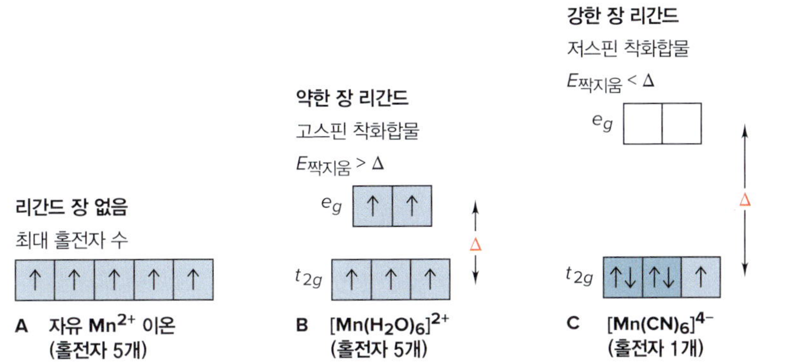

그림 22.24 Mn^{2+}의 고스핀과 저스핀 정팔면체 착이온.

않는 상태로 남는다(그림 22.24B). 약한 장 리간드의 경우 짝지음 에너지가 갈라짐 에너지보다 크므로($E_{짝지음} > \Delta$), *착이온의 홀전자 개수는 자유 이온의 홀전자 개수와* **동일**하다. 약한 장 리간드는 홀전자의 개수가 *최대*인 **고스핀 착화합물**(high-spin complex)을 만든다.

- *강한 장 리간드와 저스핀(low-spin) 착화합물.* 반대로 $[Mn(CN)_6]^{4-}$이온에서 CN^-과 같이 강한 장 리간드는 큰 갈라짐 에너지를 만들어내므로, d 전자가 t_{2g} 오비탈에서 짝짓는 것보다 e_g 오비탈에 채워지는 것이 에너지가 *더 많이* 든다(그림 22.24C). 그러므로 강한 장 리간드의 경우 짝지음 에너지가 갈라짐 에너지보다 작으므로($E_{짝지음} < \Delta$), *착이온의 홀전자 개수가 자유 이온의 홀전자 개수보다* ***적다***. 강한 장 리간드는 홀전자의 개수가 *적은* **저스핀 착화합물**(low-spin complex)을 만든다.

정팔면체 착화합물 내의 d^1~d^9 이온들에 대한 오비탈 도표를 보면, d^4, d^5, d^6, d^7 이온에 대해서만 고스핀 및 저스핀 모두 가능하다는 것을 보여준다(그림 22.25). 3개의 낮은 에너지 t_{2g} 오비탈만 사용하는 d^1, d^2, d^3 이온에서는 전자가 쌍을 이룰 필요가 없기 때문에 언제나 고스핀 착화합물을 형성한다. 이와 마찬가지로 d^8과 d^9 이온도 언제나 고스핀 착화합물을 형성한다. 왜냐하면 t_{2g} 오비탈은 6개의 전자로 채워지고, 2개의 e_g 오비탈은 둘(d^8) 또는 하나(d^9)의 홀전자를 가지기 때문이다.

인터넷 핫스팟

고스핀과 저스핀 착이온에서 홀전자의 수를 결정하는 것이 어렵게 느껴진다면, eBook에 접속하여 이 주제에 대한 추가 학습 동영상을 참고하자.

예제 22.7 저스핀 및 고스핀 착이온 확인

문제 Fe(II)은 헤모글로빈 내에서 착화합물을 형성한다. 2개의 정팔면체 착이온 $[Fe(H_2O)_6]^{2+}$와 $[Fe(CN)_6]^{4-}$에 대해 오비탈 갈라짐 도표를 그리고, 홀전자의 수를 예측하며, 이 착이온들이 고스핀인지 저스핀인지 밝혀라.

계획 Fe^{2+}의 전자 배치로 부터 d 전자의 개수를 알아내고, 그림 22.21에 있는 분광화학적 계열로부터 두 리간드의 상대적 세기를 비교한다. 도표를 그리고, 강한 장 리간드는 e_g 오비탈들과 t_{2g} 오비탈들 사이를 더 크게 떨어뜨려 놓는다. 약한 장 리간드는 *최대* 홀전자 개수와 고스핀 착물을 만들어내며, 강한 장 리간드는 *최소*의 홀전자 수와 저스핀 착물을 만들어낸다는 사실에 유의하면서 전자를 채운다.

풀이 Fe^{2+}은 [Ar] $3d^6$ 전자 배치를 갖고 있다. H_2O는 CN^-보다 작은 갈라짐을 만들어낸다. 에너지 도표는 아래에 나타내었다. $[Fe(H_2O)_6]^{2+}$ 이온은 4개의 홀전자를 갖기 때문에 고스핀, $[Fe(CN)_6]^{4-}$이온은 홀전자가 없는 저스핀이다.

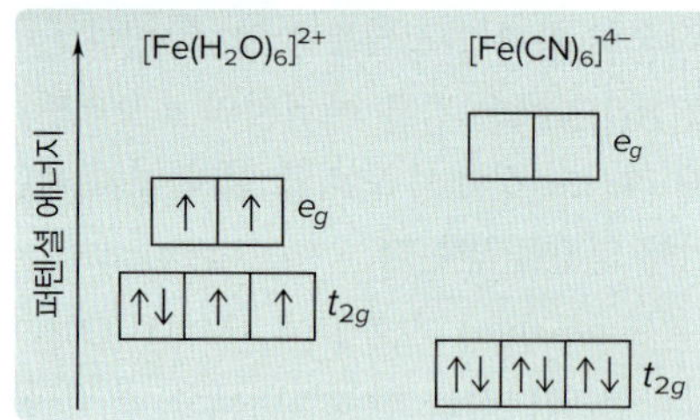

해설 **1.** H_2O는 약한 장 리간드이기 때문에 항상 고스핀 착물을 형성한다. **2.** 위와 같은 풀이가 옳기는 하지만, 실제 Δ와 $E_{짝지음}$ 값을 모르는 상태에서 어떤 착물의 스핀 상태를 확실하게 예측하는 것은 불가능하다. **3.** CN^-와 CO는 필수 단백질에 있는 철 이온과 강하게 결합하기 때문에 독성이 매우 크다(21장 **생체 에너지와 화학** 참조).

▶ **보충 문제**

22.7A $[Mn(CN)_6]^{3-}$에 대해서 예상되는 홀전자의 수는 몇 개인가? 이 이온은 고스핀인가? 또는 저스핀인가?

22.7B $[CoF_6]^{3-}$에 대해서 예상되는 홀전자의 수는 몇 개인가? 이 이온은 고스핀인가? 또는 저스핀인가?

유사 문제 22.88~22.91

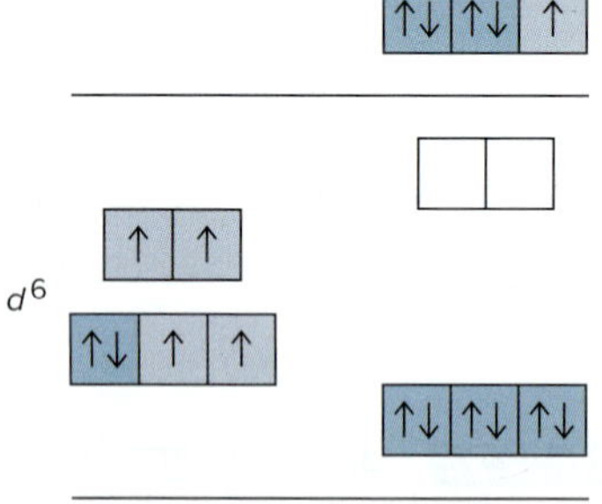

그림 22.25 d^4~d^7 금속 이온의 고스핀과 저스핀 정팔면체 착화합물의 오비탈 전자 배치.

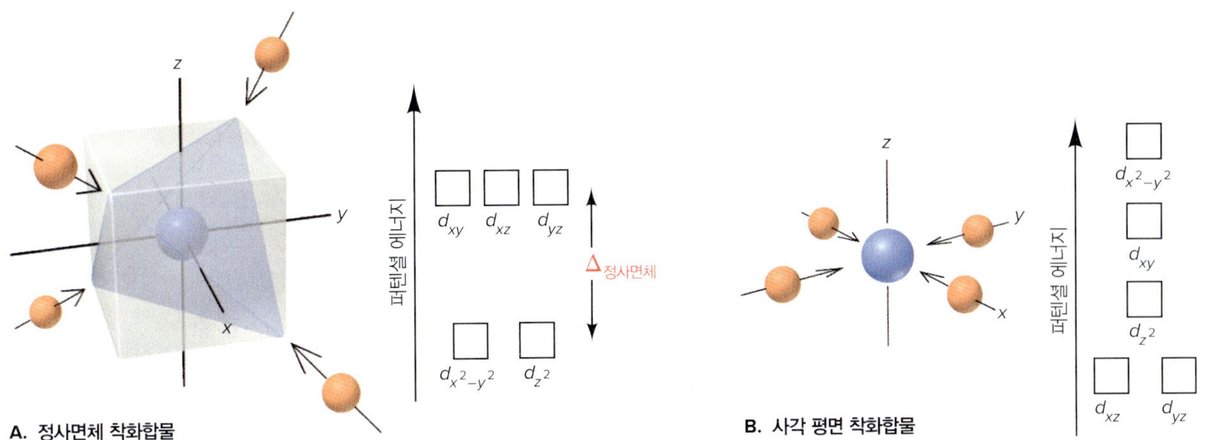

그림 22.26 *d* 오비탈 에너지 갈라짐.
A. 정사면체 리간드 장에서의 에너지 갈라짐 형태는 정팔면체 장과는 반대이다. B. 사각 평면 리간드 장에서는 d_{xz}와 d_{yz} 오비탈 에너지, 특히 d_{z^2} 오비탈 에너지는 정팔면체 리간드 장보다 낮아진다.

정사면체와 사각 평면 착화합물의 리간드 장 갈라짐 금속 주위의 4개의 리간드 역시 *d* 오비탈 갈라짐의 원인이 되지만, 갈라짐의 크기와 양상은 리간드가 정사면체 배열인가 또는 사각 평면 배열인가에 따라 달라진다.

1. *정사면체 착화합물*. 리간드가 정사면체의 꼭짓점으로부터 접근하는 경우 금속의 *d* 오비탈 5개 중 어느 하나도 직접적으로 이들의 경로에 놓이지 않는다(그림 22.26A). 따라서 리간드와 금속 이온 사이의 전체 인력은 약해서, *d* 오비탈 에너지의 갈라짐은 동일한 리간드를 갖는 정팔면체 착화합물보다 정사면체 착화합물에서 *더 작다*.

$$\Delta_{정사면체} < \Delta_{정팔면체}$$

리간드들이 $d_{x^2-y^2}$와 d_{z^2} 오비탈 방향보다는 d_{xy}, d_{xz}, d_{yz} 오비탈 방향으로 접근한다면, 반발력은 최소화된다. 이러한 상황은 *정팔면체 경우와는 정반대*이며 상대적인 *d* 오비탈 에너지도 역전된다. 즉, d_{xy}, d_{xz}, d_{yz} 오비탈의 에너지가 $d_{x^2-y^2}$와 d_{z^2} 오비탈의 에너지보다 더 높다. 리간드에 상관 없이 Δ의 크기가 $E_{짝지음}$보다 항상 작기 때문에 *고스핀 정사면체 착화합물들만 알려져 있다*.

2. *사각 평면 착화합물*. 사각 평면에서의 리간드 장 효과를 쉽게 그려볼 수 있는 방법은 정팔면체 기하 구조에서 *z*축에 있는 2개의 리간드를 제거한다고 상상하는 것이다(그림 22.26B). *z*축 방향의 상호작용이 없기 때문에 d_{z^2} 오비탈의 에너지는 상당히 낮아지고, *z*축 성분을 지닌 d_{xz}와 d_{yz} 오비탈의 에너지 또한 (d_{z^2} 오비탈 에너지보다는 덜하지만) 낮아진다. 반대로 *xy* 평면에 놓이는 2개의 *d* 오비탈은 리간드와 강하게 상호작용하고, *x*축과 *y*축 상에 로브를 갖고 있는 $d_{x^2-y^2}$ 오비탈의 에너지가 가장 높게 된다. 이러한 갈라짐의 결과로, $[PdCl_4]^{2-}$와 같이 d^8 금속 이온은 사각 평면 착화합물을 형성한다. 이러한 사각 평면 착화합물 내의 4쌍의 *d* 전자들은 4개의 가장 낮은 에너지 오비탈을 채우기 때문에 *저스핀*이고 홀전자가 없기 때문에 *반자기성*을 나타낸다.

착화합물 결합 이론에 대한 첨언 여러 가지 사례에서 보았듯이 어느 이론도 착화합물의 결합을 만족스럽게 설명하지 못한다. 원자가 결합 이론은 착이온의 결합 형성에 대한 단순한 그림은 제공하지만 착물의 스펙트럼 및 자기적 특징을 설명할 수 없다. 반면에, 결정장 이론은 원자가 결합 이론에서 설명하지 못한 착물의 스펙트럼 및 자기성을 예측할 수 있지만 금속-리간드 내 공유 결합에 대한 한계를 가지고 있다. 따라서 화학자들은 원자가 결합 이론과 *결정장 이론*을 분자 오비탈 이론(11.3절)과 결합하여 착이온의 결합 및 특성들을 포괄적이고 정량적으로 설명하고 있다. 일반화학의 범위를 넘어서는 이 분자 오비탈 이론은 금속 이온과 리간드 사이에 전자를 공유하는 공유 결합성뿐만 아니라 금속 이온의 *d* 오비탈 갈라짐 현상으로 인한 스펙트럼 및 자기적 특성을 예측할 수 있다.

전이 원소의 착물은 화학적으로 중요하게 활용될 뿐만 아니라 생체 내에서 중요한 역할을 한다. 생체 계 내의 전이 금속 착화합물에 대한 내용은 **영양학과 화학** 이야기에서 기술한다.

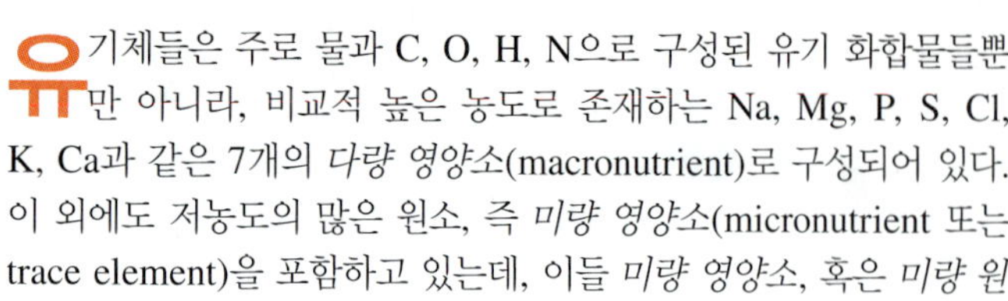

미량 영양소로서의 전이 금속

유기체들은 주로 물과 C, O, H, N으로 구성된 유기 화합물들뿐만 아니라, 비교적 높은 농도로 존재하는 Na, Mg, P, S, Cl, K, Ca과 같은 7개의 *다량 영양소*(macronutrient)로 구성되어 있다. 이 외에도 저농도의 많은 원소, 즉 *미량 영양소*(micronutrient 또는 trace element)을 포함하고 있는데, 이들 *미량 영양소*, 혹은 *미량 원소*의 대부분은 전이 금속이다.

스칸듐과 타이타늄을 제외하고는 4주기 전이 원소들이 유기체에 필수적이며(표 B22.1) 식물은 몰리브데넘(5주기)을 필요로 한다. 전이 금속 이온은 일반적으로 리간드로서 작용하는 N 및 O 원자가 주위 아미노산 R 그룹에 공유 결합되어 있는 단백질 사슬 옆에 놓여 있다. 생체 분자들의 복잡성에도 불구하고 금속 이온을 포함하는 생체 분자들의 결합과 *d* 오비탈 갈라짐의 원리는 간단한 무기 분자들에서와 같다. 여기서는 철과 아연을 포함하는 착화합물에 대해 알아본다.

철과 헴

철은 모든 척추동물의 산소 운반에 매우 중요한 역할을 한다. 산소를 운반하는 단백질 헤모글로빈(그림 B22.1A)은 4개의 접힌 단백질 사슬로 구성되며, 각 사슬에는 *글로빈*(globin)이라 불리는 철을 포함한 착화합물 *헴*(heme)이 있다. 각 헴 착화합물은 네 자리 고리 리간드인 *포르핀*(porphin)을 가지고 있는데, 이 포르핀이 갖고 있는 4개의 질소 고립 전자쌍에 Fe^{2+}가 결합되어 *평면 사각 구조*로 존재한다. 헴이 헤모글로빈에 결합될 때, N 원자를 갖는 아미노산(히스티딘)이 다섯 번째 리간드로 작용하여 헴 착화합물과 결합함으로써 *사각 피라미드 구조*를 형성하고, 여섯 번째 리간드 역할을 하는 O_2의 존재에 따라 헤모글로빈은 다음과 같은 두 가지 형태로 존재한다.

- $[O_2]$가 높은 *폐*에서, 헴은 O_2와 결합하여 옥시헤모글로빈을 생성하며, 이것은 조직의 동맥으로 운반된다. O_2가 헴 착화합물의 Fe^{2+}과 결합되면 헴은 *팔면체 구조*로 존재하게 된다(그림 B22.1B). O_2는 강한 장 리간드이므로 d^6 Fe^{2+} 이온과 결합하여 저스핀 착화합물을 형성하게 되는데, 이때 *d* 오비탈 갈라짐 에너지가 크기 때문에 옥시헤모글로빈은 높은 에너지인 파란색 파장의 빛을 흡수하므로 동맥의 혈액은 선홍색이 된다.
- *조직*에서는 결합된 O_2가 방출되어 정맥에서 *디옥시헤모글로빈*이 형성된다. 이때에는 O_2 리간드가 없기 때문에 Fe^{2+} 이온의 작은 *d* 오비탈 갈라짐 에너지로 인해 디옥시헤모글로빈은 낮은 에너지인 붉은 빛을 흡수하여 정맥의 혈액은 자홍색(purplish red)을 나타낸다.

포르핀 고리 평면에서 Fe^{2+}의 상대적 위치는 여섯 번째 리간드에 따라 달라지는데, O_2가 결합된 Fe^{2+}는 포르핀 *평면으로* 이동하지만, O_2가 방출되면 Fe^{2+}는 *평면 밖으로* 약간 움직이게 된다. O_2의 결합 또는 방출로 인한 60 pm 정도의 작은 길이 변화는 글로빈 사슬의 모양을 바꾸게 되고, 이 모양의 변화는 네 개의 글로빈 사슬이 서로 협력하여 헤모글로빈이 폐에서 O_2를 빠르게 흡수하고 조직에서 신속하게 방출하도록 돕는다.

헴과 O_2의 결합은 평형 과정이다. 일산화 탄소(CO)는 Fe^{2+}에 O_2보다 약 200배 더 강하게 결합하여 헴 작용기가 기능을 못하게 만들기 때문에 독성 물질이다. O_2와 마찬가지로, CO 역시 강한 장

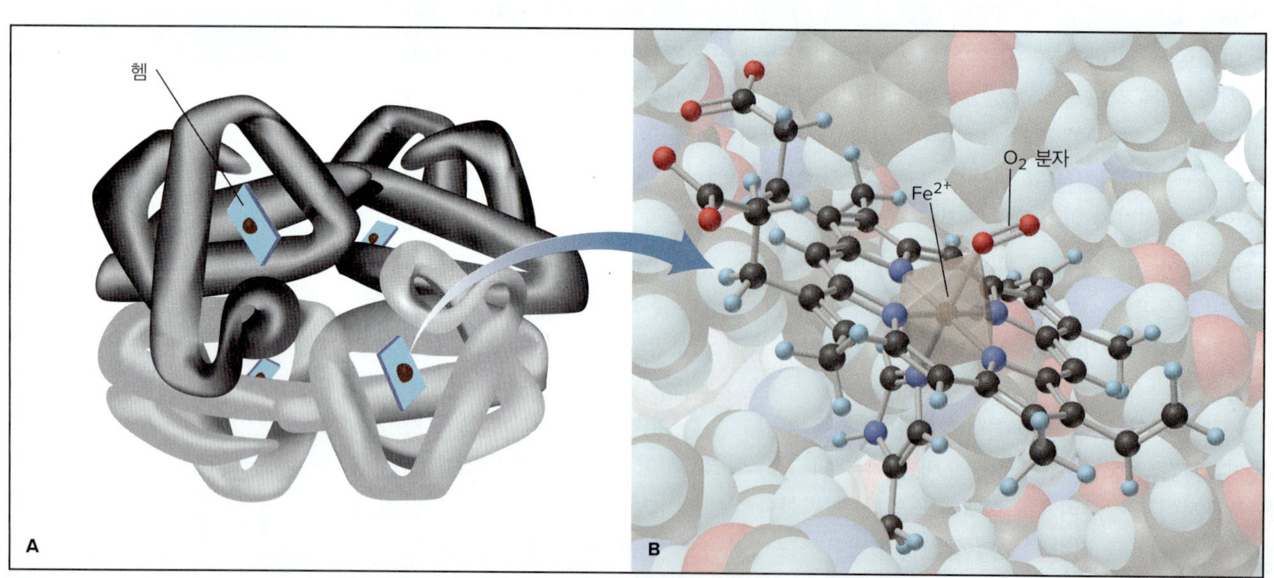

그림 B22.1 헤모글로빈과 헴의 팔면체 착화합물. A. 헤모글로빈은 4개의 단백질 사슬로 이루어져 있고, 각 사슬은 결합된 헴을 가지고 있다. B. 옥시헤모글로빈에서 헴의 팔면체 복합체는 철(Ⅱ)의 6번째 리간드로 O_2 분자를 가진다.

(*계속*)

표 B22.1 | 인간에게 필수적인 미량 전이 금속 원소

원소	원소를 포함한 생체	분자생체 분자의 기능
바나듐	단백질(?)	지방 대사의 산화-환원 쌍(?)
크로뮴	포도당 내당 인자	포도당 이용
망가니즈	아이소시트르산 탈수소 효소	세포 호흡
철	헤모글로빈 및 미오글로빈	산소 수송, ATP 형성
	시토크롬(Cytochrome) *c*	세포 호흡, ATP 생성
	과산화수소 분해 효소	H_2O_2 분해
코발트	코발라민(Cobalamin 비타민 B_{12})	적혈구 세포 성장
구리	셀룰로플라즈민(Ceruloplasmin)	헤모글로빈 합성
	시토크롬 산화 효소	세포 호흡; ATP 생성
아연	탄산 탈수 효소	CO_2 제거
	카복시 말단 펩타이드 가수분해 효소 A	단백질 소화
	알코올 탈수소 효소	에탄올 대사

리간드이므로 CO에 중독된 사람의 혈액은 선홍색을 띠어 건강하게 보이게 한다. 결합은 가역 과정이므로, 매우 높은 농도의 O_2를 흡입하면 헴에 있는 CO를 치환하게 되어 CO 중독에서 회복된다.

$$\text{헴}-CO + O_2 \rightleftharpoons \text{헴}-O_2 + CO$$

포르핀은 흔한 생체 리간드이다. 엽록소(chlorophyll)는 포르핀과 유사한 고리 시스템의 중앙에 Mg^{2+}를 가지고 있고 비타민 B_{12}는 Co^{3+}를 가지고 있다. 헴은 헤모글로빈뿐만 아니라 에너지 대사에 관여하는 *사이토크롬*(cytochrome)이라는 단백질에서도 발견된다(21장 끝 부분의 **생체 에너지와 화학** 참조).

아연과 효소 활성자리

아연 이온은 여러 효소의 활성 자리에서 발견된다. d^{10}을 갖는 Zn^{2+}는 3개의 아미노산에 있는 N 원자와 3개의 결합을 이루고, 네 번째 위치는 반응을 일으키는 분자와 자유롭게 상호 작용하여 사면체 착화합물을 형성한다(그림 B22.2). Zn^{2+}는 Lewis 산으로서 촉매 과정 단계에서 반응물로부터 고립 전자쌍을 받을 수 있다. 호흡 중에 H_2O와 CO_2 사이의 반응을 촉진하는 효소인 탄산 탈수 효소(carbonic anhydrase)을 살펴보자.

$$CO_2(g) + H_2O(l) \rightleftharpoons H^+(aq) + HCO_3^-(aq)$$

활성 자리에 있는 Zn^{2+}는 3개의 히스티딘 N 원자와 결합하고, 반응물 H_2O의 O는 네 번째 주개 원자이다. Zn^{2+}는 O—H 결합의 전자 밀도를 끌어당겨 H_2O를 충분히 산성으로 만들어 양성자를 잃게 한다. 속도 결정 단계에서 Zn^{2+}에 결합된 OH^- 이온은 물 분자의 고립 전자쌍보다 훨씬 더 강하게 CO_2의 부분 양성 C에 끌어 당겨지므로 CO_2와의 반응 속도가 더 빨라지게 된다. Cd^{2+}가 독성을 갖는 이유는 탄산 탈수 효소의 활성 자리를 놓고 Zn^{2+}와 경쟁하기 때문이다.

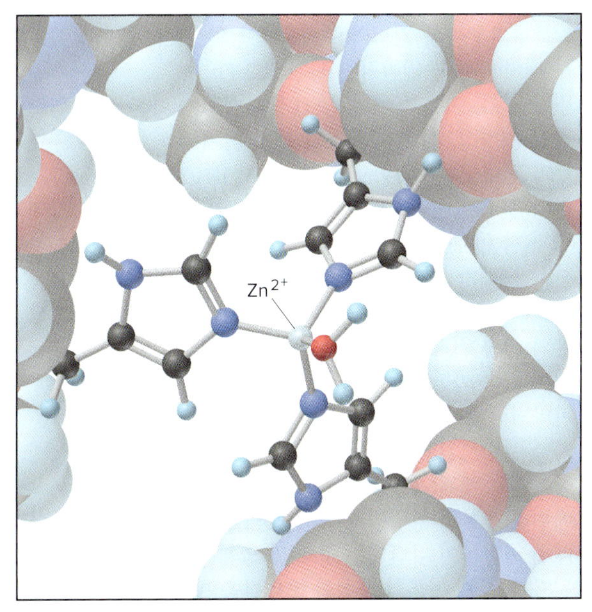

그림 B22.2 탄산 탈수 효소의 사면체 Zn^{2+} 착화합물.

문제

B22.1 (a) 다음 각 화합물의 중심 금속 이온을 확인하고, 그 산화 상태를 말하라. 엽록소, 헴, 비타민 B_{12}. (b) 이 화합물들은 구조상 어떤 유사점을 가지고 있는가?

B22.2 Zn^{2+} 대신에 Ni^{2+}, Fe^{2+} 또는 Mn^{2+}로 합성된 탄산 탈수 효소의 촉매 효율이 낮은 이유를 제안하라.

22.4절 요약

- 원자가 결합 이론은 Lewis 염기(리간드)와 금속 이온(Lewis 산) 사이의 배위 공유 결합으로 착이온 내 결합을 설명한다.
- 리간드의 고립 전자쌍은 혼성화된 금속 이온의 오비탈을 채움으로 고유한 구조를 갖는 착이온을 형성한다.
- 결정장 이론에서 금속 주변의 리간드 장은 금속 이온의 *d* 오비탈 에너지를 갈라지게 한다. 결정장 갈라짐 에너지(Δ)의 크기는 금속의 전하와 리간드의 결정장 세기에 따라 다르다.
- Δ의 크기는 색(흡수되는 광자 에너지)과 상자기성(홀전자 수)에 영향을 준다. 강한 장 리간드는 큰 Δ를 초래하여 큰 에너지의 빛(짧은 파장)을 흡수하는 저스핀 착물을 만든다. 약한 장 리간드에서는 그 반대가 된다.
- 철과 아연을 포함한 몇몇 전이 금속은 주요 단백질의 생화학적 기능에 결정적인 역할을 하기 때문에 생체에 필수적이다.

개념 정리와 복습 _Chapter Review Guide

학습 목표 _Learning Objectives

** 괄호 안은 관련된 절(§)과 예제(SP) 번호*

주요 개념

1. *d* 블록과 *f* 블록 원소의 주기율표 상의 위치, 원자와 이온의 전자 배치에 대한 일반적인 표기(§22.1).
2. 원자 크기, 이온화 에너지, 전기 음성도에 따른 전이 원소의 주기적 경향성, 같은 족에서의 경향성, 주족 원소와의 차이점, 6주기 전이 원소의 밀도가 매우 큰 이유(§22.1).
3. 전이 원소가 여러 산화 상태를 갖는 이유와 +2 산화 상태가 가장 흔한 이유(§22.1).
4. 산화 상태가 증가함에 따라 금속성(이온 결합성, 염기성 산화물)이 감소하는 이유, 원자가 상태 전기 음성도로 산소산 음이온의 금속 원자 설명하기(§22.1).
5. 전이 금속 화합물이 색을 띠고 상자기성인 이유(§22.1).
6. 란타넘족에서 가장 흔한 산화수인 +3, 이들의 M^{3+} 이온 반경의 유사성, 악티늄족 원소의 방사능(§22.2).
7. 착이온의 배위수, 기하 구조 및 리간드 구조(§22.3).
8. 배위 화합물의 명명법과 화학식(§22.3).
9. 배위 화합물이 나타내는 구조 및 입체 이성질체의 유형(§22.3).
10. 원자가 결합 이론의 혼성화 오비탈을 이용하여 정팔면체, 평면 사각, 정사면체 착물 구조 설명(§22.4).
11. 결정장 이론에서 접근하는 리간드가 어떻게 *d* 오비탈의 에너지를 갈라지게 하는지 설명(§22.4).
12. 리간드의 상대적인 결정장 세기(분광화학적 계열)가 어떻게 *d* 오비탈의 에너지 갈라짐에 영향을 미치는지 설명(§22.4).
13. 착물에서 갈라짐 에너지(Δ)와 흡수되는 빛의 관계를 통해 착화합물의 색 설명(§22.4).
14. 짝지음 에너지와 Δ의 상대적 크기가 *d* 오비탈의 전자 배치와 착물의 자기적 특성을 어떻게 결정하는지 설명(§22.4).
15. 정사면체와 사각 평면 착물에서 *d* 오비탈의 에너지 갈라짐이 정팔면체와 어떻게 다른지 설명(§22.4).

주요 스킬

1. 전이 금속 원자와 이온의 전자 배치 쓰기(SP 22.1).
2. 오비탈 도표 이용하여 전이 금속 원자와 이온의 홀전자 수 결정(SP 22.2).
3. 착이온의 구조적 성분 이해(§22.3).
4. 배위 화합물에서 중심 금속 이온의 배위수 및 전하 결정(SP 22.3).
5. 배위 화합물을 명명하고 화학식 쓰기(SP 22.4).
6. 착화합물의 입체 이성질체 종류 결정(SP 22.5).
7. 중심 금속 이온 혼성 오비탈의 수 및 종류를 이용해 착이온의 모양 결정(§22.4).
8. 분광화학적 계열을 이용하여 Δ 값과 흡수되는 가시광선의 에너지를 기준으로 착화합물의 순위 지정(SP 22.6).
9. 분광화학적 계열을 이용하여 착이온이 고스핀인지 저스핀인지 결정(SP 22.7).

주요 용어 _Key Terms

강한 장 리간드
결정장 갈라짐 에너지, Δ
결정장 이론
고스핀 착화합물
광학 이성질체
구조 이성질체
기하 이성질체(*시스-트랜스*)
내부 전이 원소
란타넘족
란타넘족 수축
리간드
배위 공유 결합
배위 이성질체
배위 화합물
배위수
분광화학적 계열
상대 이온
악티늄족
약한 장 리간드
연결 이성질체
이성질체
저스핀 착화합물
전이 원소
주개 원자
착이온
킬레이트
e_g 오비탈
t_{2g} 오비탈

주요 방정식 및 관계식 _Key Equations and Relationships

22.1 착화합물의 음이온 또는 양이온에서 금속 이온의 전하 구하기:
금속 이온의 전하 = 착물 이온의 전하 – 리간드의 총 전하

연습 문제 _Problems

노란색으로 표시한 문제들에 대해서는 그 답을 부록 E에 첨부하였다. 연습 문제에 표시된 절은 본문의 절과 같고, 관련 예제의 번호를 제시하였다. 대부분의 경우 개념 복습 문제, 스킬 숙달 문제(같은 개념을 다루는 두 문제씩 묶음) 및 실전 문제를 제시하였다.

주의: 문제에서 *전자 배치*는 축약형 바닥 상태 전자 배치를 가리킨다.

전이 원소의 성질

(예제 22.1)

개념 복습 문제

22.1 전이 원소의 d 부준위의 주양자수 n 값과 주기 번호가 어떻게 연관되어있는지 설명하라.

22.2 (a) 5주기 전이 금속의 일반적인 전자 배치를 써라. (b) 6주기 전이 금속의 일반적인 전자 배치를 써라.

22.3 (a) 전이 금속으로부터 이온이 형성될 때 전자가 제거되는 순서에 대한 일반적인 규칙은 무엇인가? 5B(5) 족에서 예를 하나 들어라. (b) 이온의 전자 배치를 연구하는 데 사용하는 두 가지 측정법의 이름을 써라.

22.4 원자나 이온이 가질 수 있는 d 홀전자의 최대 수는 얼마인가? 이 수를 갖는 원자와 이온의 예를 들어라.

22.5 전이 금속의 주기 계열에 따른 원자 크기 변화는 주족 원소들의 크기 변화와 어떻게 다른지 설명하라.

22.6 (a) 란타넘족 수축이란 무엇인가? (b) 란타넘족 수축은 같은 족의 전이 원소에서 아래로 갈수록 원자의 크기에 어떻게 영향을 주는가? (c) 이것이 6주기 전이 원소의 밀도에 어떠한 영향을 주는가?

22.7 (a) 첫 번째 전이 계열($3d$)의 가로 방향으로의 전기 음성도 범위는 얼마인가? (b) 4주기 주족 원소들의 가로 방향으로의 전기 음성도 범위는 얼마인가? (c) 이 두 범위의 차이를 설명하라.

22.8 (a) 전이 원소와 주족 원소의 산화 상태의 수의 주된 차이점을 설명하라. (b) 전이 금속의 가장 흔한 산화 상태가 +2인 이유를 설명하라. (c) 원자가 상태 전기 음성도는 무엇인가? CrO, Cr_2O_3, CrO_3에서 Cr의 전기 음성도가 다른 이유를 설명하라.

22.9 상자기성 물질과 반자기성 물질을 구별하는 성질은 무엇인가? (b) 상자기성 이온이 대부분의 주족 원소보다 전이 원소에서 흔한 이유는 무엇인가? (c) 주족 원소보다 전이 원소에서 보다 많이 금속 이온 용액이 색을 띠는 이유는 무엇인가?

스킬 숙달 문제(유사한 문제들을 두 개씩 묶음)

22.10 주기율표를 이용하여 다음 원소의 전자 배치를 써라.
(a) V (b) Y (c) Hg.

22.11 주기율표를 이용하여 다음 원소의 전자 배치를 써라.
(a) Ru (b) Cu (c) Ni.

22.12 주기율표를 이용하여 다음 원소의 전자 배치를 써라.
(a) Os (b) Co (c) Ag.

22.13 주기율표를 이용하여 다음 원소의 전자 배치를 써라.
(a) Zn (b) Mn (c) Re.

22.14 다음 이온의 전자 배치를 쓰고 홀전자의 수를 말하라.
(a) Sc^{3+} (b) Cu^{2+} (c) Fe^{3+} (d) Nb^{3+}.

22.15 다음 이온의 전자 배치를 쓰고 홀전자의 수를 말하라.
(a) Cr^{3+} (b) Ti^{4+} (c) Co^{3+} (d) Ta^{3+}.

22.16 다음 원소의 최대 산화 상태는? (a) Ta (b) Zr (c) Mn.

22.17 다음 원소의 최대 산화 상태는? (a) Nb (b) Y (c) Tc.

22.18 최대 산화 상태 +6을 갖는 전이 금속들을 써라.

22.19 최대 산화 상태 +4를 갖는 전이 금속들을 써라.

22.20 CrF_2와 CrF_6 중 어느 화합물에 있는 Cr이 더 금속성인가? 그 이유는 무엇인가?

22.21 VF_5는 48°C에서 끓는 액체이지만 VF_3는 800°C보다 높은 온도에서 녹는 고체이다. 이 차이를 설명하라.

22.22 Cr과 Mo 중 어느 것이 더 산화되기 쉬운가? 이유를 설명하라.

22.23 MnO_4^-와 ReO_4^- 중 어느 것이 더 강한 산화제인가? 이유를 설명하라.

22.24 산화물 CrO_3와 CrO 중 더 강한 산성 수용액을 형성하는 것은? 이유를 설명하라.

22.25 산화물 Mn_2O_3와 Mn_2O_7 중 더 강한 염기성 수용액을 형성하는 것은? 이유를 설명하라.

실전 문제

22.26 Cu 합금 지붕의 녹청색 녹은, O_2, H_2O, CO_2, 황 화합물 존재 하에서의 부식의 결과이다. Ag이나 Au와 같은 1B(11)족의 원소들은 녹청색 녹을 만들지 않는다. 황 화합물의 존재 하에서 Cu 및 Ag의 부식은 검은색으로 변하지만, Au는 변색되지 않는다. 이러한 특징은 족 아래로 내려갈수록 산화성이 *증가*하는 주족 금속 1A(1)와는 다르다. 이 차이점을 설명하라.

내부 전이 원소

(예제 22.2)

개념 복습 문제

22.27 란타넘족의 어떤 원자 성질이 서로 놀랄 만큼 유사한 화학적 특성을 갖게 하는가?

22.28 (a) 란타넘족 이온에서 홀전자의 최대 수는 얼마인가? (b) 이 홀전자 수는 4*f* 오비탈에서의 전자 배치와 어떤 관련이 있는가?

22.29 악티늄족에서 방사능 물질을 어느 것인가?

스킬 숙달 문제(유사한 문제들을 두 개씩 묶음)

22.30 다음의 전자 배치를 써라.
(a) La (b) Ce^{3+} (c) Es (d) U^{4+}.

22.31 다음의 전자 배치를 써라.
(a) Pm (b) Lu^{3+} (c) Th (d) Fm^{3+}.

22.32 단지 몇 개의 란타넘족 원소만이 +3 이외의 산화 상태를 갖는다. 이들 중에는 유로퓸(Eu)와 터븀(Tb)가 있고 이들은 계열의 중간에 위치하는데, 이들의 흔치 않은 산화 상태는 절반만 채워진 *f* 오비탈로 설명할 수 있다. (a) Eu^{2+}, Eu^{3+}, Eu^{4+}의 전자 배치를 써라. Eu^{2+}는 흔한 반면 Eu^{4+}가 알려지지 않은 이유는 무엇인가? (b) Tb^{2+}, Tb^{3+}, Tb^{4+}의 전자 배치를 써라. Tb는 2+와 4+ 중 어떤 산화 상태를 갖겠는가? 설명하라.

22.33 세륨(Ce) 및 이터븀(Yb)은 +3 산화 상태 이외에도 다른 산화수를 갖는다.
(a) Ce^{2+}, Ce^{3+}, Ce^{4+}의 전자 배치를 써라. (b) Yb^{2+}, Yb^{3+}, Yb^{4+}의 전자 배치를 써라. (c) 3+ 이온 이외에 이온 Ce^{4+} 및 Yb^{2+}는 안정하다. 그 이유를 설명하라.

실전 문제

22.34 란타넘족 원소 중 원자 상태와 3+ 이온 상태에서 최대 홀전자를 가지는 원소는 무엇인가? 원자와 이온 상태에서 그들의 홀전자 수는 얼마인가?

배위 화합물

(예제 문제 22.3~22.5)

개념 복습 문제

22.35 리간드의 성질과 중심 금속 이온과의 상호 작용을 포함하여 착이온의 형성을 설명하라. 착이온이 어떻게 양이온이나 음이온이 될 수 있는지와 이 이온이 어떻게 중성 배위 화합물의 일부분이 될 수 있는지를 설명하라.

22.36 리간드의 주개 원자가 가져야 하는 전자적 특성은 무엇인가?

22.37 착이온에서 금속 이온 배위수는 무엇인가? 배위수는 산화 상태와 어떻게 다른가?

22.38 킬레이트 착화합물의 구조적 특징들은 무엇인가?

22.39 배위수 2, 4, 6개와 관련된 기하 구조는 각각 무엇인가?

22.40 착물 내의 코발트(III), 백금(II) 및 백금(IV)의 배위수는 얼마인가?

22.41 착이온은 어떤 의미로 Lewis 산-염기 반응의 첨가 생성물인가?

22.42 착이온 이름 중 마지막이 *-ate*로 끝나는 이름이 의미하는 것은 무엇인가?

22.43 착이온을 명명할 때 금속 이온과 리간드는 어떤 순서로 표현하는가?

22.44 결합 이성질체는 구조 이성질체인가? 혹은 입체 이성질체인가? 설명하라.

스킬 숙달 문제(유사한 문제들을 두 개씩 묶음)

22.45 다음 화학식을 갖는 화합물을 명명하라.
(a) $[Ni(H_2O)_6]Cl_2$ (b) $[Cr(en)_3](ClO_4)_3$ (c) $K_4[Mn(CN)_6]$

22.46 다음 화학식을 갖는 화합물을 명명하라.
(a) $[Co(NH_3)_4(NO_2)_2]Cl$ (b) $[Cr(NH_3)_6][Cr(CN)_6]$
(c) $K_2[CuCl_4]$

22.47 문제 22.45의 각 화합물 내 중심 금속의 전하와 배위수는 얼마인가?

22.48 문제 22.46의 각 화합물 내 중심 금속의 전하와 배위수는 얼마인가?

22.49 다음 화학식을 갖는 화합물을 명명하라.
(a) $K[Ag(CN)_2]$ (b) $Na_2[CdCl_4]$
(c) $[Co(NH_3)_4(H_2O)Br]Br_2$

22.50 다음 화학식을 갖는 화합물을 명명하라.
(a) $K[Pt(NH_3)Cl_5]$ (b) $[Cu(en)(NH_3)_2][Co(en)Cl_4]$
(c) $[Pt(en)_2Br_2](ClO_4)_2$

22.51 문제 22.49의 각 화합물 내 중심 금속의 전하와 배위수는 얼마인가?

22.52 문제 22.50의 각 화합물 내 중심 금속의 전하와 배위수는 얼마인가?

22.53 다음 이름에 해당되는 화합물의 화학식은 무엇인가?
(a) 황산 테트라암민아연
(b) 염화 펜타암민클로로크로뮴(III)
(c) 비스(싸이오황산)은(I)산 소듐

22.54 다음 이름에 해당되는 화합물의 화학식은 무엇인가?
(a) 황산 다이브로모비스(에틸렌다이아민)코발트(III)
(b) 테트라클로로구리(II)산 헥사암민크로뮴(III)
(c) 헥사사이아노철(II)산 포타슘

22.55 문제 22.53의 각 화합물에서 중심 금속의 배위수와 화학식 단위당 이온 수는 얼마인가?

22.56 문제 22.54의 각 화합물에서 중심 금속의 배위수와 화학식 단위당 이온 수는 얼마인가?

22.57 다음 이름에 해당되는 화합물의 화학식은 무엇인가?
(a) 황산 헥사아쿠아크로뮴(III)
(b) 테트라브로모철(III)산 바륨
(c) 탄산 비스(에틸렌다이아민)백금(II)

22.58 다음 이름에 해당되는 화합물의 화학식은 무엇인가?
(a) 트리스옥살레이토크로뮴(III)산 포타슘
(b) 펜타사이아노아이오도망가니즈(II)산 트리스(에틸렌다이아민)코발트(III)
(c) 질산 다이암민다이아쿠아브로모클로로알루미늄

22.59 문제 22.57의 각 화합물에서 중심 금속의 배위수와 화학식 단위당 이온 수는 얼마인가?

22.60 문제 22.58의 각 화합물에서 중심 금속의 배위수와 화학식 단위당 이온 수는 얼마인가?

22.61 다음 리간드 중 연결 이성질 현상을 일으킬 수 있는 것(들)은? Lewis 구조로 설명하라. (a) NO_2^- (b) SO_2 (c) NO_3^-.

22.62 다음 리간드 중 연결 이성질 현상을 일으킬 수 있는 것(들)은? Lewis 구조로 설명하라. (a) SCN^- (b) $S_2O_3^{2-}$(thiosulfate) (c) HS^-.

22.63 다음 화합물 중 이성질체로 존재할 수 있는 것(들)은? 이성질체의 유형을 밝히고, 구조를 그려라.
(a) $[Pt(CH_3NH_2)_2Br_2]$ (b) $[Pt(NH_3)_2FCl]$
(c) $[Pt(H_2O)(NH_3)FCl]$

22.64 다음 화합물 중 이성질체로 존재할 수 있는 것(들)은? 이성질체의 유형을 밝히고, 구조를 그려라.
(a) $[Zn(en)F_2]$ (b) $[Zn(H_2O)(NH_3)FCl]$ (c) $[Pd(CN)_2(OH)_2]^{2-}$

22.65 다음 화합물 중 이성질체로 존재할 수 있는 것(들)은 무엇인가? 이성질체의 유형을 밝히고, 구조를 그려라.
(a) $[PtCl_2Br_2]^{2-}$ (b) $[Cr(NH_3)_5(NO_2)]^{2+}$ (c) $[Pt(NH_3)_4I_2]^{2+}$

22.66 다음 화합물 중 이성질체로 존재할 수 있는 것(들)은 무엇인가? 이성질체의 유형을 밝히고, 구조를 그려라.
(a) $[Co(NH_3)_5Cl]Br_2$ (b) $[Pt(CH_3NH_2)_3Cl]Br$
(c) $[Fe(H_2O)_4(NH_3)_2]^{2+}$

실전 문제

22.67 Co^{3+}과 같이 Cr^{3+}은 많은 착물에서 배위수가 6이다. Alfred Werner가 1890년대에 착이온의 개념을 도입하기 전에는 배위 화합물은 전통적인 방식의 화학식으로 표현되었다. 전통적으로 $CrCl_3 \cdot nNH_3 (n = 3\sim6)$으로 나타내는 화합물들이 있다. 이들 화합물 중 수용액에서 같은 몰수의 NaCl과 비슷한 전기 전도도를 나타낼 것으로 생각되는 화합물이 어느 것인지 설명하라.

22.68 물에 용해된 $MCl_4(NH_3)_2$를 $AgNO_3$로 처리하면, 1 mol의 $MCl_4(NH_3)_2$당 2 mol의 AgCl이 즉시 침전된다. 착화합물에서 M의 배위수는 얼마인지 설명하라.

22.69 같은 족에 속한 이웃한 Pt처럼 Pd은 4배위 Pd(II) 착물과 6배위 Pd(IV) 착물을 형성한다. 다음과 같은 조성을 가진 착물의 화학식을 써라.
(a) $PdK(NH_3)Cl_3$ (b) $PdCl_2(NH_3)_2$
(c) PdK_2Cl_6 (d) $Pd(NH_3)_4Cl_4$

착화합물의 결합과 특성에 대한 이론적 근거
(예제 문제 22.6, 22.7)

22.70 (a) 배위 공유 결합은 무엇인가?
(b) $FeCl_3$가 물에 녹을 때 생기는 결합은 무엇인가?
(c) HCl 기체가 물에 녹을 때 생기는 결합은 무엇인가?

22.71 원자가 결합 이론에 근거하여 다음 착화합물을 형성하는 데 있어서 4주기 금속이 사용하는 오비탈은 무엇인지 말하라. (a) 사각 평면 착화합물 (b) 정사면체 착화합물.

22.72 어떤 금속 이온이 착화합물을 형성할 때 d^2sp^3 혼성 오비탈이 사용된다. 이 금속 이온의 배위수와 착화합물의 구조는 무엇인가?

22.73 용액 내 착화합물이 녹색 빛을 흡수한다. 용액의 색은 무엇인가?

22.74 색 흡수 이론에서 용액의 색이 푸른빛을 나타내는 두 가지 방법을 설명하라.

22.75 (a) 결정장 갈라짐 에너지(Δ)란 무엇인가?
(b) 정팔면체 리간드 장에서는 Δ가 어떻게 나타나는가?
(c) 정사면체 리간드 장에서는 Δ가 어떻게 다른가?

22.76 강한 장 리간드와 약한 장 리간드의 차이점은 무엇인가? 각각의 예를 들어 설명하라.

22.77 고스핀 또는 저스핀의 자유 기체 금속 이온은 같은 수의 홀전자를 갖는 착화합물인가?

22.78 $E_{\text{짝지음}}$과 Δ의 상대적 크기는 착화합물의 자기적 특성에 어떻게 영향을 미치는가?

22.79 정팔면체 착화합물은 저스핀과 고스핀 둘 다 가능하지만, 정사면체 착화합물은 고스핀만 가능하다. 그 이유를 설명하라.

스킬 숙달 문제(유사한 문제들을 두 개씩 묶음)

22.80 다음 각 화학종에서 중심 금속의 d 전자수는 얼마인가?
(a) $[TiCl_6]^{2-}$ (b) $K[AuCl_4]$ (c) $[RhCl_6]^{3-}$.

22.81 다음 각 화학종에서 중심 금속의 d 전자수는 얼마인가?
(a) $[Cr(H_2O)_6](ClO_3)_2$ (b) $[Mn(CN)_6]^{2-}$
(c) $[Ru(NO)(en)_2Cl]Br$.

22.82 다음 착물의 중심 금속 이온에 있는 d 전자의 수는 얼마인가? (a) $Ca[IrF_6]$ (b) $[HgI_4]^{2-}$ (c) $[Co(EDTA)]^{2-}$.

22.83 다음 착물의 중심 금속 이온에 있는 d 전자의 수는 얼마인가? (a) $[Ru(NH_3)_5Cl]SO_4$ (b) $Na_2[Os(CN)_6]$
(c) $[Co(NH_3)_4 CO_3I]$.

22.84 정팔면체 착화합물에서 d_{xy}와 $d_{x^2-y^2}$의 오비탈 에너지 갈라짐과 상대적 에너지를 설명할 수 있는 리간드와 d 오비탈의 배향을 그려라.

22.85 두 개의 e_g 오비탈 d_{z^2}와 $d_{x^2-y^2}$는 정팔면체 착화합물에서 에너지가 동일하지만 평면 사각형 구조를 갖는 착화합물에서는 d_{z^2} 오비탈이 $d_{x^2-y^2}$보다 훨씬 낮은 에너지 에너지를 갖는다. 오비탈 그림을 통해 설명하라.

22.86 다음 이온 중에서 고스핀 정팔면체 착화합물과 저스핀 정팔면체 착화합물 모두를 형성할 수 *없는* 것은 어느 것인가?
(a) Ti^{3+} (b) Co^{2+} (c) Fe^{2+} (d) Cu^{2+}.

22.87 다음 이온 중에서 고스핀 정팔면체 착화합물과 저스핀 정팔면체 착화합물 모두를 형성할 수 *없는* 것은 어느 것인가?
(a) Mn^{3+} (b) Nb^{3+} (c) Ru^{3+} (d) Ni^{2+}.

22.88 다음 각 화학종에 대해 오비탈 에너지 갈라짐 도표를 그리고, 분광화학적 계열을 이용하여 오비탈 채움 패턴을 보여라(H_2O는 약한 장 리간드).
(a) $[Cr(H_2O)_6]^{3+}$ (b) $[Cu(H_2O)_4]^{2+}$ (c) $[FeF_6]^{3-}$

22.89 다음 각 화학종에 대해 오비탈 에너지 갈라짐 도표를 그리고, 분광화학적 계열을 이용하여 오비탈 채움 패턴을 보여라(H_2O는 약한 장 리간드).
(a) $[Cr(CN)_6]^{3-}$ (b) $[Rh(CO)_6]^{3+}$ (c) $[Co(OH)_6]^{4-}$

22.90 다음 각 화학종에 대해 오비탈 에너지 갈라짐 도표를 그리고, 분광화학적 계열을 이용하여 오비탈 채움 패턴을 보여라(H_2O는 약한 장 리간드).
(a) $[MoCl_6]^{3-}$ (b) $[Ni(H_2O)_6]^{2+}$ (c) $[Ni(CN)_4]^{2-}$

22.91 다음 각 화학종에 대해 오비탈 에너지 갈라짐 도표를 그리고, 분광화학적 계열을 이용하여 오비탈 채움 패턴을 보여라(H_2O는 약한 장 리간드).
(a) $[Fe(C_2O_4)_3]^{3-}$($C_2O_4^{2-}$는 H_2O보다 더 약한 장 리간드.)
(b) $[Co(CN)_6]^{4-}$ (c) $[MnCl_6]^{4-}$

22.92 다음 착이온을 Δ 값(흡수하는 가시광선 에너지)이 *증가*하는 순으로 나열하라. $[Cr(NH_3)_6]^{3+}$, $[Cr(H_2O)_6]^{3+}$, $[Cr(NO_2)_6]^{3-}$.

22.93 다음 착이온을 Δ 값(흡수하는 가시광선 에너지)이 *감소*하는 순으로 나열하라. $[Cr(en)_3]^{3+}$, $[Cr(CN)_6]^{3-}$, $[CrCl_6]^{3-}$.

22.94 착화합물, $[ML_6]^{2+}$는 보라색이다. 같은 금속은 다른 약한 장 리간드인 Q와 착화합물을 형성한다. $[MQ_6]^{2+}$는 무슨 색을 나타내겠는가? 그 이유를 설명하라.

22.95 착화합물, $[Cr(H_2O)_6]^{2+}$는 보라색이다. 다른 착화합물 CrL_6는 녹색을 나타낸다. 리간드 L이 CN^-일까? 혹은 Cl^-일까? 설명하라.

실전 문제

22.96 두 금속 이온 모두 d^8 전자 배치를 가지지만, 정팔면체 착이온 $[Ni(NH_3)_6]^{2+}$는 상자기성인 반면, 평면 사각형 구조를 갖는 $[Pt(NH_3)_4]^{2+}$는 반자기성을 나타낸다. 그 이유를 설명하라.

22.97 착화합물 $[Ni(H_2O)_6]^{2+}$는 녹색인 반면, $[Ni(NH_3)_6]^{2+}$는 보라색이다. 설명하라.

22.98 Co^{3+}를 포함한 3개의 착이온들 $[Co(H_2O)_6]]^{3+}$, $[Co(NH_3)_6]^{3+}$, $[CoF_6]^{3-}$가 있다. 이 이온들에 대해 각각 주황색, 녹색, 파란색이 관측되었을 때, 어느 이온이 어느 색깔을 보일지, 그리고 그 이유를 서술하라.

실버버그의
제9판
일반화학 CHEMISTRY
The Molecular Nature of Matter and Change

화학에서 흔히 쓰는 수학 연산

기본적인 산술과 기하뿐만 아니라 네 가지 수학 연산 즉, 로그·지수·이차 방정식·그래프 그리기 등이 일반화학에서 흔히 사용된다. 이 부록에서는 이들 각각에 대해 간략히 논의한다.

로그

로그의 의미와 성질

로그(logarithm)는 지수이다. 구체적으로 말하면, $x^n = A$에 대해 "수 A의 밑 x의 로그가 n이다"라고 말하고, 다음과 같이 쓴다.

$$\log_x A = n$$

로그가 지수이므로 다음과 같은 성질을 가지고 있다.

$$\log_x 1 = 0$$
$$\log_x (A \times B) = \log_x A + \log_x B$$
$$\log_x \frac{A}{B} = \log_x A - \log_x B$$
$$\log_x A^y = y \log_x A$$

로그의 종류

상용(common)로그와 자연(natural)로그가 화학을 비롯한 여러 분야의 과학에서 사용된다.

1. *상용*로그에서는 밑(위 예의 x)이 10인 데, 밑을 표기하지 않는다. 즉, $\log_{10} A$를 간단히 $\log A$로 쓴다. 따라서 *log*라는 표기가 밑이 10임을 나타낸다. 1000의 상용로그는 3이다. 달리 말하면 10에 3승을 하면 1000이 된다.

$$\log 1000 = 3 \qquad \text{또는} \qquad 10^3 = 1000$$

마찬가지로 다음과 같이 쓸 수 있다.

$$\log 10 = 1 \qquad \text{또는} \qquad 10^1 = 10$$
$$\log 1{,}000{,}000 = 6 \qquad \text{또는} \qquad 10^6 = 1{,}000{,}000$$
$$\log 0.001 = -3 \qquad \text{또는} \qquad 10^{-3} = 0.001$$
$$\log 853 = 2.931 \qquad \text{또는} \qquad 10^{2.931} = 853$$

마지막 예는 로그에서의 유효 숫자에 대한 요점을 설명하고 있다. *숫자의 유효 숫자의 수는 로그에서 소수점 오른쪽의 숫자의 개수와 같다.* 즉, 숫자 853의 유효 숫자가 3개이므로 그 로그 값 2.931에서 소수점 오른쪽에 3자리 숫자를 갖는다.

전자계산기로 상용로그 값을 구하려면 LOG 버튼을 누른 후 숫자를 입력하고 ENTER를 누르면 된다.

2. *자연* 로그에서는 밑이 수 e인데, 그 값이 2.71828...이다. $\log_e A$를 $\ln A$로 쓰며, *ln* 표기가 밑이 e임을 나타낸다. 상용로그와 자연 로그의 관계를 쉽게 얻을 수 있다.

$$\log 10 = 1 \qquad \ln 10 = 2.303$$

이므로,

$$\ln A = 2.303 \log A$$

이다.

전자계산기로 자연로그 값을 얻으려면, LN 버튼을 누른 후 숫자를 입력하고 ENETR를 누른다. 계산기에 LN 버튼이 없으면 LOG 버튼을 누르고 숫자를 입력한 후 ENTER을 누른 다음 2.303을 곱한다.

역로그

역로그(antilogarithm)는 밑에 로그 승을 한 것이다.

n의 역로그는 10^n이다.

앞의 예 중 2개를 사용하면, 3의 역로그는 1000이며 2.931의 역로그는 853이다. 계산기로 역로그 값을 구하려면 10^x 버튼을 누르고 숫자를 입력한 후 ENTER를 누른다. 마찬가지로 자연 역로그를 구하려면 e^x 버튼을 누르고 숫자를 입력한 후 ENETR를 누른다. [일부 계산기에서는 숫자를 입력하고 INV를 누른 후 LOG(또는 LN) 버튼을 누른다.]

지수(과학적) 표기

화학의 많은 양들은 매우 크거나 매우 작다. 예를 들어 금 1 g 중의 금 원자의 수를 일상(conventional) 숫자 표기로 쓰면

59,060,000,000,000,000,000,000개 원자(유효 숫자 4자리)

이다. 다른 예로 금 원자 하나의 질량은 g으로 다음과 같다.

0.0000000000000000000003272 g(유효 숫자 4자리)

지수(exponential)(과학적, scientific) 표기는 그러한 숫자를 쓰는 훨씬 실용적인 방법을 제공한다. 지수 표기법에서는 숫자를 다음과 같은 형태로 표기하는 데,

$$A \times 10^n$$

여기서 A(계수)는 1 이상, 10보다 작고(즉, $1 \leq A < 10$), n(지수)는 정수이다.

지수 표기법(exponential notation)으로 나타내려는 수가 1보다 크면 지수는 양수($n > 0$)이고, 1보다 작으면 지수가 음수($n < 0$)이다. n의 크기는 계수 A(지수 표기법에서)가 1 이상, 10보다 작은 값을 가지기 위해 이동하여야 할 소수점(일상 표기법에서)의 위치를 나타낸다. 지수 표기법으로 금 1 g에는 5.906×10^{22} 원자가 들어 있고, 금 원자 하나의 질량은 3.272×10^{-22} g이다.

일상 표기법과 지수 표기법의 변환

지수 표기법을 이용하려면 일상 표기법과 지수 표기법을 서로 변환할 수 있어야 한다.

1. 숫자를 일상 표기법에서 지수 표기법으로 바꾸려면, 10 이상의 숫자에 대해서는 소수점을 왼쪽으로 옮기고, 0에서 1사이의 숫자에 대해서는 오른쪽으로 옮긴다.

   75,000,000은 7.5×10^7이 된다. (소수점이 왼쪽으로 7자리 이동)
   0.006042는 6.042×10^{-3}이 된다. (소수점이 오른쪽으로 3자리 이동)

2. 숫자를 지수 표기법에서 일상 표기법으로 바꾸려면, 지수가 양수인 숫자에 대해서는 소수점의 위치를 지수 만큼 오른쪽으로 옮기고, 지수가 음수인 수에 대해서는 왼쪽으로 이동시킨다.

   1.38×10^5은 138,000이 된다. (소수점이 오른쪽으로 5자리 이동)
   8.41×10^{-6}은 0.00000841이 된다. (소수점이 왼쪽으로 6자리 이동)

3. 계수가 10보다 크거나 1보다 작은 지수형 숫자는 계수를 표준 지수형으로 바꾸고 지수를 추가하여 표준 지수형으로 바꿀 수 있다.

$$582.3\times10^6\text{은 } 5.823\times10^2\times10^6 = 5.823\times10^{(2+6)} = 5.823\times10^8\text{으로 된다.}$$

$$0.0043\times10^{-4}\text{은 } 4.3\times10^{-3}\times10^{-4} = 4.3\times10^{[(-3)+(-4)]} = 4.3\times10^{-7}\text{으로 된다.}$$

지수 표기법을 사용한 계산

계산에서는 계수와 지수를 따로 계산하고 지수의 성질을 적용한다(로그에 대한 내용 참조).

1. 지수형 숫자를 곱하려면, 계수를 곱하고, 지수를 더한 후, 숫자를 표준 지수 표기법으로 바꾼다.

$$(5.5\times10^3)(3.1\times10^5) = (5.5 \times 3.1)\times10^{(3+5)} = 17\times10^8 = 1.7\times10^9$$

$$(9.7\times10^{14})(4.3\times10^{-20}) = (9.7 \times 4.3)\times10^{[14+(-20)]} = 42\times10^{-6} = 4.2\times10^{-5}$$

2. 지수형 숫자를 나누려면, 계수를 나누고, 지수를 뺀 후, 숫자를 표준 지수 표기법으로 바꾼다.

$$\frac{2.6\times10^6}{5.8\times10^2} = \frac{2.6}{5.8} \times 10^{(6-2)} = 0.45\times10^4 = 4.5\times10^3$$

$$\frac{1.7\times10^{-5}}{8.2\times10^{-8}} = \frac{1.7}{8.2} \times 10^{[(-5)-(-8)]} = 0.21\times10^3 = 2.1\times10^2$$

3. 지수형 숫자를 더하거나 빼려면, 모든 숫자를 같은 지수를 갖도록 바꾼 후에 계수를 더하거나 뺀다.

$$(1.45\times10^4) + (3.2\times10^3) = (1.45\times10^4) + (0.32\times10^4) = 1.77\times10^4$$

$$(3.22\times10^5) - (9.02\times10^4) = (3.22\times10^5) - (0.902\times10^5) = 2.32\times10^5$$

이차 방정식

이차 방정식(quadratic equation)은 x의 가장 높은 차수가 2인 방정식이다. 이차 방정식의 일반형은

$$ax^2 + bx + c = 0$$

인 데, 여기서 a, b, c는 숫자이다. 특정 a, b, c 값에 대하여 이 방정식을 만족시키는 x 값을 방정식의 *해*라고 부른다. 다음과 같은 근의 공식을 써서 x 값을 구한다.

$$x = \frac{-b \pm \sqrt{b^2 - 4ac}}{2a}$$

평형 문제에서 농도를 구할 때 보통 근의 공식이 필요하다. 예를 들어 식을 정리하여 다음과 같은 이차 방정식이 나온다고 가정하자.

$$\underset{a}{4.3}x^2 + \underset{b}{0.65}x - \underset{c}{8.7} = 0$$

$a = 4.3$, $b = 0.65$, $c = -8.7$을 근의 공식에 대입하면 다음을 얻는다.

$$x = \frac{-0.65 \pm \sqrt{(0.65)^2 - 4(4.3)(-8.7)}}{2(4.3)}$$

"플러스-마이너스" 표시(±)는 항상 2개의 x 값이 존재함을 나타낸다. 이 경우, 다음 두 값이다.

$$x = 1.3 \qquad x = -1.5$$

그러나 모든 실제 계에서는 이 값들 중 하나만 의미를 갖는다. 예를 들어 x가 $[H_3O^+]$라면

음의 값은 음의 농도를 나타내는데, 이것은 아무런 실제적 의미가 없다.

자료로 직선의 그래프 그리기

그래프를 써서 변수의 변화를 가시화하는 것은 과학 전반에 걸쳐 널리 사용하는 방법이다. 많은 경우 자료를 직선 형태의 그래프로 그리는 것이 가장 유용하다. 식이 다음과 같은 일반형을 갖거나 이 형태로 변형될 수 있으면, 직선이 된다.

$$y = mx + b$$

여기서 y는 종속 변수(보통 수직축으로 그린다.)이고, x는 독립 변수(보통 수평 축으로 그린다.), m은 직선의 기울기, b는 직선의 y-절편이다. 절편은 $x = 0$일 때의 y 값이다.

$$y = m(0) + b = b$$

직선의 기울기는 x의 변화 값에 대한 y의 변화 값의 비이다.

$$\text{기울기}(m) = \frac{y_2 - y_1}{x_2 - x_1} = \frac{\Delta y}{\Delta x}$$

기울기의 *부호*는 직선이 기울어진 *방향*을 나타낸다. x가 증가함에 따라 y가 증가하면, m은 양의 값을 가지고, x 값이 커질수록 직선은 위로 향한다. x가 증가함에 따라 y가 감소하면, m은 음의 값을 가지고, x 값이 커질수록 직선은 아래로 향한다. 기울기의 *크기*는 직선의 *가파른 정도*를 나타낸다. $m = 3$인 직선은 $m = 1$인 직선보다 3배 더 가파르다(같은 x 값 변화에 대해 y 값이 3배 더 많이 변함.)

1차 방정식 $y = 2x + 1$을 생각해 보자. 이 식의 그래프를 그림 A.1에 나타내었다. 실제로 직선이 빗변이 되는 직각 삼각형을 그려 기울기를 구할 수 있다. 그러면 한 변이 Δy, 다른 변이 Δx이다. 이 그림에서는 $\Delta y = 8$이고, $\Delta x = 4$이다.

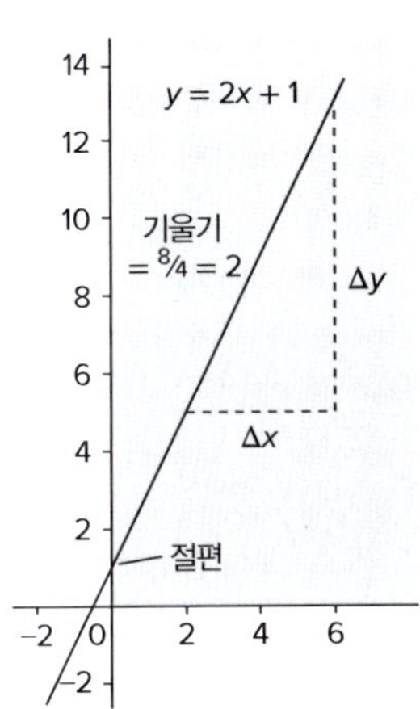

그림 A.1

교재의 여러 곳에서 식을 직선의 식 형태로 변형하여 기울기나 절편으로부터 정보를 얻는다. 예를 들어, 16장에서 다음 식을 얻었다.

$$\ln \frac{[A]_0}{[A]_t} = kt$$

로그의 성질로부터 다음 식을 얻는다.

$$\ln [A]_t = -kt + \ln [A]_0$$
$$y \quad = mx + \quad b$$

직선의 식 형태로 변형하면 다음과 같이 된다.

$$\ln [A]_0 - \ln [A]_t = kt$$

따라서 t 대 $[A]_t$의 그래프는 직선이 되고, 기울기는 $-k$(속도상수의 음수), 절편은 $[A]_0$(A의 초기 농도의 로그 값)이다.

책의 다른 많은 부분에서 그래프로 보여주지 않은 직선 관계가 나온다. 예를 들어, 1장에서 온도 척도의 변환도 직선 형태로 나타낼 수 있다.

$$T(°F) = \tfrac{9}{5}T(°C) + 32$$
$$y \quad = mx \quad + b$$

부록 B _Appendix B

몇 가지 물질들의 열역학 자료*

물질 또는 이온	ΔH_f° (kJ/mol)	ΔG_f° (kJ/mol)	S° (J/mol·K)
$e^-(g)$	0	0	20.87
Aluminum			
$Al(s)$	0	0	28.3
$Al^{3+}(aq)$	−524.7	−481.2	−313
$AlCl_3(s)$	−704.2	−628.9	110.7
$Al_2O_3(s)$	−1676	−1582	50.94
Barium			
$Ba(s)$	0	0	62.5
$Ba(g)$	175.6	144.8	170.28
$Ba^{2+}(g)$	1649.9	—	—
$Ba^{2+}(aq)$	−538.36	−560.7	13
$BaCl_2(s)$	−806.06	−810.9	126
$BaCO_3(s)$	−1219	−1139	112
$BaO(s)$	−548.1	−520.4	72.07
$BaSO_4(s)$	−1465	−1353	132
Boron			
B(β-rhombohedral)	0	0	5.87
$BF_3(g)$	−1137.0	−1120.3	254.0
$BCl_3(g)$	−403.8	−388.7	290.0
$B_2H_6(g)$	35	86.6	232.0
$B_2O_3(s)$	−1272	−1193	53.8
$H_3BO_3(s)$	−1094.3	−969.01	88.83
Bromine			
$Br_2(l)$	0	0	152.23
$Br_2(g)$	30.91	3.13	245.38
$Br(g)$	111.9	82.4	174.90
$Br^-(g)$	−218.9	—	—
$Br^-(aq)$	−120.9	−102.82	80.71
$HBr(g)$	−36.3	−53.5	198.59
Cadmium			
$Cd(s)$	0	0	51.5
$Cd(g)$	112.8	78.2	167.64
$Cd^{2+}(aq)$	−72.38	−77.74	−61.1
$CdS(s)$	−144	−141	71
Calcium			
$Ca(s)$	0	0	41.6
$Ca(g)$	192.6	158.9	154.78
$Ca^{2+}(g)$	1934.1	—	—
$Ca^{2+}(aq)$	−542.96	−553.04	−55.2
$CaF_2(s)$	−1215	−1162	68.87
$CaCl_2(s)$	−795.0	−750.2	114
$CaCO_3(s)$	−1206.9	−1128.8	92.9
$CaO(s)$	−635.1	−603.5	38.2
$Ca(OH)_2(s)$	−986.09	−898.56	83.39
$Ca_3(PO_4)_2(s)$	−4138	−3899	263
$CaSO_4(s)$	−1432.7	−1320.3	107
Carbon			
C(graphite)	0	0	5.686
C(diamond)	1.896	2.866	2.439
$C(g)$	715.0	669.6	158.0
$CO(g)$	−110.5	−137.2	197.5
$CO_2(g)$	−393.5	−394.4	213.7
$CO_2(aq)$	−412.9	−386.2	121
$CO_3^{2-}(aq)$	−676.26	−528.10	−53.1
$HCO_3^-(aq)$	−691.11	587.06	95.0
$H_2CO_3(aq)$	−698.7	−623.42	191
$CH_4(g)$	−74.87	−50.81	186.1
$C_2H_2(g)$	227	209	200.85
$C_2H_4(g)$	52.47	68.36	219.22
$C_2H_6(g)$	−84.667	−32.89	229.5
$C_3H_8(g)$	−105	−24.5	269.9
$C_4H_{10}(g)$	−126	−16.7	310
$C_6H_6(l)$	49.0	124.5	172.8
$CH_3OH(g)$	−201.2	−161.9	238
$CH_3OH(l)$	−238.6	−166.2	127
$HCHO(g)$	−116	−110	219
$HCOO^-(aq)$	−410	−335	91.6
$HCOOH(l)$	−409	−346	129.0
$HCOOH(aq)$	−410	−356	164
$C_2H_5OH(g)$	−235.1	−168.6	282.6
$C_2H_5OH(l)$	−277.63	−174.8	161
$CH_3CHO(g)$	−166	−133.7	266
$CH_3COOH(l)$	−487.0	−392	160
$C_6H_{12}O_6(s)$	−1273.3	−910.56	212.1
$C_{12}H_{22}O_{11}(s)$	−2221.7	−1544.3	360.24
$CN^-(aq)$	151	166	118
$HCN(g)$	135	125	201.7
$HCN(l)$	105	121	112.8
$HCN(aq)$	105	112	129
$CS_2(g)$	117	66.9	237.79
$CS_2(l)$	87.9	63.6	151.0
$CH_3Cl(g)$	−83.7	−60.2	234
$CH_2Cl_2(l)$	−117	−63.2	179
$CHCl_3(l)$	−132	−71.5	203
$CCl_4(g)$	−96.0	−53.7	309.7

*모두 298K의 값.

(계속)

물질 또는 이온	ΔH°_f (kJ/mol)	ΔG°_f (kJ/mol)	S° (J/mol·K)
$CCl_4(l)$	−139	−68.6	214.4
$COCl_2(g)$	−220	−206	283.74
Cesium			
$Cs(s)$	0	0	85.15
$Cs(g)$	76.7	49.7	175.5
$Cs^+(g)$	458.5	427.1	169.72
$Cs^+(aq)$	−248	−282.0	133
$CsF(s)$	−554.7	−525.4	88
$CsCl(s)$	−442.8	−414	101.18
$CsBr(s)$	−395	−383	121
$CsI(s)$	−337	−333	130
Chlorine			
$Cl_2(g)$	0	0	223.0
$Cl(g)$	121.0	105.0	165.1
$Cl^-(g)$	−234	−240	153.25
$Cl^-(aq)$	−167.46	−131.17	55.10
$HCl(g)$	−92.31	−95.30	186.79
$HCl(aq)$	−167.46	−131.17	55.06
$ClO_2(g)$	102	120	256.7
$Cl_2O(g)$	80.3	97.9	266.1
Chromium			
$Cr(s)$	0	0	23.8
$Cr^{3+}(aq)$	−1971	—	—
$CrO_4^{2-}(aq)$	−863.2	−706.3	38
$Cr_2O_7^{2-}(aq)$	−1461	−1257	214
Copper			
$Cu(s)$	0	0	33.1
$Cu(g)$	341.1	301.4	166.29
$Cu^+(aq)$	51.9	50.2	−26
$Cu^{2+}(aq)$	64.39	64.98	−98.7
$Cu_2O(s)$	−168.6	−146.0	93.1
$CuO(s)$	−157.3	−130	42.63
$Cu_2S(s)$	−79.5	−86.2	120.9
$CuS(s)$	−53.1	−53.6	66.5
Fluorine			
$F_2(g)$	0	0	202.7
$F(g)$	78.9	61.8	158.64
$F^-(g)$	−255.6	−262.5	145.47
$F^-(aq)$	−329.1	−276.5	−9.6
$HF(g)$	−273	−275	173.67
Hydrogen			
$H_2(g)$	0	0	130.6
$H(g)$	218.0	203.30	114.60
$H^+(aq)$	0	0	0
$H^+(g)$	1536.3	1517.1	108.83
Iodine			
$I_2(s)$	0	0	116.14
$I_2(g)$	62.442	19.38	260.58
$I(g)$	106.8	70.21	180.67
$I^-(g)$	−194.7	—	—
$I^-(aq)$	−55.94	−51.67	109.4
$HI(g)$	25.9	1.3	206.33
Iron			
$Fe(s)$	0	0	27.3
$Fe^{3+}(aq)$	−47.7	−10.5	−293
$Fe^{2+}(aq)$	−87.9	−84.94	113
$FeCl_2(s)$	−341.8	−302.3	117.9

물질 또는 이온	ΔH°_f (kJ/mol)	ΔG°_f (kJ/mol)	S° (J/mol·K)
$FeCl_3(s)$	−399.5	−334.1	142
$FeO(s)$	−272.0	−251.4	60.75
$Fe_2O_3(s)$	−825.5	−743.6	87.400
$Fe_3O_4(s)$	−1121	−1018	145.3
Lead			
$Pb(s)$	0	0	64.785
$Pb^{2+}(aq)$	1.6	−24.3	21
$PbCl_2(s)$	−359	−314	136
$PbO(s)$	−218	−198	68.70
$PbO_2(s)$	−276.6	−219.0	76.6
$PbS(s)$	−98.3	−96.7	91.3
$PbSO_4(s)$	−918.39	−811.24	147
Lithium			
$Li(s)$	0	0	29.10
$Li(g)$	161	128	138.67
$Li^+(g)$	687.163	649.989	132.91
$Li^+(aq)$	−278.46	−293.8	14
$LiF(s)$	−616.9	−588.7	35.66
$LiCl(s)$	−408	−384	59.30
$LiBr(s)$	−351	−342	74.1
$LiI(s)$	−270	−270	85.8
Magnesium			
$Mg(s)$	0	0	32.69
$Mg(g)$	150	115	148.55
$Mg^{2+}(g)$	2351	—	—
$Mg^{2+}(aq)$	−461.96	−456.01	118
$MgCl_2(s)$	−641.6	−592.1	89.630
$MgCO_3(s)$	−1112	−1028	65.86
$MgO(s)$	−601.2	−569.0	26.9
$Mg_3N_2(s)$	−461	−401	88
Manganese			
$Mn(s, \propto)$	0	0	31.8
$Mn^{2+}(aq)$	−219	−223	−84
$MnO_2(s)$	−520.9	−466.1	53.1
$MnO_4^-(aq)$	−518.4	−425.1	190
Mercury			
$Hg(l)$	0	0	76.027
$Hg(g)$	61.30	31.8	174.87
$Hg^{2+}(aq)$	171	164.4	−32
$Hg_2^{2+}(aq)$	172	153.6	84.5
$HgCl_2(s)$	−230	−184	144
$Hg_2Cl_2(s)$	−264.9	−210.66	196
$HgO(s)$	−90.79	−58.50	70.27
Nitrogen			
$N_2(g)$	0	0	191.5
$N(g)$	473	456	153.2
$N_2O(g)$	82.05	104.2	219.7
$NO(g)$	90.29	86.60	210.65
$NO_2(g)$	33.2	51	239.9
$N_2O_3(g)$	86.6	142.4	314.7
$N_2O_4(g)$	9.16	97.7	304.3
$N_2O_5(g)$	11	118	346
$N_2O_5(s)$	−43.1	114	178
$NH_3(g)$	−45.9	−16	193
$NH_3(aq)$	−80.83	26.7	110
$N_2H_4(l)$	50.63	149.2	121.2
$NO_3^-(aq)$	−206.57	−110.5	146

(계속)

물질 또는 이온	ΔH_f° (kJ/mol)	ΔG_f° (kJ/mol)	S° (J/mol·K)
$HNO_3(l)$	−173.23	−79.914	155.6
$HNO_3(aq)$	−206.57	−110.5	146
$NF_3(g)$	−125	−83.3	260.6
$NOCl(g)$	51.71	66.07	261.6
$NH_4Cl(s)$	−314.4	−203.0	94.6
Oxygen			
$O_2(g)$	0	0	205.0
$O(g)$	249.2	231.7	160.95
$O_3(g)$	143	163	238.82
$OH^-(aq)$	−229.94	−157.30	−10.54
$H_2O(g)$	−241.826	−228.60	188.72
$H_2O(l)$	−285.840	−237.192	69.940
$H_2O_2(l)$	−187.8	−120.4	110
$H_2O_2(aq)$	−191.2	−134.1	144
Phosphorus			
$P_4(s$, white)	0	0	41.1
$P(g)$	314.6	278.3	163.1
$P(s$, red)	−17.6	−12.1	22.8
$P_2(g)$	144	104	218
$P_4(g)$	58.9	24.5	280
$PCl_3(g)$	−287	−268	312
$PCl_3(l)$	−320	−272	217
$PCl_5(g)$	−402	−323	353
$PCl_5(s)$	−443.5	—	—
$P_4O_{10}(s)$	−2984	−2698	229
$PO_4^{3-}(aq)$	−1266	−1013	−218
$HPO_4^{2-}(aq)$	−1281	−1082	−36
$H_2PO_4^-(aq)$	−1285	−1135	89.1
$H_3PO_4(aq)$	−1277	−1019	228
$H_3PO_4(l)$	−1271.7	−1123.6	150.8
Potassium			
$K(s)$	0	0	64.672
$K(g)$	89.2	60.7	160.23
$K^+(g)$	514.197	481.202	154.47
$K^+(aq)$	−251.2	−282.28	103
$KF(s)$	−568.6	−538.9	66.55
$KCl(s)$	−436.7	−409.2	82.59
$KBr(s)$	−394	−380	95.94
$KI(s)$	−328	−323	106.39
$KOH(s)$	−424.8	−379.1	78.87
$KClO_3(s)$	−397.7	−296.3	143.1
$KClO_4(s)$	−432.75	−303.2	151.0
Rubidium			
$Rb(s)$	0	0	69.5
$Rb(g)$	85.81	55.86	169.99
$Rb^+(g)$	495.04	—	—
$Rb^+(aq)$	−246	−282.2	124
$RbF(s)$	−549.28	—	—
$RbCl(s)$	−435.35	−407.8	95.90
$RbBr(s)$	−389.2	−378.1	108.3
$RbI(s)$	−328	−326	118.0
Silicon			
$Si(s)$	0	0	18.0
$SiF_4(g)$	−1614.9	−1572.7	282.4
$SiO_2(s)$	−910.9	−856.5	41.5
Silver			
$Ag(s)$	0	0	42.702
$Ag(g)$	289.2	250.4	172.892
$Ag^+(aq)$	105.9	77.111	73.93
$AgF(s)$	−203	−185	84
$AgCl(s)$	−127.03	−109.72	96.11
$AgBr(s)$	−99.51	−95.939	107.1
$AgI(s)$	−62.38	−66.32	114
$AgNO_3(s)$	−45.06	19.1	128.2
$Ag_2S(s)$	−31.8	−40.3	146
Sodium			
$Na(s)$	0	0	51.446
$Na(g)$	107.76	77.299	153.61
$Na^+(g)$	609.839	574.877	147.85
$Na^+(aq)$	−239.66	−261.87	60.2
$NaF(s)$	−575.4	−545.1	51.21
$NaCl(s)$	−411.1	−384.0	72.12
$NaBr(s)$	−361	−349	86.82
$NaOH(s)$	−425.609	−379.53	64.454
$Na_2CO_3(s)$	−1130.8	−1048.1	139
$NaHCO_3(s)$	−947.7	−851.9	102
$NaI(s)$	−288	−285	98.5
Strontium			
$Sr(s)$	0	0	54.4
$Sr(g)$	164	110	164.54
$Sr^{2+}(g)$	1784	—	—
$Sr^{2+}(aq)$	−545.51	−557.3	−39
$SrCl_2(s)$	−828.4	−781.2	117
$SrCO_3(s)$	−1218	−1138	97.1
$SrO(s)$	−592.0	−562.4	55.5
$SrSO_4(s)$	−1445	−1334	122
Sulfur			
S(rhombic)	0	0	31.9
S(monoclinic)	0.3	0.096	32.6
$S(g)$	279	239	168
$S_2(g)$	129	80.1	228.1
$S_8(g)$	101	49.1	430.211
$S^{2-}(aq)$	41.8	83.7	22
$HS^-(aq)$	−17.7	12.6	61.1
$H_2S(g)$	−20.2	−33	205.6
$H_2S(aq)$	−39	−27.4	122
$SO_2(g)$	−296.8	−300.2	248.1
$SO_3(g)$	−396	−371	256.66
$SO_4^{2-}(aq)$	−907.51	−741.99	17
$HSO_4^-(aq)$	−885.75	−752.87	126.9
$H_2SO_4(l)$	−813.989	−690.059	156.90
$H_2SO_4(aq)$	−907.51	−741.99	17
Tin			
Sn(white)	0	0	51.5
Sn(gray)	3	4.6	44.8
$SnCl_4(l)$	−545.2	−474.0	259
$SnO_2(s)$	−580.7	−519.7	52.3
Titanium			
$Ti(s)$	0	0	30.7
$TiCl_4(l)$	−804.2	−737.2	252.3
$TiO_2(s)$	−944.0	−888.8	50.6
Zinc			
$Zn(s)$	0	0	41.6
$Zn(g)$	130.5	94.93	160.9
$Zn^{2+}(aq)$	−152.4	−147.21	−106.5
$ZnO(s)$	−348.0	−318.2	43.9
$ZnS(s$, zinc blende)	−203	−198	57.7

몇 가지 물질들의 평형 상수*

몇 가지 산들의 해리(이온화) 상수(K_a)

이름과 화학식	Lewis 구조†	K_{a1}	K_{a2}	K_{a3}
Acetic acid CH_3COOH	H—C(H)(H)—C(=O)—O—H	1.8×10^{-5}		
Acetylsalicylic acid $CH_3COOC_6H_4COOH$	C_6H_4(—C(=O)—O—H)(—O—C(=O)—CH_3)	3.6×10^{-4}		
Adipic acid $HOOC(CH_2)_4COOH$	H—O—C(=O)—CH_2—CH_2—CH_2—CH_2—C(=O)—O—H	3.8×10^{-5}	3.8×10^{-6}	
Arsenic acid H_3AsO_4	H—O—As(=O)(—O—H)—O—H	6×10^{-3}	1.1×10^{-7}	3×10^{-12}
Ascorbic acid $H_2C_6H_6O_6$	H—O—C=C—O—H, C=O, H—O—CH_2—CH(O—H)—CH (ring)	1.0×10^{-5}	5×10^{-12}	
Benzoic acid C_6H_5COOH	C_6H_5—C(=O)—O—H	6.3×10^{-5}		
Carbonic acid H_2CO_3	H—O—C(=O)—O—H	4.5×10^{-7}	4.7×10^{-11}	
Chloroacetic acid $ClCH_2COOH$	Cl—C(H)(H)—C(=O)—O—H	1.4×10^{-3}		
Chlorous acid $HClO_2$	H—O—Cl=O	1.1×10^{-2}		

(계속)

*모두 298K의 값. 단, acetylsalicylic acid은 37°C, 0.15 *M* NaCl에서의 값임.

†산성 (이온화 가능한) 양성자(들)을 빨간색으로 표시. 가장 낮은 형식 전하를 갖는 구조임. 벤젠 고리는 한 가지 공명 구조만 표시.

몇 가지 산들의 해리(이온화) 상수(K_a)

이름과 화학식	Lewis 구조[†]	K_{a1}	K_{a2}	K_{a3}
Citric acid $HOOCCH_2C(OH)(COOH)CH_2COOH$	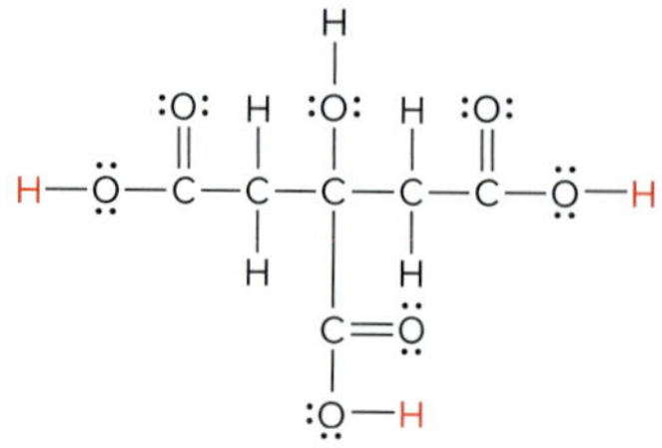 H—O—C—C—C—C—C—O—H	7.4×10^{-4}	1.7×10^{-5}	4.0×10^{-7}
Formic acid HCOOH	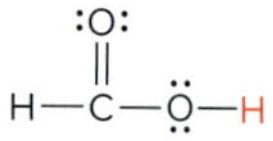 H—C—O—H	1.8×10^{-4}		
Glyceric acid $HOCH_2CH(OH)COOH$	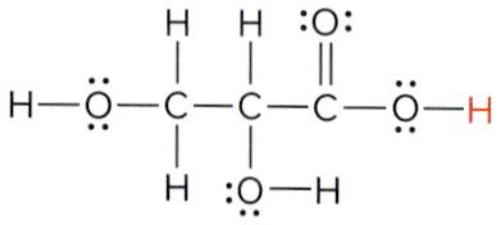 H—O—C—C—C—O—H	2.9×10^{-4}		
Glycolic acid $HOCH_2COOH$	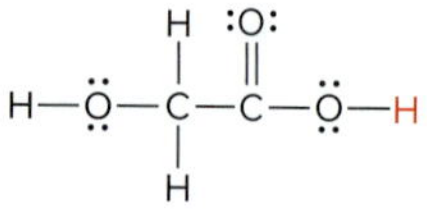 H—O—C—C—O—H	1.5×10^{-4}		
Glyoxylic acid HC(O)COOH	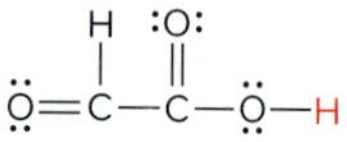 O=C—C—O—H	3.5×10^{-4}		
Hydrocyanic acid HCN	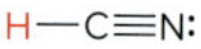 H—C≡N:	6.2×10^{-10}		
Hydrofluoric acid HF	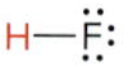 H—F:	6.8×10^{-4}		
Hydrosulfuric acid H_2S	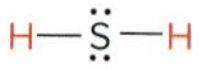 H—S—H	9×10^{-8}	1×10^{-17}	
Hypobromous acid HBrO	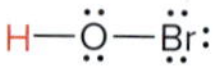 H—O—Br:	2.3×10^{-9}		
Hypochlorous acid HClO	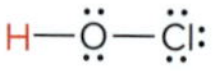 H—O—Cl:	2.9×10^{-8}		
Hypoiodous acid HIO	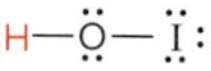 H—O—I:	2.3×10^{-11}		
Iodic acid HIO_3	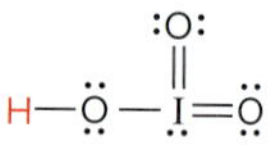 H—O—I=O	1.6×10^{-1}		
Lactic acid $CH_3CH(OH)COOH$	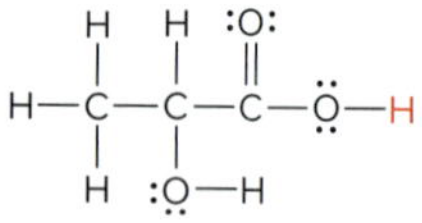 H—C—C—C—O—H	1.4×10^{-4}		
Maleic acid HOOCCH=CHCOOH	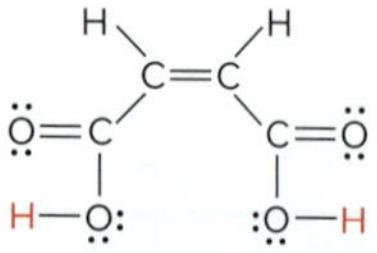 C=C	1.2×10^{-2}	4.7×10^{-7}	

(계속)

몇 가지 산들의 해리(이온화) 상수(K_a)

이름과 화학식	Lewis 구조[†]	K_{a1}	K_{a2}	K_{a3}
Malonic acid $HOOCCH_2COOH$	H—O—C(=O)—CH₂—C(=O)—O—H	1.4×10^{-3}	2.0×10^{-6}	
Nitrous acid HNO_2	H—O—N=O	7.1×10^{-4}		
Oxalic acid $HOOCCOOH$	H—O—C(=O)—C(=O)—O—H	5.6×10^{-2}	5.4×10^{-5}	
Phenol C_6H_5OH	C_6H_5—O—H	1.0×10^{-10}		
Phenylacetic acid $C_6H_5CH_2COOH$	C_6H_5—CH₂—C(=O)—O—H	4.9×10^{-5}		
Phosphoric acid H_3PO_4	H—O—P(=O)(—O—H)—O—H	7.2×10^{-3}	6.3×10^{-8}	4.2×10^{-13}
Phosphorous acid $HPO(OH)_2$	H—P(=O)(—O—H)—O—H	3×10^{-2}	1.7×10^{-7}	
Propanoic acid CH_3CH_2COOH	H—CH₂—CH₂—C(=O)—O—H	1.3×10^{-5}		
Pyruvic acid $CH_3C(O)COOH$	H—CH₂—C(=O)—C(=O)—O—H	2.8×10^{-3}		
Succinic acid $HOOCCH_2CH_2COOH$	H—O—C(=O)—CH₂—CH₂—C(=O)—O—H	6.2×10^{-5}	2.3×10^{-6}	
Sulfuric acid H_2SO_4	H—O—S(=O)(=O)—O—H	Very large	1.0×10^{-2}	
Sulfurous acid H_2SO_3	H—O—S(=O)—O—H	1.4×10^{-2}	6.5×10^{-8}	

(계속)

몇 가지 아민계 염기들의 해리(이온화) 상수(K_b)

이름과 화학식	Lewis 구조†	K_{b1}	K_{b2}
Ammonia NH_3		1.76×10^{-5}	
Aniline $C_6H_5NH_2$		4.0×10^{-10}	
Diethylamine $(CH_3CH_2)_2NH$		8.6×10^{-4}	
Dimethylamine $(CH_3)_2NH$		5.9×10^{-4}	
Ethanolamine $HOCH_2CH_2NH_2$		3.2×10^{-5}	
Ethylamine $CH_3CH_2NH_2$		4.3×10^{-4}	
Ethylenediamine $H_2NCH_2CH_2NH_2$		8.5×10^{-5}	7.1×10^{-8}
Methylamine CH_3NH_2		4.4×10^{-4}	
tert-Butylamine $(CH_3)_3CNH_2$		4.8×10^{-4}	
Piperidine $C_5H_{10}NH$		1.3×10^{-3}	
n-Propylamine $CH_3CH_2CH_2NH_2$		3.5×10^{-4}	

† 염기성 질소와 고립 전자쌍은 파란색으로 표시.

(계속)

몇 가지 아민계 염기들의 해리(이온화) 상수(K_b)

이름과 화학식	Lewis 구조†	K_{b1}	K_{b2}
Isopropylamine $(CH_3)_2CHNH_2$		4.7×10^{-4}	
1,3-Propylenediamine $H_2NCH_2CH_2CH_2NH_2$		3.1×10^{-4}	3.0×10^{-6}
Pyridine C_5H_5N		1.7×10^{-9}	
Triethylamine $(CH_3CH_2)_3N$		5.2×10^{-4}	
Trimethylamine $(CH_3)_3N$		6.3×10^{-5}	

몇 가지 수화된 금속 이온들의 해리(이온화) 상수(K_a)

자유 이온	수화된 이온	K_a
Fe^{3+}	$Fe(H_2O)_6^{3+}(aq)$	6×10^{-3}
Sn^{2+}	$Sn(H_2O)_6^{2+}(aq)$	4×10^{-4}
Cr^{3+}	$Cr(H_2O)_6^{3+}(aq)$	1×10^{-4}
Al^{3+}	$Al(H_2O)_6^{3+}(aq)$	1×10^{-5}
Cu^{2+}	$Cu(H_2O)_6^{2+}(aq)$	3×10^{-8}
Pb^{2+}	$Pb(H_2O)_6^{2+}(aq)$	3×10^{-8}
Zn^{2+}	$Zn(H_2O)_6^{2+}(aq)$	1×10^{-9}
Co^{2+}	$Co(H_2O)_6^{2+}(aq)$	2×10^{-10}
Ni^{2+}	$Ni(H_2O)_6^{2+}(aq)$	1×10^{-10}

몇 가지 착이온들의 형성 상수(K_f)

착이온	K_f
$Ag(CN)_2^-$	3.0×10^{20}
$Ag(NH_3)_2^+$	1.7×10^{7}
$Ag(S_2O_3)_2^{3-}$	4.7×10^{13}
AlF_6^{3-}	$4\ \times10^{19}$
$Al(OH)_4^-$	$3\ \times10^{33}$
$Be(OH)_4^{2-}$	$4\ \times10^{18}$
CdI_4^{2-}	$1\ \times10^{6}$
$Co(OH)_4^{2-}$	$5\ \times10^{9}$
$Cr(OH)_4^-$	8.0×10^{29}
$Cu(NH_3)_4^{2+}$	5.6×10^{11}
$Fe(CN)_6^{4-}$	$3\ \times10^{35}$
$Fe(CN)_6^{3-}$	4.0×10^{43}
$Hg(CN)_4^{2-}$	9.3×10^{38}
$Ni(NH_3)_6^{2+}$	2.0×10^{8}
$Pb(OH)_3^-$	$8\ \times10^{13}$
$Sn(OH)_3^-$	$3\ \times10^{25}$
$Zn(CN)_4^{2-}$	4.2×10^{19}
$Zn(NH_3)_4^{2+}$	7.8×10^{8}
$Zn(OH)_4^{2-}$	$3\ \times10^{15}$

난용성 이온 결합 화합물들의 용해도곱 상수(K_{sp})

이름, 화학식	K_{sp}
Carbonates	
Barium carbonate, $BaCO_3$	2.0×10^{-9}
Cadmium carbonate, $CdCO_3$	1.8×10^{-14}
Calcium carbonate, $CaCO_3$	3.3×10^{-9}
Cobalt(II) carbonate, $CoCO_3$	1.0×10^{-10}
Copper(II) carbonate, $CuCO_3$	$3\ \times10^{-12}$
Lead(II) carbonate, $PbCO_3$	7.4×10^{-14}
Magnesium carbonate, $MgCO_3$	3.5×10^{-8}
Mercury(I) carbonate, Hg_2CO_3	8.9×10^{-17}
Nickel(II) carbonate, $NiCO_3$	1.3×10^{-7}
Strontium carbonate, $SrCO_3$	5.4×10^{-10}
Zinc carbonate, $ZnCO_3$	1.0×10^{-10}
Chromates	
Barium chromate, $BaCrO_4$	2.1×10^{-10}
Calcium chromate, $CaCrO_4$	$1\ \times10^{-8}$
Lead(II) chromate, $PbCrO_4$	2.3×10^{-13}
Silver chromate, Ag_2CrO_4	2.6×10^{-12}
Cyanides	
Mercury(I) cyanide, $Hg_2(CN)_2$	$5\ \times10^{-40}$
Silver cyanide, AgCN	2.2×10^{-16}
Halides	
Fluorides	
Barium fluoride, BaF_2	1.5×10^{-6}
Calcium fluoride, CaF_2	3.2×10^{-11}
Lead(II) fluoride, PbF_2	3.6×10^{-8}
Magnesium fluoride, MgF_2	7.4×10^{-9}
Strontium fluoride, SrF_2	2.6×10^{-9}
Chlorides	
Copper(I) chloride, CuCl	1.9×10^{-7}
Lead(II) chloride, $PbCl_2$	1.7×10^{-5}
Silver chloride, AgCl	1.8×10^{-10}
Bromides	
Copper(I) bromide, CuBr	$5\ \times10^{-9}$
Silver bromide, AgBr	5.0×10^{-13}
Iodides	
Copper(I) iodide, CuI	$1\ \times10^{-12}$
Lead(II) iodide, PbI_2	7.9×10^{-9}
Mercury(I) iodide, Hg_2I_2	4.7×10^{-29}
Silver iodide, AgI	8.3×10^{-17}
Hydroxides	
Aluminum hydroxide, $Al(OH)_3$	$3\ \times10^{-34}$
Cadmium hydroxide, $Cd(OH)_2$	7.2×10^{-15}
Calcium hydroxide, $Ca(OH)_2$	6.5×10^{-6}
Cobalt(II) hydroxide, $Co(OH)_2$	1.3×10^{-15}
Copper(II) hydroxide, $Cu(OH)_2$	2.2×10^{-20}
Iron(II) hydroxide, $Fe(OH)_2$	4.1×10^{-15}
Iron(III) hydroxide, $Fe(OH)_3$	1.6×10^{-39}
Magnesium hydroxide, $Mg(OH)_2$	6.3×10^{-10}
Manganese(II) hydroxide, $Mn(OH)_2$	1.6×10^{-13}
Nickel(II) hydroxide, $Ni(OH)_2$	$6\ \times10^{-16}$
Zinc hydroxide, $Zn(OH)_2$	$3\ \times10^{-16}$
Iodates	
Barium iodate, $Ba(IO_3)_2$	1.5×10^{-9}
Calcium iodate, $Ca(IO_3)_2$	7.1×10^{-7}
Lead(II) iodate, $Pb(IO_3)_2$	2.5×10^{-13}
Silver iodate, $AgIO_3$	3.1×10^{-8}
Strontium iodate, $Sr(IO_3)_2$	3.3×10^{-7}
Zinc iodate, $Zn(IO_3)_2$	3.9×10^{-6}
Oxalates	
Barium oxalate dihydrate, $BaC_2O_4\cdot2H_2O$	1.1×10^{-7}
Calcium oxalate monohydrate, $CaC_2O_4\cdot H_2O$	2.3×10^{-9}
Strontium oxalate monohydrate, $SrC_2O_4\cdot H_2O$	5.6×10^{-8}
Phosphates	
Calcium phosphate, $Ca_3(PO_4)_2$	1.2×10^{-29}
Magnesium phosphate, $Mg_3(PO_4)_2$	5.2×10^{-24}
Silver phosphate, Ag_3PO_4	2.6×10^{-18}
Sulfates	
Barium sulfate, $BaSO_4$	1.1×10^{-10}
Calcium sulfate, $CaSO_4$	2.4×10^{-5}
Lead(II) sulfate, $PbSO_4$	1.6×10^{-8}
Radium sulfate, $RaSO_4$	$2\ \times10^{-11}$
Silver sulfate, Ag_2SO_4	1.5×10^{-5}
Strontium sulfate, $SrSO_4$	3.2×10^{-7}
Sulfides	
Cadmium sulfide, CdS	1.0×10^{-24}
Copper(II) sulfide, CuS	$8\ \times10^{-34}$
Iron(II) sulfide, FeS	$8\ \times10^{-16}$
Lead(II) sulfide, PbS	$3\ \times10^{-25}$
Manganese(II) sulfide, MnS	$3\ \times10^{-11}$
Mercury(II) sulfide, HgS	$2\ \times10^{-50}$
Nickel(II) sulfide, NiS	$3\ \times10^{-16}$
Silver sulfide, Ag_2S	$8\ \times10^{-48}$
Tin(II) sulfide, SnS	1.3×10^{-23}
Zinc sulfide, ZnS	2.0×10^{-22}

표준 전극(반쪽 전지) 전위*

반쪽 반응	$E°$(V)
$F_2(g) + 2e^- \rightleftharpoons 2F^-(aq)$	+2.87
$O_3(g) + 2H^+(aq) + 2e^- \rightleftharpoons O_2(g) + H_2O(l)$	+2.07
$Co^{3+}(aq) + e^- \rightleftharpoons Co^{2+}(aq)$	+1.82
$H_2O_2(aq) + 2H^+(aq) + 2e^- \rightleftharpoons 2H_2O(l)$	+1.77
$PbO_2(s) + 3H^+(aq) + HSO_4^-(aq) + 2e^- \rightleftharpoons PbSO_4(s) + 2H_2O(l)$	+1.70
$Ce^{4+}(aq) + e^- \rightleftharpoons Ce^{3+}(aq)$	+1.61
$MnO_4^-(aq) + 8H^+(aq) + 5e^- \rightleftharpoons Mn^{2+}(aq) + 4H_2O(l)$	+1.51
$Au^{3+}(aq) + 3e^- \rightleftharpoons Au(s)$	+1.50
$Cl_2(g) + 2e^- \rightleftharpoons 2Cl^-(aq)$	+1.36
$Cr_2O_7^{2-}(aq) + 14H^+(aq) + 6e^- \rightleftharpoons 2Cr^{3+}(aq) + 7H_2O(l)$	+1.33
$MnO_2(s) + 4H^+(aq) + 2e^- \rightleftharpoons Mn^{2+}(aq) + 2H_2O(l)$	+1.23
$O_2(g) + 4H^+(aq) + 4e^- \rightleftharpoons 2H_2O(l)$	+1.23
$Br_2(l) + 2e^- \rightleftharpoons 2Br^-(aq)$	+1.07
$NO_3^-(aq) + 4H^+(aq) + 3e^- \rightleftharpoons NO(g) + 2H_2O(l)$	+0.96
$2Hg^{2+}(aq) + 2e^- \rightleftharpoons Hg_2^{2+}(aq)$	+0.92
$Hg^{2+}(aq) + 2e^- \rightleftharpoons Hg(l)$	+0.85
$Ag^+(aq) + e^- \rightleftharpoons Ag(s)$	+0.80
$Hg_2^{2+}(aq) + 2e^- \rightleftharpoons 2Hg(l)$	+0.79
$Fe^{3+}(aq) + e^- \rightleftharpoons Fe^{2+}(aq)$	+0.77
$O_2(g) + 2H^+(aq) + 2e^- \rightleftharpoons H_2O_2(aq)$	+0.68
$MnO_4^-(aq) + 2H_2O(l) + 3e^- \rightleftharpoons MnO_2(s) + 4OH^-(aq)$	+0.59
$I_2(s) + 2e^- \rightleftharpoons 2I^-(aq)$	+0.53
$O_2(g) + 2H_2O(l) + 4e^- \rightleftharpoons 4OH^-(aq)$	+0.40
$Cu^{2+}(aq) + 2e^- \rightleftharpoons Cu(s)$	+0.34
$AgCl(s) + e^- \rightleftharpoons Ag(s) + Cl^-(aq)$	+0.22
$SO_4^{2-}(aq) + 4H^+(aq) + 2e^- \rightleftharpoons SO_2(g) + 2H_2O(l)$	+0.20
$Cu^{2+}(aq) + e^- \rightleftharpoons Cu^+(aq)$	+0.15
$Sn^{4+}(aq) + 2e^- \rightleftharpoons Sn^{2+}(aq)$	+0.13
$2H^+(aq) + 2e^- \rightleftharpoons H_2(g)$	0.00
$Pb^{2+}(aq) + 2e^- \rightleftharpoons Pb(s)$	−0.13
$Sn^{2+}(aq) + 2e^- \rightleftharpoons Sn(s)$	−0.14
$N_2(g) + 5H^+(aq) + 4e^- \rightleftharpoons N_2H_5^+(aq)$	−0.23
$Ni^{2+}(aq) + 2e^- \rightleftharpoons Ni(s)$	−0.25
$Co^{2+}(aq) + 2e^- \rightleftharpoons Co(s)$	−0.28
$PbSO_4(s) + H^+(aq) + 2e^- \rightleftharpoons Pb(s) + HSO_4^-(aq)$	−0.31
$Cd^{2+}(aq) + 2e^- \rightleftharpoons Cd(s)$	−0.40
$Fe^{2+}(aq) + 2e^- \rightleftharpoons Fe(s)$	−0.44
$Cr^{3+}(aq) + 3e^- \rightleftharpoons Cr(s)$	−0.74
$Zn^{2+}(aq) + 2e^- \rightleftharpoons Zn(s)$	−0.76
$2H_2O(l) + 2e^- \rightleftharpoons H_2(g) + 2OH^-(aq)$	−0.83
$Cr^{2+}(aq) + 2e^- \rightleftharpoons Cr(s)$	−0.91
$Mn^{2+}(aq) + 2e^- \rightleftharpoons Mn(s)$	−1.18
$Al^{3+}(aq) + 3e^- \rightleftharpoons Al(s)$	−1.66
$Mg^{2+}(aq) + 2e^- \rightleftharpoons Mg(s)$	−2.37
$Na^+(aq) + e^- \rightleftharpoons Na(s)$	−2.71
$Ca^{2+}(aq) + 2e^- \rightleftharpoons Ca(s)$	−2.87
$Sr^{2+}(aq) + 2e^- \rightleftharpoons Sr(s)$	−2.89
$Ba^{2+}(aq) + 2e^- \rightleftharpoons Ba(s)$	−2.90
$K^+(aq) + e^- \rightleftharpoons K(s)$	−2.93
$Li^+(aq) + e^- \rightleftharpoons Li(s)$	−3.05

*모두 298K의 값. 환원 반응으로 표기. $E°$ 값은 모든 성분들이 표준 상태(용해된 화학종은 1 *M*, 이상적으로 거동하는 기체 1 atm, 고체와 액체는 순수한 물질)의 값이다.

부록 E _Appendix E

선택된 문제의 해답*

제1장

1.2 Gas molecules fill the entire container; the volume of a gas is the volume of the container. Solids and liquids have a definite volume. The volume of the container does not affect the volume of a solid or liquid. (a) gas (b) liquid (c) liquid **1.4** Physical property: a characteristic shown by a substance itself, without any interaction with or change into other substances. Chemical property: a characteristic of a substance that appears as it interacts with, or transforms into, other substances. (a) Color (yellow-green and silver to white) and physical state (gas and metal to crystals) are physical properties. The interaction between chlorine gas and sodium metal is a chemical change. (b) Color and magnetism are physical properties. No chemical changes. **1.6**(a) Physical change; there is only a temperature change. (b) Chemical change; the change in appearance indicates an irreversible chemical change. (c) Physical change; there is only a change in size, not composition. (d) Chemical change; the wood and air become different substances with different compositions. **1.8**(a) fuel (b) wood **1.12** A well-designed experiment must have the following: (1) at least two variables that are related; (2) a way to control all the variables so that only one at a time may be changed; (3) reproducible results. **1.16**(a) increases (b) remains the same (c) decreases (d) increases (e) remains the same **1.19** An extensive property depends on the amount of material present. An intensive property is the same regardless of how much material is present. (a) extensive property (b) intensive property (c) extensive property (d) intensive property **1.20**(a) $(2.54\ cm)^2/(1\ in)^2$ and $(1\ m)^2/(100\ cm)^2$ (b) $(1000\ m)^2/(1\ km)^2$ and $(100\ cm)^2/(1\ m)^2$ (c) $(1.609\times10^3\ m/mi)$ and $(1\ h/3600\ s)$ (d) $(1000\ g/2.205\ lb)$ and $(3.531\times10^{-5}\ ft^3/cm^3)$ **1.22** 1.43 nm **1.24** 3.94×10^3 in **1.26**(a) $2.07\times10^{-9}\ km^2$ (b) \$10.43 **1.28** 174 g **1.30**(a) $5.52\times10^3\ kg/m^3$ (b) 345 lb/ft^3 **1.32**(a) $2.56\times10^{-9}\ mm^3$ (b) 10^{-10} L **1.34**(a) 9.626 cm^3 (b) 64.92 g **1.36** 2.70 g/cm^3 **1.38**(a) 20.°C; 293 K (b) 109 K; −263°F (c) −273°C; −460.°F **1.41**(a) 2.47×10^{-7} m (b) 67.6 Å **1.48**(a) none (b) none (c) $0.041\underline{0}$ (d) $4.\underline{0}1\underline{00}\times10^4$ **1.50**(a) 0.00036 (b) 35.83 (c) 22.5 **1.52** 6×10^2 **1.54**(a) 1.34 m (b) 21,621 mm^3 (c) 443 cm **1.56**(a) 1.310000×10^5 (b) 4.7×10^{-4} (c) 2.10006×10^5 (d) 2.1605×10^3 **1.58**(a) 5550 (b) 10,070. (c) 0.000000885 (d) 0.003004 **1.60**(a) 8.025×10^4 (b) 1.0098×10^{-3} (c) 7.7×10^{-11} **1.62**(a) 4.06×10^{-19} J (b) 1.61×10^{24} molecules (c) 1.82×10^5 J/mol **1.64**(a) Height measured, not exact. (b) Planets counted, exact. (c) Number of grams in a pound is not a unit definition, not exact. (d) Definition of a millimeter, exact. **1.66** 7.50 ± 0.05 cm **1.68**(a) $I_{avg} = 8.72$ g; $II_{avg} = 8.72$ g; $III_{avg} = 8.50$ g; $IV_{avg} = 8.56$ g; sets I and II are most accurate. (b) Set III is the most precise but is the least accurate. (c) Set I has the best combination of high accuracy and high precision. (d) Set IV has both low accuracy and low precision.

제2장

2.1 Compounds contain different types of atoms; there is only one type of atom in an element. **2.4**(a) The presence of more than one element makes pure calcium chloride a compound. (b) There is only one kind of atom, so sulfur is an element. (c) The presence of more than one compound makes baking powder a mixture. (d) The presence of more than one type of atom means cytosine cannot be an element. The specific, not variable, arrangement means it is a compound. **2.12**(a) elements, compounds, and mixtures (b) compounds (c) compounds **2.14**(a) Law of definite composition: the composition is the same regardless of its source. (b) Law of mass conservation: the total quantity of matter does not change. (c) Law of multiple proportions: two elements can combine to form two different compounds that have different proportions of those elements. **2.16**(a) No, the percent by mass of each element in a compound is fixed. (b) Yes, the *mass* of each element in a compound depends on the amount of compound. **2.18** The two experiments demonstrate the law of definite composition. The unknown compound decomposes the same way both times. The experiments also demonstrate the law of conservation of mass, since the total mass before reaction equals the total mass after reaction. **2.20**(a) 1.34 g F (b) 0.514 Ca; 0.486 F (c) 51.4 mass % Ca; 48.6 mass % F **2.22**(a) 0.603 (b) 322 g Mg **2.24** 3.498×10^6 g Cu; 1.766×10^6 g S **2.26** compound 1: 0.905 S/Cl; compound 2: 0.451 S/Cl; ratio: 2.00/1.00 **2.29** Coal A **2.31** Dalton postulated that atoms of an element are identical and that compounds result from the chemical combination of specific ratios of different elements. **2.32** If you know the ratio of any two quantities and the value of one of them, the other can always be calculated; in this case, the charge and the mass/charge ratio were known. **2.36** The atomic number is the number of protons in an atom's nucleus. When the atomic number changes, the identity of the element changes. The mass number is the total number of protons and neutrons in the nucleus. The identity of an element is based on the number of protons, not the number of neutrons. The mass number can vary (by a change in number of neutrons) without changing the identity of the element. **2.39**(a) 5 peaks (b) *m/e* value for heaviest particle = 74; *m/e* value for lightest particle = 35 **2.40** All three isotopes have 18 protons and 18 electrons. Their respective mass numbers are 36, 38, and 40, with the respective numbers of neutrons being 18, 20, and 22. **2.42**(a) These have the same number of protons and electrons but different numbers of neutrons; same *Z*. (b) These have the same number of neutrons but different numbers of protons and electrons; same *N*. (c) These have different numbers of protons, neutrons, and electrons; same *A*. **2.44**(a) ${}^{38}_{18}Ar$ (b) ${}^{55}_{25}Mn$ (c) ${}^{109}_{47}Ag$ **2.46**(a) ${}^{48}_{22}Ti$ (b) ${}^{79}_{34}Se$ (c) ${}^{11}_{5}B$

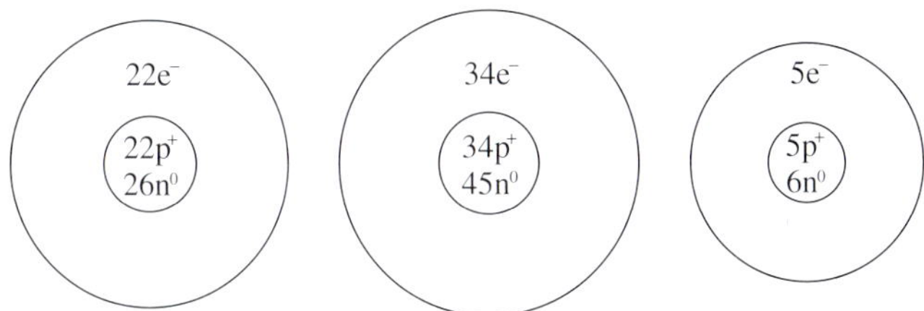

2.48 69.72 amu **2.50** $^{35}Cl = 75.774\%$, $^{37}Cl = 24.226\%$
2.53(a) In the modern periodic table, the elements are arranged in order of increasing atomic number. (b) Elements in a group (or family) have similar chemical properties. (c) Elements can be classified as metals, metalloids, or nonmetals. **2.56** The alkali metals [Group 1A(1)] are metals and readily lose one electron to form cations; the halogens [Group 7A(17)] are nonmetals and readily gain one electron to form anions.
2.57(a) germanium; Ge; 4A(14); metalloid (b) phosphorus; P; 5A(15); nonmetal (c) helium; He; 8A(18); nonmetal (d) lithium; Li; 1A(1); metal (e) molybdenum; Mo; 6B(6); metal
2.59(a) Ra; 88 (b) Si; 14 (c) Cu; 63.55 amu (d) Br; 79.90 amu
2.61 Atoms of these two kinds of substances will form ionic bonds in which one or more electrons are transferred from the metal atom to the nonmetal atom to form a cation and an anion, respectively. **2.64** Coulomb's law states the energy of attraction in an ionic bond is directly proportional to the product of charges and inversely proportional to the distance between charges. The product of charges in MgO [(2+)(2−)] is greater than that in LiF [(1+)(1−)]. Thus, MgO has stronger ionic bonding. **2.67** The Group 1A(1) elements form cations, and the Group 7A(17) elements form anions.
2.69 Each potassium atom loses one electron to form an ion with a 1+ charge. Each sulfur atom gains two electrons to form an ion with a 2− charge. Two potassium atoms, losing one electron each, are required for each sulfur atom, which gains two electrons. The oppositely charged ions attract each other to form an ionic solid, K_2S. **2.71** K^+; Br^- **2.73**(a) oxygen; 17; 6A(16); 2 (b) fluorine; 19; 7A(17); 2 (c) calcium; 40; 2A(2); 4 **2.75** Lithium forms the Li^+ ion; oxygen forms the O^{2-} ion. Number of O^{2-} ions = 4.2×10^{21} O^{2-} ions. **2.77** NaCl
2.79 The subscripts in a formula give the numbers of ions in a formula unit of the compound. The subscripts indicate that there are two F^- ions for each Mg^{2+} ion. Using this information and the mass of each element, we can calculate percent mass of each element in the compound. **2.81** The two samples are similar in that both contain 20 billion oxygen atoms and 20 billion hydrogen atoms. They differ in that they contain different types of molecules: H_2O_2 molecules in the hydrogen peroxide sample, and H_2 and O_2 molecules in the mixture. In addition, the mixture contains 20 billion molecules (10 billion H_2 and 10 billion O_2), while the hydrogen peroxide sample contains 10 billion molecules. **2.85**(a) Na_3N, sodium nitride (b) SrO, strontium oxide (c) $AlCl_3$, aluminum chloride
2.87(a) MgF_2, magnesium fluoride (b) ZnS, zinc sulfide (c) $SrCl_2$, strontium chloride **2.89**(a) $SnCl_4$ (b) iron(III) bromide (c) CuBr (d) manganese(III) oxide **2.91**(a) sodium hydrogen phosphate (b) NH_4ClO_4 (c) lead(II) acetate trihydrate (d) $NaNO_2$ **2.93**(a) BaO (b) $Fe(NO_3)_2$ (c) MgS (d) KI
2.95(a) H_2CO_3; carbonic acid (b) HIO_4; periodic acid (c) HCN; hydrocyanic acid (d) H_2S; hydrosulfuric acid
2.97(a) ammonium ion, NH_4^+; ammonia, NH_3 (b) magnesium sulfide, MgS; magnesium sulfite, $MgSO_3$; magnesium sulfate, $MgSO_4$ (c) hydrochloric acid, HCl; chloric acid, $HClO_3$; chlorous acid, $HClO_2$ (d) cuprous bromide, CuBr; cupric bromide, $CuBr_2$ **2.99** Disulfur tetrafluoride, S_2F_4
2.101(a) P_4O_{10} (b) B_2O_3 (c) PF_3 **2.103**(a) $(NH_4)_2SO_4$; 132.14 amu (b) NaH_2PO_4; 119.98 amu (c) $KHCO_3$; 100.12 amu
2.105(a) 108.02 amu (b) 331.2 amu (c) 72.08 amu
2.107(a) 12 oxygen atoms; 342.14 amu (b) 9 hydrogen atoms; 132.06 amu (c) 8 oxygen atoms; 344.69 amu **2.109**(a) SO_3; sulfur trioxide; 80.06 amu (b) C_3H_8; propane; 44.09 amu
2.113 Separating the components of a mixture requires physical methods only; that is, no chemical changes (no changes in composition) take place, and the components maintain their chemical identities and properties throughout. Separating the components of a compound requires a chemical change (change in composition). **2.116**(a) compound (b) homogeneous mixture (c) heterogeneous mixture (d) homogeneous mixture (e) homogeneous mixture **2.119**(a) filtration (b) chromatography

제3장

3.2(a) 12 mol C atoms (b) 1.445×10^{25} C atoms **3.7**(a) left (b) left (c) left (d) neither **3.8**(a) 121.64 g/mol (b) 76.02 g/mol (c) 106.44 g/mol (d) 152.00 g/mol **3.10**(a) 134.7 g/mol (b) 175.3 g/mol (c) 342.14 g/mol (d) 125.84 g/mol **3.12**(a) 22.6 g Zn (b) 3.16×10^{24} F atoms (c) 4.28×10^{23} Ca atoms
3.14(a) 1.1×10^2 g $KMnO_4$ (b) 0.188 mol O atoms (c) 1.5×10^{20} O atoms **3.16**(a) 9.72 g $MnSO_4$ (b) 44.6 mol $Fe(ClO_4)_3$ (c) 1.74×10^{21} N atoms **3.18**(a) 1.56×10^3 g Cu_2CO_3 (b) 0.0725 g N_2O_5 (c) 0.644 mol $NaClO_4$; 3.88×10^{23} formula units $NaClO_4$ (d) 3.88×10^{23} Na^+ ions; 3.88×10^{23} ClO_4^- ions; 3.88×10^{23} Cl atoms; 1.55×10^{24} O atoms **3.20**(a) 6.375 mass % H (b) 71.52 mass % O **3.22**(a) 0.1252 mass fraction C (b) 0.3428 mass fraction O **3.25**(a) 0.9507 mol cisplatin (b) 3.5×10^{24} H atoms
3.27(a) 195 mol $Fe_2O_3{\cdot}4H_2O$ (b) 195 mol Fe_2O_3 (c) 2.18×10^4 g Fe
3.29 $CO(NH_2)_2 > NH_4NO_3 > (NH_4)_2SO_4 > KNO_3$
3.30(a) 883 mol PbS (b) 1.88×10^{25} Pb atoms **3.34** (b) From the mass percent, determine the empirical formula. Add up the total number of atoms in the empirical formula, and divide that number into the total number of atoms in the molecule. The result is the multiplier that converts the empirical formula into the molecular formula.

Mass (g) of each element (mass percent expressed in grams)

↓ divide by $\mathcal{M}$ (g/mol)

Amount (mol) of each element

↓ use numbers of moles as subscripts

Preliminary empirical formula

↓ change to integer subscripts

Empirical formula

↓ divide total number of atoms in molecule by number of atoms in empirical formula and multiply empirical formula by that factor

Molecular formula

(c) Find the empirical formula from the mass percents. Compare the number of atoms given for the one element to the number in the empirical formula. Multiply the empirical formula by the factor that is needed to obtain the given number of atoms for that element.

First three steps are the same as in road map for part (b).

Empirical formula

↓ divide the number of atoms given for the one element by the number of atoms of that element in the empirical formula and multiply the empirical formula by that factor

Molecular formula

(e) Count the numbers of the various types of atoms in the structural formula and put these into a molecular formula.

Structural formula

↓ use the numbers of atoms of the elements as subscripts

Molecular formula

3.36(a) CH_2; 14.03 g/mol (b) CH_3O; 31.03 g/mol (c) N_2O_5; 108.02 g/mol (d) $Ba_3(PO_4)_2$; 601.8 g/mol (e) TeI_4; 635.2 g/mol **3.38** Disulfur dichloride; SCl; 135.02 g/mol **3.40**(a) C_3H_6 (b) N_2H_4 (c) N_2O_4 (d) $C_5H_5N_5$ **3.42**(a) Cl_2O_7 (b) $SiCl_4$ (c) CO_2 **3.44**(a) NO_2 (b) N_2O_4 **3.46**(a) 1.20 mol F (b) 24.0 g M (c) calcium **3.48** $C_{10}H_{20}O$ **3.51** $C_{21}H_{30}O_5$ **3.53** A balanced equation provides information on (1) the identities of reactants and products by showing their chemical formulas; (2) the physical states of reactants and products by using the symbols for the various phases of matter; (3) the molar ratios between reactants and products with coefficients. **3.56** b

3.58(a) $16Cu(s) + S_8(s) \longrightarrow 8Cu_2S(s)$

(b) $P_4O_{10}(s) + 6H_2O(l) \longrightarrow 4H_3PO_4(l)$

(c) $B_2O_3(s) + 6NaOH(aq) \longrightarrow 2Na_3BO_3(aq) + 3H_2O(l)$

(d) $4CH_3NH_2(g) + 9O_2(g) \longrightarrow 4CO_2(g) + 10H_2O(g) + 2N_2(g)$

3.60(a) $2SO_2(g) + O_2(g) \longrightarrow 2SO_3(g)$

(b) $Sc_2O_3(s) + 3H_2O(l) \longrightarrow 2Sc(OH)_3(s)$

(c) $H_3PO_4(aq) + 2NaOH(aq) \longrightarrow Na_2HPO_4(aq) + 2H_2O(l)$

(d) $C_6H_{10}O_5(s) + 6O_2(g) \longrightarrow 6CO_2(g) + 5H_2O(g)$

3.62(a) $4Ga(s) + 3O_2(g) \longrightarrow 2Ga_2O_3(s)$

(b) $2C_6H_{14}(l) + 19O_2(g) \longrightarrow 12CO_2(g) + 14H_2O(g)$

(c) $3CaCl_2(aq) + 2Na_3PO_4(aq) \longrightarrow Ca_3(PO_4)_2(s) + 6NaCl(aq)$

3.67 Balance the equation for the reaction: $aA + bB \longrightarrow cC$. Since A is the limiting reactant, A is used to determine the amount of C. Divide the mass of A by its molar mass to obtain the amount (mol) of A. Use the molar ratio from the balanced equation to find the amount (mol) of C. Multiply the amount (mol) of C by its molar mass to obtain the mass of C.

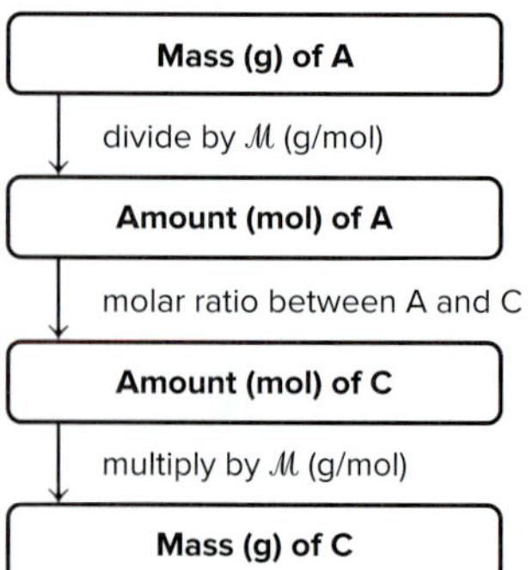

3.69(a) 0.455 mol Cl_2 (b) 32.3 g Cl_2 **3.71**(a) 1.42×10^3 mol KNO_3 (b) 1.43×10^5 g KNO_3 **3.73** 195.8 g H_3BO_3; 19.16 g H_2 **3.75** 2.60×10^3 g Cl_2

3.77(a) $I_2(s) + Cl_2(g) \longrightarrow 2ICl(s)$

$ICl(s) + Cl_2(g) \longrightarrow ICl_3(s)$

(b) $I_2(s) + 3Cl_2(g) \longrightarrow 2ICl_3(s)$

(c) 1.33×10^3 g I_2

3.79(a) B_2 (b) 4 AB_3 molecules **3.81** 3.6 mol **3.83**(a) 0.105 mol CaO (b) 0.175 mol CaO (c) calcium (d) 5.88 g CaO **3.85** 1.36 mol HIO_3, 239 g HIO_3; 44.9 g H_2O in excess **3.87** 4.40 g CO_2; 4.80 g O_2 in excess **3.89** 12.2 g $Al(NO_2)_3$, no NH_4Cl, 48.7 g $AlCl_3$, 30.7 g N_2, 39.5 g H_2O **3.91** 50.% **3.93** 90.5% **3.95** 24.0 g CH_3Cl **3.97** 39.7 g CF_4 **3.98**(a) A (b) $2Cl_2O(g) \longrightarrow 2Cl_2(g) + O_2(g)$ (c) 1.8×10^{23} Cl_2O molecules

제4장

4.2 Ionic or polar covalent compounds **4.3** Ions must be present, and they come from electrolytes such as ionic compounds, acids, and bases. **4.6** B **4.13** No, the instructions should read "Take 100.0 mL of the 10.0 *M* solution and, with stirring, add water until the total volume is 1000. mL." **4.14**(a) Benzene is likely to be insoluble in water because it is nonpolar and water is polar. (b) Sodium hydroxide, an ionic compound, is likely to be very soluble in water. (c) Ethanol (CH_3CH_2OH) is likely to be soluble in water because the alcohol group (—OH) is polar, like the water molecule. (d) Potassium acetate, an ionic compound, is likely to be very soluble in water. **4.16**(a) Yes, CsBr is a soluble salt. (b) Yes, HI is a strong acid. **4.18**(a) 0.64 mol (b) 0.242 mol (c) 1.18×10^{-4} mol **4.20**(a) 3.0 mol (b) 7.57×10^{-5} mol (c) 0.148 mol **4.22**(a) 7.85 g $Ca(C_2H_3O_2)_2$ (b) 0.254 *M* KI (c) 124 mol NaCN **4.24**(a) 4.65 g K_2SO_4 (b) 0.0653 *M* $CaCl_2$ (c) 1.11×10^{20} Mg^{2+} ions **4.26**(a) 0.058 mol Al^{3+}; 3.5×10^{22} Al^{3+} ions; 0.18 mol Cl^-; 1.1×10^{23} Cl^- ions (b) 4.62×10^{-4} mol Li^+; 2.78×10^{20} Li^+ ions; 2.31×10^{-4} mol SO_4^{2-}; 1.39×10^{20} SO_4^{2-} ions (c) 1.50×10^{-2} mol K^+; 9.02×10^{21} K^+ ions; 1.50×10^{-2} mol Br^-; 9.02×10^{21} Br^- ions **4.28**(a) 0.0617 *M* KCl (b) 0.00363 *M* $(NH_4)_2SO_4$ (c) 0.138 *M* Na^+ **4.30**(a) 9.87 g HNO_3/L (b) 15.7 *M* HNO_3 **4.33**(a) Instructions: Be sure to wear goggles to protect your eyes! Pour approximately 2.0 gal of water into the container. Add to the water, slowly, and with mixing, 0.90 gal of concentrated HCl. Dilute to 3.0 gal with more water. (b) 22.6 mL **4.36** Spectator ions do not appear in a net ionic equation because they are not involved in the reaction and serve only to balance charges. **4.40** Assuming that the left beaker contains $AgNO_3$ (because it has gray Ag^+ ions), the right beaker must contain NaCl. Then, NO_3^-

is blue, Na^+ is brown, and Cl^- is green.
Molecular equation: $AgNO_3(aq) + NaCl(aq) \longrightarrow AgCl(s) + NaNO_3(aq)$
Total ionic equation: $Ag^+(aq) + NO_3^-(aq) + Na^+(aq) + Cl^-(aq) \longrightarrow AgCl(s) + Na^+(aq) + NO_3^-(aq)$
Net ionic equation: $Ag^+(aq) + Cl^-(aq) \longrightarrow AgCl(s)$
4.41(a) Molecular: $Hg_2(NO_3)_2(aq) + 2KI(aq) \longrightarrow Hg_2I_2(s) + 2KNO_3(aq)$
Total ionic:
$$Hg_2^{2+}(aq) + 2NO_3^-(aq) + 2K^+(aq) + 2I^-(aq) \longrightarrow Hg_2I_2(s) + 2K^+(aq) + 2NO_3^-(aq)$$
Net ionic: $Hg_2^{2+}(aq) + 2I^-(aq) \longrightarrow Hg_2I_2(s)$
Spectator ions are K^+ and NO_3^-.
(b) Molecular: $FeSO_4(aq) + Sr(OH)_2(aq) \longrightarrow Fe(OH)_2(s) + SrSO_4(s)$
Total ionic: $Fe^{2+}(aq) + SO_4^{2-}(aq) + Sr^{2+}(aq) + 2OH^-(aq) \longrightarrow Fe(OH)_2(s) + SrSO_4(s)$
Net ionic: this is the same as the total ionic equation, because there are no spectator ions.
4.43(a) No precipitate will form. (b) A precipitate will form because silver ions, Ag^+, and bromide ions, Br^-, will combine to form a solid salt, silver bromide, AgBr. The ammonium and nitrate ions do not form a precipitate.
Molecular: $NH_4Br(aq) + AgNO_3(aq) \longrightarrow AgBr(s) + NH_4NO_3(aq)$
Total ionic: $NH_4^+(aq) + Br^-(aq) + Ag^+(aq) + NO_3^-(aq) \longrightarrow AgBr(s) + NH_4^+(aq) + NO_3^-(aq)$
Net ionic: $Ag^+(aq) + Br^-(aq) \longrightarrow AgBr(s)$
4.45(a) No precipitate will form. (b) $BaSO_4$ will precipitate.
Molecular: $(NH_4)_2SO_4(aq) + BaCl_2(aq) \longrightarrow BaSO_4(s) + 2NH_4Cl(aq)$
Total ionic:
$$2NH_4^+(aq) + SO_4^{2-}(aq) + Ba^{2+}(aq) + 2Cl^-(aq) \longrightarrow BaSO_4(s) + 2NH_4^+(aq) + 2Cl^-(aq)$$
Net ionic: $SO_4^{2-}(aq) + Ba^{2+}(aq) \longrightarrow BaSO_4(s)$
4.47 0.0354 M Pb^{2+} **4.49** 0.88 g $BaSO_4$ **4.51**(a) $PbSO_4$
(b) $Pb^{2+}(aq) + SO_4^{2-}(aq) \longrightarrow PbSO_4(s)$ (c) 1.5 g $PbSO_4$
4.53 Potassium carbonate, K_2CO_3 **4.55** 2.206 mass % Cl^-
4.61(a) Formation of a gas, $SO_2(g)$, and of a nonelectrolyte, water, will cause the reaction to go to completion. (b) Formation of a precipitate, $Ba_3(PO_4)_2(s)$, and of a nonelectrolyte, water, will cause the reaction to go to completion. **4.63**(a) 0.35 mol H^+
(b) 6.3×10^{-3} mol H^+ (c) 0.22 mol H^+
4.65(a) Molecular equation:
$$KOH(aq) + HBr(aq) \longrightarrow KBr(aq) + H_2O(l)$$
Total ionic equation:
$$K^+(aq) + OH^-(aq) + H^+(aq) + Br^-(aq) \longrightarrow K^+(aq) + Br^-(aq) + H_2O(l)$$
Net ionic equation: $OH^-(aq) + H^+(aq) \longrightarrow H_2O(l)$
The spectator ions are $K^+(aq)$ and $Br^-(aq)$.
(b) Molecular equation: $NH_3(aq) + HCl(aq) \longrightarrow NH_4Cl(aq)$
Total ionic equation:
$$NH_3(aq) + H^+(aq) + Cl^-(aq) \longrightarrow NH_4^+(aq) + Cl^-(aq)$$
NH_3, a weak base, is written in the molecular (undissociated) form. HCl, a strong acid, is written as dissociated ions. NH_4Cl is a soluble compound because all ammonium compounds are soluble. Net ionic equation: $NH_3(aq) + H^+(aq) \longrightarrow NH_4^+(aq)$
Cl^- is the only spectator ion.
4.67 Total ionic equation: $CaCO_3(s) + 2H^+(aq) + 2Cl^-(aq) \longrightarrow Ca^{2+}(aq) + 2Cl^-(aq) + H_2O(l) + CO_2(g)$
Net ionic equation: $CaCO_3(s) + 2H^+(aq) \longrightarrow Ca^{2+}(aq) + H_2O(l) + CO_2(g)$
4.69 845 mL **4.71** 0.05839 M CH_3COOH
4.82(a) S has O.N. = +6 in SO_4^{2-} (i.e., H_2SO_4) and O.N. = +4 in SO_2, so S has been reduced (and I^- oxidized); H_2SO_4 acts as an oxidizing agent. (b) The oxidation numbers remain constant throughout; H_2SO_4 transfers an H^+ to F^- to produce HF, so it acts as an acid. **4.84**(a) +4 (b) +3 (c) +4 (d) −3 **4.86**(a) −1 (b) +2 (c) −3 (d) +3 **4.88**(a) −3 (b) +5 (c) +3 **4.90**(a) +6 (b) +3 (c) +7
4.92(a) MnO_4^- is the oxidizing agent; $H_2C_2O_4$ is the reducing agent. (b) Cu is the reducing agent; NO_3^- is the oxidizing agent.
4.94(a) Oxidizing agent is MnO_4^-; reducing agent is Sn.
(b) Oxidizing agent is NO_3^-; reducing agent is Cl^-.
4.96(a) 4.54×10^{-3} mol MnO_4^- (b) 0.0113 mol H_2O_2 (c) 0.386 g H_2O_2 (d) 2.61 mass % H_2O_2 (e) H_2O_2 **4.102** A combination reaction that is also a redox reaction is $2Mg(s) + O_2(g) \longrightarrow 2MgO(s)$. A combination reaction that is not a redox reaction is $CaO(s) + H_2O(l) \longrightarrow Ca(OH)_2(aq)$.
4.103(a) $Ca(s) + 2H_2O(l) \longrightarrow Ca(OH)_2(aq) + H_2(g)$; displacement
(b) $2NaNO_3(s) \longrightarrow 2NaNO_2(s) + O_2(g)$; decomposition
(c) $C_2H_2(g) + 2H_2(g) \longrightarrow C_2H_6(g)$; combination
4.105(a) $2Sb(s) + 3Cl_2(g) \longrightarrow 2SbCl_3(s)$; combination
(b) $2AsH_3(g) \longrightarrow 2As(s) + 3H_2(g)$; decomposition
(c) $Zn(s) + Fe(NO_3)_2(aq) \longrightarrow Zn(NO_3)_2(aq) + Fe(s)$; displacement
4.107(a) $Sr(s) + Br_2(l) \longrightarrow SrBr_2(s)$
(b) $2Ag_2O(s) \xrightarrow{\Delta} 4Ag(s) + O_2(g)$
(c) $Mn(s) + Cu(NO_3)_2(aq) \longrightarrow Mn(NO_3)_2(aq) + Cu(s)$
4.109(a) $N_2(g) + 3H_2(g) \longrightarrow 2NH_3(g)$
(b) $2NaClO_3(s) \xrightarrow{\Delta} 2NaCl(s) + 3O_2(g)$
(c) $Ba(s) + 2H_2O(l) \longrightarrow Ba(OH)_2(aq) + H_2(g)$
4.111(a) $2Cs(s) + I_2(s) \longrightarrow 2CsI(s)$
(b) $2Al(s) + 3MnSO_4(aq) \longrightarrow Al_2(SO_4)_3(aq) + 3Mn(s)$
(c) $2SO_2(g) + O_2(g) \longrightarrow 2SO_3(g)$
(d) $2C_4H_{10}(g) + 13O_2(g) \longrightarrow 8CO_2(g) + 10H_2O(g)$
(e) $2Al(s) + 3Mn^{2+}(aq) \longrightarrow 2Al^{3+}(aq) + 3Mn(s)$
4.113 315 g O_2; 3.95 kg Hg **4.115**(a) O_2 is in excess.
(b) 0.117 mol Li_2O (c) 0 g Li, 3.49 g Li_2O, and 4.63 g O_2
4.117 67.2 mass % $KClO_3$ **4.119** 2.79 kg Fe **4.120** 99.9 g compound B, which is $FeCl_2$ **4.125** The reaction is $2NO + Br\ 2 \rightleftharpoons 2NOBr$, which can proceed in either direction. If NO and Br_2 are placed in a container, they will react to form NOBr; if NOBr is placed in the container, it will decompose to form NO and Br_2. In either case, the concentrations of NO, Br_2, and NOBr adjust so that the rates of the forward and reverse reactions become equal, and equilibrium is reached.

제5장

대기 과학과 화학 문제: B5.1 The density of the atmosphere decreases with increasing altitude. High density causes more drag and frictional heating on the aircraft. At high altitudes, the low density of the atmosphere means that there are relatively few gas particles present to collide with an aircraft.
B5.3 0.934%, 7.10 torr

• **5.1**(a) The volume of the liquid remains constant, but the volume of the gas increases to the volume of the larger container. (b) The volume of the container holding the gas sample increases when heated, but the volume of the container holding the liquid sample remains essentially constant when heated. (c) The volume of the liquid remains essentially constant, but the volume of the gas is reduced. **5.6** 990 cmH_2O
5.8(a) 566 mmHg (b) 1.32 bar (c) 3.60 atm (d) 107 kPa
5.10 0.9408 atm **5.12** 0.966 atm **5.18** At constant temperature and volume, the pressure of a gas is directly proportional to number of moles of the gas. **5.20**(a) Volume decreases to one-third of the original volume. (b) Volume increases by a factor of 3.0. (c) Volume increases by a factor of 4. **5.22**(a) Volume decreases by a factor of 2. (b) Volume increases by a factor of 1.48. (c) Volume decreases by a factor of 3. **5.24** 1.84 L **5.26** −144°C **5.28** 278 atm
5.30 6.95 L **5.32** 35.3 L **5.34** 0.085 mol Cl_2 **5.36** 1.16 g ClF_3
5.39 yes **5.41** Beaker is inverted to collect H_2 and upright for CO_2. The molar mass of CO_2 is greater than the molar mass of air, which, in turn, has a greater molar mass than H_2. **5.45** 5.86 g/L
5.47 1.78×10^{-3} mol AsH_3; 3.48 g/L **5.49** 51.1 g/mol **5.51** 1.33 atm
5.53 39.2 g P_4 **5.55** 41.2 g PH_3 **5.57** 0.0249 g Al **5.61** C_5H_{12}
5.63(a) 0.90 mol (b) 6.76 torr **5.64** 286 mL SO_2 **5.66** 0.0997 atm
5.71 At STP, the volume occupied by a mole of any gas is the same. At the same temperature, all gases have the same average kinetic energy, resulting in the same pressure. **5.74**(a) $P_A > P_B > P_C$ (b) $E_A = E_B = E_C$ (c) $rate_A > rate_B > rate_C$ (d) total $E_A >$ total $E_B >$ total E_C (e) $d_A = d_B = d_C$ (f) collision frequency in A > collision frequency in B > collision frequency in C
5.75 13.21 **5.77**(a) curve 1 (b) curve 1 (c) curve 1; fluorine and argon have about the same molar mass **5.79** 14.9 min **5.81** 4 atoms per molecule **5.85** negative deviations; $N_2 < Kr < CO_2$
5.87 At 1 atm; at lower pressures, the gas molecules are farther apart and intermolecular forces are less important.

제6장

대기 과학과 화학 문제: B6.2(a) $2H_2O(g) \longrightarrow CH_4(g) + CO_2(g)$ (b) 12 kJ (c) -3.30×10^4 kJ

• **6.4** Increase: eating food, lying in the sun, taking a hot bath. Decrease: exercising, taking a cold bath, going outside on a cold day. **6.6** The amount of the change in internal energy is the same for both heater and air conditioner. Since both devices consume the same amount of electrical energy, the change in energy of the heater equals that of the air conditioner. **6.9** 0 J **6.11** 1.54×10^3 J
6.13(a) 6.6×10^7 kJ (b) 1.6×10^7 kcal (c) 6.3×10^7 Btu **6.15** −51 J
6.18 8.8 h **6.19** Measuring the heat transfer at constant pressure is more convenient than measuring it at constant volume.
6.21(a) exothermic (b) endothermic (c) exothermic (d) exothermic (e) endothermic (f) endothermic (g) exothermic
6.24

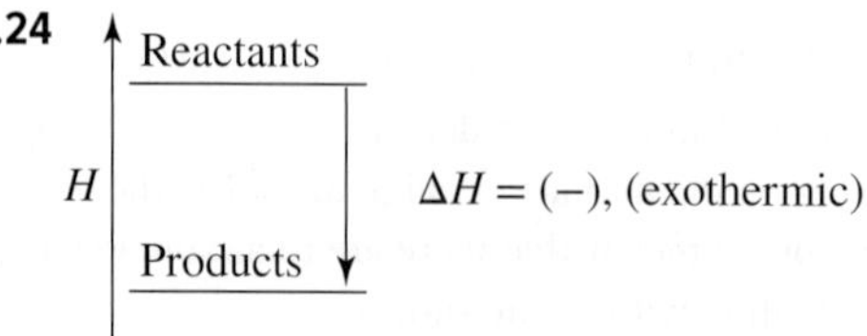

6.26(a) Combustion of ethane:

$$2C_2H_6(g) + 7O_2(g) \longrightarrow 4CO_2(g) + 6H_2O(g) + \text{heat}$$

$2C_2H_6 + 7O_2$ (initial)
H $\Delta H = (-)$, (exothermic)
$4CO_2 + 6H_2O$ (final)

(b) Freezing of water: $H_2O(l) \longrightarrow H_2O(s) + \text{heat}$

$H_2O(l)$ (initial)
H $\Delta H = (-)$, (exothermic)
$H_2O(s)$ (final)

6.28(a) $2CH_3OH(l) + 3O_2(g) \longrightarrow 2CO_2(g) + 4H_2O(g) + \text{heat}$

$2CH_3OH + 3O_2$ (initial)
H $\Delta H = (-)$, (exothermic)
$2CO_2 + 4H_2O$ (final)

(b)

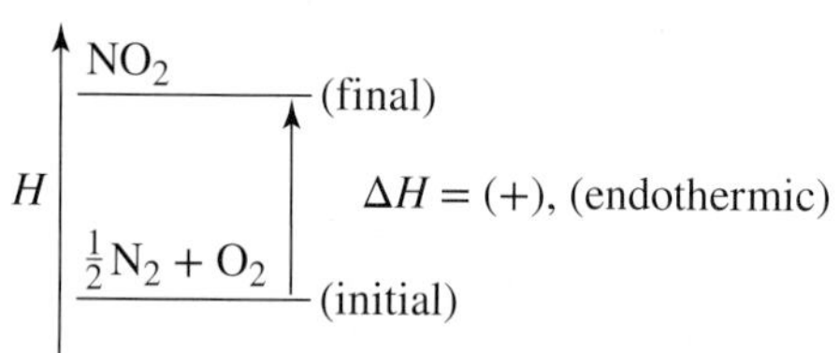

6.30(a) This is a phase change from the solid phase to the gas phase. Heat is absorbed by the system, so q_{sys} is positive. (b) The volume of the system increases, as more moles of gas are present after the phase change than before. So the system has done work of expansion, and w is negative. Since $\Delta E_{sys} = q + w$, q is positive, and w is negative, the sign of ΔE_{sys} cannot be predicted. It will be positive if $q > w$ and negative if $q < w$. (c) $\Delta E_{univ} = 0$. If the system loses energy, the surroundings gain an equal quantity of energy. The sum of the energy of the system and the energy of the surroundings remains constant. **6.33** To determine the specific heat capacity of a substance, you need its mass, the heat added (or lost), and the change in temperature. **6.35** Heat capacity is the quantity of heat required to raise the temperature of an object 1 K. Specific heat capacity is the quantity of heat required to raise 1 g of a substance or material by 1 K. Molar heat capacity is the quantity of heat required to raise the temperature of 1 mol of a substance by 1 K. **6.37** 6.9×10^3 J **6.39** 295°C **6.41** 77.5°C
6.43 45°C **6.45** 36.6°C **6.47** −55.8 kJ/mol H_2O
6.49 −2805 kJ/mol **6.55** The reaction has a positive ΔH, because it requires an input of energy to break the oxygen-oxygen bond. **6.56** ΔH is negative; it is opposite in sign and half as large as ΔH for the vaporization of 2 mol of H_2O.
6.57(a) exothermic (b) 20.2 kJ (c) -4.2×10^2 kJ (d) −15.7 kJ
6.59(a) $\frac{1}{2}N_2(g) + \frac{1}{2}O_2(g) \longrightarrow NO(g)$ $\quad \Delta H = 90.29$ kJ
(b) −10.5 kJ **6.61** -1.88×10^6 kJ **6.65**(a) $C_2H_4(g) + 3O_2(g) \longrightarrow 2CO_2(g) + 2H_2O(l)$; $\quad \Delta H_{rxn} = -1411$ kJ (b) 1.39 g C_2H_4

6.69 −110.5 kJ **6.70** −813.4 kJ **6.72** $N_2(g) + 2O_2(g) \longrightarrow 2NO_2(g)$ $\Delta H_{overall} = 66.4$ kJ; equation 1 is A, equation 2 is B, and equation 3 is C. **6.74** 44.0 kJ **6.77** The standard enthalpy of reaction, ΔH°_{rxn}, is the enthalpy change for a reaction when all substances are in their standard states. The standard enthalpy of formation, ΔH°_f, is the enthalpy change that accompanies the formation of 1 mol of a compound in its standard state from elements in their standard states.
6.79(a) $\frac{1}{2}Cl_2(g) + Na(s) \longrightarrow NaCl(s)$
(b) $H_2(g) + \frac{1}{2}O_2(g) \longrightarrow H_2O(g)$ (c) no changes
6.80(a) $Ca(s) + Cl_2(g) \longrightarrow CaCl_2(s)$
(b) $Na(s) + \frac{1}{2}H_2(g) + C(graphite) + \frac{3}{2}O_2(g) \longrightarrow NaHCO_3(s)$
(c) $C(graphite) + 2Cl_2(g) \longrightarrow CCl_4(l)$
(d) $\frac{1}{2}H_2(g) + \frac{1}{2}N_2(g) + \frac{3}{2}O_2(g) \longrightarrow HNO_3(l)$
6.82(a) −1036.9 kJ (b) −433 kJ **6.84** −157.3 kJ/mol
6.86(a) 503.9 kJ (b) $-\Delta H_1 + 2\Delta H_2 = 504$ kJ

제7장

실험 기법 문제: B7.1(a) slope = $1.3\times10^4/M$; intercept = 0.00

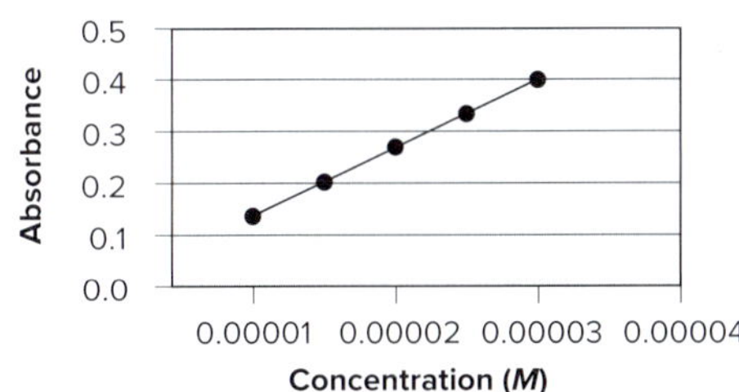

(b) diluted solution = 1.8×10^{-5} M; original solution = 1.4×10^{-4} M

• **7.2**(a) x-ray < ultraviolet < visible < infrared < microwave < radio waves (b) radio < microwave < infrared < visible < ultraviolet < x-ray (c) radio < microwave < infrared < visible < ultraviolet < x-ray **7.7** 316 m; 3.16×10^{11} nm; 3.16×10^{12} Å **7.9** 2.5×10^{-23} J **7.11** red < yellow < blue **7.13** 1.3483×10^7 nm; 1.3483×10^8 Å **7.16**(a) 1.24×10^{15} s^{-1}; 8.21×10^{-19} J (b) 1.4×10^{15} s^{-1}; 9.0×10^{-19} J **7.18** Bohr's key assumption was that the electron in an atom does not radiate energy while in a stationary state, and it can move to a different orbit only by absorbing or emitting a photon whose energy is equal to the difference in energy between two states. These differences in energy correspond to the wavelengths in the known line spectra for the hydrogen atom. A Solar System model would not allow for the movement of electrons between levels. **7.20**(a) absorption (b) emission (c) emission (d) absorption **7.22** Yes, the predicted line spectra are accurate. The energies could be predicted from
$E_n = \dfrac{-(Z^2)(2.18\times10^{-18}\text{ J})}{n^2}$, where Z is the atomic number for the atom or ion. The energy levels for Be^{3+} will be greater by a factor of 16 ($Z = 4$) than those for the hydrogen atom. This means that the pattern of lines will be similar, but the lines will be at different wavelengths. **7.23** 434.17 nm **7.25** 1875.6 nm **7.27** -2.76×10^5 J/mol **7.29** d < a < c < b **7.31** $n = 4$
7.37 Macroscopic objects do exhibit a wavelike motion, but the wavelength is too small for humans to perceive.

7.39(a) 7.10×10^{-37} m (b) 1×10^{-35} m **7.41** 2.2×10^{-26} m/s **7.43** 3.75×10^{-36} kg **7.47** The total probability of finding the 1s electron in any distance r from the H nucleus is greatest when the value of r is 0.529 Å. The probability is greater for the 1s orbital. **7.48**(a) principal determinant of the electron's energy or distance from the nucleus (b) determines the shape of the orbital (c) determines the orientation of the orbital in three-dimensional space **7.49**(a) one (b) five (c) three (d) nine
7.51(a) m_l: −2, −1, 0, +1, +2 (b) m_l: 0 (if $n = 1$, then $l = 0$) (c) m_l: −3, −2, −1, 0, +1, +2, +3
7.53(a)

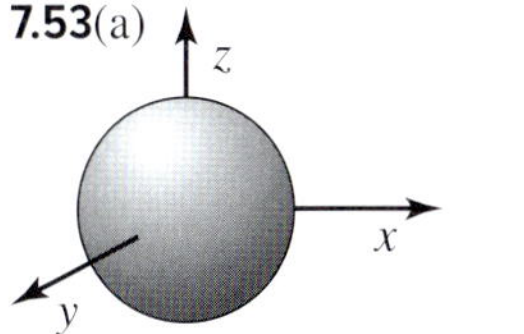

(b)

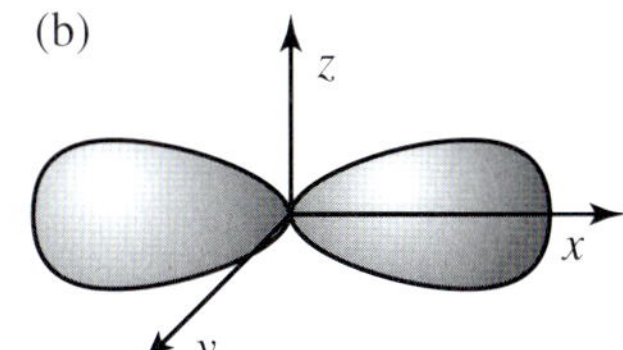

7.55

Sublevel	Allowable m_l Values	No. of Orbitals
(a) d ($l = 2$)	−2, −1, 0, +1, +2	5
(b) p ($l = 1$)	−1, 0, +1	3
(c) f ($l = 3$)	−3, −2, −1, 0, +1, +2, +3	7

7.57(a) $n = 5$ and $l = 0$; one orbital (b) $n = 3$ and $l = 1$; three orbitals (c) $n = 4$ and $l = 3$; seven orbitals **7.59**(a) no; $n = 2$, $l = 1$, $m_l = -1$; $n = 2$, $l = 0$, $m_l = 0$ (b) allowed (c) allowed (d) no; $n = 5$, $l = 3$, $m_l = +3$; $n = 5$, $l = 2$, $m_l = 0$

제8장

8.1 Elements are listed in the periodic table in a systematic way that correlates with a periodicity of their chemical and physical properties. The theoretical basis for the table in terms of sequential atomic number and electron configuration does not allow for a "new element" between Sn and Sb. **8.3**(a) predicted atomic mass = 54.23 amu (b) predicted melting point = 6.3°C **8.6** The spin quantum number, m_s, relates to the electron only; all the others describe the orbital. **8.9** Shielding occurs when electrons protect, or shield, other electrons from the full nuclear attraction. The effective nuclear charge is the nuclear charge an electron actually experiences. As the number of electrons, especially inner electrons, increases, the effective nuclear charge decreases. **8.11**(a) 6 (b) 10 (c) 2 **8.13**(a) 6 (b) 2 (c) 14 **8.16** Hund's rule states that electrons will occupy empty orbitals in a given sublevel (with parallel spins) before filling half-filled orbitals. The lowest energy arrangement has the maximum number of unpaired electrons with parallel spins.

N: $1s^22s^22p^3$ [↑↓] [↑↓] [↑ | ↑ | ↑]
1s 2s 2p

8.18 Main-group elements from the same group have similar outer electron configurations, and the A-group number equals the number of outer electrons. Outer electron configurations vary in a periodic manner within a period, with each succeeding element having an additional electron. **8.20** The maximum number of electrons in any energy level n is $2n^2$, so the $n = 4$ energy level holds a maximum of $2(4^2) = 32$ electrons. **8.21**(a) $n = 5$, $l = 0$, $m_l = 0$, $m_s = +\frac{1}{2}$ (b) $n = 3$, $l = 1$, $m_l = -1$, 0 or +1, and

m_s $+\frac{1}{2}$ = or $-\frac{1}{2}$. (c) $n = 5$, $l = 0$, $m_l = 0$, $m_s = +\frac{1}{2}$
(d) $n = 2$, $l = 1$, $m_l = +1$, $m_s = -\frac{1}{2}$

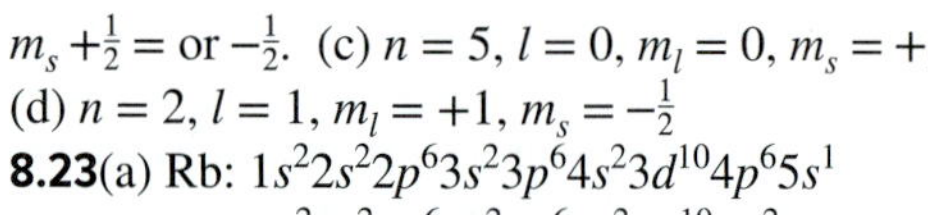

8.23(a) Rb: $1s^22s^22p^63s^23p^64s^23d^{10}4p^65s^1$
(b) Ge: $1s^22s^22p^63s^23p^64s^23d^{10}4p^2$
(c) Ar: $1s^22s^22p^63s^23p^6$
8.25(a) Cl: $1s^22s^22p^63s^23p^5$ (b) Si: $1s^22s^22p^63s^23p^2$
(c) Sr: $1s^22s^22p^63s^23p^64s^23d^{10}4p^65s^2$
8.27(a) Ti: [Ar] $4s^23d^2$

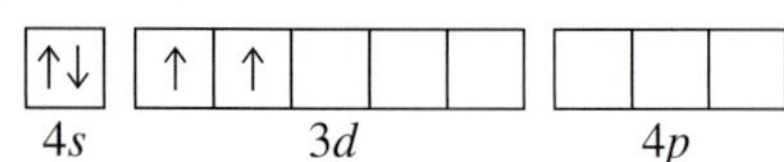

(b) Cl: [Ne] $3s^23p^5$

↑↓	↑↓ ↑↓ ↑
3s	3p

(c) V: [Ar] $4s^23d^3$

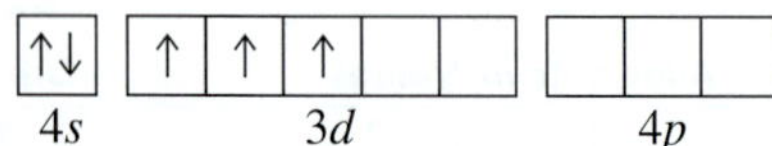

8.29(a) Mn: [Ar] $4s^23d^5$

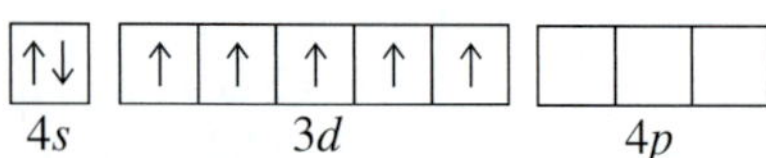

(b) P: [Ne] $3s^23p^3$

↑↓	↑ ↑ ↑
3s	3p

(c) Fe: [Ar] $4s^23d^6$

↑↓	↑↓ ↑ ↑ ↑ ↑	_ _ _
4s	3d	4p

8.31(a) O; Group 6A(16); Period 2

↑↓	↑↓ ↑ ↑
2s	2p

(b) P; Group 5A(15); Period 3

↑↓	↑ ↑ ↑
3s	3p

8.33(a) Cl; Group 7A(17); Period 3

↑↓	↑↓ ↑↓ ↑
3s	3p

(b) As; Group 5A(15); Period 4

↑↓	↑ ↑ ↑
4s	4p

8.35(a) [Ar] $4s^23d^{10}4p^1$; Group 3A(13) (b) [He] $2s^22p^6$; Group 8A(18)

8.37

	Inner Electrons	Outer Electrons	Valence Electrons
(a) O	2	6	6
(b) Sn	46	4	4
(c) Ca	18	2	2
(d) Fe	18	2	8
(e) Se	28	6	6

8.39(a) B; Al, Ga, In, and Tl (b) S; O, Se, Te, and Po (c) La; Sc, Y, and Ac **8.41**(a) C; Si, Ge, Sn, and Pb (b) V; Nb, Ta, and Db (c) P; N, As, Sb, and Bi
8.43 Na (first excited state): $1s^22s^22p^63p^1$

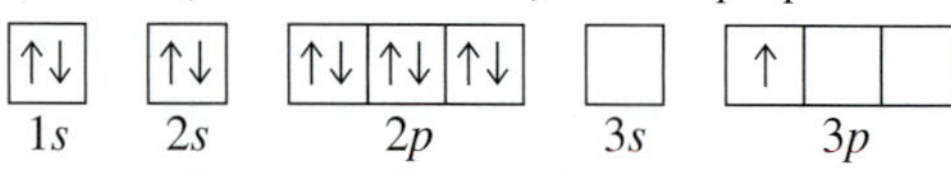

8.50 A high IE_1 and a very negative EA_1 suggest that the elements are halogens, in Group 7A(17), which form 1− ions.
8.53(a) K < Rb < Cs (b) O < C < Be (c) Cl < S < K (d) Mg < Ca < K **8.55**(a) Ba < Sr < Ca (b) B < N < Ne (c) Rb < Se < Br (d) Sn < Sb < As **8.57** $1s^22s^22p^1$ (boron, B) **8.59**(a) Na (b) Na (c) Be **8.61**(1) Metals conduct electricity; nonmetals do not. (2) Metal ions have a positive charge; nonmetal ions have a negative charge. (3) Metal oxides are mostly ionic and act as bases; nonmetal oxides are mostly covalent and act as acids. **8.62** Metallic character increases down a group and decreases to the right across a period. These trends are the same as those for atomic size and opposite those for ionization energy. **8.65** Possible ions are 2+ and 4+. The 2+ ions form by loss of the outermost two *p* electrons; the 4+ ions form by loss of these and the outermost two *s* electrons. **8.69**(a) Rb (b) Ra (c) I **8.71**(a) As (b) P (c) Be **8.73** acidic solution; $SO_2(g)$ + $H_2O(l)$ $H_2SO_3(aq)$ **8.75**(a) Cl^-: $1s^22s^22p^63s^23p^6$ (b) Na^+: $1s^22s^22p^6$ (c) Ca^{2+}: $1s^22s^22p^63s^23p^6$
8.77(a) Al^{3+}: $1s^22s^22p^6$ (b) S^{2-}: $1s^22s^22p^63s^23p^6$ (c) Sr^{2+}: $1s^22s^22p^63s^23p^64s^23d^{10}4p^6$ **8.79**(a) 0 (b) 3 (c) 0 (d) 1
8.81 a, b, and d **8.83**(a) V^{3+}: [Ar] $3d^2$, paramagnetic (b) Cd^{2+}: [Kr] $4d^{10}$, diamagnetic (c) Co^{3+}: [Ar] $3d^6$, paramagnetic (d) Ag^+: [Kr] $4d^{10}$, diamagnetic **8.85** For palladium to be diamagnetic, all of its electrons must be paired. (a) You might first write the condensed electron configuration for Pd as [Kr] $5s^24d^8$. However, the partial orbital diagram is not consistent with diamagnetism.

↑↓	↑↓ ↑↓ ↑↓ ↑ ↑	_ _ _
5s	4d	5p

(b) This is the only configuration that supports diamagnetism, [Kr] $4d^{10}$.

_	↑↓ ↑↓ ↑↓ ↑↓ ↑↓	_ _ _
5s	4d	5p

(c) Promoting an *s* electron into the *d* sublevel still leaves two electrons unpaired.

↑	↑↓ ↑↓ ↑↓ ↑↓ ↑	_ _ _
5s	4d	5p

8.87(a) $Li^+ < Na^+ < K^+$ (b) $Rb^+ < Br^- < Se^{2-}$ (c) $F^- < O^{2-} < N^{3-}$

제9장

실험 기법 문제: B9.1 The C═C bond shows IR absorption at a shorter wavelength (higher energy) because it is a stronger bond than C—C. The C≡C bond would show absorption at a shorter wavelength (higher energy) than the C═C bond, since the triple bond has a higher bond energy than the double bond. **B9.2**(a) 7460 nm (symmetrical stretch), 1.50×10^4 nm (bending), 4260 nm (asymmetrical stretch) (b) 2.66×10^{-20} J (symmetrical stretch),

1.33×10^{-20} J (bending), 4.67×10^{-20} J (asymmetrical stretch); bending requires the least amount of energy.

• **9.1**(a) Greater ionization energy decreases metallic character. (b) Larger atomic radius increases metallic character. (c) Higher number of outer electrons decreases metallic character. (d) Larger effective nuclear charge decreases metallic character. **9.4**(a) Cs (b) Rb (c) As **9.6**(a) ionic (b) covalent (c) metallic **9.8**(a) covalent (b) ionic (c) covalent **9.10**(a) Rb· (b) ·Si· (c) :I· **9.12**(a) ·Sr· (b) :P· (c) :S· **9.14**(a) 6A(16); [noble gas] ns^2np^4 (b) 3(A)13; [noble gas] ns^2np^1 **9.17**(a) Because the lattice energy is the result of electrostatic attractions among the oppositely charged ions, its magnitude depends on several factors, including ionic size, ionic charge, and the arrangement of ions in the solid. For a particular arrangement of ions, the lattice energy increases as the charges on the ions increase and as their radii decrease. (b) A < B < C **9.20**(a) Ba^{2+}, [Xe]; Cl^-, [Ne] $3s^23p^6$, $:\ddot{C}l:^-$; $BaCl_2$ (b) Sr^{2+}, [Kr]; O^{2-}, [He] $2s^22p^6$, $:\ddot{O}:^{2-}$; SrO (c) Al^{3+}, [Ne]; F^-, [He] $2s^22p^6$, $:\ddot{F}:^-$; AlF_3 (d) Rb^+, [Kr]; O^{2-}, [He] $2s^22p^6$, $:\ddot{O}:^{2-}$; Rb_2O **9.22**(a) 2A(2) (b) 6A(16) (c) 1A(1) **9.24**(a) 3A(13) (b) 2A(2) (c) 6A(16) **9.26**(a) BaS; the charge on each ion is twice the charge on the ions in CsCl. (b) LiCl; Li^+ is smaller than Cs^+. **9.28**(a) BaS; Ba^{2+} is larger than Ca^{2+}. (b) NaF; the charge on each ion is less than the charge on Mg and O. **9.30** 788 kJ; the lattice energy for NaCl is less than that for LiF, because the Na^+ and Cl^- ions are larger than the Li^+ and F^- ions. **9.33** −336 kJ **9.34** When two chlorine atoms are far apart, there is no interaction between them. As the atoms move closer together, the nucleus of each atom attracts the electrons of the other atom. The closer the atoms, the greater this attraction; however, the repulsions between the two nuclei and between the electrons also increase at the same time. The final internuclear distance is the distance at which maximum attraction is achieved in spite of the repulsions. **9.35** The bond energy is the energy required to break the bond between H atoms and Cl atoms in 1 mol of HCl molecules in the gaseous state. Energy is needed to break bonds, so bond breaking is always endothermic and $\Delta H^\circ_{\text{bond breaking}}$ is positive. The quantity of energy needed to break the bond is released upon its formation, so $\Delta H^\circ_{\text{bond forming}}$ has the same magnitude as $\Delta H^\circ_{\text{bond breaking}}$ but is opposite in sign (always exothermic and negative). **9.39**(a) I—I < Br—Br < Cl—Cl (b) S—Br < S—Cl < S—H (c) C—N < C=N < C≡N **9.41**(a) C—O < C=O; the C=O bond (bond order = 2) is stronger than the C—O bond (bond order = 1). (b) C—H < O—H; O is smaller than C, so the O—H bond is shorter and stronger than the C—H bond. **9.43** Less energy is required to break weak bonds. **9.45** Both are one-carbon molecules. Since methane contains no carbon-oxygen bonds, it will have the greater enthalpy of reaction per mole for combustion. **9.47** −168 kJ **9.49** −22 kJ **9.50** −59 kJ **9.51** Electronegativity increases from left to right and increases from bottom to top within a group. Fluorine and oxygen are the two most electronegative elements. Cesium and francium are the two least electronegative elements. **9.53** Ionic bonds occur between two elements of very different electronegativity, generally a metal with low electronegativity and a nonmetal with high electronegativity. Although electron sharing occurs to a very small extent in some ionic bonds, the primary force in ionic bonds is attraction of opposite charges resulting from electron transfer between the atoms. A nonpolar covalent bond occurs between two atoms with identical electronegativity values where the sharing of bonding electrons is equal. A polar covalent bond is between two atoms (generally nonmetals) of different electronegativities so that the bonding electrons are unequally shared. The H–O bond in water is polar covalent. The bond is between two nonmetals, so it is covalent and not ionic, but atoms with different electronegativity values are involved. **9.56**(a) Si < S < O (b) Mg < As < P **9.58**(a) N > P > Si (b) As > Ga > Ca

9.60(a) $\overleftarrow{\text{N—B}}$ (b) $\overrightarrow{\text{N—O}}$ (c) $\overset{\text{none}}{\text{C—S}}$ (d) $\overrightarrow{\text{S—O}}$ (e) $\overleftarrow{\text{N—H}}$ (f) $\overrightarrow{\text{Cl—O}}$

9.62 a, d, and e **9.64**(a) nonpolar covalent (b) ionic (c) polar covalent (d) polar covalent (e) nonpolar covalent (f) polar covalent; $SCl_2 < SF_2 < PF_3$

9.66(a) $\overrightarrow{\text{H—I}}$ < $\overrightarrow{\text{H—Br}}$ < $\overrightarrow{\text{H—Cl}}$
(b) $\overrightarrow{\text{H—C}}$ < $\overrightarrow{\text{H—O}}$ < $\overrightarrow{\text{H—F}}$
(c) $\overrightarrow{\text{S—Cl}}$ < $\overrightarrow{\text{P—Cl}}$ < $\overrightarrow{\text{Si—Cl}}$

9.69(a) Shiny, conducts heat, conducts electricity, and is malleable. (b) Metals lose electrons to form positive ions, and metals form basic oxides.

제10장

감각 생리학과 화학 문제: B10.1 resonance form on the left: trigonal planar around C, trigonal pyramidal around N; resonance form on the right: trigonal planar around both C and N

• **10.1** He cannot serve as a central atom because it does not bond. H cannot because it forms only one bond. Fluorine cannot because it needs only one electron to complete its valence level, and it does not have *d* orbitals available to expand its valence level. Thus, it can bond to only one other atom. **10.3** X obeys the octet rule in all the structures except c and g.

10.5(a) :F:—Si(—:F:)(—:F:)—:F: (b) :Cl—Se—Cl: (c) :F—C(=O:)—F:

10.7(a) :F—P(—:F:)—F: (b) H—O—C(=O:)—O—H (c) :S=C=S:

10.9(a) [O=N=O]⁺

(b) :F:—N(—O:)=O ⟷ :F:—N(=O)—O:

10.11(a) [:N=N=N:]⁻ ⟷ [:N—N≡N:]⁻ ⟷ [:N≡N—N:]⁻
(b) [:O=N—O:]⁻ ⟷ [:O—N=O:]⁻

10.13(a) IF_5 (:F: around I) formal charges: I = 0, F = 0

(b) [H—Al(—H)(—H)—H]⁻ formal charges: H = 0, Al = −1

10.15(a) $[:C{\equiv}N:]^-$ formal charges: C = −1, N = 0
(b) $[:\ddot{Cl}-\ddot{O}:]^-$ formal charges: Cl = 0, O = −1
10.17(a) $[O{=}Br{=}O, Br-O]^-$ formal charges: Br = 0, doubly bonded O = 0, singly bonded O = −1
O.N.: Br = +5; O = −2
(b) 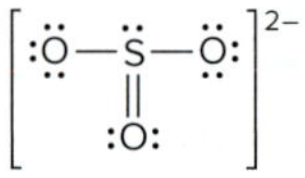 $[O-S-O, S{=}O]^{2-}$ formal charges: S = 0, singly bonded O = −1, doubly bonded O = 0
O.N.: S = +4; O = −2
10.19(a) B has 6 valence electrons in BH_3, so the molecule is electron deficient. (b) As has an expanded valence level with 10 electrons. (c) Se has an expanded valence level with 10 electrons.

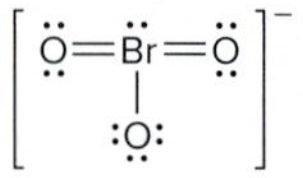

(a) BH_3 (b) $[AsF_4]^-$ (c) $SeCl_4$

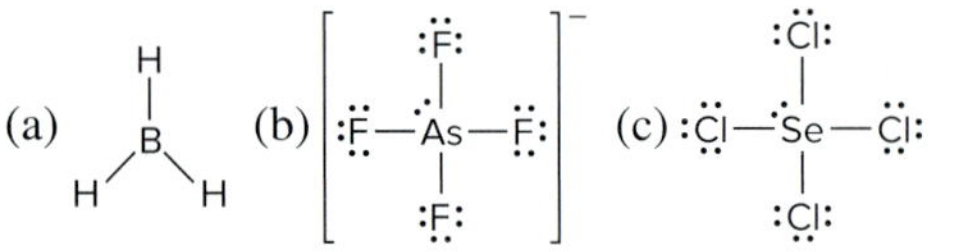

10.21(a) Br expands its valence level to 10 electrons. (b) I has an expanded valence level of 10 electrons. (c) Be has only 4 valence electrons in BeF_2, so the molecule is electron deficient.
(a) $:\ddot{F}-Br-\ddot{F}:$ (with F below Br) (b) $[:\ddot{Cl}-\ddot{I}-\ddot{Cl}:]^-$ (c) $:\ddot{F}-Be-\ddot{F}:$

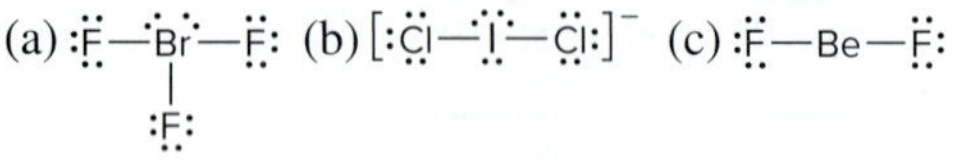

10.23 $:\ddot{Cl}-Be-\ddot{Cl}: + [:\ddot{Cl}:]^- + [:\ddot{Cl}:]^- \longrightarrow [BeCl_4]^{2-}$

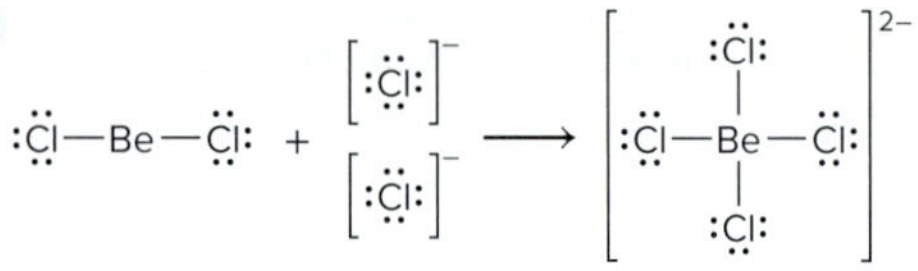

10.26 structure A **10.28** The molecular shape and the electron-group arrangement are the same when no lone pairs are present on the central atom. **10.30** tetrahedral, AX_4; trigonal pyramidal, AX_3E; bent or V shaped, AX_2E_2
10.32(a) (b) (c) (d) (e) (f)

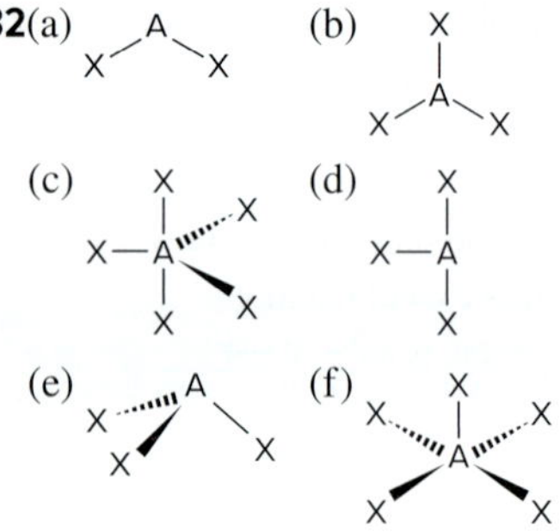

10.34(a) trigonal planar, bent, 120° (b) tetrahedral, trigonal pyramidal, 109.5° (c) tetrahedral, trigonal pyramidal, 109.5° **10.36**(a) trigonal planar, trigonal planar, 120° (b) trigonal planar, bent, 120° (c) tetrahedral, tetrahedral, 109.5° **10.38**(a) trigonal planar, AX_3, 120° (b) trigonal pyramidal, AX_3E, 109.5° (c) trigonal bipyramidal, AX_5, 90° and 120° **10.40**(a) bent, 109.5°, less than 109.5° (b) trigonal bipyramidal, 90° and 120°, angles are ideal (c) seesaw, 90° and 120°, less than ideal (d) linear, 180°, angle is ideal **10.42**(a) C: tetrahedral, 109.5°; O: bent, < 109.5° (b) N: trigonal planar, 120° **10.44**(a) C in CH_3: tetrahedral, 109.5°; C in C=O: trigonal planar, 120°; O with H: bent, < 109.5° (b) O: bent, < 109.5° **10.46** $OF_2 < NF_3 < CF_4 < BF_3 < BeF_2$ **10.48**(a) The C and N each have three electron groups, so the ideal bond angles are 120°; the O has four electron groups, so the ideal bond angle is 109.5°. The N and O have lone pairs, so the bond angles are less than ideal. (b) All central atoms have four electron groups, so the ideal bond angles are 109.5°. The lone pairs on the O reduce this value. (c) The B has three electron groups and an ideal bond angle of 120°. All the O's have four electron groups (ideal bond angles of 109.5°), two of which are lone pairs that reduce the bond angle.
10.51 PCl_5, $[PCl_4]^+$, $[PCl_6]^-$

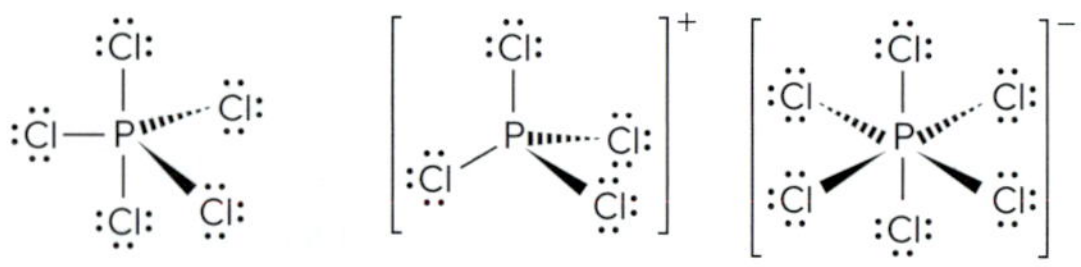

In the gas phase, PCl_5 is AX_5, so the shape is trigonal bipyramidal, and the bond angles are 120° and 90°. The PCl_4^+ ion is AX_4, so the shape is tetrahedral, and the bond angles are 109.5°. The PCl_6^- ion is AX_6, so the shape is octahedral, and the bond angles are 90°. **10.52** Molecules are polar if they have polar bonds that are not arranged to cancel each other. A polar bond is present anytime there is a bond between elements with differing electronegativities. **10.55**(a) CF_4 (b) BrCl and SCl_2 **10.57**(a) SO_2, because it is polar and SO_3 is not. (b) IF has a greater electronegativity difference between its atoms. (c) SF_4, because it is polar and SiF_4 is not. (d) H_2O has a greater electronegativity difference between its atoms.
10.59 X Y Z

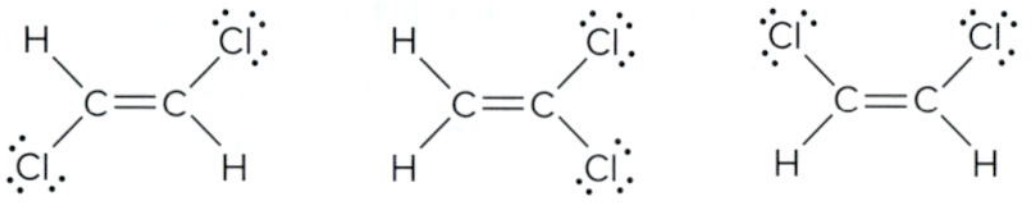

Yes, compound Y has a dipole moment.

제11장

11.1(a) sp^2 (b) sp^3d^2 (c) sp (d) sp^3 (e) sp^3d **11.3** C has only 2*s* and 2*p* atomic orbitals, allowing for a maximum of four hybrid orbitals. Si has 3*s*, 3*p*, and 3*d* atomic orbitals, allowing it to form more than four hybrid orbitals. **11.5**(a) six, sp^3d^2 (b) four, sp^3 **11.7**(a) sp^2 (b) sp^2 (c) sp^2 **11.9**(a) sp^3 (b) sp^3 (c) sp^3 **11.11**(a) Si: one *s* and three *p* atomic orbitals form four sp^3 hybrid orbitals. (b) C: one *s* and one *p* atomic orbital form two *sp* hybrid orbitals. (c) S: one *s*, three *p*, and one *d* atomic orbitals mix to form five sp^3d hybrid orbitals. (d) N: one *s* and three *p* atomic orbitals mix to form four sp^3 hybrid orbitals. **11.13**(a) B ($sp^3 \longrightarrow sp^3$) (b) A ($sp^2 \longrightarrow sp^3$)

11.15(a) 4*s* [↑↓] 4*p* [↑][↑][ ] ⟶ sp^3 [↑][↑][↑][↑]
(b) 2*s* [↑↓] 2*p* [↑][ ][ ] ⟶ sp^2 [↑][↑][↑] 2*p* [ ]
(c) 2*s* [↑↓] 2*p* [↑][↑][ ] ⟶ sp^2 [↑][↑][↑] 2*p* [ ] + e⁻
11.17(a) 4*s* [↑↓] 4*p* [↑↓][↑][↑] ⟶ sp^3 [↑↓][↑↓][↑][↑]
(b) 2*s* [↑↓] 2*p* [↑↓][↑][↑] ⟶ sp^3 [↑↓][↑][↑][↑] + e⁻
(c) 5*s* [↑↓] 5*p* [↑↓][↑↓][↑] 5*d* [ ][ ][ ][ ][ ] + e⁻ ⟶
sp^3d^2 [↑↓][↑↓][↑][↑][↑][↑] 5*d* [ ][ ][ ]

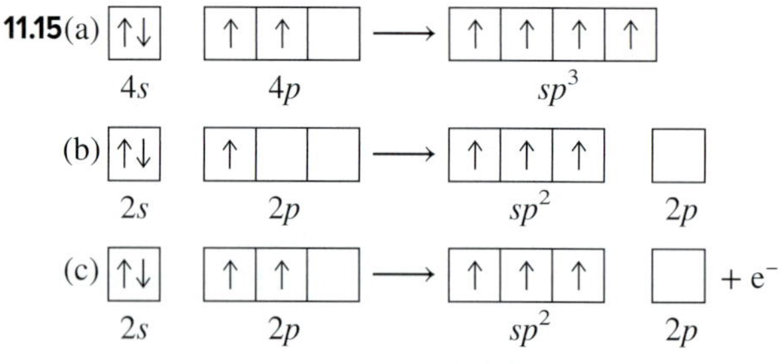

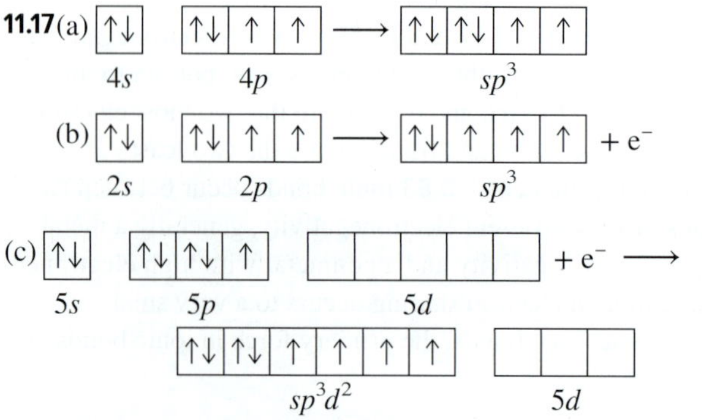

11.20(a) False. A double bond is one σ and one π bond. (b) False. A triple bond consists of one σ and two π bonds. (c) True (d) True (e) False. A π bond consists of one pair of electrons; it occurs after a σ bond has been previously formed. (f) False. End-to-end overlap results in a bond with electron density along the bond axis. **11.21**(a) Nitrogen uses sp^2 to form three σ bonds and one π bond. (b) Carbon uses sp to form two σ bonds and two π bonds. (c) Carbon uses sp^2 to form three σ bonds and one π bond. **11.23**(a) N: sp^2, forming two σ bonds and one π bond :F̤—N̤=Ö:

(b) C: sp^2, forming three σ bonds and one π bond (F)(F)C=C(F)(F)

(c) C: sp, forming two σ bonds and two π bonds :N≡C—C≡N:

11.25 H(CH₃)C=C(H)(CH₃) *cis*; (CH₃)(H)C=C(H)(CH₃) *trans*

The single bonds are all σ bonds. The double bond is one σ bond and one π bond. **11.26** Four MOs form from the four p atomic orbitals. The total number of MOs must equal the number of atomic orbitals. **11.28**(a) Bonding MOs have lower energy than antibonding MOs. Lower energy means more stable. (b) Bonding MOs do not have a node between the nuclei. (c) Bonding MOs have higher electron density between the nuclei than antibonding MOs do. **11.30**(a) two (b) two (c) four **11.32**(a) A is π^*_{2p}, B is σ_{2p}, C is π_{2p}, and D is σ^*_{2p}. (b) π^*_{2p} in A, σ_{2p} in B, and π_{2p} in C have at least one electron. (c) π^*_{2p} in A has only one electron. **11.34**(a) stable (b) paramagnetic (c) $(\sigma_{2s})^2(\sigma^*_{2s})^1$ **11.36**(a) $C_2^+ < C_2 < C_2^-$ (b) $C_2^- < C_2 < C_2^+$

제12장

실험 기법 문제: B12.1 1.76×10^{-10} m

• **12.1** In a solid, the energy of attraction of the particles is greater than their energy of motion; in a gas, it is less. Gases have high compressibility and the ability to flow, whereas solids have neither. **12.4**(a) because the intermolecular forces are only partially overcome when fusion occurs but need to be totally overcome in vaporization (b) because solids have greater intermolecular forces than liquids do (c) $\Delta H_{vap} = -\Delta H_{cond}$ **12.5**(a) intermolecular (b) intermolecular (c) intramolecular (d) intramolecular **12.7**(a) condensation (b) fusion (c) vaporization **12.9** The gas molecules slow down as the gas is compressed. Therefore, much of the kinetic energy lost by the propane molecules is released to the surroundings. **12.13** At first, the vaporization of liquid molecules from the surface predominates, which increases the number of gas molecules and hence the vapor pressure. As more molecules enter the gas phase, more gas molecules hit the surface of the liquid and "stick" more frequently, so the condensation rate increases. When the vaporization and condensation rates become equal, the vapor pressure remains constant. **12.14** As the strength of intermolecular forces increases, (a) critical temperature increases, (b) boiling point increases, (c) vapor pressure decreases, and (d) heat of vaporization increases. **12.18** because the condensation of the vapor supplies an additional 40.7 kJ/mol **12.19** 7.67×10^3 J **12.21** 0.777 atm **12.23** 2×10^4 J/mol

12.25

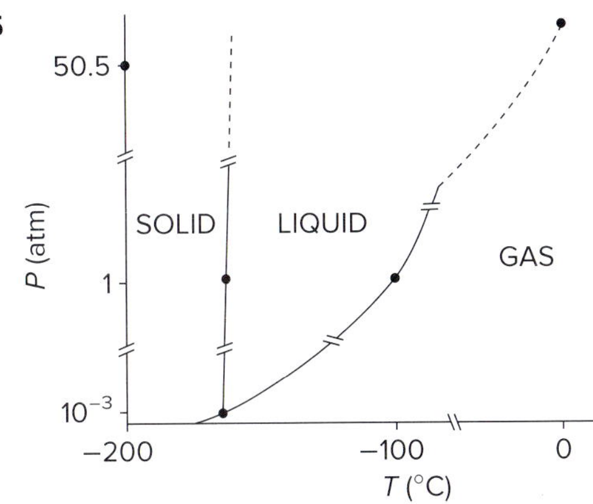

Solid ethylene is more dense than liquid ethylene. **12.27**(a) Rhombic sulfur will sublime when it is heated at a pressure less than 1×10^{-4} atm. (b) At 90°C and 1 atm, sulfur is in the solid (rhombic) form. As it is heated at constant pressure, it passes through the solid (monoclinic) phase, starting at 114°C. At about 120°C, the solid melts to form the liquid. At about 445°C, the liquid evaporates and changes to the gas. **12.30** 32 atm **12.34** O is smaller and more electronegative than Se; thus, the electron density of O is greater, which attracts H more strongly. **12.36** All particles (atoms and molecules) exhibit dispersion forces, but the total force is weak for small molecules. Dipole-dipole forces between small polar molecules dominate dispersion forces between those molecules. **12.39**(a) hydrogen bonding (b) dispersion forces (c) dispersion forces **12.41**(a) dipole-dipole forces (b) dispersion forces (c) H bonding

12.43(a) CH₃—CH(CH₃)—Ö:····H—Ö(H...)—CH(CH₃)—CH₃ (b) H—F:····H—F:····H—F:

12.45(a) dispersion forces (b) H bonding (c) dispersion forces **12.47**(a) I^- (b) $CH_2{=}CH_2$ (c) H_2Se. In (a) and (c), the larger particle has the higher polarizability. In (b), the less tightly held π electron clouds are more easily distorted. **12.49**(a) C_2H_6; it is a smaller molecule exhibiting weaker dispersion forces than C_4H_{10}. (b) CH_3CH_2F; it has no H—F bonds, so it exhibits only dipole-dipole forces, which are weaker than the H bonds of CH_3CH_2OH. (c) PH_3; it has weaker intermolecular forces (dipole-dipole) than NH_3 (hydrogen bonding). **12.51**(a) HCl; it has dipole-dipole forces, and there is stronger ionic bonding in LiCl. (b) PH_3; it has dipole-dipole forces, and there is stronger H bonding in NH_3. (c) Xe; it exhibits weaker dispersion forces, since its smaller size results in lower polarizability than for the larger I_2 molecules. **12.53**(a) C_4H_8 (cyclobutane), because it is more compact than C_4H_{10}. (b) PBr_3; the dipole-dipole forces in PBr_3 are weaker than the ionic bonds in NaBr. (c) HBr; the dipole-dipole forces in HBr are weaker than the H bonds in water. **12.55** As atomic size decreases and electronegativity increases, the electron density of an atom increases. Thus, the attraction to an H atom on another molecule increases, while its bonded H atom becomes more positive. Fluorine is the smallest of the three and the most electronegative, so the H bonds in hydrogen fluoride are the strongest. Oxygen is smaller and more electronegative than nitrogen, so H bonds in water are stronger than H bonds in ammo-

nia. **12.59** The cohesive forces in water and mercury are stronger than the adhesive forces to the nonpolar wax on the floor. Weak adhesive forces result in spherical drops. The adhesive forces overcome the even weaker cohesive forces in the oil, and so the oil drop spreads out. **12.61** Surface tension is defined as the energy needed to increase the surface area by a given amount, so units of energy per area are appropriate.
12.63 $CH_3CH_2CH_2OH < HOCH_2CH_2OH < HOCH_2CH(OH)CH_2OH$. More H bonding means greater attraction between molecules, so more energy is needed to increase surface area.
12.65 $HOCH_2CH(OH)CH_2OH > HOCH_2CH_2OH > CH_3CH_2CH_2OH$. More H bonding means greater attraction between molecules, so the liquid flows less easily.
12.70 Water is a good solvent for polar and ionic substances and a poor solvent for nonpolar substances. Water is a polar molecule and dissolves polar substances because their intermolecular forces are of similar strength. **12.71** A single water molecule can form four H bonds. The two hydrogen atoms each form one H bond to oxygen atoms on neighboring water molecules. The two lone pairs on the oxygen atom form H bonds with hydrogen atoms on two neighboring molecules. **12.74** Water exhibits strong capillary action, which allows it to be easily absorbed by the plant's roots and transported upward to the leaves. **12.80** simple cubic **12.83** The energy gap is the energy difference between the highest filled energy level (valence band) and the lowest unfilled energy level (conduction band). In conductors and superconductors, the energy gap is zero because the valence band overlaps the conduction band. In semiconductors, the energy gap is small. In insulators, the gap is large. **12.85** atomic mass and atomic radius **12.86**(a) face-centered cubic (b) body-centered cubic (c) face-centered cubic **12.88** 1.54 g/cm^3 **12.90**(a) The change in unit cell is from a sodium chloride structure in CdO to a zinc blende structure in CdSe. (b) Yes, the coordination number of Cd changes from 6 in CdO to 4 in CdSe. **12.92** 524 pm
12.94(a) Nickel forms a metallic solid, since it is a metal whose atoms are held together by metallic bonds. (b) Fluorine forms a molecular solid, since the F_2 molecules are held together by dispersion forces. (c) Methanol forms a molecular solid, since the CH_3OH molecules are held together by H bonds. (d) Tin forms a metallic solid, since it is a metal whose atoms are held together by metallic bonds. (e) Silicon is under carbon in Group 4A(14); it exhibits similar bonding properties to carbon. Since diamond and graphite are both network covalent solids, it makes sense that Si forms a network covalent solid as well. (f) Xe is an atomic solid, since its individual atoms are held together by dispersion forces. **12.96** four **12.98**(a) four Se^{2-} ions, four Zn^{2+} ions (b) 577.48 amu (c) 1.77×10^{-22} cm^3 (d) 5.61×10^{-8} cm
12.100(a) insulator (b) conductor (c) semiconductor
12.102(a) Conductivity increases. (b) Conductivity increases. (c) Conductivity decreases. **12.104** 1.68×10^{-8} cm **12.111** A substance whose properties are the same in all directions is isotropic; otherwise, the substance is anisotropic. Liquid crystals have a degree of order only in certain directions, so they are anisotropic. **12.117**(a) n-type semiconductor (b) p-type semiconductor **12.119** $n = 3.4\times10^3$ **12.121** 8.4 pm

제13장

환경공학과 화학 문제: B13.1(a) The colloidal particles in water generally have negatively charged surfaces and, so, repel each other, slowing the settling process. Cake alum, $Al_2(SO_4)_3$, is added to coagulate the colloids. The Al^{3+} ions neutralize the negative surface charges on the particles, allowing them to aggregate and settle. (b) Water that contains large amounts of divalent cations (such as Ca^{2+} and Mg^{2+}) is called hard water. If this water is used for cleaning, these ions combine with the fatty acid anions in soaps to produce insoluble deposits. (c) In reverse osmosis, a pressure greater than the osmotic pressure is applied to the solution, forcing the water back through the membrane, leaving the ions behind. (d) Chlorine may give the water an unpleasant odor, and it can form carcinogenic chlorinated organic compounds. (e) The high concentration of Na^+ in the saturated solution of NaCl displaces the divalent and polyvalent ions from the ion-exchange resin.

• **13.2** When a salt such as NaCl dissolves, ion-dipole forces cause the ions to separate, and many water molecules cluster around each ion in hydration shells. Ion-dipole forces bind the first shell to an ion. The water molecules in that shell form H bonds to others to create the next shell, and so on. **13.4** Sodium stearate is a more effective soap because the hydrocarbon chain in the stearate ion is longer than that in the acetate ion. The longer chain increases dispersion forces with grease molecules.
13.7 KNO_3 is an ionic compound and is therefore more soluble in water than in carbon tetrachloride. **13.9**(a) ion-dipole forces (b) H bonding (c) dipole–induced dipole forces **13.11**(a) H bonding (b) dipole–induced dipole forces (c) dispersion forces
13.13(a) HCl(*g*), because the molecular interactions (dipole-dipole forces) in ether are more like those in HCl than is the ionic bonding in NaCl (b) $CH_3CHO(l)$, because the molecular interactions with ether (dipole-dipole forces) can replace those between CH_3CHO molecules, but not the H bonds between water molecules (c) $CH_3CH_2MgBr(s)$, because the molecular interactions (dipole-dipole and dispersion forces) with ether are greater than those between ether molecules and the ions in $MgBr_2$ **13.16** Gluconic acid is soluble in water due to the extensive H bonding involving the —OH groups attached to five of its carbons. The dispersion forces involving the nonpolar tails of caproic acid are more similar to the dispersion forces in hexane; thus, caproic acid is soluble in hexane. **13.18** The nitrogen-containing bases form H bonds to their complementary bases. The flat, N-containing bases stack above each other, which allows extensive dispersion forces. The exterior, negatively charged sugar-phosphate chains experience ion-dipole forces and form H bonds with water molecules in the aqueous surroundings, which also stabilizes the structure.
13.21 Dispersion forces are present between the nonpolar tails of the lipid molecules within the bilayer. The polar heads interact with the aqueous surroundings through H bonds and ion-dipole forces. **13.25** The enthalpy changes needed to separate the solvent particles ($\Delta H_{solvent}$) and to mix the solvent and solute particles (ΔH_{mix}) combine to give $\Delta H_{solvation}$.
13.29 The compound is very soluble in water, because a

decrease in enthalpy and an increase in entropy both favor the formation of a solution.

13.30

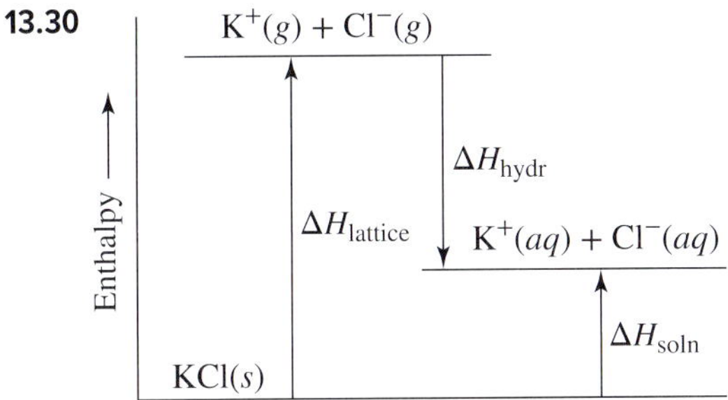

13.32(a) The volume of Na^+ is smaller. (b) Sr^{2+} has a larger ionic charge and a smaller volume. (c) Na^+ is smaller than Cl^-. (d) O^{2-} has a larger ionic charge. (e) OH^- has a smaller volume than SH^-. (f) Mg^{2+} has a smaller volume. (g) Mg^{2+} has both a smaller volume and a larger ionic charge. (h) CO_3^{2-} has a larger ionic charge. **13.34**(a) Na^+ (b) Sr^{2+} (c) Na^+ (d) O^{2-} (e) OH^- (f) Mg^{2+} (g) Mg^{2+} (h) CO_3^{2-} **13.36**(a) −704 kJ/mol (b) The K^+ ion contributes more because it is smaller and, therefore, has a greater charge density. **13.38**(a) increases (b) decreases (c) increases **13.41** Add a pinch of X to each solution. Addition of a "seed" crystal of solute to a supersaturated solution causes the excess solute to crystallize immediately, leaving behind a saturated solution. The solution in which the added X dissolves is the unsaturated solution. The solution in which the added X remains undissolved is the saturated solution. **13.44**(a) increase (b) decrease **13.46**(a) 0.102 g O_2 (b) 0.0214 g O_2 **13.49** 0.20 mol/L **13.52**(a) molarity and % w/v or % v/v (b) parts-by-mass (% w/w) (c) molality **13.54** With just this information, you can convert between molality and molarity, but you need to know the molar mass of the solvent to convert to mole fraction. **13.56**(a) 0.944 M $C_{12}H_{22}O_{11}$ (b) 0.167 M $LiNO_3$ **13.58**(a) 0.0749 M NaOH (b) 0.36 M HNO_3 **13.60**(a) Add 4.25 g KH_2PO_4 to enough water to make 365 mL of aqueous solution. (b) Add 125 mL of 1.25 M NaOH to enough water to make 465 mL of solution. **13.62**(a) Weigh out 48.0 g KBr, dissolve it in about 1 L distilled water, and then dilute to 1.40 L with distilled water. (b) Measure 82.7 mL of the 0.264 M $LiNO_3$ solution and add distilled water to make a total of 255 mL. **13.64**(a) 0.896 m glycine (b) 1.21 m glycerol **13.66** 4.48 m C_6H_6 **13.68**(a) Add 2.39 g $C_2H_6O_2$ to 308 g H_2O. (b) Add 0.0508 kg of 52.0% HNO_3 by mass to 1.15 kg H_2O to make 1.20 kg of 2.20% HNO_3 by mass. **13.70**(a) 0.29 (b) 58 mass % (c) 23 m C_3H_7OH **13.72** 42.6 g CsBr; mole fraction = 7.16×10^{-3}; 7.84% by mass **13.74** 5.11 m NH_3; 4.53 M NH_3; mole fraction = 0.0843 **13.76** 2.5 ppm Ca^{2+}; 0.56 ppm Mg^{2+} **13.80** Its solution conducts a "strong" current. A strong electrolyte dissociates completely into ions in solution. **13.82** The boiling point is higher and the freezing point is lower for the solution than for the pure solvent. **13.85** A dilute solution of an electrolyte behaves more ideally than a concentrated one. With increasing concentration, the effective concentration deviates from the molar concentration because of ionic attractions. Thus, 0.050 m NaF has a boiling point closer to its predicted value. **13.88**(a) strong electrolyte (b) strong electrolyte (c) nonelectrolyte (d) weak electrolyte **13.90**(a) 0.6 mol of solute particles (b) 0.13 mol (c) 2×10^{-4} mol (d) 0.06 mol **13.92**(a) CH_3OH in H_2O (b) H_2O in CH_3OH solution **13.94**(a) $\Pi_{II} < \Pi_{I} < \Pi_{III}$ (b) $bp_{II} < bp_{I} < bp_{III}$ (c) $fp_{III} < fp_{I} < fp_{II}$ (d) $vp_{III} < vp_{I} < vp_{II}$ **13.96** 23.4 torr **13.98** −0.467°C **13.100** 79.5°C **13.102** 1.18×10^4 g $C_2H_6O_2$ **13.104** 2.44×10^{-3} atm **13.106** 342 g/mol **13.108** −14.6°C **13.110**(a) NaCl: 0.173 m and i = 1.84 (b) CH_3COOH: 0.0837 m and i = 1.02 **13.113** 209 torr for CH_2Cl_2; 48.1 torr for CCl_4 **13.114** The fluid inside a bacterial cell is both a solution and a colloid. It is a solution of ions and small molecules and a colloid of large molecules (proteins and nucleic acids). **13.118** Soap micelles have nonpolar tails pointed inward and anionic heads pointed outward. The like charges on the heads of one micelle repel those on the heads of a neighboring micelle. This repulsion between micelles keeps them from coagulating. Soap is more effective in freshwater than in seawater because the divalent cations in seawater combine with the anionic heads to form a precipitate.

제14장

14.1 The outermost electron is attracted by a smaller effective nuclear charge in Li because of shielding by the inner electrons, and it is farther from the nucleus than the electron of H is. Both of these factors lead to a lower ionization energy for Li.

14.3(a) NH_3 will hydrogen bond.

```
:F̤—N̈—F̤:      H—N̈—H
    |            |
   :F̤:           H
```

(b) CH_3CH_2OH will hydrogen bond.

```
   H     H              H  H
   |     |              |  |
H—C—Ö—C—H         H—C—C—Ö—H
   |  ··  |             |  |  ··
   H     H              H  H
```

14.5(a) $2Al(s) + 6HCl(aq) \longrightarrow 2AlCl_3(aq) + 3H_2(g)$

(b) $LiH(s) + H_2O(l) \longrightarrow LiOH(aq) + H_2(g)$

14.7(a) $NaBH_4$: +1 for Na, +3 for B, −1 for H; $Al(BH_4)_3$: +3 for Al, +3 for B, −1 for H; $LiAlH_4$: +1 for Li, +3 for Al, −1 for H (b) tetrahedral

```
[    H   ]⁻
[    |   ]
[ H—B—H  ]
[    |   ]
[    H   ]
```

14.10 For Groups 1A(1) to 4A(14), the number of covalent bonds equals the A-group number. For Groups 5A(15) to 7A(17), it equals 8 minus the A-group number. There are exceptions in Period 3 to Period 6 because it is possible for the 3A(13) to 7A(17) elements to use d orbitals and form more bonds. **14.13**(a) Group 3A(13) or 3B(3) (b) If E is in Group 3B(3), the oxide will be more basic and the fluoride will be more ionic; if E is in Group 3A(13), the oxide will be more acidic and the fluoride will be more covalent. **14.16**(a) reducing agent (b) Alkali metals have relatively low ionization energies, which means they easily lose the outermost electron.

(c) $2Na(s) + 2H_2O(l) \longrightarrow 2Na^+(aq) + 2OH^-(aq) + H_2(g)$

$2Na(s) + Cl_2(g) \longrightarrow 2NaCl(s)$

14.18 Density and ionic size increase down a group; the other three properties decrease down a group.

14.20 $2Na(s) + O_2(g) \longrightarrow Na_2O_2(s)$

14.22 $K_2CO_3(s) + 2HI(aq) \longrightarrow 2KI(aq) + H_2O(l) + CO_2(g)$

14.26 Group 2A(2) metals have an additional valence electron to increase the strength of metallic bonding, which leads to higher melting points, as well as higher boiling points, greater hardness, and greater density.
14.27(a) $CaO(s) + H_2O(l) \longrightarrow Ca(OH)_2(s)$
(b) $2Ca(s) + O_2(g) \longrightarrow 2CaO(s)$
14.30(a)$BeO(s) + H_2O(l) \longrightarrow$ no reaction
(b) $BeCl_2(l) + 2Cl^-(\text{solvated}) \longrightarrow BeCl_4^{2-}(\text{solvated})$
Be behaves like other Group 2A(2) elements in reaction (b).
14.33 The electron removed from Group 2A(2) atoms occupies the outer *s* orbital, whereas, in Group 3A(13) atoms, the electron occupies the outer *p* orbital. For example, the electron configuration for Be is $1s^22s^2$ and for B it is $1s^22s^22p^1$. It is easier to remove the *p* electron of B than an *s* electron of Be, because the energy of a *p* orbital is higher than that of the *s* orbital of the same level. Even though atomic size decreases because of increasing Z_{eff}, IE decreases from 2A(2) to 3A(13).
14.34(a) Most atoms form stable compounds when they complete their outer shell (octet). Some compounds of Group 3A(13) elements, like boron, have only six electrons around the central atom. Having fewer than eight electrons is called *electron deficiency*.
(b) $BF_3(g) + NH_3(g) \longrightarrow F_3B—NH_3(g)$
$B(OH)_3(aq) + OH^-(aq) \longrightarrow B(OH)_4^-(aq)$
14.36 $In_2O_3 < Ga_2O_3 < Al_2O_3$ **14.38** Apparent O.N., +3; actual O.N., +1. $[:\ddot{I}—\ddot{I}—\ddot{I}:]^-$ The anion I_3^- has the general formula AX_2E_3 and bond angles of 180°. $(Tl^{3+})(I^-)_3$ does not exist because of the low strength of the Tl—I bond.
14.43(a) $B_2O_3(s) + 2NH_3(g) \longrightarrow 2BN(s) + 3H_2O(g)$
(b) 1.30×10^2 kJ (c) 5.3 kg borax **14.44** Basicity in water is greater for the oxide of a metal. Tin(IV) oxide is more basic in water than carbon dioxide because tin has more metallic character than carbon. **14.46**(a) Ionization energy generally decreases down a group. (b) The deviations (increases) from the expected trend are due to the presence of the first transition series between Si and Ge and of the lanthanides between Sn and Pb. (c) Group 3A(13) **14.49** Atomic size increases down a group. As atomic size increases, ionization energy decreases, so it is easier to form a positive ion. An atom that is easier to ionize exhibits greater metallic character.
14.51(a)
[:Ö: :Ö:
:Ö—Si—Ö—Si—Ö:
:O: :O:
:Ö—Si—Ö—Si—Ö:
:O: :O:]$^{8-}$
(b)
H H
H—C—C—H
H—C—C—H
H H
14.54(a) diamond, C (b) calcium carbonate, $CaCO_3$ (c) carbon dioxide, CO_2 (d) carbon monoxide, CO (e) silicon, Si
14.58(a) −3 to +5 (b) For a group of nonmetals, the oxidation states range from the lowest, equal to the A-group number − 8, or 5 − 8 = −3 for Group 5A, to the highest, equal to the A-group number, or +5 for Group 5A.
14.61 $H_3AsO_4 < H_3PO_4 < HNO_3$
14.63(a) $4As(s) + 5O_2(g) \longrightarrow 2As_2O_5(s)$
(b) $2Bi(s) + 3F_2(g) \longrightarrow 2BiF_3(s)$
(c) $Ca_3As_2(s) + 6H_2O(l) \longrightarrow 3Ca(OH)_2(s) + 2AsH_3(g)$
14.65(a) $N_2(g) + 2Al(s) \xrightarrow{\Delta} 2AlN(s)$
(b) $PF_5(g) + 4H_2O(l) \longrightarrow H_3PO_4(aq) + 5HF(g)$
14.67 trigonal bipyramidal, with axial F atoms and equatorial Cl atoms;
:F:
:Cl—P (—Cl:, —Cl:)
:F:
14.71(a) Ö=N—N=Ö (b) Ö=N—O=N:
(c) :Ö:
Ö=N—Ö=N
(d) $[:N{\equiv}O:]^+$ $[$Ö=N(—Ö:)(—Ö:)$]^-$
14.73(a) $2KNO_3(s) \xrightarrow{\Delta} 2KNO_2(s) + O_2(g)$
(b) $4KNO_3(s) \xrightarrow{\Delta} 2K_2O(s) + 2N_2(g) + 5O_2(g)$
14.75(a) Boiling point and conductivity vary in similar ways down both groups. (b) Degree of metallic character and types of bonding vary in similar ways down both groups. (c) Both P and S have allotropes, and both bond covalently with almost every other nonmetal. (d) Both N and O are diatomic gases at normal temperatures and pressures. (e) O_2 is a reactive gas, whereas N_2 is not. Nitrogen can have any of six oxidation states, whereas oxygen has two.
14.77(a) $NaHSO_4(aq) + NaOH(aq) \longrightarrow Na_2SO_4(aq) + H_2O(l)$
(b) $S_8(s) + 24F_2(g) \longrightarrow 8SF_6(g)$
(c) $FeS(s) + 2HCl(aq) \longrightarrow H_2S(g) + FeCl_2(aq)$
(d) $Te(s) + 2I_2(s) \longrightarrow TeI_4(s)$
14.79(a) acidic (b) acidic (c) basic (d) amphoteric (e) basic
14.81 $H_2O < H_2S < H_2Te$ **14.84**(a) O_3, ozone (b) SO_3, sulfur trioxide (c) SO_2, sulfur dioxide (d) H_2SO_4, sulfuric acid (e) $Na_2S_2O_3 \cdot 5H_2O$, sodium thiosulfate pentahydrate
14.86 $S_2F_{10}(g) \longrightarrow SF_4(g) + SF_6(g)$; O.N. of S in S_2F_{10} is +5; O.N. of S in SF_4 is +4; O.N. of S in SF_6 is +6. **14.88**(a) −1, +1, +3, +5, +7 (b) The electron configuration for Cl is [Ne] $3s^23p^5$. By gaining one electron, Cl achieves an octet. When forming covalent bonds, Cl completes or expands its valence level by maintaining electron pairs in bonds or as lone pairs. (c) Fluorine has only the −1 oxidation state because its small size and absence of *d* orbitals prevent it from forming more than one covalent bond. **14.90**(a) Cl—Cl bond is stronger than Br—Br bond. (b) Br—Br bond is stronger than I—I bond. (c) Cl—Cl bond is stronger than F—F bond. The fluorine atoms are so small that electron-electron repulsions between the lone pairs decrease the strength of the bond.
14.92(a) $3Br_2(l) + 6OH^-(aq) \longrightarrow 5Br^-(aq) + BrO_3^-(aq) + 3H_2O(l)$
(b) $ClF_5(l) + 6OH^-(aq) \longrightarrow 5F^-(aq) + ClO_3^-(aq) + 3H_2O(l)$
14.93(a) $2Rb(s) + Br_2(l) \longrightarrow 2RbBr(s)$
(b) $I_2(s) + H_2O(l) \longrightarrow HI(aq) + HIO(aq)$
(c) $Br_2(l) + 2I^-(aq) \longrightarrow I_2(s) + 2Br^-(aq)$
(d) $CaF_2(s) + H_2SO_4(l) \longrightarrow CaSO_4(s) + 2HF(g)$
14.95 HIO < HBrO < HClO < $HClO_2$ **14.99** $I_2 < Br_2 < Cl_2$, because Cl_2 is able to oxidize Re to the +6 oxidation state, Br_2 only to the +5 state, and I_2 only to the +4 state. **14.100** helium; argon **14.102** Only dispersion forces hold atoms of the noble gases together.

제15장

실험 기법 문제: B15.1 butane, 2 peaks; 2-methylpropane, 2 peaks; pentane, 3 peaks; 2-methylbutane, 4 peaks; 2,2-dimethylpropane, 1 peak **B15.2** 0.08 J/mol **유전학 및 법의학과 화학 문제: B15.4:** ddATP: four complementary chain pieces; ddCTP: three complementary chain pieces

• **15.2**(a) Carbon's electronegativity is midway between the most metallic and most nonmetallic elements of Period 2. To attain a filled outer shell, carbon forms covalent bonds to other atoms in molecules, network covalent solids, and polyatomic ions. (b) Since carbon has four valence shell electrons, it forms four covalent bonds to attain an octet. (c) To reach the He electron configuration, a carbon atom must lose four electrons, requiring too much energy to form the C^{4+} cation. To reach the Ne electron configuration, the carbon atom must gain four electrons, also requiring too much energy to form the C^{4-} anion. (d) Carbon is able to bond to itself extensively because its small size allows for close approach and great orbital overlap. The extensive orbital overlap results in a strong, stable bond. (e) The C—C σ bond is short enough to allow sideways overlap of unhybridized *p* orbitals of neighboring C atoms. The sideways overlap of *p* orbitals results in the π bonds that are part of double and triple bonds. **15.3**(a) H, O, N, P, S, and halogens (b) Heteroatoms are atoms of any element other than carbon and hydrogen. (c) More electronegative than C: N, O, F, Cl, and Br; less electronegative than C: H and P. Sulfur and iodine have the same electronegativity as carbon. (d) Since carbon can bond to a wide variety of heteroatoms and to other carbon atoms, it can form many different compounds. **15.6** The C—H and C—C bonds are unreactive because electronegativities are close and the bonds are short. The C—I bond is somewhat reactive because it is long and weak. The C=O bond is reactive because oxygen is more electronegative than carbon and the partially positive C atom attracts electron-rich atoms. The C—Li bond is also reactive because the bond polarity results in an electron-rich region around carbon and an electron-poor region around lithium. **15.7**(a) An alkane and a cycloalkane are organic compounds that consist of carbon and hydrogen and have only single bonds. A cycloalkane has a ring of carbon atoms. An alkene is a hydrocarbon with at least one double bond. An alkyne is a hydrocarbon with at least one triple bond. (b) alkane = C_nH_{2n+2}, cycloalkane = C_nH_{2n}, alkene = C_nH_{2n}, alkyne = C_nH_{2n-2} (c) Alkanes and cycloalkanes are saturated hydrocarbons. **15.10** a, c, and f

15.13(a)

```
C=C—C—C—C—C        C=C—C—C—C—C
  |                    |
  C                    C

C=C—C—C—C—C        C=C—C—C—C—C
      |                    |
      C                    C

C—C=C—C—C—C        C—C=C—C—C—C
  |                    |
  C                    C

C—C=C—C—C—C        C—C=C—C—C—C
      |                    |
      C                    C

C—C—C=C—C—C        C—C—C=C—C—C
  |                    |
  C                    C

C—C—C—C—C—C
    ||
    C
```

(b)

```
C=C—C—C—C          C=C—C—C—C
  | |                |   |
  C C                C   C

    C
    |
C=C—C—C—C          C=C—C—C—C
    |                  | |
    C                  C C

      C
      |
C=C—C—C—C          C=C—C—C—C
      |                |
      C                C—C

C—C=C—C—C          C—C=C—C—C
  | |                |   |
  C C                C   C

                         C
                         |
C—C=C—C—C          C—C=C—C—C
    | |                  |
    C C                  C

C—C=C—C—C
    |
    C—C
```

(c)

```
  C  C            C              C
   \/             |              |
   C              C              C              C
  /  \           / \            / \            / \
 C    C         C   C—C        C   C          C   C—C—C
  \  /           \ /            \ /            \ /
  C—C            C—C            C—C            C—C
                                   \
                                    C
```

15.15(a)

```
CH2=C—CH2—CH2—CH2—CH3          CH2=CH—CH—CH2—CH2—CH3
    |                                 |
    CH3                               CH3

CH2=CH—CH2—CH—CH2—CH3          CH2=CH—CH2—CH2—CH—CH3
           |                                  |
           CH3                                CH3

CH3—C=CH—CH2—CH2—CH3           CH3—CH=C—CH2—CH2—CH3
    |                                 |
    CH3                               CH3

CH3—CH=CH—CH—CH2—CH3           CH3—CH=CH—CH2—CH—CH3
          |                                  |
          CH3                                CH3

CH3—CH—CH=CH—CH2—CH3           CH3—CH2—C=CH—CH2—CH3
    |                                  |
    CH3                                CH3

CH3—CH2—C—CH2—CH2—CH3
        ||
        CH2
```

(b)

```
CH2=C—CH—CH2—CH3               CH2=C—CH2—CH—CH3
    |  |                           |      |
    CH3 CH3                        CH3    CH3

           CH3
           |
CH2=CH—C—CH2—CH3               CH2=CH—CH—CH—CH3
           |                          |  |
           CH3                        CH3 CH3

               CH3
               |
CH2=CH—CH2—C—CH3               CH2=CH—CH—CH2—CH3
               |                      |
               CH3                    CH2—CH3

CH3—C=C—CH2—CH3                CH3—C=CH—CH—CH3
    | |                            |     |
    CH3 CH3                        CH3   CH3

                                          CH3
                                          |
CH3—CH=C—CH—CH3                CH3—CH=CH—C—CH3
       |  |                               |
       CH3 CH3                            CH3

CH3—CH=C—CH2—CH3
       |
       CH2—CH3
```

(c)

$$\begin{array}{l} \quad CH_2 \\ CH_2 \quad CH-CH_2-CH_3 \\ H_2C-CH_2 \end{array} \qquad \begin{array}{l} \quad CH_2 \\ CH_2 \quad CH-CH_3 \\ H_2C-CH-CH_3 \end{array}$$

$$\begin{array}{l} \quad CH_2 \\ H_2C \quad CH-CH_3 \\ H_3C-HC-CH_2 \end{array} \qquad \begin{array}{l} \quad CH_2 \quad CH_3 \\ H_2C \quad C \\ \qquad\quad CH_3 \\ H_2C-CH_2 \end{array}$$

15.17(a)

$$\begin{array}{c} CH_3 \\ | \\ CH_3-C-CH_2-CH_3 \\ | \\ CH_3 \end{array}$$

(b) $H_2C{=}CH-CH_2-CH_3$

(c)

$$\begin{array}{l} HC{\equiv}C-CH-CH_3 \\ \qquad\quad | \\ \qquad\quad CH_2 \\ \qquad\quad | \\ \qquad\quad CH_3 \end{array}$$

(d) Structure is correct.

15.19(a)

$$\begin{array}{l} \qquad\quad CH_3 \\ \qquad\quad | \\ CH_3-CH-CH-CH_2-CH_2-CH_2-CH_2-CH_3 \\ \qquad\qquad\quad | \\ \qquad\qquad\quad CH_3 \end{array}$$

(b) cyclohexane ring numbered 1–6 with CH_2-CH_3 on C1 and CH_3 on C3

(c) 3,4-dimethylheptane (d) 2,2-dimethylbutane

15.21(a)

$$\begin{array}{l} \qquad\qquad\qquad\qquad\quad CH_3 \\ \qquad\qquad\qquad\qquad\quad | \\ CH_3-CH_2-CH_2-CH-CH_2-CH_3 \end{array}$$

Correct name is 3-methylhexane.

(b)

$$\begin{array}{l} \qquad\qquad\qquad\qquad\quad CH_2-CH_3 \\ \qquad\qquad\qquad\qquad\quad | \\ CH_3-CH_2-CH_2-CH-CH_3 \end{array}$$

Correct name is 3-methylhexane.

(c) cyclohexane ring with CH_3

Correct name is methylcyclohexane.

(d)

$$\begin{array}{l} \qquad\qquad\qquad CH_3 \\ \qquad\qquad\qquad | \\ CH_3-CH_2-C-CH-CH_2-CH_2-CH_2-CH_3 \\ \qquad\qquad\qquad |\qquad | \\ \qquad\qquad\quad CH_3 \; CH_2-CH_3 \end{array}$$

Correct name is 4-ethyl-3,3-dimethyloctane.

15.23(a) cyclopropane ring: $C(H)(H)$ at top; $H-$Ⓒ$(Cl)-$Ⓒ$(H)-CH_3$

(b)

$$\begin{array}{l} \qquad\qquad\qquad\quad H \quad CH_3 \\ \qquad\qquad\qquad\quad | \qquad | \\ CH_3-CH_2-\text{Ⓒ}-C-CH_3 \\ \qquad\qquad\qquad\quad | \qquad | \\ \qquad\qquad\qquad CH_3 \quad H \end{array}$$

15.25(a) 3-Bromohexane is optically active.

$$\begin{array}{l} CH_3-CH_2-\text{Ⓒ}H-CH_2-CH_2-CH_3 \\ \qquad\qquad\quad | \\ \qquad\qquad\quad Br \end{array}$$

(b) 3-Chloro-3-methylpentane is not optically active.

$$\begin{array}{c} CH_3 \\ | \\ CH_3-CH_2-C-CH_2-CH_3 \\ | \\ Cl \end{array}$$

(c) 1,2-Dibromo-2-methylbutane is optically active.

$$\begin{array}{l} \qquad\quad CH_3 \\ \qquad\quad | \\ CH_2-\text{Ⓒ}-CH_2-CH_3 \\ | \qquad\; | \\ Br \qquad Br \end{array}$$

15.27(a)

$$\begin{array}{c} H \qquad H \\ C{=}C \\ CH_3CH_2 \qquad CH_3 \end{array} \qquad\qquad \begin{array}{c} H \qquad CH_3 \\ C{=}C \\ CH_3CH_2 \qquad H \end{array}$$

cis-2-pentene *trans*-2-pentene

(b)

$$\begin{array}{c} H \qquad H \\ C{=}C \\ C_6H_{11} \qquad CH_3 \end{array} \qquad\qquad \begin{array}{c} H \qquad CH_3 \\ C{=}C \\ C_6H_{11} \qquad H \end{array}$$

cis-1-cyclohexylpropene *trans*-1-cyclohexylpropene

(c) no geometric isomers

15.29(a) no geometric isomers

(b)

$$\begin{array}{c} CH_3-CH_2 \qquad CH_2-CH_3 \\ C{=}C \\ H \qquad H \end{array} \qquad\qquad \begin{array}{c} CH_3-CH_2 \qquad H \\ C{=}C \\ H \qquad CH_2-CH_3 \end{array}$$

cis-3-hexene *trans*-3-hexene

(c) no geometric isomers

(d)

$$\begin{array}{c} Cl \qquad Cl \\ C{=}C \\ H \qquad H \end{array} \qquad\qquad \begin{array}{c} Cl \qquad H \\ C{=}C \\ H \qquad Cl \end{array}$$

cis-1,2-dichloroethene *trans*-1,2-dichloroethene

15.31

1,2-dichlorobenzene (*o*-dichlorobenzene) 1,3-dichlorobenzene (*m*-dichlorobenzene) 1,4-dichlorobenzene (*p*-dichlorobenzene)

15.33 benzene ring bearing OH, two $C(CH_3)_3$ groups ($CH_3-C(CH_3)(CH_3)-$ and $-C(CH_3)(CH_3)-CH_3$) ortho to OH, and CH_3 para to OH

15.34

$$\begin{array}{c} CH_3 \\ | \\ CH_3-CH \qquad CH_2-CH_3 \\ C{=}C \\ H \qquad H \end{array} \qquad\qquad \begin{array}{c} CH_3 \\ | \\ CH_3-CH \qquad H \\ C{=}C \\ H \qquad CH_2-CH_3 \end{array}$$

cis-2-methyl-3-hexene *trans*-2-methyl-3-hexene

The compound 2-methyl-2-hexene does not have *cis-trans* isomers.

15.38 π bond **15.40**(a) elimination (b) addition

15.42(a) $CH_3CH_2CH{=}CHCH_2CH_3 + H_2O$

(b) $CH_3CHBrCH_3 + CH_3CH_2OK$

$CH_3CH{=}CH_2 + CH_3CH_2OH + KBr$

(c) $CH_3CH_3 + 2Cl_2 \quad CHCl_2CH_3 + 2HCl$

15.44(a) oxidation (b) reduction (c) reduction **15.46**(a) oxidized (b) oxidized **15.49**(a) Methylethylamine is more soluble because it has the ability to form H bonds with water molecules. (b) 1-Butanol has a higher melting point because it can form intermolecular H bonds. (c) Propylamine has a higher boiling point because it contains N—H bonds that allow H bonding, and trimethylamine cannot form H bonds.

15.52 Both groups react by addition to the π bond. The very polar C=O bond attracts the electron-rich O of water to the partially positive C. There is no such polarity in the alkene, so either C atom can be attacked, and two products result.

$CH_3-CH_2-C(=O)-CH_2-CH_3 + H_2O \xrightarrow{H^+} CH_3-CH_2-C(OH)_2-CH_2-CH_3$

$CH_3-CH_2-CH{=}CH-CH_3 + H_2O \xrightarrow{H^+} CH_3-CH_2-CH(OH)-CH_2-CH_3 + CH_3-CH_2-CH_2-CH(OH)-CH_3$

15.55 Esters and acid anhydrides form through dehydration-condensation reactions, and water is the other product.

15.57(a) alkyl halide (b) nitrile (c) carboxylic acid (d) aldehyde

15.59(a) $CH_3-CH{=}CH-CH_2-OH$ (alkene; alcohol) (b) $Cl-CH_2-C_6H_4-C(=O)-OH$ (haloalkane; carboxylic acid) (c) cyclohexenyl–C(=O)–NH–CH_3 (alkene; amide) (d) $N{\equiv}C-CH_2-C(=O)-CH_3$ (nitrile; ketone) (e) cyclobutyl–C(=O)–O–CH_2-CH_3 (ester)

15.61 $H_3C-CH_2-CH_2-CH_2-CH_2-OH$; $H_3C-CH_2-CH_2-CH(OH)-CH_3$; $H_3C-CH(CH_3)-CH(OH)-CH_3$; $H_3C-C(OH)(CH_3)-CH_2-CH_3$; $H_3C-CH_2-CH(OH)-CH_2-CH_3$; $H_3C-CH(CH_3)-CH_2-CH_2-OH$; $H_3C-CH_2-CH(CH_3)-CH_2-OH$; $H_3C-C(CH_3)_2-CH_2-OH$

15.63 $H_3C-CH_2-CH_2-CH_2-NH_2$; $H_3C-CH_2-CH(NH_2)-CH_3$; $H_3C-CH(CH_3)-CH_2-NH_2$; $H_3C-C(CH_3)_2-NH_2$; $H_3C-CH_2-NH-CH_2-CH_3$; $H_3C-CH_2-CH_2-NH-CH_3$; $H_3C-CH_2-N(CH_3)-CH_3$; $H_3C-CH(CH_3)-NH-CH_3$

15.65(a) $CH_3-C(=O)-CH_2-CH_3$ (b) $CH_3-CH(CH_3)-C(=O)-OH$ (c) cyclopentanone

15.67(a) $CH_3-C(=O)-NH-CH_3$ (b) $CH_3-CH_2-CH_2-C(=O)-O-CH(CH_3)-CH_3$ (c) $H-C(=O)-O-CH_2-CH(CH_3)-CH_3$

15.69(a) $CH_3-(CH_2)_4-C(=O)-OH$ and $HO-CH_2-CH_3$ (b) $C_6H_5-C(=O)-OH$ and $HO-CH_2-CH_2-CH_3$ (c) CH_3-CH_2-OH and $HO-C(=O)-CH_2-CH_2-C_6H_5$

15.71(a) CH_3-CH_2-OH; $CH_3-CH_2-C(=O)-O-CH_2-CH_3$ (b) $CH_3-CH_2-CH(C{\equiv}N)-CH_3$; $CH_3-CH_2-CH(COOH)-CH_3$

15.73(a) propanoic acid (b) ethylamine **15.77** addition reactions and condensation reactions **15.80** Dispersion forces are responsible for strong attractions between the long, unbranched chains of high-density polyethylene (HDPE). Low-density polyethylene (LDPE) has branching in the chains that prevents packing and weakens these attractions. **15.82** An amine and a carboxylic acid react to form a nylon; a carboxylic acid and an alcohol form a polyester.

15.83(a) $[-CH_2-CHCl-]_n$ (b) $[-CH_2-CH(CH_3)-]_n$

15.87(a) condensation (b) addition (c) condensation (d) condensation **15.89** The amino acid sequence in a protein determines its shape and structure, which determine its function. **15.92** The DNA base sequence determines the RNA base sequence, which determines the protein amino acid sequence.

15.93(a) CH_3– (b) imidazolium ring (HN, $\overset{+}{N}H$)–CH_2– (c) $CH_3-S-CH_2-CH_2$–

15.95(a) $H_3\overset{+}{N}—CH(CH_2C(=O)O^-)—C(=O)—NH—CH(CH_2\text{-imidazolium})—C(=O)—NH—CH(CH_2\text{-indolyl})—C(=O)—O^-$

(b) $H_3\overset{+}{N}—CH_2—C(=O)—NH—CH(CH_2SH)—C(=O)—NH—CH(CH_2C_6H_4OH)—C(=O)—O^-$

15.97(a) AATCGG (b) TCTGTA **15.99** ACAATGCCT; this sequence codes for three amino acids. **15.101**(a) Both R groups are from cysteine, which can form a disulfide bond (covalent bond). (b) Lysine and aspartic acid give a salt link. (c) Asparagine and serine will hydrogen bond. (d) Valine and phenylalanine interact through dispersion forces.

제16장

대기 과학과 화학 문제:

B16.2 (a) Step 1 ~~NO(g)~~ + $O_3(g) \longrightarrow$ ~~$NO_2(g)$~~ + $O_2(g)$

Step 2 ~~$NO_2(g)$~~ + $O(g) \longrightarrow$ ~~NO(g)~~ + $O_2(g)$

Overall $O_3(g) + O(g) \longrightarrow 2O_2(g)$

(b) rate = 3×10^7 molecule/s

B16.3 (a) Step 1 with Cl will have the higher value for the p factor. Since Cl is a single atom, no matter how it collides with the ozone molecule, the two particles should react, if the collision has enough energy. NO is a molecule. If the O_3 molecule collides with the N atom in the NO molecule, reaction can occur, as a bond can form between N and O; if the O_3 molecule collides with the O atom in the NO molecule, reaction will not occur, as the bond between N and O cannot form. The probability of a successful collision is smaller with NO. (b) :Cl·····O·····O=O

• **16.2** Reaction rate is proportional to concentration. An increase in pressure will increase the concentration of gas-phase reactants, resulting in an increased rate. **16.3** The addition of water will lower the concentrations of all dissolved solutes, and the rate will decrease. **16.5** An increase in temperature increases the rate by increasing the number of collisions between particles, but, more importantly, it increases the energy of collisions. **16.8**(a) The instantaneous rate is the rate at one point in time during the reaction. The average rate is the average over a period of time. On a graph of reactant concentration versus time, the instantaneous rate is the slope of the tangent to the curve at any point. The average rate is the slope of the line connecting two points on the curve. The closer together the two points (the shorter the time interval), the closer the average rate is to the instantaneous rate. (b) The initial rate is the instantaneous rate at the point on the graph where $t = 0$, that is, when reactants are mixed.

16.10

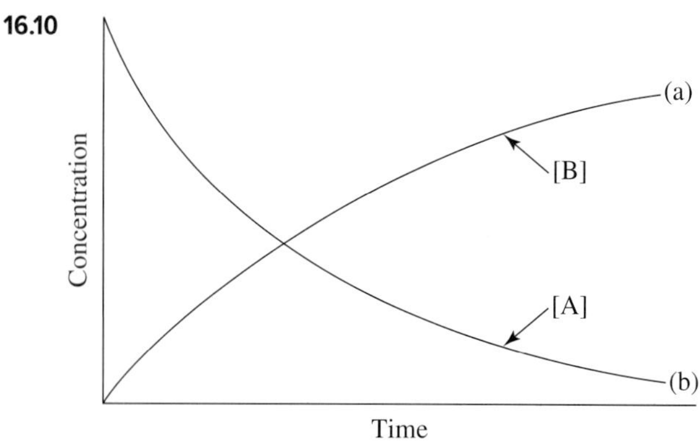

16.12(a) rate $= -\left(\frac{1}{2}\right)\frac{\Delta[AX_2]}{\Delta t}$

$= -\left(\frac{1}{2}\right)\frac{(0.0088\text{ mol/L} - 0.0500\text{ mol/L})}{(20.0\text{ s} - 0\text{ s})}$

$= 0.0010$ mol/L·s

(b)

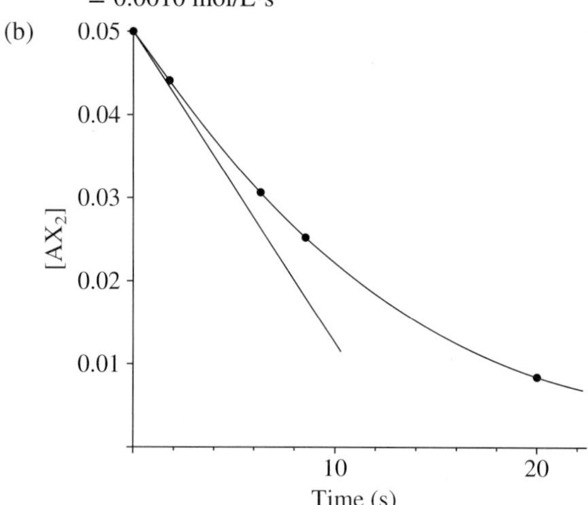

Estimated initial rate = 0.004 mol/L·s. The initial rate is higher than the average rate because the rate decreases as reactant concentration decreases.

16.14 rate $= -\frac{1}{2}\frac{\Delta[A]}{\Delta t} = \frac{\Delta[B]}{\Delta t} = \frac{\Delta[C]}{\Delta t}$; 4 mol/L·s

16.16 rate $= -\frac{\Delta[A]}{\Delta t} = -\frac{1}{2}\frac{\Delta[B]}{\Delta t} = \frac{\Delta[C]}{\Delta t}$; 0.2 mol/L·s

16.18 $2N_2O_5(g) \longrightarrow 4NO_2(g) + O_2(g)$

16.21 rate $= -\frac{\Delta[N_2]}{\Delta t} = -\frac{1}{3}\frac{\Delta[H_2]}{\Delta t} = \frac{1}{2}\frac{\Delta[NH_3]}{\Delta t}$

16.22(a) rate $= -\frac{1}{3}\frac{\Delta[O_2]}{\Delta t} = \frac{1}{2}\frac{[\Delta O_3]}{\Delta t}$

(b) 1.45×10^{-5} mol/L·s

16.23(a) k is the rate constant, the proportionality constant in the rate law; it is specific to the reaction and that temperature at which the reaction occurs. (b) m represents the order of the reaction with respect to [A], and n represents the order of the reaction with respect to [B]. The order of a reactant does not necessarily equal its stoichiometric coefficient in the balanced equation. (c) L^2/mol^2•min **16.25**(a) Rate doubles. (b) Rate decreases by a factor of 4. (c) Rate increases by a factor of 9. **16.26** first order in BrO_3^-; first order in Br^-; second order in H^+; fourth order overall **16.28**(a) Rate doubles. (b) Rate is halved.

(c) The rate increases by a factor of 16. **16.30** second order in NO_2; first order in Cl_2; third order overall **16.32**(a) Rate increases by a factor of 9. (b) Rate increases by a factor of 8. (c) Rate is halved. **16.34**(a) second order in A; first order in B (b) rate = $k[A]^2[B]$ (c) 5.00×10^3 L^2/mol^2•min (d) 320 mol/L•min **16.36**(a) $time^{-1}$ (b) L/mol•time (c) L^2/mol^2•time (d) $L^{3/2}/mol^{3/2}$•time **16.39** The integrated rate law can be used to plot a graph. If the plot of [reactant] versus time is linear, the order is zero. If the plot of ln[-reactant] versus time is linear, the order is first. If the plot of inverse concentration (1/[reactant]) versus time is linear, the order is second. (a) first order (b) second order (c) zero order **16.41**(a) 0.68 M (b) 153 s **16.43** 22 minutes **16.45**(a) $k = 0.0660\ min^{-1}$ (b) 21.0 min **16.47** 7 s

16.49(a)

x-axis (time, s)	$[NH_3]$	y-axis ($\ln [NH_3]$)
0	4.000 M	1.38629
1.000	3.986 M	1.38279
2.000	3.974 M	1.37977

$k = 3\times10^{-3}\ s^{-1}$

(b) $t_{1/2} = 2\times10^2$ s

16.51 No, other factors that affect the rate are the energy and orientation of the collisions. **16.54** Measure the rate constant at a series of temperatures and plot ln k versus $1/T$. The slope of the line equals $-E_a/R$. **16.57** No, reaction is reversible and will eventually reach a state where the forward and reverse rates are equal. When this occurs, there are no concentrations equal to zero. Since some reactants are re-formed from EF, the amount of EF will be less than 4×10^{-5} mol. **16.58** At the same temperature, both reaction mixtures have the same average kinetic energy, but the reactant molecules do not have the same average velocity. The trimethylamine molecule has greater mass than the ammonia molecule, so trimethylamine molecules will collide less often with HCl molecules. Moreover, the bulky groups bonded to nitrogen in trimethylamine mean that collisions with HCl having the correct orientation occur less frequently. Therefore, the rate of the reaction between NH_3 and HCl is higher. **16.59** 12 unique collisions

16.61(a)

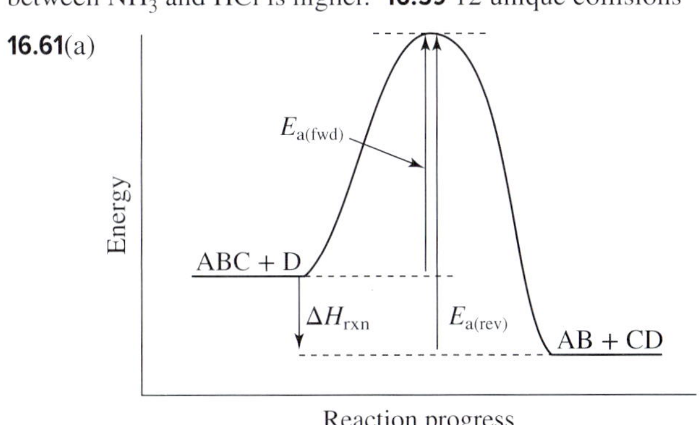

(b) 2.70×10^2 kJ/mol

(c)

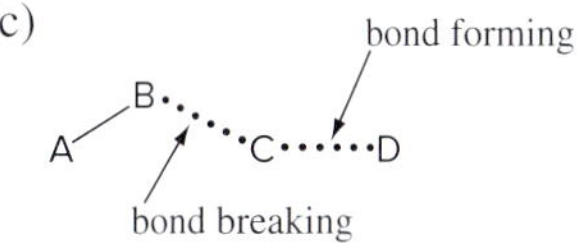

16.63 2.96×10^{-18} **16.65** 0.033 s^{-1}
16.68(a) Because the enthalpy change is positive, the reaction is endothermic.

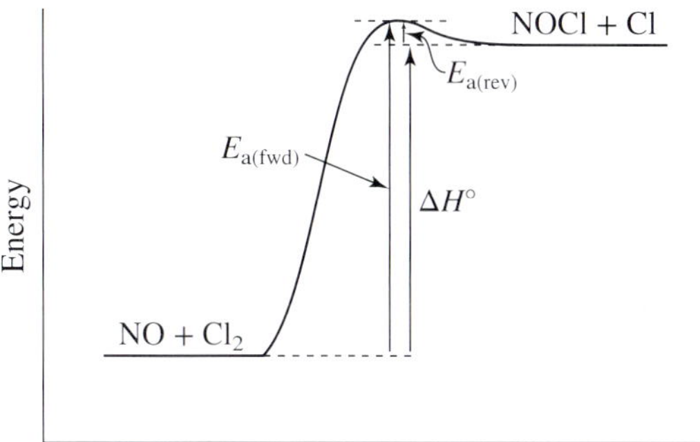

(b) 3 kJ (c) :Cl·····Cl·····N=O:

16.69 The rate of an overall reaction depends on the rate of the slowest step. The rate of the overall reaction will be lower than the average of the individual rates because the average includes higher rates as well. **16.73** The probability of three particles colliding with one another with the proper energy and orientation is much less than the probability of two particles doing so. **16.74** No, the overall rate law must contain only reactants (no intermediates), and the overall rate is determined by the slow step. **16.76**(a) $A(g) + B(g) + C(g) \longrightarrow D(g)$
(b) X and Y are intermediates.

(c)

Step	Molecularity	Rate Law
$A(g) + B(g) \rightleftharpoons X(g)$	bimolecular	$rate_1 = k_1[A][B]$
$X(g) + C(g) \longrightarrow Y(g)$	bimolecular	$rate_2 = k_2[X][C]$
$Y(g) \longrightarrow D(g)$	unimolecular	$rate_3 = k_3[Y]$

(d) yes (e) yes **16.78** The proposed mechanism is valid because the individual steps are chemically reasonable, they add to give the overall equation, and the rate law for the mechanism matches the observed rate law. **16.81** No. A catalyst changes the mechanism of a reaction to one with lower activation energy. Lower activation energy means a faster reaction. An increase in temperature does not influence the activation energy but increases the fraction of collisions with sufficient energy to equal or exceed the activation energy. **16.82**(a) No. The spark provides energy that is absorbed by the H_2 and O_2 molecules to achieve the activation energy. (b) Yes. The powdered metal acts as a heterogeneous catalyst, providing a surface on which the oxygen-hydrogen reaction can proceed with a lower activation energy.

제17장

세포 대사와 화학 문제: B17.1(a) enzyme 3
(b) enzyme 6 (c) If F inhibited enzyme 1, neither branch of the pathway would occur when enough F was made and product I would be lacking. (d) If F inhibited enzyme 6, the second branch would not take place when enough F was made, and more F would build up.

• **17.1** If the change is in concentration, it results temporarily in more products and less reactants. After equilibrium is re-established, K_c remains unchanged because the ratio of products and reactants remains the same. **17.7** The equilibrium constant expression is $K = [O_2]$. If the temperature remains constant, K remains constant. If the initial amount of Li_2O_2 present is sufficient to reach equilibrium, the amount of O_2 obtained will be constant.

17.8(a) $Q = \dfrac{[HI]^2}{[H_2][I_2]}$

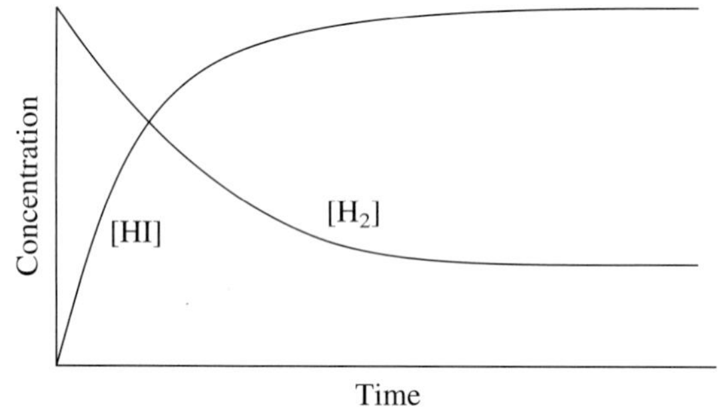

The value of Q increases as a function of time until it reaches the value of K. (b) no **17.11** Yes. If Q_1 is for the formation of 1 mol NH_3 from H_2 and N_2, and Q_2 is for the formation of NH_3 from H_2 and 1 mol of N_2, then $Q_2 = Q_1^2$.

17.12(a) $4NO(g) + O_2(g) \rightleftharpoons 2N_2O_3(g)$;;

$$Q_c = \frac{[N_2O_3]^2}{[NO]^4[O_2]}$$

(b) $SF_6(g) + 2SO_3(g) \rightleftharpoons 3SO_2F_2(g)$;

$$Q_c = \frac{[SO_2F_2]^3}{[SF_6][SO_3]^2}$$

(c) $2SClF_5(g) + H_2(g) \rightleftharpoons S_2F_{10}(g) + 2HCl(g)$;

$$Q_c = \frac{[S_2F_{10}][HCl]^2}{[SClF_5]^2[H_2]}$$

17.14(a) $2NO_2Cl(g) \rightleftharpoons 2NO_2(g) + Cl_2(g)$;

$$Q_c = \frac{[NO_2]^2[Cl_2]}{[NO_2Cl]^2}$$

(b) $2POCl_3(g) \rightleftharpoons 2PCl_3(g) + O_2(g)$;

$$Q_c = \frac{[PCl_3]^2[O_2]}{[POCl_3]^2}$$

(c) $4NH_3(g) + 3O_2(g) \rightleftharpoons 2N_2(g) + 6H_2O(g)$;

$$Q_c = \frac{[N_2]^2[H_2O]^6}{[NH_3]^4[O_2]^3}$$

17.16(a) 7.9 (b) 3.2×10^{-5}

17.18(a) $2Na_2O_2(s) + 2CO_2(g) \rightleftharpoons 2Na_2CO_3(s) + O_2(g)$;

$$Q_c = \frac{[O_2]}{[CO_2]^2}$$

(b) $H_2O(l) \rightleftharpoons H_2O(g)$; $Q_c = [H_2O(g)]$

(c) $NH_4Cl(s) \rightleftharpoons NH_3(g) + HCl(g)$; $Q_c = [NH_3][HCl]$

17.20(a) $2NaHCO_3(s) \rightleftharpoons Na_2CO_3(s) + CO_2(g) + H_2O(g)$;

$Q_c = [CO_2][H_2O]$

(b) $SnO_2(s) + 2H_2(g) \rightleftharpoons Sn(s) + 2H_2O(g)$;

$$Q_c = \frac{[H_2O]^2}{[H_2]^2}$$

(c) $H_2SO_4(l) + SO_3(g) \rightleftharpoons H_2S_2O_7(l)$;

$$Q_c = \frac{1}{[SO_3]}$$

17.23(a) (1) $Cl_2(g) + F_2(g) \rightleftharpoons 2ClF(g)$

(2) $2ClF(g) + 2F_2(g) \rightleftharpoons 2ClF_3(g)$

overall: $Cl_2(g) + 3F_2(g) \rightleftharpoons 2ClF_3(g)$

(b) $$Q_{overall} = Q_1Q_2 = \frac{\cancel{[ClF]^2}}{[Cl_2][F_2]} \times \frac{[ClF_3]^2}{\cancel{[ClF]^2}[F_2]^2} = \frac{[ClF_3]^2}{[Cl_2][F_2]^3}$$

17.26 K_c and K_p are equal when $\Delta n_{gas} = 0$; K_c and K_p are not equal when Δn_{gas} does not equal 0. **17.27**(a) smaller (b) Assuming that $RT > 1$ ($T > 12.2$ K), $K_p > K_c$ if there are more moles of products than reactants at equilibrium, and $K_p < K_c$ if there are more moles of reactants than products. **17.28**(a) 3 (b) −1 (c) 3 **17.30**(a) 3.2 (b) 28.5 **17.32**(a) 0.15 (b) 3.6×10^{-7} **17.34** The reaction quotient (Q) and equilibrium constant (K) are determined by the ratio [products]/[reactants]. When $Q < K$, the reaction proceeds to the right to form more products. **17.36** no; to the left **17.39** At equilibrium, equal concentrations of $CFCl_3$ and HCl exist, regardless of starting reactant concentrations, because the product coefficients are equal. **17.41**(a) The approximation applies when the change in concentration from initial concentration to equilibrium concentration is so small that it is insignificant; this occurs when K is small and initial concentration is large. (b) This approximation should not be used when the change in concentration is greater than 5%. This can occur when $[\text{reactant}]_{initial}$ is very small or when change in [reactant] is relatively large due to a large K. **17.42** 50.8

17.44 Concentration (*M*)	$PCl_5(g)$ ⇌	$PCl_3(g)$ +	$Cl_2(g)$
Initial	0.075	0	0
Change	$-x$	$+x$	$+x$
Equilibrium	$0.075 - x$	x	x

17.46 28 atm **17.48** 0.33 atm **17.50** 3.5×10^{-3} M
17.52 [HI] = 0.0152 M; $[I_2]$ = 0.00328 M **17.54** 0.169 M
17.56 $[H_2]_{eq} = 8.02\times10^{-3}$ M

17.58 6.01×10^{-6} **17.61** Equilibrium position is the specific concentrations or pressures of reactants and products that exist at equilibrium, whereas equilibrium constant is the overall ratio of equilibrium concentrations or pressures. Equilibrium position changes as a result of a change in reactant (or product) concentration. **17.62**(a) B, because the amount of product increases with temperature (b) A, because the lowest temperature will give the least product **17.66**(a) shifts toward products (b) shifts toward products (c) does not shift (d) shifts toward reactants

17.68(a) more F and less F_2 (b) more C_2H_2 and H_2 and less CH_4 **17.70**(a) no effect (b) less H_2 and O_2 and more H_2O **17.72**(a) no change (b) increase volume **17.74**(a) amount decreases (b) amounts increase (c) amounts increase (d) amount decreases **17.76** 2.0 **17.79**(a) lower temperature, higher pressure (b) Q decreases; no change in K (c) Reaction rates are lower at lower temperatures, so a catalyst is used to speed up the reaction. **17.81**(a) P_{N_2} = 31 atm; P_{H_2} = 93 atm; P_{total} = 174 atm (b) P_{N_2} = 18 atm; P_{H_2} = 111 atm; P_{total} = 179 atm; not a valid suggestion

제18장

18.2 All Arrhenius acids have H in their formula and produce hydronium ion (H_3O^+) in aqueous solution. All Arrhenius bases have OH in their formula and produce hydroxide ion (OH^-) in aqueous solution. Neutralization occurs when each H_3O^+ ion combines with an OH^- ion to form two molecules of H_2O. Chemists found the reaction of any strong base with any strong acid always had $\Delta H = -56$ kJ/mol H_2O produced. **18.4** a, c, and d **18.6** b and d **18.8** The Brønsted-Lowry model defines acids as proton donors and bases as proton acceptors, whereas the Arrhenius model defines acids as species containing ionizable hydrogen atoms and bases as species containing hydroxide ions. In both definitions, an acid produces H_3O^+ ions and a base produces OH^- ions when added to water. Ammonia and carbonate ion are two Brønsted-Lowry bases that are not Arrhenius bases because they do not contain OH^- ions. Brønsted-Lowry acids must contain an ionizable hydrogen atom in order to be proton donors, so a Brønsted-Lowry acid is also an Arrhenius acid. **18.11** An amphiprotic species is one that can lose a proton to act as an acid or gain a proton to act as a base. The dihydrogen phosphate ion, $H_2PO_4^-$, is an example.

$H_2PO_4^-(aq) + OH^-(aq) \longrightarrow H_2O(l) + H_PO_4^{2-}(aq)$

$H_2PO_4^-(aq) + HCl(aq) \longrightarrow H_3PO_4(aq) + Cl^-(aq)$

18.12 (a) Cl^- (b) HCO_3^- (c) OH^- **18.14**(a) NH_4^+ (b) NH_3 (c) $C_{10}H_{14}N_2H^+$

18.16 (a) $HCl + H_2O \rightleftharpoons Cl^- + H_3O^+$
acid base base acid
Conjugate acid-base pairs: HCl/Cl^- and H_3O^+/H_2O
(b) $HClO_4 + H_2SO_4 \rightleftharpoons ClO_4^- + H_3SO_4$
acid base base acid
Conjugate acid-base pairs: $HClO_4/ClO_4^-$ and $H_3SO_4^+/H_2SO_4$
(c) $HPO_4^{2-} + H_2SO_4 \rightleftharpoons H_2PO_4^- + HSO_4^-$
base acid acid base
Conjugate acid-base pairs: H_2SO_4/HSO_4^- and $H_2PO_4^-/HPO_4^{2-}$

18.18 (a) $NH_3 + H_3PO_4 \rightleftharpoons NH_4^+ + H_2PO_4^-$
base acid acid base
Conjugate acid-base pairs: $H_3PO_4/H_2PO_4^-$ and NH_4^+/NH_3
(b) $CH_3O^- + NH_3 \rightleftharpoons CH_3OH + NH_2^-$
base acid acid base
Conjugate acid-base pairs: NH_3/NH_2^- and CH_3OH/CH_3O^-
(c) $HPO_4^{2-} + HSO_4^- \rightleftharpoons H_2PO_4^- + SO_4^{2-}$
base acid acid base
Conjugate acid-base pairs: HSO_4^-/SO_4^{2-} and $H_2PO_4^-/HPO_4^{2-}$

18.20(a) $OH^-(aq) + H_2PO_4^-(aq) \rightleftharpoons H_2O(l) + HPO_4^{2-}(aq)$
Conjugate acid-base pairs: $H_2PO_4^-/HPO_4^{2-}$ and H_2O/OH^-
(b) $HSO_4^-(aq) + CO_3^{2-}(aq) \rightleftharpoons SO_4^{2-}(aq) + HCO_3^-(aq)$
Conjugate acid-base pairs: HSO_4^-/SO_4^{2-} and HCO_3^-/CO_3^{2-}

18.22 $K_c > 1$: $HS^- + HCl \rightleftharpoons H_2S + Cl^-$
$K_c < 1$: $H_2S + Cl^- \rightleftharpoons HS^- + HCl$

18.24 $K_c > 1$ for both a and b **18.26** $K_c < 1$ for both a and b **18.31**(a) The 0.01 M base solution contains more hydroxide ions, so fewer hydronium ions and a higher pH. (b) The solution that has pOH = 6.0 has the higher pH: pH = 14.0 – 6.0 = 8.0. (c) When $[H_3O^+] = 1\times10^{-4}$ M, $[OH^-] = 1\times10^{-10}$ M. The higher the $[OH^-]$, the higher the pH. The solution with $[OH^-] = 1\times10^{-4}$ M has the higher pH. **18.32**(a) $[H_3O^+] = 1.4\times10^{-10}$ M, $[OH^-] = 7.1\times10^{-5}$ M, pOH = 4.15 (b) $[H_3O^+] = 2.7\times10^{-5}$ M, $[OH^-] = 3.7\times10^{-10}$ M, pH = 4.57 **18.34**(a) $[H_3O^+] = 1.7\times10^{-5}$ M, $[OH^-] = 5.9\times10^{-10}$ M, pOH = 9.23 (b) $[H_3O^+] = 4.5\times10^{-9}$ M, $[OH^-] = 2.2\times10^{-6}$ M, pH = 8.36 **18.36** 4.8×10^{-4} mol OH^-/L **18.38** 1.4×10^{-4} mol OH^- **18.41** (a) $2H_2O(l)$ + heat $\rightleftharpoons$ $H_3O^+(aq) + OH^-(aq)$. As the temperature increases, the reaction shifts to the formation of products; rising temperature increases the value of K_w. (b) $K_w = 2.5\times10^{-14}$; pOH = 6.80; $[OH^-] = 1.6\times10^{-7}$ M **18.42** Strong acids and bases dissociate completely into ions when dissolved in water, producing solutions with many ions that can strongly conduct an electric current, so they are classified as strong electrolytes. **18.45** 0.25 M KOH dissociates to produce 0.25 M OH^- in solution, whereas 0.25 M $Ca(OH)_2$ dissociates to produce 2 × 0.25 = 0.50 M OH^- in solution. 0.25 M $Ca(OH)_2$ has the higher pH, since it has the higher concentration of OH^- ions. **18.46**(a) 12.05; basic (b) 11.13; acidic **18.48**(a) 2.212; acidic (b) –0.708; basic **18.51**(a) The solution of the acid with the smaller K_a (4×10^{-5}) has a lower $[H_3O^+]$ and higher pH. (b) The acid with the larger pK_a, 3.5, has a lower $[H_3O^+]$ and higher pH. (c) The solution with a lower concentration (0.01 M) has a lower $[H_3O^+]$ and higher pH. (d) The 0.1 M solution of a weak acid has a lower $[H_3O^+]$ and higher pH. **18.52**(a) A strong acid is 100% dissociated, so the acid concentration will be very different after dissociation. (b) A weak acid dissociates to a very small extent, so the acid concentration before and after dissociation is nearly the same. (c) The acid concentration is nearly the same, but the extent of dissociation is greater than for a concentrated solution. (d) The acid concentration will be very different after dissociation. **18.53** No. HCl is a strong acid and dissociates to a greater extent than the weak acid CH_3COOH. The K_a of the acid, not the concentration of H_3O^+, determines the strength of the acid. **18.54** scene 1 **18.57**(a) weak acid (b) strong acid (c) weak acid (d) strong acid **18.59** $CH_3COOH < HF < HIO_3 < HI$

18.61 (a) $H_3PO_4(aq) + H_2O(l) \rightleftharpoons H_2PO_4^-(aq) + H_3O^+(aq)$

$$K_a = \frac{[H_3O^+][H_2PO_4^-]}{[H_3PO_4]}$$

(b) $C_6H_5COOH(aq) + H_2O(l) \rightleftharpoons C_6H_5COO^-(aq) + H_3O^+(aq)$

$$K_a = \frac{[H_3O^+][C_6H_5COO^-]}{[C_6H_5COOH]}$$

(c) HSO4–(aq) +H2O(l) $\rightleftharpoons$ SO42–(aq) +H3O+(aq)

$$K_a = \frac{[H_3O^+][SO_4^{2-}]}{[HSO_4^-]}$$

(d) HNO2(aq) +H2O(l) $\rightleftharpoons$ NO–2 (aq) +H3O+(aq)

$$K_a = \frac{[H_3O^+][NO_2^-]}{[HNO_2]}$$

18.63 1.5×10^{-5} **18.65** $[H_3O^+] = [NO_2^-] = 2.1\times10^{-2}$ M; $[OH^-] = 4.8\times10^{-13}$ M **18.67** $[H_3O^+] = [ClCH_2COO^-] = 0.041$ M; $[ClCH_2COOH] = 1.21$ M; pH = 1.39 **18.69**(a) $[H_3O^+] = 6.0\times10^{-3}$ M; pH = 2.22; $[OH^-] = 1.7\times10^{-12}$ M; pOH = 11.78 (b) 1.9×10^{-4} **18.71** 2.2×10^{-7} **18.73**(a) 2.37 (b) 11.53 **18.75**(a) 2.290 (b) 12.699 **18.77** 1.1% **18.79** $[H_3O^+] = [HS^-] = 9\times10^{-5}$ M; pH = 4.0; $[OH^-] = 1\times10^{-10}$ M; pOH = 10.0; $[H_2S] = 0.10$ M; $[S^{2-}] = 1\times10^{-17}$ M **18.82** 1.5% **18.83** As a nonmetal becomes more electronegative, the acidity of its binary hydride increases. The electronegative nonmetal attracts the electrons more strongly in the polar bond, shifting the electron density away from H, thus making H^+ more easily transferred to a water molecule to form H_3O^+. **18.86** Chlorine is more electronegative than iodine, and $HClO_4$ has more oxygen atoms than HIO. **18.87**(a) H_2SeO_4 (b) H_3PO_4 (c) H_2Te **18.89**(a) H_2Se (b) $B(OH)_3$ (c) $HBrO_2$ **18.91**(a) 0.5 M $AlBr_3$ (b) 0.3 M $SnCl_2$ **18.93**(a) 0.2 M $Ni(NO_3)_2$ (b) 0.35 M $Al(NO_3)_3$ **18.95** All Brønsted-Lowry bases contain at least one lone pair of electrons, which binds an H^+ and allows the base to act as a proton acceptor.

18.98(a) $C_5H_5N(aq) + H_2O(l) \rightleftharpoons OH^-(aq) + C_5H_5NH^+(aq)$

$$K_b = \frac{[C_5H_5NH^+][OH^-]}{[C_5H_5N]}$$

(b) $CO_3^{2-}(aq) + H_2O(l) \rightleftharpoons OH^-(aq) + HCO_3$

$$K_b = \frac{[HCO_3^-][OH^-]}{[CO_3^{2-}]}$$

18.100(a) $HONH_2(aq) + H_2O(l) \rightleftharpoons OH^-(aq) + HONH_3$

$$K_b = \frac{[HONH_3^+][OH^-]}{[HONH_2]}$$

(b) $HPO_4^{2-}(aq) + H_2O(l) \rightleftharpoons H_2PO_4^-(aq) + OH^-(aq)$

$$K_b = \frac{[H_2PO_4^-][OH^-]}{[HPO_4^{2-}]}$$

18.102 11.79 **18.104** 11.45 **18.106**(a) 5.6×10^{-10} (b) 2.5×10^{-5} **18.108**(a) 12.04 (b) 10.77 **18.110**(a) 11.19 (b) 5.56 **18.112**(a) 8.78 (b) 4.66 **18.114** $[OH^-] = 5.5\times10^{-4}$ M; pH = 10.74 **18.117** NaF contains the anion of the weak acid HF, so F^- acts as a base. NaCl contains the anion of the strong acid HCl.

18.119(a) $KBr(s) \xrightarrow{H_2O} K^+(aq) + Br^-(aq)$; neutral

(b) $NH_4I(s) \xrightarrow{H_2O} NH_4^+(aq) + I^-(aq)$

$NH_4^+(aq) + H_2O(l) \rightleftharpoons NH_3(aq) + H_3O^+(aq)$; acidic

(c) $KCN(s) \xrightarrow{H_2O} K^+(aq) + CN^-(aq)$

$CN^-(aq) + H_2O(l) \rightleftharpoons HCN(aq) + OH^-(aq)$; basic

18.121(a) $Na_2CO_3(s) \xrightarrow{H_2O} 2Na^+(aq) + CO_3^{2-}(aq)$

$CO_3^{2-}(aq) + H_2O(l) \rightleftharpoons HCO_3^-(aq) + OH^-(aq)$; basic

(b) $CaCl_2(s) \xrightarrow{H_2O} Ca^{2+}(aq) + 2Cl^-(aq)$; neutral

(c) $Cu(NO_3)_2(s) \xrightarrow{H_2O} Cu^{2+}(aq) + 2NO_3^-(aq)$

$Cu(H_2O)_6^{2+}(aq) + H_2O(l) \rightleftharpoons$

$Cu(H_2O)_5OH^+(aq) + 3O^+(aq)$; acidic

18.123(a) $SrBr_2(s) \xrightarrow{H_2O} Sr^{2+}(aq) + 2Br^-(aq)$; neutral

(b) $Ba(CH_3COO)_2(s) \xrightarrow{H_2O} Ba^{2+}(aq) + 2CH_3COO^-(aq)$

$CH_3COO^-(aq) + H_2O(l) \rightleftharpoons$

$CH_3COOH(aq) + OH^-(aq)$; basic

(c) $(CH_3)_2NH_2Br(s)$ $(CH_3)_2NH_2^+(aq) + Br^-(aq)$

$(CH_3)_2NH_2^+(aq) + H_2O(l) \rightleftharpoons$

$(CH_3)2NH(aq) + H_3O^+(aq)$; acidic

18.125(a) $NH_4^+(aq) + H_2O(l) \rightleftharpoons NH_3(aq) + H_3O^+(aq)$

$PO_4^{3-}(aq) + H_2O(l) \rightleftharpoons HPO_4^{2-}(aq) + OH^-(aq)$

$K_b > K_a$; basic

(b) $SO_4^{2-}(aq) + H_2O(l) \rightleftharpoons HSO_4^-(aq) + OH^-(aq)$

Na^+ gives no reaction; basic

(c) $ClO^-(aq) + H_2O(l) \rightleftharpoons HClO(aq) + OH^-(aq)$

Li^+ gives no reaction; basic

18.127(a) $Fe(NO_3)_2 < KNO_3 < K_2SO_3 < K_2S$

(b) $NaHSO_4 < NH_4NO_3 < NaHCO_3 < Na_2CO_3$

18.129 Since both bases produce OH^- ions in water, both bases appear equally strong. $CH_3O^-(aq) + H_2O(l) \longrightarrow OH^-(aq) + CH_3OH(aq)$ and $NH_2^-(aq) + H_2O(l) \longrightarrow OH^-(aq) + NH_3(aq)$. **18.131** Ammonia, NH_3, is a more basic solvent than H_2O. In a more basic solvent, weak acids such as HF act like strong acids and are 100% dissociated.

18.133 A Lewis acid is an electron-pair acceptor, whereas a Brønsted-Lowry acid is a proton donor. The proton of a Brønsted-Lowry acid is a Lewis acid because it accepts an electron pair when it bonds with a base. All Lewis acids are not Brønsted-Lowry acids. A Lewis base is an electron-pair donor, and a Brønsted-Lowry base is a proton acceptor. All Brønsted-Lowry bases are Lewis bases, and vice versa. **18.134**(a) No, NH_3 is a weak Brønsted-Lowry base but a strong Lewis base. (b) cyanide ion and water (c) cyanide ion **18.137**(a) Lewis acid (b) Lewis base (c) Lewis acid (d) Lewis base **18.139**(a) Lewis acid (b) Lewis base (c) Lewis base (d) Lewis acid **18.141**(a) Lewis acid: Na^+; Lewis base: H_2O (b) Lewis acid: CO_2; Lewis base: H_2O (c) Lewis acid: BF_3; Lewis base: F^- **18.143**(a) Lewis (b) Brønsted-Lowry and Lewis (c) none (d) Lewis

제 19 장

환경 과학과 화학 문제: B19.2(a) 65 mol (b) 6.28 (c) 4.0×10^3 g HCO_3^-

• **19.2** The acid component neutralizes added base, and the base component neutralizes added acid, so the pH of the buffer solution remains relatively constant. The components of a buffer do not neutralize one another because they are a conjugate acid-base pair. **19.6** The buffer range, the pH range over which the buffer acts effectively, is consistent with a buffer-component concentration ratio from 10 to 0.1. This gives a pH range equal to $pK_a \pm 1$. **19.8**(a) Ratio and pH increase; added OH^- reacts with HA. (b) Ratio and pH decrease; added H^+ reacts with A^-. (c) Ratio and pH increase; added A^- increases $[A^-]$. (d) Ratio and pH decrease; added HA increases [HA]. **19.10**(a) buffer 3 (b) All of the buffers have the same pH range. (c) buffer 2 **19.12** $[H_3O^+] = 5.6\times10^{-6}$ M; pH = 5.25 **19.14** $[H_3O^+] = 5.2\times10^{-4}$ M; pH = 3.28 **19.16** 3.89 **19.18** 10.03 **19.20** 9.47 **19.22**(a) K_{a2} (b) 10.55 **19.24** 3.6 **19.26** 0.20 **19.28** 3.37 **19.30** 8.82 **19.32**(a) 4.81 (b) 0.66 g KOH **19.34**(a) $HOOC(CH_2)_4COOH/HOOC(CH_2)_4COO^-$ or $C_6H_5NH_3^+/C_6H_5NH_2$ (b) $H_2PO_4^-/HPO_4^{2-}$ or $H_2AsO_4^-/HAsO_4^{2-}$ **19.36**(a) $HOCH_2CH(OH)COOH/HOCH_2CH(OH)COO^-$ or $CH_3COOC_6H_4COOH/CH_3COOC_6H_4COO^-$ (b) $C_5H_5NH^+/C_5H_5N$ **19.39** 1.6 **19.41**(a) initial pH: *strong acid*–strong base < *weak acid*–strong base < *weak base*–strong acid (b) pH at equivalence point: *weak base*–strong acid < *strong acid*–strong base < *weak acid*–strong base **19.43** At the midpoint of the buffer region, the concentrations of weak acid and conjugate base are equal, so the pH = pK_a of the acid. **19.45** To see a distinct color in a mixture of two colors, you need one color to have about 10 times the intensity of the other. For this to be the case, the concentration ratio $[HIn]/[In^-]$ has to be greater than 10/1 or less than 1/10. This occurs when

pH = pK_a − 1 or pH = pK_a + 1, respectively, giving a pH range of about 2 units. **19.47** The equivalence point in a titration is the point at which the number of moles of base is stoichiometrically equivalent to the number of moles of acid. The end point is the point at which the indicator changes color. If an appropriate indicator is selected, the end point is close to the equivalence point, but they are not usually the same. The pH at the end point, or at the color change, may precede or follow the pH at the equivalence point, depending on the indicator chosen. **19.49**(a) 1.0000 (b) 1.6368 (c) 2.898 (d) 3.903 (e) 7.00 (f) 10.10 (g) 12.05 **19.51**(a) 2.91 (b) 4.81 (c) 5.29 (d) 6.09 (e) 7.41 (f) 8.76 (g) 10.10 (h) 12.05 **19.53**(a) 8.54 and 59.0 mL (b) 4.39 and 66.0 mL, 9.68 and total 132.1 mL **19.55**(a) 5.17 and 123 mL (b) 5.80 and 194 mL **19.57** pH range from 7.5 to 9.5 **19.59**(a) bromthymol blue (b) thymol blue or phenolphthalein **19.61**(a) methyl red (b) bromthymol blue **19.64** Fluoride ion is the conjugate base of a weak acid and reacts with H_2O: $F^-(aq) + H_2O(l) \rightleftharpoons HF(aq) + OH^-(aq)$. As the pH increases, the equilibrium shifts to the left and $[F^-]$ increases. As the pH decreases, the equilibrium shifts to the right and $[F^-]$ decreases. The changes in $[F^-]$ influence the solubility of BaF_2. Chloride ion is the conjugate base of a strong acid, so it does not react with water and its concentration is not influenced by pH. **19.66** The ionic compound precipitates. **19.67**(a) $K_{sp} = [Ag^+]^2[CO_3^{2-}]$ (b) $K_{sp} = [Ba^{2+}][F^-]^2$ (c) $K_{sp} = [Cu^{2+}][S^{2-}]$ **19.69**(a) $K_{sp} = [Ca^+][CrO_4^{2-}]$ (b) $K_{sp} = [Ag^+][CN^-]$ (c) $K_{sp} = [Ag^+]^3[PO_4^{3-}]$ **19.71** 1.3×10^{-4} **19.73** 2.8×10^{-11} **19.75**(a) 2.3×10^{-5} M (b) 4.2×10^{-9} M **19.77**(a) 1.7×10^{-3} M (b) 2.0×10^{-4} M **19.79**(a) $Mg(OH)_2$ (b) PbS (c) Ag_2SO_4 **19.81**(a) $CaSO_4$ (b) $Mg_3(PO_4)_2$ (c) $PbSO_4$ **19.83** (a) $AgCl(s) \rightleftharpoons Ag^+(aq) + Cl^-(aq)$. The chloride ion is the anion of a strong acid, so it does not react with H_3O^+. No change with pH. (b) $SrCO_3(s) \rightleftharpoons Sr^{2+}(aq) + CO_3^{2-}(aq)$
The strontium ion is the cation of a strong base, so pH will not affect its solubility. The carbonate ion acts as a base: $CO_3^{2-}(aq) + H_2O(l) \rightleftharpoons HCO_3^-(aq) + OH^-(aq)$ also $CO_2(g)$ forms and escapes: $CO_3^{2-}(aq) + 2H_3O^+(aq) \longrightarrow CO_2(g) + 3H_2O(l)$. Therefore, the solubility of $SrCO_3$ will increase with addition of H_3O^+ (decreasing pH).
19.85(a) $Fe(OH)_2(s) \rightleftharpoons Fe_2^+(aq) + 2OH^-(aq)$ The OH^- ion reacts with added H_3O^+: $OH^-(aq) + H_3O^+(aq) \longrightarrow 2H_2O(l)$. The added H_3O^+ consumes the OH^-, driving the equilibrium toward the right to dissolve more $Fe(OH)_2$. Solubility increases with addition of H_3O^+ (decreasing pH).
(b) $CuS(s) \rightleftharpoons Cu^{2+}(aq) + S^{2-}(aq)$ S^{2-} is the anion of a weak acid, so it reacts with added H_3O^+. Solubility increases with addition of H_3O^+ (decreasing pH). **19.87** yes **19.89** yes **19.92**(a) $Fe(OH)_3$ (b) The two metal ions are separated by adding just enough NaOH to precipitate iron(III) hydroxide. (c) 2.0×10^{-7} M **19.94** No, because it indicates that a complex ion forms between the zinc ion and hydroxide ions, such as $Zn^{2+}(aq) + 4OH^-(aq) \rightleftharpoons Zn(OH)_4^{2-}(aq)$
19.95 $Hg^{2+}(aq) + 4CN^-(aq) \rightleftharpoons Hg(CN)_4^{2-}(aq)$
19.97 $Ag^+(aq) + 2S_2O_3^{2-}(aq) \rightleftharpoons Ag(S_2O_3)_2^{3-}(aq)$
19.99 8.1×10^{-15} M **19.101** 0.05 M **19.103** 1.0×10^{-16} M Zn^{2+}; 0.025 M $Zn(CN)_4^{2-}$; 0.049 M CN^-

제20장

생체 에너지와 화학 문제: B20.2 −12.6 kJ/mol

• **20.2** A spontaneous process occurs by itself, whereas a nonspontaneous process requires a continuous input of energy to make it happen. It is possible to cause a nonspontaneous process to occur, but the process stops once the energy input is removed. A reaction that is nonspontaneous under one set of conditions may be spontaneous under a different set of conditions.
20.5 The transition from liquid to gas involves a greater increase in dispersal of energy and freedom of motion than does the transition from solid to liquid. **20.6** For an exothermic reaction, $\Delta S_{surr} > 0$. For an endothermic reaction, $\Delta S_{surr} < 0$. A chemical cold pack for injuries is an example of an application using a spontaneous endothermic process. **20.8** a, b, and c
20.10 a and b **20.12**(a) positive (b) negative (c) negative
20.14(a) positive (b) positive (c) positive
20.16(a) negative (b) negative (c) positive
20.18(a) positive (b) negative (c) positive
20.20(a) positive (b) negative (c) positive
20.22(a) Butane; the double bond in 2-butene restricts freedom of rotation. (b) Xe(g); it has the greater molar mass. (c) $CH_4(g)$; gases have greater entropy than liquids. **20.24**(a) $C_2H_5OH(l)$; it is a more complex molecule. (b) $KClO_3(aq)$; ions in solution have their energy more dispersed than ions in a solid. (c) K(s); it has a greater molar mass. **20.26**(a) Diamond < graphite < charcoal. Freedom of motion is least in the network solid, increases for graphite sheets, and is greatest in the amorphous solid.
(b) Ice < liquid water < water vapor. Entropy increases as a substance changes from solid to liquid to gas. (c) O atoms < O_2 < O_3. Entropy increases with molecular complexity.
20.28(a) $ClO_4^-(aq) > ClO_3^-(aq) > ClO_2^-(aq)$; decreasing molecular complexity (b) $NO_2(g) > NO(g) > N_2(g)$. N_2 has lower standard molar entropy because it consists of two of the same atoms; the other species have two different types of atoms. NO_2 is more complex than NO. (c) $Fe_3O_4(s) > Fe_2O_3(s) > Al_2O_3(s)$. Fe_3O_4 is more complex and more massive. Fe_2O_3 is more massive than Al_2O_3. **20.31** For a system at equilibrium, $\Delta S_{univ} = \Delta S_{sys} + \Delta S_{surr} = 0$. For a system moving to equilibrium, $\Delta S_{univ} > 0$.
20.32 $S^\circ_{Cl_2O(g)} = 2S^\circ HClO(g) - S^\circ_{H_2O}(g) - \Delta S^\circ_{rxn}$
20.33(a) negative; $\Delta S^\circ = -172.4$ J/K (b) positive; $\Delta S^\circ = 141.6$ J/K (c) negative; $\Delta S^\circ = -837$ J/K
20.35 $\Delta S^\circ = 93.1$ J/K; yes, the positive sign of ΔS is expected because there is a net increase in the number of gas molecules.
20.37 $\Delta S^\circ = -311$ J/K; yes, the negative entropy change matches the decrease in moles of gas. **20.39**(a) −75.6 J/K; (b) 490. J/K; because ΔS_{univ} is positive, the reaction is spontaneous at 298 K. **20.41**(a) −242 J/K (b) 559 J/K; because ΔS_{univ} is positive, the reaction is spontaneous at 298 K.
20.44 −97.2 J/K **20.46** A spontaneous process has $\Delta S_{univ} > 0$. Since the absolute temperature is always positive, ΔG_{sys} must be negative ($\Delta G_{sys} < 0$) for a spontaneous process.
20.48(a) ΔH_{sys} is negative. Bonds are being formed, which is an exothermic process. (b) ΔS_{sys} is negative. As molecules form from atoms, the total number of particles decreases and, with it, the entropy of the system. (c) Since ΔH_{sys} is negative,

heat is released, so ΔS_{surr} will be positive. (d) Because both ΔH_{sys} and ΔS_{sys} are negative, this reaction will become more spontaneous (ΔG_{sys} will become more negative) as temperature decreases. **20.49** $\Delta H°$ is positive and $\Delta S°$ is positive. Melting is an example. **20.50** The entropy changes little within a phase. As long as a substance does not change phase, the value of $\Delta S°$ is relatively unaffected by temperature. **20.51**(a) −1138.0 kJ (b) −1379.4 kJ (c) −224 kJ **20.53**(a) −1138 kJ (b) −1379 kJ (c) −226 kJ **20.55**(a) Entropy decreases ($\Delta S°$ is negative) because the number of moles of gas decreases. The combustion of CO releases energy ($\Delta H°$ is negative). (b) −257.2 kJ (using Equation 20.8) or −257.3 kJ (using Equation 20.7). **20.57**(a) −0.409 kJ/mol·K (b) −197 kJ/mol **20.59**(a) $\Delta H°_{rxn} =$ 90.7 kJ; $\Delta S°_{rxn} = 221$ J/K (b) At 28°C, $\Delta G° = 24.3$ kJ; at 128°C, $\Delta G° = 2.2$ kJ; at 228°C, $\Delta G° = -19.9$ kJ (c) For the substances in their standard states, the reaction is nonspontaneous at 28°C, near equilibrium at 128°C, and spontaneous at 228°C. (d) 410. K **20.61**(a) $\Delta H°_{rxn} = -241.826$ kJ, $\Delta S°_{rxn} = -44.4$ J/K, $\Delta G°_{rxn} = -228.60$ kJ (b) Yes. The reaction will become nonspontaneous at higher temperatures. (c) The reaction is spontaneous below 5.45×10^3 K. **20.63**(a) $\Delta G°$ is a relatively large positive value. (b) $K >> 1$. Q depends on initial conditions, not equilibrium conditions. **20.66** The standard free energy change, $\Delta G°$, applies when all components of the system are in their standard states; $\Delta G° = \Delta G$ when all concentrations equal 1 M and all partial pressures equal 1 atm. **20.67**(a) 2.0×10^{-8} (b) 1.27×10^{21} **20.69**(a) −204 kJ (b) 81.9 kJ **20.71** $\Delta H° =$ 3.091×10^4 J, $\Delta S° = 93.15$ J/K, $T = 331.8$ K **20.73** 1.7×10^{-49} **20.75** 3.36×10^5 **20.77** 2.7×10^4 J/mol; no **20.79**(a) 2.9×10^4 J/mol (b) The reverse direction, formation of reactants, is spontaneous, so the reaction proceeds to the left. (c) 7.0×10^3 J/mol; the reaction proceeds to the left to reach equilibrium. **20.81**(a) scene 1 (b) scene 3 > scene 1 > scene 2 **20.83**(a) no T (b) 163 kJ (c) 1×10^2 kJ/mol

제21장

생체 에너지와 화학 문제: B21.1(a) reduction: $Fe^{3+} + e^- \longrightarrow Fe^{2+}$; oxidation: $Cu^+ \longrightarrow Cu^{2+} + e^-$
(b) Overall: $Fe^{3+} + Cu^+ \longrightarrow Fe^{2+} + Cu^{2+}$

• **21.1** Oxidation is the loss of electrons and results in a higher oxidation number; reduction is the gain of electrons and results in a lower oxidation number. **21.3** No, one half-reaction cannot take place independently because there is a transfer of electrons from one substance to another. If one substance loses electrons, another substance must gain them. **21.6** To remove H^+ ions from an equation, add an equal number of OH^- ions to both sides to neutralize the H^+ ions and produce water. **21.8** Spontaneous reactions, for which $\Delta G_{sys} < 0$, take place in voltaic cells (also called galvanic cells). Nonspontaneous reactions, for which $\Delta G_{sys} > 0$, take place in electrolytic cells. **21.10**(a) Cl^- (b) MnO_4^- (c) MnO_4^- (d) Cl^- (e) from Cl^- to MnO_4^-
(f) $8H_2SO_4(aq) + 2KMnO_4(aq) + 10KCl(aq) \longrightarrow 2MnSO_4(aq) + 5Cl_2(g) + 8H_2O(l) + 6K_2SO_4(aq)$
21.12(a) $ClO_3^-(aq) + 6H^+(aq) + 6I^-(aq) \longrightarrow Cl^-(aq) + 3H_2O(l) + 3I_2(s)$
Oxidizing agent is ClO_3^- and reducing agent is I^-.
(b) $2MnO_4^-(aq) + H_2O(l) + 3SO_3^{2-}(aq) \longrightarrow 2MnO_2(s) + 3SO_4^{2-}(aq) + 2OH^-(aq)$
Oxidizing agent is MnO_4^- and reducing agent is SO_3^{2-}.
(c) $2MnO_4^-(aq) + 6H^+(aq) + 5H_2O_2(aq) \longrightarrow 2Mn^{2+}(aq) + 8H_2O(l) + 5O_2(g)$
Oxidizing agent is MnO_4^- and reducing agent is H_2O_2.
21.14(a) $Cr_2O_7^{2-}(aq) + 14H^+(aq) + 3Zn(s) \longrightarrow 2Cr^{3+}(aq) + 7H_2O(l) + 3Zn^{2+}(aq)$
Oxidizing agent is $Cr_2O_7^{2-}$ and reducing agent is Zn.
(b) $MnO_4^-(aq) + 3Fe(OH)_2(s) + 2H_2O(l) \longrightarrow MnO_2(s) + 3Fe(OH)_3(s) + OH^-(aq)$
Oxidizing agent is MnO_4^- and reducing agent is $Fe(OH)_2$.
(c) $2NO_3^-(aq) + 12H^+(aq) + 5Zn(s) \longrightarrow N_2(g) + 6H_2O(l) + 5Zn^{2+}(aq)$
Oxidizing agent is NO_3^- and reducing agent is Zn.
21.16(a) $4NO_3^-(aq) + 4H^+(aq) + 4Sb(s) \longrightarrow 4NO(g) + 2H_2O(l) + Sb_4O_6(s)$
Oxidizing agent is NO_3^- and reducing agent is Sb.
(b) $5BiO_3^-(aq) + 14H^+(aq) + 2Mn^{2+}(aq) \longrightarrow 5Bi^{3+}(aq) + 7H_2O(l) + 2MnO_4^-(aq)$
Oxidizing agent is BiO_3^- and reducing agent is Mn^{2+}.
(c) $Pb(OH)_3^-(aq) + 2Fe(OH)_2(s) \longrightarrow Pb(s) + 2Fe(OH)_3(s) + OH^-(aq)$
Oxidizing agent is $Pb(OH)_3^-$ and reducing agent is $Fe(OH)_2$.
21.18(a) $5As_4O_6(s) + 8MnO_4^-(aq) + 18H_2O(l) \longrightarrow 20AsO_4^{3-}(aq) + 8Mn^{2+}(aq) + 36H^+(aq)$
Oxidizing agent is MnO_4^- and reducing agent is As_4O_6.
(b) $P_4(s) + 6H_2O(l) \longrightarrow 2HPO_3^{2-}(aq) + 2PH_3(g) + 4H^+(aq)$
P_4 is both the oxidizing agent and the reducing agent.
(c) $2MnO_4^-(aq) + 3CN^-(aq) + H_2O(l) \longrightarrow 2MnO_2(s) + 3CNO^-(aq) + 2OH^-(aq)$
Oxidizing agent is MnO_4^- and reducing agent is CN^-.
21.21(a) $Au(s) + 3NO_3^-(aq) + 4Cl^-(aq) + 6H^+(aq) \longrightarrow AuCl_4^-(aq) + 3NO_2(g) + 3H_2O(l)$
(b) Oxidizing agent is NO_3^- and reducing agent is Au. (c) HCl provides chloride ions that combine with the gold(III) ion to form the stable $AuCl_4^-$ complex ion. **21.22**(a) A (b) E (c) C (d) A (e) E (f) E **21.25** An active electrode is a reactant or product in the cell reaction. An inactive electrode does not take part in the reaction and is present only to conduct a current. Platinum and graphite are commonly used for inactive electrodes. **21.26**(a) metal A (b) metal B (c) metal A (d) Hydrogen bubbles will form when metal A is placed in acid. Metal A is a better reducing agent than metal B, so, if metal B reduces H^+ in acid, then metal A will reduce it also. **21.27**(a) left to right (b) left (c) right (d) Ni (e) Fe (f) Fe (g) 1 M $NiSO_4$ (h) K^+ and NO_3^- (i) neither (j) from right to left
(k) Oxidation: $Fe(s) \longrightarrow Fe^{2+}(aq) + 2e^-$
Reduction: $Ni^{2+}(aq) + 2e^- \longrightarrow Ni(s)$
Overall: $Fe(s) + Ni^{2+}(aq) \longrightarrow Fe^{2+}(aq) + Ni(s)$
21.29(a) Oxidation: $Zn(s) \longrightarrow Zn^{2+}(aq) + 2e^-$
Reduction: $Sn^{2+}(aq) + 2e^- \longrightarrow Sn(s)$
Overall: $Zn(s) + Sn^{2+}(aq) \longrightarrow Zn^{2+}(aq) + Sn(s)$

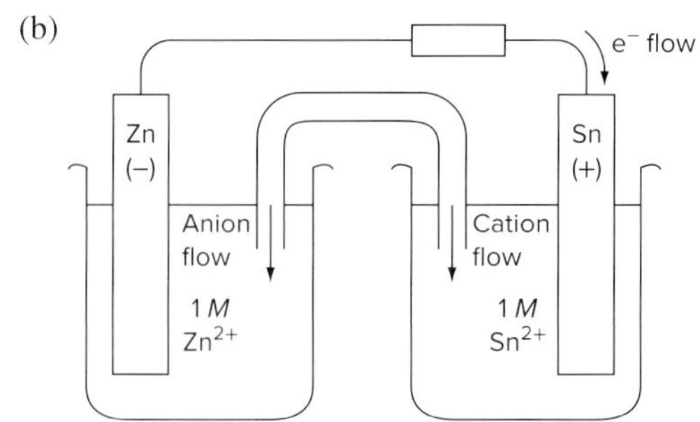

21.31(a) Reduction: $Fe^{2+}(aq) + 2e^- \longrightarrow Fe(s)$
Oxidation: $Mn(s) \longrightarrow Mn^{2+}(aq) + 2e^-$
Overall: $Fe^{2+}(aq) + Mn(s) \longrightarrow Fe(s) + Mn^{2+}(aq)$

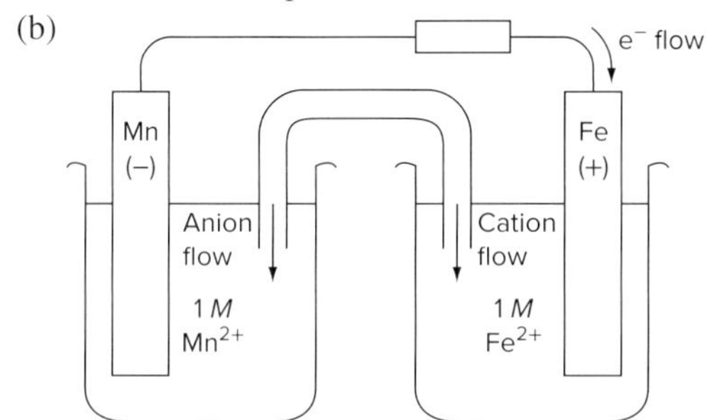

21.33(a) $Al(s) \mid Al^{3+}(aq) \| Cr^{3+}(aq) \mid Cr(s)$
(b) $Pt(s) \mid SO_2(g) \mid SO_4^{2-}(aq), H^+(aq) \| Cu^{2+}(aq) \mid Cu(s)$
21.36 A negative E°_{cell} indicates that the redox reaction is not spontaneous at the standard state; that is, $\Delta G^\circ > 0$. The reverse reaction is spontaneous with $E^\circ_{cell} > 0$.
21.37 Similar to other state functions, E° changes sign when a reaction is reversed. Unlike ΔG°, ΔH°, and S°, E° (the ratio of energy to charge) is an intensive property. When the coefficients in a reaction are multiplied by a factor, the values of ΔG°, ΔH°, and S° are multiplied by that factor. However, E° does not change because both the energy and charge are multiplied by the factor and thus their ratio remains unchanged.
21.38(a) Oxidation: $Se^{2-}(aq) \longrightarrow Se(s) + 2e^-$
Reduction: $2SO_3^{2-}(aq) + 3H_2O(l) + 4e^- \longrightarrow S_2O_3^{2-}(aq) + 6OH^-(aq)$
(b) $E^\circ_{anode} = E^\circ_{cathode} - E^\circ_{cell} = -0.57\ V - 0.35\ V = -0.92\ V$
21.40(a) $Br_2 > Fe^{3+} > Cu^{2+}$ (b) $Ca^{2+} < Ag^+ < Cr_2O_7^{2-}$
21.42(a) $Co(s) + 2H^+(aq) \longrightarrow Co^{2+}(aq) + H_2(g)$
$E^\circ_{cell} = 0.28$ V; spontaneous
(b) $Hg_2^{2+}(aq) \longrightarrow Hg^{2+}(aq) + Hg(l)$
$E^\circ_{cell} = -0.13$ V; not spontaneous
21.44(a) $Cr_2O_7^{2-}(aq) + 3Cd(s) + 14H^+(aq) \longrightarrow 2Cr^{3+}(aq) + 3Cd^{2+}(aq) + 7H_2O(l)$
$E^\circ_{cell} = 1.73$ V; spontaneous
(b) $Pb(s) + Ni^{2+}(aq) \longrightarrow Pb^{2+}(aq) + Ni(s)$
$E^\circ_{cell} = -0.12$ V; not spontaneous
21.46 $3N_2O_4(g) + 2Al(s) \longrightarrow 6NO_2^-(aq) + 2Al^{3+}(aq)$
$E^\circ_{cell} = 0.867\ V - (-1.66\ V) = 2.53\ V$
$2Al(s) + 3SO_4^{2-}(aq) + 3H_2O(l) \longrightarrow 2Al^{3+}(aq) + 3SO_3^{2-}(aq) + 6OH^-(aq)$
$E^\circ_{cell} = 2.59$ V
$SO_4^{2-}(aq) + 2NO_2^-(aq) + H_2O(l) \longrightarrow SO_3^{2-}(aq) + N_2O_4(g) + 2OH^-(aq)$
$E^\circ_{cell} = 0.06$ V
Oxidizing agents: $Al^{3+} < N_2O_4 < SO_4^{2-}$
Reducing agents: $SO_3^{2-} < NO_2^- < Al$
21.48 $2HClO(aq) + Pt(s) + 2H^+(aq) \longrightarrow Cl_2(g) + Pt^{2+}(aq) + 2H_2O(l)$
$E^\circ_{cell} = 0.43$ V
$2HClO(aq) + Pb(s) + SO_4^{2-}(aq) + 2H^+(aq) \longrightarrow Cl_2(g) + PbSO_4(s) + 2H_2O(l)$
$E^\circ_{cell} = 1.94$ V
$Pt^{2+}(aq) + Pb(s) + SO_4^{2-}(aq) \longrightarrow Pt(s) + PbSO_4(s)$
$E^\circ_{cell} = 1.51$ V
Oxidizing agents: $PbSO_4 < Pt^{2+} < HClO$
Reducing agents: $Cl_2 < Pt < Pb$
21.50(a) yes (b) C > A > B **21.53** $A(s) + B^+(aq) \longrightarrow A^+(aq) + B(s)$ with $Q = [A^+]/[B^+]$. (a) $[A^+]$ increases and $[B^+]$ decreases. (b) E_{cell} decreases. (c) $E_{cell} = E^\circ_{cell} - (RT/nF) \ln ([A^+]/[B^+])$; $E_{cell} = E^\circ_{cell}$ when $(RT/nF) \ln ([A^+]/[B^+]) = 0$. This occurs when $\ln ([A^+]/[B^+]) = 0$; that is, $[A^+]$ equals $[B^+]$. (d) Yes, when $[A^+] > [B^+]$. **21.55** In a concentration cell, the overall reaction decreases the concentration of the more concentrated electrolyte because that electrolyte is reduced in the cathode compartment. **21.56**(a) 3×10^{35} (b) 4×10^{-31} **21.58**(a) 1×10^{-67} (b) 6×10^{9} **21.60**(a) -2.03×10^5 J (b) 1.74×10^5 J **21.62**(a) 3.82×10^5 J (b) -5.6×10^4 J **21.64** $E^\circ_{cell} = 0.28$ V; $\Delta G^\circ = -2.7\times10^4$ J **21.66** $E^\circ_{cell} = 0.054$ V; $\Delta G^\circ = -1.0\times10^4$ J **21.68** 8.8×10^{-5} *M* **21.70**(a) 0.05 V (b) 0.50 *M* (c) $[Co^{2+}] = 0.91$ *M*; $[Ni^{2+}] = 0.09$ *M* **21.72** half-cell A; 0.083 V **21.74** Electrons flow from the anode, where oxidation occurs, to the cathode, where reduction occurs. The electrons always flow from the anode to the cathode, no matter what type of battery. **21.76** A D alkaline battery is larger than an AAA one, so it contains greater amounts of the cell components. The cell potential is an intensive property and does not depend on the amounts of the cell components. The total charge, however, does depend on the amount of cell components, so the D battery produces more charge. **21.78** The Teflon spacers keep the two metals separated so that the copper cannot conduct electrons that would promote the corrosion (rusting) of the iron skeleton. **21.81** Sacrificial anodes are made of metals that have E° less than that of iron, −0.44 V, so they are more easily oxidized than iron. Only (b), (f), and (g) will work for iron: (a) will form an oxide coating that prevents further oxidation; (c) will react with groundwater quickly; (d) and (e) are less easily oxidized than iron. **21.83** To reverse the reaction requires 0.34 V with the cell in its standard state. A 1.5-V cell supplies more than enough potential, so the Cd metal is oxidized to Cd^{2+} and Cr metal plates out. **21.85** The oxidation number of N in NO_3^- is +5, the maximum O.N. for N. In the nitrite ion, NO_2^-, the O.N. of N is +3, so nitrogen can be further oxidized. **21.87**(a) Br_2 (b) Na **21.89** I_2 gas forms at the anode; magnesium (liquid) forms at the cathode. **21.91** Bromine gas forms at the anode; calcium metal forms at the cathode. **21.93** copper and bromine **21.95** iodine, zinc, and silver
21.97(a) Anode: $2H_2O(l) \longrightarrow O_2(g) + 4H^+(aq) + 4e^-$
Cathode: $2H_2O(l) + 2e^- \longrightarrow H_2(g) + 2OH^-(aq)$
(b) Anode: $2H_2O(l) \longrightarrow O_2(g) + 4H^+(aq) + 4e^-$
Cathode: $Sn^{2+}(aq) + 2e^- \longrightarrow Sn(s)$
21.99(a) Anode: $2H_2O(l) \longrightarrow O_2(g) + 4H^+(aq) + 4e^-$

Cathode: $NO_3^-(aq) + 4H^+(aq) + 3e^- \longrightarrow NO(g) + 2H_2O(l)$
(b) Anode: $2Cl^-(aq) \longrightarrow Cl_2(g) + 2e^-$
Cathode: $2H_2O(l) + 2e^- \longrightarrow H_2(g) + 2OH^-(aq)$
21.101(a) 3.75 mol e^- (b) 3.62×10^5 C (c) 28.7 A
21.103 0.275 g Ra **21.105** 9.20×10^3 s **21.107**(a) The sodium and sulfate ions conduct a current, facilitating electrolysis. Pure water, which contains very low (10^{-7} *M*) concentrations of H^+ and OH^-, conducts electricity very poorly. (b) The reduction of H_2O has a more positive half-potential than does the reduction of Na^+; the oxidation of H_2O is the only reaction possible because SO_4^{2-} cannot be oxidized. Thus, it is easier to reduce H_2O than Na^+ and easier to oxidize H_2O than SO_4^{2-}. **21.109** 62.6 g Zn

제22장

영양학과 화학 문제: B22.2 Zinc forms tetrahedral complex ions. The other ions listed form ions of other geometries (Ni^{2+} forms square planar complex ions, whereas Fe^{2+} and Mn^{2+} form octahedral complex ions). If these ions are placed in a tetrahedral environment in place of the zinc, they cannot function as well as zinc, since the enzyme catalyst would have a different shape.

• **22.2**(a) $1s^22s^22p^63s^23p^64s^23d^{10}4p^65s^24d^x$
(b) $1s^22s^22p^63s^23p^64s^23d^{10}4p^65s^24d^{10}5p^66s^24f^{14}5d^x$ **22.4** Five; examples are Mn: [Ar] $4s^23d^5$ and Fe^{3+}: [Ar] $3d^5$. **22.6**(a) The elements should increase in size as they increase in mass from Period 5 to Period 6. Because there are 14 inner transition elements in Period 6, the effective nuclear charge increases significantly, so the atomic size decreases, or "contracts." This effect is significant enough that Zr^{4+} and Hf^{4+} are almost the same size but differ greatly in atomic mass. (b) The atomic size increases from Period 4 to Period 5 but stays fairly constant from Period 5 to Period 6. (c) Atomic mass increases significantly from Period 5 to Period 6, but atomic radius (and thus volume) increases slightly, so Period 6 elements are very dense.
22.9(a) A paramagnetic substance is attracted to a magnetic field, whereas a diamagnetic substance is slightly repelled by one. (b) Ions of transition elements often have half-filled *d* orbitals whose unpaired electrons make the ions paramagnetic. Ions of main-group elements usually have a noble gas configuration with no partially filled levels. (c) Some *d* orbitals in the transition element ions are empty, which allows an electron from one *d* orbital to move to a slightly higher energy one. The energy required is small and falls in the visible range, so the ion is colored. All orbitals are filled in ions of main-group elements, so enough energy would have to be added to move an electron to the next principal energy level, not just another orbital within the same energy level. This amount of energy is very large and much greater than the visible range of wavelengths.
22.10(a) $1s^22s^22p^63s^23p^64s^23d^3$ or [Ar] $4s^23d^3$
(b) $1s^22s^22p^63s^23p^64s^23d^{10}4p^65s^24d^1$ or [Kr] $5s^24d^1$
(c) [Xe] $6s^24f^{14}5d^{10}$ **22.12**(a) [Xe] $6s^24f^{14}5d^6$ (b) [Ar] $4s^23d^7$
(c) [Kr] $5s^14d^{10}$ **22.14**(a) [Ar], no unpaired electrons
(b) [Ar] $3d^9$, one unpaired electron (c) [Ar] $3d^5$, five unpaired electrons (d) [Kr] $4d^2$, two unpaired electrons **22.16**(a) +5
(b) +4 (c) +7 **22.18** Cr, Mo, and W **22.20** in CrF_2, because Cr is in a lower oxidation state in that compound **22.22** Atomic size increases slightly down a group of transition elements, but nuclear charge increases much more, so the first ionization energy generally increases. Since the ionization energy of Mo is higher than that of Cr, it is more difficult to remove electrons from Mo. Also, the reduction potential for Mo is less negative, so it is more difficult to oxidize Mo than Cr. **22.24** CrO_3, with Cr in a higher oxidation state, yields a more acidic aqueous solution.
22.28(a) seven (b) The number corresponds to a half-filled *f* subshell. **22.30**(a) [Xe] $6s^25d^1$ (b) [Xe] $4f^1$ (c) [Rn] $7s^25f^{11}$
(d) [Rn] $5f^2$ **22.32**(a) Eu^{2+}: [Xe] $4f^7$; Eu^{3+}: [Xe] $4f^6$; Eu^{4+}: [Xe] $4f^5$. The stability of the half-filled *f* subshell makes Eu^{2+} most stable. (b) Tb^{2+}: [Xe] $4f^9$; Tb^{3+}: [Xe] $4f^8$; Tb^{4+}: [Xe] $4f^7$. Tb should show a +4 oxidation state because that corresponds to a half-filled subshell. **22.34** Gd has the electron configuration [Xe] $6s^24f^75d^1$ with eight unpaired electrons. Gd^{3+} has seven unpaired electrons: [Xe] $4f^7$. **22.37** The coordination number indicates the number of ligand atoms bonded to the metal ion. The oxidation number represents the number of electrons lost to form the ion. The coordination number is unrelated to the oxidation number. **22.39** 2, linear; 4, tetrahedral or square planar; 6, octahedral **22.42** The complex ion has a negative charge.
22.45(a) hexaaquanickel(II) chloride (b) tris(ethylenediamine) chromium(III) perchlorate (c) potassium hexacyanomanganate(II)
22.47(a) 2+, 6 (b) 3+, 6 (c) 2+, 6 **22.49**(a) potassium dicyanoargentate(I) (b) sodium tetrachlorocadmate(II)
(c) tetraammineaquabromocobalt(III) bromide **22.51**(a) 1+, 2
(b) 2+, 4 (c) 3+, 6 **22.53**(a) $[Zn(NH_3)_4]SO_4$ (b) $[Cr(NH_3)_5Cl]Cl_2$
(c) $Na_3[Ag(S_2O_3)_2]$ **22.55**(a) 4, two ions (b) 6, three ions
(c) 2, four ions **22.57**(a) $[Cr(H_2O)_6]_2(SO_4)_3$ (b) $Ba[FeBr_4]_2$
(c) $[Pt(en)_2]CO_3$ **22.59**(a) 6, five ions (b) 4, three ions
(c) 4, two ions **22.61**(a) The nitrite ion forms linkage isomers because it can bind to the metal ion through the lone pair on the N atom or any lone pair on either O atom. $[:\ddot{O}-\ddot{N}=\ddot{O}]^-$
(b) Sulfur dioxide molecules form linkage isomers because the lone pair on the S atom or any lone pair on either O atom can bind the central metal ion. $\ddot{O}=\ddot{S}=\ddot{O}$ (c) Nitrate ions have an N atom with no lone pair and three O atoms, all with lone pairs that can bind to the metal ion. But all of the O atoms are equivalent, so these ions do not form linkage isomers.

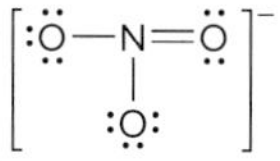

[:Ö—N=Ö]⁻
|
:Ö:

22.63(a) geometric isomerism

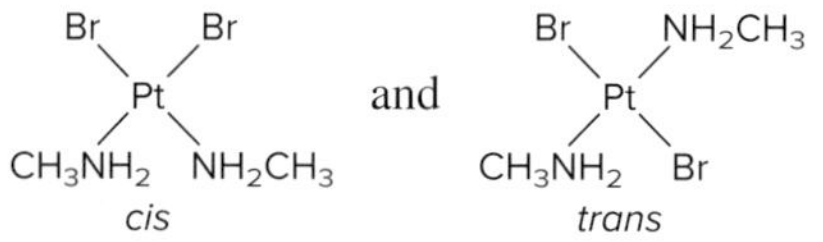

Br Br / Pt / CH_3NH_2 NH_2CH_3 (*cis*) and Br NH_2CH_3 / Pt / CH_3NH_2 Br (*trans*)

(b) geometric isomerism

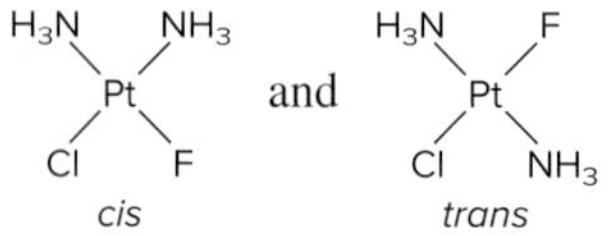

H_3N NH_3 / Pt / Cl F (*cis*) and H_3N F / Pt / Cl NH_3 (*trans*)

(c) geometric isomerism

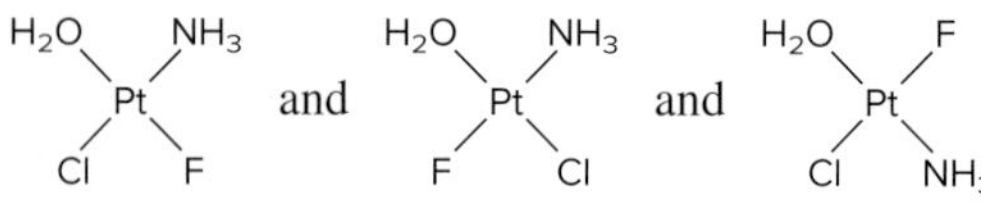

H_2O NH_3 / Pt / Cl F and H_2O NH_3 / Pt / F Cl and H_2O F / Pt / Cl NH_3

22.65(a) geometric isomerism

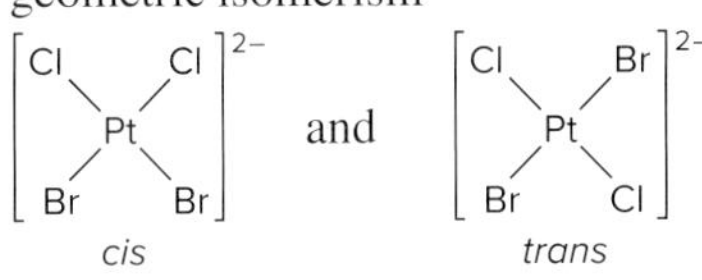

(b) linkage isomerism

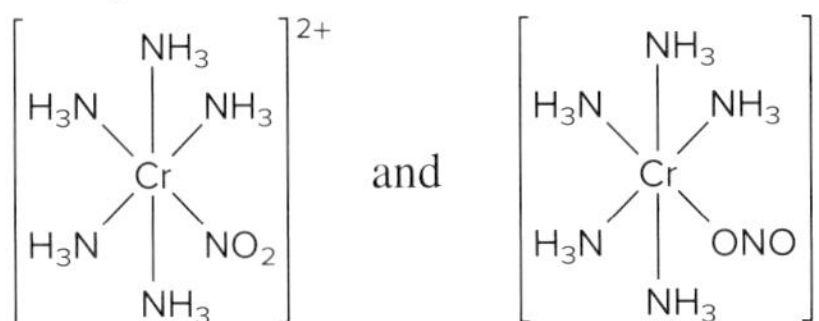

(c) geometric isomerism

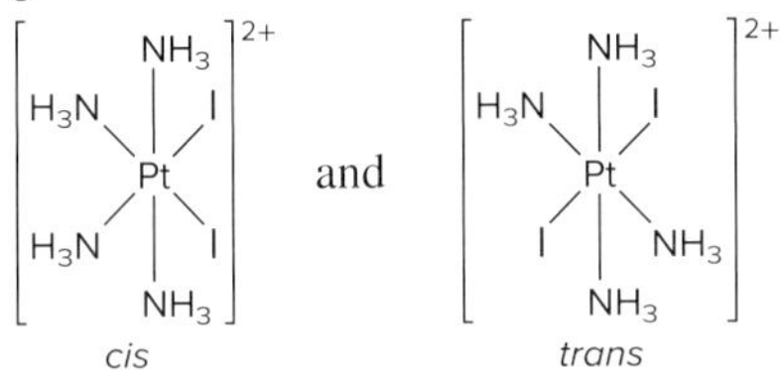

22.67 The compound with the traditional formula is $CrCl_3{\cdot}4NH_3$; the modern formula is $[Cr(NH_3)_4Cl_2]Cl$. **22.69**(a) $K[Pd(NH_3)Cl_3]$ (b) $[PdCl_2(NH_3)_2]$ (c) $K_2[PdCl_6]$ (d) $[Pd(NH_3)_4Cl_2]Cl_2$ **22.71**(a) *dsp*^{2} (b) *sp*^{3} **22.74** Absorption of orange light or absorption of all colors of light except blue will give a solution a blue color. **22.75**(a) The crystal field splitting energy (Δ) is the energy difference between the two sets of *d* orbitals that result from electrostatic effects of ligands on a central transition metal atom. (b) In an octahedral field of ligands, the ligands approach along the *x*, *y*, and *z* axes. The and orbitals are located *along* the *x*, *y*, and *z* axes, so ligand interactions there are higher in energy. The other ligand interactions are lower in energy because the d_{xy}, d_{yz}, and d_{xz} orbitals are located *between* the *x*, *y*, and *z* axes. (c) In a tetrahedral field of *ligands*, the ligands do not approach along the *x*, *y*, and *z* axes. The ligand interaction is greater for the d_{xy}, d_{yz}, and d_{xz} orbitals and lesser for the and dz^2 orbitals. Therefore, the crystal field splitting is *reversed*, and the d_{xy}, d_{yz}, and d_{xz} orbitals are higher in energy than the and orbitals. **22.78** If Δ is greater than E_{pairing}, electrons will pair their spins in the lower energy set of *d* orbitals before entering the higher energy set of *d* orbitals as unpaired electrons. If Δ is less than E_{pairing}, electrons will occupy the higher energy set of *d* orbitals as unpaired electrons before pairing in the lower energy set of *d* orbitals. **22.80**(a) no *d* electrons (b) eight *d* electrons (c) six *d* electrons **22.82**(a) 5 (b) 10 (c) 7

22.84

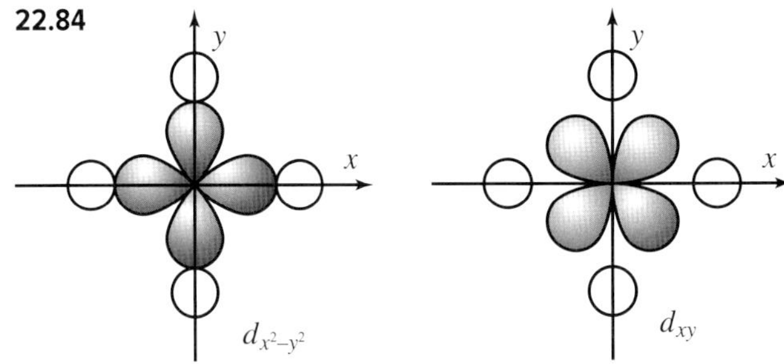

In an octahedral field of ligands, the ligands approach along the *x*, *y*, and *z* axes. The lobes of the orbital lie *along* the *x* and *y* axes, so ligand interaction is greater. The lobes of the d_{xy} orbital lie *between* the *x* and *y* axes, so ligand interaction is less. The greater interaction of the orbital results in its higher energy. **22.86** a and d

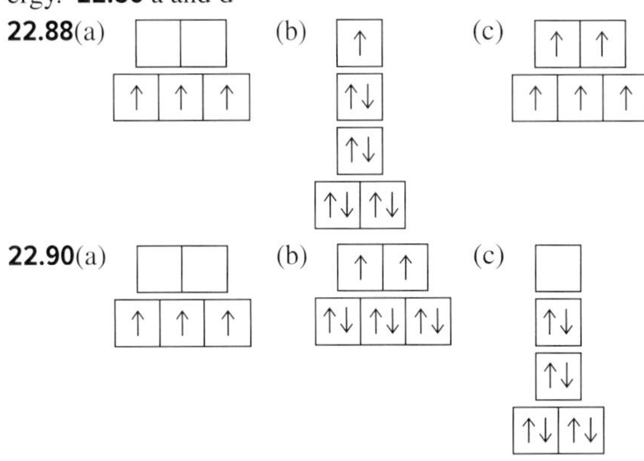

22.92 $[Cr(H_2O)_6]^{3+} < [Cr(NH_3)_6]^{3+} < [Cr(NO_2)_6]^{3-}$ **22.94** A violet complex absorbs yellow-green light. The light absorbed by a complex with a weaker field ligand would have a lower energy and a higher wavelength. Light of lower energy than yellow-green light is yellow, orange, or red. The color observed would be blue or green. **22.97** H_2O is a weak-field ligand, somewhat weaker than NH_3. A weak-field ligand results in a lower splitting energy, and the complex absorbs visible light of lower energy. The hexaaqua complex appears green because it absorbs red light. The hexaammine complex appears violet because it absorbs yellow light, which has higher energy (shorter λ) than red light.

찾아보기 _Index

ㄱ

ㄴ

ㄷ

ㄹ

ㅁ

ㅂ

ㅅ

ㅇ

ㅈ

ㅊ

ㅋ

ㅌ

ㅍ

ㅎ

기타

▸ 옮긴이 소개

고려대학교	손호진
공주대학교	이석우, 이규철
단국대학교	김혁한, 최영봉
대구대학교	김보혜, 김은주, 송종원, 차정호
대진대학교	박성호, 채원석, 한만소
명지대학교	구상호, 박노경, 이동기, 이한림, 정장훈, 한승석
세종대학교	채영기
순천대학교	곽지훈, 김 진, 송재희, 신웅희, 신은주, 심상덕, 안삼영, 장효원, 최대옥, 최원호, 하동수, 하형호
영남대학교	강미숙, 김영수, 김영일, 윤석준, 윤영상, 임희남, 조대원
원광대학교	김보미, 김태희, 곽소정, 배서윤, 심재오, 이동훈, 전인엽, 주용완
육군사관학교	김동욱
인하대학교	김동욱, 김명웅*, 김정호*, 박성진, 이건형, 이익모, 조동규, 최영식
조선대학교	신현재, 이중헌, 이재욱, 조 훈
한국교원대학교	신현철

(*옮긴이 대표)

| 발행일 2023년 3월 1일 9판 1쇄
2026년 2월 25일 9판 4쇄

| 지은이 Martin S. Silberberg / Patricia G. Amateis
| 옮긴이 화학교재연구회
| 발행인 박 종 성
| 발행처 사이플러스 Science plus
| 주 소 (우) 07202 서울특별시 영등포구 양평로 30길 14
세종앤까뮤스퀘어 1106호
| 전 화 02-332-6171
| 팩 스 02-332-6185
| 등 록 2005.10.20. 제2022-000100호

| ISBN 979-11-88731-36-7 93430 값 57,000원

실버버그의
제9판
일반화학 CHEMISTRY
The Molecular Nature of Matter and Change

데이터 표

기본 물리 상수(6자리 유효숫자)

Avogadro 수	$N_A = 6.02214 \times 10^{23}$/mol
원자량 단위	amu $= 1.66054 \times 10^{-27}$ kg
전자(또는 양성자)의 전하량	$e = 1.60218 \times 10^{-19}$ C
Faraday 상수	$F = 9.64853 \times 10^{4}$ C/mol
전자의 질량	$m_e = 9.10939 \times 10^{-31}$ kg
중성자의 질량	$m_n = 1.67493 \times 10^{-27}$ kg
양성자의 질량	$m_p = 1.67262 \times 10^{-27}$ kg
Planck 상수	$h = 6.62607 \times 10^{-34}$ J·s
진공에서의 광속	$c = 2.99792 \times 10^{8}$ m/s
표준 중력 가속도	$g = 9.80665$ m/s^2
기체 상수	$R = 8.31447$ J/mol·K
	$= 8.20578 \times 10^{-2}$ atm·L/mol·K

SI 단위계 접두사

p	n	μ	m	c	d	k	M	G
피코-	나노-	마이크로-	밀리-	센티-	데시-	킬로-	메가-	기가-
10^{-12}	10^{-9}	10^{-6}	10^{-3}	10^{-2}	10^{-1}	10^{3}	10^{6}	10^{9}

단위 환산 관계

길이

SI 단위: 미터, m

1 km	= 1000 m
	= 0.62 마일 (mi)
1 inch (in)	= 2.54 cm
1 m	= 1.094 야드 (yd)
1 pm	$= 10^{-12}$ m = 0.01 Å

부피

SI 단위: 세제곱미터, m^3

1 dm^3	$= 10^{-3}$ m^3
	= 1 리터 (L)
	= 1.057 쿼트 (qt)
1 cm^3	= 1 mL
1 m^3	= 35.3 ft^3

압력

SI 단위: 파스칼, Pa

1 Pa	= 1 N/m^2
	= 1 kg/m·s^2
1 atm	$= 1.01325 \times 10^{5}$ Pa
	= 760 torr
	= 760 mmHg
1 bar	$= 1 \times 10^{5}$ Pa

질량

SI 단위: 킬로그램, kg

1 kg	$= 10^{3}$ g
	= 2.205 lb
1 미터톤(metric ton)	$= 10^{3}$ kg

에너지

SI 단위: 줄, J

1 J	= 1 kg·m^2/s^2
	= 1 쿨롱·볼트 (1 C·V)
1 cal	= 4.184 J
1 eV	$= 1.602 \times 10^{-19}$ J

수학 관계식

	$\pi = 3.1416$
구의 부피	$= \frac{4}{3}\pi r^3$
원통의 부피	$= \pi r^2 h$

온도

SI 단위: 켈빈, K

0 K	= −273.15°C
mp of H_2O	= 0°C (273.15 K)
bp of H_2O	= 100°C (373.15 K)
T (K)	$= T$ (°C) + 273.15
T (°C)	$= [T$ (°F) − 32$]\frac{5}{9}$
T (°F)	$= \frac{9}{5}T$ (°C) + 32

유용한 데이터와 정보

원자와 분자의 성질	
원자 반지름	그림 8.14
결합 에너지	표 9.2
결합 길이	표 9.2
바닥 상태의 전자 배치	그림 8.10
전기음성도	그림 9.20
이온 반지름	그림 8.30
1차 이온화 에너지	그림 8.17
분자의 모양	그림 10.10

평형상수와 열역학 데이터	
몇 가지 수화된 금속 이온들의 K_a	부록 C
몇 가지 산들의 K_a	부록 C
짝산-짝염기 쌍의 세기	그림 18.2
몇 가지 아민계 염기들의 K_b	부록 C
몇 가지 착이온들의 K_f	부록 C
난용성 이온 결합 화합물의 K_{sp}	부록 C
표준 전극 전위($E^\circ_{\text{반쪽 전지}}$)	부록 D
표준 형성 Gibbs 에너지(ΔG°_f)	부록 B
표준 형성 엔탈피(ΔH°_f)	부록 B
표준 몰 엔트로피(S°)	부록 B

화합물명과 화학식	
리간드	표 22.7
착 음이온 내의 금속 이온	표 22.8
둘 이상의 단원자 이온을 만드는 금속	표 2.4
단원자 이온	표 2.3
유기 화합물의 주요 작용기	표 15.5
다원자 이온	표 2.5

원소의 성질	
1A(1): 알칼리 금속	14.3절
2A(2): 알칼리 토금속	14.4절
3A(13): 붕소 족	14.5절
4A(14): 탄소 족	14.6절
5A(15): 질소 족	14.7절
6A(16): 산소 족	14.8절
7A(17): 할로젠	14.9절
8A(18): 비활성 기체	14.10절
4주기 전이 금속들의 원자 성질	그림 22.3
4주기 전이 금속들의 산화 상태	표 22.2

기타	
산화수를 정하는 규칙	표 4.5
SI-영미 단위 등가 양	표 1.4
물에 대한 이온 결합 화합물의 용해도 규칙	표 4.1
물의 증기압	표 5.2